U0162077

Springer Handbook of Robotics

2nd Edition

机器人手册

（原书第2版）

第1卷　机器人基础

[意] 布鲁诺·西西利亚诺（Bruno Siciliano）
[美] 欧沙玛·哈提卜（Oussama Khatib）　主编

于靖军　译

机械工业出版社

《机器人手册》（原书第2版）第1卷机器人基础共分两篇：机器人学基础和机器人设计。

第1篇机器人学基础主要介绍了用于机器人系统建模、设计和控制的基本原理和方法，包括运动学、动力学、机构与驱动、传感与估计、模型辨识、运动规划、运动控制、力控制、冗余度机器人、含有柔性单元的机器人、机器人体系架构与编程、基于行为的系统、机器人人工智能推理方法和机器人学习等主题，这些主题是后续章节内容的基础，并被拓展和应用于特定的机器人系统中。

第2篇机器人设计主要介绍了与机器人实际物理模型的设计和建模相关的主题，既阐述了机器人设计与性能评价，又介绍了包括肢系统、并联机构、机器人手、蛇形机器人与连续体机器人、软体机器人的驱动器、模块化机器人、仿生机器人、轮式机器人、水下机器人、飞行机器人和微纳机器人等在实际物理实现过程中的设计、建模、运动计划和控制等问题。本篇各章所涉及的主题不仅对构建机器人实际物理模型不可或缺，而且对机器人动作的生成与控制，以及按预期的方式进行操作也很重要。

本手册可供机器人、人工智能、机械工程、自动化、计算机等领域的科研技术人员使用，也可供高等院校相关专业师生参考，还可供机器人业余爱好者阅读。

图书在版编目（CIP）数据

机器人手册：原书第2版. 第1卷，机器人基础/（意）布鲁诺·西西利亚诺（Bruno Siciliano），（美）欧沙玛·哈提卜（Oussama Khatib）主编；于靖军译. —北京：机械工业出版社，2022.9
书名原文：Springer Handbook of Robotics 2nd Edition
ISBN 978-7-111-70859-9

Ⅰ.①机… Ⅱ.①布…②欧…③于… Ⅲ.①机器人-手册 Ⅳ.①TP242-62

中国版本图书馆CIP数据核字（2022）第090409号

机械工业出版社（北京市百万庄大街22号 邮政编码100037）
策划编辑：孔 劲 王春雨 责任编辑：孔 劲 王春雨 李含杨
责任校对：樊钟英 王明欣 封面设计：张 静
责任印制：刘 媛
盛通（廊坊）出版物印刷有限公司印刷
2022年9月第1版第1次印刷
184mm×260mm · 43.25印张 · 2插页 · 1358千字
标准书号：ISBN 978-7-111-70859-9
定价：259.00元

电话服务	网络服务
客服电话：010-88361066	机 工 官 网：www.cmpbook.com
010-88379833	机 工 官 博：weibo.com/cmp1952
010-68326294	金 书 网：www.golden-book.com
封底无防伪标均为盗版	机工教育服务网：www.cmpedu.com

译者序

机器人诞生于20世纪50年代，至今已有70多年的历史，其研究取得了巨大进展，已在制造业、服务业、国防安全和深空探测等领域得到了广泛应用。2013年，《从互联网到机器人：美国机器人路线图》预言，机器人是一项能像网络技术一样对人类未来产生革命性影响的新技术，有望像计算机一样在未来几十年里遍布世界的各个角落。21世纪的头20年，人们正在越来越深切地感受到机器人深入产业、融入生活的坚实步伐。

机器人的快速发展是多学科交叉融合的产物，机器人技术日益成熟的背后离不开全球范围内大量科学家、工程师和其他科技人员的开拓进取和通力合作。通力合作的集大成代表作之一便突出反映在2008年出版的Springer《机器人手册》上。这是一本聚集了全球机器人领域大量活跃的科学家和研究人员的集体智慧，充分反映了学科基础与前沿发展的综合文献。手册从立意到成稿，历时6年，共7篇64章，由165位作者撰写，超过1650页，内含950幅插图和5500篇参考文献。主编Siciliano和Khatib通过“学科基础层、技术层和应用层”的三层结构将这些丰富的材料有序组织成一个富有逻辑且内在统一的整体。

Springer《机器人手册》自问世以来非常成功，得到了业内的广泛好评，在机器人学领域树立起了一道丰碑。但由于机器人新的研究领域不断诞生，机器人技术更是持续推陈出新，所以又促使手册主编们着手开展手册第2版的编写工作，从2011年开始，历时5年，终于在2016年出版。

Springer《机器人手册》（原书第2版）共7篇80章，由229位作者撰写，超过2300页，内含1375幅插图和9411篇参考文献，荟萃了当今世界机器人研究和技术领域中各学科专业的最新成果。第2版手册不仅调整和增加了部分章节，而且还大幅更新和扩展了第1版手册的内容。例如，新增了16章内容，包括机器人学习（第15章）、蛇形机器人与连续体机器人（第20章）、软体机器人的驱动器（第21章）、仿生机器人（第23章）、视觉对象类识别（第33章）、移动操作（第40章）、主动操作感知（第41章）、水下机器人的建模与控制（第51章）、飞行机器人的建模与控制（第52章）、监控安保机器人（第61章）、竞赛机器人（第66章）、人体运动重建（第68章）、人-机器人增强（第70章）、认知人-机器人交互（第71章）、社交辅助机器人（第73章）、向人类学习（第74章）。对第1版手册中的部分章节进行了全面更新，如飞行机器人（第26章）、工业机器人（第54章）、仿生机器人（第75章），也对其中大部分章节进行了部分更新和拓展，具体内容可见各章。此外，还新增了数百个多媒体资源，其中的视频内容使读者能够更直观地理解书中的内容，并作为手册的全面补充。

需要说明的是，第2版手册总体上沿用了第1版手册三层七主题的组织架构，但在逻辑关系上略有调整。相对于第1版手册，第2版手册具有以下特点：①对机器人学基础的内容进行了扩展；②强化了不同类型机器人系统的设计；③扩展了移动作业机器人的内容；④丰富了各类机器人的应用。

如手册的编者所言，本手册不仅为机器人领域的专家学者而写，也为将机器人作为扩展领域的初学者（工程师、医师、设计师等）提供了宝贵的资源。尤其需要强调的是，在各篇中，第1篇的指导价值对于研究生和博士后很重要；第2~5篇对于机器人领域所覆盖的研究有着很重要的科研价值；第6和第7篇对于那些对新应用感兴趣的工程师和科学家具有较高的附加值。

为了满足不同用户的需要，将《机器人手册》（原书第2版）分为3卷，即第1卷　机器人基础（第1篇和第2篇）、第2卷　机器人技术（第3~5篇）和第3卷　机器人应用（第6篇和第7篇），力争做到深入浅出，以便于读者应用和自学。本手册可作为机器人、人工智能、机械工程、自动化和计算机等领域的科研人员、高等院校相关专业师生的参考用书，还可供机器人业余爱好者阅读。

需要说明的是，有很多人为本手册的翻译、校对工作提供了帮助。衷心感谢北京航空航天大学机械工程及自动化学院的近百名博士生、硕士生和本科生（大多数是我的研究生和授课学生）的辛苦付出。在本手册的翻译过程中参阅了《机器人手册》中文版，在此对所有译者表示感谢。另外，机械工业出版社的领导和责任编辑也为本手册付出了异常辛苦的工作，值此《机器人手册》（原书第2版）3卷本出版之际，我也向本手册的编辑，以及机械工业出版社表示诚挚的感谢！也真心希望本手册能够为中国的机器人技术发展和人才培养起到绵薄之力。

鉴于本手册内容浩瀚，而译者水平有限，错误和不妥之处在所难免，敬请读者批评指正。

于靖军

作者序一（第 1 版）

我对机器人的首次接触源于 1964 年接到的一个电话。打电话的人是 Fred Terman，时任斯坦福大学教务长，同时也是享誉国际的专著——《无线电工程师手册》的作者。Terman 博士告诉我，计算机科学教授 John McCarthy 刚刚得到一大笔科研经费，其中一部分将用于开发由计算机控制的机器人。已有人向 Terman 建议，如果以数学见长的 McCarthy 教授能够与机械设计人员一道合作开发机器人，这不失为明智之举。而我恰是斯坦福教员中从事机械设计研究的最佳人选，Terman 博士因此才决定与我联系。尽管之前我们从未打过交道，而且我当时还只是个刚刚博士毕业、在斯坦福工作仅两年的助理教授。

伯纳德·罗斯（Bernard Roth）
美国斯坦福大学机械工程系教授

Terman 博士的电话让我与 John McCarthy 和他所创建的斯坦福人工智能实验室（Stanford Artificial Intelligence Laboratory，SAIL）从此有了紧密的联系。机器人研究也成为我整个学术生涯的主体。时至今日，我依然保持着对这一方向的浓厚兴趣，无论是教学还是科研。

机器人操作的历史可以追溯到 20 世纪 40 年代后期。当时伺服控制的操作臂已被开发出来，将其与主从式操作臂连接起来，以协同处理核废料，从而保护工作人员。这一领域的发展一直延续至今。然而，在 20 世纪 60 年代初期，有关机器人的学术活动及商业活动还很少。1961 年，麻省理工学院（MIT）H. A. Ernst 的论文是该领域的首个学术成果，他开发了一款配有接触传感器的从动式操作臂，可以在计算机的控制下进行工作。其研究思想就是利用接触传感器中的信息来引导操作臂运动。

之后，斯坦福人工智能实验室开展了相关研究，MIT 的 Marvin Minsky 教授也启动了类似的项目。在当时，这些研究是机器人领域屈指可数的学术探索活动，在商业操作臂方面也有一些尝试，其中的大部分与汽车行业的零件生产相关。在美国，汽车行业正在试验两种不同的操作臂设计：一个来自 AMF（美国机械和铸造）公司，另一个来自 Unimation 公司。

此外，还出现了一些被开发为手、腿和手臂假肢的机械装置。不久之后，为了提升人类的能力，还出现了外骨骼装置。那时还没有微处理器，因此这些装置既不受计算机控制，也不受远程的所谓小型机遥控，更不用说受大型计算机控制了。

最初，计算机科学领域的部分学者认为，计算机的功能已足够强大，可以控制机械装置完美地执行各种任务，但很快发现并非如其所愿。为此，我们制订了两条技术路线并分头实施：一条路线是为斯坦福人工智能实验室开发一种特殊装置，用作硬件演示与概念验证样机，以保证刚刚起步的机器人团队开展相关试验；另一条路线则与斯坦福人工智能实验室的工作间接相关，即构建机器人学的机械科学基础。我当时有一种强烈的预感，可能会由此创建一个有意义的新学科。因此，最好着力于构建一般概念，而不专注于特定的设备开发。

幸运的是，这两条路线彼此间竟然和谐融洽地向前发展。更重要的是，学生们对这一领域的研究都很感兴趣。硬件开发为更多的基本概念提供了具体例证，同时也能不断完善相关理论。

起初，为了加速研究进程，我们购买了一款操作臂。在洛杉矶的 Rancho Los Amigos 医院，有人正在销售一种由开关控制的电动外骨骼操作臂，用于帮助那些臂部失去肌肉的患者。于是，我们购买了一台，并将它连接在PDP-6型分时计算机上。这套设备被命名为“奶油手指”，它成为我们实验室的第一台机器人。一些电影中所展示的视觉反馈控制、码垛任务和避障等镜头，都是由这台机器人明星来完成的。

而由我们自主设计的第一台操作臂简称为“液压臂”。顾名思义，该操作臂是由液压驱动的。当时的理念是开发一个速度很快的操作臂，为此我们设计了一种特殊的旋转式驱动器。这个操作臂工作得非常好，它也是最早研究机器人操作臂动力学分析与时间最优控制的试验测试平台。然而在当时，无论是计算能力，还是规划和传感的性能都十分有限，由于设计速度比实际要快得多，导致这项技术的应用受到了限制。

之后，我们又去尝试着开发一种真正意义的数字化操作臂，由此诞生了一种蛇形结构，并将其命名为Orm（挪威语中的蛇）。Orm由若干节组成，每节即为可膨胀的气动驱动器阵列，要么完全伸展，要么完全收缩。基本思想是，虽然Orm在其工作空间中仅能到达有限数量的位置，但如果可达的位置足够多，也可以满足要求。后来，又开发了一个小型的概念型样机Orm，但我们发现，这种类型的操作臂无法为斯坦福人工智能实验室服务。

我们实验室第一台真正的功能型操作臂是由当时的研究生Victor Scheinman设计的，即后来大获成功的“斯坦福操作臂”。目前，在一些大学、政府和工业界的实验室中，仍有十几台斯坦福操作臂被作为研究工具使用。斯坦福操作臂有6个独立的驱动关节，均由计算机控制的直流伺服电动机驱动。其中一个是移动关节，另外5个是旋转关节。

“奶油手指”的几何结构使其逆运动学的求解需要不断迭代（只有数值解），而“斯坦福操作臂”的特殊几何位形可保证其逆运动学具有解析解，可以通过编程很快求解，应用起来简单高效。不仅如此，经过特殊的机械结构设计，可以兼容分时计算机控制固有的局限性。形状不一的末端执行器可与操作臂末端相连，作为机器人手来使用。在我们设计的这个版本中，机器人手做成了夹钳的形式，由两只滑动手指组成，通过伺服驱动器驱动手指运动。因此，该操作臂的实际自由度是7，还包含一个经过特殊设计的六轴腕力传感器。Victor Scheinman之后又开发了多款机器人，都产生了重要影响：首先是一个有6个旋转关节的小型仿人操作臂，最初的设计是在MIT人工智能实验室Marvin Minsky教授的资助下完成的。Victor Scheinman后来成立了Vicarm公司。Vicarm开始只是一家小公司，专门为其他实验室研制小型仿人操作臂和“斯坦福操作臂”，后来成为Unimation公司的西海岸分部。在通用汽车公司的资助下，Victor Scheinman研制出了著名的PUMA操作臂。后来，Scheinman还为Automatix公司开发了一款全新的多机器人系统，即Robot World。在Scheinman离开Unimation公司后，他的同事Brian Carlisle和Bruce Shimano重组了Unimation公司的西海岸分部，创建了Adept公司，该公司现在已成为美国最大的装配机器人制造商。

很快，日益精益化的机械与电子设计，不断优化的软件，以及全方位的系统集成技术等已成为常态技术。现在，这些技术的集成水平可以允分反映在最先进的机器人装置中。当然，这也是mechatronic［机械电子学（又译机电一体化或电子机械学）］中的基本概念。mechatronic一词发源于日本，它是机械和电子两个词的组合体，依赖于计算机的机械电子学，正如我们今天所知的，是机器人技术的实质。

随着机器人技术在全球范围内的发展与普及，很多人开始从事与机器人相关的工作，由此也诞生了若干子学科及专业。最早出现的也是最大的一个分支是从事操作臂和视觉系统工作的群体。因为在早期，视觉系统在提供机器人周围环境的信息方面看起来比其他方法更有前途。

视觉系统通过摄像机来捕获周围物体的图像，然后使用计算机算法对图像进行分析，进而推断出物体的位置、姿态和其他特性。图像系统最初的成功主要用于解决障碍物的定位问题、物体的操作问题和读取装配工程图。人们发现，视觉用在与工厂自动化和太空探索相关的机器人系统中潜力巨大，由此促使人们开始研发软件，使视觉系统能够识别机械零件（特别对于那些部分未知的零件，如发生在所谓的“拾箱”问题中）和形状不规则的碎石。

当机器人具备了“识别”和移动物体的能力之后，下一种能力自然就是让机器人按预定的规划算法去完成一项复杂的任务，这使得规划问题研究成为机器人技术一个非常重要的分支。在已知的环境中进行相对固定的运动规划，相对而言是件比较简单的事情。然而，机器人学所面临的挑战之一是，由于误差或意外事件引起环境发生了始料未及的变化，而此时的机器人还能够识别出这种环境的变化，并且调整自身的行为。在该领域，部分开创性的研究都是在一台名为Shakey的智能车上完成的，该研究始于1966年，由斯坦福研究所（Stanford

Research Institute）（现被称为 SRI）的 Charlie Rosen 小组负责实施。Shakey 上装有一台摄像机、距离探测器、碰撞传感器，通过无线电和视频连接到 DEC PDP-10 和 PDP-10 计算机上。

Shakey 是第一台可以对自己的行为进行决策的移动机器人。它利用程序获得了独立感知、环境建模并生成动作的能力：低级别的操作程序负责简单的移动、转动和路径规划；中级别的操作程序包含若干个低级别程序，可以完成稍复杂的任务；高级别的操作程序能够通过制订和执行规划来实现用户提出的高级目标。

视觉系统对导航、定位物体，以及确定它们之间的相对位置与姿态都非常有效，但当机器人应用在受到某种环境约束的场合，如装配零件或与其他机器人一道工作，这时只有视觉系统通常是不够的。由此产生了一种新的需求，即能对环境施加给机器人的力与力矩进行有效测量，并将测量结果用于控制机器人的运动。多年以来，力控制问题已成为斯坦福人工智能实验室和世界上其他几个实验室的主要研究方向之一。不过，力控制在工程实际中的应用始终滞后于该领域的研究进展，其主要原因可能在于：尽管某种高级的力控制系统对一般的机器人操作问题十分有效，但对于那些要求适应条件异常苛刻的工业环境中的特殊问题，经常只能在有限的力控制甚至没有力控制的情况下加以解决。

20 世纪 70 年代，一些特殊场合中应用的机器人，如步行机器人、机器人手、无人驾驶汽车、多传感器融合机器人和恶劣环境作业机器人等也开始迅猛发展。今天，更是有大量的、种类繁多的与机器人相关的专题研究，其中一些发生在经典的工程学科领域，如运动学、动力学、自动控制、结构设计、拓扑学和轨迹规划等。这些学科在研究机器人之前都已经走过了一段漫长的路程，而为了发展机器人系统和应用，每个学科已成为机器人技术不断完善发展的必要环节。

在机器人学理论迅猛发展的同时，工业机器人，尽管与理论研究稍微有些分离，但也在同步迈进。在日本和欧洲，机器人商业开发的劲头十足，美国也紧紧跟进。与机器人相关的工业协会纷纷成立［日本机器人协会于 1971 年 3 月成立，美国机器人工业协会（RIA）于 1974 年成立］，并定期举办贸易展和以应用为导向的技术会议。其中最具影响力的有国际工业机器人研讨会（ISIR）、工业机器人技术会议［现在称为工业机器人技术国际会议（ICIRT）］、RIA 年度贸易展（现在称为国际机器人与视觉展会）。

首个定期的系列会议于 1973 年在意大利乌迪内召开，会议主要是交流机器人学研究领域各方面的进展，与工业界关系不大，由国际机械科学中心（ICSM）与国际机构与机器理论联合会（IFToMM）共同赞助（尽管 IFToMM 仍在使用，但该组织现已更名为国际机构与机器科学联合会）。该会议全称为“机器人和操作臂理论与实践研讨会（RoMan-Sy）”，其主要特色是强调机械科学，来自东欧、西欧、北美和日本的科研人员积极交流、分享成果。会议现在依然每年举办两次。在我的记忆里，好像就是在 RoManSy 会议中首次遇到了本手册的两位主编：1978 年遇到了 Khatib 博士，1984 年遇到了 Siciliano 博士。他们当时还都是学生：Bruno Siciliano 已经攻读博士学位差不多一年了，Oussama Khatib 那时刚刚完成他的博士学位论文答辩。每次邂逅都一见如故！

RoManSy 之后，机器人领域又诞生了一些新的会议和研讨会。如今，每年在世界各地举办多场以研究为导向的机器人会议。其中，规模最大的会议要属可吸引超过上千位参会者的 IEEE 机器人与自动化国际会议（ICRA）。

20 世纪 80 年代初，Richard P. Paul 撰写了美国第一部有关机器人操作的教材《机器人操作臂：数学、编程与控制》（MIT 出版社，1981）。在该书中，作者将经典力学的理论应用到了机器人学领域。此外，书中的部分主题取材于他在斯坦福人工智能实验室的学位论文（在该书中，许多例子都基于 Scheinman 的“斯坦福操作臂”）。Paul 的教材是美国的一个里程碑事件，它为未来几本有影响力的教材撰写开创了一种范式；更为重要的是，激励众多的大学与学院开设了专门的机器人学课程。

大约在同一时间，一些新的期刊开始创刊，主要刊登机器人相关领域的论文。在 1982 年的春天，*International Journal of Robotics Research* 创刊；三年之后，*IEEE Journals of Robotics and Automation*（现为 *IEEE Transactions on Robotics*）创刊。

随着微处理器的普及，关于什么是机器人或什么不是机器人的问题逐渐凸显出来。在我的脑海里，这个争论好像从来没有停止过，我认为永远也不会找到一个能得到普遍认可的定义。当然，还存在着科幻小说中所描绘的各种各样的外太空生物，以及戏剧、文学作品和电影中所塑造的形态各异的机器人。早在工业革命之前，就有一些想象中的类似机器人的生物，但实际的机器人又会是什么样的呢？我的观点是，机器人的定义实质上就是一个随着科技进步而不断改变其特征的“移动靶”。例如，陀螺仪自动罗盘刚开始用在船上时，被当作是一个机器人，而现在呢，当我们罗列现存于这个星球中的机器人时，它通常不包括在内，它已经降级，现在被看作是一种自动控制装置。

很多人认为，机器人应该包含多功能的含义，即意味着在设计和制造时就具备了容易适应或通过重新编程以完成不同任务的能力。理论上讲，这种想法应该不难实现，但在实际应用中，大多数的机器人装置都只能在非常有限的领域内实现所谓的多功能。人们很快发现，在工业领域，一台具有特定功能的机器，其性能通常要比一台多功能机器好得多，当生产量足够高的时候，一台具有特定功能的机器的制造成本也会比一台多功能机器低。因此，人们开发了很多可以实现特种功能的机器人，如用于喷漆、铆接、零部件装配、压装、电路板填充等方面。有时，机器人被用于如此专一的应用场合，以至于很难划清一台所谓的机器人与一条自动化流水线之间的界限。人类理想中的机器人应该是能做“所有事”的万能机器，但许多机器人的实际情况则恰好与之相反。这种专一用途的机器人由于可以大批量销售，价格也会相对便宜。

我认为，机器人的概念应与在特定时间内哪些活动与人相关，以及哪些活动与机器相关联系起来。如果一台机器能够完成我们通常和人联系在一起的工作时，这台机器就可以在定义上被提升为机器人的范畴。过了一段时间，人们习惯于这件工作由机器来完成了，这个装置就从“机器人”降为“机器”的范畴。相对而言，那些没有固定基座，或者具有手臂及腿状部件的机器更有可能被称为机器人。总之，很难让人想到一套始终如一的定义标准，并适合目前所有的命名习惯。

事实上，任何机器，包括我们熟悉的家用电器，用微处理器来控制其动作的都可以被认为是机器人。除了真空吸尘器，还有洗衣机、冰箱和洗碗机等，都可以很容易地当作机器人被推向市场。当然，还有更多，包括那些具有对环境感知反馈和决策能力的机器。在实际中，那些被看作是机器人的装置，其中传感器的数量和决策能力差异显著，由很大、很强到几乎完全没有。

在最近的几十年里，对机器人的研究已经由一个以机电一体化装置研究为中心的学科扩展为一个宽泛得多的交叉性学科，被称作以人为本的机器人尤其如此。在该研究领域中，人们正在研究人与智能机器之间的相互作用，这是一个正在快速发展的前沿领域。其中，对机器人与人类之间相互作用的研究已经吸引了来自传统机器人研究领域以外的专家学者参与。人们正在研究一些诸如人与机器人情感之类的概念，而一些像人体生理学和生物学等的传统领域正逐渐成为主流的机器人研究方向。通过这些研究活动，不断地将新的工程与科学引入机器人的研究中，从而大大丰富了机器人学的研究范畴。

最初，稚嫩的机器人界主要关注如何让机器去工作。对于那些早期的机器人装置，人们只关注它们能不能工作，而很少去在意它们的性能。现在，我们拥有大量精密、可靠的装置，使之成为现代机器人系统的一部分。这一进步是全世界千百万人智慧的结晶，这些工作很多都是在大学、政府的研究实验室和企业里完成的，这一成就创造了包含在本手册64章㊀中的大量信息，这是全世界工程界和科学界的一笔财富。显然，这些成果并非出自于任何一个国家规划或一个整体有序的计划。因此，本手册的主编所面临的任务十分艰巨，即如何保证将这些材料组织成一个富有逻辑而且内在统一的整体。

主编将内容分为三层结构：第一层主要阐述学科基础。该层由9章组成，详细讲述了运动学、动力学、自动控制、机构学、总体架构、编程、推理和传感，这些都是进行机器人研究与开发的学科基础。

第二层包含四个部分。第一部分阐述了机器人的结构，包括手臂、腿、手及其他大多数机器人共有的部件。乍一看，手臂、腿和手这些硬件可能相互之间差异很大，但它们之间存在共性，能够用相同的或接近的、在第一层中描述过的原理去分析。第二部分涉及传感与感知，这是任一真正自主机器人系统所必备的基本能力。如前所述，许多所谓的机器人实际上只具备上述的部分能力，但很显然，更先进的机器人离不开它们，而且总体趋势是将这些能力赋予机器人。第三部分主要讲述与操作和接口技术相关的主题。第四部分由8章组成，主要介绍移动机器人和不同形式的分布式机器人。

第三层由两部分共22章组成，涉及当今机器

㊀ 指本手册第1版，译者注。

人前沿研究及开发的高级应用。一部分涉及野外与服务机器人，另一部分讲述以人为本和类生命机器人。对于大部分读者，不妨认为这些章节即代表着现代机器人的全部。尽管如此，还要必须意识到，这些非同寻常的应用如果没有前两层所介绍的理论和技术基础，就很可能不复存在。

正是这种理论与实践的有机结合促成了机器人学的飞速发展，并成为现代机器人的一种标志。对于我们当中那些拥有机会同时从事机器人研究和开发的同行而言，这已成为了个人成就之源。本手册很好地反映了本学科在理论与实践中的互补性，并向人们展现了近五十年来累积而成的大量研究成果。有理由相信，本手册的内容将作为有价值的工具和向导，引导人们发明出更有竞争力和多样化的新一代机器人！

向本手册的主编和作者致以衷心的祝贺和敬意！

伯纳德·罗斯（Bernard Roth）
美国斯坦福大学
2007 年 8 月

作者序二（第 1 版）

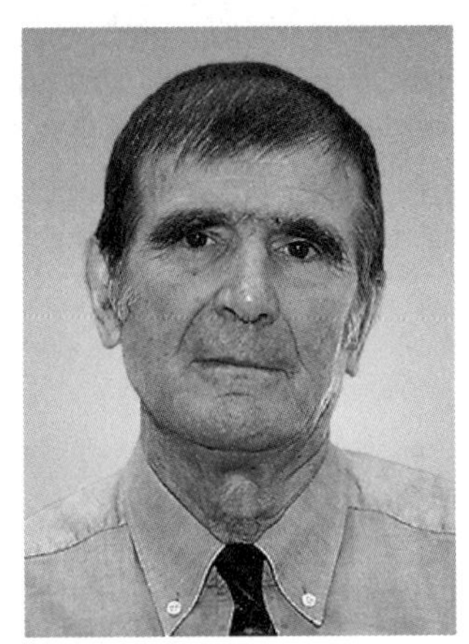

乔治·吉拉特（Georges Giralt）
法国图卢兹 LAAS-CNRS 中心主任

翻开本手册，纵观其中全部 64 章㊀的丰富内容，我们不妨从个人的视角，对机器人学在基础理论、发展趋势及关键技术等方面的进展进行一个概述。

现代机器人学大约开始于 20 世纪 50 年代，并沿两个不同的路线向前发展。

首先，让我们了解一下操作臂可能涉及的应用范围。从对遭受辐射污染产品的遥操作机器人到工业机器人，无不包含在其中。而这之中，最具标志性的产品是 UNIMATE，意为通用操作臂。相关工业产品的开发，也大多围绕 6 自由度串联操作臂来进行，将机械工程与自动控制有机结合，成为机器人发展的主要驱动力。当今特别值得关注的是，通过运用复杂但功能强大的数学工具，我们在新颖的结构优化设计方面所付诸的努力终于获得了回报。与之类似，为了研制出新一代的认知型机器人，涉及机器人的手臂和手的设计与开发问题变得越来越重要。

其次，还未被人类充分认识但我们应该清楚的是涉及人工智能相关主题的研究。在该领域中，最具里程碑意义的项目是斯坦福国际开发的移动机器人 Shakey。这项旨在通过集成计算机科学、人工智能和应用数学等知识来研发智能机器人的工作，作为一个子领域至今已经有很长一段时间了。20 世纪 80 年代，通过开展包括从极端环境（如星际、南极探测等）的漫游机器人到服务机器人（如医院、博物馆导游等）等个案研究，研究力度和范围不断加大，日趋奠定了智能机器人的地位。

因此，机器人学的研究可以将这两个不同的分支有机地联系起来，将智能机器人按照一种纯粹的计算方式界定为有限的理性机器。这是在 20 世纪 80 年代对第三代机器人定义的基础上所做的扩展，原定义为“（机器人）是一台在三维环境中运行的机器，通过智能将感知和行为联系在一起，具有理解、推断并执行某项任务的能力。”

作为一个被广泛认可的测试平台，自主机器人领域最近从机器人设计方面的突出贡献中受益良多，而这些贡献是通过在环境建模和在机器人定位上运用几何算法及随机框架方法（SLAM，同步定位与建图），以及运用贝叶斯估计与决策方法所带来的决策程序的进展等共同取得的。

20 世纪 90 年代，机器人学研究的重心已放在了智能机器人上。在这样一个覆盖了先进传感与感知、任务推理与规划、操作与决策自主性、功能集成架构、智能人机接口、安全性与可靠性等研究范畴的主题下，将机器人与通用的机器智能研究紧密结合起来。

对于第二个分支，多年来被认为是非制造机器人学的范畴，涉及大量有关现场、服务、辅助，以及后来的个体机器人的、以研究为驱动的真实世界的案例。这里，机器智能是各个主题的中心研究方向，使机器人能够在以下三个方面有所作为：

1）作为人类的替代者，尤其能在远程或恶劣环境中工作。

2）扩展协作型机器人或以人为本机器人的应

㊀ 指本手册第 1 版，译者注。

用，使之能与人类近距离交互，并在人类环境中进行作业。

3）与用户紧密协同，从机械外骨骼辅助、外科手术、保健和康复扩展到人类丰胸。

总之，在千年之交，机器人学已成为一个广泛的研究主题。不仅有工程化程度很高的工业机器人产品，也有大量在危险环境中运行的面向不同领域的应用案例，如水下机器人、复杂地形（火星）漫游车、医疗/康复机器人等。

机器人学的发展首先依赖于理论研究，目前正从应用领域向技术及科学领域转移。本手册的组织构架很好地阐释了这三个层次。此外，为了研发出未来的认知型机器人，除了大量的软件系统，人们还需要考虑与人友好交互环境中所需的各种物理单元及新部件，包括腿、手臂和手的设计。

在2000—2010年的这十年中，处于学科前沿的机器人学取得了突出的进展，主要表现在以下两个方面：

1）中短期面向应用的个案研究。

2）面向中长期的通用研究。

为了完整起见，我们还需要提到大量外围的、激发机器人灵感的主题，通常涉及娱乐、广告和精致玩具等。

助友型机器人的前沿研究包括了大量应用领域，其中机器人（娱乐、教育、公共服务、辅助和个人机器人等）在人类环境或与人类密切相关的环境中工作，势必涉及人机交互等关键性问题。

正是在这个领域的核心，出现了个体机器人的前沿研究方向。在这里我们着重强调其三个一般特征：

1）可能由非专业使用者来操作。

2）可能与使用者共同完成较高层次的决策。

3）它们可能包含与环境装置、机器附件、远程系统和操作者的联系；其中隐含的共同决策自主概念意味着有一系列新的研究课题和伦理问题有待解决。

个体机器人的概念，正扩大为机器人助手和万能“伴侣”，对于机器人学来说确实是一项重大的挑战。机器人学作为科学和技术领域的一个重要分支，提供了在中长期对社会和经济可能产生重大影响的若干新观念。例如（主要是认知方面的研究主题），可协调的智能人机交互、感知（场景分析、种类识别）、开放式学习（了解所有的行为）、技能获取、机器人世界的海量数据处理、自主决定权和可信赖性（安全性、可靠性、通信和操作鲁棒性）等。

上面提到的两种方法具有明显的协同性，尽管架构之间可能存在差异。科学联系不仅将问题与取得的成果结合在一起，更有积极意义的是两者交互带来的和谐交互与技术进步。

事实上，这些研究与应用领域的发展离不开当前知识爆炸时代各种实用技术的支持，如计算机处理能力、通信技术、计算机网络、传感装置、知识检索、新材料、微纳米技术等。

今天，展望不远的将来，我们不仅要面对与机器人相关的各种建设性议题及观点，同时也必须对相关的批评性意见与隐含的风险做出回应。这种风险主要表现为，有人担心机器人在与人类接触的过程中，可能会实施一些不可控或不安全的行为。因此，必然会存在一个非常明确的课题需求，即研究机器人安全性、可靠性及其相应的系统约束问题。

《机器人手册》的出版非常及时，其中的内容也十分丰富，165位作者归纳总结的大量难题、问题等分布在全书的64章中。就其本身而言，它不仅是本领域世界各地研究成果的一个有效展现，而且为读者提供了大量的观点和方法。它确实是一本可以带来科技进步的重要工具书，而更为重要的是，它将为机器人学在千禧年之后的20年中的研究提供方向，使之成为机器智能领域的核心学科。

乔治·吉拉特（Georges Giralt）
法国图卢兹
2007年12月

作者序三（第1版）

机器人学领域诞生于20世纪中叶，当时新兴的计算机正在改变科学与工程的每一个领域。机器人学研究经历了不同的阶段：从婴儿期、童年期到青春期，再到壮年期，已经完成了快速而健康的成长，现已逐渐成熟，并有望在未来提升人们的生活质量。

在机器人学发展的婴儿期，人们认为其核心是模式识别、自动控制和人工智能。面对这些挑战，该领域的科学家和工程师齐聚一堂，共同探索全新的机器人传感器和驱动器、规划和编程算法，以及连接各组件的最优结构。在此过程中，他们发明了在现实世界中可以与人进行交互的机器人。早期的机器人学研究专注于手-眼系统，同时也可作为研究人工智能的试验平台。

童年期机器人的活动场地主要是工厂。工业机器人研发出来后，就将其应用到工厂，用于自动喷涂、点焊、打磨、物料处理和零件装配。拥有传感器和记忆功能的机器人使工厂车间变得更加智能，也使机器人的操作变得更加柔性化、可靠和精确。这种机器人自动化将人类从繁重乏味的体力劳动中解放出来，汽车、电器和半导体行业迅速将其传统的生产线重构成机器人集成系统。英文单词“mechatronics（机械电子学）”（又称“机电一体化”“电子机械学”）最早是由日本人在20世纪70年代末提出来的，它定义了一种全新的机械概念。其中，电子和机械系统有机融合在一起，使一系列工业产品的结构更简单、功能更强大，并可编程和智能化。机器人学和机械电子学无论对制造工艺的设计和操作，还是产品的设计都产生了积极的影响。

随着机器人学进入青春期，研究者开始雄心勃勃地探索新的领域。运动学、动力学和系统控制理论变得更加精妙，同时也被应用于相对复杂的机器人机构中。为了规划和完成真正的任务，机器人必须具备认知周围环境的能力。视觉系统作为外部感知的主要途径，同时作为机器人了解其所处外部环境的最常用、最有效的手段，已成功地研发出来。各种高级算法和精密装置进一步提高了机器人视觉

井上博允（Hirochika Inoue）
日本东京大学教授

系统的速度及鲁棒性。与此同时，对触觉传感器和力传感系统也提出了需求，只有将上述传感器配备齐全，机器人才能更好地操控对象；在建模、规划、认知、推理和记忆方面的研究进一步提升了机器人的智能属性。因此，机器人学也逐渐被定义为“对传感与驱动之间进行智能连接的研究”。这种定义覆盖了机器人学的所有方面：三大科学内核和一个集成它们的综合性方法。事实上，正是系统集成技术使类生命机器的发明成为可能，后者已经成为机器人领域中一个关键性议题。发明类生命机器人的乐趣同时也强烈吸引了众多学生投身到机器人学领域。

随着机器人学的进一步发展，如何理解人类成为一个新的科学性议题，并引起众多学者的研究兴趣。通过对人与机器人的比较性研究，学者在人体功能的科学建模方面开辟出了一条新路。认知机器人、类生命行为、受生物激发灵感的机器人和机器人生理心理学方法等方面的研究，充分让人们认识到机器人的未来潜能有多么大！一般来说，在科学探索中不太容易找到一个不太成熟的研究领域，而20世纪八九十年代的机器人学正处于这样一个年轻的不成熟阶段，它吸引了大量充满好奇心的研究者进入这个新的前沿领域，他们对该领域持之以恒的

探索，形成了这本富含科学内涵的综合性手册。

伴随着对机器人学科前沿知识的掌握，进一步的挑战为我们打开了将成熟的机器人技术应用于实际的大门。早期机器人的活动空间是工业机器人的舞台，而内科机器人、外科机器人、活体成像技术为医生做手术提供了强有力的工具，也使许多病人免于病痛的折磨，人们期望诸如康复、卫生保健、健康福祉领域的新型机器人能够改善老龄人的生活质量。机器人必将遍布世界的每一个角落：或者天上，或者水下，或者太空中。人类希望能和机器人协同工作，无论在农业、林业、矿业、建筑业，还是危险环境及救援中，并认识到机器人在家务、商店、餐馆、医院服务中也大有用武之地。机器人可以以各种方式助力我们的生活，但目前来看，机器人的主要应用仍限定在结构化的环境中，出于安全考虑，机器人与人是相互隔离的。下一个阶段，机器人所处的环境需要扩展到非结构化环境中，其中人作为享受服务的对象，要与机器人一起工作和生活。在这样的环境中，机器人需要配备更高性能的传感器，更加智能化，具有更好的安全性，以及更强的理解人类的能力。为了找到研制上述机器人的妙方，不仅必须考虑技术上的问题，还必须考虑可能带来的社会问题。

自从我最初的研究——让机器人变成一个“怪人”，到现在已经过去了四十年。作为机器人学完整成长历程的见证者之一，我由衷地感到幸运和幸福！机器人学诞生伊始，便从其他学科引进了基础技术，但苦于没有现成的教科书和手册。为达到目前的这个阶段，许多科学家和工程师须不断面临着新的挑战，在推动机器人学向前发展的同时，他们从多维度的视角丰富了知识本身。所有努力的成果都已经编入这本《机器人手册》中了，这本出版物是百余位国际级领军的专家和学者协同工作的成果。现在，那些希望投身于机器人学研究的人们可以找到建构自己知识体系的坚实基础了。这本手册必将对促进机器人学的进步，强化工程教育与系统的知识学习有所帮助，并促进社会与工业创新。

在老龄化社会中，人与机器人的角色是科学家和工程师们需要考虑的一个重要议题。机器人能够对捍卫和平、促进繁荣和提高生活质量做出贡献吗？这是一个悬而未决的问题。然而，个体机器人、家用机器人与仿人机器人的最新进展表明，机器人正从工业领域向服务业转移。为了实现这种转移，机器人学就不能回避这样的现实，即机器人学基础中还应包括社会学、生理学、心理学、法律、经济、保险、伦理、艺术、设计、戏剧和体育科学等。因此，将来的机器人学应该作为包含人类学和技术的一门交叉性学科来研究。本手册有选择地提供了推进机器人学这个新兴科学领域的若干技术基础知识。我衷心地期待机器人学持续向前发展，不断促进未来社会的繁荣与进步！

井上博允（Hirochika Inoue）
日本东京
2007 年 9 月

作者序四（第 1 版）

机器人已经让人类痴迷了数千年。在 20 世纪之前制造的那些机器人并没有将感知和动作联系起来，只是通过人力或作为重复机器来操纵。直到 20 世纪 20 年代，当电子学登上历史舞台后，才出现了第一台真正能够感知环境并正常工作的机器人；20 世纪 50 年代，人们开始在一些主流期刊上看到了对真正机器人的描述；20 世纪 60 年代，工业机器人开始进入人们的视野。商业上的压力迫使机器人对环境变得越来越不敏感，但在它们自己的工程世界中，速度却变得越来越快；20 世纪 70 年代中期，机器人再一次出现在法国、日本和美国的少数科研实验室中；今天，我们迎来了一个全球性的研究热潮和遍布世界的智能机器人的蓬勃发展。本手册汇集了目前机器人学各个领域的最新研究进展：涉及机器人机构、传感和认知、智能、动作及其他许多应用领域。

罗德尼·布鲁克斯（Rodney Brooks）
麻省理工学院机器人学教授

我非常幸运地成为过去 30 年来这场机器人研究大潮之中的一员。在澳大利亚，当我还是一个懵懂顽童的时候，受 1949 年和 1950 年 Walter 在《科学美国人》中所描述的乌龟的启发，制作了一个小小的机器人玩具。1977 年，当我抵达硅谷时，恰好是计算个性化开始发展的时候，我的研究反而转向了希望更为渺茫的机器人世界。1979 年，我成为斯坦福人工智能实验室 Hans Moravec 教授的助手。当时他正在绞尽脑汁地让他的机器人（Cart）在 6h 之内行驶 20m，而在 26 年之后的 2005 年，在同一个实验室，Sebastian Thrun 和他的团队已经可以让机器人在 6h 之内自动行驶 200km 了。在仅仅 26 年间速度竟提高了 4 个数量级，比每两年翻一番的速度还快！更为重要的是，机器人不仅在速度上得到了提升，在数量上也大大增加了。我在 1977 年刚到斯坦福人工智能实验室时，世界上只有 3 台移动机器人。最近，我投资建立的一家公司，已经生产了第 300 万台移动机器人，并且步伐还在加快。机器人的其他领域也有类似惊人的发展，简直难以用简单的数字来描述。以前，机器人无法感知周围环境，所以人与机器人近距离一起工作非常不安全，而且机器人也根本意识不到人的存在，但近些年来，人们逐渐放弃传统机器人的研究，开始研发可以从人的面部表情和声音韵律中领悟其要义的机器人。最近，机器人已经跨越了肉体和机器的界限，我们现在看到这样一类神经机器人，包括假肢机器人，以及专门为残疾人设计的康复机器人等。机器人俨然成为认知科学和神经科学研究的重要贡献者。

本手册提供了众多推动机器人重大进步的关键思想。参与和部分参与此项工作的主编们和所有的作者将这些知识汇集起来，完成了这项一流的工作，将为机器人的进一步研发提供基础。谢谢你们，并祝贺所有在这项工作中付出劳动的人们！

在未来机器人的研究中，有些将是渐进式的，可通过继承和改善现有技术不断进步；而其他方面则需要一些颠覆性的研究，其研究基础可能会与传统观念和本手册所述的若干技术背道而驰。

当你读完本手册，并通过自己的才华和努力找到一些研究领域，为机器人研究做出贡献时，我想提醒你，如我一贯所相信的那样，能力与灵感会让机器人变得更加有用、更加高产、更容易被接受。我将这些能力按照一个孩子拥有同等能力时的年龄来描述：

1）一个两岁孩子的物体认知能力。

2）一个四岁孩子的语言能力。

3）一个六岁孩子的灵巧操作能力。

4）一个八岁孩子的社会理解能力。

让机器人达到上述每一种能力的要求都是相当困难的事情。即便如此，以上任何一个目标上的微小进步都会使机器人在外部世界中即刻得到应用。当你希望对机器人学有所贡献时，请好好阅读本手册并祝你好运！

罗德尼·布鲁克斯（Rodney Brooks）
麻省理工学院
2007年10月

第 2 版前言

经过 2002—2008 年为期六年的不懈努力，Springer《机器人手册》终于出版，这是一本聚集大量活跃的科学家和研究人员的集体智慧，充分反映学科基础与前沿发展的独特的综合参考资料。本手册自出版以来非常成功，受到业内的广泛好评。不断有新的研究人员被机器人技术吸引进来，同时为机器人学这一跨学科领域的进一步发展做出贡献。

手册出版之后，很快就在机器人学领域树立起一座丰碑。在过去的七年中，它一直是 Springer 所有工程书籍中的畅销书，章节下载量排名第一（每年将近 4 万）。2011 年，在所有 Springer 图书中下载量排名第四。2009 年 2 月，手册被美国出版商协会（AAP）授予 PROSE 杰出物理科学与数学奖及工程与技术奖。

机器人领域的快速发展以及不断诞生的新研究领域，促使我们于 2011 年着手第 2 版的撰写工作，其目的不仅是更新原手册内容，还包括对已有内容的扩展。编辑委员会（David Orin、Frank Park、Henrik Christensen、Makoto Kaneko、Raja Chatila、Alex Zelinsky 和 Daniela Rus）在过去的四年中积极热心地协调着作者，并将手册的组织架构分为三大部分 7 个主题（即 7 篇内容），通过内容重组以实现 4 个主要目标：

1）对机器人学基础内容进行扩展。

2）强化各类不同机器人系统的设计。

3）扩展移动机器人方面的内容。

4）丰富各类现代机器人的应用。

这样，不仅对第 1 版中全部 64 章进行了修订，还针对新的主题增加了 16 章内容，新一代的作者也加盟到手册的创作团队中。手册主体内容在 2015 年春季完成后，又经过广泛的审查和反馈后，2015 年秋正式完工。此时，记录在我们文件夹中的往返电子邮件已从第 1 版时的 10000 个又创纪录地增加了 12000 多个。其成果同样令人震撼：整个手册内容包括 7 篇 80 章，由 229 位作者撰写，超过 2300 页，内含 1375 幅插图和 9411 篇参考文献。

第 2 版中还有一个主要新增的内容，即多媒体资源，并专门为此成立了一个编辑小组，由 Torsten Kröger 牵头，Gianluca Antonelli、Dongjun Lee、Dezhen Song 和 Stefano Stramigioli 也参与其中。在这样一群充满活力的年轻学者的努力下，多媒体项目与手册项目齐头并进。多媒体编辑团队根据（各章）作者的建议，如他们对视频质量的要求和与本章内容的相关性，为每一章精心选择视频。此外，手册的责任编辑还专门制作了教程视频，读者可以直接从手册的每篇导读部分进行访问，为此还创立了一个开放的多媒体网站，即 http://handbookofrobotics.org，这些视频由 IEEE 机器人与自动化学会和 Google 共同管理。该网站已经被看作是一项传播性项目，反映最新的机器人技术对国际社会的贡献。

我们对手册扩展小组的成员，特别是项目中新人的不懈努力深表感谢！还想对 Springer 公司的 Judith Hinterberg、Werner Skolaut 和 Thomas Ditzinger 的大力支持，以及 Anne Strohbach 和 le-tex 公司员工非常专业的排版工作表示感谢和赞赏。

在《机器人手册》（第 1 版）出版八年后，它的第 2 版与读者见面，这已经完全超越了手册对机器人这个群体本身的价值。我们深信，本手册将继续吸引新的研究人员进入机器人领域，并作为激发灵感的有效资源，在这个引人入胜的领域中蓬勃发展。自手册第 1 版创作团队成立以来，合作精神不断激励着我们这个团队。在《手册——简史》（VIDEO 844）中有趣地记录了这一点。手册第 2 版的完成同样受到了相同的精神鼓舞，并让我们坚持不懈:-）现在提醒机器人团队的同仁保持;-）。

意大利那不勒斯　布鲁诺·西西利亚诺
（Bruno Siciliano）
美国斯坦福大学　欧沙玛·哈提卜
（Oussama Khatib）
2016 年 1 月

多媒体扩展序

在过去的十年中，机器人技术领域的科学与技术加速发展。2011 年，Springer《机器人手册》（第 2 版）启动之初，主编 Bruno Siciliano 和 Oussama Khatib 决定增加多媒体资源，并任命了一个编辑团队，Gianluca Antonelli、Dongjun Lee、Dezhen Song、Stefano Stramigioli 和我本人作为多媒体的责任编辑。

在该项目实施的五年中，团队中的每个成员与所有 229 位作者，各篇与各章的责任编辑协同工作。此外，还组成了一个由 80 人组成的作者团队，帮助审查、选择和改进所有视频内容。

我们还翻阅了自 1991 年以来由 IEEE 机器人与自动化学会组织的机器人学会议上发布的所有视频；总共往来发送了 5500 多封电子邮件，以协调项目并确保内容质量。我们开发了一个视频管理系统，允许作者上传视频，编辑查看视频，而读者可以访问视频。视频选用的主要原则是能将内容有效传达给第 2 版的所有读者，这些视频可能与技术、科学、教育或历史有关。所有的章节和篇视频都可公开访问，并通过以下网址访问：

http://handbookofrobotics. org

除了各章中引用的视频，全部 7 篇的各篇篇首也都附有一个教程视频，用于对该篇内容进行概述。这些故事版本的视频由各篇的责任编辑创建，然后由专业人士制作。

多媒体扩展中提供的视频内容作为手册的全面补充，可使读者更容易理解书中内容。书中描述的概念、方法、试验和应用以动画、视频并配以音乐和解说的形式展现，以使读者对本书的书面内容有更深入的理解。

协调 200 多名贡献者的工作不能仅仅由一个小团队来完成，我们非常感谢许多人和组织所给予的大力支持！海德堡 Springer 团队的 Judith Hinterberg 和 Thomas Ditzinger 在整个制作阶段为我们提供了专业支持；用于智能手机和平板计算机的应用 App 由 StudioOrb 公司的 Rob Baldwin 完成，可使读者轻松访问这些多媒体内容。IEEE 机器人与自动化学会授权使用已发布在该学会主办的会议系统中的所有视频。Google 和 X 公司通过捐赠支持网站的后端维护。

跟随编辑们的灵感，让我们作为一个集体继续工作和交流！并团结一致！

美国加利福尼亚州山景城　托尔斯腾·克洛格（Torsten Kröger）

2016 年 3 月

如何访问多媒体内容

多媒体内容是 Springer《机器人手册》（第 2 版）不可或缺的一部分，如第 69 章[1]包含如下视频图标：

VIDEO 843

每个图标表示一个视频 ID，可通过网络连接，以简单、直观的方式访问其中的每个视频。

1. 多媒体 App 的使用

我们建议用智能手机和平板计算机访问多媒体 App。你可以使用下面的二维（QR）码在 iOS 和 Android 设备上安装此应用程序。该应用程序允许你简单地扫描书中的以下页面，便可以在阅读正文时自动在设备上播放所有视频。

多媒体内容

2. 网站的使用（http://handbookofrobotics.org）

各章视频和每篇的篇首视频都可以直接从网站中的"多媒体扩展（multimedia extension）"进行访问。只需要在网站右上方的搜寻栏中输入视频 ID 即可，也可以用网站浏览各章节视频。

3. PDF 文件的使用

如果你想阅读该手册的电子版本，则每个视频图标都包含一个超链接，只需要单击链接即可观看相应的视频。

4. QR 码的使用

每章均以 QR 码开头，其中包含指向该章所有的视频链接。篇视频可以在每篇的开篇部分通过 QR 码访问。

[1] 见《机器人手册》（原书第 2 版）第 3 卷 机器人应用，译者注。

主编简介

布鲁诺·西西利亚诺（Bruno Siciliano），那不勒斯大学自动控制与机器人学教授，1987年毕业于意大利那不勒斯大学，获电子工程博士学位。主要研究方向包括力控制、视觉伺服、协作机器人、人机交互和飞行机器人。合著出版专著6本，发表期刊、会议论文及专著章节300余篇，被世界多家机构邀请，发表了20多场主题演讲，参加了100多场座谈会和研讨会。IEEE、ASME和IFC会士，Springer"高级机器人技术系列图书"与Springer《机器人手册》主编，后者荣获PROSE杰出物理科学与数学奖和工程与技术奖；曾担任众多核心期刊的编委会委员，多家知名国际会议的主席或联席主席。IEEE机器人与自动化学会（RAS）前任主席，获荣誉多项，包括IEEE RAS George Saridis领袖奖和IEEE RAS杰出服务奖等。

欧沙玛·哈提卜（Oussama Khatib），斯坦福大学计算机科学教授，1980年毕业于法国图卢兹高等航空航天研究所，获电气工程博士学位，主要研究以人为本的机器人设计和方法，包括仿人控制架构、人体运动合成、交互式动力学仿真、触觉交互和助友型机器人设计等。合著发表期刊、会议论文及专著章节300余篇，被世界多家机构邀请，发表了100多场主题演讲，参加了数百场座谈会和研讨会。IEEE会士，Springer"高级机器人技术系列图书"与Springer《机器人手册》主编，后者荣获PROSE杰出物理科学与数学奖和工程与技术奖。曾担任众多核心期刊的编委会委员，多家知名国际会议的主席或联席主席，国际机器人学研究基金会（IFRR）主席，获荣誉多项，包括IEEE RAS先锋奖、IEEE RAS George Saridis领袖奖、IEEE RAS杰出服务奖，以及日本机器人协会（JARA）研究与开发奖。

篇主编简介

戴维·E. 奥林
(David E. Orin)
美国哥伦布 俄亥俄州立大学
电气与计算机工程系
orin. 1@ osu. edu

第 1 篇

David E. Orin，1976 年获得俄亥俄州立大学电气工程博士学位。1976—1980 年，在凯斯西储（Case Western Reserve）大学任教；1981 年以来，在俄亥俄州立大学任教，现为电气与计算机工程荣誉教授；于 1996 年在桑地亚国家实验室担任休假教授。主要研究兴趣集中在仿人与四足机器人的奔跑和动态行走、腿部运动机动性和机器人动力学，发表论文 150 余篇。他对教育的贡献使其获得俄亥俄州立大学 Eta Kappa Nu 年度最佳教授奖（1998—1999 年）和工程学院 MacQuigg 杰出教学奖（2003 年）。IEEE 会士（1993 年），曾担任 IEEE 机器人与自动化学会主席（2012—2013 年）。

朴钟宇
(Frank Chongwoo Park)
韩国首尔 首尔国立大学机械与航空航天工程系
fcp@ snu. ac. kr

第 2 篇

Frank Chongwoo Park，1985 年获得麻省理工学院电气工程学士学位，1991 年获得哈佛大学应用数学博士学位。1991—1995 年，担任加利福尼亚大学尔湾分校机械与航天工程助理教授；1995 年以来，担任韩国首尔国立大学机械与航空航天工程教授。研究方向主要包括机器人机构学、规划与控制、视觉与图像处理。2007—2008 年，荣获 IEEE 机器人与自动化学会（RAS）杰出讲师。Springer《机器人手册》、Springer“高级机器人技术系列图书”、*Robotica* 和 *ASME Journal of Mechanisms and Robotics* 编委；IEEE 会士，IEEE Transactions on Robotics 主编。

亨里克·I. 克里斯滕森
(Henrik I. Christensen)
美国亚特兰大 佐治亚理工学院
机器人学与智能机器实验室
hic@ cc. gatech. edu

第 3 篇

Henrik I. Christensen，佐治亚理工学院机器人学系主任，兼任 KUKA 机器人总监。分别于 1987 年和 1990 年获得丹麦奥尔堡大学硕士和博士学位，曾在丹麦、瑞典和美国任职，发表了有关视觉、机器人学和 AI 领域学术论文 300 余篇，其成果通过大型公司和六家衍生公司得到了商业化应用。曾在欧洲机器人学研究网络（EURON）和美国机器人学虚拟组织中担任要职，也是《美国国家机器人路线图》的编辑。国际机器人研究基金会（IFRR）、美国科学促进会（AAAS）、电气与电子工程师协会（IEEE）会士，Springer“高级机器人技术系列图书”和多个顶级机器人期刊编委。

金子真人
(Makoto Kaneko)
日本吹田 大阪大学机械工程系
mk@ mech. eng. osaka-u. ac. jp

第 4 篇

Makoto Kaneko，分别于 1978 年和 1981 年获得东京大学机械工程硕士和博士学位；1981—1990 年，担任机械工程实验室研究员；1990—1993 年，任九州工业大学副教授；1993—2006 年，任广岛大学教授，并于 2006 年成为大阪大学教授。主要研究兴趣包括基于触觉的主动感知、夹持策略、超人类技术及其在医学诊断中的应用，获奖 17 项。担任 Springer “高级机器人技术系列图书” 编委，曾担任多个国际会议主席或联席会议主席。IEEE 会士，IEEE 机器人与自动化学会副主席，*IEEE Transactions on Robotics and Automation* 技术主编。

拉贾·夏提拉
(Raja Chatila)
法国巴黎 皮埃尔和玛丽·居里大学智能系统与机器人研究所
raja. chatila@ laas. fr

第 5 篇

Raja Chatila，IEEE 会士，法国国家科学研究中心（CNRS）主管，巴黎皮埃尔和玛丽·居里大学智能系统与机器人研究所所长，人机交互卓越智能实验室主任。2007—2010 年，担任法国图卢兹 LAAS-CNRS 主任。在机器人领域的主要研究方向包括导航与 SLAM、运动规划与控制、认知与控制体系结构、人机交互与机器人学习。发表论著 140 余篇（部）。目前主要负责机器人自我认知项目 Roboergosum 和人口稠密环境中的人机交互项目 Spencer。2014—2015 年，担任 IEEE 机器人与自动化学会主席，Allistene 信息科学与技术研究伦理委员会成员，荣获 IEEE 机器人与自动化学会先锋奖和瑞典厄勒布鲁大学名誉博士学位。

亚历克斯·泽林斯基
(Alex Zelinsky)
澳大利亚堪培拉 国防部 DST 集团总部
alexzelinsky@ yahoo. com

第 6 篇

Alex Zelinsky，博士，移动机器人、计算机视觉和人机交互领域的科研带头人。2004 年 7 月，任澳大利亚联邦科学与工业研究组织（CSIRO）信息与通信技术中心主管。曾担任 Seeing Machines 公司首席执行官，该公司致力于计算机视觉系统的商业化，该技术主要是 Zelinsky 博士从 1996—2000 年在澳大利亚国立大学担任教授期间开发完成的。2012 年 3 月，受聘澳大利亚国防科学与技术组织（DSTO）任首席执行官，目前是澳大利亚首席国防科学家。早在 1997 年，他就创立了 “野外与服务机器人” 系列会议。Zelinsky 博士的贡献得到了多方认可：荣获澳大利亚工程卓越奖（1999 年、2002 年）、世界经济论坛技术先锋奖（2002—2004 年）、IEEE 机器人与自动化学会 Inaba 创新引领生产技术奖（2010 年）和 Pearcey（皮尔西）奖章（2013）；于 2002 年当选澳大利亚技术科学与工程院会士，2008 年当选 IEEE 会士，2013 年当选澳大利亚工程师学会名誉会士。

丹妮拉·露丝
(Daniela Rus)
美国剑桥 麻省理工学院 CSAIL 机器人中心
rus@ csail. mit. edu

第 7 篇

Daniela Rus，麻省理工学院 Andrew and Erna Viterbi 电气工程与计算机科学教授，计算机科学与人工智能实验室（CSAIL）主任。主要研究兴趣是机器人技术、移动计算和数据科学。Rus 是 2002 级麦克阿瑟会士，也是 ACM、AAAI 和 IEEE 会士，以及 NAE 成员。获康奈尔大学计算机科学博士学位，在加入 MIT 之前，曾是达特茅斯学院计算机科学系教授。

多媒体团队简介

托尔斯腾・克洛格
(Torsten Kröger)

美国山景城
谷歌公司
t@ kroe. org

Torsten Kröger，谷歌公司机器人专家，斯坦福大学访问学者。于2002年在德国布伦瑞克工业大学获电气工程硕士学位。2003—2009年，布伦瑞克工业大学机器人研究所助理研究员，2009年获得计算机科学博士学位（优等生）。2010年，加盟斯坦福大学AI实验室，从事瞬时轨迹生成、机器人自主混合控制，以及分布式实时硬件和软件系统的研究。作为布伦瑞克工业大学派生子公司Reflexxes GmbH的创始人，致力于确定性实时运动生成算法的开发；2014年，Reflexxes被谷歌收购。担任多个IEEE会议论文集、专著和丛书的主编或副主编，曾获得IEEE RAS早期职业奖、Heinrich Büssing奖、GFFT奖，以及两项德国研究学会的奖学金；同时，也是IEEE/IFR IERA奖和euRobotics技术转移奖的决赛入围者。

詹卢卡・安东内利
(Gianluca Antonelli)

意大利卡西诺　卡西诺与南拉齐奥大学电子与信息工程系
antonelli@ unicas. it

Gianluca Antonelli，卡西诺与南拉齐奥大学副教授，主要研究方向包括海洋与工业机器人、多智能体系统辨识等。发表国际期刊论文32篇，会议论文90余篇，《水下机器人》一书的作者。IEEE意大利分部IEEE RAS分会主席。

李东俊
(Dongjun Lee)

韩国首尔　首尔国立大学机械与航空工程系
djlee@ snu. ac. kr

Dongjun Lee，博士，目前在首尔国立大学（SNU）主要负责交互与网络机器人实验室（INRoL)。于KAIST分别获得学士和硕士学位，于美国明尼苏达大学获得博士学位。主要研究方向包括机器人及机电一体化系统的结构与控制，涉及遥操作、触觉、飞行机器人和多机器人系统等。

宋德真
(Dezhen Song)

美国大学城　得克萨斯A&M大学计算机科学系
dzsong@ cs. tamu. edu

Dezhen Song，2004年获得加利福尼亚大学伯克利分校工程学博士学位。得克萨斯A&M大学副教授，主要研究方向包括网络机器人、计算机视觉、优化与随机建模。与J. Yi和S. Ding一起获得2005年IEEE ICRA的Kayamori最佳论文奖；2007年，获NSF早期职业（CAREER）奖。

斯蒂凡诺·斯特拉米焦利
(Stefano Stramigioli)

荷兰恩斯赫德 特温特大学
电子工程、数学与计算科学
系控制实验室
s. stramigioli@ utwente. nl

Stefano Stramigioli，分别于 1992 年和 1998 年获得荷兰特温特大学硕士和博士学位，期间曾担任该校的研究助理。1998 年以来，担任教员，目前为特温特大学先进机器人技术领域的全职教授，机器人学与机电一体化研究室主任；IEEE 工作人员和高级会员。出版论著 200 余篇（部），包括 4 本专著、专著章节、期刊和会议论文等。现任 IEEE 机器人与自动化学会（IEEE RAS）会员活动分部副主席，IEEE RAS AdCom 成员；欧洲航空局（ESA）微重力捕捉动力学及其在机器人和动力假肢应用专题小组成员。

作者列表

Markus W. Achtelik
ETH Zurich
Autonomous Systems Laboratory
Leonhardstrasse 21
8092 Zurich, Switzerland
markus@ achtelik. net

Alin Albu-Schäffer
DLR Institute of Robotics and Mechatronics
Münchner Strasse 20
82230 Wessling, Germany
alin. albu-schaeffer@ dlr. de

Kostas Alexis
ETH Zurich
Institute of Robotics and Intelligent Systems
Tannenstrasse 3
8092 Zurich, Switzerland
konstantinos. alexis@ mavt. ethz. ch

Jorge Angeles
McGill University
Department of Mechanical Engineering and
Centre for Intelligent Machines
817 Sherbrooke Street West
Montreal, H3A 2K6, Canada
angeles@ cim. mcgill. ca

Gianluca Antonelli
University of Cassino and Southern Lazio
Department of Electrical and Information
Engineering
Via G. Di Biasio 43
03043 Cassino, Italy
antonelli@ unicas. it

Fumihito Arai
Nagoya University
Department of Micro-Nano Systems Engineering
Furo-cho, Chikusa-ku
464-8603 Nagoya, Japan
arai@ mech. nagoya-u. ac. jp

Michael A. Arbib
University of Southern California
Computer Science, Neuroscience and ABLE Project
Los Angeles, CA 90089-2520, USA
arbib@ usc. edu

J. Andrew Bagnell
Carnegie Mellon University
Robotics Institute
5000 Forbes Avenue
Pittsburgh, PA 15213, USA
dbagnell@ ri. cmu. edu

Randal W. Beard
Brigham Young University
Electrical and Computer Engineering
459 Clyde Building
Provo, UT 84602, USA
beard@ byu. edu

Michael Beetz
University Bremen
Institute for Artificial Intelligence
Am Fallturm 1
28359 Bremen, Germany
ai-office@ cs. uni-bremen. de

George Bekey
University of Southern California
Department of Computer Science
612 South Vis Belmonte Court
Arroyo Grande, CA 93420, USA
bekey@ usc. edu

Maren Bennewitz
University of Bonn
Institute for Computer Science VI
Friedrich-Ebert-Allee 144
53113 Bonn, Germany
maren@ cs. uni-bonn. de

Massimo Bergamasco
Sant'Anna School of Advanced Studies
Perceptual Robotics Laboratory
Via Alamanni 13
56010 Pisa, Italy
m. bergamasco@ sssup. it

Marcel Bergerman
Carnegie Mellon University
Robotics Institute
5000 Forbes Avenue
Pittsburgh, PA 15213, USA
marcel@ cmu. edu

Antonio Bicchi
University of Pisa
Interdepartmental Research Center "E. Piaggio"
Largo Lucio Lazzarino 1
56122 Pisa, Italy
bicchi@ ing. unipi. it

Aude G. Billard
Swiss Federal Institute of Technology (EPFL)
School of Engineering
EPFL-STI-I2S-LASA, Station 9
1015 Lausanne, Switzerland
aude. billard@ epfl. ch

John Billingsley
University of Southern Queensland
Faculty of Engineering and Surveying
West Street
Toowoomba, QLD 4350, Australia
john. billingsley@ usq. edu. au

Rainer Bischoff
KUKA Roboter GmbH
Technology Development
Zugspitzstrasse 140
86165 Augsburg, Germany
rainer. bischoff@ kuka. com

Thomas Bock
Technical University Munich
Department of Architecture
Arcisstrasse 21
80333 Munich, Germany
thomas. bock@ br2. ar. tum. de

Adrian Bonchis
CSIRO
Department of Autonomous Systems
1 Technology Court
Pullenvale, QLD 4069, Australia
adrian. bonchis@ csiro. au

Josh Bongard
University of Vermont
Department of Computer Science
205 Farrell Hall
Burlington, VT 05405, USA
josh. bongard@ uvm. edu

Wayne J. Book
Georgia Institute of Technology
G. W. Woodruff School of Mechanical Engineering
771 Ferst Drive
Atlanta, GA 30332-0405, USA
wayne. book@ me. gatech. edu

Cynthia Breazeal
MIT Media Lab
Personal Robots Group
20 Ames Street
Cambridge, MA 02139, USA
cynthiab@ media. mit. edu

Oliver Brock
Technical University Berlin
Robotics and Biology Laboratory
Marchstrasse 23
10587 Berlin, Germany
oliver. brock@ tu-berlin. de

Alberto Broggi
University of Parma
Department of Information Technology
VialedelleScienze 181A
43100 Parma, Italy
broggi@ ce. unipr. it

Davide Brugali
University of Bergamo
Department of Computer Science and
Mathematics
Viale Marconi 5
24044 Dalmine, Italy
brugali@ unibg. it

Heinrich Bülthoff
Max-Planck-Institute for Biological Cybernetics
Human Perception, Cognition and Action
Spemannstrasse 38
72076 Tübingen, Germany
heinrich. buelthoff@ tuebingen. mpg. de

Joel W. Burdick
California Institute of Technology
Department of Mechanical Engineering
1200 East California Boulevard
Pasadena, CA 9112, USA
jwb@ robotics. caltech. edu

Wolfram Burgard
University of Freiburg
Institute of Computer Science
Georges-Koehler-Allee 79
79110 Freiburg, Germany
burgard@ informatik. uni-freiburg. de

Fabrizio Caccavale
University of Basilicata
School of Engineering
Via dell'AteneoLucano 10
85100 Potenza, Italy
fabrizio. caccavale@ unibas. it

Sylvain Calinon
Idiap Research Institute
Rue Marconi 19
1920 Martigny, Switzerland
sylvain. calinon@ idiap. ch

Raja Chatila
University Pierre et Marie Curie
Institute of Intelligent Systems and Robotics
4 Place Jussieu
75005 Paris, France
raja. chatila@ isir. upmc. fr

FrançisChaumette
Inria/Irisa
Lagadic Group
35042 Rennes, France
francois. chaumette@ inria. fr

I-Ming Chen
Nanyang Technological University
School of Mechanical and Aerospace Engineering
50 Nanyang Avenue
639798 Singapore, Singapore
michen@ ntu. edu. sg

Stefano Chiaverini
University of Cassino and Southern Lazio
Department of Electrical and Information Engineering
Via G. Di Biasio 43
03043 Cassino, Italy
chiaverini@ unicas. it

Gregory S. Chirikjian
John Hopkins University
Department of Mechanical Engineering
3400 North Charles Street
Baltimore, MD 21218-2682, USA
gchirik1@ jhu. edu

Kyu-Jin Cho
Seoul National University
Biorobotics Laboratory
1 Gwanak-ro, Gwanak-gu
Seoul, 151-744, Korea
kjcho@ sun. ac. kr

Hyun-Taek Choi
Korea Research Institute of Ships & Ocean Engineering (KRISO)
Ocean System Engineering Research Division
32 Yuseong-daero 1312 Beon-gil, Yuseong-gu
Daejeon, 305-343, Korea
htchoiphd@ gmail. com

Nak-Young Chong
Japan Advanced Institute of Science and Technology
Center for Intelligent Robotics
1-1 Asahidai, Nomi
923-1292 Ishikawa, Japan
nakyoung@ jaist. ac. jp

Howie Choset
Carnegie Mellon University
Robotics Institute
5000 Forbes Avenue
Pittsburgh, PA 15213, USA
choset@ cs. cmu. edu

Henrik I. Christensen
Georgia Institute of Technology
Robotics and Intelligent Machines
801 Atlantic Drive NW
Atlanta, GA 30332-0280, USA
hic@ cc. gatech. edu

Wendell H. Chun
University of Denver
Department of Electrical and Computer Engineering
2135 East Wesley Avenue
Denver, CO 80208, USA
wendell. chun@ du. edu

Wan Kyun Chung
POSTECH
Robotics Laboratory
KIRO 410, San 31, Hyojadong
Pohang, 790-784, Korea
wkchung@ postech. ac. kr

Woojin Chung
Korea University
Department of Mechanical Engineering
Anam-dong, Sungbuk-ku
Seoul, 136-701, Korea
smartrobot@ korea. ac. kr

Peter Corke
Queensland University of Technology
Department of Electrical Engineering and Computer Science
2 George Street
Brisbane, QLD 4001, Australia
peter. corke@ qut. edu. au

Elizabeth Croft
University of British Columbia
Department of Mechanical Engineering
6250 Applied Science Lanve
Vancouver, BC V6P 1K4, Canada
elizabeth. croft@ ubc. ca

Mark R. Cutkosky
Stanford University
Department of Mechanical Engineering
450 Serra Mall
Stanford, CA 94305, USA
cutkosky@ stanford. edu

Kostas Daniilidis
University of Pennsylvania
Department of Computer and Information Science
3330 Walnut Street
Philadelphia, PA 19104, USA
kostas@ upenn. edu

Paolo Dario
Sant'Anna School of Advanced Studies
The BioRobotics Institute
Piazza MartiridellaLibertà 34
56127 Pisa, Italy
paolo. dario@ sssup. it

Kerstin Dautenhahn
University of Hertfordshire
School of Computer Science
College Lane
Hatfield, AL10 9AB, UK
k. dautenhahn@ herts. ac. uk

Alessandro De Luca
Sapienza University of Rome
Department of Computer, Control, and Management Engineering
Via Ariosto 25
00185 Rome, Italy
deluca@ diag. uniroma1. it

Joris De Schutter
University of Leuven (KU Leuven)
Department of Mechanical Engineering
Celestijnenlaan 300
B-3001, Leuven-Heverlee, Belgium
joris. deschutter@ kuleuven. be

RüdigerDillmann
Karlsruhe Institute of Technology
Institute for Technical Informatics
Haid-und-Neu-Strasse 7
76131 Karlsruhe, Germany
dillmann@ ira. uka. de

Lixin Dong
Michigan State University
Department of Electrical and Computer Engineering

428 South Shaw Lane
East Lansing, MI 48824-1226, USA
ldong@ egr. msu. edu

Gregory Dudek
McGill University
Department of Computer Science
3480 University Street
Montreal, QC H3Y 3H4, Canada
dudek@ cim. mcgill. ca

Hugh Durrant-Whyte
University of Sydney
Australian Centre for Field Robotics (ACFR)
Sydney, NSW 2006, Australia
hugh@ acfr. usyd. edu. au

Roy Featherstone
The Australian National University
Department of Information Engineering
RSISE Building 115
Canberra, ACT 0200, Australia
roy. featherstone@ anu. edu. au

Gabor Fichtinger
Queen's University
School of Computing
25 Union Street
Kingston, ON, K7L 2N8, Canada
gabor@ cs. queensu. ca

Paolo Fiorini
University of Verona
Department of Computer Science
Strada le Grazie 15
37134 Verona, Italy
paolo. fiorini@ univr. it

Paul Fitzpatrick
Italian Institute of Technology
Robotics, Brain, and Cognitive Sciences Department
Via Morengo 30
16163 Genoa, Italy
paul. fitzpatrick@ iit. it

Luke Fletcher
Boeing Research & Technology Australia
Brisbane, QLD 4001, Australia
luke. s. fletcher@ gmail. com

Dario Floreano
Swiss Federal Institute of Technology (EPFL)
Laboratory of Intelligent Systems
LIS-IMT-STI, Station 9
1015 Lausanne, Switzerland
dario. floreano@ epfl. ch

Thor I. Fossen
Norwegian University of Science and Technology
Department of Engineering Cyberentics
O. S. Bragstadsplass 2D
7491 Trondheim, Norway
fossen@ ieee. org

Li-Chen Fu
Taiwan University
Department of Electrical Engineering
No. 1, Sec. 4, Roosevelt Road
106 Taipei, China
lichen@ ntu. edu. tw

Maxime Gautier
University of Nantes
IRCCyN, ECN
1 Rue de la Noë
44321 Nantes, France
maxime. gautier@ irccyn. ec-nantes. fr

Christos Georgoulas
Technical University Munich
Department of Architecture
Arcisstrasse 21
80333 Munich, Germany
christos. georgoulas@ br2. ar. tum. de

Martin A. Giese
University Clinic Tübingen
Department for Cognitive Neurology
Otfried-Müller-Strasse 25
72076 Tübingen, Germany
martin. giese@ uni-tuebingen. de

Ken Goldberg
University of California at Berkeley
Department of Industrial Engineering and Operations Research
425 Sutardja Dai Hall

Berkeley, CA 94720-1758, USA
goldberg@ ieor. berkeley. edu

Clément Gosselin
Laval University
Department of Mechanical Engineering
1065 Avenue de la Médecine
Quebec, QC G1K 7P4, Canada
gosselin@ gmc. ulaval. ca

Eugenio Guglielmelli
University Campus Bio-Medico of Rome
Faculty Department of Engineering
Via Alvaro del Portillo 21
00128 Rome, Italy
e. guglielmelli@ unicampus. it

Sami Haddadin
Leibniz University Hannover
Electrical Engineering and Computer Science
Appelstrasse 11
30167 Hannover, Germany
sami. haddadin@ irt. uni-hannover. de

Martin Hägele
Fraunhofer IPA
Robot Systems
Nobelstrasse 12
70569 Stuttgart, Germany
mmh@ ipa. fhg. de

Gregory D. Hager
Johns Hopkins University
Department of Computer Science
3400 North Charles Street
Baltimore, MD 21218, USA
hager@ cs. jhu. edu

William R. Hamel
University of Tennessee
Mechanical, Aerospace, and Biomedical Engineering
414 Dougherty Engineering Building
Knoxville, TN 37996-2210, USA
whamel@ utk. edu

Blake Hannaford
University of Washington
Department of Electrical Engineering
Seattle, WA 98195-2500, USA
blake@ ee. washington. edu

Kensuke Harada
National Institute of Advanced Industrial Science and Technology
Intelligent Systems Research Institute
Tsukuba Central 2, Umezono, 1-1-1
305-8568 Tsukuba, Japan
kensuke. harada@ aist. go. jp

Martial Hebert
Carnegie Mellon University
The Robotics Institute
5000 Forbes Avenue
Pittsburgh, PA 15213, USA
hebert@ ri. cmu. edu

Thomas C. Henderson
University of Utah
School of Computing
50 South Central Campus Drive
Salt Lake City, UT 84112, USA
tch@ cs. utah. edu

Eldert van Henten
Wageningen University
Wageningen UR Greenhouse Horticulture
Droevendaalsesteeg 4
6708 PB, Wageningen, The Netherlands
eldert. vanhenten@ wur. nl

Hugh Herr
MIT Media Lab
77 Massachusetts Avenue
Cambridge, MA 02139-4307, USA
hherr@ media. mit. edu

Joachim Hertzberg
Osnabrück University
Institute for Computer Science
Albrechtstrasse 28
54076 Osnabrück, Germany
joachim. hertzberg@ uos. de

Gerd Hirzinger
German Aerospace Center (DLR)
Institute of Robotics and Mechatronics
Münchner Strasse 20

82230 Wessling, Germany
gerd. hirzinger@ dlr. de

John Hollerbach
University of Utah
School of Computing
50 South Central Campus Drive
Salt Lake City, UT 84112, USA
jmh@ cs. utah. ledu

Kaijen Hsiao
Robert Bosch LLC
Research and Technology Center, Palo Alto
4005 Miranda Avenue
Palo Alto, CA 94304, USA
kaijenhsiao@ gmail. com

Tian Huang
Tianjin University
Department of Mechanical Engineering
92 Weijin Road, Naukai
300072 Tianjin, China
tianhuang@ tju. edu. cn

Christoph Hürzeler
Alstom Power Thermal Services
Automation and Robotics R&D
Brown Boveri Strasse 7
5401 Baden, Switzerland
christoph. huerzeler@ power. alstom. com

Phil Husbands
University of Sussex
Department of Informatics
Brighton, BN1 9QH, UK
philh@ sussex. ac. uk

Seth Hutchinson
University of Illinois
Department of Electrical and Computer Engineering
1308 West Main Street
Urbana-Champaign, IL 61801, USA
seth@ illinois. edu

Karl Iagnemma
Massachusetts Institute of Technology
Laboratory for Manufacturing and Productivity
77 Massachusetts Avenue
Cambridge, MA 02139, USA
kdi@ mit. edu

Fumiya Iida
University of Cambridge
Department of Engineering
Trumpington Street
Cambridge, CB2 1PZ, UK
fumiya. iida@ eng. cam. ac. uk

Auke Jan Ijspeert
Swiss Federal Institute of Technology (EPFL)
School of Engineering
MED 1, 1226, Station 9
1015 Lausanne, Switzerland
auke. ijspeert@ epfl. ch

GenyaIshigami
Keio University
Department of Mechanical Engineering
3-14-1 Hiyoshi
223-8522 Yokohama, Japan
ishigami@ mech. keio. ac. jp

Michael Jenkin
York University
Department of Electrical Engineering and Computer Science
4700 Keele Street
Toronto, ON M3J 1P3, Canada
jenkin@ cse. yorku. ca

ShuujiKajita
National Institute of Advanced Industrial Science and Technology (AIST)
Intelligent Systems Research Institute
1-1-1 Umezono
305-8586 Tsukuba, Japan
s. kajita@ aist. go. jp

Takayuki Kanda
Advanced Telecommunications Research (ATR) Institute International
Intelligent Robotics and Communication Laboratories
2-2-2 Hikaridai, Seikacho, Sorakugun
619-0288 Kyoto, Japan
kanda@ atr. jp

Makoto Kaneko
Osaka University
Department of Mechanical Engineering
2-1 Yamadaoka
565-0871 Suita, Japan
mk@ mech. eng. osaka-u. ac. jp

Sung-Chul Kang
Korea Institute of Science and Technology
Center for Bionics
39-1 Hawolgok-dong, Wolsong-gil 5
Seoul, Seongbuk-gu, Korea
kasch@ kist. re. kr

Imin Kao
Stony Brook University
Department of Mechanical Engineering
167 Light Engineering
Stony Brook, NY 11794-2300, USA
imin. kao@ stonybrook. edu

Lydia E. Kavraki
Rice University
Department of Computer Science
6100 Main Street
Houston, TX 77005, USA
kavraki@ rice. edu

Charles C. Kemp
Georgia Institute of Technology and Emory University
313 Ferst Drive
Atlanta, GA 30332-0535, USA
charlie. kemp@ bme. gatech. edu

Wisama Khalil
University of Nantes
IRCCyN, ECN
1 Rue de la Noë
44321 Nantes, France
wisama. khalil@ irccyn. ec-nantes. fr

Oussama Khatib
Stanford University
Department of Computer Sciences,
Artificial Intelligence Laboratory
450 Serra Mall
Stanford, CA 94305, USA
khatib@ cs. stanford. edu

Lindsay Kleeman
Monash University
Department of Electrical and Computer Systems Engineering
Melbourne, VIC 3800, Australia
kleeman@ eng. monash. edu. au

Alexander Kleiner
Linköping University
Department of Computer Science
58183 Linköping, Sweden
alexander. kleiner@ liu. se

Jens Kober
Delft University of Technology
Delft Center for Systems and Control
Mekelweg 2
2628 CD, Delft, The Netherlands
j. kober@ tudelft. nl

Kurt Konolige
Google, Inc.
1600 Amphitheatre Parkway
Mountain View, CA 94043, USA
konolige@ gmail. com

David Kortenkamp
TRACLabs Inc
1012 Hercules Drive
Houston, TX 77058, USA
korten@ traclabs. com

Kazuhiro Kosuge
Tohoku University
System Robotics Laboratory
Aoba 6-6-01, Aramaki
980-8579 Sendai, Japan
kosuge@ irs. mech. tohoku. ac. jp

Danica Kragic
Royal Institute of Technology (KTH)
Centre for Autonomous Systems
CSC-CAS/CVAP
10044 Stockholm, Sweden
dani@ kth. se

TorstenKröger
Google Inc.
1600 Amphitheatre Parkway

Mountain View, CA 94043, USA
t@ kroe. org

Roman Kuc
Yale University
Department of Electrical Engineering
10 Hillhouse Avenue
New Haven, CT 06520-8267, USA
kuc@ yale. edu

James Kuffner
Carnegie Mellon University
The Robotics Institute
5000 Forbes Avenue
Pittsburgh, PA 15213-3891, USA
kuffner@ cs. cmu. edu

Scott Kuindersma
Harvard University
Maxwell-Dworkin 151, 33 Oxford Street
Cambridge, MA 02138, USA
scottk@ seas. harvard. edu

Vijay Kumar
University of Pennsylvania
Department of Mechanical Engineering and
Applied Mechanics
220 South 33rd Street
Philadelphia, PA 19104-6315, USA
kumar@ seas. upenn. edu

Steven M. LaValle
University of Illinois
Department of Computer Science
201 North Goodwin Avenue, 3318 Siebel Center
Urbana, IL 61801, USA
lavalle@ cs. uiuc. edu

FlorantLamiraux
LAAS-CNRS
7 Avenue du Colonel Roche
31077 Toulouse, France
florent@ laas. fr

Roberto Lampariello
German Aerospace Center (DLR)
Institute of Robotics and Mechatronics
Münchner Strasse 20
82234 Wessling, Germany
roberto. lampariello@ dlr. de

Christian Laugier
INRIA Grenoble Rhône-Alpes
655 Avenue de l'Europe
38334 Saint Ismier, France
christian. laugier@ inria. fr

Jean-Paul Laumond
LAAS-CNRS
7 Avenue du Colonel Roche
31077 Toulouse, France
jpl@ laas. fr

Daniel D. Lee
University of Pennsylvania
Department of Electrical Systems Engineering
460 Levine, 200 South 33rd Street
Philadelphia, PA 19104, USA
ddlee@ seas. upenn. edu

Dongjun Lee
Seoul National University
Department of Mechanical and Aerospace
Engineering
301 Engineering Building, Gwanak-ro 599,
Gwanak-gu
Seoul, 51-742, Korea
djlee@ snu. ac. kr

Roland Lenain
IRSTEA
Department of Ecotechnology
9 Avenue Blaise Pascal-CS20085
63178 Aubiere, France
roland. lenain@ irstea. fr

David Lentink
Stanford University
Department of Mechanical Engineering
416 Escondido Mall
Stanford, CA 94305, USA
dlentink@ stanford. edu

John J. Leonard
Massachusetts Institute of Technology
Department of Mechanical Engineering
5-214 77 Massachusetts Avenue
Cambridge, MA 02139, USA

jleonard@ mit. edu

AlešLeonardis
University of Birmingham
Department of Computer Science
Edgbaston
Birmingham, B15 2TT, UK
a. leonardis@ cs. bham. ac. uk

Stefan Leutenegger
Imperial College London
South Kensington Campus, Department of Computing
London, SW7 2AZ, UK
s. leutenegger@ imperial. ac. uk

Kevin M. Lynch
Northwestern University
Department of Mechanical Engineering
2145 Sheridan Road
Evanston, IL 60208, USA
kmlynch@ northwestern. edu

Anthony A. Maciejewski
Colorado State University
Department of Electrical and Computer Engineering
Fort Collins, CO 80523-1373, USA
aam@ colostate. edu

Robert Mahony
Australian National University (ANU)
Research School of Engineering
115 North Road
Canberra, ACT 2601, Australia
robert. mahony@ anu. edu. au

Joshua A. Marshall
Queen's University
The Robert M. Buchan Department of Mining
25 Union Street
Kingston, ON K7L 3N6, Canada
joshua. marshall@ queensu. ca

Maja J. Matarić
University of Southern California
Computer Science Department
3650 McClintock Avenue
Los Angeles, CA 90089, USA
mataric@ usc. edu

Yoshio Matsumoto
National Institute of Advanced Industrial Science and Technology (AIST)
Robot Innovation Research Center
1-1-1 Umezono
305-8568 Tsukuba, Japan
yoshio. matsumoto@ aist. go. jp

J. Michael McCarthy
University of California at Irvine
Department of Mechanical Engineering
5200 Engineering Hall
Irvine, CA 92697-3975, USA
jmmccart@ uci. edu

Claudio Melchiorri
University of Bologna
Laboratory of Automation and Robotics
Via Risorgimento 2
40136 Bologna, Italy
claudio. melchiorri@ unibo. it

Arianna Menciassi
Sant'Anna School of Advanced Studies
The BioRobotics Institute
Piazza MartiridellaLibertà 34
56127 Pisa, Italy
a. menciassi@ sssup. it

Jean-Pierre Merlet
INRIA Sophia-Antipolis
2004 Route des Lucioles
06560 Sophia-Antipolis, France
jean-pierre. merlet@ sophia. inria. fr

Giorgio Metta
Italian Institute of Technology
iCub Facility
Via Morego 30
16163 Genoa, Italy
giorgio. metta@ iit. it

François Michaud
University of Sherbrooke
Department of Electrical Engineering and Computer Engineering
2500 Boul. Université

Sherbrooke, J1N4E5, Canada
francois. michaud@ usherbrooke. ca

David P. Miller
University of Oklahoma
School of Aerospace and Mechanical Engineering
865 Asp Avenue
Norman, OK 73019, USA
dpmiller@ ou. edu

Javier Minguez
University of Zaragoza
Department of Computer Science and Systems Engineering
C/María de Luna 1
50018 Zaragoza, Spain
jminguez@ unizar. es

Pascal Morin
University Pierre and Marie Curie
Institute for Intelligent Systems and Robotics
4 Place Jussieu
75005 Paris, France
morin@ isir. upmc. fr

Mario E. Munich
iRobot Corp.
1055 East Colorado Boulevard, Suite 340
Pasadena, CA 91106, USA
mariomu@ ieee. org

Robin R. Murphy
Texas A&M University
Department of Computer Science and Engineering
333 H. R. Bright Building
College Station, TX 77843-3112, USA
murphy@ cse. tamu. edu

Bilge Mutlu
University of Wisconsin-Madison
Department of Computer Sciences
1210 West Dayton Street
Madison, WI 53706, USA
bilge@ cs. wisc. edu

KeijiNagatani
Tohoku University
Department of Aerospace Engineering,
Graduate School of Engineering
6-6-01, Aramakiaza Aoba
980-8579 Sendai, Japan
keiji@ ieee. org

Daniele Nardi
Sapienza University of Rome
Department of Computer, Control, and Management Engineering
Via Ariosto 25
00185 Rome, Italy
nardi@ dis. uniroma1. it

Eduardo Nebot
University of Sydney
Department of Aerospace, Mechanical and Mechatronic Engineering
Sydney, NSW 2006, Australia
eduardo. nebot@ sydney. edu. au

Bradley J. Nelson
ETH Zurich
Institute of Robotics and Intelligent Systems
Tannenstrasse 3
8092 Zurich, Switzerland
bnelson@ ethz. ch

Duy Nguyen-Tuong
Robert Bosch GmbH
Corporate Research
Wernerstrasse 51
70469 Stuttgart, Germany
duy@ robot-learning. de

Monica Nicolescu
University of Nevada
Department of Computer Science and Engineering
1664 North Virginia Street, MS 171
Reno, NV 8955, USA
monica@ unr. edu

Günter Niemeyer
Disney Research
1401 Flower Street
Glendale, CA 91201-5020, USA
gunter. niemeyer@ email. disney. com

Klas Nilsson
Lund Institute of Technology
Department of Computer Science

22100 Lund, Sweden
klas. nilsson@ cs. lth. se

Stefano Nolfi
National Research Council (CNR)
Institute of Cognitive Sciences and Technologies
Via S. Martino della Battaglia 44
00185 Rome, Italy
stefano. nolfi@ istc. cnr. it

IllahNourbakhsh
Carnegie Mellon University
Robotics Institute
500 Forbes Avenue
Pittsburgh, PA 15213-3890, USA
illah@ andrew. cmu. edu

Andreas Nüchter
University of Würzburg
Informatics VII-Robotics and Telematics
Am Hubland
97074 Würzburg, Germany
andreas@ nuechti. de

Paul Y. Oh
University of Nevada
Department of Mechanical Engineering
3141 Chestnut Street
Las Vegas, PA 19104, USA
paul@ coe. drexel. edu

Yoshito Okada
Tohoku University
Department of Aerospace Engineering,
Graduate School of Engineering
6-6-01, Aramakiaza Aoba
980-8579 Sendai, Japan
okada@ rm. is. tohoku. ac. jp

Allison M. Okamura
Stanford University
Department of Mechanical Engineering
416 Escondido Mall
Stanford, CA 94305-2203, USA
aokamura@ stanford. edu

Fiorella Operto
Scuola di Robotica
Piazza Monastero 4
16149 Genoa, Italy
operto@ scuoladirobotica. it

David E. Orin
The Ohio State University
Department of Electrical and Computer Engineering
2015 Neil Avenue
Columbus, OH 43210-1272, USA
orin. 1@ osu. edu

Giuseppe Oriolo
University of Rome "La Sapienza"
Department of Computer, Control, and Management Engineering
Via Ariosto 25
00185 Rome, Italy
oriolo@ diag. uniroma1. it

Christian Ott
German Aerospace Center (DLR)
Institute of Robotics and Mechatronics
Münchner Strasse 20
82234 Wessling, Germany
christian. ott@ dlr. de

ÜmitÖzgÜner
Ohio State University
Department of Electrical and Computer Engineering
2015 Neil Avenue
Columbus, OH 43210, USA
umit@ ee. eng. ohio-state. edu

Nikolaos Papanikolopoulos
University of Minnesota
Department of Computer Science and Engineering
200 Union Street SE
Minneapolis, MN 55455, USA
npapas@ cs. umn. edu

Frank C. Park
Seoul National University
Mechanical and Aerospace Engineering
Kwanak-ku, Shinlim-dong, San 56-1
Seoul, 151-742, Korea
fcp@ snu. ac. kr

Jaeheung Park
Seoul National University
Department of Transdisciplinary Studies
Gwanggyo-ro 145, Yeongtong-gu
Suwon, Korea
park73@ snu. ac. kr

Lynne E. Parker
University of Tennessee
Department of Electrical Engineering and Computer Science
1520 Middle Drive
Knoxville, TN 37996, USA
leparker@ utk. edu

Federico Pecora
University of Örebro
School of Science and Technology
Fakultetsgatan 1
70182 Örebro, Sweden
federico. pecora@ oru. se

Jan Peters
Technical University Darmstadt
Autonomous Systems Lab
Hochschulstrasse 10
64289 Darmstadt, Germany
mail@ jan-peters. net

Anna Petrovskaya
Stanford University
Department of Computer Science
353 Serra Mall
Stanford, CA 94305, USA
anya@ cs. stanford. edu

J. Norberto Pires
University of Coimbra
Department of Mechanical Engineering
Palácio dos Grilos, Rua da Ilha
3000-214 Coimbra, Portugal
norberto@ uc. pt

Paolo Pirjanian
iRobot Corp.
8 Crosby Drive
Bedford, MA 01730, USA
paolo. pirjanian@ gmail. com

Erwin Prassler
Bonn-Rhein-Sieg Univ. of Applied Sciences
Department of Computer Sciences
Grantham-Allee 20
53754 Sankt Augustin, Germany
erwin. prassler@ h-brs. de

Domenico Prattichizzo
University of Siena
Department of Information Engineering
Via Roma 56
53100 Siena, Italy
prattichizzo@ ing. unisi. it

Carsten Preusche
German Aerospace Center (DLR)
Institute of Robotics and Mechatronics
Münchner Strasse 20
82234 Wessling, Germany
carsten. preusche@ dlr. de

William Provancher
University of Utah
Department of Mechanical Engineering
50 South Central Campus Drive
Salt Lake City, UT 84112-9208, USA
wil@ mech. utah. edu

John Reid
John Deere Co.
Moline Technology Innovation Center
One John Deere Place
Moline, IL 61265, USA
reidjohnf@ johndeere. com

David J. Reinkensmeyer
University of California at Irvine
Mechanical and Aerospace Engineering and Anatomy and Neurobiology
4200 Engineering Gateway
Irvine, CA 92697-3875, USA
dreinken@ uci. edu

Jonathan Roberts
Queensland University of Technology
Department of Electrical Engineering and Computer Science
2 George Street
Brisbane, QLD 4001, Australia
jonathan.roberts@qut.edu.au

Nicholas Roy
Massachusetts Institute of Technology
Department of Aeronautics and Astronautics
77 Massachusetts Avenue 33-315
Cambridge, MA 02139, USA
nickroy@csail.mit.edu

Daniela Rus
Massachusetts Institute of Technology
CSAIL Center for Robotics
32 Vassar Street
Cambridge, MA 02139, USA
rus@csail.mit.edu

Selma Šabanović
Indiana University Bloomington
School of Informatics and Computing
919 East 10th Street
Bloomington, IN 47408, USA
selmas@indiana.edu

Kamel S. Saidi
National Institute of Standards and Technology
Building and Fire Research Laboratory
100 Bureau Drive
Gaitherbsurg, MD 20899-1070, USA
kamel.saidi@nist.gov

Claude Samson
INRIA Sophia-Antipolis
2004 Route des Lucioles
06560 Sophia-Antipolis, France
claude.samson@inria.fr

Brian Scassellati
Yale University
Computer Science, Cognitive Science, and Mechanical Engineering
51 Prospect Street
New Haven, CT 06520-8285, USA
scaz@cs.yale.edu

Stefan Schaal
University of Southern California
Depts. of Computer Science, Neuroscience, and Biomedical Engineering
3710 South McClintock Avenue
Los Angeles, CA 90089-2905, USA
sschaal@tuebingen.mpg.de

Steven Scheding
University of Sydney
Rio Tinto Centre for Mine Automation
Sydney, NSW 2006, Australia
steven.scheding@sydney.edu.au

Victor Scheinman
Stanford University
Department of Mechanical Engineering
440 Escondido Mall
Stanford, CA 94305-3030, USA
vds@stanford.edu

Bernt Schiele
Saarland University
Department of Computer Science
Campus E1 4
66123 Saarbrücken, Germany
schiele@mpi-inf.mpg.de

James Schmiedeler
University of Notre Dame
Department of Aerospace and Mechanical Engineering
Notre Dame, IN 46556, USA
schmiedeler.4@nd.edu

Bruno Siciliano
University of Naples Federico II
Department of Electrical Engineering and Information Technology
Via Claudio 21
80125 Naples, Italy
bruno.siciliano@unina.it

Roland Siegwart
ETH Zurich
Department of Mechanical Engineering
Leonhardstrasse 21
8092 Zurich, Switzerland
rsiegwart@ethz.ch

Reid Simmons
Carnegie Mellon University
The Robotics Institute
5000 Forbes Avenue
Pittsburgh, PA 15213, USA
reids@ cs. cmu. edu

Patrick van der Smagt
Technical University Munich
Department of Computer Science, BRML Labs
Arcisstrasse 21
80333 Munich, Germany
smagt@ brml. org

Dezhen Song
Texas A&M University
Department of Computer Science
311B H. R. Bright Building
College Station, TX 77843-3112, USA
dzsong@ cs. tamu. edu

Jae-Bok Song
Korea University
Department of Mechanical Engineering
Anam-ro 145, Seongbuk-gu
Seoul, 136-713, Korea
jbsong@ korea. ac. kr

CyrillStachniss
University of Bonn
Institute for Geodesy and Geoinformation
Nussallee 15
53115 Bonn, Germany
cyrill. stachniss@ igg. uni-bonn. de

Michael Stark
Max Planck Institute of Informatics
Department of Computer Vision and Multimodal Computing
Campus E1 4
66123 Saarbrücken, Germany
stark@ mpi-inf. mpg. de

Amanda K. Stowers
Stanford University
Department Mechanical Engineering
416 Escondido Mall
Stanford, CA 94305-3030, USA
astowers@ stanford. edu

Stefano Stramigioli
University of Twente
Faculty of Electrical Engineering, Mathematics & Computer Science, Control Laboratory
7500 AE, Enschede, The Netherlands
s. stramigioli@ utwente. nl

Gaurav S. Sukhatme
University of Southern California
Department of Computer Science
3710 South McClintock Avenue
Los Angeles, CA 90089-2905, USA
gaurav@ usc. edu

Satoshi Tadokoro
Tohoku University
Graduate School of Information Sciences
6-6-01 Aramaki Aza Aoba, Aoba-ku
980-8579 Sendai, Japan
tadokoro@ rm. is. tohoku. ac. jp

Wataru Takano
University of Tokyo
Department of Mechano-Informatics
7-3-1 Hongo, Bunkyo-ku
113-8656 Tokyo, Japan
takano@ ynl. t. u-tokyo. ac. jp

Russell H. Taylor
The Johns Hopkins University
Department of Computer Science
3400 North Charles Street
Baltimore, MD 21218, USA
rht@ jhu. edu

Russ Tedrake
Massachusetts Institute of Technology
Computer Science and Artificial Intelligence Laboratory (CSAIL)
The Stata Center, Vassar Street
Cambridge, MA 02139, USA
russt@ csail. mit. edu

Sebastian Thrun
Udacity Inc.
2465 Latham Street, 3rd Floor
Mountain View, CA 94040, USA
info@ udacity. com

Marc Toussaint
University of Stuttgart
Machine Learning and Robotics Lab
Universitätsstrasse 38
70569 Stuttgart, Germany
marc. toussaint@ ipvs. uni-stuttgart. de

James Trevelyan
The University of Western Australia
School of Mechanical and Chemical Engineering
35 Stirling Highway
Crawley, WA 6009, Australia
james. trevelyan@ uwa. edu. au

Jeffrey C. Trinkle
Rensselaer Polytechnic Institute
Department of Computer Science
110 8th Street
Troy, NY 12180-3590, USA
trink@ cs. rpi. edu

Masaru Uchiyama
Tohoku University
Graduate School of Engineering
6-6-01 Aobayama
980-8579 Sendai, Japan
uchiyama@ space. mech. tohoku. ac. jp

H. F. Machiel Van der Loos
University of British Columbia
Department of Mechanical Engineering
2054-6250 Applied Science Lane
Vancouver, BC V6T 1Z4, Canada
vdl@ mech. ubc. ca

Manuela Veloso
Carnegie Mellon University
Computer Science Department
5000 Forbes Avenue
Pittsburgh, PA 15213, USA
mmv@ cs. cmu. edu

Gianmarco Veruggio
National Research Council (CNR)
Institute of Electronics, Computer and
Telecommunication Engineering
Via De Marini 6
16149 Genoa, Italy
gianmarco@ veruggio. it

Luigi Villani
University of Naples Federico II
Department of Electrical Engineering and
Information Technology
Via Claudio 21
80125 Naples, Italy
luigi. villani@ unina. it

Kenneth J. Waldron
University of Technology Sydney
Centre of Mechatronics and Intelligent Systems
City Campus, 15 Broadway
Ultimo, NSW 2001, Australia
kenneth. waldron@ uts. edu. au

Ian D. Walker
Clemson University
Department of Electrical and Computer
Engineering
105 Riggs Hall
Clemson, SC 29634, USA
ianw@ ces. clemson. edu

Christian Wallraven
Korea University
Department of Brain and Cognitive Engineering,
Cognitive Systems Lab
Anam-Dong 5ga, Seongbuk-gu
Seoul, 136-713, Korea
wallraven@ korea. ac. kr

Pierre-Brice Wieber
INRIA Grenoble Rhône-Alpes
655 Avenue de l'Europe
38334 Grenoble, France
pierre-brice. wieber@ inria. fr

Brian Wilcox
California Institute of Technology
Jet Propulsion Laboratory
4800 Oak Ridge Grove Drive
Pasadena, CA 91109, USA
brian. h. wilcox@ jpl. nasa. gov

Robert Wood
Harvard University
School of Engineering and Applied Sciences
149 Maxwell-Dworkin
Cambridge, MA 02138, USA

rjwood@ seas. harvard. edu

Jing Xiao
University of North Carolina
Department of Computer Science
Woodward Hall
Charlotte, NC 28223, USA
xiao@ uncc. edu

Katsu Yamane
Disney Research
4720 Forbes Avenue, Suite 110
Pittsburgh, PA 15213, USA
kyamane@ disneyresearch. com

Mark Yim
University of Pennsylvania
Department of Mechanical Engineering and
Applied Mechanics
220 South 33rd Street
Philadelphia, PA 19104, USA
yim@ seas. upenn. edu

Dana R. Yoerger
Woods Hole Oceanographic Institution
Applied Ocean Physics & Engineering
266 Woods Hole Road
Woods Hole, MA 02543-1050, USA
dyoerger@ whoi. edu

Kazuhito Yokoi
AIST Tsukuba Central 2
Intelligent Systems Research Institute
1-1-1 Umezono
305-8568 Tsukuba, Ibaraki, Japan
kazuhito. yokoi@ aist. go. jp

Eiichi Yoshida
National Institute of Advanced Industrial Science
and Technology (AIST)
CNRS-AIST Joint Robotics Laboratory, UMI3218/CRT
1-1-1 Umezono
305-8568 Tsukuba, Ibaraki, Japan
e. yoshida@ aist. go. jp

Kazuya Yoshida
Tohoku University
Department of Aerospace Engineering
Aoba 01
980-8579 Sendai, Japan
yoshida@ astro. mech. tohoku. ac. jp

Junku Yuh
Korea Institute of Science and Technology
National Agenda Research Division
Hwarangno 14-gil 5, Seongbuk-gu
Seoul, 136-791, Korea
yuh. junku@ gmail. com

Alex Zelinsky
Department of Defence
DST Group Headquarters
72-2-03, 24 Scherger Drive
Canberra, ACT 2609, Australia
alexzelinsky@ yahoo. com

缩略词列表

k-NN	k-nearest neighbor	k 阶最近邻域
2.5-D	two-and-a-half-dimensional	两维半
3-D-NDT	three-dimensional normal distributions transform	三维正态分布变换
6R	six-revolute	6 个转动副
7R	seven-revolute	7 个转动副

A

A&F	agriculture and forestry	农业和林业（简称：农林）
AA	agonist-antagonist	激发剂-拮抗剂
AAAI	American Association for Artificial Intelligence	美国人工智能协会
AAAI	Association for the Advancement of Artificial Intelligence	人工智能促进协会
AAL	ambient assisted living	环境辅助生活
ABA	articulated-body algorithm	关节体算法
ABF	artificial bacterial flagella	人工细菌鞭毛
ABRT	automated bus rapid transit	自动公共汽车快速交通（自动快速公交）
ABS	acrylonitrile-butadiene-styrene	丙烯腈-丁二烯-苯乙烯
AC	aerodynamic center	空气动力中心
AC	alternating current	交流电
ACARP	Australian Coal Association Research Program	澳大利亚煤炭协会研究计划
ACBS	automatic constructions building system	自动施工建造系统
ACC	adaptive cruise control	自适应巡航控制
ACFV	autonomouscombat flying vehicle	自主战斗飞行器
ACM	active chord mechanism	主动和弦机构
ACM	active cord mechanism	主动绳索机构
ACT	anatomically correct testbed	人体工程学试验台
ADAS	advanced driving assistance system	高级驾驶辅助系统
ADC	analog digital conveter	模-数转换器
ADCP	acoustic Doppler current profiler	声学多普勒流速分析仪
ADL	activities for daily living	日常活动
ADSL	asymmetric digital subscriber line	非对称数字用户线
AFC	alkaline fuel cell	碱性燃料电池
AFC	armoured (or articulated) face conveyor	铠装（或铰接）端面输送机
AFM	atomic force microscope	原子力显微镜
AFV	autonomous flying vehicle	自主飞行器
AGV	autonomous guided vehicle	自动导引车
AHRS	attitude and heading reference system	姿态和航向参考系统
AHS	advanced highway system	先进公路系统
AI	artificial intelligence	人工智能
AIAA	American Institute of Aeronautics and Astronautics	美国航空航天学会
AIM	assembly incidence matrix	装配关联矩阵
AIP	air-independent power	空气独立电源
AIP	anterior intraparietal sulcus	前顶内沟
AIP	anterior interparietal area	顶叶前区
AIS	artificial intelligence system	人工智能系统

AIST	Institute of Advanced Industrial Scienceand Technology	先进工业科学技术研究所
AIST	Japan National Institute of Advanced Industrial Science and Technology	日本国家先进工业科学技术研究所
AIST	National Institute of Advanced Industrial Science and Technology (Japan)	国家先进工业科学技术研究所（日本）
AIT	anterior inferotemporal cortex	前下颞皮质
ALEX	active leg exoskeleton	主动腿外骨骼
AM	actuator for manipulation	操纵驱动器
AMASC	actuator with mechanically adjustableseries compliance	机械可调串联柔度驱动器
AMC	Association for Computing Machinery	计算机协会
AMD	autonomous mental development	自主心智发展
AMM	audio-motor map	音频马达图
ANN	artificial neural network	人工神经网络
AOA	angle of attack	迎角
AP	antipersonnel	防步兵
APF	annealed particle filter	退火粒子滤波器
APG	adjustable pattern generator	可调模式发生器
API	application programming interface	应用程序接口
APOC	allowing dynamic selection and changes	允许动态选择和变更
AR	auto regressive	自回归
aRDnet	agile robot development network	敏捷机器人开发网络
ARM	Acorn RISC machine architecture	Acorn RISC 机器架构
ARM	assistive robot service manipulator	辅助机器人服务操作臂
ARX	auto regressive estimator	自回归估计器
ASAP	adaptive sampling and prediction	自适应采样与预测
ASCII	American standard code for information interchange	美国标准信息交换码
ASD	autism spectrum disorder	孤独症谱系障碍
ASIC	application-specific integrated circuit	专用集成电路
ASIMO	advanced step in innovative mobility	创新机动的先进步骤
ASK	amplitude shift keying	幅移键控
ASL	autonomous systems laboratory	自主系统实验室
ASM	advanced servomanipulator	高级伺服操作臂
ASN	active sensor network	有源传感器网络
ASR	automatic spoken-language recognition	自动口语识别
ASR	automatic speech recognition	自动语音识别
ASTRO	autonomous space transport robotic operations	自主空间运输机器人操作
ASV	adaptive suspension vehicle	自适应悬架车辆
ASyMTRe	automated synthesis of multirobot task solutions through softwarere configuration	通过软件重构自动合成多机器人任务方案
AT	anti-tank mine	防坦克
ATHLETE	all-terrain hex-legged extra-terrestrial explorer	全地形六腿星际探测器
ATLANTIS	a three layer architecture for navigating through intricate situations	用于在复杂情况下导航的三层体系架构
ATLSS	advanced technology for large structural systems	大型结构系统先进技术
ATR	automatic target recognition	自动目标识别
AuRA	autonomous robot architecture	自主机器人体系架构
AUV	autonomous underwater vehicle	自主水下航行器（自主水下机器人）
AUVAC	Autonomous Undersea Vehicles Application Center	自主水下航行器应用中心
AUVSI	Association for Unmanned Vehicle Systems International	国际无人机系统协会
AV	anti-vehicle	防车辆

B

B/S	browser/server	浏览器/服务器
B2B	business to business	企业对企业
BCI	brain-computer interface	脑机接口
BE	body extender	身体扩展器
BEMT	blade element momentum theory	叶素动量理论
BEST	boosting engineering science and technology	促进工程科学和技术的发展
BET	blade element theory	叶素理论
BFA	bending fluidic actuator	弯曲流体驱动器
BFP	best-first-planner	最优规划器
BI	brain imaging	脑成像
BIP	behavior-interaction-priority	行为交互优先级
BLE	broadcast of local eligibility	本地适任度广播
BLEEX	Berkely exoskeleton	伯克利外骨骼
BLUE	best linear unbiased estimator	最佳线性无偏估计器
BML	behavior mark-up language	行为标记语言
BMS	battery management system	电池管理系统
BN	Bayesian network	贝叶斯网络
BOM	bill of material	物料清单
BoW	bag-of-word	词袋
BP	behavior primitive	行为原语
BP	base plate	基座
BRICS	best practice in robotics	机器人技术最佳实践
BRT	bus rapid transit	公共汽车快速交通（快速公交）
BWSTT	body-weight supported treadmill training	负重跑步机训练

C

CJ	cylindrical joint	圆柱副
C/A	coarse-acquisition	粗采集
C/S	client/server	客户端/服务器
CA	collision avoidance	防撞（避免冲突）
CACC	cooperative adaptive cruise control	协作自适应巡航控制
CAD	computer-aided drafting	计算机辅助绘图
CAD	computer-aided design	计算机辅助设计
CAE	computer-aided engineering	计算机辅助工程
CALM	communication access for land mobiles	陆地移动通信接入
CAM	computer-aided manufacturing	计算机辅助制造
CAN	controller area network	控制器局域网
CARD	computer-aided remote driving	计算机辅助远程驾驶
CARE	coordination action for robotics in Europe	欧洲机器人技术协作行动
CASA	Civil Aviation Safety Authority	民航安全局
CASALA	Centre for Affective Solutions for Ambient Living Awareness	环境生活意识情感解决方案中心
CASPER	continuous activity scheduling, planning, execution and replanning	持续的活动调度、规划、执行和重新规划
CAT	collision avoidance technology	防撞技术
CAT	computer-aided tomography	计算机辅助层析
CB	computional brain	计算脑
CB	cluster bomb	集束炸弹
CBNRE	chemical, biological, nuclear, radiological, or explosive	化学、生物、辐射、核或爆炸
CC	compression criterion	压缩准则
CCD	charge-coupled device	电荷耦合器件
CCD	charge-coupled detector	电荷耦合检测器

CCI	control command interpreter	控制命令解释器
CCP	coverage configuration protocol	覆盖配置协议
CCT	conservative congruence transformation	保守同构变换
CCW	counterclockwise	逆时针旋转
CC&D	camouflage, concealment, and deception	伪装性、隐蔽性和欺骗性
CD	collision detection	碰撞检测
CD	committee draft	委员会草案
CD	compact disc	光盘
CDC	cardinal direction calculus	基向计算
CDOM	colored dissolved organic matter	有色溶解有机物
CE	computer ethic	计算机伦理学
CEA	Commissariat à l'Énergie Atomique	法国原子能委员会
CEA	Atomic Energy Commission	原子能委员会
CEBOT	cellular robotic system	胞元机器人系统
CEC	Congress on Evolutionary Computation	进化计算大会
CEPE	Computer Ethics Philosophical Enquiry	计算机伦理哲学探究
CES	Consumer Electronics Show	消费电子展
CF	carbon fiber	碳纤维
CF	contact formation	接触形式
CF	climbing fiber	攀缘纤维
CFD	computational fluid dynamics	计算流体动力学
CFRP	carbon fiber reinforced prepreg	碳纤维增强预浸料
CFRP	carbon fiber reinforced plastic	碳纤维增强塑料
CG	computer graphics	计算机图形学
CGI	common gateway interface	公共网关接口
CHMM	coupled hidden Markov model	耦合隐马尔可夫模型
CHMM	continuous hidden Markov model	连续隐马尔可夫模型
CIC	computer integrated construction	计算机集成建造
CIE	International Commission on Illumination	国际照明委员会
CIP	Children's Innovation Project	儿童创新项目
CIRCA	cooperative intelligent real-time control architecture	协同智能实时控制架构
CIS	computer-integrated surgery	计算机集成外科手术
CLARAty	coupled layered architecture for robotautonomy	机器人自主耦合分层架构
CLEaR	closed-loop execution and recovery	闭环执行和恢复
CLIK	closed-loop inverse kinematics	闭环逆运动学
CMAC	cerebellar model articulation controller	小脑模型关节控制器
CMC	ceramic matrix composite	陶瓷基复合材料
CML	concurrent-mapping and localization	并发映射与定位
CMM	coordinate measurement machine	坐标测量机
CMOMMT	cooperative multirobot observation of multiple moving target	多机器人协同观测多个移动目标
CMOS	complementary metal-oxide-semiconductor	互补金属氧化物半导体
CMP	centroid moment pivot	质心力矩枢轴
CMTE	Cooperative Research Centre for Mining Technology and Equipment	采矿技术与设备合作研究中心
CMU	Carnegie Mellon University	卡内基梅隆大学
CNC	computer numerical control	计算机数控
CNN	convolutional neural network	卷积神经网络
CNP	contract net protocol	合同网协议
CNRS	Centre National de la Recherche Scientifique	国家科学研究中心
CNT	carbon nanotube	碳纳米管
COCO	common objects in context	背景中的常见对象

CoG	center of gravity	重心
CoM	center of mass	质心
COMAN	compliant humanoid platform	柔性仿人平台
COMEST	Commission mondialed' éthique desconnaissancess cientifiques et destechnologies	世界科学知识与技术伦理委员会
COMINT	communication intelligence	通信情报
CONE	Collaborative Observatory for Nature Environments	自然环境合作观测站
CoP	center of pressure	压力中心
CoR	center of rotation	旋转中心
CORBA	common object request broker architecture	通用对象请求代理体系架构
CORS	continuous operating reference station	连续运行参考站
COT	cost of transport	运费
COTS	commercial off-the-shelf	商用现货
COV	characteristic output vector	特征输出向量
CP	complementarity problem	互补性问题
CP	capture point	捕获点
CP	continuous path	连续路径
CP	cerebral palsy	脑瘫
CPG	central pattern generation	中枢模式生成
CPG	central pattern generator	中枢模式发生器
CPS	cyber physical system	信息物理系统（赛博系统）
CPSR	Computer Professional for Social Responsibility	计算机社会责任专家联盟
CPU	central processing unit	中央处理器
CRASAR	Center for Robot-Assisted Search and Rescue	机器人辅助搜救中心
CRBA	composite-rigid-body algorithm	复合刚体算法
CRF	conditional random field	条件随机场
CRLB	Cramér-Rao lower bound	克拉默-拉奥下界
CSAIL	Computer Science and Artificial Intelligence Laboratory	计算机科学与人工智能实验室
CSIRO	Commonwealth Scientific and Industrial Research Organisation	联邦科学与工业研究组织
CSMA	carrier-sense multiple-access	载波侦听多址访问
CSP	constraint satisfaction problem	约束满足问题
CSSF	Canadian Scientific Submersile Facility	加拿大科学潜水设施
CT	computed tomography	计算机断层扫描
CTFM	continuous-transmission frequency modulation	连续传输调频
CU	control unit	控制单元
cv-SLAM	ceiling vision SLAM	天花板视觉 SLAM
CVD	chemical vapor deposition	化学气相沉积
CVIS	cooperative vehicle infrastructure system	协同车辆基础设施系统
CVT	continuous variable transmission	无级变速
CW	clockwise	顺时针旋转
CWS	contact wrench sum	接触力旋量

D

D	distal	远端
D-A	digital-to-analog	数-模
DAC	digital analog converter	数-模转换器
DARPA	Defense Advanced Research Projects Agency	国防部高级研究计划局
DARS	distributed autonomous robotic systems	分布式自主机器人系统
DBN	dynamic Bayesian network	动态贝叶斯网络
DBN	deep belief network	深层信念网络
DC	disconnected	断线

DC	direct current	直流
DC	dynamic-constrained	动态约束
DCS	dynamic covariance scaling	动态协方差缩放
DCT	discrete-cosine transform	离散余弦变换
DD	differentially driven	差速驱动
DDF	decentralized data fusion	分布式数据融合
DDP	differential dynamic programming	微分动态编程
DDS	data distribution service	数据分发服务
DEA	differential elastic actuator	差动弹性驱动器
DEM	discrete-element method	离散元法
DFA	design for assembly	兼顾产品设计
DFRA	distributed field robot architecture	分布式现场机器人架构
DFT	discrete Fourier transform	离散傅里叶变换
DGPS	differential global positioning system	差分全球定位系统
D-H	Denavit-Hartenberg	D-H 法
DHMM	discrete hidden Markov model	离散隐马尔可夫模型
DHS US	Department of Homeland Security	国土安全部
DIRA	distributed robot architecture	分布式机器人体系架构
DIST	Dipartmento di Informatica Sistemica e Telematica	系统和远程通信部
DL	description logic	描述逻辑
DLR	Deutsches Zentrumfür Luft-und Raumfahrt	德国航空航天中心
DLR	German Aerospace Center	德国航空航天中心
DMFC	direct methanol fuel cell	直接甲醇燃料电池
DMP	dynamic movement primitive	动态运动原语
DNA	deoxyribonucleic acid	脱氧核糖核酸
DNF	dynamic neural field	动态神经场
DOD	Department of Defense	国防部
DOF	degree of freedom	自由度
DOG	difference of Gaussian	差分高斯
DOP	dilution of precision	稀释精度（精度衰减因子）
DPLL	Davis-Putnam algorithm	戴维斯-普特南算法
DPM	deformable part model	可变形零件模型
DPN	dip-pen nanolithography	蘸笔纳米光刻
DPSK	differential phase shift keying	差分相移键控
DRIE	deep reactive ion etching	深层反应离子刻蚀
DSM	dynamic state machine	动态状态机
DSO	Defense Sciences Office	国防科学办公室（美国）
DSP	digital signal processor	数字信号处理器
DSRC	dedicated short-range communications	专用短程通信协议
DU	dynamic-unconstrained	动态无约束
DVL	Doppler velocity log	多普勒速度计
DWA	dynamic window approach	动态窗口法
DWDM	dense wave division multiplex	密集波分复用
D&D	deactivation and decommissioning	去激活和退役

E

e-beam	electron-beam	电子束
EAP	electroactive polymer	电活性聚合物
EBA	energy bounding algorithm	能量边界算法
EBA	extrastriate body part area	纹状体外区
EBID	electron-beam induced deposition	电子束诱导沉积
EC	externally connected	外接

EC	exteroception	外感知
ECAI	European Conference on Artificial Intelligence	欧洲人工智能会议
ECD	eddy current damper	涡流阻尼器
ECER	European Conference on Educational Robotics	欧洲教育机器人会议
ECG	electrocardiogram	心电图
ECU	electronics controller unit	电子控制器单元
EDM	electrical discharge machining	电火花加工
EE	end-effector	末端执行器
EEG	electroencephalography	脑电图
EGNOS	European Geostationary Navigation Overlay Service	欧洲同步卫星导航覆盖服务
EHC	enhanced horizon control	增强型地平线控制
EHPA	exoskeleton for human performance augmentation	人体性能增强的外骨骼
EKF	extended Kalman filter	扩展卡尔曼滤波器
ELS	ethical, legal and societal	道德、法律和社会
EM	expectation maximization	期望最大化
emf	electromotive force	电动势
EMG	electromyography	肌电图
EMIB	emotion, motivation and intentional behavior	情感、动机与意向性行为
EMS	electrical master-slave manipulator	电动式主从操作臂
EO	electro optical	光电
EO	elementary operator	初等算子
EOA	end of arm	手臂末端（臂端）
EOD	explosive ordnance disposal	易爆军械处理
EP	exploratory procedure	探索性程序（探测流程）
EP	energy packet	能量包
EPFL	Ecole Polytechnique Fédérale de Lausanne	洛桑联邦理工学院
EPP	extended physiological proprioception	扩展生理本体感知
EPS	expandable polystyrene	可膨胀聚苯乙烯
ER	electrorheological	电流变
ER	evolutionary robotics	进化机器人学
ERA	European robotic arm	欧洲机器人手臂
ERP	enterprise resource planning	企业资源计划
ERSP	evolution robotics software platform	进化机器人软件平台
ES	electricalstimulation	电刺激
ESA	European Space Agency	欧洲航天局
ESC	electronic speed controller	电子速度控制器
ESL	execution support language	执行支持语言
ESM	energy stability margin	能量稳定裕度
ESM	electric support measure	电子支援措施
ETL	Electro-Technical Laboratory	电子技术实验室
ETS-VII	Engineering Test Satellite VII	工程测试卫星七号
EU	European Union	欧盟
EURON	European Robotics Research Network	欧洲机器人学研究网络
EVA	extravehicular activity	舱外活动
EVRYON	evolving morphologies for human-robot symbiotic interaction	人-机器人共生交互的演化形态

F

F5	frontal area 5	额头第 5 区域
FAA	Federal Aviation Administration	联邦航空管理局（美国）
FAO	Food and Agriculture Organization	粮食及农业组织
FARSA	framework for autonomous robotics simulation and analysis	自主机器人仿真与分析框架
FastSLAM	fast simultaneous localization and mapping	快速同步定位与建图

FB-EHPA	full-body EHPA	全身 EHPA
FCU	flight control-unit	飞行管制单位（飞行控制单元）
FD	friction damper	摩擦阻尼器
FDA	US Food and Drug Association	美国食品药品监督管理局
FDM	fused deposition modeling	熔融沉积建模
FE	finite element	有限元
FEA	finite element analysis	有限元分析
FEM	finite element method	有限元法
FESEM	field-emission SEM	场发射扫描电子显微镜
FF	fast forward	快进
FFI	Norwegian defense research establishment	挪威国防研究机构
FFT	fast Fourier transform	快速傅里叶变换
FIFO	first-in first-out	先进先出
FIRA	Federation of International Robot-soccer Association	国际机器人足球联合会
FIRRE	family of integrated rapid response equipment	综合快速反应设备系列
FIRST	For Inspiration and Recognition of Science and Technology	激励和表彰科学技术
Fl-UAS	flapping wing unmanned aerial system	扑翼无人飞行系统
FLIR	forward looking infrared	前视红外
FMBT	feasible minimum buffering time	可行的最短缓冲时间
FMCW	frequency modulation continuous wave	频率调制连续波
FMRI	functional magnetic resonance imaging	功能性磁共振成像
FMS	flexible manufacturing system	柔性制造系统
FNS	functional neural stimulation	功能性神经刺激
FOA	focus of attention	着眼点（焦点）
FOG	fiber-optic gyro	光纤式光学陀螺仪
FOPEN	foliage penetration	植被穿透
FOPL	first-order predicate logic	一阶谓词逻辑
FOV	field of view	视场
FP	fusion primitive	融合原语
FPGA	field-programmable gate array	现场可编程门阵列
FR	false range	虚假范围
FRI	foot rotation indicator	脚旋转指示器
FRP	fiber-reinforced plastics	纤维增强塑料
FRP	fiber-reinforced prepreg	纤维增强型预浸料
FS	force sensor	力传感器
FSA	finite-state acceptor	有限状态接收器
FSK	frequency shift keying	频移键控
FSR	force sensing resistor	力敏电阻
FSW	friction stir welding	搅拌摩擦焊
FTTH	fiber to the home	光纤到户
FW	fixed-wing	固定翼

G

GA	genetic algorithm	基因算法（遗传算法）
GAPP	goal as parallel programs	作为并行程序的目标
GARNICS	gardening with a cognitive system	园艺认知系统
GAS	global asymptotic stability	全局渐近稳定性
GBAS	ground based augmentation system	地基增强系统
GCDC	Grand Cooperative Driving Challenge	合作驾驶大挑战赛
GCER	Global Conference on Educational Robotics	全球教育机器人会议
GCR	goal-contact relaxation	目标接触松弛
GCS	ground control station	地面控制站

GDP	gross domestic product	国内生产总值
GenoM	generator of modules	模块生成器
GEO	geostationary Earth orbit	地球静止轨道
GF	grapple fixture	抓斗夹具
GFRP	glass-fiber reinforced plastic	玻璃纤维增强塑料
GI	gastrointestinal	胃肠道
GIB	GPS intelligent buoys	GPS 智能浮标
GICHD	Geneva International Centre for Humanitarian Demining	日内瓦国际人道主义排雷中心
GID	geometric intersection data	几何交叉点数据
GIE	generalized-inertia ellipsoid	广义惯性椭球
GIS	geographic information system	地理信息系统
GJM	generalized Jacobian matrix	广义雅可比矩阵
GLONASS	globalnaya navigatsionnaya sputnikovaya sistema	人造地球卫星全球导航系统
GNSS	global navigation satellite system	全球导航卫星系统
GMAW	gas-shielded metal arc welding	气体保护电弧焊
GMM	Gaussian mixture model	高斯混合模型
GMSK	Gaussian minimum shift keying	高斯最小移频键控
GMTI	ground moving target indicator	地面移动目标指示器
GNC	guidance, navigation, and control	制导、导航和控制
GO	golgi tendon organ	高尔基肌腱器官
GP	Gaussian process	高斯过程
GPCA	generalized principal component analysis	广义主成分分析
GPRS	general packet radio service	通用分组无线服务
GPS	global positioning system	全球定位系统
GPU	graphics processing unit	图形处理单元（图形处理器）
GRAB	guaranteed recursive adaptive bounding	保证递归自适应约束
GRACE	graduate robot attending conference	出席会议的研究生机器人
GraWoLF	gradient-based win or learn fast	基于梯度赢取或快速学习
GSD	geon structural description	几何结构描述
GSN	gait sensitivity norm	步态敏感性标准
GSP	Gough-Stewart platform	Gough-Stewart 平台
GUI	graphical user interface	图形用户界面
GV	ground vehicle	地面车辆
GVA	gross value added	总增加值
GZMP	generalized ZMP	广义零力矩点

H

H	helical joint	螺旋关节
HAL	hybrid assistive limb	混合辅助肢体
HAMMER	hierarchical attentive multiple models for execution and recognition	执行与识别的分层感应多种模型
HASY	handarm system	手臂系统
HBBA	hybrid behavior-based architecture	基于混合行为的架构
HCI	human-computer interaction	人-计算机交互
HD	high definition	高清晰度（高清）
HD	haptic device	触觉装置
HD-SDI	high-definition serial digital interface	高清串行数字接口
HDSL	high data rate digital subscriber line	高速数字用户线
HE	hand exoskeleton	手部外骨骼
HF	hard finger	硬手指
HF	histogram filter	直方图滤波器
HFAC	high frequency alternating current	高频交流电

HHMM	hierarchical hidden Markov model	分层隐马尔可夫模型
HIC	head injury criterion	头部损伤标准
HIII	Hybrid III dummy	混合Ⅲ型假人
HIP	haptic interaction point	触觉交互点
HJB	Hamilton-Jacobi-Bellman	汉密尔顿-雅可比-贝尔曼
HJI	Hamilton-Jacobi-Isaac	汉密尔顿-雅可比-艾萨克
HMCS	human-machine cooperative system	人-机器人协作系统
HMD	head-mounted display	头戴式显示器
HMDS	hexamethyldisilazane	六甲基二硅氮烷
HMI	human-machine interaction	人-机器交互
HMI	human-machine interface	人机界面
HMM	hidden Markov model	隐马尔可夫模型
HO	human operator	人类操作员
HOG	histogram of oriented gradient	定向梯度直方图
HOG	histogram of oriented features	定向特征直方图
HPC	high-performance computing	高性能计算
HRI	human-robot interaction	人-机器人交互
HRI/OS	HRI operating system	HRI 操作系统
HRP	humanoid robotics project	仿人机器人项目
HRR	high resolution radar	高分辨率雷达
HRTEM	high-resolution transmission electron microscope	高分辨率透射电子显微镜
HSGR	high safety goal region	高安全目标区域
HST	Hubble space telescope	哈勃太空望远镜
HSTAMIDS	handheld standoff mine detection system	手持式远距离雷场探测系统
HSWR	high safety wide region	高安全宽度区域
HTAS	high tech automotive system	高科技汽车系统
HTML	hypertext markup language	超文本标识语言
HTN	hierarchical task net	分层任务网
HTTP	hypertext transmission protocol	超文本传输协议
HW/SW	hardware/software	硬件/软件

I

I/O	input/output	输入/输出
I3CON	industrialized, integrated, intelligent construction	工业化、集成化、智能化建设
IA	interval algebra	区间代数
IA	instantaneous allocation	瞬时分配
IAA	interaction agent	交互代理
IAB	International Association of Bioethics	国际生物伦理学协会
IACAP	International Association for Computing and Philosophy	国际计算与哲学协会
IAD	interaural amplitude difference	耳间振幅差
IAD	intelligentassisting device	智能辅助装置（设备）
IARC	International Aerial Robotics Competition	国际飞行机器人竞赛
IAS	intelligent autonomous system	智能自主系统
IBVS	image-based visual servo control	基于图像的视觉伺服控制
IC	integrated chip	集成芯片
IC	integrated circuit	集成电路
ICA	independent component analysis	独立成分分析
ICAPS	International Conference on Automated Planning and Scheduling	自动规划和调度国际会议
ICAR	International Conference on Advanced Robotics	先进机器人国际会议
ICBL	International Campaign to Ban Landmines	国际禁止地雷运动
ICC	instantaneous center of curvature	瞬时曲率中心

ICE	internet communications engine	互联网通信引擎
ICP	iterative closest point	迭代最近点
ICR	instantaneous center of rotation	瞬时旋转中心
ICRA	International Conference on Robotics and Automation	机器人与自动化国际会议
ICT	information and communication technology	信息和通信技术
ID	inside diameter	内径
ID	identifier	标识符（识别码）
IDE	integrated development environment	集成开发环境
IDL	interface definition language	接口定义语言
IE	information ethics	信息伦理学
IED	improvised explosive device	简易爆炸装置
IEEE	Institute of Electrical and Electronics Engineers	电气电子工程师协会
IEKF	iterated extended Kalman filter	迭代扩展卡尔曼滤波器
IETF	internet engineering task force	互联网工程任务组
IFA	Internationale Funk Ausstellung	国际无线电展览会
IFOG	interferometric fiber-optic gyro	干涉式光纤陀螺仪
IFR	International Federation of Robotics	国际机器人联合会
IFREMER	Institut français de recherche pourl' exploitation de la mer	法国海洋开发研究所
IFRR	International Foundation of Robotics Research	国际机器人研究基金会
IFSAR	interferometric SAR	干涉式合成孔径雷达
IHIP	intermediate haptic interaction point	中间触觉交互点
IIR	infinite impulse response	无限脉冲响应
IIS	Internet Information Services	互联网信息服务
IIT	IstitutoItaliano di Tecnologia	意大利理工学院
IJCAI	International Joint Conference on Artificial Intelligence	国际人工智能联合会议
IK	inverse kinematics	逆运动学
ILLS	instrumented logical sensor system	仪表逻辑传感器系统
ILO	International Labor Organization	国际劳工组织
ILQR	iterative linear quadratic regulator	迭代线性二次调节器
IM	injury measure	损伤措施
IMAV	International Micro Air Vehicles	国际微型飞行器
IMTS	intelligent multimode transit system	智能多模式交通系统
IMU	inertial measurement unit	惯性测量单元（惯性传感器）
INS	inertia navigation system	惯性导航系统
IO	inferior olive	下橄榄核
IOSS	input-output-to-state stability	输入-输出-状态稳定性
IP	internet protocol	互联网协议
IP	interphalangeal	指间
IPA	Institute for Manufacturing Engineering and Automation	制造工程与自动化研究所
IPC	inter-process communication	进程间通信
IPC	international AI planning competition	国际人工智能规划大赛
IPMC	ionic polymer-metal composite	离子聚合物金属复合材料
IPR	intellectual property right	知识产权
IR	infrared	红外线
IRB	Institutional Review Board	机构审查委员会
IREDES	International Rock Excavation Data Exchange Standard	国际岩石挖掘数据交换标准
IRL	in real life	在现实生活中
IRL	inverse reinforcement learning	逆强化学习
IRLS	iteratively reweighted least square	迭代复权最小二乘法
IRNSS	Indian regional navigational satellite system	印度区域导航卫星系统
IROS	Intelligent Robots and Systems	智能机器人与系统

IS	importance sampling	重要性采样
ISA	industrial standard architecture	工业标准架构
ISA	international standard atmosphere	国际标准大气
ISAR	inverse SAR	逆合成孔径雷达
ISDN	integrated services digital network	综合业务数字网络
ISE	international submarine engineering	国际海底工程
ISER	International Symposium on Experimental Robotics	实验机器人学国际研讨会
ISM	implicit shape model	隐性形状模型
ISO	International Organization for Standardization	国际标准化组织
ISP	internet service provider	互联网服务提供商
ISR	intelligence, surveillance and reconnaissance	情报、监控和侦察
ISRR	International Symposium of Robotics Research	机器人学研究国际研讨会
ISS	international space station	国际空间站
ISS	input-to-state stability	输入状态稳定性
IST	Instituto Superior Técnico	高等理工学院
IST	Information Society Technologies	信息社会技术
IT	intrinsic tactile	内在触觉
IT	information technology	信息技术
ITD	interaural time difference	耳间时间延迟差
IU	interaction unit	交互单元
IV	instrumental variable	工具变量（辅助变量）
IvP	interval programming	间隔编程
IWS	intelligent wheelchair system	智能轮椅系统
IxTeT	indexed time table	索引时间表

J

JAEA	Japan Atomic Energy Agency	日本原子能机构
JAMSTEC	Japan Agency for Marine-Earth Scienceand Technology	日本海洋地球科学和技术厅（日本海洋厅）
JAMSTEC	Japan Marine Science and Technology Center	日本海洋科学与技术中心
JAUS	joint architecture for unmanned systems	无人系统联合架构
JAXA	Japan Aerospace Exploration Agency	日本宇宙航空研究开发机构
JDL	joint directors of laboratories	实验室联合主任（主管）
JEM	Japan Experiment Module	日本实验舱
JEMRMS	Japanese experiment module remote manipulator system	日本实验模块遥控操作臂系统
JHU	Johns Hopkins University	约翰斯·霍普金斯大学（美国）
JND	just noticeable difference	最小可觉差
JPL	Jet Propulsion Laboratory	喷气推进实验室
JPS	jigsaw positioning system	拼图定位系统
JSC	Johnson Space Center	约翰逊航天中心
JSIM	joint-space inertia matrix	关节空间惯性矩阵
JSP	Java server pages	Java 服务器页面

K

KAIST	Korea Advanced Institute of Scienceand Technology	韩国科学技术院
KERS	kinetic energy recovery system	动能回收系统
KIPR	KISS Institute for Practical Robotics	KISS 实用机器人研究所
KLD	Kullback-Leibler divergence	Kullback-Leibler 散度
KNN	k-nearest neighbor	k 邻域
KR	knowledge representation	知识表征
KRISO	Korea Research Institute of Ships and Ocean Engineering	韩国船舶和海洋工程研究所

L

L/D	lift-to-drag	升阻比
LAAS	Laboratory for Analysis and Architecture of Systems	系统分析与体系架构实验室

LADAR	laser radar	激光雷达
LAGR	learning applied to ground robots	用于地面机器人的学习
LARC	Lie algebra rank condition	李代数秩条件
LARS	Laparoscopic Assistant Robotic System	腹腔镜辅助机器人系统
LASC	Longwall Automation Steering Committee	长壁自动化指导委员会
LBL	long-baseline	长基线
LCAUV	long-range cruising AUV	远程巡航 AUV（水下机器人）
LCC	life-cycle-costing	生命周期成本
LCD	liquid-crystal display	液晶显示器
LCM	light-weight communications and marshalling	轻型通信与编组
LCP	linear complementarity problem	线性互补问题
LCSP	linear constraint satisfaction program	线性约束满足度规划
LDA	latent Dirichlet allocation	潜在的（隐含）狄利克雷分配
LED	light-emitting diode	发光二极管
LENAR	lower extremity nonanthropomorphic robot	下肢非各向异性机器人
LEO	low Earth orbit	低地球轨道
LEV	leading edge vortex	前缘涡
LfD	learning from demonstration	从示范中学习
LGN	lateral geniculate nucleus	外侧膝状体核
LIDAR	light detection and ranging	光探测与测距
LIP	linear inverted pendulum	线性倒立摆
LIP	lateral intraparietal sulcus	顶壁外侧沟
LiPo	lithium polymer	锂聚合物
LLC	locality constrained linear coding	局部约束线性编码
LMedS	least median of squares	最小平方中值（最小中位数平方法）
LMS	laser measurement system	激光测量系统
LOG	Laplacian of Gaussian	高斯-拉普拉斯算子
LOPES	lower extremity powered exoskeleton	下肢动力外骨骼
LOS	line-of-sight	视线
LP	linear program	线性程序
LQG	linear quadratic Gaussian	线性二次高斯
LQR	linear quadratic regulator	线性二次调节器
LSS	logical sensor system	逻辑传感器系统
LSVM	latent support vector machine	潜在支持向量机
LtA	lighter-than-air	比空气轻
LtA-UAS	lighter-than-air system	轻于空气的系统
LTL	linear temporal logic	线性时间逻辑
LVDT	linear variable differential transformer	线性可变差动变压器
LWR	light-weight robot	轻型机器人

M

MACA	Afghanistan Mine Action Center	阿富汗排雷行动中心
MACCEPA	mechanically adjustable compliance and controllable equilibrium position actuator	机械可调柔度和可控平衡位置驱动器
MAP	maximum a posteriori	最大后验概率
MARS	multiappendage robotic system	多附件机器人系统
MARUM	Zentrumfür Marine Umweltwissenschaften	海洋环境科学中心
MASE	Marine Autonomous Systems Engineering	海洋自主系统工程
MASINT	measurement and signatures intelligence	测量与特征情报
MAV	micro aerial vehicles	微型飞行器
MAZE	Micro robot maze contest	微型机器人迷宫大赛
MBA	motivated behavioral architecture	动机行为架构

MBARI	Monterey Bay Aquarium Research Institute	蒙特雷湾水族馆研究所
MBE	molecular-beam epitaxy	分子束外延
MBS	mobile base system	移动基站系统
MC	Monte Carlo	蒙特卡洛
MCFC	molten carbonate fuel cell	熔融碳酸盐燃料电池
MCP	metacarpophalangeal	掌指关节
MCS	mission control system	任务控制系统
MDARS	mobile detection assessment and response system	移动检测评估与响应系统
MDL	minimum description length	最小描述长度
MDP	Markov decision process	马尔科夫决策过程
ME	mechanical engineering	机械工程
MEG	magnetoencephalography	脑磁图
MEL	Mechanical Engineering Laboratory	机械工程实验室
MEMS	microelectromechanical system	微机电系统
MEP	motor evoked potential	运动诱发电位
MESSIE	multi expert system for scene interpretation and evaluation	多专家场景解释与评估
MESUR	Mars environmental survey	火星环境调查
MF	mossy fiber	苔藓纤维
MFI	micromechanical flying insect	微机械飞虫
MFSK	multiple FSK	多重 FSK
MHS	International Symposium on MicroMechatronics and Human Science	微机电一体化与人类科学国际研讨会
MHT	multihypothesis tracking	多假设跟踪
MIA	mechanical impedance adjuster	机械阻抗调节器
MIME	mirrorimage movement enhancer	镜像运动增强器
MIMICS	multimodal immersive motionrehabilitation with interactive cognitive system	交互式认知系统的多模态沉浸式运动康复
MIMO	multi-input-multi-output	多输入多输出
MIP	medial intraparietal sulcus	枕内沟
MIPS	microprocessor without interlocked pipeline stages	无级联锁的微处理器
MIR	mode identification and recovery	模式识别与恢复
MIRO	middleware for robot	机器人中间件
MIS	minimally invasive surgery	微创手术
MIT	Massachusetts Institute of Technology	麻省理工学院
MITI	Ministry of International Trade and Industry	国际贸易和工业部
MKL	multiple kernel learning	多核学习
ML	machine learning	机器学习
MLE	maximum likelihood estimate	最大似然估计
MLR	mesencephalic locomotor region	中脑运动区
MLS	multilevel surface map	多级表面映射
MMC	metal matrix composite	金属基复合材料
MMMS	multiple master multiple-slave	多主多从
MMSAE	multiple model switching adaptive estimator	多模型切换自适应估计器
MMSE	minimum mean-square error	最小均方误差
MMSS	multiple master single-slave	多主单从
MNS	mirrorneuron system	镜像神经元系统
MOCVD	metallo-organic chemical vapor deposition	金属有机化学气相沉积
MOMR	multiple operator multiple robot	多操作员多机器人
MOOS	mission oriented operating suite	面向任务的操作套件
MOOS	motion-oriented operating system	面向运动的操作系统
MORO	mobile robot	移动机器人

MOSR	multiple operator single robot	多操作员单机器人
MP	moving plate	动平台
MPC	model predictive control	模型预测控制
MPF	manifold particle filter	流形粒子滤波器
MPFIM	multiplepaired forward-inverse model	多对正逆模型
MPHE	multiphalanx hand exoskeleton	多指手外骨骼
MPSK	M-ary phase shift keying	M 进制相移键控
MQAM	M-ary quadrature amplitude modulation	M 进制正交幅度调制
MR	magnetorheological	磁流变
MR	multiple reflection	多重反射
MR	multirobottask	多机器人任务
MRAC	model reference adaptive control	模型参考自适应控制
MRDS	Microsoft robotics developers studio	微软机器人开发人员工作室
MRF	Markov random field	马尔科夫随机场
MRHA	multiple resource host architecture	多资源主机架构
MRI	magnetic resonance imaging	磁共振成像
MRSR	Mars rover sample return	火星漫游车样品返回
MRTA	multirobottask allocation	多机器人任务分配
MSAS	multifunctional satellite augmentation system	多功能卫星增强系统
MSER	maximally stable extremal region	最大稳定极值区域
MSHA	US Mine Safety and Health Administration	美国矿山安全与健康管理局
MSK	minimum shift keying	最小频移键控
MSL	middle-size league	中型联赛
MSM	master-slave manipulator	主从操作臂
MST	microsystem technology	微系统技术
MT	momentum theory	动量理论
MT	multitask	多任务
MT	medial temporal	颞内侧
MTBF	mean time between failures	平均故障间隔时间
MTI	moving target indicator	移动目标指示器
MVERT	move value estimation for robot teams	机器人团队的移动值估计
MWNT	multiwalled carbon nanotube	多壁碳纳米管

N

N&G	nursery and greenhouse	苗圃与温室
NAP	nonaccidental property	非意外财产（非偶然的性质）
NASA	National Aeronautics and Space Agency	美国国家航空航天局
NASDA	National Space Development Agency of Japan	日本国家空间开发厅
NASREM	NASA/NBS standard reference model	NASA/NBS 标准参考模型
NBS	National Bureau of Standards	国家标准局
NC	numerical control	数控
ND	nearness diagram navigation	近程图导航
NDDS	network data distribution service	网络数据分发服务
NDGPS	nationwide different GPS system	国家差分 GPS 系统
NDI	nonlinear dynamic inversion	非线性动态反演
NDT	normal distributions transform	正态分布变换
NEMO	network mobility	网络移动性
NEMS	nanoelectromechanical system	纳米机电系统
NEO	neodymium	钕
NERVE	New England Robotics Validation and Experimentation	新英格兰机器人技术验证与实验
NESM	normalized ESM	标准化能量稳定裕度
NIDRR	National Institute on Disability and Rehabilitation Research	国家残疾和康复研究所

NiMH	nickel metal hydride battery	镍氢电池
NIMS	networked infomechanical systems	网络信息机械系统
NIOSH	National Institute for Occupational Safety and Health	国家职业安全和健康研究所
NIRS	near infrared spectroscopy	近红外光谱
NIST	National Institute of Standards and Technology	国家标准与技术研究所
NLIS	national livestock identification scheme	国家牲畜识别计划
NLP	nonlinearprogramming problem	非线性规划问题
NMEA	National Marine Electronics Association	国家海洋电子协会
NMF	nonnegative matrix factorization	非负矩阵分解
NMMI	natural machine motion initiative	自然机器运动倡议
NMR	nuclearmagnetic resonance	核磁共振
NN	neural network	神经网络
NOAA	National Oceanic and Atmospheric Administration	国家海洋和大气管理局
NOAH	navigationand obstacle avoidance hclp	导航和避障帮助
NOC	National Oceanography Centre	国家海洋学中心
NOTES	natural orifice transluminal endoscopic surgery	自然腔道内镜手术
NPO	nonprofit organization	非营利组织
NPS	Naval Postgraduate School	海军研究生院
NQE	national qualifying event	全国资格赛
NRI	national robotics initiative	国家机器人计划（倡议）
NRM	nanorobotic manipulator	纳米操作机
NRTK	network real-time kinematic	网络实时运动学
NTPP	nontangential proper part	非切向正交部分
NTSC	National Television System Committee	国家电视系统委员会
NURBS	nonuniform rational B-spline	非均匀有理 B 样条
NUWC	Naval Undersea Warfare Center（Division Newport）	海军海底作战中心（Newport 分部）
NZDF	New Zealand Defence Force	新西兰国防军

O

OAA	open agent architecture	开放式代理架构
OASIS	onboard autonomous science investigation system	机载自主科考系统
OAT	optimal arbitrary time-delay	最佳任意时滞
OBU	on board unit	机载设备
OC	optimal control	最优控制
OCPP	optimal coverage path planning	最佳覆盖路径规划
OCR	OC robotics	OC 机器人公司
OCT	opticalcoherence tomography	光学相干层析扫描
OCU	operator control unit	操作控制单元
OD	outer diameter	外径
ODE	ordinary differential equation	常微分方程
ODE	open dynamics engine	开放式动力学引擎
ODI	ordinary differential inclusion	常微分包含
OECD	Organization for Economic Cooperationand Development	经济合作与发展组织
OKR	optokinetic response	光动反应（视动反应）
OLP	offline programming	离线编程
OM	optical microscope	光学显微镜
ONR	US Office of Naval Research	美国海军研究办公室
OOF	out of field	视野外
OOTL	human out of the loop control	人出环控制
OPRoS	open platform for robotic service	开放式机器人服务平台
ORCA	open robot control architecture	开放式机器人控制架构
ORCCAD	open robot controller computer aided design	开放式机器人控制器计算机辅助设计

ORI	open roboethics initiative	开放式机器人伦理计划（倡议）
ORM	obstacle restriction method	障碍约束法
OROCOS	open robot control software	开放式机器人控制软件
ORU	orbital replacement unit	轨道更换单元
OS	operating system	操作系统
OSC	operational-space control	操作空间控制
OSIM	operational-space inertia matrix	操作空间惯性矩阵
OSU	Ohio State University	俄亥俄州立大学
OTH	over-the-horizon	超视距
OUR-K	ontology based unified robot knowledge	基于本体的统一机器人知识
OWL	web ontology language	网络本体语言
OxIM	Oxford intelligent machine	牛津智能机器研究所

P

P	prismatic joint	移动关节
P&O	prosthetics and orthotic	假肢和矫形器
PA	point algebra	点代数
PACT	perceptionfor action control theory	行动控制知觉理论
PAD	pleasure arousal dominance	快感唤醒优势
PAFC	phosphoric acid fuel cell	磷酸燃料电池
PAM	pneumatic artificial muscle	气动人工肌肉
PaMini	pattern-based mixed-initiative	基于模式的混合倡议
PANi	polyaniline	聚苯胺
PAPA	privacy, accuracy, intellectual property, and access	隐私权、准确性、知识产权和访问权
PAS	pseudo-amplitude scan	伪振幅扫描
PAT	proximity awareness technology	近距离感知技术
PB	parametric bias	参数偏差
PbD	programmingby demonstration	示教编程
PBVS	pose-based visual servo control	基于位姿的视觉伺服控制
PC	polycarbonate	聚碳酸酯
PC	personal computer	个人计算机
PC	principal contact	主接触
PC	passivity controller	无源控制器
PC	proprioception	本体感知
PC	Purkinje cell	浦肯野细胞
PCA	principal component analysis	主成分分析
PCI	peripheral component interconnect	外围组件互连
PCIe	peripheral component interconnect express	外围组件互连快线
PCL	point cloud library	点云库
PCM	programmable construction machine	可编程建造机器人
PD	proportional-derivative	比例-微分
PDE	partial differential equation	偏微分方程
PDGF	power data grapple fixture	电源数据抓斗固定装置
PDMS	polydimethylsiloxane	聚二甲基硅氧烷
PDOP	positional dilution of precision	位置精度衰减因子
PDT	proximity detection technology	近距离探测技术
PEAS	probing environment and adaptive sleeping protocol	探测环境和自适应睡眠协议
PEFC	polymer electrolyte fuel cell	聚合物电解质燃料电池
PEMFC	proton exchange membrane fuel cell	质子交换膜燃料电池
PerceptOR	perception for off-road robotics	越野机器人的感知
PET	positron emission tomography	正电子发射断层成像
PF	particle filter	粒子滤波器

PF	parallel fiber	平行纤维
PFC	prefrontal cortex	前额皮质
PFH	point feature histogram	点特征直方图
PFM	potential field method	势场法
PGM	probabilistic graphical model	概率图形模型
PGRL	policy gradientreinforcement learning	决策梯度强化学习
PHRI	physical human-robot interaction	人-机器人物理交互
PI	policy iteration	决策迭代
PI	possible injury	可能损伤
PI	proportional-integral	比例-积分
PIC	programmable intelligent computer	可编程智能计算机
PID	proportional-integral-derivative	比例-积分-微分
PIT	posterior inferotemporal cortex	后下颞皮质
PKM	parallel kinematic machine	并联运动学机器（并联机床）
PL	power loading	功率载荷
PLC	programmable logic controller	可编程逻辑控制器
PLD	programmable logic device	可编程逻辑器件
PLEXIL	plan execution interchange language	规划执行交换语言
PLSA	probabilistic latent semantic analysis	概率潜在语义分析
PLZT	lead lanthanum zirconate titanate	锆钛酸铅镧
PM	permanent magnet	永磁体
PMC	polymer matrix composite	聚合物基复合材料
PMMA	polymethyl methacrylate	聚甲基丙烯酸甲酯
PneuNet	pneumatic network	气动网路
PNT	Petri net transducer	Petri 网传感器（换能器）
PO	partially overlapping	部分重叠
PO	passivity observer	被动观察器（无源观测器）
POE	local product-of-exponential	局部指数积
POI	point of interest	兴趣点
POM	polyoxymethylene	聚甲醛
POMDP	partially observable Markov decision process	部分可观测马尔可夫决策过程
POP	partial-order planning	偏序规划
PPS	precise positioning system	精确定位系统
PPy	polypyrrole	聚吡咯
PR	positive photoresist	正性光刻胶
PRM	probabilistic roadmap	概率路线图
PRM	probabilistic roadmap method	概率路线图法
PRN	pseudo-random noise	伪随机噪声
PRoP	personal roving presence	个人巡视机器人
ProVAR	professional vocational assistive robot	职业辅助机器人
PRS	procedural reasoning system	程序推理系统
PS	power source	电源
PSD	position sensing device	位置传感装置
PSD	position-sensitive-device	位置敏感装置
PSK	phase shift keying	相移键控
PSPM	passive set-position modulation	无源定位调制
PTAM	parallel tracking and mapping	并行测绘（并行跟踪和建图）
PTU	pan-tilt unit	俯仰单元（云台）
PUMA	programmable universal machine for assembly	可编程通用装配机
PVA	position, velocity and attitude	位置、速度和姿态
PVC	polyvinyl chloride	聚氯乙烯

PVD	physical vapor deposition	物理气相沉积
PVDF	polyvinylidene fluoride	聚偏氟乙烯
PWM	pulse-width modulation	脉宽调制
PwoF	point-contact-without-friction	无摩擦点接触
PZT	lead zirconate titanate	锆钛酸铅（压电陶瓷）

Q

QAM	quadrature amplitude modulation	正交幅度调制（正交调幅）
QD	quantum dot	量子点
QID	qualifier, inspection and demonstration	鉴定、检验和示范（演示）
QOLT	quality of life technology	生命品质技术（生活质量技术）
QOS	quality of service	服务质量
QP	quadratic programming	二次规划
QPSK	quadrature phase shift keying	正交相移键控
QSC	quasistatic constrained	准静态约束
QT	quasistatic telerobotics	准静态遥操作机器人
QZSS	quasi-zenith satellite system	准天顶卫星系统

R

R	revolute joint	旋转关节
R. U. R.	Rossum's Universal Robots	Rossum 的通用机器人
RA	rectangle algebra	矩形代数
RAC	Robotics and Automation Council	机器人与自动化理事会
RAIM	receiver autonomous integrity monitor	接收机自主完整性监测器
RALF	robotic arm large and flexible	大型柔性机器人手臂
RALPH	rapidly adapting lane position handler	快速适应车道位置处理程序
RAM	random access memory	随机存储器
RAMS	robot-assisted microsurgery	机器人辅助显微外科
RAMS	randomaccess memory system	随机存取存储器系统
RANSAC	random sample consensus	随机抽样一致性
RAP	reactive action package	反应行动包
RAS	Robotics and Automation Society	机器人与自动化学会
RBC	recognition by-component	成分识别
RBF	radial basis function network	径向基函数网络
RBF	radial basis function	径向基函数
RBT	robot experiment	机器人试验
RC	radio control	无线电控制
RC	robot controller	机器人控制器
RCC	region connection calculus	区域连接计算
RCC	remote center of compliance	远程柔顺中心
RCM	remote center of motion	远程运动中心
RCP	rover chassis prototype	月球车（漫游者）底盘原型
RCR	responsible conduct of research	研究负责行为
RCS	real-time control system	实时控制系统
RCS	rig control system	钻机控制系统
RDT	rapidly exploring dense tree	快速搜索密集树
RECS	robotic explosive charging system	机器人炸药装填系统
REINFORCE	reward increment = nonnegative factor×offset reinforcement×characteristic eligibility	奖励增量=非负因子×偏移加固×特征资格
RERC	Rehabilitation Engineering Research Center	康复工程研究中心
RF	radio frequency	射频
RFID	radio frequency identification	射频识别
RG	rate gyro	速率陀螺仪

RGB-D	red green blue distance	红绿蓝距离
RHIB	rigid hull inflatable boat	刚性船体充气艇
RIE	reactive-ion etching	反应离子刻蚀
RIG	rate-integrating gyro	速率积分陀螺仪
RISC	reduced instruction set computer	精简指令集计算机
RL	reinforcement learning	强化学习
RLG	ring laser gyroscope	环形激光陀螺仪
RLG	random loop generator	随机环路发生器
RMC	resolved momentum control	解析动量控制
RMDP	relational Markov decision processes	关系马尔科夫决策过程
RMMS	reconfigurable modular manipulator system	可重构模块化操作臂系统
RMS	root mean square	均方根
RNDF	route network definition file	路由网络定义文件
RNEA	recursive Newton-Euler algorithm	递推牛顿 欧拉算法
RNN	recurrent neural network	递归神经网络
RNNPB	recurrent neural network with parametric bias	参数偏差的递归神经网络
RNS	reaction null-space	反应零空间
ROC	receiver operating curve	接收者操作曲线
ROC	remote operations centre	远程运营中心
ROCCO	robot construction system for computer integrated construction	用于计算机集成建造的机器人建造系统
ROD	robot oriented design	面向机器人的设计
ROKVISS	robotics component verification on ISS	进行机器人国际空间站组件核查
ROM	run-of-mine	原矿
ROM	read-only memory	只读存储器
ROMAN	Robot and Human Interactive Communication	机器人与人的交互通信
ROS	robot operating system	机器人操作系统
ROV	remotely operated vehicle	遥控车
ROV	remotely operated underwater vehicle	遥操作水下航行器（遥操作水下机器人）
RP	rapid prototyping	快速成型
RP-VITA	remote presence virtual+independent telemedicine assistant	远程存在虚拟+独立远程医疗助手
RPC	remote procedure call	远程程序调用
RPI	Rensselaer Polytechnic Institute	伦斯勒理工学院
RPS	room positioning system	室内定位系统
RRSD	Robotics and Remote Systems Division	机器人和远程系统部
RRT	rapidly exploring random tree	快速探索随机树
RS	Reeds and Shepp	Reeds 和 Shepp
RSJ	Robotics Society of Japan	日本机器人学会
RSS	Robotics：Science and Systems	机器人学科学与系统
RSTA	reconnaissance，surveillance，and target acquisition	侦察、监控和目标捕获
RSU	road side unit	路边单元（设备）
RT	real-time	实时
RT	room temperature	室温
RT	reaction time	反应时间
RTCMS C104	Radio Technical Commission for Maritime Services Special Committee 104	C104 无线电技术委员会海事服务特别委员会 104
RTD	resistance temperature devices	电阻温度装置（器件）
RTI	real-time innovation	实时创新
RTK	real-time kinematics	实时运动学
rTMS	repetitive TMS	重复 TMS
RTS	real-time system	实时系统
RTT	real-time toolkit	实时工具包

RV	rotary vector	旋转矢量
RVD	rendezvous/docking	交会/对接
RW	rotary-wing	旋翼
RWI	real-world interface	真实世界界面
RWS	robotic workstation	机器人工作站
R&D	research and development	研究与开发（研发）

S

SA	simulated annealing	模拟退火
SA	selective availability	选择可用性
SAFMC	Singapore Amazing Flying Machine Competition	新加坡神奇飞行器竞赛
SAI	simulation and active interfaces	模拟和主动交互
SAM	smoothing and mapping	平滑和映射
SAN	semiautonomous navigation	半自主导航
SAR	synthetic aperture radar	合成孔径雷达
SAR	socially assistive robotics	社交辅助机器人
SARSA	state action-reward-state-action	国家行动-奖励-行动
SAS	synthetic aperture sonar	合成孔径声呐
SAS	stability augmentation system	增稳系统
SAT	Theory and Applications of Satisfiability Testing	满意度测试理论与应用
SBAS	satellite-based augmentation system	星基增强系统
SBL	short baseline	短基线
SBSS	space based space surveillance	天基空间监测
SC	sparse coding	稀疏编码
SCARA	selective compliance assembly robot arm	选择性柔顺装配机器人手臂
SCI	spinal cord injury	脊髓损伤
sci-fi	science fiction	科幻小说
SCM	smart composite microstructures	智能复合微结构
SCM	soil contact model	土壤接触模型
SD	standard deviation	标准差
SDK	standard development kit	标准开发工具包
SDK	software development kit	软件开发工具包
SDM	shape deposition manufacturing	形状沉积制造
SDR	software for distributed robotics	分布式机器人软件
SDV	spatial dynamic voting	空间动态投票
SEA	series elastic actuator	串联弹性驱动器
SEE	standard end effector	标准末端执行器
SELF	sensorized environment for life	感知生命环境
SEM	scanning electron microscope	扫描电子显微镜
SET	single electron transistor	单电子晶体管
SF	soft finger	软手指
SFM	structure from motion	运动结构
SFX	sensor fusion effect	传感器融合效应
SGAS	semiglobal asymptotic stability	半全局渐近稳定性
SGD	stochastic gradient descent	随机梯度下降
SGM	semiglobal matching	半全域匹配
SGUUB	semiglobal uniform ultimate boundedness	半全局一致终极有界性
SIFT	scale-invariant feature transform	尺度不变特征变换
SIGINT	signal intelligence	信号情报（智能）
SISO	single input single-output	单输入单输出
SKM	serialkinematic machines	串联运动学机器
SLA	stereolithography	立体光刻

SLAM	simultaneous localization and mapping	同步定位与建图
SLICE	specification language for ICE	ICE 规范语言
SLIP	spring loaded inverted pendulum	弹簧加载倒立摆
SLRV	surveyor lunar rover vehicle	“探索者”号月球车
SLS	selective laser sintering	激光选区烧结
SM	static margin	静态裕度
SMA	shape memory alloy	形状记忆合金
SMAS	solid material assembly system	固体材料组装系统
SMC	sequential Monte Carlo	序贯蒙特卡洛
SME	smalland medium enterprises	中小企业
SMMS	single-master multiple-slave	单主多从
SMP	shape memory polymer	形状记忆聚合物
SMS	short message service	短信服务
SMSS	single-master single-slave	单主单从
SMT	satisfiabiliy modulo theory	可满足性模理论
SMU	safe motion unit	安全运动单元
SNAME	society of naval architects and marine engineer	海军建筑师和海洋工程师协会
SNOM	scanning near-field optical microscopy	近场扫描光学显微镜
SNR	signal-to-noise ratio	信噪比
SNS	spallation neutron source	散裂中子源
SOFC	solid oxide fuel cell	固体氧化物燃料电池
SOI	silicon-on-insulator	绝缘体上的硅
SOMA	stream-oriented messaging architecture	面向流的信息传递架构
SOMR	single operator multiple robot	单操作员多机器人
SOS	save our souls	拯救我们的灵魂
SOSR	single operator single robot	单操作员单机器人
SPA	sense-plan-act	感知-规划-行动
SPaT	signal phase and timing	信号相位和定时
SPAWAR	Space and Naval Warfare Systems Center	空间和海军作战系统中心
SPC	self-posture changeability	自我位姿可变性
SPDM	special purpose dexterous manipulator	特殊用途灵巧操作臂
SPHE	single-phalanx hand exoskeleton	单指手外骨骼
SPL	single port laparoscopy	单孔腹腔镜
SPL	standard platform	标准平台
SPM	scanning probe microscope	扫描探针显微镜
SPM	spatial pyramid matching	空间金字塔匹配
SPMS	shearer position measurement system	采煤机位姿测量系统
SPS	standard position system	标准定位系统
SPU	spherical, prismatic, universal	球铰-移动副-虎克铰
SQP	sequential quadratic programming	逐步二次规划
SR	single-robot task	单机器人任务
SRA	spatial reasoning agent	空间推理代理
SRCC	spatial remote center compliance	空间远程柔顺中心
SRI	Stanford Research Institute	斯坦福研究所
SRMS	shuttle remote manipulator system	航天飞机遥控操作臂系统
SSA	sparse surface adjustment	稀疏表面调整
SSC	smart soft composite	智能软体复合材料
SSL	small-size league	小型联赛
SSRMS	space station remote manipulator system	空间站遥控操作臂系统
ST	single-task	单任务
STEM	science, technology, engineering and mathematics	科学、技术、工程和数学

STM	scanning tunneling microscope	扫描隧道显微镜
STP	simple temporal problem	简单时间问题
STriDER	self-excited tripodal dynamic experimental robot	自激式三脚架动力学实验机器人
STS	superior temporal sulcus	颞上沟
SUGV	small unmanned ground vehicle	小型无人地面车辆
SUN	scene understanding	场景理解
SVD	singular value decomposition	奇异值分解
SVM	support vector machine	支持向量机
SVR	support vector regression	支持向量回归
SWNT	single-walled carbon nanotube	单壁碳纳米管
SWRI	Southwest Research Institute	西南研究院

T

T-REX	teleo-reactive executive	远程反应执行器
TA	time-extended assignment	续期任务（时间扩展分配）
TAL	temporal action logic	时间动作逻辑
TAM	taxon affordance model	分类单元供给模型
TAP	test action pair	测试动作对
TBG	time-base generator	时基发生器
TC	technical committee	技术委员会
TCFFHRC	Trinity College's Firefighting Robot Contest	三一学院消防机器人大赛
TCP	transfer control protocol	传输控制协议
TCP	tool center point	工具中心点
TCP	transmission control protocol	传输控制协议
TCSP	temporal constraint satisfaction problem	时间约束满足问题
tDCS	transcranial direct current stimulation	经颅直流电刺激
TDL	task description language	任务描述语言
TDT	tension-differential type	张力差动式
TECS	total energy control system	总能量控制系统
TEM	transmission electron microscope	透射电子显微镜
tEODor	telerob explosive ordnance disposal and observation robot	远程爆炸物处理和观察机器人
TFP	total factor productivity	全要素生产率
TL	temporal logic	时间逻辑
TMM	transfer matrix method	传递矩阵法
TMS	tether management system	系绳管理系统
TMS	transcranial magnetic stimulation	经颅磁刺激
TNT	trinitrotoluene	三硝基甲苯
TOA	time of arrival	到达时间
ToF	time-of-flight	飞行时间
TORO	torquecontrolled humanoid robot	力矩控制仿人机器人
TPaD	tactile pattern display	触觉模式显示
TPBVP	two-point boundary value problem	两点边值问题
TPP	tangential proper part	切向正交部分
TRC	Transportation Research Center	交通研究中心
TRIC	task space retrieval using inverse optimal control	利用逆向最优控制进行任务空间检索
TS	technical specification	技术规范
TSEE	teleoperated small emplacement excavator	遥操作小型挖掘机
TSP	telesensor programming	远程传感器编程
TTC	time-to-collision	碰撞时间
TUM	Technical University of Munich	慕尼黑工业大学

U

U	universal joint	万向节

UAS	unmanned aircraft system	无人机系统
UAS	unmanned aerial system	无人飞行系统
UAV	unmanned aerial vehicle	无人机
UAV	fielded unmanned aerial vehicle	野战无人机
UB	University of Bologna	博洛尼亚大学
UBC	University of British Columbia	不列颠哥伦比亚大学
UBM	Universität der Bundeswehr Munich	慕尼黑联邦国防军大学
UCLA	University of California，Los Angeles	加利福尼亚大学洛杉矶分校
UCO	uniformly completely observable	一致完全可观测
UDP	user datagram protocol	用户数据报协议
UDP	user data protocol	用户数据协议
UGV	unmannedground vehicle	无人驾驶地面车辆
UHD	ultrahigh definition	超高清晰度
UHF	ultrahigh frequency	特高频
UHV	ultrahigh-vacuum	超高真空
UKF	unscented Kalman filter	无迹卡尔曼滤波器
ULE	upper limb exoskeleton	上肢外骨骼
UML	unified modeling language	统一建模语言
UMV	unmanned marine vehicle	无人潜水器
UNESCO	United Nations Educational，Scientificand Cultural Organization	联合国教育、科学及文化组织
UPnP	universal plug and play	通用即插即用
URC	Ubiquitous Robotic Companion	无处不在的机器人伴侣
URL	uniform resource locator	统一资源定位器
USAR	urban search and rescue	城市搜索救援
USB	universal serial bus	通用串行总线
USBL	ultrashort baseline	超短基线
USC	University of Southern California	南加州大学
USV	unmanned surface vehicle	无人水面航行器（无人水面机器人）
UTC	universal coordinated time	世界协调时间
UUB	uniform ultimate boundedness	一致终极有界性
UUV	unmanned underwater vehicle	无人水下机器人（无人水下航行器）
UV	ultraviolet	紫外线
UVMS	underwater vehicle manipulator system	水下航行器（机器人）操作臂系统
UWB	ultrawide band	超宽频段
UXO	unexploded ordnance	未爆炸军事武器（未爆弹药）

V

V2V	vehicle-to-vehicle	车辆与车辆
VAS	visual analog scale	视觉模拟量表
VCR	video cassette recorder	录像机
vdW	van der Waals	范德华力
VE	virtual environment	虚拟环境
VFH	vector field histogram	向量场直方图
VHF	very high frequency	甚高频
VI	value iteration	值迭代
VIA	variable impedance actuator	可变阻抗驱动器
VIP	ventral intraparietal	顶内腹侧
VM	virtual manipulator	虚拟操作臂
VO	virtual object	虚拟对象
VO	velocity obstacle	速度障碍
VOC	visual object class	视觉对象类

VOR	vestibular-ocular reflex	前庭-眼反射
VR	variable reluctance	可变磁阻
VRML	virtual reality modeling language	虚拟现实建模语言
VS	visual servo	视觉伺服
VS-Joint	variable stiffness joint	变刚度关节
VSA	variable stiffness actuator	变刚度驱动器
VTOL	vertical take-off and landing	垂直起降

W

W3C	WWW consortium	万维网联盟
WAAS	wide-area augmentation system	广域增强系统
WABIAN	Waseda bipedal humanoid	早稻田双足类人机器人
WABOT	Waseda robot	早稻田机器人
WAM	whole-arm manipulator	全臂操作臂
WAN	wide-area network	广域网
WASP	wireless ad-hoc system for positioning	无线特设定位系统
WAVE	wireless access in vehicularen vironments	车辆环境中的无线接入
WCF	worst-case factor	最坏情况因素
WCR	worst-case range	最坏情况范围
WDVI	weighted difference vegetation index	加权差分植被指数
WG	world graph	世界图
WGS	World Geodetic System	世界测地系统
WHOI	Woods Hole Oceanographic Institution	伍兹霍尔海洋研究所
WML	wireless markup language	无线标记语言
WMR	wheeled mobile robot	轮式移动机器人（简称：轮式机器人）
WSN	wireless sensor network	无线传感器网络
WTA	winner-take-all	赢家通吃
WTC	World Trade Center	世界贸易中心
WWW	world wide web	万维网

X

XCOM	extrapolated center of mass	外推质心
XHTML	extensible hyper text markup language	可扩展超文本标记语言
XML	extensible markup language	可扩展标记语言
xUCE	urban challenge event	城市挑战赛

Y

YARP	yet another robot platform	另一个机器人平台

Z

ZMP	zero moment point	零力矩点
ZOH	zero order hold	零阶保持
ZP	zona pellucida	透明带

目　录

第 2 篇　机器人设计

1

第1章 绪论——如何使用《机器人手册》

Bruno Siciliano，Oussama Khatib

机器人！火星、海洋、医院、家庭、工厂、学校，机器人几乎无处不在！机器人能够灭火，能够制造产品，能够节约时间、挽救生命。现如今，从制造业到医疗保健、交通运输，以及深空和海洋探测，机器人正在深刻影响人类生活的方方面面。未来，机器人将会与现在的个人计算机一样，变得全民普及和私人定制。

本章回顾了机器人这一令人着迷领域的发展历史。按从古至今的顺序，结合一系列里程碑式的事件和成果：从第一台具有自动化特征的人造机械装置（公元前1400）开始，到20世纪20年代最早提出机器人的概念；再到20世纪60年代第一台工业机器人的真正出炉；接着到了20世纪80年代，开始提出机器人学的概念，并有了一批活跃、稳定的机器人研究群体；最后，到了21世纪，开始扩展到面向人类未来挑战的若干研究主题。

目　录

1.1　机器人学发展简史

从很早开始，人类就梦想着能创造出一种既有技能又有智能的机器。现在，在我们这个世界里，这个梦想已经部分成为现实。从早期文明开始，人类最大的梦想之一就是要创造出他们想象中的物件。无论是用黏土按照自己身体创造出人类的巨神普罗米修斯，还是赫菲斯托斯锻造的青铜奴隶巨人泰勒斯（公元前3500年），都佐证了希腊神话的这种追求。古埃及甲骨文中的神谕（公元前2500年）也许正是现代思维机器的先驱。巴比伦人发明的漏水计时器（公元前1400年）是最早的自动化机械装置之一。在以后的几个世纪里，人类的创造力造就了诸多装置的发明，如内有自动装置的英雄亚历山大剧院（公元100年）、加扎里的水力灌溉和类人机器（公元1200年），以及莱昂纳多·达芬奇的众多极具创造力的设计（公元1500年）。到18世纪，自动控制技术继续在欧洲和亚洲蓬勃发展，创造了Jacquer Droz的机器人家族（画家、音乐家和作家）和类似karakuri-ningyo机械木偶（倒茶和射箭）的发明。

机器人的概念之所以能够清晰地建立，很大程度上得益于许多颇具想象力的历史渊源，但真正的机器人还需等到20世纪之后，与其相关的基础技术得到了充分发展才得以出现。英文单词“robot”来自于斯拉夫语，意思是奴隶“robota”。1920年，它第一次被捷克剧作家卡佩克用在了戏剧“罗萨姆的万能机器人”中；1940年，美籍俄裔的科幻小说家艾萨克·阿西莫夫（Isaac Asimov）在他的小说*Runaround*中首次提到了“机器人三原则”，即人类与机器人交往须遵循的道德准则。

20世纪中叶，人类首次尝试将自身的智能与机器智能关联在一起，这标志着人工智能领域一个新时代的来临。在这一时期，第一台机器人从梦想变为现实，这同时得益于机电控制、计算机与电子技术等领域的科技进步。一如既往，新的设计又会推动新的研究和发现，而这些新的研究和发现又会增生新的问题解决方案，并由此产生新的概念。这一有效的循环交替及逐步演变，不断催生机器人相关领域新知识的出现，加深人类对机器人的理解，更准确地应该称之为“机器人科学与技术”。

早期的机器人出现在20世纪60年代，它的诞生主要受到两方面技术的影响，即数控机器在精密制造业中的应用和对放射性材料的遥操作。这些主从式操作臂可以像人的手臂一样，重复“点到点”的机械运动，但它们只能实现基本的控制指令，对环境几乎没有任何感知能力。到了20世纪中后期，集成电路、数字计算机和微型元器件的发展使用计算机控制机器人成为可能。20世纪70年代，这些机器人，也被称为工业机器人，成为柔性制造系统的重要组成部分。它们不只在汽车工业中得到了广泛应用，还成功应用于其他工业生产，如金属制造业、化工、电子和食品工业等。近年来，机器人还在工厂之外，如清洁、搜救、水下、太空和医疗等领域得到了广泛应用。

20世纪80年代，正式提出了“机器人学”的概念，并将之定义为研究感知与动作之间智能连接的一门学科。根据这一定义，机器人通过安装移动装置（车轮、履带、腿、螺旋桨）来实现在三维空间中的运动，通过操作装置（悬臂、末端执行器、假肢）来对环境中的物体进行作业。其中，驱动器为机器人的机械组件赋予了具有人的某种灵性。通过分析由传感器测得的机器人的状态参数（位置、速度），以及与周边环境相关的参量（力觉、触觉、距离、视觉等参数），机器人就具备了一定的感知能力，而其智能连接则通过一个经过编程、规划和控制的系统来实现。该系统结构与机器人的感知和动作模式、周围环境，以及自身学习能力和技能获取能力息息相关。

到了20世纪90年代，人类诉诸机器人的各种需求进一步推动了机器人研究的深入，这些需求包括在危险环境中解决人身安全问题（野外机器人），或者提高人类的操作能力并降低疲劳程度（增强人体机能），或者实现一些人类在充满潜力的市场中开发产品以改善生活质量的愿望（服务机器人）。这些应用场景的一个共同之处是机器人必须工作在一个几乎非结构化的环境中，因此需要的能力更高、自主性更强。

本章附录中的第一个视频就是由Oussama Khatib于2000年制作的《机器人——50年的征程》（VIDEO 805），回顾了机器人从其诞生起第一个50年的发展历程。

到了2000年，机器人技术无论是在宽度还是广度上都有了快速进步，使得机器人变得更加成熟，也促使其相关技术进展神速。机器人技术已经从具有主导优势的工业领域迅速扩展到对人类世界充满挑战的其他领域（如以人为本的机器人和类生命机器人）。人们期望，新一代的机器人可以与人类安全地、可靠地在家庭及工作场所中共处，在社区内提供服务，在娱乐业、教育行业、医疗保健行业、制造业等方面提供支持和援助。

除了对实体机器人的冲击，智能机器人的发展揭示了在不同研究领域和学科内部可以扩展出更为广泛的应用，如生物力学、触觉学、神经学、模拟仿真学、动画制作、外科手术和传感网络科学等。作为回报，对上述新兴领域的挑战证实了机器人领域具有如此丰富的动力和内涵，而最引人注目的进展往往就诞生于多学科交叉处。

本章附录中的第二个视频是由Bruno Siciliano、Oussama Khatib和Torsten Kröger于2015年制作的《机器人——征程继续》（VIDEO 812），回顾了机器人在2000年之后的15年间快速而具有震撼力的发展历程。

1.2 机器人学的研究群体

在过去三十年间，大量的研究成果、期刊文献和会议报告等都对机器人学的发展起到了十分重要的作用。机器人科技活动不断增多，促成了多个专业学会和专题性研究机构成立，并最终发展成为一个国际性的机器人协会组织。

20世纪80年代初，机器人在工业界取得成功之后，便开始步入一个新的阶段。带着激情和满身的能量，机器人学的先驱们创造了多个“第一”，为本领域做出了开拓性贡献。1981年，Richard Paul撰写了美国第一部机器人操作的教材《机器人操作臂：数学、编程与控制》（MIT出版社，1981）；一年后，Mike Brady、Richard Paul及其同事创建了第一本专门研究机器人技术的学术期刊*the International Journal of Robotics Research*（IJRR），随后于1983年组织了首届机器人学研究国际研讨会（ISRR），目的是为了促进机器人学作为一门独立的学科发展，并创建一个规模宏大的学术群体。为了这一追求，国际机器人研究基金会（IFRR）于1986年正式成立，旨在促进机器人学的发展，为其不断扩展的应用奠定理论基础和技术基础，并强调为人类造福的潜在作用。

1984 年，机器人领域迎来了许多重大进展：IEEE 机器人与自动化理事会（RAC）正式成立，在 George Saridis 组织下，召开了第一届 IEEE 机器人会议（John Jarvis 和 Richard Paul 任主席），该会议后来成为 IEEE 机器人技术与自动化国际会议（ICRA）。次年，RAC 创建了 *IEEE Journal of Robotics and Automation*（主编为 George Bekey）和 *RAC Newsletter*（Wesley Snyder）。1989 年，RAC 正式变为 IEEE 机器人与自动化学会（RAS）。随着 RAS 的成立，*IEEE Journal of Robotics and Automation* 改名为 *IEEE Transactions on Robotics and Automation*，2004 年又分为 *IEEE Transactions on Robotics* 和 *IEEE Transactions on Automation*。1994 年，*RAC Newsletter* 更名为 *IEEE Robotics and Automation Magazine*。

在接下来的几年中，其他许多学术活动也开始启动，并诞生了一系列新的国际会议。例如，IEEE/RSJ 智能机器人与系统国际会议（IROS，1983）、先进机器人学国际会议（ICAR，1983）、实验机器人学国际研讨会（ISER，1989）、机器人科学与系统国际研讨会（RSS，2005），以及一些新的学术期刊，如 *Robotica*（1983）、*Journal of Robotic Systems*（1984 年，其后更名为 *Journal of Field Robotics*，2006）、*Robotics and Autonomous Systems*（1985）、*Advanced Robotics*（1986）、*Journal of Intelligent and Robotic Systems*（1988）、*Autonomous Robots*（1994），为机器人学群体的壮大做出了贡献。

1991 年，在 ICRA 旗舰会议系列论文集中增加了视频资源，这是一个重要的创新。这可以追溯到 1989 年的 ISER 会议，由 Oussama Khatib 和 Vincent Hayward 引入的一种新方式。从那时起，视频对机器人学群体研究工作的宣传推广起到了重要作用，已成为近年来大多数出版物文档中不可或缺的一部分。

另一方面，在过去的二十年间，世界各地许多学术机构开始在机器人学领域开设研究生课程，这表明机器人学作为一门学科已达到了相当成熟的水平。继 Paul 的开创性著作之后，在 20 世纪 80 年代中期至 20 世纪 90 年代中期的十年间，出版了若干机器人方面的教材及专著，如 John Craig 所著的《机器人导论：机构与控制》（1985），Harry Asada 和 Jean-Jacques Slotine 所著的《机器人分析与控制》（1986），King Sun Fu、Rafael González 和 George Lee 所著的《机器人学：控制、感知、视觉与智能》（1987），Mark Spong 和 M. Vidyasagar 所著的《机器人动力学与控制》（1989），Tsuneo Yoshikawa 所著的《机器人学基础》（1990），Richard Murray、Zexiang Li 和 Shankar Sastry 所著的《机器人操作的数学导论》（1994），以及 Lorenzo Sciavicco 和 Bruno 所著的《机器人操作臂的建模与控制》（1995）等。

精心培育学生对未来的机器人研究至关重要。在 IEEE RAS 与 IFRR 双方联合倡议下，机器人科学学院于 2004 年成立。其主办的暑期学校无论在内容范围上还是频次上，也发展得非常迅速，涵盖了广泛的机器人研究领域。此类项目正在为学生和年轻研究人员提供具有最高学术水平的教育机会，培育他们成长，使其成为这个群体中的顶级科学家。

IEEE RAS 和 IFRR 都在努力地提升机器人研究、教育、传播及工业化水平，或者通过自己的论坛，或者通过与全球机器人界的其他组织合作。这些组织包括欧洲机器人学研究网络（EURON，最近它并入了欧洲机器人协会 euRobotics）、国际机器人联合会（IFR）及日本机器人学会（RSJ）。

随着本领域的不断扩大，面对人类世界的各种挑战，机器人技术的应用范围越来越广，涉及多种学科，如生物力学、神经科学、触觉学、动画、外科学及传感器网络等。今天，拥有大批研究人员与开发人员的新的机器人群体正在形成，与机器人技术核心研究群体之间的联系日益紧密。这个群体的战略目标之一就是不断扩展研究，并与所有地区和组织之间开展科研合作。通过全体机器人专家学者的共同努力，这个目标在新的领域中一定会带来令人兴奋的进展！

1.3 如何使用本手册

有关机器人学的大量研究成果已经记录在了一些具有独特价值的参考文献中。这些文献反映了国际机器人学界在某些特定领域内的重要研究成果。《机器人手册》一书则从学科基础讲起，从各研究领域及关键技术，到最新的机器人应用，展现的是机器人学领域的一幅全景图。从逻辑上，本手册的组织结构可分为三层，反映了机器人学领域的历史发展，如图 1.1 所示。

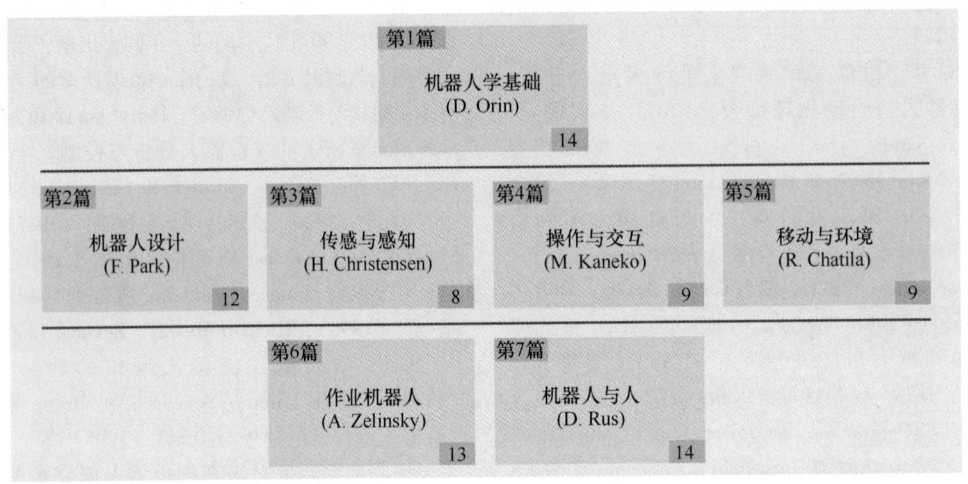

图 1.1　本手册的组织结构

第一层（第 1 篇，共包含 14 章内容）为机器人学基础，包括机器人机构学、设计、感知与控制；第二层包括机器人设计（第 2 篇，共包含 12 章内容）、传感与感知（第 3 篇，共包含 8 章内容）、操作与交互（第 4 篇，共包含 9 章内容）、移动与环境（第 5 篇，共包含 9 章内容）；第三层则致力于机器人的高级应用，如野外与服务机器人（第 6 篇，共包含 13 章内容）及人本机器人和类生命机器人（第 7 篇，共包含 14 章内容）。

第 1 篇重点介绍在机器人系统建模、设计与控制过程中用到的基本原理和方法，包括运动学、动力学、机构与驱动、传感与估计、模型辨识、运动规划、运动控制、力控制、冗余度机器人、含有柔性单元的机器人、机器人体系架构与编程、基于行为的系统、机器人人工智能推理算法和机器人学习等。本篇的每一章分别阐述了上述一个主题。在后续部分中，这些主题将被拓展和应用到特殊的机器人结构和系统中。

第 2 篇重点介绍各种类型机器人系统的结构设计问题，既包括一些更加具体的机械结构，如手臂、腿、轮子和手等，也涉及与之搭载的飞行、水下机器人，以及微纳机器人等。首先用一章专门阐述了通用的结构设计与评价指标问题，然后介绍了肢系统、并联机构、机器人手、蛇形机器人与连续体机器人、软体机器人驱动器、模块化机器人、仿生机器人、轮式机器人、水下机器人、飞行机器人和微纳机器人（的结构设计问题）。

第 3 篇主要涵盖机器人的不同感知形态和跨时空的传感数据融合技术，主要用于生成机器人和外部环境模型，将机器人作为感知和行为的智能耦合体。第 3 篇内容是对第 2 篇的补充，用于构建一个完整系统。本篇主要介绍接触感知、本体感知和外部感知，同时给出了主要的传感方式，如力和触觉传感、惯性传感、全球定位系统和里程计、声纳传感、距离传感和视觉传感，还包含了基本的传感器模型和多传感器信息融合技术，并在有关感知融合的章节中，介绍了跨时空感知信息集成所需的数学工具。

第 4 篇主要介绍了机器人与物体、机器人与人及机器人之间的交互技术。既能通过手臂或手指的直接接触进行操作，也能通过推动来操作一个物体，而接口技术能使人机交互变得更加直接或间接。为了提高机器人操作的灵巧性，本篇的前半部分主要介绍操作任务的动作、接触模拟和操作、抓取、协同操作等问题。为实现更熟练的操作或更强大的人/机交互，后半部分则重点讨论了触觉交互理论、遥操作机器人、网络遥控机器人和让人体机能增强的外骨骼系统。

第 5 篇涵盖了有关特殊环境下机器人运动的各种问题。首先主要介绍了轮式机器人、野外作业机器人、水下机器人、飞行机器人等的运动规划与控制，同时考虑了约束建模、同步定位与建图、运动规划和避障等基本技术；然后介绍了腿式机器人。本篇在移动机器人背景下补充了第 1 篇的基本原理，给出了感知的作用，在传感方面与第 3 篇紧密关联。另外，还讨论了多移动机器人系统。

第 6 篇则重点介绍野外与服务机器人，以及可在各种环境中工作的机器人，包括工业机器人，各式各样的在空间、农林、建造、危险环境作业、采矿、监控与安保救灾、智能车、医疗外科手术、康复保健、家用等领域应用的机器人。本篇以第 1~5 篇的内容为基础，描述如何令机器人有效工作。

第 7 篇主要介绍了如何创建在以人为中心的环境中作业的机器人（简称人本机器人），包括仿人（或称为拟人）、人类运动重建、人-机器人交互、人-机器人增强、认知型人-机器人交互、社交机器人、社交辅助机器人、仿生机器人、进化机器人、感知机器人、教育机器人等。此外，还包括神经机器人学和机器人伦理学等议题。

每篇的篇首都配有一个视频，介绍该篇各章中的主要概念和潜在挑战，而与各章具体内容相关的视频可通过与本手册相关的多媒体网站 http://handbookofrobotics.org/进行访问。

本手册不仅可为机器人专家提供帮助，也为将机器人作为扩展领域的初学者（工程师、医师、计算机科学家和设计师）提供了宝贵的资源。尤其要强调的是，第 1 篇的指导价值对于研究生和博士后很重要；第 2~5 篇对于机器人领域所覆盖的研究有着很重要的科研价值；第 6 篇和第 7 篇对于那些对新应用感兴趣的工程师和科学家具有较高的附加价值。

本手册各章的内容均经过仔细斟酌，待验证的方法和尚未完全成熟的方法均未列入其中；手册从客观的角度出发，涵盖多种方法，具有较高的收藏价值。每章都有一个简短的摘要，并且在概述中介绍了相关领域的研究进展情况；主体部分是以一种教程形式来阐述的，尽可能避免冗长的数学推导，方程式、表格和算法均以方便使用的形式给出；每章最后一节给出了结论和扩展性阅读文献，以供读者深入学习。从机器人学基础开始到最后讲述机器人的社会意义和伦理启示，本书的 80 章全面汇集了机器人领域在过去 50 年间的进展情况。这既是对机器人领域成就的一种展示，也是对未来新的前沿机器人能够取得更大进步的重要保证！

视频文献

VIDEO 805 Robots – A 50 year journey
available from http://handbookofrobotics.org/view-chapter/01/videodetails/805

VIDEO 812 Robots – The journey continues
available from http://handbookofrobotics.org/view-chapter/01/videodetails/812

第 1 篇 机器人学基础

（篇主编：David E Orin）

第 2 章　运动学

Kenneth J. Waldron，澳大利亚奥尔提莫

James Schmiedeler，美国圣母

第 3 章　动力学

Roy Featherstone，澳大利亚堪培拉

David E. Orin，美国哥伦布

第 4 章　机构与驱动

Victor Scheinman，美国斯坦福

J. Michael McCarthy，美国尔湾

Jae-Bok Song，韩国首尔

第 5 章　传感与估计

Henrik I. Christensen，美国亚特兰大

Gregory D. Hager，美国巴尔的摩

第 6 章　模型辨识

John Hollerbach，美国盐湖城

Wisama Khalil，法国南特

Maxime Gautier，法国南特

第 7 章　运动规划

Lydia E. Kavraki，美国休斯敦

Steven M. LaValle，美国厄巴纳

第 8 章　运动控制

Wan Kyun Chung，韩国浦项

Li-Chen Fu，中国台北

Torsten Kröger，美国山景城

第 9 章　力控制

Luigi Villani，意大利那不勒斯

Joris De Schutter，比利时鲁汶-海弗利

第 10 章　冗余度机器人

Stefano Chiaverini，意大利卡西诺

Giuseppe Oriolo，意大利罗马

Anthony A. Maciejewski，美国柯林斯堡

第 11 章　含有柔性单元的机器人

Alessandro De Luca，意大利罗马

Wayne J. Book，美国亚特兰大

第 12 章　机器人体系架构与编程

David Kortenkamp，美国休斯敦

Reid Simmons，美国匹兹堡

Davide Brugali，意大利达尔米内

第 13 章　基于行为的系统

François Michaud，加拿大舍布鲁克

Monica Nicolescu，美国里诺

第 14 章　机器人人工智能推理方法

Michael Beetz，德国不来梅

Raja Chatila，法国巴黎

Joachim Hertzberg，德国奥斯纳布吕克

Federico Pecora，瑞典厄勒布鲁

第 15 章　机器人学习

Jan Peters，德国达姆斯塔特

Daniel D. Lee，美国费城

Jens Kober，荷兰代尔夫特

Duy Nguyen-Tuong，德国斯图加特

J. Andrew Bagnell，美国匹兹堡

Stefan Schaal，美国洛杉矶

内容导读

第1篇为机器人学基础，主要介绍用于设计开发机器人系统的基本原理和方法。有关机器人理论方面，已经攻克了许多具有挑战性的难题，包括运动学、动力学、设计、驱动、传感、建模、运动规划、控制、编程、决策、任务规划和机器人学习等，具有冗余运动自由度或柔性单元的机器人增加了这些系统的复杂性，本篇的各章节将分别阐述上述领域中的基本问题。

机器人学中的一些基本问题概述如下：机器人通常有多个自由度，所以它可以完成一系列所需的三维运动。为完成某项任务，关节运动和转矩、可实现预期运动和力的运动学及动力学可能非常复杂。此外，为完成预期动作，连杆与关节结构和驱动器的设计也面临挑战。

机器人是一个非线性耦合系统，其动力学非常复杂，因此难于建模和控制；机器人中的运动学冗余和柔性单元增加了这种复杂性；当环境是非结构化的，并且需要精确的传感和估计技术时，机器人控制也将变得更加复杂。

当操控对象或与人交互时，除了运动控制，还需要控制机器人与环境之间的相互作用力。机器人学的一项基本任务是让机器人在充斥障碍物的场地中，在从出发点运动到目的地的过程中不与任何障碍物发生碰撞。这是一个非常棘手的计算难题。

为了获得人类的某些智能，机器人需要装备一些精密的行动规划器，采用符号推理，在动态部分已知的环境中移动。在其他场景中，机器人需要执行利用与环境动态交互的行为，而不仅仅依靠明确的推理和规划。机器人的软件构架因为这些需求也相应地会有一些特殊需求。为实现期望的自主级别，机器人学习对于生成动作和控制不断变化的任务需求和环境是必要的。

本篇将详细阐述以上所介绍的基本问题，若想更加深入地了解其中的内容，可参考本手册的其他篇章。本篇介绍的运动学、动力学、机械设计及控制原理和方法可应用于机器人结构，如手臂、手和腿（第2篇），以及操作臂（第4篇）、轮式机器人（第5篇）、服务机器人（第6篇）中；力控制对于操作臂及其接口（第4篇）来说尤为重要。这里阐述的基本传感和估计技术在第3篇中进行了扩展，并且已经应用于特殊的传感系统中；运动规划在操作臂（第4篇）和移动及分布式机器人系统（第5篇）中是一项很重要的内容；机器人体系构架、基于行为的系统、人工智能推理方法和机器人学习在移动及分布式机器人（第5篇）、与人交互的机器人（第7篇）中将起到特别重要的作用。

在了解了第1篇的核心内容后，下面再对其中各章内容做一简要介绍。

第2章　运动学　本章介绍了一些描述机器人机构中刚体运动的表征和约定，包括旋转矩阵、欧拉角、四元数、齐次变换、旋转变换、参数化矩阵指数、普吕克坐标等，提供了所有常见关节类型的运动学表征，以及D-H参数法的修正形式。这些表征工具可应用于计算工作空间、正运动学或逆运动学、正瞬时运动学或逆瞬时运动学、雅可比和静力旋量传递关系建模中。

第3章　动力学　本章主要介绍动力学方程，从而可以得出作用在机器人机构上的驱动力与接触力之间的关系，以及由此产生的加速度与运动轨迹，为重要的动力学计算提供了一种高效算法，包括逆动力学、正动力学、关节空间惯性矩阵和操作空间惯性矩阵等，该算法可应用于固定基座机器人、移动机器人和并联机器人机构，其简洁的算法公式源于刚体速度、加速度、惯性等参数的六维空间符号描述。

第4章　机构与驱动　本章主要介绍了在机器人系统设计与构建过程中应遵循的指导性原则。利用运动学方程和雅可比矩阵来描述工作空间和机械增益，以此指导机器人的参数选取和关节排布；讨论了串、并联机器人的设计问题，特别是如何设计连杆和关节结构，以及为运动提供动力的驱动器和传动驱动的选择。此外，还介绍了机器人在速度、加速度、重复定位精度和其他测量方面的性能（指标）。

第5章　传感与估计　本章简要介绍了在机器人学中具有广泛适用性的传感方法与估计技术，提供了有关环境和机器人系统状态方面的信息，包括感知、特征提取、数据融合、参数估计和模型集成等；同时，简单介绍了几种常见的传感模式，线性和非线性系统中的估计方法，包括统计估计、卡尔曼滤波器和基于采样的方法，还介绍了一些常用的估计表示方法。

第 6 章 模型辨识 本章主要讨论了用于确定操作臂运动学和惯性参数的方法。对运动学标定的主要目的是确定 D-H 几何参数或等效参数，通常通过感测关节和端点的位置来实现；惯性参数则通过轨迹执行的方式来估计，同时还能感测关节力或扭矩的一个或多个分量。本章的组织结构是将运动学与惯性参数辨识统一在最小二乘法参数估计的共同框架中，包括与参数辨识、足够多的测量数据和数值鲁棒性等有关的共性特征，这些对于运动学与惯性参数都是重点识别和强调的因素。

第 7 章 运动规划 在充斥障碍物的环境中，要求一个复杂的机器人本体完成从起始位置到目标位置的无碰撞运动，是该机器人的基本任务。本章主要介绍了基本的路径规划问题（如钢琴搬运者问题），重点是基于采样的规划方法，因为它具有非常广泛的适用性。根据不同的约束条件进行规划是一种缜密的行为，这对轮式机器人也是非常重要的。相对于基本的运动规划，本章最后讨论了那些扩展的、变异的更加高级的问题。

第 8 章 运动控制 本章主要介绍了刚性操作臂的运动控制。它面临的主要挑战是非线性耦合动力学和模型结构的不确定性。本章讨论的主题可用于解决复杂的动力学问题，包括从独立关节控制和 PID（比例-积分-微分）控制到计算力矩控制。提出了操作空间（或任务空间）控制，这对于某些控制任务，如与末端执行器相关的任务非常重要；讨论了自适应控制与鲁棒控制，可用于处理系统中的不确定性问题；其他主题还包括轨迹生成、数字化实施和学习控制等。

第 9 章 力控制 本章主要聚焦机器人系统与其环境之间相互作用力的控制问题。本章将相互作用力的控制分成两类，即间接力控制和直接力控制。它们的区别在于，前者完成力的控制时没有（间接）显式的力反馈环，而后者具有（直接）明确的力反馈环。阻抗控制和力/运动混合控制分别是这两种控制类型的代表，这些交互任务建模中的基本问题为力控制策略奠定了基础。

第 10 章 冗余度机器人 本章重点讨论的是运动学冗余操作臂的运动生成与控制问题。运动学冗余为机器人提供了更高层次的灵巧性，可以避奇异，突破关节限制与工作空间的阻碍，最小化关节转矩、能量，或者提供更合适的性能指标。本章讨论了冗余度机器人逆运动学的求解方法，具体可分为两大类，即基于特定性能指标的优化和任务空间增强。另外，本章还讨论了如何利用运动学冗余实现容错。

第 11 章 含有柔性单元的机器人 本章主要介绍了含有柔性关节或连杆机器人的动力学建模和控制问题。由于用于补偿柔性关节的控制方法与补偿柔性连杆的控制方法差异较大，本章在内容组织上对这两类方法分别进行了讨论。需要指出的是，这些方法完全可以延伸到柔性关节与柔性连杆同时存在的情形，甚至可用于同时动态交互的情况。本章还探讨了工业机器人柔性的主要来源。

第 12 章 机器人体系架构与编程 本章主要介绍了机器人系统的软件架构，以及用于开发机器人系统的辅助性程序设计工具和环境。为实现与不确定的、动态的环境进行异步、实时的交互，对机器人体系架构提出了特殊要求。本章重点讨论了机器人分层控制构架，即行为层、执行层和规划层，以及组件的主要类型和互连这些组件的一些常用技术。

第 13 章 基于行为的系统 本章主要介绍了一种在不受限制、具有挑战性和动态的真实环境条件下实现机器人操作的控制方法。分布式行为被用作基础模块，允许基于行为的系统充分利用可与环境进行动态交互的优势，而不是仅仅依靠显式推理和规划。本章重点是提供了基于行为系统的基本原则及其在自主控制问题中的应用；还介绍了几种不同类型的学习方法，但在所有的情况下，行为都被作为学习进程中的基本模块。

第 14 章 机器人人工智能推理方法 本章主要介绍了与机器人相关的、基于符号的人工智能推理（AI）主题。在移动机器人上进行推理，因其动态、未知的环境特性显得更具挑战性。本章描述了知识表征和推理的基本方法，涉及逻辑学和概率论中的有关知识。给出了几种用于实际机器人推理任务的结果，特别强调时间与空间推理的应用。相比较而言，对基于规划的机器人控制描述得更深入些，主要是因为这种方法有助于改善机器人的最终作为。

第 15 章 机器人学习 本章概述了用于机器人学习控制与行为生成的技术。在未来，机器人可能不再只是执行同一项任务数千次，而是将面对数以千计的不同任务，并且是在不断变化的环境中去完成。为实现上述设想的高度自主性（任务），机器人学习变得不可或缺。本章重点介绍了能够学习动作生成与控制的核心机器人学习方法，特别是模型学习和强化学习技术。

第1篇主要介绍了用于机器人系统建模、设计和控制的基本原则和方法。所有的基础性议题都将在本篇中予以呈现：运动学、动力学、机构与驱动、传感与估计、模型辨识、运动规划、运动控制、力控制、冗余度机器人、含有柔性单元的机器人、机器人体系架构与编程、基于行为的系统、机器人智能推理方法和机器人学习。每一章对应一个专题，这些专题还将在后续章节中进行拓展，并应用于某些特定的机器人结构和系统中。

第 2 章 运动学

2

Kenneth J. Waldron，James Schmiedeler

运动学主要研究机器人机构的运动，无须考虑导致运动的力及力矩。由于机器人机构是为运动而产生设计的，因此运动学是机器人设计、分析、控制及仿真的基础。机器人学领域的学者非常关注位置、姿态及其它们相对于时间导数的不同表示方法，以解决最基本的机器人运动学问题。

本章将介绍刚体在空间中的位置与姿态最有效的描述方法，机器人机构中常用的关节运动学，以及有关机器人位形的习惯表示。这些工具可用于计算机器人的工作空间、正向与逆向运动学、正向与逆向微分运动学及静力学变换中。为简便起见，本章以开链机构为主要研究对象。

本章的目的在于，以表格的形式给出若干普适性的研究工具，并向读者简要介绍一些基本方法，以求解机器人的运动学问题。

目　录

2.1 概述

除非明确说明，否则本手册中的机器人机构指由一系列通过关节连接的刚体所组成的系统。空间刚体的位置与姿态统称为位姿（pose）。因此，机器人运动学主要用来描述机器人的位姿、速度、加速度，以及组成机器人机构的刚体位姿及其高阶导数，而不涉及产生运动的力/力矩。本章重点讨论位姿与速度，它们是开展动力学（第 3 章）、运动规划（第 7 章）、运动控制（第 8 章）算法等研究的基础。

在众多刚体连接的拓扑结构中，其中有两种拓扑结构对机器人而言特别重要，它们分别是串联和全并联。若刚体系统中的每个中间刚体均与其他两个刚体连接，而第一个和最后一个刚体只与一个刚体相连，则该系统为开式（运动）链机构（简称串联机构）；若刚体系统中的两个刚体通过多个关节连接，则该系统为全并联机构。实际上，全并联机构构中的每个支链本身就是一个串联结构。本章主要讨论串联机器人的运动学算法，对并联机构将在第18章详细讨论。此外，还有一类很重要的拓扑结构，即树状结构，由于结构中没有闭环，因此它与串联链结构类似，但两者存在差异：后者中的元素可与其他多个元素相连，进而形成多个分支（branch）。因此可以认为，开式链实质上是树状结构的一种特例，即无分支的树状结构。有关树状结构更详细的介绍可见本手册第3章内容。

2.2 位置与姿态表示

从某种意义上来说，空间刚体运动学可以看作是对不同刚体位姿表示方法的对比研究。由于平移和旋转共同组成了刚体的位移，即刚体位姿，这意味着可以采用多种表示方法。但需要说明的是，没有哪一种表示方法对所有问题的描述都是最优的，不同方法在解决不同的问题中各有利弊。

我们知道，在欧氏（欧几里得）空间中，若要完全确定一个刚体的位姿，所需要的最少坐标数是6。不过，在许多描述空间位姿的方法中，往往采用比6更多的参数，并且参数之间存在着某种关联（即约束方程），但独立的坐标数仍然为6。

本章及后续章节经常会使用坐标系。坐标系 i 由坐标原点和3个相互正交的单位坐标轴构成，固定于某一特定刚体上。坐标原点记为 O_i，基坐标向量记为$(\hat{\boldsymbol{x}}_i\ \hat{\boldsymbol{y}}_i\ \hat{\boldsymbol{z}}_i)$。由于一个刚体的位姿总可以相对其他刚体来描述，因此它也可以表示为一个坐标系相对另一坐标系的位姿。类似地，一个刚体的位移可以表示为两个坐标系之间的偏移，其中的一个坐标系看作是动坐标系，而另一坐标系视为固定坐标系。这意味着观测者位于固定坐标系中的某一静止位置，但并不存在任何绝对固定不动的坐标系。

2.2.1 位置与位移

坐标系 i 的原点 O_i 相对于坐标系 j 的位置可以表示为3×1的列向量形式，即

$$
{}^{j}\boldsymbol{p}_i=\begin{pmatrix}{}^{j}p_i^x\\ {}^{j}p_i^y\\ {}^{j}p_i^z\end{pmatrix}
$$

该向量中的元素是 O_i 在坐标系 j 中的笛卡儿坐标，是位置矢量 ${}^{j}\boldsymbol{p}_i$ 在相应坐标轴上的投影。该矢量中的各元素也可以用 O_i 在坐标系 j 中的球面或柱面坐标来表示，以有利于分析具有球铰或圆柱关节的机器人机构。

平移是这样的一类偏移，即刚体上的任何一点不再处于其初始位置，刚体上的所有直线平行于其初始方向（点和直线不一定包含在刚体的边界上，但空间中的任何点和直线都可视为严格固定在刚体上）。一个物体在空间的平移可以表示为平移前后的位置；反过来，一个物体的位置变化可以表示为平移，即从一个固定在物体坐标系与固定坐标系相重合的位置，移动到当前的物体坐标系位置。因此，任何位置的表示方法均可用于表示平移，反之亦然。

2.2.2 姿态与旋转

与位置描述相比，姿态的表示方法更加多样化。本节并不会列举出所有的姿态表示方法，仅给出机器人学中最常用的方法。

旋转是这样的偏移，即刚体上至少有一点保持在其初始位置，并不是刚体上的所有直线平行于其初始方向。例如，一个物体在圆形轨道上绕某个过圆心的轴旋转，在旋转轴上的任一点是物体上保持初始位置的点。与表示位置的平移一样，任何表示姿态的方法均可表示旋转，反之亦然。

1. 旋转矩阵

坐标系 i 相对于坐标系 j 的姿态可以利用一组坐标系基向量（$\hat{\boldsymbol{x}}_i\ \hat{\boldsymbol{y}}_i\ \hat{\boldsymbol{z}}_i$）相对另一组坐标系基向量（$\hat{\boldsymbol{x}}_j\ \hat{\boldsymbol{y}}_j\ \hat{\boldsymbol{z}}_j$）所形成的向量来表示，所形成的向量记为（${}^{j}\hat{\boldsymbol{x}}_i\ {}^{j}\hat{\boldsymbol{y}}_i\ {}^{j}\hat{\boldsymbol{z}}_i$），它是一个3×3矩阵，称为旋转矩阵。${}^{j}\boldsymbol{R}_i$ 中的各个元素是这两组坐标系基向量的点积，即

$$
{}^{j}\boldsymbol{R}_i=\begin{pmatrix}\hat{\boldsymbol{x}}_i\cdot\hat{\boldsymbol{x}}_j & \hat{\boldsymbol{y}}_i\cdot\hat{\boldsymbol{x}}_j & \hat{\boldsymbol{z}}_i\cdot\hat{\boldsymbol{x}}_j\\ \hat{\boldsymbol{x}}_i\cdot\hat{\boldsymbol{y}}_j & \hat{\boldsymbol{y}}_i\cdot\hat{\boldsymbol{y}}_j & \hat{\boldsymbol{z}}_i\cdot\hat{\boldsymbol{y}}_j\\ \hat{\boldsymbol{x}}_i\cdot\hat{\boldsymbol{z}}_j & \hat{\boldsymbol{y}}_i\cdot\hat{\boldsymbol{z}}_j & \hat{\boldsymbol{z}}_i\cdot\hat{\boldsymbol{z}}_j\end{pmatrix} \tag{2.1}
$$

由于基向量是单位矢量，而且任何两个单位矢量的点积是其夹角的余弦，因此上述元素又称为方向余弦。

一种最基本的旋转形式是坐标系 i 绕 $\hat{\boldsymbol{z}}_j$ 轴旋转 θ 角。其中，所形成的矩阵为

$$\boldsymbol{R}_Z(\theta)=\begin{pmatrix}\cos\theta & -\sin\theta & 0\\ \sin\theta & \cos\theta & 0\\ 0 & 0 & 1\end{pmatrix} \tag{2.2}$$

绕 $\hat{\boldsymbol{y}}_j$ 轴旋转 θ 角所形成的矩阵为

$$\boldsymbol{R}_Y(\theta)=\begin{pmatrix}\cos\theta & 0 & \sin\theta\\ 0 & 1 & 0\\ -\sin\theta & 0 & \cos\theta\end{pmatrix} \tag{2.3}$$

绕 $\hat{\boldsymbol{x}}_j$ 轴旋转 θ 角所形成的矩阵为

$$\boldsymbol{R}_X(\theta)=\begin{pmatrix}1 & 0 & 0\\ 0 & \cos\theta & -\sin\theta\\ 0 & \sin\theta & \cos\theta\end{pmatrix} \tag{2.4}$$

旋转矩阵${}^j\boldsymbol{R}_i$中共含有 9 个参数，其中只有 3 个参数是定义刚体在空间中的姿态所必须的。因此，旋转矩阵的元素中应具有 6 个附加约束方程。由于坐标系 i 的三个基向量是相互正交的，坐标系 j 的三个基向量也相互正交，因此由这些正交向量点积所形成的${}^j\boldsymbol{R}_i$ 的列向量也是相互正交的。由正交向量构成的矩阵称为正交矩阵，它具有一个特性，即其逆矩阵就是该矩阵的转置。该特性可表示为 6 个辅助关系式，其中的 3 个关系式为列向量，具有单位长度，其他 3 个关系式为列向量之间相互正交。另外，旋转矩阵的正交性对其逆矩阵也依然成立。坐标系 j 相对于坐标系 i 的姿态为旋转矩阵${}^i\boldsymbol{R}_j$。显然${}^i\boldsymbol{R}_j$ 的行向量即为${}^j\boldsymbol{R}_i$ 的列向量。通过简单的矩阵相乘组成旋转矩阵，便可获得坐标系 i 相对于坐标系 k 的姿态，即

$${}^k\boldsymbol{R}_i={}^k\boldsymbol{R}_j\,{}^j\boldsymbol{R}_i$$

总之，${}^j\boldsymbol{R}_i$ 可将坐标系 i 中表示的向量转换为坐标系 j 中表示的向量，它提供坐标系 i 相对于坐标系 j 的姿态表示，也可表示为坐标系 i 相对坐标系 j 的旋转。表 2.1 列出了本节中其他姿态表示的等价变换矩阵，表 2.2 列出了从旋转矩阵到其他姿态表示的转换。

表 2.1　其他姿态表示的等价变换矩阵

Z-Y-X 欧拉角 $(\alpha,\beta,\gamma)^{\mathrm{T}}$	$${}^j\boldsymbol{R}_i=\begin{pmatrix}c_\alpha c_\beta & c_\alpha s_\beta s_\gamma-s_\alpha c_\gamma & c_\alpha s_\beta c_\gamma+s_\alpha s_\gamma\\ s_\alpha c_\beta & s_\alpha s_\beta s_\gamma+c_\alpha c_\gamma & s_\alpha s_\beta c_\gamma-c_\alpha s_\gamma\\ -s_\beta & c_\beta s_\gamma & c_\beta c_\gamma\end{pmatrix}$$
X-Y-Z 固定角 $(\psi,\theta,\phi)^{\mathrm{T}}$	$${}^j\boldsymbol{R}_i=\begin{pmatrix}c_\phi c_\theta & c_\phi s_\theta s_\psi-s_\phi c_\psi & c_\phi s_\theta c_\psi+s_\phi s_\psi\\ s_\phi c_\theta & s_\phi s_\theta s_\psi+c_\phi c_\psi & s_\phi s_\theta c_\psi-c_\phi s_\psi\\ -s_\theta & c_\theta s_\psi & c_\theta c_\psi\end{pmatrix}$$
等效轴-角 $\theta\hat{\boldsymbol{\omega}}$	$${}^j\boldsymbol{R}_i=\begin{pmatrix}\omega_x^2 v_\theta+c_\theta & \omega_x\omega_y v_\theta-\omega_z s_\theta & \omega_x\omega_z v_\theta+\omega_y s_\theta\\ \omega_x\omega_y v_\theta+\omega_z s_\theta & \omega_y^2 v_\theta+c_\theta & \omega_y\omega_z v_\theta-\omega_x s_\theta\\ \omega_x\omega_z v_\theta-\omega_y s_\theta & \omega_y\omega_z v_\theta+\omega_x s_\theta & \omega_z^2 v_\theta+c_\theta\end{pmatrix}$$
单位四元数 $(\varepsilon_0\ \varepsilon_1\ \varepsilon_2\ \varepsilon_3)^{\mathrm{T}}$	$${}^j\boldsymbol{R}_i=\begin{pmatrix}1-2(\varepsilon_2^2+\varepsilon_3^2) & 2(\varepsilon_1\varepsilon_2-\varepsilon_0\varepsilon_3) & 2(\varepsilon_1\varepsilon_3+\varepsilon_0\varepsilon_2)\\ 2(\varepsilon_1\varepsilon_2+\varepsilon_0\varepsilon_3) & 1-2(\varepsilon_1^2+\varepsilon_3^2) & 2(\varepsilon_2\varepsilon_3-\varepsilon_0\varepsilon_1)\\ 2(\varepsilon_1\varepsilon_3+\varepsilon_0\varepsilon_2) & 2(\varepsilon_2\varepsilon_3+\varepsilon_0\varepsilon_1) & 1-2(\varepsilon_1^2+\varepsilon_2^2)\end{pmatrix}$$

注：$c_\theta=\cos\theta$，$s_\theta=\sin\theta$，$v_\theta=1-\cos\theta$。

表 2.2　从旋转矩阵到其他姿态表示的变换

旋转矩阵
$${}^j\boldsymbol{R}_i=\begin{pmatrix}r_{11} & r_{12} & r_{13}\\ r_{21} & r_{22} & r_{23}\\ r_{31} & r_{32} & r_{33}\end{pmatrix}$$
Z-Y-X 欧拉角$(\alpha,\beta,\gamma)^{\mathrm{T}}$
$$\begin{cases}\alpha=\mathrm{Atan2}\left(\dfrac{r_{21}}{\cos\beta},\dfrac{r_{11}}{\cos\beta}\right)\\ \beta=\mathrm{Atan2}\left(-r_{31},\sqrt{r_{11}^2+r_{21}^2}\right)\\ \gamma=\mathrm{Atan2}\left(\dfrac{r_{32}}{\cos\beta},\dfrac{r_{33}}{\cos\beta}\right)\end{cases}$$

2

2

（续）

X-Y-Z 固定角 $(\psi,\theta,\phi)^{\mathrm{T}}$
$\begin{cases}\theta=\mathrm{Atan2}(-r_{31},\sqrt{r_{11}^2+r_{21}^2})\\ \psi=\mathrm{Atan2}\left(\dfrac{r_{21}}{\cos\beta},\dfrac{r_{11}}{\cos\beta}\right)\\ \phi=\mathrm{Atan2}\left(\dfrac{r_{32}}{\cos\beta},\dfrac{r_{33}}{\cos\beta}\right)\end{cases}$
等效轴-角 $\theta\hat{\boldsymbol{\omega}}$
$\theta=\cos^{-1}\left(\dfrac{r_{11}+r_{22}+r_{33}-1}{2}\right) \quad \hat{\boldsymbol{\omega}}=\dfrac{1}{2\sin\theta}\begin{pmatrix}r_{32}-r_{23}\\ r_{13}-r_{31}\\ r_{21}-r_{12}\end{pmatrix}$
单位四元数 $(\varepsilon_0\ \varepsilon_1\ \varepsilon_2\ \varepsilon_3)^{\mathrm{T}}$
$\begin{cases}\varepsilon_0=\dfrac{1}{2}\sqrt{1+r_{11}+r_{22}+r_{33}}\\ \varepsilon_1=\dfrac{r_{32}-r_{23}}{4\varepsilon_0}\\ \varepsilon_2=\dfrac{r_{13}-r_{31}}{4\varepsilon_0}\\ \varepsilon_3=\dfrac{r_{21}-r_{12}}{4\varepsilon_0}\end{cases}$

2. 欧拉角

作为一种最简姿态表示法，坐标系 i 相对坐标系 j 的姿态可表示为 3 个角度 $(\alpha,\beta,\gamma)^{\mathrm{T}}$ 的一个矢量形式，这些角度称为**欧拉角**，每个角度表示绕某个轴的旋转。在这种方式下，每个轴的后续转动取决于之前的旋转，旋转的顺序需与定义姿态的 3 个角度的顺序相一致。例如，本手册使用符号 $(\alpha,\beta,\gamma)^{\mathrm{T}}$ 表示 Z-Y-X 欧拉角，其含义如下：令初始状态下动坐标系 i 与固定坐标系 j 重合，首先绕动坐标系 i 的 $\hat{z}_i$ 轴旋转 α 角，再绕坐标系 i 的 $\hat{\boldsymbol{y}}_i$ 轴旋转 β 角，最后绕坐标系 i 的 $\hat{\boldsymbol{x}}_i$ 轴旋转 γ 角，其等价的变换矩阵 ${}^j\boldsymbol{R}_i$ 见表 2.1。在所有 12 种欧拉角姿态表示中，除了 Z-Y-X 角比较常用外，Z-Y-Z 和 Z-X-Z 角也是其他两种常用的表示方式。

无论旋转顺序如何，当第一次和最后一次旋转到同一个轴上时，欧拉角的姿态表示会产生奇异。由表 2.2 可知，当 $\beta=\pm90°$ 时，角 α 和 γ 难以区分（对于 Z-Y-Z 和 Z-X-Z 欧拉角；当第 2 次旋转为 0°或 180°时，同样存在奇异）。这就产生了一个与角速度矢量（即欧拉角对时间的导数）有关的问题，它会在某种程度上限制欧拉角在机器人系统建模中的应用。对应 Z-Y-X 欧拉角的角速度方程可表示为

$$\begin{pmatrix}\dot{\alpha}\\ \dot{\beta}\\ \dot{\gamma}\end{pmatrix}=\frac{1}{\cos\beta}\begin{pmatrix}0 & \sin\gamma & \cos\gamma\\ 0 & \cos\gamma\cos\beta & -\sin\gamma\cos\beta\\ \cos\beta & \sin\gamma\sin\beta & \cos\gamma\sin\beta\end{pmatrix}\begin{pmatrix}\omega_x\\ \omega_y\\ \omega_z\end{pmatrix} \tag{2.5}$$

式中，$(\omega_x,\omega_y,\omega_z)^{\mathrm{T}}={}^i\boldsymbol{\omega}_i$，由动坐标系 i 给定。在某些情况下，还需求解上述关系式的逆解，即

$$\begin{pmatrix}\omega_x\\ \omega_y\\ \omega_z\end{pmatrix}=\begin{pmatrix}-\sin\beta & 0 & 1\\ \cos\beta\sin\gamma & \cos\gamma & 0\\ \cos\beta\cos\gamma & -\sin\gamma & 0\end{pmatrix}\begin{pmatrix}\dot{\alpha}\\ \dot{\beta}\\ \dot{\gamma}\end{pmatrix} \tag{2.6}$$

3. 固定角

坐标系 i 相对坐标系 j 的姿态也可表示为另外一类三个角度的矢量，其中的每个角度表示绕固定坐标系三个轴的旋转。相应地，这些角称为固定角，旋转的顺序需与重新定义姿态的三个角的顺序相一致。其中，定义 $(\psi,\theta,\phi)^{\mathrm{T}}$ 为 X-Y-Z 固定角，是在所有 12 种可能的旋转顺序中最常用的一种。令初始状态下，动坐标系 i 与固定坐标系 j 重合，首先绕固定轴 $\hat{\boldsymbol{x}}_j$ 旋转 ψ 角（称为偏转角），再绕固定轴 $\hat{\boldsymbol{y}}_j$ 轴旋转 θ 角（称为俯仰角），最后绕固定轴 $\hat{z}_j$ 轴旋转 ϕ 角（称为横滚角）。

比较表 2.1 中的等价旋转变换和表 2.2 中的相应变换可以发现，X-Y-Z 固定角与 Z-Y-X 欧拉角是等价的，且 $\alpha=\phi$，$\beta=\theta$，$\gamma=\psi$。上述结果表明，绕

固定坐标系的三个轴旋转所定义的姿态，与以相反顺序绕动坐标系的三个轴旋转定义的姿态相同。同样，所有用固定角所表示的姿态也像欧拉角表示的姿态那样，存在有奇异。固定角对时间的导数与角速度矢量之间的关系，也类似于欧拉角对时间的导数与角速度矢量之间的关系。

4. 等效轴-角

一个角度 θ 与一个单位矢量 $\hat{\boldsymbol{\omega}}$ 组合在一起，也可以表示坐标系 i 相对坐标系 j 的姿态。在这种情况下，坐标系 i 相对坐标系 j 所定义的单位矢量 $\hat{\boldsymbol{\omega}}=(\omega_x\ \omega_y\ \omega_z)^{\mathrm{T}}$ 旋转 θ 角。其中，单位矢量 $\hat{\boldsymbol{\omega}}$ 有时又定义为有限旋转的等效轴。等效轴-角表示方法常记作 $\theta\hat{\boldsymbol{\omega}}$ 或 $\theta\hat{\boldsymbol{\omega}}=(\theta\omega_x\ \theta\omega_y\ \theta\omega_z)^{\mathrm{T}}$。等效轴-角表示法由于采用了 4 个参数，故含有一个多余参数。对应的辅助关系式就是 $\hat{\boldsymbol{\omega}}$ 为单位矢量，即其模长为 1。即使存在这个辅助关系式，等效轴-角表示法也不是唯一的。这是因为绕矢量 $-\hat{\boldsymbol{\omega}}$ 旋转 $-\theta$ 角与绕矢量 $\hat{\boldsymbol{\omega}}$ 旋转角 θ 度是等价的。表 2.3 列出了等效轴-角表示与单位四元数姿态表示之间的变换关系。这两种表示与欧拉角或固定角之间的变换关系见表 2.2，其与旋转矩阵之间的变换关系见表 2.1，而利用与之密切相关的四元数表示，更容易处理速度关系。

5. 四元数

用四元数表示姿态源于 Hamilton[2.1]，进而由 Gibbs[2.2] 和 Graβmann[2.3] 改进为更简化的向量表示形式。该方法对规避机器人学中用矢量/矩阵表示所产生的奇异问题非常有效[2.4]，这是因为四元数不像欧拉角那样存在奇异。

四元数定义为如下形式：

$$\boldsymbol{\varepsilon}=\varepsilon_0+\varepsilon_1 i+\varepsilon_2 j+\varepsilon_3 k$$

式中，元素 ε_0、ε_1、ε_2、ε_3 是标量，有时也称为欧拉参数；i、j、k 是算子，这些算子的定义符合如下规则：

$$\begin{aligned} &i^2=j^2=k^2=ijk=-1\\ &ij=k=-ji\\ &jk=i=-kj\\ &ki=j=-ik \end{aligned}$$

两个四元数相加时，将对应的元素分别相加。因此，算子的作用更像分离器。对于加法，零元素为四元数 $\mathbf{0}=0+0i+0j+0k$。四元数的加法满足结合律、交换律和分配律。

对于乘法，零元素为四元数 $\boldsymbol{I}=1+0i+0j+0k$。对于任意四元数 $\boldsymbol{\varepsilon}$，有 $\boldsymbol{I\varepsilon}=\boldsymbol{\varepsilon}$ 成立。四元数的乘法满足结合律和分配律，但不满足交换律。由上述算子运算法则得到四元数的乘法形式为

$$\begin{aligned} \boldsymbol{ab}=&a_0b_0-a_1b_1-a_2b_2-a_3b_3+\\ &(a_0b_1+a_1b_0+a_2b_3-a_3b_2)i+\\ &(a_0b_2+a_2b_0+a_3b_1-a_1b_3)j+\\ &(a_0b_3+a_3b_0+a_1b_2-a_2b_1)k \end{aligned} \tag{2.7}$$

此外，$\boldsymbol{\varepsilon}$ 的共轭（conjugate）形式表示为

$$\tilde{\boldsymbol{\varepsilon}}=\varepsilon_0-\varepsilon_1 i-\varepsilon_2 j-\varepsilon_3 k$$

因此有

$$\boldsymbol{\varepsilon}\tilde{\boldsymbol{\varepsilon}}=\tilde{\boldsymbol{\varepsilon}}\boldsymbol{\varepsilon}=\varepsilon_0^2+\varepsilon_1^2+\varepsilon_2^2+\varepsilon_3^2$$

一个单位四元数定义为 $\boldsymbol{\varepsilon}\tilde{\boldsymbol{\varepsilon}}=1$，通常，$\varepsilon_0$ 称为四元数的标量部分，$(\varepsilon_1\ \varepsilon_2\ \varepsilon_3)^{\mathrm{T}}$ 称为四元数的矢量部分。

一个单位四元数主要用于描述姿态，其单位模长提供了用于消除冗余参数（4 个坐标）的辅助关系式。用四元数定义的矢量，$\varepsilon_0=0$，因此矢量 $\boldsymbol{p}=(p_x\ p_y\ p_z)^{\mathrm{T}}$ 可以表示为四元数 $\boldsymbol{p}=0+p_x i+p_y j+p_z k$。对于任意单位四元数 $\boldsymbol{\varepsilon}$，$\boldsymbol{\varepsilon p}\tilde{\boldsymbol{\varepsilon}}$ 表示的是矢量 $\boldsymbol{p}$ 绕 $(\varepsilon_1\ \varepsilon_2\ \varepsilon_3)^{\mathrm{T}}$ 方向的旋转。这可以通过展开 $\boldsymbol{\varepsilon p}\tilde{\boldsymbol{\varepsilon}}$ 并比较表 2.1 中的等价旋转矩阵进行验证。如表 2.3 所示，单位四元数与等效轴-角姿态表示密切相关。ε_0 代表了转角，而 ε_1、ε_2、ε_3 代表了转轴。对于速度分析，四元数对时间的导数可与角速度矢量之间建立如下关系：

$$\begin{pmatrix}\dot{\varepsilon}_0\\ \dot{\varepsilon}_1\\ \dot{\varepsilon}_2\\ \dot{\varepsilon}_3\end{pmatrix}=\frac{1}{2}\begin{pmatrix}-\varepsilon_1 & -\varepsilon_2 & -\varepsilon_3\\ \varepsilon_0 & \varepsilon_3 & -\varepsilon_2\\ -\varepsilon_3 & \varepsilon_0 & \varepsilon_1\\ \varepsilon_2 & -\varepsilon_1 & \varepsilon_0\end{pmatrix}\begin{pmatrix}\omega_x\\ \omega_y\\ \omega_z\end{pmatrix} \tag{2.8}$$

式中，$(\omega_x,\omega_y,\omega_z)^{\mathrm{T}}={}^j\boldsymbol{\omega}_i$，由固定坐标系 j 给定。定义 $\boldsymbol{\varepsilon}_{1:3}=(\varepsilon_1,\varepsilon_2,\varepsilon_3)^{\mathrm{T}}$，很容易直接验证得到

$$\dot{\varepsilon}_0=-\frac{1}{2}\,{}^j\boldsymbol{\omega}_i^{\mathrm{T}}\boldsymbol{\varepsilon}_{1:3}$$

$$\dot{\boldsymbol{\varepsilon}}_{1:3}=\frac{1}{2}(\varepsilon_0\,{}^j\boldsymbol{\omega}_i-\boldsymbol{\varepsilon}_{1:3}\times{}^j\boldsymbol{\omega}_i)$$

若给定的是动坐标系下的角速度，也可以得到与上式类似的关系式：

$$\dot{\varepsilon}_0=-\frac{1}{2}\,{}^i\boldsymbol{\omega}_i^{\mathrm{T}}\boldsymbol{\varepsilon}_{1:3}$$

$$\dot{\boldsymbol{\varepsilon}}_{1:3}=\frac{1}{2}(\boldsymbol{\varepsilon}_0\,{}^i\boldsymbol{\omega}_i+\boldsymbol{\varepsilon}_{1:3}\times{}^i\boldsymbol{\omega}_i)$$

与之对应的矩阵表示形式，除了底部的代数式形式的 3×3 子矩阵各元素反向，其他与式（2.8）完全相同。

2

虽然用单位四元数仅能表示某个刚体的姿态，但可以通过对偶化[2.5-7]，即利用对偶四元数来描述刚体的空间位置和姿态。其他复合形式的表示将在后面介绍。

表 2.3　等效轴-角表示与单位四元数姿态表示之间的变换关系

等效轴-角 $\theta\hat{\boldsymbol{\omega}}$ 转换到单位四元数$(\varepsilon_0\ \varepsilon_1\ \varepsilon_2\ \varepsilon_3)^{\mathrm{T}}$： $\varepsilon_0=\cos\frac{\theta}{2}$ $\varepsilon_1=\omega_x\sin\frac{\theta}{2}$ $\varepsilon_2=\omega_y\sin\frac{\theta}{2}$ $\varepsilon_3=\omega_z\sin\frac{\theta}{2}$
单位四元数$(\varepsilon_0\ \varepsilon_1\ \varepsilon_2\ \varepsilon_3)^{\mathrm{T}}$ 转换到等效轴-角 $\theta\hat{\boldsymbol{\omega}}$： $\theta=2\cos^{-1}\varepsilon_0$ $\omega_x=\frac{\varepsilon_1}{\sin\frac{\theta}{2}}$ $\omega_y=\frac{\varepsilon_2}{\sin\frac{\theta}{2}}$ $\omega_z=\frac{\varepsilon_3}{\sin\frac{\theta}{2}}$

2.2.3　齐次变换

前面分别介绍了位置和姿态的表示。利用齐次变换，位置矢量和旋转矩阵可以用更加简洁的方式组合在一起。如果坐标系 i 相对于坐标系 j 的位置和姿态已知，那么坐标系 i 中的任一向量${}^i\boldsymbol{r}$ 也可以表示为坐标系 j 中的向量。利用 2.2.1 节中的符号，坐标系 i 的原点相对于坐标系 j 的位置可表示为位置矢量${}^j\boldsymbol{p}_i=({}^jp_i^x\ {}^jp_i^y\ {}^jp_i^z)^{\mathrm{T}}$。利用 2.2.2 节中的符号，坐标系 i 相对于坐标系 j 的姿态可用旋转矩阵${}^j\boldsymbol{R}_i$ 表示，这样就有

$$ {}^j\boldsymbol{r}={}^j\boldsymbol{R}_i\,{}^i\boldsymbol{r}+{}^j\boldsymbol{p}_i \tag{2.9}$$

将上式写成齐次坐标的形式，即

$$ \begin{pmatrix}{}^j\boldsymbol{r}\\1\end{pmatrix}=\begin{pmatrix}{}^j\boldsymbol{R}_i & {}^j\boldsymbol{p}_i\\ \boldsymbol{0}^{\mathrm{T}} & 1\end{pmatrix}\begin{pmatrix}{}^i\boldsymbol{r}\\1\end{pmatrix} \tag{2.10}$$

式中，

$$ {}^j\boldsymbol{T}_i=\begin{pmatrix}{}^j\boldsymbol{R}_i & {}^j\boldsymbol{p}_i\\ \boldsymbol{0}^{\mathrm{T}} & 1\end{pmatrix} \tag{2.11}$$

是 4×4 的齐次变换矩阵。$({}^j\boldsymbol{r}\quad 1)^{\mathrm{T}}$ 和 $({}^i\boldsymbol{r}\quad 1)^{\mathrm{T}}$ 是位置矢量${}^j\boldsymbol{r}$ 和${}^i\boldsymbol{r}$ 的齐次表示，矩阵${}^j\boldsymbol{T}_i$ 将坐标系 i 中的位置矢量变换为坐标系 j 中的位置矢量，其逆矩阵${}^j\boldsymbol{T}_i^{-1}$ 则将坐标系 j 中的位置矢量变换成坐标系 i 中的位置矢量。

$$ {}^j\boldsymbol{T}_i^{-1}={}^i\boldsymbol{T}_j=\begin{pmatrix}{}^j\boldsymbol{R}_i^{\mathrm{T}} & -{}^j\boldsymbol{R}_i^{\mathrm{T}}\,{}^j\boldsymbol{p}_i\\ \boldsymbol{0}^{\mathrm{T}} & 1\end{pmatrix} \tag{2.12}$$

4×4 齐次变换矩阵的代数运算只是简单的矩阵相乘，像 3×3 的旋转矩阵一样。因此，${}^k\boldsymbol{T}_i={}^k\boldsymbol{T}_j\,{}^j\boldsymbol{T}_i$ 成立。由于矩阵乘法不能交换，所以相乘的顺序就变得非常重要。绕某个轴旋转的齐次变换有时记为 ***Rot***。例如，绕轴 $\hat{z}$ 旋转 θ 角记为

$$ \boldsymbol{Rot}(\hat{z},\theta)=\begin{pmatrix}\cos\theta & -\sin\theta & 0 & 0\\ \sin\theta & \cos\theta & 0 & 0\\ 0 & 0 & 1 & 0\\ 0 & 0 & 0 & 1\end{pmatrix} \tag{2.13}$$

类似地，沿某个轴的平移有时记为 ***Trans***。例如，沿轴 $\hat{\boldsymbol{x}}$ 平移 d 记为

$$ \boldsymbol{Trans}(\hat{\boldsymbol{x}},d)=\begin{pmatrix}1 & 0 & 0 & d\\ 0 & 1 & 0 & 0\\ 0 & 0 & 1 & 0\\ 0 & 0 & 0 & 1\end{pmatrix} \tag{2.14}$$

当希望符号简洁，编程的难易程度作为最需要考虑的因素时，齐次变换就变得特别具有吸引力。但是，由于引入了大量含有 0 和 1 的附加乘法运算，齐次变换并不是一种高效的表示方法。尽管齐次变换矩阵包含 16 个元素，但其中有 4 个元素为 0 或 1，剩余的元素包括一个旋转矩阵和一个位置矢量。因此，真正的冗余参数来自旋转矩阵部分，相应的辅助关系式（或附加约束方程）也只与旋转矩阵有关。

2.2.4　螺旋变换

式（2.9）的变换可以看作是坐标系 i 和坐标系 j 之间旋转和平移的复合变换。要从坐标系 i 变换到坐标系 j，应先进行旋转再进行平移，反之亦然。再者，除了纯平移，两个坐标系之间的位移可以表示为绕特定轴的旋转和沿该轴平移的复合运动。

1. Chasles 定理

Chirikjian 和 Kyatkin[2.8] 给出的 Chasles 定理包含两部分内容。其中，第一部分是这样描述的：

刚体在空间中的任一位移可以视为由平移和旋转组成，即指定点从初始位置到最终位置的平移，以及物体绕该点使之达到最终姿态的旋转。

其中的第二部分包含如下内容：

刚体在空间中的任一位移可以表示为绕空间特定轴的旋转和沿该轴平移的复合运动。

该轴称为螺旋轴，是 Chasles 定理的第二个结论。

Chasles 定理中的第一部分是显而易见的。在欧氏空间中，刚体上的任一指定点都可以从一个给定的初始位置运动到一个给定的最终位置。更进一步，若刚体上的所有点有同样的位移，则该刚体进行了平移，指定点也就从其初始位置移动到其最终位置。然后，该刚体再绕指定点旋转到任意给定的最终姿态。

Chasles 定理的第二部分依赖于空间刚体位移的表示，需要进行更为复杂的论证。欧拉的一个预备定理可以更加明确地描述刚体旋转：*刚体保持一点固定的任何运动，等价于绕通过该固定点的一个特定轴的旋转*。在几何学上，将三个点嵌入运动刚体中，若有一点在旋转时是固定点，则其他两点中的任何一点将分别具有初始位置和最终位置。连接其初始位置和终点位置会形成一条直线段，该直线段的中垂面必然通过上述固定点。中垂面上的任意一条直线均可能是含有相应点初始位置和最终位置的旋转轴。因此，两个中垂面的唯一公共交线即为包含刚体上任意点初始位置和最终位置的旋转轴。刚体的刚性条件要求刚体上包含上述旋转轴直线的所有平面旋转了相同的角度。

欧拉定理指出，对于由旋转矩阵${}^{j}\boldsymbol{R}_i$ 描述的一个刚体的任意旋转，存在唯一的特征向量，使得

$$ {}^{j}\boldsymbol{R}_i\hat{\boldsymbol{\omega}}=\hat{\boldsymbol{\omega}} \tag{2.15} $$

式中，$\hat{\boldsymbol{\omega}}$ 是一个平行于旋转轴的单位矢量。该式表明，${}^{j}\boldsymbol{R}_i$ 对应有一个单位特征向量，而剩余的两个特征向量为 $\cos\theta \pm i\sin\theta$。其中，$i$ 是复数算子，θ 是刚体绕旋转轴旋转的角度。

结合 Chasles 定理的第一部分和欧拉定理，一个通用的空间刚体位移可以表示为将一个点从初始位置移动到终点位置的平移，以及将刚体从初始姿态运动到终点姿态的、围绕通过该点的特定轴的旋转。将平移分解为沿旋转轴向和垂直于旋转轴向的分量，则刚体上任一点在轴向上具有相同的位移分量。这是因为旋转不影响轴向分量。向垂直于旋转轴的平面上投影，则位移的运动学几何与该平面的运动学相同，正如在平面上有唯一的一个点，使得物体能够绕着该点在两个给定的位置间旋转一样，在投影平面上也具有这样唯一的点。正如上述定理所言，若旋转轴通过该点移动，则空间位移可通过围绕该轴旋转并沿该轴的平移来实现。

旋转所绕的轴称为刚体位移的螺旋轴，线位移 d 对旋转角 θ 的比值称为螺旋轴的节距 h[2.4]

$$ d=h\theta \tag{2.16} $$

平移时，螺旋轴不是唯一的。由于平移的旋转角为 0°，所以任何平行于平移方向的直线均可认为是螺旋轴，其节距为无穷大。

利用平行于螺旋轴的单位矢量 $\hat{\boldsymbol{\omega}}$ 和在螺旋轴上任意点的位置矢量 ρ 可方便地表示任意参考坐标系中的螺旋轴。附加的螺距 h 和螺旋角 θ，则完整地定义了第二个坐标系相对于参考坐标系的位姿。因此，共有 8 个参数定义一个螺旋变换，其中两个为多余的。$\hat{\boldsymbol{\omega}}$ 的模是一个辅助关系式，但通常找不到第二个辅助关系式，这是由于同一个螺旋轴是由在其上面的所有点定义的，或者说矢量 ρ 仅含有一个自由坐标。

代数上，旋量位移表示为

$$ {}^{j}\boldsymbol{r}={}^{j}\boldsymbol{R}_i({}^{i}\boldsymbol{r}-\boldsymbol{\rho})+d\hat{\boldsymbol{\omega}}+\boldsymbol{\rho} \tag{2.17} $$

比较该式与式（2.9），有

$$ {}^{j}\boldsymbol{p}_i=d\hat{\boldsymbol{\omega}}+(\boldsymbol{I}_{3\times3}-{}^{j}\boldsymbol{R}_i)\boldsymbol{\rho} \tag{2.18} $$

式中，$\boldsymbol{I}_{3\times3}$ 是 3×3 的单位矩阵。方程的两边与 $\hat{\boldsymbol{\omega}}$ 作点积运算，即可得到 d 的表达式，即

$$ d=\hat{\boldsymbol{\omega}}^{\mathrm{T}}\,{}^{j}\boldsymbol{p}_i \tag{2.19} $$

由于矩阵 $\boldsymbol{I}_{3\times3}-{}^{j}\boldsymbol{R}_i$ 奇异，故由式（2.18）不能求解出 $\boldsymbol{\rho}$ 的唯一值，这是因为 $\boldsymbol{\rho}$ 可表示螺旋轴上的任意点。在实际操作中，$\boldsymbol{\rho}$ 的一个元素可以任意选择，而且利用分量方程中的任意两个方程，可以求解得到 $\boldsymbol{\rho}$ 的另外两个元素。螺旋轴上的所有其他点可以由 $\boldsymbol{\rho}+k\hat{\boldsymbol{\omega}}$ 确定，其中 k 取任意值。

表 2.4 列出了螺旋变换与齐次变换之间的变换关系。值得注意的是，螺旋变换的等价旋转矩阵与表 2.1 中表示姿态的等效轴-角的等价旋转矩阵相同。此外，在表 2.4 中，利用矢量 $\boldsymbol{\rho}$ 与螺旋轴正交（$\hat{\boldsymbol{\omega}}^{\mathrm{T}}\boldsymbol{\rho}=0$）这一辅助关系式，得到从齐次变换到螺旋变换的关系式。其逆变换，即给定螺旋变换，求取旋转矩阵${}^{j}\boldsymbol{R}_i$ 和平移矩阵${}^{j}\boldsymbol{p}_i$，可采用罗德里格斯方程求取。

表 2.4　螺旋变换与齐次变换之间的变换关系

由螺旋变换到齐次变换	${}^{j}\boldsymbol{R}_i=\begin{pmatrix}\omega_x^2 v_\theta+c_\theta & \omega_x\omega_y v_\theta-\omega_z s_\theta & \omega_x\omega_z v_\theta+\omega_y s_\theta\\ \omega_x\omega_y v_\theta+\omega_z s_\theta & \omega_y^2 v_\theta+c_\theta & \omega_y\omega_z v_\theta-\omega_x s_\theta\\ \omega_x\omega_z v_\theta-\omega_y s_\theta & \omega_y\omega_z v_\theta+\omega_x s_\theta & \omega_z^2 v_\theta+c_\theta\end{pmatrix}$ ${}^{j}\boldsymbol{p}_i=(\boldsymbol{I}_{3\times3}-{}^{j}\boldsymbol{R}_i)\boldsymbol{\rho}+h\theta\hat{\boldsymbol{\omega}}$

2

（续）

由齐次变换到螺旋变换	$l=\begin{pmatrix} r_{32}-r_{23} \\ r_{13}-r_{31} \\ r_{21}-r_{12} \end{pmatrix}^{\mathrm{T}}$ $\theta=\mathrm{sign}(\boldsymbol{l}^{\mathrm{T}j}\boldsymbol{p}_i)\left\|\cos^{-1}\left(\frac{r_{11}+r_{22}+r_{33}-1}{2}\right)\right\|$ $h=\frac{\boldsymbol{l}^{\mathrm{T}j}\boldsymbol{p}_i}{2\theta\sin\theta}$ $\boldsymbol{\rho}=\frac{(\boldsymbol{I}_{3\times3}-{}^j\boldsymbol{R}_i)\boldsymbol{\rho}\,{}^j\boldsymbol{p}_i}{2(1-\cos\theta)}$ $\hat{\boldsymbol{\omega}}=\frac{\boldsymbol{l}}{2\sin\theta}$

注：$c_\theta=\cos\theta$，$s_\theta=\sin\theta$，$v_\theta=1-\cos\theta$。

2. 罗德里格斯（Rodirgues）方程

当给定一个螺旋轴、刚体绕该轴旋转的角位移和沿该轴的平移量时，就可以求出刚体上任一点的位移。若这一刚体位移描述成一个矩阵变换的形式，则刚体位移的求解等价于求解与之等价的矩阵变换，如图2.1所示。

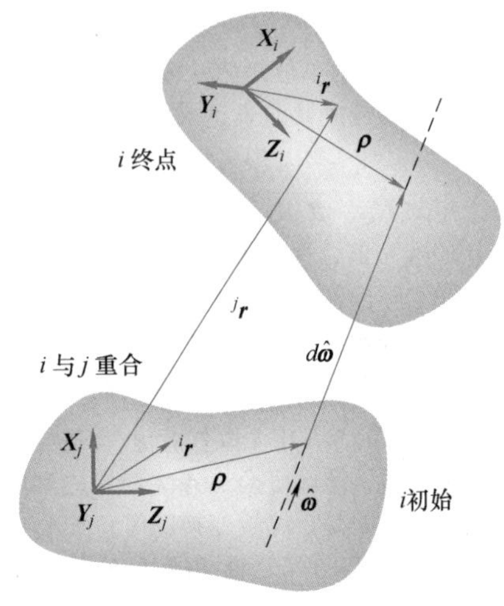

图2.1 刚体上任一点在螺旋变换下的初始和终点位置

注：${}^i\boldsymbol{r}$是该点相对于动坐标系i的位置；在初始位置时，动坐标系i与定坐标系j完全重合，${}^j\boldsymbol{r}$是物体经螺旋变换后相对于固定坐标系j的位置。

一个点在经过螺旋变换前后，其位置矢量满足以下关系式：

$$\begin{aligned}{}^j\boldsymbol{r}={}^i\boldsymbol{r}+d\hat{\boldsymbol{\omega}}+\sin\theta\hat{\boldsymbol{\omega}}\times({}^i\boldsymbol{r}-\boldsymbol{\rho})-\\(1-\cos\theta)({}^i\boldsymbol{r}-\boldsymbol{\rho})-({}^i\boldsymbol{r}-\boldsymbol{\rho})\cdot\hat{\boldsymbol{\omega}}\hat{\boldsymbol{\omega}}\end{aligned}\quad(2.20)$$

式中，${}^i\boldsymbol{r}$和${}^j\boldsymbol{r}$分别表示该点的初始位置和最终位置；$\hat{\boldsymbol{\omega}}$和$\boldsymbol{\rho}$表示螺旋轴；$\theta$和$d$给出了相应的位移量。该方程称为罗德里格斯方程[2.9]，可重写为矩阵变换形式[2.10]，即

$${}^j\boldsymbol{r}={}^j\boldsymbol{R}_i{}^i\boldsymbol{r}+{}^j\boldsymbol{p}_i\quad(2.21)$$

将式（2.21）展开后，得到含有${}^j\boldsymbol{r}$和${}^i\boldsymbol{r}$元素的三个线性方程：

$${}^j\boldsymbol{R}_i=\begin{pmatrix}\omega_x^2v_\theta+c_\theta & \omega_x\omega_yv_\theta-\omega_zs_\theta & \omega_x\omega_zv_\theta+\omega_ys_\theta\\ \omega_x\omega_yv_\theta+\omega_zs_\theta & \omega_y^2v_\theta+c_\theta & \omega_y\omega_zv_\theta-\omega_xs_\theta\\ \omega_x\omega_zv_\theta-\omega_ys_\theta & \omega_y\omega_zv_\theta+\omega_xs_\theta & \omega_z^2v_\theta+c_\theta\end{pmatrix}$$

$${}^j\boldsymbol{p}_i=(\boldsymbol{I}_{3\times3}-{}^j\boldsymbol{R}_i)\boldsymbol{\rho}+h\theta\hat{\boldsymbol{\omega}}$$

式中，$c_\theta=\cos\theta$，$s_\theta=\sin\theta$，$v_\theta=1-\cos\theta$。以这种形式表示的旋转矩阵${}^j\boldsymbol{R}_i$又称为螺旋矩阵，由这些方程给出的${}^j\boldsymbol{R}_i$和${}^j\boldsymbol{p}_i$的元素称为螺旋参数。

平移是一种特殊情况，此时$\theta=0$，罗德里格斯方程变为

$${}^j\boldsymbol{r}={}^i\boldsymbol{r}+d\hat{\boldsymbol{\omega}}\quad(2.22)$$

在这种情况下，${}^j\boldsymbol{R}_i=\boldsymbol{I}_{3\times3}$，${}^j\boldsymbol{p}_i=d\hat{\boldsymbol{\omega}}$。关于旋量理论的更详细介绍见参考文献［2.11-15］。

2.2.5 矩阵指数的参数化

刚体的位置和姿态也可以用指数表示为统一的形式。该方法首先被引入旋转运动，进而扩展到一般刚体运动。有关该方法的详细介绍见参考文献［2.16］和［2.17］。

1. 旋转的指数坐标

所有行列式为1的三阶正交矩阵的集合，即所有旋转矩阵$\boldsymbol{R}$的集合，是关于矩阵乘法运算的一个群，记为$SO(3)\subset\mathbb{R}^{3\times3}$[2.18]，用它表示特殊正交群。其特殊之处在于$\boldsymbol{R}$的行列式为+1而不是±1。该旋转矩阵的集合满足群的以下四种特性。

1）封闭性：$\forall\boldsymbol{R}_1$，$\boldsymbol{R}_2\in SO(3)$，$\boldsymbol{R}_1\boldsymbol{R}_2\in SO(3)$。

2）幺元律：$\forall\boldsymbol{R}\in SO(3)$，$\boldsymbol{I}_{3\times3}\boldsymbol{R}=\boldsymbol{R}\boldsymbol{I}_{3\times3}=\boldsymbol{R}$。

3）可逆性：$\forall\boldsymbol{R}\in SO(3)$，$\boldsymbol{R}^{\mathrm{T}}\in SO(3)$是$\boldsymbol{R}$唯一的逆。

4）结合律：$\forall\boldsymbol{R}_1$，$\boldsymbol{R}_2$，$\boldsymbol{R}_3\in SO(3)$，$(\boldsymbol{R}_1\boldsymbol{R}_2)\boldsymbol{R}_3=\boldsymbol{R}_1(\boldsymbol{R}_2\boldsymbol{R}_3)$。

在2.2.2节的等效轴-角表示中，姿态表示为绕单位矢量$\hat{\boldsymbol{\omega}}$旋转角度$\theta$。表2.1中的等价旋转矩阵可以表示为指数形式：

$$\boldsymbol{R}=e^{S(\hat{\boldsymbol{\omega}})\theta}=\boldsymbol{I}_{3\times3}+\theta S(\hat{\boldsymbol{\omega}})+\frac{\theta^2}{2!}S(\hat{\boldsymbol{\omega}})^2+\frac{\theta^3}{3!}S(\hat{\boldsymbol{\omega}})^3+\cdots\quad(2.23)$$

式中，$S(\hat{\boldsymbol{\omega}})$是反对称单位矩阵，且

$$S(\hat{\boldsymbol{\omega}})=\begin{pmatrix}0 & -\omega_z & \omega_y\\ \omega_z & 0 & -\omega_x\\ -\omega_y & \omega_x & 0\end{pmatrix} \tag{2.24}$$

这样，通过上述指数表达式就将对应于转轴的反对称单位矩阵 $\boldsymbol{S}(\hat{\boldsymbol{\omega}})$ 转换为对应于绕轴 $\hat{\boldsymbol{\omega}}$ 旋转角度 θ 的正交矩阵 $\boldsymbol{R}$。写成更有利于计算的封闭解形式，即

$$\mathrm{e}^{S(\hat{\boldsymbol{\omega}})\theta}=\boldsymbol{I}_{3\times3}+\boldsymbol{S}(\hat{\boldsymbol{\omega}})\sin\theta+\boldsymbol{S}(\hat{\boldsymbol{\omega}})^2(1-\cos\theta) \tag{2.25}$$

$(\theta\omega_x\ \theta\omega_y\ \theta\omega_z)^{\mathrm{T}}$ 的元素与表 2.2 中旋转矩阵 $\boldsymbol{R}$ 的参数相关，称为 $\boldsymbol{R}$ 的指数坐标。

2. 刚体运动的指数坐标

正如在 2.2.3 节所指出的，刚体的位置和姿态可以用位置矢量 $\boldsymbol{p}\in\mathbb{R}^3$ 和旋转矩阵 $\boldsymbol{R}\in SO(3)$ 共同来表示。

$\mathbb{R}^3$ 与 $SO(3)$ 的半直积空间称为 $SE(3)$ 群，用 SE 表示特殊欧氏群，也称齐次变换群。

$$SE(3)=\{(\boldsymbol{p},\boldsymbol{R}):\boldsymbol{p}\in\mathbb{R}^3,\boldsymbol{R}\in SO(3)\}=\mathbb{R}^3\times SO(3)$$

所有齐次变换的集合符合群的以下四种特性。

1）封闭性：$\forall \boldsymbol{T}_1,\ \boldsymbol{T}_2\in SE(3),\ \boldsymbol{T}_1\boldsymbol{T}_2\in SE(3)$。

2）幺元律：$\forall \boldsymbol{T}\in SE(3),\ \boldsymbol{I}_{4\times4}\boldsymbol{T}=\boldsymbol{T}\boldsymbol{I}_{4\times4}=\boldsymbol{T}$。

3）可逆性：$\forall \boldsymbol{T}\in SE(3)$，式（2.12）是 $\boldsymbol{T}$ 唯一的逆。

4）结合律：$\forall \boldsymbol{T}_1,\ \boldsymbol{T}_2,\ \boldsymbol{T}_3\in SE(3),\ (\boldsymbol{T}_1\boldsymbol{T}_2)\boldsymbol{T}_3=\boldsymbol{T}_1(\boldsymbol{T}_2\boldsymbol{T}_3)$。

在 2.2.4 节的螺旋变换表示中，位置和姿态可利用绕单位螺旋轴 $\hat{\boldsymbol{\omega}}$ 旋转的角度 θ、螺旋轴上的点 $\boldsymbol{\rho}$ 和节距 h 来表示，其中 $\hat{\boldsymbol{\omega}}^{\mathrm{T}}\boldsymbol{\rho}=0$。其等价的齐次变换矩阵见表 2.4，也可表示为指数形式：

$$\boldsymbol{T}=\mathrm{e}^{\hat{\boldsymbol{\xi}}\theta}=\boldsymbol{I}_{4\times4}+\hat{\boldsymbol{\xi}}\theta+\frac{(\hat{\boldsymbol{\xi}}\theta)^2}{2!}+\frac{(\hat{\boldsymbol{\xi}}\theta)^3}{3!}+\cdots \tag{2.26}$$

式中，

$$\hat{\boldsymbol{\xi}}=\begin{pmatrix}\boldsymbol{S}(\hat{\boldsymbol{\omega}}) & \boldsymbol{v}\\ \boldsymbol{0}^{\mathrm{T}} & 0\end{pmatrix} \tag{2.27}$$

是单位反对称矩阵的通用表达式，称为运动旋量。$\hat{\boldsymbol{\xi}}$ 的旋量坐标记为 $\boldsymbol{\xi}:=(\hat{\boldsymbol{\omega}}^{\mathrm{T}}\quad \boldsymbol{v}^{\mathrm{T}})^{\mathrm{T}}$，$\mathrm{e}^{\hat{\boldsymbol{\xi}}\theta}$ 的解析表达式为

$$\mathrm{e}^{\hat{\boldsymbol{\xi}}\theta}=\begin{pmatrix}\mathrm{e}^{S(\hat{\boldsymbol{\omega}})\theta} & (\boldsymbol{I}_{3\times3}-\mathrm{e}^{S(\hat{\boldsymbol{\omega}})\theta})(\hat{\boldsymbol{\omega}}\times\boldsymbol{v})+\hat{\boldsymbol{\omega}}^{\mathrm{T}}\boldsymbol{v}\theta\hat{\boldsymbol{\omega}}\\ \boldsymbol{0}^{\mathrm{T}} & 1\end{pmatrix} \tag{2.28}$$

将上述结果与表 2.4 中的齐次变换和螺旋变换之间的变换相比较，有

$$\boldsymbol{v}=\boldsymbol{\rho}\times\hat{\boldsymbol{\omega}} \tag{2.29}$$

且

$$h=\hat{\boldsymbol{\omega}}^{\mathrm{T}}\boldsymbol{v} \tag{2.30}$$

这样，利用运动旋量的指数形式，可将刚体的初始位姿变换到终点位姿。它给出的是刚体的相对运动。矢量 $\boldsymbol{\xi}\theta$ 含有刚体变换的指数坐标。对于螺旋变换，平移的情况是特例。此时，$\hat{\boldsymbol{\omega}}=\boldsymbol{0}$，因此

$$\mathrm{e}^{\hat{\boldsymbol{\xi}}\theta}=\begin{pmatrix}\boldsymbol{I}_{3\times3} & \theta\boldsymbol{v}\\ \boldsymbol{0}^{\mathrm{T}} & 1\end{pmatrix} \tag{2.31}$$

2

2.2.6 Plücker 坐标

在空间中定义一条直线至少需要 4 个独立参数。直线的 Plücker 坐标是一个六维向量，因此有两个参数是冗余的。直线的 Plücker 坐标可以看作是一对三维向量的组合：一个向量平行于该直线，另一个是该向量对原点的力矩。因此，如果 $\boldsymbol{u}$ 表示任一平行于直线的向量，$\boldsymbol{\rho}$ 是直线上任意点相对于原点的位置，则 Plücker 坐标 $(L,M,N;P,Q,R)$ 可表示为

$$(L,M,N)=\boldsymbol{u}^{\mathrm{T}};\ (P,Q,R)=(\boldsymbol{\rho}\times\boldsymbol{u})^{\mathrm{T}} \tag{2.32}$$

对于简单定义的一条直线，$\boldsymbol{u}$ 的幅值既不唯一，$\boldsymbol{\rho}$ 的分量也不平行于 $\boldsymbol{u}$。两个辅助关系式隐含其中，它们将独立的 Plücker 坐标数降为 4。其中一个辅助关系式为两个三维向量的标量积恒等于 0，即

$$LP+MQ+NR\equiv0 \tag{2.33}$$

另一个辅助关系式为当所有坐标分量同乘以一个系数时，该直线不变，即

$$(L,M,N;P,Q,R)\equiv(kL,kM,kN;kP,kQ,kR) \tag{2.34}$$

该关系式也可采用含有单位模的 $\boldsymbol{u}$ 的形式，此时 L、M 和 N 为方向余弦。

在本手册中，常用 Plücker 坐标表示速度，但与直线的定义不同，两个三维向量的幅值不是任意的，由此产生了 von Mises[2.9,19] 和 Everett[2.20] 的矢量符号表示形式。对于瞬时重合的两个坐标系，一个为固定坐标系，另一个为附着于运动刚体的动坐标系。以 $\boldsymbol{\omega}$ 表示刚体相对于固定坐标系的角速度，以 $\boldsymbol{v}_0$ 表示刚体在动坐标系的原点 O 相对于固定坐标系的线速度。这样，就为刚体的空间速度 $\boldsymbol{v}$ 提供了 Plücker 坐标表示形式。$\boldsymbol{v}$ 的 Plücker 坐标就是由 $\boldsymbol{\omega}$ 和 $\boldsymbol{v}_0$ 的笛卡儿坐标组合而成的，即

$$\boldsymbol{v}=\begin{pmatrix}\boldsymbol{\omega}\\ \boldsymbol{v}_0\end{pmatrix} \tag{2.35}$$

空间速度从坐标系 i 到坐标系 j 的变换，可通过空间变换矩阵 ${}^j\boldsymbol{X}_i$ 实现。如果利用 $\boldsymbol{v}_i$ 和 $\boldsymbol{v}_j$ 表示刚体相对于坐标系 i 和 j 的空间速度，${}^j\boldsymbol{p}_i$ 和 ${}^j\boldsymbol{R}_i$ 分别表示坐标系 i 相对于坐标系 j 的位置和姿态，则

$$\boldsymbol{v}_j={}^j\boldsymbol{X}_i\boldsymbol{v}_i \tag{2.36}$$

式中，

$$ {}^{j}\boldsymbol{X}_{i}=\begin{pmatrix} {}^{j}\boldsymbol{R}_{i} & \boldsymbol{0}_{3\times 3} \\ \boldsymbol{S}({}^{j}\boldsymbol{p}_{i}){}^{j}\boldsymbol{R}_{i} & {}^{j}\boldsymbol{R}_{i} \end{pmatrix} \tag{2.37} $$

于是有

$$ {}^{j}\boldsymbol{X}_{i}^{-1}={}^{i}\boldsymbol{X}_{j}=\begin{pmatrix} {}^{i}\boldsymbol{R}_{j} & \boldsymbol{0}_{3\times 3} \\ -\boldsymbol{S}({}^{i}\boldsymbol{p}_{j}){}^{i}\boldsymbol{R}_{j} & {}^{i}\boldsymbol{R}_{j} \end{pmatrix} \tag{2.38} $$

且

$$ {}^{k}\boldsymbol{X}_{i}={}^{k}\boldsymbol{X}_{j}\,{}^{j}\boldsymbol{X}_{i} \tag{2.39} $$

而 $\boldsymbol{S}({}^{j}\boldsymbol{p}_{i})$ 是一反对称矩阵，即

$$ \boldsymbol{S}({}^{j}\boldsymbol{p}_{i})=\begin{pmatrix} 0 & -{}^{j}p_{i}^{z} & {}^{j}p_{i}^{y} \\ {}^{j}p_{i}^{z} & 0 & -{}^{j}p_{i}^{x} \\ -{}^{j}p_{i}^{y} & {}^{j}p_{i}^{x} & 0 \end{pmatrix} \tag{2.40} $$

而其中的空间向量表示法，包括这里简要介绍的空间速度和空间变换矩阵，将在 3.2 节中进行深入探讨。特别地，表 3.1 将给出一种采用空间变换的高效算法。

2.3 关节运动学

除非明确说明，否则对机器人机构运动学的描述都经过了一系列的理想假设，构成机构的连杆（link㊀）。假设是严格的刚体，其表面无论位置还是形状在几何上都是理想的。相应地，这些刚体由关节连接在一起，关节也具有理想表面，彼此之间无间隙存在。这些接触面的相应几何形状决定了两个连杆间的运动自由度，或者关节运动学。

一个运动学意义上的关节是两个物体之间的连接，它限制了两个物体间的相对运动。相互连接的两个物体构成一个运动关节，两个物体相互接触的表面能够相互运动，从而允许两个物体之间的相对运动。简单运动关节可分为两类，即面接触的低副关节[2.21]和点或线接触的高副关节。

关节模型描述的是：关节中固连在一个物体上的坐标系相对于固连在另一个物体上的坐标系之间的运动，该运动模型用关节运动变量和其他参数的函数来表示。关节模型的其他元素包括旋转矩阵、位置矢量、自由度模式和约束模式等。一个关节的自由度模式定义了允许运动的方向，用 $6\times n_i$ 的矩阵 $\boldsymbol{\Phi}_i$ 表示，其中的每一列为允许运动的 Plücker 坐标。该矩阵建立起通过该关节的空间速度 $\boldsymbol{v}_{\mathrm{rel},i}$ 与关节速度 $\dot{\boldsymbol{q}}_i$ 之间的联系，即

$$ \boldsymbol{v}_{\mathrm{rel},i}=\boldsymbol{\Phi}_{i}\dot{\boldsymbol{q}}_{i} \tag{2.41} $$

相反，关节的约束模式定义了不允许运动的方向，用 $6\times(6-n_i)$ 的 $\boldsymbol{\Phi}_i$ 的对偶矩阵 $\boldsymbol{\Phi}_i^{\mathrm{c}}$ 表示。表 2.5 和表 2.6 列出了本节描述的所有关节的模型公式。它们将进一步用于第 3 章的动力学分析。有关关节的更详细介绍参见第 4 章。

表 2.5 单自由度低副形式的关节模型公式

（部分来源于参考文献［2.22］的表 4.1）

关节类型	关节旋转矩阵 ${}^{j}\boldsymbol{R}_{i}$	位置矢量 ${}^{j}\boldsymbol{p}_{i}$	自由度模式 $\boldsymbol{\Phi}_i$	约束模式 $\boldsymbol{\Phi}_i^{\mathrm{c}}$	姿态状态变量	$\dot{\boldsymbol{q}}_i$
旋转副 R	$\begin{pmatrix} c_{\theta i} & -s_{\theta i} & 0 \\ s_{\theta i} & c_{\theta i} & 0 \\ 0 & 0 & 1 \end{pmatrix}$	$\begin{pmatrix} 0 \\ 0 \\ 0 \end{pmatrix}$	$\begin{pmatrix} 0 \\ 0 \\ 1 \\ 0 \\ 0 \\ 0 \end{pmatrix}$	$\begin{pmatrix} 1&0&0&0&0 \\ 0&1&0&0&0 \\ 0&0&0&0&0 \\ 0&0&1&0&0 \\ 0&0&0&1&0 \\ 0&0&0&0&1 \end{pmatrix}$	θ_i	$\dot{\theta}_i$
移动副 P	$\boldsymbol{I}_{3\times 3}$	$\begin{pmatrix} 0 \\ 0 \\ d_i \end{pmatrix}$	$\begin{pmatrix} 0 \\ 0 \\ 0 \\ 0 \\ 0 \\ 1 \end{pmatrix}$	$\begin{pmatrix} 1&0&0&0&0 \\ 0&1&0&0&0 \\ 0&0&1&0&0 \\ 0&0&0&1&0 \\ 0&0&0&0&1 \\ 0&0&0&0&0 \end{pmatrix}$	d_i	$\dot{d}_i$

㊀ link 在 GB/T 12643—2013 中为“杆件”，本书采用“连杆”。——译者注

（续）

关节类型	关节旋转矩阵 ${}^{j}\boldsymbol{R}_i$	位置矢量 ${}^{j}\boldsymbol{p}_i$	自由度模式 $\boldsymbol{\Phi}_i$	约束模式 $\boldsymbol{\Phi}_i^{c}$	姿态状态变量	$\dot{\boldsymbol{q}}_i$
螺旋副 H（节距 h）	$\begin{pmatrix} c_{\theta i} & -s_{\theta i} & 0 \\ s_{\theta i} & c_{\theta i} & 0 \\ 0 & 0 & 1 \end{pmatrix}$	$\begin{pmatrix} 0 \\ 0 \\ h\theta_i \end{pmatrix}$	$\begin{pmatrix} 0 \\ 0 \\ 1 \\ 0 \\ 0 \\ h \end{pmatrix}$	$\begin{pmatrix} 1 & 0 & 0 & 0 & 0 \\ 0 & 1 & 0 & 0 & 0 \\ 0 & 0 & 0 & 0 & -h \\ 0 & 0 & 1 & 0 & 0 \\ 0 & 0 & 0 & 1 & 0 \\ 0 & 0 & 0 & 0 & 1 \end{pmatrix}$	θ_i	$\dot{\theta}_i$

注：$c_{\theta i}=\cos\theta_i$，$s_{\theta i}=\sin\theta_i$。

表 2.6　多自由度低副形式的关节模型公式

（部分来源于参考文献［2.22］的表 4.1）

关节类型	关节旋转矩阵 ${}^{j}\boldsymbol{R}_i$	位置矢量 ${}^{j}\boldsymbol{p}_i$	自由度模式 $\boldsymbol{\Phi}_i$	约束模式 $\boldsymbol{\Phi}_i^{c}$	姿态状态变量	$\dot{\boldsymbol{q}}_i$
圆柱副 C	$\begin{pmatrix} c_{\theta i} & -s_{\theta i} & 0 \\ s_{\theta i} & c_{\theta i} & 0 \\ 0 & 0 & 1 \end{pmatrix}$	$\begin{pmatrix} 0 \\ 0 \\ d_i \end{pmatrix}$	$\begin{pmatrix} 0 & 0 \\ 0 & 0 \\ 1 & 0 \\ 0 & 0 \\ 0 & 0 \\ 0 & 1 \end{pmatrix}$	$\begin{pmatrix} 1 & 0 & 0 & 0 \\ 0 & 1 & 0 & 0 \\ 0 & 0 & 0 & 0 \\ 0 & 0 & 1 & 0 \\ 0 & 0 & 0 & 1 \\ 0 & 0 & 0 & 0 \end{pmatrix}$	θ_i d_i	$\begin{pmatrix} \dot{\theta}_i \\ \dot{d}_i \end{pmatrix}$
球副 * S	（见表 2.1）	$\begin{pmatrix} 0 \\ 0 \\ 0 \end{pmatrix}$	$\begin{pmatrix} 1 & 0 & 0 \\ 0 & 1 & 0 \\ 0 & 0 & 1 \\ 0 & 0 & 0 \\ 0 & 0 & 0 \\ 0 & 0 & 0 \end{pmatrix}$	$\begin{pmatrix} 0 & 0 & 0 \\ 0 & 0 & 0 \\ 0 & 0 & 0 \\ 1 & 0 & 0 \\ 0 & 1 & 0 \\ 0 & 0 & 1 \end{pmatrix}$	$\boldsymbol{\varepsilon}_i$	$\boldsymbol{\omega}_{i\mathrm{rel}}$
平面副	$\begin{pmatrix} c_{\theta i} & -s_{\theta i} & 0 \\ s_{\theta i} & c_{\theta i} & 0 \\ 0 & 0 & 1 \end{pmatrix}$	$\begin{pmatrix} 0 \\ 0 \\ h\theta_i \end{pmatrix}$	$\begin{pmatrix} 0 & 0 & 0 \\ 0 & 0 & 0 \\ 1 & 0 & 0 \\ 0 & 1 & 0 \\ 0 & 0 & 1 \\ 0 & 0 & 0 \end{pmatrix}$	$\begin{pmatrix} 1 & 0 & 0 \\ 0 & 1 & 0 \\ 0 & 0 & 0 \\ 0 & 0 & 0 \\ 0 & 0 & 0 \\ 0 & 0 & 1 \end{pmatrix}$	θ_i d_{xi} d_{yi}	$\begin{pmatrix} \dot{\theta}_i \\ \dot{d}_{xi} \\ \dot{d}_{yi} \end{pmatrix}$
平面纯滚动接触副（固定半径 r）	$\begin{pmatrix} c_{\theta i} & -s_{\theta i} & 0 \\ s_{\theta i} & c_{\theta i} & 0 \\ 0 & 0 & 1 \end{pmatrix}$		$\begin{pmatrix} 0 \\ 0 \\ 1 \\ r \\ 0 \\ 0 \end{pmatrix}$	$\begin{pmatrix} 1 & 0 & 0 & 0 & 0 \\ 0 & 1 & 0 & 0 & 0 \\ 0 & 0 & -r & 0 & 0 \\ 0 & 0 & 1 & 0 & 0 \\ 0 & 0 & 0 & 1 & 0 \\ 0 & 0 & 0 & 0 & 1 \end{pmatrix}$	θ_i	$\dot{\theta}_i$
万向节 U	$\begin{pmatrix} c_{\alpha i}c_{\beta i} & -s_{\alpha i} & c_{\alpha i}s_{\beta i} \\ s_{\alpha i}c_{\beta i} & c_{\alpha i} & s_{\alpha i}s_{\beta i} \\ -s_{\beta i} & 0 & c_{\beta i} \end{pmatrix}$	$\begin{pmatrix} 0 \\ 0 \\ 0 \end{pmatrix}$	$\begin{pmatrix} -s\beta_i & 0 \\ 0 & 1 \\ c\beta_i & 0 \\ 0 & 0 \\ 0 & 0 \\ 0 & 0 \end{pmatrix}$	$\begin{pmatrix} c\beta_i & 0 & 0 & 0 \\ 0 & 0 & 0 & 0 \\ s\beta_i & 0 & 0 & 0 \\ 0 & 1 & 0 & 0 \\ 0 & 0 & 1 & 0 \\ 0 & 0 & 0 & 1 \end{pmatrix}$	α_i β_i	$\begin{pmatrix} \dot{\alpha}_i \\ \dot{\beta}_i \end{pmatrix}$

（续）

关节类型	关节旋转矩阵 ${}^jR_i$	位置矢量 ${}^jp_i$	自由度模式 Φ_i	约束模式 Φ_i^c	姿态状态变量	$\dot{q}_i$
6-DOF *（6自由度）	（见表2.1）	${}^0p_i$	$I_{6\times6}$		ε_i ${}^0p_i$	$\begin{pmatrix}\omega_i\\ v_i\end{pmatrix}$

注：1. $c_{\theta i}=\cos\theta_i$，$s_{\theta i}=\sin\theta_i$。
2. * —欧拉角 α_i、β_i、γ_i 可用于替换四元数 ε_i，表示姿态。

2.3.1 低副关节

低副关节在机械上非常具有吸引力，因为其磨损分布于整个表面，而且润滑剂可密封在两个接触面的微小间隙空间（在非理想化的系统中），能够形成相对较好的润滑。根据对面接触的需求可以证明[2.23]，低副关节只有6种可能的形式：旋转关节、移动关节（prismatic joint㊀）、螺旋关节、圆柱关节、球关节和平面关节。

1. 旋转关节

旋转关节通常缩写为“R”，有时也俗称铰链或销关节。其最常见的形式是由两个共轭的旋转表面所构成的低副关节。两个旋转表面是相同的，只不过一个为外表面，法线指向旋转轴的任意面，是凸的；另一个为内表面，法线指向旋转轴的任意面，是凹的。这些表面并非仅仅是圆柱表面，因为仅靠圆柱表面不能提供轴向的滑动限制。旋转关节仅允许相互连接的一个物体相对于另一个物体旋转，一个物体相对于另一个物体的位置变化，可以利用固定在各物体的两条轴线之间的夹角表示。因此，该关节具有一个自由度。当旋转关节轴设定为坐标系 i 的 $\hat{z}$ 轴时，旋转关节的模型见表2.5。

2. 移动关节

移动关节通常缩写为“P”，有时也俗称滑动关节，是由两个共轭的柱面构成的低副关节。这些表面并非一定是圆柱表面。通常，一个柱面可以是任意曲面沿一定方向挤压而成；同样，移动关节也有一个内表面和一个外表面。移动关节仅允许相互连接的一个物体相对于另一个物体沿挤压方向滑动，沿平行于滑动的方向在两个物体上各选一个固定点，则一个物体相对于另一个物体的位置由这两点间的距离确定。因此，该关节具有一个自由度。当移动关节轴设定为坐标系 i 的 $\hat{z}$ 轴时，移动关节的模型见表2.5。

3. 螺旋关节

螺旋关节通常缩写为“H”，是由两个共轭的螺旋面所构成的低副关节。螺旋面可以由任意曲面沿螺旋路径挤压而成。最简单的例子是螺杆和螺母，其基本母曲线是一对直线，螺旋角 θ 与一个物体相对于另一个物体沿轴线的位移量 d 相关，可表示为 $d=h\theta$。常数 h 称为节距。当螺旋关节轴设定为坐标系 i 的 $\hat{z}$ 轴时，螺旋关节的模型见表2.5。

4. 圆柱关节

圆柱关节通常缩写为“C”，是由两个共轭的圆柱面所构成的低副关节。其中一个为内表面，另一个为外表面。圆柱关节允许绕圆柱轴的旋转和沿平行于柱面轴的平移，因此它是一个具有两个自由度的关节。在运动学上，多于一个自由度的低副关节可以利用复合关节等价替换（参见2.3.3节），即多个单自由度低副关节构成的串联链。在此情况下，圆柱关节可以等价为由一个旋转关节和一个移动关节串联而成，且移动关节的滑动方向平行于旋转轴。采用2.4节讨论的几何表示更容易实现，但该方法不利于运动仿真。将圆柱关节看作移动关节和旋转关节的组合进行建模时，需要在移动关节和旋转关节之间增加虚拟杆件。其中，虚拟杆件的长度和质量为零。但无质量的设定会产生计算问题。当圆柱关节轴设定为坐标系 i 的 $\hat{z}$ 轴时，圆柱关节的模型见表2.6。

5. 球关节

球关节通常缩写为“S”，是由两个共轭的球面所构成的低副关节。同样，这两个球面的一个为内表面，另一个为外表面。球关节允许绕通过球心的任意直线旋转，因此，它允许最多绕3个不同方向的轴独立旋转，具有3个自由度。在运动学上，球关节可等价为由3个旋转关节构成的复合关节。3个旋转关节绕有公共点的3个轴旋转，尽管不需要三个轴连续正交，但通常采用三个轴相互正交的

㊀ prismatic joint在GB/T 12643—2013中为“棱柱关节”，本书采用“移动关节”。——译者注

形式。通常，上述排列与球关节等价，但在旋转关节的轴线共面时产生奇异，这与实际的球关节形成对比。真实的球关节应确保不会出现奇异。类似地，如果将球关节建模为 3 个旋转关节，由于具有 3 个长度和质量为零的虚拟杆件，会出现计算困难问题。球关节的模型见表 2.6。

6. 平面关节

平面关节由含有表面的平面构成，类似于球关节。平面关节是具有 3 个自由度的低副关节，其运动学等价于复合关节，由 3 个绕平行轴旋转的旋转关节串联组合而成。与球关节的情况类似，复合关节在旋转关节的轴线共面时产生奇异。当平面关节接触平面的法线设定为坐标系 i 的 $\hat{z}$ 轴时，平面关节的模型见表 2.6。

2.3.2 高副关节

某些高副关节同样具有吸引力，特别是当一个物体在另一个物体表面做无滑动的滚动时。这在机械上非常具有吸引力，因为没有滑动意味着没有磨料磨损。但是，当理想的接触是一个点或沿着一条线时，加载到关节的负载可能会产生很大的局部压力，导致其他形式的材料失效，从而造成损坏。高副关节可用于构造具有特殊几何特性的运动关节，如齿轮副或凸轮与从动件副。

滚动接触实际上包括若干种不同的几何形状：平面运动的滚动接触允许一个自由度的相对运动，如滚柱轴承。如上所述，滚动接触具有令人满意的磨损特性，因为没有滑动意味着没有磨损。平面滚动接触为线接触，因此能够稍微分散负载和磨损。三维滚动接触允许绕通过接触点的任意轴旋转，接触点在原理上是唯一的。因此，三维滚动接触副允许 3 个自由度的相对运动。当将过半径为 r 的滚轴中心的滚动轴线设定为坐标系 i 的 $\hat{z}$ 轴时，对于一个在平面上的滚轴，其平面滚动接触关节的模型见表 2.6。

无论关节是平面形式还是三维形式，与滚动接触关节相关的无滑动条件要求两个物体上相互接触的点之间的瞬时相对速度为 0。如果 P 是两个物体 i 和 j 之间的滚动接触点，则

$$\boldsymbol{v}_{\mathrm{P}_i/\mathrm{P}_j}=0 \tag{2.42}$$

类似地，它们的相对加速度位于接触点两个表面的公共法线方向上。由于与关节相关的约束以速度的形式表示，因此该约束为非限定性约束，见 2.3.6 节。关于滚动接触的运动学约束方面的详细讨论见第 24 章。

2.3.3 复合关节

复合关节是由多个简单关节所构成的两物体间的连接形式。与简单关节一样，复合关节也可以限制两个物体间的相对运动。在这种情况下，复合关节与简单关节在运动学上是等价的。万向节通常缩写为“U”，又称为卡当铰或虎克铰，是一个具有两个自由度的关节，它由两轴正交的两个旋转关节串联而成。万向节模型见表 2.6。其中，欧拉角 α_i 是绕 Z 轴的第一次旋转；β_i 是绕 Y 轴的旋转。对于该关节而言，对应的矩阵 $\boldsymbol{\Phi}_i$ 和 $\boldsymbol{\Phi}_i^c$ 都不是常数。通常 $\dot{\boldsymbol{\Phi}}_i \neq 0$，$\dot{\boldsymbol{\Phi}}_i^c \neq 0$。在此情况下，外部参考坐标系的姿态随 α_i 的变化而变化。

2.3.4 6 自由度关节

两个不直接连接在一起的物体间的运动，可以将其建模为一个无约束的 6 自由度关节，这对移动机器人特别有用，如飞行器，最多偶尔接触地面。相对于固定坐标系自由运动的物体称为浮动基座（base㊀），这样的自由运动关节模型可使得浮动基座在空间中的位置和姿态表示成六关节变量。6 自由度关节模型见表 2.6。

2.3.5 物理实现

在真实的机器人机构中，关节受物理上的约束，超出该限制的运动是不允许的。机器人的工作空间（见 2.5 节）是在考虑机器人操作臂（manipulator㊁）所有关节的物理限制和自由度的情况下才能得以确定。旋转关节易于由旋转电动机驱动，因而在机器人系统中极为常用，也可能以被动的、无驱动的形式呈现，但没有旋转关节常见。相对而言，移动关节更容易用线性驱动器（actuator㊂），如液压缸或气缸、滚珠丝杠、螺旋丝杆等来驱动，它们也具有运动限制，因为单向滑动在理论上可产生无穷大位移。螺旋关节在机器人机构中也较常见，尽管线性驱动器，如螺旋千斤顶、滚珠丝杠等很少用作主动关节。具有多于一个自由度的关节，

㊀ base 在 GB/T 12643—2013 中为“机座”，本文采用“基座”。——译者注

㊁ manipulator 在 GB/T 12643—2013 中为“操作机”，本文采用“操作臂”。——译者注

㊂ actuator 在 GB/T 12643—2013 中为“致动器”，本书采用“驱动器”。——译者注

在机器人机构中常用作被动关节，这是因为主动关节的每个自由度需要独立驱动。在机器人机构中，被动式的球关节很常见，但被动式的平面关节偶尔使用。当球关节作为驱动副时，可利用运动学上等价为三个旋转关节分别驱动。

2

万向节在机器人机构中既可用于主动关节，又可用于被动关节。对应的串联链常简记为所含关节的顺序。例如，RPR链含有三个连杆，第一个连杆通过旋转关节与基座连接，第二个连杆带有移动关节，第二个和第三个连杆采用另一个旋转关节连接。如果所有关节是相同的，则简记为关节数量和关节类型。例如，6R表示含有6个旋转关节的六轴串联操作臂。若用硬件来实现，要比2.3.1节和2.3.2节给出的理想情况复杂得多。例如，一个旋转关节由滚珠轴承实现，而滚珠轴承则有一系列封闭于两个轴套之间的轴承滚珠构成，滚珠在轴套上做无滑动的理想滚动，充分利用了滚动接触的特殊特性。一个移动关节可由丝杆导轨组合实现。

2.3.6　完整约束与非完整约束

除滚动接触，上文中讨论的与关节相关的所有约束都可以在数学上表示为仅含有关节位置变量的方程，称为完整约束。方程的数量即约束的数量为$6n$，n为关节自由度的数量。这些约束是轴关节模型的固有部分。

非完整约束是不能仅用位置变量表达的约束，而是包括一个或多个位置变量对时间的导数。不能通过对这些约束方程积分，以获得关节变量之间的关系。机器人系统中最常见的例子来自于只滚不滑的轮子或滚轴。非完整约束，特别是其在轮式机器人的应用，将在第24章详细讨论。

2.3.7　广义坐标

在由N个实体构成的机器人机构中，需要$6N$个坐标以便指定所有实体相对于一个坐标系的位置和姿态。由于这些实体中有一些是连接在一起的，所以可通过一系列的约束方程建立这些坐标之间的关系式。在这种情况下，$6N$个坐标可以表达为一个较小的独立坐标集合$\boldsymbol{q}$的函数，该集合中的坐标称为广义坐标。而与其相关的运动与所有的约束是一致的。机器人机构的关节变量$\boldsymbol{q}$是广义坐标的一个集合[2.24,25]。

2.4　几何表示

将参考坐标系固连在每个连杆上，可以很方便地定义机器人机构中各连杆之间的几何关系。这些连杆坐标系尽管可以任意设置，但遵循某些法则的连杆坐标系设置便于建立递归公式，进而提升计算效率。Denavit和Hartenberg[2.26]首先提出了这一方法的基本规则。此外，本手册还采用了Khalil和Dombre[2.27]提出的法则。在所有的形式中，该法则均采用4个参数而不是6个参数来确定一个坐标系相对于另一个坐标系的位置。这4个参数分别是连杆长度a_i、连杆扭角α_i、关节偏移量d_i和关节转角θ_i。上述的参数集合是通过下述方式实现的：通过合理配置连杆坐标系的原点和各个轴，使得一个连杆坐标系的$\hat{\boldsymbol{x}}$轴与后续连杆坐标系的$\hat{z}$轴相交并垂直。该法则适用于由旋转关节和移动关节构成的机器人机构。当存在多自由度关节时，则采用旋转关节和移动关节（的组合）对其建模，如2.3节所述。

在机器人机构学中，目前主要存在4种不同的坐标系设置方法，直观上每种均有各自的优点。在Denavit和Hartenberg[2.26]的原创法则中，关节i位于连杆i与$i+1$之间，连杆i的外侧。同样，关节偏移量d_i和关节转角θ_i分别沿着或绕着$i-1$关节轴，因此关节参数的下角标与关节轴并不完全对应。Waldron[2.28]和Paul[2.29]修正了原创法则中有关轴的标号，将关节i置于连杆$i-1$与i之间，使得串联链的基座标号从0开始。相应的，关节i配置在连杆i的内侧，这也是所有其他修正版本所采用的方式。Waldron和Paul将$\hat{z}_i$轴配置在$i+1$关节轴上，进一步解决了关节参数的下标与关节轴不对应的问题。当然，这也带来新的问题：关节轴和相应坐标系$\hat{z}$轴的下角标不对应。

Craig[2.30]通过将$\hat{z}_i$轴配置在关节i上，删除了所有的不对应下角标，代价是齐次变换矩阵${}^{i-1}\boldsymbol{T}_i$由下角标为i的关节参数和下角标为$i-1$的连杆参数构成。Khalil和Dombre[2.27]则给出了另一种版本，沿着和绕着$\hat{\boldsymbol{x}}_{i-1}$轴分别定义$a_i$和$\alpha_i$。其他类似于Craig的版本。在这种情况下，齐次变换矩阵${}^{i-1}\boldsymbol{T}_i$完全由下角标为i的参数构成，但下角标的不对应体现为另一种形式：a_i和α_i分别代表连杆$i-1$的连杆长度和扭角，而不是连杆 i 的连杆长度和扭角。总之，本手册中所使用的规则与其他相比，其优点是坐标系的 $\hat{z}_i$ 轴与关节轴具有相同下角标，即坐标系 i 相对坐标系 $i-1$ 的齐次变换矩阵中，所有四个参数具有相同的下角标 i。

在本手册中，定义串联链式机构的设置方式如图 2.2 所示。

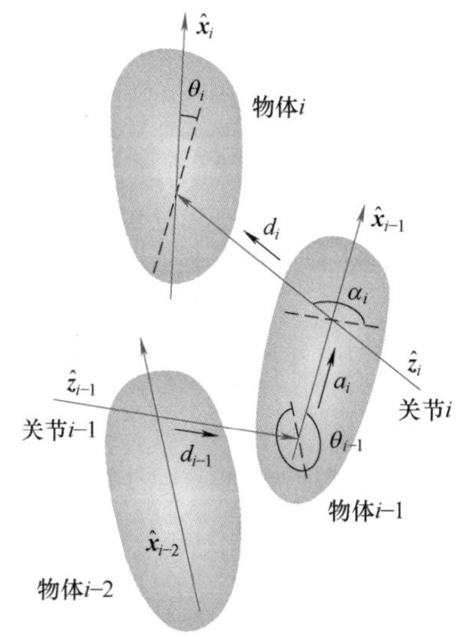

图 2.2 串联链式机构的设置方式

注：机器人机构中的物体与关节的编号，将坐标系放置在物体上，以及确定一个坐标系相对于另一个坐标系的四参数 a_i、α_i、d_i 和 θ_i。

物体与关节的编号设定如下：

1）机器人机构中的 N 个运动物体从 1 到 N 编号，基座编号为 0。

2）机器人机构中的 N 个关节从 1 到 N 编号，关节 i 位于连杆 $i-1$ 和 i 之间。

经编号后，连杆坐标系的设定如下：

1）$\hat{z}_i$ 轴沿关节 i 的轴线方向。

2）$\hat{x}_{i-1}$轴位于 $\hat{z}_{i-1}$轴与 $\hat{z}_i$ 轴的公垂线上。

采用上述坐标系后，确定一个坐标系相对于另一个坐标系的四个参数定义如下：

1）a_i 是沿着 $\hat{x}_{i-1}$轴从 $\hat{z}_{i-1}$轴到 $\hat{z}_i$ 轴的距离。

2）α_i 是绕着 $\hat{x}_{i-1}$轴从 $\hat{z}_{i-1}$轴旋转到 $\hat{z}_i$ 轴的转角。

3）d_i 是沿着 $\hat{z}_i$ 轴从 $\hat{x}_{i-1}$轴到 $\hat{x}_i$ 轴的距离。

4）θ_i 是绕着 $\hat{z}_i$ 轴从 $\hat{x}_{i-1}$轴旋转到 $\hat{x}_i$ 轴的转角。

图 2.3 所示的为 6 自由度串联操作臂的几何参数，见表 2.7。该操作臂的所有关节为旋转关节，关节 1 垂直向上，关节 2 与关节 1 垂直相交。关节 3 与关节 2 平行，连杆 2 的长度为 a_3；关节 4 与关节 3 垂直相交；关节 5 与关节 4 垂直相交，并与关节 3 有偏移量 d_4。关节 6 与关节 5 垂直相交。

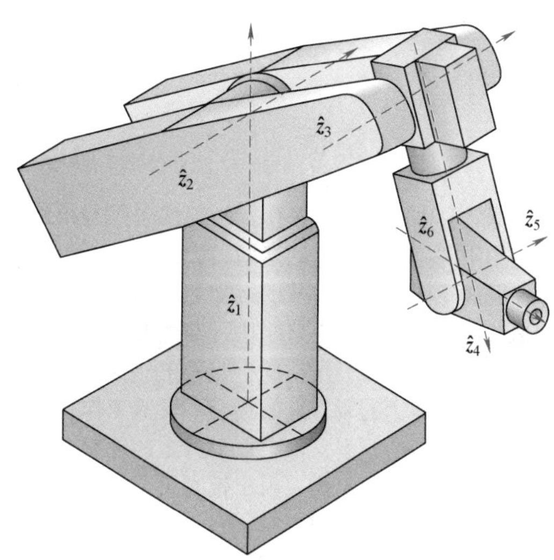

图 2.3 6 自由度串联操作臂的几何参数

（由无偏移关节和球形手腕组成的操作臂）

表 2.7 图 2.3 所示串联操作臂的几何参数

i	α_i	a_i	d_i	θ_i
1	0	0	0	θ_1
2	$-\frac{\pi}{2}$	0	0	θ_2
3	0	a_3	0	θ_3
4	$-\frac{\pi}{2}$	0	d_4	θ_4
5	$\frac{\pi}{2}$	0	0	θ_5
6	$-\frac{\pi}{2}$	0	0	θ_6

在该设定下，通过绕 $\hat{x}_{i-1}$ 轴旋转角度 α_i，沿 $\hat{x}_{i-1}$轴平移 a_i，绕 $\hat{z}_i$ 轴旋转角度 θ_i，沿 $\hat{z}_i$ 轴平移 d_i，可实现坐标系 i 相对于坐标系 $i-1$ 的平移。通过一系列相互独立的连续变换：

$$\boldsymbol{Rot}(\hat{\boldsymbol{x}}_{i-1},\alpha_{i-1})\boldsymbol{Trans}(\hat{\boldsymbol{x}}_{i-1},\alpha_{i-1})\boldsymbol{Rot}(\hat{z}_i,\theta_i)\boldsymbol{Trans}(\hat{z}_i,d_i) \tag{2.43}$$

得到的等价齐次变换为

$$
{}^{i-1}\boldsymbol{T}_i=\begin{pmatrix}\cos\theta_i & -\sin\theta_i & 0 & a_i\\ \sin\theta_i\cos\alpha_i & \cos\theta_i\cos\alpha_i & -\sin\alpha_i & -\sin\alpha_i d_i\\ \sin\theta_i\sin\alpha_i & \cos\theta_i\sin\alpha_i & \cos\alpha_i & \cos\alpha_i d_i\\ 0 & 0 & 0 & 1\end{pmatrix} \tag{2.44}
$$

上述几何参数的辨识将在第8章给出。

2.5 工作空间

通常，串联机器人操作臂的工作空间是指运动过程中末端执行器可以到达的最大体积，其大小由操作臂的几何形状和关节的运动范围共同决定。特别地，可达工作空间为末端执行器能够到达的所有点的集合，而灵活工作空间[2.31]为末端执行器能够以任意姿态到达的所有点的集合。灵活工作空间是可达工作空间的子集，仅存在于特定的理想几何构型中。真实的工业机器人由于带有关节限位，几乎无法实现灵活工作空间。

许多串联机器人操作在设计过程中往往遵循如下规则：将机器人分成定位模块和定向模块。定位模块实现末端执行器在空间中的位置定位，而定向模块实现末端执行器的姿态。较典型地，串联操作的内关节组成定位模块，而外关节组成定向模块。此外，移动关节不能提供旋转能力，因此不能用在定向模块中。

定位模块的工作空间可由串联操作臂的已知几何构型和关节运动限位计算获得。在构成定位模块的三个内关节中，首先计算最外侧的两个关节（关节2和关节3）的工作空间面积，然后通过对剩余的内关节（关节1）的关节变量积分，计算出定位模块工作空间的大小。对于移动关节，仅需将面积乘以移动关节的运动行程。对于更为普遍的旋转关节，它涉及绕关节轴线的全范围旋转运动的面积[2.32]。根据Pappus定理，相关的空间体积为

$$
V=A\bar{r}\gamma \tag{2.45}
$$

式中，A是面积；r是面积的质心到旋转轴线的距离；γ是该面积旋转的角度。该面积的边界通过跟踪末端执行器一个参考点的运动来确定。较典型的是定向模块手腕的旋转中心。从两个关节的运动限位位置开始，关节2锁定，关节3一直运动到其第二个限位位置；然后，关节3锁定，关节2自由运动到其第二个限位位置；关节2再次锁定，关节3自由运动到其初始限位位置；最后，关节3锁定，关节2自由运动到其初始限位位置。在这种方式下，参考点的轨迹是一条封闭曲线，其面积和质心可通过数学方法计算得到。

有关操作臂工作空间的更详细描述可参见第4章和第16章。

2.6 正运动学

串联操作臂的正运动学问题，是指在给定所有关节位置和所有连杆几何参数的情况下，求取末端执行器相对于基座的位置和姿态。通常，固定于末端执行器的坐标系称为工具坐标系（tool frame），它一般固定在末端连杆N上，但无论其位置还是姿态，通常与坐标系N具有固定的偏移。类似地，一个固定坐标系常设置于基座上，以确定待执行任务的位置。该坐标系在位姿上通常相对于坐标系0具有固定偏移，坐标系0也固定于基座上。

有关正运动学问题的更一般性描述是：给定机器人机构的几何结构，以及与机构自由度数相等的关节数量的关节位置参数，求取任意两个指定关节之间的相对位置和姿态。正运动学对于开发串联操作臂算法十分重要，这是因为关节位置常由安装于关节上的传感器测量得到，而且有必要计算关节轴相对于固定坐标系的位置。

实际上，正运动学问题一般通过计算两个坐标系之间的变换来进行求解：一个是固定于末端执行器的坐标系，另一个是固定于基座的坐标系，即工具坐标系和基座坐标系。对于串联机器人而言，该变换是正向的。因为描述末端执行器相对于基座位置的变换是从链路中固定于相邻连杆坐标系之间的变换递归得到的。按照2.4节所给出的操作臂几何参数设置规则，将上述变换简化为求解4×4的等价

齐次变换矩阵。该矩阵为工具坐标系相对于基座坐标系的空间位移。

以图 2.3 所示的串联操作臂为例，忽略附加的工具坐标系和基座坐标系，其变换为

$$ {}^{0}\boldsymbol{T}_{6}={}^{0}\boldsymbol{T}_{1}{}^{1}\boldsymbol{T}_{2}{}^{2}\boldsymbol{T}_{3}{}^{3}\boldsymbol{T}_{4}{}^{4}\boldsymbol{T}_{5}{}^{5}\boldsymbol{T}_{6} \tag{2.46}$$

表 2.8 中含有${}^{0}\boldsymbol{T}_{6}$的各个元素，它们可由表 2.7 和式（2.46）计算得到。

再次说明，齐次变换提供了一种简洁的符号，但在求解正运动学问题时，其计算效率并不高。通过将齐次变换中的位置与姿态分离，删除矩阵中所有的与 0 和 1 相关的乘法，可以减少计算量。在第 2 章，曾利用旋量进行运算。这些符号在 2.2.6 节中进行了简要介绍，详细解释见 3.2 节。该方法不需要齐次变换。总之，将旋转矩阵和位置矢量分离，可提高计算效率。表 3.1 给出了详细的计算公式，特别是与正运动学问题相关的空间变换。

运动树是不含闭环的机器人机构的普遍结构。有关树结构的正运动学算法将在第 3 章介绍。由于存在附加约束，闭链的正运动学问题要复杂得多。闭链的求解方法见第 18 章。

2

表 2.8　图 2.3 所示串联操作臂的正运动学

${}^{0}T_{6}=\begin{pmatrix} r_{11} & r_{12} & r_{13} & {}^{0}p_6^x \\ r_{21} & r_{22} & r_{23} & {}^{0}p_6^y \\ r_{31} & r_{32} & r_{33} & {}^{0}p_6^z \\ 0 & 0 & 0 & 1 \end{pmatrix}$
$r_{11}=c_{\theta1}(s_{\theta2}s_{\theta3}-c_{\theta2}c_{\theta3})(s_{\theta4}s_{\theta6}-c_{\theta4}c_{\theta5}c_{\theta6})-c_{\theta1}s_{\theta5}c_{\theta6}(c_{\theta2}s_{\theta3}+s_{\theta2}c_{\theta3})+s_{\theta1}(s_{\theta4}c_{\theta5}c_{\theta6}+c_{\theta4}s_{\theta6})$,
$r_{21}=s_{\theta1}(s_{\theta2}s_{\theta3}-c_{\theta2}c_{\theta3})(s_{\theta4}s_{\theta6}-c_{\theta4}c_{\theta5}c_{\theta6})-s_{\theta1}s_{\theta5}c_{\theta6}(c_{\theta2}s_{\theta3}+s_{\theta2}c_{\theta3})-c_{\theta1}(s_{\theta4}c_{\theta5}c_{\theta6}+c_{\theta4}s_{\theta6})$,
$r_{31}=(c_{\theta2}s_{\theta3}+s_{\theta2}c_{\theta3})(s_{\theta4}s_{\theta6}-c_{\theta4}c_{\theta5}c_{\theta6})+s_{\theta5}c_{\theta6}(s_{\theta2}s_{\theta3}-c_{\theta2}c_{\theta3})$,
$r_{12}=c_{\theta1}(s_{\theta2}s_{\theta3}-c_{\theta2}c_{\theta3})(c_{\theta4}c_{\theta5}s_{\theta6}+s_{\theta4}c_{\theta6})+c_{\theta1}s_{\theta5}s_{\theta6}(c_{\theta2}s_{\theta3}+s_{\theta2}c_{\theta3})+s_{\theta1}(c_{\theta4}c_{\theta6}-s_{\theta4}c_{\theta5}s_{\theta6})$,
$r_{22}=s_{\theta1}(s_{\theta2}s_{\theta3}-c_{\theta2}c_{\theta3})(c_{\theta4}c_{\theta5}s_{\theta6}+s_{\theta4}c_{\theta6})+s_{\theta1}s_{\theta5}s_{\theta6}(c_{\theta2}s_{\theta3}+s_{\theta2}c_{\theta3})-c_{\theta1}(c_{\theta4}c_{\theta6}-s_{\theta4}c_{\theta5}s_{\theta6})$,
$r_{32}=(c_{\theta2}s_{\theta3}+s_{\theta2}c_{\theta3})(c_{\theta4}c_{\theta5}s_{\theta6}+s_{\theta4}c_{\theta6})-s_{\theta5}s_{\theta6}(s_{\theta2}s_{\theta3}-c_{\theta2}c_{\theta3})$,
$r_{13}=c_{\theta1}c_{\theta4}s_{\theta5}(s_{\theta2}s_{\theta3}-c_{\theta2}c_{\theta3})-c_{\theta1}c_{\theta5}(c_{\theta2}s_{\theta3}+s_{\theta2}c_{\theta3})-s_{\theta1}s_{\theta4}s_{\theta5}$,
$r_{23}=s_{\theta1}c_{\theta4}s_{\theta5}(s_{\theta2}s_{\theta3}-c_{\theta2}c_{\theta3})-s_{\theta1}c_{\theta5}(c_{\theta2}s_{\theta3}+s_{\theta2}c_{\theta3})+c_{\theta1}s_{\theta4}s_{\theta5}$,
$r_{33}=c_{\theta4}s_{\theta5}(c_{\theta2}s_{\theta3}+s_{\theta2}c_{\theta3})+c_{\theta5}(s_{\theta2}s_{\theta3}-c_{\theta2}c_{\theta3})$,
${}^{0}p_6^x=a_3c_{\theta1}c_{\theta2}-d_4c_{\theta1}(c_{\theta2}s_{\theta3}+s_{\theta2}c_{\theta3})$,
${}^{0}p_6^y=a_3s_{\theta1}c_{\theta2}-d_4s_{\theta1}(c_{\theta2}s_{\theta3}+s_{\theta2}c_{\theta3})$,
${}^{0}p_6^z=-a_3s_{\theta2}+d_4(s_{\theta2}s_{\theta3}-c_{\theta2}c_{\theta3})$.

注：$c_{\theta i}=\cos\theta_i$，$s_{\theta i}=\sin\theta_i$。

2.7　逆运动学

串联操作臂的逆运动学，是指在给定末端执行器相对于基座的位置和姿态，以及所有连杆几何参数的情况下，求取所有关节的位置。再次声明，这只是对串联链的简单描述。更具普遍性的描述为：给定一个机构两部分的相对位置和姿态，求解所有关节位置的值。这相当于给定感兴趣的两部分之间的齐次变换，求取所有关节的位置。

在一般情况下，对于 6 自由度串联操作臂，已知齐次变换为${}^{0}\boldsymbol{T}_{6}$，重新审视 2.6 节中该变换的公式可以发现，串联操作臂的逆运动学需要求解非线性方程组。对于 6 自由度操作臂，有 3 个方程与其齐次矩阵中的位置矢量有关，另外 3 个与旋转矩阵有关。在后者中，由于旋转矩阵中的参数独立性，这 3 个方程不能来自相同的行或列。这些非线性方程可能无解，或者存在多解[2.33]。对于存在一个确定的解，末端执行器的期望位置和姿态一定处于操

作臂的工作空间内；对于确实有解的情况，这些解常常不能表示为封闭解的形式，而需要采用数值法求解（简称数值解）。

2.7.1 封闭解

由于封闭解比数值解的求解速度快，而且容易区分所有可能的解，因此希望得到封闭解。封闭解的缺点是不通用，依赖于机器人的几何结构。求取封闭解的最有效方法是充分利用机构的特殊几何特征。通常，对于6自由度系统，仅带有特定运动结构、大量D-H参数（在2.4节定义）为0的机器人，能够获得封闭解。大部分工业操作臂采用这种结构，因为它允许更加有效的软件。6自由度串联操作臂具有逆运动学封闭解的充分条件为[2.34-36]：

1）三个连续旋转关节的轴线相交于一点，如球形手腕。

2）三个连续旋转关节的轴线相互平行。

封闭解求解方法可分为代数法和几何法。

1. 代数法

代数法主要求解含有关节变量的有效方程，并将其转化成可解的形式。一种常用的策略是将其简化为单变量的三角函数方程，如

$$C_1\cos\theta_i+C_2\sin\theta_i+C_3=0 \tag{2.47}$$

式中，C_1、C_2 和 C_3 是常数。式（2.47）的解为

$$\theta_i=2\tan^{-1}\left(\frac{C_2\pm\sqrt{C_2^2-C_3^2+C_1^2}}{C_1-C_3}\right) \tag{2.48}$$

一个或多个常数为0的特殊情况也较常见。

简化为具有如下形式的一对方程：

$$C_1\cos\theta_i+C_2\sin\theta_i+C_3=0 \tag{2.49}$$

$$C_1\sin\theta_i-C_2\cos\theta_i+C_4=0 \tag{2.50}$$

是另一种特别有效的策略，因为它只有一个解：

$$\theta_i=\mathrm{Atan2}(-C_1C_4-C_2C_3,C_2C_4-C_1C_3) \tag{2.51}$$

2. 几何法

几何法主要识别操作臂上点，其位置和（或）姿态可以表达为关节变量的最简函数。这相当于将空间问题分解为若干单独的平面问题，所形成的方程再采用代数方法求解。上述6自由度串联操作臂封闭解存在的两个充分条件，使得逆运动学问题可分解为位置反解和姿态反解，这也是对2.5节所讨论的有关定位模块与定向模块的分解。重写式（2.46），可得

$${}^0\boldsymbol{T}_6{}^6\boldsymbol{T}_5{}^5\boldsymbol{T}_4{}^4\boldsymbol{T}_3={}^0\boldsymbol{T}_1{}^1\boldsymbol{T}_2{}^2\boldsymbol{T}_3 \tag{2.52}$$

图2.3中的操作臂具有这种结构，其定位模块常称作关节式或仿人手臂，或者肘式操作臂。这种结构逆运动学的解见表2.9。由于 θ_1 具有两个解，相应地 θ_2 和 θ_3 对应于每一个 θ_1 具有两个解，所以关节式手臂操作臂的逆运动学共有4组解；其定向模块采用的是简单的球形手腕，相应的解见表2.10。表2.10中给出了 θ_5 的两个解，但 θ_4 和 θ_6 对应于每一个 θ_5 只有一组解。因此，球形手腕的逆运动学具有两组解。结合定位模块和定向模块，图2.3所示操作臂的逆运动学解共有8组。

表2.9　图2.3所示串联操作臂中关节式手臂的逆运动学解

$\theta_1=\mathrm{Atan2}({}^0p_6^y,{}^0p_6^x)$　或　$\mathrm{Atan2}(-{}^0p_6^y,-{}^0p_6^x)$
$\theta_3=-\mathrm{Atan2}(D,\pm\sqrt{1-D^2})$ 式中，$D=\dfrac{({}^0p_6^x)^2+({}^0p_6^y)^2+({}^0p_6^z)^2-a_3^2-d_4^2}{2a_3d_4}$
$\theta_2=\mathrm{Atan2}({}^0p_6^z,\sqrt{({}^0p_6^x)^2+({}^0p_6^y)^2})-$ $\mathrm{Atan2}(d_4\sin\theta_3,a_3+d_4\cos\theta_3)$

表2.10　图2.3所示串联操作臂中球形手腕的逆运动学解

$\theta_5=\mathrm{Atan2}(\pm\sqrt{1-(r_{13}s_{\theta1}-r_{23}c_{\theta1})^2},r_{13}s_{\theta1}-r_{23}c_{\theta1})$
$\theta_4=\mathrm{Atan2}(\mp(r_{13}c_{\theta1}+r_{23}s_{\theta1})s_{(\theta2+\theta3)}\mp r_{33}c_{(\theta2+\theta3)},$ $\pm(r_{13}c_{\theta1}+r_{23}s_{\theta1})c_{(\theta2+\theta3)}\mp r_{33}s_{(\theta2+\theta3)})$
$\theta_6=\mathrm{Atan2}(\pm(r_{12}s_{\theta1}+r_{22}c_{\theta1}),\pm(r_{11}s_{\theta1}-r_{21}c_{\theta1}))$

2.7.2 数值解

不同于求取封闭解的代数法和几何法，数值法不依赖于机器人的几何结构，故可用于任意几何结构的运动学求解。数值法的缺点是速度较慢，在某些情况下不能计算出所有可能的解。对于一个仅有旋转关节和移动关节的6自由度串联操作臂而言，其平移和旋转方程总能化简为单变量的多项式，其阶次不超过16次[2.37]。因此，这样一个操作臂的逆运动学问题有16组实数解[2.38]。由于只有当一个多项式的阶次不超过4次时，才可能得到封闭解，因此许多操作臂是无法获得封闭解的。一般来说，较多数量的非零几何参数对应于化简后较高阶次的多项式。对于这类操作臂结构，最常用的数值解法分为符号消元法、连续法和迭代法。

1. 符号消元法

符号消元法是通过某种解析操作，从非线性方程中删除部分变量，并将其化简为含有较少变量的方程组。Raghavan 和 Roth[2.39]采用符号消元法，将

通用的 6 自由度关节式串联操作臂的逆运动学问题化简为一个 16 次多项式，并求取所有可能的解。多项式的根所提供的是其中一个关节变量的解，而其他的变量通过求解线性方程组获得。Manocha 和 Canny[2.40]通过将该问题重新演化为一般性的特征值问题，改善了该技术的数值特性。另一种消元方法则采用了 Gröbner 基[2.41,42]。

2. 连续法

连续法主要采用解的路径跟踪技术，从具有已知解的初始值开始，通过系列变换，跟踪求解的目标值。这些技术已用于逆运动学问题[2.43]，其多项式系统的特殊性质可用于求取所有可能的解[2.44]。

3. 迭代法

各种不同的迭代法可用于解决逆运动学问题。基于初始值，大部分迭代法都能够收敛于一个单解。因此，初始值的质量对求解时间具有很大影响。Newton-Raphson 法提供了一种对原始方程进行一阶近似的基本方法。Pieper[2.34]最早将这种方法用于逆运动学求解，其他人随后[2.45,46]。优化方法将逆运动学问题描述为非线性优化问题，并采用搜索技术从初始值趋近于真实解。运动速率控制求解方法可将上述问题转化为一个微分方程[2.49]，还有一种对修正值的预测-矫正算法，可用于对关节速度积分[2.50]，基于控制理论的方法则将微分方程归于控制问题[2.51]，而区间分析法[2.52]或许是一种最有前景的迭代方法，因为它可以快速收敛到某个解，并能找到所有的可能解。对于复杂机构，最小二乘法[2.53]特别具有吸引力。更多细节见第 10 章。

2.8 正微分运动学

串联操作臂的正微分运动学是指给定机构中所有连杆的位置和关节速率，求解构件的广义速度。此处的关节速率是绕旋转关节旋转的角速度，或者沿移动关节滑动的平移速度。构件的广义速度由固定在其上坐标系原点的线速度与其角速度组合而成。换言之，广义速度有 6 个独立分量，可以完全代表构件的速度场。值得注意的是，该定义包含了如下假设：机构的位姿是完全已知的。在大部分情况下，这意味着在处理正微分运动学之前，必须先处理正运动学问题或逆运动学问题。在下节中讨论的逆微分运动学也同样如此。当为研究动力学而需要进行加速度分析时，正微分运动学问题就变得非常重要。当计算科氏（Coriolis）加速度和向心加速度分量时，需要用到构件的广义速度。正运动学对时间的导数，即为如下形式的方程组：

$$^{k}\boldsymbol{v}_N=\boldsymbol{J}(\boldsymbol{q})\dot{\boldsymbol{q}} \tag{2.53}$$

式中，$^{k}\boldsymbol{v}_N$ 为相对任一坐标系 k 的末端执行器空间速度；$\dot{\boldsymbol{q}}$ 为由关节速率构成的 n 维向量；$\boldsymbol{J}(\boldsymbol{q})$ 是 $6\times n$ 的矩阵，其值通常是 $\boldsymbol{q}$ 的非线性函数。$\boldsymbol{J}(\boldsymbol{q})$ 被称为机器人的速度雅可比矩阵，对应于与空间速度$^{k}\boldsymbol{v}_N$ 相同的坐标系[2.54]。式（2.53）还可以表示为

$$^{k}\boldsymbol{v}_N=[\boldsymbol{J}_1\quad \boldsymbol{J}_1\quad \cdots\quad \boldsymbol{J}_N]\dot{\boldsymbol{q}} \tag{2.54}$$

式中，N 是关节数（关节的自由度可能大于 1）；$\boldsymbol{J}_i$ 是 $\boldsymbol{J}(\boldsymbol{q})$ 矩阵中与关节 $\dot{\boldsymbol{q}}_i$ 对应的列向量。如果关节位置已知，则式（2.53）将形成关于 6 个关节速率的线性代数方程。如果给定关节速率，则式（2.53）的一组解就是正微分运动学问题的解。注意，在所有关节位置已知情况下，$\boldsymbol{J}(\boldsymbol{q})$ 可以认为是一个已知矩阵。

算法 2.1 串联链式机构的速度雅可比求解算法

输入：$^{k}\boldsymbol{X}_N$, $^{k}\boldsymbol{X}_{N-1}$,…, $^{k}\boldsymbol{X}_{i-1}$, $^{k}\boldsymbol{X}_1$
输出：$\boldsymbol{J}$

```
        X = ^k X_N
For i = N to 1 do
  J_i = X Φ_i
  if i > 1 then
    X = X ^i X_{i-1}
  end if
end for
```

利用在 2.2.6 节简要介绍并将在 3.2 节详细解释的旋量符号，可以很容易地从关节的自由度模式 $\boldsymbol{\Phi}_i$ 和相关的空间变换$^{k}\boldsymbol{X}_i$ 中计算得到速度雅可比矩阵。与关节速率 $\boldsymbol{q}_i$ 相关的 $\boldsymbol{J}(\boldsymbol{q})$ 的列为

$$\boldsymbol{J}_i={}^{k}\boldsymbol{X}_i\boldsymbol{\Phi}_i(\,) \tag{2.55}$$

为了更好理解上式，需注意，$\boldsymbol{\Phi}_i$ 表示关节 i 处相对局部坐标系的空间速度，通过$^{k}\boldsymbol{X}_i$，将这个空间速度从 i 坐标系转换到 k 坐标系中。算法 2.1 就包含了按这种方式计算雅可比矩阵各列的算法。表 3.1 提供了一种有效的方法，以执行该算法中所需要的空间变换矩阵的乘法运算。注意，$^{k}\boldsymbol{X}_N$ 可以利用正运动学求解得到，而每个$^{i}\boldsymbol{X}_{i-1}$ 都可以由简单

的关节运动学求得。因此，使用算法2.1，可以将正微分运动学求解的问题简化为正运动学问题的求解。有关雅可比矩阵的其他信息还可以在第10章中找到。

2.9 逆微分运动学

从机器人坐标的视角看，逆微分运动学是一个非常重要的问题。有关机器人坐标的更多介绍见第7章和第8章。串联操作臂的逆微分运动学问题是指给定链路中所有杆件的位置和末端执行器的广义速度，求解所有关节的运动速率。当控制一台以点对点模式运行的工业机器人的运动时，不仅需要计算与期望的最终手位置对应的最终关节位置，而且需要在起始与终点位置之间形成光滑的运动轨迹。当然，会存在无限多的运动轨迹满足此要求。但是，一种最直接、最成功的方法是采用基于逆微分运动学问题求解的算法。该项技术源于 Whitney[2.55] 和 Pieper[2.34] 的工作。

当$\boldsymbol{v}_N$已知时，通过将式（2.53）分解为分量方程，可以获得由含有关节速率的多个方程构成的线性系统。为了求解该线性系统，有必要求取雅可比矩阵的逆。由此，式（2.53）变为

$$\dot{\boldsymbol{q}}=\boldsymbol{J}^{-1}(\boldsymbol{q})\boldsymbol{v}_N \tag{2.56}$$

由于$\boldsymbol{J}$是个6×6的矩阵，其数值逆求解不是很有吸引力。更糟的是，$\boldsymbol{J}$很可能变成奇异矩阵（$|\boldsymbol{J}|=0$），其逆不存在。关于奇异性的详细介绍参见第4章和第18章。即使雅可比矩阵没有变得奇异，它也可能是病态的，导致操作臂在其大部分工作空间内性能下降。大多数工业机器人的位形比较简单，其雅可比矩阵可以通过解析求逆，形成关于关节速率的显式方程组[2.56-58]。与数值法求逆相比，这样可极大地减少计算量。对于更加复杂的操作臂位形，数值法求逆是唯一可行的方法。冗余度操作臂的雅可比矩阵不是方阵，因此不能直接求逆。第10章将讨论在这种情况下如何应用各种伪逆求解雅可比矩阵。

2.10 静力学变换

任何一个力系都可以等效为一个力与作用在该力作用线上的力矩的组合，这个广义力称作力旋量。其中，具有该力旋量轴的系统在拓扑上与瞬时螺旋轴系统同构[2.59]。操作臂的静力学变换，建立了末端执行器与关节力/力矩之间的映射关系，这对于有效控制机器人与其环境的交互十分重要。这类交互的例子包括涉及装配或准装配工件的任务，如轴插孔、拧螺母等，更多的介绍见第9章和第37章。根据虚功原理，施加于末端执行器的力旋量与关节力/力矩之间的映射关系可表示为

$$\boldsymbol{\tau}=\boldsymbol{J}^{\mathrm{T}}\boldsymbol{F} \tag{2.57}$$

式中，$\boldsymbol{\tau}$是施加在n自由度机器人关节处的n维力/力矩矢量；$\boldsymbol{F}$是施加于末端执行器的空间力旋量。

$$\boldsymbol{F}=\begin{pmatrix}\boldsymbol{n}\\ \boldsymbol{f}\end{pmatrix} \tag{2.58}$$

式中，$\boldsymbol{n}$和$\boldsymbol{f}$分别是施加于末端执行器的力矩和力，均与雅可比矩阵位于同一个参考坐标系。因此，类似于速度雅可比将关节速率映射到末端执行器的空间速度，力雅可比矩阵将施加于末端执行器的力旋量映射到关节力/力矩。与速度情况一样，当雅可比矩阵不是方阵时，其逆也不是唯一的。

2.11 结论与延展阅读

本章简要回顾了机器人运动学的基本原理，内容涉及空间刚体位置与姿态的各种表示，关节自由度与相应的数学模型，描述机器人机构本体和关节的几何表示，操作臂的工作空间，正、逆运动学问题，正、逆微分运动学问题（包括雅可比矩阵的定义）和静力学变换。当然，本章并没有涵盖全部机器人运动学的内容。幸运的是，有大量经典文献对机器人运动学提供了广泛的介绍[2.17,27,29,30,51,60-64]。

从历史的角度看，机器人学从本质上改变了传统机构运动学的属性。在首次出现关于机器人的坐标方程之前[2.34,55]，机构学领域的焦点几乎全部集中于单自由度机构。这就是为什么随着数字计算的来临，机器人学给传统机构运动学带来了新生。更多详情见第4章。正如该领域从工业机器人的简单串联运动链的研究（本章分析的重点）中扩展开来一样，该领域还在继续朝着不同方向发展，如并联机器（见第18章）、仿人夹持器（第19章）、无人车（第17章和第24~26章），甚至小型机器人（见第27章）。

参考文献

2.1 W. R. Hamilton: On quaternions, or on a new system of imaginaries in algebra, Philos. Mag. **18** (2000)

2.2 E.B. Wilson: *Vector Analysis* (Dover, New York 1960), based upon the lectures of J.W. Gibbs (reprint of the 2nd edn. published by Charles Scribner's Sons, 1909)

2.3 H. Graßmann: *Die Wissenschaft der extensiven Größe oder die Ausdehnungslehre* (Wigand, Leipzig 1844)

2.4 J.M. McCarthy: *Introduction to Theoretical Kinematics* (MIT Press, Cambridge 1990)

2.5 W.K. Clifford: Preliminary sketch of bi-quarternions, Proc. Lond. Math. Soc. **4**, 381–395 (1873)

2.6 A.P. Kotelnikov: *Screw calculus and some applications to geometry and mechanics* (Annal. Imp. Univ., Kazan 1895)

2.7 E. Study: *Geometrie der Dynamen* (Teubner, Leipzig 1903)

2.8 G.S. Chirikjian, A.B. Kyatkin: *Engineering Applications of Noncommutative Harmonic Analysis* (CRC, Boca Raton 2001)

2.9 R. von Mises: Anwendungen der Motorrechnung, Z. Angew. Math. Mech. **4**(3), 193–213 (1924)

2.10 J.E. Baker, I.A. Parkin: *Fundamentals of Screw Motion: Seminal Papers by Michel Chasles and Olinde Rodrigues*, School of Information Technologies (University of Sydney, Sydney 2003), translated from O. Rodrigues: Des lois géométriques qui régissent les déplacements d'un système dans l'espace, J. Math. Pures Applicqu. Liouville 5, 380–440 (1840)

2.11 R.S. Ball: *A Treatise on the Theory of Screws* (Cambridge Univ. Press, Cambridge 1998)

2.12 J.K. Davidson, K.H. Hunt: *Robots and Screw Theory: Applications of Kinematics and Statics to Robotics* (Oxford Univ. Press, Oxford 2004)

2.13 K.H. Hunt: *Kinematic Geometry of Mechanisms* (Clarendon, Oxford 1978)

2.14 J.R. Phillips: *Freedom in Machinery. Vol 1. Introducing Screw Theory* (Cambridge Univ. Press, Cambridge 1984)

2.15 J.R. Phillips: *Freedom in Machinery. Vol 2. Screw Theory Exemplified* (Cambridge Univ. Press, Cambridge 1990)

2.16 G.S. Chirikjian: Rigid-body kinematics. In: *Robotics and Automation Handbook*, ed. by T. Kurfess (CRC, Boca Raton 2005), Chap. 2

2.17 R.M. Murray, Z. Li, S.S. Sastry: *A Mathematical Introduction to Robotic Manipulation* (CRC, Boca Raton 1994)

2.18 A. Karger, J. Novak: *Space Kinematics and Lie Groups* (Routledge, New York 1985)

2.19 R. von Mises: Motorrechnung, ein neues Hilfsmittel in der Mechanik, Z. Angew. Math. Mech. **2**(2), 155–181 (1924)

2.20 J.D. Everett: On a new method in statics and kinematics, Mess. Math. **45**, 36–37 (1875)

2.21 F. Reuleaux: *Kinematics of Machinery* (Dover, New York 1963), reprint of *Theoretische Kinematik*, 1875, in German

2.22 R. Featherstone: *Rigid Body Dynamics Algorithms* (Kluwer, Boston 2007)

2.23 K.J. Waldron: A method of studying joint geometry, Mechan. Mach. Theory **7**, 347–353 (1972)

2.24 T.R. Kane, D.A. Levinson: *Dynamics, Theory and Applications* (McGraw-Hill, New York 1985)

2.25 J.L. Lagrange: *Oeuvres de Lagrange* (Gauthier-Villars, Paris 1867)

2.26 J. Denavit, R.S. Hartenberg: A kinematic notation for lower-pair mechanisms based on matrices, J. Appl. Mech. **22**, 215–221 (1955)

2.27 W. Khalil, E. Dombre: *Modeling, Identification and Control of Robots* (Taylor Francis, New York 2002)

2.28 K.J. Waldron: A study of overconstrained linkage geometry by solution of closure equations, Part I: A method of study, Mech. Mach. Theory **8**(1), 95–104 (1973)

2.29 R. Paul: *Robot Manipulators: Mathematics, Programming and Control* (MIT Press, Cambridge 1982)

2.30 J.J. Craig: *Introduction to Robotics: Mechanics and Control* (Addison-Wesley, Reading 1986)

2.31 K.J. Waldron, A. Kumar: The dextrous workspace, ASME Mech. Conf., Los Angeles (1980), ASME paper No. 80-DETC-108

2.32 R. Vijaykumar, K.J. Waldron, M.J. Tsai: Geometric optimization of manipulator structures for working volume and dexterity, Int. J. Robotics Res. **5**(2), 91–103 (1986)

2.33 J. Duffy: *Analysis of Mechanisms and Robot Manipulators* (Wiley, New York 1980)

2.34 D. Pieper: The Kinematics of Manipulators Under Computer Control, Ph.D. Thesis (Stanford University, Stanford 1968)

2.35 C.S.G. Lee: Robot arm kinematics, dynamics, and control, Computer **15**(12), 62–80 (1982)

2.36 M.T. Mason: *Mechanics of Robotic Manipulation* (MIT Press, Cambridge 2001)

2.37 H.Y. Lee, C.G. Liang: A new vector theory for the analysis of spatial mechanisms, Mech. Mach. Theory **23**(3), 209–217 (1988)

2.38 R. Manseur, K.L. Doty: A robot manipulator with 16 real inverse kinematic solutions, Int. J. Robotics Res. **8**(5), 75–79 (1989)

2.39 M. Raghavan, B. Roth: Kinematic analysis of the 6R manipulator of general geometry, 5th Int. Symp. Robotics Res. (1990)

2.40 D. Manocha, J. Canny: *Real Time Inverse Kinematics for General 6R Manipulators*, Tech. Rep. (University

2

of California, Berkeley 1992)

2.41 B. Buchberger: Applications of Gröbner bases in non-linear computational geometry, Lect. Notes Comput. Sci. **296**, 52–80 (1989)

2.42 P. Kovacs: Minimum degree solutions for the inverse kinematics problem by application of the Buchberger algorithm. In: *Advances in Robot Kinematics*, ed. by S. Stifter, J. Lenarcic (Springer, New York 1991) pp. 326–334

2.43 L.W. Tsai, A.P. Morgan: Solving the kinematics of the most general six- and five-degree-of-freedom manipulators by continuation methods, ASME J. Mech. Transm. Autom. Des. **107**, 189–195 (1985)

2.44 C.W. Wampler, A.P. Morgan, A.J. Sommese: Numerical continuation methods for solving polynomial systems arising in kinematics, ASME J. Mech. Des. **112**, 59–68 (1990)

2.45 R. Manseur, K.L. Doty: Fast inverse kinematics of 5-revolute-axis robot manipulators, Mechan. Mach. Theory **27**(5), 587–597 (1992)

2.46 S.C.A. Thomopoulos, R.Y.J. Tam: An iterative solution to the inverse kinematics of robotic manipulators, Mechan. Mach. Theory **26**(4), 359–373 (1991)

2.47 J.J. Uicker Jr., J. Denavit, R.S. Hartenberg: An interactive method for the displacement analysis of spatial mechanisms, J. Appl. Mech. **31**, 309–314 (1964)

2.48 J. Zhao, N. Badler: Inverse kinematics positioning using nonlinear programming for highly articulated figures, Trans. Comput. Graph. **13**(4), 313–336 (1994)

2.49 D.E. Whitney: Resolved motion rate control of manipulators and human prostheses, IEEE Trans. Man Mach. Syst. **10**, 47–63 (1969)

2.50 H. Cheng, K. Gupta: A study of robot inverse kinematics based upon the solution of differential equations, J. Robotic Syst. **8**(2), 115–175 (1991)

2.51 L. Sciavicco, B. Siciliano: *Modeling and Control of Robot Manipulators* (Springer, London 2000)

2.52 R.S. Rao, A. Asaithambi, S.K. Agrawal: Inverse kinematic solution of robot manipulators using interval analysis, ASME J. Mech. Des. **120**(1), 147–150 (1998)

2.53 C.W. Wampler: Manipulator inverse kinematic solutions based on vector formulations and damped least squares methods, IEEE Trans. Syst. Man Cybern. **16**, 93–101 (1986)

2.54 D.E. Orin, W.W. Schrader: Efficient computation of the jacobian for robot manipulators, Int. J. Robotics Res. **3**(4), 66–75 (1984)

2.55 D.E. Whitney: The mathematics of coordinated control of prosthetic arms and manipulators, J. Dynamic Sys. Meas. Control **122**, 303–309 (1972)

2.56 R.P. Paul, B.E. Shimano, G. Mayer: Kinematic control equations for simple manipulators, IEEE Trans. Syst. Man Cybern. **11**(6), 339–455 (1981)

2.57 R.P. Paul, C.N. Stephenson: Kinematics of robot wrists, Int. J. Robotics Res. **20**(1), 31–38 (1983)

2.58 R.P. Paul, H. Zhang: Computationally efficient kinematics for manipulators with spherical wrists based on the homogeneous transformation representation, Int. J. Robotics Res. **5**(2), 32–44 (1986)

2.59 K.J. Waldron, K.H. Hunt: Series-parallel dualities in actively coordinated mechanisms, Int. J. Robotics Res. **10**, 473–480 (1991)

2.60 H. Asada, J.J.E. Slotine: *Robot Analysis and Control* (Wiley, New York 1986)

2.61 F.L. Lewis, C.T. Abdallah, D.M. Dawson: *Control of Robot Manipulators* (Macmillan, New York 1993)

2.62 R.J. Schilling: *Fundamentals of Robotics: Analysis and Control* (Prentice Hall, Englewood Cliffs 1990)

2.63 M.W. Spong, M. Vidyasagar: *Robot Dynamics and Control* (Wiley, New York 1989)

2.64 T. Yoshikawa: *Foundations of Robotics* (MIT Press, Cambridge 1990)

第3章

动力学

Roy Featherstone，David E. Orin

3

刚体动力学方程反映了机器人关节驱动力/力矩与作用于其上接触力之间的映射关系，以及带来的加速度与其运动轨迹之间的关系。动力学对机械设计、控制与仿真都至关重要。在这些应用中，也包含有许多重要的算法：逆动力学、正动力学、关节空间惯性矩阵和操作空间惯性矩阵的计算求解。本章将介绍一系列用于求解机器人刚体动力学模型的有效算法，这些算法均采用了最通用的形式，适用于具有一般连接方式、几何形状和关节类型的机器人机构，包括固定基座机器人、移动机器人及并联机器人机构。

算法应对的挑战在于，除了需要提高计算效率，还应该简化为一组形式紧凑的方程，以便于开发和实现。利用空间向量表示法来描述动力学方程在这方面十分有效；空间向量代数就是一种简洁的向量表示方法，它采用六维向量和张量来描述刚体的速度、加速度，惯性等。

本章的目的在于向读者介绍机器人动力学，并给出大量紧凑形式的算法。读者可将其应用在那些特定的机器人机构中。为方便读者随时查阅，这些算法都将以表格形式给出。

目　录

3.1 概述

3

机器人动力学反映了关节驱动力/力矩与接触力，以及加速度与运动轨迹之间的映射关系。动力学方程是许多算法的基础，这些算法可应用于机械设计、控制与仿真。目前，新增的应用领域主要是对移动系统进行模拟仿真，特别是应用于仿人机器人。本章将介绍机器人机构的基本动力学关系，以及最常见的有效算法。算法将采用简洁的空间向量表示法——六维向量和张量。

本章提供了主要的四种计算类型所对应的低阶算法：

1）逆动力学，即已知机器人的运动轨迹（包括位置、速度和加速度），求解驱动关节驱动器的力/扭矩。

2）正动力学，即已知施加在关节驱动器上的驱动力/扭矩，进而确定关节的加速度。

3）关节空间惯性矩阵，即实现关节的加速度与力/扭矩的映射。

4）操作空间惯性矩阵，即在操作空间或笛卡儿空间中实现任务加速度和任务力的映射。

逆动力学用于前馈控制和路径规划；正动力学则用于模拟仿真；关节空间惯性（质量）矩阵用于反馈控制中的线性动力学分析，同时也是正动力学公式的主要部分；操作空间惯性矩阵则用于任务层面的控制或对末端执行器级别的控制。

3.1.1 空间向量表示法

3.2节提出了空间向量表示法，以一种清晰而简洁的方式来表示本章的算法。该算法最初由Featherstone[3.1]提出，他采用六维向量和张量表示刚体的速度、加速度、惯性等。3.2节将详细解释空间向量和算子的含义，并通过表格的形式详细给出六维空间与标准三维空间中这些物理量与算子之间的映射关系，以帮助理解后续章节中的算法。此外，还提供了针对空间向量算法的有效计算公式。作者力图通过对空间向量的讨论，以区别坐标向量和用它表示的其他量，并阐述空间向量的一些重要特性。

3.1.2 正则方程

3.3节给出了动力学方程的两种基本形式，即关节空间方程和操作空间方程。其中，关节空间方程中的各项一般通过拉格朗日（Lagrangian）法推导，且该方法与参考坐标系的选取无关。拉格朗日方程描述了关节驱动力与机构运动，以及系统动能和势能的关系，因此关节空间方程在开发控制算法中作用显著。此外，本节还提出了关节空间和操作空间中相关项的计算方程，以及碰撞模型。

3.1.3 刚体系统动力学模型

本章中的算法需要基于这样一种数据结构模型，它能通过其输入参数来描述机器人机构运动。3.4节将提供这种模型的分量描述方式：关联图、杆件几何参数、杆件惯性参数和一组关节模型。关联图的表示方法具有一般性，以便能够涵盖运动树和闭环机构。运动树和用于闭环机构的生成树共用相同的表示方法。为了描述连杆和关节的几何特性，每个关节上关联两个连杆坐标系，分别放在前导连杆和后续连杆上。各连杆坐标系可定义为Craig[3.2]专著所给出的“改进的Denavit-Hartenberg（D-H）参数”形式，但这种D-H参数只能描述含单自由度关节的串联机构，并不适用包含多自由度关节的刚体系统，这时可通过采用Roberson和Schwertassek[3.3]提出的通用关节模型来描述相邻连杆间的关系。作为示例，本节给出了仿人机器人的连杆和关节的编号方式，以及用于描述连杆和关节的坐标系选取方式。该示例中包括有浮动基座、旋转关节、虎克铰和球关节。

3.1.4 运动树

利用3.5节提出的算法，可以计算任意机器人机构（即运动树）的逆动力学、正动力学、关节空间惯性矩阵和操作空间惯性矩阵。对于逆动力学问题，可采用$\boldsymbol{O}(n)$算法，这里n为机构的自由度数。它利用了牛顿-欧拉公式和基于Luh等人[3.4]提出的非常有效的递归牛顿-欧拉算法（RNEA）。对于正动力学问题，主要采用两种算法：一种是 Featherstone[3.1] 提出的 $\boldsymbol{O}(n)$ 关节体算法（ABA）；另一种是 Walker 和 Orin[3.5] 提出的 $\boldsymbol{O}(n^2)$ 复合刚体算法（CRBA），用于计算关节空间惯性矩阵（JSIM）。该矩阵与采用 RNEA 计算得到的向量，将作为运动方程的系数，用于对加速度的直接求解[3.5]。操作空间惯性矩阵（OSIM）是一种关节体惯量，可采用如下两种方法计算：一种是采用 OSIM 的基本定义；另一种是使用直接的 $\boldsymbol{O}(n)$ 算法，但该方法主要基于正动力学问题的有效解。为方便读者查阅，对于每种算法的输入、输出、模型数据及伪代码，都总结在本章正文的各表格中。

3.1.5 运动环

上述算法仅适用于具有连续运动树、无分支运动链的机构。3.6 节给出了一个最终算法，可用来计算闭环系统的正动力学问题，其中包括并联机器人机构。该算法使用动力学方程描述闭环系统的生成树，并建立闭环约束方程作为生成树的补充。本节简要介绍了三种求解线性系统的方法，其中方法二特别适用 $n \gg n^c$ 的情况，这里 n^c 为闭环关节的约束数；该方法还提出对生成树可运用 $\boldsymbol{O}(n)$ 算法[3.6]。在本节最后，提出了一种通过将变量变换到单一坐标系中来计算循环闭环约束的有效算法。因为闭环约束方程应用于加速度级别，所以采用标准 Baumgarte 稳定性条件[3.7] 来防止闭环约束中产生位置和速度误差累积。

本章的最后一节进行了总结，并给出了延展阅读的建议。对机器人动力学的研究已经并将持续成为研究的热门领域。本节概述了该领域已取得的主要成果，以及被广泛引用的相关工作。由于篇幅有限，本章不能全方位、细致地对本领域的众多文献加以评述。

3

3.2 空间向量表示法

对机器人动力学问题的描述，目前还没有统一的表示方法。当前使用广泛的包括三维向量、4×4 矩阵和几种六维向量，如旋量、对偶向量、李代数元素和空间向量。通常认为六维向量表示法最好：它比三维向量更紧凑，又比 4×4 矩阵功能强大。因此，本章全部采用六维向量表示法，以及参考文献［3.8］中提供的空间向量代数法。此外，4×4 矩阵的介绍见参考文献［3.2，9］，其他的六维向量表示法参阅参考文献［3.10-12］。

本书的向量通常采用粗斜体字母（如 $\boldsymbol{f},\boldsymbol{v}$）表示。为了避免一些命名冲突，我们将采用正粗体字母（如 $\mathbf{f},\mathbf{v}$）表示空间向量。注意，这种表示仅适用于空间向量，而不用于张量表示。同样，仅在本节中，坐标向量将加下划线，以区别用它们表示的那些向量（如 $\underline{\boldsymbol{v}}$、$\underline{\mathbf{v}}$ 表示 $\boldsymbol{v}$、$\mathbf{v}$）。

3.2.1 运动和力

出于数学的考虑，这里需要区分两类空间向量，即描述刚体运动的空间向量和作用在刚体上的力向量。因此，将运动向量（即运动旋量）放入称为 M^6 的向量空间，而将力向量（即力旋量）放入 $\mathbf{F}^6$ 空间（这里的上标表示维数）。运动向量用于描述速度、加速度、无穷小位移以及运动自由度的方向，力向量描述力、动量、接触法线等。

3.2.2 基向量

设 $\boldsymbol{v}$ 为三维向量，且 $\underline{\boldsymbol{v}}=(v_x,v_y,v_z)^{\mathrm{T}}$ 是笛卡儿坐标系下基于正交基 $\{\hat{\boldsymbol{x}},\hat{\boldsymbol{y}},\hat{\boldsymbol{z}}\}$ 的向量表达。$\boldsymbol{v}$ 和 $\underline{\boldsymbol{v}}$ 之间有如下关系：

$$\boldsymbol{v}=\hat{\boldsymbol{x}}v_x+\hat{\boldsymbol{y}}v_y+\hat{\boldsymbol{z}}v_z$$

这种想法同样适用于空间向量。但当用 Plücker 坐标替代笛卡儿坐标，并且使用 Plücker 基向量时，该表达式不再成立。

Plücker 坐标在 2.2.6 节中已有过介绍，其基向量如图 3.1 所示。图中总共有 12 个基向量：6 个运动向量和 6 个力向量。给定的一个笛卡儿坐标系 O_{xyz}，Plücker 基向量定义如下：3 个分别绕有向直线 Ox、Oy、Oz 旋转的单位角速度 $\mathbf{d}_{Ox}$、$\mathbf{d}_{Oy}$、$\mathbf{d}_{Oz}$；3 个分别沿 x、y、z 方向的单位平移速度 $\mathbf{d}_x$、$\mathbf{d}_y$、$\mathbf{d}_z$；3 个分别关于 x、y、z 方向的单位力偶 $\mathbf{e}_x$、$\mathbf{e}_y$、$\mathbf{e}_z$ 和 3 个沿 Ox、Oy、Oz 方向的单位作用力 $\mathbf{e}_{Ox}$、$\mathbf{e}_{Oy}$、$\mathbf{e}_{Oz}$。

3.2.3 空间速度和力

给定任意一点 O，刚体的速度可通过一对三维向量 $\boldsymbol{\omega}$ 和 $\boldsymbol{v}_O$ 描述，$\boldsymbol{\omega}$ 和 $\boldsymbol{v}_O$ 分别是刚体上当前位于 O 点的一个固定点的角速度和线速度。注意，$\boldsymbol{v}_O$ 不

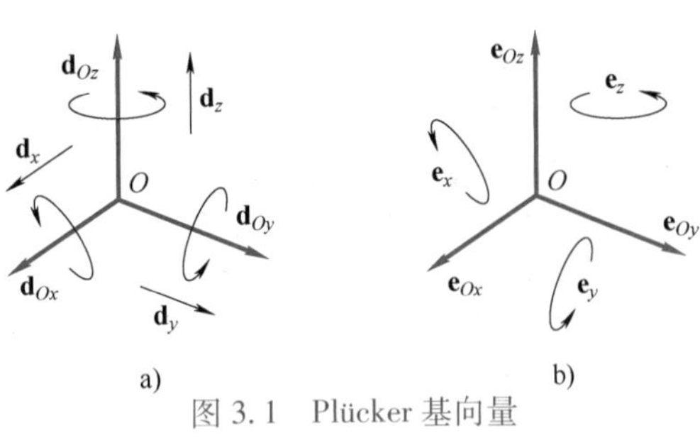

图 3.1 Plücker 基向量
a）运动向量 b）力向量

是 O 点本身的线速度，而是刚体上正好与 O 点重合的固定点的瞬时速度。

对同一刚体，其速度也可描述为一个空间运动向量形式，即 $\mathbf{v}\in \mathrm{M}^6$。为了通过 $\boldsymbol{\omega}$ 和$\boldsymbol{v}_O$ 得到 $\mathbf{v}$，我们首先引入一个原点为 O 的笛卡儿坐标系 O_{xyz}。这样不仅可用于定义 ω 和$\boldsymbol{v}_O$ 的笛卡儿坐标表达，也可定义 $\mathbf{v}$ 的 Plücker 坐标表达。给定这些坐标系，$\mathbf{v}$ 可以表示为

$$\mathbf{v}=\mathbf{d}_{Ox}\omega_x+\mathbf{d}_{Oy}\omega_y+\mathbf{d}_{Oz}\omega_z+\mathbf{d}_x v_{Ox}+\mathbf{d}_y v_{Oy}+\mathbf{d}_z v_{Oz} \tag{3.1}$$

式中，$\omega_x,\cdots,v_{Oz}$是笛卡儿坐标系 O_{xyz}中 $\boldsymbol{\omega}$ 和$\boldsymbol{v}_O$ 的坐标，这样通过 $\boldsymbol{\omega}$ 和$\boldsymbol{v}_O$ 的笛卡儿坐标便可以得到 $\mathbf{v}$ 的 Plücker 坐标。$\mathbf{v}$ 在 O_{xyz}中的坐标表示为

$$\underline{\mathbf{v}}_O=\begin{pmatrix}\omega_x\\ \vdots\\ v_{Oz}\end{pmatrix}=\begin{pmatrix}\underline{\boldsymbol{\omega}}\\ \underline{\boldsymbol{v}}_O\end{pmatrix} \tag{3.2}$$

式中，最右侧项为 Plücker 坐标列的简化记法。

类似地可以定义空间力：给定任意点 O，作用在刚体上的力系可等效为过 O 点的一个集中力 $\boldsymbol{f}$ 和一个关于 O 点的纯力偶 $\boldsymbol{n}_O$。这样，用两个向量 $\boldsymbol{f}$ 和 $\boldsymbol{n}_O$ 描述作用于刚体上的力系，与用 $\boldsymbol{\omega}$ 和$\boldsymbol{v}_O$ 描述速度相类似。这个力也可用一个空间力向量来表述，即 $\mathbf{f}\in\mathbf{F}^6$。引入与前面一样的坐标系 O_{xyz}，$\mathbf{f}$ 可以表示为

$$\mathbf{f}=\mathbf{e}_x n_{Ox}+\mathbf{e}_y n_{Oy}+\mathbf{e}_z n_{Oz}+\mathbf{e}_{Ox} f_x+\mathbf{e}_{Oy} f_y+\mathbf{e}_{Oz} f_z \tag{3.3}$$

式中，$n_{Ox},\cdots,f_z$ 是 O_{xyz}中的$\boldsymbol{f}$ 和 $\boldsymbol{n}_O$ 的笛卡儿坐标，在 O_{xyz}中用坐标向量表示的 $\mathbf{f}$ 为

$$\underline{\mathbf{f}}_O=\begin{pmatrix}n_{Ox}\\ \vdots\\ f_z\end{pmatrix}=\begin{pmatrix}\underline{\boldsymbol{n}}_O\\ \underline{\boldsymbol{f}}\end{pmatrix} \tag{3.4}$$

即为 O_{xyz} 中 $\mathbf{f}$ 的 Plücker 坐标，式中最右侧的项为 Plücker 坐标列的简化表示。

3.2.4 加法与标量乘法

在加法和标量乘法运算中，空间向量都表现为显示形式。例如，如果力 $\mathbf{f}_1$ 和 $\mathbf{f}_2$ 同时作用在某一刚体上，那么它们的合力为$\mathbf{f}_1+\mathbf{f}_2$；如果两个不同的刚体速度为 $\mathbf{v}_1$ 和 $\mathbf{v}_2$，那么第二个刚体相对于第一个刚体的速度为 $\mathbf{v}_2-\mathbf{v}_1$；如果 $\mathbf{f}$ 表示空间上沿某条直线作用 1N 的力，那么 $\alpha\mathbf{f}$ 表示 αN 的力作用于同一直线上。

3.2.5 标量积

标量积是两个空间向量之间的运算，且其中一个空间向量表示运动，另外一个表示力。给定任意 $\mathbf{m}\in\mathbf{M}^6$、$\mathbf{f}\in\mathbf{F}^6$，标量积可写成 $\mathbf{f}\cdot\mathbf{m}$ 或 $\mathbf{m}\cdot\mathbf{f}$ 的形式，其含义是在 $\mathbf{f}$ 的作用下，刚体产生 $\mathbf{m}$ 时所做的功。因此，表达式 $\mathbf{f}\cdot\mathbf{f}$ 和 $\mathbf{m}\cdot\mathbf{m}$ 并无实际物理意义。如果 $\underline{\mathbf{m}}$ 和 $\underline{\mathbf{f}}$ 是在同一坐标系下用坐标向量表示的 $\mathbf{m}$ 和 $\mathbf{f}$，则有

$$\mathbf{m}\cdot\mathbf{f}=\underline{\mathbf{m}}^{\mathrm{T}}\underline{\mathbf{f}} \tag{3.5}$$

3.2.6 坐标变换

运动向量和力向量具有不同的变换规则：设 A 和 B 为两个坐标系，$\underline{\mathbf{m}}_A$、$\underline{\mathbf{m}}_B$、$\underline{\boldsymbol{f}}_A$、$\underline{\boldsymbol{f}}_B$分别为空间向量 $\mathbf{m}$ 与 $\mathbf{f}$（$\mathbf{m}\in\mathbf{M}^6$、$\mathbf{f}\in\mathbf{F}^6$）在坐标系 A 和坐标系 B 下的坐标向量，则变换规则为

$$\underline{\mathbf{m}}_B={}^B\boldsymbol{X}_A\underline{\mathbf{m}}_A \tag{3.6}$$

$$\underline{\mathbf{f}}_B={}^B\boldsymbol{X}_A^F\underline{\mathbf{f}}_A \tag{3.7}$$

式中，${}^B\boldsymbol{X}_A$ 和${}^B\boldsymbol{X}_A^F$ 分别是对运动向量和力向量从坐标系 A 到坐标系 B 的坐标变换矩阵，这些矩阵通过以下恒等式相关联，即

$${}^B\boldsymbol{X}_A^F\equiv({}^B\boldsymbol{X}_A)^{-\mathrm{T}}\equiv({}^A\boldsymbol{X}_B)^{\mathrm{T}} \tag{3.8}$$

设坐标系 A 相对于坐标系 B 的位置和姿态通过一个位置向量${}^B\underline{\boldsymbol{p}}_A$ 和一个 3×3 的旋转矩阵${}^B\boldsymbol{R}_A$（见 2.2 节）来描述，则${}^B\boldsymbol{X}_A$ 为

$$\begin{aligned}{}^B\boldsymbol{X}_A&=\begin{pmatrix}\mathbf{I}&0\\ \boldsymbol{S}({}^B\underline{\boldsymbol{p}}_A)&\mathbf{I}\end{pmatrix}\begin{pmatrix}{}^B\boldsymbol{R}_A&0\\ 0&{}^B\boldsymbol{R}_A\end{pmatrix}\\ &=\begin{pmatrix}{}^B\boldsymbol{R}_A&0\\ \boldsymbol{S}({}^B\underline{\boldsymbol{p}}_A){}^B\boldsymbol{R}_A&{}^B\boldsymbol{R}_A\end{pmatrix}\end{aligned} \tag{3.9}$$

它的逆为

$${}^A\boldsymbol{X}_B=\begin{pmatrix}{}^A\boldsymbol{R}_B&0\\ 0&{}^A\boldsymbol{R}_B\end{pmatrix}\begin{pmatrix}\mathbf{I}&0\\ -\boldsymbol{S}({}^B\underline{\boldsymbol{p}}_A)&\mathbf{I}\end{pmatrix} \tag{3.10}$$

$\boldsymbol{S}(\underline{\boldsymbol{p}})$为反对称矩阵。对于任意的三维向量 $\underline{\boldsymbol{v}}$ 满足 $\boldsymbol{S}(\underline{\boldsymbol{p}})\underline{\boldsymbol{v}}=\underline{\boldsymbol{p}}\times\underline{\boldsymbol{v}}$，用公式表示为

$$\boldsymbol{S}(\underline{\boldsymbol{p}})=\begin{pmatrix}0&-p_z&p_y\\ p_z&0&-p_x\\ -p_y&p_x&0\end{pmatrix} \tag{3.11}$$

3.2.7 向量积

空间向量的向量积（叉积）有两种定义：第一种是对两个运动向量做向量积计算，得到一个新的运动向量，用公式表示为

$$\begin{aligned}\underline{\mathbf{m}}_1\times\underline{\mathbf{m}}_2&=\begin{pmatrix}\underline{\boldsymbol{m}}_1\\ \underline{\boldsymbol{m}}_{1O}\end{pmatrix}\times\begin{pmatrix}\underline{\boldsymbol{m}}_2\\ \underline{\boldsymbol{m}}_{2O}\end{pmatrix}\\&=\begin{pmatrix}\underline{\boldsymbol{m}}_1\times\underline{\boldsymbol{m}}_2\\ \underline{\boldsymbol{m}}_1\times\underline{\boldsymbol{m}}_{2O}+\underline{\boldsymbol{m}}_{1O}\times\underline{\boldsymbol{m}}_2\end{pmatrix}\end{aligned}\tag{3.12}$$

第二种是对运动向量（左侧参数）和力向量（右侧参数）做向量积，其结果是一个力向量，即

$$\begin{aligned}\underline{\mathbf{m}}\times\underline{\mathbf{f}}&=\begin{pmatrix}\underline{\boldsymbol{m}}\\ \underline{\boldsymbol{m}}_O\end{pmatrix}\times\begin{pmatrix}\underline{\boldsymbol{f}}_O\\ \underline{\boldsymbol{f}}\end{pmatrix}\\&=\begin{pmatrix}\underline{\boldsymbol{m}}\times\underline{\boldsymbol{f}}_O+\underline{\boldsymbol{m}}_O\times\underline{\boldsymbol{f}}\\ \underline{\boldsymbol{m}}\times\underline{\boldsymbol{f}}\end{pmatrix}\end{aligned}\tag{3.13}$$

这些向量积也可出现在微分公式中。

类似于式（3.11），定义一个向量积算子，形式如下：

$$\boldsymbol{S}(\underline{\mathbf{m}})=\begin{pmatrix}\boldsymbol{S}(\underline{\boldsymbol{m}}) & \mathbf{0}\\ \boldsymbol{S}(\underline{\boldsymbol{m}}_O) & \boldsymbol{S}(\underline{\boldsymbol{m}})\end{pmatrix}\tag{3.14}$$

式中，

$$\underline{\mathbf{m}}_1\times\underline{\mathbf{m}}_2=\boldsymbol{S}(\underline{\mathbf{m}}_1)\underline{\mathbf{m}}_2\tag{3.15}$$

而

$$\underline{\mathbf{m}}\times\underline{\mathbf{f}}=-\boldsymbol{S}(\underline{\mathbf{m}})^{\mathrm{T}}\underline{\mathbf{f}}\tag{3.16}$$

可以看出，$\boldsymbol{S}(\underline{\mathbf{m}})$为运动向量到运动向量的映射，而$\boldsymbol{S}(\underline{\mathbf{m}})^{\mathrm{T}}$为力向量到力向量的映射。

3.2.8 微分

空间坐标向量的导数定义为

$$\frac{\mathrm{d}}{\mathrm{d}x}\mathbf{s}(x)=\lim_{\delta x\to 0}\frac{\mathbf{s}(x+\delta x)-\mathbf{s}(x)}{\delta x}\tag{3.17}$$

式中，$\mathbf{s}$ 是任意空间向量，导数是对同类空间向量（力或位移）求微分。

在动坐标系下，对空间向量求微分的公式为

$$\left(\frac{\mathrm{d}}{\mathrm{d}t}\mathbf{s}\right)_A=\frac{\mathrm{d}}{\mathrm{d}t}\underline{\mathbf{s}}_A+\underline{\mathbf{v}}_A\times\underline{\mathbf{s}}_A\tag{3.18}$$

式中，$\mathbf{s}$ 是任意空间向量；$\mathrm{d}\mathbf{s}/\mathrm{d}t$ 是向量 $\mathbf{s}$ 对时间求导；A 是动坐标系；$(\mathrm{d}\mathbf{s}/\mathrm{d}t)_A$ 是 A 坐标系下的 $\mathrm{d}\mathbf{s}/\mathrm{d}t$；$\underline{\mathbf{s}}_A$ 是$\mathbf{s}$ 在 A 坐标系下的坐标向量；$\mathrm{d}\underline{\mathbf{s}}_A/\mathrm{d}t$ 是 $\underline{\mathbf{s}}_A$ 对时间求导（这里要分别对各分量求导，因为 $\underline{\mathbf{s}}_A$ 是坐标向量）；$\underline{\mathbf{v}}_A$ 是 A 坐标系下的速度。

对运动刚体的空间向量求导，其结果是变化的，满足

$$\frac{\mathrm{d}}{\mathrm{d}t}\mathbf{s}=\mathbf{v}\times\mathbf{s}\tag{3.19}$$

式中，$\mathbf{v}$ 是 $\mathbf{s}$ 的速度。该公式用于相对于运动刚体保持不变的运动向量，如关节轴向量。

3.2.9 加速度

空间加速度定义为空间速度的变化率，这意味着空间加速度的含义不同于传统教科书上的刚体加速度定义（我们称之为经典加速度），其本质差别概括如下：

$$\underline{\mathbf{a}}=\begin{pmatrix}\dot{\underline{\boldsymbol{\omega}}}\\ \dot{\underline{\boldsymbol{v}}}_O\end{pmatrix}\quad \underline{\mathbf{a}}'=\begin{pmatrix}\dot{\underline{\boldsymbol{\omega}}}\\ \dot{\underline{\boldsymbol{v}}}_O'\end{pmatrix}\tag{3.20}$$

式中，$\underline{\mathbf{a}}$ 是空间加速度；$\underline{\mathbf{a}}'$是经典加速度；$\dot{\underline{\boldsymbol{v}}}_O$ 是将 O 点固定在空间某点时对 $\underline{\boldsymbol{v}}_O$ 求导；$\dot{\underline{\boldsymbol{v}}}_O'$表示将 O 点固定在刚体上时对 $\underline{\boldsymbol{v}}_O$ 的导数。两种加速度之间的关系为

$$\underline{\mathbf{a}}'=\underline{\mathbf{a}}+\begin{pmatrix}\mathbf{0}\\ \underline{\boldsymbol{\omega}}\times\underline{\boldsymbol{v}}_O\end{pmatrix}\tag{3.21}$$

如果 $\boldsymbol{r}$ 表示刚体上某固定点 O 相对于空间任意固定点的位置向量，则

$$\begin{cases}\boldsymbol{v}_O=\dot{\boldsymbol{r}}\\ \dot{\boldsymbol{v}}_O'=\ddot{\boldsymbol{r}}\\ \dot{\boldsymbol{v}}_O=\ddot{\boldsymbol{r}}-\boldsymbol{\omega}\times\boldsymbol{v}_O\end{cases}\tag{3.22}$$

两种加速度的主要区别是空间加速度使用起来更方便些。例如，如果刚体 B_1 和 B_2 分别具有速度 $\mathbf{v}_1$ 和 $\mathbf{v}_2$，且 $\mathbf{v}_{\mathrm{rel}}$是 B_2 相对于 B_1 的速度，则有

$$\mathbf{v}_2=\mathbf{v}_1+\mathbf{v}_{\mathrm{rel}}$$

只需对上述速度公式求微分，即可得到空间加速度之间的关系：

$$\frac{\mathrm{d}}{\mathrm{d}t}(\mathbf{v}_2=\mathbf{v}_1+\mathbf{v}_{\mathrm{rel}})\Rightarrow\mathbf{a}_2=\mathbf{a}_1+\mathbf{a}_{\mathrm{rel}}$$

可见，加速度与速度类似，均是两项元素相加而成，无须考虑科氏（Coriolis）力项或离心力项，这是在公式上对经典加速度的一个重要改进，见参考文献[3.2,13,14]。

3.2.10 空间动量

设刚体质量为 m，质心为 C，且关于 C 点的转动惯量为 $\bar{\boldsymbol{I}}^{\mathrm{cm}}$（图 3.2）。如果刚体运动的空间速度为 $\underline{\mathbf{v}}_C=(\boldsymbol{\omega}^{\mathrm{T}}\underline{\boldsymbol{v}}_C^{\mathrm{T}})$，则其线性动量为 $\boldsymbol{h}=m\boldsymbol{v}_C$，固有角动量为 $\boldsymbol{h}_C=\bar{\boldsymbol{I}}^{\mathrm{cm}}\boldsymbol{\omega}$。它关于某一点 O 的动量矩为 $\boldsymbol{h}_O=\boldsymbol{h}_C+\boldsymbol{c}\times\boldsymbol{h}$，其中 $\boldsymbol{c}=\overrightarrow{OC}$。将这些向量用一个空间动量向量的形式表示，有

$$\underline{\mathbf{h}}_C=\begin{pmatrix}\underline{\boldsymbol{h}}_C\\ \underline{\boldsymbol{h}}\end{pmatrix}=\begin{pmatrix}\bar{\boldsymbol{I}}^{\mathrm{cm}}\boldsymbol{\omega}\\ m\underline{\boldsymbol{v}}_C\end{pmatrix} \tag{3.23}$$

且

$$\underline{\mathbf{h}}_O=\begin{pmatrix}\underline{\boldsymbol{h}}_O\\ \underline{\boldsymbol{h}}\end{pmatrix}=\begin{pmatrix}\mathbf{I} & \boldsymbol{S}(\underline{\boldsymbol{c}})\\ \mathbf{0} & \mathbf{I}\end{pmatrix}\underline{\boldsymbol{h}}_C \tag{3.24}$$

空间动量为力向量及其相应的变换。

3.2.11 空间惯量

刚体的空间动量是其空间惯量和速度的积：

$$\mathbf{h}=\boldsymbol{I}\mathbf{v} \tag{3.25}$$

式中，$\boldsymbol{I}$ 表示空间惯量。质心 C 处的惯量用 Plücker 坐标表示为

$$\mathbf{h}_C=\boldsymbol{I}_C\mathbf{v}_C \tag{3.26}$$

式中，

$$\boldsymbol{I}_C=\begin{pmatrix}\bar{\boldsymbol{I}}^{\mathrm{cm}} & \mathbf{0}\\ \mathbf{0} & m\mathbf{I}\end{pmatrix} \tag{3.27}$$

式（3.27）即为刚体在其质心处表示空间惯量的一般公式。而相对另外一点 O 的空间惯量表达式可由式（3.24）、式（3.26）和式（3.27）求解得到，即

$$\begin{aligned}\underline{\mathbf{h}}_O&=\begin{pmatrix}\mathbf{I} & \boldsymbol{S}(\underline{\boldsymbol{c}})\\ \mathbf{0} & \mathbf{I}\end{pmatrix}\begin{pmatrix}\bar{\boldsymbol{I}}^{\mathrm{cm}} & \mathbf{0}\\ \mathbf{0} & m\mathbf{I}\end{pmatrix}\underline{\mathbf{v}}_C\\ &=\begin{pmatrix}\mathbf{I} & \boldsymbol{S}(\underline{\boldsymbol{c}})\\ \mathbf{0} & \mathbf{I}\end{pmatrix}\begin{pmatrix}\bar{\boldsymbol{I}}^{\mathrm{cm}} & \mathbf{0}\\ \mathbf{0} & m\mathbf{I}\end{pmatrix}\begin{pmatrix}\mathbf{I} & \mathbf{0}\\ \boldsymbol{S}(\underline{\boldsymbol{c}})^T & \mathbf{I}\end{pmatrix}\underline{\mathbf{v}}_O\\ &=\begin{pmatrix}\bar{\boldsymbol{I}}^{\mathrm{cm}}+m\boldsymbol{S}(\underline{\boldsymbol{c}})\boldsymbol{S}(\underline{\boldsymbol{c}})^T & m\boldsymbol{S}(\underline{\boldsymbol{c}})\\ m\boldsymbol{S}(\underline{\boldsymbol{c}})^T & m\mathbf{I}\end{pmatrix}\end{aligned}$$

由于 $\mathbf{h}_O=\boldsymbol{I}_O\underline{\mathbf{v}}_O$，因此有

$$\boldsymbol{I}_O=\begin{pmatrix}\bar{\boldsymbol{I}}^{\mathrm{cm}}+m\boldsymbol{S}(\underline{\boldsymbol{c}})\boldsymbol{S}(\underline{\boldsymbol{c}})^{\mathrm{T}} & m\boldsymbol{S}(\underline{\boldsymbol{c}})\\ m\boldsymbol{S}(\underline{\boldsymbol{c}})^{\mathrm{T}} & m\mathbf{I}\end{pmatrix} \tag{3.28}$$

也可以写成

$$\boldsymbol{I}_O=\begin{pmatrix}\bar{\boldsymbol{I}}_O & m\boldsymbol{S}(\underline{\boldsymbol{c}})\\ m\boldsymbol{S}(\underline{\boldsymbol{c}})^{\mathrm{T}} & m\mathbf{I}\end{pmatrix} \tag{3.29}$$

式中，$\bar{\boldsymbol{I}}_O$ 是刚体关于 O 点的转动惯量。

$$\bar{\boldsymbol{I}}_O=\bar{\boldsymbol{I}}^{\mathrm{cm}}+m\boldsymbol{S}(\underline{\boldsymbol{c}})\boldsymbol{S}(\underline{\boldsymbol{c}})^{\mathrm{T}} \tag{3.30}$$

空间惯性矩阵为一对称正定阵。一般情况下，确定一个空间惯量需要 21 个参数（如对于关节体或操作空间惯量）；而 $\bar{\boldsymbol{I}}^{\mathrm{cm}}$ 刚体惯量只需要 10 个参数：质量、质心坐标，以及 $\bar{\boldsymbol{I}}^{\mathrm{cm}}$ 或 $\bar{\boldsymbol{I}}_O$ 的 6 个独立参数。

空间惯量的坐标变换公式满足

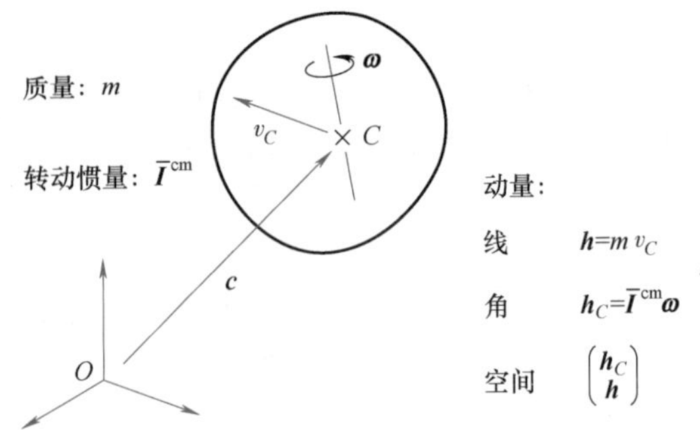

图 3.2 空间动量

$$\boldsymbol{I}_B={}^B\boldsymbol{X}_A^F\boldsymbol{I}_A{}^A\boldsymbol{X}_B \tag{3.31}$$

式中，A 和 B 为任意两个坐标系。在实际应用中，经常只给定 ${}^B\boldsymbol{X}_A$，通过 $\boldsymbol{I}_B$ 来计算 $\boldsymbol{I}_A$，相应的变换公式为

$$\boldsymbol{I}_A=({}^B\boldsymbol{X}_A)^{\mathrm{T}}\boldsymbol{I}_B{}^B\boldsymbol{X}_A \tag{3.32}$$

如果两个刚体分别具有惯量 $\boldsymbol{I}_1$ 和 $\boldsymbol{I}_2$，将其刚性连接成一个组合体，则组合体惯量 $\boldsymbol{I}_{\mathrm{tot}}$ 等于原来各部分惯量之和，即

$$\boldsymbol{I}_{\mathrm{tot}}=\boldsymbol{I}_1+\boldsymbol{I}_2 \tag{3.33}$$

这个简单的方程代替了传统三维向量方法中的 3 个方程：一个计算复合质量，一个计算复合质心，一个计算复合转动惯量。如果刚体具有惯量 $\boldsymbol{I}$，并以速度 $\mathbf{v}$ 运动，其动能为

$$T=\frac{1}{2}\mathbf{v}\cdot\boldsymbol{I}\mathbf{v} \tag{3.34}$$

如果刚体 B 是更大系统的一部分，则可对 B 定义一个表观惯性矩阵，用于描述在系统中其他刚体的影响下，作用于 B 上的力与其产生的加速度之间的关系，这个量称作关节体空间惯量。如果 B 恰好是机器人的末端执行器，则其表观惯量称为操作空间惯量。

3.2.12 运动方程

空间运动方程表明，作用于刚体上的力等于其动量的变化率，即

$$\mathbf{f}=\frac{\mathrm{d}}{\mathrm{d}t}(\boldsymbol{I}\mathbf{v})=\boldsymbol{I}\mathbf{a}+\dot{\boldsymbol{I}}\mathbf{v}$$

可以看出，表达式 $\dot{\boldsymbol{I}}\mathbf{v}$ 的值为$(\mathbf{v}\times\boldsymbol{I}\mathbf{v})$[3.8,15]，故运动方程可写成

$$\mathbf{f}=\boldsymbol{I}\mathbf{a}+\mathbf{v}\times\boldsymbol{I}\mathbf{v} \tag{3.35}$$

该方程合并了刚体运动的牛顿方程和欧拉方程。简单证明过程如下：根据刚体质心的表达式（3.35），并运用式（3.16）、式（3.14）及式（3.22），可得

$$\begin{pmatrix}\underline{n}_C\\ \underline{f}\end{pmatrix}=\begin{pmatrix}\bar{I}^{cm} & \mathbf{0}\\ \mathbf{0} & m\mathbf{I}\end{pmatrix}\begin{pmatrix}\dot{\underline{\omega}}\\ \dot{\underline{v}}_C'\end{pmatrix}-\begin{pmatrix}S(\underline{\omega})^{T} & S(\underline{v}_C)^{T}\\ \mathbf{0} & S(\underline{\omega})^{T}\end{pmatrix}\begin{pmatrix}\bar{I}^{cm}\underline{\omega}\\ m\underline{v}_C\end{pmatrix}$$

$$=\begin{pmatrix}\bar{I}^{cm} & \mathbf{0}\\ \mathbf{0} & m\mathbf{I}\end{pmatrix}\begin{pmatrix}\dot{\underline{\omega}}\\ \ddot{\underline{c}}-\underline{\omega}\times\underline{v}_C\end{pmatrix}+\begin{pmatrix}\underline{\omega}\times\bar{I}^{cm}\underline{\omega}\\ m\underline{\omega}\times\underline{v}_C\end{pmatrix} \tag{3.36}$$

$$=\begin{pmatrix}\bar{I}^{cm}\dot{\underline{\omega}}+\underline{\omega}\times\bar{I}^{cm}\underline{\omega}\\ m\ddot{\underline{c}}\end{pmatrix}$$

3.2.13 计算实现

在计算机上实现空间向量算法的最简单方法，就是首先利用现有的矩阵运算工具，如 MATLAB，并按照以下步骤编写程序（或从网上下载）：

1）根据式（3.14），通过 $\mathbf{m}$ 求解 $S(\mathbf{m})$。

2）根据式（3.9），通过 $\boldsymbol{R}$ 和 $\boldsymbol{p}$ 求解 $\boldsymbol{X}$。

3）根据式（3.28），通过 m、$\boldsymbol{c}$ 和 $\bar{\boldsymbol{I}}^{cm}$ 求解 $\boldsymbol{I}$。

其他的空间算法都可以使用标准的矩阵运算程序，另外一些附加程序也可以添加到列表中，如：

1）用于通过其他的旋转矩阵表达式来计算 $\boldsymbol{R}$ 的程序。

2）用于空间向量与 4×4 矩阵之间转换的程序。

当考虑工作效率比计算效率更为重要时，此方法便值得推荐。相关的软件包可见参考文献［3.16］。如果需要更高的效率，那么就需要使用一个更精细的空间运算库，包括：

1）对每类空间量定义专门的数据结构。

2）借助效率公式，提供一套计算程序，每个程序实现一种空间算术运算。

表 3.1 中列出了一些合适的数据结构和高效的计算公式。可以看到，表中用于刚体惯量和 Plücker 变换的数据结构，所包含的元素仅为 6×6 矩阵表示的 1/3；表 3.1 中列出的高效算法公式成本是通常使用的 6×6 和 6×1 矩阵算法的 1/1.5~6，更多的高效计算公式可参阅参考文献［3.17］。

表 3.1 空间向量表示法

空间量	
$\mathbf{v}$	刚体速度
$\mathbf{a}$	刚体的空间加速度（$\mathbf{a}=\dot{\mathbf{v}}$）
$\mathbf{a}'$	六维向量表示的刚体经典加速度
$\mathbf{f}$	作用于刚体的力
$\boldsymbol{I}$	刚体惯量
$\boldsymbol{X}$	运动向量的 Plücker 坐标变换
$\boldsymbol{X}^F$	力向量的 Plücker 坐标变换（$\boldsymbol{X}^F=\boldsymbol{X}^{-T}$）
${}^B\boldsymbol{X}_A$	从 A 坐标到 B 坐标的 Plücker 变换
$\mathbf{m}$	通用运动向量（$\mathbf{M}^6$ 中的任意元素）
三维量	
O	坐标系原点
$\boldsymbol{r}$	与 O 点重合的刚体固定点，相对于空间任意固定点的位置
$\boldsymbol{\omega}$	刚体的角速度
$\boldsymbol{v}_O$	与 O 点重合的刚体固定点的线速度（$\boldsymbol{v}_O=\dot{\boldsymbol{r}}$）
$\dot{\boldsymbol{\omega}}$	刚体角加速度
$\dot{\boldsymbol{v}}_O$	空间中 O 点处 $\boldsymbol{v}_O$ 的导数
$\dot{\boldsymbol{v}}_O'$	刚体上 O 点处的 $\boldsymbol{v}_O$ 的导数；与 O 点重合的刚体固定点的经典加速度（$\dot{\boldsymbol{v}}_O'=\ddot{\boldsymbol{r}}$）
$\boldsymbol{f}$	作用于刚体的线性力或线性力系的合力
$\boldsymbol{n}_O$	线性力或线性力系对 O 点的力矩
m	刚体的质量
$\boldsymbol{c}$	刚体质心相对于 O 点的位置
$\boldsymbol{h}$	刚体质心力矩 $\boldsymbol{h}=m\boldsymbol{c}$，也可以表示为线动量
$\bar{\boldsymbol{I}}^{cm}$	关于质心的刚体转动惯量
$\bar{\boldsymbol{I}}$	关于 O 点的刚体转动惯量
${}^B\boldsymbol{R}_A$	从坐标系 A 到 B 的旋转变换矩阵
${}^A\boldsymbol{p}_B$	坐标系 B 原点相对于坐标系 A 原点的位置，在坐标系 A 中表示
方程	
$\mathbf{v}=\begin{pmatrix}\boldsymbol{\omega}\\ \boldsymbol{v}_O\end{pmatrix}\quad \mathbf{a}=\begin{pmatrix}\dot{\boldsymbol{\omega}}\\ \dot{\boldsymbol{v}}_O\end{pmatrix}=\begin{pmatrix}\dot{\boldsymbol{\omega}}\\ \ddot{\boldsymbol{r}}-\boldsymbol{\omega}\times\dot{\boldsymbol{r}}\end{pmatrix}$	
$\mathbf{f}=\begin{pmatrix}\boldsymbol{n}_O\\ \boldsymbol{f}\end{pmatrix}\quad \mathbf{a}'=\begin{pmatrix}\dot{\boldsymbol{\omega}}\\ \dot{\boldsymbol{v}}_O'\end{pmatrix}=\begin{pmatrix}\dot{\boldsymbol{\omega}}\\ \ddot{\boldsymbol{r}}\end{pmatrix}=\mathbf{a}+\begin{pmatrix}\mathbf{0}\\ \boldsymbol{\omega}\times\boldsymbol{v}_O\end{pmatrix}$	
$\boldsymbol{I}=\begin{pmatrix}\bar{\boldsymbol{I}} & S(\boldsymbol{h})\\ S(\boldsymbol{h})^{T} & m\mathbf{I}\end{pmatrix}=\begin{pmatrix}\bar{\boldsymbol{I}}^{cm}+mS(\underline{c})S(\underline{c})^{T} & mS(\underline{c})\\ mS(\underline{c})^{T} & m\mathbf{I}\end{pmatrix}$	
${}^B\boldsymbol{X}_A=\begin{pmatrix}{}^B\boldsymbol{R}_A & \mathbf{0}\\ {}^B\boldsymbol{R}_A S({}^B\boldsymbol{p}_A)^{T} & {}^B\boldsymbol{R}_A\end{pmatrix}=\begin{pmatrix}{}^B\boldsymbol{R}_A & \mathbf{0}\\ S({}^B\boldsymbol{p}_A){}^B\boldsymbol{R}_A & {}^B\boldsymbol{R}_A\end{pmatrix}$	
$\mathbf{v}\cdot\mathbf{f}=\mathbf{f}\cdot\mathbf{v}=\mathbf{v}^{T}\mathbf{f}=\boldsymbol{\omega}\cdot\boldsymbol{n}_O+\boldsymbol{v}_O\cdot\boldsymbol{f}$	

3

（续）

方程
$$\mathbf{v}\times\mathbf{m}=\begin{pmatrix}\boldsymbol{\omega}\times\boldsymbol{m}\\ \boldsymbol{v}_O\times\boldsymbol{m}+\boldsymbol{\omega}\times\boldsymbol{m}_O\end{pmatrix}=\begin{pmatrix}\boldsymbol{S}(\boldsymbol{\omega}) & \mathbf{0}\\ \boldsymbol{S}(\boldsymbol{v}_O) & \boldsymbol{S}(\boldsymbol{\omega})\end{pmatrix}\begin{pmatrix}\boldsymbol{m}\\ \boldsymbol{m}_O\end{pmatrix}$$
$$\mathbf{v}\times\mathbf{f}=\begin{pmatrix}\boldsymbol{\omega}\times\boldsymbol{n}_O+\boldsymbol{v}_O\times\boldsymbol{f}\\ \boldsymbol{\omega}\times\boldsymbol{f}\end{pmatrix}=\begin{pmatrix}\boldsymbol{S}(\boldsymbol{\omega}) & \boldsymbol{S}(\boldsymbol{v}_O)\\ \mathbf{0} & \boldsymbol{S}(\boldsymbol{\omega})\end{pmatrix}\begin{pmatrix}\boldsymbol{n}_O\\ \boldsymbol{f}\end{pmatrix}$$

紧凑形式表示法

数学对象	维数	计算机表示法	维数
$\begin{pmatrix}\boldsymbol{\omega}\\ \boldsymbol{v}_O\end{pmatrix}$	6×1	$(\boldsymbol{\omega};\boldsymbol{v}_O)$	3+3
$\begin{pmatrix}\boldsymbol{n}_O\\ \boldsymbol{f}\end{pmatrix}$	6×1	$(\boldsymbol{n}_O;\boldsymbol{f})$	3+3
$\begin{pmatrix}\bar{\boldsymbol{I}} & \boldsymbol{S}(\boldsymbol{h})\\ \boldsymbol{S}(\boldsymbol{h})^{\mathrm{T}} & m\mathbf{I}\end{pmatrix}$	6×6	$(m;\boldsymbol{h};\bar{\boldsymbol{I}})$	1+3+9
$\begin{pmatrix}\boldsymbol{R} & \mathbf{0}\\ \boldsymbol{R}\boldsymbol{S}(\boldsymbol{p})^{\mathrm{T}} & \boldsymbol{R}\end{pmatrix}$	6×6	$(\boldsymbol{R};\boldsymbol{p})$	9+3

有关空间向量的高效计算公式

表达式	计算值
$\boldsymbol{X}\mathbf{v}$	$(\boldsymbol{R}\boldsymbol{\omega};\boldsymbol{R}(\boldsymbol{v}_O-\boldsymbol{p}\times\boldsymbol{\omega}))$
$\boldsymbol{X}^F\mathbf{f}$	$(\boldsymbol{R}(\boldsymbol{n}_O-\boldsymbol{p}\times\boldsymbol{f});\boldsymbol{R}\boldsymbol{f})$
$\boldsymbol{X}^{-1}$	$(\boldsymbol{R}^{\mathrm{T}};-\boldsymbol{R}\boldsymbol{p})$
$\boldsymbol{X}^{-1}\mathbf{v}$	$(\boldsymbol{R}^{\mathrm{T}}\boldsymbol{\omega};\boldsymbol{R}^{\mathrm{T}}\boldsymbol{v}_O+\boldsymbol{p}\times\boldsymbol{R}^{\mathrm{T}}\boldsymbol{\omega})$
$(\boldsymbol{X}^F)^{-1}\mathbf{f}$	$(\boldsymbol{R}^{\mathrm{T}}\boldsymbol{n}_O+\boldsymbol{p}\times\boldsymbol{R}^{\mathrm{T}}\boldsymbol{f};\boldsymbol{R}^{\mathrm{T}}\boldsymbol{f})$
$\boldsymbol{I}_1+\boldsymbol{I}_2$	$(m_1+m_2;\boldsymbol{h}_1+\boldsymbol{h}_2;\bar{\boldsymbol{I}}_1+\bar{\boldsymbol{I}}_2)$
$\boldsymbol{I}\mathbf{v}$	$(\bar{\boldsymbol{I}}\boldsymbol{\omega}+\boldsymbol{h}\times\boldsymbol{v}_O;m\boldsymbol{v}_O-\boldsymbol{h}\times\boldsymbol{\omega})$
$\boldsymbol{X}^{\mathrm{T}}\boldsymbol{I}\boldsymbol{X}$	$(m;\boldsymbol{R}^{\mathrm{T}}\boldsymbol{h}+m\boldsymbol{p};\boldsymbol{R}^{\mathrm{T}}\bar{\boldsymbol{I}}\boldsymbol{R}-\boldsymbol{S}(\boldsymbol{p})\boldsymbol{S}(\boldsymbol{R}^{\mathrm{T}}\boldsymbol{h})-\boldsymbol{S}(\boldsymbol{R}^{\mathrm{T}}\boldsymbol{h}+m\boldsymbol{p})\boldsymbol{S}(\boldsymbol{p}))$

注：$\boldsymbol{X}^{\mathrm{T}}\boldsymbol{I}\boldsymbol{X}$的含义参见式(3.32)。

3.2.14 小结

空间向量为六维向量，既包含刚体的线性运动，也包含旋转运动，因此这种表示方法非常适合用在动力学算法中。为避免与三维向量产生名称上的冲突，我们采用正粗体字母表示空间向量，而张量仍然用斜体表示。在接下来的几节中，将采用正体字母表示空间向量和相关联的其他向量，如 $\dot{\mathbf{q}}$。

表3.1总结了本节介绍的各种空间量和算子，以及按照三维向量和算子定义的公式。本节还提出了数据结构和效率公式，用于空间算法的计算实现。表3.1与表2.5和表2.6，共同给出了如何计算各种类型关节的姿态、位置和空间速度。注意，表3.1中的${}^B\boldsymbol{R}_A^{\mathrm{T}}$ 和${}^A\boldsymbol{p}_B$ 分别对应于表2.5和表2.6中的${}^j\boldsymbol{R}_i$ 和${}^j\boldsymbol{p}_i$。

3.3 正则方程

机器人机构的动力学方程通常表示为以下两种正则形式：

1）关节空间方程：

$$\boldsymbol{H}(\mathbf{q})\ddot{\mathbf{q}}+\boldsymbol{C}(\mathbf{q},\dot{\mathbf{q}})\dot{\mathbf{q}}+\boldsymbol{\tau}_g(\mathbf{q})=\boldsymbol{\tau} \tag{3.37}$$

2）操作空间方程：

$$\boldsymbol{\Lambda}(\boldsymbol{x})\dot{\mathbf{v}}+\boldsymbol{\mu}(\boldsymbol{x},\mathbf{v})+\boldsymbol{\rho}(\boldsymbol{x})=\mathbf{f} \tag{3.38}$$

式（3.37）和式（3.38）分别给出了显示形式的函数关系：$\boldsymbol{H}$ 是 $\mathbf{q}$ 的函数，$\boldsymbol{\Lambda}$ 是 $\boldsymbol{x}$ 的函数等。一旦明晰了这些关系，表述时就可以省略。在式（3.38）中，$\boldsymbol{x}$ 是操作空间中的坐标向量；$\mathbf{v}$ 和 $\mathbf{f}$ 是空间向量，分别表示末端执行器的速度和作用于其上的外力。如果是冗余度机器人，则方程的系数必须定义成 $\mathbf{q}$ 和 $\dot{\mathbf{q}}$ 的函数，而不是 $\boldsymbol{x}$ 和 $\mathbf{v}$ 的函数。

上述两个方程，连同对式（3.37）中有关拉格朗日方程的进一步描述，以及考虑碰撞情况下的运动学方程，在下面还会做进一步解释。

3.3.1 关节空间方程

在式（3.37）中，$\mathbf{q}$、$\dot{\mathbf{q}}$、$\ddot{\mathbf{q}}$ 和 $\boldsymbol{\tau}$ 分别是表示关节位置、速度、加速度和力变量的 n 维向量，其中 n 是机器人的自由度数；$\boldsymbol{H}$ 是 $n\times n$ 的对称正定阵，称为广义（或关节空间）惯性矩阵（JSIM）；$\boldsymbol{C}$ 是 $n\times n$ 矩阵，$\boldsymbol{C}\dot{\mathbf{q}}$ 表示科氏力项与离心力项之和（统称为速度积项）；$\boldsymbol{\tau}_g$ 是重力项。

如果需要考虑其他动力学影响（如黏性摩擦），还需在式（3.37）中添加更多的项。如果考虑施加在末端执行器上力 $\mathbf{f}$ 的作用效果，可以通过在式（3.37）的右边加上 $\boldsymbol{J}^{\mathrm{T}}\mathbf{f}$ 项，其中 $\boldsymbol{J}$ 是末端执行器的速度雅可比矩阵（见 2.8.1 节）。

$\mathbf{q}$ 是机构位形空间中一点的坐标，如果机构是一个运动树（见 3.4 节），则 $\mathbf{q}$ 包含机构中的所有关节变量，否则只包含其中独立的子集。$\mathbf{q}$ 的元素为广义坐标。同样，$\dot{\mathbf{q}}$，$\ddot{\mathbf{q}}$ 和 $\boldsymbol{\tau}$ 分别表示广义速度、广义加速度和广义力。

3.3.2 拉格朗日方程

对式（3.37）中各项的推导方法很多，在机器人学中，应用最为普遍的是牛顿-欧拉方程和拉格朗日方程。前者是直接适用于刚体的牛顿-欧拉方程，它包含在式（3.35）的空间运动方程中。这个公式尤其适用于开发动力学计算中的高效递归算法，具体参见第 3.5 节和 3.6 节。

拉格朗日方程则通过机器人机构的拉格朗日函数进行计算：

$$L=T-U \tag{3.39}$$

式中，T 和 U 分别是机构的总动能和总势能。其中，动能由下式给出：

$$T=\frac{1}{2}\dot{\mathbf{q}}^{\mathrm{T}}\boldsymbol{H}\dot{\mathbf{q}} \tag{3.40}$$

对每个广义坐标，可运用拉格朗日方程建立动力学方程，即

$$\frac{\mathrm{d}}{\mathrm{d}t}\frac{\partial L}{\partial \dot{q}_i}-\frac{\partial L}{\partial q_i}=\tau_i \tag{3.41}$$

将方程写成标量的形式：

$$\sum_{j=1}^{n} H_{ij}\ddot{q}_j = \sum_{j=1}^{n}\sum_{k=1}^{n} C_{ijk}\dot{q}_j\dot{q}_k + \tau_{gi} = \tau_i \tag{3.42}$$

可以看出，式（3.42）为速度乘积项的结构。式中，C_{ijk} 称为第一类 Christoffel 符号，且只与位置变量 q_i 有关。其具体定义如下：

$$C_{ijk}=\frac{1}{2}\left(\frac{\partial H_{ij}}{\partial q_k}+\frac{\partial H_{ik}}{\partial q_j}-\frac{\partial H_{jk}}{\partial q_i}\right) \tag{3.43}$$

式（3.37）中，$\boldsymbol{C}$ 的元素定义为

$$C_{ij}=\sum_{k=1}^{n} C_{ijk}\dot{q}_k \tag{3.44}$$

然而，这里对 $\boldsymbol{C}$ 的定义并不唯一，还有其他可能的定义形式。

若按照式（3.44）所定义的 $\boldsymbol{C}$，则接下来矩阵 $\boldsymbol{N}$ 可定义为

$$\boldsymbol{N}(\mathbf{q},\dot{\mathbf{q}})=\dot{\boldsymbol{H}}(\mathbf{q})-2\boldsymbol{C}(\mathbf{q},\dot{\mathbf{q}}) \tag{3.45}$$

式中，$\boldsymbol{N}$ 是一个反对称矩阵[3.18]。对于任意 $n\times1$ 维向量 $\boldsymbol{\alpha}$，都有

$$\boldsymbol{\alpha}^{\mathrm{T}}\boldsymbol{N}(\mathbf{q},\dot{\mathbf{q}})\boldsymbol{\alpha}=0 \tag{3.46}$$

这一特性在机器人控制中十分有用，尤其是当 $\boldsymbol{\alpha}=\dot{\mathbf{q}}$ 时，有

$$\dot{\mathbf{q}}^{\mathrm{T}}N(\mathbf{q},\dot{\mathbf{q}})\dot{\mathbf{q}}=0 \tag{3.47}$$

由能量守恒定律可知，对于任意选定的矩阵 $\boldsymbol{C}$，式（3.47）均成立[3.18,19]。

3.3.3 操作空间方程

在式（3.38）中，$\boldsymbol{x}$ 是操作空间的一个六维向量，它给出了机器人末端执行器的位置和姿态；$\mathbf{v}$ 是末端执行器的速度；$\mathbf{f}$ 是作用在末端执行器上的力。$\boldsymbol{x}$ 既可以是典型的笛卡儿坐标表示形式，也可以是欧拉角或四元数分量，且与 $\mathbf{v}$ 有如下微分关系：

$$\dot{\boldsymbol{x}}=\boldsymbol{E}(\boldsymbol{x})\mathbf{v} \tag{3.48}$$

式（3.38）中，$\boldsymbol{\Lambda}$ 是操作空间惯性矩阵，即末端执行器的表征惯量，它考虑了机器人机构其余部分的影响（关节体惯量）；$\boldsymbol{\mu}$ 和 $\boldsymbol{\rho}$ 分别是速度积项和重力项。

在操作空间（也称任务空间）中，可以发送和执行高级别的运动和力指令，因此操作空间方程在运动与力控制（8.2 节和 9.2 节）中特别重要。式（3.38）除了用于六维空间外，也可以推广至非六维空间，以及包含一个以上末端执行器运动的操作空间[3.20]。

计算式（3.37）和式（3.38）中的各项时，可能用到以下公式：

$$\mathbf{v}=\boldsymbol{J}\dot{\mathbf{q}} \tag{3.49}$$

$$\dot{\mathbf{v}}=\boldsymbol{J}\ddot{\mathbf{q}}+\dot{\boldsymbol{J}}\dot{\mathbf{q}} \tag{3.50}$$

$$\boldsymbol{\tau}=\boldsymbol{J}^{\mathrm{T}}\mathbf{f} \tag{3.51}$$

$$\boldsymbol{\Lambda}=(\boldsymbol{J}\boldsymbol{H}^{-1}\boldsymbol{J}^{\mathrm{T}})^{-1} \tag{3.52}$$

$$\boldsymbol{\mu}=\boldsymbol{\Lambda}(\boldsymbol{J}\boldsymbol{H}^{-1}\boldsymbol{C}\dot{\mathbf{q}}-\dot{\boldsymbol{J}}\dot{\mathbf{q}}) \tag{3.53}$$

$$\boldsymbol{\rho}=\boldsymbol{\Lambda}\boldsymbol{J}\boldsymbol{H}^{-1}\boldsymbol{\tau}_{\mathrm{g}} \tag{3.54}$$

这些方程都假定 $m\leqslant n$（m 是操作空间的维数），且雅可比矩阵 $\boldsymbol{J}$ 为满秩矩阵。更多内容见参考文献［3.21］。

3.3.4 碰撞模型

如果机器人在运行中与环境中的刚体发生碰撞，则在接触的瞬间会产生冲击力，并且引起机器人速度的阶跃变化。假定是机器人的末端执行器和环境中的刚体发生了碰撞，且瞬时冲击力 $\mathbf{f}'$ 作用在末端执行器上，这个冲击力使得末端执行器的速度产生了 $\Delta\mathbf{v}$ 的阶跃变化，则在操作空间中的运动碰撞方程[3.22]为

$$\boldsymbol{\Lambda}\Delta\mathbf{v}=\mathbf{f}' \tag{3.55}$$

3

在关节空间中，机器人机构的碰撞运动方程为

$$\boldsymbol{H}\Delta\dot{\mathbf{q}}=\boldsymbol{\tau}' \quad (3.56)$$

式中，$\boldsymbol{\tau}'$和$\Delta\dot{\mathbf{q}}$分别是关节空间中冲量和速度的变化量。在涉及机器人末端执行器发生碰撞情况下，有

$$\boldsymbol{\tau}'=\boldsymbol{J}^{\mathrm{T}}\mathbf{f}' \quad (3.57)$$

及

$$\Delta\mathbf{v}=\boldsymbol{J}\Delta\dot{\mathbf{q}} \quad (3.58)$$

根据式（3.51）和式（3.49），由式（3.55）~（3.57）可以得到

$$\Delta\dot{\mathbf{q}}=\bar{\boldsymbol{J}}\Delta\mathbf{v} \quad (3.59)$$

式中，$\bar{\boldsymbol{J}}$是$\boldsymbol{J}$的惯性加权伪逆，定义如下：

$$\bar{\boldsymbol{J}}=\boldsymbol{H}^{-1}\boldsymbol{J}^{\mathrm{T}}\boldsymbol{\Lambda} \quad (3.60)$$

$\bar{\boldsymbol{J}}$也称为雅可比矩阵的动态相容性逆矩阵[3.21]。注意，出现在式（3.53）和式（3.54）中的表达式$\boldsymbol{\Lambda}\boldsymbol{J}\boldsymbol{H}^{-1}$等于$\bar{\boldsymbol{J}}^{\mathrm{T}}$，因为$\boldsymbol{H}$和$\boldsymbol{\Lambda}$均是对称阵。尽管$\bar{\boldsymbol{J}}$是在讨论碰撞动力学问题中引入的，但它也可用于常规（非碰撞）动力学方程中。

3.4 刚体系统动力学模型

机器人机构的基本刚体动力学模型由四部分构成：关联图、连杆与关节几何参数、连杆惯性参数，以及一组关节模型。在这个模型的基础上，还可以添加各种产生力的元件，如弹簧、阻尼器、关节摩擦、驱动器和执行器等，特别是驱动器和执行器，一般都具有更复杂的动力学模型。同样地，在关节轴承或连杆上也可添加额外的自由度来模拟弹性问题（第11章）。本节只关注基本模型，更多的内容可以查阅其他专著，如参考文献［3.3，8，23］。

3.4.1 关联性

关联图是一种无向图，其中每个节点表示一个刚体，每条弧线表示一个关节。节点与节点之间必须有弧线连接，且只有一个节点代表基座或参考坐标系。如果该图表示一个移动机器人（即机器人没有连接到固定基座上），则需要在基座和移动机器人的任意一个构件之间引入一个虚拟的6自由度关节，选定的构件称为浮动基座（简称浮基）。如果一张图表示的是多个移动机器人的集合，则每个机器人都有自己的浮基，每个浮基也都有自己的6自由度关节。注意，这里的6自由度关节并没有在两个连接构件间施加约束，因此6自由度关节的引入仅改变了图的关联性，并不改变系统的物理属性。

在《图论》术语中，环表示一段与自身节点相连的弧，循环表示一条闭合路径，且不能穿越任何弧一次以上。在机器人机构的关联图中，环是不允许存在的，而循环又称为运动环。包含运动环的机构称为闭环机构，没有运动环的机构称为开环机构或运动树。每个闭环机构有一个生成树，其定义为开环机构；不在生成树上的关节称作闭环关节，而树中的关节称为树关节。

基座在运动树中作为根节点，也是闭环机构任意生成树的根节点。如果存在至少一个节点具有两个子节点，运动树就称作有分支，否则就是无分支。无分支的运动树称为运动链，有分支的运动树称为分支运动链。例如，典型的工业机器人手臂，当没有夹持器时就是一个运动链，而仿人机器人则是一个具有浮基的运动树。

在一个包含N_B个运动构件和N_J个关节的系统中，N_J包括前面提到的6自由度关节，运动构件和关节的编号规则如下：首先，基座的编号为构件0，其他构件按一定次序从1到N_B编号，并使子构件的编号大于其父编号。如果系统包含运动环，则必须先选择一个生成树，然后再进行编号，因为父构件的识别由生成树确定。这种编号方式称为规则编号。

完成构件的编号后，就要对树关节从1到N_B进行编号，以便通过关节i将构件i连接到其父构件上。如果有闭环关节，则以任一次序从N_B+1到N_J进行编号。每个闭环关节k使一个独立运动环闭合，环编号从1到N_L（其中$N_L=N_J-N_B$为独立的环数），这样环l由关节$k=N_B+1$来闭合。在关联图中，运动环l是唯一循环且穿越关节k，但不穿越其他闭环关节。

对于无分支的运动树，编号是唯一确定的，即从基座开始到顶部进行连续编号，且使关节i连接构件i和$i-1$。但在其他情况下，编号方式并不唯一。

尽管关联图是无向的，但对于树关节和闭环关节，有必要对每个关节指定一个方向，用于定义关节的力和速度。具体而言，关节i连接的两个构件

可以分别称为前导件 $p(i)$ 和后继件 $s(i)$，则关节速度定义为后继件相对于前导件的速度，关节力定义为作用在后继件上的力。对于所有的树关节，标准做法（但非必须）是从父构件向子构件连接。

运动树或闭环机构生成树的关联性，可以通过其父构件的 N_B 个元素数组来描述，其中第 i 个元素 $p(i)$ 为构件 i 的父构件，同时也是关节 i 的前导件，二者用相同的符号 $p(i)$ 表示。许多算法借助 $p(i)<i$ 的特性按照正确次序进行计算。对于子构件 i，所有构件编号的集合 $c(i)$ 在许多递归算法中也很有用。

描述运动环的关联数据有许多方法，用于递归算法的关联数据具有如下约定：闭环关节 k 与前导件 $p(k)$ 和后继件 $s(k)$ 相连，集合 LR_i 为构件 i 的环数，这里构件 i 指根环。运用 $p(i)<i$ 的特性，生成树中的根环选为具有最小编号的构件。此外。构件 i 的集合 LB_i 也给出了构件 i 的环数，但这里的构件 i 不再是根环。

图 3.3 给出了一闭环系统的实例。该系统由带有不同变拓扑的仿人机器人机构组成，它们与环境和内部机构相连，形成闭环。系统有 $N_B=16$ 个运动构件和 $N_J=19$ 个关节，以及 $N_L=N_J-N_B=3$ 个环。主构件 1 作为该系统的浮基，它与基座 0 通过一个假定的 6 自由度关节 1 连接。每个环的闭环关节、构件数 $p(k)$ 和 $s(k)$，以及根构件的信息通过表 3.2 给出，基于构件的集合 $c(i)$ 和 LB_i 由表 3.3 给出。注意，在此例中，$LR(0)=\{1,3\}$，$LR(1)=\{2\}$，其他的集合 LR 均为零。

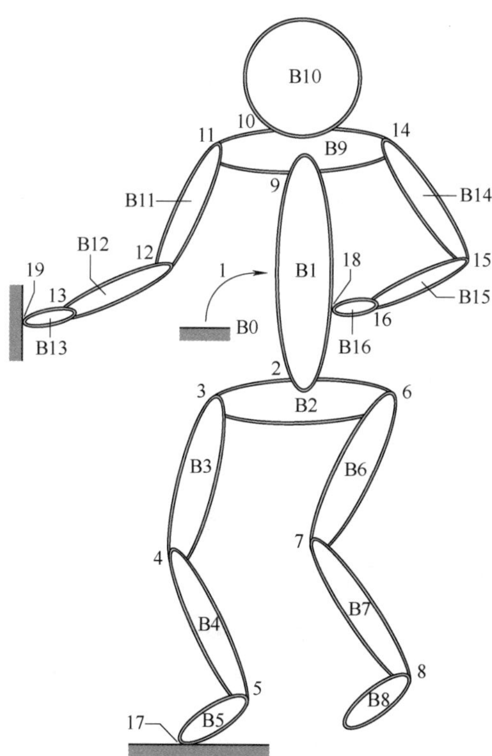

图 3.3 仿人机器人示例

注：为了区分图中构件编号和关节编号，在构件编号前加了字母 B。

表 3.2 仿人机器人示例中的闭环关节及根环

环 l	闭环关节 k	$p(k)$	$s(k)$	根环
1	17	0	5	0
2	18	16	1	1
3	19	0	13	0

表 3.3 仿人机器人示例中的构件集

构件 i	$c(i)$	$LB(i)$	构件 i	$c(i)$	$LB(i)$
0	1		9	10,11,14	2,3
1	2,9	1,3	10		
2	3,6	1	11	12	3
3	4	1	12	13	3
4	5	1	13		3
5		1	14	15	2
6	7		15	16	2
7	8		16		2
8					

3.4.2 连杆几何

当两个构件通过关节连接时，该连接的完整性描述可由关节本身及固连在两个构件上的坐标系来实现。如果系统中有 N_J 个关节，则总共有 $2N_J$ 个关节坐标系。其中一半的坐标系编号为 $1\sim N_J$，其余的编号为 $J1\sim JN_J$，每个关节 i 连接坐标系 Ji 和坐标系 i。

对于关节 $1\sim N_B$（即树关节），坐标系 i 固连在构件 i 上；对于闭环关节 $N_B+1\sim N_J$，坐标系 k 固连在构件 $s(k)$ 上。但无论是树关节 i 还是闭环关节 i，第二个坐标系 Ji 都是固连在前导件 $p(i)$ 上。坐标系 Ji 为关节 i 提供基坐标，用来定义相对于该坐标系的关节转动和平动。

图 3.4 所示为系统中的坐标系及其与每个关节相关的坐标变换。对于树关节，从坐标系 $p(i)$ 到坐

3

标系 i 的坐标变换给定如下：

$$ {}^{i}\boldsymbol{X}_{p(i)}={}^{i}\boldsymbol{X}_{Ji}\,{}^{Ji}\boldsymbol{X}_{p(i)}=\boldsymbol{X}_{J}(i)\boldsymbol{X}_{L}(i) \tag{3.61}$$

式中，变换矩阵 $\boldsymbol{X}_L(i)$ 是固定的连杆变换，表示关节 i 的基坐标系 Ji 相对于 $p(i)$ 的变换，可用于将空间运动向量由 $p(i)$ 变换到 Ji 坐标系下；$\boldsymbol{X}_J(i)$ 是可变的关节变换矩阵，用于将关节 i 从坐标系 Ji 变换到坐标系 i。

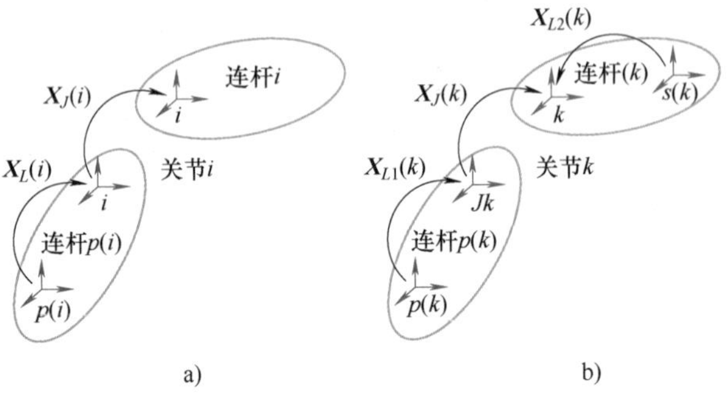

图 3.4 系统中的坐标系及其与每个关节相关的坐标变换

a）树关节 b）闭环关节

类似的，对于闭环关节，从坐标系 $p(k)$ 到坐标系 k 的坐标变换给定如下：

$$ {}^{k}\boldsymbol{X}_{p(k)}={}^{k}\boldsymbol{X}_{Jk}\,{}^{Jk}\boldsymbol{X}_{p(k)}=\boldsymbol{X}_{J}(k)\boldsymbol{X}_{L1}(k) \tag{3.62}$$

附加变换 $\boldsymbol{X}_{L2}(k)$ 定义为从坐标系 $s(k)$ 到坐标系 k 的坐标变换，满足如下关系：

$$\boldsymbol{X}_{L2}(k)={}^{k}\boldsymbol{X}_{s(k)} \tag{3.63}$$

连杆和关节几何参数可以通过多种方法来定义，最常用的方法是 D-H 参数法[3.24]。但是，标准的 D-H 参数法并不具有大范围的通用性，如当描述具有分支的运动树，或者包含多自由度关节的机构时，该方法不能完整描述它们的几何特性。本书采用改进的 D-H 参数法[3.2]分析单自由度关节（见 2.4 节），目前，该方法已扩展至有分支的运动树及闭环机构上[3.23]。

3.4.3 连杆惯量

连杆惯量参数包括每个连杆的质量、质心位置和转动惯量。连杆 i 的惯量参数通常在坐标系 i 下表示，其结果为常数。

3.4.4 关节模型

相邻两连杆之间的连接关系，常采用 Roberson-Schwertassek(R-S)广义关节模型来描述[3.3]。对于运动树或闭环机构的生成树，$n_i\times1$ 的向量 $\dot{\boldsymbol{q}}_i$ 表示连杆 i 相对于其父构件 $p(i)$ 的速度，其中 n_i 为连接两连杆的关节自由度数。对于闭环机构的关节，$\dot{\boldsymbol{q}}_i$ 为后续杆 $s(i)$ 相对于前导杆 $p(i)$ 的速度。在其他情况下，$\dot{\boldsymbol{q}}_i$ 是坐标系 i 与坐标系 Ji 间的速度关系。

令 $\mathbf{v}_{\text{rel}}$ 和 $\mathbf{a}_{\text{rel}}$ 为穿过关节 i 的速度和加速度，即连杆 $s(i)$ 相对于 $p(i)$ 的速度和加速度。关节的自由度模式（free mode of the joint）用 $6\times n_i$ 的矩阵 $\boldsymbol{\Phi}_i$ 表示，因此 $\mathbf{v}_{\text{rel}}$ 和 $\mathbf{a}_{\text{rel}}$ 表示如下：

$$\mathbf{v}_{\text{rel}}=\boldsymbol{\Phi}_i\dot{\boldsymbol{q}}_i \tag{3.64}$$

$$\mathbf{a}_{\text{rel}}=\boldsymbol{\Phi}_i\ddot{\boldsymbol{q}}_i+\dot{\boldsymbol{\Phi}}_i\dot{\boldsymbol{q}}_i \tag{3.65}$$

式中，$\boldsymbol{\Phi}_i$ 和 $\dot{\boldsymbol{\Phi}}_i$ 取决于关节类型[3.3]；矩阵 $\boldsymbol{\Phi}_i$ 是列满秩矩阵，故可定义一个对偶矩阵 $\boldsymbol{\Phi}_i^{\text{C}}$，使 6×6 的矩阵 $\boldsymbol{\Phi}_i\boldsymbol{\Phi}_i^{\text{C}}$ 为可逆阵。这个矩阵的各列可以看成是 $\mathbf{M}^6$ 上的一组基，并且将第一个基向量 n_i（矩阵第一列）定义为允许运动的方向，其余的 $6-n_i=n_i^{\text{C}}$ 个向量定义为不允许运动的方向，因此 $\boldsymbol{\Phi}_i^{\text{C}}$ 表示关节 i 的约束模式。

力 $\mathbf{f}_i$ 为穿过关节 i 从前导杆传递给后续杆的力，定义式如下：

$$\mathbf{f}_i=(\boldsymbol{\psi}_i\boldsymbol{\psi}_i^{\text{C}})\begin{pmatrix}\boldsymbol{\tau}_i\\ \boldsymbol{\lambda}_i\end{pmatrix} \tag{3.66}$$

式中，$\boldsymbol{\tau}_i$ 是沿其自由度方向受到的 $n_i\times1$ 的作用力向量；$\boldsymbol{\lambda}_i$ 是 $(6-n_i)\times1$ 的约束力向量；$\boldsymbol{\psi}_i$ 和 $\boldsymbol{\psi}_i^{\text{C}}$ 可通过下式计算：

$$(\boldsymbol{\psi}_i\boldsymbol{\psi}_i^{\text{C}})=(\boldsymbol{\Phi}_i\boldsymbol{\Phi}_i^{\text{C}})^{-\text{T}} \tag{3.67}$$

对于大多数常见的关节类型，可通过合理选择 $\boldsymbol{\Phi}_i$ 和 $\boldsymbol{\Phi}_i^{\text{C}}$，使矩阵（$\boldsymbol{\Phi}_i\boldsymbol{\Phi}_i^{\text{C}}$）变成正交阵，从而使（$\boldsymbol{\psi}_i\boldsymbol{\psi}_i^{\text{C}}$）在数值上与（$\boldsymbol{\Phi}_i\boldsymbol{\Phi}_i^{\text{C}}$）相等。注意，式（3.67）含有如下关系：

$(\boldsymbol{\psi}_i)^{\text{T}}\boldsymbol{\Phi}_i=\mathbf{1}_{n_i\times n_i}$，$(\boldsymbol{\psi}_i)^{\text{T}}\boldsymbol{\Phi}_i^{\text{C}}=\mathbf{0}_{n_i\times(6-n_i)}$，$(\boldsymbol{\psi}_i^{\text{C}})^{\text{T}}\boldsymbol{\Phi}_i=\mathbf{0}_{(6-n_i)\times n_i}$，$(\boldsymbol{\psi}_i^{c})^{\text{T}}\boldsymbol{\Phi}_i^{\text{C}}=\mathbf{1}_{(6-n_i)\times(6-n_i)}$。当将其应用于式（3.66）时，可得如下结果：

$$\boldsymbol{\tau}_i=\boldsymbol{\Phi}_i^{\mathrm{T}}\mathbf{f}_i \tag{3.68}$$

式（3.65）中 $\dot{\boldsymbol{\Phi}}_i$ 的值取决于关节类型，其一般公式为

$$\dot{\boldsymbol{\Phi}}_i=\mathring{\boldsymbol{\Phi}}_i+\mathbf{v}_i\times\boldsymbol{\Phi}_i \tag{3.69}$$

式中，$\mathbf{v}_i$ 是连杆 i 的速度；$\mathring{\boldsymbol{\Phi}}_i$ 是 $\boldsymbol{\Phi}_i$ 的观测导数，即观察者随连杆 i 同步运动时，观察得到的速度，$\mathring{\boldsymbol{\Phi}}_i$ 定义如下：

$$\mathring{\boldsymbol{\Phi}}_i=\frac{\partial\boldsymbol{\Phi}_i}{\partial\boldsymbol{q}_i}\dot{\boldsymbol{q}}_i \tag{3.70}$$

对于大多数的关节类型，$\mathring{\boldsymbol{\Phi}}_i=\mathbf{0}$。

对单自由度关节($n_i=1$)，使用 D-H 参数法时十分简单，选定 $\hat{z}_i$ 轴为移动或旋转轴的方向。在这种情况下，移动关节为 $\boldsymbol{\Phi}_i=(0\quad 0\quad 0\quad 0\quad 0\quad 1)^{\mathrm{T}}$，旋转关节为 ${}^{i}\boldsymbol{\Phi}_i=(0\quad 0\quad 1\quad 0\quad 0\quad 0)^{\mathrm{T}}$，同样，$\mathring{\boldsymbol{\Phi}}_i=\mathbf{0}$。

对于移动机器人浮基的虚拟六自由度关节而言，$\boldsymbol{\Phi}_i=\mathbf{1}$（6×6 的单位阵），且 $\mathring{\boldsymbol{\Phi}}_i=\mathbf{0}$。

其他类型的旋转关节、浮基关节、虎克铰($n_i=2$)以及球关节($n_i=3$)将在下一节中举例说明。更多关节运动学的问题，详见 2.3 节。

3.4.5 示例

为说明连杆及关节模型的规则约定，将仿人机器人的坐标系分别放在前五个连杆（构件）和基座上，如图 3.5 所示。注意，每个关节的坐标系 Ji 固连在连杆 $p(i)=i-1$ 上。对于本例，坐标系 $J1$ 的原点与坐标系 0 的原点重合，坐标系 $J2$、$J3$、$J4$、$J5$ 的原点分别与坐标系 2、3、4、5 的原点相重合。

注意，$J1$ 可以设置为基座 B0 的任意位置/姿态，以便更容易表示浮基 B1 相对于基座的运动。此外，$J2$ 的原点也可以设置成沿 $\hat{z}_2$ 轴的任意位置。

表 3.4 列出了本例中每个关节的自由度数、基坐标系的位置和角度。旋转矩阵 ${}^{Ji}\boldsymbol{R}_{p(i)}$ 将 p_i 坐标系下的三维向量变换到 Ji 坐标系下，位置矩阵 ${}^{p(i)}\boldsymbol{p}_{Ji}$ 为 p_i 坐标系下原点 O_{Ji} 相对于 $O_{p(i)}$ 的位置矢量。空间变换矩阵 $\boldsymbol{X}_L(i)={}^{Ji}\boldsymbol{X}_{p(i)}$ 可通过表 3.1 中三维量关于 ${}^{B}\boldsymbol{X}_A$ 的变换构成。仿人机器人具有浮基、躯干、躯干和骨盆间的旋转关节（关于 $\hat{z}_2$ 轴）、髋部的球关节、膝部的旋转关节，以及脚踝处的虎克铰。如图 3.5 所示，仿人机器人的腿部微弯，脚向外部倾斜（髋部 $\hat{\boldsymbol{y}}_3$ 方向有大约 90°的旋转）。

表 3.4 仿人机器人中每个关节的自由度数、基坐标系的位置和角度

关节	(n_i)	${}^{Ji}\boldsymbol{R}_{p(i)}$	${}^{p(i)}\boldsymbol{p}_{Ji}$
1	6	$\mathbf{1}_{3\times3}$	$\mathbf{0}_{3\times1}$
2	1	$\mathbf{1}_{3\times3}$	$\begin{pmatrix}0\\0\\-l_1\end{pmatrix}$
3	3	$\begin{pmatrix}1&0&0\\0&0&-1\\0&1&0\end{pmatrix}$	$\begin{pmatrix}0\\-l_2\\0\end{pmatrix}$
4	1	$\mathbf{1}_{3\times3}$	$\begin{pmatrix}0\\2l_3\\0\end{pmatrix}$
5	2	$\begin{pmatrix}0&-1&0\\1&0&0\\0&0&1\end{pmatrix}$	$\begin{pmatrix}0\\2l_4\\0\end{pmatrix}$

注：关节 i 的自由度(n_i)，由坐标系 $p(i)$ 到固定坐标系 Ji 的旋转矩阵 ${}^{Ji}\boldsymbol{R}_{p(i)}$ 及位置矩阵 ${}^{p(i)}\boldsymbol{p}_{Ji}$。注意，$2l_i$ 为连杆 i 沿其长轴的名义长度。

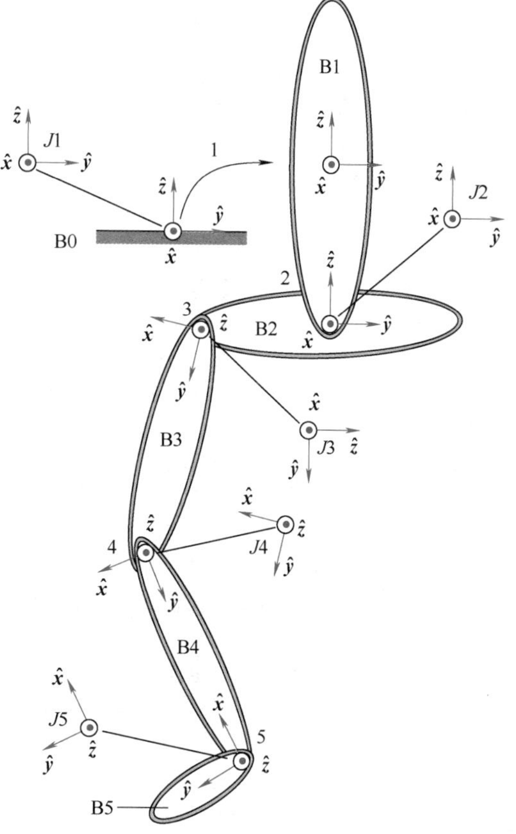

图 3.5 仿人机器人实例中前 5 个构件和关节的坐标系

表2.5和表2.6列出了仿人机器人中所有关节类型的自由度模式、速度变量和位置变量。通过关节变换关系 $\boldsymbol{X}_J(i)={}^i\boldsymbol{X}_{Ji}$，可由表中的${}^J\boldsymbol{R}_i$ 和${}^J\boldsymbol{p}_i$ 推导出${}^i\boldsymbol{R}_{Ji}^T$和${}^{Ji}\boldsymbol{p}_i$ 的表达式。旋转关节绕 $\hat{z}_i$ 轴的旋转遵守D-H参数设置规则（D-H convention）；踝关节首先绕 $\hat{y}_5$ 轴有滚动旋转角 β_5，再绕 $\hat{z}_{J5}$轴有俯仰旋转角 α_5（见表2.1中关于 Z-Y-X 欧拉角的定义），而髋关节模拟成球窝状的球铰。为了避免因采用欧拉角出现奇异，可用四元数 ε_i 表示髋关节的姿态。四元数率 $\dot{\varepsilon}_i$ 与相对转动率 $\omega_{i\mathrm{rel}}$的关系可参考本书2.8节。

浮基的位置和姿态变量分别由躯干${}^0\boldsymbol{p}_1$ 的位置和四元数 ε_1 的值给定。躯干的位置一般通过对连杆的速度积分求得，在基坐标系下表示为${}^0\boldsymbol{v}_1={}^0\boldsymbol{R}_1\boldsymbol{v}_1$。其中，$v_1$ 为动坐标系下躯干的速度。

注意，除了虎克铰，所有的关节有 $\mathring{\boldsymbol{\Phi}}_i=\mathbf{0}$。由于连杆5的坐标轴 $\hat{z}_{J5}$随 β_5 的变化而变化，故$\mathring{\hat{z}}_{J5}\neq 0$。更多关于关节运动学的内容见本书的2.3节。

3.5 运动树

与闭环机构动力学相比，运动树的动力学更简单、更容易计算。实际上，在有关闭环机构的诸多算法中，第一步都要计算生成树的动力学，然后将其置于闭环约束下。

本节将讲述运动树的如下动力学算法：逆动力学的递归牛顿-欧拉算法（RNEA）、正动力学的关节体算法（ABA）、计算关节空间惯性矩阵（JSIM）的复合刚体算法（CRBA），以及用于计算操作空间惯性矩阵（OSIM）的两种算法。前三种动力学算法的应用见参考文献［3.16］。

3.5.1 递归牛顿-欧拉算法

递归牛顿-欧拉算法是基于Luh等人提出的一种非常高效的牛顿-欧拉算法[3.4]，用于计算具有固定基座的运动树的逆动力学，计算复杂度为 $\boldsymbol{O}(n)$。另外，有关浮基的算法可在参考文献[3.8,15]中找到。当给定关节的位置和速度参数时，该算法可计算产生目标加速度所需的外力/力矩大小。

首先，连杆的速度和加速度可通过向外递归计算出来，即从固定基向树的叶链（连杆）方向递归。在递归过程中，采用牛顿-欧拉方程（式3.35）计算出每个连杆上的合力。其次，向内递归则利用每个连杆上的力平衡方程来计算经过每个关节的空间力，以及每个关节力矩/力变量的值。

影响计算效率的关键步骤在于如何把最多的量纳入到连杆局部坐标系中。同样，当机构向上加速运动时，每个连杆的重力影响也应包括在方程中。

计算过程分为以下四步，其中两步都各有两次递归运算。

1）第一步。从基座的已知速度和加速度开始，依次计算每个连杆的速度和加速度，并朝树顶的方向进行（即关联图中的叶节点方向）。

运动树上，每个连杆的速度由递归公式给出：

$$\mathbf{v}_i=\mathbf{v}_{p(i)}+\boldsymbol{\Phi}_i\dot{\boldsymbol{q}}_i\quad(\mathbf{v}_0=\mathbf{0})\tag{3.71}$$

式中，$\mathbf{v}_i$ 是连杆 i 的速度；$\boldsymbol{\Phi}_i$ 是关节 i 的运动矩阵；$\dot{\boldsymbol{q}}_i$ 是关节 i 的关节速度变量。

加速度的等效计算公式可通过对式（3.71）微分得到：

$$\mathbf{a}_i=\mathbf{a}_{p(i)}+\boldsymbol{\Phi}_i\ddot{\boldsymbol{q}}_i+\dot{\boldsymbol{\Phi}}_i\dot{\boldsymbol{q}}_i\quad(\mathbf{a}_0=\mathbf{0})\tag{3.72}$$

式中，$\mathbf{a}_i$ 是连杆 i 的加速度；$\ddot{\boldsymbol{q}}_i$ 是关节加速度变量。

若考虑均匀重力场对机构的影响，可通过将 $\mathbf{a}_0$ 初始化为$-\mathbf{a}_g$，$\mathbf{a}_g$ 为重力加速度矢量。在这种情况下，$\mathbf{a}_i$ 不是连杆 i 的真实加速度，而是真实加速度与$-\mathbf{a}_g$ 的和。

2）第二步，计算每个连杆的运动方程。这一步计算力时需要用到上一步计算得到的加速度。连杆 i 的运动方程如下：

$$\mathbf{f}_i^a=\boldsymbol{I}_i\mathbf{a}_i+\mathbf{v}_i\times\boldsymbol{I}_i\mathbf{v}_i\tag{3.73}$$

式中，$\boldsymbol{I}_i$ 是连杆 i 的空间惯量；$\mathbf{f}_i^a$ 是作用在连杆 i 上的力。

3）第三步，计算作用在每个关节处的空间力。参照图3.6，作用在连杆 i 上的力为

$$\mathbf{f}_i^a=\mathbf{f}_i^e+\mathbf{f}_i-\sum_{j\in c(i)}\mathbf{f}_j$$

式中，$\mathbf{f}_i$ 是通过关节 i 的力；$\mathbf{f}_i^e$ 是作用在连杆 i 上的所有外力之和；$c(i)$是连杆 i 的子集。重新整理方程，可得到计算关节力的递归公式：

$$\mathbf{f}_i=\mathbf{f}_i^a-\mathbf{f}_i^e+\sum_{j\in c(i)}\mathbf{f}_j\tag{3.74}$$

式中，i 是从 N_B 到1反向迭代。

$\mathbf{f}_i^e$ 可能包括弹簧、阻尼器、力场、与环境接触等产生的力，但其值假设为已知，或者至少可通过已知量计算出来。如果重力未通过虚拟基的加速度模拟，则连杆 i 的重力项必须纳入 $\mathbf{f}_i^e$ 中。

4）第四步，计算关节力变量 $\boldsymbol{\tau}_i$。通过定义得

$$\boldsymbol{\tau}_i=\boldsymbol{\Phi}_i^{\mathrm{T}}\mathbf{f}_i\tag{3.75}$$

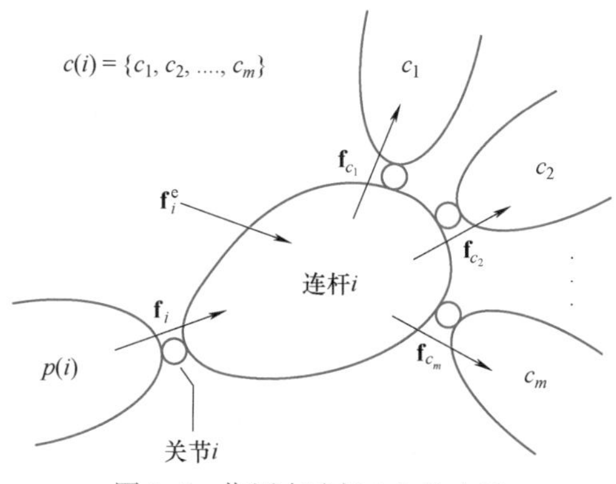

图 3.6　作用在连杆 i 上的力系

1. 无坐标（Coordinate-Free）算法

算法 3.1 表示的是式（3.71）~式（3.75）所包括的算法，它是牛顿-欧拉算法（RNEA）的无坐标形式。这是该算法的最简单形式，适用于数学分析及相关用途，但不适合用于数值计算，因为数值形式的算法必须采用坐标向量。

算法 3.1　用于逆动力学的无坐标递归牛顿-欧拉算法

```
v_0 = 0
a_0 = -a_g
for i = 1 to N_B do
  v_i = v_p(i) + Φ_i q̇_i
  a_i = a_p(i) + Φ_i q̈_i + Φ̇_i q̇_i
  f_i = I_i a_i + v_i ×* I_i v_i − f_i^e
end for
for i = N_B to 1 do
  τ_i = Φ_i^T f_i
  if p(i) ≠ 0 then
    f_p(i) = f_p(i) + f_i
  end if
end for
```

2. 连杆坐标算法

一般情况下，如果给每个连杆定义一个坐标系，那么在这些坐标系中便可以实现上述算法，且对于连杆 i 的计算就在与连杆 i 相关联的坐标系中实现。另一种方案是在绝对坐标系中实现算法，在这种情况下，所有的计算都在单一坐标系（通常为基座）中完成。在实际应用中，采用连杆坐标系实现牛顿-欧拉算法（RNEA）效率更高，这点也适用于多数其他动力学算法。

为将 RNEA 转换为连杆坐标，首先要检查方程中哪些量来自一个以上的连杆。式（3.71）和式（3.75）中的每个变量都只属于连杆 i，故不用修正。这样的方程称为连杆 i 的局部方程。其余方程中的量均来自一个以上的连杆，因此需要引入坐标变换矩阵。对式（3.71）、式（3.72）和式（3.71）修正后的形式为

$$\mathbf{v}_i = {}^i\boldsymbol{X}_{p(i)}\,\mathbf{v}_{p(i)} + \boldsymbol{\Phi}_i\,\dot{\boldsymbol{q}}_i \tag{3.76}$$

$$\mathbf{a}_i = {}^i\boldsymbol{X}_{p(i)}\,\mathbf{a}_{p(i)} + \boldsymbol{\Phi}_i\ddot{\boldsymbol{q}}_i + \dot{\boldsymbol{\Phi}}_i\,\dot{\boldsymbol{q}}_i \tag{3.77}$$

及

$$\mathbf{f}_i = \mathbf{f}_i^{a} - {}^i\boldsymbol{X}_0^{F}\,{}^0\mathbf{f}_i^{e} + \sum_{j\in c(i)} {}^i\boldsymbol{X}_j^F\,\mathbf{f}_j \tag{3.78}$$

式（3.78）假设外力都作用在绝对坐标系（即连杆 0）上。

完整的算法见算法 3.2。函数 jtype 返回关节 i 的类型代码；函数 xjcala 用于计算指定类型关节的关节变换矩阵；函数 pcalc 和 pdcalc 分别计算 $\boldsymbol{\Phi}_i$ 和 $\mathring{\boldsymbol{\Phi}}_i$。这些函数应用的各种关节类型公式见表 2.5 和表 2.6。注意，计算过程中所用到的旋转矩阵是上述表中相关量的转置。一般情况下，pcalc 和 pdcalc 都是需要的，但对于大多数常见的关节类型，$\boldsymbol{\Phi}_i$ 在连杆坐标系中为已知常数，因而为零。如果事先知道所有关节都具有这一属性，则相关算法可以大大简化。在连杆坐标系中，$\boldsymbol{I}_i$ 和 $\boldsymbol{X}_L(i)$ 均为已知常数，也是用于描述机器人机构的数据结构中的一部分。

算法 3.2　空间向量递归牛顿-欧拉算法

```
inputs: q, q̇, q̈, model, ⁰f_i^e
output: τ
model data: N_B, jtype(i), p(i), X_L(i), I_i

v_0 = 0
a_0 = -a_g
for i = 1 to N_B do
  X_J(i) = xjcalc(jtype(i), q_i)
  ^iX_p(i) = X_J(i) X_L(i)
  if p(i) ≠ 0 then
    ^iX_0 = ^iX_p(i) ^p(i)X_0
  end if
  Φ_i = pcalc(jtype(i), q_i)
  Φ̊_i = pdcalc(jtype(i), q_i, q̇_i)
  v_i = ^iX_p(i) v_p(i) + Φ_i q̇_i
  ζ_i = Φ̊_i q̇_i + v_i × Φ_i q̇_i
  a_i = ^iX_p(i) a_p(i) + Φ_i q̈_i + ζ_i
  f_i = I_i a_i + v_i ×* I_i v_i − ^iX_0^{−T} ⁰f_i^e
end for
for i = N_B to 1 do
  τ_i = Φ_i^T f_i
if p(i) ≠ 0 then
  f_p(i) = f_p(i) + ^iX_p(i)^T f_i
end if
end for
```

3

在第一次循环中，最后一项任务是将每个 $\mathbf{f}_i$ 初始化为 $\mathbf{f}_i^a - {}^i\boldsymbol{X}_0^{F0}\mathbf{f}_i^e$（采用恒等式 ${}^i\boldsymbol{X}_0^F = {}^i\boldsymbol{X}_0^{-\mathrm{T}}$），式（3.78）右侧的求和在第二次循环中完成。此算法包括计算 ${}^i\boldsymbol{X}_0$ 的代码，它用于将外力变换到连杆坐标系上：如果没有外力，此代码可以省略；如果只有一个外力，如作用于机器人手臂末端执行器上的一个外力，则此代码可由另外的代码来替代，替代代码采用 ${}^i\boldsymbol{X}_{p(i)}$，将外力向量依次从一个连杆坐标系变换到下一个连杆坐标系上。

3

注意，尽管"连杆坐标系"一词表明该坐标系是运动的，但实际上算法中的坐标系仍然是静止的，它只是刚好在当前时刻与动坐标系相重合。

3. 三维向量递归牛顿-欧拉算法（RNEA）

RNEA 的原始版本完全采用了三维向量开发和表示[3.2,4]，算法 3.3 是该算法的一个特例，其中所有的关节均假设为旋转关节，且关节轴也假设为与连杆坐标系的 z 轴重合（如果没有这些假设，方程会很长），外力假定为0。

算法 3.3 三维向量递归牛顿-欧拉算法（仅对旋转关节）

inputs: $\mathbf{q}, \dot{\mathbf{q}}, \ddot{\mathbf{q}}$, *model*
output: $\boldsymbol{\tau}$
model data : $N_B, p(i), \boldsymbol{R}_L(i), {}^{p(i)}\boldsymbol{p}_i, m_i, \boldsymbol{c}_i, \bar{\boldsymbol{I}}_i^{\mathrm{cm}}$

$\boldsymbol{\omega}_0 = \mathbf{0}$
$\dot{\boldsymbol{\omega}}_0 = \mathbf{0}$
$\dot{\boldsymbol{v}}_0' = -\dot{\boldsymbol{v}}_{\mathrm{g}}'$
for $i = 1$ **to** N_B **do**
  ${}^i\boldsymbol{R}_{p(i)} = \mathrm{rotz}(\boldsymbol{q}_i)\boldsymbol{R}_L(i)$
  $\boldsymbol{\omega}_i = {}^i\boldsymbol{R}_{p(i)}\boldsymbol{\omega}_{p(i)} + \hat{z}_i\dot{q}_i$
  $\dot{\boldsymbol{\omega}}_i = {}^i\boldsymbol{R}_{p(i)}\dot{\boldsymbol{\omega}}_{p(i)} + \left({}^i\boldsymbol{R}_{p(i)}\boldsymbol{\omega}_{p(i)}\right)\times\hat{z}_i\dot{q}_i + \hat{z}_i\ddot{q}_i$
  $\dot{\boldsymbol{v}}_i' = {}^i\boldsymbol{R}_{p(i)}\left(\dot{\boldsymbol{v}}_{p(i)}' + \dot{\boldsymbol{\omega}}_{p(i)}\times{}^{p(i)}\boldsymbol{p}_i + \boldsymbol{\omega}_{p(i)}\times\boldsymbol{\omega}_{p(i)}\times{}^{p(i)}\boldsymbol{p}_i\right)$
  $\boldsymbol{f}_i = m_i(\dot{\boldsymbol{v}}_i' + \dot{\boldsymbol{\omega}}_i\times\boldsymbol{c}_i + \boldsymbol{\omega}_i\times\boldsymbol{\omega}_i\times\boldsymbol{c}_i)$
  $\boldsymbol{n}_i = \bar{\boldsymbol{I}}_i^{\mathrm{cm}}\dot{\boldsymbol{\omega}}_i + \boldsymbol{\omega}_i\times\bar{\boldsymbol{I}}_i^{\mathrm{cm}}\boldsymbol{\omega}_i + \boldsymbol{c}_i\times\boldsymbol{f}_i$
end for
for $i = N_B$ **to** 1 **do**
  $\tau_i = \hat{z}_i^{\mathrm{T}}\boldsymbol{n}_i$
  if $p(i) \neq 0$ **then**
    $\boldsymbol{f}_{p(i)} = \boldsymbol{f}_{p(i)} + {}^i\boldsymbol{R}_{p(i)}^{\mathrm{T}}\boldsymbol{f}_i$
    $\boldsymbol{n}_{p(i)} = \boldsymbol{n}_{p(i)} + {}^i\boldsymbol{R}_{p(i)}^{\mathrm{T}}\boldsymbol{n}_i + {}^{p(i)}\boldsymbol{p}_i\times{}^i\boldsymbol{R}_{p(i)}^{\mathrm{T}}\boldsymbol{f}_i$
  end if
end for

在该算法中，$\dot{\boldsymbol{v}}_g'$ 是由于重力引起的线加速度，在基坐标系（连杆0）下表示；Rotz 计算式（2.2）中矩阵的转置；$\boldsymbol{R}_L(i)$ 是 $\boldsymbol{X}_L(i)$ 的旋转分量；${}^i\boldsymbol{R}_{p(i)}$ 是 ${}^i\boldsymbol{X}_{p(i)}$ 的旋转分量；pcalc 和 pdcalc 在这里没有用到，因为 $\boldsymbol{\Phi}_i$ 是已知常量 $(\hat{z}^{\mathrm{T}}\quad\mathbf{0}^{\mathrm{T}})^{\mathrm{T}}$；$\dot{\boldsymbol{v}}'$ 是连杆 i 上的坐标系原点（O_i）的线加速度，且为连杆 i 经典加速度（classical acceleration）的线性分量；${}^{p(i)}\boldsymbol{p}_i$ 是用 $p(i)$ 坐标系表示的 O_i 相对于 $O_{p(i)}$ 的位置；m_i、c_i 及 $\bar{\boldsymbol{I}}_i^{\mathrm{cm}}$ 是连杆 i 的惯性参数（见表 3.1 中三维量与空间量变换的相关方程）。

乍看起来，三维向量算法明显不同于空间向量算法，但两者可以通过简单直接的方法进行转换。具体实现方法：首先将空间向量扩展为三维向量，且限定关节类型为旋转关节，再将空间加速度转换为经典加速度（即将每个 $\dot{\boldsymbol{v}}_i$ 用 $\dot{\boldsymbol{v}}_i' - \boldsymbol{\omega}_i\times\boldsymbol{v}_i$ 代替），最后将某些三维向量恒等式代入算法 3.3 的方程中。在空间加速度变换为经典加速度的过程中有一个有趣的现象：$\boldsymbol{v}_i$ 在运动方程中被抵消，因而不需要计算。因此，三维算法相比空间算法还有一些速度优势。

3.5.2 关节体算法

关节体算法（The Articulated-Body Algorithm，ABA）是一种计算复杂度为 $\boldsymbol{O}(N_B)$ 的算法，主要用于计算运动树的正动力学问题。在正常情况下，$\boldsymbol{O}(N_B)=\boldsymbol{O}(n)$，因此将其归于复杂度为 $\boldsymbol{O}(n)$ 算法中。关节体算法最初由 Featherstone[3.1] 提出，作为约束传播算法的一个示例。在给定关节位置、速度和作用力/力矩变量时，这种算法就可以计算出关节加速度。一旦关节加速度得以确定，就可以用数值积分进行机构运动的模拟。

关节体的定义如图 3.7 所示。在连杆 i 处的根子树与运动树的其他部分仅通过经由关节 i 的力 $\mathbf{f}_i$ 产生作用，因此如果在该点将树切断，则只需考虑作用在连杆 i 上的未知力 $\mathbf{f}_i$ 对根子树运动的影响。连杆 i 的加速度与作用力有如下关系：

$$\mathbf{f}_i = \boldsymbol{I}_i^A\mathbf{a}_i + \mathbf{p}_i^A \tag{3.79}$$

式中，$\boldsymbol{I}_i^A$ 是子树（现在可以称为关节体）中连杆 i 的关节体惯量；$\mathbf{p}_i^A$ 是辅助偏置力（bias force），即让连杆 i 产生加速度为零时的力。注意，在关节体中，$\mathbf{p}_i^A$ 与单个构件的速度有关。方程式（3.79）全面考虑了子树的动力学问题，因此当已知 $\mathbf{f}_i$ 的值，代入上式即可得到连杆 i 的加速度。

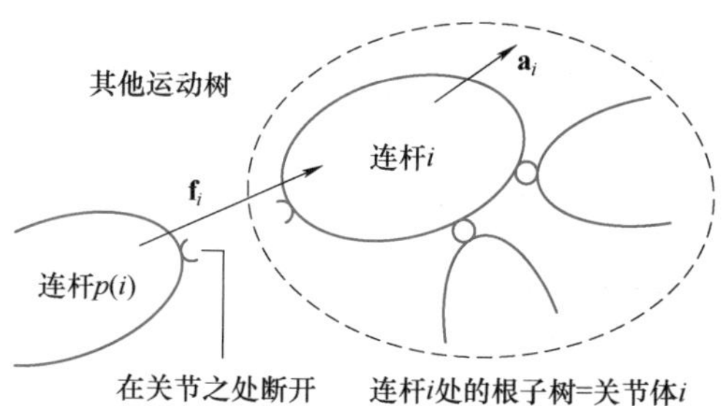

图 3.7 关节体 i 的定义

可以看出，通过 $\boldsymbol{I}_i^A$ 和 $\mathbf{p}_i^A$ 可以计算出 $\ddot{\boldsymbol{q}}_i$，进而计算出 $\mathbf{a}_{p(i)}$，以及其他关节的加速度。结合式（3.79）、式（3.75）和式（3.72）可以得到

$$\boldsymbol{\tau}_i=\boldsymbol{\Phi}_i^{\mathrm{T}}\mathbf{f}_i=\boldsymbol{\Phi}_i^{\mathrm{T}}(\boldsymbol{I}_i^A(\mathbf{a}_{p(i)}+\boldsymbol{\Phi}_i\ddot{\boldsymbol{q}}_i+\dot{\boldsymbol{\Phi}}_i\dot{\boldsymbol{q}}_i)+\mathbf{p}_i^A)$$

对 $\boldsymbol{q}_i$ 可由下式求解：

$$\ddot{\boldsymbol{q}}_i=\boldsymbol{D}_i(\boldsymbol{u}_i-\boldsymbol{U}_i^{\mathrm{T}}\mathbf{a}_{p(i)}) \qquad (3.80)$$

式中，$\boldsymbol{U}_i=\boldsymbol{I}_i^A\boldsymbol{\Phi}_i$；$\boldsymbol{D}_i=(\boldsymbol{\Phi}_i^{\mathrm{T}}\boldsymbol{U}_i)^{-1}=(\boldsymbol{\Phi}_i^{\mathrm{T}}\boldsymbol{I}_i^A\boldsymbol{\Phi}_i)^{-1}$；$\boldsymbol{u}_i=\boldsymbol{\tau}_i-\boldsymbol{U}_i^{\mathrm{T}}\zeta_i-\boldsymbol{\Phi}_i^{\mathrm{T}}\mathbf{p}_i^A$；且 $\zeta_i=\dot{\boldsymbol{\Phi}}_i\dot{\boldsymbol{q}}_i=\mathring{\boldsymbol{\Phi}}_i\dot{\boldsymbol{q}}_i+\mathbf{v}_i\times\boldsymbol{\Phi}_i\dot{\boldsymbol{q}}_i$。

这样 $\mathbf{a}_i$ 就可通过式（3.72）计算得出。

关节体惯量和偏置力都可通过递归公式计算得到，即

$$\boldsymbol{I}_i^A=\boldsymbol{I}_i+\sum_{j\in c(i)}(\boldsymbol{I}_j^A-\boldsymbol{U}_j\boldsymbol{D}_j{}^i\boldsymbol{U}_j^{\mathrm{T}}) \qquad (3.81)$$

和

$$\mathbf{p}_i^A=\mathbf{p}_i+\sum_{j\in c(i)}(\mathbf{P}_j^A+\boldsymbol{I}_j^A\zeta_j+\boldsymbol{U}_j\boldsymbol{D}_j\boldsymbol{u}_j) \qquad (3.82)$$

式中，$\mathbf{p}_i=\mathbf{v}_i\times\boldsymbol{I}_i\mathbf{v}_i-\mathbf{f}_i^e$。

利用图 3.7 中 $\mathbf{f}_i$ 和 $\mathbf{a}_i$ 的关系，并在假设 $\boldsymbol{I}_j^A$ 和 $\mathbf{P}_j^A$ 对每个 $j\in c(i)$ 为已知的情况下，就可以推导出上述这些公式。详细推导过程见参考文献[3.1,8,15,25]。

完整的算法见算法 3.4。算法中的每项均使用连杆坐标系表示，并按照算法 3.2 中的牛顿-欧拉算法（RNEA）对运动树进行三次迭代。第一次从基座（底部）向末端（顶部）迭代，利用式（3.76）计算连杆速度和速度乘积项 $\zeta_i=\dot{\boldsymbol{\Phi}}_i\dot{\boldsymbol{q}}_i$，并将变量 $\boldsymbol{I}_j^A$ 和 $\mathbf{P}_j^A$ 分别初始化为 $\boldsymbol{I}_i$ 和 $\mathbf{p}_i(\mathbf{p}_i=\mathbf{v}_i\times\boldsymbol{I}_i\mathbf{v}_i-{}^i\boldsymbol{X}_0^{F\,0}\mathbf{f}_i^e)$。第二次从顶部向底部迭代，利用式（3.81）和式（3.82）计算关节体惯量和每个连杆的偏置力。第三次再次从底部向顶部迭代，这一次利用式（3.80）和式（3.77）计算连杆和关节的加速度。

算法 3.4 正运动学的关节体算法

```
inputs: q, q̇, τ, model, ⁰fᵢᵉ
output: q̈
model data: N_B, jtype(i), p(i), X_L(i), I_i

v_0 = 0
a_0 = -a_g
for i = 1 to N_B do
  X_J(i) = xjcalc(jtype(i), q_i)
  ⁱX_p(i) = X_J(i) X_L(i)
  if p(i) ≠ 0 then
    ⁱX_0 = ⁱX_p(i) ^p(i)X_0
  end if
  Φ_i = pcalc(jtype(i), q_i)
  Φ°_i = pdcalc(jtype(i), q_i, q̇_i)
  v_i = ⁱX_p(i) v_p(i) + Φ_i q̇_i
  ζ_i = Φ°_i q̇_i + v_i × Φ_i q̇_i
  I_i^A = I_i
  p_i^A = v_i × I_i v_i - ⁱX_0^{-T} ⁰f_i^e
end for
for i = N_B to 1 do
  U_i = I_i^A Φ_i
  D_i = (Φ_i^T U_i)^{-1}
  u_i = τ_i - U_i^T ζ_i - Φ_i^T p_i^A
  if p(i) ≠ 0 then
    I_p(i)^A = I_p(i)^A + ⁱX_p(i)^T (I_i^A - U_i D_i U_i^T) ⁱX_p(i)
    p_p(i)^A = p_p(i)^A + ⁱX_p(i)^T (p_i^A + I_i^A ζ_i + U_i D_i u_i)
  end if
end for
for i = 1 to N_B do
  a_i = ⁱX_p(i) a_p(i)
  q̈_i = D_i (u_i - U_i^T a_i)
  a_i = a_i + Φ_i q̈_i + ζ_i
end for
```

3.5.3 复合刚体算法

复合刚体算法（The Composite-Rigid-Body Algorithm，CRBA）是用于计算运动树关节空间惯性矩阵（JSIM）的一种方法。CRBA 最常见的应用是作为正动力学算法的一部分，它最先出现在参考文献［3.5］的方法 3 中。

在关节空间中，正动力学的任务是通过 $\mathbf{q}$、$\dot{\mathbf{q}}$ 和 $\boldsymbol{\tau}$ 计算 $\ddot{\mathbf{q}}$。最常见的做法是利用式（3.37）首先计算 $\boldsymbol{H}$ 和 $\boldsymbol{C}\dot{\mathbf{q}}+\boldsymbol{\tau}_g$，然后对 $\ddot{\mathbf{q}}$ 求解线性方程：

$$\boldsymbol{H}\ddot{\mathbf{q}}=\boldsymbol{\tau}-(\boldsymbol{C}\dot{\mathbf{q}}+\boldsymbol{\tau}_g) \qquad (3.83)$$

如果机构为运动树，则 $\boldsymbol{H}$ 和 $\boldsymbol{C}\dot{\mathbf{q}}+\boldsymbol{\tau}_g$ 的计算复杂度分别为 $\boldsymbol{O}(n^2)$ 和 $\boldsymbol{O}(n^3)$，且式（3.83）可在 $\boldsymbol{O}(n^3)$ 的复杂度下求解，因而把采用这种方法的算

3

法统称为$\boldsymbol{O}(n^3)$算法。然而，$\boldsymbol{O}(n^3)$的具体值应考虑最坏情况下的计算复杂度，这是因为实际复杂度取决于树中的分支数[3.26]。此外，即使是在最坏的情况下，n^3 的系数也很小，直到 n 接近 60 时 n^3 项才会起主导作用。

$\boldsymbol{C}\dot{\mathbf{q}}+\boldsymbol{\tau}_g$ 可通过逆动力学算法计算得到，如果 $ID(\mathbf{q},\dot{\mathbf{q}},\ddot{\mathbf{q}})$是根据 $\mathbf{q}$、$\dot{\mathbf{q}}$、$\ddot{\mathbf{q}}$ 计算出来的结果，则

$$ID(\mathbf{q},\dot{\mathbf{q}},\ddot{\mathbf{q}})=\boldsymbol{\tau}=\boldsymbol{H}\ddot{\mathbf{q}}+\boldsymbol{C}\dot{\mathbf{q}}+\boldsymbol{\tau}_g$$

故有

$$\boldsymbol{C}\dot{\mathbf{q}}+\boldsymbol{\tau}_g=ID(\mathbf{q},\dot{\mathbf{q}},\mathbf{0}) \tag{3.84}$$

因此，对于运动树而言，$\boldsymbol{C}\dot{\mathbf{q}}+\boldsymbol{\tau}_g$ 的值可用 $\ddot{\mathbf{q}}=\mathbf{0}$ 时的 RNEA 计算得到。

复合刚体算法（CRBA）的一个重要前提是 JSIM 只取决于关节的位置，而不是速度，这是因为 CRBA 假设每个关节的速度为零。如果也假设重力为零，则可从式（3.83）中消除 $\boldsymbol{C}\dot{\mathbf{q}}+\boldsymbol{\tau}_g$。此外，对于旋转关节，在第 j 个关节上作用一个单位加速度，使之产生 JSIM 的第 j 列元素，这样得以将机构分为两个复合刚体，彼此通过第 j 个关节相连，此方法能大大简化动力学问题。利用这种思想，可以将 CRBA 推广应用到运动树结构的任意关节类型中。

可以证明，对于运动树，JSIM 的一般形式为

$$\boldsymbol{H}_{ij}=\begin{cases}\boldsymbol{\Phi}_i^{\mathrm{T}}\boldsymbol{I}_i^{\mathrm{C}}\boldsymbol{\Phi}_j & \text{如果 } i\in c^*(j)\\ \boldsymbol{\Phi}_i^{\mathrm{T}}\boldsymbol{I}_j^{\mathrm{C}}\boldsymbol{\Phi}_j & \text{如果 } j\in c^*(i)\\ \mathbf{0} & \text{其他}\end{cases} \tag{3.85}$$

式中，$c^*(i)$是连杆 i 处的根子树上所有连杆的集合（包括 i 本身），且

$$\boldsymbol{I}_i^{\mathrm{C}}=\sum_{j\in c^*(i)}\boldsymbol{I}_j \tag{3.86}$$

见参考文献［3.8，15］。事实上，复合刚体惯量 $\boldsymbol{I}_i^{\mathrm{C}}$ 是由 $c^*(i)$上的所有连杆刚性装配而成，该算法由此得名。

算法 3.5　复合刚体算法计算 JSIM

```
inputs: model , RNEA partial results
output: H
model data : N_B, p(i), I_i
RNEA data : Φ_i, ^iX_p(i)

H = 0
for i = 1 to N_B do
  I_i^C = I_i
end for
for i = N_B to 1 do
  F = I_i^C Φ_i
  H_ii = Φ_i^T F
  if p(i) ≠ 0 then
    I_p(i)^C = I_p(i)^C + ^iX_p(i)^T I_i^C ^iX_p(i)
  end if
  j = i
  while p(j) ≠ 0 do
    F = ^jX_p(j)^T F
    j = p(j)
    H_ij = F^T Φ_j
    H_ji = H_ij^T
  end while
end for
```

式（3.85）和式（3.86）是算法 3.5 的基础，它是在连杆坐标系下的复合刚体算法。该算法假设矩阵${}^i\boldsymbol{X}_{p(i)}$和 $\boldsymbol{\Phi}_i$ 已经计算出来（如在计算 $\boldsymbol{C}\dot{\mathbf{q}}+\boldsymbol{\tau}_g$ 的过程中），如果不是这种情况，则在第一个循环里插入算法 3.2 中的相应行；矩阵 $\boldsymbol{F}$ 为一局部变量；如果树上没有分支，$\boldsymbol{H}=\mathbf{0}$，第一步可以省略。

计算出 $\boldsymbol{C}\dot{\mathbf{q}}+\boldsymbol{\tau}_g$ 和 $\boldsymbol{H}$ 后，最后一步是利用式（3.83）求解 $\ddot{\mathbf{q}}$，具体可采用标准 Cholesky 或 $\mathrm{LDL}^{\mathrm{T}}$ 分解来完成。注意，$\boldsymbol{H}$ 可能具有高病态特征[3.27]，这反映了运动树本身的潜在病态，故推荐在正动力学计算过程中，对每一步采用双精度算法（该建议也适用于 ABA）。

式（3.85）表明，如果运动树有分支，则 $\boldsymbol{H}$ 的一些元素会自动为零，如图 3.8 所示。可以看出，接近一半的元素都为零，因此这种稀疏性可以利用参考文献［3.26］中所给算法进行分解。根据运动树分支数的数量，稀疏算法有时会比标准算法快许多倍。

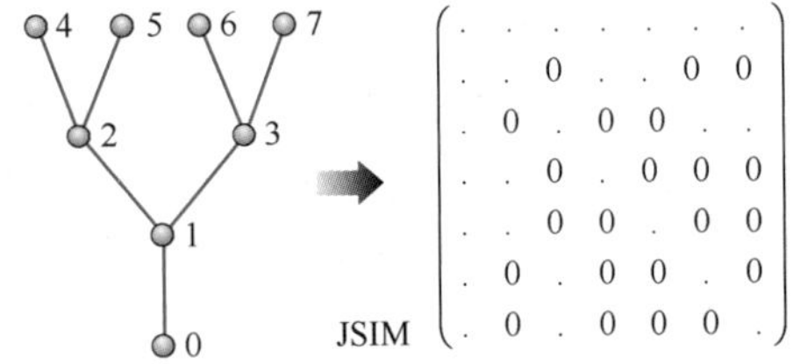

图 3.8　分支引起的稀疏性：运动树上的分支致使 JSIM 的某些元素为 0

3.5.4　操作空间惯性矩阵

计算操作空间惯性矩阵（OSIM）有两种方法：第一种是$\boldsymbol{O}(n^3)$算法，基于 OSIM 的基本定义，并结合 JSIM 进行有效分解；第二种是$\boldsymbol{O}(n)$算法，它是基于正动力学问题的有效解。

1. 基于基本定义的算法

如果机器人具有相对较少的自由度（如 6 个自由度），则计算 OSIM 的最有效方法是通过式

（3.52）来实现，其过程如下：

1）通过 CRBA 计算 $\boldsymbol{H}$。

2）将 $\boldsymbol{H}$ 分解为 $\boldsymbol{H}=\boldsymbol{L}\boldsymbol{L}^{\mathrm{T}}$（Cholesky 分解）。

3）使用回代计算 $\boldsymbol{Y}=\boldsymbol{L}^{-1}\boldsymbol{J}^{\mathrm{T}}$。

4）$\boldsymbol{\Lambda}^{-1}=\boldsymbol{Y}^{\mathrm{T}}\boldsymbol{Y}$。

5）分解 $\boldsymbol{\Lambda}^{-1}$（可选）。

第五步只有当末端执行器具有完整的 6 个自由度时才有意义，且需要用到的是 $\boldsymbol{\Lambda}$ 而不是 $\boldsymbol{\Lambda}^{-1}$。第二步中，对于有分支的运动树，可用 $\boldsymbol{LDL}^{\mathrm{T}}$ 分解代替 $\boldsymbol{LL}^{\mathrm{T}}$ 分解，或者采用参考文献［3.26］中介绍的分解方法。

式（3.38）中的其他项可由式（3.53）和式（3.54）计算得到。特别地，式（3.38）可写成如下形式：

$$\dot{\mathbf{v}}+\boldsymbol{\Lambda}^{-1}(\boldsymbol{x})[\boldsymbol{\mu}(\boldsymbol{x},\mathbf{v})+\boldsymbol{\rho}(\boldsymbol{x})]=\boldsymbol{\Lambda}^{-1}(\boldsymbol{x})\mathbf{f} \tag{3.87}$$

式中，$\boldsymbol{\Lambda}^{-1}(\boldsymbol{\mu}+\boldsymbol{\rho})$ 可通过下述公式计算：

$$\boldsymbol{\Lambda}^{-1}(\boldsymbol{\mu}+\boldsymbol{\rho})=\boldsymbol{J}\boldsymbol{H}^{-1}(\boldsymbol{C}\dot{\mathbf{q}}+\boldsymbol{\tau}_{\mathrm{g}})-\dot{\boldsymbol{J}}\dot{\mathbf{q}} \tag{3.88}$$

式中，项 $\dot{\boldsymbol{J}}\dot{\mathbf{q}}$ 是式（3.50）中末端执行器的速度乘积形式的加速度，可由 RNEA 的式（3.84）计算 $\boldsymbol{C}\dot{\mathbf{q}}+\boldsymbol{\tau}_{\mathrm{g}}$ 时一起得到。特别地，$\dot{\boldsymbol{J}}\dot{\mathbf{q}}=\mathbf{a}_{ee}-\mathbf{a}_0$。其中，$\mathbf{a}_{ee}$ 是计算得到的末端执行器的加速度（在同一个坐标系下用 $\dot{\mathbf{v}}$ 表示），且 $\mathbf{a}_0=-\mathbf{a}_{\mathrm{g}}$。

2. $O(n)$ 算法

当 n 足够大时，采用 $O(n)$ 算法更为有效，具体见参考文献［3.28-30］。这里将介绍一种更简单的算法，它主要基于关节空间正动力学问题（如通过 ABA）求解，是单位力法[3.29]的一种变体，用于计算 OSIM 的逆。

首先式（3.87）中的 $\boldsymbol{\Lambda}^{-1}$ 仅是位置的函数，动力学方程中的其他项不影响它的大小，如当关节速率 $\dot{\mathbf{q}}$、关节力 $\boldsymbol{\tau}$ 及重力均假设为零时，$\boldsymbol{\Lambda}$ 保持不变。在这种条件下，

$$\dot{\mathbf{v}}=\boldsymbol{\Lambda}^{-1}\mathbf{f} \tag{3.89}$$

现在定义一个六维坐标向量 $\hat{\mathbf{e}}_i$，令其值在第 i 个坐标为 1，其余则为零。如果在式（3.89）中令 $\mathbf{f}=\hat{\mathbf{e}}_i$，则 $\dot{\mathbf{v}}$ 将等于 $\boldsymbol{\Lambda}^{-1}$ 的第 i 列。同样，定义函数 $FD(i,j,\mathbf{q},\dot{\mathbf{q}},\mathbf{a}_0,\boldsymbol{\tau},\mathbf{f})$，它用于计算正动力学问题中连杆 i 的真实加速度（即 $\mathbf{a}_i-\mathbf{a}_0$），且以同一坐标（一般是基坐标）$\mathbf{f}$ 表示。自变量 $\mathbf{q}$、$\dot{\mathbf{q}}$ 和 $\boldsymbol{\tau}$ 分别表示关节的位置、速度和力，变量 j 和 $\mathbf{f}$ 是施加在连杆 i 上的力 $\mathbf{f}$，$\mathbf{a}_0$ 是包含重力影响的虚拟基的加速度，其值设为 0 或 $-\mathbf{a}_{\mathrm{g}}$。

通过上述定义，得

$$(\boldsymbol{\Lambda}^{-1})^i=FD(ee,ee,\mathbf{q},\mathbf{0},\mathbf{0},\mathbf{0},\hat{\mathbf{e}}_i) \tag{3.90}$$

及

$$\boldsymbol{\Lambda}^{-1}(\boldsymbol{\mu}+\boldsymbol{\rho})=-FD(ee,ee,\mathbf{q},\dot{\mathbf{q}},-\mathbf{a}_{\mathrm{g}},\boldsymbol{\tau},\mathbf{0}) \tag{3.91}$$

式中，$(\boldsymbol{\Lambda}^{-1})^i$ 指 $\boldsymbol{\Lambda}^{-1}$ 的第 i 列，ee 指末端执行器的构件数量。因此，式（3.87）的系数可利用算法 3.6 计算得到，该算法复杂度为 $O(n)$。

算法 3.6　用于计算操作空间惯性矩阵的逆及其他项的算法

for $j=1$ **to** 6 **do**

　$\dot{\mathbf{v}}^j=FD(ee,ee,\mathbf{q},\mathbf{0},\mathbf{0},\mathbf{0},\hat{\mathbf{e}}_j)$

end for

$\boldsymbol{\Lambda}^{-1}=[\dot{\mathbf{v}}^1\ \dot{\mathbf{v}}^2\ \cdots\ \dot{\mathbf{v}}^6]$

$\boldsymbol{\Lambda}^{-1}(\boldsymbol{\mu}+\boldsymbol{\rho})=-FD(ee,ee,\mathbf{q},\dot{\mathbf{q}},-\mathbf{a}_{\mathrm{g}},\boldsymbol{\tau},\mathbf{0})$

注意，当计算 $\boldsymbol{\Lambda}^{-1}$ 出现如下情形时，计算效率会显著提高：①ABA 算法中 $\mathbf{v}_i$、$\boldsymbol{\zeta}_i$、$\boldsymbol{\tau}_i$ 可设为零（见算法 3.4）；②当 $\boldsymbol{I}_i^A$，以及与 $\boldsymbol{U}_i$ 或 $\boldsymbol{D}_i$ 相关的量只需计算一次，因为它们不随作用力而改变。此外，该算法可应用于多个末端执行器上，它通过改变 FD 函数使之包含多个末端执行器的构件数目列表，并将其放入第 1 个自变量中，最后返回一个包含所有制定构件加速度的复合向量。在算法 3.6 添加一个 for 循环来控制 FD 的第 2 个自变量，并对所有末端执行器的构件进行迭代[3.20]。

然而，对于具有多个末端执行器的分支机构来说，参考文献[3.20,29,31-33]中的算法效率更高，目前能达到的最优复杂度是 $O(n+md+m^2)$。其中，m 是末端执行器的数量，d 是系统运动树的深度[3.33]，但对于仿人机器人，运行最快的算法是采用诱导分支稀疏法[3.32,33]。

3.6　运动环

上节中所有的算法都是基于运动树的，本节将介绍最后一种算法，它可用于求解闭环系统的正动力学问题。该算法引入闭环约束方程，从而对闭环系统生成树的动力学方程进行了补充，并提供三种求解线性系统的方法。它是一种用于计算闭环约束方程的高效算法。

3

与运动树相比，带有封闭运动环的系统具有更复杂的动力学特性，例如：

1）运动树的自由度是固定不变的，而闭环系统的自由度可以变化。

2）运动树中，瞬时自由度总是与有限运动自由度相一致，但它们在闭环系统中可以不同。

3）运动树中的每个力均可确定，但当闭环系统过约束时，其中的一些作用力可能就无法确定。

图3.9所示为反映上述内容的两个病态闭环系统。图3.9a所示的机构没有有限运动自由度，但有两个瞬时自由度；图3.9b所示的机构在$\theta \neq 0$时有一个自由度，但当$\theta = 0$时，两个臂A和B能够独立运动，此时机构具有两个自由度。此外，在这两种运动状态改变的瞬间，机构具有3个瞬时自由度。图中的两个机构都是平面机构，且均为过约束情况，因此关节约束力的面外分量是不确定的。这种不确定性虽然对机构运动无影响，但会使动力学计算变得更加复杂。

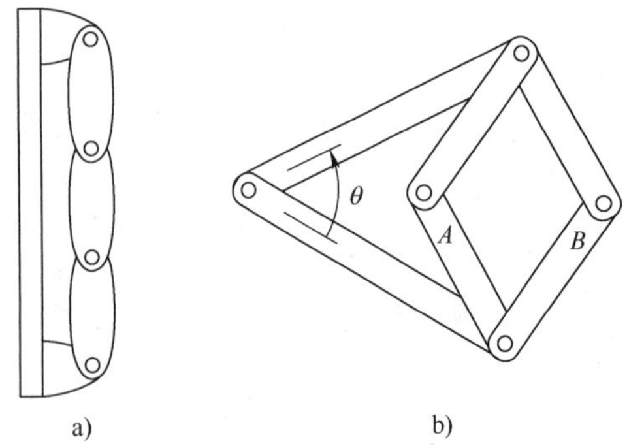

图3.9　两个病态闭环系统

a）具有不同自由度　b）具有有限运动和瞬时运动的自由度

3.6.1　闭环算法公式

一个闭环系统可以看作是受到一组闭环约束力的生成树，如果$\boldsymbol{H}\ddot{\mathbf{q}}+\boldsymbol{C}\dot{\mathbf{q}}+\boldsymbol{\tau}_{\mathrm{g}}=\boldsymbol{\tau}$是生成树自身的运动方程，则闭环系统的运动方程为

$$\boldsymbol{H}\ddot{\mathbf{q}}+\boldsymbol{C}\dot{\mathbf{q}}+\boldsymbol{\tau}_{\mathrm{g}}=\boldsymbol{\tau}+\boldsymbol{\tau}^{\mathrm{a}}+\boldsymbol{\tau}^{\mathrm{c}} \tag{3.92}$$

式中，$\boldsymbol{\tau}^{\mathrm{a}}$和$\boldsymbol{\tau}^{\mathrm{c}}$分别是用生成树广义力坐标表示的闭环主动力和约束力向量。$\boldsymbol{\tau}^{\mathrm{a}}$已知，但$\boldsymbol{\tau}^{\mathrm{c}}$未知，且$\boldsymbol{\tau}^{\mathrm{a}}$一般由作用在闭环关节上的力元件产生，如弹簧、阻尼器或驱动器，如果没有这类元件，则$\boldsymbol{\tau}^{\mathrm{a}}=\mathbf{0}$。

闭环约束限制了生成树的运动，在加速度层面，这些约束可以表示为线性方程的形式：

$$\boldsymbol{L}\ddot{\mathbf{q}}=\mathbf{l} \tag{3.93}$$

式中，$\boldsymbol{L}$是$n^{\mathrm{c}}\times n$的矩阵，n^{c}是由闭环关节带来的约束数，其计算公式如下：

$$n^{c}=\sum_{k=N_B+1}^{N_J} n_k^c \tag{3.94}$$

式中，n_k^c是由关节k产生的约束数。如果$\mathrm{rank}(\boldsymbol{L})<n^{\mathrm{c}}$，则闭环约束线性相关，且闭环机构存在过约束。这时，计算该类闭环系统活动度的公式如下：

$$\text{活动度}=n-\mathrm{rank}(\boldsymbol{L}) \tag{3.95}$$

当约束方程表示为式（3.93）的形式后，可以得出以下形式表示的约束力：

$$\boldsymbol{\tau}^{c}=\boldsymbol{L}^{\mathrm{T}}\boldsymbol{\lambda} \tag{3.96}$$

式中，$\boldsymbol{\lambda}=(\boldsymbol{\lambda}_{N_B+1}^{\mathrm{T}}\cdots\boldsymbol{\lambda}_{N_J}^{\mathrm{T}})^{\mathrm{T}}$是$n^{\mathrm{c}}\times 1$的列向量，表示未知约束力（或拉格朗日乘子）。如果系统为过约束机构，则$\boldsymbol{L}^{\mathrm{T}}$为零空间，$\boldsymbol{\lambda}$位于该零空间的分量将无法确定。

在大多数情况下，可以提前确定冗余约束。例如，如果运动环已知是平面的，则平面外的闭环约束为冗余约束。这时，矩阵$\boldsymbol{L}$中的相关行，以及$\mathbf{l}$和$\boldsymbol{\lambda}$的元素可以忽略。注意，$\boldsymbol{\lambda}$中被忽略的元素需要赋值为零。

对于闭环系统，由式（3.92）、式（3.93）和式（3.96）可得如下方程：

$$\begin{pmatrix}\boldsymbol{H} & \boldsymbol{L}^{\mathrm{T}}\\ \boldsymbol{L} & \mathbf{0}\end{pmatrix}\begin{pmatrix}\ddot{\mathbf{q}}\\ -\boldsymbol{\lambda}\end{pmatrix}=\begin{pmatrix}\boldsymbol{\tau}+\boldsymbol{\tau}^{\mathrm{a}}-(\boldsymbol{C}\dot{\mathbf{q}}+\boldsymbol{\tau}_{\mathrm{g}})\\ \mathbf{l}\end{pmatrix} \tag{3.97}$$

该系统矩阵是对称的，但不确定。如果$\boldsymbol{L}$满秩，则系统矩阵为非奇异矩阵；否则它将是奇异的，且$\boldsymbol{\lambda}$中的一个或多个元素将无法确定。

方程式（3.97）可通过下列任意一种方法求解$\boldsymbol{L}$：

1）直接对$\ddot{\mathbf{q}}$和$\boldsymbol{\lambda}$求解。

2）先对$\boldsymbol{\lambda}$求解，再用其结果求$\ddot{\mathbf{q}}$。

3）先利用式（3.93）求解$\ddot{\mathbf{q}}$，并将结果代入式（3.92），以消除未知的约束力，最后求解剩余的未知量。

方法1）最简单，但效率通常最低，适用于系统矩阵非奇异的情况。因系统矩阵为$(n+n^{\mathrm{c}})\times(n+n^{\mathrm{c}})$，故该方法的计算复杂度为$\boldsymbol{O}((n+n^{\mathrm{c}})^3)$。

方法2）适用于$n\gg n^{\mathrm{c}}$的情况，且能在生成树上使用$\boldsymbol{O}(n)$算法[3.6]。由式（3.97）得

$$\boldsymbol{L}\boldsymbol{H}^{-1}\boldsymbol{L}^{\mathrm{T}}\boldsymbol{\lambda}=\mathbf{l}-\boldsymbol{L}\boldsymbol{H}^{-1}[\boldsymbol{\tau}+\boldsymbol{\tau}^{\mathrm{a}}-(\boldsymbol{C}\dot{\mathbf{q}}+\boldsymbol{\tau}_{\mathrm{g}})] \tag{3.98}$$

通过$\boldsymbol{O}(n)$算法，上述方程可在$\boldsymbol{O}(n(n^{\mathrm{c}})^2)$操作中用公式表示，在$\boldsymbol{O}((n^{\mathrm{c}})^3)$中求解。一旦$\boldsymbol{\lambda}$已知，$\boldsymbol{\tau}^{\mathrm{c}}$可通过式（3.96）在$\boldsymbol{O}(nn^{\mathrm{c}})$操作中计算，且通过式（3.92）$\boldsymbol{O}(n)$算法求解，因此总的计算

复杂度为 $\boldsymbol{O}(n(n^c)^2+(n^c)^3)$。如果矩阵 $\boldsymbol{L}$ 欠秩，则 $\boldsymbol{L}\boldsymbol{H}^{-1}\boldsymbol{L}^{\mathrm{T}}$ 将是奇异的，但仍为半正定矩阵。与式（3.97）中系统矩阵不定时的奇异情况相比，方法2）提出的分解方法更容易一些。

方法3）适用于 n 与 n^c 相差很小，或者当 $\boldsymbol{L}$ 可能为欠秩的情况。求解方程式（3.93）需用高斯消元法（或类似程序），其中包含用于分析不定系统的数值秩检验程序。方程解的形式如下：

$$\ddot{\mathbf{q}}=\boldsymbol{K}\boldsymbol{y}+\ddot{\mathbf{q}}_0$$

式中，$\ddot{\mathbf{q}}_0$ 是式（3.93）的任一特解；$\boldsymbol{K}$ 是满足 $\boldsymbol{L}\boldsymbol{K}=\mathbf{0}$ 的 $n\times(n\text{-rank}(\boldsymbol{L}))$ 矩阵；$\boldsymbol{y}$ 是一个含有 $n\text{-rank}(\boldsymbol{L})$ 个未知量的向量（一般情况下，$\boldsymbol{y}$ 是 $\ddot{\mathbf{q}}$ 的一个线性无关的子集）。将上述表达式代入式（3.92），并在两边乘以 $\boldsymbol{K}^{\mathrm{T}}$ 以消去 $\boldsymbol{\tau}^c$，得

$$\boldsymbol{K}^{\mathrm{T}}\boldsymbol{H}\boldsymbol{K}\boldsymbol{y}=\boldsymbol{K}^{\mathrm{T}}(\boldsymbol{\tau}+\boldsymbol{\tau}^a-(\boldsymbol{C}\dot{\mathbf{q}}+\boldsymbol{\tau}_g)-\boldsymbol{H}\ddot{\mathbf{q}}_0) \tag{3.99}$$

这种方法的计算复杂度也为立方关系，但如果 $n\text{-}n^c$ 很小时，该方法效率最高。另外，参考文献［3.34］指出，该方法比方法1）更稳定。

3.6.2 闭环算法

$\boldsymbol{H}$ 和 $\boldsymbol{C}\dot{\mathbf{q}}+\boldsymbol{\tau}_g$ 的计算算法已分别在3.5.3节和3.5.1节中做了介绍，这里只剩下 $\boldsymbol{L}$、$\mathbf{l}$ 和 $\boldsymbol{\tau}^a$ 未知。为简单起见，假设所有闭环关节均为零自由度关节。为不失一般性，可假设通过切断连杆而不是切断关节的方法使闭环变为开环（图3.10），但这样做可能会导致损失部分效率。基于这两点假设，$\boldsymbol{\tau}^a=\mathbf{0}$，因此只需计算 $\boldsymbol{L}$ 和 $\mathbf{l}$。

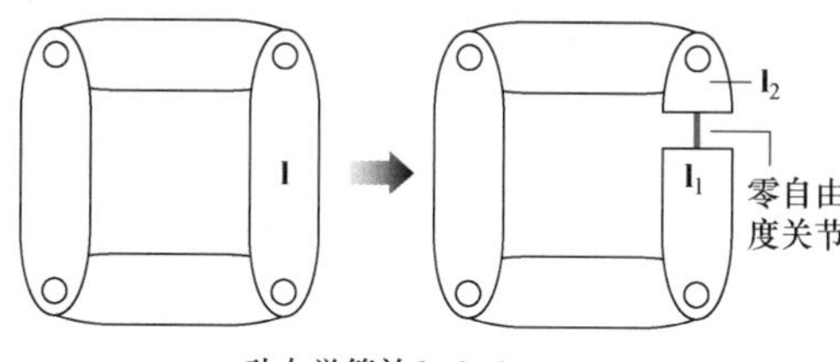

图3.10 在准备将环切开的地方插入一个零自由度关节

1. 环约束

一般情况下，环 k 的速度约束方程为

$$(\boldsymbol{\psi}_k^c)^{\mathrm{T}}(\mathbf{v}_{s(k)}-\mathbf{v}_{p(k)})=\mathbf{0} \tag{3.100}$$

加速度约束为

$$(\boldsymbol{\psi}_k^c)^{\mathrm{T}}(\mathbf{a}_{s(k)}-\mathbf{a}_{p(k)})+(\dot{\boldsymbol{\psi}}_k^c)^{\mathrm{T}}(\mathbf{v}_{s(k)}-\mathbf{v}_{p(k)})=\mathbf{0} \tag{3.101}$$

如果每个闭环关节的自由度均为零，则上述方程简化为

$$\mathbf{v}_{s(k)}-\mathbf{v}_{p(k)}=\mathbf{0} \tag{3.102}$$

$$\mathbf{a}_{s(k)}-\mathbf{a}_{p(k)}=\mathbf{0} \tag{3.103}$$

定义一个闭环雅可比矩阵 $\boldsymbol{J}_k$，它具有以下特性，即

$$\mathbf{v}_{s(k)}-\mathbf{v}_{p(k)}=\boldsymbol{J}_k\dot{\mathbf{q}} \tag{3.104}$$

式中，$\boldsymbol{J}_k$ 为 $6\times n$ 的矩阵，用公式定义为

$$\boldsymbol{J}_k=(e_{1k}\boldsymbol{\Phi}_1\cdots e_{N_Bk}\boldsymbol{\Phi}_{N_B}) \tag{3.105}$$

其中，$e_{ik}=\begin{cases}+1 & \text{如果 } s(k)\in c^*(i) \text{ 和 } p(k)\notin c^*(i)\\ -1 & \text{如果 } p(k)\in c^*(i) \text{ 和 } s(k)\notin c^*(i)\\ 0 & \text{其他}\end{cases}$

换言之，如果关节 i 取决于路径 $s(k)$ 而不是路径 $p(k)$，则 $e_{ik}=+1$；如果关节 i 取决于路径 $p(k)$ 而不是 $s(k)$，则 $e_{ik}=-1$；而当关节 i 同时取决于路径 $s(k)$ 和 $p(k)$，或者两条路径都不存在时，$e_{ik}=0$。

此时，环加速度约束可记作

$$\begin{aligned}\mathbf{0}&=\mathbf{a}_{s(k)}-\mathbf{a}_{p(k)}\\&=\boldsymbol{J}_k\ddot{\mathbf{q}}+\dot{\boldsymbol{J}}_k\dot{\mathbf{q}}\\&=\boldsymbol{J}_k\ddot{\mathbf{q}}+\mathbf{a}_{s(k)}^{\mathrm{vp}}-\mathbf{a}_{p(k)}^{\mathrm{vp}}\end{aligned} \tag{3.106}$$

式中，$\mathbf{a}_i^{\mathrm{vp}}$ 是连杆 i 速度积形式的加速度，这是当 $\ddot{\mathbf{q}}=\mathbf{0}$ 时连杆可能具有的加速度。每个连杆的加速度可在求解式（3.84）中的 $\boldsymbol{C}\dot{\mathbf{q}}+\boldsymbol{\tau}_g$ 时一并计算。如果用RNEA计算 $\boldsymbol{C}\dot{\mathbf{q}}+\boldsymbol{\tau}_g$，则将RNEA的加速度变量设为零，使 $\mathbf{a}_i^{\mathrm{vp}}=\mathbf{a}_i$。

矩阵 $\boldsymbol{L}$ 和 $\mathbf{l}$ 现在可表示为

$$\boldsymbol{L}=\begin{pmatrix}\boldsymbol{L}_{N_B+1}\\ \vdots\\ \boldsymbol{L}_{N_J}\end{pmatrix}\quad \mathbf{l}=\begin{pmatrix}\boldsymbol{l}_{N_B+1}\\ \vdots\\ \boldsymbol{l}_{N_J}\end{pmatrix} \tag{3.107}$$

式中，

$$\boldsymbol{L}_k=\boldsymbol{J}_k \tag{3.108}$$

$$\boldsymbol{l}_k=\mathbf{a}_{p(k)}^{\mathrm{vp}}-\mathbf{a}_{s(k)}^{\mathrm{vp}} \tag{3.109}$$

2. 约束稳定性

实际应用时，因为存在数值积分误差，必须控制闭环约束的稳定性，否则在模拟过程中结果可能发散。

Baumgrate提出了控制稳定性的标准方法[3.3,7,35]，他将每个约束方程由 $a_e=0$ 替换为

$$a_e+K_v v_e+K_p p_e=0$$

式中，a_e、v_e 与 p_e 分别是加速度误差、速度误差和位置误差，且 K_v 和 K_p 是正常数。通常情况下，根据位置和速度误差衰减的速度选择一个时间常数 t_c，且满足 $K_v=2/t_c$、$K_p=1/t_c^2$。然而，如何选择 t_c，目前还没有很好的标准。如果 t_c 过大，闭环误差的累积快于衰减；如果 t_c 过小，运动学方程变得特别僵化（excessively stiff），造成数值积分精度降低。经验表明，对于大型低速机器人，$t_c=0.1$；对于小

型高速机器人，$t_c=0.01$。

在闭环约束方程中，若考虑稳定性，式（3.109）变为

$$\boldsymbol{l}_k=\mathbf{a}_{p(k)}^{\mathrm{vp}}-\mathbf{a}_{s(k)}^{\mathrm{vp}}-K_{\mathrm{v}}(\mathbf{v}_{s(k)}-\mathbf{v}_{p(k)})-K_{\mathrm{p}}\mathbf{p}_{ek} \tag{3.110}$$

式中，$\mathbf{p}_{ek}$是环 k 的位置误差向量。在绝对坐标系下（即连杆0坐标系），$\mathbf{p}_{ek}$给定如下：

$$\mathbf{p}_{ek}=\mathrm{x\_to\_vec}({}^{0}\boldsymbol{X}_{p(k)}\boldsymbol{X}_{L1}^{-1}(k)\boldsymbol{X}_{L2}(k)^{s(k)}\boldsymbol{X}_0) \tag{3.111}$$

式中，$\boldsymbol{X}_{L1}(k)$与$\boldsymbol{X}_{L2}(k)$由式（3.62）和式（3.63）定义，并见图3.4；$\mathrm{x_to_vec}({}^{B}\boldsymbol{X}_A)$用于计算坐标系 A 到坐标系 B 的近似位移，假定该位移无限小，x_to_vec 定义如下：

$$\mathrm{x\_to\_vec}(\boldsymbol{X})=\frac{1}{2}\begin{pmatrix}X_{23}-X_{32}\\X_{31}-X_{13}\\X_{12}-X_{21}\\X_{53}-X_{62}\\X_{61}-X_{43}\\X_{42}-X_{51}\end{pmatrix} \tag{3.112}$$

3. 算法

作为一个特例，即当所有闭环关节都具有零自由度时，算法3.7给出了用于计算 $\boldsymbol{L}$ 和 $\mathbf{l}$ 的算法。为实现对每个量进行简单而高效的变换，需要将闭环约束公式放入单一坐标系中。在绝对坐标系下（连杆0）则不需要进一步变换。

算法 3.7　闭环约束算法

inputs: *model*, *RNEA partial results*
outputs: $\boldsymbol{L},\mathbf{l}$
model data : N_B, $p(i)$, N_J, $p(k)$, $s(k)$, $LB(i)$, $\boldsymbol{X}_{L1}(k)$, $\boldsymbol{X}_{L2}(k)$, K_{p}, K_{v}
RNEA data : $\boldsymbol{\Phi}_i$, ${}^{i}\boldsymbol{X}_{p(i)}$, $\mathbf{v}_{p(k)}$, $\mathbf{v}_{s(k)}$, $\mathbf{a}_{p(k)}^{\mathrm{vp}}$, $\mathbf{a}_{s(k)}^{\mathrm{vp}}$

```
for i = 1 to N_B do
  if p(i) ≠ 0 then
    ^iX_0 = ^iX_p(i) ^p(i)X_0
  end if
  if LB(i) ≠ null then
    ^0Φ_i = ^iX_0^{-1} Φ_i
  end if
end for
L = 0
for k = N_B + 1 to N_J do
  i = p(k)
  j = s(k)
  while i ≠ j do
    if i > j then
      L_{k,i} = -^0Φ_i
      i = p(i)
    else
      L_{k,j} = ^0Φ_j
      j = p(j)
    end if
  end while
  a_e = ^s(k)X_0^{-1} a^vp_s(k) - ^p(k)X_0^{-1} a^vp_p(k)
  v_e = ^s(k)X_0^{-1} v_s(k) - ^p(k)X_0^{-1} v_p(k)
  p_e = x_to_vec(^p(k)X_0^{-1} X_L1^{-1}(k) X_L2(k) ^s(k)X_0)
  l_k = -a_e - K_v v_e - K_p p_e
end for
```

在算法3.7中，第一个循环用于将绝对坐标系向连杆坐标系的变换，并将 $\boldsymbol{\Phi}_i$ 变换到绝对坐标系下。$\boldsymbol{\Phi}_i$ 仅在闭环约束中才需要变换。

第二个循环需根据式（3.105）计算 $\boldsymbol{L}$ 中的非零元素。内循环 while 在环的根部停止，即在 $p(k)$ 和 $s(k)$的最大编号处终止循环（要求具有共同的根节点），如果两者没有共同的根节点，则循环在基座处停止。在绝对坐标系下，通过方程式（3.110）计算出 $\mathbf{l}$ 后，第二个循环终止。

3.7 结论与延展阅读

本章介绍了应用于刚性体机器人机构的动力学基本原理，主要包含以下内容：用于描述和实现动力学方程和算法的空间向量代数，机器人学中最常用的运动正则方程，构建机器人动力学模型的方法，以及计算逆动力学、正动力学、关节空间惯性矩阵和操作空间惯性矩阵的高效算法。

还有许多其他有关机器人动力学的内容，本章并没有提及，但会在本书后续章节中有所呈现。例如，具有弹性连杆和关节的机器人动力学问题见第11章；动态模型参数识别问题见第6章；机器人与其环境之间物理接触的动力学问题见第37章；浮基机器人的动力学问题则参考第55章。

在本章结束之际，还要给出一些延展阅读建议：机器人动力学简史见参考文献［3.36］，更多涉及机器人动力学的专著见参考文献[3.8,10,15,29,37-40]。最后，对于其他延展阅读，有如下的建议。

3.7.1 多体动力学

机器人动力学可视为多体动力学的一个子集或一种具体应用。有关多体动力学的书籍包括参考文献[3.3,14,35,41-46]。当然，多体动力学又是经典力学的一个子集，它的数学基础可以在任意一本经典力学的书中找到，如参考文献［3.13］。

3.7.2 其他表示方法

本章采用空间向量来表示运动学方程，另外还有其他可选的方法表示空间向量，如其他类型的六维向量、三维向量、4×4 矩阵，以及空间算子代数等，尽管所有六维向量形式上类似，但它们不完全相同。主要的其他表示方法有：旋量[3.10-12]、对偶向量[3.47]、李代数[3.12,48]和其他一些特殊表示方法。其中，一种特殊的表示方法是将三维向量组成对，用以减小代数式的体积。三维向量形式广泛用于大多数经典力学和多体动力学的教科书中，同时也是六维向量和 4×4 矩阵的前身。4×4 矩阵在机器人学领域广受欢迎，因为它非常适用于运动学，但对动力学则没有那么有效，4×4 矩阵的动力学公式见参考文献[3.37,49,50]。空间算子代数由 JPL 实验室（Jet Propulsion Laboratory）的 Rodriguez 等人提出，它采用 $6N$ 维向量和 $6N×6N$ 矩阵，后者通常被当作一个线性算子，具体见参考文献[3.38,51-53]。

3.7.3 替代方程

本章所采用的运动向量方程一般称为牛顿-欧拉方程，主要的替代方程为拉格朗日方程，其中运动方程通过拉格朗日方程得到，具体应用见参考文献[3.9,10,18,54,55]。另外，凯恩（Kane）方法也常用于机器人动力学中[3.56,57]。

3.7.4 效率

出于对机器人的实时控制需要，机器人界非常关注计算效率问题。对于逆动力学，Luh 等人[3.4]提出的 $\boldsymbol{O}(n)$ 递归牛顿-欧拉算法（RNEA）目前仍是最重要的算法，对该算法的进一步完善见参考文献[3.58,59]。对于正动力学，本章介绍的两种算法仍具有实用价值：包括 Featherstone 提出的 $\boldsymbol{O}(n)$ 关节体算法（ABA）[3.1]，以及 Walker 和 Orin 提出的基于复合刚体算法（CRBA）的 $\boldsymbol{O}(n^3)$ 算法[3.5]。ABA 算法经过多年改进，对于 n 值很小的情况，它比 CRBA 的效率更高[3.15,17,25]。然而，随着近年来 CRBA 在有分支的运动树问题[3.26]和机器人运动控制系统[[3.60]的应用，CRBA 方法的优势逐渐显现出来。

对于关节空间惯性矩阵（joint-space inertia matrix），CRBA 仍是目前最重要的算法[3.5]，多年来，为提高计算效率，已经进行了多次改进和修正[3.15,61-63]。对于操作空间惯性矩阵（operational-space inertia matrix），$\boldsymbol{O}(n)$ 算法效率高[3.28-30]，并应用于日益复杂的系统中[3.20,31,33]。此外，诱导分支稀疏法同样是一种有效算法[3.32]。

3.7.5 精度

精度问题主要涉及动力学算法的数值精度、模拟精度（即数值积分精度），以及动力学模型精度。与效率相比，动力学算法的数值精度很少受到关注。虽然 RNEA、CRBA 和 ABA 已在各种刚体系统上进行过精度测试，但对于大多数其他算法还未通过测试检验。刚体系统通常是病态的，在这个意义上，一个力的微小变化（或模型参数变化）都会导致加速度的很大变化。Featherstone 在参考文献［3.27］中对该现象进行了研究，并证明，随着构件个数的增加，病态会变得更严重；在最坏的情况下，病态的增长与 $\boldsymbol{O}(n^4)$ 成正比。其他关于这一问题的讨论见参考文献[3.8,34,64,65]。

3.7.6 软件包

对于多体系统，特别是机器人系统，已开发出许多软件包，用于动力学仿真。为了方便与其他分析、控制和仿真程序集成，这些程序多采用 MATLAB 编写。大部分程序都是开源的，有些则是以很低的价格提供给用户。这些软件在性能上的差异主要体现在计算速度、拓扑及关节模型支持、精度、基本的动力学公式及相关的复杂度、用户界面、图形显示、数值积分程序、与其他代码集成的能力、应用支持能力及成本方面等。其中常用的软件有 Adams[3.66]、Autolev[3.67]、Bullet[3.68]、DART[3.69]、DynaMechs[3.70]、Gazebo[3.71]、Open Dynamics Engine[3.72]、Robotics Developer Studio[3.73]、RoboticsToolbox[3.74]、Robotran[3.75,76]、SD/FAST[3.77]、Simbody[3.78]、SimMechanics[3.79]、SYMORO[3.80,81]和 Webots[3.82]。

3.7.7 符号简化

符号简化技术采用通用的动力学算法，经符号处理后用于具体的动力学模型，其结果为一个任务列表。该列表会详细说明程序执行过程所对应的算法，然后检查和剔除所有不必要的计算，余下的有用程序则以计算机源代码的形式输出到一个文本文件中。所生成的代码将比原始通用算法在运行时快10倍，但它只适用于具体的某个动力学模型。Autolev[3.67]和SD/FAST[3.77]软件都采用这种技术，有关动力学符号简化的其他说明见参考文献[3.76,80,81,83-88]。

3.7.8 并行计算算法

为了提升动力学计算速度，还开发出许多用于并行计算和流水线式计算的算法。对于逆动力学，早期的工作集中在将 $\boldsymbol{O}(n)$ RNEA 用到 n 个处理器上[3.89,90]，随后便出现了 $\boldsymbol{O}(\log_2 n)$ 算法[3.91,92]。对于用 $\boldsymbol{O}(n^2)$ CRBA 计算关节空间惯性矩阵，起初是对 n 个处理器用 $\boldsymbol{O}(\log_2 n)$ 算法计算复合刚体惯量和矩阵的对角元素[3.93,94]，后来对 $\boldsymbol{O}(n^2)$ 个处理器用 $\boldsymbol{O}(\log_2 n)$ 算法计算整个矩阵[3.95,96]。对于正动力学，如多机械臂系统加速度计算主要依靠并行/流水线超级计算机[3.97]，最早开发出来的 $\boldsymbol{O}(\log_2 n)$ 算法用于无分支串联系统，且工作在 n 个处理器上[3.98]。最近的研究主要集中在用 $\boldsymbol{O}(\log_2 n)$ 算法处理更为复杂的结构[3.65,99,100]。

3.7.9 变拓扑结构

许多机器人机构的拓扑结构会因接触条件（尤其是外界环境）的变化而变化。如分析步行机器人时，通常采用柔顺地面接触模型计算接触力，以便将闭环结构简化为树结构[3.101]，但当遇到接触面很坚硬的情况时，就会产生数值积分问题。最近的研究工作[3.40,102]提出了硬接触约束假设方法，能有效地减少坐标变量的数量，而这在通用运动分析系统中是不可减少的[3.43]。此外，当结构发生变化时，它们能自动识别变量，并当位形发生变化后，还能提出相应的方法，用于计算速度边界条件[3.40,102]。

参考文献

3.1 R. Featherstone: The calculation of robot dynamics using articulated-body inertias, Int. J. Robotics Res. **2**(1), 13–30 (1983)

3.2 J.J. Craig: *Introduction to Robotics: Mechanics and Control*, 3rd edn. (Prentice Hall, Upper Saddle River 2005)

3.3 R.E. Roberson, R. Schwertassek: *Dynamics of Multibody Systems* (Springer, Berlin, Heidelberg 1988)

3.4 J.Y.S. Luh, M.W. Walker, R.P.C. Paul: On-line computational scheme for mechanical manipulators, Trans. ASME J. Dyn. Syst. Meas. Control **102**(2), 69–76 (1980)

3.5 M.W. Walker, D.E. Orin: Efficient dynamic computer simulation of robotic mechanisms, Trans. ASME J. Dyn. Syst. Meas. Control **104**, 205–211 (1982)

3.6 D. Baraff: Linear-time dynamics using lagrange multipliers, Proc. 23rd Annu. Conf. Comp. Graph. Interact. Tech., New Orleans (1996) pp. 137–146

3.7 J. Baumgarte: Stabilization of constraints and integrals of motion in dynamical systems, Comput. Methods Appl. Mech. Eng. **1**, 1–16 (1972)

3.8 R. Featherstone: *Rigid Body Dynamics Algorithms* (Springer, New York 2008)

3.9 R.M. Murray, Z. Li, S.S. Sastry: *A Mathematical Introduction to Robotic Manipulation* (CRC, Boca Raton 1994)

3.10 J. Angeles: *Fundamentals of Robotic Mechanical Systems*, 2nd edn. (Springer, New York 2003)

3.11 R.S. Ball: *A Treatise on the Theory of Screws* (Cambridge Univ. Press, London 1900), Republished (1998)

3.12 J.M. Selig: *Geometrical Methods in Robotics* (Springer, New York 1996)

3.13 D.T. Greenwood: *Principles of Dynamics* (Prentice-Hall, Englewood Cliffs 1988)

3.14 F.C. Moon: *Applied Dynamics* (Wiley, New York 1998)

3.15 R. Featherstone: *Robot Dynamics Algorithms* (Kluwer, Boston 1987)

3.16 R. Featherstone: *Spatial v2*, http://royfeatherstone.org/spatial/v2 (2012)

3.17 S. McMillan, D.E. Orin: Efficient computation of articulated-body inertias using successive axial screws, IEEE Trans. Robotics Autom. **11**, 606–611 (1995)

3.18 L. Sciavicco, B. Siciliano: *Modeling and Control of Robot Manipulators*, 2nd edn. (Springer, London 2000)

3.19 J. Slotine, W. Li: On the adaptive control of robot manipulators, Int. J. Robotics Res. **6**(3), 49–59 (1987)

3.20 K.S. Chang, O. Khatib: Operational space dynamics: Efficient algorithms for modeling and control of branching mechanisms, Proc. IEEE Int. Conf. Robotics Autom., San Francisco (2000) pp. 850–856

3.21 O. Khatib: A unified approach to motion and force control of robot manipulators: The operational space formulation, IEEE J. Robotics Autom. **3**(1), 43–53 (1987)

3.22 Y.F. Zheng, H. Hemami: Mathematical modeling of a robot collision with its environment, J. Robotics Syst. **2**(3), 289–307 (1985)

3.23 W. Khalil, E. Dombre: *Modeling, Identification and Control of Robots* (Kogan Page Sci., London 2002)

3.24 J. Denavit, R.S. Hartenberg: A kinematic notation for lower-pair mechanisms based on matrices, J. Appl. Mech. **22**, 215–221 (1955)

3.25 H. Brandl, R. Johanni, M. Otter: A very efficient algorithm for the simulation of robots and similar multibody systems without inversion of the mass matrix, Proc. IFAC/IFIP/IMACS Int. Symp. Theory Robots, Vienna (1986)

3.26 R. Featherstone: Efficient factorization of the joint

space inertia matrix for branched kinematic trees, Int. J. Robotics Res. **24**(6), 487–500 (2005)

3.27 R. Featherstone: An empirical study of the joint space inertia matrix, Int. J. Robotics Res. **23**(9), 859–871 (2004)

3.28 K. Kreutz-Delgado, A. Jain, G. Rodriguez: Recursive formulation of operational space control, Proc. IEEE Int. Conf. Robotics Autom., Sacramento (1991) pp. 1750–1753

3.29 K.W. Lilly: *Efficient Dynamic Simulation of Robotic Mechanisms* (Kluwer, Boston 1993)

3.30 K.W. Lilly, D.E. Orin: Efficient O(N) recursive computation of the operational space inertia matrix, IEEE Trans. Syst. Man Cybern. **23**(5), 1384–1391 (1993)

3.31 G. Rodriguez, A. Jain, K. Kreutz-Delgado: Spatial operator algebra for multibody system dynamics, J. Astronaut. Sci. **40**(1), 27–50 (1992)

3.32 R. Featherstone: Exploiting sparsity in operational-space dynamics, Int. J. Robotics Res. **29**(10), 1353–1368 (2010)

3.33 P. Wensing, R. Featherstone, D.E. Orin: A reduced-order recursive algorithm for the computation of the operational-space inertia matrix, Proc. IEEE Int. Conf. Robotics Autom., St. Paul (2012) pp. 4911–4917

3.34 R.E. Ellis, S.L. Ricker: Two numerical issues in simulating constrained robot dynamics, IEEE Trans. Syst. Man Cybern. **24**(1), 19–27 (1994)

3.35 J. Wittenburg: *Dynamics of Systems of Rigid Bodies* (Teubner, Stuttgart 1977)

3.36 R. Featherstone, D.E. Orin: Robot dynamics: Equations and algorithms, Proc. IEEE Int. Conf. Robotics Autom., San Francisco (2000) pp. 826–834

3.37 C.A. Balafoutis, R.V. Patel: *Dynamic Analysis of Robot Manipulators: A Cartesian Tensor Approach* (Kluwer, Boston 1991)

3.38 A. Jain: *Robot and Multibody Dynamics: Analysis and Algorithms* (Springer, New York 2011)

3.39 L.W. Tsai: *Robot Analysis and Design: The Mechanics of Serial and Parallel Manipulators* (Wiley, New York 1999)

3.40 K. Yamane: *Simulating and Generating Motions of Human Figures* (Springer, Berlin, Heidelberg 2004)

3.41 F.M.L. Amirouche: *Fundamentals of Multibody Dynamics: Theory and Applications* (Birkhäuser, Boston 2006)

3.42 M.G. Coutinho: *Dynamic Simulations of Multibody Systems* (Springer, New York 2001)

3.43 E.J. Haug: *Computer Aided Kinematics and Dynamics of Mechanical Systems* (Allyn and Bacon, Boston 1989)

3.44 R.L. Huston: *Multibody Dynamics* (Butterworths, Boston 1990)

3.45 A.A. Shabana: *Computational Dynamics*, 2nd edn. (Wiley, New York 2001)

3.46 V. Stejskal, M. Valášek: *Kinematics and Dynamics of Machinery* (Marcel Dekker, New York 1996)

3.47 L. Brand: *Vector and Tensor Analysis*, 4th edn. (Wiley/Chapman Hall, New York/London 1953)

3.48 F.C. Park, J.E. Bobrow, S.R. Ploen: A lie group formulation of robot dynamics, Int. J. Robotics Res. **14**(6), 609–618 (1995)

3.49 M.E. Kahn, B. Roth: The near minimum-time control of open-loop articulated kinematic chains, J. Dyn. Syst. Meas. Control **93**, 164–172 (1971)

3.50 J.J. Uicker: Dynamic force analysis of spatial linkages, Trans. ASME J. Appl. Mech. **34**, 418–424 (1967)

3.51 A. Jain: Unified formulation of dynamics for serial rigid multibody systems, J. Guid. Control Dyn. **14**(3), 531–542 (1991)

3.52 G. Rodriguez: Kalman filtering, smoothing, and recursive robot arm forward and inverse dynamics, IEEE J. Robotics Autom. **RA-3**(6), 624–639 (1987)

3.53 G. Rodriguez, A. Jain, K. Kreutz-Delgado: A spatial operator algebra for manipulator modelling and control, Int. J. Robotics Res. **10**(4), 371–381 (1991)

3.54 J.M. Hollerbach: A recursive lagrangian formulation of manipulator dynamics and a comparative study of dynamics formulation complexity, IEEE Trans. Syst. Man Cybern. **SMC-10**(11), 730–736 (1980)

3.55 M.W. Spong, S. Hutchinson, M. Vidyasagar: *Robot Modeling and Control* (Wiley, Hoboken 2006)

3.56 K.W. Buffinton: Kane's Method in Robotics. In: *Robotics and Automation Handbook*, ed. by T.R. Kurfess (CRC, Boca Raton 2005), 6-1–6-31

3.57 T.R. Kane, D.A. Levinson: The use of kane's dynamical equations in robotics, Int. J. Robotics Res. **2**(3), 3–21 (1983)

3.58 C.A. Balafoutis, R.V. Patel, P. Misra: Efficient modeling and computation of manipulator dynamics using orthogonal cartesian tensors, IEEE J. Robotics Autom. **4**, 665–676 (1988)

3.59 X. He, A.A. Goldenberg: An algorithm for efficient computation of dynamics of robotic manipulators, Proc. 4th Int. Conf. Adv. Robotics, Columbus (1989) pp. 175–188

3.60 W. Hu, D.W. Marhefka, D.E. Orin: Hybrid kinematic and dynamic simulation of running machines, IEEE Trans. Robotics **21**(3), 490–497 (2005)

3.61 C.A. Balafoutis, R.V. Patel: Efficient computation of manipulator inertia matrices and the direct dynamics problem, IEEE Trans. Syst. Man Cybern. **19**, 1313–1321 (1989)

3.62 K.W. Lilly, D.E. Orin: Alternate formulations for the manipulator inertia matrix, Int. J. Robotics Res. **10**, 64–74 (1991)

3.63 S. McMillan, D.E. Orin: Forward dynamics of multilegged vehicles using the composite rigid body method, Proc. IEEE Int. Conf. Robotics Autom. (1998) pp. 464–470

3.64 U.M. Ascher, D.K. Pai, B.P. Cloutier: Forward dynamics: Elimination methods, and formulation stiffness in robot simulation, Int. J. Robotics Res. **16**(6), 749–758 (1997)

3.65 R. Featherstone: A divide-and-conquer articulated-body algorithm for parallel $O(\log(n))$ calculation of rigid-body dynamics. Part 2: Trees, loops and accuracy, Int. J. Robotics Res. **18**(9), 876–892 (1999)

3.66 MSC Software Corporation: Adams, http://www.mscsoftware.com/

3.67 T. Kane, D. Levinson: *Autolev user's manual* (OnLine Dynamics Inc., Sunnyvale 2005)

3.68 Real-Time Physics Simulation: Bullet, http://bulletphysics.org/wordpress (2015)

3.69 Georgia Tech Graphics Lab and Humanoid Robotics Lab: DART, http://dartsim.github.io (2011)

3.70 S. McMillan, D.E. Orin, R.B. McGhee: DynaMechs: An object oriented software package for efficient dynamic simulation of underwater robotic vehicles. In: *Underwater Robotic Vehicles: Design and*

3

Control, ed. by J. Yuh (TSI Press, Albuquerque 1995) pp. 73–98

3.71 Open Source Robotics Foundation: Gazebo, http://gazebosim.org (2002)

3.72 R. Smith: Open Dynamics Engine User Guide, http://opende.sourceforge.net (2006)

3.73 Microsoft Corporation: Robotics Developer Studio, http://www.microsoft.com/robotics (2010)

3.74 P.I. Corke: A robotics toolbox for MATLAB, IEEE Robotics Autom. Mag. **3**(1), 24–32 (1996)

3.75 Robotran: http://www.robotran.be (Center for Research in Mechatronics, Université catholique de Louvain 2015)

3.76 J.C. Samin, P. Fisette: *Symbolic Modeling of Multibody Systems* (Kluwer, Dordrecht 2003)

3.77 M.G. Hollars, D.E. Rosenthal, M.A. Sherman: *SD/FAST User's Manual* (Symbolic Dynamics Inc., Mountain View 1994)

3.78 M. Sherman, P. Eastman: Simbody, https://simtk.org/home/simbody (2015)

3.79 G.D. Wood, D.C. Kennedy: *Simulating Mechanical Systems in Simulink with SimMechanics* (MathWorks Inc., Natick 2003)

3.80 W. Khalil, D. Creusot: SYMORO+: A system for the symbolic modeling of robots, Robotica **15**, 153–161 (1997)

3.81 W. Khalil, A. Vijayalingam, B. Khomutenko, I. Mukhanov, P. Lemoine, G. Ecorchard: OpenSYMORO: An open-source software package for symbolic modelling of robots, Proc. IEEE/ASME Int. Conf. Adv. Intell. Mechatron. (2014) pp. 126–1211

3.82 Cyberbotics Ltd.: *Webots User Guide*, http://www.cyberbotics.com (2015)

3.83 I.C. Brown, P.J. Larcombe: A survey of customised computer algebra programs for multibody dynamic modelling. In: *Symbolic Methods in Control System Analysis and Design*, ed. by N. Munro (Inst. Electr. Eng., London 1999) pp. 53–77

3.84 J.J. Murray, C.P. Neuman: ARM: An algebraic robot dynamic modeling program, Proc. IEEE Int. Conf. Robotics Autom., Atlanta (1984) pp. 103–114

3.85 J.J. Murray, C.P. Neuman: Organizing customized robot dynamic algorithms for efficient numerical evaluation, IEEE Trans. Syst. Man Cybern. **18**(1), 115–125 (1988)

3.86 F.C. Park, J. Choi, S.R. Ploen: Symbolic formulation of closed chain dynamics in independent coordinates, Mech. Mach. Theory **34**, 731–751 (1999)

3.87 M. Vukobratovic, N. Kircanski: *Real-Time Dynamics of Manipulation Robots* (Springer, New York 1985)

3.88 J. Wittenburg, U. Wolz: Mesa Verde: A symbolic program for nonlinear articulated-rigid-body dynamics, ASME Des. Eng. Div. Conf., Cincinnati (1985) pp. 1–8, ASME Paper No. 85-DET-151

3.89 J.Y.S. Luh, C.S. Lin: Scheduling of parallel computation for a computer-controlled mechanical manipulator, IEEE Trans. Syst. Man Cybern. **12**(2), 214–234 (1982)

3.90 D.E. Orin: Pipelined approach to inverse plant plus jacobian control of robot manipulators, Proc. IEEE Int. Conf. Robotics Autom., Atlanta (1984) pp. 169–175

3.91 R.H. Lathrop: Parallelism in manipulator dynamics, Int. J. Robotics Res. **4**(2), 80–102 (1985)

3.92 C.S.G. Lee, P.R. Chang: Efficient parallel algorithm for robot inverse dynamics computation, IEEE Trans. Syst. Man Cybern. **16**(4), 532–542 (1986)

3.93 M. Amin-Javaheri, D.E. Orin: Systolic architectures for the manipulator inertia matrix, IEEE Trans. Syst. Man Cybern. **18**(6), 939–951 (1988)

3.94 C.S.G. Lee, P.R. Chang: Efficient parallel algorithms for robot forward dynamics computation, IEEE Trans. Syst. Man Cybern. **18**(2), 238–251 (1988)

3.95 M. Amin-Javaheri, D.E. Orin: Parallel algorithms for computation of the manipulator inertia matrix, Int. J. Robotics Res. **10**(2), 162–170 (1991)

3.96 A. Fijany, A.K. Bejczy: A class of parallel algorithms for computation of the manipulator inertia matrix, IEEE Trans. Robotics Autom. **5**(5), 600–615 (1989)

3.97 S. McMillan, P. Sadayappan, D.E. Orin: Parallel dynamic simulation of multiple manipulator systems: Temporal versus spatial methods, IEEE Trans. Syst. Man Cybern. **24**(7), 982–990 (1994)

3.98 A. Fijany, I. Sharf, G.M.T. D'Eleuterio: Parallel $O(\log N)$ algorithms for computation of manipulator forward dynamics, IEEE Trans. Robotics Autom. **11**(3), 389–400 (1995)

3.99 R. Featherstone: A divide-and-conquer articulated-body algorithm for parallel $O(\log(n))$ calculation of rigid-body dynamics. Part 1: Basic algorithm, Int. J. Robotics Res. **18**(9), 867–875 (1999)

3.100 R. Featherstone, A. Fijany: A technique for analyzing constrained rigid-body systems and its application to the constraint force algorithm, IEEE Trans. Robotics Autom. **15**(6), 1140–1144 (1999)

3.101 P.S. Freeman, D.E. Orin: Efficient dynamic simulation of a quadruped using a decoupled tree-structured approach, Int. J. Robotics Res. **10**, 619–627 (1991)

3.102 Y. Nakamura, K. Yamane: Dynamics computation of structure-varying kinematic chains and its application to human figures, IEEE Trans. Robotics Autom. **16**(2), 124–134 (2000)

第 4 章

机构与驱动

Victor Scheinman，J. Michael McCarthy，Jae-Bok Song

4

本章重点介绍机器人结构设计的基本原理。机器人的运动学方程和雅可比矩阵可以用来确定机器人的工作空间和机械增益，它们均取决于机器人的几何尺寸和关节分布。同时，机器人的工作任务和运动精度取决于诸如机械结构、传动系统和驱动器的具体特性。此外，本章还将讨论机器人结构设计和驱动设计过程中所使用的数学工具，以及需要考虑的若干实际问题。

内容安排如下：4.1 节讨论与机构及驱动有关的机器人性能（指标）；4.2~4.6 节介绍机器人执行部件的基本特性和用来描述其运动特性的数学模型，以及两者之间的联系；4.7 节和 4.8 节分别介绍机器人的关节结构和驱动器的选用，研究如何通过组合得到不同类型的机器人；4.9 节则将这些设计特性和实际性能联系起来，以指导机器人设计。

目　录

4.1 概述

人们通常把诸如梁、杆、铸件、轴、滑轨和轴承等能产生运动的物理结构称为机器人的机械结构或机械装置，而把电动、液压和气动马达以及其他可以使机械装置的连接部分运动起来的元素称为驱动器。

在本章中，我们主要讨论机器人机械装置和驱动器的各种设计方案，帮助机器系统将计算机的指令转化为各式各样的物理运动。

早期设计的机器人一般具有通用的运动功能，这是因为当时的设计者认为机器人功能越多，其市场价值越大。事实证明，这种过于强调市场适用性的设计往往意味着制造和使用的成本更高，因此当前的设计人员更趋向于设计一类具有特定功能或完成特定任务的机器人。

机器人的设计重点是关节数量、外形尺寸、负载能力和末端执行器的运动特性，而机器人的运动结构和整体尺寸的大小通常由任务需求、工作空间及其定位精度来决定。以上这些特性都会影响末端执行器路径控制的精度。例如，对弧焊及喷漆机器人，实现平滑运动尤为重要；机器人在组装微小零件时需要较高的精度；当处理材料和运送包裹时，关注的则是机器人的重复精度；而要实现基于传感的、精确实时运动时，所需的是高分辨率运动。

机器人系统设计中需重点考虑机器人预期要实现的功能。例如，机器人在工作任务范围内应具有一定的灵活适应能力，这决定了机器人机械装置和驱动器系统的拓扑结构。在此基础上，设计人员就可以对机器人的几何形状、材料、传感器、电缆线路等进行选择。

4.2 系统特征

工作范围与负载能力是衡量机器人特性的两大主要特征。

4.2.1 工作范围

机器人的工作范围是指机器人可以进行操作的空间，其中便包含了机器人的工作空间（workspace）。工作空间是指机器人为完成工作任务所需的位置和姿态，即位姿。工作范围还包括机器人在运动时自身所占据的空间体积，通常由其关节类型、驱动范围以及连接关节的连杆长度所决定。因此，在机器人结构设计中，工作范围和机器人的负载能力是设计人员首先要考虑的问题。

对机器人工作范围的设计，还需考虑机械结构在有限区域运动时可能受到的约束。这些约束可能来自关节有限的运动范围、连杆长度、轴间角，或者这些元素的共同影响。一般情况下，机器人在工作范围中部的性能要优于其在边界处的工作性能（图4.1）。此外，操作臂的连杆与关节之间应留有一定的间隙，以便使机器人在传感器的引导下获得更多的路径，并且为更换工具或末端执行器提供便利，否则偏移量和长度差异通常会改变预定的工作范围。

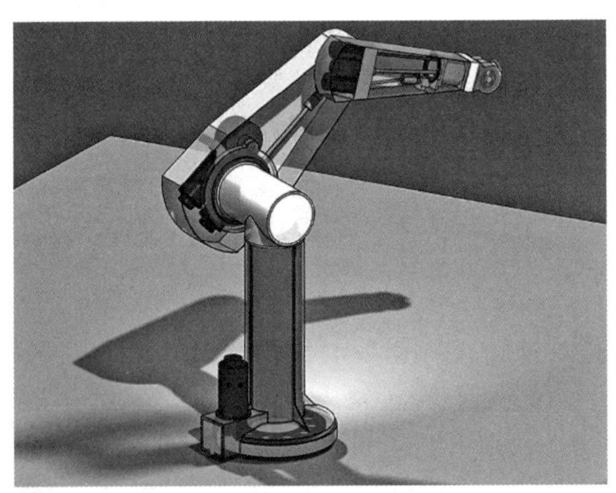

图4.1 PUMA560机器人

4.2.2 负载能力

作为机器人最主要的特征之一，负载能力与加速度和速度密切相关。对于装配机器人来说，既要缩短抓取-释放动作的循环周期，还要保证其位置精度，因此机械结构的加速度和刚度（包括结构刚度与驱动刚度）相比，其峰值速度和最大负载能力更为重要。例如，对于弧焊机器人来说，控制路径的移动速度必须很慢，并且速度的细微变化和跟踪焊接路径都要十分精确。为此，设计人员一般把负载能力视为变量，并根据有效载荷而不是最大载荷来设计操作装置。

确定负载能力时，需要考虑末端执行器的重力和惯性负载，这是因为它们对腕关节、末端执行器的选择设计方案和驱动方式影响显著。一般情况下，负载能力对操作臂加速度和腕关节扭矩的影响相比其他因素更为突出。而要使机器人实现最好的运动特性与稳定性，还需要考虑操作臂静态结构的变形（小）、电动机转矩（稳态）、系统的固有频率与阻尼、以及伺服系统控制变量等。

4.2.3 运动学骨架

操作臂的形状及尺寸取决于对其工作空间形状和分布、运动精度、加速度和速度大小，以及几何结构的要求，反之亦然。直角坐标操作臂通常具有最简单的运动学及控制方程，通过水平移动轴（做直线运动）和垂直轴的组合，运动规划和计算简单而直接。主要因为轴间运动学解耦（在初始位形下），相应地使控制方程得以简化。全部由旋转关节构成的操作臂虽然难以控制，但是在有限的工作空间范围内，它们的结构可以分布得更为合理、紧凑。一般情况下，旋转关节的设计加工比移动关节更容易些。此外，当多个机器人协同作业时，含旋转关节的机器人比龙门机器人更容易实现工作空间的重叠。

设计人员最终选择何种结构类型，还要基于机器人具体的运动形式、几何结构或任务需求等多因素的考量。例如，当需要实现非常精确的竖直运动时，人们会选择一个简单的移动关节，而不是两个或三个需协调控制的旋转关节。

众所周知，想要使机器人的末端执行器能够到达其工作空间的任意姿态及位置，至少需要 6 个自由度。当然，大多数简单的或预设好的任务所需要的自由度可以少于 6 个，如可以经过精心设计来减少某个轴的运动，或者该运动并不需要用到空间中的所有位置等信息。一个典型的例子是对可实现竖直方向拧螺钉的装配机器人而言，实际上仅需要 3 个自由度即可满足任务要求。

也有一些要求操作臂具有多于 6 个的自由度，特别在需要机动性强或避障的场合。例如，用于管道维修的爬行机器人，不仅需要控制自身形状，还要控制末端执行器的精确位置。一般来说，增加自由度意味着工作时间的延长，以及负载能力的减小，并且会降低操作臂本体和驱动装置的精度。

4.3 运动学与动力学

机器人的动力系统可以分为两类：一部分依赖于机械结构的几何特性，反映机器人的运动特性，称之为运动学；另一部分依赖于作用在该系统上的力，称之为动力学。动力学的基本法则告诉我们，当机器人的运动轨迹只发生微小变化时，机械能的变化量与外力在其上所做的功之间的差值保持不变，即虚功原理。这表明，在所有的虚位移上，功和能量的变化可以相互抵消[4.1,2]。

由于像机器人这样的机器，能量损失一般源于关节的摩擦和材料的应变损失，而设计人员设计时一般都尽量使能量损失最小化。因此，我们可以认为机器人工作时能量的变化量很小，这也意味着驱动装置的输入功几乎全部转化为输出功。

如果在一小段时间区间内来考虑上述关系，可以得到输入功的时间变化率，即功率，近似等于输出功率。此外，因为功率等于力乘以速度，还可以导出最基本的关系：输入力与输出力的比值和输入速度与输出速度的比值互为倒数；另一种表述方法为：在理想情况下，机械增益等于其速比的倒数。

4.3.1 机器人的拓扑结构

机器人的拓扑结构一般由一系列连杆组成，这些连杆通过旋转关节或移动关节连接起来构成一个运动链。如果整个机器人由一条支链组成，那么可将其定义为串联机器人（图 4.1）；如果机器人由多条支链共同支撑同一个末端平台，如图 4.2 中的平台，称之为并联机器人。许多机器人都可以设计成并联结构，如具有多个相互独立的腿部结构的行走机器人（图 4.3 和图 4.4）[4.3]，以及多指手（图 4.5～4.7 和 VIDEO 642）[4.4] 等。

机器人的末端执行器是与环境进行交互的最佳工具，其位姿取决于机器人的拓扑结构。对于串联机器人，一个具有 6 个关节的开链结构便可实现末端执行器的全部位姿。而对于并联机器人，6 个关节往往不够，还需要合理选择 6 个驱动器与主动关节相连，最终实现其末端执行器的全部位姿。

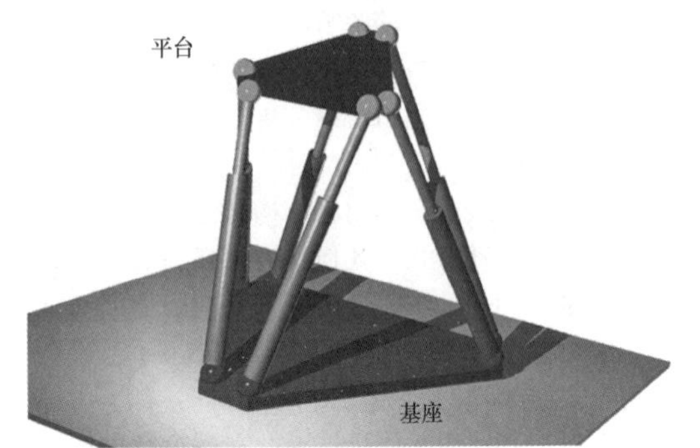

图 4.2 由 6 个支链将末端平台与基座相连而成的并联机器人（VIDEO 640）

图 4.3 具有自适应能力的悬架式行走机器人实物照片

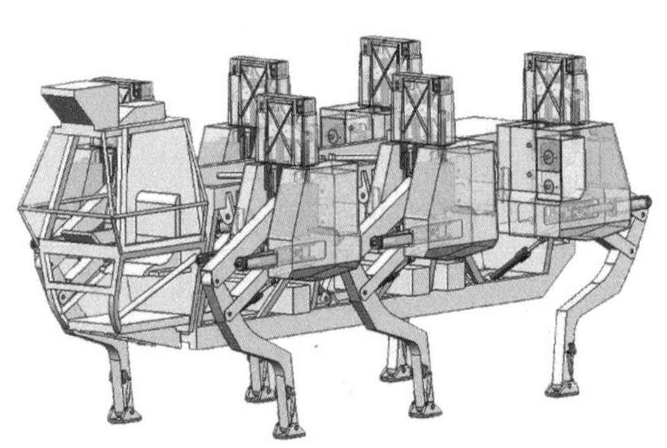

图 4.4 具有自适应能力的悬架式行走机器人 3D 模型

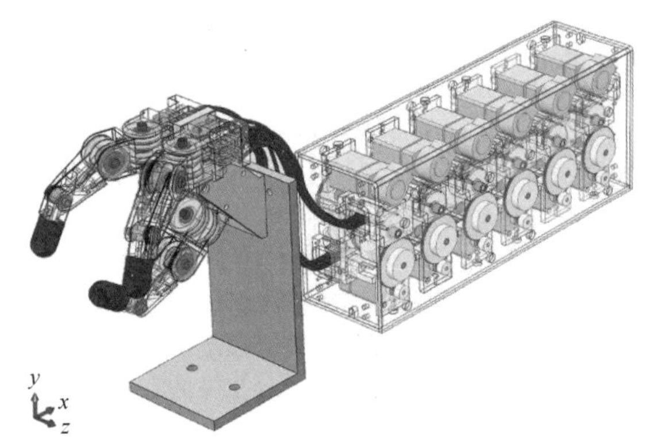

图 4.5 Salisbury 三指手及其柔索驱动系统

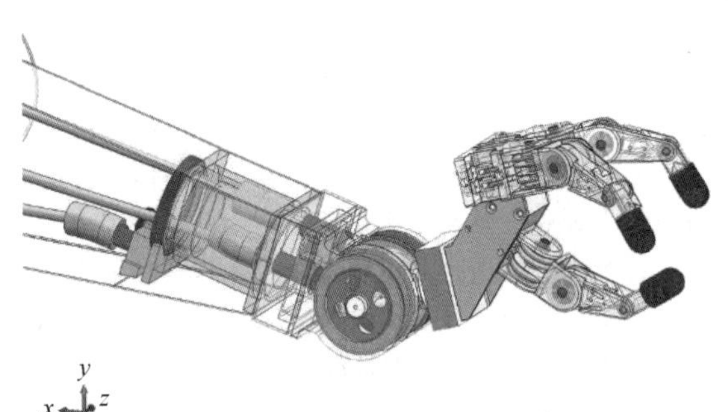

图 4.6 PUMA 机器人末端执行器上安装 Salisbury 三指手（图中未展示其驱动系统）

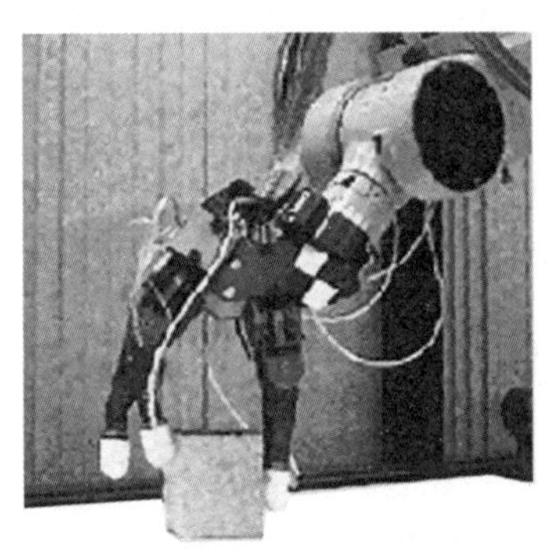

图 4.7 Salisbury 三指手在抓取物体时的照片

4.3.2 运动学方程

当给定机器人旋转关节转过的角度和移动关节平移的距离等参数之后，利用运动学方程便可以确定该机器人中任一构件的位置。而要做到这一点，需要用一组简单的线条来描述机器人。这些线条表示等效的旋转或移动轴 $\hat{z}_j$ 及其公法线 $\hat{x}_j$，它们共同构成了机器人的运动学骨架（图 4.8）。再利用上述方法建立矩阵方程，进而求得机器人各个连杆相对于基座的详细位置，这就是开链机器人的运动学方程[4.5,6]：

$$
\begin{aligned}
\boldsymbol{T}=\boldsymbol{Z}(\theta_1,d_1)\boldsymbol{X}(\alpha_1,a_1)\boldsymbol{Z}(\theta_2,d_2)\cdots\times \\
\boldsymbol{X}(\alpha_{m-1},a_{m-1})\boldsymbol{Z}(\theta_m,d_m)
\end{aligned}
\tag{4.1}
$$

式中，$\boldsymbol{Z}(\theta_j,d_j)$ 和 $\boldsymbol{X}(\alpha_j,a_j)$ 是 4×4 矩阵，分别定义了绕关节轴 $\hat{z}_j$ 和沿着关节轴 $\hat{x}_j$ 的旋量位移[4.7]。其中，参数 α_j 和 a_j 反映的是链中各杆件之间的几何位置，参数 θ_j 表示旋转关节的转角变量，参数 d_j 则表示移动关节的位移变化量。

由此可给出机器人工作空间的定义，即由所有的关节参数确定的末端执行器所能达到的位置 $\boldsymbol{T}$ 的集合。末端执行器上一点 ${}^M\boldsymbol{p}$ 的轨迹 ${}^F\boldsymbol{p}(t)$ 可通过关节轨迹获得，且满足如下公式：

$$\boldsymbol{q}(t)=(q_1(t),\cdots,q_m(t))^{\mathrm{T}}$$

式中，q_i 是 d_i 还是 θ_i 视具体关节确定，具体方程如下：

$$ {}^F\boldsymbol{p}(t)=\boldsymbol{T}(\boldsymbol{q}(t))\,{}^M\boldsymbol{p} \tag{4.2}$$

如果末端执行器与基座之间通过多条支链连接，那么对于每条支链都可建立如下一组方程：

$$\boldsymbol{T}=\boldsymbol{B}_j\boldsymbol{T}(\boldsymbol{q}_j)\boldsymbol{E}_j \quad j=1,\cdots,n \tag{4.3}$$

式中，$\boldsymbol{B}_j$ 为第 j 条支链的基坐标，$\boldsymbol{E}_j$ 为第 j 条支链与末端执行器接触的位置。那些能够同时满足方程解的位置 $\boldsymbol{T}$ 组成的集合就是末端执行器的工作空间。方程（4.3）反映了对关节变量的约束情况，这些约束只有事先被确定下来，才能完整定义末端执行器的工作空间[4.8,9]。

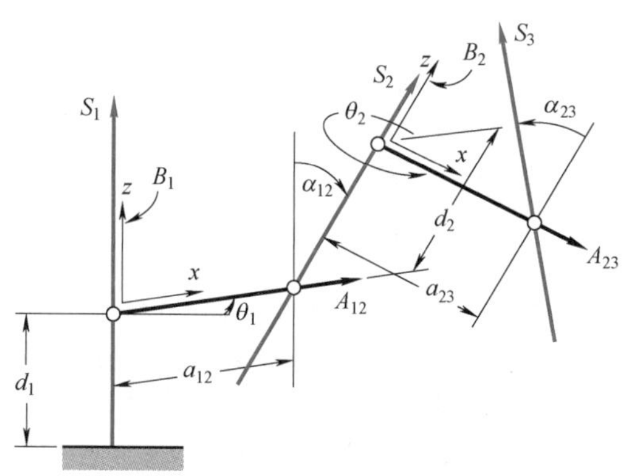

图 4.8　由各关节轴及其公法线共同定义的运动学骨架

4.3.3　位形空间

机器人的位形空间是指各关节可选的运动参数范围。通过运动学方程可以将机器人的位形空间与末端执行器的工作空间联系在一起。位形空间是设计机器人避障的主要参考指标[4.10]。虽然任一连杆都可能会与障碍物发生碰撞，但只有末端执行器最有可能靠近障碍物并与障碍物交互。这些障碍物可以是支撑机器人的桌子，也可以是工作时用的夹具，障碍物的存在实质上定义了机器人在其工作空间禁止到达的位置和姿态。因此，机器人的位形空间中也存在有不能实现的关节转角。在规划机器人工作路径时，就必须在规避这些障碍物的同时，寻找一条能够到达目标点的轨迹[4.11]。

4.3.4　速度雅可比

通过速度雅可比，可将机器人末端执行器上一点 ${}^F\boldsymbol{p}$ 的速度 ${}^F\dot{\boldsymbol{p}}$ 与其关节速率 $\dot{\boldsymbol{q}}=(\dot{q}_1,\cdots,\dot{q}_m)^{\mathrm{T}}$ 建立起一一映射关系，具体方程为

$$ {}^F\dot{\boldsymbol{p}}=\boldsymbol{v}+\boldsymbol{\omega}\times({}^F\boldsymbol{p}-\boldsymbol{d}) \tag{4.4}$$

式中，$\boldsymbol{d}$ 为参考点的位置；$\boldsymbol{v}$ 为参考点的速度；$\boldsymbol{\omega}$ 为末端执行器的角速度。

向量 $\boldsymbol{v}$ 和 $\boldsymbol{\omega}$ 与关节速率 $\dot{q}_j$ 之间的关系可表示为

$$\begin{pmatrix}\boldsymbol{v}\\ \boldsymbol{\omega}\end{pmatrix}=\begin{pmatrix}\dfrac{\partial v}{\partial\dot{q}_1} & \dfrac{\partial v}{\partial\dot{q}_2} & \cdots & \dfrac{\partial v}{\partial\dot{q}_m}\\ \dfrac{\partial\omega}{\partial\dot{q}_1} & \dfrac{\partial\omega}{\partial\dot{q}_2} & \cdots & \dfrac{\partial\omega}{\partial\dot{q}_m}\end{pmatrix}\begin{pmatrix}\dot{q}_1\\ \vdots\\ \dot{q}_m\end{pmatrix} \tag{4.5}$$

或

$$\boldsymbol{v}=\boldsymbol{J}\dot{\boldsymbol{q}} \tag{4.6}$$

式（4.6）中的系数矩阵 $\boldsymbol{J}$ 称为速度雅可比矩阵，它由末端执行器的速度和输入关节的矩阵速率的比值来确定[4.6,9]。

4.3.5　机械增益

如果末端执行器在点 ${}^F\boldsymbol{p}$ 上作用有力 $\boldsymbol{f}$，那么输出功率为

$$P_{\mathrm{out}}=\boldsymbol{f}\cdot{}^F\dot{\boldsymbol{p}}=\sum_{j=1}^{m}\boldsymbol{f}\cdot\left[\frac{\partial\boldsymbol{v}}{\partial\dot{q}_j}+\frac{\partial\boldsymbol{\omega}}{\partial\dot{q}_j}\times({}^F\boldsymbol{p}-\boldsymbol{d})\right]\dot{q}_j \tag{4.7}$$

如果关节处安装有驱动器，则上式中的每一项都代表驱动提供的功率占总输出功率的比值。关节 S_j 处的输入功率为扭矩 τ_j 与关节旋转速率 $\dot{q}_j$ 的乘积，即 $\tau_j\dot{q}_j$。应用虚功原理，有

$$\tau_j=\boldsymbol{f}\cdot\frac{\partial\boldsymbol{v}}{\partial\dot{q}_j}+({}^F\boldsymbol{p}-\boldsymbol{d})\times\boldsymbol{f}\cdot\frac{\partial\omega}{\partial\dot{q}_j}\quad j=1,\cdots,m \tag{4.8}$$

经过整理，并引入在参考点 $\boldsymbol{d}$ 处的力矩矢量

$$\boldsymbol{f}=(\boldsymbol{f},({}^F\boldsymbol{p}-\boldsymbol{d})\times\boldsymbol{f})^{\mathrm{T}}$$

这时，式（4.8）可写成矩阵方程的形式，即

$$\boldsymbol{\tau}=\boldsymbol{J}^{\mathrm{T}}\boldsymbol{f} \tag{4.9}$$

式中，$\boldsymbol{J}$ 为式（4.6）定义的雅可比矩阵。对于一个具有 6 个关节的串联机器人，用这个方程可以求

得输出力矩矢量$\boldsymbol{f}$，即

$$\boldsymbol{f}=(\boldsymbol{J}^{\mathrm{T}})^{-1}\boldsymbol{\tau} \tag{4.10}$$

因此，这个系统的机械增益就是速度雅可比矩阵转置的逆矩阵。

4.4　串联机器人

在串联机器人中，连杆与关节的连接始于基座，终于末端执行器，如图4.9所示。而且，通常设计成能够独立实现平移和旋转的结构，即前3个关节用来对空间参考点进行定位，后3个用来确定参考点附近的姿态，功能类似一个腕关节，这个参考点被称为手腕中心[4.12,13]。手腕中心可到达的空间称为机器人的可达工作空间，既能到达这些点又可实现旋转的空间则称为灵活工作空间。

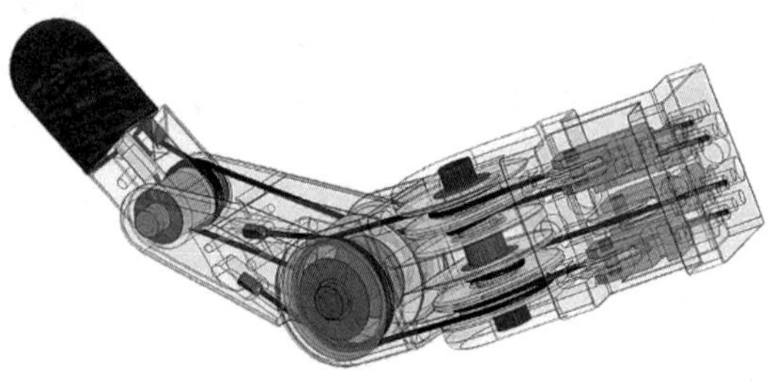

图4.9　Salisbury灵巧手的每根手指都是一个串联机器人

一个机器人通常设计成具有对称特征的可达工作空间。为此，设计人员有三种选择，即矩形、圆柱形和球形[4.6]。矩形工作空间由3个相互垂直的移动（P）关节组合实现，这些关节构成所谓的直角坐标机器人的PPPS链，其中S指球形手腕，它允许相对其中心点的所有旋转运动；圆柱形工作空间可由1个旋转基座和2个移动关节组合实现，这些关节构成CPS链，其中C是指共轴的旋转（R）关节和移动（P）关节，且P关节可由R关节替代，只要它能提供相同的径向运动。最后，机器人的基座上两个相互垂直的旋转关节组成一个T形关节，实现绕水平轴和竖直轴的旋转，而径向移动可以由P关节提供，也可以由作为肘关节的R关节提供，由此构成了具有球形工作空间的TPS链或TRS链。

不过，完全对称的工作空间只存在理论的可能，因为各关节轴之间为避免碰撞，通常设计成偏置分布的形式，而且关节行程的限制也会影响工作空间的形状。

4.4.1　优化设计

另一种设计机器人的方法是将机器人的工作空间限定为系统末端执行器的位置集合，称之为任务空间[4.14-17]。一般情况下，一个串联机器人手臂对于其上的5个连杆各有2个设计参数，分别是连杆偏移量和扭角，而每个连杆都需用4个参数来描述末端执行器上工件相对基座的位置，因此共有18个设计变量。连杆参数通常都要求事先定义好，以保证具有球形的手腕和确定的工作空间形状。对机器人来说，设计目标一般是确定工作空间的大小、基座的位置和工件的框架，并且让工作空间包含特定的任务空间。

任务空间通常由4×4的矩阵$\boldsymbol{D}_i$，$i=1,\cdots,k$来定义。利用迭代的方法选择一组设计，并用相应的运动学方程$\boldsymbol{T}(\boldsymbol{q})$来求得目标方程中相关位移解：

$$f(\boldsymbol{r})=\sum_{i=1}^{k}\|\boldsymbol{D}_i\boldsymbol{T}^{-1}(\boldsymbol{q}_i)\| \tag{4.11}$$

优化技术可以得到使目标函数最小化的设计参数向量$\boldsymbol{r}$。

这种优化取决于对末端执行器和理想工作空间之间距离度量的定义。Park[4.18]、Martinez和Duffy[4.19]、Zefran[4.20]，以及Lin和Burdick[4.21]等人已经证明不存在坐标系恒定的距离度量标准。这表明，除非目标函数能够取值为0，使工作空间完全包含任务空间，否则最终设计必须基于坐标系的选择，因此该设计过程不能称为几何设计。

4.4.2　速度雅可比

根据式（4.5）可以得到六轴串联机器人的6×6雅可比矩阵$\boldsymbol{J}$，该矩阵是由速度比构成的向量组，将手腕中心的线速度$\boldsymbol{v}$和末端执行器的角速度$\boldsymbol{\omega}$与每个关节的速度联系起来。从每个关节驱动器提供的扭矩看，方程（4.9）表明，雅可比矩阵能够确定施加在手腕中心的力-力矩矢量$\boldsymbol{f}$，至于具有特定属性的雅可比矩阵可由机器人的连杆参数来确定。

机器人驱动器转矩的平方和通常用来作为输出结果的一个测量标准[4.22,23]，由式（4.9）可得

$$\boldsymbol{\tau}^{\mathrm{T}}\boldsymbol{\tau}=\boldsymbol{f}^{\mathrm{T}}\boldsymbol{J}\boldsymbol{J}^{\mathrm{T}}\boldsymbol{f} \tag{4.12}$$

式中，矩阵$\boldsymbol{J}\boldsymbol{J}^{\mathrm{T}}$是一个正定矩阵。因此，它可以看作是六维空间内的超椭球体[4.24]。椭球体的半径与该雅可比矩阵特征值的绝对值成反比。这里的特征

值可以看作是关节速度与放大的模态速比，其倒数是相关模态的机械增益，因此可以利用这个椭球体的形状表示机器人输出力的放大性能。

最大特征值与最小特征值的比值称为条件数，它给出了关于椭球体各向异性或圆度的度量。若一个球体的条件数是 1，则称为各向同性。当机器人的速度雅可比矩阵为各向异性时，就不存在速比放大和机械增益了。而且，因为传递过程中误差不会扩大[4.25,26]，所以这个模型的输入与输出之间存在强耦合。在机器人设计中，条件数也可以作为一个评价指标[4.27]。

上述情况都是建立在机器人的基本设计工作空间包含任务空间的前提下，通过参数优化找到内部的连杆参数，由此获得期望的雅可比矩阵。设计人员既要不断缩小工作空间，也要基于雅可比矩阵的优化理论寻找与坐标系无关的公式理论。

4.5 并联机器人

由两个或两个以上串联支链（或分支）共同支撑一个末端执行器的机器人系统称为并联机器人，如自适应悬挂车辆的腿部支撑（图 4.10）便是一个由并联驱动的受电弓机构。并联机器人的每条支链都可达到 6 个自由度，然而一般情况下，整个系统只有 6 个驱动关节。Stewart 平台就是一个很好的例子（图 4.2）[4.9,28,29]，它由 6 个 TPS 机器人组成，但只有移动关节（P）是驱动关节。

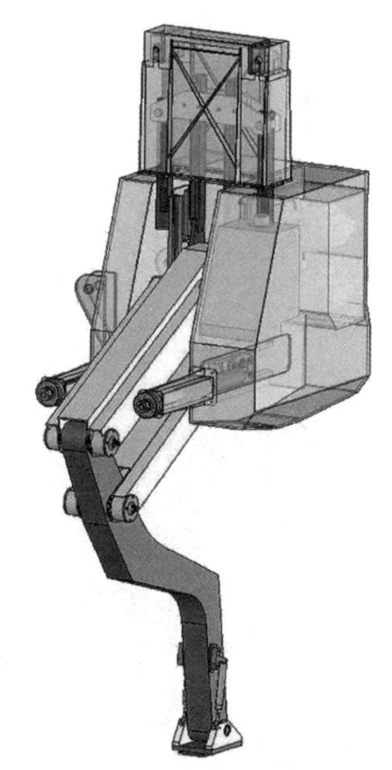

图 4.10 ASV 行走机器的一条腿就是一个并联机器人

TPS 腿的运动学方程为

$$\boldsymbol{T}=\boldsymbol{B}_j\boldsymbol{T}(\boldsymbol{\theta}_j)\boldsymbol{E}_j \quad j=1,\cdots,6 \tag{4.13}$$

式中，$\boldsymbol{B}_j$ 是腿所在基座的位置，$\boldsymbol{E}_j$ 是腿与末端执行器连接的位置。满足上述方程的位置 $\boldsymbol{T}$ 的集合称为并联机器人的工作空间。

在并联机器人中，单独一条支链的工作空间可通过几何约束方程来确定。例如，TPS 机器人中第 j 条支链的工作空间的位置 $\boldsymbol{T}$ 满足如下方程：

$$(\boldsymbol{T}\boldsymbol{x}_j-\boldsymbol{p}_j)\cdot(\boldsymbol{T}\boldsymbol{x}_j-\boldsymbol{p}_j)=\rho_j^2 \tag{4.14}$$

其中，由于 $\boldsymbol{p}_j$ 的大小受驱动器移动关节的控制，上述方程便定义了支链的基座铰点 p_j 和支链与平台铰点 ${}^F\boldsymbol{x}_j=\boldsymbol{T}\boldsymbol{x}_j$ 之间的距离，而所有满足 6 条支链所对应 6 个方程的位置 $\boldsymbol{T}$ 的集合便构成了 Stewart 平台的工作空间。

4.5.1 工作空间

并联机器人的工作空间是每条支链工作空间的交集，但它既不是针对可达工作空间求交，也不是对灵活工作空间求交。在并联机器人中，可达工作空间和灵活工作空间之间的联系十分紧密，灵活工作空间一般在可达工作空间的中心处达到最大，并且随着参考点向可达工作空间的边界迁移而缩小。通过设计每条支链使其实现对称运动的方法，已经成为并联机构创新设计的一个重要工具[4.30,31]。此外，基于设计参数，还可以模拟出机器系统的工作空间。

有关工作空间求解的另一条思路是直接确定工作空间具体的位置和姿态，即通过求解每条支链的约束方程以获得设计参数，也就是运动综合法[4.32,33]。利用这种方法，不仅可以设计出不对称型并联机器人，而且可以得到确定的可达工作空间和灵活工作空间，详见 McCarthy 和 Soh 的工作[4.34]。

4.5.2 机械增益

在并联机器人中，每条支链的雅可比矩阵都可以用来求解力的放大特性。为此，首先引入一个 6 维向量 $\boldsymbol{v}=(\boldsymbol{v},\boldsymbol{\omega})^{\mathrm{T}}$，用来表示平台的线速度和角速度；然后建立每条支链的运动学方程，即

$$\boldsymbol{v}=\boldsymbol{J}_1\dot{\rho}_1=\boldsymbol{J}_2\dot{\rho}_2=\cdots=\boldsymbol{J}_6\dot{\rho}_6 \tag{4.15}$$

这里假设平台由6条支链支撑，但也可以更少，如当一个机器手的手指抓取物体时可以小于6[4.4]。

根据虚功原理，每条支链施加在平台上的力为

$$\boldsymbol{f}_j=(\boldsymbol{J}_j^{\mathrm{T}})^{-1}\boldsymbol{\tau}_j \quad j=1,\cdots,6 \tag{4.16}$$

由于该系统中只有6个驱动关节，因此将相关的关节力矩写成向量形式，即 $\boldsymbol{\tau}=(\tau_1,\cdots,\tau_6)^{\mathrm{T}}$。假设 $\tau_i=1$，其他的力矩都为0，根据式（4.16），可以得到施加在平台上的力 $\boldsymbol{f}_i$，最后通过式（4.17）即可得到合力扭矩 $\boldsymbol{w}$ 为

$$\boldsymbol{w}=(\boldsymbol{f}_1,\boldsymbol{f}_2,\cdots,\boldsymbol{f}_6)\boldsymbol{\tau} \tag{4.17}$$

或

$$\boldsymbol{w}=\boldsymbol{\Gamma\tau} \tag{4.18}$$

式中，系数矩阵 $\boldsymbol{\Gamma}$ 的元素决定了每个驱动关节的机械增益，在Stewart平台的例子中，系数矩阵中的各列便是沿着各条腿轴线的Plücker坐标[4.29]。

根据虚功原理，可以得到用关节速率表示的平台速度函数，即

$$\boldsymbol{\Gamma}^{\mathrm{T}}\boldsymbol{v}=\dot{\boldsymbol{\rho}} \tag{4.19}$$

由此可以看出，系数矩阵 $\boldsymbol{\Gamma}$ 中的元素还可以定义每一个驱动关节与末端执行器的速度比。此外，也可通过对几何约束公式求导获得同样的方程，而 $\boldsymbol{\Gamma}$ 便是并联机器人的速度雅可比矩阵[4.35]。

利用雅可比矩阵 $\boldsymbol{\Gamma}$ 及相关的参数优化算法，可设计出具有各向同性的并联机器人[4.36]，且行列式 $|\boldsymbol{\Gamma}\boldsymbol{\Gamma}^{\mathrm{T}}|$ 的平方根可用于度量由列向量 $\boldsymbol{f}_j$ 所限定的6维体积。这个体积与其工作空间最大值的比值可用来衡量机器人的整体性能[4.37,38]。当设计具有各向异性的并联机器人时，首先要测量出可用的最大关节力矩和最大的期望力/力矩，再利用类似的评价方法将雅可比矩阵标准化[4.39]。

4.5.3 特殊并联机器人的设计

另一种设计并联机器人的方法是只考虑它的定位或调姿功能，具体可参考Tsai和Joshi[4.40]、Jin和Yang[4.41]，以及Kong和Gosselin[4.42]、Hess-Coelho[4.43]的工作。前两篇研究了一类只产生平动的并联机构，后两篇研究了具有空间旋转运动的并联机构。

4.6 机械结构

为了方便动力学建模，一般认为机器人的连杆都是刚性的。实际上，机器人并不是刚性结构。与所有的结构一样，机器人在其重力和载荷作用下会发生变形（图4.11和4.12），视变形程度大小而定。连杆产生变形所需的力越大，机器人就越趋向于刚性。因此，刚性机器人的连杆需设计成具有一定的刚度，以使连杆在受力后的变形满足其各项任务对精确定位的要求。可以说，目前大多数商用机器人都是刚性的，这就保证了动力学建模和控制算法中不需要考虑连杆变形的问题（Rivin[4.44]）。

图4.11 Skywash的液压驱动飞机清扫机器人

图4.12 DeLaval奶牛挤奶系统采用视觉导引定位的液压机器人（VIDEO 643）

事实上，在控制算法中，若考虑连杆自身重力带来的变形，会提高机器人整体的定位精度，此外，还可以用应变传感器测量载荷与变形的大小。

对于常见的弱刚性机器人，一般都假定小变形与力之间存在线性关系。

对于柔性机器人进行动力学建模时，要考虑连杆由自身重力产生的变形，以及使连杆产生加速度的力（即惯性力）所产生的变形。相应地，在柔性机器人的控制算法中，必须同时控制系统的振动及其整体运动。当然，振动控制在刚性机器人中也是必须的，尤其是在高速、重载的应用场合。

4.6.1 连杆

对于工业机器人，连杆在弯曲和扭转时的变形需格外予以关注。一般情况下，为了提供足够的刚度，机器人的连杆往往设计成梁或壳体（单体）的结构。虽然单体结构具有轻质或高强度/质量比的优势，但它一般难于加工，成本也比较高。相比较而言，基于梁的铸造、挤压或机械加工的连杆往往成本更低，具体可参考 Juvinall 和 Marshek[4.45]，以及 Shigley 和 Mischke 的著作[4.46,47]。

另外，还需重点考虑的是：连杆结构是否是使用螺栓、焊接或黏合剂连接的组装件，包括铸件、机械加工件和装配元件等。虽然螺钉或螺栓连接看起来简单、成本低廉，且易于维护，但它们在装配过程中容易使连杆发生变形，进而产生蠕变，并最终影响机器人的尺寸及功能。虽然焊件和铸件对蠕变和滞后形变都不太敏感，但在许多情况下它们需要二次加工，如需去除残余热应力和进行精加工。

对于铸件来说，它的实际最小壁厚或腹板厚度可能会大于为保证刚度所需要的厚度。薄壁可以通过蒙皮结构（单体结构）来实现，但这种优势可能会因潜在的凹痕、永久性变形和轻微碰撞产生的损坏而丧失。因此，当选择机器人结构和制造细节时，必须同时考虑性能和应用要求。

特种材料和几何学知识都常用于减小连杆结构的质量，进而减小与之相关的重力和惯性力。针对不同的性能要求选择不同的材料，如对直线运动的结构，更多采用由镁或铝合金构成横截面恒定的挤压件；对于高加速度机器人（如喷漆机器人），碳纤维和玻璃纤维合成物能使其更加轻量化。热塑料材料虽然成本较低，但它的负载能力差；至于不锈钢，则大多用于医疗和饮食服务机器人中。此外，串联机器人的连杆一般要设计得更长一些，以减小横截面积和壁厚，使惯性负载变小。

4.6.2 关节

对于大多数机器人，其关节允许旋转或线性运动，相应地，称这两种关节为旋转关节和移动关节。其他可用的关节有承插式球关节或球关节，还有虎克铰等。

包含驱动器和关节运动传感器的组合系统是机器人结构拥有灵活性的保证。关节承载区域变形会导致齿轮和轴上的预紧力减小，若出现间隙和空转，会造成整体精度的下降。结构灵活性也会影响齿轮中心距，引入外力/力矩后，还会产生诸如黏合、堵塞、磨损等变形。

4.7 关节机构

4.7.1 组成

机器人的一个关节至少由四部分，即关节轴、驱动器、传动装置及传感器（通常是位置和速度传感器，但力传感器也很常见）组成。对于最大加速度小于 $0.5g$ 的低性能操作臂，其系统惯性相对于重力和力矩可忽略不计，这意味着驱动器可以放置在关节附近，并且通过使用配重、弹簧或气压进行补偿。

对于峰值有效载荷加速度为 $(3\sim10)g$ 的高性能机器人，减小系统的惯性就变得十分重要了。对于这类机构，驱动器一般放置在串联连杆操作臂的第一个关节轴附近，以减小惯性的影响，并使用驱动连杆、带、绳索或齿轮传动装置来驱动关节。

尽管传动距离越长，越能减小质量、重力力矩和惯性，但同时也引入了灵活性，使系统的整体刚度下降。因此，每个关节驱动器的位置和传动系统的设计都必须综合考虑重力、惯性、刚度和复杂性的影响，而每一种选择都会影响操作臂的物理性能。不妨用 Adept1 机器人来具体解释这一点。Adept1 机器人有 4 个自由度，分别由不同的结构实现：第一根轴由电动机直接驱动，第二根轴由钢带传动驱动，第三根轴由同步带传动驱动，而第四根轴由线性滚珠丝杠驱动。有关各种有用的关节机构，具体可参考 Sclater 和 Chironis 的工作[4.48]。

4.7.2 关节轴结构

1. 旋转关节

旋转或回转关节主要用来产生纯转动，而其他方向的位移和运动都将减到最小。评价旋转关节的重要指标是它的刚度或其抗干扰的能力。对于旋转轴来说，在刚度设计中需要考虑的关键因素有：轴的直径、支撑结构的种类、轴承的参数，以及预紧力、误差和间隙。其中，轴的直径和轴承尺寸并不是基于承载能力进行设计；相反，它们是依据刚性支撑结构进行选择，并且具有足够大的孔，以方便电缆、软管或其他驱动元件穿过。此外，由于关节轴经常用来传递转矩，它们及其支撑结构必须保证能承受一定的弯曲和扭转。一个典型的例子是PUMA机器人的第一根轴就采用了大直径的管状结构。

轴承支承结构类型的选择将会直接影响旋转关节的刚度。其中，制造误差、热膨胀和轴承预紧力会影响保持架的排列方式和构造。同时，利用角接触轴承和圆锥滚子轴承的轴向预紧力能减小轴向和径向的运动，从而提高系统的精度和刚度。预载可以通过装配体或弹性元件、垫片、垫圈、四点接触轴承及双联式轴承的排列，或者通过紧配合获得。

2. 移动关节

移动或线性运动关节有两种基本类型，即单级型和伸缩型。一般情况下，移动关节和与之相连的连杆、驱动器共同构成一个线性驱动器。单级型关节由一个可沿着另一个固定表面线性滑动移动表面构成，而伸缩型关节则是由单级型关节嵌套或组合而成。单级型关节结构更加简单且具有刚度高的特点，伸缩型关节的主要优势则在于它收缩时的紧凑性和大的伸缩比。但对于一些动作来说，伸缩型关节的惯性性能比较差，这是因为组成伸缩型关节的一部分在主体运动时可能仍然保持静止，或者以相对较低的加速度运动。

移动关节的轴承主要用来保证关节只在一个方向移动，而不能在其他方向运动，如何防止那些不希望的运动产生仍是设计时面临的一大挑战。移动关节结构的变形会影响轴承的表面构造，在严重的情况下，滚珠或轴承内外圈在力的作用下会产生黏滞，进而妨碍运动。对于高精度的移动关节，它在数米长的导轨上移动必须保证平直且精确，但这种要求势必带来高成本，如移动关节的轴承和导轨组件都要用昂贵的护罩大面积覆盖和密封。

刚度/质量比是评价大多数直线运动关节或轴（接近或者就在手腕或末端执行器上）的一个重要参数。为获得良好的刚度/质量比，运动件一般设计成中空或薄壁结构，而不是实心结构。

轴承间距对刚度至关重要，这是因为轴承的间距如果过小，无论轴承本身的刚度多大，系统整体刚度都无法满足要求。移动关节的失效主要来自导轨表面的疲劳磨损，这一般是因为过大的预载荷、力矩载荷或冲击载荷导致滚动体上的载荷过大。

相对于旋转关节，暴露在外的大面积精密表面使移动关节对杂质、不合理操作及环境变化更加敏感。同时，对移动关节的制造、装配和标定也更加困难。

移动关节中滑动元件的常见类型主要有青铜或热塑性衬套。这些衬套具有成本低、承载能力高，并可在未硬化或微硬化表面（电镀或阳极化处理表面）工作等优点。由于移动衬套上的接触应力分散，因而数值较小，因此，衬套可以是薄壁结构。另外一种常见的衬套是球状衬套。与热塑性衬套相比，球状衬套摩擦小、精度高。但球状衬套一般需要对接触表面进行热处理或硬化处理（通常需要达到55HRC或更高的硬度），而且需要足够的壳体厚度来承载由球的点接触特性所产生的高应力。

滚珠导轨在机器人移动关节中应用比较广泛，它有两种基本类型，即循环型和非循环型。非循环滚珠导轨一般用于短程装置上，它们精度更高且摩擦更小，但对冲击更敏感且力矩负载能力较差；循环滚珠导轨相对来说虽然精度不高，但可以承受较大的力/力矩，并且行程范围可以达到数米。目前，商用的循环型滚珠导轨大大简化了线性轴的结构与设计过程，特别是针对龙门机器人和轨道式操作臂，大大简化了设计。

机器人移动关节的另一种常见形式是由凸轮从动件、滚筒或滚轮组成，在挤压、拔伸、加工或磨削的表面上滚动。在重载情况下，滑轨表面必须在最后精磨之前进行硬化处理。凸轮从动件在购买时会附带有用来辅助安装和调整的偏心轴，而弹性滚筒能使噪声更小，运行更顺畅。

还有两种较少见的基于柔性铰链或空气轴承的机器人移动关节。其中，柔性铰链主要通过基于支撑梁结构的弹性变形产生运动，主要用于小的、高分辨率的拟线性场合。空气轴承要求表面必须光滑，能对公差实现精细控制，并且能连续不断地输送经过过滤且无油的压缩气体。如图4.13所示，含有2或3自由度(x,y,θ)的空气轴承可以利用很少的运动部件实现复杂的多轴运动。

图 4.13 RobotWorld 是一款具有多个空气轴承的机器人完整工作单元

3. 关节运动

对于含有旋转关节的结构，其肩部、肘部关节和连杆决定了机器人的工作范围（即可达工作空间），而腕关节一般决定了工件在工作空间内某一点处的姿态范围（即灵活工作空间）。关节的运动行程越大，能达到特殊位置（增加的任务空间）的操作就越多。当腕关节运动超过 360°且最大到 720°时，它能更好地实现路径控制，如控制直线运动；或者实现同步运动，如零件在传送带上的运动；或者需要传感器配合的运动，如借助机器视觉挑选和引导从箱子中拾取杂乱的物件。另外，在装载或卸载旋转机器或匹配螺纹零件时，需要末端关节具有连续的旋转运动。

辅助关节和连杆虽然偶尔放置在机器人本体上，但它们更多是用在末端执行器中。这些关节和连杆及一些特种工具可用来增大机器人的任务空间。在设计连续体机器人或可控路径机器人时，要避免出现奇异点的情况（即两个或更多关节在一条直线上或近似在一条直线上的区域）出现，否则末端执行器在这些区域运动时将变得不稳定。具体可以通过对工作单元的精心设计与合理布局增加操作臂的有效工作空间，并且利用设置关键路径的方法避开奇异区域。例如，一个标准的三轴机器人手腕处有两个互成 180°的奇异点，但利用减少奇异点的设计方法可以使无奇异区域达到 360°。这样的手腕已广泛应用在剪羊毛的机器人上[4.50,51]，使之实现复合、长距离、连续、光滑、匀速及具有传感器反馈的设计要求。图 4.14 所示为一种在运动范围内没有奇异点的用于微创手术的手腕[4.49]。

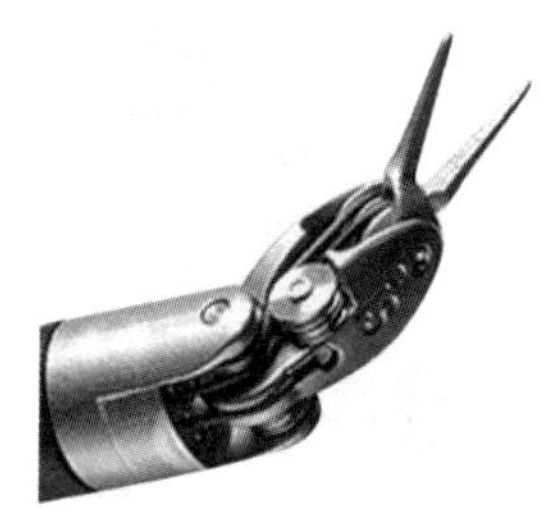

图 4.14 用于微创手术的手腕（采用钨丝驱动，在运动范围内没有奇异点）（参考文献［4.49］）

4.8 驱动器

驱动器的主要功能是为机器人提供动力。目前，大多数机器人驱动器源于市场上现有的组件，而且在具体选型时会做出适当调整，以适应特定用途的机器人。三种常见的驱动器包括电磁驱动器、液压驱动器和气动驱动器。

4.8.1 电磁驱动器

1. 伺服电动机

大多数机器人操作使用伺服电动机作为动力源，因为它能使位置、速度或力矩等输出量精确跟随不断变化或发生突变的输入量。虽然伺服电动机的结构与普通电动机类似，但它的惯性更小且能产生更大的加速度所需要的大力矩。机器人中最常用的是永磁直流（PMDC）电动机和无刷直流（BLDC）电动机，将电能转化为旋转或运动的机械能。

永磁直流电动机得以广泛应用的原因有很多，如可产生大的转矩、速度控制范围大、转矩-转速性能好，以及适用于不同控制类型等。永磁直流电动机有很多不同的类型，低成本的永磁电动机使用陶瓷（铁基）磁铁，通常用于玩具机器人和其他非专业机器人；具有稀土元素（钕铁硼）的永磁电动机由于磁性最强，在同等体积下往往可以产生最大的转矩和功率。

无刷电动机，分为交流（AC）伺服电动机或无刷直流电动机，通常应用于工业机器人领域（图 4.15 和图 4.16）。这种电动机用磁性传感器或光学传感器及电子换向电路代替有刷直流电动机中的石墨电刷和铜条换向器，因此消除了摩擦、瞬时放电及换向器的磨损。无刷电动机在低成本条件下表现优异，主要归功于它能降低电动机的复杂程度。但是，无刷电动机使用的控制器比有刷电动机的控制器更加复杂且更为昂贵。无刷电动机的被动式多极钕磁铁转子和铁制绕线定子具有良好的散热性和可靠性。直线无刷电动机的功用与展开的旋转电动机相似，都有一个又长又重的被动式多磁极定子和又短又轻的电子换向式绕线滑块。

图 4.15　Baldor 交流伺服电动机

图 4.16　Anorad 无刷直线电动机

2. 直流电动机和无刷直流电动机的建模

尽管直流电动机和无刷直流电动机的结构不同，但根据 Silva 的研究[4.52]，它们可以用几乎相同的方程来描述。如图 4.17 所示，电动机产生的转矩为

$$\tau_m = K_t i_a \tag{4.20}$$

式中，K_t 是转矩常量，单位为 N·m/A；i_a 是电枢电流，单位为 A。

当转子旋转时，反电动势 v_b 可由下式导出，即

$$v_b = K_b \omega_m \tag{4.21}$$

式中，K_b 是反电动势常量，单位为 V/(rad/s)；ω_m 是电动机的角速度，单位为 rad/s。

相应的电路方程为

$$v_a = R_a i_a + L_a \frac{di_a}{dt} + v_b \tag{4.22}$$

式中，v_a 是电枢电压（电源电压），单位为 V；R_a 是电枢绕组的电阻，单位为 Ω；L_a 是电枢绕组的电感，单位为 H。

最后，电动机的力学方程如下：

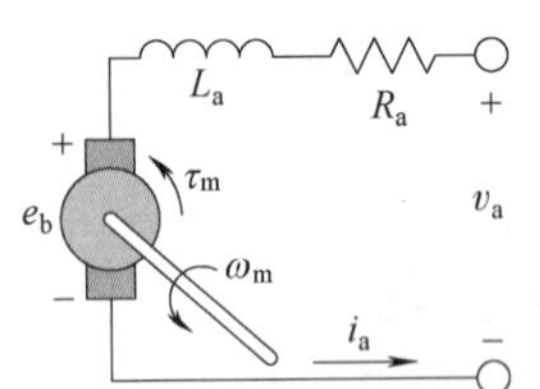

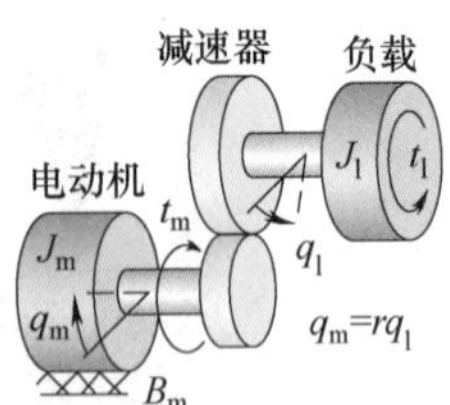

图 4.17　伺服电动机模型

$$J\frac{d\omega_m}{dt} + B\omega_m = \tau_m - \frac{\tau_l}{r} \tag{4.23}$$

式中，J 是电动机轴的等效转动惯量，单位为 kg·m²；B 是电机轴的等效黏滞摩擦系数，单位为 N·m/(rad/s)，τ_l 是力矩，单位为 N·m；r 是传动比。J 和 B 的数值可由下式求得：

$$J = J_m + \frac{J_l}{r^2}, \quad B = B_m + \frac{B_l}{r^2}, \tag{4.24}$$

式中，J_m 和 B_m 是输入轴（包括与之相连的齿轮）的等效转动惯量和等效黏滞摩擦系数，而 J_l 和 B_l 是输出轴（包括与之相连的齿轮）的等效转动惯量和等效黏滞摩擦系数。

上述四个方程可用图 4.18 中的框图表示。

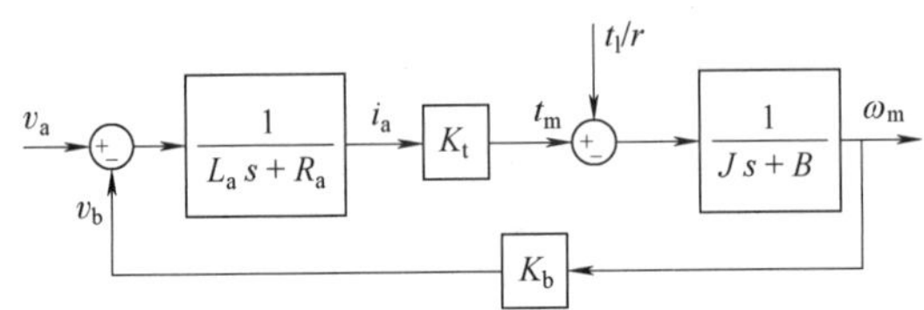

图 4.18　伺服电动机的控制模型框图

伺服电动机的电气时间常数 $\tau_e = L_a/R_a$ 和机械时间常数 $\tau_m = J/B$ 都会影响电动机的性能。由于电枢电感可以忽略不计，电气时间常数一般比机械时间常数要小得多。考虑到这一点，电动机的转速可以用电枢电压 v_a 和负载转矩 τ_l 表示：

$$\omega_m(s) = \frac{1}{JR_a s + (R_a B + K_t K_b)}\left(K_t v_a(s) - R_a \frac{\tau_l(s)}{r}\right) \tag{4.25}$$

式（4.15）已广泛应用于直流电动机和无刷直流电动机的仿真过程中。

3. 步进电动机

简单的小型机器人，如台式涂胶机器人，通常使用永磁（PM）混合式或可变磁阻式（VR）的步进或脉冲电动机（图 4.19）。这种机器人的位置和速度通常采用开环控制，因此它们的成本相对较低，并且容易与电子驱动电路对接，细分控制可以产生

10000 个或更多的独立的机器人关节位置。在开环步进模式下，电动机和机器人的运动需要较长的校正时间。对于这种情况，可通过机械或控制算法等方式进行抑制。此外，步进电动机的功率质量比低于其他类型的电动机，有闭环控制功能的步进电动机与直流或交流的伺服电动机类似（图 4.20）。

图 4.19 Sony 机器人使用开环永磁步进电动机

图 4.20 Adept 机器人使用闭环控制和可变磁阻电动机（VIDEO 644）

4. 永磁直流电动机

永磁电动机有很多不同的类型，低成本的永磁电动机使用陶瓷（铁基）磁铁，多应用在玩具机器人和其他非专业机器人中；钕铁硼电动机由于磁性最强，在同等体积下往往可以产生最大的转矩和功率。

无铁心转子电动机通常用在小型机器人上，它的铜导线电容一般嵌入环氧树脂，形状为复合杯状结构或盘状转子结构。这种电机有很多优点，如电感系数很低，摩擦很小，且没有齿槽转矩。盘式电枢电动机的总体尺寸较小，且由于有很多换向节，它可以平稳地输出低转矩。但这种无铁心电枢电动机由于质量小且传热通道受到限制，其热容量就会相对比较小。所以，在高功率的工作负荷下，它们必须有严格的工作循环间隙限制或空气散热方面的要求。

4.8.2 液压驱动器

液压驱动器主要用于早期工业机器人，它能提供非常大的作用力，并且有非常可观的功率/质量比。顾名思义，液压驱动器是将液压能转变为有用的机械能的机器，产生的机械运动可能是液压缸的直线移动，也可能是液压马达和叶片驱动器的旋转运动。

如图 4.21 所示，通用的液压回路由油箱、液压泵、单向阀、安全阀、方向控制阀和液压驱动器组成。液压油经液压泵加压后传递给液压缸，使其完成特定任务。而液压油的压力、流量和方向在液压控制阀的控制下最终都会发生改变。具体而言，方向控制阀可以改变从液压泵输出的液压油的流向，从而改变驱动器运动的方向；流量控制阀通过改变液压油的流动速度控制驱动器的速度；液压回路中还有压力控制阀以保证安全，如安全阀能限制系统的最大安全压力。

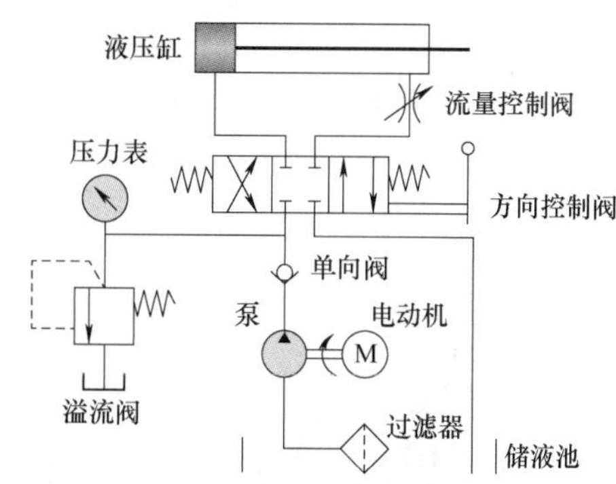

图 4.21 通用的液压回路

液压驱动器使用高压液体既带来了一些优点，也不可避免地会产生一些缺点。液压油能提供非常大的力/力矩，以及非常高的功率/质量比，而且它们可以在运动部件小惯性条件下实现直线运动和旋转运动。然而，液压驱动器需要消耗大量的功率，所需要的快速响应伺服阀的成本也非常高，泄漏液和复杂的维护需求也限制了液压驱动机器人的应用。

目前，液压驱动器在许多机器人技术中都有应用，尤其在需要力或力矩比较大、速度也较快的场合，它比现有的电磁驱动器表现更优异。Hollerbach等人[4.53]指出，液压油泄漏是可以通过一定方法消除的。图4.22所示为液压驱动器在机器人中的应用[4.54-56]。

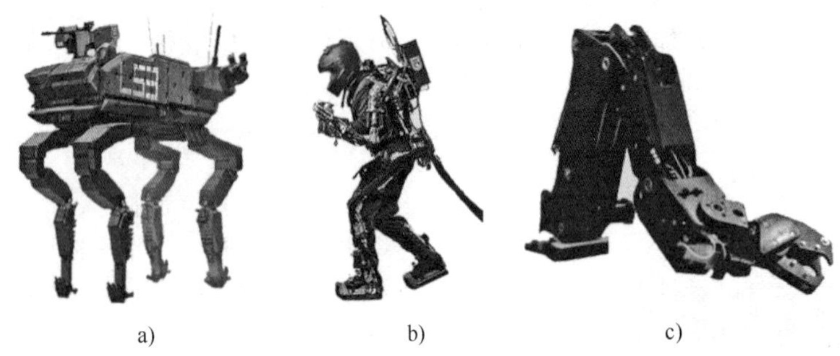

图4.22　液压驱动器在机器人中的应用
a）大狗（波士顿动力公司 VIDEO 645）　b）Sarcos外骨骼机器人（雷锡昂公司 VIDEO 646）
c）Magnum7（国际海底工程有限公司）

4.8.3　气动驱动器

气动驱动器与液压驱动器类似，它将气体压缩时产生的能量转化为直线运动或旋转运动。气动驱动器最初应用在简单执行装置上，它们能在两个限位挡块之间提供无级运动，而且点到点的运动表现更为出色。气动驱动器结构简单且成本低廉，而且具有许多电动机没有的优点。例如，它在易爆场合使用更安全、受周围环境温度和湿度影响更小等。但是，尽管一些小型驱动器可以在工厂原有气源下工作，对于那些大量使用气动驱动器的机器人来说，仍需要安装昂贵的空气压缩系统。此外，气动驱动器的能效也相对较低。

气动系统包括气动发电机、气动阀、气动驱动器和管道。其中，气动发电机使用空气压缩器产生压缩气体，气动阀用来控制气体的压力、流速和方向。产生的机械运动既可用于气缸的移动，也可用于气动马达的旋转。

尽管气动驱动器不适用于重载条件，因为它的输出功率远小于液压驱动器和电磁驱动器，但它能用于大功率/质量比的机器人手指或人工肌肉中，如气动驱动器通过控制压缩气体充填气囊进而实现收缩或扩张肌肉。气动式人工肌肉通常成组地出现在主动肌和主动肌对中。另外，由于气动驱动器不受磁场的影响，它可应用在医疗领域；同样，由于没有电弧，它也可用于易爆场合。图4.23所示为常见的气动驱动器的应用[4.57,58]。

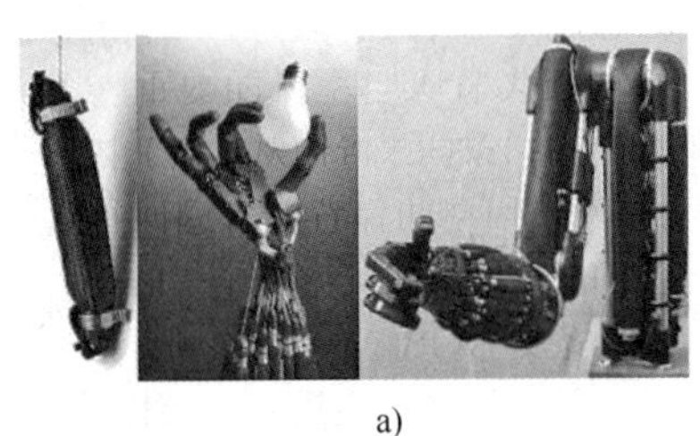

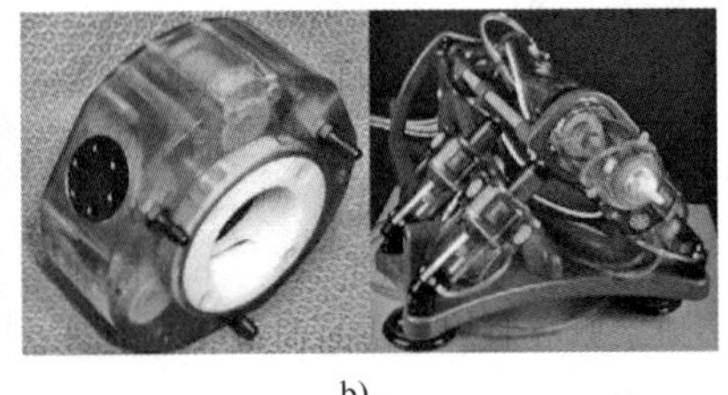

a)　　b)

图4.23　气动驱动器的应用
a）具有人工肌肉的机器人手和手臂（有阴影）　b）气动步进电动机和MrBot（Urobotic，JohnsHopkins大学）

4.8.4　其他类型的驱动器

其他类型的驱动器同样也有应用在机器人中。图4.24和图4.25所示为部分利用热学、形状记忆合金（SMA）、双金属、化学、压电、磁致伸缩、电聚合物（EAP）、气囊和微机电系统（MEMS）等原理或材料而制成的驱动器。这些驱动器大多用于特种机器人的研究，而不是配备在大批量生产的工业机器人上。例如，图4.26中压电式六轴纳米定位平台就使用了压电陶瓷驱动器。

图 4.24 人工肌肉 EAP 电动机

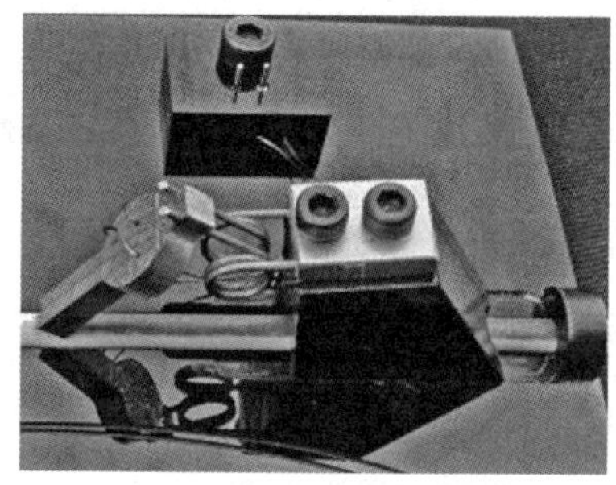

图 4.25 Elliptec 压电电动机

图 4.26 PI 公司的压电式六轴纳米定位平台（VIDEO 648）

4.8.5 传动系统

传动装置或传动系统的主要功能是将机械动力从源头传递到负载。传动系统的设计和选择需要考虑运动、负载和电源的要求，以及驱动器相对于关节的安放位置，其中首先考虑的是传动装置的刚度、效率和成本。齿隙和扭转会影响驱动器刚度，尤其是当机器人应用在具有连续旋转和载荷剧烈变化的场合中。高传动刚度和低齿隙或无齿隙均会导致更多的摩擦损失。大多数机器人的传动系统工作在接近额定功率时效率最高，但在轻载时不一定如此。体积过大的传动系统会增加系统的重量、惯性和摩擦损失。对于那些刚度较低的传动系统，在持续的或高占空比运行中会快速磨损，或者因意外过载而失效。

机器人的关节驱动基本上都要通过传动装置实现，它以一种高能效的方式，利用关节将驱动器和机器人的连杆连接起来。其中，传动机构的传动比决定了驱动器与连杆之间的扭矩、速度和惯性关系。合理的传动系统布置、尺寸及机构设计决定了机器人的刚度、质量和整体操作性能。目前，大多数现代机器人都应用了高效、抗过载、可反向的传动装置。

1. 直接驱动

直接驱动是运动学中最简单的驱动机构。对于气动或液压驱动的机器人，直接驱动是指使用高转矩、低转速或直线电动机将驱动器直接连接在两连杆之间。直接驱动能完全消除空行程，实现平稳的转矩传动。但是，原动件与连杆间的动力学匹配（惯性比）使这种传动方式往往需要一个体积更大且能效更低的驱动器。

2. 带驱动

直接驱动的另一种形式是带驱动，指将由合金钢或钛材料制成的薄履带固定在驱动器轴和被驱动的连杆之间，以产生有限的旋转或直线运动。传动装置的传动比可以高达 10∶1（驱动器转 10 圈，关节转 1 圈），而且驱动器质心也能从关节处移开——通常移至基座处，以减少机器人惯性和重力负载。与缆绳或带传动相比，它是一种更柔顺且刚性更好的传动系统。

3. 带传动

同步（齿形）带往往应用在小型机器人的传动机构和一些大型机器人的某些轴上，其功能大体和带驱动相同，但后者具有连续驱动的能力，多级（两级或三级）带传动有时会用来产生大的传动比（高达 100∶1）。一般通过调整惰轮或轴距控制张紧力，但长带传动器的弹性和质量过大会导致驱动不稳定，从而增加机器人的校正时间。

4. 齿轮传动

直齿轮或斜齿轮传动为机器人提供了可靠性高、密封性能好、维护成本低的动力传递方式。它们主要应用在机器人手腕处，在这些手腕结构中要求多个轴线相交且驱动装置布置紧凑。大直径齿轮用于大型机器人的基座关节，借以提供高刚度来传递大转矩。齿轮传动常用于基座，而且往往与长传动轴联合，实现驱动器和驱动关节之间的长距离动力传输。例如，将驱动器与第一级减速器安装在肘部附近，通过一个长的空心传动轴来驱动另一级减速或差速器（图 4.1）。

行星齿轮传动常常应用在紧凑型齿轮马达中（图4.27），为了尽量减少关节齿轮驱动时的间隙（空程），齿轮传动系统需要进行精心的设计，只有这样才能实现不以牺牲刚度、效率和精度为代价的小间隙传动。机器人的间隙大小可由多种方法进行调整，包括选择性装配、调整齿轮中心和采用专门防间隙的设计。

图4.27　具有行星齿轮关节驱动装置的航天飞机机器人手臂

5. 蜗杆传动

蜗杆传动偶尔会被应用在低速机器人上，其特点是可以使动力产生正交偏转或平移，同时具有高的传动比，结构简单，具有良好的刚度和承载能力。但是，蜗杆传动的效率比较低，原因在于：一方面，它使机器人在大传动比时具有反向自锁特性，这意味着当没有动力时，关节会自锁在当前位置；另一方面，这也使它们容易在需要手动定位机器人的过程中被损坏。

6. 专用传动装置

专用传动装置广泛应用于标准工业操作臂，如谐波减速器和旋转矢量（RV）减速器，它们具有结构紧凑、小齿隙、高转矩传递等特点，并且需要使用特殊齿轮、凸轮和轴承（图4.28和图4.29）。

图4.28　谐波减速器（VIDEO 649）

图4.29　Nabtesco公司的RV减速器

谐波减速器常用在中小型机器人上，这些传动装置齿隙较小，但柔性齿轮在反向运动时会产生弹性翘曲和较低的刚度。RV减速器更适用于大型机器人的场合，特别是超载和受冲击载荷的机器人。

7. 线性传动

直接驱动线性驱动器将直线电动机与轴整合在一起，这种关联往往只是驱动器力和机器人连杆之间的一个刚性或柔性连接。或者由一个直线电动机和其导轨组合后直接连接到直线轴上。直接线性电磁驱动器的特点是零齿隙、高刚度、高速和优良的性能，但其质量大、效率低，成本比其他类型的线性驱动器更高。

8. 滚珠丝杠

基于滚珠丝杠的线性传动装置能平稳有效地将原动件的旋转运动转换为线性运动。通常情况下，循环球螺母通过与平面型硬化合金钢丝杠的配合将旋转运动转换成线性运动。此外，滚珠丝杠能很容易地与线性轴匹配。目前已经设计出紧凑型驱动器、紧凑型传动系统，以及用于定制而设计的传动零件。尽管对于短距或中距的滚珠丝杠，刚度可以达到要求，但在长距离行程中，由于丝杠只能支撑在两端，因而刚度比较差。另外，通过采用高精度的丝杠可以获得极小甚至零齿隙。另一方面，由于该传动装置的运行速度受丝杠的力学稳定性制约，因此在一般情况下，常用旋转螺母来获得更高的速度。至于低成本机器人，可使用普通丝杠传动装置，其特点是在光滑的轧制丝杠上采用热塑性螺母。

9. 齿轮齿条传动

这种传统的传动方式主要适用于长距离传送，无论是直线型导轨还是曲线型导轨。齿轮齿条传动的刚度由齿轮齿条的接触刚度和独立的行程长度决定。由于在整个行程中需要控制齿条到齿轮中心的公差，使得齿隙可能难以控制。双齿轮传动可以通过提供主动预紧力从而消除齿隙。由于齿轮齿条传动的传动比低于丝杠传动，因此它的承载能力也相对较差。小直径（低齿数）齿轮由于重合度较低，因此易造成振动。渐开线齿面齿轮需要润滑油来减少磨损。以上这些台式传动系统经常应用于大型龙门机器人（图 4.30）和轨道安装操作。

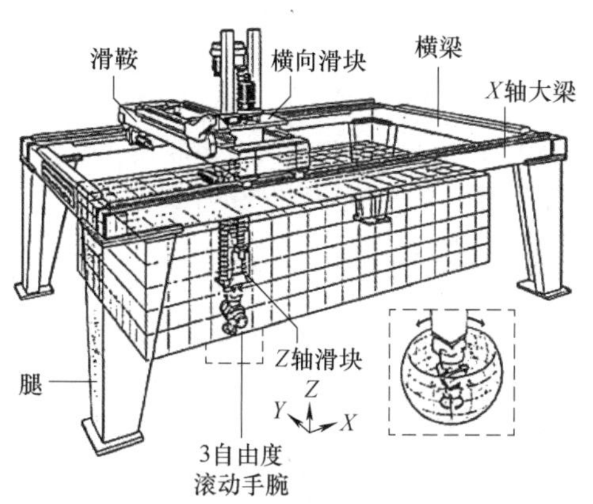

图 4.30 NASA 龙门机器人

10. 柔性驱动器

弹性材料的弹性在机器人驱动系统中既可以成为优势也可以成为劣势。整体刚度大的机器人具有更快的反应速度，定位精度也更高，控制也更为简单。但同时，接触力和相互作用力也会随着工件与工具发生意外失误而增大，而这会损坏机器人和周围物体，甚至伤害到工作人员。通过向驱动器增加可控可测量的柔性单元，可以有目的地增加机器人的弹性。

串联弹性驱动器（SEA）是一类刚度较小的驱动器，它将一个弹性输出元件（弹簧）和一个位移传感器（测量弹簧形变）串联在一个刚性驱动器和传动部件上。在适当的控制器作用下，传统刚性位置控制驱动器可以实现力驱动（$F=-kx$），从而有效地将驱动惯性从负载惯性中分离。此外，它还具有减小机器人工作在非结构化环境或人员周围时产生的碰撞和被迫屈服特性。与串联弹性驱动器类似的其他柔性驱动器在第 69 章将详细讨论。图 4.31 所示的协作型机器人就是具有柔性驱动器的机器人[4.59]，因为它需要靠近人，或者与人接触。图 4.32 所示为外骨骼康复机器人中的串联柔性驱动器[4.60]。

11. 传动系统中的其他组件

应用在机器人驱动装置中的其他组件有花键轴、运动连接件（四连杆、曲柄滑块机构等）、链条、缆绳、柔性联轴器、离合器、制动器和限位器等。川崎 RobotWorld 公司的装配和处理自动化机器人采用磁悬浮装置，在一个两自由度的平面空气轴承上进行移动，同时采用直接驱动平面电磁马达，且内部没有运动部件。

图 4.31 含串联柔性驱动器的双臂协作型机器人（参考文献［4.59］）

图 4.32 外骨骼康复机器人中的串联柔性驱动器（参考文献［4.60］）

4.9 机器人的性能指标

工业机器人的性能优劣往往体现在功能运行好坏和工作时间长短两个方面。对装配机器人来说，这种评价标准往往依据每分钟完成的取放循环次数；弧焊机器人则要求焊接速度和摆动速度慢，但再定位的速度要快；对于涂装机器人，附着或覆盖的比率和喷雾模式下的速度很重要。机器人的峰值速度和加速度一般只是理论计算出来的结果，由于机器人移动过程中的结构发生变化导致动静（惯性和重力）耦合，其峰值加速度和速度在工作过程中也会有所变化。

4.9.1 速度

最大关节速度（角速度或线速度）并不是一个独立的值。对于长距离的运动，它往往受到伺服电动机的总电压或最大允许转速的限制；对于高加速度操作臂，即便是非常近的点对点运动也可能有速度限制，而低加速度操作臂只对整体运动有速度限制。对于大型或快速操作臂，典型的末端执行器峰值速度最高能到20m/s。

4.9.2 加速度

目前，大多数操作臂的有效载荷质量相对其自身的质量都非常小，因此更多的动力是用来加速操作臂本体而不是负载。加速度大小既会影响总运动时间，也会影响循环时间（总运动时间与稳定时间之和），而加速度越大的操作臂往往刚性更好。对于高性能机器人操作机，加速度和稳定时间相对速度或负载能力而言是更重要的设计参数。对于装配和物料搬运机器人，在小负载情况下，其最大加速度可以超过10g。

4.9.3 重复（定位）精度

重复（定位）精度，简称重复精度体现了操作臂重复回到同一位置的能力。由于每一个操作臂的运行程序都不一样，大多数制造商倾向用球形空间的半径来评价重复精度。具体是指使用同样的程序、载荷和安装设定操作机器人手臂回到相同的初始位置，比较包含整个运行路径的球形空间的半径大小。一般情况下，由于存在摩擦、未解除的关节、传动时的空行程、伺服系统增益，以及结构和机械装配过程中产生的空隙等，会产生一定的误差。但衡量重复精度时引入的球形空间会因为计算误差、校正过程时简化、受到精度限制、示教与执行模式存在偏差等原因不能包括一些关键点，从而使结果误差更大，因此设计人员必须认真考虑衡量重复精度的实际价值所在。当进行诸如装配或机械装载等重复精度工作时，重复精度指标就变得非常重要。典型的重复精度参数可以大到用于大型点焊机器人的1~2mm，也可以小到用于精密微定位操作机的0.005mm。

4.9.4 分辨率

分辨率是指操作臂能完成的最小位移增量，这对于传感器控制的机器人的定位和运动控制十分重要。尽管大多数制造商用关节位置编码器的分辨率，或伺服电机和驱动器的步长来计算机器人系统的分辨率，但这种方法本身是有问题的。这是因为摩擦、变形、间隙以及运动配置等都会影响系统分辨率。虽然典型的编码器分辨率可以达到全轴或关节行程的$1/10^{14}$~$1/10^{25}$，但实际的物理分辨率可能为0.001~0.5mm，而且多关节串联操作臂的有效分辨率比其单个关节的有效分辨率要差。

4.9.5 （绝对定位）精度

（绝对定位）精度，简称精度，指机器人在空间中将其执行装置定位到程序设定位置处的能力。与重复定位精度不同，机器人的精度主要用于完成非重复性的任务。这些任务既可以由数据库中的程序所设定，也可以是可控变化处理时的“示教任务”，还可以是一种在安装时已经预设好的任务。

精度体现了手臂运动学模型（节点类型、连杆长度、关节之间的角度，以及受载情况下连杆或关节的位移等）的精度，以及工作空间、工具、夹具模型的精度，还包括手臂解算路径的完整性和准确度。虽然大多数高级机器人编程语言支持手臂路径解算方案，但这些方案通常是建立在简化的刚性结构模型基础之上的。因此，操作臂精度便成为机器人几何学特性和机器人解算方案相匹配的问题，并且需要在精确测量和校准连杆长度、关节角度和安装位置的前提下。

典型的工业操作臂精度范围可以大至±10mm，如具有低级计算机模型的未标定操作臂，也可以小至±0.01mm，如具有精确动力学模型和解决方案的控制器、精准的制造工艺，以及动态测量元件的精密操作臂。

4.9.6 组件寿命与占空比

在电动机器人中，最可能出现故障的三个组件是驱动器（伺服电动机）、减速器以及电源与信号电缆。平均故障间隔时间（MTBF）应至少为5000h，且最好在主要部件所计划的保养维护之间有至少10000h的工作时间。

最差的运动周期通常认为是用最先进的机器人重复完成最一般性的任务。小行程装配机器人的循环寿命（行程范围小于关节的5%）应该达到2000~10000万次完整的双向循环，而大行程循环寿命（最大行程范围大于关节的50%）应通常是500~4000万次。

短时间的满负荷工作往往受到传动系统的最大载荷限制，而长期、持续的工作则更容易受到电动机发热的限制。通过设计一个期望的占空比，而不是平等程度的实现短期和长期性能，可以在一定程度上节约成本和改进性能，而且这种方案允许使用体积更小、惯性更低、重量更轻的电动机。不过正常情况下，工业机器人往往在达到设计循环寿命之前就会因为过时而被替换掉。

4.9.7 碰撞考虑

机器人在操作过程中发生意外或遇到其他突发情况，往往导致操作臂与工具或工件，或者工作空间内的其他物体发生碰撞。而这些事故可能使操作臂遭到不同程度的损坏，其损坏的程度大小在很大一部分取决于操作臂的初始设计。如果这类事故造成的时间成本和费用损失很大，那么在设计过程中就应尽早考虑防撞设计方案。由事故造成的典型损害包括齿轮轮齿或轴的断裂或剪切失效、连杆结构的凹痕或弯曲、齿轮的滑动或轴的窜动、电线、腱绳或软管的断裂、严重磨损或变形，以及连接器件、配件、限位器或限位开关的损坏。但柔性元件，如超载（滑动）离合器、弹性元件和带软垫的表面可以用来减少发生碰撞时的冲击载荷，从而帮助驱动器和传动系统解耦或分离。

4

4.10 结论与延展阅读

机器人的结构设计是一个需要对工程、技术和应用的具体因素进行反复地评估和选择过程。最终设计方案应体现对设计任务的细致考虑，而不是泛泛的广义评价。正确定义和理解这些设计要求是实现设计目标的一个关键因素。

设计和选择具体组件时要权衡各种因素。虽然操作臂经常采用纯静态和刚性的设计，但光有这些还不够，还要考虑机械系统的刚度、固有频率、控制系统的兼容性，以及机器人的应用和安装要求等。

当然，关于构成机器人系统核心的机构和原动件设计的文献还有许多，其中比较著名且实用的机器人设计参考文献为 Rivin[4.44]。

此外，Craig[4.6] 和 Tsai[4.9] 提出了机器人的机械结构与其工作空间和机械增益的数学关系；Sclater 和 Chironis[4.48] 再次编辑整理了多种实用装置，如关节传动系统和传动装置。关于利用几何方法设计特殊机构的理论可以参考 McCarthy 和 Soh 的工作[4.34]。

Juvinall 和 Marshek[4.45]，以及 Shigley 和 Mischke[4.46,47] 也给出了各种杆件机构、轴承和传动系统等，这些都可能对机器人系统的有效机械性能产生重大影响。

尽管许多设计方案可以通过简单直接的算法和公式获得，但设计过程中对其他重要因素的把握仍对设计人员的工程能力提出了挑战。

视频文献

VIDEO 640 A parallel robot
available from http://handbookofrobotics.org/view-chapter/04/videodetails/640

VIDEO 642 Three-fingered robot hand
available from http://handbookofrobotics.org/view-chapter/04/videodetails/642

VIDEO 643 Robotics milking system
available from http://handbookofrobotics.org/view-chapter/04/videodetails/643

VIDEO 644 SCARA robots
available from http://handbookofrobotics.org/view-chapter/04/videodetails/644

VIDEO 645 Big Dog –Applications of hydraulic actuators
available from http://handbookofrobotics.org/view-chapter/04/videodetails/645

VIDEO 646 Raytheon Sarcos exoskeleton
available from http://handbookofrobotics.org/view-chapter/04/videodetails/646

VIDEO 648 PI piezo hexapod
available from http://handbookofrobotics.org/view-chapter/04/videodetails/648

VIDEO 649 Harmonic drive
available from http://handbookofrobotics.org/view-chapter/04/videodetails/649

4

参考文献

4.1 D.T. Greenwood: *Classical Dynamics* (Prentice Hall, Upper Saddle River 1977)
4.2 F.C. Moon: *Applied Dynamics* (Wiley, New York 1998)
4.3 S.-M. Song, K.J. Waldron: *Machines that Walk: The Adaptive Suspension Vehicle* (MIT Press, Cambridge 1988)
4.4 M.T. Mason, J.K. Salisbury: *Robot Hands and the Mechanics of Manipulation* (MIT Press, Cambridge 1985)
4.5 R.P. Paul: *Robot Manipulators: Mathematics, Programming, and Control* (MIT Press, Cambridge 1981)
4.6 J.J. Craig: *Introduction to Robotics: Mechanics and Control* (Addison-Wesley, Reading 1989)
4.7 O. Bottema, B. Roth: *Theoretical Kinematics* (North-Holland, Amsterdam 1979)
4.8 J.M. McCarthy: *An Introduction to Theoretical Kinematics* (MIT Press, Cambridge 2013)
4.9 L.W. Tsai: *Robot Analysis. The Mechanics of Serial and Parallel Manipulators* (Wiley, New York 1999)
4.10 T. Lozano-Perez: Spatial Planning: A configuration space approach, IEEE Trans. Comput. **32**(2), 108–120 (1983)
4.11 J.C. Latombe: *Robot Motion Planning* (Kluwer, Boston 1991)
4.12 R. Vijaykumar, K. Waldron, M.J. Tsai: Geometric optimization of manipulator structures for working volume and dexterity. In: *Kinematics of Robot Manipulators*, ed. by J.M. McCarthy (MIT Press, Cambridge 1987) pp. 99–111
4.13 K. Gupta: On the nature of robot workspace. In: *Kinematics of Robot Manipulators*, ed. by J.M. McCarthy (MIT Press, Cambridge 1987) pp. 120–129
4.14 I. Chen, J. Burdick: Determining task optimal modular robot assembly configurations, Proc. IEEE Robotics Autom. Conf. (1995) pp. 132–137
4.15 P. Chedmail, E. Ramstei: Robot mechanisms synthesis and genetic algorithms, Proc. IEEE Robotics Autom. Conf. (1996) pp. 3466–3471
4.16 P. Chedmail: Optimization of multi-DOF mechanisms. In: *Computational Methods in Mechanical Systems*, ed. by J. Angeles, E. Zakhariev (Springer, Berlin, Heidlberg 1998) pp. 97–129
4.17 C. Leger, J. Bares: Automated Synthesis and Optimization of Robot Configurations, Proc. ASME Design Tech. Conf., Atlanta (1998), paper no. DETC98/Mech-5945 CD-ROM
4.18 F.C. Park: Distance metrics on the rigid body motions with applications to mechanism design, ASME J. Mech. Des. **117**(1), 48–54 (1995)
4.19 J.M.R. Martinez, J. Duffy: On the metrics of rigid body displacements for infinite and finite bodies, ASME J. Mech. Des. **117**(1), 41–47 (1995)
4.20 M. Zefran, V. Kumar, C. Croke: Choice of Riemannian metrics for rigid body kinematics, Proc. ASME Design Tech. Conf., Irvine (1996), paper no. DETC96/Mech-1148
4.21 Q. Lin, J.W. Burdick: On well-defined kinematic metric functions, Proc. Int. Conf. Robotics Autom., San Francisco (2000) pp. 170–177
4.22 C. Gosseli: On the design of efficient parallel mechanisms. In: *Computational Methods in Mechanical Systems*, ed. by J. Angeles, E. Zakhariev (Springer, Berlin, Heidelberg 1998) pp. 68–96
4.23 J.V. Albro, G.A. Sohl, J.E. Bobrow, F. Park: On the computation of optimal high-dives, Proc. Int. Conf. Robotics Autom., San Francisco (2000) pp. 3959–3964
4.24 G.E. Shilov: *An Introduction to the Theory of Linear Spaces* (Dover, New York 1974)
4.25 J.K. Salisbury, J.J. Craig: Articulated hands: Force control and kinematic issues, Int. J. Robotics Res. **1**(1), 4–17 (1982)
4.26 J. Angeles, C.S. Lopez-Cajun: Kinematic isotropy and the conditioning index of serial manipulators, Int. J. Robotics Res. **11**(6), 560–571 (1992)
4.27 J. Angeles, D. Chabla: On isotropic sets of points in the plane. Application to the design of robot architectures. In: *Advances in Robot Kinematics*, ed. by J. Lenarčič, M.M. Stanišić (Kluwer, Boston 2000) pp. 73–82
4.28 E.F. Fichter: A Stewart platform-based manipulator: General theory and practical construction. In: *Kinematics of Robot Manipulators*, ed. by J.M. McCarthy (MIT Press, Cambridge 1987) pp. 165–190
4.29 J.P. Merlet: *Parallel Robots* (Kluwer, Boston 1999)
4.30 J.M. Hervé: Analyse structurelle des méchanismes par groupe des déplacements, Mech. Mach. Theory **13**(4), 437–450 (1978)
4.31 J.M. Hervé: The Lie group of rigid body displacements, a fundamental tool for mechanism design, Mech. Mach. Theory **34**, 719–730 (1999)
4.32 A.P. Murray, F. Pierrot, P. Dauchez, J.M. McCarthy: A planar quaternion approach to the kinematic synthesis of a parallel manipulator, Robotica **15**(4), 361–365 (1997)
4.33 A. Murray, M. Hanchak: Kinematic synthesis of planar platforms with RPR, PRR, and RRR chains. In: *Advances in Robot Kinematics*, ed. by J. Lenarčič, M.M. Stanišić (Kluwer, Boston 2000) pp. 119–126
4.34 J.M. McCarthy, G.S. Soh: *Geometric Design of Linkages*, 2nd edn. (Springer, Berlin, Heidelberg 2010)
4.35 V. Kumar: Instantaneous kinematics of parallel-chain robotic mechanisms, J. Mech. Des. **114**(3), 349–358 (1992)
4.36 C. Gosselin, J. Angeles: The optimum kinematic design of a planar three-degree-of-freedom parallel manipulator, ASME J. Mech. Transmiss. Autom. Des. **110**(3), 35–41 (1988)
4.37 J. Lee, J. Duffy, M. Keler: The optimum quality index for the stability of in-parallel planar platform devices, Proc. ASME Design Eng. Tech. Conf., Irvine (1996), paper no. 96-DETC/MECH-1135
4.38 J. Lee, J. Duffy, K. Hunt: A practical quality index based on the octahedral manipulator, Int. J. Robotics Res. **17**(10), 1081–1090 (1998)
4.39 S.E. Salcudean, L. Stocco: Isotropy and actuator optimization in haptic interface design, Proc. Int. Conf. Robotics Autom., San Francisco (2000) pp. 763–769
4.40 L.-W. Tsai, S. Joshi: Kinematics and optimization of a spatial 3-UPU parallel manipulator, J. Mech. Des.

122, 439–446 (2000)
4.41 Q. Jin, T.-L. Yang: Theory for topology synthesis of parallel manipulators and its application to three-dimension-translation parallel manipulators, J. Mech. Des. **126**(3), 625–639 (2004)
4.42 X. Kong, C.M. Gosselin: Type synthesis of three-degree-of-freedom spherical parallel manipulators, Int. J. Robotics Res. **23**, 237–245 (2004)
4.43 T.A. Hess-Coelho: Topological synthesis of a parallel wrist mechanism, J. Mech. Des. **128**(1), 230–235 (2006)
4.44 E.I. Rivin: *Mechanical Design of Robots* (McGraw-Hill, New York 1988) p. 368
4.45 R.C. Juvinall, K.M. Marshek: *Fundamentals of Machine Component Design*, 4th edn. (Wiley, New York 2005) p. 832
4.46 J.E. Shigley, C.R. Mischke: *Mechanical Engineering Design*, 7th edn. (McGraw-Hill, New York 2004) p. 1056
4.47 J.E. Shigley, C.R. Mischke: *Standard Handbook of Machine Design*, 2nd edn. (McGraw-Hill, New York 1996) p. 1700
4.48 N. Sclater, N. Chironis: *Mechanisms and Mechanical Devices Sourcebook*, 4th edn. (McGraw Hill, New York 2007) p. 512
4.49 Intuitive Surgical EndoWrist Insturments, http://www.intuitivesurgical.com/products/instruments/
4.50 J.P. Trevelyan: Sensing and control for shearing robots, IEEE Trans. Robotics Autom. **5**(6), 716–727 (1989)
4.51 J.P. Trevelyan, P.D. Kovesi, M. Ong, D. Elford: ET: A wrist mechanism without singular positions, Int. J. Robotics Res. **4**(4), 71–85 (1986)
4.52 C. de Silva: *Sensors and Actuators: Control Systems Instrumentation* (CRC, Boca Raton 2007)
4.53 J. Hollerbach, I. Hunter, J. Ballantyne: A Comparative analysis of actuator technologies for robotics, Robotics Rev. **2**, 299–342 (1992)
4.54 Boston Dynamics, Waltham, MA, USA: Big Dog Robot, http://www.bostondynamics.com/robot_bigdog.html
4.55 Raytheon, Waltham MA, USA: Sarcos Exoskeleton, http://www.popsci.com/category/tags/raytheon-sarcos-xos
4.56 International Submarine Engineering, Port Coquitlam, BC, Canada: Magnum 7, http://www.ise.bc.ca/manips.html
4.57 Shadow Robot Company, London, UK: Air muscles and pneumatic hands, http://www.shadowrobot.com/tag/muscle-hand
4.58 Johns Hopkins, Baltimore, USA: Pneumatic Stepper Motor and MrBot, http://urobotics.urology.jhu.edu/projects/PneuStep
4.59 The Baxter Robot Rethink Robotics, http://www.rethinkrobotics.com/products/baxter/
4.60 Singapore Institute for Neurotechnology, NeuroRehabilitation Laboratory: http://www.sinapseinstitute.org/projects/neurorehabilitation

4

第 5 章
传感与估计

Henrik I. Christensen，Gregory D. Hager

5

传感与估计是所有机器人系统设计的核心。在底层，反馈控制必须要估计机器人自身的状态；在顶层，感知（此处定义为以任务为导向，对传感器的数据进行解析）允许跨空域和时域集成传感器信息，以促进规划的实施。

本章主要介绍了机器人领域中广泛应用的传感理论和估计方法。整章内容按照过程模型（process model）来组织，依次介绍了传感、特征提取、数据关联、参数估计和模型整合；给出了几种常用的传感类型及其特征，并讨论了线性和非线性系统中常见的估计方法，包括统计学估计、卡尔曼滤波和采样法。此外，本章还对鲁棒估计的策略做了简单介绍。最后介绍了几种常用的估计表示方法。

目　录

5.1　概述

如果一个完整的环境模型可用，且机器人在该环境下能够精确地执行运动指令，那么控制机器人将变得相对简单。遗憾的是，在大多数情况下，不仅完整的环境模型不易获得，精确的运动控制也往往无法实现。因此，需要利用传感和估计的方法弥补缺失的信息。它们的作用是提供环境和机器人系统的状态信息，将其作为控制、决策和与环境中其他对象（如人类）进行交互的基础。

为便于讨论，我们将用于还原机器人自身状态的传感与估计称为本体感知（proprioception），将还原外部环境状态的传感与估计称为外部感知（exteroception）。在实际应用中，绝大多数的机器人系统都是基于本体感知来估计和控制自身的物理状态。另一方面，通过传感器数据来还原外部环境状态通常是一个更广泛也更复杂的问题。

早期的机器人计算感知研究假定人们可以复原出一个完整通用的环境模型，并用它来进行决策和驱动，参见参考文献［5.1］中的范例。现在，该方法已经很明显地不切实际了。事实上，基于传感器的机器人已经出现在移动监控、高性能操作和医疗介入等多种应用中，很明显，对于一个给定的系统，适当的传感和估计必须高度依赖于系统的任务。因此，此处的讨论是按照以任务为导向的外部传感和估计来组织的。

传感与估计可被视为将物理量转换为计算机可识别的语言的过程，用于进一步的处理。因此，传感与转换器紧密关联。同时，传感也与感知，即在任务导向的环境模型中表征传感器信息的过程密切相关。然而，传感器数据通常会遭到不同方式的损坏，这使得该过程更加复杂。举例说明，转换器产生的统计噪声会导致数据在数字化过程中离散化，或者传感器选择不当引入模糊参数等。因此，需要引入一些估计方法，以支持将信息恰当地集成到环境模型，并提高信噪比。

本章主要介绍传感与估计的一般特性，更深入的内容可参考本手册第 3 篇部分。具体内容编排如下：5.2 节介绍传感/感知的总体过程；5.3 节介绍不同类型的传感器，以及它们的关键特性；5.4 节讨论估计过程，可利用包括参数化和非参数化技术在内的多种方法；5.5 节描述多种环境的表征方法，以及适用于基于模型的信息融合技术。

5.2 感知过程

感知过程的输入通常有两种途径：1）源于各种传感器/转换器的数字信号；2）部分环境模型，包括机器人和外部环境中其他相关实体状态信息等。传感器数据本身可以采用多种不同的格式，如标量或基于时序 $x(t)$ 获取的向量 $\boldsymbol{x}(\alpha,\beta)$，扫描量 $x_t(\theta_i)$，向量场 $\boldsymbol{x}$ 或三维容积 $x(\rho,\theta,\Phi)$。在许多情况下，系统必须处理来自多个传感器的数据。例如，估计移动机器人的位置需要处理来自于转轴编码器、视觉系统、全球定位系统（GPS）和惯性传感器的数据。

为进一步组织本章中的讨论，我们采用图 5.1 所示的感知过程通用模型。在该模型中，包括了适用于利用环境模型融合传感器数据的最常用操作。针对要解决的任务，某些模块可能省略，而另外一些模块本身可能包含复杂的结构。但是，所提供的模型足以用来解决传感与估计中的诸多问题。接下来，本节将通过一个移动机器人定位的示例来对这个模型进行解释说明。

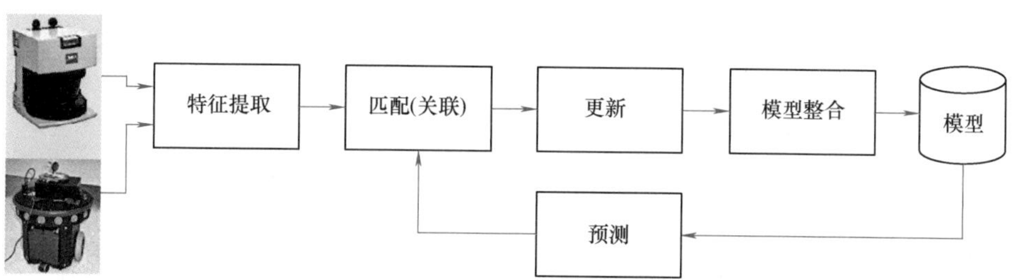

图 5.1 本章所讨论的感知过程通用模型

传感过程的首要问题是数据预处理和特征提取。预处理的目的是降低转换器的噪声、移除系统误差、优化数据的相关属性。在某些情况下，传感数据需要在时域或空域进行校准，以进行进一步的处理。优化或特征提取的方法很多，一种常用的方法是模型匹配，如图 5.2 中所示的激光扫描仪。待获得传感器传递的数据后，通常需要将数据与已有的模型进行匹配（图 5.3）。该模型可能基于一个已知的结构，如环境中一个计算机辅助设计（CAD）模型，或者由之前获取的数据建立的模型。数据关联方法通常用于估计传感器数据与环境模型之间的关系。在前面的移动机器人定位示例中，所提取的直线特征将与一个多边形环境模型相匹配。该匹配过程可经几种不同的方式进行，但总体上它是以最优化特征和模型之间的校准水平为目标。

在传感器数据与环境模型匹配之后，就可利用传感器所包含的信息来更新模型。在上述示例中，机器人相对于环境模型的位置和姿态可通过匹配好的直线段进行更新，如图 5.4 所示。

最后，利用当前状态的估计结果可以建立一个动态系统模型，这样在得到新的传感数据之前便可以预测环境随时间的变化规律。该方法可用于对前馈系统的预测，并可以反过来简化对新传感器读数的数据关联，如图 5.1 所示。

下面我们将详细讨论感知过程的每一个步骤。

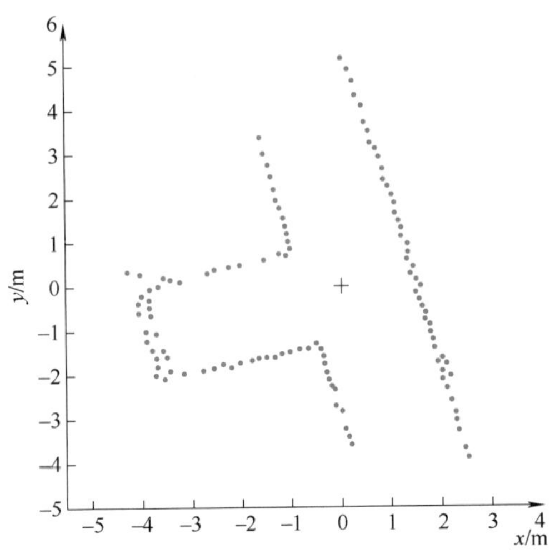

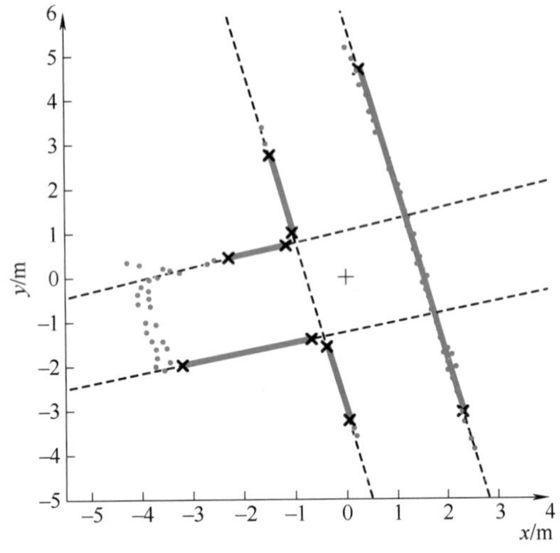

图 5.2 通过激光扫描仪进行特征提取（参考文献［5.2］）

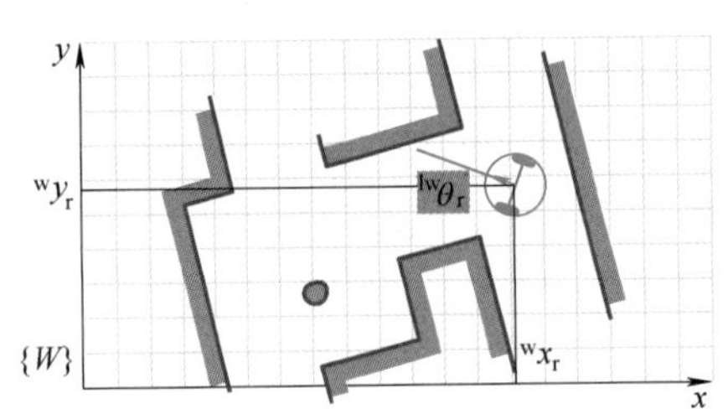

图 5.3 用于移动机器人定位的环境模型示例（参考文献［5.2］）

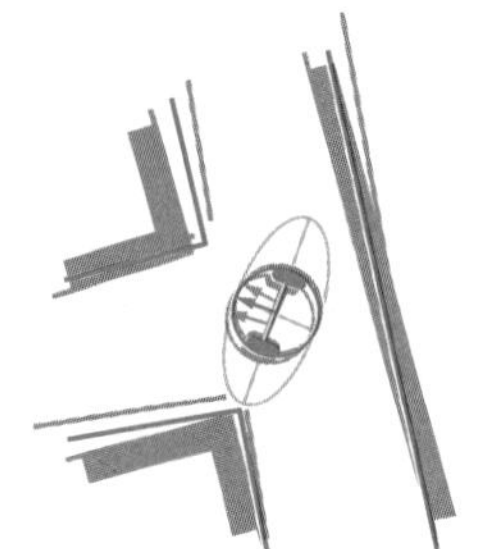

图 5.4 估计移动机器人的位置和姿态（参考文献［5.2］）

5.3 传感器

根据测量的对象和测量方式，可以对传感器进行分类。如前所述，本体感知传感器（proprioceptive sensor㊀）主要用于测量机器人的内部状态，包括不同自由度的对应位置、机器温度、关键部件的电压、电动机电流、末端执行器的受力等。对于外部感知传感器（exteroceptive sensor㊁），主要用于检测外部环境的有关信息，如与某物体的距离、相互作用力、组织的密度等。

传感器也可以分为被动型和主动型。一般情况下，主动型传感器向环境释放能量，并基于反应来测量环境属性。被动型传感器则不会主动测量。由于主动型传感器对被测信号施加某种控制，所以它通常比被动型传感器更具鲁棒性。例如，被动型立体相机系统在执行三角形特征匹配时，必须依赖于所观察表面的外观（见本手册第2卷第31章），而相机中的结构光学系统会将图案投射到场景中，影响相机对场景特征的敏感度。即便如此，主动型传感器向环境释放信号时，信号的吸收、散射或干扰也会影响其性能。

本体感知传感器通常为被动型传感器，用于测量机器人的物理属性，如关节位置、速度、加速度、电动机转矩等。另一方面，外部感知传感器可

㊀ proprioceptive sensor 在 GB/T 12643—2013 中为“本体感受传感器”，本书采用行业习惯用语“本体感知传感器”。——译者注

㊁ exteroceptive sensor 在 GB/T 12643—2013 中为“外感受传感器”，本书采用行业习惯用语“外部感知传感器”。——译者注

进一步分为接触式传感器和非接触式传感器。接触式传感器通常与本体感知所使用的传感器为同一类型，而非接触式传感器主要适用于在相距一定距离时对某种物理属性的估计，包括强度、范围、方位、大小等。

表 5.1 根据传感对象和使用方法对机器人常用的传感器进行了分类。有关传感原理、传感器特征和常见应用的更多细节，可参考现代传感器手册[5.3]和本手册第 3 篇内容。

表 5.1 根据传感对象［本体感知(PC)/外部感知(EC)］和使用方法（主动/被动）对机器人常用传感器的分类

分类	传感器类型	传感方式	主动（A）/被动（P）
触压式传感器	开关/缓冲器	EC	P
	光垒	EC	A
	近程传感器	EC	P/A
触觉传感器	接触阵列	EC	P
	力/扭矩	PC/EC	P
	阻抗式传感器	EC	P
马达/转轴传感器	电刷编码器	PC	P
	电压计	PC	P
	分解器	PC	A
	光学编码器	PC	A
	磁性编码器	PC	A
	电感式编码器	PC	A
	电容式编码器	EC	A
方位传感器	指南针	EC	P
	陀螺仪	PC	P
	倾斜仪	EC	A/P
基于信标的传感器（相对于某惯性坐标系的位置）	GPS	EC	A
	主动式光学传感器	EC	A
	PF 信标	EC	A
	超声信标	EC	A
	反射式信标	EC	A
测距	电容式传感器	EC	P
	磁性传感器	EC	P/A
	相机	EC	P/A
	声呐	EC	A
	激光测距仪	EC	A
	结构光	EC	A

（续）

分类	传感器类型	传感方式	主动（A）/被动（P）
测量速度/运动	多普勒雷达	EC	A
	多普勒声波	EC	A
	相机	EC	P
	加速计	EC	P
识别	相机	EC	P
	无线射频识别（RFID）	EC	A
	激光测距仪	EC	A
	雷达	EC	A
	超声	EC	A
	声波	EC	A

对旋转运动的估计是实现机器人操作机控制和移动系统自主运动估计的基础。测量旋转运动最常见的传感器是正交编码器。它由一个透明盘片组成，具备两种异相的周期性模式输出，如图5.5所示。通过计数器可以直接计算出旋转位置和姿态（图5.5中传感器A和B之间的相位）。此外，盘片外边缘通常刻有小孔标志（规定零位）。图案的密度决定了测量的分辨率。将该传感器安装至减速器前端的电动机上，精度可轻易超过1/1000°。

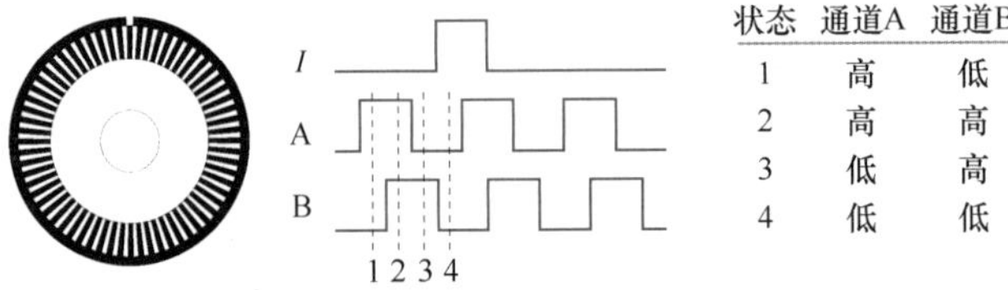

图5.5　正交编码器盘片和光探测器在两种模式下的输出（相应的状态变化如图右侧所示）

末端执行器处的力/扭矩可以采用压电元件来估计。这些元件产生的电压与引入的变形量成正比，因此巧妙布置传感器便同时测量作用力和扭矩。这种传感器可用于机器人装配系统、机器人去除毛刺，以及医疗操作系统中估计应力和接触力。力/扭矩传感器种类繁多，具有不同的尺寸和动态范围，包括新型的可安装在不同末端执行器上的灵活阵列传感器（图5.6），当其模拟人类触觉时也称为触觉传感器，具体内容参见第19章和参考文献［5.4，5］。力传感器的潜在问题主要是初始接触时存在死区，以及在基本传感环节产生的干扰信号需要通过信号处理来清除。

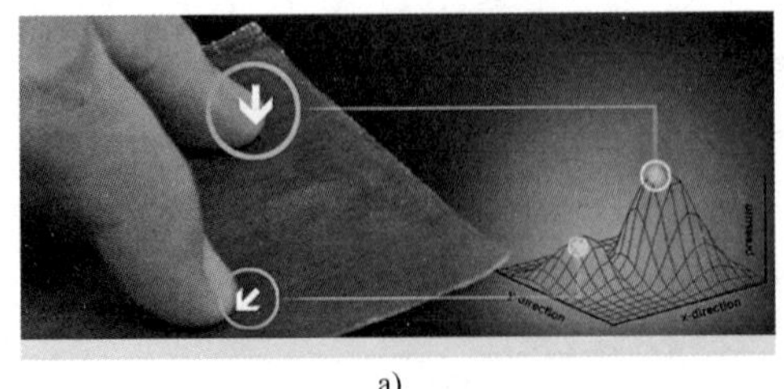

a)

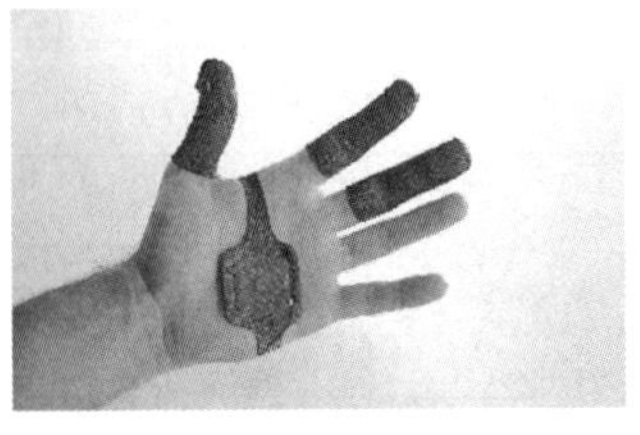

b)

图5.6　灵活阵列传感器

a）触觉阵列（由Pressure Prufile Systems公司生产的一种灵活的电容性接触式传感器，适用于滑动状态下的接触位置和区域传感）　b）触觉阵列传感器可以舒服地戴在人手或机器人手上（Pressure Prufile Systems公司许可提供）

自主运动的估计几乎对所有机器人系统都尤为重要，为此可应用惯性测量单元（IMU）。IMU 通常包括加速度计和陀螺仪，加速度计对任何类型的加速度都很敏感，还可同时移动和转动（离心力）。IMU 可用来估计旋转运动和平移运动，进一步通过双重积分来估计系统的速度、方位和姿态，可参见参考文献［5.6］中的范例。IMU 使用中存在的一个问题是需要进行双重积分，这意味着微小的偏移和干扰可能会造成最终结果的严重偏离，因此需要精确的传感器模型，并对传感器进行校正和特征识别。图 5.7 所示为装配在行驶于沙土路面的汽车上的十字弓形 DMU-6x 型单元的数据范例。

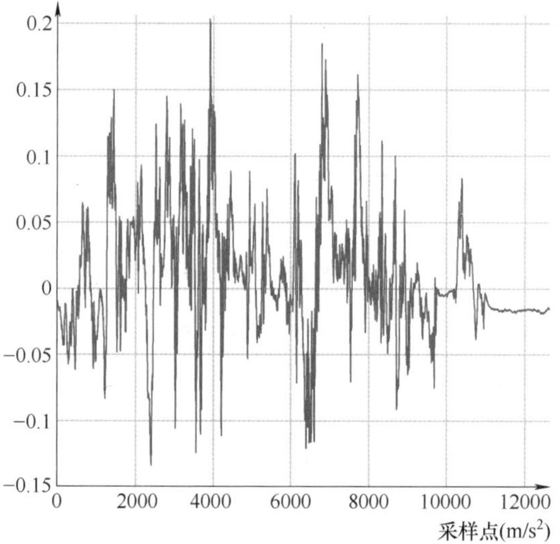

图 5.7 用于沙土路面驾驶的 IMU 的数据范例

早期的移动机器人、水下机器人和一些医疗机器人的研究依赖于超声测距传感器。通用的此类传感器常被称为声波导航与测距仪（声呐）。一般原理是，系统释放声波脉冲，声波碰到环境中的物体进行反射，传感器接受回传脉冲。已知声波在介质中的传输速度和传递时间，便可以计算出距离。由于成本较低，这种传感器在早期机器人系统中应用十分广泛。目前，声呐仍然是水下机器人优先选用的传感器类型。声纳传感器在第 30 章有详细介绍。

近期的机器人研究，特别是环境建模和导航的出现，都归功于低成本高灵敏度的激光扫描系统。SICK 系列激光扫描仪属于渡越时间扫描仪。扫描仪发射光脉冲信号，并测量返回所需的时间。在厘米或毫米级精度下，标准扫描仪测量距离可达 80m。已知扫描仪在一个平面上以 0.5°~1°的角分辨率测量距离，因此当可视角度为 180°时，可产生 181~361 次测量。均匀分布干扰会影响传感器数据的精度，这一点在特征识别或将数据整合为初始传感器地图时必须加以考虑（图 5.8）。

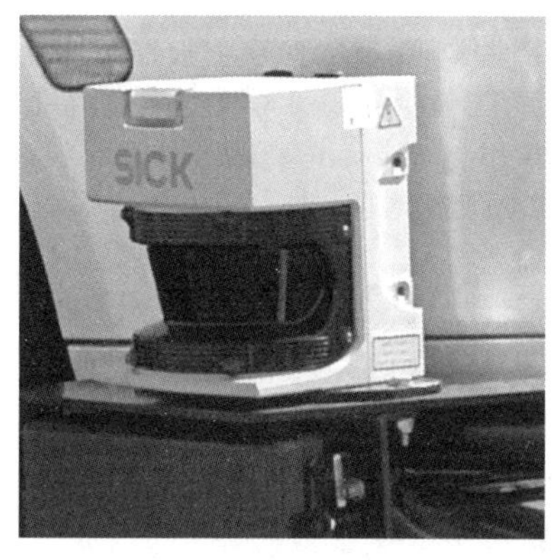

图 5.8 广泛用于移动机器人的激光测距传感器（SICK LMS291）

对传感和估计而言，成像传感器是丰富的信息来源。成像传感器有多种不同的配置，如不同的几何成像、图像解析度、传感器技术以及传感频谱。大多数读者一定很熟悉传统的 3-CCD 透视彩色相机。该设备含有三组电荷耦合探测器（CCD）阵列，分别接受对应人眼视觉的红色、绿色和蓝色的可见光谱部分。更常见且较便宜的一种替代设备称为单芯片 CCD 相机。该设备采用一组空间特殊排列的滤色镜，通常称为拜尔滤镜，因它的发明人布赖斯·拜尔得名。进一步处理滤镜（称为去马赛克处理），可以获得每一个像素点的色彩信息。

在美国，为电视信号模拟传输制定的 NTSC 标准要求成像传感器包含 480 行、每行 640 个像素点。对应的欧洲标准 PAL 中，要求包含 576 线、每线 768 个像素点。最近出现了数字接口，如 IEEE 1394和 USB 2.0，已经允许摄像机系统的分辨率达到百万像素的范围。与此同时，低成本的红外（IR）和紫外（UV）摄像机的出现表明，可以开发更高端的多谱段图像处理系统。

传统的成像传感器包含有一个光学系统，将光线汇聚在一个平面图像阵列上。大多数情况下，该系统可用经典的针孔相机模型（图 5.9）进行模拟。给定欧氏空间中的一个点$(x,y,z)^{\mathrm{T}}$，对应的照相机像素坐标$(u,v)^{\mathrm{T}}$为

$$\begin{cases}(u-u_c)=\dfrac{f}{s_x}\dfrac{x}{z}\\[2ex](v-v_c)=\dfrac{f}{s_y}\dfrac{y}{z}\end{cases}\tag{5.1}$$

式中，f 是镜头系统的焦距；u_c 和 v_c 是投射中心点的像素坐标；s_x 和 s_y 是图像阵列上单个像素点的尺寸。在实际应用中，这些模型可用失真图像的低阶模型替换。对于一个给定的相机系统，这些参数值可通过多种试验方法来确定[5.7]。

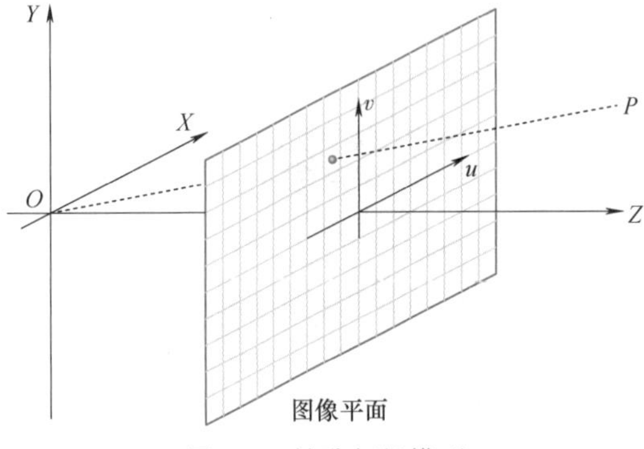

图 5.9 针孔相机模型

将传统的透视相机与反光镜组合，可创建一个所谓的反射折射光学系统，生成的几何图像可将宽度以半个球体的视野映射至单幅图像。该系统有很多用途，如其几何属性能为移动导航监控系统提供稳定的定位参考[5.8]。图 5.10 所示为一幅反射折射图像与将其映射到圆柱体表面所生成的图像。

图 5.10 反射折射图像与将其映射到圆柱体表面所生成的图像

将光学相机中的图像与稠值域结合起来的主动测距相机的应用也较为广泛且成本较低。该系统基于光源和相机之间的已知关系，利用三角测距原理进行匹配或关联特征，最终获得图像的深度信息。获取深度信息一般通过红外感应相机/投影仪，以避免可以被人眼识别的图像。此外，这些系统一般还需一个可见光相机用于获取色彩信息，于是出现了 RGB-D（红绿蓝深度）相机。图 5.11 所示为两种最新的低成本 RGB-D 传感器，图 5.12 所示为从 RGB-D 相机输出的混合图像及其高亮度变形网格。

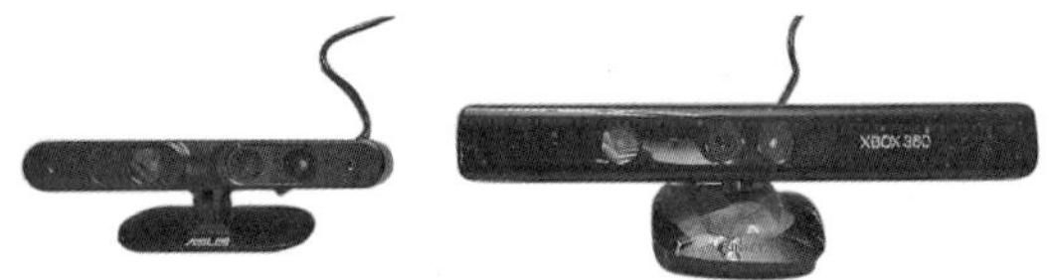

图 5.11 Proxin 和 Kinect 的 RGB-D 传感器

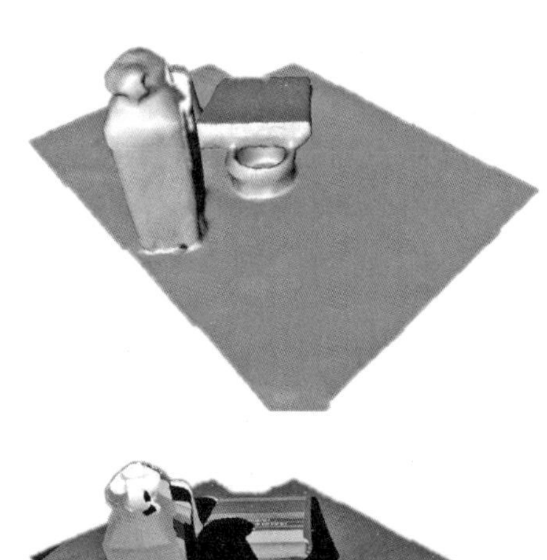

图 5.12 从 RGB-D 相机输出的混合图像及其高亮度变形网格

上述讨论涉及了最常用的机器人传感设备，但在特定的应用中还需使用专用传感器。在医学中，超声、X 射线、计算机断层扫描和磁共振成像中应用广泛；在地下绘制地图中需使用穿地雷达[5.9]；水下机器人需使用多种声学传感器。关于这些更具体任务的传感形式的更深层讨论，可参考本手册第 3 篇的内容。

5.4 估计过程

本章概述部分提到，可采用多种方法处理传感器的信息。哪种方法合适在很大程度上取决于对环境的事先了解程度，对当前任务所必需的信息类型，以及合适的传感系统模型。常用的方法包括简单表决方法、参数型和非参数型统计估计法、模糊逻辑系统和 Dempster-Shafer 理论。

为更好地说明估计过程，本节仍以 5.2 节介绍的机器人定位问题为例。如果最开始对环境一无所知，那么机器人可以通过接收激光扫描信号，并尝试用直线段构建初始环境模型。由于对环境事先未知，系统必须估计：

1）线段的数量。

2）线段与数据观测值之间的数量关系。

3）线段自身的参数。

这个问题可采用简单表决方法，如霍夫变换[5.10]或一致随机抽样法（RANSAC）[5.11]，或者更复杂的无监督型集群法，如 k 均值方法[5.12]、最大期望值（EM）[5.13]或全局主分分析法（GPCA）[5.14]来解决。在许多情况下，这是一个演算密集的迭代过程。

相反，如果环境的 CAD 模型已知，那么问题就演变为生成数个模型参数（移动和转动）以匹配数据。该问题可通过特征匹配求解，利用迭代最近点（ICP）算法[5.15]或其他有效的组合匹配算法（如蒙特卡洛法[5.16]），将观测点与模型进行比对。至于采用何种方法，很大程度上仍然依赖于环境的结构和先验信息。

得到初始环境信息后，处理新数据时便可以利用这些已有知识。尤其是当机器人移动时，传感器的数据应该以可预测的方式变化。因此，如果传感系统的统计特征可用，则可以采用预测修正方法，如卡尔曼滤波法[5.17,18]或连续关键取样法[5.19]。如果存在数据关联问题，可以采用一系列通用技术，如 EM[5.12]或前述的预测修正方法的变种[5.20]来解决。

但是，偶尔产生的突变数值往往会造成传感器数据损坏。例如，由于存在反射，上述例子中的激光测距仪可能偶尔返回错误的范围值。许多常用的估计技术对所谓的异常数据值并不具备鲁棒性。在这种情况下，鲁棒统计类方法[5.21]可用来提高传感和估计系统的性能。

最后，可能还需要考虑，针对当前任务，哪些信息是重要的。上述方法中的大多数都假定目标是要产生与当前数据密切相关的一系列连续参数的准确估计，但在某些任务中，参数值本身可能并不重要。例如，假设机器人的任务是通过一个门口，尽管任务实现取决于对门宽度（一个连续参数）的估计能力，但最终的决策具有二元性。这个问题可编码为一个决策问题，而决策问题可以使用决策理论[5.22]的概念进行模拟，包括 0—损失函数、似然比或概率比等。例如，在机器人通过门口问题中，如果任务的优先级较低，与其试图通过一个过小的开口（可能以损坏机器人或门为代价），放弃通过这一特定的门（意味着需要重新寻找替代路线）的成本可能更低。反之，如果任务紧急，可以容许机器人采取更危险的行为。

对于任何给定的任务（或决策），决策所需要的信息量可能会有所不同。例如，如果门口很宽，机器人只需要相对较少的信息就可以安全地通过。反之，如果门口很窄，机器人做出决策前需要仔细检查才能做出决定。对确定决策所需的信息类型和数量这一问题有不同的称谓，如顺序采样问题[5.22]、传感器控制问题或传感器规划问题[5.23-25]。

5.4.1 点估计

在上述机器人定位示例中，有几种情况的问题，关键是估计向量空间某个点的信息，如二维空间（2-D）或三维空间（3-D）点的位置，或者机器人的位置。此外，也有问题是确定机器人的位姿（位置和姿态），或者一条线段的参数。后者的不同点在于其参数空间不属于向量空间，这样会引入一些附加的特异性问题。进一步的讨论推荐读者阅读参考文献［5.26，27］，而本章接下来只讨论向量空间上的点估计问题，并假设读者熟悉多元高斯分布[5.28]和初等线性代数[5.29]。

本节余下部分中，主要考虑如下基本问题。

已知：观察模型

$$y=f(x,\eta) \tag{5.2}$$

估计：$x\in \mathrm{Re}(n)$。

基于观察结果 $y\in \mathrm{Re}(m)$，η 是未知干扰，其值为 $\mathrm{Re}(k)$；f 是 $\mathrm{Re}(k+n)$ 到 $\mathrm{Re}(m)$ 的已知映射。

讨论分为以下两个方面：

5

1）当 f 为线性时，对批量和顺序数据的估计方法。

2）当 f 为非线性时，对顺序数据的估计方法。

1. 当 f 为线性时，对批量和顺序数据的估计方法

本节讨论顺序数据的线性特征和线性估计方法，包括卡尔曼滤波及其扩展算法，目的是对现有的方法进行概述，而更详细的信息需参考更详细的文献，如参考文献［5.18］和第35章。

首先考虑式（5.2）中 f 为线性的情况。在该情况下，

$$y=\boldsymbol{F}x+\boldsymbol{B}\boldsymbol{\eta} \tag{5.3}$$

式中，$\boldsymbol{F}\in \mathrm{Re}(m\times n)$ 定义未知量 x 与观测量 y 之间的（线性）关系，且 $\boldsymbol{B}\in \mathrm{Re}(m\times m)$。目前，暂时忽略 $\boldsymbol{B}$ 并假设 $\boldsymbol{\eta}$ 代表系统的完整干扰模型。

使用最小二乘法由 y 来估计 x，需要求解下列优化问题：

$$\min_x \|\boldsymbol{F}x-y\|^2 \tag{5.4}$$

当且仅当矩阵 $\boldsymbol{F}$ 满秩时，该优化问题存在唯一解 $\hat{x}$。此时，求解如下线性系统可得到优化问题的解：

$$\boldsymbol{F}^{\mathrm{T}}\boldsymbol{F}\hat{x}=\boldsymbol{F}^{\mathrm{T}}y \tag{5.5}$$

在某些情况下，有理由相信部分观测元素比其他元素更可靠，因此这些元素对最终估计的结果应该贡献更大。为此，修改式（5.4）使之包含一个对角正定加权矩阵 $\boldsymbol{W}$：

$$\min_x \|\boldsymbol{F}x-y\|^{\mathrm{T}}\boldsymbol{W}(\boldsymbol{F}x-y) \tag{5.6}$$

进一步求解式（5.7）可得到解，即

$$(\boldsymbol{F}^{\mathrm{T}}\boldsymbol{W}\boldsymbol{F})\hat{x}=\boldsymbol{F}^{\mathrm{T}}\boldsymbol{W}y \tag{5.7}$$

虽然式（5.3）包含了干扰项（表示为 $\boldsymbol{\eta}$），式（5.5）或式（5.7）并没有直接用到该项，但通常可以用统计模型来模拟传感器的噪声特征，并重新计算最初的估计问题以整合该信息。一种常用的方法是最大似然估计法（MLE），$\hat{x}$ 满足

$$p(y\mid\hat{x})=\max_x p(y\mid x) \tag{5.8}$$

对于式（5.3）代表的线性附加模型，似然函数有特别简单的表示形式。假设 $\boldsymbol{\eta}$ 用已知不变的概率密度函数 D 来表示，似然函数可表示为

$$p(y\mid x)=D(y-\boldsymbol{F}x) \tag{5.9}$$

MLE 与上文提到的最小二乘法有如下关系：假设 $\boldsymbol{\eta}\sim N(0,\boldsymbol{\Lambda})$，$N$ 代表均值为0、方差为 $\boldsymbol{\Lambda}$ 的多元高斯密度函数。观察可知，似然函数的最大值等价于似然函数负自然对数后的最小值。通过简单的计算，取 $\boldsymbol{W}=\boldsymbol{\Lambda}^{-1}$ 时的加权最小平方，即可得到优化的最大似然估计。

最后，出于某种原因，有一些参数可能比其他的更容易预知。例如，当观察一辆汽车在高速公路上行驶时，60mile/h（1mile/h＝0.44704m/s）的速度比20mile/h或300mile/h更可能发生。该信息可通过对未知变量 x 的先验统计来获取。

给定 x 上的先验概率密度 $p(x)$，由贝叶斯理论可知，

$$p(x\mid y)=\frac{p(y\mid x)p(x)}{p(y)}=\frac{p(y\mid x)p(x)}{\int p(y\mid x)p(x)\mathrm{d}x} \tag{5.10}$$

最大后验概率（MAP）估计值 $\hat{x}$ 满足

$$p(\hat{x}\mid y)=\max_x p(x\mid y) \tag{5.11}$$

一般而言，该优化问题的求解会非常复杂。与其进一步探求该过程，不妨考虑一种替代方案，即如果 $p(x\mid y)$ 的二阶矩存在，通过求解下列包含未知函数 δ 的优化问题，有可能以统计学方式生成最小二乘估计，即

$$\min_\delta E\|\delta(y)-x\|^2 \tag{5.12}$$

也就是说，最优函数 δ 是由 y 产生的 x 的最小均方误差（MMSE）函数。因此，估计量 δ 通常也称为最小均方误差估计量。

可以证明，在一般情况下，优化决策法则 δ^* 为条件均值[5.22]：

$$\delta^*(y)=E[x\mid y] \tag{5.13}$$

遗憾的是，如同上文定义的 MAP 估计，该表达式在一般情况下计算极其困难，因此之后会考虑式（5.13）的近似值。为此，首先回顾式（5.3）所代表的线性观测模型（去除 B），并且假设 x 和 $\boldsymbol{\eta}$ 为具有有限二阶矩的独立随机变量，其均值都为0。注意，后者并不是真正意义上的约束，因为它可以通过简单定义一个新变量 $x'=x-E[x]$ 来实现。最后，只考虑线性函数 δ，也就是说，$\hat{x}=\delta(y)=\boldsymbol{K}y$。

因此，式（5.12）可以扩展为

$$\begin{aligned} E\|\delta(y)-x\|^2 &=E\|\boldsymbol{K}y-x\|^2\\ &=E\|\boldsymbol{K}(\boldsymbol{F}x+\boldsymbol{\eta})-x\|^2\\ &=E\|(\boldsymbol{K}\boldsymbol{F}-\boldsymbol{I})x\|^2+E\|\boldsymbol{K}\boldsymbol{\eta}\|^2\\ &=\mathrm{tr}[(\boldsymbol{K}\boldsymbol{F}-\boldsymbol{I})\boldsymbol{\Lambda}(\boldsymbol{K}\boldsymbol{F}-\boldsymbol{I})^{\mathrm{T}}+\boldsymbol{K}\boldsymbol{\Sigma}\boldsymbol{K}^{\mathrm{T}}]^2 \end{aligned} \tag{5.14}$$

此处，由于 x 和 $\boldsymbol{\eta}$ 彼此独立，且均值都为零，因此可以进一步化简。式（5.14）的最后一步推导利用了关系式 $\|x\|^2=\mathrm{tr}(xx^{\mathrm{T}})$。

对 $\boldsymbol{K}$ 求导，并设其等于零，可得以下结果：

$$\boldsymbol{K}=\boldsymbol{\Lambda}\boldsymbol{F}^{\mathrm{T}}(\boldsymbol{F}\boldsymbol{\Lambda}\boldsymbol{F}^{\mathrm{T}}+\boldsymbol{\Sigma})^{-1} \tag{5.15}$$

因此，在这种情况下，最优估计是观测值的线性函数，线性项只依赖于随机变量和定义观测系统

的线性项的方差。

如果 x 的均值 μ 不为零，不难证明最优估计是正确的：

$$\hat{x}=\boldsymbol{K}y+(\boldsymbol{I}-\boldsymbol{KF})\mu \tag{5.16}$$

且估计的方差 $\boldsymbol{\Lambda}^{+}$ 为

$$\boldsymbol{\Lambda}^{+}=(\boldsymbol{I}-\boldsymbol{KF})\boldsymbol{\Lambda} \tag{5.17}$$

感兴趣的读者可能希望得到一些简化情况下的解。例如，如果 $\boldsymbol{\Lambda}=\boldsymbol{\Sigma}$，$\boldsymbol{F}=\boldsymbol{I}$，$\boldsymbol{K}=1/2\boldsymbol{I}$，那么 $\hat{x}=y+\mu$ 为简单均值，方差为 $\boldsymbol{\Lambda}^{+}=1/2\boldsymbol{\Lambda}$。

当观测噪声和先验统计均为高斯分布时，其结果同样是未知量 x 的 MAP 估计[5.22]。

2. 卡尔曼滤波

有了上述背景，我们接下来将定义线性系统的离散时域卡尔曼—布西滤波[5.32]。考虑下述时序模型：

$$x_{t+1}=\boldsymbol{G}x_t+\omega_t \tag{5.18}$$

$$y_t=\boldsymbol{F}x_t+\eta_t \tag{5.19}$$

式中，$\boldsymbol{G}$ 是描述系统时间变化的 $n\times n$ 阶矩阵；x_0 服从均值为 $\hat{x}$、方差为 $\boldsymbol{\Lambda}_0$ 的高斯分布；ω_t 和 η_t 为在任意时刻的均值都为 0 的高斯独立随机变量；对于所有的 $t\neq t'$，ω_t 独立于 ω_t'。与此类似，对于所有的 $t\neq t'$，η_t 独立于 η_t'；最后 η_t 的方差为 $\boldsymbol{\Sigma}_t$，ω_t 的方差为 Ω_t。

给定一个观测值 y_1，根据前面章节的推导，可以计算出方差为 $\boldsymbol{\Lambda}_1$ 的新的估计值 $\hat{x}_1$。注意，求得的解为两个高斯随机变量的线性组合：观测值 y_1 和最初的估计值 $\hat{x}_0$。由于任意高斯随机变量的线性组合仍为高斯随机变量，因此更新后的估计仍服从高斯分布。

现在增加一步：对动力学模型进行投影。为便于描述，用上标减号与上标加号分别表示估计步骤之前与之后。因此，给定方差为 $\boldsymbol{\Lambda}_t^{+}$ 的估计值 $\hat{x}_t^{+}$，其前一步的投影结果为

$$\hat{x}_{t+1}^{-}=\boldsymbol{G}x_t^{+} \tag{5.20}$$

$$\boldsymbol{\Lambda}_{t+1}^{-}=\boldsymbol{G}\boldsymbol{\Lambda}_t^{+}\boldsymbol{G}^{\mathrm{T}}+\Omega_t \tag{5.21}$$

此时，系统获取到一次新的观测值 y_{t+1}，且上述步骤循环重复。图 5.13 总结了线性系统的完整卡尔曼滤波算法。

可以证明，在给定假设条件下，卡尔曼滤波为均方优化滤波，即便在其中一个或两个高斯分布假设不成立的情况下，它也是优化线性滤波。

3. 连续数据的非线性估计方法

上一节的结果表明：假设观测值与系统状态、附加噪声之间的关联为线性关系，系统的状态变化也可用线性关系来表述。此外，对于观测值服从高斯分布、噪声具有传递性的系统，该结果为全局最优；如果噪声源为非高斯分布，则该解仅为最优线性（linear）估计。

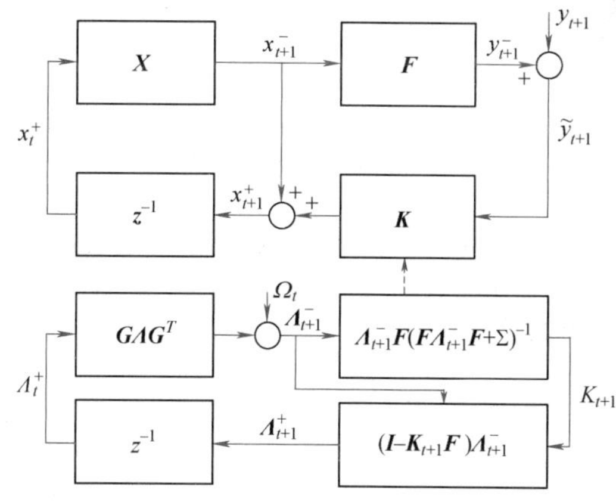

图 5.13 卡尔曼滤波算法小结

正如本节一开始提到的，更通用的非线性（离散时间）系统描述为

$$\begin{aligned}x_{t+1}&=g_t(x_t)+\omega_t\\ y_t&=f_t(x_t)+\eta_t\end{aligned} \tag{5.22}$$

此处的噪声模型暂为附加项。

虽然该模型含有非线性项，但仍可应用卡尔曼滤波的变体形式，即扩展卡尔曼滤波（EKF），对当前估计的非线性项进行泰勒级数展开。设 $\boldsymbol{J}_f(\boldsymbol{J}_g)$ 代表函数 $f(g)$ 的雅可比矩阵。假设在时间步为 $t-1$ 时的估计存在，式（5.22）在该点处的一阶扩展项为

$$x_{t+1}=g_t(\hat{x}_{t-1})+\boldsymbol{J}_g(\hat{x}_{t-1})(x_t-\hat{x}_{t+1})+\omega_t \tag{5.23}$$

$$y_t=f_t(\hat{x}_{t-1})+\boldsymbol{J}_f(\hat{x}_{t-1})(x_t-\hat{x}_{t-1})+\eta_t \tag{5.24}$$

加以整理，可得到适合之前定义的卡尔曼滤波的线性形式，即

$$\tilde{x}_{t+1}=\hat{x}_{t+1}-g_t(\hat{x}_{t-1})+\boldsymbol{J}_{gt}\hat{x}_{t-1}=\boldsymbol{J}_{gt}x_t+\omega_t \tag{5.25}$$

$$\tilde{y}_t=y_t-f_t(\hat{x}_{t-1})+\boldsymbol{J}_{ft}\hat{x}_{t-1}=\boldsymbol{J}_{ft}x_t+\eta_t \tag{5.26}$$

在式（5.25）和式（5.26）中，$\tilde{x}$ 与 $\tilde{y}$ 为新的综合状态和观测变量，$\boldsymbol{J}_g\hat{x}_{t-1}$ 扮演 $\boldsymbol{G}$ 的角色，$\boldsymbol{J}_f\hat{x}_{t-1}$ 扮演 $\boldsymbol{F}$ 的角色。

值得注意的是，EKF 迭代本质上是一种加权牛顿迭代，即一种迭代非线性估计方法。因此，一般保持方差固定，对同一观测（on the same observation）进行多次迭代是有用的。这样，当出现严重干扰或严重非线性时，估计量仍然收敛，而只有估计量是收敛的，才能进一步求解方差项。这种卡尔曼滤波也被称为迭代扩展卡尔曼滤波（IEKF）。

5.4.2　其他估计方法

上一节介绍了最常见和广泛应用的估计方法。然而，还有几种替代方法可求解参数估计问题。这里简单介绍两种：连续关键取样和图形化模型。

1. 连续关键取样

在此之前的讨论都集中在使用估计的均值和方差来近似计算系统状态。这里介绍一种利用贝叶斯定理的替代方法，其一般表达式为

$$p(x_n \mid y_1,y_2\cdots y_n)=\frac{p(y_1,y_2\cdots y_n \mid x_n)p(x_n)}{p(y_1,y_2\cdots y_n)} \tag{5.27}$$

假设 y_n 独立于在此之前的所有观测值与给定的系统状态 x_n。给定 x_{n-1}，当 $k>1$ 时，x_n 独立于 x_{n-k}；该表达式可简化为

$$p(x_n \mid x_{n-1},y_n)=\frac{p(y_n \mid x_n)p(x_n \mid x_{n-1})}{p(y_n \mid x_{n-1})} \tag{5.28}$$

另外，由条件均值可得到最优均方估计，即

$$\delta^*(y_n)=E[x_n \mid y_n] \tag{5.29}$$

实际上，上述过程也充分证明了卡尔曼滤波是该结果在线性系统受到高斯干扰情况下的特例。

通常情况下，实现该过程的难点在于最终转化为在非线性、非高斯情况下的表示和计算分布的问题。但是，如果假设之前的连续变量 x_n 取值仅为离散数集，那么对贝叶斯定理和其他相关统计量的计算就简化为基于该离散数集的直接计算。这对于任意分布和任意转换都可简单实现。

连续关键取样（也称为粒子滤波、凝聚等）是用统计学来处理连续变量的一种方法。为实现连续关键取样，需作如下假设：

1）可从似然函数 $p(y_n \mid x_n)$ 中取样（sample from）。

2）可从动态模型 $p(x_n \mid x_{n-1})$ 中取样（sample from）。

注意，取样的关键是不需要显性表达似然函数或动态模型的解析形式。

给定以上假设，连续关键取样的最简单形式为

1）用 $\pi_{n-1}=\{\langle x_{n-1}^k,\omega_{n-1}^k\rangle,k=1,2,\cdots N\}$ 代表一系列样本点 x_{n-1}^k 及其权重 ω_{n-1}^k，且满足 $\sum\omega_{n-1}^k=1$。

2）计算 N 个新的采样点

$\pi_{n-1}^-=\{\langle x_n^k,1/N\rangle,k=1,2,\cdots N\}$，且

① 按照与权重 ω^{k-1} 成正比的概率选取采样点 x_{n-1}^{k-1}。

② 给定 x_n^k 且权重为 $1/N$，从 $p(x_n \mid x_{n-1}^k)$ 中取样。

3）计算

$\pi_n=\{\langle x_n^k,p(y_n \mid x_n^k)\rangle,k=1,2,\cdots N\}$。

很容易看出，以上步骤为循环滤波的形式。而且，任意时刻的相关分布统计量都可从样本集和相关权重来近似计算。

这种基于取样的滤波广泛应用于采用线性估计技术不足以处理的各种挑战性领域，尤其是对于低状态维度（通常 $n\leqslant3$）和完整动力学约束的问题特别有效。对于高维问题或高阶动态变化的系统，获得良好近似所需要的粒子数量非常大，以至于实际上不可能实现。即便如此，仍然可以应用基于采样的系统来获得可以接受的结果。

2. 图形化模型

图形化模型是一类代表变量与变量之间依赖关系或独立关系的模型。常见的图形化模型范例包括贝叶斯网络、关联图和神经网络。图形化模型十分普遍，本章中的许多内容都可以先定义图形化模型，然后从中获得适用于卡尔曼滤波的信息。下面，以贝叶斯网络为例，重点介绍图形化模型。

贝叶斯网络属于有向无环图，其中节点代表随机变量，有向弧代表随机变量对之间的概率关系。用父节点（X）代表所有弧中止于 X 的节点集合，用 $X_1,X_2,\cdots,X_N$ 代表图中的 N 个随机变量，则有

$$p(X_1,X_2,\cdots,X_N)=\prod_{i=1}^{N}p(X_i \mid \text{parents}(X_i)) \tag{5.30}$$

作为范例，图5.14所示的贝叶斯网络代表一个执行定位任务的移动机器人。该图形化模型表征了问题的时序形态，因此属于链式网络（network）。有关这类模型的更多讨论，见参考文献［5.33］。

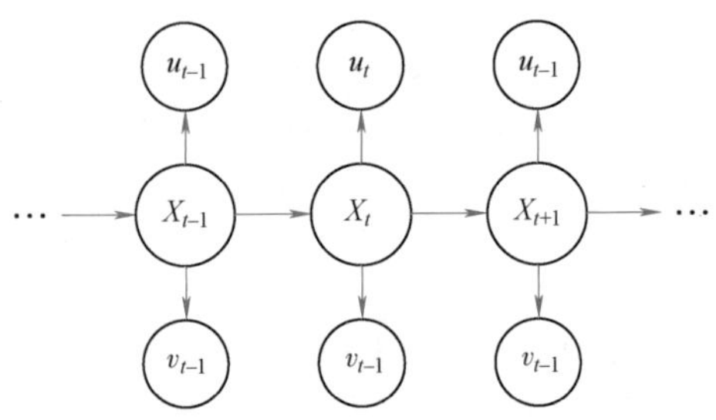

图5.14　表征机器人定位的图形化模型范例

贝叶斯网络中的结构可表征变量之间的各种独立关系。通过研究这些独立关系，可以设计出有效的

推理算法。尤其，即便是采用无向形式［称为多树（polytrees）］的无环图也兼容线性时间推理算法，而更一般的图可用多种迭代方法求解。特别的，如果网络中的分布是连续型的，连续关键取样的变体可作为近似方法来求解问题[5.34]。

3. 条件随机域

在许多情况下，包括本章中的许多示例，最终目标都是根据观测值进行推断，或者预测其他未知量。因此，本节重点研究关节分布 $P(X,Y)$，其中 X 为观测值，Y 为将要进行推断的值，回顾前文有

$$P(X,Y)=P(Y\mid X)P(X)$$

对某一观测值 x，如果令 $X=x$，则 $P(X)$ 变为常量，那么 Y 的结果仅取决于 $P(Y\mid X)$。此时应用贝叶斯网络，就可以建立关节在 X 和 Y 上的概率分布，即生成模型（generative model）。既然 X 的大小总能被观测到，且 X 的结构与模型无关，那么 X 的概率结构也就无须考虑了。这种方法是图形化模型的一种特例，称之为条件随机域（Conditional Random Fields），简写为 CRF。

相比于图形化模型，CRF 最直接的价值在于其经济性和可表达性，有利于对复杂问题进行研究和推断。传统的 CRF 模型基于最大似然理论，使用负梯度法或其他的无约束优化方法。然而，近年来出现的曲面裁剪[5.35]和弗兰克·沃尔夫的块坐标法[5.36]（Block Coordinate Frank Wolfe）等同样利用 CRF，以结构支持向量机的形式解决约束优化问题，而且它们的计算效率和精度会更高。

事实证明，CRF 具有很好的通用性，被广泛用于图像处理、自然语言处理、视频处理等大多数基于数据进行预测的问题中。如图 5.15a 所示，用于外科手术机器人上的一种跨越链形式的 CRF 模型，可以通过获取动力学数据，进而计算出手势标记[5.37]。这可视为隐式马尔可夫模型（一种生成模型）的差异泛化，用于获取不同时间段内（跨越）的相关性。图 5.15b 则显示了标记性能与跨越长度的关系，模型中的跨越的长度为可变参数。

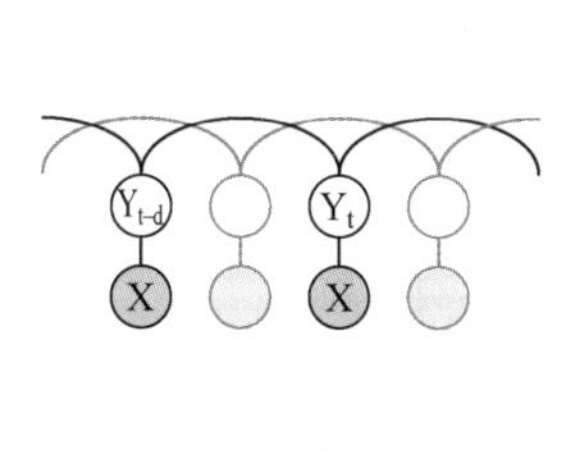

a)

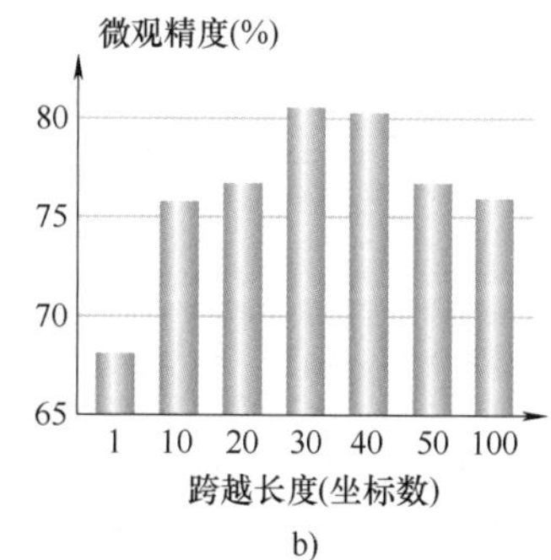

b)

图 5.15　CRF 的应用示例（图片由 ColinLea 提供）

a）跨越链形式的 CRF，利用操作机器人进行外科手术时的动力学和视频数据（X）推断符号标记（Y）

b）分类精度随跨越长度的改变而改变

关于 CRF 更深入的讨论已超出本章的内容，有兴趣的读者可阅读参考文献[5.38,39]，进一步了解 CRF 相关的理论和应用。鉴于 CRF 的高收益性，目前已有 Python 语言编写的 PyStruct[5.40]和 C++编写的 CRF++开源程序包用于 CRF 的开发和应用。

5.4.3　鲁棒估计方法

在前面的论述中，一般都假设所有的数据都是"好的（good）"，这意味着数据即便会因干扰而损坏，但最终仍然携带当前问题的信息。然而，在许多情况下，数据可能含有离群值（outliers），或者与典型数据相比损坏严重，或者完全为可疑的数据。例如，在上述的地图绘制应用中，会偶尔收到经过多次反射回来的范围数据。因此，当扫描一道竖直墙时，大部分的点都会沿一条直线分布，但偶尔会有距离值完全不一致的数据点。

这个问题在于，许多常用的估计方法对数据离群值非常敏感。考虑一个简单的情况，利用一系列观测值 $X_1,X_2,\cdots,X_N$ 来估计标量 x，算式如下：

$$\hat{x}=\sum_{i=1}^{N}X_i/N \tag{5.31}$$

在不失一般性的情况下，假设 X_N 为离群值，式（5.31）可改写为

$$\hat{x}=\sum_{i=1}^{N-1}X_i/n+X_N/n \tag{5.32}$$

不难看出，通过改变 X_N 的值，$\hat{x}$ 可以取任

何（any）值。简言之，单个离群数据能够产生任意的差估计。更一般地说，任何最小二乘问题的解，如由激光距离数据估计一条直线，可用一般形式 $\hat{x}=\boldsymbol{M}y$ 表示。基于以上相同的理由，不难得出“任何最小二乘解都易受离群值影响”的结论。

鲁棒统计（robust statistics）领域研究的是当前数据存在离群值污染时的估计或决策问题。鲁棒统计中有两个重要的概念：屈服点（breakdown point）和影响函数（influence function）。屈服点是估计算子在估计过程中不产生任意大误差所能承受的离群值（数据具备任意大误差）的比例。一般认为最小二乘法的屈服点为0，这是因为单个观测值的干扰可导致估计的偏差足够大。相比之下，也可以取数据的中间值来计算估计值，这样屈服点为50%——即使一半的数据为离群值，仍然可以产生有意义的结果。

屈服点决定了能够承受的离群值数量，而影响函数决定了单个离群值对估计值的影响程度。最小二乘法的影响函数为线性函数。创建新的更鲁棒性估计算子的一种方法是M估计（M-estimators）[5.21]。为产生M估计，首先考虑下列最小化问题：

$$\min_{\hat{x}} \sum_{i=1}^{N} \rho(\hat{x}, y_i) \tag{5.33}$$

注意，定义 $\rho(a,b)=(a-b)^2$ 将得到最小二乘解，但也可以选择其他对离群值阻抗更好的函数。图5.16所示为M估计函数和影响函数。

5

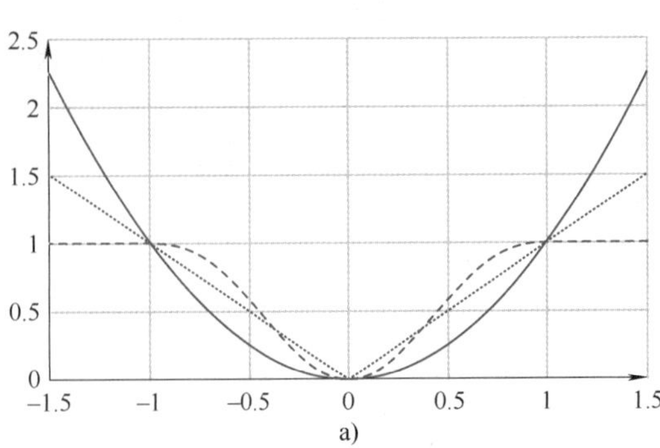

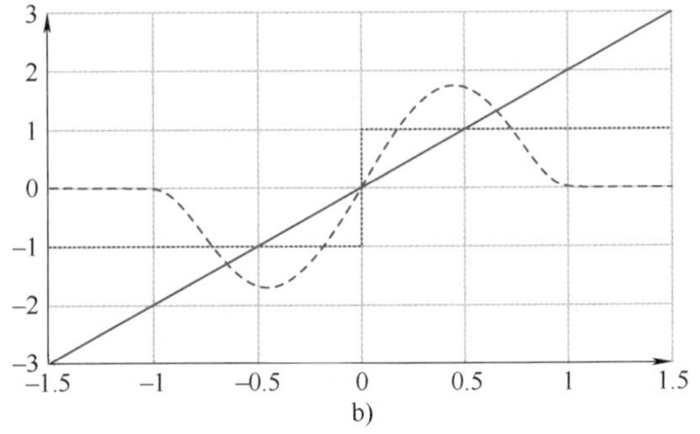

图5.16　M估计函数和影响函数

a）三种常见的鲁棒M估计函数：平方函数、绝对值和图基双权重函数　b）相应的影响函数

一般说来，式（5.33）的优化是非线性的，通常不存在封闭形式解。有趣的是，用重复再加权最小平方法（iteratively reweighted least squares，IRLS）来求解该问题通常是可能的[5.30,41]。IRLS的原理很简单：之前在式（5.7）中曾引入一个权重矩阵 $\boldsymbol{W}$，假设通过某种方式可以知道哪些数据点是离群值。在这种情况下，可以简单地将这些点的权重设为零，这样得到的结果将是剩余（优良）数据的最小二乘估计。

在IRLS中，一般交替假设离群值（通过再加权）和求解来得到结果（通过最小二乘法）。通常，点的权重依赖于估计的残留误差。假设

$$r=y-\boldsymbol{F}\hat{x} \tag{5.34}$$

令 $\psi(y)=\mathrm{d}\rho/\mathrm{d}x\,|_{\hat{x}}$，然后设 $W_{i,i}=\psi(y)/r_i$。可以证明，在许多情况下，这种形式的加权可以收敛。图5.17所示为用IRLS实现的M估计来进行视频追踪的示例。

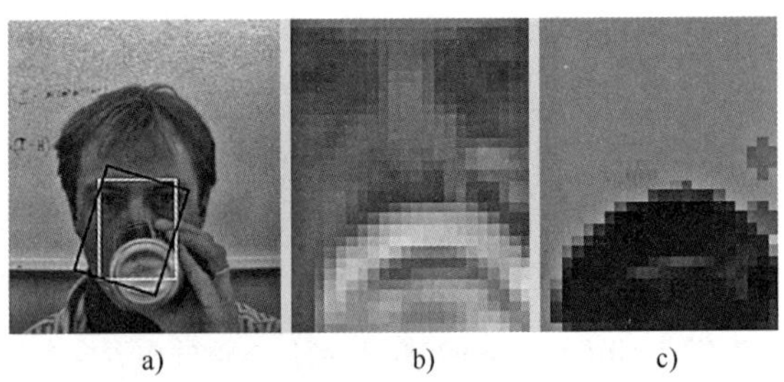

图5.17　用IRLS实现的M估计来进行视频追踪的示例［5.42］

a）单触视频的人脸追踪结果（黑色边框对应没有剔除离群值的追踪算法，白色边框则对应于剔除了离群值的算法）

b）白色边框内区域的放大图

c）相应的权重矩阵表示（黑色的区域代表离群值）

另外一种处理离群值的常用方法是基于表决（vote）的方法，即选择一系列数据，然后对结果进行表决。这里只讨论两种常用的方法，即RANSAC[5.11]和最小中值平均法（LMedS）[5.43]。

对于这两种方法，均从一个概念开始，即在所有数据（包括离群值）中，存在一个与好的（good）数据相一致的估计。这样问题就演变为如何选出该估计。重新考虑之前的问题，即用激光数据估计一

条直线，并假设目前有100个激光点。只需正确选出两个点，匹配出一条直线，然后记录其他与该直线相一致的数据点。如果我们（保守地）估计3/4的数据是好的，那么选出两个好的（good）点的概率是9/16，或者等效于有一个或两个点为离群值的概率是7/16。如果重复该步骤数次（如10次），那么选择均为（all）差估计的概率是$(7/16)^{10}$=0.025%。也就是说，有99.975%的概率我们可以选择一个好的（good）点对。

那么如何决定是否接受一个取样？RANSAC是指在给定的距离临界值内，对与估计相一致的采样数目进行计数来进行表决（vote）。例如，选择那些距离估计直线某一固定距离范围以内的点。在LMedS中则计算所有采样点与直线之间的距离中值，然后选取具有最小中值的估计值。

不难看出，LMedS有一个屈服点是数据取值的50%。而RANSAC可能存在一个更大的屈服点，但这需要选择临界值。RANSAC还具备这样一项优势，即一旦确定了非离群值，可以从这些非离群值中计算最小均方估计，从而降低估计中的干扰。

RANSAC和LMedS也可以为鲁棒迭代方法，如IRLS，提供好的初始解。

5.4.4 数据关联技术

上一节所考虑的情况主要基于观测值与待估计量之间存在某一已知的关联，但正如在之前移动机器人地图问题中所说明的那样，有些情况下除了估计，还需要同时计算这个关联本身。在这种情况下，估计中的一个必要步骤就是数据关联（data association）问题，即得到观测数据与待估计量之间的相关性。

关于这个问题的文献很多，这里主要讨论几种应用广泛的特殊方法，包括用于时序数据滤波的离散（causal）（或称顺序）关联方法和用于处理完整数据时使用的非离散（noncausal）（或称为批量）关联方法，后者常用数据集群（clustering）方法来处理。

在这两种情况下，通过向数据源引入不确定度来扩展之前的模型和定义，为此用上标k来表示观测模型的数据。因此，观测模型变为

$$x_{t+1}^{k}=g^{k}(x_{t}^{k})+w_{t}^{k} \tag{5.35}$$

$$y_{t}^{k}=f^{k}(x_{t}^{k})+\eta_{t}^{k} \tag{5.36}$$

式中，$k=1,\cdots,M$。

1. 成批数据集群

按照之前进行点估计的步骤，现在首先考虑对数据不做任何统计假设，且系统动力学也未知的情况，即只有观测值$y_1,y_2,\cdots,y_M$给定，未知参数为$x^1,x^2,\cdots,x^N$（暂时认为N为已知）。我们的目标是计算关联映射（association mapping）π，使得当且仅当模型参数x^k中出现y_j时，$\pi(j)=k$。

2. k均值集群

用于集群和数据关联的k均值算法简单且广为接受，因此可作为讨论下面内容的一个好的起点。这里假设$f(x)=x$，即提供的数据是当前状态向量含干扰的观测值。接下来应用k均值算法：

1）选取N个数据集群的中心$\{\hat{x}^i\}$。

2）对于每一观测值y_j，将它与最临近的集群中心相关联，即令$\pi(j)=i$，对某些距离函数d（通常为欧氏距离）满足

$$d(\hat{x}^i,y_j)=\min_k d(\hat{x}^k,y_j) \tag{5.37}$$

3）估计与每一集群中心相关联的观测均值

$$\hat{x}^i=\sum_{j,\pi(j)=i} y_j \tag{5.38}$$

4）重复步骤2）和3）。

在许多初始化良好的情况下，k均值工作得很好，但该方法不能生成合适的集群，也不能保证能收敛得到解。因此，常见的做法是以不同的初始条件重复该算法数次，再选取最优的结果。同样需要注意，通过定义

$$d(\hat{x}^i,y_j)=\|\boldsymbol{F}\hat{x}^i-y_j\| \tag{5.39}$$

在式（5.3）中引入$\boldsymbol{F}$，并用相应的最小二乘估计算子替换式（5.38），可以直接扩展线性观测模型。更进一步说，如果有观测数据的统计模型，那么就可以利用之前定义的似然函数来定义$d(\hat{x}^i,y_j)=p(y_j\mid\hat{x}^i)$，并利用式（5.38）中的MLE。

k均值算法的一个局限是即使统计模型已知，也无法保证结果一定收敛。但是，该方法的一个变体，称为期望最大化（expectation maximization），可以证明一定收敛。

3. 数据关联的期望最大化与模拟

期望最大化（EM）算法[5.44]是一种用来处理数据丢失的通用统计技术。在前面的讨论中，给定未知参数集后，用最大似然估计来最大化观测数据的条件概率，但使用MLE的前提是假设数据完全已知，特别是已知数据成分与模型之间的关联。

现在假设存在部分数据丢失。为此，分别定义y_O和y_U为观测数据和非观测数据（observed and unobserved），则有

$$p(y_O,y_U\mid x)=p(y_U\mid y_O,x)p(y_O\mid x) \tag{5.40}$$

假设现在给定猜测$\hat{x}$，并有关于未知数据y_U的一个分布（下文将会讨论这一点），因此可以计算

5

对数似然函数的期望值（由于最大化对数似然值等同于最大化似然值），即

$$Q(x,\hat{x})=E y_{\mathrm{U}}[\log p(y_{\mathrm{O}},y_{\mathrm{U}} \mid x) \mid y_{\mathrm{O}},\hat{x}] \tag{5.41}$$

注意，$\hat{x}$ 为固定量，通常用于定义未知数据的分布，而未知量 x 为对数似然函数。

理想情况下，选择 x 的数值可以使得 Q 最大。因此，基于迭代法则选择一个新值：

$$\hat{x}_i=\arg\max_x Q(x,\hat{x}_{i-1}) \tag{5.42}$$

可以证明，该迭代将收敛于目标函数 Q 的局部最大值，但值得注意的一点是，该最大值不一定为全局（global）最大值。

那么如何将其与数据集群相关联？考虑观测数据是已观测到的已知数据，设未观测到的数据为关联值（association values）$\pi(j)$，$j=1,2,\cdots,M$，用于确定观测数据所代表的模型。请注意，它是一个离散随机变量。进一步假设有 N 个数据集群服从高斯分布，均值为 x_i，方差为 Λ_i。令来自第 i 集群的一个特定数据项 y_j 的无条件概率为 α_i，未知参数为 $\theta=\{x_1,x_2,\cdots,x_N,\Lambda_1,\Lambda_2,\cdots,\Lambda_N,\alpha_1,\alpha_2,\cdots,\alpha_N\}$，并且用 $^-$ 和 $^+$ 来分别表示先验参数估计和更新的参数估计。为简洁起见，定义 $w_{i,j}=p(\pi_j=i \mid y_j,\theta)$，并用上标 $^+$ 来表示更新的参数估计。然后，经过一系列计算推导，数据集群的EM算法变为

E-步骤：

$$w_{i,j}=\frac{p(y_j \mid \pi(j)=i,\theta)\alpha_i}{\sum_i p(y_j \mid \pi(j)=i,\theta)\alpha_i} \tag{5.43}$$

M-步骤：

$$\hat{x}_i^+=\frac{\sum_j y_j w_{i,j}}{\sum_j w_{i,j}} \tag{5.44}$$

$$\Lambda_i^+=\frac{\sum_j y_j (y_j)^t w_{i,j}}{\sum_j w_{i,j}} \tag{5.45}$$

$$\alpha_i^+=\frac{\sum_j w_{i,j}}{\sum_i \sum_j w_{i,j}} \tag{5.46}$$

从上述推导可以看出，EM算法产生的是一种软聚类；相反，k 均值产生的是观测值从属于某一个数据簇的确定性决策（用 $w_{i,j}$ 表示）。实际上，这种估计的结果是高斯混合模型（Gaussian mixture）的最大似然估计，可表示为

$$p(y \mid \theta)=\sum_j \alpha_j N(y \mid \hat{x}_j,\boldsymbol{\Lambda}_j) \tag{5.47}$$

式中，$N(\cdot)$ 代表一个高斯密度函数。图5.18是对高斯混合模型取样的数据执行EM算法的结果。

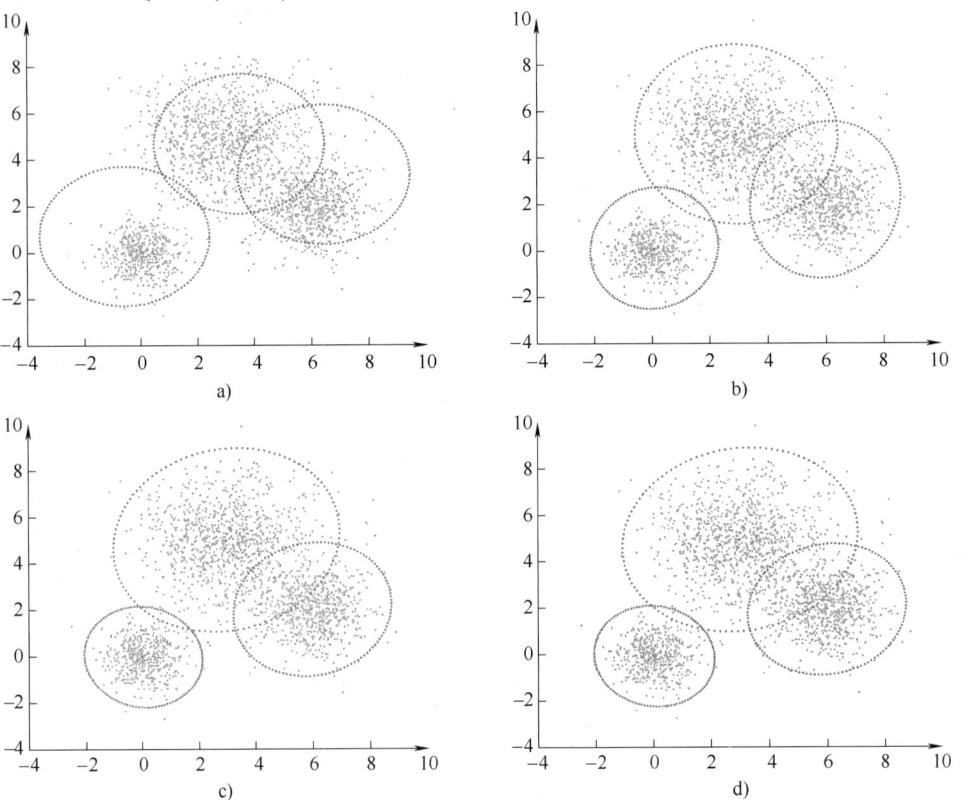

图5.18　期望最大化（EM）算法的结果

a）第1次迭代的结果　b）第2次迭代的结果　c）第5次迭代的结果　d）第10次迭代的结果

4. 递归滤波

在上述的批处理方法中，我们预先并不知道状态参数的信息。但当进行递归滤波时，时刻 $t+1$ 的状态估计 $\hat{x}_t^k$ 和 Λ_t^k 已知。与之前一样，对于数据 y_t^i，$i=1\cdots N$，问题是确定映射 $\pi:\{1\cdots N\}\to\{1\cdots M\}$，从而将数据元素 i 与模型 $k=\pi(i)$ 相关联（associates），这样在某些情况下有利于处理未知数据模型的离群值（outlier）问题。为此，我们可以在函数范围内包含零值，并把零映射作为离群值。

5. 最近邻关联

类似于 k 均值聚类算法，产生数据关联的一种简单方式是计算如下数据关联值。

$$\pi(i)=\arg\min_j d(\boldsymbol{F}^j\hat{x}^j,\hat{y}^j) \tag{5.48}$$

然而，最近邻方法并不考虑传感器数据或估计的已知信息。也就是说，可能对模型 i 有一个非常好的估计，而对另外的模型 j 有一个非常差的估计。如果传感器对两者进行的是等距离观测，掷硬币决定会有意义吗？奇怪的是，观测来自于模型 j（其方差较大）比模型 i（方差较小）可能性更大。

考虑以上因素的一种常用措施是马氏距离（Mahalanobis distance）[5.45]，其原理是根据方差来对每个数值进行加权，即

$$m(y_1,y_2)=(y_1,y_2)(\boldsymbol{\Lambda}_1+\boldsymbol{\Lambda}_2)^{-1}(y_1-y_2)^{\mathrm{T}} \tag{5.49}$$

因此，距离与不确定度成反比。在上述情况下，具有较大方差的观测将产生较小的距离，与设想的结果相一致。

即便使用这种加权方法，数据关联仍然可能犯错。从估计的观点来看，这将在估计过程中引入离群值，可能导致很糟的结果。另外一种方法是类似于 IRLS，根据与模型之间的距离对数据加权，这自然地产生了数据关联滤波的概念。有关这些方法的更广泛讨论，推荐读者阅读参考文献［5.20］。

5.4.5 传感器建模

至此，本章已经介绍了几种传感形式，也讨论了几种估计方法。但是，后者通常依赖于前者的统计模型。因此，下面有关传感器模拟的简短讨论，可以使传感与估计章节变得更加完整。

设计一个传感器模型涉及四个主要部分：

1）建立一个物理模型。

2）对传感器进行标定。

3）确定误差模型。

4）识别失效条件。

物理模型是待测量(x)与可用数据(y)之间的关系f。在许多情况下，这种关系是显式的，如激光传感器与环境中某表面之间的距离。而在其他特殊情况下，该关系可能没有如此明显，如多幅相机图像中的亮度与相机至观测点之间的距离的关系是怎样的？因此，在某些情况下，包含计算过程是必要的，如传感器模型中的特征检测和匹配。

一旦确定了物理模型，接下来需要对传感器进行标定。标定的传感器一般特指问题中要使用的传感器。例如，为获得透视相机系统的图像几何信息，一般要识别两个缩放参数（主体图像尺度）和光学中心（两个额外参数）的位置，通常还有镜头失真参数。而所有这些参数只能通过标定程序才能得以确定[5.7]。

一旦获得标定好的物理传感器模型，接下来需要确定误差模型，它通常包含统计参数的识别。理论上，第一步是确定一个误差的经验分布。但是，这通常是很困难的，因为它需要知道未知参数的精确地面真值（ground truth）。这意味着需要开发一个能够模拟所期望的传感情况的实验装置。

给定这样一个经验分布，还有几个重要的问题，包括：

1）观测在统计上独立吗？

2）误差分布是否单峰？

3）经验误差的关键要素能否用常见的统计量，如数据方差来获取？

关于这方面的更多信息，推荐读者阅读统计与数据模拟方面的书籍[5.46]。

最后，了解传感器何时能或不能提供可靠的数据同样很重要。例如，激光传感器在黑暗的表面上不如在明亮表面上精确，相机在光照太亮或太暗时都不能生成有意义的数据等。有时，通过很简单的迹象就可以判断这些情况的存在，如查看相机图像的强度直方图即可快速断定当前条件是否适合处理。然而，对于某些情况，检测到这些状况并非易事，如两个传感器检测到的距离与某表面的距离不一致。再有，某些失效只能在回溯中才能诊断出来，如一个三维表面模型建立后，一个假想的表面可能被另一个所阻隔，这样就必定存在多重反射。在一个真正的鲁棒传感系统中，应该用所有可能的方法来验证传感器操作。

5.4.6 其他不确定性管理方法

鉴于篇幅所限，本节的讨论只局限于最常用的传感和估计方法。值得注意的是，已经有许多其他的替代不确定性管理方法提出来并得到成功应用。

例如，如果已知传感误差有界，那么基于约束

的方法对点估计很有效[5.47,48]。或者，如果只有部分概率模型能被识别，可用丹普斯特·谢菲方法进行判断[5.49]。

模糊逻辑允许使用集合梯度，使得部分成员具有一定资格。例如，在数据分类中，在某两个范畴，如平均（average）与高（tall）中选择可能很困难，但用逐步切换就行得通。如参考文献［5.50］所述，这类方法已用于DAMN结构的评估与导航。

5.5 表征

传感器数据一方面可直接用于控制，另一方面也可用于估计机器人和（或）环境的状态。关于状态（state）的定义及相应的估计方法与应用所采用的表示方法紧密相关。

表示环境的方法有很多，包括最典型的几何元素，如点、曲线、表面和容积。对于机器人来说，一个基本概念是刚体的位姿（pose）。机器人或实体在环境中的位姿一般用相对于参考坐标系的位置与姿态来表征。

一般来说，用参数对$(\boldsymbol{R},\boldsymbol{H})$来代表位姿。这里$\boldsymbol{R}$代表物体的姿态，用相对于参考坐标系的旋转矩阵来表示；类似地，$\boldsymbol{H}$表示物体相对于参考坐标系的位置。参考坐标系之间的变换有多种表示方法，在运动学章节（第2章）和参考文献［5.51］中都有详细描述。

传感器数据一般在本地传感器所在的参考坐标系中采集。例如，声纳转换器、雷达扫描仪和立体图像系统都用于测量环境中的表面相对于传感器自身坐标系的距离。但是，当目标是将这类信息组合成常见的环境模型时，数据必须转换为以机器人为中心的参考坐标系，或者转换为固定世界（惯性）参考坐标系中。特别地，世界参考坐标系能较方便地实现与不同机器人或用户的运动传输及信号传递。

为方便讨论，绝大多数集成传感器数据的表示方法可以分为四类通用模型：

1）初始传感器数据模型。

2）基于网格的模型。

3）基于特征的模型。

4）符号或图形化模型。

当然也可以对这四种类型的元素组合来获得混合环境模型。

5.5.1 初始传感器表征

对于简单反馈控制[5.52]，常见做法是将初始传感器数据直接整合至控制系统，这是因为在许多情况下，控制本身并不需要环境模型。例如，常常这样应用本体感知传感：基本的轨迹控制直接利用关节编码器的信息，而力控制直接利用来自力传感器的力或力矩信息。

外部感知传感中不常用初始传感器模型，但有些情况下还是有用的。例如，移动机器人利用密集点数据构建地图。这种方法特别适用激光测距仪，用扫描校准来生成基于点的环境模型。参考文献［5.53,54］证明了多条激光距离扫描能够合成一个环境模型。时间t的一个环境扫描可表示成点集：

$$P_t=\{p_i=(\rho_i,\theta_i)\mid i\in 1\cdots N\} \tag{5.50}$$

然后通过刚体变换来校准两个不同时刻的扫描P_t和P_{t+1}，常用ICP算法[5.15]来估计上述变换：假设$\boldsymbol{H}^{[0]}$为两个点集变换的初始估计，并且$\|\boldsymbol{P}_t-\boldsymbol{P}_{t+1}\|$为点集$P_t$中一点与点集$P_{t+1}$中一点的欧氏距离。如果进一步令CP为确定两个点集中最近点的函数，令C为两个点集之间的点对集合。通过下述算法进行迭代：

1）计算$C_k=\cup_{i=1}^{N}\{\boldsymbol{p}_i,CP[\boldsymbol{H}^{[k-1]}(\boldsymbol{p}_i,P_{t+1})]\}$。

2）估计$\boldsymbol{H}^{[k]}$，使得点集C_k中的点之间的LSQ误差最小，直到误差收敛。

可以获得扫描校准的估计，并构建环境的合成模型。

该模型易于构建，非常适合单一模态传感器数据的集成。一般情况下，模型并不包含不确定度信息，并且随着模型增长，复杂度$O(\sum_t|P_t|)$将成为一个突出的问题。

5.5.2 基于网格的表征

在基于网格的表征中，环境被细分为许多单元。这些单元可以包含相关环境特征信息，如温度、障碍物、力分布等。网格根据具体的应用通常为二维或三维。网格可以是通过均匀细分，或者利用四叉树或八叉树的树状划分[5.55]获得。基于树的方法特别适合处理非均匀、大尺度数据集。在一个网格模型中，每一单元含有一个沿参数集分布的概率。例如，当用网格模型来表示物理环境时，规定单元状态为占用（occupied，O）或空闲（free，F），并且占用的概率表示为 P。最开始时，网格模型没有已知信息，用 $P(O)=0.5$ 来表示其状态未知。进一步假定传感器模型 $P(R\mid S_{ij})$ 可用，也就是说，当给定传感器及其位置时，检测到物体的概率为 P。通过贝叶斯理论[5.10]，根据下式来更新网格模型：

$$p_{ij}(t+1)=\frac{P(R\mid S_{ij}=O)p_{ij}(t)}{P(R\mid S_{ij}=O)p_{ij}(t)+P(R\mid S_{ij}=F)(1-p_{ij}(t))}$$

注意，每当获取到新数据时，就通过网格模型计算 p_{ij}。

基于网格的模型已广泛应用于移动机器人[5.56,57]和图像容积的医疗图像领域[5.58]。容积模型可以相对很大，如分辨率为毫米级的人脑网格模型需要 4GB 的存储空间，意味着需要对相当多的计算机资源进行维护。

5.5.3 基于特征的表征

初始传感器表征和基于网格的模型都包含传感器数据的最小抽象。在许多情况下，人们感兴趣的是从传感器数据中提取特征，以降低存储的需求，并仅仅保留平台运动过程中始终不变的数据或外部对象。提取的特征包括大部分标准几何实体，如点（$\boldsymbol{p}$）、线（$\boldsymbol{l}$）、面（$\boldsymbol{N}$，$\boldsymbol{p}$）、曲线[$\boldsymbol{p}(s)$]和更通用的表面。为估计外部环境的属性，需要把特征的集合整合到一个统一的状态模型（即混合模型）中。

由于传感器一般都具有干扰，对于在三维空间 $\mathbb{R}^3$ 内表征一个点，在大多数情况下，该点具有不确定度，一般用均值为 μ、标准偏差为 σ 的高斯变量来模拟，并且用一阶和二阶矩估计统计值。

与表征点相比，表征直线较为困难。数学上的直线可以用向量对 $(\boldsymbol{p},\boldsymbol{t})$ 来表示，其中 $\boldsymbol{p}$ 为直线上的一点，$\boldsymbol{t}$ 为切向量。但在实际应用中，直线为有限长度，因此需要用端点、起点、切线和长度等对直线进行编码。在某些情况下，冗余表征的直线模型会简化更新和匹配过程。至于端点不确定度与其他直线参数之间的关系可以用分析方法加以推导，如参考文献［5.59］所述。直线参数的估计通常基于之前描述的 RANSAC 方法，通过另一种基于表决的霍夫（Hough）变换[5.10]来实现。

对于更复杂的特征模型，如曲线或表面，有必要利用鲁棒特征分离和相关不确定度估计的检测方法。参考文献［5.44］有对该方法的完整描述。

5.5.4 基于符号/图的模型

第 5.5.1~5.5.3 节所描述的所有方法本质上都是参数法，相关的语义有限。随着统计学的进一步发展，出现了更多用于识别结构、空间、位置和物体的方法[5.12,60]。因此，用于识别传感器数据中的复杂结构，如标志物、路表面、体结构等方法也越来越多。当给定可识别的构造时，则可利用前面讨论过的图形化模型来表征环境。该图可由一组节点 N 和一组连接节点的边 E 组成，节点和边都可拥有标签和距离的属性。图 5.19 所示为一个空间环境的拓扑图。此外，图的表征可以是环境的语义模型（物体和地点），也可以是待组装的物体成分的表征。

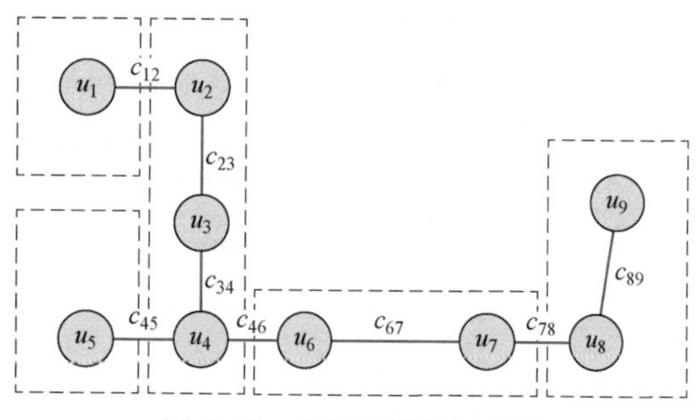

图 5.19 空间环境的拓扑图

关于模型更新，推荐 Pearl 提出的贝叶斯推理[5.61]，并可在参考文献［5.62］中找到应用实例。

5.6 结论与延展阅读

传感和估计仍是机器人研究中具有挑战性的热门领域，而计算机视觉和医学图像等与传感相关的领域本身就具有相当大的研究价值。与此同时，估计的新基础及应用技术仍在持续开发当中。实际上，感知仍将是机器人研究的最具挑战性领域之一。

基于这样的背景，单个章节不可能完全涵盖机器人在本领域研究进展的所有内容。但是，本章中所论述的方法代表了机器人学中最常用的技术。特别是，线性技术如卡尔曼滤波，仍然是感知机器人的主干。本手册的第3篇提供了更多涵盖传感与估计中的数个关键主题。

如果读者希望了解更多，在现代传感器手册[5.3]中可以找到有关传感器设计及物理性能的内容，以及使用不同传感器的一般讨论。在参考文献［5.63］中可以找到关于移动机器人传感器的讨论，尽管之后移动机器人传感器已取得了重大进展。参考文献[5.64,65]中详细描述了利用计算机视觉进行传感与估计。

许多优秀教科书中都涵盖了基本的估计理论。参考文献［5.20］和［5.66］中深入介绍了检测和线性估计理论的大部分内容；参考文献［5.12］、［5.13］及其最新版本［5.44］中介绍了通用统计学估计；参考文献［5.21，43］详细描述了鲁棒方法；参考文献［5.33］也深入介绍了移动机器人的估计方法。

5

参考文献

5.1 D.C. Marr: *Vision* (Freeman, Bedford 1982)
5.2 R. Siegwart, I.R. Nourbakhsh, D. Scaramuzza: *Introduction to Autonomous Mobile Robots*, Intelligent Robotics and Autonomous Systems (MIT Press, Cambridge 2011)
5.3 J. Fraden: *Handbook of Modern Sensors: Physic, Design and Applications*, 2nd edn. (Springer, New York 1996)
5.4 H. Yousef, M. Boukallel, K. Althoefer: Tactile sensing for dexterous in-hand manipulation in robotics – A review, Sensors Actuators A: Physical **167**(2), 171–187 (2011)
5.5 M.I. Tiwana, S.J. Redmond, N.H. Lovell: A review of tactile sensing technologies with applications in biomedical engineering, Sensors Actuators A: Physical **179**, 17–31 (2012)
5.6 G. Dissanayaka, S. Sukkarieh, E. Nebot, H. Durrant-Whyte: The aiding of a low-cost strapdown inertial measurement unit using vehicle model constraints for land vehicle applications, IEEE Trans. Robot. Autom. **17**(5), 731–748 (2001)
5.7 Z. Zhang: A flexible new technique for camera calibration, IEEE Trans. Pattern. Anal. Mach. Intell. **22**(11), 1330–1334 (2000)
5.8 D. Burschka, J. Geiman, G.D. Hager: Optimal landmark configuration for vision-based control of mobile robots, Proc. Int. Conf. Robot. Autom. ICRA (2003) pp. 3917–3922
5.9 J. Baker, N. Anderson, P. Pilles: Ground-penetrating radar surveying in support of archeological site investigations, Comput. Geosci. **23**(10), 1093–1099 (1997)
5.10 P.V.C. Hough: A method and means for recognizing complex patterns, U.S. Patent 306 9654 (1962)
5.11 M.A. Fischler, R.C. Bolles: Random Sample concensus: A paradigm for model fitting with applications to image analysis and automated cartography, Commun. ACM **24**, 381–395 (1981)
5.12 T. Hastie, R. Tibshirani, J. Friedman: *The Elements of Statistical Learning*, Springer Series in Statistics (Springer, Berlin, Heidelberg 2002)
5.13 R.O. Duda, P.E. Hart: *Pattern Classification and Scene Analysis* (Wiley-Interscience, New York 1973)
5.14 R. Vidal, Y. Ma, J. Piazzi: A new GPCA algorithm for clustering subspaces by fitting, differentiating and dividing polynomials, Proc. Int. Conf. Cumput. Vis. Pattern Recog. **1**, 510–517 (2004)
5.15 P. Besl, N.D. McKay: A method for registration of 3-D shapes, IEEE Trans. Pattern Anal. Mach. Intell. **14**(2), 239–256 (1992)
5.16 F. Dellaert, S. Seitz, C. Thorpe, S. Thrun: Special issue on Markov chain Monte Carlo methods, Mach. Learn. **50**, 45–71 (2003)
5.17 A. Gelb (Ed.): *Applied Optimal Estimation* (MIT Press, Cambridge 1974)
5.18 D. Simon: *Optimal State Estimation: Kalman, H Infinity, and Nonlinear Approaches* (Wiley, New York 2006)
5.19 A. Doucet, N. de Freitas, N. Gordon: *Sequential Monte Carlo Methods in Practice* (Springer, Berlin, Heidelberg 2001)
5.20 Y. Bar-Shalom, T. Fortmann: *Tracking and Data Association* (Academic, New York 1988)
5.21 P.J. Huber: *Robust Statistics* (Wiley, New York 1981)
5.22 J.O. Berger: *Statistical Decision Theory and Bayesian Analysis*, 2nd edn. (Springer, New York 1985)
5.23 G.D. Hager: *Task-Directed Sensor Fusion and Planning* (Kluwer, Boston 1990)
5.24 S. Abrams, P.K. Allen, K. Tarabanis: Computing camera viewpoints in a robot work-cell, Int. J. Robot. Res. **18**(3), 267–285 (1999)
5.25 M. Suppa, P. Wang, K. Gupta, G. Hirzinger: *C-space exploration using noisy sensor models, Proc* (IEEE, Int. Conf. Robot. Autom 2004) pp. 1927–1932
5.26 G.S. Chirikjian, A.B. Kyatkin: *Engineering Applications of Noncommutative Harmonic Analysis* (CRC, Boca Raton 2000)
5.27 J.C. Kinsey, L.L. Whitcomb: Adaptive identification on the group of rigid body rotations and its application to precision underwater robot navigation, IEEE Trans. Robot. **23**, 124–136 (2007)
5.28 P.J. Bickel, K.A. Doksum: *Mathematical Statistics*, 2nd edn. (Prentice-Hall, Upper Saddle River 2006)
5.29 G. Strang: *Linear Algebra and its Applications*, 4th edn. (Brooks Cole, New York 2005)
5.30 P. McCullagh, J.A. Nelder: *Generalized Linear Models*, 2nd edn. (Chapman Hall, New York 1989)
5.31 E.L. Lehmann, G. Casella: *Theory of Point Estimation* (Springer, New York 1998)
5.32 R.E. Kalman: A new approach to linear filtering and prediction problems, Transactions of the ASME, J. Basic Eng. **82**, 35–45 (1960)
5.33 S. Thrun, D. Fox, W. Burgard: *Probabilistic Robotics, Autonomous Robotics and Intelligent Agents* (MIT Press, Cambridge 2005)
5.34 C. Bishop: *Pattern Recognition and Machine Learning* (Springer, New York 2006)
5.35 T. Joachims, T. Finley, C.-N.J. Yu: Cutting-plane training of structural SVMs, Mach. Learn. **77**(1), 27–59 (2009)
5.36 S. Lacoste-Julien, M. Jaggi, M. Schmidt, P. Pletscher:

Block-coordinate Frank-Wolfe optimization for structural SVMs, Proc. Int. Conf. Mach. Learn. (2013) pp. 53–61
5.37 L. Tao, L. Zappella, G.D. Hager, R. Vidal: Surgical gesture segmentation and recognition, Med. Image Comput. Comput.-Assisted Intervent., MICCAI 2013 (2013) pp. 339–346
5.38 C. Sutton, A. McCallum: An introduction to conditional random fields for relational learning. In: *Introduction to Statistical Relational Learning*, ed. by L. Getoor, B. Taskar (MIT Press, Cambridge 2006) pp. 93–128
5.39 C. Sutton, A. McCallum: An introduction to conditional random fields, Found. Trends Mach. Learn. **1**, 2055–2060 (2010)
5.40 C.A. Müller, S. Behnke: PyStruct-learning structured prediction in python, J. Mach. Learn. Res. **1**, 2055–2060 (2013)
5.41 J.W. Hardin, J.M. Hilbe: *Generalized Linear Models and Extensions*, 2nd edn. (Stata, College Station 2007)
5.42 G.D. Hager, P.N. Belhumeur: Efficient region tracking of with parametric models of illumination and geometry, IEEE Trans. Pattern Anal. Mach. Intell. **20**(10), 1025–1039 (1998)
5.43 P.J. Rousseauw, A. Leroy: *Robust Regression and Outlier Detection* (Wiley, New York 1987)
5.44 R.O. Duda, P.E. Hart, D.G. Stork: *Pattern Classification*, 2nd edn. (Wiley, New York 2001)
5.45 P.C. Mahalanobis: On the generalised distance in statistics, Proc. Nat. Inst. Sci. India **12**, 49–55 (1936)
5.46 J. Hamilton: *Time Series Analysis* (Princeton Univ. Press, Princeton 1994)
5.47 S. Atiya, G.D. Hager: Real-time vision-based robot localization, IEEE Trans. Robot. Autom. **9**(6), 785–800 (1993)
5.48 G.D. Hager: Task-directed computation of qualitative decisions from sensor data, IEEE Trans. Robot. Autom. **10**(4), 415–429 (1994)
5.49 G. Shafer: *A Mathematical Theory of Evidence* (Princeton Univ. Press, Princeton 1976)
5.50 J. Rosenblatt: *DAMN: A distributed architecture for mobile navigation, AAAI 1995* (Spring, Symposium on Lessons Learned for Implementing Software Architectures for Physical Agents 1995) pp. 167–178
5.51 R.M. Murrey, Z. Li, S. Sastry: *A Mathematical Introduction to Robotic Manipulation* (CRC, Boca Raton 1993)
5.52 K.J. Åström, B. Wittenmark: *Adaptive Control*, 2nd edn. (Addison-Wesley, Reading 1995)
5.53 S. Gutmann, C. Schlegel: AMOS: Comparison of scan-matching approaches for self-localization in indoor environments, 1st Euromicro Conf. Adv. Mobile Robotics (1996) pp. 61–67
5.54 S. Gutmann: *Robust Navigation for Autonomous Mobile Systems*, Ph.D. Thesis (Alfred Ludwig University, Freiburg 2000)
5.55 H. Samet: The quadtree and related hierarchical data structures, ACM Comput. Surv. **16**(2), 187–260 (1984)
5.56 A. Elfes: Sonar-based real-world mapping and navigation, IEEE Trans. Robot. Autom. **3**(3), 249–265 (1987)
5.57 A. Elfes: *A Probabilistic Framework for Robot Perception and Navigation*, Ph.D. Thesis (Carnegie Mellon University, Pittsburgh 1989)
5.58 M.R. Stytz, G. Frieder, O. Frieder: Three-dimensional medical imaging: Algorithms and computer systems, ACM Comput. Surv. **23**(4), 421–499 (1991)
5.59 R. Deriche, R. Vaillant, O. Faugeras: From Noisy Edges Points to 3D Reconstruction of a Scene: A robust approach and its uncertainty analysis. In: *Theory and Applications of Image Analysis*, (World Scientific, Singapore 1992) pp. 71–79
5.60 V.N. Vapnik: *Statistical Learning Theory* (Wiley, New York 1998)
5.61 J. Pearl: *Probabilistic Reasoning in Intelligent Systems* (Morgan Kaufmann, New York 1988)
5.62 M. Paskin: *Thin Junction Tree Filters for Simultaneous Localisation and Mapping*, Ph.D. Thesis (University of California, Berkley 2002)
5.63 H.R. Everett: *Sensors for Mobile Robots: Theory and Application* (Peters, London 1995)
5.64 D. Forsyth, J. Ponce: *Computer Vision – A Modern Approach* (Prentice-Hall, Upper Saddle River 2003)
5.65 R. Hartley, A. Zisserman: *Multiple View Geometry in Computer Vision* (Cambridge Univ. Press, Cambridge 2000)
5.66 S. Blackman, R. Popoli: *Design and Analysis of Modern Tracking Systems* (Artech House, London 1999)

第 6 章 模型辨识

John Hollerbach, Wisama Khalil, Maxime Gautier

6

本章主要讨论如何辨识机器人操作臂的运动学参数和惯性参数。这两种模型辨识可以归结到统一的框架，即最小二乘参数估计的通用框架中，并且两者在参数的可辨识性、测量集的充分性和数值稳健性等相关的数值问题上具有共性。这些讨论对任何参数估计问题都具有通用性，并且适用于其他场合。

尽管运动学标定可以辨识与传感和传动元件相关的关节参数，但其主要目的是确定几何 Denavit-Hartenberg(D-H)参数，端点检测或端点约束可以获取等效的标定方程。通过将所有的标定方法都转换为闭环标定，就可以根据指标要求，以位姿方程的数量作为标准对标定方法进行归类。

惯性参数可以通过运动轨迹，以及在一个或多个关节上测得的力/力矩元素来估计。手柄的载荷估计是最简单的，因为它具有全方位的移动能力和完全的关节力/力矩的测量能力。对于连杆的惯性参数估计，由于邻近基座的连杆动作受限只能检测力矩，并非所有的惯性参数都可辨识出来，只能对关节转矩产生影响的参数进行辨识，尽管它们可能会呈现复杂的线性组合形式。

目　录

6.1 概述

机器人研究中有许多不同类型的模型。为了对其进行精确控制，需要对模型进行准确辨识。前几章中的示例囊括了传感器模型、驱动器模型、运动学模型、动力学模型和灵巧性模型。系统辨识是一种通过测量来辨识模型的通用手段。通常有两种模型：参数模型和非参数模型。参数模型用几个参数来描述，这些参数足以精确表征模型在整个工作范围内的特征。例如，传感器增益和偏移量、连杆的D-H 参数和刚体惯性参数。由于机器人的部件是人造的，其属性既可控又可知，因此机器人特别适合采用参数模型来描述。

非参数模型包括线性系统的脉冲响应和波特图，以及非线性系统的 Wiener 和 Volterra[6.1]。非参数模型可以作为辨识某个参数模型的基础。例如，波特图（幅频特性图和相频特性图）常用于确定模型的阶数，用来确定一个驱动器是应该建模为二阶还是三阶系统。此外，当系统的特性非常复杂，少数几个参数的集合不足以满足要求时，则需要使用非参数模型。这种情况在真实的生物系统中特别有效。

本章将介绍以下几种模型的参数标定：

1）运动学参数。运动学标定是确定物体与坐标系间相对位置的过程。这些物体可能彼此孤立，或者通过关节相互连接。这样的例子包括：

- 确定机器人相对于全局坐标系的位置。
- 确定立体视觉系统相对于机器人的位置。
- 确定被抓物体相对于工具夹持器坐标系的位置。
- 确定机器人操作臂中相邻连杆坐标系间的相互位置关系。

2）刚体惯性参数。这个参数用来预测移动对象或操作臂时所需的驱动力和力矩。

假设有一个 $N_{\text{par}}\times 1$ 阶的参数向量 $\boldsymbol{\phi}=\{\phi_1,\cdots,\phi_{N_{\text{par}}}\}$，模型中的这些参数可能以线性或非线性的形式出现。

线性模型：
$$\boldsymbol{y}^l=\boldsymbol{A}^l\boldsymbol{\phi} \tag{6.1}$$

非线性模型：
$$\boldsymbol{y}^l=\boldsymbol{f}(\boldsymbol{x}^l,\boldsymbol{\phi}) \tag{6.2}$$

式中，$\boldsymbol{y}^l=\{y_1^l,\cdots,y_M^l\}$ 是 $M\times 1$ 阶输出向量；$\boldsymbol{x}^l=\{x_1^l,\cdots,x_n^l\}$ 是输入向量。对于线性模型，$\boldsymbol{A}^l$ 是 $M\times N_{\text{par}}$ 阶矩阵，其中的元素 A_{ij}^l 是输入向量 $\boldsymbol{x}^l$ 的函数。任一元素 $\boldsymbol{A}_{ij}^l$ 都有可能是关于 $\boldsymbol{x}^l$ 的复杂非线性函数，但经代数运算后仅为一数字。对于非线性模型，输入变量会在非线性方程 $\boldsymbol{f}=\{f_1,\cdots,f_M\}$ 中以显式方程出现。隐式非线性模型 $\boldsymbol{f}(\boldsymbol{y}^l,\boldsymbol{x}^l,\boldsymbol{\phi})=\boldsymbol{0}$ 也可能在标定过程中出现[6.2]，它们的处理方式与显性的非线性模型类似（见 6.2.2 节）。设有 P 个不同的测量值，用上标 $l=1,\cdots,P$ 以示区别。

对于线性模型，通过联立 P 个方程，将不同的测量信息结合起来，即

$$\boldsymbol{y}=\boldsymbol{A}\boldsymbol{\phi} \tag{6.3}$$

式中，$\boldsymbol{y}=\{\boldsymbol{y}^1,\cdots,\boldsymbol{y}^l\}$ 是 $MP\times 1$ 阶观测向量；$\boldsymbol{A}=\{\boldsymbol{A}^1,\cdots,\boldsymbol{A}^l\}$ 是 $MP\times N_{\text{Par}}$ 阶矩阵。采用普通的最小二乘法对这些参数进行估计，即

$$\boldsymbol{\phi}=(\boldsymbol{A}^{\text{T}}\boldsymbol{A})^{-1}\boldsymbol{A}^{\text{T}}\boldsymbol{y} \tag{6.4}$$

在统计学中，$\boldsymbol{A}$ 称作回归矩阵，最小二乘解称为回归[6.3]。刚体模型的惯性参数就是一个线性模型的例子。

高斯-牛顿（Gauss-Newton）法[6.3]是一种用来估计非线性模型的典型方法[6.2]。其过程如下：首先，将输入量 $\boldsymbol{x}^l$（可视为常数）代入非线性方程 $\boldsymbol{f}^l$。模型经过 k 次迭代当前估计 $\boldsymbol{\phi}^k$ 处进行泰勒展开，得到线性化模型：

$$\begin{aligned}\boldsymbol{y}_c^l&=\boldsymbol{f}^l(\boldsymbol{\phi}^k+\Delta\boldsymbol{\phi})\\&=\boldsymbol{f}^l(\boldsymbol{\phi}^k)+\left.\frac{\partial\boldsymbol{f}^l(\boldsymbol{\phi})}{\partial\boldsymbol{\phi}}\right|_{\boldsymbol{\phi}=\boldsymbol{\phi}^k}\Delta\boldsymbol{\phi}+\text{高阶项}\\&\approx\boldsymbol{f}^l(\boldsymbol{\phi}^k)+\boldsymbol{A}^l\Delta\boldsymbol{\phi}\end{aligned} \tag{6.5}$$

式中，$\boldsymbol{y}_c^l$ 是输出量的计算值；$\boldsymbol{A}^l=\partial\boldsymbol{f}^l/\partial\boldsymbol{\phi}$ 是在 $\boldsymbol{\phi}^k$ 处估计的雅可比矩阵。为得到系统模型的线性化形式，这里忽略了泰勒级数的高阶项。现在不妨大胆假设：参数估计 $\boldsymbol{\phi}^k$ 的修正项 $\Delta\boldsymbol{\phi}$ 使得输出量的值与测量值相同，即 $\boldsymbol{y}_c^l=\boldsymbol{y}^l$。定义 $\Delta\boldsymbol{y}^l=\boldsymbol{y}^l-\boldsymbol{f}^l(\boldsymbol{\phi}^k)$ 为当前模型 $\boldsymbol{\phi}^k$ 下测量输出与预测输出之间的误差，则式（6.5）变为线性化形式：

$$\Delta\boldsymbol{y}^l=\boldsymbol{A}^l\Delta\boldsymbol{\phi} \tag{6.6}$$

将 P 次测量所得的方程联立，得到线性化的估计形式：

$$\Delta\boldsymbol{y}=\boldsymbol{A}\Delta\boldsymbol{\phi} \tag{6.7}$$

因此，参数估计的修正项 $\Delta\boldsymbol{\phi}$ 可通过普通的最小二乘法获得，即

$$\Delta\boldsymbol{\phi}=(\boldsymbol{A}^{\text{T}}\boldsymbol{A})^{-1}\boldsymbol{A}^{\text{T}}\Delta\boldsymbol{y} \tag{6.8}$$

通过 $\boldsymbol{\phi}^{k+1}=\boldsymbol{\phi}^k+\Delta\boldsymbol{\phi}$ 获得新的估计，不断重复这个过程，直到 $\Delta\boldsymbol{\phi}$ 足够小。高斯-牛顿法具有二次收敛性，在给定初值非线性不严重的情况下，收敛速度很快。含有 D-H 参数的运动学模型就是一个非线性模型的例子，由于其中正弦项和余弦项的存在使得非线性较弱，因此采用高斯-牛顿法通常收敛性较好。

然而，无论是线性估计还是非线性估计，在对矩阵 $\boldsymbol{A}^{\text{T}}\boldsymbol{A}$ 求逆时，不满秩和数值病态的情况时有发生。以下两个问题可能导致该矩阵不满秩：

1）数据不足。用于参数估计的数据质量可通过可观测性指标来衡量，如回归矩阵 $\boldsymbol{A}$ 的条件数[6.4]。选择能够使可观测性指标最大化的数据，可能会获得更具鲁棒性的估计结果，如在动力学标定中选择不同的位姿，或者在惯性参数估计中选择不同的运动轨迹。

2）无法辨识的参数。也许有些参数没有任何一组试验数据可以辨识，因此有必要找出一种方法来消去或避开这些无法辨识的参数。通常采用对矩阵 $\boldsymbol{A}$ 进行奇异值分解的方法来消去参数，而避开这些参数则可以使用先验值或岭回归的方法，但这并不意味着这些参数本质上是不可辨识的，只是试验的相关配置影响了对这些参数的准确测量。例如，如果操作臂的基座是固定的，则它第一个关节的 10 个惯性参数中只有一个能被辨识。而对于另一种试验方法来说，在给基座施加加速度的同时，测量基座的反作用力和力矩，那么这 10 个参

6

数中的其他参数便能够被辨识了[6.5]。

造成病态的原因可能是测量或参数的不当缩放所致：

1）最小二乘估计可以使输出预测值和测量值之间的误差最小化，输出向量 $\boldsymbol{y}^l$ 的元素 $\boldsymbol{y}_j^l$ 可能有不同的单位和幅值，如在运动学标定位姿测量中的弧度和米。此外，不是所有的测量都有同样等级的精度，选择一个适当的加权矩阵对输出向量进行归一化，可以得到更好的估计结果。

2）各个参数可能有不同的单位和幅值，这可能为收敛性判别和决定消去哪个参数时带来问题。同样，引入参数的加权矩阵也可以改善病态问题。

这些数值问题对任何参数估计问题都是通用的，并将在本章的末尾详细讨论。下一节将分别讨论各个机器人模型和如何将它们转化为参数估计形式的问题。

6.2　运动学标定

通常，坐标系之间相对位置的确定需要6个几何参数（位置+姿态），如果坐标系间的相对运动有机械约束，如通过关节相互连接，则所需参数的数量会减少。对于通过旋转关节连接的两个连杆，它的轴是一个线矢量，需要4个几何参数；对于移动关节，它的轴是一个自由矢量，则只需要两个描述方位的几何参数。

此外，在对传感器和机械偏移的建模中，还需要以下非几何参数：

1）关节角度传感器需要确定增益和偏移量。

2）对于使用不失真针孔相机模型的标定，需要确定焦距和图像感应偏移。

3）在重力和操作臂自身重量的作用下，齿轮副导致的关节柔度会引起关节角度发生变化。

4）由于机器人与工作环境间因非刚性连接所产生的基座柔性，结果导致机器人不同的伸展方式对末端位置产生不同的影响。

5）在精细的位置控制中，需要考虑振动及热效应。

本节将重点介绍几何参数和基于传感器的非几何参数的测定方法。

6.2.1　串联操作臂标定

将改进的Denavit-Hartenberg（D-H）参数（图6.1）作为主要几何参数（见2.4节）。连杆的坐标变换矩阵为

$$^{i-1}\boldsymbol{T}_i = \mathrm{Rot}(x,\alpha_i)\,\mathrm{Trans}(x,\alpha_i)\,\mathrm{Trans}(z,d_i)\,\mathrm{Rot}(z,\theta_i) \tag{6.9}$$

1）对于具有 n 个关节的操作臂，其旋转关节为 $i=1,\cdots,n$，每个旋转关节的 z_i 轴都是空间中的一条直线，必须标定全部4个参数，即 a_i、d_i、α_i 和 θ_i。

2）对于移动关节 i，其 z_i 轴是一个自由矢量，只需要两个描述方位（即 α_i 和 θ_i）的参数。一般情况下，z_i 轴的位置可以是空间的任意位置，这意味着两个D-H参数是任意的，可使 z_i 轴正交于 O_{i+1} 轴[6.6,7]，此时 $d_{i+1}=0$ 且 $a_{i+1}=0$。尽管在运动学上是正确的，但这种处理方式并不直观，因为它与移动关节的实际位置并不相符。因此，可以根据 α_i 和 θ_i 的值设定 a_{i+1} 使得 z_i 的位置处于移动关节的中央。

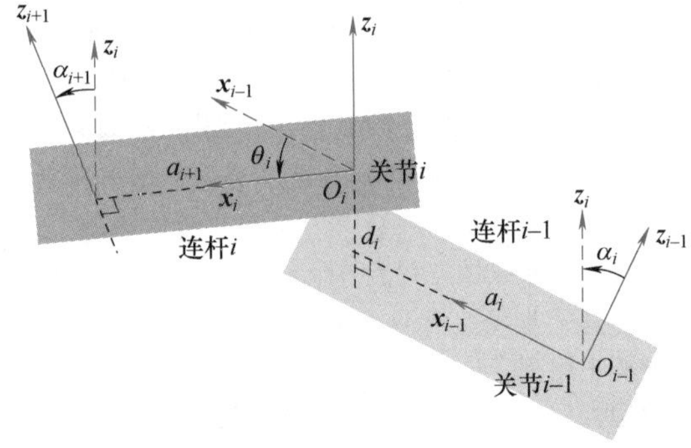

图6.1　改进的D-H参数

在相邻关节轴线近似平行的情况下，其公法线往往难以确定，且标定常出现病态问题。在这种情况下，Hayati和Mirmirani引入了一个额外参数[6.7]，即绕 y_{i-1} 轴的转动参数 β_i（图6.2）。

令 x'_{i-1} 轴为沿着 O_i 到轴 z_{i-1} 的直线，使得 x'_{i-1} 垂直于 z_i，它们的交点定义为原点 O_{i-1}。要想建立 z_{i-1} 与 $z_i=z'_{i-1}$ 间的关系，需要得到两个旋转量：一是绕 x'_{i-1} 的旋转角度 a_i，将 z''_{i-1} 变换至 z_i；二是绕 $y_{i-1}=y''_{i-1}$ 的旋转角度 β_i，将 z_{i-1} 变换至 z''_{i-1}。此时，角度 θ_i 便是从 x'_{i-1} 变换到 x_i 且绕 z_i 轴转过的角度。这时，连杆变换矩阵为

$$^{i-1}\boldsymbol{T}_i = \mathrm{Rot}(y,\beta_i)\,\mathrm{Rot}(x,\alpha_i)\,\mathrm{Trans}(x,a_i)\,\mathrm{Rot}(z,\theta_i) \tag{6.10}$$

1）对于转动关节，用参数 β_i 替代 d_i。

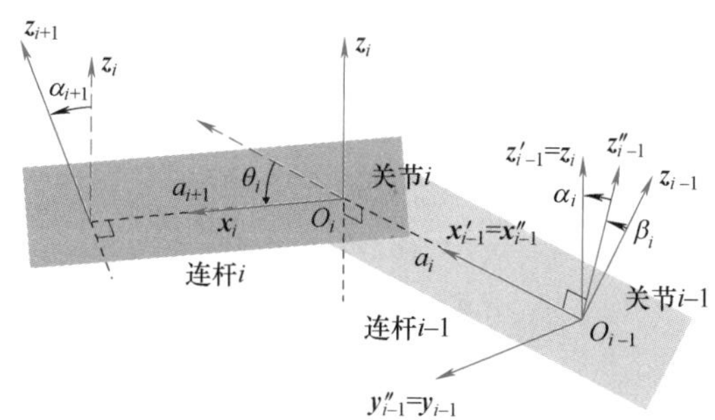

图 6.2 对近似平行轴引入额外的参数 β_i

2）对于移动关节，关节变量 d_i 保留。如前所述，通过确定两个与坐标系 $i+1$ 相关的参数，将 z_i 置于连杆 i 上方便计算的位置，然后对 $d_i=0$ 构造 Hayati 参数。随着 d_i 的变化，x_i 轴相对于 x'_{i-1}轴沿 z_i 移动（图上未画出）。此时，连杆坐标变换矩阵为

$$^{i-1}\boldsymbol{T}_i=\mathrm{Rot}(y,\beta_i)\mathrm{Rot}(x,\alpha_i)\mathrm{Trans}(x,a_i)\mathrm{Trans}(z,d_i)\mathrm{Rot}(z,\theta_i) \tag{6.11}$$

尽管在这个变换矩阵中有 5 个参数。构造 Hayati 参数的过程相当于通过确定 d_{i-1} 的值来确定 O_{i-1}的位置，所以参数的数量实质上并没有增加。

在上述步骤中，将坐标系设定在了串联操作臂的中间连杆上。同时，基座和末端连杆上也须设置坐标系，但这一过程由外部度量系统和端部连杆位姿的物理约束决定，最后的坐标系编号可能是 n 或 $n+1$，而第一个坐标系编号可能是 0 或 -1（为了使坐标系编号连续）。例如，将未知的运动学参数 a、d、α、θ 和 β 置于一个参数向量 $\boldsymbol{\phi}=\{a,d,\alpha,\theta,\beta\}$ 中，参数 $\boldsymbol{\phi}$ 反映的是最后一个坐标系相对于第一个坐标系的位置和姿态，如$^0\boldsymbol{T}_{n,c}$的形式。

并非所有的 6 个位姿参数都必须标定，标定所需的参数可从 1~6 不等。标定通过观测某个参数预测值的误差进行，然后采用非线性标定方法。观测误差有两种常用方法：

1）开环标定（open-loop calibration）采用外部测量方法来测量位姿参数，因为操作臂在这一过程中与环境无关，因此该方法称为开环方法。

2）闭环标定（closed-loop calibration）采用末端杆件位姿的物理约束来代替测量，物理约束的偏差值代表了预测误差，因为与物理约束有关，操作臂末端与地面形成了闭环。

1. 开环运动学标定

在有关标定的文献中有很多种标准度量系统，可以用所测量位姿分量的数量来分类[6.8]：

- **1 个分量**（componet）：到末端连杆任意一点的距离可以用不同方法来测量，如球柄仪[6.9]、滑线电位器[6.10]或激光位移测量计[6.11]。
- **2 个分量**：使用单个经纬仪来测量两个姿态的分量[6.12]，同时需要观察参考长度以确定缩放比例。
- **3 个分量**：激光跟踪系统通过测量末端执行器上安装的反射镜所反射的激光来提供准确的三维测量。光束可以提供长度信息，而激光舵的万向驱动能提供两个姿态角的测量[6.13]，由于这种配置中的角度测量最不准确，因此可以采用三个激光跟踪系统且仅使用长度信息的方案。商业化的三维立体相机运动跟踪系统也可以提供高精度的位置测量。
- **5 个分量**：Lau 等人[6.14]提出了一种带有可转向反射器的可调激光干涉仪，可以通过测量俯仰角和偏航角来获取位置的全部三个分量参数，同时获取姿态的两个分量参数。
- **6 个分量**：可以用立体相机系统测量末端连杆上多个点的三维位置信息，推断出完整的位姿参数。与这些点对应的坐标系可以产生位置和姿态分量[6.15]。

6

Vincze 等人[6.16]使用单激光跟踪系统，并在机器人万向节上安装反射器，以测量完整的位姿信息。位置测量仍然采用干涉测量法，但其新颖的地方在于：其姿态是用对反射器各种边缘的衍射成像来测量的。

下面给出了测量 3 个姿态分量和所有 6 个位姿分量的示例。

1）点测量。通过立体相机系统，可以方便地获取末端连杆上某一点的空间位置。相机系统定义了一个全局坐标系，机器人的第一个局部坐标系可根据该坐标系确定。为了给运算提供足够的参数，需要引入一个中间坐标系。设该中间坐标系下标为 0，则相机系统的下标为 -1，以使标号连续。8 个参数中的两个是任意的。图 6.3 显示了一种可能：z_0 与 z_{i-1}平行（$\alpha_0=0$）且重合（$a_0=0$）。标定参数为 d_0、θ_0、a_1、d_1、α_1 和 θ_1。当 z_{i-1} 近似平行于 z_0 时，可简单地重新定义测量坐标系，以避免引入 Hayati 参数，如将 y_{i-1} 重新定义为 z_{i-1}。

在末端连杆中，原点 O_n 和 x_n 轴是不确定的，因此与之相关的参数 d_n 和 θ_n 也无法确定，而定位测量点需要三个参数，为此需要引入一个附加坐标系 $n+1$，以提供一个额外的参数。将测量点定义为新坐标系的原点 O_{n+1}，通过垂直于 z_n 且通过点 O_{n+1} 的位置关系可以确定 x_n 轴（图 6.4）。其中，3 个参数可以是任意的，一种简单的处理方法是使 z_{n+1}

平行于 $z_n(\alpha_{n+1}=0)$，而使 x_{n+1} 与 x_n 共线（$\theta_{n+1}=0$ 且 $d_{n+1}=0$），此时标定参数为 a_{n+1}、d_n 和 θ_n。

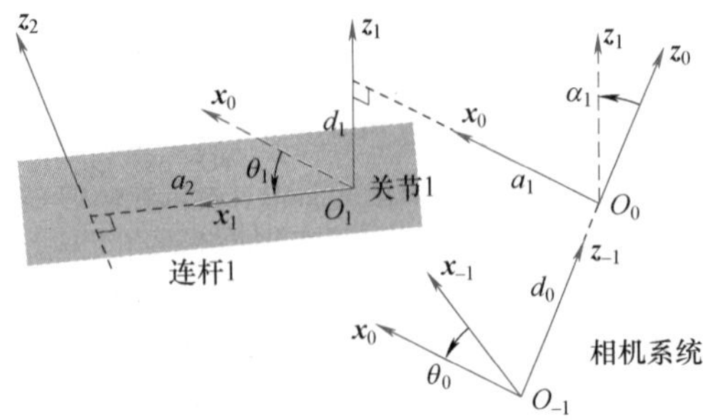

图 6.3　相机系统（序号-1）相对于机器人的坐标系 1 通过一个中间坐标系 0 放置

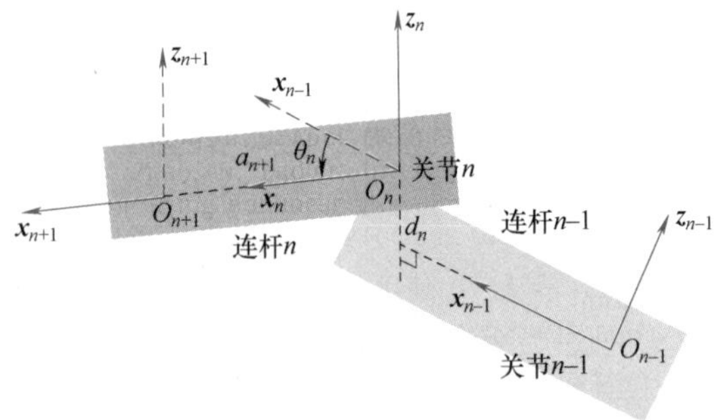

图 6.4　通过引入附加坐标系 $n+1$ 确定末端连杆坐标系

根据坐标变换

$$^{-1}\boldsymbol{T}_{n+1}={}^{-1}\boldsymbol{T}_0\cdots{}^{n}\boldsymbol{T}_{n+1}$$

可提取出测量点相对于相机坐标系的位置坐标 $^{-1}\boldsymbol{p}_{n+1}$。将各个未知运动学参数 a、d、α、θ 和 β 合并为一个参数向量 $\boldsymbol{\phi}=\{a,d,\alpha,\theta,\beta\}$。与式（6.2）类似的非线性运动学模型为

$$^{-1}\boldsymbol{p}^l_{n+1}=f(\boldsymbol{q}^l,\boldsymbol{\phi}),l=1,\cdots,P \tag{6.12}$$

式中，$\boldsymbol{q}^l$ 是位姿 l 的关节变量向量。为将该方程线性化为式（6.6）的形式，计算与上述参数关联的雅可比矩阵为

$$\Delta{}^{-1}\boldsymbol{p}^l_{n+1}={}^{-1}\boldsymbol{p}^l_{n+1}-{}^{-1}\boldsymbol{p}^l_{n+1,c}=\boldsymbol{J}^l\Delta\phi$$

$$=(\boldsymbol{J}^l_a\quad \boldsymbol{J}^l_d\quad \boldsymbol{J}^l_\alpha\quad \boldsymbol{J}^l_\theta\quad \boldsymbol{J}^l_\beta)\begin{pmatrix}\Delta a\\ \Delta d\\ \Delta\alpha\\ \Delta\theta\\ \Delta\beta\end{pmatrix} \tag{6.13}$$

式中，每个参数的雅可比矩阵的第 i 列是根据旋量参数得到的，就像每一个参数代表了一个主动关节（见第 2.8.1 节）。

$$\boldsymbol{J}^l_{a_i}=\begin{cases}{}^{-1}\boldsymbol{x}^l_{i-1} & \text{D-H}\\ {}^{-1}\boldsymbol{x}'^l_{i-1} & \text{Hayati}\end{cases} \tag{6.14}$$

$$\boldsymbol{J}^l_{d_i}={}^{-1}\boldsymbol{z}^l_i \tag{6.15}$$

$$\boldsymbol{J}^l_{\alpha_i}=\begin{cases}{}^{-1}\boldsymbol{x}^l_{i-1}\times{}^{-1}\boldsymbol{d}^l_{i-1,n+1} & \text{D-H}\\ {}^{-1}\boldsymbol{x}^l_{i-1}\times{}^{-1}\boldsymbol{d}^l_{i-1,n+1} & \text{Hayati}\end{cases} \tag{6.16}$$

$$\boldsymbol{J}^l_{\theta_i}={}^{-1}\boldsymbol{z}^l_i\times{}^{-1}\boldsymbol{d}^l_{i,n+1} \tag{6.17}$$

$$\boldsymbol{J}^l_{\beta_i}={}^{-1}\boldsymbol{y}^l_{i-1}\times{}^{-1}\boldsymbol{d}^l_{i-1,n+1} \tag{6.18}$$

式中，$^{-1}\boldsymbol{d}_{i,n+1}={}^{-1}\boldsymbol{R}^i_i\boldsymbol{p}_{n+1}$ 是某点与坐标系-1 原点的连接向量。将式（6.13）中所有位姿下的方程排列起来，得到最终的估计形式：

$$\Delta{}^{-1}\boldsymbol{p}_{n+1}=\boldsymbol{J}\Delta\boldsymbol{\phi} \tag{6.19}$$

该式与式（6.7）相对应，并通过最小二乘法求解 $\Delta\boldsymbol{\phi}$，再通过迭代求解 $\boldsymbol{\phi}$。

2）全位姿测量。假设位于连杆 n 的坐标系 $n+1$ 已知，此时坐标系 n 通常是完全确定的，且用于定位坐标系 $n+1$ 的 6 个参数分别为 d_n、α_n、θ_n、a_{n+1}、d_{n+1} 和 θ_{n+1}。若 z_{n+1} 近似平行于 z_0，可通过简单的变换将其变换到其他轴，如 y_{n+1}，以避免引入 Hayati 参数。

除位置方程（6.12），坐标系 $n+1$ 的姿态方程为

$$^{-1}\boldsymbol{R}^l_{n+1}=F(\boldsymbol{q}^l,\boldsymbol{\phi}),\quad l=1,\cdots,P \tag{6.20}$$

可从 $^{-1}\boldsymbol{T}_{n+1}$ 中提取，其中 F 为一矩阵函数。将上式线性化得

$$\begin{aligned}\Delta{}^{-1}\boldsymbol{R}^l_{n+1}&={}^{-1}\boldsymbol{R}^l_{n+1}-{}^{-1}\boldsymbol{R}^l_{n+1,c}\\&=\Delta{}^{-1}\boldsymbol{\rho}^l_{n+1}\times{}^{-1}\boldsymbol{R}^l_{n+1,c}\end{aligned} \tag{6.21}$$

$$S(\Delta{}^{-1}\boldsymbol{\rho}^l_{n+1})=({}^{-1}\boldsymbol{R}^l_{n+1}-{}^{-1}\boldsymbol{R}^l_{n+1,c})(-{}^{-1}\boldsymbol{R}^l_{n+1,c})^{\mathrm{T}}$$

式中，$\Delta{}^{-1}\boldsymbol{\rho}^l_{n+1}$ 是差分形式的正交旋转，即对应角速度向量的有限差分。同理，与之前空间速度（见 2.8.1 节）的雅可比矩阵类似，此处的雅可比矩阵 $\boldsymbol{J}$ 可用于同时表征随着参数 $\Delta\boldsymbol{\phi}$ 变化所导致的位置 $\Delta{}^{-1}\boldsymbol{\rho}^l_{n+1}$ 及姿态 $\Delta{}^{-1}\boldsymbol{R}^l_{n+1}$ 的变化规律：

$$\begin{pmatrix}\Delta{}^{-1}\boldsymbol{\rho}^l_{n+1}\\ \Delta{}^{-1}\boldsymbol{R}^l_{n+1}\end{pmatrix}=\boldsymbol{J}^l\Delta\boldsymbol{\phi} \tag{6.22}$$

相较于式（6.13），此处的雅可比矩阵 $\boldsymbol{J}^l$ 有 6 行，与单参数雅可比矩阵一样。

$$\boldsymbol{J}^l_{a_i}=\begin{cases}\begin{pmatrix}{}^{-1}\boldsymbol{x}^l_{i-1}\\ \boldsymbol{0}\end{pmatrix} & \text{D-H}\\ \begin{pmatrix}{}^{-1}\boldsymbol{x}'^l_{i-1}\\ \boldsymbol{0}\end{pmatrix} & \text{Hayati}\end{cases} \tag{6.23}$$

$$\boldsymbol{J}^l_{d_i}=\begin{pmatrix}{}^{-1}\boldsymbol{z}^l_i\\ \boldsymbol{0}\end{pmatrix} \tag{6.24}$$

$$
J_{\alpha_i}^l=\begin{cases}\begin{pmatrix}{}^{-1}x_{i-1}^l\times{}^{-1}d_{i-1,n+1}^l\\{}^{-1}x_{i-1}^l\end{pmatrix} & \text{D-H}\\ \begin{pmatrix}{}^{-1}x_{i-1}^l\times{}^{-1}d_{i-1,n+1}^l\\{}^{-1}x_{i-1}^l\end{pmatrix} & \text{Hayati}\end{cases} \tag{6.25}
$$

$$
J_{\theta_i}^l=\begin{pmatrix}{}^{-1}z_i^l\times{}^{-1}d_{i,n+1}^l\\{}^{-1}z_i^l\end{pmatrix} \tag{6.26}
$$

$$
J_{\beta_i}^l=\begin{pmatrix}{}^{-1}y_{i-1}^l\times{}^{-1}d_{i-1,n+1}^l\\{}^{-1}y_{i-1}^l\end{pmatrix} \tag{6.27}
$$

同前，可以通过最小二乘法求得 $\Delta\boldsymbol{\phi}$，再通过迭代求得 $\boldsymbol{\phi}$。

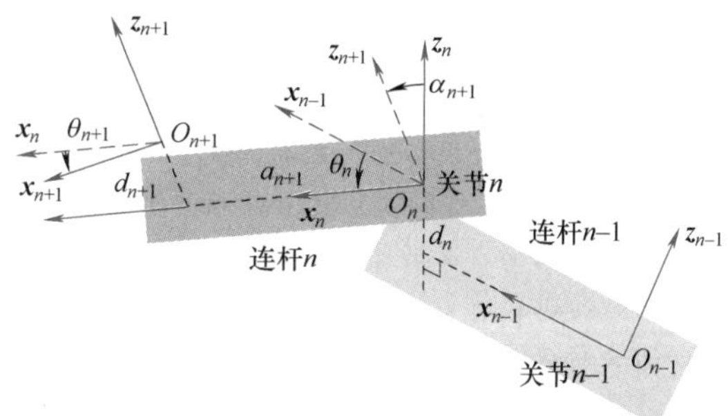

图 6.5 末端连杆坐标系 n+1 的全位姿测量

2. 闭环运动学标定

可以通过对末端执行器施加有关位置或姿态的物理约束来替代直接测量。物理约束的位置定义了一个参考坐标系，因此末端位置或姿态的测量值可以定义为零，由误差运动学模型引起的物理约束的偏差常表现为参考坐标系上的位移。类似于点式测量和全位姿测量，闭环方法也有点约束和全位姿约束。

1）点约束。假设末端执行器有一个尖点与环境中的一个固定点相接触，在接触点不变的前提下，尖点的方向可通过关节角的变化来改变。在前文中，点测量系统定义了参考坐标系-1（图 6.3）、末端执行器坐标系 $n+1$ 及其已被测知的原点 O_{n+1}（图 6.4）。现将参考坐标系的原点 O_0 下标记为 0，且与 O_{n+1} 重合（图 6.6）。因为一个点相对于坐标系 1 的位置仅需三个参数来确定，即 a_1、d_1、θ_1，所以不需要借助额外的坐标系-1。这里可以任选 $\alpha_1=0$，即 z_0 轴与 z_1 轴平行。

保持点接触的不同姿态可以手动实现，也可以使用力控制自动生成。与式（6.13）相比，被测（measured）位置定义为 ${}^0\boldsymbol{p}_{n+1}^l=0$，其线性化的标定方程可以简写为

$$
\Delta^{-1}\boldsymbol{p}_{n+1}^l=-{}^{-1}\boldsymbol{p}_{n+1,c}^l=\boldsymbol{J}^l\Delta\boldsymbol{\phi} \tag{6.28}
$$

相对于开环标定，可产生的姿态总数受到限制，这可能会影响系统的可辨识性。

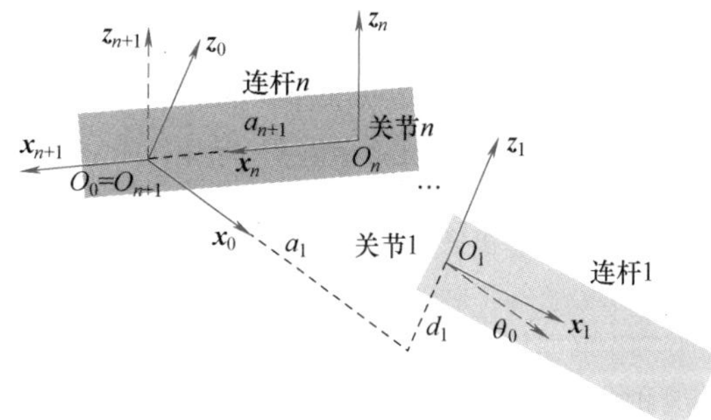

图 6.6 固定点接触（设 $O_0=O_{n+1}$）

2）全位姿约束。与全位姿测量（图 6.5）类似，末端连杆可能由于与环境的刚性连接而完全受限。如果操作臂是冗余的（见第 10 章），其姿态能通过本身的动作产生，产生这样的姿态需要末端力/力矩传感器或关节力矩传感器来实现。

由于与地面刚性连接，末端连杆可被视为地面的一部分，因此相较于点固定的情况，对该系统的标定需要更少的坐标系。图 6.7 所示为完全约束下的末端连杆，是一种设置坐标系 0 和 n 的方法。设定轴 z_0 与 z_n 轴重合，z_0 与 z_1 的公法线确定了原点 O_0 与轴 x_0 的相对位置。坐标系 n 则通过 $O_n=O_0$ 和 $x_n=x_0$ 来完成定义。标定产生的 6 个参数为 θ_n、d_n、α_1、a_1、d_1 与 θ_1，它们必能将坐标系 n 与坐标系 0 关联起来。

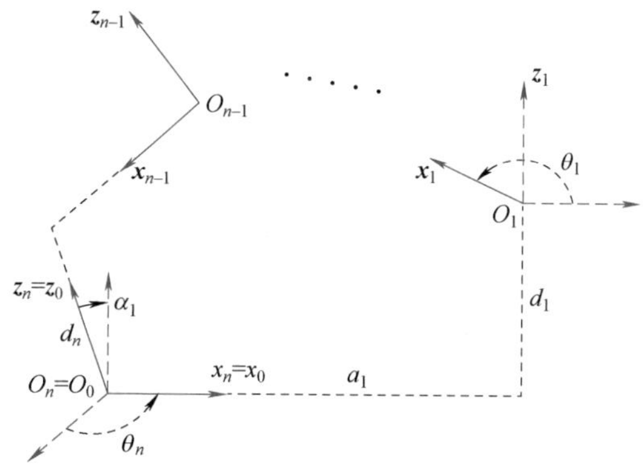

图 6.7 完全约束下的末端连杆（设定 $O_0=O_n$）

与式（6.28）类似，在调整下标后，定义被测位置 ${}^0\boldsymbol{p}_n^l=0$，则线性化的位置标定方程为

$$
{}^0\boldsymbol{p}_n^l=-{}^0\boldsymbol{p}_{n,c}^l \tag{6.29}
$$

6

根据式（6.21）描述的姿态误差，被测姿态 ${}^{0}\boldsymbol{R}_{n}^{l}=\boldsymbol{I}$，为单位阵，经下标调整后，

$$\boldsymbol{S}(\Delta^{0}\boldsymbol{p}_{n}^{l})=(\boldsymbol{I}-{}^{0}\boldsymbol{R}_{n,c}^{l})({}^{0}\boldsymbol{R}_{n,c}^{l})^{\mathrm{T}}=({}^{0}\boldsymbol{R}_{n,c}^{l})^{\mathrm{T}}-\boldsymbol{I} \quad (6.30)$$

在下标调整之后，与在全位姿测量中一样，应用误差方程（6.22），可产生的姿态总数受限于开环标定，后者会影响系统的可辨识性。

6.2.2 并联操作臂标定

并联操作臂由多个闭环组成，6.2.1节所介绍的方法可以直接扩展到并联操作臂的标定。比起对并联和串联操作臂用不同的方法，同时针对不同的情况和不同环节安排的标定方程重新进行复杂的推导，Hollerbach 和 Wampler[6.8] 提出了一种统一的方法，并称之为标定指数（calibration index）。该方法把所有的标定问题均视为闭环标定问题。

通过把末端执行器测量视为一个关节，可以将开环标定囊括在闭环标定之内。无论从关节还是从测量系统上所测量的量，均使用同样的角标，并视之为未被检测的关节，其中包括未检测的位姿成分、被动的环境约束，或者链中没有传感器的关节。在并联机构中，常通过列出足够数量的闭环方程来描述运动学特性，并且可以在每个位姿处进行联立。由于闭环方程是所有被测量的隐式函数，Wampler 等人将这种标定方法称为隐含环路法（implicit loop method）[6.2]。

图6.8所示为隐含环路法的应用。采用立体相机测量系统来测量一个未标定机器人末端执行器上一点的三维坐标。图的右侧是用棱柱腿代替相机系统，代表用一个6自由度的关节提供等效的三维坐标测量，其结果是一个闭环机构。

第 $i(i=1,\cdots,P)$ 个位姿的运动学闭环方程 $\boldsymbol{f}$ 为

$$\boldsymbol{f}^{i}(\boldsymbol{\phi})\equiv\boldsymbol{f}(\boldsymbol{x}^{i},\boldsymbol{\phi})=\boldsymbol{0} \quad (6.31)$$

式中，$\boldsymbol{\phi}$ 是需要标定的机器人参数向量；$\boldsymbol{x}^{i}$ 是关节传感器读数及可能的外部传感器读数向量；$\boldsymbol{f}^{i}$ 包含了传感器读数 $\boldsymbol{x}^{i}$，所以冠以上标。联立式（6.31）的 P 个位姿方程，并写为矩阵形式：

$$\boldsymbol{f}(\boldsymbol{\phi})\equiv(\boldsymbol{f}^{1\mathrm{T}}\cdots\boldsymbol{f}^{P\mathrm{T}})^{\mathrm{T}}=\boldsymbol{0} \quad (6.32)$$

围绕参数标称值，将式（6.32）线性化，得

$$\Delta\boldsymbol{f}=\frac{\partial\boldsymbol{f}}{\partial\boldsymbol{\phi}}\Delta\boldsymbol{\phi}=\boldsymbol{A}\Delta\boldsymbol{\phi} \quad (6.33)$$

式中，$\Delta\boldsymbol{f}$ 是计算出的闭环方程对零的偏差；$\boldsymbol{A}$ 是单位雅可比矩阵；$\Delta\boldsymbol{\phi}$ 是要用于当前参数估计的修正项。标定问题可通过使用迭代最小二乘法来最小化 $\Delta\boldsymbol{f}$ 求解。

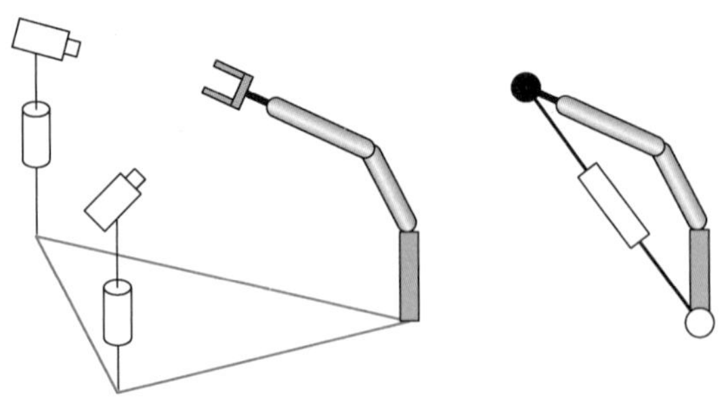

图6.8 隐含环路法的应用
（外部测量系统用6自由度的关节模拟）

1. 标定指数

运动学标定的基础是通过计算当前运动学模型来定位一个操作臂产生的误差，此误差可能与外部测量系统的测量有关（开环方法），或者与物理约束（如与平面接触）有关（闭环方法）。外部测量系统可以测量位姿的所有6个或部分分量，如末端连杆上的一个点（3个分量）。同样，物理约束可以限制位姿的1~6个分量。约束和测量可以混合使用，约束和测量的数目决定了每个位姿可获得多少可用来标定的标量方程。

标定指数 C 确定了每个位姿的方程数量，这种分析方法对于串联机构是很直接的，但对于并联机构，推导出每个位姿的独立方程数量就比较困难：

$$C=S-M \quad (6.34)$$

式中，S 是传感器指数；M 是活动度，活动度[6.17]描述了标定设置中的自由度。

$$M=6n-\sum_{i=1}^{N_J}n_i^{\mathrm{C}} \quad (6.35)$$

式中，n 是连杆的数量；N_J 是关节的数量；n_i^{C} 是关节 i 所受约束的数量。在 n 中包括了任意额外连接到机器人的连杆，这些连杆用于限制或测量机器人的运动。N_J 包括所有为了标定而添加的关节，对于旋转关节或移动关节，$n_i^{\mathrm{C}}=5$；对于球关节，$n_i^{\mathrm{C}}=3$。对于自由移动末端执行器的外部测量系统，$n_{N_j}^{\mathrm{C}}=0$；若端点与外部刚性连接，则 $n_{N_j}^{\mathrm{C}}=6$。一般而言，式（6.35）是准确的，但也有例外。针对特例或退化机构，必须进行具体分析。

传感器指数 S 是关节上所有传感器数量的总和：

$$S=\sum_{i=1}^{N_J}S_i \quad (6.36)$$

式中，S_i 是关节 i 上感测的自由度数量。通常，对于低副典型的驱动关节，$S_i=1$；对于全位姿测量的

末端执行器关节 N_J，$S_{N_J}=6$。对于没有感测的关节，如在被动运动环境的关节，$S_i=0$。

如果 P 是位姿的数量，则 CP 就是标定过程中的方程总数。显然，在其他条件不变的情况下，较大的 C 意味着需要较少的位姿。对于单链来说，其中包含了一系列感测的低阶关节（$S_i=1$，$n_i^{\mathrm{C}}=5$，$i=1,\cdots,N_j-1$）和将末端执行器连接到地面的最后一个关节（S_{N_J}，$n_{N_J}^{\mathrm{C}}$）。由式（6.34）和式（6.35）可得

$$C=S_{N_J}+n_{N_J}^{\mathrm{C}} \tag{6.37}$$

根据标定指数，使用全末端约束与全位姿测量是等效的运动标定。其潜在的问题是，可供末端约束的位姿范围比较小，但在其他方面，两者在数学运算上是一样的。

2. 串联标定方法的分类

基于不同的位姿测量或末端约束，有许多种标定方法。根据标定指数 C、$n_{N_J}^{\mathrm{C}}$ 和 S_{N_J} 的值，将其分类如下：

1）$C=6$：$n_{N_J}^{\mathrm{C}}=0$ 且 $S_{N_J}=6$，对应全位姿测量；$n_{N_J}^{\mathrm{C}}=6$ 且 $S_{N_J}=0$，对应末端与环境刚性连接的情况。

2）$C=5$：$n_{N_J}^{\mathrm{C}}=0$ 且 $S_{N_J}=5$，对应 5 自由度位姿测量[6.14]；$n_{N_J}^{\mathrm{C}}=5$ 且 $S_{N_J}=0$，对应末端有 5 个自由度被约束的情况，如未感测的被动关节机器人[6.18]。

3）$C=4$：针对此种情况的方法尚未有报道。

4）$C=3$：$n_{N_J}^{\mathrm{C}}=0$ 且 $S_{N_J}=3$，对应 3 自由度位姿测量；$n_{N_J}^{\mathrm{C}}=0$ 且 $S_{N_J}=3$，对应末端有 3 个自由度被约束的情况。

5）$C=2$：$n_{N_J}^{\mathrm{C}}=0$ 且 $S_{N_J}=2$，对应 2 自由度的位姿测量，如通过单个经纬仪测量[6.12]。$n_{N_J}^{\mathrm{C}}=2$ 且 $S_{N_J}=0$，对应末端有 2 个自由度被约束的情况。沿着某条直线的运动可以提供两个自由度的约束[6.19]。

6）$C=1$：$n_{N_J}^{\mathrm{C}}=0$ 且 $S_{N_J}=1$，对应仅有一个自由度的位姿测量，可以通过线性传感器来测量，如线性差动变压器（LVDT）[6.9]或滑线电位计[6.10]。$n_{N_J}^{\mathrm{C}}=1$ 且 $S_{N_J}=0$，对应平面约束[6.20]。

3. 并联标定方法的分类

要想对并联机器人进行标定，需要写出每个环路 j 的闭环方程：

$$\mathbf{0}=\boldsymbol{f}_j(\boldsymbol{\phi}) \tag{6.38}$$

将所有环路的方程合并，再消去未感测的自由度。基于环路的数量，应用标定指数的方法：

1）双环路：双环路机构通常包含三个操作臂或支链，并连接到一个公共的平台上。例如，RSI Research Ltd 的手动操作装置[6.21]应用了三个 6 自由度的手臂，每个手臂有 3 个感测关节。这种机构的活动度 $M=6$。由于 $S=9$，所以 $C=3$，因此可以对其进行闭环标定。

2）四环路：Nahvi 等人[6.22]对一个球形肩关节进行了标定，该关节通过四个移动副来实现冗余驱动（图 6.9）。此外，平台被约束成只能绕球关节转动，其 4 条支链各自形成了 4 个运动环路。对于这个系统，$M=3$，$S=4$，所以 $C=1$，因此可以进行自标定。如果没有额外的那条支链及其所提供的感测数据，$C=0$，则不能对其进行标定。

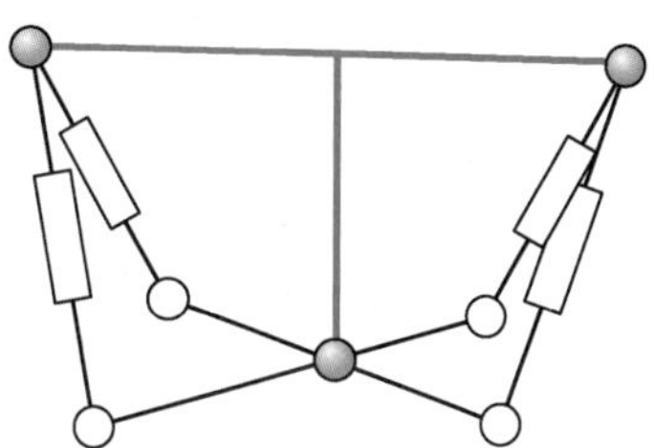

图 6.9 冗余驱动的肩关节

3）五环路：Wampler 等人[6.2]使用闭环方法对六支链 Stewart 平台（$M=6$）进行了标定。除了各支链的长度，还测量了单条支链的所有角度（$S=11$）。进行这种额外的感测是为了求出唯一的正运动学解。另一个优点是，由于 $C=5$，可以对其进行闭环标定。对于没有安装传感器的普通 Stewart 平台，其 $S=6$，所以 $C=0$，这就需要进行外部的位姿测量。例如，使用全位姿测量 $S=12$，$C=6$。参考文献［6.23］就使用了全位姿测量。

6

6.3 惯性参数估计

一个刚体 i 有 10 个惯性参数：质量 m_i、相对于原点 O_0 的质心 $\boldsymbol{r}_{0i}$ 和相对于原点 O_i 的对称惯性矩阵 $\overline{\boldsymbol{I}}_i$（图 6.10）。刚体可以是末端执行器的载荷，也可以是操作臂自身的一个连杆。通过生成一个轨迹，并同时测量力/力矩和速度/加速度，一部分或所有的惯性参数便可以估计出来。

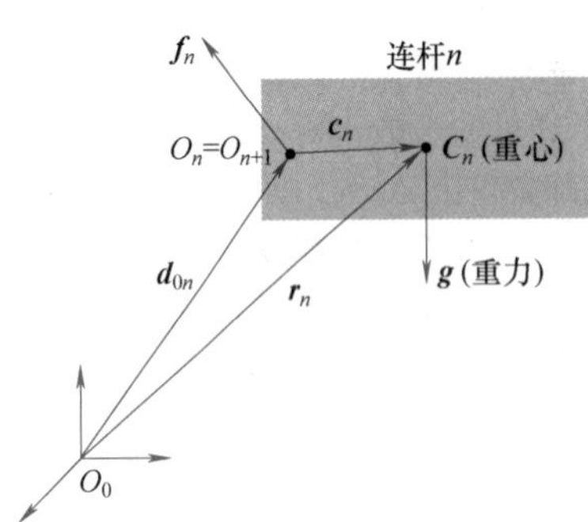

图 6.10　中间连杆 i 重心的位置及其所受的力/力矩约束

6.3.1　连杆惯性参数估计

连杆惯性参数估计的步骤如下：

1）建立载荷动力学的 Newton-Euler 方程，以揭示惯性参数间的线性相关性。

2）使用普通的最小二乘法估计参数。

首先从末端连杆的 Newton-Euler 方程入手，假设已经设计了合适的滤波器来测量每个关节 i 的速度 $\dot{\theta}_i$ 和加速度 $\ddot{\theta}_i$。定义连杆 n 的质心为 C_n，相对于基座坐标系原点 O_0 的矢径 $\boldsymbol{r}_n=C_n-O_0$，且相对于连杆 n'坐标系原点 O_n 的矢径 $\boldsymbol{c}_n=C_n-O_n$。所有向量和矩阵均在坐标系 n 中来描述。在坐标系 n 中，相对于原点 O_n 的质心坐标 c_n 和惯性矩阵 $\bar{\boldsymbol{I}}_n$ 为常数。

由第 3 章的式（3.35）可知，相对于 O_n 的 Newton-Euler 方程为

$$\boldsymbol{f}_n=\boldsymbol{I}_n\boldsymbol{a}_n+\boldsymbol{v}_n\times\boldsymbol{I}_n\boldsymbol{v}_n \tag{6.39}$$

将空间惯性矩阵 $\boldsymbol{I}_n$、空间加速度 $\boldsymbol{a}_n$ 及空间速度$\boldsymbol{v}_n$，代入式（6.39），则等号右面第一项等价于

$$\boldsymbol{I}_n\boldsymbol{a}_n=\begin{pmatrix}\bar{\boldsymbol{I}}_{nn} & m_n\boldsymbol{S}(\boldsymbol{c}_n)\\ m_n\boldsymbol{S}(\boldsymbol{c}_n)^{\mathrm{T}} & m_n\boldsymbol{1}\end{pmatrix}\begin{pmatrix}\dot{\boldsymbol{\omega}}_n\\ \dot{\boldsymbol{v}}_n\end{pmatrix}$$

$$=\begin{pmatrix}\bar{\boldsymbol{I}}_n\dot{\boldsymbol{\omega}}_n+m_n\boldsymbol{S}(\boldsymbol{c}_n)(\ddot{\boldsymbol{d}}_{0n}-\boldsymbol{\omega}_n\times\boldsymbol{v}_n)\\ m_n\boldsymbol{S}(\boldsymbol{c}_n)^{\mathrm{T}}\dot{\boldsymbol{\omega}}_n+m_n(\ddot{\boldsymbol{d}}_{0n}-\boldsymbol{\omega}_n\times\boldsymbol{v}_n)\end{pmatrix}$$

此处用$\dot{\boldsymbol{v}}_n=\ddot{\boldsymbol{d}}_{0n}-\boldsymbol{\omega}_n\times\boldsymbol{v}_n$ 进行了等量代换。等号右侧第二项等价于

$$\boldsymbol{v}_n\times\boldsymbol{I}_n\boldsymbol{v}_n=\begin{pmatrix}\boldsymbol{S}(\boldsymbol{\omega}_n) & \boldsymbol{S}(\boldsymbol{v}_n)\\ \boldsymbol{0} & \boldsymbol{S}(\boldsymbol{\omega}_n)\end{pmatrix}\times$$

$$\begin{pmatrix}\bar{\boldsymbol{I}}_n & m_n\boldsymbol{S}(\boldsymbol{c}_n)\\ m_n\boldsymbol{S}(\boldsymbol{c}_n)^{\mathrm{T}} & m_n\boldsymbol{1}\end{pmatrix}\begin{pmatrix}\boldsymbol{\omega}_n\\ \boldsymbol{v}_n\end{pmatrix}$$

$$=\begin{pmatrix}\boldsymbol{S}(\boldsymbol{\omega}_n)\bar{\boldsymbol{I}}_n\boldsymbol{\omega}_n+m_n\boldsymbol{S}(\boldsymbol{c}_n)\boldsymbol{S}(\boldsymbol{\omega}_n)\boldsymbol{v}_n\\ \boldsymbol{S}(\boldsymbol{\omega}_n)m_n\boldsymbol{S}(\boldsymbol{c}_n)^{\mathrm{T}}\boldsymbol{\omega}_n+\boldsymbol{S}(\boldsymbol{\omega}_n)m_n\boldsymbol{v}_n\end{pmatrix}$$

联立并化简后得

$$\boldsymbol{f}_n=\begin{pmatrix}\bar{\boldsymbol{I}}_n\dot{\boldsymbol{\omega}}_n+\boldsymbol{S}(\boldsymbol{\omega}_n)\bar{\boldsymbol{I}}_n\boldsymbol{\omega}_n-\boldsymbol{S}(\ddot{\boldsymbol{d}}_{0n})m_n\boldsymbol{c}_n\\ m_n\ddot{\boldsymbol{d}}_{0n}+\boldsymbol{S}(\dot{\boldsymbol{\omega}}_n)m_n\boldsymbol{c}_n+\boldsymbol{S}(\boldsymbol{\omega}_n)\boldsymbol{S}(\boldsymbol{\omega}_n)m_n\boldsymbol{c}_n\end{pmatrix} \tag{6.40}$$

式中，质量力矩 $m_n\boldsymbol{c}_n$ 是一个要组合估计的量。然而，由于质量 m_n 是单独从 $m_n\ddot{\boldsymbol{d}}_{0n}$项估计出来的，这样质心 $\boldsymbol{c}_n$ 就可以从中提取出来。若明确考虑重力加速度 $\boldsymbol{g}$，我们随后将 $\ddot{\boldsymbol{d}}_{0n}$替换为 $\ddot{\boldsymbol{d}}_{0n}-\boldsymbol{g}$。

为了执行估计算法，通过安装在腕部的传感器测量的力和力矩，都必须以已知几何参数和未知惯性参数乘积的形式来表达。根据下述定义，惯性矩阵的元素都被矢量化为 $\boldsymbol{l}(\bar{\boldsymbol{I}}_n)$。

$$\bar{\boldsymbol{I}}_n\boldsymbol{\omega}_n=\begin{pmatrix}\omega_1 & \omega_2 & \omega_3 & 0 & 0 & 0\\ 0 & \omega_1 & 0 & \omega_2 & \omega_3 & 0\\ 0 & 0 & \omega_1 & 0 & \omega_2 & \omega_3\end{pmatrix}\begin{pmatrix}I_{11}\\ I_{12}\\ I_{13}\\ I_{22}\\ I_{23}\\ I_{33}\end{pmatrix}$$

$$\equiv\boldsymbol{L}(\boldsymbol{\omega}_n)\boldsymbol{l}(\bar{\boldsymbol{I}}_n)$$

式中，$\boldsymbol{L}(\boldsymbol{\omega}_n)$为一个由角速度元素组成的 3×6 阶矩阵，且

$$\bar{\boldsymbol{I}}_n=\begin{pmatrix}I_{11} & I_{12} & I_{13}\\ I_{12} & I_{22} & I_{23}\\ I_{13} & I_{23} & I_{33}\end{pmatrix}$$

应用上述公式，式（6.40）可以写为

$$\boldsymbol{f}_n=\begin{pmatrix}\boldsymbol{0} & -\boldsymbol{S}(\ddot{\boldsymbol{d}}_{0n}) & \boldsymbol{L}(\dot{\boldsymbol{\omega}}_n)+\boldsymbol{S}(\boldsymbol{\omega}_n)\boldsymbol{L}(\boldsymbol{\omega}_n)\\ \ddot{\boldsymbol{d}}_{0n} & \boldsymbol{S}(\dot{\boldsymbol{\omega}}_n)+\boldsymbol{S}(\boldsymbol{\omega}_n)\boldsymbol{S}(\boldsymbol{\omega}_n) & \boldsymbol{0}\end{pmatrix}\times$$

$$\begin{pmatrix}m_n\\ m_n\boldsymbol{c}_n\\ \boldsymbol{l}(\bar{\boldsymbol{I}}_n)\end{pmatrix}$$

或更简洁的形式：

$$\boldsymbol{f}_n=\boldsymbol{A}_n\boldsymbol{\phi}_n \tag{6.41}$$

式中，$\boldsymbol{A}_n$ 是一个 6×10 阶矩阵；$\boldsymbol{\phi}_n$ 是 10 个未知惯性参数的向量，这 10 个参数均以线性形式出现。

式（6.41）可以扩展到所有具有 n 个关节的操作臂连杆上（仅考虑具有旋转关节的操作臂，因为处理移动关节只需要在已有算法上进行微不足道的修正）。定义$\boldsymbol{f}_{ij}$为在关节 i 处，仅由于连杆 j 运动而产生的空间力。因此，$\boldsymbol{f}_{ii}$ 为在关节 i 处由于自身连杆运动而产生的空间力，且与在将 $\boldsymbol{A}_n$ 中的 n 替换为 i 后的式（6.41）相同，即

$${}^{i}\boldsymbol{f}_{ii}={}^{i}\boldsymbol{A}_i\boldsymbol{\phi}_i \tag{6.42}$$

式中，$\boldsymbol{\phi}_i$ 为连杆 i 的未知惯性参数。上标 i 表明向量是在连杆 i 坐标系下表示的，这样质心 ${}^i c_i$ 和惯性矩阵 ${}^i\bar{\boldsymbol{I}}_i$ 均为常数。

关节 i 处的总空间力 ${}^i\boldsymbol{f}_i$ 为所有从连杆 j 远端指向关节 i 的空间力 ${}^i\boldsymbol{f}_{ij}$ 的总和，即

$$ {}^i\boldsymbol{f}_i = \sum_{j=i}^{n} {}^i\boldsymbol{f}_{ij} \tag{6.43} $$

关节 i 处的每个空间力 ${}^i\boldsymbol{f}_{ij}$ 均可以按照下述方式确定：将远端的空间力 ${}^j\boldsymbol{f}_{jj}$ 通过中间关节变换来确定，则空间力变换矩阵 ${}^i\boldsymbol{X}_j^{\mathrm{F}}$ 为

$$ {}^i\boldsymbol{f}_{i,i+1} = {}^i\boldsymbol{X}_{i+1}^{\mathrm{F}}\ {}^{i+1}\boldsymbol{f}_{i+1,i+1} = {}^i\boldsymbol{X}_{i+1}^{\mathrm{F}}\ {}^{i+1}\boldsymbol{A}_{i+1}\boldsymbol{\phi}_{i+1} \tag{6.44} $$

为方便起见，注意到 ${}^i\boldsymbol{X}_i^{\mathrm{F}} = \boldsymbol{1}_{6\times6}$。为得到第 i 个关节处因第 j 个连杆运动产生的力和力矩，将上述变换矩阵连乘，得

$$ \begin{aligned} {}^i\boldsymbol{f}_{ij} &= {}^i\boldsymbol{X}_{i+1}^{\mathrm{F}}\ {}^{i+1}\boldsymbol{X}_{i+2}^{\mathrm{F}} \cdots {}^{j-1}\boldsymbol{X}_j^{\mathrm{F}}\ {}^j\boldsymbol{f}_{jj} \\ &= {}^i\boldsymbol{X}_j^{\mathrm{F}\,j}\boldsymbol{A}_j\boldsymbol{\phi}_j \end{aligned} \tag{6.45} $$

在串联运动链中，上对角矩阵的表达式可由式（6.43）和式（6.45）导出，即

$$ \begin{pmatrix} {}^1\boldsymbol{f}_1 \\ {}^2\boldsymbol{f}_2 \\ \vdots \\ {}^n\boldsymbol{f}_n \end{pmatrix} = \begin{pmatrix} {}^1\boldsymbol{X}_1^{\mathrm{F}1}\boldsymbol{A}_1 & {}^1\boldsymbol{X}_2^{\mathrm{F}2}\boldsymbol{A}_2 & \cdots & {}^1\boldsymbol{X}_n^{\mathrm{F}n}\boldsymbol{A}_n \\ \boldsymbol{0} & {}^2\boldsymbol{X}_2^{\mathrm{F}2}\boldsymbol{A}_2 & \cdots & {}^2\boldsymbol{X}_n^{\mathrm{F}n}\boldsymbol{A}_n \\ \vdots & \vdots & \ddots & \vdots \\ \boldsymbol{0} & \boldsymbol{0} & \cdots & {}^n\boldsymbol{X}_n^{\mathrm{F}n}\boldsymbol{A}_n \end{pmatrix} \begin{pmatrix} \boldsymbol{\phi}_1 \\ \boldsymbol{\phi}_2 \\ \vdots \\ \boldsymbol{\phi}_n \end{pmatrix} \tag{6.46} $$

该方程的未知参数是线性的，但等号左侧部分由每个关节处的全部力/力矩向量组成。由于通常只有关节旋转轴 z_i 的转矩 τ_i 可以测量，每个空间力 ${}^i f_i$ 必须投射到关节旋转轴上，这样式（6.46）简化为

$$ \boldsymbol{\tau} = \boldsymbol{K}\boldsymbol{\phi} \tag{6.47} $$

式中
$$ \tau_i = \begin{pmatrix} z_i \\ \boldsymbol{0} \end{pmatrix} \cdot \boldsymbol{f}_i $$

$$ \boldsymbol{K}_{ij} = \begin{pmatrix} z_i \\ \boldsymbol{0} \end{pmatrix} \cdot {}^i\boldsymbol{X}_j^{F\,j}\boldsymbol{A}_j $$

$$ \boldsymbol{\phi} = \begin{pmatrix} \phi_1 \\ \vdots \\ \phi_n \end{pmatrix} $$

且当 $i>j$ 时，$\boldsymbol{K}_{ij} = \boldsymbol{0}_{1\times10}$。对一个 n 连杆操作臂而言，$\boldsymbol{\tau}$ 是一个 $n\times1$ 阶向量，$\boldsymbol{\phi}$ 是一个 $n\times10$ 阶向量，$\boldsymbol{K}$ 是一个 $n\times10n$ 阶矩阵。

对于齿轮式电动机驱动装置，关节力矩可由关节力矩传感器测量（本手册第 2 卷第 28 章）或通过电动机模型的电流估计得出（第 8 章）。在大多数机器人不具有关节力矩传感器的情况下，需考虑关节摩擦。关节摩擦通常会损耗很大一部分电动机所产生的转矩。库仑摩擦和黏性摩擦是摩擦模型理论的两个重要组成部分，而 Stribeck 摩擦可能多用于低关节速度情况下的建模[6.24,25]。摩擦模型通常是通过移动一个关节，并将电动机转矩与速度之间联系起来的过程来估计的。转矩脉动产生的原因可能是由于在电动机中没有对不均匀的磁场进行补偿[6.26,27]，或者由于轮齿相互作用的位置影响[6.24]，可能需要建立相应模型。

式（6.47）表征的是操作臂在一个样点处的动力学特性。与几何标定一样，可以采用 P 个数据点，将式（6.47）改写为

$$ \boldsymbol{\tau} = \boldsymbol{K}\boldsymbol{\phi} \tag{6.48} $$

式中，$\boldsymbol{\tau}$ 是 $nP\times1$ 阶向量，$\boldsymbol{\tau} = \begin{pmatrix} \tau^1 \\ \vdots \\ \tau^P \end{pmatrix}$；$\boldsymbol{K}$ 是 $nP\times10n$ 阶矩阵，$\boldsymbol{K} = \begin{pmatrix} \boldsymbol{K}^1 \\ \vdots \\ \boldsymbol{K}^P \end{pmatrix}$。

遗憾的是，由于临近连杆自由度的限制和缺少全力/力矩的测量而导致 $\boldsymbol{K}^{\mathrm{T}}\boldsymbol{K}$ 降秩，变得不可逆，因此无法在此应用简单的最小二乘估计方法。甚至一些惯性参数完全无法辨识，同时另外一些惯性参数仅能以线性组合的方式辨识。参数的可辨识性和如何处理不可辨识参数的方法将在接下来的内容中进行讨论。

采用齿轮式电机驱动的一个问题是转子惯性。如果其大小未知，可以将其添加到连杆的 10 个需要辨识的惯性参数列表中[6.28]。对于较大的传动比，转子惯性在连杆的惯性分量中占据主导地位。

6.3.2 载荷惯性参数估计

将载荷看作挂接在末端执行器上的刚体，它具有 10 个惯性参数：质量 m_L、绕 O_n 的静力矩 $m_L\boldsymbol{c}_L$ 和关于原点 O_n 的对称惯性矩阵 $\bar{\boldsymbol{I}}_L$（图 6.11）。这些参数的估计可以用来调整控制律的参数，以提高机器人的动态精度，或者通过控制来进行动力学补偿；还可以利用它们来验证通过机器人传递的载荷。这里给出了载荷惯性参数估计的两种方法：第一种方法假定被测件上安装有一个腕式六轴力/力矩传感器；第二种方法则利用关节力矩进行估计。

1. 六轴力/力矩传感器的使用

在运动学中，力-力矩传感器是末端连杆 n 的一部分，通常安装在关节转轴 z_n 和原点 O_n 附近。

6

该传感器提供了相对于其自身坐标系 $n\times1$ 的读数（图6.11）。末端连杆的其他部分连接到力-力矩传感器的轴上，所以力/力矩传感器测量的是除去连杆自身的末端载荷。力/力矩传感器参考坐标系的加速度必须基于相对原点 O_n 的偏移量来计算，但为避免问题复杂化，这里我们假设传感器的原点 O_{n+1} 与 O_n 重合。

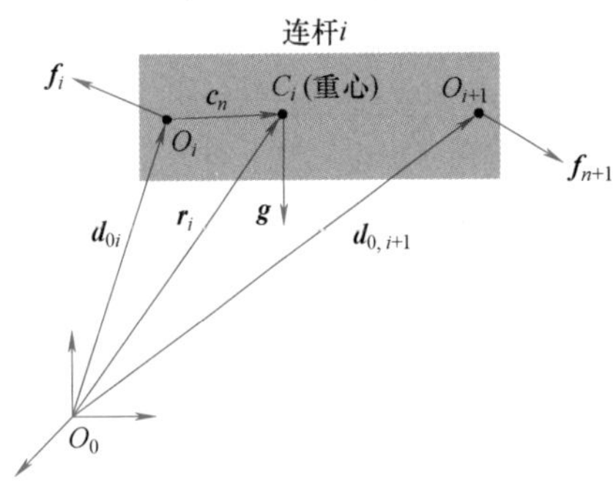

图6.11 末端连杆的动态特性

6

载荷惯性参数可通过式（6.41）来估计。通过对测量的关节角、估计出的关节速度和加速度的直接运动学计算，可求得矩阵 $\boldsymbol{A}_n$ 中的元素。该估计通常采用对关节转角数据的带通滤波来实现[6.29]。向量 $\boldsymbol{f}_n$ 的元素可以用腕式力传感器直接测量。对于噪声环境下的鲁棒性估计，通过以合适的轨迹移动操作臂，得到 P 个数据点。将 $\boldsymbol{f}_n$ 和 $\boldsymbol{A}_n$ 拓展为

$$\boldsymbol{A}=\begin{pmatrix}\boldsymbol{A}_n^1\\ \vdots\\ \boldsymbol{A}_n^p\end{pmatrix}\quad \boldsymbol{f}=\begin{pmatrix}\boldsymbol{f}_n^1\\ \vdots\\ \boldsymbol{f}_n^p\end{pmatrix} \tag{6.49}$$

式中，P 为数据点的数量。对 $\boldsymbol{\phi}_L$ 的最小二乘估计由式（6.50）给出：

$$\hat{\boldsymbol{\phi}}_L=(\boldsymbol{A}^{\mathrm{T}}\boldsymbol{A})^{-1}\boldsymbol{A}^{\mathrm{T}}\boldsymbol{f} \tag{6.50}$$

对于目标辨识，可以通过平行轴定理推导出关于质心的惯性矩阵。通过特征值分析，可以将惯性矩阵对角化，得出主惯性轴和主惯性矩。

2. 关节力矩的使用

当机器人承受静载荷时，动力学辨识公式（6.48）可改写为如下形式：

$$\boldsymbol{\tau}=\boldsymbol{K\phi}+\boldsymbol{K}_{\mathrm{L}}\boldsymbol{\phi}_{\mathrm{L}} \tag{6.51}$$

式中，$\boldsymbol{\tau}$ 包含当机器人载荷在 P 点时所测量的关节力矩。在辨识过程中，使用式（6.51）将 $\boldsymbol{\phi}_{\mathrm{L}}$、$\boldsymbol{\phi}$ 和其他连杆参数划分到不同组中。利用分组关系表达式检查载荷参数对不同组惯性参数值的影响，进而推导出载荷参数[6.30]。下面，介绍三种不使用分组表达式来辨识 $\boldsymbol{\phi}_{\mathrm{L}}$ 参数的方法。

1）使用先验连杆参数估计。这种情况下，假设机器人在无载荷时的参数已经按照6.3.1节中所述方法被估计出来。通过将机器人参数代入式（6.51），可以确定载荷的10个惯性参数，并用参考文献［6.31］的最小二乘解进行估计：

$$(\boldsymbol{\tau}-\boldsymbol{K\phi})=\boldsymbol{K}_{\mathrm{L}}\boldsymbol{\phi}_{\mathrm{L}} \tag{6.52}$$

在这种方法使用过程中，假定摩擦系数不随有效载荷的变化而变化。若该假设不成立，则必须同时重新估计摩擦系数和 $\boldsymbol{\phi}_{\mathrm{L}}$。

2）分别在施加与不施加载荷的情况下测量同一轨迹下的关节力矩。由于式（6.52）中的向量 $\boldsymbol{K\phi}$ 与不加载时的关节力矩相等，因此载荷惯性参数可以通过将式（6.52）中的 $\boldsymbol{K\phi}$ 替换为 $\boldsymbol{\tau}_0$ 来辨识。这里的 $\boldsymbol{\tau}_0$ 表示无载荷作用下执行同一运动轨迹的关节力矩[6.31]：

$$(\boldsymbol{\tau}-\boldsymbol{\tau}_0)=\boldsymbol{K}_{\mathrm{L}}\boldsymbol{\phi}_{\mathrm{L}} \tag{6.53}$$

该方法假定：在有载荷和无载荷时的关节变量间的差别是可忽略的，且摩擦因数保持不变。若摩擦因数随载荷的改变而改变，我们可以在估计载荷惯性参数的同时将此变化量估计出来。

3）同步估计机器人参数和载荷参数。该方法将方程分为两组来建立辨识模型：第一组利用无载时所执行的运动轨迹，第二组利用带载时机器人的运动轨迹。在这种情况下，两组运动轨迹可能不同。通过式（6.54）的最小二乘解可以估计出连杆参数和载荷惯性参数：

$$\begin{pmatrix}\boldsymbol{\tau}_a\\ \boldsymbol{\tau}_b\end{pmatrix}=\begin{pmatrix}\boldsymbol{K}_a & \boldsymbol{0}\\ \boldsymbol{K}_b & \boldsymbol{K}_{\mathrm{L}}\end{pmatrix}\begin{pmatrix}\boldsymbol{\phi}\\ \boldsymbol{\phi}_{\mathrm{L}}\end{pmatrix} \tag{6.54}$$

式中，下标 a 和 b 分别代表无载荷和有载荷时的运动轨迹。

该方法的优点是使用了一种全局辨识方法，可以避免以前方法中的累积误差。

以上三种方法均在Staubli的RX-90型6自由度机器人上得到了试验验证，并且给出了相似的结果[6.30]。

6.3.3 总关节驱动的增益估计

对于齿轮式电动机驱动的关节 j，关节力矩 τ_j 按照 $\tau_j=v_{rj}g_j$ 来估计。其中，v_{rj} 是通过机器人数字控制器计算得出的控制信号；g_j 是关节 j 的总驱动增益，该值通过传动比、电流放大器增益及电动机转矩常数得出。

由于工业机器人具有较大的传动比（>50），关节驱动增益对于误差十分敏感，因此必须通过对驱动链进行专业、耗时、繁重的测试来准确测

量[6.32,33]。

利用关节转矩来辨识载荷惯性参数的方法可以反过来用于对驱动链的辨识。此时，一些载荷惯性参数 $\boldsymbol{\phi}_{k\mathrm{L}}$ 必须是已知的，同时其他未知参数 $\boldsymbol{\phi}_{u\mathrm{L}}$ 需要与增益 g 一同辨识。

式（6.52）或式（6.54）中的采样关节力矩向量 $\boldsymbol{\tau}$ 可以重写为

$$\boldsymbol{\tau}=\boldsymbol{V}_r\boldsymbol{g} \tag{6.55}$$

式中，$\boldsymbol{g}$ 是 $n\times1$ 阶关节驱动增益向量；$\boldsymbol{V}_r$ 将 $\boldsymbol{v}_{rj}$ 的采样重新分组。

1. 在有载和无载的情况下，两次使用同一组运动轨迹

引入式（6.55）和式（6.53）中的已知载荷惯性参数，

$$\boldsymbol{K}_{\mathrm{L}}\boldsymbol{\phi}_{\mathrm{L}}=\boldsymbol{K}_{k\mathrm{L}}\boldsymbol{\phi}_{k\mathrm{L}}+\boldsymbol{K}_{u\mathrm{L}}\boldsymbol{\phi}_{u\mathrm{L}} \tag{6.56}$$

令

$$(\boldsymbol{V}_r-\boldsymbol{V}_{ru\mathrm{L}})\boldsymbol{g}=\boldsymbol{K}_{k\mathrm{L}}\boldsymbol{\phi}_{k\mathrm{L}}+\boldsymbol{K}_{u\mathrm{L}}\boldsymbol{\phi}_{u\mathrm{L}} \tag{6.57}$$

该式可用于辨识 $\boldsymbol{\phi}_{u\mathrm{L}}$ 和 $\boldsymbol{g}$，作为系统最小二乘解：

$$[\boldsymbol{K}_{k\mathrm{L}}\boldsymbol{\phi}_{k\mathrm{L}}]=((\boldsymbol{V}_r-\boldsymbol{V}_{ru\mathrm{L}})-\boldsymbol{K}_{u\mathrm{L}})(\boldsymbol{g}^{\mathrm{T}}\quad \boldsymbol{\phi}_{u\mathrm{L}}^{\mathrm{T}})^{\mathrm{T}} \tag{6.58}$$

2. 使用两组运动轨迹（可以相同也可以不同），**第一组无载，第二组有载**

引入式（6.55）和式（6.54）中的已知载荷惯性参数（6.56），得

$$\begin{pmatrix}\boldsymbol{V}_{ra}\\ \boldsymbol{V}_{rb}\end{pmatrix}\boldsymbol{g}=\begin{pmatrix}\boldsymbol{K}_a & 0 & 0\\ \boldsymbol{K}_b & \boldsymbol{K}_{u\mathrm{L}} & \boldsymbol{K}_{k\mathrm{L}}\end{pmatrix}(\boldsymbol{\phi}^{\mathrm{T}}\quad \boldsymbol{\phi}_{u\mathrm{L}}^{\mathrm{T}}\quad \boldsymbol{\phi}_{k\mathrm{L}}^{\mathrm{T}})^{\mathrm{T}} \tag{6.59}$$

式（6.59）可用于辨识 $\boldsymbol{g}$、$\boldsymbol{\phi}$ 和 $\boldsymbol{\phi}_{u\mathrm{L}}$，并作为系统的单一总体最小二乘解：

$$\begin{pmatrix}0\\ \boldsymbol{K}_{k\mathrm{L}}\boldsymbol{\phi}_{k\mathrm{L}}\end{pmatrix}=\begin{pmatrix}\boldsymbol{V}_{ra} & -\boldsymbol{K}_a & 0\\ \boldsymbol{V}_{rb} & -\boldsymbol{K}_b & -\boldsymbol{K}_{u\mathrm{L}}\end{pmatrix}(\boldsymbol{g}^{\mathrm{T}}\quad \boldsymbol{\phi}^{\mathrm{T}}\quad \boldsymbol{\phi}_{u\mathrm{L}}^{\mathrm{T}})^{\mathrm{T}} \tag{6.60}$$

由于 $\boldsymbol{K}_{k\mathrm{L}}$ 和 $\boldsymbol{K}_{u\mathrm{L}}$ 含有相同的噪声数据，具有相关性，因此需要使用总体最小二乘解（TLS）来避免普通最小二乘解产生的偏置误差[6.34]。将式（6.60）重写为

$$\boldsymbol{K}_{\mathrm{tot}}\boldsymbol{\phi}_{\mathrm{tot}}=\boldsymbol{0} \tag{6.61}$$

式中

$$\boldsymbol{K}_{\mathrm{tot}}=\begin{pmatrix}\boldsymbol{V}_{ra} & -\boldsymbol{K}_a & 0 & 0\\ \boldsymbol{V}_{rb} & -\boldsymbol{K}_b & -\boldsymbol{K}_{u\mathrm{L}} & -\boldsymbol{K}_{k\mathrm{L}}\phi_{k\mathrm{L}}\end{pmatrix} \tag{6.62}$$

$$\boldsymbol{\phi}_{\mathrm{tot}}=(\boldsymbol{g}^{\mathrm{T}}\quad \boldsymbol{\phi}^{\mathrm{T}}\quad \boldsymbol{\phi}_{u\mathrm{L}}^{\mathrm{T}}\quad 1)^{\mathrm{T}} \tag{6.63}$$

给出 $\boldsymbol{K}_{\mathrm{tot}}$ 的奇异值分解（SVD）为

$$\boldsymbol{K}_{\mathrm{tot}}=\boldsymbol{U}\boldsymbol{S}\boldsymbol{V}^{\mathrm{T}} \tag{6.64}$$

式中，$\boldsymbol{U}$ 和 $\boldsymbol{V}$ 是标准正交矩阵；$\boldsymbol{S}=\mathrm{diag}(s_i)$ 是由 $\boldsymbol{K}_{\mathrm{tot}}$ 按降序排列的奇异值 s_i 组成的对角矩阵。式（6.61）的总体最小二乘解为一无穷向量 $\hat{\boldsymbol{\phi}}_{\mathrm{tot}}=\lambda\boldsymbol{V}_c$，其取决于比例因子 λ 和由矩阵 $\boldsymbol{V}$ 最后一行 $\boldsymbol{V}_c$ 得出的归一化总体最小二乘解；$\|\boldsymbol{V}_c\|=1$，对应于最小奇异值 s_c[6.34]。根据式（6.63），特解 $\hat{\boldsymbol{\phi}}_{\mathrm{tot}}^{*}$ 规定了其最后一个元素 $\hat{\boldsymbol{\phi}}_{\mathrm{tot}}^{*}(\mathrm{end})$ 必须为 1，则

$$\hat{\boldsymbol{\phi}}_{\mathrm{tot}}^{*}=\frac{\boldsymbol{V}_c}{\boldsymbol{V}_c(\mathrm{end})} \tag{6.65}$$

该方法已在 Staubli 的 TX-40 型 6 自由度机器人上成功得到了试验验证[6.35]。

该方法操作十分简便，且试验结果证明了其有效性。对于总体关节驱动增益和动力学参数的全局辨识，只需测量出工业机器人有效载荷的质量，并执行标准运动轨迹即可。

6.3.4 复杂连杆结构的参数估计

本节主要介绍运动树（生成树）机器人和闭环机器人（包括并联机器人）的动力学辨识模型。这些模型的惯性参数都是线性的，并且可以写成类似于式（6.47）的形式，因此可以采用同样的方法来辨识这些参数。

1. 树结构机器人

对于具有 n 个连杆并在运动学上具有树结构的操作臂来说，动力学辨识模型式（6.46）必须基于以下考虑进行修改：连杆 j 的惯性参数对不属于基座到该连杆链上其他连杆的动力学特性没有影响。对这种结构，铰接于连杆 j 之上的连杆用 $p(j)$ 表示（见 3.4 节），它可能是一个编号为 i 的连杆，且 $i<j$。因此，在式（6.46）中的矩阵中，代表连杆 j 的惯性参数所在列中的非零元素为

$${}^{j}\boldsymbol{X}_j^{\mathrm{F}j}\boldsymbol{A}_j,\ {}^{p(j)}\boldsymbol{X}_j^{\mathrm{F}j}\boldsymbol{A}_j,\ {}^{p(p(j))}\boldsymbol{X}_j^{\mathrm{F}j}\boldsymbol{A}_j,\cdots,{}^{b}\boldsymbol{X}_j^{\mathrm{F}j}\boldsymbol{A}_j \tag{6.66}$$

式中，b 是连接连杆 0 到连杆 j 的链上的第一个连杆，因此 $p(b)=0$。

因此，在式（6.47）中，对于一个树结构机器人，我们得到：当 $i>j$ 或连杆 i 不属于连接连杆 0 和连杆 j 的运动链时，$\boldsymbol{K}_{ij}=\boldsymbol{0}_{1\times10}$。这意味着位于矩阵 $\boldsymbol{K}$ 右上部分的子矩阵中的某些元素为 0。

我们注意到，串联结构是树结构的一个特殊情况，即 $p(j)=j-1$。因此，对于任意满足 $m<j$ 的连杆 m，都属于从基座到连杆 j 的链中。

2. 闭环机器人

闭环机器人的动力学模型可以通过一个等效的生成树得到。将每个闭环处的一个关节打开，然后利用虚功原理，得

$$\boldsymbol{\tau}=\boldsymbol{G}^{\mathrm{T}}\boldsymbol{K}_{\mathrm{tr}}\boldsymbol{\phi},\ \boldsymbol{G}=\left(\frac{\partial\boldsymbol{q}_{\mathrm{tr}}}{\partial\boldsymbol{q}_{\mathrm{a}}}\right) \tag{6.67}$$

6

式中，$\boldsymbol{q}_a$ 是一个由 N 个主动关节角度组成的 $N\times1$ 阶向量（与 n 不同，N 是总关节数）；$\boldsymbol{q}_{tr}$ 是一个关于生成树结构关节的 $N\times1$ 阶向量。

3. 并联机器人

并联机器人是闭环机器人的一种特殊情况（第18章）。它由动平台组成，相当于用 m 个并联支链与基座连接的终端连杆。并联机器人的动力学模型可以表示为[6.36]

$$\boldsymbol{\tau}=\boldsymbol{J}^{\mathrm{T}}\boldsymbol{A}_p\boldsymbol{\phi}_p+\sum_{i=1}^{m}\left(\frac{\partial \boldsymbol{q}_i}{\partial \boldsymbol{q}_a}\right)^{\mathrm{T}}\boldsymbol{K}_i\boldsymbol{\phi}_i \tag{6.68}$$

式中，$\boldsymbol{K}_i\boldsymbol{\phi}_i$ 是支链 i 的动力学模型，$\boldsymbol{K}_i$ 是关于（$\boldsymbol{q}_i$ $\dot{\boldsymbol{q}}_i$ $\ddot{\boldsymbol{q}}_i$）的函数，$\boldsymbol{q}_i$ 是支链关节 i 的角度向量；$\boldsymbol{A}_p\boldsymbol{\phi}_p$ 是动平台的 Newton-Euler 空间力，该力根据式（6.41），并采用笛卡儿变量形式计算得出；$\boldsymbol{J}$ 是并联机器人的雅可比矩阵。通过假设将动平台从支链上分离，能够得到生成树结构，则可由式（6.67）获得式（6.68）。

式（6.68）可以重写成

$$\boldsymbol{\tau}=[\boldsymbol{J}^{\mathrm{T}}\boldsymbol{A}_p \quad (\partial\boldsymbol{q}_1/\partial\boldsymbol{q}_a)^{\mathrm{T}}\boldsymbol{K}_1 \quad \cdots \quad (\partial\boldsymbol{q}_m/\partial\boldsymbol{q}_a)^{\mathrm{T}}\boldsymbol{K}_m]\boldsymbol{\phi}_{\mathrm{par}}$$

$$\boldsymbol{\tau}=\boldsymbol{K}_{\mathrm{par}}(\boldsymbol{\omega}_p \quad \dot{\boldsymbol{v}}_p \quad \dot{\boldsymbol{\omega}}_p \quad \boldsymbol{q}_i \quad \dot{\boldsymbol{q}}_i \quad \ddot{\boldsymbol{q}}_i)\boldsymbol{\phi}_{\mathrm{par}} \tag{6.69}$$

式中，$\boldsymbol{\phi}_{\mathrm{par}}$ 是机器人的惯性参数向量（支链和动平台）。

$$\boldsymbol{\phi}_{\mathrm{par}}=\begin{pmatrix}\boldsymbol{\phi}_p\\ \boldsymbol{\phi}_1\\ \vdots\\ \boldsymbol{\phi}_m\end{pmatrix}$$

通常情况下，并联机器人的支链是相同的，它们的惯性参数用 $\boldsymbol{\phi}_{\mathrm{leg}}$ 来表示。辨识模型可以重写为如下形式：

$$\boldsymbol{\tau}=\left[\boldsymbol{J}^{\mathrm{T}}\boldsymbol{A}_p \quad \sum_{i=1}^{m}(\partial\boldsymbol{q}_i/\partial\boldsymbol{q}_a)^{\mathrm{T}}\boldsymbol{K}_i\right]\begin{pmatrix}\boldsymbol{\phi}_p\\ \boldsymbol{\phi}_{\mathrm{leg}}\end{pmatrix} \tag{6.70}$$

该形式极大地减少了需要辨识的惯性参数的数量。有关并联机器人 Orthoglide 的辨识见参考文献［6.37］。

6.4 可辨识性与条件数分析

式（6.47）中的一些惯性参数是不可辨识的，但这并非意味着它们本质上不可辨识，只是试验装置使得它们不可被辨识。可以通过将整个操作臂放置到一个六轴动平台（如 Stewart-Gough 平台）上，以实现基座附近有限的运动。事实上，对于安装在高机动性飞行器（如卫星）上的移动操作臂，可能需要获取完整的惯性模型。这时，可以通过增加额外的传感器，如在机器人基座上安装一个六轴力/力矩传感器[6.5]，以辨识一些额外（但不是全部）的惯性参数。

运动学标定的情况与之类似，如关节模型需要扩展，以包含齿轮的偏心率、齿轮传动比和耦合系数、关节弹性、连杆弹性和基座偏差[6.38]。通过增加额外的传感器来对机器人进行测量，如在齿轮前后放置关节角度传感器来测量关节的偏差，就可以辨识出感兴趣的参数，还可以用额外的经纬仪传感器来测量基座偏移[6.12]。

在试验装置给定且测量结果不可改变的情况下，我们可能无法追溯不可辨识的参数，只能想办法解决这个问题，这一点我们将在下一节中讨论。另一个问题是，参数可能基本上能辨识，但数值条件阻碍了它们的准确确定。因此，接下来需要处理一些问题，如采集数据是否足够，以及不同单位和幅值对参数的影响等。

6.4.1 可辨识性

根据目标是一个结构化模型还是预测模型，处理不可辨识的参数主要有两种方法。对一个结构化的模型，目标是找到一个能够描述系统重要物理特性且数量最少的参数集，方法是通过消去参数，直到所有参数变得可辨识为止。这是在对初始模型中每个参数的影响做出仔细评估的基础上实现的。

对于预测模型，目标是尽可能地将其输出与输入准确匹配，这更多的是一个曲线拟合过程。这样，最后得到的参数值不一定是有物理意义的和准确的。

1. 结构化模型

开始建模时，可以避免冗余和不可辨识的参数出现。在其他情况下，由于测量误差或采集数据的局限性等数值问题而导致的系统复杂性，不可能提前预知最小的参数集。

1）预先参数消去法。开始建模时，选取的参数可以决定模型是冗余的还是最简的。在运动学标定中，旋转关节的最小参数集包含4个参数，移动关节的最小参数集则含有两个参数。关于如何确定在不同的运动学和传感器布置下的 D-H/Hayati 参数，已在6.2.1节中进行了详细介绍。该方法的一个优点是参数集最小（除了关节模型）。上述步骤一经完成，便可以用于任意操作臂系统。

为了定位连杆坐标系或易于建模，参考文献[6.13,28,29]还提出了 5 个或 6 个参数的关节模型。对于这种冗余参数集，必须增加额外的步骤来解决冗余引起的数值问题，如在后处理中减少参数的数量。当关节模型比较复杂，包括之前提到的因齿轮啮合效应导致冗余参数数量较大而难于消去参数时，致使问题更加复杂化。因为大量的参数是不可辨识的，或者仅能以线性组合的形式辨识。因此，确定惯性参数最小集也使得系统复杂化。此外，使模型降阶也是解决此类问题的一个方法。

确定最小或基本参数集的两种方法是：

1）使用数值方法对不可辨识参数或其线性组合进行辨识。

2）符号化测定。

数值辨识方法包括用回归矩阵运算使模型降阶，具体可以通过完整的 QR 分解或奇异值分解[6.40]。如果运动学或动力学模型是已知的，那么用实际产生的数据进行模拟，将在式（6.3）中产生一个没有噪声的回归矩阵 $\boldsymbol{A}$。对于 QR 分解，回归矩阵可分解为

$$\boldsymbol{A}=\boldsymbol{Q}\begin{pmatrix}\boldsymbol{R}\\ \boldsymbol{0}_{MP-N_{\text{par}},N_{\text{par}}}\end{pmatrix} \tag{6.71}$$

式中，$\boldsymbol{Q}$ 是 $M\times MP$ 阶正交矩阵；$\boldsymbol{R}$ 是 $N_{\text{par}}\times N_{\text{par}}$ 阶上三角矩阵；$\boldsymbol{0}_{MP-N_{\text{par}},N_{\text{par}}}$ 是 $MP-N_{\text{par}}\times N_{\text{par}}$ 阶零矩阵。理论上，不可辨识参数 ϕ_i 对应矩阵 $\boldsymbol{R}$ 中对角元素 R_{ii} 为零的情况。实际上，若 $|R_{ii}|$ 小于一个极小值 ζ 时，则被认为是零[6.41]。

$$\zeta=MP\varepsilon\max_i|R_{ii}| \tag{6.72}$$

式中，ε 是计算精度[6.41]。其他参数根据 $\boldsymbol{R}$ 的第 j 行有多少非零元素，可能以线性组合的形式出现。这些线性组合的分解是任意的，一种方法是将线性组合中所有元素变成零而只保留一个，这样的结果就是一个预测模型，而不是结构化模型。

参考文献［6.40，42］提出了基座惯性参数的符号化测定方法。具体采用基于能量的计算方法，连杆 j 的总能量用 $\boldsymbol{h}_j\phi_j$ 来表示。其中 $\boldsymbol{h}_j$ 是一个行向量，称为总能量函数，它的元素是连杆 j 的角速度、线速度加上重力的运动学表达。邻近连杆的传递关系为

$$\boldsymbol{h}_j=\boldsymbol{h}_{j-1}{}^{j-1}\boldsymbol{\lambda}_i+\dot{q}_j\boldsymbol{\eta}_j \tag{6.73}$$

式中，10×10 阶矩阵${}^{j-1}\boldsymbol{\lambda}_i$ 中的元素是定义在坐标系 j 的 D-H 参数的函数，而 1×10 行的向量 $\boldsymbol{\eta}_j$ 的元素则由线速度和角速度决定，这些表达式的详细描述见参考文献[6.40,42]；然后建立分组规则，以寻找准确的参数线性组合。

树结构的最小惯性参数集可以使用类似于串联结构的闭环形式解来获取[6.42]。

式（6.67）中的 $\boldsymbol{K}_{\text{tr}}\boldsymbol{\phi}$ 项表明，生成树结构的最小参数集可用于计算闭环结构的动力学参数，可通过惯性参数的缩减和分组获得。然而，当考虑矩阵 $\boldsymbol{G}$ 时，还可以消去或组合额外的参数。平行四边形机构为闭环形式，可以用符号化的形式解决[6.42]。对于一般的闭环结构，最小参数集必须用数值方法（如 QR 分解）来确定[6.40]。

对于并联机器人，可由式（6.68）推出：通过减少初始参数，支链的最小参数集可以用来计算 $\boldsymbol{K}_i\phi_i$。然而，参数其他一些可以与平台的参数组合。有关 Gough-Stewart 机器人的最小参数集见参考文献［6.43］。

2）**数据驱动的参数估计**。对回归矩阵的奇异值分解，可以显示哪个参数是不可辨识的、哪个是弱辨识的、哪个是仅可以在线性组合的形式被辨识的。对 N_{par} 个参数、P 个数据点和每个数据点的 M 维输出测量值而言，式（6.3）或式（6.7）中的回归矩阵 $\boldsymbol{A}$ 可以分解为

$$\boldsymbol{A}=\boldsymbol{U}\boldsymbol{\Sigma}\boldsymbol{V}^{\text{T}} \tag{6.74}$$

式中，$\boldsymbol{U}$ 是 $MP\times MP$ 阶正交矩阵；$\boldsymbol{V}$ 是 $N_{\text{par}}\times N_{\text{par}}$ 阶正交矩阵；$\boldsymbol{\Sigma}$ 是 $MP\times N_{\text{par}}$ 阶由奇异值组成的矩阵，即

$$\boldsymbol{\Sigma}=\begin{pmatrix}\boldsymbol{S}\\ \boldsymbol{0}_{MP-N_{\text{par}},N_{\text{par}}}\end{pmatrix} \tag{6.75}$$

式中，$\boldsymbol{S}=\text{diag}(\mu_1,\cdots,\mu_r,0,\cdots,0)$ 是奇异值依次排列的 $N_{\text{par}}\times N_{\text{par}}$ 阶矩阵。其中，μ_1 和 μ_r 分别是最大和最小的非零奇异值。可能有 $N_{\text{par}}-r$ 个奇异值为零，即 $\mu_{r+1}=\cdots=\mu_{N_{\text{par}}}=0$。

特别是当使用了包含柔度、间隙和齿轮偏心时的复杂关节模型时，是否所有的参数都可辨识是不确定的。保留辨识性差的参数将降低标定的鲁棒性，这些参数往往表现为零或非常小的奇异值。式（6.7）在式（6.74）上的扩展为

$$\Delta\boldsymbol{y}=\sum_{j=1}^{r}\mu_j(\boldsymbol{v}_j^{\text{T}}\Delta\boldsymbol{\phi})\boldsymbol{u}_j \tag{6.76}$$

式中，$\boldsymbol{u}_j$ 和$\boldsymbol{v}_j$ 分别是矩阵 $\boldsymbol{U}$ 和矩阵 $\boldsymbol{V}$ 的第 j 行。对于零奇异值或较小的奇异值 μ_j，参数在向量$\boldsymbol{v}_j$ 上的投射$\boldsymbol{v}_j^{\text{T}}\Delta\boldsymbol{\phi}$ 一般以参数的线性组合形式出现，投射的结果也可能仅有一个参数。

接下来，处理的第一步是将参数和输出测量值进行缩放，使奇异值间可以相互比较。缩放问题已

经在6.4.3节中进行了讨论，小的奇异值信号表示有一些辨识性差的参数需要被消除。对于小奇异值，Schröer 提出，一个优质的回归矩阵条件数（condition number）不应该超过100[6.38]，即

$$\kappa(\boldsymbol{A})=\frac{\mu_1}{\mu_r}<100 \tag{6.77}$$

该结论是作者通过统计其团队的经验得出的。如果条件数大于100，则应从最小的奇异值开始检查，该奇异值可能为零。

如果条件数大于100，则应检查对应最小奇异值μ_r的线性叠加式（6.76）。列$\boldsymbol{v}_r$的元素与$\Delta\boldsymbol{\phi}$的元素是一一对应的。如果$\boldsymbol{v}_r$中有一个元素j的值远大于其他元素，则将对应此列元素的参数$\boldsymbol{\phi}_j$列入待消去参数中。通过这个过程，往往可以准确找出完全不可辨识的参数。分离出$\boldsymbol{v}_r$中的最大元素仅仅在参数预先缩放了的情况下才有意义。

一旦参数被消除，则再次计算降阶回归矩阵的条件数。多次重复这个过程，直到回归矩阵的条件数小于100。

上述过程可以用QR分解来进行，需要将式（6.71）中的计算精度ε更换为式（6.72）中更大的噪声级函数。

2. 预测模型

如果$\boldsymbol{v}_r$有多个最大元素，且它们的幅值基本接近，则这些参数可能只以线性组合的形式来辨识，同时还会存在同样数量的最小奇异值。通过检查较小奇异值所对应的列$\boldsymbol{v}_r$，可以使得这些线性组合变得明显。线性组合可以有任意分解，即可以把一个元素设为1，其他都设为0。设定一些参数为0的结果是，模型不再是一个结构化模型，而是一个预测模型。

也可以直接在没有消除参数的情况下进行，代入奇异值分解，有

$$(\boldsymbol{A}^{\mathrm{T}}\boldsymbol{A})^{-1}\boldsymbol{A}^{\mathrm{T}}=\boldsymbol{V}(\boldsymbol{S}^{-1}\boldsymbol{0}_{N_{\mathrm{par}},MP-N_{\mathrm{par}}})\boldsymbol{U}^{\mathrm{T}} \tag{6.78}$$

这样，式（6.8）的解可以表示为[6.44]：

$$\Delta\boldsymbol{\phi}=\sum_{j=1}^{N_{\mathrm{par}}}\frac{\boldsymbol{u}_j^{\mathrm{T}}\Delta\boldsymbol{y}}{\mu_j}\boldsymbol{v}_j \tag{6.79}$$

可以看到，对应最小奇异值的可辨识性差的参数μ_j极大地扰乱了估计结果，因为它的权值是$1/\mu_j$。解决方法是设法消除它们的影响。如果μ_j是零或远小于最大奇异值μ_1，设$1/\mu_j=0$。

结果，无法很好辨识的参数在这个过程中被简单的忽略掉了，它们会自动收敛到可识别的参数集中，然后所得的参数就可以在模型中使用。缺点是所得到的参数可能与实际模型参数不符。参考文献[6.40]给出了将这些参数投射到真实参数上的过程。

3. 结合先验的参数估计

最小二乘法将参数值视为完全未知，即它们可以是$-\infty$到$+\infty$间的任意值。然而，通常可以找到好的估计初值，如可以从制造商的说明书中或通过重新标定来获得。将这些先验的参考信息融入最小二乘的优化过程具有十分重要的意义[6.45]。

假设优化的解在$\boldsymbol{\phi}=\boldsymbol{\phi}_0$附近存在先验值，将此先验表示为$\mathbf{I}\boldsymbol{\phi}=\boldsymbol{\phi}_0$，其中$\mathbf{I}$为单位阵，将其添加到式（6.3）中作为额外增加的一行，该行所表达的先验值为

$$\begin{pmatrix}\boldsymbol{A}\\ \mathbf{I}\end{pmatrix}\boldsymbol{\phi}=\begin{pmatrix}\boldsymbol{y}\\ \boldsymbol{\phi}_0\end{pmatrix} \tag{6.80}$$

为了继续求解，将ϕ_0看作常数，重新定义参数向量为$\tilde{\boldsymbol{\phi}}=\boldsymbol{\phi}-\boldsymbol{\phi}_0$，我们期望它接近零，因此有

$$\begin{pmatrix}\boldsymbol{A}\\ \mathbf{I}\end{pmatrix}\tilde{\boldsymbol{\phi}}=\begin{pmatrix}\tilde{\boldsymbol{y}}\\ \boldsymbol{\phi}_0\end{pmatrix} \tag{6.81}$$

式中，$\tilde{\boldsymbol{y}}=\boldsymbol{y}-\boldsymbol{A}\boldsymbol{\phi}_0$。我们不能确切地知道$\boldsymbol{\phi}_0$，因此引入加权参数$\lambda$来表示对这个值的置信度，则有

$$\begin{pmatrix}\boldsymbol{A}\\ \lambda\mathbf{I}\end{pmatrix}\tilde{\boldsymbol{\phi}}=\begin{pmatrix}\tilde{\boldsymbol{y}}\\ \mathbf{0}\end{pmatrix} \tag{6.82}$$

式中，λ越大，则先验估计的可信度越高，因此最小二乘解为

$$\begin{aligned}\tilde{\boldsymbol{\phi}}&=\left((\boldsymbol{A}^{\mathrm{T}}\quad\lambda\mathbf{I})\begin{pmatrix}\boldsymbol{A}\\ \lambda\mathbf{I}\end{pmatrix}\right)^{-1}(\boldsymbol{A}^{\mathrm{T}}\quad\lambda\mathbf{I})^{\mathrm{T}}\begin{pmatrix}\tilde{\boldsymbol{y}}\\ \mathbf{0}\end{pmatrix}\\&=(\boldsymbol{A}^{\mathrm{T}}\boldsymbol{A}+\lambda^2\mathbf{I})^{-1}\boldsymbol{A}^{\mathrm{T}}\tilde{\boldsymbol{y}}\end{aligned} \tag{6.83}$$

这个解被称为阻尼最小二乘法（damped least squares），λ是阻尼因子，用奇异值分解将该解扩展为

$$\tilde{\boldsymbol{\phi}}=\sum_{j=1}^{N_{\mathrm{par}}}(\boldsymbol{u}_j^{\mathrm{T}}\tilde{\boldsymbol{y}})\frac{\mu_j}{\mu_j^2+\lambda^2}\boldsymbol{v}_j \tag{6.84}$$

因此，一个非常小的μ_j可以被大的λ抵消，参数值的先验信息在从数据中获取的信息中占有很高的权重，即数据的影响被忽略了。对阻尼最小二乘法，由于阻尼因子修正了奇异值，因此不需要对奇异值做显式处理。在普通的最小二乘法中，该解可能因λ的选取（不当）而受扰动。

4. 参数估计的置信度

经标定后，参数估计协方差的估计值$\tilde{\boldsymbol{M}}$可以从式（6.3）中的数据中得到。假设任务变量$\Delta\boldsymbol{y}$之

前已经被标定为具有同等的不确定性且没有偏差，并且误差之间是不相关的，则

$$\widetilde{M}=\sigma^2(A^{\mathrm{T}}A)^{-1} \tag{6.85}$$

在执行标定过程后，通过χ^2统计获得的标准差σ的估计值为[6.44,46]：

$$\chi^2=(\Delta y-A\Delta\hat{\phi})^{\mathrm{T}}(\Delta y-A\Delta\hat{\phi}) \tag{6.86}$$

σ^2的无偏差估计是$\hat{\sigma}^2=\chi^2/\nu$。其中，$\nu=MP-N_{\mathrm{par}}$，称为统计学的自由度（degrees of freedom），ν是用被测量的总数MP减去估计参数的数量N_{par}得到的，因为某些测量参与了ϕ的确定。

通过选取具有最大方差的参数，估计值$\widetilde{M}$可以用作消除参数的依据。

6.4.2 可观测性

测量结果将影响参数估计的准确性。在运动学标定中，位姿集的特性可以用可观测性指数（observability index）来衡量。在惯性参数估计中，辨识轨迹的特性称为持续激励（persistent excilation）[6.47]。无论数据源于运动学标定中的静态采集，还是在惯性参数估计中的动态采集，结果均为一组放入回归矩阵的数字，所以最好使用共同的术语。

在统计学中，由优化试验设计理论产生的几种数据性测量方式称为alphabet最优（optimalities）[6.48]。其中知名度较高的有：

1）A-最优，最小化$(A^{\mathrm{T}}A)^{-1}$的轨迹以得到回归设计。

2）D-最优，最大化$(A^{\mathrm{T}}A)^{-1}$的行列式。

3）E-最优，最大化$(A^{\mathrm{T}}A)^{-1}$的最小奇异值。

4）G-最优，最小化最大预测方差，并且没有简单的奇异值表达式。

尽管依据实验设计文献还没有正式发表，但一些已提出的用于机器人标定的可观测性指数已经出现了与alphabet最优性相似的思想[6.49]。在机器人标定的相关文献中，还没有与A-最优相对应的方法。相反，一些已提出的可观测性指数也没有对应于alphabet最优性的部分。参考文献［6.49］指出，E-最优和G-最优被证明在精确设计中的作用是等价的。

Borm等人[6.50,51]提出了一种可观测性指数（这里写作O_1，并在接下来依次排序），该指数最大化了所有奇异值的乘积：

$$O_1=\frac{\sqrt[r]{\mu_1\cdots\mu_r}}{\sqrt{P}} \tag{6.87}$$

这与D-最优相似，其基本原理是O_1表示Δy上超椭圆体的体积，当采用$\Delta\phi$定义一个超球体时，其由式（6.7）定义，奇异值代表轴的长度。因此，最大化O_1可以使超椭球体体积最大化，使奇异值的聚合度增加。也可以通过著名的关系式$\sqrt{\det(A^{\mathrm{T}}A)}=\mu_1\cdots\mu_r$得到$O_1$。

参考文献[6.40,52,53]提出了将最小化A的条件数作为衡量可观测性指标的方法，即

$$O_2=\frac{\mu_1}{\mu_r} \tag{6.88}$$

O_2反映的是超椭球体的离心率，而不是它的体积。不考虑中间奇异值，因为最小化条件数会自动使得所有的奇异值的幅值相近，并使超椭球体更接近于超球体。

Nahvi等人[6.22]论证了将最大化奇异值μ_r作为衡量可观测性测量的指标：

$$O_3=\mu_r \tag{6.89}$$

这与E-最优相类似，其基本原理是使最短轴尽可能长，而不考虑其他轴，即优化最差项。考虑下面的标准结果[6.4]：

$$\mu_r\leqslant\frac{\|\Delta y\|}{\|\Delta\phi\|}\leqslant\mu_1 \tag{6.90}$$

或更特殊地，

$$\mu_r\|\Delta\phi\|\leqslant\|\Delta y\| \tag{6.91}$$

这样，最大化μ_r可以确保给定的参数误差$\|\Delta\phi\|$对位姿误差$\|\Delta y\|$有最大可能的影响。

Nahvi和Hollerbach[6.54]提出了噪声放大指数O_4，它可以看作是条件数O_2和最小奇异值O_3的结合：

$$O_4=\frac{\sigma_r^2}{\sigma_1} \tag{6.92}$$

其原理是测量通过O_2和O_3的椭圆大小和离心率。经证明，噪声放大指数对测量误差和建模误差最为敏感。

Hollerbach和Lokhorst[6.21]通过试验发现，实现上述条件数和最小化奇异值产生了大致相同的好结果：它们的相对幅值几乎与最终参数的均方根（RMS）误差成正比。

可观测性指数O_1并不像参数误差那样敏感且与其没有直接相关。Sun和Hollerbach在参考文献［6.49］中推导了可观测性指数和alphabet最优性的一般关系：

$$O_1\geqslant \text{A-最优}\geqslant O_3 \tag{6.93}$$

他们认为，若$\mu_1>1$，则$O_3\geqslant O_2$；若$\mu_r\leqslant1$，则$O_2\geqslant O_4$。他们还认为，O_3（D-最优）一般而言是最优的评价指标，因为它最小化了参数的方差，同时

6

也最小化了末端执行器位姿的不确定性。

1. 最优试验设计

可观测性指数通常用于决定需要采集多少数据点。当数据点开始增加时，则可观测性增加，然后饱和停滞，之后再增加数据并不会提升估计质量。对于运动学标定，可能会通过随机选取的方式增加数据点，或者采用优化设计的方法，从而大幅度地减少所需的数据量[6.55,56]。最优化试验设计则是通过观测增加或更换数据点所带来的影响[6.57]。

2. 激励轨迹

对于惯性参数估计，数据点之间不是相互独立的。因为它们是从一个连续运动轨迹得到的，而不是离散的位姿，因此问题就变成了应生成什么类型的轨迹。工业机器人经常带有点对点的关节位置轨迹发生器，通过在这些点之间插值，可得到一个连续而平滑的轨迹。在插值过程中，假设每个点的初始及终止速度、加速度均为零，并且使用多项式插值器。通过最小化可观测性指数，在关节位置、速度、加速度的限制条件下，使用非线性优化技术，计算多项式的系数，就可以得到激励轨迹[6.52]。

使用顺序激励有可能使优化过程更加顺畅，而通过结构化地激励少量参数来产生的特殊轨迹，可使上述优化过程变得更加容易。例如，在匀速的情况下，单次移动一个关节可以激励摩擦力和重力参数。这种方法避免了顺序辨识，但最好还是采集所有的数据，并进行总体加权最小二乘估计[6.29]。这个过程可以避免估计误差的累积，并且可以计算置信区间。

这里推荐使用一些特殊的轨迹[6.58]，如正弦插值，或者从参数贡献函数的频谱分析中获得的周期性轨迹[6.59]。这是一种总体轨迹规划策略，对试验中获得精确的辨识非常重要[6.60]。

6.4.3 缩放

参数估计的数值条件可以通过同时缩放输出参数（任务变量缩放）和被估计参数来改善。

1. 任务变量缩放

当对末端位姿误差进行最小二乘分析时，位置误差和姿态误差必须综合起来考虑：

$$\|\Delta \boldsymbol{y}^i\|^2=\|\Delta^{-1}\boldsymbol{p}_{n+1}^l\|^2+\|\Delta^{-1}\boldsymbol{\rho}_{n+1}^l\|^2 \qquad (6.94)$$

然而，位置误差和姿态误差具有不同的量纲，因此不能相互比较。此外，并非所有的位置或姿态分量都具有同等的测量精度。

普通的最小二乘法式（6.8）对所有变量的加权是一致的。为了给这些变量赋予不同的权重，一般将式（6.7）左乘一个缩放矩阵 $\boldsymbol{G}$[6.45]：

$$\boldsymbol{G}\Delta\boldsymbol{y}=\boldsymbol{G}\boldsymbol{A}\Delta\boldsymbol{\phi}$$

$$\Delta\tilde{\boldsymbol{y}}=\tilde{\boldsymbol{A}}\Delta\boldsymbol{\phi} \qquad (6.95)$$

式中，$\Delta\tilde{\boldsymbol{y}}=\boldsymbol{G}\Delta\boldsymbol{y}$ 是缩放后的输出向量；$\tilde{\boldsymbol{A}}=\boldsymbol{G}\boldsymbol{A}$ 是缩放后的回归矩阵，则加权最小二乘法的解为

$$\Delta\boldsymbol{\phi}=(\tilde{\boldsymbol{A}}^{\mathrm{T}}\tilde{\boldsymbol{A}})^{-1}\tilde{\boldsymbol{A}}^{\mathrm{T}}\Delta\tilde{\boldsymbol{y}}=(\boldsymbol{A}^{\mathrm{T}}\boldsymbol{W}\boldsymbol{A})^{-1}\boldsymbol{A}^{\mathrm{T}}\boldsymbol{W}\Delta\boldsymbol{y} \qquad (6.96)$$

式中，$\boldsymbol{W}=\boldsymbol{G}^{\mathrm{T}}\boldsymbol{G}$，$\boldsymbol{W}$ 通常是一个对角矩阵。

缩放位置误差和姿态误差的一个方法是使参数误差 $\Delta\phi_i$ 对位置误差或姿态误差产生的影响相同。令我们感兴趣的是，对于尺寸与人体等同的机器人手臂，在米制单位下不需缩放就能产生均等的效果。如果 θ 是关节角的分辨率，则 $s=r\theta$ 为末端位置分辨率。对于类同人体尺寸的手臂，$r=1\mathrm{m}$，所以 $s=\theta$，这样米和弧度就可以直接进行比较了。因此，不对姿态参数进行缩放具有一定意义，这也可以解释为什么在机器人学领域中即使一般不考虑缩放也并没有带来任何后果。如果连杆很短（如手指大小）或很长（如挖掘机），则情况就完全不同了。

选择加权矩阵 $\boldsymbol{W}$ 的一种更普遍的方法是使用可接受的相对误差的先验信息，该信息往往由测量设备的特性决定。假设输出变量取决于独立的高斯噪声，这样 σ_j^y 是任务变量测量成分 $\Delta y_j^i(j=1,\cdots,m)$ 的标准偏差。则独立的对角加权为 $w_{jj}=1/\sigma_j^y$，并定义如下：

$$\boldsymbol{R}^i=\mathrm{diag}[(\sigma_1^y)^2,\cdots,(\sigma_m^y)^2]$$

$$\boldsymbol{R}=\mathrm{diag}(\boldsymbol{R}^1,\cdots\boldsymbol{R}^P)$$

式中，加权矩阵 $\boldsymbol{W}=\boldsymbol{R}^{-1}$，$\boldsymbol{R}$ 为协方差矩阵（covariance matrix）。

加权最小二乘估计的解为

$$\Delta\boldsymbol{\phi}=(\boldsymbol{A}^{\mathrm{T}}\boldsymbol{R}^{-1}\boldsymbol{A})^{-1}\boldsymbol{A}^{\mathrm{T}}\boldsymbol{R}^{-1}\Delta\boldsymbol{y} \qquad (6.97)$$

得到的缩放输出变量 $\Delta\tilde{y}_j^l=\Delta y_j^l/\sigma_j^y$ 为无量纲量。不确定性 σ_j^y 越大，相对于其他变量，该变量对最小二乘解的影响越小。标准偏差 σ_j^y 不一定与末端测量精度相同，因为建模误差和输入噪声也会对输出误差产生影响。

使用标准偏差的加权最小二乘解又称为Gauss-Markov估计、广义最小二乘估计，或者最优线性无偏差估计，它是所有无偏移估计量的最小协方差估计（参数误差）[6.3]。重要的一点是，缩放后 Δy_j^l 各分量的标准偏差具有相同的尺寸，或者协方差矩阵 $\boldsymbol{R}=\mathrm{cov}(\Delta\tilde{\boldsymbol{y}})=\boldsymbol{I}$ 为单位矩阵，因此误差向量 $\Delta\tilde{\boldsymbol{y}}$ 的欧氏范数是衡量其大小一个合理表征。

通常情况下，我们无法确知协方差矩阵 $\boldsymbol{R}$。在标定过程后，用 χ^2 统计获得的标准偏差估计为[6.44,46]

$$\chi^2=(\Delta\boldsymbol{y}-\boldsymbol{A}\Delta\boldsymbol{\phi})^{\mathrm{T}}\boldsymbol{R}^{-1}(\Delta\boldsymbol{y}-\boldsymbol{A}\Delta\boldsymbol{\phi}) \tag{6.98}$$

该方程与残差方程式（6.95）一样，代入 $\boldsymbol{W}=\boldsymbol{R}^{-1}$。$\chi^2$ 在标定后就是加权残差，χ^2 的期望值为

$$E(\chi^2)=v=PK-R \tag{6.99}$$

式中，E 是期望值算子。也就是说，未加权残差 $(\Delta\boldsymbol{y}-\boldsymbol{A}\Delta\boldsymbol{\phi})^2$ 在具有足够测量值的情况下，应该接近实际的协方差。我们可以基于 χ^2 的值，在初步标定后统一缩放 $\boldsymbol{R}$ 的初始估计值。

$$\hat{\boldsymbol{R}}=\frac{\chi^2}{\nu}\boldsymbol{R} \tag{6.100}$$

式中，$\hat{\boldsymbol{R}}$ 为对协方差矩阵的修正估计。

2. 参数缩放

在非线性优化和奇异值分解中，参数缩放对于正确的收敛非常重要。如果参数的幅值差异很大，那么难以将奇异值直接相互比较。同样地，参数缩放能改善回归矩阵 $\boldsymbol{A}$ 的数值条件，避免不可逆问题出现。

将式（6.95）左乘 $\boldsymbol{A}$ 得到任务变量缩放，对 $\boldsymbol{A}$ 右乘加权矩阵 $\boldsymbol{H}$ 便得到参数缩放[6.45]：

$$\Delta\boldsymbol{y}=(\boldsymbol{A}\boldsymbol{H})(\boldsymbol{H}^{-1}\Delta\boldsymbol{\phi})\equiv\overline{\boldsymbol{A}}\Delta\widetilde{\boldsymbol{\phi}} \tag{6.101}$$

式中，缩放后的雅可比和参数分别为 $\overline{\boldsymbol{A}}=\boldsymbol{A}\boldsymbol{H}$ 和 $\Delta\widetilde{\boldsymbol{\phi}}=\boldsymbol{H}^{-1}\Delta\boldsymbol{\phi}$。最小二乘解不会因参数缩放而改变，但会因任务变量缩放而改变。

对参数加权最常用的方法是对列进行缩放，它不需要预先的统计信息。定义一个对角矩阵 $\boldsymbol{H}=\mathrm{diag}(h_1,\cdots,h_{N\mathrm{par}})$，其各元素为

$$h_j=\begin{cases}\|\boldsymbol{a}_j\|^{-1} & 若\|\boldsymbol{a}_j\|\neq 0\\ 1 & 若\|\boldsymbol{a}_j\|=0\end{cases} \tag{6.102}$$

式中，$\boldsymbol{a}_j$ 为 $\boldsymbol{A}$ 的第 j 列。则式（6.101）变为

$$\Delta\boldsymbol{y}=\sum_{j=1}^{N_{\mathrm{par}}}\frac{\boldsymbol{a}_j}{\|\boldsymbol{a}_j\|}\Delta\boldsymbol{\phi}_j\|\boldsymbol{a}_j\| \tag{6.103}$$

假设 $\Delta\boldsymbol{y}$ 已经在前述步骤中归一化，则其长度是有意义的，每个 $\boldsymbol{a}_j/\|\boldsymbol{a}_j\|$ 均为单位向量，因此每个缩放参数 $\Delta\boldsymbol{\phi}_j\|\boldsymbol{a}_j\|$ 大小一致，对 $\Delta\boldsymbol{y}$ 有同等的影响。

Schröer[6.38] 指出了一个在列缩放中存在的问题，即参数可辨识性不佳会导致欧氏范数非常小，从而导致缩放系数非常大，由此共同放大了 $\boldsymbol{A}$ 的不确定性。相反，Schröer 提出了基于机器人的期望误差的缩放（在之前任务变量缩放中讨论过）。

在理想情况下，参数向量的期望值 $\boldsymbol{\phi}_0$ 和每个参数向量元素的标准差 σ_j^{ϕ} 往往是已知的。更一般的情况是，参数的分布可以用协方差矩阵 $\boldsymbol{M}$ 描述，但通常这些信息是未知的。相反，可使用式（6.85）中协方差的估计值 $\hat{\boldsymbol{M}}$ 来替代。

如果输出被测值协方差 $\boldsymbol{R}^{-1}$ 和参数误差协方差 $\boldsymbol{M}$ 都已知，则可以定义一个新的最小二乘最优标准，该标准结合了输出误差和参数误差，产生了一个新的 χ^2 统计，即

$$\chi^2=(\Delta\boldsymbol{y}-\boldsymbol{A}\Delta\boldsymbol{\phi})^{\mathrm{T}}\boldsymbol{R}^{-1}(\Delta\boldsymbol{y}-\boldsymbol{A}\Delta\boldsymbol{\phi})+\Delta\boldsymbol{\phi}^{\mathrm{T}}\boldsymbol{M}^{-1}\Delta\boldsymbol{\phi} \tag{6.104}$$

它的解是最小协方差估计，但有别于式（6.97）存在偏移的情况。

$$\Delta\boldsymbol{\phi}=(\boldsymbol{A}^{\mathrm{T}}\boldsymbol{R}^{-1}\boldsymbol{A}+\boldsymbol{M}^{-1})^{-1}\boldsymbol{A}^{\mathrm{T}}\boldsymbol{R}^{-1}\Delta\boldsymbol{y} \tag{6.105}$$

卡尔曼滤波器用递归的方法解决了同样的问题[6.61,62]。当状态空间不变时，则该过程是不变的且没有过程噪声[6.13,63]。Gauss-Markov 估计是 $\boldsymbol{M}^{-1}$ 为零的极限状况，即没有参数先验信息的情况。此外，确定协方差也是一个问题。至于 Gauss-Markov 估计，χ^2 的期望值可以事后用来一致缩放 $\boldsymbol{R}$ 和 $\boldsymbol{M}$[6.64]。

6.4.4 递归最小二乘法和卡尔曼滤波

在控制策略的设置中，可能需要根据时间步 $k-1$ 上的所有读数来更新时间步 k 上的估计 $\hat{\boldsymbol{\phi}}$。该更新过程可以通过递归地重复最小二乘来实现[6.3]，这与卡尔曼滤波器非常相似。在时间步 k，有一个新的读数

$$\boldsymbol{y}^k=\boldsymbol{A}^k\boldsymbol{\phi}+\boldsymbol{e}^k \tag{6.106}$$

式中，$\boldsymbol{y}^k$ 的阶数是 $M\times1$；$\boldsymbol{A}^k$ 的阶数是 $M\times N$；$\boldsymbol{\phi}$ 的阶数是 $N\times1$。设 $\boldsymbol{R}^k$ 为 $\boldsymbol{e}^k$ 的协方差，该方程可按照每次的读数堆叠至 k，此时可得 Gauss-Markov 估计：

$$\begin{gathered}\boldsymbol{y}_k=\boldsymbol{A}_k\boldsymbol{\phi}+\boldsymbol{e}_k\\ \hat{\boldsymbol{\phi}}_k=(\boldsymbol{A}_k^{\mathrm{T}}\boldsymbol{R}_k^{-1}\boldsymbol{A}_k)^{-1}\boldsymbol{A}_k^{\mathrm{T}}\boldsymbol{R}_k^{-1}\boldsymbol{y}_k\end{gathered} \tag{6.107}$$

式中，$\boldsymbol{y}_k$ 的阶数是 $MK\times1$；$\boldsymbol{A}_k$ 的阶数是 $MK\times N$；$\boldsymbol{R}_k$ 是 $\boldsymbol{e}_k$ 的协方差，其形式为一个以 $\boldsymbol{R}_k$ 为元素的分块对角矩阵。

为了与卡尔曼滤波器进行类比，定义 $\hat{\boldsymbol{\phi}}$ 的协方差为 $\boldsymbol{P}_k=(\boldsymbol{A}_k^{\mathrm{T}}\boldsymbol{R}_k^{-1}\boldsymbol{A}_k)^{-1}$，是 $N\times N$ 阶矩阵。将该式取逆，最终得到关于前一时间步协方差的递归关系，再加上一个新的贡献项：

$$\boldsymbol{P}_k^{-1}=\boldsymbol{P}_{k-1}^{-1}+(\boldsymbol{A}^k)^{\mathrm{T}}(\boldsymbol{R}^k)^{-1}\boldsymbol{A}^k \tag{6.108}$$

类似地，

$$\boldsymbol{A}_k^{\mathrm{T}}\boldsymbol{R}_k^{-1}\boldsymbol{y}_k=\boldsymbol{A}_{k-1}^{\mathrm{T}}\boldsymbol{R}_{k-1}{}^{-1}\boldsymbol{y}_{k-1}+(\boldsymbol{A}^k)^{\mathrm{T}}(\boldsymbol{R}^k)^{-1}\boldsymbol{y}^k \tag{6.109}$$

6

将 $\boldsymbol{P}_k$ 的定义式和式（6.109）代入式（6.107），得

$$\hat{\boldsymbol{\phi}}_k=\hat{\boldsymbol{\phi}}_{k-1}+\boldsymbol{P}_k(\boldsymbol{A}^k)^{\mathrm{T}}(\boldsymbol{R}^k)^{-1}(\boldsymbol{y}^k-\boldsymbol{A}^k\hat{\boldsymbol{\phi}}_{k-1}) \quad (6.110)$$

在协方差的更新矩阵（6.108）中，需要用到逆阵 $\boldsymbol{P}_{k-1}^{-1}$。更新关系可以用二项式逆定理改写为更易于计算的形式（参见维基百科相关词条），即

$$(\boldsymbol{A}+\boldsymbol{UBV})^{-1}=\boldsymbol{A}^{-1}-\boldsymbol{A}^{-1}\boldsymbol{U}(\boldsymbol{B}^{-1}+\boldsymbol{VA}^{-1}\boldsymbol{U})^{-1}\boldsymbol{VA}^{-1} \quad (6.111)$$

为便于区分，令 $\boldsymbol{A}=\boldsymbol{P}_{k-1}^{-1}$，$\boldsymbol{U}=(\boldsymbol{A}^k)^{\mathrm{T}}$，$\boldsymbol{B}=(\boldsymbol{R}^k)^{-1}$ 和 $\boldsymbol{V}=\boldsymbol{A}^k$，则式（6.108）在求逆后变为

$$\boldsymbol{P}_k=\boldsymbol{P}_{k-1}-\boldsymbol{P}_{k-1}(\boldsymbol{A}^k)^{\mathrm{T}}(\boldsymbol{R}^k+\boldsymbol{A}^k\boldsymbol{P}_{k-1}(\boldsymbol{A}^k)^{\mathrm{T}})^{-1}\boldsymbol{A}^k\boldsymbol{P}_{k-1} \quad (6.112)$$

圆括号中的矩阵阶数为 $M\times M$，通常远小于 $\boldsymbol{P}_k$ 的 $N\times N$ 阶。也就是说，参数的数量要多于被测量的分量数量，因此求逆会更加容易。

式（6.110）和式（6.112）包含了卡尔曼滤波器的很大一部分，因此卡尔曼滤波器实质上是递归最小二乘[6.3,61,62]。卡尔曼滤波器有许多变体，其中包括一个基于 MMSE 估计的变体。

Gautier 和 Poignet[6.65] 采用一种扩展的卡尔曼滤波器来估计机器人的惯性参数，并重新设计了滤波器，使其可以包含对速度和加速度的估计。他们发现，使用卡尔曼滤波器在最小二乘法上没有优势。实际上，在对初始条件比较敏感和收敛速度较慢方面也存在劣势。在线与离线估计中的一个问题在于速度和加速度估计值的准确性。在离线估计中，可以使用双边（或非因果）滤波器，它们通常比单边（或因果）滤波器对时间导数的估计更加准确。

6.5 结论与延展阅读

本章介绍了标定机器人运动学参数和惯性参数的两种方法，两种参数估计均采用了最小二乘法。惯性参数在运动学方程中以线性方式出现，因此可以使用普通的最小二乘法求解。运动学参数因受正弦和余弦的影响呈非线性，因此需要采用非线性的 Gauss-Newton 法进行估计。

在标定方程的建立过程中，会因领域不同而遇到特殊的问题。对于运动学标定，Hayati 参数须与 Denavit-Hartenberg 参数联合使用，以处理接近于平行的关节轴情况，标定方程必须考虑端部的测量或约束方式，在详细研究可能的关节排列方式（包括平行或移动关节）后，就可以实现避免可辨识性问题的最小参数化。

标定指数是对所有运动学标定方法的分类，它通过计算测量值相对移动性的冗余度来计算每个位姿产生的方程式数量。一个关键点是所有的标定方法都可以被视为闭环方法，它将所有末端测量系统均视为一个关节，将并联机器人视为多个闭环的并集来处理。

对于惯性参数估计，利用递归 Newton-Euler 方程导出了上三角矩阵形式的回归矩阵。对于串联和树结构机器人，可以直接使用最小参数化方法。通过使用传感器测量关节力矩或末端连杆力矩的方法，对载荷惯性参数进行估计。所提出的模型可以在假设载荷参数已知时用来确定关节力矩增益。

为解决无法最小参数化时参数不可辨识的问题，提出了相关数值方法。这些方法依赖于回归矩阵的奇异值或 QR 分解，奇异值可以用来确定哪些参数不可辨识，应该被消除。其中一种方式是令小的奇异值为零，以消除辨识性差的参数带来的影响，而不用明确地消除它们。采用前者可以产生一个结构化模型，后者则产生一个预测模型。可以用阻尼最小二乘法将参数的先验估计考虑进来。

一些方法将测量集对于参数估计是否足够作为可观测性的指标。该指标可以参考试验设计中 alphabet 最优性问题的文献。

最后，测量值或参数的缩放对于条件良好的数值估计是很重要的，而且在用于比较奇异值时，其作用也很重要。当将测量值和参数的不确定性作为权重时，可以找到优化的最小方差估计，这与卡尔曼滤波有关。如果这些不确定性未知，则可以通过已有数据进行估计。

6.5.1 与其他章节间的联系

与最小二乘法和卡尔曼滤波有关的估计在第 5 章中已进行过讨论。通过传感器对环境的特性进行估计与模型辨识非常类似。递归估计方法非常适合于机器人需要实时更新其环境模型的情况。对于模型辨识，使用递归法并不是特别有用，因为递归更新的机制可能会用全部数据掩盖数值问题。

奇异值分解在其他章节均有涉及。在第 10 章和第 16 章中，通过类似于可观测性指数的方法对不同方向的等效运动能力进行了分析：O_1 对应可操作度，O_2 对应条件数，O_3 对应最小奇异值。相

比之下，标定中关注的是奇异值捕获的各个方向上好的数据。第 10 章采用奇异值分解的方法对冗余度机器人进行了分析。然而，参数估计一般是一个过约束的最小二乘问题（测量值数量多于参数数量），而冗余结构是没有约束的（关节角度数多于任务变量数）。零奇异值揭示了雅可比矩阵的零空间，而不是信号传递辨识问题。在第 10 章中，阻尼最小二乘法用来规避奇异性，就像在标定过程中真实的参数被阻尼最小二乘扰乱一样，轨迹也被其扰乱以绕过数值条件问题。

与机器人定位有关的传感器也存在传感器模型标定的问题，如电位计的增益。相机校正将在第 2 卷第 32 章中讨论[6.39,66]，相机模型可以与操作臂的运动学模型一同确定，包括相机的固有参数，如针孔模型（第 5 章）和与相机安放位置有关的外部参数。

6.5.2 延展阅读

1. 螺旋轴测量

有一类方法可以替代非线性最小二乘法，用于估计运动学参数，该类方法将关节轴视为空间直线来测量，称作螺旋轴测量（screw axis measurement）[6.8]。其中的一种方法是圆点分析（circle point analysis），通过依次移动一个关节，在末端测量点处形成一个圆形轨迹[6.13]。其他方法则是对雅可比矩阵进行测量，并将关节旋量作为矩阵的列[6.67]。有了关节轴的信息，运动学参数可以不需要非线性搜索就能直接提取。这类方法的准确率可能没有非线性最小二乘法那么高。

2. 总体最小二乘法

普通最小二乘法假设只有在测量输出的过程中存在噪声，但输入过程中也往往存在噪声。已知输入噪声会导致偏移误差[6.3]，一个同时解决输入和输出噪声的框架是总体最小二乘法[6.34]，也称正交距离回归[6.68]或变量误差回归[6.69]。非线性总体最小二乘法常应用于机器人标定中[6.2,70,71]。在参考文献［6.2］中的隐式环路法中，通过对末端和关节测量值进行同等操作，使输入和输出噪声几乎没有差别。

3. 正动力学模型和逆动力学模型方法

本章提出的动力学参数辨识是基于逆动力学辨识模型和线性最小二乘法。验证辨识结果的一种常用方法是用辨识出的参数来模拟正动力学模型，并将输出与实际系统进行比较。

最近，有两种同时使用正动力学模型和逆动力学模型的方法提出，其目的是改善估计的噪声抗扰性，该问题因观察矩阵中的可利用率低下或损坏的数据而产生，而这些数据又往往是因噪声测量和/或关节位置带通滤波的错误调整而生成的。第一种方法只需要关节力矩，而速度和加速度则是通过正动力学模型得到的，它是在一个组合的过程中进行识别和验证。目前的工作旨在利用这种技术来识别具有柔性关节的机器人，而柔性的位置变量是不可测量的。第二种方法是使用工具变量（IV）方法。这两种方法都在 6 自由度工业机器人上得到了验证[6.72,73]。

6

视频文献

VIDEO 422 Calibration of ABB's IRB 120 industrial robot
available from http://handbookofrobotics.org/view-chapter/06/videodetails/422

VIDEO 425 Robot calibration using a touch probe
available from http://handbookofrobotics.org/view-chapter/06/videodetails/425

VIDEO 430 Calibration and accuracy validation of a FANUC LR Mate 200iC industrial robot
available from http://handbookofrobotics.org/view-chapter/06/videodetails/430

VIDEO 480 Dynamic identification of Staubli TX40: Trajectory without load
available from http://handbookofrobotics.org/view-chapter/06/videodetails/480

VIDEO 481 Dynamic identification of Staubli TX40: Trajectory with load
available from http://handbookofrobotics.org/view-chapter/06/videodetails/481

VIDEO 482 Dynamic identification of Kuka LWR: Trajectory without load
available from http://handbookofrobotics.org/view-chapter/06/videodetails/482

VIDEO 483 Dynamic identification of Kuka LWR: Trajectory with load
available from http://handbookofrobotics.org/view-chapter/06/videodetails/483

VIDEO 485 Dynamic identification of a parallel robot: Trajectory with load
available from http://handbookofrobotics.org/view-chapter/06/videodetails/485

VIDEO 486 Dynamic identification of Kuka KR270: Trajectory without load
available from http://handbookofrobotics.org/view-chapter/06/videodetails/486

VIDEO 487 Dynamic identification of Kuka KR270: trajectory with load
available from http://handbookofrobotics.org/view-chapter/06/videodetails/487
VIDEO 488 Dynamic identification of a parallel robot: Trajectory without load
available from http://handbookofrobotics.org/view-chapter/06/videodetails/488

参考文献

6

6.1 P.Z. Marmarelis, V.Z. Marmarelis: *Analysis of Physiological Systems* (Plenum, London 1978)

6.2 C.W. Wampler, J.M. Hollerbach, T. Arai: An implicit loop method for kinematic calibration and its application to closed-chain mechanisms, IEEE Trans. Robotics Autom. **11**, 710–724 (1995)

6.3 J.P. Norton: *An Introduction to Identification* (Academic, London 1986)

6.4 G.H. Golub, C.F. Van Loan: *Matrix Computations* (Johns Hopkins Univ. Press, Baltimore 1989)

6.5 H. West, E. Papadopoulos, S. Dubowsky, H. Cheah: A method for estimating the mass properties of a manipulator by measuring the reaction moments at its base, Proc. IEEE Int. Conf. Robotics Autom. (ICRA) (1989) pp. 1510–1516

6.6 R.P. Paul: *Robot Manipulators: Mathematics, Programming, and Control* (MIT Press, Cambridge 1981)

6.7 S.A. Hayati, M. Mirmirani: Improving the absolute positioning accuracy of robot manipulators, J. Robotics Syst. **2**, 397–413 (1985)

6.8 J.M. Hollerbach, C.W. Wampler: The calibration index and taxonomy of kinematic calibration methods, Int. J. Robotics Res. **15**, 573–591 (1996)

6.9 A. Goswami, A. Quaid, M. Peshkin: Identifying robot parameters using partial pose information, IEEE Control Syst. **13**, 6–14 (1993)

6.10 M.R. Driels, W.E. Swayze: Automated partial pose measurement system for manipulator calibration experiments, IEEE Trans. Robotics Autom. **10**, 430–440 (1994)

6.11 G.-R. Tang, L.-S. Liu: Robot calibration using a single laser displacement meter, Mechatronics **3**, 503–516 (1993)

6.12 D.E. Whitney, C.A. Lozinski, J.M. Rourke: Industrial robot forward calibration method and results, ASME J. Dyn. Syst. Meas. Control **108**, 1–8 (1986)

6.13 B.W. Mooring, Z.S. Roth, M.R. Driels: *Fundamentals of Manipulator Calibration* (Wiley, New York 1991)

6.14 K. Lau, R. Hocken, L. Haynes: Robot performance measurements using automatic laser tracking techniques, Robotics Comput. Manuf. **2**, 227–236 (1985)

6.15 C.H. An, C.H. Atkeson, J.M. Hollerbach: *Model-Based Control of a Robot Manipulator* (MIT Press, Cambridge 1988)

6.16 M. Vincze, J.P. Prenninger, H. Gander: A laser tracking system to measure position and orientation of robot end effectors under motion, Int. J. Robotics Res. **13**, 305–314 (1994)

6.17 J.M. McCarthy: *Introduction to Theoretical Kinematics* (MIT Press, Cambridge 1990)

6.18 D.J. Bennet, J.M. Hollerbach: Autonomous calibration of single-loop closed kinematic chains formed by manipulators with passive endpoint constraints, IEEE Trans. Robotics Autom. **7**, 597–606 (1991)

6.19 W.S. Newman, D.W. Osborn: A new method for kinematic parameter calibration via laser line tracking, Proc. IEEE Int. Conf. Robotics Autom. (ICRA) (1993) pp. 160–165

6.20 X.-L. Zhong, J.M. Lewis: A new method for autonomous robot calibration, Proc. IEEE Int. Conf. Robotics Autom. (ICRA) (1995) pp. 1790–1795

6.21 J.M. Hollerbach, D.M. Lokhorst: Closed-loop kinematic calibration of the RSI 6-DOF hand controller, IEEE Trans. Robotics Autom. **11**, 352–359 (1995)

6.22 A. Nahvi, J.M. Hollerbach, V. Hayward: Closed-loop kinematic calibration of a parallel-drive shoulder joint, Proc. IEEE Int. Conf. Robotics Autom. (ICRA) (1994) pp. 407–412

6.23 O. Masory, J. Wang, H. Zhuang: On the accuracy of a Stewart platform – Part II Kinematic calibration and compensation, Proc. IEEE Int. Conf. Robotics Autom., Piscataway (1994) pp. 725–731

6.24 B. Armstrong-Helouvry: *Control of Machines with Friction* (Kluwer, Boston 1991)

6.25 B. Armstrong-Helouvry, P. Dupont, C. de Canudas Wit: A survey of models, analysis tools and compensation methods for the control of machines with friction, Automatica **30**, 1083–1138 (1994)

6.26 F. Aghili, J.M. Hollerbach, M. Buehler: A modular and high-precision motion control system with an integrated motor, IEEE/ASME Trans. Mechatron. **12**, 317–329 (2007)

6.27 W.S. Newman, J.J. Patel: Experiments in torque control of the Adept One robot, Proc. IEEE Int. Conf. Robotics Autom., Piscataway (1991) pp. 1867–1872

6.28 W. Khalil, E. Dombre: *Modeling, Identification and Control of Robots* (Taylor Francis, New York 2002)

6.29 M. Gautier: Dynamic identification of robots with power model, Proc. IEEE Int. Conf. Robotics Autom. (ICRA) (1997) pp. 1922–1927

6.30 W. Khalil, M. Gautier, P. Lemoine: Identification of the payload inertial parameters of industrial manipulators, Proc. IEEE Int. Conf. Robotics Autom. (ICRA) (2007) pp. 4943–4948

6.31 J. Swevers, W. Verdonck, B. Naumer, S. Pieters, E. Biber: An Experimental Robot Load Identification Method for Industrial Application, Int. J. Robotics Res. 21(8), 701–712 (2002)

6.32 P.P. Restrepo, M. Gautier: Calibration of drive chain of robot joints, Proc. IEEE Int. Conf. Robotics Autom. (ICRA) (1995) pp. 526–531

6.33 P. Corke: In situ measurement of robot motor electrical constants, Robotica **23**(14), 433–436 (1996)

6.34 S. Van Huffel, J. Vandewalle: *The Total Least Squares Problem: Computational Aspects and Analysis* (SIAM, Philadelphia 1991)

6.35 M. Gautier, S. Briot: Global identification of drive gains parameters of robots using a known pay-

load, ASME J. Dyn. Syst. Meas. Control **136**(5), 051026 (2014)
6.36 W. Khalil, O. Ibrahim: General solution for the dynamic modeling of parallel robots, J. Intell. Robotics Syst. **49**, 19–37 (2007)
6.37 S. Guegan, W. Khalil, P. Lemoine: Identification of the dynamic parameters of the Orthoglide, Proc. IEEE Int. Conf. Robotics Autom. (ICRA) (2003) pp. 3272–3277
6.38 K. Schröer: Theory of kinematic modelling and numerical procedures for robot calibration. In: *Robot Calibration*, ed. by R. Bernhardt, S.L. Albright (Chapman Hall, London 1993) pp. 157–196
6.39 H. Zhuang, Z.S. Roth: *Camera-Aided Robot Calibration* (CRC, Boca Raton 1996)
6.40 M. Gautier: Numerical calculation of the base inertial parameters, J. Robotics Syst. **8**, 485–506 (1991)
6.41 J.J. Dongarra, C.B. Mohler, J.R. Bunch, G.W. Stewart: *LINPACK User's Guide* (SIAM, Philadelphia 1979)
6.42 W. Khalil, F. Bennis: Symbolic calculation of the base inertial parameters of closed-loop robots, Int. J. Robotics Res. **14**, 112–128 (1995)
6.43 W. Khalil, S. Guegan: Inverse and direct dynamic modeling of Gough–Stewart robots, IEEE Trans. Robotics Autom. **20**, 754–762 (2004)
6.44 W.H. Press, S.A. Teukolsky, W.T. Vetterling, B.P. Flannery: *Numerical Recipes in C* (Cambridge Univ. Press, Cambridge 1992)
6.45 C.L. Lawson, R.J. Hanson: *Solving Least Squares Problems* (Prentice Hall, Englewood Cliffs 1974)
6.46 P.R. Bevington, D.K. Robinson: *Data Reduction and Error Analysis for the Physical Sciences* (McGraw-Hill, New York 1992)
6.47 B. Armstrong: On finding exciting trajectories for identification experiments involving systems with nonlinear dynamics, Int. J. Robotics Res. **8**, 28–48 (1989)
6.48 J. Fiefer, J. Wolfowitz: Optimum designs in regression problems, Ann. Math. Stat. **30**, 271–294 (1959)
6.49 Y. Sun, J.M. Hollerbach: Observability index selection for robot calibration, Proc. IEEE Int. Conf. Robotics Autom. (ICRA), Piscataway (2008) pp. 831–836
6.50 J.H. Borm, C.H. Menq: Determination of optimal measurement configurations for robot calibration based on observability measure, Int. J. Robotics Res. **10**, 51–63 (1991)
6.51 C.H. Menq, J.H. Borm, J.Z. Lai: Identification and observability measure of a basis set of error parameters in robot calibration, ASME J. Mech. Autom. Des. **111**(4), 513–518 (1989)
6.52 M. Gautier, W. Khalil: Exciting trajectories for inertial parameter identification, Int. J. Robotics Res. **11**, 362–375 (1992)
6.53 M.R. Driels, U.S. Pathre: Significance of observation strategy on the design of robot, J. Robotics Syst. **7**, 197–223 (1990)
6.54 A. Nahvi, J.M. Hollerbach: The noise amplification index for optimal pose selection in robot calibration, Proc. IEEE Int. Conf. Robotics Autom. (ICRA) (1996) pp. 647–654
6.55 D. Daney, B. Madeline, Y. Papegay: Choosing measurement poses for robot calibration with local convergence method and Tabu search, Int. J. Robotics Res. **24**(6), 501–518 (2005)
6.56 Y. Sun, J.M. Hollerbach: Active robot calibration algorithm, Proc. IEEE Int. Conf. Robotics Autom. (ICRA), Piscataway (2008) pp. 1276–1281
6.57 T.J. Mitchell: An algorithm for the construction of D-Optimal experimental designs, Technometrics **16**(2), 203–210 (1974)
6.58 J. Swevers, C. Ganseman, D.B. Tukel, J. De Schutter, H. Van Brussel: Optimal robot excitation and identification, IEEE Trans. Robotics Autom. **13**, 730–740 (1997)
6.59 P.O. Vandanjon, M. Gautier, P. Desbats: Identification of robots inertial parameters by means of spectrum analysis, Proc. IEEE Int. Conf. Robotics Autom. (ICRA) (1995) pp. 3033–3038
6.60 E. Walter, L. Pronzato: *Identification of Parametric Models from Experimental Data* (Springer, London 1997)
6.61 D.G. Luenberger: *Optimization by Vector Space Methods* (Wiley, New York 1969)
6.62 H.W. Sorenson: Least-squares estimation: from Gauss to Kalman, IEEE Spectr. **7**, 63–68 (1970)
6.63 Z. Roth, B.W. Mooring, B. Ravani: An overview of robot calibration, IEEE J. Robotics Autom. **3**, 377–386 (1987)
6.64 A.E. Bryson Jr., Y.-C. Ho: *Applied Optimal Control* (Hemisphere, Washington 1975)
6.65 M. Gautier, P. Poignet: Extended Kalman fitering and weighted least squares dynamic identification of robot, Control Eng. Pract. **9**, 1361–1372 (2001)
6.66 D.J. Bennet, J.M. Hollerbach, D. Geiger: Autonomous robot calibration for hand-eye coordination, Int. J. Robotics Res. **10**, 550–559 (1991)
6.67 D.J. Bennet, J.M. Hollerbach, P.D. Henri: Kinematic calibration by direct estimation of the Jacobian matrix, Proc. IEEE Int. Conf. Robotics Autom. (ICRA) (1992) pp. 351–357
6.68 P.T. Boggs, R.H. Byrd, R.B. Schnabel: A stable and efficient algorithm for nonlinear orthogonal distance regression, SIAM J. Sci. Stat. Comput. **8**, 1052–1078 (1987)
6.69 W.A. Fuller: *Measurement Error Models* (Wiley, New York 1987)
6.70 J.-M. Renders, E. Rossignol, M. Becquet, R. Hanus: Kinematic calibration and geometrical parameter identification for robots, IEEE Trans. Robotics Autom. **7**, 721–732 (1991)
6.71 G. Zak, B. Benhabib, R.G. Fenton, I. Saban: Application of the weighted least squares parameter estimation method for robot calibration, J. Mech. Des. **116**, 890–893 (1994)
6.72 M. Gautier, A. Janot, P.O. Vandanjon: A New Closed-Loop Output Error Method for Parameter Identification of Robot Dynamics, IEEE Trans. Control Syst. Techn. **21**, 428–444 (2013)
6.73 A. Janot, P.O. Vandanjon, M. Gautier: A Generic Instrumental Variable Approach for Industrial Robots Identification, IEEE Trans. Control Syst. Techn. **22**, 132–145 (2014)

第 7 章

运动规划

Lydia E. Kavraki，Steven M. LaValle

本章首先在 7.2 节提出了几何路径规划的公式；然后在 7.3 节介绍了基于抽样的规划算法，该算法是一种可用于解决多种问题的通用方法，并已成功处理了一些难度很大的规划实例；在 7.4 节介绍了其他几种方法，主要用于一些具体的、简单的规划情形，这些方法为简单规划问题提供了理论依据，且在简单规划问题上的表现要优于基于抽样的规划；在 7.5 节考虑了微分约束问题；7.6 节概述了对基本问题的公式描述和求解方法的扩展与变异；最后在 7.8 节讨论了与运动规划相关的一些重要且高级的议题。

目　录

7.1　机器人运动规划

机器人的一项基本任务是在一系列静态障碍物中实现复杂物体从开始位置到目标位置的无碰撞运动。虽然问题相对简单，但这种几何路径规划问题在计算上的难度却很大[7.1]。另外，在实际机器人中，由于机械和传感方面的一些限制，需要通过公式的扩展来对这些问题，如不确定性、反馈和微分约束加以考虑，从而使自主规划问题更为复杂。现代算法已经在几何层面上比较成功地解决了一些较难的算例，并一直在努力拓宽其应用范围，以解决更具挑战性算例的能力。这些算法已经在机器人学领域外普遍获得了成功的应用，如用于计算机动画、虚拟样机和计算生物学等。对于现代运动规划技术及其应用，现有的许多技术报告[7.2-4]和专业书籍[7.5-7]均涵盖了这一领域。

7.2 运动规划的概念

本节只描述基本运动规划问题（或几何路径规划问题），至于这些基本公式在应对更为复杂情况下的扩展，将在后面章节加以讨论，并将贯穿于整个手册之中。

7.2.1 位形空间

在路径规划中提出了机器人的完整几何描述 $\mathcal{A}$ 和工作空间 $\mathcal{W}$ 的完整几何描述：工作空间 $\mathcal{W}=\mathbb{R}^N$，其中 $N=2$ 或 $N=3$。对于含有障碍物的外部静态环境，我们的目标是为机器人 $\mathcal{A}$ 找出一条无碰撞的路径，使其从初始位姿（位置和姿态）运动到目标位姿。

为实现这一目标，必须提供机器人几何位置上每一个点（即位形 $\boldsymbol{q}$）的详细信息，为此引入位形空间（configuration space）的概念，也称 C 空间（$\boldsymbol{q}\in\mathcal{C}$）。它是机器人所有可能位形所组成的空间，C 空间表示的运动学变换集合可以用第 2 章（运动学）中表述的、给定运动学特性的机器人运动学变换。在运动规划研究中[7.8,9]，人们早就认识到 C 空间是一个很有用的概念，它能将各种规划问题用统一的方法抽象出来。这种抽象的优点在于：具有复杂几何形状的机器人可以映射到 C 空间中的一个点上。机器人系统的自由度数就是 C 空间的维数，或者是能够完整描述位形所需的最小参数数量。

设闭集 $\mathcal{O}\subset\mathcal{W}$ 表示（工作空间的）障碍区域，通常用多面体、三维（3-D）三角形或分段代数曲面的组合形式来表示。设闭集 $\mathcal{A}(\boldsymbol{q})\subset\mathcal{W}$ 表示机器人在位形 $\boldsymbol{q}\in\mathcal{C}$ 上所有点的集合，它通常采用与 $\mathcal{O}$ 相同的图元来模拟，C 空间内障碍区域 $\mathcal{C}_{\text{obs}}$ 的定义为

$$\mathcal{C}_{\text{obs}}=\{\boldsymbol{q}\in\mathcal{C}\mid\mathcal{A}(\boldsymbol{q})\cap\mathcal{O}\neq\emptyset\} \tag{7.1}$$

由于 $\mathcal{O}$ 和 $\mathcal{A}(\boldsymbol{q})$ 均为 $\mathcal{W}$ 上的闭集，因此障碍区域也是 $\mathcal{C}$ 上的一个闭集。无碰撞的位形集合 $\mathcal{C}_{\text{free}}=\mathcal{C}\backslash\mathcal{C}_{\text{obs}}$ 称为自由空间（free space）。

■ C 空间的简单实例

1）平面刚体的平移运动。该机器人位形可用一个参考点 (x,y) 来表示，这个点位于相对于某固定坐标系的平面刚体上。因此，这里的 C 空间等价于 $\mathbb{R}^2$。图 7.1 所示为平面上的机器人平移运动，给出了一个 C 空间示例，其由一个三角形机器人和一个多边形障碍物所构成。C 空间内的障碍区域可通过记录机器人在工作空间障碍物周围滑动的轨迹，找出所有 $\boldsymbol{q}\in\mathcal{C}$ 上的约束来实现。对该机器人的运动规划，就等效为对 C 空间上一个点的运动规划。

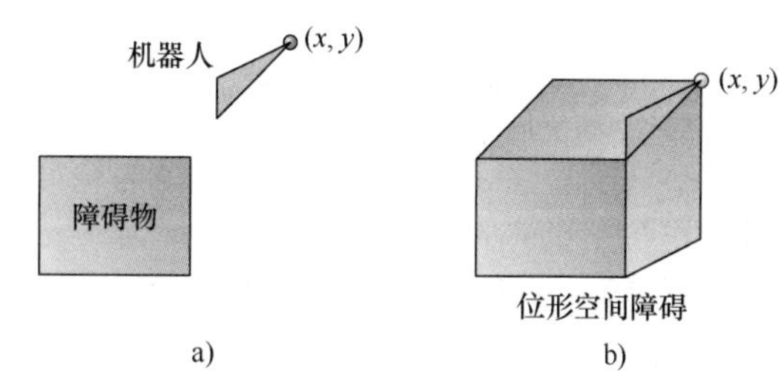

图 7.1 平面上的机器人平移运动
a）三角形机器人在带有单个矩形障碍物的工作空间内移动 b）C 空间障碍

2）平面手臂。图 7.2 给出了一个双关节平面手臂的示例。两个连杆的基座是固定的，因而只能沿关节做无限位的转动。对于该手臂，用转动参数 θ_1 和 θ_2 来表示位形，每个关节角 θ_i 对应于单位圆 $\mathbb{S}^1$ 的一点，因而 C 空间为 $\mathbb{S}^1\times\mathbb{S}^1=T^2$，其二维（2-D）圆环面如图 7.2 所示。对于数量更多且无关节限制的连杆，C 空间可类似地定义为

$$\mathcal{C}=\mathbb{S}^1\times\mathbb{S}^1\times\cdots\times\mathbb{S}^1 \tag{7.2}$$

如果关节存在限制，通常用有限区间 $\mathbb{R}$ 来替代相应的 $\mathbb{S}^1$。如果平面手臂的基座没固定，而是可移动的，则需要考虑在手臂位形上添加平移参数：

$$\mathcal{C}=\mathbb{R}^2\times\mathbb{S}^1\times\mathbb{S}^1\times\cdots\times\mathbb{S}^1 \tag{7.3}$$

在 7.7.1 节中我们将讨论位形空间的拓扑性质，并提供了一些其他 C 空间的示例。

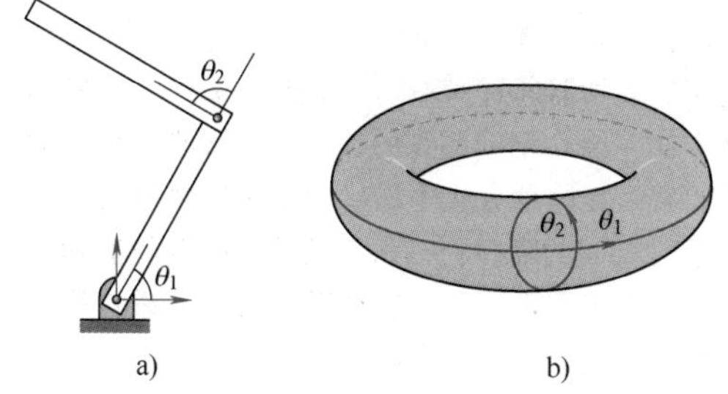

图 7.2 二维圆环面
a）双关节平面操作臂（其中连杆钉住且无关节限制） b）C 空间

7

7.2.2　几何路径规划问题

基本运动规划问题，又称为钢琴移动者问题（piano mover's problem）[7.1]，其定义如下。

已知：

1）工作空间为 $\mathcal{W}$，这里 $\mathcal{W}=\mathbb{R}^2$ 或 $\mathcal{W}=\mathbb{R}^3$。

2）障碍区域 $\mathcal{O}\in\mathcal{W}$。

3）定义在 $\mathcal{W}$ 上的机器人，或者为一个刚体 $\mathcal{A}$，或者为 m 个构件（连杆）的集合：$\mathcal{A}_1,\mathcal{A}_2,\cdots\mathcal{A}_m$。

4）位形空间 $\mathcal{C}$（包括 $\mathcal{C}_{\text{obs}}$ 和 $\mathcal{C}_{\text{free}}$）。

5）初始位形 $\boldsymbol{q}_{\text{I}}\in\mathcal{C}_{\text{free}}$。

6）目标位形 $\boldsymbol{q}_{\text{G}}\in\mathcal{C}_{\text{free}}$，初始位形和目标位形常称作查询（query）$(\boldsymbol{q}_{\text{I}},\boldsymbol{q}_{\text{G}})$。

问题：计算一条（连续的）路径，$\tau:[0,1]\rightarrow\mathcal{C}_{\text{free}}$，使得 $\tau(0)=\boldsymbol{q}_{\text{I}}$ 且 $\tau(1)=\boldsymbol{q}_{\text{G}}$。

7.2.3　运动规划的复杂性

运动规划中最主要的复杂因素是 $\mathcal{C}_{\text{obs}}$ 和 $\mathcal{C}_{\text{free}}$ 不方便直接计算，并且C空间的维数往往很高。Reif[7.1]较早曾研究了钢琴移动者问题。根据计算的复杂性，这一问题的复杂性被证明为是PSPACE-hard。对于固定维数问题，一些多项式-时间算法指出，问题的难度与维数呈指数相关[7.10,11]。Canny提出了在C空间维度上的单一指数-时间算法，这一问题的复杂性被证明为PSPACE-complete[7.12]。虽然该算法并不实用，但在基本运动规划问题研究中，可作为一般问题的难度上限。它应用计算代数几何建模技术对C空间进行建模，以构建路线图，即一个具有 $\mathcal{C}_{\text{free}}$ 关联性的一维(1-D)子空间，关于这一技术的更多细节，参见7.7.3节。

问题的复杂性推动了路径规划问题的研究。其中的一个方向是采用多项式-时间算法，研究普遍问题的某些子类[7.13]。但即使是这样，一些简单的运动规划特例，仍然被视为一种挑战。例如，$\mathbb{R}^2$ 中平行于坐标轴的矩形做有限次平移，这种情况的复杂性也是PSPACE-hard[7.14]，对于某些扩展的运动规划问题甚至更难。例如，在三维多面体环境中，不确定性条件下的规划形式为NEXPTIME-hard[7.15]。NEXPTIME中最大的难题在于需要双倍指数的时间来进行求解。

另外一个方向是替代运动模式的发展，它的假设建立在实际应用的基础上。许多组合方法能通过特定的二维和三维问题来有效地构建一维路线图。势场法通过定义向量场，机器人能够跟随其朝目标方向运动。然而，这两种方法都不能成比例地用于普遍情况。这些将在7.4节中进行介绍。另外一种替代模式是基于抽样的规划，它作为一种常用方法，已被证明能成功用于解决实际中的许多难题。此方法虽然避免了C空间的精确几何建模问题，但却不能保证算法的完备性。因为完备、精确的算法能够检测出无路径可寻的情况。相反，基于抽样的规划只能提供较低水平的完备性保证，这种模式将在下一节讲述。

7.3　基于抽样的规划

本节首先讲述基于抽样的规划，因为对于许多普遍性的问题，都可以选用这种方法。下一节将讲述一些其他方法，它们中的部分还早于抽样规划被提出。基于抽样规划的核心思想是利用碰撞检测算法的优点，计算单个位形是否无碰撞。给出简单图元后，规划器通过对不同位形进行采样，并构建用于存储一维C空间曲线的数据库，该曲线代表无碰撞路径。在这种方法中，基于抽样的规划器不直接接近C空间的障碍物，而是通过碰撞探测器和构建数据结构来实现。经过这种级别的抽象过程后，对于特定的机器人及其应用，通过合理布置碰撞探测器，规划器就能适用于多种问题。

对于基于抽样的规划器，其标准是提供一个完备性较弱，但仍值得关注的规划形式。如果存在解决方案的路径，则其最终能够被规划器找到。放弃更强的完备性形式，要求在有限时间内能报告故障情况，这项技术可以解决3个自由度以上的实际问题，而此时完备性却难以胜任。关于弱完备性形式的更详细介绍可参见7.7.2节。

依据如何进行抽样位形和构建何种数据结构，不同的规划器遵循不同的方法。7.7.2节对抽样问题进行了更深入的探讨。对于基于抽样的规划器，典型的划分方式是将其分为两类，即多重查询方法和单一查询方法。

对于第一类方法，首先构建路线图，规划器预先计算一次无向图 G，以便映射出 $\mathcal{C}_{\text{free}}$ 空间的连接属性。完成这一步后，相同环境下的多重查询只需运用已构建的路线图回应即可。这类规划器将在

7.3.1 节介绍。

对于第二类方法，通过联机给出规划查询的树数据结构，规划器集中搜索 C 空间中的一部分，以尽可能快地解答具体的查询问题，这类规划将在 7.3.2 节介绍。

这两类方法对于碰撞图元检查的用法是相似的，碰撞探测器的目的是报告给定目标几何与变换之间的所有几何接触[7.16-18]。规划器软件包的实用性在于能在几分之一秒内完成对碰撞查询的响应，这对于基于抽样规划器的开发至关重要。现代规划器采用黑匣子（black box）作为碰撞探测器。最初，规划器会提供所有涉及目标的几何结构，并指出其中哪些是可移动的，然后为验证机器人的位形，向相关的机器人提供运动变换，碰撞探测器根据目标间是否碰撞做出响应。许多软件包对几何模型采用分级表示，以避免计算中全是两两相互作用，并采用二分搜索法来评估碰撞。除了位形外，规划器还必须验证全部路径。一些碰撞探测器返回碰撞距离信息，这可以有效用于推断 C 空间中的全部邻域。这种提取信息的方法代价很高，但如果采用小步长增量或二分搜索法逐点验证路径，往往代价更高。一些碰撞探测器设计为步进式的，以便它们能重新使用之前的查询信息[7.16]，因而速度更快。基于抽样规划的应用示例见 VIDEO 24 及 VIDEO 17。

7.3.1 多重查询规划：$\mathcal{C}_{\text{free}}$映射的关联性

规划器旨在应答某一静态环境中的多重查询时，其在预处理阶段会将 $\mathcal{C}_{\text{free}}$ 的关联性映射到路线图中。该路线具有图 G 的形式，其顶点代表位形而边线代表路径，如果满足下列性质，则一维曲线的并集即为路线图 G：

1）可达性：由任意 $\boldsymbol{q}\in\mathcal{C}_{\text{free}}$，可快速地计算出一条路径 $\tau:[0,1]\to\mathcal{C}_{\text{free}}$，以使 $\tau(0)=\boldsymbol{q}$ 且 $\tau(1)=\boldsymbol{s}$。其中 $\boldsymbol{s}$ 为 $S(G)$ 中的任意一点。$S(G)$ 是 G 的轨迹，或称为边线和顶点能到达的所有位形的并集。这意味着总是可以将对 $\boldsymbol{q}_{\text{I}}$ 和 $\boldsymbol{q}_{\text{G}}$ 的规划查询分别与 $S(G)$ 中的 $\boldsymbol{s}_{\text{I}}$ 和 $\boldsymbol{s}_{\text{G}}$ 连接起来。

2）关联性保护：第 2 个条件要求，如果存在路径 $\tau:[0,1]\to\mathcal{C}_{\text{free}}$，使 $\tau(0)=\boldsymbol{q}_{\text{I}}$ 且 $\tau(1)=\boldsymbol{q}_{\text{G}}$，则也存在路径 $\tau':[0,1]\to S(G)$，使 $\tau'(0)=\boldsymbol{s}_{\text{I}}$ 和 $\tau'(1)=\boldsymbol{s}_{\text{G}}$。这样就可以避免由于 G 未能捕捉到 $\mathcal{C}_{\text{free}}$ 的关联性而出现解丢失的情况。

概率路线图法（PRM）[7.19] 在计算概率方面采用的是近似路线图的方式，PRM 的预处理阶段通常可扩展为基于抽样的路线图，步骤如下。

1）初始化：设 $G(V,E)$ 表示一个无向图（graph），初始状态为空，G 的顶点将对应于无碰撞位形，连接顶点的边线对应于无碰撞路径。

2）位形采样：将从 $\mathcal{C}_{\text{free}}$ 中抽样得到的位形 $\alpha(i)$ 加入顶点集 V 中，$\alpha(\cdot)$ 表示无限、密集的样本序列，$\alpha(i)$ 为这个序列中的第 i 个点。

3）邻域计算：通常在 C 空间中定义一个度量（metric）映射，$\rho:\mathcal{C}\times\mathcal{C}\to\mathbb{R}$。存在于 V 中的顶点 $\boldsymbol{q}$ 如果依照度量 ρ 为小距离，则可选为 $\alpha(i)$ 邻域的一部分。

4）边线考虑：对于不属于 G 上相同连接分量 $\alpha(i)$ 的那些顶点 $\boldsymbol{q}$，该算法会通过边线将其相连。

5）局部规划方法：给定 $\alpha(i)$ 和 $\boldsymbol{q}\in\mathcal{C}_{\text{free}}$，采用模块来构建路径 $\tau_s:[0,1]\to\mathcal{C}_{\text{free}}$ 使 $\tau(0)=\alpha(i)$ 且 $\tau(1)=\boldsymbol{q}$。采用碰撞检测，必须检查 τ_s 以确保不产生碰撞。

6）边线插入：将 τ_s 插入 E 中，作为由 $\alpha(i)$ 到 $\boldsymbol{q}$ 的边线。

7）结束：当预定义的无碰撞顶点数 N 已加入到路线图中时，算法通常结束。

算法在本质上是递增形式的，计算可从一个已存在的图形开始。算法 7.1 对通用的基于抽样的路线图进行了总结。

算法 7.1 基于抽样的路线图

```
N: 路线图中包含的节点数
G.init(); i ← 0;
while i < N do
    if α(i) ∈ C_free then
        G.add_ vertex(α(i)); i ← i + 1;
        for q ∈ NEIGHBORHOOD(α(i),G) do
            if CONNECT (α(i),q) then
                G.add_ edge (α(i),q);
            end if
        end for
    end if
end while
```

图 7.3 所示为算法 7.1 的图形化描述。为求解一个查询，将 $\boldsymbol{q}_{\text{I}}$ 和 $\boldsymbol{q}_{\text{G}}$ 连接到路线图，并执行图形搜索任务。

对于初始 PRM[7.19]，位形 $\alpha(i)$ 通过随机抽样产生。对于 $\boldsymbol{q}$ 和 $\alpha(i)$ 之间的连接步，该算法采用 C 空间中的直线路径。在某些情况下，如果 $\boldsymbol{q}$ 和 $\alpha(i)$ 在相同连接分量上，则不用关联，许多后续工作可

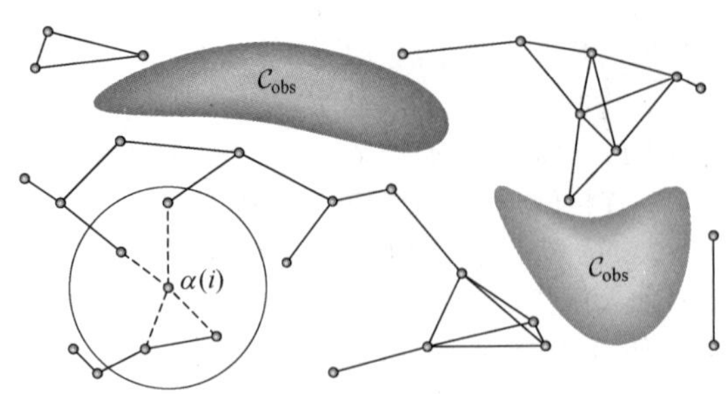

图 7.3　算法 7.1 的图形化描述

注：通过逐次将单个新样本与邻近顶点相连，递增构建基于抽样的路线图。

用于在更少采样点的情况下提高路线图的质量。在 $\mathcal{C}_{free}$ 的边界点（或附近）进行集中采样的方法见参考文献[7.20,21]，远离边界点处的移动采样方法见参考文献[7.22,23]，包含网络的确定性抽样技术见参考文献 [7.24]。基于交互可视性的顶点裁剪方法，可大为减少路线图的顶点数[7.25]。基于抽样路线图的理论分析见参考文献[7.24,26,27]，并在 7.7.2 节进行了简要论述；参考文献 [7.28] 对基于抽样的路线图变体进行了试验对比，对于路线图方法中识别狭窄通道的难点问题，有人建议采用网桥测试来进行辨识[7.29]，对于基于概率路径图（PRM）的其他方法见参考文献 [7.30-34]。本议题的更多讨论可参阅参考文献[7.5,7]。

7.3.2　单一查询规划：增量搜索

单一查询规划方法关注的是单一初始目标位形对。通过延伸树形数据结构，探查连续的 C 空间。数据结构在这些已知位形中初始化，并最终与它们相连。大多数单一查询方法遵循以下步骤：

（1）初始化　设 $G(V,E)$ 表示一个无向搜索图（search graph），顶点集 V 包含 $\mathcal{C}_{free}$ 中的一个（通常为 $\boldsymbol{q}_I$）或多个位形的顶点，且边线集 E 为空。G 中的顶点为无碰撞位形，连接顶点的各边线为无碰撞路径。

（2）顶点选择方法　选择一个用于扩展的顶点 $\boldsymbol{q}_{cur} \in V$。

（3）局部规划方法　对某些 $\boldsymbol{q}_{new} \in \mathcal{C}_{free}$，可对应于一个存在于 V 中的顶点，但在不同的树或样本位形上构建一条路径 $\tau_s:[0,1] \to \mathcal{C}_{free}$，$\tau(0)=\boldsymbol{q}_{cur}$ 且 $\tau(1)=\boldsymbol{q}_{new}$。采用碰撞检测，则必须检查 τ_s 以确保不会引起碰撞。如果这一步未能产生一个无碰撞路径段，则转第 2 步。

（4）在图中插入边线　将 τ_s 插入 E 中，作为一条从 $\boldsymbol{q}_{cur}$ 到 $\boldsymbol{q}_{new}$ 的边线。如果 $\boldsymbol{q}_{new}$ 还不在 V 中，则它也需要插入。

（5）求解检查　确定 G 的编码是否为求解路径。

（6）返回第 2 步　算法将返回第 2 步继续迭代，除非解已被搜索到或满足设定的终止条件，满足终止条件时往往会报告算法失败。

在执行过程中，G 可以组织成一棵或多棵树，这会导致：

1）单向法，只包含单棵树，通常其根在 $\boldsymbol{q}_I$ 处[7.35]。

2）双向法，包含两棵树，通常根在 $\boldsymbol{q}_I$ 和 $\boldsymbol{q}_G$[7.35]。

3）多向法，可有两棵以上的树[7.36,37]。

采用多棵树的目的是，当通过狭窄通路寻找出口时，一棵树可能存在陷阱，而当朝相反方向搜索时，可能会更容易些。随着所考虑树的数量增多，确定树与树之间如何进行连接将变得更为复杂。

1. 快速搜索密集树

此类方法的主要思路是，算法应逐渐加强对 C 空间属性的探测力度，实现这一目标的算法称为快速搜索随机树法（RRT）[7.35]。它可广泛用于快速搜索密集树（RDT），进行任意密度、确定性或随机抽样[7.7]。其基本思想是通过树上选择的一个扩展点，在搜索过程中引入 Voronoi 偏置，扩展点应在每个迭代步与 $\alpha(i)$ 毗邻。采用随机样本顶点选择的概率与 Voronoi 区域的体积成正比。其树结构概述如下：

算法 7.2　快速搜索密集树法

k: **算法的迭代步**

G.init($\boldsymbol{q}_I$);

for $i = 1$ to k **do**

　G.add_vertex($\alpha(i)$);

　$\boldsymbol{q}_n \leftarrow$ NEAREST($S(G), \alpha(i)$);

　G.add_edge($\boldsymbol{q}_n, \alpha(i)$);

end for

树从 $\boldsymbol{q}_I$ 开始，在每次迭代中加入一个边线和顶点（图 7.4）。

到目前为止，有关如何到达 $\boldsymbol{q}_G$ 的问题还没有给出解释。采用 RDT 的规划算法有以下几种方法：一种方法是偏置 $\alpha(i)$，以便 $\boldsymbol{q}_G$ 能被频繁选取（或许每 50 次迭代就会被选一次）；另外一个更有效的方法是通过培育两棵树来开发双向搜索算法，通过彼此的 $\boldsymbol{q}_I$ 和 $\boldsymbol{q}_G$ 进行搜索。这大约有一半时间花费在用常规方式扩展每棵树，而另一半时间

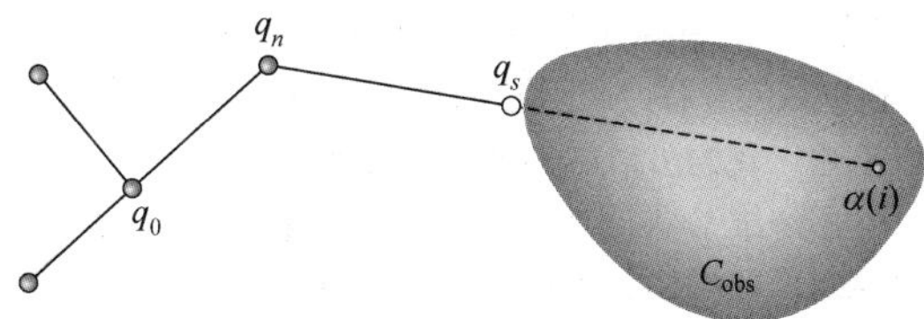

图 7.4 算法 2 的图形化描述

注：如果有障碍物，碰撞检测算法允许边线一直行进到障碍物的边界。

则花费在对树的关联上。关联树的最简单方式是让一棵树的最新顶点在扩展另一棵树时替代 $\alpha(i)$，其技巧是采用基本扩展算法[7.38]，将一个 RDT 连接到另外一个上。RDT 方法经过不断扩展，现已在不同实例中得到应用[7.37,39-42]。更详细的描述见参考文献［7.5，7］。

2. 其他树算法

参考文献［7.43-45］提出了基于扩展空间的规划方法。在这种情况下，由于在顶点周围邻域内的点很少，该算法通过选择扩展顶点进行强制搜索。在参考文献［7.46］中，通过自调节随机行走以获取额外功能，其实质是将全部精力用于搜索。其他成功的树算法[7.47]，包括路径定向细分树算法及其一些变体[7.48]。在这些参考文献中，有时很难将基于树的规划器用于普通路径规划问题中，因为其中许多规划器（包括 RDT）需要为解决更复杂的问题而专门设计，或者在其中得到应用（见 7.5.4 节）。但是，在解决各种路径规划问题时，它们的性能十分出色。

7.4 替代算法

基于抽样的替代算法包括基于势场技术法和组合法，它们也可以生成路线图，如单元分解。这些算法能有效解决狭窄类型问题。在这些情况下，更优于 7.3 节的算法。多数组合算法仍处于理论研究层面，但目标层面在于解决应用中的性能问题。当然，经过某些抽象过程后，组合算法也能用于解决实际问题，如移动式平面机器人的自主导航问题。

7.4.1 组合路线图

有几种算法适用于 $C=\mathbb{R}^2$ 且 C_{obs} 为多边形的情况，这些算法大多不能直接扩展到高维情况，但某些基本原理是相同的。最大间隙路线图（maximum clearance roadmap）（或称收缩方法[7.49]）构建路线图时，会使路径尽可能远离障碍物，三种情况下 Voronoi 路线图生成的路径如图 7.5 所示，它对应于所有与多边形属性相匹配的路线。通过生成所有曲线对的可能配对，计算交集并画出路线图，这样就可以在时域 $O(n^4)$ 上构造出路线图（图 7.5）。虽然有些算法可以提供更好的渐近运行时间[7.50]，但它们实现起来相当困难。其中最著名的算法运行在时域 $O(n\lg n)$ 上，这里 n 为路线图的曲线数[7.51]。

另一种替代方法是计算最短路径路线图（shortest-path roadmap）[7.52]，如图 7.6 所示。这与上一节中提出的路线图不同，由于考虑路径最佳，故允许路径可触及障碍物。顶点的内角大于 π 时，路线图的顶点是 C_{obs} 的反射顶点。当且仅当一对顶点相互可见时，路线图的边线才存在。从每个顶点处伸

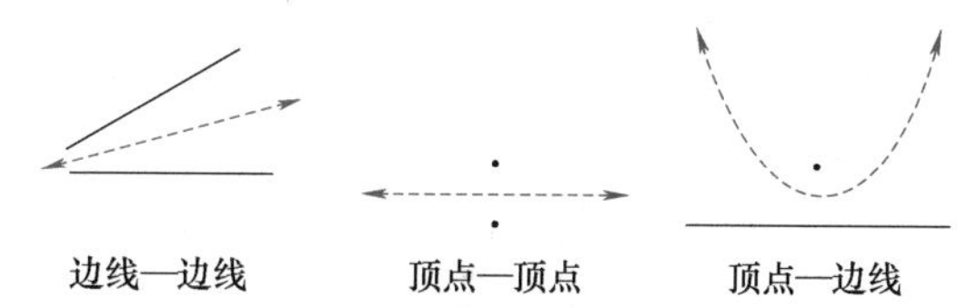

图 7.5 三种情况下 Voronoi 路线图生成的路径（第三种情况为二次曲线）

出一条线（这条线称为双切线），该线通过顶点向 C_{free} 延伸。对每个反射角顶点采用径向扫描算法，可形成 $O(n^2\lg n)$ 时域结构算法。理论上，它可以在时域 $O(n^2+m)$ 上计算，其中 m 是路线图中边数的总和[7.53]。

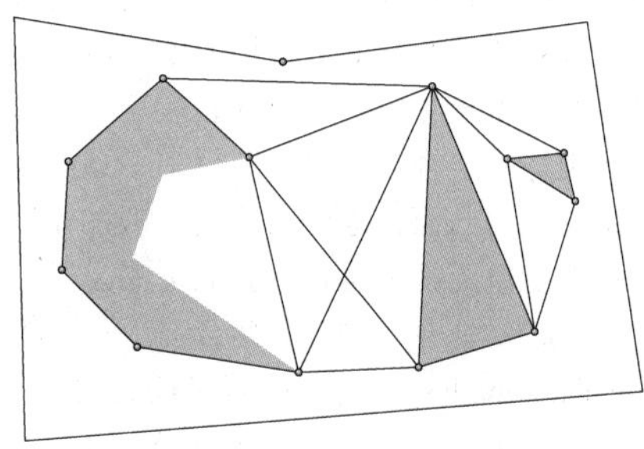

图 7.6 最短路径路线图（包括 C_{obs} 上连续反射顶点之间的边及其双切线边）

图 7.7 所示为垂直单元分解（ertical cell decomposition）法。该方法的基本思想是将 C_{free} 分解为梯形或三角形单元，因为其为凸面，所以每个单元上

的规划工作量是很小的。路线图由这样的一系列点构成，这些点放置于每个单元及单元间每条边界的中心处。任何一种图形搜索算法均可用于快速找到无碰撞路径。采用平面扫描原理（plane-sweep principle）[7.54,55]，单元分解可在时域 $O(n\lg n)$ 上实现。设想一条垂线从 $x=-\infty$ 到 $x=+\infty$ 进行区域扫描，当遇到多边形的顶点时停止。在这种情况下，一个单元的边界可能须定位于顶点的上方或下方，需要在平衡搜索树上保持垂线段的顺序不变，这样才能确保将垂直单元的边界限定在时域 $O(n\lg n)$ 内。整个算法在时域 $O(n\lg n)$ 上运行，由于有 $O(n)$ 个顶点，在这些点处能让扫描线停下来。也就是说，顶点需要一开始就进行排序，这一过程需要时间 $O(n\lg n)$。

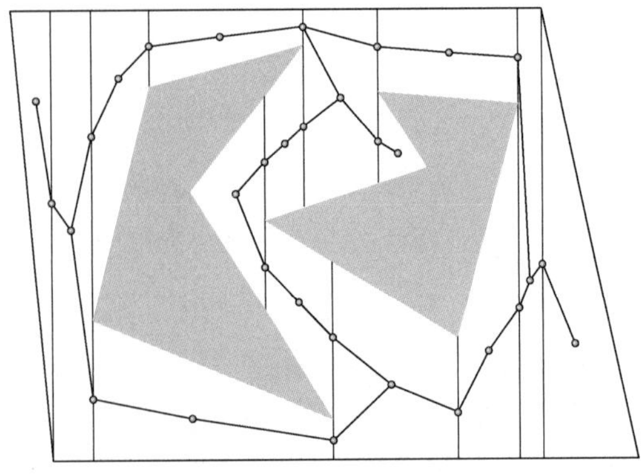

图 7.7 垂直单元分解法

7.4.2 高维路线图

如果将 7.4.1 节的方法直接扩展到更高维数，可能会更为便捷。尽管这种情况不太可能发生，但其中的一些通用思想可以扩展。考虑高维情况的单元分解，有两条主要要求：①每个单元应该足够简单，以便在该单元上的运动规划趋近于零；②这些单元应能很好地组合在一起。满足第一条要求的充分条件是单元为凸面，也可以是更一般的形状，但在任何情形下单元都不能含有孔洞。满足第二条要求的充分条件是单元能被组合成一个奇异复形（singular complex）。这意味着对任意两个 d 维单元（$d\leqslant n$），如果两单元的边界相交（切），那么公共边界必须是一个（低维的）完备单元。

在二维多边形 C 空间上，三角形划分法本身决定了其可以生成优质的分解单元，可以很好地用于运动规划。要想找到一种优质的三角形划分方法，就要尽量避免划分出薄三角形，这在计算几何中应加以考虑[7.55]。用最少数量的凸单元来确定带孔多面体障碍区域的分解，该问题的难度为 NP-hard[7.56]。有鉴于此，我们可以采用非最佳分解方式。

在三维 C 空间中，如果 $\mathcal{C}_{obs}$ 是多面体，则可采用平面递归扫描，直接对垂直分解法进行扩展。例如，临界同相轴可能出现在每个 z 坐标上，当其上点的二维垂直分解发生变化时，x 和 y 坐标保持不变。通过机器人在 $\mathbb{R}^3$ 中多面体障碍物间的平移，可以得到多面体的例子。然而，最有趣的问题是 $\mathcal{C}_{obs}$ 变为非线性的情况。假设 $\mathcal{C}=\mathbb{R}^2\times\mathbb{S}^1$，相当于机器人能够在平面上平移和旋转。假设机器人和障碍物都是多边形，对于分段机器人的情形，通过参考文献［7.57］给出的 $O(n^5)$ 算法也不难实现。对于更为一般的模型及 C 空间情况，此方法已很难适用，它们主要用于理论研究，这将在 7.7.3 节进行介绍。

7.4.3 势场

受一些避障技术启发，参考文献［7.58］提出了一种迥乎不同的运动规划方法。虽然没有明确地构建一个路线图，而是构建了一个可微的实值函数 $U:\mathbb{R}^m\rightarrow\mathbb{R}$，称为势函数，并由它导引移动目标的运动。如图 7.8 所示，势函数的典型构造包括：一个吸引力分量 $U_a(\boldsymbol{q})$，拉着机器人朝目标运动；一个排斥力分量 $U_r(\boldsymbol{q})$，推动机器人远离障碍。势函数的梯度为一个向量 $\nabla U(\boldsymbol{q})=DU(\boldsymbol{q})^{\mathrm{T}}=\left[\frac{\partial U}{\partial q_1}(\boldsymbol{q}),\cdots,\frac{\partial U}{\partial q_m}(\boldsymbol{q})\right]^{\mathrm{T}}$，指向为 U 的局部最大上升方向。定义完 U 之后，从 $\boldsymbol{q}_I$ 开始采用梯度下降（gradient descent）法就能计算出路径。

1. $\boldsymbol{q}(0)=\boldsymbol{q}_I$; $i=0$;
2. **while** $\nabla U(\boldsymbol{q}(i))\neq 0$ **do**
3. $\quad\boldsymbol{q}(i+1)=\boldsymbol{q}(i)+\nabla U(\boldsymbol{q}(i))$
4. $\quad i=i+1$

然而，这种梯度下降法并不能保证得到问题的解，因为梯度下降只能到达 $U(\boldsymbol{q})$ 的一个局部最小值，它可能与目标状态 $\boldsymbol{q}_G$ 并不相符，如图 7.9 所示。

利用势函数，并避免局部最小问题的规划方法，称之为随机势规划器（randomized potential planner）[7.59]。其思想是采用多重规划模式，通过随机步来组合势函数。在第一重模式中，当达到一个局部最小值时停止使用梯度下降法；第二重模式是用随机步来设法避开局部最小值；第三重模式是当多次避开局部最小值的尝试均失败时，按原路返回。这种方法在大多数情况下被视为基于抽样的规划，它也提供了弱完整性保证，但都需要调整参数。近年来，基于抽样的方法取得了更好的表现，它主要是花费更多时间进行空间搜索，而不是将重点放在势函数上。

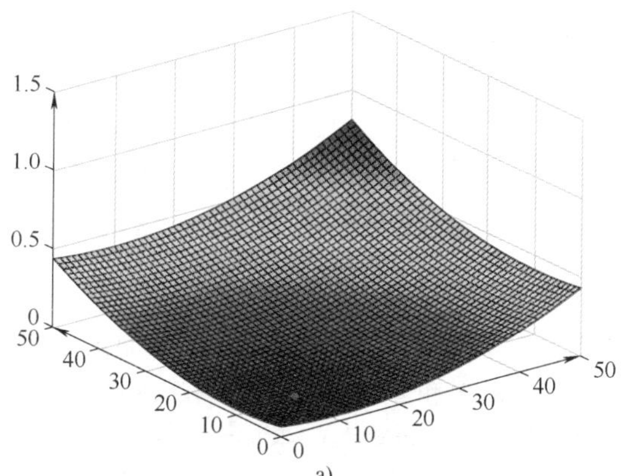

a)

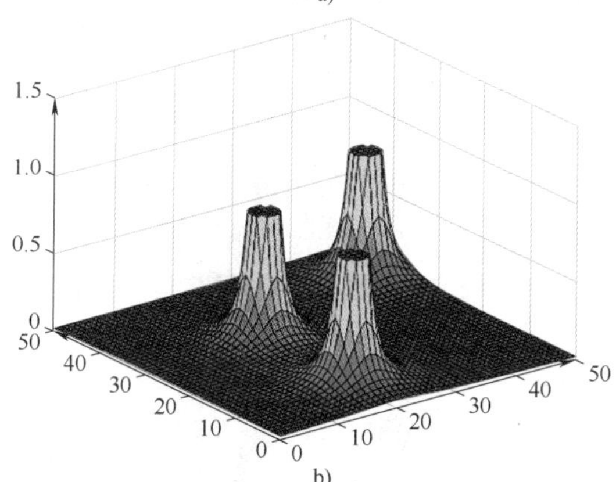

b)

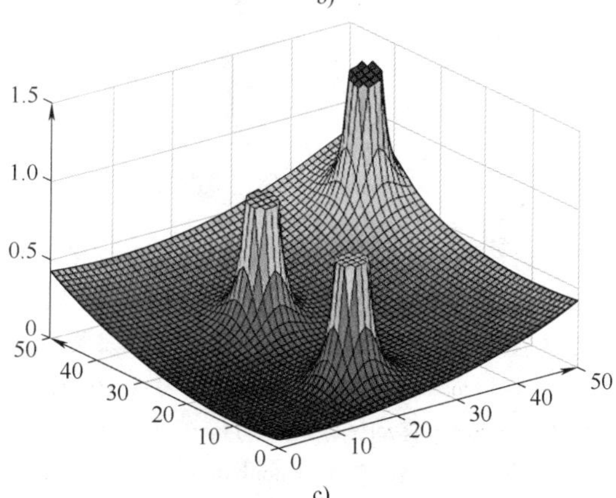

c)

图 7.8 吸引力和排斥力分量定义势函数
a）吸引力势 b）排斥力势
c）由吸引力和排斥力分量定义的势函数

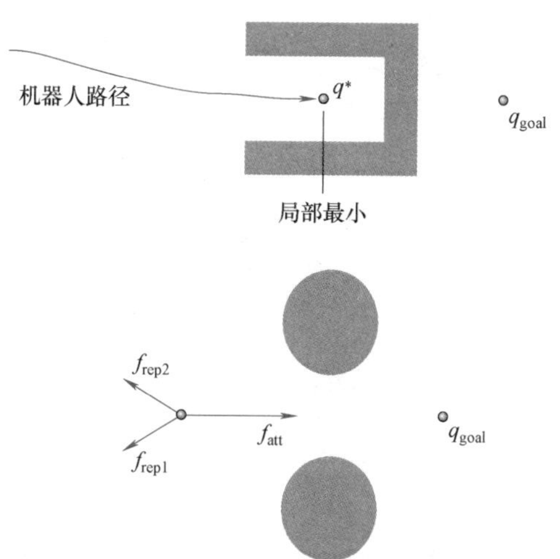

图 7.9 势函数求解局部最小问题的两个例子

势函数的梯度也能用于定义向量场（vector filed），它可在任意位形 $\boldsymbol{q} \in \mathcal{C}$ 上对机器人指定一个运动。这种方法的主要优点不仅在于计算效率高，而且在于它只计算单一的路径还计算反馈控制（feedback control）策略。这使得该方法对于控制和传感器误差更具鲁棒性。反馈运动规划技术大多是基于导航函数（navigation functions）的思想[7.60]，即合理构造势函数，使之只有单一最小值，函数 $\phi:\mathcal{C}_{free}\to[0,1]$ 称为导航函数，如果它：

1）是平滑的（或至少在 $k\geqslant 2$ 的 C^k 上平滑）。

2）在 $\boldsymbol{q}_G$ 处具有唯一最小值，且 $\boldsymbol{q}_G$ 的约束空间为设计空间的一个子连通域。

3）在设计空间的边界上具有均匀最大值。

4）满足 Morse，即所有的临界点（如鞍点）是孤立的，可通过小的随机扰动加以避免。

如图 7.10 所示，对于只包含球形障碍物的情况，导航函数可以构建成球心为 $\boldsymbol{q}_I$ 的球边界空间，然后它们还可扩展到与球空间微分同胚的大 C 空间族，如图 7.10 所示的星形空间。反馈运动策略的详细描述见本书第 3 卷第 47 章。

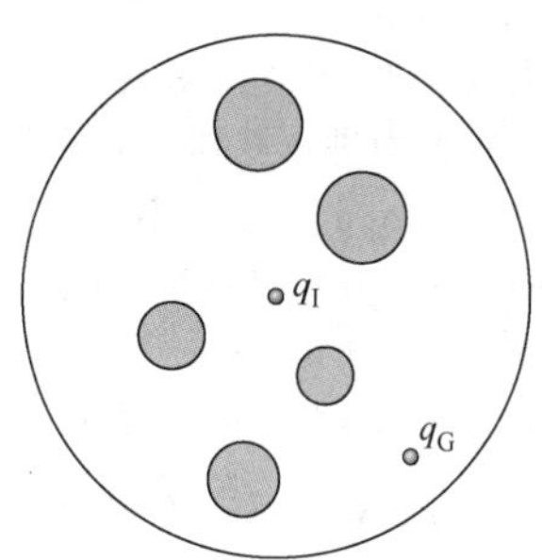

图 7.10 球形空间和星形空间示例

7

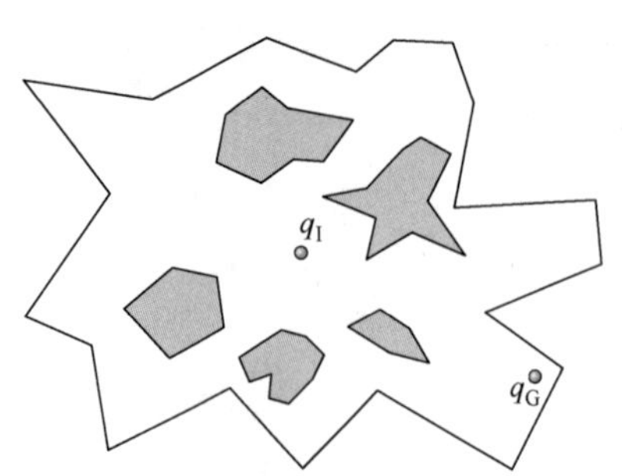

图 7.10 球形空间和星形空间示例（续）

除了存在局部最小问题，势函数方法的另一个主要挑战是如何构建并表示 C 空间，由此导致该技术在高维问题中的应用显得过于复杂。

7.5 微分约束

机器人的运动通常必须满足全局和局部两种约束。在 C 空间上，全局约束以障碍物和关节限位形式加以考虑，局部约束则通过微分方程进行模拟，因而称作微分约束（differential constraints）。出于运动学考虑（如轮的接触点）和动力学考虑（如动量矩守恒），约束方程限定了每个点的速度及可能的加速度。

7

7.5.1 概念和术语

设 $\dot{\boldsymbol{q}}$ 为速度矢量，C 空间上的微分约束可表示成隐式（implicity）形式 $g_i(\boldsymbol{q},\dot{\boldsymbol{q}})=0$，或者参数（parametrically）形式 $\dot{\boldsymbol{x}}=f(\boldsymbol{q},\boldsymbol{u})$。相比之下，隐式形式更为通用，但往往更加难于理解和应用。在参数形式中，向量方程意味着速度要通过给定的 $\boldsymbol{q}$ 和 $\boldsymbol{u}$ 来求得，其中 $\boldsymbol{u}$ 为输入（input），源自于某些输入空间（input space）U。令 T 表示时间间隔，并从 $t=0$ 时刻开始。

为模拟动力学问题，需要将概念扩充到 C 空间的相空间（phase space）X 上。通常用点 $\boldsymbol{x}\in X$ 表示位形和速度，即 $\boldsymbol{x}=(\boldsymbol{q},\dot{\boldsymbol{q}})$。微分约束有可能表示成隐式形式或参数形式，即 $g_i(\boldsymbol{q},\dot{\boldsymbol{q}})=0$ 和 $\dot{\boldsymbol{x}}=f(\boldsymbol{q},\boldsymbol{u})$，后者为一种常见的控制系统（control system）。注意，$\boldsymbol{x}=(\boldsymbol{q},\dot{\boldsymbol{q}})$，这意味着可以对加速度约束和完整约束系统动力学进行表达。

在状态空间 X 中进行规划，可引出对 X_{obs} 的直接定义：对于 $\boldsymbol{x}=(\boldsymbol{q},\dot{\boldsymbol{q}})$，当且仅当 $\boldsymbol{q}\in\mathcal{C}_{obs}$ 时，有 $\boldsymbol{x}\in X_{obs}$。然而，还存在另外一种可能性，它基于必然碰撞区域（region of invitable collision）概念，能直观地反映动力学的规划问题，其定义为

$$X_{ric}=\{\boldsymbol{x}(0)\in X \mid \text{对于任意 } \tilde{u}\in\mathcal{U}_\infty,\ \exists t>0,\text{结果有 } \boldsymbol{x}(t)\in X_{obs}\} \tag{7.4}$$

式中，$\boldsymbol{x}(t)$ 是 t 时刻的状态，可通过控制函数 $\tilde{u}: T\to U$，从 $\boldsymbol{x}(0)$ 积分得到；$\mathcal{U}_\infty$ 是所有可能的控制函数集合，可预先指定；X_{ric} 表示一个状态集合，在其中机器人会发生碰撞，或者由于动量的缘故不能避免发生碰撞。如图 7.11 所示，它可被视为一种无形的障碍区域，并随速度的增大而增长。

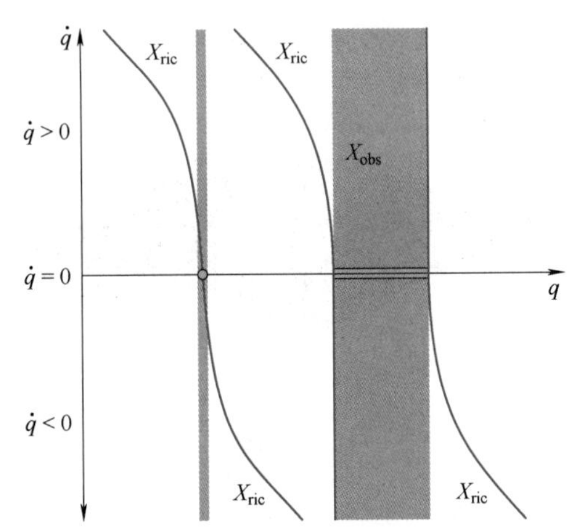

图 7.11 必然碰撞区域随速度呈平方增长

在微分约束规划的范畴之内，存在着许多类型的重要问题，大量研究参考文献已对此加以关注。在轮式移动机器人的研究中，引入了非完整性规划（nonholonomic planning）的概念[7.61]。例如，由于汽车不能侧向移动，因而侧方停车比较困难。一般情况下，非完整约束（nonholonomic constraint）为微分等式约束，不能积分成不含导数项的约束形式。机器人学中出现的典型非完整性约束，可能是车轮接触等运动学原因引起的[7.62]，也可能由某些动力学原因引起。

如果在包含约束的规划问题中，至少涉及速度

和加速度，该问题常被称为运动动力学规划[7.63]。通常模拟成全驱动系统（fully actuated system），表示为 $\ddot{\boldsymbol{q}}=h(\boldsymbol{q},\dot{\boldsymbol{q}},\boldsymbol{u})$，其中 U 为包含 $\mathbb{R}^n$ 原点的一个开集（这里 n 是 U 空间和 C 空间的维数）。约束问题既可能是非完整的，也可能是运动动力学（kinodynamic）问题，或者两者兼有，或者两者皆无，但目前还没有更精确的表示方式。

轨迹规划（trajectory planning）是另外一个重要概念，它主要用于确定机器人手臂的路径和速度函数的问题（如 PUMA560）。在下面的处理过程中，所有这类问题都称为微分约束规划（planning under differential constraints）。

7.5.2 约束的离散化

在微分约束下，对于有障碍存在的完备性及最优规划问题，仅有的方法是 $X=\mathbb{R}$[7.64] 和 $X=\mathbb{R}^2$[7.65] 双积分系统。为开发这方面的规划算法，通常需要进行一些离散化处理。对于一般性的运动规划，只有 $\mathcal{C}$ 需要离散，而对于微分约束，除了 $\mathcal{C}$（或 X）需要离散，T 和 U（可能）也需要离散化。

微分约束的离散化是最重要的问题之一。为了有效地求解具有挑战性的规划问题，通常需要对特定的动力学系统，定义运动图元（motion primitives）[7.40,66,67]。离散微分约束最简单的方法之一是构造离散时间模型（discreate-time model）。它具有以下特点：

1）将时间区间 T 划分为长度为 Δt 的时间间隔，这样时间就被划分成多个阶段，其中 k 阶段预示已经过去的时间为 $(k-1)\Delta t$。

2）选择动作空间 U 的一个有限子集 U_d，如果 U 已经是有限的，则取 $U_d=U$。

3）在每个时间步长内，动作 $\boldsymbol{u}(t)$ 必须保持为常数。

从初始状态 x 开始，运用离散动作的所有序列形成可达树（reachability tree）。图 7.12 所示为 Dubins 车的可达树路径。这是一种小车的运动学模型，该小车以单位速度在平面上行驶，且不能反向运动。树的边线为圆弧和线段。对于常规系统，当 $\boldsymbol{u}$ 给定时，树上的每个轨迹段可由 $\dot{\boldsymbol{x}}=f(\boldsymbol{q},\boldsymbol{u})$ 的数值积分来确定。这通常可视作一个增量模拟器（incremental simulator），它获取一个输入后，根据 $\dot{\boldsymbol{x}}=f(\boldsymbol{q},\boldsymbol{u})$ 产生一个轨迹段。

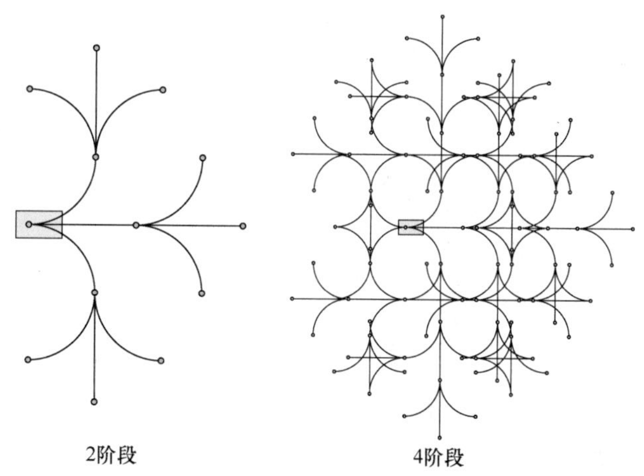

图 7.12 Dubins 车的可达树路径（第 k 阶段产生 3^k 个新顶点）

7.5.3 解耦方法

对于涉及动力学的轨迹规划问题，比较流行的算法是先将问题解耦为路径规划，再沿着路径计算计时函数，这一步通过对 $(s,\dot{s})$ 空间跨距进行搜索来实现。其中，s 是路径参数，$\dot{s}$ 为其一阶导数，由此可得到图 7.13。图的上部 S_{obs} 区域是必须要避免的，因为在该区域中，机械系统的运动可能会违反微分约束条件。目前，大多数方法都还是基于参考文献[7.68,69]中的早期工作，用来确定 **bang-bang** 控制，这意味着要在全速下进行加减速切换。一旦对路径进行约束，该方法可用于确定时间最优轨迹。此外，动力学规划还可用于更为广泛的问题中[7.70]。

对某些约束问题和非完整系统，导向法（steering methods）已发展到可用于有效求解两点的边界值问题[7.62,71]。这意味着对于任何一对状态，可以获得一条忽略障碍本身但满足微分约束的运动轨

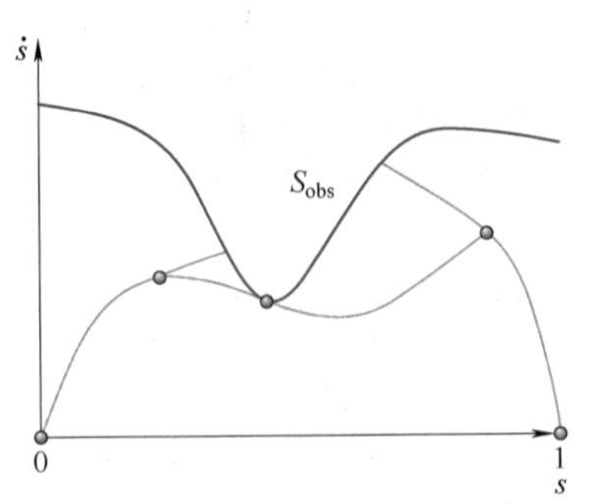

图 7.13　采用 bang-bang 方法计算时间最优轨迹，通过连接图上的点得到求解轨迹

迹。此外，对于某些系统，可用该方法求得最优轨迹特征的完备集[7.72,73]。这些基于控制的解耦方法，能直接适用于基于抽样的路线图方法[7.74,75]。一种解耦方法是，先在忽略微分约束的情况下规划出一条路径，然后逐渐将它变换为满足约束的形式[7.62,76]。

7.5.4　运动动力学规划

由于微分约束下的规划难度很大，因此许多成功的基于抽样的规划算法是在相空间 X 上直接处理运动动力学问题。

基于抽样的规划算法主要通过对一个或多个可达树进行搜索来实现。在搜索网格时，可画出许多平行线，但对于可达树则更为复杂，因为它们涉及的不一定都是规则的点阵结构。大多数情况下，在可达树的顶点位置处，点会非常密集。因此，在固定分辨率下，无法清晰地实现对有界区域的详细搜索。另外，也很难设计成这样一种方法，使其成为一个多分辨率网格，其精度可任意调整，以确保分辨率的完备性。

许多算法试图将可达树转换为点阵形式，这正是最早有关运动动力学规划工作的基础[7.63]。其中，离散时间的近似双重积分 $\ddot{\boldsymbol{q}}=\boldsymbol{u}$ 需要加到网格上，如图 7.14 所示。这使得开发一种近似算法，以求解运动动力学规划问题成为可能。在该算法中，时间多项式的数值精度为 $1/\varepsilon$，并使用图元的数量来定义障碍物。对于全驱动系统，普适性的方法描述见参考文献［7.7］。令人惊异的是，对于某些欠驱动的非完整约束系统，该方法甚至也能得到点阵结构[7.77]。

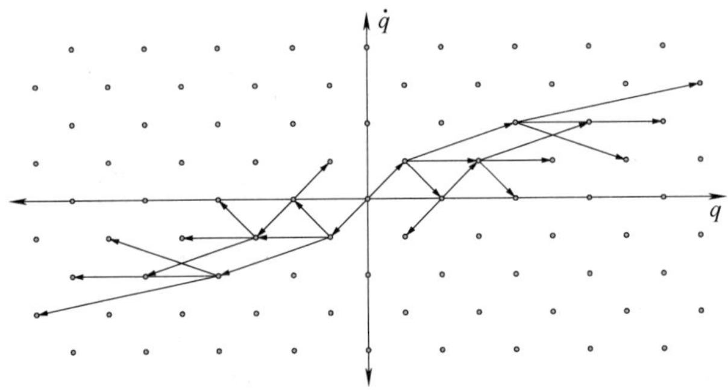

图 7.14　从原点开始的可达图经过 3 个阶段后的示例（当加速或减速发生时，真实的边线将是抛物线）

注：注意，虽然得到了点阵结构，但在第一阶段行进的距离会随着 $|\dot{\boldsymbol{q}}|$ 的增加而增大。

如果可达树没有形成点阵，那么一种方法是强制在 X（或 $\mathcal{C}$）上进行规则单元分解，且只允许每个单元中至多有一个点通过可达图进行扩展，如图 7.15 所示。参考文献［7.78］中介绍了这一思想，他们通过动力学规划来完成可达图的扩展。每个单元最初标记为有碰撞或无碰撞，但并不访问。当在搜索过程中访问单元时，也要进行标记，如果一个新顶点落入访问过的单元，将不会被保存，以此达到修剪可达树的效果。

其他相关的方法并不强制可达树形成网格。快速搜索随机树（RRT）法用以下方式对树进行扩展：在每步迭代中，使其倾向于尽可能多地覆盖新区域[7.79]。基于扩展树概念的规划，力图通过分析邻域来控制树上的顶点密度[7.44]。路径导向的细分树规划法可以对树进行扩展，同时建立状态空间的自适应分割，以避免在同一空间区域再次采样[7.47,80]。上述方法能加快树向目标的扩展，同时还提供了弱概率完备性的保证[7.48]。VIDEO 24 展示了协同使用基于树的规划和物理引擎的范例，其中的物理引擎是约束产生的主要原因。

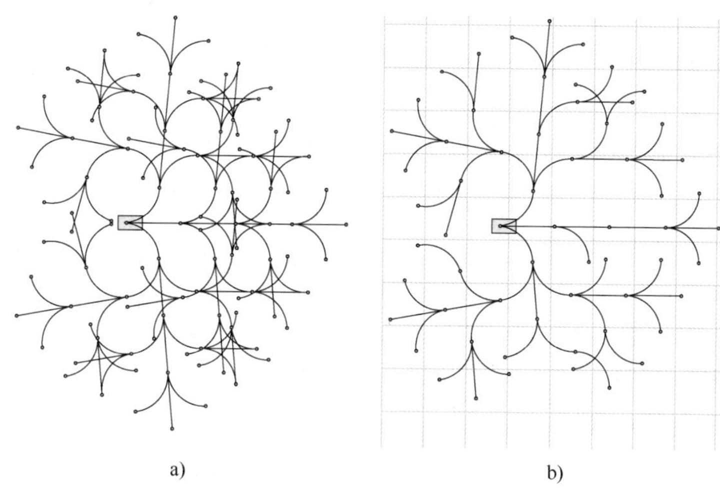

图 7.15 规则单元分解

a）Dubins 车最初 4 个阶段的密集可达图 b）让每个单元至多只有一个顶点，剪掉许多分支后，得到一个可能的搜索图（本例中没有沿 θ 轴的单元分离）

7.6 扩展与演变

本节简要回顾基本运动规划中的一些其他重要的扩展性问题。

7.6.1 闭式运动链

在许多情况下，机器人可能由形成闭环的连杆组成。这在许多重要的应用中均有体现，如两只手臂抓住一个物体，则形成了一个闭环；又如仿人机器人双脚触地，也形成了一个闭环。对于并联机器人，多环的结构设计则是有意为之[7.81]，其经典的例子为 Steward-Gough 平台。为模拟闭链问题，就要将闭链打开，以便得到连杆的运动树，其复杂之处在于：$\mathcal{C}$ 上引入了 $h(\boldsymbol{q})=0$ 形式的约束，并且要求维持多闭链形式。这给大多数规划算法带来了很大的麻烦，因为只有在没有环状结构的情况下才能够参数化。闭环约束只能将规划限制在没有给出参数的低维子集上，因为参数计算一般很困难或根本不可能[7.82]。尽管对某些特殊情况，该问题也取得了一定进展[7.83]。

基于抽样的方法通常适用于处理闭链问题，但其主要困难在于 $\mathcal{C}$ 上的样本 $\alpha(i)$ 的位形不太容易满足封闭性。在参考文献［7.84］中，RRT 和 PRM 均适用于闭链。RRT 表现得更好些，这是因为在 PRM 中，当将样本移到封闭子空间时，需要付出较高的优化代价，而 RRT 不需要样本进入子空间。参考文献［7.85］将链路解耦成主动链和被动链，进而通过逆动力学计算，能极大地提升 PRM 算法的性能。引入随机闭环发生器（RLG）后，该思想得到了进一步的改进。在此基础上，一些更具挑战性的闭链规划问题的求解方法见参考文献［7.86］。

7.6.2 操作规划

在大多数的运动规划中，机器人是不允许接触障碍物的。假设我们希望通过操作对象与环境进行交互，目标可能是将物体从一个地方转移到另外一个地方，或者重新对一堆目标物体进行整理，这将导致一类混合运动规划问题的出现，它混合了离散空间和连续空间。离散模式对应于机器人是否正在搬运部件；在过境模式（transit mode）中，机器人朝着部件运动[7.87]；在转移模式（transfer mode）中，机器人搬运部件。两种模式之间的转换需要满足特定的抓取和稳定性条件。装配规划（assembly planning）是操作规划的一个重要的变体，目标是将各个部件安装在一起，使之成为一个装配体[7.88]。大多数运动规划工作都对机器人与对象之间的各种交互进行了限制性的假设。更为丰富的操作规划模型见参考文献［7.89］。

7.6.3 时变问题

假设工作空间中包含有移动障碍物，其轨迹为时间的函数。设 $T\subset\mathbb{R}$ 表示时间区间（time interval），它可能有界，也可能无界；状态 X 定义为 $X=\mathcal{C}\times T$。其中 $\mathcal{C}$ 是机器人通常的 C 空间，X 中的障碍区域表示为

$$X_{obs}=\{(\boldsymbol{q},t)\in X \mid \mathcal{A}(\boldsymbol{q})\cap\mathcal{O}(t)\neq\emptyset\} \quad (7.5)$$

式中，$\mathcal{O}(t)$ 是时变障碍。许多规划算法均适用于 X，它只比 $\mathcal{C}$ 多一维。问题的复杂之处在于时间必须始终沿着穿过 X 的路径增加。

对这个问题最简单的算法是对机器人速度不加以限制。在这种情况下，几乎可以采用所有基于抽样的算法。除了路径是有向的以便安排时间进程，增量搜索和抽样方法也几乎不加修改就能应用。对于时变问题，采用双向方法则比较困难，由于对时间的依赖性，目标通常不是一个不动的单一点。基于抽样的路线图虽然也可以使用，但需要采用有向路线图（directed roadmap）。其中必须对每条边线定向，使其产生对时间单调的路径。

如果运动模型是代数解析式（algebraic）（即可以用多项式表达），则 X_{obs} 是半解析的，它可以基于圆柱代数分解。如图 7.16 所示，如果 X_{obs} 为多面体，则可使用正交分解。最好是先沿着 T 轴扫描平面，当线性运动改变时，则在临界时间上停止扫描。

7

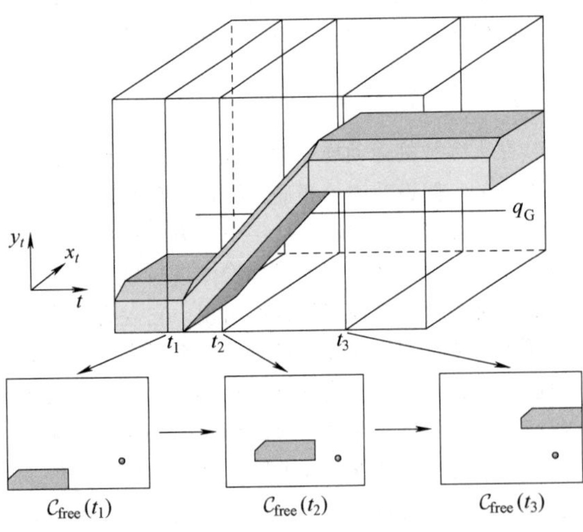

图 7.16 线性障碍运动的时变示例

在机器人移动避障问题中，迄今为止还没有对速度加以考虑。如果求解结果要求机器人以任意快的速度移动，则在许多应用中显然是不合实际的。为构造一个实用模型，第一步就是要对机器人的速度施加限制。令人遗憾的是，这个问题相当复杂，即便是平面障碍的分段直线运动，这一问题的难度级别已属于 PSPACE-hard[7.90]。此外，参考文献[7.91]提出了基于最短路径路线图的完备算法。

一种替代方案是将问题定义在 $\mathcal{C}\times T$ 上，并解耦为路径规划（path planning）部分和运动时序（motion timing）部分。首先计算无障碍物时的无碰撞路径规划，然后通过在二维空间上的搜索，以确定路径的计时函数或时间尺度（timing function or timing scaling）。

7.6.4 多机器人系统

对基本运动规划问题再做些简单扩展，就能用于处理包括自相交在内的多体机器人问题（VIDEO 21 和 VIDEO 22），但重要的是要指定一对刚体之间哪些碰撞是不能接受的。例如，机器人手臂中的相邻杆则是允许接触存在的。

多机器人系统的运动规划问题一直倍受关注。假设有 m 个机器人，同时考虑所有机器人的位形，其状态空间定义为

$$X=\mathcal{C}^1\times\mathcal{C}^2\times\cdots\times\mathcal{C}^m \quad (7.6)$$

状态 $\boldsymbol{x}\in X$ 指所有机器人的位形，可表示为 $\boldsymbol{x}=(\boldsymbol{q}^1,\boldsymbol{q}^2,\cdots,\boldsymbol{q}^m)$。$X$ 的维数为 N，其中 $N=\sum_{i=1}^m\dim(\mathcal{C}^i)$。

在状态空间中，障碍区域的来源有两个：①机器人-障碍物碰撞；②机器人-机器人碰撞。对每个 $1\leqslant i\leqslant m$，当与障碍区域 $\mathcal{O}$ 冲突时，对应于机器人 $\mathcal{A}^i$ 的 X 的子集为

$$X^i_{obs}=\{\boldsymbol{x}\in X \mid \mathcal{A}^i(\boldsymbol{q}^i)\cap\mathcal{O}\neq\emptyset\} \quad (7.7)$$

此模型属于机器人-障碍物碰撞。

对于每对机器人 $\mathcal{A}^i$ 和 $\mathcal{A}^j$，当 $\mathcal{A}^i$ 与 $\mathcal{A}^j$ 存在冲突时，其相应的 X 子集为

$$X^{ij}_{obs}=\{\boldsymbol{x}\in X \mid \mathcal{A}^i(\boldsymbol{q}^i)\cap\mathcal{A}^j(\boldsymbol{q}^j)\neq\emptyset\} \quad (7.8)$$

合并式（7.7）和式（7.8）到式（7.9），可得到 X 中的障碍区域 X_{obs}，即

$$X_{obs}=\left(\bigcup_{i=1}^m X^i_{obs}\right)\cup\left(\bigcup_{ij,i\neq j} X^{ij}_{obs}\right) \quad (7.9)$$

一旦确定了这些定义，就可以应用任何通用的规划算法。除了维数 N 可能很高，X 和 X_{obs} 与 $\mathcal{C}$ 和 $\mathcal{C}_{obs}$ 并无不同。直接在 X 上进行规划的方法称为集中化方法。X 的高维问题促进了解耦方法的发展，可用于对每个机器人独立规划方面的问题进行处理。解耦方法通常更为有效，但往往以牺牲完备性为代价。早期的解耦方法为优先规划[7.92,93]，它是

在对第 i 个机器人计算路径和计时函数时，将前面的 $i-1$ 个机器人处理为沿其路径移动的障碍物；另一种解耦方法为固定路径协调方法[7.94]，它对每个机器人独立规划路径，然后通过 m 维协调空间计算无碰撞路径，再确定计时函数。在协调空间上，每个轴对应于一个机器人路径定义域。图 7.17 所示为一个示例，这一思想已被推广到路线图的协调问题中[7.95,96]。

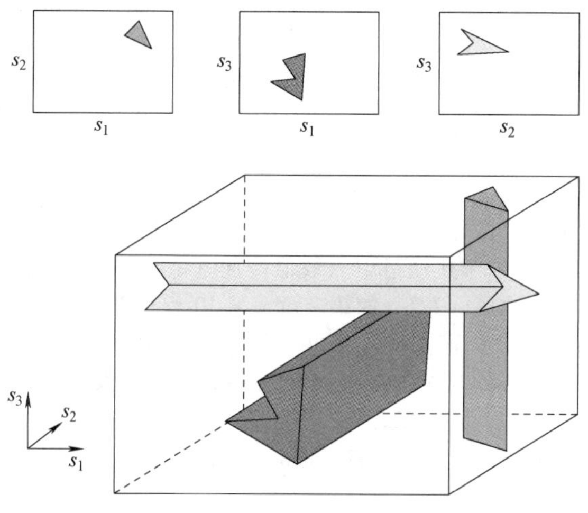

图 7.17 固定路径协调方法示例

注：坐标数为 m 的机器人，其障碍空间通常为圆柱形，全部$\frac{1}{2}(m-1)$个轴对齐的二维投影集，反映了 X_{obs} 的完备性特性。

7.6.5 预测不确定性

如果所实施的规划是不可预测的，则需要反馈处理。不确定性可建模成隐式形式，这意味着规划能对将来未预料的位形做出响应；不确定性也可建模为显式形式，这意味着不确定性已在规划的制定过程中得到了精确的表征，并对其做了分析。基于势函数的方法，便是实现反馈运动规划的一种方式。

规划可表示为 $\mathcal{C}_{free}$ 上的一个向量场，其中的每个向量表示预期的速度。向量场的积分曲线在不离开 $\mathcal{C}_{obs}$ 的前提下，应该汇入目标之中。如果与动力学有关，则向量场可由基于加速度的控制模型（acceleration-based control mode）来追踪：

$$\boldsymbol{u}=K(f(\boldsymbol{q})-\dot{\boldsymbol{q}})+\nabla_{\dot{q}}f(\boldsymbol{q}) \tag{7.10}$$

式中，K 是标量形式的增益常数（gain constant）（放大系数）。作为一种选择，可在相空间 X 上直接设计速度场，但在一般条件下，还没有有效计算这种场的方法。不过，可以将该问题考虑为在 X 上的、带有隐式非线性约束的反馈控制问题。

如果这种不确定性以显式形式建模，则可得到一反自然博弈问题。其中由特别决策者引起的不确定性称为自然（虚拟参与人）。自然的决策可模拟为非定常的，这表示指定了一组可能的动作；或者模拟为概率性的，这表示指定了自然动作的概率分布（或概率密度）。在非定常不确定性下，通常运用最坏情况分析来进行规划；在概率不确定性下，通常运用期望值分析。对这类问题的分析方法很多，包括估值迭代、Dijkstra-like 算法、强化学习算法[7.7]。

7.6.6 传感不确定性

考虑运用有限的传感信息解决定位、地图构建、操作、目标跟踪，以及追逃（捉迷藏）等任务。如果在执行过程中，当前位形或状态是未知的，则问题会变得大不一样。从传感器获取信息，问题自然就涉及信息空间（或 I 空间，见参考文献［7.7］的第 11 章）。状态量可能包括位形、速度，甚至环境地图（如障碍物）。最基本的 I 空间就是在执行过程中获得的所有历史数据集，包括所有传感观测、以前实施的动作，以及初始条件。在这种情况下，开发有效算法研究的目的是为了确定信息映射，从而减小 I 空间的大小和复杂度，以便在采用信息反馈（information feedback）进行规划时便于计算。传统方式采用信息状态作为估计状态，这对于许多任务来说已经足够了，但通常是不必要的。有可能设计并成功执行一项规划，甚至不用知道当前的状态。这会导致更多的鲁棒性好的机器人系统出现，由于降低了传感要求，因而制造成本会更低。

不确定性 I 空间和概率性 I 空间是两类重要的 I 空间。不确性信息状态（I 状态）是一个由各种状态组合而成的集合，这些状态可以通过可用的历史数据获取。这些历史数据包括在执行过程中应用的传感器测量值和施加的动作。不确定性 I 空间就是由所有可能性组成的集合。类似地，概率性 I 状态是在状态空间上的概率密度函数，受可用历史数据的约束。概率性 I 空间常称为置信空间，它代表所有概率密度函数的集合。在这些空间上的滤波和规划仍然是一个活跃的研究课题，其中最有用和最经典的结果就是卡尔曼滤波[7.97]，其置信空间退化为一高斯函数，它可以通过该空间的均值和协方差而完全参数化。在这些 I 空间上的推导方法中，许多方法都试图降低I空间的复杂性，如在不确定性I空间上进行组合推导[7.98]，在置信空间上运用近似、采样技术和降维技术[7.99-103]。例如，可以在置信空间中直接构建基于抽样的路线图[7.104]。

7.6.7　最优规划

在大多数运动规划的制定过程中，计算最优解决方案的重要性并不大，有几个因素促成了这一趋势：最基本的一点是，天然的最优准则往往是不存在的。不同于控制理论，最优化在其中是核心目标，规划的主要任务是避开障碍物。试想一下，当快速穿过一家家具店时，若你沿着最短的路径移动，可能会碰到障碍物的边角，这可能是不可取的。你可以尝试最大限度地增大与障碍物间的间距，但这会使得路径变得更长，可能也是不可取的。另一个因素是，路径规划算法产生的路径往往不会太长，特别是经过一些基于抽样规划方法的快速后处理。最后，最优规划问题的计算复杂度通常要比计算其可行解（不一定是最优的）差些。值得注意的是，野外机器人规划（处于非结构化地形的户外车辆）是一个例外，其成本函数决定了每一点的适航性，由此产生了著名的一系列 D^* 算法[7.105,106]。

尽管存在这些问题，但一些实用的方法和有趣的想法已开始涌现。如7.4.1节所述，在二维多边形C空间下，最短路径的路线图是一种有效的多重查询方法。另外，连续的 **Dijkstra** 算法提供了一种有效的单一查询方法，通过对波阵面的传播来实现，波阵面对应于从初始位形获取的最优代价水平集[7.107,108]。波阵面以组合方式传播，只在关键事件上停止，这样所求的解是精确且最优的。在三维多面体C空间的情况下，最短路径问题的难度已经变为PSPACE-hard[7.15]。然而，产生近似最优解的算法是存在的[7.109-111]，并且在多维度的C空间中很实用。Dijkstra算法可用于包含各种形式的不确定性和微分约束的情况，它们都是由Bellman于20世纪50年代通过引入数值迭代方法推导而来的。参考文献［7.7］的第7章、第10章和第14章对此进行了深入探讨。在更高的维度空间，近来在基于采样的规划方法中已经产生了渐近优化版本——RRTs[7.112]和PRMs[7.112,113]。已经证明，随着时间的推移，这些方法能够提高路径的计算质量。

7

7.7　高级议题

本节将讨论一系列更高级的议题，如拓扑结构和抽样理论，以及它们对运动规划器的性能影响。最后一小节将专门讨论代数几何计算技术，用于实现一般情况下的完备性，而不是讨论实用性问题。这些方法用作获取最佳渐进运行时间的上限。

7.7.1　位形空间的拓扑

1. 流形

C空间拓扑如此重要的一个原因是它对表示法的影响；另一个原因是，如果路径规划算法能在拓扑空间求解，那么该算法可同样应用于与拓扑等价的空间上。

为了描述C空间的拓扑，有如下重要定义：映射 $\phi: S\rightarrow T$ 称为同胚（homeomorphism）。如果 ϕ 为双射，且 ϕ 和 ϕ^{-1} 都连续。当这样一个映射存在时，S 和 T 被称为是同胚的。如果集合 S 为一个 n 维流形（manifold），并且与 $\mathbb{R}^n$ 局部同胚，这意味 S 上的每个点拥有一个邻域，该邻域内所有的点都与 $\mathbb{R}^n$ 同胚。更多详情见参考文献[7.114,115]。

在绝大多数运动规划问题中，位形空间是一个流形。C空间不是流形的例子是：封闭的单位正方形，即 $[0,1]\times[0,1]\subset\mathbb{R}^2$，它是一个将一维边界粘贴到二维开集 $(0,1)\times(0,1)$ 上而得到的一个带边流形。当C空间是一个流形时，它可以用 n 个参数来表示，其中 n 是位形空间的维数。尽管一个 n 维流形可以采用 n 个参数来表示，但由于存在约束条件，采用高维参数表示可能更方便些。例如，单位圆 $\mathbb{S}^1$ 可通过将 $\mathbb{S}^1$ 嵌入 $\mathbb{R}^2$ 中，表示为 $\mathbb{S}^1=\{(x,y)\mid x^2+y^2=1\}$。类似地，圆环面 T^2 可嵌入 $\mathbb{R}^3$ 中。

2. 表示法

嵌入更高维的空间可以使C空间的许多操作变得更加方便。例如，空间中刚体的姿态可用 $n\times n$ 的实数矩阵表示。n^2 矩阵必定满足一系列光滑等式约束，使这个矩阵的流形成为 $\mathbb{R}^{m^2}$ 的子流形（submanifold）。这样做的优点是这些矩阵相乘，可以得到流形中的另外一个矩阵。例如，n 维空间（$n=2$ 或3）中刚体的姿态可用 $SO(n)$ 描述，它是所有 $n\times n$ 阶旋转矩阵的集合。刚体的位姿可用 $SE(n)$ 表示，它是所有 $n\times n$ 阶齐次变换矩阵。这些矩阵群可用于：①表示刚体位形；②改变用于表示位形的参考坐标系；③对位形进行变换。

确定 $SO(3)$ 参数的方法有很多[7.116]，但当用 $\mathbb{S}^1$ 表示二维旋转时，单位四元数保持了 C 空间的拓扑结构。四元数已在第 2 章做过介绍，而这里的单位四元数和三维旋转矩阵之间有一个 2 对 1 的映射关系。这使得拓扑问题类似于二维旋转中 0 和 2π 等价问题，解决的办法是明确 $\mathbb{S}^3$ 上的映射点是等价的。在规划中，只需要考虑 $\mathbb{S}^3$ 的上半球，而且穿越赤道的路径瞬间会重新出现在 $\mathbb{S}^3$ 的对面，回到北半球。在拓扑学中，这称为实射影空间：$\mathbb{RP}^3$。因此，在三维物体的 C 空间上，只有旋转是 $\mathbb{RP}^3$。如果允许其平移和旋转存在，则为 $SE(3)$，即所有 4×4 齐次变换矩阵的集合，由此可得

$$\mathcal{C}=\mathbb{R}^3\times\mathbb{RP}^3 \tag{7.11}$$

该式是六维的，位形 $\boldsymbol{q}\in\mathcal{C}$ 可采用带有 7 个坐标 (x,y,z,a,b,c,d) 的四元数表示，其中 $a^2+b^2+c^2+d^2=1$。一些常见的机器人及其 C 空间表达式见表 7.1。

表 7.1 一些常见的机器人及其 C 空间表达式

机器人类型	C 空间表达式
平面移动机器人	$\mathbb{R}^2$
平面移动和旋转机器人	$SE(2)$ 或 $\mathbb{R}^2\times S^1$
三维刚体移动	$\mathbb{R}^3$
航天器	$SE(3)$ 或 $\mathbb{R}^3\times SO(3)$
具有 n 个旋转关节的手臂	T^n
平面移动机器人，并带有 n 个旋转关节的手臂	$SE(2)\times T^n$

7.7.2 抽样理论

对于运动规划最成功的算法，如今都是从 7.3 节提出的、基于抽样的算法构架，因此抽样理论已成为运动规划的相关性问题。

1. 位形/状态空间中的矩阵

大多数基于抽样的方法都需要在 $\mathcal{C}$ 上定义某种距离。例如，在基于抽样的路线图方法中，给定一个用距离定义的邻域，选择候选顶点去连接一个新位形。类似地，在快速搜索密集树方法中，从最近的树节点将树扩展到一个新的样本位形。通常定义一个度量（metric）$\rho:\mathcal{C}\times\mathcal{C}\to\mathbb{R}$，它满足标准公理，即非负性、自反性、对称性和三角不等式。

在度量的构建过程中存在两个难题：①必须遵从 $\mathcal{C}$ 的拓扑结构；②不同量纲的量（如线位移和角位移）必须能够以某种方式进行比较。为了说明第二个问题，在 $Z=X\times Y$ 空间上定义一个度量：

$$\begin{aligned}\rho_z(z,z')&=\rho_z(x,y,x',y')\\&=c_1\rho_x(x,x')+c_2\rho_y(y,y')\end{aligned} \tag{7.12}$$

式中，c_1 和 c_2 是任意的正常数，表示两个分量的相关权重。对于二维旋转，θ_i 可以表示为 $a_i=\cos\theta_i$ 和 $b_i=\sin\theta_i$，则得到一个实用的度量：

$$\rho(a_1,b_1,a_2,b_2)=\cos^{-1}(a_1a_2+b_1b_2) \tag{7.13}$$

通过如下定义可得对应于三维的情况：

$$\rho_0(\boldsymbol{h}_1,\boldsymbol{h}_2)=\cos^{-1}(a_1a_2+b_1b_2+c_1c_2+d_1d_2) \tag{7.14}$$

式中，每个 $\boldsymbol{h}_i=(a_i,b_i,c_i,d_i)$ 是一个单位四元数。通过对映射点的辨识，度量可定义为 $\rho(\boldsymbol{h}_1,\boldsymbol{h}_2)=\min(\rho_0(\boldsymbol{h}_1,\boldsymbol{h}_2),\rho_0(\boldsymbol{h}_1,-\boldsymbol{h}_2))$。对于单位球体的路径约束，用上述方法可在 $\mathbb{R}^4$ 上计算最短距离。

在某些算法中，在 $\mathcal{C}$ 上定义体积可能同样重要，这通常需要引入一个测度空间（measure space）的概念。对每一个体积函数（称为测度），必须满足类似于概率公理的一些条件，但不需要归一化。对于变换群，必须以这样的方式来谨慎地对体积进行定义，即它关于变换为不变量，这个体积称作 Haar 测度。采用度量的定义式（7.13）和式（7.14），并通过球来对体积进行定义，实际上已满足这一关系。

2. 概率性抽样与确定性抽样

C 空间的抽样可分为概率性抽样和确定性抽样（probabilistic sampling and deterministic sampling）两种。无论哪种方式，通常都需要获得一个样本的密集序列 α。这意味着，在极限情况下，当样本数趋于无穷大时，样本任意接近 $\mathcal{C}$ 中的所有点。对于概率性抽样，这个密集性（概率为 1）确保了规划算法的**概率完备性**（probabilistic completeness）；对于确定性抽样，它确保了**分辨率完备性**（resolution completeness）。这意味着，如果解存在，算法就保证能找到它，否则算法可能会一直运行下去。

对于概率性抽样，使用均匀概率密度函数，在 $\mathcal{C}$ 上随机选择样本。为使获得的均匀性有意义，采用 Haar 测度，这在许多情况下是简单且直接的，而 $SO(3)$ 则是棘手的。均匀（关于 Haar 测度）随机四元数可通过如下方式选择：随机地选择三个点 $u_1,u_2,u_3\in[0,1]$，且令[7.117]

$$\begin{aligned}h=(&\sqrt{1-u_1}\sin2\pi u_2,\sqrt{1-u_1}\cos2\pi u_2,\\&\sqrt{u_1}\sin2\pi u_3,\sqrt{u_1}\cos2\pi u_3)\end{aligned} \tag{7.15}$$

尽管随机样本在某种意义上是均匀的，但它们也需要有一些不规则性，以满足统计检验的要求。由此促进了确定抽样方案的发展，以提供更好的性能[7.118]。不同于考虑随机性，确定抽样技术旨在优

7

化准则，如偏差与离差（discrepancy and dispersion）。偏差弱化了采样过程的规律性，它经常会给数值积分带来麻烦；离差给出了最大空球（不含样本）的半径，因此，离差的快速回落表示对整个空间迅速搜索。确定抽样可能是不规则（irregular）的邻域结构（以相似于随机抽样的形式出现），也可能是规则（regular）的邻域结构，表示点是沿网格或格点排列的。更详细的关于运动规划的介绍见参考文献［7.7］。

7.7.3　代数几何计算技术

基于抽样的算法具有很好的实用性，但却是以较弱的完备性作为代价的。另一方面，完备性算法是本节的焦点，它能推断出规划问题中的无解情况。

只要 $\mathcal{C}_{obs}$ 能用解析形式的曲面来表示，完备性算法就能解决几乎所有的运动规划问题。从形式上讲，该模型必须是半解析的（semi-algebraic）。这意味着它由 $\boldsymbol{q}$ 上多元多项式根的并集和交集组成，并且为了保证其可计算性，多项式系数必须为有理数（否则根可能无有限形式的表达）。有理系数多项式所有根的集合称为实解析数（real algebraic numbers），它具有很多良好的计算性能。关于实解析数的精确表示和计算的更多信息见参考文献［7.12，119-121］。对于代数几何的介绍见参考文献［7.82］。

要使用基于代数几何的技术，第一步是将模型转换为所需的多项式形式。假如模型中的机器人 $\mathcal{A}$ 和障碍物 $\mathcal{O}$ 都是半解析的（这包括多面体模型）。对于任意数量附加的二维和三维物体，运动变换都可以用多项式表示。由于多项式变换后产生的还是多项式，故变换后的机器人模型仍为多项式。通过仔细考虑所有的接触类型，计算出由 $\mathcal{C}_{obs}$ 组成的代数曲面。这些接触类型通过各种办法将机器人特征（表面、边线、顶点）与障碍物特征匹配[7.6,7.9,122]。在大多数应用中，这一步往往会产生过多的模型图元。

一旦得到了半解析表示，就能使用强大的代数几何技术了。其中最知名的算法是圆柱代数分解（cylindrical algebraic decomposition）[7.119,123,124]，它提供了求解运动规划问题所需的信息。此方法的最初目的是用来确定是否 **Tarski sentences**（它们涉及量词和多项式）可以满足并找到一个含量词的等价表达式。圆柱代数分解生成了一个单元有限集，在这些单元上多项式的符号保持不变。这种方法系统地实现了条件满足和量词消除，可用于求解运动规划问题，这一点得到了 Schwartz 和 Sharir 的验证[7.121]。

该方法在概念上虽然简单，但在技术细节上还有许多困难。被称为圆柱分解是因为此处的单元都被组织成垂直的圆柱单元，其二维示例如图 7.18 所示。如图 7.19 所示，有两种类型的临界同相轴，在临界点上射线束朝两个垂直方向无限延长。这里的分解不同于图 7.7 的垂直分解，因为那里的射线只要延伸至下一个障碍物便停止，而这里获得了成列排布的单元。

对于 n 维圆柱分解，每一列表示一个单元链，第一个和最后一个单元是 n 维的且无界，剩余的单元都是有界的，并在 $n-1$ 维和 n 维间交替。有界 n

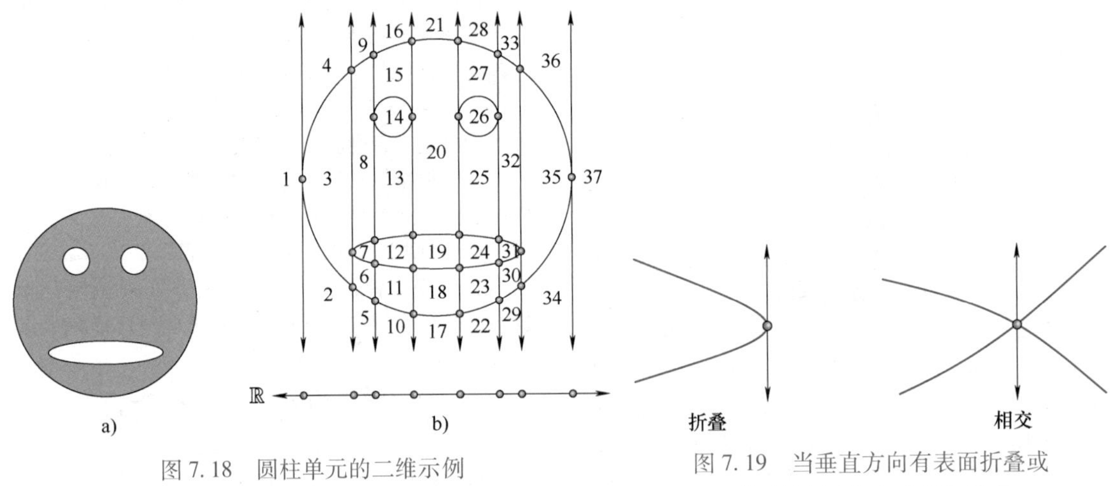

图 7.18　圆柱单元的二维示例

a）具有四个图元的人脸模型

b）脸部的圆柱代数分解

图 7.19　当垂直方向有表面折叠或表面相交时就会出现临界点

维单元的上下界由单一多元多项式的根来确定，这使得对单元及其关联性的描述变得简单。为计算这样的单元分解，该算法需要构建一个投影的串联链。第一步，将 $\mathcal{C}_{obs}$ 从 $\mathbb{R}^n$ 投影到 $\mathbb{R}^{n-1}$，然后投影到 $\mathbb{R}^{n-2}$。不断重复直到得到 $\mathbb{R}$，它为带有一个单变量的多项式，并在所有临界边界设置位置编码。第二步，进行一系列的升维操作，每次升维都先在 $\mathbb{R}^i$ 上获取多项式和单元分解，并将其通过成列排布的单元升维到 $\mathbb{R}^{i+1}$。单个升维的示例见图 7.18b。整个算法的运行时间取决于用来执行代数计算的具体算法。算法需要对运动规划使用柱形代数分解，其总运行时间的边界为 $(md)^{O(1)^n}$。其中，m 是用于描述 $\mathcal{C}_{obs}$ 的多项式数（一个相对较大的数），d 是最大代数次数。(似乎 $O(\cdot)$ 出现在表达式的中间十分奇怪，但在本文情况下，它表示存在某个 $c \in [0, \infty)$，使运行时间在 $(md)^{c^n}$ 上有界。注意，整个公式前面的另外一个 O 并非是必须的)。需要记住的最主要一点是，该算法可能使 $\mathcal{C}$ 的维数呈双指数形式（甚至单元数也是双指数形式的)。

虽然采用圆柱分解足以解决运动规划，但其计算的信息比所需求的要多，这也促使了 Canny 路线图算法的提出[7.12]。该算法直接在半解析集中产生路线图，而不是通过沿路构建单元分解。由于在圆柱代数分解中，产生了许多双指数形式的单元，而避免这种结构的产生需要付出很高的代价。通过 Canny 路线图方法得到的结果，当在时间上求解运动规划问题时，无论是多项式数还是多项式代数次数，仍然都是多项式形式，但在维数上仅是单指数形式[7.12]。

该算法的基本思想：对 $\mathbb{R}^n$ 中的 $\mathcal{C}_{obs}$，找出在 $\mathbb{R}^2$ 上的轮廓线，即通过该方法找到零维的临界点和一维的临界曲线。临界曲线为路线图的边线，在临界点处可以通过递归算法找到 $\mathcal{C}_{obs}$ 上 $(n-1)$ 维的曲面，这样可以获取更多的临界点和临界曲线。这些曲线被添加到路线图中，而算法会再次在临界点上迭代，直到递归迭代到 $n=2$ 时终止。Canny 的结果表明，临界曲线的并集保留了 $\mathcal{C}_{obs}$（并因此也保留了 $\mathcal{C}_{free}$）的关联性。目前，面临的一些技术问题是：①该算法只对分层进入流形的 $\mathcal{C}_{obs}$ 起作用；②该算法具有很强的一般位置假设，以至于很难满足；③路径实际上是沿着 $\mathcal{C}_{free}$ 的边界来考虑的；④此方法不能产生参数化的求解路径。关于 Canny 算法及其他重要的细节，见参考文献［7.119］。

7

7.8 结论与延展阅读

本章简要介绍了运动规划问题，但仅只是这一丰富活跃的研究领域的冰山一角，更多详情推荐两本新书供读者参考（参考文献［7.5,7］）；也可以查阅一些 Latombe 的经典书籍（参考文献［7.6］）和论文（参考文献［7.4］)，以及近来的研究成果（参考文献［7.2,3］)。此外，还可参考本章所列举的相关手册章节。

视频文献

- VIDEO 17 Powder transfer task using demonstration-guided motion planning
  available from http://handbookofrobotics.org/view-chapter/07/videodetails/17
- VIDEO 21 Simulation of a large crowd
  available from http://handbookofrobotics.org/view-chapter/07/videodetails/21
- VIDEO 22 Motion planning in multi-robot scenario
  available from http://handbookofrobotics.org/view-chapter/07/videodetails/22
- VIDEO 23 Alpha puzzle
  available from http://handbookofrobotics.org/view-chapter/07/videodetails/23
- VIDEO 24 Kinodynamic motion planning for a car-like robot
  available from http://handbookofrobotics.org/view-chapter/07/videodetails/24

参考文献

7.1 J.H. Reif: Complexity of the mover's problem and generalizations, IEEE Symp. Found. Comput. Sci. (1979) pp. 421–427

7.2 H.H. Gonzalez-Banos, D. Hsu, J.C. Latombe: Motion planning: Recent developments. In: *Automous Mobile Robots: Sensing, Control, Decision-Making and Applications*, ed. by S.S. Ge, F.L. Lewis (CRC, Boca Raton 2006)

7.3 S.R. Lindemann, S.M. LaValle: Current issues in sampling-based motion planning, 11th Int. Symp. Robotics Res. (Springer, Berlin, Heidelberg 2005) pp. 36–54

7.4 J.T. Schwartz, M. Sharir: A survey of motion planning and related geometric algorithms, Artif. Intell. J. **37**, 157–169 (1988)

7.5 H. Choset, K.M. Lynch, S. Hutchinson, G. Kantor, W. Burgard, L.E. Kavraki, S. Thrun: *Principles of Robot Motion: Theory, Algorithms, and Implementations* (MIT, Cambridge 2005)

7.6 J.C. Latombe: *Robot Motion Planning* (Kluwer, Boston 1991)

7.7 S.M. LaValle: *Planning Algorithms* (Cambridge Univ. Press, Cambridge 2006)

7.8 S. Udupa: Collision detection and avoidance in computer controlled manipulators, Ph.D. Thesis (Dept. of Electical Engineering, California Institute of Technology, Pasadena 1977)

7.9 T. Lozano-Pérez: Spatial planning: A configuration space approach, IEEE Trans. Comput. C **32**(2), 108–120 (1983)

7.10 J.T. Schwartz, M. Sharir: On the piano movers' problem: III. Coordinating the motion of several independent bodies, Int. J. Robotics Res. **2**(3), 97–140 (1983)

7.11 J.T. Schwartz, M. Sharir: On the piano movers' problem: V. The case of a rod moving in three-dimensional space amidst polyhedral obstacles, Commun. Pure Appl. Math. **37**, 815–848 (1984)

7.12 J.F. Canny: *The Complexity of Robot Motion Planning* (MIT, Cambridge 1988)

7.13 D. Halperin, M. Sharir: A near-quadratic algorithm for planning the motion of a polygon in a polygonal environment, Discret. Comput. Geom. **16**, 121–134 (1996)

7.14 J.E. Hopcroft, J.T. Schwartz, M. Sharir: On the complexity of motion planning for multiple independent objects: PSPACE-hardness of the warehouseman's problem, Int. J. Robotics Res. **3**(4), 76–88 (1984)

7.15 J. Canny, J. Reif: New lower bound techniques for robot motion planning problems, IEEE Symp. Found. Comput. Sci. (1987) pp. 49–60

7.16 M.C. Lin, J.F. Canny: Efficient algorithms for incremental distance computation, IEEE Int. Conf. Robotics Autom. (1991) pp. 1008–1014

7.17 P. Jiménez, F. Thomas, C. Torras: Collision detection algorithms for motion planning. In: *Robot Motion Planning and Control*, ed. by J.P. Laumond (Springer, Berlin, Heidelberg 1998) pp. 1–53

7.18 M.C. Lin, D. Manocha: Collision and proximity queries. In: *Handbook of Discrete and Computational Geometry*, 2nd edn., ed. by J.E. Goodman, J. O'Rourke (Chapman Hall/CRC, Boca Raton 2004) pp. 787–807

7.19 L.E. Kavraki, P. Svestka, J.C. Latombe, M.H. Overmars: Probabilistic roadmaps for path planning in high-dimensional configuration spaces, IEEE Trans. Robotics Autom. **12**(4), 566–580 (1996)

7.20 N.M. Amato, O.B. Bayazit, L.K. Dale, C. Jones, D. Vallejo: OBPRM: An obstacle-based PRM for 3-D workspaces, Workshop Algorith. Found. Robotics (1998) pp. 155–168

7.21 V. Boor, M.H. Overmars, A.F. van der Stappen: The Gaussian sampling strategy for probabilistic roadmap planners, IEEE Int. Conf. Robotics Autom. (1999) pp. 1018–1023

7.22 C. Holleman, L.E. Kavraki: A framework for using the workspace medial axis in PRM planners, IEEE Int. Conf. Robotics Autom. (2000) pp. 1408–1413

7.23 J.M. Lien, S.L. Thomas, N.M. Amato: A general framework for sampling on the medial axis of the free space, IEEE Int. Conf. Robotics Autom. (2003)

7.24 S.M. LaValle, M.S. Branicky, S.R. Lindemann: On the relationship between classical grid search and probabilistic roadmaps, Int. J. Robotics Res. **23**(7/8), 673–692 (2004)

7.25 T. Siméon, J.-P. Laumond, C. Nissoux: Visibility based probabilistic roadmaps for motion planning, Adv. Robotics **14**(6), 477–493 (2000)

7.26 J. Barraquand, L. Kavraki, J.-C. Latombe, T.-Y. Li, R. Motwani, P. Raghavan: A random sampling scheme for robot path planning, Proc. Int. Symp. Robotics Res. (1996) pp. 249–264

7.27 A. Ladd, L.E. Kavraki: Measure theoretic analysis of probabilistic path planning, IEEE Trans. Robotics Autom. **20**(2), 229–242 (2004)

7.28 R. Geraerts, M. Overmars: Sampling techniques for probabilistic roadmap planners, Int. Conf. Intell. Auton. Syst. (2004) pp. 600–609

7.29 D. Hsu, T. Jiang, J. Reif, Z. Sun: The bridge test for sampling narrow passages with probabilistic roadmap planners, IEEE Int. Conf. Robotics Autom. (2003) pp. 4420–4426

7.30 R. Bohlin, L. Kavraki: Path planning using lazy PRM, IEEE Int. Conf. Robotics Autom. (2000) pp. 521–528

7.31 B. Burns, O. Brock: Sampling-based motion planning using predictive models, IEEE Int. Conf. Robotics Autom. (2005) pp. 3120–3125

7.32 P. Isto: Constructing probabilistic roadmaps with powerful local planning and path optimization, IEEE/RSJ Int. Conf. Intell. Robots Syst. (2002) pp. 2323–2328

7.33 P. Leven, S.A. Hutchinson: Using manipulability to bias sampling during the construction of probabilistic roadmaps, IEEE Trans. Robotics Autom. **19**(6), 1020–1026 (2003)

7.34 D. Nieuwenhuisen, M.H. Overmars: Useful cycles in probabilistic roadmap graphs, IEEE Int. Conf. Robotics Autom. (2004) pp. 446–452

7.35 S.M. LaValle, J.J. Kuffner: Rapidly-exploring random trees: progress and prospects. In: *Algorithmic and Computational Robotics: New Direction*, ed. by B.R. Donald, K.M. Lynch, D. Rus (A.K. Peters, Wellesley 2001) pp. 293–308

7.36 K.E. Bekris, B.Y. Chen, A. Ladd, E. Plaku, L.E. Kavraki: Multiple query probabilistic roadmap planning using single query primitives, IEEE/RSJ Int. Conf. Intell. Robots Syst. (2003) pp. 656–661

7.37 M. Strandberg: Augmenting RRT-planners with local trees, IEEE Int. Conf. Robotics Autom. (2004) pp. 3258–3262

7.38 J.J. Kuffner, S.M. LaValle: *An Efficient Approach to Path Planning Using Balanced Bidirectional RRT Search*, Techn. Rep. CMU-RI-TR-05-34 Robotics Institute (Carnegie Mellon University, Pittsburgh 2005)

7.39 J. Bruce, M. Veloso: Real-time randomized path planning for robot navigation, IEEE/RSJ Int. Conf. Intell. Robots Syst. (2002) pp. 2383–2388

7.40 E. Frazzoli, M.A. Dahleh, E. Feron: Real-time motion planning for agile autonomous vehicles, AIAA J. Guid. Contr. **25**(1), 116–129 (2002)

7.41 M. Kallmann, M. Mataric: Motion planning using dynamic roadmaps, IEEE Int. Conf. Robotics Autom. (2004) pp. 4399–4404

7.42 A. Yershova, L. Jaillet, T. Simeon, S.M. LaValle: Dynamic-domain RRTs: Efficient exploration by controlling the sampling domain, IEEE Int. Conf. Robotics Autom. (2005) pp. 3867–3872

7.43 D. Hsu, J.C. Latombe, R. Motwani: Path planning in expansive configuration spaces, Int. J. Comput. Geom. Appl. **4**, 495–512 (1999)

7.44 D. Hsu, R. Kindel, J.C. Latombe, S. Rock: Randomized kinodynamic motion planning with moving obstacles. In: *Algorithmic and Computational Robotics: New Directions*, ed. by B.R. Donald, K.M. Lynch, D. Rus (A.K. Peters, Wellesley 2001) pp. 247–264

7.45 G. Sánchez, J.-C. Latombe: A single-query bidirectional probabilistic roadmap planner with lazy collision checking, ISRR Int. Symp. Robotics Res. (2007) pp. 403–413

7.46 S. Carpin, G. Pillonetto: Robot motion planning using adaptive random walks, IEEE Int. Conf. Robotics Autom. (2003) pp. 3809–3814

7.47 A. Ladd, L.E. Kavraki: Fast exploration for robots with dynamics, Workshop Algorithm. Found. Robotics, Amsterdam (2004)

7.48 K.E. Bekris, L.E. Kavraki: Greedy but safe replanning under differential constraints, IEEE Int. Conf. Robotics Autom. (2007) pp. 704–710

7.49 C. O'Dunlaing, C.K. Yap: A retraction method for planning the motion of a disc, J. Algorithms **6**, 104–111 (1982)

7.50 D. Leven, M. Sharir: Planning a purely translational motion for a convex object in two-dimensional space using generalized Voronoi diagrams, Discret. Comput. Geom. **2**, 9–31 (1987)

7.51 M. Sharir: Algorithmic motion planning. In: *Handbook of Discrete and Computational Geometry*, 2nd edn., ed. by J.E. Goodman, J. O'Rourke (Chapman Hall/CRC, Boca Raton 2004) pp. 1037–1064

7.52 N.J. Nilsson: A mobile automaton: An application of artificial intelligence techniques, 1st Int. Conf. Artif. Intell. (1969) pp. 509–520

7.53 J. O'Rourke: Visibility. In: *Handbook of Discrete and Computational Geometry*, 2nd edn., ed. by J.E. Goodman, J. O'Rourke (Chapman Hall/CRC, Boca Raton 2004) pp. 643–663

7.54 B. Chazelle: Approximation and decomposition of shapes. In: *Algorithmic and Geometric Aspects of Robotics*, ed. by J.T. Schwartz, C.K. Yap (Lawrence Erlbaum, Hillsdale 1987) pp. 145–185

7.55 M. de Berg, M. van Kreveld, M. Overmars, O. Schwarzkopf: *Computational Geometry: Algorithms and Applications*, 2nd edn. (Springer, Berlin, Heidelberg 2000)

7.56 J.M. Keil: Polygon decomposition. In: *Handbook on Computational Geometry*, ed. by J.R. Sack, J. Urrutia (Elsevier, New York 2000)

7.57 J.T. Schwartz, M. Sharir: On the piano movers' problem: I. The case of a two-dimensional rigid polygonal body moving amidst polygonal barriers, Commun. Pure Appl. Math. **36**, 345–398 (1983)

7.58 O. Khatib: Real-time obstacle avoidance for manipulators and mobile robots, Int. J. Robotics Res. **5**(1), 90–98 (1986)

7.59 J. Barraquand, J.-C. Latombe: Robot motion planning: A distributed representation approach, Int. J. Robotics Res. **10**(6), 628–649 (1991)

7.60 E. Rimon, D.E. Koditschek: Exact robot navigation using artificial potential fields, IEEE Trans. Robotics Autom. **8**(5), 501–518 (1992)

7.61 J.P. Laumond: Trajectories for mobile robots with kinematic and environment constraints, Int. Conf. Intell. Auton. Syst. (1986) pp. 346–354

7.62 J.P. Laumond, S. Sekhavat, F. Lamiraux: Guidelines in nonholonomic motion planning for mobile robots. In: *Robot Motion Planning and Control*, ed. by J.P. Laumond (Springer, Berlin, Heidelberg 1998) pp. 1–53

7.63 B.R. Donald, P.G. Xavier, J. Canny, J. Reif: Kinodynamic planning, Journal ACM **40**, 1048–1066 (1993)

7.64 C. O'Dunlaing: Motion planning with inertial constraints, Algorithmica **2**(4), 431–475 (1987)

7.65 J. Canny, A. Rege, J. Reif: An exact algorithm for kinodynamic planning in the plane, Discret. Comput. Geom. **6**, 461–484 (1991)

7.66 J. Go, T. Vu, J.J. Kuffner: Autonomous behaviors for interactive vehicle animations, SIGGRAPH/Eurographics Symp. Comput. Animat., Aire-la-Ville (2004) pp. 9–18

7.67 M. Pivtoraiko, A. Kelly: Generating near minimal spanning control sets for constrained motion planning in discrete state spaces, IEEE/RSJ Int. Conf. Intell. Robots Syst. (2005) pp. 3231–3237

7.68 J. Hollerbach: *Dynamic scaling of manipulator trajectories*, Tech. Rep. 700 (MIT, Cambridge 1983)

7.69 K.G. Shin, N.D. McKay: Minimum-time control of robot manipulators with geometric path constraints, IEEE Trans. Autom. Control **30**(6), 531–541 (1985)

7.70 K.G. Shin, N.D. McKay: A dynamic programming approach to trajectory planning of robotic manipulators, IEEE Trans. Autom. Control **31**(6), 491–500 (1986)

7.71 S. Sastry: *Nonlinear Systems: Analysis, Stability, and Control* (Springer, Berlin, Heidelberg 1999)

7.72 D.J. Balkcom, M.T. Mason: Time optimal trajectories

for bounded velocity differential drive vehicles, Int. J. Robotics Res. **21**(3), 199–217 (2002)
7.73 P. Souères, J.-D. Boissonnat: Optimal trajectories for nonholonomic mobile robots. In: *Robot Motion Planning and Control*, ed. by J.P. Laumond (Springer, Berlin, Heidelberg 1998) pp. 93–169
7.74 P. Svestka, M.H. Overmars: Coordinated motion planning for multiple car-like robots using probabilistic roadmaps, IEEE Int. Conf. Robotics Autom. (1995) pp. 1631–1636
7.75 S. Sekhavat, P. Svestka, J.-P. Laumond, M.H. Overmars: Multilevel path planning for nonholonomic robots using semiholonomic subsystems, Int. J. Robotics Res. **17**, 840–857 (1998)
7.76 P. Ferbach: A method of progressive constraints for nonholonomic motion planning, IEEE Int. Conf. Robotics Autom. (1996) pp. 2949–2955
7.77 S. Pancanti, L. Pallottino, D. Salvadorini, A. Bicchi: Motion planning through symbols and lattices, IEEE Int. Conf. Robotics Autom. (2004) pp. 3914–3919
7.78 J. Barraquand, J.-C. Latombe: Nonholonomic multibody mobile robots: Controllability and motion planning in the presence of obstacles, Algorithmica **10**, 121–155 (1993)
7.79 S.M. LaValle, J.J. Kuffner: Randomized kinodynamic planning, IEEE Int. Conf. Robotics Autom. (1999) pp. 473–479
7.80 A.M. Ladd, L.E. Kavraki: Motion planning in the presence of drift underactuation and discrete system changes, Robotics Sci. Syst. I, Cambridge (2005) pp. 233–241
7.81 J.-P. Merlet: *Parallel Robots* (Kluwer, Boston 2000)
7.82 D. Cox, J. Little, D. O'Shea: *Ideals, Varieties, and Algorithms* (Springer, Berlin, Heidelberg 1992)
7.83 R.J. Milgram, J.C. Trinkle: The geometry of configuration spaces for closed chains in two and three dimensions, Homol. Homot. Appl. **6**(1), 237–267 (2004)
7.84 J. Yakey, S.M. LaValle, L.E. Kavraki: Randomized path planning for linkages with closed kinematic chains, IEEE Trans. Robotics Autom. **17**(6), 951–958 (2001)
7.85 L. Han, N.M. Amato: A kinematics-based probabilistic roadmap method for closed chain systems. In: *Algorithmic and Computational Robotics: New Directions*, ed. by B.R. Donald, K.M. Lynch, D. Rus (A.K. Peters, Wellesley 2001) pp. 233–246
7.86 J. Cortés: Motion Planning Algorithms for General Closed-Chain Mechanisms, Ph.D. Thesis (Institut National Polytechnique do Toulouse, Toulouse 2003)
7.87 R. Alami, J.-P. Laumond, T. Siméon: Two manipulation planning algorithms. In: *Algorithms for Robotic Motion and Manipulation*, ed. by J.P. Laumond, M. Overmars (A.K. Peters, Wellesley 1997)
7.88 L.E. Kavraki, M. Kolountzakis: Partitioning a planar assembly into two connected parts is NP-complete, Inform. Process. Lett. **55**(3), 159–165 (1995)
7.89 M.T. Mason: *Mechanics of Robotic Manipulation* (MIT, Cambridge 2001)
7.90 K. Sutner, W. Maass: Motion planning among time dependent obstacles, Acta Inform. **26**, 93–122 (1988)
7.91 J.H. Reif, M. Sharir: Motion planning in the presence of moving obstacles, Journal ACM **41**, 764–790 (1994)
7.92 M.A. Erdmann, T. Lozano-Pérez: On multiple moving objects, Algorithmica **2**, 477–521 (1987)
7.93 J. van den Berg, M. Overmars: Prioritized motion planning for multiple robots, IEEE/RSJ Int. Conf. Intell. Robots Syst. (2005) pp. 2217–2222
7.94 T. Siméon, S. Leroy, J.-P. Laumond: Path coordination for multiple mobile robots: A resolution complete algorithm, IEEE Trans. Robotics Autom. **18**(1), 42–49 (2002)
7.95 R. Ghrist, J.M. O'Kane, S.M. LaValle: Pareto optimal coordination on roadmaps, Workshop Algorithm. Found. Robotics (2004) pp. 185–200
7.96 S.M. LaValle, S.A. Hutchinson: Optimal motion planning for multiple robots having independent goals, IEEE Trans. Robotics Autom. **14**(6), 912–925 (1998)
7.97 P.R. Kumar, P. Varaiya: *Stochastic Systems* (Prentice Hall, Englewood Cliffs 1986)
7.98 S.M. LaValle: *Sensing and Filtering: A Fresh Perspective Based on Preimages and Information Spaces*, Foundations and Trends in Robotics (Now Publ., Delft 2012)
7.99 R. Alterovitz, N. Simeon, K. Goldberg: The stochastic motion roadmap: A sampling framework for planning with Markov motion uncertainty, Robotics Sci. Syst. **3**, 233–241 (2007)
7.100 H. Kurniawati, D. Hsu, W.S. Lee: SARSOP: Efficient point-based POMDP planning by approximating optimally reachable belief spaces, Robotics Sci. Syst. (2008)
7.101 J. Pineau, G. Gordon, S. Thrun: Point-based value iteration, Int. Joint Conf. Artif. Intell. (2003) pp. 1025–1032
7.102 R. Platt, R. Tedrake, T. Lozano-Perez, L.P. Kaelbling: Belief space planning assuming maximum likelihood observations, Robotics Sci. Syst. (2010)
7.103 N. Roy, G. Gordon: Exponential family PCA for belief compression in POMDPs, Adv. Neural Inform. Process. Syst. (2003)
7.104 R. He, S. Prentice, N. Roy: Planning in information space for a quadrotor helicopter in a GPS-denied environment, IEEE Int. Conf. Robotics Autom. (2008)
7.105 S. Koenig, M. Likhachev: *D** lite, AAAI Nat. Conf. Artif. Intell. (2002) pp. 476–483
7.106 A. Stentz: Optimal and efficient path planning for partially-known environments, IEEE Int. Conf. Robotics Autom. (1994) pp. 3310–3317
7.107 J. Hershberger, S. Suri: Efficient Computation of Euclidean shortest paths in the plane, IEEE Symp. Found. Comp. Sci. (1995) pp. 508–517
7.108 J.S.B. Mitchell: Shortest paths among obstacles in the plane, Int. J. Comput. Geom. Applic. **6**(3), 309 (1996)
7.109 J. Choi, J. Sellen, C.K. Yap: Precision-sensitive Euclidean shortest path in 3-space, ACM Symp. Comput. Geo. (1995) pp. 350–359
7.110 C.H. Papadimitriou: An algorithm for shortest-path planning in three dimensions, Inform. Process. Lett. **20**(5), 259 (1985)

7.111 D. Yershov, S.M. LaValle: Simplicial Dijkstra and A* algorithms for optimal feedback planning, IEEE/RSJ Int. Conf. Intell. Robots Syst. (2011)

7.112 S. Karaman, E. Frazzoli: Sampling-based algorithms for optimal motion planning, Int. J. Robotics Res. **30**(7), 846 (2011)

7.113 J.D. Marble, K.E. Bekris: Towards small asymptotically near-optimal roadmaps, IEEE Int. Conf. Robotics Autom. (2012)

7.114 W.M. Boothby: *An Introduction to Differentiable Manifolds and Riemannian Geometry*, 2nd edn. (Academic, New York 2003)

7.115 A. Hatcher: *Algebraic Topology* (Cambridge Univ. Press, Cambridge 2002)

7.116 G.S. Chirikjian, A.B. Kyatkin: *Engineering Applications of Noncommutative Harmonic Analysis* (CRC, Boca Raton 2001)

7.117 J. Arvo: Fast random rotation matrices. In: *Graphics Gems III*, ed. by D. Kirk (Academic, New York 1992) pp. 117–120

7.118 H. Niederreiter: *Random Number Generation and Quasi-Monte-Carlo Methods* (Society for Industrial and Applied Mathematics, Philadelphia 1992)

7.119 S. Basu, R. Pollack, M.-F. Roy: *Algorithms in Real Algebraic Geometry* (Springer, Berlin, Heidelberg 2003)

7.120 B. Mishra: Computational real algebraic geometry. In: *Handbook of Discrete and Computational Geometry*, ed. by J.E. Goodman, J. O'Rourke (CRC, Boca Raton 1997) pp. 537–556

7.121 J.T. Schwartz, M. Sharir: On the piano movers' problem: II. General techniques for computing topological properties of algebraic manifolds, Commun. Pure Appl. Math. **36**, 345–398 (1983)

7.122 B.R. Donald: A search algorithm for motion planning with six degrees of freedom, Artif. Intell. J. **31**, 295–353 (1987)

7.123 D.S. Arnon: Geometric reasoning with logic and algebra, Artif. Intell. J. **37**(1-3), 37–60 (1988)

7.124 G.E. Collins: Quantifier elimination by cylindrical algebraic decomposition–twenty years of progress. In: *Quantifier Elimination and Cylindrical Algebraic Decomposition*, ed. by B.F. Caviness, J.R. Johnson (Springer, Berlin, Heidelberg 1998) pp. 8–23

7

第 8 章

运动控制

Wan Kyun Chung，Li-Chen Fu，Torsten Kröger

本章主要讨论刚性操作臂的运动控制。换言之，移动机器人、柔性操作臂和具有弹性关节操作臂的运动控制问题不在考虑之内。刚性操作臂运动控制中的最大问题在于动力学的复杂性和不确定性。前者是由操作臂运动的非线性与相互耦合所引起的；后者可能源于两个方面的因素：结构化不确定性和非结构化不确定性。结构化不确定性是指动力学参数的不确定性，这部分将在本章中进行讨论，而非结构化的不确定性源于关节与连杆的柔性、驱动器动力学、摩擦、传感、噪声及未知的环境动力学等，这部分将在其他章节进行讨论。

本章从操作臂运动控制的基本任务开始，之后是简要回顾和介绍相关的最新进展。8.1 节回顾了操作臂的动力学模型及其重要特性。8.2 节分别对关节空间和操作空间的控制方法进行了对比，这是有关操作臂控制中的两个不同视角。8.3 和 8.4 节分别给出了广泛用于工业机器人领域的独立关节控制和比例-积分-微分（PID）控制。8.5 节介绍了基于反馈线性化的跟踪控制。8.6 节描述了计算转矩控制方法及其变体。8.7 节介绍了用于解决结构化不确定问题的自适应控制。8.8 节则介绍了最优化和鲁棒性问题。为了计算合适的设置点信号以作为这些运动控制器的输入值，8.9 节介绍了轨迹规划的概念。由于大多数操作臂的控制器是通过微处理器实现的，8.10 节讨论了数字化实现的一些问题。最后，8.11 节介绍了实现智能控制的一种常用方法——学习控制。

目　录

8.1 运动控制简介

本节将回顾操作臂的动力学模型，并将讨论它在控制器设计中一些非常有用的特性。最后，将介绍操作臂的不同控制任务。

8.1.1 动力学模型

对于运动控制，刚性操作臂的动力学模型可通过拉格朗日动力学方程方便地表示出来。

假设操作臂有 n 个连杆，$n\times1$ 阶关节变量为 $\boldsymbol{q}=[q_1,\cdots,q_n]^{\mathrm{T}}$。操作臂的动力学模型可由拉格朗日方程表示[8.1-6]为

$$\boldsymbol{H}(\boldsymbol{q})\ddot{\boldsymbol{q}}+\boldsymbol{C}(\boldsymbol{q},\dot{\boldsymbol{q}})\dot{\boldsymbol{q}}+\boldsymbol{\tau}_{\mathrm{g}}(\boldsymbol{q})=\boldsymbol{\tau} \tag{8.1}$$

式中，$\boldsymbol{H}(\boldsymbol{q})$ 是 $n\times n$ 阶惯性矩阵；$\boldsymbol{C}(\boldsymbol{q},\dot{\boldsymbol{q}})\dot{\boldsymbol{q}}$ 是反映科氏力和离心力的 $n\times1$ 阶向量；$\boldsymbol{\tau}_{\mathrm{g}}(\boldsymbol{q})$ 是反映重力的 $n\times1$ 阶向量；$\boldsymbol{\tau}$ 是待设计的反映关节转矩控制输入的 $n\times1$ 阶向量。在此忽略输入中的摩擦和扰动。

备注 8.1：

其他有助于描述操作臂动力学的因素可能还包括驱动器动力学、关节和连杆柔性、摩擦、噪声和扰动等。在不失一般性的情况下，这里只着重讨论刚性操作臂中的情况。

本章将介绍基于操作臂动力学模型中一些重要特性及控制方法。在详细描述各种不同的控制方法之前，先列出这些特性。

---

1. 特性 8.1

惯性矩阵是一个对称正定矩阵，可表示为

$$\lambda_{\mathrm{h}}\boldsymbol{I}_n\leqslant\boldsymbol{H}(\boldsymbol{q})\leqslant\lambda_{\mathrm{H}}\boldsymbol{I}_n \tag{8.2}$$

式中，λ_{h} 和 λ_{H} 为正常数。

---

2. 特性 8.2

对于任一 $\boldsymbol{C}(\boldsymbol{q},\dot{\boldsymbol{q}})\dot{\boldsymbol{q}}$，矩阵 $\boldsymbol{N}(\boldsymbol{q},\dot{\boldsymbol{q}})=\dot{\boldsymbol{H}}(\boldsymbol{q})-2\boldsymbol{C}(\boldsymbol{q},\dot{\boldsymbol{q}})$ 总是反对称矩阵。即对于任意一个 $n\times1$ 阶向量 $\boldsymbol{z}$，总有

$$\boldsymbol{z}^{\mathrm{T}}\boldsymbol{N}(\boldsymbol{q},\dot{\boldsymbol{q}})\boldsymbol{z}=0 \tag{8.3}$$

---

3. 特性 8.3

对于某个特定的有界常数 c_{o}，$n\times n$ 阶矩阵 $\boldsymbol{C}(\boldsymbol{q},\dot{\boldsymbol{q}})$ 满足

$$\|\boldsymbol{C}(\boldsymbol{q},\dot{\boldsymbol{q}})\|\leqslant c_{\mathrm{o}}\|\dot{\boldsymbol{q}}\| \tag{8.4}$$

---

4. 特性 8.4

对于某个特定的有界常数 g_{o}，重力/转矩向量满足

$$\|\boldsymbol{\tau}_{\mathrm{g}}(\boldsymbol{q})\|\leqslant g_{\mathrm{o}} \tag{8.5}$$

---

5. 特性 8.5

在惯性参数中，运动方程都是线性的，即存在一个 $r\times1$ 阶常值向量 $\boldsymbol{a}$ 和一个 $n\times r$ 阶回归矩阵 $\boldsymbol{Y}(\boldsymbol{q},\dot{\boldsymbol{q}},\ddot{\boldsymbol{q}})$，使得

$$\boldsymbol{H}(\boldsymbol{q})\ddot{\boldsymbol{q}}+\boldsymbol{C}(\boldsymbol{q},\dot{\boldsymbol{q}})\dot{\boldsymbol{q}}+\boldsymbol{\tau}_{\mathrm{g}}(\boldsymbol{q})=\boldsymbol{Y}(\boldsymbol{q},\dot{\boldsymbol{q}},\ddot{\boldsymbol{q}})\boldsymbol{a} \tag{8.6}$$

式中，向量 $\boldsymbol{a}$ 由连杆的质量、惯性矩及其组合共同决定。

---

6. 特性 8.6

映射 $\boldsymbol{\tau}\rightarrow\dot{\boldsymbol{q}}$ 是被动的；也就是说，存在 $\alpha\geqslant0$，使得

$$\int_0^t\dot{\boldsymbol{q}}^{\mathrm{T}}(\beta)\boldsymbol{\tau}(\beta)\mathrm{d}\beta\geqslant-\alpha\quad\forall t<\infty \tag{8.7}$$

备注 8.2：

1）特性 8.3 和特性 8.4 非常有用，可由此确定动力学模型中非线性项的上限。正如我们后面会看到的，许多控制方法都需要这些关于上限的知识。

8

2）在特性 8.5 中，参数向量 $\boldsymbol{a}$ 是由多个变量的各种组合构成的，因此该参数空间的阶度不是唯一的。在参数空间中的搜索是一个重要的问题。

3）在这一节中，我们假设操作臂是恰驱动的（the robot manipulator is fully actuated），这意味着对于每个自由度都有一个独立控制的输入。相反，含柔性关节或柔性连杆的操作臂不再是恰驱动的，因此它们的控制问题一般会更加困难。

8.1.2　控制任务

出于比较研究目的，将控制对象分成以下两类：

1）轨迹跟踪（trajectory tracking）。其目的是在特定的工作空间内，操作臂末端能通过关节随时间变化，实现对一个参考轨迹的跟踪。一般而言，假定驱动器的性能能够实现预期的轨迹要求。换言之，满足预期轨迹要求的关节速度与加速度不应超出操作臂的速度与加速度极限。实际上，驱动器的性能主要受转矩方面的限制，相应也会导致复杂的、随环境变化的加速度方面的限制。

2）调节（regulation）。有时也称作点对点控制。首先在关节空间中指定一个固定的参数设置，即使在有力矩干扰的情况下，关节变量仍能保持在理想位置，而且与初始条件无关。一般而言，瞬态和超调行为都是无法确定的。

控制器的选择可能取决于要执行的控制任务类型。例如，仅要求操作臂从一个位置移动到另一个位置，而对两点之间运动过程的精度没有特别高的要求，这类控制任务可以通过调节器来实现，而在其他一些任务中，如焊接、喷漆等则需要跟踪控制器。

备注 8.3：

1）调节问题是跟踪问题的一个特例（预期的关节速度和加速度都为零）。

2）在关节空间中给出以上的任务要求，就出现了关节空间控制，这是本章的主要内容。若根据末端执行器预期轨迹的要求来给定操作臂的任务要求（如手眼协同控制），这是在任务空间进行的，由此引出了操作空间控制，这将在 8.2 节中介绍。

8.1.3　小结

在 8.1 节中，我们介绍了操作臂的动力学模型及一些重要特性。进而定义了不同的操作臂控制任务。

8.2　关节空间与操作空间控制

在运动控制问题中，有这样一个典型场景：操作臂首先移动到一个位置，拿起一个物体，再将其运送到另一个位置，并放下它。这样的任务可以看作是某个高级操作任务，如喷漆和点焊的一部分。

任务通常是在任务空间内由末端执行器的预期轨迹来定义，而对任务的控制则是在关节空间中进行，进而实现预期目标。这种现象自然导致了两种控制方法，即关节空间控制（joint space control）和操作空间控制（operational space control）或任务空间控制（task space control）。

8.2.1　关节空间控制

关节空间控制的主要目标是设计一种反馈控制器，使关节坐标 $\boldsymbol{q}(t) \in \mathbb{R}^n$ 尽可能精确地跟踪预期运动 $\boldsymbol{q}_\mathrm{d}(t)$。为此，考虑在关节空间[8.2,4]中表达 n 自由度操作臂的运动方程（8.1）。在这种情况下，因为控制输入就是关节转矩，因此操作臂的控制很自然地在关节空间中实施。尽管如此，当使用者通过末端执行器的坐标来定义一个运动时，仍有必要了解以下方法。

图 8.1 所示为关节空间控制的广义概念。首先，将通过末端执行器坐标所描述的预期运动转换为相应的关节运动轨迹，这一转换可通过操作臂的逆运动学方程来实现。然后，反馈控制器通过测量操作臂当前的关节状态，来确定所需关节转矩的大小，以便使操作臂在关节空间中能沿着预期轨迹运动[8.1,4,7,8]。

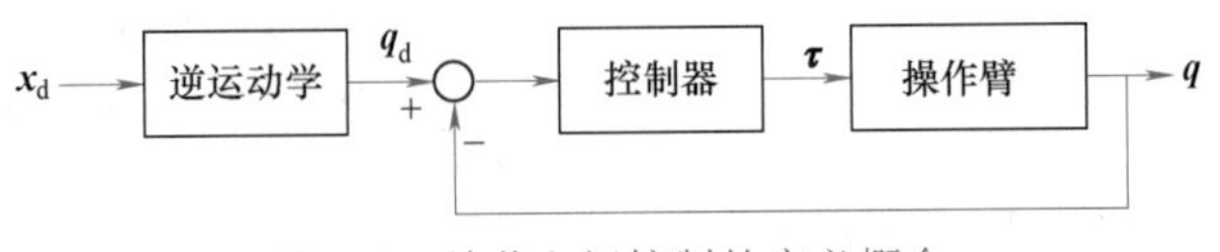

图 8.1　关节空间控制的广义概念

由于通常情况下都假定预期任务是按照关节运动的时间顺序给定的，因此在操作臂任务实施过程中，可以精确地预设好关节空间控制策略，几乎不需要在线轨迹调整[8.1,4,7,9]。特别是，逆运动学用于计算一些中间任务点，并且关节的运动轨迹可以利用这些中间点进行插补。尽管指令轨迹是末端执行器坐标在两个插入点之间的一条直线运动，但最终的关节运动轨迹也是由插入点中符合预期的末端执行器运动轨迹的曲线部分所组成的。

事实上，关节空间控制策略包括简单的比例-微分（PD）控制、PID 控制、逆运动学控制、李雅普诺夫控制和无源控制等，这些控制策略将在下文中介绍。

8.2.2 操作空间控制

在更复杂、确定性更小的环境中，末端执行器的运动需要在线修正，以适应不可预料的情况出现或响应传感器的输入信号。这种类型的控制问题往往出现在生产制造过程中的各种任务中，尤其是当需要考虑操作臂与环境之间存在交互（作用）时，这一点至关重要。

由于预期任务通常在操作空间中定义，并需要对末端执行器的运动进行精确控制，关节空间控制策略这时就显得不合适了。由此产生了一种新的控制方法，它可以直接根据操作空间的动力学给出控制策略[8.10,11]。

设雅可比矩阵 $\boldsymbol{J}(\boldsymbol{q}) \in \mathbb{R}^{n\times n}$，根据式（8.8）将关节空间速度（$\dot{\boldsymbol{q}} \in \mathbb{R}^n$）转换为操作空间速度（$\dot{\boldsymbol{x}} \in \mathbb{R}^n$），即

$$\dot{\boldsymbol{x}}=\boldsymbol{J}(\boldsymbol{q})\dot{\boldsymbol{q}} \tag{8.8}$$

并且，假设它是可逆的。那么操作空间动力学方程可写成下式的形式：

$$\boldsymbol{f}_c=\boldsymbol{\Lambda}(\boldsymbol{q})\ddot{\boldsymbol{x}}+\boldsymbol{\Gamma}(\boldsymbol{q},\dot{\boldsymbol{q}})\dot{\boldsymbol{x}}+\boldsymbol{\eta}(\boldsymbol{q}) \tag{8.9}$$

式中，$\boldsymbol{f}_c \in \mathbb{R}^n$ 是操作空间的指令力；伪惯性矩阵（pseudo-inertia matrix）由式（8.10）定义：

$$\boldsymbol{\Lambda}(\boldsymbol{q})=\boldsymbol{J}^{-\mathrm{T}}(\boldsymbol{q})\boldsymbol{H}(\boldsymbol{q})\boldsymbol{J}^{-1}(\boldsymbol{q}) \tag{8.10}$$

而 $\boldsymbol{\Gamma}(\boldsymbol{q},\dot{\boldsymbol{q}})$ 和 $\boldsymbol{\eta}(\boldsymbol{q})$ 可分别由下式给出：

$$\boldsymbol{\Gamma}(\boldsymbol{q},\dot{\boldsymbol{q}})=\boldsymbol{J}^{-\mathrm{T}}(\boldsymbol{q})\boldsymbol{C}(\boldsymbol{q},\dot{\boldsymbol{q}})\boldsymbol{J}^{-1}(\boldsymbol{q})-\boldsymbol{\Lambda}(\boldsymbol{q})\boldsymbol{J}(\boldsymbol{q})\boldsymbol{J}^{-1}(\boldsymbol{q})$$

$$\boldsymbol{\eta}(\boldsymbol{q})=\boldsymbol{J}^{-\mathrm{T}}(\boldsymbol{q})\boldsymbol{\tau}_g(\boldsymbol{q})$$

任务空间变量通常由关节空间变量通过运动学映射重建。事实上，很少使用传感器直接测量末端执行器的位置与速度。同时值得注意的是，由于控制策略直接作用于任务空间量，如末端执行器的位姿，此处通常会利用解析雅可比矩阵。

操作空间控制的主要目标是设计一种反馈控制器，允许执行末端执行器的运动 $\boldsymbol{x}(t) \in \mathbb{R}^n$，并尽可能准确地跟踪预期的末端执行器运动 $\boldsymbol{x}_d(t)$。为此，考虑操作空间中表示的操作臂运动方程（8.9）。对于这种情况，图 8.2 给出了操作空间控制的基本框图。该方法有不少优点，突出体现在操作空间控制器采用了一个反馈控制闭环，可以直接最大限度地减小任务误差。此外，由于控制算法嵌入了速度级的正运动学方程（8.8），因此不需要精确的逆运动学计算。这样，点与点之间的运动就可以表示为操作空间的直线段。

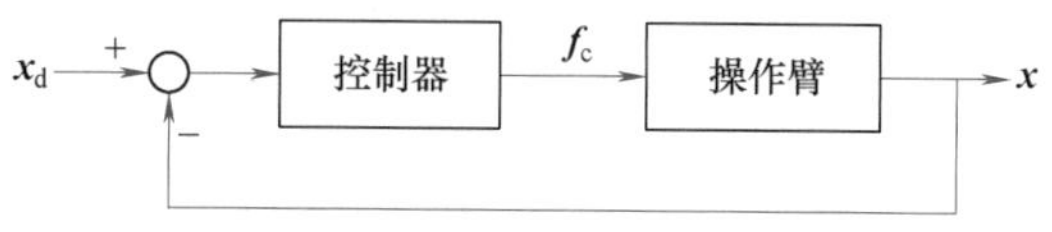

图 8.2 操作空间控制的基本框图

8

8.3 独立关节控制

独立关节控制（如分散控制）是指每个关节的控制输入只取决于相应关节的位移与速度的控制方式。由于它的结构简单，这种控制方法有许多优点。例如，通过独立的关节控制，可以忽略各个关节之间的联系。此外，由于控制器的计算量减小，因此在实际应用中低成本的硬件就可以满足要求。最后，由于所有关节的控制器都有相同的结构，因此独立关节的控制具有可扩展性。本节将介绍两种独立关节控制方法：一种基于各关节动力学模型（即单关节模型）的分析，另一种则是基于整体动力学模型（即多关节模型）的分析。

8.3.1 基于单关节模型的控制器设计

最简单的独立关节控制策略是用单输入、单输出（SISO）系统控制每个关节轴。在关节运动过程中，不同位形下关节之间的耦合作用可视为干扰输入。在不失一般性的情况下，将驱动器看作直流（DC）旋转电动机。因此，关节 i 的驱动系统框图可以在复变函数域中表示，如图 8.3 所示。在这种控制策略中，θ 表示电动机的转角变量，J 表示电动机的有效惯量，R_a 是电枢电阻（忽略自感），

k_t 和 k_V 分别表示转矩和电动机常数，G_v 表示功率放大器的电压增益，这样就确定了参考输入是功率放大器的输入值 V_c，而不是电枢电压 V_a。我们同时假定 $F_m \ll k_V k_t / R_a$，即机械（黏性）摩擦系数与电气系数相比可以忽略。电动机的输入-输出传递函数可由式（8.11）表示：

$$M(s)=\frac{k_m}{s(1+sT_m)} \tag{8.11}$$

式中，$k_m=G_v/k_V$ 和 $T_m=R_aJ/k_Vk_t$，分别表示电压-速度增益和电动机的时间常数。

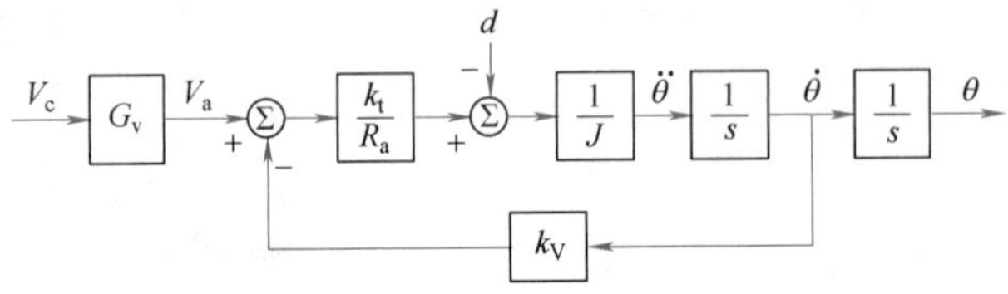

图 8.3 关节驱动系统框图（来自参考文献［8.4］）

为了指导控制结构的选取，首先要注意消除干扰 d 对输出角 θ 的影响，其有效方法包括：

1）在干扰的插补点之前安装一个大倍数的放大器。

2）控制器中积分环节的存在，用于抵消重力分量对稳态输出（如常数 θ）的影响。

在这种情况下，如图 8.4 所示，位置和速度反馈控制的操作类型可由该图来表示[8.4]。

$$\begin{cases} G_p(s)=K_P \\ G_v(s)=K_V\dfrac{1+sT_V}{s} \end{cases} \tag{8.12}$$

式中，$G_p(s)$ 和 $G_v(s)$ 分别相当于位置和速度的控制操作。值得注意的是，内部控制操作 $G_v(s)$ 是比例积分（propositional integral，PI）控制的一种形式，在常值干扰 d 下可实现稳态下的零误差。此外，k_{TP} 和 k_{TV} 都是传感器常数，放大器增益 K_V 已嵌入内部控制器增益中。在图 8.4 中，前向路径的传递函数为

$$P(s)=\frac{k_mK_PK_V(1+sT_V)}{s(1+sT_m)} \tag{8.13}$$

反向路径的传递函数为

$$H(s)=k_{TP}\left(1+s\frac{k_{TV}}{K_Pk_{TP}}\right) \tag{8.14}$$

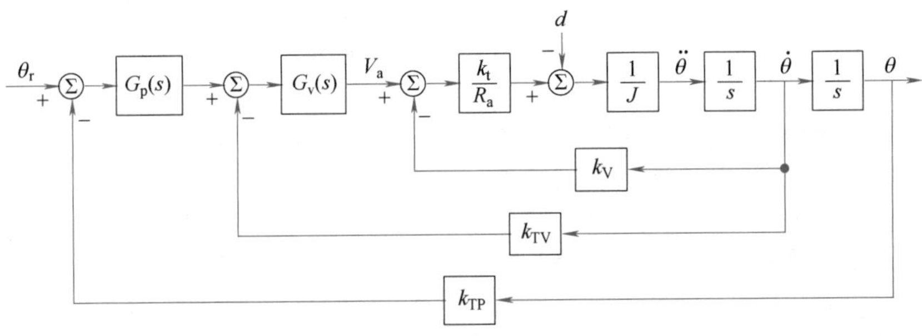

图 8.4 位置与速度反馈框图（来自参考文献［8.4］）

当 $s=-1/T_V$ 时，可以选择控制器的零点，以消除当 $s=-1/T_m$ 时电动机真正极点的影响。然后，令 $T_V=T_m$，使在根轨迹上移动的闭环系统的极点可以作为闭环增益的函数 $k_mK_Vk_{TV}$。通过增加位置反馈增益 K_P，可以将闭环极点限制在一个实部绝对值较大的复平面区域内。这样通过选择适当的 K_V 值就可以确定实际位置。

闭环输入-输出的传递函数为

$$\frac{\Theta(s)}{\Theta_r(s)}=\frac{\dfrac{1}{k_{TP}}}{1+\dfrac{sk_{TP}}{K_Pk_{TP}}+\dfrac{s^2}{k_mK_Pk_{TP}K_V}} \tag{8.15}$$

此函数可与典型的二阶系统传递函数相比，即

$$W(s)=\frac{\dfrac{1}{k_{TP}}}{1+\dfrac{2\zeta s}{\omega_n}+\dfrac{s^2}{\omega_n^2}} \tag{8.16}$$

可以看出，通过选择合适的增益系数，可以得到任何固有频率值 ω_n 和阻尼比 ζ。因此，如果将 ω_n 和 ζ 作为设计用的规格参数，即可得到如下关系式：

$$\begin{cases} K_Vk_{TV}=\dfrac{2\zeta\omega_n}{k_m} \\ K_Pk_{TP}K_V=\dfrac{\omega_n^2}{k_m} \end{cases} \tag{8.17}$$

对于给定的传感器常数 k_{TP} 和 k_{TV}，可以分别得到满足式（8.16）和式（8.17）的 K_V 和 K_P。另一方面，闭环扰动/输出函数为

$$\frac{\Theta(s)}{D(s)}=\frac{\dfrac{sR_a}{k_t K_P k_{TP} K_V(1+sT_m)}}{1+\dfrac{sk_{TV}}{K_P k_{TP}}+\dfrac{s^2}{k_m K_P k_{TP} K_V}} \tag{8.18}$$

该式表明，扰动抑制因子 $X_R(s)=K_P k_{TP} K_V$，并且是固定的。关于扰动动力学，应该牢记由 PI 产生的原点处的零值，在 $s=-1/T_m$ 处的真正极点，以及实部为 $-\zeta\omega_n$ 的成对共轭复极点。在这种情况下，通过分析上述传递函数的模型，可以得出使控制系统输出值从关节位置的扰动作用中恢复所需的时间估计值 T_R。这一估计值可表示为 $T_R=\max\{T_m, 1/\zeta\omega\}$。

8.3.2 基于多关节模型的控制器设计

近年来，人们提出了许多基于操作臂整体动力学模型（即多关节模型）的独立关节控制策略。例如，应用计算转矩类控制方法，参考文献［8.12］实现了水平运动的调节任务，参考文献［8.13］和［8.14］实现了任意平滑轨迹的跟踪任务。由于考虑的是整体动力学模型，所以需要处理关节之间的耦合作用。这些控制策略将在 8.6 节详细介绍。

8.3.3 小结与延展阅读

1. 小结

在本节中，我们提出了两种独立关节控制的策略：一种是基于单关节模型，另一种是基于多关节模型。前者侧重于单一关节的动力学，将关节之间的相互作用视为扰动。这种控制方法简单，但可能不适合高速跟踪场合。为此，我们还介绍了后者，它考虑了操作臂的整体动力学模型，因此可以处理关节间的耦合作用。

2. 延展阅读

基于单关节模型的独立关节控制中应用了许多不同的反馈类型（如纯位置反馈或位置、速度和加速度反馈）。参考文献［8.4］对其进行了全面讨论。当我们需要关节控制伺服以高速和加速度跟踪参考轨迹时，上述方法的跟踪性能肯定会变差。一种可能的补救方法是采用分散前馈补偿，以降低跟踪误差[8.4,5]。

8.4 PID 控制

8

传统意义上，可以将对操作臂的控制策略理解为“在每个电动机驱动操作臂关节的基础上，调节 PD 或 PID 补偿参数”这样一个简单事实。基本上，当用于双积分器系统时，PD 控制器是一个具有良好闭环特性的位置和速度反馈控制器。

从 1942 年 Ziegler 和 Nichols 发表 PID 的整定规则至今，PID 控制已经有了悠久的历史[8.15]。实际上，PID 控制的优势在于其简单和具有明确的物理意义。至少在工业生产上，如果无须通过复杂的控制来获得性能上的提高，那么简单的控制就会优于复杂的控制。PID 控制的物理意义如下[8.16]：P-控制指使当前状态转化为目标状态时，当前状态的作用；I-控制指以往状态信息的累加作用；D-控制指反映未来状态趋势信息的预测作用。

8.4.1 可调的 PD 控制

在操作臂控制中，一种简单的设计方法是相对于一个操作点的、利用基于系统线性化的线性控制策略。此方法的一个例子是基于重力补偿策略的 PD 控制[8.17,18]。重力补偿作为一种偏差校正，仅对引起超调和非对称瞬态行为的力进行补偿。它具有以下形式：

$$\boldsymbol{\tau}=\boldsymbol{K}_P(\boldsymbol{q}_d-\boldsymbol{q})-\boldsymbol{K}_V\dot{\boldsymbol{q}}+\boldsymbol{\tau}_g(\boldsymbol{q}) \tag{8.19}$$

式中，$\boldsymbol{K}_P$ 和 $\boldsymbol{K}_V\in\mathbb{R}^{n\times n}$ 是正定增益矩阵。这种控制器在定点调节中十分实用，这时 $\boldsymbol{q}_d$ 为常值[8.7,18]。采用此类控制器时［式(8.1)］，闭环方程为

$$\boldsymbol{H}(\boldsymbol{q})\ddot{\boldsymbol{q}}+\boldsymbol{C}(\boldsymbol{q},\dot{\boldsymbol{q}})\dot{\boldsymbol{q}}+\boldsymbol{K}_V\dot{\boldsymbol{q}}-\boldsymbol{K}_P\boldsymbol{e}_q=\boldsymbol{0} \tag{8.20}$$

式中，$\boldsymbol{e}_q=\boldsymbol{q}_d-\boldsymbol{q}$，平衡点是 $\boldsymbol{y}=[\boldsymbol{e}_q^T, \dot{\boldsymbol{q}}^T]^T=\boldsymbol{0}$。现在，通过带重力补偿的 PD 控制得到的稳定性可通过闭环动力学进行分析［式(8.20)］。考虑正定函数

$$V=\frac{1}{2}\dot{\boldsymbol{q}}^T\boldsymbol{H}(\boldsymbol{q})\dot{\boldsymbol{q}}+\frac{1}{2}\boldsymbol{e}_q^T\boldsymbol{K}_V\boldsymbol{e}_q$$

然后，通过使用 8.1 节的特性 8.2，函数的导数对于 $\dot{\boldsymbol{q}}$ 的任何值都变为负半定。即

$$\dot{V}=-\dot{\boldsymbol{q}}^T\boldsymbol{K}_V\dot{\boldsymbol{q}}\leqslant-\lambda_{\min}(\boldsymbol{K}_V)\|\dot{\boldsymbol{q}}\|^2 \tag{8.21}$$

式中，$\lambda_{\min}(\boldsymbol{K}_V)$ 是 $\boldsymbol{K}_V$ 的最小特征值。通过引用李雅普诺夫（Lyapunov）的稳定性理论和拉萨尔（LaSalle）定理，可以看到调节误差逐渐收敛为零，而其高阶导数保持有界。尽管比较简单，这种

控制器虽然简单，但需要了解重力分量（结构和参数）方面的知识。

现在，考虑简单的无重力补偿的 PD 控制

$$\boldsymbol{\tau}=\boldsymbol{K}_{\mathrm{P}}(\boldsymbol{q}_{\mathrm{d}}-\boldsymbol{q})-\boldsymbol{K}_{\mathrm{V}}\dot{\boldsymbol{q}} \tag{8.22}$$

则闭环动力学方程变为

$$\boldsymbol{H}(\boldsymbol{q})\ddot{\boldsymbol{q}}+\boldsymbol{C}(\boldsymbol{q},\dot{\boldsymbol{q}})\dot{\boldsymbol{q}}+\boldsymbol{\tau}_{\mathrm{g}}(\boldsymbol{q})+\boldsymbol{K}_{\mathrm{V}}\dot{\boldsymbol{q}}-\boldsymbol{K}_{\mathrm{P}}\boldsymbol{e}_{\mathrm{q}}=\boldsymbol{0} \tag{8.23}$$

考虑正定函数

$$V=\frac{1}{2}\dot{\boldsymbol{q}}^{\mathrm{T}}\boldsymbol{H}(\boldsymbol{q})\dot{\boldsymbol{q}}+\frac{1}{2}\boldsymbol{e}_{\mathrm{q}}^{\mathrm{T}}\boldsymbol{K}_{\mathrm{V}}\boldsymbol{e}_{\mathrm{q}}+U(\boldsymbol{q})+U_0$$

式中，$U(\boldsymbol{q})$ 是 $\partial U(\boldsymbol{q})/\partial\boldsymbol{q}=\boldsymbol{\tau}_{\mathrm{g}}(\boldsymbol{q})$ 的势能函数；U_0 是一个合适的常数。V 的时间导数和闭环动力学方程（8.23）给出了与之前利用重力补偿相同的结果［式(8.21)］。在这种情况下，控制系统必须在李雅普诺夫意义上是稳定的，但它不能根据拉萨尔定理得出调节误差将收敛到零的结论。实际上，该系统精度（调节误差向量的大小）将取决于式（8.24）中增益矩阵 $\boldsymbol{K}_{\mathrm{P}}$ 的大小。

$$\|\boldsymbol{e}_{\mathrm{q}}\|\leqslant\|\boldsymbol{K}_{\mathrm{P}}^{-1}\|g_0 \tag{8.24}$$

式中，g_0 正是 8.1 节特性 8.4 中的 g_0。因此，调节误差可以通过增加 $\boldsymbol{K}_{\mathrm{P}}$ 而任意减小。然而，测量噪声或其他未建模的动力学因素，如驱动器摩擦，会限制高增益在工程实际中的应用。

8.4.2 可调的 PID 控制

8

为了处理重力问题，可以在之前的 PD 控制中增加一个积分环节，重力在某种程度上可以看作是一个常值扰动（从局部观点看）。PID 调节控制器可以写成以下一般形式：

$$\boldsymbol{\tau}=\boldsymbol{K}_{\mathrm{P}}(\boldsymbol{q}_{\mathrm{d}}-\boldsymbol{q})+\boldsymbol{K}_{\mathrm{I}}\int f(\boldsymbol{q}_{\mathrm{d}}-\boldsymbol{q})\mathrm{d}t-\boldsymbol{K}_{\mathrm{V}}\dot{\boldsymbol{q}}$$

式中，$\boldsymbol{K}_{\mathrm{I}}\in\mathbb{R}^{n\times n}$ 是一个正定增益矩阵，且

- 若 $f(\boldsymbol{q}_{\mathrm{d}}-\boldsymbol{q})=\boldsymbol{q}_{\mathrm{d}}-\boldsymbol{q}$，我们用 PID 控制。
- 若增加 $\boldsymbol{K}_{\mathrm{I}}\int f(-\dot{\boldsymbol{q}})\mathrm{d}t$，我们用 $\mathrm{PI^2D}$ 控制。
- 若 $f(\cdot)=\tanh(\cdot)$，我们用 PD+非线性积分控制。

对于一个包括外部干扰（如 Coulomb 摩擦）的机器人运动控制系统，通过 PID 控制的全局渐进稳定性（GAS）已在参考文献［8.12］中得到证明。Tomei[8.19] 通过对重力的自适应证明了 PD 控制的全局渐近稳定性。另一方面，Ortega 等人[8.20] 证明，$\mathrm{PI^2D}$ 控制在存在有重力和有限外部干扰时，可能会产生半全局渐近稳定性（SGAS）。

另外，Angeli[8.21] 证明了 PD 控制可在机器人系统中实现输入-输出-状态稳定性（IOSS）。Ramirez 等人[8.22] 证明了 PID 控制可实现 SGAS（在某些情况下）。而 Kelly[8.23] 证明了 PD 加非线性积分控制可以实现重力下的 GAS。

事实上，在 PID 控制中，较大的积分环节会导致运动控制系统的不稳定。为了避免这种情况，积分增益的上限应该被限制[8.1]，即

$$\frac{k_{\mathrm{P}}k_{\mathrm{V}}}{\lambda_{\mathrm{H}}^2}>k_{\mathrm{I}}$$

式中，λ_{H} 即是 8.1 节特性 8.1 中的 λ_{H}，$\boldsymbol{K}_{\mathrm{P}}=k_{\mathrm{P}}\boldsymbol{I}$，$\boldsymbol{K}_{\mathrm{I}}=k_{\mathrm{I}}\boldsymbol{I}$，$\boldsymbol{K}_{\mathrm{V}}=k_{\mathrm{V}}\boldsymbol{I}$。这种关系为增益的选择提供了隐性指导。此外，PID 控制产生了许多 PID 控制加的方法，如 PID 加摩擦补偿器、PID 加重力补偿器、PID 加扰动观测器。

8.4.3 PID 参数整定

PID 控制可用于轨迹跟踪和定点调节。真正的跟踪控制将在 8.5 节后介绍。本节将介绍实际使用中简单且实用的 PID 增益整定方法。通用的 PID 控制器可以写成下面通用的形式：

$$\boldsymbol{\tau}=\boldsymbol{K}_{\mathrm{V}}\dot{\boldsymbol{e}}_{\mathrm{q}}+\boldsymbol{K}_{\mathrm{P}}\boldsymbol{e}_{\mathrm{q}}+\boldsymbol{K}_{\mathrm{I}}\int\boldsymbol{e}_{\mathrm{q}}\mathrm{d}t$$

或另一种形式：

$$\boldsymbol{\tau}=\left(\boldsymbol{K}+\frac{1}{\gamma^2}\boldsymbol{I}\right)\left(\dot{\boldsymbol{e}}_{\mathrm{q}}+\boldsymbol{K}_{\mathrm{P}}\boldsymbol{e}_{\mathrm{q}}+\boldsymbol{K}_{\mathrm{I}}\int\boldsymbol{e}_{\mathrm{q}}\mathrm{d}t\right) \tag{8.25}$$

在一个跟踪控制系统的基本稳定性分析中，Qu 和 Dorsey[8.24] 证明 PD 控制可以满足一致终极有界性（UUB）。此外，Berghuis 和 Nijmeijer[8.25] 提出了输出反馈 PD 控制，该控制方法在重力和有界扰动下满足半全局一致终极有界性（SGUUB）。最近，Choi 等人[8.26] 提出了逆优化 PID 控制方法，可确保扩展扰动的输入-状态稳定性（ISS）。

实际上，如果式（8.25）形式的 PID 控制器被反复用于同一定点控制或预期轨迹控制，则最大误差将与式（8.26）中的增益成比例关系：

$$\max_{0\leqslant t\leqslant t_{\mathrm{f}}}\|\boldsymbol{e}_{\mathrm{q}}(t)\|\propto\frac{\gamma^2}{\sqrt{2k\gamma^2+1}} \tag{8.26}$$

式中，t_{f} 是给定任务的最终执行时间，且 $\boldsymbol{K}=k\boldsymbol{I}$。这种关系可用来调整一个 PID 控制器的增益，被称为复合整定规则[8.16]。复合整定规则暗含以下简单的整定规则。

1）平方整定：对于一个小的 k，$\|\boldsymbol{e}_{\mathrm{q}}\|\propto\gamma^2$。

2）线性整定：对于一个大的 k，$\|\boldsymbol{e}_{\mathrm{q}}\|\propto\gamma$。

例如，假如我们选择正常数对角矩阵 $\boldsymbol{K}_{\mathrm{P}}=k_{\mathrm{P}}\boldsymbol{I}$，$\boldsymbol{K}_{\mathrm{I}}=k_{\mathrm{I}}\boldsymbol{I}$，且满足 $k_{\mathrm{P}}^2>2k_{\mathrm{I}}$。对于较小的 k 值，根据平方整定规则，如果减小 γ 为 1/2，最大误差将减小 1/4。对于较大的 k 值，最大误差将会随着 γ 成比

例减小。这意味着当其他增益参数确定后，我们可以仅仅使用一个变量 γ 来调整 PID 控制器[8.16] VIDEO 25。尽管这些规则对调整控制性能是非常有用的，但因为调节规则由比例关系构成，也仅能用于相同点设定或预期轨迹的重复试验中。

8.4.4 自整定

为简单起见，将复合误差定义为

$$s(t)=\dot{e}_q+K_P e_q+K_I\int e_q \mathrm{d}t$$

现在，已通过选择一个整定参数 $\hat{K}$ 实现简单的自整定 PID 控制，控制形式如下所示：

$$\tau=\left(\hat{K}(t)+\frac{1}{\gamma^2}I\right)s(t)$$

其自整定规则如下：

$$\frac{\mathrm{d}\hat{K}_i}{\mathrm{d}t}=\Gamma_i s_i^2(t)\quad i=1,\cdots,n \tag{8.27}$$

式中，Γ_i 是第 i 个控制关节的增益参数。

针对 PID 控制的实际应用，为了保持区域 Ω 内的综合误差，需提前指定用符号 Ω 表示的目标性能要求，即

$$\sup_{0\leqslant t\leqslant t_f}|s(t)|=\Omega$$

鉴于自整定规则中有式（8.27）所示的分散类型，我们建议自整定的分散标准如下：

$$|s_i|>\frac{\Omega}{\sqrt{2n}} \tag{8.28}$$

式中，n 是关节坐标的数量。一旦综合误差达到整定区域，自整定规则就会生效，以帮助实现预期性能。相反，如果综合误差落在了非整定区，即 $|s_i|>\Omega/\sqrt{2n}$。则自整定过程就将停止。在这种情况下，我们预计由自整定规则［式(8.27)］重置的增益 $\hat{K}$ 将大于矩阵 K_Ω 可以实现的目标性能 Ω。事实上，自整定规则在自整定区域中起着非线性阻尼的作用。

1. Matlab 示例（多媒体）

多媒体资源中给出了一个单杆操作臂控制系统的简单自整定示例，以帮助读者理解。

2. 延展阅读

PID 类型的控制器是为了解决调节控制问题而设计的。这种控制方法的优点是无须知道模型结构和参数。此外，本节还介绍了 PID 类型控制器实现的稳态性（条件）。与机器人学相关的读者可以找到许多详细介绍 PID 控制中使用的各种整定方法及其具体证明的书籍和论文[8.1,15,16,22,27,28]。

8

8.5 跟踪控制

虽然独立的 PID 控制对多数定点调节问题来说是足够，但有许多任务要求有效的轨迹跟踪能力，如等离子焊接、激光切割或规避障碍物的高速操作等。在这种情况下，若所采取的定位方案只能缓慢地通过数个中间设定点，则会大大延迟任务完成的时间。为了提高轨迹跟踪性能，控制器应该通过计算转矩类技术，并考虑操作臂的动力学模型。

在有关关节空间或操作空间中的跟踪控制问题中，包括跟踪给定的时变轨迹 $q_d(t)$ 或 $x_d(t)$，以及它们的连续微分 $\dot{q}_d(t)$ 或 $\dot{x}_d(t)$ 及 $\ddot{q}_d(t)$ 或 $\ddot{x}_d(t)$，这些参数分别描述的是预期的速度和加速度。为了得到更好的性能，必须尽力完善基于模型的控制策略[8.1,2,7]。在参考文献所报道的各类控制方法中，典型的控制方法包括逆动力学控制、反馈线性化技术和基于被动的控制方法。

8.5.1 逆动力学控制

尽管逆动力学控制有一定的理论背景，就像稍后讨论的反馈线性化技术一样，但它的起点却是基于消除非线性项和实现各连杆动力学关系解耦等直观性因素。关节空间中的逆动力学控制有以下形式：

$$\tau=H(q)v+C(q,\dot{q})\dot{q}+\tau_g(q) \tag{8.29}$$

将上式代入式（8.1）中，会得出 n 个解耦的线性系统方程组，如 $\ddot{q}=v$。其中，v 是一个待设计的辅助控制输入变量，v 的典型选择是

$$v=\ddot{q}_d+K_V(\dot{q}_d-\dot{q})+K_P(q_d-q) \tag{8.30}$$

或带有一个积分分量：

$$v=\ddot{q}_d+K_V(\dot{q}_d-\dot{q})+K_P(q_d-q)+K_I\int(q_d-q)\mathrm{d}t \tag{8.31}$$

由此得出式（8.30）中的辅助控制输入变量的误差动力学方程：

$$\ddot{\boldsymbol{e}}_{q}+\boldsymbol{K}_{V}\dot{\boldsymbol{e}}_{q}+\boldsymbol{K}_{P}\boldsymbol{e}_{q}=\mathbf{0}$$

如果使用式（8.31）中的辅助控制输入变量的方程：

$$\boldsymbol{e}_{q}^{(3)}+\boldsymbol{K}_{V}\ddot{\boldsymbol{e}}_{q}+\boldsymbol{K}_{P}\dot{\boldsymbol{e}}_{q}+\boldsymbol{K}_{I}\boldsymbol{e}_{q}=\mathbf{0}$$

通过选择合适的增益矩阵 $\boldsymbol{K}_V$ 和 $\boldsymbol{K}_P$（和 $\boldsymbol{K}_I$），两者的误差动力学方程都是呈指数级稳定的。

另外，可以在操作空间中描述逆动力学控制。考虑操作空间的动力学方程（8.9），如果在操作空间中采用下面的逆动力学控制：

$$\boldsymbol{f}_{c}=\boldsymbol{\Lambda}(\boldsymbol{q})(\ddot{\boldsymbol{x}}_{d}+\boldsymbol{K}_{V}\dot{\boldsymbol{e}}_{x}+\boldsymbol{K}_{P}\boldsymbol{e}_{x})+\boldsymbol{\Gamma}(\boldsymbol{q},\dot{\boldsymbol{q}})\dot{\boldsymbol{x}}+\boldsymbol{\eta}(\boldsymbol{q})$$

式中，$\boldsymbol{e}_x=\boldsymbol{x}_d-\boldsymbol{x}$，则产生的误差动力学为

$$\ddot{\boldsymbol{e}}_{x}+\boldsymbol{K}_{V}\dot{\boldsymbol{e}}_{x}+\boldsymbol{K}_{P}\boldsymbol{e}_{x}=\mathbf{0} \tag{8.32}$$

它也是指数稳定的。采用这种控制器的一个明显优点是可以在操作空间中选择有清晰物理意义的 $\boldsymbol{K}_P$ 和 $\boldsymbol{K}_V$，但如式（8.10）所示，当机器人接近奇异位形时，$\boldsymbol{\Lambda}(\boldsymbol{q})$ 值变得很大，这就意味着为了移动手臂，在某个方向上需要施加很大的力。

8.5.2 反馈线性化

这种方法是对刚性操作臂逆动力学概念的广义化。反馈线性化的基本思想是构造一个所谓的内环控制（inner-loop control）的变换，它使非线性系统坐标在进行了合适的状态空间变换后能精确地线性化。这样，设计者就能在新的坐标系中设计出第二级或外环控制（outer-loop control），以满足传统控制方法的要求，如轨迹跟踪、抗扰动等[8.5,29]。如果设计者在操作臂的动力学描述中还包含传动动力学，如因轴弯曲引起的弹力、齿轮弹力等，则操作臂控制的反馈线性化策略优点就十分明显了。

近年来出现了大量令人印象深刻的关于非线性系统微分几何方法的文献，该领域大多数研究的目的是给出非线性系统各种几何性质与坐标系无关的抽象描述，但这对非数学家来说很难理解。本节的目的是给出反馈线性化策略的基本思想，并介绍这项技术的一个简单版本，以找到操作臂控制问题的直接应用。读者可参考文献［8.30］，了解采用微分几何方法的反馈线性化技术的综合应用。

现在通过考虑一般类型的输出 $\boldsymbol{\xi}\in\mathbb{R}^{p}$，找到一个简单的方法，以确定操作臂动力学方程式（8.1）在线性化状态空间中的表述：

$$\boldsymbol{\xi}=\boldsymbol{h}(\boldsymbol{q})+\boldsymbol{r}(t) \tag{8.33}$$

式中，$\boldsymbol{h}(\boldsymbol{q})$ 是关节坐标 $\boldsymbol{q}\in\mathbb{R}^n$ 的一般预定函数；$\boldsymbol{r}(t)$ 是一般预定时间函数。控制目标是选择合适的关节转矩输入值 $\boldsymbol{\tau}$，使输出 $\boldsymbol{\xi}(t)$ 为零。

$\boldsymbol{h}(\boldsymbol{q})$ 和 $\boldsymbol{r}(t)$ 的选择是基于控制目标的。例如，如果预期操作臂跟踪的关节空间轨迹满足 $\boldsymbol{h}(\boldsymbol{q})=-\boldsymbol{q}$ 且 $\boldsymbol{r}(t)=\boldsymbol{q}_d(t)$，那么 $\boldsymbol{\xi}(t)=\boldsymbol{q}_d(t)-\boldsymbol{q}(t)\equiv\boldsymbol{e}_q(t)$ 则为关节空间的跟踪误差。在这种情况下，令 $\boldsymbol{\xi}(t)$ 为零，将导致关节变量 $\boldsymbol{q}(t)$ 跟踪预期值 $\boldsymbol{q}_d(t)$，从而产生操作臂轨迹跟踪问题。另外一个例子，令 $\boldsymbol{\xi}(t)$ 为操作空间的跟踪误差，即 $\boldsymbol{\xi}(t)=\boldsymbol{x}_d(t)-\boldsymbol{x}(t)\equiv\boldsymbol{e}_x(t)$，那么 $\boldsymbol{\xi}(t)$ 控制为零，意味着预期运动可以在指定的操作空间中直接产生跟踪轨迹。

为了得到操作臂控制器设计的线性状态变量模型，我们将输出 $\boldsymbol{\xi}(t)$ 进行二阶微分，可得

$$\dot{\boldsymbol{\xi}}=\frac{\partial\boldsymbol{h}}{\partial\boldsymbol{q}}\dot{\boldsymbol{q}}+\dot{\boldsymbol{r}}=\boldsymbol{T}\dot{\boldsymbol{q}}+\dot{\boldsymbol{r}} \tag{8.34}$$

$$\ddot{\boldsymbol{\xi}}=\boldsymbol{T}\ddot{\boldsymbol{q}}+\dot{\boldsymbol{T}}\dot{\boldsymbol{q}}+\ddot{\boldsymbol{r}} \tag{8.35}$$

式中，我们定义一个 $p\times n$ 阶变换矩阵，形式为

$$\boldsymbol{T}(\boldsymbol{q})=\frac{\partial\boldsymbol{h}(\boldsymbol{q})}{\partial\boldsymbol{q}}=\left(\frac{\partial\boldsymbol{h}}{\partial q_1}\ \frac{\partial\boldsymbol{h}}{\partial q_2}\cdots\frac{\partial\boldsymbol{h}}{\partial q_n}\right) \tag{8.36}$$

给定输出 $\boldsymbol{h}(\boldsymbol{q})$，直接计算与 $\boldsymbol{h}(\boldsymbol{q})$ 相关的变换矩阵 $\boldsymbol{T}(\boldsymbol{q})$。在 $\dot{\boldsymbol{\xi}}$ 表示操作空间内速度误差的特殊情况下，$\boldsymbol{T}(\boldsymbol{q})$ 表示的就是雅可比矩阵 $\boldsymbol{J}(\boldsymbol{q})$。

根据式（8.1），有

$$\ddot{\boldsymbol{q}}=\boldsymbol{H}^{-1}(\boldsymbol{q})[\boldsymbol{\tau}-\boldsymbol{n}(\boldsymbol{q},\dot{\boldsymbol{q}})]\boldsymbol{J}(\boldsymbol{q}) \tag{8.37}$$

非线性项的表达式为

$$\boldsymbol{n}(\boldsymbol{q},\dot{\boldsymbol{q}})=\boldsymbol{C}(\boldsymbol{q},\dot{\boldsymbol{q}})\boldsymbol{q}+\boldsymbol{\tau}_g(\boldsymbol{q}) \tag{8.38}$$

那么，由式（8.35）可得

$$\ddot{\boldsymbol{\xi}}=\ddot{\boldsymbol{r}}+\dot{\boldsymbol{T}}\dot{\boldsymbol{q}}+\boldsymbol{T}(\boldsymbol{q})\boldsymbol{H}^{-1}(\boldsymbol{q})[\boldsymbol{\tau}-\boldsymbol{n}(\boldsymbol{q},\dot{\boldsymbol{q}})] \tag{8.39}$$

定义控制输入（control input）函数为

$$\boldsymbol{u}=\ddot{\boldsymbol{r}}+\dot{\boldsymbol{T}}\dot{\boldsymbol{q}}+\boldsymbol{T}(\boldsymbol{q})\boldsymbol{H}^{-1}(\boldsymbol{q})[\boldsymbol{\tau}-\boldsymbol{n}(\boldsymbol{q},\dot{\boldsymbol{q}})] \tag{8.40}$$

现在可以通过 $\boldsymbol{y}=(\boldsymbol{\xi}\dot{\boldsymbol{\xi}})$ 定义状态 $\boldsymbol{y}(t)\in\mathbb{R}^{2p}$，则操作臂动力学方程为

$$\dot{\boldsymbol{y}}=\begin{pmatrix}\mathbf{0} & \boldsymbol{I}_P\\ \mathbf{0} & \mathbf{0}\end{pmatrix}\boldsymbol{y}+\begin{pmatrix}\mathbf{0}\\ \boldsymbol{I}_P\end{pmatrix}\boldsymbol{u} \tag{8.41}$$

这是线性状态空间系统的表达式：

$$\dot{\boldsymbol{y}}=\boldsymbol{A}\boldsymbol{y}+\boldsymbol{B}\boldsymbol{u} \tag{8.42}$$

由控制输入驱动 $\boldsymbol{u}$，由于 $\boldsymbol{A}$ 和 $\boldsymbol{B}$ 的特殊形式，这种系统被称为布鲁诺夫斯基（Brunovsky）典型形式，而且 $\boldsymbol{u}(t)$ 总是可控的。

由于式（8.40）被认为是操作臂动力学方程的线性变换（linearizing transformation），可通过反变换得到关节转矩：

$$\boldsymbol{\tau}=\boldsymbol{H}(\boldsymbol{q})\boldsymbol{T}^{+}(\boldsymbol{q})(\boldsymbol{u}-\ddot{\boldsymbol{r}}-\dot{\boldsymbol{T}}\dot{\boldsymbol{q}})+\boldsymbol{n}(\boldsymbol{q},\dot{\boldsymbol{q}}) \tag{8.43}$$

式中，$\boldsymbol{T}^{+}$ 是变换矩阵 $\boldsymbol{T}(\boldsymbol{q})$ 的摩尔-彭罗斯（Moore-Penrose）广义逆矩阵。

在 $\boldsymbol{\xi}=\boldsymbol{e}_q(t)$ 的特殊情况下，如果根据PD反馈

$u=-K_P\xi-K_V\dot{\xi}$，选择 $u(t)$ 使式（8.41）稳定，则 $T=-I_n$。由式（8.43）定义的控制输入转矩 $\tau(t)$ 会使操作臂按照使 $y(t)$ 趋向于零的方式运动。在这种情况下，反馈线性化控制和逆动力学控制效果是相同的。

8.5.3 无源控制

无源控制策略明确地使用了拉格朗日系统的无源性[8.31,32]。较之逆动力学方法，无源控制器不依赖于操作臂非线性的准确去除，它比前者具备更好的鲁棒性。式（8.44）给出了无源控制的输入。

$$\dot{q}_r=\dot{q}_d+\alpha e_q \quad \alpha>0$$

$$\tau=H(q)\ddot{q}_r+C(q,\dot{q})\dot{q}_r+\tau_g(q)+K_V\dot{e}_q-K_P\dot{e}_q \tag{8.44}$$

通过式（8.44），我们可以得到下面的闭环系统：

$$H(q)\dot{s}_q+C(q,\dot{q})s_q+K_V\dot{e}_q-K_Pe_q=0 \tag{8.45}$$

式中，$s_q=\dot{e}_q+\alpha e_q$。选取李雅普诺夫函数 $V(y,t)$ 如下：

$$V=\frac{1}{2}y^T\begin{pmatrix}\alpha K_V+K_P+\alpha^2H & \alpha H\\ \alpha H & H\end{pmatrix}y=\frac{1}{2}y^TPy \tag{8.46}$$

由于上述方程是正定的，它在原点处平衡，即 $y=(e_q^T,\dot{e}_q^T)^T=0$。此外，$V$ 由下式限定：

$$\sigma_m\|y\|^2\leqslant y^TPy\leqslant\sigma_M\|y\|^2 \quad \sigma_M\geqslant\sigma_m>0 \tag{8.47}$$

将 V 相对时间求导，得

$$\dot{V}=-\dot{e}_q^TK_V\dot{e}_q-\alpha e_qK_Pe_q=-y^TQy<0 \tag{8.48}$$

式中，$Q=\mathrm{diag}[\alpha K_P,K_V]$。由于 Q 是正定的，并且是 y 的二次函数，因此也可以得到下面的限定关系式：

$$\kappa_m\|y\|^2\leqslant y^TQy\leqslant\kappa_M\|y\|^2 \quad \kappa_M\geqslant\kappa_m>0 \tag{8.49}$$

然后，由李雅普诺夫函数 V 的约束方程得到

$$\dot{V}\leqslant-\kappa_m\|y\|^2=-2\eta V \quad \eta=\frac{\kappa_m}{\sigma_M} \tag{8.50}$$

最终可以得到

$$V(t)\leqslant V(0)e^{-2\eta t} \tag{8.51}$$

已经证明，α 的大小会显著影响跟踪结果[8.33]。在 α 取小的数值情况下，操作臂更易产生振动。大的 α 值对应着更好的跟踪性能，并且在位置误差较小时，可让 s_q 避免受到速度测量噪声的影响。参考文献［8.34］表明，式（8.52）可用于二次优化。

$$K_P=\alpha K_V \tag{8.52}$$

8.5.4 小结

本节回顾了一些迄今为止提出的基于模型的运动控制方法。在这些控制方法中，理论上讲，闭环系统能够提供系统的渐近稳定或全局指数稳定。然而，在实际中，这些理想的状态下根本无法达到。这主要是由于采样率、测量噪声、扰动和未建模的动态参数等因素限制了可获得的增益和控制算法的性能[8.33,35,36]。

8

8.6 计算转矩与计算转矩类控制

多年来，人们提出了多种机器人控制方法，其中大多数可视为将反馈线性化技术应用于非线性系统[8.37,38]的计算转矩控制类方法的特例（图 8.5）。本节首先将介绍计算转矩控制，之后将介绍它的变异形式，即所谓的计算转矩类控制。

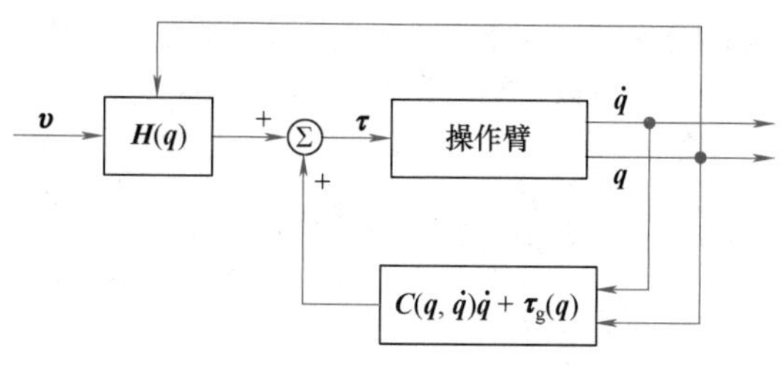

图 8.5 计算转矩控制

8.6.1 计算转矩控制

回顾式（8.29）中的控制系统输入变量：

$$\tau=H(q)v+C(q,\dot{q})\dot{q}+\tau_g(q)$$

上式也称作计算转矩控制。它由一个内在的非线性补偿环和一个带有外生控制信号 v 的外部环构成。将这种控制律应用于操作臂的动力学模型，得出如下结论：

$$\ddot{q}=v \tag{8.53}$$

需要注意的是，这种控制输入将一个复杂的非线性控制器设计问题转化为一个由 n 个解耦子系统组成的线性系统的简单设计问题。一种外环控制 v 的方法是式（8.30）中所示的 PD 反馈：

$$v=\ddot{q}_d+K_V\dot{e}_q+K_Pe_q$$

在这种情况下，总的控制输入表达式为

$$\tau=H(q)(\ddot{q}_d+K_V\dot{e}_q+K_Pe_q)+C(q,\dot{q})\dot{q}+\tau_g(q)$$

由此产生的线性误差动力学方程为

$$\ddot{e}_q+K_V\dot{e}_q+K_Pe_q=0 \tag{8.54}$$

根据线性系统理论，确定跟踪误差收敛到零[8.29,39]。

备注 8.4：

一般情况下，为了保证误差系统的稳定性，令 $\boldsymbol{K}_V$ 和 $\boldsymbol{K}_P$ 为 $n\times n$ 阶对角正定矩阵（即 $\boldsymbol{K}_V=\mathrm{diag}(k_{V,1},\cdots,k_{V,n})>\boldsymbol{0}$，$\boldsymbol{K}_P=\mathrm{diag}(k_{P,1},\cdots,k_{P,n})>\boldsymbol{0}$）。然而，由于外环乘法器 $\boldsymbol{H}(\boldsymbol{q})$ 和内环完全非线性补偿项 $\boldsymbol{C}(\boldsymbol{q},\dot{\boldsymbol{q}})\dot{\boldsymbol{q}}+\boldsymbol{\tau}_g(\boldsymbol{q})$ 干扰不同控制信道的所有关节信号，上述控制形式不能得到关节的独立控制。

8.6.2 计算转矩类控制

值得注意的是，若想应用计算转矩控制，就需要确保动力学模型的各个参数完全已知，而且控制输入信号能够实现实时计算。为了规避这些强约束条件，已经提出了一些计算转矩控制的变异形式，如计算转矩类控制。计算转矩类控制器可以通过修正如下计算转矩控制得到

$$\boldsymbol{\tau}=\hat{\boldsymbol{H}}(\boldsymbol{q})\boldsymbol{v}+\hat{\boldsymbol{C}}(\boldsymbol{q},\dot{\boldsymbol{q}})\dot{\boldsymbol{q}}+\hat{\boldsymbol{\tau}}(\boldsymbol{q}) \tag{8.55}$$

式中，^表示计算值或标称值，并且说明了由于系统的不确定性，理论上的精确反馈线性控制不能在实际中实现。计算转矩类控制如图8.6所示。

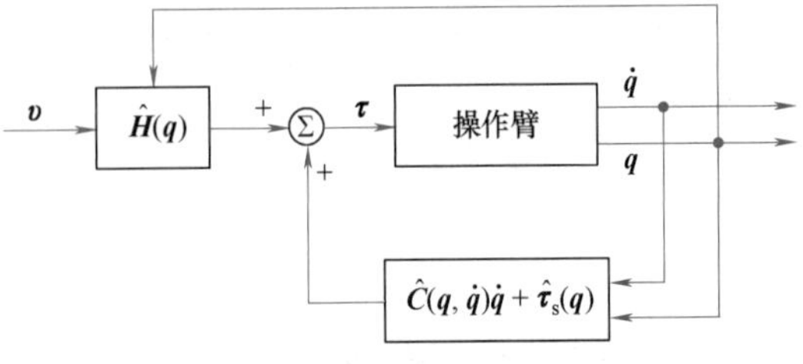

图8.6 计算转矩类控制

1. 具有变结构补偿的计算转矩类控制

由于系统参数的不确定性，为实现轨迹跟踪，就需要在外环设计中设计补偿项。具有变结构补偿的计算转矩类控制的表达式为

$$\boldsymbol{v}=\ddot{\boldsymbol{q}}_d+\boldsymbol{K}_V\dot{\boldsymbol{e}}_q+\boldsymbol{K}_P\boldsymbol{e}_q+\Delta\boldsymbol{v} \tag{8.56}$$

式中，变结构补偿项 $\Delta\boldsymbol{v}$ 可以表达为

$$\Delta\boldsymbol{v}=\begin{cases}-\rho(\boldsymbol{x},t)\dfrac{\boldsymbol{B}^T\boldsymbol{P}\boldsymbol{x}}{\|\boldsymbol{B}^T\boldsymbol{P}\boldsymbol{x}\|} & \text{如果}\|\boldsymbol{B}^T\boldsymbol{P}\boldsymbol{x}\|\neq 0\\ 0 & \text{如果}\|\boldsymbol{B}^T\boldsymbol{P}\boldsymbol{x}\|=0\end{cases} \tag{8.57}$$

式中，$\boldsymbol{x}=(\boldsymbol{e}_q^T,\dot{\boldsymbol{e}}_q^T)^T$；$\boldsymbol{B}=(\boldsymbol{0},\boldsymbol{I}_n)^T$；$\boldsymbol{P}$ 是一个 $2n\times 2n$ 阶对称正定矩阵，满足式（8.58）。

$$\boldsymbol{PA}+\boldsymbol{A}^T\boldsymbol{P}=-\boldsymbol{Q} \tag{8.58}$$

式中，矩阵 $\boldsymbol{A}$ 定义为

$$\boldsymbol{A}=\begin{pmatrix}\boldsymbol{0} & \boldsymbol{I}_n\\ -\boldsymbol{K}_P & -\boldsymbol{K}_V\end{pmatrix} \tag{8.59}$$

而 $\boldsymbol{Q}$ 是任意一个合适的 $2n\times 2n$ 阶对称正定矩阵。

$$\rho(\boldsymbol{x},t)=\frac{1}{1-\alpha}[\alpha\beta+\|\boldsymbol{K}\|\|\boldsymbol{x}\|+\overline{H}\phi(\boldsymbol{x},t)] \tag{8.60}$$

式中，α 和 β 是正常数；$\|\boldsymbol{H}^{-1}(\boldsymbol{q})\hat{\boldsymbol{H}}(\boldsymbol{q})-\boldsymbol{I}_n\|\leqslant\alpha<1$ 对所有的 $\boldsymbol{q}\in\mathbf{R}^n$ 都满足，且 $\sup_{t\in[0,\infty)}\|\ddot{\boldsymbol{q}}_d(t)\|<\beta$；$\boldsymbol{K}$ 是一个 $n\times 2n$ 阶矩阵，并且 $\boldsymbol{K}=[\boldsymbol{K}_P\ \boldsymbol{K}_V]$；对所有 $\boldsymbol{q}\in\boldsymbol{R}^n$，$\|\boldsymbol{H}^{-1}(\boldsymbol{q})\|\leqslant\overline{\lambda}_H$，其中 $\overline{\lambda}_H$ 是一个正常数。此外，函数 ϕ 定义为

$$\|[\hat{\boldsymbol{C}}(\boldsymbol{q},\dot{\boldsymbol{q}})-\boldsymbol{C}(\boldsymbol{q},\dot{\boldsymbol{q}})]\dot{\boldsymbol{q}}+[\hat{\boldsymbol{\tau}}_g(\boldsymbol{q})-\boldsymbol{\tau}_g(\boldsymbol{q})]\|\leqslant\phi(\boldsymbol{x},t) \tag{8.61}$$

通过参考文献［8.5，40］中的稳定性分析可以看出，使用李雅普诺夫函数式（8.62）可以使其跟踪误差收敛到零。

$$V=\boldsymbol{x}^T\boldsymbol{P}\boldsymbol{x} \tag{8.62}$$

备注 8.5：

1）根据8.1节的特性8.1，存在正的常数 $\overline{\lambda}_H$ 与 $\overline{\lambda}_h$，有 $\overline{\lambda}_h\leqslant\|\boldsymbol{H}^{-1}(\boldsymbol{q})\|\leqslant\overline{\lambda}_H$，使此不等式对 $\boldsymbol{q}\in\mathbf{R}^n$ 成立。如果选择

$$\boldsymbol{H}=\frac{1}{c}\boldsymbol{I}_n \tag{8.63}$$

式中，$c=\dfrac{\overline{\lambda}_h+\overline{\lambda}_H}{2}$。则又有

$$\|\boldsymbol{H}^{-1}(\boldsymbol{q})\hat{\boldsymbol{H}}(\boldsymbol{q})-\boldsymbol{I}_n\|\leqslant\frac{\overline{\lambda}_H-\overline{\lambda}_h}{\overline{\lambda}_h+\overline{\lambda}_H}\equiv\alpha<1 \tag{8.64}$$

式（8.64）说明，对于相同的 $\alpha<1$，总是存在至少一个 $\hat{\boldsymbol{H}}$ 满足关系式。

2）由于 $\Delta\boldsymbol{v}$ 存在间断点，当采用该控制策略时，可能会产生抖振现象。值得注意的是，由于控制中高频分量能够激发未建模的动力学作用（如关节柔性），抖振现象经常是不可预期的[8.6,29,38]。为了避免抖振现象，不妨采用变结构补偿的方法，如

$$\Delta\boldsymbol{v}=\begin{cases}-\rho(\boldsymbol{x},t)\dfrac{\boldsymbol{B}^T\boldsymbol{P}\boldsymbol{x}}{\|\boldsymbol{B}^T\boldsymbol{P}\boldsymbol{x}\|} & \text{如果}\|\boldsymbol{B}^T\boldsymbol{P}\boldsymbol{x}\|>\varepsilon\\ \dfrac{-\rho(\boldsymbol{x},t)}{\varepsilon}\boldsymbol{B}^T\boldsymbol{P}\boldsymbol{x} & \text{如果}\|\boldsymbol{B}^T\boldsymbol{P}\boldsymbol{x}\|\leqslant\varepsilon\end{cases} \tag{8.65}$$

式中，ε 是一个用来作为边界层的正常数。根据这一修正，跟踪误差的收敛性可以被限定在一定的误差范围内。当 ε 值很小时，便可以得到一个很小的误差范围。

2. 具有独立关节补偿的计算转矩类控制

前一种补偿方案是集中的，这意味着若想实现在线计算，就需要完成大量的计算任务，并且需要昂贵的硬件作为支持。为了解决这一问题，下面将介绍一种具有独立关节补偿的计算转矩类控制策略。在这种策略中，通过估计得到下述关系式：

$$\hat{\boldsymbol{H}}(\boldsymbol{q})=\boldsymbol{I},\ \hat{\boldsymbol{C}}(\boldsymbol{q},\dot{\boldsymbol{q}})=\boldsymbol{0},\ \boldsymbol{\tau}(\boldsymbol{q})=\boldsymbol{0} \tag{8.66}$$

使用外环中的变量$\boldsymbol{v}$，得到

$$\boldsymbol{v}=\boldsymbol{K}_{\mathrm{V}}\dot{\boldsymbol{e}}_{\mathrm{q}}+\boldsymbol{K}_{\mathrm{P}}\boldsymbol{e}_{\mathrm{q}}+\Delta\boldsymbol{v} \tag{8.67}$$

式中，$\boldsymbol{K}_{\mathrm{V}}$ 和 $\boldsymbol{K}_{\mathrm{P}}$ 选取正常数，且足够大。$\Delta\boldsymbol{v}=(v_1,\cdots,v_n)^{\mathrm{T}}$ 中的第 i 个分量 Δv_i 定义为

$$\Delta\boldsymbol{v}_i=\begin{cases}-[\boldsymbol{\beta}^{\mathrm{T}}\boldsymbol{\omega}(\boldsymbol{q}_{\mathrm{d}},\dot{\boldsymbol{q}}_{\mathrm{d}})]^2\dfrac{s_i}{\varepsilon_i} & \text{如果}\ |s_i|\leqslant\dfrac{\varepsilon_i}{\boldsymbol{\beta}^{\mathrm{T}}\boldsymbol{\omega}(\boldsymbol{q}_{\mathrm{d}},\dot{\boldsymbol{q}}_{\mathrm{d}})}\\ -\boldsymbol{\beta}^{\mathrm{T}}\boldsymbol{\omega}(\boldsymbol{q}_{\mathrm{d}},\dot{\boldsymbol{q}}_{\mathrm{d}})]\dfrac{s_i}{|\boldsymbol{s}_i|} & \text{如果}\ |s_i|>\dfrac{\varepsilon_i}{\boldsymbol{\beta}^{\mathrm{T}}\boldsymbol{\omega}(\boldsymbol{q}_{\mathrm{d}},\dot{\boldsymbol{q}}_{\mathrm{d}})}\end{cases} \tag{8.68}$$

在这种补偿中，$s_i=\dot{e}_{\mathrm{q},i}+\lambda_i e_{\mathrm{q},i}$，$i\in\{1,\cdots,n\}$，且 λ_i 为正常数。此外，根据操作臂的特性，可以得到

$$\|\hat{\boldsymbol{H}}(\boldsymbol{q})\ddot{\boldsymbol{q}}_{\mathrm{d}}+\hat{\boldsymbol{C}}(\boldsymbol{q},\dot{\boldsymbol{q}})\dot{\boldsymbol{q}}_{\mathrm{d}}+\hat{\boldsymbol{\tau}}_{\mathrm{g}}(\boldsymbol{q})\|\leqslant$$
$$\beta_1+\beta_2\|\boldsymbol{q}\|+\|\dot{\boldsymbol{q}}\|=\boldsymbol{\beta}^{\mathrm{T}}\boldsymbol{\omega}(\boldsymbol{q},\dot{\boldsymbol{q}})$$

并且，$\boldsymbol{\beta}=(\beta_1,\beta_2,\beta_3)^{\mathrm{T}}$，进而有

$$\boldsymbol{\omega}(\boldsymbol{q},\dot{\boldsymbol{q}})=[1,\|\boldsymbol{q}\|,\|\dot{\boldsymbol{q}}\|]^{\mathrm{T}} \tag{8.69}$$

最后，$\varepsilon_i i\in\{1,\cdots,n\}$，是边界层的可变长度，且满足

$$\dot{\varepsilon}_i=-g_i\varepsilon_i,\ \varepsilon(0)>0,\ g_i>0 \tag{8.70}$$

这里值得指出的一点是，控制策略中的变量 $\boldsymbol{\omega}$ 被设计为期望补偿而不是反馈。进一步来讲，这种控制策略满足之前介绍过的关节独立控制形式，因而也具备前面提到的那些优点。通过应用李雅普诺夫函数，可以在式（8.71）中体现跟踪误差逐渐趋于零这一特点：

$$V=\frac{1}{2}(\boldsymbol{e}_{\mathrm{q}}^{\mathrm{T}}\ \dot{\boldsymbol{e}}_{\mathrm{q}}^{\mathrm{T}})\begin{pmatrix}\lambda\boldsymbol{K}_{\mathrm{P}} & \boldsymbol{H}\\ \boldsymbol{H} & \lambda\boldsymbol{H}\end{pmatrix}\begin{pmatrix}\boldsymbol{e}_{\mathrm{q}}\\ \dot{\boldsymbol{e}}_{\mathrm{q}}\end{pmatrix}+\sum_{i=1}^{n}g_i^{-1}\varepsilon_i \tag{8.71}$$

它沿着闭环系统轨迹的时间导数为

$$\dot{V}=-\alpha\left|\begin{pmatrix}\boldsymbol{e}_{\mathrm{q}}\\ \dot{\boldsymbol{e}}_{\mathrm{q}}\end{pmatrix}\right|^2 \tag{8.72}$$

如果 $\boldsymbol{K}_{\mathrm{P}}$ 和 γ 足够大，则可以得到 α 为某一正常数。关于稳定性的详细分析在特性 8.3 和特性 8.4 中，也可见参考文献［8.13］。

备注 8.6：

与具有变结构补偿的计算转矩类控制类似，考虑如下的非零边界层：

$$\dot{\varepsilon}_i=-g_i\varepsilon_i,\ \varepsilon(0)>0,\ g_i,\alpha_i>0 \tag{8.73}$$

在这样的修正之后，跟踪误差收敛到一个剩余集，当 ε 值很小（即更小的 α_i 值）时，可以得到一个更小的剩余集范围。

为了完成点对点的控制任务，设计了一个带有重力补偿的 PD 控制器，并对其进行了估计：

$$\hat{\boldsymbol{H}}(\boldsymbol{q})=\boldsymbol{I},\ \hat{\boldsymbol{C}}(\boldsymbol{q},\dot{\boldsymbol{q}})=\boldsymbol{0},\ \boldsymbol{\tau}_{\mathrm{g}}(\boldsymbol{q})=\hat{\boldsymbol{\tau}}_{\mathrm{g}}(\boldsymbol{q}) \tag{8.74}$$

式中，$\boldsymbol{\tau}_{\mathrm{g}}(\boldsymbol{q})$是操作臂动力学模型的重力项（gravity term）。根据外环中的变量$\boldsymbol{v}$，即

$$\boldsymbol{v}=\boldsymbol{K}_{\mathrm{V}}\dot{\boldsymbol{e}}_{\mathrm{q}}+\boldsymbol{K}_{\mathrm{P}}\boldsymbol{e}_{\mathrm{q}} \tag{8.75}$$

使控制输入变量变为

$$\boldsymbol{\tau}=\boldsymbol{K}_{\mathrm{V}}\dot{\boldsymbol{e}}_{\mathrm{q}}+\boldsymbol{K}_{\mathrm{P}}\boldsymbol{e}_{\mathrm{q}}+\boldsymbol{\tau}_{\mathrm{g}}(\boldsymbol{q}) \tag{8.76}$$

这种控制策略与计算转矩控制器相比，实现起来较为简单。利用李雅普诺夫函数可以使跟踪误差收敛到零：

$$V=\frac{1}{2}\dot{\boldsymbol{e}}_{\mathrm{q}}^{\mathrm{T}}\boldsymbol{H}(\boldsymbol{q})\dot{\boldsymbol{e}}_{\mathrm{q}}+\frac{1}{2}\boldsymbol{e}_{\mathrm{q}}^{\mathrm{T}}\boldsymbol{K}_{\mathrm{P}}\boldsymbol{e}_{\mathrm{q}} \tag{8.77}$$

它沿闭环系统解轨迹的时间导数为

$$\dot{V}=-\dot{\boldsymbol{e}}_{\mathrm{q}}^{\mathrm{T}}\boldsymbol{K}_{\mathrm{V}}\dot{\boldsymbol{e}}_{\mathrm{q}} \tag{8.78}$$

参考文献［8.12］给出了稳定性分析的详细过程。需要注意的是，这种结果适用于调节控制而不是轨迹跟踪控制，这是由于前一种控制策略的理论基础是基于拉萨尔的引理，它要求系统可以自我控制（在时间不变的情况下）[8.38,41,42]。

备注 8.7：

如果忽略操作臂动力学模型中的重力因素，即 $\hat{\tau}_g(\mathrm{q})=0$，则控制律将变为

$$\boldsymbol{\tau}=\boldsymbol{v}=\boldsymbol{K}_{\mathrm{V}}\dot{\boldsymbol{e}}_{\mathrm{q}}+\boldsymbol{K}_{\mathrm{P}}\boldsymbol{e}_{\mathrm{q}} \tag{8.79}$$

式（8.79）可引出纯 PD 控制。增益矩阵 $\boldsymbol{K}_{\mathrm{P}}$ 和 $\boldsymbol{K}_{\mathrm{V}}$ 可以选择为对角矩阵，从而使 PD 控制成为基于多关节动力学模型的独立关节控制形式。

8.6.3 小结与延展阅读

1. 小结

在本节中，我们介绍了两种控制方法：计算转

矩控制和计算转矩类控制。前者将多输入多输出（MIMO）的非线性机器人系统转化为一个简单的、解耦的线性闭环系统，其控制设计也变得较容易实现。由于这类控制的实际执行需要预先知道操作臂的所有参数及其有效载荷，这可能不太现实，因此提出了后一种控制方法，以放宽上述约束，并仍然在系统不确定性的情况下实现跟踪的目标。

2. 延展阅读

参考文献［8.43］研究了几种具有前馈补偿的PD控制对跟踪控制的影响。参考文献［8.19］提出了一种基于PD控制的自适应控制策略。

8.7 自适应控制

自适应控制器与普通控制器的不同之处在于控制器参数是时变的，并且有一种基于闭环系统中某些信号在线调整这些参数的机制。采用该控制策略，即使被控对象存在参数不确定性，也能达到控制目的。在这一节中，我们将介绍几种自适应控制方法，以应对操作臂动力学参数信息不全的情况。这些自适应控制方法的性能，包括自适应计算转矩控制、自适应惯性相关控制、无源性的自适应控制和基于期望补偿的自适应控制，基本上都是由特性8.5导出的。最后讨论参数收敛所需的持续激励条件。

8.7.1 自适应计算转矩控制

计算转矩控制方法很有吸引力，因为它允许设计者将MIMO高度耦合的非线性系统转化为一个非常简单的解耦线性系统，其控制设计方法已为大家所接受。然而，这种反馈线性化方法依赖于对系统参数的完全已知。如果没有做到这一点，就会导致错误的参数估计，从而导致在误差系统闭环模型中产生不匹配项。该项可以理解为作用于闭环系统输入端的非线性扰动。为了解决参数不确定性带来的问题，需要考虑具有参数估计的逆动力学方法：

$$\boldsymbol{\tau}=\hat{\boldsymbol{H}}(\boldsymbol{q})(\ddot{\boldsymbol{q}}_{\mathrm{d}}+\boldsymbol{K}_{\mathrm{V}}\dot{\boldsymbol{e}}_{\mathrm{q}}+\boldsymbol{K}_{\mathrm{P}}\boldsymbol{e}_{\mathrm{q}})+\hat{\boldsymbol{C}}(\boldsymbol{q},\dot{\boldsymbol{q}})\dot{\boldsymbol{q}}+\hat{\boldsymbol{\tau}}_{\mathrm{g}}(\boldsymbol{q}) \tag{8.80}$$

式中，$\hat{\boldsymbol{H}}$、$\hat{\boldsymbol{C}}$、$\hat{\boldsymbol{\tau}}_{\mathrm{g}}$ 与 $\boldsymbol{H}$、$\boldsymbol{C}$、$\boldsymbol{\tau}_{\mathrm{g}}$ 函数的形式相同。根据动力学模型的特性8.5，有

$$\hat{\boldsymbol{H}}(\boldsymbol{q})\ddot{\boldsymbol{q}}_{\mathrm{r}}+\hat{\boldsymbol{C}}(\boldsymbol{q},\dot{\boldsymbol{q}})\dot{\boldsymbol{q}}_{\mathrm{r}}+\hat{\boldsymbol{\tau}}_{\mathrm{g}}(\boldsymbol{q})=\boldsymbol{Y}(\boldsymbol{q},\dot{\boldsymbol{q}},\ddot{\boldsymbol{q}})\hat{\boldsymbol{a}} \tag{8.81}$$

式中，$\boldsymbol{Y}(\boldsymbol{q},\dot{\boldsymbol{q}},\ddot{\boldsymbol{q}})$ 是回归量，为一个已知的 $n\times r$ 阶函数矩阵；$\boldsymbol{a}$ 是简化了所有估计参数的 $r\times1$ 阶向量。将此控制输入量 $\boldsymbol{\tau}$ 代入操作臂动力学方程，得到以下闭环误差模型：

$$\hat{\boldsymbol{H}}(\boldsymbol{q})(\ddot{\boldsymbol{e}}_{\mathrm{q}}+\boldsymbol{K}_{\mathrm{V}}\dot{\boldsymbol{e}}_{\mathrm{q}}+\boldsymbol{K}_{\mathrm{P}}\boldsymbol{e}_{\mathrm{q}})=\boldsymbol{Y}(\boldsymbol{q},\dot{\boldsymbol{q}},\ddot{\boldsymbol{q}})\hat{\boldsymbol{a}} \tag{8.82}$$

式中，$\tilde{\boldsymbol{a}}=\hat{\boldsymbol{a}}-\boldsymbol{a}$。为了得到合适的自适应律，我们首先假设加速度项 $\ddot{\boldsymbol{q}}$ 是可测量的，并且估计惯性矩阵 $\hat{\boldsymbol{H}}(\boldsymbol{q})$ 不是奇异的。为了方便起见，将误差方程重写为

$$\dot{\boldsymbol{x}}=\boldsymbol{A}\boldsymbol{x}+\boldsymbol{B}\hat{\boldsymbol{H}}^{-1}(\boldsymbol{q})\boldsymbol{Y}(\boldsymbol{q},\dot{\boldsymbol{q}},\ddot{\boldsymbol{q}})\tilde{\boldsymbol{a}} \tag{8.83}$$

因 $\boldsymbol{x}=(\boldsymbol{e}_{\mathrm{q}}^{\mathrm{T}},\dot{\boldsymbol{e}}_{\mathrm{q}}^{\mathrm{T}})^{\mathrm{T}}$，有

$$\begin{cases}\boldsymbol{A}=\begin{pmatrix}\boldsymbol{0}_n & \boldsymbol{I}_n\\ -\boldsymbol{K}_{\mathrm{P}} & -\boldsymbol{K}_{\mathrm{V}}\end{pmatrix}\\ \boldsymbol{B}=\begin{pmatrix}\boldsymbol{0}_n\\ \boldsymbol{I}_n\end{pmatrix}\end{cases} \tag{8.84}$$

则自适应律为

$$\dot{\hat{\boldsymbol{a}}}=-\boldsymbol{\Gamma}^{-1}\boldsymbol{Y}^{\mathrm{T}}(\boldsymbol{q},\dot{\boldsymbol{q}},\ddot{\boldsymbol{q}})\hat{\boldsymbol{H}}^{-1}(\boldsymbol{q})\boldsymbol{B}^{\mathrm{T}}\boldsymbol{P}\boldsymbol{x} \tag{8.85}$$

式中，$\boldsymbol{\tau}$ 是一个 $r\times r$ 阶正定常数矩阵；$\boldsymbol{P}$ 是一个 $2n\times 2n$ 阶对称正定常数矩阵，且满足

$$\boldsymbol{P}\boldsymbol{A}+\boldsymbol{A}^{\mathrm{T}}\boldsymbol{P}=-\boldsymbol{Q} \tag{8.86}$$

式中，$\boldsymbol{Q}$ 是一个具有相同阶数的对称正定常数矩阵。在这条自适应律中，我们做了两个假设：

- 关节加速度 $\ddot{\boldsymbol{q}}$ 是可测量的。
- 未知参数的边界范围是有效的。

第一个假设是确保回归量 $\boldsymbol{Y}(\boldsymbol{q},\dot{\boldsymbol{q}},\ddot{\boldsymbol{q}})$ 是先验已知的，而第二个假设是通过限制估计参数 $\hat{\boldsymbol{a}}$ 在真实参数值的范围内，以使估计值保持 $\hat{\boldsymbol{H}}(\boldsymbol{q})$ 非奇异。

李雅普诺夫稳定性理论和李雅普诺夫函数［式(8.87)］能确保跟踪误差的收敛性和所有内部信号的有界性。

$$\dot{V}=-\boldsymbol{x}^{\mathrm{T}}\boldsymbol{Q}\boldsymbol{x} \tag{8.87}$$

详细的稳定性分析见参考文献［8.2］。

备注8.8：

由于实际和理论方面的原因，上述第一条假设是很难使用的。这是因为在大多数情况下，不容易做到对加速度精确的测量；必须建立上述自适应控制方法对这种干扰的鲁棒性。此外，从纯理论的观点来看，测量 $\boldsymbol{q}$，$\dot{\boldsymbol{q}}$，$\ddot{\boldsymbol{q}}$ 意味着我们不仅需要整个系统的状态向量，还需要它的导数。

8

8.7.2 自适应惯性相关控制

这里介绍另一种自适应控制方法。该方法不需要测量操作臂的加速度，也不需要对估计的惯性矩阵求逆，从而避免了自适应计算转矩控制方法的不足。让我们考虑一下控制输入。

$$\boldsymbol{\tau}=\hat{\boldsymbol{H}}(\boldsymbol{q})\dot{\boldsymbol{v}}+\hat{\boldsymbol{C}}(\boldsymbol{q},\dot{\boldsymbol{q}})\boldsymbol{v}+\hat{\boldsymbol{\tau}}_{g}(\boldsymbol{q})+\boldsymbol{K}_{D}\boldsymbol{s} \tag{8.88}$$

式中，辅助信号 $\boldsymbol{v}$ 和 $\boldsymbol{s}$ 分别定义为$\boldsymbol{v}=\dot{\boldsymbol{q}}_{d}+\boldsymbol{\Lambda}\boldsymbol{e}_{q}$ 和 $\boldsymbol{s}=\boldsymbol{v}-\dot{\boldsymbol{q}}=\dot{\boldsymbol{e}}_{q}+\boldsymbol{\Lambda}\boldsymbol{e}_{q}$，其中 $\boldsymbol{\Lambda}$ 是一个 $n\times n$ 阶正定矩阵。根据动力学模型中的特性 8.5，有

$$\boldsymbol{H}(\boldsymbol{q})\dot{\boldsymbol{v}}+\boldsymbol{C}(\boldsymbol{q},\dot{\boldsymbol{q}})\boldsymbol{v}+\boldsymbol{\tau}_{g}(\boldsymbol{q})=\widetilde{\boldsymbol{Y}}(\boldsymbol{q},\dot{\boldsymbol{q}},\boldsymbol{v},\dot{\boldsymbol{v}})\boldsymbol{a} \tag{8.89}$$

式中，$\widetilde{\boldsymbol{Y}}(-,-,-,-)$是一个已知时间函数的 $n\times r$ 阶矩阵。式（8.89）与自适应计算转矩控制公式中所采用的参数分离方法是相同的。请注意，$\widetilde{\boldsymbol{Y}}(\boldsymbol{q},\dot{\boldsymbol{q}},\boldsymbol{v},\dot{\boldsymbol{v}})$是独立于关节加速度的。与式（8.89）类似，也有

$$\hat{\boldsymbol{H}}(\boldsymbol{q})\dot{\boldsymbol{v}}+\hat{\boldsymbol{C}}(\boldsymbol{q},\dot{\boldsymbol{q}})\boldsymbol{v}+\hat{\boldsymbol{\tau}}_{g}(\boldsymbol{q})=\overline{\boldsymbol{Y}}(\boldsymbol{q},\dot{\boldsymbol{q}},\boldsymbol{v},\dot{\boldsymbol{v}})\hat{\boldsymbol{a}} \tag{8.90}$$

将控制输入代入该动力学方程，如下所示：

$$\begin{aligned}&\boldsymbol{H}(\boldsymbol{q})\ddot{\boldsymbol{q}}_{r}+\boldsymbol{C}(\boldsymbol{q},\dot{\boldsymbol{q}})\dot{\boldsymbol{q}}_{r}+\boldsymbol{\tau}_{g}(\boldsymbol{q})\\&=\hat{\boldsymbol{H}}(\boldsymbol{q})\dot{\boldsymbol{v}}+\hat{\boldsymbol{C}}(\boldsymbol{q},\dot{\boldsymbol{q}})\boldsymbol{v}+\hat{\boldsymbol{\tau}}_{g}(\boldsymbol{q})+\boldsymbol{K}_{D}\boldsymbol{s}\end{aligned}$$

因 $\ddot{\boldsymbol{q}}=\dot{\boldsymbol{v}}-\dot{\boldsymbol{s}}$，$\dot{\boldsymbol{q}}=\boldsymbol{v}-\boldsymbol{s}$，之前的结果可以重新写为

$$\boldsymbol{H}(\boldsymbol{q})\dot{\boldsymbol{s}}+\boldsymbol{C}(\boldsymbol{q},\dot{\boldsymbol{q}})\boldsymbol{s}+\boldsymbol{K}_{D}\boldsymbol{s}=\overline{\boldsymbol{Y}}(\boldsymbol{q},\dot{\boldsymbol{q}},\boldsymbol{v},\dot{\boldsymbol{v}})\tilde{\boldsymbol{a}} \tag{8.91}$$

式中，$\tilde{\boldsymbol{a}}=\boldsymbol{a}-\hat{\boldsymbol{a}}$，则自适应律为

$$\dot{\hat{\boldsymbol{a}}}=\boldsymbol{\Gamma}\overline{\boldsymbol{Y}}^{T}(\boldsymbol{q},\dot{\boldsymbol{q}},\boldsymbol{v},\dot{\boldsymbol{v}})\boldsymbol{s} \tag{8.92}$$

利用李雅普诺夫稳定性理论和李雅普诺夫函数［式(8.93)］可以证明跟踪误差在所有内部信号上都收敛到零且有界。

$$V=\frac{1}{2}\boldsymbol{s}^{T}\boldsymbol{H}(\boldsymbol{q})\boldsymbol{s}+\frac{1}{2}\tilde{\boldsymbol{a}}^{T}\boldsymbol{\Gamma}^{-1}\tilde{\boldsymbol{a}} \tag{8.93}$$

其沿闭环系统轨迹的时间导数可写为

$$\dot{V}=-\boldsymbol{s}^{T}\boldsymbol{K}_{D}\boldsymbol{s} \tag{8.94}$$

详细的稳定性分析见参考文献［8.32］。

备注 8.9：

1）之前自适应计算转矩控制中的约束条件在这里不予考虑。

2）$\boldsymbol{K}_{D}\boldsymbol{s}$ 项为将 PD 型线性稳定控制作用引入了误差系统模型。

3）如果参考轨迹满足以下持续激励条件，则所估计的参数收敛于真实参数。

$$\alpha_{1}\boldsymbol{I}_{r}\leqslant\int_{t_0}^{t_0+t}\boldsymbol{Y}^{T}(\boldsymbol{q}_{d},\dot{\boldsymbol{q}}_{d},\boldsymbol{v},\dot{\boldsymbol{v}})\boldsymbol{Y}(\boldsymbol{q}_{d},\dot{\boldsymbol{q}}_{d},\boldsymbol{v},\dot{\boldsymbol{v}})\mathrm{d}t$$
$$\leqslant\alpha_{2}\boldsymbol{I}_{r}$$

式中，对于所有的 t_0，α_1，α_2 和 t 均是正常数。

8.7.3 无源自适应控制

从控制的物理学观点来看，无源性的概念已经成为自适应控制方法的发展趋势。在这里，我们将说明如何利用无源性的概念来设计一类操作臂的自适应控制律。首先，定义一个辅助滤波跟踪误差信号 $\boldsymbol{r}$：

$$\boldsymbol{r}=\boldsymbol{F}^{-1}(s)\boldsymbol{e}_{q}, \tag{8.95}$$

式中，

$$\boldsymbol{F}^{-1}(s)=\left[s\mathbf{I}_{n}+\frac{1}{s}\boldsymbol{K}(s)\right] \tag{8.96}$$

s 是拉普拉斯变换变量。选取 $n\times n$ 阶矩阵 $\boldsymbol{K}(s)$，使得 $\boldsymbol{F}(s)$是一个恰稳定的传递函数矩阵。与之前的方法一样，自适应控制策略与分离已知函数和未知常数参数的能力密切相关。使用上面给出的表达式来定义

$$\begin{aligned}\boldsymbol{Z}\boldsymbol{\varphi}=&\boldsymbol{H}(\boldsymbol{q})[\ddot{\boldsymbol{q}}_{d}+\boldsymbol{K}(s)\boldsymbol{e}_{q}]+\\&\boldsymbol{V}(\boldsymbol{q},\dot{\boldsymbol{q}})\left[\dot{\boldsymbol{q}}_{n}+\frac{1}{s}\boldsymbol{K}(s)\boldsymbol{e}_{q}\right]+\boldsymbol{\tau}_{g}(\boldsymbol{q})\end{aligned}$$

式中，$\boldsymbol{Z}$ 是已知的 $n\times r$ 阶回归矩阵；$\boldsymbol{\varphi}$ 是自适应环境下未知系统参数的向量。要注意，上式可以改写为使 $\boldsymbol{Z}$ 和 $\boldsymbol{r}$ 不依赖于关节加速度 $\ddot{\boldsymbol{q}}$ 的测量。这里给出的自适应控制方法称为**无源性方法**，因为$-\boldsymbol{r}\rightarrow\boldsymbol{Z}\tilde{\boldsymbol{\varphi}}$ 的映射被构造为一个被动映射。也就是说，由此得到了一个自适应律，使得

$$\int_{0}^{t}-\boldsymbol{r}^{T}(\sigma)\boldsymbol{Z}(\sigma)\tilde{\boldsymbol{\varphi}}(\sigma)\mathrm{d}\sigma\geqslant-\beta \tag{8.97}$$

一直满足某些正的标量常数 β。对于这类自适应控制器，控制输入为

$$\boldsymbol{\tau}=\boldsymbol{Z}\hat{\boldsymbol{\varphi}}+\boldsymbol{K}_{D}\boldsymbol{r} \tag{8.98}$$

详细的稳定性分析见参考文献［8.44］。

备注 8.10：

1）如果选择 $\boldsymbol{K}(s)$，使得 $\boldsymbol{H}(s)$的相对度为 1，则 $\boldsymbol{Z}$ 和 $\boldsymbol{r}$ 将不依赖于 $\ddot{\boldsymbol{q}}$。

2）通过在定义 $\boldsymbol{r}$ 中选取不同的传递函数矩阵 $\boldsymbol{K}(s)$，可以由无源自适应控制方法中产生多种类型的控制方法。

3）注意，通过定义 $\boldsymbol{K}(s)=s\boldsymbol{\Lambda}$，使得 $\boldsymbol{F}(s)=(s\mathbf{I}_{n}+\boldsymbol{\Lambda})^{-1}$，则控制输入为

$$\boldsymbol{\tau}=\boldsymbol{Z}\hat{\boldsymbol{\varphi}}-\boldsymbol{K}_{D}\boldsymbol{r}$$

8

且

$$Z\hat{\boldsymbol{\varphi}}=\hat{\boldsymbol{H}}(\boldsymbol{q})[\ddot{\boldsymbol{q}}_d+\boldsymbol{\Lambda}\dot{\boldsymbol{e}}_q]+\hat{\boldsymbol{C}}(\boldsymbol{q},\dot{\boldsymbol{q}})(\dot{\boldsymbol{q}}_d+\boldsymbol{\Lambda}\boldsymbol{e}_q)+\hat{\boldsymbol{\tau}}_g(\boldsymbol{q})$$

自适应律可以选取为 $\dot{\hat{\boldsymbol{\varphi}}}=\boldsymbol{\Gamma}\boldsymbol{Z}^{\mathrm{T}}(\dot{\boldsymbol{e}}_q+\boldsymbol{\Lambda}\boldsymbol{e}_q)$，以满足被动映射的条件。这表明自适应惯性相关控制可以看作是无源自适应控制的一种特例。

8.7.4　具有期望补偿的自适应控制

为了实现自适应控制策略，需要实时计算 $\boldsymbol{Y}(\boldsymbol{q},\dot{\boldsymbol{q}},\ddot{\boldsymbol{q}})$ 的元素。然而，这一过程可能会非常耗时，因为它涉及高度非线性的关节位置和速度函数的计算。因此，这种策略的实时实现是相当困难的。为了克服这一缺点，提出了一种具有期望补偿的自适应控制方法，并对其进行了讨论。换言之，变量 $\boldsymbol{q}$、$\dot{\boldsymbol{q}}$ 和 $\ddot{\boldsymbol{q}}$ 被替换为期望变量，即 $\boldsymbol{q}_d$、$\dot{\boldsymbol{q}}_d$ 和 $\ddot{\boldsymbol{q}}_d$。由于期望量是预先知道的，所有对它们相应的计算都可以离线进行，这使得实时实现更有可能。让我们考虑一下控制输入：

$$\boldsymbol{\tau}=\boldsymbol{Y}(\boldsymbol{q}_d,\dot{\boldsymbol{q}}_d,\ddot{\boldsymbol{q}}_d)\hat{\boldsymbol{a}}+\boldsymbol{k}_a\boldsymbol{s}+k_p\boldsymbol{e}_q+k_n\|\boldsymbol{e}_q\|^2\boldsymbol{s} \tag{8.99}$$

式中，正常数 k_a、k_p 和 k_n 足够大。辅助信号 $\boldsymbol{s}$ 定义为 $\boldsymbol{s}=\dot{\boldsymbol{e}}_q+\boldsymbol{e}_q$。自适应律被认为是

$$\dot{\hat{\boldsymbol{a}}}=-\boldsymbol{\Gamma}\boldsymbol{Y}^{\mathrm{T}}(\boldsymbol{q}_d,\dot{\boldsymbol{q}}_d,\ddot{\boldsymbol{q}}_d)\boldsymbol{s} \tag{8.100}$$

值得注意的是，控制律和自适应律中都采用了期望补偿，这样可以大大减少计算量。为便于分析，我们注意到

$$\begin{aligned}&\|\boldsymbol{Y}(\boldsymbol{q},\dot{\boldsymbol{q}},\ddot{\boldsymbol{q}})\boldsymbol{a}-\boldsymbol{Y}(\boldsymbol{q}_d,\dot{\boldsymbol{q}}_d,\ddot{\boldsymbol{q}}_d)\hat{\boldsymbol{a}}\|\\ &\leqslant\zeta_1\|\boldsymbol{e}_q\|+\zeta_2\|\boldsymbol{e}_q\|^2+\zeta_3\|\boldsymbol{s}\|+\zeta_4\|\boldsymbol{s}\|\|\boldsymbol{e}_q\|\end{aligned}$$

式中，ζ_1、ζ_2、ζ_3 和 ζ_4 是正常数。为了实现轨迹跟踪，需要 $k_a>\zeta_2+\zeta_4$，$k_p>\dfrac{\zeta_2}{2}+\dfrac{\zeta_2}{4}$，$k_V>\dfrac{\zeta_2}{2}+\zeta_3+\dfrac{\zeta_2}{4}$（即增益 k_a、k_p 和 k_V 必须足够大）。利用李雅普诺夫稳定性理论，证明了跟踪误差在所有内部信号有界时收敛到零，并得到了如下的类李雅普诺夫函数：

$$V=\frac{1}{2}\boldsymbol{S}^{\mathrm{T}}\boldsymbol{H}(\boldsymbol{q})\boldsymbol{s}+\frac{1}{2}k_p\boldsymbol{e}_q^{\mathrm{T}}\boldsymbol{e}_q+\frac{1}{2}\tilde{\boldsymbol{a}}^{\mathrm{T}}\boldsymbol{\Gamma}^{-1}\tilde{\boldsymbol{a}} \tag{8.101}$$

其沿闭环系统轨迹的时间导数可导出为

$$\dot{V}\leqslant-\boldsymbol{x}^{\mathrm{T}}\boldsymbol{Q}\boldsymbol{x}, \tag{8.102}$$

式中，$x=\begin{pmatrix}\|\boldsymbol{e}_q\|\\ \|\boldsymbol{s}\|\end{pmatrix}$；$\boldsymbol{Q}=\begin{pmatrix}k_p-\zeta_2/4 & -\zeta_1/2\\ -\zeta_1/2 & k_V-\zeta_3-\zeta_4/4\end{pmatrix}$。

详细的稳定性分析见参考文献［8.45］。

8.7.5　小结与延展阅读

1. 小结

由于计算转矩控制存在测量参数的不确定性，人们由此又提出了多种自适应控制方法。首先，我们介绍了一种基于计算转矩控制的自适应控制方法。然后，为了克服关节加速度的可测量性和估计惯性矩阵的可逆性等人为缺陷，我们介绍了一种可以克服这些缺点的自适应控制方法。近年来，控制中吸收了物理学的观点，无源自适应控制逐渐流行起来，因此本文对此进行了介绍和讨论。最后，为了减少自适应方法的计算量，我们介绍了一种具有期望补偿的自适应控制。

2. 延展阅读

参考文献［8.46］提出了一种用于求解刚性操作臂自适应控制的快速算法，其稳定性分析是通过将关节动力学解耦，即将每个关节视为一个独立的二阶线性系统来实现的。参考文献［8.47］讨论了一种分散的高阶自适应变结构控制，该方法使机器人的位置和速度的跟踪误差全局渐近收敛到零，同时使闭环系统中的所有信号都有界，而不需要输入操作臂的参数。此外，在该领域中还有许多其他开创性的工作。例如，在参考文献［8.48，49］中，只考虑到了完整的动力学，而没有利用任何一个动力学模型特性，但由于控制输入是不连续的，可能导致抖振。在参考文献［8.50］中，虽然假定某些时变量在适应过程中保持不变，但其中显式地使用了惯性矩阵的正定特性。值得注意的是，所有这些策略都是基于参考文献［8.51］中所提出的线性系统模型参考自适应控制（MRAC）的概念。因此，它们在概念上与本节中介绍的真正非线性方法有很大的不同。

参考文献［8.52，53］，提出了一种基于被动修正的最小二乘估计方法，保证了该方法的闭环稳定性。在参考文献［8.54，55］中，用递归的牛顿-欧拉公式代替拉格朗日公式来推导操作臂的动力学方程，从而简化了计算，以便于实际应用。但在参考文献［8.54，55］中都没有用到反对称特性。

尽管自适应控制可以解决参数不确定性的问题，但自适应控制器的鲁棒性仍然是该领域研究的热点。实际上，测量噪声或未建模动力学（如柔性）可能会导致无界的闭环信号。特别地，估计参

数可能会发散，这是自适应控制中的一个众所周知的现象，被称为参数漂移。参考文献［8.56，57］研究了从线性系统自适应控制中获得解决方案，其中修正的估计值保证了估计的有界性。在参考文献［8.58］中，对参考文献［8.32］中的控制器进行了修正，以增强其鲁棒性。

8.8 最优与鲁棒控制

给定一个非线性系统，如操作臂，人们可以设计出许多稳定控制器[8.29,41]。换句话说，控制系统的稳定性不能决定控制器的唯一性。因此，在众多稳定的控制器中寻找最优控制器便成为一件很自然的事情。然而，只有在目标系统具有相当精确的信息，如精确的系统模型[8.34,59]已知的前提下，最优控制器的设计才有可能。但当实际系统与数学模型存在差异时，所设计的最优控制器不再是最优的，甚至可能在真实系统中变得不稳定。一般说来，最优控制设计框架并不是处理系统不确定性的最佳选择。为了从控制器设计阶段就能处理系统的不确定性，需要一个鲁棒控制设计框架[8.60]。鲁棒控制的主要目标之一是保持受控系统的稳定性，即使在数学模型、未建模动态等存在不确定性的情况下也是如此。

考虑一个由非线性时变微分方程描述的非线性系统。其中状态为 $\boldsymbol{x}=(x_1,x_2,\cdots,x_n)^{\mathrm{T}}\in\mathbb{R}^n$。

$$\dot{\boldsymbol{x}}(t)=\boldsymbol{f}(\boldsymbol{x},t)+\boldsymbol{G}(\boldsymbol{x},t)\boldsymbol{u}+\boldsymbol{P}(\boldsymbol{x},t)\boldsymbol{\omega} \tag{8.103}$$

式中，$\boldsymbol{u}\in\mathbb{R}^m$ 是控制输入；$\boldsymbol{\omega}\in\mathbb{R}^{\omega}$ 是扰动。不考虑扰动或未建模动力学，系统可简化为

$$\dot{\boldsymbol{x}}(t)=\boldsymbol{f}(\boldsymbol{x},t)+\boldsymbol{G}(\boldsymbol{x},t)\boldsymbol{u} \tag{8.104}$$

实际上，根据控制目标描述非线性系统的方法有很多种[8.1,16,21,23,34,54]。

8.8.1 二次型最优控制

每个最优控制器都是基于它自己的罚函数[8.61,62]。我们可以这样定义罚函数[8.63,64]

$$z=\boldsymbol{H}(\boldsymbol{x},t)\boldsymbol{x}+\boldsymbol{K}(\boldsymbol{x},t)\boldsymbol{u}$$

因 $\boldsymbol{H}^{\mathrm{T}}(\boldsymbol{x},t)\boldsymbol{K}(\boldsymbol{x},t)=\boldsymbol{0}$，$\boldsymbol{K}^{\mathrm{T}}(\boldsymbol{x},t)\boldsymbol{K}(\boldsymbol{x},t)=\boldsymbol{R}(\boldsymbol{x},t)>\boldsymbol{0}$ 及 $\boldsymbol{H}^{\mathrm{T}}(\boldsymbol{x},t)\boldsymbol{H}(\boldsymbol{x},t)=\boldsymbol{Q}(\boldsymbol{x},t)>\boldsymbol{0}$，于是有

$$\frac{1}{2}z^{\mathrm{T}}z=\frac{1}{2}\boldsymbol{x}^{\mathrm{T}}\boldsymbol{Q}(\boldsymbol{x},t)\boldsymbol{x}+\frac{1}{2}\boldsymbol{u}^{\mathrm{T}}R(\boldsymbol{x},t)\boldsymbol{u}$$

系统［式(8.104)］的二次最优控制是通过求解一阶可微的正定函数 $\boldsymbol{V}(\boldsymbol{x},t)$ 和汉密尔顿-雅可比-贝尔曼（HJB）方程[8.34,59]得到的。

$$\boldsymbol{0}=\mathrm{HJB}(\boldsymbol{x},t;V)=\boldsymbol{V}_t(\boldsymbol{x},t)+\boldsymbol{V}_x(\boldsymbol{x},t)\boldsymbol{f}(\boldsymbol{x},t)-\frac{1}{2}\boldsymbol{V}_x(\boldsymbol{x},t)\boldsymbol{G}(\boldsymbol{x},t)\boldsymbol{R}^{-1}(\boldsymbol{x},t)\boldsymbol{G}^{\mathrm{T}}(\boldsymbol{x},t)\boldsymbol{V}_{\boldsymbol{x}}^{\mathrm{T}}(\boldsymbol{x},t)+\frac{1}{2}\boldsymbol{Q}(\boldsymbol{x},t)$$

式中，$\boldsymbol{V}_t=\dfrac{\partial\boldsymbol{V}}{\partial t}$ 和 $\boldsymbol{V}_x=\dfrac{\partial\boldsymbol{V}}{\partial x^{\mathrm{T}}}$。然后将二次型最优控制定义为

$$\boldsymbol{u}=-\boldsymbol{R}^{-1}(\boldsymbol{x},t)\boldsymbol{G}^{\mathrm{T}}(\boldsymbol{x},t)\boldsymbol{V}_x^{\mathrm{T}}(\boldsymbol{x},t) \tag{8.105}$$

注意，HJB 方程在 $\boldsymbol{V}_x(\boldsymbol{x},t)$ 中是非线性二阶偏微分方程。

与上述最优控制问题不同，逆二次型最优控制问题是求出 HJB 方程有解的 $\boldsymbol{Q}(\boldsymbol{x},t)$ 和 $\boldsymbol{R}(\boldsymbol{x},t)$ 的集合，然后用式（8.105）定义逆二次型最优控制。

8.8.2 非线性 H_∞ 控制

当干扰不可忽略时，可以这样处理它们的影响。

$$\int_0^t z^{\mathrm{T}}(\boldsymbol{x},\tau)z(\boldsymbol{x},\tau)\mathrm{d}\tau\leqslant\gamma^2\int_0^t\boldsymbol{\omega}^{\mathrm{T}}\boldsymbol{\omega}\mathrm{d}\tau \tag{8.106}$$

式中，$\gamma>0$ 给定了闭环系统从干扰输入 ω 到成本变量 z 的 L_2 增益。这被称为 L_2 增益的衰减要求[8.63-65]。通过非线性 H_∞ 最优控制，给出了设计最优鲁棒控制的一种系统性方法。令 $\gamma>0$ 已知，求解下面的方程：

$$\begin{aligned}&\mathrm{HJI}_\gamma(\boldsymbol{x},t;\boldsymbol{V})\\&=\boldsymbol{V}_t(\boldsymbol{x},t)+\boldsymbol{V}_x(\boldsymbol{x},t)\boldsymbol{f}(\boldsymbol{x},t)-\\&\frac{1}{2}\boldsymbol{V}_x(\boldsymbol{x},t)\{\boldsymbol{G}(\boldsymbol{x},t)\boldsymbol{R}^{-1}(\boldsymbol{x},t)\boldsymbol{G}^{\mathrm{T}}(\boldsymbol{x},t)-\\&\gamma^{-2}\boldsymbol{P}^{\mathrm{T}}(\boldsymbol{x},t)\boldsymbol{P}(\boldsymbol{x},t)\}\boldsymbol{V}_x^{\mathrm{T}}(\boldsymbol{x},t)+\\&\frac{1}{2}\boldsymbol{Q}(\boldsymbol{x},t)\leqslant 0\end{aligned} \tag{8.107}$$

然后，将该控制定义为

$$\boldsymbol{u}=-\boldsymbol{R}^{-1}(\boldsymbol{x},t)\boldsymbol{G}^{\mathrm{T}}(\boldsymbol{x},t)\boldsymbol{V}_x^{\mathrm{T}}(\boldsymbol{x},t) \tag{8.108}$$

偏微分不等式（8.107）称为汉密尔顿-雅可比-艾萨克（HJI）不等式。为此，定义一个非线性逆 H_∞ 最优控制问题，可以找到一组 $\boldsymbol{Q}(\boldsymbol{x},t)$ 和 $\boldsymbol{R}(\boldsymbol{x},t)$，使得 L_2 增益要求满足一个指定值 γ[8.66]。

有两件事值得进一步讨论：第一，L_2 增益要求只对 L_2 范数是有界的干扰信号 $\boldsymbol{\omega}$ 有效；第二，H_∞ 最优控制的定义不是唯一的。因此，我们可以在众

8

多 H_∞ 最优控制器中选择一个二次型最优控制器。准确地说，控制式（8.108）应该被称为 H_∞ 次优控制，因为预期的 L_2 增益是预先规定的。一个真正的 H_∞ 最优控制是找到满足 L_2 增益要求的最小 γ 值。

8.8.3 无源非线性 H_∞ 控制

设计最优和/或鲁棒控制有许多方法。其中，基于无源性的控制可以充分利用上面描述的特性[8.31]。它们由两部分组成：一部分来自于参考运动补偿，同时保持了系统的被动性；另一部分是为了获得稳定性、鲁棒性和/或最优性[8.66,67]。

假设动力学参数分别为 $\hat{\boldsymbol{H}}(\boldsymbol{q})$、$\hat{\boldsymbol{C}}(\boldsymbol{q},\dot{\boldsymbol{q}})$ 和 $\hat{\boldsymbol{\tau}}_g(\boldsymbol{q})$，它们的对应部分分别为 $\boldsymbol{H}(\boldsymbol{q})$、$\boldsymbol{C}(\boldsymbol{q},\dot{\boldsymbol{q}})$ 和 $\boldsymbol{\tau}_g(\boldsymbol{q})$。无源控制相应地产生以下跟踪控制律：

$$\boldsymbol{\tau}=\hat{\boldsymbol{H}}(\boldsymbol{q})\ddot{\boldsymbol{q}}_{\text{ref}}+\hat{\boldsymbol{C}}(\boldsymbol{q},\dot{\boldsymbol{q}})\dot{\boldsymbol{q}}_{\text{ref}}+\hat{\boldsymbol{\tau}}_g(\boldsymbol{q})-\boldsymbol{u} \tag{8.109}$$

式中，$\ddot{\boldsymbol{q}}_{\text{ref}}$ 是参考加速度，定义为

$$\ddot{\boldsymbol{q}}_{\text{ref}}=\ddot{\boldsymbol{q}}_{\text{d}}+\boldsymbol{K}_{\text{V}}\dot{\boldsymbol{e}}_{\text{q}}+\boldsymbol{K}_{\text{P}}\boldsymbol{e}_{\text{q}} \tag{8.110}$$

式中，$\boldsymbol{K}_{\text{V}}=\text{diag}\{k_{\text{V}},i\}>0$ 和 $\boldsymbol{K}_{\text{P}}=\text{diag}\{k_{\text{P}},i\}>0$。

当产生参考加速度时涉及两个参数，有时可以采用以下替代方法：

$$\ddot{\boldsymbol{q}}_{\text{ref}}=\ddot{\boldsymbol{q}}_{\text{d}}+\boldsymbol{K}_{\text{V}}\dot{\boldsymbol{e}}_{\text{q}}$$

这降低了闭环系统的阶数，因为状态 $\boldsymbol{x}=(\boldsymbol{e}_{\text{q}}^{\text{T}},\dot{\boldsymbol{e}}_{\text{q}}^{\text{T}})^{\text{T}}$ 是系统描述的必要条件，而对式（8.110）的分解要求状态 $\boldsymbol{x}=\left(\int\boldsymbol{e}_{\text{q}}^{\text{T}},\boldsymbol{e}_{\text{q}}^{\text{T}},\dot{\boldsymbol{e}}_{\text{q}}^{\text{T}}\right)^{\text{T}}$。

在图8.7中，控制下的闭环动力学如下所示：

$$\hat{\boldsymbol{H}}(\boldsymbol{q})\ddot{\boldsymbol{e}}_{\text{ref}}+\hat{\boldsymbol{C}}(\boldsymbol{q},\dot{\boldsymbol{q}})\dot{\boldsymbol{e}}_{\text{ref}}=\boldsymbol{u}+\boldsymbol{\omega} \tag{8.111}$$

式中，$\ddot{\boldsymbol{e}}_{\text{ref}}=\ddot{\boldsymbol{e}}_{\text{q}}+\boldsymbol{K}_{\text{V}}\dot{e}_{\text{q}}+\boldsymbol{K}_{\text{P}}\boldsymbol{e}_{\text{q}}$，$\dot{\boldsymbol{e}}_{\text{ref}}=\dot{\boldsymbol{e}}_{\text{q}}+\boldsymbol{K}_{\text{V}}e_{\text{q}}+\boldsymbol{K}_{\text{P}}\int\boldsymbol{e}_{\text{q}}$。

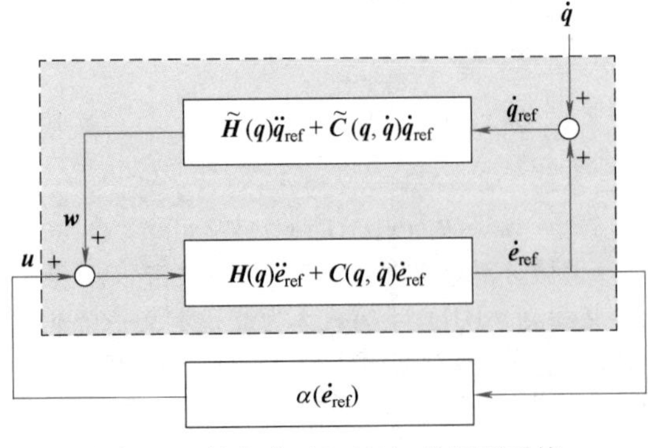

图8.7 符合式（8.111）的闭环系统

如果 $\boldsymbol{d}(t)=0$，而且 $\hat{\boldsymbol{H}}=\boldsymbol{H}$、$\hat{\boldsymbol{C}}=\boldsymbol{C}$、$\hat{\boldsymbol{\tau}}_g=\boldsymbol{\tau}_g$，则 $\boldsymbol{\omega}=0$，否则，扰动定义为

$$\boldsymbol{\omega}=\tilde{\boldsymbol{H}}(\boldsymbol{q})\ddot{\boldsymbol{q}}_{\text{ref}}+\tilde{\boldsymbol{C}}(\boldsymbol{q},\dot{\boldsymbol{q}})\dot{\boldsymbol{q}}_{\text{ref}}+\tilde{\boldsymbol{\tau}}_g(\boldsymbol{q})+\boldsymbol{d}(t) \tag{8.112}$$

式中，$\tilde{\boldsymbol{H}}=\boldsymbol{H}-\hat{\boldsymbol{H}}$、$\tilde{\boldsymbol{C}}=\boldsymbol{C}-\hat{\boldsymbol{C}}$ 和 $\tilde{\boldsymbol{\tau}}_g=\boldsymbol{\tau}_g-\hat{\boldsymbol{\tau}}_g$。特别令人感兴趣的是，系统［式(8.111)］定义了 $\boldsymbol{u}+\boldsymbol{\omega}$ 与 $\dot{\boldsymbol{e}}_{\text{ref}}$ 之间的被动映射。

根据上述方法，辅助控制输入 $\boldsymbol{u}$ 是指定的，无源控制可以实现稳定性、鲁棒性和/或最优性（图8.7）。

8.8.4 逆非线性 H_∞ 控制的一种解法

让我们通过参考误差反馈来定义辅助控制输入：

$$\boldsymbol{u}=-\alpha\boldsymbol{R}^{-1}(\boldsymbol{x},t)\dot{\boldsymbol{e}}_{\text{ref}}, \tag{8.113}$$

式中，$\alpha>1$ 是任意的。然后，该控制提供了逆非线性 H_∞ 的最优性。

定理8.1：逆非线性 H_∞ 最优性[8.66]。

若使参考加速度产生增益矩阵 $\boldsymbol{K}_{\text{V}}$ 和 $\boldsymbol{K}_{\text{P}}$，且满足

$$\boldsymbol{K}_{\text{V}}^2>2\boldsymbol{K}_{\text{P}} \tag{8.114}$$

那么，对于给定的 $\gamma>0$，参考误差反馈为

$$\boldsymbol{u}=-\boldsymbol{K}\dot{\boldsymbol{e}}_{\text{ref}}=-\boldsymbol{K}\left(\dot{\boldsymbol{e}}_{\text{q}}+\boldsymbol{K}_{\text{V}}\boldsymbol{e}_{\text{q}}+\boldsymbol{K}_{\text{P}}\int\boldsymbol{e}_{\text{q}}\right) \tag{8.115}$$

对于

$$\boldsymbol{Q}=\begin{pmatrix}\boldsymbol{K}_{\text{P}}^2\boldsymbol{K}_\gamma & 0 & 0\\ 0 & (\boldsymbol{K}_{\text{V}}^2-2\boldsymbol{K}_{\text{P}})\boldsymbol{K}_\gamma & 0\\ 0 & 0 & \boldsymbol{K}_\gamma\end{pmatrix} \tag{8.116}$$

$$\boldsymbol{R}=\boldsymbol{K}^{-1} \tag{8.117}$$

满足 L_2 增益衰减要求。

前提是

$$\boldsymbol{K}_\gamma=\boldsymbol{K}-\frac{1}{\gamma^2}\boldsymbol{I}>0 \tag{8.118}$$

给定 γ，可以设 $\boldsymbol{K}=\alpha\dfrac{1}{\gamma^2}\boldsymbol{I}$，且 $\alpha>0$，得到 $\boldsymbol{K}_\gamma=(\alpha-1)\dfrac{1}{\gamma^2}\boldsymbol{I}$。

当惯性矩阵为对角常数矩阵时（如 $\hat{\boldsymbol{H}}=\text{diag}\{\hat{m}_i\}$ 为对角矩阵），则应设 $\hat{\boldsymbol{C}}=\boldsymbol{0}$。此外，还可以设 $\hat{\boldsymbol{\tau}}_g=\boldsymbol{0}$，由此可导出解耦形式的PID控制表达式：

$$\tau_i=\hat{m}_i(\ddot{q}_{\text{d},i}+k_{\text{V},i}\dot{e}_{\text{q},i}+k_{\text{P},i}e_{\text{q},i})+\alpha\frac{1}{\gamma^2}\left(\dot{e}_{\text{q},i}+k_{\text{V},i}e_{\text{q},i}+k_{\text{P},i}\int e_{\text{q},i}\right)$$

当 $\alpha>1$ 时，上式可重写为

$$\tau_i=\hat{m}_i\ddot{q}_{\text{d},i}+\left(\hat{m}_ik_{\text{V},i}+\alpha\frac{1}{\gamma^2}\right)\dot{e}_{\text{q},i}+\left(\hat{m}_ik_{\text{P},i}+\alpha\frac{k_{\text{V},i}}{\gamma^2}\right)e_{\text{q},i}+\alpha\frac{k_{\text{P},i}}{\gamma^2}\int e_{\text{q},i} \tag{8.119}$$

由此导出了具有预期加速度前馈的 PID 控制[8.68]：

$$\tau_i = \hat{m}_i \ddot{q}_{d,i} + k^*_{V,i}\dot{e}_{q,i} + k^*_{P,i}e_{q,i} + k^*_{I,i}\int e_{q,i} \quad (8.120a)$$

式中

$$k^*_{V,i} = \hat{m}_i k_{V,i} + \alpha \frac{1}{\gamma^2} \quad (8.120b)$$

$$k^*_{P,i} = \hat{m}_i k_{P,i} + \alpha \frac{k_{V,i}}{\gamma^2} \quad (8.120c)$$

$$k^*_{I,i} = \alpha \frac{k_{P,i}}{\gamma^2} \quad (8.120d)$$

8.9 轨迹生成与规划

本节讨论参考轨迹生成（reference trajectory generation）问题，即计算预期的位置、速度、加速度和/或力/力矩信号，作为第 8.3~8.8 节中介绍的机器人运动控制器的输入值。

8.9.1 几何路径和轨迹

1. 路径规划

路径是从起始位姿移动到目标位姿的预期几何表示。规划的主要任务是在一组静态与动态障碍物之间找到一条无碰撞的路径，有时在路径规划过程中还需要考虑某些动力学约束条件，如工作空间的边界、最大速度、最大加速度和最大冲击加速度等。路径规划包括在线路径规划和离线路径规划算法：离线路径规划是静态的，并在执行算法之前进行计算；在线路径规划则需要满足实时约束条件的算法（即不超过可确定的最坏情况计算时间的算法），以便能够对机器人的运动进行路径（重新）计算和/或自适应，或者对动态环境做出反应并与之交互。这意味着机器人可能会沿着一条没有事先计算过的路径运动，并且在运动过程中还会发生变化。有关路径规划的详细信息已在第 7 章中有所介绍。在第 4 篇和第 5 篇，特别是在第 2 卷第 47 章中也将有介绍。

2. 轨迹规划

一条轨迹不仅仅是一条路径：它还包括沿一条路径的速度、加速度和/或冲击加速度跃度（VIDEO 760）。一种常见的方法是计算预先指定路径的轨迹，该方法还可实现某种特殊要求（如最短的执行时间）。为此，还要区分在线和离线轨迹规划方法。在线轨迹规划方法可以（重新）计算和/或适应机器人在运动过程中的行为，而离线轨迹规划方法在执行过程中不会受到影响。这种（重新）计算和/或调整的原因可能各不相同：精度的提高、对现有动力学的更好利用、对动态环境的反应和与动态环境的相互作用，或者对其他事件（如传感器）的反应。除了在线和离线的区别外，我们还可以进一步区分为：①一维（1-D）和多维轨迹；②单点和多点轨迹。其中，多点轨迹通常与路径相关。

8.9.2 关节空间和操作空间的轨迹

根据控制状态空间的不同，轨迹生成器可为关节空间或操作空间中的跟踪控制器提供设定点。在任何一种空间中，轨迹都可以用以下几种方式来表示：三次样条、五次样条、高阶样条、谐波（正弦函数）、指数函数、傅里叶级数等。

1. 关节空间的轨迹

考虑转矩控制输入［式(8.29)］，有

$$\boldsymbol{\tau} = \boldsymbol{H}(\boldsymbol{q})\boldsymbol{v} + \boldsymbol{C}(\boldsymbol{q},\dot{\boldsymbol{q}})\dot{\boldsymbol{q}} + \boldsymbol{\tau}_g(\boldsymbol{q})$$

和 PD 控制器［式(8.30)］，有

$$\boldsymbol{v} = \ddot{\boldsymbol{q}}_d + \boldsymbol{K}_V(\dot{\boldsymbol{q}}_d - \dot{\boldsymbol{q}}) + \boldsymbol{K}_P(\boldsymbol{q}_d - \boldsymbol{q}) \quad (8.121)$$

或 PID 控制器［式(8.31)］，在关节空间坐标系中，轨迹生成器的任务是计算信号 $\boldsymbol{q}_d(t)$、$\dot{\boldsymbol{q}}_d(t)$ 和 $\ddot{\boldsymbol{q}}_d(t)$。这三个信号包含参考轨迹，并作为跟踪控制器的输入值。

在规定的操作期间，要求执行轨迹的关节力矩不应超过关节力/力矩限制 $\boldsymbol{\tau}_{min}(t)$ 和 $\boldsymbol{\tau}_{max}(t)$，即

$$\boldsymbol{\tau}_{min}(t) \leqslant \boldsymbol{\tau}(t) \leqslant \boldsymbol{\tau}_{max}(t) \quad \forall t \in R \quad (8.122)$$

2. 操作空间的轨迹

类似于式（8.29），我们还可以考虑 $\boldsymbol{x}_d$、$\dot{\boldsymbol{x}}_d$ 和 $\ddot{\boldsymbol{x}}_d$ 所代表的操作空间控制器［式(8.9)］的轨迹。

$$\boldsymbol{f}_c = \boldsymbol{\Lambda}(\boldsymbol{q})\boldsymbol{\mu} + \boldsymbol{\Gamma}(\boldsymbol{q},\dot{\boldsymbol{q}})\dot{\boldsymbol{x}} + \boldsymbol{\eta}(\boldsymbol{q})$$

局部 PD 控制律

$$\boldsymbol{\mu} = \ddot{\boldsymbol{x}}_d + \boldsymbol{K}_V(\dot{\boldsymbol{x}}_d - \dot{\boldsymbol{x}}) + \boldsymbol{K}_P(\boldsymbol{x}_d - \boldsymbol{x}) \quad (8.123)$$

当采用式（8.8）的逆变换转化为关节空间时，操作空间轨迹生成器必须确保不超出式（8.122）所给的范围。路径规划器（第 7 章）的职责是，轨迹上的所有点都在机器人工作空间中，并且在同一

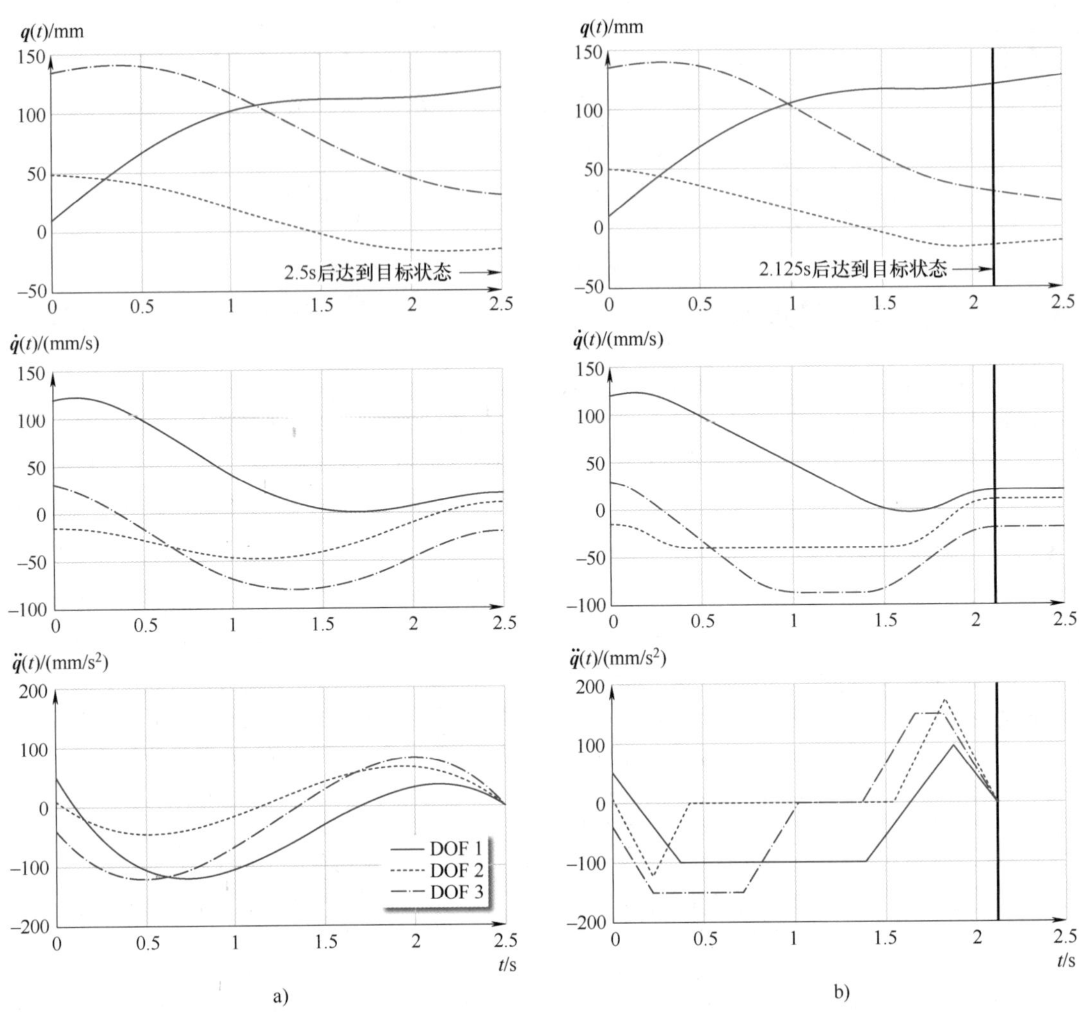

图 8.8 三自由度机器人（$n=3$）的两个样本轨迹

a）轨迹用五次样条表示 b）轨迹用分段多项式表示

关节位置上可达到初始位姿和目标位姿。即使存在运动奇异的情况，对关节力矩和速度的约束条件也能满足。

8.9.3 轨迹表示

1. 数学表示

$\ddot{\boldsymbol{q}}_{\mathrm{d}}(t)$和$\ddot{\boldsymbol{x}}_{\mathrm{d}}(t)$可以用几种方法表示。

1）多项式轨迹。表示机器人轨迹的最简单方法之一是每个关节 $i\in\{1,\cdots,n\}$ 的 m 次多项式函数，即

$$q_i(t)=a_{i,0}+a_{i,1}t+a_{i,2}t^2+\cdots+a_{i,m}t^m \quad (8.124)$$

可以对$\boldsymbol{q}(t)$进行组合（或$\boldsymbol{x}(t)$在操作空间中进行组合）。在最简单的情况下，使用三次多项式，但可能会导致不稳定的加速度信号无穷大。五次多项式和高阶多项式允许稳定的加速度信号，以及任意的位置、速度和加速度矢量，包括轨迹的开始和结束。为了确定式（8.124）的系数 $a_{i,j}\ \forall(i,j)\in\{1,\cdots,n\}\times\{0,\cdots,m\}$，需要知道到达目标状态的执行时间 t_{trgt}。图 8.8a 显示了 3 个自由度的五次轨迹，从 $t_0=0\mathrm{s}$ 开始，执行时间为 $t_{\mathrm{trgt}}=2.5\mathrm{s}$。要将一个轨迹段连接到前段和后段，所有 n 个关节都需要满足以下 6 个约束。

$$q_i(t_0)=q_{i,\mathrm{start}}=a_{i,0}$$

$$q_i(t_{\mathrm{trgt}})=q_{i,\mathrm{trgt}}=a_{i,0}+a_{i,1}t_{\mathrm{trgt}}+a_{i,2}t_{\mathrm{trgt}}^2+a_{i,3}t_{\mathrm{trgt}}^3+a_{i,4}t_{\mathrm{trgt}}^4+a_{i,5}t_{\mathrm{trgt}}^5$$

$$\dot{q}_i(t_0)=\dot{q}_{i,0}=a_{i,1}$$

$$\dot{q}_i(t_{\mathrm{trgt}})=\dot{q}_{i,\mathrm{trgt}}=a_{i,1}+2a_{i,2}t_{\mathrm{trgt}}+3a_{i,3}t_{\mathrm{trgt}}^2+4a_{i,4}t_{\mathrm{trgt}}^3+5a_{i,5}t_{\mathrm{trgt}}^4$$

$$\ddot{q}_i(t_0)=\ddot{q}_{i,0}=2a_{i,2}$$

$$\ddot{q}_i(t_{trgt})=\ddot{q}_{i,trgt}=2a_{i,2}+6a_{i,3}t_{trgt}+12a_{i,4}t_{trgt}^2+20a_{i,5}t_{trgt}^3$$

一个唯一的闭式解可以由此计算出来。这样，所有的多项式系数 $a_{i,j}\ \forall(i,j)\in\{1,\cdots,n\}\times\{0,\cdots,5\}$ 也都可以在一个轨迹段上确定。

2）分段多项式。可以将不同自由度的多项式连接起来，以表示初始状态（$\boldsymbol{q}_0, \dot{\boldsymbol{q}}_0, \ddot{\boldsymbol{q}}_0$）和目标状态（$\boldsymbol{q}_{trgt}, \dot{\boldsymbol{q}}_{trgt}, \ddot{\boldsymbol{q}}_{trgt}$）之间的轨迹。例如，经典的双 S 速度剖面[8.69]具有梯形的加减速剖面和中间的巡航速度段，它由 7 个多项式组成，即 3-2-3-3-3-3-3［m 在式(8.124)中］。图 8.8b 所示为用分段多项式表示的轨迹。为了计算纯运动约束下的时间最优轨迹（如 $\boldsymbol{q}_{max}$、$\dot{\boldsymbol{q}}_{max}$、$\ddot{\boldsymbol{q}}_{max}$ 等），使用分段多项式，因为它们允许总是在其运动极限处使用同一个信号（图 8.8b 和参考文献［8.70］）。

3）三角函数轨迹。与式（8.124）类似，三角函数可以用来表示简谐轨迹、摆线轨迹和椭圆轨迹[8.71,72]。一个关于关节 i 的简谐轨迹的简单例子是

$$q_i(t)=\frac{q_{i,trgt}-q_{i,0}}{2}\left(1-\cos\frac{\pi(t-t_0)}{t_{trgt}-t_0}\right)+q_{i,0} \qquad (8.125)$$

虽然三角函数的任意阶导数都是连续的，但它们在 t_0 和 t_{trgt} 处可能是不连续的。

4）其他表示方法。指数轨迹（Exponential Trajectories）和傅里叶（Fourier）级数展开[8.72]特别适合于将因参考轨迹引起的机器人固有振动频率降到最低。

2. 轨迹和路径

把第 7 章和第 4 篇和第 5 篇联系起来，轨迹和路径往往是紧密相关的。

1）沿着预定路径的轨迹。关节空间中的路径可以用带有 $s\in[t_0, t_{trgt}]$ 的函数 $\boldsymbol{q}(s(t))$ 来描述，其中路径的起始位形是 $\boldsymbol{q}(t_0)$，目标位形是 $\boldsymbol{q}(t_{trgt})$。要使机器人沿路径移动，需要计算不违反任何运动学和动力学约束的函数 $s(t)$[8.73-75]。如果在操作空间中给定了路径，则 $\boldsymbol{x}(s(t))$ 可以映射至 $\boldsymbol{q}(t)$（见 8.2 节）。

2）多维轨迹。与使用一阶函数 $s(t)$ 来参数化路径段不同，轨迹也可以用单个自由度 i 的独立函数来描述，分别表示 $\boldsymbol{q}(s(t))$ 或 $\boldsymbol{x}(s(t))$。为了连接两个任意状态，每个独立自由度的信号需要时间同步[8.70]，以便所有自由度在同一时刻到达它们的目标运动状态。这些轨迹也可以是相位同步的[8.76]，因此所有自由度的轨迹都是从一个主自由度导出的，并且仅按一个因子进行缩放，以实现均匀度[8.77]。图 8.8 中的两条轨迹是时间同步的，但不是相位同步的。

3）多点轨迹。如果不是完全定义的几何路径或运动到单个路径点，而是给出了整个几何路径点序列，则需要计算在给定状态空间中连接所有路径点的轨迹。只要位置信号及其向上的导数是连续的（至少是 C^1 连续的），两个路径点之间的轨迹段可以用上述描述法中的任何一种来表示。样条、B 样条或 Bezier 样条也可用来生成参考轨迹或几何路径，然后再用函数 $s(t)$ 进行参数化。

8.9.4 轨迹规划算法

以下部分简单介绍了有关在线轨迹规划和离线轨迹规划概念。

1. 限定因素

对于轨迹规划人员来说，限定因素可能是多方面的。

1）运动学：最大速度、加速度、冲击加速度等，以及工作空间的限制。

2）动力学：最大的关节或驱动器力和/或力矩。

3）几何约束：不与工作区中的静态和动态对象发生碰撞。

4）时态：在给定的时间间隔或给定的时间内达到某种状态。

这些与其他制约因素可能必须同时加以考虑。根据机器人和任务的不同，有时还要考虑额外的优化目标（如时间最优、最小冲击加速度、到工作空间边界的最大距离、最小能量）。

2. 离线轨迹规划

Kan 和 Roth[8.78]证明了使用最优线性控制理论来获得线性化操作臂的时间最优解的结果。由此生成的轨迹受冲击限制，并导致系统具有较小的轨迹跟踪误差和较少的激励频率。

Brady 的工作[8.79]介绍了关节空间轨迹规划的几种技术，Paul[8.80]和 Taylor[8.81]发表了关于笛卡儿空间平行于 Brady 轨迹规划的著作。林等人[8.82]提出了另一种纯运动学方法，Castain 和 Paul[8.69]也是如此。

Hollerbach[8.83]首先介绍了用于操作臂轨迹生成的非线性逆机器人动力学的方法。

在 20 世纪 80 年代中期，有三个小组开发了时间-任意指定路径的最优轨迹规划技术：Bobrow[8.73]、Shin 和 McKay[8.74]，Pfeiffer 和 Johanni[8.75]。轨迹由三条曲线组成，即最大加速度曲线，最大速度曲线和最大减速曲线。所提出的算法可以找到这三条

8

曲线的交点。

这些算法已经成为许多后续工作的基础：Kyriakopoulos 和 Sridis[8.84] 增加了最小-冲激准则；Slotine 和 Yang 放弃了计算最大速度曲线的计算[8.85]；Shiller 和 Lu 增加了处理动态奇异点的方法[8.86]；Fiorini 和 Shiller 将算法扩展到了已知动态环境中的移动障碍物[8.87]。

3. 在线轨迹规划

对规划轨迹的在线调整可能出于以下几个原因：①为了提高精度而调整轨迹，事先规划了一条路径；②机器人系统对传感器信号和/或无法事先预测的事件做出反应，因为机器人在（部分）未知和动态环境中工作。

提高路径精度。前面所描述的离线轨迹规划方法都假设了一个能准确描述真实机器人行为的动力学模型。在实际应用中，情况往往并非如此，一些机器人参数只是估计值，部分影响动力学模型的参数未建模，或者系统参数可能会在运行过程中发生变化。如果是上述这些情况，所产生的机器人运动不再是时间最优的，并且可能超出最大驱动器力和/或力矩的范围，由此将导致指定路径和与目标路径之间出现不希望的差异。

Dahl 和 Nielsen[8.88] 通过调整路径上的加速度来进行扩展[8.73-75]，这样底层的轨迹跟踪控制器就会根据当前的运动状态进行调整。Cao 等人[8.89,90] 使用三次样条曲线在关节空间中生成具有时间最优轨迹的光滑路径。Constantinescu 和 Croft[8.91] 建议进一步改进参考文献［8.86］的方法，目的是限制驱动器力/力矩的导数。Macfarlane 和 Croft 通过增加五次样条曲线（图 8.8a）的冲击限制进一步扩展了这种方法[8.92]。

4. 基于传感器的轨迹自适应

最后一段概述了提高路径精度的在线轨迹生成方法，而本文侧重于传感器信号的在线考虑，如为了避免碰撞（VIDEO 757，VIDEO 758），或者在控制器或控制增益之间切换（VIDEO 759，VIDEO 761）。

1988 年，Andersson[8.93,94] 提出了一种在线轨迹规划乒乓游戏的 PUMA260 操作臂，用于计算参数化五次多项式。在参考文献［8.73-75］的基础上，Lloyd 和 Hayward[8.81] 提出了一种利用过渡窗口在两个不同轨迹段之间进行相互转换的技术[8.95]。Ahn 等人[8.96] 介绍了一种不考虑运动学或动力学约束的在线连接任意运动状态的方法。Broqueère 等人、Haschke 等人和 Kröger 将这种方法推广到多维轨迹，以便考虑运动学约束[8.70,97,98]。

5. 延展阅读

机器人参考轨迹生成领域的概述可在 Biagiotti 和 Melchiorri[8.72]、Craig[8.99]、Fu[8.100]、Spong[8.101] 等人的专著中找到。

8

8.10 数字化实现

前面介绍的控制器大多数都可以用数字化方式在微处理器上实现。本节将讨论基本但实质上与计算机实现有关的实际问题。当控制器在计算机控制系统上实现时，读取的是模拟输入，并在一定的采样循环内输出。因为采样在控制回路中引入了时间延迟。因此，与模拟实现相比，这是一个不足之处。图 8.9 所示为带有数字化实现的控制系统总体框图。当使用数字计算机来实现控制律时，可以方便地采用中断程序将代码划分为四个处理程序，如图 8.10 所示。

从传感器读取输入信号并将控制信号写入与正确频率同步的数/模转换器（D/A）是非常重要的。因此，这些过程位于第一个例程中。保存计数器值并提取 D/A 值后，下一个例程将生成参考值。带有过滤器的控制例程跟随并产生标量或向量控制输出。最后，制作用于检查参数值的用户界面，并将用于优化和调试。

8.10.1 Z 变换在运动控制实现中的应用

利用 Z 变换将连续时间系统转化为离散时间系统。尽管物理过程仍然是一个连续时间系统，但离散时间系统可给出采样点处物理过程行为描述的数学模型。拉普拉斯变换正好可以分析 s 域的控制系统。在大多数情况下，控制器和滤波器的设计是使用 s 域的工具完成的。为了在程序代码中实现这些结果，理解 Z 变换至关重要。所有在 s 域中设计的控制器和滤波器都可以很容易地通过 Z 变换转换成程序代码，这是因为它具有数字化的差分序列公式。

以 PID 控制器为例，在传递函数形式中，该控制器的基本结构如下：

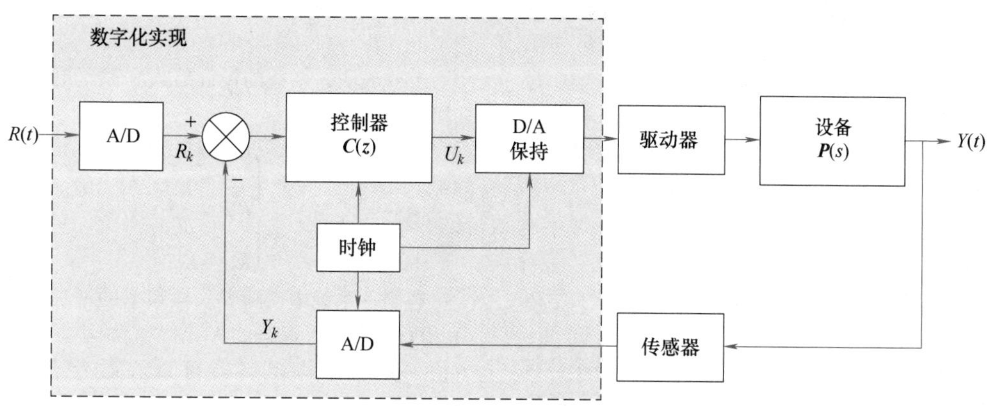

图 8.9 带有数字化实现的系统控制总体框图

$$\frac{Y(s)}{E(s)}=K_P+\frac{K_I}{s}+sK_V \tag{8.126}$$

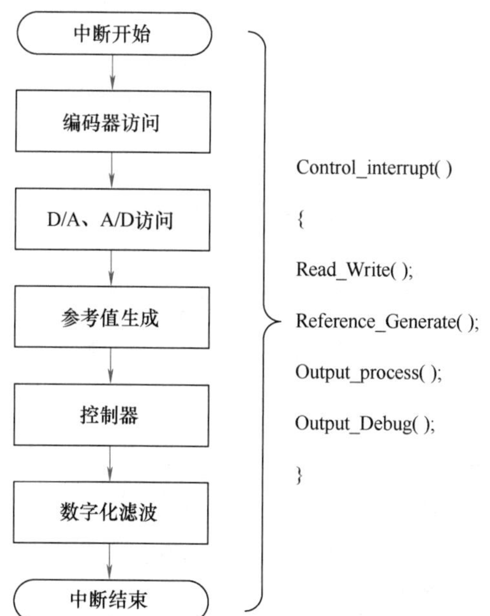

图 8.10 用于数字控制的中断程序

从频域到离散域的变换有多种方法。为保持稳定性，常用的是后向欧拉算法和塔斯丁算法。虽然塔斯丁算法被认为是一种更精确的算法，但在下面的过程中使用的却是后向欧拉算法。

将后向欧拉方程代入式（8.126），有

$$s\cong\frac{1-z^{-1}}{T}$$

得到以下离散形式的公式：

$$\frac{Y(z)}{E(z)}=\frac{\alpha+\beta z^{-1}+\gamma z^{-2}}{T(1-z^{-1})} \tag{8.127}$$

式中，$\alpha=K_IT^2+K_PT+K_V$，$\beta=-K_PT-2K_V$，$\gamma=K_V$。

当测量噪声很大时，PID 控制器中的微分器 s 有时很难实现。为此，可以通过附加一个具有时间常数 σ 的低通滤波器来补偿该控制器（8.126）。

$$\frac{Y(s)}{E(s)}=K_P+\frac{K_I}{s}+\frac{s}{\sigma s+1}K_V \tag{8.128}$$

同样地，将后向欧拉方程代入式（8.128），可得

$$\frac{Y(z)}{E(z)}=\frac{\alpha+\beta z^{-1}+\gamma z^{-2}}{1-\delta z^{-1}-\psi z^{-2}} \tag{8.129}$$

式中

$$\alpha=K_P+K_IT+\frac{K_V}{\sigma+T}$$

$$\beta=-\frac{(2\sigma+T)K_P+\sigma TK_I+2K_V}{\sigma+T}$$

$$\gamma=\frac{\sigma K_P+K_V}{\sigma+T}$$

$$\delta=\frac{2\sigma+T}{\sigma+T}$$

$$\psi=-\frac{\sigma}{\sigma+T}$$

其中，滤波器时间常数根据截止频率 f_c[Hz]确定，用于消除诸如 $\sigma=\frac{1}{2\pi f_c}$之类的噪声。

8.10.2 数字编码控制

逆 Z 变换给出了数字控制的差分方程。此外，差分方程可以直接转化为控制程序代码。因为 $Y(z)$ 的逆 Z 变换是 y_k；z^{-1} 表示上一个样本时间，$z^{-1}Y(z)=y_{k-1}$ 和 $z^{-2}Y(z)=y_{k-2}$。

现在，用差分方程重新排列用式（8.127）表示的 PID 控制器，有

$$T(y_k-y_{k-1})=\alpha e_k+\beta e_{k-1}+\gamma e_{k-2} \quad (8.130)$$

则
$$y_k-y_{k-1}=\frac{1}{T}(\alpha e_k+\beta e_{k-1}+\gamma e_{k-2})$$

为便于实际应用，PID控制器可以直接编译成代码形式：

$$y_k=K_{\mathrm{P,c}}e_k+K_{\mathrm{V,c}}e_k^v+K_{\mathrm{I,c}}e_k^i$$

式中

$$e_k=p_{k,\mathrm{desired}}-p_k$$

$$e_k^v=v_{k,\mathrm{desired}}-v_k=(p_{k,\mathrm{desired}}-p_{k-1,\mathrm{desired}})-(p_k-p_{k-1})=e_k-e_{k-1}$$

$$e_k^i=e_{k-1}^i+e_k=\sum_{j=0}^{k}e_k$$

式中，p_k 是当前位置；v_k 是当前速度；desired是目标预期；c是数字化控制的编码形式。现在，让我们了解一下当前控制输出与前一个控制输出之间的差异。

$$\begin{aligned}y_k-y_{k-1}=&[K_{\mathrm{P,c}}e_k-K_{\mathrm{P,c}}e_{k-1}]+\\&[K_{\mathrm{V,c}}(e_k-e_{k-1})-K_{\mathrm{V,c}}(e_{k-1}-e_{k-2})]+\\&[K_{\mathrm{I,c}}e_k^i-K_{\mathrm{I,c}}e_{k-1}^i]\\=&(K_{\mathrm{P,c}}+K_{\mathrm{V,c}}+K_{\mathrm{I,c}})e_k-\\&(K_{\mathrm{P,c}}+2K_{\mathrm{V,c}})e_{k-1}+K_{\mathrm{V,c}}e_{k-2}\end{aligned} \quad (8.131)$$

比较式（8.130）和（8.131）中的参数，可得

$$\frac{\alpha}{T}=K_{\mathrm{P}}+\frac{K_{\mathrm{V}}}{T}+K_{\mathrm{I}}T=(K_{\mathrm{P,c}}+K_{\mathrm{V,c}}+K_{\mathrm{I,c}})$$

$$\frac{\beta}{T}=-K_{\mathrm{P}}-\frac{2K_{\mathrm{V}}}{T}=-(K_{\mathrm{P,c}}+2K_{\mathrm{V,c}})$$

$$\frac{\gamma}{T}=\frac{K_{\mathrm{V}}}{T}=K_{\mathrm{V,c}}$$

上式表明，增益的设计形式和编码形式之间存在以下关联：

$$\begin{cases}K_{\mathrm{P,c}}=K_{\mathrm{P}}\\K_{\mathrm{V,c}}=\dfrac{K_{\mathrm{V}}}{T}\\K_{\mathrm{I,c}}=K_{\mathrm{I}}T\end{cases} \quad (8.132)$$

在同一系统中，随着采样频率的增加，编码的 K_{V} 增益应增大，编码的 K_{I} 增益应减小。利用这种方法，所设计的控制器可以在数字信号处理器（DSP）或微处理器中进行编译。但是，为了获得更好的控制系统性能，还须事先对控制算法进行充分的分析和仿真。

此外，具有低通滤波器［式(8.129)］的PID控制器可以实现为

$$\begin{cases}y_k-\delta y_{k-1}-\psi y_{k-2}=\alpha e_k+\beta e_{k-1}+\gamma e_{k-2}\\y_k=\delta y_{k-1}+\psi y_{k-2}+\alpha e_k+\beta e_{k-1}+\gamma e_{k-2}\end{cases} \quad (8.133)$$

使用相同的程序，可以得到相似的数字控制程序代码。

根据增益的变化，将数字控制系统中实现的PID控制器的性能变化显示在视频文献中，以便于读者理解。具体见 VIDEO 25。

8.11 学习控制

由于许多机器人应用，如拾取、喷涂、电路板组装等作业涉及重复性的运动，人们自然会考虑利用以往循环中收集的数据来改善操作臂在随后循环中的性能，这就是“重复控制”或“学习控制”的基本理念。考虑8.1节中给出的机器人模型，并假设给定一个在某个时间间隔 $0\leqslant t\leqslant T$ 内的期望关节轨迹 $\boldsymbol{q}_{\mathrm{d}}(t)$。参考轨迹 $\boldsymbol{q}_{\mathrm{d}}$ 用于操作臂的重复轨迹，这里假设轨迹是循环性的，$\boldsymbol{q}_{\mathrm{d}}(t)=\boldsymbol{q}_{\mathrm{d}}(0)$（重复控制），或者机器人在每次轨迹的开始都被重新初始化，使之位于期望轨迹上（即学习控制）。下文中，我们将使用“学习控制”一词来表示重复控制或学习控制。

8.11.1 纯P型学习控制

用 $\boldsymbol{\tau}_k$ 表示第 k 个循环中的输入力矩，它产生一个输出 $\boldsymbol{q}_k(t)$，其中 $0\leqslant t\leqslant T_{\mathrm{bnd}}$。现在，让我们考虑以下假设：

1）假设1：每次试验都在一个固定的时间期限 $T_{\mathrm{bnd}}>0$ 内结束。

2）假设2：满足初始设置的重复性。

3）假设3：在整个重复轨迹中确保系统动力学的不变性。

4）假设4：每个输出 $\boldsymbol{q}_k$ 都可以测量，因此误差信号 $\Delta\boldsymbol{q}_k=\boldsymbol{q}_k-\boldsymbol{q}_{\mathrm{d}}$ 可用于构造下一个输入 $\boldsymbol{\tau}_{k+1}$。

5）假设5：操作臂的动力学是可逆的。

学习控制问题可归结为确定一个递归学习律 $\boldsymbol{L}$。

$$\boldsymbol{\tau}_{k+1}=\boldsymbol{L}[\boldsymbol{\tau}_k(t),\Delta\boldsymbol{q}_k(t)] \quad 0\leqslant t\leqslant T_{\mathrm{bnd}} \quad (8.134)$$

式中，$\Delta\boldsymbol{q}_k(t)=\boldsymbol{q}_k(t)-\boldsymbol{q}_{\mathrm{d}}(t)$，使得在某个适当定义的函数范数 $\|\cdot\|$ 中，当 $k\to\infty$ 时，$\|\Delta\boldsymbol{q}_k\|\to 0$。初始控制输入可以是任何一个能够产生稳定输出的控制

输入，如 PD 控制。这样的学习控制策略之所以有吸引力，是因为不需要事先知道精确的动力学模型。

已经有几种方法用来得到一个合适的学习律 $\boldsymbol{L}$，并证明输出误差的收敛性。纯 P 型学习律就是其中的一种形式。

$$\boldsymbol{\tau}_{k+1}(t)=\boldsymbol{\tau}_k(t)-\boldsymbol{\Phi}\Delta\boldsymbol{q}_k(t) \tag{8.135}$$

之所以起这个名字，是因为在每次迭代的过程中，输入力矩的校正项都是与误差 $\Delta\boldsymbol{q}_k$ 成正比的。现在让 $\boldsymbol{\tau}_{\mathrm{d}}$ 通过计算转矩控制来定义，即

$$\boldsymbol{\tau}_{\mathrm{d}}(t)=\boldsymbol{H}[\boldsymbol{q}_{\mathrm{d}}(t)]\ddot{\boldsymbol{q}}_{\mathrm{d}}(t)+\boldsymbol{C}[\boldsymbol{q}_{\mathrm{d}}(t),\dot{\boldsymbol{q}}_{\mathrm{d}}(t)]\dot{\boldsymbol{q}}_{\mathrm{d}}(t)+\boldsymbol{\tau}_{\mathrm{g}}[\boldsymbol{q}_{\mathrm{d}}(t)] \tag{8.136}$$

注意，函数 $\boldsymbol{\tau}_k$ 实际上不需要计算，只要知道它的存在就足够了。考虑 P 型学习控制律，有

$$\Delta\boldsymbol{\tau}_{k+1}(t)=\Delta\boldsymbol{\tau}_k(t)-\boldsymbol{\Phi}\Delta\boldsymbol{q}_k(t) \tag{8.137}$$

式中，$\Delta\boldsymbol{\tau}_k(t)=\boldsymbol{\tau}_k(t)-\boldsymbol{\tau}_{\mathrm{d}}(t)$。因此有

$$\|\Delta\boldsymbol{\tau}_{k+1}(t)\|^2\leqslant\|\Delta\boldsymbol{\tau}_k(t)\|^2-\beta\|\boldsymbol{\Phi}\Delta\boldsymbol{q}_k(t)\|^2 \tag{8.138}$$

如果存在正常数 λ 和 β，使得

$$\int_0^{T_{\mathrm{bnd}}} e^{-\lambda t}\Delta\boldsymbol{q}_k^{\mathrm{T}}\Delta\boldsymbol{\tau}_k(t)\,\mathrm{d}t\geqslant\frac{1+\beta}{2}\|\boldsymbol{\Phi}\Delta\boldsymbol{q}_k(t)\|^2 \tag{8.139}$$

对于所有 k，根据上述不等式，结合范数的意义可得，当 $k\to\infty$ 时，$\|\Delta\boldsymbol{q}_k\|\to 0$。有关对该控制律详细的稳定性分析见参考文献[8.102,103]。

8.11.2 带遗忘因子的 P 型学习控制

虽然纯 P 型学习控制已经达到了预期的目标，但在实际实现中，一些严格的假设可能是无效的，如可能存在初始设置错误。此外，有可能存在很小但不可重复的动力学波动。最后，可能存在（有界的）测量噪声 $\boldsymbol{\xi}_k$，如

$$\Delta\boldsymbol{q}_k(t)+\boldsymbol{\xi}_k(t)=[\boldsymbol{q}_k(t)+\boldsymbol{\xi}_k(t)]-\boldsymbol{q}_{\mathrm{d}}(t) \tag{8.140}$$

因此，学习控制策略可能会失效。为了提高 P 型学习控制的鲁棒性，在其递归式中引入了一个遗忘因子，即

$$\boldsymbol{\tau}_{k+1}(t)=(1-\alpha)\boldsymbol{\tau}_k(t)+\alpha\boldsymbol{\tau}_0(t)-\boldsymbol{\Phi}[\Delta\boldsymbol{q}_k(t)+\boldsymbol{\xi}_k(t)] \tag{8.141}$$

最初将遗忘因子引入学习控制的想法源于参考文献［8.104］。

已经被严格证明，带有遗忘因子的 P 型学习控制能保证函数收敛到一个预期的邻域 $O(\alpha)$。此外，如果在每 k 次实验后刷新长期记忆的内容，其中 k 为 $O(1/\alpha)$，则轨迹可以收敛到一个预期控制目标的 ε 邻域。ε 的大小取决于初始误差设置的大小、动力学的不可重复波动和测量噪声等因素。有关该策略更详细的稳定性分析见参考文献[8.105,106]。

8.11.3 小结与延展阅读

1. 小结

通过利用过往循环中收集到的数据，应用学习控制可以提高重复性任务（如喷漆或拾取操作）的性能。本节介绍了两种学习控制方法：首先介绍了纯 P 型学习控制及其鲁棒性问题；然后在此基础上讨论了带遗忘因子的 P 型学习控制，提高了学习控制的鲁棒性。

2. 延展阅读

对学习控制方面严谨而深入的探究首先出现在参考文献［8.2，12］中。

8

视频文献

VIDEO 25 Gain change of the PID controller
available from http://handbookofrobotics.org/view-chapter/08/videodetails/25

VIDEO 757 Safe human-robot cooperation
available from http://handbookofrobotics.org/view-chapter/08/videodetails/757

VIDEO 758 Virtual whiskers – Highly responsive robot collision avoidance
available from http://handbookofrobotics.org/view-chapter/08/videodetails/758

VIDEO 759 JediBot – Experiments in human-robot sword-fighting
available from http://handbookofrobotics.org/view-chapter/08/videodetails/759

VIDEO 760 Different jerk limits of robot arm trajectories
available from http://handbookofrobotics.org/view-chapter/08/videodetails/760

VIDEO 761 Sensor-based online trajectory generation
available from http://handbookofrobotics.org/view-chapter/08/videodetails/761

参考文献

8.1 C. Canudas de Wit, B. Siciliano, G. Bastin: *Theory of Robot Control* (Springer, London 1996)

8.2 J.J. Craig: Adaptive Control of Mechanical Manipulators, Ph.D. Thesis (UMI Dissertation Information Service, Ann Arbor 1986)

8.3 R.J. Schilling: *Fundametals of Robotics: Analysis and Control* (Prentice Hall, Englewood Cliffs 1989)

8.4 L. Sciavicco, B. Siciliano: *Modeling and Control of Robot Manipulator* (McGraw-Hill, New York 1996)

8.5 M.W. Spong, M. Vidyasagar: *Robot Dynamics and Control* (Wiley, New York 1989)

8.6 M.W. Spong, F.L. Lewis, C.T. Abdallah (Eds.): *Robot Control* (IEEE, New York 1989)

8.7 C.H. An, C.G. Atkeson, J.M. Hollerbach: *Model-Based Control of a Robot Manipulator* (MIT Press, Cambridge, 1988)

8.8 R.M. Murray, Z. Xi, S.S. Sastry: *A Mathematical Introduction to Robotic Manipulation* (CRC, Boca Raton 1994)

8.9 T. Yoshikawa: *Foundations of Robotics* (MIT Press, Cambridge 1990)

8.10 O. Khatib: A unified approach for motion and force control of robot manipulators: The operational space formulation, IEEE J. Robotics Autom. **3**(1), 43–53 (1987)

8.11 J.Y.S. Luh, M.W. Walker, R.P.C. Paul: Resolved-acceleration control of mechanical manipulator, IEEE Trans. Autom. Control **25**(3), 468–474 (1980)

8.12 S. Arimoto, F. Miyazaki: Stability and robustness of PID feedback control for robot manipulators of sensory capability. In: *Robotics Research*, ed. by M. Brady, R. Paul (MIT Press, Cambridge 1984) pp. 783–799

8.13 L.C. Fu: Robust adaptive decentralized control of robot manipulators, IEEE Trans. Autom. Control **37**(1), 106–110 (1992)

8.14 H. Seraji: Decentralized adaptive control of manipulators: Theory, simulation, and experimentation, IEEE Trans. Robotics Autom. **5**(2), 183–201 (1989)

8.15 J.G. Ziegler, N.B. Nichols: Optimum settings for automatic controllers, Trans. ASME **64**, 759–768 (1942)

8.16 Y. Choi, W.K. Chung: *PID Trajectory Tracking Control for Mechanical Systems*, Lecture Notes in Control and Information Sciences, Vol. 289 (Springer, New York 2004)

8.17 R. Kelly: PD control with desired gravity compensation of robot manipulators: A review, Int. J. Robotics Res. **16**(5), 660–672 (1997)

8.18 M. Takegaki, S. Arimoto: A new feedback method for dynamic control of manipulators, Trans. ASME J. Dyn. Syst. Meas, Control **103**, 119–125 (1981)

8.19 P. Tomei: Adaptive PD controller for robot manipulators, IEEE Trans. Robotics Autom. **7**(4), 565–570 (1991)

8.20 R. Ortega, A. Loria, R. Kelly: A semi-globally stable output feedback PI^2 D regulator for robot manipulators, IEEE Trans. Autom. Control **40**(8), 1432–1436 (1995)

8.21 D. Angeli: Input-to-State stability of PD-controlled robotic systems, Automatica **35**, 1285–1290 (1999)

8.22 J.A. Ramirez, I. Cervantes, R. Kelly: PID regulation of robot manipulators: Stability and performance, Syst. Control Lett. **41**, 73–83 (2000)

8.23 R. Kelly: Global positioning of robot manipulators via PD control plus a class of nonlinear integral actions, IEEE Trans. Autom. Control **43**(7), 934–937 (1998)

8.24 Z. Qu, J. Dorsey: Robust tracking control of robots by a linear feedback law, IEEE Trans. Autom. Control **36**(9), 1081–1084 (1991)

8.25 H. Berghuis, H. Nijmeijer: Robust control of robots via linear estimated state feedback, IEEE Trans. Autom. Control **39**(10), 2159–2162 (1994)

8.26 Y. Choi, W.K. Chung, I.H. Suh: Performance and $\mathcal{H}_\infty$ optimality of PID trajectory tracking controller for Lagrangian systems, IEEE Trans. Robotics Autom. **17**(6), 857–869 (2001)

8.27 K. Aström, T. Hagglund: *PID Controllers: Theory, Design, and Tuning* (Instrument Society of America, Research Triangle Park 1995)

8.28 C.C. Yu: *Autotuning of PID Controllers: Relay Feedback Approach* (Springer, London 1999)

8.29 F.L. Lewis, C.T. Abdallah, D.M. Dawson: *Control of Robot Manipulators* (Macmillan, New York 1993)

8.30 A. Isidori: *Nonlinear Control Systems: An Introduction*, Lecture Notes in Control and Information Sciences, Vol. 72 (Springer, New York 1985)

8.31 H. Berghuis, H. Nijmeijer: A passivity approach to controller-observer design for robots, IEEE Trans. Robotics Autom. **9**, 740–754 (1993)

8.32 J.J. Slotine, W. Li: On the adaptive control of robot manipulators, Int. J. Robotics Res. **6**(3), 49–59 (1987)

8.33 G. Liu, A.A. Goldenberg: Comparative study of robust saturation-based control of robot manipulators: analysis and experiments, Int. J. Robotics Res. **15**(5), 473–491 (1996)

8.34 D.M. Dawson, M. Grabbe, F.L. Lewis: Optimal control of a modified computed-torque controller for a robot manipulator, Int. J. Robotics Autom. **6**(3), 161–165 (1991)

8.35 D.M. Dawson, Z. Qu, J. Duffie: Robust tracking control for robot manipulators: Theory, simulation and implementation, Robotica **11**, 201–208 (1993)

8.36 A. Jaritz, M.W. Spong: An experimental comparison of robust control algorithms on a direct drive manipulator, IEEE Trans. Control Syst. Technol. **4**(6), 627–640 (1996)

8.37 A. Isidori: *Nonlinear Control Systems*, 3rd edn. (Springer, New York 1995)

8.38 J.J. Slotine, W. Li: *Applied Nonlinear Control* (Prentice Hall, Englewood Cliffs 1991)

8.39 W.J. Rugh: *Linear System Theory*, 2nd edn. (Prentice Hall, Upper Saddle River 1996)

8.40 M.W. Spong, M. Vidyasagar: Robust microprocessor control of robot manipulators, Automatica **23**(3), 373–379 (1987)

8.41 H.K. Khalil: *Nonlinear Systems*, 3rd edn. (Prentice

Hall, Upper Saddle River 2002)

8.42 M. Vidysagar: *Nonlinear Systems Analysis*, 2nd edn. (Prentice Hall, Englewood Ciffs 1993)

8.43 J.T. Wen: A unified perspective on robot control: The energy Lyapunov function approach, Int. J. Adapt. Control Signal Process. **4**, 487–500 (1990)

8.44 R. Ortega, M.W. Spong: Adaptive motion control of rigid robots: A tutorial, Automatica **25**(6), 877–888 (1989)

8.45 N. Sadegh, R. Horowitz: Stability and robustness analysis of a class of adaptive contollers for robotic manipulators, Int. J. Robotics Res. **9**(3), 74–92 (1990)

8.46 S. Dubowsky, D.T. DesForges: The application of model-reference adaptive control to robotic manipulators, ASME J. Dyn. Syst. Meas. Control **37**(1), 106–110 (1992)

8.47 S.H. Hsu, L.C. Fu: A fully adaptive decentralized control of robot manipulators, Automatica **42**, 1761–1767 (2008)

8.48 A. Balestrino, G. de Maria, L. Sciavicco: An adaptive model following control for robotic manipulators, ASME J. Dyn. Syst. Meas. Control **105**, 143–151 (1983)

8.49 S. Nicosia, P. Tomei: Model reference adaptive control algorithms for industrial robots, Automatica **20**, 635–644 (1984)

8.50 R. Horowitz, M. Tomizuka: An adaptive control scheme for mechanical manipulators-Compensation of nonlinearity and decoupling control, ASME J. Dyn. Syst. Meas. Control **108**, 127–135 (1986)

8.51 I.D. Laudau: *Adaptive Control: The Model Reference Approach* (Dekker, New York 1979)

8.52 R. Lozano, C. Canudas de Wit: Passivity based adaptive control for mechanical manipulators using LS type estimation, IEEE Trans. Autom. Control **35**(12), 1363–1365 (1990)

8.53 B. Brogliato, I.D. Laudau, R. Lozano: Passive least squares type estimation algorithm for direct adaptive control, Int. J. Adapt. Control Signal Process. **6**, 35–44 (1992)

8.54 R. Johansson: Adaptive control of robot manipulator motion, IEEE Trans. Robotics Autom. **6**(4), 483–490 (1990)

8.55 M.W. Walker: Adaptive control of manipulators containing closed kinematic loops, IEEE Trans. Robotics Autom. **6**(1), 10–19 (1990)

8.56 J.S. Reed, P.A. Ioannou: Instability analysis and robust adaptive control of robotic manipulators, IEEE Trans. Autom. Control **5**(3), 74–92 (1989)

8.57 G. Tao: On robust adaptive control of robot manipulators, Automatica **28**(4), 803–807 (1992)

8.58 H. Berghuis, R. Ogata, H. Nijmeijer: A robust adaptive controller for robot manipulators, Proc. IEEE Int. Conf. Robotics Autom. (ICRA) (1992) pp. 1876–1881

8.59 R. Johansson: Quadratic optimization of motion coordination and control, IEEE Trans. Autom. Control **35**(11), 1197–1208 (1990)

8.60 Z. Qu, D.M. Dawson: *Robust Tracking Control of Robot Manipulators* (IEEE, Piscataway 1996)

8.61 P. Dorato, C. Abdallah, V. Cerone: *Linear-Quadratic Control* (Prentice Hall, Upper Saddle River 1995)

8.62 A. Locatelli: *Optimal Control: An Introduction* (Birkhäuser, Basel 2001)

8.63 A. Isidori: Feedback control of nonlinear systems, Int. J. Robust Nonlin. Control **2**, 291–311 (1992)

8.64 A.J. der van Schaft: Nonlinear state space $\mathcal{H}_\infty$ control theory. In: *Essays on Control: Perspective in Theory and its Applications*, ed. by H.L. Trentelman, J.C. Willems (Birkhäuser, Basel 1993) pp. 153–190

8.65 A.J. der van Schaft: L_2-gain analysis of nonlinear systems and nonlinear state feedback $\mathcal{H}_\infty$ control, IEEE Trans. Autom. Control **37**(6), 770–784 (1992)

8.66 J. Park, W.K. Chung, Y. Youm: Analytic nonlinear $\mathcal{H}_\infty$ inverse-optimal control for Euler-Lagrange system, IEEE Trans. Robotics Autom. **16**(6), 847–854 (2000)

8.67 B.S. Chen, T.S. Lee, J.H. Feng: A nonlinear $\mathcal{H}_\infty$ control design in robotics systems under parametric perturbation and external disturbance, Int. J. Control **59**(12), 439–461 (1994)

8.68 J. Park, W.K. Chung: Design of a robust $\mathcal{H}_\infty$ PID control for industrial manipulators, ASME J. Dyn. Syst. Meas. Control **122**(4), 803–812 (2000)

8.69 R.H. Castain, R.P. Paul: An on-line dynamic trajectory generator, Int. J. Robotics Res. **3**(1), 68–72 (1984)

8.70 T. Kröger: *On-Line Trajectory Generation in Robotic Systems*, Springer Tracts in Advanced Robotics, Vol. 58 (Springer, Berlin, Heidelberg 2010)

8.71 D. Simon, C. Isik: A trigonometric trajectory generator for robotic arms, Int. J. Control **57**(3), 505–517 (1993)

8.72 L. Biagiotti, C. Melchiorri: *Trajectory Planning for Automatic Machines and Robots* (Springer, Berlin, Heidelberg 2008)

8.73 J.E. Bobrow: Optimal robot path planning using the minimum-time criterion, IEEE J. Robotics Autom. **4**(4), 443–450 (1988)

8.74 K.G. Shin, N.D. McKay: Minimum-time control of robotic manipulators with geometric path constraints, IEEE Trans. Autom. Control **30**(5), 531–541 (1985)

8.75 F. Pfeiffer, R. Johanni: A concept for manipulator trajectory planning, Proc. Int. IEEE Conf. Robotics Autom. (ICRA) (1986) pp. 1399–1405

8.76 W. Khalil, E. Dombre: Trajectory generation. In: *Modeling, Identification and Control of Robots*, ed. by W. Khalil, E. Dombre (Butterworth-Heinemann, Oxford 2004)

8.77 A.I. Kostrikin, Y.I. Manin: *Linear Algebra and Geometry* (Gordon and Breach Sci. Publ., Amsterdam 1997)

8.78 M.E. Kahn, B. Roth: The near-minimum-time control of open-loop articulated kinematic chains, ASME J. Dyn. Syst. Meas. Control **93**, 164–172 (1971)

8.79 M. Brady: Trajectory planning. In: *Robot Motion: Planning and Control*, ed. by M. Brady, J.M. Hollerbach, T.L. Johnson, T. Lozano-Pérez, M.T. Mason (MIT Press, Cambridge 1982)

8.80 R.P.C. Paul: Manipulator cartesian path control. In: *Robot Motion: Planning and Control*, ed. by M. Brady, J.M. Hollerbach, T.L. Johnson, T. Lozano-Pérez, M.T. Mason (MIT Press, Cambridge 1982)

8.81 R.H. Taylor: Planning and execution of straight-line manipulator trajectories. In: *Robot Motion: Planning and Control*, ed. by M. Brady, J.M. Hollerbach, T.L. Johnson, T. Lozano-Pérez, M.T. Mason (MIT Press, Cambridge 1982)

8.82 C.-S. Lin, P.-R. Chang, J.Y.S. Luh: Formulation and optimization of cubic polynomial joint trajectories for industrial robots, IEEE Trans. Autom. Control **28**(12), 1066–1074 (1983)

8.83 J.M. Hollerbach: Dynamic scaling of manipulator trajectories, ASME J. Dyn. Syst. Meas. Control **106**(1), 102–106 (1984)

8.84 K.J. Kyriakopoulos, G.N. Sridis: Minimum jerk path generation, Proc. IEEE Int. Conf. Robotics Autom. (ICRA) (1988) pp. 364–369

8.85 J.-J.E. Slotine, H.S. Yang: Improving the efficiency of time-optimal path-following algorithms, IEEE Trans. Robotics Autom. **5**(1), 118–124 (1989)

8.86 Z. Shiller, H.-H. Lu: Computation of path constrained time optimal motions with dynamic singularities, ASME J. Dyn. Syst. Meas. Control **114**(1), 34–40 (1992)

8.87 P. Fiorini, Z. Shiller: Time optimal trajectory planning in dynamic environments, Proc. IEEE Int. Conf. Robotics Autom. (ICRA) (1996) pp. 1553–1558

8.88 O. Dahl, L. Nielsen: Torque limited path following by on-line trajectory time scaling, Proc. IEEE Int. Conf. Robotics Autom. (ICRA) (1989) pp. 1122–1128

8.89 B. Cao, G.I. Dodds, G.W. Irwin: Time-optimal and smooth constrained path planning for robot manipulators, Proc. IEEE Int. Conf. Robotics Autom. (ICRA) (1994) pp. 1853–1858

8.90 B. Cao, G.I. Dodds, G.W. Irwin: A practical approach to near time-optimal inspection-task-sequence planning for two cooperative industrial robot arms, Int. J. Robotics Res. **17**(8), 858–867 (1998)

8.91 D. Constantinescu, E.A. Croft: Smooth and time-optimal trajectory planning for industrial manipulators along specified paths, J. Robotics Syst. **17**(5), 233–249 (2000)

8.92 S. Macfarlane, E.A. Croft: Jerk-bounded manipulator trajectory planning: Design for real-time applications, IEEE Trans. Robotics Autom. **19**(1), 42–52 (2003)

8.93 R.L. Andersson: *A Robot Ping-Pong Player: Experiment in Real-Time Intelligent Control* (MIT Press, Cambridge 1988)

8.94 R.L. Andersson: Aggressive trajectory generator for a robot ping-pong player, IEEE Control Syst. Mag. **9**(2), 15–21 (1989)

8.95 J. Lloyd, V. Hayward: Trajectory generation for sensor-driven and time-varying tasks, Int. J. Robotics Res. **12**(4), 380–393 (1993)

8.96 K. Ahn, W.K. Chung, Y. Yourn: Arbitrary states polynomial-like trajectory (ASPOT) generation, Proc. IEEE 30th Annu. Conf. Ind. Electron. Soc. (2004) pp. 123–128

8.97 X. Broquère, D. Sidobre, I. Herrera-Aguilar: Soft motion trajectory planner for service manipulator robot, Proc. IEEE/RSJ Int. Conf. Intell. Robots Syst. (IROS) (2008) pp. 2808–2813

8.98 R. Haschke, E. Weitnauer, H. Ritter: On-line planning of time-optimal, jerk-limited trajectories, Proc. IEEE/RSJ Int. Conf. Intell. Robots Syst. (IROS) (2008) pp. 3248–3253

8.99 J.J. Craig: *Introduction to Robotics: Mechanics and Control* (Prentice Hall, Upper Saddle River 2003)

8.100 K.S. Fu, R.C. Gonzalez, C.S.G. Lee: *Robotics: Control, Sensing, Vision and Intelligence* (McGraw-Hill, New York 1988)

8.101 M.W. Spong, S.A. Hutchinson, M. Vidyasagar: *Robot Modeling and Control* (Wiley, New York 2006)

8.102 S. Arimoto: Mathematical theory or learning with application to robot control. In: *Adaptive and Learning Control*, ed. by K.S. Narendra (Plenum, New York 1986) pp. 379–388

8.103 S. Kawamura, F. Miyazaki, S. Arimoto: Realization of robot motion based on a learning method, IEEE Trans. Syst. Man. Cybern. **18**(1), 126–134 (1988)

8.104 G. Heinzinger, D. Frewick, B. Paden, F. Miyazaki: Robust learning control, Proc. IEEE Int. Conf. Decis. Control (1989)

8.105 S. Arimoto: Robustness of learning control for robot manipulators, Proc. IEEE Int. Conf. Decis. Control (1990) pp. 1523–1528

8.106 S. Arimoto, T. Naiwa, H. Suzuki: Selective learning with a forgetting factor for robotic motion control, Proc. IEEE Int. Conf. Decis. Control (1991) pp. 728–733

第 9 章

力控制

Luigi Villani，Joris De Schutter

成功完成典型操作任务的一项基本要求是能够处理机器人与环境之间的物理接触。由于存在不可避免的建模误差和不确定性，可能导致接触力增大，并最终造成交互过程中的不稳定行为，特别是在刚性环境中，单纯的运动控制恐再难以胜任。为保证机器人系统在恶劣的结构化环境下实现鲁棒性和多功能性，并能够像人在现场操作一样安全可靠，力反馈和力控制不可或缺。本章首先分析了间接力控制策略，其目的是在不需要精确的环境模型的情况下，通过确保末端执行器适当的柔顺行为来控制接触力；然后分别分析了刚性环境和柔性环境下的交互作业建模问题。对于交互作业的任务规范，针对合适的任务坐标系，建立了依据任务几何设定的自然约束和依据控制策略设定的人工约束。该公式是实现力/运动混合控制策略的基本前提。

目　　录

9

9.1　背景

在过去的三十年里，机器人力控制的研究蓬勃发展。如此广泛关注的背后是希望为机器人系统提供增强的感知能力，期待具有力、触觉、距离和视觉反馈的机器人，能在非结构化环境中自主操作，而非典型的工业车间。

在早期遥操作的研究工作中，就设想利用力反馈来帮助人类操作者用从动操作臂远程操纵物体。在最近开发的协作机器人系统中，控制两个或多个操作臂（即灵巧机器人手的手指）以限制其相互作用力，并避免挤压共同夹持的物体。通过在无法预料的情形下提供智能响应和增强人-机器人交互，力控制对于在开放环境中实现机器人系统的鲁棒性和多功能性行为方面也发挥着关键性的作用。

9.1.1　从运动控制到交互控制

许多实际的作业需要机器人末端执行器操作某一对象或在某个表面上进行操作。对于这些作业的成功完成，控制操作臂与周围环境的物理交互是非常关键的。工业生产中的典型例子包括打磨、去毛刺、机械加工或装配。考虑可能发生的各种情况，对可能的机器人任务进行一个完整的分类，同时也考虑非工业应用，这样的分类实际上是不可行的，而且对于去寻找一个与环境交互的通用控制策略，这样的分类也并不一定真正有用。

在接触过程中，环境可以在由末端执行器遵循的几何路径上设置约束，称为运动学约束（kinematic constraints）。对应于与刚性表面的接触，这种情况通常称为约束运动（constrained motion）。其他的接触任务可采用机器人与环境之间的动态交互特征来描述，可以是惯性的（如推块）、耗散的（如在有摩擦的表面上滑动）或弹性的（如挤压具有弹性的柔性墙面）。在所有这些情形中，使用纯运动控制策略来控制交互是很容易失败的，下面将给出详细解释。

只有在正确规划任务的前提下，使用运动控制才有可能成功地执行操作臂与环境的交互作业。这反过来又需要操作臂（运动学和动力学）与环境（几何和机械特性）的精确模型。一个具有足够精度的操作臂模型不难得到，但很难得到对环境的详细描述。

为了采用定位方法完成机械零件的配合，零件的相对定位精度要保证比零件的机械公差高一个数量级。从这一点就足以看出作业规划精度的重要性。一旦精确获得一个零件的绝对位置，操作臂就能够以同样的精度引导另一个零件的运动。

在实际中，规划误差可能引起接触力和接触力矩的增大，从而导致末端执行器偏离预期轨迹。另一方面，控制系统会做出反应来降低这种偏差。这最终使接触力逐渐增大，直到关节驱动器达到饱和或零件在接触部位发生破损。

环境刚度和位置控制精度越高，就越容易出现上述情况。如果在交互过程中引入柔顺行为，则可以克服此缺点。这种柔顺行为可以通过被动或主动的方式实现。

1. 被动交互控制

在被动交互控制中，由于机器人的固有柔顺性，机器人末端执行器的轨迹被交互力所修正。柔顺性可能是连杆、关节和末端执行器的结构柔性，也可能是位置伺服系统的柔性。带有弹性关节或连杆的柔性机器人手臂是专门为与人类进行安全交互而设计的。在工业应用中，具有被动柔顺性的机械装置被广泛采用，称为远程柔顺中心（RCC）装置[9.1]。RCC是一种安装在刚性机器人上的柔性末端执行器，专门针对轴孔装配类操作进行了设计和优化。

被动交互控制是非常简单和廉价的，因为它不需要力/力矩传感器；而且在实施过程中，末端执行器的预设轨迹也不需要改变。此外，被动柔顺机构的响应比计算机控制算法的主动重新定位要快得多。然而，被动柔顺方式在工业应用中缺乏灵活性，因为对于每一个机器人任务，都必须设计和安装一个专用的柔性末端执行器。同时，它只能处理程序预设轨迹上微小的位置和姿态偏差。最后，由于没有力的测量，因此不能保证永远不会产生很大的接触力。

2. 主动交互控制

在主动交互控制中，机器人系统的柔顺性主要由一个经过特殊设计的控制系统来保证。这种方法通常需要测量接触力和力矩，然后反馈给控制器，用于修改甚至在线生成机器人末端执行器的目标轨迹。

主动交互控制可以克服被动交互控制的上述缺点，但通常速度更慢、成本更高、更复杂。为了获得合理的任务执行速度和提升抗干扰能力，必须将主动交互控制与某种程度的被动柔顺性相结合使用[9.2]。根据定义，反馈总是在运动和力误差产生后发生，因此需要一些被动柔顺，以便将反作用力保持在一个可接受的阈值以下。

3. 力测量

对于一般的力控制作业，需要六个分量来提供完整的接触力信息：三个平移力分量和三个力矩分量。通常，力/力矩传感器安装在机器人手腕上[9.3]，但也有例外。例如，力传感器可以安装在机器人手的指尖上[9.4]；外部的力和力矩也可以通过关节力矩传感器的轴转矩的测量来估计[9.5,6]。然而，力控制的大多数应用（包括工业中的应用）还是采用腕力/力矩传感器。在这种情况下，通常假设安装在传感器和环境（即机器人末端执行器）之间工具的重量和惯性是可以忽略的，或者通过力/力矩测量得到适当补偿。力信号可以通过刚性传感器测量应变或柔顺传感器测量变形（如光学测量）的方法来获得。如果需要增加被动柔顺，则后一种方法更具优势。

9.1.2　从间接力控制到力/运动混合控制

主动交互控制策略可分为两类，即间接力控制策略和直接力控制策略。这两种类型的主要区别在于，前者通过运动控制实现力控制，而没有力反馈闭环回路；后者则通过力反馈闭环回路，使接触力和接触力矩达到某个期望值。

间接力控制属于阻抗控制（impedance control）或导纳控制（admittance control）[9.7,8]。其中，由于与环境的相互作用，使末端执行器运动与期望运动之间产生偏差，该偏差被认为与通过机械阻抗/导纳（可调参数）的接触力有关。机器人操作臂在阻抗（或导纳）控制下，可由一个具有参数可调的等效质量-弹簧-阻尼器系统来描述。如果机器人控制装置通过产生力来对运动偏差做出反应，则此关系就是阻抗；如果机器人控制装置通过施加偏离期望运动的偏差对交互力做出反应，则此关系就是导纳。阻抗控制和导纳控制的特例分别是刚度控制和柔度控制（stiffness control and compliance control）[9.9]，这里只考虑了末端执行器期望运动的位置和姿态偏差与接触力/力矩之间的静态关系。需要注意的是，在有关机器人控制的参考文献中，阻抗控制和导纳控制经常被用于指代同一种控制策略；刚度和柔度控制也是如此。此外，如果只关注接触力/力矩与末端执行器的线速度和角速度之间的关系，则相应的控制方法称为阻尼控制（damping control）[9.10]。

间接力控制策略原则上不需要测量接触力/力矩，由此产生的阻抗或导纳通常是非线性的和耦合的。但是，如果有力/力矩传感器可用，则可以在控制策略中使用力测量以实现线性和解耦行为。

与间接力控制不同，直接力控制需要交互作业的显式模型。实际上，相对于环境所施加的约束，用户必须按统一的方式给定期望的运动及期望的接触力/力矩。在直接力控制中，一种被广泛采用的策略是力/运动混合控制，旨在控制沿无约束作业方向的运动和沿受约束作业方向的力（和力矩）。对于许多机器人作业，可以在观察到的起始点引入一个正交参考坐标系，称为柔度坐标系[9.11]（或任务坐标系[9.12]），该坐标系允许人们根据作用于该坐标系的三个正交轴及其周围的自然和人工约束来设定作业。基于此分解，力/运动混合控制允许在两个相互独立的子空间中同时控制接触力和末端执行器的运动。对于平面接触面，作用于期望值和反馈值的简单选择矩阵可满足这一目标[9.13]，而对于一般的接触任务，必须使用合适的投影矩阵，它可以通过显式约束方程得到[9.14-16]。有几种可行的混合运动控制策略实现方式，如基于操作空间的逆动力学控制[9.17]、无源的控制[9.18]或围绕内部运动环的外力控制环，这些通常都应用于工业机器人中[9.2]。

如果不能获得环境的精确模型，力控制动作和运动控制动作可以叠加在一起，从而形成力/位置并行控制策略（parallel force/position control）。在这种方法中，力控制器的设计旨在控制运动控制器。因此，为了确保对力的调节，沿受约束作业方向上的位置误差是可以容忍的[9.19]。

9

9.2 间接力控制

为了深入了解机器人末端执行器与环境相互作用时所出现的问题，有必要对存在接触力和力矩情况下的运动控制策略效果进行分析。为此，假设一个参考坐标系 Σ_e 固连在末端执行器上，并设 $\boldsymbol{p}_e$ 表示原点的位置矢量，$\boldsymbol{R}_e$ 表示相对于固定基座坐标系的旋转矩阵。末端执行器的速度可以用 6×1 阶运动旋量 $\boldsymbol{v}_e=(\dot{\boldsymbol{p}}_e^{\mathrm{T}}\ \boldsymbol{\omega}_e^{\mathrm{T}})^{\mathrm{T}}$ 来表示，其中 $\dot{\boldsymbol{p}}_e$ 是平移速度，$\boldsymbol{\omega}_e$ 是角速度。该速度可由 n×1 阶关节速度向量 $\dot{\boldsymbol{q}}$，利用如下线性映射计算得到：

$$\boldsymbol{v}_e=\boldsymbol{J}(\boldsymbol{q})\dot{\boldsymbol{q}} \tag{9.1}$$

式中，矩阵 $\boldsymbol{J}$ 是末端执行器 6×n 阶几何雅可比矩阵。为简单起见，这里只考虑非冗余、非奇异机械臂的情形。当 $n=6$ 时，雅可比矩阵为非奇异矩阵。末端执行器作用于环境上的力 $\boldsymbol{f}_e$ 和力矩 $\boldsymbol{m}_e$ 是力旋量 $\boldsymbol{h}_e=(\boldsymbol{f}_e^{\mathrm{T}}\boldsymbol{m}_e^{\mathrm{T}})^{\mathrm{T}}$ 的两个分量。

对于与环境相接触的刚性操作臂，其操作空间的动力学模型公式为

$$\boldsymbol{\Lambda}(\boldsymbol{q})\dot{\boldsymbol{v}}_e+\boldsymbol{\Gamma}(\boldsymbol{q},\dot{\boldsymbol{q}})\boldsymbol{v}_e+\boldsymbol{\eta}(\boldsymbol{q})=\boldsymbol{h}_c-\boldsymbol{h}_e \tag{9.2}$$

式中，$\boldsymbol{\Lambda}(\boldsymbol{q})=(\boldsymbol{J}\boldsymbol{H}(\boldsymbol{q})^{-1}\boldsymbol{J}^{\mathrm{T}})^{-1}$ 是 6×6 阶操作空间惯性矩阵；$\boldsymbol{\Gamma}(\boldsymbol{q},\dot{\boldsymbol{q}})=\boldsymbol{J}^{-\mathrm{T}}\boldsymbol{C}(\boldsymbol{q},\dot{\boldsymbol{q}})\boldsymbol{J}^{-1}-\boldsymbol{\Lambda}(\boldsymbol{q})\dot{\boldsymbol{J}}\boldsymbol{J}^{-1}$ 是包含离心力和科氏效应的力旋量；$\boldsymbol{\eta}(\boldsymbol{q})=\boldsymbol{J}^{-\mathrm{T}}\boldsymbol{g}(\boldsymbol{q})$ 是考虑重力效应的力旋量；$\boldsymbol{H}(\boldsymbol{q})$、$\boldsymbol{C}(\boldsymbol{q},\dot{\boldsymbol{q}})$ 和 $\boldsymbol{g}(\boldsymbol{q})$ 是关节空间中所定义的对应的量；向量 $\boldsymbol{h}_c=\boldsymbol{J}^{-\mathrm{T}}\boldsymbol{\tau}$ 是与输入关节力矩 $\boldsymbol{\tau}$ 对应的等效末端执行器力旋量。

9.2.1 刚度控制

在经典的操作空间公式中，末端执行器的位置和姿态用 6×1 阶向量 $\boldsymbol{x}_e=(\boldsymbol{p}_e^{\mathrm{T}}\ \boldsymbol{\varphi}_e^{\mathrm{T}})^{\mathrm{T}}$ 描述，其中 $\boldsymbol{\varphi}_e$ 是从 $\boldsymbol{R}_e$ 中提取的一组欧拉角。因此，相对于目标坐标系 Σ_d 原点的位置 $\boldsymbol{p}_d$ 和旋转矩阵 $\boldsymbol{R}_d$，末端执行器的期望位置和姿态可以用一个向量 $\boldsymbol{x}_d$ 来表示。末端执行器的误差可记为 $\Delta\boldsymbol{x}_{de}=\boldsymbol{x}_d-\boldsymbol{x}_e$，在假设 $\boldsymbol{x}_d$

为常数的情况下，对应的速度误差可表示为 $\Delta\dot{\boldsymbol{x}}_{de}=-\dot{\boldsymbol{x}}_e=-\boldsymbol{A}^{-1}(\boldsymbol{\varphi}_e)\boldsymbol{v}_e$，这里

$$\boldsymbol{A}(\boldsymbol{\varphi}_e)=\begin{pmatrix}\mathbf{I} & \mathbf{0}\\ \mathbf{0} & \boldsymbol{T}(\boldsymbol{\varphi}_e)\end{pmatrix}$$

式中，$\mathbf{I}$ 是 3×3 阶单位矩阵；$\mathbf{0}$ 是 3×3 阶零矩阵；$\boldsymbol{T}$ 是关于变换 $\boldsymbol{\omega}_e=\boldsymbol{T}(\boldsymbol{\varphi}_e)\dot{\boldsymbol{\varphi}}_e$ 的 3×3 阶矩阵，取决于欧拉角的具体选择。

考虑操作空间简单的比例-导数（PD）+重力补偿控制，对应的运动控制律为

$$\boldsymbol{h}_c=\boldsymbol{A}^{-\mathrm{T}}(\boldsymbol{\varphi}_e)\boldsymbol{K}_P\Delta\boldsymbol{x}_{de}-\boldsymbol{K}_D\boldsymbol{v}_e+\boldsymbol{\eta}(\boldsymbol{q}) \tag{9.3}$$

式中，$\boldsymbol{K}_P$ 和 $\boldsymbol{K}_D$ 是 6×6 阶对称正定矩阵。

在没有与环境相互作用的情况下（即当 $\boldsymbol{h}_e=\mathbf{0}$ 时），与末端执行器的期望位置与姿态对应，闭环系统的平衡 $\boldsymbol{v}_e=\mathbf{0}$、$\Delta\boldsymbol{x}_{de}=\mathbf{0}$ 是渐近稳定的。稳定性判据基于正定的李雅普诺夫函数（positive-definite Lyapunov function），即

$$V=\frac{1}{2}\boldsymbol{v}_e^{\mathrm{T}}\boldsymbol{\Lambda}(\boldsymbol{q})\boldsymbol{v}_e+\frac{1}{2}\Delta\boldsymbol{x}_{de}\boldsymbol{K}_P\Delta\boldsymbol{x}_{de}$$

其沿闭环系统轨迹的时间导数为负半定函数，即

$$\dot{V}=-\boldsymbol{v}_e^{\mathrm{T}}\boldsymbol{K}_D\boldsymbol{v}_e \tag{9.4}$$

在存在常值力旋量 $\boldsymbol{h}_e$ 的情况下，使用类似的李雅普诺夫判据，可以得到一个不同的、具有非零 $\Delta\boldsymbol{x}_{de}$ 的渐近稳定平衡。这个新的平衡是下面方程的解：

$$\boldsymbol{A}^{-\mathrm{T}}(\boldsymbol{\varphi}_e)\boldsymbol{K}_P\Delta\boldsymbol{x}_{de}-\boldsymbol{h}_e=\mathbf{0}$$

也可以写成如下形式：

$$\Delta\boldsymbol{x}_{de}=\boldsymbol{K}_P^{-1}\boldsymbol{A}^{\mathrm{T}}(\boldsymbol{\varphi}_e)\boldsymbol{h}_e \tag{9.5}$$

9

或者等价地写为

$$\boldsymbol{h}_e=\boldsymbol{A}^{-\mathrm{T}}(\boldsymbol{\varphi}_e)\boldsymbol{K}_P\Delta\boldsymbol{x}_{de} \tag{9.6}$$

式（9.6）表明，在稳定状态下，比例控制作用于位置和姿态误差，末端执行器表现得像一个关于外力和力矩 $\boldsymbol{h}_e$ 的 6 自由度（DOF）弹簧。因此，矩阵 $\boldsymbol{K}_P$ 起到主动刚度（active stiffness）的作用，这意味着有可能通过调整 $\boldsymbol{K}_P$ 的元素来确保在交互过程中末端执行器具有合适的弹性行为。类似地，式（9.5）表示一个柔顺性关系，其中矩阵 $\boldsymbol{K}_P^{-1}$ 起到主动柔顺（active compliance）的作用。这种方法包括指定期望的位置和姿态，以及末端执行器的位置和姿态相对期望运动的偏差与施加在环境上的力两者之间的适当静态关系，称为刚度控制。

刚度/柔度参数的选择并不容易，而且在很大程度上依赖于要执行的任务类型。主动刚度值越高，位置控制的精度就越高，而相互作用力就越大。因此，如果期望在特定方向上满足某些物理约束，则应降低该方向上末端执行器的刚度，以确保较小的交互力。相反，在不需要物理约束的方向上，应使末端执行器的刚度较高，以便精确地跟踪目标位置。这使得由于环境施加的约束，在不产生过大接触力和力矩的情况下，可以解决期望位置和可达位置之间的偏差。

但是，必须指出的是，在基于式（9.6）的实际应用中，还不能有效地设定沿着不同方向选择刚度特性。对由一个 6 自由度弹簧所连接的两个刚体，从空载平衡和弹性力旋量两种情况下、两个刚体无穷小位移旋量之间的线性变换形式所表示的机械刚度的经典定义来看，就能很容易地理解这个问题了。

在主动刚度的情况下，这两个构件分别是带有附加坐标系 Σ_e 的末端执行器和附加到期望坐标系 Σ_d 的虚拟构件。因此，从式（9.6）可以导出以下映射关系：

$$\boldsymbol{h}_e=\boldsymbol{A}^{-\mathrm{T}}(\boldsymbol{\varphi}_e)\boldsymbol{K}_P\boldsymbol{A}^{-1}(\boldsymbol{\varphi}_e)\delta\boldsymbol{x}_{de} \tag{9.7}$$

在无穷小位移旋量的情况下，$\delta\boldsymbol{x}_{de}$ 定义为

$$\delta\boldsymbol{x}_{de}=\begin{pmatrix}\delta\boldsymbol{p}_{de}\\ \delta\boldsymbol{\theta}_{de}\end{pmatrix}=\begin{pmatrix}\Delta\dot{\boldsymbol{p}}_{de}\\ \Delta\boldsymbol{\omega}_{de}\end{pmatrix}\mathrm{d}t=-\begin{pmatrix}\dot{\boldsymbol{p}}_e\\ \boldsymbol{\omega}_e\end{pmatrix}\mathrm{d}t$$

式中，$\Delta\dot{\boldsymbol{p}}_{de}=\dot{\boldsymbol{p}}_d-\dot{\boldsymbol{p}}_e$ 是位置误差 $\Delta\boldsymbol{p}_{de}=\boldsymbol{p}_d-\boldsymbol{p}_e$ 对时间的导数；$\Delta\boldsymbol{\omega}_{de}=\boldsymbol{\omega}_d-\boldsymbol{\omega}_e$ 是角速度误差。方程式（9.7）表明，实际刚度矩阵为 $\boldsymbol{A}^{-\mathrm{T}}(\boldsymbol{\varphi}_e)\boldsymbol{K}_P\boldsymbol{A}^{-1}(\boldsymbol{\varphi}_e)$，它取决于由向量 $\boldsymbol{\varphi}_e$ 表示的末端执行器姿态。因此，在实际中，刚度参数的选择是相当困难的。

这一问题可以通过定义与理想机械弹簧结构和性能相同的几何一致主动刚度（geometrically consistent active stiffness）来解决。

1. 机械弹簧

考虑两个弹性耦合的刚体 A 和 B，以及两个分别固连于刚体 A 和 B 的参考坐标系 Σ_a 和 Σ_b。假设在平衡状态下参考坐标系 Σ_a 和 Σ_b 重合，平衡状态附近的柔顺性可以表示为线性映射的形式：

$$\boldsymbol{h}_b^b=\boldsymbol{K}\delta\boldsymbol{x}_{ab}^b=\begin{pmatrix}\boldsymbol{K}_t & \boldsymbol{K}_c\\ \boldsymbol{K}_c^{\mathrm{T}} & \boldsymbol{K}_o\end{pmatrix}\delta\boldsymbol{x}_{ab}^b \tag{9.8}$$

式中，$\boldsymbol{h}_b^b$ 是参考坐标系 Σ_b 中施加在刚体 B 上的弹性力旋量，出现于坐标系 Σ_a 相对坐标系 Σ_b 存在一个无穷小位移旋量 $\delta\boldsymbol{x}_{ab}^b$ 的情况下，该位移旋量也在坐标系 Σ_b 中来表示。由于平衡状态下参考坐标系 Σ_a 和 Σ_b 重合，式（9.8）中的弹性力旋量和无穷小位移旋量也可以在参考坐标系 Σ_a 中等价表示。因此，有 $\boldsymbol{h}_b^b=\boldsymbol{h}_b^a$ 和 $\delta\boldsymbol{x}_{ab}^b=\delta\boldsymbol{x}_{ab}^a$。此外，对于施加在刚体 A 上的弹性力旋量，由于 $\delta\boldsymbol{x}_{ba}^a=-\delta\boldsymbol{x}_{ab}^b$，有 $\boldsymbol{h}_a^a=\boldsymbol{K}_t\delta\boldsymbol{x}_{ba}^a=-\boldsymbol{h}_b^b$。映射（9.8）的这种特性称为端口对

称（port symmetry）。

在式（9.8）中，$\boldsymbol{K}$ 是 6×6 阶对称半正定刚度矩阵。3×3 阶矩阵 $\boldsymbol{K}_{\mathrm{t}}$ 和 $\boldsymbol{K}_{\mathrm{o}}$ 分别称为平移刚度和旋转刚度（translational stiffness and rotational stiffness），也都是对称矩阵。可以证明，如果被称为耦合刚度的 3×3 阶矩阵 $\boldsymbol{K}_{\mathrm{c}}$ 对称，旋转与平移之间存在最大程度的解耦。在这种情况下，参考坐标系 $\boldsymbol{\Sigma}_{\mathrm{a}}$ 和 $\boldsymbol{\Sigma}_{\mathrm{b}}$ 的重合原点所对应的点称为刚度中心（center of stiffness）。对于柔度矩阵 $\boldsymbol{C}=\boldsymbol{K}^{-1}$，也可以给出类似的定义和结果的表达式。特别地，在柔度矩阵非对角块是对称矩阵的情况下，可以定义柔度中心（center of compliance）。刚度中心和柔度中心不一定重合。

在某些特殊情况下，平移和旋转之间并不存在耦合。例如，刚体的相对平移引起一个沿过刚度中心轴线的纯力所对应的力旋量，或者刚体的相对旋转引起一个等价于通过刚度中心轴线的纯力矩的力旋量。在这些情况下，刚度中心和柔度中心重合。具有完全解耦行为的机械系统是远程柔顺中心（RCC）装置。

由于 $\boldsymbol{K}_{\mathrm{t}}$ 是对称的，在平衡状态下，参考坐标系 $\Sigma_{\mathrm{a}}=\Sigma_{\mathrm{b}}$ 存在旋转矩阵 $\boldsymbol{R}_{\mathrm{t}}$，使得 $\boldsymbol{K}_{\mathrm{t}}=\boldsymbol{R}_{\mathrm{t}}\boldsymbol{\Gamma}_{\mathrm{t}}\boldsymbol{R}_{\mathrm{t}}^{\mathrm{T}}$。其中，$\boldsymbol{\Gamma}_{\mathrm{t}}$ 是一个对角矩阵，其对角元素是旋转矩阵 $\boldsymbol{R}_{\mathrm{t}}$ 的列对应方向上的主平移刚度（principal translational stiffness），称为平移刚度主轴（principal axes of translational stiffness）。类似地，$\boldsymbol{K}_{\mathrm{o}}$ 可以表示为 $\boldsymbol{K}_{\mathrm{o}}=\boldsymbol{R}_{\mathrm{o}}\boldsymbol{\Gamma}_{\mathrm{o}}\boldsymbol{R}_{\mathrm{o}}^{\mathrm{T}}$。其中，$\boldsymbol{\Gamma}_{\mathrm{o}}$ 的对角元素是绕旋转矩阵 $\boldsymbol{R}_{\mathrm{o}}$ 的列对应轴的主旋转刚度（principal rotational stiffness），称为旋转刚度主轴（principal axes of rotational stiffness）。此外，假设在平衡状态下，参考坐标系 Σ_{a} 和 Σ_{b} 的原点与刚度中心重合，则可以得到表达式 $\boldsymbol{K}_{\mathrm{c}}=\boldsymbol{R}_{\mathrm{c}}\boldsymbol{\Gamma}_{\mathrm{c}}\boldsymbol{R}_{\mathrm{c}}^{\mathrm{T}}$。其中，$\boldsymbol{\Gamma}_{\mathrm{c}}$ 的对角元素是沿旋转矩阵 $\boldsymbol{R}_{\mathrm{c}}$ 的列对应方向上的主耦合刚度（principal coupling stiffness），称为耦合刚度主轴（principal axes of coupling stiffness）。总而言之，相对于以刚度中心为原点的参考坐标系，6×6 阶刚度矩阵可以根据主刚度参数和主轴来确定。

要注意的是，式（9.8）所定义的机械刚度描述的是存储势能的理想 6 自由度弹簧的特性。理想刚度的势能函数仅取决于两个相连刚体的相对位置和姿态，并且是端口对称的。真实的 6 自由度弹簧具有与理想弹簧相似的主要特性，但它总是具有引起能量耗散的寄生效应。

2. 几何一致主动刚度

为了实现几何一致的 6 自由度主动刚度，需要在控制律式（9.3）中适当地定义比例控制作用。在理想参考坐标系 Σ_{d} 相对于末端执行器参考坐标系 Σ_{e} 存在有限位移的情况下，这种控制作用可解释为施加于末端执行器上的弹性力旋量。因此，微小位移下理想机械刚度的性质可以推广到有限位移的情况。此外，为了保证李雅普诺夫意义下的渐近稳定性，必须定义一个合适的弹性势能函数。

为简单起见，假定耦合刚度矩阵为零。因此，弹性势能可以用平移势能和旋转势能之和来计算。

其中，平移势能为

$$\boldsymbol{K}'_{\mathrm{Pt}}=\frac{1}{2}\boldsymbol{R}_{\mathrm{d}}\boldsymbol{K}_{\mathrm{Pt}}\boldsymbol{R}_{\mathrm{d}}^{\mathrm{T}}+\frac{1}{2}\boldsymbol{R}_{\mathrm{e}}\boldsymbol{K}_{\mathrm{Pt}}\boldsymbol{R}_{\mathrm{e}}^{\mathrm{T}}$$

定义为

$$V_{\mathrm{t}}=\frac{1}{2}\Delta\boldsymbol{p}_{\mathrm{de}}^{\mathrm{T}}\boldsymbol{K}'_{\mathrm{Pt}}\Delta\boldsymbol{p}_{\mathrm{de}} \tag{9.9}$$

式中，$\boldsymbol{K}_{\mathrm{Pt}}$是 3×3 阶对称正定矩阵。在式（9.9）中使用$\boldsymbol{K}'_{\mathrm{Pt}}$代替$\boldsymbol{K}_{\mathrm{Pt}}$可以保证平移势能在有限位移情况下也是端口对称的。在平衡状态（即 $\boldsymbol{R}_{\mathrm{d}}=\boldsymbol{R}_{\mathrm{e}}$ 时）和具有各向同性平移刚度（即 $\boldsymbol{K}_{\mathrm{Pt}}=k_{\mathrm{Pt}}\boldsymbol{I}$ 时）的情况下，矩阵$\boldsymbol{K}'_{\mathrm{Pt}}$和$\boldsymbol{K}_{\mathrm{Pt}}$是一致的。

计算功率 $\dot{V}_{\mathrm{t}}$，可得

$$\dot{V}_{\mathrm{t}}=\Delta\dot{\boldsymbol{p}}_{\mathrm{de}}^{\mathrm{eT}}\boldsymbol{f}_{\Delta t}^{\mathrm{e}}+\Delta\boldsymbol{\omega}_{\mathrm{de}}^{\mathrm{eT}}\boldsymbol{m}_{\Delta \mathrm{t}}^{\mathrm{e}}$$

式中，$\Delta\dot{\boldsymbol{p}}_{\mathrm{de}}^{\mathrm{e}}$是位置偏移 $\Delta\boldsymbol{p}_{\mathrm{de}}^{\mathrm{e}}=\boldsymbol{R}_{\mathrm{e}}^{\mathrm{T}}(\boldsymbol{p}_{\mathrm{d}}-\boldsymbol{p}_{\mathrm{e}})$ 的时间导数，而 $\Delta\boldsymbol{\omega}_{\mathrm{de}}^{\mathrm{e}}=\boldsymbol{R}_{\mathrm{e}}^{\mathrm{T}}(\boldsymbol{\omega}_{\mathrm{d}}-\boldsymbol{\omega}_{\mathrm{e}})$。在有限位置偏移 $\Delta\boldsymbol{p}_{\mathrm{de}}^{\mathrm{e}}$ 存在的情况下，矢量 $\boldsymbol{f}_{\Delta t}^{\mathrm{e}}$ 和 $\boldsymbol{m}_{\Delta \mathrm{t}}^{\mathrm{e}}$ 分别为施加于末端执行器上的弹性力和力矩。当在基座坐标系中计算时，这些矢量具有如下表达式：

$$\boldsymbol{f}_{\Delta t}=\boldsymbol{K}'_{\mathrm{Pt}}\Delta\boldsymbol{p}_{\mathrm{de}} \quad \boldsymbol{m}_{\Delta t}^{\mathrm{e}}=\boldsymbol{K}''_{\mathrm{Pt}}\Delta\boldsymbol{p}_{\mathrm{de}} \tag{9.10}$$

式中，$\boldsymbol{K}''_{\mathrm{Pt}}=\frac{1}{2}\boldsymbol{S}(\Delta\boldsymbol{p}_{\mathrm{de}})\boldsymbol{R}_{\mathrm{d}}\boldsymbol{K}_{\mathrm{Pt}}\boldsymbol{R}_{\mathrm{d}}^{\mathrm{T}}$。

式中，$\boldsymbol{S}(\cdot)$ 是计算矢量积的反对称算子。向量 $\boldsymbol{h}_{\Delta t}=(\boldsymbol{f}_{\Delta t}^{\mathrm{T}} \quad \boldsymbol{m}_{\Delta t}^{\mathrm{T}})^{\mathrm{T}}$ 是在有限位置位移 $\Delta\boldsymbol{p}_{\mathrm{de}}$ 和零姿态位移存在情况下，作用在末端执行器上的弹性力旋量。在具有各向同性平移刚度的情况下，力矩 $\boldsymbol{m}_{\Delta t}$ 为零。

为确定旋转势能，在参考坐标系 Σ_{d} 和 Σ_{e} 之间的姿态位移需采用一个适当的定义。一个可能的选择是从矩阵 $\boldsymbol{R}_{\mathrm{d}}^{\mathrm{e}}=\boldsymbol{R}_{\mathrm{e}}^{\mathrm{T}}\boldsymbol{R}_{\mathrm{d}}$ 中提取单位四元数 $\{\boldsymbol{\eta}_{\mathrm{de}}, \in_{\mathrm{de}}^{\mathrm{e}}\}$ 的向量部分。因此，旋转势能的形式为

$$V_{\mathrm{o}}=2 \in_{\mathrm{de}}^{\mathrm{eT}}\boldsymbol{K}_{\mathrm{Po}} \in_{\mathrm{de}}^{\mathrm{e}} \tag{9.11}$$

式中，$\boldsymbol{K}_{\mathrm{Po}}$ 是一个 3×3 阶对称正定矩阵。由于 $\in_{\mathrm{de}}^{\mathrm{e}}=-\in_{\mathrm{ed}}^{\mathrm{d}}$，因此函数 V_{o} 是端口对称的。

计算功率 $\dot{V}_{\mathrm{o}}$，可得

$$\dot{V}_{\mathrm{o}}=\Delta\boldsymbol{\omega}_{\mathrm{de}}^{\mathrm{eT}}\boldsymbol{m}_{\Delta \mathrm{o}}^{\mathrm{e}}$$

9

式中

$$\boldsymbol{m}_{\Delta o}=\boldsymbol{K}'_{Po}\in_{de} \tag{9.12}$$

这里，$\boldsymbol{K}'_{Po}=2\boldsymbol{E}^{T}(\boldsymbol{\eta}_{de},\in_{de})\boldsymbol{R}_e\boldsymbol{K}_{Po}\boldsymbol{R}_e^{T}$，并且 $\boldsymbol{E}(\boldsymbol{\eta}_{de},\in_{de})=\boldsymbol{\eta}_{de}\boldsymbol{I}-\boldsymbol{S}(\in_{de})$。以上方程表明，当有限姿态位移 $\in_{de}=\boldsymbol{R}_e^{T}\in_{de}^{e}$时，会产生一个与纯力矩等价的弹性力旋量 $\boldsymbol{h}_{\Delta o}=(\boldsymbol{0}^{T}\quad \boldsymbol{m}_{\Delta o}^{T})^{T}$。

因此，在目标坐标系 Σ_d 相对于末端执行器坐标系 Σ_e 存在有限的位置位移和姿态位移的情况下，总的弹性力旋量可以在基座坐标系中定义为

$$\boldsymbol{h}_{\Delta}=\boldsymbol{h}_{\Delta t}+\boldsymbol{h}_{\Delta o} \tag{9.13}$$

式中，$\boldsymbol{h}_{\Delta t}$和 $\boldsymbol{h}_{\Delta o}$是根据式（9.10）和式（9.12）计算得出。

在平衡状态附近、无限小位移旋量 $\delta\boldsymbol{x}_{de}^{e}$的情况下，使用式（9.13）计算弹性力旋量，并忽略高阶无穷小项，得到如下线性映射关系：

$$\boldsymbol{h}_e^{e}=\boldsymbol{K}_P\delta\boldsymbol{x}_{de}^{e}=\begin{pmatrix}\boldsymbol{K}_{Pt} & \boldsymbol{0}\\ \boldsymbol{0} & \boldsymbol{K}_{Po}\end{pmatrix}\delta\boldsymbol{x}_{de}^{e} \tag{9.14}$$

因此，$\boldsymbol{K}_P$ 表示理想弹簧相对于坐标系 Σ_e（与平衡时的 Σ_d 重合）的刚度矩阵，其原点位于刚度中心处。此外，式（9.13）的定义表明，在大位移情况下，矩阵 $\boldsymbol{K}_P$ 和 K_{Po}的主刚度和主轴的物理/几何意义仍然保持不变。

上述结果表明，主动刚度矩阵 $\boldsymbol{K}_P$ 可以按照与当前任务几何一致的方式进行设置。

值得注意的是，在旋转势能式（9.11）中，姿态误差的不同定义也可以确保几何一致性。例如，可以采用基于 $\boldsymbol{R}_e^{d}$ 的等效轴-角表示的任何误差（单位四元数属于这一类），或者更一般地，齐次矩阵或指数坐标（对于同时具有位置和姿态误差的情况下）。此外，还可以使用从矩阵 $\boldsymbol{R}_d$ 中提取的 XYZ 欧拉角。但是，在这种情况下可以看出，旋转刚度主轴不能随意设置，而必须与末端执行器坐标系的轴重合。

9

具有几何一致主动刚度的刚度控制可使用如下控制律进行定义：

$$\boldsymbol{h}_c=\boldsymbol{h}_{\Delta}-\boldsymbol{K}_D\boldsymbol{v}_e+\boldsymbol{\eta}(\boldsymbol{q}) \tag{9.15}$$

这里使用的是式（9.13）中的 $\boldsymbol{h}_{\Delta}$。当 $\boldsymbol{h}_e=\boldsymbol{0}$ 时，平衡状态下的渐近稳定性可以使用李雅普诺夫函数来证明，即

$$V=\frac{1}{2}\boldsymbol{v}_e^{T}\boldsymbol{\Lambda}(\boldsymbol{q})\boldsymbol{v}_e+V_t+V_o$$

式中的 V_t 和 V_o 已在式（9.9）和式（9.11）分别给出。在坐标系 Σ_d 静止的情况下，其沿闭环系统轨迹的时间导数与式（9.4）中的表达式相同。当 $\boldsymbol{h}_e\neq\boldsymbol{0}$，目标坐标系 Σ_d 相对于末端执行器坐标系 Σ_e 的位移非零时，可以得到不同的渐近稳定平衡。新的平衡是方程 $\boldsymbol{h}_{\Delta}=\boldsymbol{h}_e$ 的解。

刚度控制允许在不需要力/力矩传感器的情况下，通过适当选择刚度矩阵，但需以牺牲末端执行器的位置和姿态误差为代价，以限制交互作用力和力矩的范围。然而，在存在模型为等效末端执行器力旋量的扰动（如关节摩擦）情况下，采用较小的主动刚度可能就会产生相对于末端执行器目标位置和姿态较大的偏差。当没有与环境相互作用时也会出现这种情况。

9.2.2　阻抗控制

刚度控制旨在实现交互作用时的理想静态特性。实际上，受控系统的动态特性依赖于机器人的动力学模型，而机器人的动力学模型往往是非线性、耦合的。一个要求更高的目标可能是实现末端执行器的理想动态特性。例如，具有6自由度的二阶机械系统的动态特性，其特征是给定的质量、阻尼和刚度，称为机械阻抗（impedance）。

实现这一目标的出发点可能是用于运动控制的加速度求解法，它的目的是通过逆动力学控制律，在加速度层面上对非线性的机器人动力学进行解耦和线性化。在与环境相互作用的情况下，控制律为

$$\boldsymbol{h}_c=\boldsymbol{\Lambda}(\boldsymbol{q})\boldsymbol{\alpha}+\boldsymbol{\Gamma}(\boldsymbol{q},\dot{\boldsymbol{q}})\dot{\boldsymbol{q}}+\boldsymbol{\eta}(\boldsymbol{q})+\boldsymbol{h}_e \tag{9.16}$$

将其代入动力学模型式（9.2）中，得

$$\dot{\boldsymbol{v}}_e=\boldsymbol{\alpha} \tag{9.17}$$

式中，$\boldsymbol{\alpha}$ 是经过适当设计的控制输入，其含义为基座坐标系的加速度。考虑等式$\dot{\boldsymbol{v}}_e=\overline{\boldsymbol{R}}_e^{T}\dot{\boldsymbol{v}}_e^{e}+\dot{\overline{\boldsymbol{R}}}_e^{T}\boldsymbol{v}_e^{e}$，这里

$$\overline{\boldsymbol{R}}_e=\begin{pmatrix}\boldsymbol{R}_e & \boldsymbol{0}\\ \boldsymbol{0} & \boldsymbol{R}_e\end{pmatrix}$$

选取

$$\boldsymbol{\alpha}=\overline{\boldsymbol{R}}_e^{T}\boldsymbol{\alpha}^{e}+\dot{\overline{\boldsymbol{R}}}_e^{T}\boldsymbol{v}_e^{e} \tag{9.18}$$

得

$$\dot{\boldsymbol{v}}_e^{e}=\boldsymbol{\alpha}^{e} \tag{9.19}$$

式中，控制输入 $\boldsymbol{\alpha}^{e}$ 是末端执行器坐标系 Σ_e 的加速度。因此，设

$$\boldsymbol{\alpha}^{e}=\dot{\boldsymbol{v}}_d^{e}+\boldsymbol{K}_M^{-1}(\boldsymbol{K}_D\Delta\boldsymbol{v}_{de}^{e}+\boldsymbol{h}_{\Delta}^{e}-\boldsymbol{h}_e^{e}) \tag{9.20}$$

对于闭环系统，有如下表达式：

$$\boldsymbol{K}_M\Delta\dot{\boldsymbol{v}}_{de}^{e}+\boldsymbol{K}_D\Delta\boldsymbol{v}_{de}^{e}+\boldsymbol{h}_{\Delta}^{e}=\boldsymbol{h}_e^{e} \tag{9.21}$$

式中，$\boldsymbol{K}_M$ 和 $\boldsymbol{K}_D$ 都是6×6阶对称正定矩阵；$\Delta\dot{\boldsymbol{v}}_{de}^{e}=\dot{\boldsymbol{v}}_d^{e}-\dot{\boldsymbol{v}}_e^{e}$，$\Delta\boldsymbol{v}_{de}^{e}=\boldsymbol{v}_d^{e}-\boldsymbol{v}_e^{e}$；$\dot{\boldsymbol{v}}_d^{e}$ 和$\boldsymbol{v}_d^{e}$ 分别是目标坐标系 Σ_d 的加速度和速度；$\boldsymbol{h}_{\Delta}^{e}$ 是弹性力旋量；这里所有的量都是以末端执行器坐标系 Σ_e 为参考坐标系。

上述描述受控的末端执行器动态特性的方程可

以视为广义机械阻抗。当 $\boldsymbol{h}_e=\boldsymbol{0}$ 时，平衡状态的渐近稳定性可以通过考虑李雅普诺夫函数来证明。

$$V=\frac{1}{2}\Delta\boldsymbol{v}_{de}^{eT}\boldsymbol{K}_M\Delta\boldsymbol{v}_{de}^{e}+V_t+V_o \tag{9.22}$$

式中，V_t 和 V_o 分别在式（9.9）和式（9.11）中定义，并且它们沿系统式（9.21）轨迹的时间导数是负半定函数。

$$\dot{V}=-\Delta\boldsymbol{v}_{de}^{eT}\boldsymbol{K}_D\Delta\boldsymbol{v}_{de}^{e}$$

当 $\boldsymbol{h}_e\neq\boldsymbol{0}$ 时，即目标坐标系 $\boldsymbol{\Sigma}_d$ 相对于末端执行器坐标系 $\boldsymbol{\Sigma}_e$ 的位移非零时，可以得到不同的渐近稳定平衡。这个新的平衡就是方程 $\boldsymbol{h}_\Delta=\boldsymbol{h}_e$ 的解。

当 $\boldsymbol{\Sigma}_d$ 不变时，如果选取 $\boldsymbol{K}_M$，且

$$\boldsymbol{K}_M=\begin{pmatrix} m\boldsymbol{I} & \boldsymbol{0} \\ \boldsymbol{0} & \boldsymbol{M} \end{pmatrix}$$

式（9.21）具有真正6自由度机械阻抗的意义。其中，m 是质量；$\boldsymbol{M}$ 是3×3惯性张量，选取 $\boldsymbol{K}_D$ 作为3×3阶分块对角矩阵。相对于固连在刚体上的坐标系 $\boldsymbol{\Sigma}_e$，物理等效系统是一个质量为 m 的物体，其惯性张量为 $\boldsymbol{M}$，并受外部力旋量 $\boldsymbol{h}_e^e$ 的作用。通过一个具有刚度矩阵 $\boldsymbol{K}_P$ 的6自由度理想弹簧，将这个刚体与一个固连在坐标系 $\boldsymbol{\Sigma}_d$ 上的虚拟刚体相连接，并承受阻尼为 $\boldsymbol{K}_D$ 的黏性力和力矩作用。式（9.22）中的函数 V 表示刚体的总能量，即动能和势能的总和。

图9.1所示为阻抗控制框图。阻抗控制基于位置和姿态反馈，以及力和力矩测量来计算加速度输入，如式（9.18）和式（9.20）所示。然后，逆动力学控制律用式（9.16）中的 $\boldsymbol{h}_c$ 来计算关节驱动器的力矩 $\boldsymbol{\tau}=\boldsymbol{J}^T\boldsymbol{h}_c$。在没有交互作用的情况下，该控制律保证末端执行器坐标系 $\boldsymbol{\Sigma}_e$ 渐近地跟随目标坐标系 $\boldsymbol{\Sigma}_d$。在与环境相接触的情况下，根据阻抗［式（9.21）］将柔顺动态特性施加在末端执行器上，并且以牺牲 $\boldsymbol{\Sigma}_d$ 和 $\boldsymbol{\Sigma}_e$ 之间的有限位置和姿态位移为代价来约束接触力旋量。与刚度控制不同，一个用于测量接触力和力矩的力/力矩传感器是必需的。

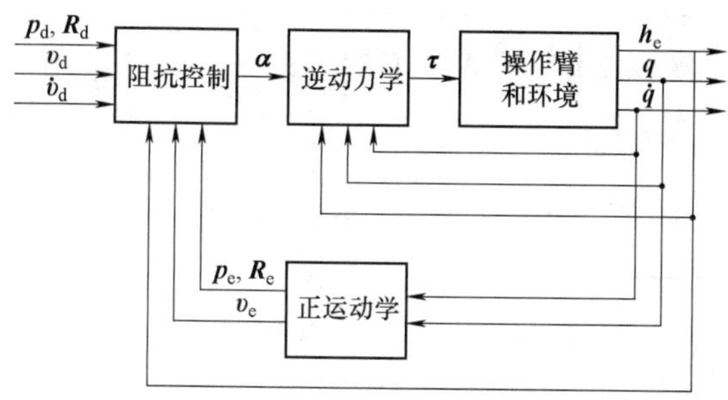

图9.1　阻抗控制框图

在力/力矩传感器不可用的情况下，控制器中不能使用外部力旋量 $\boldsymbol{h}_e$ 的测量值，因此无法获得与位形无关的阻抗特性式（9.21）。然而，使用控制律仍然可以获得所期望的阻抗特性来代替式（9.16）。

$$\boldsymbol{h}_c=\boldsymbol{\Lambda}(\boldsymbol{q})\dot{\boldsymbol{v}}_d+\boldsymbol{\Gamma}(\boldsymbol{q},\dot{\boldsymbol{q}})\boldsymbol{v}_d+\boldsymbol{K}_D\Delta\boldsymbol{v}_{de}+\boldsymbol{h}_\Delta+\boldsymbol{\eta}(\boldsymbol{q}) \tag{9.23}$$

式中，$\boldsymbol{K}_D$ 是6×6阶正定矩阵；$\boldsymbol{h}_\Delta$ 是弹性力旋量式（9.13）。由此得到的闭环方程为

$$\boldsymbol{\Lambda}(\boldsymbol{q})\dot{\boldsymbol{v}}_{de}+(\boldsymbol{\Gamma}(\boldsymbol{q},\dot{\boldsymbol{q}})+\boldsymbol{K}_D)\Delta\boldsymbol{v}_{de}+\boldsymbol{h}_\Delta=\boldsymbol{h}_e$$

以上方程表示的是可保持机器人真实操作空间惯性矩阵 $\boldsymbol{\Lambda}(\boldsymbol{q})$ 特征的阻抗行为。在上述方程中，离心力旋量和科氏力旋量 $\boldsymbol{\Gamma}(\boldsymbol{q},\dot{\boldsymbol{q}})\Delta\boldsymbol{v}_{de}$ 需要保持与位形相关的惯性机械性能，并证明具有类似于式（9.21）的状态稳定性。在 $\boldsymbol{\Sigma}_d$ 不变的情况下，控制律式（9.23）降为刚度控制律式（9.15）。

VIDEO 684 展示了有关刚度控制、阻抗控制及无力传感等一系列开创性的试验。VIDEO 686 展示的是基于几何一致性主动刚度的阻抗控制试验。

1. 问题实现

选择好的阻抗参数以确保良好的性能并非易事。实际上，在自由空间和交互作用过程中，闭环系统所呈现的动态特性是完全不同的，控制目标也不同。这是因为运动跟踪和干扰抑制必须在自由空间中得到保证；而在交互过程中，主要目标是为末端执行器实现合适的柔顺动态行为。还要注意，在交互作用过程中，受控系统的动力学取决于环境的动力学。

为了深入理解这些问题，假设末端执行器与环境之间的相互作用可以近似于由连接末端执行器坐标系 $\boldsymbol{\Sigma}_e$ 与环境坐标系 $\boldsymbol{\Sigma}_o$ 的理想6自由度弹簧导出的相互作用。因此，根据式（9.8），相对 $\boldsymbol{\Sigma}_o$，在存在无穷小位移旋量的情况下，末端执行器施加在环境上的弹性力旋量可以计算为

$$\boldsymbol{h}_e^e=\boldsymbol{K}\delta\boldsymbol{x}_{eo}^{e} \tag{9.24}$$

式中，在平衡状态下，$\boldsymbol{\Sigma}_e$ 和 $\boldsymbol{\Sigma}_o$ 重合，$\boldsymbol{K}$ 是刚度矩阵。上述模型仅在存在交互作用的情况下成立，而当末端执行器在自由空间中移动时，接触力旋量为零。

通过在操作臂动力学模型式（9.2）的右侧增加一个与作用在末端执行器上的等效扰动力旋量相对应的附加项，就可以将作用在操作臂上的扰动和未建模的动力学（关节摩擦、建模误差等）考虑进去。这个附加项在式（9.19）的右侧会产生一个附加的加速度扰动 $\boldsymbol{\gamma}^e$。因此，使用控制律式（9.20），

可以得到以下闭环阻抗方程：

$$\boldsymbol{K}_M \Delta\dot{\boldsymbol{v}}^e_{de} + \boldsymbol{K}_D \Delta \boldsymbol{v}^e_{de} + \boldsymbol{h}^e_\Delta = \boldsymbol{h}^e_e + \boldsymbol{K}_M \boldsymbol{\gamma}^e \qquad (9.25)$$

阻抗参数的整定过程可以从线性化的模型开始，在无穷小位移的情况下，该线性化模型可以由式（9.25）计算得到，即

$$\boldsymbol{K}_M \delta\ddot{\boldsymbol{x}}^e_{de} + \boldsymbol{K}_D \delta\dot{\boldsymbol{x}}^e_{de} + (\boldsymbol{K}_P + \boldsymbol{K}) \delta \boldsymbol{x}^e_{de} = \boldsymbol{K} \delta \boldsymbol{x}^e_{do} + \boldsymbol{K}_M \boldsymbol{\gamma}^e \qquad (9.26)$$

这里使用了式（9.24）和等式 $\boldsymbol{x}^e_{eo} = -\delta\boldsymbol{x}^e_{de} + \boldsymbol{x}^e_{do}$，上述方程对约束运动（$\boldsymbol{K} \neq \boldsymbol{0}$）和自由运动（$\boldsymbol{K} = \boldsymbol{0}$）都是成立的。

结果表明，通过适当选择矩阵增益 $\boldsymbol{K}_M$、$\boldsymbol{K}_D$ 和 $\boldsymbol{K}_P$，可以设置合适的动态位置和姿态误差。假设所有矩阵都是对角矩阵，则无穷小位移旋量的六个分量具有解耦特性，任务也相对容易。在这种情况下，可以设定每个分量的瞬态特性。例如，通过以下关系式来设定固有频率和阻尼比：

$$\omega_n = \sqrt{\frac{<k_P + k}{k_M}} \qquad \zeta = \frac{1}{2}\frac{k_D}{\sqrt{k_M + (k_P + k)}}$$

因此，如果选择增益，以保证在相互作用过程中给定的固有频率和阻尼比（即 $k \neq 0$），则当末端执行器在自由空间中运动时（即 $k = 0$），将获得较小的固有频率和较高的阻尼比。至于稳态特性，末端执行器一般分量的误差为

$$\delta x_{de} = \frac{k}{k_P + k}\delta x_{do} + \frac{k_M}{k_P + k}\boldsymbol{\gamma}$$

并且相应的交互作用力为

$$h = \frac{k_P k}{k_P + k}\delta x_{do} - \frac{k_M k}{k_P + k}\boldsymbol{\gamma}$$

上述关系表明，在相互作用过程中，只要主动刚度 k_P 相对于环境刚度 k 设定得较低，接触力就可以在稳态时变小，但以牺牲较大的位置误差为代价，反之亦然。然而，接触力和位置误差也取决于外界干扰 $\boldsymbol{\gamma}$；尤其是，k_P 越低，$\boldsymbol{\gamma}$ 对 δx_{de} 和 h 的影响就越大。此外，在没有交互作用的情况下（即 $k = 0$ 时），低的主动刚度 k_P 也可能导致较大的位置误差。

2. 导纳控制

解决这个问题的方法可以通过将运动控制从阻抗控制中分离出来的方式来考虑。为了增强干扰抑制，有目的地使运动控制的动作变硬，但它不是确保跟踪末端执行器的目标位置和姿态，而是确保跟踪阻抗控制动作产生的参考位置和姿态。换言之，将目标位置和姿态连同所测量的接触力旋量一起输入阻抗方程中，阻抗方程通过一定的积分，生成用于运动控制参考的位置和姿态。

要实现这个解决方法，有必要引入一个不同于目标坐标系 Σ_d 的参考坐标系，这个坐标系称为柔度坐标系（compliant frame）Σ_c，由变量 $\boldsymbol{p}_c$、$\boldsymbol{R}_c$、$\boldsymbol{v}_c$ 和 $\dot{\boldsymbol{v}}_c$ 来确定，这些变量由 $\boldsymbol{p}_d$、$\boldsymbol{R}_d$、$\boldsymbol{v}_d$ 和 $\dot{\boldsymbol{v}}_d$，以及测量得到的力旋量 $\boldsymbol{h}_c$ 通过对式（9.27）积分得到

$$\boldsymbol{K}_M \Delta\dot{\boldsymbol{v}}^c_{dc} + \boldsymbol{K}_D \Delta \boldsymbol{v}^c_{dc} + \boldsymbol{h}^c_\Delta = \boldsymbol{h}^c \qquad (9.27)$$

式中，$\boldsymbol{h}^c_\Delta$ 是在目标坐标系 Σ_d 和柔度坐标系 Σ_c 之间存在有限位移的情况下的弹性力旋量。然后，设计一种基于逆动力学的运动控制策略，使末端执行器坐标系 Σ_e 与柔度坐标系 Σ_c 重合。为保证整个系统的稳定性，运动控制器的带宽应高于阻抗控制器的带宽。

带有内部运动控制回路的阻抗控制如图9.2所示。很明显，在没有相互作用的情况下，柔度坐标系与目标坐标系重合，位置与姿态误差的动态特性及抗干扰能力仅取决于内部运动控制回路的增益。另一方面，当存在相互作用时，动态特性受阻抗增益式（9.27）的作用影响。

图9.2的控制方法也称为导纳控制（admitance control），因为在式（9.27）中，给定了目标坐标系的运动，所测量的力（输入）用于计算柔度坐标系（输出）的运动；以力为输入，以位置或速度为输出的映射对应机械导纳。反之亦然。式（9.21）中将末端执行器位移（输入）从目标运动轨迹映射到接触力旋量（输出），具有机械阻抗的含义。VIDEO 685 展示了导纳控制的相关试验。

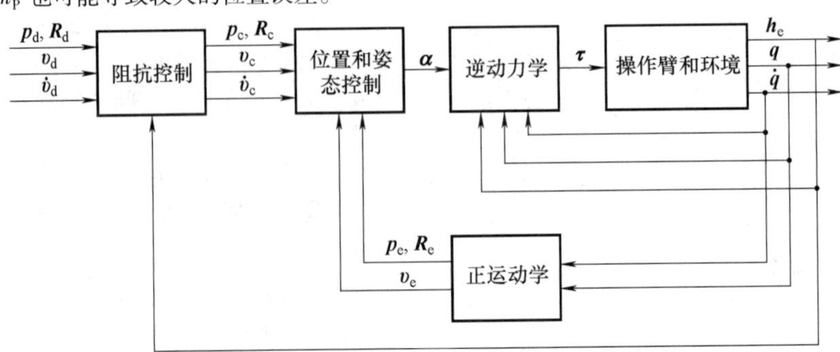

图9.2　带有内部运动控制回路的阻抗控制（导纳控制）

3. 简化策略

逆动力学控制是一种基于模型的控制方法，需要对现有的工业机器人控制器进行改进。这些控制器通常配备独立的比例积分（PI）关节速度控制器，具有很高的带宽。如果环境足够柔顺，这些控制器能够在很大程度上解耦机器人动力学模型，特别是在慢动作的情况下，可以减轻外力对操作臂运动的影响。因此，受控机器人的闭环动力学在关节空间中可以近似为

$$\dot{\boldsymbol{q}}=\dot{\boldsymbol{q}}_{\mathrm{r}}$$

或者在操作空间中等价为

$$\dot{\boldsymbol{v}}_{\mathrm{e}}=\boldsymbol{v}_{\mathrm{r}} \tag{9.28}$$

式中，$\dot{\boldsymbol{q}}_{\mathrm{r}}$ 和$\boldsymbol{v}_{\mathrm{r}}$ 是适当设计的外部控制回路所生成的控制信号，用于内部速度控制回路。这些控制信号之间的关系如下：

$$\dot{\boldsymbol{q}}_{\mathrm{r}}=\boldsymbol{J}^{-1}(\boldsymbol{q})\boldsymbol{v}_{\mathrm{r}}$$

对应于分解速度控制（velocity-resolved control），速度$\boldsymbol{v}_{\mathrm{r}}$可以按照下式计算：

$$\boldsymbol{v}_{\mathrm{r}}^{\mathrm{e}}=\boldsymbol{v}_{\mathrm{d}}^{\mathrm{e}}+\boldsymbol{K}_{\mathrm{D}}^{-1}(\boldsymbol{h}_{\Delta}^{\mathrm{e}}-\boldsymbol{h}_{\mathrm{e}}^{\mathrm{e}})$$

式中，控制输入是以末端执行器坐标系为参考的；$\boldsymbol{K}_{\mathrm{D}}$ 是 6×6 阶正定矩阵；$\boldsymbol{h}_{\Delta}$ 是具有刚度矩阵 $\boldsymbol{K}_{\mathrm{P}}$ 的弹性力旋量。对应于由阻尼 $\boldsymbol{K}_{\mathrm{D}}$ 和刚度 $\boldsymbol{K}_{\mathrm{P}}$ 表征的末端执行器的柔顺行为，得到的闭环方程为

$$\boldsymbol{K}_{\mathrm{D}}\Delta\boldsymbol{v}_{\mathrm{de}}^{\mathrm{e}}+\boldsymbol{h}_{\Delta}^{\mathrm{e}}=\boldsymbol{h}_{\mathrm{e}}^{\mathrm{e}}$$

在 $\boldsymbol{K}_{\mathrm{P}}=\boldsymbol{0}$ 的情况下，所得到的方法称为阻尼控制。

或者采用导纳控制方法，其中柔度坐标系的运动可以按照位置 $\boldsymbol{p}_{\mathrm{c}}$、姿态 $\boldsymbol{R}_{\mathrm{c}}$ 和速度旋量$\boldsymbol{v}_{\mathrm{c}}$ 以微分方程的解来计算，具体方程如下：

$$\boldsymbol{K}_{\mathrm{D}}\Delta\boldsymbol{v}_{\mathrm{dc}}^{\mathrm{c}}+\boldsymbol{h}_{\Delta}^{\mathrm{c}}=\boldsymbol{h}_{\mathrm{e}}^{\mathrm{c}}$$

式中，输入是目标坐标系 $\boldsymbol{\Sigma}_{\mathrm{d}}$ 的运动变量和接触力旋量 $\boldsymbol{h}_{\mathrm{e}}^{\mathrm{c}}$，然后将运动变量输入内部位置和速度控制器。在 $\boldsymbol{K}_{\mathrm{D}}=0$ 的情况下，所得到的方法称为柔度控制。

9.3 交互作业

为了获得令人满意的动态特性，间接力控制必须针对特定任务调整控制参数，但不需要明确的环境参数。另一方面，要实现对直接力控制算法的合成，一个交互作业模型是必需的。

交互作业的特征由操作臂与环境之间的复杂接触情况而定。为了保证任务的正确执行，有必要对交互作用力和力矩进行分析描述。不过，从建模的角度来说，这是非常困难的。

真实的接触情况是自然分布的，它涉及接触面的局部特性，以及操作臂与环境的全局动态特性。具体如下：

1）由于一个或多个不同类型的接触，环境对末端执行器的运动施加运动约束，并且当末端执行器倾向于违反约束时（如机器人在无摩擦的刚性表面上滑动刚性工具的情况），就会出现反作用力旋量。

2）在存在动态环境的情况下（如与曲柄动力学相关时，机器人转动曲柄，或者机器人推动柔性表面），末端执行器虽然受到运动学约束，但也可以对环境施加动态的力旋量。

3）由于操作臂的关节和连杆，以及腕力/力矩传感器或工具的有限刚度，接触力旋量可能取决于机器人的结构柔顺性。例如，安装在 RCC 装置上的末端执行器。

4）在相互作用过程中，接触面可能产生局部变形，从而产生分散的接触区域。例如，工具或环境的接触面柔软的情况。

5）在非理想光滑接触面的情况下，可能会发生静态摩擦和动态摩擦。

交互控制的设计与性能分析通常是在简化的假设条件下进行的，并考虑以下两种情况：

1）机器人和环境都是完全刚性的，环境所施加的仅仅是运动学约束。

2）机器人是完全刚性的，系统中的所有柔顺性都体现在环境中，而且接触力旋量可以采用线弹性模型近似计算。

在这两种情况下，都假定无摩擦接触。很明显，这些情况只是理想的。然而，控制器的鲁棒性应该能够应对某些原有假设理想的情况。在这种情况下，可以通过调整控制律来处理非理想假设下的特性。

9.3.1 刚性环境

由环境施加的运动学约束可以用一组方程表示，而描述末端执行器位置和姿态的变量必须满足这些方程式；由于通过正运动学方程可知这些变量依赖于关节变量，因此约束方程也可以在关节空间中表示为

9

$$\boldsymbol{\phi}(\boldsymbol{q})=\mathbf{0} \tag{9.29}$$

式中，向量 $\boldsymbol{\phi}$ 是 $m\times1$ 阶函数，且 $m<n$。其中，n 是操作臂的关节数，假设是非冗余的；在不失一般性的情况下，考虑 $n=6$。只涉及系统的广义坐标，形如式（9.29）的约束称为完整约束。这里不考虑形如 $\boldsymbol{\phi}(\boldsymbol{q},t)=\mathbf{0}$ 的时变约束情况，但可以采用类似的方法进行分析。此外，仅关注形如式（9.29）所表示的双面约束，这意味着末端执行器与环境始终保持接触。这里介绍的分析方法称为动态静力分析（kinetostatic analysis）。

假设向量式（9.29）是二阶可微的，并且其 m 个分量至少在操作点的邻域是线性无关的。因此，将式（9.29）微分，得

$$\boldsymbol{J}_{\phi}(\boldsymbol{q})\dot{\boldsymbol{q}}=\mathbf{0} \tag{9.30}$$

式中，$\boldsymbol{J}_{\phi}(\boldsymbol{q})=\partial\boldsymbol{\phi}/\partial\boldsymbol{q}$ 是 $\boldsymbol{\phi}(\boldsymbol{q})$ 的 $m\times6$ 阶雅可比矩阵，称为约束雅可比（constraint Jacobian）。根据以上假设，至少在操作点的邻域内，$\boldsymbol{J}_{\phi}(\boldsymbol{q})$ 的秩为 m。

在不考虑摩擦的情况下，广义相互作用力由倾向于违反约束的反作用力旋量表示。这种末端执行器力旋量在关节处产生反作用力矩，可以用虚功原理计算为

$$\boldsymbol{\tau}_{e}=\boldsymbol{J}_{\phi}^{T}(\boldsymbol{q})\boldsymbol{\lambda}$$

式中，$\boldsymbol{\lambda}$ 是 $m\times1$ 阶拉格朗日乘子向量。与 $\boldsymbol{\tau}_e$ 对应的末端执行器力旋量可以计算为

$$\boldsymbol{h}_{e}=\boldsymbol{J}^{-T}(\boldsymbol{q})\boldsymbol{\tau}_{e}=\boldsymbol{S}_{f}(\boldsymbol{q})\boldsymbol{\lambda} \tag{9.31}$$

式中

$$\boldsymbol{S}_{f}=\boldsymbol{J}^{-T}(\boldsymbol{q})\boldsymbol{J}_{\phi}^{T}(\boldsymbol{q}) \tag{9.32}$$

由式（9.31）可以得出，$\boldsymbol{h}_e$ 属于由 $6\times m$ 阶矩阵 $\boldsymbol{S}_f$ 的列所张成的 m 维向量空间。线性映射式（9.31）的逆为

$$\boldsymbol{\lambda}=\boldsymbol{S}_{f}^{\dagger}(\boldsymbol{q})\boldsymbol{h}_{e} \tag{9.33}$$

式中，$\boldsymbol{S}_f^{\dagger}$ 是矩阵 $\boldsymbol{S}_f$ 的加权广义逆，即

$$\boldsymbol{S}_{f}^{\dagger}=(\boldsymbol{S}_{f}^{T}\boldsymbol{W}\boldsymbol{S}_{f})^{-1}\boldsymbol{S}_{f}^{T}\boldsymbol{W} \tag{9.34}$$

式中，$\boldsymbol{W}$ 是适当的加权矩阵。

注意，尽管式（9.32）中矩阵 $\boldsymbol{S}_f$ 的值域是由接触的几何形状唯一定义的，但矩阵 $\boldsymbol{S}_f$ 自身并不唯一。此外，约束方程式（9.29）、相应的雅可比矩阵 $\boldsymbol{J}_{\phi}$、广义逆 $\boldsymbol{S}_f^{\dagger}$ 及向量 $\boldsymbol{\lambda}$ 也不是唯一定义的。

一般说来，向量 $\boldsymbol{\lambda}$ 元素测量的物理单位量纲是不同的，并且矩阵 $\boldsymbol{S}_f$ 和矩阵 $\boldsymbol{S}_f^{\dagger}$ 的列也不一定代表同类的实体。这可能在变换式（9.33）中产生几何不变性问题，如果 $\boldsymbol{h}_e$ 表示受干扰的测量力旋量，结果可能具有在 $\boldsymbol{S}_f$ 的值域范围之外的分量。如果物理单位或参考坐标系发生变化，则矩阵 $\boldsymbol{S}_f$ 要进行变换，但式（9.33）变换广义逆的结果通常取决于所采用的物理单位或参考坐标系。这是因为广义逆是基于向量 $\boldsymbol{h}_e-\boldsymbol{S}_f(\boldsymbol{q})\boldsymbol{\lambda}$ 的范数的最小化问题的加权最小二乘解，并且只有使用该向量的物理一致范数才能保证其不变性。在理想情况下，当 $\boldsymbol{h}_e$ 在 $\boldsymbol{S}_f$ 的值域空间内时，在式（9.33）中的 $\boldsymbol{\lambda}$ 存在唯一解，不考虑加权矩阵，这样就不会出现几何不变性的问题。

一个可能的解决方案是选择 $\boldsymbol{S}_f$，使其列表示线性无关的力旋量。这意味着式（9.31）中 $\boldsymbol{h}_e$ 是力旋量的线性组合，$\boldsymbol{\lambda}$ 是一个无量纲向量。力旋量空间的物理一致范数可以通过基于二次型 $\boldsymbol{h}_e^{T}\boldsymbol{K}^{-1}\boldsymbol{h}_e$ 来定义，如果 $\boldsymbol{K}$ 是一个对应刚度的正定矩阵，则 $\boldsymbol{h}_e^{T}\boldsymbol{K}^{-1}\boldsymbol{h}_e$ 具有弹性势能的含义。因此，可以选择 $\boldsymbol{W}=\boldsymbol{K}^{-1}$ 作为伪逆的加权矩阵。

注意，对于给定的 $\boldsymbol{S}_f$，约束雅可比可以从式（9.32）计算为 $\boldsymbol{J}_{\phi}(\boldsymbol{q})=\boldsymbol{S}_f^{T}\boldsymbol{J}(\boldsymbol{q})$。此外，可通过对式（9.30）积分，导出约束方程。

使用式（9.1）和式（9.32），可以将式（9.30）重写为

$$\boldsymbol{J}_{\phi}(\boldsymbol{q})\boldsymbol{J}^{-1}(\boldsymbol{q})\boldsymbol{J}(\boldsymbol{q})\dot{\boldsymbol{q}}=\boldsymbol{S}_{f}^{T}\boldsymbol{\nu}_{e}=\mathbf{0} \tag{9.35}$$

根据式（9.31），它等价于

$$\boldsymbol{h}_{e}^{T}\boldsymbol{\nu}_{e}=\mathbf{0} \tag{9.36}$$

式（9.36）表示理想的反作用力旋量 $\boldsymbol{h}_e$（属于所谓的力控制子空间）和柔性约束的末端执行器速度旋量（属于所谓的速度控制子空间）之间的动静态关系，称为互易性（reciprocity）。互易性的概念表示这样一个物理事实：在刚性和无摩擦接触假设条件下，力旋量不会克服速度旋量做功，这经常与正交（orthogo-nality）的概念混淆。在这种情况下，正交是没有意义的，因为速度旋量和力旋量属于不同的空间。

式（9.35）和式（9.36）表明，速度控制子空间与由矩阵 $\boldsymbol{S}_f$ 值域所确定的 m 维力控制子空间互补。因此，速度控制子空间的维数是 $6-m$，并且定义一个 $6\times(6-m)$ 阶矩阵 $\boldsymbol{S}_v$，其列张成速度控制子空间，即

$$\boldsymbol{\nu}_{e}=\boldsymbol{S}_{v}(\boldsymbol{q})\boldsymbol{\nu} \tag{9.37}$$

式中，$\boldsymbol{\nu}$ 是一个 $(6-m)\times1$ 阶向量。由式（9.35）和式（9.37）可知，下列等式成立：

$$\boldsymbol{S}_{f}^{T}(\boldsymbol{q})\boldsymbol{S}_{v}(\boldsymbol{q})=\mathbf{0} \tag{9.38}$$

此外，线性变换式（9.37）的逆为

$$\boldsymbol{\nu}=\boldsymbol{S}_{v}^{\dagger}(\boldsymbol{q})\boldsymbol{\nu}_{e} \tag{9.39}$$

式中，$\boldsymbol{S}_v^{\dagger}$ 是矩阵 $\boldsymbol{S}_v$ 的加权广义逆，与式（9.34）中的计算结果一样。

注意，对于 $\boldsymbol{S}_f$ 的情况，虽然矩阵 $\boldsymbol{S}_v$ 的值域空

间是唯一确定的，但矩阵 $\boldsymbol{S}_{\mathrm{v}}$ 本身的选择不是唯一的。此外，矩阵 $\boldsymbol{S}_{\mathrm{v}}$ 的列不一定是速度旋量，标量 $\boldsymbol{v}$ 也可能有不同的物理量纲。然而，为了避免产生类似于 $\boldsymbol{S}_{\mathrm{f}}$ 中的不变性问题，可以简便地选择 $\boldsymbol{S}_{\mathrm{v}}$ 的列作为速度旋量，这样向量 v 便是无量纲的。此外，用于计算式（9.39）中广义逆的加权矩阵可以设定为 $\boldsymbol{W}=\boldsymbol{M}$，而 $\boldsymbol{M}$ 是一个 6×6 阶惯性矩阵，这相当于根据动能在速度旋量空间中定义一个范数。值得注意的是，随着参考坐标系的变化，速度旋量和力旋量的伴随变换矩阵是不同的；但是，如果用顶部的角速度分量和底部的平移速度分量共同来定义速度旋量，则它们的伴随变换矩阵与力旋量相同。

矩阵 $\boldsymbol{S}_{\mathrm{v}}$ 也可以用雅可比来解释，如式（9.32）中的 $\boldsymbol{S}_{\mathrm{f}}$。由于存在 m 个独立的几何约束式（9.29），机器人与环境接触的位形可以用一个为独立变量的 $(6-m)\times1$ 阶向量 $\boldsymbol{r}$ 来描述。根据隐函数定理，这个向量可以定义为

$$\boldsymbol{r}=\boldsymbol{\psi}(\boldsymbol{q}) \tag{9.40}$$

式中，$\boldsymbol{\psi}(\boldsymbol{q})$ 是任意 $(6-m)\times1$ 的二阶可微向量函数，使得 $\boldsymbol{\phi}(\boldsymbol{q})$ 的 m 个分量和 $\boldsymbol{\psi}(\boldsymbol{q})$ 的 $n-m$ 个分量至少在操作点的邻域是局部线性无关的。这意味着映射式（9.40）和约束式（9.29）是局部可逆的，其逆定义为

$$\boldsymbol{q}=\boldsymbol{\rho}(\boldsymbol{r}) \tag{9.41}$$

式中，$\boldsymbol{\rho}(\boldsymbol{r})$ 是 6×1 的二阶可微向量函数。式（9.41）可提供满足约束方程［式(9.29)］的所有关节向量。此外，满足式（9.30）的关节速度向量可以计算为

$$\dot{\boldsymbol{q}}=\boldsymbol{J}_{\rho}(\boldsymbol{r})\dot{\boldsymbol{r}}$$

式中，$\boldsymbol{J}_{\rho}(\boldsymbol{r})=\partial\boldsymbol{\rho}/\partial\boldsymbol{r}$ 是一个 $6\times(6-m)$ 的满秩雅可比矩阵。因此，以下等式成立：

$$\boldsymbol{J}_{\phi}(\boldsymbol{q})\boldsymbol{J}_{\rho}(\boldsymbol{r})=\boldsymbol{0}$$

上式可以解释为由矩阵 $\boldsymbol{J}_{\phi}^{\mathrm{T}}$ 的列所张成的反作用力矩子空间和由矩阵 $\boldsymbol{J}_{\rho}$ 的列所张成的约束关节速度子空间之间满足互易性条件。

将上述方程式改写为

$$\boldsymbol{J}_{\phi}(\boldsymbol{q})\boldsymbol{J}(\boldsymbol{q})^{-1}\boldsymbol{J}(\boldsymbol{q})\boldsymbol{J}_{\rho}(\boldsymbol{r})=\boldsymbol{0}$$

考虑式（9.32）和式（9.38），矩阵 $\boldsymbol{S}_{\mathrm{v}}$ 可以表示为

$$\boldsymbol{S}_{\mathrm{v}}=\boldsymbol{J}(\boldsymbol{q})\boldsymbol{J}_{\rho}(\boldsymbol{r}) \tag{9.42}$$

根据式（9.40）和式（9.41），可以等价地表示为 $\boldsymbol{q}$ 或 $\boldsymbol{r}$ 的函数。

矩阵 $\boldsymbol{S}_{\mathrm{f}}$ 和 $\boldsymbol{S}_{\mathrm{v}}$ 及它们的广义逆 $\boldsymbol{S}_{\mathrm{f}}^{\dagger}$ 和 $\boldsymbol{S}_{\mathrm{v}}^{\dagger}$ 称为选择矩阵。它们对任务规范（即所期望的末端执行器运动及其相互作用力/力矩）和控制综合都起着基础性的作用。

9.3.2 柔性环境

在许多应用中，末端执行器与柔性环境之间的相互作用力旋量可以近似为式（9.24）的理想弹性模型。然而，由于刚度矩阵 $\boldsymbol{K}$ 是正定的，当环境变形与末端执行器的无穷小位移旋量一致时，该模型描述的是一种完全约束的情况。但是，通常情况下，末端执行器的运动只部分受环境约束，这种情况可以通过引入合适的半正定刚度矩阵来建模。

具体而言，可通过将环境视为一对刚体 S 和 O，并通过一个柔度为 $\boldsymbol{C}=\boldsymbol{K}^{-1}$ 的理想 6 自由度弹簧连接，以计算描述末端执行器与环境之间部分约束、相互作用的刚度矩阵。刚体 S 与坐标系 Σ_{s} 固连，并与末端执行器接触；刚体 O 与坐标系 Σ_{o} 固连，在平衡状态下，该坐标系与坐标系 Σ_{s} 重合。在有力旋量 $\boldsymbol{h}_{\mathrm{s}}$ 存在的情况下，环境在平衡状态附近的变形可以由坐标系 Σ_{s} 和 Σ_{o} 之间的无穷小位移旋量 $\delta\boldsymbol{x}_{\mathrm{so}}$ 来表示，即

$$\delta\boldsymbol{x}_{\mathrm{so}}=\boldsymbol{C}\boldsymbol{h}_{\mathrm{s}} \tag{9.43}$$

为简便起见，下文中所有相对坐标系 Σ_{s} 的量都省略了上标 s。

对于所考虑的接触情况，由于环境可能变形，与刚性环境相对应的末端执行器速度旋量并不完全属于理想速度子空间。因此，末端执行器坐标系 Σ_{e} 相对于 Σ_{o} 的无穷小位移旋量可分解为

$$\delta\boldsymbol{x}_{\mathrm{eo}}=\delta\boldsymbol{x}_{\mathrm{v}}+\delta\boldsymbol{x}_{\mathrm{f}} \tag{9.44}$$

式中，$\delta\boldsymbol{x}_{\mathrm{v}}$ 是速度控制子空间中末端执行器的无穷小位移旋量，定义为力控制子空间的 $(6-m)$ 维补空间；$\delta\boldsymbol{x}_{\mathrm{f}}$ 是与环境变形相对应的末端执行器无穷小位移旋量。因此有

$$\delta\boldsymbol{x}_{\mathrm{v}}=\boldsymbol{P}_{\mathrm{v}}\delta\boldsymbol{x}_{\mathrm{eo}} \tag{9.45}$$

$$\delta\boldsymbol{x}_{\mathrm{f}}=(\boldsymbol{I}-\boldsymbol{P}_{\mathrm{v}})\delta\boldsymbol{x}_{\mathrm{eo}}=(\boldsymbol{I}-\boldsymbol{P}_{\mathrm{v}})\delta\boldsymbol{x}_{\mathrm{so}} \tag{9.46}$$

式中，$\boldsymbol{P}_{\mathrm{v}}=\boldsymbol{S}_{\mathrm{v}}\boldsymbol{S}_{\mathrm{v}}^{\dagger}$，$\boldsymbol{S}_{\mathrm{v}}$ 和 $\boldsymbol{S}_{\mathrm{v}}^{\dagger}$ 定义为刚性环境。作为 $\boldsymbol{P}_{\mathrm{v}}\boldsymbol{P}_{\mathrm{v}}=\boldsymbol{P}_{\mathrm{v}}$，矩阵 $\boldsymbol{P}_{\mathrm{v}}$ 是一个投影矩阵，它滤除了不在 $\boldsymbol{S}_{\mathrm{v}}$ 值域空间中的所有末端执行器速度旋量（和无穷小的位移旋量）。此外，$\boldsymbol{I}-\boldsymbol{P}_{\mathrm{v}}$ 也是一个投影矩阵，它滤除了在 $\boldsymbol{S}_{\mathrm{v}}$ 值域空间中的所有末端执行器速度旋量（和无穷小的位移旋量）。$\boldsymbol{P}_{\mathrm{v}}\boldsymbol{v}$ 表示自由速度旋量（twists of freedom），而 $(\boldsymbol{I}-\boldsymbol{P}_{\mathrm{v}})\boldsymbol{v}$ 表示约束速度旋量（twists of constraint）。

在无摩擦接触的假设条件下，末端执行器和环境之间的相互作用力旋量被限制在由矩阵 $\boldsymbol{S}_{\mathrm{f}}$ 的 m 维值域空间定义的力控制子空间内，如刚性环境情况，即

9

$$h_e = S_f \lambda = h_s \tag{9.47}$$

式中，λ 是一个 $m\times1$ 阶无量纲向量。在式（9.44）的两边乘以 S_f^T，由式（9.43）~式（9.47）可得

$$S_f^T \delta x_{eo} = S_f^T C S_f \lambda$$

这里利用了等式 $S_f^T P_v = 0$，因此，可得到如下的弹性模型：

$$h_e = S_f \lambda = K' \delta x_{eo} \tag{9.48}$$

式中，$K' = S_f (S_f^T C S_f)^{-1} S_f^T$ 是对应于部分约束、相互作用的半正定刚度矩阵。

如果采用柔度矩阵 C 作为计算 $S_f^\dagger$ 的加权矩阵，则 K'可以表示为

$$K' = P_f K \tag{9.49}$$

式中，$P_f = S_f S_f^\dagger$。作为 $P_f P_f = P_f$，P_f 是一个投影矩阵，它滤掉了所有不在 S_f 值域空间内的末端执行器力旋量。

受到部分约束、相互作用的柔度矩阵不能直接作为 K' 的逆，因为该矩阵的秩 $m<6$。但是，由式（9.46）、式（9.43）和式（9.47）可以得到以下等式：

$$\delta x_f = C' h_e$$

式中

$$C' = (I - P_v) C \tag{9.50}$$

矩阵 C'是半正定的，秩为 $6-m$。如果采用刚度矩阵 K 作为计算 $S_v^\dagger$ 的加权矩阵，则矩阵 C'具有显式表达式，即 $C' = C - S_v (S_v^T K S_v)^{-1} S_v^T$，表明 C'也是对称的。

9

9.3.3　任务规范

可以根据所期望的末端执行器力旋量 h_d 和速度旋量v_d 来描述交互作业。为了与约束一致，这些向量必须分别位于力控制子空间和速度控制子空间中。具体可以通过指定向量 λ_d 和 ν_d，并计算 h_d 和 v_d 来保证。

$$h_d = S_f \lambda_d \quad v_d = S_v \nu_d$$

式中，S_f 和 S_v 必须根据任务的几何形状要求进行适当定义，从而保证即使参考坐标系和物理单位发生了改变，该值也不变的特性。

许多机器人任务都有一组正交的参考坐标系。在这些参考坐标系中，任务要求非常简单和直观。这样的坐标系称为任务坐标系或柔度坐标系（task frames or compliance frames）。可以通过沿/绕每个坐标轴所需的力/力矩或所需的线速度/角速度来指定交互作业。所需的量称为人工约束（artifical constraints），因为它们是由控制器施加的；在刚性接触的情况下，这些约束与自然约束（natural constraints）（环境施加的约束）是互补的。

下面给出了一些任务坐标系定义和任务规范的范例。

1. 销-孔装配

该任务的目标是将销轴装入孔中，同时避免出现楔紧和卡阻现象。销轴具有2个自由度，因此速度控制子空间的维数为 $6-m=2$，而力控制子空间的维数则为 $m=4$。圆柱销与孔的装配如图9.3所示。可以通过设定以下所需的力/力矩及所需的速度来完成此任务：

所需的力和力矩：

1）沿 x_t 轴和 y_t 轴的力为零。

2）绕 x_t 轴和 y_t 轴的力矩为零。

所需的速度：

1）沿 z_t 轴的线速度不为零。

2）绕 z_t 轴的任意角速度。

当在 z_t 方向上检测到一个很大的反作用力时，任务结束，表明销轴已经接触到孔的底部，而不是图中所示的底部。因此，矩阵 S_f 和 S_v 可以选取为

$$S_f = \begin{pmatrix} 1 & 0 & 0 & 0 \\ 0 & 1 & 0 & 0 \\ 0 & 0 & 0 & 0 \\ 0 & 0 & 1 & 0 \\ 0 & 0 & 0 & 1 \\ 0 & 0 & 0 & 0 \end{pmatrix} \quad S_v = \begin{pmatrix} 0 & 0 \\ 0 & 0 \\ 1 & 0 \\ 0 & 0 \\ 0 & 0 \\ 0 & 1 \end{pmatrix}$$

式中，S_f 的列数等于力旋量的维数，S_v 的列数等于速度旋量的维数。如任务坐标系中所定义的，并且当参考坐标系变化时，它们的表示也会发生相应的变化。任务坐标系可以固连到末端执行器或环境上。

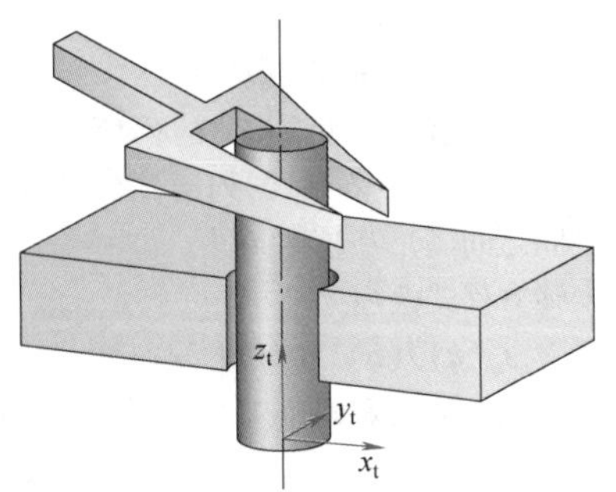

图9.3　圆柱销与孔的装配

2. 旋转曲柄

该任务的目标是转动一个曲柄。该曲柄带有能自由转动的手柄。手柄有2个自由度，分别对应于绕 z_t 轴的旋转自由度和绕曲柄旋转轴的旋转自由

度。因此，速度控制子空间的维数为 $6-m=2$，力控制子空间的维数为 $m=4$。任务参考坐标系固连在曲柄上，如图 9.4 所示。可以通过设定以下所需的力/力矩及所需的速度来完成此任务：

所需的力和力矩：

1）沿 x_t 轴和 z_t 轴的力为零。

2）绕 x_t 轴和 y_t 轴的力矩为零。

所需的速度：

1）沿 y_t 轴的线速度不为零。

2）绕 z_t 轴的任意角速度。

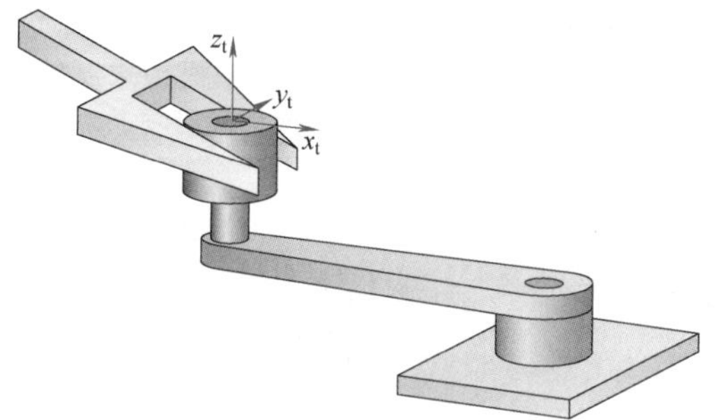

图 9.4　旋转具有空转手柄的曲柄

因此，参照任务坐标系，矩阵 $\boldsymbol{S}_f$ 和 $\boldsymbol{S}_v$ 可以选取为

$$\boldsymbol{S}_f=\begin{pmatrix}1&0&0&0\\0&0&0&0\\0&1&0&0\\0&0&1&0\\0&0&0&1\\0&0&0&0\end{pmatrix}\quad \boldsymbol{S}_v=\begin{pmatrix}0&0\\1&0\\0&0\\0&0\\0&0\\0&1\end{pmatrix}$$

在这种情况下，任务坐标系相对于曲柄是固定的，但相对于末端执行器坐标系（固定在手柄上）和机器人的基座坐标系都是运动的。因此，当涉及末端执行器坐标系或基座坐标系时，矩阵 $\boldsymbol{S}_f$ 和 $\boldsymbol{S}_v$ 是变化的。

3. 在弹性平面上移动物块

该任务的目标是沿 x_t 轴在平面上移动一个立方体，同时用给定的力推压弹性平面。物体有 3 个自由度，因此速度控制子空间的维数为 $6-m=3$，力控制子空间的维数为 $m=3$。如图 9.5 所示，任务坐标系可以选择固连在环境上，并且可以通过设定以下所需的速度及所需的力/力矩来完成此任务：

所需的速度：

1）沿 x_t 轴的速度不为零。

2）沿 y_t 轴的速度为零。

3）绕 z_t 轴的角速度为零。

所需的力和力矩：

1）沿 z_t 轴的力不为零。

2）绕 x_t 轴和 z_t 轴的力矩为零。

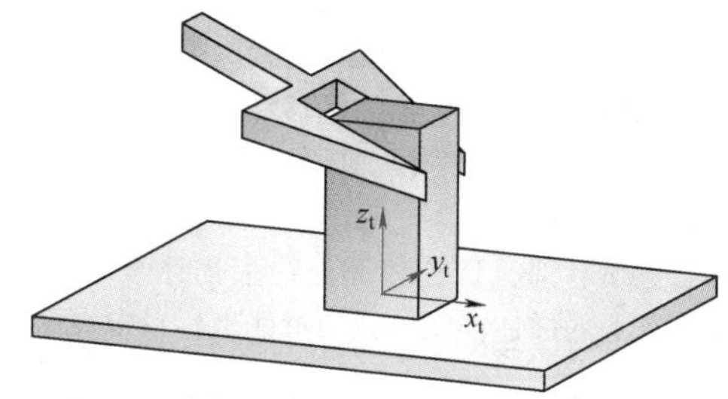

图 9.5　立方体在具有弹性的水平表面上移动

因此，矩阵 $\boldsymbol{S}_f$ 和 $\boldsymbol{S}_v$ 可以选取为

$$\boldsymbol{S}_f=\begin{pmatrix}0&0&0\\0&0&0\\1&0&0\\0&1&0\\0&0&1\\0&0&0\end{pmatrix}\quad \boldsymbol{S}_v=\begin{pmatrix}1&0&0\\0&1&0\\0&0&0\\0&0&0\\0&0&0\\0&0&1\end{pmatrix}$$

对应于末端执行器与环境部分约束的相互作用，6×6 刚度矩阵 $\boldsymbol{K}'$ 的元素除了 3×3 的主子式 $\boldsymbol{K}'_m$，其他均为零。主子式 $\boldsymbol{K}'_m$ 由矩阵 $\boldsymbol{K}'$ 的第 3、4、5 行和第 3、4、5 列组成，主子式可表示为

$$\boldsymbol{K}'_m=\begin{pmatrix}c_{3,3}&c_{3,4}&c_{3,5}\\c_{4,3}&c_{4,4}&c_{4,5}\\c_{5,3}&c_{5,4}&c_{5,5}\end{pmatrix}^{-1}$$

式中，$c_{i,j}=c_{j,i}$ 是柔度矩阵 $\boldsymbol{C}$ 的元素。

4. 一般接触模型

任务坐标系的概念已被证明对各种真实机器人的任务要求描述都非常有效。然而，它只适用于复杂度有限的任务几何体，对于这些任务几何体，可以独立地将单独的控制模式指定给沿某个坐标系的轴的 3 个纯平移和 3 个纯旋转方向。对于更复杂的情况，如多点接触，任务坐标系可能不存在，必须采用更复杂的接触模型。一种可能的解决方案是用虚拟接触的操作臂（virtual contact manipulator）模型表示，其中每个单独的接触视为由被操纵对象与环境之间的虚拟运动链建模，从而使被操纵对象（瞬时）具有与接触相同的运动自由度。由所有单个接触的虚拟操作臂组成并联操作臂，其速度和力运动学可以用真实操作臂的标准运动学方程来推导，并允许构建所有运动约束的速度旋量与力旋量空间的基。

一种更通用的方法，称为基于约束的任务规

9

范（constraint based task specification），开辟了新的应用，涉及复杂的几何形状和/或使用多个传感器（力/扭矩、距离、视觉传感器）来同时控制空间中的不同方向。将任务坐标系的概念扩展到多特征坐标系（feature frames）的概念。每个特征坐标系都可以使用沿坐标系轴的平移和旋转方向对任务几何体的一部分进行建模。此外，在每个特征坐标系中都指定了部分约束。总的模型和总的约束集是通过合并所有部分任务和部分约束描述来实现的，对每个任务的描述都在单独的特征坐标系中表示。

9.3.4 基于传感器的接触模型估计

假设接触的精确模型始终可用，任务规范有赖于对速度控制子空间和力控制子空间的定义。另一方面，在大多数实际执行过程中，选择矩阵 $\boldsymbol{S}_{\mathrm{f}}$ 和 $\boldsymbol{S}_{\mathrm{v}}$ 并不是完全已知的，但许多交互控制策略具有相当强的鲁棒性，可以克服建模误差。事实上，使用力控制正是为了可靠地应对这些情况。在任务执行过程中，如果能够使用运动和/或力测量等手段连续更新矩阵 $\boldsymbol{S}_{\mathrm{f}}$ 和 $\boldsymbol{S}_{\mathrm{v}}$，则力控制器的鲁棒性就会增强。

具体而言，假设有一个名义模型可用，当接触情况的变化与模型预测的情况不一致时，真实的运动和力开始与预测值偏离。这些小的偏离可以通过测量得到，然后可以用来在线调整模型，所使用的算法可由像卡尔曼滤波器那样的经典状态-空间预测-校正估计得到。

图9.6所示为姿态误差的估计，显示了名义的与测量的运动和力变量之间的误差，这是二维轮廓跟踪任务的典型情况。如果环境不是平面的，则接触法线的方位会发生变化。因此，与任务坐标系（具有 x_{t} 轴和 y_{t} 轴的坐标系）的 y_{t} 轴对齐的名义接触法向和与实际任务坐标系（具有 x_{r} 轴和 y_{r} 轴的坐标系）的 y_{r} 轴对齐的实际接触法向之间会出现角度误差 θ。该角度只能通过对速度或力的测量来估计。

1）基于速度的方法：实际执行的线速度 $\boldsymbol{v}$ 与实际轮廓相切（与 x_{r} 轴对齐），其不完全位于 x_{t} 轴上，沿 y_{t} 轴方向上还有一个很小的分量 $v_{y_{\mathrm{t}}}$。姿态误差 θ 可以近似为 $\theta=\arctan(v_{y_{\mathrm{t}}}/v_{x_{\mathrm{t}}})$。

2）基于力的方法：测量的（理想）接触力 $\boldsymbol{f}$ 不完全位于名义法线方向上（与 y_{t} 轴对齐），沿 x_{t} 轴方向上还有一个很小的分量 $f_{x_{\mathrm{t}}}$。姿态误差 θ 可以近似为 $\theta=\arctan(f_{x_{\mathrm{t}}}/f_{y_{\mathrm{t}}})$。

基于速度的方法会受到系统中机械柔度的干扰，基于力的方法会受到接触摩擦的影响。

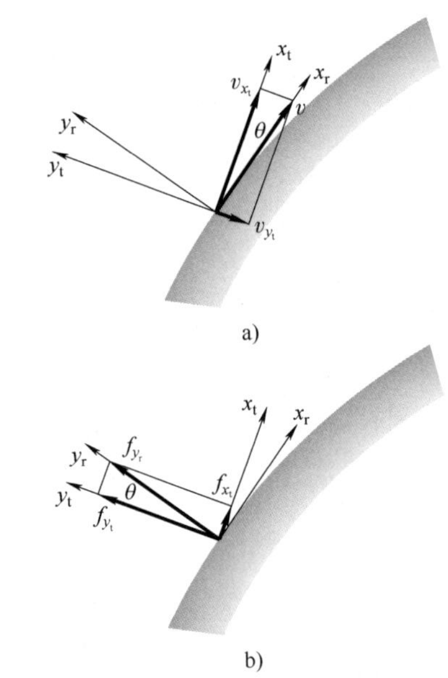

图9.6 姿态误差的估计

a）基于速度的方法 b）基于力的方法

9.4 力/运动混合控制

力/运动混合控制的目的是将末端执行器运动和接触力的同时控制分解为两个独立的解耦子问题。接下来，将针对刚性和柔性环境两种情形，介绍混合框架下的主要控制方法。

9.4.1 加速度分解法

与运动控制情况一样，加速度分解法的主要目的是通过逆动力学控制律，在加速度层面对机器人的非线性动力学模型进行解耦和线性化。在存在与环境交互作用的情况下，寻求力控制子空间和速度控制子空间之间的完全解耦。其基本思想是设计一个基于模型的内控制环（inner control loop），以补偿机器臂的非线性动力学模型，并解耦力子空间和速度子空间；然后再设计一个外控制环（outer control loop），以确保对末端执行器目标力与运动的跟踪和扰动抑制。

1. 刚性环境

在刚性环境下，外部力旋量可以写成 $\boldsymbol{h}_e=\boldsymbol{S}_f\boldsymbol{\lambda}$ 的形式。力乘子向量 $\boldsymbol{\lambda}$ 可以从式（9.2）计算得到，即将式（9.2）的两边乘以加权伪逆 $\boldsymbol{S}_f^{\dagger}$［带权重 $\boldsymbol{\Lambda}^{-1}(\boldsymbol{q})$］，并使用式（9.35）最后一个等式的时间导数，由此得

$$\boldsymbol{\lambda}=\boldsymbol{S}_f^{\dagger}(\boldsymbol{q})[\boldsymbol{h}_c-\boldsymbol{\mu}(\boldsymbol{q},\dot{\boldsymbol{q}})]+\boldsymbol{\Lambda}_f(\boldsymbol{q})\dot{\boldsymbol{S}}_f^{\mathrm{T}}\boldsymbol{v}_e \tag{9.51}$$

式中，$\boldsymbol{\Lambda}_f(\boldsymbol{q})=(\boldsymbol{S}_f^{\mathrm{T}}\boldsymbol{\Lambda}^{-1}\boldsymbol{S}_f)^{-1}$，$\boldsymbol{\mu}(\boldsymbol{q},\dot{\boldsymbol{q}})=\boldsymbol{\Gamma}\dot{\boldsymbol{q}}+\boldsymbol{\eta}$。

再将式（9.51）代入式（9.2），得

$$\boldsymbol{\Lambda}(\boldsymbol{q})\dot{\boldsymbol{v}}_e+\boldsymbol{S}_f\boldsymbol{\Lambda}_f(\boldsymbol{q})\dot{\boldsymbol{S}}_f^{\mathrm{T}}\boldsymbol{v}_e=\boldsymbol{N}_f(\boldsymbol{q})[\boldsymbol{h}_c-\boldsymbol{\mu}(\boldsymbol{q},\dot{\boldsymbol{q}})] \tag{9.52}$$

式中，$\boldsymbol{N}_f=\boldsymbol{I}-\boldsymbol{S}_f\boldsymbol{S}_f^{\dagger}$。另外，$\boldsymbol{N}_f\boldsymbol{N}_f=\boldsymbol{N}_f$，$\boldsymbol{N}_f\boldsymbol{S}_f=\boldsymbol{0}$，因此，6×6 阶矩阵 $\boldsymbol{N}_f$ 是一个投影矩阵，它滤除了位于 $\boldsymbol{S}_f$ 值域内的所有末端执行器力旋量。它们对应于趋于违反约束的力旋量。式（9.52）表示的是一组 6 个二阶微分方程。如果根据约束条件将其初始化，其解在任何时候都会自动满足式（9.29）。

约束系统的降阶动力学模型可用 $6-m$ 个二阶方程来描述。这些方程通过将式（9.52）的两边用矩阵 $\boldsymbol{S}_v^{\mathrm{T}}$ 左乘，并用下列等式代替加速度 $\dot{\boldsymbol{v}}_e$。

$$\dot{\boldsymbol{v}}_e=\boldsymbol{S}_v\dot{\boldsymbol{\nu}}+\dot{\boldsymbol{S}}_v\boldsymbol{\nu}$$

最后得到的方程式为

$$\boldsymbol{\Lambda}_v(\boldsymbol{q})\dot{\boldsymbol{\nu}}=\boldsymbol{S}_v^{\mathrm{T}}[\boldsymbol{h}_c-\boldsymbol{\mu}(\boldsymbol{q},\dot{\boldsymbol{q}})-\boldsymbol{\Lambda}(\boldsymbol{q})\dot{\boldsymbol{S}}_v\boldsymbol{\nu}] \tag{9.53}$$

式（9.53）利用了 $\boldsymbol{\Lambda}_v=\boldsymbol{S}_v^{\mathrm{T}}\boldsymbol{\Lambda}\boldsymbol{S}_v$，式（9.38）和 $\boldsymbol{S}_v^{\mathrm{T}}\boldsymbol{N}_f=\boldsymbol{S}_v^{\mathrm{T}}$。此外，式（9.51）可以重写为

$$\boldsymbol{\lambda}=\boldsymbol{S}_f^{\dagger}(\boldsymbol{q})[\boldsymbol{h}_c-\boldsymbol{\mu}(\boldsymbol{q},\dot{\boldsymbol{q}})-\boldsymbol{\Lambda}(\boldsymbol{q})\dot{\boldsymbol{S}}_v\boldsymbol{\nu}] \tag{9.54}$$

这里利用了等式 $\dot{\boldsymbol{S}}_f^{\mathrm{T}}\boldsymbol{S}_v=-\boldsymbol{S}_f^{\mathrm{T}}\dot{\boldsymbol{S}}_v$。

式（9.54）表明，力乘子向量 $\boldsymbol{\lambda}$ 还取决于所施加的输入力旋量 $\boldsymbol{h}_c$。因此，通过适当地选择 $\boldsymbol{h}_c$，可以直接控制趋于违反约束的末端执行器力旋量的 m 个独立分量；这些分量可以通过式（9.31）由 m 个力乘子计算来得到。另一方面，末端执行器速度旋量的 $6-m$ 个独立分量也可以通过 $\boldsymbol{h}_c$，由式（9.53）进行控制。

通过选择控制力旋量 $\boldsymbol{h}_c$，可以设计出逆动力学内控制环。力旋量 $\boldsymbol{h}_c$ 为

$$\boldsymbol{h}_c=\boldsymbol{\Lambda}(\boldsymbol{q})\boldsymbol{S}_v\boldsymbol{\alpha}_\nu+\boldsymbol{S}_f\boldsymbol{f}_\lambda+\boldsymbol{\mu}(\boldsymbol{q},\dot{\boldsymbol{q}})+\boldsymbol{\Lambda}(\boldsymbol{q})\dot{\boldsymbol{S}}_v\boldsymbol{\nu} \tag{9.55}$$

式中，$\boldsymbol{\alpha}_\nu$ 和 $\boldsymbol{f}_\lambda$ 是经过适当设计的控制输入。

将式（9.55）代入式（9.53）和式（9.51），得

$$\dot{\boldsymbol{\nu}}=\boldsymbol{\alpha}_\nu$$

$$\boldsymbol{\lambda}=\boldsymbol{f}_\lambda$$

表明控制律式（9.55）允许力控制子空间和速度控制子空间之间完全解耦。

值得注意的是，对于控制律式（9.55）的实现，只要矩阵 $\boldsymbol{S}_f$ 和 $\boldsymbol{S}_v$ 是已知的或在线估计的，不需要定义受约束系统的位形变量向量的约束式（9.29）和式（9.40）。在这些情况下，通过用向量 $\boldsymbol{\lambda}_d(t)$ 指定目标力、用向量 $\boldsymbol{\nu}_d(t)$ 指定目标速度，可以很容易地分配任务，而且还实现了力/速度控制。

目标力 $\boldsymbol{\lambda}_d(t)$ 可通过设定 $\boldsymbol{f}_\lambda$ 来实现。令

$$\boldsymbol{f}_\lambda=\boldsymbol{\lambda}_d(t) \tag{9.56}$$

但是，这种选择对干扰力非常敏感，因为它不包含力反馈。可供选择的还有

$$\boldsymbol{f}_\lambda=\boldsymbol{\lambda}_d(t)+\boldsymbol{K}_{P\lambda}[\boldsymbol{\lambda}_d(t)-\boldsymbol{\lambda}(t)] \tag{9.57}$$

或

$$\boldsymbol{f}_\lambda=\boldsymbol{\lambda}_d(t)+\boldsymbol{K}_{I\lambda}\int_0^t[\boldsymbol{\lambda}_d(\boldsymbol{\tau})-\boldsymbol{\lambda}(\boldsymbol{\tau})]\mathrm{d}\boldsymbol{\tau} \tag{9.58}$$

式中，$\boldsymbol{K}_{P\lambda}$ 和 $\boldsymbol{K}_{I\lambda}$ 是合适的正定矩阵增益。比例反馈可以减小由干扰力引起的力误差，而积分作用可以补偿常量扰动偏差。

力反馈的实现需要计算力乘子向量 $\boldsymbol{\lambda}$（来自末端执行器力旋量 $\boldsymbol{h}_e$ 的测量值），这可以通过式（9.33）得到。

速度控制可以通过下面的设定来实现

$$\boldsymbol{\alpha}_\nu=\dot{\boldsymbol{\nu}}_d(t)+\boldsymbol{K}_{P\nu}[\boldsymbol{\nu}_d(t)-\boldsymbol{\nu}(t)]+\boldsymbol{K}_{I\nu}\int_0^t[\boldsymbol{\nu}_d(\boldsymbol{\tau})-\boldsymbol{\nu}(\boldsymbol{\tau})]\mathrm{d}\boldsymbol{\tau} \tag{9.59}$$

式中，$\boldsymbol{K}_{P\nu}$ 和 $\boldsymbol{K}_{I\nu}$ 是合适的矩阵增益。可以明显看出，对于任意正定矩阵 $\boldsymbol{K}_{P\nu}$ 和 $\boldsymbol{K}_{I\nu}$，$\boldsymbol{\nu}_d(t)$ 和 $\dot{\boldsymbol{\nu}}_d(t)$ 的渐近跟踪都保证是呈指数收敛的。

向量 $\boldsymbol{\nu}$ 的计算可以利用式（9.39）从可用的测量值得到。其中，末端执行器的速度旋量通过式（9.1）从关节位置和速度测量值计算得到。

式（9.57）或式（9.58）和式（9.59）表示外部控制环，它保证了力/速度（force/velocity）控制和扰动抑制。

当式（9.29）和式（9.40）已知时，可以根据式（9.32）和式（9.42）计算矩阵 $\boldsymbol{S}_f$ 和 $\boldsymbol{S}_v$，并且可以通过指定目标力 $\boldsymbol{\lambda}_d(t)$ 和目标位置 $\boldsymbol{r}_d(t)$ 来设计力/位置（force/position）控制。

力控制可按上述设计，而位置控制可通过设定 $\boldsymbol{\alpha}_\nu$ 实现。其中，

$$\boldsymbol{\alpha}_\nu=\ddot{\boldsymbol{r}}_d(t)+\boldsymbol{K}_{Dr}[\dot{\boldsymbol{r}}_d(t)-\boldsymbol{\nu}(t)]+\boldsymbol{K}_{Pr}[\boldsymbol{r}_d(t)-\boldsymbol{r}(t)]$$

对于任意选择的正定矩阵 $\boldsymbol{K}_{Dr}$ 和 $\boldsymbol{K}_{Pr}$，均保证了 $\boldsymbol{r}_d(t)$、$\dot{\boldsymbol{r}}_d(t)$ 和 $\ddot{\boldsymbol{r}}_d(t)$ 的渐近跟踪呈指数收敛。可通过式（9.40），从关节位置测量值计算得到位置反馈所期望的向量 $\boldsymbol{r}$。

9

2. 柔性环境

在柔性环境下，根据对末端执行器位移的分解式（9.44），末端执行器速度旋量可以分解为

$$\boldsymbol{v}_{\mathrm{e}}=\boldsymbol{S}_{\mathrm{v}}\boldsymbol{\nu}+\boldsymbol{C}'\boldsymbol{S}_{\mathrm{f}}\dot{\boldsymbol{\lambda}} \tag{9.60}$$

式中，$\boldsymbol{v}_{\mathrm{e}}$ 是自由速度旋量；$\boldsymbol{S}_{\mathrm{v}}$ 是约束速度旋量；向量 $\boldsymbol{\nu}$ 与式（9.42）中的定义一样；$\boldsymbol{C}'$ 在式（9.50）中定义。假设接触几何形状和柔度均恒定，即 $\dot{\boldsymbol{S}}_{\mathrm{v}}=\boldsymbol{0}$、$\dot{\boldsymbol{C}}'=\boldsymbol{0}$ 和 $\dot{\boldsymbol{S}}_{\mathrm{f}}=\boldsymbol{0}$，类似的分解在加速度层面也成立。

$$\dot{\boldsymbol{v}}_{\mathrm{e}}=\boldsymbol{S}_{\mathrm{v}}\dot{\boldsymbol{\nu}}+\boldsymbol{C}'\boldsymbol{S}_{\mathrm{f}}\ddot{\boldsymbol{\lambda}} \tag{9.61}$$

可以采用逆动力学控制律式（9.16），从而产生闭环式（9.17）。其中，$\boldsymbol{\alpha}$ 是经过适当设计的控制输入。

鉴于加速度分解式（9.61），选取

$$\boldsymbol{\alpha}=\boldsymbol{S}_{\mathrm{v}}\boldsymbol{\alpha}_{\nu}+\boldsymbol{C}'\boldsymbol{S}_{\mathrm{f}}\boldsymbol{f}_{\lambda} \tag{9.62}$$

式（9.62）表明，可以使力控制与速度控制解耦。实际上，将式（9.61）和式9.62）代入式（9.17）中，用 $\boldsymbol{S}_{\mathrm{v}}^{\dagger}$ 和 $\boldsymbol{S}_{\mathrm{f}}^{\mathrm{T}}$ 分别对得到的方程的两边进行一次左乘，就可以得到下列解耦方程：

$$\dot{\boldsymbol{\nu}}=\boldsymbol{\alpha}_{\nu} \tag{9.63}$$

$$\ddot{\boldsymbol{\lambda}}=\boldsymbol{f}_{\lambda} \tag{9.64}$$

因此，对于刚性环境，根据式（9.59）选择 $\boldsymbol{\alpha}_{\nu}$，可确保目标速度 $\boldsymbol{\nu}_{\mathrm{d}}(t)$ 和加速度 $\dot{\boldsymbol{\nu}}_{\mathrm{d}}(t)$ 的渐近跟踪呈指数收敛。控制输入 $\boldsymbol{f}_{\lambda}$ 可选取为

$$\boldsymbol{f}_{\lambda}=\ddot{\boldsymbol{\lambda}}_{\mathrm{d}}(t)+\boldsymbol{K}_{\mathrm{D}\lambda}[\dot{\boldsymbol{\lambda}}_{\mathrm{d}}(t)-\dot{\boldsymbol{\lambda}}(t)]+\boldsymbol{K}_{\mathrm{P}\lambda}[\boldsymbol{\lambda}_{\mathrm{d}}(t)-\boldsymbol{\lambda}(t)] \tag{9.65}$$

对于任意选取的正定矩阵 $\boldsymbol{K}_{\mathrm{D}\lambda}$ 和 $\boldsymbol{K}_{\mathrm{P}\lambda}$，都保证目标力轨迹 $[\boldsymbol{\lambda}_{\mathrm{d}}(t),\dot{\boldsymbol{\lambda}}_{\mathrm{d}}(t),\ddot{\boldsymbol{\lambda}}_{\mathrm{d}}(t)]$ 的渐近跟踪呈指数收敛。

与刚性环境的情况不同，力控制律式（9.65）的执行需要有 $\dot{\boldsymbol{\lambda}}$ 的反馈。这个量可以从对末端执行器力旋量 $\boldsymbol{h}_{\mathrm{e}}$ 的测量中计算得到。

$$\dot{\boldsymbol{\lambda}}=\boldsymbol{S}_{\mathrm{f}}^{\dagger}\dot{\boldsymbol{h}}_{\mathrm{e}}$$

然而，由于力旋量的测量信号经常有噪声，$\dot{\boldsymbol{\lambda}}$ 的反馈通常被替换为

$$\dot{\boldsymbol{\lambda}}=\boldsymbol{S}_{\mathrm{f}}^{\dagger}\boldsymbol{K}'\boldsymbol{J}(\boldsymbol{q})\dot{\boldsymbol{q}} \tag{9.66}$$

式中，关节速度使用转速计测量或通过数值微分从关节位置计算得到，并且 $\boldsymbol{K}'$ 是描述部分约束相互作用的正半定刚度矩阵式（9.49）。对式（9.66）的计算，仅需要 $\boldsymbol{K}'$ 的知识（或估计），而不需要全刚度矩阵 $\boldsymbol{K}$。此外，控制律式（9.62）的实施需要部分约束相互作用的柔度矩阵 $\boldsymbol{C}'$ 的知识（或估计），而不需要全柔度矩阵 $\boldsymbol{C}$。

如果接触几何已知，但只有对环境的刚度/柔度的估计可用时，如果指定恒定的目标力 $\boldsymbol{\lambda}_{\mathrm{d}}$，则控制律式（9.62）和式（9.65）仍然可以保证力误差的收敛。在这种情况下，控制律式（9.62）的形式为

$$\boldsymbol{\alpha}=\boldsymbol{S}_{\mathrm{v}}\boldsymbol{\alpha}_{\nu}+\hat{\boldsymbol{C}}'\boldsymbol{S}_{\mathrm{f}}\boldsymbol{f}_{\lambda}$$

式中，$\hat{\boldsymbol{C}}'=(\boldsymbol{I}-\boldsymbol{P}_{\mathrm{v}})\hat{\boldsymbol{C}}$，$\hat{\boldsymbol{C}}$ 是柔度矩阵的一个估计。因此，式（9.63）仍然成立，而作为式（9.64）的替代者，有以下等式成立：

$$\ddot{\boldsymbol{\lambda}}=\boldsymbol{L}_{\mathrm{f}}\boldsymbol{f}_{\lambda}$$

式中，$\boldsymbol{L}_{\mathrm{f}}=(\boldsymbol{S}_{\mathrm{f}}^{\mathrm{T}}\boldsymbol{C}\boldsymbol{S}_{\mathrm{f}})^{-1}\boldsymbol{S}_{\mathrm{f}}^{\mathrm{T}}\hat{\boldsymbol{C}}\boldsymbol{S}_{\mathrm{f}}$ 是非奇异矩阵。因此，力控制子空间和速度控制子空间仍保持解耦，速度控制律式（9.59）不需要修改。另一方面，如果将用式（9.66）计算得到 $\boldsymbol{\lambda}$ 的时间导数作为反馈，则只能获得估计 $\dot{\hat{\boldsymbol{\lambda}}}$。使用式（9.66）、式（9.60）和式（9.48），可以得到以下等式：

$$\dot{\hat{\boldsymbol{\lambda}}}=\boldsymbol{L}_{\mathrm{f}}^{-1}\dot{\boldsymbol{\lambda}}$$

因此，在式（9.65）中，若用常数 $\boldsymbol{\lambda}_{\mathrm{d}}$、$\dot{\hat{\boldsymbol{\lambda}}}$（代替 $\dot{\boldsymbol{\lambda}}$）和 $\boldsymbol{K}_{\mathrm{D}\lambda}=K_{\mathrm{D}\lambda}\boldsymbol{I}$ 计算力控制律 $\boldsymbol{f}_{\lambda}$，则闭环系统的动力学方程变为

$$\ddot{\boldsymbol{\lambda}}+K_{\mathrm{D}\lambda}\dot{\boldsymbol{\lambda}}+\boldsymbol{L}_{\mathrm{f}}\boldsymbol{K}_{\mathrm{P}\lambda}\boldsymbol{\lambda}=\boldsymbol{L}_{\mathrm{f}}\boldsymbol{K}_{\mathrm{P}\lambda}\boldsymbol{\lambda}_{\mathrm{d}}$$

结果表明，在存在不确定矩阵 $\boldsymbol{L}_{\mathrm{f}}$ 的情况下，通过适当选择增益 $K_{\mathrm{D}\lambda}$ 和 $\boldsymbol{K}_{\mathrm{P}\lambda}$，可以保证平衡状态 $\boldsymbol{\lambda}=\boldsymbol{\lambda}_{\mathrm{d}}$ 呈指数渐近稳定性。

9.4.2 基于无源性的方法

基于无源性的方法利用了操作臂动力学模型的无源性，这也适用于受约束的动力学模型式（9.2）。很容易证明，在关节空间中，矩阵 $\boldsymbol{C}(\boldsymbol{q},\dot{\boldsymbol{q}})$ 的选择保证了矩阵 $\dot{\boldsymbol{H}}(\boldsymbol{q})-2\boldsymbol{C}(\boldsymbol{q},\dot{\boldsymbol{q}})$ 的反对称性，也使得矩阵 $\dot{\boldsymbol{\Lambda}}(\boldsymbol{q})-2\boldsymbol{\Gamma}(\boldsymbol{q},\dot{\boldsymbol{q}})$ 具有反对称性。拉格朗日系统的这一基本特性是基于无源性控制算法的基础。

1. 刚性环境

控制力旋量 $\boldsymbol{h}_{\mathrm{c}}$ 可以设定为

$$\boldsymbol{h}_{\mathrm{c}}=\boldsymbol{\Lambda}(\boldsymbol{q})\boldsymbol{S}_{\mathrm{v}}\dot{\boldsymbol{\nu}}_{\mathrm{r}}+\boldsymbol{\Gamma}'(\boldsymbol{q},\dot{\boldsymbol{q}})\boldsymbol{\nu}_{\mathrm{r}}+(\boldsymbol{S}_{\mathrm{v}}^{\dagger})^{\mathrm{T}}\boldsymbol{K}_{\nu}(\boldsymbol{\nu}_{\mathrm{r}}-\boldsymbol{\nu})+\boldsymbol{\eta}(\boldsymbol{q})+\boldsymbol{S}_{\mathrm{f}}\boldsymbol{f}_{\lambda} \tag{9.67}$$

式中，$\boldsymbol{\Gamma}'(\boldsymbol{q},\dot{\boldsymbol{q}})=\boldsymbol{\Gamma}\boldsymbol{S}_{\mathrm{v}}+\boldsymbol{\Lambda}\dot{\boldsymbol{S}}_{\mathrm{v}}$；$\boldsymbol{K}_{\nu}$ 是一个恰对称正定矩阵；$\boldsymbol{\nu}_{\mathrm{r}}$ 和 $\boldsymbol{f}_{\lambda}$ 是经过适当设计的控制输入。

将式（9.67）代入式（9.2），得

$$\boldsymbol{\Lambda}(\boldsymbol{q})\boldsymbol{S}_{\mathrm{v}}\dot{\boldsymbol{s}}_{\nu}+\boldsymbol{\Gamma}'(\boldsymbol{q},\dot{\boldsymbol{q}})\boldsymbol{s}_{\nu}+(\boldsymbol{S}_{\mathrm{v}}^{\dagger})^{\mathrm{T}}\boldsymbol{K}_{\nu}\boldsymbol{s}_{\nu}+\boldsymbol{S}_{\mathrm{f}}(\boldsymbol{f}_{\lambda}-\boldsymbol{\lambda})=\boldsymbol{0} \tag{9.68}$$

式中，$\dot{\boldsymbol{s}}_{\nu}=\dot{\boldsymbol{\nu}}_{r}-\dot{\boldsymbol{\nu}}$，$\boldsymbol{s}_{\nu}=\boldsymbol{\nu}_{r}-\boldsymbol{\nu}$，表明闭环系统仍保持非线性和耦合。

在式（9.68）的两侧左乘一个矩阵 $\boldsymbol{S}_{v}$，得到如下降阶的动力学表达式：

$$\boldsymbol{\Lambda}_{v}(\boldsymbol{q})\dot{\boldsymbol{s}}_{\nu}+\boldsymbol{\Gamma}_{v}(\boldsymbol{q},\dot{\boldsymbol{q}})\boldsymbol{s}_{\nu}+\boldsymbol{K}_{\nu}\boldsymbol{s}_{\nu}=\boldsymbol{0} \tag{9.69}$$

式中，$\boldsymbol{\Gamma}_{v}=\boldsymbol{S}_{v}^{T}\boldsymbol{\Gamma}(\boldsymbol{q},\dot{\boldsymbol{q}})\boldsymbol{S}_{v}+\boldsymbol{S}_{v}^{T}\boldsymbol{\Lambda}(\boldsymbol{q})\dot{\boldsymbol{S}}_{v}$。可以很容易看出，矩阵 $\dot{\boldsymbol{\Lambda}}(\boldsymbol{q})-2\boldsymbol{\Gamma}(\boldsymbol{q},\dot{\boldsymbol{q}})$ 的反对称性意味着矩阵 $\dot{\boldsymbol{\Lambda}}_{v}(\boldsymbol{q})-2\boldsymbol{\Gamma}_{v}(\boldsymbol{q},\dot{\boldsymbol{q}})$ 也是反对称的。

另一方面，将式（9.68）的两侧左乘矩阵 $\boldsymbol{S}_{f}^{T}\boldsymbol{\Lambda}^{-1}(\boldsymbol{q})$，可以得到如下的动力学表达式：

$$\boldsymbol{f}_{\lambda}-\boldsymbol{\lambda}=-\boldsymbol{S}_{f}^{\dagger}(\boldsymbol{q})[\boldsymbol{\Gamma}'(\boldsymbol{q},\dot{\boldsymbol{q}})-(\boldsymbol{S}_{v}^{\dagger})^{T}\boldsymbol{K}_{\nu}]\boldsymbol{s}_{\nu} \tag{9.70}$$

式中，$\boldsymbol{S}_{f}^{\dagger}$ 是具有 $\boldsymbol{\Lambda}^{-1}(\boldsymbol{q})$ 权的 $\boldsymbol{S}_{f}$ 的加权伪逆。上述方程表明，力乘子向量 $\boldsymbol{\lambda}$ 在瞬间不仅依赖于控制输入 $\boldsymbol{f}_{\lambda}$，而且依赖于速度控制子空间中的误差 $\boldsymbol{s}_{\nu}$。

通过以下选取，可以保证降阶系统式（9.69）的渐近稳定性。

$$\dot{\boldsymbol{\nu}}_{r}=\dot{\boldsymbol{\nu}}_{d}+\boldsymbol{\alpha}\Delta\boldsymbol{\nu} \tag{9.71}$$

$$\boldsymbol{\nu}_{r}=\boldsymbol{\nu}_{d}+\boldsymbol{\alpha}\Delta\boldsymbol{x}_{\nu} \tag{9.72}$$

式中，$\boldsymbol{\alpha}$ 是正增益；$\dot{\boldsymbol{\nu}}_{d}$ 和 $\boldsymbol{\nu}_{d}$ 分别是目标加速度和速度，$\Delta\boldsymbol{\nu}=\boldsymbol{\nu}_{d}-\boldsymbol{\nu}$，且 $\Delta\boldsymbol{x}_{\nu}=\int_{0}^{t}\Delta\boldsymbol{\nu}(\boldsymbol{\tau})\mathrm{d}\boldsymbol{\tau}$。

稳定性证明基于正定李雅普诺夫函数。

$$V=\frac{1}{2}\boldsymbol{s}_{\nu}^{T}\boldsymbol{\Lambda}_{v}(q)\boldsymbol{s}_{\nu}+\boldsymbol{\alpha}\Delta\boldsymbol{x}_{\nu}^{T}\boldsymbol{K}_{\nu}\Delta\boldsymbol{x}_{\nu}$$

沿式（9.69）的轨迹，其时间导数为

$$\dot{V}=-\Delta\boldsymbol{\nu}^{T}\boldsymbol{K}_{\nu}\Delta\boldsymbol{\nu}-\boldsymbol{\alpha}^{2}\Delta\boldsymbol{x}_{\nu}^{T}\boldsymbol{K}_{\nu}\Delta\boldsymbol{x}_{\nu}$$

它是一个半负定函数。因此，渐近的收敛到零，即 $\Delta\boldsymbol{\nu}=\boldsymbol{0}$、$\Delta\boldsymbol{x}_{\nu}=\boldsymbol{0}$ 和 $\boldsymbol{s}_{\nu}=\boldsymbol{0}$。因此，可以确保对目标速度 $\boldsymbol{\nu}_{d}(t)$ 的跟踪。此外，式（9.70）的右侧保持有界且渐近为零。因此，按照式（9.56）~式(9.58)的选取，通过像加速度求解法那样设定 $\boldsymbol{f}_{\lambda}$，就可以确保对目标力 $\boldsymbol{\lambda}_{d}(t)$ 的跟踪。

注意，如果根据式（9.32）和式（9.42）计算矩阵 $\boldsymbol{S}_{f}$ 和 $\boldsymbol{S}_{v}$，并且在式（9.71）和式（9.72）中使用向量 $\dot{\boldsymbol{\nu}}_{d}=\ddot{\boldsymbol{r}}_{d}$、$\boldsymbol{\nu}_{d}=\dot{\boldsymbol{r}}_{d}$ 和 $\Delta\boldsymbol{x}_{\nu}=\boldsymbol{r}_{d}-\boldsymbol{r}$，式（9.40）中的向量 $\boldsymbol{r}$ 指定为目标位置 $\boldsymbol{r}_{d}(t)$，就可以实现位置控制。

2. 柔性环境

控制力旋量 $\boldsymbol{h}_{c}$ 可以设定为

$$\boldsymbol{h}_{c}=\boldsymbol{\Lambda}(\boldsymbol{q})\dot{\boldsymbol{v}}_{r}+\boldsymbol{\Gamma}(\boldsymbol{q},\dot{\boldsymbol{q}})\boldsymbol{v}_{r}+\boldsymbol{K}_{s}(\boldsymbol{v}_{r}-\boldsymbol{v}_{e})+\boldsymbol{h}_{e}+\boldsymbol{\eta}(\boldsymbol{q}) \tag{9.73}$$

式中，$\boldsymbol{K}_{s}$ 是一个恰对称正定矩阵，而$\boldsymbol{v}_{r}$ 及其时间导数 $\dot{\boldsymbol{v}}_{r}$ 选取为

$$\boldsymbol{v}_{r}=\boldsymbol{v}_{d}+\boldsymbol{\alpha}\Delta\boldsymbol{x}$$

$$\dot{\boldsymbol{v}}_{r}=\dot{\boldsymbol{v}}_{d}+\boldsymbol{\alpha}\Delta\boldsymbol{v}$$

式中，$\boldsymbol{\alpha}$ 是正增益；$\boldsymbol{v}_{d}$ 及其时间导数 $\dot{\boldsymbol{v}}_{d}$ 是经过适当设计的控制输入；$\Delta\boldsymbol{v}=\boldsymbol{v}_{d}-\boldsymbol{v}_{e}$，且 $\Delta\boldsymbol{x}=\int_{0}^{t}\Delta\boldsymbol{v}\mathrm{d}\boldsymbol{\tau}$。

将式（9.73）代入式（9.2），得

$$\boldsymbol{\Lambda}(\boldsymbol{q})\dot{\boldsymbol{s}}+\boldsymbol{\Gamma}(\boldsymbol{q},\dot{\boldsymbol{q}})\boldsymbol{s}+\boldsymbol{K}_{s}\boldsymbol{s}=\boldsymbol{0} \tag{9.74}$$

式中，$\dot{\boldsymbol{s}}=\dot{\boldsymbol{v}}_{r}-\dot{\boldsymbol{v}}_{e}$，$\boldsymbol{s}=\boldsymbol{v}_{r}-\boldsymbol{v}_{e}$。

系统式（9.74）的渐近稳定性可以通过以下设定来保证：

$$\boldsymbol{v}_{d}=\boldsymbol{S}_{v}\boldsymbol{\nu}_{d}+\boldsymbol{C}'\boldsymbol{S}_{f}\dot{\boldsymbol{\lambda}}_{d}$$

式中，$\boldsymbol{v}_{d}(t)$ 是所期望的速度轨迹，而 $\boldsymbol{\lambda}_{d}(t)$ 是所期望的力轨迹。稳定性判据基于正定的李雅普诺夫函数。

$$V=\frac{1}{2}\boldsymbol{s}^{T}\boldsymbol{\Lambda}(\boldsymbol{q})\boldsymbol{s}+\boldsymbol{\alpha}\Delta\boldsymbol{x}^{T}\boldsymbol{K}_{s}\Delta\boldsymbol{x}$$

沿着式（9.74）的轨迹，其时间导数为

$$\dot{V}=-\Delta\boldsymbol{v}^{T}\boldsymbol{K}_{s}\Delta\boldsymbol{v}-\boldsymbol{\alpha}^{2}\Delta\boldsymbol{x}^{T}\boldsymbol{K}_{s}\Delta\boldsymbol{x}$$

它是一个负定函数。因此，渐近的收敛到零，即 $\Delta\boldsymbol{v}=\boldsymbol{0}$ 和 $\Delta\boldsymbol{x}=\boldsymbol{0}$。在接触几何形状和刚度不变的情况下，下列等式成立：

$$\Delta\boldsymbol{v}=\boldsymbol{S}_{v}(\boldsymbol{\nu}_{d}-\boldsymbol{\nu})+\boldsymbol{C}'\boldsymbol{S}_{f}(\dot{\boldsymbol{\lambda}}_{d}-\dot{\boldsymbol{\lambda}})$$

$$\Delta\boldsymbol{x}=\boldsymbol{S}_{v}\int_{0}^{t}(\boldsymbol{\nu}_{d}-\boldsymbol{\nu})\mathrm{d}\boldsymbol{\tau}+\boldsymbol{C}'\boldsymbol{S}_{f}(\boldsymbol{\lambda}_{d}-\boldsymbol{\lambda})$$

结果表明，速度跟踪误差和力跟踪误差均属于互易子空间，且渐近地收敛到零。

9.4.3 速度分解法

无论是采用加速度分解法，还是采用基于无源性的控制方法，都需要对现有的工业机器人控制器进行修改。对于阻抗控制的情况，如果接触足够柔顺，运动控制的机器人闭环动力学可以由对应于速度求解控制的式（9.28）近似。

为了实现对力和速度的控制，根据末端执行器速度旋量分解式（9.60），可以选择控制输入$\boldsymbol{v}_{r}$ 为

$$\boldsymbol{v}_{r}=\boldsymbol{S}_{v}\boldsymbol{v}_{\nu}+\boldsymbol{C}'\boldsymbol{S}_{f}\boldsymbol{f}_{\lambda} \tag{9.75}$$

式中，$$\boldsymbol{v}_{\nu}=\boldsymbol{\nu}_{d}(t)+\boldsymbol{K}_{I\nu}\int_{0}^{t}[\boldsymbol{\nu}_{d}(\boldsymbol{\tau})-\boldsymbol{\nu}(\boldsymbol{\tau})]\mathrm{d}\boldsymbol{\tau} \tag{9.76}$$

$$\boldsymbol{f}_{\lambda}=\dot{\boldsymbol{\lambda}}_{d}(t)+\boldsymbol{K}_{P\lambda}[\boldsymbol{\lambda}_{d}(t)-\boldsymbol{\lambda}(t)] \tag{9.77}$$

式中，$\boldsymbol{K}_{I\nu}$和 $\boldsymbol{K}_{P\lambda}$是恰对称正定矩阵增益。速度控制子空间和力控制子空间之间的解耦性，以及闭环系统的指数渐近稳定性都可像加速度求解法那样进行证明。此外，由于力误差具有二阶动力学特性，因此可以在式（9.77）上增加一个积分项，以提高扰

9

动抑制能力，即

$$f_\lambda = \dot{\boldsymbol{\lambda}}_d(t) + \boldsymbol{K}_{P\lambda}[\boldsymbol{\lambda}_d(t) - \boldsymbol{\lambda}(t)] + \boldsymbol{K}_{I\lambda}\int_0^t[\boldsymbol{\lambda}_d(\boldsymbol{\tau}) - \boldsymbol{\lambda}(\boldsymbol{\tau})]d\boldsymbol{\tau} \tag{9.78}$$

而且，如果矩阵 $\boldsymbol{K}_{P\lambda}$ 和 $\boldsymbol{K}_{I\lambda}$ 是对称正定的，则可以保证指数渐近稳定性。

与加速度求解法一样，如果在式（9.75）中使用环境刚度矩阵的估计 $\hat{\boldsymbol{C}}$，式（9.77）和式（9.78）仍然可以保证 $\boldsymbol{\lambda}$ 指数收敛到常数 $\boldsymbol{\lambda}_d$。

在某些应用中，除了刚度矩阵，环境的几何形状也是不确定的。在这种情况下，可以实现类似于式（9.75）所给的力/运动控制律，而无须选择矩阵 $\boldsymbol{S}_v$ 和 $\boldsymbol{S}_f$ 来分离力控制子空间和速度控制子空间。使用全速度反馈，运动控制律可以设定为式（9.76）。同样，使用全力和力矩反馈，力控制律可以设定为式（9.78）。也就是说，运动控制和力控制都适用于六维（6D）空间的所有情况。由此产生的控制，称为具有前馈运动的力控制或力/位置并行控制（force control with feedfoward motion or parallel force/position control），由于力控制器优于位置控制器，而位置控制器是通过对力误差的积分作用来保证的，因此保证了对力的调节，而牺牲了沿约束任务方向的位置精度。该方法在 VIDEO 687 和 VIDEO 691 中的试验中得到了验证，其中还利用了任务坐标系的概念。在 VIDEO 692 中，提出了一种面向机器人装配的框架结构，其中集成了基于标准位置的机器人控制器和可执行力控制的外部控制器。

9.5 结论与延展阅读

本章从全局统一的视角总结了力控制的几种主要方法。但是，还是有许多没有考虑到的地方。当处理机器人交互任务时，必须把它们都仔细考虑进去。力控制的两种主要模式（阻抗控制和力/运动混合控制）是基于几个简化的假设，这些假设在实际应用中仅部分得到满足。事实上，力控制机器人系统的性能取决于与变化的环境之间的交互作用，而这种交互作用很难准确地建模和辨识。一般的接触情况远不是能完全预测的，不仅在定量上，而且在定性上：接触结构可能会突然改变，或者是与预期完全不同的类型。因此，用于评估控制系统的标准性能指标，即稳定性、带宽、精度和鲁棒性，就不能像机器人运动控制那样，只通过考虑机器人系统来定义，而必须始终参考当时的特定接触情况。此外，对所有这些不同的接触情况进行分类也非易事，特别是在动态环境中，以及当任务涉及多种接触情况且同时施加时。

由于力控制问题固有的复杂性，在过去的30年中，人们发表了大量关于力控制问题的学术论文。参考文献［9.20］描述了第一个十年的发展状况，而参考文献［9.21］和参考文献［9.22］对第二个十年的进展进行了综述。最近，出版了两本关于力控制的专著[9.23,24]。在下文中提供了参考文献列表，可以在其中找到有关本章所提出的论点，以及本文未涉及的主题的更多细节。

9.5.1 间接力控制

关节坐标系中力控制的广义弹簧和阻尼概念最初是在参考文献［9.3］中提出的，并在参考文献［9.10］中讨论了其实现问题。参考文献［9.9］中提出了笛卡儿坐标系下的刚度控制。参考文献［9.25］中讨论了基于远程柔顺中心的装置，以成功地装配刚性部件。参考文献［9.7］提出了机械阻抗模型的初始想法，用于控制操作臂与环境之间的交互作用，并在参考文献［9.8］中给出了类似的公式。参考文献［9.26］分析了阻抗控制的稳定性，参考文献［9.27］考虑了与刚性环境的相互作用问题。

为了克服机器人操作臂动力学参数的不确定性，参考文献［9.28，29］提出了自适应阻抗控制算法，而相关的鲁棒控制策略可在参考文献［9.30］中找到。阻抗控制也被用于力/运动混合控制框架中[9.31]。

参考文献［9.32］是有关6自由度（空间）刚度建模的，而空间柔度的特性已在参考文献［9.33-35］中进行了详细分析；参考文献［9.36］中提出了一种6自由度可变柔度的腕部，同时针对特定任务优化了关于可编程柔度结构的若干研究[9.37,38]。在参考文献［9.39］中，引入了基于能量的方法，使用旋转矩阵来推导空间阻抗；在参考文献［9.40］中，可以找到基于末端执行器姿态不同表示形式（包括单位四元数）的各种6自由度阻抗控制方案。参考文献［9.41］将基于四元数的公式推广到了非对角分块刚度矩阵的情形中。在无源性框架中，对空间阻抗控制的严谨阐述见参考文献［9.42］。

最近，阻抗控制被认为是一种提高安全性的有效方法，可以在人与机器人共享同一工作空间并可能有物理交互的情形下应用。为此，轻型机器人的被动柔顺性应与由阻抗控制保证的主动柔顺性相结合[9.43,44]。

9.5.2 任务规范

参考文献［9.11］中引入了自然约束、人工约束和柔度坐标系的概念。这些思想在参考文献［9.12，45］所述的任务坐标系理论体系中得到了系统性发展。参考文献［9.46，47］讨论了广义力与广义速度互易性的理论问题，而参考文献［9.48］讨论了机器人学中如何计算广义逆的不变性。参考文献［9.49］研究了部分约束任务问题，建立了半正定刚度和柔度矩阵模型。参考文献［9.50，51］考虑了几何不确定性的估计问题，以及基于约束的任务规范与实时任务控制的关联问题。这种方法在参考文献［9.52］中得到了推广，并提出了一种基于约束的系统方法来解决复杂任务。

9.5.3 力/运动混合控制

关于力控制的早期研究可以在参考文献［9.10］中找到。最初的力/位置混合控制概念是在参考文献［9.13］中引入的，它主要基于自然约束和人工约束任务公式[9.11]。参考文献［9.17］中给出了操作臂动力学模型的显式表达，并在参考文献［9.53］中开发了一种与动态环境交互的系统化建模方法。在参考文献［9.14，54］所提出的笛卡儿空间模型和参考文献［9.15］所提出的关节空间模型中，讨论了具有逆动力学控制器的约束公式。在参考文献［9.16］中还使用了基于线性化方程的控制器的约束方法。参考文献［9.47］中指出的不变性问题在参考文献［9.46，55］中得到了很好的解决。参考文献［9.18，56，57］中的自适应控制和参考文献［9.58］中的鲁棒控制实现了从无约束运动控制到有约束情况下基于模型的方法的转换。

由于对力误差的积分作用，力控制相对运动控制占主导地位。基于这样的概念，为解决环境几何的不确定性，提出了具有前馈运动方案的力控制[9.2]和力/位置并行控制[9.19]。参考文献［9.59］中开发了一个力/位置并行调节器。传统上，使用积分作用来消除稳态力误差，其稳定性在参考文献［9.60］中得到了证明，而对力测量时延的鲁棒性则在参考文献［9.61，62］中进行了研究。

在没有力/力矩传感器的情况下，可以采用合适的算法来估计接触力，如基于扰动监测器[9.63]或基于位置控制的误差[9.64]。

人们普遍认为，在与环境接触的过程中，力控制可能会导致不稳定的行为。参考文献［9.65］中引入了解释这一现象的动力学模型，相关试验研究可在参考文献［9.66］和［9.67］中找到。此外，控制律通常是基于机器人末端执行器与环境接触，并且这种接触不会失去的假设来推导的。冲击现象可能会发生且值得仔细考虑，这需要对控制律进行全局分析，包括从非接触到接触情况的转换，反之亦然，具体见参考文献［9.68-70］。

视频文献

VIDEO 684 Recent research in impedance control
available from http://handbookofrobotics.org/view-chapter/09/videodetails/684

VIDEO 685 Integration of force strategies and natural admittance control
available from http://handbookofrobotics.org/view-chapter/09/videodetails/685

VIDEO 686 Experiments of spatial impedance control
available from http://handbookofrobotics.org/view-chapter/09/videodetails/686

VIDEO 687 Compliant robot motion; Control and task specification
available from http://handbookofrobotics.org/view-chapter/09/videodetails/687

VIDEO 691 COMRADE: Compliant motion research and development environment
available from http://handbookofrobotics.org/view-chapter/09/videodetails/691

VIDEO 692 Robotic assembly of emergency stop buttons
available from http://handbookofrobotics.org/view-chapter/09/videodetails/692

参考文献

9.1 T.L. De Fazio, D.S. Seltzer, D.E. Whitney: The instrumented remote center of compliance, Ind. Robot **11**(4), 238–242 (1984)

9.2 J. De Schutter, H. Van Brussel: Compliant robot motion II. A control approach based on external control loops, Int. J. Robotics Res. **7**(4), 18–33 (1988)

9.3 I. Nevins, D.E. Whitney: The force vector assembler concept, Proc. 1 CISM-IFToMM Symp. Theory Pract. Robotics Manip., Udine (1973)

9.4 M.T. Mason, J.K. Salisbury: *Robot Hands and Mechanics of Manipulation* (MIT Press, Cambridge 1985)

9.5 J.Y.S. Luh, W.D. Fisher, R.P.C. Paul: Joint torque control by direct feedback for industrial robots, IEEE Trans. Autom. Control **28**, 153–161 (1983)

9.6 G. Hirzinger, N. Sporer, A. Albu-Schäffer, M. Hähnle, R. Krenn, A. Pascucci, R. Schedl: DLR's torque-controlled light weight robot III – Are we reaching the technological limits now?, Proc. IEEE Int. Conf. Robotics Autom., Washington (2002) pp. 1710–1716

9.7 N. Hogan: Impedance control: An approach to manipulation: Parts I–III, ASME J. Dyn. Syst. Meas. Control **107**, 1–24 (1985)

9.8 H. Kazerooni, T.B. Sheridan, P.K. Houpt: Robust compliant motion for manipulators. Part I: The fundamental concepts of compliant motion, IEEE J. Robotics Autom. **2**, 83–92 (1986)

9.9 J.K. Salisbury: Active stiffness control of a manipulator in Cartesian coordinates, 19th IEEE Conf. Decis. Control, Albuquerque (1980) pp. 95–100

9.10 D.E. Whitney: Force feedback control of manipulator fine motions, ASME J. Dyn. Syst. Meas. Control **99**, 91–97 (1977)

9.11 M.T. Mason: Compliance and force control for computer controlled manipulators, IEEE Trans. Syst. Man Cybern. **11**, 418–432 (1981)

9.12 J. De Schutter, H. Van Brussel: Compliant robot motion I. A formalism for specifying compliant motion tasks, Int. J. Robotics Res. **7**(4), 3–17 (1988)

9.13 M.H. Raibert, J.J. Craig: Hybrid position/force control of manipulators, ASME J. Dyn. Syst. Meas. Control **103**, 126–133 (1981)

9.14 T. Yoshikawa: Dynamic hybrid position/force control of robot manipulators – Description of hand constraints and calculation of joint driving force, IEEE J. Robotics Autom. **3**, 386–392 (1987)

9.15 N.H. McClamroch, D. Wang: Feedback stabilization and tracking of constrained robots, IEEE Trans. Autom. Control **33**, 419–426 (1988)

9.16 J.K. Mills, A.A. Goldenberg: Force and position control of manipulators during constrained motion tasks, IEEE Trans. Robotics Autom. **5**, 30–46 (1989)

9.17 O. Khatib: A unified approach for motion and force control of robot manipulators: The operational space formulation, IEEE J. Robotics Autom. **3**, 43–53 (1987)

9.18 L. Villani, C. Canudas de Wit, B. Brogliato: An exponentially stable adaptive control for force and position tracking of robot manipulators, IEEE Trans. Autom. Control **44**, 798–802 (1983)

9.19 S. Chiaverini, L. Sciavicco: The parallel approach to force/position control of robotic manipulators, IEEE Trans. Robotics Autom. **9**, 361–373 (1993)

9.20 D.E. Whitney: Historical perspective and state of the art in robot force control, Int. J. Robotics Res. **6**(1), 3–14 (1987)

9.21 M. Vukobratović, Y. Nakamura: Force and contact control in robotic systems, Proc. IEEE Int. Conf. Robotics Autom., Atlanta (1993)

9.22 J. De Schutter, H. Bruyninckx, W.H. Zhu, M.W. Spong: Force control: A bird's eye view. In: *Control Problems in Robotics and Automation*, ed. by K.P. Valavanis, B. Siciliano (Springer, London 1998) pp. 1–17

9.23 D.M. Gorinevski, A.M. Formalsky, A.Y. Schneider: *Force Control of Robotics Systems* (CRC, Boca Raton 1997)

9.24 B. Siciliano, L. Villani: *Robot Force Control* (Kluwer, Boston 1999)

9.25 D.E. Whitney: Quasi-static assembly of compliantly supported rigid parts, ASME J. Dyn. Syst. Meas. Control **104**, 65–77 (1982)

9.26 N. Hogan: On the stability of manipulators performing contact tasks, IEEE J. Robotics Autom. **4**, 677–686 (1988)

9.27 H. Kazerooni: Contact instability of the direct drive robot when constrained by a rigid environment, IEEE Trans. Autom. Control **35**, 710–714 (1990)

9.28 R. Kelly, R. Carelli, M. Amestegui, R. Ortega: Adaptive impedance control of robot manipulators, IASTED Int. J. Robotics Autom. **4**(3), 134–141 (1989)

9.29 R. Colbaugh, H. Seraji, K. Glass: Direct adaptive impedance control of robot manipulators, J. Robotics Syst. **10**, 217–248 (1993)

9.30 Z. Van Lu, A.A. Goldenberg: Robust impedance control and force regulation: Theory and experiments, Int. J. Robotics Res. **14**, 225–254 (1995)

9.31 R.J. Anderson, M.W. Spong: Hybrid impedance control of robotic manipulators, IEEE J. Robotics Autom. **4**, 549–556 (1986)

9.32 J. Lončarić: Normal forms of stiffness and compliance matrices, IEEE J. Robotics Autom. **3**, 567–572 (1987)

9.33 T. Patterson, H. Lipkin: Structure of robot compliance, ASME J. Mech. Design **115**, 576–580 (1993)

9.34 E.D. Fasse, P.C. Breedveld: Modelling of elastically coupled bodies: Part I – General theory and geometric potential function method, ASME J. Dyn. Syst. Meas. Control **120**, 496–500 (1998)

9.35 E.D. Fasse, P.C. Breedveld: Modelling of elastically coupled bodies: Part II – Exponential and generalized coordinate method, ASME J. Dyn. Syst. Meas. Control **120**, 501–506 (1998)

9.36 R.L. Hollis, S.E. Salcudean, A.P. Allan: A six-degree-of-freedom magnetically levitated variable compliance fine-motion wrist: Design, modeling and control, IEEE Trans. Robotics Autom. **7**, 320–333 (1991)

9.37 M.A. Peshkin: Programmed compliance for error corrective assembly, IEEE Trans. Robotics Autom. **6**, 473–482 (1990)

9.38 J.M. Shimmels, M.A. Peshkin: Admittance matrix design for force-guided assembly, IEEE Trans. Robotics Autom. **8**, 213–227 (1992)
9.39 E.D. Fasse, J.F. Broenink: A spatial impedance controller for robotic manipulation, IEEE Trans. Robotics Autom. **13**, 546–556 (1997)
9.40 F. Caccavale, C. Natale, B. Siciliano, L. Villani: Six-DOF impedance control based on angle/axis representations, IEEE Trans. Robotics Autom. **15**, 289–300 (1999)
9.41 F. Caccavale, C. Natale, B. Siciliano, L. Villani: Robot impedance control with nondiagonal stiffness, IEEE Trans. Autom. Control **44**, 1943–1946 (1999)
9.42 S. Stramigioli: *Modeling and IPC Control of Interactive Mechanical Systems – A Coordinate Free Approach* (Springer, London 2001)
9.43 C. Ott: *Cartesian Impedance Control of Redundant and Flexible-Joint Robots*, Springer Tracts in Advanced Robotics (STAR) (Springer, Berlin, Heidelberg 2008)
9.44 C. Ott, A. Albu-Schäffer, A. Kugi, G. Hirzinger: On the passivity based impedance control of flexible joint robots, IEEE Trans. Robotics **24**, 416–429 (2008)
9.45 H. Bruyninckx, J. De Schutter: Specification of Force-controlled actions in the *task frame formalism* – A synthesis, IEEE Trans. Robotics Autom. **12**, 581–589 (1996)
9.46 H. Lipkin, J. Duffy: Hybrid twist and wrench control for a robotic manipulator, ASME J. Mech. Design **110**, 138–144 (1988)
9.47 J. Duffy: The fallacy of modern hybrid control theory that is based on *orthogonal complements* of twist and wrench spaces, J. Robotics Syst. **7**, 139–144 (1990)
9.48 K.L. Doty, C. Melchiorri, C. Bonivento: A theory of generalized inverses applied to robotics, Int. J. Robotics Res. **12**, 1–19 (1993)
9.49 T. Patterson, H. Lipkin: Duality of constrained elastic manipulation, Proc. IEEE Conf. Robotics Autom., Sacramento (1991) pp. 2820–2825
9.50 J. De Schutter, H. Bruyninckx, S. Dutré, J. De Geeter, J. Katupitiya, S. Demey, T. Lefebvre: Estimation first-order geometric parameters and monitoring contact transitions during force-controlled compliant motions, Int. J. Robotics Res. **18**(12), 1161–1184 (1999)
9.51 T. Lefebvre, H. Bruyninckx, J. De Schutter: Polyedral contact formation identification for auntonomous compliant motion, IEEE Trans. Robotics Autom. **19**, 26–41 (2007)
9.52 J. De Schutter, T. De Laet, J. Rutgeerts, W. Decré, R. Smits, E. Aerbeliën, K. Claes, H. Bruyninckx: Constraint-based task specification and estimation for sensor-based robot systems in the presence of geometric uncertainty, Int. J. Robotics Res. **26**(5), 433–455 (2007)
9.53 A. De Luca, C. Manes: Modeling robots in contact with a dynamic environment, IEEE Trans. Robotics Autom. **10**, 542–548 (1994)
9.54 T. Yoshikawa, T. Sugie, N. Tanaka: Dynamic hybrid position/force control of robot manipulators – Controller design and experiment, IEEE J. Robotics Autom. **4**, 699–705 (1988)
9.55 J. De Schutter, D. Torfs, H. Bruyninckx, S. Dutré: Invariant hybrid force/position control of a velocity controlled robot with compliant end effector using modal decoupling, Int. J. Robotics Res. **16**(3), 340–356 (1997)
9.56 R. Lozano, B. Brogliato: Adaptive hybrid force-position control for redundant manipulators, IEEE Trans. Autom. Control **37**, 1501–1505 (1992)
9.57 L.L. Whitcomb, S. Arimoto, T. Naniwa, F. Ozaki: Adaptive model-based hybrid control if geometrically constrained robots, IEEE Trans. Robotics Autom. **13**, 105–116 (1997)
9.58 B. Yao, S.P. Chan, D. Wang: Unified formulation of variable structure control schemes for robot manipulators, IEEE Trans. Autom. Control **39**, 371–376 (1992)
9.59 S. Chiaverini, B. Siciliano, L. Villani: Force/position regulation of compliant robot manipulators, IEEE Trans. Autom. Control **39**, 647–652 (1994)
9.60 J.T.-Y. Wen, S. Murphy: Stability analysis of position and force control for robot arms, IEEE Trans. Autom. Control **36**, 365–371 (1991)
9.61 R. Volpe, P. Khosla: A theoretical and experimental investigation of explicit force control strategies for manipulators, IEEE Trans. Autom. Control **38**, 1634–1650 (1993)
9.62 L.S. Wilfinger, J.T. Wen, S.H. Murphy: Integral force control with robustness enhancement, IEEE Control Syst. Mag. **14**(1), 31–40 (1994)
9.63 S. Katsura, Y. Matsumoto, K. Ohnishi: Modeling of force sensing and validation of disturbance observer for force control, IEEE Trans. Ind. Electron. **54**, 530–538 (2007)
9.64 A. Stolt, M. Linderoth, A. Robertsson, R. Johansson: Force controlled robotic assembly without a force sensor, Proc. IEEE Int. Conf. Robotics Autom. (ICRA) (2012) pp. 1538–1543
9.65 S.D. Eppinger, W.P. Seering: Introduction to dynamic models for robot force control, IEEE Control Syst. Mag. **7**(2), 48–52 (1987)
9.66 C.H. An, J.M. Hollerbach: The role of dynamic models in Cartesian force control of manipulators, Int. J. Robotics Res. **8**(4), 51–72 (1989)
9.67 R. Volpe, P. Khosla: A theoretical and experimental investigation of impact control for manipulators, Int. J. Robotics Res. **12**, 351–365 (1993)
9.68 J.K. Mills, D.M. Lokhorst: Control of robotic manipulators during general task execution: A discontinuous control approach, Int. J. Robotics Res. **12**, 146–163 (1993)
9.69 T.-J. Tarn, Y. Wu, N. Xi, A. Isidori: Force regulation and contact transition control, IEEE Control Syst. Mag. **16**(1), 32–40 (1996)
9.70 B. Brogliato, S. Niculescu, P. Orhant: On the control of finite dimensional mechanical systems with unilateral constraints, IEEE Trans. Autom. Control **42**, 200–215 (1997)

第 10 章

冗余度机器人

Stefano Chiaverini，Giuseppe Oriolo，Anthony A. Maciejewski

本章主要讨论冗余度求解的方法，即在求解逆运动学问题时利用冗余自由度的技巧。显然，这是一个与运动规划和控制目标密切相关的主题。

本章首先回顾了面向任务的运动学及其速度（一阶微分）求逆的基本方法，并讨论了分析运动学奇异的主要方法。其次将不同的求解运动学冗余的一阶方法分成两大类，即基于性能指标的优化方法和基于增广任务空间的方法。为考虑力矩最小化的动力学问题，随后讨论了加速度级（二阶微分）的冗余度求解方法，还讨论了由关节产生循环运动所对应的任务空间运动条件，这是一个重要的问题，如工业上应用冗余操作臂完成重复性任务这样的场合，同时还详细分析了运动学冗余在容错中的应用。最后一节给出了一些可供进一步学习的参考读物。

目　录

10.1　概述

当操作臂的自由度超过完成给定任务所需要的自由度时，就会出现运动学冗余度的概念。这意味着，原则上没有什么操作臂是本质上冗余的；更准确地说，存在某些任务，操作臂针对这样的任务时就成了冗余的。众所周知，一般的任务要求末端执行器能够跟踪一个运动轨迹，这需要 6 个自由度，所以具有 7 个或更多关节的机器人手臂被视为本质上冗余的典型示例。但是，具有较少自由度的机器人手臂，相比传统的六关节工业操作臂，对于某些任务而言也可能是运动学冗余的，如那些只对末端执行器的位置有简单需求而对姿态没有限制的任务。

在传统工程设计中，利用冗余是为了提高对规避故障的鲁棒性，以增强可靠性（如控制器或传感器冗余），但在操作臂机构的结构上引入运动学冗余的目的不止于此。实际上，其主要目的是增加灵活性。

早期操作臂设计方法的主要特点是具有最小的复杂度，设计目标是最低的成本和维护。例如，用于完成拾取操作的平面关节型操作臂（SCARA）[⊖]就是这种设计理念的产物。但是，如果让操作臂只具有能完成任务所需的最少关节数，则在实际应用中会严重性，除了发生奇异，还会出现关节超限或工作空间障碍问题，这将使关节空间中的禁区增大，以致在操作过程中竭力回避。因此，需要有一个仔细构造的且是静态的工作空间，操作臂的运动可以事先在该空间内进行规划。实际上，传统工业应用中的机器人装置就是这样工作的。

另一方面，具有比执行任务所需更多的自由度，可以使操作臂能进行所谓的自运动或内运动，即不改变末端执行器位姿的操作臂运动。这意味着，当末端执行器执行相同任务时，关节可以选择多种不同的运动方式，这样才有可能避开禁区，最终提高设备的通用性。这种特性对在非结构化或动态环境中进行操作尤为关键，而这种非结构化或动态环境正是先进工业应用和服务机器人的典型工作环境。

实际上，如果规划得当，高灵巧性的冗余度机器人不仅可以实现避奇异、关节超限和工作空间内的避障，还可以针对特定任务实现最小的力矩/能耗输出，其本质上意味着机器人操作臂能实现较高的自主性。

运动学冗余操作臂的生物原型是人类的手臂，不用惊讶，手臂也是命名串联操作臂的灵感来源。实际上，人类手臂的肩部有 3 个自由度，肘部和腕部各有 1 个和 3 个自由度。当固定腕部，然后把手腕搁在桌子上并保持肩部不动的情况下移动手肘，就可以很容易地验证手臂具有冗余度。许多机器人模仿了人类手臂的运动学配置，并称为仿人（human-arm-like）操作臂，包括 DLR 的轻质操作臂（图 10.1）和三菱的操作臂 PA-10（图 10.2），共同构成了一个 7 自由度操作臂家族。Scienzia Machinale 公司的 DEXTER（图 10.3）则是一个 8 自由度操作臂。拥有关节数量较多的操作臂通常被称为“超冗余度”机器人，其中就包括参考文献中所描述的蛇形机器人。

使用两个及以上机器人共同执行同一项任务，如多操作臂协同作业多指手，也会形成运动学冗余。如图 10.4~10.7 所示。冗余装置还包括移动操作臂系统（图 10.8），不过这种情况下，冗余度的准确计算还必须考虑车体运动可能带来的非完整约束。

虽然运动学冗余的装置在结构设计与制造方面也会存在一些问题，但本章专注于讨论冗余度求解方法，即在求解逆运动学问题时利用冗余自由度的技巧。这是一个与运动规划和控制目标密切相关的主题。

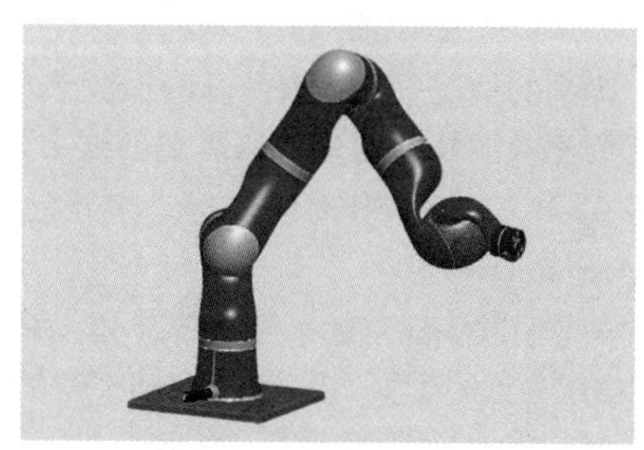

图 10.1　DLR 的 7 自由度轻质操作臂

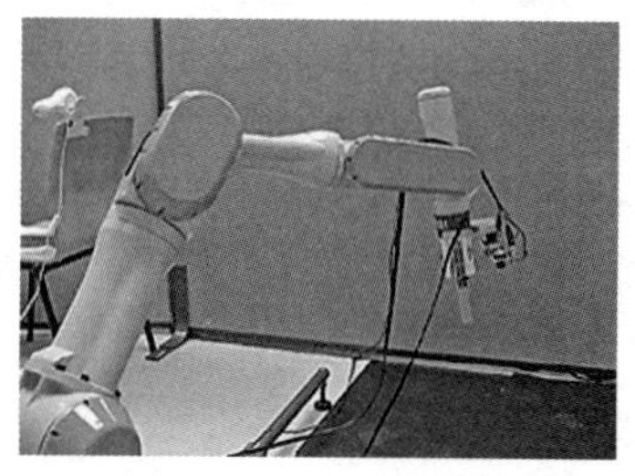

图 10.2　三菱的 7 自由度操作臂 PA-10

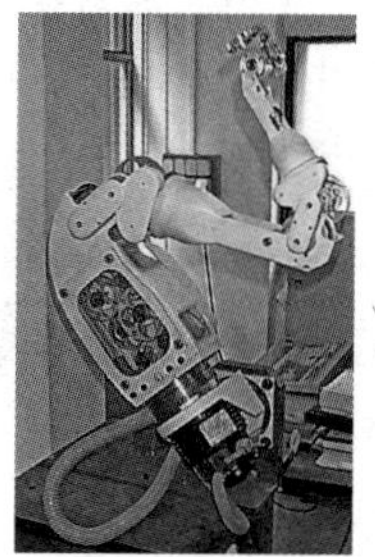

图 10.3　Scienzia Machinale 公司的 8 自由度 DEXTER

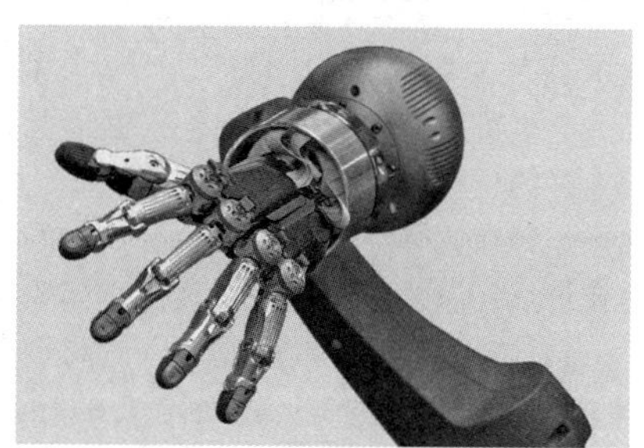

图 10.4　Schunk 设计的五指手

⊖ Selective compliance assembly robot arm（SCARA）有时也直译为“选择性柔顺装配机器人手臂”。——译者注

图 10.5 Rethink Robotics 公司的双臂协作机器人 Baxter

图 10.6 NASA（美国国家航空航天局）的机器人 Robonaut

图 10.7 ABB 公司的双臂协同概念机器人

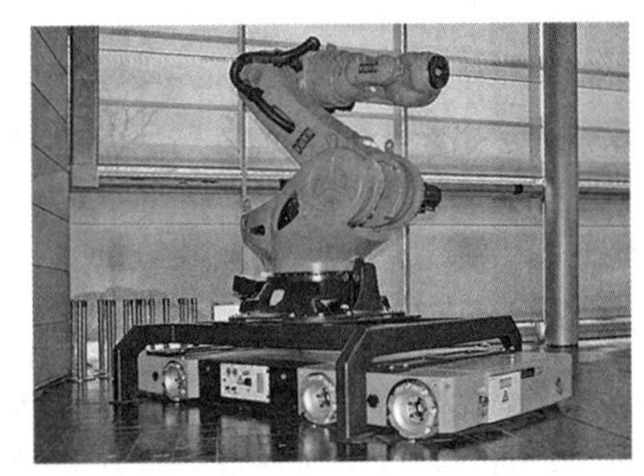

图 10.8 KUKA 公司的大型移动操作臂系统

10.2 面向任务的运动学

描述关节型操作臂位形的参数和在适当空间中描述给定任务的变量之间的坐标关系、速度关系和加速度关系都可以建立起联系。特别是，考虑任务的一阶运动学还可导出任务雅可比矩阵，它是冗余度求解方法研究的主要对象。

10.2.1 任务空间方程

操作臂由关节连接的刚体链组成。令 q_i 为刚体 i 相对于刚体 $i-1$ 的位移变量，向量 $\boldsymbol{q}=(q_1 \cdots q_N)^{\mathrm{T}}$ 唯一地表示了 N 关节串联操作臂的位形。关节 i 可以是移动关节也可以是旋转关节，q_i 根据情况分别表示相邻连杆的位移或转角。

虽然操作臂在关节空间（join space）中的表示和驱动比较自然，但要方便地表示其操作却要用向量 $\boldsymbol{t}=(t_1 \cdots t_M)^{\mathrm{T}}$ 来指定。通常情况下，该向量表示了操作臂末端执行器在一个适当定义的任务空间（task space）中的位置。一般情况下，$M=6$，而且 $\boldsymbol{t}$ 的前三个元素表示末端执行器的位置，而后三个元素则是对末端执行器姿态的某种最少参数描述（如欧拉角或 RPY 角表示），即

$$\boldsymbol{t}=[p_x \quad p_y \quad p_z \quad \alpha \quad \beta \quad \gamma]^{\mathrm{T}}$$

典型的情况是 $N \geqslant M$，以确保关节能提供的自由度数比末端执行器任务所需要的要多。如果严格满足 $N>M$，则该操作臂就是运动学冗余（kinematically redundant）。

关节空间坐标向量 $\boldsymbol{q}$ 与任务空间坐标向量 $\boldsymbol{t}$ 的关系可以表示为正运动学（direct kinematics）方程形式，即

$$\boldsymbol{t}=\boldsymbol{k}_{\mathrm{t}}(\boldsymbol{q}) \tag{10.1}$$

式中，$\boldsymbol{k}_{\mathrm{t}}$ 是一个非线性向量函数。

1. 任务雅可比和几何雅可比

考虑式（10.1）的一阶微分运动学（first-order differential kinematics）方程[10.1]，有

$$\dot{\boldsymbol{t}}=\boldsymbol{J}_{\mathrm{t}}(\boldsymbol{q})\dot{\boldsymbol{q}} \tag{10.2}$$

式（10.2）可由式（10.1）对时间求导得到。在式（10.2）中，$\dot{\boldsymbol{t}}$ 是任务空间速度向量；$\dot{\boldsymbol{q}}$ 是关节空间速度向量；$\boldsymbol{J}_{\mathrm{t}}(\boldsymbol{q})=\partial \boldsymbol{k}_{\mathrm{t}}/\partial \boldsymbol{q}$ 是 $M \times N$ 阶任务雅可比矩阵（也称为解析雅可比）。

值得注意的是，$\dot{\boldsymbol{t}}$ 中有关末端执行器姿态的元素表示了用于描述姿态参数的速率变化，而不是末端执行器的角速度向量。实际上，用 $\boldsymbol{v}_N$ 表示末端执行器的 3×1 阶平动速度向量，$\boldsymbol{\omega}_N$ 表示 3×1 阶角速度向量，并定义末端执行器的广义速度 $\boldsymbol{v}_N$ 为

$$\boldsymbol{v}_N=\begin{pmatrix}\boldsymbol{v}_N\\ \boldsymbol{\omega}_N\end{pmatrix} \tag{10.3}$$

则以下关系式成立：

$$\dot{\boldsymbol{t}}=\boldsymbol{T}(\boldsymbol{t})\boldsymbol{v}_N \tag{10.4}$$

式中，$\boldsymbol{T}$ 是一个 $M\times6$ 阶变换矩阵，它只是 $\boldsymbol{t}$ 的函数。当 $M=6$ 时，变换矩阵 $\boldsymbol{T}$ 的形式为

$$\boldsymbol{T}=\begin{pmatrix}\mathbf{I} & \mathbf{0}\\ \mathbf{0} & \boldsymbol{R}\end{pmatrix} \tag{10.5}$$

式中，$\mathbf{I}$ 和 $\mathbf{0}$ 分别是适当维数的单位矩阵和零矩阵；$\boldsymbol{R}$ 是一个 3×3 阶姿态矩阵，由描述末端执行器姿态的表示方法决定。

对一个特定的操作臂，映射

$$\boldsymbol{v}_N=\boldsymbol{J}(\boldsymbol{q})\dot{\boldsymbol{q}} \tag{10.6}$$

通过 $6\times N$ 的几何雅可比矩阵 $\boldsymbol{J}$ 将关节空间速度和相应的末端执行器速度联系起来。几何雅可比矩阵是操作臂运动学分析主要的研究对象，可以通过它根据当前位形下的关节速度控制量，得出末端执行器的运动能力（表示为它的刚体自由空间速度）。事实上，如果 $\boldsymbol{j}_{Pi}\dot{q}_i$ 表示 $\dot{q}_i$ 对 $\boldsymbol{v}_N$ 的贡献量，则 z_{i-1} 表示关节 i 轴线的单位向量，$\boldsymbol{r}_{i-1,e}$ 表示末端执行器相对于关节 i 坐标系的位置矢量，即

$$\boldsymbol{j}_{Pi}=\begin{cases}z_{i-1} & \text{如果关节 } i \text{ 为移动副}\\ z_{i-1}\times\boldsymbol{r}_{i-1,e} & \text{如果关节 } i \text{ 为旋转副}\end{cases}$$

而如果 $\boldsymbol{j}_{Oi}\dot{q}_i$ 表示 $\dot{q}_i$ 对 $\boldsymbol{\omega}_N$ 的贡献量，则

$$\boldsymbol{j}_{Oi}=\begin{cases}\mathbf{0} & \text{如果关节 } i \text{ 为移动副}\\ z_{i-1} & \text{如果关节 } i \text{ 为旋转副}\end{cases}$$

对比式（10.2）、式（10.4）和式（10.6），可得几何雅可比和任务雅可比之间的关系为

$$\boldsymbol{J}_t(\boldsymbol{q})=\boldsymbol{T}(\boldsymbol{t})\boldsymbol{J}(\boldsymbol{q}) \tag{10.7}$$

2. 二阶微分运动学

一阶微分运动学式（10.2）表示了任务空间和关节空间速度之间的关系，进一步求它相对时间的导数可以得到加速度之间的类似关系：

$$\ddot{\boldsymbol{t}}=\boldsymbol{J}_t(\boldsymbol{q})\ddot{\boldsymbol{q}}+\dot{\boldsymbol{J}}_t(\boldsymbol{q},\dot{\boldsymbol{q}})\dot{\boldsymbol{q}} \tag{10.8}$$

上式也称为二阶微分运动学（second-order differential kinematics）。

10.2.2 奇异性

本节通过考虑奇异位形的产生原因，以分析它在逆运动学逆中的作用。

1. 表示法奇异与运动学奇异

如果任务雅可比矩阵 $\boldsymbol{J}_t$ 在某个位形下降秩，则这个机器人位形 $\boldsymbol{q}$ 就是奇异位形。考虑 $\boldsymbol{J}_t$ 在式（10.2）和式（10.8）中的作用，容易理解处于奇异位形时无法产生末端执行器在某些方向上的速度或加速度。观察式（10.7）可发现更深层次的问题，奇异可能是因为变换矩阵 $\boldsymbol{T}$ 和/或几何雅可比矩阵 $\boldsymbol{J}$ 有一个不满秩，或者都不满秩。

$\boldsymbol{T}$ 矩阵不满秩只与 $\boldsymbol{R}$ 建立的末端执行器角速度向量和 $\dot{\boldsymbol{t}}$ 中关于末端执行器姿态分量之间的数学关系有关。因为 $\boldsymbol{R}$ 的表达式取决于所用的姿态表示法，导致 $\boldsymbol{T}$ 奇异，因而被认为是表示法奇异（representation singularity）。值得注意的是，任何一种末端执行器姿态的最小表示都会产生表示法奇异。当然，对于一个特定的位形而言，会不会产生表示法奇异是由所采用的姿态表示方法决定的。

表示法奇异与操作臂的真实运动能力并没有直接关系，真实运动能力可以分析几何雅可比矩阵 $\boldsymbol{J}$ 来判断。该矩阵的降秩实际上是与操作臂末端执行器运动能力的缺失相关的。确切地说，此时某些末端执行器的速度是用任何关节速度都无法实现的。使得 $\boldsymbol{J}$ 奇异的位形称为运动学奇异（kinematic singularity）。

因为本章主要关注微分运动学方程式（10.2）和式（10.8）的求逆，接下来将详细研究任务雅可比矩阵和它的奇异（包括表示法奇异和运动学奇异）。考虑 $N\geqslant M$ 的情况，以涵盖常规操作臂和运动学冗余操作臂。

2. 雅可比矩阵的奇异值分解

为了分析式（10.2）表示的线性映射，可对雅可比矩阵进行奇异值分解（SVD）。值得注意的是，奇异值分解是一个强有力的数学工具，在计算矩阵的秩和分析近乎奇异的线性映射时，它是唯一可靠的方法。经典的 Golub-Reinsch 算法[10.2]是计算任意矩阵奇异值分解最有效且数值最稳定的算法，但可能还是难以达到实时应用的计算要求。参考文献［10.3］提出了一种基于机器人矩阵计算的快速算法，这使得改进实时运动学控制技术成为可能。

10

任务雅可比矩阵的 SVD 可以写为如下形式：

$$\boldsymbol{J}_t=\boldsymbol{U}\boldsymbol{\Sigma}\boldsymbol{V}^{\mathrm{T}}=\sum_{i=1}^{M}\sigma_i\boldsymbol{u}_i v_i^{\mathrm{T}} \tag{10.9}$$

式中，$\boldsymbol{U}$ 是输出奇异向量 $\boldsymbol{u}_i$ 的 $M\times M$ 阶正交矩阵；$\boldsymbol{V}$ 是输出奇异向量 v_i 的 $N\times N$ 阶正交矩阵；$\boldsymbol{\Sigma}=(\boldsymbol{S}\ \mathbf{0})$ 是一个 $M\times N$ 阶矩阵。它的 $M\times M$ 阶对角线子矩阵 $\boldsymbol{S}$ 包含矩阵 $\boldsymbol{J}_t$ 的奇异值 σ_i。请注意，SVD 是其矩阵变量的连续乘函数，因此当机器人处于当前位形附近时，输入和输出奇异向量以及奇异值的差别也不大。令矩阵的秩 $\operatorname{rank}(\boldsymbol{J}_t)=R$，则有

$$\sigma_1\geqslant\sigma_2\geqslant\cdots\geqslant\sigma_R>\sigma_{R+1}=\cdots=0,$$

$$R(\boldsymbol{J}_t)=\operatorname{span}\{\boldsymbol{u}_1,\cdots,\boldsymbol{u}_R\},$$

$$N(\boldsymbol{J}_t)=\mathrm{span}\{\boldsymbol{v}_{R+1},\cdots,\boldsymbol{v}_N\}.$$

如果任务雅可比矩阵是满秩的（$R=M$），所有的奇异值都非零，$\boldsymbol{J}_t$ 的值域空间就是整个的 $\mathbb{R}^M$，$\boldsymbol{J}_t$ 的零空间的维数为 $N-M$。在奇异位形处，$R<M$，因此最后 $M-R$ 个奇异值等于零，$\boldsymbol{J}_t$ 的值域空间是 $\mathbb{R}^M$ 的 R 维子空间，$\boldsymbol{J}_t$ 的零空间的维数增加为 $N-R$。下面从运动学角度对此进行解释。

1）可行速度。当机器人处于某一个位形时，$\boldsymbol{J}_t$ 的值域空间是可以通过所有可能的关节空间速度 $\dot{\boldsymbol{q}}$ 计算得到的任务空间速度的集合。因此，值域空间就组成了所谓的末端执行器任务的可行速度（feasible velocities）子空间。前 R 个输出奇异向量就构成了值域空间 $R(\boldsymbol{J}_t)$ 的一个基底。因此，奇异的效果是从可行速度空间中抹去了一些任务速度的线性组合，从而减少了 $\boldsymbol{J}_t$ 的值域空间维数。

2）零空间速度。在每个位形处，$\boldsymbol{J}_t$ 的零空间是那些不能产生任务速度的关节空间速度的集合。这样的关节速度因此被简称为零空间速度（null-space velocities）。后 $N-R$ 个输入奇异向量构成了零空间 $N(\boldsymbol{J}_t)$ 的一个基底，这些向量表示每个关节速度的线性无关组合。从这种意义上说，奇异的效果是因为引入了更多的不能产生任务速度的关节速度线性无关组合，增加了 $\boldsymbol{J}_t$ 的零空间维数，从而产生零任务速度。

由式（10.2）和式（10.9）可知，平行于第 i 个输入奇异向量的关节速度所产生的任务速度与第 i 个输出奇异向量平行：

$$\forall\rho\in\mathbb{R}\quad \dot{\boldsymbol{q}}=\rho\boldsymbol{v}_i\quad\Rightarrow\quad \boldsymbol{t}=\sigma_i\rho\boldsymbol{u}_i$$

因此，$\boldsymbol{J}_t$ 的第 i 个奇异值可以看成是一个增益系数，即 $\boldsymbol{v}_i$ 方向的关节速度空间运动与所产生的 $\boldsymbol{u}_i$ 方向任务速度空间运动之间的一个系数。当机器人靠近某个奇异位形时，第 R 个奇异值 σ_R 趋近于零，由沿着 $\boldsymbol{v}_R$ 方向的给定大小关节速度所产生的任务速度也按比例下降。当机器人处于某个奇异位形时，沿着 $\boldsymbol{v}_R$ 方向的关节速度属于零空间速度，沿着 $\boldsymbol{u}_R$ 方向的任务空间速度变得无法实现。

一般情况下，关节空间速度 $\dot{\boldsymbol{q}}$ 是在所有 $\boldsymbol{v}_i$ 方向上都含有非零分量的各关节速度的一个任意线性组合。总的效果可以通过合并单个上述分量的效果来分析。值得注意的是，$\dot{\boldsymbol{q}}$ 属于 $\boldsymbol{J}_t$ 零空间的部分会引起操作臂位形的变化，却不改变任务空间速度。这种运动可用于在实现目标任务运动的同时实现附加的目标，如避障或避奇异。这正是冗余度求解算法研究的核心内容。

3. 到奇异点的距离

奇异不仅对奇异点，而且对奇异点相邻的位形处都会造成影响，这在实际经验中确定无疑。因此，根据某种适当的标准来表示一个位形与奇异点的距离就非常重要，从而避免不良影响。

因为每个奇异点都与 $\boldsymbol{J}_t$ 的降秩相关，当雅可比矩阵为方阵（$M=N$）时，一种概念上很简单的可能做法是计算它的行列式。可操作度指标[10.4]就是这一思想在非方雅可比矩阵的一个推广，其定义为

$$\mu=\sqrt{|\boldsymbol{J}_t\boldsymbol{J}_t^{\mathrm{T}}|}$$

众所周知，可操作度等价于 $\boldsymbol{J}_t$ 奇异值的乘积，即

$$\mu=\prod_{i=1}^{M}\sigma_i$$

因此，它的零值就对应着奇异。

另一种到奇异点距离的合理指标是雅可比矩阵的条件数[10.5]，定义为

$$\kappa=\frac{\sigma_1}{\sigma_M}$$

条件数的取值范围是 $1\sim\infty$。在奇异值都相等的位形处取值为 1，在奇异位形处取值为 ∞。请注意，当 $\kappa=1$ 时，所有奇异值都是相等的，因此末端执行器在任务空间的所有方向上的运动能力都是一样的，即手臂处于一种各向同性（isotropic）的位形，而在奇异点处，则在任务空间的某些方向上丧失了活动能力。

一种更直接地描述与奇异位形的距离指标是雅可比矩阵的最小奇异值（smallest singular value）[10.5]，即

$$\sigma_{\min}=\sigma_M$$

最小奇异值可以通过计算量较小的方法进行估计，包括数值方法[10.3,6,7]或基于机器人结构运动学分析的方法[10.8]。

必须注意，即使条件数或 $\boldsymbol{J}_t$ 的最小奇异值差别很大时，可操作度指标也可能保持不变。另一方面，因为在奇异点附近，最小奇异值的变化比其他奇异值更快，它对雅可比矩阵行列式和条件数的变化起主导作用。因此，描述到奇异位形距离的最有效指标就是 $\boldsymbol{J}_t$ 的最小奇异值[10.5]。

10.3 微分逆运动学

为完成某项任务，必须向操作臂发出适当的关节运动指令。因此，推导出可根据给定的任务空间

量计算出关节空间量的数学关系非常必要。这也正是逆运动学研究的主要任务。

逆运动学问题可以通过正运动学方程式（10.1）、一阶微分运动学式（10.2）或二阶微分运动学方程式（10.8）求逆来解决。如果任务是时变的（即如果给定了形式为 $\boldsymbol{t}(t)$ 的目标轨迹），因为微分运动学关系表示为以任务雅可比为系数矩阵的线性方程组，则可以方便地求解[10.9]。

10.3.1 通解

假设操作臂是运动学冗余的（即 $M<N$），式（10.2）或式（10.8）的通解可以借助任务雅可比矩阵的伪逆 $\boldsymbol{J}_t^\dagger$ 来表示[10.1,10]，伪逆是指满足如下 Moore-Penrose 条件[10.11-13]的唯一矩阵，即

$$\begin{cases}\boldsymbol{J}_t\boldsymbol{J}_t^\dagger\boldsymbol{J}_t=\boldsymbol{J}_t\\ \boldsymbol{J}_t^\dagger\boldsymbol{J}_t\boldsymbol{J}_t^\dagger=\boldsymbol{J}_t^\dagger\\ (\boldsymbol{J}_t\boldsymbol{J}_t^\dagger)^{\mathrm{T}}=\boldsymbol{J}_t\boldsymbol{J}_t^\dagger\\ (\boldsymbol{J}_t^\dagger\boldsymbol{J}_t)^{\mathrm{T}}=\boldsymbol{J}_t^\dagger\boldsymbol{J}_t\end{cases} \tag{10.10}$$

如果 $\boldsymbol{J}_t$ 是长方阵且满秩的，则其伪逆可表示为

$$\boldsymbol{J}_t^\dagger=\boldsymbol{J}_t^{\mathrm{T}}(\boldsymbol{J}_t\boldsymbol{J}_t^{\mathrm{T}})^{-1} \tag{10.11}$$

如果 $\boldsymbol{J}_t$ 是方阵，式（10.11）退化为标准的逆矩阵。式（10.2）的通解可以写为

$$\dot{\boldsymbol{q}}=\boldsymbol{J}_t^\dagger\dot{\boldsymbol{t}}+(\boldsymbol{I}-\boldsymbol{J}_t^\dagger\boldsymbol{J}_t)\dot{\boldsymbol{q}}_0 \tag{10.12}$$

式中，（$\boldsymbol{I}-\boldsymbol{J}_t^\dagger\boldsymbol{J}_t$）是 $\boldsymbol{J}_t$ 零空间中的正交映射；$\dot{\boldsymbol{q}}_0$ 是一个任意的关节空间速度。因此，解的第二部分是一个零空间速度。式（10.12）给出了满足末端执行器任务约束（10.2）的所有最小二乘解，即最小化 $\|\dot{\boldsymbol{t}}-\boldsymbol{J}\dot{\boldsymbol{q}}\|$ 的解。尤其当 $\boldsymbol{J}_t$ 是满秩长方阵时，式（10.12）表示的所有关节速度都能正确实现指定的任务速度。通过调节 $\dot{\boldsymbol{q}}_0$，还可以得到能产生相同末端执行器任务速度的不同关节速度。因此，就像后面将详细讨论的那样，有关冗余度求解的相关文献一般都采用式（10.12）形式的解。

在式（10.12）中，令 $\dot{\boldsymbol{q}}_0=0$，可以得到如下形式的特解：

$$\dot{\boldsymbol{q}}=\boldsymbol{J}_t^\dagger\dot{\boldsymbol{t}} \tag{10.13}$$

该特解是式（10.2）的最小范数的最小二乘解，称为伪逆解（pseudoinverse solution）。对于逆微分运动学问题，最小二乘特性保证了末端执行器任务实现的精度，而最小范数特性可能与关节空间速度的可行性有关。

对于二阶运动学方程式（10.8），它的最小二乘解可以表示为如下的一般形式：

$$\ddot{\boldsymbol{q}}=\boldsymbol{J}_t^\dagger(\ddot{\boldsymbol{t}}-\dot{\boldsymbol{J}}_t\dot{\boldsymbol{q}})+(\boldsymbol{I}-\boldsymbol{J}_t^\dagger\boldsymbol{J}_t)\ddot{\boldsymbol{q}}_0 \tag{10.14}$$

式中，$\ddot{\boldsymbol{q}}_0$ 是一个任意的关节空间加速度。如上所述，在式（10.14）中，令 $\ddot{\boldsymbol{q}}_0=0$，可以得到最小范数加速度解

$$\ddot{\boldsymbol{q}}=\boldsymbol{J}_t^\dagger(\ddot{\boldsymbol{t}}-\dot{\boldsymbol{J}}_t\dot{\boldsymbol{q}}) \tag{10.15}$$

10.3.2 奇异点的鲁棒性

现在来研究一阶逆映射式（10.12）和式（10.13）与奇异点处理所涉及的运动学方面的问题。参考式（10.9）中 $\boldsymbol{J}_t$ 的奇异值分解，考虑矩阵 $\boldsymbol{J}_t^\dagger$ 的分解如下：

$$\boldsymbol{J}_t^\dagger=\boldsymbol{V}\boldsymbol{\Sigma}^\dagger\boldsymbol{U}^{\mathrm{T}}=\sum_{i=1}^{R}\frac{1}{\sigma_i}\boldsymbol{v}_i\boldsymbol{u}_i^{\mathrm{T}} \tag{10.16}$$

式中，R 是如上所述任务雅可比矩阵的秩。类似式（10.9），以下公式成立：

$$\sigma_1\geqslant\sigma_2\geqslant\cdots\geqslant\sigma_R>\sigma_{R+1}=\cdots=0$$
$$R(\boldsymbol{J}_t^\dagger)=N^{\perp}(\boldsymbol{J}_t)=\mathrm{span}\{\boldsymbol{v}_1,\cdots,\boldsymbol{v}_R\}$$
$$N(\boldsymbol{J}_t^\dagger)=\Re^{\perp}(\boldsymbol{J}_t)=\mathrm{span}\{\boldsymbol{u}_{R+1},\cdots,\boldsymbol{u}_M\}$$

注意，如果雅可比矩阵满秩，$\boldsymbol{J}_t^\dagger$ 的值域空间是 $\mathbb{R}^N$ 中的一个 M 维子空间，$\boldsymbol{J}_t^\dagger$ 的零空间是空的。在奇异位形处（$R<M$），$\boldsymbol{J}_t$ 的值域空间是 $\mathbb{R}^N$ 中的一个 R 维子空间，$\boldsymbol{J}_t$ 存在一个 $M-R$ 维的零空间。

$\boldsymbol{J}_t^\dagger$ 的值域空间是关节空间速度 $\dot{\boldsymbol{q}}$ 的一个集合，可以根据所有可能的任务速度 $\dot{\boldsymbol{t}}$，由逆运动学映射式（10.13）计算得到。因为这些 $\dot{\boldsymbol{q}}$ 属于 $\boldsymbol{J}_t$ 的零空间的正交补，正如所希望的那样，伪逆解式（10.13）满足最小二乘条件。

$\boldsymbol{J}_t^\dagger$ 的零空间是一个在当前位形产生零关节空间速度的任务速度 $\dot{\boldsymbol{t}}$ 的集合。另一方面，这些 $\dot{\boldsymbol{t}}$ 属于可行任务速度空间的正交补。因此，伪逆解式（10.13）的一个效果是滤除任务速度指令中不可实现的分量，留下可精确跟踪的可行分量，这是与伪逆解的最小范数最小二乘特性相关联的。

如果指定的任务速度是沿着 $\boldsymbol{u}_i$ 方向的，则相应的关节空间速度［由式（10.13）计算得到的］平行于$\boldsymbol{v}_i$，并且大小乘以系数 $1/\sigma_i$。当接近奇异点时，第 R 个奇异值趋于零，$\boldsymbol{u}_R$ 方向一定大小的任务速度所需要的$\boldsymbol{v}_R$ 方向的关节空间速度大小与系数 $1/\sigma_R$ 成比例，将无限增大。当处于奇异位形时，$\boldsymbol{u}_R$ 方向对任务变量来说不可实现，$\boldsymbol{v}_R$ 成为操作臂的零空间速度之一。

由以上分析可知，有两个主要问题与基本微分逆运动学解式（10.13）有着本质上的联系，即

10

1）当接近奇异位形时，可能需要超大的关节空间速度，原因是 $\dot{t}$ 的一些分量处于这样的方向，即在奇异点处不可实现的方向上。

2）当处于奇异位形时，如果 $\dot{t}$ 包含非零的不可行分量，则关节空间解将不存在。

这两点对于完整的逆解式（10.12）显然也是一样的。

上述两个问题都是操作臂运动学控制主要关心的问题，控制中要求计算出的关节空间速度必须是机器人手臂能够实际实现的才行。针对上述问题，发展出了改进的微分逆映射，以确保操作臂在整个工作空间中的行为适当。一种合理的方法是远离奇异点时仍然使用映射式（10.13），只在奇异位形附近的区域内对该映射进行改动。区域的定义则要靠描述到奇异点距离的适当指标来实现，而且改进的映射必须保证关节速度连续、可实现。

1. 规划轨迹修正

解决奇异点问题的一种方法是在规划阶段就让轨迹避开无法消除的奇异点，或者说只赋予机器人手臂可实现的任务空间运动指令。然而，这种方法依赖于理想的轨迹规划，无法在实时的传感控制中应用，因为实时控制时，运动指令是在线生成的。

由于奇异点是位形的函数，而不是工作空间位置的函数，因此通常不可能通过限制操作臂的工作空间轨迹来避免奇异点。对于任务空间中固定的奇异点，如类人臂的肩部奇异，在运动规划阶段避开奇异位形相对简单。但是，对于那些有可能在工作空间的任何地方出现的奇异，如腕部奇异，这种方法就难以实现。

解决奇异问题的另一种可能的方法是，当规划轨迹接近奇异点时执行关节空间插值[10.14]。不过，这种方法有可能在跟踪之前指定的任务空间运动时产生很大的误差。

参考文献［10.15］提出了一种作用在任务空间的、基于时间尺度变换的方法。这种方法使操作臂在接近奇异点时运动速度降低，但当机器人处于奇异点时，这种方法就失效了。

基于任务空间的机器人控制系统必须能控制操作臂安全地通过奇异点，因此大量研究转向了推导定义明确的连续逆运动学映射。

2. 消除雅可比矩阵中线性相关的行/列

求解式（10.13）首先要求当雅可比奇异时，计算 J_t 伪逆的一般算法是有效的。参考文献［10.16］中提出了一些算法就属于这样一种模式，消除不可实现的末端执行器参考运动分量，或者使用雅可比矩阵的非奇异块[10.10]。这类方法的主要问题是要用一种系统性的方法求出不可行速度的方向，以及需要在常规的和用于奇异点附近的逆运动学算法之间进行平滑切换。

根据对操作臂结构的运动学分析，可得到一种计算雅可比矩阵伪逆的系统性方法，因为对于许多操作臂，有可能在与连杆固接的动坐标系中辨识和描述奇异位形的类别。参考文献［10.17，18］针对6自由度肘式操作臂采用了这种方法。

要在穿越奇异点时保持解的连续性，需要注意的是，当操作臂在奇异点附近时，奇异向量变化非常小，但在奇异位形处时，R 变得比 M 小，$\dfrac{1}{\sigma_M}\boldsymbol{v}_M\boldsymbol{u}_M^{\mathrm{T}}\dot{\boldsymbol{t}}$ 项突然从式（10.16）中消失了。

避免这一问题出现的一种可能方法是在奇异点附近令 $\boldsymbol{u}_M^{\mathrm{T}}\dot{\boldsymbol{t}}\approx 0$，这意味着去除奇异时不可行方向上的任务速度指令。不过，如10.3.2节所述，这种方法只有在针对任务空间中固定奇异点的轨迹预先规划时，才可以合理运用。

无论给定的 $\dot{t}$ 是什么，伪逆解的连续性都可以这样来保证：在适当定义的奇异点邻域内将操作臂视为奇异，将雅可比修改为 $\bar{J}_t$，因而可得 $M-R$ 个额外的自由度[10.17~19]。这不会对末端执行器速度有太大影响，因为修正的雅可比 $\bar{J}_t$ 在领域内趋近于 J_t。当然，这种方法难以用于多重奇异点，但对于典型的类人结构的工业机器人而言，需要重点关心的只有腕部奇异，因为腕部奇异可能在工作空间的任何地方出现，而肘部和肩部奇异在任务空间中是固定的，因而可以通过规划来避开。

3. 正则化/阻尼最小二乘法

参考文献［10.9，20］各自独立地提出了将阻尼最小二乘法用于求解微分逆运动学问题的方法。这种方法相当于求解优化问题，即

$$\min_{\dot{q}}=(\|\dot{\boldsymbol{t}}-\boldsymbol{J}_t\dot{\boldsymbol{q}}\|^2+\lambda^2\|\dot{\boldsymbol{q}}\|^2) \tag{10.17}$$

所得结果 $\dot{\boldsymbol{q}}$ 最大程度地降低了当所有关节速度均不超过 $\|\dot{\boldsymbol{q}}\|$ 时的末端执行器跟踪误差。式中，$\lambda\in\mathbb{R}$ 是阻尼系数。可以验证，当 λ 为零时，式（10.17）和式（10.13）的解就是一样的了。

式（10.17）的解可以写为两种等价的形式，即

$$\dot{\boldsymbol{q}}=\boldsymbol{J}_t^{\mathrm{T}}(\boldsymbol{J}_t\boldsymbol{J}_t^{\mathrm{T}}+\lambda^2\boldsymbol{I})^{-1}\dot{\boldsymbol{t}} \tag{10.18}$$

$$\dot{\boldsymbol{q}}=(\boldsymbol{J}_t^{\mathrm{T}}\boldsymbol{J}_t+\lambda^2\boldsymbol{I})^{-1}\boldsymbol{J}_t^{\mathrm{T}}\dot{\boldsymbol{t}} \tag{10.19}$$

式（10.18）的计算量小于式（10.19）的计算量，因为一般而言，$N \geqslant M$。下文在不需要显性描述计算过程的地方，将阻尼最小二乘解归结为

$$\dot{\boldsymbol{q}}=\boldsymbol{J}_{\mathrm{t}}^{*}(\boldsymbol{q})\dot{\boldsymbol{t}} \tag{10.20}$$

条件式（10.17）意味着，当求给定 $\dot{\boldsymbol{t}}$ 所需要的关节空间速度时，同时考虑精度和可实现性。在这点上，适当选择阻尼系数非常关键：较小的 λ 值能给出精确解，但对奇异点和近奇异点位形的鲁棒性较差；即使当存在精确可行解时，较大的 λ 值也会导致跟踪精度较低。

按照奇异值分解的模式，式（10.20）的解可以写为

$$\dot{\boldsymbol{q}}=\sum_{i=1}^{R} \frac{\sigma_i}{\sigma_i^2+\lambda^2}\boldsymbol{v}_i\boldsymbol{u}_i^{\mathrm{T}}\dot{\boldsymbol{t}} \tag{10.21}$$

请注意，下式成立：

$$\begin{aligned} R(\boldsymbol{J}_{\mathrm{t}}^{*}) &= R(\boldsymbol{J}_{\mathrm{t}}^{\dagger}) = N^{\perp}(\boldsymbol{J}_{\mathrm{t}}) \\ &= \operatorname{span}\{\boldsymbol{v}_1,\cdots,\boldsymbol{v}_R\} \\ N(\boldsymbol{J}_{\mathrm{t}}^{*}) &= N(\boldsymbol{J}_{\mathrm{t}}^{\dagger}) = \Re^{\perp}(\boldsymbol{J}_{\mathrm{t}}) \\ &= \operatorname{span}\{\boldsymbol{u}_{R+1},\cdots,\boldsymbol{u}_M\} \end{aligned}$$

类似于 $\boldsymbol{J}_{\mathrm{t}}^{\dagger}$，如果雅可比矩阵满秩，$\boldsymbol{J}_{\mathrm{t}}^{*}$ 的值空间是 $\mathbb{R}^N$ 中的 M 维子空间，并且 $\boldsymbol{J}_{\mathrm{t}}^{*}$ 的零空间是空的，而在奇异位形处，$\boldsymbol{J}_{\mathrm{t}}^{*}$ 的值空间是 $\mathbb{R}^N$ 中的 R 维子空间，并且存在一个 $M-R$ 维的零空间。

显然，相比于纯粹的最小二乘解式（10.13），解式（10.21）中满足 $\sigma_i \gg \lambda$ 的部分受阻尼系数的影响较小，因为此时有

$$\frac{\sigma_i}{\sigma_i^2+\lambda^2} \approx \frac{1}{\sigma_i}$$

另一方面，当接近奇异点时，最小奇异值趋于零，而解的相关分量被系数 σ_i/λ^2 强制为零，这就逐渐降低了为实现目标 $\dot{\boldsymbol{t}}$ 中接近退化的分量所需的关节速度。在奇异点处，只要剩余奇异值比阻尼系数大得多，解式（10.20）和解式（10.13）的行为就是一致的。请注意，归因于阻尼系数，$1/2\lambda$ 的上界依赖于一个增益系数，第 i 个系数是 $\boldsymbol{u}_i$ 方向的任务速度分量和它产生的 $\boldsymbol{v}_i$ 方向关节速度之间的系数，当 $\sigma_i=\lambda$ 时，达到上界。

1）阻尼系数选取。如上所述，阻尼系数 λ 确定了当前位形与奇异点的接近程度，决定了与伪逆给出的纯最小二乘解的相似程度。λ 的优化选取需要考虑给定轨迹上的最小非零奇异值，以及确保可实现关节速度的最小阻尼。

为了在操作臂的整个工作空间中实现良好的性能，参考文献［10.9］提出，让阻尼系数随位形变化。普通的方法是把 λ 作为机器人手臂当前位形到奇异点距离的一个函数来调节。当远离奇异位形时，解出的关节速度是可行的，因此精度要求占主导，应使用较小的阻尼。当接近奇异点时，不可行方向的任务速度指令将导出较大的关节速度，因此精度要求应该放宽。在这种情况下，需要使用较大的阻尼。

参考文献［10.9］提出，将阻尼系数作为可操作性指标的函数来调节。雅可比矩阵的最小奇异值是描述到奇异点位形距离更有效的指标[10.5]，因此下文将考虑用它来构造可变的阻尼系数。

若能得到最小奇异值的估计值 $\widetilde{\sigma}_M$，阻尼系数可选为[10.21]

$$\lambda^2=\begin{cases} 0 & \widetilde{\sigma}_M \geqslant \varepsilon \\ \left[1-\left(\dfrac{\widetilde{\sigma}_M}{\varepsilon}\right)^2\right]\lambda_{\max}^2 & \text{其他} \end{cases} \tag{10.22}$$

上述阻尼系数能确保解的连续性和良好形态。在式（10.22）中，ε 定义了奇异区域的大小，在此区域内施加阻尼；$\lambda_{\max}$ 则设定了阻尼系数的最大值，在奇异点处选取该值。

2）数字滤波。由式（10.21）可知，阻尼系数在所有末端执行器速度分量上都影响解的精度，但末端执行器速度只有在不可行方向上的分量才导致跟踪能力的损失。为了克服这个问题，参考文献［10.6］提出了对末端执行器速度分量进行选择性滤波的方法。具体如下：如果可以得到输出奇异向量的一个估计 $\widetilde{\boldsymbol{u}}_i$（此处的输出奇异向量与形成不可行分量的最小的 $M-K$ 个奇异值相关），解就可以写成如下形式：

$$\dot{\boldsymbol{q}}=\boldsymbol{J}_{\mathrm{t}}^{\mathrm{T}}\left(\boldsymbol{J}_{\mathrm{t}}\boldsymbol{J}_{\mathrm{t}}^{\mathrm{T}}+\lambda^2\boldsymbol{I}+\beta^2\sum_{i=K+1}^{M}\widetilde{\boldsymbol{u}}_i\widetilde{\boldsymbol{u}}_i^{\mathrm{T}}\right)^{-1}\dot{\boldsymbol{t}} \tag{10.23}$$

式中，β 只沿不可行分量方向给出阻尼的最大分量。其解近似为是对近似奇异分量进行更大的选择性滤波，即

$$\begin{aligned} \dot{\boldsymbol{q}} \approx & \sum_{i=1}^{K}\frac{\sigma_i}{\sigma_i^2+\lambda^2}\boldsymbol{v}_i\boldsymbol{u}_i^{\mathrm{T}}\dot{\boldsymbol{t}}+ \\ & \sum_{i=K+1}^{R}\frac{\sigma_i}{\sigma_i^2+\lambda^2+\beta^2}\boldsymbol{v}_i\boldsymbol{u}_i^{\mathrm{T}}\dot{\boldsymbol{t}} \end{aligned} \tag{10.24}$$

其中的近似是因为式（10.23）使用的是估计值 $\widetilde{\boldsymbol{u}}$。请注意，$K \leqslant R$；但即使输出奇异向量的估计不正确，$\lambda$ 也要保持非零值，以保证满足映射式（10.23）的条件。

10

同样地，对于由与最小奇异值相关的输入奇异向量生成的关节速度分量，可以施加附加的阻尼。因为这样的速度分量接近于零空间速度[10.22]。解的一般形式为

$$\dot{\boldsymbol{q}}=\left(\boldsymbol{J}_{\mathrm{t}}^{\mathrm{T}}\boldsymbol{J}_{\mathrm{t}}+\lambda^2\boldsymbol{I}+\beta^2\sum_{i=K+1}^{N}\widetilde{\boldsymbol{v}}_i\widetilde{\boldsymbol{v}}_i^{\mathrm{T}}\right)^{-1}\boldsymbol{J}_{\mathrm{t}}^{\mathrm{T}}\dot{\boldsymbol{t}} \quad (10.25)$$

式中，β 只沿 $N-K$ 个零空间速度分量的估计值 $\widetilde{\boldsymbol{v}}_i$ 给出阻尼的最大分量。同样，其解近似为是对近似奇异分量进行更大的选择性滤波。这也可以由下式来验证，即

$$\dot{\boldsymbol{q}}\approx\sum_{i=1}^{K}\frac{\sigma_i}{\sigma_i^2+\lambda^2}\boldsymbol{v}_i\boldsymbol{u}_i^{\mathrm{T}}\dot{\boldsymbol{t}}+\sum_{i=K+1}^{R}\frac{\sigma_i}{\sigma_i^2+\lambda^2+\beta^2}\boldsymbol{v}_i\boldsymbol{u}_i^{\mathrm{T}}\dot{\boldsymbol{t}} \quad (10.26)$$

其中的近似也是因为式（10.25）使用了估计值 $\widetilde{\boldsymbol{v}}_i$。此外，在这种情况下，即使输入奇异向量的估计不正确，λ 也要保持非零值，以保证满足映射式（10.25）的条件。

对比式（10.26）和式（10.24）可以看出，在奇异向量估计精确的情况下，解式（10.23）和解式（10.25）一致。

10.3.3 关节轨迹重构

当求解一阶微分逆运动学时，可得到与给定的末端执行器任务速度曲线 $\dot{\boldsymbol{t}}(t)$ 相应的关节速度曲线 $\dot{\boldsymbol{q}}(t)$。但是，机器人运动控制器除了参考关节速度，还需要参考位置轨迹。根据由末端执行器任务速度曲线 $\dot{\boldsymbol{t}}(t)$ 得到的关节速度曲线重构出关节位置曲线，就实现了运动学求逆，这可以看成是一种逆运动学算法（inverse kinematics algorithm）。

10

如果关节速度曲线完全确定（如通过它的解析式确定），相应的关节位置曲线可以通过对时间积分来求得，即

$$\boldsymbol{q}(t)=\boldsymbol{q}(t_0)+\int_{t_0}^{t}\dot{\boldsymbol{q}}(\boldsymbol{\tau})\mathrm{d}\boldsymbol{\tau} \quad (10.27)$$

不过，机器人控制系统的数字化使获得关节速度的离散序列 $\dot{\boldsymbol{q}}_k$ 更有可能，$\dot{\boldsymbol{q}}_k$ 为 t_k 时刻对计算得到的关节速度的采样，即

$$\dot{\boldsymbol{q}}_k=\dot{\boldsymbol{q}}(t_k)$$

由于这一原因，有必要提出基于连续时间积分式（10.27）的离散时间数近似。

连续时间积分准确的离散时间数近似通常需要在插值算法的复杂性和时间步长之间进行权衡。在实时应用场合，如机器人运动控制，高阶插值会造成大的时延，降低控制回路的动态性能。这种时延可以通过适当缩短时间步长来减少。无论如何，如果低阶插值也能得到可以接受的数字积分精度，时间步长也就足够短了。典型的情况是一阶插值，即将积分式（10.27）转化为

$$\boldsymbol{q}_k=\boldsymbol{q}_0+\sum_{h=0}^{k-1}\dot{\boldsymbol{q}}_h\Delta t \quad (10.28)$$

式中，Δt 是时间步长。式（10.28）一般写为更有效率的递归形式，即

$$\boldsymbol{q}_k=\boldsymbol{q}_{k-1}+\dot{\boldsymbol{q}}_{k-1}\Delta t$$

无论使用哪种插值法，每一步数值积分都存在。虽然很小但却避免不了产生误差，误差还会累积，导致重构曲线与精确的关节位置曲线之间的长期漂移。影响所有积分重构方法的另一个误差源是关节位置初始值可能有误差。

克服这些问题的计算方法基于反馈修正项的使用，被称为闭环逆运动学（CLIK）[10.23]。例如考虑一阶运动学的情况，k 时刻关节速度可由下式计算［对比式(10.12)]：

$$\dot{\boldsymbol{q}}_k=\boldsymbol{J}_{\mathrm{t}}^{\dagger}(\boldsymbol{q}_k)\{\dot{\boldsymbol{t}}_k+\mathbf{K}[\boldsymbol{t}_k-\boldsymbol{k}_{\mathrm{t}}(\boldsymbol{q}_k)]\}+[\boldsymbol{I}-\boldsymbol{J}_{\mathrm{t}}^{\dagger}(\boldsymbol{q}_k)\boldsymbol{J}_{\mathrm{t}}(\boldsymbol{q}_k)]\dot{\boldsymbol{q}}_{0k} \quad (10.29)$$

式中，$\mathbf{K}$ 是一个正定常数增益矩阵。

二阶 CLIK 算法也能用于求解关节位置、速度和加速度[10.24,25]。CLIK 算法最初是在参考文献［10.26］和参考文献［10.27］中提出的，基于雅可比的转置代替了伪逆，这可以显著减少计算量，并且可用于固定奇异点[10.28]。

10.4 冗余度求解优化方法

对于运动学冗余的操作臂，逆运动学问题允许有无穷多个解，因此需要一个对解进行优选的指标。本节考虑在一阶微分运动学层次上冗余度求解的优化方法。在讨论计算关节速度的算法方案之前，先简单回顾一下可能的性能指标。

10.4.1 性能指标

具有比完成给定任务所需自由度更多的自由度

的能力，可用于在运动过程中提升性能指标。这样的指标可能只依赖于机器人关节位形，或者还与速度或加速度有关。

在能够通过定义适当指标来追求的其他目标中，最重要的可能是避奇异。实际上，引入运动学冗余的一个主要原因，就是要减少工作空间中操作臂必须处于奇异位形才能达到的区域，这样的奇异位形被称为不可避（unavoidable）奇异点。关于冗余操作臂中的可避和不可避奇异点的讨论见参考文献［10.29］。如果给定的末端执行器任务没有通过不可避奇异点，原则上总是有可能算出一条关节轨迹，任务雅可比 $\boldsymbol{J}_t$ 沿着这条轨迹是连续满秩的。为实现这一目标，可能的性能指标就是 10.2.2 节介绍的、描述到奇异点距离的那些独立于位形的函数，即可操作度、条件数和 $\boldsymbol{J}_t$ 的最小奇异值。在运动过程中，使这些函数最大化（或保持尽可能大的值）是在运动中避开奇异位形的合理方案。

运动学求逆在奇异位形的邻域内会产生趋于无穷大的关节速度，因此一种概念上有所不同的方法就是最小化冗余度，以求解所生成的关节速度范数。不过，只有当该范数在操作臂的所有运动中都最小化时，这种方法才能保证避开奇异点。范数的局部最小化[10.10]对于避奇异没有任何实际意义[10.29]。

冗余度还可以用于使操作臂连杆机构避开一些不受欢迎的关节空间，如机械性的关节限制，这是操作臂中广泛存在的、可以通过最小化成本函数来避开[10.30]。

$$\boldsymbol{H}(\boldsymbol{q})=\frac{1}{2}\sum_{i=1}^{N}\left(\frac{q_i-q_{i,\mathrm{mid}}}{q_{i,\max}-q_{i,\min}}\right)^2$$

式中，$[q_{i,\min},q_{i,\max}]$是关节 i 的有效活动范围；$q_{i,\mathrm{mid}}$ 是该范围的中点。避障是冗余度的另一项有意思的应用，它可以通过最小化适当的人工势函数来实现。人工势函数基于障碍区域在位形空间中的投影来定义[10.31,32]。

参考文献中还提出了很多其他的性能指标，其中一些将在 10.5 节和 10.8 节中提到。

10.4.2 局部优化

局部优化的最简单形式可以用伪逆解式（10.13）来表示，它给出了满足任务约束的关节速度中的最小范数。显然，由局部最优解生成的关节运动并不是操作臂所有可能的运动中速度最小的。这意味着，尽管局部最小化了关节速度，还是不能确保避开奇异[10.29]。

使用通解式（10.12）的另一种可能方法是选取需要最小化的、与关节位形相关的性能指标 $\boldsymbol{H}(\boldsymbol{q})$，在它的反梯度方向上选取任意的关节速度 $\dot{\boldsymbol{q}}_0$：

$$\dot{\boldsymbol{q}}_0=-k_H\nabla\boldsymbol{H}(\boldsymbol{q}) \tag{10.30}$$

式中，k_H 是一个步长标量；$\nabla\boldsymbol{H}(\boldsymbol{q})$是 $\boldsymbol{H}$ 在当前关节位形的梯度。这将引出以下的冗余度求解方法[10.30]：

$$\dot{\boldsymbol{q}}=\boldsymbol{J}_t^{\dagger}\dot{\boldsymbol{t}}-k_H(\boldsymbol{I}-\boldsymbol{J}_t^{\dagger}\boldsymbol{J}_t)\nabla\boldsymbol{H}(\boldsymbol{q}) \tag{10.31}$$

式（10.31）中的第二项是 $\boldsymbol{H}$ 的反梯度在雅可比矩阵零空间中的投影，因此上式让人想起了约束最小化问题中的梯度投影法[10.33]。尤其是参考文献［10.34］显示，逆运动学解式（10.31）在当前位形处 $\boldsymbol{q}$ 最小化了完全二次函数：

$$L(\boldsymbol{q},\dot{\boldsymbol{q}})=\frac{1}{2}\dot{\boldsymbol{q}}^{\mathrm{T}}\dot{\boldsymbol{q}}+k_H\dot{\boldsymbol{q}}^{\mathrm{T}}\nabla\boldsymbol{H}(\boldsymbol{q})$$

因此，式（10.31）代表了性能指标 $\boldsymbol{H}$ 的无约束局部最小化［这将导致选取 $\dot{\boldsymbol{q}}=-k_H\nabla\boldsymbol{H}(\boldsymbol{q})$］和通过最小范数关节速度来满足约束式（10.2）之间的自然权衡。

步长 k_H 的选择对于冗余度求解算法式（10.31）的性能非常关键。特别是，较小的步长值可能降低性能指标最小化的速度，但另一方面，较大的值甚至可能导致 $\boldsymbol{H}$ 反而增加（回想一下，反梯度只是局部的最快下降方向）。实际上，要为每个位形在适当的时间内确定一个 k_H 值，可以使用简化的线搜索技术，如 Armijo 规则[10.33]。

10.4.3 全局优化

冗余度求解算法式（10.31）的主要优点是简单，即如果$\nabla\boldsymbol{H}(\boldsymbol{q})$和 k_H 的计算是有效的，它就是实时运动学求逆中可以实际采用的一种方法。它的缺点在于优化过程的局部性，这可能在较长时间的任务中造成不令人满意的性能。例如，使用式（10.31）时，取 $\boldsymbol{H}=-\mu$（可操作度），将比简单的伪逆解表现得更好，但还是不能保证避开奇异。

因此，很自然会去考虑在式（10.12）中对 $\dot{\boldsymbol{q}}_0$ 进行选择，以便最小化积分指标 $\int_{t_i}^{t_f}\boldsymbol{H}(\boldsymbol{q})\mathrm{d}t$ 的可能性。

该指标定义在整个任务的时间域$[t_i, t_f]$上（如随着运动对可操作度积分）。遗憾的是，这个问题的解（自然会表示为变分形式的式子）可能不存在，并且在任何情况下，通常不允许有封闭形式。值得注意的是，使该问题必然可解的一种方法是在积分中加入关节速度或加速度的二次多项式。不过，这在二阶运动学层面上更容易实现（见 10.5 节）。

10

10.5 冗余度求解的任务增广法

另一种冗余度求解的方法是增广任务向量，以便处理表示为约束的附加目标。在本节中，将回顾用于求解一阶微分运动学方程式（10.2）的基本任务增广技术。

10.5.1 雅可比矩阵

扩展雅可比技术是由 Baillieul[10.35] 提出并随后由 Chang[10.36] 再次讨论的。这种方法要求在初始的末端执行器任务基础上添加适当数量的函数约束，以便在满足末端执行器任务的无穷多解中确定的一个单一的解。

考虑一个待优化的目标函数 $g(\boldsymbol{q})$，并令 $\boldsymbol{N}_{J\text{t}}(\boldsymbol{q})$ 为在非奇异位形 $\boldsymbol{q}$ 处张成 $\boldsymbol{J}_\text{t}$ 的零空间矩阵，例如，

$$\boldsymbol{N}_{J\text{t}}=\boldsymbol{I}-\boldsymbol{J}_\text{t}^{\dagger}\boldsymbol{J}_\text{t}$$

可以验证，对于一个给定的 $\boldsymbol{t}_0$，如果 $\boldsymbol{q}_0$ 是这样一个位形，即它使函数 $g(\boldsymbol{q})$ 在约束 $\boldsymbol{t}_0=\boldsymbol{k}_\text{t}(\boldsymbol{q}_0)$ 之下取得极值，则有

$$\left.\frac{\partial g(\boldsymbol{q})}{\partial \boldsymbol{q}}\right|_{\boldsymbol{q}=\boldsymbol{q}_0}\boldsymbol{N}_{J\text{t}}(\boldsymbol{q}_0)=\boldsymbol{0}^\text{T} \tag{10.32}$$

如果雅可比 $\boldsymbol{J}_\text{t}$ 满秩，秩为 M，则 $\boldsymbol{N}_{J\text{t}}$ 的秩为 $N-M$。因此，式（10.32）生成一组独立的 $N-M$ 个约束，可写为如下向量形式：

$$\boldsymbol{h}(\boldsymbol{q})=\boldsymbol{0}$$

例如，可以通过逐个求梯度 $\partial g(\boldsymbol{q})/\partial \boldsymbol{q}$ 与 $N-M$ 个向量的标量积来得到，而 $N-M$ 个向量是 $\boldsymbol{J}_\text{t}$ 零空间的一个基底，即

$$\boldsymbol{h}(\boldsymbol{q})=\left(\frac{\partial g(\boldsymbol{q})}{\partial \boldsymbol{q}}(\boldsymbol{v}_{M+1}(\boldsymbol{q})\cdots \boldsymbol{v}_N(\boldsymbol{q}))\right)^\text{T}$$

在这一点上，条件式（10.32）意味着满足以下方程：

$$\begin{pmatrix}\boldsymbol{k}_\text{t}(\boldsymbol{q}_0)\\ \boldsymbol{h}(\boldsymbol{q}_0)\end{pmatrix}=\begin{pmatrix}\boldsymbol{t}_0\\ \boldsymbol{0}\end{pmatrix}$$

对于以 $\boldsymbol{t}_0$ 和位姿 $\boldsymbol{q}_0$ 为起始点，通过在每个时刻都令 $g(\boldsymbol{q})$ 取极值来跟踪轨迹 $\boldsymbol{t}(t)$ 的运动，有

$$\begin{pmatrix}\boldsymbol{k}_\text{t}(\boldsymbol{q}(t))\\ \boldsymbol{h}(\boldsymbol{q}(t))\end{pmatrix}=\begin{pmatrix}\boldsymbol{t}(t)\\ \boldsymbol{0}\end{pmatrix}$$

两边同时对时间求导，得

$$\begin{pmatrix}\boldsymbol{J}_\text{t}(\boldsymbol{q})\\ \dfrac{\partial \boldsymbol{h}(\boldsymbol{q})}{\partial \boldsymbol{q}}\end{pmatrix}\dot{\boldsymbol{q}}=\begin{pmatrix}\dot{\boldsymbol{t}}\\ \boldsymbol{0}\end{pmatrix} \tag{10.33}$$

式中，左乘向量 $\dot{\boldsymbol{q}}$ 的矩阵是个方阵，称为扩展雅可比（extended Jacobian）矩阵 $\boldsymbol{J}_\text{ext}$。

因此，如果初始位形 $\boldsymbol{q}_0$ 使 $g(\boldsymbol{q})$ 取极值，并假设 $\boldsymbol{J}_\text{ext}$ 不会奇异，则逆映射为

$$\dot{\boldsymbol{q}}=\boldsymbol{J}_\text{ext}^{-1}(\boldsymbol{q})\begin{pmatrix}\dot{\boldsymbol{t}}\\ 0\end{pmatrix} \tag{10.34}$$

其时间积分可生成使 $g(\boldsymbol{q})$ 取极值的关节位形，从而跟踪给定的末端执行器轨迹 $\dot{\boldsymbol{t}}(t)$。

与式（10.13）形式的伪逆法相比，扩展雅可比方法的一个主要的优点在于它是循环的（见 10.6 节）。此外，通过适当选取向量 $\dot{\boldsymbol{q}}_0$，解式（10.34）就可等价于解式（10.12）[10.35,37]。相对来说，缺点是它在算法性奇异点附近的性能。（见 10.5.3 节）

10.5.2 增广雅可比矩阵

另一种方法，即所谓的增广任务空间法，它首先引入了一个与末端执行器任务一起执行的约束任务；然后建立一个增广雅可比矩阵，由它的逆给出搜索到的关节速度解。Sciavicco、Siciliano[10.28,38,39] 和 Egeland[10.40] 分别独立提出了增广任务空间的概念，随后 Seraji 又在位形控制法的架构中重新探讨了这一概念[10.41]。

详细地说，考虑向量 $\boldsymbol{t}_\text{c}=(t_{\text{c},1}\cdots t_{\text{c},P})^\text{T}$，它描述了需要与 M 维末端执行器任务 $\boldsymbol{t}$ 一起执行的附加任务。虽然完全利用冗余度，意味着所考虑的附加任务要正好与冗余自由度一样多，即 $P=N-M$，一般情况下取 $P\leqslant N-M$。

对于关节空间坐标向量 $\boldsymbol{q}$ 和约束任务（constraint-task）向量 $\boldsymbol{t}_\text{c}$ 之间的关系，可以考虑为正运动学方程，即

$$\boldsymbol{t}_\text{c}=\boldsymbol{k}_\text{c}(\boldsymbol{q}) \tag{10.35}$$

式中，$\boldsymbol{k}_\text{c}$ 是一个连续的非线性向量函数。因此，考虑如下映射：

$$\dot{\boldsymbol{t}}_\text{c}=\boldsymbol{J}_\text{c}(\boldsymbol{q})\dot{\boldsymbol{q}} \tag{10.36}$$

该映射可由方程式（10.35）微分得到。在式（10.36）中，$\dot{\boldsymbol{t}}_\text{c}$ 是约束任务速度向量；$\boldsymbol{J}_\text{c}(\boldsymbol{q})=\partial \boldsymbol{k}_\text{c}/\partial \boldsymbol{q}$ 是 $P\times N$ 阶的约束任务雅可比矩阵。

至此，增广任务（augmented-task）向量可以通过叠加末端执行器任务向量和约束任务向量定义为

$$\boldsymbol{t}_\text{a}=\begin{pmatrix}\boldsymbol{t}\\ \boldsymbol{t}_\text{c}\end{pmatrix}=\begin{pmatrix}\boldsymbol{k}_\text{t}(\boldsymbol{q})\\ \boldsymbol{k}_\text{c}(\boldsymbol{q})\end{pmatrix}$$

10

根据这一定义，寻找使 t_a 得到某些期望值的关节位形 q，就意味着同时满足末端执行器任务和约束任务。

这个问题的解可以通过在微分层面上反求下面的映射关系来得到。

$$\dot{t}_a = J_a(q)\dot{q} \tag{10.37}$$

其中，矩阵 $J_a = \begin{pmatrix} J_t \\ J_c \end{pmatrix}$ 称为增广雅可比（augmented Jacobian）矩阵。

选择一组特殊的约束任务向量 $t_c = h(q)$，其中 h 的定义如 10.5.1 节中所述，这就可以使增广雅可比法包含了扩展雅可比法。

10.5.3 算法性奇异

在跟踪末端执行器之外定义的附加目标，无形中增加了这样的可能性：使增广运动学奇异，而单纯的末端执行器任务运动学并不奇异。这种奇异因而被称为算法性奇异（algorithmic singularities）[10.35]。对速度映射式（10.33）和式（10.37），算法性奇异位形使扩展雅可比矩阵和增广雅可比矩阵分别是奇异的，而 J_t 却是满秩的。

最初的增广任务空间冗余度解法提出之后，Baillieul 指出[10.35,37]，算法性奇异不是扩展雅可比方法特有的问题，但扩展雅可比法会造成约束任务与末端执行器任务的冲突。这在简单情况下，如包含避障问题的轨迹跟踪时很容易理解：如果期望轨迹经过一个障碍，要么跟踪轨迹，要么避开障碍，两项任务不可能同时完成。如果两项任务之间的冲突来源有一个清晰的含义，那么算法性奇异就有可能根据具体情况，通过机敏地定制约束任务来避免[10.23]。在更一般的情况下，一些分析工具可能在寻找算法性奇异和指导约束函数的选取时有用[10.42]，或者在寻找更好地协调两项任务的位形时有用[10.43]。

根据式（10.2）和式（10.36）定义的任务，通过考虑它们的逆映射可以看到，当

$$\Re(J_c^T) \cap \Re(J_t^T) \neq \{0\} \tag{10.38}$$

这两项任务是冲突的，因此这是出现算法性奇异的条件。另一方面，当有

$$\Re(J_c^T) \cap \Re(J_t^T) = \{0\}$$

因为两个逆映射线性无关，这两项任务是不冲突的。有一项任务不冲突的特殊情况是

$$\Re(J_c^T) \equiv \Re^{\perp}(J_t^T) \tag{10.39}$$

并且两个映射相互正交。

在算法性奇异点处，增广雅可比矩阵不可逆，但可以采用奇异点鲁棒技术。因为不存在精确解，会有重构误差，而且这对两项任务向量都会有影响。要解决这个问题，参考文献［10.44，45］考虑用加权阻尼最小二乘法来对增广雅可比矩阵求逆；另一种方法是所谓的任务优先级逆运动学求解。

10.5.4 任务优先级

在任务优先级策略框架下，通过给期望任务分配适当的优先级，然后只在高优先级任务的零空间中去满足低优先级任务，以处理末端执行器任务与约束任务之间的冲突[10.46,47]。在典型情况下，末端执行器任务被认为是主要任务，虽然有时它是次要任务[10.23]。该方法的思想是当精确解不存在时，重构误差只会影响低优先级的任务。

参考解式（10.12），利用任务优先级方法计算出适当的 $\dot{q}_0$，以实现 P 维的约束任务 $\dot{t}_c$。值得注意的是，将 $\dot{q}_0$ 投影到 J_t 的零空间，保证了约束任务比末端执行器任务的优先级低，因为投影结果是一个零空间速度[10.48]。

当次要任务 $\dot{t}_c$ 与主要任务 $\dot{t}$ 正交，即满足方程式（10.39）时，关节速度为

$$\dot{q}_0 = J_c^{\dagger}(q)\dot{t}_c \tag{10.40}$$

上述问题可以很容易地求解，而且主要任务速度映射式（10.2）的零空间速度也有了，即不需要 N_{J_t} 的投影项了。不过，两项任务通常可能不冲突但也不是正交的，或者有冲突，并且不存在同时实现 $\dot{t}$ 和 $\dot{t}_c$ 的关节速度解。方法与两项任务所定义的优先顺序相关，一种合理的选择是保证精确跟踪主要任务速度的同时，最小化约束任务速度的重构误差 $\dot{t}_c - J_c\dot{q}$，因此给出[10.49]

$$\dot{q}_0 = [J_c(I - J_c^{\dagger}J_t)]^{\dagger}(\dot{t}_c - J_cJ_c^{\dagger}\dot{t}) \tag{10.41}$$

最后，观察到零空间投影算子是幂等的赫米特矩阵，所以式（10.12）和式（10.41）的解可以简化为[10.46]

$$\dot{q} = J_c^{\dagger}\dot{t} + [J_c(I - J_t^{\dagger}J_t)]^{\dagger}(\dot{t}_c - J_cJ_t^{\dagger}\dot{t}) \tag{10.42}$$

可以验证，算法性奇异的问题还是存在。实际上，当条件式（10.38）成立时，对于满秩的 J_t 和 J_c，矩阵 $J_c(I - J_t^{\dagger}J_t)$ 也会降秩。不过，与增广任务空间法不同，只要主要任务雅可比矩阵满秩，就可以得到正确的主要任务解。另一方面，在算法性奇异点之外，任务优先级方法给出的解与增广任务空间法是一样的。当接近算法性奇异点时，解的品质变坏，可能会造成很大的关节速度。这个问题可以通过使用连续的截尾奇异值分解（SVD）得到[10.3]。

另一种方法是放宽次要任务速度重构约束的最小化，只去跟踪式（10.40）中不与主要任务冲突

10

的部分[10.50,51]，即

$$\dot{q}=J_c^{\dagger}\dot{t}+(I-J_c^{\dagger}J_t)J_c^{\dagger}\dot{t}_c \tag{10.43}$$

该解的一个直观依据如下：伪逆 $J_t^{\dagger}$ 和 $J_c^{\dagger}$ 分别用于求解各自任务速度的关节速度，然后将与约束任务（次要的）相关的关节速度投影到 J_t 的零空间，以消除会引起与末端执行器任务（主要的）冲突的部分，最后把它与末端执行器任务（相关的）的关节速度叠加。其结果，解式（10.43）有一个优良特性，即算法性奇异点与 J_c 的奇异点是解耦的。

可以推断，解式（10.43）的约束任务重构误差比解式（10.42）的更大。这是在跟踪有冲突的任务时，使给出的关节速度轨迹光滑可行的代价。不过，对于可以在算法性奇异点之外修复次要任务跟踪误差的CLIK应用，解式（10.43）会更好。在这种情况下，有

$$\dot{q}=J_t^{\dagger}\omega_t+(I-J_t^{\dagger}J_t)J_c^{\dagger}\omega_c$$

式中，$\omega_t=\dot{t}+K_t(t-k_t(q))$，$\omega_c=\dot{t}+K_c(t-k_c(q))$。

10.6　二阶冗余度求解

加速度级求解冗余度可以考虑操作臂运动过程的动力学性能，而且得到的加速度曲线可以直接作为任务空间动力学控制器的参考信号（与相应的位置和速度信号一起），但另一方面，二阶冗余度求解算法在计算量方面总是要求更高。

最简单的加速度级算法是式（10.15）中提出的，即给出实现任务约束式（10.8）的最小范数解。与速度级伪逆解一样，这种局部优化解生成的关节运动无法在操作臂整个的运动过程中使加速度全局最小。不过值得注意的是，使用式（10.15）可在$[t_i,t_f]$内最小化积分指数，即

$$\int_{t_i}^{t_f}\dot{q}^{\mathrm{T}}\dot{q}\,\mathrm{d}t$$

前提是满足适当的边界条件[10.52]。例如，在端点自由的情况下（t_i和t_f时刻的关节位置和速度都没有指定），需要满足的边界条件可以分开，并表示为

$$\dot{q}(\bar{t})=J_t^{\dagger}\dot{t}(\bar{t})\quad \bar{t}=t_i,\ t_f$$

10　因此，虽然解式（10.15）表面上简单而优雅，但最小化上述积分的代价是需要求解一个两点边界值问题（TPBVP），这是个运算量很大的过程，对于实时运动学控制是不可行的。不过，对于工业环境中的离线冗余度求解，却是非常令人满意的。

通过考虑全部的二阶解式（10.14），可以更灵活地选择（局部的或全局的）性能指标。将操作臂动力学模型表示为

$$\tau=H(q)\ddot{q}+c(q,\dot{q})+\tau_g(q) \tag{10.44}$$

式中，τ 是驱动力矩向量；H 是操作臂惯性矩阵；c 是离心力 & 科氏力项；τ_g 是重力项。选择式（10.14）的零空间加速度为

$$\ddot{q}_0=-[H(I-J_t^{\dagger}J_t)]^{\dagger}\tilde{\tau} \tag{10.45}$$

式中，$\tilde{\tau}=HJ_t^{\dagger}(\ddot{t}-\dot{J}_t\dot{q})+c+\tau_g$。

这可以局部最小化驱动器力矩范数 $\tau^{\mathrm{T}}\tau$[10.53]。这种特殊的冗余度求解法在短时间的任务中表现很好，但在长时间的运行中可能会不稳定（更准确地说，是关节力矩会非常大），本质原因是零空间关节速度的增大。还要注意，式（10.45）中的矩阵积 $H(I-J_t^{\dagger}J_t)$ 是不满秩的，但它的伪逆可以使用参考文献［10.54］提供的程序来计算，也可以整体上最小化关节力矩[10.55]，这种解显然避开了不稳定性问题，但又需要求解一个TPBVP。

另一种有趣的逆解如下：

$$\ddot{q}_0=J_{t,H}^{\dagger}(\ddot{t}-\dot{J}_t\dot{q})+(I-J_{t,H}^{\dagger}J_t)H^{-1}c \tag{10.46}$$

从使用加权伪逆的角度来看，它是通解式（10.14）的轻微改动。详细地说，$J_{t,H}^{\dagger}$是惯性加权的任务雅可比伪逆，当惯性矩阵满秩时，当可以表示为

$$J_{t,H}^{\dagger}=H^{-1}J_t^{\mathrm{T}}(J_tH^{-1}J_t^{\mathrm{T}})^{-1}$$

10.7　可循环性

基于微分运动学的冗余度求解算法的共有缺点是缺少可循环性（也称为可重复性）。通常，与循环任务空间轨迹相对应的关节空间轨迹本身不是可循环的（即关节的最终位置和初始位置不一致）。这种现象显然是不希望出现的，因为这基本上意味着当执行周期性任务时，操作臂的行为是不可预知的。

对于一类特殊的冗余度解法，存在一个循环性能否满足的数学条件[10.56]。特别地，考虑如下形式

的任意解法：

$$\dot{\boldsymbol{q}}=\boldsymbol{G}_{\mathrm{t}}(\boldsymbol{q})\dot{\boldsymbol{t}} \tag{10.47}$$

式中，$\boldsymbol{G}_{\mathrm{t}}$ 是任务雅可比矩阵 $\boldsymbol{J}_{\mathrm{t}}$ 的任意一种广义逆（generalized inverse），即满足 $\boldsymbol{J}_{\mathrm{t}}\boldsymbol{G}_{\mathrm{t}}\boldsymbol{J}_{\mathrm{t}}=\boldsymbol{J}_{\mathrm{t}}$ 的一个 $N\times M$ 阶矩阵［式(10.13)中的伪逆矩阵 $\boldsymbol{J}_{\mathrm{t}}$ 就是一种特殊的广义逆］。设给定任务 $\boldsymbol{t}(t)$ 在任务空间的简单连通域中描述了循环轨迹，并令 $\boldsymbol{g}_{\mathrm{t}i}(\boldsymbol{q})$ 表示 $\boldsymbol{G}_{\mathrm{t}}$ 的第 i 列。式（10.47）生成可循环关节轨迹的一个充分必要条件是

$$\Delta_{G_{\mathrm{t}}}(\boldsymbol{q})=\mathrm{span}\{\boldsymbol{g}_{\mathrm{t}1}(\boldsymbol{q}),\cdots,\boldsymbol{g}_{\mathrm{t}M}(\boldsymbol{q})\}$$

分布是对合的（即它对于 Lie 括号操作是封闭的）。

需要强调的是，$\Delta_{G_{\mathrm{t}}}$ 的对合性是一个强约束条件，因为必须在任何位形下都满足它。这表明大多数广义逆都不是可循环的。还要注意，上述可循环性的条件不仅取决于所选取的广义逆（即伪逆、加权伪逆等），还取决于 $\boldsymbol{J}_{\mathrm{t}}$ 的形式，它又与操作臂的机械结构相关。这意味着可循环性必须根据具体情况分别建立。然而，还是有可能设计出一种可重复的逆，它可以在工作空间的指定子集上近似为任意期望的广义逆[10.57]。

至于不属于式（10.47）类的冗余度求解法，即一般逆解式（10.12）衍生的那些解法，通常都不是可循环的。尤其是当局部优化法用于求解冗余度时，如式（10.31），更是如此。值得注意的是，扩展雅可比法是一个例外，它总是可循环的。

10.8 容错性

运动学冗余的一个自然用途是容错，也就是说，如果拥有超过完成任务所需的最少自由度，理论上应该能够容忍即使某个关节失效仍能完成预期的任务。虽然在可以进行定期维护的结构化和良性环境中使用的机器人组件的故障相对较少，但在许多重要的应用，如太空或水下勘探以及核环境（尽管不常见）中，情况并非如此。在这种恶劣的环境中，组件的故障率相对较高[10.58]，并且维修是不可能的。这些组件的许多故障将导致机器人的关节卡死，即锁定关节故障模式[10.59]。导致其他常见故障模式的组件故障，如自由摆动关节故障[10.60]，也经常通过采用故障安全制动器的故障恢复机制转变为锁定关节故障模式[10.61]。

大量研究容错操作臂的工作集中在冗余度机器人的运动学特性上，包括串联结构和并联结构[10.62]，并已经对与操作臂雅可比[10.63,64]相关的局部特性，以及在特定故障[10.65-67]之后产生的工作空间之类的全局特性进行了分析。显然，局部和全局运动特性都是相关的。例如，如果机器人在其工作空间边界上，则对应的雅可比是奇异的。

当操作臂雅可比表示为列的集合时，锁定关节故障对操作臂运动能力的影响最容易被表征。

$$\boldsymbol{J}_{M\times N}=(\boldsymbol{j}_1\quad \boldsymbol{j}_2\quad \cdots\quad \boldsymbol{j}_N)$$

式中，$\boldsymbol{j}_i$ 表示由于关节 i 的速度引起的末端执行器速度。对于关节 f 处任意的单关节失效，假设失效关节可以被锁定，则所得到的 $M\times(N-1)$ 阶雅可比矩阵将缺失第 f 列，其中 f 的范围为 $1\sim N$。这个雅可比矩阵将用前面的上标表示，因此

$$^{f}\boldsymbol{J}_{M\times(N-1)}=(\boldsymbol{j}_1\quad \boldsymbol{j}_2\quad \cdots\quad \boldsymbol{j}_{f-1}\quad \boldsymbol{j}_{f+1}\quad \cdots\quad \boldsymbol{j}_N)$$

如上所述，机器人雅可比矩阵的局部速度特性在奇异值方面经常被量化。大多数局部灵巧性度量可以按照这些奇异值的简单组合来定义，如它们的乘积（行列式）、和（迹）或比率（条件数）。奇异值中最重要的值是最小奇异值 σ_M，因为根据定义，它是接近奇异点的度量，并且趋向于可支配操纵性（行列式）和条件数。最小奇异值也是对所有可能的末端执行器运动最坏情况的度量。容错性的一个定义是基于任意锁定关节故障后最坏情况的灵巧性。因为 $^{f}\sigma_M$ 表示 $^{f}\boldsymbol{J}$ 的最小奇异值，所以如果关节 f 失效了，则它是对最坏情况的度量。如果所有的关节同等可能失效，那么最坏情况下，对容错性的度量是

$$K=\min_{f=1}^{N}{}^{f}\sigma_M$$

从物理上讲，当关节被锁定而其他关节必须加速以保持期望的末端执行器轨迹时，这等于最小化了关节速度的增加。此外，最大化 K 等效于局部最大化到故障后工作空间边界的距离[10.68]。为了确保操作臂性能在发生故障之前是最佳的，基于各向同性机器人配置的理想特性，使其具有相同的奇异值，可能需要进一步定义具有最佳容错性的雅可比矩阵。在这些条件下，为了保证 $^{f}\sigma_M$ 的最小值尽可能大，都应该相等。很容易证明，各向同性机器人单关节故障的最坏情况是由以下不等式决定的，即

$$K=\min_{f=1}^{N}{}^{f}\sigma_M\leqslant\sigma\sqrt{\frac{(N-M)}{N}}$$

式中，σ 是初始雅可比的范数。如果操作臂处于最佳容错配置，则最好的情况发生。从物理的角度来看，上述不等式是有意义的，因为它代表了冗余度与初始自由度的比值。使用上述最优容错配置的定

10

义，可以辨识获得此属性所需的雅可比结构[10.63]。特别地，可以证明，最佳容错准则要求每个关节对雅可比变换的零空间贡献相等。从物理上讲，这意味着机器人的冗余度均匀地分布在所有关节中，因此任何一个关节的故障都可以由其余关节来补偿。

基于可视化最优容错配置的一个简单示例是具有4个关节的空间定位机器人，其雅可比矩阵为

$$J_V=\begin{pmatrix} -\sqrt{3/4} & \sqrt{1/12} & \sqrt{1/12} & \sqrt{1/12} \\ 0 & -\sqrt{2/3} & \sqrt{1/6} & \sqrt{1/6} \\ 0 & 0 & -\sqrt{1/2} & \sqrt{1/2} \end{pmatrix}$$

式中，J_V 表示该操作臂雅可比矩阵的线性速度部分。此配置的零空间为 (1/2) $[1\quad 1\quad 1\quad 1]^T$，这说明每个关节均等地贡献于零空间运动，从而将冗余度按比例分配到所有自由度。如果考虑4个可能的单锁关节故障，则

$${}^f\sigma_3=K_{\max}=\frac{1}{2}\quad f=1,\cdots,4,$$

满足最佳容错准则。这样就有可能设计出具有这种雅可比矩阵及其相关最优运动学特性的物理操作臂。图10.9[10.69]所示为具有最佳容错配置的4自由度空间定位操作臂。

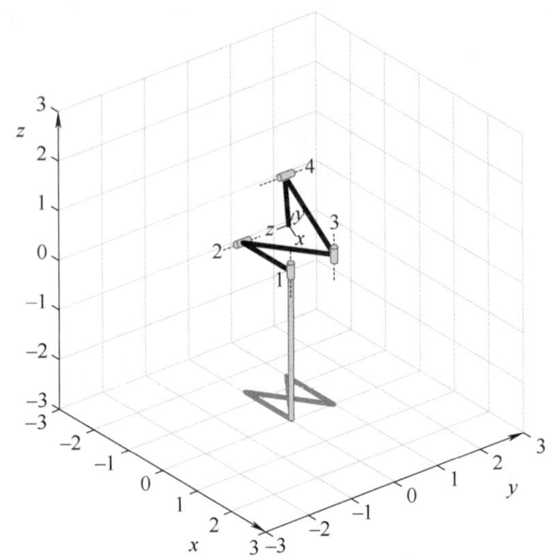

图10.9 具有最佳容错配置的4自由度空间定位操作臂

10.9 结论与延展阅读

对运动学冗余机器人的研究已经有二十多年了，现在仍然非常活跃。这方面的文献数量也非常巨大。下面引用的少量文献只不过是对之前已经引用了的基本参考文献的一个小小的补充，绝对不是详尽无遗的。

已有很多文献对运动学冗余操作臂的机械设计进行了研究，如参考文献［10.70-74］。特别是，参考文献［10.75］首次指出了类人手臂的操作臂相对于传统6自由度机器人所具有的优越性。参考文献［10.76,77］研究了通过手臂形态的重新配置，以确保在整个工作空间中的完全移动性。

参考文献［10.78］全面分析了冗余度操作臂的逆运动学问题。特别推荐的是，参考文献［10.79］分析了其实现自运动的几何条件。

参考文献［10.9,21,80］提出了在各向异性的末端执行器任务中能保证避开奇异点的加权阻尼最小二乘解。

除了避开奇异点，冗余度还被用于实现避障[10.37,46,81,82]、最小化关节的弹性效应[10.83]、容错[10.60]、减少冲击力[10.84,85]，以及各种灵巧性指标的最大化[10.4,5,43,86]。参考文献［10.87］提出了一种完全不同的冗余度机器人避障方法。

参考文献［10.88］综述了冗余度求解的局部优化法。参考文献［10.89］提出了一种计算效率不一样的局部优化冗余度求解方法。参考文献［10.90］介绍了一种介于局部优化和全局优化之间的某种中间性质的冗余度求解方法。二阶冗余度求解的其他方法也有讨论，如参考文献［10.91］中所述。同样值得引用的还有关于动态一致广义逆的[10.92]。

可循环性问题由参考文献［10.93］首次指出，并得到了进一步的研究[10.94,95]。参考文献［10.96,97］描述了受非完整约束的移动操作臂系统冗余度求解的一般形式。

视频文献

VIDEO 813 KUKA LBR iiwa – Kinematic redundancy
available from http://handbookofrobotics.org/view-chapter/10/videodetails/813

VIDEO 814 Free floating autonomous valve turning (task priority redundancy control + task concurrence) available from http://handbookofrobotics.org/view-chapter/10/videodetails/814
VIDEO 815 Human inspired tele-impedance and minimum effort controller for improved manipulation performance available from http://handbookofrobotics.org/view-chapter/10/videodetails/815
VIDEO 816 Human motion mapping to a robot arm with redundancy resolution available from http://handbookofrobotics.org/view-chapter/10/videodetails/816
VIDEO 817 Configuration space control of KUKA lightweight robot LWR with EXARM exoskeleton available from http://handbookofrobotics.org/view-chapter/10/videodetails/817
VIDEO 818 FlexIRob – Teaching nullspace constraints in physical human-robot interaction available from http://handbookofrobotics.org/view-chapter/10/videodetails/818
VIDEO 819 Visual servoing control of baxter robot arms with obstacle avoidance using kinematic redundancy available from http://handbookofrobotics.org/view-chapter/10/videodetails/819

参考文献

10.1 D.E. Whitney: Resolved motion rate control of manipulators and human prostheses, IEEE Trans. Man-Mach. Syst. **10**(2), 47–53 (1969)
10.2 G.H. Golub, C. Reinsch: Singular value decomposition and least-squares solutions, Numer. Math. **14**, 403–420 (1970)
10.3 A.A. Maciejewski, C.A. Klein: The singular value decomposition: computation and applications to robotics, Int. J. Robotics Res. **8**(6), 63–79 (1989)
10.4 T. Yoshikawa: Manipulability of robotic mechanisms, Int. J. Robotics Res. **4**(2), 3–9 (1985)
10.5 C.A. Klein, B.E. Blaho: Dexterity measures for the design and control of kinematically redundant manipulators, Int. J. Robotics Res. **6**(2), 72–83 (1987)
10.6 A.A. Maciejewski, C.A. Klein: Numerical filtering for the operation of robotic manipulators through kinematically singular configurations, J. Robotics Syst. **5**, 527–552 (1988)
10.7 S. Chiaverini: Estimate of the two smallest singular values of the Jacobian matrix: application to damped least-squares inverse kinematics, J. Robotics Syst. **10**, 991–1008 (1993)
10.8 O. Egeland, M. Ebdrup, S. Chiaverini: Sensory control in singular configurations – Application to visual servoing, IEEE Int. Workshop Intell. Motion Control, Istanbul (1990) pp. 401–405
10.9 Y. Nakamura, H. Hanafusa: Inverse kinematic solutions with singularity robustness for robot manipulator control, Trans. ASME J. Dyn. Syst. Meas., Control **108**, 163–171 (1986)
10.10 D.E. Whitney: The mathematics of coordinated control of prosthetic arms and manipulators, Trans. ASME J. Dyn. Syst. Meas., Control **94**, 303–309 (1972)
10.11 T.L. Boullion, P.L. Odell: *Generalized Inverse Matrices* (Wiley, New York 1971)
10.12 C.R. Rao, S.K. Mitra: *Generalized Inverse of Matrices and its Applications* (Wiley, New York 1971)
10.13 A. Ben-Israel, T.N.E. Greville: *Generalized Inverses: Theory and Applications* (Wiley, New York 1974)
10.14 R.H. Taylor: Planning and execution of straight-line manipulator trajectories, IBM J. Res. Dev. **23**, 424–436 (1979)
10.15 M. Sampei, K. Furuta: Robot control in the neighborhood of singular points, IEEE J. Robotics Autom. **4**, 303–309 (1988)
10.16 E.W. Aboaf, R.P. Paul: Living with the singularity of robot wrists, IEEE Int. Conf. Robotics Autom. (ICRA), Raleigh (1987) pp. 1713–1717
10.17 S. Chiaverini, O. Egeland: A solution to the singularity problem for six-joint manipulators, IEEE Int. Conf. Robotics Autom. (ICRA), Cincinnati (1990) pp. 644–649
10.18 S. Chiaverini, O. Egeland: An efficient pseudo-inverse solution to the inverse kinematic problem for six-joint manipulators, Model. Identif. Control **11**(4), 201–222 (1990)
10.19 O. Khatib: A unified approach for motion and force control of robot manipulators: The operational space formulation, IEEE J. Robotics Autom. **3**, 43–53 (1987)
10.20 C.W. Wampler: Manipulator inverse kinematic solutions based on vector formulations and damped least-squares methods, IEEE Trans. Syst. Man Cybern. **16**, 93–101 (1986)
10.21 S. Chiaverini, O. Egeland, R.K. Kanestrøm: Achieving user-defined accuracy with damped least-squares inverse kinematics, 5th Int. Conf. Adv. Robotics, Pisa (1991) pp. 672–677
10.22 J.R. Sagli: Coordination of Motion in Manipulators with Redundant Degrees of Freedom, Ph.D. Thesis (Norwegian University of Science and Technology, Trondheim 1991)
10.23 P. Chiacchio, S. Chiaverini, L. Sciavicco, B. Siciliano: Closed-loop inverse kinematics schemes for constrained redundant manipulators with task space augmentation and task priority strategy, Int. J. Robotics Res. **10**(4), 410–425 (1991)
10.24 B. Siciliano: A closed-loop inverse kinematic scheme for on-line joint-based robot control, Robotica **8**, 231–243 (1990)
10.25 Z.R. Novaković, B. Siciliano: A new second-order inverse kinematics solution for redundant manipulators. In: *Advances in Robot Kinematics*, ed. by S. Stifter, J. Lenarčič (Springer, New York 1991) pp. 408–415
10.26 A. Balestrino, G. De Maria, L. Sciavicco: Robust control of robotic manipulators, 9th IFAC World Cong., Budapest (1984) pp. 80–85
10.27 W.A. Wolovich, H. Elliott: A computational technique for inverse kinematics, 23rd IEEE Conf. Decis. Control, Las Vegas (1984) pp. 1359–1363
10.28 L. Sciavicco, B. Siciliano: A solution algorithm to the inverse kinematic problem for redundant manipulators, IEEE J. Robotics Autom. **4**, 403–410 (1988)

10.29 J. Baillieul, J. Hollerbach, R.W. Brockett: Programming and control of kinematically redundant manipulators, 23rd IEEE Conf. Decis. Control, Las Vegas (1984) pp. 768–774
10.30 A. Liégeois: Automatic supervisory control of the configuration and behavior of multibody mechanisms, IEEE Trans. Syst. Man Cybern. **7**, 868–871 (1977)
10.31 O. Khatib: Real-time obstacle avoidance for manipulators and mobile robots, IEEE Int. Conf. Robotics Autom. (ICRA), St. Louis (1985) pp. 500–505
10.32 J.C. Latombe: *Robot Motion Planning* (Kluwer, Boston 1991)
10.33 D.G. Luenberger: *Linear and Nonlinear Programming* (Addison-Wesley, Reading 1984)
10.34 A. De Luca, G. Oriolo: Issues in acceleration resolution of robot redundancy, 3rd IFAC Symp. Robot Control, Vienna (1991) pp. 665–670
10.35 J. Baillieul: Kinematic programming alternatives for redundant manipulators, IEEE Int. Conf. Robotics Autom. (ICRA), St. Louis (1985) pp. 722–728
10.36 P.H. Chang: A closed-form solution for inverse kinematics of robot manipulators with redundancy, IEEE J. Robotics Autom. **3**, 393–403 (1987)
10.37 J. Baillieul: Avoiding obstacles and resolving kinematic redundancy, IEEE Int. Conf. Robotics Autom. (ICRA), San Francisco (1986) pp. 1698–1704
10.38 L. Sciavicco, B. Siciliano: Solving the inverse kinematic problem for robotic manipulators, 6th CISM-IFToMM Symp. Theory Pract. Robotics Manip., Kraków (1986) pp. 107–114
10.39 L. Sciavicco, B. Siciliano: A dynamic solution to the inverse kinematic problem for redundant manipulators, IEEE Int. Conf. Robotics Autom. (ICRA), Raleigh (1987) pp. 1081–1087
10.40 O. Egeland: Task-space tracking with redundant manipulators, IEEE J. Robotics Autom. **3**, 471–475 (1987)
10.41 H. Seraji: Configuration control of redundant manipulators: theory and implementation, IEEE J. Robotics Autom. **5**, 472–490 (1989)
10.42 J. Baillieul: A constraint oriented approach to inverse problems for kinematically redundant manipulators, IEEE Int. Conf. Robotics Autom. (ICRA), Raleigh (1987) pp. 1827–1833
10.43 S.L. Chiu: Control of redundant manipulators for task compatibility, IEEE Int. Conf. Robotics Autom. (ICRA), Raleigh (1987) pp. 1718–1724
10.44 H. Seraji, R. Colbaugh: Improved configuration control for redundant robots, J. Robotics Syst. **7**, 897–928 (1990)
10.45 O. Egeland, J.R. Sagli, I. Spangelo, S. Chiaverini: A damped least-squares solution to redundancy resolution, IEEE Int. Conf. Robotics Autom. (ICRA), Sacramento (1991) pp. 945–950
10.46 A.A. Maciejewski, C.A. Klein: Obstacle avoidance for kinematically redundant manipulators in dynamically varying environments, Int. J. Robotics Res. **4**(3), 109–117 (1985)
10.47 Y. Nakamura, H. Hanafusa, T. Yoshikawa: Task-priority based redundancy control of robot manipulators, Int. J. Robotics Res. **6**(2), 3–15 (1987)
10.48 H. Hanafusa, T. Yoshikawa, Y. Nakamura: Analysis and control of articulated robot arms with redundancy, IFAC 8th Trienn. World Congr., Kyoto (1981) pp. 78–83
10.49 Y. Nakamura, H. Hanafusa: Task priority based redundancy control of robot manipulators. In: *Robotics Research – The Second International Symposium*, ed. by H. Hanafusa, H. Hinoue (MIT Press, Cambridge 1985) pp. 155–162
10.50 S. Chiaverini: Task-priority redundancy resolution with robustness to algorithmic singularities, 4th IFAC Symp. Robot Control, Capri (1994) pp. 393–399
10.51 S. Chiaverini: Singularity-robust task-priority redundancy resolution for real-time kinematic control of robot manipulators, IEEE Trans. Robotics Autom. **13**, 398–410 (1997)
10.52 K. Kazerounian, Z. Wang: Global versus local optimization in redundancy resolution of robotic manipulators, Int. J. Robotics Res. **7**(5), 312 (1988)
10.53 J.M. Hollerbach, K.C. Suh: Redundancy resolution of manipulators through torque optimization, IEEE J. Robotics Autom. **3**, 308–316 (1987)
10.54 A.A. Maciejewski: Kinetic limitations on the use of redundancy in robotic manipulators, IEEE Trans. Robotics Autom. **7**(2), 205–210 (1991)
10.55 J.M. Hollerbach, K.C. Suh: Local versus global torque optimization of redundant manipulators, IEEE Int. Conf. Robotics Autom. (ICRA), Raleigh (1987) pp. 619–624
10.56 T. Shamir, Y. Yomdin: Repeatability of redundant manipulators: Mathematical solution of the problem, IEEE Trans. Autom. Control **33**, 1004–1009 (1988)
10.57 R.G. Roberts, A.A. Maciejewski: Repeatable generalized inverse control strategies for kinematically redundant manipulators, IEEE Trans. Autom. Control **38**(5), 689–699 (1993)
10.58 B.S. Dhillon, A.R.M. Fashandi, K.L. Liu: Robot systems reliability and safety: A review, J. Qual. Maint. Eng. **8**(3), 170–212 (2002)
10.59 M.L. Visinsky, J.R. Cavallaro, I.D. Walker: A dynamic fault tolerance framework for remote robots, IEEE Trans. Robotics Autom. **11**(4), 477–490 (1995)
10.60 J.D. English, A.A. Maciejewski: Fault tolerance for kinematically redundant manipulators: Anticipating free-swinging joint failures, IEEE Trans. Robotics Autom. **14**, 566–575 (1998)
10.61 P. Nieminen, S. Esque, A. Muhammad, J. Mattila, J. Väyrynen, M. Siuko, M. Vilenius: Water hydraulic manipulator for fail safe and fault tolerant remote handling operations at ITER, Fusion Eng. Des. **84**(7), 1420–1424 (2009)
10.62 Y. Yi, J.E. McInroy, Y. Chen: Fault tolerance of parallel manipulators using task space and kinematic redundancy, IEEE Trans. Robotics **22**(5), 1017–1021 (2006)
10.63 A.A. Maciejewski, R.G. Roberts: On the existence of an optimally failure tolerant 7R manipulator Jacobian, Appl. Math. Comp. Sci. **5**(2), 343–357 (1995)
10.64 R.G. Roberts, A.A. Maciejewski: A local measure of fault tolerance for kinematically redundant manipulators, IEEE Trans. Robotics Autom. **12**(4), 543–552 (1996)
10.65 C.J.J. Paredis, P.K. Khosla: Fault tolerant task execution through global trajectory planning, Rel. Eng. Syst. Saf. **53**, 225–235 (1996)

10.66 C.L. Lewis, A.A. Maciejewski: Fault tolerant operation of kinematically redundant manipulators for locked joint failures, IEEE Trans. Robotics Autom. **13**(4), 622–629 (1997)

10.67 R.S. Jamisola Jr., A.A. Maciejewski, R.G. Roberts: Failure tolerant path planning for kinematically redundant manipulators anticipating locked-joint failures, IEEE Trans. Robotics **22**(4), 603–612 (2006)

10.68 K.N. Groom, A.A. Maciejewski, V. Balakrishnan: Real-time failure-tolerant control of kinematically redundant manipulators, IEEE Trans. Robotics Autom. **15**(6), 1109–1116 (1999)

10.69 K.M. Ben-Gharbia, A.A. Maciejewski, R.G. Roberts: Kinematic design of redundant robotic manipulators for spatial positioning that are optimally fault tolerant, IEEE Trans. Robotics Autom. **29**(5), 1300–1307 (2013)

10.70 J. Salisbury, J. Abramowitz: Design and control of a redundant mechanism for small motion, IEEE Int. Conf. Robotics Autom. (ICRA), St. Louis (1985) pp. 323–328

10.71 J. Baillieul: Design of kinematically redundant mechanisms, 24th IEEE Conf. Decis. Control, Ft. Lauderdale (1985) pp. 18–21

10.72 G.S. Chirikjian, J.W. Burdick: Design and experiments with a 30 DoF robot, IEEE Int. Conf. Robotics Autom. (ICRA), Atlanta (1993) pp. 113–119

10.73 J. Angeles: The design of isotropic manipulator architectures in the presence of redundancies, Int. J. Robotics Res. **11**(3), 196–201 (1992)

10.74 A. Bowling, O. Khatib: Design of macro/mini manipulators for optimal dynamic performance, IEEE Int. Conf. Robotics Autom. (ICRA), Albuquerqe (1997) pp. 449–454

10.75 J.M. Hollerbach: Optimum kinematic design for a seven degree of freedom manipulator. In: *Robotics Research – The Second International Symposium*, ed. by H. Hanafusa, H. Hinoue (MIT Press, Cambridge 1985) pp. 216–222

10.76 O. Egeland, J.R. Sagli, S. Hendseth, F. Wilhelmsen: Dynamic coordination in a manipulator with seven joints, IEEE Int. Conf. Robotics Autom. (ICRA), Scottsdale (1989) pp. 125–130

10.77 S. Chiaverini, B. Siciliano, O. Egeland: Kinematic analysis and singularity avoidance for a seven-joint manipulator, Am. Control Conf., San Diego (1990) pp. 2300–2305

10.78 D.R. Baker, C.W. Wampler: On the inverse kinematics of redundant manipulators, Int. J. Robotics Res. **7**(2), 3–21 (1988)

10.79 J.W. Burdick: On the inverse kinematics of redundant manipulators: Characterization of the self-motion manifolds, IEEE Int. Conf. Robotics Autom. (ICRA), Scottsdale (1989) pp. 264–270

10.80 S. Chiaverini, O. Egeland, R.K. Kanestrøm: Weighted damped least-squares in kinematic control of robotic manipulators, Adv. Robotics **7**, 201–218 (1993)

10.81 M. Kirćanski, M. Vukobratović: Trajectory planning for redundant manipulators in presence of obstacles, 5th CISM-IFToMM Symp. Theor. Pract. Robots Manip., Udine (1984) pp. 43–58

10.82 C.A. Klein: Use of redundancy in the design of robotic systems. In: *Robotics Research – The Second International Symposium*, ed. by H. Hanafusa, H. Hinoue (MIT Press, Cambridge 1985) pp. 207–214

10.83 J. Baillieul: Kinematic redundancy and the control of robots with flexible components, IEEE Int. Conf. Robotics Autom. (ICRA), Nice (1992) pp. 715–721

10.84 I.D. Walker: The use of kinematic redundancy in reducing impact and contact effects in manipulation, IEEE Int. Conf. Robotics Autom. (ICRA), Cincinnati (1990) pp. 434–439

10.85 M.W. Gertz, J.O. Kim, P.K. Khosla: Exploiting redundancy to reduce impact force, IEEE/RSJ Int. Workshop Intell. Robots Syst., Osaka (1991) pp. 179–184

10.86 T. Yoshikawa: Dynamic manipulability of robot manipulators, J. Robotics Syst. **2**(1), 113–124 (1985)

10.87 G. Oriolo, M. Ottavi, M. Vendittelli: Probabilistic motion planning for redundant robots along given end-effector paths, IEEE/RSJ Int. Conf. Intell. Robots Syst., Lausanne (2002) pp. 1657–1662

10.88 D.N. Nenchev: Redundancy resolution through local optimization: A review, J. Robotics Syst. **6**, 6 (1989)

10.89 A. De Luca, G. Oriolo: The reduced gradient method for solving redundancy in robot arms, Robotersysteme **7**(2), 117–122 (1991)

10.90 S. Seereeram, J.T. Wen: A global approach to path planning for redundant manipulators, IEEE Trans. Robotics Autom. **11**(1), 152–160 (1995)

10.91 A. De Luca, G. Oriolo, B. Siciliano: Robot redundancy resolution at the acceleration level, Lab. Robotics Autom. **4**(2), 97–106 (1992)

10.92 O. Khatib: Inertial properties in robotics manipulation: An object-level framework, Int. J. Robotics Res. **14**(1), 19–36 (1995)

10.93 C.A. Klein, C.H. Huang: Review of pseudoinverse control for use with kinematically redundant manipulators, IEEE Trans. Syst. Man Cybern. **13**, 245–250 (1983)

10.94 R. Mukherjee: Design of holonomic loops for repeatability in redundant manipulators, IEEE Int. Conf. Robotics Autom. (ICRA), Nagoya (1985) pp. 2785–2790

10.95 A. De Luca, G. Oriolo: Nonholonomic behavior in redundant robots under kinematic control, IEEE Trans. Robotics Autom. **13**(5), 776–782 (1997)

10.96 B. Bayle, J.Y. Fourquet, M. Renaud: Manipulability of wheeled-mobile manipulators: Application to motion generation, Int. J. Robotics Res. **22**(7/8), 565–581 (2003)

10.97 A. De Luca, G. Oriolo, P.R. Giordano: Kinematic modeling and redundancy resolution for nonholonomic mobile manipulators, IEEE Int. Conf. Robotics Autom. (ICRA), Orlando (2006) pp. 1867–1873

第 11 章

含有柔性单元的机器人

Alessandro De Luca，Wayne J. Book

本章主要研究含有柔性单元的机器人，包括柔性集中在关节上和沿着连杆分布，重点介绍其设计、动力学建模、轨迹规划和反馈控制问题。相应的，也分为两个主要部分，并在适当的情况下指出这两种柔性之间的相似性或差异。

对于含有柔性关节的机器人，本章通过拉格朗日法详细推导了其动力学模型，并讨论了可能的简化形式，从而可以计算产生所需机器人运动的额定转矩。结合线性和非线性反馈控制器设计，对校准及轨迹跟踪任务进行了介绍。

对于含有柔性连杆的机器人，本章分析了用于考虑分布柔性所需的相关因素。针对柔性，通过集中单元、传递矩阵或假设模态等，给出了其动力学模型。然后强调了几个具体问题，包括传感器的选择、用于控制器设计的模态阶数，以及用于减少或消除间歇动作中残余振动的有效指令等。最后，本章还讨论了反馈控制的选择问题。

本章的两个部分中，均安排有一节专门介绍原始参考文献的说明，以及关于该主题的延展阅读建议。

11

目　录

在机器人运动学、动力学及控制设计中，一个标准假设条件是驱动器仅由刚体构成（连杆及运动传递组件）。然而，这种理想状态只在慢速运动及较小相互作用力下才能成立。实际上，操作臂的结构柔性主要体现在两个方面：使用了柔性传动元件，以及为了减少运动连杆的质量而采用轻质材料和细长型设计。这两种柔性都在使驱动机构的位置与操作臂末端执行器位置之间产生静、动变形。当讨论机器人的设计与控制时，如果不考虑柔性的存在，我们所期望的机器人整体性能将会大打折扣。

从建模的角度来看，可以假定柔性集中在机器人关节上，或者（以不同的方式）分布在机器人的连杆上。动力学建模的步骤是相似的，除了需要有描述机器人手臂的刚体运动坐标，还需要引入其他的广义坐标。然而，从控制的角度来看，两者所得到的模型属性却迥然不同。因此，在本章中，对含有柔性关节的机器人和含有柔性连杆的机器人，是作为单独内容分开讨论的，并在适当之处指出相似点或结构上的差异。对这两种类型的柔性机器人，将讨论相关的设计问题、动力学建模、逆运动学算法，以及对给定点调节的控制律和轨迹跟踪问题。事实上，关节和连杆的柔性可能会同时出现并产生动力学耦合。许多结果也可以扩展到这种情况。

在接下来的部分，我们假定读者对机器人运动学、动力学和刚体控制等一些基本问题已经有了较好的了解（第 2 章、第 3 章和第 8 章）。

11.1 含有柔性关节的机器人

在当前的工业机器人中，关节中存在柔性是十分常见的现象。在这些工业机器人的传动/减速单元中，经常用到带［如选择性柔顺装配机器人手臂（SCARA）家族］、长轴（如 Unimation 公司 PUMA 机器人手臂）、柔索、谐波减速器或摆线针轮等。这些部件的作用是使驱动器可以排布在机器人基座附近，从而提高动力学效率，或者采用紧凑排布装置，以保证高减速比。

然而，当驱动力/力矩在正常的机器人操作过程中增大时，这些部件本质上是弹性的（如谐波减速器中的柔轮，见图 11.1)，并在驱动器输出轴的位置和从动连杆的位置之间引入一个时变位移。在没有施加某些特定控制行为的情况下，我们可以在机器人末端执行器（在自由运动的情况下）观察到一个振幅较小的高频振动。另外，在一些涉及与环境接触的任务中，也可能会产生某种形式的不稳定（如咔嗒作响声)。

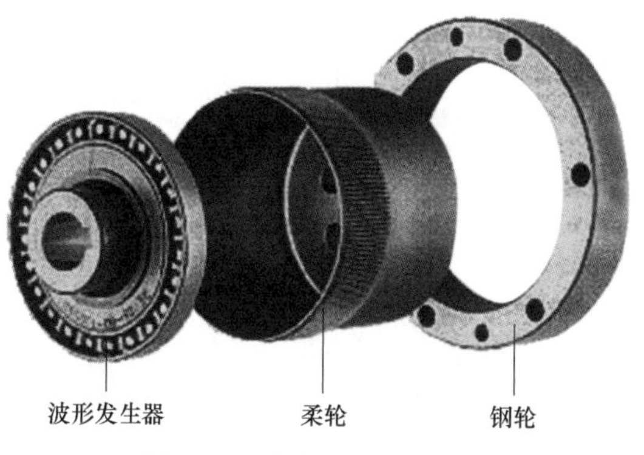

图 11.1　谐波减速器的组成

最近，柔性驱动/传动单元被特意用于机器人中，以实现人-机器人的物理交互。事实上，这种形式的结构柔性保证了驱动器与（可能是轻型）连杆之间的惯性解耦，从而减少了与人发生意外碰撞时的动能。这种以安全为导向的机械设计应该有一种更为复杂的控制策略来进行平衡，后者旨在满足刚性机器人末端执行器在速度及运动精度两方面性能的要求（第 69 章)。

图 11.2 和图 11.3 所示为两例含有柔性关节的操作臂，即 8R（8 个旋转关节）机器人 Dexter 与 7R 轻型操作臂 DLR LWR-Ⅲ。在图 11.2 中，第 3~8 个电动机布置在第 2 个连杆中，通过柔索及滑轮将运动传递到末端连杆。图 11.3 所示的操作臂采用模块化结构，每台电动机整合在相关关节中，并使用谐波传动装置作为减速元件。Dexter 的关节刚度根据关节的不同在 120~6300N·m/rad 之间变化，而 DLR LWR-Ⅲ的关节刚度范围为 6000~15000N·m/rad。这些数值都与减速齿轮传动后的变形和相关转矩的评估有关。

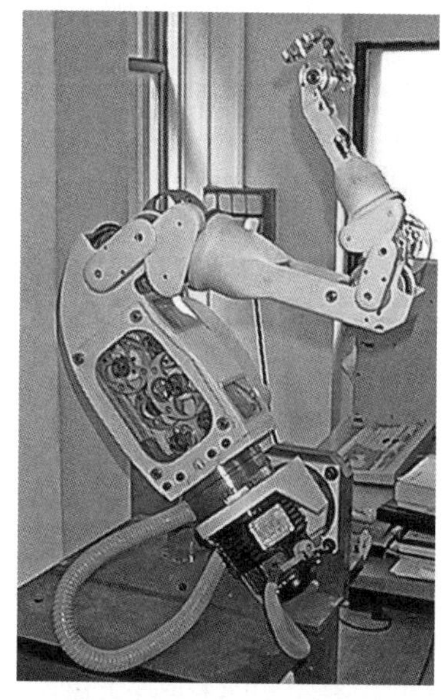

图 11.2　Scienzia Machinale 的柔索驱动机器人 Dexter

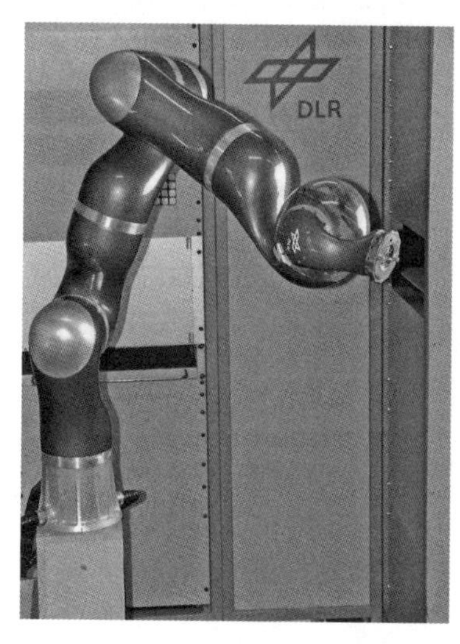

图 11.3　德国宇航中心的轻型操作臂 DLRLWR-Ⅲ

建模时，柔性传动单元的变形可以集中于机器人关节上，从而降低相关运动方程的复杂性。与刚体情况相比，含有柔性关节（和刚性连杆）的机器人，其动力学模型所需要的广义坐标数量是完全确定特征量的刚性体（电动机及连杆）的两倍。

综上所述，含有柔性关节的机器人是一种控制输入数量严格小于机器人自由度的典型示例。这表明，柔性机器人实现标准运动任务的控制器设计要远比刚性机器人困难得多。此外，实施完整的状态反馈律需要两倍数量的传感器，以测量关节变形前后（或过程中）的参数。另一方面，用于控制机器人的电动机转矩与由于关节柔性引起的扰动力矩作用在同一个关节轴上（它们物理上是并列的）。值得注意的是，这种情况与分布在连杆上的柔性不同。这个特性十分有利于消除振动和控制整个机器人的运动。总体上，我们能够使用输入指令，通过在柔性源起作用之前行动，以实现那些定义在所期望的柔性动作基础上的输出。

11.1.1　动力学建模

明确包含了柔性关节的动力学模型被用来定量评估刚体运动的振动效应，或者用于验证在刚性关节假设下获得的控制律是否仍然适用于实际情况（或其应该被修正到什么程度），从而有助于设计新的基于模型的前馈和反馈控制器。

可以将一个含有柔性关节的机器人看作是由 $N+1$ 个刚体组成的开式运动链：基座和 N 个连杆，由 N 个发生了变形的（旋转的或平移的）关节互相连接，并由 N 台电动机驱动。从机械的角度来看，每台电动机（包括其定子和转子）都是一个含有惯性特性的附加刚体。尽管由于不同传动装置的运用可能会使情况变得复杂，我们仍将所有的关节视为柔性关节。当存在减速器时，它们的建模应在关节变形发生之前，从而可以得到如下假设。

A1：关节变形小，因而柔性效应仅限于线弹性范围。

A2：驱动器的转子视为其质心位于旋转轴上的统一整体。

A3：每台电动机都位于机器人手臂上从动连杆之前的位置。（可以推广到多台电动机同时驱动多个末端连杆的情况）

假设 **A1** 支持含有柔性关节机器人的许多术语，这些术语在文献中经常被用到。关节 i 处的弹性可视为一个刚度系数 $K_i>0$ 的弹簧，对旋转关节为扭簧，而对于移动关节为线簧。图 11.4 所示为柔性关节，显示了一个由电动机通过旋转柔性关节驱动的独立连杆。如果变形与载荷之间的映射光滑、可逆，则也可以考虑柔性关节的非线性刚度特性。假设 **A2** 是电动机长久使用的一项基本要求，因此是非常合理的。正如我们将看到的，这意味着机器人动力学模型中的惯性矩阵和重力项与电动机的转角无关。图 11.5 所示为一个满足假设 **A3** 的典型电动机排布。最简单的情况是，第 i 个电动机安装在第 $i-1$ 个连杆上，通过 $i-1$ 连杆与第 i 个关节相连的轴驱动第 i 个连杆（LWR-Ⅲ就属于这种情况）。这种电动机沿着结构的错位排布对动力学方程的结构有很大的影响。

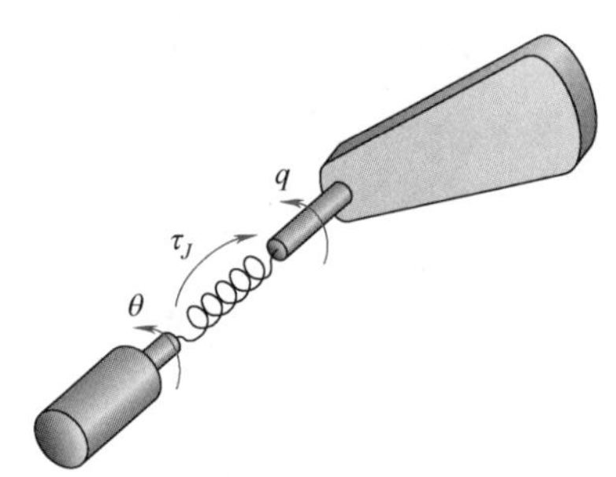

图 11.4　柔性关节

11

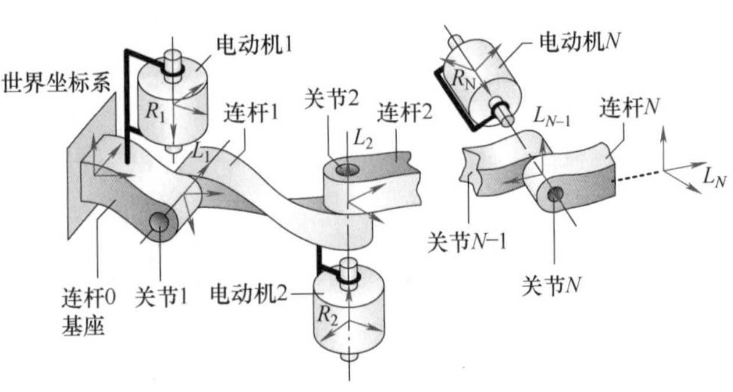

图 11.5　满足假设 **A3** 的典型电动机排布

为便于运动学和动力学分析，2N 个坐标系被固连在机器人链中的 2N 个运动刚体上（连杆和电动机）：连杆坐标系 L_i 和电动机坐标系 R_i，其中 $i=1,\cdots,N$（图 11.5）。为了定义连杆坐标系 L_i，可采用标准的 D-H 参数。坐标系 R_i 固连在电动机的定子上，与电动机的对称轴对齐，并与沿转子旋轴方向的 z 轴对齐。

相应地，需要定义 2N 个广义坐标。下式给出了一组可能的坐标集：

$$\boldsymbol{\Theta}=\begin{pmatrix}\boldsymbol{q}\\\boldsymbol{\theta}\end{pmatrix}\in\mathbb{R}^{2N}$$

式中，$\boldsymbol{q}$ 是连杆位置的 N 维向量；$\boldsymbol{\theta}$ 是电动机（即转子）位置的 N 维向量，可通过变速箱/减速齿轮箱的输出反映出来。这组变量的选择非常方便，因为

1）该模型形式上与减速比相互独立。

2）这些位置变量有一个相似的动态范围。

3）该机器人的运动学将仅是连杆变量 $\boldsymbol{q}$（这些变量已经超出了关节柔性）的函数，因此与机器人正/逆运动学相关的所有问题都和全刚性机器人的情况相同。

对于一些问题，定义变量 $\boldsymbol{\theta}_{\mathrm{m}}$（即减速前电动机位置的 N 维向量）是很有用的，这些数据可以由安装在电动机上的编码器直接测量得到。当电动机直接安装在第 i 个关节轴上时，可以得到 $\theta_{\mathrm{m},i}=n_i\dot{\theta}_i$，其中 $n_i\geqslant 1$ 为第 i 个关节的减速比。另外，当 $i=1,\cdots,N$ 时，不同之处是第 i 个关节的变形 $\delta_i=q_i-\theta_i$，而 $\tau_{\mathrm{J},i}=K_i(\theta_i-q_i)$ 是通过相应弹簧（图 11.4）传递到第 i 个连杆的转矩，其值由各处的关节力矩传感器测量得到。注意，对于含有柔性连杆的机器人，集合$(\boldsymbol{\theta},\boldsymbol{\delta})$通常用于动力学建模中，其中 $\boldsymbol{\delta}$ 是连杆变形的向量。

根据拉格朗日方法，可以推导出影响拉格朗日算子的唯一能量函数 $\mathcal{L}=\mathcal{T}(\boldsymbol{\Theta},\dot{\boldsymbol{\Theta}})-\mathcal{U}(\boldsymbol{\Theta})$。机器人的势能由重力势能和关节弹性势能组成。重力势能与连杆的质心（m_i）位置和电动机的质心（m_{ri}）位置有关。根据假设 **A2**，电动机的质心位置与 $\boldsymbol{\theta}$ 无关，因此有

$$\mathcal{U}_{\mathrm{grav}}=\mathcal{U}_{\mathrm{grav,link}}(\boldsymbol{q})+\mathcal{U}_{\mathrm{grav,motor}}(\boldsymbol{q})$$

对于弹性势能，根据假设 A1，有

$$\mathcal{U}_{\mathrm{elas}}=\frac{1}{2}(\boldsymbol{q}-\boldsymbol{\theta})^{\mathrm{T}}\boldsymbol{K}(\boldsymbol{q}-\boldsymbol{\theta})$$

$$\boldsymbol{K}=\mathrm{diag}(K_1,\cdots,K_N)$$

由此可得，

$$\mathcal{U}(\boldsymbol{\Theta})=\mathcal{U}_{\mathrm{grav}}(\boldsymbol{q})+\mathcal{U}_{\mathrm{elas}}(\boldsymbol{q}-\boldsymbol{\theta})$$

机器人的动能是连杆和电动机转子动能的总和。对于连杆，计算方法和传统刚性机器人的情况没有区别，它完全可以写成通用形式：

$$\mathcal{T}_{\mathrm{link}}=\frac{1}{2}\dot{\boldsymbol{q}}^{\mathrm{T}}\boldsymbol{M}_{\mathrm{L}}(\boldsymbol{q})\dot{\boldsymbol{q}} \tag{11.1}$$

式中，$\boldsymbol{M}_{\mathrm{L}}(\boldsymbol{q})$是对应连杆惯性的正定对称矩阵。对于转子，还需要进行一些细化：

$$\begin{aligned}\mathcal{T}_{\mathrm{rotor}}&=\sum_{i=1}^{N}\mathcal{T}_{\mathrm{rotor}_i}\\&=\sum_{i=1}^{N}\left(\frac{1}{2}m_{r_i}\boldsymbol{v}_{r_i}^{\mathrm{T}}\boldsymbol{v}_{r_i}+\frac{1}{2}{}^{R_i}\boldsymbol{\omega}_{r_i}^{\mathrm{T}}\,{}^{R_i}\boldsymbol{I}_{r_i}^{\mathrm{T}}\,{}^{R_i}\boldsymbol{\omega}_{r_i}\right)\end{aligned} \tag{11.2}$$

式中，$\boldsymbol{v}_{r_i}$是第 i 个转子质心位置的线速度；$\boldsymbol{\omega}_{r_i}$是第 i 个转子的角速度。在式（11.2）中，所有角度方面的量都可以在局部坐标系 R_i 中很容易地表示出来。根据假设 **A2**，转子的惯性矩阵是对角矩阵，即

$${}^{\mathrm{R_i}}\boldsymbol{I}_{r_i}=\mathrm{diag}(I_{r_{ixx}},I_{r_{iyy}},I_{r_{izz}})$$

式中，$I_{r_{ixx}}=I_{r_{iyy}}$，并且$\boldsymbol{v}_{r_i}$可以表示为只包含 $\dot{\boldsymbol{q}}$ 和 $\boldsymbol{q}$ 两个变量的函数。此外，根据假设 A3，第 i 个转子的角速度一般可表示为

$${}^{R_i}\boldsymbol{\omega}_{r_i}=\sum_{j=1}^{i-1}\boldsymbol{J}_{r_i,j}(\boldsymbol{q})\dot{\boldsymbol{q}}_j+\begin{pmatrix}0\\0\\\dot{\theta}_{m,j}\end{pmatrix} \tag{11.3}$$

式中，$\boldsymbol{J}_{r_i,j}(\boldsymbol{q})$是雅可比矩阵中的第 j 列，它将机器人链中的连杆速度 $\dot{\boldsymbol{q}}$ 与第 i 个转子的角速度联系起来。将式（11.3）代入式（11.2），并用 $\dot{\boldsymbol{\theta}}$ 表示 $\dot{\boldsymbol{\theta}}_{\mathrm{m}}$，则式（11.2）可以写为

$$\begin{aligned}\mathcal{T}_{\mathrm{rotor}}=&\frac{1}{2}\dot{\boldsymbol{q}}^{\mathrm{T}}[\boldsymbol{M}_{\mathrm{R}}(\boldsymbol{q})+\boldsymbol{S}(\boldsymbol{q})\boldsymbol{B}^{-1}\boldsymbol{S}^{\mathrm{T}}(\boldsymbol{q})]\dot{\boldsymbol{q}}+\\&\dot{\boldsymbol{q}}^{\mathrm{T}}\boldsymbol{S}(\boldsymbol{q})\dot{\boldsymbol{\theta}}+\frac{1}{2}\dot{\boldsymbol{\theta}}^{\mathrm{T}}\boldsymbol{B}\dot{\boldsymbol{\theta}}\end{aligned} \tag{11.4}$$

式中，$\boldsymbol{B}$ 是包含了转子转轴周围惯性部分 $I_{r_{izz}}$ 的一个常数对角惯性矩阵；$\boldsymbol{M}_{\mathrm{R}}(\boldsymbol{q})$ 中包含了转子质量（也可能包含了绕其他主轴的转子惯性组件）；方阵 $\boldsymbol{S}(\boldsymbol{q})$ 表示转子和机器人链中连杆的惯性耦合关系。

举一个简单的例子，说明一下式（11.4）中的推导过程。这里包括了减速器单元，以说明转轴周围的转子惯性组件在不同减速比情况下的动能变化。

考虑一个含有两个旋转柔性关节的平面机器人，其中第一个连杆的长度为 l_1，并且电动机直接安装在关节轴上。两个转子的动能是

$$\mathcal{T}_{\mathrm{rotor1}}=\frac{1}{2}I_{r_{1zz}}\dot{\theta}_{\mathrm{m},1}^2=\frac{1}{2}I_{r_{1zz}}n_1^2\dot{\theta}_1^2$$

11

$$\mathcal{T}_{\text{rotor2}}=\frac{1}{2}m_{r_2}l_1^2\dot{q}_1^2+\frac{1}{2}I_{r_{2zz}}(\dot{q}_1+\dot{\theta}_{m,2})^2$$
$$=\frac{1}{2}m_{r_2}l_1^2\dot{q}_1^2+\frac{1}{2}I_{r_{2zz}}(\dot{q}_1^2+2n_2\dot{q}_1\dot{\theta}_2+n_2^2\dot{\theta}_2^2)$$

从而得到

$$\boldsymbol{B}=\begin{pmatrix}I_{r_{1zz}}n_1^2 & 0\\ 0 & I_{r_{2zz}}n_2^2\end{pmatrix},\quad \boldsymbol{S}=\begin{pmatrix}0 & I_{r_{2zz}}n_2\\ 0 & 0\end{pmatrix}$$

$$\boldsymbol{M}_{\text{R}}=\begin{pmatrix}m_{r_2}l_1^2 & 0\\ 0 & 0\end{pmatrix},\quad \boldsymbol{S}\boldsymbol{B}^{-1}\boldsymbol{S}^{\text{T}}=\begin{pmatrix}I_{r_{2zz}} & 0\\ 0 & 0\end{pmatrix}$$

在这种特殊情况下，矩阵 $\boldsymbol{S}$（以及 $\boldsymbol{M}_{\text{R}}$）是常值矩阵。值得注意的是，对大减速比 n_i，矩阵 $\boldsymbol{B}$ 给出了由转子产生的主要惯性效果。此外，如果第二台电动机安装在远离第一个关节处（在 SCARA 中通常如此），或者虽然仍非常接近第二个关节，但旋转轴与该关节轴正交，那么矩阵 $\boldsymbol{S}$ 将为零。

一般来说，作为 **A3** 假设的结果，矩阵 $\boldsymbol{S}(\boldsymbol{q})$ 通常是一个严格的上三角结构，并且其非零项具有级联依赖性。

$$\boldsymbol{S}(\boldsymbol{q})=\begin{pmatrix}0 & S_{12} & S_{13}(q_2) & S_{14}(q_2,q_3) & \cdots & \cdots & S_{1N}(q_2,\cdots,q_{N-1})\\ 0 & 0 & S_{23} & S_{24}(q_3) & \cdots & \cdots & S_{2N}(q_3,\cdots,q_{N-1})\\ 0 & 0 & 0 & S_{34} & \cdots & \cdots & S_{3N}(q_4,\cdots,q_{N-1})\\ \vdots & \vdots & \vdots & \ddots & \ddots & \vdots & \vdots\\ 0 & 0 & 0 & \cdots & 0 & S_{N-2,N-1} & S_{N-2,N}(q_{N-1})\\ 0 & 0 & 0 & \cdots & 0 & 0 & S_{N-1,N}\\ 0 & 0 & 0 & \cdots & 0 & 0 & 0\end{pmatrix} \tag{11.5}$$

综上所述，该机器人的总动能为

$$\mathcal{T}=\frac{1}{2}\dot{\boldsymbol{\Theta}}^{\text{T}}\boldsymbol{M}(\boldsymbol{\Theta})\dot{\boldsymbol{\Theta}}$$
$$=\frac{1}{2}(\dot{\boldsymbol{q}}^{\text{T}}\quad\dot{\boldsymbol{\theta}}^{\text{T}})\begin{pmatrix}\boldsymbol{M}(\boldsymbol{q}) & \boldsymbol{S}(\boldsymbol{q})\\ \boldsymbol{S}^{\text{T}}(\boldsymbol{q}) & \boldsymbol{B}\end{pmatrix}\begin{pmatrix}\dot{\boldsymbol{q}}\\ \dot{\boldsymbol{\theta}}\end{pmatrix}$$

式中，$\boldsymbol{M}(\boldsymbol{q})=\boldsymbol{M}_{\text{L}}(\boldsymbol{q})+\boldsymbol{M}_{\text{R}}(\boldsymbol{q})+\boldsymbol{S}(\boldsymbol{q})\boldsymbol{B}^{-1}\boldsymbol{S}^{\text{T}}(\boldsymbol{q})$ （11.6）

正如预期的那样，机器人的总惯性矩阵 $\boldsymbol{M}$ 只依赖于 $\boldsymbol{q}$。

利用拉格朗日方程最终得到完整的动力学模型，即

$$\begin{pmatrix}\boldsymbol{M}(\boldsymbol{q}) & \boldsymbol{S}(\boldsymbol{q})\\ \boldsymbol{S}^{\text{T}}(\boldsymbol{q}) & \boldsymbol{B}\end{pmatrix}\begin{pmatrix}\ddot{\boldsymbol{q}}\\ \ddot{\boldsymbol{\theta}}\end{pmatrix}+\begin{pmatrix}\boldsymbol{c}(\boldsymbol{q},\dot{\boldsymbol{q}})+\boldsymbol{c}_1(\boldsymbol{q},\dot{\boldsymbol{q}},\dot{\boldsymbol{\theta}})\\ \boldsymbol{c}_2(\boldsymbol{q},\dot{\boldsymbol{q}})\end{pmatrix}+\begin{pmatrix}\boldsymbol{g}(\boldsymbol{q})+\boldsymbol{K}(\boldsymbol{q}-\boldsymbol{\theta})\\ \boldsymbol{K}(\boldsymbol{\theta}-\boldsymbol{q})\end{pmatrix}=\begin{pmatrix}\boldsymbol{0}\\ \boldsymbol{\tau}\end{pmatrix} \tag{11.7}$$

式中，惯性项［与总惯性矩阵 $\boldsymbol{M}(\boldsymbol{q})$ 相关］、科氏力和离心力［统一表达为 $\boldsymbol{c}_{\text{tot}}(\boldsymbol{\Theta},\dot{\boldsymbol{\Theta}})$］和重力项 $(\partial U(\boldsymbol{\Theta})/\partial\boldsymbol{\Theta})^{\text{T}}$ 已被分开表征。特别要指出的是，$\boldsymbol{g}(\boldsymbol{q})=(\partial U_{\text{grav}}(\boldsymbol{q})/\partial\boldsymbol{q})^{\text{T}}$，而 $\boldsymbol{\tau}_{\text{J}}=\boldsymbol{K}(\boldsymbol{\theta}-\boldsymbol{q})$ 是通过关节传递的柔性力矩。

前 N 个和后 N 个动力学模型式（11.7）分别对应连杆和电动机方程。

在式（11.7）的右边，所有非保守广义力都应该有所体现。当不考虑能量耗散的影响时，电动机方程式中只描述了电动机转矩 $\boldsymbol{\tau}$ 对 $\boldsymbol{\theta}$ 所做的功（即经过减速比平方放大后作用在电动机输出轴上的转矩）。如果机器人的末端执行器与环境相互作用，则连杆方程式右边的零应改为 $\boldsymbol{\tau}_{\text{ext}}=\boldsymbol{J}^{\text{T}}(\boldsymbol{q})\boldsymbol{F}$。其中，$\boldsymbol{J}(\boldsymbol{q})$ 是机器人雅可比矩阵；$\boldsymbol{F}$ 是环境作用于机器人上的力/力矩。

当考虑能量耗散的影响时，式（11.7）的右边增添了附加项。例如，减速器两侧的黏性摩擦和（黏性）柔性关节上弹簧的阻尼会产生向量，即

$$\begin{pmatrix}-\boldsymbol{F}_q\dot{\boldsymbol{q}}-\boldsymbol{D}(\dot{\boldsymbol{q}}-\dot{\boldsymbol{\theta}})\\ -\boldsymbol{F}_{\boldsymbol{\theta}}\dot{\boldsymbol{\theta}}-\boldsymbol{D}(\dot{\boldsymbol{\theta}}-\dot{\boldsymbol{q}})\end{pmatrix} \tag{11.8}$$

式中，对角正定矩阵 $\boldsymbol{F}_q$、$\boldsymbol{F}_{\boldsymbol{\theta}}$ 和 $\boldsymbol{D}$ 分别对应包含了连杆侧的黏性系数、电动机侧的黏性系数和关节处的弹簧阻尼。同时，也应该考虑更一般情况下的非线性摩擦力 $\boldsymbol{\tau}_{\text{F}}$。注意，原则上通过选取合适的控制力矩 $\boldsymbol{\tau}$ 可以使作用在电动机上的摩擦力完全抵消，但由于无法匹配等原因，无法消除连杆部分的摩擦作用。

1. 模型性质

在式（11.7）中，有关速度的 $2N$ 维向量 $\boldsymbol{c}_{\text{tot}}(\boldsymbol{\Theta},\dot{\boldsymbol{\Theta}})$ 中的所有元素均与电动机的位置 $\boldsymbol{\theta}$ 无关。N 维向量 $\boldsymbol{c}$、$\boldsymbol{c}_1$ 和 $\boldsymbol{c}_2$ 中的具体相关量都遵循基于科氏力符号 $\boldsymbol{c}_{\text{tot}}$ 分量的一般表达式：

$$c_{\text{tot},i}(\boldsymbol{\Theta},\dot{\boldsymbol{\Theta}})=\frac{1}{2}\dot{\boldsymbol{\Theta}}^{\text{T}}\left[\frac{\partial\boldsymbol{M}_i}{\partial\boldsymbol{\Theta}}+\left(\frac{\partial\boldsymbol{M}_i}{\partial\boldsymbol{\Theta}}\right)^{\text{T}}-\frac{\partial\boldsymbol{M}}{\partial\boldsymbol{\Theta}_i}\right]\dot{\boldsymbol{\Theta}}$$

式中，$i=1,\cdots,2N$；$\boldsymbol{M}_i$ 是总惯性矩阵 $\boldsymbol{M}(\boldsymbol{\Theta})$ 的第 i 列。特别指出，速度矢量 $\boldsymbol{c}_1$ 和 $\boldsymbol{c}_2$ 中包含从矩阵 $\boldsymbol{S}(\boldsymbol{q})$ 得到的一些变量。计算结果表明：

1）$\boldsymbol{c}_1$ 不包含 $\dot{\boldsymbol{q}}$、$\dot{\boldsymbol{\theta}}$ 中的二次速度项，仅包含 $\dot{\theta}_i\dot{q}_j$ 中的量。

2）当矩阵 $\boldsymbol{S}$ 是常数时，$\boldsymbol{c}_1$ 和 $\boldsymbol{c}_2$ 均为 0。

动力学模型式（11.7）也符合刚体模型情况下的一些特性，例如：

1）在一组合适的动力学系数（包括关节刚度和电动机惯性）情况下，模型满足一个线性的参数化过程，这对模型辨识和自适应控制都是有益的。

2）科氏力和离心力总是可以被分解为 $\boldsymbol{c}_{\text{tot},i}(\boldsymbol{\Theta},$

$\dot{\boldsymbol{\Theta}}) = \frac{1}{2}\dot{\boldsymbol{\Theta}}^{\mathrm{T}}\left[\frac{\partial \boldsymbol{M}_i}{\partial \boldsymbol{\Theta}}+\left(\frac{\partial \boldsymbol{M}_i}{\partial \boldsymbol{\Theta}}\right)^{\mathrm{T}}-\frac{\partial \boldsymbol{M}}{\partial \boldsymbol{\Theta}_i}\right]\dot{\boldsymbol{\Theta}}$，利用这种方法，$\boldsymbol{M}-2\boldsymbol{C}$ 矩阵便是反对称的，该属性可用于控制分析。

3）对于只有旋转关节的机器人，重力矢量 $\boldsymbol{g}(\boldsymbol{q})$ 的梯度是全局有界的，是一个常值范数。

当关节刚度极大时（$\boldsymbol{K}$ 趋向于正无穷），则 $\boldsymbol{\theta}$ 趋向于 $\boldsymbol{q}$，并且 $\boldsymbol{\tau}_{\mathrm{J}}$ 趋向于 $\boldsymbol{\tau}$。很容易验证动力学模型式（11.7）在该限定条件下转化为完全刚性机器人（包括连杆和电动机）的标准模型。

2. 简化模型

由式（11.7）可知，连杆和电动机不仅通过关节处的弹性转矩 $\boldsymbol{\tau}_{\mathrm{J}}$ 实现动力学耦合，还（在加速度方面）通过矩阵 $\boldsymbol{S}(\boldsymbol{q})$ 中的惯性项进行耦合——通常是一种低能量的传递路径。这些惯性耦合的存在与实际相关性取决于操作臂的结构排布，尤其是电动机和传动装置的具体排布。在某些情况下，$\boldsymbol{S}$ 是常数矩阵（如前例中带有任意连杆数的平面情况）或零矩阵（如含有柔性关节的独立连杆，或者拥有 $N=2$ 个连杆、两关节轴正交且电动机布置在关节处的机器人）。由此可大大简化动力学方程。

对于含有柔性关节的一般机器人，可以利用大减速比（n_i 为 100~150）的优势，简单地忽略连杆和电动机之间由于惯性耦合引起的能量变化（再次参见平面 2R 机器人示例），这相当于考虑了以下的简化假设条件。

A4：转子的角速度只受其自转的影响，即

$$^{R_i}\boldsymbol{\omega}_{r_i}=(0\quad 0\quad \dot{\theta}_{m,i})^{\mathrm{T}}\quad i=1,\cdots,N$$

取代式（11.3）的完全形式。

因此，转子的总角动能仅为 $\frac{1}{2}\dot{\boldsymbol{\theta}}^{\mathrm{T}}\boldsymbol{B}\dot{\boldsymbol{\theta}}$（或 $\boldsymbol{S}=\boldsymbol{0}$），这时，动力学模型式（11.7）简化为

$$\begin{aligned}\boldsymbol{M}(\boldsymbol{q})\ddot{\boldsymbol{q}}+\boldsymbol{c}(\boldsymbol{q},\dot{\boldsymbol{q}})+\boldsymbol{g}(\boldsymbol{q})+\boldsymbol{K}(\boldsymbol{q}-\boldsymbol{\theta})&=\boldsymbol{0}\\ \boldsymbol{B}\ddot{\boldsymbol{\theta}}+\boldsymbol{K}(\boldsymbol{\theta}-\boldsymbol{q})&=\boldsymbol{\tau}\end{aligned}\tag{11.9}$$

式中，$\boldsymbol{M}(\boldsymbol{q})=\boldsymbol{M}_{\mathrm{L}}(\boldsymbol{q})+\boldsymbol{M}_{\mathrm{R}}(\boldsymbol{q})$。这个模型的主要特点是连杆和电动机方程仅通过柔性力矩 $\boldsymbol{\tau}_{\mathrm{J}}$ 进行动力学耦合。此外，电动机方程完全线性化。

注意，完整模型式（11.7）和简化模型式（11.9）在某些控制问题上表现出不同的特性。事实上，简化模型总能由静态反馈使反馈线性化，而一旦耦合参数 $\boldsymbol{S}\neq\boldsymbol{0}$，对于完整模型，这种线性化永远无法成立。

3. 奇异摄动模型

模型中一个有趣的现象是存在两种时间标度（快和慢）的动力学行为，这是在含有柔性关节机器人的关节刚度 $\boldsymbol{K}$ 相对较大（但仍有限）的情况下产生的。这种行为可用一个简单的线性变换来说明，即以关节力矩 $\boldsymbol{\tau}_{\mathrm{J}}$ 取代 $\boldsymbol{\theta}$。为简单起见，这里只以简化模型（无耗散）为例。

由于假定关节刚度的对角矩阵元素都很大但相近，普通公因子 $1/\varepsilon^2\gg1$，因此可以提取为

$$\boldsymbol{K}=\frac{1}{\varepsilon^2}\hat{\boldsymbol{K}}=\frac{1}{\varepsilon^2}\mathrm{diag}(\hat{K}_1,\cdots,\hat{K}_N)$$

则由连杆方程给出的慢速子系统动力学模型可以改写为

$$\boldsymbol{M}(\boldsymbol{q})\ddot{\boldsymbol{q}}+\boldsymbol{c}(\boldsymbol{q},\dot{\boldsymbol{q}})+\boldsymbol{g}(\boldsymbol{q})=\boldsymbol{\tau}_{\mathrm{J}}\tag{11.10}$$

为了获得快速子系统的动力学模型，将关节力矩二次微分，电动机和连杆的加速度由式（11.9）代入，并使用上述定义的 $\hat{\boldsymbol{K}}$，从而得到

$$\begin{aligned}\varepsilon^2\ddot{\boldsymbol{\tau}}_{\mathrm{J}}=\hat{\boldsymbol{K}}\{&\boldsymbol{B}^{-1}\boldsymbol{\tau}-[\boldsymbol{B}^{-1}+\boldsymbol{M}^{-1}(\boldsymbol{q})]\boldsymbol{\tau}_{\mathrm{J}}+\\&\boldsymbol{M}^{-1}(\boldsymbol{q})[\boldsymbol{c}(\boldsymbol{q},\dot{\boldsymbol{q}})+\boldsymbol{g}(\boldsymbol{q})]\}\end{aligned}\tag{11.11}$$

对于较小的 ε，式（11.10）和式（11.11）描述了一个奇异摄动系统。两个分别作用在慢速和快速动力学模型中的时间坐标为 t 和 $\sigma=t/\varepsilon$，因

$$\varepsilon^2\ddot{\boldsymbol{\tau}}_{\mathrm{J}}=\varepsilon^2\frac{\mathrm{d}^2\boldsymbol{\tau}_{\mathrm{J}}}{\mathrm{d}t^2}=\frac{\mathrm{d}^2\boldsymbol{\tau}_{\mathrm{J}}}{\mathrm{d}\sigma^2}$$

该模型是实施复合控制策略的基础，其中转矩控制的一般形式为

$$\boldsymbol{\tau}=\boldsymbol{\tau}_{\mathrm{s}}(\boldsymbol{q},\dot{\boldsymbol{q}},t)+\varepsilon\boldsymbol{\tau}_{\mathrm{f}}(\boldsymbol{q},\dot{\boldsymbol{q}},\boldsymbol{\tau}_{\mathrm{J}},\dot{\boldsymbol{\tau}}_{\mathrm{J}})\tag{11.12}$$

式 11.12 中包括了一个在忽略关节弹性的条件下得到的缓慢作用量 $\boldsymbol{\tau}_{\mathrm{s}}$，以及一个使状态空间中快速柔性动力学达到局部稳定的附加作用量 $\boldsymbol{\tau}_{\mathrm{f}}$。可以验证，当式（11.10）~式（11.12）中的 $\varepsilon=0$ 时，与之等效的刚性机器人模型便恢复为

$$[\boldsymbol{M}(\boldsymbol{q})+\boldsymbol{B}]\ddot{\boldsymbol{q}}+\boldsymbol{c}(\boldsymbol{q},\dot{\boldsymbol{q}})+\boldsymbol{g}(\boldsymbol{q})=\boldsymbol{\tau}_{\mathrm{s}}$$

对于含有柔性连杆的操作臂，也可以推导出类似的奇异摄动模型（和控制设计）。

11.1.2 逆动力学

设定一个机器人的期望运动，我们希望计算出在理想条件下精确再现这个运动所需的额定转矩（逆动力学问题）。该额定转矩可用作轨迹跟踪控制律中的一个前馈项。

对于刚性机器人，逆动力学是一种简单的代数运算，通过替换动力学模型中广义坐标的期望运动获得。为了实现精确再现该运动的最低要求，设计的运动具有连续可微的期望速度。对于含有柔性关节的机器人，运动任务可以通过一个所期望的连杆轨迹 $\boldsymbol{q}=\boldsymbol{q}_{\mathrm{d}}(t)$ 来方便地表达（可能从笛卡儿空间

11

中一个期望运动的运动学逆解获得）。附加的复杂性在于，并非所有的机器人坐标都可以用这种方式直接给定，为此需要更多的推导。这要求期望轨迹 $\boldsymbol{q}_{\mathrm{d}}(t)\in[0,T]$ 具有更高的平滑度。其中，最终时间 T 可能是有限的，也可能不是有限的。

1. 简化模型

首先考虑简化模型式（11.7），为了更紧凑些，令 $\boldsymbol{n}(\boldsymbol{q},\dot{\boldsymbol{q}})=\boldsymbol{c}(\boldsymbol{q},\dot{\boldsymbol{q}})+\boldsymbol{g}(\boldsymbol{q})$。在期望连杆运动上评估以下连杆方程：

$$\boldsymbol{M}(\boldsymbol{q}_{\mathrm{d}})\ddot{\boldsymbol{q}}_{\mathrm{d}}+\boldsymbol{n}(\boldsymbol{q}_{\mathrm{d}},\dot{\boldsymbol{q}}_{\mathrm{d}})+\boldsymbol{K}\boldsymbol{q}_{\mathrm{d}}=\boldsymbol{K}\boldsymbol{\theta}_{\mathrm{d}} \tag{11.13}$$

很容易获得与期望连杆运动相关的电动机额定位置 $\boldsymbol{\theta}_{\mathrm{d}}$。关节处的额定弹性转矩为 $\boldsymbol{\tau}_{\mathrm{J,d}}=\boldsymbol{K}(\boldsymbol{\theta}_{\mathrm{d}}-\boldsymbol{q}_{\mathrm{d}})$。注意，从式（11.13）中可以看出，这个量可以表示为一个关于 $\boldsymbol{q}_{\mathrm{d}}$、$\dot{\boldsymbol{q}}_{\mathrm{d}}$ 和 $\ddot{\boldsymbol{q}}_{\mathrm{d}}$ 的函数，它与 $\boldsymbol{K}$ 无关。对式（11.13）进行微分，可得到电动机额定速度 $\dot{\boldsymbol{\theta}}_{\mathrm{d}}$ 的表达式：

$$\boldsymbol{M}(\boldsymbol{q}_{\mathrm{d}})\boldsymbol{q}_{\mathrm{d}}^{[3]}+\dot{\boldsymbol{M}}(\boldsymbol{q}_{\mathrm{d}})\ddot{\boldsymbol{q}}_{\mathrm{d}}+\dot{\boldsymbol{n}}(\boldsymbol{q}_{\mathrm{d}},\dot{\boldsymbol{q}}_{\mathrm{d}})+\boldsymbol{K}\dot{\boldsymbol{q}}_{\mathrm{d}}=\boldsymbol{K}\dot{\boldsymbol{\theta}}_{\mathrm{d}} \tag{11.14}$$

式中，用到了符号 $\boldsymbol{y}^{[i]}=\mathrm{d}^i\boldsymbol{y}/\mathrm{d}t^i$。进行再次微分，有

$$\begin{aligned}&\boldsymbol{M}(\boldsymbol{q}_{\mathrm{d}})\boldsymbol{q}_{\mathrm{d}}^{[4]}+2\dot{\boldsymbol{M}}(\boldsymbol{q}_{\mathrm{d}})\boldsymbol{q}_{\mathrm{d}}^{[3]}+\ddot{\boldsymbol{n}}(\boldsymbol{q}_{\mathrm{d}},\dot{\boldsymbol{q}}_{\mathrm{d}})+\\&[\ddot{\boldsymbol{M}}(\boldsymbol{q}_{\mathrm{d}})+\boldsymbol{K}]\ddot{\boldsymbol{q}}_{\mathrm{d}}=\boldsymbol{K}\ddot{\boldsymbol{\theta}}_{\mathrm{d}}\end{aligned} \tag{11.15}$$

式（11.15）可用于沿期望运动所评估的电动机方程中。经过简化后，得到额定转矩为

$$\begin{aligned}\boldsymbol{\tau}_{\mathrm{d}}=&[\boldsymbol{M}(\boldsymbol{q}_{\mathrm{d}})+\boldsymbol{B}]\ddot{\boldsymbol{q}}_{\mathrm{d}}+\boldsymbol{n}(\boldsymbol{q}_{\mathrm{d}},\dot{\boldsymbol{q}}_{\mathrm{d}})+\\&\boldsymbol{B}\boldsymbol{K}^{-1}[\boldsymbol{M}(\boldsymbol{q}_{\mathrm{d}})\boldsymbol{q}_{\mathrm{d}}^{[4]}+2\dot{\boldsymbol{M}}(\boldsymbol{q}_{\mathrm{d}})\boldsymbol{q}_{\mathrm{d}}^{[3]}+\\&\ddot{\boldsymbol{M}}(\boldsymbol{q}_{\mathrm{d}})\ddot{\boldsymbol{q}}_{\mathrm{d}}+\ddot{\boldsymbol{n}}(\boldsymbol{q}_{\mathrm{d}},\dot{\boldsymbol{q}}_{\mathrm{d}})]\end{aligned} \tag{11.16}$$

从式（11.16）中可以看到，相对于刚性情况下的额定转矩，由于关节的柔性而有附加项存在。$\boldsymbol{\tau}_{\mathrm{d}}$ 的赋值涉及动力学模型的一阶和二阶偏导数的计算。例如，需要计算

$$\dot{\boldsymbol{M}}[\boldsymbol{q}_{\mathrm{d}}(t)]=\sum_{i=1}^{N}\left.\frac{\partial\boldsymbol{M}_i(\boldsymbol{q})}{\partial\boldsymbol{q}}\right|_{\boldsymbol{q}=\boldsymbol{q}_{\mathrm{d}}(t)}\dot{\boldsymbol{q}}_{\mathrm{d}}(t)\boldsymbol{e}_i^{\mathrm{T}}$$

11

式中，$\boldsymbol{e}_i$ 是第 i 个单位向量；$\boldsymbol{M}_i$ 是矩阵 $\boldsymbol{M}(\boldsymbol{q})$ 的第 i 列。它和其他类似表达式可以通过符号运算软件获得。从式（11.16）可以看出，精确再现期望运动的最低要求是要保证 $\boldsymbol{q}_{\mathrm{d}}(t)$ 连续可微，即 $\boldsymbol{q}_{\mathrm{d}}^{[4]}(t)$ 在时间区间 $[0,T]$ 内存在。从系统的柔性特性来看，这样一个较高的平滑性要求并不难保证。

2. 完整模型

需要对模型式（11.9）进一步分析。为便于论述，且不失一般性，考虑常数矩阵 $\boldsymbol{S}$ 的情况。当评估所期望的连杆运动方程为

$$\boldsymbol{M}(\boldsymbol{q}_{\mathrm{d}})\ddot{\boldsymbol{q}}_{\mathrm{d}}+\boldsymbol{S}\ddot{\boldsymbol{\theta}}_{\mathrm{d}}+\boldsymbol{n}(\boldsymbol{q}_{\mathrm{d}},\dot{\boldsymbol{q}}_{\mathrm{d}})+\boldsymbol{K}\boldsymbol{q}_{\mathrm{d}}=\boldsymbol{K}\boldsymbol{\theta}_{\mathrm{d}} \tag{11.17}$$

时，左侧的电动机额外加速度使得电动机位置 $\boldsymbol{\theta}_{\mathrm{d}}$ 不能直接表示成一个只以 $(\boldsymbol{q}_{\mathrm{d}},\dot{\boldsymbol{q}}_{\mathrm{d}},\ddot{\boldsymbol{q}}_{\mathrm{d}})$ 为变量的函数。但是，如果式（11.5）中含有严格上三角结构的矩阵 $\boldsymbol{S}$ 定义了一个 $\boldsymbol{\theta}_{\mathrm{d}}$ 的分量，则可利用标量方程式（11.17）进行递推。事实上，第 N 个方程与 $\ddot{\boldsymbol{\theta}}_{\mathrm{d}}$ 无关，即

$$\boldsymbol{M}_N^{\mathrm{T}}(\boldsymbol{q}_{\mathrm{d}})\ddot{\boldsymbol{q}}_{\mathrm{d}}+\boldsymbol{0}^{\mathrm{T}}\ddot{\boldsymbol{\theta}}_{\mathrm{d}}+n_N(\boldsymbol{q}_{\mathrm{d}},\dot{\boldsymbol{q}}_{\mathrm{d}})+K_Nq_{\mathrm{d},N}=K_N\theta_{\mathrm{d},N}$$

因此，该等式可用于定义

$$\theta_{\mathrm{d},N}=f_N(\boldsymbol{q}_{\mathrm{d}},\dot{\boldsymbol{q}}_{\mathrm{d}},\ddot{\boldsymbol{q}}_{\mathrm{d}})$$

经过两次微分后，其二次时间导数为

$$\ddot{\theta}_{\mathrm{d},N}=f_N''(\boldsymbol{q}_{\mathrm{d}},\dot{\boldsymbol{q}}_{\mathrm{d}},\cdots,\boldsymbol{q}_{\mathrm{d}}^{[4]})$$

在第（$N-1$）个方程中，

$$\begin{aligned}&\boldsymbol{M}_{N-1}^{\mathrm{T}}(\boldsymbol{q}_{\mathrm{d}})\ddot{\boldsymbol{q}}_{\mathrm{d}}+S_{N-1,N}\ddot{\theta}_{\mathrm{d},N}+\\&n_{N-1}(\boldsymbol{q}_{\mathrm{d}},\dot{\boldsymbol{q}}_{\mathrm{d}})+K_{N-1}q_{\mathrm{d},N-1}=K_{N-1}\theta_{\mathrm{d},N-1}\end{aligned}$$

加速度 $\ddot{\theta}_{\mathrm{d},N}$ 在之前步骤中已确定。因此，该方程可类似地用于定义

$$\theta_{\mathrm{d},N-1}=f_{N-1}(\boldsymbol{q}_{\mathrm{d}},\dot{\boldsymbol{q}}_{\mathrm{d}},\cdots,\boldsymbol{q}_{\mathrm{d}}^{[4]})$$

经过两次微分，同样可得

$$\ddot{\theta}_{\mathrm{d},N-1}=f_{N-1}''(\boldsymbol{q}_{\mathrm{d}},\dot{\boldsymbol{q}}_{\mathrm{d}},\cdots,\boldsymbol{q}_{\mathrm{d}}^{[6]})$$

注意，当 $S_{N-1,N}=0$ 时，$\boldsymbol{q}_{\mathrm{d}}$ 关于 $\theta_{\mathrm{d},N-1}$ 导数的最高阶数并没有增加。这个结论也适用于递推以下步骤：从连杆方程组的最后一项开始向后迭代，标量计算的结果是

$$\theta_{\mathrm{d},1}=f_1(\boldsymbol{q}_{\mathrm{d}},\dot{\boldsymbol{q}}_{\mathrm{d}},\cdots,\boldsymbol{q}_{\mathrm{d}}^{[2N]})$$

$$\ddot{\theta}_{\mathrm{d},1}=f_1''(\boldsymbol{q}_{\mathrm{d}},\dot{\boldsymbol{q}}_{\mathrm{d}},\cdots,\boldsymbol{q}_{\mathrm{d}}^{[2(N+1)]})$$

可见，其与 $\boldsymbol{q}_{\mathrm{d}}$ 所能进行的最高微分阶数有关。用这种计算方式获得 $\ddot{\boldsymbol{\theta}}_{\mathrm{d}}=f''(\cdot)$ 后，额定转矩最终可由电动机方程组计算得到，同时可以通过对比期望运动来进行评估。用式（11.17）取代 $\boldsymbol{K}(\boldsymbol{\theta}_{\mathrm{d}}-\boldsymbol{q}_{\mathrm{d}})$，有

$$\begin{aligned}\boldsymbol{\tau}_{\mathrm{d}}=&[\boldsymbol{M}(\boldsymbol{q}_{\mathrm{d}})+\boldsymbol{S}^{\mathrm{T}}]\ddot{\boldsymbol{q}}_{\mathrm{d}}+\boldsymbol{n}(\boldsymbol{q}_{\mathrm{d}},\dot{\boldsymbol{q}}_{\mathrm{d}})+\\&(\boldsymbol{B}+\boldsymbol{S})\ddot{\boldsymbol{\theta}}_{\mathrm{d}}(\boldsymbol{q}_{\mathrm{d}},\dot{\boldsymbol{q}}_{\mathrm{d}},\cdots,\boldsymbol{q}_{\mathrm{d}}^{[2(N+1)]})\end{aligned} \tag{11.18}$$

因此，电动机-连杆惯性耦合的存在大大增加了求解该逆运动学问题的复杂性。为了精确再现式（11.18）中额定转矩所对应的期望连杆轨迹，$\boldsymbol{q}_{\mathrm{d}}(t)$ 需要满足 $(2N+1)$ 阶连续可微，即 $\boldsymbol{q}_{\mathrm{d}}^{[2(N+1)]}$ 在时间区间 $[0,T]$ 上存在。对于从静止到静止的运动，当对其进行轨迹规划时，要求具有非常缓慢的开始和结束阶段。

最后需要说明的是，能否将系统状态和输入量用代数方法表达，取决于所谓的平滑特性，此代数表达式是通过对输出变量（即本例中的 $\boldsymbol{q}$）和其微分后的有限量的分析而得。以上的逆动力学分析表明，$\boldsymbol{q}$ 是含有柔性关节机器人模型［无论用式（11.7）还是式（11.9）］的一个平滑特性输出。

还要注意的是，当 $\boldsymbol{q}_{\mathrm{d}}$ 被视为常数时，这些计

算都为相关电动机位置提供了相同的条件，即

$$\boldsymbol{\theta}_{\mathrm{d}}=\boldsymbol{q}_{\mathrm{d}}+\boldsymbol{K}^{-1}\boldsymbol{g}(\boldsymbol{q}_{\mathrm{d}}) \tag{11.19}$$

和额定静态转矩

$$\boldsymbol{\tau}_{\mathrm{d}}=\boldsymbol{g}(\boldsymbol{q}_{\mathrm{d}}) \tag{11.20}$$

3. 存在的耗散项

在逆动力学模型中引入耗散项后，还需要一些补充条件。在传动过程中，作用在电动机侧任何模型的摩擦效应都无须引入额外条件进行计算。然而，连杆侧的摩擦则需要一个平滑模型来描述，因为需要对连杆方程进行微分。因此，在式（11.13）或式（11.17）引入之前，需要考虑一些近似函数（如用双曲正切函数取代不连续符号函数）。

另一方面，式（11.8）中不可忽略的弹簧阻尼 $\boldsymbol{D}$ 改变了计算结构。虽然由此降低了 $\boldsymbol{q}_{\mathrm{d}}$ 的微分阶数，但这个问题将变为非解析性的。事实上，逆系统需要利用动力学系统的解，虽然只是简单的一个。

例如，考虑模型式（11.9），包括式（11.8）给出的所有耗散项。当评估连杆方程为

$$\begin{aligned}&\boldsymbol{M}(\boldsymbol{q}_{\mathrm{d}})\ddot{\boldsymbol{q}}_{\mathrm{d}}+\boldsymbol{n}(\boldsymbol{q}_{\mathrm{d}},\dot{\boldsymbol{q}}_{\mathrm{d}})+(\boldsymbol{D}+\boldsymbol{F}_{q})\dot{\boldsymbol{q}}_{\mathrm{d}}+\boldsymbol{K}\boldsymbol{q}_{\mathrm{d}}\\&=\boldsymbol{D}\dot{\boldsymbol{\theta}}_{\mathrm{d}}+\boldsymbol{K}\boldsymbol{\theta}_{\mathrm{d}}\end{aligned} \tag{11.21}$$

时，电动机速度 $\boldsymbol{\theta}_{\mathrm{d}}$ 也同时出现在等式右边。对式（11.21）微分可得

$$\boldsymbol{D}\ddot{\boldsymbol{\theta}}_{\mathrm{d}}+\boldsymbol{K}\dot{\boldsymbol{\theta}}_{\mathrm{d}}=\boldsymbol{\omega}_{\mathrm{d}} \tag{11.22}$$

则

$$\begin{aligned}\boldsymbol{\omega}_{\mathrm{d}}=&\boldsymbol{M}(\boldsymbol{q}_{\mathrm{d}})\boldsymbol{q}_{\mathrm{d}}^{[3]}+[\dot{\boldsymbol{M}}(\boldsymbol{q}_{\mathrm{d}})+\boldsymbol{D}+\boldsymbol{F}_{q}]\ddot{\boldsymbol{q}}_{\mathrm{d}}+\\&\dot{\boldsymbol{n}}(\boldsymbol{q}_{\mathrm{d}},\dot{\boldsymbol{q}}_{\mathrm{d}})+\boldsymbol{K}\dot{\boldsymbol{q}}_{\mathrm{d}}\end{aligned}$$

方程式（11.22）是一个由状态量 $\dot{\boldsymbol{\theta}}_{\mathrm{d}}$ 和力信号 $\boldsymbol{\omega}_{\mathrm{d}}(t)$ 构成的一阶线性渐进稳定的动力学系统（内部动力学）。对于一个给定的 $\dot{\boldsymbol{\theta}}_{\mathrm{d}}(0)$，需要用方程的解 $\dot{\boldsymbol{\theta}}_{\mathrm{d}}(t)$ 及其相关微分 $\ddot{\boldsymbol{\theta}}_{\mathrm{d}}(0)$ 来计算电动机方程组中的额定转矩。由此产生了

$$\boldsymbol{\tau}_{\mathrm{d}}=\boldsymbol{M}(\boldsymbol{q}_{\mathrm{d}})\ddot{\boldsymbol{q}}_{\mathrm{d}}+\boldsymbol{n}(\boldsymbol{q}_{\mathrm{d}},\dot{\boldsymbol{q}}_{\mathrm{d}})+\boldsymbol{F}_{q}\dot{\boldsymbol{q}}_{\mathrm{d}}+\boldsymbol{B}\ddot{\boldsymbol{\theta}}_{\mathrm{d}}+\boldsymbol{F}_{\theta}\dot{\boldsymbol{\theta}}_{\mathrm{d}}$$

其中，式（11.21）已用来取代 $\boldsymbol{D}(\dot{\boldsymbol{\theta}}_{\mathrm{d}}-\dot{\boldsymbol{q}}_{\mathrm{d}})+\boldsymbol{K}(\boldsymbol{\theta}_{\mathrm{d}}-\boldsymbol{q}_{\mathrm{d}})$ 这一项。在这种情况下，期望的连杆轨迹 $\boldsymbol{q}_{\mathrm{d}}(t)$ 应该有一个连续可微的加速度（$\boldsymbol{q}_{\mathrm{d}}^{[3]}$ 应该存在，因为用它来定义 $\boldsymbol{\omega}_{\mathrm{d}}$）。请注意，任何内部的动力学方程式（11.22）的初始值 $\dot{\boldsymbol{\theta}}_{\mathrm{d}}(0)$ 都适用于从式（11.21）初始化得到的相关电动机位置 $\boldsymbol{\theta}_{\mathrm{d}}(0)$。也就是说，它产生了一个具体的转矩配置 $\boldsymbol{\tau}_{\mathrm{d}}(t)$，并得到相同的连杆运动 $\boldsymbol{q}_{\mathrm{d}}(t)$。然而，应该关注实际机器人的初始状态。例如，从一个平衡状态开始意味着 $\dot{\boldsymbol{\theta}}_{\mathrm{d}}(0)=0$ 的唯一性。

在存在弹簧阻尼的情况下，同样的程序也适用于完整模型式（11.7）。同样，动态逆系统也是必需的。但在这种情况下，对 $\boldsymbol{q}_{\mathrm{d}}(t)$ 的平滑性要求会显著降低。

总之，对于含有柔性连杆的机器人，逆动力学问题也引出了内部动力学问题，与模态阻尼的存在与否无关。当指定一个期望的柔性手臂末端运动时，相关的内部动力学变得不稳定，这一关键问题必须解决，否则难以得到一个合适的解。

11.1.3 调节控制

我们继续考虑以下问题：控制含有柔性关节的机器人运动，使其达到一个稳定的位形。在这个问题中，没有涉及轨迹规划，但应该建立一种反馈律，以实现期望闭环平衡的渐进稳定。优先考虑全局解，即从任意初始状态开始的有效解。

根据上一节的分析可以看出，只需要为连杆坐标定义唯一常量 $\boldsymbol{q}_{\mathrm{d}}(\dot{\boldsymbol{q}}_{\mathrm{d}}(t)\equiv\boldsymbol{0})$。在式（11.19）中，电动机的唯一参考变量 $\boldsymbol{\theta}_{\mathrm{d}}$ 其实是与期望的 $\boldsymbol{q}_{\mathrm{d}}$ 相关的（反之，$\boldsymbol{q}_{\mathrm{d}}$ 可能会由机器人末端执行器期望的位姿产生）。此外，式（11.20）给出了任何可行控制器在稳态下应用所需的静态转矩。

关节柔性存在的一个主要方面是，控制律中的反馈部分一般取决于每个关节的 4 个变量：电动机和连杆的位置，以及电动机和连杆的速度。然而，在大多数机器人中，关节柔性并没有在系统设计时予以明确考虑，最多只有两个传感器，即一个位置传感器（如编码器），在某些情况下，还有一个用作速度传感器的测速计，用于测量关节参数。当没有速度传感器时，速度通常是通过对高分辨率位置测量值进行适当的数值微分来得到的。由于关节柔性的存在，实际测得的位置/速度值取决于这些传感器安装在电动机/传动机构组件上的位置。

一个通过柔性关节驱动的独立连杆可作为范例，用于研究使用不同部分状态测量集可以得到什么，由此提供了如何处理一般多连杆情况的一个指导。

在没有重力的情况下，我们发现，一个仅基于电动机尺寸的比例微分（PD）控制器便足以实现预期的调节任务。在存在重力的情况下，各种重力补偿方案可以添加到 PD 反馈控制器中。只要这些应用在反馈中的参考值确定了，就能参照刚性关节机器人的情况进行控制。

1. 单柔性关节示例

分析一个在水平面上旋转的独立连杆（因此没有重力作用），它通过柔性关节联轴器用电动机驱

动（图11.4）。当电动机与连杆侧的黏性摩擦以及弹簧阻尼同时作用时，动力学模型为

$$M\ddot{q}+D(\dot{q}-\dot{\theta})+K(q-\theta)+F_q\dot{q}=0$$

$$B\ddot{q}+D(\dot{\theta}-\dot{q})+K(\theta-q)+F_q\dot{\theta}=\tau$$

式中用到与11.1.1节中相同的符号，但这里是标量。由于该系统是用线性方程组描述的，所以可用拉普拉斯变换来计算传递函数，即从输入转矩到电动机位置的传递函数：

$$\frac{\theta(s)}{\tau(s)}=\frac{Ms^2+(D+F_q)s+K}{\text{den}(s)}$$

以及从输入转矩到连杆位置的传递函数：

$$\frac{q(s)}{\tau(s)}=\frac{Ds+K}{\text{den}(s)}$$

它们含有共同的分母 den(*s*)，可由下式给出：

$$\text{den}(s)=\{MBs^3+[M(D+F_\theta)+B(D+F_q)]s^2+[(M+B)K+(F_q+F_\theta)D+F_qF_\theta]s+(F_q+F_\theta)K\}s$$

在将连杆位置作为输出的情况下，这两个传递函数有较大的相对度（或零极点过剩）。图11.6和图11.7所示为以上两个传递函数的典型频响特性曲线（波特图）。为清楚起见，设速度为输出量。在电动机输出速度的波特图中，注意存在一个反共振/共振现象。类似的，在连杆速度输出中也有一个纯共振（当弹簧阻尼 D 较小或为零时更为明显）。图11.7中的相位含有高达270°的滞后，表明将连杆参数进行闭环反馈控制会遇到更大的控制困难。在对机器人关节进行的试验测试中，这种现象在关节柔性集中存在时是很典型的，因而可用于评估这一现象的相关性，并用于辨识模型参数。

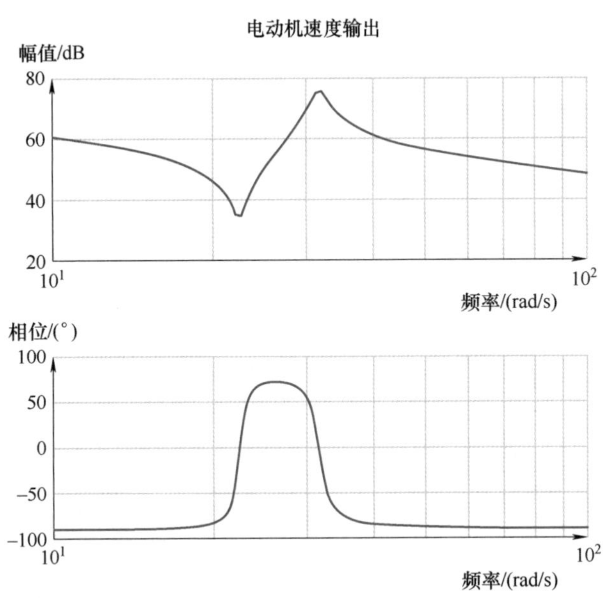

图11.6　转矩-电动机速度传递函数的波特图

11

为了分析不同反馈形式的稳定性，将在以下情况下忽略所有的耗散效应（最坏情况下，$D=F_q=F_\theta=0$）。首先考虑相对于电动机位置输出的传递函数：

$$\left.\frac{\theta(s)}{\tau(s)}\right|_{\text{no diss}}=\frac{Ms^2+K}{[MBs^2+(M+B)K]s^2} \tag{11.23}$$

这个传递函数有一对虚零点和极点，以及原点处的一个二重极点，其零点即为截止频率，即

$$\omega_1=\sqrt{\frac{K}{M}}$$

它的特点是当电动机被锁定时，$\theta\equiv0$，会发生振荡，如可通过一个高增益的位置反馈来调节。这个频率主要用于评估一个对电动机变量简单PD控制的极限性能。为了使闭环系统具有足够的阻尼，带宽应该是有限值，根据一般规律，应为 ω_1 的三分之一。只有在综合考虑柔性关节的四阶模态时，才可能达到更快的瞬态。还要注意的是，这些零点的频率始终低于式（11.23）中极点的频率。这与从电动机转矩到速度的映射被动性有关，这种特性有益于稳定性和自适应控制或鲁棒控制的设计。

由于控制目标在于规范连杆的位置输出，因此我们也对开环传递函数感兴趣，即

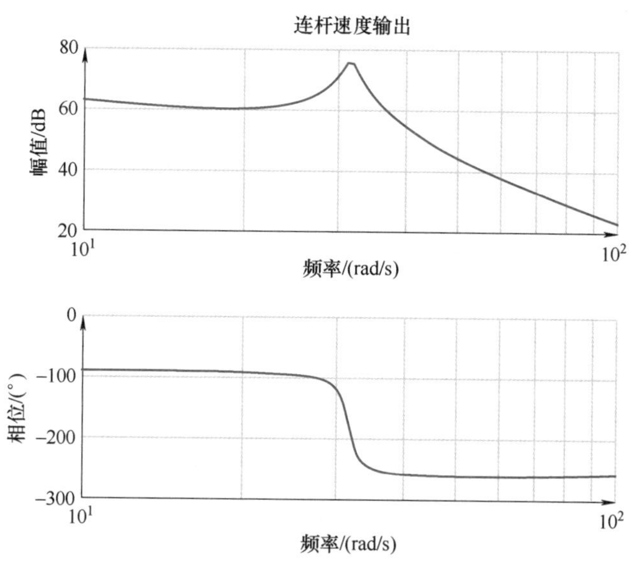

图 11.7 转矩-连杆速度传递函数的波特图

$$\left.\frac{q(s)}{\tau(s)}\right|_{\text{no diss}}=\frac{K}{[MBs^2+(M+B)K]s^2} \tag{11.24}$$

该传递函数没有零点（事实上，这足以保证存在 $D=0$），所以目前最大可能的相对度是 4。注意，式（11.24）中缺失零点的非线性部分也将对含有柔性关节的多连杆机器人的轨迹控制发挥相应的作用。

值得一提的是，这种情况与将弹簧从关节处移除并布置在连杆上任意位置的情况完全不同：后者只是对连杆柔性模型的一个简单的单模态近似。在这种情况下，类似的传递函数将拥有两个对称的实零点（非最小相位系统），指示出为实现期望连杆轨迹，系统输入-输出映射直接反演的临界状态。

根据连杆参数 $q_{\rm d}$ 给出的期望位置，使用一个位置变量和一个速度变量来设计线性稳定反馈最自然的选择是使用连杆参数的 PD 闭环控制，即

$$\tau=u_q-(K_{P,q}q+K_{D,q}\dot{q}) \tag{11.25}$$

式中，$K_{P,q}$和 $K_{D,q}$是位置和速度的增益，并且 $u_q=K_{P,q}q_{\rm d}$ 作为外部输入用于定义调整点。很容易发现，无论如何选取增益，闭环的极点都是不稳定的，所以要避免仅来源于连杆变量的误差反馈。与此相似，电动机位置与连杆速率的反馈组合也常常是不稳定的。

另一种混合反馈策略是利用连杆位置和电动机速度，即

$$\tau=u_q-(K_{P,q}q+K_{D,\rm m}\dot{\theta}) \tag{11.26}$$

这种组合适用于将速度传感器集成在直流电动机上的情形，以及将光学编码器安装在负载轴上来测定位置的情况（不需要任何关于关节柔性的信息）。利用式（11.26）就能导出闭环特征方程：

$$BMs^4+MK_{D,\rm m}s^3+(B+M)Ks^2+KK_{D,\rm m}s+KK_{P,q}=0$$

利用 Rough 判据，当且仅当电动机速度增益 $K_{D,\rm m}>0$，且连杆位置增益满足 $0<K_{P,q}<K$ 时，系统才会达到渐近稳定，即比例反馈不超过弹簧刚度的上限。这种上限的存在限制了这种方案的可用性。

最后，电动机变量的性能反馈为

$$\tau=u_\theta-(K_{P,\rm m}\theta+K_{D,\rm m}\dot{\theta}) \tag{11.27}$$

式中，$u_\theta=K_{P,\rm m}\theta_{\rm d}=K_{D,\rm m}q_{\rm d}$（由于没有重力）。只要 $K_{P,\rm m}$和 $K_{D,\rm m}$都严格为正（或无穷大），该闭环系统就会达到渐近稳定。这种特性使其可方便地推广到多连杆的情况。

注意，其他部分状态反馈组合也是有可能的，具体取决于所用的传感设备。例如，安装在传动轴上的应变仪能够直接测量出用于控制的弹性转矩 $\tau_{\rm J}=K(\theta-q)$。应变仪对于柔性连杆也是十分有用的传感器。事实上，可以设计全状态反馈以保证渐近稳定，并大大改善系统的瞬态特性。但是，这不仅将增加额外的传感器成本，还需要对 4 个增益进行适当调整。

2. 仅使用电动机变量的 PD 控制

针对无重力作用的普通多连杆补充，我们来分析基于电动机位置和速度反馈的 PD 控制律，即

$$\boldsymbol{\tau}=\boldsymbol{K}_P(\boldsymbol{\theta}_{\rm d}-\boldsymbol{\theta})-\boldsymbol{K}_D\dot{\boldsymbol{\theta}} \tag{11.28}$$

式中的增益矩阵 $\boldsymbol{K}_P$ 和 $\boldsymbol{K}_D$ 是对称（典型，对角）

正定矩阵。由于 $\boldsymbol{g}(\boldsymbol{q})\equiv\boldsymbol{0}$，从式（11.19）可以看出，电动机位置的参考值是 $\boldsymbol{\theta}_{\mathrm{d}}=\boldsymbol{q}_{\mathrm{d}}$（稳定状态下无关节偏转，不需要转矩输入）。

控制律式（11.28）全局渐近稳定到所期望的平衡状态 $\boldsymbol{q}=\boldsymbol{\theta}=\boldsymbol{q}_{\mathrm{d}}$，$\dot{\boldsymbol{q}}=\dot{\boldsymbol{\theta}}=\boldsymbol{0}$。这可以通过李雅普诺夫理论证明，并通过拉萨尔定理完善。事实上，该系统的总能量（动能+弹性势能）和比例项产生的控制能量（虚拟弹性势能）之和给出了一个备选的李雅普诺夫函数：

$$V=\frac{1}{2}\dot{\boldsymbol{\Theta}}^{\mathrm{T}}\boldsymbol{\mathcal{M}}(\boldsymbol{\Theta})\dot{\boldsymbol{\Theta}}+\frac{1}{2}(\boldsymbol{q}-\boldsymbol{\theta})^{\mathrm{T}}\boldsymbol{K}(\boldsymbol{q}-\boldsymbol{\theta})+\frac{1}{2}(\boldsymbol{\theta}_{\mathrm{d}}-\boldsymbol{\theta})^{\mathrm{T}}\boldsymbol{K}_P(\boldsymbol{\theta}_{\mathrm{d}}-\boldsymbol{\theta})\geqslant 0 \tag{11.29}$$

计算 V 沿由式（11.7）或式（11.9）及式（11.28）给出的闭环系统轨迹的时间导数，并考虑反对称矩阵 $\dot{\boldsymbol{M}}-2\boldsymbol{C}$，可得

$$\dot{V}=-\dot{\boldsymbol{\theta}}^{\mathrm{T}}\boldsymbol{K}_D\dot{\boldsymbol{\theta}}\leqslant 0$$

耗散项（黏性摩擦和弹簧阻尼）的引入会使 $\dot{V}$ 更趋向于半负定。分析是通过验证状态集合中包含的最大不变集在 $\dot{V}=0$（即 $\dot{\boldsymbol{\theta}}=\boldsymbol{0}$ 时得到的）时简化为期望的独特平衡状态来完成的。

需要说明的是，在不考虑重力的情况下，可以使用一个相同的控制律，将含有柔性连杆机器人全局调节到期望的关节位形。在这种情况下，式（11.28）中的 $\boldsymbol{\theta}$ 是在机器人柔性连杆基座上的刚性坐标。

3. 含常重力补偿的 PD 控制

由于重力的存在，需要在 PD 控制式（11.28）中增加某些形式的重力补偿项。此外，还需要一个额外的结构假设，并在选择控制增益时慎重考虑。

在开始之前，我们回顾一下重力矢量 $\boldsymbol{g}(\boldsymbol{q})$（在 **A2** 假设下，式（11.7）中的重力矢量与等效刚性机器人动力学中的重力矢量相同）的一个基本属性：对于含有旋转关节的机器人，无论存在柔性与否，都存在正常数 α，满足

$$\left\|\frac{\partial \boldsymbol{g}(\boldsymbol{q})}{\partial \boldsymbol{q}}\right\|\leqslant\alpha,\ \forall\boldsymbol{q}\in\mathbb{R}^N \tag{11.30}$$

矩阵 $\boldsymbol{A}(\boldsymbol{q})$ 的范数是通过欧氏范数导出的，即

$$\|\boldsymbol{A}\|=\sqrt{\lambda_{\max}(\boldsymbol{A}^{\mathrm{T}}\boldsymbol{A})}$$

由式（11.30）可得

$$\|\boldsymbol{g}(\boldsymbol{q}_1)-\boldsymbol{g}(\boldsymbol{q}_2)\|\leqslant\alpha\|\boldsymbol{q}_1-\boldsymbol{q}_2\|,\forall\boldsymbol{q}_1,\boldsymbol{q}_2\in\mathbb{R}^N \tag{11.31}$$

在常见的做法中，机器人关节不可能无限柔软。更确切地说，根据机器人自重的载荷，它们有足够的刚度来支持一个特定的连杆平衡位置 $\boldsymbol{q}_{\mathrm{e}}$，它与任意指定的电动机位置 $\boldsymbol{\theta}_{\mathrm{e}}$ 有关，并与式（11.19）所表示的关系相反向。这种情况并不是一种限制，反而可以作为进一步的建模假设条件。

A5：最低关节刚度要大于作用在机器人上的重力载荷上限，或

$$\min_{i=1,\cdots,N}K_i>\alpha$$

处理存在重力情况的最简单修正方法是，考虑增加一个常数项，使其在期望的稳定状态下完全抵消重力载荷。根据式（11.19）和式（11.20），控制律式（11.28）可修改为

$$\boldsymbol{\tau}=\boldsymbol{K}_P(\boldsymbol{\theta}_{\mathrm{d}}-\boldsymbol{\theta})-\boldsymbol{K}_D\dot{\boldsymbol{\theta}}+\boldsymbol{g}(\boldsymbol{q}_{\mathrm{d}}) \tag{11.32}$$

式中，$\boldsymbol{K}_P>\boldsymbol{0}$（作为最小值），是典型对角对称矩阵；$\boldsymbol{K}_D>\boldsymbol{0}$；$\boldsymbol{\theta}_{\mathrm{d}}=\boldsymbol{q}_{\mathrm{d}}+\boldsymbol{K}^{-1}\boldsymbol{g}(\boldsymbol{q}_{\mathrm{d}})$ 给出了电动机参数。

保证 $\boldsymbol{q}=\boldsymbol{q}_{\mathrm{d}}$、$\boldsymbol{\theta}=\boldsymbol{\theta}_{\mathrm{d}}$、$\dot{\boldsymbol{q}}=\dot{\boldsymbol{\theta}}=\boldsymbol{0}$ 是系统式（11.7）在控制律式（11.32）下达到全局渐进稳定平衡的充分条件是：

$$\lambda_{\min}\left[\begin{pmatrix}\boldsymbol{K} & -\boldsymbol{K}\\ -\boldsymbol{K} & \boldsymbol{K}+\boldsymbol{K}_P\end{pmatrix}\right]>\alpha \tag{11.33}$$

式中，α 在式（11.30）中定义。考虑 $\boldsymbol{K}$ 和 $\boldsymbol{K}_P$ 的对角结构，并根据 **A5** 假设，通过增加控制器的最小比例增益（当矩阵 $\boldsymbol{K}_P$ 不为对角矩阵时，即为增加 $\boldsymbol{K}_P$ 的最小特征值），总能够满足这个条件。

下面简单介绍该条件的目的及渐近稳定性的相关证明。闭环系统的平衡位形是以下方程组的解：

$$\boldsymbol{K}(\boldsymbol{q}-\boldsymbol{\theta})+\boldsymbol{g}(\boldsymbol{q})=\boldsymbol{0}$$

$$\boldsymbol{K}(\boldsymbol{\theta}-\boldsymbol{q})-\boldsymbol{K}_P(\boldsymbol{\theta}_{\mathrm{d}}-\boldsymbol{\theta})-\boldsymbol{g}(\boldsymbol{q}_{\mathrm{d}})=\boldsymbol{0}$$

事实上，数组 $(\boldsymbol{q}_{\mathrm{d}},\boldsymbol{\theta}_{\mathrm{d}})$ 满足以上方程组。然而，为了获得方程组的通解，需要保证此数组为方程组的特解。为此，回顾式（11.19），可在两个方程中加上或减去零项 $\boldsymbol{K}(\boldsymbol{\theta}_{\mathrm{d}}-\boldsymbol{q}_{\mathrm{d}})-\boldsymbol{g}(\boldsymbol{q}_{\mathrm{d}})$，得

$$\boldsymbol{K}(\boldsymbol{q}-\boldsymbol{q}_{\mathrm{d}})+\boldsymbol{K}(\boldsymbol{\theta}-\boldsymbol{\theta}_{\mathrm{d}})=\boldsymbol{g}(\boldsymbol{q}_{\mathrm{d}})-\boldsymbol{g}(\boldsymbol{q})-$$

$$\boldsymbol{K}(\boldsymbol{q}-\boldsymbol{q}_{\mathrm{d}})+(\boldsymbol{K}+\boldsymbol{K}_P)(\boldsymbol{\theta}-\boldsymbol{\theta}_{\mathrm{d}})=\boldsymbol{0}$$

从上式中可以容易发现条件式（11.33）中的矩阵。对等式两边取范数，同时用式（11.31）限定重力项，则引入的条件式（11.33）表明，数组 $(\boldsymbol{q}_{\mathrm{d}},\boldsymbol{\theta}_{\mathrm{d}})$ 事实上就是平衡的特解。为了证明渐近稳定性，基于无重力的情况式（11.29），可以构造一个备选的李雅普诺夫函数：

$$V_{\mathrm{g1}}=V+\mathcal{U}_{\mathrm{grav}}(\boldsymbol{q})-\mathcal{U}_{\mathrm{grav}}(\boldsymbol{q}_{\mathrm{d}})-(\boldsymbol{q}-\boldsymbol{q}_{\mathrm{d}})^{\mathrm{T}}\boldsymbol{g}(\boldsymbol{q}_{\mathrm{d}})-\frac{1}{2}\boldsymbol{g}^{\mathrm{T}}(\boldsymbol{q}_{\mathrm{d}})\boldsymbol{K}^{-1}\boldsymbol{g}(\boldsymbol{q}_{\mathrm{d}})\geqslant 0 \tag{11.34}$$

式（11.34）中的最后一个常数项是在期望平衡下用于设定 V_{g1} 的最小值为零。V_{g1} 的正定性及其最小特征值正处于期望状态下的特性再次被条件式（11.33）所证实。通过一般的计算，应用拉萨尔定理可以得出结论：

$$\dot{V}_{g1}=-\dot{\boldsymbol{\theta}}^{\mathrm{T}}\boldsymbol{K}_D\dot{\boldsymbol{\theta}}\leqslant 0$$

控制律式（11.32）只与重力项 $\boldsymbol{g}(\boldsymbol{q}_{\mathrm{d}})$ 和关节刚度 $\boldsymbol{K}$ 有关。$\boldsymbol{K}$ 还出现在对电动机参数 $\boldsymbol{\theta}_{\mathrm{d}}$ 的定义中。因此，重力项 $\boldsymbol{g}(\boldsymbol{q}_{\mathrm{d}})$ 和关节刚度 $\boldsymbol{K}$ 的不确定性会影响控制器的性能。尽管如此，仍然存在一个独特的闭环平衡，且它的渐进稳定性在当重力被 α 约束时存在，并且条件式（11.33）中存在真实刚度值。事实上，机器人将会收敛到一个不同于期望情况的平衡点上，越精确地估计 $\hat{\boldsymbol{K}}$ 和 $\hat{\boldsymbol{g}}(\boldsymbol{q}_{\mathrm{d}})$，真实平衡点便越接近于期望值。

4. 含在线重力补偿的 PD 控制

与刚性机器人的情况类似，在运动过程中，如果重力补偿（或更精确的，完全抵消重力作用）被用于所有结构，便可以期待产生更好的瞬态过程。但是，式（11.7）中的重力矢量取决于连杆参数 $\boldsymbol{q}$，而它目前被认为是不可测的。很容易看出，用 $\boldsymbol{g}(\boldsymbol{\theta})$ 及测得的电动机位置来取代连杆位置，一般会形成错误的闭环平衡。此外，即使 $\boldsymbol{q}$ 可测，将 $\boldsymbol{g}(\boldsymbol{q})$ 添到一个电动机 PD 误差反馈中也不能保证成功控制，因为这种出现在电动机方程中的补偿并不能立即消除作用在连杆上的重力载荷。

基于这一点，可以引入如下的在线重力补偿 PD 控制。定义变量：

$$\tilde{\boldsymbol{\theta}}=\boldsymbol{\theta}-\boldsymbol{K}^{-1}\boldsymbol{g}(\boldsymbol{q}_{\mathrm{d}}) \tag{11.35}$$

这是对测定的电动机位置 $\boldsymbol{\theta}$ 的一个重力偏差修正量，并令

$$\boldsymbol{\tau}=\boldsymbol{K}_P(\boldsymbol{\theta}_{\mathrm{d}}-\boldsymbol{\theta})-\boldsymbol{K}_D\dot{\boldsymbol{\theta}}+\boldsymbol{g}(\tilde{\boldsymbol{\theta}}) \tag{11.36}$$

式中，$\boldsymbol{K}_P>\mathbf{0}$ 和 $\boldsymbol{K}_D>\mathbf{0}$ 都是对称（通常为对角）矩阵。控制律式（11.36）在只利用电动机变量的条件下仍然有效。$\boldsymbol{g}(\tilde{\boldsymbol{\theta}})$ 项只是近似抵消了运动过程中的重力（虽然是很大一部分），但导致了稳定状态下正确的重力补偿。事实上，通过式（11.19）和式（11.35），可得

$$\tilde{\boldsymbol{\theta}}_{\mathrm{d}}:=\boldsymbol{\theta}_{\mathrm{d}}-\boldsymbol{K}^{-1}\boldsymbol{g}(\boldsymbol{q}_{\mathrm{d}})=\boldsymbol{q}_{\mathrm{d}}$$

因此

$$\boldsymbol{g}(\tilde{\boldsymbol{\theta}}_{\mathrm{d}})=\boldsymbol{g}(\boldsymbol{q}_{\mathrm{d}})$$

在与常重力补偿相同的条件式（11.33）下，也能保证期望平衡状态的全局渐进稳定性。定义一个稍有不同的备选李雅普诺夫函数，从式（11.29）开始重新推导如下：

$$V_{g2}=V+\mathcal{U}_{\mathrm{grav}}(\boldsymbol{q})-\mathcal{U}_{\mathrm{grav}}(\boldsymbol{\theta})-\frac{1}{2}\boldsymbol{g}^{\mathrm{T}}(\boldsymbol{q}_{\mathrm{d}})\boldsymbol{K}^{-1}\boldsymbol{g}(\boldsymbol{q}_{\mathrm{d}})\geqslant 0$$

与式（11.34）进行对比可以发现：在线重力补偿法的应用通常提供了一个更平滑的时间过程，位置瞬态误差显著减少，并且没有增加额外的峰值转矩和平均转矩的控制任务。我们注意到，即使违反了稳定性的充分条件式（11.33），选择低位置增益可能仍然有效，这与常重力补偿的情况相反。然而，同样增加关节刚度值，当 $\boldsymbol{K}\to\infty$ 时，确保精确调控的 $\boldsymbol{K}_P$ 并不会降到零。

同样，对基于电动机位置测量的在线重力补偿法，一种改进措施是通过应用一种快速迭代算法，详细计算 $\boldsymbol{\theta}$ 值来生成即时（不可测的）$\boldsymbol{q}$ 的准静态估计值 $\tilde{\boldsymbol{q}}(\boldsymbol{\theta})$。事实上，在任何稳态结构 $(\boldsymbol{q}_{\mathrm{s}},\boldsymbol{\theta}_{\mathrm{s}})$ 下，从 $\boldsymbol{q}_{\mathrm{s}}$ 到 $\boldsymbol{\theta}_{\mathrm{s}}$ 定义了一个直接映射：

$$\boldsymbol{\theta}_{\mathrm{s}}=\boldsymbol{h}_{\mathrm{g}}(\boldsymbol{q}_{\mathrm{s}}):=\boldsymbol{q}_{\mathrm{s}}+\boldsymbol{K}^{-1}\boldsymbol{g}(\boldsymbol{q}_{\mathrm{s}})$$

假设 **A5** 足以保证逆映射 $\boldsymbol{q}_{\mathrm{s}}=\boldsymbol{h}_{\mathrm{g}}^{-1}(\boldsymbol{\theta}_{\mathrm{s}})$ 的存在性和唯一性。对于一个测量值 $\boldsymbol{\theta}$，函数

$$\boldsymbol{q}=\boldsymbol{T}(\boldsymbol{q}):=\boldsymbol{\theta}-\boldsymbol{K}^{-1}\boldsymbol{g}(\boldsymbol{q})$$

成为一个收缩映射，而如下迭代

$$\boldsymbol{q}_{i+1}=\boldsymbol{T}(\boldsymbol{q}_i)\quad i=0,1,2,\cdots$$

将收敛到这个映射的不动点上，恰为 $\bar{\boldsymbol{q}}(\boldsymbol{\theta})=\boldsymbol{h}_{\mathrm{g}}^{-1}(\boldsymbol{\theta})$。

$\boldsymbol{q}_0$ 的一个合适的初始值是测量值 $\boldsymbol{\theta}$ 或在之前采样中计算得到的 $\bar{\boldsymbol{q}}$。用这种方法，只需要经过两三次迭代便能获得足够的精度，而且速度足够快，可以在数字机器人控制器的一个传感/控制采样间隔内完成。有了这个在后台运行的迭代方法，调控制律变为

$$\boldsymbol{\tau}=\boldsymbol{K}_P(\boldsymbol{\theta}_{\mathrm{d}}-\boldsymbol{\theta})-\boldsymbol{K}_D\dot{\boldsymbol{\theta}}+\boldsymbol{g}(\bar{\boldsymbol{q}}(\boldsymbol{\theta})) \tag{11.37}$$

式中，对称（对角）矩阵 $\boldsymbol{K}_P>\mathbf{0}$，且 $\boldsymbol{K}_D>\mathbf{0}$。通过进一步修正之前的李雅普诺夫备选函数，可以证明该控制方案的总体渐进稳定性。式（11.37）的优势是允许任意正的反馈增益 $\boldsymbol{K}_P$ 值，如此便涵盖了精确消除重力作用的刚性条件下的整个工作空间。

参考简化模型式（11.9）可以通过一个非线性的类 PD 控制器获得进一步的改进，该控制器完全消除了机器人连杆实际运动中的重力影响。为此，考虑如下控制律：

$$\boldsymbol{\tau}=\boldsymbol{K}_P[(\boldsymbol{q}_{\mathrm{d}}-\boldsymbol{\theta})+\boldsymbol{K}^{-1}\boldsymbol{g}(\boldsymbol{q})]-\boldsymbol{K}_D[\dot{\boldsymbol{\theta}}-\boldsymbol{K}^{-1}\dot{\boldsymbol{g}}(\boldsymbol{q})]+\boldsymbol{g}(\boldsymbol{q})+\boldsymbol{B}\boldsymbol{K}^{-1}\ddot{\boldsymbol{g}}(\boldsymbol{q}) \tag{11.38}$$

式中，对称（对角）矩阵 $\boldsymbol{K}_P>\mathbf{0}$，且 $\boldsymbol{K}_D>\mathbf{0}$。最后两项是为消除重力影响所引起的静态和动态效应所需的项。即使假设 **A5** 不成立，控制律式（11.38）也能保证所需平衡状态的全局渐进稳定性。这个结果

是反馈线性化设计（第11.1.4节）的副产品，尽管比完整的结果要简单得多，并且可以再次使用李雅普诺夫分析来证明。由于不需要关节刚度的下限（关节可以任意柔软），同样的方法也可用于使用可变刚度驱动（VSA）的机器人，但需要付出的代价是，当计算式（11.38）中的参数 $\ddot{g}$ 时，需要估计连杆加速度 $\ddot{q}$。

在线重力补偿策略式（11.36）及式（11.37）都实现了只有电动机参数情况下的关节空间柔顺控制。同样的想法还可以扩展到笛卡儿空间柔顺控制，方法是用 $\tilde{\theta}$ 或 $\bar{q}(\theta)$ 替代 q，以评估机器人手臂的正运动学和雅可比（变换）。通过观看视频文献 VIDEO 133 和 VIDEO 134，可以清楚地理解阻尼作用在柔顺/阻抗控制方法中的作用。

5. 全状态反馈

当反馈律基于机器人状态的全部测量值时，调节控制律的瞬态性能将会有所改善。利用关节力矩传感器的可用性，可以得到柔性关节机器人简化模型设计的一种简单方法，其中包含了弹簧阻尼耗散项。通过将初始转矩反馈和式（11.28）中的电动机反馈律相结合，可以在两个阶段获得全状态反馈。

用 $\boldsymbol{\tau}_J=\boldsymbol{K}(\boldsymbol{\theta}-\boldsymbol{q})$ 可将电动机方程改写为

$$\boldsymbol{B}\ddot{\boldsymbol{\theta}}+\boldsymbol{\tau}_J+\boldsymbol{D}\boldsymbol{K}^{-1}\dot{\boldsymbol{\tau}}_J=\boldsymbol{\tau}$$

关节力矩反馈为

$$\boldsymbol{\tau}=\boldsymbol{B}\boldsymbol{B}_\theta^{-1}\boldsymbol{u}+(\boldsymbol{I}-\boldsymbol{B}\boldsymbol{B}_\theta^{-1})(\boldsymbol{\tau}_J+\boldsymbol{D}\boldsymbol{K}^{-1}\dot{\boldsymbol{\tau}}_J) \tag{11.39}$$

式中，$\boldsymbol{u}$ 是一个设计辅助输入，将电动机方程组写为 $\boldsymbol{B}_\theta\ddot{\boldsymbol{\theta}}+\boldsymbol{\tau}_J+\boldsymbol{D}\boldsymbol{K}^{-1}\dot{\boldsymbol{\tau}}_J=\boldsymbol{u}$。通过这种方式，可以将电动机的惯性降低至一个期望的任意小值 $\boldsymbol{B}_\theta$，这在减振方面具有明显的优势。例如，在满足线性和标量情况下，一个很小的 $\boldsymbol{B}$ 将式（11.23）中的一对复杂极点转移到一个非常高的频率处，同时关节运动几乎是刚性的。

设式（11.39）中的 $\boldsymbol{u}$ 为

$$\boldsymbol{u}=\boldsymbol{K}_{P,\theta}(\boldsymbol{\theta}_d-\boldsymbol{\theta})-\boldsymbol{K}_{D,\theta}\dot{\boldsymbol{\theta}}+\boldsymbol{g}(\boldsymbol{q}_d)$$

状态反馈控制器为

$$\boldsymbol{\tau}=\boldsymbol{K}_P(\boldsymbol{\theta}_d-\boldsymbol{\theta})-\boldsymbol{K}_D\dot{\boldsymbol{\theta}}+\boldsymbol{K}_T[\boldsymbol{g}(\boldsymbol{q}_d)-\boldsymbol{\tau}_J]-\boldsymbol{K}_S\dot{\boldsymbol{\tau}}_J+\boldsymbol{g}(\boldsymbol{q}_d) \tag{11.40}$$

其增益为

$$\boldsymbol{K}_P=\boldsymbol{B}\boldsymbol{B}_\theta^{-1}\boldsymbol{K}_{P,\theta}$$
$$\boldsymbol{K}_D=\boldsymbol{B}\boldsymbol{B}_\theta^{-1}\boldsymbol{K}_{D,\theta}$$
$$\boldsymbol{K}_T=\boldsymbol{B}\boldsymbol{B}_\theta^{-1}-\boldsymbol{I}$$
$$\boldsymbol{K}_S=(\boldsymbol{B}\boldsymbol{B}_\theta^{-1}-\boldsymbol{I})\boldsymbol{D}\boldsymbol{K}^{-1}$$

事实上，即便转矩传感器不可用，控制律式（11.40）也可以用$(\boldsymbol{\theta},\boldsymbol{q},\dot{\boldsymbol{\theta}},\dot{\boldsymbol{q}})$参数来改写。不过，只要保持这种增益结构，就能够保留对全状态反馈控制器实现有趣的物理解释。

11.1.4　轨迹跟踪

相对刚性机器人而言，对于含有柔性关节的机器人，跟踪期望的时间变化轨迹比实现恒定调控更加困难。通常，解决这个问题需要使用全状态反馈和动力学模型中所有变量的信息。

在这些条件下，应该重点考虑反馈线性化方法，即一个非线性状态反馈律，它能使机器人的全部 N 个关节（事实上是连杆变量 $\boldsymbol{q}$）的闭环系统具有解耦和严格线性行为。沿着参考轨迹的跟踪误差必须为全局指数稳定，含有可以通过选择控制器中的标量反馈增益来直接指定衰减率。这一根本性的结果是对著名的刚性机器人转矩计算方法的直接延伸。因为其相关的特性，反馈线性化可以作为评价其他任何轨迹跟踪控制律性能的一个参考，这也许能运用较少/近似的模型信息和/或仅使用部分状态反馈来设计得到。

然而，由于关节柔性的存在，反馈线性律的设计并不能直接获得。此外，当全状态中只有一个静态（或瞬态）反馈律可用时，只要 $\boldsymbol{S}\neq\boldsymbol{0}$，动力学模型式（11.7）将无法满足精确线性化（或输入-输出解耦）的必要条件。因此，我们将把注意力限制在更容易处理的简化动力学模型式（11.9）中，仅大致地描述一下总体情况。

至于第二种更简单的轨迹跟踪方法，我们也提出了一个利用基于模型的前馈命令和预先计算的状态参考轨迹的线性控制设计，它从11.1.12节的逆动力学计算中获得，在全状态中增加了一个线性反馈。在这种情况下，只能局部保证收敛到期望轨迹，即跟踪误差应足够小，但控制的实现很简单，并且大大减轻了实时计算负担。

1. 反馈线性化

考虑简化模型式（11.9），并通过机器人连杆的平滑参考轨迹 $\boldsymbol{q}(t)$ 来指定期望的运动。控制设计将从系统反演开始，与11.1.12节中的逆动力学计算方法类似，但使用状态参数的即时测定值$(\boldsymbol{q},\boldsymbol{\theta},\dot{\boldsymbol{q}},\dot{\boldsymbol{\theta}})$取代参考状态测量值$(\boldsymbol{q}_d,\boldsymbol{\theta}_d,\dot{\boldsymbol{q}}_d,\dot{\boldsymbol{\theta}}_d)$。值得注意的是，无须将机器人方程转化为状态-空间描述，虽然这种描述是一般非线性系统控制设计的标准形式。在此我们将直接使用机器人模型的二阶微分形式（机械系统的典型方法）。

反演过程的结果将以静态反馈控制律的形式作为力矩 $\boldsymbol{\tau}$ 的定义，这种形式取消了初始的机器人动力学模型，并用一个含有合适微分阶数的理想线性解耦动力学替代。从这个意义上来说，这种控制理论会使含有柔性关节机器人动力学的刚度变大。在不引起稳定性问题的前提下，将系统从选定的输出 $\boldsymbol{q}$ 通过逆变变得可行（涉及抵消后的闭环控制系统中存在不可观测的动力学），这是柔性关节机器人的一个特性。事实上，这是对非线性多输入多输出系统（MIMO）的直接推广，即在缺失零点时标量传递函数进行逆变的可能性［参见式（11.24）中所做的分析］。

以简洁的形式重写连杆方程：

$$\boldsymbol{M}(\boldsymbol{q})\ddot{\boldsymbol{q}}+\boldsymbol{n}(\boldsymbol{q},\dot{\boldsymbol{q}})+\boldsymbol{K}(\boldsymbol{q}-\boldsymbol{\theta})=\boldsymbol{0} \tag{11.41}$$

上述各参数都不取决于瞬时的输入力矩 $\boldsymbol{\tau}$。因此，可以求一次微分，得

$$\boldsymbol{M}(\boldsymbol{q})\boldsymbol{q}^{[3]}+\dot{\boldsymbol{M}}(\boldsymbol{q})\ddot{\boldsymbol{q}}+\dot{\boldsymbol{n}}(\boldsymbol{q},\dot{\boldsymbol{q}})+\boldsymbol{K}(\dot{\boldsymbol{q}}-\dot{\boldsymbol{\theta}})=\boldsymbol{0} \tag{11.42}$$

再求一次微分得

$$\begin{aligned}&\boldsymbol{M}(\boldsymbol{q})\boldsymbol{q}^{[4]}+2\dot{\boldsymbol{M}}(\boldsymbol{q})\boldsymbol{q}^{[3]}+\ddot{\boldsymbol{M}}(\boldsymbol{q})\ddot{\boldsymbol{q}}+\\&\ddot{\boldsymbol{n}}(\boldsymbol{q},\dot{\boldsymbol{q}})+\boldsymbol{K}(\ddot{\boldsymbol{q}}-\ddot{\boldsymbol{\theta}})=\boldsymbol{0}\end{aligned} \tag{11.43}$$

式中出现了 $\ddot{\boldsymbol{\theta}}$。电动机加速度和 $\boldsymbol{\tau}$ 在电动机方程中是同阶的，即

$$\boldsymbol{B}\ddot{\boldsymbol{\theta}}+\boldsymbol{K}(\boldsymbol{\theta}-\boldsymbol{q})=\boldsymbol{\tau} \tag{11.44}$$

替换式（11.44）中的 $\ddot{\boldsymbol{\theta}}$，得

$$\begin{aligned}&\boldsymbol{M}(\boldsymbol{q})\boldsymbol{q}^{[4]}+2\dot{\boldsymbol{M}}(\boldsymbol{q})\boldsymbol{q}^{[3]}+\ddot{\boldsymbol{M}}(\boldsymbol{q})\ddot{\boldsymbol{q}}+\ddot{\boldsymbol{n}}(\boldsymbol{q},\dot{\boldsymbol{q}})+\boldsymbol{K}\ddot{\boldsymbol{q}}\\&=\boldsymbol{K}\boldsymbol{B}^{-1}[\boldsymbol{\tau}-\boldsymbol{K}(\boldsymbol{\theta}-\boldsymbol{q})]\end{aligned} \tag{11.45}$$

注意，利用式（11.41），式（11.45）的最后一项 $\boldsymbol{K}(\boldsymbol{\theta}-\boldsymbol{q})$ 也可以替换为 $\boldsymbol{M}(\boldsymbol{q})\ddot{\boldsymbol{q}}+\boldsymbol{n}(\boldsymbol{q},\dot{\boldsymbol{q}})$。

由于矩阵 $\boldsymbol{A}(\boldsymbol{q})=\boldsymbol{M}^{-1}(\boldsymbol{q})\boldsymbol{K}\boldsymbol{B}^{-1}$ 总是非奇异的，通过适当选择输入力矩 $\boldsymbol{\tau}$，一个任意值 $\boldsymbol{v}$ 都可以分配到 $\boldsymbol{q}$ 的四阶导数中。矩阵 $\boldsymbol{A}(\boldsymbol{q})$ 就是所谓的系统解耦矩阵，而它的非奇异性是通过非线性静态反馈得到解耦输入输出特性的充分必要条件。另外，式（11.45）表明，$\boldsymbol{q}$ 的每个元素 q_i 都需要被微分 $r_i=4$ 次，从而能够在代数上与输入力矩 $\boldsymbol{\tau}$ 联系起来（当被选定为系统输出时，r_i 是 q_i 的相对度）。由于有 N 个连杆变量，相对度数的总和是 $4N$，与含有柔性关节机器人的状态维度相等。综合考虑所有这些事实会得到如下结论：当用式（11.45）来确定产生 $\boldsymbol{q}^{[4]}=\boldsymbol{v}$ 的输入量 $\boldsymbol{\tau}$ 时，除了那个出现在输入输出闭环映射中的动力学参数，没有其他动力学参数存在。

因此，选择

$$\begin{aligned}\boldsymbol{\tau}=\boldsymbol{B}\boldsymbol{K}^{-1}[\boldsymbol{M}(\boldsymbol{q})\boldsymbol{v}+\boldsymbol{\alpha}(\boldsymbol{q},\dot{\boldsymbol{q}},\ddot{\boldsymbol{q}},\boldsymbol{q}^{[3]})]+\\ [\boldsymbol{M}(\boldsymbol{q})+\boldsymbol{B}]\ddot{\boldsymbol{q}}+\boldsymbol{n}(\boldsymbol{q},\dot{\boldsymbol{q}})\end{aligned} \tag{11.46}$$

式中，$\boldsymbol{\alpha}(\boldsymbol{q},\dot{\boldsymbol{q}},\ddot{\boldsymbol{q}},\boldsymbol{q}^{[3]})=\ddot{\boldsymbol{M}}(\boldsymbol{q})\ddot{\boldsymbol{q}}+2\dot{\boldsymbol{M}}(\boldsymbol{q})\boldsymbol{q}^{[3]}+\ddot{\boldsymbol{n}}(\boldsymbol{q},\dot{\boldsymbol{q}})$。其中，$\boldsymbol{\alpha}$ 中的各项按照 $\boldsymbol{q}$ 的微分阶数的增序排列。控制律式（11.46）引出了一个闭环系统，可用

$$\boldsymbol{q}^{[4]}=\boldsymbol{v} \tag{11.47}$$

来描述。即从每个辅助输入量 $\boldsymbol{v}_i$ 到每个连杆位置输出量 q_i 的 4 个输入-输出方程，其中 $i=1,\cdots,N$。因此，该机器人系统已经被非线性反馈律式（11.46）精确线性化和解耦。通过观看 VIDEO 135 和 VIDEO 770，可以清楚地看出性能的改善。

完整的控制律式（11.46）仅仅是所谓的线性坐标 $(\boldsymbol{q},\dot{\boldsymbol{q}},\ddot{\boldsymbol{q}},\boldsymbol{q}^{[3]})$ 的函数表达，这曾经导致一些误解，因为似乎柔性关节机器人的反馈线性化途径需要直接测量连杆的加速度 $\ddot{\boldsymbol{q}}$ 和跃度 $\boldsymbol{q}^{[3]}$，但目前可用的传感器是无法获得这些信息的（或需要对实时位置测量进行多重数值微分，这将带来严重的噪声问题）。

当考虑使用该领域的最新技术时，现在有一套精确且可靠的传感器，可用于测量柔性关节的电动机位置 $\boldsymbol{\theta}$（也可能是其速度 $\dot{\boldsymbol{\theta}}$）、关节力矩 $\boldsymbol{\tau}_J=\boldsymbol{K}(\boldsymbol{\theta}-\boldsymbol{q})$ 及连杆位置 $\boldsymbol{q}$。例如，LWR-Ⅲ轻型操作臂每个关节上的传感器布置如下：霍尔传感器用于测量电动机位置，关节力矩传感是基于应变传感器的，同时高性能电容式传感器用于测量连杆位置（图 11.8）。因此，只需要一项数值微分便可以很好地估计 $\dot{\boldsymbol{q}}$ 和/或 $\dot{\boldsymbol{\tau}}_J$。注意，根据具体的传感器分辨率，也可以方便地利用 $\boldsymbol{\theta}$ 和 $\boldsymbol{\tau}_J$ 作为 $\boldsymbol{\theta}-\boldsymbol{K}^{-1}\boldsymbol{\tau}_J$ 的度量来评估 $\boldsymbol{q}$。

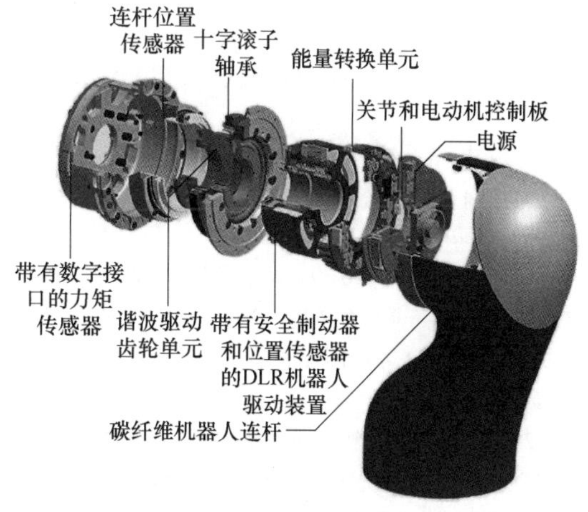

图 11.8 DLRLWR-Ⅲ轻型操作臂及其传感器组件的爆炸图

基于这一点，很容易发现下面三组 $4N$ 变量，即 $(\boldsymbol{q},\dot{\boldsymbol{q}},\ddot{\boldsymbol{q}},\boldsymbol{q}^{[3]})$、$(\boldsymbol{q},\boldsymbol{\theta},\dot{\boldsymbol{q}},\dot{\boldsymbol{\theta}})$ 和 $(\boldsymbol{q},\boldsymbol{\tau}_J,\dot{\boldsymbol{q}},\dot{\boldsymbol{\tau}}_J)$ 都是含有柔性关节机器人的等效状态变量，它们均与全局逆变换相关。

11

因此，在假设该动力学模型可用的情况下，可以用更传统的状态参数$(\boldsymbol{q},\boldsymbol{\theta},\dot{\boldsymbol{q}},\dot{\boldsymbol{\theta}})$来改写线性化反馈控制律式（11.46），或者，利用关节力矩传感器依据（$\boldsymbol{q}$，$\boldsymbol{\tau}_J$，$\dot{\boldsymbol{q}}$，$\dot{\boldsymbol{\tau}}_J$）来改写。特别是，作为式（11.41）和式（11.42）的副产品，有

$$\begin{aligned}\ddot{\boldsymbol{q}}&=\boldsymbol{M}^{-1}(\boldsymbol{q})[\boldsymbol{K}(\boldsymbol{\theta}-\boldsymbol{q})-\boldsymbol{n}(\boldsymbol{q},\dot{\boldsymbol{q}})]\\&=\boldsymbol{M}^{-1}(\boldsymbol{q})[\boldsymbol{\tau}_J-\boldsymbol{n}(\boldsymbol{q},\dot{\boldsymbol{q}})]\end{aligned}\tag{11.48}$$

和

$$\begin{aligned}\boldsymbol{q}^{[3]}&=\boldsymbol{M}^{-1}(\boldsymbol{q})[\boldsymbol{K}(\dot{\boldsymbol{\theta}}-\dot{\boldsymbol{q}})-\dot{\boldsymbol{M}}(\boldsymbol{q})\ddot{\boldsymbol{q}}-\dot{\boldsymbol{n}}(\boldsymbol{q},\dot{\boldsymbol{q}})]\\&=\boldsymbol{M}^{-1}(\boldsymbol{q})[\dot{\boldsymbol{\tau}}_J-\dot{\boldsymbol{M}}(\boldsymbol{q})\ddot{\boldsymbol{q}}-\dot{\boldsymbol{n}}(\boldsymbol{q},\dot{\boldsymbol{q}})]\end{aligned}\tag{11.49}$$

其中，式（11.49）中的加速度$\ddot{\boldsymbol{q}}$已通过式（11.48）解出。因此，精确线性化和解耦控制律分别可以用静态状态反馈律$\boldsymbol{\tau}=\boldsymbol{\tau}(\boldsymbol{q},\boldsymbol{\theta},\dot{\boldsymbol{q}},\dot{\boldsymbol{\theta}},\boldsymbol{v})$和$\boldsymbol{\tau}=\boldsymbol{\tau}(\boldsymbol{q},\boldsymbol{\tau}_J,\dot{\boldsymbol{q}},\dot{\boldsymbol{\tau}}_J,\boldsymbol{v})$的形式替换。事实上，为了节省计算时间，出现在这些表达式中的动力学模型项的各种微分形式都需要合理组织。

基于式（11.47），轨迹跟踪问题通过设定式（11.50）来解决：

$$\begin{aligned}\boldsymbol{v}=\boldsymbol{q}_d^{[4]}&+\boldsymbol{K}_3(\boldsymbol{q}_d^{[4]}-\boldsymbol{q}^{[3]})+\boldsymbol{K}_3(\ddot{\boldsymbol{q}}_d-\ddot{\boldsymbol{q}})+\\&\boldsymbol{K}_1(\dot{\boldsymbol{q}}_d-\dot{\boldsymbol{q}})+\boldsymbol{K}_0(\boldsymbol{q}_d-\boldsymbol{q})\end{aligned}\tag{11.50}$$

式中，假定参考轨迹$\boldsymbol{q}_d(t)$（至少）三阶连续可导（即四阶导数$\boldsymbol{q}_d^{[4]}$存在），并且对角矩阵$\boldsymbol{K}_0,\cdots,\boldsymbol{K}_3$中存在标量元素$K_{\cdot,i}$，使得

$$s^4+K_{3,i}s^3+K_{2,i}s^2+K_{1,i}s+K_{0,i}\quad i=1,\cdots,N$$

为赫维茨（Hurwitz）多项式。鉴于已解耦，第i个连杆的轨迹位置误差为

$$e_i(t)=q_{d,i}(t)-q_i(t)$$

满足

$$e_i^{[4]}+K_{3,i}e_i^{[3]}+K_{2,i}\ddot{e}_i+K_{1,i}\dot{e}_i+K_{0,i}e_i=0$$

对任何初始状态，$e_i\to 0$以全局指数的方式成立。可以得出以下结论：

1）当初始状态$(\boldsymbol{q}(0),\boldsymbol{\theta}(0),\dot{\boldsymbol{q}}(0),\dot{\boldsymbol{\theta}}(0))$与参考轨迹及其在$t=0$的前三阶微分相匹配时［式(11.48)和式(11.49)用于检查］，始终都能精确再现参考轨迹。

2）在参考位置轨迹或其前三阶微分中存在任何一个不连续的情况下，对于时间$t^*\in[0,T]$，轨迹误差将在$t=t^*$时刻出现，并再次以规定的指数比例衰减到零，并独立于每个连杆。

3）增益$K_{3,i},\cdots,K_{0,i}$的选取可由极点配置来确定（相当于特征值分配情况）。令$\lambda_1,\cdots,\lambda_4$为4个含有负实部的极点，可能以复数对和或重合的形式给出，并且指定了该轨迹误差的期望瞬态。这些闭环极点可通过正的实增益唯一选取来分配，即

$$K_{3,i}=-(\lambda_1+\lambda_2+\lambda_3+\lambda_4)$$
$$K_{2,i}=\lambda_1(\lambda_2+\lambda_3+\lambda_4)+\lambda_2(\lambda_3+\lambda_4)+\lambda_3\lambda_4$$
$$K_{1,i}=-[\lambda_1\lambda_2(\lambda_3+\lambda_4)+\lambda_3\lambda_4(\lambda_1+\lambda_2)]$$
$$K_{0,i}=\lambda_1\lambda_2\lambda_3\lambda_4$$

当连杆惯量和电动机惯量的值存在很大差异时，或者当关节刚度非常大时，上述固定增益的选择有导致控制工作量过大的缺点。在这些情况下，一组更适合的特征值可以调整它们的位置，以形成一个关于机器人惯性和关节刚度的物理数据函数。

4）与刚性机器人计算转矩方法相比，由式（11.46）~式（11.50）所给出的轨迹跟踪线性化控制反馈需要惯性矩阵$\boldsymbol{M}(\boldsymbol{q})$的逆矩阵，以对该惯性矩阵和动力学模型中其他项微分进行额外评估。

5）反馈线性化方法无须任何变化，同样可应用于电动机和连杆侧无黏性摩擦（或其他摩擦）的情况。弹簧阻尼的引入导致了一个辅助输入$\boldsymbol{v}$与$\boldsymbol{q}$之间的三阶解耦微分关系，因此在闭环系统中产生了一个不可见但渐进稳定的N维动态。在这种情况下，只有输入-输出（而非全状态）线性化和解耦可以实现。

最后，考虑对含有柔性关节的机器人的通用模型式（11.7）进行精确线性化/解耦。遗憾的是，由于连杆与转子之间存在惯性耦合矩阵$\boldsymbol{S}(\boldsymbol{q})$，上述的控制设计无法继续应用。以式（11.7）中含有相关模型简化的常数$\boldsymbol{S}$为例，从电动机方程组$\ddot{\boldsymbol{\theta}}=\boldsymbol{B}^{-1}(\boldsymbol{\tau}-\boldsymbol{\tau}_J-\boldsymbol{S}^T\ddot{\boldsymbol{q}})$中解出$\ddot{\boldsymbol{\theta}}$，并代入连杆方程组，得

$$[\boldsymbol{M}(\boldsymbol{q})-\boldsymbol{S}\boldsymbol{B}^{-1}\boldsymbol{S}^T]\ddot{\boldsymbol{q}}+\boldsymbol{n}(\boldsymbol{q},\dot{\boldsymbol{q}})-(\boldsymbol{I}+\boldsymbol{S}\boldsymbol{B}^{-1})\boldsymbol{\tau}_J=-\boldsymbol{S}\boldsymbol{B}^{-1}\boldsymbol{\tau}$$

在这种情况下，输入力矩$\boldsymbol{\tau}$已经在连杆加速度$\ddot{\boldsymbol{q}}$的表达式中出现了。利用式（11.6），解耦矩阵的表达式为

$$\boldsymbol{A}(\boldsymbol{q})=-[\boldsymbol{M}_L(\boldsymbol{q})+\boldsymbol{M}_R(\boldsymbol{q})]^{-1}\boldsymbol{S}\boldsymbol{B}^{-1}$$

由于式（11.5）中$\boldsymbol{S}$的结构，$\boldsymbol{A}(\boldsymbol{q})$不会满秩。因此，无法获得（至少）输入-输出线性化和静态反馈解耦的必要条件。

不过，通过使用更大类的控制律，仍有可能获得一个精确的线性化和解耦结果。为此，考虑如下形式的动力学状态反馈控制器：

$$\begin{cases}\boldsymbol{\tau}=\boldsymbol{\alpha}(\boldsymbol{q},\dot{\boldsymbol{q}},\boldsymbol{\theta},\dot{\boldsymbol{\theta}},\boldsymbol{\xi})+\boldsymbol{\beta}(\boldsymbol{q},\dot{\boldsymbol{q}},\boldsymbol{\theta},\dot{\boldsymbol{\theta}},\boldsymbol{\xi})\boldsymbol{v}\\\dot{\boldsymbol{\xi}}=\boldsymbol{\gamma}(\boldsymbol{q},\dot{\boldsymbol{q}},\boldsymbol{\theta},\dot{\boldsymbol{\theta}},\boldsymbol{\xi})+\boldsymbol{\delta}(\boldsymbol{q},\dot{\boldsymbol{q}},\boldsymbol{\theta},\dot{\boldsymbol{\theta}},\boldsymbol{\xi})\boldsymbol{v}\end{cases}\tag{11.51}$$

式中，$\boldsymbol{\xi}\in\mathbb{R}^{\nu}$是动态补偿器的状态；$\boldsymbol{\alpha}$、$\boldsymbol{\beta}$、$\boldsymbol{\gamma}$、$\boldsymbol{\delta}$是合适的非线性向量函数；$\boldsymbol{v}\in\mathbb{R}^N$是（同前）用于轨迹跟踪的外部输入。一般情况下，可以设计一个最高阶数是$\nu=2N(N-1)$的动态补偿器（11.51），

以便获得一个用式（11.52）

$$\boldsymbol{q}^{[2(N+1)]}=\boldsymbol{v} \tag{11.52}$$

替代式（11.47）来进行全局描述的闭环系统。注意，此处微分阶数与 11.1.2 节中期望轨迹的精确再现 $\boldsymbol{q}_{\mathrm{d}}(t)$ 的阶数恰巧相同。这样，跟踪问题就可以通过对式（11.50）的线性稳定性设计进行直接归纳来解决。

给这种控制结果一个合理的物理解释是很有意思的。模型式（11.7）的输入-输出解耦的结构性障碍是连接柔性关节的连杆的运动很快（在二阶微分层面）就会受到来自其他柔性关节的力矩影响。这是由于电动机和连杆之间存在惯性耦合。控制器中的附加动力学单元（即积分器）减缓了这些低能量路径，并允许局部关节（四阶微分路径）处弹性力矩的高能效应发挥作用。这种动态平衡允许（带有机器人和控制器状态的）扩展系统同时实现输入-输出解耦和精确线性化。

2. 线性控制器设计

轨迹跟踪的反馈线性化法带来了一个相当复杂的非线性控制律。它的主要优点是在全局范围内迫使轨迹误差动态上的线性和解耦行为能够被一个作用于参考轨迹上的、只能达到局部稳定的控制设计所替换，但更容易实现（且有可能在更高采样频率上运行）。

为此，11.1.2 节中的逆动力学结果可以得到应用，无论是简化的还是完整的机器人模型，也无论是否有耗散项。只要给定一个有足够光滑的期望连杆轨迹 $\boldsymbol{q}_{\mathrm{d}}(t)$，总能得到以下相关要素：精确再现所需的额定力矩 $\boldsymbol{\tau}_{\mathrm{d}}(t)$，以及所有其他状态参数的参考演变［即式 11.13 给出的 $\boldsymbol{\theta}_{\mathrm{d}}(t)$ 或 $\boldsymbol{\tau}_{\mathrm{J,d}}(t)$］。这些信号为系统定义了一种稳态（尽管是时变）运行状态。

一种更简单的轨迹控制器结合了一个基于模型的前馈系统和利用轨迹误差的线性反馈系统。线性反馈使系统在参考状态轨迹周围局部稳定，而前馈力矩则负责当错误消失时维持机器人沿着所期望的动作来运动（见 VIDEO 136 中有关方形路径的一些示例）。

利用全状态反馈，可以设计两种可能的控制器：

$$\boldsymbol{\tau}=\boldsymbol{\tau}_{\mathrm{d}}+\boldsymbol{K}_{P,\theta}(\boldsymbol{\theta}_{\mathrm{d}}-\boldsymbol{\theta})+\boldsymbol{K}_{D,\theta}(\dot{\boldsymbol{\theta}}_{\mathrm{d}}-\dot{\boldsymbol{\theta}})+\boldsymbol{K}_{P,q}(\boldsymbol{q}_{\mathrm{d}}-\boldsymbol{q})+\boldsymbol{K}_{D,q}(\dot{\boldsymbol{q}}_{\mathrm{d}}-\dot{\boldsymbol{q}}) \tag{11.53}$$

和

$$\boldsymbol{\tau}=\boldsymbol{\tau}_{\mathrm{d}}+\boldsymbol{K}_{P,\theta}(\boldsymbol{\theta}_{\mathrm{d}}-\boldsymbol{\theta})+\boldsymbol{K}_{D,\theta}(\dot{\boldsymbol{\theta}}_{\mathrm{d}}-\dot{\boldsymbol{\theta}})+\boldsymbol{K}_{P,J}(\boldsymbol{\tau}_{\mathrm{J,d}}-\boldsymbol{\tau}_{\mathrm{J}})+\boldsymbol{K}_{D,J}(\dot{\boldsymbol{\tau}}_{\mathrm{J,d}}-\dot{\boldsymbol{\tau}}_{\mathrm{J}}) \tag{11.54}$$

这些轨迹跟踪方案在含有柔性关节机器人的控制实践中是最常见的。当缺少全状态测量时，可以与某些未测量参数的观察相结合，这样可以获得更简单的方程：

$$\boldsymbol{\tau}=\boldsymbol{\tau}_{\mathrm{d}}+\boldsymbol{K}_{P}(\boldsymbol{\theta}_{\mathrm{d}}-\boldsymbol{\theta})+\boldsymbol{K}_{D}(\dot{\boldsymbol{\theta}}_{\mathrm{d}}-\dot{\boldsymbol{\theta}}) \tag{11.55}$$

这个方法仅使用了电动机的测量，并且只依赖于规定情况下获得的结果。

用于式（11.53）~式（11.55）中不同的增益矩阵必须用机器人系统的线性近似进行调整。这个近似可以在固定的平衡点上或实际参考轨迹附近获得，分别产生了一个线性时不变或线性时变系统。虽然（可能时变的）稳定反馈矩阵的存在性由这些线性近似的可控性保证，但该方法的有效性实际上只是局部的，而且其收敛区域有赖于给定的轨迹及所设计线性反馈的鲁棒性。

这里还应该指出，这种用于轨迹跟踪问题的控制方法也适用于含有柔性杆的机器人。一旦逆运动学问题得到解决（对柔性连杆情况，这通常导致一个无关的解），形式为式（11.55）或分别用连杆挠度 $\boldsymbol{\delta}$ 和挠度率 $\dot{\boldsymbol{\delta}}$ 替代 $\boldsymbol{q}$ 和 $\dot{\boldsymbol{q}}$ 得到的式（11.53）的控制器可直接应用。

11.1.5 延展阅读

这一部分包括了本章中关于机器人关节柔性部分的主要参考资料。此外，我们还列出了更多关于这个议题本书中所没有提到的参考资料。

早期对由于机器人存在柔性传动装置所引起的问题研究可以追溯到参考文献［11.1，2］，首个实验结果来自 GE P-50 手臂。涉及机器人手臂设计及其柔性元件评估的相关机械因素可以在参考文献［11.3］中找到。

关于机器人手臂动力学建模中包含关节柔性的最早研究之一来自于参考文献［11.4］。11.1.1 节中对模型结构的详细分析源于参考文献［11.5］，一些更新来源于参考文献［11.6］。参考文献［11.7］介绍了推导简化模型的简化假设条件。参考文献［11.8］分析了安装在驱动连杆上的特殊电动机。柔性有限的关节导致奇异摄动的动力学模型在文献［11.9］中首次提到。用于自动生成柔性关节机器人的动力学模型的符号操作程序很早由参考文献［11.10］中提出。

11.1.2 节中提到的逆动力学计算可追溯到参考文献［11.11］。参考文献［11.6］强调了使用 Modelica 等程序对逆动力学进行数值评估。参考文献［11.12］中提出了一种用于柔性关节机器人的高效牛顿-欧拉逆动力学算法。

最初的特殊控制器设计主要基于离散的线性控制器，见参考文献［11.13］和参考文献［11.14］，其中使用了每个柔性关节上的局部四阶动力学，被证明含有全局收敛特性后才出现。

在11.1.3节中，含有恒定重力补偿的PD控制器出现在参考文献［11.15］中，这个方法也适用于参考文献［11.16］中含有柔性连杆机器人的情况。参考文献［11.17］和参考文献［11.18］分别提出了含有在线重力补偿调节控制的两种形式，这两种控制法都可以扩展到参考文献［11.19-21］中的笛卡儿空间柔顺控制中。类PD控制器式(11.38）完美地消除了重力对连杆运动的影响，是参考文献［11.22］的结果。参考文献［11.23］提出了一种基于能量成形的一般校准方程组。当缺少重力信息时，参考文献［11.24］提出了一种含有半全局稳定性的PID调节器，而参考文献［11.25］提出了一种全局策略。

一种用于校准（和跟踪）的全状态反馈设计遵循了参考文献［11.26］中的观点。这些年来，关节力矩反馈尤其受到关注，从力矩传感器布置在传动轴[11.27]或谐波驱动[11.28]上，到它们在实现鲁棒控制性能中的运用[11.29]。

参考文献［11.7］首次提出了柔性关节机器人的简化模型始终可以通过静态反馈实现反馈线性化。一个更早的关于特定机器人运动学的类似结果可以在参考文献［11.30］中找到。参考文献［11.31］讨论了反馈线性化方法中离散时间的实现，而它的鲁棒性由参考文献［11.32］进行了分析。参考文献［11.33］分析了黏弹性关节情况下的反馈线性化和输入-输出解耦性，而参考文献［11.34］则讨论了含有混合型关节（一些为刚性一些为弹性）机器人的情况。相同的导致输入-输出解耦和线性化的逆控制观点已经被成功运用到解决柔性连杆机器人的关节轨迹追踪问题中[11.35]。

11

对于含有柔性关节机器人的通用模型，动力学状态反馈的运用在参考文献［11.36］中首次被提出。对于因忽略电动机-连杆惯性耦合（即没有通过静态反馈被线性化的机器人）而引入误差的比较研究在参考文献［11.37］中被提到。参考文献［11.38,39］提出了构建动态线性反馈的通用算法。

在参考文献［11.39］中，首次通过试验证明了在含有柔性关节的机器人中综合使用稳定反馈和前馈指令的优势（另见 VIDEO 770），并在参考文献［11.11］中做了正式说明。

其他可用于轨迹追踪的控制策略设计（在11.1.4节中没有提及），是基于反演或被动的奇异摄动。参考文献［11.40］和参考文献［11.41］提出了基于双时间尺度分离特性的非线性控制器。这些修正控制器是奇异摄动模型形式的结果，在关节刚度较大的情形下应当作为首选，因为它们在极限情况下不会产生高增益效应。反演是建立在认为关节柔性力矩[11.42]或电动机位置[11.43]是一个被用于控制连杆方程的中间虚构输入的基础上的，然后设计出在电动机方程中的真实力矩输入，从而实现之前中间输入的参考行为。这种设计的主要优点是它可以较容易地转换为自适应形式。柔性关节机器人自适应控制的结果包括高增益（近似）方案[11.44,45]和参考文献［11.46］中得到的全局（但非常复杂的）解，这两者都仅使用简化动力学模型进行分析。此外，参考文献［11.47］提出基于滑模技术的鲁棒控制策略，参考文献［11.48-52］提出了对重复任务使用迭代学习的方法。

对于最优控制结果，与柔性关节相关的固有四阶动力学目前仍是导出其分析或数值有效结果的阻碍。对于纯刚性机器人，在约束几何路径上寻找时间最优的速度问题已得到解决，但对于具有柔性关节的机器人，目前只有近似解[11.49]。参考文献［11.50］中的动态轨迹标度算法是从刚性到柔性情况的一个有用的扩展，它为统一时间标度提供了一个封闭形式的表示，并恢复了指令力矩 w.r.t. 及其边界的可行性。参考文献［11.51］和参考文献［11.52］分别讨论和解决了单个黏弹性关节的最优控制问题，涉及储存势能的最大化或从静止到静止运动时间的最小化。

不同的状态观测装置也已列出，从参考文献［11.53］中的近似观测器到参考文献［11.5，54］中的精确观测装置，其中一种基于估计状态的跟踪控制器也通过了测试。在所有的示例中，连杆位置或连杆位置及速度参数都是假定的。最近，在鲁棒状态测试中，电动机位置及连杆加速度的运用已经成为一个可行的替代方案[11.55]。

最后，含有柔性关节的机器人在约束任务下的力控制问题已经通过运用奇异摄动技术[11.56,11.57]、逆动力学方法[11.58]或自适应策略[11.59]得到了解决。

参考文献［11.60］中提出了一种基于无源性的统一方法，其中包含一个内部力矩反馈回路，用于反映（即减少）电动机的惯性，由此可以实现近似重力补偿（如第11.1.3节所述），并为连杆位置指定所需的笛卡儿刚度，模拟刚性体的阻抗控制，这样便于处理与环境的相互作用和接触。

11.2 含有柔性连杆的机器人

手臂的柔性是一种动力学行为，其中动能与弹性势能可进行相互转换。动能存储于运动惯性中，而势能则存储于柔性组件中。柔性连杆的所有组件既含有惯性特征，又含有柔顺特征。柔性的表现形式是机械振动和静态变形，使得机械手臂的运动控制变得极其复杂。如果用于解决振荡所用的时间相对于总体任务周期占比较大，那么柔性在手臂设计时应作为一个主要因素加以考虑。

11.2.1 设计问题

我们将用模块化方法来解决上述问题，以便将连杆柔性和关节柔性区别开来。连杆柔性的首要问题是解决柔度和惯性的固有空间分布问题，这两种效应可能同时作用于材料的同一部位。手臂的连杆通常可以通过增加结构质量，或者通过改善材料的性能或在连杆上的分布来得到强化。在某些部位，连杆可以当作刚体处理。设计人员必须认识到，由重的刚性连杆和柔性关节组成的手臂可能比具有更高连杆柔度和更少惯性的轻型手臂更灵活。这个结论是在关节驱动器被锁定情况下，由第一个柔性运动模态的固有频率来预测的，其可近似表达为

$$\omega_1=\sqrt{\frac{k_{\mathrm{eff}}}{I_{\mathrm{eff}}}} \tag{11.56}$$

式中，k_{eff}是等效弹簧常数；I_{eff}是等效惯性矩。在柔性关节的情况下，k_{eff}和I_{eff}可以通过手臂的关节弹性参数和质量特性直接获得。例如，适用于一个简单弯曲梁的有效值将由一端固定、另一端自由的边界条件产生，并被作为生成固有频率的一个很好的近似值。固有频率可以通过查阅振动手册获得，在该示例中，$\omega_1=3.52\sqrt{EI/ml^4}$（这些变量在式（11.57）和式（11.58）中用到，其定义可见后文）。对于几何形状更复杂的组件，可以通过多种方法计算获得固有频率，包括在 11.2.2 节中讨论过的传递矩阵建模法。当固有频率足够低，以至于它可能干扰基于刚体模型假设的控制器设计时，该手臂就应视为柔性臂。当闭环极点的幅值小于约 $1/3\omega_1$ 时，用于柔性连杆上单个关节的比例-微分（PD）控制方法只能在闭环设计中获得足够的阻尼[11.61]。

材料力学性能的关键之处现在是有序的。在某些情况下，静柔度效应足以代表一个组件，而在另外一些情况下，柔度和质量的真实分布特性及其动力学特性必须加以考虑。一个作用在长条形结构件上的垂直力f和力矩M都会使其弯曲。静态弯曲将轴向位置x处的力矩和位移w联系起来，即

$$M(x)=EI(x)\frac{\partial^2 w}{\partial x^2} \tag{11.57}$$

式中，E是材料的弹性模量；$I(x)$是横截面中性轴的惯性矩。任何一点处的挠度可以通过对该方程从参考点到期望点（如连杆末端）进行积分来获得。

这是当质量和弹性相互独立时对柔度的一种描述。如果质量分布在整个梁上，其材料质量密度为ρ，则必须考虑时间t，因此有

$$m(x)\frac{\partial^2 w(x,t)}{\partial t^2}+\frac{\partial^2}{\partial x^2}\left(EI(x)\frac{\partial^2 w(x,t)}{\partial x^2}\right)=0 \tag{11.58}$$

这里，$m(x)$是单位长度的质量密度，综合了x处的材料特性和横截面积。假设在这个被称作伯努利-欧拉方程的等式中，包含了该梁横截面处切形变及转动惯量的最小的影响，这些对于长梁来说是有效的。Timoshenko 梁模型则放宽了这些假设，但本文对此并不做讨论。

如果长梁轴上作用有扭矩T，就会产生扭转角为θ的扭转变形，在静态条件下，有

$$\theta=\frac{Tl}{JG}=\alpha_{\theta T}T \tag{11.59}$$

式中，G是材料的切变模量；J是相对梁中性轴的极惯性矩。同样，分布质量的增加且考虑动力学，会产生一个含有时间和空间独立变量的偏微分方程，即

$$\mu(x)\frac{\partial^2\theta}{\partial t^2}=GJ\frac{\partial^2\theta}{\partial x^2} \tag{11.60}$$

式中，$\mu(x)$是单位轴长的转动惯性矩。式（11.60）还适用于连杆，相对于比连杆拥有更小转动惯性矩的细长轴来说，最重要的是它导致了由式（11.59）给出的扭转静柔度效应。

拉伸和压缩效应也应予以考虑，尽管它们往往是最次要的。这里，x方向（组件长轴）的挠度δ由轴向力F_{a}产生，即

$$\delta=\frac{F_{\mathrm{a}}L}{AE}=\alpha_{XF}F_{\mathrm{a}} \tag{11.61}$$

式中，L是组件长度；A是其横截面积。在动态情况下，密度为ρ，位移为ξ，则轴向运动为

$$\rho\frac{\partial^2\xi}{\partial t^2}=E\frac{\partial^2\xi}{\partial x^2} \tag{11.62}$$

注意，这些效应都是特例，更为普遍的情况是，弹性组件会受到加速度和外载荷的影响，尤其是细长轴类组件。同样的普遍现象适用于关节结构（如轴承和联轴器）和传动系统组件（如齿轮和柔索）。这些组件在结构设计上的功能约束可能更加严格，因而会限制设计者使用更多材料以提高组件的刚度。在这些约束条件下，柔性关节设计和刚性连杆设计中的组合柔度将会导致该组合的性能较差，而含有较小惯性及较低刚度的连杆将会提高最低固有频率。因此，连杆和关节的设计必须协调。

柔性只是连杆设计的若干约束之一。通过上述讨论可看出，静柔度也是一项约束。屈曲和强度是限制某些设计参数时更需要考虑的两个因素。虽然已经表明，柔性是典型手臂设计中的首要约束[11.62]，但管状梁弯曲刚度的一个简单优化阐明了忽略屈曲的错误做法。如果在总质量不变的约束下，将管子半径改变以使弯曲刚度达到最大值，那么半径将无限增大，从而产生一个缺乏鲁棒性的含有无穷小厚度和无穷大半径的薄壳结构。真正的约束变成了在外加载荷微小扰动情况下管子发生局部屈曲。一块薄金属片在受到挤压时可以解释这种行为。强度是另外一个适用的约束。各种材料的强度不同，通常表现力应力作用下的弹性极限或疲劳极限。一个刚度足够的组件可能由于应力而损坏，尤其是在应力集中点。

在介绍克服柔性，尤其是连杆柔性的方法中，也需要考虑完全不同的操作和设计方法，尽管它们并不是处理问题的核心。弹性模量将应力与应变联系起来，但在物理上，应变率有时是一个相对概念，它会提供增大关节阻尼或基于控制的结构阻尼。复合材料本质上具有更大的固有阻尼。阻尼可以通过被动减振处理来增大，通过约束层阻尼也有特别明显的效果[11.63]。智能材料也可以用来提高阻尼[11.64]。一种可行的办法被称为撑臂，可以结合冗余驱动来为柔性手臂提供大的工作空间。这种方法在确定大操作臂的固定结构之后，可以提供总运动和较小的精确工作空间，如参考文献［11.65］所述。

上述内容表明，柔性总是由手臂的运动部位产生的。但是，手臂基座本身也可能是柔性的重要来源。如果基座是固定的，那么对基座柔度的分析几乎和手臂上柔性连杆的柔度分析同等重要；如果手臂安装在运动件上，轮子或轨道就可能是柔性的来源，那么对这些新组件的经验分析可能是最好的解决办法。这种运动件还可能是船、飞机或空间飞行器，这样就不会有与惯性参考坐标系的弹性连接，需要对上述方法进行一些根本改变。这些改变并不是全新的，某些情况下仅仅是以下几种方法的简单扩展。

11.2.2　柔性连杆臂的建模

连杆柔性的数学建模以牺牲精度来获得使用的便捷性，因此关键是确定那些需要被精确表达的重要效应。这里采用的方法是假设含有小阻尼的线弹性，旋转运动必须含有合适的角速度，以便离心刚度可以被忽略，一般会假设含有小挠度。对于绝大部分机器人装置来说，这些假设都是合理的，但在有些特殊情况下这些假设不成立，因此需要重新评估这些假设，以及更复杂的建模方法。

主要考察以下 4 种模型：

1）集中单元模型，在给定组件中含有柔度或惯性，但并非两者都有。

2）有限元模型，仅简要讨论。

3）假设模态模型，将包括非线性动力学行为。

4）传递矩阵模型，混合了柔度及惯性的真实分布，因此为无限维的柔性连杆臂。

由于篇幅有限，这里只进行初步讨论，但可使读者能够了解其中的一个或多个备选方案。

对于集中单元，可以基于运动学基础（第 2 章）中介绍的刚体变换矩阵 $\boldsymbol{A}_i$ 建立刚体运动学模型。这个描述位姿的 4×4 阶齐次变换矩阵同样可用来描述挠度。假定微小运动及静态行为（或忽略组件质量），则这个由弹性弯曲、扭转和压缩所引起的变换矩阵为

$$\boldsymbol{E}_i=\begin{pmatrix} 1 & -\alpha_{\theta Fi}F^i_{Yi}-\alpha_{\theta Mi}M^i_{Zi} & -\alpha_{\theta Fi}F^i_{Zi}+\alpha_{\theta Mi}M^i_{Yi} & \alpha_{Ci}F^i_{Xi} \\ \alpha_{\theta Fi}F^i_{Yi}+\alpha_{\theta Mi}M^i_{Zi} & 1 & -\alpha_{Ti}M^i_{Xi} & \alpha_{XFi}F^i_{Yi}+\alpha_{XMi}M^i_{Zi} \\ \alpha_{\theta Fi}F^i_{Zi}+\alpha_{\theta Mi}M^i_{Yi} & \alpha_{Ti}M^i_{Xi} & 1 & \alpha_{XFi}F^i_{Zi}+\alpha_{XMi}M^i_{Yi} \\ 0 & 0 & 0 & 1 \end{pmatrix} \tag{11.63}$$

式中，α_{Ci}是压缩系数，单位为位移/力；α_{Ti}是扭转系数，单位为角度/力矩；$\alpha_{\theta Fi}$是弯曲系数，单位为角度/力；$\alpha_{\theta Mi}$是弯曲系数，单位为角度/力矩；α_{XFi}是弯曲系数，单位为位移/力；α_{XMi}是弯曲系数，单位为位移/运动；F^j_{Xi}是在坐标系 j 中沿 X 方向连杆 i 末端所受的力；F^j_{Yi}是在坐标系 j 中沿 Y 方向连杆 i 末端所受的力；F^j_{Zi}是在坐标系 j 中沿 Z 方向连杆 i 末端所受的力；M^j_{Xi}是在坐标系 j 中沿 X 方向连杆 i

末端所受的力矩；M_{Yi}^{j}是在坐标系 j 中沿 Y 方向连杆 i 末端所受的力矩；M_{Zi}^{j}是在坐标系 j 中沿 Z 方向连杆 i 末端所受的力矩。

所列系数取决于组件的结构，对于细长梁，可根据简单材料强度轻易得到。在其他情况下，有限元模型或经验数据可能更实用些。

对于 N 个组件（连杆或者关节），变形部分或未变形部分的交替变换将生成一个手臂末端（EOA）的位置矢量：

$$\boldsymbol{p}^{0}=(\boldsymbol{A}_{1}\boldsymbol{E}_{1}\boldsymbol{A}_{2}\boldsymbol{E}_{2}\cdots\boldsymbol{A}_{i}\boldsymbol{E}_{i}\boldsymbol{A}_{i+1}\boldsymbol{E}_{i+1}\cdots\boldsymbol{A}_{N}\boldsymbol{E}_{N})\begin{pmatrix}0\\0\\0\\1\end{pmatrix} \quad (11.64)$$

如果无质量单元连接了集中刚体质量，则很容易获得线性空间模型，正如参考文献［11.66］中所描述那样。伺服控制关节也可以添加到这个模型中。这个分析通过检查由关节运动产生的弹性组件的挠度，以及连杆链末端刚体惯性引起的力和力矩来进行。参考资料主要关注仅有两个惯量各自作用于链两端的特殊情况，但这种方法也可容易地扩展到惯量存在于链中部的情况。该结果为每个惯量有六个线性二阶方程组，每个关节有一个一阶方程。

如果柔性和惯性特性均认为是分布于同一单元中，则必须采用上一节中介绍的关于弯曲、扭转和压缩的偏微分方程（PDE）。仍然坚持线性处理，这些方程组的通解可以从每个组件和毗邻的组件中得到，即偏微分方程的边界条件。将这些线性方程组通过简单的拉普拉斯变换至频域，然后将边界条件分解为矩阵-向量积，这样就获得了所谓的传递矩阵法（TMM）[11.67]。这个方法已经有效地应用于一般的弹性力学问题，尤其可以解决柔性操作臂问题[11.68]。

传递矩阵可以将操作臂上两个端部的变量与基于模型复杂性的变量数量联系起来。对于平面弯曲，梁的挠度及弯曲传递矩阵的状态矢量如图 11.9 所示。

$$\boldsymbol{z}_{1}=\begin{pmatrix}-W\\ \Psi\\ M\\ V\end{pmatrix}=\begin{pmatrix}\text{位移}\\ \text{转角}\\ \text{力矩}\\ \text{剪切力}\end{pmatrix}_{1\text{端}} \quad (11.65)$$

$$\boldsymbol{z}_{0}=\boldsymbol{T}\boldsymbol{z}_{1}$$

式中，$\boldsymbol{T}$ 是一个合适的单元传递矩阵。

如果该单元是一个简单的旋转弹簧，其弹簧常数是 k，阻尼常数是 b，那么转角 θ 与力矩有关，这个关系可以通过一个微分方程确定，其拉普拉斯变换可表示为

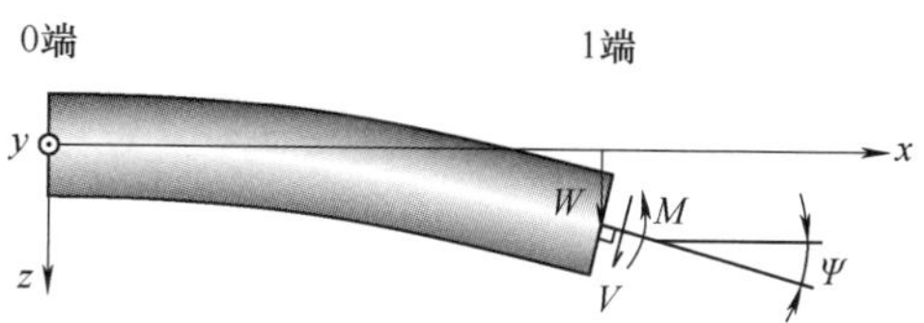

图 11.9 梁的挠度及弯曲传递矩阵的状态矢量

$$M=-L(k\theta+b\dot{\theta})\Rightarrow k\Theta(s)+bs\Theta(s)=M_{0}=M_{1}$$

$$W_{0}=W_{1}$$

$$V_{0}=V_{1}$$

$$\Psi_{0}=\Psi_{1}-\Theta(s)=\Psi_{1}-\frac{1}{k+bs}M_{1}$$

注意，单元中唯一的变量是与力矩有关的角度。传递矩阵通常用零初始条件表达，并利用 $s=\iota\omega$ 的傅里叶表示法，则传递函数为

$$\boldsymbol{T}=\boldsymbol{C}(\iota\omega)=\begin{pmatrix}1&0&0&0\\0&1&\dfrac{1}{k+b(\iota\omega)}&0\\0&0&1&0\\0&0&0&1\end{pmatrix}$$

此函数与式（11.69）中的关节控制器具有相同的形式。

梁的模型要复杂得多，欧拉-伯努利模型给出了

$$\boldsymbol{B}=\begin{pmatrix}c_{0}&lc_{1}&ac_{2}&alc_{3}\\ \dfrac{\beta^{4}c_{3}}{l}&c_{0}&\dfrac{ac_{1}}{l}&ac_{2}\\ \dfrac{\beta^{4}c_{2}}{a}&\dfrac{\beta^{4}lc_{3}}{a}&c_{0}&lc_{1}\\ \dfrac{\beta^{4}c_{1}}{al}&\dfrac{\beta^{4}c_{3}}{a}&\dfrac{\beta^{4}c_{3}}{l}&c_{0}\end{pmatrix} \quad (11.66)$$

式中，$\beta^{4}=\omega^{2}l^{4}\mu/(EI)$；$a=l^{2}/(EI)$；$c_{0}=(\cosh\beta+\cos\beta)/2$；$c_{1}=(\sinh\beta+\sin\beta)/(2\beta)$；$c_{2}=(\cosh\beta-\cos\beta)/(2\beta^{2})$；$c_{3}=(\sinh\beta-\sin\beta)/(2\beta^{3})$；$\mu$ 是线密度；ω 是振动圆频率；E 是弹性模量；I 是横截面的惯性矩。其中，空间变量已转变为拉普拉斯空间变量，但不再明确出现。拉普拉斯时间变量还继续存在，并表示为 s，或者表示为频率变量 $\omega=-\iota s$，其中 $\iota=\sqrt{-1}$。简单平面模型所需的其他传递矩阵如下所述。

对于一个旋转了 φ 角的平面，有

$$\boldsymbol{A}=\begin{pmatrix}\dfrac{1}{\cos\varphi}&0&0&0\\0&1&0&0\\0&0&0&0\\m_{s}\omega^{2}\sin\varphi\tan\varphi&0&0&\cos\varphi\end{pmatrix} \quad (11.67)$$

11

式中，m_s 是从弯折角到操作臂末端的所有外部质量之和。这是忽略了压缩弹性模量所得到的一个近似结果。当这些单元被压缩时，它们在一定程度上相当于增加了质量。

对于刚体质量，只需使用牛顿定律和集合项就可得到

$$
\boldsymbol{R}=\begin{pmatrix} 1 & l & 0 & 0 \\ 0 & 1 & 0 & 0 \\ -\frac{m\omega^2 l}{2} & I_m\omega^2-\frac{m\omega^2 l^2}{2} & 1 & l \\ m\omega^2 & -\frac{m\omega^2 l}{2} & 0 & 1 \end{pmatrix} \tag{11.68}
$$

式中，m 是物体的质量；I_m 是对一条通过质心且垂直于手臂平面的轴的惯性矩；l 是质量的长度（连接点位置 i 和位置 i+1 之间的距离）；$l/2$ 是从位置 i 到物体质心的距离。

对于一个受控的关节，传递函数为（关节力矩/关节角度）$=k(\iota\omega)$。

$$
\boldsymbol{C}=\begin{pmatrix} 1 & 0 & 0 & 0 \\ 0 & 1 & \frac{1}{k(\iota\omega)} & 0 \\ 0 & 0 & 1 & 0 \\ 0 & 0 & 0 & 1 \end{pmatrix} \tag{11.69}
$$

当组合起来表示图 11.10 所示的含有双关节的平面操作臂时，这个分析将会生成一个复合传递矩阵，它将操作臂两端的四个状态参数联系起来。如果知道了两端的边界条件，就可以进一步深入分析。

参考文献［11.69］中所展示的和图 11.10 所示的手臂传递矩阵的关系式见式（11.70）。

$$
\begin{pmatrix} -W \\ \Psi \\ M \\ V \end{pmatrix}_0 = \boldsymbol{R}_1\boldsymbol{B}_2\boldsymbol{R}_3\boldsymbol{A}_4\boldsymbol{C}_5\boldsymbol{B}_6\boldsymbol{R}_7 \begin{pmatrix} -W \\ \Psi \\ M \\ V \end{pmatrix}_7 \tag{11.70}
$$

在本例中，连杆左端是固定端，右端是自由端，满足如下关系式：

$$
z_0=\begin{pmatrix} -W \\ \Psi \\ M \\ V \end{pmatrix}_0 = \begin{pmatrix} u_{11} & u_{12} & u_{13} & u_{14} \\ u_{21} & u_{22} & u_{23} & u_{24} \\ u_{31} & u_{32} & u_{33} & u_{34} \\ u_{41} & u_{42} & u_{43} & u_{44} \end{pmatrix} \begin{pmatrix} -W \\ \Psi \\ M \\ V \end{pmatrix}_7
$$

$$
\begin{pmatrix} u_{11} & u_{12} \\ u_{31} & u_{32} \end{pmatrix} \begin{pmatrix} -W \\ \Psi \end{pmatrix} = \begin{pmatrix} 0 \\ 0 \end{pmatrix} \tag{11.71}
$$

当 ω 为固有频率，或者矩阵较复杂且为系统特征值时，这个 2×2 阶矩阵的行列式必须等于零。这个可以通过数值研究给出。考察沿操作臂长度方向的变量（位置、角度、剪切力和力矩），并将特征值作为 ω 的值，从而得到的特征函数。如果边界条件不为零，而是已知的频率，这样就可以得到系统的频率响应。因此，波特图可以通过边界条件受力得到。内部力可以通过一个如参考文献［11.67］所述的扩展状态向量来处理，该向量已应用于参考文献［11.61］所述的操作臂中，并且最近通过参考文献［11.68］中的现代程序技术得到更新。快速傅里叶逆变换（FFT）将从频率响应中得到一个时域响应。

在时域内创建一个状态空间模型很有吸引力，因为它能够运用有效的状态空间设计技术，并且与进行大范围运动、离心力和科氏力作用的操作臂的非线性行为兼容。假设模态法可有效构建起这样一个模型，这里所讨论的都是根据先前引入的递推方法，对参考文献［11.70］中所介绍的方程组进行计算而得到的。连杆的柔性运动学必须表示为一组基函数的和，该基函数也称为含有时变幅值 $\delta_i(t)$ 的假设模态（形状）$\varphi_i(x)$，则

$$
w(x,t)=\sum_{i=1}^{\infty}\delta_i(t)\varphi_i(t) \tag{11.72}
$$

这些幅值函数及其导数便成为模型的状态参数，相容的关节角度变量及其导数也同样包含其中

11

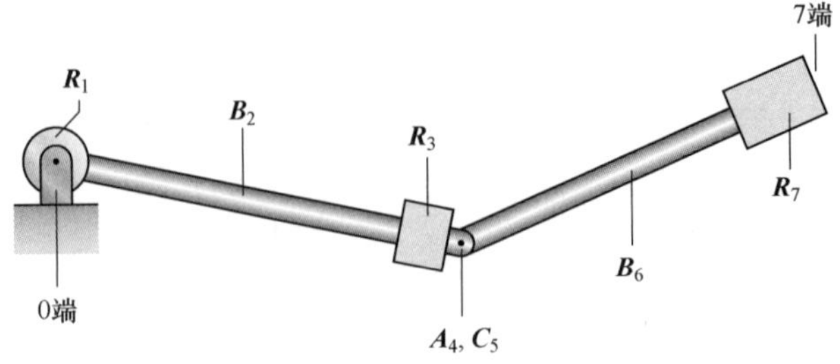

图 11.10 操作臂的传递矩阵表示

作为刚性状态参数。柔性连杆末端的关节角切线与基于一端为固定边界条件和另一端为自由边界条件的模态兼容。这个方法通常用于数值模拟，且刚体坐标可以通过标准关节角度传感器直接测得。如果刚体坐标是通过测量连续关节轴之间的连线而获得的角度，则手臂末端单独作为刚体坐标系，且符合双端固支的边界条件。可见，这有利于逆动力学计算。

柔性运动学和刚性运动学相结合，描述了手臂上每个点的位置和速度，可用来表示动能 $\mathcal{T}$ 和势能 $\mathcal{V}$。这些表达式用在保守形式的拉格朗日方程中：

$$\frac{\mathrm{d}}{\mathrm{d}t}\frac{\partial\mathcal{T}}{\partial\dot{q}_i}-\frac{\partial\mathcal{T}}{\partial q_i}+\frac{\partial\mathcal{V}}{\partial\dot{q}_i}=F_i \tag{11.73}$$

式中，F_i 是当 q_i 变化时做功的力。

挠度的运动学同样可用 4×4 阶传递矩阵描述，但这次假定模态 j 求和，以给出连杆 i 的位置。

$$\boldsymbol{h}_i^i(\eta)=\begin{pmatrix}\eta\\0\\0\\1\end{pmatrix}+\sum_{j=1}^{m_i}\delta_{ij}\begin{pmatrix}x_{ij}(\eta)\\y_{ij}(\eta)\\z_{ij}(\eta)\\0\end{pmatrix} \tag{11.74}$$

式中，x_{ij}、y_{ij}、z_{ij} 是连杆 i 的挠度对应的模态 j 分别在 x_i、y_i、z_i 方向上的位移分量；δ_{ij} 是连杆 i 的模态 j 的时变幅值；m_i 是用来描述连杆 i 挠度的模态数。

$$\boldsymbol{E}_i=\left(\boldsymbol{H}_i+\sum_{j=1}^{m_i}\delta_{ij}\boldsymbol{M}_{ij}\right) \tag{11.75}$$

式中

$$\boldsymbol{H}_i=\begin{pmatrix}1&0&0&l_i\\0&1&0&0\\0&0&1&0\\0&0&0&1\end{pmatrix} \tag{11.76}$$

$$\boldsymbol{M}_{ij}=\begin{pmatrix}0&-\theta_{zij}&\theta_{yij}&x_{ij}\\\theta_{zij}&0&-\theta_{xij}&y_{ij}\\-\theta_{yij}&\theta_{xij}&0&z_{ij}\\0&0&0&0\end{pmatrix} \tag{11.77}$$

这个表达式主要用于形成每个质量元素的动能和势能。对连杆进行积分，可以计算出该连杆的总能量；对所有连杆的积分求和，便可以得到手臂系统的总能量。交换积分和求和的顺序可以鉴别关键的不变参数，如与模态振幅的二阶导数相乘的模态质量及与模态振幅本身相乘的模态刚度。中间过程旨在解决拉格朗日方程，其被分离为与刚性变量和柔性变量相关的微分方程。如果刚性变量 $\boldsymbol{\theta}$ 是关节变量，则得到两组方程：

$$\frac{\mathrm{d}}{\mathrm{d}t}\left(\frac{\partial\mathcal{T}}{\partial\dot{\theta}_j}\right)-\frac{\partial\mathcal{T}}{\partial\theta_j}+\frac{\partial\mathcal{V}_{\mathrm{e}}}{\partial\theta_j}+\frac{\partial\mathcal{V}_{\mathrm{g}}}{\partial\theta_j}=F_j \tag{11.78}$$

$$\frac{\mathrm{d}}{\mathrm{d}t}\left(\frac{\partial\mathcal{T}}{\partial\dot{\delta}_{jf}}\right)-\frac{\partial\mathcal{T}}{\partial\delta_{jf}}+\frac{\partial\mathcal{V}_{\mathrm{e}}}{\partial\delta_{jf}}+\frac{\partial\mathcal{V}_{\mathrm{g}}}{\partial\delta_{jf}}=0 \tag{11.79}$$

式中，下标 e 表示弹性；下标 g 表示重力；δ 表示一个模态形状的振幅。

方程组的模拟形式是通过组合刚性坐标和柔性坐标的所有二阶导数而得到的，表示为

$$\begin{pmatrix}\boldsymbol{M}_{rr}(\boldsymbol{q})&\boldsymbol{M}_{rf}(\boldsymbol{q})\\\boldsymbol{M}_{fr}(\boldsymbol{q})&\boldsymbol{M}_{ff}\end{pmatrix}\begin{pmatrix}\ddot{\boldsymbol{\theta}}\\\ddot{\boldsymbol{\delta}}\end{pmatrix}=-\begin{pmatrix}\boldsymbol{0}&\boldsymbol{0}\\\boldsymbol{0}&\boldsymbol{K}_{\mathrm{s}}\end{pmatrix}\begin{pmatrix}\boldsymbol{\theta}\\\boldsymbol{\delta}\end{pmatrix}+\boldsymbol{N}(\boldsymbol{q},\dot{\boldsymbol{q}})+\boldsymbol{G}(\boldsymbol{q})+\boldsymbol{R}(\boldsymbol{q},\dot{\boldsymbol{q}},\boldsymbol{Q}) \tag{11.80}$$

式中，$\boldsymbol{\theta}$ 是刚体坐标系中的一个向量，通常是关节变量；$\boldsymbol{\delta}$ 是柔性坐标系中的一个向量；$\boldsymbol{q}=[\boldsymbol{\theta}^{\mathrm{T}}\ \boldsymbol{\delta}^{\mathrm{T}}]^{\mathrm{T}}$；$\boldsymbol{M}_{ij}$ 是刚性坐标与柔性坐标中与刚性坐标（$i,j=r$）或柔性（$i,j=f$）坐标和方程相一致的质量矩阵；$\boldsymbol{N}(\boldsymbol{q},\dot{\boldsymbol{q}})$ 是包含非线性的科氏力和离心力项；$\boldsymbol{G}(\boldsymbol{q})$ 是重力效应；$\boldsymbol{Q}$ 是施加的外力，$\boldsymbol{R}$ 是反映外力与所有其他非保守力（如摩擦力）的影响。

另一方面，方程的逆动力学形式为（假设摩擦力可以忽略不计）

$$\boldsymbol{Q}=\begin{pmatrix}\boldsymbol{M}_{rr}(\boldsymbol{q})&\boldsymbol{M}_{rf}(\boldsymbol{q})\\\boldsymbol{M}_{fr}(\boldsymbol{q})&\boldsymbol{M}_{ff}\end{pmatrix}\begin{pmatrix}\ddot{\boldsymbol{\theta}}\\\ddot{\boldsymbol{\delta}}\end{pmatrix}+\begin{pmatrix}\boldsymbol{0}&\boldsymbol{0}\\\boldsymbol{0}&\boldsymbol{K}_{\mathrm{s}}\end{pmatrix}\begin{pmatrix}\boldsymbol{\theta}\\\boldsymbol{\delta}\end{pmatrix}-\boldsymbol{N}(\boldsymbol{q},\dot{\boldsymbol{q}})-\boldsymbol{G}(\boldsymbol{q}) \tag{11.81}$$

一般说来，$\boldsymbol{Q}$ 取决于关节处力的矢量 $\boldsymbol{T}$ 或电动机转矩，这些效应的分布形式为

$$\boldsymbol{Q}=\begin{pmatrix}\boldsymbol{B}_r\\\boldsymbol{B}_f\end{pmatrix}\boldsymbol{T} \tag{11.82}$$

式中，$\boldsymbol{T}$ 与 $\boldsymbol{q}_r$ 同维。通过对逆动力学方程进行重新排序，得

$$\begin{pmatrix}\boldsymbol{B}_r&-\boldsymbol{M}_{rf}\\\boldsymbol{B}_f&-\boldsymbol{M}_{ff}\end{pmatrix}\begin{pmatrix}\boldsymbol{T}\\\ddot{\boldsymbol{\delta}}\end{pmatrix}=\begin{pmatrix}\boldsymbol{M}_{rr}\\\boldsymbol{M}_{rf}\end{pmatrix}\ddot{\boldsymbol{\theta}}+\boldsymbol{N}(\boldsymbol{q},\dot{\boldsymbol{q}})+\boldsymbol{G}(\boldsymbol{q}) \tag{11.83}$$

方程左边是一个未知向量，右边是预先指定的刚性和可解柔性坐标。当非线性项与重力项对这个瞬时柔性坐标系的影响很小时，这个方程至少近似正确，虽然这两者不能同时得知，但可以在下一步中估计得到。

离散化柔性的一个结果是产生非最小相位系统特性。当质量和柔性使激励与输出点相互独立时，即所谓的非匹配情况时，这种现象也可能发生。这些系统的特点是阶跃响应，其中初始运动与最终运动的符号相反。这就是线性系统的一个简单特征，即传递函数在坐标系右半平面中有一个零点。

11.2.3 控制

对柔性动力学产生正确反馈离不开合适的传感

器。虽然从理论上来说，卡尔曼滤波器通过关节测量可以观测柔性连杆的状态，但它是基于柔性动力学的多种模型来反向驱动关节。对柔性更可靠的观测包括应变计、加速度计和光学传感器。

1. 柔性控制传感器

梁单元的应变是曲率的直接表现，它是梁挠度的二阶空间导数，如式（11.57）中所示。现代半导体应变计测量精度高，并能产生一个很好的信噪比。二阶空间导数关系意味着一个微小的位置变化将导致读数上的很大改变，但一旦安装在手臂上，这便不再是问题。更主要的问题在于，如果没有妥善保护，应变计受到磨损，将会有相对较短的寿命。通过合适地放置应变计，多种假设模态的测量都是可行的。

挠度的光学测量十分普遍，但受限于目标测量点与传感器之间的干扰，特别当传感器固定不动时。如果传感器安装在连杆上，这个难度将会降低，但光学测量值通常会变为传感器光轴转动量与目标挠度的复杂组合。机器视觉能够感应一个宽视场，但精度通常很低；可以检测多个点，这在测量多种模态时非常有用。机器视觉需要大量的处理过程，甚至需要增强目标或反光基准，因此相对于其他控制模式，采样率显得较慢。

加速度计也是一类很有吸引力的传感器，因为它们不需要被明确地连到一个固定支架上。微机电系统（MEMS）加速度计提供了所需的低频灵敏度，并且价格低廉。然而，它们受限于重力场方向的影响，这些影响必须通过了解传感器的方向来补偿。如果需要测量位置，那么加速度计需要进行两次积分，因而在位置测量中会出现偏移。因此，传感器的组合使用会更有效。例如，视觉传感器相对较慢，但可直接提供柔性组件末端的位置信息，它可以与加速度计相结合，加速度计可在高采样率下提供同一点的信息，但存在噪声与偏移问题。这两种传感器的读数可以与卡尔曼滤波器或其他组合方案相结合。

2. 有关模型阶次问题

我们发现，柔性臂的理论阶数是无限的，为此应该准备好处理与模型阶次有关的一些问题。首要问题可能是有限的采样率导致的图像失真问题。对此，可以使用抗锯齿滤波器，更加有效的是使用模拟阻尼，即通过材料，阻尼处理或驱动器的反电动势来为数字控制系统提供一个固有阻尼。另一个更加微妙的问题是测量与控制的外溢。

3. 特殊配置的控制：宏观/微观冗余

已经提出了几种特殊配置，以提高柔性连杆臂的受控性能，如上述的不匹配问题就是一个例子。在某些情况下，仅使用一套简单的驱动器并不能实现大范围的运动与高精度。冗余自由度可与宏观自由度一起使用，这种自由度能够提供大范围的运动，但缺乏内在精度或准确度。对于一个较长的臂，振动是很难消除的，并且结构精度甚至热漂移都可能超出极限。如果总体运动很快完成，残余振动可能会保持下来，并且衰减得很慢。为大型轴的总体运动而建造的驱动器并没有能够有效衰减这些振动的带宽能力，但为小运动轴建造的驱动器通常具有这种能力。当探索核废料清理方案时[11.71~74]，这个结论已经在若干长距离操纵臂的例子中得到证实。假定微臂的基座（传感器的位置）处于宏臂的末端，则利用手臂末端产生的惯性力也同样有利于构建与用于控制的测量值相匹配的力。Book、Loper[11.73]和 George、Book[11.75]已经证实基于多自由度加速度计的控制是可行的。它同样能激发那些没有研究的非预期模态。如果所有的6个自由度都被使用，可以基于简单的被动类比来论证稳定性。在铰接式微操作臂的基座上生成指定的力是一项很富有挑战性的任务，需要解决一种新形式的逆动力学问题，该问题解决了产生规定的基座力和力矩所需的运动或关节力矩。

4. 基于命令成形的柔性连杆臂指令生成

一个柔性手臂的运动轨迹可以显著影响其柔性效果。对柔性动力学的纯开环预测已经用于生成运动轨迹，其中运动消除了由早期运动造成的初期振荡，这种策略称为命令成形。一个更加复杂的实现策略是基于真实逆动力学的轨迹，其中刚性和柔性状态都相互协调，以达到状态空间中的期望点，通常是一个静态平衡点。柔性模型的高阶由于不匹配系统的非最小相位特性而被进一步复杂化，且无关的逆运算对于产生可物理实现的运动轨迹是必要的（VIDEO 778）。

延时命令成形是参考文献［11.76，77］中介绍的无差节拍控制的另一种形式。它可以被描述为一个由图11.11所示的简单脉冲响应构成的有限脉冲响应滤波器，单个输入脉冲生成少量具有合适时长和振幅的（通常为2~4）输出脉冲。Singer、Seering[11.78]和 Singhose[11.79]等人的扩展，在标识 Input Shaping 下已经产生了鲁棒性更好的种类。鲁棒性是通过采用更多的输出脉冲和对输入脉冲间隔的合适选择而得到增强的。最佳任意延时（OAT）滤波器[11.80,81]将这种选择简化为一个关于线性振动的简单公式，它取决于拟从响应中消除的那些模态的

11

固有频率和阻尼比。图 11.12 说明了其实施的简便性，其中滤波器参数和模态参数之间的关系为

$$\begin{cases} 系数\ 1=\dfrac{1}{\boldsymbol{M}} \\ 系数\ 2=\dfrac{-(2\cos(\omega_d T_d)\mathrm{e}^{-\zeta\omega_n T_d})}{\boldsymbol{M}} \\ 系数\ 2=\dfrac{\mathrm{e}^{-2\zeta\omega_n T_d}}{\boldsymbol{M}} \\ \boldsymbol{M}=1-2\cos(\omega_d T_d)\mathrm{e}^{-\zeta\omega_n T_d}+\mathrm{e}^{-2\zeta\omega_n T_d} \end{cases} \tag{11.84}$$

式中，$\omega_d=\omega_n\sqrt{1-\zeta^2}$ 是阻尼固有频率；ω_n 是无阻尼固有频率；ζ 是阻尼比；T_d 是时间延迟选择，采样数为整数。

时间由采样时间 T_s 和 T_d 进行归一化，保证 $\Delta=T_s/T_d$ 为整数。

注意到，这里的公式是面向具有固定采样间隔的数字系统，以便将滤波器的时间延迟调整为采样间隔的整数倍。命令成形已经广泛用于柔性系统，包括磁盘驱动器、起重机，以及大型机器人手臂，如图 11.13 所示的 CAMotion（VIDEO 777）等。注意，这个示例包含了一条柔性的传动带，一个有效的柔性关节，以及遵守最低模态准则的柔性连杆，此模态由 OAT 滤波器抑制。

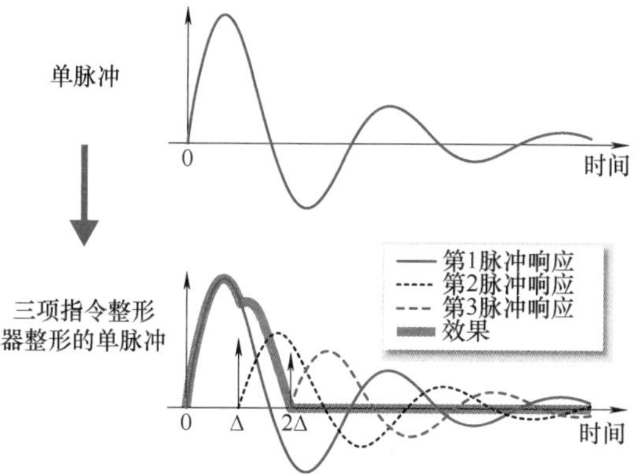

图 11.11　振动系统中整形器的脉冲响应及效果

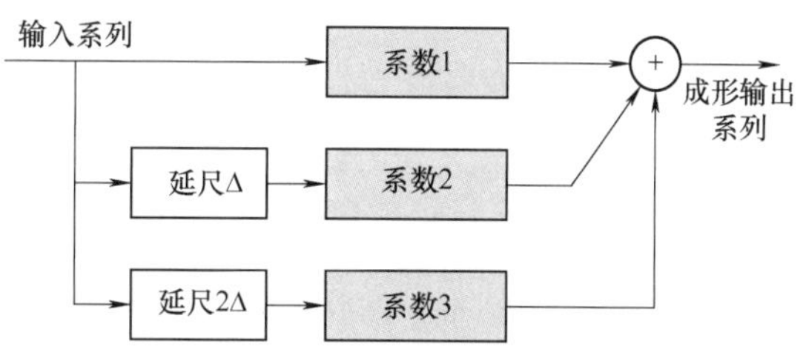

图 11.12　命令成形算法框图

图 11.13　基于命令成形的大型柔性连杆臂

命令成形的自适应形式也已经得到了证实。参考文献［11.82］展示了一个面向重复运动应用的形式。

5. 基于逆动力学的柔性连杆臂指令生成

与命令成形不需要充分的系统知识相反，柔性臂的逆动力学需要大量的系统知识。一个合适模型的设计已经在上文进行了讨论，如对一个假设的模态模型，如果刚体坐标不是关节角度，而是连接关节轴的直线之间的角度（这里假定关节是旋转的），则其能够很好地适应这个逆动力学过程。在这种情况下，手臂末端的预期运动可以仅用刚性变量来表达，即在柔性关节情况下用到的相同变量 $\boldsymbol{q}_d$。同时，期望的柔性变量能够从由已知刚体位置与速度所驱动的二阶方程组中获得，余下的困难则是系统的不稳定零动态。

出于介绍的目的，这里仅仿照参考文献［11.83］对线性情况进行处理。首先，刚体坐标系及其微分可以从期望的手臂末端运动轨迹中得到。柔性方程被分为因果稳定零点与逆因果的不稳定零点，而稳定的逆问题已经及时得到了解决。实际上，运动响应在力矩输入后会做出响应，但计算输入是响应，力矩是作为输出进行计算的，因此在求解逆因果部分时没有违反物理定律，该逆因果部分在最后时刻开始，此时柔性坐标系已经被指定为零，并延续至初始时间及之后。事实上，精确解由负无穷大（在此处逆因果解退化）延伸到正无穷大（在此处因果解退化）。对于真实的动力学问题，必要的输入时间仅比手臂末端的运动时间略多一些，因为在两个方向上，零点通常都远离原点。如果手臂末端运动在零时刻开始，在这之前不久，关节力矩开始对柔性连杆预成形，但并不移动手臂末

11

端。类似的，当手臂末端到达它的最终位置时，关节力矩必须以一种在手臂末端（或者其他选定输出位置）不可见的方式消除手臂变形。图 11.14 所示为来自 Kwon[11.84]的单连杆柔性臂的逆动力学驱动运动。参看 VIDEO 778。

如前所述，由于之前描述的包含非最小相位或不稳定零点的柔性平台倒置，可能会造成反因果输入力矩和任意轨迹出现，因此寻找具有避免这些特性的其他轨迹是合适的。

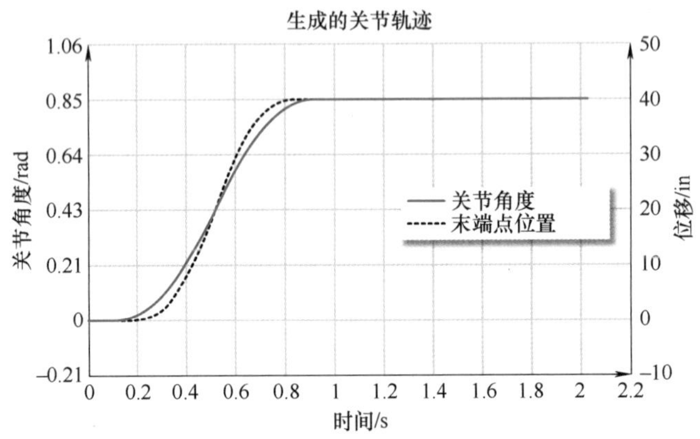

图 11.14 单连杆柔性臂的逆动力学驱动运动

零点的位置取决于在柔性连杆上指定轨迹的位置。De Luca 等人[11.85-87]研究了当兴趣点从尖端移动到关节时，单柔性连杆旋转臂和零点的迁移。他们利用一个不存在零点的点作为输出点，该点使得反演能够进行且不存在因果关系问题。当该点达到零偏转所需的角度时，终点也将处于期望的角度。关节速度和偏转速度也必须达到零，从而使从静止到静止的运动在规定的时间内完成，并且没有残余振荡。参考文献［11.85-87］表明，在线性系统的时域或频域中这种发展是等效的。对于双连杆臂（只有前臂是柔性的），非线性行为需要采用时域方法[11.86]。

De Luca 和 Di Giovanni[11.85]解决了单柔性连杆的静止到静止运动，并针对单个柔性模态进行了案例分
11 析。参考文献［11.87］还提供了（VIDEO 779）实验结果。这种方法的优点在于，它在实现由一个多项式描述期望的最终位置方面相对简单。满足所有边界条件所需的单个多项式的度数为 $4n_e+3$，其中 n_e 是柔性模态数。一个困难是不能有效地约束所需的峰值力矩。在这种最简单的策略中开发的力矩曲线含有较高的峰值，但对于大多数轨迹（开始和结束），力矩曲线相对较低。因此，不能有效地使用驱动器的峰值力矩能力。当然，没有必要用一个多项式来描述整个轨迹，但对于分段多项式，没有零点的显式响应的复杂性变得更加具有挑战性，并且产生于满足多项式段上的所有边界条件。由含有前臂柔性[11.86]的两个连杆臂产生的非线性行为提供了对柔性臂反转方法的进一步探索。

De Luca 采用的模型稍有不同，因为挠度是从穿过柔性臂的动态质心的轴线测量的，如图 11.15 所示，而不是旋转驱动器处与梁的中性轴相切的角度，这修正了形状方程和模态形状的边界条件。作为介绍，这里考虑了单个柔性连杆。变量定义如下。

1）J_0、J_p：分别为旋转驱动器的旋转惯量，尖端有效载荷。

2）m_p：尖端有效载荷质量。

3）θ、θ_c、θ_t：通过质心、与驱动端相切和通过尖端的角度。

4）x：质心轴。

5）y：垂直于 x 的挠度。

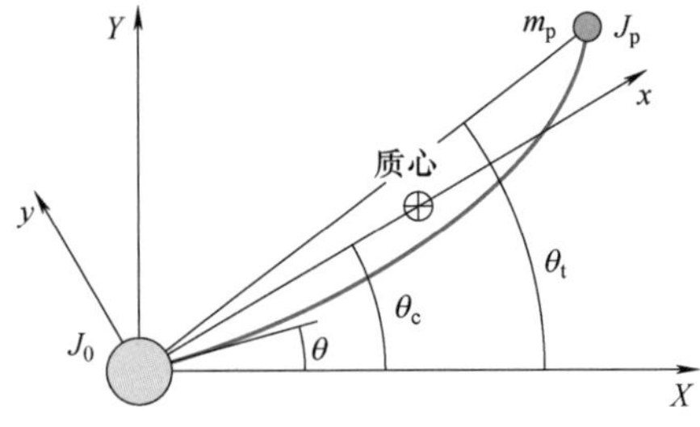

图 11.15 De Luca 模型的变量定义

考虑模态中没有阻尼的情况。虽然模态阻尼易于组合，但为了空间和简单起见，其通常较低的值证明，在这里采用缩写处理是合理的。指定的输出

y 是角度（到质心）、角速度、挠度和挠度率的和，每次乘以适当的增益。通过指定从关节力矩到 y 的传递函数为最大相对度，即它没有零，可以找到这些增益。等效地，y 的连续导数没有明确地涉及力矩直到$(2n_e+1)$阶导数。注意，归因于光滑微分系统的这些特性可能会让我们更全面地理解这种方法[11.88,89]，

$$\frac{y(s)}{\tau(s)}=\frac{K}{s^2\prod_{i=1}^{n_e}(s^2+\omega_i^2)}$$

$$K=\frac{1}{J}\prod_{i=1}^{n_e}\omega_i^2$$

当变换到时域时，基于期望输出力矩的结果形式将是

$$\tau_d(t)=\frac{J}{\prod_{i=1}^{n_e}\omega_i^2}\left[y_d^{2(n_e+1)}(t)+\sum_{i=0}^{2n_e-1}\alpha_i y_d^{(i+2)}(t)\right]$$

从多项式的卷积或对 $y(s)/\tau(s)$ 的分母展开可以很容易地找到 α_i 值。但是，y_d 必须使用什么呢？对于给定的 y 定义，通过创建含有 y_d 的目标初始和最终值，以及 y_d 的初始和最终导数为零的插值轨迹，可以实现静止到静止轨迹 y_d 的目标值。设置等于零的导数至少为 $2n_e+1$，但优先设置附加导数等于零，以获得轨迹末端的平滑力矩。正如参考文献［11.85］中所解释的，这是状态转换，也会导致关节角度、挠度及其导数的目标静止行为。为了获得更高的鲁棒性，前馈命令应该辅以反馈控制，如关节角度跟随 y_d 的简单 PD 或 PID 控制。

图 11.16 所示为在单连杆柔性臂上使用这种组合进行 2.2s 移动时产生的力矩和弯曲挠度[11.87]。

为了更好地理解这些结果，需要清楚实验中柔性臂的一些细节。期望轨迹由 19 阶多项式定义，臂长为 0.655m、厚度为 2mm、宽度为 51mm，由直流电动机直接驱动，转动惯量为 1.888×10^{-3}kg · m^2，无尖端质量。由此得到的固有频率分别为 14.4Hz、13.2Hz 和 69.3Hz，阻尼比分别为 0.0001、0.001 和 0.008。模型的频率误差小于 1%。基于静态和黏性摩擦模型的摩擦补偿在连续摩擦下应用。

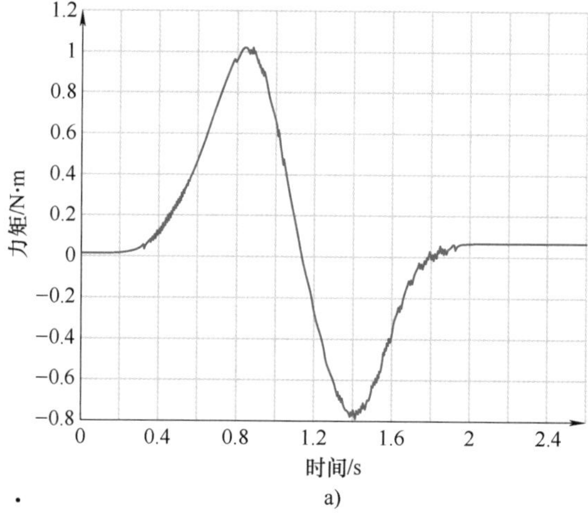

a)

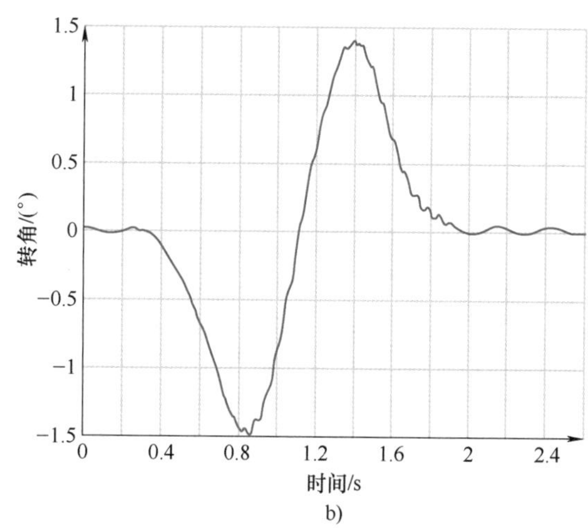

b)

图 11.16 单连杆柔性臂上的力矩和弯曲挠度
a）静止-静止运动中 PD 控制的输出力矩 b）末端弯曲挠度

6. 柔性连杆反馈控制

在某些情况下，连杆中的柔性可使用与集中柔性关节相同的方式控制。此处重点讨论的是专门用于连杆柔性的方法，因此利用卡尔曼滤波器来估计尖端位置和其他广泛应用的技术都不再进行讨论。关于这个课题的研究历史悠久。Cannon 和 Schmitz[11.90]，Truckenbrot[11.91]和其他人表明，这些技术适用于柔性连杆臂，并且系统的不匹配特性增强了对模型误差的敏感度。

应变测量为柔性连杆状态的描述提供了一个有价值的表达方式，Hastings 和 Book[11.92]表明，通过对典型嘈杂的应变信号进行过滤得到的应变率是克服纯关节反馈控制限制的有效方法。Yuan 等人[11.93]提供了一个应变率反馈的自适应版本。

应变测量很容易运用到模态幅值的计算当中，并且合理放置的应变仪测量 N 的数量等同于待分析的模态振幅的数量。在这种情况下，尽管常常会用到滤波器，但估计算法是不必要的。如果一个梁的模态 φ_i 是已知的，则应变与 φ_i 的二阶导数成正比，即

$$\alpha_{ij}=\left.\frac{\partial\varphi_i}{\partial x^2}\right|_{xj} \tag{11.85}$$

通过对系数矩阵进行转置，很容易得到 N 个模态的振幅（式 11.86）。如果梁的扭转变形在模态中占据了很大一部分，则需要格外注意，但该原理仍然适用。高频模态下的主动控制可能不可靠，但一个或两个最低频模态的反馈可以通过传统或状态空间设计技术来实现，以增加模态阻尼。

$$\begin{pmatrix}\delta_1\\ \delta_2\\ \vdots\\ \delta_N\end{pmatrix}=\begin{pmatrix}\alpha_{11} & \alpha_{21} & \cdots & \alpha_{1N}\\ \alpha_{12} & \alpha_{22} & \cdots & \alpha_{2N}\\ \vdots & \vdots & \ddots & \vdots\\ \alpha_{N1} & \alpha_{N2} & \cdots & \alpha_{NN}\end{pmatrix}^{-1}\begin{pmatrix}\varepsilon_1\\ \varepsilon_2\\ \vdots\\ \varepsilon_N\end{pmatrix} \tag{11.86}$$

连杆臂末端（EOA）位置测量永远具有吸引力，它对刚性臂消除由于扭转和时变的标定而引起的变化十分有效。机器视觉能够消除目标位置及连杆臂位置的不确定性，但这些方法受到连杆柔性不匹配和非最小相位动力学的困扰，因此可能需要特别注意。Wang 和 Vidyasagar[11.94] 提出了一个控制方程中 EOA 测量的替代公式，他称之为尖端位置反射。对于一个角度为 θ 和长度为 l 的旋转连杆，偏转位置为 $l\theta+\delta$，而反射尖端位置 $l\theta-\delta$ 是最小相位。这种关节与尖端测量的组合产生了期望的未偏转位置，但不适用于 EOA 跟踪控制。Obergfell 和 Book[11.95] 合成了一个基于应变反馈的输出，结合了同样允许轨迹控制的 EOA 位置。他们首先用从连杆偏转的光学测量中获得的偏转反馈建立了一个被动系统，然后设计了一个尖端位置的传统反馈控制，该位置通过图 11.17 所示的大型双连杆臂的机器视觉测量获得。图 11.18 与图 11.19 比较了一个大范围平面内只有偏转反馈的路径和同时含有偏转及 EOA 位置反馈的路径。

11

图 11.17 在 EOA 反馈试验中使用的大型柔性机器人手臂（RALF）

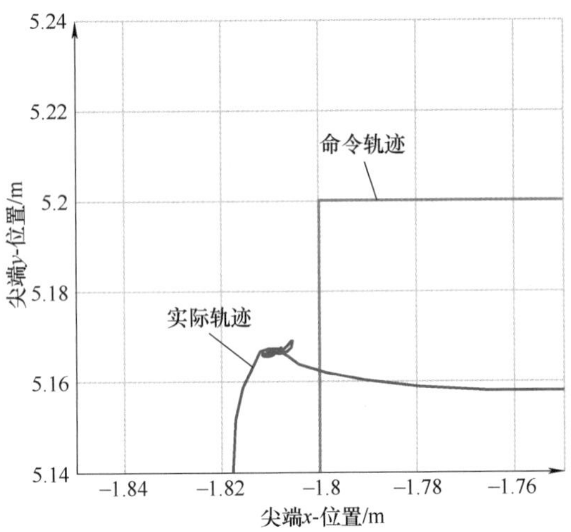

图 11.18 无 EOA 位置反馈时的路径跟踪

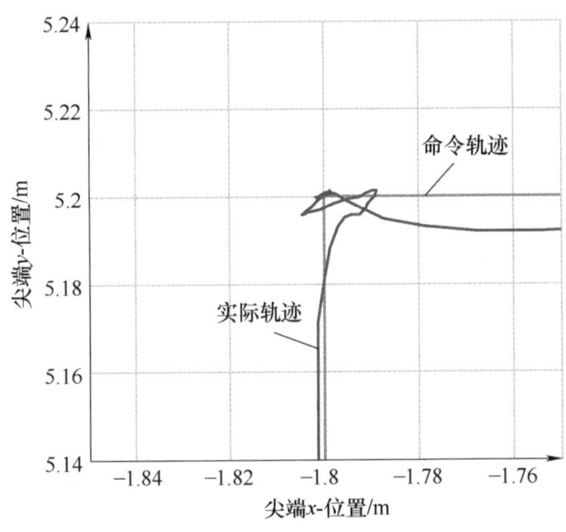

图 11.19 有 EOA 位置反馈时的路径跟踪

7. 柔性连杆系统的鲁棒性估计

为线性柔性连杆系统设计的状态反馈算法依赖于无法直接测量的状态信息，并且在理论上数量是无限的。对状态进行截断以表示最主要的低频模态是第二个问题的现成解决方案，并且状态估计器或观测器为第一个问题提供了可行的方法。（估计器和观测器通常交替使用，但在这一部分中使用更为常见的观测器）对于线性系统，通常使用 Luenberger 观测器或基于随机的卡尔曼滤波器。遗憾的是，观察者需要精确的系统模型，否则估计可能很差，并且观察者，一个与系统本身的阶数一样高的动态系统，甚至可能不稳定。因此，状态观测器的鲁棒性是柔性连杆系统控制的一个关键问题。控制质量最终是估计器质量的最佳衡量标准。鲁棒观测器设计一直是相当重要的研究课题，在很大程度上反映了鲁棒控制器的发展。这是很自然的，因为观测器是一个动态的系统，就像植物本身一样，可以通过控制以实现期望的结果。利用观测器的控制作用，尽力将观测器的估计输出收敛到实际系统的测量输出。因此，基于 H 无穷大、模糊逻辑、神经网络、滑模、自适应等设计技术的估计器的研究非常丰富。本部分将讨论两种类型的观测器，即滑模观测器和多模型观测器。

对于所有观察者来说，传感器的安放位置都十分关键。对于多模态的估计，使用多个传感器尽管在理论上不是必要的，但也是可取的。关节传感器（位置和速度）通常可用于一般位姿（关节）控制，但用于挠度传感的应变计和加速度计目前是最合适的。MEMS 加速度计现在很容易获得，价格便宜，将是这里的主要选择。应变计更脆弱，通常用于提供更复杂的模态行为读数。加速度计是复杂的，因为加速度不仅取决于包括模态振幅及其导数的状态 z，还取决于产生连杆运动的输入 u。连杆上点 p 的加速度测量受状态 z 和输入 u 的影响，如下所示：

$$\ddot{x}_{\mathrm{p}}=\{-\beta(p)[\Phi][\omega^2]-\beta(p)[\Phi][\hat{C}]\}z+\{\beta(p)[\Phi][\Phi]^{\mathrm{T}}Q\}u$$

式中，$\ddot{x}_{\mathrm{p}}$是垂直于光束轴方向的加速度；Φ 是特征向量矩阵；z 是状态向量，由关节运动和光束偏转组成；p 是传感器沿光束轴的位置；ω^2 是固有频率平方的对角矩阵；$\hat{C}$ 是模态阻尼矩阵；$\beta(p)$ 用模态状态变量表示传感器运动；Q 将输入与系统状态联系起来。

正如 Post[11.96] 所解释的，给定传感器检测模态的能力取决于传感器位置处模态的振幅。总的来说，可观测性的奇异值，也用于测试系统的可观测性，是一个合理但不完善的度量。当一个稳健的测量要求放置传感器时，应避免节点（零交叉）的模态被感测，即使当系统的参数发生变化或不准确时。单个传感器（应变计或加速度计）比多个传感器更容易产生这个问题。下一部分取决于适当放置的传感器：对于那些未被控制的模态，应通过在这些模态的节点附近放置传感器，以最小化它们的影响，这有助于避免干扰这些系统的溢出模态。

8. 系统模型中的参数误差

参数误差是对精确的系统结构模型参数的不精确性度量。对于柔性连杆系统，这可能是由不精确的有效载荷质量、刚度值、刚度分布、边界条件等引起的，所有这些都会导致不精确的模态形状、固有频率和输入系数。误差在某种程度上是不可避免的。由于参数误差，估计状态线性反馈控制最强大的结果之一，分离原理（即观测器的设计不会改变受控系统的特征值，反之亦然）被破坏。观测器误差快速收敛到零通常不会出现参数误差。净效应是对经典 Luenberger 观测器有效性的主要冲击，在高斯过程和测量噪声条件下优化观测器增益的卡尔曼滤波器也同样受到影响。没有良好的状态估计，状态反馈方法的有效性是很难保证的。

目前，改善观测器鲁棒性比较流行的一种做法是采用滑模观测器。这种方法有几种变体，如 Wallcot 和 Zak[11.97,98] 采用的技术和 Post 在参考文献［11.96］中研究的参数误差结果。通常，定义了一个滑动面，其目的是将估计误差减少到零。到达阶段从初始误差状态移动到滑动面，当与该面交叉时，控制上的符号改变。这种快速切换可以通过在切换表面附近建立边界层来修改，该边界层替代了线性行为。

在本节中，我们将使用 z 作为状态向量，$\hat{z}$ 作为其估计，L 作为观测器的反馈，y 作为测量，K_{s} 作为滑模增益。一个变量上部加个小帽子“ ^ ”一般表示它的估计，并且它的时间导数是一个点。符号前面的符号 Δ 表示真实系统参数与其模型的变化。因此，线性模型

$$\dot{z}=Az+Bu \quad y=Cz+Du$$

接近切换面的方程是

$$\dot{\hat{z}}=A\hat{z}+Bu+L(y-\hat{y})+K_{\mathrm{s}}\mathrm{sgn}(y-\hat{y})$$

当包括边界层时，在切换面附近的区域中改变控制，该区域的设计基本上是传统的线性观测器。为了目前的目的，我们将不采用边界层而是检查纯滑动模态的情况。对于这种情况，误差方程为

$$\dot{e}=A_0e-K_{\mathrm{s}}\mathrm{sgn}(Ce)+\Delta Az+\Delta Bu$$

它显然有一个稳态误差解，它不是零，除非在 $\Delta Az=-\Delta Bu$ 的情况下。当整个系统停止时，它往往会发生。因此，滑模观测器的收敛与传统的线性观测器存在类似的问题：它们可能是稳定的，但可能收敛到错误的稳态值，从而导致误差，特别是在观测器的状态估计应该收敛到较慢变化的系统状态之后。然而，当整个装置达到稳定状态且 $z=0$、$u=0$ 时，观测器误差也将收敛到零。相比之下，通常的目的是设计观测器，以快速收敛到真实状态估计，以便适当地控制对象。

11

9. 模型参数不确定性的成功估计

模型在物理系统的表示中是很少的（如果有的话）。除了参数辨识中的误差，参数还可能随时间和操作条件而变化。例如，机器人获取和释放有效载荷，并移动到不同的位姿，这可能会改变参数。如前所述，这些变化会对状态观测器的收敛产生不利影响，从而导致性能变差甚至不稳定。在最近的工作中，Post[11.96]描述了一种多模型估计策略，在仿真和实验中成功地克服了柔性连杆机器人的这些限制。其他作者，如 Chalhoub 和 Kfoury[11.99]使用模糊逻辑技术来解决改进滑模观测器的需求。

由于系统的真实状态未知，无法计算稳态估计误差，但如果已知存在稳态估计误差，Post 已经证明它与参数误差成正比。因此，可以使用基于一组不同传感器的多个模型来确定哪一个是最准确的；然后基于两个传感器选择 $\delta_z(t)=\hat{z}_{s1}-\hat{z}_{s2}$ 的估计状态差是一个度量，用于在含有不同假设参数的观测器阵列中选择备选观测器。

观测器本身（常规 Luenberger 观测器或卡尔曼滤波器）含有如下形式：

$$\dot{\hat{z}}_{s1}(t)=A\hat{z}_{s1}(t)+Bu(t)+L_{s1}[y_{s1}(t)-\hat{y}_{s1}(t)]$$

式中，$\dot{\hat{z}}_{s1}$是使用传感器阵列 1 对状态向量 z 的估计；A 是平台矩阵；B 是输入矩阵；L_{s1} 是要设计的增益矩阵；y_{s1} 是传感器阵列 1 的传感器测量；$\hat{y}_{s1}$ 是对传感器阵列 1 的传感器测量的估计。类似地，对于传感器 s_2，状态之间的差异及其估计快速收敛（相对于状态本身）到稳态，因此 $\dot{\hat{z}}_{s1}-\dot{\hat{z}}_{s2}$ 收敛到零，有

$$\delta_z(t)=\chi_1[\Delta Az(t)+Bu]+\chi_2[\Delta C_{s1}z(t)+\Delta D_{s1}u(t)]+\chi_3[\Delta C_{s2}z(t)+\Delta D_{s2}u(t)]$$

结果表明，基于传感器 s_1 和 s_2，上式是两个观测器的稳态缓慢变化（相对于观测器动力学）的差。这里，χ_i 是基于模型参数的常数矩阵，而不是系统的真值；Δ 是真实矩阵与该符号后面的模型矩阵的偏差。注意，下标 $s1$ 和 $s2$ 表示参与测量和通过矩阵 C 和 D 反馈的不同传感器。还要注意，由于使用加速度计感知运动而产生的馈通矩阵，使得这个方程有些复杂。

结合线性柔性操作臂的具体表示，方程为

$$\dot{z}=\begin{pmatrix}0_{(n\times n)} & I_{(n\times n)}\\ -\omega^2_{(n\times n)} & -\hat{C}_{(n\times n)}\end{pmatrix}z+\begin{pmatrix}0_{(n\times m)}\\ \hat{Q}_{(n\times m)}\end{pmatrix}u$$

式中，$\hat{C}$ 是模态阻尼；$\hat{Q}$ 是模态受迫系数。传感器的输出为

$$y_{Si}=\{-[1,\psi_1(p_{si}),\cdots,\psi_n(p_{si})]\Phi_{(n\times n)}\omega^2_{(n\times n)}-[1,\psi_1(p_{si}),\cdots,\psi_n(p_{si})]\Phi_{(n\times n)}\hat{C}_{(n\times n)}\}z+[1,\psi_1(p_{si}),\cdots,\psi_n(p_{si})]\Phi_{(n\times n)}\hat{Q}_{(n\times n)}u$$

令 $\beta_{Si}=[1,\psi_1(p_{si}),\cdots,\psi_n(p_{si})]$，可以把子矩阵归结为参数变化矩阵，即

$$(\Delta Az(t)+\Delta Bu)=\begin{pmatrix}0_{(n\times n)}\\ I_{(n\times n)}\end{pmatrix}[(-\Delta\omega^2-\Delta\hat{C})z(t)+\Delta\hat{Q}u(t)],$$

$$(\Delta C_{Si}z(t)+\Delta D_{Si}u)=\beta_{Si}\Phi[(-\Delta\omega^2-\Delta\hat{C})z(t)+\Delta\hat{Q}u(t)],$$

$$\delta_z(t)=\left[\chi_1\begin{pmatrix}0_{(n\times n)}\\ I_{(n\times n)}\end{pmatrix}+\chi_2\beta_{S1}\Phi+\chi_3\beta_{S2}\Phi\right]\times[(-\Delta\omega^2-\Delta\hat{C})z(t)+\Delta\hat{Q}u]$$

联立可得

$$\delta_z(t)=\Lambda_{(2n\times n)}\gamma(t)$$

由此可见，Λ 由已知的模型参数组成，γ 是对参数误差的未知度量，不能由该方程求解。然而，利用伪逆可以产生一个最小二乘度量 $\gamma_m(t)$，它基于不同的模型评估两个观测器的相对准确性，即

$$(\Lambda^T\Lambda)^{-1}\Lambda^T\delta_z^*(t)=\gamma_m(t)$$

$\gamma_m(t)$的范数越小，基于给定模型的观测器就越准确。

可以设计各种使用 $\gamma_m(t)$ 的方法，如 Post[11.96]使用了一种被称为多模型切换自适应估计器（MMSAE）的方法，如图 11.20 所示。基于给定模型，观测器的加权值 w_i 是基于 $\gamma_{mi}(t)$ 的，然后使用来自该观测器的估计 $\hat{z}_i$。图 11.21 示意性地显示了估计器模块 E_1 到 E_3 内部的流程。Post 试验中的参数变化是手臂的有效载荷。试验中的多个参数都可以改变，但会导致更高维的公式，并且对 p 参数的变化，可能会有许多编号为 $N_T=N_1N_2\cdots N_p$ 的潜在估计器，每个估计器都表示 N_i 值。

Post[11.96]用龙门机器人（图 11.22）的线性模型进行试验，其模型如图 11.23 所示，参数见表 11.1。传感器布置在距离梁驱动端 0.015m、0.25m 和 0.42m 处。他比较了：

1）传统 PID（VIDEO 780）。

2）固定增益线性二次调节器（LQR）+Luenberger 状态空间设计（VIDEO 781）。

3）MMSAE 设计观测器与 LQR 控制。以 0.2~0.3kg 之间的均匀增量间隔选择 5 个潜在的有效载荷，即 0.35~0.55 之间的节点质量。

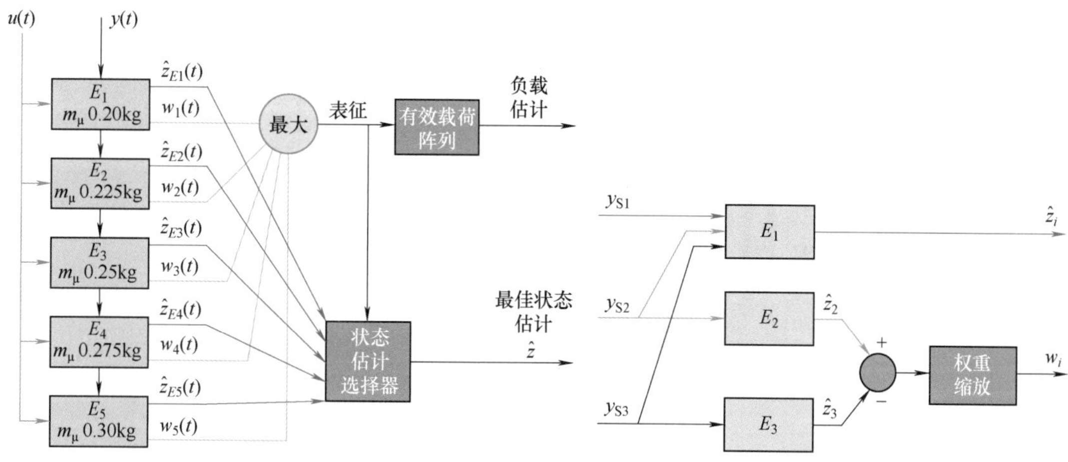

图 11.20　多模型切换自适应估计器（MMSAE）的流程　　图 11.21　含有权重缩放的估计器模块

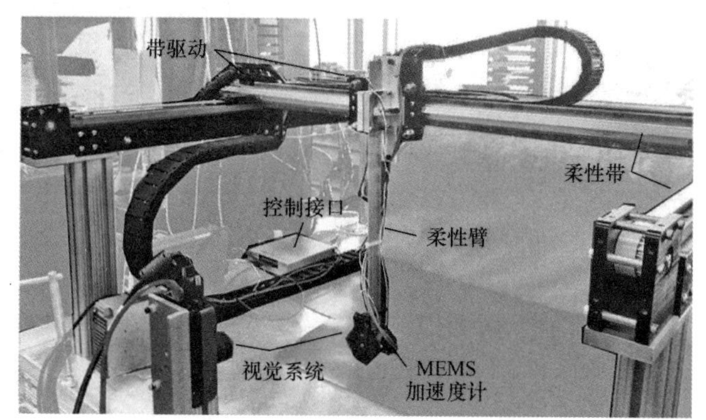

图 11.22　用于 MMSAE 试验的龙门机器人（参考文献［11.96］）

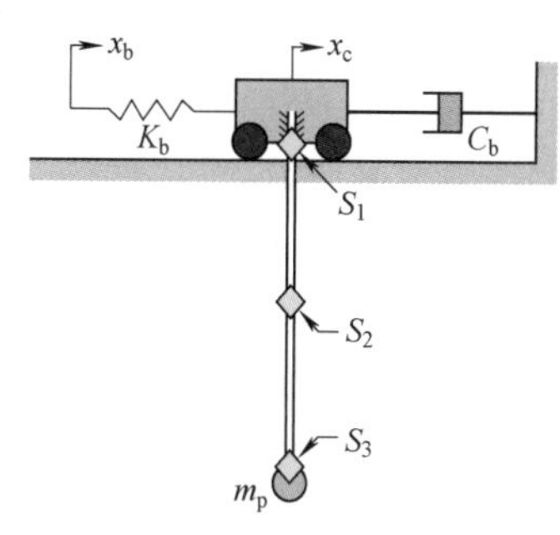

图 11.23　龙门机器人的模型

表 11.1　龙门机器人的参数

参数	值	单位
有效载荷(m_t)	0.281	kg
推车质量(m_c)	10	kg
臂长(L)	0.42	m
弹性模量(E)	7×10^{-10}	N/m
密度(ρ)	2700	kg/m^3
惯性矩(I)	1.0114×10^{-10}	m^4
带刚度(K_b)	2.1814×10^5	N/m
手推车阻尼(C_d)	100	N/(m/s)
结构阻尼系数(γ)	0.0005	N/(m/s)

对于 LQR 控制，罚矩阵保持不变，但所得到的增益会随着 MMSAE 选择所使用的模型而改变。虽然可以证明，各种性能指标涉及控制器类型、控制器增益及其它们之间的任意选择，但以下特性被认为是最关键的：

1）各种有效载荷下的稳定性。

2）循环完成的时间，要求在规定的停止点设置振幅。

3）有效载荷变化下的循环时间变化。

合理的工作循环通常会增加和减少有效载荷，因此测试中包括了这些操作。图 11.24 所示为各种控制方法的循环时间。浅色柱显示了整个循环的循环时间，其中任务部分承载有效载荷，而其余部分的夹持器为空。深色柱显示没有有效载荷的操作，并且在整个循环中只有夹持器的质量。除了标有 PID 和 MMSAE（含有明显含义）的，还有标有 SS 0.20~SS 0.40。这些后面的标签指的是设计的尖端质量（有效载荷+夹持器）。从这个图中获得的最

11

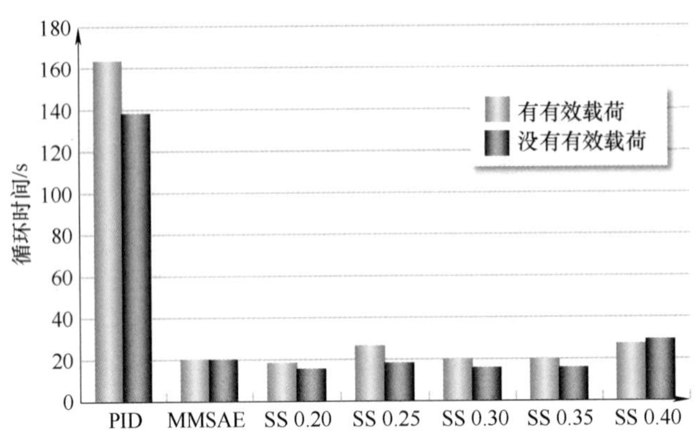

图 11.24 各种控制方法的循环时间

明显信息是，状态空间控制比 PID 有很大的改进，将循环时间减少了大约 90%；这个图中不明显的是，需要引入一些改变增益的方法来适应有效载荷的变化。在设计的尖端质量≥0.45kg 的情况下，没有有效载荷的操作是不稳定的。这仍然低于 0.5kg 的实际末端质量。因此，MMSAE 对于按照这些设计标准（即 LQR 罚矩阵和所得到的增益）成功完成任务至关重要。精确的末端质量不需要知道，只需要知道质量的范围。从图 11.24 可以看到，对于 MMSAE，有和没有附加有效载荷的循环时间几乎相同，这也是一个实用的优点。

11.2.4 延展阅读

关于柔性连杆机器人控制的议题广泛出现在各种建模和控制的论文中，想要进一步探讨该议题的读者可能希望从问题本质上给出某些见解的论文着手，这也是 Book 在参考文献［11.100］中的目标。在该领域中，迄今为止，从理论角度取得的进展十分显著，已由 Canudas de Witt 等收录在参考文献［11.101］中。该文献包含了多种研究方法，但这些理论实际应用的例子十分有限。德国航空航天中心已经研制出了轻型太空操作臂[11.102]，并且将其部署在太空中。CAMotion 公司[11.103]运用命令成形法生产了大型轻型工业机器人以缩短循环时间。因为它们的并联结构，像 FlexPicker[11.104]这样的高速臂实现了轻量化，并且避免了柔性，但却存在并联驱动中常见的缺点：考虑机器人结构占用的空间，其工作空间受到限制。

Trautt 和 Bayo 关于非最小相位系统反演的早期研究在参考文献［11.105］中有所描述。这是对 Kwon[11.83,84]工作的一个非常有趣的深化，因为它使用了频域并应用了非零的初始条件。利用两个时间尺度的概念，一个用于柔性动力学的快时间尺度和一个用于刚性动力学的慢时间尺度，可以在 Siciliano 和 Book[11.106]的研究中找到。关于柔性关节臂的奇异摄动方法更早被 Spong 所应用。Ghorbel 和 Spong 也在参考文献［11.107］中考虑了柔性连杆及与刚性环境的联系。获得鲁棒性也是一个问题，特别是对于末端传感器而言。滑动模态控制[11.108]与被动控制[11.109]为解决这个问题提供了有效但差异极大的方法，尽管这些似乎是更有前景的控制方法，但人们还会找到更多的方法，以解决这个具有挑战性的控制问题，H_∞ 控制、自适应控制、模糊控制和其他控制方法，都不同程度地得到了成功应用。

11

视频文献

VIDEO 133 Cartesian impedance control with damping off
available from http://handbookofrobotics.org/view-chapter/11/videodetails/133

VIDEO 134 Cartesian impedance control with damping on
available from http://handbookofrobotics.org/view-chapter/11/videodetails/134

VIDEO 135 Control laws for a single-link arm with an elastic joint
available from http://handbookofrobotics.org/view-chapter/11/videodetails/135

VIDEO 136 Feedforward/feedback law for path tracking with a KUKA KR15/2 robot
available from http://handbookofrobotics.org/view-chapter/11/videodetails/136
VIDEO 770 Trajectory generation and control for a KUKA IR 161/60 robot
available from http://handbookofrobotics.org/view-chapter/11/videodetails/770
VIDEO 777 Input shaping on a lightweight gantry robot
available from http://handbookofrobotics.org/view-chapter/11/videodetails/777
VIDEO 778 Inverse dynamics control for a flexible link
available from http://handbookofrobotics.org/view-chapter/11/videodetails/778
VIDEO 779 Rest-to-rest motion for a flexible link
available from http://handbookofrobotics.org/view-chapter/11/videodetails/779
VIDEO 780 PID response to impulse in presence of link flexibility
available from http://handbookofrobotics.org/view-chapter/11/videodetails/780
VIDEO 781 State feedback response to impulse in presence of link flexibility
available from http://handbookofrobotics.org/view-chapter/11/videodetails/781

参考文献

11.1 L.M. Sweet, M.C. Good: Redefinition of the robot motion control problem, IEEE Control Syst. Mag. **5**(3), 18–24 (1985)

11.2 M.C. Good, L.M. Sweet, K.L. Strobel: Dynamic models for control system design of integrated robot and drive systems, ASME J. Dyn. Syst. Meas. Control **107**, 53–59 (1985)

11.3 E. Rivin: *Mechanical Design of Robots* (McGraw-Hill, New York 1988)

11.4 S. Nicosia, F. Nicolò, D. Lentini: Dynamical control of industrial robots with elastic and dissipative joints, 8th IFAC World Congr., Kyoto (1981) pp. 1933–1939

11.5 P. Tomei: An observer for flexible joint robots, IEEE Trans. Autom. Control **35**(6), 739–743 (1990)

11.6 R. Höpler, M. Thümmel: Symbolic computation of the inverse dynamics of elastic joint robots, IEEE Int. Conf. Robotics Autom. (ICRA), New Orleans (2004) pp. 4314–4319

11.7 M.W. Spong: Modeling and control of elastic joint robots, ASME J. Dyn. Syst. Meas. Control **109**, 310–319 (1987)

11.8 S.H. Murphy, J.T. Wen, G.N. Saridis: Simulation and analysis of flexibly jointed manipulators, 29th IEEE Conf. Decis. Control, Honolulu (1990) pp. 545–550

11.9 R. Marino, S. Nicosia: *On the Feedback Control of Industrial Robots with Elastic Joints: A Singular Perturbation Approach* (Dipartimento di Ingegneria Elettronica, Univ. Rome Tor Vergata, Rome 1984), Rep. R-84.01

11.10 G. Cesareo, F. Nicolò, S. Nicosia: DYMIR: A code for generating dynamic model of robots, IEEE Int. Conf. Robotics Autom. (ICRA), Atlanta (1984) pp. 115–120

11.11 A. De Luca: Feedforward/feedback laws for the control of flexible robots, IEEE Int. Conf. Robotics Autom. (ICRA), San Francisco (2000) pp. 233–240

11.12 G. Buondonno, A. De Luca: A recursive Newton–Euler algorithm for robots with elastic joints and its application to control, IEEE/RSJ Int. Conf. Intell. Robots Syst., Hamburg (2015) pp. 5526–5532

11.13 H.B. Kuntze, A.H.K. Jacubasch: Control algorithms for stiffening an elastic industrial robot, IEEE J. Robotics Autom. **1**(2), 71–78 (1985)

11.14 S.H. Lin, S. Tosunoglu, D. Tesar: Control of a six-degree-of-freedom flexible industrial manipulator, IEEE Control Syst. Mag. **11**(2), 24–30 (1991)

11.15 P. Tomei: A simple PD controller for robots with elastic joints, IEEE Trans. Autom. Control **36**(10), 1208–1213 (1991)

11.16 A. De Luca, B. Siciliano: Regulation of flexible arms under gravity, IEEE Trans. Robotics Autom. **9**(4), 463–467 (1993)

11.17 A. De Luca, B. Siciliano, L. Zollo: PD control with on-line gravity compensation for robots with elastic joints: Theory and experiments, Automatica **41**(10), 1809–1819 (2005)

11.18 C. Ott, A. Albu-Schäffer, A. Kugi, S. Stramigioli, G. Hirzinger: A passivity based Cartesian impedance controller for flexible joint robots – Part I: Torque feedback and gravity compensation, IEEE Int. Conf. Robotics Autom. (ICRA), New Orleans (2004) pp. 2659–2665

11.19 L. Zollo, B. Siciliano, A. De Luca, E. Guglielmelli, P. Dario: Compliance control for an anthropomorphic robot with elastic joints: Theory and experiments, ASME J. Dyn. Syst. Meas. Control **127**(3), 321–328 (2005)

11.20 A. Albu-Schäffer, C. Ott, G. Hirzinger: A passivity based Cartesian impedance controller for flexible joint robots – Part II: Full state feedback, impedance design and experiments, IEEE Int. Conf. Robotics Autom. (ICRA), New Orleans (2004) pp. 2666–2672

11.21 C. Ott, A. Albu-Schäffer, A. Kugi, G. Hirzinger: On the passivity-based impedance control of flexible joint robots, IEEE Trans. Robotics **24**(2), 416–429 (2008)

11.22 A. De Luca, F. Flacco: A PD-type regulator with exact gravity cancellation for robots with flexible joints, IEEE Int. Conf. Robotics Autom. (ICRA), Shanghai (2011) pp. 317–323

11.23 R. Kelly, V. Santibanez: Global regulation of elastic joint robots based on energy shaping, IEEE Trans. Autom. Control **43**(10), 1451–1456 (1998)

11.24 J. Alvarez-Ramirez, I. Cervantes: PID regulation of robot manipulators with elastic joints, Asian J. Control **5**(1), 32–38 (2003)

11.25 A. De Luca, S. Panzieri: Learning gravity compensation in robots: Rigid arms, elastic joints, flexible links, Int. J. Adapt. Control Signal Process. **7**(5),

417–433 (1993)
11.26 A. Albu-Schäffer, G. Hirzinger: A globally stable state feedback controller for flexible joint robots, Adv. Robotics **15**(8), 799–814 (2001)
11.27 L.E. Pfeffer, O. Khatib, J. Hake: Joint torque sensory feedback in the control of a PUMA manipulator, IEEE Trans. Robotics Autom. **5**(4), 418–425 (1989)
11.28 M. Hashimoto, Y. Kiyosawa, R.P. Paul: A torque sensing technique for robots with harmonic drives, IEEE Trans. Robotics Autom. **9**(1), 108–116 (1993)
11.29 T. Lin, A.A. Goldenberg: Robust adaptive control of flexible joint robots with joint torque feedback, IEEE Int. Conf. Robotics Autom. (ICRA), Nagoya (1995) pp. 1229–1234
11.30 M.G. Forrest-Barlach, S.M. Babcock: Inverse dynamics position control of a compliant manipulator, IEEE J. Robotics Autom. **3**(1), 75–83 (1987)
11.31 K.P. Jankowski, H. Van Brussel: An approach to discrete inverse dynamics control of flexible-joint robots, IEEE Trans. Robotics Autom. **8**(5), 651–658 (1992)
11.32 W.M. Grimm: Robustness analysis of nonlinear decoupling for elastic-joint robots, IEEE Trans. Robotics Autom. **6**(3), 373–377 (1990)
11.33 A. De Luca, R. Farina, P. Lucibello: On the control of robots with visco-elastic joints, IEEE Int. Conf. Robotics Autom. (ICRA), Barcelona (2005) pp. 4297–4302
11.34 A. De Luca: Decoupling and feedback linearization of robots with mixed rigid/elastic joints, Int. J. Robust Nonlin. Control **8**(11), 965–977 (1998)
11.35 A. De Luca, B. Siciliano: Inversion-based nonlinear control of robot arms with flexible links, AIAA J. Guid. Control Dyn. **16**(6), 1169–1176 (1993)
11.36 A. De Luca: Dynamic control of robots with joint elasticity, IEEE Int. Conf. Robotics Autom. (ICRA), Philadelphia (1988) pp. 152–158
11.37 S. Nicosia, P. Tomei: On the feedback linearization of robots with elastic joints, 27th IEEE Conf. Decis. Control, Austin (1988) pp. 180–185
11.38 A. De Luca, P. Lucibello: A general algorithm for dynamic feedback linearization of robots with elastic joints, IEEE Int. Conf. Robotics Autom. (ICRA), Leuven (1998) pp. 504–510
11.39 J. Swevers, D. Torfs, M. Adams, J. De Schutter, H. Van Brussel: Comparison of control algorithms for flexible joint robots implemented on a KUKA IR 161/60 industrial robot, 5th Int. Conf. Adv. Robotics, Pisa (1991) pp. 120–125
11.40 K. Khorasani, P.V. Kokotovic: Feedback linearization of a flexible manipulator near its rigid body manifold, Syst. Control Lett. **6**, 187–192 (1985)
11.41 M.W. Spong, K. Khorasani, P.V. Kokotovic: An integral manifold approach to the feedback control of flexible joint robots, IEEE J. Robotics Autom. **3**(4), 291–300 (1987)
11.42 S. Nicosia, P. Tomei: Design of global tracking controllers for flexible-joint robots, J. Robotic Syst. **10**(6), 835–846 (1993)
11.43 B. Brogliato, R. Ortega, R. Lozano: Global tracking controllers for flexible-joint manipulators: A comparative study, Automatica **31**(7), 941–956 (1995)
11.44 M.W. Spong: Adaptive control of flexible joint manipulators, Syst. Control Lett. **13**(1), 15–21 (1989)
11.45 F. Ghorbel, J.Y. Hung, M.W. Spong: Adaptive control of flexible-joint manipulators, IEEE Control Syst. Mag. **9**(7), 9–13 (1989)
11.46 R. Lozano, B. Brogliato: Adaptive control of robot manipulators with flexible joints, IEEE Trans. Autom. Control **37**(2), 174–181 (1992)
11.47 H. Sira-Ramirez, M.W. Spong: Variable structure control of flexible joint manipulators, Int. Robotics Autom. **3**(2), 57–64 (1988)
11.48 A. De Luca, G. Ulivi: Iterative learning control of robots with elastic joints, IEEE Int. Conf. Robotics Autom. (ICRA), Nice (1992) pp. 1920–1926
11.49 O. Dahl: Path constrained motion optimization for rigid and flexible joint robots, IEEE Int. Conf. Robotics Autom. (ICRA), Atlanta (1993) pp. 223–229
11.50 A. De Luca, L. Farina: Dynamic scaling of trajectories for robots with elastic joints, IEEE Int. Conf. Robotics Autom. (ICRA), Washington (2002) pp. 2436–2442
11.51 S. Haddadin, M. Özparpucu, A. Albu-Schäffer: Optimal control for maximizing potential energy in a variable stiffness joint, IEEE 51st Conf. Decis. Control, Maui (2012) pp. 1199–1206
11.52 M. Özparpucu, S. Haddadin: Optimal control of elastic joints with variable damping, 13th European Control Conf., Strasbourg (2014) pp. 2526–2533
11.53 S. Nicosia, P. Tomei, A. Tornambè: A nonlinear observer for elastic robots, IEEE J. Robotics Autom. **4**(1), 45–52 (1988)
11.54 S. Nicosia, P. Tomei: A method for the state estimation of elastic joint robots by global position measurements, Int. J. Adapt. Control Signal Process. **4**(6), 475–486 (1990)
11.55 A. De Luca, D. Schröder, M. Thümmel: An acceleration-based state observer for robot manipulators with elastic joints, IEEE Int. Conf. Robotics Autom. (ICRA), Rome (2007) pp. 3817–3823
11.56 M.W. Spong: On the force control problem for flexible joint manipulators, IEEE Trans. Autom. Control **34**(1), 107–111 (1989)
11.57 J.K. Mills: Stability and control of elastic-joint robotic manipulators during constrained-motion tasks, IEEE Trans. Robotics Autom. **8**(1), 119–126 (1992)
11.58 K.P. Jankowski, H.A. El Maraghy: Dynamic decoupling for hybrid control of rigid-/flexible-joint robots interacting with the environment, IEEE Trans. Robotics Autom. **8**(5), 519–534 (1992)
11.59 T. Lin, A.A. Goldenberg: A unified approach to motion and force control of flexible joint robots, IEEE Int. Conf. Robotics Autom. (ICRA), Minneapolis (1996) pp. 1115–1120
11.60 A. Albu-Schäffer, C. Ott, G. Hirzinger: A unified passivity-based control framework for position, torque and impedance control of flexible joint robots, Int. J. Robotics Res. **26**(1), 23–39 (2007)
11.61 W. Book, O. Maizza-Neto, D.E. Whitney: Feedback control of two beam, two joint systems with distributed flexibility, ASME J. Dyn. Syst. Meas. Control **97**(4), 424–431 (1975)
11.62 W. Book: Characterization of strength and stiffness constraints on manipulator control. In: *The-*

11

ory and Practice of Robots and Manipulators*, ed. by W. Book (Elsevier, Amsterdam 1977) pp. 37–45

11.63 T.E. Alberts, W. Book, S. Dickerson: Experiments in augmenting active control of a flexible structure with passive damping, AIAA 24th Aerosp. Sci. Meet., Reno (1986)

11.64 T. Bailey, J.E. Hubbard Jr.: Distributed piezoelectric-polymer active vibration control of a cantilever beam, J. Guid. Control Dyn. **8**(5), 605–611 (1985)

11.65 W. Book, V. Sangveraphunsiri, S. Le: The Bracing Strategy for Robot Operation, Jt. IFToMM-CISM Symp. Theory Robots Manip. (RoManSy), Udine (1984)

11.66 W. Book: Analysis of massless elastic chains with servo controlled joints, ASME J. Dyn. Syst. Meas. Control **101**(3), 187–192 (1979)

11.67 E.C. Pestel, F.A. Leckie: *Matrix Methods in Elastomechanics* (McGraw-Hill, New York 1963)

11.68 R. Krauss: Transfer Matrix Modeling, Ph.D. Thesis (School of Mechanical Engineering, Georgia Institute of Technology, Atlanta 2006)

11.69 W.J. Book: Modeling, Design and Control of Flexible Manipulator Arms, Ph.D. Thesis (Department of Mechanical Engineering, Massachusetts Institute of Technology, Cambridge 1974)

11.70 W. Book: Recursive lagrangian dynamics of flexible manipulators, Int. J. Robotics Res. **3**(3), 87–106 (1984)

11.71 W.J. Book, S.H. Lee: Vibration control of a large flexible manipulator by a small robotic arm, Proc. Am. Control Conf., Pittsburgh (1989) pp. 1377–1380

11.72 J. Lew, S.-M. Moon: A simple active damping control for compliant base manipulators, IEEE/ASME Trans. Mechatron. **2**, 707–714 (1995)

11.73 W.J. Book, J.C. Loper: Inverse dynamics for commanding micromanipulator inertial forces to damp macromanipulator vibration, IEEE, Robot Soc. Int. Conf. Intell. Robots Syst., Kyongju (1999)

11.74 I. Sharf: Active damping of a large flexible manipulator with a short-reach robot, Proc. Am. Control Conf., Seattle (1995) pp. 3329–3333

11.75 L. George, W.J. Book: Inertial vibration damping control of a flexible base manipulator, IEEE/ASME Trans. Mechatron. **8**(2), 268–271 (2003)

11.76 J.F. Calvert, D.J. Gimpel: Method and apparatus for control of system output in response to system input, U.S. Patent 2801351 (1957)

11.77 O.J.M. Smith: *Feedback Control Systems* (McGraw-Hill, New York 1958)

11.78 N. Singer, W.P. Seering: Preshaping command inputs to reduce system vibration, ASME J. Dyn. Syst. Meas. Control **112**(1), 76–82 (1990)

11.79 W. Singhose, W. Seering, N. Singer: Residual vibration reduction using vector diagrams to generate shaped inputs, J. Mech. Des. **2**, 654–659 (1994)

11.80 D.P. Magee, W.J. Book: The Application of Input Shaping to a System with Varying Parameters, Proc. 1992 Japan-USA Symp. Flex. Autom., San Francisco (1992) pp. 519–526

11.81 D.P. Magee, W.J. Book: Optimal arbitrary time-delay (OAT) filter and method to minimize unwanted system dynamics, U.S. Patent 6078844 (2000)

11.82 S. Rhim, W.J. Book: Noise effect on time-domain adaptive command shaping methods for flexible manipulator control, IEEE Trans. Control Syst. Technol. **9**(1), 84–92 (2001)

11.83 D.-S. Kwon, W.J. Book: A time-domain inverse dynamic tracking control of a single-link flexible manipulator, J. Dyn. Syst. Meas. Control **116**, 193–200 (1994)

11.84 D.S. Kwon: An Inverse Dynamic Tracking Control for a Bracing Flexible Manipulator, Ph.D. Thesis (School of Mechanical Engineering, Georgia Institute of Technology, Atlanta 1991)

11.85 A. De Luca, G. Di Giovanni: Rest-to-rest motion of a one-link flexible arm, Proc. IEEE/ASME Int. Conf. Adv. Intell. Mechatron., Como (2001) pp. 923–928

11.86 A. De Luca, G. Di Giovanni: Rest-to-rest motion of a two-link robot with a flexible forearm, Proc. IEEE/ASME Int. Conf. Adv. Intell. Mechatron., Como (2001) pp. 929–935

11.87 A. De Luca, V. Caiano, D. Del Vescovo: Experiments on rest-to-rest motion of a flexible arm. In: *Experimental Robotics VIII*, Springer Tracts in Advanced Robotics, Vol. 5, ed. by B. Siciliano, P. Dario (Springer, Berlin, Heidelberg 2003) pp. 338–349

11.88 R.M. Murray, M. Rathinam, W. Sluis: Differential flatness of mechanical control systems: A catalog of prototype systems, Proc. ASME Int. Mech. Engr. Congr., San Francisco (1995)

11.89 M. Fliess, P. Martin, P. Rouchon: Flatness and defect of nonlinear systems: Introductory theory and examples, Int. J. Control **61**(6), 1327–1361 (1995)

11.90 R.H. Cannon, E. Schmitz: Initial experiments on the end-point control of a flexible one-link robot, Int. J. Robotics Res. **3**(3), 62–75 (1984)

11.91 A. Truckenbrot: Modeling and control of flexible manipulator structures, Proc. 4th CISM-IFToMM Symp. Theory Robots Manip. (RoManSy), Zaborow (1981) pp. 90–101

11.92 G.G. Hastings, W.J. Book: Reconstruction and robust reduced-order observation of flexible variables, ASME Winter Ann. Meet., Anaheim (1986)

11.93 B.S. Yuan, J.D. Huggins, W.J. Book: Small motion experiments with a large flexible arm with strain feedback, Proceedings of the 1989 Am. Control Conf., Pittsburgh (1989) pp. 2091–2095

11.94 D. Wang, M. Vidyasagar: Passive control of a stiff flexible link, Int. J. Robotics Res. **11**, 572–578 (1992)

11.95 K. Obergfell, W.J. Book: Control of flexible manipulators using vision and modal feedback, Proc. Int. Conf. Risk Assess. Manag. (ICRAM), Istanbul (1995)

11.96 B. Post: Robust State Estimation for the Control of Flexible Robotic Manipulators, Ph.D. Thesis (School of Mechanical Engineering, Georgia Institute of Technology, Atlanta 2013)

11.97 B. Walcott, S. Zak: State observation of nonlinear uncertain dynamical system, IEEE Trans. Autom. Control **32**, 166–170 (1987)

11.98 B. Walcott, S. Zak: Observation of dynamical systems in the presence of bounded nonlinearities/uncertainties, Proc. IEEE Conf. Dec. Control **25**, 961–966 (1986)

11.99 N.G. Chalhoub, G.A. Kfoury: Development of a

robust nonlinear observer for a single-link, flexible manipulator, Nonlin. Dyn. **39**(3), 217–233 (2005)

11.100 W.J. Book: Controlled motion in an elastic world, ASME J. Dyn. Syst. Meas. Control **2B**, 252–261 (1993)

11.101 C. Canudas-de-Wit, B. Siciliano, G. Bastin (Eds.): *Theory of Robot Control* (Springer, Berlin, Heidelberg 1996)

11.102 G. Hirzinger, N. Sporer, J. Butterfass, M. Grebenstein: Torque-controlled lightweight arms and articulated hands: Do we reach technological limits now?, Int. J. Robotics Res. **23**(4/5), 331–340 (2004)

11.103 Camotion Inc.: http://www.camotion.com (Camotion Inc., Atlanta 2007)

11.104 B. Rooks: High speed delivery and low cost from new ABB packaging robot, Ind. Robotics Int. J. **26**(4), 267–275 (1999)

11.105 T. Trautt, E. Bayo: Inverse dynamics of non-minimum phase systems with non-zero initial conditions, Dyn. Control **7**(1), 49–71 (1997)

11.106 B. Siciliano, W. Book: A singular perturbation approach to control of lightweight flexible manipulators, Int. J. Robotics Res. **7**(4), 79–90 (1988)

11.107 F. Ghorbel, M.W. Spong: Singular perturbation model of robots with elastic joints and elastic links constrained by a rigid environment, J. Intell. Robotics Syst. **22**(2), 143–152 (1998)

11.108 J. Guldner, J. Shi, V. Utkin: *Sliding Mode Control in Electromechanical Systems* (Taylor, London 1999)

11.109 J.-H. Ryu, D.-S. Kwon, B. Hannaford: Control of a flexible manipulator with noncollocated feedback: Time-domain passivity approach, IEEE Trans. Robotics **20**(4), 776–780 (2004)

11

第 12 章

机器人体系架构与编程

David Kortenkamp，Reid Simmons，Davide Brugali

机器人软件系统日趋复杂。这种复杂性在很大程度上源于对种类繁多的传感器和驱动器的控制实施需求，同时还要面对大量的不确定性因素和各类噪声。机器人系统不仅要在不可预知的环境下完成任务，还要监测这些环境的变化，并能做出适当的响应。所有这些任务进行并发、异步操作时会极大地增加系统的复杂性。

采用精心构思的架构，以及支持该架构的编程工具，通常可以帮助解决这种复杂性问题。目前，还没有一种可适用于所有应用的架构，不同的架构具有各自的优势和缺陷。因此，在为给定的应用程序选择架构方式之前，充分了解这些优点和缺点都尤为重要。

本章主要介绍建立机器人体系架构的各种方法。首先介绍基本术语和相关概念，包括对机器人体系架构领域发展历程的描述。然后深入探讨当今体系架构中的主要几种架构组件，包括行为控制（详见第 13 章）、执行和任务规划（详见第 14 章），以及这些组件的常用互连技术。在整个过程中，将重点放在支持这些架构的编程工具和开发环境上，接下来提供一个实际案例进行研究。最后进行简单总结，并推荐一些可供延展阅读的文献资料。

目 录

12

12.1 概述

机器人体系架构（robot architecture）这一术语通常包括两层含义，既有联系又有区别。一层是“结构”（structure）之意，指的是一个系统如何划分为子系统，以及这些子系统是如何相互作用的。描述一个机器人的体系架构时，往往采用传统的结构框图形式，或者更正式一些，如采用统一建模语言（UML）技术来描述[12.1]。第二层是“风格”（style）之意，指在一个特定的系统计算的概念。例如，有些机器人系统可能采用发布-订阅这类消息传递的通信方式，而另一些系统可能使用更同步的客户机-服务器模式。

所有机器人系统都会采用某种体系结构和计算模式，但在许多现有的机器人系统中，难以精确地定性正在使用的架构。事实上，即使是单个机器人系统，通常也会融合多种计算模式。在某种程度上，这是因为系统实现可能无法清晰地界定子系统的边界，从而模糊了体系结构。同样地，架构和特定领域的实现通常紧密结合在一起，使其架构在风格上也没有清晰的界限。

上述现象的存在总体是令人遗憾的，因为精心设计的、清晰的体系架构可以在机器人系统的规格、执行和验证中具有显著的优势。通常，机器人体系架构通过在机器人系统的设计和实现方面提供有益的约束来促进开发，而这些约束不会过于严格。例如，将行为组件细分为模块单元，有助于提高可理解性和可重用性，并可以促进单元测试与验证。

12.1.1 机器人体系架构的特殊需求

在某种意义上，可以将机器人体系架构的设计视为软件工程。然而，由于机器人系统的特殊需求，导致机器人体系架构又与其他软件的体系架构不同。从体系架构的角度来看，其中最重要的是，机器人系统需要与不确定的、又经常是动态的环境进行异步的、实时的交互。此外，许多机器人系统需要在复杂任务的不同时间段（从毫秒级反馈控制到分钟级或小时级）做出响应。

为了满足这些需求，许多机器人体系架构应具有包括实时运动、驱动器与传感器控制、并发性支持、异常情况检测和不确定性行为处理，并将高级（符号级）规划与低级（数值级）控制集成等多种能力。

12

虽然通常可以使用不同的体系架构风格来实现相同的功能，但可能存在一种特定风格优于另一种风格。以机器人系统的通信风格如何影响其可靠性为例。许多机器人系统被设计为使用消息传递进行通信的异步进程。客户机/服务器是一种常用的通信方式，其中来自客户端的消息请求与来自服务器的响应相配合。发布/订阅是另一种通信模式，其中消息以异步方式发布出去，并且先前已经对这样的消息感兴趣的所有模块都能接收到消息的副本。通过客户端/服务器模式进行消息传递，模块通常发送请求，然后进入阻塞状态，以等待响应。如果等不到响应（如服务器模块崩溃），则可能会发生死锁；即使模块不阻塞，控制流仍然期望响应，如果响应从不到达，或者对其他请求的响应首先到达，则可能导致意想不到的结果。相比之下，使用发布/订阅的系统往往更可靠一些，因为假设消息异步到达，控制流不会再假设按哪种特定顺序处理消息，因丢失或无序消息所带来的影响就比较小。

12.1.2 模块化与层次化

机器人体系架构的一个共同特征是将系统分解为更简单的，在很大程度上相互独立的模块。如上所述，机器人系统通常被设计为通信过程，其通信接口通常很小，并且具有相对较低的带宽。该设计使通信模块能够异步处理与环境的交互过程，同时最小化彼此的交互。显然，这会降低系统的复杂性，并提高整体的可靠性。

通常，系统的分解是分层次的，一些模块化组件本身建立在其他模块化组件之上。显式支撑这种分层分解的体系架构往往通过抽象技术来降低系统的复杂性。然而，虽然机器人系统的分层分解通常被认为是理想的手段，但在分解的维度上仍然众说纷纭。有些体系架构[12.2]沿着时间维度分解——每层操作的响应频率都比其下一层低一个数量级。在其他体系架构[12.3-6]中，层次结构则基于任务抽象进行分层——每层任务通过调用较低级别的一组任务来实现。在某些情况下，基于空间抽象的分解可能更有用，如在处理局部和全局导航时[12.7]。要点是，不同的应用需要用不同的分解方式，而采用的结构风格则要与之相适应。

12.1.3 软件开发工具

虽然使用鲜明的结构风格来设计系统会带来明显的优点，但也有许多相关的软件工具为实现这种风格提供有力的支持。这些工具可以采用如函数调用库、专用编程语言或图形编辑器，它们对结构风格的约束显而易见，同时隐藏了基本概念的复杂性。

例如，进程间通信库，如用对象请求代理体系架构（CORBA）[12.8]和进程间通信（IPC）包[12.9]，使得消息传递模式（如客户机/服务器和发布/订阅）实现起来非常轻松。Subsumption[12.10]和Skills[12.11]等语言有助于开发数据驱动的实时行为，而执行支持语言（ESL）[12.12]和规划执行交换语言（PLEXIL）[12.13]等语言则可为可靠地实现更高级别的任务提供支持。对于图形编辑器，如ControlShell[12.14]、LabVIEW[12.15]和开放式机器人控制器计算机辅助设计（ORCCAD）[12.6]等，则可为系统集成提供约束方式，并自动生成支持该结构风格的代码。

无论哪种情况，这些工具都有助于以特定风格开发软件，更重要的是，可以确保不（或至少是非常困难的）违背结构风格的约束条件。结果是，使用这些工具开发的系统通常更容易实现、理解、调试、验证和维护。同时，这些系统也往往更加可靠，因为这些工具为控制结构的一般需求提供了良好的设计能力，如消息传递、与驱动器和传感器的接口，以及处理并发任务等。

12.2 发展历程

机器人体系架构与编程始于 20 世纪 60 年代末斯坦福大学的 Shakey 机器人[12.16]（图 12.1）。Shakey 装配有一台摄像头，一台测距仪和碰撞检测传感器，并通过无线电和视频链路连接到 DEC PDP-10 和 PDP-15 计算机。Shakey 的体系架构可分解为三个功能单元，即感知、规划和执行[12.17]。感知系统将摄像机采集的图像转换为内部世界模型；规划单元采用内部世界模型和目标，生成一个旨在实现目标的规划（即动作系列）；执行单元接收规划结果，并给机器人发送行动指令。这种方法称为感知-规划-执行（SPA）范式（图 12.2）。其主要特征是，感知数据被转换为一个世界模型，该模型为规划器所用，规划执行时不再直接与传感器打交道。多年来，机器人的控制体系架构与编程几乎无一例外地采用了 SPA 范式。

图 12.1 Shakey 机器人（参考文献［12.18］）

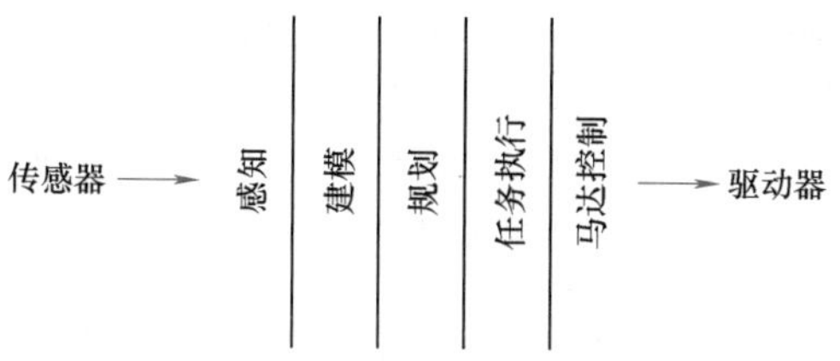

图 12.2 感知-规划-执行（SPA）模式（参考文献［12.3］）

12.2.1 包容性结构

20 世纪 80 年代初，SPA 范式的问题逐渐暴露出来。首先，在任何一个真实环境中进行规划都需要很长时间，机器人此时处于阻塞状态，等待规划完成；第二，也是更重要的一点，规划执行过程中不再处理感知信息，这在动态环境中是很危险的。于是，一些新的机器人控制结构模式开始出现，包括反应型规划，可以快速生成规划结果，并且更直接地依赖于感知信息而不是内部模型[12.4,19]。然而，最有影响力的工作是 Brooks 提出的包容性结构[12.3]，它是由相互作用的有限状态机构成的，每个有限状态机将传感器直接连接到驱动器（图 12.3）。这些有限状态机称为行为（引导一些称为基于包容行为的机器人[12.20]；另见本手册第 3 卷第 38 章）。由于在任何时刻都可能激活多个行为，因此包容性结构设计了一个仲裁机制，使更高级别的行为能够抑制较低级别行为。例如，机器人可以具有简单的漫游行为，这种行为总是处于激活状态，机器人总是可以随机走动。第二个更高级别的行为接收到传感器的输入信息，检测到障碍物，并引导机器人远离障碍物。高级别行为也总是处于激活状态。在没有障碍物的环境中，较高级别的行为不会产生信号，但如果它检测到障碍物，它会抑制较低级别的行为，并引导机器人远离。一旦障碍物消失（较高级别的行为停止发送信号），较低级别的行为就会重新获得控制权。这样，通过建立多个相互作用的行为交互层，就可以构建越发复杂的机器人。

许多机器人是使用包容性方法构建的，且大多数在麻省理工学院[12.21-23]，都相当成功。相比 SPA 机器人的反应缓慢和动作笨拙，具有包容性结构的机器人则反应灵敏、动作迅捷，它们不会被动态变化的环境所困扰，因为它们持续地感知环境并做出反应能像昆虫或小型啮齿动物一样四处奔跑。除了包容性结构，还有其他几种行为架构，通常有不同的仲裁方案来融合行为的输出[12.24,25]。

12

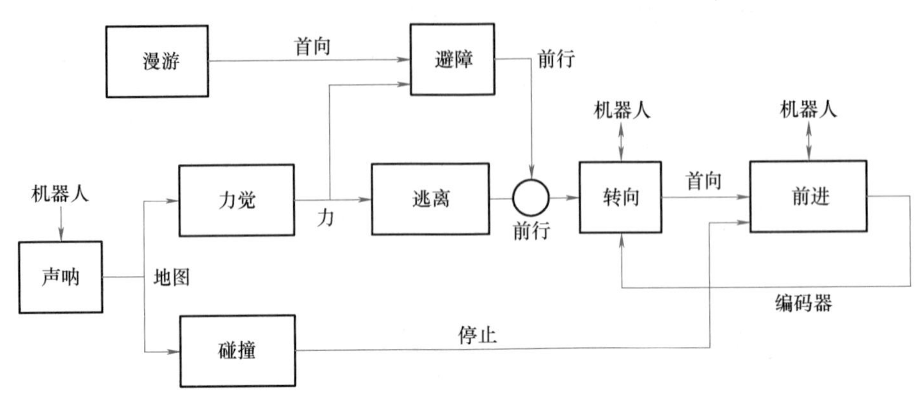

图 12.3 包容性结构示例（参考文献［12.3］）

在基于行为的体系架构中，一个常见例子是Arkin提出的马达控制图[12.26]。在这种受生物学启发的方法中，马达图与感知图[12.27]彼此动态连接。马达图基于感知图的输出产生响应向量，然后以与势场法相似的方式组合这些向量[12.28]。为了实现更复杂的任务，自主机器人体系架构（AuRA）[12.29,30]将基于有限状态接收器（FSA）的导航规划器和规划序列器添加到反应图中。

然而，基于行为的机器人不久就暴露出了能力上的局限：它很难把行为组合起来，去实现长远目标；它也几乎不可能对机器人的行为进行优化。例如，想开发出一台基于行为的机器人，去实现在办公楼内投递信件并非难事，只要能进行简单的办公楼漫游，并设计一个搜索房间的行为，通过抑制漫游即可进入办公室。但是，如果用行为体系架构风格去设计一个系统，能根据当天的邮件进行推理，并按照最优顺序进入办公室，从而最小化投递时间，则难于上青天。其实，机器人最需要的是，将早期体系架构的规划能力与基于行为的体系架构的反应能力紧密结合起来，这便催生了机器人的分层或分级控制结构。

12.2.2 分层控制结构

12

Firby开发的反应行动包（RPA）系统是向反应与慎思相集成而迈出第一步后所取得的成果之一。在他的论文[12.31]中，我们看到了第一个集成方案——三层结构。该体系架构的中间层，即RPA系统，是该论文的核心内容。Firby还推测了其他两个层次的形式和功能，特别是将传统的慎思方法与新兴的情景推理技术相结合，但这些层次从未得到实现。之后，Firby[12.32]将RAP与一个连续的低级别的控制层集成到一起。

与此同时，麻省理工学院研究与工程组（MITRE）的Bonasso[12.33]也独立设计了一种体系架构。底层用Rex语言将机器人行为编程为同步回路[12.34]，这些被称为Rex机的回路能够确保Agent内部状态与所处环境的语义一致性。中间层是采用作为并行程序的目标（GAPP）语言[12.35]实现的条件序列器，能够不断地激活和抑制Rex技能，直到机器人完成任务。基于GAPP的序列器很受青睐，因为它综合了众多的经典规划技术[12.36]。这项成果在三层（3T）体系架构（因其集成了规划、排序和实时控制这3个控制过程并构成三个层级而得名）中登峰造极，已被用于多代机器人上[12.37]。

随后，人们又开发了不少与3T体系架构（图12.4）类似的体系架构，用于在复杂情况下导航的三层体系架构（ATLANTIS）[12.38]便是一例。它将更多的控制功能留给了序列层，慎思层必须明确地被序列层调用。Saridis[12.39]提出的智能控制架构也是一例。它使用VxWorks操作系统和VME（Versa Module Europa）总线，底层是伺服系统，并将上一层的执行算法也集成进来。上一层由一组能对低层子系统（如视觉、手臂运动和导航）进行协调的例程构成，采用Petri网转换器（PNT）实现（PNT是一种调度机制），并由与组织层相连接的调度器来激活。组织层是一个用玻耳兹曼神经网络实现的规划器。神经网络主要用来计算满足要求（这些要求是以文本格式输入进来的）的行动序列，然后调度器通过PNT协调器来逐步执行规划结果。

自主系统体系架构LAAS是一种每层都有软件工具支持开发的三层体系架构[12.40]。最底层（功能层）由模块网络构成，这些模块都是由动态参数控制的感知算法，采用模块生成器（GenoM）语言编

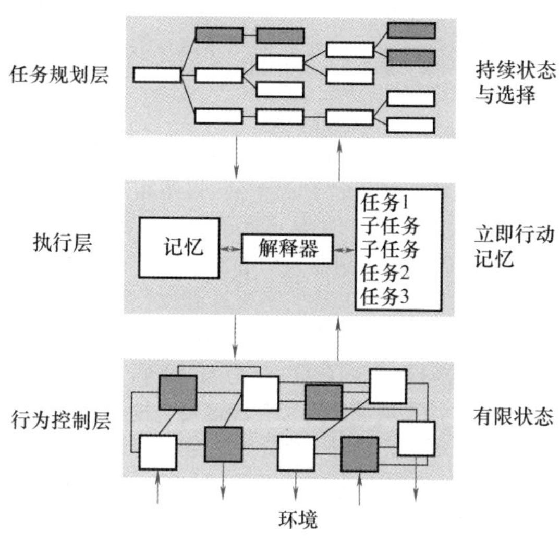

图 12.4　3T 体系架构原型

写，该语言能生成标准模板，以便于模块集成。与其他大多数三层体系架构不同，LAAS 的执行层相当简单，只有纯粹的反射，而不对任务进行任何分解。它只是起到一个桥梁作用——从高层接收任务序列，进行选择和参数化处理后送到功能层。执行层由 Kheops 语言编写，该语言能够自动生成可以被形式化验证的决策网络。最上面的决策层由规划器和监督器构成，规划器是利用索引时间表（IxTeT）时间规划器[12.41,42]实现的，监督器是通过程序推理系统（PRS）[12.43,44]实现的。监督器与其他类型三层体系架构的执行层类似，能对任务进行分解，对可互换方法进行选择，对执行进行监测。通过将规划器与监督器集于一层，LAAS 使这两者结合更紧密，在何时及如何重新规划方面就有了更大的灵活性。实际上，LAAS 体系架构允许在较高级的抽象层上有多个决策层，如较高级的使命层和较低级的任务层。

遥控 Agent 是航天器自主控制的架构[12.45]，它实际上由四层组成，即控制层（也称行为层）、执行层、规划层（或调度层），以及模式识别与恢复（MIR）层（MIR 层包括故障检测与恢复功能）。控制层是传统的航天器实时控制系统。执行层是架构的核心，它分解、选择和监测任务执行，能执行故障恢复，并进行资源管理，在适当的时候打开和关闭设备，以节省有限的飞船电力。规划层（调度层）是一个批处理过程，它接受目标、初始（预计）状态和当前计划的活动，并生成包含任务开始和结束时间灵活范围的规划，该规划还包括“重新启动规划生成下一个规划”的任务。遥控 Agent 的一个重要组成部分是配置管理，它可以配置硬件以支持任务，并监视硬件保持在已知的、稳定状态。配置管理的角色被划分到执行层和 MIR 层，执行层中主要使用反射过程，MIR 层中使用航天器已声明的模块和慎思算法来确定如何重新配置硬件，以响应检测到的故障[12.46]。

Syndicate 体系架构[12.47]将 3T 模型扩展到多机器人协同领域（见本手册第 3 卷第 51 章）。在这种体系架构中，每个层如通常一样，不仅与下层有接口，而且与其他机器人的同一层级有接口（图 12.5）。这样一来，分布式控制回路就可以在多个抽象层次上进行设计。在参考文献［12.48］中的 Syndicate 体系架构中，规划层使用了基于分布式市场的方法进行任务分配。

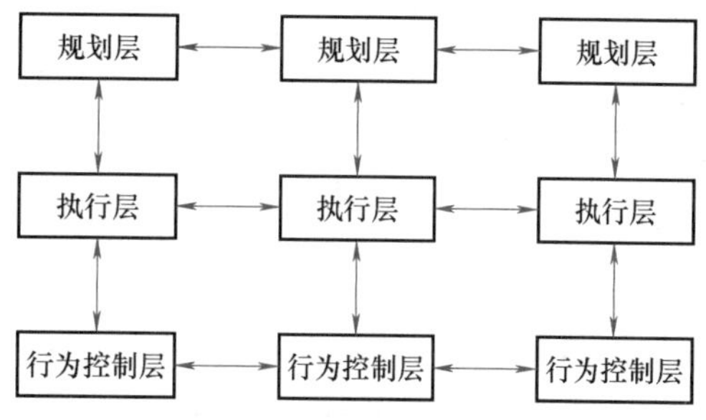

图 12.5　多机器人协同的 Syndicate 体系架构

文献中还有其他值得注意的多层结构。美国国家标准局（NBS）为美国国家航空航天局（NASA）制定的 NASA/NBS 标准参考模型（NASREM）[12.2,49]，后来称为实时控制系统（RCS），就是早期用于遥操作机器人的参考模型（图 12.6）。它是一个多层次模型，每层都采用了相同的总体结构，从伺服层到推理层，随着抽象程度的升高，运行频率不断降低。除维护全局环境模型，NASREM 和 3T 结构一样，一开始就提供了所有数据和控制路径，但 NASREM 只是个参考模型，并非具体实现。NASREM 后来的实现基本都是遵从了 SPA 方法，主要应用对象是遥操作机器人，而不是自主机器人，但 Blidberg/Chappell[12.50]早期的工作是个例外。

虽然基于三层的机器人体系架构非常受欢迎，但还是有研究人员提出了双层体系架构。机器人自主耦合分层架构（CLARAty）旨在为 NASA 的空间机器人，特别是为漫步者提供可重用的软件[12.52,53]。CLARAty 由功能层和决策层组成。功能层是面向对象算法的层次结构，为机器人提供越来越多的抽象接口，如电动机控制、车辆控制、基于传感器的导航和移动操作等。每个对象都提供了一个与硬件无关的通用接口，因此相同的算法可以在

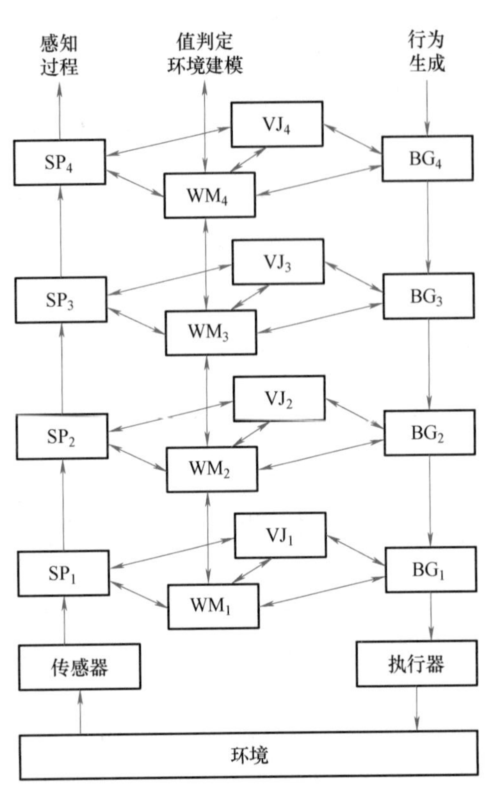

图 12.6　实时控制系统（RCS）的参考体系架构（参考文献［12.51］）

不同的硬件上运行。决策层融合了规划和执行功能。类似于 LAAS 架构，这样做是为了在规划和执行之间进行更紧密的协调，使得为响应动态的突发事件而连续进行重新规划成为可能。

具体来说，CLARAty 的决策层支持闭环执行和恢复（CLEaR）[12.54]。CLEaR 融合了基于持续的活动调度、规划、执行和重新规划（CASPER）[12.55]的规划器和任务描述语言（TDL）执行语言[12.56]。CLEaR 为目标和事件驱动的行为提供了一种紧密耦合方法。根据执行监测进行高频度的状态与资源更新，然后快速处理、连续重新规划的能力，是 CLEaR 的核心内容。这使规划器可以处理很多异常情况，这在任务多、资源少、不确定性大的情况下尤为重要。在 CLEaR 中，规划和执行组件都能处理资源冲突和异常情况——采用启发式方法来确定该调用哪个组件。机载自主科考系统（OASIS）[12.57]对 CLEaR 进行了拓展，将科学数据分析功能也纳入其中。因此，这种体系架构还可以由带有机缘巧合性质的科学目标来驱动，如寻找特殊的岩石或地层。OASIS 是以规划器为中心的，在任务调度开始前仅需几秒钟就可以将任务发送到执行组件。

协同智能实时控制架构（CIRCA）也是一种双层体系架构，它关注的是如何确保可靠行为[12.58,59]，实现了有界反应（这是一种机器人的资源不总是那么充足时，为保证完成所有任务而采取的响应）。CIRCA 由实时系统（RTS）和人工智能系统（AIS）构成，RTS 执行测试动作对（TAP）的循环调度，TAP 根据已经感知的环境信息和有条件的响应动作，确保即使出现最坏情况下的行为。AIS 的职责是创建调度，并确保在实时执行期间不出现灾难性故障。AIS 是通过在状态转移图上进行规划来做到这一点的。状态转移图中包括动作、外部事件和时间流逝（例如，如果机器人等待太久，也会发生不测）造成的状态转移。AIS 测试每一个规划（TAP 集），看其是否能被实际调度。如果不能，则调换一个规划模型——或者剔除任务（基于目标优先级），或者调整行为参数（如降低机器人的速度）。AIS 如此往复，直到找到一个可以成功调度的规划为止，然后便将这个新规划以原子操作的方式下载到 RTS 中。

与 CIRCA 一样，开放式机器人控制器计算机辅助设计（ORCCAD）也是一个确保可靠性的双层体系架构[12.6,60]。不同的是，ORCCAD 是通过形式化验证技术来实现这种保证的。机器人任务（低级行为）和机器人程序（高级动作）是由高级语言定义的，然后再翻译成 Esterel 语言[12.61]，进行逻辑验证，或者翻译成 Timed-Argus 语言[12.62]进行时序验证。这些验证方法要做些调整，以适应生存性、安全性及资源冲突的验证。

12

12.3　体系架构组件

本章以三层体系架构为原型，探讨体系架构的结构组件。图 12.4 给出了一种典型的三层体系架构。最底层是行为控制层，是与传感器和执行器最紧密的层；第二层是执行层，负责选择机器人当前行为以完成任务；最高层是任务规划层，负责在资源条件约束下实现机器人的长期目标。以办公室投递机器人为例，行为控制层负责机器人围绕房间和走廊移动、避障、开门等；执行层协调行为控制层，以实现诸如离开房间、到办公室等任务；任务规划层负责确定最省时间的投递顺序，同时考虑投递优先级、调度、充电等，并将任务（如退出房间，前往办公室 110）发送到执行层。上述各层都需要协同工作并交换信息。下一节首先研究各组件的连接问题，然后逐一探讨三层体系架构中的各个组件。

12.3.1 连接组件

本章探讨的所有体系架构组件之间都需要相互通信，包括交换数据和发送指令。组件通信（通常称为中间件）模式的选择是机器人体系架构设计者做很多决策时必须考虑的最重要的、约束性最强的问题之一。根据以往的经验，当开发机器人体系架构时，很多问题都与组件间的通信有关，且大量的调试时间也用在这里。此外，一旦选定了某种通信机制，就极难更改。因此，初期的决策会持续多年。许多开发者使用自己的通信协议，通常是基于 Unix 系统开发的。尽管这样做可以对消息进行定制，但外部通信包的可靠性、高效性和易用性等优势将难以发挥出来。目前，有两种基本的通信方法，即客户机-服务器和发布-订阅。

1. 客户机-服务器

在客户机-服务器（也称点到点）通信协议中，组件之间直接对话。一个很好的例子是远程程序调用（RPC）协议，其中一个组件（客户机）可以调用另一个组件（服务器）的函数和程序。目前，很流行的一种形式是通用对象请求代理体系架构（CORBA）。CORBA 允许一个组件调用由另一个组件实现的对象方法。所有方法的调用在与语言无关的接口定义语言（IDL）文件中定义。每个组件都使用相同的 IDL 来生成代码，并与组件一起编译，以处理通信事务。这样做的优点是，当更改 IDL 文件时，可以自动重新编译使用该 IDL 的所有组件（通过使用 make 或类似的代码配置工具）。CORBA 对象请求代理（ORB）可用于大多数主流的面向对象语言。尽管有免费的 ORB 可用，但许多商用 ORB 提供了额外的功能和支持。CORBA 的一个缺点是，它在应用程序中引入了相当多的附加代码。一些竞争者已经在努力解决这个问题，如互联网通信引擎（ICE）开发了自己的版本（IDL 文件），称为 ICE（SLICE）规范语言。客户机-服务器协议的最大优点是，接口定义得非常清晰，接口发生变化时大家都知道；另一个优点是，当无中心模块又需要分发数据时，它允许采用分布式通信方法。客户机-服务器协议的缺点是，通信开销大，特别是当许多组件需要相同的信息时。应该注意的是，CORBA 和 ICE 还具有广播机制（在 CORBA 中称为事件通道或通知服务）。

2. 发布-订阅

在发布-订阅（也称为广播）协议中，一个组件发布数据，任何其他组件都可以订阅该数据。通常，一个中央处理程序在发布者和订户之间发送数据。在典型的体系架构中，大多数组件都会发布信息并订阅其他组件发布的信息。现有多种发布-订阅中间件解决方案。在机器人学中，常用的是实时更新（RTI）的数据分发服务（DDS），以前称为网络数据分发服务（NDDS）[12.63]。另一个常见的发布-订阅模式是卡内基梅隆大学开发的 IPC[12.9]。许多发布-订阅协议正在使用可扩展标记语言（XML），以定义正在发布的数据，并且通过 HTTP 传输 XML 更加方便，这使得基于 Web 的应用程序具有显著的互操作性。发布-订阅协议在使用简单且开销较低方面具有很大的优势。当不知道有多少不同的组件可能需要一条数据（如多个用户界面）时，发布-订阅协议就特别有用。此外，组件不会因为来自许多不同来源的重复请求而陷入困境。发布-订阅协议通常很难调试，因为消息的语法通常被隐藏在简单的字符串类型中。因此，往往都是到运行时，当组件尝试解析一个传入的消息失败时，问题才能暴露出来。当从一个模块发送命令到另一个模块时，发布-订阅协议的可读性也不好。不是调用具有参数的显式方式或函数，而是通过发布包含命令和参数的消息来发出命令，然后由用户解析该消息。最后，发布-订阅协议通常使用单个中央服务器向所有用户发送消息，存在单点失效和潜在瓶颈问题。

近年来，在军用机器人技术领域浮现出一套标准，不仅对通信协议进行了规范，而且对经由通信协议传递的消息也进行了规范。无人系统联合体系架构（JAUS）定义了一套可重用的消息与接口，可用于指挥自主系统[12.64-66]。这些可重用组件降低了将新硬件组件集成到自主系统中的成本。可重用技术还允许把为一套自主系统开发的组件用于另一套自主系统。JAUS 有两个组件，即域模型和参考体系架构。域模型是无人系统功能与信息的表示，包括对系统功能和信息能力的描述。前者包括系统的机动、导航、感知、有效载荷和操作能力的模型；后者包括系统的内部数据模型，如地图和系统状态。参考体系架构提供一个明确定义的消息集，这些消息引发行动的执行、消息的交换和事件的触发。JAUS 系统中发生的一切都是由消息触发的。

这种策略使得JAUS成为一种基于组件的、消息传递式的体系架构。

JAUS参考体系架构定义了系统的层次，如图12.7所示。层次拓扑将系统定义为实现机器人全部能力所必需的机器人本体、操作控制单元（OCU）和基础设施的集合。系统中的子系统是一些独立的单元（如机器人本体或OCU），节点定义了体系架构中各种处理能力，并将JAUS消息路由到组件，再由组件提供各种执行功能并直接响应命令消息。组件可以是传感器（如SICK激光器或视觉传感器）、驱动器（操作臂或移动基座）或机载设备（武器或任务传感器）。所谓拓扑（特定系统、子系统、节点和组件的布局）是在系统实现时根据任务需求确定的。

JAUS的内核是一个明确定义的消息集合。JAUS支持以下的消息类型。

1）命令：引起模式改变或启动动作。

2）查询：用于从组件中请求信息。

3）通知：响应查询。

4）事件设置：传递参数以对事件进行设置。

5）事件通知：事件发生时发送。

JAUS有大约30条预定义的消息可供机器人控制之用。其中有控制机器人本体的消息，如全局向量驱动器消息，执行移动机器人期望全局首向、高度和速度的闭环控制；也有传感器消息，如全局位姿传感器消息，发布机器人本体的全局位置和姿态数据。JAUS中还有操作消息，如设置关节位置消息，会设置预期的关节位置；设置工具点消息，会在末端执行器的坐标系中设定末端执行器工具点的坐标。

JAUS也有用户自定义的消息，遵循特定格式的标题，包含消息类型、目的地址（如系统、子系统、节点和组件）、优先级等。虽然JAUS主要是点对点的，但JAUS消息也可以打上广播标记并分发到所有组件。JAUS还为导航和操作定义了坐标系，以确保所有组件能知悉发送给它们的任何坐标。

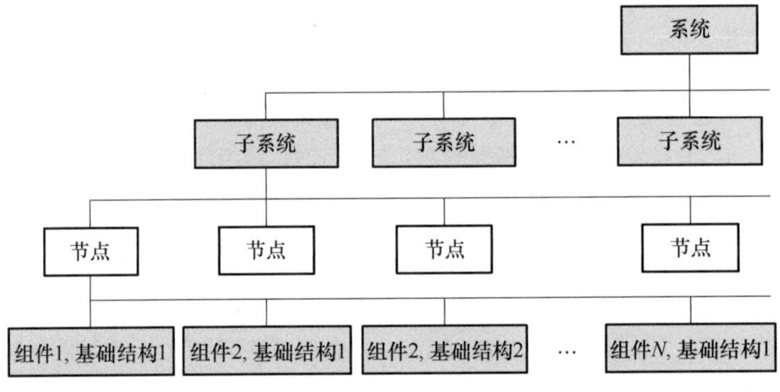

图12.7 JAUS的参考体系架构拓扑（JAUS参考体系架构文档[12.64]）

12.3.2 行为控制

行为控制代表机器人体系架构中最低级别（层次）的控制，它直接连接传感器和驱动器。虽然这些通常是用C或C++语言编写的手工函数，但已经有了一些专门用于行为控制的语言，包括ALFA[12.67]、行为语言[12.68]和Rex[12.69]。传统控制理论（如PID函数，卡尔曼滤波器等）也归于这一层次。在3T这样的体系架构中，行为控制层的功能类似于Brooks机器人，即由少数能感知环境并执行机器人动作的行为（也称为技能）构成。

1. 示例

以一个在办公楼中工作的投递机器人为例，其行为控制层包含在楼内移动并执行投递任务所需的控制功能。假设机器人已知该楼地图，那么该机器人可能会有如下行为：

1）移动到一个位置，同时避障。

2）沿着走廊移动，同时避障。

3）找到一扇门。

4）找到门把手。

5）握住门把手。

6）拧开门把手。

7）从门通过。

8）确定位置。

9）查找办公室门牌号。

10）通知投递。

上述中的每个行为都将传感器（视觉、距离等）与驱动器（旋转电动机、操作臂电动机等）紧密连接在一个反射环中。在包容性结构等体系架构中，所有的行为都与分层控制方案并发运行，其中某些行为会受到抑制。在 AuRA[12.30] 中，行为由势函数组合而成。其他体系架构[12.25,69] 则使用明确的仲裁机制从潜在的冲突行为中进行选择和执行。

在 3T[12.37] 等体系架构中，并不是所有的行为都同时处于激活状态。通常，只有少数不冲突的行为才能同时处于激动状态（如上述实例中的行为 2 和 9）。执行层（见第 12.3.3 节）负责激活和抑制行为，以实现更高级别的任务，并避免两个行为竞争同一资源（如一个驱动器）。

2. 情境行为

这些行为的一个重要特点是情境性（situated），这也意味着每个行为仅在特定的情况下才起作用。例如，上面的行为 2（沿着走廊移动），但仅当机器人身处走廊时才适用。类似地，行为 5（握住门把手）仅当机器人处于门把手的抓握距离内时才适用。将机器人放在某一情境时，此行为会没有反应，但它能识别出该情境是不合适的，也能看出信号是不对的。

3. 失败觉察

对行为的一项关键要求是，它们在不工作时应该能觉察到，这称为失败觉察[12.70]。例如，对实例中的行为 5（握住门把手），如果抓一次失败，不应该不停地瞎抓。更简单地说，该行为不能撞了南墙还不回头。早期的包容机器人存在一个共性问题，即不知道它们的行动已经失败，还继续行动，结果自然没有进展。在失败的情况下该做什么，不是行为控制层的任务，它只需要宣布行为失败并停止行动。

4. 实现约束

行为控制层设计的主要目的是让机器人控制能实现包容性结构的快速性和反应性。因此，行为控制层的行为需要遵循包容性结构的理念。特别地，用于行为的算法在状态和时间复杂度上应该是受约束的。在行为控制层上应该很少或根本没有搜索，而且很少有迭代运算。行为应该只是从传感器或其他行为接收信号，并发送信号到驱动器或其他行为的传输函数，并且每秒重复几次，这样在面对环境变化时才能表现出反应性。争议较多的是在行为控制层应该设置多少个状态为宜。Brooks 几年前有个非常经典的说法，最好将环境本身作为模型[12.68]。也就是说，机器人无须维护内部模型和查询这些模型，而是直接感知环境来获取数据。地图、模型等状态属于三层体系架构的较高层次，而不属于行为控制层。某些例外情况，如维护数据过滤计算的状态，可以具体问题具体分析。Gat[12.71] 认为，任何保持在行为控制层的状态都应该是短暂的、有限的。

12.3.3 执行

执行层是行为控制层（数值运算）和任务规划层（符号运算）之间的接口，负责将高级规划翻译成低级行为，在适当的时间调用行为、监控执行和处理异常。一些执行层也分配和监控资源使用情况，尽管这些功能通常由规划层来执行。

1. 示例

继续以办公楼中工作的投递机器人为例，主要的高级任务是将邮件投递到指定的办公室。执行层将这个任务分解成一组子任务：它可以使用几何路径规划器来确定要走过走廊的顺序和需要转弯的路口顺序，如果沿途有门，还会插入一个任务去打开并通过此门；在最后一个走廊，执行层将增加一个并发任务，寻找办公室号码；最后的子任务是告知办公室里的人有邮件，并且同时监测邮件是否被接收。如果在一段时间后还没有接收，将会触发一个异常，调用一些恢复性操作（也许再次告知，可能会检查机器人是否在正确的办公室，也许通知任务规划层重新安排调度投递任务）。

2. 功能

上面的示例中描述了执行层的许多功能。首先，执行层将高级别任务（目标）分解为低级别任务（行为）。这通常以程序化的方式完成：在执行层的编码知识描述了如何实现任务，而不是描述需要完成的任务，并让执行层自己明白如何完成任务。然而，有时候，执行层也可能会使用专门的规划技术，如上述实例中的路径规划器。典型分解通常是分层任务树（task tree）（图 12.8），任务树的叶节点是行为的参数化和调用。

除了将任务分解为子任务，执行层还会添加并维护任务之间的时序约束（通常仅在同级任务之间，但某些执行语言允许任何一对任务之间的时序约束）。最常见的约束是串行约束和并发约束，但大多数执行层都支持更具表现力的约束语言，如一个任务要从另一个任务开始 10s 后开始，或者在另一个任务结束时结束。

当任务的时间约束条件得到满足时，执行层负责派遣任务。在某些执行层中，任务还可以指定必须可用的资源（如机器人的电动机或摄像头），然后才能分派任务。与行为一样，在冲突的任务之间进行仲裁可能也是一个问题。然而，在执行层中，这种仲裁通常以显式的编程实现（如规定在机器人

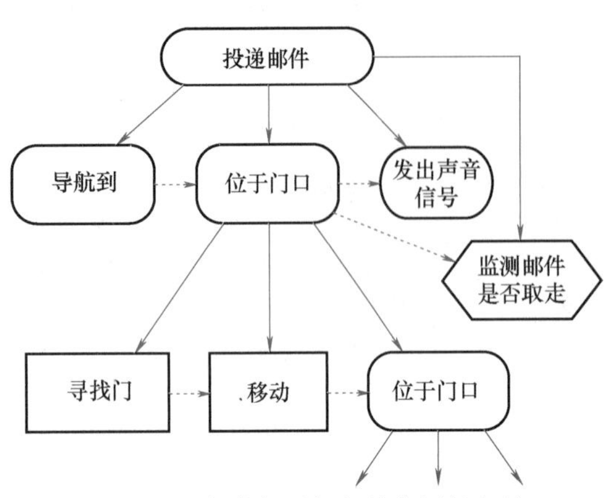

图 12.8 邮件投递任务的分层任务树

注：圆角框为内部节点，矩形为叶节点，六角形节点为执行监测器，实线箭头是父子节点关系，虚线箭头是时序约束。

试图避免障碍物偏离首选路线的情况下该做什么）或采用优先级来处理（如充电比邮件投递更重要）。

执行层最后两个重要的功能是监测和错误恢复。人们可能会想知道，如果底层行为都那么可靠，为什么还需要这些功能。有两个原因：首先，如第12.3.2节所述，行为是具有情境性的，而情境可能会出现意想不到的变化。例如，假设一个人可以接收邮件，可能会执行某种行为，但并不总是如此。第二，为了实现某些目标，可能会使机器人进入执行层无法预料的状态。例如，人们可以利用机器人的避障行为，把它们赶进壁橱。事实上，行为层可能在这种情境下保证机器人的安全，但执行层还是需要检测这种情境，以使机器人重新回到正轨。

典型地，执行监测被实现为并发任务，或者直接分析传感器数据，或者激活在监测情况发生时向执行层发送信号的行为，它们分别对应于轮询和中断驱动两种监测方式。

执行层支持对触发监测的各种响应。监测可以生成处理这种情境的子任务，可能会终止已经生成的子任务，也可能会导致父任务失败，否则可能引发异常。后两个响应涉及错误恢复（也称为异常处理）功能。许多执行层都有任务返回状态值（成功或失败），并允许父任务基于返回值有条件地执行。还有一些执行层使用了分层异常机制，将任务树中的节点抛出命名异常。最近注册了该异常的处理器的子任务会尝试处理这个异常；如果处理不了，它将树上这个异常向任务层重新抛出。这种受C++、Java和Lisp异常处理机制启发的机制比返回值机制更具表达力，但由于控制流的非局部性特点，采用这种方法设计系统也更加困难。

3. 实现约束

大多数执行层的基本形式是分层的有限状态控制器。Petri网[12.72]常用来表示执行层函数。此外，人们还专门开发了各种语言，以帮助程序员实现执行层的各种功能。我们在这里只简要讨论了以下几种语言：反应行动包（RAP）[12.4,31]、程序推理系统（PRS）[12.43,44]、执行支持语言（ESL）[12.12]、任务描述语言（TDL）[12.56]和规划执行交换语言（PLEXIL）[12.13]。

这些语言既有共性又有区别。一个区别是该语言是独立的（RAP、PRS、PLEXIL）还是现有语言的扩展（ESL是通用Lisp的扩展；TDL是C++的扩展）。独立语言通常更容易分析和验证，但扩展更加灵活，特别是在与已有软件集成方面。虽然独立的执行语言都支持用户自定义的功能接口，但这些接口往往能力有限（如可以传递哪些类型的数据结构）。

所有这些执行层语言都支持将任务分层分解为子任务。除了PLEXIL，所有功能都允许递归调用任务。RAP、TDL和PLEXIL在语法上能区别任务树/图的叶节点与内部节点。

所有这些语言都提供了表达条件和迭代的功能，尽管在使用RAP和PLEXIL过程中，这些不是核心语言结构，但必须通过其他结构的组合来表示。除了TDL，这些语言均对任务的前提条件和后续条件的编码，以及成功标准的指定提供明确的支持。在TDL中，这些概念必须使用更基本的结构进行编程。独立语言都支持任务描述中定义局部变量，但仅对这些变量提供有限的计算处理。显然，在扩展语言中，其基本语言的完整功能都可用于定义任务。

所有语言都支持任务之间的简单串行（顺序）和并发（并行）时序约束，以及在等待指定时间后可以指定一段时间后触发。此外，TDL直接支持宽范围的时序约束——可以指定任务的开始和结束时间之间的约束（例如，任务B在任务A开始后启动，或者任务C在任务D启动后结束），也可以指定度量约束（例如，任务B在任务A结束10s后开始，或者任务C从下午1时开始）。ESL和PLEXIL支持事件的信令（如当任务转换到新状态时），可用于实现类似表达型的约束。此外，ESL和TDL支持基于事件发生的任务终止（如当任务A启动时任务B终止）。

这些语言在异常监测和异常处理方面有很大不同。ESL 和 TDL 都提供了显式的异常监测结构，并支持抛出异常和由注册处理器捕获异常的分层处理方式，这种异常处理类似于 C++、Java 和 Lisp 中使用的异常处理，ESL 和 TDL 还支持任务终止时可以调用的清理过程。RAP 和 PLEXIL 使用返回值来表示故障，并且没有分层异常处理机制。但是，PLEXIL 支持任务失败时运行的清理过程。PRS 支持执行监测，但不支持异常处理功能。ESL 和 PRS 支持资源共享，并都对自动防止任务之间的资源争用提供支持。在其他执行语言中，这个功能必须单独实施（尽管有规划在这一领域扩展 PLEXIL）。

最后，RAP、PRS 和 ESL 都包括一个符号数据库（环境模型），它直接连接到传感器或行为层，以保持与真实环境的同步。数据库的查询用于确定前提条件的真实性，以确定哪些方法适用等。PLEXIL 利用查找表实现类似的功能，尽管它对任务如何实现是透明的（如通过数据库查找或调用行为层函数）。TDL 则将这项工作交给程序员，由其来指定这些任务如何与环境进行关联。

12.3.4 规划

分层体系架构中的规划组件负责根据高层次目标确定机器人的长远活动计划。行为控制组件只关注此时此刻的事情，执行组件关心刚刚发生的事情和接下来应该发生的事情，而规划组件将会展望未来。在办公楼工作的投递机器人示例中，规划组件将查看当天的投递情况、机器人的资源和地图，并确定最佳投递路线和时间表，包括机器人何时充电等。当情况发生变化时，规划组件也负责重新规划。例如，如果赶上办公室被锁，规划组件将确定一个新的投递计划，将该办公室的投递任务安排到当天的晚些时候。

1. 规划类型

第 9 章详细介绍了机器人规划的方法。本部分简单介绍与规划器类型有关的一些问题，因为它们都与分层体系架构有关。

最常用的两种方法是分层任务网（HTN）规划器和规划器/调度器。HTN 规划器[12.73,74]将任务分解为子任务，分解方式类似于许多高层次所做的工作。主要区别在于，HTN 规划器通常以较高的抽象级别运行，考虑资源利用率，并且具有处理任务之间冲突的方法（例如，需要相同资源的任务，或者一个任务否定了另一个任务所需的前提条件）。HTN 规划器所需的知识通常很容易确定，因为它直接指出如何完成任务。

规划器/调度器[12.75,76]在时间和资源有限的领域中很有用。它们创建高层规划，安排任务应该发生的时间，但通常将其留给执行层，以确定如何实现任务。规划器/调度器通常通过在时间线上布置任务，并为机器人可用的各种资源（电动机、电源、通信等）提供单独的时间线。规划器/调度器所需的知识包括任务实现的目标、所需的资源、持续时间，以及任务之间的任何约束。

许多体系架构提供专门的规划专家系统，能高效地求解特定问题。特别地，这些包括运动规划器，如路径规划器和轨迹规划器。有时，体系架构的规划层直接调用这些专门的规划器；在其他体系架构风格中，运动规划器是体系架构中的较低层（执行层，甚至行为层）的一部分。把这些专门的规划器放在哪里通常属于风格或性能问题（见第 12.5 节）。

另外，有些体系架构提供了多个规划层[12.40,45,77]。通常，最顶层有个使命规划层，它在非常抽象的层面上针对相当长的一段时间进行规划。该层主要负责选择在下一个时间段内实现哪些高级目标（并且在某些情况下，确定实现它们的顺序），以便最大化某些目标函数（如净盈利）。然后，较低的任务规划层负责确定如何以及何时实现每个目标。这样细分通常是出于效率的考虑，因为同时进行既长期又细致的规划是很困难的。

2. 规划与执行的集成

在机器人体系架构中，将规划组件和执行组件集成到一起主要有两种方法。第一种方法是，根据执行组件的需要调用规划组件，并返回一个规划。规划组件然后进入休眠，直到再次被调用。体系架构 ATLANTIS[12.71]和遥控 Agent[12.45]等都使用了这种方法，这要求执行组件留出足够的时间来完成规划，或者保护系统，直到规划完成。例如，在遥控 Agent 中，会明确地调度一个专门的规划任务。

第二种方法是，规划组件根据需要将高级任务发送给执行层，并监测这些任务的进度。如果任务失败，则立即重新规划。在这种方法中，规划组件始终运行，并且总是在进行规划和重新生成。信号必须在规划器和执行层之间实时传递以保持同步。如 3T[12.37]的体系架构就使用了第二种方法。当系统处于相对静态的环境时，第一种方法适用，规划次数很少，相对可预测。第二种方法更适用于动态环境，重新规划很频繁且难以预测。

当集成规划与执行时，还需要做的决策是，何

12

时停止任务分解、在何处监测规划执行，以及如何处理异常。如果一直规划到基本动作或行为，规划器对于执行期间将会发生什么会有很好把握，但这是以更多的计算为代价的。此外，有些任务分解很容易以程序方式（采用执行语言）描述，而不是以声明方式（采用规划语言）描述。同样，执行层的监测效率会更高些。因为监测点靠近机器人的传感器，而规划器可能会利用更多的全局知识更早和（或）更精确地检测到异常。关于处理异常，执行层自己能够处理很多异常，其代价只是破坏了规划器在安排任务时的预期结果。而另一方面，若由规划器处理异常，通常会涉及重新规划，其计算代价是高昂的。

然而，对于所有这些集成问题，通常存在一种折中方案。例如，人们可以只将某一部分进行更深入地分解，或者将一部分异常放在执行层进行处理。一般来讲，恰当的方法都需要折中考虑，并需要具体问题具体分析（见第12.5节）。

12.4　案例研究——GRACE

在本节中，我们将介绍一个相当复杂的自主移动机器人体系架构。参加会议的研究生机器人（GRACE）是5家研究机构（卡内基·梅隆大学、西北大学、海军研究实验室、Metrica公司和Swarthmore学院）共同努力的成果，设计用于参加美国人工智能协会（AAAI）机器人挑战赛。挑战赛要求机器人作为与会者参加AAAI举办的全美人工智能大会，机器人必须找到注册台（事先不知道会议中心的布局），登记参加会议，然后根据会议提供的地图，找到及时到达指定地点路线并进行学术交流。

在给定了任务的复杂性和技术集成的需求后，机器人体系架构的设计尤为重要，这些技术已由上述5家机构先期开发过，包括动态环境中的定位、行人面前的安全导航、路径规划、动态重新规划，人体标志和地标、视觉跟踪，手势和人脸识别、语音识别和自然语言理解、语音合成、知识表示，以及与人社交互动等技术。

GRACE建立在真实环境界面（RWI）的B21机器人基础之上，并在平板液晶显示器（LCD）屏幕上投影出表情丰富的计算机动画人脸（图12.9）。B21附带的传感器包括触摸、红外和声纳等传感器，基座附近是SICK扫描激光测距仪，提供180°的视野。此外，GRACE还装配了几台摄像机，包括由Metrica TRACLabs制造的云台立体摄像机、一台佳能制造的云台变焦单色摄像机。GRACE可以借助高质量的语音生成软件（Festival）讲话，并使用无线麦克风耳机（Shure TC计算机无线发射器/接收器套件）接收语音信息。

GRACE体系架构的行为层由一些控制特定硬件的独立例程组成，这些程序提供抽象接口或用来控制硬件，或者从传感器返回信息。为了适应所涉及的各种设备的不同编码风格，大多数接口既支持同步的、阻塞的调用，也支持异步的、非阻塞的调用（对于非阻塞调用，接口允许程序员指定数据返回时的调用函数）。行为层包括机器人运动和定位（该界面还提供激光测距信息）、语音识别、语音生成、面部动画、彩色视觉和立体视觉（图12.10）等接口。

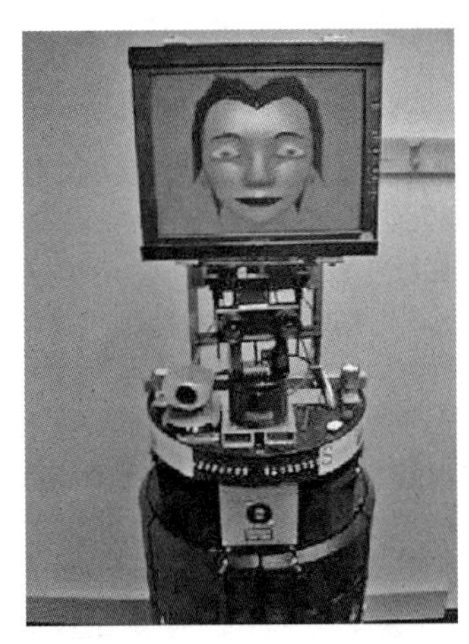

图12.9　GRACE

该体系架构对执行层的每项功能都采用独立流程，主要是因为底层代码是由不同组织开发的。尽管同时运行大量进程的效率有点低，但将所有内容集成到单个进程中完成，则困难太大。此外，使用单独的进程有助于开发和调试，因为每次只需与系统中需要测试的部分打交道。

执行层由完成挑战赛每个子任务的独立程序构成，包括寻找注册台、乘坐电梯、排队、与注册人员交流、导航至演讲区和演讲（图12.10）。与许多已实现的机器人系统一样，GRACE体系架构没有规划层，因为高级规划任务要么是固定不变的，要么比较简单，直接编程即可。有些执行层程序采用 TDL（见第 12.3.3 节）编写而成，这有助于对各种任务进行并发控制和监测。

一个特别复杂的任务是寻找注册台（从前文已知，GRACE 并不知道注册台在哪里，甚至也不知道会议中心的样子）。TDL 被用于创建一个有限状态机，允许 GRACE 维护多个目标，如使用电梯到达指定的楼层，并按照指示找到电梯（图 12.11），终级目标是找到注册台。创建中间子目标是 GRACE 与人进行互动，以确定拿到去注册台的指南。如果没有指南可用，GRACE 会随机散步，直到使用激光扫描仪检测到人，它便与人进行交流，以获得指南。GRACE 可以处理简单的命令，如左转并前进 5m，以及更高级别的指令，如乘坐电梯，下一个路口左转。此外，GRACE 还可以提出问题，如“我是否在登记处?”“这是电梯吗?”。GRACE 使用基于 TDL 的有限状态机来确定哪些交互在不同时间是适当的，这样可防止思维混乱。

进程之间的通信使用进程间通信（IPC）消息包[12.9,78]。IPC 支持发布-订阅和客户机-服务器两种消息传递，并在进程之间透明地传递复杂的数据结构。使用 IPC 在进程之间通信的一个好处是，能够

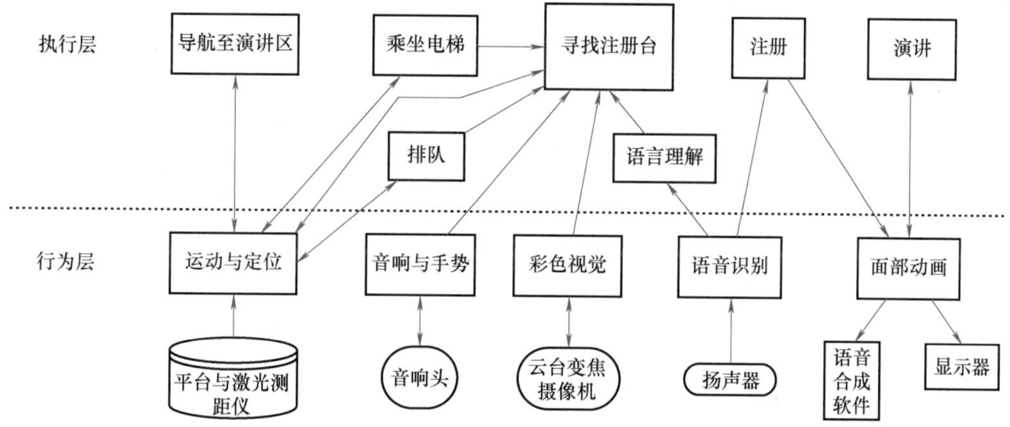

图 12.10　GRACE 的体系架构

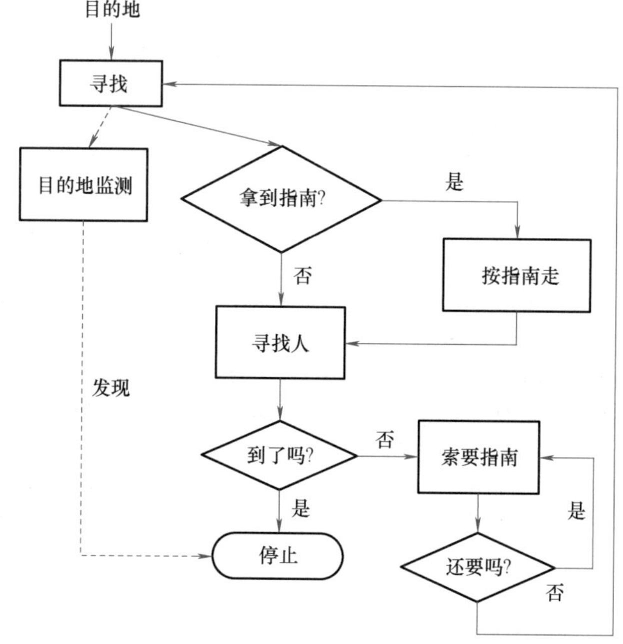

图 12.11　GRACE 按照指南走到注册台的有限状态机

12

记录所有的消息流量（消息名称和数据内容）。这被证明是非常有价值的，有时要弄清楚系统为什么没有如预期的那样运行？进程是否发送了无效数据？它没有及时发送消息？由于某种原因，接收进程是否被阻止？是否有时间上的问题？尽管分析这些消息流量通常很乏味，但在某些情况下，这是捕获间歇性故障的唯一手段。

2002 年 7 月，GRACE 在加拿大埃德蒙顿的 Shaw 会议中心成功完成了这一挑战。行为层的进程总的来说按预期的那样工作，这主要是归功于这些模块是从先前开发的（经过良好测试的）系统中移植的。执行层的进程在非标准情境下则出了不少问题，这主要归因于传感器数据理解上，以及关于会议中心会是什么样的错误假设（例如，事实证明，一些隔断是由玻璃制成的，而激光传感器几乎检测不到）。不过，总体而言，该体系架构本身按预期工作，使大量复杂的软件能够更快地集成并高效地一起运行。

12.5 机器人体系架构的设计艺术

设计机器人体系架构与其说是一门科学，不如说是艺术。体系架构设计的目标是使机器人编程变得更容易、更安全、更灵活。因而，一个机器人体系架构开发者所做的决策会受其个人经验（如他们熟悉什么编程语言）、机器人及其环境，以及需要执行的任务等多方面影响。机器人体系架构的选择不应掉以轻心，因为根据经验，一旦选定体系架构，那就是持续多年不变的。改变机器人的体系架构是个难题，当大量代码已经实现时，再改变体系架构会阻碍开发进度。

机器人体系架构的设计艺术始于设计者要问的一系列问题，包括：

1）机器人将执行什么任务？是长期任务还是短期任务？是用户发起的还是机器人发起的？任务是重复性的还是随着时间总在变化的？

2）执行这些任务需要采取哪些动作？这些动作如何表示？动作之间如何协调？执行时需要以多快的速度选择和改变动作？为了保证机器人安全，每个动作以什么样的速度运行？

3）完成这些任务需要处理哪些数据？机器人如何从环境或用户那里获取数据？用什么传感器来获取这些数据？数据如何表示？用什么处理方法将传感器数据抽象为体系架构内部表示？数据需要多久更新一次？数据能够更新的频率是多少？

12

4）机器人需要什么样的计算能力？这些计算能力将输出什么样的数据？又要输入什么样的数据？机器人的这些计算能力将如何划分、构造和互连？计算能力的最佳分解（粒度）是什么？每项计算能力要对其他计算能力知晓多少？有可重用（来自其他机器人或其他项目等）的计算能力吗？不同的计算能力将驻留在何处（如板载或板外）？

5）机器人的用户是什么人？他们要用机器人做什么？他们需要对机器人的计算能力有什么样的理解？用户怎么了解机器人在做什么？用户的交互是对等的、监管的还是旁观性质的？

6）如何评价这个机器人？成功的标准是什么？故障的模式又有哪些？如何规避故障？

7）机器人体系架构将处理不止一项任务？还是不止一种机器人去处理？由多个开发团队开发吗？

一旦设计者对所有（或大部分）问题有了答案，便可以开始针对想让机器人执行的操作类型和想让用户如何与之交互的方式构建一些用例，这些用例应该详细说明机器人与环境和用户有关的外部行为。根据这些用例，可以逐步开始机器人功能的初始划分。划分的同时应该画出序列图，以便显示信息和控制流随着时间的推移在机器人体系架构各种组件间的传递情况[12.79]。此后，可以开发一个更正式的体系架构组件间的接口规范。这项工作可以借助诸如 CORBA 的接口定义语言（IDL）之类的语言来完成，也可以采用发布-订阅协议中要分发的消息来完成。这是至关重要的一步，因为一旦开始实施而再想更改，代价可就大了。如果要修改接口，就需要通知所有利益相关者，并同意这种变更。机器人体系架构中最常见的集成问题是，组件预期的数据与其正在收到的数据不匹配。

接口定义清晰的分层体系架构有个好处，即各层可以并行开发。当行为控制层使用人类作为执行层时，就可以开始在机器人上实现和测试了，执行层也可采用状态机存根模拟机器人的预期行为；规划层可以通过在执行层中使用任务存根来实现和测试，这些存根仅仅是响应调用，并适时地答个到而已，然后可以集成这些层，以测试时序和其他运行时的问题。只有在组件的角色和接口都被定义并考虑清楚的情况下，这种并行方法才能加速机器人体系架构的开发进程。在集成过程中，实时调试问题也需要考虑。根据我们的经验，机器人体系架构的大部分开发时间还是花在行为控制层上，也就是说，与执行和规划相比，感知和行动依然是机器人的“硬件”。做出一个良好的、鲁棒的行为控制层，就等于向合格的机器人体系架构迈出了一大步。

12.6 机器人体系架构的实现

机器人体系架构提供了机器人系统结构的简略增益视图，使机器人系统根据部件的功能分解（或组合）进行建模。遗憾的是，有人担心使用高内聚功能模块的组合概念无法有效描述和实现模块化。这样的关注涉及整个软件系统，从而贯穿其整个模块化结构。实时性、容错性和安全性等非功能性需求是从系统的多个部分产生，并且不能被限定在单个模块的属性中的典型示例。为了满足这些要求，软件开发工作应主要集中在提供高效的控制应用程序实现，最大限度地利用硬件平台在特定操作环境中执行任务集的功能。

面对性能竞争及开发概念验证码代码来测试新理论的压力[12.80]，促使机器人工程师忽略软件系统的其他质量属性，如可维护性、互操作性和可重用性。因此，一个庞大的软件应用程序实现了机器人的全部功能、算法和控制范例，在机器人研究实验室中作为开源库是可用的。遗憾的是，即使在稍微不同的应用场景中，它们也不能重复使用，因为在软件实现中隐藏了计算机器人硬件、软件和操作环境等的假设和限制。

根据前几节讨论，我们利用相对较少的机器人体系架构范例设计了各种各样的机器人系统，但实现其控制应用的软件在系统间显著不同。这些差异涉及定义用于存储相关信息的数据结构（如环境地图、机器人运动学模型），用于驱动传感器和驱动器的应用程序接口（API）[12.81]，用于表示关键概念（如几何关系和坐标表示）的信息模型。这些差异表明，最常用的机器人功能已经从零开始重新实现了无数次。

在过去几年中，软件工程的许多想法（如基于组件的开发和模型驱动的工程）已逐步引入机器人软件系统的构建中，以简化开发和提高质量（见参考文献［12.82］）。

现代机器人控制系统通常设计为（逻辑上）基于组件的分布式系统[12.83,84]。这里，组件是实现的最小单位，代表一种基于代码的考虑系统方式。作为一个类比，在电子学领域，现有可重复使用的电子元件多年来一直以集成芯片（IC）的形式提供，可以在世界其他地方购买和部署。这种方式完全可行，因为每个 IC 封装了一组清晰的功能，并提供了一个定义良好的外部接口。

在机器人系统结构中，软件组件之间的交互通常比传统的任务应用程序更复杂。在机器人技术方面，软件开发人员面临传感器和电动机之间，以及几种处理算法之间基于事件、反应和分布式交互的复杂性。通过多个（分布式）活动管理共享资源的并发访问是一个主要问题，如参考文献［12.85］中所详细讨论的。为此，人们开发了机器人专用的基于组件的框架和工具包，用于实时执行、同步和异步通信、数据流和控制流管理，以及系统配置的机制。

以下部分将回顾一些为机器人专门开发的最新方法和体系架构。

12.6.1 敏捷机器人开发网络（aRDnet）

aRDnet[12.86]是德国航空航天中心（DLR）机器人和机电一体化研究所开发的软件套件，支持开发具有硬件实时要求的复杂机电系统的分布式组件系统。aRDnet 套件已经实现了在仿人机器人上半身 Justin 所有 41 个自由度（DOF）的要求苛刻的控制回路中运行几千赫兹范围内的计算，如阻抗控制和避免碰撞。机器人控制系统的结构是由功能模块和通信链路组成的网络，它们分布在通过高速数字总线连接（如千兆以太网）的计算机网络上。

aRDnet 功能模块是具有多个输入和输出端口的软件模块，可隐藏实际的传输协议，如用户数据报协议（UDP）套接字或 EtherCAT 与互连块交换数据。模块可以由单个进程执行，也可以根据计算的同步数据流模型，通过单个进程迭代执行的同步组（如用于连接机器人硬件的块）分组。不同的同步组可以通过非阻塞的读写操作来进行异步交互。

12

12.6.2 另一个机器人平台（YARP）

YARP[12.87]是 Genova 大学 LIRA 实验室与麻省理工学院计算机科学与人工智能实验室（CSAIL）合作开发的一个开源项目。它的设计目标与 aRDnet

相同，即开发用于高自由度机器人，如仿人机器人的分布式控制系统，它包括用于并发和分布式编程的轻量级软件库，并已在多个操作系统上使用和测试。

与 aRDnet 类似，分布式软件模块通过输入/输出异步通信端口交换数据。与 aRDnet 不同的是，YARP 端口可以根据不同的协议，如传输控制协议（TCP）、UDP、组播等，以不同的数据速率管理给定模块的多个连接，从而允许配置模块间通信的服务质量（QOS）：一个输出端口可以向多个目的地发送数据，而一个输入端口可以从多个连接接收数据。

12.6.3 开放式机器人控制软件（OROCOS）

OROCOS 是自 2001 年以来一直在开发的最早的机器人开源框架之一。自 2005 年以来，专业的工业应用和生产中都有它的影子[12.88]。OROCOS 项目的重点一直是提供一个具有硬件实时能力的组件框架，即所谓的实时工具包（RTT），它在 C++中实现，并且尽可能独立于任何通信中间件和操作系统。与 aRDnet 和 YARP 类似，组件根据数据流通信范式，通过无锁输入/输出端口异步交换数据和事件来进行交互。

OROCOS 的显著特点是可为指定并发活动的标准行为组件模型进行定义。具有实时、确定性和循环行为的组件获得固定和循环的计算时间预算，并且在计算循环内，它们必须达到稳定的中间状态。OROCOS 组件实现为基类 TaskContext 的扩展（继承），具有自己的执行线程，可以部署为共享相同地址空间的对象，或者使用 CORBA 中间件进行通信的可执行文件。

12.6.4 Smartsoft

Smartsoft[12.89]是一个开源架构，专门解决机器人控制系统软件组件之间的通信问题。与 OROCOS 类似，它定义了基于端口的组件模型，其特征是一组标准组件接口（称为通信模式），具有严格定义的交互语义。

12

1）发送：定义与客户机/服务器关系的单向通信。

2）查询：与客户机/服务器关系的双向通信请求。

3）推送最新/定时推送：具有发布者/订阅者关系的 1 对 N 的传播（广播）。

4）事件：与客户机/服务器关系的异步条件通知。

5）动态布线：具有主/从关系的动态组件布线。

Smartsoft 是最初几个基于 Eclipse 建模项目开发机器人软件工具链的开源框架之一。工具链实现了一个工作流，通过模型到模型的自动转换，引导软件开发人员从机器人系统结构的高级设计到组件的实现和部署。

12.6.5 机器人操作系统（ROS）

ROS[12.90]是一种基于消息的对等通信基础设施，支持集成独立开发的软件组件，称为 ROS 节点。因此，ROS 系统是由一组相互通信的节点组成的计算图。其中，节点是功能代码块，它们被封装成机器人软件库的类，并提供对底层基础设施（ROS 核心）通信机制的访问权限。节点被组织成包（包含库、节点和消息定义的文件系统文件夹），这些包被组成专题堆栈（即导航堆栈）。消息是可以嵌套到复合消息中的类型化数据结构，并且以异步方式根据发布/订阅通信范例在节点之间交换，而不需要交互节点间彼此认识并同时参与交互。消息由主题组成，主题对应于允许订阅者识别他们感兴趣的事件的信息主题。当节点接收到属于订阅主题的消息时，将异步调用消息处理程序，对消息有效载荷执行一些计算，并且可能产生给定主题的新消息以发布计算结果。

ROS 的显著特点是，ROS 库中缺乏强制性的体系架构，即 ROS 节点被设计为单独的可重用组件。由于应用程序是通过配置单个节点来构建的，这样它们就可以交换属于共同主题的消息。这种特性有助于在各种机器人子域中分散开发许多小的软件包。

12.6.6 GenoM/BIP

GenoM[12.91]是由 LAAS CNRS 机器人集团开发的面向组件的软件包，用于指定和实现机器人系统架构的功能级别。GenoM 组件是控制服务的集合，它们执行有限状态自动机，并由一组称为编码的 C 函数来实现，这些函数可在特定的状态相互转换（即启动、执行、报错等）期间被适当地调用。GenoM 组件通过作为共享内存区域的公示交换数据和事件。

GenoM 组件模型的显著特点是与行为互动优先级（BIP）框架的集成。BIP 是一个软件框架和工具集，用于正式建模和验证复杂的基于组件的系统，以确保机器人控制系统的正确性。BIP 用于生成正式的交互模型，该模型可用于系统级协调，以运行（采用 BIP 引擎）由所有 GenoM 模块组成的功能层。BIP 允许通过使用连接器来分层构建复合组件，这些连接器将 GenoM 组件的端口互连起来，并且将两种基本通信模式，即调用者/提供者和广播者/监听者模型化。

12.6.7 机器人技术最佳实践（BRICS）

作为上述项目的补充，BRICS[12.92] 是由欧盟委员会资助的联合研究项目。根据模型驱动工程的原则[12.93] 正式确定了机器人开发过程，并提供了工具、模型和功能库，从而缩短了机器人软件系统的开发时间。

具体来说，在机器人开发过程[12.94,95] 中引入了组件框架和软件产品线的概念，如 VIDEO 273 所示。该方法促进了利用现有软件或软件知识来构建新软件，从而可以利用应用程序之间在需求、架构和设计方面的相似之处，使软件质量、生产率和业务绩效得到显著提升。

12.7 结论与延展阅读

机器人体系架构旨在促进使完成任务的行为并发执行，使系统能够控制驱动器、解译传感器，并对突发事件进行规划和监视执行。体系架构给出了本领域相关软件开发的概念框架，并且经常提供有助于开发的编程工具。

虽然没有哪个体系架构被证明对所有应用程序都是最佳的，但研究人员已经开发了可以在不同情况下应用的各种应用程序。虽然还没有一个确定哪个架构最适合给定应用程序的具体公式，但本章提供了一些指导，可帮助开发人员为特定任务选择正确的体系架构。可以说，分层架构已被证明越来越受欢迎，因为它们具有灵活性和同时在多个抽象层次上运行的能力。

Artificial Intelligence and Mobile Robots[12.96] 一书提供了若干关于体系架构的章节。大多数机器人教材[12.20,97,98] 都包含有关于机器人体系架构的章节。在 20 世纪 90 年代中期，AAAI 举办的人工智能春季研讨会已经连续几年都有机器人体系架构方面的议题，尽管这些专题研讨会的论文集并未广泛发行。关于 GRACE 的更多信息，请查阅参考文献 [12.99-101]。

视频文献

VIDEO 273 Software product line engineering for robotics
available from http://handbookofrobotics.org/view-chapter/12/videodetails/273

参考文献

12.1 I. Jacobson, G. Booch, J. Rumbaugh: *The Unified Software Development Process* (Addison-Wesley, Reading 1998)

12.2 J.S. Albus: RCS: A reference model architecture for intelligent systems, Working Notes: AAAI 1995 Spring Symp. Lessons Learn. Implement. Software Archit. Phys. Agents (1995)

12.3 R.A. Brooks: A robust layered control system for a mobile robot, IEEE J. Robot. Autom. **2**(1), 14–23 (1986)

12.4 R.J. Firby: An investigation into reactive planning in complex domains, Proc. 5th Natl. Conf. Artif. Intel. (1987)

12.5 R. Simmons: Structured control for autonomous robots, IEEE Trans. Robot. Autom. **10**(1), 34–43 (1994)

12.6 J.J. Borrelly, E. Coste-Maniere, B. Espiau, K. Kapelos, R. Pissard-Gibollet, D. Simon, N. Turro: The ORCCAD architecture, Int. J. Robot. Res. **17**(4), 338–359 (1998)

12.7 B. Kuipers: The spatial semantic hierarchy, Artif. Intell. **119**, 191–233 (2000)

12.8 R. Orfali, D. Harkey: *Client/Server Programming with JAVA and CORBA* (Wiley, New York 1997)

12.9 R. Simmons, G. Whelan: Visualization tools for validating software of autonomous spacecraft, Proc. Int. Symp. Artif. Intel., Robot. Autom. in Space, Tokyo (1997)

12.10 R. A. Brooks: The Behavior Language: User's Guide, Tech. Rep. AIM-1227 (MIT, Artif. Intel. Lab,

12

Cambridge 1990)
12.11 R.J. Firby, M.G. Slack: Task execution: Interfacing to reactive skill networks, Working Notes: AAAI Spring Symp. Lessons Learn. Implement. Archit. Phys. Agents, Stanford (1995)
12.12 E. Gat: ESL: A language for supporting robust plan execution in embedded autonomous agents, Proc. IEEE Aerosp. Conf. (1997)
12.13 V. Verma, T. Estlin, A. Jónsson, C. Pasareanu, R. Simmons, K. Tso: Plan execution interchange language (PLEXIL) for executable plans and command sequences, Proc. 8th Int. Symp. Artif. Intel. Robot. Autom. Space, Munich (2005)
12.14 S.A. Schneider, V.W. Chen, G. Pardo-Castellote, H.H. Wang: ControlShell: A software architecture for complex electromechanical systems, Int. J. Robot. Res. **17**(4), 360–380 (1998)
12.15 National Instruments: *LabVIEW* (National Instruments, Austin 2007) http://www.ni.com/labview/
12.16 N.J. Nilsson: A mobile automaton: an application of AI techniques, Proc. 1st Int. Joint Conf. Artif. Intel. (Morgan Kaufmann, San Francisco 1969) pp. 509–520
12.17 N.J. Nilsson: *Principles of Artificial Intelligence* (Tioga, Palo Alto 1980)
12.18 SRI International: Shakey the Robot, http://www.sri.com
12.19 P.E. Agre, D. Chapman: Pengi: An implementation of a theory of activity, Proc. 5th Natl. Conf. Artif. Intel. (1987)
12.20 R.C. Arkin: *Behavior-Based Robotics* (MIT Press, Cambridge 1998)
12.21 J.H. Connell: SSS: A hybrid architecture applied to robot navigation, Proc. IEEE Int. Conf. Robot. Autom. (1992) pp. 2719–2724
12.22 M. Mataric: Integration of representation into goal-driven behavior-based robots, Proc. IEEE Int. Conf. Robot. Autom. (1992)
12.23 I. Horswill: Polly: A vision-based artificial agent, Proc. Natl. Conf. Artif. Intel. (AAAI) (1993)
12.24 D.W. Payton: An architecture for reflexive autonomous vehicle control, Proc. IEEE Int. Conf. Robot. Autom. (1986)
12.25 J.K. Rosenblatt: DAMN: A Distributed Architecture for Mobile Robot Navigation, Ph.D. Thesis (Carnegie Mellon Univ., Pittsburgh 1997)
12.26 R.C. Arkin: Motor schema-based mobile robot navigation, Int. J. Robot. Res. **8**(4), 92–112 (1989)
12.27 M. Arbib: Schema Theory. In: *Encyclopedia of Artificial Intelligence*, ed. by S. Shapiro (Wiley, New York 1992) pp. 1427–1443
12.28 O. Khatib: Real-time obstacle avoidance for manipulators and mobile robots, Proc. IEEE Int. Conf. Robot. Autom. (1985) pp. 500–505
12.29 R.C. Arkin: Integrating behavioral, perceptual, and world knowledge in reactive navigation, Robot. Autonom. Syst. **6**, 105–122 (1990)
12.30 R.C. Arkin, T. Balch: AuRA: Principles and practice in review, J. Exp. Theor. Artif. Intell. **9**(2/3), 175–188 (1997)
12.31 R.J. Firby: Adaptive Execution in Complex Dynamic Worlds, Ph.D. Thesis (Yale Univ., New Haven 1989)
12.32 R.J. Firby: Task networks for controlling continuous processes, Proc. 2nd Int. Conf. AI Plan. Syst. (1994)
12.33 R.P. Bonasso: Integrating reaction plans and layered competences through synchronous control, Proc. Int. Joint Conf. Artif. Intel. (1991)
12.34 S.J. Rosenschein, L.P. Kaelbling: The synthesis of digital machines with provable epistemic properties, Proc. Conf. Theor. Asp. Reas. Knowl. (1998)
12.35 L.P. Kaelbling: Goals as parallel program specifications, Proc. 6th Natl. Conf. Artif. Intel. (1988)
12.36 L. P. Kaelbling: *Compiling operator descriptions into reactive strategies using goal regression*, Tech. Rep., TR90-10, (Teleos Res., Palo Alto 1990)
12.37 R.P. Bonasso, R.J. Firby, E. Gat, D. Kortenkamp, D.P. Miller, M.G. Slack: Experiences with an architecture for intelligent, reactive agents, J. Exp. Theor. Artif. Intell. **9**(2/3), 237–256 (1997)
12.38 E. Gat: Integrating Planning and reacting in a heterogeneous asynchronous architecture for controlling real-world mobile robots, Proc. Natl. Conf. Artif. Intel. (AAAI) (1992)
12.39 G.N. Saridis: Architectures for intelligent controls. In: *Intelligent Control Systems: Theory and Applications*, ed. by S. Gupta (IEEE Press, Piscataway 1995)
12.40 R. Alami, R. Chatila, S. Fleury, M. Ghallab, F. Ingrand: An architecture for autonomy, Int. J. Robot. Res. **17**(4), 315–337 (1998)
12.41 M. Ghallab, H. Laruelle: Representation and control in IxTeT, a temporal planner, Proc. AIPS-94 (1994)
12.42 P. Laborie, M. Ghallab: Planning with sharable resource constraints, Proc. Int. Joint Conf. Artif. Intel. (1995)
12.43 M.P. Georgeff, F.F. Ingrand: Decision-making in an embedded reasoning system, Proc. Int. Joint Conf. Artif. Intel. (1989) pp. 972–978
12.44 F. Ingrand, R. Chatila, R. Alami, F. Robert: PRS: A high level supervision and control language for autonomous mobile robots, Proc. IEEE Int. Conf. Robot. Autom. (1996)
12.45 N.P. Muscettola, P. Nayak, B. Pell, B.C. Williams: Remote agent: To boldly go where no AI system has gone before, Artif. Intell. **103**(1), 5–47 (1998)
12.46 B.C. Williams, P.P. Nayak: A model-based approach to reactive self-configuring systems, Proc. AAAI (1996)
12.47 B. Sellner, F.W. Heger, L.M. Hiatt, R. Simmons, S. Singh: Coordinated multi-agent teams and sliding autonomy for large-scale assembly, Proc. IEEE **94**(7), 1425–1444 (2006), special issue on multi-agent systems
12.48 D. Goldberg, V. Cicirello, M.B. Dias, R. Simmons, S. Smith, A. Stentz: Market-based multi-robot planning in a distributed layered architecture, Proc. Int. Workshop Multi-Robot Syst (2003) pp. 27–38
12.49 J.S. Albus, R. Lumia, H.G. McCain: NASA/NBS Standard Reference model for Telerobot Control System Architecture (NASREM), Technol. #1235, (Nat. Inst. Stand, Gaithersburg 1986)
12.50 D.R. Blidberg, S.G. Chappell: Guidance and control architecture for the EAVE vehicle, IEEE J. Ocean Eng. **11**(4), 449–461 (1986)
12.51 J.S. Albus: Outline for a theory of intelligence, IEEE Trans. Syst. Man Cybern. **21**(3), 473–509 (1991)

12.52 R. Volpe, I. Nesnas, T. Estlin, D. Mutz, R. Petras, H. Das: The CLARAty architecture for robotic autonomy, Proc. IEEE Aerosp. Conf., Big Sky (2001)

12.53 I.A. Nesnas, R. Simmons, D. Gaines, C. Kunz, A. Diaz-Calderon, T. Estlin, R. Madison, J. Guineau, M. McHenry, I. Shu, D. Apfelbaum: CLARAty: Challenges and steps toward reusable robotic software, Int. J. Adv. Robot. Syst. **3**(1), 023–030 (2006)

12.54 T. Estlin, D. Gaines, C. Chouinard, F. Fisher, R. Castaño, M. Judd, R. Anderson, I. Nesnas: Enabling autonomous rover science through dynamic planning and scheduling, Proc. IEEE Aerosp. Conf., Big Sky (2005)

12.55 R. Knight, G. Rabideau, S. Chien, B. Engelhardt, R. Sherwood: CASPER: Space exploration through continuous planning, IEEE Intell. Syst. **16**(5), 70–75 (2001)

12.56 R. Simmons, D. Apfelbaum: A task description language for robot control, Proc. Conf. Intel. Robot Syst., Vancouver (1998)

12.57 T.A. Estlin, D. Gaines, C. Chouinard, R. Castaño, B. Bornstein, M. Judd, I.A.D. Nesnas, R. Anderson: Increased mars rover autonomy using AI planning, scheduling and execution, Proc. Int. Conf. Robot. Autom. (2007) pp. 4911–4918

12.58 D. Musliner, E. Durfee, K. Shin: World modeling for dynamic construction of real-time control plans, Artif. Intell. **74**(1), 83–127 (1995)

12.59 D.J. Musliner, R.P. Goldman, M.J. Pelican: Using model checking to guarantee safety in automatically-synthesized real-time controllers, Proc. Int. Conf. Robot. Autom. (2000)

12.60 B. Espiau, K. Kapellos, M. Jourdan: Formal verification in robotics: Why and how?, Proc. Int. Symp. Robot. Res., Herrsching (1995)

12.61 G. Berry, G. Gonthier: The Esterel synchronous programming language: Design, semantics, implementation, Sci. Comput. Progr. **19**(2), 87–152 (1992)

12.62 M. Jourdan, F. Maraninchi, A. Olivero: Verifying quantitative real-time properties of synchronous programs, Lect. Notes Comput. Sci. **697**, 347–358 (1993)

12.63 G. Pardo-Castellote, S.A. Schneider: The network data delivery service: Real-time data connectivity for distributed control applications, Proc. Int. Conf. Robot. Autom. (1994) pp. 2870–2876

12.64 JAUS Reference Architecture Specification, Volume II, Part 1 Version 3.2: http://www.jauswg.org/baseline/refarch.html

12.65 JAUS Tutorial Powerpoint slides: http://www.jauswg.org/

12.66 JAUS Domain Model Volume I, Version 3.2: http://www.jauswg.org/baseline/current_baseline.shtml

12.67 E. Gat: ALFA: A language for programming reactive robotic control systems, Proc. IEEE Int. Conf. Robot. Autom. (1991) pp. 116–1121

12.68 R.A. Brooks: Elephants don't play chess, J. Robot. Autonom. Syst. **6**, 3–15 (1990)

12.69 L.P. Kaelbling: Rex – A symbolic language for the design and parallel implementation of embedded systems, Proc. 6th AIAA Comput. Aerosp. Conf., Wakefield (1987)

12.70 E. Gat: Non-linear sequencing and cognizant failure, Proc. AIP Conf. (1999)

12.71 E. Gat: On the role of stored internal state in the control of autonomous mobile robots, AI Mag. **14**(1), 64–73 (1993)

12.72 J.L. Peterson: *Petri Net Theory and the Modeling of Systems* (Prentice Hall, Upper Saddle River 1981)

12.73 K. Currie, A. Tate: O-Plan: The open planning architecture, Artif. Intell. **52**(1), 49–86 (1991)

12.74 D.S. Nau, Y. Cao, A. Lotem, H. Muñoz-Avila: SHOP: Simple hierarchical ordered planner, Proc. Int. Joint Conf. Artif. Intel. (1999) pp. 968–973

12.75 S. Chien, R. Knight, A. Stechert, R. Sherwood, G. Rabideau: Using iterative repair to improve the responsiveness of planning and scheduling, Proc. Int. Conf. AI Plan. Sched. (2000) pp. 300–307

12.76 N. Muscettola: HSTS: Integrating planning and scheduling. In: *Intelligent Scheduling*, ed. by M. Fox, M. Zweben (Morgan Kaufmann, San Francisco 1994)

12.77 R. Simmons, J. Fernandez, R. Goodwin, S. Koenig, J. O'Sullivan: Lessons learned from Xavier, IEEE Robot. Autom. Mag. **7**(2), 33–39 (2000)

12.78 R. Simmons: Inter Process Communication (Carnegie Mellon Univ., Pittsburgh 2007), http://www.cs.cmu.edu/IPC

12.79 S.W. Ambler: UML 2 Sequence Diagramms (Ambisoft, Toronto 2007) http://www.agilemodeling.com/artifacts/sequenceDiagram.htm

12.80 W.D. Smart: Writing code in the field: Implications for robot software development, Springer Tract. Adv. Robot. **30**, 93–105 (2007)

12.81 I.A.D. Nesnas: The CLARAty Project: Coping with hardware and software heterogeneity, Springer Tract. Adv. Robot. **30**, 31–70 (2007)

12.82 D. Brugali, E. Prassler: Software engineering for robotics, IEEE Robot. Autom. Mag. **16**(1), 9–15 (2009)

12.83 D. Brugali, P. Scandurra: Component-based robotic engineering (Part I), IEEE Robot. Autom. Mag. **16**(4), 84–96 (2009)

12.84 D. Brugali, A. Shakhimardanov: Component-based robotic engineering (Part II), IEEE Robot. Autom. Mag. **17**(1), 100–112 (2010)

12.85 D. Calisi, A. Censi, L. Iocchi, D. Nardi: Design choices for modular and flexible robotic software development: The OpenRDK viewpoint, J. Software Eng. Robot. **3**(1), 13–27 (2012)

12.86 B. Baeuml, G. Hirzinger: When hard realtime matters: Software for complex mechatronic systems, Robot. Auton. Syst. **56**, 5–13 (2008)

12.87 G. Metta, P. Fitzpatrick, L. Natale: YARP: Yet another robot platform, Int. J. Adv. Robot. Syst **3**(1), 43–48 (2006)

12.88 H. Bruyninckx: Open robot control software: the OROCOS project, Proc. IEEE Int. Conf. Robot. Autom. (2001) pp. 2523–2528

12.89 C. Schlegel, A. Steck, D. Brugali, A. Knoll: Design abstraction and processes in robotics: From code-driven to model-driven engineering, Lect. Notes Comput. Sci. **6472**, 324–335 (2010)

12.90 S. Cousins: Welcome to ROS Topics, IEEE Robot. Automom. Mag. **17**(1), 13–14 (2010)

12.91 S. Bensalem, L. de Silva, F. Ingrand, R. Yan: A verifiable and correct-by-construction controller for robot functional levels, J. Software Eng. Robot. **2**(1), 1–19 (2011)

12.92 R. Bischoff, T. Guhl, E. Prassler, W. Nowak, G. Kraetzschmar, H. Bruyninckx, P. Soetens, M. Haegele, A. Pott, P. Breedveld, J. Broenink, D. Brugali, N. Tomatis: BRICS: Best practice in robotics, Proc. 41st Int. Symp. Robot., Munich (2010) pp. 7–9

12.93 M. Klotzbuecher, N. Hochgeschwender, L. Gherardi, H. Bruyninckx, G. Kraetzschmar, D. Brugali: The BRICS component model: A model-based development paradigm for complex robotics software systems, 28th ACM Symp. Appl. Comput., Coimbra (2013) pp. 18–22

12.94 D. Brugali, L. Gherardi, A. Luzzana, A. Zakharov: A reuse-oriented development process for component-based robotic systems, Lect. Notes Comput. Sci. **7628**, 361–374 (2012)

12.95 L. Gherardi, D. Brugali: Modeling and reusing robotic software architectures: The hyperflex toolchain, Proc. IEEE Robot. Autom. Conf. ICRA '14, Hong Kong (2014)

12.96 D. Kortenkamp, R.P. Bonasso, R. Murphy: *Artificial Intelligence and Mobile Robots* (MIT Press, Cambridge 1998)

12.97 R. Murphy: *Introduction to AI Robotics* (MIT Press, Cambridge 2000)

12.98 R. Siegwart, I.R. Nourbakhsh: *Introduction to Autonomous Mobile Robots* (MIT Press, Cambridge 2004)

12.99 R. Simmons, D. Goldberg, A. Goode, M. Montemerlo, N. Roy, B. Sellner, C. Urmson, A. Schultz, M. Abramson, W. Adams, A. Atrash, M. Bugajska, M. Coblenz, M. MacMahon, D. Perzanowski, I. Horswill, R. Zubek, D. Kortenkamp, B. Wolfe, T. Milam, B. Maxwell: GRACE: An autonomous robot for the AAAI Robot Challenge, AAAI Mag. **24**(2), 51–72 (2003)

12.100 R. Gockley, R. Simmons, J. Wang, D. Busquets, C. DiSalvo, K. Caffrey, S. Rosenthal, J. Mink, S. Thomas, W. Adams, T. Lauducci, M. Bugajska, D. Perzanowski, A. Schultz: Grace and George: Social Robots at AAAI, Proc. AAAI Mob. Robot Comp. Workshop (2004), pp. 15–20

12.101 M.P. Michalowski, S. Sabanovic, C. DiSalvo, D. Busquets, L.M. Hiatt, N.A. Melchior, R. Simmons: Socially Distributed Perception: GRACE plays social tag at AAAI 2005, Auton. Robot. **22**(4), 385–397 (2007)

第 13 章

基于行为的系统

François Michaud，Monica Nicolescu

自然界中存在大量能够处理现实世界中多样性、不可预测性和情况快速变化的自主生物，这些生物体必须能够在非完整感知、有限时间、有限知识，并且仅能获得其他个体发出的非常有限的信号提示情况下，做出正确的决策并实施下一个行为。因此，对自主生物智能水平的评价可以通过其处理复杂真实环境的能力来衡量。本章的主要目的是阐明基于行为（behavior-based）系统的基本原理，以及它们在单机器人系统和多机器人系统中的应用。

本章内容安排如下：13.1 节对机器人控制进行综述，分析了基于行为的系统与现有机器人控制方法之间的关系。13.2 节简要介绍基于行为系统的基本原理，使其与其他类型的机器人控制结构区别开来。13.3 节给出基本行为（basic behavior）的相关概念，以及基于行为系统的模块化设计方法。13.4 节描述了在基于行为系统中，行为是如何进行表示和建模的，又如何让机器人对环境和其自身进行推理。13.5 节介绍了针对单机器人和多机器人系统应用的多种基于行为系统的学习方法。13.6 节简要介绍各种成功用于行为控制的机器人学问题及其应用领域。13.7 节对本章进行了总结。

目　　录

13.1　机器人控制方法

情境机器人学（situated robotics）的研究对象是这样一类机器人，它们的工作环境非常复杂且频繁发生变化。所谓情境（situatedness），是指一个复杂、动态变化且对行为影响极大的环境。与此相反，如果机器人处在一个静态不变的环境中，我们就不用去考虑情境，如装配机器人即属于此类。装配机器人通常用于完成特定的操作，它的工作环境虽然复杂，但作业环境却是固定不变、高度结构化且易于预测的。工作环境的可预测性及稳定性将直接影响机器人控制的复杂程度。因此，情境机器人是一个颇具挑战性的研究课题。

机器人控制（robot control），又称机器人决策或机器人体系架构，是指感知环境信息、处理信息、决策（选择动作）并执行动作的过程。环境的复杂程度，即情境水平，对控制方法的复杂度有直接影响。关于机器人体系架构方面的内容详见本手册第12章。

目前，机器人控制方法很多，一般可以分为四类，具体分析如下。

13.1.1 慎思型—思而后行

在慎思型体系架构中，机器人利用一切可以利用的感知信息和内部存储的所有知识来推断下一步该执行何种动作。通常利用决策过程中的功能分解来组织慎思型体系架构[13.1]，包括信息处理、环境建模、任务规划、效率评价及动作执行等模块。

慎思型体系架构中的推理以典型的规划形式呈现，它需要搜索各种可能的状态-动作序列，并对其产生的结果进行评价。规划是人工智能的重要组成部分，实质上是一个复杂的计算过程，此过程需要机器人执行一个感知-规划-执行的步骤（例如，将感知信息融入环境地图中，然后利用规划模块在地图上寻找路径，最后向机器人的执行机构发出规划的执行步骤）[13.2-4]。制订机器人规划，并对所有可行规划进行评价，直至找到一个能够到达目标、解决任务的合理规划。第一个移动机器人 Shakey 就是基于慎思型体系架构来控制的，它利用视觉数据进行避障和导航[13.5]。

规划模块内部需要通用的符号表示模型，这能够让机器人展望未来，预测不同状态下各种可能动作对应的结果，从而生成规划。为了保证规划的正确性，外部环境的环境模型必须是精确和最新的。当模型精确且有足够的时间来生成一个规划时，这种方法将使机器人能够在特定环境下选择最佳的行动路线。然而，由于机器人实际上是处于一个含有噪声，并且动态变化的环境中，上述情况是不可能实现的[13.6,7]。如今，还没有一个情境机器人是纯粹慎思型的。为实现在复杂、动态变化的真实环境中快速做出恰当的反应，不断有学者提出了新的机器人体系架构。

13.1.2 反应型—不想只做

反应型控制是一项将传感器输入和驱动器输出两者紧密结合的技术，通常不涉及干预推理[13.8]，能够使机器人对不断变化和非结构化的环境[13.9]做出快速反应。反应型控制源于生物学中的应激响应概念，它不要求获得环境模型或对其进行维护，因为它不依赖于慎思型控制中各种复杂的推理过程。相反，基于规则的机器人控制方法不仅计算量小，而且无须内部表示或任何关于机器人的环境性知识。通过将具有最小内部状态的一系列并发条件-执行规则（例如，如果碰撞，则停止；如果停止，就返回）进行离线编程，并将其嵌入机器人控制器中，反应型机器人控制系统就能实现快速实时响应[13.8,10]。当不太可能获取环境模型时，反应型控制就特别适用于动态和非结构化的环境。此外，较小的计算量使得反应型系统能够及时、快速地响应变化的环境。

反应型控制是一种强大而有效的方法，它广泛存在于自然界中，如数量远超脊椎动物的昆虫，它们绝大多数是基于反应型控制的。然而，单纯反应型控制的能力非常有限，因为它无法存储信息或记忆，或者对环境进行内在的表示[13.11]，因此，无法随着时间的流逝进行学习和改进。反应型控制需要在反应的快速性与推理的复杂性之间进行权衡。分析表明，当环境和任务可以由经验知识表示时，反应型控制器会显示出强大的优越性；如果环境是结构化的，反应型控制器能够在处理特定问题时表现出最佳性能[13.12,13]。当面对环境模型，必须进行记忆和学习时，反应型控制就显得无法胜任了。

13.1.3 混合型—思行合一

混合型控制融合了反应型控制和慎思型控制的优点，即反应型的实时响应与慎思型的合理性和最优性。因此，混合型控制系统包括两个不同的部分，即反应型/并发条件-执行规则和慎思型部分。反应型和慎思型必须进行交互以产生一个一致输出，这是一项非常具有挑战性的任务。因为，反应型部分处理的是机器人的紧急需求，如移动过程中避开障碍物。该操作需要在一个非常快的时间尺度内，直接利用外部感知数据和信号来完成。相比之下，慎思型部分利用高度抽象的、符号化的环境内在表示，需要在较长的时间尺度上进行操作。例如，执行全局路径规划或规划高层决策方案。只要这两个组成部分的输出之间没有冲突，该系统就无须进一步协调。然而，如果欲使双方彼此受益，则该系统的两个部分必须进行交互。因此，如果环境呈现的是一些突现的和即时的挑战，反应型系统将取代慎思型系统。类似地，为了引导机器人趋向更加有效的、最佳的轨迹和目标，慎思型部分必须提供相关信息给反应型部分。这两个部分的交互需要一个中间组件，以调节使用这两个部分不同描述和输出之间的冲突。这个中间组件的构造是混合型系统设计所面临的最大挑战。

混合型系统又称为分层或叠堆型机器人控制架构（第12章）。混合型系统通常采用三层结构，从底至上分为反应（执行）层、中间（协调）层和慎思（组织/规划）层，其中位于最底层的反应层具有最高的控制精度和最弱的智能性[13.14]。目前，已经有学者针对这些组件的设计和各组件间的交互进行了大量的研究[13.2,15-21]。

混合型系统的三层结构充分利用了反应型控制的动态、并发和时间响应特性，以及慎思型控制在长时间内全局有效动作的优点。然而，关于这些组件之间的结合方式和功能分割等问题，至今还没有得到很好的解决[13.22]。

13.1.4 基于行为的控制—思考方式

基于行为的控制采用了一系列分布式、交互式的模块，我们称之为行为（behaviors）。将这些行为组织起来以获得所期望的系统层行为。对于一个外部观察者而言，行为是机器人在与环境交互中产生的活动模式；对于一个设计者来说，行为即是控制模块，是为了实现和保持一个目标而聚集的一系列约束[13.22,23]。每个行为控制器接收来自传感器或系统其他行为的输入，并输出到机器人的驱动器或其他行为。因此，基于行为的控制器是一种交互式的行为网络结构，没有集中的环境模型或控制的焦点；相反，个人行为和行为网络保存了所有状态的信息和模型。

精心设计的、基于行为的系统能够充分利用行为之间和行为与环境之间的交互动力学。基于行为控制系统的功能可以说是在这些交互中产生的，不是单独来自于机器人或孤立的环境，而是它们相互作用的结果[13.22]。反应型控制可以利用的是反应型规则，它们仅需极少甚至不需要任何状态或表示。与此不同的是，基于行为的控制方式利用的是一系列行为的集合。此处的行为是与状态紧密相关的，并且可用于构造表示，从而能够进行推理、规划和学习。

13.1.5 何时使用什么

基于上述四类控制机制来设计一个给定的机器人计算架构，往往存在一个度的考量。基于行为的控制方法具有响应快速性、鲁棒性和灵活性等优点，而知识的抽象表示有助于进行推理、规划[13.22]或处理冲突目标。因此，当进行机器人体系架构设计时，需要考虑如何融合不同体系架构的优点。例如，自主机器人体系架构（AuRA）使用一个规划器来选择行为[13.22]，3T 在三级分层体系架构中的执行层采用了行为[13.24]。这两种设计方案都根据现有环境知识的推理动态地重构了行为[13.22]。Goller 等人[13.25]使用 15 种导航行为和 17 种激活行为，并结合了任务规划器和拓扑导航模块。

上述每种机器人控制方法都各有优缺点，它们在特定的机器人控制及应用方面都扮演着非常重要且成功的角色，并且没有某个单一的方法能够被视为是理想的或绝对有效的。可以根据特定的任务、环境和机器人来选用合适的机器人控制方法。机器人控制体现了关于响应的时间尺度、系统组织和模块化三者之间的基本权衡：只有当具有充分的、精确的、最新的信息可用时，慎思型才能通过预测来避免误动作，否则反应型可能是最好的应对方式。由于这些固有的权衡，在我们的处理中，使用不同的方法，而不是把所有控制需求整合为一种方法就变得十分重要。选择一个适当的控制方法并基于它进行设计，这很大程度上取决于问题的情景属性、任务的性质、所需的效率与优化级别，以及机器人在硬件、环境建模和计算方面的能力。

例如，反应型控制是环境要求立即响应的最佳选择，但这种反应速度只考虑了眼前利益，缺乏对过去的回顾和对未来的展望。反应型系统在高度随机的环境中也是一种非常受欢迎的选择。通过对环境进行恰当的描述，从而可在一个反应型输入-输出映射中进行编码。另一方面，对于需要大量决策与优化，以及循环搜索和规划的领域，如调度、游戏、系统配置等，慎思型系统是唯一的选择。混合型系统更适用于需要内部建模和规划，并且对实时性要求不高，或者充分独立于高层推理的环境和任务。

相比之下，基于行为的系统最适用于显著动态变化的环境，此时追求的首要目标是快速响应性和自适应性。另外，预测未来和规避错误动作的能力也是必需的。那些能力遍布于主动行为，必要时使用主动描述[13.23]，本章稍后将讨论这个问题。

13

13.2 基于行为系统的基本原理

基于行为的机器人学适用于解决情境机器人学中的相关问题，允许它们适应真实环境的动力学，而无须在对真实环境的抽象表示基础之上进行操作[13.11]，但也给予它们比反应型机器人更多的计算和表达能力。基于行为的系统支持感知和动作，通过行为实现它们的紧密耦合，并使用行为架构来表示和学习。因此，一个行为常常不能依赖传统的环境模型来执行广泛的计算或推理，除非这样的计算能够及时响应动态且快速变化的环境和任务需求。

图13.1所示为一种低级的基于行为系统的总体架构。注意，允许行为产生动作的激活条件与产生动作的刺激之间存在区别。

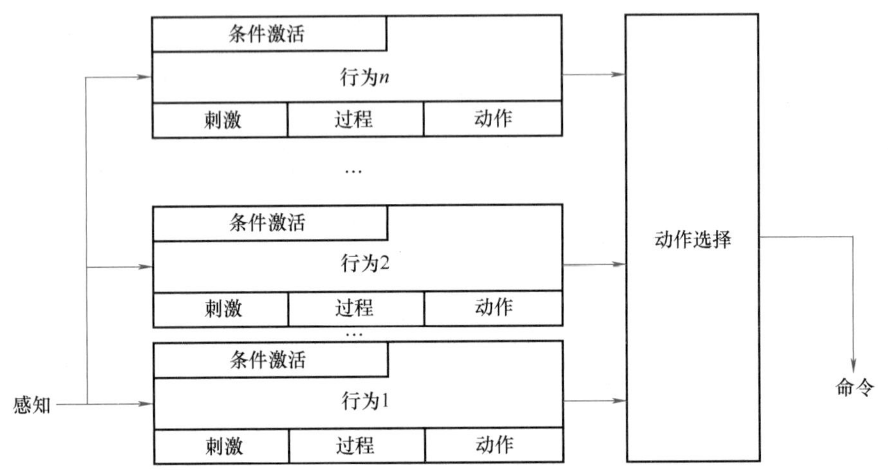

图13.1 基于行为系统的总体架构

基于行为系统的基本原理可以简要概括如下：

1）类似于控制理论中使用的控制律，行为可以以软件程序或硬件元件的形式存在。

2）每个行为都可以从机器人的传感器（如接近传感器、距离探测器、接触传感器、摄像机）和/或系统的其他模块接收输入，并向机器人的执行系统（如车轮、夹持器、手臂、语言装置）和/或系统的其他模块输出命令。

3）多个不同行为可以独立地从相同的传感器接收输入，并向相同的驱动器输出命令。

4）行为的编码相对简单，并可以递增地添加到系统中。

5）为提高计算速度、充分利用行为间和行为与环境间的交互作用，行为（或它的子集）以并行形式执行。

行为的设计是在各种抽象层面上进行的，这利于进行自底向上的基于行为系统的构建。新的行为递增地加入系统中，从简单到复杂，直到它们的交互使机器人具有所期望的全面能力。通常，行为编码是一个时间扩展过程，而不是典型反馈控制中的基本动作（如向前走一步或转一个小角度）。时间与空间效应的交互和集成，在基于行为的系统中具有关键性作用。仅仅使用一个以预定的时间间隔来控制一个驱动器的过程，以及对相同数量的驱动器进行控制，都不足以作为基于行为控制的基础。时间上并行，并与感知和内部状态的驱动组合，同时作用在一个控制系统中，才真正构成了基于行为的动力学。

作为第一步，生存行为，如避碰。这些行为在自然中往往是反应型的，原因是反应型规则可以形成简单行为的组件，并且往往的确如此。接下来，为机器人提供更多复杂能力的行为，如沿墙行走、追逐目标、归巢、寻找物体、充电、避光、群聚、拾起物体、寻找地标。根据所设计的系统，可以添加使用分布式描述的行为，也可以添加能够学习环境和机器人自身的行为，并在那些描述和学习到的信息上进行操作。有关表示和学习的更多细节见13.4节。

通过开发合适的情景特性，利用交互动力学的丰富性，基于行为系统的典型设计，是使行为主要在环境中交互，而不是在系统间交互。由于这些动力学从交互中突显出来，而不是在内部由机器人的程序指定，这些动力学有时被称为突现行为（emergent behaviors）。因此，一个基于行为系统的内部行为架构不一定反映其外部显式行为。例如，一个机器人与其他机器人组合在一起，可以没有特定的集群行为，取而代之的是通过它与环境和其他机器人的交互导致集群，它仅有的行为可能是避碰、跟紧群体和继续前进。

为了使上述方法有效，基于行为的系统必须解决如何从众多选择中选取特定的动作或行为，也就是已知的动作选择[13.26]或行为协调过程[13.27]、行为选择[13.28]或行为融合[13.29]，这是基于行为系统设计的核心挑战之一。选择动作的一种方法是使用预定义的行为等级，其中来自最高层激活行为的命令被发送到执行器，其余的都被忽略。许多基于其他原理的方法和用于动作选择问题的特殊方法已经在机器人系统架构中进行了研究和探讨。这些方法的目标是为了提供更多的灵活性，但在有些情况下，这样做的代价可能会降低控制系统的效率或可分析性。所研究的方法包括各种电动机模式[13.16]、命令融合[13.30]、通过行为网络的激活传播[13.31,32]、行为贩卖[13.33,34]和模糊逻辑[13.35,36]等。Pirjanian[13.27]对动作选择机制进行了综述。一些框架还支持使用其他动作选择机制，如 APOC[13.28]（允许动态选择和更改）和 iB2C[13.29]（以及开发指南、分析工具和可视化技术）。

由于基于行为的系统并不总是易于描述或应用，它们也经常被误解。最常见的一种误解是把反应型系统与行为系统等同起来。历史上，基于行为系统的出现受到反应型系统的启发，且两者都支持感知与执行的实时耦合[13.18,37]，并且都是自底向上构造和发展起来的，包含有分布式模块。然而，基于行为的系统本质上比反应型系统更强大，因为它们能够存储表示[13.38]，而反应型系统不能。反应型系统受限于缺乏内部状态，不能使用内部描述和学习。基于行为的系统能够克服这个局限，原因是它们具有潜在的描述单元，行为能够以分布式的方式存储其内部状态。

在基于行为的系统中，状态和表示的分布式方式是这种控制方法灵活性的一个来源。由于在基于行为的系统中表示是分布式的，因此可以最优匹配，并利用导致机器人动作的基本行为架构，也可以按照与动作相同的方式组织。如果一个机器人需要提前规划，它会在一个交流行为的网络中进行，而不是在单独的、集中的规划器中进行。如果一个机器人需要存储一个大型地图，这个地图可能分布于表示其组件的多个行为模块中，如参考文献［13.39］中的一个地标网络或参考文献［13.40,41］中的一个参数化导航行为网络，对于地图/环境/任务的推理，就能够以一种主动方式，通过使用行为网络内部的信息传递来完成。基于行为系统的规划和推理组件采用与感知和执行动作相同的机制，因此它们之间的操作并不是在完全不同的时间尺度和表示上进行。在行为网络内部使用了各种不同形式的分布式表示，范围从静态列表结构到动态程序过程。

另一个常见的误解涉及基于行为的系统和混合型系统的比较。因为这两者使用了不同的模块化策略，往往假设一个方法（通常是混合）已经改进了表达能力。事实上，基于行为的系统和混合型系统具有相同的表达能力和计算能力：都能利用表达和预测，但它们以不同的方式进行，这导致基于行为的系统与混合型系统具有不同的适用领域。具体来说，混合型系统几乎垄断了单机器人控制领域，除非任务实时性要求高到必须使用反应型系统。基于行为的系统则几乎垄断了多机器人控制领域，原因是系统内部行为集群的概念更加贴合机器人集群，使其具有鲁棒性，适应群体行为[13.42,43]。更多细节见本手册第 3 卷第 53 章。

与混合型系统一样，基于行为的系统可以分层组织，但与混合型系统不同的是，这里的层次在时间尺度和所使用的表示方面并没有很大的差别。基于行为的系统通常不使用混合方法所青睐的分层/顺序划分。基于行为的系统同时提供底层控制和高层思考，后者可以由一个或多个在其他行为或模块上计算的分布表达执行，常常直接应用于底层行为和它们的输出。最终系统自底向上建立，不是以不同的表达和独立组件区分，而是以某种方式与行为直接关联的元素组成。基于行为系统的强大功能和复杂性取决于各组件行为的设计、协调和使用方式。例如，监测低级控制行为如何影响随时间发出的命令可用于评估机器人在其环境中基于其激活行为集的操作是否合适。不同的方法，如时间分析[13.36,44-47]、模式识别技术[13.48]和基于图的表示[13.49-51]可用于实现这种机制。

因此，将基于行为的系统扩展到更高决策层时，需要记住以下三条原则：

1）将行为作为制订决策和执行动作的模块。

2）对低级行为使用分布式并行评价和并行控制，从传感器数据获得实时输入，并向执行器发出实时命令。

3）行为无中心组件，每个模块只对自身负责。

以下将详细描述如何将基于行为的基本原理用于机器人控制。

13.3 基础行为

行为综合（behavior synthesis）指为机器人设计一个行为集合的过程。虽然有些自动综合行为的方法已被开发并成功展示，但行为综合通常还是由人工完成[13.52,53]。在所有情况下，行为都会执行某种特定动作、实现一个目标，或者维持某种状态。虽然人们已经考虑为给定机器人或任务定义最优行为集的概念，但这样一个概念是不现实的，因为在给定系统和环境中，所依赖的太多细节问题目前还不能得到有效表示。

Matarić 等人[13.43,54]描述的基础行为，也可称为初始行为，作为构造的一种工具，简化了行为综合技术。基础行为是这样的一组行为集合，其中的每一个行为都是必要的，即每个行为要么实现，要么帮助实现相关任务，如果缺少了该行为，则该组的其他行为就无法实现这个任务。此外，基础行为集需要充分胜任控制器所指定的任务。选择“基础”一词是为表示线性代数中的类似概念，如简约性和必要性类似于线性无关的概念，充分性的想法类似于线性代数中生成的概念。基础行为应该是简单、稳定、鲁棒和可扩展的。

另一种基础行为的组织原则是正交性（orthogonality），如果两个行为之间不存在相互干扰，而其对其他行为也无副作用，则这两个行为是正交的。正交性的获得是行为采取互相排斥的传感器输入。另一种方法是让不同的行为控制不同的执行器。当机器人的动力学不妨碍它们的可分性时，这种分解形式是唯一可行的形式。自主直升机控制是一个高度耦合系统的例子，而 Saripalli 等人[13.55]演示了基于行为的控制如何有效地应用于鲁棒自主的自主直升机飞行中。

基础行为的设计原则已应用于单机器人和多机器人基于行为系统的各种应用，包括导航、觅食、协调小组运动、推箱子等。

13.4 基于行为系统的表示法

在将表示法嵌入基于行为的系统中时，面临着在系统各级决策上如何保存所使用方法基本原则的挑战，将行为与抽象推理过程相结合，在某种程度上必须利用交互式动力学和理想应急系统。

Matarić 等人[13.38,56]通过一个名为 Toto 的机器人来开展研究工作（VIDEO 35），Toto 将分布式表示法引入基于行为的系统中。在基于行为的框架中，Toto 的功能包括安全导航、地标检测、地图学习，以及学习地图表示中的路径规划。为了利用基于行为的控制原则，Toto 的表示法不是使用一个集中地图，而是将环境中任何新发现的地标都分配到一个新的地图表示行为中，并存储到地标描述符（它包括地标的类型、笛卡儿位置估计和罗盘定位）。当感知输入与地标描述符匹配时，机器人就会对特定的地标定位，该行为相应被激活。下面是每个地标行为的伪代码：

算法 13.1

```
my-behavior-type: C
my-compass-direction: 0
my-approximate-location: (x,y)
my-approximate-length: 6.5
whenever received (input)
if input(behavior-type) = my-behavior-type
   and
      input(compass-direction) =
      my-compass-direction then
   active ¡- true
end if
```

随着新地标的发现，它们被添加到地图描述行为网络中。这样，由此产生的地图网络拓扑与 Toto 在物理环境中探索的网络图拓扑同构。网络图中的边也与行为网络通信相关，允许地标行为通过本地信息传递进行交互。因此，目前活跃的地图行为可以将消息发送到它的拓扑近邻，从而表明它将期望成为下一个被识别的路标，以帮助 Toto 来定位。同样，网络规划也是通过使用相同的消息传递机制来进行的。目标地标（可以由用户选择作为任务的一部分，如去某个走廊或到就近朝北的墙）发送消息（即激活的传递）到其邻居，然后传递到整个网络。信息传递的同时，累计图中每个地标的长度，从而估算每个路径的长度。当前活跃的网络行为的最短路径表明朝着目标的最佳方向，这相当于一个分布式的 Dijkstra 搜索。重要的是，这个搜索不是一个集中地图表示法中的静态过程，而是一个行为地图中的在线动态过程。如果将机器人放置到另一个位置，只要对它定位，它将一直朝向目标的最优路径；每一个地标对趋向目标的下一个动作做出一个局部决策，由于没有唯一的全局路径存储在任何中枢位置/表示中，因此路径是不断刷新和更新的。如果有任何通道被阻塞，则图中的边就会断开，并且动态更新最短路径。

Toto 充分体现了在基于行为的系统中，表示法是可以以分布式的方式储存的，使机器人能够最佳地匹配当前的行为架构，产生外部目标驱动的活动。如果机器人需要做出一个高层次的决策（如规划到达一个遥远的目标），它会在通信行为的网络中，而不是在单一的集中组件中进行决策。这将导致整个系统的计算具有可扩展性和高效性，因为决策过程通常较慢，如规划是分布式和模块化的，这样在某种程度上使它们与时间尺度和系统其他的表示法更一致。注意，基于行为的系统与混合型系统有着重大区别，基于行为的系统使用行为作为通用模块来同质化表示法，而混合型系统在系统的不同层次依赖不同的表示法和时间标度。

13.5 基于行为系统的学习

在动态环境中改善实时性能以适应周围环境，是情境机器人学的重点研究内容。传统的机器学习通常花费很长的时间来优化其性能，与传统机器学习不同，情境学习目标是能够较快地适应不确定的环境。从生物学模型的角度看，通常认为给定学习的特性直接来自环境反馈。机器学习，尤其是强化学习，具有处理可变环境的适应性，已经被成功地应用于基于行为的机器人中，如学习行走[13.57]、交流[13.58]、导航和创建拓扑图[13.38,59]、任务分解[13.23,60]、社交行为[13.61]，以及在机器人足球赛中辨别对手和球门[13.62]。人工智能的方法，如进化计算/遗传算法、模糊逻辑、视觉学习、多智能体系统，还有许多其他研究方向，已经在动物模型和实际应用中得到不断发展，这些方法同样也会被进一步研究和探索，并应用于基于行为的机器人。

当自主机器人在不可预知或部分可知的环境中行进时，必须检测周围环境的变化，在与周围环境的动态交互中捕捉可能发生的情况，并把观察到的各种信息进行快速整合，这是自主机器人一个非常重要的能力[13.63,64]。激励系统的研究[13.47,65-68]表明，目标管理的规划和反应之间的平衡可以通过不同因素激活或抑制内部变量来完成[13.42,46,69,70]，刺激因素可以是循环的（如昼夜规律），也可以是时变的[13.68]。总之，激励系统的目的是为了使机器人在适应环境和完成任务之间有效地达到平衡。

在下面的小节中，我们将讨论四种已被成功验证的基于行为系统的学习方法：

1）强化学习。

2）学习行为网络。

3）示教学习。

4）从历史行为中学习。

上述方法的不同之处是学习了什么和算法在哪里应用。但在所有情况下，行为都被用作学习过程的基础构建块。

13.5.1 强化学习

众所周知，强化学习（reinforcement learning，RL）存在维数灾难问题，而行为被认为可以用来加速强化学习。基于行为系统最早的强化学习例子是六足步行机器人[13.57]和推箱子[13.71]。两者都是将控制系统分解为一些小的行为集合，并使用泛化的输入状态，从而有效地减小状态空间。在推箱子的例子中，学习被分解为许多模块化策略，以此来相互学习单独的行为：如箱子被卡住时退出；当箱子丢失但没有被卡住时寻找箱子；只有当接触到一个箱子且没有被卡住时才推箱子。模块化行为使得学习速度加快，并且学习鲁棒性更好。最近，Kober 等人[13.72]展示了利用强化学习，通过一系列元参数训练，使学习者适应运动计划，如乒乓球传球或飞镖投掷任务，以适应新情况。

参考文献［13.23,73］研究了如何将强化学习扩展到基于多机器人的行为系统中。在多机器人系统中，由于其他智能体和并发学习器的存在，环境对非稳定性和可信度赋值提出了进一步挑战。此问题是在一个有四个机器人觅食任务的背景下开展研究的，每个机器人初步具备一个小的基础行为集（搜索、归巢、采摘、放下、跟随、避障），并且能学习个体行为选择策略，即在何种情况下执行

13

何种动作。由于并发学习器之间的相互干扰，该问题不能直接通过标准的强化学习来解决。这时，一个心理学的概念——塑造（shaping）[13.74]被引入，随后应用于机器人强化学习中[13.75]。塑造使奖励更接近行为的子目标，从而鼓励学习器通过更有效地搜索行为空间来逐步改善它的行为。Matarić[13.73]通过进度估计器（progress estimators）引入塑造，用于衡量执行过程中朝向一个特定行为目标的进度。延迟奖励这种塑造形式存在两个问题，即行为终止和偶然奖励。行为终止是由事件驱动的，任何给定行为的持续时间取决于与环境的交互动力学，并且可能相差很大。进度估计提供了一个原则性的方法，用于决定什么时候行为可以被终止，即使任务没有完成且外部事件也没有发生。偶然奖励指归因于特定情景-行为（状态-动作）对的奖励，情景-行为对实际上是以前行动或动作的结果。它表现如下：先前的行为引导系统更接近目标，但有些事件会引起行为转换，并且随后目标的实现更归因于最后的行为，而不是先前的行为。进度估计器形式的塑造奖励有效地消除了这种影响，因为行为执行过程中它提供了反馈，更好地奖励先前有用的行为，从而更妥善地分配信用度。总之，强化学习已被成功地应用于基于行为的机器人技术中，特别是在行为选择层面。行为架构促进了学习过程，并且提供了高水平的行为表示法和时间扩展动力学。

13.5.2 学习行为网络

基于行为系统的模块化与行为网络一样，允许学习应用于网络层面。Nicolesc 和 Matarić[13.40,41]提出了抽象行为的概念，将一个行为的激活条件从其输出动作（即所谓的初始行为，与13.3节描述的基础行为具有相同的原理）中分离，这允许对与初始行为有关的激活条件进行更通用的设置。虽然这对于任何单一任务都不是必需的，但它为表示法提供了通用性。一个抽象的行为是某一给定行为的激活条件（前置条件）和结果（后置条件）的组合；结果与经典的慎思型系统类似，也是一个抽象的通用运算符（图13.2）。初始行为通常是由一些小的基础集合组成，可能涉及一个或一个完整的顺序或并发执行的行为集合。

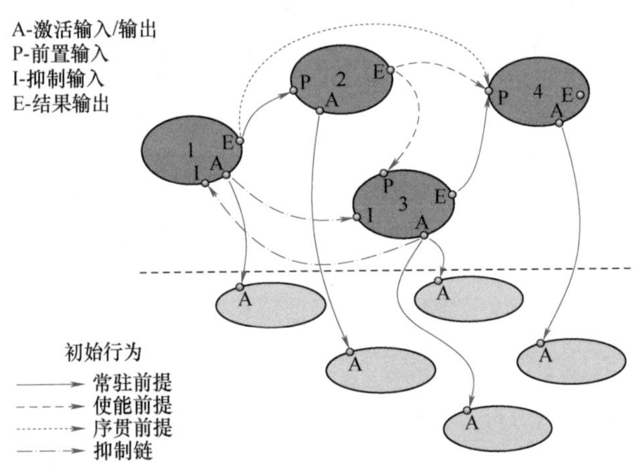

图13.2 行为网络

行为网络通过融合抽象表示法和基于行为系统的优点，以指定策略或进行总体规划。网络的节点表示抽象的行为，节点之间的连线表示前置条件和后置条件的依赖关系，任务规划和策略被表示为这些行为的网络。与任何基于行为的系统一样，当行为的条件得到满足时，该行为就被激活。类似地，当抽象行为的条件满足时，则该行为激活一个或多个初始行为，从而获得其后置条件中指定的效果。抽象行为层的网络拓扑可对任何特定任务的行为序列进行编码，从而释放出初始行为，以便用于各种任务。这样，由于抽象行为网络的计算量较小，因此对多个任务求解，可以在单一系统内部进行编码并动态切换。

13

Nicolesc 和 Matarić[13.40,41]介绍了一种在离线和运行时自动生成此类网络的方法。后者能够使学习机器人动态地获取任务描述，同时观察它的环境，其中包括其他机器人或示教者。该方法在移动机器人上得到了验证，该机器人跟踪一个人，并通过观察自身抽象行为的前置和后置条件的激活，获取人类展示任务的表示法，从而形成新的抽象行为网络，以表示展示任务[13.76]。该机器人能够获得新的行为序列和组合（即并发执行行为），成功地完成各项学习任务，包括按照特定的顺序访问各项目标（VIDEO 27 和 VIDEO 28）、拾取、运输和搬运物体（VIDEO 32 和 VIDEO 33），进行障碍物处理，并以特定的方式操纵避障路线（VIDEO 30 和 VIDEO 31）。

该方法已扩展到学习更一般的任务表示，其中每个目标都是通过机器人原语的线性叠加（或融合）来实现的，目标之间的排序通过仲裁实现[13.77]。在这项工作中，控制器由两个组件构建而成，即行为原语（BP）和融合原语（FP），它们可以被排序以形成行为网络。行为原语在给定环境下执行一组动作，并使用基于架构的方法[13.78]。融合原语通过电动机指令的线性组合封装一组多个并发运行的初始行为，表示为机器人坐标系中的向量。FP 通过加权这些向量，并通过向量加法融合它们来组合这些向量。这种方法允许学习任务中涉及的目标（表示为达成目标的顺序融合原语），以及实现相同的目标的特定方式（行为权重）。使用这种学习方法，机器人能够学习多种导航方式。例如，停留在走廊的中央/左侧/右侧，在 T 形路口向左转或向右转，以及绕过障碍物的特定导航方式。

13.5.3 示教学习

示教学习与基于行为的系统组合在一起，形成了机器人控制的一次性学习和教学机制[13.40,79]。此外，这种基于行为的架构已用于学习船舶导航策略[13.80]：在学习阶段，讲师选择船舶要执行的行为以达到一个特定的目标，然后产生一个离线阶段行为，在学习阶段见证两者之间的依赖关系。

示教学习的另一种形式是使用概率方法来选择和组合行为[13.81]。在这里，学习在自主导航期间执行什么行为的问题被视为状态估计问题。在学习阶段，机器人会观察老师使用的命令。然后，粒子过滤器将老师演示的控制命令融合在一起，以评估行为激活。该方法产生了一个非常适合动态环境的鲁棒控制器。

示教学习也被用于一个基于案例的推理框架[13.82]，教授一个有 4 条腿的 Aibo 机器人具有不同的低级导航行为，如跟随球运动并到达目标。学习到的行为通过指令过程封装了机器人控制的运动学和动力学，如果采用手工设计，将很难实现，并且可以成功地组合成更新的、更高级别的行为，从而实现机器人任务的分层表示。

在基于决策树和支持向量机的方法[13.83]中，已应用机器在学习的特征空间中寻找感知数据和行为产生的模式之间的映射。该映射允许机器人识别人类演示者表现的行为，并进一步学习演示任务的顺序表示。

13.5.4 从历史行为中学习

大多数慎思型的方法从传感器的输入和机器人采取的行动推理中获得知识，由此导致机器人环境具有复杂的状态空间表示，并且没有考虑这些感知/动作所处的环境。正如前面讨论过的，行为很容易被用作低级别的控制模块，这些模块是由与环境交互的经验来驱动的。行为也可以作为对那些交互进行建模的一种抽象表示。一种方法是利用历史信息[13.84]，即明确地考虑观测的时间序列，以便做出决定。将这一理念应用到基于行为的系统中，通过了解每一个行为的目的和观察它们的使用历史，机器人就可以根据在其运行环境中的经历来推理并建立它的意图。这里也利用了抽象行为的概念来激活行为，并以此作为学习内容的表示。

从历史行为中学习已经在基于行为的系统得到验证该系统能够使机器人在多个机器人同时学习的不确定区域、动态变化的环境中，改变其行为选择策略，进而去搜索有颜色的目标（块）[13.49-51]。在搜索任务中，机器人有两个任务：寻找一个目标（搜索任务），并返回起始点（归巢任务）。通过设定机器人的行为来完成这些任务：一是搜索任务的行为，称为搜索块；二是归巢行为，返回起始点并放下块。速度控制行为在机器人移动的过程中也被用于执行上述两项任务，所有这些行为都被称为任务行为。激活任务行为的条件是基于机器人前方是否有块，以及是否接近起始区域预先编程的。

机器人也需要在安全环境中导航。在这种方法中，只有机器人距离巢很近且携带块。避障行为才被激活，否则将被禁用，以使机器人接近巢的区域。这种类型的行为，在执行任务中通常用于处理不利情况或干扰，因此被称为维护行为；设计者可以确定在什么情况下启动维护行为，但不能确定它们在任务中何时发生，因为这和机器人与它所处环境之间交互的动力学是息息相关的。

机器人学习可使用替代行为（跟随、静止、随机转向），在它的行动指令中引入变化，从而改变其完成任务的方式。相对于其他类型的行为，替代行为没有先验的激活条件，其目的是让机器人在完成任务中受到干扰时，根据以往的经验，学习何时激活这些行为。图 13.3 说明了如何使用固定的抑制机制对行为进行优先排序。文献［13.9］包容性结构相似，但不同的是，激活行为，即允许发布输出的行为会动态变化。

根据基于行为的准则，激活的行为是否会被用来控制机器人，取决于检测到的感知条件和仲裁机制。激活的行为只有在它为机器人提供实际的控制命令时才被使用。无论何时使用行为，其相应的符号就会被发送到交互模型，生成随时间推移使用的行为序列。每项任务使用单独的学习树，具体使用哪一棵树视激活的任务行为而定。

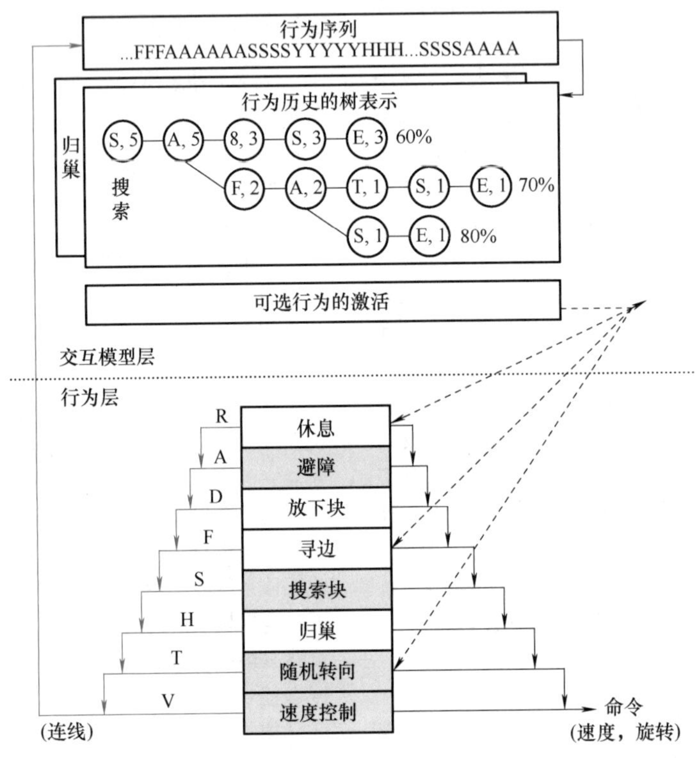

图 13.3　行为层与交互模型层的组织形式

注：阴影部分的行为表示搜索任务中激活行为的一个例子，随机转向是选择的替代行为。为清楚起见，没有画出感知输入部分。

该算法使用树结构来存储行为使用的历史。图 13.3 的上半部分显示了一棵典型的树，其中的节点存储了在完成任务时控制机器人的行为（H 用于归巢和落块），n（如“S，5”，$n=5$）表示节点本身与其后续节点之间的传递次数（如从行为使用中观察得到）。最初，特定任务的树是空的，并随着机器人执行任务而逐步构建。叶节点标记为 E（为最终节点），用来存储特定树路径的总体性能。每当路径是完全重复的，且使用的行为是同一序列时，节点 E 将更新为存储近期试验和当前性能的平均值。

学习是通过强化实现的。根据领域和任务的不同，可以用多种指标来评价其性能，并且在这种学习算法中也可以使用不同的指标。可以通过对行为使用的观察来识别自我评价的概念有多深并进行学习，这里所用的评价函数并不是基于环境或任务的特征建立的。相反，它是基于行为所使用的时间。将与任务相关的行为所用的时间同维护行为开发所用的时间进行比较，可作为评价指标。因此，行为选择策略是由机器人在它所处的环境中可以学到什么经验决定的，而不必得到环境中最佳操作条件的先验特征。

通过利用树和评价函数，该算法有两种使用维护行为的选择：

1）对激活行为集不进行任何改变（观察选择）。

2）激活一个替代行为。

树路径中的节点序列表征了机器人究竟经历了怎样的相互作用。可以用不同的选择标准对当前树所处状态的性能与期望性能进行比较，接着进行研究（学习替代行为的影响），然后开发（去发掘在过去的研究中学到了什么）策略。给定节点的期望性能是由子路径上的最终节点所存储的性能总和，乘以树中与当前位置相关的子路径的使用频率得到的。最后，由于该算法主要用于嘈杂和非平稳条件，因此需要删除路径以保持交互模型的更新。这可通过在树中只保留一定数量的，最近使用最多的路径来实现。

通过这种方法获得的结果表明，机器人能够学习预料之外的策略（如在一个静止的障碍物前停下来，增加转弯角度及进行目标定位）和初始策略（如当靠近其他机器人或在围栏拥挤时沿墙壁行走）。总的来说，开发这种能力是相当重要的，因为它使机器人在不稳定环境（真实环境）下进行学习成为可能。

13.6 应用与后续工作

13.6.1 应用

基于行为的机器人已经能够实现各种常规的动作，如避障、导航、地形匹配、跟踪、追寻、对象操作、任务分工与合作，以及学习地图[13.85]、导航和行走等。它们还展示了一些新颖的应用，如静电植绒、觅食、足球比赛、人机交互、模仿昆虫，[13.86]甚至是人的行为等大规模的群体行为[13.87-89]。基于行为的方法已应用于移动机器人、购物车[13.25]、水下机器人、太空探索机器人、辅助机器人[13.90]、交互式和社交机器人[13.91,92]、蛇形模块化机器人[13.93]，以及具有抓捕、操作、行走、奔跑和其他功能的机器人。消费市场产品，如 iRobot 公司生产的用来吸尘的 Roomba 机器人[13.94]，也使用基于行为的控制，证明了其广泛的适用性。

在机器人控制中，基于行为架构的使用已经从单系统实施发展到组合学习、状态估计和分布式计算方法上。对于移动机器人[13.35,36,95-97]的室内导航，行为被合并到一个模糊推理系统中，其中命令组合模块充当仲裁者，将多个模糊行为输出合并到单一控制信号中。这种策略保证了机器人即使在不确定情况下也能够做出推理。

基于行为的方法从一开始就被应用于多机器人系统中[13.43]，如 VIDEO 34 所示。为了概述和讨论方便，多机器人系统的研究学者开始考虑解决那些需要紧密合作的任务，见参考文献[13.98,99]中通常需要低级别的传感器共享和/或更高级别的传感器共享的具体协作[13.100]。为了应对这些挑战，已经开发和扩展了基于行为的控制器。例如，Parker 等人[13.101]考虑了对底层信息处理进行自动重新分布的可重复使用的行为单元。Werger 和 Matarić[13.102]描述了局部资质传导（BLE），使高层集群行为通过通信来影响每个机器人的动作选择机制。Gerkey 和 Matarić[13.103,104]证明了基于视场多机器人的协调算法在各种任务中具有可扩展性和高效性，包括需要紧密合作的任务（如推箱子[13.105]）。

机器人传感器网络也采用了类似的策略，以获得并行、顺序和异步的多机器人任务分配[13.106]。在这个系统中开发的基于编辑本体的驱动算法，使用自适应函数能够提高任务分配过程的容错性公平性。Sedat 和 Aydan[13.107]使用基于分形的电导率方法来生成移动传感器协调团队的运动。这个团队开发了一种环境，以到达指定目标，该目标是一种潜在的被污染到海洋或湖泊里的化学物质。

一些研究者已经证明，基于行为的控制器允许通过以实用任务为中心的集体模式来进行复杂的协调。用这种方法表示行为，能够产生那些考虑每个机器人对整体性能都有影响的行为。Icochi 等人[13.108]已经在异构多机器人系统中证明了这一点，而 Batalin 和 Sukhatme[13.109]证明，通过基于行为的控制器与传感器网络的交互，可以按照相互协作的方式来执行复杂的、相互关联的和动态的任务。Stroupe 和 Balch[13.110]认为，映射任务和成熟的机器人团队的移动值估计（MVERT），实质上是一种最大限度地发挥群体知识的基于行为的方法。

由于基于行为的方法能够很自然地应用于多机器人的控制问题中，因此它对这一研究领域也产生了重大影响。Simmon 等人[13.111]描述了一种用于组级间协调设计的混合架构，该架构以行为作为组织低级别安全关键控制器代码的方法。在最低限度系统中，行为也被用于构建控制器和网络通信[13.112]。有些含有控制论特点的多机器人研究已经能够使用单独可执行进程来处理任务，这些进程可以根据任务的约束条件动态地开启或关闭，这与基于行为的控制方式非常相似[13.113]。

还使用遗传算法[13.114]构建了基于行为的控制器。其中，控制器通过共同进化学习5个行为组件（航路点预测、力场轨迹、速度调节、倒车和航向对准），在2007年IEEE进化计算大会（CEC）期间举行的一场实时赛车比赛中，它超越了所有对手。

基于行为的体系架构也被用于复杂的视觉系统中，用于识别而不是控制。在这些环境中，每个行为都代表一个小的视觉计算单元，如帧差分、运动检测和边缘检测，从而产生生物启发的视觉和注意力行为[13.115,116]。

基于行为的体系架构也被开发用于仿人机器人的控制和学习。过去，Cog项目演示了基于行为的控制，用于关节式手动和手眼协调[13.117,118]。Edsinge[13.119]组织开发了一个轻量级的行为架构，用于感知和Domo控制。该架构允许偶然的行为规范和分布式计算，这就形成一个实时控制器，允许Domo和人类在同一环境中工作。Kismet[13.120]提出了几种基于行为的系统，在人机交互（HRI）范围内，这些系统控制机器人的知觉、意图、注意力、行为和运动，每个行为代表Kismet提到的单独驱动和动机。Ishiguro等人[13.121]和Kanda等人[13.122]将情境模块和情节规则作为HRI架构的一部分引入，采用了一组有序的、满足某个先决条件的通用模块和行为，用于由一组特定于任务的情节规则定义的序列中。

13.6.2 自适应行为选择：案例研究

让机器人能够安全有效地在真实环境中与人进行交互是机器人学中的一个终极挑战。为了适应日益复杂的环境和任务，表示方法与抽象推理变得越来越重要。

基于行为系统中的自适应通常包括更改行为的内部参数[13.28]，或者更改激活的行为集。有许多可行的方法能够实现类似的功能，一种方法是在基于行为的体系架构中去主动激活、监控和配置行为。基于这个想法的架构经过多年的发展，已经用于各种各样的机器人平台上和操作条件下。

13

1）EMIB（情感、动机与意向性行为）已经用在不同类型的机器人上，如使用激活变量、拓扑定位、映射和模糊行为去探索和分析环境的机器人[13.45,46]，在一个仅使用简单传感器和微型控制器的自动旋转机器人上生成有目的的行为动作，以进行幼儿与机器人交互的研究[13.123,124]。

2）MBA（基于动机的行为架构）[13.125,126]。在美国人工智能协会（AAAI）主办的移动机器人挑战赛中 VIDEO 417，MBA被用于机器人Spartacus中，以证明基于行为的系统能够在时序约束、交叉规划和执行[13.127]下完成综合规划和测序任务（见参考文献［13.128，129］），并具有使用先前生成的度量地图进行空间定位的能力。该系统还使用了行为信息读取[13.130]和具有八个传声器系统的声音处理功能，用于声源定位、跟踪、实时声音分离[13.131,132]；通过触摸屏接口，获取有关机器人在哪里、应该做什么、怎么去做等信息[13.125]。

3）HBBA（基于混合行为的架构）[13.133]。图13.4所示为基于混合行为的架构。行为层包括根据系统意图（由动机层派生）激活和配置的行为。意图是与行为的激活和配置相联系的，并且受知觉模块控制。最高层使用动机作为分布式过程（就像行为一样）清楚显示满足或抑制意图的愿望。意图工作空间处理这些愿望以发布意图，也可以提供情感信号（行为是如何随着时间的推移而被利用的模型态势检测[13.44,134-136]），并生成可用于识别愿望与满足之间的冲突信息（确切地说，是有关机器人与环境交互动力学的知识）。其目的是从各自的动机中产生意图。愿望被传达至意图工作空间，这个工作空间扮演着类似于混合体系架构中协调层的角色，或者作为产生于独立动机交互的行为和意图传递到行动选择。对意图工作空间的设计要求是，实现通用机制（即独立于机器人的物理能力和预期用途的机制）来产生信念（即表示愿望的数据结构，关于机器人与环境交互动力学的知识），识别愿望和满足之间的冲突。开发环节用来获取有效利用行为的信息，这些行为受环境中发生的事件和行动选择机制的影响。我们认为，观察行为的开发是有关行为和动机所产生的新功能的重要信息来源，因它结合了环境（来自与行为相关的行为知觉）和控制策略（来自内部决策）的表示。

HBBA目前正与IRL-1一起使用[13.137,138]，这是一个交互式的全向平台，如图13.5所示。具体见 VIDEO 418 和 VIDEO 419。

IRL-1具有安全导航、充电和社交互动（包括手势、声音和视觉）等行为。动作选择是基于优先级的。实现动机是为了提供机器人固有的操作模式（探索环境时的安全导航、与人互动并确保能量自主），定位和规划到所需位置的路径，并最终产生规划和安排任务[13.139]。类似于基于行为的行动选择，意图工作空间起着关键作用。具体而言，HBBA涉及以下内容：

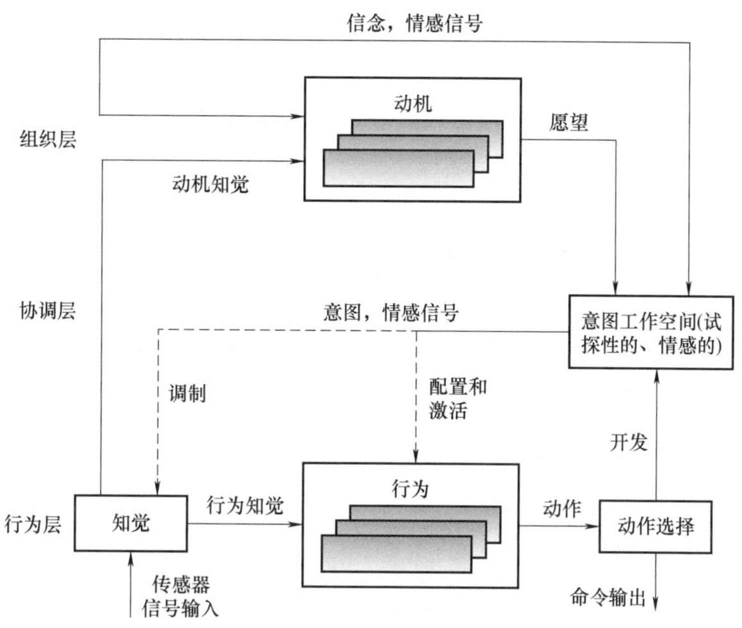

图 13.4 基于混合行为的架构（HBBA）

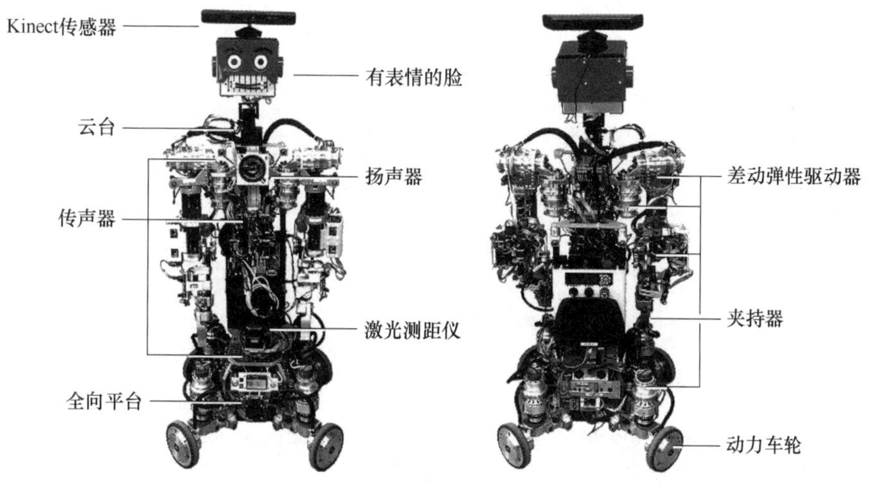

图 13.5 IRL-1 机器人的主视图和后视图（30 个自由度和 55 个传感器）

注：图中使用了差动弹性驱动器 HBBA（参考文献［13.133］）。

1）愿望树表示。每个愿望都可以与一个或多个行为的特定配置和激活相关联。愿望树表示提供了由独立动机发出的愿望相互依赖的一般表示。从高级/抽象的愿望（如传递信息）到初始/行为相关的愿望（如避障），允许基于分布式能力的行为配置以机器人的可用能力为基础。这允许动机异步交换激活、配置和监视行为的信息。例如，一种动机可能是监视机器人的能量水平，以发出充电的愿望，这将与一种充电行为相关，这种行为会使机器人检测并停靠到充电站。同时，如果机器人知道自己在哪里，并且能够确定通往附近充电站的路径，路径规划动机可能会增加一个子愿望，即使用 Goto 行为导航到这个位置。如果发现有人，可能会提供另一种愿望，参与对话，要求指引到最近的充电站。然后，机器人将有三种替代方案来满足其充电的愿望。

2）行为利用历史表示（类似于第13.5.4节所述），由意图编制索引。例如，对于充电愿望示例，如果被人引导而不像使用内部地图那样可靠，则可以优先考虑第二个选项。

3）一种注重选择的机制，通过知觉选择或输出复杂度降低，使模块计算负载。例如，人工听觉[13.131,132]可以根据机器人周围人的存在及其交互意图来检测声音、定位声源或分离声源。同步定位与建图（SLAM）算法可以根据机载计算机的可用处理负载改变分辨率。

4）一种基于情感的机制，用于调节愿望和意图之间的冲突。机器人对动态、连续、不可预测的环境的适应性，最终取决于对其常规决策过程不适用情况的检测。心理学家认为，人类情感的功能之一是突出这类情形，允许其他认知过程来解决这些问题。因此，从意图的时序模型中来检测这种情形的情感过程可能是有益的[13.44]。这个过程不依赖于对特定环境条件的先验知识，也不依赖于机器人任务目标的先验知识，而仅仅依赖于行为如何满足机器人意图的时序分析。

13.7　结论与延展阅读

本章描述了处于非约束、复杂、动态变化环境中单机器人或多机器人基于行为的控制方法。受生物学中反应控制的启发，基于行为的系统本质上具有强大的表现力、描述能力、规划性和学习能力。作为这些功能的基础构建块，分布式行为允许基于行为的系统采用与环境的动态交互机制，而不是仅仅依靠确定性的推理和规划。随着机器人复杂性的不断增加，基于行为的理论及其在机器人体系架构和部署系统中的应用也将不断发展，并会显示出越来越高的智能性和自主性。

感兴趣的读者，可以在本书中的其他章节和其他书中找到关于基于行为系统的更多信息，如Brooks[13.140]和Arkin[13.22]的书，以及人工智能及机器人学教科书[13.141,142]、移动机器人控制的入门教材[13.143-145]。

视频文献

VIDEO 27　Experience-based learning of high-level task representations: Demonstration
available from http://handbookofrobotics.org/view-chapter/13/videodetails/27

VIDEO 28　Experience-based learning of high-level task representations: Reproduction
available from http://handbookofrobotics.org/view-chapter/13/videodetails/28

VIDEO 30　Experience-based learning of high-level task representations: Demonstration (2)
available from http://handbookofrobotics.org/view-chapter/13/videodetails/30

VIDEO 31　Experience-based learning of high-level task representations: Reproduction (2)
available from http://handbookofrobotics.org/view-chapter/13/videodetails/31

VIDEO 32　Experience-based learning of high-level task representations: Demonstration (3)
available from http://handbookofrobotics.org/view-chapter/13/videodetails/32

VIDEO 33　Experience-based learning of high-level task representations: Reproduction (3)
available from http://handbookofrobotics.org/view-chapter/13/videodetails/33

VIDEO 34　The Nerd Herd
available from http://handbookofrobotics.org/view-chapter/13/videodetails/34

VIDEO 35　Toto
available from http://handbookofrobotics.org/view-chapter/13/videodetails/35

VIDEO 417　SpartacUS
available from http://handbookofrobotics.org/view-chapter/13/videodetails/417

VIDEO 418　Natural interaction design of a humanoid robot
available from http://handbookofrobotics.org/view-chapter/13/videodetails/418

VIDEO 419　Using ROS4iOS
available from http://handbookofrobotics.org/view-chapter/13/videodetails/419

参考文献

13.1 J.S. Albus: Outline for a theory of intelligence, IEEE Trans. Syst. Man Cybern. **21**(3), 473–509 (1991)

13.2 G. Girald, R. Chatila, M. Vaisset: An integrated navigation and motion control system for autonomous multisensory mobile robots, Proc. 1st Int. Symp. Robotics Res. (1983)

13.3 H. Moravec, A. Elfes: High resolution maps from wide angle sonar, Proc. IEEE Int. Conf. Robotics Autom. (1995)

13.4 J. Laird, P. Rosenbloom: An investigation into reactive planning in complex domains, Proc. 9th Natl. Conf. Am. Assoc. Artif. Intell. (1990) pp. 1022–1029

13.5 N.J. Nilsson: *Shakey the Robot*, Tech. Rep. No. 325 (SRI International, Menlo Park 1984)

13.6 S.J. Rosenschein, L.P. Kaelbling: A situated view of representation and control, Artif. Intell. **73**, 149–173 (1995)

13.7 R.A. Brooks: Elephants don't play chess. In: *Designing Autonomous Agents: Theory and Practice form Biology to Engineering and Back*, ed. by P. Maes (MIT Press, Cambridge 1990) pp. 3–15

13.8 R. Brooks, J. Connell: Asynchrounous distributed control system for a mobile robot, Proc. SPIE Intell. Control Adapt. Syst. (1986) pp. 77–84

13.9 R.A. Brooks: A robust layered control system for a mobile robot, IEEE J. Robotics Autom. **RA-2**(1), 14–23 (1986)

13.10 P.E. Agre, D. Chapman: Pengi: An implementation of a theory of activity, Proc. 6th Natl. Conf. Am. Assoc. Artif. Intell. (1987) pp. 268–272

13.11 R.A. Brooks: Intelligence without representation, Artif. Intell. **47**, 139–159 (1991)

13.12 M. Schoppers: Universal plans for reactive robots in unpredictable domains, Proc. Int. Jt. Conf. Artif. Intell. (1987) pp. 1039–1046

13.13 P.E. Agre, D. Chapman: What are plans for? In: *Designing Autonomous Agents: Theory and Practice form Biology to Engineering and Back*, ed. by P. Maes (MIT Press, Cambridge 1990) pp. 17–34

13.14 G.N. Saridis: Intelligent robotic control, IEEE Trans. Autom. Control **AC-28**(5), 547–557 (1983)

13.15 R.J. Firby: An investigation into reactive planning in complex domains, Proc. AAAI Conf. (1987) pp. 202–206

13.16 R. Arkin: Towards the unification of navigational planning and reactive control, Proc. Am. Assoc. Artif. Intell., Spring Symp. Robotics Navig. (1989) pp. 1–5

13.17 C. Malcolm, T. Smithers: Symbol grounding via a hybrid architecture in an autonomous assembly system. In: *Designing Autonomous Agents: Theory and Practice from Biology to Engineering and Back*, ed. by P. Maes (MIT Press, Cambridge 1990) pp. 123–144

13.18 J.H. Connell: SSS: A hybrid architecture applied to robot navigation, Proc. IEEE Int. Conf. Robotics Autom. (1992) pp. 2719–2724

13.19 E. Gat: Integrating planning and reacting in a heterogeneous asynchronous architecture for controlling real-world mobile robots, Proc. Natl. Conf. Artif. Intell. (1992) pp. 809–815

13.20 M. Georgeoff, A. Lansky: Reactive reasoning and planning, Proc. 6th Natl.Conf. Am. Assoc. Artif. Intell. (1987) pp. 677–682

13.21 B. Pell, D. Bernard, S. Chien, E. Gat, N. Muscettola, P. Nayak, M. Wagner, B. Williams: An autonomous spacecraft agent prototype, Auton. Robots **1-2**(5), 1–27 (1998)

13.22 R.C. Arkin: *Behavior-Based Robotics* (MIT Press, Cambridge 1998)

13.23 M.J. Matarić: Reinforcement learning in the multi-robot domain, Auton. Robots **4**(1), 73–83 (1997)

13.24 P. Bonasso, R.J. Firby, E. Gat, D. Kortenkamp, D.P. Miller, M.G. Slack: Experiences with an architecture for intelligent reactive agents, Proc. Int. Jt. Conf. Artif. Intell. (1995)

13.25 M. Goller, T. Kerscher, J.M. Zollner, R. Dillmann, M. Devy, T. Germa, F. Lerasle: Setup and control architecture for an interactive shopping cart in human all day environments, Proc. Int. Conf. Adv. Robotics (2009) pp. 1–6

13.26 P. Pirjanian: Multiple objective behavior-based control, Robotics Auton. Syst. **31**(1-2), 53–60 (2000)

13.27 P. Pirjanian: *Behavior Coordination Mechanisms – State-of-the-Art*, Tech. Rep. IRIS-99-375 (Univ. of Southern California, Institute of Robotics and Intelligent Systems, Los Angeles 1999) pp. 99–375

13.28 M. Scheutz, V. Andronache: Architectural mechanisms for dynamic changes of behavior selection strategies in behavior-based systems, IEEE Trans. Syst. Man Cybern. B **34**(6), 2377–2395 (2004)

13.29 M. Proetzsch, T. Luksch, K. Berns: Development of complex robotic systems using the behavior-based control architecture iB2C, Robotics Auton. Syst. **58**(1), 46–67 (2010)

13.30 D. Payton, D. Keirsey, D. Kimble, J. Krozel, J. Rosenblatt: Do whatever works: A robust approach to fault-tolerant autonomous control, Appl. Intell. **2**(3), 225–250 (1992)

13.31 P. Maes: Situated agents can have goals. In: *Designing Autonomous Agents: Theory and Practice form Biology to Engineering and Back*, ed. by P. Maes (MIT Press, Cambridge 1990) pp. 49–70

13.32 P. Maes: The dynamics of action selection, Proc. Int. Jt. Conf. Artif. Intell. (1989) pp. 991–997

13.33 B.A. Towle, M. Nicolescu: Real-world implementation of an Auction Behavior-Based Robotic Architecture (ABBRA), Proc. IEEE Int. Conf. Technol. Pract. Robot Appl. (2012) pp. 79–85

13.34 B.A. Towle, M. Nicolescu: Fusing multiple sensors through behaviors with the distributed architecture, Proc. IEEE Int. Conf. Multisens. Fusion Integr. Intell. Syst. (2010) pp. 115–120

13.35 A. Saffiotti: The uses of fuzzy logic in autonomous robot navigation, Soft Comput. **1**, 180–197 (1997)

13.36 F. Michaud: Selecting behaviors using fuzzy logic, Proc. IEEE Int. Conf. Fuzzy Syst. (1997)

13.37 E. Gat: On three-layer architectures. In: *Artificial Intelligence and Mobile Robotics*, ed. by D. Kortenkamp, R. Bonasso, R. Murphy (MIT/AAAI Press, Cambridge 1998)

13.38 M.J. Matarić: Integration of representation into goal-driven behavior-based robots, IEEE Trans. Robotics Autom. **8**(3), 304–312 (1992)

13.39 M.J. Matarić: Navigating with a rat brain: A neurobiologically-inspired model for robot spatial representation, From animals to animats. Proc. 1st Int. Conf. Simul. Adapt. Behav. (1990) pp. 169–175

13.40 M. Nicolescu, M.J. Matarić: Experience-based representation construction: Learning from human and robot teachers, Proc. IEEE/RSJ Int. Conf. Intell. Robot Syst. (2001) pp. 740–745

13.41 M. Nicolescu, M.J. Matarić: A hierarchical architecture for behavior-based robots, Proc. Int. Jt. Conf. Auton. Agents Multiagent Syst. (2002)

13.42 L.E. Parker: ALLIANCE: An architecture for fault tolerant multirobot cooperation, IEEE Trans. Robotics Autom. **14**(2), 220–240 (1998)

13.43 M.J. Matarić: Designing and understanding adaptive group behavior, Adapt. Behav. **4**(1), 50–81 (1995)

13.44 C. Raïevsky, F. Michaud: Improving situated agents adaptability using interruption theory of emotions, From animals to animats. Proc. Int. Conf. Simul. Adapt. Behav. (2008) pp. 301–310

13.45 F. Michaud, G. Lachiver, C.T. Le Dinh: Architectural methodology based on intentional configuration of behaviors, Comput. Intell. **17**(1), 132–156 (2001)

13.46 F. Michaud: EMIB–Computational architecture based on emotion and motivation for intentional selection and configuration of behaviour-producing modules, Cogn. Sci. Q. **3-4**, 340–361 (2002)

13.47 F. Michaud, M.T. Vu: Managing robot autonomy and interactivity using motives and visual communication, Proc. Int. Conf. Auton. Agents (1999) pp. 160–167

13.48 O. Petterson, L. Karlsson, A. Saffiotti: Model-free execution monitoring in behavior-based robotics, IEEE Trans. Syst. Man Cybern. **37**(4), 890–901 (2007)

13.49 F. Michaud, M.J. Matarić: Learning from history for behavior-based mobile robots in non-stationary environments, Auton. Robots **5**(3/4), 335–354 (1998)

13.50 F. Michaud, M.J. Matarić: Learning from history for behavior-based mobile robots in non-stationary environments II, Auton. Robots **31**(3-4), 335–354 (1998)

13.51 F. Michaud, M.J. Matarić: Representation of behavioral history for learning in nonstationary conditions, Robotics Auton. Syst. **29**(2), 1–14 (1999)

13.52 O.C. Jenkins, M.J. Matarić: Deriving action and behavior primitives from human motion data, Proc. IEEE/RSJ Int. Conf. Intell. Robot Syst. (2002) pp. 2551–2556

13.53 O.C. Jenkins, M.J. Matarić: Automated derivation of behavior vocabularies for autonomous humanoid motion, Proc. 2nd Int. Jt. Conf. Auton. Agents Multiagent Syst. (2003)

13.54 M.J. Matarić: Designing emergent behaviors: From local interactions to collective intelligence, From animals to animats 2. Proc. 2nd Int. Conf. Simul. Adapt. Behav. (1992) pp. 432–441

13.55 S. Saripalli, D.J. Naffin, G.S. Sukhatme: Autonomous flying vehicle research at the University of Southern California, Proc. 1st Int. Work. Multi-Robot Syst. (2002) pp. 73–82

13.56 M.J. Matarić: Behavior-based control: Examples from navigation, learning, and group behavior, J. Exp. Theor. Artif. Intell. **9**(2-3), 323–336 (1997)

13.57 P. Maes, R.A. Brooks: Learning to coordinate behaviors, Proc. 8th Natl. Conf. Artif. Intell. AAAI (1990) pp. 796–802

13.58 H. Yanco, L.A. Stein: An adaptive communication protocol for cooperating mobile robots, From animals to animats 3. Proc 3rd Int. Conf. Simul. Adapt. Behav. (1993) pp. 478–485

13.59 J.R. del Millàn: Learning efficient reactive behavioral sequences from basic reflexes in a goal-directed autonomous robot, From animals to animats 3. Proc. 3rd Int. Conf. Simul. Adapt. Behav. (1994) pp. 266–274

13.60 L. Parker: Learning in cooperative robot teams, Proc. Int. Jt. Conf. Artif. Intell. (1993) pp. 12–23

13.61 M.J. Matarić: Learning to behave socially, From animals to animats 3. Proc. 3rd Int. Conf. Simul. Adapt. Behav. (1994) pp. 453–462

13.62 M. Asada, E. Uchibe, S. Noda, S. Tawaratsumida, K. Hosoda: Coordination of multiple behaviors acquired by a vision-based reinforcement learning, Proc. IEEE/RSJ Int. Conf. Intell. Robot Syst. (1994)

13.63 J. McCarthy: Making robots conscious of their mental states, AAAI Spring Symp. (1995)

13.64 T. Smithers: On why better robots make it harder, From animals to animats. Proc. 3rd Int. Conf. Simul. Adapt. Behav. (1994) pp. 64–72

13.65 D. McFarland, T. Bösser: *Intelligent Behavior in Animals and Robots* (MIT Press, Cambridge 1993)

13.66 P. Maes: A bottom-up mechanism for behavior selection in an artificial creature, From animals to animats. Proc. 1st Int. Conf. Simul. Adapt. Behav. (1991) pp. 238–246

13.67 B.M. Blumberg, P.M. Todd, P. Maes: No bad dogs: Ethological lessons for learning in Hamsterdam, From animals to animats. Proc. Int. Conf. Simul. Adapt. Behav., ed. by P. Maes, M.J. Matarić, J.-A. Meyer, J. Pollack, S.W. Wilson (1996) pp. 295–304

13.68 C. Breazeal, B. Scassellati: Infant-like social interactions between a robot and a human caregiver, Adapt. Behav. **8**(1), 49–74 (2000)

13.69 F. Michaud, P. Pirjanian, J. Audet, D. Létourneau: Artificial emotion and social robotics. In: *Distributed Autonomous Robotic Systems*, ed. by L.E. Parker, G. Bekey, J. Barhen (Springer, Tokyo 2000) pp. 121–130

13.70 A. Stoytchev, R. Arkin: Incorporating motivation in a hybrid robot architecture, J. Adv. Comput. Intell. Intell. Inf. **8**(3), 269–274 (2004)

13.71 S. Mahadevan, J. Connell: Automatic programming of behavior-based robots using reinforcement learning, Artif. Intell. **55**, 311–365 (1992)

13.72 J. Kober, A. Wilhelm, E. Oztop, J. Peters: Reinforcement learning to adjust parametrized motor primitives to new situations, Auton. Robots **33**, 361–379 (2012)

13.73 M.J. Matarić: Reward functions for accelerated learning, Proc. 11th Int. Conf. Mach. Learn., New Brunswick, ed. by W.W. Cohen, H. Hirsh (Morgan Kauffman, Boston 1994) pp. 181–189

13.74 H. Gleitman: *Psychology* (Norton, New York 1981)

13.75 M. Dorigo, M. Colombetti: *Robot Shaping: An Experiment in Behavior Engineering* (MIT Press, Cambridge 1997)

13.76 M. Nicolescu, M.J. Matarić: Learning and interacting in human-robot domains, IEEE Trans. Syst. Man Cybern. **31**(5), 419–430 (2001)

13.77 M. Nicolescu, O.C. Jenkins, A. Olenderski, E. Fritzinger: Learning behavior fusion from demonstration, Interact. Stud. **9**(2), 319–352 (2008)

13.78 R.C. Arkin: Motor schema based navigation for a mobile robot: An approach to programming by behavior, Proc. IEEE Int. Conf. Robotics Autom. (1987) pp. 264–271

13.79 S.B. Reed, T.R.C. Reed, M. Nicolescu, S.M. Dascalu: Recursive, hyperspherical behavioral learning for robotic control, Proc. IEEE World Autom. Congr. (2010) pp. 1–8

13.80 A. Olenderski, M. Nicolescu, S. Louis: A behavior-based architecture for realistic autonomous ship control, Proc. IEEE Symp. Comput. Intell. Games (2006)

13.81 M. Nicolescu, O.C. Jenkins, A. Olenderski: Learning behavior fusion estimation from demonstration, Proc. IEEE Int. Symp. Robot Hum. Interact. Commun. (2006) pp. 340–345

13.82 J.M. Peula, C. Urdiales, I. Herrero, I. Sánchez-Tato, F. Sandoval: Pure reactive behavior learning using case based reasoning for a vision based 4-legged robot, Robotics Auton. Syst. **57**(67), 688–699 (2009)

13.83 S. Huang, E. Aertbelien, H. Van Brussel, H. Bruyninckx: A behavior-based approach for task learning on mobile manipulators, Proc. 41st Int. Symp. Robotics 6th Ger. Conf. Robotics (2010) pp. 1–6

13.84 A.K. McCallum: Hidden state and reinforcement learning with instance-based state identification, IEEE Trans. Syst. Man Cybern. B **26**(3), 464–473 (1996)

13.85 E. Jauregi, I. Irigoien, B. Sierra, E. Lazkano, C. Arenas: Loop-closing: A typicality approach, Robotics Auton. Syst. **59**(3-4), 218–227 (2011)

13.86 D.J. Harvey, T.-F. Lu, M.A. Keller: Comparing insect-inspired chemical plume tracking algorithms using a mobile robot, IEEE Trans. Robotics **24**(2), 307–317 (2008)

13.87 A. Agha, G. Bekey: Phylogenetic and ontogenetic learning in a colony of interacting robots, Auton. Robots **4**(1), 85–100 (1997)

13.88 R.A. Brooks, L. Stein: Building brains for bodies, Auton. Robots **1**(1), 7–25 (1994)

13.89 B. Webb: Robotic experiments in cricket phonotaxis, From animals to animats 3. Proc. 3rd Int. Conf. Simul. Adapt. Behav. (1994) pp. 45–54

13.90 C. Liu, K. Conn, N. Sakar, W. Stone: Online affect detection and robot behavior adaptation for intervention of children with autism, IEEE Trans. Robotics **24**(4), 883–896 (2008)

13.91 N. Mitsunaga, C. Smith, T. Kanda, H. Ishiguro, N. Hagita: Adapting robot behavior for human-robot interaction, IEEE Trans. Robotics **24**(4), 911–916 (2008)

13.92 J.-W. Yoon, S.-B. Cho: An intelligent synthetic character for smartphone with Bayesian networks and behavior selection networks, Expert Syst. Appl. **39**(12), 11284–11292 (2012)

13.93 A. Brunete, M. Hernando, E. Gambao, J.E. Torres: A behaviour-based control architecture for heterogeneous modular, multi-configurable, chained micro-robots, Robotics Auton. Syst. **60**(12), 1607–1624 (2012)

13.94 J.L. Jones: Robots at the tipping point, IEEE Robotics Autom. Mag. **13**(1), 76–78 (2006)

13.95 M.F. Selekwa, D.D. Dunlap, D. Shi, E.G. Collins Jr.: Robot navigation in very cluttered environments by preference-based fuzzy behaviors, Robotics Auton. Syst. **56**(3), 231–246 (2008)

13.96 P. Rusu, E.M. Petriu, T.E. Whalen, A. Coronell, H.J.W. Spoelder: Behavior-based neuro-fuzzy controller for mobile robot navigation, IEEE Trans. Instrum. Meas. **52**(4), 1335–1340 (2003)

13.97 R. Huq, G.K.I. Mann, R.G. Gosine: Behaviour modulation technique in mobile robotics using fuzzy discrete event system, IEEE Trans. Robotics **22**, 903–916 (2006)

13.98 J.S. Cepeda, L. Chaimowicz, R. Soto, J.L. Gordillo, E.A. Alanís-Reyes, L.C. Carrillo-Arce: A behavior-based strategy for single and multi-robot autonomous exploration, Sensors **12**(9), 12772–12797 (2012)

13.99 A. Marino, L. Parker, G. Antonelli, F. Caccavale: A decentralized architecture for multi-robot systems based on the null-space-behavioral control with application to multi-robot border patrolling, J. Intell. Robotic Syst. **71**(3-4), 423–444 (2013)

13.100 L.E. Parker: Current research in multirobot systems, Artif. Life Robotics **7**(1-2), 1–5 (2003)

13.101 L.E. Parker, M. Chandra, F. Tang: Enabling autonomous sensor-sharing for tightly-coupled cooperative tasks, Proc. 1st Int. Work. Multi-Robot Syst. (2005) pp. 119–230

13.102 B.B. Werger, M.J. Matarić: Broadcast of Local Eligibility for Multi-Target Observation, Proc. 5th Int. Conf. Distrib. Auton. Robotics Syst. (2000) pp. 347–356

13.103 B.P. Gerkey, M.J. Matarić: Principled communication for dynamic multi-robot task allocation, Lect. Notes Control Inform. Sci. **271**, 353–362 (2001)

13.104 B.P. Gerkey, M.J. Matarić: Sold!: Auction methods for multi-robot coordination, IEEE Trans. Robotics Autom. **18**(5), 758–768 (2002)

13.105 B.P. Gerkey, M.J. Matarić: Pusher-watcher: An approach to fault-tolerant tightly-coupled robot coordination, Proc. IEEE Int. Conf. Robotics Autom. (2002) pp. 464–469

13.106 B. Akin, A.M. Aydan, I. Erkmen: A behavior based layered, hybrid, control architecture for robot/sensor networks, Proc. IEEE Int. Conf. Robotics Autom. (2006) pp. 206–211

13.107 N. Sedat, E. Aydan: A fractal conductivity-based

13

approach to mobile sensor networks in a potential field, Int. J. Adv. Manuf. Technol. **37**(7), 732–746 (2008)

13.108 L. Iocchi, D. Nardi, M. Piaggio, A. Sgorbissa: Distributed coordination in heterogeneous multirobot systems, Auton. Robots **15**(2), 155–168 (2004)

13.109 M. Batalin, G. Sukhatme: Coverage, exploration and deployment by a mobile robot and communication network, Telecommun. Syst. **26**(2–4), 181–196 (2004)

13.110 A.W. Stroupe, T. Balch: Value-based action selection for observation with robot teams using probabilistic techniques, Robotics Auton. Syst. **50**(2–3), 85–97 (2005)

13.111 R. Simmons, T. Smith, M.B. Dias, D. Goldberg, D. Hershberger, A. Stentz, R. Zlot: A Layered Architecture for coordination of mobile robots, Proc. NRL Work. Multi-Robot Syst. (2002)

13.112 J. Nembrini, A. Winfield, C. Melhuish: Minimalist coherent swarming of wireless networked autonomous mobile robots, Proc. 7th Int. Conf. Simul. Adapt. Behav. (2002) pp. 373–382

13.113 M. Egerstedt, X. Hu: Formation constrained multiagent control, IEEE Trans. Robotics Autom. **17**(6), 947–951 (2001)

13.114 C.H. Tan, K.C. Tan, A. Tay: Computationally efficient behaviour based controller for real time car racing simulation, Expert Syst. Appl. **37**(7), 4850–4859 (2010)

13.115 K. Gold, B. Scassellati: Learning about the self and others through contingency, AAAI Spring Symp. Dev. Robotics (2005)

13.116 M. Baker, H.A. Yanco: Automated street crossing for assistive robots, Proc. Int. Conf. Rehabil. Robotics (2005) pp. 187–192

13.117 M. Williamson: Postural primitives: Interactive behavior for a humanoid robot arm, Proc. Int. Conf. Simul. Adapt. Behav. (1996)

13.118 M. Marjanovic, B. Scassellati, M. Williamson, R. Brooks: The Cog Project: Building a humanoid robot, Lect. Notes Artif. Intell. **1562**, 52–87 (1998)

13.119 A. Edsinger: Robot Manipulation in Human Environments, Ph.D. Thesis (Massachusetts Institute of Technology, Cambridge 2007)

13.120 C. Breazeal: Infant-like social interactions between a robot and a human caretaker, Adapt. Behav. **8**(1), 49–74 (2000)

13.121 H. Ishiguro, T. Kanda, K. Kimoto, T. Ishida: A robot architecture based on situated modules, Proc. IEEE/RSJ Int. Conf. Intell. Robot Syst. (1999) pp. 1617–1623

13.122 T. Kanda, T. Hirano, D. Eaton, H. Ishiguro: Person identification and interaction of social robots by using wireless tags, Proc. IEEE/RSJ Int. Conf. Intell. Robotics Syst. (2003) pp. 1657–1664

13.123 F. Michaud, J.F. Laplante, H. Larouche, A. Duquette, S. Caron, D. Létourneau, P. Masson: Autonomous spherical mobile robotic to study child development, IEEE Trans. Syst. Man. Cybern. **35**(4), 1–10 (2005)

13.124 F. Michaud, S. Caron: Roball, the rolling robot, Auton. Robots **12**(2), 211–222 (2002)

13.125 F. Michaud, C. Côté, D. Létourneau, Y. Brosseau, J.-M. Valin, É. Beaudry, C. Raïevsky, A. Ponchon, P. Moisan, P. Lepage, Y. Morin, F. Gagnon, P. Giguère, M.-A. Roux, S. Caron, P. Frenette, F. Kabanza: Spartacus attending the 2005 AAAI Conference, Auton. Robots **12**(2), 211–222 (2007)

13.126 F. Michaud, Y. Brosseau, C. Côté, D. Létourneau, P. Moisan, A. Ponchon, C. Raïevsky, J.-M. Valin, E. Beaudry, F. Kabanza: Modularity and integration in the design of a socially interactive robot, Proc. IEEE Int. Work. Robot Hum. Interact. Commun. (2005) pp. 172–177

13.127 E. Beaudry, Y. Brosseau, C. Côté, C. Raïevsky, D. Létourneau, F. Kabanza, F. Michaud: Reactive planning in a motivated behavioral architecture, Proc. Am. Assoc. Artif. Intell. Conf. (2005) pp. 1242–1247

13.128 K. Haigh, M. Veloso: Planning, execution and learning in a robotic agent, Proc. 4th Int. Conf. Artif. Intell. Plan. Syst. (1998) pp. 120–127

13.129 S. Lemai, F. Ingrand: Interleaving temporeal planning and execution in robotics domains, Proc. Natl. Conf. Artif. Intell. (2004) pp. 617–622

13.130 D. Létourneau, F. Michaud, J.-M. Valin: Autonomous robot that can read, EURASIP J. Appl, Signal Process. **17**, 1–14 (2004)

13.131 J.-M. Valin, F. Michaud, J. Rouat: Robust localization and tracking of simultaneous moving sound sources using beamforming and particle filtering, Robotics Auton. Syst. **55**(3), 216–228 (2007)

13.132 J.-M. Valin, S. Yamaoto, J. Rouat, F. Michaud, K. Nakadai, H.G. Okuno: Robust recognition of simultaneous speech by a mobile robot, IEEE Trans. Robotics **23**(4), 742–752 (2007)

13.133 F. Michaud, F. Ferland, D. Létourneau, M.-A. Legault, M. Lauria: Toward autonomous, compliant, omnidirectional humanoid robots for natural interaction in real-life settings, Paladyn. J. Behav. Robotics **1**, 57–65 (2010)

13.134 D.O. Hebb: *The Organization of Behavior: A Neuropsychological Theory* (Wiley, New York 1949)

13.135 G. Mandler: *Mind and Body: Psychology of Emotion and Stress* (Norton, New York 1984)

13.136 J.E. Stets: Emotions and sentiments. In: *Handbook of Social Psychology*, ed. by J.E. DeLamater (Wiley, New York 2003)

13.137 F. Ferland, F. Ferland, D. Létourneau, M.-A. Legault, M. Lauria, F. Michaud: Natural interaction design of a humanoid robot, J. Hum.-Robot Interact. **1**(2), 118–134 (2012)

13.138 F. Ferland, R. Chauvin, D. Létourneau, F. Michaud: Hello Robot, can you come here? Using ROS4iOS to provide remote perceptual capabilities for visual location, speech and speaker recognition, Proc. ACM/IEEE Conf. Hum.-Robot Interact. (1983) p. 101

13.139 E. Beaudry, D. Létourneau, F. Kabanza, F. Michaud: Reactive planning as a motivational source in a behavior-based architecture, Proc. IEEE/RSJ Int. Conf. Intell. Robot Syst. (2008) pp. 1848–1853

13.140 R.A. Brooks: *Cambrian Intelligence – The Early History of the New AI* (MIT Press, Cambridge 1999)

13.141 R. Pfeifer, C. Scheier: *Understanding Intelligence* (MIT Press, Cambridge 2001)

13.142 R.R. Murphy: *An Introduction to AI Robotics* (MIT Press, Cambridge 2000)

13.143 M.J. Matarić: *The Robotics Primer* (MIT Press, Cambridge 2007)

13.144 F. Martin: *Robotic Explorations: A Hands-On Introduction to Engineering* (Prentice Hall, Upper Saddle River 2001)

13.145 J.L. Jones, A.M. Flynn: *Mobile Robots – Inspiration to Implementation* (Peters, Wellesley 1993)

第 14 章

机器人人工智能推理方法

Michael Beetz，Raja Chatila，Joachim Hertzberg，Federico Pecora

人工智能（AI）推理技术涉及推理、规划和学习，已有大量成功应用的相关记录。那么，它能作为自主移动机器人的方法工具箱吗？未必！因为移动机器人关于动态的、部分可知的环境的推理与基于知识的纯软件系统（包含重要的研究成果）中的推理可能有着本质的不同。此外，关于最新的机器人环境研究并无足够先例，这需要对传感器数据进行更新，包括符号基础和知识库的更新，这些环节都充满挑战。

本章主要探讨基于符号的人工智能推理中与机器人有关的内容。本章对知识表征与推理的基本方法进行了概述，包括基于逻辑的方法和基于概率的方法。本章首先举例说明了符号推理帮助机器人发挥作用的具体情况，然后在 14.2 节描述了符号推理可用的语言。14.3 节中针对与机器人相关的推理任务，强调了时间和空间推理，提出了相关方法并验证结论。14.4 节详细描述了机器人的动作规划。14.5 节则对全章进行了总结。

目　录

尽管关于移动机器人中使用符号推理的必要性和明智性有过争论（见 13 章），但目前在机器人控制系统的某些部分或层次中应该或可以包含推理这一点上似乎达成了共识。将推理功能融入控制器的其他部分并保证控制周期时间足够短（以使机器人能在动态环境中安全地动作）是个难题，混合控制体系架构（见第 12 章）将成为解决这个难题的典型软件结构。

符号推理（symbolic reasoning）在这里是按照经典人工智能（AI）中的含义来理解的，即基于符号的慎思，如一阶谓词逻辑（FOPL）或贝叶斯概率理论，但其中通常有些限制和/或扩展，并需要在表达能力与推理速度之间进行权衡，以求两者的最佳组合。

14.1　为什么机器人要应用 AI 推理

如果要让机器人完成过于复杂的任务，并能应对所有事先了解并可能发生的情况，它需要在推理方面做到以下几点：首先能找到合适的执行任务的方式，即使该任务还不够十分清晰。在这种情况下，推理（reasoning）意味着能够从既定的知识中清晰地推断出所需的内容，使用人工智能的方法实现自动推理，包括知识表征（KR）与推理、启发式搜索和机器学习。

为合理地执行动作，机器人需要对其预期要采取的动作，包括在执行过程中，无论是否能达到预期效果，还是出现不希望的负面效果，动作的最终目标都要实施等进行推理。例如，考虑一个看似很简单的任务：从桌子上拾取一个物体。要做到这一点，机器人必须决定去哪里拾取物体，用哪只手，如何伸手去拿物体，采用何种类型的抓手，将其放置在哪里，要用多大的抓持力，要有多大的提取力，如何举起物体，在哪里抓住物体等。

如果要求程序员必须为每一个预想的对象与任务组合进行个性化决策，上述的拾取物体控制程序就会变得非常复杂。即便如此，在大多数情况下，该程序也不足以产生适宜的机器人行为。因为如何执行拾取动作还取决于情境——对象的状态、要执行的任务和对象所在的场景等。如果对象是一个装满果汁的玻璃杯，必须要保证其始终处于直立状态。机器人若打算将一瓶水倒入玻璃杯中，它不应该抓住瓶子的顶部，但如果要在杂乱无章的环境中拿到瓶子，抓住瓶子的顶部可能是最好的选择。如果场景杂乱，且目标还是要将一瓶水倒入玻璃杯中，那么机器人甚至可能要等捡到对象后再重新抓持。

如果作业任务不是单一动作，而是很复杂的动作序列，如清理桌面，情况会变得更加复杂。在这种情况下，采用AI推理方法，可使程序员能够非常简单地完成动作序列：对于桌面上的每个对象，将其放在它该在的地方。对于这样一个模糊规划，要想变成一个有竞争力的动作处方，机器人必须要推断出所需的信息，以确定将适当拾取动作参数化，而且它还必须判断出对象的属性：可否再次使用，是否肮脏、易腐烂等。能否胜任清理桌面这一任务，可能还需要机器人想一想清理对象的顺序，也可能需要根据物品摆放的位置对其进行分组，或者首先清理易腐物品；它可能需要推断出是否要堆放物品，为此寻找一个托盘，以及是否需要将橱柜门打开。

因此，AI推理技术的一项重要任务是：给定一个模糊指令，推断出什么是合适的动作，什么是合适的操作对象，什么是恰当的动作执行顺序，以及执行每个动作的适宜方式。

为了解决这些问题，对于自主机器人，可以描述和推理包括机器人自身能力、所处环境、所要面对的对象、其行为及其所造成的影响，以及环境中的其他要素等在内的方方面面。

机器人应该能实现的几种重要推理方式通常包括以下几个方面。

1）预测（通常称为时间预测）：预想动作实施后，推断会发生什么。

2）设想：推断（所有）可能发生的事件和效果。谋事在人，成事在天。

3）诊断：推断某一事件的起因，或者规划执行的效果。

4）回答问题：给定一些先验知识，用于执行规划（例如，机器人必须要知道保险柜的组合方式，以便打开它。），推断出可以满足这些先验知识的局部片段。

14.2　知识表征与推理

推理时，要求推理器（这里指机器人）对其环境的某些部分（或某些方面）有一个明确地表征，这就立即引出两个问题，即什么样的格式适用于这种明确的表征？要表征的知识来自哪里？

第二个问题是基于先前的符号描述和从传感器或与其他Agent通信获取的环境信息对机器人的环境（至少是环境的一部分）实时地生成并保持一种符号描述的问题。总的来说，这个问题迄今尚未解决，它涉及人工智能的基础理论，如符号基础[14.1]和对象锚定[14.2]问题。因此，机器人中实用的符号推理仅限于能被保持到最近的那部分知识。显然，这包括关于环境的静态知识（如建筑物中的拓扑元素及其相互关系）、符号表中可用的临时知识（如设施管理数据库中的知识），以及最富挑战性的从传感器数据中提取的符号数据。通过摄像机数据进行目标识别（见本手册第2卷第33章）就是一个与这里探讨的问题有关的方法。

本节主要探讨第一个问题的答案，即适用于知识表征的形式化问题。这里的适用性必须同时考虑两个方面（恰如硬币的两面）：一方面是认识论上的适用性，即这种形式能将环境的目标方面简洁准确地表达出来吗？另一方面是计算适用性，即这种形式能将典型的推理结果切实高效地推导出来吗？这两个方面之间需要权衡，很丰富、很有表现力、因而在认识论上具有吸引力的形式，却往往伴随着难于处理甚至逻辑上不可判定的问题，反之亦然。于是，知识表征（KR）[14.3] 可以定位为“AI 的一个研究领域，致力于形式主义的设计，这种形式主义在认识论上和计算上足以表示特定领域的知识”。

推理模式一词的复数形式不是偶然出现的。根本不存在 KR 语言这种东西，原因有两个：首先，KR 语言的原型 FOPL 是无法确定的，即任何一个处理语言的推理者至少要有 FOPL 的表现力，但并不保证能做到终止一次查询，更不用说快速终止了。然而，并不总是需要完全的 FOPL 表现力，如为了表示一个有限域或有限地使用量化，可能会导致可决定性的、甚至易处理的表征语言。其次，KR 和推理的一些应用，如相当多的在机器人技术中的应用，需要证据而不是事实来表示，尤其是 FOPL，这样做并不方便。因此，还需要更好的理由，无论是从语用学角度还是从认识论角度，因为在人工智能领域已经存在多种表征语言。

表 14.1 列出了用于机器人学中的 KR 语言。描述逻辑（DL）实际上是一个特殊的家族，它是由一个特定的关系语言，其中有一些是可以确定的和可处理的成员。该表在其列中给出了语言类型的描述，即语言要素，用来表示某个域；质询，即推理者在某一特定语言中应该解决的问题类型；各自类型的特定语言通常用来表示的对象，以及这些语言的示例。本节余下的部分用逻辑和概率语言描述了通用 KR，包括各自推理的类型。与机器人学有关的具体实例符号层面上的推理，特别是有关时间、空间对象和关系的推理将在下一节中介绍，这在机器人推理中是普遍存在的。

表 14.1 用于机器人学中的 KR 语言

KR 语言类型	描述	质询	对象	示例
通用的关联语言	句子、理论	逻辑序列	情景、背景、关系	FOPL、Prolog、情景演算
描述逻辑	A-Box 和 T-Box 内容	包容性、一致性	本体论、百科全书	OWL-DL
概率性语言	先验概率和条件概率	条件概率	证据	贝叶斯网络
暂时与空间推理语言	受暂时和/或空间限定的句子	逻辑序列、可满足性、最小表征	期望的或观察到的空间/暂时状态	LTL、IA、TCSP、RCC、ARAC

14.2.1 逻辑推理

如上所述，FOPL 并不符合上述意义上的 KR 形式主义，即无论从认识论上还是计算上都适合于一些典型的应用领域——在许多情况下，FOPL 两者都不适用。然而，它是从理解概念上和数学上利用确定知识进行表征和推理的形式化方法的基础。

这里假设读者都已了解 FOPL 的基本概念，不再赘述，大家可以参阅众多的 AI 教材和介绍。每一部经典 AI 教材都会介绍 FOPL。参考文献［14.4，5］也不例外，参考文献［14.6-8］分别介绍了逻辑学的原理、应用和数学方法。

以某种逻辑变体表示知识，有助于使用可证明的、合理的和/或完整的计算，并从该知识中得出推论。自动演绎是逻辑和 AI 的一个分支领域，提供了大量功能强大、易于使用的演绎系统。参考文献［14.4，第 9 章］对此做了详细介绍；参考文献［14.9］是一本手册，涵盖了有关逻辑推理的所有经典主题。

依靠逻辑推理，机器人能推断出大量很难甚至不可能获取的事实。例如，假设机器人通过获取和编译传感器数据来感知办公楼中的 D_{509} 号门现在是关着的。有些专门的 FOPL 语言中用 $Closed(D_{509})$ 表示。假设可对符号进行直观编译，进一步假设机器人关于办公楼的静态知识库包括以下语句：

$$
\begin{aligned}
&Connects(D_{509},C_5,R_{509}),\\
&Connects(D_{508},C_5,R_{508}),\\
&Connects(D_{508a},R_{508},R_{509}),\\
&\forall d,l_1,l_2.[Connects(d,l_1,l_2)\leftrightarrow\\
&\quad Connects(d,l_2,l_1)],\\
&\forall d.[Closed(d)\leftrightarrow Open(d)],\\
&\forall\ l.[At(l)\leftrightarrow Acessible(l),\\
&\forall l_1,l_2.[Acessible(l_1)]\rightarrow\\
&\quad(\exists d.[Connects(d,l_1,l_2)\land Open(d)\rightarrow\\
&\quad Acessible(l_2)))]
\end{aligned}
\tag{14.1}
$$

式中，常数 D_i 和变量 d 表示门；R_i 表示房间；C_i 表示走廊；变量 l、l_i 表示房间和走廊的位置。假设机器人的定位系统告诉它当前房间或走廊的位置就用 $At(\cdot)$ 表示。

然后，假定机器人知道其位于 $At(C_5)$，观察到 $Closed(D_{509})$ 意味着 $\neg\ Open(D_{509})$。更有趣的是，当且仅当 $Open(D_{508}) \land Open(D_{508a})$ 是真的，$Acessible(R_{509})$ 才是真的。例如，在执行到 R_{509} 房间完成运送任务时，机器人可以重新规划通过 R_{508} 的路线，除非 D_{508} 或 D_{508a} 中至少有一个已知是关闭的。如果其中一个或两个的状态都不能确定［$Open(\cdot)$ 或 $Closed(\cdot)$ 都不根据当前知识库确定］，那么 R_{509} 的可进入性既不能证明成立，也不能证明不成立，这样就可以通过 D_{508} 和 D_{508a} 规划路线，并在现场收集它们所需的状态。

因此，正如这个例子所显示的，FOPL 是一个强大的表示和推理工具。此外，它的理论是很好理解的。特别是，众所周知，FOPL 中的结果通常是不可判定的。这意味着，一个合理而完整的演绎算法甚至不能保证终止某些特别推理尝试，更不用考虑快速终止了。

然而，这并不意味着逻辑作为一种表征和推理工具需要被完全抛弃，因许多应用程序并不需要完整表达能力。此外，还有许多有趣的 FOPL 的语言子集是可判定的，可以由最实用有效的算法进行处理。KR 研究团队付出了如此巨大的努力，已经开始识别 FOPL 子集和拟合推理程序，它们在认识论和计算上都适合更多的申请。我们将更详细地考虑其中的两个，即命题理论和描述逻辑，然后简单讨论一下如何利用逻辑进行更高水平的机器人控制。

1. 命题理论

在大多数情况下，FOPL 理论（公式集）代表有限域。从逻辑上讲，它们具有有限的 Herbrand 域，或者至少能改写成具有有限 Herbrand 域的形式。在这种情况下，用 FOPL 语法表示域论可能依然是最得心应手的，但所有超越纯命题理论的表示仅仅是为了符号上的方便。例如，一条表示机器人在一个时刻只能处于某个位置（房间或走廊）的公式为

$$\forall l_1, l_2 . [At(l_1)] \rightarrow [\neg At(l_2) \lor l_1 = l_2] \quad (14.2)$$

对于有限的建筑物，可以展开为一种冗长但却等价的形式。这种形式可以明确地处理所有位置。例如，在一个六层楼中

$$\begin{aligned} &At(R_{001}) \rightarrow [\neg At(R_{002}) \land \cdots \land \neg At(R_{514}) \land \\ &\quad \neg At(C_0) \land \cdots \land \neg At(C_5)] \\ &At(R_{002}) \rightarrow [\neg At(R_{001}) \land \cdots \land \neg At(R_{514}) \land \\ &\quad \neg At(C_0) \land \cdots \land \neg At(C_5)] \\ &\cdots \end{aligned} \quad (14.3)$$

式中，谓词的每一个无变量（如上面的 At）都取值后，都被看作命题变量。

这里有个好消息，FOPL 理论在有限 Herband 域上对应的展开理论是命题性的，因此是可判定的。此外，在一些实际条件下，如果 FOPL 中的变量是很清楚的（即涉及房间和走廊的变量 l_1 和 l_2 的信息可用），则可以用更精简的 FOPL 语法机械地生成。

潜在的坏消息是，当前的命题理论可能由大量的命题语句构成。一般情况下，需要生成所有 FOPL 语句中的变量置换的所有组合，这会导致计算的复杂度随着 FOPL 变量域呈指数级增长。

不过，命题可满足性检查或模型检测技术正在突飞猛进，能使具有成千上万个变量要处理的命题理论在常规硬件上以秒级的计算时间进行处理。当存在可满足性命题公式模型或许多事实的真假性已知［如通过独立定位已知机器人 $At(C_5)$］时，这些方法特别有效，而这两种都是实际知识表征中常见的情况。

参考文献［14.4，第7.6章］和参考文献［14.9，第24章］介绍了模型检测。有一类算法是基于经典的 Davis-Putnam（DPLL）算法[14.10]，它试图系统地构建一个给定理论的命题模型，有效地传播变量的解释约束；另一类算法是应用局部搜索技术，试图使用随机（蒙特卡洛）变量赋值。参考文献［14.11］收录了近年来的论文并总结了研究现状，连同每年的 SAT（满意度测试理论与应用）会议，都详细讨论了当前表现最佳的可满足性测试系统。

2. 描述逻辑

20世纪70年代出现了描述逻辑（DL），这是 AI 领域知识表征中的一种严格的形式化方法，即语义网络和框架系统。从逻辑上讲，DL 有很多变种，形成一类 FOPL 的可判定甚至可处理子集。

使用 DL 语言表示某特定领域的知识需要两个部分。首先，领域的顶层本体要形式化，引入一般性的领域概念及概念间的关系。在所有本体论中，有一个特别有趣的关系类型，即超类-子类关系。DL（某种意义上是强制可判定性）严格禁止在概念间设定循环关系，而超类关系隐含着概念上的层次关系，可以定义属性继承，很多地方类似于面向对象的程序设计。由于历史原因，在基于描述逻辑的领域知识表征中，这第一部分常被称作 T-Box（或术语知识）。

DL 语言中的概念与一元谓词相关。例如，机器人导航领域的本体可能包括 *Door*、*Location* 等概

念，概念的层次是通过定义概念等式（=）或子概念属性（如 $Room \subseteq Location$ 和 $Corridor \subseteq Location$）来建立的。概念可以用概念求交、求并和求逆（分别用∩、∪和¬ 表示）组合而成，如可以将某概念定义为 $Location = Room \cup Corridor$、$Door = Closed \cup Open$ 和 $Open = \neg\ Closed$。

DL 语言中的任务与二进制谓词相对应，如用于门和位置的导引线（*leadsTo*）。任务的逆、交集和并集可按预期的一样定义，如 $leadsTo = leadsFrom^{-1}$ 就是定义逆任务的一例。任务可以组合，如定义 $adjacent = leadsFrom \circ leadsTo$（位置 l 邻接 m，当且仅当通过某扇门连接它们时）。最后，概念与任务可以组合以定义新的概念和任务。特别地，也可以用量词限定任务填充运算符，即可以用个体对象（参见后面的内容）连续替换任务参数。例如，可以定义 $BlockedLoc = Location \cap \neg\ \exists leadsFrom.Open$（假定运算符的直觉绑定规则）。在不同的 DL 变种中，可用的运算符有所不同。可用的运算符集合和定义的附加约束塑造了相应 DL 变体的表达能力及可计算性，即频谱范围从不可分辨变化到可处理，详见参考文献［14.3］。

作为使用 DL 进行域表示的第二部分，需要给概念和任务语言中引入个体对象。这部分域表示法被称为 A-Box（或断言知识）。例如，可以断言 $Room(R_{509})$、$leadsTo(D_{509}, R_{509})$ 和 $Closed(D_{509})$。

DL 提供了大量推理服务，都是基于已知的 T-Box 和 A-Box 中的逻辑推理，包括概念定义的一致性、概念的包容与分离、A-Box 关于 T-Box 的一致性，以及概念与任务实例。在 DL 中，所有这些都是可判定的。例如，当给定 T-Box 和 A-Box 的上述基本内容时，就可以推断出每一项都是一致的，并且有 $BlockedLoc(R_{509})$（请注意，这里只有 D_{509} 号门能通向房间 R_{509}）。尽管这些 DL 推理在理论上很难处理，但在大多数实际情况下，运行效率还是很高的。

参考文献［14.3］全面综述了 DL 的研究现状。2004 年，万维网联盟（W3C）将 Web 本体语言（OWL）[14.12] 定义为语义网络的技术基础，2009 年又推出了 OWL2[14.13]。该语言中有一部分是 OWL-DL，从某种意义上来说，它是刚刚描述的经典的 DL。OWL-DL 本体已经可以通过 Web 公开使用，具体见参考文献［14.14］。

3. 高级机器人控制的逻辑

机器人域本质上是动态的，至少包括一个实物代理，即机器人。根据参考文献［14.4，第 12.3 章］，在基于逻辑的形式主义中捕捉到这一点是可能的。然而，它提出了一些概念和技术方面的问题，我们将在本节结束时描述这些问题。

简单来说，其中一个原因是需要对事件的逻辑模型进行简洁地表达和有效地推理。从逻辑上讲，一个个体的行动会改变有限事实的真实价值，而其他一切都保持不变。例如，从某种抽象的层面来看，建模是原子从一个位置到另一个位置，它改变了机器人现在和之前的位置。根据建模，它也可能会改变电池状态和里程数，但它不会改变建筑物的格局或总统的名字。用逻辑语言将动作简单化、形式化，可以有效地推断在应用动作序列后可能改变或可能没有改变的事实，这称为框架问题。它在文献中受到了广泛的关注，现在有许多切实可行的解决办法。

另一个问题涉及知识库的更新，这是因事实改变而必须进行的。例如，考虑一个机器人坐着——正如其自我定位——在某扇门 D 前，据了解是开着的，但机器人却认为门是关着的。从逻辑上讲，这是矛盾的。现在理论上有几种方法可以统一知识与感知，一种方法是知道它之前是开着的，因此假设 D 现在是关着的——这可能是最直观的解释。从逻辑上讲，这也是好事。例如，感知有问题，或者机器人已经被放到一扇已知的关着的门前。在这些解释中，有些在直觉上比其他更直观可信；从逻辑上讲，有些方法需要提取的知识库公式更少，因此应该优选考虑。理想情况下，当新信息取代旧信息后，必须确保不再相信使用旧公式的重要性。

理论上，这些问题是非常困难的。实际上，它们可以受到足够的限制，以允许在齐整的逻辑框架内实现解决方案。典型的解决方案会引入一些状态或公式保持期的概念，并列举一些情境演算的经典示例[14.15]。典型的解决方案也会放弃推理的完整性。这种解决方案在机器人控制中的应用有 GOLOG[14.16]、事件演算[14.17] 和 FLUX[14.18]。另一系列解决方案将以更细粒度的方式模拟时间进程，而不是在状态之间相互切换。这里，时间逻辑是合适的，而时间动作逻辑（TAL）就是一个例子，它被集成在性能规划器中[14.19]，由此导致了一种更复杂的时间推理形式，这些内容将在第 14.3 节进行论述。

14.2.2 概率推理

无论什么时候要呈现实际知识，基于逻辑的 KR 形式化方法都是值得考虑的，由此可以进行演绎推理。但是，机器人需要用到的有关环境的部分知识，并不真正具备这一特征。

不确定性（uncertainty）是这些特征之一，或者更确切地说，是一个族群，因为不确定性本身就是一种超载概念。知识不足是它的一个方面。逻辑学可以处理一些真或假的事情，而事实可能仍未确定。若知识库中有太多的未确定知识，逻辑学便无法进行令人感兴趣的演绎推理，因为这时候在逻辑上一切皆有可能。然而，可能性会有很大差异。这里的重点是对证据（evidence）的陈述和推理。

KR领域采用贝叶斯概率作为证据陈述和推理此类不确定性问题的手段，它利用的是事实之间的相关性，而不是严格蕴含。需要注意的是，这种方法融合了缺少精确性和完备性的各种知识来源。有些知识可能是未知的，要么从原理上就是不可知的，要么就是建立精确理论或确定与进行可靠演绎推理相关的全部信息的代价太高。无论哪种情况，使用概率（而不是二元真值）都可以求得近似结果。需要注意的是，这里的真值概念与经典逻辑中的是相同的。客观上，一个事实应该是要么为真，要么为假，概率只是对相信事实为真的主观程度进行建模。

接下来，我们将描述两种十分流行且功能强大的概率表现形式和处理格式：贝叶斯网络和马尔可夫决策进程。对比14.2.1节，我们在这里假设读者熟悉概率论中的基本概念。参考文献［14.4，第13章］给出了很好的基本介绍，想进一步深入了解，还有大量的各种导论性教材可供参考，如参考文献［14.20］。

1. 贝叶斯网络

贝叶斯概率论中的推理主要指在已知先验概率和相关概率的情况下，推断某个感兴趣事件的概率。实际上，有一种重要的概率推理称为诊断推理，即已知因果规则（指定从因到果的条件概率），从观察到的结果倒推回隐含在背后的原因。于是，对于一个潜在原因 C 和一个观察到的结果 E，问题可以表述为，已知先验概率 $P(C)$、$P(E)$ 及条件概率 $P(E \mid C)$，确定后验概率 $P(C \mid E)$。答案当然是由贝叶斯规则给出的，即

$$P(C \mid E)=\frac{P(E \mid C)P(C)}{P(E)} \tag{14.4}$$

然而，与逻辑推理一样，这个很有吸引力的原理只是在理论上得到了证明，如果应用到实际则是不实用的。考虑被观察到的结果 E 可能不只有一种，而是 n 种，即 $E_1,\cdots,E_n$，而且并不都是条件独立的。利用贝叶斯规则的一般形式，计算正确的后验概率是很简单的，但谁能指定所有涉及的条件概率呢？最坏的情况是 $O(2^n)$，其中 n 在实际中轻而易举就会达到几百。

直到20世纪80年代末，这个问题才或多或少地得以解决。其中一种方式是将 E_i 故意看成是独立的，然后简单地用 n 个独立条件概率 $P(E_i \mid C)$ 来近似完全的联合概率分布。参考文献［14.4，第14章］对此及其他同类方法进行了综述。

贝叶斯网络（BN）从其问世[14.21]一直沿用至今，最近才被纳入图模型（graphical models）概念。其思想是，将随机变量表示为有向无环图中的节点，当且仅当一个节点的直接条件依赖于对应的父节点变量时，该节点就是父节点集的直接前驱。因此，巨大的完全概率分布被无损地分解为通常很小的局部联合概率，其诀窍是使用许多已知的变量间的条件独立性，以大幅度降低表征和推理的难度。

图14.1所示为一个简单的贝叶斯网络结构。其中 D 依赖于 B 和 C，概率由局部指定联合概率分布条件概率表给出。此外，图中的结构表明，给定 B 和 C，D 就独立于 A（给定节点的父节点，节点便独立于其祖先），给定 A，B 便独立于 C，即 $P(C \mid A,B)=P(C \mid A)$ 和 $P(B \mid A,C)=P(B \mid A)$。

网络推理可以双向解释：一是自下而上，贝叶斯网络能够使用已知条件概率（诊断）解释观察到的现象。例如，如果观察到 D，就可以推断其已知原因（B 或 C）的可能性。二是自上而下，贝叶斯网络能够传播证据，以计算现象概率。例如，给定 A（因果关系），计算 D 的概率。

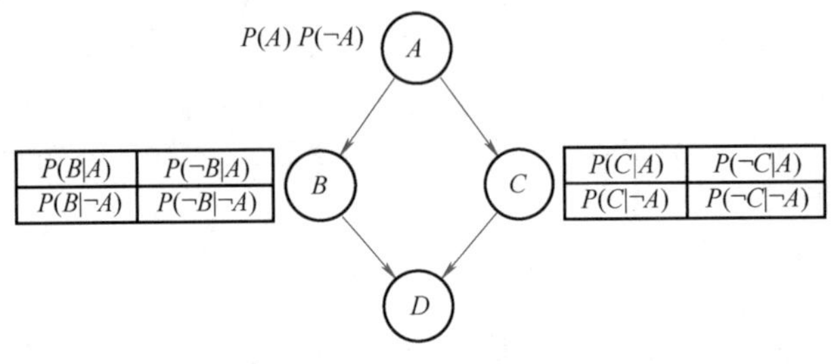

图14.1 一个简单的贝叶斯网络结构（D 的条件概率表依赖于 B 和 C）

对于随时间演变的系统，Markov 特性适用，即系统变量的状态，在某些情形下不依赖于前一种状态。这样的网络称为动态贝叶斯网络（dynamic bayesian network，DBN）。假设一个状态内变量之间的依赖关系随着时间的推移保持不变，并进一步假设不同状态下的变量 x 表示为一个变量族 $x_1,\cdots,x_t,\cdots$，DBN 展开为 BN 并具有特定的结构，如图 14.2 所示。代表新状态的变量对应一个新的 BN 部分，它再现了前一状态表示的结构，其节点仅相互依赖，这个特点可参考 DBN。

2. 马尔可夫决策过程（MDP）

在机器人控制的背景下，不确定性是由感知、动作和环境先验知识的不完备性引起的，所有这些都是相关的。感知的不确定性来自传感器噪声、遮挡、解释模糊等因素影响；动作的不确定性来自近似动作模型（如车轮打滑）、失败动作（如抓取失败）或其他实际上不可避免的因素影响。

图 14.3 所示为机器人与其环境之间充满不确定性的相互作用。

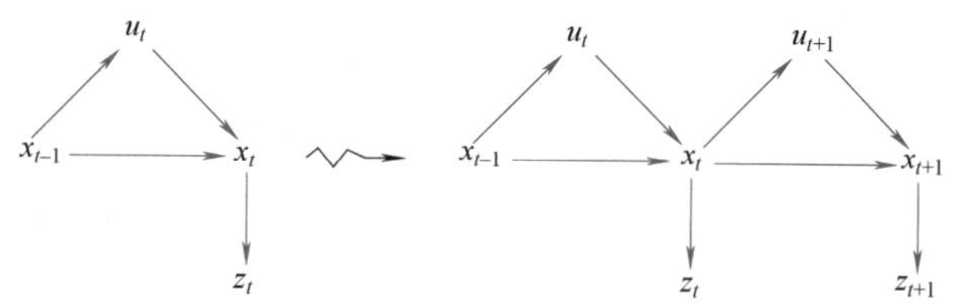

图 14.2　简单 DBN 在表示两个连续状态的两个时间段内的展开

注：变量 x 表示状态，u 表示动作，z 表示测量值。每单个部分的结构（以相同的变量下标表示）随时间不发生改变。

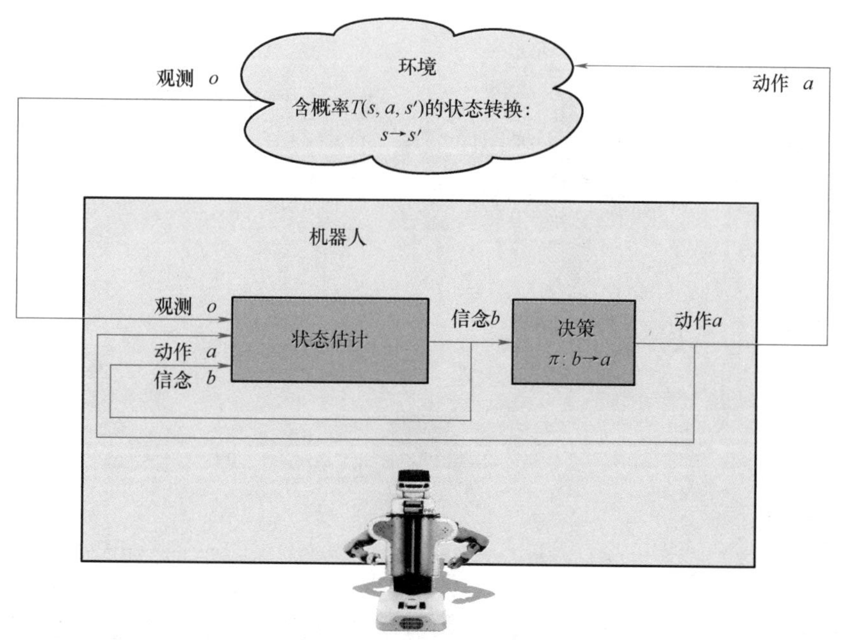

图 14.3　机器人与其环境之间充满不确定性的相互作用

注：机器人以给定的概率作用于环境，产生一个新的状态。关于机器人状态的知识来自于对它的观察，也是不确定的，对它的决策依据于信念。

概率表征用于处理这些不确定性。规划是一个顺序决策问题，MDP 和在环境部分可观测的情况下，部分可观测马尔科夫决策过程（POMDP）[14.22] 被广泛用于解决这些问题。马尔可夫假设，也就是这种方法的标志，即系统的状态 s_n 仅取决于之前的状态 s_{n-1} 和促成 s_n 的动作，而不取决于任何早期的状态。

在这一假设下，MDP 正式定义为 4 个部分，即

S、A、T、R。其中，S 是一组有限的状态；A 是一组有限的动作；T：$S\times A\to S$ 是定义在时间 t 应用给定动作时状态变化概率的转移函数，即

$$T(s,a,s')=P(s_{t+1}=s' \mid s_t=s,a_t=a) \quad (14.5)$$

T 是已知的，并由转移概率表提供。最后，$R(s,a)$，R:$S\times A\to\mathbb{R}$ 在获取 a 动作后变为状态 s，由系统确定为奖励。通常，奖励只与状态 $R(s)$ 相关。在后续过程中，奖励应该是附加的。解决 MDP 是一个最优化问题，其中奖励被称为效用（utility），是最大化的。MDP 假设已知道奖励，当情况并非如此时，机器人可以通过经验获取它们。这样做的一种技术是强化学习，如第 15 章所述。图 14.4 所示为 MDP 的一种表征。

求解 MDP 主要有两种方法：第一种方法称为数值迭代（value iteration，VI）法。第一步是计算所有状态的效用 $U(s)$，第二步是计算最佳策略 $\pi^*(s)$，该策略为每种状态提供最佳动作。迭代计算效用主要基于贝尔曼方程[14.23]，即

$$U_{i+1}(s)=R(s)+\gamma\max_a\sum_{s'}T(s,a,s')U_i(s') \quad (14.6)$$

式中，$0<\gamma<1$ 是折扣因子。计算得到效用后，最佳策略可提供每个状态的最佳动作（即效用最大化动作）。这是由 $\pi^*(s)=\arg\max_a\sum_{s'}T(s,a,s')U(s')$ 计算得出的。所以，MDP 的结果是最好的决策。策略是一种先验计算被引导的最佳动作，通过最大化

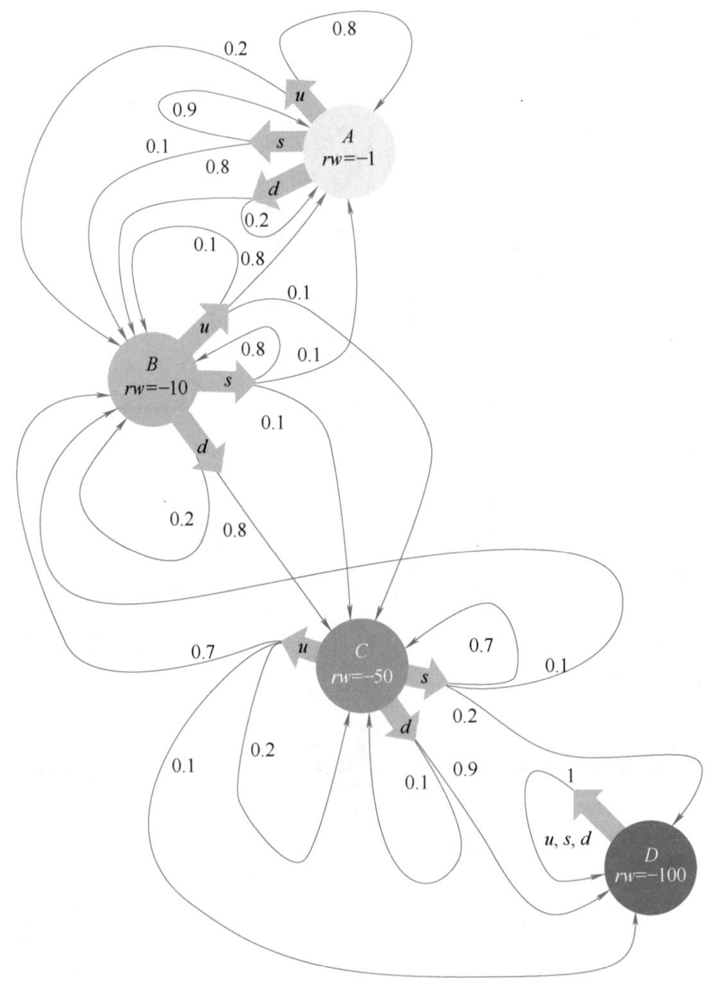

图 14.4　MDP 的一个表征

注：在这个例子中，状态 A、B、C 有相关的奖励（−1、−10、−50、−100）。每个状态对应三种可能的动作，即 u、s、d，每种动作都有一个向其他状态转换的给定概率（箭头所示）。

全局回报，而不是像经典规划那样以最小的成本实现目标，因此，策略不一定必须严格执行，因为它已经考虑了动作执行中的不确定性，无论动作执行的结果如何，策略都是可以实施的。

第二种方法称为策略迭代（policy iteration，PI）。这里我们从初始（如随机）策略 π 开始，并且通过迭代算法，试图通过寻找增加效用的行为来逐步改进它。

总之，在确定性环境中，对于规划问题，解决方案是一系列的动作。在一个可观察的随机环境中，解决方案是一个由最佳局部决策定义的策略。

3. 部分可观测马尔可夫决策过程（POMDP）

在机器人没有完全进入（现实）环境的情况下，必须在部分可观测性条件下做出决策。为此，MDP 推理模式通过提供不确定的知识丰富了观测功能，定义一个 POMDP，它由 6 个部分组成，即 S、A、T、R、Ω、O。前 4 个描述一个 MDP；Ω 是一组有限的观测 o，通过映射 O：$S\times A\to\Omega$，可将其经过动作 a 后转化为状态 s'，对应的观测模型为 $O(s',a,o)$（对于机器人传感器模型）。机器人信念状态是所有状态的概率分布，即处于所有状态下的所有概率。通常用 $b(s)$ 表示在某一状态下的信念。该信念状态在经过动作和观测后，变为

$$b'(s') = \alpha O(s',a,o)\sum_{s} T(s,a,s')b(s) \quad (14.7)$$

式中，α 是一个标准化常数。

尽管部分可观测性是机器人在日常环境中行为的典型情况，因此 POMDP 是动作建模和观测的更合适的推理模式，但通常要避免基于 POMDP 的模型。原因在于计算最优 POMDP 策略非常复杂。在大多数情况下，求解 POMDP 都是基于近似或推导的方法，如使用 POMDP 的相应信念 MDP，这是考虑 POMDP 诱导的（完全可观察的）信念函数的结果。

参考文献［14.24］提供了一个使用马尔可夫过程建模和解决机器人决策问题、结合任务规划及运动规划的很好示例。

14.3 推理与决策

发展机器人推理能力的主要动机是使机器人能够对其未来的动作做出决策，这就是为什么在 SHAKEY 项目（VIDEO 704）中将规划列为 AI 早期的主要研究课题之一，由此产生了具有开创性的规划器[14.25]。设计规划系统需要解决三个主要问题：

1）如何表征环境？

2）如何表示动作？

3）如何导引规划搜索过程？

根据用于回答这些问题的推理模式，在现实环境的约束下，规划系统会有不同的处理方式，这是机器人学中的一个基本问题。如上所述，早期规划技术主要基于一阶谓词逻辑（FOPL）来表示知识，FOPL 在面对真实环境的不确定性时的局限性促使选择概率表征和概率推理来应对实际情况。

1）环境表征。传统上，当在符号层次上进行推理时，关于环境的知识被表示为一组逻辑命题，如 Ontable（杯子）。在封闭环境的假设下，具有虚假价值的事实在环境的状态中不存在。为了处理不确定性，命题的概率分布不是真/假值，而是真概率分布。

2）动作表示。在经典规划中，如 STRIPS 所介绍的，动作修改环境状态，并由三组谓词列表来定义。为使动作可行，谓词应该是真的，这是前提条件。执行动作后变为 TRUE 的谓词集是 ADD 列表，而变为 FALSE 的谓词集是删除列表。规划器包括一个统一的过程，以确定哪些谓词对应于描述环境状态的命题。鉴于动作执行中的不确定性，需要对其结果进行概率描述。

3）搜索。基于状态空间中的搜索算法能帮助找到最适当的动作。状态空间是由初始状态和后续函数给出的隐式图，后续函数提供邻近给定状态的状态。每个动作代表从一种状态过渡到其后的状态，都有一定的成本。众所周知的 A＊算法[14.26]是 1968 年提出的，也是在 SHAKEY 项目中提出的，用于解决搜索问题。基于此搜索的规划算法递归选择将产生当前目标状态（或其子目标）的动作，并在一定条件下找到最优（即最小成本）解决方案。

这种经典的规划方案无法处理不确定性，因为它基于 FOPL 表示。唯一可以做到这一点的方法是通过修改规划或重新规划（第 14.4 节）。当使用概率表征时，搜索将采用一种完全不同的方案，如第 14.2.2 节所述。

然而，人工智能和机器人学中的推理远不止是

顺序规划。对于真实环境中的机器人，其动作持续时间决定成败。它们必须考虑在给定时刻发生的事件和随着时间的推移而展开的情况。时间关系和适当的时间逻辑对于表示和推理时间是必要的。14.3.2 节讨论时间推理。

另一个核心问题是关于空间的推理。当我们用谓词 Ontable（杯子）或 Near（机器人、桌子）表征一段知识时，它到底意味着什么？如何从传感器数据象征性地表达空间关系？这也涉及特定的推理模式，这些推理模式将在第 14.3.3 节中介绍。

14.3.1 用多种知识表征推理模式

自主规划对机器人应用有着直接的吸引力：机器人为实现目标而应该执行的动作是通过模型中的推理获得的，该模型可以改变，以适应不同的环境、物理能力和任务。然而，有关动作本身的推理并不是机器人编程的灵丹妙药。如前所述，通过模型推理获得合格机器人行为的关键取决于建模语言的认识论是否充分。例如，想象一个有两只手臂的服务员机器人它必须在餐厅为客人提供膳食。机器人必须对时间进行推理，以推断冷饮应该在加热前送到。需要在客人面前提供食物，因此机器人应该能够进行某种形式的空间推理。它应该能够对资源进行推理，如推断它不能用两只手臂同时容纳超过两份的食物，或者它的托盘只能容纳有限数量的菜肴。DL 本体可能会通知机器人，橱柜中的所有杯子都是干净的——没有必要在规划时间关注某一个杯子——或者杯子或马克杯都能很好地盛装咖啡。在经典规划模型[14.27]中，这些知识大部分都很难或无法建模，这些模型仅限于描述在 FOPL 中动作和谓词之间存在的因果关系。

机器人应该拥有的知识类型最终取决于应用，但显而易见的是，除了用 FOPL 编码这些知识（这在计算上是不充分的），在大多数有意义的领域中，用不同形式表达的模型是必要的。还要注意的是，任何包含机器人将要执行动作的规划也应翻译为机器人可以理解的可操作术语。例如，应在规划中指明要放置对象的特定位置、要导航到的位置和动作调度时间。最后，机器人在不同的模型中使用的表示知识（因果模型只是其中之一）通常呈现出极高的相互依赖性：机器人托盘的容量（资源模型）决定了机器人必须执行的往返于其正在清理的桌子的行程数（因果推理），膳食类型本体论模型可能会影响餐具的空间布局（空间推理），而饮料变冷所需的时间（时间模型）会影响目标实现的顺序（因果推理）。欲解决这些相互依赖的问题，其相关算法的开发是一个活跃的研究课题。第 14.3.4 节概述了这方面的最新成果。

本次讨论特别感兴趣的是时间和空间 KR 形式。一些时间和空间逻辑具有使它们在认识论和计算上都适合各种机器人问题的特性。下面，简要介绍主要与机器人学相关的时间和空间 KR 形式。

14.3.2 时间推理

线性时间逻辑（LTL）[14.28]是可判定的命题逻辑，它提供了一种描述未来执行路径将如何演变的方法。临时运算符 ○（下一个）、□（总是）、◇（最终）、$\mathcal{U}$（直到）和 $\mathcal{R}$（释放）用于表示系统的状态条件。例如，机器人最终会将杯子放在桌子上（可达性），机器人永远不会供应冷咖啡（安全），机器人将永远在电池没电前到达它的充电站（活性）。LTL 公式[14.29]在机器人学中具有相关性，因为它能够预测运动的离散时间特性。例如，可能需要探索机器人以预定的顺序访问位置 A、B 和 C，或者除非 A 或 B 已被访问，并且总是避开 D，否则不能访问 C。鉴于此类时间目标规范，可以使用概率路线图（PRM）计算满足这些目标的运动[14.30,31]。

LTL 公式表达了定性的时间规范，从而为领域专家提供了一种手段，以指定高抽象级别执行的条件。然而，LTL 并不认为机器人动作有时间范围，以及不同动作可能需要的特定关系。定性时间逻辑点代数（PA）[14.32]和区间代数（IA）[14.33]可以用来捕捉（和加强）这种关系。具体来说，它们允许表示时间变量之间的定性时间关系。PA 中的变量表示时间点，可用于表示事件，如机器人已经到达桌子，或者动作的开始/结束时间，如机器人开始把杯子放在桌子上。在 IA 中，变量表示时间间隔，如将机器人导航到桌子，或者机器人把杯子放在桌子上。基本的 PA 关系是三个时间关系 $\{<,>,=\}$，而这些关系的所有组合（≤、≥、≠、普遍关系 ⊤、与空集的关系 ∅）也是有效的 PA 约束。在 IA 中，约束表示间隔中的时间关系。在基本的 IA 中，B_{IA} 是间隔之间的 13 种可能的时间关系，即之前（p）、会面（m）、重叠（o），期间（d），开始（s）、结束（f），它们的反转（如 P^{-1}）和等于（≡）（图 14.5）。IA 中的约束是基本关系 $\{r_1,\cdots,r_n\}\in B_{IA}\times\cdots\times B_{IA}$ 的分离。回到我们的例子，与服务员机器人相关的一个时间知识是，挑选杯子的动作在时间上与抓住杯子的动作重叠，即 IA 关系。

14

$$\text{Pick(Mug)}\{\text{o}\}\ \text{Holding(Mug)} \tag{14.8}$$

事实上，这一知识代表了在成功抓取动作存在的情况下事件的定性状态，而杯子从机器人夹具中滑落的偶然性（这在今天的机器人中非常常见!）可以通过时间关系来表示

$$\text{Pick(Mug)}\{\text{d}^{-1}\}\ \text{Holding(Mug)} \tag{14.9}$$

PA 或 IA 中的一组变量和约束构成约束满足问题（CSP）[14.34]。时间 CSP 中的一个基本推理问题是测试 CSP 的可满足性——评估是否存在将时间值替换为满足所有约束变量的情况。一个相关的问题是计算给定 CSP 的最小值，即由最强隐含约束形成的等效 CSP。对于 PA 和 IA 的各部分来说，这两个问题都容易解决[14.35]。IA 的易处理子代数的一个有用例子是凸 IA 关系集[14.36]。例如，$\{b,m,o\}$ 是凸 IA 关系，而$\{b,o\}$不是。机器人可以在规划执行期间利用这些良好的计算特性，确保在服务员机器人拣杯子时不需要对所选择的动作进行硬编码。相反，它可以如上所述建模为一个简单的关系，并对其进行验证，以转换为包含关系的 CSP。

$$\begin{aligned}&\text{Pick(Mug)}\{\text{o}\}\ \text{Holding(Mug)}\\&\text{Pick(Mug)}\{\text{d}^{-1}\}\ \text{Holding(Mug)}\end{aligned} \tag{14.10}$$

距离进行谓词。一个重要的度量时间问题是时间约束满足问题（TCSP）。与在 PA 中一样，变量代表时间点。约束表示析取的时间距离的界限，给定两个时间点 a 和 b，则约束为

$$a \xrightarrow{[l_1,u_1]\vee[l_2,u_2]\vee\cdots[l_n,u_n]} b$$

这意味着对于一个及以上 $i\in\{1\cdots n\}$，$l_i\leqslant b-a\leqslant u_i$。当每个约束至少有一个间断（不等式对）时，TCSP 是可满足的。与 PA 和 IA 不同，TCSP 中的变量与一组可能的时间值相关，称为域（domain）。计算最小表示包括将时间点的范围限制在包含满足所有约束值最小的时间间隔。TCSP 的一个特殊限制，称为简单时间问题（STP），具有域为连续的时间间隔特性。保留在 TCSP 的 STP 片段中的条件是约束只有一个间断，即

$$a \xrightarrow{[l,u]} b$$

一般 TCSP 的计算问题是 NP 难的，而 STP 的可满足性和最小表示问题很容易解决。这两个问题都可以通过路径一致性推理求解[14.38]，对于可满足性和最小表示问题，已经开发了高度优化的算法[14.39,40]。

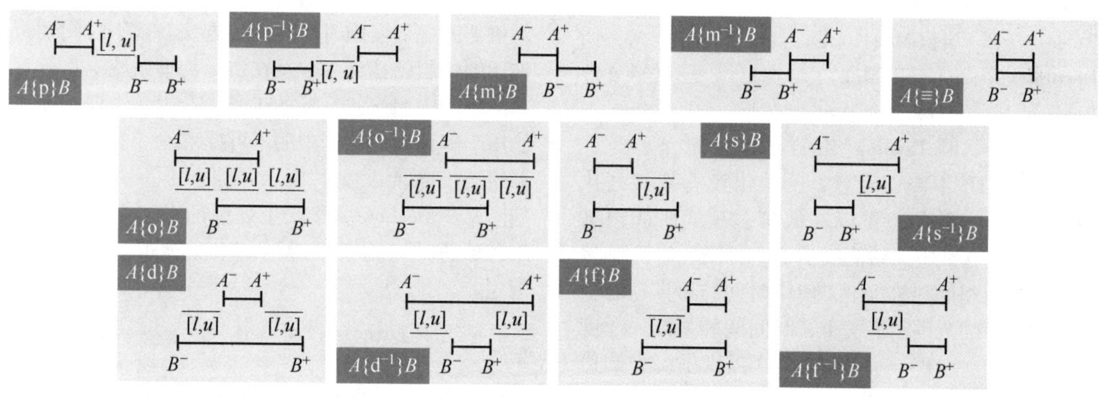

图 14.5　区间代数中的 13 种基本定性关系

注：$[l,u]$表示度量边界，它可以用来完善语义度量的基本关系。

第一个约束表示期望在名义执行中保持的需求，而第二个约束来自感知和本体感知（稍后将对此进行详细介绍）。上述 CSP 不可满足：观察到的和执行的情况与表示规划成功执行的建模时间关系不一致。这种确定可以在多项式时间内（关于 CSP 中变量的数量）通过一种特殊形式的推理进行，这种推理称为路径一致性（path consistency）[14.37]。

虽然 PA 和 IA 便于在机器人规划中指定高级需求，但它们都无法捕捉度量信息。为此，需要度量时间约束，允许对变量之间的持续时间和相对时间

基本 PA 和 IA 的语义可以通过使用度量时间约束来理解。例如，约束

$$\text{Pick(Mug)}\{\text{o}\}\ \text{Holding(Mug)} \tag{14.11}$$

相当于度量约束：

$$\begin{aligned}&\text{Pick(Mug)}^- \xrightarrow{[1,\infty)} \text{Holding(Mug)}^-\\&\text{Holding(Mug)}^- \xrightarrow{[1,\infty)} \text{Pick(Mug)}^+\end{aligned} \tag{14.12}$$

式中，$(\cdot)^-$和$(\cdot)^+$分别表示对应间隔的起始时间和截止时间。此外，度量界限可用于定义 IA 的度量扩展，在其中可以用附加度量界限表达区间之间

14

的高层关系（图 14.5）。例如，$A\{p[5,13]\}B$ 表示在间隔 B 开始之前，间隔 A 应在至少 5 个时间单位、最多 13 个时间单位结束。除了二进制约束，常见的做法是定义两个一元约束，即 Release$[l,u]A$ 和 Deadline$[l,u]A$，分别表示 A 在时间原点之后的 l 和 u 时间单位之间开始和 A 在时间原点之后的 l 和 u 的时间单位之间结束。

总的来说，基于约束的时间计算既可以表示定性时间，也可以表示度量时间。如果在建模中使用了适当的 IA 片段，则可以方便地将推理任务简化为 STP 中的路径一致性推理。这是机器人推理的一个吸引人的特性：它提供了一种及时锚定观察和本体感知的方法。在上面的例子中，机器人必须从感知中推断关系：

$$\text{Pick(Mug)}\{d^{-1}\}\ \text{Holding(Mug)} \tag{14.13}$$

通过将观察到的和规划到的行为表示为时间点，并约束这些时间点以反映观察到它们的精确时间，可以实现此功能。假设当前时间为 20，机器人在时间 5 开始拾取杯子，并且夹持器报告在时间 10~18 之间夹住物体，以下为 STP 模拟机器人的情况：

$$\begin{aligned}&\text{Pick(Mug)}\ \{o[1,\infty)[1,\infty)[1,\infty)\}\ \text{Holding(Mug)}\\&\text{Release}[5,5]\text{Pick(Mug)}\\&\text{Deadline}[20,20]\text{Pick(Mug)}\\&\text{Release}[10,10]\text{Holding(Mug)}\\&\text{Deadline}[18,18]\ \text{Holding(Mug)}\end{aligned} \tag{14.14}$$

上述 STP 不令人满意，反映出没有按规划执行。同样，这种状态可以在低阶多项式时间内确定，因此为在线故障检测提供了一种简单的机制。

在规划和规划执行中，使用时间约束推理超出了诊断故障的范围。事实上，时间间隔是以一个度量时间 CSP（STP）为基础的，这提供了一种知道何时应该分派动作的方法，以及它们是否应该被延迟以适应突发事件。例如，我们可以表示，一旦杯子在约束条件下被保持至少 3s，机器人应该开始移回柜台。

$$\begin{aligned}&\text{Holding(Mug)}\ \{o[3,\infty)[1,\infty)[1,\infty)\}\\&\text{Move(Table, Counter)}\end{aligned} \tag{14.15}$$

Holding(Mug)开始时间的延迟，将会导致 Move(Table, Counter)的开始时间也延迟，逐步推迟其未来的开始时间，直到机器人能够拿起杯子。通过在 STP 中维护规划的要求，以及表示何时观察到事件、何时调度动作和何时终止的约束，确保外部事件的正确传播。保证这些约束的一个简单的流程如下：

1）当一个动作在时间 t 被发送时，Release$[t,t]$ 约束施加在对应的间隔中，将开始时间限制为当前时间。

2）事实上，该动作在 $t+m$ 时段仍在执行用约束 Deadline$[t+m+1,\infty)$模拟这一动作在未来某个时间结束的事实。

3）当较低级别的执行人员在 $t+m+n$ 时刻发出一个动作已经完成时，约束截止时间 Deadline$[t+m+n,t+m+n]$被添加到 STP 中，因此约束了动作的结束时间。

每次添加约束时，都会重新计算最小 STP，即更新时间点的域（动作和谓词的开始和结束时间）。这样做，可以确保表示动作开始时间的时间点下限始终对应于最早允许的时间，在该时间点，这些动作应该被分派给机器人的执行层。这保证了在时间 CSP 中建模的所有时间约束将会继续执行。这些可能包括对规划的额外要求，如关于动作的必要排序、必须同时发生的动作和与外部事件同步的规范。

时间 CSP 的计算充分性要求在执行期间可以在线执行关于时间模型的推理。因此，关于时间的推理是一种实现故障诊断、保证及时行动调度，以及对机器人规划实施时间规范的方法。基于时间约束推理的机制已在许多涉及在实际物理系统上执行规划的环境中用作此目标的工具[14.41,42]。类似的技术已用于解释规划执行中的不可控事件[14.43]，从传感器轨迹推断上下文[14.44]，并综合上下文推断和规划[14.45]。Dechter 关于约束处理的书[14.46]对这些结果背后的时间约束推理的基本原理进行了很好的阐述。

14.3.3 空间推理

空间 KR 推理模式服务于指定的目标场景中所需的空间关系。至于时间模型，可以用来理解传感器轨迹，在规划执行期间强制执行条件，以及推动规划过程。大多数工作都集中在使用定性空间关系进行场景理解（如在感知锚定的背景下[14.47]）。结构模式识别的重要应用体现在医学界，它运用认知视觉技术来匹配定性空间知识（表示指定的结构）和感知语境[14.48,49]。在许多应用中，定性关系不属于定义明确的计算，而是定制成捕捉特定特征（如距离、姿态和形状），特别适用于指定模式和识别应用程序。与时间知识一样，定义良好的空间计算也是很有用的，因为它具有可证明的形式属性，如具体推理问题的可追溯性、语言的表现力等。良好的空间计算允许进行逻辑推理也不稀奇，它们基于类似于 PA 和 IA 的原则。下面举例说明这些原理，并展示它们在机器人上的应用。

定性空间计算的主要实体是物体，或者更确切地说，是它们占据的物理空间的区域（或点）。空间计算提供了一种代表这些区域之间关系的方法。有几种著名的和被广泛研究的定性计算，每种计算都集中于一类空间概念，如拓扑、方向和距离。区域连接计算（RCC）[14.50]用于表示和推理拓扑关系；基向计算（CDC）[14.51]是一种基于方向关系的方法；时间计算使用约束语言表示空间属性，并使用基于约束的经典推理技术，如路径一致性[14.52]来确定一致性。

这里特别感兴趣的是 RCC，它是基于描述区域连通性的八种空间关系，即断开（DC）、外部连接（EC）、切向适当部分（TPP）、非切向适当部分（NTPP）、部分重叠（PO）、相等（≡），以及逆 TPP^{-1} 和 $NTPP^{-1}$（图 14.6）。

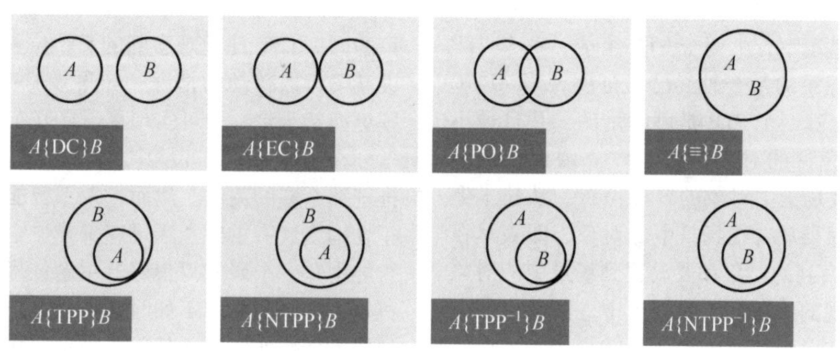

图 14.6 RCC 中的八种空间关系

从八种基本 RCC 关系导出的完整代数称为 RCC-8。对 RCC-8 的重要限制是 RCC-5，它通过将 DC 和 EC 归入一种关系，将 NTPP 和 TPP 归入另一种关系而获得。可满足性和最小 CSP 问题对于 RCC-8 和 RCC-5 来说都是 NP 难的——然而，如果将语言限制为基本关系（如 IA），并且已知 RCC-8 和 RCC-5 的大量可处理片段[14.53]，这些问题就会很容易解决。这些属性有用的一个例子是将建模关系锚定到观察到的空间布局问题。Cohn 等人[14.54]关于视频序列分析的工作就是一个例证，其中的问题是构建视频序列空间关系演化的定性表征。因为定性空间算法（RCC 的变体称为 CORE-9）的计算充分性，定性描述可以从网上获取。

类似于定性的时间推理，定性空间推理被用于证明规划执行的可靠性。例如，杯子应该放在茶托上（马克杯 NTPP 茶托）。就像之前在时间推理中所展示的那样，验证事件正确状态的任务可以交给 CSP，如果期望的空间布局是可观察的，那么该 CSP 保证可行。

然而，请注意，RCC 约束表示的只是对象之间的拓扑关系，不能表达像左、上等概念，因为对变量的唯一假设是它们是空间的凸区域。相反，矩形代数（RA）[14.55]表达的不仅仅是拓扑关系——假设物体具有特定的形状。具体来说，RA 是 IA 的二维扩展。因此，它的变量代表轴平行的矩形，是成对的 IA 关系，每个轴表示一对。

RA 可以像 IA 一样用度量界限来扩充，由此产生的演算称为 ARA^+[14.56]，包含拓扑关系和基数关系。如图 14.7 所示，关系为

$$B\langle \mathrm{p}[5,13],\mathrm{p}\rangle A \tag{14.16}$$

表示 B 在 x 轴和 y 轴上都位于 A 之前，并且 A 和 B 之间沿 x 轴的距离应至少为 5，最多为 13。ARA^+ 关系包含定性关系 A 在 B 的东北方向，以及 RCC 关系 $A\{DC\}B$。注意，矩形区域与分段对象在大多数感知模块中兼容，这一特点推动传感器数据发展为符号。为此，ARA^+ 提供一元约束条件，即 $\mathrm{At}[l_1,u_1][l_2,u_2][l_3,u_3][l_4,u_4]$ 及 $\mathrm{Size}[l_1,u_1][l_2,u_2][l_3,u_3][l_4,u_4]$。第一个约束限制了矩形边界的长度，而第二个约束限制了二维矩形的放置空间。请注意，At 约束执行的功能与 IA 度量扩展中使用的发布和截止日期约束类似，后者表示在时间间隔内指定的或感知的绝对位置。因此，可以直观地看到，在用于表示矩形在两个轴上投影的增强 IA CSP 中，如何使用发布和截止日期约束来实现 At 约束。

可以使用 ARA^+ 约束来表示对象的期望位置，无论是定性还是定量方面。例如，为服务员机器人准备的一张桌子的规范可以是

$\mathrm{Fork}\ \langle \mathrm{d}[5,+\infty)[5,+\infty),[5,+\infty)[5,+\infty)\rangle \mathrm{Table}$

$\mathrm{Knife}\ \langle \mathrm{d}[5,+\infty)[5,+\infty),[5,+\infty)[5,+\infty)\rangle \mathrm{Table}$

$\mathrm{Fork}\ \langle \mathrm{p},\mathrm{d}\rangle \mathrm{Mug}$

14

Mug ⟨p,d⟩ Knife
Mug Size[8,8][8,8]
Fork Size[2,2][15,15]
Knife Size[2,2][15,15] (14.17)

也就是说，叉子和刀子应该距离桌子边缘至少5cm，叉子应该位于马克杯的左侧和刀子的右侧，叉子和刀子的尺寸同为2×5cm^2，杯子的尺寸为8×8cm^2。

上述关系可以在一种基于低级别度量约束的表示法中得到维护，就像在时间推理中所说明的那样——在这种情况下，由两个STP组成，每个STP对应于参考坐标系的每个轴。已经证明，当ARAC CSP可满足时，这两个STP是可满足的，并且最小STP包含所有允许的对象位置[14.56]。因此，最小STP可用于提取场景中对象的容许位置。从技术上讲，这是通过对要放置在场景中的对象，即表示在空间CSP中观察到的对象和要放置到场景中的对象产生幻觉来实现的。在上面的例子中，假设机器人必须将杯子放在已经有叉子和刀子的桌子上，产生幻觉的对象就是杯子，而叉子和刀子将受到表示其观察位置的At约束。最小STP中所有变量的边界表示对象的所有容许位置。叉子和刀子将不会在最小表示中被细化，因为它们已经由观察产生的At约束所固定；相反，杯子矩形的边界会在最小表示中被细化，以仅包含允许wrt的点，即空间CSP中的其他约束。

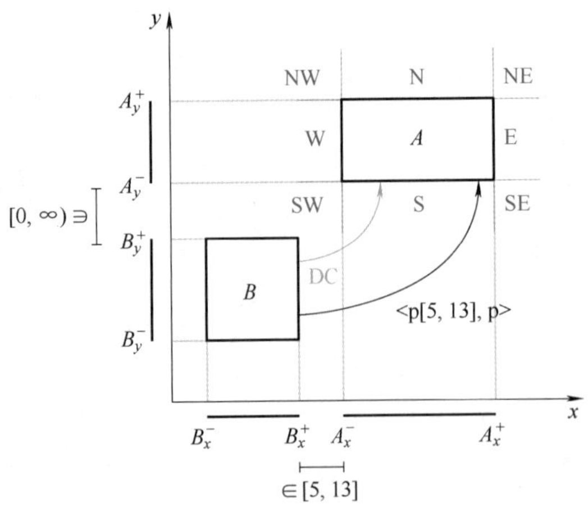

图 14.7 ARA$^+$关系 $B\langle p[5,13],p\rangle A$

注：$B\langle p[5,13],p\rangle A$ 包括RCC关系 $A\{DC\}B$ 和CDC关系，A 位于 B 的东北方向。

到目前为止，我们已经展示了如何使用基于约束的时空KR约束，允许将故障检测问题转化为易于处理的问题，这可以在线解决。这些表述有助于规划执行的另一个重要方面，即故障识别和修复[14.57]。很容易看出，为什么根据约束条件制定的显式表示有助于完成这些任务：假设叉子和刀子被正确地放在桌子上，从定性的角度来看——即叉子在刀子的左侧——但是它们之间的距离仅为5cm。由此产生的空间CSP将不会令人满意，因为在两件餐具之间不可能装下杯子（边框为8×8cm^2），如约束条件（Fork<p, d>Mug）和（Mug<p, d>Knife）所规定的空间CSP可在以下位置使用：没有At约束的同一CSP建模观察到的叉子位置表示，我们假设叉子可以移动的情况；如果该CSP是可满足的，则更换叉子是一种可实现桌子良好布置的方法。

在机器人应用环境中，空间推理没有受到时间推理那么多的关注。然而，人工智能和机器人学界正在围绕这一重要主题迅速聚焦。空间计算在人工智能中是一个研究得很好的主题，尽管空间推理在机器人学中的应用不如时间推理。随着机器人越来越能胜任操作和导航任务，表示和执行的问题对空间的高层次要求开始显现出来。与往常一样，这是认识论和计算充分性的结合空间KR形式的片段，使其在机器人应用中变得有用。事实上，定性和度量空间推理的潜力超出了规划和规划执行，在人机交互[14.58-60]和对象搜索[14.61]中有着积极的研究方向。

14.3.4 多重KR的推理模式

尽管它们很简单，但从用于说明时间和空间推理基本概念的例子可以看出，关于动作、时间、空间和机器人拥有的任何其他知识的推理必须同时发生。例如，将杯子放在桌子上的决定可能取决于桌子上其他对象的空间布局，或者取决于在这样做之前是否需要执行更紧急的任务。很容易看出，即使是这样一个简单的任务，也不能忽略运动学和几何约束，如可能需要从另一侧接近桌子，或者在放置杯子之前移动另一个对象。最近在综合任务和运动规划方面的工作是，对将这些形式的推理整合到规划中的需求的响应。如今，这被视为下一个重大挑战，在混合推理这一特定领域的一致性研究成果，正在缩小经典规划与实际机器人应用之间的差距[14.62-67]。

然而，我们认为，运动学和几何约束只是实现机器人行为所需的重要知识类型中的两种，整合其他类型知识的工作相对较少。DL推理已被用于生成高级规划[14.68]，以细化规划领域[14.69]，Galindo等人[14.70]展示了如何通过空间和本体模型来增强任务规划流程。将各种形式的推理整合到规划中的最大工作量集中在整合规划、时间和资源推理上，如度量与规划时间推理[14.71]、定性时间模型[14.44]、定性和度量组合时间推理[14.72]和资源调度[14.73-75]。

尽管这些进步有助于扩大机器人推理模型的表达能力，但它们并不建议对异构 KR 模式进行联合推理的一般化。如前所述，机器人应该拥有的知识类型最终取决于应用，使得这成为一个重要的基础研究问题。虽然该领域的工作很少，但确实存在一些指向一般解决方案方向的例子。其中包括规划模理论[14.76]，这是一个扩展的可满足性模理论(SMT)[14.77]，它丰富了经典规划模型，语义属于任意一阶理论。SMT 本身就是一般化方案的一个例子，Nedunuri 等人[14.78]已将其应用于机器人环境中，以强制执行动作和操纵任务的度量要求。文献中称为元约束推理的方法在结构上类似于 SMT，但它是基于更一般的 CSP 概念。元约束推理已用于开发高表达规划领域的求解器，包括定性和度量时间、资源和逻辑约束[14.79]。在机器人应用环境中，该方法已用于 ARA^+ 和资源中定性和度量时间、空间关系的在线规划[14.57]，以及多机器人系统的在线位形规划[14.80]。

14.3.5 机器人知识表征系统

在自主机器人控制系统中，我们在前面小节中讨论的信息类型不仅被表示和推理，而且还以子符号的方式用于生成感知引导运动。例如，机器人的感知系统可能通过解读传感器数据生成一些信息，如桌子上物体的外观和姿态。其他信息，如机器人在环境中的位置，可以使用状态估计算法进行估计，并存储在专用数据结构中。此外，符号动作描述必须转换为控制例程的低级参数化，以便生成动作并产生效果。

在机器人中体现抽象和符号推理的这些方面，至少部分是通过对 KR 和机器人推理的系统级研究来解决的。由此产生的系统作为机器人控制程序中的集成问答模块，从不同来源收集信息，并采用一系列推理方法来控制和参数化控制例程。

最新的系统包括基于本体的统一机器人知识（OUR-K）框架[14.81]，主要用于导航操作；ORO 系统[14.82]专注于人-机器人交互和对话的基础知识；KnowRob 系统[14.83]为机器人操作任务提供深入的知识；PEIS 生态[14.85]的语义层[14.84]服务于自主机器人和周围智能环境。在柯佳项目[14.86]中，答案集编程被用于在移动平台上集成 KR、自然语言处理、任务规划和运动规划的表示。此外，Soar[14.87]和 ACT-R 等经典认知架构也将存储知识的模块[14.88]与推理能力集成在一起，但很少用于机器人[14.89]。

在过去几年中取得了很大进展的一个领域是环境模型的创建和表示，通常称为语义地图（semantic maps）。物体识别技术的进步使机器人能够检测和感知环境中的单个物体，从而在各自的地图中存储关于这些物体的更高级语义信息。语义一词用于一系列不同的解释能力——从简单的环境分割和分类，到不同区域类型，再到对象的分割、分类和属性解释[14.90]，或者从场景中对象的共现[14.91]到描述逻辑中的环境表示[14.92]，从统计关系环境模型[14.93]到空间信息嵌入百科全书和知识库[14.94]。在第 14.3.3 节中讨论的许多推理任务，隐含地假设了表达性语义地图，它可以使符号化的位置描述（如桌子上或橱柜中）有效。

知识表征方面对于使用自然语言指导机器人，以及人机器人交互也变得越来越重要。为了理解涉及环境中物体的指令[14.95]，以及为了遵循口头指令[14.96-99]，机器人可能必须将听到或读出的文字固化到其感知和动作中。自然语言文本可能是与人直接交互的结果，但也可以从网络资源中获取，如用于挖掘对象位置的知识[14.100]或从网站中提取任务指令[14.101]（VIDEO 705）。

网络机器人学是机器人学的另一个分支，最近变得越来越重要。现代机器人控制系统将万维网用作信息资源[14.102]，用于共享知识和技能[14.103]，用于遥现应用[14.104]，使用网络服务[14.105]，并使用通过网络提供的计算资源[14.106]（VIDEO 706）。

14.4 基于规划的机器人控制

基于规划的控制是一种用于自主控制机器人的信息处理方法，旨在使机器人控制系统更加通用——至少在以下三个方面：首先，它使机器人能够成功地执行多种多样且可能相互干扰的任务；其次，它可以通过使控制软件适应各自的执行环境来改进操作过程；第三，基于规划的控制可以使机器人在不需要收集大量经验的情况下执行新任务。

在基于规划的方法中，机器人通过合成、维护和执行规划来生成动作和行为，其中规划是机器人的控制程序，机器人不仅可以执行，还可以推理和操纵[14.107]。因此，基于规划的控制器可以管理和调整规划，以便更好地完成复杂多变的任务[14.108]。规划的使用使机器人能够灵活地将复杂的和相互作用的任务交织在一起，利用机会，快速规划行动路线，并在必要时修改预期活动。

在基于规划的控制中，规划有两个角色：①可执行的指令，机器人可以解释这些指令，以生成行为，从而完成其工作；②表示，机器人可以合成和修改这些指令，以满足机器人的效用标准。除了具有表示和生成规划的方法，基于规划的控制器还配备了工具，使计算过程能够：①预测机器人控制器执行时可能发生的情况，并将结果作为执行场景返回；②在给定的场景下，推断机器人控制器可能出现的问题；③对机器人控制器进行复杂的修改。

一般来说，机器人规划可以被认为是机器人规划的自动生成、细化、修订和优化[14.107]。作为一个计算问题，它可以表述如下：给定一个抽象的规划 P 和对当前情况的描述，找到一个可执行的实现 Q，使某个目标函数 V 最大化。在这个问题表述中，一个抽象的规划可能是去购物和打扫公寓，赢得一场机器人足球比赛，使用自动直升机监控特定区域的交通，或者博物馆导游机器人告知并娱乐游客。

机器人规划算法的目标是通过假设可能的动作过程，并预测规划执行时可能发生的情况，以找到合适的规划。根据这些预测，机器人决定规划是否能达到其目标。

在本小节的剩余部分中，将首先讨论机器人规划的基本概念模型和机器人规划的表示方法，然后讨论机器人规划的自动合成，最后讨论如何根据经验修改规划和优化规划的机制。

14.4.1 基于规划的控制模型

规划的生成和对将要发生事情的预测主要基于机器人的模型及其动作。最常用的模型是状态转移系统（也称为离散事件系统或问题空间）[14.27]。

使用状态转移系统，行为和机器人活动的影响可以表示为三重 $\Sigma = \langle S, A, \gamma \rangle$

式中，$S=\{s_1, s_2, \cdots\}$ 是一组状态；$A=\{a_1, a_2, \cdots\}$ 是一组动作；$\gamma: S\times A\rightarrow S$ 是状态转移函数。

因此，机器人的动作序列可以表示为一个图，其中节点表示环境的状态和形式的链接，即

$$s_i \xrightarrow{A} s_j$$

表示机器人通过执行动作 A 可以将状态 s_i 转换为状态 s_j 这一事实。

设想一个机器人必须堆叠三个不同的物体，如一个茶杯、一个茶托和一个茶垫。在初始状态下，所有对象都放置在桌子表面上。机器人可以拾取一个对象（前提是上面没有其他对象），并可以将其放置在表面或另一个对象的顶部（前提是上面没有其他对象）。如果进一步假设每个对象都可以放置在所有其他对象上，并且一次只能移动一个对象（而不是两个对象堆叠在一起），那么将得到图 14.8 所示的状态空间。

状态转移模型抽象了机器人活动的各个方面，如动作的结构，以及动作执行期间引起的事件、行为和效果。动作被认为是导致基本状态发生转移的原因。

即使有了这些抽象，也需要研究规划问题中的许多变化。这些变化源于人们在规划问题时的计算复杂性、对机器人能力所作假设的强度，以及人们想要表示机器人行为及其动作效果的真实性方面所做的不同权衡。

状态转移模型的一个重要子类是通过指定其前置条件和效果来描述行为的模型[14.25,109,110]。前置条件表述了各自可执行并具有指定效果的条件，这些效果表示执行操作时环境的变化方式。

如果这些模型在逻辑表征语言（第 14.2 节）中被表述为公理，那么规划方法可能特别强大：它们可以从逻辑的角度计算序列或可证明的部分有序的动作集。这意味着规划算法可以找到保证将满足给定状态描述的任何状态转换为满足给定目标状态（如果存在这样的规划）的规划。不幸的是，在许多机器人应用中，这种公理化的动作模型太不现实。

状态转移模型的许多扩展提供了更真实地描述状态动作模型所需的表达能力。第一种扩展了状态转移模型，允许状态转移由动作和事件的组合（γ：$S\times A\times E\rightarrow S$）而不是动作本身引起。这种改变允许通过声明在执行动作时发生故障事件来表示动作失败，还允许近似地估计动态变化的环境。第二种扩展是更改状态转移函数，使其映射到状态子集而不是单个状态（γ：$S\times A\rightarrow 2^S$）。这种改变允许机器人通过不确定性推理，而这种不确定性在自主机器人执行现实活动时往往无法避免。其他研究人员扩展了用于基于规划的控制模型，包括允许机器人对其资源、操纵动作的几何方面[14.24,111]、感知动作等进行推理。

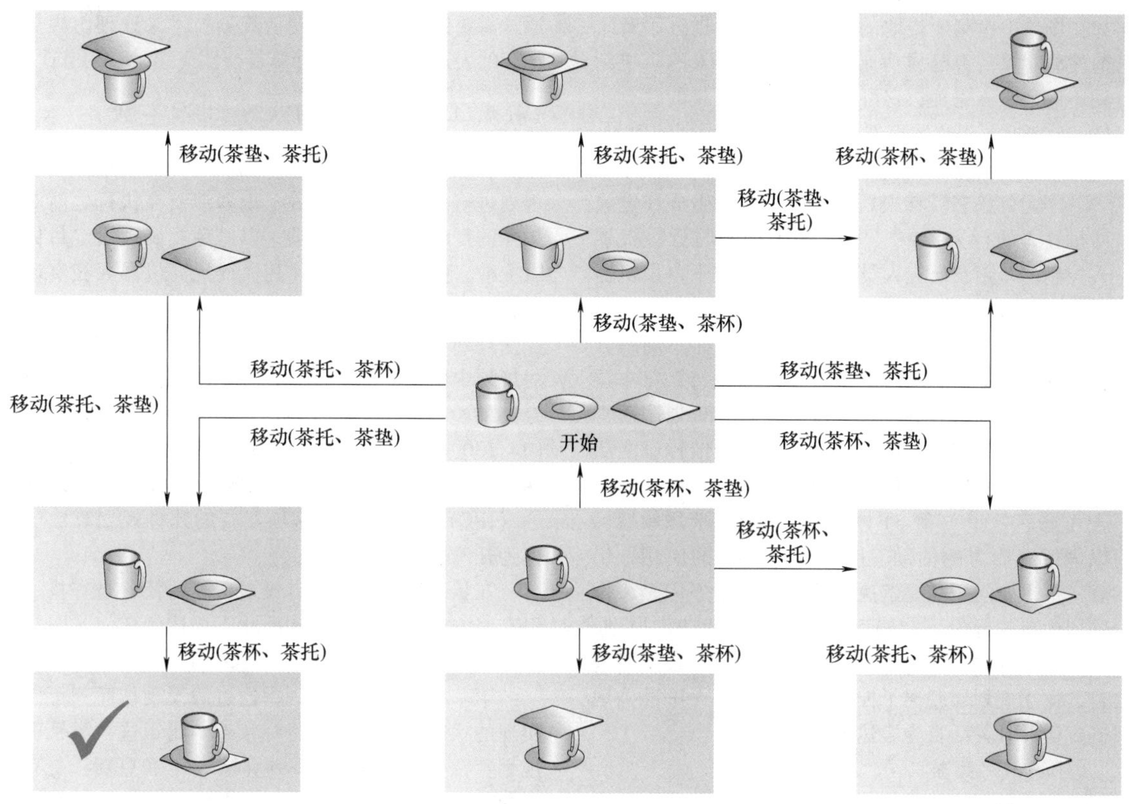

图 14.8 叠堆三个物体的状态空间

除了状态转移模型，研究人员还使用混合系统模型对机器人的活动进行推理[14.112-114]。在混合系统模型中，机器人的动作序列被指定为具有阶段操作的连续变量动力系统。在每个称为控制模式的阶段中，系统根据该模式的动力学规律（称为连续流）不断演化。因此，混合系统的状态可以看作是一对——控制模式与连续状态。控制模式识别流量，连续流量识别其中的位置。与每个控制模式相关的还有所谓的跳跃条件，它规定了离散状态和连续状态必须同时满足的条件，以便能够转移到另一个控制模式。这些转移会导致离散状态和连续状态的突然变化。跳转关系指定了跳转期间可能发生的系统变量的有效设置。然后直到下一个转移，连续状态根据新控制模式识别的流量进行演变。

与基于状态的概念化相比，基于混合系统概念化的优势在于，混合系统能够充分地建模且具有干扰连续效应的并发过程；它们还允许过程参数化的离散变化，需要通过并发反应模拟控制过程的激活、关闭和重新参数化（第 14.4.2 节）。此外，基于混合系统的概念化可以模拟等待和响应异步事件的过程意义。

虽然表达能力的提高使我们能够更真实地模拟当今自主操作机器人生成的行为，但在大多数情况下，这些模型过于复杂，无法从初始动作中完全合成动作规划。参考文献［14.115,116］中讨论了动作规划和控制之间需要解决的许多建模问题。

14.4.2 规划的表征

当机器人执行其活动时，它处于规划的控制之下。自主机器人控制中最常见的动作规划形式有：

1）状态转移规划，即完全或部分有序的原子动作集合。

2）策略，来自（感知的）环境状态至动作的映射。

3）反应式规划，指定机器人如何响应感官事件和执行失败，以完成其任务。

1. 状态转移规划

根据状态转移模型生成的机器人动作规划是有序的动作集，通常称为规划步骤。状态转移模型的假设，特别是规划步骤是最基础的，并且它们的执行可以被抽象出来，这在许多机器人应用中并不满足。要成功执行规划步骤，动作必须包括子动作，

14

如在场景中检测要提取的对象，或者在提升手臂之前检测对象是否已成功抓取。由于机器人的自主活动还远远不够完美，它可能无法生成必要的执行事件，或者它可以生成事件，但无法达到预期的效果。例如，物体可能会在被抓取后从机器人手中滑落。

因此，状态转移规划通常只能作为生成稳健灵活机器人的行为指南[14.117]。为了缩小与低级机器人控制的差距，研究人员已经提出了用于自主机器人活动的多层软件体系架构，特别是3T（3层）体系架构[14.118]（第12章）。3T体系架构在不同的软件层和不同的时间尺度上进行规划和执行，每一层使用不同形式的规划或行为规范语言。规划层通常使用问题空间规划，而执行层则采用反馈控制激活和关闭，中间层通常使用简单形式的反应性规划语言（见下文）。尽管3T体系架构在某些应用领域可以进行有能力的活动，但对于更复杂的应用，仍有一些重要问题需要解决。其中的一个原因是，排序层生成的行为可能偏离了用于规划的动作模型，这可能会导致规划组件无法按动作模型的预期进行，由于规划层脱离了控制结构，它也无法准确地确定健壮且灵活行为表达能力。

2. MDP 策略

第二种规划是策略，即从离散化的机器人状态到机器人动作的映射。这些策略被计算为马尔可夫决策问题的解（第14.2.2节）。MDP计算的策略旨在鲁棒性和优化平均性能。当决策的后果遥遥无期时，这些策略就不太合适。如何抓住一个对象的决定可能会极大地影响该对象在活动后期放置的难易程度。MDP策略的扩展，如组合编程、强化学习[14.119,120]和选项构建策略[14.121,122]在某种程度上可以解决这些问题。

3. 并发反应式规划语言

并发反应式规划语言是将编程语言设计方法应用于机器人行为规范的结果，它规定了机器人如何响应事件，包括感知和故障事件，以实现其目标[14.123]。这种规划语言提供了大量的控制结构，以支持结构化、透明化的同步，并监控并发控制过程、执行失败的检测和恢复、情景化的子规划执行、对异步事件的快速反应，以及用于描述待操纵对象的数据结构[14.124,125]。一些反应式规划语言也清晰地展示了机器人的信念、目标和意图[14.126-128]，甚至提供了强有力的推理机制，以使规划执行适应相应的情景[14.129]。

虽然并发反应式规划语言使机器人能够游刃有余地完成任务，但它们的表达能力太强，无法根据第一原则自动生成稳健、灵活的高性能规划。它们通常需要使用规划库和转换规划技术来处理由规划语言的表达能力引起的计算复杂性（第14.4.4节）。

14.4.3 机器人动作规划的生成

对规划进行推理的最常见形式是对给定问题的规划进行综合。一般来说，规划涉及在执行之前对预期的行动方案进行推理，以避免在实现给定目标时失败，防止意外的副作用，或提高机器人在实现其目标时的性能。

规划有许多不同的形式，规划类别也有许多，对规划中出现的问题也有许多不同的应对方法。综合性的介绍见专著［14.4，27］和综述性论文［14.130，131］。使用标准化的规范语言[14.109,110]，在国际人工智能规划竞赛中解决了广泛的规划问题（IPC）[14.132]。参与这项竞赛的几种规划算法已作为开源软件。

在状态转移规划中，规划系统的任务是查找一组有序的动作，将满足初始状态描述的任何状态转换为满足给定目标的状态。

第一类规划算法是列举通过假设动作序列可以实现的状态，直到达成目标状态。属于这一类别的规划算法包括STRIPS规划算法[14.25]和更新、更有效的算法，如快进（FF）规划算法[14.133]，以及这些算法的各种变体。

另一类规划算法是枚举表示规划集的抽象规划。这种方法的基本思想是，通过对抽象规划进行推理，规划算法可以通过对不同规划实例的共同因果结构进行推理，同时对不同的规划实例进行紧凑的推理。例如，部分顺序规划表示所有可能完成的规划。偏序规划（POP）算法是一系列算法，主要用于示教动作规划[14.130]，而GraphPlan[14.134]是一种算法，旨在规划流程效率[14.131]。

上述算法与领域无关：它们通过分析规划步骤的前提条件是否通过利用通用算法的先前动作的效果来实现，以计算规划。相反，依赖领域的规划器，使用相关领域知识，以约束和修改规划过程中要探索的搜索空间。这种领域知识的一个例子是对象的堆栈是自下而上构建的。依赖领域的规划器通常比独立领域的规划器更有效率。依赖领域的规划器有时间逻辑（TL）[14.135]和时间动作逻辑（TAL）规划器[14.19]。

另一类旨在处理更复杂规划问题的规划器是分层任务网络（HTN）规划器，它配备有规划模式库，用于指定如何将抽象的规划步骤分解为更复杂的子规划。这种规划器包括SHOP规划器[14.136]及其扩展，它们与描述逻辑相结合，并应用于自主机器人控制[14.69]。

由上述规划方法生成的规划在指定的行为方面具有相似的表达能力。规划器的主要区别是，它们能处理的规划问题的规模，以及解决规划问题的效率。

14.4.4 修订和改进规划

机器人动作规划方法可以扩展的另一个维度是，它们生成的规划在指定的机器人行为方面的表达能力，适合生成并发反应式规划方法的一个子类是转换规划（transformation planning）。

转换规划的基本思想是，将规划模式库中的规划放在一起并根据具体任务进行修改，而不是从头开始创建全新的规划[14.137]。转换规划也被称为规划修复（plan repair）或规划调试（plan debugging）[14.138,139]，并经常在生成-测试-调试控制策略中执行[14.140]。在应用程序中，转换规划是一种很有前途的方法，默认规划很有可能成功创建，通过投影进行测试，根据预期执行失败进行分析，并且可以使用失败对适当的规划修订进行索引。

转换规划包含了传统的规划方法，如偏序规划（POP），因为 POP 算法的操作可以简单地表示为转换。除了与传统规划相对应的转换，转换规划通常采用转换集合，包括特定领域的转换、启发式转换和规划优化转换[14.141]。如果规划器采用了无法保证有效的转换，它们可依靠强大的规划预测方法来测试生成的规划假设[14.142]。

对于执行复杂操作任务的自主机器人来说，转换规划是一种很有前途的方法，因为它可以使程序员很容易地指定如何修改规划，以避免某些预期的行为缺陷。例如，一个转换可以告诉机器人堆叠物品，以便在附加约束条件下更有效地运输物品，如它不应该堆叠太多物品，因为它可能会丢弃物品，或者它可以将一个物体堆叠在另一个物体上，但反之亦然——通常，将茶杯堆叠在茶托上是安全的，但不能将茶托堆叠在茶杯上。

转换规划不仅可以有效地促进规划的学习[14.139]，还可以通过学习特定环境中机器人可以堆叠和携带什么，以及不可以堆叠和携带什么来促进规划能力的学习。

14.4.5 其他推理方法

基于规划的机器人控制需要采用许多其他的推理方法，以产生合理的操作能力[14.143]。原因之一是机器人所要执行和子任务通常是不明确的：可能会要求机器人获取桌子上的螺丝刀，但是当它到达时可能有几种不同的螺丝刀。或者，机器人可能被要求切开一个鸡蛋，并且必须决定在哪里切开它，蛋黄和蛋清放在哪里，蛋壳该怎么处理等。当获取对象时，它必须对对象的抽象状态，如可见性和可达性进行推理。

第一个推理问题是对象身份解析，即判断现实环境中两个内部表示是否引用同一对象的推理任务。当接收到从桌上拿起红杯子的命令时，机器人必须在某个点上做出决定，即机器人感知系统返回的数据结构和语言描述引用同一对象。只有做出这种推断，机器人才能推断出它可以通过拾取特定的对象（它看到的对象）来完成给定的任务。在基于逻辑的表征中，这个问题更难解决，因为规划问题规范中使用的符号表示的是外部环境中的对象。在此设置中，对象身份解析问题变为符号基础问题[14.1]，即在给定环境中确定正确的或至少是最有可能的对象的问题，对应于逻辑表征中的每个常量和每个明确描述。对对象身份解析进行推理的最强大的推理方法是一阶概率推理机制，如参考文献［14.144］所述。

还需要其他重要的推理方法，从而更加真实地对活动模型中使用的一些谓词进行建模。值得特别处理的谓词包括可见性和可达性。例如，Asymov 规划器[14.111]解释了包括可达性条件在内的动作先决条件，并通过运动规划的存在来测试可达性。其他规划系统会考虑机器人为了执行复杂的感知任务应该采取的次优视图。在参考文献［14.66］中可以找到复杂的动作规划器，包括采用更通用几何推理能力的动作和运动规划。基于认知的规划采用此类推理方法，以便能根据应达到和避免的效果对动作进行参数化[14.62]。

14.5 结论与延展阅读

14.5.1 结论

本章的目的：首先，介绍了在机器人控制中使用通用推理的目的和好处；第二，从人工智能中勾勒出一些广为人知的、可用且最有可能在机器人上使用的通用推理方法；第三，更详细地讨论了基于规划的机器人控制，因为它是一种特别明显的形式，可以运用推理来改善机器人的动作。

然而，这一章只是勾勒了冰山一角。在自主移动机器人中使用符号推理，需要在机器人上拥有并更新环境的符号模型，或者至少是与当前任务相关的部分符号模型——但谁事先会知道与某项任务相关的是什么和不相关的是什么呢？因此，它需要能够在语义层面上解释当前传感器数据流，以将其转换为在KR中有意义的类别的符号描述。假定为机器人配备可能与其所处的每种情况相关的所有知识是不现实的，那么它需要某种形式的学习、概括和/或从可用资源中查找未知知识的能力。基于当前最先进的人工智能方法和技术，在机器人上实际使用人工智能推理方法所需的这些和更多要求还无法完全满足。因此，目前在其控制系统中采用人工智能推理方法的现有机器人原型，在通用性和适应性方面必然也会受到限制。

在机器人上采用人工智能推理方法并不是最近才出现的想法，这既是机遇，也是挑战。事实上，人工智能领域早期一些有影响力的工作就是在设计综合推理机器人的理念下推动的，如SHAKEY[14.145]（VIDEO 704）。因此，像参考文献［14.146］这样的早期人工智能教科书自然后将机器人学作为使用人工智能推理方法的目标领域。此后，人工智能领域一直关注机器人学之外的应用。最近，在将推理系统与自主机器人集成方面所做的努力，在很大程度上使最初的机器人启发视觉重新成为焦点，并召开了一系列关于人工智能辅助机器人学（如IROS 2013）或人工智能和机器人学（AAAI 2014）研讨会。这正是本章讨论的挑战和机遇。

14.5.2 延展阅读

为了更全面地介绍本章所介绍的通用方法，以及人工智能的其余部分，我们参考了人工智能教科书，其中由Russell和Norvig[14.4]编写的教科书是比较全面的，并且也是目前使用最广泛的。在第一手材料中，我想提两本期刊《人工智能》和《人工智能研究》[14.147]，这两部作品涵盖了这里所讨论的主题。该领域的主要国际会议是IJCAI国际人工智能联合会议（IJCAI）；欧洲人工智能会议（ECAI[14.148]）和人工智能促进协会主办的人工智能会议（AAAI[14.149]）。特别是在规划方面，国际自动规划与调度会议（ICAPS[14.150]）是主要的国际会议。

参考文献［14.151］回顾了和本章相同的主题，但其结构与慎思功能的结构框架有所差异。

视频文献

VIDEO 704 SHAKEY: Experimentation in robot learning and planning (1969)
available from http://handbookofrobotics.org/view-chapter/14/videodetails/704

VIDEO 705 From knowledge grounding to dialogue processing
available from http://handbookofrobotics.org/view-chapter/14/videodetails/705

VIDEO 706 RoboEarth final demonstrator
available from http://handbookofrobotics.org/view-chapter/14/videodetails/706

参考文献

14.1 S. Harnad: The symbol grounding problem, Physica D **42**, 335–346 (1990)

14.2 S. Coradeschi, A. Saffiotti: An introduction to the anchoring problem, Robotics Auton. Syst. **43**(2/3), 85–96 (2003)

14.3 F. Baader, D. Calvanese, D. McGuinness, D. Nardi, P. Patel-Schneider (Eds.): *The Description Logic Handbook* (Cambridge Univ. Press, Cambridge 2003)

14.4 S.J. Russell, P. Norvig: *Artificial Intelligence: A Modern Approach*, 3rd edn. (Pearson Education, Upper Saddle River 2010)

14.5 R.J. Brachman, H.J. Levesque: *Knowledge Representation and Reasoning* (Morgan Kaufmann, San Francisco 2004)

14.6 W.O. van Quine: *Methods of Logic*, 4th edn. (Harvard Univ. Press, Cambridge 1982)

14.7 Z. Manna, R. Waldinger: *The Deductive Foundations of Computer Programming: A One-Volume Version of "The Logical Basis for Computer Programming"* (Addison-Wesley, Reading 1993)

14.8 W. Hodges: Elementary predicate logic. In: *Handbook of Philosophical Logic*, Vol. 1, ed. by D. Gabbay, F. Guenthner (D. Reidel, Dordrecht 1983)

14.9 A. Robinson, A. Voronkov (Eds.): *Handbook of Automated Reasoning* (Elsevier, Amsterdam 2001)

14.10 M. Davis, G. Logemann, D. Loveland: A machine program for theorem proving, Communications ACM **5**(7), 394–397 (1962)

14.11 The international SAT Competitions web page: http://www.satcompetition.org/

14.12 The Web Ontology Language OWL: http://www.w3.

org/TR/owl-features/
14.13 OWL 2 Web Ontology Language Document Overview (Second Edition): http://www.w3.org/TR/owl2-overview/
14.14 P. Hitzler, M. Krötzsch, S. Rudolph: *Foundations of Semantic Web Technologies* (Chapman Hall/CRC, Boca Raton 2009)
14.15 J. McCarthy, P. Hayes: Some philosophical problems from the standpoint of artificial intelligence, Mach. Intell. **4**, 463–507 (1969)
14.16 H. Levesque, R. Reiter, Y. Lespérance, F. Lin, R. Scherl: Golog: A logic programming language for dynamic domains, J. Log. Program. **31**, 59–83 (1997)
14.17 M. Shanahan, M. Witkowski: High-level robot control through logic, ATAL '00: Proc. 7th Int. Workshop Intell. Agents VII. Agent Theor. Archit. Lang. (2001) pp. 104–121
14.18 M. Thielscher: *Reasoning Robots. The Art and Science of Programming Robotic Agents* (Springer, Berlin 2005)
14.19 P. Doherty, J. Kvarnström: TALplanner: A temporal logic based planner, AI Magazine **22**(3), 95–102 (2001)
14.20 K.L. Chung, F. AitSahila: *Elementary Probability Theory*, 4th edn. (Springer, Berlin, Heidelberg 2003)
14.21 J. Pearl: *Probabilistic Reasoning in Intelligent Systems* (Morgan Kaufmann, San Mateo 1988)
14.22 A.R. Cassandra, L.P. Kaelbling, M.L. Littman: *Acting Optimally in Partially Observable Stochastic Domains*, Tech. Rep. AAAI-94 (Department of Computer Science, Brown University, Providence 1994) pp. 1023–1028
14.23 R.E. Bellman: *Dynamic Programming* (Princeton Univ. Press, Princeton 1957)
14.24 L.P. Kaelbling, T. Lozano-Pérez: Integrated task and motion planning in belief space, Int. J. Robotics Res. **32**(9/10), 1194–1227 (2013)
14.25 R.E. Fikes, N.J. Nilsson: Strips: A new approach to theorem proving in problem solving, J. Artif. Intell. **2**, 189–208 (1971)
14.26 P.E. Hart, N.J. Nilsson, B. Raphael: A formal basis for the heuristic determination of minimum cost paths, IEEE Trans. Syst. Sci. Cybern. **4**(2), 100–107 (1968)
14.27 M. Ghallab, D.S. Nau, P. Traverso: *Automated Planning – Theory and Practice* (Elsevier, Amsterdam 2004)
14.28 A. Pnueli: The temporal logic of programs, Proc. 18th Annu. Symp. Found. Comput. Sci., Providence (1977) pp. 46–57
14.29 O. Kupferman, M.Y. Vardi: Model checking of safety properties, Form. Methods Syst. Des. **19**(3), 291–314 (2001)
14.30 E. Plaku, L.E. Kavraki, M.Y. Vardi: Hybrid systems: From verification to falsification by combining motion planning and discrete search, Form. Methods Syst. Des. **34**, 157–182 (2009)
14.31 A. Bhatia, M.R. Maly, L.E. Kavraki, M.Y. Vardi: Motion planning with complex goals, IEEE Robotics Autom. Mag. **18**(3), 55–64 (2011)
14.32 M. Vilain, H. Kautz, P. van Beek: Constraint propagation algorithms for temporal reasoning: A revised report. In: *Readings in Qualitative Reasoning About Physical Systems*, ed. by D.S. Weld, J. de Kleer (Morgan Kaufmann, San Francisco 1990) pp. 373–381
14.33 J. Allen: Towards a general theory of action and time, Artif. Intell. **23**(2), 123–154 (1984)
14.34 E.P.K. Tsang: *Foundations of Constraint Satisfaction* (Academic Press, London, San Diego 1993)
14.35 P. Jonsson, A. Krokhin: Complexity classification in qualitative temporal constraint reasoning, Artif. Intell. **160**(1/2), 35–51 (2004)
14.36 G. Ligozat: A new proof of tractability for ORD-horn relations, AAAI Workshop Spat. Temp. Reason., Portland (1996)
14.37 U. Montanari: Networks of constraints: Fundamental properties and applications to picture processing, Inf. Sci. **7**, 95–132 (1974)
14.38 R.W. Floyd: Algorithm 97: Shortest path, Communications ACM **5**(6), 345 (1962)
14.39 L. Xu, B.Y. Choueiry: A new efficient algorithm for solving the simple temporal problem, Proc. 4th Int. Conf. Temp. Log., Cairns (2003)
14.40 L.R. Planken, M.M. De Weerdt, R.P.J. van der Krogt: P3C: A new algorithm for the simple temporal problem, Proc. Int. Conf. Autom. Plan. Sched. (ICAPS), Sydney (2008) pp. 256–263
14.41 C. McGann, F. Py, K. Rajan, J. Ryan, R. Henthorn: Adaptive control for autonomous underwater vehicles, Proc. 23rd Natl. Conf. Artif. Intell., Chicago (2008) pp. 1319–1324
14.42 B.C. Williams, M.D. Ingham, S.H. Chung, P.H. Elliott: Model-based programming of intelligent embedded systems and robotic space explorers, Proceedings IEEE **91**(1), 212–237 (2003)
14.43 T. Vidal, H. Fargier: Handling contingency in temporal constraint networks: From consistency to controllabilities, J. Exp. Theor. Artif. Intell. **11**, 23–45 (1999)
14.44 P. Doherty, J. Kvarnström, F. Heintz: A temporal logic-based planning and execution monitoring framework for unmanned aircraft systems, J. Auton. Agents Multi-Agent Syst. **2**(2), 332–377 (2009)
14.45 F. Pecora, M. Cirillo, F. Dell'Osa, J. Ullberg, A. Saffiotti: A constraint-based approach for proactive, context-aware human support, J. Ambient Intell. Smart Environ. **4**(4), 347–367 (2012)
14.46 R. Dechter: *Constraint Processing*, The Morgan Kaufmann Series in Artificial Intelligence (Morgan Kaufmann, San Francisco 2003) pp. 155–165
14.47 A. Loutfi, S. Coradeschi, M. Daoutis, J. Melchert: Using knowledge representation for perceptual anchoring in a robotic system, Int. J. Artif. Intell. Tools **17**(5), 925–944 (2008)
14.48 O. Colliot, O. Camara, I. Bloch: Integration of fuzzy spatial relations in deformable models – Application to brain MRI segmentation, Pattern Recogn. **39**(8), 1401–1414 (2006)
14.49 X. Wang, J.M. Keller, P. Gader: Using spatial relationships as features in object recognition, Annu. Meet. North Am. Fuzzy Inf. Proces. Soc., Syracuse (1997)
14.50 D.A. Randell, Z. Cui, A.G. Cohn: A Spatial Logic based on Regions and Connection, Proc. Int. Conf. Princ. Knowl. Represent. Reason., Cambridge (1992)
14.51 S. Skiadopoulos, M. Koubarakis: Composing cardinal direction relations, Artif. Intell. **152**(2), 143–

171 (2004)
14.52 J. Renz, B. Nebel: Qualitative spatial reasoning using constraint calculi. In: *Handbook of Spatial Logics*, ed. by M. Aiello, I. Pratt-Hartmann, J.F.A.K. van Benthem (Springer, Berlin, Heidelberg 2007) pp. 161–215
14.53 T. Drakengren, P. Jonsson: A complete classification of tractability in Allen's algebra relative to subsets of basic relations, Artif. Intell. **106**(2), 205–219 (1998)
14.54 A.G. Cohn, J. Renz, M. Sridhar: Thinking inside the box: A comprehensive spatial representation for video analysis, Proc. 13th Int. Conf. Princ. Knowl. Represent. Reason., Rome (2012) pp. 588–592
14.55 P. Balbiani, J.-F. Condotta, L. Farinas Del Cerro: A new tractable subclass of the rectangle algebra, Proc. 16th Int. Jt. Conf. Artif. Intell., Stockholm (1999) pp. 442–447
14.56 M. Mansouri, F. Pecora: A representation for spatial reasoning in robotic planning, Proc. IROS Workshop AI-Based Robotics, Tokyo (2013)
14.57 M. Mansouri, F. Pecora: More knowledge on the table: Planning with space, time and resources for robots, IEEE Int. Conf. Robotics Autom. (ICRA), Hong Kong (2014) pp. 647–654
14.58 M. Skubic, D. Perzanowski, S. Blisard, A. Schultz, W. Adams, M. Bugajska, D. Brock: Spatial language for human-robot dialogs, IEEE Trans. Syst. Man Cybern. C **34**(2), 154–167 (2004)
14.59 R. Moratz, T. Tenbrink: Spatial reference in linguistic human-robot interaction: Iterative, empirically supported development of a model of projective relations, Spat. Cogn. Comput. **6**(1), 63–107 (2006)
14.60 S. Guadarrama, L. Riano, D. Golland, D. Gouhring, Y. Jia, D. Klein, P. Abbeel, T. Darrell: Grounding spatial relations for human-robot interaction, IEEE/RSJ Int. Conf. Intell. Robots Syst. (IROS), Tokyo (2013) pp. 1640–1647
14.61 L. Kunze, K.K. Doreswamy, N. Hawes: Using qualitative spatial relations for indirect object search, IEEE Int. Conf. Robotics Autom. (ICRA), Hong Kong (2014) pp. 163–168
14.62 L. Mosenlechner, M. Beetz: Parameterizing actions to have the appropriate effects, Proc. IEEE/RSJ Int. Conf. Intell. Robots Syst., San Francisco (2011) pp. 4141–4147
14.63 A. Gaschler, R.P.A. Petrick, M. Giuliani, M. Rickert, A. Knoll: KVP: A knowledge of volumes approach to robot task planning, Proc. IEEE/RSJ Int. Conf. Intell. Robots Syst., Tokyo (2013) pp. 202–208
14.64 G. Havur, K. Haspalamutgil, C. Palaz, E. Erdem, V. Patoglu: A case study on the Tower of Hanoi challenge: Representation, reasoning and execution, IEEE Int. Conf. Robotics Autom. (ICRA), Tokyo (2013) pp. 4552–4559
14.65 L. de Silva, A.K. Pandey, R. Alami: An interface for interleaved symbolic-geometric planning and backtracking, IEEE/RSJ Int. Conf. Intell. Robots Syst. (IROS), Tokyo (2013) pp. 232–239
14.66 L.P. Kaelbling, T. Lozano-Pérez: Hierarchical task and motion planning in the now, IEEE Int. Conf. Robotics Autom. (ICRA) (2011) pp. 1470–1477
14.67 F. Lagriffoul, D. Dimitrov, A. Saffiotti, L. Karlsson: Constraint propagation on interval bounds for dealing with geometric backtracking, Proc. IEEE/RSJ Int. Conf. Intell. Robots Syst., Vilamoura (2012) pp. 957–964
14.68 G. de Giacomo, L. Iocchi, D. Nardi, R. Rosati: Moving a robot: the KR&R approach at work, Proc. 5th Int. Conf. Princ. Knowl. Represent. Reason. (KR'96), Cambridge (1996) pp. 198–209
14.69 R. Hartanto, J. Hertzberg: Fusing DL reasoning with HTN planning, Lect. Notes Comput. Sci. **5243**, 62–69 (2008)
14.70 C. Galindo, J.A. Fernandez-Madrigal, J. Gonzalez, A. Saffiotti: Using semantic information for improving efficiency of robot task planning, Proc. ICRA-07 Workshop Semant. Inf. Robotics, Rome (2007) pp. 27–32
14.71 W. Cushing, S. Kambhampati, Mausam, D.S. Weld: When is temporal planning really temporal?, Proc. 20th Int. Jt. Conf. Artif. Intell., Hyderabad (2007)
14.72 J.L. Bresina, A.K. Jónsson, P.H. Morris, K. Rajan: Activity planning for the Mars exploration rovers, Proc. 15th Int. Conf. Autom. Plan. Sched. (ICAPS), Monterey (2005) pp. 1852–1859
14.73 M. Cirillo, F. Pecora, H. Andreasson, T. Uras, S. Koenig: Integrated motion planning and coordination for industrial vehicles, Proc. 24th Int. Conf. Autom. Plan. Sched. (ICAPS), Portsmouth (2014)
14.74 S. Fratini, F. Pecora, A. Cesta: Unifying planning and scheduling as timelines in a component-based perspective, Arch. Control Sci. **18**(2), 231–271 (2008)
14.75 M. Ghallab, H. Laruelle: Representation and control in IxTeT, a temporal planner, Proc. 2nd Int. Conf. Artif. Intell. Plan. Syst. (AIPS-94), Chicago (1994) pp. 61–67
14.76 P. Gregory, D. Long, M. Fox, J.C. Beck: Planning modulo theories: Extending the planning paradigm, Proc. 15th Int. Conf. Autom. Plan. Sched. (ICAPS), São Paulo (2012)
14.77 R. Nieuwenhuis, A. Oliveras, C. Tinelli: Solving SAT and SAT modulo theories: From an abstract Davis–Putnam–Logemann–Loveland procedure to DPLL(T), Journal ACM **53**, 937–977 (2006)
14.78 S. Nedunuri, S. Prabhu, M. Moll, S. Chaudhuri, L.E. Kavraki: SMT-based synthesis of integrated task and motion plans for mobile manipulation, IEEE Int. Conf. Robotics Autom. (ICRA), Hong Kong (2014)
14.79 U. Köckemann, L. Karlsson, F. Pecora: Grandpa hates robots – Interaction constraints for planning in inhabited environments, Proc. 28th Conf. Artif. Intell., Quebéc City (2014)
14.80 M. Di Rocco, F. Pecora, A. Saffiotti: When robots are late: Configuration planning for multiple robots with dynamic goals, Proc. IEEE/RSJ Int. Conf. Intell. Robots Syst., Tokyo (2013)
14.81 G.H. Lim, I.H. Suh, H. Suh: Ontology-based unified robot knowledge for service robots in indoor environments, IEEE Trans. Syst. Man Cybern. A **41**(3), 492–509 (2011)
14.82 S. Lemaignan, R. Ros, L. Mösenlechner, R. Alami, M. Beetz: ORO, a knowledge management module for cognitive architectures in robotics, Proc. 2010 IEEE/RSJ Int. Conf. Intell. Robots Syst., Taipei (2010) pp. 3548–3553

14.83 M. Tenorth, M. Beetz: KnowRob – A knowledge processing infrastructure for cognition-enabled robots, Int. J. Robotics Res. **32**(5), 566–590 (2013)

14.84 M. Daoutis, S. Coradeschi, A. Loutfi: Grounding commonsense knowledge in intelligent systems, J. Ambient Intell. Smart Environ. **1**(4), 311–321 (2009)

14.85 A. Saffiotti, M. Broxvall, M. Gritti, K. LeBlanc, R. Lundh, J. Rashid, B.S. Seo, Y.J. Cho: The PEIS-Ecology project: Vision and results, IEEE/RSJ Int. Conf. Intell. Robots Syst. (IROS), Nice (2008) pp. 2329–2335

14.86 X. Chen, J. Ji, J. Jiang, G. Jin, F. Wang, J. Xie: Developing high-level cognitive functions for service robots, Proc. 9th Int. Conf. Auton. Agents Multiagent Syst., Toronto (2010) pp. 989–996

14.87 J.F. Lehman, J.E. Laird, P. Rosenbloom: A gentle introduction to Soar, an architecture for human cognition, Invit. Cogn. Sci. **4**, 212–249 (1996)

14.88 N. Derbinsky, J.E. Laird: Extending soar with dissociated symbolic memories, Symp. Human Mem. Artif. Agents, AISB (2010) pp. 31–37, http://ai.eecs.umich.edu/soar/sitemaker/docs/pubs/aisb2010_rwwa_soar9.pdf

14.89 W.G. Kennedy, M. Rouleau, J.K. Bassett: Multiple levels of cognitive modeling within agent-based modeling, Proc. 18th Conf. Behav. Represent. Model. Simul., Sundance (2009) pp. 143–144

14.90 R.B. Rusu, Z.C. Marton, N. Blodow, M. Dolha, M. Beetz: Towards 3D point cloud based object maps for household environments, Robotics Auton. Syst. J. Semant. Knowl. Robotics **56**(11), 927–941 (2008)

14.91 S. Vasudevan, R. Siegwart: Bayesian space conceptualization and place classification for semantic maps in mobile robotics, Robotics Auton. Syst. **56**(6), 522–537 (2008)

14.92 H. Zender, O. Martinez Mozos, P. Jensfelt, G.J.M. Kruijff, W. Burgard: Conceptual spatial representations for indoor mobile robots, Robotics Auton. Syst. **56**(6), 493–502 (2008)

14.93 B. Limketkai, L. Liao, D. Fox: Relational object maps for mobile robots, Proc. Int. Jt. Conf. Artif. Intell. (IJCAI) (2005) pp. 1471–1476

14.94 M. Tenorth, L. Kunze, D. Jain, M. Beetz: KNOWROB-MAP – Knowledge-linked semantic object maps, 10th IEEE-RAS Int. Conf. Humanoid Robots, Nashville (2010) pp. 430–435

14.95 N. Mavridis, D. Roy: Grounded situation models for robots: Where words and percepts meet, Proc. 2006 IEEE/RSJ Int. Conf. Intell. Robots Syst., Beijing (2006) pp. 4690–4697

14.96 D.K. Misra, J. Sung, K. Lee, A. Saxena: Tell me Dave: Context-sensitive grounding of natural language to mobile manipulation instructions, Proc. Robotics Sci. Syst. (RSS) (2014)

14.97 T. Kollar, S. Tellex, D. Roy, N. Roy: Toward understanding natural language directions, Proc. 5th AMC/IEEE Int. Conf. Hum.-Robot Interact. (HRI), Osaka (2010) pp. 259–266

14.98 C. Matuszek, E. Herbst, L. Zettlemoyer, D. Fox: Learning to parse natural language commands to a robot control system, Proc. 13th Int. Symp. Exp. Robotics (ISER) Québec City (2012) pp. 403–415

14.99 F. Duvallet, T. Kollar, A. Stentz: Imitation learning for natural language direction following through unknown environments, 2013 IEEE Int. Conf. Robotics Autom. (ICRA) (2013) pp. 1047–1053

14.100 K. Zhou, M. Zillich, H. Zender, M. Vincze: Web mining driven object locality knowledge acquisition for efficient robot behavior, IEEE/RSJ Int. Conf. Intell. Robots Syst. (IROS), Vilamoura (2012) pp. 3962–3969

14.101 M. Tenorth, D. Nyga, M. Beetz: Understanding and executing instructions for everyday manipulation tasks from the World Wide Web, IEEE Int. Conf. Robotics Autom. (ICRA), Anchorage (2010) pp. 1486–1491

14.102 M. Tenorth, U. Klank, D. Pangercic, M. Beetz: Web-enabled robots – Robots that use the web as an information resource, Robotics Autom. Mag. **18**(2), 58–68 (2011)

14.103 M. Waibel, M. Beetz, R. D'Andrea, R. Janssen, M. Tenorth, J. Civera, J. Elfring, D. Gálvez-López, K. Häussermann, J.M.M. Montiel, A. Perzylo, B. Schießle, O. Zweigle, R. van de Molengraft: RoboEarth – A world wide web for robots, Robotics Autom. Mag. **18**(2), 69–82 (2011)

14.104 S. Osentoski, B. Pitzer, C. Crick, G. Jay, S. Dong, D.H. Grollman, H.B. Suay, O.C. Jenkins: Remote robotic laboratories for learning from demonstration – Enabling user interaction and shared experimentation, Int. J. Soc. Robotics **4**(4), 449–461 (2012)

14.105 M.B. Blake, S.L. Remy, Y. Wei, A.M. Howard: Robots on the web, IEEE Robotics Autom. Mag. **18**, 33–43 (2011)

14.106 D. Hunziker, M. Gajamohan, M. Waibel, R. D'Andrea: Rapyuta: The RoboEarth cloud engine, IEEE Int. Conf. Robotics Autom. (ICRA) (2013) pp. 438–444

14.107 D. McDermott: Robot planning, AI Magazine **13**(2), 55–79 (1992)

14.108 M.E. Pollack, J.F. Horty: There's more to life than making plans: Plan management in dynamic, multiagent environments, AI Magazine **20**(4), 71–83 (1999)

14.109 D. McDermott, M. Ghallab, A. Howe, C. Knoblock, A. Ram, M. Veloso, D. Weld, D. Wilkins: *PDDL – The Planning Domain Definition Language*, Tech. Rep. CVC TR-98-003/DCS TR-1165 (Yale Center for Computational Vision and Control, New Haven 1998)

14.110 M. Fox, D. Long: PDDL2.1: An extension of PDDL for expressing temporal planning domains, J. Artif. Intell. Res. **20**, 61–124 (2003)

14.111 F. Gravot, S. Cambon, R. Alami: aSyMov: A planner that deals with intricate symbolic and geometric problems, Springer Tracts Adv. Robotics **15**, 100–110 (2005)

14.112 R. Alur, T. Henzinger, H. Wong-Toi: Symbolic analysis of hybrid systems, Proc. 37th IEEE Conf. Decis. Control, Tampa (1997) pp. 702–707

14.113 R. Alur, T. Henzinger, P. Ho: Automatic symbolic verification of embedded systems, IEEE Trans. Softw. Eng. **22**, 181–201 (1996)

14.114 M. Beetz, H. Grosskreutz: Probabilistic hybrid action models for predicting concurrent percept-driven robot behavior, J. Artif. Intell. Res. **24**, 799–

849 (2005)
14.115 K. Passino, P. Antsaklis: A system and control-theoretic perspective on artificial intelligence planning systems, Appl. Artif. Intell. **3**, 1–32 (1989)
14.116 T. Dean, M. Wellmann: *Planning and Control* (Morgan Kaufmann Publishers, San Mateo 1991)
14.117 R. Alami, R. Chatila, S. Fleury, M. Ghallab, F. Ingrand: An architecture for autonomy, Int. J. Robotics Res. **17**(4), 315–337 (1998)
14.118 R.P. Bonasso, R.J. Firby, E. Gat, D. Kortenkamp, D.P. Miller, M.G. Slack: Experiences with an architecture for intelligent, reactive agents, J. Exp. Theor. Artif. Intell. **9**(2/3), 237–256 (1997)
14.119 D. Andre, S. Russell: Programmable reinforcement learning agents, Proc. 13th Conf. Neural Inf. Process. Syst. (2001) pp. 1019–1025
14.120 D. Andre, S.J. Russell: State abstraction for programmable reinforcement learning agents, 18th Natl. Conf. Artif. Intell., Edmonton (2002) pp. 119–125
14.121 R.S. Sutton, D. Precup, S.P. Singh: Between MDPs and Semi-MDPs: A framework for temporal abstraction in reinforcement learning, Artif. Intell. **112**(1/2), 181–211 (1999)
14.122 D. Precup: Temporal Abstraction in Reinforcement Learning, Ph.D. Thesis (University of Massachusetts, Amherst 2000)
14.123 M. Beetz: Structured reactive controllers, J. Auton. Agents Multi-Agent Syst. **4**(1/2), 25–55 (2001)
14.124 D. McDermott: *A Reactive Plan Language* (Yale University, New Haven 1991)
14.125 M. Ingham, R. Ragno, B. Williams: A reactive model-based programming language for robotic space explorers, Proc. 6th Int. Symp. Artif. Intell. Robotics Autom. Space (ISAIRAS) (2001)
14.126 M. Bratman: *Intention, Plans, and Practical Reason* (Harvard Univ. Press, Cambridge 1987)
14.127 M. Bratman, D. Israel, M. Pollack: Plan and resource-bounded practical reasoning, Comput. Intell. **4**, 349–355 (1988)
14.128 M. Georgeff, F. Ingrand: Decision making in an embedded reasing system, Proc. 11th Int. Jt. Conf. Artif. Intell. (1989) pp. 972–978
14.129 M. Beetz, D. Jain, L. Mosenlechner, M. Tenorth, L. Kunze, N. Blodow, D. Pangercic: Cognition-enabled autonomous robot control for the realization of home chore task intelligence, Proceedings IEEE **100**(8), 2454–2471 (2012)
14.130 D.S. Weld: An introduction to least commitment planning, AI Magazine **15**(4), 27–61 (1994)
14.131 D.S. Weld: Recent advances in AI planning, AI Magazine **20**(2), 93–123 (1999)
14.132 D.V. McDermott: The 1998 AI planning systems competition, AI Magazine **21**(2), 35–55 (2000)
14.133 J. Hoffmann, B. Nebel: The FF planning system: Fast plan generation through heuristic search, J. Artif. Intell. Res. **14**, 253–302 (2001)
14.134 A.L. Blum, M.L. Furst: Fast planning through plan graph analysis, J. Artif. Intell. **90**, 281–300 (1997)
14.135 F. Bacchus, F. Kabanza: Planning for temporally extended goals, Ann. Math. Artif. Intell. **22**(1/2), 5–27 (1998)
14.136 D. Nau, O. Ilghami, U. Kuter, J.W. Murdock, D. Wu, F. Yaman: SHOP2: An HTN planning system, J. Artif. Intell. Res. **20**, 379–404 (2003)
14.137 D. McDermott: *Transformational planning of reactive behavior*, Tech. Rep. (Yale University, New Haven 1992)
14.138 P. H. Winston: *Learning Structural Descriptions from Examples*, AI Tech. Rep. 231 (MIT, Cambridge 1970)
14.139 K.J. Hammond: *Case-Based Planning: Viewing Planning as a Memory Task* (Academic Press, Waltham 1989)
14.140 R.G. Simmons: A theory of debugging plans and interpretations, Proc. 7th Natl. Conf. Artif. Intell. (1988) pp. 94–99
14.141 M. Beetz: *Concurrent Reactive Plans: Anticipating and Forestalling Execution Failures*, Lecture Notes in Artificial Intelligence, Vol. 1772 (Springer, Berlin, Heidelberg, 2000)
14.142 H. Grosskreutz: Probabilistic projection and belief update in the pGOLOG framework. In: *Informatik 2000*, Informatik Aktuell, ed. by K. Mehlhorn, G. Snelting (Springer, Berlin, Heidelberg 2000) pp. 233–249
14.143 L. Morgenstern: Mid-sized axiomatizations of commonsense problems: A case study in egg cracking, Studia Log. **67**(3), 333–384 (2001)
14.144 N. Blodow, D. Jain, Z.-C. Marton, M. Beetz: Perception and probabilistic anchoring for dynamic world state logging, Proc. 10th IEEE-RAS Int. Conf. Humanoid Robots (Humanoids) (2010) pp. 160–166
14.145 N.J. Nilsson: *Shakey the Robot*, Tech. Note , Vol. TN 323 (SRI International, Stanford 1984) http://www.ai.sri.com/shakey/
14.146 B. Raphael: *The Thinking Computer: Mind Inside Matter* (W.H. Freeman, San Francisco 1976)
14.147 Journal of Artificial Intelligence Research: http://www.jair.org/
14.148 European Conference on Artificial Intelligence: http://www.eccai.org/ecai.shtml
14.149 AAAI Conference on Artificial Intelligence: http://www.aaai.org/Conferences/AAAI/aaai.php
14.150 International Conference on Automated Planning and Scheduling: http://www.icaps-conference.org/
14.151 F. Ingrand, M. Ghallab: Robotics and artificial intelligence: A perspective on deliberation functions, AI Communications **27**(1), 63–80 (2014)

第 15 章

机器人学习

Jan Peters，Daniel D. Lee，Jens Kober，Duy Nguyen-Tuong，
J. Andrew Bagnell，Stefan Schaal

机器学习为机器人学提供了一个框架和一套工具，用于设计异常复杂的行为；相反，机器人学问题所面临的挑战为机器人学习的开发提供了灵感、影响和验证。学科之间的关系往往被比作物理学与数学之间的关系。在本章中，我们试图通过对机器人学习领域的研究工作来加强这两个研究群体之间的联系，以促进机器人的学习控制和行为生成。我们强调了机器人学习中的关键挑战和值得注意的成功因素。我们讨论了如何降低本领域的复杂性，并研究算法、表示和先验知识在实现这些成功中的作用。因此，本章的重点在于用于控制的模型学习和机器人强化学习。我们展示了机器学习方法如何被有效应用，并注意到整个开放性问题和未来研究的巨大潜力。

目　录

未来，机器人将成为人类社会日常生活的一部分，从临床应用、教育和护理到一般家庭环境、灾难场景和空间探索，机器人将为许多领域提供帮助[15.1]。机器人将不再仅用于执行数以千计同质性的任务，而是将面临更多的挑战，在不断变化的环境中执行基本不重复的多样化任务[15.2]。这时，很难再对这类机器人所有可能完成的任务和场景进行编程；相反，将需要机器人能够自主学习或在人类的帮助下学习。它们需要自动适应随机和动态环境，以及因磨损而产生的变化。对于实现这种高度自主，并让未来的机器人能够感知环境和动作，机器学习是十分必要的。

15.1 什么是机器人学习

机器人学习（Robot learning）包括机器人学背景下的多种机器学习方法。学习问题的类型通常以反馈类型、数据生成过程和数据类型为主要特征。同时，数据类型将决定实际可采用的机器人学习方

法。虽然机器人学习领域包含大量的主题，从感知学习、状态抽象、决策到机器人概率技术[15.3-5]，但本章重点关注的是学习行为的生成和控制问题。如图 15.1 所示，我们使用两个关键要素来解释机器人学习：①数据和反馈方面的设置；②学习方法。

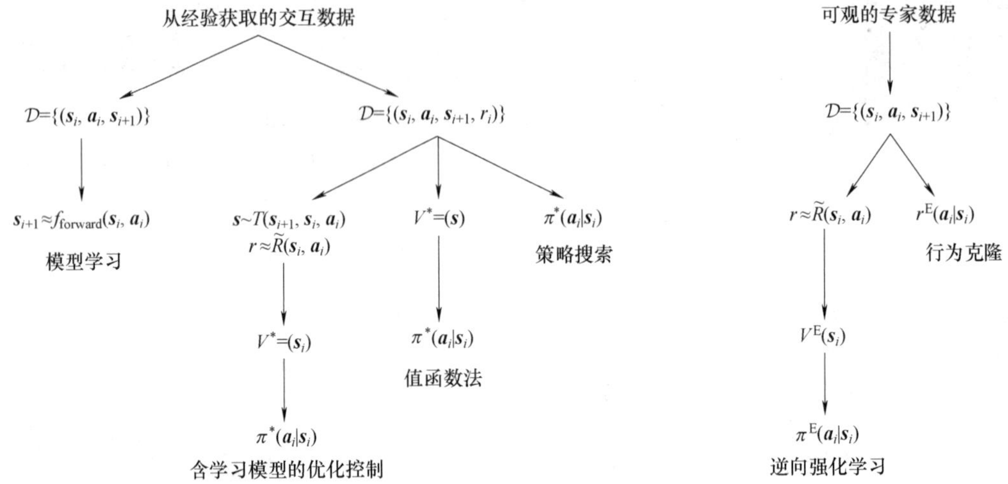

图 15.1 机器人学习用于动作生成和控制的主要分支

注：现有数据 $\mathcal{D}$ 和从数据中学习的方法。对于数据集来说，一个关键的区别在于，它们是由观察到的专家演示生成的，还是由机器人的体现经验产生的。数据集一般包括至少由状态 s_i、动作 a_i 和下一个状态 s_{i+1} 组成的样本 i。然而，在许多情况下，一个以奖励形式的质量评估 r_i 可作为反馈。树上的枝条说明了核心的机器人这里考虑的学习问题。模型学习从数据中生成一个模型 $T(s_{i+1}, s_i, a_i)$。强化学习方法需要一个奖励，以获得一个最优的策略 π^*。基于模型的方法通常学习一个模型，然后从中构建出最优的值函数和策略。无模型方法要么学习价值，在没有模型知识的情况下，从数据中提取函数来构建策略，而策略搜索方法则对策略进行优化，直接基于交互数据。专家数据可以重现观察到的行为 π^E。这两个分支在机器人学习中具有特别重要的意义：通过行为克隆的模仿学习，可以通过有监督地处理学习，并在本书第3卷第74章中详细讨论。通过逆向 RL 的模仿学习重建专家奖励函数，并使用强化学习方法重新构建专家的策略（此图的灵感来自于参考文献［15.6］）。

15.1.1 机器人学习方法

在本章中，我们将重点介绍能够学习动作生成与控制的核心机器人学习方法。特别是，我们将重点关注模型学习和强化学习（RL）技术（请注意，我们省略了通过行为克隆进行的模仿学习，因为本手册第3卷第75章将对其进行深入论述）。这些方法已经在复杂的机器人系统中实现了实时学习，如直升机、步行机器人、拟人手臂和仿人机器人。在回顾技术细节和相关文献之前，我们首先讨论一些更宽泛的学习控制问题。

1. 用于控制的学习模型

模型是机器人学中最重要的工具之一，人们普遍认为，聪明的哺乳动物也依赖内部模型来生成动作。模型描述了关于环境基本的预测信息和对这种环境的影响。虽然经典机器人技术往往依赖于人类对物理学的洞察力手动生成的模型，但未来的自主机器人需要能够根据从机器人可访问的数据流中提取的信息自动生成模型。机器学习方法在生成这些模型时，还需要对其进行调整，以适应预期的控制体系架构。此类控制模型学习将在 15.2 节中讨论。

2. 强化学习的规划

规划运动行为并根据某些标准对其进行优化是每项运动技能的一部分。强化学习提供了解决这些问题的最通用框架之一。本质上，它假设运动的目标或意图用优化或奖励指标来表示，因此学习算法可以填充规划中通常不重要的细节。尽管 RL 在从计算机游戏到电梯调度的许多领域都有广泛的应用[15.7]，但在具有连续状态-动作空间的高维物理系统中的应用，它通常需要专用的方法、算法、表示和先验知识。一个重要的问题还包括在基于模型和无模型算法之间进行选择，以及在基于值函数和策略搜索方法之间进行选择。强化学习的不同分支如图 15.1 所示，将在 15.3 节中进行讨论。

3. 通过逆向强化学习实现示范学习

用一个复杂的机器人系统从头开始学习一项技能通常是不可行的或非常耗时的。受儿童教学技巧的启发，示范学习已经成为一种非常流行的工具，可以赋予机器人一些初始的合理性能，进一步的学习可以更快地进行。作为本书的另一章，我们将更详细地讨论示范学习，我们还将讨论示范学习的一个子类，即使用逆向强化学习（图 15.1 显示了两个最相关的模仿学习类别）。使用逆向强化学习解决了如何从所观察到的行为中提取合适的成本函数，这一想法可以追溯到 Kalman[15.8]。《目标诅咒规范》一书中简要介绍了逆向强化学习算法与 RL 的紧密耦合，在第 75.4.3 节也讨论了这些问题。

由于（机器人）学习在机器人学中有许多应用，本章仅能触及表面，在参考文献［15.9，10］中还可以找到几个章节的扩展。通过关注教授机器人创新能力的关键方法，我们希望给出一个简明的概述。

15.1.2 机器人学习的设置

机器人学习方法的设置取决于数据。数据可以从专家那里获得，也可以通过与系统交互生成。通常需要准确地再现数据（例如，通过行为克隆进行模型学习或模仿学习）；而在其他情况下，反馈信号可以确定哪些数据与系统实际相关（直接在强化学习中，并且通过逆向强化学习在模仿学习中更为间接）。此外，数据生成的类型将决定哪些机器人学习方法适用，如图 15.1 所示。例如，虽然专家数据对于模仿至关重要，但在模型学习中，它可能只是错误的数据。

1. 用于机器人学习的数据

与许多其他机器学习领域相比，机器人学习面临着各种复杂的现实数据问题。现实世界的培训时间有限，因此只能生成相对较少的任务完整执行（代码）。这些事件经常被感知，结果有相当多的可变性，并不涵盖所有可能的场景，而且通常不包括对外部刺激的所有反应。虽然事件很少，但在试验期间执行的样本却不少（但通常没有帮助，因为它们包含的信息对于某些类型的学习作用较小）。相反，高维数据是以较快的速度获得的（例如，根据测量模式，在 500Hz~5kHz 时，获得本体感知信息，在 30~200Hz 时获得视觉，在 50Hz~5kHz 时获得触觉）。机器人可以学习的数据通常由不完善的控制器生成，有待改进。因此，在机器人学习中，生成具有足够有用信息的有趣数据是一个反复出现的问题，可以用不同的名称进行讨论，如探索/开发权衡、持续激励等。最后，对于高机器人系统（如仿人机器人），没有代表性的培训数据集以供学习。机器人姿态的微小变化可以从根本上改变机器人的工作空间。动态快速学习通常比从几个数据点压缩大部分信息更重要。在不同的机器人之间共享数据是可取的，不妨设想一种云机器人（cloud robotics）方法。然而，到目前为止，即使是同一机器人模型的各种实例，也可以根据磨损、标定和维护创建完全不同的数据。在不同的机器人模型之间共享数据并没有取得很多成功，因为运动学和动力学的差异可能会产生不同的控制和规划实现方案。因此，机器人学的机器学习技术很快变得相当专业化和成为特定的机器人领域。

2. 哪些反馈可供学习

反馈类型给出了一种对机器人学习方法进行分类的简单方法[15.11]。奖励或成本等标量性能得分通常会产生 RL 方法。呈现的期望动作或预测行为允许有监督的学习方法，如模型学习或直接模仿学习。解释性反馈在逆向 RL 中变得最为突出。下面将更详细地解释这些方法。注意，没有反馈的无监督学习问题也可以在机器人学中找到[15.5,12]。

15.1.3 符号说明

在下一节和图 15.1 中，我们将使用以下符号。一般来说，我们遵循强化学习中的惯例[15.13]。当谈及具体的控制问题时，我们在位形空间中使用 $\boldsymbol{q}$ 作为状态向量（通常称为关节空间），$\boldsymbol{u}$ 表示位形空间中运动指令，$\boldsymbol{x}$ 表示任务或执行器空间中的状态。

15.2 模型学习

近年来，从数据中学习模型的方法已经成为机器人学中越来越有趣的工具。这一发展有多种原因：首先，机器人控制——在结构不太复杂的动态系统或更随机的环境中——需要基于模型的控制来实现高遵从性，因为没有良好模型的刚性控制会使机器人及其环境面临更大的损坏风险。其次，由于现代机器人系统的复杂性，刚体动力学等标准模型只是粗略的近似值，无法准确模拟驱动（液压和电动机饱和）中的非线性未知源、电线、液压软管、电缆拉伸和/或摩擦源等被动元件和黏滞静摩擦。最后，与非结构化、不确定和人类居住环境的交互可能需要动态学习模型[15.14,15]。此外，持续使用的机器人的磨损会产生漂移模型。所有这些问题都可以通过直接从测量数据学习模型来解决，理想情况下是以连续和增量的在线方式，使用适当的非线性函数逼近技术。

我们将在第15.2.1节讨论不同类型的模型（正向模型，逆向模型、混合模型和算子模型），以及第15.2.2节中模型学习的不同架构。这些模型在机器人领域中出现的一些挑战将在第15.2.3节中讨论。如何使用机器学习技术学习模型，请参见第15.2.4节。第15.2.5节重点介绍模型学习被证明有助于复杂机器人系统中动作生成的示例[15.14,16-21]。

虽然本章试图对机器人学中的模型学习给出一个相当详尽的概述，但由于篇幅限制，不能进行详细描述，本节的扩展版本见参考文献［15.9］。

15.2.1　模型类型

模型表示输入和输出变量之间的函数关系。如果我们可以观察系统的当前状态 $\boldsymbol{s}_k$ 和当前应用于系统的动作 $\boldsymbol{a}_k$，就可以尝试预测下一个状态$(\boldsymbol{s}_k,\boldsymbol{a}_k)\to\boldsymbol{s}_{k+1}$，这称为带映射的正向模型。如果我们知道当前状态和期望或预期的未来状态，也可以使用逆向模型来推断当前的动作$(\boldsymbol{s}_k,\boldsymbol{s}_{k+1})\to\boldsymbol{a}_k$。也有将正向和逆向模型相结合的预测方法，我们称为混合模型方法。然而，在许多应用中，系统行为必须针对下一个 t 步而不是下一个单一步骤进行预测；预测一系列状态的模型称为算子模型。这些不同模型的图形描述如图15.2所示。

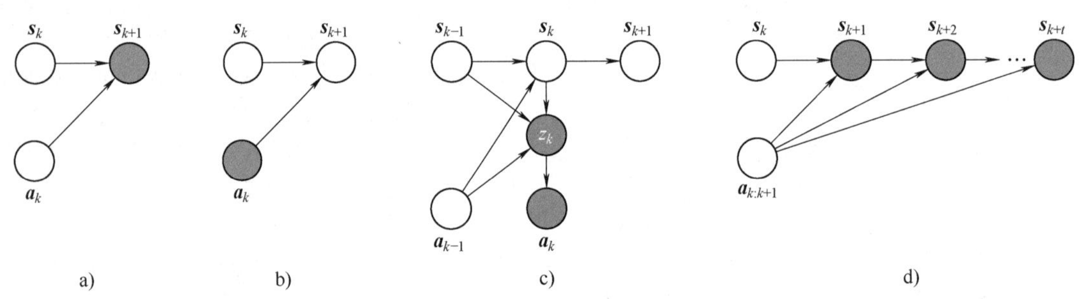

图15.2　不同模型的图形描述

a）正向模型　允许根据当前的状态和动作推断下一个状态　b）逆向模型　确定了系统从当前状态移动到下一个状态所需的动作　c）混合模型　在不存在唯一逆向的问题中，混合模型法将正向模型和逆向模型结合在一起。这里，正向模型和逆向模型由一个潜变量 z_k 联系起来　d）算子模型　当处理有限的未来状态序列时，需要算子模型

○表示观察到的数量　●表示要推断的数量

1. 正向模型

正向模型用于根据当前状态和当前动作推断动态系统的下一个状态。正向模型直接对应于状态转移，即

$$\boldsymbol{s}_{k+1}=f_{\text{forward}}(\boldsymbol{s}_k,\boldsymbol{a}_k) \tag{15.1}$$

此函数表示系统的因果物理特性，使用标准回归技术学习此类因果映射，是一个定义明确的问题。虽然正向模型在经典物理学中是唯一的映射，但在某些情况下，仅正向模型无法提供足够的信息来唯一地确定下一个系统的状态[15.22]。例如，当钟摆位于其不稳定的平衡点时，它将倾向于向左或向右移动，而不是停留在中间位置。然而，正向模型的预测将是钟摆保持居中。在这种情况下，状态传递函数不足以捕捉系统的动态特性[15.22,23]。对于这种情况，概率模型 $T(\boldsymbol{s}_{k+1},\boldsymbol{a}_k,\boldsymbol{s}_k)=P(\boldsymbol{s}_{k+1}\mid\boldsymbol{s}_k,\boldsymbol{a}_k)$ 可能更合适些，因为它是以条件密度而不是平均行为捕获两种可能的模式。

在经典控制中，正向模型的早期应用控制是史密斯预估器，其中正向模型用于抵消反馈回路造成的延迟[15.24]。随后，正向模型已应用于模型参考自适应控制（MRAC）[15.25]。MRAC是一种使用正向参考模型预测动作性能的控制系统。控制器根据所需状态和当前状态之间产生的错误调整动作。因此，MRAC的策略 $\boldsymbol{\pi}$ 可以写成

$$\boldsymbol{\pi}(\boldsymbol{s})=\underset{\boldsymbol{a}}{\operatorname{argmin}}(f_{\text{forward}}(\boldsymbol{s},\boldsymbol{a})-\boldsymbol{s}_{\text{des}}) \tag{15.2}$$

式中，$\boldsymbol{s}_{\text{des}}$ 表示期望的轨迹；$\boldsymbol{s}$ 表示观测状态。MRAC最初是为连续时间系统开发的，后来扩展到离散和

随机系统[15.25]。MRAC 可广泛应用于机器人控制，如自适应操作臂的控制[15.26]。

正向模型的进一步应用可在广泛的模型预测控制（MPC）[15.27]中找到。MPC 通过在某个预测范围 N 内最小化给定的成本函数来计算最佳动作。MPC 控制策略可通过以下方式描述：

$$\pi(\boldsymbol{s})=\underset{\boldsymbol{a}_{t:t+N}}{\operatorname{argmin}}\sum_{k=t}^{t+N}F_{\mathrm{cost}}(f_{\mathrm{forward}}(\boldsymbol{s}_k,\boldsymbol{a}_k),\boldsymbol{s}_{k,\mathrm{des}},\boldsymbol{a}_k) \tag{15.3}$$

式中，$F_{\mathrm{cost}}(\boldsymbol{s},\boldsymbol{s}_{\mathrm{des}})$ 表示动作 $\boldsymbol{a}_k$ 从状态 $\boldsymbol{s}$ 到目标状态 $\boldsymbol{s}_{\mathrm{des}}$ 的成本。MPC 最初是针对线性系统模型开发的，随后扩展到具有约束的更复杂的非线性模型[15.27]。正向模型在基于模型的 RL 方法中也很重要，这与最优控制问题有关[15.28-30]。在这里，正向模型描述了在给定当前状态和动作的情况下，确定到达下一状态概率的过渡动力学。与以前的应用不同，正向模型包含了这种情况下系统动力学的概率描述[15.31,32]。在 15.2.5 节的案例研究中给出了最优控制正向模型的应用示例。

2. 逆向模型

逆向模型用于确定将系统从当前状态移动到期望的未来状态所需的动作。与正向模型相比，逆向模型表示 n 个反因果系统。因此，逆向模型可能不存在或没有很好的定义。然而，在一些情况下，如对于非过驱动机器人的逆动力学，逆向关系是明确定义的。不适定性逆建模问题可以通过引入附加约束来解决，如第 15.2.1 节“混合模型”中所述。

对于控制，逆向模型的应用传统上可以在机器人计算转矩控制方法中找到，其中逆动力学模型预测所需的转矩，即使机器人沿着所需关节空间轨迹移动的动作。因此，计算出的转矩控制策略可以描述为

$$\pi(\boldsymbol{s})=f_{\mathrm{inverse}}(\boldsymbol{s},\boldsymbol{s}_{\mathrm{des}})+k(\boldsymbol{s}-\boldsymbol{s}_{\mathrm{des}}) \tag{15.4}$$

式中，函数 $k(\boldsymbol{s}-\boldsymbol{s}_{\mathrm{des}})$ 是机器人稳定所需的误差修正项，如比例-微分（PD）控制器，因为位置和速度通常都是二阶动力系统状态的一部分。如果给出精确的逆动力学模型，预测的力矩足以获得精确的跟踪性能。逆动力学控制方法与计算转矩控制方法密切相关。

这里，反馈项通过给出控制策略系统的逆向模型起作用，即

$$\pi(\boldsymbol{s})=f_{\mathrm{inverse}}[\boldsymbol{s},\boldsymbol{s}_{\mathrm{des}}+k(\boldsymbol{s}-\boldsymbol{s}_{\mathrm{des}})] \tag{15.5}$$

如果逆向模型完美地描述了逆动力学，逆动力学控制将完美地补偿系统中发生的所有非线性。基于逆向模型的控制方法在机器人学界广为人知，自 20 世纪 80 年代末以来，随着计算能力的提高和力矩控制机器人的存在，可以计算更复杂的模型进行实时控制，这种方法越来越受欢迎。反馈线性化的概念是推导逆动力学控制律的另一种更通用的方法，为学习模型提供了可能更多的应用[15.33,34]。

3. 混合模型

除了正向模型和逆向模型，还有这两种模型相结合的方法。由于正向关系的建模定义清晰，而逆向关系的建模可能是一个不适定问题，因此组合后的混合模型背后的基本思想是，正向模型中编码的信息有助于解决逆向模型的非均匀性。冗余度机器人的逆运动学是一个典型的不适定性逆建模问题。给定关节位形 $\boldsymbol{q}$，任务空间位置 $\boldsymbol{x}=f(\boldsymbol{q})$ 可以被精确确定（即正向模型已知），而给定任务空间位置 $\boldsymbol{x}$，可能有多种关节位形 $\boldsymbol{q}$，即逆向模型可能有无限多个解，而导出一个平均适宜的解并不简单。问题是，逆解集可能不会形成凸集。因此，当学习此类逆映射时，学习算法可能会在非凸集上求平均值，从而导致无效解。

如果将逆向模型的不适定性与正向模型的预测相结合，则可以解决逆向模型的不适定性，正向模型可检查所提出的逆解是否达到所需状态[15.35]。如果没有，剩余误差可用于调整学习到的逆向模型，以便选择有效的解决方案。

混合模型方法，即正向模型和逆向模型的复合形式，最初是结合远程教师学习（distal teacher learning）方法提出的[15.35]，并在 15.2.2 节“远程教师学习”中进行了讨论。混合模型方法随后引起了人们的极大兴趣，并在运动控制领域得到了广泛的研究[15.36,37]。此外，混合模型方法得到了一些证据的支持，这些证据表明，人类小脑可以使用正向-逆向复合模型建模，如 MOSAIC[15.38,39]。虽然混合模型在神经科学界已广为人知，但此类模型在机器人控制中的应用尚未推广开来。在参考文献［15.40，41］中可以找到控制领域关于混合模型的开创性工作，其中混合模型用于未知 Markov 跳跃系统的模型参考控制。尽管混合模型方法在控制中没有得到广泛应用，但随着越来越多的仿人机器人的出现，受生物启发的机器人控制器越来越受欢迎，基于混合模型的控制器可能是一种很有前途的方法[15.17,42,43]。

4. 算子模型

前面章节中介绍的模型主要用于预测单个未来状态或动作。然而，在许多问题中，如开环控制，人们希望在下一个 t 步获得系统的信息。该问题是多步超前预测问题，其任务是预测未来值序列，而

不需要在感兴趣的范围内提供输出测量。我们将用来解决这个问题的模型称为算子模型。事实证明，由于在预测范围内缺乏测量，这种算子模型很难开发。一个简单的想法是将单步预测模型按时间顺序应用于 t 次，以获得一系列对于未来的预测。然而，这种方法容易受到误差累积的影响，即过去的错误会传播到未来的预测中。另一种方法是应用时间序列预测中广泛研究的自回归模型[15.44]，以便利用过去的预测值来预测未来的结果。

将算子模型与控制相结合，首先是因为需要扩展多步预测的正向模型[15.45]。在最近的工作中，针对非线性情况，提出了传统 ARX 和 ARMAX 模型的变体，适用于控制[15.46,47]。然而，基于某些参数结构（如 ARX 或 ARMAX）的算子模型在更复杂的系统中存在困难。当存在噪声或复杂的非线性动力学时，情况更糟。这些困难使我们有理由应用非参数算子模型进行多步预测[15.48,49]。

15.2.2 模型学习架构

在 15.2.1 节中，我们介绍了不同类型模型的不同预测问题。一个核心问题是，如何在使用这些不同的模型时学习和适应它们。我们将分别介绍直接建模、间接建模和远端教师学习方法。表 15.1 列出了学习架构适用的模型类型和应用示例，学习架构在控制中的应用如图 15.3 所示。

表 15.1 学习架构适用的模型类型和应用示例

模型类型	学习架构	应用示例
正向模型	直接建模	预测、过滤、学习模拟、优化
逆向模型	直接建模（如果可逆） 间接建模	逆动力学控制、计算转矩控制、反馈线性化控制
混合模型	直接建模（如果可逆） 间接建模、远程教师学习	逆运动学、操作空间控制、多模型控制
算子模型	直接建模	规划、优化、模型预测控制、延迟补偿

1. 直接建模

直接学习可能是获得模型最直接、最常用的方法，尽管它并不总是适用的。在这种学习范式中，通过观察输入和输出直接学习模型，从而产生一个有监督的学习问题。直接模型学习可以使用大多数回归技术来实现，如线性回归、局部线性回归、递归回归[15.50,51]、神经网络[15.52,53]或其他统计近似技术，目前主要是基于核的方法[15.54,55]。

直接学习控制的早期示例是自校正调节器，它生成正向模型并在线调整[15.56]。假设估计的正向模型是正确的（也称为确定性等价原理），自校正调节器将在线估计适当的控制律。然而，传统自校正调节器的正向模型具有固定的参数结构，因此无法自动处理未知非线性[15.47,57]。在直接建模技术中需要使用参数化模型的主要原因是，这种模型参数化对于控制律的公式化是必要的，更重要的是，对于严格的稳定性分析也是必要的。由于复杂机器人系统的参数化模型结构存在过多限制，因此需要更多自由度的学习方法，如神经网络或其他机器学习技术[15.58,59]。然而，在控制中加入复杂的学习算法，即使不是不可能，也会使分析变得更加复杂。一些用于控制的非参数学习示例已应用于无人飞机控制[15.60]，其中学习系统模型可防止飞机在飞机动力学发生变化（如机械故障）时坠毁。

如果逆映射定义良好，也可以直接学习逆向模型。一个众所周知的例子是计算转矩控制或逆动力学控制所需的逆动力学模型[15.61,62]。如果直接建模，学习将变得简单明了，这可以使用标准回归技术实现[15.14,63,64]。早期学习控制逆向模型的工作试图采用刚体动力学模型的参数形式，该模型的参数是线性的，因此可以使用线性回归直接从数据中进行估计[15.65-67]。在实践中，动力学参数的估计并不总是直接的。很难创建足够丰富的数据集，以便可以辨识出合理的参数[15.15]，在线识别时，会出现额外的激励问题[15.68]。具有固定参数结构的模型不能捕捉某些非线性；因此，引入了更复杂的模型来学习逆动力学，如神经网络[15.64,69]或非参数统计模型[15.14,63,70]。还尝试将参数刚体动力学模型与非参数模型学习相结合，以近似逆动力学[15.71]。类似于逆动力学模型，反馈线性化也可与直接模型学习结合使用。同样，现在可以使用神经网络或其他非参数学习方法来近似非线性动力学[15.60,72]。利用学习模型进行反馈线性化控制的稳定性分析，可以扩展非线性动力学不能完全消除的情况[15.60]。应该注意

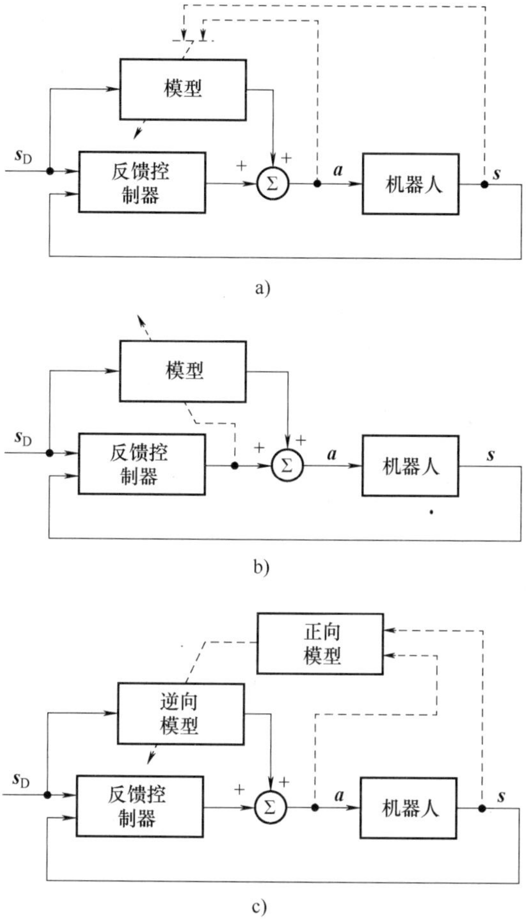

a)

b)

c)

图 15.3　学习架构在控制中的应用

a）直接建模　在直接建模方法中，模型是直接从观测结果中学习的，给定的示例显示了学习和逆向模型　b）间接建模　使用反馈控制器的输出作为误差信号来逼近模型　c）远程教师学习　在远程教师学习方法中，使用正向模型确定逆向模型的误差，所得模型将收敛到身份转换

的是，学习逆动力学模型$(\boldsymbol{s},\boldsymbol{s}_{des})\to\boldsymbol{a}$，当最初学习到的模型与现实相差甚远时，模型的学习效率可能会非常低。在这种情况下，预测的动作 $\boldsymbol{a}$ 将产生与 $\boldsymbol{s}_{des}$ 相去甚远的结果，因此当尝试坏的动作 $\boldsymbol{a}$ 时，学习系统很难从这一经验中提取任何有用的信息，以实际实现 $\boldsymbol{s}_{des}$。

虽然直接学习主要与学习单一类型的模型相关，但它也可以应用于混合模型和算子模型。混合模型方法（如结合逆向模型和正向模型）可用于多模块系统的学习控制。其基本思想是将一个复杂的系统分解为许多可以单独控制的简单子系统[15.41]。问题是如何为多个控制器选择合适的体系架构，以及如何在多个模块之间进行切换。按照多模块思想，在混合模型方法中，每个控制器模块由一对逆向模型和正向模型组成。控制器可被视为逆向模型，而正向模型基本上用于在不同模块之间进行切换[15.36]。可以使用梯度下降法或期望最大化法直接学习此类多对正向模型和逆向模型[15.42]。算子模型的直接学习已通过神经网络来进行[15.73]。在最近的工作中，概率方法被用于学习这类算子模型[15.48,49]。

2. 间接建模

当功能关系明确时，直接学习效果良好。但是，在某些情况下，可能无法很好地定义逆向关系，如在微分逆运动学问题中。在这种情况下，通常仍然可以学习逆向模型，但学习方式是间接的。其中一种间接建模技术是反馈误差模型学习[15.74]。反馈误差学习依赖于反馈控制器的输出，该反馈控制器用于生成用于学习前馈控制器的误差信号。在前馈逆动力学控制[15.61]等问题中，可以很好地理解这种方法：如果逆动力学模型是完美的，则不需要反馈控制器，其输出将为零。如果输出非零，则对应于前馈模型的误差[15.61]。反馈误差学习背后的直觉是，通过最小化反馈误差来学习逆向模型，反馈控制项将随着模型的收敛而减小。

与直接模型学习相比，反馈误差学习是一种目标导向的模型学习方法，源于反馈误差的最小化。在这种情况下，只有达到目标，误差才能为零。反馈误差学习和直接模型学习之间的另一个重要区别是反馈误差学习必须在线执行，而直接模型学习可以在线或离线来完成。此外，反馈误差学习不会创建经典意义上的有监督学习数据：反馈误差不是从输出目标计算出来的，而只是从表示向更好性能梯度的误差计算出来的。这个问题，以及 PD 增益和学习稳定性之间的复杂相互作用[15.75]，使得建立一个成功的反馈误差学习系统变得更加复杂。

反馈误差学习的生物学动机来自小脑运动控制[15.37]，它已被进一步开发并用于控制领域。对于在机器人方面的应用，最初采用的是神经网络[15.76,77]。反馈误差学习也可用于各种非参数学习方法[15.75]，还研究了反馈误差学习控制与非参数方法相结合的稳定性条件[15.75]。

间接模型学习也可用于混合模型方法[15.78]。这里，尝试将反馈误差学习与混合的专家架构结合起来，以学习不同操纵对象的多个逆向模型。其中，逆向模型[15.78]是使用反馈误差学习方法间接学习的。正向模型用于训练一个定义良好的门控网络。门控网络随后生成多个逆向模型的加权预测，其中

15

预测因子决定了局部责任模型。

3. 远程教师学习

远程教师学习方法旨在学习一般逆向模型的必要性，该逆向模型存在不适定性问题[15.35]。这里，逆向模型的非均匀性由远程教师解决，后者使用正向模型确定逆向模型的误差。与反馈误差学习方法不同，这种洞察力允许直接针对全局一致的逆向模型，而不是局部策略优化。远程教师采用两个互动学习过程：一个过程学习正向模型，而另一个过程利用正向模型确定逆向模型的误差。在最初的远程教师学习方法中，逆向模型的输出由正向模型验证，因为如果完全学习，这些模型的组合会产生身份映射[15.35]。这种方法背后的直觉是，逆向模型将通过最小化正向模型输出和逆向模型输入之间的误差来学习正确的解。因此，逆向模型将生成与正向模型一致的解。远程教师学习方法已成功地学习了多值映射的特定解，如冗余度机器人的逆运动学[15.35]。类似于反馈误差模型学习[15.74]，远程教师学习也是一种目标导向的学习方法，适用于各种机器人控制场景。

当与混合模型相结合时，远程教师学习方法特别适合于控制，因为它自然地结合了混合模型原理。混合模式下的远程教师学习方法已经得到了广泛的应用，通过几个机器人控制应用程序激发了一系列后续项目[15.17,43,79]。

15.2.3 模型学习的挑战与限制

基于不同类型的模型及其相关的学习架构，将机器学习方法[15.54,55,80]应用于机器人学中的这些模型可能并不容易。在成功应用这些学习方法之前，需要了解机器人学中模型学习的一些挑战，见表15.2。

表15.2 机器人学中模型学习的一些挑战

数据挑战	算法约束	真实挑战
高维度	增量更新	安全性
平滑性	实时性	稳健性
噪声	在线学习	通用化
离群值	大数据集	稳定性
冗余数据	先验知识	不确定性
丢失的数据	稀疏数据	环境中的数据

1. 数据挑战

为了学习一个在机器人学中更好应用的模型，抽样数据必须覆盖模型状态空间的较大区域，理想情况下必须密集覆盖。当然，在高维系统中，我们永远无法覆盖完整的状态空间——事实上，在复杂的机器人（如状态空间超过30维的仿人机器人）中，一生只能探索可能空间的极小一部分。因此，人们只能希望以特定于任务的方式对数据进行抽样，这通常只是整个数据空间的一小部分。为了通用性和准确性，数据必须足够丰富，也就是说，它应该包含尽可能多的有关系统的信息。因此，为模型学习生成大量丰富的数据集是必不可少的一步。该步骤通常需要在数据生成期间对机器人系统进行额外激励，类似于经典系统辨识中的持续激励[15.68]。

许多用于回归的机器学习方法都假设要学习的模型足够平滑。然而，在机器人学中有许多应用，其中近似函数是非光滑的，一个例子就是黏滞摩擦模型。此类非光滑函数有时使用核方法进行近似，其中需要定义特殊的核，以便考虑预期的非光滑性[15.54,55]。函数中的不连续性也可以通过学习如何在局部模型之间不连续切换来近似[15.81]。

机器人学中大量自由度带来的困难也可以通过降维方法来缓解[15.82,83]。降维是基于这样一种认识，即数据中的有用信息可以由初始输入空间的低维流形表示。在高维机器人系统中，降维方法已被证明是一种有效的模型学习方法[15.63,84]。

由于在许多机器人学应用中，数据抽样时间可能较长[15.85]，因此可能会出现冗余和无关数据的问题。冗余和无关数据会使模型产生偏差，严重影响泛化性能。为了解决这些问题，需要对学习过程中的数据进行过滤[15.70,86]。对于机器人学习，处理噪声和异常值一直是一个具有挑战性的问题。最近，机器学习领域通过开发基于统计学习理论的正则化模型解决了这个问题。其基本思想是约束要学习的模型，以减轻数据中噪声分量的影响。正则化模型学习方法包括支持向量回归和高斯过程回归[15.87,88]。明确考虑数据中噪声的方法，可以显著提高其泛化性能。

2. 算法约束

在许多情况下，机器人学习算法必须处理来自传感器的大量数据。因此，算法需要在不牺牲学习精度的前提下保证高效率[15.89]。快速实时计算是一个具有挑战性的问题。标准的模型学习方法，如高斯过程回归，在训练数据点的数量上按三次方进行缩放，防止在机器人学中的直接使用。稀疏和缩减集方法巧妙地减少了训练数据的大小，从而减少了学习和预测步骤的计算工作量[15.90]。基于并行计算的高效实现方式也可用于加速机器学习算法[15.91]。

15

在线模型学习还需要适应不断变化的环境，这对于实现机器人的自主性至关重要[15.85]。大多数机器学习方法都是为批量学习而开发的，而在线模型学习需要模型的增量近似[15.14,92]。在线模型学习的一个优点是能够在任务执行期间发现感兴趣的状态空间区域。

对于一些机器人来说，获取大量的学习数据可能很困难或成本很高。在这些情况下，当存在稀疏数据时，需要通过算法来整合额外的先验知识，以提高学习性能[15.93,94]。在核方法中，先验知识可以由特征向量指定，这些特征向量可用来定义适当的先验知识核[15.93]。相反，概率框架允许指定先验信息[15.54]。此外，如果以参数形式给出先验知识模型，则可插入非参数模型，从而形成半参数的学习方法[15.71,95]。当可用数据很少时，在学习竞争模型情况下，半参数模型已经证明是可用的[15.71]。

3. 现实约束

为确保机器人与人类在日常生活中能够安全交互，为机器人应用开发的机器学习算法必须将受伤和损坏的风险降至最低。对于医疗或服务机器人等关键应用，鲁棒性和可靠性是模型学习必须满足的最重要标准之一。通过使用特征选择作为预处理，学习的鲁棒性变得更强，并已在视觉和控制方面的多个机器人应用中得以使用[15.70,96]。

鲁棒性还需要学习算法具有处理缺失数据的能力。由于测量误差导致的数据丢失给机器人的模型学习带来了一个难题。最近，概率学习方法被用于推断训练数据中缺失的成分[15.97]。概率方法的一个优势在于能够将不确定性分配给预测值，从而使处理缺失和不精确的数据变得更加容易。

15.2.4 模型学习方法

在机器人的模型学习中，已经应用了各种各样的机器学习方法，我们将其分为全局方法、局部方法，以及这两种方法相结合的半局部方法。这些方法的不同之处在于它们的训练模式和在线能力，见表 15.3。考虑在有监督的环境下进行模型学习，其中输入 $\boldsymbol{x}$ 与输出 $\boldsymbol{y}$ 已知，真实输出数据已被噪声 $\in$ 破坏[15.110]，即

$$\boldsymbol{y}=f(\boldsymbol{x})+\in \tag{15.6}$$

输入中处理噪声的模型 $f(\boldsymbol{x})$ 可以进一步开发[15.110]。模型的性能由其泛化（generalization）能力决定，即学习的模型应能够对新输入数据的输出提供精确预测。在给定数据的情况下，不同的学习方法对函数 f 的建模做出了不同的假设。从函数逼近的角度，我们可以区分全局技术和局部技术。除了全局和局部类型的模型学习，还有这两种类型相结合的半局部（或混合）模型学习。这种混合方法的一个例子是专家的混合[15.98,111]。在这里，通过学习的门控网络将数据划分为较小的局部模型，并通过融合局部模型预测来完成预测。专家的混合进一步嵌入到贝叶斯学习框架中，产生了许多贝叶斯混合方法，如委员会机器[15.100]、高斯混合模型[15.112]或无限综合专家[15.113]。

表 15.3 模型学习方法

方法	类型	模式	在线	复杂度	应用
局部加权投影回归[15.80]	局部	递增式	是	$\mathcal{O}(n)$	逆动力学[15.63] 立足点质量模型[15.21]
局部高斯过程回归[15.14]	局部	递增式	是	$\mathcal{O}(m^2)$	逆动力学[15.14]
高斯混合模型[15.98]	半局部	批处理式	否	$\mathcal{O}(Mn)$	人体运动模型[15.99]
贝叶斯委员会机器[15.100]	半局部	批处理式	否	$\mathcal{O}(m^2n)$	逆动力学[15.14]
稀疏高斯过程回归[15.101]	全局	递增式	是	$\mathcal{O}(n^2)$	过渡动力学[15.32] 任务模型[15.102]
高斯过程回归[15.103]	全局	批处理式	否	$\mathcal{O}(n^3)$	地形模型[15.104] 状态估计模型[15.105]
支持向量回归[15.55]	全局	批处理式	否	$\mathcal{O}(n^2)$	ZMP 控制模型[15.106] 抓持稳定性模型[15.107]
增量支持向量机[15.108]	全局	递增式	是	$\mathcal{O}(n^2)$	逆动力学[15.109]

注：M 表示局部模型的数量；m 表示局部模型中的数据点数量；n 表示训练的总次数。

1. 全局回归

全局回归技术利用所有的观测数据对基础函数 f 建模[15.114]，即每个数据点都有可能调整学习系统的每个参数。对函数 f 建模的一种简单方法是假设参数结构，如线性或多项式模型，或多层感知器神经网络，并使用训练数据拟合模型参数[15.52,114,115]。然而，事先用参数结构固定模型可能不足以以足够的精度解释抽样数据，这激发了非参数模型学习框架的开发[15.54,55,115]。非参数学习并不意味着没有参数，只是相关参数的正确数量未知，并且有限的参数集不太可能足以模拟整个回归问题。

在过去的二十多年中，参数化和非参数化回归方法一直将函数 f 建模为

$$f(\boldsymbol{x})=\boldsymbol{\theta}^{\mathrm{T}}\boldsymbol{\phi}(\boldsymbol{x}) \tag{15.7}$$

式中，$\boldsymbol{\theta}$ 是加权向量；$\boldsymbol{\phi}$ 为非线性函数向量，也称为特征或基本函数。假设学习问题在参数中是线性的，$\boldsymbol{\phi}$ 将 $\boldsymbol{x}$ 投射到一些高维空间中。非参数回归的基本思想是从训练数据中获得最优模型结构。因此，加权向量 $\boldsymbol{\theta}$ 的大小不是固定的，而是随着训练数据点的数量而增加。与非参数统计方法相比，其他流行的函数逼近方法，如神经网络，会预先固定模型结构，如节点数量及其连接[15.52]。然而，根据式（15.7），人工神经网络和概率方法之间是有联系的[15.116,117]。

式（15.7）中形式化的学习系统主要作为核心方法在参考文献［15.55］中进行了讨论。学习一个模型相当于在模型的复杂性和模型与观测数据的最佳拟合之间找到折中。因此，希望有一个简单但同时能够很好地解释数据的模型。特征的数量（即特征向量的长度 $\boldsymbol{\phi}$）与回归模型的复杂度直接相关。因为特征越多，通常学习系统的功能就越强大，但也需要更多的数据来约束模型的开放参数。核方法[15.54,55]的一个关键是，人们实际上可以使用所谓的核技巧来处理无限多个特征，其中回归问题的公式只涉及特征向量的内积，即 $\boldsymbol{\phi}(\boldsymbol{x}_i)^{\mathrm{T}}\boldsymbol{\phi}(\boldsymbol{x}_j)$ 或任意两个输入 $\boldsymbol{x}_i$ 和 $\boldsymbol{x}_j$，这个内积常常可以用核函数 $k(\boldsymbol{x}_i,\boldsymbol{x}_j)$ 以闭合形式计算。这种方法引入了一种双重形式的回归学习问题，其中开放参数的数量与 n 个训练数据的数量相同，而不是特征向量的数量。在支持向量回归（SVR）[15.55]中，稀疏化过程将选择表示训练数据所需的最少数量的参数。在高斯过程回归[15.54]中，采用概率方法，将先验分布置于 $\boldsymbol{\theta}$ 之上。后验参数可以通过优化相应的边缘似然来获得。

在过去的十多年中，核方法和概率方法已被证明是模型学习的成功工具，由此产生了许多广泛应用的回归方法[15.87,88,118]。这些方法可应用于高维数据。它们还可以很好地处理含噪数据，因为通过正则化模型复杂性间接地考虑了噪声。此外，它们相对容易使用，因为有几种黑盒实现方法。然而，这些方法的主要缺点是计算复杂。例如，对于高斯过程回归，复杂度根据训练数据点的数量按三次方进行缩放。因此，机器学习中一个活跃的研究方向是降低这些方法的计算成本。由于机器人学的定制技术，核及概率回归技术已应用于多个机器人学应用中，如机器人控制[15.70]、传感器建模[15.119]或状态评估[15.105]。

2. 局部学习方法

局部回归技术的基本思想是在查询输入点 $\boldsymbol{x}_{\mathrm{q}}$ 周围的局部邻域内估计基础函数 f，然后可以使用该邻域中的数据点来预测查询点的结果。通常，可以通过使用 n 个训练数据点最小化以下成本函数 J，以获得局部回归模型。

$$J=\sum_{k=1}^{n} w[(\boldsymbol{x}_k-\boldsymbol{x}_{\mathrm{q}})^{\mathrm{T}}\boldsymbol{D}(\boldsymbol{x}_k-\boldsymbol{x}_{\mathrm{q}})]\|\boldsymbol{y}_k-\hat{\boldsymbol{f}}(\boldsymbol{x}_k)\|^2 \tag{15.8}$$

如式（15.8）所示，局部回归模型的基本成分是邻域函数 w 和的局部模型 $\hat{\boldsymbol{f}}$。邻域函数 w 由距离度量 $\boldsymbol{D}$ 控制，通常简化为标量宽度参数 $\boldsymbol{D}=1/h\boldsymbol{I}$，用于测量查询点 $\boldsymbol{x}_{\mathrm{q}}$ 与训练数据中的点之间的距离。局部模型 $\hat{\boldsymbol{f}}$ 描述了用于在 $\boldsymbol{x}_{\mathrm{q}}$ 附近逼近 f 的函数结构[15.120,121]。根据数据的复杂性，可以为局部模型假设不同的函数结构，如线性或多项式模型。通过使 J 相对于这些参数最小化，可以直接估计 $\hat{\boldsymbol{f}}$ 的开放参数。

邻域函数及其距离度量参数的选择更为复杂。对于给定的 w，有人建议使用多种技术来估算 $\boldsymbol{D}$，包括最小遗漏交叉验证误差和自适应带宽选择[15.122,123]。

由于其简单性和计算效率，局部回归技术已在机器人模型学习中得到广泛应用[15.124-126]。在过去的十多年中，新的局部回归方法得到了进一步发展，以满足实时机器人应用的需求，如局部加权投影回归[15.92,127]。受局部回归技术的启发，这些方法首先将输入空间划分为较小的局部区域，并对局部线性模型进行近似。一个有用的比喻是，假设输入空间被划分为不相交的盒子，对于落入每个盒子中的数据点，适合使用独立的局部模型，通常具有非常简单的复杂性，如局部线性模型。

除了计算效率，局部方法可以处理不太光滑的函数，并且不需要与全局回归方法相同的光滑性和正则性条件。然而，实践表明，局部方法会遇到由高维数据造成的问题，因为对于稀疏的高维数据，局部性的概念会崩溃。此外，局部方法的学习性能可能对噪声敏感，并且在很大程度上取决于输入空间的划分方式，即邻域函数 w 的配置。这些问题仍然是一个活跃的研究课题[15.17,128]。

许多现代机器人系统都要求将局部回归模型扩展到高维问题。例如，局部加权投影回归通过将输入数据投影到低维空间，将局部回归与降维结合起来，然后在低维空间中使用局部回归[15.92]。其他方法则是将非参数概率回归（如高斯过程回归）与局部方法相结合，同时利用高维模型学习中概率方法的优势[15.14,17]。局部学习方法非常适合现代计算机硬件上的并行化，因为每个局部模型都可以独立拟合。

15.2.5 模型学习的应用

1. 基于模拟的优化

由于正向模型直接描述系统的因果动态行为，因此在基于模型的控制中，学习此类模型受到了广泛关注，尤其是在最优控制问题中。在最优控制中，为了优化控制策略，需要一个正向模型来预测控制系统在扩展时间范围内的行为。如果分析模型不准确，学习该模型则提供了一个备选方案。

Atkeson 和 Morimoto[15.29] 是最早利用微分动态规划[15.129]来优化开环控制策略的研究者之一，其基本思想是使用接受域加权回归（局部加权回归的一种）来学习成本函数和状态转换的模型。微分动态规划将状态转移模型局部线性化，并生成成本的局部二次近似值。这些近似值用于改善开环策略，其中每次策略更新后，线性化也会更新[15.29]。Atkeson 和 Morimoto 使用这种方法学习欠驱动摆动任务，其中将一根杆连接到机器人手臂末端执行器的被动关节。机器人的目标是将杆从悬挂位置提升到直立位置。因此，系统需要将能量泵入摇锤，以便将其向上摆动（图 15.4a）。随后，杆需要稳定在直立位置[15.130]。从一个不受约束的演示开始，经过三次试验，机器人能够成功地学习上摆和平衡任务[15.130]。局部轨迹优化技术已经进一步扩展到双足机器人行走[15.131]。最近，Abbeel 等人[15.132] 采用了一种与参数函数逼近相关的方法来学习直升机的自主飞行（VIDEO 353）。

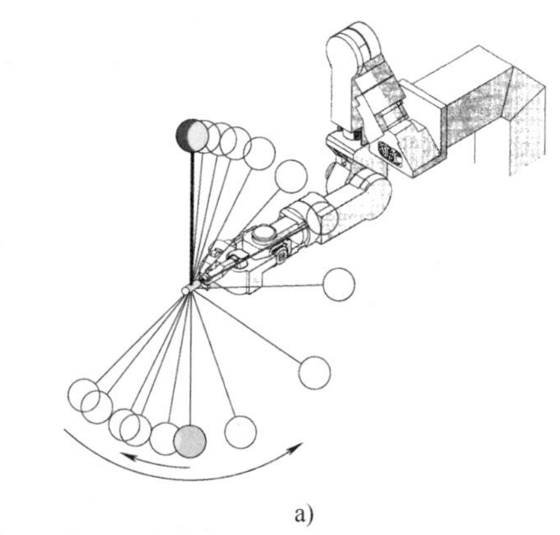

a)

b)

图 15.4 使用正向模型学习策略优化系统的动力学（Andrew Y. NG 提供）
a）学习欠驱动摆动任务 b）直升机逆向飞行

而 Atkeson 和 Morimoto[15.29] 以及 Abbeel 等人[15.132] 使用正向模型作为隐性模拟器。Ng 等人[15.30] 使用它作为显性模拟器（最初由 Sutton[15.28] 以 DYNA 模型的形式提出）。在这里，借助正向模型，模拟了完整的轨迹（或滚动）。正向模型的预测受到高斯噪声（噪声不断出现）的干扰，这就要求学习的控制器对噪声和建模错误具有鲁棒性，而噪声历史的重复使用减少了策略更新的方差，并导致更快的学习[15.133,134]。通过这种方式，从一组类似的启动状态生成转出，可以比较不同控制策略的结果性能，这允许通过成对比较或基于梯度的优化来更新策略。该方法能够成功地稳定逆向飞行的直升机（图 15.4b 和 VIDEO 352）。模型预测控制（第 15.2.1 节）中也有一些类似的例子，它们采用了各种不同的学习方法，如统计学习方法[15.48]、机器人导航和直升机控制的神经网络[15.135-137]。

15

2. 基于近似的逆动力学控制

逆向模型，如逆动力学模型，经常用于机器人的前馈控制[15.62]。逆动力学模型描述了在关节位置

和速度的状态向量 $\boldsymbol{q}$，$\dot{\boldsymbol{q}}$ 下实现期望的机器人加速度 $\ddot{\boldsymbol{q}}$ 所需的关节力矩 $\boldsymbol{\tau}(\boldsymbol{q},\dot{\boldsymbol{q}},\ddot{\boldsymbol{q}})$。在经典的机器人控制中，解析动力学模型是在刚体动力学的框架下推导出来的，即

$$\boldsymbol{\tau}(\boldsymbol{q},\dot{\boldsymbol{q}},\ddot{\boldsymbol{q}})=\boldsymbol{M}(\boldsymbol{q})\ddot{\boldsymbol{q}}+\boldsymbol{F}(\boldsymbol{q},\dot{\boldsymbol{q}}) \tag{15.9}$$

式中，$\boldsymbol{M}(\boldsymbol{q})$ 是机器人的广义惯性矩阵；$\boldsymbol{F}(\boldsymbol{q},\dot{\boldsymbol{q}})$ 是由科氏效应、向心效应和重力产生的向量。该模型依赖于许多假设，如机器人连杆的刚度、来自其他来源（如驱动器）可忽略的非线性、二阶动力学等[15.62]。然而，具有高度非线性组件的现代机器人系统，如液压管或柔索驱动器，无法使用刚体动力学进行精确建模。不准确的动力学模型会导致控制性能的严重损失，在最坏的情况下，还会导致不稳定性。可以从抽样数据中学习逆动力学模型，而不是基于物理学和人类洞察力手动建模逆动力学。这种数据驱动方法的优点是，数据中的所有非线性将由模型近似[15.14]。

在大多数机器人中，逆动力学模型是从关节空间到力矩空间的唯一映射，而学习逆动力学模型是一个标准的回归问题。为了将学习到的模型推广到更大的状态空间，并使模型适应随时间变化的动态情况，实时在线学习成为必要。然而，在线学习对任何回归方法都构成了挑战。这些问题已经通过实时学习方法，如局部加权投影回归得到解决[15.80]。Nguyen Tuong 和 Peters[15.14,70]将局部加权投影回归方法的基本思想与高斯过程回归[15.54]相结合，试图尽可能接近局部学习的速度，同时具有与高斯过程回归相当的精度。结果表明，该方法能够实时在线学习机器人逆动力学。不使用局部模型，可以使用数据稀疏化方法来加速实时场景核回归方法[15.70]。

值得注意的是，逆动力学模型学习方法也可以从生物学角度出发。Kawato[15.37]认为小脑可以作为一个逆动力学模型。基于这一观点，Shibata 和 Schaal[15.76]提出了一种基于逆动力学模型反馈误差学习的生物启发前庭动眼神经控制方法。问题是要稳定安装在运动物体上的动眼神经系统的凝视，这会对眼睛（或相机）系统造成永久性扰动。根据传出运动信号和前庭系统的输入，小脑可以预测维持图像在视网膜上稳定所需的力。VijayaKumar 和 Schaal[15.80]采用局部加权投影回归方法在线学习眼睛动力学的逆模型。同样的局部加权投影回归方法也用于学习仿人机器人的完整逆动力学模型[15.63]（图 15.5）。

15

图 15.5 用于学习逆动力学、逆运动学和操作空间控制的 7 自由度仿人 SARCOS 手臂

3. 学习操作空间控制

操作空间控制（OSC）允许机器人完成任务空间控制器，如在任务空间中跟踪所需轨迹或进行阻抗控制[15.15,138]。机器人的任务空间和关节空间之间的关系由经典正向运动学模型 $\boldsymbol{x}=f(\boldsymbol{q})$ 来定义，其中 $\boldsymbol{q}$ 表示关节空间位形，$\boldsymbol{x}$ 表示相应的任务空间位置。任务空间的速度和加速度分别由 $\dot{\boldsymbol{x}}=\boldsymbol{J}(\boldsymbol{q})\dot{\boldsymbol{q}}$ 和 $\ddot{\boldsymbol{x}}=\dot{\boldsymbol{J}}(\boldsymbol{q})\dot{\boldsymbol{q}}+\boldsymbol{J}(\boldsymbol{q})\ddot{\boldsymbol{q}}$ 给出，其中 $\boldsymbol{J}(\boldsymbol{q})=\partial f/\partial \boldsymbol{q}$ 为雅可比矩阵。为了获得任务空间控制所需的关节力矩，需要动力学模型式（15.9）。动力学和运动学模型的直接结合产生了一种可能的操作空间控制律，即

$$\boldsymbol{a}=\boldsymbol{M}\boldsymbol{J}_{W}^{+}(\ddot{\boldsymbol{x}}-\dot{\boldsymbol{J}}\dot{\boldsymbol{q}})+\boldsymbol{F} \tag{15.10}$$

式中，$\boldsymbol{J}_{W}^{+}$ 是 $\boldsymbol{J}$[15.15,138]的加权伪逆；$\boldsymbol{a}$ 是期望的关节力矩。式（15.10）可用于产生跟踪由参考任务空间加速度确定的任务空间轨迹所需的关节力矩[15.15]。注意，在实际应用中，此类控制律通常需要更多的术语，如用于关节空间稳定的零空间控制律[15.15]。

如前所述，动力学模型可能很难获得，因此学习可能是一种很有前途的选择。学习操作空间控制律对应一个逆向模型$(\boldsymbol{q},\dot{\boldsymbol{q}},\ddot{\boldsymbol{x}})\rightarrow\boldsymbol{a}$[15.43]。然而，学习此类 OSC 模型是一个不适定问题，因为由于关节空间到任务空间映射的冗余性，存在无限多个可能的逆向模型。例如，通过改变式（15.10）中加权伪逆的度量 W，可以解析地得到冗余度机器人的无穷多个解。因为可能解的空间不是凸的（第 15.2.1 节，混合模型），此类 OSC 模型无法使用回归模型直接学习（除非系统没有冗余自由度）。类似的问

题也出现在微分逆运动学有限的情况下。

D'Souza 等人[15.79]，Peters 和 Schaal[15.43]都注意到式（15.10）中映射的局部线性化总是会形成局部凸空间。因此，由此类系统生成的数据集也是局部凸的。他们进一步认识到，正向模型的预测能力允许确定局部区域，从而可以学习局部一致的逆向模型。然而，根据学习数据的收集方式，即局部数据的分布，学习可能导致局部逆向模型的不同解。因此，两个相邻的局部逆向模型可能需要完全不同的策略来解决冗余性，从而在控制过程中，从一个局部模型过渡到下一个局部模型时导致不连续的跳跃。因此，无法再确保 OSC 的全局一致性解决方案。这一现象导致了两种截然不同的处理方法。D'Souza 等[15.79]创建了一个微分逆运动学学习系统（即操作空间控制律的有限特例），并通过选择性生成数据来偏置学习系统。然而，这种方法通常会受到这种有意偏置和逆向模型精度之间权衡的限制。Peters 和 Schaal[15.43]研究了完整操作空间控制律的学习。他们意识到，通过使用额外的奖励函数对数据进行重新加权，可以将这些逆向模型正则化为全局一致的解决方案。受解析 OSC 结果[15.139]的启发，他们提出了学习完整 OSC 和微分逆运动学的奖励函数。结果显示，绘制的地图可用于多个机器人系统。Ding 等人[15.17]介绍了 Peters 和 Schaal 方法[15.43]与现代贝叶斯机器学习相结合的一种实现方式，由此大大提高了性能。

没有像 Peters 和 Schaal 那样直接学习 OSC 控制律[15.43]，Salaun 等人[15.140]尝试学习定义良好的微分正向运动学，作为使用局部加权投影回归的第一步（即学习雅可比矩阵），随后使用奇异值分解（SVD）计算雅可比矩阵的相应加权伪逆。将获得的微分逆运动学模型与逆动力学模型相结合，以生成关节空间的控制力矩[15.140]。在神经网络学习和储层计算架构中也研究了近似逆运动学模型[15.35,141]。

15.2.6 未来方向

机器人学中的一个关键问题是如何处理环境中的不确定性。概率机器学习技术（如贝叶斯推理）已高度成熟[15.54]，贝叶斯机器学习对于机器人学习，特别是存在不确定性的模型学习，有多大的好处已经变得很清楚。然而，基于贝叶斯推理的机器学习技术具有很高的计算复杂度。因此，需要特殊近似值，见 15.2.3 节中的讨论。最近开发的类似于参考文献［15.90，142］中的近似推理方法，可能会成为机器人学中有趣的新工具。

为了让机器人进入日常生活，他们需要不断地学习和适应新的任务。最近关于学习机器人控制的研究主要集中于学习个案研究的单个任务。然而，有机会在任务之间迁移知识，这在机器学习领域被称为迁移学习[15.143]。为了实现这一目标，机器人需要学习单个任务和环境的不变量，然后在学习新任务时利用这些不变量。在这种情况下，还需要调查任务之间的相似性，以及如何利用它们进行归纳[15.144]。

在大多数模型学习方法中，使用了监督学习方法。然而，对于许多机器人应用，目标输出并不总是可用的。在这些场景中，半监督学习技术可用于学习此类模型[15.145]。半监督学习利用标记和未标记的数据进行模型学习，有助于克服稀疏标记问题。开发用于实时适应和学习的在线半监督方法也将是有益的。

基于近似的控制通常仍然缺乏对稳定性和收敛性的正确分析。现代统计学习理论可能会提供新的工具以推导适当的误差范围[15.55]。例如，可以使用泛化边界来估计控制器的学习性能，并且根据这一洞察，可以创建关于稳定性的进一步陈述和条件。

学习非奇异和不适定性映射是机器人应用中的一个关键问题。可以认为这是一个非奇异的标记问题，而统计机器学习技术，如条件随机场[15.146]，可能有助于解决这个问题。给定输入观测序列，条件随机场模型会详列可能目标输出的概率。当目标输出被调节为当前输入的观测序列时，可以解析奇齐映射。研究如何将这些模型应用于学习控制和分层控制框架将十分有用。

15.3 强化学习

15

学习控制最通用框架可能是强化学习（RL），它使机器人能够通过与环境的反复试验来自主发现最佳行为。在有监督学习中，没有提供明确的教学信号，而是基于衡量机器人整体性能的标量目标函数进行学习的。

以训练机器人打乒乓球为例[15.147]（VIDEO 354），机器人会对动态变量进行观察，指定球的位置和速度，以及球的内部动力学，包括关节位置和速度。

这些测量捕获系统的相关状态 s，机器人动作 a 是发送给电动机的转矩指令。函数 π 基于当前状态计算电动机命令（即动作）。RL 就是找到一个优化长期奖励 $R(s,a)$ 总和的策略，如第 15.1.3 节所述。本例中的奖励函数可以基于成功点击的次数，也可以基于能耗等次要标准；RL 算法的目标是找到（接近）最优的策略，在选定的时间范围内最大化奖励函数。本章所基于的机器人 RL 技术的广泛讨论见参考文献［15.10］。

15.3.1　与经典控制的关系

强化学习与经典最优控制理论，以及动态规划、随机规划、模拟优化、随机搜索和最优停止密切相关[15.152]。强化学习和最优控制都解决了在一段时间内优化目标函数的最优策略（通常也称为控制器或控制策略）的问题，两者都依赖于一个系统的概念。该系统由一组基本的状态、控制和一个描述状态之间转换的设备或模型来描述。然而，最优控制假设是完美的，以模型形式对系统进行描述的知识（例如，第 15.2 节中的模型，该模型描述了机器人基于当前状态和动作的下一个状态）。对于这样的模型，最优控制提供了强有力的保证，但由于模型和计算近似，这种保证经常也会失效。

相反，强化学习直接对测量数据进行操作，并从与环境的交互中获得奖励。强化学习研究的重点是通过使用近似和数据驱动技术来解决难以分析的案例。机器人学中一类重要的强化学习方法是从使用经典的最优控制技术（如线性二次调节和微分动态规划）到通过与环境重复交互学习的系统模型[15.150,153,154]。参考文献［15.155］简要讨论了如何将强化学习视为自适应最优控制。学习模型的最优控制路径如图 15.1 所示。

应用于机器人的强化学习（图 15.6）与大多数经过充分研究的强化学习基准问题有很大不同。机器人学中的问题通常涉及高维连续状态和动作（注意，机器人强化学习中常见的 10～30 维连续动作被认为是大动作[15.152]）。在机器人学中，假设真实状态完全可观测且无噪声通常是不现实的。学习系统将无法准确地知道其处于哪种状态，甚至很大程度上不同的状态看起来可能非常相似。因此，机器人学中的强化学习通常被建模为部分可观测，这一点我们将在下面的正式模型描述中详细讨论。因此，学习系统必须使用过滤器来估计真实状态。维护环境的信息状态通常非常重要，它不仅包含初始观测值，还包含其估计值的不确定性概念（例如，在机器人打乒乓球示例中，跟踪球的卡尔曼滤波器的均值和方差）。

在一个真实的物理系统上获得经验是乏味的、昂贵的，而且通常很难重现。对于机器人乒乓球系统来说，即使达到相同的初始状态也是不可能的。每一次试运行（通常称为推出或插曲）都是昂贵的，因此这类应用迫使我们关注那些不像经典强化学习基准测试（主要是模拟研究）那样频繁出现的困难。为了在合理的时间范围内学习，需要引入状态、策略、成本函数和/或系统动力学的适当近似值。然而，尽管真实世界的经验代价高昂，但通常不能仅通过模拟学习来替代。在系统的分析或学习模型中，即使是很小的建模错误也可能累积为实质性的不同行为。因此，对于不能捕捉真实系统所有细节的模型（也称为欠建模）和模型的不确定性，算法需要具有鲁棒性。机器人强化学习通常面临的另一个挑战是生成恰当的奖励函数。需要奖励来引导学习系统快速取得成功，以应对实际体验的成本。这个问题被称为奖励塑造（reward shaping）[15.156]，

a)

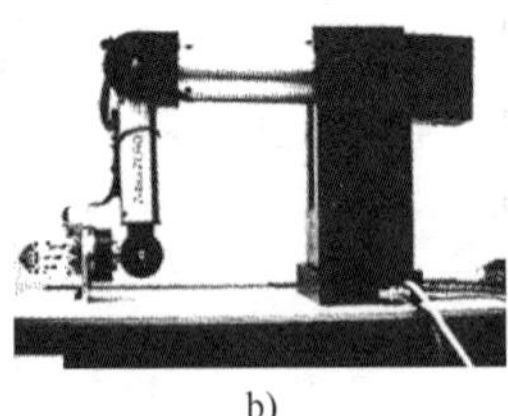
b)

c)

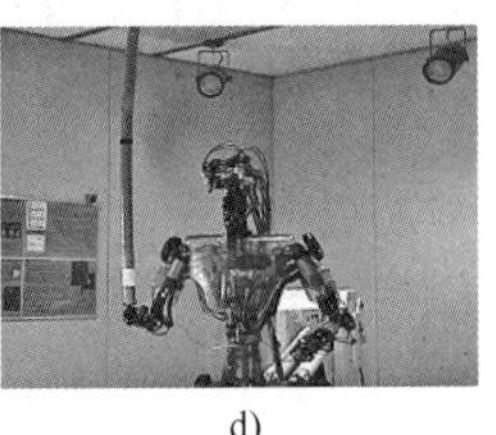
d)

图 15.6　具有强化学习行为的机器人示例

（这些示例涵盖了各种类型的机器人，包括空中飞行器、机器人手臂、自主移动机器人和仿人机器人）

a）OBELIX 机器人　是一种轮式移动机器人，它利用基于值函数的方法学习推箱子[15.148]（Sridhar Mahadevan 提供）

b）Zebra Zero 机器人手臂　利用无模型策略梯度法学习轴插孔任务[15.149]（Rod Grupen 提供）

c）无人直升机　卡内基梅隆大学的无人直升机利用基于模型的策略搜索方法学习鲁棒飞行控制器[15.150]

d）Sarcos 仿人机器人 DB　使用正向模型学习极点平衡任务[15.151]

15

代表了一个实质性的手工贡献。在机器人学中，指定一个好的奖励函数需要相当多的领域知识，在实践中可能很难。

并非所有的强化学习方法都同样适用于机器人领域。事实上，迄今为止，在难题上演示的许多方法都是基于模型的[15.50,132,157]，机器人学习系统通常采用策略搜索方法，而不是基于值函数的方法[15.149,150,158-164]。这种设计选择可能与机器学习群体早期的大部分研究形成对比[15.13,165]。

15.3.2 强化学习方法

在强化学习中，代理尝试在一个时间范围内优化累积奖励。例如，一个操作任务，甚至为整个生命周期。在幕式环境中，任务在每集结束时重新启动，目标就是最大化每集的总奖励。如果任务正在进行中，则通常会优化折扣累积奖励，该奖励会加权影响较小的早期奖励。代理被建模为处于状态为 $s \in S$ 的环境中，可以执行动作 $a \in A$。状态和动作可以是离散的，也可以是连续的，但通常是多维的。状态 s 包含有关代理和所有相关信息，即为未来状态或可观测数据建模所需的环境。动作 a 用于控制系统的时间演化。例如，在导航任务中，状态可能是机器人的位置和姿态，而动作对应于施加到车轮上的力矩。

在每一个时间步，代理都会得到奖励 R，这个标量值通常取决于其状态和动作。例如，在导航任务中，可以因达到目标而给予奖励，因消耗能量而给予惩罚（负奖励）。强化学习的目标就是找到一个策略 π，选择动作 a，以便随着时间的推移最大化累积奖励。策略 π 可以是确定性的，它总是为每个状态 $a=\pi(s)$ 选择相同的动作。强化学习算法需要发现状态、动作和奖励之间的关系 $a \sim \pi(s,a)=P(a|s)$。因此，需要对这些函数关系进行充分的探索，可以直接嵌入策略中，或者作为学习过程的一部分单独执行。

经典的强化学习方法基于马尔科夫（Markov）决策过程（或 MDP）的假设，该过程通过转移概率 T 对动态环境进行建模。给定当前状态 s 和动作 a，条件转移概率 $T'(s',a,s)=P(s'|s,a)$ 描述了下一个状态 s' 的分布，推广了确定性动力学的概念。Markov 属性要求下一个状态 s' 和奖励仅取决于先前的状态 s 和动作 a，而不取决于任何其他信息[15.13]。在机器人学中，我们能够在 MDP 中找到许多情况下的状态近似概念。

强化学习的目标是发现一个将状态（或观察值）映射到动作的最佳策略 π^*，以便最大化与累积预期报酬相对应的预期收益 J。最优行为有不同的模型[15.165]，这导致了对预期收益的不同定义。有限视界模型仅尝试最大化视界 H 的预期收益，即下一个 H（时间）步 h

$$J=E\left\{\sum_{h=0}^{H} R_h\right\}$$

此设置也可应用于已知剩余步骤数的模型问题。

或者，未来奖励可以通过折扣系数 $\gamma(0 \leqslant \gamma<1)$ 进行打折，从而产生一个指标：

$$J=(1-\gamma)E\left\{\sum_{h=0}^{\infty} \gamma^h R_h\right\}$$

这种设置在经典强化学习文本中最常被讨论。参数 γ 影响未来的考虑程度，需要手动调整。如参考文献［15.165］所示，该参数通常会定性地改变最优解的形式。如果真的关心长期收益，通过小规模优化设计的策略是短视和贪婪的。很容易证明，如果折扣系数太低，最优控制律可能不稳定（如即使贴现线性二次型也不难证明这种不稳定）。因此，折扣公式在机器人控制中偶尔是不允许的，尽管它们在机器学习群体中比较常见。

在折扣系数 γ 接近 1 的极限内，指标接近所谓的均值标准[15.7]，即

$$J=\lim_{H \to \infty} E\left\{\frac{1}{H}\sum_{h=0}^{H} R_h\right\}$$

这种设置存在一个问题，即它无法区分最初获得短期巨额奖励的策略和没有获得短期奖励的策略。这个短暂的阶段，也被称为前缀，主要由长期获得的收益决定。如果一个策略同时实现了一个最优前缀和一个最优长期行为，则称为偏差最优[15.166]。机器人学中的一个例子是有节奏运动开始时的瞬态阶段，其中许多策略将实现相同的长期奖励，但在瞬态中存在显著差异（例如，在动态的腿部运动中，有许多方法可以启动相同的步态），从而为实际应用提供了可改进的空间。

在现实情况下，折扣公式的缺点往往比平均奖励设置的缺点更为关键，因为稳定的行为往往比良好的瞬态更重要[15.167]。我们还经常遇到一个偶发的控制任务，它仅运行 H 个时间步，然后重置（可能通过人为干预）并重新开始。这个视界 H 可以任意大，只要在这一事件上预期的奖励可以保证收敛。由于这种偶发性任务可能是最常见的任务，有限时间模型通常是最相关的。

学习者有两个自然目标：在第一个阶段中，我们试图在培训或互动阶段结束时找到最佳策略；在

第二个阶段中，目标是在机器人与环境互动的整个过程中获得最大的收益。

与监督学习相比，学习者必须首先发现其环境，而不是被告知其需要采取的最佳行为。要获取有关奖励和系统行为的信息，代理需要通过考虑以前未使用的操作或不确定的操作进行探索。它需要决定是谨慎行事，坚持（适度）高收益的知名行为，还是敢于尝试新事物，以发现收益更高的新策略。这个问题通常被称为探索-利用权衡（exploration-exploitation tradeoff）。然而，由于连续的高维状态-动作空间，机器人问题中的状态空间通常非常大，因此探索整个状态-动作空间几乎是不可行的。这个问题通常被称为维度诅咒（curse of dimensionality）[15.168]。

离线策略（off-policy）方法独立于采用的策略，即在学习过程中，可以采用不同于预期最终策略的探索性策略。在线策略（on-policy）方法使用当前策略收集有关环境的样本信息。因此，策略必须进行探索，并决定策略改进的速度。这样的探索和策略执行可能会导致长期和短期策略改进之间探索-利用的权衡。用概率分布对探索模型进行建模影响巨大，如对特定问题，随机策略已被证明是最优的[15.169,170]，甚至可以打破维度的诅咒[15.171]。此外，随机策略通常可以非常轻松地导出新的策略更新步骤。

代理需要确定行动和奖励信号之间的相关性。所采取的行动不一定会对奖励产生即时影响，但也会在遥远的将来影响奖励。分配奖励积分的困难与问题的范围或混合时间直接相关，它也随着行动的维度而增加，因为并非行动的所有部分都会做出同样的贡献。

15.3.3　学习模型的最优控制

经典的强化学习设置是一个MDP，其中，对于状态$\boldsymbol{s}$、动作$\boldsymbol{a}$和奖励R，我们还有转变概率$T'(\boldsymbol{s}',\boldsymbol{a},\boldsymbol{s})$。此处，奖励被建模为奖励函数（reward function）$R(\boldsymbol{s},\boldsymbol{a})$。如果已知转移概率和奖励函数，那么可以看作是最优控制问题[15.152]。如果通过第15.2节所述的模型学习方法从测量数据中获取这些函数，则我们将处于图15.1所示的学习模型的最优控制场景中。

15

值函数$V^{\pi}(\boldsymbol{s})$对多数奖励提供了评估，从状态s开始，之后是给定策略$\boldsymbol{\pi}$。如果策略是最优的，表示为$\boldsymbol{\pi}^*$，对应的最优值函数V^{π^*}通常缩写为V^*。对于每个状态，可以有一个或多个最佳动作$\boldsymbol{a}^*$，产生相同的值$V^*(\boldsymbol{s})$。最优的条件为

$$V^*(\boldsymbol{s})=\max_{a}\left[R(\boldsymbol{s},\boldsymbol{a})+\gamma\sum_{s'}V^*(\boldsymbol{s}')T(\boldsymbol{s},\boldsymbol{a},\boldsymbol{s}')\right] \tag{15.11}$$

该观点等效于贝尔曼最优原则[15.168]所指出的：

一个最优策略的属性是，无论初始状态和初始决策是什么，其余的决策必须构成一个最优策略，并具有关于第一个决策所产生的状态。

因此，我们必须执行一个最佳动作$\boldsymbol{a}^*$，然后遵循最优策略$\boldsymbol{\pi}^*$，以实现全局最优。这个最优原则也是实现最优控制的关键所在[15.172]。需要注意的是，对于构建最优的策略，式（15.11）中的最大算子是需要评估的，这需要知道状态转移模型$T(\boldsymbol{s},\boldsymbol{a},\boldsymbol{s}')$。也就是说，这种方法从总体上来说是基于模型的，需要一个预定义模型或利用第15.2节的内容。

基于动态规划的方法（dynamic programming-based method）是求解强化学习最优控制问题的经典方法。如前所述，这需要一个转移概率模型$T'(\boldsymbol{s}',\boldsymbol{a},\boldsymbol{s})$和奖励函数$\boldsymbol{R}(\boldsymbol{s},\boldsymbol{a})$来计算值函数。这些函数不一定需要预先确定，但也可以从数据（可能是增量的）中学习。这种方法称为基于模型（model-based）的强化学习方法或学习模型的最优控制。典型的方法包括策略迭代和值迭代。

策略迭代在策略评估和策略改进两个阶段之间交替进行。该方法使用任意策略初始化。策略评估确定当前策略的值函数。访问每个状态，其值会根据其后续状态的当前值估计、相关转移概率和策略进行更新。重复此过程，直到值函数收敛到近似真值函数的固定点。策略改进根据值函数反复选择每个状态中的最佳动作，从而创建策略更新。重复策略评估和策略改进这两个步骤，直到策略不再改变。

策略迭代仅在策略评估步骤收敛后再进行更新。相比之下，值迭代结合了策略评估和策略改进的步骤，每次更新状态时，直接基于式（15.11）更新值函数。

15.3.4　无模型的值函数方法

许多传统的强化学习方法都是方程的辨识解（可能是近似解），称为值函数方法。它们不是从一个转移模型和一个奖励函数中推导出值函数，而是先近似值函数，然后用它来构造最优策略。

这些算法不是值函数$V^{\pi}(\boldsymbol{s})$，而是通常依赖于状态-动作值函数$Q^{\pi}(\boldsymbol{s},\boldsymbol{a})$，它具有确定最优策略的

优点，如下所示，但也允许使用无模型方法。该状态-动作值函数满足如下定义：

$$Q^{\pi}(s,a)=R(s,a)+\gamma\sum_{s'}V^{\pi}(s')T(s,a,s')$$

与值函数 $V^{\pi}(s)$ 相反，状态-动作值函数 $Q^{\pi}(s,a)$ 清晰地包含有特定动作效果的信息。最优的状态-动作值函数为

$$Q^{*}(s,a)=R(s,a)+\gamma\sum_{s'}(\max_{a'}Q^{*}(s',a'))T(s,a,s')$$

如果 Q^{*} 是已知的，找到最佳动作只需要在给定状态 s 下找到 Q 的最大值——这不需要模型，但只是一个标准（尽管不一定微不足道）的函数寻根问题。重要的是，使用状态-动作值函数可以实现无模型的学习方法，代价是在 s 和 a 的关节空间上学习值函数。

如果最优值函数 $V^{\pi}(s')$ 和转移概率 $T'(s',a,s)$ 已知以下状态，在具有离散动作的环境中，确定最佳策略很简单，因为可能实现无穷搜索。对于连续空间，确定最优动作 a^{*} 本身就是一个优化问题。如果状态和动作都是离散的，原则上可以代表值函数和策略。对于更大的或连续的空间，将值函数表示为表格变得难以处理。函数近似值用于寻找更低的与真实值函数匹配的维度。

已经开发了多种基于无模型值函数的强化学习算法，试图估计 $V^{*}(s)$ 或 $Q^{*}(s,a)$。这些算法主要可分为两类：基于卷积的蒙特卡罗方法和时间差分方法，如 TD(λ)、Q-学习和 SARSA（状态-动作-奖励-状态-动作）。

1）蒙特卡洛法。使用抽样来估计值函数。此过程可用于替换上述基于动态规划方法中的策略评估步骤。蒙特卡罗方法是无模型的，即它们不需要显式的转移函数。它们通过在系统上执行当前策略，从而根据在线策略进行操作。跟踪跃迁频率和奖励，并用于形成值函数的估计值。例如，在场景设置中，给定状态-动作对的状态-动作值，可以通过从它们开始时收到的所有收益的均值来估计。

2）时间差分法。与蒙特卡洛方法不同的是，时间差分方法不必等到收益估计值可用时（即事件结束时）才更新值函数。相反，它们使用时间误差并在每个时间步进行更新。时间误差是值函数的旧估计与新估计之间的差值，考虑了当前样本中收到的奖励。这些更新是通过迭代完成的，与动态规划方法相比，只考虑抽样的后继状态，而不是后继状态的完全分布。与蒙特卡洛方法一样，这些方法是无模型的，因为它们不使用转移函数的模型来确定值函数。例如，值函数可以通过下式进行迭代更新：

$$V^{*}(s)=V(s)+\alpha[R(s,a)+\gamma V'(s)-V(s)]$$

式中，$V(s)$ 是值函数的旧估计值；$V'(s)$ 是更新后的估计值；α 是学习率。在奖励打折扣的情况下，此更新步骤称为 TD(0) 算法。然而，为了选择最佳动作，仍然需要转移函数的模型，即此方法只能用于策略迭代场景中的策略评估。

状态-动作值函数的等价时间差分学习算法是 SARSA 算法，即

$$Q'(s,a)=Q(s,a)+\alpha[R(s,a)+\gamma Q(s',a')-Q(s,a)]$$

式中，$Q(s,a)$ 是状态-动作值函数的旧估计；$Q'(s,a)$ 是对应的新估计。此算法主要基于策略，因为当前动作 a，以及后续动作 a' 都是根据当前策略 π 选择的。平均奖励变量称为 R-学习[15.173]，它与 Q-学习密切相关，并进行了更新：

$$Q'(s,a)=Q(s,a)+\alpha[R(s,a)+\gamma\max_{a'}Q(s',a')-Q(s,a)]$$

这些方法不需要转移函数模型来确定最优策略 $\pi^{*}(s)$。

15.3.5 策略搜索

值函数方法通过首先找到一个值函数，然后计算相应的最优行为，间接推断出最优策略；也可以直接学习策略，无须绕道值函数。对于机器人，这种方法有几个优点。它允许专家知识的自然整合，如通过策略的结构化和初始化。它允许在不改变初始问题的情况下，以近似的形式对策略进行适当的预结构化。最优策略的参数通常比最优值函数少得多。例如，在线性二次控制中，值函数在状态变量的维度上具有二次型的多个参数，而策略只需要线性的多个参数。策略空间中的局部搜索可以直接产生良好的结果，正如早期爬山法[15.172]以及最近的成功做法[15.149,150,157,159-163,174-182]所示。可以自然地合并附加约束，如调整路径分布中的变化。因此，策略搜索通常对机器人来说更为自然些。

长期以来，策略搜索一直被认为是一个较难的问题，因为最优解通常不能直接从方程中确定，如贝尔曼（Bellman）最优性原理[15.168]和动态规划。尽管如此，在机器人学中，策略搜索最近已成为值函数方法的重要替代方法，因为它具有更好的可扩展性，以及近似值函数法的收敛性。大多数策略搜索方法围绕现有策略 π_i 进行局部优化，对一组策略参数 θ_i 参数化，通过 $\Delta\theta_i$ 的变化来增加预期收益，并导致表单的迭代更新：

$$\theta_{i+1}=\theta_i+\Delta\theta_i$$

策略更新的计算是这里的关键步骤，已经提出

了各种更新方法，包括成对比较[15.183,184]、使用有限政策差分的梯度估计[15.159,160,180,185-187]、一般随机优化方法（如 Nelder-Mead[15.150]、交叉熵[15.188]和基于总体的方法[15.189]），以及来自最优控制的方法，如差分动态规划或 DDP[15.153]及多重射击方法[15.190]。

让我们先简要地了解一下基于梯度的方法。策略参数的更新基于爬山法，即遵循定义步长 α 的预期收益 J 的梯度：

$$\theta_{i+1}=\theta_i+\alpha\nabla_\theta J$$

可采用不同的方法来估计梯度$\nabla_\theta J$，许多算法需要调整步长 α。

1）有限差分梯度估计器评估 P 策略参数扰动，以获得策略梯度的估计。这里，有 $\Delta\hat{J}_p\approx J(\theta_i+\Delta\theta_p)-J_{\text{ref}}$。式中，$p=[1,\cdots,P]$是单一扰动；$\Delta\hat{J}_p$ 是对收益影响的估计；J_{ref}是参考收益，即未扰动参数的收益。现在可以通过线性回归估计梯度：

$$\nabla_\theta J\approx(\Delta\boldsymbol{\Theta}^{\mathrm{T}}\Delta\boldsymbol{\Theta})^{-1}\Delta\boldsymbol{\Theta}^{\mathrm{T}}\Delta\hat{\boldsymbol{J}}$$

式中，矩阵 $\Delta\boldsymbol{\Theta}$ 包含扰动 $\Delta\theta_p$ 的所有叠加样本，$\Delta\hat{\boldsymbol{J}}$ 包含相应的 $\Delta\hat{J}_p$。为了估计梯度，扰动的数量至少需要与参数的数量一样多。该方法非常简单，甚至适用于不是严格可微的策略。然而，它通常被认为是非常嘈杂和低效的。对于调整更新步长 α 的有限差分方法，扰动的数量 P，以及扰动的类型和大小都是关键的调整因素。

2）似然比方法有赖于这样一种认识：在事件设置中，事件 $\boldsymbol{\tau}$ 是根据事件的返回 $J^\tau=\sum_{h=1}^{H}R_h$ 和每个事件中的步数 H 的分布生成的，一组策略参数 θ 的预期收益可以表示为

$$J^\theta=\sum_\tau P^\theta(\tau)J^\tau \tag{15.12}$$

事件分布的梯度可以写为

$$\nabla_\theta P^\theta(\tau)\approx P^\theta(\tau)\nabla_\theta\log P^\theta(\tau) \tag{15.13}$$

这通常被称为似然比或强化（奖励增量=非负因子×补偿强化×特征资格）[15.191]技巧。根据多元微积分的知识，有$\nabla_\theta\log P^\theta(\tau)=\nabla_\theta P^\theta(\tau)J^\tau/P^\theta(\tau)$。结合式（15.12）和式（15.13），得到了如下形式的预期收益梯度：

$$\begin{aligned}\nabla_\theta J^\theta&=\sum_\tau\nabla_\theta P^\theta(\tau)J^\tau\\&=\sum_\tau P^\theta(\tau)\nabla_\theta\log P^\theta(\tau)J^\tau\\&=E\{\nabla_\theta\log P^\theta(\tau)J^\tau\}\end{aligned}$$

如果有一个生成事件 τ 的随机策略 $\pi^\theta(\boldsymbol{a}|\boldsymbol{s})$，就不需要跟踪事件的概率，但可以直接用策略 $\nabla_\theta\log P^\theta(\tau)=\sum_{h=1}^{H}\nabla_\theta\log\pi^\theta(\boldsymbol{a}_h|\boldsymbol{s}_h)$ 表示梯度。最后，预期收益相对于策略参数的梯度可以估计为

$$\nabla_\theta J^\theta=E\Big\{\Big(\sum_\tau\nabla_\theta\log\pi^\theta(\boldsymbol{a}_h|\boldsymbol{s}_h)\Big)J^\tau\Big\}$$

如果现在考虑，事件开始时的奖励不能由事件结束时所采取的行为引起，就可以用状态-动作值函数 $Q^\pi(\boldsymbol{s},\boldsymbol{a})$ 替换事件 J^τ 的返回，并获得[15.161]

$$\nabla_\theta J^\theta=(1-\gamma)\times E\Big\{\sum_{h=1}^{H}\gamma^h\nabla_\theta\log\pi^\theta(\boldsymbol{a}_h|\boldsymbol{s}_h)Q^\pi(\boldsymbol{s}_h,\boldsymbol{a}_h)\Big\}$$

这相当于策略梯度定理[15.169]。在实践中，通常建议分别从事件 J^τ 返回或状态-动作值函数 $Q^\pi(\boldsymbol{s},\boldsymbol{a})$ 中减去参考收益 J_{ref}（也称为基线），以获得更好的估计，类似于有限差分法。在这些环境中，搜索会自动由随机策略处理。

基于初始梯度的方法，如有限差分梯度法或强化法[15.191]的进展相当缓慢。加权扰动算法与强化法相关，但可以处理非高斯分布，从而显著提高梯度的信噪比[15.180]。最近的自然策略梯度方法[15.161,162]允许更快的收敛，这可能对机器人学有所帮助，因为它减少了学习时间和所需的真实交互。

3）梯度法的替代方法是目前研究的热点。例如，当奖励被视为不适当的概率分布时，可以从机器学习的期望最大化中得到另一类安全快速的策略搜索方法[15.192]。在机器人学方面，其中一些方法被证明是成功的，如奖励加权回归[15.161]，通过收益加权探索的策略学习[15.163]，蒙特卡罗期望最大化[15.193]，以及成本正则化核回归[15.194]。具有密切相关更新规则的算法也可以从不同的角度派生，包括使用路径积分[15.195]和相对熵策略的改进搜索[15.175]。

最后，通过动态规划方法进行的策略搜索[15.196]是一种将策略搜索与最优性原则相结合的通用策略。该方法像动态规划方法一样，在时间上逆向学习非平稳策略，但不尝试强制执行贝尔曼方程和由此产生的近似不稳定性。由此产生的方法提供了目前已知的函数逼近和有限可观测性下的一些最强保证。它已在学习步行控制器和寻找地图搜索的近似最优轨迹方面得到了证明[15.197]。

该领域的一个关键公开问题是确定何时适合使用这些方法。一些方法利用了针对强化学习问题的重要结构，包括奖励结构[15.195]、Markovanity、奖励信号的因果关系[15.191]，以及可用的值函数估计[15.161]。其他人将策略搜索嵌入一个普通的、黑盒子的随机优化问题中[15.150,198-201]。关于在何种情况下

哪种方法最好，以及在更基本的层面上，如何在实践中有效利用上述问题结构，仍然存在重大的开放性问题。成功的例子见 VIDEO 354 和 VIDEO 355 。

1. 值函数方法与策略搜索

关于值函数方法还是策略搜索方法更适合强化学习的讨论已经进行了很长时间，到目前为止，答案是具体问题具体分析。如果已知一个完整的最优值函数，则全局最优解会选择获得最高值的操作。然而，到目前为止，基于值函数的方法很难扩展到高维机器人，因为它们需要值函数的近似值——在低维情况下，离散化和查表工作表现得最好，并且没有任何理论问题。遗憾的是，当采用函数逼近时，离散状态-动作表示的理论保证不再成立。即使找到最佳行为也可能是一个困难的问题，因为在面对近似值函数中的微小误差时选择最佳行为的敏感性，以及在行为选择的连续未知函数中解决优化问题的成本。例如，在策略搜索中，更新策略的计算成本比通过搜索状态-动作值函数为一个状态找到一个最优动作低。

原则上，值函数需要状态空间的总覆盖率，最大的局部误差（largest local error）决定了生成策略的质量。一个特别重要的问题是值函数中的误差传播。策略中的任何微小更改可能会导致值函数中的较大更改，这也会导致策略中的更大调整。虽然这可能会更快地得到好的、可能是全局最优解，但在函数逼近[15.196,202,203]和当应用于实际的机器人系统时，会变得更加危险，因为过大的策略偏差可能会导致危险的运动指令。

相比之下，策略搜索方法通常只考虑当前策略及其邻域，以逐步提高性能。结果是，通常只能找到局部最优解，而不能找到全局最优解。然而，这些方法与连续的状态和动作配合使用效果很好，并且可以扩展到高维机器人，如仿人机器人中。

策略搜索方法有时被称为仅限参与者（actor）的方法；值函数方法有时称为仅限评论家（critic）的方法。评论家的方法是首先观察和评估选择系统控制（即值函数）的性能，然后根据获得的知识推导出策略。相反，参与者直接试图推断最优策略。一组称为参与者-评论家方法的算法试图包含每种策略的优点：明确维护策略，以及当前策略的值函数。动作选择不使用值函数（即评论家）。相反，它会观察参与者的表现，并决定何时需要更新策略，以及应该优选采取哪些行动。由此产生的更新步骤具有局部收敛性、减少更新方差的策略梯度算法的特性[15.204]。在减少更新方差的好处和必须学习值函数之间存在权衡，因为估计值函数所需的样本也可用于获得更新步骤的更好梯度估计。Rosenstein 和 Barto[15.205]提出了一种参与者兼评论家方法，该方法还以稳定策略的形式增加了一名主管。

2. 函数逼近

函数逼近这一话题在强化学习中反复出现，值得关注。对于状态和动作不太多的离散状态-动作问题，查表是值函数、奖励函数和状态转换（即模型）的合理表示。但查表并没有推广到相邻状态，这使得它们的计算效率低下。此外，对于多维度的连续状态-动作问题，离散化将导致离散状态和动作数量呈指数增长，因此是不可行的（维度诅咒）。因此，用连续函数逼近器代替离散化表示是唯一的可能性。

函数逼近可用于表示策略、值函数和状态转换模型。因此，第 15.2.4 节讨论的技术也适用于这些函数逼近问题。然而，使用文献中开发的用于函数逼近的监督学习方法的一个基本问题是，大多数此类方法是针对独立且相同分布的样本数据而设计的。然而，由强化学习过程生成的数据通常既不是独立的，也不是均匀分布的。一般来说，函数逼近器本身在数据收集过程中起着一定的作用（如通过定义在机器人上执行的策略）。

线性基函数逼近器是连续（和离散）状态空间中应用最广泛的近似值函数技术之一。其受欢迎在很大程度上是因为它们的表示简单，以及基于样本的值函数近似的收敛理论（尽管有限）[15.206]。让我们简要地看一看径向基函数网络，以说明这种方法。值函数将状态映射为标量值。状态空间可以由点的网格覆盖，每个点对应于高斯基函数的中心功能。近似函数的值是查询点处所有基函数值的加权和。由于高斯基函数的影响随其中心距离的增加而迅速下降，因此查询点的值将主要受相邻基函数的影响。权重的设置应尽量减小观测样本与重建之间的误差。对于均方差，可通过线性回归确定这些权重。Kolter 和 Ng[15.207]讨论了此类线性函数逼近器正则化的优点，以避免过度拟合。

值函数的其他可能函数逼近器包括导线拟合，Baird 和 Klopf[15.208]建议将其作为一种使连续动作选择可行的方法。Konidaris 等人[15.209]建议使用傅里叶基。甚至将状态空间离散化也可以看作是函数逼近的一种形式，其中的粗值用作光滑连续函数的估计。一个例子是平铺编码[15.13]，其中空间被细分为（可能是不规则形状的）区域，称为平铺。不同平铺的数量决定最终近似的分辨率。策略搜索还受益于策略的紧凑表示。

系统动力学模型可以使用多种技术来表示。在这种情况下，对模型中的不确定性进行建模（如通过随机模型或对模型参数的贝叶斯估计）通常很重要，以确保学习算法不会利用模型的不准确性，详见第15.3.9节。

15.3.6 机器人强化学习面临的挑战

强化学习通常是一个难题，它的许多挑战在机器人领域尤为明显。由于大多数机器人的状态和动作本质上是连续的，所以不得不考虑它们的分辨率。必须决定需要对机器人进行多细粒度的控制，是采用离散化还是函数逼近，以及建立的时间步长。此外，由于状态和动作的维度都很高，我们面临维度诅咒[15.168]。由于机器人学处理的是复杂的物理系统，所完成任务的执行时间长、需要人工干预，以及需要维护和维修，因此样本可能很昂贵。在这些真实世界的测量中，我们必须处理复杂物理系统固有的不确定性。机器人要求算法实时运行，算法必须能够处理物理系统固有的感知和执行延迟。模拟可能会缓解许多问题，但这些方法需要对模型误差具有鲁棒性，如下文所述。一个经常被低估的问题是目标规范，它是通过设计一个好的奖励函数来实现的。这种选择会在可行性与不合理数量的探索之间产生差异。

1. 维度诅咒

当贝尔曼[15.168]探索离散高维空间中的最优控制时，他面临着状态和动作的指数级爆炸，为此他创造了维度诅咒（curse of dimensionality）这一术语。随着维数的增加，需要指数级的更多数据和计算来覆盖整个状态-动作空间，而且评估每个状态很快变得不可行，即使对于离散状态也是如此。

由于现代的仿人机器人具有多个自由度，机器人系统通常必须处理这些高维状态和动作。例如，在打乒乓球任务（VIDEO 355）中，机器人状态的正确表示是包括其7个自由度的关节角度和速度，以及球的笛卡儿位置和速度（图15.7）。机器人的动作是产生的运动指令，通常是力矩或加速度。在这个例子中，有2×(7+3)=20个状态维度和7个维度的连续动作。

在机器人学中，此类任务通常可以通过分层任务分解来处理，从而将一些复杂性转移到较低的功能层。经典的强化学习方法经常考虑基于网格的表示（离散状态和动作），通常称为网格世界（grid-world）。移动机器人的导航任务可以投射到该表示中，方法是使用较低级别的控制器，在确保精度的同时负责加速、移动和停止，如向左移动单元。在打乒乓球的例子中，可以通过使用操作空间控制律来控制球拍空间中的机器人（由于球拍在弦的安装点周围方向不变，因此球拍空间的维数较低）来简化操作[15.15]。许多商业机器人系统还将一些状态和动作组件封装在嵌入式控制系统中（如轨迹片段经常用作工业机器人的动作）。然而，根据我们的经验，这种形式的状态降维严重限制了机器人的动力学能力[15.63,210]。

强化学习群体使用计算抽象处理维度有着悠久的历史。它提供了一套强大的适用工具，从自适应离散化[15.211]和函数逼近方法[15.13]到采用宏操作或分选[15.212,213]。分选允许将任务分解为基本组件，并非常自然地转化为机器人技术。这样的分选可以自动实现子任务，如打开一扇门，从而缩短规划范围[15.212]。自动生成此类分选集是实现此类方法的一个关键问题。我们将在第15.3.7节中讨论机器人强化学习中已经取得的成功方法。

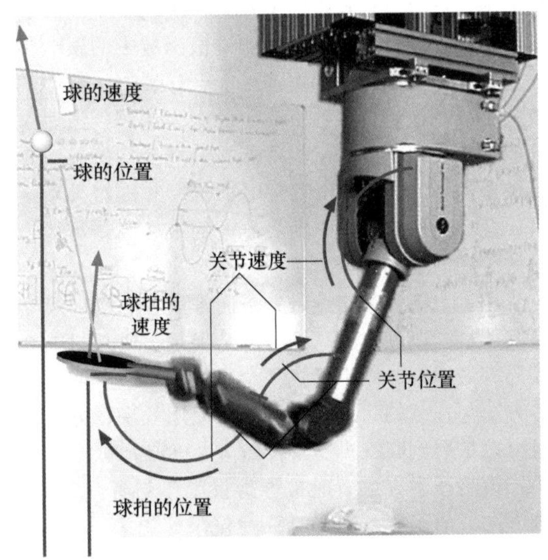

图15.7 机器人打乒乓球的任务中通过RL建模使用的状态空间（可参见VIDEO 355）

2. 真实世界的诅咒样本

机器人天生与物理世界互动，因此通过物理传感器创建自己的学习数据。真实的物理系统会产生各种值得注意的问题：

1）机器人硬件通常很昂贵，一旦磨损，需要仔细维护。修复机器人系统是一项不可忽视的工作，需要成本、体力劳动和长时间等待。将强化学习应用于机器人学，安全探索成为学习过程中的一个关键问题[15.157,214-216]。

2）机器人及其环境可能会持续缓慢变化，如由于磨损或光线条件。因此，学习过程应该能够跟踪这些条件的变化，即学习持续性。

3）用真正的机器人进行试验非常耗时。例如，在发生故障后的极点平衡过程中，将极点放回机器人的末端执行器上，并进行多次学习试验。数据高效的算法通常比处理数据所需的内存和计算更重要。

4）实际机器人中的实时约束会对动作生成和学习更新的计算量施加约束。这些约束在一个偶然的环境中不太严重，因为学习的时间密集部分可以推迟到两段之间。鉴于这些挑战，Hester 等人[15.217]提出了基于模型的值函数强化学习方法的实时体系架构。

5）时间离散化在计算机实现中是不可避免的，它会产生不希望出现的伪像，如状态之间距离的失真，或者通过时间混叠产生的平滑效应。

6）物理传感器和驱动器的信息处理延迟会对学习产生负面影响。这种影响可以通过将最近的一些动作输入到状态中来解决，代价是显著增加问题的维度。

3. 欠建模与模型不确定性的诅咒

抵消真实世界交互成本的一种方法是使用精确的模型作为模拟器，如第 15.2.5 节所述。在理想情况下，这种方法可以在模拟中学习行为，然后将其转移到真实的机器人上。遗憾的是，创建一个足够精确的机器人及其环境模型通常是不太可能的。随着时间的推移，小的建模误差不断累积，模拟机器人可以快速脱离真实环境的系统，因此如参考文献［15.218］所述，如果没有重大修改，策略将不会转移。对于系统自稳定的任务（即机器人不需要主动控制才能保持安全状态或返回安全状态），转移策略通常会更有效[15.219]。然而，当接触动力学和摩擦太难建模时，在模拟中学习很快就会变得毫无用处。例如，在打乒乓球的任务中，将球连接到球拍上的弹性线及反弹球的接触动力学都存在此类建模问题。

4. 目标规范的诅咒

在强化学习中，期望行为由奖励函数隐式指定。虽然通常比指定行为本身简单得多，但在实践中，定义一个好的奖励函数可能会出人意料地困难，因此手动规划和调整变得非常重要。在许多领域，只有在完成任务后才提供奖励似乎是很自然的，如当乒乓球机器人赢得比赛时。这种观点显然产生了一个明显简单的二元奖励规范。然而，机器人可能很少得到这样的奖励，以至于在其一生中不可能成功。我们经常需要在标量奖励函数中包含中间奖励，以引导学习过程找到合理的解决方案，而不是依赖简单的二元奖励，一个被称为奖励塑造（reward shaping）[15.156]的过程。此外，需要考虑机器人在运动范围和力矩饱和方面的物理约束。通常，坐标的变化，即成本函数应确定在哪个空间（如任务空间、关节空间）中指定的问题可以决定成功或失败。一般来说，强化学习算法也因以设计人员无法预料的方式利用奖励函数而臭名昭著。

逆向强化学习，也称为逆最优控制[15.220]，是手动指定奖励函数的一种很有希望的替代方法。它假设奖励函数可以从一组专家演示中重建，如图 15.1 所示。该奖励函数不一定对应于真正的奖励函数，但为学习行为的最终表现提供了保证[15.221,222]。逆向强化学习最初是在控制领域[15.8]和经济领域[15.223]中进行研究的，最初的结果仅适用于有限的领域（线性二次调节器问题），并且需要对设备和控制器进行封闭式访问，因此无法使用来自人类演示的样本。Russel[15.220]让这个领域成为机器学习界的关注点。Abbeel 和 Ng[15.221]定义了解决问题的一个重要约束条件：当奖励函数在一组特征中是线性的时，逆向强化学习问题：通过观察演示提取的策略必须获得与正在演示的策略相同的奖励。Ratliff 等人[15.222]证明，逆最优控制可以理解为结构化预测机器学习思想的推广，并引入了有效的带边界的次梯度算法，实现了该技术在机器人学中的大规模应用。Ziebart 等人[15.2]扩展了由 Abbeel 和 Ng 开发的技术[15.221]，使该思想具有鲁棒性和概率性，能够有效地用于学习策略和预测次优代理的行为。这些技术和许多变体最近已成功应用于户外机器人导航[15.224-226]、操纵[15.227]和四足动物移动[15.224,227,228]，VIDEO 353 展示了一个成功的实例。

最近，有一种观点认为，通过利用丰富的参数化奖励函数，可以在简单、易于解决的最优控制问题的基础上构建复杂的策略，并在强化学习中得到了更直接的利用。在参考文献［15.229,230］中，通过使用策略搜索技术对简单的最优控制问题调整奖励函数，得出了复杂的策略。Zucker 和 Bagnell[15.230]证明，该技术可以有效解决机器人大理石迷宫问题，有效地在不同设计和复杂度的迷宫之间转移。这些工作突出奖励函数的复杂性之间和潜在强化学习的复杂性之间的自然权衡，以实现期望行为的问题。

15.3.7 运用表示法的可追溯性

强化学习方法的成功很大程度上归功于对近似表示的巧妙使用。这种近似的需要在机器人学中尤其明显，在机器人学中，基于表格的表示（如第15.3.4节所述）很少可扩展。常见的主题是降低状态和动作的维度，选择在强化学习数据生成过程中具有鲁棒性的表示，或者找到紧凑的表示策略和值函数的参数化。以下概述了相关项目的列表：

1）许多作者已经手动开发了离散化，这样就可以通过真正的机器人学习基本任务。对于低维任务，可以将每个维度分成多个区域，直接生成离散化。主要的挑战是找到适当数量的区域，对于每个维度，允许系统在快速学习的同时实现良好的最终性能。示例应用包括平衡横梁上的球[15.231]，一个自由度杯中的球[15.232]，两个自由度的爬行运动[15.233]和步态模式用于四足步行[15.234]（图15.8），复杂的任务需要更多手工制作，如导航[15.235]、基于视觉的处理[15.236]或RoboCup场景[15.237]。

2）自适应表示可能非常有用，如在协作任务完成[15.238]或计算机视觉[15.239]中。

3）元动作的自动构建（以及与分选密切相关的概念）吸引了强化学习研究者。基本想法是拥有更多的由一系列命令组成的智能动作，其本身可以完成一项简单的任务。一个简单的例子是让元动作向前移动（move forward）5m。例如，在参考文献[15.240]中，状态和动作集是以重复的动作基元会导致状态变化的方式构建的，以克服与离散化相关的问题。Huber和Grupen[15.241]使用一组具有相关谓词状态的控制器作为学习四足动物转向门的基础。Fidelman和Stone[15.242]使用策略搜索方法学习控制RoboCup场景中行走和捕捉元动作之间转换的一组小参数。使用狗机器人完成运送球的任务[15.243]，可以通过半自动发现的分选来学习。仅使用初始运动的子目标，仿人机器人可以学习浇注任务[15.244]。其他例子包括觅食[15.245]和多机器人协作任务[15.246]，受限搜索空间抓取[15.247]和移动机器人导航[15.248]。如果元动作不是预先确定的，而是同时学习的，那么这些方法就是分层的强化学习方法。Konidaris等人[15.249,250]提出了一种从人类演示构建技能树的方法。在这里，技能对应于分项，并链接起来学习移动操作技能。

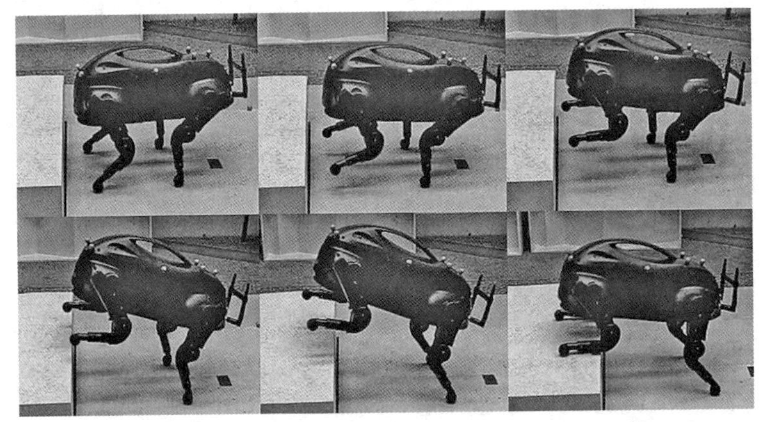

图15.8 波士顿动力的LittleDog跳跃截图（Zico Kolter[15.178]）

4）在关系表示中，状态、动作和转移不是单独表示的。对相同预定义类型的实体进行分组，并考虑它们之间的关系。对于高度几何化的任务（这在机器人学中经常出现），这种表示可能更可取，并且已经得到了广泛的应用，如用于学习在监督的环境中使用真实机器人导航建筑物[15.251]，并在模拟中操纵铰接对象体[15.252]。

5）函数逼近一直是允许值函数方法扩展到感兴趣领域的关键环节。遗憾的是，贝尔曼方程中使用的最大算子和时间差分更新，理论上可以使大多数线性或非线性近似方案在值迭代或策略迭代中变得不稳定，这种不稳定的行为在实践中也经常出现。线性函数逼近器对于策略评估是稳定的，而如果仅用于策略评估，非线性函数逼近（如神经网络）甚至可能会发散[15.206]。已经提出许多方法帮助值函数逼近。例如，为线性逼近器[15.151,253]创建物理启发的特征作为非线性基函数是很有希望的。通用神经网络可以取得成功[15.254,255]，特别是CMAC（小脑模型连接控制器）神经网络[15.256]。局部模型函数逼近器通常可提供更稳定的学习行为[15.151,257,258]。概率性的非参数函数逼近器，如高斯过程回归，最近在机器人强化学习方面取得了令人感兴趣的成功[15.259-262]。

6）与在值函数逼近中选择一个好的结构类似，为策略选择一个好的结构和参数化，可以对成功或失败或强化学习产生很大的影响。发现稀疏参数化从本质上降低了学习问题的维数，因为只需要学习少数参数，而不是每个时间步的每一个动作。其中最流行的是基于样条线的参数化[15.158,180,199]、基于物理激励特征的线性参数化[15.263]、参数化运动基元[15.161,162,264,265]、高斯混合模型[15.157,177,266]、通用神经网络[15.149,176,185]和非参数方法[15.175,194]。

15.3.8 利用先验知识的可追溯性

先验知识可以极大地帮助指导学习过程，它包括初始策略、演示、初始模型、预定义的任务结构或策略约束（如策略参数的力矩限制或排序约束）等，这些方法大大减少了搜索空间，从而加快了学习过程。提供（部分）成功的初始策略，允许强化学习方法关注值函数或策略空间中有希望的区域。预先构造一个复杂的任务，使其可以分解为几个更容易处理的任务，能够显著降低学习任务的复杂性。约束也可能限制搜索空间，但通常会给学习方法带来新的其他问题，如策略搜索限制通常不能很好地处理策略上的硬限制。如果它们被引用的首要目的是保护机器人，那么放松这些约束（机器学习中经常使用的技巧）是不可行的。

如图 15.1 所示，观察到的专家数据可用于构建有用的策略。使用演示初始化的强化学习已变得相当流行，并提供了多种优点。也许最明显的优点是，它提供了当遇到状态时要执行哪些操作的监督培训数据。当这些数据用于偏向策略行为选择时，可能会有所帮助。然而，最显著的优点是，演示——或手工制作的初始策略——不再需要对强化学习问题的策略或状态空间进行全局搜索。学生可以通过局部优化策略来了解哪些状态是重要的，能使局部优化方法可行。当然，如果演示不接近全局最优行为，则只能发现局部最优。

教师的演示可以在两种不同的场景中获得。首先，教师用自己的身体演示任务；其次，教师控制机器人完成任务。第一个场景受到实施问题的限制，由于物理条件不同，教师的运动能力通常无法直接映射到机器人。例如，需要调整演示者的关节角度，以考虑教师和机器人之间的运动学差异。通常只考虑与任务相关信息，如末端执行器和对象的笛卡儿位置与速度。通过运动捕捉获得的演示，已被用于学习摆锤摆动[15.174]、杯中球[15.267]和抓取[15.260]。

第二个场景由一位直接控制机器人的教师演示。这里，教师首先要学会使用特定机器人硬件完成任务，添加宝贵的先验知识。如果机器人是可逆向驱动的，通过动觉示教（即用手握住它并移动它），可使教师能够与机器人进行更密切的互动。该方法已应用于以下领域：T-球击球手[15.161,162]、实现任务[15.177,268]、杯中球[15.163]和切换照明开关[15.269]（VIDEO 355），打台球和操纵箱子[15.270]，打开门和拾起物体[15.271]。大理石迷宫任务可以通过人类玩家的演示来学习[15.272]。

通常，一项任务可以分层分解为基本组件或一系列越来越困难的任务。在这两种情况下，学习任务的复杂性都会显著降低。例如，分层的 Q-学习已被用于学习六条腿机器人的不同行为水平：移动单腿、局部移动整个身体和朝着目标全局移动机器人[15.273]。一个被认为是分层强化学习任务的站立行为已在上层使用 Q-学习，在下层使用连续的参与者-评论家方法学习[15.274]。通过调整不同控制模块的影响并学习这些模块，可以使用参与者-评论家体系架构学习迷宫中的导航[15.275]。Huber 和 Grupen[15.241]将离散事件系统和强化学习技术相结合，学习四足动物打开旋转门的技术。Hart 和 Grupen[15.213]通过分层组合策略学会了双手协同操作任务。Daniel 等人[15.276]在系绳球场景中学会了分选，Muelling 等人[15.147]在打乒乓球场景中学会了不同方式的击球（VIDEO 354）。Whitman 和 Atkeson[15.277]证明，对于某些全局系统（如步行控制器），可以通过为更简单的子系统寻找最优控制器，并协调这些子系统来构造最优策略。

如第 15.3.2 节所述，平衡探索与利用是一个重要的考虑因素。任务知识可以用来引导机器人关注新颖且有前途的区域。例如，移动机器人通过使用新颖性的改进 Q-学习方法来学习引导注意力[15.278]。使用更正的截断返回并考虑估计方差，采用步进反射的六条腿机器人可以学习走路[15.279]。离线搜索可用于指导抓取任务中的 Q-学习[15.280]。使用置信上限[15.281]来指导对潜在高收益区域的探索，可以高效地学习抓取[15.262]。

15.3.9 利用模型的可追溯性

在第 15.3.2 节中，我们从无模型的角度讨论了机器人强化学习，其中系统只是作为一个数据生成过程。这种无模型强化算法试图直接学习值函数或策略，而无须对过渡动力学进行任何显式建模。相比之下，许多机器人的强化学习问题可以通过学习正向模型，即基于数据的过渡动力学近似值来处理。这种基于模型的强化学习方法共同学习具有值函数或策略的系统模型，并且通常允许在较少和真实环境交互的情况下进行培训。减少对真实机器人的学习是非常可取的，因为模拟通常比实时更快，同时对机器人及其环境都更安全。Dyna 体系架构[15.282]、优先扫描[15.283]和强化学习中的增量多步Q-学习[15.284]推广了在模拟和真实环境中结合学习的思想。在机器人强化学习中，模拟系统上的学习步骤通常称为心理预演（mental rehearsal）。

对于基于模型的强化学习，有以下几点很重要：基本上不可能获得足够精确的正向模型，以无误差地模拟复杂的真实环境机器人系统。强化学习方法可以利用这种模型的不精确性，如果它们有利于在模拟中获得的奖励[15.174]。由此产生的策略可能和正向模型（即模拟器）配合良好，但在真实系统中效果不佳。这种效应被称为模拟偏差。

然而，即使系统非常接近确定性，也可以通过引入随机模型或模型上的分布来解决模拟偏差。人为地添加一点噪声将平滑模型误差，并避免策略过度拟合[15.153,285]。保持真实系统动态概率不确定性的模型学习方法，允许强化学习算法生成策略性能的分布。这些方法明确地模拟了与每个状态和动作的动力学相关的不确定性。例如，当使用过渡动力学的高斯过程模型时，可以通过向前传播状态和相关的不确定性来评估策略。模型中的此类评估可用于策略搜索方法，以确定在何处收集更多数据来改进策略，并可用于确保控制对模型不确定性的安全性和鲁棒性[15.150,214]。当在实际系统上评估新策略时，新的观察结果可以随后合并到正向模型中。Bagnell 和 Schneider[15.150]表明，保持模型的这种不确定性，以及在策略搜索方法的内部循环中利用这种不确定性，可以使用仅收集了几分钟的数据，实现有效的飞行控制，而性能则因考虑最佳拟合模型而受到影响。该方法在样本估计中使用显式蒙特卡罗法进行模拟。通过将模型不确定性视为噪声[15.214]，并采用正向模拟的解析逼近，可以在与物理系统相互作用不到 20s 的情况下解决推车杆任务[15.157]；可视化的驱动块堆叠任务也有效地学习了数据[15.164]。

15.4 结论

我们关注机器人学习的两个关键分支，即使用回归方法对内部模型进行监督学习，以及使用强化学习进行反复试错。虽然这两个主题都是机器学习的经典主题，但将这些学习主题添加到机器人学习中，会增加各种复杂性和脆弱性，而这些复杂性和脆弱性并不明显。事实上，许多问题只有通过对物理机器人的试验才得以揭示。许多问题都是控制论的，也就是说，要处理需要稳定的闭环物理系统。其他问题是由于物理系统施加的固有约束，如驱动器饱和与工作空间限制。高维连续状态-动作空间会引发另外一系列问题，尤其是影响机器人学习的可行性和效率。模型误差和传感器噪声也会对学习过程产生不利影响。事实上，机器人需要生成自己的学习数据，即探索-利用权衡和不断变化的抽样分布，由此造成了大量问题（需要解决）。

我们注意到，机器人学习并没有明确的目标，而是有大量的组件。如果使用得当，可以取得优异的学习效果。作为警告，即使是微小的错误选择，也会完全阻止任何学习的成功。机器人学习尚未成熟是显而易见的，因为学习算法很少每天在机器人上使用。大多数结果都属于可行性研究，不足以用于日常应用。许多结果也只适用于特定的物理机器人，不容易推广到其他机器人。

未来机器人学习上仍存在一些悬而未决的问题，包括：

1）如何为模型学习、值函数学习和策略学习自动选择合适的表示？也许，有一种特别的选择适合于许多不同的机器人，或者可以找到一种方法能很容易地进行比较。

2）如何创建有用的奖励函数？本主题与逆向强化学习相关，并有助于在更高的层次上理解观察到的行为意图。

3）先验知识能有多大帮助？需要多少先验知识？应该如何提供先验知识？

4）如何与感知更紧密地结合？机器人学习在很大程度上是以动作为中心的，并假设提供了这种感知。在现实中，存在一个感知-动作学习循环，其中不同的组成部分相互作用显著，需要共同开发。

5）如何降低参数敏感性？手动调整超参数，如梯度率、遗忘率、探索率等，是机器人学习实践者的常见诅咒。通常，参数的微小变化将决定成败。

6）如何稳健地处理模型误差？模型在工作时很好，但如果不够准确，那将是灾难性的。概率性和鲁棒性控制方法可能会有所帮助，但由于非常保守的学习结果，也会降低性能。

这份清单并非详尽无遗，而是抓住了一些关键问题。归根结底，人们迫切需要愿意参与此研究的研究人员和科学家能够解决复杂的理论问题与试验问题。通常，仅仅建立一个具有精确、高效调试和可视化工具的试验机器人环境就是一项艰巨的工作。然后，找到正确的试验和正确的数据跟踪，以便在机器人学习中进行误差诊断，这仍然是一门艺术，需要对物理、算法、软件架构和技术有相当深入的了解。

视频文献

VIDEO 352 Inverted helicopter hovering
available from http://handbookofrobotics.org/view-chapter/15/videodetails/352

VIDEO 353 Inverse reinforcement
available from http://handbookofrobotics.org/view-chapter/15/videodetails/353

VIDEO 354 Machine learning table tennis
available from http://handbookofrobotics.org/view-chapter/15/videodetails/354

VIDEO 355 Learning motor primitives
available from http://handbookofrobotics.org/view-chapter/15/videodetails/355

参考文献

15.1 S. Schaal: The new robotics – Towards human-centered machines, HFSP J. Front. Interdiscip. Res, Life Sci. **1**(2), 115–126 (2007)

15.2 B.D. Ziebart, A. Maas, J.A. Bagnell, A.K. Dey: Maximum entropy inverse reinforcement learning, AAAI Conf. Artif. Intell. (2008)

15.3 S. Thrun, W. Burgard, D. Fox: *Probabilistic Robotics* (MIT, Cambridge 2005)

15.4 B. Apolloni, A. Ghosh, F. Alpaslan, L.C. Jain, S. Patnaik (Eds.): *Machine Learning and Robot Perception*, Stud. Comput. Intell., Vol. 7 (Springer, Berlin, Heidelberg 2005)

15.5 O. Jenkins, R. Bodenheimer, R. Peters: Manipulation manifolds: Explorations into uncovering manifolds in sensory-motor spaces, Int. Conf. Dev. Learn. (2006)

15.6 M. Toussaint: Machine learning and robotics, Tutor. Conf. Mach. Learn. (2011)

15.7 D.P. Bertsekas: *Dynamic Programming and Optimal Control* (Athena Scientific, Nashua 1995)

15.8 R.E. Kalman: When is a linear control system optimal?, J. Basic Eng. **86**(1), 51–60 (1964)

15.9 D. Nguyen-Tuong, J. Peters: Model learning in robotics: A survey, Cogn. Process. **12**(4), 319–340 (2011)

15.10 J. Kober, D. Bagnell, J. Peters: Reinforcement learning in robotics: A survey, Int. J. Robotics Res. **32**(11), 1238–1274 (2013)

15.11 J.H. Connell, S. Mahadevan: *Robot Learning* (Kluwer Academic, Dordrecht 1993)

15.12 J. Ham, Y. Lin, D.D. Lee: Learning nonlinear appearance manifolds for robot localization, Int. Conf. Intell. Robots Syst. (2005)

15.13 R.S. Sutton, A.G. Barto: *Reinforcement Learning* (MIT, Cambridge 1998)

15.14 D. Nguyen-Tuong, J. Peters: Model learning with local Gaussian process regression, Adv. Robotics **23**(15), 2015–2034 (2009)

15.15 J. Nakanishi, R. Cory, M. Mistry, J. Peters, S. Schaal: Operational space control: A theoretical and emprical comparison, Int. J. Robotics Res. **27**(6), 737–757 (2008)

15.16 F.R. Reinhart, J.J. Steil: Attractor-based computation with reservoirs for online learning of inverse kinematics, Proc. Eur. Symp. Artif. Neural Netw. (2009)

15.17 J. Ting, M. Kalakrishnan, S. Vijayakumar, S. Schaal: Bayesian kernel shaping for learning control, Adv. Neural Inform. Process. Syst., Vol. 21 (2008) pp. 1673–1680

15.18 J. Steffen, S. Klanke, S. Vijayakumar, H.J. Ritter: Realising dextrous manipulation with structured manifolds using unsupervised kernel regression with structural hints, ICRA 2009 Workshop: Approaches Sens. Learn. Humanoid Robots, Kobe (2009)

15.19 S. Klanke, D. Lebedev, R. Haschke, J.J. Steil, H. Ritter: Dynamic path planning for a 7-dof robot arm, Proc. 2009 IEEE Int. Conf. Intell. Robots Syst. (2006)

15.20 A. Angelova, L. Matthies, D. Helmick, P. Perona: Slip prediction using visual information, Proc. Robotics Sci. Syst., Philadelphia (2006)

15.21 M. Kalakrishnan, J. Buchli, P. Pastor, S. Schaal: Learning locomotion over rough terrain using terrain templates, IEEE Int. Conf. Intell. Robots Syst.

(2009)
15.22 N. Hawes, J.L. Wyatt, M. Sridharan, M. Kopicki, S. Hongeng, I. Calvert, A. Sloman, G.-J. Kruijff, H. Jacobsson, M. Brenner, D. Skočaj, A. Vrečko, N. Majer, M. Zillich: The playmate system, Cognit. Syst. **8**, 367–393 (2010)
15.23 D. Skočaj, M. Kristan, A. Vrečko, A. Leonardis, M. Fritz, M. Stark, B. Schiele, S. Hongeng, J.L. Wyatt: Multi-modal learning, Cogn. Syst. **8**, 265–309 (2010)
15.24 O.J. Smith: A controller to overcome dead-time, Instrum. Soc. Am. J. **6**, 28–33 (1959)
15.25 K.S. Narendra, A.M. Annaswamy: *Stable Adaptive Systems* (Prentice Hall, New Jersey 1989)
15.26 S. Nicosia, P. Tomei: Model reference adaptive control algorithms for industrial robots, Automatica **20**, 635–644 (1984)
15.27 J.M. Maciejowski: *Predictive Control with Constraints* (Prentice Hall, New Jersey 2002)
15.28 R.S. Sutton: Dyna, an integrated architecture for learning, planning, and reacting, SIGART Bulletin **2**(4), 160–163 (1991)
15.29 C.G. Atkeson, J. Morimoto: Nonparametric representation of policies and value functions: A trajectory-based approach, Adv. Neural Inform. Process. Syst., Vol. 15 (2002)
15.30 A.Y. Ng, A. Coates, M. Diel, V. Ganapathi, J. Schulte, B. Tse, E. Berger, E. Liang: Autonomous inverted helicopter flight via reinforcement learning, Proc. 11th Int. Symp. Exp. Robotics (2004)
15.31 C.E. Rasmussen, M. Kuss: Gaussian processes in reinforcement learning, Adv. Neural Inform. Process. Syst., Vol. 16 (2003) pp. 751–758
15.32 A. Rottmann, W. Burgard: Adaptive autonomous control using online value iteration with Gaussian processes, Proc. IEEE Int. Conf. Robotics Autom. (2009)
15.33 J.-J.E. Slotine, W. Li: *Applied Nonlinear Control* (Prentice Hall, Upper Saddle River 1991)
15.34 A. De Luca, P. Lucibello: A general algorithm for dynamic feedback linearization of robots with elastic joints, Proc. IEEE Int. Conf. Robotics Autom. (1998)
15.35 I. Jordan, D. Rumelhart: Forward models: Supervised learning with a distal teacher, Cognit. Sci. **16**, 307–354 (1992)
15.36 D.M. Wolpert, M. Kawato: Multiple paired forward and inverse models for motor control, Neural Netw. **11**, 1317–1329 (1998)
15.37 M. Kawato: Internal models for motor control and trajectory planning, Curr. Opin. Neurobiol. **9**(6), 718–727 (1999)
15.38 D.M. Wolpert, R.C. Miall, M. Kawato: Internal models in the cerebellum, Trends Cogn. Sci. **2**(9), 338–347 (1998)
15.39 N. Bhushan, R. Shadmehr: Evidence for a forward dynamics model in human adaptive motor control, Adv. Neural Inform. Process. Syst., Vol. 11 (1999) pp. 3–9
15.40 K. Narendra, J. Balakrishnan, M. Ciliz: Adaptation and learning using multiple models, switching and tuning, IEEE Control Syst, Mag. **15**(3), 37–51 (1995)
15.41 K. Narendra, J. Balakrishnan: Adaptive control using multiple models, IEEE Trans. Autom. Control **42**(2), 171–187 (1997)
15.42 M. Haruno, D.M. Wolpert, M. Kawato: Mosaic model for sensorimotor learning and control, Neural Comput. **13**(10), 2201–2220 (2001)
15.43 J. Peters, S. Schaal: Learning to control in operational space, Int. J. Robotics Res. **27**(2), 197–212 (2008)
15.44 H. Akaike: Autoregressive model fitting for control, Ann. Inst. Stat. Math. **23**, 163–180 (1970)
15.45 R.M.C. De Keyser, A.R.V. Cauwenberghe: A self-tuning multistep predictor application, Automatica **17**, 167–174 (1980)
15.46 S.S. Billings, S. Chen, G. Korenberg: Identification of mimo nonlinear systems using a forward-regression orthogonal estimator, Int. J. Control **49**, 2157–2189 (1989)
15.47 E. Mosca, G. Zappa, J.M. Lemos: Robustness of multipredictor adaptive regulators: MUSMAR, Automatica **25**, 521–529 (1989)
15.48 J. Kocijan, R. Murray-Smith, C. Rasmussen, A. Girard: Gaussian process model based predictive control, Proc. Am. Control Conf. (2004)
15.49 A. Girard, C.E. Rasmussen, J.Q. Candela, R.M. Smith: Gaussian process priors with uncertain inputs application to multiple-step ahead time series forecasting, Adv. Neural Inform. Process. Syst., Vol. 15 (2002) pp. 545–552
15.50 C.G. Atkeson, A. Moore, S. Stefan: Locally weighted learning for control, AI Review **11**, 75–113 (1997)
15.51 L. Ljung: *System Identification – Theory for the User* (Prentice-Hall, New Jersey 2004)
15.52 S. Haykin: *Neural Networks: A Comprehensive Foundation* (Prentice Hall, New Jersey 1999)
15.53 J.J. Steil: Backpropagation-decorrelation: Online recurrent learning with O(N) complexity, Proc. Int. Jt. Conf. Neural Netw. (2004)
15.54 C.E. Rasmussen, C.K. Williams: *Gaussian Processes for Machine Learning* (MIT, Cambridge 2006)
15.55 B. Schölkopf, A. Smola: *Learning with Kernels: Support Vector Machines, Regularization, Optimization and Beyond* (MIT, Cambridge 2002)
15.56 K.J. Aström, B. Wittenmark: *Adaptive Control* (Addison Wesley, Boston 1995)
15.57 F.J. Coito, J.M. Lemos: A long-range adaptive controller for robot manipulators, Int. J. Robotics Res. **10**, 684–707 (1991)
15.58 P. Vempaty, K. Cheok, R. Loh: Model reference adaptive control for actuators of a biped robot locomotion, Proc. World Congr. Eng. Comput. Sci. (2009)
15.59 J.R. Layne, K.M. Passino: Fuzzy model reference learning control, J. Intell. Fuzzy Syst. **4**, 33–47 (1996)
15.60 J. Nakanishi, J.A. Farrell, S. Schaal: Composite adaptive control with locally weighted statistical learning, Neural Netw. **18**(1), 71–90 (2005)
15.61 J.J. Craig: *Introduction to Robotics: Mechanics and Control* (Prentice Hall, Upper Saddle River 2004)
15.62 M.W. Spong, S. Hutchinson, M. Vidyasagar: *Robot Dynamics and Control* (Wiley, New York 2006)
15.63 S. Schaal, C.G. Atkeson, S. Vijayakumar: Scalable techniques from nonparametric statistics for real-time robot learning, Appl. Intell. **17**(1), 49–60 (2002)

15.64 H. Cao, Y. Yin, D. Du, L. Lin, W. Gu, Z. Yang: Neural network inverse dynamic online learning control on physical exoskeleton, 13th Int. Conf. Neural Inform. Process. (2006)

15.65 C.G. Atkeson, C.H. An, J.M. Hollerbach: Estimation of inertial parameters of manipulator loads and links, Int. J. Robotics Res. **5**(3), 101–119 (1986)

15.66 E. Burdet, B. Sprenger, A. Codourey: Experiments in nonlinear adaptive control, Int. Conf. Robotics Autom. **1**, 537–542 (1997)

15.67 E. Burdet, A. Codourey: Evaluation of parametric and nonparametric nonlinear adaptive controllers, Robotica **16**(1), 59–73 (1998)

15.68 K.S. Narendra, A.M. Annaswamy: Persistent excitation in adaptive systems, Int. J. Control **45**, 127–160 (1987)

15.69 H.D. Patino, R. Carelli, B.R. Kuchen: Neural networks for advanced control of robot manipulators, IEEE Trans. Neural Netw. **13**(2), 343–354 (2002)

15.70 D. Nguyen-Tuong, J. Peters: Incremental sparsification for real-time online model learning, Neurocomputing **74**(11), 1859–1867 (2011)

15.71 D. Nguyen-Tuong, J. Peters: Using model knowledge for learning inverse dynamics, Proc. IEEE Int. Conf. Robotics Autom. (2010)

15.72 S.S. Ge, T.H. Lee, E.G. Tan: Adaptive neural network control of flexible joint robots based on feedback linearization, Int. J. Syst. Sci. **29**(6), 623–635 (1998)

15.73 C.M. Chow, A.G. Kuznetsov, D.W. Clarke: Successive one-step-ahead predictions in multiple model predictive control, Int. J. Control **29**, 971–979 (1998)

15.74 M. Kawato: Feedback error learning neural network for supervised motor learning. In: *Advanced Neural Computers*, ed. by R. Eckmiller (Elsevier, North-Holland, Amsterdam 1990) pp. 365–372

15.75 J. Nakanishi, S. Schaal: Feedback error learning and nonlinear adaptive control, Neural Netw. **17**(10), 1453–1465 (2004)

15.76 T. Shibata, C. Schaal: Biomimetic gaze stabilization based on feedback-error learning with nonparametric regression networks, Neural Netw. **14**(2), 201–216 (2001)

15.77 H. Miyamoto, M. Kawato, T. Setoyama, R. Suzuki: Feedback-error-learning neural network for trajectory control of a robotic manipulator, Neural Netw. **1**(3), 251–265 (1988)

15.78 H. Gomi, M. Kawato: Recognition of manipulated objects by motor learning with modular architecture networks, Neural Netw. **6**(4), 485–497 (1993)

15.79 A. D'Souza, S. Vijayakumar, S. Schaal: Learning inverse kinematics, IEEE Int. Conf. Intell. Robots Syst. (2001)

15.80 S. Vijayakumar, S. Schaal: Locally weighted projection regression: An O(N) algorithm for incremental real time learning in high dimensional space, Proc. 16th Int. Conf. Mach. Learn. (2000)

15.81 M. Toussaint, S. Vijayakumar: Learning discontinuities with products-of-sigmoids for switching between local models, Proc. 22nd Int. Conf. Mach. Learn. (2005)

15.82 J. Tenenbaum, V. de Silva, J. Langford: A global geometric framework for nonlinear dimensionality reduction, Science **290**, 2319–2323 (2000)

15.83 S. Roweis, L. Saul: Nonlinear dimensionality reduction by locally linear embedding, Science **290**, 2323 (2000)

15.84 H. Hoffman, S. Schaal, S. Vijayakumar: Local dimensionality reduction for non-parametric regression, Neural Process. Lett. **29**(2), 109–131 (2009)

15.85 S. Thrun, T. Mitchell: Lifelong robot learning, Robotics Auton. Syst. **15**, 25–46 (1995)

15.86 Y. Engel, S. Mannor, R. Meir: Sparse online greedy support vector regression, Eur. Conf. Mach. Learn. (2002)

15.87 A.J. Smola, B. Schölkopf: A tutorial on support vector regression, Stat. Comput. **14**(3), 199–222 (2004)

15.88 C.E. Rasmussen: Evaluation of Gaussian Processes and Other Methods for Non-Linear Regression (University of Toronto, Toronto 1996)

15.89 L. Bottou, O. Chapelle, D. DeCoste, J. Weston: *Large-Scale Kernel Machines* (MIT, Cambridge 2007)

15.90 J.Q. Candela, C.E. Rasmussen: A unifying view of sparse approximate Gaussian process regression, J. Mach. Learn. Res. **6**, 1939–1959 (2005)

15.91 R. Genov, S. Chakrabartty, G. Cauwenberghs: Silicon support vector machine with online learning, Int. J. Pattern Recognit. Articial Intell. **17**, 385–404 (2003)

15.92 S. Vijayakumar, A. D'Souza, S. Schaal: Incremental online learning in high dimensions, Neural Comput. **12**(11), 2602–2634 (2005)

15.93 B. Schölkopf, P. Simard, A. Smola, V. Vapnik: Prior knowledge in support vector kernel, Adv. Neural Inform. Process. Syst., Vol. 10 (1998) pp. 640–646

15.94 E. Krupka, N. Tishby: Incorporating prior knowledge on features into learning, Int. Conf. Artif. Intell. Stat. (San Juan, Puerto Rico 2007)

15.95 A. Smola, T. Friess, B. Schoelkopf: Semiparametric support vector and linear programming machines, Adv. Neural Inform. Process. Syst., Vol. 11 (1999) pp. 585–591

15.96 B.J. Kröse, N. Vlassis, R. Bunschoten, Y. Motomura: A probabilistic model for appearance-based robot localization, Image Vis. Comput. **19**, 381–391 (2001)

15.97 M.K. Titsias, N.D. Lawrence: Bayesian Gaussian process latent variable model, Proc. 13th Int. Conf. Artif. Intell. Stat. (2010)

15.98 R. Jacobs, M. Jordan, S. Nowlan, G.E. Hinton: Adaptive mixtures of local experts, Neural Comput. **3**, 79–87 (1991)

15.99 S. Calinon, F. D'halluin, E. Sauser, D. Caldwell, A. Billard: A probabilistic approach based on dynamical systems to learn and reproduce gestures by imitation, IEEE Robotics Autom. Mag. **17**, 44–54 (2010)

15.100 V. Treps: A bayesian committee machine, Neural Comput. **12**(11), 2719–2741 (2000)

15.101 L. Csato, M. Opper: Sparse online Gaussian processes, Neural Comput. **14**(3), 641–668 (2002)

15.102 D.H. Grollman, O.C. Jenkins: Sparse incremental learning for interactive robot control policy estimation, IEEE Int. Conf. Robotics Autom., Pasadena

(2008)
15.103 M. Seeger: Gaussian processes for machine learning, Int. J. Neural Syst. **14**(2), 69–106 (2004)
15.104 C. Plagemann, S. Mischke, S. Prentice, K. Kersting, N. Roy, W. Burgard: Learning predictive terrain models for legged robot locomotion, Proc. IEEE Int. Conf. Intell. Robots Syst. (2008)
15.105 J. Ko, D. Fox: GP-bayesfilters: Bayesian filtering using Gaussian process prediction and observation models, Auton. Robots **27**(1), 75–90 (2009)
15.106 J.P. Ferreira, M. Crisostomo, A.P. Coimbra, B. Ribeiro: Simulation control of a biped robot with support vector regression, IEEE Int. Symp. Intell. Signal Process. (2007)
15.107 R. Pelossof, A. Miller, P. Allen, T. Jebara: An SVM learning approach to robotic grasping, IEEE Int. Conf. Robotics Autom. (2004)
15.108 J. Ma, J. Theiler, S. Perkins: Accurate on-line support vector regression, Neural Comput. **15**, 2683–2703 (2005)
15.109 Y. Choi, S.Y. Cheong, N. Schweighofer: Local online support vector regression for learning control, Proc. IEEE Int. Symp. Comput. Intell. Robotics Autom. (2007)
15.110 J.-A. Ting, A. D'Souza, S. Schaal: Bayesian robot system identification with input and output noise, Neural Netw. **24**(1), 99–108 (2011)
15.111 S. Nowlan, G.E. Hinton: Evaluation of adaptive mixtures of competing experts, Adv. Neural Inform. Process. Syst., Vol. 3 (1991) pp. 774–780
15.112 V. Treps: Mixtures of Gaussian processes, Adv. Neural Inform. Process. Syst., Vol. 13 (2001) pp. 654–660
15.113 C.E. Rasmussen, Z. Ghahramani: Infinite mixtures of Gaussian process experts, Adv. Neural Inform. Process. Syst., Vol. 14 (2002) pp. 881–888
15.114 T. Hastie, R. Tibshirani, J. Friedman: *The Elements of Statistical Learning* (Springer, New York, 2001)
15.115 W.K. Haerdle, M. Mueller, S. Sperlich, A. Werwatz: *Nonparametric and Semiparametric Models* (Springer, New York 2004)
15.116 D.J. MacKay: A practical Bayesian framework for back-propagation networks, Computation **4**(3), 448–472 (1992)
15.117 R.M. Neal: *Bayesian Learning for Neural Networks*, Lecture Notes in Statistics, Vol. 118 (Springer, New York 1996)
15.118 B. Schölkopf, A.J. Smola, R. Williamson, P.L. Bartlett: New support vector algorithms, Neural Comput. **12**(5), 1207–1245 (2000)
15.119 C. Plagemann, K. Kersting, P. Pfaff, W. Burgard: Heteroscedastic Gaussian process regression for modeling range sensors in mobile robotics, Snowbird Learn. Workshop (2007)
15.120 W.S. Cleveland, C.L. Loader: Smoothing by local regression: Principles and methods. In: *Statistical Theory and Computational Aspects of Smoothing*, ed. by W. Härdle, M.G. Schimele (Physica, Heidelberg 1996)
15.121 J. Fan, I. Gijbels: *Local Polynomial Modelling and Its Applications* (Chapman Hall, New York 1996)
15.122 J. Fan, I. Gijbels: Data driven bandwidth selection in local polynomial fitting, J. R. Stat. Soc. **57**(2), 371–394 (1995)
15.123 A. Moore, M.S. Lee: Efficient algorithms for minimizing cross validation error, Proc. 11th Int. Conf. Mach. Learn. (1994)
15.124 A. Moore: Fast, robust adaptive control by learning only forward models, Adv. Neural Inform. Process. Syst., Vol. 4 (1992) pp. 571–578
15.125 C.G. Atkeson, A.W. Moore, S. Schaal: Locally weighted learning for control, Artif. Intell. Rev. **11**, 75–113 (1997)
15.126 G. Tevatia, S. Schaal: Efficient Inverse Kinematics Algorithms for High-Dimensional Movement Systems (University of Southern California, Los Angeles 2008)
15.127 C.G. Atkeson, A.W. Moore, S. Schaal: Locally weighted learning, Artif. Intell. Rev. **11**(1–5), 11–73 (1997)
15.128 N.U. Edakunni, S. Schaal, S. Vijayakumar: Kernel carpentry for online regression using randomly varying coefficient model, Proc. 20th Int. Jt. Conf. Artif. Intell. (2007)
15.129 D.H. Jacobson, D.Q. Mayne: *Differential Dynamic Programming* (American Elsevier, New York 1973)
15.130 C.G. Atkeson, S. Schaal: Robot learning from demonstration, Proc. 14th Int. Conf. Mach. Learn. (1997)
15.131 J. Morimoto, G. Zeglin, C.G. Atkeson: Minimax differential dynamic programming: Application to a biped walking robot, Proc. 2009 IEEE Int. Conf. Intell. Robots Syst. (2003)
15.132 P. Abbeel, A. Coates, M. Quigley, A.Y. Ng: An application of reinforcement learning to aerobatic helicopter flight, Adv. Neural Inform. Process. Syst., Vol. 19 (2007) pp. 1–8
15.133 P.W. Glynn: Likelihood ratio gradient estimation: An overview, Proc. Winter Simul. Conf. (1987)
15.134 A.Y. Ng, M. Jordan: Pegasus: A policy search method for large MDPs and POMDPs, Proc. 16th Conf. Uncertain. Artif. Intell. (2000)
15.135 B.M. Akesson, H.T. Toivonen: A neural network model predictive controller, J. Process Control **16**(9), 937–946 (2006)
15.136 D. Gu, H. Hu: Predictive control for a car-like mobile robot, Robotics Auton. Syst. **39**, 73–86 (2002)
15.137 E.A. Wan, A.A. Bogdanov: Model predictive neural control with applications to a 6 DOF helicopter model, Proc. Am. Control Conf. (2001)
15.138 O. Khatib: A unified approach for motion and force control of robot manipulators: The operational space formulation, J. Robotics Autom. **3**(1), 43–53 (1987)
15.139 J. Peters, M. Mistry, F.E. Udwadia, J. Nakanishi, S. Schaal: A unifying methodology for robot control with redundant dofs, Auton. Robots **24**(1), 1–12 (2008)
15.140 C. Salaun, V. Padois, O. Sigaud: Control of redundant robots using learned models: An operational space control approach, Proc. IEEE Int. Conf. Intell. Robots Syst. (2009)
15.141 F.R. Reinhart, J.J. Steil: Recurrent neural associative learning of forward and inverse kinematics for movement generation of the redundant PA-10 robot, Symp. Learn. Adapt. Behav. Robotics Syst. (2008)
15.142 J.Q. Candela, C.E. Rasmussen, C.K. Williams: *Large Scale Kernel Machines* (MIT, Cambridge 2007)
15.143 S. Ben-David, R. Schuller: Exploiting task related-

ness for multiple task learning, Proc. Conf. Learn. Theory (2003)
15.144 I. Tsochantaridis, T. Joachims, T. Hofmann, Y. Altun: Large margin methods for structured and interdependent output variables, J. Mach. Learn. Res. **6**, 1453–1484 (2005)
15.145 O. Chapelle, B. Schölkopf, A. Zien: *Semi-Supervised Learning* (MIT, Cambridge 2006)
15.146 J.D. Lafferty, A. McCallum, F.C.N. Pereira: Conditional random fields: Probabilistic models for segmenting and labeling sequence data, Proc. 18th Int. Conf. Mach. Learn. (2001)
15.147 K. Muelling, J. Kober, O. Kroemer, J. Peters: Learning to select and generalize striking movements in robot table tennis, Int. J. Robotics Res. **32**(3), 263–279 (2012)
15.148 S. Mahadevan, J. Connell: Automatic programming of behavior-based robots using reinforcement learning, Artif. Intell. **55**(2/3), 311–365 (1992)
15.149 V. Gullapalli, J.A. Franklin, H. Benbrahim: Acquiring robot skills via reinforcement learning, IEEE Control Syst. Mag. **14**(1), 13–24 (1994)
15.150 J.A. Bagnell, J.C. Schneider: Autonomous helicopter control using reinforcement learning policy search methods, IEEE Int. Conf. Robotics Autom. (2001)
15.151 S. Schaal: Learning from demonstration, Adv. Neural Inform. Process. Syst., Vol. 9 (1996) pp. 1040–1046
15.152 W. B. Powell: AI, OR and Control Theory: A Rosetta Stone for Stochastic Optimization, Tech. Rep. (Princeton University, Princeton 2012)
15.153 C.G. Atkeson: Nonparametric model-based reinforcement learning, Adv. Neural Inform. Process. Syst., Vol. 10 (1998) pp. 1008–1014
15.154 A. Coates, P. Abbeel, A.Y. Ng: Apprenticeship learning for helicopter control, Communication ACM **52**(7), 97–105 (2009)
15.155 R.S. Sutton, A.G. Barto, R.J. Williams: Reinforcement learning is direct adaptive optimal control, Am. Control Conf. (1991)
15.156 A.D. Laud: Theory and Application of Reward Shaping in Reinforcement Learning (University of Illinois, Urbana-Champaign 2004)
15.157 M.P. Deisenrot, C.E. Rasmussen: PILCO: A model-based and data-efficient approach to policy search, 28th Int. Conf. Mach. Learn. (2011)
15.158 H. Miyamoto, S. Schaal, F. Gandolfo, H. Gomi, Y. Koike, R. Osu, E. Nakano, Y. Wada, M. Kawato: A Kendama learning robot based on bidirectional theory, Neural Netw. **9**(8), 1281–1302 (1996)
15.159 N. Kohl, P. Stone: Policy gradient reinforcement learning for fast quadrupedal locomotion, IEEE Int. Conf. Robotics Autom. (2004)
15.160 R. Tedrake, T.W. Zhang, H.S. Seung: Learning to walk in 20 minutes, Yale Workshop Adapt. Learn. Syst. (2005)
15.161 J. Peters, S. Schaal: Reinforcement learning of motor skills with policy gradients, Neural Netw. **21**(4), 682–697 (2008)
15.162 J. Peters, S. Schaal: Natural actor-critic, Neurocomputing **71**(7–9), 1180–1190 (2008)
15.163 J. Kober, J. Peters: Policy search for motor primitives in robotics, Adv. Neural Inform. Process. Syst., Vol. 21 (2009) pp. 849–856
15.164 M.P. Deisenroth, C.E. Rasmussen, D. Fox: Learning to control a low-cost manipulator using data-efficient reinforcement learning. In: *Robotics: Science and Systems VII*, ed. by H. Durrand-Whyte, N. Roy, P. Abbeel (MIT, Cambridge 2011)
15.165 L.P. Kaelbling, M.L. Littman, A.W. Moore: Reinforcement learning: A survey, J. Artif. Intell. Res. **4**, 237–285 (1996)
15.166 M.E. Lewis, M.L. Puterman: *The Handbook of Markov Decision Processes: Methods and Applications* (Kluwer, Dordrecht 2001) pp. 89–111
15.167 J. Peters, S. Vijayakumar, S. Schaal: *Linear Quadratic Regulation as Benchmark for Policy Gradient Methods*, Technical Report (University of Southern California, Los Angeles 2004)
15.168 R.E. Bellman: *Dynamic Programming* (Princeton Univ. Press, Princeton 1957)
15.169 R.S. Sutton, D. McAllester, S.P. Singh, Y. Mansour: Policy gradient methods for reinforcement learning with function approximation, Adv. Neural Inform. Process. Syst., Vol. 12 (1999) pp. 1057–1063
15.170 T. Jaakkola, M.I. Jordan, S.P. Singh: Convergence of stochastic iterative dynamic programming algorithms, Adv. Neural Inform. Process. Syst., Vol. 6 (1993) pp. 703–710
15.171 J. Rust: Using randomization to break the curse of dimensionality, Econometrica **65**(3), 487–516 (1997)
15.172 D.E. Kirk: *Optimal Control Theory* (Prentice-Hall, Englewood Cliffs 1970)
15.173 A. Schwartz: A reinforcement learning method for maximizing undiscounted rewards, Int. Conf. Mach. Learn. (1993)
15.174 C.G. Atkeson, S. Schaal: Robot learning from demonstration, Int. Conf. Mach. Learn. (1997)
15.175 J. Peters, K. Muelling, Y. Altun: Relative entropy policy search, Natl. Conf. Artif. Intell. (2010)
15.176 G. Endo, J. Morimoto, T. Matsubara, J. Nakanishi, G. Cheng: Learning CPG-based biped locomotion with a policy gradient method: Application to a humanoid robot, Int. J. Robotics Res. **27**(2), 213–228 (2008)
15.177 F. Guenter, M. Hersch, S. Calinon, A. Billard: Reinforcement learning for imitating constrained reaching movements, Adv. Robotics **21**(13), 1521–1544 (2007)
15.178 J.Z. Kolter, A.Y. Ng: Policy search via the signed derivative, Robotics Sci. Syst. V, Seattle (2009)
15.179 A.Y. Ng, H.J. Kim, M.I. Jordan, S. Sastry: Autonomous helicopter flight via reinforcement learning, Adv. Neural Inform. Process. Syst., Vol. 16 (2004) pp. 799–806
15.180 J.W. Roberts, L. Moret, J. Zhang, R. Tedrake: From motor to interaction learning in robots, Stud. Comput. Intell. **264**, 293–309 (2010)
15.181 R. Tedrake: Stochastic policy gradient reinforcement learning on a simple 3D biped, IEEE/RSJ Int. Conf. Intell. Robots Syst. (2004)
15.182 F. Stulp, E. Theodorou, M. Kalakrishnan, P. Pastor, L. Righetti, S. Schaal: Learning motion primitive goals for robust manipulation, IEEE/RSJ Int. Conf. Intell. Robots Syst. (2011)
15.183 M. Strens, A. Moore: Direct policy search using paired statistical tests, Int. Conf. Mach. Learn. (2001)

15.184 A.Y. Ng, A. Coates, M. Diel, V. Ganapathi, J. Schulte, B. Tse, E. Berger, E. Liang: Autonomous inverted helicopter flight via reinforcement learning, Int. Symp. Exp. Robotics (2004)
15.185 T. Geng, B. Porr, F. Wörgötter: Fast biped walking with a reflexive controller and real-time policy searching, Adv. Neural Inform. Process. Syst., Vol. 18 (2006) pp. 427–434
15.186 N. Mitsunaga, C. Smith, T. Kanda, H. Ishiguro, N. Hagita: Robot behavior adaptation for human-robot interaction based on policy gradient reinforcement learning, IEEE/RSJ Int. Conf. Intell. Robots Syst. (2005)
15.187 M. Sato, Y. Nakamura, S. Ishii: Reinforcement learning for biped locomotion, Int. Conf. Artif. Neural Netw. (2002)
15.188 R.Y. Rubinstein, D.P. Kroese: *The Cross Entropy Method: A Unified Approach to Combinatorial Optimization, Monte-Carlo Simulation* (Springer, New York 2004)
15.189 D.E. Goldberg: *Genetic Algorithms* (Addision Wesley, New York 1989)
15.190 J.T. Betts: *Practical Methods for Optimal Control Using Nonlinear Programming*, Adv. Design Control, Vol. 3 (SIAM, Philadelphia 2001)
15.191 R.J. Williams: Simple statistical gradient-following algorithms for connectionist reinforcement learning, Mach. Learn. **8**, 229–256 (1992)
15.192 P. Dayan, G.E. Hinton: Using expectation-maximization for reinforcement learning, Neural Comput. **9**(2), 271–278 (1997)
15.193 N. Vlassis, M. Toussaint, G. Kontes, S. Piperidis: Learning model-free robot control by a Monte Carlo EM algorithm, Auton. Robots **27**(2), 123–130 (2009)
15.194 J. Kober, E. Oztop, J. Peters: Reinforcement learning to adjust robot movements to new situations, Proc. Robotics Sci. Syst. Conf. (2010)
15.195 E.A. Theodorou, J. Buchli, S. Schaal: Reinforcement learning of motor skills in high dimensions: A path integral approach, IEEE Int. Conf. Robotics Autom. (2010)
15.196 J.A. Bagnell, A.Y. Ng, S. Kakade, J. Schneider: Policy search by dynamic programming, Adv. Neural Inform. Process. Syst., Vol. 16 (2003) pp. 831–838
15.197 T. Kollar, N. Roy: Trajectory optimization using reinforcement learning for map exploration, Int. J. Robotics Res. **27**(2), 175–197 (2008)
15.198 D. Lizotte, T. Wang, M. Bowling, D. Schuurmans: Automatic gait optimization with Gaussian process regression, Int. Jt. Conf. Artif. Intell. (2007)
15.199 S. Kuindersma, R. Grupen, A.G. Barto: Learning dynamic arm motions for postural recovery, IEEE-RAS Int. Conf. Humanoid Robots (2011)
15.200 M. Tesch, J.G. Schneider, H. Choset: Using response surfaces and expected improvement to optimize snake robot gait parameters, IEEE/RSJ Int. Conf. Intell. Robots Syst. (2011)
15.201 S.-J. Yi, B.-T. Zhang, D. Hong, D.D. Lee: Learning full body push recovery control for small humanoid robots, IEEE Proc. Int. Conf. Robotics Autom. (2011)
15.202 J.A. Boyan, A.W. Moore: Generalization in reinforcement learning: Safely approximating the value function, Adv. Neural Inform. Process. Syst., Vol. 7 (1995) pp. 369–376
15.203 S. Kakade, J. Langford: Approximately optimal approximate reinforcement learning, Int. Conf. Mach. Learn. (2002)
15.204 E. Greensmith, P.L. Bartlett, J. Baxter: Variance reduction techniques for gradient estimates in reinforcement learning, J. Mach. Learn. Res. **5**, 1471–1530 (2004)
15.205 M.T. Rosenstein, A.G. Barto: Reinforcement learning with supervision by a stable controller, Am. Control Conf. (2004)
15.206 J.N. Tsitsiklis, B. Van Roy: An analysis of temporal-difference learning with function approximation, IEEE Trans. Autom. Control **42**(5), 674–690 (1997)
15.207 J.Z. Kolter, A.Y. Ng: Regularization and feature selection in least-squares temporal difference learning, Int. Conf. Mach. Learn. (2009)
15.208 L.C. Baird, H. Klopf: *Reinforcement Learning with High-Dimensional Continuous Actions*, Technical Report WL-TR-93-1147 (Wright-Patterson Air Force Base, Dayton 1993)
15.209 G.D. Konidaris, S. Osentoski, P. Thomas: Value function approximation in reinforcement learning using the Fourier basis, AAAI Conf. Artif. Intell. (2011)
15.210 J. Peters, K. Muelling, J. Kober, D. Nguyen-Tuong, O. Kroemer: Towards motor skill learning for robotics, Int. Symp. Robotics Res. (2010)
15.211 L. Buşoniu, R. Babuška, B. de Schutter, D. Ernst: *Reinforcement Learning and Dynamic Programming Using Function Approximators* (CRC, Boca Raton 2010)
15.212 A.G. Barto, S. Mahadevan: Recent advances in hierarchical reinforcement learning, Discret. Event Dyn. Syst. **13**(4), 341–379 (2003)
15.213 S. Hart, R. Grupen: Learning generalizable control programs, IEEE Trans. Auton. Mental Dev. **3**(3), 216–231 (2011)
15.214 J.G. Schneider: Exploiting model uncertainty estimates for safe dynamic control learning, Adv. Neural Inform. Process. Syst., Vol. 9 (1997) pp. 1047–1053
15.215 J.A. Bagnell: Learning Decisions: Robustness, Uncertainty, and Approximation. Dissertation (Robotics Institute, Carnegie Mellon University, Pittsburgh 2004)
15.216 T.M. Moldovan, P. Abbeel: Safe exploration in markov decision processes, 29th Int. Conf. Mach. Learn. (2012)
15.217 T. Hester, M. Quinlan, P. Stone: RTMBA: A real-time model-based reinforcement learning architecture for robot control, IEEE Int. Conf. Robotics Autom. (2012)
15.218 C.G. Atkeson: Using local trajectory optimizers to speed up global optimization in dynamic programming, Adv. Neural Inform. Process. Syst., Vol. 6 (1994) pp. 663–670
15.219 J. Kober, J. Peters: Policy search for motor primitives in robotics, Mach. Learn. **84**(1/2), 171–203 (2010)
15.220 S. Russell: Learning agents for uncertain environments (extended abstract), Conf. Comput. Learn. Theory (1989)
15.221 P. Abbeel, A.Y. Ng: Apprenticeship learning via

inverse reinforcement learning, Int. Conf. Mach. Learn. (2004)
15.222 N.D. Ratliff, J.A. Bagnell, M.A. Zinkevich: Maximum margin planning, Int. Conf. Mach. Learn. (2006)
15.223 R.L. Keeney, H. Raiffa: *Decisions with Multiple Objectives: Preferences and Value Tradeoffs* (Wiley, New York 1976)
15.224 N. Ratliff, D. Bradley, J.A. Bagnell, J. Chestnutt: Boosting structured prediction for imitation learning, Adv. Neural Inform. Process. Syst., Vol. 19 (2006) pp. 1153–1160
15.225 D. Silver, J.A. Bagnell, A. Stentz: High performance outdoor navigation from overhead data using imitation learning. In: *Robotics: Science and Systems*, Vol. IV, ed. by O. Brock, J. Trinkle, F. Ramos (MIT, Cambridge 2008)
15.226 D. Silver, J.A. Bagnell, A. Stentz: Learning from demonstration for autonomous navigation in complex unstructured terrain, Int. J. Robotics Res. **29**(12), 1565–1592 (2010)
15.227 N. Ratliff, J.A. Bagnell, S. Srinivasa: Imitation learning for locomotion and manipulation, IEEE-RAS Int. Conf. Humanoid Robots (2007)
15.228 J.Z. Kolter, P. Abbeel, A.Y. Ng: Hierarchical apprenticeship learning with application to quadruped locomotion, Adv. Neural Inform. Process. Syst., Vol. 20 (2007) pp. 769–776
15.229 J. Sorg, S.P. Singh, R.L. Lewis: Reward design via online gradient ascent, Adv. Neural Inform. Process. Syst., Vol. 23 (2010) pp. 2190–2198
15.230 M. Zucker, J.A. Bagnell: Reinforcement planning: RL for optimal planners, IEEE Proc. Int. Conf. Robotics Autom. (2012)
15.231 H. Benbrahim, J.S. Doleac, J.A. Franklin, O.G. Selfridge: Real-time learning: A ball on a beam, Int. Jt. Conf. Neural Netw. (1992)
15.232 B. Nemec, M. Zorko, L. Zlajpah: Learning of a ball-in-a-cup playing robot, Int. Workshop Robotics, Alpe-Adria-Danube Region (2010)
15.233 M. Tokic, W. Ertel, J. Fessler: The crawler, a class room demonstrator for reinforcement learning, Int. Fla. Artif. Intell. Res. Soc. Conf. (2009)
15.234 H. Kimura, T. Yamashita, S. Kobayashi: Reinforcement learning of walking behavior for a four-legged robot, IEEE Conf. Decis. Control (2001)
15.235 R.A. Willgoss, J. Iqbal: Reinforcement learning of behaviors in mobile robots using noisy infrared sensing, Aust. Conf. Robotics Autom. (1999)
15.236 L. Paletta, G. Fritz, F. Kintzler, J. Irran, G. Dorffner: Perception and developmental learning of affordances in autonomous robots, Lect. Notes Comput. Sci. **4667**, 235–250 (2007)
15.237 C. Kwok, D. Fox: Reinforcement learning for sensing strategies, IEEE/RSJ Int. Conf. Intell. Robots Syst. (2004)
15.238 T. Yasuda, K. Ohkura: A reinforcement learning technique with an adaptive action generator for a multi-robot system, Int. Conf. Simul. Adapt. Behav. (2008)
15.239 J.H. Piater, S. Jodogne, R. Detry, D. Kraft, N. Krüger, O. Kroemer, J. Peters: Learning visual representations for perception-action systems, Int. J. Robotics Res. **30**(3), 294–307 (2011)
15.240 M. Asada, S. Noda, S. Tawaratsumida, K. Hosoda: Purposive behavior acquisition for a real robot by vision-based reinforcement learning, Mach. Learn. **23**(2/3), 279–303 (1996)
15.241 M. Huber, R.A. Grupen: A feedback control structure for on-line learning tasks, Robotics Auton. Syst. **22**(3/4), 303–315 (1997)
15.242 P. Fidelman, P. Stone: Learning ball acquisition on a physical robot, Int. Symp. Robotics Autom. (2004)
15.243 V. Soni, S.P. Singh: Reinforcement learning of hierarchical skills on the Sony AIBO robot, Int. Conf. Dev. Learn. (2006)
15.244 B. Nemec, M. Tamošiunaitė, F. Wörgötter, A. Ude: Task adaptation through exploration and action sequencing, IEEE-RAS Int. Conf. Humanoid Robots (2009)
15.245 M.J. Matarić: Reinforcement learning in the multi-robot domain, Auton. Robots **4**, 73–83 (1997)
15.246 M.J. Matarić: Reward functions for accelerated learning, Int. Conf. Mach. Learn. (ICML) (1994)
15.247 R. Platt, R.A. Grupen, A.H. Fagg: Improving grasp skills using schema structured learning, Int. Conf. Dev. Learn. (2006)
15.248 M. Dorigo, M. Colombetti: *Robot Shaping: Developing Situated Agents Through Learning*, Technical Report (International Computer Science Institute, Berkeley 1993)
15.249 G.D. Konidaris, S. Kuindersma, R. Grupen, A.G. Barto: Autonomous skill acquisition on a mobile manipulator, AAAI Conf. Artif. Intell. (2011)
15.250 G.D. Konidaris, S. Kuindersma, R. Grupen, A.G. Barto: Robot learning from demonstration by constructing skill trees, Int. J. Robotics Res. **31**(3), 360–375 (2012)
15.251 A. Cocora, K. Kersting, C. Plagemann, W. Burgard, L. de Raedt: Learning relational navigation policies, IEEE/RSJ Int. Conf. Intell. Robots Syst. (2006)
15.252 D. Katz, Y. Pyuro, O. Brock: Learning to manipulate articulated objects in unstructured environments using a grounded relational representation. In: *Robotics: Science and Systems*, Vol. IV, ed. by O. Brock, J. Trinkle, F. Ramos (MIT, Cambridge 2008)
15.253 C.H. An, C.G. Atkeson, J.M. Hollerbach: *Model-Based Control of a Robot Manipulator* (MIT, Press, Cambridge 1988)
15.254 C. Gaskett, L. Fletcher, A. Zelinsky: Reinforcement learning for a vision based mobile robot, IEEE/RSJ Int. Conf. Intell. Robots Syst. (2000)
15.255 Y. Duan, B. Cui, H. Yang: Robot navigation based on fuzzy RL algorithm, Int. Symp. Neural Netw. (2008)
15.256 H. Benbrahim, J.A. Franklin: Biped dynamic walking using reinforcement learning, Robotics Auton. Syst. **22**(3/4), 283–302 (1997)
15.257 W.D. Smart, L. Pack Kaelbling: A framework for reinforcement learning on real robots, Natl. Conf. Artif. Intell./Innov. Appl. Artif. Intell. (1989)
15.258 D.C. Bentivegna: *Learning from Observation Using Primitives* (Georgia Institute of Technology, Atlanta 2004)
15.259 A. Rottmann, C. Plagemann, P. Hilgers, W. Burgard: Autonomous blimp control using model-

free reinforcement learning in a continuous state and action space, IEEE/RSJ Int. Conf. Intell. Robots Syst. (2007)

15.260 K. Gräve, J. Stückler, S. Behnke: Learning motion skills from expert demonstrations and own experience using Gaussian process regression, Jt. Int. Symp. Robotics (ISR) Ger. Conf. Robotics (ROBOTIK) (2010)

15.261 O. Kroemer, R. Detry, J. Piater, J. Peters: Active learning using mean shift optimization for robot grasping, IEEE/RSJ Int. Conf. Intell. Robots Syst. (2009)

15.262 O. Kroemer, R. Detry, J. Piater, J. Peters: Combining active learning and reactive control for robot grasping, Robotics Auton. Syst. **58**(9), 1105–1116 (2010)

15.263 T. Tamei, T. Shibata: Policy gradient learning of cooperative interaction with a robot using user's biological signals, Int. Conf. Neural Inf. Process. (2009)

15.264 A.J. Ijspeert, J. Nakanishi, S. Schaal: Learning attractor landscapes for learning motor primitives, Adv. Neural Inform. Process. Syst., Vol. 15 (2003) pp. 1547–1554

15.265 S. Schaal, P. Mohajerian, A.J. Ijspeert: Dynamics systems vs. optimal control – A unifying view, Prog. Brain Res. **165**(1), 425–445 (2007)

15.266 H.-I. Lin, C.-C. Lai: Learning collision-free reaching skill from primitives, IEEE/RSJ Int. Conf. Intell. Robots Syst. (2012)

15.267 J. Kober, B. Mohler, J. Peters: Learning perceptual coupling for motor primitives, IEEE/RSJ Int. Conf. Intell. Robots Syst. (2008)

15.268 S. Bitzer, M. Howard, S. Vijayakumar: Using dimensionality reduction to exploit constraints in reinforcement learning, Proc. IEEE/RSJ Int. Conf. Intell. Robots Syst. (2010)

15.269 J. Buchli, F. Stulp, E. Theodorou, S. Schaal: Learning variable impedance control, Int. J. Robotics Res. **30**(7), 820–833 (2011)

15.270 P. Pastor, M. Kalakrishnan, S. Chitta, E. Theodorou, S. Schaal: Skill learning and task outcome prediction for manipulation, IEEE Int. Conf. Robotics Autom. (2011)

15.271 M. Kalakrishnan, L. Righetti, P. Pastor, S. Schaal: Learning force control policies for compliant manipulation, IEEE/RSJ Int. Conf. Intell. Robots Syst. (2011)

15.272 D.C. Bentivegna, C.G. Atkeson, G. Cheng: Learning from observation and practice using behavioral primitives: Marble maze, 11th Int. Symp. Robotics Res. (2004)

15.273 F. Kirchner: Q-learning of complex behaviours on a six-legged walking machine, EUROMICRO Workshop Adv. Mobile Robots (1997)

15.274 J. Morimoto, K. Doya: Acquisition of stand-up behavior by a real robot using hierarchical reinforcement learning, Robotics Auton. Syst. **36**(1), 37–51 (2001)

15.275 J.-Y. Donnart, J.-A. Meyer: Learning reactive and planning rules in a motivationally autonomous animat, Syst. Man Cybern. B **26**(3), 381–395 (1996)

15.276 C. Daniel, G. Neumann, J. Peters: Learning concurrent motor skills in versatile solution spaces, IEEE/RSJ Int. Conf. Intell. Robots Syst. (2012)

15.277 E.C. Whitman, C.G. Atkeson: Control of instantaneously coupled systems applied to humanoid walking, IEEE-RAS Int. Conf. Humanoid Robots (2010)

15.278 X. Huang, J. Weng: Novelty and reinforcement learning in the value system of developmental robots, 2nd Int. Workshop Epigenetic Robotics Model. Cognit. Dev. Robotic Syst. (2002)

15.279 M. Pendrith: Reinforcement learning in situated agents: Some theoretical problems and practical solutions, Eur. Workshop Learn. Robots (1999)

15.280 B. Wang, J.W. Li, H. Liu: A heuristic reinforcement learning for robot approaching objects, IEEE Conf. Robotics Autom. Mechatron. (2006)

15.281 L.P. Kaelbling: Learning in Embedded Systems (Stanford University, Stanford 1990)

15.282 R.S. Sutton: Integrated architectures for learning, planning, and reacting based on approximating dynamic programming, Int. Conf. Mach. Learn. (1990)

15.283 A.W. Moore, C.G. Atkeson: Prioritized sweeping: Reinforcement learning with less data and less time, Mach. Learn. **13**(1), 103–130 (1993)

15.284 J. Peng, R.J. Williams: Incremental multi-step Q-learning, Mach. Learn. **22**(1), 283–290 (1996)

15.285 N. Jakobi, P. Husbands, I. Harvey: Noise and the reality gap: The use of simulation in evolutionary robotics, 3rd Eur. Conf. Artif. Life (1995)

第 2 篇 机器人设计

（篇主编：Frank C. Park）

第 16 章　设计与性能评价

Jorge Angeles，加拿大蒙特利尔

Frank C. Park，韩国首尔

第 17 章　肢系统

Shuuji Kajita，日本筑波

Christian Ott，德国韦斯灵

第 18 章　并联机构

Jean-Pierre Merlet，法国苏菲亚-安提波利斯

Clément Gosselin，加拿大魁北克

Tian Huang，中国天津

第 19 章　机器人手

Claudio Melchiorri，意大利博洛尼亚

Makoto Kaneko，日本吹田

第 20 章　蛇形机器人与连续体机器人

Ian D. Walker，美国克莱姆森

Howie Choset，美国匹兹堡

Gregory S. Chirikjian，美国巴尔的摩

第 21 章　软体机器人驱动器

Alin Albu-Schäffer，德国韦斯灵

Antonio Bicchi，意大利比萨

第 22 章　模块化机器人

I-Ming Chen，新加坡

Mark Yim，美国费城

第 23 章　仿生机器人

Kyu-Jin Cho，韩国首尔

Robert Wood，美国剑桥

第 24 章　轮式机器人

Woojin Chung，韩国首尔

Karl Iagnemma，美国剑桥

第 25 章　水下机器人

Hyun-Taek Choi，韩国大田

Junku Yuh，韩国首尔

第 26 章　飞行机器人

Stefan Leutenegger，英国伦敦

Christoph Hürzeler，瑞士巴登

Amanda K. Stowers，美国斯坦福

Kostas Alexis，瑞士苏黎世

Markus W. Achtelik，瑞士苏黎世

David Lentink，美国斯坦福

Paul Y. Oh，美国拉斯维加斯

Roland Siegwart，瑞士苏黎世

第 27 章　微纳机器人

Bradley J. Nelson，瑞士苏黎世

Lixin Dong，美国东兰辛

Fumihito Arai，日本名古屋

内 容 导 读

第2篇为机器人设计，各章内容均与机器人实际物理模型的设计和建模有关。令人首先想到的一些比较明显的机械结构是手臂、腿和手。在本篇中，我们还增加了轮式机器人、蛇形机器人与连续体机器人、能够游泳和飞行的机器人、微纳机器人等。即便是最基本的机器人装置，如手臂，也可能具有丰富的结构类型可供选择，具体取决于关节与驱动器的数量和类型，以及运动结构中是否存在闭环，或者关节和连杆是否具有柔性。如何对这些不同的结构进行建模，并提出有效的规划与控制算法，仍存在不小的挑战。

本篇各章节所涉及的主题不仅对构建机器人实际物理模型本身不可或缺，而且对机器人动作的生成与控制，以及按预期的方式进行操作也很重要。因此，这些章节与机器人学基础（第1篇）中的部分章节，特别是有关运动学（第2章）、动力学（第3章）和机构与驱动（第4章）之间的联系是显而易见的。笔者认为，能将机器人学与其他研究智能的学科区别开的因素主要体现在两个方面：一是在定义上，机器人本身需要呈现某种运动；二是在拓展应用方面，机器人需要与环境进行物理交互。因此，本篇所处理的问题可以看作是处于机器人整体研究中的一个最基础层次。

与仅仅从纯抽象的角度，远离人类身体去了解人类智力一样，仅靠拆开机器人中的各个零件而不去讨论其内部连接和相互影响来探究机器人本身是非常困难的。例如，在如何实现感测协同与行为感知（第3篇）、如何抓取和控制物体（第4篇），以及怎样教会复杂的机器人去学习（第5篇）方面，都不可避免地需要考虑机器人的物理结构。专门为多种用途和环境所设计的机器人（第6篇），特别是那些直接与人接触的机器人（第7篇），也自然需要考虑机器人的物理结构。

在了解了第2篇的核心内容后，下面再对其中各章内容做一简要介绍。

第16章　设计与性能评价。本章给出了在机器人设计过程中应遵循的一般流程，并提供了用于机器人结构设计与性能评价的若干指标及工具。工作空间、局部与全局灵巧性、弹性静力学与弹性动力学等性能指标不仅适用于具有确定拓扑结构和物理尺寸的操作臂，也适用于工件拾取、运动学冗余等类型的机器人。

第17章　肢系统。本章主要讨论了与肢系统设计、分析、控制相关的诸多主题，并将肢系统定义为由一个身体和至少一个肢体组成的一类机器人，可实现自我支撑和行进。本章对肢系统的设计过程进行了概述，包括概念设计、详细设计，以及最基本的与被动和受控行走相关的动力学，给出了许多设计案例，验证了这类机器人在设计、驱动和运动方面的多样性，讨论了模拟哺乳动物的多足机器人，如动态行走四足机器人，以及基于行为的多腿式机器人，如轮-腿-臂混合式机器人、柔索驱动的行走机器人，甚至还有能够爬墙的腿式机器人。

第18章　并联机构。本章主要介绍了并联机构（如众所周知的Stewart-Gough平台）的运动学和动力学。由于并联机构具有多闭环结构，因此其运动学和动力学的分析方法与串联机构截然不同。本章还讨论了有关并联机构的其他主题，如构型综合、运动学正与逆解、奇异性分析、工作空间分析、静力学和动力学分析，以及实际设计过程中需要考虑的问题。

第19章　机器人手。本章主要介绍了机器人手的设计、建模与控制过程中涉及的主要原理。从讨论拟人化程度和机器人手灵巧性特征开始，探讨了机器人手的相关设计问题、驱动与传动方案，以及可行的传感技术等。机器人手的控制和动力学建模之所以困难，不仅仅是因为其复杂的运动学结构，还因为包含有柔性的传动元件，本章对这些问题也做了专门的介绍。

第20章　蛇形机器人与连续体机器人。本章首先对蛇形机器人的研究历史进行了回顾，它始于Shigeo Hirosein在20世纪70年代初期的开创性工作。蛇形机器人与连续体机器人有非常相似的外观，但它们在机械设计与驱动方式上呈现出广泛的多样性。本章重点介绍这类机器人的结构设计、驱动、建模、运动规划与控制，还对现有各种蛇形及连续体机器人进行了案例研究，说明其在设计及应用方面的多样性。

第21章　软体机器人驱动器。本章始于一种假想：未来的机器人不会像今天工厂车间中看到的刚性机器人那样笨重，而是具有很强的顺应性和适应性，能够与人类安全地进行交互，即具有柔软的结构。本章主要讨论了面向新一代软体机器人的驱动器设计、建模和控制，概述了可用于软体机器人驱动器设计及实现的各种不同的原理和技术。为方便直接与自然肌肉进行类比，提出了许多新概念，特别对阻抗型驱动器进行了详细介绍，包括数学建模、运动和力的规划及控制。

第 22 章　模块化机器人。本章主要介绍了模块化机器人的设计。首先给出了机器人模块化的概念，以及模块化机器人的定义与分类；然后重点对可重构、模块化的操作臂进行了介绍，从最初的基于工业自动化环境的设计，到最近的自重构、模块化机器人。与模块自身设计、模块之间的接口设计，以及确定最优位形等相关问题也在本章进行了讨论。

第 23 章　仿生机器人。本章探讨了生物学原理用于机器人机构设计的方法。仿生设计的主要挑战包括深入探究相关自然生物系统，并将这些认识转化为一套工程设计方法，这通常需要开发全新的制造及驱动技术来实现预期的仿生设计。本章重点讨论了仿生机器人和受生物启发的机器人背后的基本设计原理，及其用于开发仿生机器人的基本组件，也对仿生设计做了详细概述，包括已经开发出的用于扑翼飞行、跳跃、爬行、攀爬、游泳，以及为实现这些仿生设计所需的材料与制造技术。

第 24 章　轮式机器人。本章对轮式机器人进行了一般性的和全面的描述。首先讨论了如何根据轮子的类型与运动学约束特征来衡量机器人的机动性，然后根据轮子的数量、类型及排布对这类机器人进行了分类。本章对全向移动机器人和多关节机器人进行了介绍，给出了轮-地交互模型，以及用于计算接触力的方法。最后介绍了轮-地交互的类型，它们相互作用的情况取决于车轮和地形的相对刚度，以及可使这类机器人行进在崎岖地面上的结构和动力悬架系统。

第 25 章　水下机器人。本章主要介绍了水下机器人的设计，重点是遥操作型和水下自动驾驶型机器人。水下机器人的主要组件包括机械元件、与操作臂相连的子系统、电源、驱动器和传感器，以及计算、通信与控制架构，在本章都一一进行了介绍，而有关水下机器人的数学建模与控制将在后续章节中单独介绍。

第 26 章　飞行机器人。本章对飞行机器人的核心要素进行了介绍。首先从不同类型的飞行机器人的定性描述开始，对其设计过程进行了逐一介绍，后者对读者具有指导意义。对于飞行机器人，设计和建模特别紧密地交织在一起，因此本章重点讨论了基本的空气动力学及其分析工具，之后展示了如何将这些工具应用于设计和分析各种类型的飞行机器人，包括固定翼、旋翼和扑翼系统，并通过案例阐述了相关设计准则。

第 27 章　微纳机器人。本章主要介绍了微型机器人和纳米机器人领域的最新进展。前者需要机器人能够对尺寸在毫米到微米范围内的物体进行操作，以及在这一尺度内如何实现这类自主机器人的结构设计和制造（纳米机器人也应用同样的定义，只是其尺度限制在纳米范围内）。本章概述了尺度效应、驱动，以及在这些尺度内的传感和制造。此外，还论述了微纳机器人在微装配、生物技术等方面的应用，以及微纳机电系统的构建与表征等问题。

第 16 章
设计与性能评价

Jorge Angeles，Frank C. Park

本章主要讨论机器人机构设计与性能评价中经常用到的一些工具和指标。这里重点关注的机器人类型包括主要用于操作任务和由一个或多个串联运动链构成的机器人。并联机器人运动学将在第 18 章中详细讨论；有关弹性静力学的主题将在第 16.5.1 节讨论。轮式机器人、步行机器人、多指手和户外机器人，即所谓的野外作业机器人，将在各自的章节中进行研究。这里仅提供一个与这些机器人设计相关的概述。

目　录

本章所介绍的性能指标和工具，其最重要的用途是在机器人的结构设计中。机器人设计与普通单自由度机构设计之间存在的主要差别在于，后者只需完成一个特定任务，如从传送带上拾起一个工件并把它放到托盘上，传送带是与机构同步的，托盘是静止的，工件应放到何处已经有明确要求。与之不同的是，机器人不只是完成某一项特定任务，而是一类任务，可能是平面、球面、直线等动作，或者类如选择性柔顺装配机器人手臂（SCARA）所能够完成的动作，也被称为 Schönflies 运动[16.1]。机器人设计人员面临的主要挑战是机器人所执行任务的不确定性，而设计指标可能有助于设计人员处理这些不确定性。

16

16.1　机器人设计过程

给定一系列任务，包括功能需求和更具体的设计指标，需要设计人员设计一台能够满足上述所有功能和性能要求的机器人。机器人设计过程一般包括以下几个阶段：

1）确定机械结构所对应运动链的拓扑结构。首先是机器人的类型，具体可分为三类：串联、并联和混联结构；然后确定各子链间的关节连接形式，最常用的是旋转关节和移动关节。近年来，另一种新型的关节，即 Π 关节已被广泛使用。两杆件绕平行的轴转动相同的角位移，导致耦合的两杆件实现平移，这四根杆件构成了一个平行四边形机构[16.2]。

2）确定各杆件的几何尺寸，以定义机器人的结构参数，即填写 Denavit-Hatenberg（D-H）参数表[16.3]来满足工作空间要求。尽管通常也将关节变量包含在上述参数中，但关节变量并不会影响机器人的结构，而是机器人的位姿（robot posture）。

3）确定各杆件与关节的结构参数，以满足静态负载要求。静态负载包括力和力矩。具体指标既可以定义为最大负载情况，也可以定义为最常见的工作状态，这取决于所采用的设计理念。

4）确定各杆件与关节的结构参数，以满足动态负载要求。动态负载包括杆件和操作对象在内的整体惯性效应。

5）确定机械整体结构的弹性动力学参数，包括驱动器的动力学特性，以避免最大负载条件或最常见工作条件下出现共振频率。

6）针对设计中所确定的工作条件来选择驱动器和相应的机械传动形式，以适应任务的不确定性。

上述阶段可按如下步骤实施：

1）首先，基于特定任务和工作空间的形状（见 16.2.2 节）选择合适的拓扑结构。

2）根据对工作空间的要求，包括最大可达位置和步骤 1）选择的拓扑结构，确定杆件的几何尺寸。

3）基于上述杆件的几何尺寸，确定各杆件与关节的结构参数，以达到满足支撑静态负载要求（除并联机器人，其他类型机器人的所有关节都是驱动副，并联机器人并不在本章的讨论范围内）。

4）基于上述根据静态负载条件确定的杆件与关节结构参数，确定杆件的质心和转动惯性矩阵，以初步评价电动机转矩需求（这种评价是初步的，因为没有考虑驱动器的动力学特性，而这种负载变化显著，即使对所有驱动器都安装在基座上的并联机器人而言也是如此。）。

5）假设杆件是刚性的，关节具有柔性，根据经验或由类似的机器人所得到的数据，可以得到机器人的弹性动力学模型，其在一系列姿态下的固有模态和频率（结构的动态行为受机器人姿态影响）可以由科学编程语言（如 Matlab）或计算机辅助工程（CAE）语言（如 CATIA、西门子 PLM、Pro/Engineer 或 ANSYS）获得。

6）如果机器人结构的频谱符合要求，设计人员可以开始选择电动机，否则需要重新进行参数选择，即返回步骤 3）。

尽管可以按上述步骤完成一个完整的设计流程，但设计人员也必须协调弹性动力学模型与电动机制造商提供的结构和惯性参数，这要求返回步骤 5）并进行新一轮的弹性动力学分析。显然，机器人设计过程与一般的工程设计过程有一个共同点：它们都是经过不断迭代而成的[16.4]。值得注意的是，不同的设计阶段中有不同的主导因素，这些因素在很大程度上是相互独立的。例如，拓扑结构和几何特性可以独立于电动机选择。显然，所有因素都会在整体设计过程中相互影响，但在特定的设计规范中，各个因素不会相互矛盾，从而保证可以采用多目标的设计方法。换言之，串联机器人的最优设计可以通过一系列的单目标最优设计来实现。再次重申，最后的结果，即必须将所选择的电动机集成到总的数学模型中，以验证整体的性能。工业机器人概念最优设计示例见参考文献［16.5］。

只有当突破部件的物理极限时，才需要返回步骤 1）进行重新设计。SCARA 系统就是这种情况。目前，这类工业机器人大多采用串联式拓扑结构，但市场上已经出现了一些并联 SCARA 系统。对于更短循环时间（工业测试周期，见 16.2.1 节）的需求，促使业界寻求新的结构形式。ABB 机器人公司在市场上推出了一款混合型并-串联机器人 FlexPicker，它是基于 Clavel 的 Delta 机器人[16.6]制造的，在 3 个自由度之外串联添加了第 4 个转动自由度。FlexPicker 整体采用并联结构，保证 Delta 机器人的动平台能够实现平动。据报道，Adept 技术公司的 Quattro s650H 机器人在相同的测试循环内可实现每秒 3 次的往复运动。

本章将按照上述的机器人设计过程，按步骤分别进行介绍。注意到拓扑结构与几何尺寸的选择在运动学设计过程中紧密相关，具体以工作空间指标作为开始：审查确定运动链拓扑结构的方法，以及为满足工作空间所要求的几何尺寸。然后详细回顾为评价机器人的操作能力而提出的各项性能指标，重点是基于运动学和动力学模型的关于灵巧性的定量描述；接着介绍为满足静态负载和动态负载要求，确定杆件和关节结构参数的方法。最后讨论并考虑机器人的固有频率特性，力和加速度要求下的弹性动力学特性，驱动器和齿轮的尺寸。在本章的结尾，将对移动机器人、水生机器人和飞行机器人做一下简单介绍。

16.2 工作空间指标

在机器人设计过程中，首先要考虑的是它的工作空间是否满足一系列特性要求，接下来才是用户如何针对这些特性进行设计。

上述因素基本可以归于 Vijay Kumar 等人[16.7]提出的操作臂区间结构。将操作臂视为一解耦结构，其最后3个旋转关节的轴线交于一点，构成一个球形腕，轴的交点称为腕中心（wrist center）。对于这类结构的操作臂，操作任务可以分解为位置子任务和姿态子任务：首先对由前3个关节构成的区间结构进行姿态调整，以便将腕中心定位在指定点 $C(x,y,z)$；然后对腕部区间结构进行姿态调整，以保证末端执行器（EE）到达相对基坐标系的某一姿态，该姿态用一旋转矩阵来表示。

文献中报道的大多数确定工作空间的算法都采用区间结构。需要指出的是，在此不考虑可物理实现的运动链工作空间和实际机器人工作空间之间的差异。对于前者，所有的旋转关节都可以不受限制地绕其轴旋转；对于后者，关节运动范围的限制是真实存在的，如为防止线缆缠绕，关节不能整周转动。在机器人设计的初期，可以暂不考虑关节限制，工作空间的对称性由关节类型决定。如果第一个关节是旋转关节，整个工作空间绕该关节的轴线对称；如果第一个关节是移动关节，工作空间具有延伸对称性，延伸的方向由该关节的运动方向决定。理论上，移动关节可以无限延伸，相应地，含移动关节的机器人工作空间也是无限延伸的，而机器人的真实工作空间只是其理论工作空间的一个子空间。

对于并联机器人（将在第14章详细阐述），总体上，区间结构的意义不那么清晰。描述其工作空间的一种常用方法是使其动平台（相当于串联机器人的末端执行器）保持在某一个固定的姿态[16.8]。在设计阶段，并联机器人结构经常采用的一个共性特征是，用相同结构且对称放置的腿连接基座与动平台。每条腿是具有一或两个主动关节的串联运动链，其余的关节均为被动的。这类机器人的工作空间也具有对称性，但不是轴对称。对称性由腿的数目和驱动关节的类型决定。

再回到串联机器人的情况，工作空间可以定义为以下两种情况之一：要么是流形，要么是几乎处处光滑的曲面，即除了部分是 Lebesgue 测量值为零[16.10]的点位处，其他几乎都是处处连续的拓扑空间簇或表面。一般来说，曲面上测量值为零的点构成一条曲线，如球面上的子午线，或者直线上一些孤立点构成一个集合，如实轴上的有理数。一个具有圆弧工作空间的例子是 PUMA 机器人，它的运动链如图16.1所示。在图16.1中，区间和局部结构可以很容易分辨出来，前者处于完全展开状态。该机器人的工作空间可以按下列步骤获得：首先，当机器人处于图16.1所示的姿态时，锁定关节2以外的所有关节，然后令关节2绕其轴线充分旋转，在腕的中心 C 构成一个半径为 R（也就是 C 和直线 L_2 之间的距离）的圆，该圆所在的平面垂直于直线 L_2，与关节1的轴线 L_1 之间的距离是 b_3（图16.2a、b），这个距离也称为肩部偏距（shoulder offset）。现在锁定关节1以外的所有关节，机器人绕轴线 L_1 转动，结果变成图16.2c所示的环形。这个表面包围的实体是布尔运算 $\boldsymbol{S}$-$\boldsymbol{C}$ 的结果，其中 $\boldsymbol{S}$ 是中心在 O_2、半径为 R 的球体（图16.1）；$\boldsymbol{C}$ 是半径为 b_3、轴线为 Z_1 的无限长圆柱体。需要指出的是，尽管该工作空间可以利用简单的布尔运算生成，却不能通过求解形如 $f(x,y,z)=0$ 的隐函数得到，因为该曲面不是一个流形。

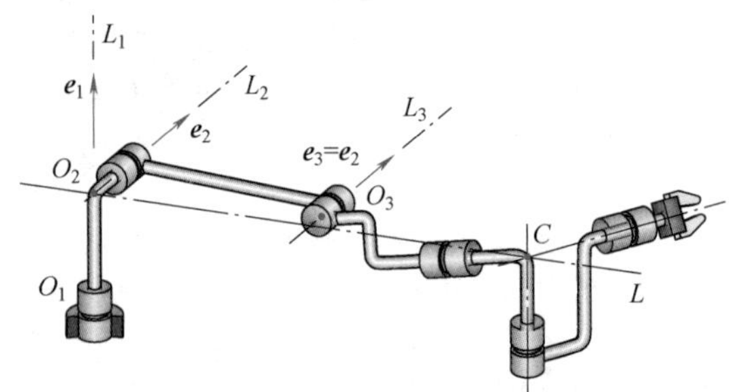

图16.1 处于完全展开姿态的 PUMA 机器人（引自参考文献［16.9］）

工作空间具有流形特征的工业机器人并不常见。图16.3所示为一个满足区间结构的六轴解耦机器人，它的相邻轴线相互垂直，之间的距离都是 a。两对轴的公法线与两轴线交点之间的距离也是 a，如 X_2 和 X_3，X_4 和 X_3，以及 C 和 Z_3 之间的距离也是一样。点 C 是球形腕的中心，腕结构未在图中显示。机器人的工作空间可以用 $f(x,y,z)=0$ 形式的函数表示[16.9]，对应图16.4所示的流形。工作空间内部的深色区域对应在该处的逆运动学，存在四个实数解，其他点处只存在两个解。

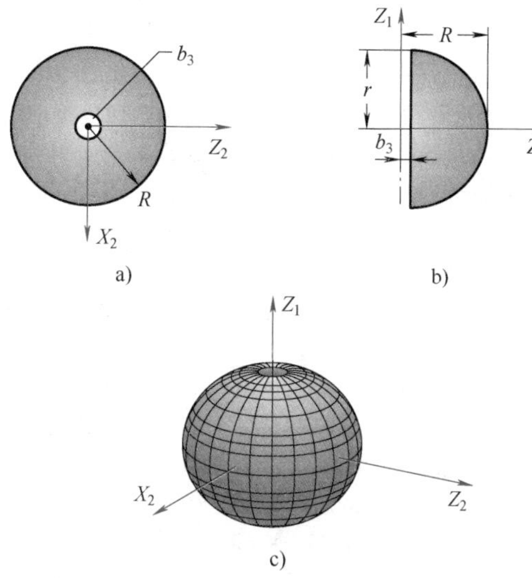

图 16.2 PUMA 机器人的工作空间
（引自参考文献［16.9］）

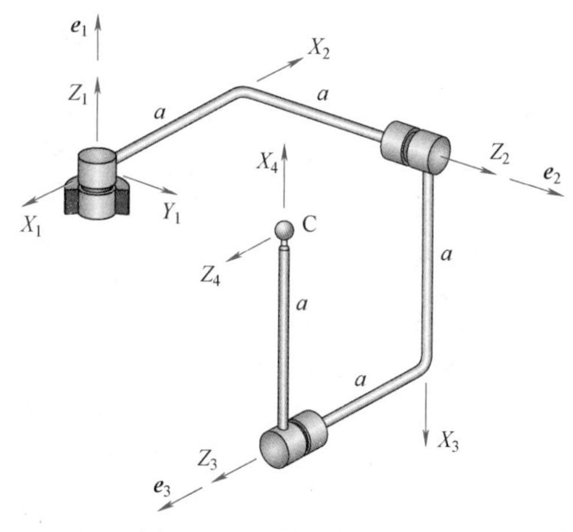

图 16.3 六轴解耦机器人
（引自参考文献［16.9］）

工作空间边界上的任意点都是位置奇异点。与姿态奇异不同，工作空间不是流形的操作臂在其工作空间边界的棱线处存在两种奇异，即除位置奇异还包括姿态奇异。在棱线处，雅可比矩阵的秩减少了二维；而在边界上的其他点处，秩减少了一维。

不妨总结一下基于工作空间形状的设计准则：

1）如果要求工作空间是轴对称的且体积有限，最好选用仅由旋转关节组成区间结构的串联机器人。

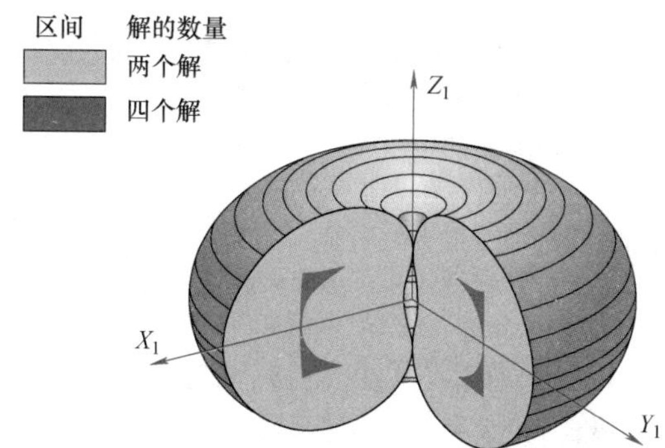

图 16.4 图 16.3 所示机器人的工作空间
（引自参考文献［16.9］）

2）如果要求工作空间是棱柱形且体积无限，则选用具有区间结构的串联机器人，第一个关节选用移动关节。在此，无限的真正含义是沿某一方向远远大于其他方向。另外，①如果要求一个方向远远大于其他方向，则移动关节既可以基于地面上的轨道结构，也可以设计成空中的悬架结构从而形成龙门式机器人；②如果要求两个方向远远大于其他方向，则最好选用携带操作臂的轮式移动机器人形式。最著名的例子是美国国家航空航天局（NASA）在 1997 年设计的火星探测机器人 Sojourner。

3）如果不要求工作空间具有轴对称结构，但要求有若干共面的对称轴，类似于正多边形结构，最好选用并联机器人。

16.2.1 到达一系列目标坐标系

与工作空间要求密切相关的一个问题是任务要求。在机构设计中，通常在空间中指定一系列坐标系，然后设计一个能够到达所有这些坐标系的符合预设拓扑结构的机构，并且必须满足到达各坐标系的顺序要求。在并非所有的坐标系都能到达的情况下，那也需要寻求一个能够在某种意义上最接近这些坐标系的机构。有关这个经典机构设计问题的参考文献很多，可以参阅参考文献[16.1,11,12]及其引用的参考文献。在此指出，应用这种目标坐标系方法设计机器人时需注意以下几点：

1）并不需要精确地（exactly）到达目标坐标系，有时甚至是不可能的：在某些情况下，更好的选择是采用某种优化方法，以获得到达期望位姿的最小误差（如参考文献［16.13］所建议的那样，保证误差的范数满足工程要求）。

2）参考文献［16.8］指出，通过区间分析，考虑制造误差因素，不仅是一系列离散的位姿，而且是整个六维工作空间都可以到达。

3）单自由度机构设计中存在的分支问题在机器人设计中也有可能出现：基于通过点的设计结果可以到达所有的期望位姿，但在一个特定的运动模式中，并非所有的位姿都能到达。这个问题在串联机器人设计中变得更为明显。给定一个末端执行器的姿态，旋转解耦的六自由度串联机器人最多可以产生16组可能解，即16个分支[16.14,15]。

4）为机器人提出设计任务，即要求末端执行器到达一系列位姿时，不应忘记使用机器人的目的不是完成一个特定的任务，而是能够执行一系列任务。选择的目标姿态应该能够反映出这些任务。

结合上述4点，下面简单介绍一下SCARA机器人的设计及性能评价过程。SCARA系统是一个4自由度的串联机器人，可以在一般刚体位移集合的子集Schönflies内完成若干任务[16.16,17]，也就是除了三维的平移运动，增加了一个绕固定轴的转动。在这类机器人系统中，手部的任务是一段长300mm的水平线段连接的两段长25mm的垂直线段。当末端执行器穿过水平段时，同时绕垂直轴旋转180°。在SCARA制造商给出的任务指标中，并没有说明如何处理转角的问题，这个问题留给机器人工程师自由发挥。

16.2.2 工作空间体积与拓扑结构

1. 可达工作空间与灵活工作空间

自Roth[16.18]开始，有关操作臂的运动学几何特性与其工作空间之间的关系问题就已经开展了诸多研究。在大部分研究中，都将工作空间分为两部分：可达工作空间和灵活工作空间[16.19]。为末端执行器指定一个参考点P，如球形腕的中心或末端执行器上的其他点，可达工作空间定义为点P在物理上可到达的空间点的集合。灵活工作空间定义为点P可以以任意末端执行器姿态到达的空间点的集合。

有关工作空间的早期文献侧重于如何用数值法或解析法描述工作空间。可达工作空间和灵活工作空间分别被Kumar和Waldron[16.19]、Yang和Lee[16.20]、Tsai和Soni[16.21]等人利用数值法进行了分析。与解析法相比，这种方法的主要优点是可以方便地引入运动学约束。但应用这种方法却难以获得通用的设计准则。在表征工作空间的解析法中，Gupta和Roth[16.22]及Gupta[16.23]采用拓扑分析方法，提出了工作空间中的孔与空洞的概念，并验证了其存在条件，可达工作空间和灵活工作空间的形状也描述为P的函数。

Freudenstein和Primrose[16.24]，以及Lin和Freudenstein[16.25]进行了更深入的研究，建立了运动学参数与工作空间之间的精确关系，并以优化工作空间体积为目标，对一类三关节操作臂进行了优化。Vijay kumar等人[16.7]对工作空间优化进行了更通用的分析。根据灵活工作空间定义了操作臂的性能指标，即给出一个操作臂满足若干关于其Denavit-Hatenberg参数的约束条件。结果显示，最优的6R设计是肘式操作臂的几何结构。

机器人区间结构的一种典型设计是正交型（orthogonal type），包括一个沿垂直轴旋转的关节和两个沿水平轴旋转的关节，其中一条水平轴与垂直轴相交。常用的结构还包括长度相等的中间和远端杆件。这种结构的工作空间是一个半径为两倍上述杆件长度的球体，其体积大小自然由该长度决定。如Yoshikawa在参考文献［16.26］中指出的那样，由上述区间结构中最后两个杆件所构成的双杆件平面操作臂，其工作空间是所有具有同样杆件长度的结构中最大的。具有同样区间结构操作臂的工作空间也几乎是同类机器人中最大的。

2. 基于微分几何的工作空间表征

如果将机器人末端执行器的位形空间视为特殊欧氏群SE(3)的子集，工作空间也可以通过微分几何的方法求解。在定义某空间机构的工作空间体积时，需要考虑的一个重要原则是不应受参考坐标系的影响。对该要求一个不很直观的表述形式是：体积不应受末端执行器坐标系定义在最后一个杆件上哪一点的影响。这个条件有下述物理意义：无论末端执行器变大或变小，机器人都应拥有相同的工作空间体积，其大小只取决于各关节轴线的分布。

若将SE(3)视为一个黎曼（Riemanian）流形，则工作空间体积是由SE(3)的体积经运动学映射f得到的图像体积。SE(3)有一个双重不变特性，即其体积既不受固定坐标系（基坐标系），又不受移动坐标系（末端执行器坐标系）选择的影响，见参考文献［16.27］。Peden和Sastry在参考文献［16.28］中给出了一个很直观的例子：假设将一架飞机限制在一个边长为1km的空间立方体空域内飞行，在这个立方体中的任意一点，飞机可以将其自身指向4π的固态角范围内的任意一个方位，并可绕其指向轴在2π角度范围内横滚。在每一点处，飞机的姿态空间体积是$4\pi\times2\pi=8\pi^2\mathrm{rad}^3$，乘以位置空间的体积，得到飞机在自由位形空间内的体积是$8\pi^2\mathrm{rad}^3\cdot\mathrm{km}^3$。

工作空间的这种描述方式在机器人学中得到了

16

广泛应用，其主要优点在于：不同于灵活工作空间的常规定义，这种方式可以协调处理好位置自由度和姿态自由度。需要指出的是，得到的实际数值受物理空间所采用的长度尺度的影响；这点对工作空间体积本身不是个严重的问题，当比较不同工作空间时，如果采用相同的长度尺度也不是问题。

在参考文献［16.28］中，Peden 和 Sastry 证明了在满足运动学长度约束情况下，拥有最大工作空间的 6R 操作臂就是肘式操作臂，这与 Vijaykumar 等人的研究结果[16.7]一致。此外，在获得上述结论的过程中，并没有用到 Vijaykumar 所做的关于运动学结构方面的假设。

16.3 灵巧性指标

16.3.1 开链结构的局部灵巧性

可以将灵巧性定义为沿任意方向同样容易地运动并施加力和力矩的能力，这个概念属于动态静力学的范畴，即研究多刚体机械系统在静态保守条件下运动旋量和约束力旋量之间的相互作用。这里，运动旋量是一个六维的刚体速度矢量，包括参考点的 3 个线速度分量和刚体整体的 3 个角速度分量。力旋量是作用在刚体上的一个六维静态变量，包括作用在参考点处合力的 3 个分量和作用在刚体上伴随力矩的 3 个分量。

Salisbury 和 Craig[16.29] 介绍了关节手设计过程中的灵巧性概念，将其视为由输入关节速度误差到指尖处的输出速度之间的传递关系。为说明这一概念，用 $\boldsymbol{J}(\boldsymbol{\theta})$ 表示正运动学映射的雅可比矩阵，即

$$\boldsymbol{t}=\boldsymbol{J}(\boldsymbol{\theta})\dot{\boldsymbol{\theta}} \tag{16.1}$$

式中，$\boldsymbol{\theta}$ 和 $\dot{\boldsymbol{\theta}}$ 是关节位置矢量和关节速度矢量；$\boldsymbol{t}$ 是末端执行器的广义速度，定义为

$$\boldsymbol{t}=\begin{pmatrix}\boldsymbol{\omega}\\ \dot{\boldsymbol{p}}\end{pmatrix} \tag{16.2}$$

式中，$\boldsymbol{\omega}$ 是末端执行器的角速度；$\dot{\boldsymbol{p}}$ 是末端执行器上操作点 P（即定义任务的参考点）的速度。

假设雅可比矩阵 $\boldsymbol{J}$ 是 $m\times n$ 阶，$\boldsymbol{J}$ 的奇异值分解可以按如下形式描述：

$$\boldsymbol{J}=\boldsymbol{U}\boldsymbol{\Sigma}\boldsymbol{V}^{\mathrm{T}} \tag{16.3}$$

式中，$\boldsymbol{U}$ 和 $\boldsymbol{V}$ 分别是 $m\times m$ 和 $n\times n$ 酉矩阵；$\boldsymbol{\Sigma}$ 是一个除其 (i,i) 项全部为零的 $m\times n$ 矩阵。对于 $m>n$，$i=1,\cdots,n$；否则 $i=1,\cdots,m$。非零元素是 $\boldsymbol{J}$ 的（非负）奇异值。在非奇异姿态下，雅可比矩阵是可逆的，可以写成

$$\dot{\boldsymbol{\theta}}=\boldsymbol{V}\boldsymbol{\Sigma}^{-1}\boldsymbol{U}^{\mathrm{T}}\boldsymbol{t} \tag{16.4}$$

进一步，如果假定广义速度矢量 $\boldsymbol{t}$ 和关节速度矢量 $\dot{\boldsymbol{\theta}}$ 的所有元素都具有同样的物理量纲，即纯平动或纯转动机器人的情况，则可以对式（16.4）的两端取欧几里得模数，得到

$$\|\dot{\boldsymbol{\theta}}\|^2=\boldsymbol{t}^{\mathrm{T}}\boldsymbol{U}(\boldsymbol{\Sigma}\boldsymbol{\Sigma}^{\mathrm{T}})^{-1}\boldsymbol{U}^{\mathrm{T}}\boldsymbol{t} \tag{16.5}$$

如果令 $\boldsymbol{v}=\boldsymbol{U}^{\mathrm{T}}\boldsymbol{t}$，式中的 $\|\dot{\boldsymbol{\theta}}\|^2$ 变为

$$\boldsymbol{v}^{\mathrm{T}}(\Sigma\Sigma^{\mathrm{T}})^{-1}\boldsymbol{v}=\|\dot{\boldsymbol{\theta}}\|^2 \tag{16.6}$$

现在，如果 $\boldsymbol{v}$ 的第 i 个元素记作 $\boldsymbol{v}_i$，$i=1,\cdots,n$，对于 $\boldsymbol{J}$ 内的单位球 $\|\dot{\boldsymbol{\theta}}\|^2=1$，式（16.6）变为

$$\frac{v_1}{\sigma_1^2}+\frac{v_2}{\sigma_2^2}+\cdots+\frac{v_1}{\sigma_n^2}=1 \tag{16.7}$$

即 $\mathcal{G}$ 空间或笛卡儿速度空间中半轴分别为 $\{\sigma_i\}_1{}^n$ 的椭球体。需要指出的是，该椭球体只有在特定的坐标系内，即坐标轴的方向与 $\boldsymbol{U}$ 的特征向量的方向一致时，才能表述为标准形式。

总之，关节空间中的单位球通过逆雅可比矩阵 $\boldsymbol{J}^{-1}$ 映射为一个椭球，其半轴长度是 $\boldsymbol{J}$ 的奇异值，即 $\boldsymbol{J}$ 将关节速度空间的单位球变形为末端执行器广义速度空间的一个椭球。这种形变可作为由机器人结构从关节到末端执行器的运动和力传递质量的一个度量；形变越小，传递的质量越高。

对由雅可比矩阵所导致的形变的度量，还可以定义为 $\boldsymbol{J}$ 的最大奇异值 σ_M 和最小奇异值 σ_m 之间的比值，也称为 $\boldsymbol{J}$ 的条件数 κ_2，利用矩阵的 2 范数[16.30]可得

$$\kappa_2=\frac{\sigma_M}{\sigma_m} \tag{16.8}$$

实际上，式（16.8）只是计算 $\boldsymbol{J}$ 或任意 $m\times n$ 矩阵条件数的可能方法之一，而不是效率最高的。注意，这种定义要求雅可比矩阵的奇异值已知。但是，奇异值与特征值的计算量都很大，再加上极值分解的计算量[16.31]，这样做的计算量只是略低于奇异值分解的计算量[16.32]。对于一个 $n\times n$ 阶的矩阵，条件数更通用的定义[16.30]是

$$\kappa(\boldsymbol{A})=\|\boldsymbol{A}\|\|\boldsymbol{A}^{-1}\| \tag{16.9}$$

如上所述，式（16.8）是当（16.9）式中采用矩阵 2 范数获得的。矩阵的 2 范数定义为

$$\|\boldsymbol{A}\|_2\equiv\max_i\{\sigma_i\} \tag{16.10}$$

另一方面，可以采用矩阵的加权 Frobenius 范

16

数。具体定义如下：

$$\|A\|_F \equiv \sqrt{\frac{1}{n}\mathrm{tr}(AA^T)} \equiv \sqrt{\frac{1}{n}\mathrm{tr}(A^TA)} \quad (16.11)$$

显然，上式避免了奇异值的计算。如果在上述定义中省略权值 $1/n$，就得到标准的 Frobenius 范数。在工程中，加权 Frobenius 范数的应用更为广泛，因为它不取决于矩阵的行数与列数。加权 Frobenius 范数实际上得到的是奇异值集的均方根值（rms）。

基于矩阵的 Frobenius 范数，可以得到雅可比矩阵 J 的 Frobenius 条件数 κ_F，即

$$\begin{aligned}\kappa_F(J) &= \frac{1}{n}\sqrt{\mathrm{tr}(JJ^T)}\sqrt{\mathrm{tr}[(JJ^T)^{-1}]} \\ &= \frac{1}{n}\sqrt{\mathrm{tr}(J^TJ)}\sqrt{\mathrm{tr}[(J^TJ)^{-1}]}\end{aligned} \quad (16.12)$$

上述两种计算矩阵条件数的方法之间还有一个更重要差别：$\kappa_F(\cdot)$ 是其自变量矩阵的解析函数，$\kappa_2(\cdot)$ 不是。因此，基于 Frobenius 范数得到的条件数在机器人结构设计中拥有巨大的优势。$\kappa_F(\cdot)$ 是可微的，因此可用基于梯度的优化方法，运行速度远远快于仅依靠函数评价的直接方法。在需要实时计算的机器人控制中，$\kappa_F(\cdot)$ 也体现出明显优势，因为在计算过程中不需要计算奇异值，只需要进行矩阵求逆，因此速度更快。

注意，条件数的概念源于由线性系统方程式（16.1）求解 $\dot{\boldsymbol{\theta}}$ 的过程，这有助于更好地理解条件数在机器人设计与控制中的重要性。J 是结构参数和姿态变量 $\boldsymbol{\theta}$ 的函数，其中必然包含已知量的误差结构参数，即 Denavit-Hatenberg 表中的常数，它存储在向量 p 中，p 和 $\boldsymbol{\theta}$ 中必然包括各自的误差 δp 和 $\delta\boldsymbol{\theta}$。此外，机器人控制软件的输入，广义速度矢量 t 也不可避免地含有误差 δt。

在利用浮点数求解式（16.1）中的 $\dot{\boldsymbol{\theta}}$ 过程中，得到的结果必然包含截尾误差 $\delta\dot{\boldsymbol{\theta}}$。$\dot{\boldsymbol{\theta}}$ 中的相对误差受结构参数和姿态变量的相对误差影响[16.30]，即

$$\frac{\|\delta\dot{\boldsymbol{\theta}}\|}{\|\dot{\boldsymbol{\theta}}\|} \leqslant \kappa(J)\left(\frac{\|\delta p\|}{\|p\|}+\frac{\|\delta\boldsymbol{\theta}\|}{\|\boldsymbol{\theta}\|}+\frac{\|\delta t\|}{\|t\|}\right) \quad (16.13)$$

式中，p 和 $\boldsymbol{\theta}$ 是各自向量的（未知的）实际值；t 是广义速度的名义值。

然而，上述所讨论中的任务包括位置或姿态要求，但不同时包括两者。现实中，大多数机器人的任务既包括位置，也包括姿态要求，这样雅可比矩阵的不同元素就具有不同的量纲，其奇异值也具有不同的量纲。事实上，与位置相关的奇异值具有长度量纲，而与姿态相关的是无量纲的。这样，就不可能对所有奇异值进行排序或求和。

为解决上述问题，并计算雅可比矩阵的条件数，提出了特征长度（characteristic length）的概念[16.9]。特征长度 L 定义为，在某个最优姿态下，将雅可比矩阵中带有长度单位的元素分离出来，使雅可比矩阵的条件数达到最小。由于定义的方式非常抽象，缺乏清晰的几何意义，使其在机器人界的应用非常困难。为提供明确的几何意义，最近又有人提出了齐次空间（homogeneous space）的概念[16.33]。利用这一概念，机器人结构在无量纲空间（dimensionless space）中进行设计，所有点的坐标都是无量纲实数。这样，一条直线的6个 Plücker 坐标[16.34]都是无量纲的，因此机器人的雅可比矩阵的每一列对应旋转轴线的 Plücker 坐标也是无量纲的，雅可比矩阵的奇异值也是无量纲的，因此其条件数可以很好定义。基于最小条件数，当确定机器人的结构尺寸时，若满足若干几何约束，如杆件长度比例和相邻旋轴轴线间的角度，就可以得到机器人的最大可达范围。这个最大可达范围 r 是一个无量纲值，将其与规定的拥有长度单位的最大可达范围 R 进行比较，就能计算出特征长度，即 $L=R/r$。

16.3.2 基于动力学的局部性能评价

既然运动是由作用在刚体上的力或力矩产生的，一个自然的想法是定义考虑机构惯性特征的性能指标。Asada[16.35]定义了广义惯性椭球（GIE），即对应 $G=J^{-T}MJ^{-1}$ 的椭球，其中 M 是操作臂的惯性矩阵。这个椭球的半轴是上文介绍的奇异值。Yoshikawa[16.36]定义了相应的动力学可操作度指标为 $\det[JM^{-1}(JM^{-1})^T]$。从物理角度看，这些概念对应两种现象：若将机器人视为一个输入-输出装置，即给定关节力矩，它在末端执行器处产生加速度。Yoshikawa 的指标反映了这种力矩-加速度增益的一致性，Asada 的广义惯性椭球描述了这个增益的逆。如果一个操作者握住机器人的末端执行器尝试移动该机器人，广义惯性椭球将反映机器人对这种末端执行器运动的阻抗能力。

其他可作为度量机器人动力学性能指标包括：Voglewede 和 Ebert-Uphoff[16.37]提出的基于关节刚度和杆件惯性的性能指标，目的是确定由机器人的任意姿态到奇异点的距离。Bowling 和 Khatib[16.38]提出用广义坐标系来评价一个通用型操作臂的动力学性能，其中包括了末端执行器的速度和加速度，还考虑了驱动器的力矩和速度限制等因素。

16

16.3.3 全局灵巧性度量

从某种意义上说，上述度量都只具有局部意义，它们表征了机器人在给定姿态下的灵巧性。局部度量对许多应用，如冗余度求解和工件定位等非常有用。为了设计等目的，更需要一种全局的度量。将局部度量推广到全局度量的一个直观方法是对局部度量在整个可行的关节空间进行积分。在参考文献［16.39］中，Gosselin 和 Angeles 通过对雅可比条件数在整个工作空间上的积分来定义全局度量，从而生成全局条件指数（global conditioning index）。对于简单的情况，如平面定位操作臂和球面操作臂，全局条件指数和对应的局部度量完全吻合。

16.3.4 闭链结构的灵巧性指标

闭链的灵巧性具有若干与开链不同的地方：第一个明显的差别是闭链的关节位形空间不再是平滑的，一般情况下是嵌入在高维空间内的多维曲面。其次，与开链情况不同，闭链的正运动学求解比逆运动学更困难，有可能存在多个解。还有一个重要的区别在于，尽管只有部分关节是驱动副，但这个数量仍然可能超过机器人的运动学自由度数量。

针对特定机构[16.40]和所有关节都是驱动副的协作机器人系统[16.41,42]，有文献提出了基于坐标的闭链灵巧性指标，部分方法得到的结果相互矛盾[16.43,44]。由于上述闭链机构独有的非线性特性，当为它们建立基于坐标系的灵巧性指标时，需要特别小心。

另一个新近的研究方向是为闭链结构的灵巧性建立不随坐标系变化的微分几何表达式。在这个框架下，关节和末端执行器的位形空间被视为通过适当选择的 Riemannian 流形，其中关节空间反映了关节驱动器的特性。串联结构中的椭球概念也可以推广到通用的闭链情况，既包括主动和被动关节，也包括冗余驱动情况[16.45,46]。

16.3.5 其他的类灵巧性度量

上述对灵巧性的不同定义都定性地反映了机器人沿任意方向运动和施加力的能力。Liégeois[16.47]和 Klein、Huang[16.48]的工作中采用了不同的视角，对灵巧性通过关节实际范围进行了定量的描述。这样做可能源于大部分机器人关节都存在限制，因此应将关节到达极限位置的可能性降到最低。

Hollerbach[16.49]采用了一种修正的方法来设计一款冗余的 7R 操作臂，考虑的因素包括：①规避内部奇异点；②具有工作空间内部的避障能力；③运动学方程的可解性；④机械的可构建性。基于这四条准则，他完成了一款特殊的 7R 设计，与人类手臂具有相同的形态：两个球关节分别与肩关节和腕关节等效，额外的一个旋转关节相当于肘关节。通常情况下，锁定冗余机器人的一个关节，机器人仍然可以完成普通的六自由度任务，但如果锁定肘关节，该机器人将失去操作能力。

从控制角度出发，Spong[16.50]指出，如果操作臂的惯性矩阵中不存在 Riemannian 弯曲，则存在一组坐标，其运动方程可以写成非常简单的形式。惯性矩阵中的这种弯曲也反映了动力学特性对某些机器人参数的敏感性。将这种弯曲最小化，可以作为另一种机器人的设计指标。

16.4 其他性能指标

16.4.1 加速度半径

另一种表征操作臂动力学性能的指标是加速度半径，最初由 Graettinger 和 Krogh 在参考文献［16.51］中提出。其意义在于：在给定驱动器力矩范围的情况下，衡量末端执行器在任意方向上的最小加速度能力。具体来说，给定一个串联链的动力学方程：

$$\boldsymbol{\tau}=\boldsymbol{M}(\boldsymbol{\theta})\ddot{\boldsymbol{\theta}}+\boldsymbol{C}(\boldsymbol{\theta},\dot{\boldsymbol{\theta}})\dot{\boldsymbol{\theta}} \tag{16.14}$$

式中，$\boldsymbol{M}$ 是机器人的质量矩阵，也称为关节空间中的惯性矩阵；$\boldsymbol{C}(\boldsymbol{\theta},\dot{\boldsymbol{\theta}})$ 是由关节速度矢量映射到同一空间中的科氏力和离心力矢量的矩阵。驱动器受到的力矩限制为

$$\boldsymbol{\tau}_{\min}\leqslant\boldsymbol{\tau}\leqslant\boldsymbol{\tau}_{\max} \tag{16.15}$$

式中，力矩的下限与上限 $\boldsymbol{\tau}_{\min}$，$\boldsymbol{\tau}_{\max}\in\mathbb{R}^n$ 是常数或操作臂姿态 $\boldsymbol{\theta}$ 的函数。末端执行器广义速度（即速度旋量）的变化率（twist rate）$\dot{\boldsymbol{t}}$ 为

$$\dot{\boldsymbol{t}}=\boldsymbol{J}(\boldsymbol{\theta})\ddot{\boldsymbol{\theta}}+\dot{\boldsymbol{J}}(\boldsymbol{\theta},\dot{\boldsymbol{\theta}})\dot{\boldsymbol{\theta}} \tag{16.16}$$

式中，$\dot{\boldsymbol{J}}(\boldsymbol{\theta},\dot{\boldsymbol{\theta}})$ 是雅可比矩阵的时间导数。雅克比矩阵 $\boldsymbol{J}$ 已在式（16.1）给出。

16

假设$J(\theta)$是非奇异的，可以得到

$$\ddot{\theta}=J(\theta)^{-1}\dot{t}-J(\theta)^{-1}\dot{J}(\theta,t) \quad (16.17)$$

将上式代入动力学方程式（16.14），得

$$\tau(\theta,t,\dot{t})=M'(\theta)\dot{t}+C'(\theta,t) \quad (16.18)$$

式中 $M'(\theta)=M(\theta)J(\theta)^{-1}$

$$C'(\theta,t)=[C(\theta,t)-M(\theta)J(\theta)^{-1}\dot{J}(\theta,t)]J^{-1}(\theta)$$

对于给定的状态$(\theta,\dot{\theta})$，线性力矩限制式（16.15）定义了一个速度旋量空间内的多面体。Graettinger 和 Krogh[16.51]将加速度半径定义为其中心在原点、完全包含在这个多面体内的球的最大半径，表示末端执行器在任意方向的最小加速度。这个概念可用于衡量操作臂末端执行器的加速能力，也可用于确定驱动器的尺寸，以获得期望的加速度半径。Bowling 和 Khatib[16.38]将这一概念推广，以衡量末端执行器的力和加速能力，定量描述操作臂动力学性能最差时的状态。

16.4.2 弹性静力学性能

弹性静力学性能是机器人在静平衡条件下对外加负载，即力和力矩的响应。这种响应主要体现在操作臂的刚度特性，即末端执行器受外加力旋量作用时的线位移和角度变形情况。

机器人的变形有两个来源：杆件变形和关节变形。对于杆件很长的情况，如加拿大Ⅱ型空间操作臂，杆件的柔性是变形的主要来源。对于当今大多数串联机器人，变形主要出现在关节处。

在本章中，我们假设操作臂的各杆件都是刚性的，其关节模型是线弹性扭簧。更复杂的杆件柔性问题将在第 11 章中详细介绍。对于弹性静力学模型，我们的分析基于这样的假设：对于定位任务，关节锁定在某一姿态 θ_0 处，而末端执行器受到力旋量扰动 Δw 作用，被弹性关节力矩 $\Delta\tau$ 所平衡。在这些条件下，$\Delta\theta$ 和 $\Delta\tau$ 之间满足著名的线性关系：

$$K\Delta\theta=\Delta\tau \quad (16.19)$$

16

式中，K 是关节空间中对应给定姿态处的刚度矩阵（stiffness matrix）。它是一个对角阵，各对角线元素分别对应各关节的扭转刚度，因此 K 是姿态独立的，即在整个机器人工作空间内为常数矩阵。另外，由于所有关节都具有有限的非零刚度，因此 K 也是可逆的，其逆 C 称为柔度矩阵（compliance matrix）。可以将式（16.19）的逆表示为

$$\Delta\theta=C\Delta\tau \quad (16.20)$$

显然，$\Delta\theta$ 和 $\Delta\tau$ 都具有增量的特质，因为都是从平衡姿态处开始测量的，在平衡姿态处，$\Delta\theta$ 和 $\Delta\tau$ 均为 0。

关于刚度矩阵，Griffis 和 Duffy[16.52]提出了一种由刚体位移增量 Δx 到力旋量增量 Δw 的不对称性映射。映射背后的概念是 Howard 等人在参考文献［16.53］中以 Lie 代数形式提出的，但在上述文献中，Δx 和 Δw 是不匹配的，它们的乘积并不产生增量功，因为 Δx 并不出现在 Δw 的作用点。因此，上述所映射的矩阵形式并不能称为刚度矩阵。

给定相同幅值的 $\Delta\tau$，变形在与 C 的最大特征值，即 K 的最小特征值（表示为 κ_{min}）对应的特征向量方向上的形变最大。对于弹性静力学性能，我们的目标是：①将最大变形最小化，即最大化 κ_{min}；②使变形的幅值$\|\Delta\theta\|$尽可能相对负载 $\Delta\tau$ 的作用方向不敏感，这可以通过使 κ_{min} 尽可能接近 κ_{max}来实现。第一个目标与刚度常数相关，即常数值越大，形变量越小。第二个目标涉及各向同性，理想的情况是 K 的所有特征值都相等，即 K 本身是各向同性的。由于串联机器人的金字塔效应（pyramidal effect），即靠近基座的电动机需要支撑其后所有部分，整体的刚度由靠近基座的关节决定。因此，串联机器人不可能具有各向同性的刚度矩阵。

式（16.19）和式（16.20）也可以在任务空间中进行表征，即

$$K_C\Delta x=\Delta w \quad (16.21)$$

式中，$\Delta x\equiv t\Delta t$，Δt 表示一个小的时间间隔。在此期间内，末端执行器的姿态上产生相应的小变化 Δx，即

$$\Delta x=J\dot{\theta}\Delta t=J\Delta\theta \quad (16.22)$$

这是由关节向量增量到位姿向量增量的线性变换。下面我们将说明刚度矩阵不是坐标系不变的，即在从关节坐标到笛卡儿坐标的线性变换中，刚度矩阵不需要进行相似变换。

首先简要回顾一下相似变换的定义：如果 $y=Lx$ 是一个由 $\mathbb{R}^n$ 空间到其自身的线性变换，引入向量基的变化，$x'=Ax$，$y'=Ay$，则 L 变成 L'，即满足下式：

$$L'=ALA^{-1} \quad (16.23)$$

上述变换将 $\mathbb{R}^n$ 空间内的任意向量变换为同一空间内的另一向量，将矩阵 L 变换为 L'，如式（16.23）所示，称为相似变换（similarity transformation）。因为 A 代表坐标系之间的转换，所以其必然可逆。

现在，在式（16.22）给出的坐标变换下，式（16.21）可以得出

$$K_CJ\Delta\theta=J^{-T}\Delta\tau \quad (16.24)$$

其中，使用了动态静力学关系式[16.9]，即

$$J^{\mathrm{T}}\Delta \boldsymbol{w}=\Delta \boldsymbol{\tau}$$

式中，指数项 T 是逆的转置或转置的逆。在式（16.24）两端同时左乘 $\boldsymbol{J}^{\mathrm{T}}$，可以得到

$$\boldsymbol{J}^{\mathrm{T}}\boldsymbol{K}_{\mathrm{C}}\boldsymbol{J}\Delta\boldsymbol{\theta}=\Delta\boldsymbol{\tau} \quad (16.25)$$

比较式（16.19）和式（16.25），可以得到关节空间刚度矩阵 $\boldsymbol{K}$ 和笛卡儿空间刚度矩阵 $\boldsymbol{K}_{\mathrm{C}}$ 之间的关系：

$$\boldsymbol{K}=\boldsymbol{J}^{\mathrm{T}}\boldsymbol{K}_{\mathrm{C}}\boldsymbol{J} \text{ 或 } \boldsymbol{K}_{\mathrm{C}}=\boldsymbol{J}^{-\mathrm{T}}\boldsymbol{K}\boldsymbol{J}^{-1} \quad (16.26)$$

显然，$\boldsymbol{K}$ 和 $\boldsymbol{K}_{\mathrm{C}}$ 之间不满足相似变换。意味着这两个矩阵不会具有完全相同的特征值，它们的特征向量也不存在式（16.22）描述的线性关系。事实上，如果机器人是旋转耦合的，其刚度矩阵 $\boldsymbol{K}$ 的元素都具有相同的量纲 N·m，即扭转刚度，而 $\boldsymbol{K}_{\mathrm{C}}$ 的元素具有不同的量纲。为说明这一点，将雅可比矩阵和其逆，以及两个刚度矩阵都分解为 4 个 3×3 的子块，即

$$\boldsymbol{J}=\begin{pmatrix}\boldsymbol{J}_{11} & \boldsymbol{J}_{12}\\ \boldsymbol{J}_{21} & \boldsymbol{J}_{22}\end{pmatrix} \qquad \boldsymbol{J}^{-1}=\begin{pmatrix}\boldsymbol{J}'_{11} & \boldsymbol{J}'_{12}\\ \boldsymbol{J}'_{21} & \boldsymbol{J}'_{22}\end{pmatrix}$$

$$\boldsymbol{K}=\begin{pmatrix}\boldsymbol{K}_{11} & \boldsymbol{K}_{12}\\ \boldsymbol{K}_{21}^{\mathrm{T}} & \boldsymbol{K}_{22}\end{pmatrix} \qquad \boldsymbol{K}_{\mathrm{C}}=\begin{pmatrix}\boldsymbol{K}_{\mathrm{C}11} & \boldsymbol{K}_{\mathrm{C}12}\\ \boldsymbol{K}_{\mathrm{C}21}^{\mathrm{T}} & \boldsymbol{K}_{\mathrm{C}22}\end{pmatrix}$$

由广义速度的定义式（16.2）可知，$\boldsymbol{J}$ 的两个上半部分子块是无量纲的，它的两个下半部分子块具有长度量纲[16.9]。因此，$\boldsymbol{J}^{-1}$ 左侧的两个子块是无量纲的，其右侧的两个子块具有逆长度量纲。$\boldsymbol{K}_{\mathrm{C}}$ 的各子块可由式（16.26）所示的关系获得

$$\boldsymbol{K}_{\mathrm{C}11}=\boldsymbol{J}'^{\mathrm{T}}_{11}(\boldsymbol{K}_{11}\boldsymbol{J}'_{11}+\boldsymbol{K}_{12}\boldsymbol{J}'_{21})+\boldsymbol{J}'^{\mathrm{T}}_{21}(\boldsymbol{K}_{12}^{\mathrm{T}}\boldsymbol{J}'_{11}+\boldsymbol{K}_{22}\boldsymbol{J}'_{21})$$

$$\boldsymbol{K}_{\mathrm{C}12}=\boldsymbol{J}'^{\mathrm{T}}_{11}(\boldsymbol{K}_{11}\boldsymbol{J}'_{12}+\boldsymbol{K}_{12}\boldsymbol{J}'_{22})+\boldsymbol{J}'^{\mathrm{T}}_{21}(\boldsymbol{K}_{12}^{\mathrm{T}}\boldsymbol{J}'_{12}+\boldsymbol{K}_{22}\boldsymbol{J}'_{22})$$

$$\boldsymbol{K}_{\mathrm{C}21}=\boldsymbol{K}_{\mathrm{C}12}^{\mathrm{T}}$$

$$\boldsymbol{K}_{\mathrm{C}22}=\boldsymbol{J}'^{\mathrm{T}}_{12}(\boldsymbol{K}_{11}\boldsymbol{J}'_{12}+\boldsymbol{K}_{12}\boldsymbol{J}'_{22})+\boldsymbol{J}'^{\mathrm{T}}_{22}(\boldsymbol{K}_{12}^{\mathrm{T}}\boldsymbol{J}'_{12}+\boldsymbol{K}_{22}\boldsymbol{J}'_{22})$$

显然，$\boldsymbol{K}_{\mathrm{C}11}$的元素单位是 N·m，即扭转刚度；$\boldsymbol{K}_{\mathrm{C}12}$和 $\boldsymbol{K}_{\mathrm{C}21}$ 的元素单位是 N；$\boldsymbol{K}_{\mathrm{C}11}$ 的元素单位是 N/m，即平移刚度。

上述讨论的结论是，可以得到 $\boldsymbol{K}$ 的范数，但不能直接得到 $\boldsymbol{K}_{\mathrm{C}}$ 的范数，除非引入特征长度，使 $\boldsymbol{K}_{\mathrm{C}}$ 的所有元素成为齐次无量纲的。矩阵的范数是一个非常有用的工具，因为它可以表征矩阵的元素有多大。我们希望确定机器人在关节空间和笛卡儿空间的刚度。对关节空间，我们可以采用任何范数，但需要注意，式（16.8）介绍的 2 范数并不适合，因为它会把最强的关节刚度赋予整个机器人系统。更合适的方式是采用式（16.11）描述的加权 Frobenius 范数，它是将各关节刚度的均方根值赋予整个机器人系统。

为实现机器人的最优设计，我们将力求在关节空间中获得其刚度矩阵的 Frobenius 范数最大值，同时兼顾机器人重量等约束。因为如果所有的关节都选用同样的材料，刚度越大，意味着关节越重。

16.4.3 弹性动力学性能

对于一般的机器人设计问题，不仅要考虑动态静力学和弹性静力学性能，还需要考虑弹性动力学性能。因此，我们在 16.4.2 节介绍的假设基础上增加一个条件，即考虑由杆件质量和转动惯性产生的惯性力。

在给定的姿态 $\boldsymbol{\theta}_0$ 和忽略阻尼的情况下，一个串联机器人的线性化模型可写为

$$\boldsymbol{M}\Delta\ddot{\boldsymbol{\theta}}+\boldsymbol{K}\Delta\boldsymbol{\theta}=\Delta\boldsymbol{\tau} \quad (16.27)$$

式中，$\boldsymbol{M}$ 是 16.4.1 节中介绍的 $n\times n$ 阶正定质量矩阵；$\boldsymbol{K}$ 是 16.4.2 节中介绍的关节空间中的 $n\times n$ 阶正定刚度矩阵。$\boldsymbol{M}$ 和 $\boldsymbol{K}$ 都在关节空间坐标系内定义；$\Delta\boldsymbol{\theta}$ 是关节变量弹性位移向量。这些位移产生的前提是各关节被锁定在位置 $\boldsymbol{\theta}_0$ 处，具有理想的线弹性特性。机器人受到扰动 $\Delta\boldsymbol{\tau}$ 的作用，或存在一个非零的初始条件，或两者皆存在。

在自由振动情况下，即系统式（16.27）的运动由非零初始条件和扰动 $\Delta\boldsymbol{\tau}$ 为零引起，则可由上述方程求解出 $\Delta\ddot{\boldsymbol{\theta}}$

$$\Delta\ddot{\boldsymbol{\theta}}=-\boldsymbol{D}\Delta\boldsymbol{\theta} \quad \boldsymbol{D}\equiv\boldsymbol{M}^{-1}\boldsymbol{K} \quad (16.28)$$

式中，$\boldsymbol{D}$ 是动力学矩阵。该矩阵决定了系统的行为，因为它的特征值就是系统的固有频率，而其特征向量正好对应系统的模态向量。用 $\{\omega_i\}_1{}^n$ 和 $\{\boldsymbol{f}_i\}_1{}^n$ 分别代表 $\boldsymbol{D}$ 的特征值和特征向量的集合。在初始条件 $[\Delta\boldsymbol{\theta}(0),\Delta\dot{\boldsymbol{\theta}}(0)]^{\mathrm{T}}$ 情况下［其中 $\Delta\dot{\boldsymbol{\theta}}(0)$ 与 $\boldsymbol{D}$ 的第 i 个特征向量成比例，且 $\Delta\dot{\boldsymbol{\theta}}(0)=0$］，则系统的运动形式为 $\Delta\boldsymbol{\theta}(t)=\Delta\boldsymbol{\theta}(0)\cos\omega_i t$[16.54]。

进一步，在用式（16.22）描述增量的情况下，模型（16.27）变为

$$\boldsymbol{M}\boldsymbol{J}^{-1}\Delta\ddot{\boldsymbol{x}}+\boldsymbol{K}\boldsymbol{J}^{-1}\Delta\boldsymbol{x}=\boldsymbol{J}^{\mathrm{T}}\Delta\boldsymbol{w}$$

对上式等号两边都乘以 $\boldsymbol{J}^{-\mathrm{T}}$，可以得到模型（16.27）在笛卡儿坐标系下的弹性动力学模型，即

$$\boldsymbol{J}^{-\mathrm{T}}\boldsymbol{M}\boldsymbol{J}^{-1}\Delta\ddot{\boldsymbol{x}}+\boldsymbol{J}^{-\mathrm{T}}\boldsymbol{K}\boldsymbol{J}^{-1}\Delta\boldsymbol{x}=\Delta\boldsymbol{w}$$

式中，第一个矩阵系数是笛卡儿坐标系下的质量矩阵 $\boldsymbol{M}_{\mathrm{C}}$，即

$$\boldsymbol{M}_{\mathrm{C}}\equiv\boldsymbol{J}^{-\mathrm{T}}\boldsymbol{M}\boldsymbol{J}^{-1} \quad (16.29)$$

第二个系数是式（16.26）中定义的 $\boldsymbol{K}_{\mathrm{C}}$。在笛卡儿坐标系下的弹性动力学模型可以写为

$$\boldsymbol{M}_{\mathrm{C}}\Delta\ddot{\boldsymbol{x}}+\boldsymbol{K}_{\mathrm{C}}\Delta\boldsymbol{x}=\Delta\boldsymbol{w} \quad (16.30)$$

再次重申，由式（16.29）可知，与刚度矩阵

类似，质量矩阵在不同坐标系下是可变的。对于旋转耦合型机器人，$\boldsymbol{M}$ 的所有元素单位都是 kg · m²，但 $\boldsymbol{M}_C$ 的元素具有不同的单位。与16.4.2节中对笛卡儿空间中的刚度矩阵分析类似，如果将 $\boldsymbol{M}_C$ 分解为4个3×3的子块，则它的左上子块具有转动惯性单位，它的右下子块具有质量单位，其他非对角块的单位是 kg · m。

在笛卡儿坐标系中，弹性动力学矩阵相应地变为

$$\boldsymbol{D}_C=\boldsymbol{M}_C^{-1}\boldsymbol{K}_C \tag{16.31}$$

现在，证明“动力学矩阵在不同坐标系下不变的”就非常简单。将式（16.26）和式（16.29）代入式（16.31）可得

$$\boldsymbol{D}_C=\boldsymbol{J}\boldsymbol{M}^{-1}\boldsymbol{J}^{\mathrm{T}}\boldsymbol{J}^{-\mathrm{T}}\boldsymbol{K}\boldsymbol{J}^{-1}=\boldsymbol{J}\boldsymbol{M}^{-1}\boldsymbol{K}\boldsymbol{J}^{-1}$$

通过此式可以很容易地识别，关节坐标系中动力学矩阵 $\boldsymbol{D}$ 的表达式，因此有

$$\boldsymbol{D}_C=\boldsymbol{J}\boldsymbol{D}\boldsymbol{J}^{-1} \tag{16.32}$$

这表明 $\boldsymbol{D}_C$ 是 $\boldsymbol{D}$ 的相似变换。因此，动力学矩阵在坐标系改变时具有不变性，即两个矩阵具有相同的特征值集，它们的特征向量之间满足同样的相似变换。如果 $\boldsymbol{D}$ 在关节空间中的模态向量记为 $\{\boldsymbol{f}_i\}_1^n$，对应笛卡儿空间内的模态向量记为 $\{\boldsymbol{g}_i\}_1^n$，则这两个集之间的相互关系是

$$\boldsymbol{g}_i=\boldsymbol{J}\boldsymbol{f}_i \quad i=1,\cdots,n \tag{16.33}$$

因此，无论在哪个空间中进行计算，弹性动力学模型的固有频率总是相同的，对应的固有振动模式满足相似变换。

在零初始条件下，当受到 $\Delta\boldsymbol{\tau}=\boldsymbol{\theta}_0\cos\omega t$ 的激励作用时，系统的响应将是频率为 ω 的简谐运动，其幅值将同时取决于 $\boldsymbol{\omega}$ 和系统的频率谱 $\{\omega_i\}_1^n$[16.54]。当 $\boldsymbol{\omega}$ 等于系统的固有频率时，响应的幅值将无限地增大，即出现共振现象。因此，在设计机器人时，需要严格地保证它的频谱不包含任何所期望的工作频率。这可以通过调整机器人的质量矩阵和刚度矩阵，以使机器人的固有频谱处于所有工作条件的频率范围之外来实现。

这个设计任务并不简单。事实上，在关节空间中，尽管刚度矩阵是常数矩阵，但质量矩阵取决于当前的姿态，即 $\boldsymbol{M}=\boldsymbol{M}(\boldsymbol{\theta})$。因为这一特性，机器人的弹性动力学设计是一个不断迭代的过程：其设计过程如同执行一个稻草人任务，即给定一个典型的任务，包括一系列的姿态，对应存在一系列的质量矩阵。然后，对应所有这些姿态的频谱将被设计为处于稻草人任务的频率范围之外。鉴于机器人最终将执行与稻草人任务不同的任务，还需要进行针对不同任务的模拟，并从避免共振的角度来确保设计的安全性。

16.5 其他类型的机器人

16

串联机器人在很大程度上是在20世纪90年代得到了快速发展，SCARA系统能够以每秒两次循环的速度执行在16.2.1节中定义的标准操作任务，其他更复杂的机器人在20世纪80年代也开始出现。并联机器人是串联机器人的自然延伸，他们给研究人员带来新的挑战，其正运动学比串联机器人的逆运动学更加复杂。如今，一些并联和混联，即串联-并联机器人，开始应用于工业和其他环境。20世纪90年代出现的一种神奇机器人是仿人（humanoids）机器人，同样也存在其自身设计和控制方面的挑战。飞行和水下机器人也发展得很快。由这些新型机器人所带来的设计挑战将在下面进行概述。

16.5.1 安装在固定基座上的机器人：并联运动学机器

并联运动学机器（PKM）是由包括一个基座（BP）、一个动平台（MP）和一系列与之耦合的支链构成的机器人。最早吸引研究人员注意力的此类机器人是所谓的 Gough-Stewart 平台（GSP），包括六条支链，每条支链为SPU型，其中S、P和U代表球副、移动副和虎克铰。事实上，前两者属于所谓的六种低副[16.3]，其他四个是R、H、C和F，称为旋转副、螺旋副、圆柱副和平面副。U副由两个R副垂直相交而成。在这六种运动副中，R副、P副和H副允许两个杆件之间形成单自由度的相对运动；C副允许2个自由度，而S副和F副允许3个自由度。因此，GSP的每条支链允许动平台相对基座做6自由度运动。

设计PKM时的首要任务是选择合适的支链类型和数量。至于后者，从2~6不等。很显然，支链的自由度不少于PKM的自由度。早期的PKM研究主要集中在20世纪80年代，针对6自由度系统。Clavel[16.6]于1990年获得专利，这可能是第一个少自由度的PKM，即具有3个自由度，允许其动平台的

纯平动。球面机器人，如 Gosselin 的 Agile Eye[16.55]，也是少自由度的。与 Clavel 的 Delta 不同的是，所有的球面连杆进行球面运动，相对固定点（球体的中心）旋转。Delta 各支链的运动可以实现不同于动平台纯平动的运动形式。

后来出现了其他少自由度的 PKM，最著名的是 H4，一种 4 自由度系统，于 2001 年获得专利[16.56]，设计为可实现 Schönflies 运动（第 16.2.1 节）。上述专利是对包装和电子行业更快的拾取机器人需求的反馈。当时，20 世纪 80 年代中期的 SCARA 系统由于其串联结构，速度方面受到了限制。H4 由 Adept Technology 公司制造，以 Adept Quattro s650HS 并联机器人命名。

随着对高速少自由度机器人的兴趣不断增长，两种少自由度 PKM 的设计方法相继提出，即旋量理论[16.57]和群论[16.58]。到目前为止，最受欢迎的方法是前者，由于旋量理论在机器人学群体中已很好地建立起来。然而，群论提供了旋量理论所没有的功能，即前者覆盖的范围仅限于速度层面，是局部的，而群论可适用于位移层面。这关系到机器人的拓扑结构，即关节、连杆、支链的数量和关节的类型，Hartenberg 和 Denavit[16.3]称之为数综合和型综合（number synthesis and type synthesis）。这两项内容对应设计过程的定性综合，出现在概念阶段，而不是数量与尺度层面；后者出现在设计的实施方式及详细阶段过程[16.4]。最近，有文献提出了一种基于复杂性设计的概念[16.59]，旨在评估基于关节类型的连杆设计变量的复杂性。

作为 Delta 机器人的衍生体，ABB 机器人公司开发了一种混联系统 Flexpicker IRB360。它由一个 Delta 机器人和与其动平台相串联的旋转关节组合而成，增加了 Delta 纯平移以外的第 4 个自由度。结果就是，它成为一种混联式 Schönflies 运动发生器。ABB 的机器人主要应用于食品加工业。

少自由度机器人快速发展的主要瓶颈是它们的结构刚度。包装和电子行业需要更快的拾取机器人，希望加速度能够大于 3 次/s，高频由此产生，这就要求结构比在其他应用领域具有更高的刚度。理想的高速机器人应该是并联结构，其质量与其有效载荷相比可以忽略不计，同时具有高刚度。由于机器人用于产生 Schönflies 运动，其动平台在这个子群之外的任何运动，即偏转，被认为是寄生运动，其幅值应尽可能小。这就要求结构对于任何水平轴都具有高旋转刚度。假设动平台的唯一旋转运动是围绕垂直轴，这是通常的情况。这里的挑战是如何表征这种刚度。简单的弹性动力学模型推导往往通过假设各支链为动平台提供一个线弹性悬架，动平台被认为是刚性的。结构可视为广义弹簧[16.60]，即一个线性弹性悬架固定在基座的一端，带有移动刚体的在另一端。此外，悬架允许进行全 6 自由度的小幅度位移。后者指的是需要小角度的旋转，小到允许近似于 $\sin\theta\approx\theta$，以 θ 表示角度，相对于刚体尺寸有较小的移动。然后，动平台的运动可以用单位旋量[16.57]乘以小角度 Θ 来表示。在这些条件下，6×6 笛卡儿刚度矩阵由维数为 6 的旋量给出。

当表征 PKM 的旋转刚度时，可能会想到利用刚度矩阵的特征值和特征向量。然而，这个方法还存在一些问题，如目前所解释的，鉴于这个矩阵的 4 个子块存在不同量纲（第 16.4.2 节），与矩阵相关的特征值问题仅在广义上是有意义的[16.61]。让我们回忆一下在第 16.4.2 节引入的 6×6 笛卡儿刚度矩阵 $\boldsymbol{K}_C$，用 $\boldsymbol{k}_i$ 表示它的第 i 个特征向量，一个单位旋量，用 κ_i 表示相应的特征值。与 $\boldsymbol{K}_C$ 相关的广义特征值问题现在可以描述为

$$\boldsymbol{K}_C\boldsymbol{k}_i=\kappa_i\boldsymbol{\Gamma}\boldsymbol{k}_i,\ \boldsymbol{k}_i\equiv\begin{pmatrix}\boldsymbol{e}_i\\ \boldsymbol{\mu}_i\end{pmatrix},\ i=1,\cdots,6 \tag{16.34}$$

式中，$\boldsymbol{e}_i$ 是表示第 i 个特征旋量轴线方向的单位向量；$\boldsymbol{\mu}_i$ 是轴线关于原点的矩；$\boldsymbol{\Gamma}$ 是一个算子，用来交换旋量的顶部矢量和底部矢量，这两项可定义为

$$\boldsymbol{\Gamma}=\begin{pmatrix}\boldsymbol{0} & \boldsymbol{I}\\ \boldsymbol{I} & \boldsymbol{0}\end{pmatrix},\quad \boldsymbol{\mu}_i=\boldsymbol{e}_i\times\boldsymbol{p}_i+p_i\boldsymbol{e}_i \tag{16.35}$$

对于 $i=1,\cdots,6$，$\boldsymbol{0}$ 和 $\boldsymbol{I}$ 分别表示 3×3 零矩阵和单位矩阵；$\boldsymbol{p}_i$ 是单位旋量 $\boldsymbol{k}_i$ 轴线上的任意一点的位置矢量；p_i 是 $\boldsymbol{k}_i$ 的节距。一条线 $\mathcal{L}$ 的矩可以解释为与 $\mathcal{L}$ 重合的作用线的单位力。式（16.34）的广义特征值问题可归结为

$$\boldsymbol{A}_i\boldsymbol{k}_i=\boldsymbol{0},\quad \boldsymbol{A}_i=\begin{pmatrix}\boldsymbol{K}_{rr} & \boldsymbol{K}_{rt}-\kappa_i\boldsymbol{I}\\ \boldsymbol{K}_{rt}^{T}-\kappa_i\boldsymbol{I} & \boldsymbol{K}_{tt}\end{pmatrix} \tag{16.36}$$

对于 $i=1,\cdots 6$，根据式（16.34）的定义，$\boldsymbol{k}_i\neq\boldsymbol{0}$，因此式（16.36）必须允许一个非平凡解，这意味着 $\boldsymbol{A}_i$ 必须是奇异的，从而得出 $\boldsymbol{K}_C$ 的特征方程，即

$$\det\begin{pmatrix}\boldsymbol{K}_{rr} & \boldsymbol{K}_{rt}-\kappa\boldsymbol{I}\\ \boldsymbol{K}_{rt}^{T}-\kappa\boldsymbol{I} & \boldsymbol{K}_{tt}\end{pmatrix}=0 \tag{16.37}$$

式中，下标 i 已从 κ 中删除，因为它不再需要。从上述 6×6 矩阵的线性齐次形式来看，其行列式为求特征值关于 κ 的六次多项式。

值得一提的是，这组旋量并不构成一个向量空间，因为旋量不含零。它们包括一个三维单位向

16

量，因此无法消去。同样地，这组旋量不满足简单的标积运算。事实上，如果两个旋量进行点乘，它们的乘积是没有意义的，因为它涉及不同量纲的量的运算。与此相关的概念是互易：两个单位旋量 $\boldsymbol{s}_1$ 和 $\boldsymbol{s}_2$ 的互易积是通过式（16.35）所引入的矩阵 $\boldsymbol{\Gamma}$ 来定义的，即 $\boldsymbol{s}_1^{\mathrm{T}}\boldsymbol{\Gamma}\boldsymbol{s}_2$，才具有正确的量纲。当两个单位旋量的互易积为零时，表明这两个旋量互易。这个概念的物理意义在于，一个单位旋量以力的单位乘以幅值 F 生成力旋量；以速度为量纲的一个单位旋量乘以幅值 Ω 生成运动旋量。如果力旋量恰好是一种纯力，其作用线与运动旋量的轴线相交；如果是一种施加门上的力，其作用线一定与门铰的转动轴线相交。反之，如果作用力和转动互易，该力与运动旋量的功率为零。

现在我们得到了一个适用于对称 $n\times n$ 矩阵的结论：

定理 16.1

矩阵 $\boldsymbol{K}$ 的特征值是实数且乘积 $\kappa_i p_i$ 为非负，其特征向量 $\{\boldsymbol{k}_i\}_1^6$ 是互易的。

对它的证明见参考文献［16.62］和［16.63］。

此外，刚度矩阵的解耦意味着可找到一个新的坐标系，将其两个非对角线单元消除。这种解耦并不总是可行的，具体如下所示（见参考文献［16.63］中的勘误表）。众所周知，笛卡儿刚度矩阵完全能够通过相似变换而实现解耦，这涉及原点的变化和坐标系姿态的变化[16.64]。如果后者被标记为 $\mathcal{A}$，新坐标系为 $\mathcal{B}$，然后将 $\mathcal{A}$ 变换到 $\mathcal{B}$，由向量 $\boldsymbol{d}$ 定义原点的移动和旋转矩阵 $\boldsymbol{Q}$。接下来，还需要引入一个向量 $\boldsymbol{v}\in\mathbb{R}^3$ 与一矩阵的叉积。我们知道，反对称矩阵 $\boldsymbol{V}$ 具有如下特性：

$$\boldsymbol{V}\boldsymbol{x}\equiv\boldsymbol{v}\times\boldsymbol{x},\quad \forall\,\boldsymbol{x}\in\mathbb{R}^3,\quad \boldsymbol{V}\equiv\mathrm{CPM}(\boldsymbol{v}) \tag{16.38}$$

现在令 $\boldsymbol{D}\equiv\mathrm{CPM}(\boldsymbol{d})$，$\boldsymbol{d}$ 定义为将 $\mathcal{A}$ 的原点移动至 $\mathcal{B}$ 原点的位移。根据相似变换，可将 $\mathcal{B}$ 中的一个单元旋量 $\hat{\mathbf{s}}$ 变换至 $\mathcal{A}$ 中，即

$$[\hat{\mathbf{s}}]_{\mathcal{A}}=\boldsymbol{S}[\hat{\mathbf{s}}]_{\mathcal{B}},\quad \boldsymbol{S}=\begin{pmatrix}\boldsymbol{Q} & \boldsymbol{0}\\ \boldsymbol{DQ} & \boldsymbol{Q}\end{pmatrix} \tag{16.39}$$

6×6 矩阵 $\boldsymbol{S}$ 的逆表示为

$$\boldsymbol{S}^{-1}=\begin{pmatrix}\boldsymbol{Q}^{\mathrm{T}} & \boldsymbol{0}\\ -\boldsymbol{Q}^{\mathrm{T}}\boldsymbol{D} & \boldsymbol{Q}^{\mathrm{T}}\end{pmatrix} \tag{16.40}$$

因此，在相同的相似变换下，刚度矩阵的分量变化，如参考文献［16.63］所述，即

$$[\boldsymbol{K}]_{\mathcal{A}}=\boldsymbol{\Gamma}\boldsymbol{S}\boldsymbol{\Gamma}[\boldsymbol{K}]_{\mathcal{B}}\boldsymbol{S}^{-1} \tag{16.41}$$

如果不是矩阵 $\boldsymbol{\Gamma}$，它看起来像是 $n\times n$ 矩阵的相似变换。根据互易积的定义，$\boldsymbol{\Gamma}$ 的存在是必要的。现在，令

$$[\boldsymbol{K}]_{\mathcal{A}}=\begin{pmatrix}\boldsymbol{K}'_{\mathrm{rr}} & \boldsymbol{K}'_{\mathrm{rt}}\\ (\boldsymbol{K}'_{\mathrm{rt}})^{\mathrm{T}} & \boldsymbol{K}'_{\mathrm{tt}}\end{pmatrix},\quad [\boldsymbol{K}]_{\mathcal{B}}=\begin{pmatrix}\boldsymbol{K}_{\mathrm{rr}} & \boldsymbol{K}_{\mathrm{rt}}\\ \boldsymbol{K}_{\mathrm{rt}}^{\mathrm{T}} & \boldsymbol{K}_{\mathrm{tt}}\end{pmatrix} \tag{16.42}$$

式中，$\boldsymbol{K}'_{\mathrm{rr}}=\boldsymbol{Q}(\boldsymbol{K}_{\mathrm{rr}}+\boldsymbol{K}_{\mathrm{rt}}\boldsymbol{D})\boldsymbol{Q}^{\mathrm{T}}+\boldsymbol{DQ}(\boldsymbol{K}_{\mathrm{rt}}^{\mathrm{T}}+\boldsymbol{K}_{\mathrm{tt}}\boldsymbol{D})\boldsymbol{Q}^{\mathrm{T}}$

$\boldsymbol{K}'_{\mathrm{rt}}=(\boldsymbol{QK}_{\mathrm{rt}}+\boldsymbol{DQK}_{\mathrm{tt}})\boldsymbol{Q}^{\mathrm{T}}$

$\boldsymbol{K}'_{\mathrm{tt}}=\boldsymbol{QK}_{\mathrm{tt}}\boldsymbol{Q}^{\mathrm{T}}$

令 $\boldsymbol{K}'_{\mathrm{rt}}=\boldsymbol{0}$，解耦条件遵循：

$$\boldsymbol{Q}^{\mathrm{T}}\boldsymbol{DQK}_{\mathrm{tt}}=-\boldsymbol{K}_{\mathrm{rt}} \tag{16.43}$$

由于 $\boldsymbol{D}$ 是一个叉积矩阵，所以它是奇异的，即它的零空间由向量 $\boldsymbol{d}$ 张成。根据 Sylvester 定理[16.31]，两个矩阵乘积的最大秩为两个矩阵秩的较小者。由于式（16.43）的左边是奇异的，因此右边也必须是奇异的，这是所寻求的解耦条件。如果块 $\boldsymbol{K}_{\mathrm{rt}}$ 是奇异的，那么解耦就可以通过在不改变坐标系方向的情况下改变原点实现，即在式（16.43）中令 $\boldsymbol{Q}=\boldsymbol{1}$。上述结果概述如下：

定理 16.2

刚度矩阵可以解耦，当且仅当它的非对角块奇异时。在这种情况下，解耦可通过相似变换来实现，且只涉及原点的改变。

因此，适用于此的设计指标是以笛卡儿刚度矩阵的奇异耦合块为目标，这可以通过有限元方法来实现，但这些工作是为了某个机器人的单一姿态。但是，借助广义弹簧的概念，Taghvaiepour 等人[16.65]指出，有可能借助变形杆的刚度矩阵，用有限元分析（FEA）得出某一特定姿态，然后转换此矩阵，以获得它与另一种姿态的配对。如何计算位移矢量 $\boldsymbol{d}$，以有助于刚度矩阵的解耦，见参考文献［16.63］。

一旦刚度矩阵解耦，可以快速得出旋转块和平移块的特征值，并从刚度的角度评估机器人的性能。实际上，由于解耦矩阵的存在，特征方程式（16.37）可简化为

$$\det\begin{pmatrix}\boldsymbol{K}_{\mathrm{rr}} & -\kappa\boldsymbol{I}\\ -\kappa\boldsymbol{I} & \boldsymbol{K}_{\mathrm{tt}}\end{pmatrix}=0 \tag{16.44}$$

展开时，利用块矩阵行列式的表达式[16.66]，前面的方程有

$$\det(\boldsymbol{K}_{\mathrm{rr}})\det(\boldsymbol{K}_{\mathrm{tt}}-\kappa^2\boldsymbol{K}_{\mathrm{rr}}^{-1})=0$$

用 κ 表示的特征方程遵循

$$P(\kappa)\equiv\det(\boldsymbol{K}_{\mathrm{tt}}-\kappa^2\boldsymbol{K}_{\mathrm{rr}}^{-1})=0 \tag{16.45}$$

这显然是一个关于 κ^2 的三次方程，结果是解

16

耦后的 6×6 笛卡儿刚度矩阵的特征值出现在对称对中，即矩阵的六个特征旋量以相反手性成对出现，而每对的绝对值是相同的[16.62,63]。

16.5.2 移动机器人

移动机器人具有类似于 PKM 的结构。与后者不同的是，它们的各支链没有固定在基座上，而可以自由移动。实际上，它们靠近地面的一端由轮子或脚连接，因此被称为轮式或腿式机器人。而被称为混合式的移动机器人通常采用轮式和腿式的组合设计支链。这些机器人呈现出各种形态，概述如下。

1. 轮式机器人

这类机器人最早被称为自主引导车（AGV）。它们装配有一个底盘和两个马达，以实现任何配备常规车轮的地面车辆的平面 2 自由度机动性，而不是全向轮。这类系统能够跟踪在制造设施所在地面上的轨迹。因此，它们的移动能力相当有限，但承载能力几乎是无限的。

常规轮式机器人一般装有两对充气轮胎，使其能够适应不规则的地面。此外，这些机器人甚至可以装备可转向的车轮，就像 MDA 的漫游者底盘原型（RCP），或者通过改变安装在底盘车轴上轮胎的不同角速度以实现机动性，就像 Khepera 机器人那样。

星际探测推动了漫游者的发展，即轮式机器人用于在非结构化的地形上漫游，无论是松软地形，如月球或火星的表土，还是坚硬地形，如岩石。这里的设计问题主要涉及车轮，因为这些车轮必须适应各种条件和地形。目前设计的漫游者的速度非常慢，有时一天只有几米，如美国航空航天局的好奇号（这辆漫游者于 2012 年 8 月 6 日登陆火星）。主要问题在于车轮提供足够的牵引力，防止在不前进的情况下打滑。后者通过在每个车轮上使用单个电动机来保证。牵引力增强通过轮周边的链板。好奇号和 RCP 的共同特点是配有链板的金属车轮。

2. 腿式机器人

自 20 世纪 80 年代开发的早期系统如俄亥俄州立大学（OSU）六足机器人和 OSU 自适应悬架车（ASV）等以来，这种机器人已经有了巨大的发展。目前的腿式机器人，从六条腿的 X-RHEXLite，其平面对称分布，身体的两侧各配有三条相同的腿，或者多附件机器人系统（MARS），其腿分布在规则六边形的顶点处，到具有类似于哺乳动物结构的四腿机器人，如大狗和猎豹。特别值得一提的是双足，其中最著名的是具有人体结构的仿人机器人，包括高级步行创新移动机器人（ASIMO）及其竞争对手好奇探索号机器人（QRIO）。设计问题各不相同，主要取决于腿的数量。六腿机器人兼顾了静态稳定性和机动性，这是四腿机器人所不具备的。到目前为止，仿人机器人对静态和动态稳定性的要求最高，但也提供了最强的机动性。

3. 混合式机器人

混合式机器人源于上述两种类型，即轮式机器人与腿式机器人的组合。这些系统它看起来像轮式机器人，但它的特征是车轮而不是脚。它们具有上述两种类型各自的优势和不足。这类机器人的一个最新例子是美国国家航空航天局的 ATHLETE（全地形六足外星探险者）机器人。它的特征是，有六条有关节的腿，从构成机器人身体的边缘伸出并以轮子为末端。其设计旨在为计划中的月球基地服务。据美国国家航空航天局的数据，它将是重达 15ton（1ton = 1016.05kg）的月球栖息者[16.67]：

安装在六腿机器人的顶部。栖息者可以脱离月球着陆器，继续行进到任何想去的地方。轮式运动主要用于平整的地面，而充分使用灵活的腿可以适应具有挑战性的地形。

16.5.3 水生机器人

目前，水生机器人正在市场上用于水中操作，无论是在水上还是在水下。水上机器人的例子是 Mantra，旨在充当救生员，帮助遇险的游泳者。一些水生机器人已被设计成具有鱼类的形态[16.68]。麦吉尔大学开发的一款六足形态游泳机器人 Aqua，以 6 个鳍状肢代替双腿，如图 16.5 所示。

图 16.5 水陆两栖机器人 Aqua

到目前为止，最知名的水生机器人是 Bluefin 机器人潜艇，它成为寻找马航 MH370（该航班于格林尼治时间2014年3月7日16:41时失踪）航班残骸的“名人”。

16.5.4 飞行机器人

该领域正变得相当活跃，一些模仿昆虫形态的机器人可归于微型机器人的类别[16.69]；其他飞行机器人则被设计成无人驾驶飞行器（UAV）[16.70]。目前报道最多也得到深入研究的是两种新型UAV，即无人机和四旋翼的设计与控制问题。利用微机电系统（MEMS）技术研制的无陀螺惯性测量系统，使快速机动无人机的控制成为可能。高度机动的四旋翼飞行器，特别适用于监视和侦察任务，是一种小型、轻量化的飞行器，配有两对位于方形机架顶点的反向旋转的旋翼和螺旋桨[16.71]。《IEEE机器人与自动化期刊》[16.72]最近的一个主题就包含四旋翼技术的研究进展。

16.6 本章小结

本章主要讨论了机器人的设计，重点是串联结构。在这方面，首先提出了一个通用的设计流程；然后回顾了机器人设计中的主要问题，涉及工作空间，以及运动静力学、动力学、弹性静力学、弹性动力学性能指标等。在这个过程中，对解决这些概念背后的数学原理做了简要概述，使本章自成一体。

对PKM设计中的一个重要问题，即刚度，本章给予了重点介绍。对其他类型的机器人，如轮式、腿式、飞行和水生机器人等的设计问题，只进行了简单描述。

参考文献

16

16.1 O. Bottema, B. Roth: *Theoretical Kinematics* (North-Holland, Amsterdam 1979), also available by Dover Publishing, New York 1990

16.2 J. Angeles: The qualitative synthesis of parallel manipulators, ASME J. Mech. Des. **126**(4), 617–624 (2004)

16.3 R. Hartenberg, J. Denavit: *Kinematic Synthesis of Linkages* (McGraw-Hill, New York 1964)

16.4 G. Pahl, W. Beitz: *Engineering Design. A Systematic Approach*, 3rd edn. (Springer, London 2007), translated from the original Sixth Edition in German

16.5 M. Petterson, J. Andersson, P. Krus, X. Feng, D. Wäppling: Industrial robot design optimization in the conceptual design phase, Proc. IEEE Int. Conf. Mechatron. Robotics, Vol. 2, ed. by P. Drews (2004) pp. 125–130

16.6 R. Clavel: Device for the movement and positioning of an element in space, US Patent 4976582 (1990)

16.7 R. Vijaykumar, K.J. Waldron, M.J. Tsai: Geometric optimization of serial chain manipulator structures for working volume and dexterity, Int. J. Robotics Res. **5**(2), 91–103 (1986)

16.8 J.P. Merlet: *Parallel Robots* (Kluwer, Boston 2006)

16.9 J. Angeles: *Fundamentals of Robotic Mechanical Systems*, 3rd edn. (Springer, New York 2007)

16.10 K. Hoffman: *Analysis in Euclidean Space* (Prentice Hall, Englewood Cliffs 1975)

16.11 L. Burmester: *Lehrbuch der Kinematik* (Arthur Felix, Leipzig 1886)

16.12 J.M. McCarthy: *Geometric Design of Linkages* (Springer, New York 2000)

16.13 J. Angeles: Is there a characteristic length of a rigid-body displacement?, Mech. Mach. Theory **41**, 884–896 (2006)

16.14 H. Li: Ein Verfahren zur vollständigen Lösung der Rückwärtstransformation für Industrieroboter mit allegemeiner Geometrie, Ph.D. Thesis (Universität-Gesamthochschule Duisburg, Duisburg 1990)

16.15 M. Raghavan, B. Roth: Kinematic analysis of the 6R manipulator of general geometry, Proc. 5th Int. Symp. Robotics Res., ed. by H. Miura, S. Arimoto (MIT, Cambridge 1990)

16.16 J. Angeles: The degree of freedom of parallel robots: A group-theoretic approach, Proc. IEEE Int. Conf. Robotics Autom. (ICRA), Barcelona (2005) pp. 1017–1024

16.17 C.C. Lee, J.M. Hervé: Translational parallel manipulators with doubly planar limbs, Mech. Mach. Theory **41**, 433–455 (2006)

16.18 B. Roth: Performance evaluation of manipulators from a kinematic viewpoint, National Bureau of Standards – NBS SP **495**, 39–62 (1976)

16.19 A. Kumar, K.J. Waldron: The workspaces of a mechanical manipulator, ASME J. Mech. Des. **103**, 665–672 (1981)

16.20 D.C.H. Yang, T.W. Lee: On the workspace of mechanical manipulators, ASME J. Mech. Trans. Autom. Des. **105**, 62–69 (1983)

16.21 Y.C. Tsai, A.H. Soni: An algorithm for the workspace of a general n-R robot, ASME J. Mech. Trans. Autom. Des. **105**, 52–57 (1985)

16.22 K.C. Gupta, B. Roth: Design considerations for manipulator workspace, ASME J. Mech. Des. **104**, 704–711 (1982)

16.23 K.C. Gupta: On the nature of robot workspace, Int. J. Robotics Res. **5**(2), 112–121 (1986)

16.24 F. Freudenstein, E. Primrose: On the analysis and

synthesis of the workspace of a three-link, turning-pair connected robot arm, ASME J. Mech. Trans. Autom. Des. **106**, 365–370 (1984)
16.25 C.C. Lin, F. Freudenstein: Optimization of the workspace of a three-link turning-pair connected robot arm, Int. J. Robotics Res. **5**(2), 91–103 (1986)
16.26 T. Yoshikawa: Manipulability of robotic mechanisms, Int. J. Robotics Res. **4**(2), 3–9 (1985)
16.27 J. Loncaric: Geometric Analysis of Compliant Mechanisms in Robotics, Ph.D. Thesis (Harvard University, Cambridge 1985)
16.28 B. Paden, S. Sastry: Optimal kinematic design of 6R manipulators, Int. J. Robotics Res. **7**(2), 43–61 (1988)
16.29 J.K. Salisbury, J.J. Craig: Articulated hands: Force control and kinematic issues, Int. J. Robotics Res. **1**(1), 4–17 (1982)
16.30 G.H. Golub, C.F. Van Loan: *Matrix Computations* (Johns Hopkins Univ. Press, Baltimore 1989)
16.31 G. Strang: *Linear Algebra and Its Applications*, 3rd edn. (Harcourt Brace Jovanovich, San Diego 1988)
16.32 A. Dubrulle: An optimum iteration for the matrix polar decomposition, Electron. Trans. Numer. Anal. **8**, 21–25 (1999)
16.33 W.A. Khan, J. Angeles: The kinetostatic optimization of robotic manipulators: The inverse and the direct problems, ASME J. Mech. Des. **128**, 168–178 (2006)
16.34 H. Pottmann, J. Wallner: *Computational Line Geometry* (Springer, Berlin, Heidelberg 2001)
16.35 H. Asada: A geometrical representation of manipulator dynamics and its application to arm design, Trans. ASME J. Dyn. Sys. Meas. Contr. **105**(3), 131–135 (1983)
16.36 T. Yoshikawa: Dynamic manipulability of robot manipulators, Proc. IEEE Int. Conf. Robotics Autom. (ICRA) (1985) pp. 1033–1038
16.37 P.A. Voglewede, I. Ebert-Uphoff: Measuring closeness to singularities for parallel manipulators, Proc. IEEE Int. Conf. Robotics Autom. (ICRA) (2004) pp. 4539–4544
16.38 A. Bowling, O. Khatib: The dynamic capability equations: A new tool for analyzing robotic manipulator performance, IEEE Trans. Robotics **21**(1), 115–123 (2005)
16.39 C.M. Gosselin, J. Angeles: A new performance index for the kinematic optimization of robotic manipulators, Proc. 20th ASME Mech. Conf. (1988) pp. 441–447
16.40 C. Gosselin, J. Angeles: The optimum kinematic design of a planar three-degree-of-freedom parallel manipulator, ASME J. Mech. Trans. Autom. Des. **110**, 35–41 (1988)
16.41 A. Bicchi, C. Melchiorri, D. Balluchi: On the mobility and manipulability of general multiple limb robots, IEEE Trans. Robotics Autom. **11**(2), 232–235 (1995)
16.42 P. Chiacchio, S. Chiaverini, L. Sciavicco, B. Siciliano: Global task space manipulability ellipsoids for multiple-arm systems, IEEE Trans. Robotics Autom. **7**, 678–685 (1991)
16.43 C. Melchiorri: Comments on Global task space manipulability ellipsoids for multiple-arm systems and further considerations, IEEE Trans. Robotics Autom. **9**, 232–235 (1993)
16.44 P. Chiacchio, S. Chiaverini, L. Sciavicco, B. Siciliano: Reply to comments on Global task space manipulability ellipsoids for multiple-arm systems' and further considerations, IEEE Trans. Robotics Autom. **9**, 235–236 (1993)
16.45 F.C. Park: Optimal robot design and differential geometry, ASME J. Mech. Des. **117**, 87–92 (1995)
16.46 F.C. Park, J. Kim: Manipulability of closed kinematic chains, ASME J. Mech. Des. **120**(4), 542–548 (1998)
16.47 A. Liégeois: Automatic supervisory control for the configuration and behavior of multibody mechanisms, IEEE Trans. Sys. Man. Cyber. **7**(12), 842–868 (1977)
16.48 C.A. Klein, C.H. Huang: Review of pseudo-inverse control for use with kinematically redundant manipulators, IEEE Trans. Syst. Man Cybern. **13**(2), 245–250 (1983)
16.49 J.M. Hollerbach: Optimum kinematic design of a seven degree of freedom manipulator. In: *Robotics Research: The Second International Symposium*, ed. by H. Hanafusa, H. Inoue (MIT, Cambridge 1985)
16.50 M.W. Spong: Remarks on robot dynamics: Canonical transformations and riemannian geometry, Proc. IEEE Int. Conf. Robotics Autom. (ICRA) (1992) pp. 454–472
16.51 T.J. Graettinger, B.H. Krogh: The acceleration radius: A global performance measure for robotic manipulators, IEEE J. Robotics Autom. **4**(11), 60–69 (1988)
16.52 M. Griffis, J. Duffy: Global stiffness modeling of a class of simple compliant couplings, Mech. Mach. Theory **28**, 207–224 (1993)
16.53 S. Howard, M. Zefran, V. Kumar: On the 6 × 6 cartesian stiffness matrix for three-dimensional motions, Mech. Mach. Theory **33**, 389–408 (1998)
16.54 L. Meirovitch: *Fundamentals of vibrations* (McGraw-Hill, Boston 2001)
16.55 C.M. Gosselin, J.-F. Hamel: The agile eye: A high-performance three-degree-of-freedom camera-orienting device, Proc. IEEE Int. Conf. Robotics Autom. (ICRA) (1994) pp. 781–786
16.56 O. Company, F. Pierrot, T. Shibukawa, K. Morita: Four-Degree-of-Freedom Parallel Robot, EU Patent No. EP 108 4802 (2001)
16.57 X. Kong, C. Gosselin: *Type synthesis of parallel mechanisms*, Springer Tract. Adv. Robotics, Vol. 33 (Springer, Berlin, Heidelberg 2007)
16.58 J. Hervé: The Lie group of rigid body displacements, a fundamental tool for mechanism design, Mech. Mach. Theory **34**, 719–730 (1999)
16.59 W.A. Khan, J. Angeles: A novel paradigm for the qualitative synthesis of simple kinematic chains based on complexity measures, ASME J. Mech. Robotics **3**(3), 0310161–03101611 (2011)
16.60 J. Lončarivc: Normal forms of stiffness and compliance matrices, IEEE J. Robotics Autom. **3**(6), 567–572 (1987)
16.61 X. Ding, J.M. Selig: On the compliance of coiled springs, Int. J. Mech. Sci. **46**, 703–727 (2004)
16.62 J.M. Selig: The spatial stiffness matrix from simple stretched springs, Proc. IEEE Int. Conf. Robotics Au-

tom. (ICRA) (2000) pp. 3314–3319

16.63 J. Angeles: On the nature of the Cartesian stiffness matrix, Rev. Soc. Mex. Ing. Mec. **3**(5), 163–170 (2010)

16.64 A.K. Pradeep, P.J. Yoder, R. Mukundan: On the use of dual-matrix exponentials in robotic kinematics, Int. J. Robotics Res. **8**(5), 57–66 (1989)

16.65 A. Taghvaeipour, J. Angeles, L. Lessard: On the elastostatic analysis of mechanical systems, Mech. Mach. Theory **58**, 202–216 (2013)

16.66 D. Zwillinger (Ed.): *CRC Standard Mathematical Tables and Formulae*, 31st edn. (CRC, Boca Raton 2002)

16.67 B. Christensen: Robotic lunar base with legs changes everything, http://www.space.com/5216-robotic-lunar-base-legs.html

16.68 L. Wen, T. Wang, G. Wu, J. Li: A novel method based on a force-feedback technique for the hydrodynamic investigation of kinematic effects on robotic fish, Proc. IEEE Int. Conf. Robotics Autom. (ICRA) (2011), Paper No. 0828

16.69 L.L. Hines, V. Arabagi, M. Sitti: Free-flight simulation and pitch-and-roll control experiments of a sub-gram flapping-flight micro aerial vehicle, Proc. IEEE Int. Conf. Robotics Autom. (ICRA) (2011), Paper No. 0602

16.70 C.E. Thorne, M. Yim: Towards the dvelopment of gyroscopically controled micro air vehicles, Proc. 2011 IEEE Int. Conf. Robotics Autom. (2011), Paper No. 1800

16.71 T. Lee, M. Leok, N.H. McClamroch: Geometric tracking control of a quadrotor UAV on SE(3), Proc. 49th IEEE Conf. Decis. Control (2010)

16.72 Robots take flight: Quadroto unmanned aerial vehicles, IEEE Robotics Autom. Mag. **19**(3) (2012), http://online.qmags.com/RAM0912?pg=3&mode=2#pg1&mode2

16

第 17 章

肢系统

Shuuji Kajita，Christian Ott

肢系统是一种具有身体、腿部和手臂的移动机器人。首先，在 17.1 节中讨论其一般的设计过程。然后，在 17.2 节考虑了概念设计的问题，并分析了各种现有的机器人设计。17.3 节给出了仿人机器人 HRP-4C 的详细设计过程。要设计出性能良好的肢系统，重要的是要考虑机器人的驱动和控制，如重力补偿、极限循环动力学、规范化模型和反向驱动，这些将在 17.4 节中进行讨论。

17.5 节概述了肢系统的类型，讨论了腿式机器人、腿轮混合式机器人、腿臂混合式机器人、柔索驱动机器人和爬壁机器人。为了比较不同类型的肢系统，在 17.6 节中介绍了其相关性能指标，如步态敏感度范数、弗劳德数和阻抗系数等。

目　录

在本章中，我们将肢系统称为一种移动机器人，它由身体、腿和手臂组成。其一般概念如图 17.1 所示。

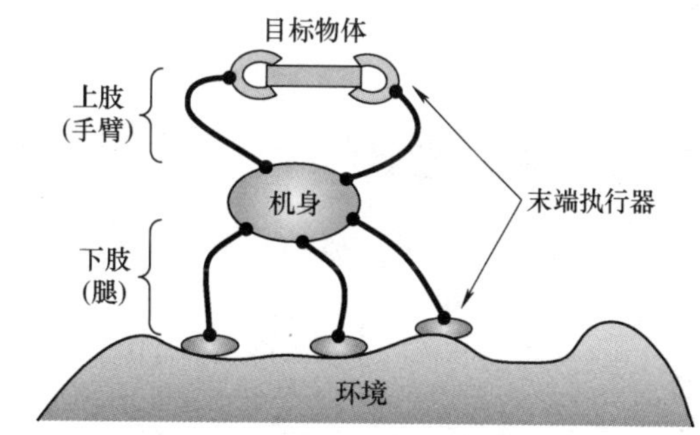

图 17.1　肢系统的一般概念

一个肢系统必须由一个身体和至少一条腿（下肢）来支撑和推动它。腿通过末端执行器（脚）与环境相互作用。它还可以有任意数量的手臂（上肢），并通过末端执行器（手）操纵目标物体。

从以身体为中心的观点来看，腿可以看作是为适应环境而设计的特殊手臂。这就说明了可以将腿和手臂作为四肢来统一对待，这也是选择肢系统（limbed systems）这个词作为本章标题的主要原因。

17.1 肢系统的设计

机器人的一般设计过程已经在第16章中讨论过，因此本节将专注于肢系统的设计。参考文献[17.1-3] 给出了实际肢系统的设计过程。一个典型的设计过程通常由以下步骤组成：

步骤1：基本要求。设计人员必须明确肢系统所要执行的任务类别及其需求、目标速度、有效载荷、预期环境等。

步骤2：概念设计。腿和手臂的数量，它们的拓扑结构，以及相关的步态是同时确定的。它们必须同时设计，因为腿的结构与步态是紧密耦合的，因此它们不应该单独考虑。也要根据基本要求确定连杆的几何尺寸。

步骤3：详细设计。设计人员通过选择驱动器、传感器、减速器和其他机械/电气部件来实现概念设计，然后设计相应的结构元素来整合这些设备。

步骤4：评价。通过建立原型模型或进行计算机模拟来对前述所做的设计进行评价。根据我们的经验，通常第一次的设计是不可能满足基本要求的，只能回到步骤3，以改变电动机类型或传动比。有时，模拟的结果建议我们重新考虑概念设计（步骤2），甚至重新考虑设计的基本要求（步骤1）。

图17.2所示为一个典型肢系统的设计过程。请注意，肢系统的设计是一个动态的过程，而不是静态的自顶向下的过程。每个步骤的细节将在下面的各节中予以讨论。

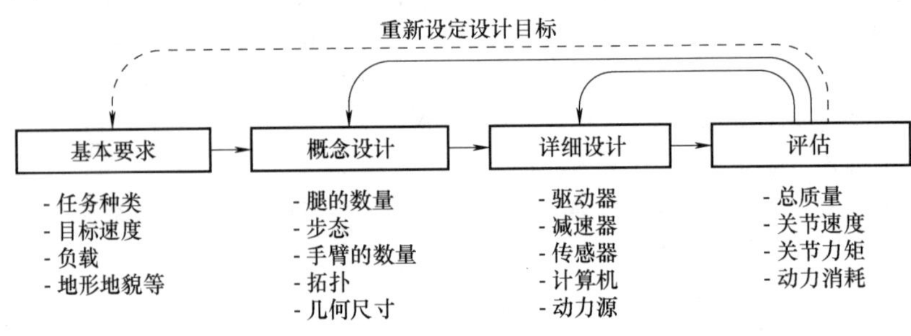

图17.2 一个典型肢系统的设计过程

17.2 概念设计

在刚开始的时候，设计人员的大脑中需存有一系列的任务场景，例如：

1）进入受损的核电站，爬楼梯，关闭指定的阀门。

2）探测一个星球，寻找新的生命形式。

3）背着一个人爬楼梯。

4）表演一段舞蹈以娱乐观众等。

请注意，它必须是一系列任务，而不应该是某个单一的任务，因为后者可以用前一章中所述的单自由度机器来实现。

另外，应该将这些任务转换成更具体的性能指标，如目标的移动速度、最大步长、最大的有效载荷或预期的地形地貌（如障碍物的最大高度）。这些具体的性能指标为设计过程提供了坚实的指导。

17.2.1 概念设计问题

概念设计的目标是为了确定机器人的基本运动特性、腿和手臂的数量、肢体的拓扑结构和连杆的几何尺寸。设计人员应该考虑以下问题：

1）步态类型。步行或跑步时的腿部运动模式称为步态（gait），它对肢系统的设计有很大的影响。例如，一个静止步态的机器人应该设计成伸开的姿势，以使其稳定性最好，而运动步态的机器人应设计成具有高质心的直立姿态，以获得较长的下落时间常数。本手册第3卷第75章讨论了步态的生成问题。

2）仿生学。有些机器人被设计成尽可能精确地模仿某种生物的机械结构，这有助于更深入地了解生物系统。例如，Quinn 和 Ritzmann[17.4] 设计了一个运动模式与蟑螂 Blaberus disidalis 非常相似的六足机器人（VIDEO 521）。仿生学在娱乐应用方面也很有意义：Hirukawa 等人[17.5]开发了霸王龙和副栉龙两足步行恐龙机器人。由于安全问题，这些机器人的制造尺寸只有真实恐龙的 30%；尽管如此，2005 年日本爱知世界博览会上，它们逼真的外表还是吸引了许多观众。

3）仿生动力学。为了再现某些动物强健而灵活的运动，一些设计人员非常关注它们的运动与动力学机理，而不是结构上的相似性。Koditschek 等人在开发六足机器人 RHex 时就强调了这一观点。RHex 只配备了 6 个驱动器，但它可以在各种不规则的地形上行进[17.6]。

4）结构简洁性。最好使用尽可能简单的机构来实现目标任务。因此，设计总是偏向于使用较少数量的驱动器。VIDEO 520 给出了一个具有最少数量驱动器的机器人设计示例。

5）肢体的工作空间。一个肢系统必须至少具有 3 个自由度（DOF）才能在三维空间中进行定位。而在三维空间中，它至少需要有 6 个自由度才能使末端执行器实现任意的姿态。

6）承载。适当的关节分配可以减少关节力矩来支撑体重。在 VIDEO 517 中，为了提高有效负载，我们可以看到一个独特的六足机器人设计。

17.2.2 案例研究

下面结合具体实例，介绍一下上述问题是如何反映在实际肢系统的概念设计中的。

1. 欠驱动与冗余驱动

我们比较了在不同驱动策略下设计的两种单足机器人。图 17.3a 所示为 Raibert[17.1]开发的三维单腿跳跃机器人。这个机器人由腿上的一个气缸和髋关节上的两个液压驱动器驱动。因此，它只有 3 个驱动自由度，而三维刚体运动需要 6 个驱动自由度。尽管它处于欠驱动状态，但由于平衡控制，它可以在三维空间中自由移动，并保持身体直立。

图 17.3b 所示为 Tajima 和 Suga 开发的单足机器人[17.7]。它共有 7 个驱动自由度，其中 3 个在臀部，1 个在膝盖，2 个在脚踝，1 个在脚趾。因此，这个机器人是一个冗余系统，除了三维运动所需的 6 个自由度，还有一个额外的自由度。这个冗余自由度可以帮助机器人降低跳跃时所需的高关节速度。通过对各关节采用带有减速器的伺服电动机，成功地实现了跳跃运动控制。

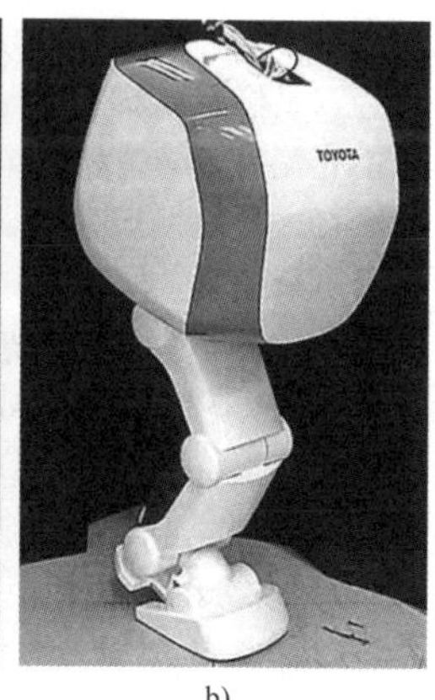

a) b)

图 17.3 单足机器人设计

a）MIT 三维单腿跳跃机器人（1983）

b）Toyato 的单足机器人（2006）

2. 串联与并联

肢系统的腿可以配置为串联或并联结构。在大多数情况下，双足机器人的每条腿都设计为具有 6 个驱动自由度的串联机构，其中 3 个用在臀部，1 个用在膝盖，2 个用在脚踝。Kaneko 等人[17.8]开发的 HRP-2L 就是这样的一个例子，如图 17.4a 所示。对于这样的机器人，最困难的部分是髋关节的设计。髋关节机构必须包含 3 个旋转轴（滚动/俯仰/偏航），承受由上半身重量引起的高转矩。这对于一个搬运重物的机器人来说尤其突出。

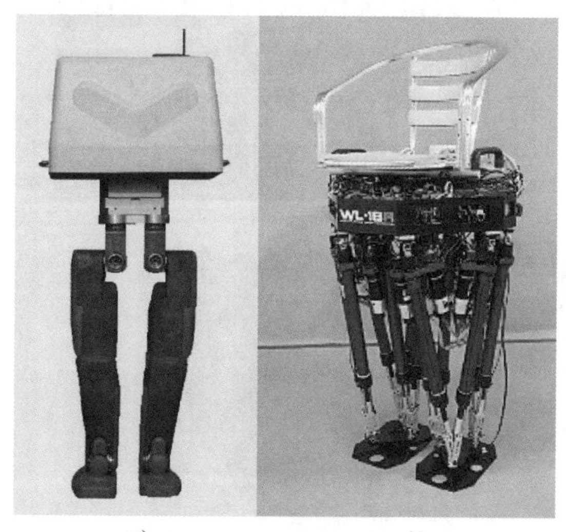

a) b)

图 17.4 双足机器人设计

a）HRP-2L（2001） b）WL-16R（2003）

Takanishi 等人通过在他们的 WL-16R 机器人中

17

引入基于 Stewart 平台的腿解决了这个问题，它设计为双足仿人机器人结构（图 17.4b）。每条腿由 6 个由直流齿轮马达和滚珠丝杠驱动的线性驱动器组成。在这个设计中，机器人可以背负 50kg 重的操作人员行进[17.9]。

3. 静止步态与运动步态

图 17.5a 所示为 Hirose 及同事开发的 TITAN Ⅲ 机器人[17.10]。这是 20 世纪 80 年代设计最成功的一款四足机器人。每条腿设计为三维受电弓机构（PANTOMEC），并由三个安装在其上的线性驱动器（滚珠丝杠与直流电机）驱动，因此它有 12 个自由度。为了实现静平衡下的行走，这个机器人的重心设计得较低，同时腿可以大幅行进。

图 17.5b 所示为 Buehler 等人[17.11]开发的 1m 高、1m 长、重 90kg 的液压驱动四足机器人 BigDog。每条腿的小腿上设计有一个被动式的线性气动柔性单元，并且三个主动关节分别控制膝关节、髋关节的俯仰和滚动。因此，它有 12 个主动自由度和 4 个被动自由度。这个机器人可以在户外环境中表现出非凡的行走能力，即使被人踢时也能保持平衡。这种动平衡能力得益于高重心设计与分离式的腿设计。

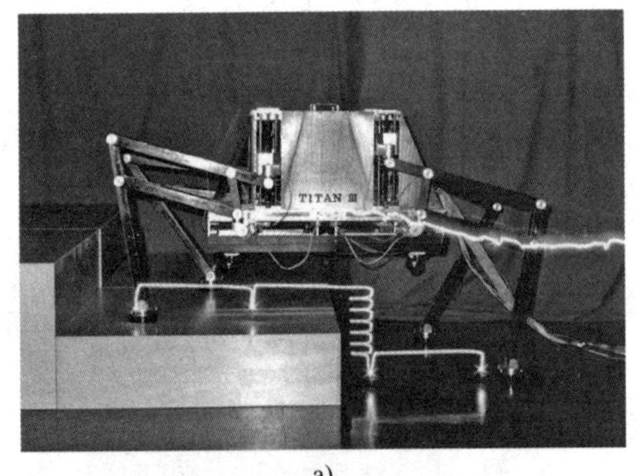

a)

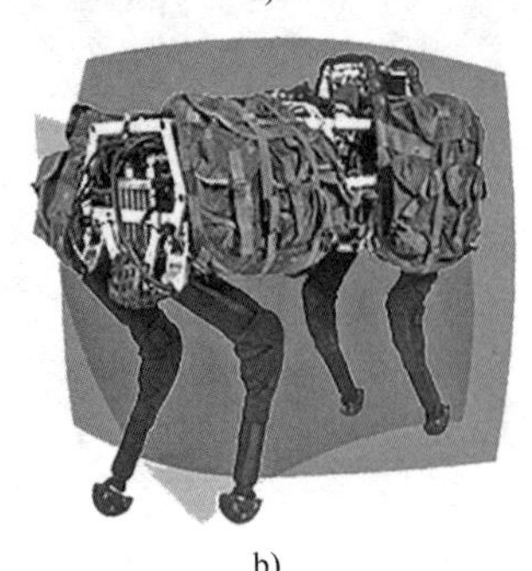

b)

图 17.5　四足机器人设计

a）TITAN Ⅲ（1984）　b）BigDog（2005）

4. 大型与小型

设计理念也深受机器人尺寸的影响。图 17.6a 所示为 Waldron 等人[17.2,12]开发的自适应悬架式机器人（ASV），这是最著名的六足机器人之一。ASV 是一个基于液压驱动的六足机器人，它可以在崎岖的地形上运送牧师。它的长度和高度分别为 5.2m 和 3.0m，重 2700kg。当机器人在三维空间中行走时，每条腿需要 3 个自由度，因此该机器人共有 18 个自由度。

图 17.6b 所示为 Brooks[17.13]开发的小型六足机器人 Genghis（长 35cm，重 1kg）。该机器人也可以在三维空间中展示稳健的行走能力，但它的重量还不到 ASV 的千分之一。此外，Genghis 的行走控制不需要精确的空间位置。每条腿只有 2 个自由度，机器人共有 12 个自由度。三条腿站立，身体位置与姿态都可以完全控制，只要允许双脚在地面上滑动即可。

a)

b)

图 17.6　六足机器人设计

a）ASV（1986）　b）Genghis（1989）

5. 仿生的逼真度

可以通过增加自由度的方式来提高机器人仿生的逼真度，但更少的自由度在工程方面更可取些。

第一个版本的 ASIMO 共有 26 个自由度，其中每条腿有 6 个自由度，每条手臂有 5 个自由度，每只手有 1 个自由度，头部有 2 个自由度（图 17.7a）[17.14]。作为一个双足行走的仿人机器人，这是一个合理的配置。

考虑娱乐行业的特殊应用场合，仿人机器人 HRP-4C（图 17.7b）设计为与人类的尺寸一样[17.15,16]。它共有 44 个自由度，其中每条腿 7 个，每条手臂 6 个，每只手 2 个，腰部 3 个，颈部 3 个，面部 8 个。下一节将讨论其设计细节。

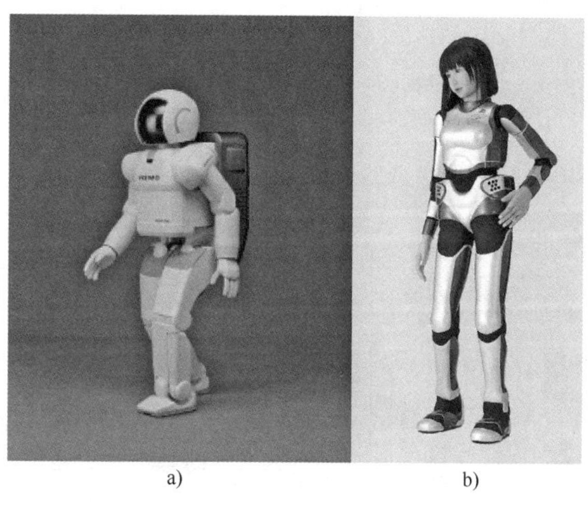

a) b)

图 17.7 仿人机器人

a）ASIMO（2000） b）HRP-4C（2009）

17.3 设计过程示例

本节中，我们将介绍仿人机器人 HRP-4C 的设计过程。这样做是为了给读者提供一个肢系统完整设计过程的例子，不过仍建议读者阅读 Lohmeier[17.3] 编写的有关仿人机器人 LOLA 的全面研发过程。另外，请观看 VIDEO 522 和 VIDEO 526 中另一成功的仿人机器人设计案例。请注意，本手册（第 4 章）已经讨论了机械设计与制造的一般过程。

17.3.1 HRP-4C 的概念设计

在项目开始时，将仿人机器人定义为具有以下功能的机器人：

1）具有人的外观和形状。

2）可以像人一样走路和移动。

3）可以使用语音识别等与人进行互动。

这类机器人可以用于娱乐业，如展会和时装秀；它也可以用作人类模拟器来评估相关设备。

作为先前仿人机器人 HRP-2 和 HRP-3 的新一代产品[17.17,18]，将其称为新的仿人机器人 HRP-4C，C 代表智人机器人。

为了确定 HRP-4C 的目标形状与尺寸，使用了日本人口的人体测量数据库。该数据库是由 Kouchi 等人[17.19]测量和编辑的。该数据库提供了日本不同年龄和性别群体的维度。考虑时装秀之类的娱乐应用，选择了平均年轻女性数据（年龄为 19～29 岁）。图 17.8 所示为日本年轻女性的人体测量数据，是该数据库中的部分尺寸。

为了再现女性的优雅动作，我们请专业模特展示了行走、转身、坐在椅子上等行为。对其运动性能进行了图像捕捉，以便于对设计 HRP-4C 的关节结构提供参考。根据捕获的数据，设计所需的关节工作空间。此外，还分析了双足机器人步行过程中的运动功率，以设计合适的腿部关节结构。

图 17.9 所示为 HRP-4C 机身的关节配置。为了重现人体运动，腰部和颈部的每个关节都设计了 3 个自由度（滚动、俯仰和偏航）。另外，通过设计活动的趾关节来实现双足动物的步行模式。

17.3.2 机械设计

图 17.10 所示为 HRP-4C 的关节驱动系统。伺服电动机的旋转通过带轮和同步带传递到谐波减速器，谐波减速器的输出连接到小腿连杆。通过这种方式，可以获得无间隙的高力矩输出，这是实现动

17

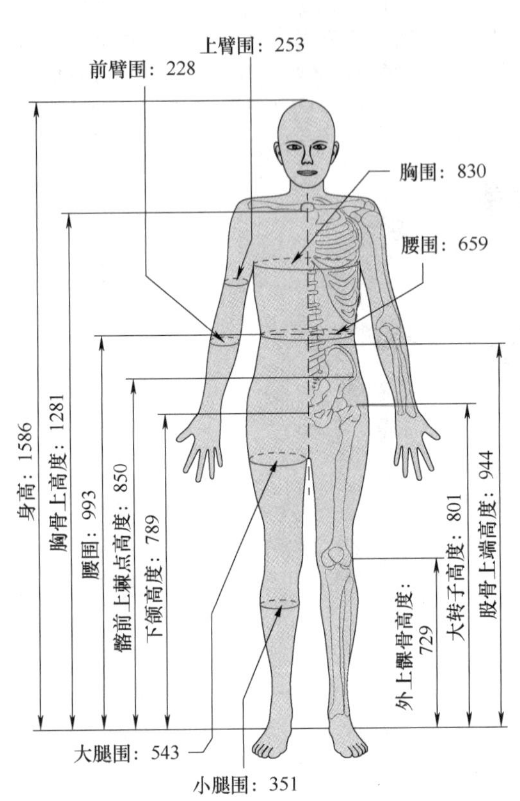

图 17.8　日本年轻女性的人体测量数据
（参考文献［17.19］，所有的数据以 mm 为测量单位）

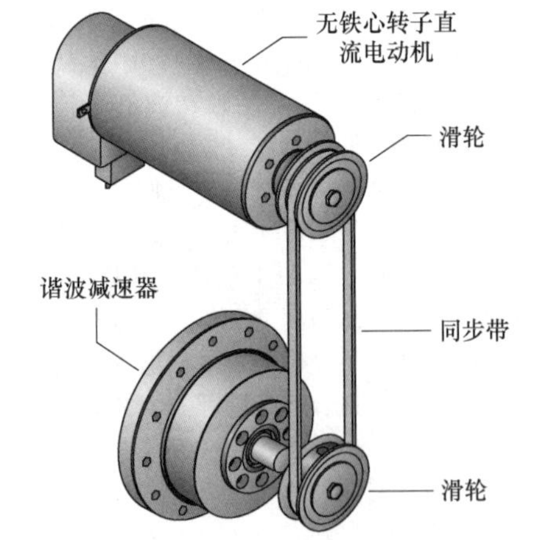

图 17.10　关节驱动系统（参考文献［17.8］）

态行走所必需的。请注意，带轮和同步带提供了电动机布置及总减速比方面的灵活选择。由于谐波减速器的大减速比，带的柔顺性可以忽略不计。

HRP-4C 的大多数设计都使用了与图 17.10 相同的机构。但是，也有一些例外。第一个例子是踝

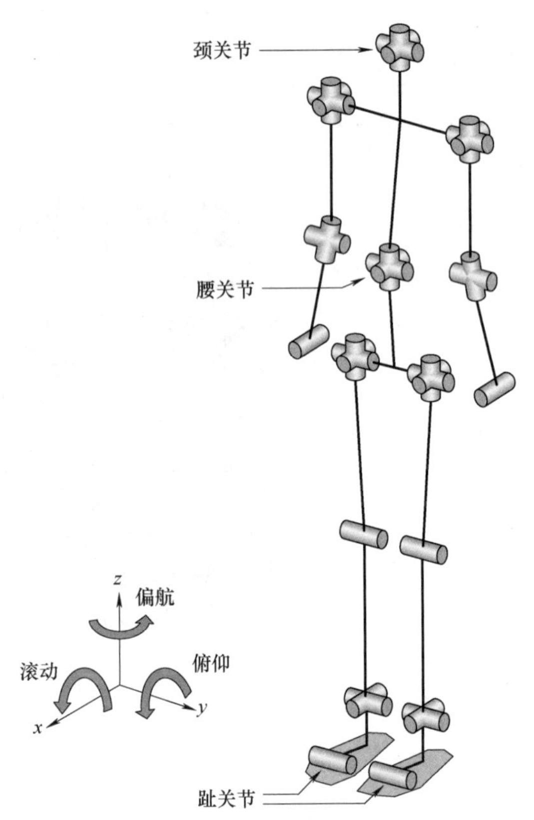

图 17.9　HRP-4C 机身的关节配置
（省略了面部和手部的关节）

关节。图 17.11 所示为 HRP-4C 踝关节的驱动机构。踝关节的俯仰和滚动关节由嵌在胫骨连杆中的两个伺服电动机（电动机#1 和电动机#2）驱动。电动机#1 通过同步带和带轮驱动滚珠丝杠以产生直线运动，再由滚珠丝杠的螺母推动或拉动连杆，最终驱动踝关节。

电动机#2 的旋转运动被传递到锥齿轮#1、同步带#2 和锥齿轮#2。锥齿轮#2 驱动谐波减速器，最后旋转踝关节。这种动作优雅而复杂的机构对于实现 HRP-4C 踝关节的纤细外形是必不可少的，而且 HRP-4C 的踝关节必须具有与人类踝关节接近的尺寸。

图 17.12 所示为 HRP-4C 的趾关节机构。为避免机器人的脚与地面分离后受障碍物的影响，趾关节轴应尽可能靠近地面。为此，使用铰链四杆机构并通过安装在脚跟底板上的谐波减速器来驱动趾底板。

如前所述，谐波减速器使用最多，其原因是该机构齿隙小。但是，对于无齿隙要求的其他部件，可以使用其他方案来实现。例如，使用带有

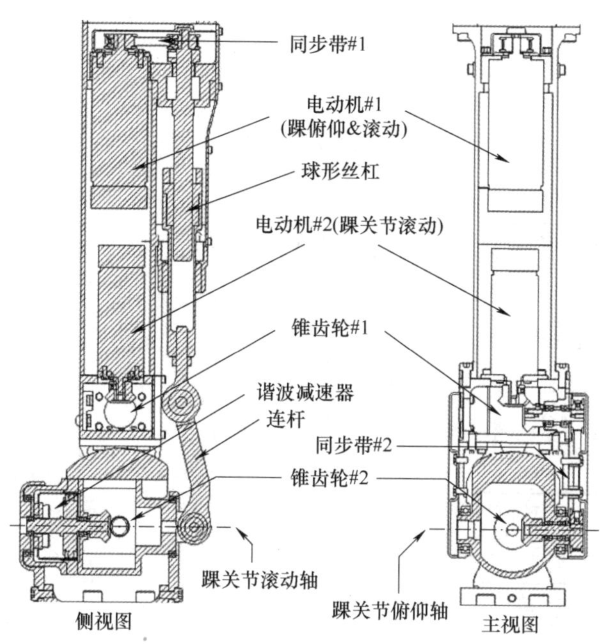

图 17.11 HRP-4C 踝关节的驱动机构

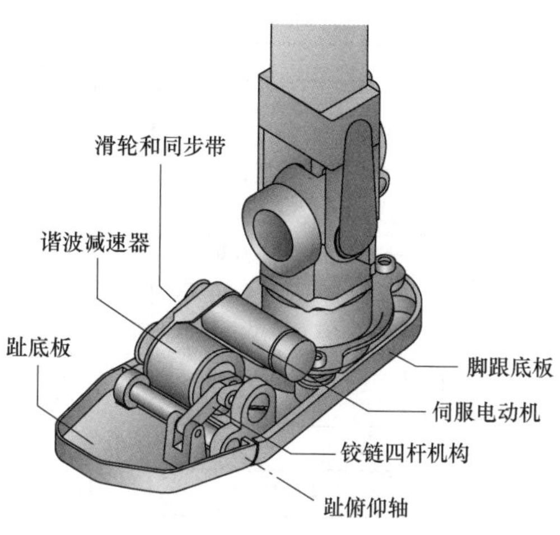

图 17.12 HRP-4C 趾关节机构

行星齿轮的伺服电动机作为面部表情和手的驱动器。

图 17.13 所示为 HRP-4C 及其外观的最终机械设计。手臂、腿和身体的护罩由纤维增强塑料（FRP）制成，面部皮肤和手部皮肤由硅胶制成。

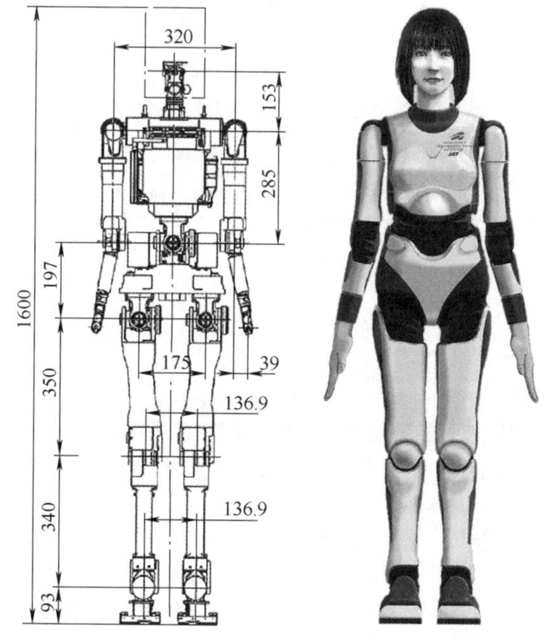

图 17.13 HRP-4C 及其外观的最终机械设计

17.3.3 电气系统设计

HRP-4C 的控制系统如图 17.14 所示。整个系统由 Intel Pentium M 1.6GHz 的 PCI 104 型单片机来控制，另外两个控制板分别为 10 通道控制器局域网（CAN）的接口板和力传感器的接口板。

为了实现类似的优美外观，这里使用了之前项目中开发的结构紧凑型电动机驱动器[17.18]。该设备是单伺服电动机的智能驱动器，采用增量编码器信号，并通过比例-积分-微分（PID）控制电动机电流。由于驱动器很小，可将其安装在电动机附近的腿或手臂机构中。由于它允许从 CAN 接口板通过级联方式连接到下一个 CAN 接口板，因此可以简化和减少布线。

此外，还使用了另一种 CAN 接口的智能驱动器，用于控制面部和手部的微型电动机。该驱动器可以通过控制每个增量编码器、PID 反馈和电流控制来驱动多个电动机。通过修改多指手的设备开发了这种类型的驱动器[17.20]。

通过使用这些电动机驱动器和 CAN 接口板，可以控制 44 台伺服电动机。此外，使用通过 CAN 连接的商用惯性测量单元（IMU），可以测量和控制双足机器人行走过程中的身体姿势。

HRP-4C 的脚上装有 6 轴力传感器，用于测量零力矩点（ZMP），以实现平衡控制。这些传感器信号通过力传感器接口板进行数据传递。

17

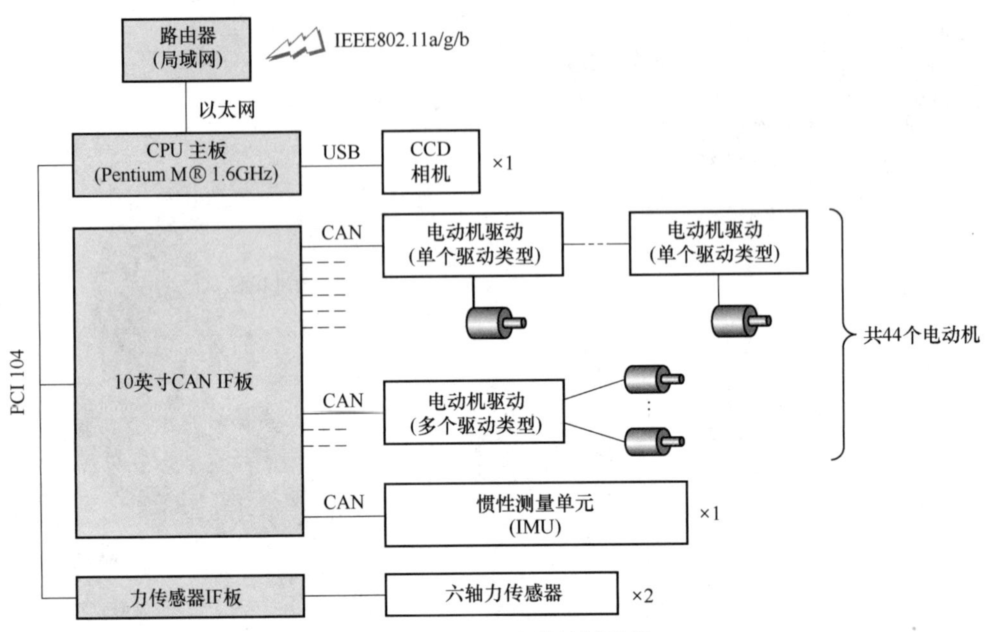

图 17.14 HRP-4C 的控制系统

表 17.1 列出了 HRP-4C 最终设计的主要尺寸和规格。该仿人机器人的高度为 1.6m，重量为 48kg 驱动自由度为 44 个。使用车载镍氢电池（NiMH）可提供 20min 的工作时间，无须外部电缆连接。在 VIDEO 522 和 VIDEO 525 中分别展示了 HRP-4C 的仿人行走和快速转弯试验。

表 17.1 HRP-4C 最终设计的主要尺寸和规格

高度/mm		1600
重量/kg		48（包括电池）
总自由度/个		44
分项自由度/个	面部	8
	颈部	3

（续）

分项自由度/个	手臂	6×2
	手	2×2
	腰部	3×2
	腿部	7×2
CPU		Inter Pentium M1.6GHz
传感器	头部	CCD 相机
	身体	惯性测量单元（IMU）
	脚	6 轴力传感器×2
电池		镍氢电池 48V

17.4 模型导引设计

多肢机器人系统的设计是机电一体化方面的一个巨大挑战，涉及机械设计、电气设计、通信和控制以及软件工程等各个领域的专业知识。整个系统是基于任务层面来设计的，使其允许在某些情况下将所需功能直接整合到系统设计中，而不是通过主动控制来强制执行机器人的行为。这种设计方法可以在许多机器人设计中找到，最突出的例子可能是在机器人操作臂中采用配重的方式进行重力补偿。采用这种灵巧的机械设计可以大幅度降低驱动器的功率消耗，并且简化系统设计。重力平衡法可通过如下方法实现，包括配重、弹簧（图 17.15）和并联机构[17.21]等。例如，Willow Garage 设计的 PR2 机器人（图 17.16）就采用了一种基于弹簧的重力补偿方法[17.22,23]。在本节中，我们将重点介绍几个腿式机器人的示例，其最终系统所需的功能或特性大部分都是通过巧妙的机械设计来实现的。

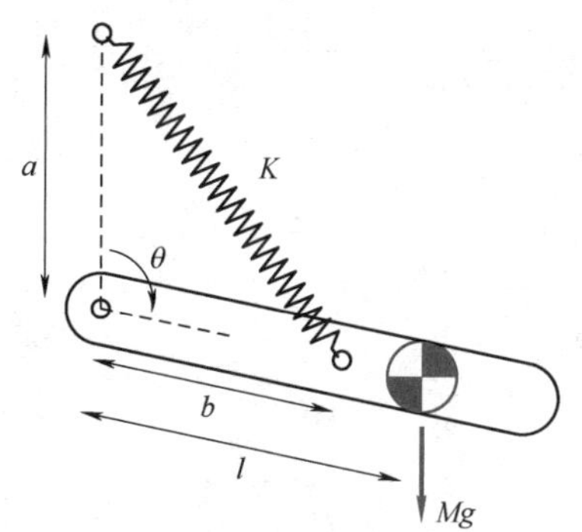

图 17.15 通过弹簧补偿重力

注：对于 $Kab=Mgl$，由重力和弹簧系统产生的铰链周围的力矩相互平衡。

图 17.16 Willow Garage 的 PR2 机器人使用弹簧来补偿重力（参考文献［17.22，23］）

17.4.1 动态行走

1. 被动动态行走

被动动态行走的概念最早由 McGeer（VIDEO 527）提出。在其论文[17.24]中，分析了一类在斜面上运动的纯被动机械系统，它们表现出固有的周期性步态，即开环、稳定。由此产生的周期性运动的特征是，由斜率引起的能量增加与冲击时的能量损失正好平衡。McGeer 建议使用 Poincaré 图来分析这些系统运动时的稳定性。

例如，在参考文献［17.25］或［17.26］中，可以找到基于此原理的简单步行模型的详细分析。图 17.17 所示为能够在斜面上向下行走的被动式动态行走机器人的概念模型。为了分析该系统的动力学，需要考虑以下两个组成部分：

1）摆动阶段的开环动力学。假设站立腿牢牢站在地面上（没有抬起或滑动），直到下次触地时，开环动力学可以基于标准的拉格朗日多体动力学方程来建模。

2）摆动腿触地时的冲击模型，其基于冲击前的状态变量来确定冲击后的状态变量。通常，假定机器人完全没有弹性。

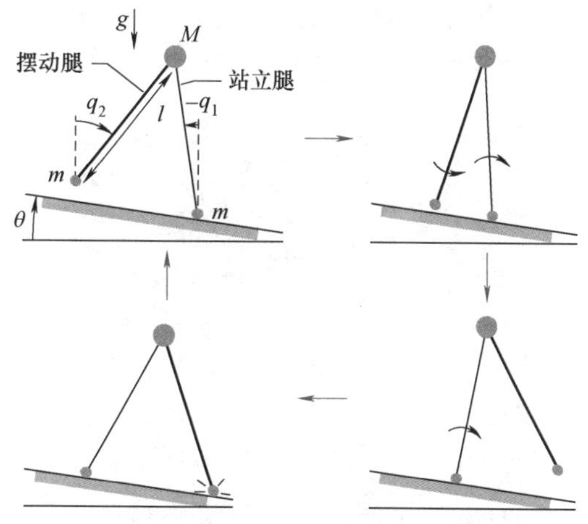

图 17.17 被动式动态行走机器人的概念模型

在给定动力学参数的全被动式机构中，机器人的运动完全取决于系统的初始条件。从初始状态到下一步开始时的状态的映射称为步幅函数或返回映射。周期性步态可以通过步幅函数的固定点来表征，因此可以将周期性步态的搜索转化为步幅函数的优化问题。通常，优化可能涉及初始条件和包括坡度在内的动力学参数。

为了分析周期性步态的稳定性，McGeer 建议将步幅函数表征为系统的 Poincaré 图，然后可以线性化 Poincaré 图，以确定局部（轨道）稳定性。由于计算 Poincaré 图（即计算步幅函数）涉及求解系统的开环动力学方程，直到下一次触地，因此这一过程通常只能以数字方式实现。

图 17.18 所示为平面被动式动态行走机器人示例。图 17.18a 所示为代尔夫特技术大学（简称 Delft）研发的步行器，具有最简单的构形，即直腿和点足。通过在斜坡上采用步进模式，可以避免摆动腿与地面的过早碰撞。图 17.18b 所示为康奈尔大学根据 McGeer 论文中的思想构建的机构。弧形足可以实现站立时的滚动运动，摆动腿的离地间隙则通过被动膝关节实现。

a)

b)

图 17.18 平面被动式动态行走机器人示例
a）点足 b）弧形足与膝关节

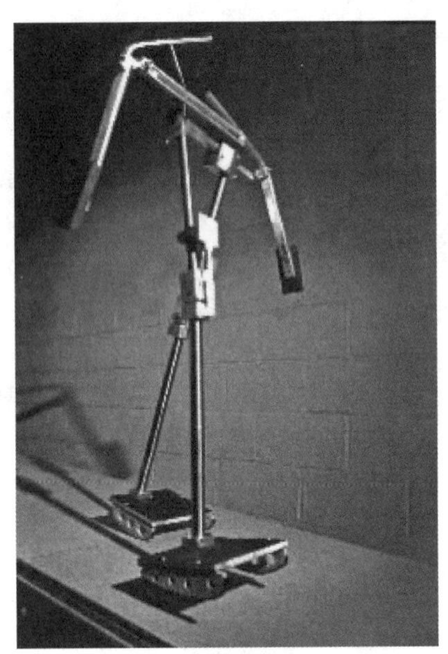

图 17.19 三维环境下的全被动步行机器人（参考文献［17.27］）

图 17.19 所示为三维环境下的全被动步行机器人[17.27]（VIDEO 532）。它采用柔软的鞋跟来改善接触过渡。手臂的摆动可以减小围绕垂直轴的角动量，以及左右摇摆。通过锁定机构限制膝盖的延伸，以实现笔直的身体姿态。

17

2. 半被动式极限循环步行机器人

当沿着斜坡行走时，纯被动动态行走机器人可以产生稳定的极限环。因此，每次冲击时的能量损失都由沿斜坡的能量梯度获得补偿，即该系统由重力驱动。

为了提高极限循环步行机器人的通用性和鲁棒性，研究者们进行了多种尝试，其方法是增加有源电源。图 17.20 所示为参考文献［17.28］研究中的一些成功设计——欠驱动双足机器人。在这些系统中，简单驱动系统用于代替重力，以允许其在水平地面上行走。虽然这些系统不是完全被动的，但与完全驱动的步行机器人相比，它们的能耗要低得多。如图 17.20a 所示，Cornell 大学的三维被动式行走机器人仅在脚踝处使用驱动，当另外一只脚触地时，每个踝关节都可以伸展。如图 17.20b 所示，Delft 的双足步行机器人在髋部使用驱动，并利用被动的踝关节。

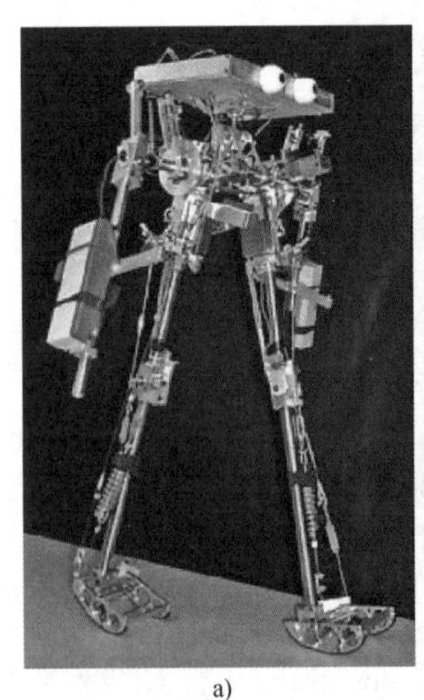

a)

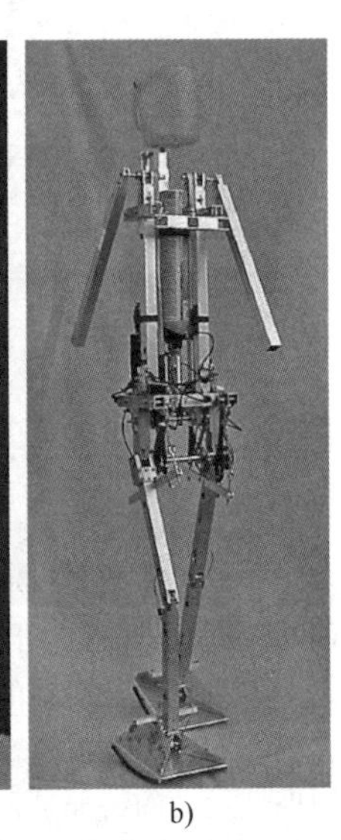

b)

图 17.20 欠驱动双足机器人
a）由 Cornell 大学开发的三维被动式行走机器人（Cornell 双足机器人，2003） b）Delft 双足步行机器人 Denise（2004）（参考文献［17.31］）

Cornell 大学的 Ranger[17.29] 证明了通过动态极限循环步行机器人可以实现卓越的运动能力。除了使用遥控转向，它无须充电或无须人工干预就可以成功行走 65km。

3. 驱动极限循环步行机器人

无论是纯被动式还是半被动极限循环步行机器人，都强烈地依赖被动动力学来实现特定的步态。在驱动极限循环的步行机器人中，对某些关节进行控制的主要目的是为了提高机器人的动力学性能。图 17.21 所示的系统是完全驱动的，除了一些未驱动的自由度（如脚和地面接触处），或者是由于弹性的原因所导致的欠驱动。

在混合零动力学[17.32] 的模型中，引入了一个循环变量，如虚拟机器人腿角度（从髋部到站立脚的角度），并通过部分反馈线性化控制主动自由度，以实现虚拟约束，该约束描述了主动自由度如何耦合到循环变量。然后针对剩余的二维零动力学设定稳定的极限循环，以优化虚拟约束的形状。可以在参考文献［17.33］中找到针对该方法的全面研究。这种控制方法在机器人 RABBIT[17.34] 和 MABLE[17.35] 上得到了实施。RABBIT 在主动自由度中采用位置控制，而 MABLE 是通过串联弹性驱动器实现的，因而允许基于力矩的控制（VIDEO 533）。

图 17.21c 所示的三维步行机器人 Flame 的设计也是出于将极限循环步行机器人与主动控制相结合的目的[17.36]。该机器人的驱动也是基于串联弹性驱动器实现的，并由基于事件的状态触发与主动脚运动相结合来实现稳定的步态控制。

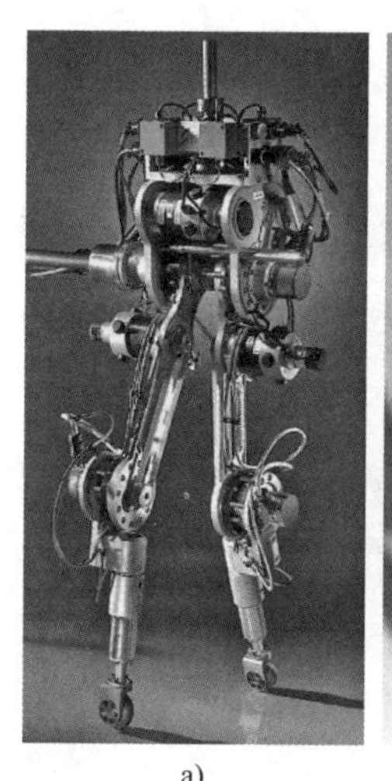
a)

b)

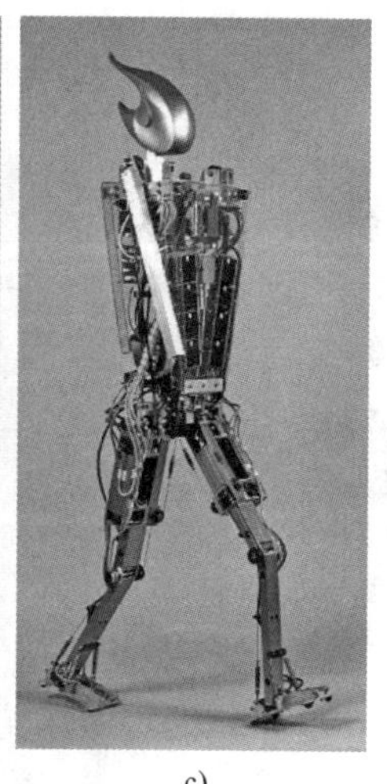
c)

图 17.21 驱动极限循环的步行机器人
a）RABBIT（2002） b）MABEL（2008） c）Flame（2007）

17.4.2 规范化模型

规范化模型在腿式步行机器人的设计和控制中起着重要作用，它也可用于生成有关生物系统中神经-机械控制的假设[17.37]。在这种情况下，它们为 Bernstein 的自由度问题提供了可能的答案，即如何协调人类神经肌肉系统中的冗余度。下面将讨论两个已被证明对腿部运动有用的概念模型。

线性倒立摆（LIP）模型早已被提出作为双足步行机器人的典型范例（VIDEO 512）。图 17.22a 所示为作用在腿式机器人质心（COM）上的主要作用力。如果所有质量都集中在一个点上（这意味着腿是没有质量的），则质心处的加速力将由作用在零力矩点(ZMP) p 上的地面相互作用力 $\boldsymbol{F}$ 平衡。如果质心保持在一个恒定的高度，即 $\ddot{z}=0$，则可以获得线性倒立摆模型的动力学方程，即

$$\ddot{x}=\frac{g}{z}(x-p) \tag{17.1}$$

该模型已经成为许多成功方法的起点，这些方法旨在实现双足仿人机器人的轨迹生成和反馈控制[17.41-43]。通过使用该模型，可以忽略隐式假设 COM 周围的角动量变化，如由于摆动腿动力学而引起的变化。该假设对于机械设计也具有指导意义。慕尼黑工业大学（TUM）开发的双足机器人 LOLA（图 17.23a）通过将膝关节和踝关节驱动器放置到大腿中，以降低腿部的惯量[17.44]。KAIST 公司的 HUBO 机器人（图 17.23b）的设计旨在将主要惯量集中在躯干，同时使手臂和腿部的运动部件保持较小的质量[17.45]。

17

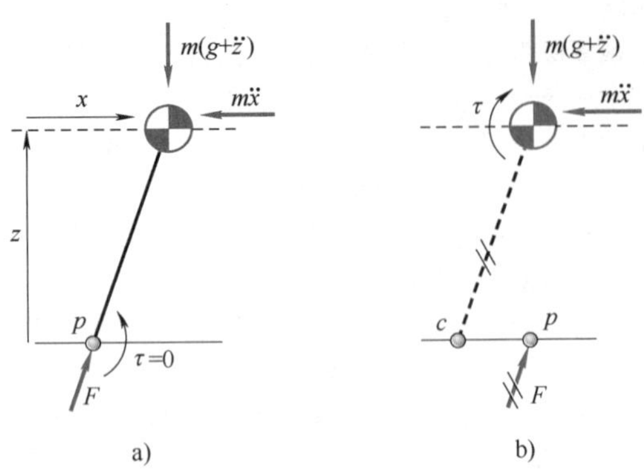

图 17.22　线性倒立摆模型和质心力矩枢轴

a）线性倒立摆模型（参考文献［17.38］）

b）质心力矩枢轴（参考文献［17.39，40］）

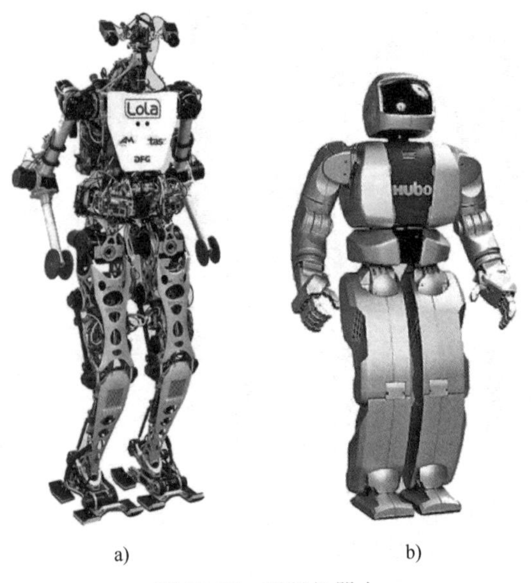

图 17.23　双足机器人

a）LOLA（2009）　b）HUBO（2005）

17

为了更好地表示角动量的变化，建议将质心力矩枢轴（CMP）（图 17.22b）作为附加的地面参考点[17.39,40]。对于图 17.22b 所示的更一般的模型，力平衡方程可以表示为

$$\ddot{x}=\frac{g+\ddot{z}}{z}(x-p)+\frac{\tau}{mz} \tag{17.2}$$

CMP 可以定义为 $\tau=0$ 情况下 ZMP 的假定位置，以使 ZMP 和 CMP 之间的距离与角动量的变化成正比，即

$$c=p-\frac{\tau}{F_Z} \tag{17.3}$$

式中，$F_Z=m(g+\ddot{z})$。当仿人机器人在不受干扰的情况下移动时，可以观察到 ZMP 和 CMP 之间的距离保持较小[17.40]，而角动量的变化对于推力恢复起着非常重要的作用[17.46]。

建立肢体运动（如摇摆足动力学）对整体动力学影响的另一种方法是采用三质量模型，该模型已用于控制 LOLA[17.44] 和 Honda 仿人机器人 ASIMO[17.47]。

虽然 LIP 模型已作为一种概念模型被引入步行机器人中，但它不能描述跑步运动中存在的飞行阶段。在生物力学中，引入了弹簧加载倒立摆（SLIP）模型（图 17.24），其中将腿建模为线性弹簧[17.48]。

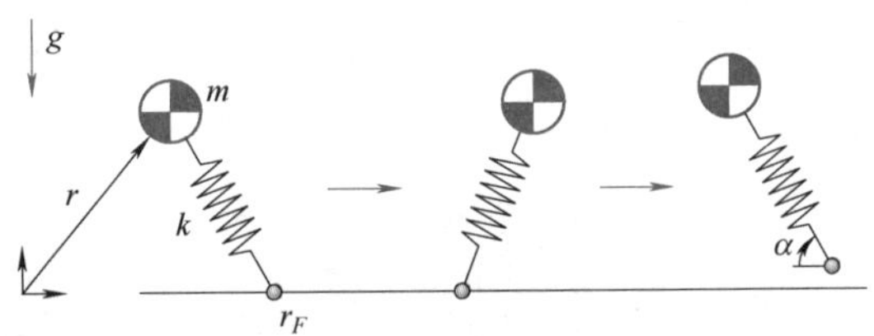

图 17.24　弹簧加载倒立摆模型（SLIP）

在站立阶段，动力学模型可由式（17.4）定义：

$$m\ddot{\boldsymbol{r}}=m\boldsymbol{g}+k\left(\frac{l_0}{|\boldsymbol{r}-\boldsymbol{r}_F|}-1\right)(\boldsymbol{r}-\boldsymbol{r}_F) \tag{17.4}$$

式中，l_0 和 k 分别是弹簧的静止长度和刚度；$\boldsymbol{r}_F$ 站站立脚的位置。在飞行阶段，机器人只需具有 $\ddot{\boldsymbol{r}}=\boldsymbol{g}$，并且假设腿的角度瞬间调整到 α，以准备下一次着陆。该模型不包含阻尼，并且通过假设无质量的机器人腿来消除冲击现象。因此，该模型是保守的。它能够生成代表跑步运动的周期性跳跃轨迹。此外，由这些运动所产生的接触力曲线与人类跑步运动的数据很相似。参考文献［17.49］分析了 SLIP 动力学对包括双支撑阶段在内的双足步行的扩展。

SLIP 模型可以看作是单腿跳跃和双足跑步的最简单模型。它的柔顺腿设计能对未来腿式机器人的设计和控制产生积极的影响。这些腿式机器人旨在实现高动态运动，如快跑和跳跃。

20 世纪 80 年代 Raibert 在 MIT LegLab 实验室便开始研究柔性跳跃机器人的步态生成和控制问题。这些详细的研究内容总结在参考文献［17.1］中。Raibert 的动态运动方法的基本思想可以通过平面单足跳跃机器人来解释。可以证明，通过三个独立组件的组合是一种非常简单的控制机器人系统的方式：

1）站立时使用固定的推力实现高度控制。

2）触地时将脚放在距髋部固定距离的位置，以控制前进速度。

3）使用臀部驱动来控制站立时的身体姿势。

单腿跳跃机器人以及双足和四足跳跃机器人也使用相同的原理来设计（图 17.25）。在四足情况下，通过考虑单个虚拟腿的交替运动来实现双腿的效果。

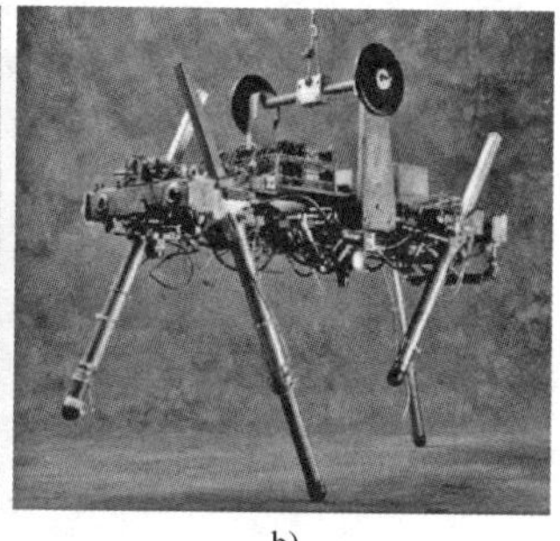

a) b)

图 17.25 MIT Leglab 开发的跳跃机器人
a）三维双足机器人（1989） b）四足机器人（1984）
（参考文献［17.1］）

17.4.3 基于反向驱动的受控机器人

目前，基于模型的机器人系统控制算法大都假定机器人是刚体模型，其中关节力矩充当控制输入。实际上，输入力矩的大小在很大程度上受驱动器传动装置性能的影响。虽然直驱型驱动可以通过电动机电流精确地控制驱动器的力矩，但这会导致驱动装置相当笨重。Barrett 科技公司的 WAM 手臂（图 17.26a）将直驱型驱动与电缆传输结合使用，以便将前 4 个驱动存储到机器人的基座中。这样，避免了移动部件的大惯量。使用具有大传动比的齿轮可以减轻整体重量，但会导致驱动装置速度变慢，几乎无法或根本无法反向驱动。联合使用关节力矩传感器和串联弹性驱动器颠覆了两种基于硬件的方法，可提高齿轮传动驱动器的力矩可控性。

关节力矩传感器采用专用传感器来测量连杆之间的转矩 τ，并且使用该技术开发了 DLR 的一系列轻型机器人手臂，包括参考文献［17.52］中的轻型机器人（图 17.26b）和仿人上身机器人 Justin（图 17.28a[17.53]）。最近，在力矩控制的仿人机器人 TORO（图 17.27a）[17.54]（VIDEO 531）设计中也使用了相同的驱动技术。Sarcos 开发的液压驱动仿人机器人 CB 则采用了力矩传感器和控制器（图 17.27b）。

在串联弹性驱动器（SEA）中，通过测量引入传动系统中的弹性元件变形来间接获取关节力矩的大小[17.55]。早期的柔性驱动器的机器人是麻省理工学院（MIT）的两臂系统 COG[17.56] 和早稻田大学

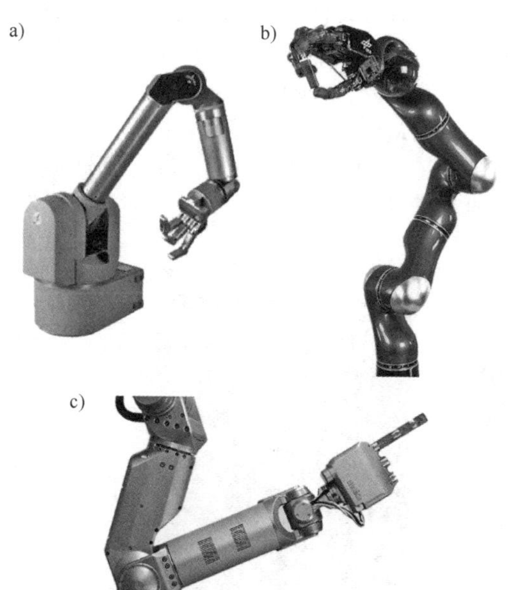

a) b) c)

图 17.26 力矩控制的机器人手臂
a）WAM 手臂（Barrett 科技）使用柔索驱动的直接驱动系统
b）带有集成关节力矩传感器的 DLR 轻型机器人Ⅲ
c）基于串联弹性驱动器的机器人手臂 A2（Mekka 机器人）

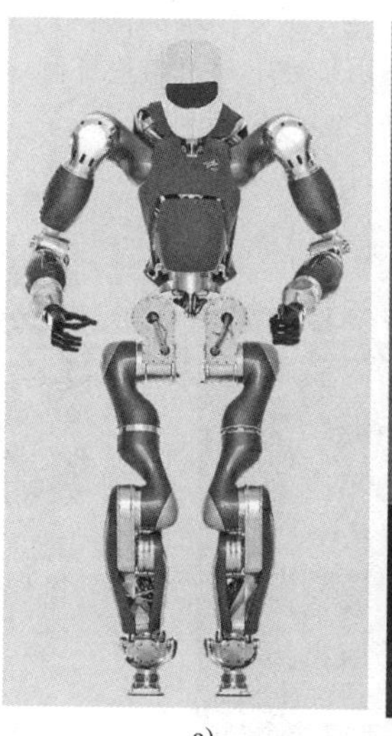

a) b)

图 17.27 全力矩控制的仿人机器人
a）DLRs 机器人 TORO（2013）
b）基于液压驱动的仿人机器人 CB（CB-i，2008）

的 WENDY[17.57]，甚至可以实现自适应的柔顺控制。最近，Mekka 的柔顺手臂 A2（图 17.26c）和早稻田大学的仿人上身机器人 Twendy-one（图 17.28b）使用了串联弹性驱动器。它们在双足步行机器人系统中也有应用，如图 17.29 所示。（也请观看 VIDEO 529 和 VIDEO 530）

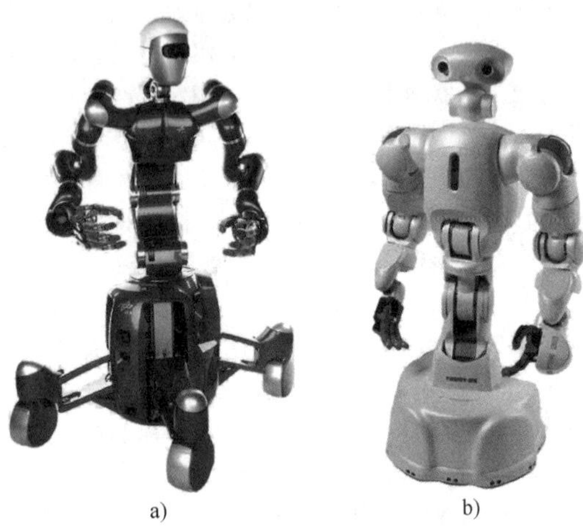

a)　　　　b)

图 17.28　基于关节力矩的仿人上身机器人

a）DLRs 力矩控制机器人 Justin

b）Waseda 大学使用 SEA 研发的机器人 Twendy-one

尽管力矩控制机器人和 SEA 机器人的数学模型具有相同的结构，但需要指出的是，这些方法中的弹性来源不同。在 SEA 中，用于力矩感应的偏转元件是弹性的主要来源，其作用是使电动机与连杆侧的动力相分离，以应对冲击之类的高频干扰。一个好的设计是力矩传感器不应对整体关节的刚度产生太大的影响（在这种情况下，通常齿轮是主要的弹性来源）。尽管 SEA 和柔性关节机器人在概念上有相似之处，但它们的不同之处还在于，在 SEA 的研究中，通常将单个弹性驱动器的线性动力学用于设计控制器，而在柔性关节机器人的研究中，则考虑了非线性多体动力学。

从建模和控制的角度来看，在设计中使用力矩传感器可以获得具有柔性关节的机器人模型。对于具有大传动比的驱动器，建模时通常假设每个转子的动能仅取决于自身的旋转运动，而不取决于其他关节的刚体运动[17.58]。假设电动机和连杆侧的关节角度分别由 $\theta\in\mathbb{R}^n$ 和 $q\in\mathbb{R}^n$ 表示，则简化的柔性关节模型（详细推导见第 11 章）可由下式给出：

$$\boldsymbol{M}(q)\ddot{q}+\boldsymbol{C}(q,q)q+\boldsymbol{g}(q)=\boldsymbol{\tau}+\tau_{\mathrm{f},q} \tag{17.5}$$

$$\boldsymbol{B}\ddot{\theta}+\boldsymbol{\tau}=\tau_{\mathrm{m}}+\tau_{\mathrm{f},q} \tag{17.6}$$

式中，$\boldsymbol{M}(q)$、$\boldsymbol{C}(q,q)$ 和 $\boldsymbol{g}(q)$ 分别表示连杆侧的惯性矩阵、离心力和科氏力，以及刚体动力学中的重力项；对角矩阵 $\boldsymbol{B}$ 表示电动机的惯量；矢量 $\boldsymbol{\tau}$ 表示关节力矩。对于具有线性接触刚度 k_i 的柔性关节，其力矩由 $\tau_i=u(\tau_d-\tau)$ 给出。$\tau_{\mathrm{f},q}$ 和 $\tau_{\mathrm{f},\theta}$ 分别表示连杆侧和电动机侧的摩擦力矩。

关节力矩的纯比例反馈项为

$$\tau_{\mathrm{m}}=-(\boldsymbol{K}_\tau-\boldsymbol{I})\tau+\boldsymbol{K}_\tau u \tag{17.7}$$

式（17.7）表明了电动机动力学方程式（17.6）的某种受控特性，即

$$\boldsymbol{K}_\tau^{-1}\boldsymbol{B}\ddot{\theta}+\boldsymbol{\tau}=u+\boldsymbol{K}_\tau^{-1}\tau_{\mathrm{f},q} \tag{17.8}$$

假定 $\boldsymbol{K}_\tau$ 为对角矩阵，可以看到矩阵 $\boldsymbol{K}_\tau^{-1}\boldsymbol{B}$ 对应于有效的（即虚拟的）电动机惯性矩阵。通过选择大于 1 的 $\boldsymbol{K}_\tau$ 增益，可以有效减少电动机惯量（图 17.30）。

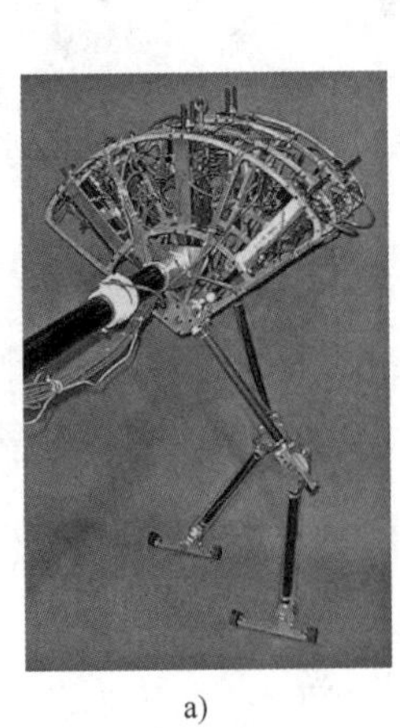

a)

b)

c)

图 17.29　使用串联弹性驱动器的双足机器人

a）弹簧 Flamingo（1996）（参考文献［17.50］）　b）M2V2（2008）（参考文献［17.51］）

c）IIT 在选定关节（髋、膝和踝）中选用 SEA 研发的机器人 COMAN（2011）

此外，还减少了电动机摩擦的影响，因此即使齿轮机构不能或很难反向驱动，但力矩控制的关节最终会使系统仍具有反向驱动特性。

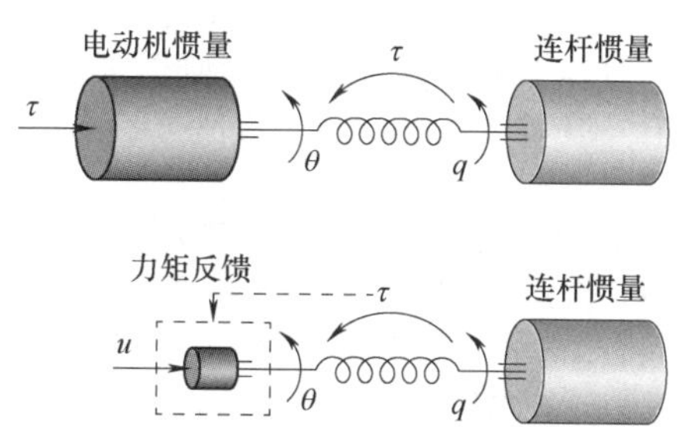

图 17.30　柔性关节的概念模型（通过比例反馈的关节力矩减少了电动机惯量和电动机摩擦带来的影响）

从基于力矩反馈控制的研究中，我们可以得出力矩控制机器人机械设计过程中应遵循的若干通用准则。由于可以通过简单的比例-力矩反馈来减少电动机的有效摩擦，但不影响连杆侧的摩擦，因此得出的结论是，机械设计应使连杆侧具有较低的摩擦，并且在功率输出侧设计能够检测出齿轮的力矩。由于将齿轮和力矩传感器的组件看成是理想的弹簧，因此变速箱中任何运动部件的质量都应设计得比较小，以最小化式（17.7）建模中非动力学的影响。作为成功设计的一个案例，图 17.31 所示为基于力矩控制的轻型机器人 DLR Ⅲ[17.52] 的关节横截面，其中谐波减速器与基于应变仪的力矩传感器有机组合在了一起。

与式（17.7）所示的简单比例控制不同，可基于力矩动力学设计完整的力矩控制器，即

$$\boldsymbol{B}\boldsymbol{K}_\tau^{-1}\ddot{\tau}+\tau=\tau_m+\tau_{f,\theta}+\boldsymbol{B}\ddot{q} \tag{17.9}$$

由式（17.6）和 $\tau=K(\theta-q)$ 得出，通过以下方式可以实现力矩跟踪：

$$\tau_m=\tau_d+\boldsymbol{B}\boldsymbol{K}_\tau^{-1}\ddot{\tau}+\tau_{f,\theta}+K_q\boldsymbol{B}\ddot{q}+u(\tau_d-\tau) \tag{17.10}$$

式中，$u(\tau_d-\tau)$ 是比例微分（PD）或 PID 控制律；非负因子 K_q 选择小于 1，以避免连杆侧加速度的过度补偿。对于 SEA，这种控制器采用参考文献［17.55］中提出的单关节线性系统表示方法。在参考文献［17.59，60］中，还使用线性模型分析了使用内环速度控制器对基于单个 SEA 关节的级联式力矩控制。对于基于力矩控制的柔性关节机器人，参考文献［17.61］基于级联系统的稳定性理论（使用 $K_q=1$），证明了与笛卡儿阻抗控制器的组合对于完整的非线性动力学是稳定的。基于无源性的控制也在参考文献［17.62］中进行了分析。

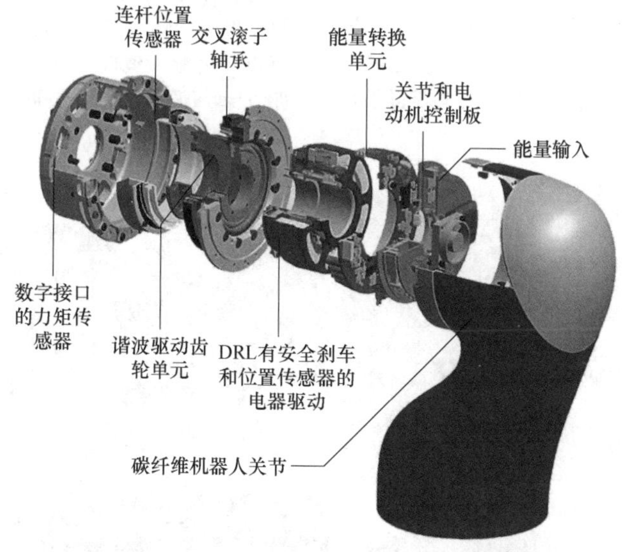

图 17.31　基于力矩控制的 DLR 轻型机器人的关节截面

17.5　各种肢系统

在本节中，我们将探索各种肢系统在设计上存在的差异。

17.5.1　非常规腿式机器人

机器人可以通过纯工程的方式设计而成。例

如，三脚架型步行机器人 STriDER（自激式三脚架动态试验机器人）1和2（图17.32）可以展示一种独特的运动，见参考文献［17.63］和 VIDEO 534。它有3条相同的腿，每条腿有4个自由度，其中3个在臀部，1个在膝盖。机器人用两条腿支撑身体，通过摆动其余腿使机器人移动。由于机器人的支撑腿在机体四周均匀分布，因此机器人可以实现稳定的动态行走。

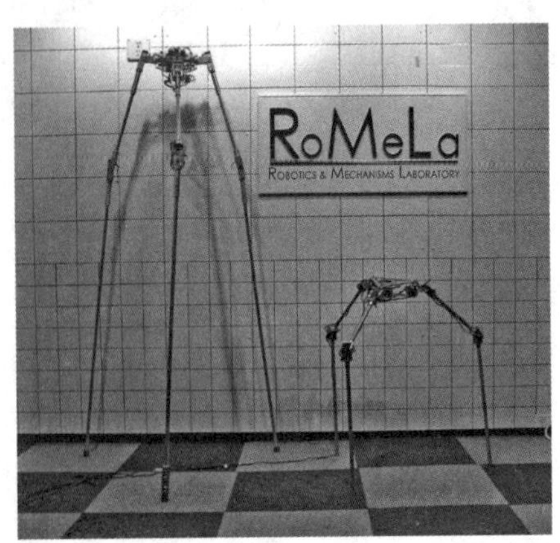

图17.32 STriDER 1和2

一些研究单位开发了具有五条腿的步行机器人。例如，Besari等人[17.64]开发了一个仿海星的五足步行机器人，并应用强化学习的方法来获得最佳的行走步态。

17.5.2 轮腿混合式机器人

与动物或昆虫不同，移动机器人可以设计成具有连续旋转的轮子。通过结合轮子的效率和腿的灵活性，可以使机器人具有最大的地形适应性和最低的功耗。图17.33所示为基于这种理念设计的轮腿混合式机器人。

图17.33a展示了Matsumoto等人[17.65]开发的双足轮腿混合式爬楼梯机器人。该机器人为平面式且拥有可伸缩腿的双足机器人，但每条腿的末端都装有动力轮。在单腿支撑阶段，可以将机器人设置为轮式倒立摆，同时开发了相应的控制器，以实现单支撑与静态稳定双支撑之间的平滑过渡。

图17.33b所示为Hirose等人[17.66,69]开发的Roller步行机器人。它是一个拥有12个自由度的四足机器人，在足端分别装有动力轮。它在平坦的地板上使用轮滑模式，而通过收起被动轮则可以在不平的地面上行走（VIDEO 535）。

图17.33c所示为Buehler和Koditschek等人[17.67]开发的RHex机器人。尽管它最初是从蟑螂的运动中获得的灵感，但RHex仅具有6个主动自由度，即每个臀部安装一个驱动器。此外，腿可以绕俯仰轴旋转一整圈。通过这种独特的设计，RHex可以在崎岖、破碎和障碍重重的地面上行走和奔跑（VIDEO 536）。最近，它还展示了使用后腿奔跑的能力[17.70]。

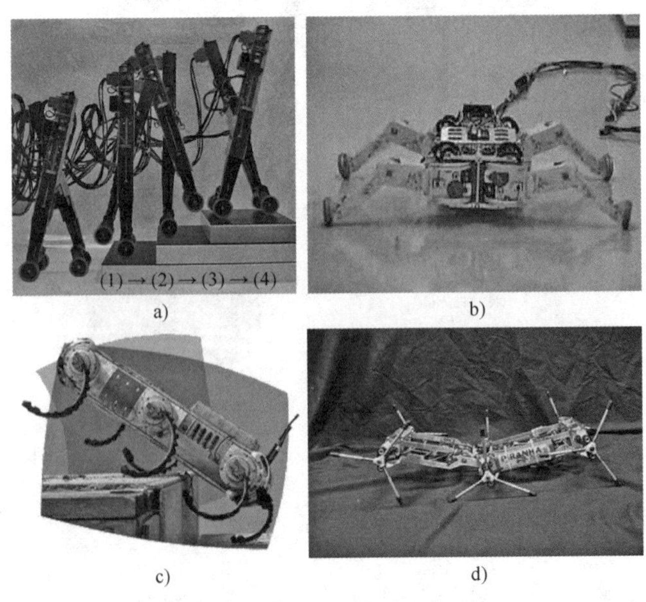

图17.33 轮腿混合式机器人

a）双足轮腿混合式爬楼梯机器人（1998） b）Roller步行机器人（1996） c）RHex机器人（2001） d）Whegs Ⅱ机器人（2003）（参考文献［17.65-68］）

17

图 17.33d 所示为 Whegs Ⅱ机器人，这是 Allen 等人[17.68]开发的另一种仿蟑螂机器人。该机器人只有 4 个主动自由度，其中一个用于前进，两个用于控制方向，一个用于身体弯曲。每条腿装有三个弹簧驱动的机构，并由同一个驱动器驱动（VIDEO 537）。Whegs Ⅱ使用更少的驱动器，但可以实现与 RHex 相似的机动性。

17.5.3 臂腿混合式机器人

另一个设计概念是臂腿混合式机器人。由于腿本身具有许多自由度，因此可以将它们同时用作操作臂。通过这种方式，可以减少步行机器人的总自由度、复杂度、重量和功耗。Koyachi 等人[17.72]开发的 MELMANTIS-1（图 17.34a）是一款具有 22 个自由度的六足步行机器人，可以将腿变成操作臂，机器人可以使用六条腿运动到指定目的地后，实现通过四条腿站立，用另外两条腿操作物体。

Yanbo3 是由 Ota 等人开发的 8 自由度的双足步行机器人[17.73]。当其处于单支撑状态时，通过最少的自由度即可实现操作臂的功能。在图 17.34b 中，机器人用脚按压电梯按钮。

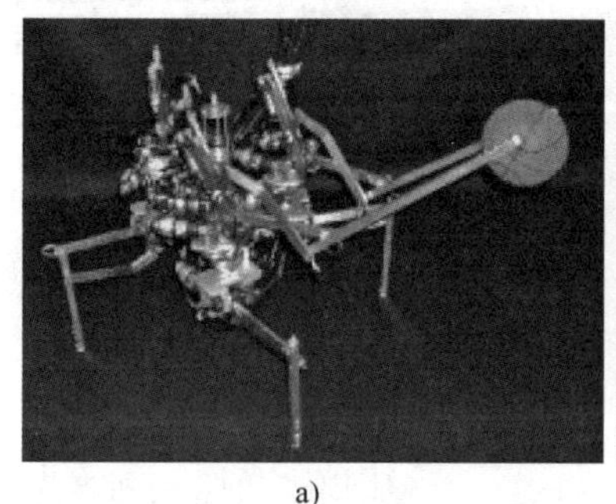
a)

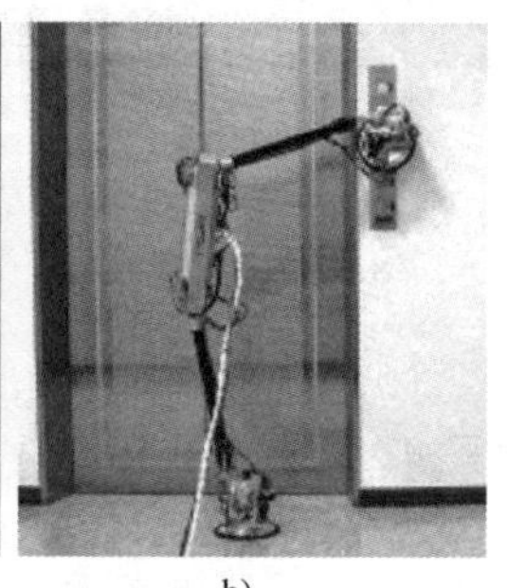
b)

图 17.34 臂腿混合式机器人
a）MELMANTIS-1（1996） b）Yanbo3（2003）（参考文献［17.72，73］）

17.5.4 基于柔索驱动的机器人

图 17.35 所示为机器人 Dante Ⅱ，它是由 CMU Field Robotics 中心于 1994 年研发的八足柔索驱动的步行机器人。目标是用于阿拉斯加一座火山的科学勘探。为了实现通过类似攀爬的方式通过陡峭的火山口壁，机器人使用了锚固在火山口边缘的柔索驱动[17.71]。参考文献［17.74］还研发了一种用于建筑工程的四足柔索驱动机器人。

17.5.5 爬壁机器人

爬壁机器人的特点是其特殊的脚部机构与腿的配置方式。至关重要的部分是产生向上拉力的脚部机构，通常是采用真空吸盘、电磁体（用于钢壁）、黏合材料或微型拍状针刺等。

图 17.36a 所示为 Hirose 等人[17.75]开发的四足爬壁机器人 NINJA-1。NINJA-1 的每只脚都配有专门设计的吸盘，可最大限度地减少其真空泄漏。Yano 等人[17.76]开发了另一种可靠的带有吸盘的爬壁机器人。

图 17.36b 所示为由 Kim 等人[17.77,78]开发的爬壁六足机器人 RiSE。RiSE 的每只脚都配备了在某些昆虫和蜘蛛身上观察到的微型阵列针刺。该机器人可以在各类室外表面上稳定地爬升，包括混凝土、灰泥、砖块和砂岩等。最近开发的爬壁机器人，请观看 VIDEO 540 中的 Stickybot Ⅲ和 VIDEO 541 中的 Waalbot。

图 17.35 机器人 Dante Ⅱ（1994）
（参考文献［17.71］）

17

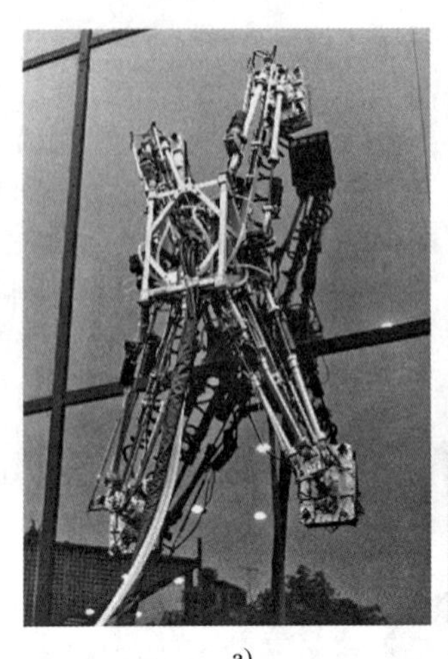
a)

b)

图 17.36　爬壁机器人
a）NINJA-1（1991）　b）RiSE（2005）（参考文献［17.75，77］）

17.6　性能指标

在本节中，我们将介绍一些有用的性能指标，可用于评估不同类型的腿式机器人。

17.6.1　稳定裕度

稳定裕度最初是由 McGhee 和 Frank[17.79] 提出的，用于提高静态行走多足机器人的稳定性。若忽略由身体和腿部加速度引起的惯性效应，只要确保质心（COM）的投影落在支撑多边形内，则机器人就保持平衡，如图 17.37 所示。（注意，在有关多足机器人的研究中，支撑模式通常用支撑多边形来表示[17.2,79,80]）

对于给定的步行机器人位形，稳定裕度（stability margin）S_m 定义为质心的垂直投影到水平面中支撑多边形边界的最小距离，如图 17.38a 所示。

另外，我们使用了另外一种指标来获得最佳理论步态，即纵向稳定性裕度（longitudinal stability margin）S_l（图 17.38b），其定义为从 COM 的垂直投影到支撑多边形边界沿平行于身体运动的直线最小距离。

对于动态行走机器人，可以将稳定裕度定义为零力矩点（ZMP）到支撑多边形边界的最小距离，因为 ZMP 是地面上投影 COM 的自然延伸。这一事

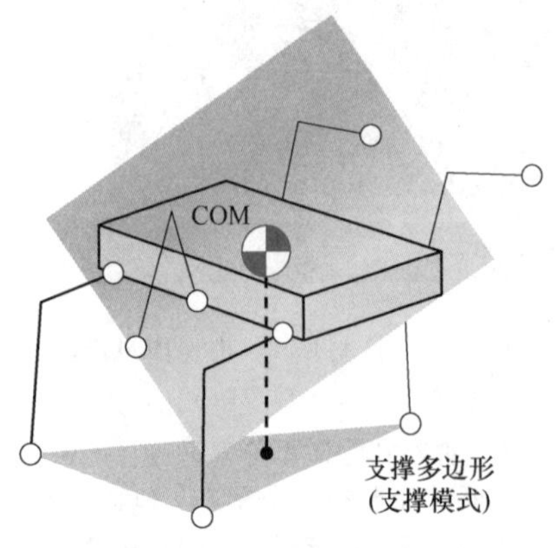

图 17.37　多足机器人的支撑多边形（支撑模式）

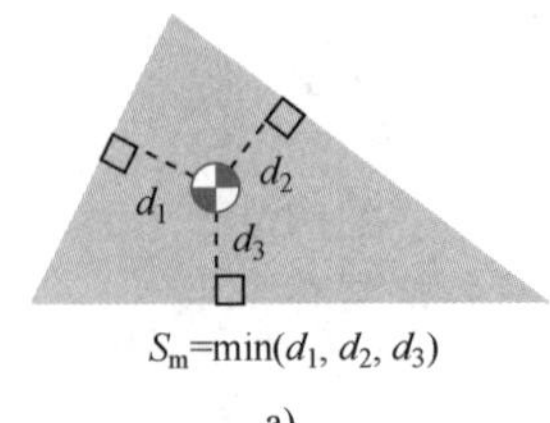

a)

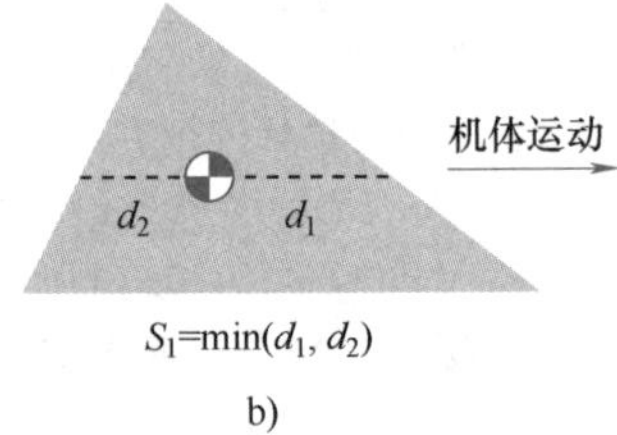

b)

图 17.38　稳定裕度定义
a）稳定裕度　b）纵向稳定裕度

实在 ZMP 的最初工作[17.81]中已被许多研究人员提及。ZMP 稳定裕度的明确定义可以在 Huang 等人[17.82]的文章中找到。

对于崎岖地形上行走的腿式机器人，Messuri 和 Klein 将能量稳定裕度定义为翻转机器人所需的最小势能：

$$S_E = \min_i (Mgh_i) \tag{17.11}$$

式中，h_i 是在支撑多边形的第 i 个部分周围翻转时质心的高度变化；M 是机器人的总质量[17.83]。这个概念已被广泛接受，并且有一些改进建议[17.14,84]。

17.6.2 步态敏感度范数

Hobbelen 和 Wisse[17.85]提出了一种步态敏感度范数（GSN），作为极限循环步行机器人的干扰抑制措施。GSN 定义为

$$\text{GSN} = \left\| \frac{\partial \boldsymbol{g}}{\partial \boldsymbol{e}} \right\|_2 \tag{17.12}$$

式中，$\boldsymbol{e}$ 是干扰集；$\boldsymbol{g}$ 是表征故障模式的步态指示器，运动最终以翻转结束。对于二维极限循环的步行机器人，其将地面的不规则性（越过的步长高度）和步长时间分别设为 $\boldsymbol{e}$ 和 $\boldsymbol{g}$。

对于真正的机器人，可以通过试验从步态指示器 $\boldsymbol{g}$ 对单个干扰 $\boldsymbol{e}_0$ 的响应中获得 GSN：

$$\left\| \frac{\partial \boldsymbol{g}}{\partial \boldsymbol{e}} \right\|_2 = \frac{1}{|e_0|} \sqrt{\sum_{i=1}^{q} \sum_{k=0}^{\infty} [\boldsymbol{g}_k(i) - \boldsymbol{g}^*(i)]^2} \tag{17.13}$$

式中，$\boldsymbol{g}_k(i)$是施加干扰 $\boldsymbol{e}_0$ 后第 k 步的第 i 个步态指示器值；q 是步态指示器的数量。GSN 与吸引域具有良好的相关性，因此可用于设计鲁棒步行机器人及其控制器。

17.6.3 占空比与弗劳德数

在本章中，我们介绍了各种步行机器人，它们可能最适合其各自特定的环境和任务。但是，在某些情况下，需要使用特殊的性能指标来比较不同质量、大小和腿数的步行机器人。这样的指标应该是无量纲的，就像流体力学中的马赫数或雷诺数一样。

对于步行机器人，一个有用的指标是占空比 β，其定义为

$$\beta = \frac{\text{支撑时间}}{\text{一个周期时间}}$$

占空比可用于区分步行和奔跑。通常情况下，步行时，$\beta \geqslant 0.5$；奔跑时，$\beta < 0.5$[17.87]。

在流体力学中，通常用弗劳德数解释表面波的行为。由于表面波和机器人腿运动都是重力下的动态运动，因此 Alexander 用它来表征动物的运动[17.87,88]。他计算出的弗劳德数为

$$Fr_2 = \frac{V^2}{gh} \tag{17.14}$$

式中，V 是步行或奔跑速度；g 是重力加速度；h 是髋关节离地面的高度。式（17.14）反映了不同体型的动物以相同的弗劳德数行走时，会使用相似的步态。特别是，大多数动物都是以 $Fr_2 = 1$ 的速度将行走步态变为跑步步态。

弗劳德数也可以定义为

$$Fr_1 = \frac{V}{\sqrt{gh}} \tag{17.15}$$

它是 Fr_2 的平方根，可用于动物或腿式机器人的无量纲速度。

17.6.4 电阻率

电阻率是另一个重要的无量纲数，用于评价移动机器人的能效指标。

Gabrielli 和 Von Karman 使用单位距离的功耗来评价各种车辆的性能：

$$\epsilon = \frac{E}{Mgd} \tag{17.16}$$

式中，E 是行驶距离 d 时消耗的总能量；M 是车辆的总质量；g 是重力加速度[17.89]。注意，当在摩擦系数为 μ 地面上将质量为 M 的物体推动长度 d 时，消耗的功率为 $Mg\mu d$，电阻率将变为 $\epsilon = \mu$。因此，电阻率可用来表示运动的平稳程度。

在最初的工作中，Gabrielli 和 von Karman 绘制了各种车辆的电阻率与速度的函数关系（图 17.39），即 Gabrielli-von Karman 图，它被 Umetani 和 Hirose[17.90]用于比较各种运动模式。Gregorio 等人[17.86]还研究了近期开发的各种步行机器人的电阻率，包括高效的跳跃机器人 ARL monopod。Collins 等人[17.91]基于被动动力学开发的小型驱动器则实现了接近人类步行的能效。在本文中，特定的电阻率被称为特定的能量运输成本（specific energetic cost of transport）。

17

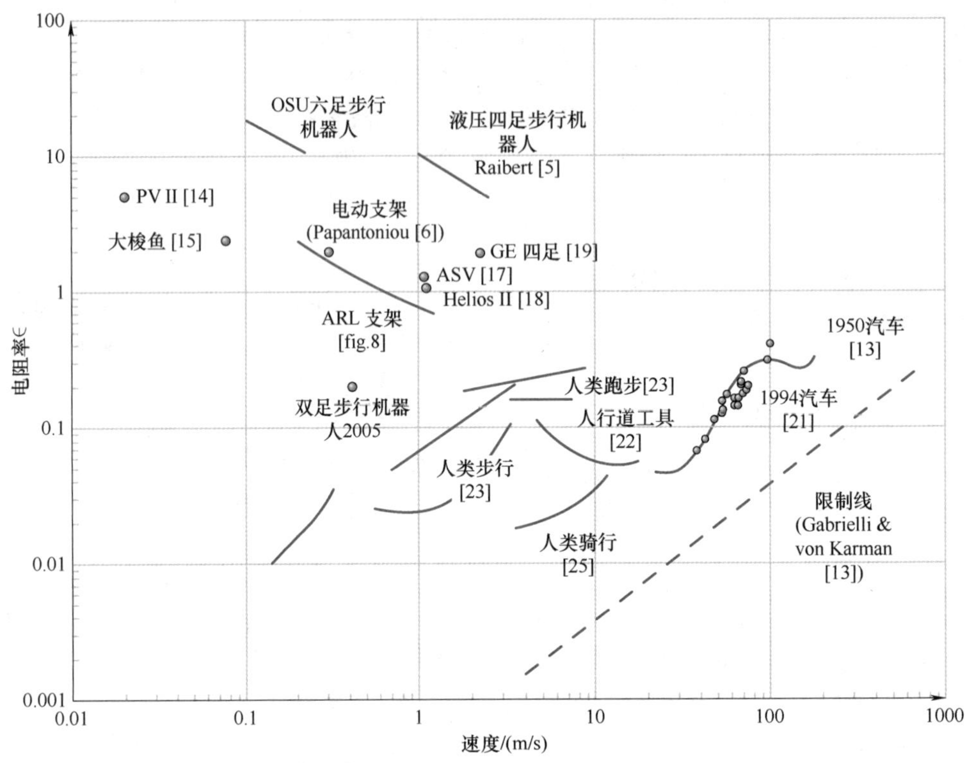

图 17.39 Gabrielli-von Karman 图（参考文献［17.86］）

视频文献

VIDEO 512 Linear inverted pendulum mode
available from http://handbookofrobotics.org/view-chapter/17/videodetails/512

VIDEO 517 Hexapod robot *Ambler*
available from http://handbookofrobotics.org/view-chapter/17/videodetails/517

VIDEO 520 Hexapod ParaWalker-II
available from http://handbookofrobotics.org/view-chapter/17/videodetails/520

VIDEO 521 Cockroach-like hexapod
available from http://handbookofrobotics.org/view-chapter/17/videodetails/521

VIDEO 522 Bipedal humanoid robot: WABIAN
available from http://handbookofrobotics.org/view-chapter/17/videodetails/522

VIDEO 522 Cybernetic human HRP-4C walking
available from http://handbookofrobotics.org/view-chapter/17/videodetails/524

VIDEO 525 Cybernetic human HRP-4C quick turn
available from http://handbookofrobotics.org/view-chapter/17/videodetails/525

VIDEO 526 Development of a humanoid robot DARwIn
available from http://handbookofrobotics.org/view-chapter/17/videodetails/526

VIDEO 527 Passive dynamic walking with knees
available from http://handbookofrobotics.org/view-chapter/17/videodetails/527

VIDEO 529 Intuitive control of a planar bipedal walking robot
available from http://handbookofrobotics.org/view-chapter/17/videodetails/529

VIDEO 530 IHMC/Yobotics biped
available from http://handbookofrobotics.org/view-chapter/17/videodetails/530

VIDEO 531 Torque controlled humanoid robot TORO
available from http://handbookofrobotics.org/view-chapter/17/videodetails/531

VIDEO 532 3-D passive dynamic walking robot
available from http://handbookofrobotics.org/view-chapter/17/videodetails/532

VIDEO 533 Biped running robot MABEL
available from http://handbookofrobotics.org/view-chapter/17/videodetails/533
VIDEO 534 STriDER: Self-excited tripedal dynamic experimental robot
available from http://handbookofrobotics.org/view-chapter/17/videodetails/534
VIDEO 535 Roller-Walker: Leg-wheel hybrid vehicle
available from http://handbookofrobotics.org/view-chapter/17/videodetails/535
VIDEO 536 RHex rough-terrain robot
available from http://handbookofrobotics.org/view-chapter/17/videodetails/536
VIDEO 537 Whegs II: A mobile robot using abstracted biological principles
available from http://handbookofrobotics.org/view-chapter/17/videodetails/537
VIDEO 540 StickybotIII climbing robot
available from http://handbookofrobotics.org/view-chapter/17/videodetails/540
VIDEO 541 Waalbot: agile climbing with synthetic fibrillar dry adhesives
available from http://handbookofrobotics.org/view-chapter/17/videodetails/541

参考文献

17.1 M.H. Raibert: *Legged Robots That Balance* (MIT Press, Cambridge 1986)
17.2 S.-M. Song, K.J. Waldron: *Machines That Walk: The Adaptive Suspension Vehicle* (MIT Press, Cambridge 1989)
17.3 S. Lohmeier: Design and Realization of a Humanoid Robot for Fast and Autonomous Bipedal Locomotion (Technische Universität München, München 2010)
17.4 R.D. Quinn, R.E. Ritzmann: Construction of a hexapod robot with cockroach kinematics benefits both robotics and biology, Connect. Sci. **10**(3), 239–254 (1998)
17.5 H. Hirukawa, F. Kanehiro, K. Kaneko, S. Kajita, M. Morisawa: Dinosaur robotics for entertainment applications, IEEE Robotics Autom. Mag. **14**(3), 43–51 (2007)
17.6 D.E. Koditschek, R.J. Full, M. Buehler: Mechanical aspects of legged locomotion control, Arthropod Struct. Dev. **33**, 251–272 (2004)
17.7 R. Tajima, K. Suga: Motion having a flight phase: Experiments involving a one-legged robot, Proc. Int. Conf. Intell. Robots Syst. (IROS), Beijing (2006) pp. 1727–1731
17.8 K. Kaneko, S. Kajita, F. Kanehiro, K. Yokoi, K. Fujiwara, H. Hirukawa, T. Kawasaki, M. Hirata, T. Isozumi: Design of advanced leg module for humanoid robotics project of METI, Proc. IEEE Int. Conf. Robotics Autom. (ICRA) (2002) pp. 38–45
17.9 Y. Suhagara, H. Lim, T. Hosobata, Y. Mikuriya, H. Sunazuka, A. Takanishi: Realization of dynamic human-carrying walking by a biped locomotor, Proc. IEEE Int. Conf. Robotics Autom. (ICRA), New Orleans (2004) pp. 3055–3060
17.10 S. Hirose, T. Masui, H. Kikuchi, Y. Fukuda, Y. Umetani: TITAN III: A quadruped walking vehicle – Its structure and basic characteristics, Proc. Int. Symp. Robotics Res., Kyoto (1984) pp. 325–331
17.11 M. Buehler, R. Playter, M. Raibert: Robots step outside, Proc. Int. Symp. Adapt. Motion Anim. Mach. (AMAM), Ilmenau (2005)
17.12 K.J. Waldron, R.B. McGhee: The adaptive suspension vehicle, IEEE Control Syst. Mag. **6**, 7–12 (1986)
17.13 R.A. Brooks: A robot that walks; Emergent behavior from a carefully evolved network, Proc. IEEE Int. Conf. Robotics Autom. (ICRA), Scottsdale (1989) pp. 292–296
17.14 M. Hirose, Y. Haikawa, T. Takenaka, K. Hirai: Development of humanoid robot ASIMO, Proc. Int. Conf. Intell. Robots Syst. (IROS) – Workshop 2 (2001)
17.15 K. Kaneko, F. Kanehiro, M. Morisawa, K. Miura, S. Nakaoka, S. Kajita: Cybernetic Human HRP-4C, IEEE-RAS Int. Conf. Humanoid Robots, Paris (2009) pp. 7–14
17.16 K. Kaneko, F. Kanehiro, M. Morisawa, T. Tsuji, K. Mira, S. Nakaoka, S. Kajita, K. Yokoi: Hardware improvement of cybernetic human HRP-4C towards entertainent use, Proc. IEEE/RSJ Int. Conf. Intell. Robots Syst. (IROS), San Fransisco (2011) pp. 4392–4399
17.17 K. Kaneko, F. Kanehiro, S. Kajita, H. Hirukawa, T. Kawasaki, M. Hirata, K. Akachi, T. Isozumi: Humanoid Robot HRP-2, Proc. IEEE Int. Conf. Robotics Autom. (ICRA) (2004) pp. 1083–1090
17.18 K. Kaneko, K. Harada, F. Kanehiro, G. Miyamori, K. Akachi: Humanoid Robot HRP-3, Proc. Int. Conf. Intell. Robots Syst. (IROS) (2008) pp. 2471–2478
17.19 M. Kouchi, M. Mochimaru, H. Iwasawa, S. Mitani: Anthropometric database for Japanese population 1997–98, Japanese Industrial Standards Center, AIST, MITI http://riodb.ibase.aist.go.jp/dhbodydb/ (Tokyo 2000)
17.20 K. Kaneko, K. Harada, F. Kanehiro: Development of multi-fingered hand for life-size humanoid robots, Proc. IEEE Int. Conf. Robotics Autom. (ICRA) (2007) pp. 913–920
17.21 Q. Lu, C. Ortega, O. Ma: Passive gravity compensation mechanisms: Technologies and applications, Recent Pat. Eng. **5**(1), 32–44 (2011)
17.22 K.A. Wyrobek, E.H. Berger, H.F.M. Van der Loos, J.K. Salisbury: Towards a personal robotics development platform: Rationale and design of an intrinsically safe personal robot, Proc. IEEE Int. Conf. Robotics Autom. (ICRA) (2008)
17.23 Willow Garage Inc., 68 Willow Road, Menlo Park, CA 94025, USA: http://www.willowgarage.com/pages/pr2/
17.24 T. McGeer: Passive dynamic walking, Int. J. Robotics

17

Res. **9**(2), 62–82 (1990)
17.25 M. Garcia, A. Chatterjee, A. Ruina, M. Coleman: The simplest walking model: Stability, complexity, and scaling, ASME J. Biomech. Eng. **120**, 281–288 (1998)
17.26 A. Goswami, B. Thuilot, B. Espiau: A study of the passive gait of a compass-like biped robot: Symmetry and chaos, Int. J. Robotics Res. **17**, 1282–1301 (1998)
17.27 S.H. Collins, M. Wisse, A. Ruina: A three-dimensional passive-dynamic walking robot with two legs and knees, Int. J. Robotics Res. **20**(2), 607–615 (2001)
17.28 S.H. Collins, A. Ruina, R. Tedrake, M. Wisse: Efficient bipedal robots based on passive dynamic walkers, Sci. Mag. **307**, 1082–1085 (2005)
17.29 P.A. Bhounsule, J. Cortell, A. Ruina: Design and control of Ranger: an energy-efficient, dynamic walking robot, 15th Int. Conf. Climb. Walk. Robots (CLAWAR), Baltimore (2012) pp. 441–448
17.30 S.H. Collins, M. Wisse, A. Ruina: Three-dimensional passive-dynamic walking robot with two legs and knees, Int. J. Robotics Res. **20**(2), 607–615 (2001)
17.31 M. Wisse, L. Schwab, F.L.T. Van der Helm: Passive walking dynamic model with upper body, Robotica **22**(6), 681–688 (2004)
17.32 E.R. Westervelt, J.W. Grizzle, D.E. Koditschek: Hybrid zero dynamics of planar biped walkers, IEEE Trans. Autom. Control **48**(1), 42–56 (2003)
17.33 E.R. Westervelt, J.W. Grizzle, C. Chevallereau, J.H. Choi, B. Morris: *Feedback Control of Dynamic Bipedal Robot Locomotion* (CRC, Boca Raton 2007)
17.34 C. Chevallereau, G. Abba, Y. Aoustin, F. Plestan, E.R. Westervelt, C. Canudas-de-Wit, J.W. Grizzle: RABBIT: A testbed for advanced control theory, IEEE Control Syst. Mag. **23**(5), 57–79 (2003)
17.35 J.W. Grizzle, J. Hurst, B. Morris, H.W. Park, K. Sreenath: MABEL, A new robotic bipedal walker and runner, Proc. IEEE Am. Control Conf. (2009)
17.36 D. Hobbelen, T. de Boer, M. Wisse: System overview of bipedal robots Flame and TUlip: Tailor-made for Limit Cycle Walking, Proc. IEEE/RSJ Int. Conf. Intell. Robots Syst. (IROS), Nice (2008) pp. 2486–2491
17.37 R.J. Full, D.E. Koditschek: Templates and anchors: neuromechanical hypotheses of legged locomotion on land, J. Exp. Biol. **202**, 3325–3332 (1999)
17.38 S. Kajita, K. Tani: Study of dynamic biped locomotion on rugged terrain – Derivation and application of the linear inverted pendulum mode, Proc. IEEE Int. Conf. Robotics Autom. (ICRA) (1991) pp. 1405–1411
17.39 M.B. Popovic, A. Goswami, H. Herr: Angular momentum regulation during human walking: Biomechanics and control, Proc. IEEE Int. Conf. Robotics Autom. (ICRA) (2004) pp. 2405–2411
17.40 M.B. Popovic, A. Goswami, H. Herr: Ground reference points in legged locomotion: Definitions, biological trajectories and control implications, Int. J. Robotics Res. **24**(12), 1013–1032 (2005)
17.41 S. Kajita, F. Kanehiro, K. Kaneko, K. Fujiwara, K. Harada, K. Yokoi, H. Hirukawa: Biped walking pattern generation by using preview control of zero-moment point, Proc. IEEE Int. Conf. Robotics Autom. (ICRA) (2003) pp. 1620–1626
17.42 Y. Choi, D. Kim, Y. Oh, B.J. You: Posture/walking control for humanoid robot based on kinematic resolution of com Jacobian with embedded motion, IEEE Trans. Robotics **23**(6), 1285–1293 (2007)
17.43 J. Englsberger, C. Ott, M. Roa, A. Albu-Schaeffer, G. Hirzinger: Bipedal walking control based on capture point dynamics, Proc. IEEE/RSJ Int. Conf. Intell. Robots Syst. (IROS) (2011) pp. 4420–4427
17.44 S. Lohmeier, T. Bushmann, H. Ulbrich: Humanoid Robot LOLA, Proc. IEEE Int. Conf. Robotics Autom. (ICRA), Kobe (2009) pp. 775–780
17.45 I.W. Park, J.-Y. Kim, J. Lee, J.H. Oh: Mechanical design of humanoid robot platform KHR-3 (KAIST Humanoid Robot 3: HUBO), Proc. IEEE-RAS Int. Conf. Humanoid Robots (2005) pp. 321–326
17.46 B. Stephens: Humanoid push recovery, Proc. IEEE-RAS Int. Conf. Humanoid Robots (2007)
17.47 T. Takenaka, T. Matsumoto, T. Yoshiike: Real time motion generation and control for biped robot – 1st Report: Walking gait pattern generation, Proc. IEEE /RSJ Int. Conf. Intell. Robots Syst. (IROS) (2009) pp. 1084–1091
17.48 R. Blickhan: The spring mass model for running and hopping, J. Biomech. **22**(11-12), 1217–1227 (1989)
17.49 H. Geyer, A. Seyfarth, R. Blickhan: Compliant leg behaviour explains basic dynamics of walking and running, Proc. Biol. Sci. **273**(1603), 2861–2867 (2006)
17.50 J. Pratt, G. Pratt: Exploiting natural dynamics in the control of a planar bipedal walking robot, Proc. 36th Ann. Allerton Conf. Commun. (1998)
17.51 J. Pratt, B. Krupp: Design of a bipedal walking robot, SPIE Def. Sec. Symp., Bellingham (2008)
17.52 G. Hirzinger, N. Sporer, A. Albu-Schaeffer, M. Haehnle, R. Krenn, A. Pascucci, M. Schedl: DLR's torque-controlled light weight robot III – are we reaching the technological limits now?, Proc. IEEE/RSJ Int. Conf. Intell. Robots Syst. (IROS) (2002) pp. 1710–1716
17.53 C. Ott, O. Eiberger, W. Friedl, B. Baeuml, U. Hillenbrand, C. Borst, A. Albu-Schaeffer, B. Brunner, H. Hirschmueller, S. Kielhoefer, R. Konietschke, M. Suppa, T. Wimboeck, F. Zacharias, G. Hirzinger: A humanoid two-arm system for dexterous manipulation, Proc. IEEE-RAS Int. Conf. Humanoid Robots, Genova (2006) pp. 276–283
17.54 C. Ott, C. Baumgaertner, J. Mayr, M. Fuchs, R. Burger, D. Lee, O. Eiberger, A. Albu-Schaeffer, M. Grebenstein, G. Hirzinger: Development of a biped robot with torque controlled joints, Proc. IEEE-RAS Int. Conf. Humanoid Robots (2010) pp. 167–173
17.55 G.A. Pratt, M.M. Williamson: Series elastic actuators, IEEE/RSJ Int. Conf. Intell. Robots Syst. (IROS) (1995) pp. 399–406
17.56 R. Brooks, C. Breazeal, M. Marjanovic, B. Scassellati, M. Williamson: The Cog project: Building a humanoid robot, Lect. Notes Comput. Sci. **1562**, 52–87 (1999)
17.57 H. Iwata, S. Sugano: Development of human symbiotic robot: WENDY, Proc. IEEE Int. Conf. Robotics Autom. (ICRA) (1999)
17.58 M.W. Spong: Modeling and control of elastic joint robots, Trans. ASME: J. Dyn. Syst. Meas. Control **109**, 310–318 (1987)
17.59 G. Wyeth: Control issues for velocity sourced series elastic actuators, Proc. Australasian Conf. Robotics Autom. (2006)

17.60 H. Vallery, R. Ekkelenkamp, H. van der Kooij, M. Buss: Passive and accurate torque control of series elastic actuators, IEEE/RSJ Proc. Int. Conf. Intell. Robots Syst. (IROS) (2007)

17.61 C. Ott, A. Albu-Schaeffer, G. Hirzinger: Decoupling based cartesian impedance control of flexible joint robots, IEEE Int. Conf. Robotics Autom. (ICRA) (2003)

17.62 C. Ott, A. Albu-Schaeffer, A. Kugi, G. Hirzinger: On the passivity based impedance control of flexible joint robots, IEEE Trans. Robotics **24**(2), 416–429 (2008)

17.63 J. Heaston, D. Hong, I. Morazzani, P. Ren, G. Goldman: STriDER: Self-excited tripedal dynamic experimental robot, Proc. IEEE Int. Conf. Robotics Autom. (ICRA), Roma (2007) pp. 2776–2777

17.64 A. Rachmat, A. Besari, R. Zamri, A. Satria Prabuwono, S. Kuswadi: The study on optimal gait for five-legged robot with reinforcement learning, Int. Conf. Intell. Robots Appl. (2009) pp. 1170–1175

17.65 O. Matsumoto, S. Kajita, M. Saigo, K. Tani: Dynamic trajectory control of passing over stairs by a biped type leg-wheeled robot with nominal reference of static gait, Proc. IEEE/RSJ Int. Conf. Intell. Robots Syst. (IROS) (1998) pp. 406–412

17.66 S. Hirose, H. Takeuchi: Study on roller-walk (basic characteristics and its control), Proc. IEEE Int. Conf. Robotics Autom. (ICRA) (1996) pp. 3265–3270

17.67 U. Saranli, M. Buehler, D.E. Koditschek: RHex: A Simple and Highly Mobile Hexapod Robot, Int. J. Robotics Res. **20**(7), 616–631 (2001)

17.68 T.J. Allen, R.D. Quinn, R.J. Bachmann, R.E. Ritzmann: Abstracted biological principles applied with reduced actuation improve mobility of legged vehicles, Proc. IEEE Int. Conf. Intell. Robots Syst. (IROS), Las Vegas (2003) pp. 1370–1375

17.69 G. Endo, S. Hirose: Study on roller-walker: System integration and basic experiments, Proc. IEEE Int. Conf. Robotics Autom. (ICRA), Detroit (1999) pp. 2032–2037

17.70 N. Neville, M. Buehler, I. Sharf: A bipedal running robot with one actuator per leg, Proc. IEEE Int. Conf. Robotics Autom. (ICRA), Orlando (2006) pp. 848–853

17.71 J. Bares, D. Wettergreen: Dante II: Technical description, results and lessons learned, Int. J. Robotics Res. **18**(7), 621–649 (1999)

17.72 N. Koyachi, H. Adachi, M. Izumi, T. Hirose, N. Senjo, R. Murata, T. Arai: Multimodal control of hexapod mobile manipulator MELMANTIS-1, Proc. 5th Int. Conf. Climb. Walk. Robots (2002) pp. 471–478

17.73 Y. Ota, T. Tamaki, K. Yoneda, S. Hirose: Development of walking manipulator with versatile locomotion, Proc. IEEE Int. Conf. Robotics Autom. (ICRA) (2003) pp. 477–483

17.74 S. Hirose, K. Yoneda, H. Tsukagoshi: TITAN VII: Quadruped walking and manipulating robot on a steep slope, IEEE Int. Conf. Robotics Autom. (ICRA), Albuquerque (1997) pp. 494–500

17.75 S. Hirose, A. Nagakubo, R. Toyama: Machine that can walk and climb on floors, walls and ceilings, Proc. 5th Int. Conf. Adv. Robotics (ICAR), Pisa (1991) pp. 753–758

17.76 T. Yano, S. Numao, Y. Kitamura: Development of a self-contained wall climbing robot with scanning type suction cups, Proc. IEEE/RSJ Int. Conf. Intell. Robots Syst. (IROS), Vol. 1 (1998) pp. 249–254

17.77 S. Kim, A. Asbeck, W. Provancher, M.R. Cutkosky: SpinybotII: Climbing hard walls with compliant microspines, Proc. Int. Conf. Adv. Robotics (ICAR), Seattle (2005) pp. 18–20

17.78 A.T. Asbeck, S. Kim, A. McClung, A. Parness, M.R. Cutkosky: Climbing walls with microspines (Video), Proc. IEEE Int. Conf. Robotics Autom. (ICRA), Orlando (2006)

17.79 R.B. McGhee, A.A. Frank: On the stability properties of quadruped creeping gaits, Math. Biosci. **3**, 331–351 (1968)

17.80 R.B. McGhee: Vehicular legged locomotion. In: *Advances in Automation and Robotics*, ed. by G.N. Saridis (JAI, Greenwich 1985) pp. 259–284

17.81 M. Vukobratović, J. Stepanenko: On the stability of anthropomorphic systems, Math. Biosci. **15**, 1–37 (1972)

17.82 Q. Huang, K. Yokoi, S. Kajita, K. Kaneko, H. Arai, N. Koyachi, K. Tanie: Planning walking patterns for a biped robot, IEEE Trans. Robotics Autom. **17**(3), 280–289 (2001)

17.83 D.A. Messuri, C.A. Klein: Automatic body regulation for maintaining stability of a legged vehicle during rough-terrain locomotion, IEEE J. Robotics Autom. **RA-1**(3), 132–141 (1985)

17.84 E. Garcia, P. de Gonzalez Santos: An improved energy stability margin for walking machines subject to dynamic effects, Robotica **23**(1), 13–20 (2005)

17.85 D.G.E. Hobbelen, M. Wisse: A disturbance rejection measure for limit cycle walkers: The gait sensitivity norm, IEEE Trans. Robotics **23**(6), 1213–1224 (2007)

17.86 P. Gregorio, M. Ahmadi, M. Buehler: Design, control, and energetics of an electrically actuated legged robot, IEEE Trans. Syst. Man Cybern. **B27**(4), 626–634 (1997)

17.87 R. McNeill Alexander: The gait of bipedal and quadrupedal animals, Int. J. Robotics Res. **3**(2), 49–59 (1984)

17.88 R. McNeill Alexander: *Exploring Biomechanics – Animals in Motion* (Freeman, Boston 1992)

17.89 G. Gabrielli, T. von Karman: What price speed – Specific power required for propulsion of vehicles, Mechan. Eng. **72**(10), 775–781 (1950)

17.90 Y. Umetani, S. Hirose: Biomechanical study on serpentine locomotion – Mechanical analysis and zoological experiment for the stationary straightforward movement, Trans. Soc. Instrum. Control Eng. **6**, 724–731 (1973), in Japanese

17.91 S. Collins, A. Ruina, R. Tedrake, M. Wisse: Efficient Bipedal Robots Based on Passive-Dynamic Walkers, Science **307**, 1082–1085 (2005)

第 18 章 并联机构

Jean-Pierre Merlet, Clément Gosselin, Tian Huang

本章主要介绍并联机构（也称为并联机器人）的运动学与动力学。与传统的串联机器人不同，并联机器人的运动学结构中包含有闭环运动链。因此，两者的分析大相庭径。本章将重点介绍并联机构分析过程中使用的基本公式和相关技巧。

目　录

18.1　定义

18

闭环运动链（closed-loop kinematic chain）指杆和运动副的排列方式中至少存在一个闭环的运动链。此外，当其中一个杆（非基底）的关联度≥3时，即其通过关节连接到至少其他 3 个杆，则可获得复杂的闭环运动链。并联操作臂可以定义为由基座和 n 个自由度的末端执行器所组成的闭环机构，其中基座与末端执行器之间至少由两条独立的运动链相连接。

1928 年，由 Gwinnett[18.1] 申请的专利便是一个用作电影院舞台的并联机构。1947 年，Gough[18.2] 提出了一种基于并联机构（如图 18.1）的位姿调整基本原理，以完成对轮胎的磨损监测。1955 年，Gough 制造了该设备的一台样机，其中动平台为六边形，每个顶点通过球铰与一条支链相连，而支链的另一端通过虎克铰与基座相连。各支链的线性驱动器可以改变支链的长度，因此该样机是由 6 个线性驱动器驱动的闭链机构。

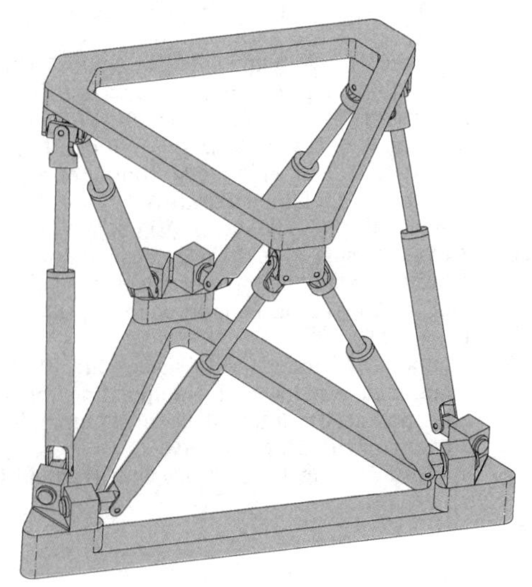

图 18.1　Gough 平台

1965 年，Stewart[18.3]建议将该机构用于飞行模拟器，因此 Gough 平台有时也被称为 Stewart 平台或 Gough-Stewart 平台。该机构同样被 Kappel 建议用作运动仿真平台[18.4]。如今，Gough 平台和相关衍生机构是许多应用的首选平台，如飞行模拟器等。这个应用也说明了并联机构的一个显著优点，即承载能力强。对于 6R 工业机器人而言，负载自重比基本小于 0.15，而并联机构的负载自重比可大于 10。Gough 平台的另一个优点是定位精度高（尽管这一点总被质疑[18.5]），因为每条支链本质上只受到拉力或压力，几乎不产生弯曲，所以变形很小。此外，机构内部的传感器误差（Gough 平台支链长度的测量误差）几乎不影响平台的定位误差。此外，并联机构对尺度不甚敏感（同样的结构可同时用于大型和微型机器人），而且几乎所有类型的关节、驱动器和传动方式都可用于开发并联机器人，包括异形件（如带状弹簧和柔性关节[18.6]）或二元驱动器[18.7]。并联机器人主要的缺点是工作空间较小且工作空间内可能存在奇异点。然而，更大的工作空间可以采用柔索传动的方式获得（具体参见 Robcrane[18.8]）。由于分析方法上存在异同，此类机器人将在 18.10 节进行详细介绍。

除了 Gough 平台，目前最成功的并联机器人应该是 Clavel[18.9]设计的 Delta 机器人（图 18.2）和一些平面并联机器人。最常见的平面并联机器人有 3 条完全一样的 RPR 或 RRR 支链，有下划线的运动副表示驱动副。这些机器人经常记作 3-RPR（图 18.3）或 3-RRR。

在 Delta 机器人的各支链中，连杆与运动副的几何分布决定了动平台具有 3 个平动自由度。近年来，涌现了很多新型并联机器人，尽管这些大多数构型都是基于设计者的灵感，但并联机构的构型综合可以系统地实现。下一节将概述并联机构构型综合的几种主要方法。

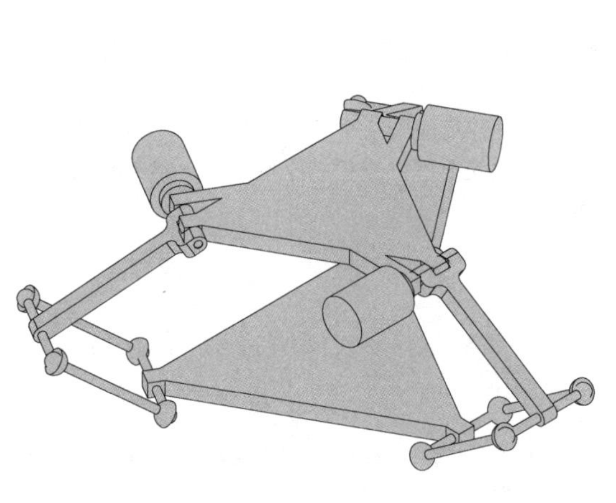

图 18.2 Delta 机器人

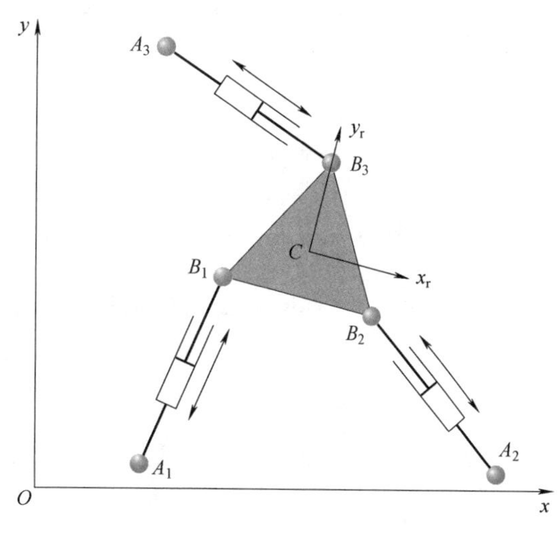

图 18.3 3-RPR 平面并联机器人

18.2 并联机构的构型综合

根据动平台给定的运动模式设计出所有可行的并联机构，确实是个具有挑战性的难题。一些学者致力于研究这个问题，并称其为构型综合。该领域内，所提出的方法主要分为四类：

1）基于图论的构型综合法。枚举出所有可能具有给定自由度位形的依据是，组成机构的运动副种类和数量是有限的，因此构型的数量可能会很庞大，但必然也是有限的（如参考文献［18.10］）。经典的自由度计算公式，如 Chebychev-Grübler-Kutzbach 公式，可用于计算机构的自由度。遗憾的是，这些公式没有考虑机构可能会引发动平台自由度数量变化的几何特性。尽管基于图论，许多并联机器人已经研制出来并成功应用于工业领域，如 Neos Tricept[18.11] 和 DS TechnologieGmbh 公司的 Sprint Z3 刀头。但是，基于图论的构型综合法只能得到有限的非过度约束并联机器人，并且基本上已被其他综合方法所取代。

2）基于群论的构型综合法。刚体的运动具有位移群（displacement group）的独特结构。位移群的子群，如空间平动或所有平行于已知矢量的运动（Schönflies 运动[18.12]）都是很重要的运动类型。因为当采用子群中的元素描述相同的刚体运动时，可以利用交集（intersection）运算[18.13]将其合并。构型综合主要是确定所有可行的机器人支链所对应的子群，因为这些子群的交集便是动平台所期望的运动模式。基于群论的构型综合方法发现了许多实用型机构[18.14]。然而，位移群的某些独特特性并不能仅通过群的结构来反映，而且这种方法仅适用于能被位移群的子群所描述的运动模式。

3）基于微分几何的位形综合方法。微分几何法是李群和李代数方法的全面扩展和完善，可用于涵盖不能被子群但可以被规则子流形（如平行四杆机构的运动模式[18.15]）所描述的运动模式。微分几何法的另一个优点在于，利用李群和李代数之间的积分/微分关系，能够将平台的有限运动与瞬时运动相关联。

4）基于旋量理论的构型综合方法。此方法的第一步是确定与动平台期望运动旋量（速度旋量）互易的力旋量系 S；然后就可得到运动支链的力旋量，这些力旋量的并集可组成力旋量系 S（根据力旋量系可确定所有相应力旋量对应的支链结构）。该方法能够简单、直观地描述动平台的瞬时运动，但有必要校验动平台的运动是否为全周期运动，因为所涉及的运动旋量和力旋量都是瞬时的。同时，也有人提出了用于验证有限运动和瞬时运动一致性的方法。参考文献［18.16］系统地演示了该方法的应用过程。

利用上述构型综合方法设计得到了大量构型。本书虽然难以一一枚举，但在相关的网站中[18.17]对这些构型进行了全面的描述。另外，近几年出现了一些引人注目的新型机构，如利用铰接平台等新概念生成 Schönfiles 运动，进而提出了一种全新的拾取并联机器人 Adept Quatro[18.18]；也有能实现末端执行器无限旋转，并且能避开所有奇异的其他相似机构（见参考文献［18.19］）。

还需要指出的是，尽管这些构型综合方法可以生成大量构型[18.20]，但仍缺乏一个衡量标准来评估哪种构型更有优势，即便他们具有完全相同的运动模式。此外，很难将构型综合的模型与运动学、静力学和动力学分析及设计问题联系起来。因此，还有一些悬而未决的问题需要解决：

1）为每种运动类型提出合适的性能指标，以便识别适用于某种特定场合的拓扑结构。

2）提出一种完整的理论体系，使构型综合与参数化设计集成到一个统一的框架内。该框架考虑了制造过程中不可避免的不确定性，这是设计的最终目标。

18.3 运动学

18

18.3.1 逆运动学

对于并联机器人，运动学逆解往往简单明了。这一点可通过 Gough 平台来加以验证。

求运动学逆解的关键在于确定某一给定的动平台位姿下所对应的腿长矢量 $\boldsymbol{q}$，而动平台的位姿是由平台上的某一给定点相对固定坐标系的位置矢量 $\boldsymbol{p}$，以及动平台相对固定坐标系的旋转矩阵 $\boldsymbol{R}$ 共同确定的。令 $\boldsymbol{a}_i$ 表示第 i 条腿与静平台的交点相对固定坐标系的位置矢量，$\boldsymbol{b}_i$ 表示第 i 条腿与动平台的交点相对固连在动平台上的某一坐标系的位置矢量，第 i 条腿的长度即为两点间矢量的范数，将两点间的矢量记作 $\boldsymbol{s}_i$，可写为

$$\boldsymbol{s}_i=\boldsymbol{p}+\boldsymbol{R}\boldsymbol{b}_i-\boldsymbol{a}_i \quad i=1,\cdots,6 \tag{18.1}$$

若已知动平台的位姿（即已知矢量 $\boldsymbol{p}$ 和矩阵 $\boldsymbol{R}$），即可利用式（18.1）方便地算出矢量 $\boldsymbol{s}_i$，则即可获知腿长。

18.3.2 正运动学

求运动学正解的关键在于利用给定的驱动关节坐标（给定矢量 $\boldsymbol{q}$）确定动平台的位姿。若要实现对并联机器人的控制、标定和运动规划，就必须求解正运动学问题。

求解并联机构的正运动学往往比求解逆运动学要复杂得多。式（18.1）这样的闭环方程是典型的关于动平台位姿参数的高度非线性方程式，它们组成的非线性方程组一般都有多个解（如 Gough 平台最多有 40 个解[18.21-23]，参考文献［18.24］则提供了具有特殊几何特性的 Gough 平台正解的数量列表）。求解正运动学问题时，可能会遇到以下两种

不同的情况：一是动平台当前的位姿未知（如启动机器人时）；二是已知相对准确的平台位姿（如在实时控制中，正运动学问题已在上一次采样时得到了解决）。对于第一种情况，唯一的已知方法是确定逆动学方程的所有解，尽管还没有已知的算法来遴选所得到的解，但通常可以确定实数解数量的上限。以3-R$\underline{P}$R 平面并联机器人（图 18.3）为例，如果将点 B_3 处的关节拆开，将得到两个分离的机构：一个是四连杆机构，另一个是旋转机构。根据四连杆机构的运动学可知，点 B_3 的运动轨迹是一个六次多项式代数曲线。同时，旋转机构上的点 B_3 的运动轨迹是一个圆，即二次代数曲线。对一组给定的驱动关节坐标，如果两曲线相交，即两机构的运动存在交集，则存在运动学正解。由 Bezout 定理可知，两条分别为 m 次和 n 次的代数曲线将有 nm 个交点，即两曲线幂数之积。对 3-R$\underline{P}$R 平面并联机器人，两条轨迹曲线将有 12 个交点，但 12 个点中包括两个虚圆点，它们位于四连杆机构的连杆曲线和任一圆上，因此也属于交点。依据 Bezout 定理，这两个点计算了 3 次，故正运动学问题最多有 6 个实数解，分别对应 6 个交点。

求运动学正解的方法很多，如消元法[18.25]、连续法[18.23]、Gröbner 基法[18.26]和区间算法[18.27]。消元法在数值上往往不稳定（可能产生伪解或遗漏解），除非求解单变量方程且消元时特别小心，如把多项式解转化为特征值问题[18.28]。多项式连续法则稳定得多，因为它具有相对成熟的算法[18.29]。最快的方法是 Gröbner 基法和区间算法，尽管它们也不能满足实时应用的要求。上述两种方法的另一个优势是可通过数值证明（不会遗漏解且能以任意精度求解）。

其实对于最简单的算例，如 3-R$\underline{P}$R 机构[18.30,31]，消元法往往也很稳定。最后，需要指出的是，一种机器人的运动学正解模型通常可用于另一种相似的机构。例如，3-$\underline{R}$RR 机构的运动学正解与前述的 3-R$\underline{P}$R 机构一致。

当给定先验信息（如解的初始值）时，求解正运动学通常可采用 Newton-Raphson 迭代法或 Newton-Gauss 迭代法。而运动学逆解可写成

$$\boldsymbol{q}=\boldsymbol{f}(x) \tag{18.2}$$

Newton-Raphson 处理过程的第 k 次迭代可表示为

$$\boldsymbol{x}_{k+1}=\boldsymbol{x}_k+\boldsymbol{A}(\boldsymbol{q}-\boldsymbol{f}(\boldsymbol{x}_k)) \tag{18.3}$$

式中，$\boldsymbol{q}$ 是指定的关节变量向量；矩阵 $\boldsymbol{A}$ 通常为 $(\partial \boldsymbol{f}/\partial q)^{-1}(\boldsymbol{x}_k)$（并非每步迭代都要计算逆矩阵，也可取作常数）。当向量差$(\boldsymbol{q}-\boldsymbol{f}(\boldsymbol{x}_k))$的模小于选定的阈值时，迭代将终止。

如果有一个合适的初始值，Newton-Raphson 法的计算速度通常很快。然而，程序有可能不收敛，或者更糟，收敛于一个错误的平台位姿，即收敛于另一种位形所对应的平台位姿。这种情况即使在初始值接近正确位姿时也会发生。如果将所得到的结果直接用于控制回路，则后果会很严重。幸运的是，可利用数学工具，如结合了 Kantorovitch 定理之类的区间算法来判断 Newton-Raphson 法的解是否为机构的正确位姿，尽管需要利用更多的机时来验证结果，但依然属于实时计算[18.27]的范畴。

此外，逆运动学方程的选择在很大程度上决定该方法能否收敛[18.27]。例如，对于 Gough 平台，可使用最少数量的方程（包含 6 个变量的 6 个方程：3 个位置变量和 3 个姿态变量），但也可用其他形式的方程组。例如，动平台上 3 个铰点（支链与动平台的交点）相对固定坐标系的位置坐标可用作未知量（很容易计算剩余 3 个铰点的坐标）。应用这样的表达形式，需要 9 个方程，其中 6 个方程可根据动、静平台之间铰点的已知长度得到，另外 3 个方程可根据被选择作为未知量的动平台上的 3 个铰点之间的已知距离关系得到。

另一种可行的求运动学正解的方法是给从动关节（如 Gough 平台中的虎克铰）添加传感器，或者增加带有感测关节的被动腿。该方法主要的问题在于：一方面，需要确定动平台唯一位姿所需传感器的数量及其安装位置[18.32-34]；另一方面，需确定传感器的误差对平台定位精度的影响。例如，Stoughton 提到，对于在 U 关节上安装了传感器的 Gough 平台，仍然有必要使用 Newton-Raphson 法提高解的精度，因为利用传感器数据计算得到的平台位姿对测量噪声非常敏感[18.35]。

18.4 速度与精度分析

与串联机器人类似，并联机器人驱动关节的速度矢量 $\dot{\boldsymbol{q}}$ 与动平台的线速度和角速度矢量线性相关（为简单起见，动平台的角速度矢量在此表示为 $\dot{\boldsymbol{p}}$，尽管平台角速度不是任何角度的时间导数）。两

矢量之间的线性映射关系可用雅可比矩阵 $\boldsymbol{J}$ 表示，即

$$\dot{\boldsymbol{p}}=\boldsymbol{J}(\boldsymbol{p})\dot{\boldsymbol{q}} \tag{18.4}$$

然而，对于并联机构，封闭形式的逆雅可比矩阵 $\boldsymbol{J}^{-1}$ 往往容易得到，但要写出封闭形式的雅可比矩阵 $\boldsymbol{J}$ 却要困难得多（更确切地说，大多数6自由度并联机构的封闭形式的雅可比矩阵十分繁杂，以至于在现实中根本无法应用）。例如，在对 Gough 平台简单的静力学分析中，雅可比矩阵的逆矩阵 $\boldsymbol{J}^{-1}$ 中的第 i 行，即 $\boldsymbol{J}_i^{-1}$ 可写为

$$\boldsymbol{J}_i^{-1}=(\boldsymbol{n}_i \quad \boldsymbol{c}_i\times\boldsymbol{n}_i) \tag{18.5}$$

式中，$\boldsymbol{n}_i$ 为沿腿 i 方向的单位向量；$\boldsymbol{c}_i$ 是固连在动平台上的运动坐标系原点与动平台上第 i 个铰点之间的向量。

关节传感误差 $\Delta\boldsymbol{q}$ 对定位误差 $\Delta\boldsymbol{p}$ 的影响也符合这样的关系，即

$$\Delta\boldsymbol{p}=\boldsymbol{J}(\boldsymbol{p})\Delta\boldsymbol{q} \tag{18.6}$$

因为雅可比矩阵 $\boldsymbol{J}$ 的封闭形式很难求解，并联机构的精度分析（即在给定的工作空间内由关节传感误差确定的最大定位误差）难度也比串联机构大得多[18.36,37]。抛开测量误差，并联机构中还存在一些其他的误差源，即被动关节的间隙、制造公差、热误差，以及重力引发的动态误差[18.38,39]。参考文献［18.40-42］研究了串联机构和并联机构的关节间隙对路径跟踪的影响。这些研究表明，不可能完全确定几何误差的影响趋势，因为影响程度高度依赖于机构的结构、尺寸和工作空间，所以必须具体问题具体分析。虽然很少有实例能够证实热误差[18.43]，而冷却也能稍微降低一些热的影响[18.44,45]，但热效应有时也被视为可能的误差源。

正如第3章所述，标定是提高并联机构精度的另一种方法。并联机构标定的方法和过程与串联机构略有不同。这是因为，一方面，对并联机构而言，只有逆运动学方程是已知的；另一方面，并联机构的定位精度对几何误差的敏感度也远没有串联机构那么高[18.46,47]。而标定时产生的测量噪声影响巨大，甚至会导致误差放大。例如，即使考虑了测量噪声[18.48]，经典的最小二乘法也可能得不到满足某些约束方程的参数。一些试验数据还表明，经典并联机构的模型会导致约束方程不存在任何与测量噪声无关的解[18.49]。此外，标定也对位姿十分敏感[18.50]：位于工作空间边界上的位姿是最佳的选择[18.51,52]。文中可能还提到了一种原创性的校准方法，它主要基于视觉系统的支链监测，而不是基于机器人的本体传感器[18.53]。

18.5 奇异性分析

18

并联机构的奇异性分析最早由 Gosselin 和 Angeles 开始研究[18.54]。在式（18.7）中，运动学方程被简化为驱动关节坐标向量 $\boldsymbol{q}$ 与动平台笛卡儿坐标向量 $\boldsymbol{p}$ 之间的输入输出关系，即

$$f(\boldsymbol{q},\boldsymbol{p})=0 \tag{18.7}$$

将式（18.7）对时间求导，得

$$\boldsymbol{B}\dot{\boldsymbol{q}}+\boldsymbol{A}\dot{\boldsymbol{p}}=0 \tag{18.8}$$

由此可以定义三种类型的奇异：①矩阵 $\boldsymbol{B}$ 奇异（称为串联奇异）；②矩阵 $\boldsymbol{A}$ 奇异（称为并联奇异）；③输入输出方程退化（称为结构奇异），此时矩阵 $\boldsymbol{B}$ 和矩阵 $\boldsymbol{A}$ 可能会同时奇异。当发生串联奇异时，驱动关节的输出不为零，但动平台处于静止状态。当发生并联奇异时，驱动关节的输出为零，但动平台可能处于运动状态。当处于这类奇异位形时，即便锁定所有驱动器，动平台还可能会有微小的运动。当驱动器被锁定时，末端执行器的自由度应为零，但当机构处于奇异位姿时，就获得了一些无法控制的自由度。

Zlatanov 等人[18.55]对奇异性进行了更为广泛的研究。他应用包含末端执行器全部运动旋量和所有关节（主动副和被动副）速度的速度方程来进行研究。利用这种方法，不仅提出了更详细的奇异性分类，还找到了用参考文献［18.54］的方法无法发现的特殊奇异（称作约束奇异）[18.56]。近期，参考文献［18.57］对并联机构的奇异性分析重新进行了讨论，指出了产生不同临界现象的结构。

上述的奇异性分析都是一阶的，当然也可以进行二阶（以及更高阶）的奇异性分析，但这些分析将会更加复杂[18.42,58]。

这种类型的奇异对并联机构尤为重要，因为此时机器人将失去控制。另外，在即将到达奇异位姿时，关节力/力矩可能会还变得很大，从而造成机器人的损坏。本节拟讨论的主要议题包括：

1）奇异的特性表征。

2）定义表征接近奇异的性能指标。

3）开发在给定工作空间内或运动轨迹上检测

是否存在奇异的算法。

当6×6阶雅可比矩阵的逆矩阵 $\boldsymbol{J}_f$（动平台全运动旋量映射为主动—最终被动—关节速度的矩阵）奇异时，即其行列式 det（$\boldsymbol{J}_f$）为零时，并联机器人将发生奇异。需要指出的是，有时必须要考虑被动关节速度，因为仅限于考虑主动关节的速度，可能会导致无法确定机器人所有的奇异构形（参见 3-U$\underline{P}$U 机构[18.59]）。通常进行恰当的速度分析，便可得到封闭形式的矩阵，但计算其行列式的值也可能是很困难的，即便是使用软件的符号求解功能亦然（参见 Gough 平台[18.60,61]）。此外，无法通过该方法得到机构发生奇异的几何条件。

另一种方法是利用线几何：对于部分并联机构（尽管不是全部），$\boldsymbol{J}_f$ 的行元素指的是机器人连杆上定义的某条直线所对应的 Plücker 向量。例如，对于 Gough 平台，$\boldsymbol{J}_f$ 的行元素正好对应与支链相关联直线的正则 Plücker 向量。仅在这些向量所对应的直线（简称线矢量）满足某种独特的几何约束时，才会发生奇异[18.62]（例如，3 个 Plücker 线矢量相交且共面，当且仅当它们交于一点时才会线性相关），而矩阵 $\boldsymbol{J}_f$ 的奇异性就意味着这些线矢量之间线性相关（它们组成了一个线簇）。Grassmann 已给出了 3、4、5、6 个线矢量相关的几何约束。因此，奇异性分析被简化为判定位姿参数是否满足了一些几何约束条件，并给出奇异线簇的几何信息。采用 Grassmann Cayley 代数分析奇异是这种方法的另一种形式，某些情况下可直接得到几何奇异条件[18.63]。

判别某一位姿与奇异位形的接近程度是一个难题：目前还没有任何可定义某一位姿与所给定的奇异位姿之间距离的数学度量。因此，当定义与奇异位姿的距离时难免会有些主观，已有的指标也并不完善。例如，将矩阵 $\boldsymbol{J}_f$ 的行列式值作为指标：其不妥之处在于，当动平台既平动又转动时，如果雅可比矩阵的量纲不一致，则行列式的值将会依据描述机器人几何参数的物理单位的不同而发生变化。第 10 章中定义的灵巧性（尽管提到灵巧性时更多的是针对串联机构而言[18.37]）也可被用作接近程度的指标，还有一些其他独特的指标用于表征接近程度[18.64-66]。例如，对于 Gough 平台，如果在任何位姿下的关节力绝对值都小于给定的阈值[18.67]，或者使用一个有物理意义的指数，如运动学灵敏度[18.68]，这样所定义的一个无奇异的工作空间是很有意义的。

基于以上指标的大多数分析都是局部的，即仅对某一位姿是有效的，但实际应用中，却需要在给定的工作空间内或轨迹上判定是否会发生奇异。幸运的是，即使机器人的几何模型并不确定[18.69]，有一种算法也可实现上述问题的求解。但需要指出的是，对并联机器人而言，无奇异的工作空间并不总是最优的。事实上，其他的性能指标可能会要求工作空间内存在奇异点，或者机器人的部分工作空间（如实际工作区域）内无奇异点，而奇异点仅出现在工作区域之外。因此规划一条避免奇异点同时又靠近给定路径的运动轨迹是可行的，针对此问题也已提出了不同的解决方法[18.70,71]。一个与之相关的问题是，确定运动学的两个正解是否可以在不穿过奇异点的情况下实现连接：平面机器人[18.72,73]和 6 自由度机器人[18.74]已经证明了这一点。

最后要注意的是，在某些情况下，机器人的位姿接近于奇异位形时反而可能是有利的。例如，当需要提高工作空间狭小的并联机器人定位精度，以及提高用作力传感器的并联机器人在某一测量方向上的灵敏度[18.75]时，末端执行器运动与驱动关节运动的速比越大越好。还需注意的是，那些一直处于奇异位形下工作的并联机构可能很有趣，因为它们仅用一个驱动器就能产生复杂的运动[18.76-78]。

18

18.6 工作空间分析

如上所述，并联机器人的一个主要缺点是工作空间小。相较于串联机器人，并联机器人（尤其是自由度大于 3 的并联机器人）的工作空间分析要复杂得多。另外，并联机器人动平台的运动常常存在耦合，这更加剧了利用简单图形表示工作空间的困难。尽管解耦并联机构已被设计出来[18.79-81]（VIDEO 54 和 VIDEO 52），但它们的承载能力不及传统并联机构。一般而言，并联机构的工作空间受到以下因素的限制：

1）驱动关节变量的限制：例如，Gough 平台的支链长度必然有一个限定范围。

2）被动关节的运动范围限制：例如，Gough 平台的球铰和虎克铰都会限制动平台的转动范围。

3）机器人各构件（支链、基座和动平台）之间的干涉限制。

工作空间可进一步定义为灵活工作空间（动平台上某一参考点可以从任何姿态到达的点的集合）、最大可达工作空间（至少一个姿态下，动平台可以到达的所有位置的集合）和姿态工作空间（在给定位置下，动平台可达的所有姿态的集合）。

确定自由度大于3的并联机器人工作空间的一个方法是固定 $n-3$ 个位姿参数，而只绘制剩余的几个自由度所确定的工作空间。如果所剩余的自由度均为平动自由度，则利用几何方法可快速地绘制出工作空间，因为几何方法往往便于研究工作空间边界的特性（可参阅参考文献［18.82，83］，固定平台姿态后Gough平台工作空间的计算）。该方法的另一个优点是能够计算工作空间的表面积与体积。主要方法有：

1）离散化方法。检验 n 维个点对应的位姿，如果满足所有运动约束，则该点对应一个工作空间内的位姿。该方法通常很容易实现，但是计算量大。因为随着检测点增多，所需要的运算时间将呈现指数级增长，同时还需要计算机具备较大的存储空间。

2）可确定工作空间边界的数值计算方法[18.84,85]。

3）基于区间分析的数值计算方法，能以任何精度来确定工作空间的体积[18.86,87]。该方法也适用于解决运动规划问题。

可利用运动学约束奇异，将计算得到的工作空间分隔成基本单元，Wenger和Chablat[18.88]称其为由奇异类型所分隔的区间（aspect）。对于平面机器人已经取得了一些有益的结论[18.89]，但确定空间机器人的区间仍然是一个悬而未决的问题。并联机构也并不是总能从某一个区间移动到另一个区间（至少没考虑机构的动力学特性[18.90,91]），因此有效的工作空间会变小。

一个与工作空间分析相关的问题是运动规划问题（motion planning problem），它与串联机器人遇到的问题略有不同。对于并联机器人，规划问题并非是在工作空间内避障，而是要确定某条路径是否完全位于无奇异的工作空间内（存在现成的算法[18.92]），或者确定两个位姿之间的无奇异路径。事实上，后者更加难以实现[18.93]。经典串联机器人的运动规划是在关节空间内进行的，并假设关节空间与操作空间之间存在一一对应的关系。基于该假设，就有可能在关节空间内确定一个不发生干涉碰撞的点集，进而再规划出两个位姿之间不发生干涉碰撞的路径。然而，这种假设对并联机器人并不适用。因为对于后者而言，关节空间与操作空间之间的映射并不是一一对应的：关节空间的一个点既有可能对应操作空间中的多个点，也有可能因为封闭方程得不到满足而不存在对应的点。对并联机器人，最有效的运动规划方法现在来看应该是考虑（或在一定程度上考虑）封闭方程的随机运动规划的自适应算法[18.94,95]。

并联机器人的另一个运动规划方法是只使用部分自由度完成任务，其余的自由度便可以用于扩大工作空间、避开奇异点，或者优化机构的某些性能指标[18.96,97]。沿用上述思路，工件的定位（part positing）问题也可以得到定义[18.98]，即在机器人的工作空间内确定工件的位姿，以使该位姿满足某些约束。

18

18.7 静力学分析

与串联机器人类似，利用雅可比矩阵也可以实现并联机器人的静力学分析。驱动关节的驱动力/力矩 $\boldsymbol{\tau}$ 与施加在动平台上的力旋量 $\boldsymbol{f}$ 之间的映射可表示为

$$\boldsymbol{\tau}=\boldsymbol{J}^{\mathrm{T}}\boldsymbol{f} \tag{18.9}$$

式中，$\boldsymbol{J}^{\mathrm{T}}$ 是机器人雅可比矩阵的转置。式（18.9）可用于多种目的：

1）在设计过程中，可确定驱动力/力矩（以完成驱动器的选型）。此时，设计者感兴趣的是寻找机器人在整个工作空间内所需的最大驱动力/力矩。然而，由于并不知道封闭形式的 $\boldsymbol{J}^{\mathrm{T}}$，这仍是一个复杂的议题。

2）当机器人用作力传感器时：如果已被检测出力/力矩且动平台的位姿是已知的，则根据式（18.9）即可算出 $\boldsymbol{f}$，这样机器人既是运动平台也是传感平台[18.99-101]。

与串联机器人类似，并联机器人的刚度矩阵 $\boldsymbol{K}$ 可定义为

$$\boldsymbol{K}=\boldsymbol{J}^{-\mathrm{T}}\boldsymbol{K}_j\boldsymbol{J}^{-1} \tag{18.10}$$

式中，$\boldsymbol{K}_j$ 是驱动关节刚度组成的对角矩阵。但Duffy[18.102]指出，该式就一般意义上而言并不完整。例如，对于Gough平台，该式假设连杆的弹性元件上没有初始载荷。假设未施加载荷时连杆的长度为 q_i^0，则

$$\Delta \boldsymbol{f} = \sum_{i=1}^{i=6} k\Delta q_i \boldsymbol{n}_i + k_i(q_i - q_i^0)\Delta \boldsymbol{n}_i$$

$$\Delta \boldsymbol{m} = \sum_{i=1}^{i=6} k\Delta q_i \boldsymbol{c}_i \times \boldsymbol{n}_i + k_i(q_i - q_i^0)\Delta(\boldsymbol{c}_i \times \boldsymbol{n}_i)$$

式中，k_i 是支链的轴向刚度；$\boldsymbol{n}_i$ 是沿第 i 条支链方向的单位矢量；$\boldsymbol{c}_i$ 是运动参考坐标系的原点和动平台上第 i 个铰点之间的矢量；$\boldsymbol{f}$ 和 $\boldsymbol{m}$ 分别是施加在动平台上的外力和外力矩。因此，式（18.10）中的刚度矩阵仅在 $q_i=q_i^0$ 时才是正确的，故称作被动刚度（passive stiffness）。

此外，参考文献［18.103］也指出，式（18.10）只有在力旋量为零时才是正确的。事实上，上式和雅可比矩阵取决于机器人的位姿，并随所施加的外部载荷的改变而改变。参考文献［18.103］中提出的公式，即保守同构变换（CCT），考虑了这些变化，并定义刚度矩阵为

$$\boldsymbol{K}_{\mathrm{c}} = \boldsymbol{J}^{-\mathrm{T}}\boldsymbol{K}_j\boldsymbol{J}^{-1} + \left(\frac{\partial \boldsymbol{J}^{-\mathrm{T}}\boldsymbol{\tau}}{\partial \boldsymbol{p}}\right) \tag{18.11}$$

式中，$\boldsymbol{p}$ 是动平台在笛卡儿坐标系中的位置矢量；$\boldsymbol{\tau}$ 是驱动关节力/力矩矢量。应尽可能使用式（18.11）而不是式（18.10），因为前者与实际机构更为吻合。

另一个有趣的静力学问题是并联机器人的静平衡。几十年来，有关机器人静平衡的研究一直都是很重要的议题（例如，参考文献［18.104］介绍了静平衡的研究进展及最新的研究成果）。只要连杆的重力在静止状态下不产生作用于驱动器的力/力矩，则无论操作臂或机构为何种位姿，都可以认为并联机构处于静平衡状态。这一条件也称为重力补偿。参考文献［18.105］在研究并联机器人的重力补偿时，曾建议使用配重来平衡一个用于天线调姿的 2 自由度并联机器人；参考文献［18.106］则研究了平面并联机器人的重力补偿问题，并给出了简单有效的平衡条件。

一般而言，可利用配重和/或弹簧来实现静平衡（VIDEO 48）。如果使用弹簧，则静平衡可定义为任何位姿时机构中的势能之和（包括重力势能和弹簧中储存的弹性势能）保持恒定的一组条件。如果不用弹簧或其他储存弹性势能的元件，则机器人保持静平衡的条件是：无论机器人如何运动，其质心位置均保持在同一水平高度。

由此可以获得给定机器人处于静平衡的充分条件。但对于空间并联机器人，求解静平衡条件的过程往往十分烦琐[18.107,108]。另外一些研究指出：仅使用配重是无法保证 6-UPS（U 代表虎克铰，P 代表移动副，S 代表球副）并联机器人在任何位姿下都能实现静平衡的[18.109]。参考文献［18.107，110，111］推荐了一些仅使用弹簧即可实现静平衡的替代机构（含有平行四边形子链）。

静平衡的后续研究自然是动平衡。动平衡的研究目的主要是为了实现基座在机器人工作过程中不会受到运动部件的冲击。动平衡问题可分为平面并联机器人的动平衡问题和空间并联机器人的动平衡问题。参考文献［18.112］的研究结果表明，可对自由度数目不多于 6 的动平衡并联机器人进行综合，虽然最终得到的机械结构可能会十分复杂（VIDEO 49）。

18

18.8 动力学分析

并联机器人的动力学模型在形式上与串联机器人（见第 3 章）很类似，即

$$\boldsymbol{M}(\boldsymbol{x})\ddot{\boldsymbol{p}} + \boldsymbol{C}(\dot{\boldsymbol{p}},\dot{\boldsymbol{q}},\boldsymbol{p},\boldsymbol{q}) + \boldsymbol{G}(\boldsymbol{p},\boldsymbol{q}) = \boldsymbol{\tau} \tag{18.12}$$

式中，$\boldsymbol{M}$ 是正定广义惯性矩阵；$\boldsymbol{G}$ 是重力项；$\boldsymbol{C}$ 是离心力项和科氏力项。并联机器人的动力学建模要困难得多，因为需满足封闭方程。并联机器人动力学建模的经典方法是先找到一个等效的树结构，然后利用拉格朗日乘子或已被参考文献［18.113，114］所证明了的 d'Alembert 原理添加运动学约束。其他的一些方法主要基于虚功原理[18.115-118]、拉格朗日方程[18.119-122]、哈密尔顿原理[18.123]和牛顿-欧拉方程[18.124-129]等。

并联机器人的动力学建模过程往往十分复杂。因为建模过程中需要确定一些不易精确量化的动力学参数（闭环机构的动态识别是无关紧要的[18.130]）。此外，建模还涉及正运动学的求解。因此，动力学建模的计算量很大，但同时又必须满足实时性要求。

参考文献［18.131,132］讨论了如何利用动力学模型来辅助实现对机器人的控制，通常是在自适应控制过程中实时地利用跟踪误差来修正动力学方程中的参数[18.133,134]。虽然在普通的 6 自由度并联机器人[18.137,138]和振动平台[18.139]上也有一些应用，但控制律主要还是用于平面并联机器人和 Delta 机器

人[18.135,136]。然而，对6自由度并联机器人来说，利用动力学模型来提高运动速度的做法往往收效甚微，因为动力学模型的计算量实在太大。一种原创性的方法是直接在关节工作空间，利用通过视觉系统获得的支链姿态信息，从而避免对正运动学的求解[18.140]。

动力学控制是一个重要但又悬而未决的问题，因为并联机器人运行的速度和加速度比串联机器人大得多，如一些Delta机器人的加速度可达500m/s^2（以达到100倍的重力加速度为目标[141]），而线驱动机器人的加速度可能会更大。

最后，最小化工作空间内机器人惯量的变化将有助于优化并联机器人的动力学特性[18.142]。

18.9 设计考虑

机器人的结构设计可分为两个主要阶段。

1）结构综合：确定机器人所要采用的结构。

2）几何参数综合：确定给定结构的几何参数值（此处的几何参数是广义的，如可能涉及的质量和惯量）。

第18.2节已经讨论过结构综合（构型综合）的问题。然而，除了运动模式，还要在设计阶段考虑性能要求。串联机器人的优势在于可能的机械结构数量相对较少，而其中的一些结构在某些性能方面又比其他结构具有明显的优势（如3个转动副串联而成的关节机器人的工作空间就比外形尺寸差不多的直角坐标机器人的工作空间大得多）。

遗憾的是，并联机器人并不像串联机器人那样，不仅存在大量可能的机械设计方案，而且其性能还对几何参数十分敏感。例如，在指定的工作空间内，平台半径10%的变化就可能使Gough平台的刚度极值变为原来的700%。因此，结构综合与几何参数综合密不可分。事实上，据推测，结构不是最优但参数设计合理的机器人，完成任务时的表现一般也会比看起来结构优异但参数设计不合理的机器人要好。

18

通常，设计过程也常被看作优化过程。每一个特定的性能要求均与某一项性能指标相关，性能指标也会随着性能要求不被满足程度的加剧而升高。这些性能指标全都被归纳在一个加权的且被称作罚函数的实函数中，它本质上是几何参数的函数，然后利用数值优化程序寻找使函数最小化的几何参数值（因此该方法就是所谓的优化设计）[18.143-145]。但此法也有很多缺点：罚函数中权重系数的大小和效果很难确定；必要的要求很难被导入函数且会使优化过程变得非常复杂，以上仅列举几项。主要的问题可表述如下：

1）尽管使用了相对较新的优化方法，如神经网络或遗传算法，但要保证达到全局极小值仍是相当困难的。

2）对于最终设计中的不确定因素，不能不考虑使用罚函数得到的设计方案的鲁棒性。因为机械系统固有的制造误差和其他的不确定因素，最终的样机总会与原理设计方案有所差异。

3）性能要求之间有时也是互相矛盾的（如工作空间和精度），优化设计也只能采取折中的方案，而权重系数的调整又很难把握。

优化设计的一个替代方法是适中设计（appropriate design），它不考虑最优，而是确保期望的性能要求都得到满足。该方法的基础是基于参数空间的概念，即空间中的每一维都与一个设计参数相关。设计时依次考虑每一个性能要求，并计算满足要求的空间区域，最终所得到的设计方案就是若干个空间的交集。

由于制造中总有误差存在，很难制造出与靠近区域边界值一致的机器人，因此实际操作中仅仅需要确定大概的空间区域即可。在实际计算中，区间算法已被成功用于许多不同的应用中[18.36,146]。

适中设计方法的应用比罚函数方法要复杂得多，但它的优势在于，它能够得到所有的可行方案，包括考虑了制造误差进而能够确保机器人满足所有期望要求的设计方案。

18.10 柔索驱动并联机器人

利用柔索（丝）的结构特性，并联机构可以转化为另一种形式——柔索驱动并联机构。柔索是一种能承受巨大拉伸载荷的机械构件，当将其应用于并联机构中时，多根柔索由固连于基座的绕线轮驱动，并将力传递到与其连接的动平台。另外，对于并联结构，在给定的工作空间内可以确保柔索处于拉伸状态。在过去的 20 年里，已经有多位学者对柔索驱动并联机构进行了研究（如参考文献［18.8，147］）。此类机构有许多优点：用绕线轮代替传统的铰接系统，利用柔索可以实现更大的运动范围；另外，由于柔索仅能抵抗拉力，在承受载荷相似的情况下，其要比绝大多数的传统机械元件更薄、更轻。因此，它们的惯性小，特别适用于有较大运动范围需求的系统。长臂铰接式机器人质量大、惯性大，而柔索驱动机器人即便在运动范围很大的情况下也能保持轻量化的特性。这一性能在摄像系统扫描工件生成数字三维模型时（SkyCam[18.148] 或 VIDEO 44）得以清晰地呈现。VIDEO 45 和 VIDEO 50 展示了柔索驱动机器人在物料搬运方面的另一个应用。

由于柔索仅能承受拉力载荷，柔索驱动机器人通常基于以下两种方法进行设计：①借助动平台的重力，确保所有柔索处于拉伸状态；②柔索的数量大于动平台自由度数，因此可以给柔索施加预应力，确保其处于拉伸状态。利用第一种方法设计的柔索驱动并联机构称为悬索并联机构；基于第二种方法设计的柔索驱动并联机构则称为全约束型柔索驱动并联机构。

18.10.1 悬索并联机构

大多数悬索并联机构并不采用冗余驱动，其驱动器数量通常与自由度数目一致。此类机构在有大工作空间或高载荷质量比要求的场合极具应用前景。第一台悬索并联机构大约在二十年前由 NIST 设计，并被命名为 Robocrane[18.8]。该 6 自由度机器人采用起重机式的操作，其中有效载荷的姿态可以实现完全控制。当然，也研究了其他的悬索机构，并通过建立样机原型来验证性能（如参考文献［18.149］和［18.150］）。近期，也有学者提出了驱动器数量大于自由度数目的悬索并联机构。研究表明，这些机构的工作空间占用比可以远大于无冗余的悬挂并联机构[18.151]。VIDEO 45 和 VIDEO 50 清晰地展示了一种包含八条柔索的悬索并联机构。

此前提出或构建的大多数悬索并联机构都假设在静态或准静态条件下工作。在此假设下，工作空间可以根据动平台的静平衡来确定。其工作空间可定义为动平台处于静平衡状态且所有柔索拉伸时的一系列位姿。参考文献［18.152］中提出了确定悬索机器人静态工作空间的方法。在近期的文献（如参考文献［18.153-156］）中也研究了悬索并联机构的动态轨迹规划与控制问题，使悬索并联机构可以在其静态工作空间之外运行。随后，动态工作空间的概念被提出[18.157]，并定义为平台可以达到至少一个运动学状态（位置、速度和加速度）的一组位姿。

最后，需要指出的是，欠驱动悬索并联机构（即柔索数量少于自由度数目的机构）的静态位姿计算是一个非常复杂的问题，至今还没有完全得到解决[18.158,159]。事实上，在给定动平台和柔索长度的情况下，即便有些柔索没有处于拉伸状态，机构也有可能到达一个静平衡位姿。因此，静态位姿的确定不仅需要求解实际的柔索数量 n，而且还需要求解所有具有 $n-1$ 根柔索的子系统。

18.10.2 全约束型柔索驱动并联机构

全约束型柔索驱动并联机构同样受到了广泛的关注。全约束型柔索机构包含一些柔索数量大于自由度数目的机构。如果使用合适的几何结构，它们通常会显现一个力封闭的工作空间，在该工作空间内，动平台能承受任意的外力，同时使柔索处于拉伸状态。

柔索机器人的静力学可以描述为

$$\boldsymbol{W}\boldsymbol{\tau}=\boldsymbol{f} \tag{18.13}$$

式中，$\boldsymbol{\tau}$ 是柔索张力矢量；$\boldsymbol{f}$ 是作用于动平台上的力；$\boldsymbol{W}$ 是所谓的力矩阵。由于全约束型柔索并联机构的柔索数量大于自由度数目，因此其力矩阵包含的列数多于行数。基于式（18.13），力封闭工作空间可以定义为在 $\boldsymbol{W}$ 的零空间中至少存在一个向量且其所有分量具有相同符号的一组位姿。当该条件得到满足时，机构则被认为是可张紧的[18.160]，理论上也可以通过简单地增加柔索的预应力来平衡任意的外力。

力封闭工作空间的确定和优化是一个具有挑战性的问题。尽管在参考文献［18.149，161，162］中提出的早期工作主要用于平面柔索驱动机器人，但其提供的数学模型为更广泛的分析铺平了道路。确定平台的给定位姿是否位于力封闭工作空间内是一个相当简单的问题。然而，由于力封闭工作空间通常不是凸的，甚至可能由不连续的部分组成，将工作空间离散化并将这一准则应用于点的网格并不能圆满地解决问题。因此，为了获得可靠、有效的结果，研究者尚需开发出更强大的技术方法。参考文献［18.163］将区间分析用于确定全约束型柔索并联机器人的力封闭工作空间，同时给出了明确的答案。VIDEO 45 和 VIDEO 50 展示了一个全约束型柔索并联机构的示例。

18.10.3 设计与样机

根据规定的力封闭工作空间综合柔索并联机构是一个非常具有挑战性的问题[18.164]。另外，除了工作空间，在柔索并联机器人的设计中还必须考虑其他几个问题，如确定柔索之间可能的干涉情况。参考文献［18.165］提出了一种简洁的几何解决方法，但同时处理平移和旋转仍然是一个挑战。其他的设计问题还包括处理奇异位形、装配模式的变化，以及绕线的精度和实际安装[18.166]。

已经有文献报道了几种柔索并联机器人的样机，早期样机包括 NIST Robocrane[18.8]、FALCON 机器人[18.147]和 Skycam 系统[18.148]等。本章的视频文献中还展示了许多其他极具应用前景的样机。

18.11 应用示例

并联机构已在众多场合得到了成功应用，本节将对此进行简单的介绍。近年来，几乎所有的地面望远镜都采用了并联机构，其主要用途是作为副镜的校准系统（如亚利桑那大学的 MMT 天文台或欧南台 ESO 设于南半球的可视红外天文观测望远镜 VISTA）或主镜的调姿系统[18.6]。1999 年 2 月，执行 STS-63 任务的航天飞机中使用了一种柔索驱动并联机器人，同时采用八腿机器人（具有八条支链的并联机器人）隔离由于飞船振动所产生的载荷。目前，在飞行模拟器中广泛采用的并联机构也被用于开发驾驶模拟器（如 NADS 驾驶模拟器[18.167]）。在工业领域，已经设计了许多基于并联机构的机床，部分设备还有着可观的销售市场（如 Tricept 机床），可以预见，在未来，并联机构将会有更广泛的应用。Physik Instrumente、Alio、Micos 和 Symétrie 等公司正着力研发基于并联机构的超精密定位设备。在食品加工领域，ABB 和 Demaurex 设计的 Delta 机器人已广泛应用于快速包装。另外，Ddept 等公司也在致力于具有 3 自由度、4 自由度高速并联机器人的研发。并联机构在医学领域的应用也越来越多，如用于康复（虚拟力反馈踝关节康复机器人系统 Rutgers Ankle[18.168]和 Motek Caren 平台）、外科手术（如用于脊柱手术的 Renaissance 机器人或玻璃体视网膜手术[18.169]）或训练和监测人体关节的运动[18.170]。柔索驱动机器人在其中更是扮演着重要角色，它们被用于飞行机器人[18.171]或救援设备中（其中一个版本的 SkyCam 机器人参与了伊拉克战争时期的石油灭火行动）。

18

18.12 结论与延展阅读

本手册的其他章节也介绍了一些分析并联机构的方法：

1）运动学：第 2 章中介绍了运动学研究的背景。

2）动力学：第 3 章介绍了动力学分析的基本方法；第 6 章介绍了动力学参数识别的方法。

3）设计：第 16 章介绍了相关设计方法。

4）控制：第 7、8 和 9 章都提及了机器人的控制问题，尽管并联机器人的闭环运动链要求这些控制方案要有所调整。

必须强调的是，对多数并联机器人的相关算法而言，高效的数值分析是解决问题的关键。利用 Gröbner 基法、连续法和区间分析法研究并联机构的运动学，以及进行工作空间与奇异性分析是十分有效的。关于并联机器人的更多信息和更新的拓展参考可在下面的网站中查询[18.38,100]。参考文献［18.140，147，164］是关于并联机器人的有益补充文献。正如本手册第 6 篇所提到的，并联机器人的应用日益广泛，除了工业用的并联机器人，现场和服务型并联机器人也相继出现。尽管如此，与串联机器人相比，并联机器人的研究仍远未成熟。

视频文献

VIDEO 43 3-DOF high-speed 3-RPS parallel robot
available from http://handbookofrobotics.org/view-chapter/18/videodetails/43
VIDEO 44 6-DOF cable-suspended robot
available from http://handbookofrobotics.org/view-chapter/18/videodetails/44
VIDEO 45 CoGiRo
available from http://handbookofrobotics.org/view-chapter/18/videodetails/45
VIDEO 46 Parallel 5R robot
available from http://handbookofrobotics.org/view-chapter/18/videodetails/46
VIDEO 47 Diamond
available from http://handbookofrobotics.org/view-chapter/18/videodetails/47
VIDEO 48 6-DOF statically balanced parallel robot
available from http://handbookofrobotics.org/view-chapter/18/videodetails/48
VIDEO 49 3-DOF dynamically balanced parallel robot
available from http://handbookofrobotics.org/view-chapter/18/videodetails/49
VIDEO 50 IPAnema
available from http://handbookofrobotics.org/view-chapter/18/videodetails/50
VIDEO 51 Par2 robot
available from http://handbookofrobotics.org/view-chapter/18/videodetails/51
VIDEO 52 Quadrupteron robot
available from http://handbookofrobotics.org/view-chapter/18/videodetails/52
VIDEO 53 R4 robot
available from http://handbookofrobotics.org/view-chapter/18/videodetails/53
VIDEO 54 Tripteron robot
available from http://handbookofrobotics.org/view-chapter/18/videodetails/54

参考文献

18.1 J.E. Gwinnett: Amusement device, US Patent 178 9680 (1931)

18.2 V.E. Gough: Contribution to discussion of papers on research in automobile stability, control and tyre performance, 1956–1957. Proc. Auto Div. Inst. Mech. Eng. (1956)

18.3 D. Stewart: A platform with 6 degrees of freedom, Proc. Inst. Mech. Eng. Part 1 15 (1965) pp. 371–386

18.4 I.A. Bonev: The true origins of parallel robots, http://www.parallemic.org/Reviews/Review007.html (2003)

18.5 S. Briot, I.A. Bonev: Are parallel robots more accurate than serial robots?, CSME Transactions **31**(4), 445–456 (2007)

18.6 G. Aridon, D. Rémond, F. Morestin, L. Blanchard, R. Dufour: Self-deployment of a tape-spring hexapod: experimental and numerical investigation, ASME J. Mech. Des. **131**(2), 0210031–0210037 (2009)

18.7 M. Hafez, M.D. Lichter, S. Dubowsky: Optimized binary modular reconfigurable robotic devices, IEEE Trans. Mechatron. **8**(1), 152–162 (2003)

18.8 J. Albus, R. Bostelman, N. Dagalakis: The NIST robocrane, J. Robotic Syst. **10**(5), 709–724 (1993)

18.9 R. Clavel: DELTA, a fast robot with parallel geometry, 18th Int. Symp. Ind. Robots (ISIR), Lausanne (1988) pp. 91–100

18.10 K.H. Hunt: Structural kinematics of in parallel actuated robot arms, J. Mech. Transm. Autom. Des. **105**(4), 705–712 (1983)

18.11 K.E. Neumann: Robot: Neos Product HB Norrtalje Suède. US Patent 4732525, (1988)

18.12 Q. Li, J.M. Hervè: Parallel mechanisms with bifurcation of Schoenflies motion, IEEE Trans. Robotics **25**(1), 158–164 (2009)

18.13 J.M. Hervé: Group mathematics and parallel link mechanisms, 9th IFToMM World Congr. Theory Mach. Mech., Milan (1995) pp. 2079–2082

18.14 C.-C. Lee, J.M. Hervè: Type synthesis of primitive Schönflies-motion generators, Mech. Mach. Theory **44**(10), 1980–1997 (2009)

18.15 J. Meng, G.F. Liu, Z. Li: A geometric theory for analysis and synthesis of sub-6 DOF parallel manipulators, IEEE Trans. Robotics **23**(4), 625–649 (2007)

18.16 X. Kong, C.M. Gosselin: *Type Synthesis of Parallel Mechanisms*, Springer Tracts in Advanced Robotics, Vol. 33 (Springer, Berlin, Heidelberg 2007)

18.17 J.P. Merlet: http://www.sop.inria.fr/members/Jean-Pierre.Merlet//Archi/archi_robot.html (INRIA, France)

18.18 F. Pierrot, V. Nabat, O. Company, S. Krut, P. Poignet: Optimal design of a 4-DOF parallel manipulator: From academia to industry, IEEE Trans. Robotics **25**(2), 213–224 (2009)

18.19 C. Gosselin, T. Lalibertè, A. Veillette: Singularity-free kinematically redundant planar parallel mechanisms with unlimited rotational capability, IEEE Trans. Robotics **31**(2), 457–467 (2015)

18

18.20 G. Gogu: *Structural Synthesis of Parallel Robots* (Kluwer, Dordrecht 2007)
18.21 P. Dietmaier: The Stewart Gough platform of general geometry can have 40 real postures. In: *Advances in Robot Kinematics: Analysis Control*, ed. by J. Lenarčič, M.L. Husty (Kluwer, Dordrecht 1998) pp. 7–16
18.22 M.L. Husty: An algorithm for solving the direct kinematic of Stewart Gough-type platforms, Mech. Mach. Theory **31**(4), 365–380 (1996)
18.23 M. Raghavan: The Stewart platform of general geometry has 40 configurations, ASME J. Mech. Des. **115**(2), 277–282 (1993)
18.24 J.C. Faugère, D. Lazard: The combinatorial classes of parallel manipulators, Mech. Mach. Theory **30**(6), 765–776 (1995)
18.25 T.-Y. Lee, J.-K. Shim: Improved dyalitic elimination algorithm for the forward kinematics of the general Stewart Gough platform, Mech. Mach. Theory **38**(6), 563–577 (2003)
18.26 F. Rouillier: Real roots counting for some robotics problems. In: *Computational Kinematics*, ed. by J.-P. Merlet, B. Ravani (Kluwer, Dordrecht 1995) pp. 73–82
18.27 J.-P. Merlet: Solving the forward kinematics of a Gough-type parallel manipulator with interval analysis, Int. J. Robotics Res. **23**(3), 221–236 (2004)
18.28 D. Manocha: Algebraic and Numeric Techniques for Modeling and Robotics, Ph.D. Thesis (University of California, Berkeley 1992)
18.29 A.J. Sommese, C.W. Wampler: *The Numerical Solution of Systems of Polynomials: Arising in Engineering And Science* (World Scientific, Singapore 2005)
18.30 C. Gosselin, J. Sefrioui, M.J. Richard: Solution polynomiale au problème de la cinématique directe des manipulateurs parallèles plans à 3 degrés de liberté, Mech. Mach. Theory **27**(2), 107–119 (1992)
18.31 P. Wenger, D. Chablat, M. Zein: Degeneracy study of the forward kinematics of planar $3-R\underline{P}R$ parallel manipulators, ASME J. Mech. Des. **129**(12), 1265–1268 (2007)
18.32 L. Baron, J. Angeles: The direct kinematics of parallel manipulators under joint-sensor redundancy, IEEE Trans. Robotics Autom. **16**(1), 12–19 (2000)
18.33 J.-P. Merlet: Closed-form resolution of the direct kinematics of parallel manipulators using extra sensors data, IEEE Int. Conf. Robotics Autom. (ICRA), Atlanta (1993) pp. 200–204
18.34 R. Vertechy, V. Parenti-Castelli: Robust, fast and accurate solution of the direct position analysis of parallel manipulators by using extra-sensors. In: *Parallel Manipulators: Towards New Applications*, ed. by H. Wu (InTech, Rijeka 2008) pp. 133–154
18.35 R. Stoughton, T. Arai: Kinematic optimization of a chopsticks-type micro-manipulator, Jpn. Symp. Flex. Autom., San Fransisco (1993) pp. 151–157
18.36 J.-P. Merlet, D. Daney: Dimensional synthesis of parallel robots with a guaranteed given accuracy over a specific workspace, IEEE Int. Conf. Robotics Autom. (ICRA), Barcelona (2005)
18.37 J.-P. Merlet: Jacobian, manipulability, condition number, and accuracy of parallel robots, ASME J. Mech. Des. **128**(1), 199–206 (2006)
18.38 F.-T. Niaritsiry, N. Fazenda, R. Clavel: Study of the source of inaccuracy of a 3 DOF flexure hinge-based parallel manipulator, IEEE Int. Conf. Robotics Autom. (ICRA), New Orleans (2004) pp. 4091–4096
18.39 G. Pritschow, C. Eppler, T. Garber: Influence of the dynamic stiffness on the accuracy of PKM, 3rd Chemnitzer Parallelkinematik Semin. Chemnitz (2002) pp. 313–333
18.40 V. Parenti-Castelli, S. Venanzi: On the joint clearance effects in serial and parallel manipulators, Workshop Fundam. Issues Future Res. Dir. Parallel Mech. Manip. Québec (2002) pp. 215–223
18.41 A. Pott, M. Hiller: A new approach to error analysis in parallel kinematic structures, Adv. Robot Kinemat., Sestri-Levante (2004)
18.42 K. Wohlhart: Degrees of shakiness, Mech. Mach. Theory **34**(7), 1103–1126 (1999)
18.43 K. Tönshoff, B. Denkena, G. Günther, H.C. Möhring: Modelling of error effects on the new hybrid kinematic DUMBO structure, 3rd Chemnitzer Parallelkinematik Semin. Chemnitz (2002) pp. 639–653
18.44 U. Sellgren: Modeling of mechanical interfaces in a systems context, Int. ANSYS Conf., Pittsburgh (2002)
18.45 S. Eastwood, P. Webbb: Compensation of thermal deformation of a hybrid parallel kinematic machine, Robotics Comput. Manuf. **25**(1), 81–90 (2009)
18.46 W. Khalil, S. Besnard: Identificable parameters for the geometric calibration of parallel robots, Arch. Control Sci. **11**(3/4), 263–277 (2001)
18.47 C.W. Wampler, J.M. Hollerbach, T. Arai: An implicit loop method for kinematic calibration and its application to closed-chain mechanisms, IEEE Trans. Robotics Autom. **11**(5), 710–724 (1995)
18.48 D. Daney, Y. Papegay, A. Neumaier: Interval methods for certification of the kinematic calibration of parallel robots, IEEE Int. Conf. Robotics Autom. (ICRA), New Orleans (2004) pp. 1913–1918
18.49 D. Daney, N. Andreff, G. Chabert, Y. Papegay: Interval method for calibration of parallel robots: a vision-based experimentation, Mech. Mach. Theory **41**(8), 929–944 (2006)
18.50 A. Nahvi, J.M. Hollerbach: The noise amplification index for optimal pose selection in robot calibration, IEEE Int. Conf. Robotics Autom. (ICRA), Minneapolis (1996) pp. 647–654
18.51 G. Meng, L. Tiemin, Y. Wensheng: Calibration method and experiment of Stewart platform using a laser tracker, Int. Conf Syst. Man Cybern., Hague (2003) pp. 2797–2802
18.52 D. Daney: Optimal measurement configurations for Gough platform calibration, IEEE Int. Conf. Robotics Autom. (ICRA), Washington (2002) pp. 147–152
18.53 P. Renaud, N. Andreff, P. Martinet, G. Gogu: Kinematic calibration of parallel mechanisms: A novel approach using legs observation, IEEE Trans. Robotics **21**(4), 529–538 (2005)

18

18.54 C. Gosselin, J. Angeles: Singularity analysis of closed-loop kinematic chains, IEEE Trans. Robotics Autom. **6**(3), 281–290 (1990)

18.55 D. Zlatanov, R.G. Fenton, B. Benhabib: A unifying framework for classification and interpretation of mechanism singularities, ASME J. Mech. Des. **117**(4), 566–572 (1995)

18.56 D. Zlatanov, I.A. Bonev, C.M. Gosselin: Constraint singularities of parallel mechanisms, IEEE Int. Conf. Robotics Autom. (ICRA), Washington (2002) pp. 496–502

18.57 M. Conconi, M. Carricato: A new assessment of singularities of parallel kinematic chains, IEEE Trans. Robotics **25**(4), 757–770 (2009)

18.58 G. Liu, Y. Lou, Z. Li: Singularities of parallel manipulators: A geometric treatment, IEEE Trans. Robotics Autom. **19**(4), 579–594 (2003)

18.59 I.A. Bonev, D. Zlatanov: The mystery of the singular SNUtranslational parallel robot, http://www.parallemic.org/Reviews/Review004.html (2001)

18.60 H. Li, C.M. Gosselin, M.J. Richard, B. Mayer St-Onge: Analytic form of the six-dimensional singularity locus of the general Gough-Stewart platform, ASME J. Mech. Des. **128**(1), 279–287 (2006)

18.61 B. Mayer St-Onge, C.M. Gosselin: Singularity analysis and representation of the general Gough-Stewart platform, Int. J. Robotics Res. **19**(3), 271–288 (2000)

18.62 J.-P. Merlet: Singular configurations of parallel manipulators and Grassmann geometry, Int. J. Robotics Res. **8**(5), 45–56 (1989)

18.63 R. Ben-Horin, M. Shoham: Application of Grassmann Cayley algebra to geometrical interpretation of parallel robot singularities, Int. J. Robotics Res. **28**(1), 127–141 (2009)

18.64 H. Pottmann, M. Peternell, B. Ravani: Approximation in line space. Applications in robot kinematics, Adv. Robot Kinemat., Strobl (1998) pp. 403–412

18.65 P.A. Voglewede, I. Ebert-Uphoff: Measuring *closeness* to singularities for parallel manipulators, IEEE Int. Conf. Robotics Autom. (ICRA), New Orleans (2004) pp. 4539–4544

18.66 G. Nawratil: New performance indices for 6-DOF UPS and 3-DOF RPR parallel manipulators, Mech. Mach. Theory **44**(1), 208–221 (2009)

18.67 J. Hubert, J.-P. Merlet: Static of parallel manipulators and closeness to singularity, J. Mech. Robotics **1**(1), 1–6 (2009)

18.68 P. Cardou, S. Bouchard, C. Gosselin: Kinematic-sensitivity indices for dimensionally nonhomogeneous jacobian matrices, IEEE Trans. Robotics **26**(1), 166–173 (2010)

18.69 J.-P. Merlet, D. Daney: A formal-numerical approach to determine the presence of singularity within the workspace of a parallel robot. In: *Computational Kinematics*, ed. by F.C. Park, C.C. Iurascu (EJCK, Seoul 2001) pp. 167–176

18.70 S. Bhattacharya, H. Hatwal, A. Ghosh: Comparison of an exact and an approximate method of singularity avoidance in platform type parallel manipulators, Mech. Mach. Theory **33**(7), 965–974 (1998)

18.71 D.N. Nenchev, M. Uchiyama: Singularity-consistent path planning and control of parallel robot motion through instantaneous-self-motion type, IEEE Int. Conf. Robotics Autom. (ICRA), Minneapolis (1996) pp. 1864–1870

18.72 C. Innocenti, V. Parenti-Castelli: Singularity-free evolution from one configuration to another in serial and fully-parallel manipulators, 22nd Bienn. Mech. Conf., Scottsdale (1992) pp. 553–560

18.73 M. Husty: Non-singular assembly mode change in 3-RPR parallel manipulators. In: *Computational Kinematics*, ed. by A. Kecskeméthy, A. Müller (Springer, Berlin, Heidelberg 2009) pp. 51–60

18.74 S. Caro, P. Wenger, D. Chablat: Non-singular assembly mode changing trajectories of a 6-DOF parallel robot, ASME Int. Des. Eng. Techn. Conf. Comput. Inform. Eng. Conf., Chicago (2012)

18.75 R. Ranganath, P.S. Nair, T.S. Mruthyunjaya, A. Ghosal: A force-torque sensor based on a Stewart platform in a near-singular configuration, Mech. Mach. Theory **39**(9), 971–998 (2004)

18.76 M.L. Husty, A. Karger: Architecture singular parallel manipulators and their self-motions. In: *Adv. Robot Kinematics: Analysis Control*, ed. by J. Lenarčič, M.L. Husty (Springer, Dordrecht 2000) pp. 355–364

18.77 A. Karger: Architecture singular planar parallel manipulators, Mech. Mach. Theory **38**(11), 1149–1164 (2003)

18.78 K. Wohlhart: Mobile 6-SPS parallel manipulators, J. Robotic Syst. **20**(8), 509–516 (2003)

18.79 C. Innocenti, V. Parenti-Castelli: Direct kinematics of the 6-4 fully parallel manipulator with position and orientation uncoupled, Eur. Robotics Intell. Syst. Conf., Corfou (1991)

18.80 G. Gogu: Mobility of mechanisms: A critical review, Mech. Mach. Theory **40**(10), 1068–1097 (2005)

18.81 I. Zabalza, J. Ros, J.J. Gil, J.M. Pintor, J.M. Jimenez: Tri-Scott a new kinematic structure for a 6-DOF decoupled parallel manipulator, Workshop Fundam. Issues Future Res. Dir. Parallel Mech. Manip., Québec (2002) pp. 12–15

18.82 C. Gosselin: Determination of the workspace of 6-DOF parallel manipulators, ASME J. Mech. Des. **11**(3), 331–336 (1990)

18.83 J.-P. Merlet: Geometrical determination of the workspace of a constrained parallel manipulator, Adv. Robot Kinemat., Ferrare (1992) pp. 326–329

18.84 F.A. Adkins, E.J. Haug: Operational envelope of a spatial Stewart platform, ASME J. Mech. Des. **119**(2), 330–332 (1997)

18.85 E.J. Haugh, F.A. Adkins, C.M. Luh: Operational envelopes for working bodies of mechanisms and manipulators, ASME J. Mech. Des. **120**(1), 84–91 (1998)

18.86 O. Bohigas, L. Ros, M. Manubens: A complete method for workspace boundary determination, Adv. Robot Kinemat., Piran (2010) pp. 329–338

18.87 J.-P. Merlet: Determination of 6D workspaces of Gough-type parallel manipulator and comparison between different geometries, Int. J. Robotics Res. **18**(9), 902–916 (1999)

18.88 P. Wenger, D. Chablat: Workspace and assembly modes in fully parallel manipulators: A descriptive study. In: *Advances in Robot Kinematics:*

18

Analysis Control, ed. by J. Lenarčič, M.L. Husty (Springer, Dordrecht 1998) pp. 117–126
18.89 G. Moroz, F. Rouiller, D. Chablat, P. Wenger: On the determination of cusp points of 3-*R̲PR* parallel manipulators, Mech. Mach. Theory **45**(11), 1555–1567 (2010)
18.90 S. Briot, V. Arakelian: Optimal force generation in parallel manipulators for passing through the singular positions, Int. J. Robotics Res. **27**(2), 967–983 (2008)
18.91 J. Hesselbach, C. Bier, C. Budde, P. Last, J. Maaß, M. Bruhn: Parallel robot specific control fonctionalities, 2nd Int. Colloquium, Collab. Res. Centre, Braunschweig (2005) pp. 93–108
18.92 J.-P. Merlet: An efficient trajectory verifier for motion planning of parallel machine, Parallel Kinemat. Mach. Int. Conf., Ann Arbor (2000)
18.93 R. Ur-Rehman, S. Caro, D. Chablat, P. Wenger: Multi-objective path placement of parallel kinematics machines based on energy consumption, shaking forces and maximum actuator torques: Application to the Orthoglide, Mech. Mach. Theory **45**(8), 1125–1141 (2010)
18.94 J. Cortés, T. Siméon: Probabilistic motion planning for parallel mechanisms, IEEE Int. Conf. Robotics Autom. (ICRA), Taipei (2003) pp. 4354–4359
18.95 J.H. Yakey, S.M. LaValle, L.E. Kavraki: Randomized path planning for linkages with closed kinematic chains, IEEE Trans. Robotics Autom. **17**(6), 951–958 (2001)
18.96 J.-P. Merlet, M.-W. Perng, D. Daney: Optimal trajectory planning of a 5-axis machine tool based on a 6-axis parallel manipulator. In: *Advances in Robot Kinematics*, ed. by J. Lenarčič, M.L. Husty (Kluwer, Dordrecht 2000) pp. 315–322
18.97 D. Shaw, Y.-S. Chen: Cutting path generation of the Stewart platform-based milling machine using an end-mill, Int. J. Prod. Res. **39**(7), 1367–1383 (2001)
18.98 Z. Wang, Z. Wang, W. Liu, Y. Lei: A study on workspace, boundary workspace analysis and workpiece positioning for parallel machine tools, Mech. Mach. Theory **36**(6), 605–622 (2001)
18.99 D.R. Kerr: Analysis, properties, and design of a Stewart-platform transducer, J. Mech. Transm. Autom. Des. **111**(1), 25–28 (1989)
18.100 C.C. Nguyen, S.S. Antrazi, Z.L. Zhou, C.E. Campbell: Analysis and experimentation of a Stewart platform-based force/torque sensor, Int. J. Robotics Autom. **7**(3), 133–141 (1992)
18.101 C. Reboulet, A. Robert: Hybrid control of a manipulator with an active compliant wrist, 3rd Int. Symp. Robotics Res., Gouvieux (1985) pp. 76–80
18.102 J. Duffy: *Statics and Kinematics with Applications to Robotics* (Cambridge Univ. Press, New York 1996)
18.103 C. Huang, W.-H. Hung, I. Kao: New conservative stiffness mapping for the Stewart Gough platform, IEEE Int. Conf. Robotics Autom. (ICRA), Washington (2002) pp. 823–828
18.104 J.L. Herder: Energy-free systems: Theory, Conception and Design of Statically Balanced Spring Mechanisms, Ph.D. Thesis (Delft University of Technology, Delft 2001)
18.105 G.R. Dunlop, T.P. Jones: Gravity counter balancing of a parallel robot for antenna aiming, 6th Int. Symp. Robotics Manuf., Montpellier (1996) pp. 153–158
18.106 M. Jean, C. Gosselin: Static balancing of planar parallel manipulators, IEEE Int. Conf. Robotics Autom. (ICRA), Minneapolis (1996) pp. 3732–3737
18.107 I. Ebert-Uphoff, C.M. Gosselin, T. Laliberté: Static balancing of spatial parallel platform-revisited, ASME J. Mech. Des. **122**(1), 43–51 (2000)
18.108 C.M. Gosselin, J. Wang: Static balancing of spatial six-degree-of-freedom parallel mechanisms with revolute actuators, J. Robotic Syst. **17**(3), 159–170 (2000)
18.109 M. Leblond, C.M. Gosselin: Static balancing of spatial and planar parallel manipulators with prismatic actuators, ASME Des. Eng. Tech. Conf., Atlanta (1998) pp. 5187–5193
18.110 B. Monsarrat, C.M. Gosselin: Workspace analysis and optimal design of a 3-leg 6-DOF parallel platform mechanism, IEEE Trans. Robotics Autom. **19**(6), 954–966 (2003)
18.111 J. Wang, C.M. Gosselin: Static balancing of spatial three-degree-of-freedom parallel mechanisms, Mech. Mach. Theory **34**(3), 437–452 (1999)
18.112 Y. Wu, C.M. Gosselin: Synthesis of reactionless spatial 3-DOF and 6-DOF mechanisms without separate counter-rotations, Int. J. Robotics Res. **23**(6), 625–642 (2004)
18.113 M. Ait-Ahmed: Contribution à la Modélisation Géométrique et Dynamique des Robots Parallèles, Ph.D. Thesis (Univ. Paul Sabatier, Toulouse 1993)
18.114 G.F. Liu, X.Z. Wu, Z.X. Li: Inertial equivalence principle and adaptive control of redundant parallel manipulators, IEEE Int. Conf. Robotics Autom. (ICRA), Washington (2002) pp. 835–840
18.115 R. Clavel: Conception d'un robot parallèle rapide à 4 degrés de liberté, Ph.D. Thesis (EPFL, Lausanne, 1991), No. 925.
18.116 J. Gallardo, J.M. Rico, A. Frisoli, D. Checcacci, M. Bergamasco: Dynamics of parallel manipulators by means of screw theory, Mech. Mach. Theory **38**(11), 1113–1131 (2003)
18.117 L.-W. Tsai: Solving the inverse dynamics of a Stewart Gough manipulator by the principle of virtual work, ASME J. Mech. Des. **122**(1), 3–9 (2000)
18.118 J. Wang, C.M. Gosselin: A new approach for the dynamic analysis of parallel manipulators, Multibody Syst. Dyn. **2**(3), 317–334 (1998)
18.119 Z. Geng, L.S. Haynes: On the dynamic model and kinematic analysis of a class of Stewart platforms, Robotics Auton. Syst. **9**(4), 237–254 (1992)
18.120 K. Liu, F. Lewis, G. Lebret, D. Taylor: The singularities and dynamics of a Stewart platform manipulator, J. Intell. Robotic Syst. **8**(3), 287–308 (1993)
18.121 K. Miller, R. Clavel: The Lagrange-based model of Delta-4 robot dynamics, Robotersysteme **8**(1), 49–54 (1992)
18.122 H. Abdellatif, B. Heimann: Computational efficient inverse dynamics of 6-DOF fully parallel manipulators by using the Lagrangian formalism, Mech. Mach. Theory **44**(1), 192–207 (2009)
18.123 K. Miller: Optimal design and modeling of spatial

parallel manipulators, Int. J. Robotics Res. **23**(2), 127–140 (2004)
18.124 A. Codourey, E. Burdet: A body oriented method for finding a linear form of the dynamic equations of fully parallel robot, IEEE Int. Conf. Robotics Autom. (ICRA), Albuquerque (1997) pp. 1612–1618
18.125 B. Dasgupta, P. Choudhury: A general strategy based on the Newton Euler approach for the dynamic formulation of parallel manipulators, Mech. Mach. Theory **34**(6), 801–824 (1999)
18.126 P. Guglielmetti: Model-Based Control of Fast Parallel Robots: a Global Approach in Operational Space, Ph.D. Thesis (EPFL, Lausanne, 1994)
18.127 K. Harib, K. Srinivasan: Kinematic and dynamic analysis of Stewart platform-based machine tool structures, Robotica **21**(5), 541–554 (2003)
18.128 W. Khalil, O. Ibrahim: General solution for the dynamic modeling of parallel robots, IEEE Int. Conf. Robotics Autom. (ICRA), New Orleans (2004) pp. 3665–3670
18.129 C. Reboulet, T. Berthomieu: Dynamic model of a six degree of freedom parallel manipulator, Int. Conf. Adv. Robotics, Pise (1991) pp. 1153–1157
18.130 H. Abdellatif, B. Heimann: Experimental identification of the dynamics model for 6-DOF parallel manipulators, Robotica **28**(3), 359–368 (2010)
18.131 H. Abdellatif, B. Heimann: Model based control for industrial robots: Uniform approaches for serial and parallel structures. In: *Industrial Robotics: Theory, Modelling and Control*, ed. by S. Cubero (pro literatur Verlag, Augsburg 2007) pp. 523–556
18.132 S. Tadokoro: Control of parallel mechanisms, Adv. Robotics **8**(6), 559–571 (1994)
18.133 M. Honegger, A. Codourey, E. Burdet: Adaptive control of the Hexaglide, a 6 DOF parallel manipulator, IEEE Int. Conf. Robotics Autom. (ICRA), Albuquerque (1997) pp. 543–548
18.134 S. Bhattacharya, H. Hatwal, A. Ghosh: An online estimation scheme for generalized Stewart platform type parallel manipulators, Mech. Mach. Theory **32**(1), 79–89 (1997)
18.135 P. Guglielmetti, R. Longchamp: A closed-form inverse dynamics model of the Delta parallel robot, 4th IFAC Symp. Robot Control, Syroco, Capri (1994) pp. 51–56
18.136 K. Miller: Modeling of dynamics and model-based control of DELTA direct-drive parallel robot, J. Robotics Mechatron. **17**(4), 344–352 (1995)
18.137 E. Burdet, M. Honegger, A. Codourey: Controllers with desired dynamic compensation and their implementation on a 6 DOF parallel manipulator, IEEE Int. Conf. Intell. Robots Syst. (IROS), Takamatsu (2000)
18.138 K. Yamane, Y. Nakamura, M. Okada, N. Komine, K.I. Yoshimoto: Parallel dynamics computation and h_∞ acceleration control of parallel manipulators for acceleration display, ASME J. Dyn. Syst. Meas. Control **127**(2), 185–191 (2005)
18.139 J.E. McInroy: Modeling and design of flexure jointed Stewart platforms for control purposes, IEEE/ASME Trans. Mechatron. **7**(1), 95–99 (2002)
18.140 F. Paccot, N. Andreff, P. Martinet: A review on the dynamic control of parallel kinematic machines: theory and experiments, Int. J. Robotics Res. **28**(3), 395–416 (2009)
18.141 D. Corbel, M. Gouttefarde, O. Company, F. Pierrot: Towards 100G with PKM is actuation redundancy a good solution for pick-and-place?, IEEE Int. Conf. Robotics Autom. (ICRA), Anchorage (2010) pp. 4675–4682
18.142 F. Xi: Dynamic balancing of hexapods for high-speed applications, Robotica **17**(3), 335–342 (1999)
18.143 J. Angeles: The robust design of parallel manipulators, 1st Int. Colloquium, Collab. Res. Centre, Braunschweig (2002) pp. 9–30
18.144 S. Bhattacharya, H. Hatwal, A. Ghosh: On the optimum design of a Stewart platform type parallel manipulators, Robotica **13**(2), 133–140 (1995)
18.145 K.E. Zanganeh, J. Angeles: Kinematic isotropy and the optimum design of parallel manipulators, Int. J. Robotics Res. **16**(2), 185–197 (1997)
18.146 H. Fang, J.-P. Merlet: Multi-criteria optimal design of parallel manipulators based on interval analysis, Mech. Mach. Theory **40**(2), 151–171 (2005)
18.147 S. Kamamura, W. Choe, S. Tanaka, S.R. Pandian: Development of an Ultrahigh Speed Robot FALCON using Wire Drive System, IEEE Int. Conf. Robotics Autom. (ICRA) (1995) pp. 215–220
18.148 L.L. Cone: Skycam: An Aerial Robotic Camera System, Byte **10**(10), 122–132 (1985)
18.149 J. Pusey, A. Farrah, S.K. Agrawal, E. Messina: Design and workspace analysis of a 6-6 cable-suspended parallel robot, Mech. Mach. Theory **39**, 761–778 (2004)
18.150 C. Gosselin, S. Bouchard: A gravity-powered mechanism for extending the workspace of a cable-driven parallel mechanism: Application to the appearance modelling of objects, Int. J. Autom. Technol. **4**(4), 372–379 (2010)
18.151 J. Lamaury, M. Gouttefarde: A tension distribution method with improved computational efficiency. In: *Cable-Driven Parallel Robots*, ed. by T. Bruckmann, A. Pott (Springer, Berlin, Heidelberg 2012) pp. 71–85
18.152 A.T. Riechel, I. Ebert-Uphoff: Force-feasible workspace analysis for underconstrained,point-mass cable robots, IEEE Int. Conf. Robotics Autom. (ICRA) (2004) pp. 4956–4962
18.153 D. Cunningham, H. Asada: The Winch-Bot: A cable-suspended, under-actuated robot utilizing parametric self-excitation, IEEE Int. Conf. Robotics Autom. (ICRA) (2009) pp. 1844–1850
18.154 S. Lefrançois, C. Gosselin: Point-to-point motion control of a pendulum-like 3-DOF underactuated cable-driven robot, IEEE Int. Conf. Robotics Autom. (ICRA) (2010) pp. 5187–5193
18.155 D. Zanotto, G. Rosati, S.K. Agrawal: Modeling and control of a 3-DOF pendulum-like manipulator, IEEE Int. Conf. Robotics Autom. (ICRA) (2011) pp. 3964–3969
18.156 C. Gosselin, P. Ren, S. Foucault: Dynamic trajectory planning of a two-DOF cable-suspended parallel robot, IEEE Int. Conf. Robotics Autom. (ICRA) (2012) pp. 1476–1481
18.157 G. Barrette, C. Gosselin: Determination of the dy-

namic workspace of cable-driven planar parallel mechanisms, ASME J. Mech. Des. **127**(2), 242–248 (2005)
18.158 M. Carricato, J.-P. Merlet: Direct geometrico-static problem of under-constrained cable-driven parallel robots with three cables, IEEE Int. Conf. Robotics Autom. (ICRA) (2011) pp. 3011–3017
18.159 J.-F. Collard, P. Cardou: Computing the lowest equilibrium pose of a cable-suspended rigid body, Optim. Eng. **14**, 457–476 (2013)
18.160 S. Behzadipour, A. Khajepour: Trajectory planning in cable-based high-speed parallel robots, IEEE Trans. Robotics **22**(3), 559–563 (2006)
18.161 M. Gouttefarde, C. Gosselin: Analysis of the wrench-closure workspace of planar parallel cable-driven mechanisms, IEEE Trans. Robotics **22**(3), 434–445 (2006)
18.162 E. Stump, V. Kumar: Workspace delienation of cable-actuated parallel manipulators, ASME Int. Des. Eng. Tech. Conf. (2004)
18.163 M. Gouttefarde, D. Daney, J.-P. Merlet: Interval-analysis-based determination of the wrench-feasible workspace of parallel cable-driven robots, IEEE Trans. Robotics **27**(1), 1–13 (2011)
18.164 K. Azizian, P. Cardou: The dimensional synthesis of planar parallel cable-driven mechanisms through convex relaxations, ASME J. Mech. Des. **4**(3), 0310111–03101113 (2012)
18.165 S. Perreault, P. Cardou, C. Gosselin, M.J.D. Otis: Geometric determination of the interference-free constant-orientation workspace of parallel cable-driven mechanisms, ASME J. Mech. Robotics **2**(3), 031016 (2010)
18.166 J.-P. Merlet: MARIONET, a family of modular wire-driven parallel robots, Adv. Robot Kinemat.: Motion Man Mach. (2010) pp. 53–61
18.167 The National Advanced Driving Simulator, The University of Iowa: http://www.nads-sc.uiowa.edu
18.168 M. Girone, G. Burdea, M. Bouzit, V. Popescu, J.E. Deutsch: A Stewart platform-based system for ankle telerehabilitation, Auton. Robots **10**(2), 203–212 (2001)
18.169 T. Nakano, M. Sugita, T. Ueta, Y. Tamaki, M. Mitsuishi: A parallel robot to assist vitreoretinal surgery, Int. J. Comput. Assist. Radiol. Surg. **4**(6), 517–526 (2009)
18.170 M. Wu, T.G. Hornby, J.M. Landry, H. Roth, B.D. Schmit: A cable-driven locomotor training system for restoration of gait in human SCI, Gait Posture **33**(2), 256–260 (2011)
18.171 J. Fink, N. Michael, S. Kim, V. Kumar: Planning and control for cooperative manipulation and transportation with aerial robots, Proc. Intl. Sym. Robot. Res., Luzern (2009)

第 19 章

机器人手

Claudio Melchiorri，Makoto Kaneko

多指机器人手主要通过旋转运动和平移运动实现对目标件的灵巧操作。本章将介绍多指机器人手的设计、驱动、传感和控制。不过，从设计的观点来看，由于各个关节的空间限制，驱动器的安装和使用受到了明显约束。本章的主要内容包括：19.1 节简述了仿人手末端执行器及其灵巧性。19.2 节介绍了各种驱动方式点优缺点，主要分类包括：①远程驱动与内置驱动；②关节数量与驱动器数量的关系。19.3 节介绍了多指机器人手的中所使用的驱动器和传感器。19.4 节介绍了基于动态效应和摩擦的多指机器人手的建模及控制。19.5 节概述了机器人手的应用和发展趋势。最后，给出了本章的结论与延展阅读建议。

目　录

人手不仅能够抓取不同形状和尺寸的物体，而且能够灵巧地操作所抓取的目标。众所周知，人手通过训练可以操作木棒进行杂技表演，可以控制铅笔进行滚动或滑动，也能对微小的物体进行良好的控制以实现精密操作。显而易见，仅能实现简单抓取和释放动作的夹持器不可能完成上述复杂的动作，而多指机器人手在完成灵巧操作方面极具应用潜力。此外，人类不仅用手抓取或操作物体，还能依靠手感知物体的纹理、温度和重量等物理特性，我们希望机器人手也能够拥有类似的感知功能。通过在机器人手上安装先进的传感器，再配合合适的控制算法，就能够提高机器人手与周围环境的交互能力，使其可以主动监测和采集周围环境的各种信息，以完成简单夹持器无法胜任的工作，由于各种原因，早在机器人发展初期，多指机器人手的研究就吸引了一大批学者的关注。

20 世纪 70 年代末，Okada 基于柔索驱动系统，研制了一种可实现拧螺母的多指机器人手[19.1]。20 世纪 80 年代初期，两款经典的多指机器人手问世，它们分别是由斯坦福/喷气推进实验室开发的 JPL 手（VIDEO 751）和麻省理工学院研制的 Utah/MIT 手[19.2,3]。至今，这两款机器人手仍被视为该领域的里程碑，常作为标准来检验新机器人手的性能。随后，世界各地的研究机构相继设计和开发出一系列多指机器人手。其中，颇具名气的有 DLR 机器人手（VIDEO 754、VIDEO 768 和 VIDEO 769）、MEL 机器人手、ETL 机器人手、Darmstadt 机器人手、Karlsruhe 机器人手、UB 机器人手（VIDEO 756 和 VIDEO 767）、Barrett 机器人手（VIDEO 752）、Yasukawa 机器人手、GiFu 机器人手、U-Tokyo 机器人手、Hiroshima 机器人手、Soft Pisa/ⅡT 机器人手（VIDEO 749 和 VIDEO 750）等[19.4-10]。

在研制多指机器人手时，不可避免地会遇到以下问题：手指自由度及运动学结构的确定、机器人手拟人程度的判定、驱动方式的选择、传输系统的设计（远程驱动情况下）、传感器的布置、控制算法与承载装置（机器人手臂）的集成等，上述所有问题都会在本章提及。

19.1　基本概念

在讲述机器人手的设计及应用之前，有必要对机器人手设计过程中常见的一些基本概念和定义进行说明。尤其注意灵巧性（dexterity）和拟人程度（anthropomorphism）这类术语在机器人手研究领域的特定含义。

19.1.1　仿人手末端执行器

在机器人手研究领域，拟人程度指机器人手在形状、大小、颜色和温度等方面与真人手的相似程度。从字面上理解，拟人程度仅涉及机器人手的外部特征，并不要求其具备某些功能。灵巧性则特指机器人手具有的实际功能，不涉及机器人手的外观或美学特征。因此，拟人程度和灵巧性在机器人领域是两个完全独立的概念。

实际上，存在着许多灵巧性较差但具有一定拟人程度的末端执行器，但此类机器人手只能完成一些简单的抓持任务[19.11]。相似地，也存在一些灵巧性极好且能完成复杂动作的智能末端执行器，但此类机器人手的外观与人手大相径庭，如DxGrip-Ⅱ[19.12]。因此，对机器人手的拟人程度而言，它的灵巧性既不充分也不必要，但具有高灵巧性的人手为机器人手的设计提供了很好的外观蓝本。

19

由于诸多原因，很多科研人员将拟人程度作为机器人末端执行器的设计目标之一，主要原因如下：

1）在很多只有机器人或人类才能进行工作的环境中，具有一定拟人程度的末端执行器能够代替人手进行工作。

2）末端执行器能够在工作人员的遥控下，模仿操作者的动作开展工作。

3）出于娱乐、救援等目的，通常需要机器人具有与人类相似的形态及动作。

4）在假肢等领域，拟人程度也是必不可少的。近年来，末端执行器在假肢等领域已取得了一些成果[19.13-15]，如今的假肢已经能够被看成是一个完整的机器人系统。

由于机器人系统中灵巧性这一概念的抽象性，很难对其进行量化或有效的测定。然而，机器人手的拟人程度却能通过一些客观的比较进行度量。影响机器人手拟人程度的因素主要有：

1）运动学特征。主要组成元素（手指、可侧摆的拇指和手掌）的形态。

2）表面特征。接触表面的延展性与光滑性反映了机器人手通过有效关节的表面与目标物体实现接触的能力及其表面的形态[19.16]。

3）尺寸。机器人手的尺寸既包括其整体大小，也包括手指各个关节长度间的比例关系。

19.1.2　机器人手的灵巧性

相比机器人手对真实人手的外观模仿而言，其对人手的功能性模仿更为重要。

人手有以下两个重要的功能：

1）抓持能力：人手能够抓持不同大小和形状物体的能力。

2）理解能力：人手在抓持物体的过程中能够准确获得相关信息的能力。

从这层意义上来讲，人手既是输出装置也是输入装置[19.17]。作为输出装置，人手能够提供足够的抓持力，并对目标进行抓取或精确操作。作为输入装置，人手能够对某个位置的环境进行探索，并获得与之相关的信息。通过设计，机器人手也可以具备与人手相似的功能。实际上，对应用于未知环境的机器人系统，往往要求其具备灵巧的操作能力，以完成复杂的任务。

一种被广泛采纳的定义认为，机器人手的灵巧性指其能根据所处工作环境的需要，主观地适应被操作物体的外形、位置等特征的程度。总而言之，由机器人系统操纵的具有一定灵巧性的末端执行器便能够自动完成较为复杂的任务。在一些文献[19.18]中也对机器人手的灵巧性做出了完整科学的论述。

尽管灵巧性一词自身已有非常明确的定义，但仍有必要根据能够完成任务的复杂程度及危险程度对机器人手的灵巧性进行分级[19.18]。机器人手的灵巧性可大致分为抓持动作灵巧性和内部操作灵巧性。

抓持动作灵巧性指机器人手抓持物体时姿态保持不变的能力。

内部操作灵巧性指通过手指姿态的变化在机器

人手的工作空间内控制所抓持物体的运动。

一些文献对上述两种分类进行了更详细的划分，包括不同的抓取拓扑结构，基于内部活动度或滑动接触或滚动接触的不同内部操作模式[19.18,19]。

虽然学术界对机器人手的灵巧性已经有了明确定义，但如何将其量化仍是科学家们争论的焦点。影响机器人手灵巧性的因素很多，其中包括机器人手的外部特征、传感器、控制算法、任务执行策略等。

19.2 机器人手的设计

即使在机器人手的结构、形状和尺寸已经确定的情况下，不同人设计出的机器人手也会由于设计理念的不同而不同。其中，一个关键问题是驱动系统和传动系统的设计；由于机器人手内部空间的限制，这个问题显得尤为重要。从总体上看，一方面，拟人程度和尺寸是机器人手设计所追求的主要目标；另一方面，在机器人手的设计过程中，可以适当采用柔性机构（图 19.1）替代传统的机械关节，如转动副[19.20,21]。

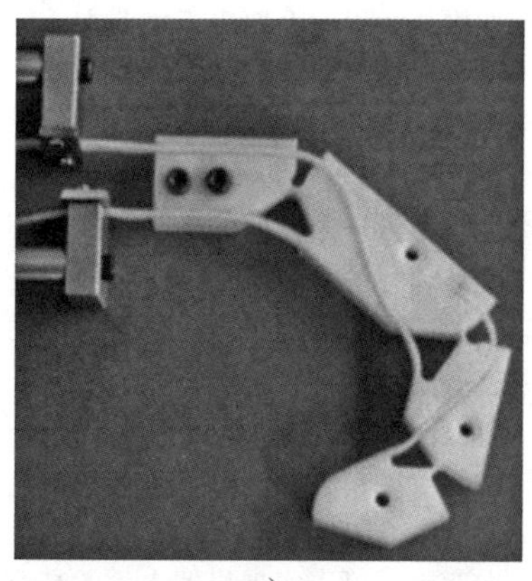

a)

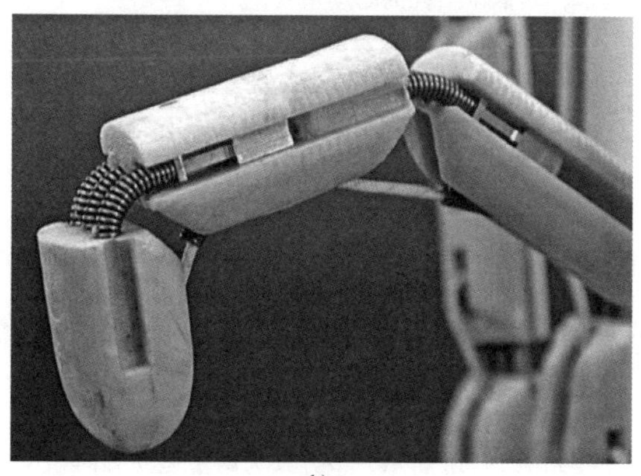

b)

图 19.1 三种基于柔性关节的机械人手指

a）手指由单片聚四氟乙烯加工而成

b）基于金属弹簧的柔性关节

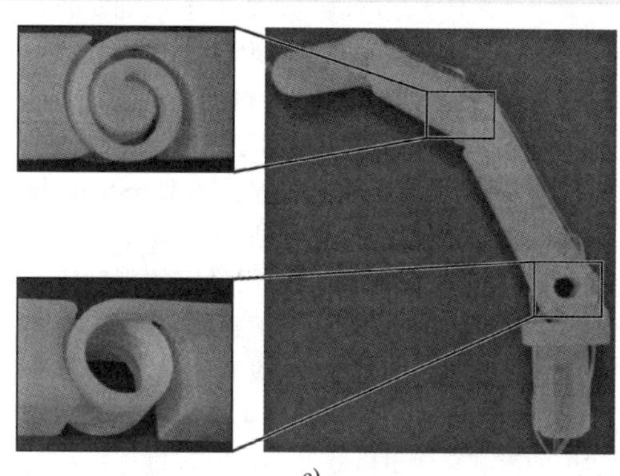

c)

图 19.1 三种基于柔性关节的机械人手指（续）

c）基于快速成型的柔性关节

需要指出的是，由于机器人手的设计方案和操作理念层出不穷，本节中所介绍的也仅是一系列设计方案中相对重要的几个，因此本节并不是对所有机器人手设计方案的完整综合性论述。

19.2.1 驱动器布置与传动

为了驱动机器人手的关节，需要在其中安装一定数量的驱动器。驱动器的布置方式通常有以下两种：

1）在手部关节周围就近安装驱动器，可以将驱动器安装在手指中或直接将驱动器与关节相连。

2）将电动机安装在手掌或前臂上。在这种情况下，电动机的运动需通过传动系统传递到手指关节。

1. 内置驱动方式

在驱动器内置的情况下，电动机直接安装在手指关节或与从动关节相连的两个指节之一内。因此，驱动器的布置方案可以归纳为两类：

1）直接驱动。电动机直接安装在手指关节中，并且电动机与关节之间没有任何传动元件。

2）内置指节驱动：电动机安装在与从动关节相连的其中一个指节中。

驱动器内置简化了手指关节的机械结构，降低了整个手部传动装置的复杂程度。更加值得一提的是，这种方式使得各手指关节在运动学上相互独立。通常情况下，手指的大小会受到驱动器尺寸的影响，并且由于各种技术上的原因，很难使机器人手同时具备人手的尺寸和强大的抓持能力。此外，由于驱动器会占据手指中的较大空间，使得传感器和皮肤层等元件很难再放入手指中。更加不利的是，将电动机内置安装必然会增加手指的重量，从而降低机器人手的灵巧性和敏捷度。

然而，驱动器技术的飞速发展，使我们能够直接将大小合适且有足够输出力矩的电动机安装在手指关节中。目前，采用驱动器内置方式的机器人手有DLR机器人手[19.4,22]、ETL机器人手、Karlsruhe机器人手、Yasukawa机器人手、Barrett机器人手、Gifu机器人手、U-Tokyo机器人手和Hiroshima机器人手。由于此类驱动器的布置形式中并不包含柔索之类的柔性元件，因此可以采用稳定的刚性传动系统实现高效的抓取。不过，这类驱动器排布方式存在缺陷，即机器人手中电源线和信号线的布线问题。这个问题在末端关节尤为明显，由于受末端关节线缆的影响，使得机器人手在抓取过程中相对于基部关节的力矩减小，最终导致控制系统对末端关节的控制精度和有效性降低。

2. 远程驱动方式

远程驱动是不同于内置驱动的另一种驱动器布置方式。在远程驱动方式中，驱动器安装在与从动关节直接相连的指节外部。这种方式需要有传动系统，即在机器人手抓取物体的过程中将驱动器的运动传递到从动关节。值得指出的是，该方式必须考虑各个驱动关节之间的运动耦合。远程驱动在生物体中的应用较为普遍，如人手的运动就由这种方式驱动，手指关节被位于手掌或前臂中的肌肉驱动做出各种动作。这种类似人手的驱动方式已应用于UB机器人手和Robonaut机器人手[19.23,24]。

机器人手远程驱动系统又可以根据所采用的传动元件特点分为柔性件传动和刚性件传动。

1）柔性件传动。柔性件传动主要依赖于传动元件之间的柔性连接，即线性形变式和旋转式的连接，通过改变传动路径以适应机器人手在运动过程中动作的改变。线性形变式柔性件传动利用既能承受拉力又能承受压力的柔性元件实现传递运动的目的。这种传动形式还可以进一步划分为传动轮-柔性件传动（如柔索、链条和同步带）和套接件-柔性件传动（主要是与柔索类似的传动件）。旋转柔性传动系统利用旋转轴将驱动器的运动传递给手指关节，最终通过位于关节附近的传动结构（锥齿轮或蜗杆机构）驱动关节转动。

2）刚性件传动。刚性件传动主要由连杆或齿轮这类元件构成。这种传动形式可以依据传动轴之间的平行或垂直关系进一步细分，如蜗杆传动、锥齿轮传动等。

19.2.2 驱动架构

内置驱动和远程驱动均可应用于不同构型的机构上，如在手指的每个关节上采用一个或多个驱动器，并且让这些驱动器以不同的方式工作。

此处，用N表示机器人手具有的关节总数（不包括腕关节），用M表示所有类型的驱动器总数。根据不同的驱动装置和传动装置，机器人手的驱动方式主要可以划分为以下三种。

1）$M<N$：机器人手中的部分关节是被动、耦合或欠驱动的。

2）$M=N$：每个关节都对应有驱动器，机器人手中没有被动、耦合或欠驱动的关节。

3）$M>N$：部分机器人手关节不止有一个驱动器。

驱动架构很大程度上取决于机器人手所使用的电动机类型。根据电动机类型，驱动模式主要可以分为以下两种：

1）单向驱动。这类驱动仅能实现一个方向的转动，电动机朝另一个方向的运动需要利用外部驱动，可以是被动系统（如弹簧），也可以是主动系统（如转向相反的驱动器）。基于柔索传动系统的机器人手就属于这种模式。

2）双向驱动。这类驱动能够实现正、反两个方向的转动，可以单独驱动一个手指关节，也可以与其他驱动器配合完成对关节的驱动。利用功能性冗余的双向驱动，可以实现机器人手的高难度驱动技术，如推拉结合的驱动模式。

以上的每一种驱动模式都可以进一步细分。下文将对常见的驱动模式进行简要介绍。

1. 带被动恢复元件的单向驱动

如图19.2a所示，像弹簧类的被动元件，能够在机器人手驱动的过程中储存能量，并且在回程阶段释放所储存的能量。这种结构简化了驱动方式，但需要另外的驱动为手部释放物体这一动作提供动力。这种方式的另外一个缺点是在抓取过程中，当能量的损耗及弹簧刚度较低时，相应的带宽受到限制。

2. 拮抗式单向驱动

如图19.2b所示，该方式为两个运动方向相反的驱动器驱动同一个关节，驱动器数与机器人手关节数的比值为2：1。由于过多的电动机数量导致机器人手结构变得比较复杂，但另一方面，由于驱动同一关节的两个驱动器能够以不同的拉力同时驱动关节，因此能够实现在关节上产生驱动力矩的同时进行预加载，这一特点可以使手部完成复杂的动作（如典型的柔索驱动关节）。

1）优点：协同控制策略，能够根据不同抓持阶段调整手指的刚度，从而减小摩擦力对机器人手快速抓取过程的影响；对每个关节进行独立的位置和张力控制时，能够在远程传输的情况下补偿不同驱动路径的长度。这是驱动关节最灵活的解决方案。

2）缺点：需要使用反向拉动关节的驱动器；无论采取何种驱动器布置方案，都很难为每个关节设置两个驱动器，而且控制系统复杂、成本高。

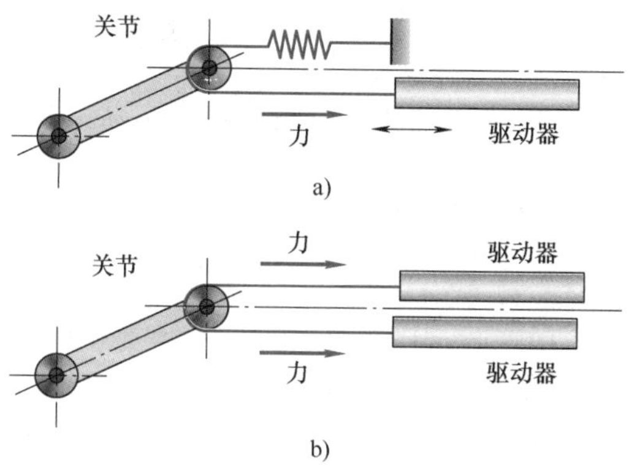

图 19.2 两种驱动方式

a）带被动恢复元件的单向驱动 b）拮抗式单向驱动

3. 依据驱动网络概念的单向驱动

这种方式主要源于生物系统。迄今为止仅有一些初步的研究，尚未成功地用于机器人手上。在这种类型的机器人手中，N 个关节由 M 个驱动器驱动，N 和 M 的关系为 $N<M<2N$。借助合适的驱动网络，每个驱动器不止驱动一个关节。

1）优点：协同控制策略，能够根据不同抓持阶段调整手指的刚度，从而减小摩擦力对机器人手快速抓取过程的影响；相对于拮抗式单向驱动，驱动器的数量有所减少。

2）缺点：需要使用反向拉动关节的驱动器；机器人手的动力学模型复杂，进而导致手指控制系统也变得复杂。

目前，最简单且应用最为广泛的驱动网络是如图 19.3c 所示的 N+1 型驱动网络结构（N 表示手指中的关节数量）。在这种情况下，所有驱动器均是相互耦合的，且任意一个驱动器的故障都会导致整个系统的瘫痪。

4. $N>M$ 的双向驱动

这种情况下，驱动器的数量少于关节的数量。此类驱动方式又可细分为下面两个子类：

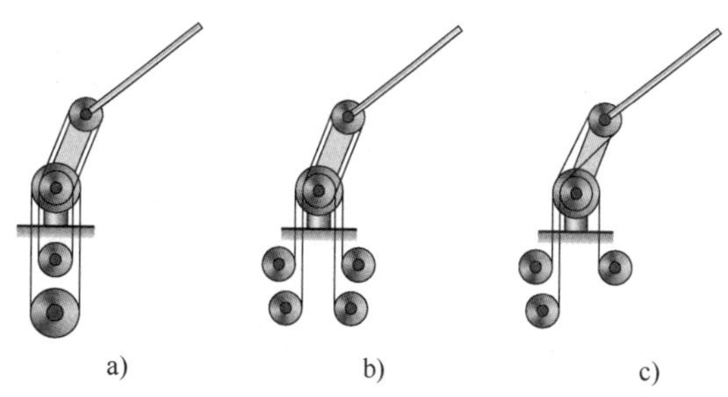

图 19.3 远程驱动

a）N 型 b）$2N$ 型 c）N+1 型

1）所有关节的运动都是耦合的，因此该类子系统的自由度为 1。

2）根据主动或被动选择性子系统，电动机选择性地驱动关节。

第一个子类还可以进一步细分为：

① 固定式耦合关节。在这种类型的手指中，一个电动机通过具有固定传动比的刚性传动装置驱动多个关节转动。利用齿轮传动可以实现耦合功能，具体实现方式如下：电动机直接驱动第一指节运动，主动轮固接于基座，从动轮和第二指节固接于第二关节轴，主动轮与从动轮之间为齿轮传动机构，如图 19.4a 所示。若需要实现两个平行手指的运动，可将两个齿轮安装在同一个轴上，并很容易地实现它们的连接。另一种常见的能实现耦合运动的装置是柔索驱动装置，如图 19.4b 所示。在机器人手设计中，使用固定式耦合关节的优点是能够事先确定并控制第二指节的运动和位置，缺点是不能自适应被抓持物体的形状，这可能会导致机器人手的抓取存在不稳定性。

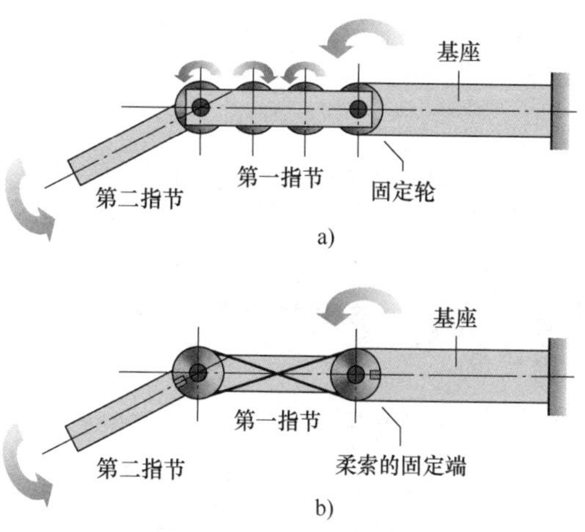

图 19.4 固定式耦合关节

a）基于齿轮的 $N>M$ 双向驱动

b）基于柔索的 $N>M$ 双向驱动

② 非固定式耦合关节。这种方式需要欠驱动机构和可变形的驱动关节。欠驱动机构指驱动器数量小于自由度数量的机构。当应用于机械手指时，欠驱动通常意味着与被抓持物的形状相适应，如欠驱动手指可以包围被抓持物，并且通过较少的驱动器便能适应其形状。为了确保系统的稳定性，欠驱动系统中需要引入弹性元件（简单的线性弹簧）和机械约束。对于一个正在逼近被夹持物体的手指，其形态由与物体相关的外部约束确定。图 19.5 所示为两自由度欠驱动手指的抓取过程[19.25]。该手指由底部连杆驱动，弹簧确保了手指处于完全伸展状态。机械约束使弹簧作用下的各指节在没有外力时保持平衡。由于各关节无法独立控制，手指的运动就取决于初始的设计参数（几何关系或刚度特性）。因此，设计参数的选定尤为重要。

图 19.5 欠驱动手指的抓取过程

另一种方式是通过可变形连杆机构耦合两个相邻关节的运动，其特征在于引入了具有一定柔性的运动链，以适应被抓取物体的外形。图 19.6 所示的非固定式耦合关节，就是一种基于该方式运作的简单机构。从结构上看，该机构类似于固定式耦合关节，主要的不同点仅在于它添加了一个弹簧，以增加柔索的延展性。当外力作用于末端指节时，弹簧保证第一指节与第二指节之间能够进行相对运动。这种方式得到了广泛应用，如广为人知的 DLR 机器人手。这种方式的优点主要在于它对物体形状的自适应性。目前，如何确定可变形元件的刚度，以及保证较强的抓取力与较好的形状匹配是设计过程中需要考虑的主要问题。

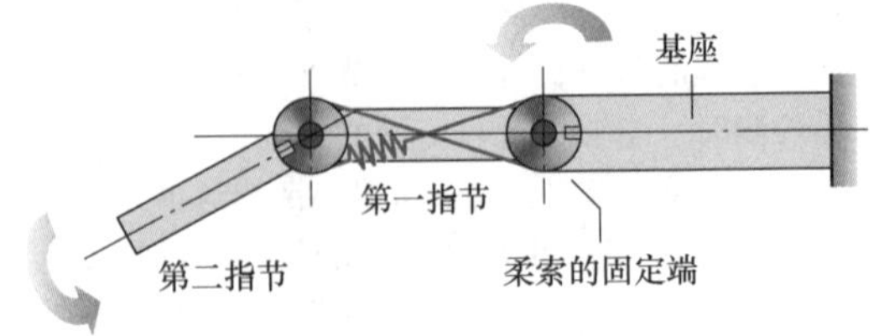

图 19.6 非固定式耦合关节

③ 单电动机选择性驱动关节。这种方式将一个电动机产生的运动传递并分配到多个关节。各个关节的驱动和控制通过一种类似于自动或受控离合器的可插入离合装置来实现。

5. $M=N$ 的双向驱动

这是一种非常普遍的形式：每个关节通过一个驱动器实现两个方向上的驱动。这种方式在两个方向上的性能是相似（甚至相同）的，但必须注意回程间隙的影响，而且有必要对传动系统进行预载。特别是，对有柔索等柔性件构成的传动装置，预载是必须的（图 19.3a）。此外，由于卷绕在电动机带轮上的柔索与未卷绕的柔索长度相等，闭环传动系统要求柔索路径总长为常数。这涉及长度补偿机制（如滑轮组、凸轮等），因为每次手指几何位置的变化都会引起柔索的差动位移。尽管有上述复杂性的限制，这种通过简单带轮-柔索（UB 机器人手、Okada 机器人手）或套管-柔索（Salisbury 机器人手、DIST 机器人手等）作用的驱动方式仍得到了广泛应用。这种方式的机械结构简单，但存在柔索与鞘套之间的摩擦问题（这种情况下不宜进行过高的预载）。

19.3 驱动与传感技术

本节简要介绍机器人手驱动与传感方面的主要技术，进一步详细的介绍参见本书第 4 章、第 5 章和第 28 章。

19.3.1 驱动器

电动驱动器无疑是机器人手驱动最普遍的选择。实际上，电动机在位置和速度控制方面具有良好的性能，质量/功率比也比较合理，并且无须添加液压或气动驱动器等其他附加装置。当然，也存在其他形式的驱动器，如超声驱动器（Keio 机器人手[19.26]）、化学驱动器、气动驱动器（Shadow 机器人手[19.27]，VIDEO 753）、弹簧驱动器（100G 抓取机器人手[19.28]，VIDEO 755）、扭绳驱动器（图 19.7）[19.29]、（Dexmart 机器人手[19.30]，VIDEO 767）等。

特别是，为了获取快速响应，气动驱动器或弹簧驱动器都是较好的选择，但这些驱动器必须匹配能够快速响应的制动系统，以保证较好的位置控制。

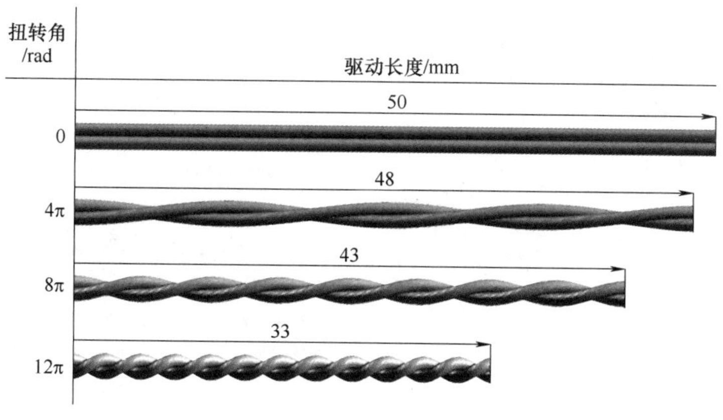

图 19.7 扭绳的概念

注：通过扭转绳线以减小其长度，将旋转运动转化为直线运动。

19.3.2 传感器

在机器人手或其他机器人机构中，传感器可分为两大类，即本体（内部）传感器和外部传感器。前者测量的是与装置本身相关的物理状态信息（如位置、速度等），而后者测量的是相关的反应或环境变量（如外力、力矩、摩擦、变形等）。

1. 关节位置/速度传感器

为了实现对关节的有效控制，非常有必要对驱动关节的位置/速度进行测量，但留给传感器和导线的可用空间是有限的。可以采用不同的技术方案来解决这一问题，其中比较常见的选择是采用霍尔传感器，它具有体积小、测量精度高的特点。在远程驱动的场合，一个关节可能用到两个位置/速度传感器：一个安装在驱动器上（如编码器），另一个安装在关节中。由于传动系统中非线性因素的影响（弹性、摩擦等），这种布置是非常必要的。通常情况下，安装在关节上的传感器是为给定的机器人手特别定制的，因为常用的传感器体积较大，并不适合安装在关节处。

2. 柔索张力传感器与关节力矩传感器

众所周知，人类能够通过控制相关肌肉来控制手指的动作与力量。在远程控制中，由于要补偿传动系统中的摩擦并测量外部的作用力，因此测量柔索的张力非常必要。图 19.8 所示为测量柔索张力的方法，它通过压在柔索上的可测量应变的弹性板实现对柔索张力的测量。当有张力作用在柔索上时，传感器测得的力由轴向力分量和切向力分量组成。由于轴向力产生的位移相对于切向力产生的位移足够小，故可将其忽略。考虑切向力分量使弹性板产生弯曲应变，同时附着在板上的应变测量仪将应变量转化为电信号[19.31,32]。现在，假设 N 型驱动器带有两个张力传感器，如图 19.9 所示，其中关节力矩 τ 已知。由于 $\tau=r(T_1-T_2)$，其中 r、T_1、T_2 分别为带轮的半径及柔索松边与紧边的张力，而 T_1 和 T_2 可表示为 e_1 和 e_2 的函数，故 τ 可通过将 e_1、e_2 代入不同的公式来获得。然而，这种方法存在诸多问题：主要问题是传感器的弹性板在较大的预应力作用下会产生塑性变形，使传感器无法继续工作；另一个小问题是测量每个关节的力矩通常需要两个传感器。为了解决这些问题，可以采用图 19.10 所示的张力差动传感器。这种传感器只有一个简单机体，还包含一个附有应变测量仪的弹性元件。图 19.10a 所示为该传感器的工作原理：当力矩作用在关节上时，T_1 和 T_2 的值不同，这将导致应变测量仪上存在切向力。关键是在极大张力作用下，切向力会像没加力矩时一样保持为零，这样预应力造成弹性板塑性变形的问题就不存在了。此外，这类传感器仅需要一个基座，但还存在一些变化。当减小图 19.10a 中所示的滑轮距离，传感器就变成了零距离的单滑轮模式，如图 19.10b 所示。这种传感器已经应用于 Darmstadt 机器人手[19.33] 和 MEL 机器人手[19.34]。若这类传感器通过相应的柔索连接于手指连杆处，则传感器与柔索之间不存在相互作用，便可以像图 19.10c 所示那样移除滑轮。这被称为滑轮缺省模式，已应用于 Hiroshima 机器人手。对于测量柔索驱动的关节，这种张力差动传感器无疑是一种强有力的工具。

19

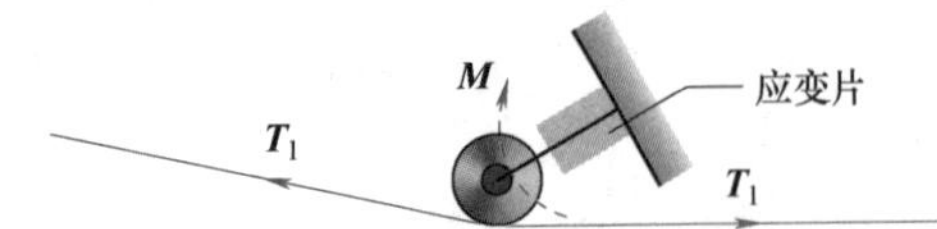

图 19.8　测量柔索张力的方法

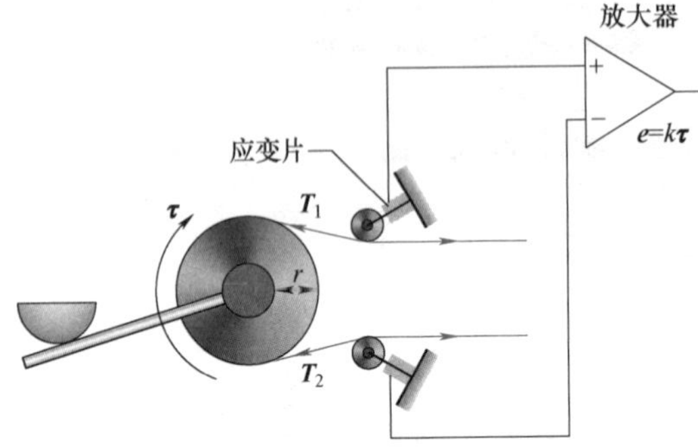

图 19.9　基于柔索的力矩传感器

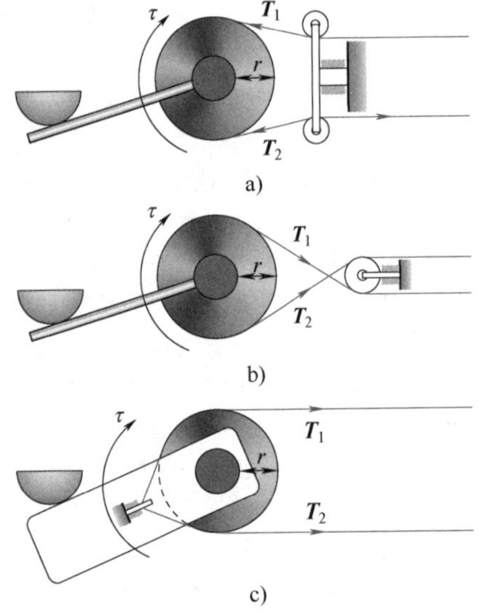

图 19.10　张力差动传感器

a）工作原理（双滑轮模式）　b）单滑轮模式　c）轮滑缺省模式（参考文献［19.28］）

3. 指尖触觉（或力）传感器

大多数的机器人在执行操作或装配任务时都会用到触觉传感器。当托举一个物体时，触觉传感器能够及时探测出滑动的发生，并及时地采取有效措施进行阻止。除了指尖与物体接触点的信息，指尖触觉（或力）传感器还能测定物体的一些其他性质，如表面摩擦系数、表面质地和重量等。在单一接触力作用下，六轴力传感器可以测出手指与物体的接触点，以及相互作用力的大小。对于图 19.11 所示的手指模型，力的大小与传感器输出的关系如下：

$$\boldsymbol{F}_s=\boldsymbol{f} \tag{19.1}$$

$$\boldsymbol{M}_s=\boldsymbol{x}_c\times\boldsymbol{f} \tag{19.2}$$

式中，$\boldsymbol{f}\in\mathbb{R}^3$、$\boldsymbol{F}_s\in\mathbb{R}^3$、$\boldsymbol{M}_s\in\mathbb{R}^3$ 和 $\boldsymbol{x}_c\in\mathbb{R}^3$ 分别是六轴力传感器测出的外力、相互作用力、力矩和表征接触位置的位置矢量。由式（19.1）可以直接求解相互作用力。将 $\boldsymbol{F}_s$ 代入式（19.2），可得到满足条件的 $\boldsymbol{x}_c$。如图 19.12a 所示，对于带有凸面物体的手指，一般可以得到两个解，其中方程满足 $\boldsymbol{f}^t\boldsymbol{n}<0$ 的解是有意义的，$\boldsymbol{n}$ 是手指表面向外法线方向（手指只能推物体）。对于带有凹面物体的手指，至少可以得到 4 个解，如图 19.12b 所示，其中两个是有意义的。如图 19.12c 所示，位于指尖的六轴力传感器可以避免求解多元方程组，同时只检测到施加在指尖上的作用力。如果有多个连杆同时与物体接触，则需要在每根连杆上都添加一个力/力矩传感器。

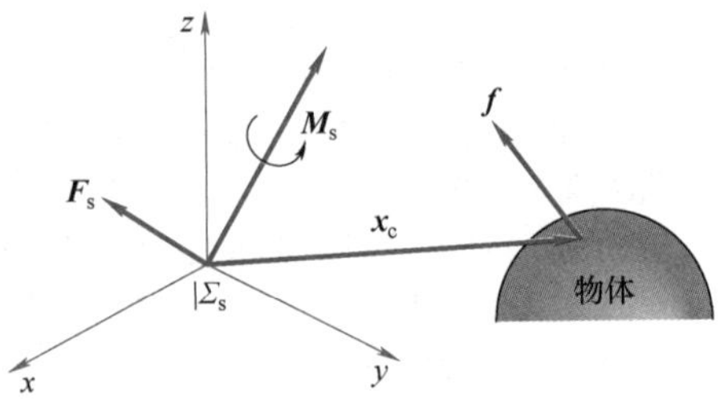

图 19.11　手指模型与传感器坐标系

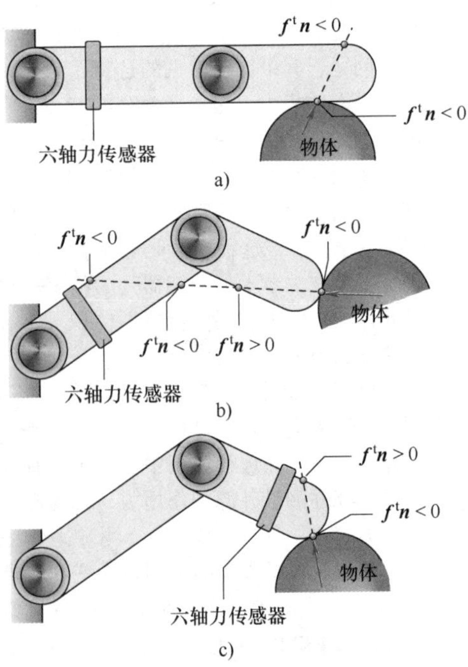

图 19.12　对解的说明

a）凸面物体　b）凹面物体　c）六轴力传感器

19

这种采用一个多轴传感器同时探测力和力矩大小，以及接触点位置的方式，被称为内在触觉（IT）原理[19.35]。一般来说，对于传统的触觉传感器，由于电路与连接比较少，这使得其设计更为简化。

4. 触觉传感器

另一类重要的传感设备由触觉传感器组成，通常用于测量物体的形状、接触点位置与压力等。文献中提出过很多触觉传感器，相当一部分都是可以实现的，如光学式、压阻式、压电式等。参考文献［19.36，37］对这方面的技术和应用进行了综述。

20 世纪 70 年代，触觉传感器就被引入机器人领域。现在，与力传感器一样，触觉传感器也已经得到很好的商业化应用。可以说，它们是工业传感器应用的代表，尽管很多时候它们仅仅作为用于检测一次抓取或接触发生与否的高级设备来使用。

通常，触觉传感器由感性元件的阵列（数列）组成，每个传感元件可看作是一个触元（taxel，由触觉元件而来），全部的信息称为触觉图像（图 19.13）。这种类型的传感器主要用于测量面上的应力分布。

一般而言，通过触觉传感器能获得的信息有：

1）接触。这是此类传感器能获取的最简单的信息，即接触是否发生。

2）力。每个传感器元件都可以给出与局部施加的力相关的信息，可以多种方式用于高精度的连续计算。

3）简单几何信息。例如，接触区域的位置、接触面的几何形状（平面，圆等）。

4）被测物体的主要几何特征。通过传感器给出适当精度的与物体三维形状相关的数据，可以推断出物体的形状，如球体、圆柱体等。

5）机械特性。例如，摩擦系数和表面粗糙度等，也可以测量物体的热力学性能。

6）滑动状况。例如，物体与传感器之间的相对运动。

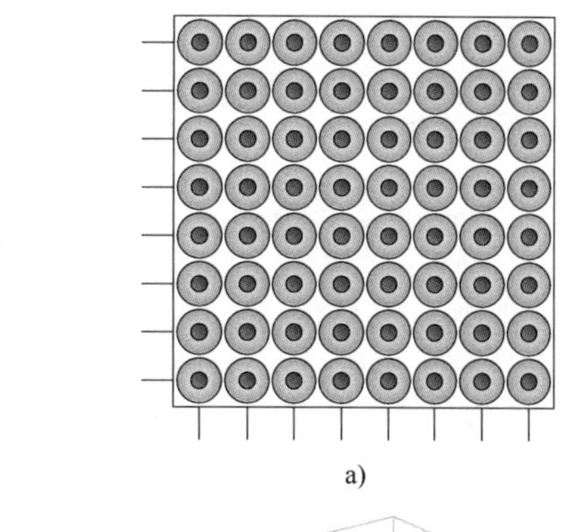

a)

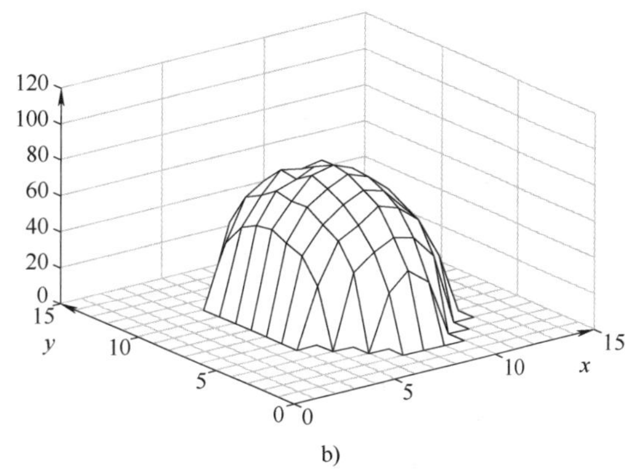

b)

图 19.13　触觉传感器

a）结构　b）数据

触觉传感器的设计采用了多种技术，从压阻式到电磁式，再到光电式等。其中最常见的有：

- 压阻和导电效应。
- 电磁效应。
- 电容效应。
- 压阻效应。
- 光电效应。
- 机械方法。

以上的每种技术都存在各自的优缺点。然而，这些传感器的体积相对于可用的空间而言，一般都较大，而且需要大量的电气连接。

19.4　机器人手的建模与控制

内置驱动机器人手的动力学模型与传统形式的工业机器人手很相似，也能够进行一系列的操作，而远程驱动方式会引入一些值得我们认真考虑的因素。特别是，当存在一些非线性因素（如摩擦与回差）时，传动系统的柔顺性、非固定连接的传感器及驱动器都将成为机器人控制系统中的挑战性难题。此外，单向驱动器，如柔索驱动系统，需要合适的控制技术，以保障各个关节的设定力矩在相互耦合的情况下还具有预期的效果。

19.4.1　柔性传动系统的动力学效应

远程驱动机器人手的传动系统往往存在很大的摩擦和不可忽视的动力学影响，这更增加了控制的复杂性。一个简单的例子是由柔性传动关节连接的两个惯性元件的单轴移动。这是柔性关节的典型表现形式，前一个元件表征电动机的惯性，而后一个与驱动关节/连杆的惯性相关，如图 19.14a 所示。对于复杂的情况，将考虑传动系统的动力学模型，即将柔索表示为一系列有弹簧-阻尼连接的集中质量块，如图 19.14b 所示。由于驱动系统和驱动元件处在不同的位置，并且运动是通过一个非理想（非绝对静止）元件传输的，这种简单的模型对于理解这些因素造成的缺点和局限很有帮助。当考虑手指关节承受外力时，传动系统对图 19.14a 所示的开环系统的影响是带宽减小，以及输入 F_a（电动机作用力）与输出 F_c（接触处交换的力）的延时。如图 19.15 所示，开环传递函数为

$$\frac{F_a}{F_c}=\frac{(b_c s+k_c)(b_t s+k_t)}{[j_l s^2+(b_t+b_c)s+k_t+k_c](j_m s^2+b_t s+k_t)-(b_t s+k_t)^2} \tag{19.3}$$

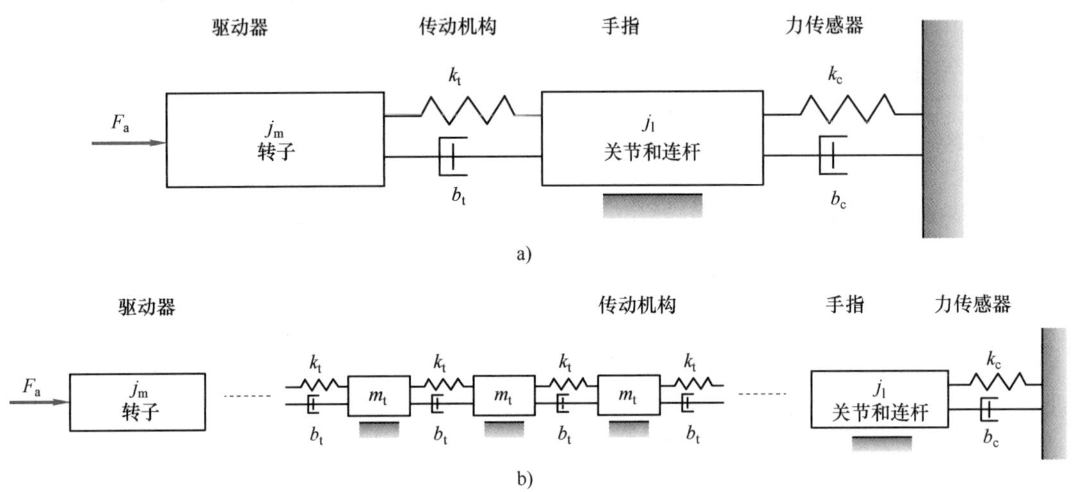

图 19.14 机器人关节模型

a）基于弹性传动 b）基于柔索传动

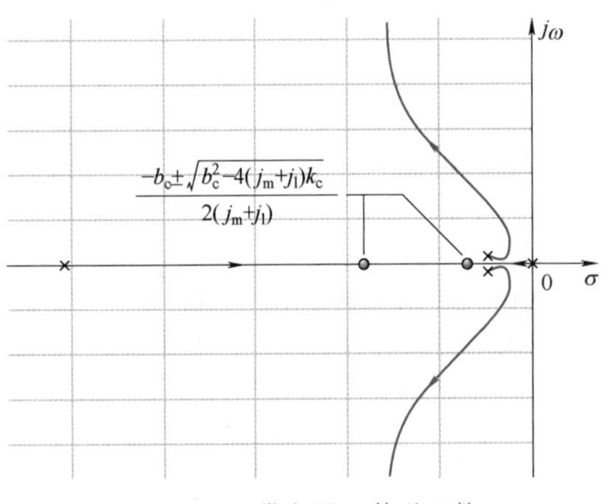

图 19.15 带变量 k_t 传递函数（19.3）的根轨迹

其特点是有 4 个极点，随着传动刚度 k_s 值的增加，各极点将在绝对刚性（k_c 趋于∞，两个极点趋于无穷大）的传动和电动机与连杆的惯性作用下，从初始位置（由物理量 j_l、j_m 等参数决定；当 $k_s=0$ 时，至少有一个极点处于高斯平面原点的位置）向系统的两极移动，此时的传递函数为

$$\frac{F_a}{F_c}=\frac{(b_c s+k_c)}{(j_l+j_m)s^2+b_c s+k_c} \tag{19.4}$$

显而易见，当系统的柔顺性不可忽略时，柔性传动系统的带宽将会减小，如图 19.16 中的波特图所示。柔性传动系统的带宽受减速器位置的影响很大：当减速器安装在关节处时，带宽将是减速器直接安装在电动机上时的 K_r 倍（图 19.17，K_r 是减速比）[19.38]。更有意义的是，对刚度 K_t 较小的情况，在柔性模式下，系统的相位会有一个骤降。因此，电动机上施加的力（频率值）会较低，而与通过关节上传感器测量的力值完全相反。这种使整个系统在力控制（或阻抗控制）下不稳定的效应称为不匹配性。一般来说，当驱动器和传感器安装在柔性结构（或带有柔性传动的结构）的不同点时，闭环系统往往会不稳定[19.39]。

从控制的角度来看，机械传动系统中的柔性对远程驱动器和运动传递的影响要远远超过非线性摩擦的影响。在图 19.14 中，由阻尼系数 b_t 表征的黏性摩擦伴随着静摩擦和库仑摩擦，这两者在速度为零的情况下均是不连续的，如图 19.18 所示。这些

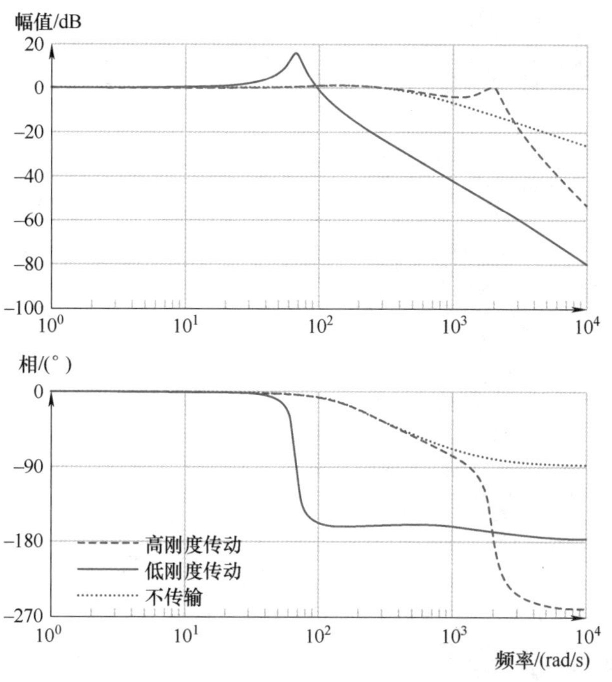

图 19.16 开环传递函数（19.3）的波特图

非线性因素会产生极限环和输入依赖型稳定性。因此，当设计机器人手的几何结构和控制结构时，必须考虑这些因素[19.40]。例如，当设计 Utah/MIT 机器人手（图 19.19）时，为减小静摩擦，设计者采用滑轮组代替了索套[19.3]。为了在机械结构复杂性、可靠性及良好的摩擦水平等之间找到最佳平衡，设计人员采用了多种方法，如将索套与滑轮组结合起来，将柔索由驱动器引至手指关节处，如图 19.20 所示的 Stanford/JPL 机器人手（VIDEO 751）和 UB-3 机器人手。UB 机器人手的结构极其简单，其柔索完全位于索套中，但为了达到有效控制之目的，不能忽视摩擦的影响，必须建立柔索与套管之间相互作用的精确模型[19.41]。

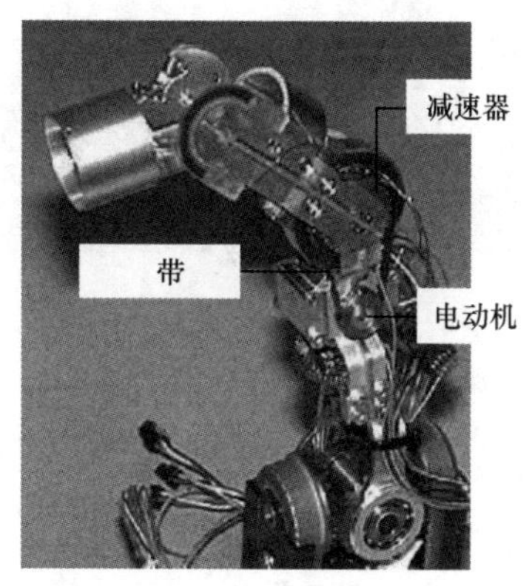

图 19.17 DLR-Ⅱ机器人手中间关节上减速器的位置

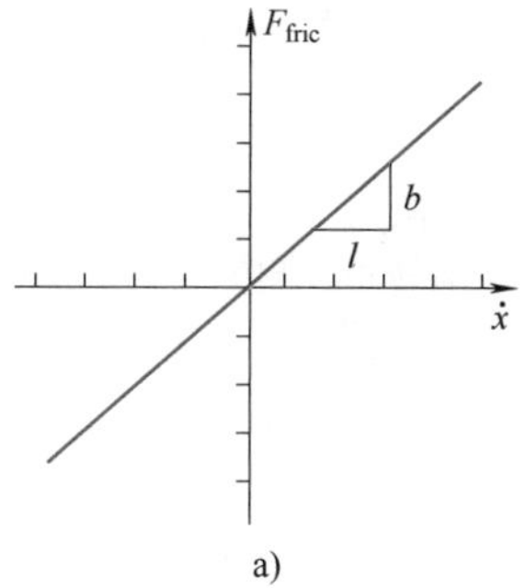

a)

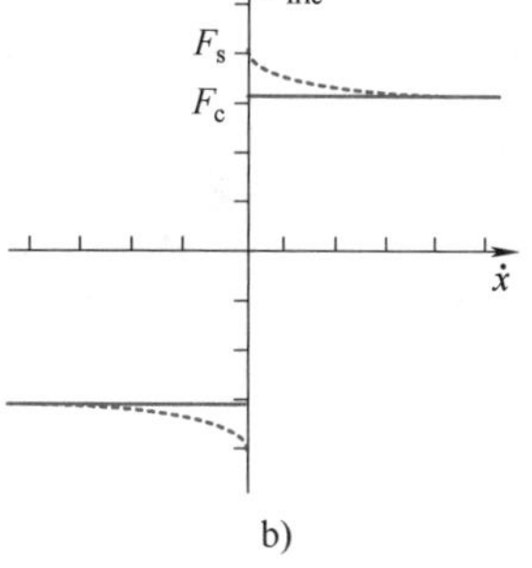

b)

图 19.18 摩擦现象

a）黏性摩擦 b）静摩擦或库仑摩擦

19

图 19.19　Utah/MIT 机器人手

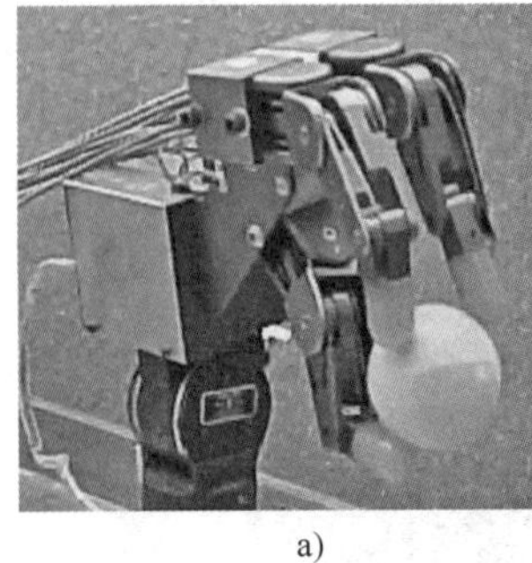

a)

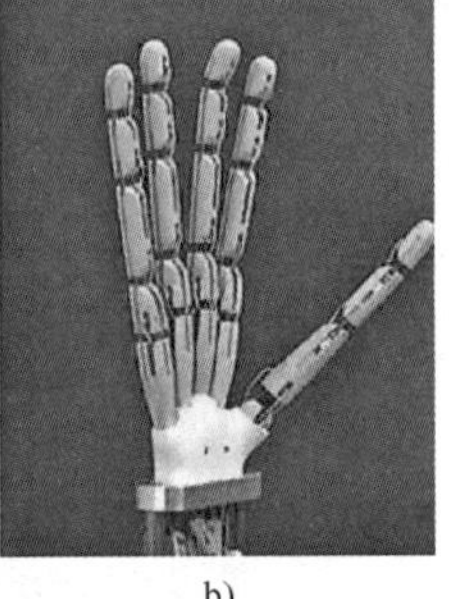

b)

图 19.20　Stanford/JPL 和 UB-3 机器人手
a）Stanford/JPL 机器人手　b）UB-3 机器人手

19.4.2　套管-柔索系统的传动模型

这种系统的模型如图 19.21 所示。其中，T_{in}、T_{out}、T_0、ξ_{in}、ξ_{out}、R_i、X 和 L 分别为输入端张力、输出端张力、初始张力、输入端应变、输出端应变、管路半径、沿导线方向的坐标和柔索长度。输出端张力与输入端位移的关系为[19.42]

$$T_{out}-T_0=K_t(\xi_{in}\phi_B) \tag{19.5}$$

式中，K_t 和 ϕ_B 分别是总刚度和等效回差，可由下列一组公式求出：

$$\frac{1}{K_t}=\frac{1}{K_e}+\frac{1}{K_s}+\frac{1}{K_{ap}} \tag{19.6}$$

$$K_{ap}=K_w\frac{\lambda}{\exp(\lambda)-1} \tag{19.7}$$

$$\phi_B=K_w\frac{T_0L}{EA}\frac{\exp(\lambda)-\lambda-1}{\lambda} \tag{19.8}$$

$$\lambda=\sum|\beta_i|\mu\mathrm{sgn}\xi_{in} \tag{19.9}$$

式中，K_e、K_s、K_w、K_{ap}、μ、E、A 和 β_i 分别是环境刚度、力传感器刚度、柔索的等效刚度、摩擦系数、杨氏模量、截面面积和每段柔索的挠度。在图 19.21 所示情况中，$\sum|\beta_i|=2\pi$。可以发现，当管路严重弯曲时，与摩擦有关的参数 λ 急剧增加。尽管选用自由路线对传递功率具有很大的优势，但也会导致传动系统具有显著的非线性。值得指出的是，柔索的等效刚度和反作用力均随曲率函数 λ 及摩擦系数的变化而变化，当 $\mu=0$ 时，$\phi_B=0$，$K_{ap}=K_w$。从控制的角度上看，这样的迟滞现象显然不是我们希望看到的结果。为解决这样的问题，柔索的长度应该尽可能短，以便保证传动系统具有较高的刚度和较小的回程间隙。

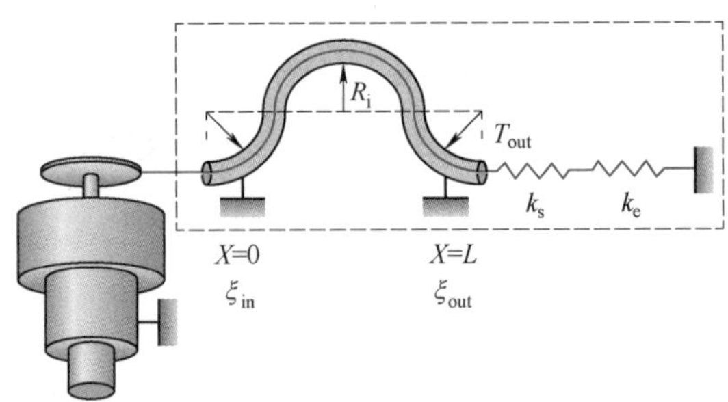

图 19.21　套管-柔索传动系统的模型

19.4.3　单向驱动器的控制

单向驱动器（即使用柔索传动的标准电动机）常用于远程驱动装置中。这类驱动器的使用必须采用特殊的控制技术，以保证关节处的期望力矩，并保持柔索的正拉力。为此，可将柔索视为无弹性、无摩擦元件，并认为与之前讨论过的系统稳定性完全无关。

通过索套和/或滑轮分布在手指结构中的柔索，可以通过将关节构形与柔索伸长率联系起来的延展函数 $l_i(\theta)$ 表示[19.43]。对于图 19.3 中的柔索网络，三条柔索的延展函数为

$$l_i(\boldsymbol{\theta})=l_{oi}\pm R\theta_1\pm R\theta_2$$

式中，R 是滑轮的半径；$\boldsymbol{\theta}=[\theta_1\ \theta_2]^T$ 是关节变量矢量。一旦延展函数确定，就可以直接推导出柔索力与关节转矩之间的关系。事实上，关节转速 $\dot{\theta}$ 与柔索速度 $\dot{l}$ 可以用延展函数的微分表示，即

$$\dot{\boldsymbol{l}}=\frac{\partial \boldsymbol{l}}{\partial\boldsymbol{\theta}}(\boldsymbol{\theta})\dot{\boldsymbol{\theta}}=\boldsymbol{P}(\boldsymbol{\theta})\dot{\boldsymbol{\theta}} \tag{19.10}$$

为避免功率损耗，由式（19.10）可得

$$\boldsymbol{\tau}=\boldsymbol{P}^T(\boldsymbol{\theta})\boldsymbol{f} \tag{19.11}$$

式中，$\boldsymbol{\tau}$ 是施加在关节处的力矩；$\boldsymbol{f}$ 是作用于柔索上的力。式（19.11）表明，柔索传递的力可能会影

响多个关节。

为保证在纯拉力的约束下可以在各个方向上对关节施加力矩，对于任意的 $\boldsymbol{\tau} \in \mathbb{R}^n$，存在一系列 $f_i \in \mathbb{R}^m$（n 和 m 分别为关节和柔索的数量），使得

$$\boldsymbol{\tau}=\boldsymbol{P}^{\mathrm{T}}(\boldsymbol{\theta})\boldsymbol{f} \text{ 且 } f_i>0 \quad i=1,\cdots,m \qquad (19.12)$$

在这种情况下，柔索网络称为力封闭（force closure）。如果式（19.12）成立，当给定力矩矢量时，则驱动器需向柔索提供的力可由式（19.13）求得

$$\boldsymbol{f}=\boldsymbol{P}^{\dagger}(\boldsymbol{\theta})\boldsymbol{\tau}+\boldsymbol{f}_{\mathrm{N}} \qquad (19.13)$$

式中，$\boldsymbol{P}^{\dagger}=\boldsymbol{P}(\boldsymbol{P}^{\mathrm{T}}\boldsymbol{P})^{-1}$ 是耦合矩阵 $\boldsymbol{P}^{\mathrm{T}}$ 的伪逆；$\boldsymbol{f}_{\mathrm{N}} \in \mathcal{N}(\boldsymbol{P}^{\mathrm{T}})$ 是确保所有柔索张力为正向内力。一般情况下，内力应尽可能小，使得柔索总处于张紧状态而又不至于屈服。

19.4.4 机器人手的控制

之前章节中所讨论的建模与控制方面的问题非常重要也非常基础，但在机器人手控制上，这些都是较低层次上的问题，因为后者都与装置自身的特性有关。

若想要以正确的方式操作多指机器人手，必须去面对并解决另外一些问题。为解决这些问题，需设计机器人手的高级控制算法，并考虑手与物体及环境的交互作用。在这种情况下，还需考虑的因素有：施加在关节处的力与力矩的控制，对接触柔顺性及摩擦效应建模的必要性，手指及接触点的运动形式（滚动、滑动等），抓取并（或）熟练操作物体的程序算法等。这些问题将在第 37~39 章中详细阐述。

19.5 应用和发展趋势

在工业环境下，结构简单与低成本往往是末端执行器的设计准则。因此，如夹持器之类的简单装置应用非常普遍。这种情况使得多年来开发的许多专用装置只能执行单一的特定操作，而不适用于其他任务。目前，灵巧型多指机器人手由于其可靠性、复杂性和成本等问题，尚未被应用于任何主要的生产领域。

另一方面，如今越来越多的操作被设计成由人类操控的机器人，并在特定的工作环境下工作。娱乐、维修、空间水下探测、帮助残疾人等都是机器人系统应用的典型例子。这些例子中，机器人需要操纵为人设计的工具或物体（或与人类自身直接进行交互）。在这些情况下，机器人必须能抓取并熟练操作不同尺寸、形状、质量的物体。因此，拥有适当数量的手指及高度拟人化外形的机器人手便成为最佳的选择。

一系列致力于研发高度拟人化机器人的工程项目已经相继启动。其中，较为著名的有 NASA/JPL 的 Robonaut[19.24]（图 19.22）、DLR 系列和许多正在研发中的仿人机器人。

图 19.22 NASA/JPL Robonaut 机器人

19.6 结论与延展阅读

从机器人技术发展的早期开始，多指机器人手的设计便吸引了研究机构的兴趣，不只是源于迎接高技术方面的挑战，更在于应对拟人化的诱惑和人类对自身知识的渴求。在过去的几十年中，已实施了许多重要的工程项目，一些经典的机器人手示范已经问世。然而，那些可靠的、柔性的、灵巧的手目前依然无法用于实际应用。基于上述原因，很容易想象，随着技术水平（传感器、驱动器、材料等）和方法学水平（控制、编程等）的不断发展，这一迷人领域还将会有大量的研究课题。机器人手与其他科技领域（如认知科学）的结合也值得期待。

由于这方面研究十分广泛，除了参考文献［19.43-45］所列的专业书籍，很难再给读者推荐更深入的阅读资料。事实上，在专业研究领域，科技期刊及会议论文等技术资料也是可用的。另外，每年都有数百篇涵盖机器人领域各个方面的论文发表，给出特别的推荐阅读材料很困难。这里仅向大家推荐本章后的参考书目。

19

视频文献

VIDEO 749 The PISA-IIT SoftHand
available from http://handbookofrobotics.org/view-chapter/19/videodetails/749
VIDEO 750 The PISA-IIT SoftHand
available from http://handbookofrobotics.org/view-chapter/19/videodetails/750
VIDEO 751 The Salisbury Hand
available from http://handbookofrobotics.org/view-chapter/19/videodetails/751
VIDEO 752 The Barrett Hand
available from http://handbookofrobotics.org/view-chapter/19/videodetails/752
VIDEO 753 The Shadow Hand
available from http://handbookofrobotics.org/view-chapter/19/videodetails/753
VIDEO 754 The DLR Hand
available from http://handbookofrobotics.org/view-chapter/19/videodetails/754
VIDEO 755 A high-speed Hand
available from http://handbookofrobotics.org/view-chapter/19/videodetails/755
VIDEO 756 The UBH2, University of Bologna Hand, ver. 2 (1992)
available from http://handbookofrobotics.org/view-chapter/19/videodetails/756
VIDEO 767 The Dexmart Hand
available from http://handbookofrobotics.org/view-chapter/19/videodetails/767
VIDEO 768 DLR Hand
available from http://handbookofrobotics.org/view-chapter/19/videodetails/768
VIDEO 769 The DLR Hand performing several task
available from http://handbookofrobotics.org/view-chapter/19/videodetails/769

参考文献

19.1 T. Okada: Object-handling system for manual industry, IEEE Trans. Syst. Man Cybern. **2**, 79–86 (1979)

19.2 K.S. Salisbury, B. Roth: Kinematics and force analysis of articulated mechanical hands, J. Mech. Transm. Actuation Des. **105**, 35–41 (1983)

19.3 S.C. Jacobsen, E.K. Iversen, D.F. Knutti, R.T. Iohnsan, K.B. Biggers: Design of the Utah/MIT dexterous hand, Proc. IEEE Int. Conf. Robotics Autom. (ICRA) (1986)

19.4 J. Butterfass, G. Hirzinger, S. Knoch, H. Liu: DLR's Multisensory articulated Hand Part I: Hard- and software architecture, Proc. IEEE Int. Conf. Robotics Autom. (ICRA) (1999)

19.5 A. Albu-Schäffer, T. Bahls, M. Chalon, O. Eiberger, W. Friedl, R. Gruber, S. Haddadin, U. Hagn, R. Haslinger, H. Hoppner, S. Jorg, M. Nickl, A. Nothhelfer, F. Petit, J. Reill, N. Seitz, T. Wimbock, S. Wolf, T. Wusthoff, G. Hirzinger: The DLR hand arm system, Proc. IEEE Int. Conf. Robotics Autom. (ICRA) (2011)

19.6 C. Melchiorri, G. Vassura: Mechanical and control features of the University of Bologna hand version 2, Proc. IEEE/RSJ Int. Conf. Int. Robots Syst. (IROS), Rayleigh (1992) pp. 187–193

19.7 W.T. Townsend: MCB – Industrial robot feature article- Barrett Hand grasper, Ind. Robot **27**(3), 181–188 (2000)

19.8 H. Kawasaki, T. Komatsu, K. Uchiyama: Dexterous anthropomophic robot hand with distributed tactile sensor: Gifu hand II, IEEE/ASME Trans. Mechatronics **7**(3), 296–303 (2002)

19.9 T.J. Doll, H.J. Scneebeli: The Karlsruhe Hand, Prepr. IFAC Symp. Robot Control (SYROCO) (1988), pp. 37.1–37.6

19.10 M.G. Catalano, G. Grioli, E. Farnioli, A. Serio, C. Piazza, A. Bicchi: Adaptive synergies for the design and control of the Pisa/IIT SoftHand, Int. J. Robotics Res. **33**, 768–782 (2014)

19.11 N. Fukaya, S. Toyama, T. Asfour, R. Dillmann: Design of the TUAT/Karlsruhe humanoid hand, Robot. Syst. **3**, 1754–1759 (2000)

19.12 A. Bicchi, A. Marigo: Dexterous grippers: Putting nonholonomy to work for fine manipulation, Int. J. Robotics Res. **21**(5/6), 427–442 (2002)

19.13 M.C. Carrozza, C. Suppo, F. Sebastiani, B. Massa, F. Vecchi, R. Lazzarini, M.R. Cutkosky, P. Dario: The SPRING hand: Development of a self-adaptive prosthesis for restoring natural grasping, Auton. Robots **16**(2), 125–141 (2004)

19.14 J.L. Pons, E. Rocon, R. Ceres, D. Reynaerts, B. Saro, S. Levin, W. Van Moorleghem: The MANUS-HAND dextrous robotics upper limb prosthesis: Mechanical and manipulation aspects, Auton. Robots **16**(2), 143–163 (2004)

19.15 Bebionic Prosthetic Hand: RSLSteeper, Leeds, UK (2015) http://www.bebionic.com/

19.16 G. Berselli, M. Piccinini, G. Palli, G. Vassura: Engineering design of fluid-filled soft covers for robotic contact interfaces: Guidelines, nonlinear modeling, and experimental validation, IEEE Trans. Robotics **27**(3), 436–449 (2011)

19

19.17 T. Iberall, C.L. MacKenzie: Opposition space and human prehension. In: *Dexterous Robot Hands*, (Springer, New York 1990)
19.18 A. Bicchi: Hands for dexterous manipulation and robust grasping: A difficult road toward simplicity, IEEE Trans. Robotics Autom. **16**(6), 652–662 (2000)
19.19 M.R. Cutkosky: On grasp choice, grasp models, and the design of hands for manufacturing tasks, IEEE Trans. Robotics Autom. **5**(3), 269–279 (1989)
19.20 G. Berselli, M. Piccinini, G. Vassura: Comparative evaluation of the selective compliance in elastic joints for robotic structures, Proc. IEEE Int. Conf. Robotics Autom. (ICRA) (2011) pp. 4626–4631
19.21 L.U. Odhner, A.M. Dollar: Dexterous manipulation with underactuated elastic hands, Proc. IEEE Int. Conf. Robotics Autom. (ICRA) (2011)
19.22 J. Butterfass, M. Grebenstein, H. Liu, G. Hirzinger: DLR-Hand II: Next generation of a dextrous robot hand, Proc. IEEE Int. Conf. Robotics Autom. (ICRA), Seoul (2001)
19.23 C. Melchiorri, G. Vassura: Mechanical and control features of the UB hand version II, Proc. IEEE/RSJ Int. Conf. Intell. Robots Syst. (IROS) (1992)
19.24 R.O. Ambrose, H. Aldridge, R.S. Askew, R.R. Burridge, W. Bluethmann, M. Diftler, C. Lovchik, D. Magruder, F. Rehnmark: Robonaut: NASA's space humanoid, IEEE Intell. Syst. (2000)
19.25 L. Birglen, C.M. Gosselin: Kinetostatic analysis of underactuated fingers, IEEE Trans. Robotics Autom. **20**(2), 211–221 (2004)
19.26 I. Yamano, T. Maeno: Five-fingered robot hand using ultrasonic motors and elastic elements, Proc. IEEE Int. Conf. Robotics Autom. (2005) pp. 2684–2689
19.27 Shadow Dexterous Hand: Shadow Robot Co. LTD., London (2015), http://www.shadowrobot.com/
19.28 M. Kaneko, M. Higashimori, R. Takenaka, A. Namiki, M. Ishikawa: The 100G capturing robot – too fast to see, Proc. 8th Int. Symp. Artif. Life Robotics (2003) pp. 291–296
19.29 G. Palli, C. Natale, C. May, C. Melchiorri, T. Würtz: Modeling and control of the twisted string actuation system, IEEE/ASME Trans. Mechatronics **18**(2), 664–673 (2013)
19.30 G. Palli, C. Melchiorri, G. Vassura, G. Berselli, S. Pirozzi, C. Natale, G. De Maria, C. May: Innovative technologies for the next generation of robotic hands, Springer Tracts Adv. Robotics **80**, 173–218 (2012)
19.31 G. Palli, S. Pirozzi: Force sensor based on discrete optoelectronic components and compliant frames, Sensors Actuators A **165**, 239–249 (2011)
19.32 G. Palli, S. Pirozzi: A miniaturized optical force sensor for tendon-driven mechatronic systems: Design and experimental evaluation, Mechatronics **22**(8), 1097–1111 (2012)
19.33 W. Paetsch, M. Kaneko: A three fingered multijointed gripper for experimental use, Proc. IEEE Int. Workshop Intell. Robots Syst. (IROS) (1990) pp. 853–858
19.34 H. Maekawa, K. Yokoi, K. Tanie, M. Kaneko, N. Kimura, N. Imamura: Development of a three-fingerd robot hand with stiffness control capability, Mechatronics **2**(5), 483–494 (1992)
19.35 A. Bicchi: A criterion for optimal design of multiaxis force sensors, J. Robotics Auton. Syst. **10**(4), 269–286 (1992)
19.36 A. Pugh: *Robot Sensors: Tactile and Non-Vision*, Vol. 2 (Springer, Berlin, Heidelberg 1986)
19.37 H.R. Nicholls, M.H. Lee: A survey of robot tactile sensing technology, Int. J. Robotics Res. **3**(3), 3–30 (1989)
19.38 W.T. Townsend, J.K. Salisbury: Mechanical bandwidth as a guideline to high-performance manipulator design, Proc. IEEE Int. Conf. Robotics Autom. (ICRA) (1989)
19.39 S.D. Eppinger, W.P. Seering: Three dynamic problems in robot force control, IEEE Trans. Robotics Autom. **8**(6), 751–758 (1992)
19.40 W.T. Townsend, J.K. Salisbury: The effect of Coulomb friction and stiction on force control, Proc. IEEE Int. Conf. Robotics Autom. (ICRA) (1987)
19.41 G. Palli, G. Borghesan, C. Melchiorri: Modeling, identification and control of tendon-based actuation systems, IEEE Trans. Robotics **28**(2), 277–290 (2012)
19.42 M. Kaneko, T. Yamashita, K. Tanie: Basic considerations on transmission characteristics for tendon driven robots, Proc. 5th Int. Conf. Adv. Robotics (1991) pp. 827–883
19.43 R.M. Murray, Z. Li, S.S. Sastry: *A Mathematical Introduction to Robotic Manipulation* (CRC, Boca Raton 1994)
19.44 J. Mason, J.K. Salisbury: *Robot Hands and the Mechanics of Manipulation* (MIT Press, Cambridge 1985)
19.45 R.M. Cutkosky: *Robotic Grasping and Fine Manipulation* (Springer, New York 1985)

第 20 章

蛇形机器人与连续体机器人

Ian D. Walker，Howie Choset，Gregory S. Chirikjian

本章概述了蛇形机器人（骨架由若干个刚体组成）和连续体机器人（连续骨架）的技术进展。回顾了这两种机器人的发展历程，重点关注关键硬件技术的研发。介绍了这两种机器人运动学现有的理论和算法，总结了蛇形机器人与连续体机器人的运动模型。

目　录

20.1　蛇形机器人研究简史

对蛇形机器人的研究最早可追溯到东京工业大学 Shiego Hirose 教授的开创性工作。他称自己设计的蛇形机器人为主动和弦机构（active chord mechanisms），简称 ACM。第一代成功的机器蛇 ACM Ⅲ（图 20.1a）是他在 1972—1975 年间研制而成的。它由 20 个段节组成，用被动轮在机构与环境之间形成约束，每段都能产生相对的运动，这些自由度的运动组合共同推动整个机器人向前行进[20.1]。这种导致运动的协调控制称为步态（gait）。更确切地说，步态是机构内部自由度的循环运动，使蛇形机器人产生净运动。Hirose 蛇形机器人系列的第二代是 OBLIX（图 20.1b）（1978—1979 年）和 MOGURA（1982—1984 年）。这两款机器人可以通过旋转它们的倾斜关节实现抬头的功能，进而实现三维运动。相比于真正的三维关节，倾斜关节仅需要一个电动机来驱动，因此简单、重量轻且易于控制[20.2]。

Hirose 的实验室随后开始通过 Koryu Ⅰ和Ⅱ（图 20.2a）（1985 年至今）研究蛇形机器人的可能应用。Koryu 的每个承重模块都使用可动关节来抬起自身，放下自身，并且调整其轴距以适应复杂的地形。通过这种形式的驱动，这些大型蛇形机器人能够在整条机器人承受负载时在崎岖不平的地形上行走，甚至爬楼梯[20.2]。受真实蛇穿越崎岖地形能力的启发，Hirose 的实验室开发了一类尺度较小的机器人，称为 Souryu Ⅰ和Ⅱ（1975 年至今），用于搜索和营救（图 20.2b）。Souryu 的重心低，可以沿着碎石爬上废墟[20.3,4]。

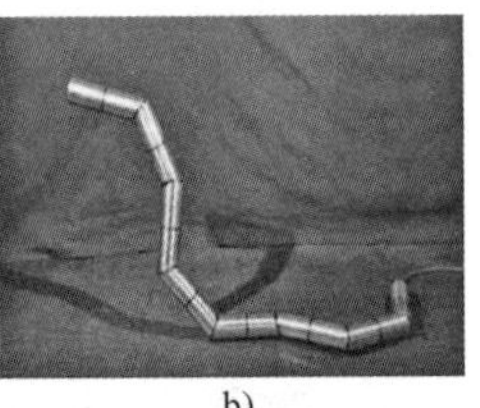

a)　　b)

图 20.1　Hirose 最开始设计的蛇形机器人

a）ACMⅢ　b）OBLIX 和 MOGURA 机构（参考文献［20.2］）

a)　　b)

图 20.2　蛇形机器人应用示例

a）Koryu Ⅰ、Ⅱ在野外进行作业（参考文献［20.2］）

b）Souryu Ⅰ、Ⅱ在废墟上进行作业（参考文献［20.4］）

1999 年，Hirose 又设计了一款名为 Slim Slime 的 ACM。Slim Slime 是一款气压驱动的机器人，因此它弯曲时曲线平滑且连续，而不是像其他蛇形机器人那样完全由刚性段节组成[20.5]。在 Slim Slime 之后，实验室又开发了 ACM-RI、R2、R3 和 R4（2001 年至今）。这些机器人由多段刚体和被动轮组成，更接近于第一代 ACM 的设计。与第一代 ACM 不同，这些机器人可以抬起身体并实现三维运动，每个部分的轮轴交错 90°。设计它们的目的是搜索和救援[20.1]。最新开发的 ACM 是 R5，它是一款两栖机器人，利用被动轮在地面上运动，借助桨叶实现在水中运动[20.6]（图 20.3）。

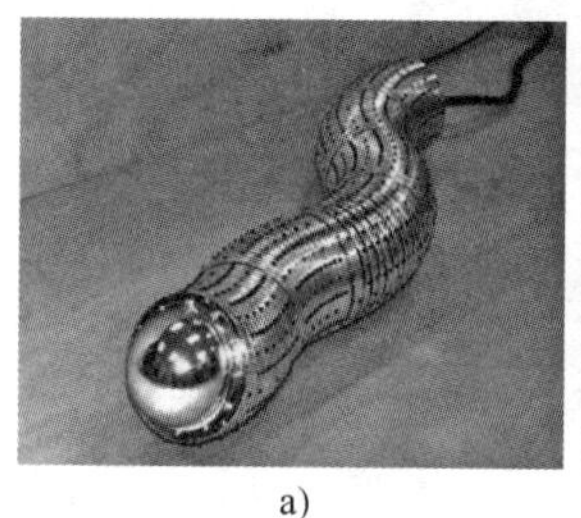
a)

b)
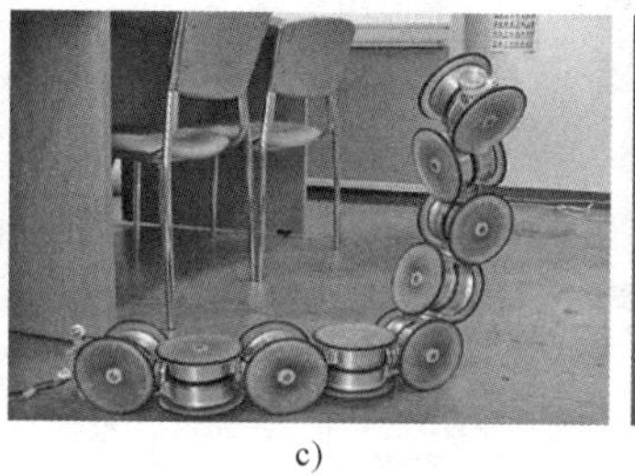
c)

d)

图 20.3 Slim Slime 和新一代 ACM-R 蛇形机器人
a) Slim Slime b) ACM-R3 c) ACM-R4 d) ACM-R5（参考文献［20.1］）

蛇形机器人在美国的研究始于 20 世纪 80 年代末。Joel Burdick 与他当时在加州理工学院的学生 Greg Chirikjian 共同提出了一种连续体理论，以对蛇形机器人的形状进行整体建模。Burdick 和 Chirikjian 提出了一类“超冗余操作臂”，它有更多冗余的自由度，因此可以同时控制其末端执行器的位置和姿态。他们于 1992 年研制出了一种称为 Snakey 的操作臂。Snakey 由 3 个自由度托架或驱动桁架组成，既可以操纵，也可以运动。当时的主要目标是创建一个强度高、控制精确的机构，具体的蛇形运动关注得相对少一些，而是更多地关注对多自由度机构的编程控制问题。这个团队还考虑了卫星检索和搜救等应用[20.7,8]。Burdick 和他的团队还与喷气推进实验室及 NEC 公司的 Nobuaki Takanashi 合作，设计并制造了一系列蛇形机器人（图 20.4）。这些蛇形机器人主要基于 Takanashi 建立的三维关节原型，体型较小，能够执行多种运动步态，主要用于搜救等任务。

图 20.4 Snakey 和 Joel Burdick，Greg Chirikjian，Howie Choset，Jimbo Ostrowski（参考文献［20.8］）

Chirikjian 后来进入约翰·霍普金斯大学，针对超冗余机器人（不仅限于蛇形机器人）开展了全面广泛的研究，如由六边形变形模块组成的非蛇形机器人等。他的团队还开发了基于二元驱动器的蛇形机器人。该驱动器只有两种状态，即伸展和收缩[20.9]。

Xerox Parc 最早开始研究具有可重构特征的模块化蛇形机器人。之后，宾夕法尼亚大学的 Mark Yim 团队也开展了相关研究。作为 Mark Yim 在其斯坦福大学期间博士论文的一部分，从 1994 年的 PolyPod[20.10]（图 20.5a）开始，模块化蛇形机器人便可以执行许多常规的蛇形机器人的步态，以及一些创新的伸缩式和滚动式步态[20.11]。当 Yim 于 2000 年加入 Xerox 的 PaloAlto 实验室之后，开始研制新一代 PolyBot（图 20.5b）。PolyBot 比 PolyPod 的功能更强大，感知能力更强[20.12]。Yim 在宾夕法尼亚大学的模块化机器人实验室开展相关研究时，PolyBot 升级为 CKbot[20.13]（2009 年）。CKbot 现在可以拆解并重新位形，用四条腿跑步，用两条腿走路，并执行最基本的蛇形步态[20.14,15]。此外，他们还开发了 foamBot（2011），这是一种可以利用

CKbot 模块和硬化的喷雾泡沫来创建包括蛇形机器人在内的多种机器人[20.16]。

a)

b)

图 20.5　轮式蛇形机器化
a）Yim 的 PolyPod 机器人　b）装有 CK 的机器人

Hirose、Chirikjian、Burdick 和 Yim 等人的研究对 Howie Choset 在卡耐基梅隆大学的工作产生了深远的影响。Choset 对蛇形机器人的研究始于卡耐基梅隆大学生物机器人学实验室的一个基础研究项目。该项目改进了 Yim 的模块化设计，并专门用于蛇形机器人（图 20.6）。在这个模块化设计的基础上，该实验室用了 15 年的时间，设计了一系列蛇形机器人[20.17,18]。除了机械装置，这项工作的主要创新之一是步态，即蛇形机器人的运动控制器。他们基于 Hirose 的蛇形曲线和 Chirikjian 的模态函数整合了运动步态，可实现多种行为，包括爬杆、游泳、管道操纵和突破围栏等[20.19]。他们还与德州农工大学的 Robin Murphy 团队合作，对这种蛇形机器人进行了微调，以用于城市搜索和救援。这为基础设施检查（如电厂的管道网络）创建了理想的平台。2012 年，Choset 将他的机器人送到埃及，实现了在狭窄空间内的考古作业[20.20]。

图 20.6　Choset 的 16 自由度 Modsnake 机器人
（参考文献［20.17，18］）

在挪威的先进机器人学中心 Gemini，Øyvind Stavdahl 发明了一系列蛇形机器人，其中许多是与挪威科技大学合作完成的。第一个关于蛇形机器人的研究项目是一条名为 Anna Konda 的消防蛇［2005 年至今（图 20.7）］。这个机器人为液压驱动，可完全由消防水带的压力提供动力。设计的目的是适应在过于危险的区域或消防员无法到达的狭小空间内进行作业[20.21]。

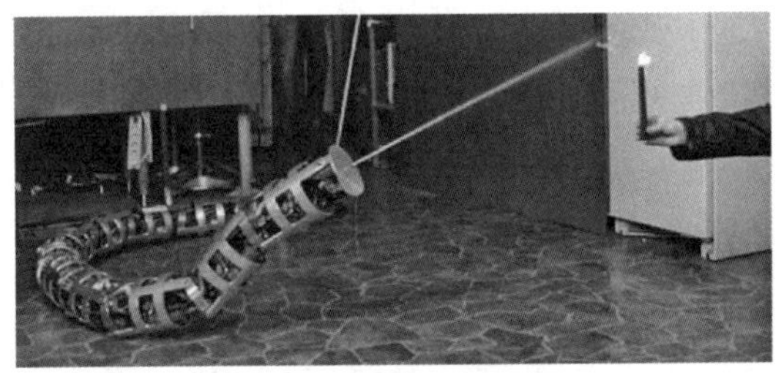

图 20.7　Anna Konda 蛇形机器人
（参考文献［20.21］）

该团队还创建了实验用的蛇形机器人 AIKO（2006—2010 年），它后来可以应用于 Anna Konda[20.22]。AIKO 主要专注于对象辅助运动，后来演变为 KULKO（2010 年至今）。KULKO 是一款具有力感知的机器人，通过简单地理解与之接触的障碍物来更有效地运动。这两款机器人针对对象辅助运动产生了数种创新的运动算法，可应用于 Anna Konda 及其他无轮式蛇形机器人中[20.23]。

上述蛇形机器人都是依靠内部运动来推动自身前进的。密歇根大学的 Johann Borenstein 发明了机器人 Omni-Tread（2004）[20.24]（图 20.8），它通过位于机器人侧面的移动螺纹来推动自身行进，其坚固的关节由气动波纹管驱动。波纹管可以按比例进行控制，使它的身体在穿越瓦砾时具有完全顺应能力，从而使更多的身体接触地面或足够强壮，足以举起一半体重的物体，使它可以在壁架和缝隙中进行作业。因此，Omni-Tread[20.24]十分擅长在瓦砾上进行作业。

SAIC 的 David Anhalt 和 James McKenna 将胎面概念发挥到了极致，他们设计并建造了一个环形蒙皮驱动器（图 20.9a），它由覆盖整个机器人的细长环形蒙皮和一个推动该驱动器的驱动单元组成。蒙皮的外层（管状）从蛇形机器人的头部轴向包裹到尾部，并固定在体内尾部的捕获环上；然后，蒙皮从尾部再循环到头部（通过外部管状层的中心），并再次改变方向（在头部的第二个捕获环上）变成外层。这种构造使蒙皮形成了一个连续的环。SAIC 团队与 Choset 的小组合作，利用这种驱动器制造了一款蛇形机器人[20.25]（图 20.9b）。

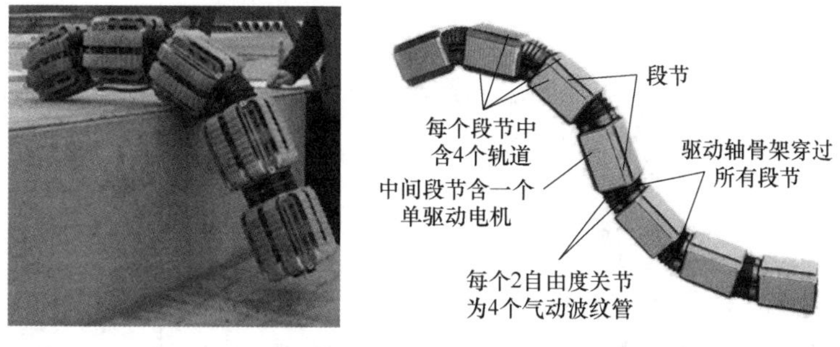

图 20.8　Omni-Tread 的蛇形机器人（参考文献［20.24］）

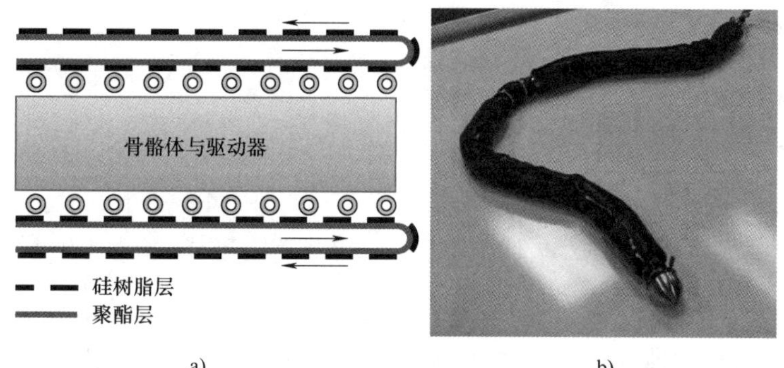

图 20.9　基于 SAIC 蒙皮驱动器的 SAIC/CMU 蛇形机器人（参考文献［20.25］）

最后，我们来看一些使用轮子移动的蛇形机器人。日本国防科学院机器人实验室研究团队的负责人 Hisashi Date 于 2007 年发明了一款蛇形机器人，利用侧向波动和线描式传感臂来跟踪曲线。2009 年，Date 开发出了一种带有被动轮的机器人。它与 Shigeo Hirose 的第一款 ACM 机器人非常相似，只是由液压驱动的。Date 的机器人还实现了与 Anna Konda 类似的触摸感知功能[20.26]。

另一款轮式蛇形机器人是日本东北大学的 Ishiguro Akio 开发的 HAUBOT（2009 年至今），主要用于研究动物自适应运动下的自主分散控制机制。它使用实时可调的橡胶弹簧来驱动每个关节，各关节产生的力矩与关节角度与前一关节给出的目标角度之差成正比。通过使用这种简单的感知方法，机器人便可以实现两个方向上的运动，而无须采用集中控制中心。最近，HAUBOT 已与头部跟踪软件成功配对，因此可以直观地进行驱动[20.27]。

日本京都大学的 Fumitoshi Matsuno 也开发了几种蛇形机器人。Matsuno 在控制蛇形机器人的不同推进方式方面进行了许多创新。2002 年，Matsuno 与他的实验室开发了 KOHGA，一款用于搜寻和救援的步行蛇形机器人。它的关节可以被动的，也可以主动的，从而使其能在崎岖的地形中移动，还可以抬高身体的某一部位[20.28]。他们于 2010 年开发的另一款蛇形机器人，则使用螺旋形模块来驱动自身。使用了许多与 KOHGA 相同的控制算法，除了前进、后退和转弯，还可以垂直于其头部方向侧向滚动[20.29]。

这些实验室共同发明了各种令人难以置信的蛇形机器人运动。蛇形机器人现在可以穿越不平坦的田野、爬杆、在水下游泳，甚至可以自我重构；它们可以进入难以置信的狭小空间，并且无须重新配置，就可以在游泳、滑行和攀爬之间实现转换；这些机器人已经不再满足于平坦地面上的运动，而准备开始探索其他机器人无法触及的领域。相信不久之后，这些机器人就会在炼油厂的管道和核电站中爬行，在搜救行动的第一线扑救大火或探索水下环境。

20.2　连续体机器人研究简史

“连续体操作臂”由Robinson和Davies在参考文献［20.30］中首次提出，它等同于参考文献［20.31］中定义的“连续形态操作臂”，表示极限情况下的蛇形或超冗余机器人。换句话说，从概念上讲，这类机器人的骨架结构已达到极限，其关节数量趋于无穷大，但其连杆长度趋于零。这也是Chirikjian和Burdick在骨架曲线上所做的工作。尽管这个概念最初看起来是理想的、复杂的且无法实现，但极限情况（平滑的连续曲线，能够沿骨架的任意点弯曲）在硬件中非常容易实现。

自20世纪60年代初以来，研究者们提出了许多连续体设计理念。其中，Tensor Arm[20.32]是基于Leifer和Scheinman[20.33]最早提出的Orm概念研发而成的。Tensor Arm采用远程驱动器控制柔性骨架弯曲，后来的许多设计也都采用了这种形式。然而，直到20世纪90年代，后续连续体机器人形态的协调控制仍是一个难题。由于缺少用于运动规划的基础模型（现在已经不那么重要了，具体参阅下一节），多年来一直阻碍着该领域的发展。

不过，也有研究者从S. Hirose[20.2]出发，继续探索连续体机器人的结构设计问题。他们多是受生物连续体结构[20.34-36]，特别是象鼻子[20.37-39]和章鱼爪[20.40-42]的形态与功能的启发。机器人设计的关键问题是如何驱动（弯曲并可能伸展/收缩）骨架。关于这个问题出现了两种基本的设计策略[20.43,44]：①外置驱动，驱动器与骨架结构分离[20.45-49]；②内置驱动，驱动器作为骨架的一部分[20.50-53]。

外置驱动的优势在于，将驱动器放置在机器人工作空间之外，骨架本身得到简化和流线型化。柔索已被证明是外置驱动连续体机器人流行且普遍成功的选择[20.38,54,55]。一组柔索在骨架下方的特定点终止，并组合实现骨架不同部分的弯曲（通常为恒定曲率）。柔索控制弯曲自然状态下为竖直的骨架（通过弹性杆[20.56]、弹簧[20.38]或气室[20.57,58]实现）。美国国家航空航天局（NASA）Johnson Space Center的Tendril[20.49]（图20.10）给出了通过外置驱动实现大长径比骨架的一个很好例子，旨在实现穿过小孔并在狭窄的空间中探索太空应用。

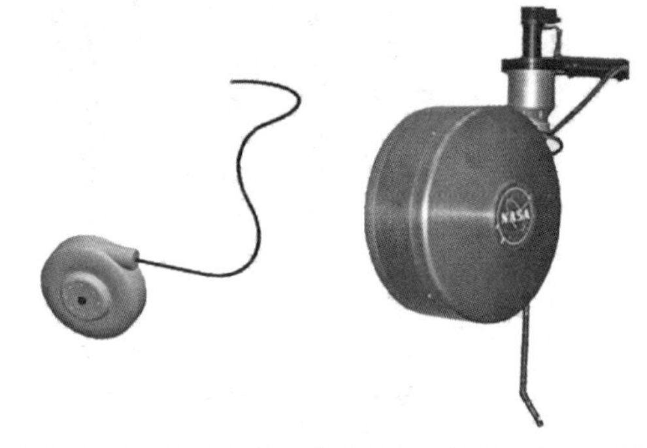

图20.10　NASA的一款外置驱动连续体操作臂Tendril（参考文献［20.49］）

近年来，出现了一种基于同心管的外置驱动的连续体机器人。这些同心管（有时称为活动套管[20.61]）机器人[20.59,60]主要用于医疗[20.62]，研究的重点是在人体[20.67,68]中的应用，如有源内窥镜[20.63-66]、各种类型的微创手术[20.69-71]，以及可控针技术[20.72-74]。

顾名思义，同心管机器人由几根（通常是两根或三根）空心管构成机器人的骨架，半径较小的管插入半径较大的管中。将每个小管直接推出，就可以延长骨架的长度。这些管子也可以旋转，为n根管子的骨架提供$2n$个自由度。将管子预成型为具有恒定的曲率，因此可以在任意方向上延伸和弯曲（预先设定了弯曲量）（图20.11）。这种设计方案非常适合于医用，因此得到了快速发展。在过去的几年中，已经开发了许多原型机，而且初步试验的效果很好。这项工作最早是由波士顿大学的Pierre Dupont等人[20.59,73,74,76]、威斯康星大学的Michael Zinn等人[20.62,77]和范德比尔特大学的Robert Webster，Ⅲ等开展实施的[20.44,61,67,78]。

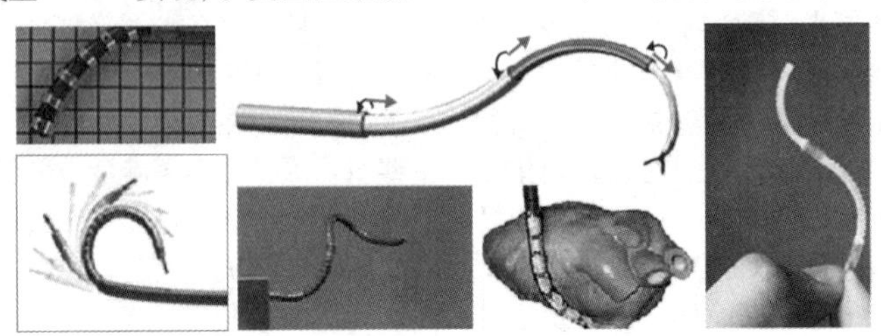

图20.11　外置驱动的同心管连续体操作臂

值得一提的是，外置驱动机器人的骨架不必连续即可产生连续变形的效果[20.47,79,80]。英国的 OC Robotics（OCR）公司开发了一款商用的外置驱动的连续体蛇形臂[20.75]。远程柔索驱动（由 OCR 的 Rob Buckingham 和 Andy Graham 设计）蛇形的段节（分段的数量和形式都可以调整）可以产生连续变形的效果。作为目前唯一商用的通用连续体机器人——OCR 操作臂（图 20.12），已被应用于核反应堆和飞机机身内部，以及其他大量需要非接触式操作的狭窄、杂乱的空间。这种穿越复杂环境的能力（NASA 对 Tendril 的目标）是连续体机器人的主要目标之一，并且具有符合预期的实际优势。

图 20.12 OCR 操作臂（一款外置驱动、分段骨架拟合连续体机器人）（参考文献［20.75］）

内置驱动连续体机器人的驱动器位于其骨架内部。实际上，大多数内置驱动连续体机器人的骨架主要由其驱动器组成。事实证明，人工肌肉技术，尤其是气动 McKibben 肌肉，在内置驱动的硬件实现中最为有效[20.50,81]。内置驱动的另一个特殊优势是能够产生具有可扩展功能的骨架[20.43,44]。

例如，美国克莱姆森大学的 Ian Walker 小组开发了一款仿章鱼爪的内置驱动型可扩展连续体机器人 Octarm[20.42]（图 20.13，VIDEO 158）。三组或四组 McKibben 肌肉串联排列组成 Octarm 的骨架，它们同时也是驱动器。几代 Octarm 均在 Foster-Miller Talon 移动底座[20.81]（VIDEO 157）上进行了现场试验。它们能够在很大范围内抓取和操纵大小、重量、形状和纹理相差很大的物体[20.82]。这种使骨架自适应形状以实现全臂操作的能力[20.83]是连续体机器人[20.84]的另一个主要目标。

内置驱动连续体机器人另一个很好的例子是 Festo[20.50]开发的 Bionic Handling Assistant（图 20.14）。这种连续体机器人的不寻常之处在于，它的各段节被预先定型为非恒定曲率（基于仿生的结果）。

图 20.13 一款内置驱动的气动连续体机器人 Octarm 和它的开发团队（参考文献［20.42］）

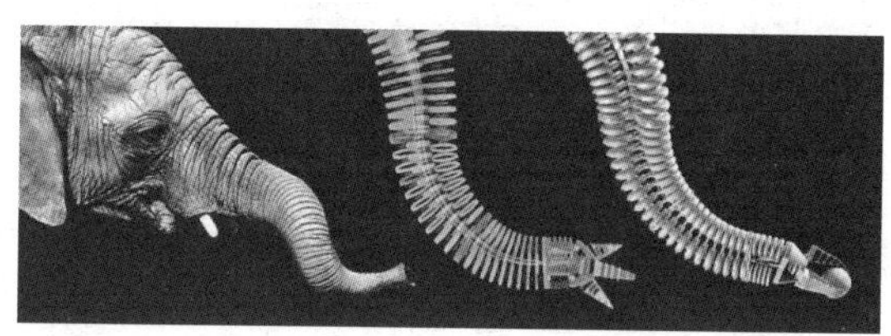

图 20.14 Festo 开发的 Bionic Handling Assistant（参考文献［20.50］）

目前，由欧盟资助、Darwin Caldwell 牵头，希腊、以色列、意大利、瑞士和英国的研究人员参与的另一大型仿生项目（第二代仿章鱼机器人），正在致力于开发 European Octopus 机器人[20.40,85]（图 20.15）。该机器人具有多个连续肢体[20.85]，这个小组已经考虑了其肢体的内置驱动[20.86]和外置驱动[20.40]。

图 20.15 正在研制的 European Octopus 连续肢体机器人（参考文献［20.40］）

许多蛇形机器人和连续体机器人已经应用于医疗领域，包括非常灵巧的可操纵针[20.87-91]，以及前面提到的同心管机器人[20.73,74,92-97]。近期的医疗用蛇形机器人还包括新颖的铰接式设计[20.98,99]，以及刚性连续柔索驱动的设计[20.100-103]。

20.3 蛇形机器人与连续体机器人的建模

尽管连续体操作臂被认为是蛇形或超冗余结构的极限情况，但人们很快意识到，它们代表了一种全新的操作臂[20.43,44,104]。连续的柔性骨架至少在理论上具有无限的自由度。因此，机器人技术中用于有限数量刚性关节串联机器人的传统建模工具将不再适用。另外，在实际应用中，显然不可能使用无限数量的自由度。连续体操作臂硬件普遍只具有有限数量的驱动器，可在一组固定且预先选择的位置上对骨架施加力或力矩，这使得分析十分复杂。但是，如以下部分所述，连续体机器人的运动学已经取得了重大进展，并且已经应用于实际分析中。

显然，要正确地对连续体操作臂进行建模，就需要有基于连续骨架的模型。有趣的是，这些模型也是刚性超冗余操作臂运动规划中的关键理论基础。虽然理论上可以利用传统操作臂建模方式对离散连杆的超冗余操作臂进行建模，并进行相应规划，但人们很快发现，这种方法的计算过于复杂，使其难以实现，相应模型的可视化也十分困难。实践中，一种更成功的替代方式是采用一种基于连续体操作臂运动学的方法。在下文中，我们概述了连续体操作臂运动学的最新进展，然后讨论了如何利用离散型和连续型两种模型更好地对超冗余操作臂进行运动规划。

20

连续体系统中缺乏独特的连杆，使得传统操作臂有限数量坐标系（每个坐标系固定在一个连杆上）的建模方式不再适用，取而代之的是基于沿连续骨架弧长 s 参数化模型的连续运动学建模方式。骨架在点 s 的局部运动是根据点 s 处的局部运动进行建模的。利用这种方式可以进行正运动学计算，并构造类似于刚性连杆系统的连续体雅可比矩阵[20.31,105]。

研究者提出了许多选择骨架模型的方法[20.31,106-109]。在所有这些方法中，沿着骨架曲线的位置可以表示为相对于其单位切线 $\boldsymbol{u}(s)$ 的形式：

$$\boldsymbol{x}(t)=\int_0^t[1+\varepsilon(s)]\boldsymbol{u}(s)\mathrm{d}s$$

式中，$\varepsilon(s)$ 是曲线的长度，反映的是局部可延展性。如果 $\varepsilon(s)$ 为零，则 t 为弧长；否则，t 的增量可以对应于曲线上的不同长度。其中，$\varepsilon(s)$ 为正值对应于拉伸，负值对应于压缩。尽管大多数连续体机器人的骨架基本上是不可延展的，但引入这种可变性的原因是，允许某些部分拉伸或压缩，为具有离散型超冗余操作臂提供更多的自由度，从而使机器人更容易拟合曲线。该拟合过程不仅要输入每个阶段的远端和近端的相对位置，还要输入姿态。如果将切线作为参考模型的轴线，则可以采用多种不同方式选择其他两个轴线。做出此选择后，可进一步创建一个参考模型：

$$\boldsymbol{g}(t)=(\boldsymbol{R}(t),\boldsymbol{x}(t))$$

在任一处确定 t 值，并计算相对的刚体位移，如下所示：

$$[\boldsymbol{g}(t_i)]^{-1}\circ\boldsymbol{g}(t_i+1)$$
$$=([\boldsymbol{R}(t_i)]^{\mathrm{T}}\boldsymbol{R}(t_{i+1}),[\boldsymbol{R}(t_i)]^{\mathrm{T}}(\boldsymbol{x}(t_{i+1})-\boldsymbol{x}(t_i)))$$

在曲线参数（变为弧长 s）不可扩展的情况下，定义的姿态 $\boldsymbol{R}(t)$ 就是著名的 Serret-Frenet 模型[20.31,108,109]，该模型根据以下公式沿骨架变化：

$$\frac{\mathrm{d}\boldsymbol{t}}{\mathrm{d}s}=\kappa\boldsymbol{n}$$

$$\frac{\mathrm{d}\boldsymbol{n}}{\mathrm{d}s}=-\kappa\boldsymbol{t}+\tau\boldsymbol{b}$$

$$\frac{\mathrm{d}\boldsymbol{b}}{\mathrm{d}s}=-\tau\boldsymbol{n}$$

上式中，原点和 x 轴由曲线 $\boldsymbol{t}=\mathrm{d}\boldsymbol{x}/\mathrm{d}s$ 的切线给出（表示为 $\boldsymbol{t}$ 而不是 $\boldsymbol{u}$），并形成一个坐标轴，其他轴由法线（$\boldsymbol{t}\cdot\boldsymbol{n}=0$）和副法线（$\boldsymbol{b}=\boldsymbol{t}\times\boldsymbol{n}$）给出。曲率 κ 和扭角 τ 决定了曲线的形状。Frenet-Serret 模型的轴提供了直观的局部运动信息：两个可能的弯曲变形，分别对应于围绕法线和副法线的旋转，以及一个沿切线轴的伸展/收缩（目前已经在多个连续体机器人中实现了可控）。

Frenet-Serret 模型目前是一种成熟的连续空间曲线建模方法。不过，该公式的缺点是，从给定曲线形状的角度来看它并不是最优的，遍历曲线所需要的不断移动的参考坐标系总量也不是最少的，因为它受到端部约束，并且要求坐标系的一条轴是切线。变分运算可以获得曲线的最佳坐标，如参考文献［20.31］中有关依赖坐标的优化，以及参考文献［20.110］中使用与坐标系无关的方法。

此外，有多种方法可以定义切线的变化，从而确定曲线的形状。考虑尚未确定形状的不可扩展的曲线，曲线的切线与随曲线上位置变化的未知姿态相关，即

$$\boldsymbol{u}(s)=\boldsymbol{R}(s)\boldsymbol{e}_3$$

目的是找到 $\boldsymbol{R}(s)$ 以实现位置约束：

$$\boldsymbol{x}(L)=\int_0^L \boldsymbol{u}(s)\,\mathrm{d}s$$

当 $\boldsymbol{R}(0)=\boldsymbol{I}$ 时，满足 $\boldsymbol{R}(L)$ 的姿态约束。$\boldsymbol{I}$ 是单位矩阵，操作臂的长度为 L。

将 s 视为时间，则对应于 $\boldsymbol{R}(s)$ 的是角速度，即 $\omega=(\boldsymbol{R}^{\mathrm{T}}\mathrm{d}\boldsymbol{R}/\mathrm{d}s)^{V}$。其中，算子 V 表示反对称矩阵对应的对偶三维向量。然后，我们可以从相对参考坐标系中移动量最小的角度来寻找最佳的 $\boldsymbol{R}(s)$，即

$$\boldsymbol{I}=\frac{1}{2}\int_0^L[\boldsymbol{\omega}(s)-\boldsymbol{b}]^{\mathrm{T}}\boldsymbol{B}[\boldsymbol{\omega}(s)-\boldsymbol{b}]\,\mathrm{d}s$$

当 $\boldsymbol{b}=0$ 和 $\boldsymbol{B}$ 为操作臂横截面的惯性矩时，上式可等效为转动动能，求其最小值，即可找到相对参考坐标系的最小移动量。变分演算提供了条件：

$$\boldsymbol{B}\dot{\boldsymbol{\omega}}+\boldsymbol{\omega}\times(\boldsymbol{B}\boldsymbol{\omega}-\boldsymbol{b})=\begin{pmatrix}\lambda^{\mathrm{T}}\boldsymbol{R}\boldsymbol{e}_2\\ \lambda^{\mathrm{T}}\boldsymbol{R}\boldsymbol{e}_1\\ 0\end{pmatrix}$$

对上式进行数值积分，并利用角速度的积分求得旋转矩阵 $\boldsymbol{R}(s)$，即

$$\dot{\boldsymbol{R}}=\boldsymbol{R}\left[\sum_{i=1}^{3}\omega_i(s)\boldsymbol{E}_i\right]$$

式中

$$\boldsymbol{E}_1=\begin{pmatrix}0&0&0\\0&0&-1\\0&1&0\end{pmatrix}$$

$$\boldsymbol{E}_2=\begin{pmatrix}0&0&1\\0&0&0\\-1&0&0\end{pmatrix}$$

$$\boldsymbol{E}_3=\begin{pmatrix}0&-1&0\\1&0&0\\0&0&0\end{pmatrix}$$

拉格朗日算子 λ 的三维向量和 $s=0$ 时三维向量 $\boldsymbol{\omega}$ 的先验未指定初始值，共同提供了 6 个自由度，以匹配位姿上的最终约束。这样，可以生成固定长度的曲线，并且在满足最终约束的前提下形状变化尽可能小。

连续体机器人文献中的其他模型也选择了相应的坐标轴，以使其与特定硬件的受控运动方向对齐[20.47,107]。对于任何情况下的给定模型，关键问题是如何用来进行运动规划。基本问题是，连续运动学模型的基本形式具有任意的自由度（对建模任意空间曲线而言是必需的）。但是，只能以有限的几种方式来控制超冗余操作臂（离散关节或连续体），从而减少了其运动学解的个数。因此，对连续体操作臂的研究集中在如何约束连续体运动学模型，以最好地表示操作臂的实际状态。

Chirikjian 和 Burdick[20.31,105,111] 在一系列具有里程碑意义的出版物中引入了连续体运动学，并用它们来近似表示由刚性关节组成的超冗余系统[20.105]，这是最初超冗余手臂运动规划的重大突破。其原理基本上是使用理论曲线来建立超冗余机器人骨架的模型。对曲线进行运动规划，然后将离散的机器人骨架拟合成最终的连续解曲线。事实证明，这种方法非常有效，后续研究将其他一些关键的理论概念引入了该领域，尤其是模态法[20.105,112]（将允许解的类型限制为通过简单线性组合所生成的形状）用于超冗余操作臂的冗余求解。这个概念可以看作是构建通用模型，并通过模态选择和曲线拟合使其适应硬件的自顶向下（top-down）的方法。

在平面情况下，旋转矩阵 $\boldsymbol{R}(s)$ 的角度仅是曲线曲率的积分。将这个曲率表示为两个函数或模态的加权总和，将操作臂限制为仅有两个自由度。作为该模态法的一个特例，可以通过将曲率限制为 $\cos2\pi s$ 和 $\sin2\pi s$ 的线性组合，使单位长度的不可延展的操作臂具有封闭解。如果上述函数的系数分别是 $2\pi a_1$ 和 $2\pi a_2$，则

$$x_{ee}=\sin(a_2)J_0[(a_1^2+a_2^2)^{\frac{1}{2}}]$$

$$y_{ee}=\cos(a_2)J_0[(a_1^2+a_2^2)^{\frac{1}{2}}]$$

式中，J_0 是零阶贝塞尔函数。

运动学逆解可以写为封闭形式，即

$$\begin{aligned}a_1&=\hat{a}_1^{\pm}(\bar{x}_{ee})\\&=\pm\begin{pmatrix}\{J_0^{-1}[(x_{ee}^2+y_{ee}^2)^{\frac{1}{2}}]\}^2\\-[A\tan2(x_{ee},y_{ee})]^2\end{pmatrix}^{\frac{1}{2}}\\a_2&=\hat{a}_2(\bar{x}_{ee})\\&=A\tan2(x_{ee},y_{ee})\end{aligned}$$

在此平面示例中，约定操作臂底部的曲线切线指向 y 轴。

上述封闭形式解也已用于空间操作臂中，并定义了沿操作臂传播的“波”，以实现规避障碍物、运动和操作。图 20.16~图 20.18 所示为用桁架代替操作臂骨架曲线[20.31]的这一过程。在规避障碍物的前提下，按比例给出上面的模态解，以使操作臂在障碍物外部的部分终止于零位以允许进入，并且障碍物内部的曲率恒定，以绕过障碍物。

在运动的情况下，模态方法用于确保行波的最终条件与环境的最终条件相匹配。在抓取和操作方面，模态方法有两种使用方式：首先，它定义了横穿被抓物体的类似运动的行波形状，这使得操作臂能够包围被抓物体；然后，操作臂的底部收缩，以

20

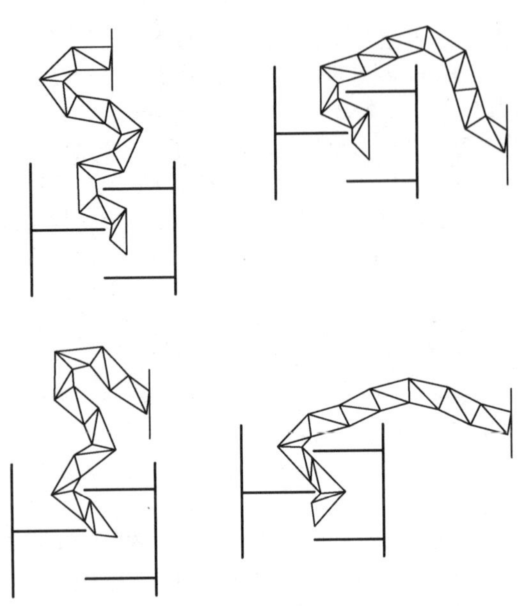

图 20.16　使用模态法将操作臂定位在障碍物区域的入口处（参考文献［20.31］）

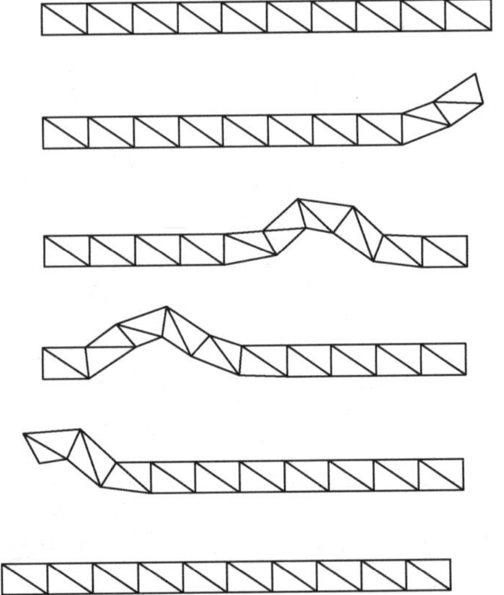

图 20.17 “波”传播引起的向左移动（参考文献［20.31］）

形成由模型定义的形状，而最靠近基座但仍与被抓物体接触的操作臂部分松开。如参考文献［20.31，113］中所述，行波和松开的有机结合可使被抓物体产生净旋转且不会松开。

最新的研究主要集中在上文提到的对偶向量上，使用对特定连续体机器人硬件类型的骨架施加的物理约束来构造连续体运动学，这可以看作是一种自底向上（bottom-up）的方法，专注于特定的硬件类，其主要目的是对硬件进行充分建模，以避免在运动规划中使用近似值。参考文献［20.44，107］中给

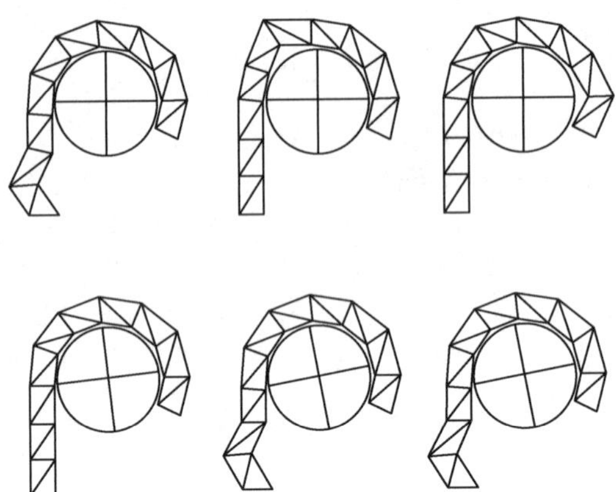

图 20.18　物体在“波”作用下的净旋转（参考文献［20.31］）

出了该方法的示例。由于在刚性连续体骨架上施加了有限数量的力或力矩，许多连续体骨架分解为有限数量的恒定曲率段节，可据此对一般连续体运动学模型施加关键约束。对于参考文献［20.106］，应注意，可以将所得的恒定曲率模型视为参考文献［20.105］中一般模态方法的一个特例。

参考文献［20.44，107］所示的方法涉及多重变换[20.114]，即通过段节空间在任务空间与驱动空间之间进行变换。作为此变换的关键部分，可以使用常规的刚性连杆模型来模拟每个段节的运动学。已经证明，刚性连杆运动学是解决连续体操作臂冗余的关键，就像连续体运动学在刚性连杆超冗余操作臂的冗余分析中起到的关键作用一样。

最终，得到了一系列雅可比矩阵。其区别在于，连续体雅可比矩阵是局部弯曲角度、曲率和伸缩量等变量的函数，这些变量定义了段节形状或用来确定驱动器的直接数值。若连续体雅可比存在，冗余通常可分解为

$$\dot{\boldsymbol{l}}=\boldsymbol{J}_E^{\dagger}\dot{\boldsymbol{l}}_E+(\boldsymbol{I}-\boldsymbol{J}_E^{\dagger}\boldsymbol{J}_E)\dot{\boldsymbol{l}}_0$$

这与第10章中所述的传统冗余操作臂一样，具有相同的优点和缺点。

最近的连续体机器人运动学研究同时推动了连续体机器人的动力学建模[20.84,104]，为此引入了基于拉格朗日[20.108,115]和牛顿-欧拉[20.116]公式的新模型。但是，大变形连续骨架动力学的复杂性阻碍了该研究的进展，而且许多模型在实际应用中仍然过于复杂。因此，最近的研究主要集中在基于简单集中参数模型的动力学模型上[20.117]。

目前，基于新的运动学和动力学模型，能够开展一些有关连续体机器人的运动规划[20.118,119]与控制[20.120,121]研究。另外，引入了使用连续体机器人进

行力估计[20.122]、触摸[20.76,123]和感知[20.124]的新模型，提出了基于模型的[20.54]和基于非模型的[20.125]控制器，以及基于关节空间和任务空间[20.54,126]的控制器，但基于模型的控制器目前还很少。

20.4 蛇形机器人与连续体机器人的运动规划

蛇形机器人和连续体机器人能够利用其整个身体与环境交互，以产生预期的运动[20.127-136]。这种运动本身就是一个具有挑战性的运动规划与控制问题，因为即使通过上述骨架方法以某种方式降低了自由度，规划器或控制器必须实时应对多个自由度的有效控制。许多研究人员通过对蛇形机器人的步态模拟来达到此目的，步态是在产生净运动的机构内部自由度中的循环运动。实现预期步态很有意义，因为所有运动的动物都会表现出步态：马的奔跑、小跑和行走；蛇的侧行、横向波浪形运动和直线运动。

研究步态的好处是，可以将复杂的系统缩减为描述步态的几组参数，然后通过循环遍历步态，就可以实现运动。因此，如果步态只是正弦波，则用户可以指定振幅、频率和相位，然后将机构调整为正弦波。与骨架方法相比，这种方法所需要的计算量很小。为了实现三维运动，我们描述了蛇形机器人的步态，其中两个正弦波位于两个相互垂直的平面上，即一个与地面平行的水平面和一个与地面垂直的垂直面。回想一下，上面描述的某些机构由单自由度关节组成，每个关节都正交于其相邻关节放置。将偶数关节分配给在垂直平面上弯曲的模块，将奇数关节分配给在水平面上弯曲的模块。如果给该机构发送垂直于地面的垂直波，则仅偶数模块参与，而奇数模块保持静止。同样，只有奇数模块参与平行于地面的水平波。如果蛇形机器人发生翻滚，那么偶数模块就简单地变成了横向模块，奇数个模块就变成了垂直模块。

假设偶数模块负责传播垂直波，奇数模块负责传播水平波，则不妨使用术语“垂直偏移”“水平偏移”“垂直振幅”和“水平振幅”来表示影响两个正交波的参数。最后，除非另有说明，否则假设两个偏移参数都为零。所有的可微步态都可以用在时间 t 时第 n 个模块的角度来描述：

$$\text{角度}(n,t)=\begin{cases}\text{偏移}_{\text{偶数}}+\text{振幅}_{\text{偶数}} * \sin(\theta) & n=\text{偶数}\\ \text{偏移}_{\text{奇数}}+\text{振幅}_{\text{奇数}} * \sin(\theta+\delta) & n=\text{奇数}\end{cases}$$

$$\theta=\left(\frac{\mathrm{d}\theta}{\mathrm{d}n}\times n+\frac{\mathrm{d}\theta}{\mathrm{d}n}\times t\right)$$

当机器人在地面上移动时，偏移量通常用于对准机器人。例如，当蛇的身形是直的或攀爬管道时，偏移量为零。振幅则描述了相互垂直的波的幅度。在大多数情况下，机器人的振幅与速度直接相关，并且随着两者的增加，机器人可以更好地越过较大的障碍物。但是，较大的振幅是以降低稳定性为代价的。直观地讲，给定固定的模块数量，机器人中的波越少，每个波就越大。因此，较小的 $\mathrm{d}\theta/\mathrm{d}n$ 允许更多的模块参与一个波，这就使得波幅更大。

正弦波的频率由 θ 决定，而 θ 随时间并沿蛇形机器人的长度而增加。θ 的变化速率由 $\mathrm{d}\theta/\mathrm{d}n$ 和 $\mathrm{d}\theta/\mathrm{d}t$ 控制。值得注意的是，通过机器人移动的正弦波具有时间和空间两个分量：

1) $\mathrm{d}\theta/\mathrm{d}n$ 决定空间分量，这意味着如果我们固定时间（对应 t），它将告诉我们整个机器人的外形。

2) $\mathrm{d}\theta/\mathrm{d}t$ 决定时间分量，这意味着如果检查单个驱动器的正弦轨迹（对应 n），便可确定其运动方式。

$\mathrm{d}\theta/\mathrm{d}n$ 的零值会导致一个轴上所有模块的角度相同，沿该轴产生弧形，而 $\mathrm{d}\theta/\mathrm{d}t$ 的零值会影响固定时间。

最后，δ 只是一个偏移量，用于控制两个正交波运动之间的时间间隔。通过修改这些参数，可以更改机器人所执行步态的类型和性质。

当前的工作包括将基于步态方程的方法与骨架曲线方法相结合。我们正在开发一些从动态的骨架曲线序列推断步态参数的技术。骨架曲线方法易于可视化，因此可以进行几何操作；步态方法的好处是，它包含一个解析表达式，可以进行评估，从而可以进行优化。因此，使用当前的这种新方法，可以达到两全其美。

20.5 结论与相关领域的扩展

在过去的 40 多年里，蛇形机器人和连续体机器人都取得了很大的进展。这些工作涉及许多不同的研究方向，包括针对运动、控制和医学应用的新颖设计，以及应用已有建模方法的不同途径，包括非完整规划、生物大分子的构象灵活性和统计力学等。

值得一提的是，同步开展的非机器人及其他应用领域也与此有关，或者是得益于上述工作的研究成果。例如，从力学的角度来看，连续体装置基本上是基于参考文献［20.137，138］的机器人技术而开发的。参考文献［20.139-141］中开发了适用于可变几何桁架的连续曲线方法，基本上与参考文献［20.9］同步。在最近的研究中，蠕虫状机器人[20.142]被设计成能够执行蠕动波。类似于参考文献［20.113］中所描述的那样，这种蠕动波是由生物学驱动的。最后，用于蛇形机器人和连续体机器人曲线和工作空间的公式已用于研究脱氧核糖核酸（DNA）[20.110,143-148]。

视频文献

VIDEO 157 Field experiments with the OctArm continuum manipulator
available from http://handbookofrobotics.org/view-chapter/20/videodetails/157
VIDEO 158 OctArms I-V
available from http://handbookofrobotics.org/view-chapter/20/videodetails/158
VIDEO 159 One dimensional binary manipulator
available from http://handbookofrobotics.org/view-chapter/20/videodetails/159
VIDEO 160 Two dimensional binary manipulator
available from http://handbookofrobotics.org/view-chapter/20/videodetails/160
VIDEO 161 Three dimensional binary manipulator
available from http://handbookofrobotics.org/view-chapter/20/videodetails/161
VIDEO 162 Binary manipulator grasping
available from http://handbookofrobotics.org/view-chapter/20/videodetails/162
VIDEO 163 Binary manipulator obstacle navigation
available from http://handbookofrobotics.org/view-chapter/20/videodetails/163
VIDEO 164 Binary manipulator object recovery
available from http://handbookofrobotics.org/view-chapter/20/videodetails/164
VIDEO 165 Modsnake fence navigation
available from http://handbookofrobotics.org/view-chapter/20/videodetails/165
VIDEO 166 Modsnake autonomous pole-climbing
available from http://handbookofrobotics.org/view-chapter/20/videodetails/166
VIDEO 167 Modsnake pipe inspection
available from http://handbookofrobotics.org/view-chapter/20/videodetails/167
VIDEO 168 Modsnake climbing a tree
available from http://handbookofrobotics.org/view-chapter/20/videodetails/168
VIDEO 169 Modsnake swimming
available from http://handbookofrobotics.org/view-chapter/20/videodetails/169
VIDEO 171 Modsnake pole climb
available from http://handbookofrobotics.org/view-chapter/20/videodetails/171
VIDEO 174 Modsnake sidewinding
available from http://handbookofrobotics.org/view-chapter/20/videodetails/174
VIDEO 175 CMU medical snake robot
available from http://handbookofrobotics.org/view-chapter/20/videodetails/175
VIDEO 244 Active compliant insertion
available from http://handbookofrobotics.org/view-chapter/20/videodetails/244
VIDEO 245 Automatic insertion implant calibration
available from http://handbookofrobotics.org/view-chapter/20/videodetails/245
VIDEO 246 IREP tagging spikes
available from http://handbookofrobotics.org/view-chapter/20/videodetails/246
VIDEO 247 RDP experimental results
available from http://handbookofrobotics.org/view-chapter/20/videodetails/247
VIDEO 248 Stenting deployment system
available from http://handbookofrobotics.org/view-chapter/20/videodetails/248
VIDEO 249 Bimanual dissection
available from http://handbookofrobotics.org/view-chapter/20/videodetails/249
VIDEO 250 First concentric tube robot teleoperation
available from http://handbookofrobotics.org/view-chapter/20/videodetails/250

VIDEO 251 Shoe decoration using concentric tube robot
available from http://handbookofrobotics.org/view-chapter/20/videodetails/251
VIDEO 252 Concentric tube robot at TEDMED 2010
available from http://handbookofrobotics.org/view-chapter/20/videodetails/252
VIDEO 253 Aiko obstacle-aided locomotion
available from http://handbookofrobotics.org/view-chapter/20/videodetails/253
VIDEO 254 Aiko sidewinding
available from http://handbookofrobotics.org/view-chapter/20/videodetails/254
VIDEO 255 Anna Konda – Motion
available from http://handbookofrobotics.org/view-chapter/20/videodetails/255

参考文献

20.1 B.Y.S. Hirose, H. Yamada: Snake-like robots, IEEE Robot. Autom. Mag. **16**(1), 88–98 (2009)

20.2 S. Hirose: *Biologically Inspired Robots: Snake-Like Locomotors and Manipulators* (Oxford Univ. Press, New York 1993)

20.3 Y. Tanaka, M. Arai, S. Hirose, T. Shingo: Development of *Souryu-V* with mono-tread-crawlers and elastic-rods joint, IEEE Int. Workshop Saf. Secur. Rescue Robot. (2006)

20.4 Hirose Fukushima Lab: *Souryu Robot* http://www-robot.mes.titech.ac.jp/robot/snake/soryu/soryu.html

20.5 H. Ohno, S. Hirose: Design of slim slime robot and its gait of locomotion, Proc. IEEE/RSJ Int. Conf. Intel Robot. Syst. (2001) pp. 707–715

20.6 H. Yamada, M. Mori, K. Takita, S. Ogami, S. Hirose: Development of amphibious snake-like robot ACM-R5, 36th Int. Symp. Robot. (2005)

20.7 G.S. Chirikjian, J.W. Burdick: Design and experiments with a 30 DOF robot, Proc. IEEE ICRA (1992) pp. 113–119

20.8 J.W. Burdick: Robots that crawl, walk, and slither, Eng. Sci. **55**(4), 2–13 (1992)

20.9 G.S. Chirikjian: Inverse kinematics of binary manipulators using a continuum model, J. Intel. Robot. Syst. **19**, 5–22 (1997)

20.10 J. Bluck: Squaring off with a robotic serpent. http://astrobiology.nasa.gov/articles/2001/2/21/squaring-off-with-a-robotic-serpent/

20.11 University of Pennsylvania: Modlab, http://modlabupenn.org/multimedia/

20.12 M. Yim: New locomotion gaits, Proc. IEEE ICRA (1994) pp. 2508–2514

20.13 M. Yim, D. Duff: Modular robots, IEEE Spectr. **39**(2), 30–34 (2002)

20.14 M. Park, M. Yim: Distributed control and communication fault tolerance for the CKBot, IEEE Int. Conf. Reconfig. Mech. Robot. (2009) pp. 682–688

20.15 M. Yim, B. Shirmohammadi, J. Sastra, M. Park, M. Dugan, C.J. Taylor: Towards robotic self-reassembly after explosion, Proc. IEEE/RSJ Int. Conf. Intel. Robot. Syst. (2007) pp. 2767–2772

20.16 S. Revzen, M. Bhoite, A. Macasieb, M. Yim: Structure synthesis on-the-fly in a modular robot, Int. Conf. Intel. Robot. Syst. (2011) pp. 4797–4802

20.17 C. Wright, A. Johnson, A. Peck, Z. McCord, A. Naaktgeboren, P. Gianfortoni, M. Gonzalez-Rivero, R.L. Hatton, H. Choset: Design of a modular snake robot, Int. Conf. Intel. Robot. Syst. (2007) pp. 2609–2614

20.18 A. Johnson, C. Wright, M. Tesch, K. Lipkin, H. Choset: *A Novel Architecture for Modular Snake Robots, Tech. Report CMU-RI-TR-11-29* (Carnegie Mellon Univ., Pittsburgh 2011)

20.19 K. Lipkin, I. Brown, A. Peck, H. Choset, J. Rembisz, P. Gianfortoni, A. Naaktgeboren: Differentiable and piecewise differentiable gaits for snake robots, Int. Conf. Intel. Robot. Syst. (2007) pp. 1864–1869

20.20 Biorobotics Laboratory, Carnegie Mellon University http://biorobotics.org (for videos of Choset's robots)

20.21 P. Liljeback, O. Stavdahl, A. Beitnes: SnakeFighter – Development of a water hydraulic fire fighting snake robot, 9th Int. Conf. Control Autom. Robot. Vision (2006) pp. 1–6

20.22 P. Liljeback, K.Y. Pettersen, O. Stavdahl, J.T. Gravdahl: Experimental investigation of obstacle-aided locomotion with a snake robot, IEEE Trans. Robot. **99**, 1–8 (2011)

20.23 P. Liljeback, S. Fjerdingen, K.Y. Pettersen, Ø. Stavdahl: A snake robot joint mechanism with a contact force measurement system, Proc. IEEE ICRA (2009) pp. 3815–3820

20.24 J. Borenstein, M. Hansen, A. Borrell: The OmniTread OT-4 serpentine robot–design and performance, J. Field Robot. **24**(7), 601–621 (2007)

20.25 J.C. McKenna, D.J. Anhalt, F.M. Bronson, H.B. Brown, M. Schwerin, E. Shammas, H. Choset: Toroidal skin drive for snake robot locomotion, Proc. IEEE ICRA (2008) pp. 1150–1155

20.26 H. Date, Y. Takita: An electricity-free snake-like propulsion mechanism driven and controlled by fluids, Proc. IEEE/RSJ Int. Conf. Intell. Robot. Syst. (2009) pp. 3637–3642

20.27 T. Sato, T. Kano, A. Ishiguro: A decentralized control scheme for an effective coordination of phasic and tonic control in a snake-like robot, Bioinspir. Biomim. **7**(1), 016005 (2012)

20.28 T. Kamegawa, T. Yarnasaki, H. Igarashi, F. Matsuno: Development of the snake-like rescue robot *kohga*, Proc. IEEE Int. Conf. Robot. Autom. (2004) pp. 5081–5086

20.29 M. Hara, S. Satomura, H. Fukushima, T. Kamegawa, H. Igarashi, F. Matsuno: Con-

20

trol of a snake-like robot using the screw drive mechanism, Proc. IEEE Int. Conf. Robot. Autom. (2007) pp. 3883–3888
20.30 G. Robinson, J.B.C. Davies: Continuum robots – A state of the art, Proc. IEEE Int. Conf. Robot. Autom., Detroit (1999) pp. 2849–2854
20.31 G.S. Chirikjian: Theory and applications of hyper-redundant robotic mechanisms (Department of Applied Mechanics, California Institute of Technology, Pasadena 1992)
20.32 V.C. Anderson, R.C. Horn: Tensor arm manipulator design, Mech. Eng. **89**(8), 54–65 (1967)
20.33 B. Roth, J. Rastegar, V. Scheinman: On the design of computer controlled manipulators, 1st CISM-IFTMM Symp. Theory Pract. Robot. Manip. (1973) pp. 93–113
20.34 W.M. Kier, K.K. Smith: Tongues, tentacles and trunks: The biomechanics of movement in muscular-hydrostats, Zool. J. Linneaan Soc. **83**, 307–324 (1985)
20.35 F. Martin, C. Niemitz: How do African elephants (Loxodonta Africana) optimize goal-directed trunk movements?, Jahresvers. Dt. Zool. Ges. Dt. Ges. Parasitol. **96**, 159 (2003)
20.36 Y. Yekutieli, R. Sagiv-Zohar, B. Hochner, T. Flash: Dynamics model of the octopus arm. II. Control of reaching movements, J. Neurophysiol. **94**, 1459–1468 (2005)
20.37 R. Cieslak, A. Morecki: Elephant trunk type elastic manipulator – A tool for bulk and liquid type materials transportation, Robotica **17**, 11–16 (1999)
20.38 M.W. Hannan, I.D. Walker: Analysis and experiments with an elephant's trunk robot, Adv. Robot. **15**(8), 847–858 (2001)
20.39 H. Tsukagoshi, A. Kitagawa, M. Segawa: Active hose: An artificial elephant's nose with maneuverability for rescue operation, Proc. IEEE Int. Conf. Robot. Autom., Seoul (2001) pp. 2454–2459
20.40 E. Guglielmino, N. Tsagarakis, D.G. Caldwell: An octopus-anatomy inspired robotics arm, Proc. IEEE/RSJ Int. Conf. Intell. Robot. Syst., Taipei (2010) pp. 3091–3096
20.41 W. McMahan, B.A. Jones, I.D. Walker, V. Chitrakaran, A. Seshadri, D. Dawson: Robotic manipulators inspired by cephalopod limbs, Proc. CDEN Des. Conf., Montreal (2004) pp. 1–10
20.42 I.D. Walker, D. Dawson, T. Flash, F. Grasso, R. Hanlon, B. Hochner, W.M. Kier, C. Pagano, C.D. Rahn, Q. Zhang: Continuum robot arms inspired by cephalopods, Proc. 7th SPIE Conf. Unmanned Ground Veh. Technol., Orlando (2005) pp. 303–314
20.43 D. Trivedi, C.D. Rahn, W.M. Kier, I.D. Walker: Soft robotics: Biological inspiration, state of the art, and future research, Appl. Bionics Biomech. **5**(2), 99–117 (2008)
20.44 R.J. Webster III, B.A. Jones: Design and kinematic modeling of constant curvature continuum robots: A review, Int. J. Robot. Res. **29**(13), 1661–1683 (2010)
20.45 D.B. Camarillo, C.F. Milne, C.R. Carlson, M.R. Zinn, J.K. Salisbury: Mechanics modeling of tendon-driven continuum manipulators, IEEE Trans. Robot. **24**(6), 1262–1273 (2008)
20.46 L. Cowan: *Analysis and experiments for tendril-type robots*, M.S. Thesis (Clemson University, Clemson 2008)
20.47 M.W. Hannan, I.D. Walker: Kinematics and the implementation of an elephant's trunk manipulator and other continuum style robots, J. Robot. Syst. **20**(2), 45–63 (2003)
20.48 G. Immega: Tentacle-like manipulators with adjustable tension lines, U.S. Patent 5317952A (1992)
20.49 J.S. Mehling, M.A. Diftler, M. Chu, M. Valvo: A minimally invasive tendril robot for in-space inspection, Proc. Conf. BioRobotics (2006) pp. 690–695
20.50 A. Grzesiak, R. Becker, A. Verl: The bionic handling assistant – A success story of additive manufacturing, Assem. Autom. **31**(4), 329–333 (2011)
20.51 D.M. Lane, J.B.C. Davies, G. Robinson, D.J. O'Brien, J. Sneddon, E. Seaton, A. Elfstrom: The AMADEUS dextrous subsea hand: Design, modeling, and sensor processing, IEEE J. Ocean. Eng. **24**(1), 96–111 (1999)
20.52 M.B. Pritts, C.D. Rahn: Design of an artificial muscle continuum robot, Proc. IEEE Int. Conf. Robot. Autom., New Orleans (2004) pp. 4742–4746
20.53 K. Suzumori, S. Iikura, H. Tanaka: Development of flexible microactuator and its applications to robotic mechanisms, Proc. IEEE Int. Conf. Robot. Autom., Sacramento (1991) pp. 1622–1627
20.54 D.B. Camarillo, C.R. Carlson, J.K. Salisbury: Task-space control of continuum manipulators with coupled tendon drive, 11th Int. Symp. Exp. Robot. (2009) pp. 271–280
20.55 G. Immega, K. Antonelli: The KSI tentacle manipulator, Proc. IEEE Int. Conf. Robot. Autom., Nagoya (1995) pp. 3149–3154
20.56 I. Gravagne, C. Rahn, I.D. Walker: Large deflection dynamics and control for planar continuum robots, IEEE/ASME Trans. Mechatron. **8**(2), 299–307 (2003)
20.57 B.A. Jones, W. McMahan, I.D. Walker: Design and analysis of a novel pneumatic manipulator, Proc. 3rd IFAC Symp. Mechatron. Syst., Sydney (2004) pp. 745–750
20.58 W. McMahan, B.A. Jones, I.D. Walker: Design and implementation of a multi-section continuum robot: Air-Octor, Proc. IEEE/RSJ Int. Conf. Intell. Robot. Syst., Edmonton (2005) pp. 3345–3352
20.59 J. Lock, G. Laing, M. Mahvash, P.E. Dupont: Quasistatic modeling of concentric tube robots with external loads, Proc. IEEE/RSJ Int. Conf. Intell. Robot. Syst., Taipei (2010) pp. 2325–2332
20.60 L.G. Torres, R. Alterovitz: Motion planning for concentric tube robots using mechanics-based models, Proc. IEEE/RSJ Int. Conf. Intell. Robot. Syst., San Francisco (2011) pp. 5153–5159
20.61 R.J. Webster III, J.M. Romano, N.J. Cowan: Kinematics and calibration of active cannulas, Proc. IEEE Int. Conf. Robot. Autom., Pasadena (2008) pp. 3888–3895
20.62 R.S. Penning, J. Jung, J.A. Borgstadt, N.J. Ferrier, M.R. Zinn: Towards closed loop control of a continuum robotic manipulator for medical applications, Proc. IEEE Int. Conf. Robot. Autom., Shanghai (2011) pp. 4822–4827
20.63 B. Bardou, P. Zanne, F. Nageotte, M. de Mathelin: Control of multiple sections flexible endoscopic system, Proc. IEEE/RSJ Int. Conf. Intell. Robot.

Syst., Taipei (2010) pp. 2345–2350
20.64 G. Chen, P.M. Tu, T.R. Herve, C. Prelle: Design and modeling of a micro-robotic manipulator for colonoscopy, 5th Int. Workshop Res. Educ. Mechatron., Annecy (2005) pp. 109–114
20.65 K. Xu, J. Zhao, J. Geiger, A.J. Shih, M. Zheng: Design of an endoscopic stitching device for surgical obesity treatment using a N.O.T.E.S. approach, Proc. IEEE/RSJ Int. Conf. Intell. Robot. Syst., San Francisco (2011) pp. 961–966
20.66 H.-S. Yoon, S.M. Oh, J.H. Jeong, S.H. Lee, K. Tae, K.-C. Koh, B.J. Yi: Active bending robot endoscope system for navigation through sinus area, Proc. IEEE/RSJ Int. Conf. Intell. Robot. Syst., San Francisco (2011) pp. 967–972
20.67 L.A. Lyons, R.J. Webster III, R. Alterovitz: Planning active cannula configurations through tubular anatomy, Proc. IEEE Int. Conf. Robot. Autom., Anchorage (2010) pp. 2082–2087
20.68 S. Wakimoto, K. Suzumori: Fabrication and basic experiments of pneumatic multi-chamber rubber tube actuator for assisting colonoscope insertion, Proc. IEEE Int. Conf. Robot. Autom., Anchorage (2010) pp. 3260–3265
20.69 N. Simaan, R. Taylor, P. Flint: A dexterous system for laryngeal surgery, Proc. IEEE Int. Conf. Robot. Autom., New Orleans (2004) pp. 351–357
20.70 H. Watanabe, K. Kanou, Y. Kobayashi, M.G. Fujie: Development of a 'Steerable Drill' for ACL reconstruction to create the arbitrary trajectory of a bone tunnel, Proc. IEEE/RSJ Int. Conf. Intell. Robot. Syst., San Francisco (2011) pp. 955–960
20.71 K. Xu, R.E. Goldman, J. Ding, P.K. Allen, D.L. Fowler, N. Simaan: System design of an insertable robotic effector platform for single port access (SPA) surgery, Proc. IEEE/RSJ Int. Conf. Intell. Robot. Syst., St. Louis (2009) pp. 5546–5552
20.72 J. Ding, K. Xu, R. Goldman, P. Allen, D. Fowler, N. Simaan: Design, simulation and evaluation of kinematic alternatives for insertable robotic effectors platforms in single port access surgery, Proc. IEEE Int. Conf. Robot. Autom., Anchorage (2010) pp. 1053–1058
20.73 P. Sears, P.E. Dupont: Inverse kinematics of concentric tube steerable needles, Proc. IEEE Int. Conf. Robot. Autom. (2007) pp. 1887–1892
20.74 P. Sears, P.E. Dupont: A steerable needle technology using curved concentric tubes, Proc. IEEE/RSJ Int. Conf. Intell. Robot. Syst. (2006) pp. 2850–2856
20.75 R. Buckingham: Snake arm robots, Ind. Robot An Int. J. **29**(3), 242–245 (2002)
20.76 M. Mahvash, P.E. Dupont: Stiffness control of a continuum manipulator in contact with a soft environment, Proc. IEEE/RSJ Int. Conf. Intell. Robot. Syst., Taipei (2010) pp. 863–870
20.77 J. Jung, R.S. Penning, N.J. Ferrier, M.R. Zinn: A modeling approach for continuum robotic manipulators: Effects of nonlinear internal device friction, Proc. IEEE/RSJ Int. Conf. Intell. Robot. Syst., San Francisco (2011) pp. 5139–5146
20.78 D.C. Rucker, B.A. Jones, R.J. Webster III: A model for concentric tube continuum robots under applied wrenches, Proc. IEEE Int. Conf. Robot. Automom., Anchorage (2010) pp. 1047–1052
20.79 T. Aoki, A. Ochiai, S. Hirose: Study on slime robot: Development of the mobile robot prototype model using bridle bellows, Proc. IEEE Int. Conf. Robot. Autom., New Orleans (2004) pp. 2808–2813
20.80 H. Ohno, S. Hirose: Design of slim slime robot and its gait of locomotion, Proc. IEEE/RSJ Int. Conf. Intell. Robot. Syst., Maui (2001) pp. 707–715
20.81 B.A. Jones, M. Csencsits, W. McMahan, V. Chitrakaran, M. Grissom, M. Pritts, C.D. Rahn, I.D. Walker: Grasping, manipulation, and exploration tasks with the OctArm continuum manipulator, Proc. Int. Conf. Robot. Autom., Orlando (2006)
20.82 W. McMahan, M. Pritts, V. Chitrakaran, D. Dienno, M. Grissom, B. Jones, M. Csencsits, C.D. Rahn, D. Dawson, I.D. Walker: Field trials and testing of *OCTARM* continuum robots, Proc. IEEE Int. Conf. Robot. Autom. (2006) pp. 2336–2341
20.83 J.K. Salisbury: Whole arm manipulation, 4th Symp. Robot. Res. (1987)
20.84 I.D. Walker: Continuum robot appendages for traversal of uneven terrain in in-situ exploration, IEEE Aerosp. Conf. (2011) pp. 1–8
20.85 R. Kang, A. Kazakidi, E. Guglielmino, D.T. Branson, D.P. Tsakiris, J.A. Ekaterinaris, D.G. Caldwell: Dynamic model of a hyper-redundant, octopus-like manipulator for underwater applications, Proc. IEEE/RSJ Int. Conf. Intell. Robot. Syst., San Francisco (2011) pp. 4054–4059
20.86 I.S. Godage, D.T. Branson, E. Guglielmino, G.A. Medrano-Cerda, D.G. Caldwell: Shape function-based kinematics and dynamics for variable-length continuum robotic arms, Proc. IEEE Int. Conf. Robot. Autom., Shanghai (2011) pp. 452–457
20.87 R. Alterovitz, A. Lim, K. Goldberg, G.S. Chirikjian, A.M. Okamura: Steering flexible needles under Markov motion uncertainty, Proc. IEEE/RSJ Int. Conf. Intell. Robot. Syst. (2005) pp. 120–125
20.88 N.J. Cowan, K. Goldberg, G.S. Chirikjian, G. Fichtinger, R. Alterovitz, K.B. Reed, V. Kallem, W. Park, S. Misra, A.M. Okamura: Robotic needle steering: Design, modeling, planning, and image guidance. In: *Surgical Robotics – Systems, Applications, and Visions*, ed. by J, Rosen, B. Hannaford, R. Satava (Springer New York **pp**, 557–582 (2011)
20.89 W. Park, Y. Wang, G.S. Chirikjian: The path-of-probability algorithm for steering and feedback control of flexible needles, Int. J. Robot. Res. **29**(7), 813–830 (2010)
20.90 W. Park, J.S. Kim, Y. Zhou, N.J. Cowan, A.M. Okamura, G.S. Chirikjian: Diffusion-based motion planning for a nonholonomic flexible needle model, Proc. IEEE Int. Conf. Robot. Autom., Barcelona (2005)
20.91 R.J. Webster III, J.-S. Kim, N.J. Cowan, G.S. Chirikjian, A.M. Okamura: Nonholonomic modeling of needle steering, Int. J. Robot. Res. **25**(5–6), 509–525 (2006)
20.92 C. Rucker, R.J. Webster III, G.S. Chirikjian, N.J. Cowan: Equilibrium conformations of concentric-tube continuum robots, Int. J. Robot.

20

Res. **29**(10), 1263–1280 (2010)

20.93 P.E. Dupont, J. Lock, B. Itkowitz, E. Butler: Design and control of concentric-tube robots, IEEE Trans. Robot. **26**(2), 209–225 (2010)

20.94 J. Lock, G. Laing, M. Mahvash, P.E. Dupont: Quasistatic modeling of concentric tube robots with external loads, 2010 IEEE/RSJ Int. Conf. Intell. Robot. Syst. (2010) pp. 2325–2332

20.95 P.E. Dupont, J. Lock, E. Butler: Torsional kinematic model for concentric tube robots, Proc. IEEE Int. Conf. Robot. Autom. (2009) pp. 3851–3858

20.96 C. Bedell, J. Lock, A. Gosline, P.E. Dupont: Design optimization of concentric tube robots based on task and anatomical constraints, Proc. IEEE Int. Conf. Robot. Autom. (2011) pp. 398–403

20.97 M. Mahvash, P.E. Dupont: Stiffness control of surgical continuum manipulators, IEEE Trans. Robot. **27**(2), 334–345 (2011)

20.98 A. Degani, H. Choset, A. Wolf, M.A. Zenati: Highly articulated robotic probe for minimally invasive surgery, Proc. IEEE Int. Conf. Robot. Autom. (2006) pp. 4167–4172

20.99 A. Degani, H. Choset, A. Wolf, T. Ota, M.A. Zenati: Percutaneous intrapericardial interventions using a highly articulated robotic probe, In The First IEEE/RAS-EMBS Int. Conf. Biomed. Robot. Biomech. (2006) pp. 7–12

20.100 R.J. Murphy, M.S. Moses, M.D. Kutzer, G.S. Chirikjian, M. Armand: Constrained workspace generation for snake-like manipulators with applications to minimally invasive surgery, Proc. IEEE Int. Conf. Robot. Autom. (2013) pp. 5341–5347

20.101 M.S. Moses, M.D. Kutzer, H. Ma, M. Armand: A continuum manipulator made of interlocking fibers, Proc. IEEE Int. Conf. Robot. Autom. (2013) pp. 4008–4015

20.102 S.M. Segreti, M.D.M. Kutzer, R.J. Murphy, M. Armand: Cable length estimation for a compliant surgical manipulator, Proc. IEEE Int. Conf. Robot. Autom. (2012) pp. 701–708

20.103 R.J. Murphy, M.D. Kutzer, S.M. Segreti, B.C. Lucas, M. Armand: Design and kinematic characterization of a surgical manipulator with a focus on treating osteolysis, Robotica **32**(6), 835–850 (2014)

20.104 D. Trivedi, A. Lotfi, C.D. Rahn: Geometrically exact dynamics for soft robotics manipulators, Proc. IEEE/RSJ Int. Conf. Intell. Robot. Syst., San Diego (2007) pp. 1497–1502

20.105 G.S. Chirikjian, J.W. Burdick: A modal approach to hyper-redundant manipulator kinematics, IEEE Trans. Robot. Autom. **10**(3), 343–354 (1994)

20.106 I.A. Gravagne, I.D. Walker: Manipulability, force, and compliance analysis for planar continuum manipulators, IEEE Trans. Robot. Autom. **18**(3), 263–273 (2002)

20.107 B.A. Jones, I.D. Walker: Kinematics for multisection continuum robots, IEEE Trans. Robot. **22**(1), 43–55 (2006)

20.108 H. Mochiyama, T. Suzuki: Dynamic modeling of a hyper-flexible manipulator, Proc. 41st SICE Annu. Conf., Osaka (2002) pp. 1505–1510

20.109 H. Mochiyama, T. Suzuki: Kinematics and dynamics of a cable-like hyper-flexible manipulator, Proc. IEEE Intl. Conf. Robot. Autom., Taipei (2003) pp. 3672–3677

20.110 G.S. Chirikjian: Variational analysis of snakelike robots. In: *Redundancy in Robot Manipulators and Multi-Robot Systems*, Lecture Notes in Electrical Engineering, Vol. 57, ed. by D. Milutinovic, J. Rosen (Springer, New York 2013) pp. 77–91

20.111 G.S. Chirikjian: Hyper-redundant manipulator dynamics: A continuum approximation, Adv. Robot. **9**(3), 217–243 (1995)

20.112 I.S. Godage, E. Guglielmino, D.T. Branson, G.A. Medrano-Cerda, D.G. Caldwell: Novel modal approach for kinematics of multisection continuum arms, Proc. IEEE/RSJ Int. Conf. Intell. Robot. Syst., San Francisco (2011) pp. 1093–1098

20.113 G.S. Chirikjian, J.W. Burdick: Kinematics of hyper-redundant locomotion with applications to grasping, Proc. IEEE Int. Conf. Robot. Autom. (1991) pp. 720–725

20.114 M. Csencsits, B.A. Jones, W. McMahan: User interfaces for continuum robot arms, Proc. IEEE/RSJ Int. Conf. Intell. Robot. Syst., Edmonton (2005) pp. 3011–3018

20.115 E. Tatlicioglu, I.D. Walker, D.M. Dawson: Dynamic modeling for planar extensible continuum robot manipulators, Proc. IEEE Int. Conf. Robot. Autom., Rome (2007) pp. 1357–1362

20.116 W. Khalil, G. Gallot, O. Ibrahim, F. Boyer: Dynamic modeling of a 3-D serial eel-like robot, Proc. IEEE Int. Conf. Robot. Autom., Barcelona (2005) pp. 1282–1287

20.117 N. Giri, I.D. Walker: Three module lumped element model of a continuum arm section, Proc. IEEE/RSJ Int. Conf. Intell. Robot. Syst., San Francisco (2011) pp. 4060–4065

20.118 J. Li, J. Xiao: Determining 'grasping' configurations for a spatial continuum manipulator, Proc. IEEE/RSJ Int. Conf. Intell. Robot. Syst., San Francisco (2011) pp. 4207–4214

20.119 J. Xiao, R. Vatcha: Real-time adaptive motion planning for a continuum manipulator, Proc. IEEE/RSJ Int. Conf. Intell. Robot. Syst., Taipei (2010) pp. 5919–5926

20.120 M. Ivanescu, N. Bizdoaca, D. Pana: Dynamic control for a tentacle manipulator with SMA actuators, Proc. IEEE Int. Conf. Robot. Autom., Taipei (2003) pp. 2079–2084

20.121 M. Ivanescu, V. Stoian: A variable structure controller for a tentacle manipulator, Proc. IEEE Int. Conf. Robot. Autom., Nagoya (1995) pp. 3155–3160

20.122 A. Bajo, N. Simaan: Finding lost wrenches: Using continuum robots for contact detection and estimation of contact location, Proc. IEEE Int. Conf. Robot. Autom., Anchorage (2010) pp. 3666–3672

20.123 H. Mochiyama: Whole-arm impedance of a serial-chain manipulator, Proc. IEEE Int. Conf. Robot. Autom., Seoul (2001) pp. 2223–2228

20.124 D.C. Rucker, R.J. Webster III: Deflection-based force sensing for continuum robots: A probabilistic approach, Proc. IEEE/RSJ Int. Conf. Intell. Robot. Syst., San Francisco (2011) pp. 3764–3769

20.125 D. Braganza, D.M. Dawson, I.D. Walker, N. Nath: Neural network grasping controller for continuum robots, Proc. 45th IEEE Conf. Decis. Control, San

Diego (2006)
20.126 A. Kapadia, I.D. Walker: Task space control of extensible continuum manipulators, Proc. IEEE/RSJ Int. Conf. Intell. Robot. Syst., San Francisco (2011) pp. 1087–1092
20.127 S. Ma: Analysis of creeping locomotion of a snake-like robot, Adv. Robot. **15**(2), 205–224 (2001)
20.128 K.Y. Pettersen, O. Stavdahl, J.T. Gravdahl: *Snake Robots: Modelling, Mechatronics, and Control* (Springer, London 2012)
20.129 A.A. Transeth, K.Y. Pettersen, P. Liljeback: A survey on snake robot modeling and locomotion, Robot. **27**(7), 999–1015 (2009)
20.130 R. Vaidyanathan, H.J. Chiel, R.D. Quinn: A hydrostatic robot for marine applications, Robot. Auton. Syst. **30**(1), 103–113 (2000)
20.131 C. Wright, A. Johnson, A. Peck, Z. McCord, A. Naaktgeboren, P. Gianfortoni, M. Gonzalez-Rivero, R. Hatton, H. Choset: Design of a modular snake robot, Proc. IEEE/RSJ Int. Conf. Intell. Robot. Syst. (2007) pp. 2609–2614
20.132 M. Tesch, K. Lipkin, I. Brown, R. Hatton, A. Peck, J. Rembisz, H. Choset: Parameterized and scripted gaits for modular snake robots, Adv. Robot. **23**(9), 1131–1158 (2009)
20.133 R.L. Hatton, H. Choset: Generating gaits for snake robots: Annealed chain fitting and keyframe wave extraction, Auton. Robot. **28**(3), 271–281 (2010)
20.134 J.C. McKenna, D.J. Anhalt, F.M. Bronson, H.B. Brown, M. Schwerin, E. Shammas, H. Choset: Toroidal skin drive for snake robot locomotion, Proc. IEEE Int. Conf. Robot. Autom. (2008) pp. 1150–1155
20.135 A. Wolf, H.B. Brown, R. Casciola, A. Costa, M. Schwerin, E. Shamas, H. Choset: A mobile hyper redundant mechanism for search and rescue tasks, Proc. 3rd IEEE/RSJ Int. Conf. Intell. Robot. Syst. (2003) pp. 2889–2895
20.136 C. Wright, A. Buchan, B. Brown, J. Geist, M. Schwerin, D. Rollinson, H. Choset: Design and architecture of the unified modular snake robot, Proc. IEEE Int. Conf. Robot. Autom. (2012) pp. 4347–4354
20.137 J.M. Snyder, J.F. Wilson: Dynamics of the elastica with end mass and follower loading, J. Appl. Mech. **57**, 203 (1990)
20.138 J.F. Wilson, D. Li, Z. Chen, R.T. George Jr.: Flexible robot manipulators and grippers: Relatives of elephant trunks and squid tentacles. In: *Robots and Biological Systems: Towards a New Bionics?*, (Springer, Berlin, Heidelberg 1993) pp. 475–494
20.139 F. Naccarato, P.C. Hughes: Inverse kinematics of variable-geometry truss manipulators, J. Robot. Syst. **8**(2), 249–266 (1991)
20.140 P.C. Hughes, W.G. Sincarsin, K.A. Carroll: Trussarm – A variable-geometry-truss manipulator, J. Intell. Mater. Syst. Struct. **2**(2), 148–160 (1991)
20.141 R.J. Salerno, C.F. Reinholtz, S.G. Dhande, R. Hall: Kinematics of long-chain variable geometry truss manipulators: An overview of solution techniques, Proc. 2nd Int. Workshop Adv. Robot Kinemat. (1990)
20.142 A.S. Boxerbaum, K.M. Shaw, H.J. Chiel, R.D. Quinn: Continuous wave peristaltic motion in a robot, Int. J. Robot. Res. **31**(3), 302–318 (2012)
20.143 G.S. Chirikjian: Framed curves and knotted DNA, Biochem. Soc. Trans. **41**, 635–638 (2013)
20.144 I. Ebert-Uphoff, G.S. Chirikjian: Discretely actuated manipulator workspace generation by closed-form convolution, ASME J. Mech. Des. **120**(2), 245–251 (1998)
20.145 I. Ebert-Uphoff, G.S. Chirikjian: Inverse kinematics of discretely actuated hyper-redundant manipulators using workspace densities, Proc. IEEE Int. Conf. Robot. Autom. (1996) pp. 139–145
20.146 I. Ebert-Uphoff: On the development of discretely-actuated hybrid-serial-parallel manipulators (Department of Mechanical Engineering, Johns Hopkins University, Baltimore 1997)
20.147 Y. Wang, G.S. Chirikjian: Workspace generation of hyper-redundant manipulators as a diffusion process on SE(N), IEEE Trans. Robot. Autom. **20**(3), 399–408 (2004)
20.148 Y. Zhou, G.S. Chirikjian: Conformational statistics of semi-flexible macromolecular chains with internal joints, Macromolecules **39**(5), 1950–1960 (2006)

第 21 章

软体机器人驱动器

Alin Albu-Schäffer，Antonio Bicchi

尽管现在还不能确定未来的机器人会是什么样子，但大多数人都确信，未来的机器人肯定不会像处于传统工业自动化环境下那样笨重、体积庞大，载着刚性壳体进行移动作业的机器。目前在学术研究领域和公众的期望中正逐渐形成一个共识，即下一代机器人将会具有柔顺的身体和自适应能力，可以实现安全的人机交互，安全、平稳和高效地进行作业。简而言之，未来机器人将是柔顺的。

本章主要讨论新一代软体机器人驱动器的设计、建模和控制问题，它们可以在刚度不是首要考虑因素的情况下，替代传统的刚性体机器人完成作业。本章重点介绍具有集中参数特征的软体机器人及其工艺、建模与控制，即离散的、相互连接的和柔顺元件系统。在第 20 章中已经介绍了具有分布参数的柔性机器人，如蛇形机器人和连续体机器人；在第 23 章中则将详细描述软体机器人背后的仿生原理。

目　录

本章首先分析了开发软体机器人驱动器背后的主要动因：主要是基于操作上的安全性，特别是在人机交互方面；机器人自身在恶劣、不可预测的环境中的弹性，以及在动态作业中的性能提升等。

接下来简要地回顾一下根据不同的工作原理和技术所制作的软体机器人驱动器。用天然肌肉作为比较对象，分析了组成驱动器的不同元件，如动力源、能量储存和耗散元件，以及它们可能的不同排布。

然后，考虑一类软体机器人的驱动器，包括该领域的诸多最新研究进展，即可变阻抗驱动器（VIA）类和可变刚度驱动器（VSA）子类，也考虑了如何建立适用于这些系统的、通用且精确的数学模型。为了帮助读者浏览现有的并可以发挥更多想象的设计空间，本章从通用化的角度来考虑这些驱动器，讨论如何以统一、全面的方式给出它们的性能规格。

在本章的最后部分，分析了软体机器人的控制带来的新问题和新机遇，包括需要评估驱动器的物理柔顺性变化，利用它们的物理属性实时地控制软体机器人，以适应工作任务与环境的变化。

21.1 研究背景

21.1.1 仿生动因

生物肌肉的固有属性及其在肌肉骨骼系统中的特殊排布是许多动物具有卓越运动性能的一个关键因素。灵活性、负载-自重比、黏性阻尼和快速反应特性等为这些动物们提供了一种天然的驱动器，该驱动器的特性非常适用于它们每天所面临的工作任务。以人类为例，肌肉允许我们做些十分精细的操作，所施加的力和力矩可以精确到毫牛的水平，并能以 10 : 1 的负载-自重比举起物体。通过这些物理特性与神经传感器-运动控制的相互作用，以一种非常节能、安全和有效的方式来完成各种运动。

尽管在过去几年中开发了各式各样的驱动技术，但仍缺乏可以与自然系统相匹配的运动机能，能够达到生物肌肉及其神经控制系统功能的驱动器仍然是开发这类机器人的最重要障碍之一。近年来，这个难题促使许多研究人员致力于开发和探索新一代软体机器人的驱动技术，使其能够与人共存、协同工作，达到甚至能超越人类肌肉的性能。

21.1.2 安全性

重新审视传统机器人设计的一个重要动因在于机器人的安全性。可以预期，当机器人与其助手或合作者进行互动时，造成的伤害风险程度可能不应比它与一个行为谨慎的人互动时高。尽管一些开创性的贡献可以追溯到 20 世纪 90 年代[21.1]但对靠近人类，甚至与人类接触的机器人的安全操作的关注还是最近才开始的。机器人特有的风险评估方法于近年来受到关注[21.2,3]，并将在本手册第 3 卷第 69 章中进行讨论。

机器人手臂对人类的内在危险可以通过改进设计，如通过增加传感器（如使用贴身的敏感皮肤），或者增加保护层的能量吸收特性（在手臂周围增加足够柔软和顺应性的覆盖物或放置安全气囊）来减缓。

从 20 世纪 90 年代初开始，研究人员逐渐放弃了通过改装机器人以提升安全性的方法，转向了从一开始就考虑机器人的交互安全性设计。著名的例子有麻省理工学院（MIT）的全臂操作臂（WAM）[21.4]和德国航空航天研究院（DLR）的轻质机器人（LWR）[21.5]。这两类机器人手臂的主要特点是其运动部件（连杆和电动机）具有低惯量和后驱动性能，先进的传感与控制通过软件可以实现其安全行为。

另一种提升机器人手臂与人类交互安全水平的方法是采用软体机器人技术，即在设计中有意识地引入柔顺性结构和阻尼。因此，结合自然界的生物运动体验，研究人员倾向于采用机器人的主动驱动器控制来取代基于传感器的检测及计算误差反馈的运动控制。机器人结构的柔顺性和阻尼并不能完全保证其安全性，因为机器人的弹性材料内部储存的弹性势能可以产生一定的反作用。就像人的手臂一样，柔软的机器人手臂也需要智能控制，既能让它柔软地抚摸婴儿，也能在出拳时表现得强劲有力。

21.1.3 弹性

机器人在进行作业时，与其周围环境的物理交互也可能对机器人本身造成伤害。事实上，机器人和人类之间产生的安全事故数量非常有限，但机器人的冲击力过大会使机器人长期处于危险状态，工作时间越长，对作业对象和作业环境的危害越大。传统机器人的一个典型故障是减速器会出现问题（特别是谐波减速器对冲击载荷非常敏感）和电动机轴承出现故障，机构所产生的过高加速度很容易损坏传感器和电子设备。虽然在各类文献中很少提及有关消除冲击的议题，但对消除冲击的弹性动力学分析不仅有助于实现机器人在日常生活中的潜在应用，而且在工业环境中也非常有用，可以极大地扩大机器人技术的适用范围。软体机器人技术可以作为一种十分有效地吸收冲击和减少加速度过大的解决方案：软材料可以用作机器人的外层结构，甚至是机器人的本体结构，但软体驱动器和传动装置是软体机器人研究领域目前面临的主要技术挑战。

21.1.4　性能与能量效率

另一个促使研制具有可控柔度的新一代驱动器的动因是它们的动力学性能，具体表现为可以提供高性能、自然的运动，并且比刚性机器人更节能。

实际上，柔顺性可以用来改善机器人的动力学性能，使其具有环境自适应的能力，从而使机器人表现出更接近所期望的运动。在这种情况下，只需将较少能量输入驱动系统，就可以实现目标动作，避免了过多的因纠正操作所造成的能量消耗。

将理想的动力学模型体现在软体机器人的运动特性中十分重要。例如，对步行/跑步机器人和假肢的生物力学研究表明，柔顺自适应对人类实现步行和跑步这两种运动非常重要。尽管大多数仿人机器人（如 HRP-4[21.6,7] 和 ASIMO[21.8,9]）使用的仍是刚性机器人技术，但越来越多的仿人机器人采用了软体驱动器。例如，在参考文献［21.10，11］中使用了气动人工肌肉，而一些腿式系统则采用了串联柔性驱动器[21.12]。参考文献［21.13］最近提出了一种仿人机器人，这可能是第一个完全符合人类生理运动模式的仿人机器人。

21

自然界中的生物系统会根据步态的不同阶段和环境条件来合理地改变它们肌肉系统的柔顺性，这似乎揭示了可变阻抗驱动器（VIA）在运动中的潜在作用。然而，由于技术和理论方面的挑战，截至目前，只有早期双足步行系统与可变刚度驱动模型等方面的报道[21.14,15]，而且（据我们所知）还没有研制出能充分利用了 VIA 技术的仿人机器人。

除了在循环运动中降低能量消耗，软体机器人还可以在许多其他任务中表现出比刚体机器人明显的性能优势。一个值得关注的是那些以峰值速度（如投掷、击打、跳跃、踢腿等爆发式动作）来衡量机器人性能的任务。软体机器人自身结构的顺应性可以使其在前期储存弹性能，并在随后的速度骤变阶段再恢复弹性能。从而可以在短时间内保证机器人的关节以比电动机轴更高的速度运动[21.16,17]。

21.1.5　机器人的第三种控制方式与 λ

新型驱动器将软体机器人的研究带到了一个有趣的新领域，即软体机器人的控制架构。就目前的情况来看，大多数现有的机器人系统是根据两种主要的结构进行控制：基于位置的控制和基于力矩的控制。基于位置的控制在传统工业机器人中的应用非常普遍，其工作原理建立在内部伺服机制循环的基础上；它是一种闭环控制，基本上为用户提供了关节位置参考的功能，但对该驱动器内部的变量，如速度、增益或力矩的检测比较困难。基于力矩控制的机器人为用户提供了一个完全开放的控制体系结构，用户可以直接指定电动机电流或关节力矩作为所有可达状态的函数。基于位置的控制仍然是迄今为止使用最广泛的架构，因为它不依赖昂贵的传感器、驱动器和处理器，而且性能表现得更稳定、更耐用、更安全，但研究人员更倾向于应用基于力矩的控制，这是因为它的通用性和开放性。在软体驱动器中，由于较大的机构本体柔顺性的引入，极大地改变了驱动器的使用环境。特别是在 VIA 系统中，用户既不能直接控制关节位置，也不能直接控制力矩。相反，人们可以指定关节的中性平衡位置，当外部或惯性载荷使其偏离平衡时，关节可通过自身的刚度（和阻尼）恢复至初始的中性平衡位置。为了说明软体驱动器与刚性驱动器之间的差异，假设为一个完全动态的运动构建一个关节，如用一条腿实现跳跃：虽然位置或力矩控制架构几乎不可能完成这项工作（除非使用非常高性能的组件），两个相对缓慢、低成本的伺服电动机通过弹簧连接运动物体形成拮抗机构的形式，却是一个非常有效的解决方案。

这里需要注意的是，这种 VIA 控制模型在哲学上与人类运动控制中平衡点假设的 λ 非常相似[21.18-20]。根据运动控制平衡点假设，运动是由于运动系统平衡的改变而产生的。这种平衡取决于控制信号、反射、肌肉特性和负荷的相互作用，它是在手臂运动的控制下实现的[21.21]。从这点上来说，软体机器人技术也提供了一个非常有趣的平台，它可以与运动神经科学实现学科交叉。

21.2　软体机器人驱动器的设计

在本节中，我们将简要介绍可能有助于软体机器人新型驱动器研发的主要影响因素和技术。

21.2.1　天然肌肉

了解天然肌肉的特性，对比较和模仿人工肌肉的制作是很必要的。一块典型的肌肉由成千上万根平行布置的肌纤维组成，这些肌纤维以运动单元的形式排布在一起；也就是说，一条或几条纤维由一个运动神经元驱动。一根的肌纤维包含数个肌原纤维，这些肌原纤维是由 Z 盘分隔的肌节构成。在每个肌节中，细丝（肌动蛋白）和粗丝（肌球蛋白）呈六边形的晶格子排列，这样就形成一根粗丝与六根细丝相互作用。连接肌动蛋白和肌球蛋白的交叉桥从两端拉向肌节中心，使肌肉缩短。肌动蛋白和肌球蛋白丝通过交叉桥的反复附着和分离而相互滑动，从而导致肌肉收缩。

由于天然肌肉自身的结构特性，它具有几种不同于传统驱动器的力学特性。肌肉（和肌腱）具有类似弹簧的特性，刚度和阻尼在激活时能够储存和释放能量，也能消耗能量。肌肉内具有传感器，可以向神经系统提供拉伸（如变细长）和力（如肌腱伸张力）信息。肌肉张力大小随肌肉的拉伸呈非线性增加，对于可确定的张力，则同时取决于激活神经系统的时间和速度。肌肉通常成对排列（如肘部的肱二头肌和肱三头肌）或成组排列（如肩部），这一事实与力-拉伸的非线性关系可用于调整关节的有效阻抗。

21.2.2 人工肌肉系统的分解

尽管对可能有助于开发新型软体机器人驱动器的技术分析相对宽泛，更不能实现对软体机器人相关知识的全覆盖，但我们还想尝试一下对主要对象进行简单的分类，并根据这些分类进行更全面的综述。为此，我们将一个软体机器人系统分解成由更简单的元素组成的网络，这些元素行为越简单，越容易描述清楚。

与其他系统一样，软体驱动器由将能量保持在同一能量域中的储能元件和允许能量从一个域流向另一个域的传感器组成。传感器可以通过散热（能量减少）来耗散能量，也可以将能量注入系统内（能源）。能源可依次划分为用于流动的能量、用于做功的能量、混合能量或有效能量。用于流动的能量决定流经软体驱动器的流量大小（线速度或角速度、热流、体积或质量流等），而不考虑保持这种流动所需的力（力、扭矩、温度、压力等）；用于做功的能量也是如此，而混合能量是一种在做功流动对之间提供通用约束的装置。

存储和传感器元件可采用不同的方式连接，这可能会产生完全不同的行为。VIA 是一类重要的软机器人驱动器，特点是在主动控制下，它们的整体行为可以在作用力和流动源之间发生变化。

21.2.3 软体驱动器的动力源

用作软体驱动器的技术在属性和范围上有很大的差别。在本节中，我们只提供一份包含对适用性范围评价的列表，而更详细的分析需要参考具体文献。例如，参考文献［21.22］的作者以体积标准化的方式比较了几个活性材料的特点，包括应力（产生力的能力）、应变（行程长度）、驱动速度功率和能量指标。

1. 气动与液压驱动

气动和液压驱动器[21.23,24]包括传统的拉杆或无杆缸和旋转马达。气动驱动器往往是低阻抗的，而液压驱动器往往是高阻抗的，但气动驱动器的柔顺性行为可以主动控制，或者通过与驱动系统中的其他元件组合来获得。

软体机器人最引人关注的是所谓的气动人工肌肉（PAM），用于描述由气体压力控制，可实现线性收缩运动的引擎。驱动器的核心元件是一个附着在配件两端的柔性薄膜或外壳，机械动力由此将力传递到负载上。当薄膜膨胀时，气动驱动器会向外并径向膨胀、轴向收缩，从而对负载施加拉力。这种类型的驱动器所产生的力和运动通常是单向拉伸的（不同于波纹管，它是在压缩中工作）。气动人工肌肉最早是通过 McKibben 的设计研究而在机器人学中流行起来的。在 20 世纪 50 年代末，McKibben 将编织的袖子绕在一个弹性气囊上作为矫形器[21.25]。从那时起，各种形式的气动驱动器被广泛地应用于机器人学中[21.26-32]。

PAM 具有非线性特性（力随弹性体的收缩而减小），并且由于气体的可压缩性，使该驱动器具有低阻抗性。当 PAM 以一种方式作业时，需要两个 PAM 拮抗排列来产生双向运动，其中关节力矩是通过对两块气动肌肉施加不同的气压差来实现的。另一方面，由于 PAM 非线性的拉伸/力特性，增加共态下的压力可改变关节的刚度而不影响力矩的大小。尽管存在许多重要的差异，但具有上述特征的 PAM 与天然肌肉在某种程度上还是很相似的。从实用性角度上讲，气动肌肉的主要缺点是与使用加压气体有关的阻力、噪声和滞后性，以及相对有限的能量密度。

2. 电磁与静电驱动

电磁马达通过磁场中的电荷移动产生洛伦兹力，如螺线管，即绕在可移动的钢或铁块（电枢）周围的电磁感应线圈[21.33]，以及旋转或线性感应电动机[21.34]。电磁源是典型的力源，不过它们通常必须通过齿轮与系统阻抗进行组合，这可能会极大地改变它们的行为。另一方面，步进电机，即无刷同步电机，将整个旋转运动分成大量的步进运动，可以认为是理想的位置源。步进电机主要有永磁式步进电机、混合式同步步进电机和可变磁阻步进电机三种。

静电驱动器主要基于电荷的吸引和排斥机理[21.35]，它们通常需要在小电流、大电压驱动下作业（从某种意义上说，是双电磁电机）。线性静电电机可通过使用梳状驱动方式实现。虽然由于大电压，静电驱动在宏观尺度上的是不切实际的，但它们在微尺度或纳米尺度上具有极好的应用潜力，其中移动的带电梳的微机电系统（MEMS）远比线圈和铁芯更容易制造。

3. 压电驱动

逆压电效应（reverse piezoelectric effect），即施加电场时压电材料中产生的应力和/或应变，也可用于驱动机器人。大多数用于压电换能器的无机材料是具有钙钛矿或钨青铜结构的陶瓷，如钛酸钡（$BaTiO_3$）、钛酸铅（$PbTiO_3$）和锆钛酸铅（$Pb[Zr_xTi_{1-x}]O_3, 0<x<1,$）（PZT）[21.36]，而聚偏氟乙烯（PVDF）等压电聚合物的直接效应特性主要用于传感器方面。

21

初级的压电驱动器最适合微尺度应用，它们可以实现非常高的精度。压电驱动器有时被用在谐振模式上，通过整流机制将振荡转化为纯位移（例如，行波或尺蠖运动和黏滑式步进电机）。多层（叠堆）驱动器，叠堆数层（通常小于 100μm），用于增加驱动器的行程，同时保持连续和可逆的操作。叠堆驱动器有时也用在机械放大器结构中，可达到毫米级的行程（图 21.1）。放大叠堆压电驱动器可从 Dynamic Structures and Materials 公司（美国田纳西州富兰克林市）和 Cédrat 公司（法国梅兰市）购买。实质上，柔性机构以在其中存储能量为代价，实现了从输入到输出的力-位移平衡。这一原则已在多个机构中使用，如参考文献［21.37］。

图 21.1 放大叠堆压电驱动器示例

Ueda 等人[21.38]将放大叠堆压电驱动器用作单元驱动器中的模块化单元，并与肌肉形成平行关系，因为给定关节的整体驱动是若干由柔性材料连接的多个离散可操作单元的总和。同样地，肌肉是由单独的纤维组成的，这些纤维被分成运动单元，其效果是弹性肌腱耦合的结果。为了发挥模块化的、类似肌肉细胞单元的功能，放大压电堆中的柔性机构需要具有非常合理的力-位移匹配，同时结构紧凑。这是通过使用一组分层的应变放大器来实现的，其中每个放大阶段的输出都是后续阶段的输入，每个阶段都适合于后续阶段，因此这被称为嵌套应变放大机制。Schultz 和 Ueda[21.39,40] 提出了一种描述这种嵌套分布结构的方法，从而实现符合设计规范的良好匹配。Schultz 和 Ueda 的研究[21.41] 还提出了另一个与肌肉相关的观点，即中枢神经系统有权控制肌肉中的每一个运动单元，并以开关方式激活每一个运动单元。这在本质上使得对肌肉或类肌肉型驱动器的控制成为一种开关，而不是模拟接口，从而解决了用模拟电压定位压电材料时固有的迟滞问题。这种驱动器类型也包含了一种冗余的概念：一个失效的电机单元（压电叠堆死区）不会导致完全失效，最多在性能上有所损失。

4. 电致伸缩与磁致伸缩

某些材料表现出的电致伸缩和磁致伸缩效应，即在电场或磁场作用下可改变其形状，因此可用于制造微型驱动器。电致伸缩不同于压电，因为它是在所有的介电材料中实现作业，并且与极化的平方成比例（而不是线性）。反向电场并不能改变变形的方向。某些工程陶瓷，如锆钛酸镧铅（PLZT）具有较高的电致伸缩常数，在 1MV/m 的场强下可产生 0.1%的应变。电致伸缩驱动器的结构和用途类似于压电驱动器。同样，磁致伸缩材料在磁场作用下也会发生变形，其变形的大小与磁致伸缩系数成正比[21.42]。Terfenol-D 是一种可以表现出最强伸缩效应的器件，在室温和 100kA/m 的范围内，应变为 0.1%。

某些材料（如掺杂的单晶硅或多晶硅）的显著热膨胀可以用来将热能转化为机械能，并在微观尺度上产生运动。温度通常由焦耳效应或通过局部加热来控制，而机械放大通常采用 MEMS 技术（如对称弯梁或不对称的双晶结构）。

5. 形状记忆合金和聚合物

此外，还可以使用形状记忆材料，包括合金（形状记忆合金，SMA）和聚合物（形状记忆聚合物，SMP）来构建宏观尺度的热驱动器。铜-锌-铝-镍、铜-铝-镍和镍钛（NiTi）合金[21.43]在从马氏体向奥氏体相变时表现出形状记忆特性（单向效应）。在特定条件下，还表现出相反的相变（双向效应）。SMA 可以表现出高达 8%的可恢复应变能力，并且几乎可以形成任何形状。能效低、响应慢和大迟滞是 SMA 目前主要的缺点。Torres-Jara 等人[21.44]通过将激光切割的 SMA 薄片与塑料集线器相结合，使集线器在通电时彼此远离，从而用一种便捷的方式构造了一种类似 SMA 肌肉的模块。这些模块可以串联或并联在一起，形成具有所需性能的整体驱动器结构。

SMP 是一种相对较新的形状记忆材料，它可以由温度触发，也可以由电场或磁场、光或溶液触发[21.45,46]。SMP 的形状变化发生在其转变为玻璃相、结晶或熔化的过程中。虽然 SMP 的力学性能还不能与 SMA 相比，但 SMP 具有巨大的应用潜力，因为它可以在从稳态到生物可降解，从软到硬，从弹性到刚性聚合物的整个周期范围内都能使用。

形状记忆聚合物仅代表了一个可用于驱动的黏弹性材料的例子。近年来，基于聚合物材料所表现出的几种特异现象，人们对这类驱动器进行了非常深入的研究[21.47]。电活性聚合物（EAP）分为离子型（基于离子在溶剂中的扩散）和电子型（基于材料的电子充电）。离子型 EAP 包括聚电解质凝胶[21.45,46]、离子聚合物金属复合材料（IPMC，如杜邦公司的 Naftion）、导电聚合物［如聚吡咯（PPy）和聚苯胺（PANi）］等，电子型 EAP 包括压电聚合物[21.48]、电致伸缩聚合物和介电聚合物及弹性体（如丙烯酸聚合物和聚硅氧烷[21.49]），以及柔性电聚合物，如液晶弹性体[21.50]。

6. 碳纳米管

碳纳米管（CNT）是一种非聚合性大分子结构，由石墨单原子薄片轧制而成，其长度大约是其直径的 1000 倍。CNT 驱动器可以通过使用单壁或多壁纳米管片作为超级电容器的电解质填充电极来实现[21.51]，尽管行程十分有限，但其在低电压下可产生 0.75MPa 大小的压力（相当于人类肌肉组织的 0.3 MPa）。CNT 驱动器最近的一项突破是使用高度有序的气凝胶片，这使得制造出具有大行程（沿宽度约 180% 的驱动）和快速响应（仅 5ms 的延迟）的驱动器成为可能[21.52]，其性能比人类肌肉还要好一些。人工碳纳米管肌肉在一方向上比钢的强度更高，在其他两个方向上又比橡胶更柔韧[21.53]。当以低电压获得大的行程时，CNT 驱动器在人工肌肉领域显然具有巨大的应用潜能。

7. 能量储存

虽然人工肌肉中的储能元件多采用形式各样的材料和结构，但由于需要在动态阶段随时获得机械能，所以多以弹性能的形式储能为主。这可以通过加压气体系统（主要与液压或气动驱动系统相连接）或通过固体元件（即弹簧）的变形来实现。用于以小体积储存大量弹性能且损耗有限的材料，包括特殊的金属合金（如中碳钢和高碳钢、铍铜和磷青铜）。可用的复合材料，如聚合物基复合材料（PMC）、金属基复合材料（MMC）和陶瓷基复合材料（CMC），在获得不同刚度方面具有更广泛的通用性，这不仅取决于材料组成，还取决于纤维设计。软体机器人应用的高级需求推动了利用先进材料，如碳纳米管、弹性体和超弹性材料，进行储能的研究。

机械能也可以通过惯性元件以动能的形式储存，类似于 F1 赛车中所使用的动能回收系统（KERS）。然而，为了更好匹配典型机器人关节的慢速特性（更依赖于齿轮系传动系统），目前有人提出了基于 VIA 的方法设计机械或无级变速器（CVT），尽管该方面的研究仍处于初期阶段。

8. 能量耗散和阻尼器

能量吸收器，即耗散系统和阻尼器，是构成软体机器人驱动器的另一个重要组成部分。事实上，阻尼不足的行为看起来既不自然，也有潜在的危险。阻尼可以通过实时控制来实现，也可以通过电气分流或机械装置直接在硬件上实现。后者已广泛应用于各种不同的场合，从控制结构对瞬态环境扰动的过度响应，到汽车悬架系统，以及最近的机器人技术。

阻尼器通常分为被动、半主动或主动系统，具体取决于执行其功能所需的外部功率。阻尼器可以使用不同的工作原理来实现，我们在这里简要总结一下。

摩擦阻尼器（FD）本质上由一个在输出轴上施加法向力的驱动器组成，并通过相对运动产生摩擦（参考文献［21.54］用于建模）。通过控制摩擦表面之间的压缩力来控制摩擦力并模拟阻尼，这在机器人学中已被有效地用于实现可变物理阻尼[21.55]。缺点是由于静摩擦可能产生滞后和死区效应[21.56]。

电流变（ER）和磁流变（MR）阻尼器是基于液体的，其物理特性分别取决于电场或磁场的应用[21.56]。这些流体遵循 Bingham 模型：在到达一个屈服点之后，它们表现为黏性液体；屈服应力本身可调。MR 工作原理已经用于实现车辆上的可变阻尼驱动器（VDA）[21.57]，也应用在了机器人领域[21.58]。在参考文献［21.54］中可以找到更准确的模型，以及 MR 与 FD 之间的比较，文中指出，MR 阻尼器与 FD 一样具有较高的迟滞性。

涡流阻尼器（ECD）是由在磁场中运动的导电材料构成的磁性器件。涡流被感应，并产生一个与材料和磁场之间的相对速度成正比的阻尼力。这些装置可以用永磁体和电磁铁来实现。在这两种情况下都有可能设计出阻尼可调的装置[21.59,60]：一种是通过改变磁场强度来控制阻尼系数，另一种是通过改变导体的几何形状或导体与磁体之间的间隙来控制阻尼系数（其有效性见参考文献［21.60］）。电磁涡流阻尼器的优点是不需要移动部件，缺点是需要消耗能量来保持一个固定的阻尼值。由于处于无流体和无接触状态，ECD 是清洁且无磨损的。然而，它们通常需要在高速下施加低阻尼力矩，因此在典型的机器人应用中需配备变速箱。

流体阻尼器可能是机器人和一般机械中应用最广泛的，可分为两大类：湍流阻尼器（高雷诺数），它产生的阻尼力与相对速度的平方成正比；层流阻尼器（低雷诺数），其产生的阻尼力与相对速度成正比。简单阻尼器主要应用于汽车行业，它使用一个孔板，通过孔板的黏性流体流动为湍流。该装置在给定的频率下可产生高振幅的高阻尼和低振幅的低阻尼，其缺点是存在持久的残余振荡[21.56]。

21

21.2.4 人工肌肉的排布

以上所述的基本技术和元件可以采用多种不同的方式来构造软体机器人的驱动器。虽然这里不可能对其排布进行详细的分类，但可以按具有恒定机械柔度特性的驱动器和可以改变刚度的驱动器进行区分。第一类是串联弹性驱动器（SEA），自 20 世纪 90 年代提出以来，主要用于仿人运动和操纵[21.61]。SEA 可以包括一个传统的刚性驱动器，该驱动器连接到一个柔性元件上，柔性元件反过来连接到运动连杆的另一端。柔性元件表现出非线性柔顺（载荷-变形）特性，但在时间上是恒定的。然而，SEA 驱动器可以在柔性元件的两端使用力矩和位置传感器，并通过主动控制电动机来调节其固有的机械阻抗。为有效控制 SEA 的阻抗范围，通常以柔性元件的自然（被动）阻抗为中心，并受电动机转矩限制和总体控制带宽的限制。

相反，变刚度驱动器（VSA）可以在物理层上直接改变其固有阻抗，从而对主动控制进行叠加，最终获得比 SEA 更大的有效阻抗范围。改变驱动机械阻抗的想法直接来自于自然界的生物肌肉-骨骼系统，这些系统经常表现出这种特性。VSA 系统可以独立地改变运动身体部分的平衡点，以及平衡点和移动的身体位置之间弹性力的刚度（从而有效地实现费尔德曼平衡点，或人类运动控制的 λ 模型[21.62]）。因此，VSA 总是使用两个动力源一起作业。

在图 21.2a 所示的 VSA 排布中，电动机主要用于平衡或刚度控制，而在图 21.2b 所示的 VSA 排布中，角色是混合的，这两者之间可以进行粗略的区分（图 21.2）。明显的刚度变化排布包括机械阻抗调节器（MIA）[21.63]、机械可调串联柔度驱动器（AMASC）[21.64]、机械可调柔度和可控平衡位置驱动器（MACCEPA）[21.65]、可变刚度关节（VS 关节）[21.66]，其他 VSA 设计使用的是驱动-拮抗（AA）排布，无论是在最简单的形式中，直接受生物模型的启发，两个驱动器相互牵制[21.67,68]，还是在其他变体中，如交叉耦合 AA[21.69] 和双向 AA[21.70] 排布（图 21.3），通过简单的计算[21.71]可以理解，AA 排布中的柔性元件必须表现出非线性特性，以便关节的刚度可调。若各个柔索具有二阶力-变形关系，则整个关节表现为线性弹簧，弹簧常量 K 为变量。若在动力源和从动连杆之间使用单边（如柔索）联轴器的 AA 排布，其潜在缺点是对电动机要求较高：为了能够在连杆处施加最大力矩 τ，需要两个电动机都有提供力矩 τ 的能力。为了缓解这一问题，交叉耦合和双向设计时引入了激励驱动，必要时，还需要有拮抗剂。

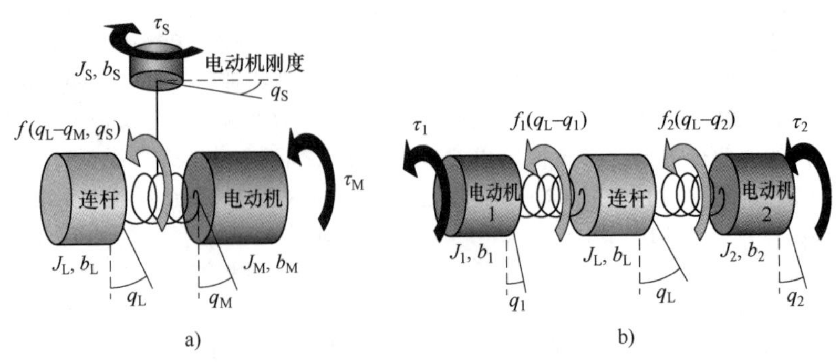

图 21.2 具有明显刚度变化及驱动-拮抗机构的排布形式

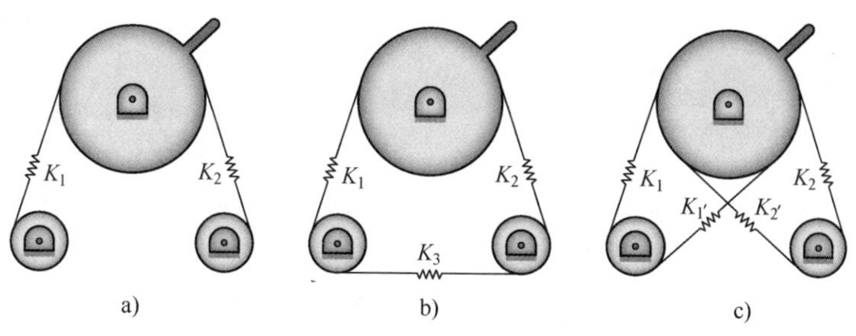

图 21.3 三种基本拮抗机构的分布
a）简单 b）交叉 c）双向

最近在软体机器人领域的工作已经将物理可变阻尼与串联弹性或 VSA 结合起来引入转子动力学中[21.72]。基于 ECD 效应的物理可变阻尼已在触觉交互中得到了证实[21.73]。有学者在机器人设计中引入了物理阻尼器，既有所谓的串联阻尼驱动器结构[21.58]，也有连接到 SEA 的可变摩擦阻尼器[21.55]，还有连接到可变刚度驱动器的可变膜片层流模块[21.74]。

21.2.5 规范与性能指标

随着用于软体机器人的驱动器数量不断增加和应用范围的不断扩大，迫切需要一种简单的语言，以供应用程序开发人员和驱动器供应商之间能够方便地进行交流。就像传统液压活塞或直流电动机的用户查看说明书以获得产品性能保证的简明描述一样，软体机器人的设计人员也需要以一种清晰而一致的方式找到关于不同人工肌肉的显著特性描述。欧洲项目 VIACTORS 致力于研究不同设计的关键参数是什么，并给出了一个数据表模板，从设计师和用户的角度来组织这些内容[21.75-77]。感兴趣的读者可以参考这些文献，以进一步了解详细信息。有趣的是，除了与传统驱动器共有的特性（失速和峰值电动机转矩、最大速度、功率、电气和机械接口等），很少有具体的数据和曲线是针对软体驱动器的，如刚度的变化范围，从最小到最大刚度所需要的时间，反之亦然。

21

21.3 软体机器人驱动器的建模

为了实现对新型软体机器人驱动器的分析与有效控制，有必要建立反映其静态和动态特性的数学模型。在此，首先回顾一下线性时不变单自由度系统中常见的机械阻抗概念；然后，对驱动器柔性控制中常引入模型的非线性和时变性这一概念进行推广；最后，从考虑单一驱动器转向多自由度铰接式软体机器人的建模。

21.3.1 质量-弹簧-阻尼系统

机械阻抗最简单的例子是线性弹簧，即在平衡状态下，材料样品的作用力 f 与位移 y 的关系为 $y=cf$，比例常数 c 是弹簧柔度。因此，得到反比关系，即由 $f=ky$ 推出弹簧刚度 $k=c^{-1}$。弹簧可以存储弹性能 V，其对于位移 y 的一阶导数是力 f，即

$$f=\frac{\partial V(y)}{y}$$

对位移 y 的二阶导数是弹簧刚度常数 k，即

$$k=\frac{\partial^2 V(y)}{\partial y^2}$$

通过引入导纳和阻抗的概念，将柔度和刚度的概念从静态（平衡）推广到动态。

考虑一个由黏性材料制成的阻尼器，它的位移与速度成正比，即 $f=b\dot{y}$，其中 b 是阻尼系数，以及在等效质量 m 加速变形情况下的惯性表达式为 $f=m\ddot{y}$。大多数材料中，这三种效应同时发生。为此，用常微分方程来描述力与位移的关系。在单自由度质量-弹簧-阻尼系统的简单例子中，可以得出

$$f=m\ddot{y}+b\dot{y}+ky \tag{21.1}$$

也就是说，$f(t)$ 与 $y(t)$ 之间存在关于时间的函数关系。这样的微分方程描述了一个动态系统。如果位移（以最高阶导数出现）被视为果（或称为输出），而力被视为因（或称为输入），则这可以被视为一个因果系统。事实上，对位移初始条件的了解，以及对力作用过程的认识，决定了位移的所有后续演化。

当动态系统式（21.1）为线性和时不变时，通过拉普拉斯变换，从时间域 t 的函数变换到复变量域 s 的函数，可以方便地研究其输入-输出行为。通

过用 $F(s)$、$Y(s)$、$V_y(s)$ 分别表示 $f(t)$、$y(t)$、$v_y(t)=\dot{y}(t)$ 可以得出：

$$\begin{aligned}F(s)&=(ms^2+bs+k)Y(s)\\&=(ms^2+bs+k)s^{-1}V_y(s)\qquad(21.2)\end{aligned}$$

其中，$Z(s)=(ms^2+bs+k)s^{-1}$ 称为弹簧-阻尼-质量系统的（机械）阻抗。阻抗的倒数称为导纳 $A(s)$。注意，导纳算子是因果关系，而阻抗不是。

21.3.2　非线性机械系统

真实材料和系统在外力作用下的变形方式要比式（21.1）复杂得多：一般来说，力与变形之间的动力学包括非线性，甚至可以高出两个数量级。如何将阻抗式（21.2）的概念推广到这些情况，特别是含质量-刚度-阻尼的这类系统中？

这个问题没有一个简单明了的解决办法。一个相对简单的方法是找到一个线性的二阶模型式（21.1），它足够接近真实的动力学，并用它的参数来定义系统的参数。在本节中，我们简要回顾一下这种方法的基本思想。

21

考虑施加在材料样品中某一点上的力 $f\in F$（这里 F 是一组许用的力集）与在同一点和沿着力的同一方向（Y 是一组许用的位移）在平衡时所测得的位移 $y\in Y$ 之间的关系。理想情况下，通过收集无限个试验集合中对应的所有对 $[f(t),y(t)]$（用 t 索引），可以用它的图 $G\in F\times Y$ 来描述关系。注意，这种关系不一定是函数：例如，对于具有迟滞效应的材料，一个变量的容许值与另一个变量的容许值相对应（图21.4）。

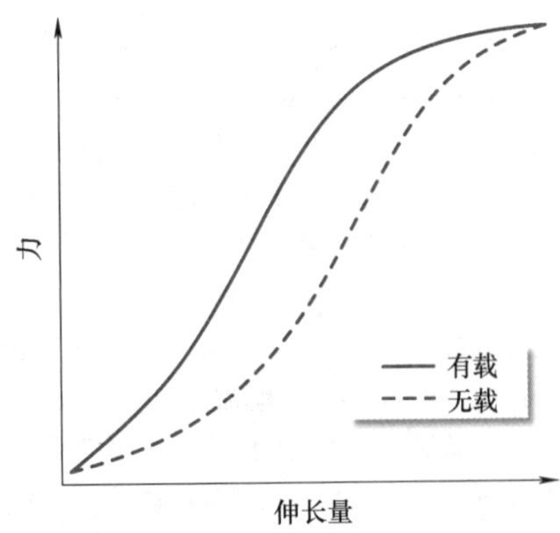

图21.4　类橡胶材料的弹性迟滞

分析轨迹 $G(f,y)=0$ 所给出的图 G 的解析描述，在图的正则点处，定义了一个力函数 $F(Y)$，在 Y 值邻域内取值为 y_0。因此，与该非线性力函数相关的刚度定义为

$$k(y)=\frac{\mathrm{d}f(y)}{\mathrm{d}y}=-\left(\frac{\partial G(f,y)}{\partial f}\right)^{-1}\frac{\partial G(f,y)}{\partial f}$$

通过考虑力、位移、位移的一阶和二阶导数及其图 $G\subset F\times Y\times DY\times D^2Y$ 之间的关系，可以将其推广到二阶非线性动态设置，其图 $G\subset F\times Y\times DY\times D^2Y$ 由4元组 $d(t):=(f(t),y(t),\dot{y}(t),\ddot{y}(t))$ 组成，$d(t)$ 对应于一个理想化的、无限的试验集。（如果考虑迟滞非线性，则有必要在引入迟滞状态变量的扩展空间中描述这种关系[21.78]）如果 $G(f,y,\dot{y},\ddot{y})=0$ 是图的解析描述，且 d_0 是正则点，则在 d_0 的邻域内定义力函数 $f(y,\dot{y},\ddot{y})$。更一般地说，当系统包含时变参数 $u(t)$ 时——例如，VSA 中的可变刚度作用，其中参数为 $G(f,y,\dot{y},\ddot{y},\ddot{u}(t))=0$ 和 $f(y,\dot{y},\ddot{y})$。根据上述的线性化方法，可以将沿给定（标称）轨迹的导纳定义为线性算子，将外力相对于公称轨迹的微小变化映射为最终运动的变化。要做到这一点，考虑非线性常微分方程（ODE），通过求解 $G(f,y,\dot{y},\ddot{y})=0$ 关于 $\ddot{y}$ 的正则点，得

$$\ddot{y}=g(y,\dot{y},f,u)$$

当 $x\in\mathbb{R}^2$、$x_1=y$、$x_2=\dot{y}$，其状态空间形式为

$$\frac{\mathrm{d}}{\mathrm{d}t}\begin{pmatrix}x_1\\x_2\end{pmatrix}=\begin{pmatrix}x_2\\g(x_1,x_2,f,u)\end{pmatrix}$$

对于给定的初始条件 $x(0)=\bar{x}_0$ 和给定的力 $\bar{f}(t)$ 的正则化过程，设 $\bar{x}(t)$ 为获得的正则解。与力 $\tilde{f}(t)=f(t)-\bar{f}(t)$ 变化相对应的扰动运动 $\tilde{x}(t)=x(t)-\bar{x}(t)$，其动力学的一阶近似是线性时变系统：

$$\dot{\tilde{x}}=\begin{pmatrix}0&1\\-\kappa(t)&-\beta(t)\end{pmatrix}\tilde{x}+\begin{pmatrix}0\\\mu(t)\end{pmatrix}\tilde{f}$$

对于给定的系统和给定的运动，可以定义瞬时质量、刚度和阻尼系数为

$$\begin{aligned}m(t)&=\mu^{-1}(t)\\b(t)&=m(t)\beta(t)\\k(t)&=m(t)\kappa(t)\end{aligned}$$

【示例21.1】

考虑图21.5中的连杆，由两个拮抗型驱动器（具有与肘部的二头肌和三头肌相似的作用）驱动，具有二阶阻尼，受重力和外部力矩 τ_e 的影响。对应的系统动力学方程为

$$I\ddot{\theta}+\beta\dot{\theta}\,|\,\dot{\theta}\,|-\tau_b+\tau_t-mgl\sin\theta-\tau_e=0$$

根据模型，首先假设两个驱动器产生的力矩[21.67]：

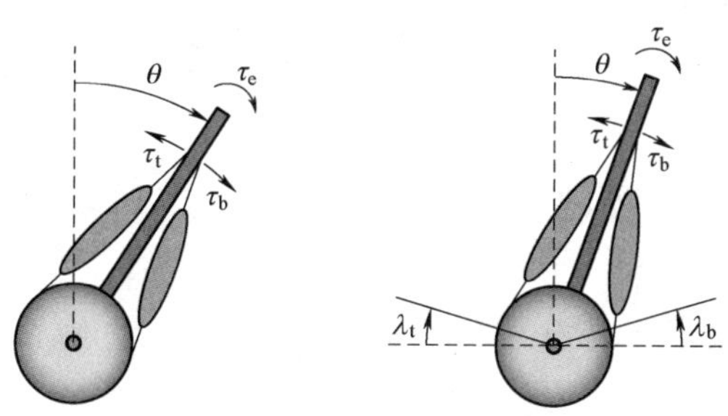

图 21.5 承受外部载荷并由两个拮抗驱动器驱动的连杆

注：命名分别是式（21.3）和式（21.5）中使用的驱动器模型。

$$\begin{aligned}\tau_b&=(\tau_{max}-\alpha\theta_b)u_b\\\tau_t&=(\tau_{max}-\alpha\theta_t)u_t\end{aligned}\tag{21.3}$$

式中，$\theta_b=(\pi/2+\theta)$，$\theta_t=(\pi/2-\theta)$；τ_{max}是最大等轴力矩；u_b、u_t是正则化收缩参数（$0\leqslant u\leqslant 1, u=u_b, u_t$）；$\alpha$是假定两个驱动器相等的常数。对于广义质量，可以很容易得出 $m=I$；对于广义阻尼，$b(\dot{\theta})=2\beta\left|\dot{\theta}\right|$；对于广义刚度有

$$k(\theta,u)=\alpha(u_b+u_t)-mgl\cos(\theta)\tag{21.4}$$

在后一个表达式中，重力诱导项和共激活刚度项的作用是显而易见的。

如果采用不同的驱动器模型，即[21.79]

$$\begin{aligned}\tau_b&=-\alpha(\theta_b-u_b)^2\\\tau_t&=-\alpha(\theta_t-u_t)\end{aligned}\tag{21.5}$$

式中，u_b、u_t是驱动器的剩余长度，其中一个为

$$k(\theta)=2\alpha(\pi-\lambda_b-\lambda_t)-mgl\cos(\theta)$$

上述两个例子的刚度和阻尼值分别对应于控制参数的时变值，如图 21.6 和图 21.7 所示。

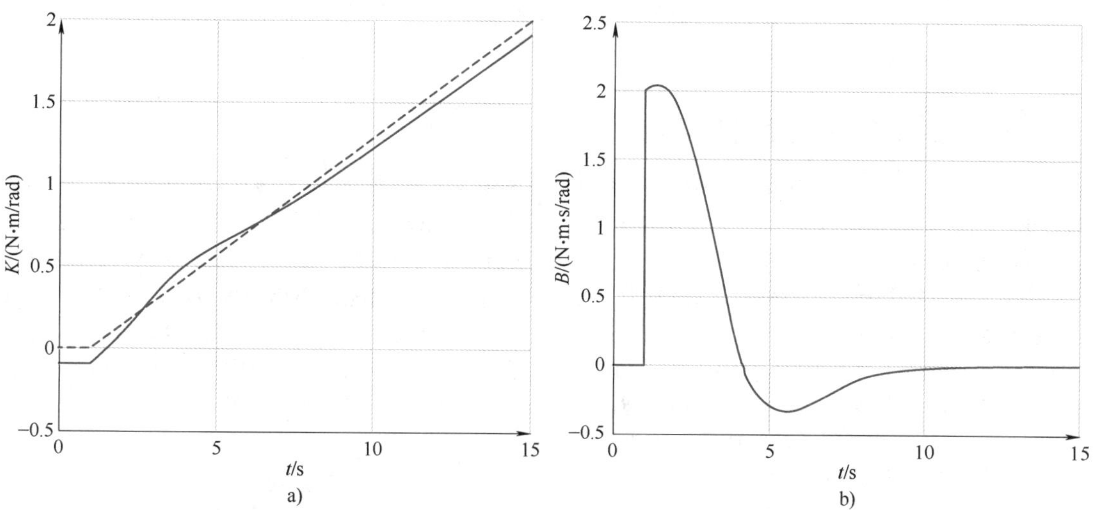

图 21.6 式（21.3）中驱动器的广义刚度和广义阻尼

a）广义刚度（虚线不带重力项） 在 $t=1$s 时，受到外部一阶阶跃信号的力矩 b）广义阻尼 在 $t=1$s 时，随时间变化的驱动 $u_b(t)=u_t(t)$ 从 0 线性增加到 $t=15$s 时的 1

注：模拟中使用的数值为 $I=0.05$N·m·s²，$mgl=0.1$N·m，$\beta=1$N·m·s²，$\alpha=1$N·m，$\tau_{max}=2$N·m。

到目前为止，我们只考虑了二阶动力学系统的阻抗——基本上是用一个控制系统惯性的运动元件来对该驱动器进行建模。在实际中，由于驱动器系统更为复杂，或者在铰接式机器人结构中，由于驱动器和连杆的连接，可能会导致更高阶系统出现。后一种情况将在第 21.4 节中讨论。

具有高阶动力学的驱动器如图 21.3 所示：如果激励器和拮抗器的原动机，以及从动连杆具有不可忽略的惯性，则其动力学至少为六阶。如果系统是线性的，导纳仍然可以定义为从连杆力矩到连杆位移的六阶传递函数。但是，没有一种自然的方法可以将其与等效的单自由度质量-弹簧-阻尼系统联系起来。为了沿用这些概念，一种方法是将某种形式的高阶动力学模型简化为二阶[21.80]。然而，模型简化绝非易事，而且近似值很大程度上取决于如何测量动力学之间响应的相似性。对于非线性系统，问题显然更为复杂。总的来说，这个议题绝对值得进一步研究，它应该考虑定义阻抗参数的最终目标到底是什么。

21

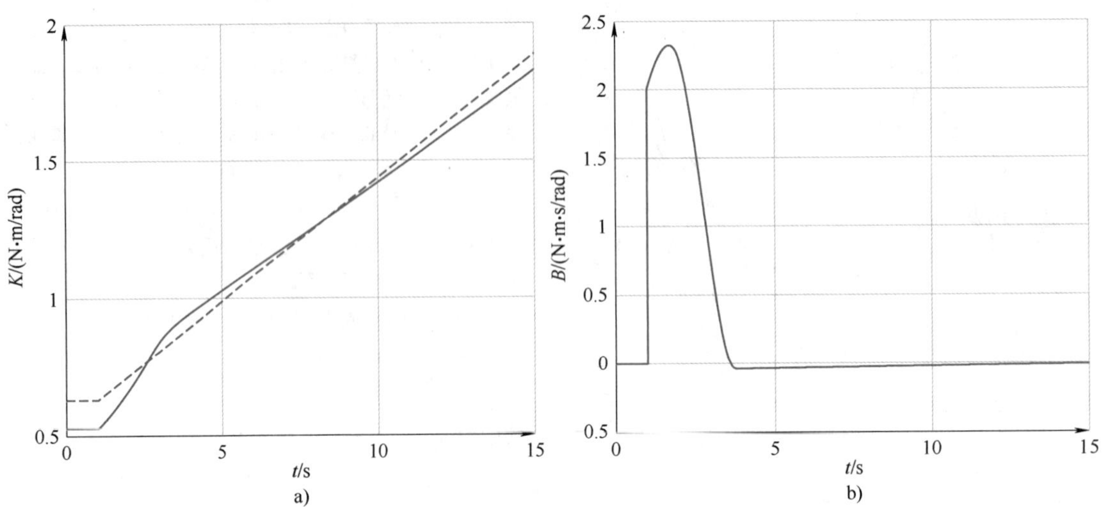

图 21.7　式（21.5）中驱动器的广义刚度和广义阻尼

a）广义刚度（虚线不含重力项）　注：在 $t=1$s 时，受到一个外部一阶阶跃信号的力矩影响

b）广义阻尼　时变参考角 $u_b(t)=u_t(t)$ 从 $t=1$s 时的 $\pi/3$ 线性减小到 $t=15$s 时的 0　注：模拟中使用的数值如图 21.6 所示，除了 $\alpha=0.3\mathrm{N\cdot m}$。

21

21.4　软体机器人的建模

在这一节中，首先从一个非常普遍的集中参数公式开始，简要介绍软体机器人的动力学模型，再相继介绍几个简化假设。

可以将具有集中弹性的软体机器人想象为一组具有构形 $\boldsymbol{\theta}\in\mathbb{R}^m$ 的直接驱动的刚体，通过黏弹性力与间接驱动的刚体（具有位形向量 $\boldsymbol{q}\in\mathbb{R}^n$）相连，如图 21.8 所示。系统的整个位形空间用 $\boldsymbol{x}=(\boldsymbol{\theta},\boldsymbol{q})$，$\boldsymbol{x}\in\mathbb{R}^{n+m}$ 表示。通过式（21.6）给出了一种可用于柔性机器人控制器的总体设计概念：

$$\boldsymbol{M}(\boldsymbol{x})\ddot{\boldsymbol{x}}+\boldsymbol{c}(\boldsymbol{x},\dot{\boldsymbol{x}})\left(\frac{\partial V(\boldsymbol{x})}{\partial \boldsymbol{x}}\right)^{\mathrm{T}}+\boldsymbol{d}(\boldsymbol{x},\dot{\boldsymbol{x}})=\begin{pmatrix}\boldsymbol{\tau}_{\mathrm{m}}\\ \boldsymbol{\tau}_{\mathrm{ext}}\end{pmatrix} \tag{21.6}$$

式中，$\boldsymbol{M}(\boldsymbol{x})$ 是惯性矩阵；$\boldsymbol{c}(\boldsymbol{x},\dot{\boldsymbol{x}})$ 是科氏力和离心力矢量；V 是弹性元件的弹性势能与重力势能之和；$\boldsymbol{\tau}_{\mathrm{m}}\in\mathbb{R}^m$ 是作为控制输入的驱动器广义力；$\boldsymbol{\tau}_{\mathrm{ext}}\in\mathbb{R}^m$ 是作为扰动作用在机器人上的外部力矩。与该结构最相关的特性是欠驱动，这意味着系统的控制输入（$\boldsymbol{m}$）比其位形空间维数（$\boldsymbol{m}+\boldsymbol{n}$）少。然而，与其他纯惯性耦合欠驱动系统（如 Acrobot 等[21.81]提出的多重倒立摆）相比，对于所考虑的机器人，$V(\boldsymbol{x})$ 是正定的[21.82]，这意味着对于每一个具有固定位形 $\boldsymbol{\theta}=\boldsymbol{\theta}_0$ 的驱动器的外部力矩存在唯一的平衡点，并且平衡点 $\{\boldsymbol{x}=\boldsymbol{x}_0,\dot{\boldsymbol{x}}=0\}$ 附近的系统是可控的。通常，$V(\boldsymbol{x})=V_{\mathrm{G}}(\boldsymbol{x})+V_{\tau}(\boldsymbol{x})$，即势能函数是重力势能 V_G 和弹性势能 V_τ 之和。弹性势能函数 $V_\tau(\boldsymbol{x})$ 是一个凸函数（图 21.9），其强度增加足以补偿 V_{G} 的失稳效应，使得 $V(\boldsymbol{x})$ 也是凸的。此外，系统一般包含耗散摩擦力 $\boldsymbol{d}(\boldsymbol{x},\dot{\boldsymbol{x}})$ 和 $\dot{\boldsymbol{x}}^{\mathrm{T}}\boldsymbol{d}(\boldsymbol{x},\dot{\boldsymbol{x}})\leqslant 0$。注意，在直接和间接驱动状态之间，也可能存在惯性耦合项，如图 21.10 所示。因此，$\boldsymbol{M}(\boldsymbol{x})$ 通常是一个完全耦合矩阵。

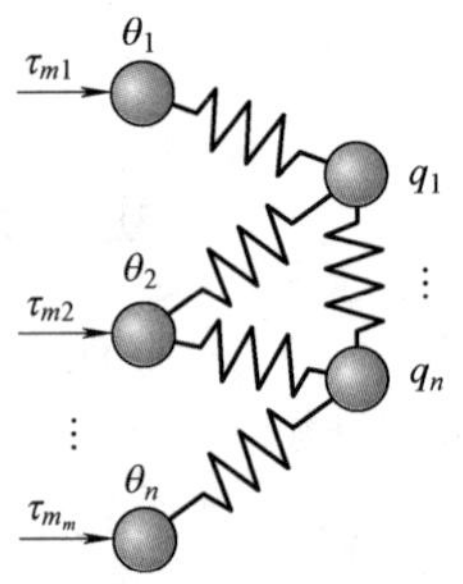

图 21.8　软体机器人可以想象为一组位形参数为 θ 的直接驱动刚体，通过弹性力与位形坐标为 q 的间接驱动刚体相连

注：请注意，通常情况下，图中没有描述的惯性耦合项也可能存在。

乍一看，模型式（21.6）显得非常一般和简单，但由于完全的、平行的惯性与刚度耦合项存在，模型式（21.6）实际上相当复杂。这可以通过

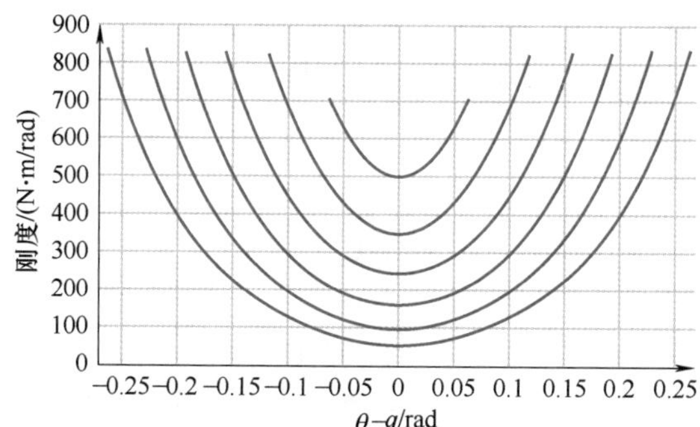

图 21.9 弹性力矩特性的典型形状

注：用非线性挠度相关性和一系列线性曲线来表示，通过 σ 参数化。

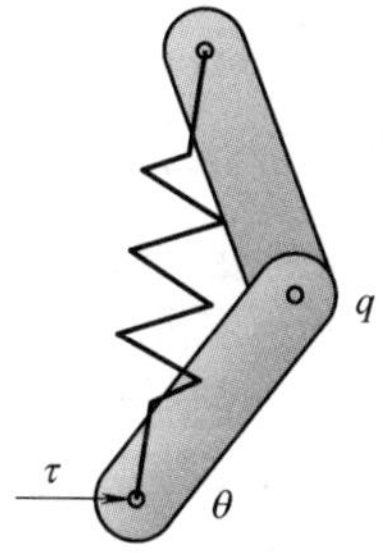

图 21.10 在本例中，直接驱动状态和间接驱动状态都是靠惯性和弹性耦合而成，这导致动力学方程中含有一个完全耦合的惯性矩阵

以不太紧凑的形式进行描述，即

$$\begin{pmatrix}\boldsymbol{M}(\boldsymbol{q},\boldsymbol{\theta}) & \boldsymbol{Q}(\boldsymbol{q},\boldsymbol{\theta})\\ \boldsymbol{Q}^{\mathrm{T}}(\boldsymbol{q},\boldsymbol{\theta}) & \boldsymbol{B}(\boldsymbol{q},\boldsymbol{\theta})\end{pmatrix}\begin{pmatrix}\ddot{\boldsymbol{q}}\\ \ddot{\boldsymbol{\theta}}\end{pmatrix}+\boldsymbol{c}(\boldsymbol{q},\boldsymbol{\theta},\dot{\boldsymbol{q}},\dot{\boldsymbol{\theta}})+\boldsymbol{g}(\boldsymbol{q},\boldsymbol{\theta})+\begin{pmatrix}\dfrac{\partial V(\boldsymbol{q},\boldsymbol{\theta})^{\mathrm{T}}}{\partial \boldsymbol{q}}\\ \dfrac{\partial(\boldsymbol{q},\boldsymbol{\theta})^{\mathrm{T}}}{\partial \boldsymbol{\theta}}\end{pmatrix}+\boldsymbol{d}(\dot{\boldsymbol{q}},\dot{\boldsymbol{\theta}})=\begin{pmatrix}\boldsymbol{\tau}_{\mathrm{ext}}\\ \boldsymbol{\tau}_{\mathrm{m}}\end{pmatrix} \tag{21.7}$$

式（21.7）强调了惯性耦合项 $\boldsymbol{Q}(\boldsymbol{q},\boldsymbol{\theta})$，以及惯性特性对电动机和连杆结构的可能依赖关系。

虽然式（21.6）是迄今为止文献中描述大多数具有集中弹性的软体机器人设计的唯一通用公式，但它可能会给控制器设计带来很大的困难，因为它不一定是线性反馈。（如参考文献［21.83，84］中柔性关节机器人的完整动力学模型，该模型不可以静态线性化）因此，在文献中遇到了几个简化的假设，并通过特定的机器人设计选择进行了验证。

A1：系统在直接驱动和间接驱动之间没有惯性耦合，只有弹性耦合。该假设包括通常忽略高速齿轮驱动器的电动机陀螺效应[21.85]，以及通常出现在 VIA 机构中的小惯性耦合项[21.86]，并施加了一些与机械设计相关的限制（图 21.10）。这个假设导致质量矩阵可简化成一个块对角结构。

A2：重力势能和质量矩阵的变化仅由连杆变量 $\boldsymbol{q}$ 引起。这意味着科氏项和离心项也仅取决于 $\boldsymbol{q}$ 和 $\dot{\boldsymbol{q}}$。

A3：刚度调整机构的动力学忽略不计；系统动力学主要由状态 $\boldsymbol{q}$ 和与 $\boldsymbol{q}$ 维数相同的直接驱动的状态向量 $\boldsymbol{\theta}\in\mathbb{R}^n$ 来描述，对应于每个关节有一个主电机。刚度调节器的剩余 $m-n$ 电动机坐标被视为参数，通常用 $\boldsymbol{\sigma}$ 表示，在这种情况下，弹性势能降低到 $V_\tau(\boldsymbol{q}-\boldsymbol{\theta},\boldsymbol{\sigma})$。这已经是一个相当有限的假设，主要适用于具有专用刚度调节器的 SEA 型驱动器，该模型仅在刚度离线或低速变化时才有效。例如，在某些机器人手的设计过程中，包括两个同样大小电动机的经典拮抗式驱动器[21.87]不满足这一假设。

A4：$V_\tau(\boldsymbol{q}-\boldsymbol{\theta},\boldsymbol{\sigma})$ 的另一种特殊选择是 $\boldsymbol{q}-\boldsymbol{\theta}$ 中的二次函数，使得关节力矩为

$$\boldsymbol{\tau}=\frac{\partial V(\boldsymbol{\phi},\boldsymbol{\sigma})^{\mathrm{T}}}{\partial\boldsymbol{\phi}}=\boldsymbol{K}(\boldsymbol{\sigma})\boldsymbol{\phi} \tag{21.8}$$

式中，$\boldsymbol{\phi}=\boldsymbol{q}-\boldsymbol{\theta}$。这意味着驱动器的刚度只取决于刚度调节器，而不取决于弹簧的挠度[21.82]。这一假设在控制器设计中引入了额外的简化，但只适用于软体驱动器中的一个受限制的子类。

在模型中，假设 A1、A2 进一步简化为

$$\begin{pmatrix}\boldsymbol{M}(\boldsymbol{q}) & \boldsymbol{0}\\ \boldsymbol{0} & \boldsymbol{B}\end{pmatrix}\begin{pmatrix}\ddot{\boldsymbol{q}}\\ \ddot{\boldsymbol{\theta}}\end{pmatrix}+\begin{pmatrix}\boldsymbol{c}(\boldsymbol{q},\dot{\boldsymbol{q}})\\ \boldsymbol{0}\end{pmatrix}+\begin{pmatrix}\boldsymbol{g}(\boldsymbol{q})\\ \boldsymbol{0}\end{pmatrix}+\begin{pmatrix}\dfrac{\partial V(\boldsymbol{q},\boldsymbol{\theta})^{\mathrm{T}}}{\partial \boldsymbol{q}}\\ \dfrac{\partial V(\boldsymbol{q},\boldsymbol{\theta})^{\mathrm{T}}}{\partial \boldsymbol{\theta}}\end{pmatrix}+\boldsymbol{d}(\dot{\boldsymbol{x}})=\begin{pmatrix}\boldsymbol{\tau}_{\mathrm{ext}}\\ \boldsymbol{\tau}_{\mathrm{m}}\end{pmatrix} \tag{21.9}$$

需要注意，上述模型并没有对 m 和 n 的尺寸做进一步的说明，因此涵盖的机器人类型具有广泛性，并且包括以下一些特殊情况：

1）$m=2n$ 经典完全拮抗情形。

2）比较热门的机器人手指 $n+1$ 肌腱设计，使得 $m=n+1$。更一般地，会遇到 $2n>m>n$ 肌腱设计。

3）具有 $m<n$ 的协同手，每个协同驱动器作用于多个连杆的弹簧上。

4）主要存在于自然界生物系统中的多关节肌肉中。

在假设 A3 的情况下，尺寸 $\boldsymbol{\theta}$ 减小为 $\boldsymbol{q}(m=n)$，模型变为

$$\begin{pmatrix}\boldsymbol{M}(\boldsymbol{q}) & \boldsymbol{0}\\ \boldsymbol{0} & \boldsymbol{B}\end{pmatrix}\begin{pmatrix}\ddot{\boldsymbol{q}}\\ \ddot{\boldsymbol{\theta}}\end{pmatrix}+\begin{pmatrix}\boldsymbol{c}(\boldsymbol{q},\dot{\boldsymbol{q}})\\ \boldsymbol{0}\end{pmatrix}+\begin{pmatrix}\boldsymbol{g}(\boldsymbol{q})\\ \boldsymbol{0}\end{pmatrix}+\begin{pmatrix}\boldsymbol{\tau}\\ -\boldsymbol{\tau}\end{pmatrix}+\begin{pmatrix}\dfrac{\partial V(\boldsymbol{q},\boldsymbol{\theta})^{\mathrm{T}}}{\partial \boldsymbol{q}}\\ \dfrac{\partial V(\boldsymbol{q},\boldsymbol{\theta})^{\mathrm{T}}}{\partial \boldsymbol{\theta}}\end{pmatrix}+\boldsymbol{d}(\dot{\boldsymbol{x}})=\begin{pmatrix}\boldsymbol{\tau}_{\mathrm{ext}}\\ \boldsymbol{\tau}_{\mathrm{m}}\end{pmatrix} \tag{21.10}$$

式中，$\boldsymbol{\tau}^{\mathrm{T}}=\partial V(\boldsymbol{\phi},\boldsymbol{\sigma})/\partial\boldsymbol{\phi}$。它与第11章中详细讨论的柔性关节模型非常接近。在假设A4下，当力矩用式（21.8）描述时，相似度进一步增强。注意，式（21.10）中$\boldsymbol{\theta}$的尺寸是式（21.9）中相同变量尺寸的一半，因为前者忽略了刚度调节器的动力学。

21.5 刚度评估

严格地说，阻抗是一个与物理量（力和位移）有关的微分算子。因此，表征系统阻抗不是一个直接测量的过程，而是一个辨识动态系统的过程。

在材料样品（如有机组织样品）的典型阻抗测量程序中，测量系统与另一个机械系统（即仪器）进行机械接触。由此产生的耦合动力学系统受到不同性质的动态激励，并收集数据。试验通常是用一个小的、坚硬的、振动的探针接触样品来进行的。根据对探针运动（位移y、速度$\dot{y}$或加速度$\ddot{y}$）和作用力f的测量，推断出样品的机械阻抗。关于材料阻抗的计量学，有大量的文献可供参考，读者可在那里进行详细的查阅[21.88]。

21

在关节系统中测量阻抗的问题显然比物质样本更为复杂，但它与几个领域有着密切的关系，特别是人体运动学和神经科学，这些领域主要关注人体在运动中如何实现阻抗的变化和控制。当手在手臂运动中受到轻微的扰动时，就好像手连接着预定轨迹上的弹簧一样，它会回到未受扰动的轨迹中[21.20,89]。这种类似弹簧的特性主要源于肌肉弹性和拉伸反射，它们通过不同肢体形态下肌肉的复杂杠杆作用，产生一种朝向未受干扰轨迹的恢复力。肢体机械阻抗的表征方法一直是广泛研究的议题[21.90-98]。目前用于识别人体运动阻抗的协议通常都是重复于有目的地向系统中注入扰动并测量其影响的实验。目前用于识别人体运动阻抗的协议，通常出现在有意将扰动注入系统的试验中，并测量它们的影响。在机器人系统中，阻抗参数也可以根据模型的精确描述（假设存在）计算，或者通过精确的标定程序获得。无论是在自然系统还是人工系统中，都需要一种既能实时识别阻抗又不干扰正常工作的方法，对于建模不准确、时变参数改变标定结果具有很强的鲁棒性，这将是非常有用的。特别有趣的是，如何将机器人学中的这些方法应用于软体机器人可变阻抗驱动器。正如上面所讨论的，这些可以通过多种方式和安排来实现，但所有的设计都有一个基本的不可避免的非线性行为，这使得刚度测量成为一个棘手的问题。

根据阻抗作为微分算子的描述，其特性可以转化为动力学系统的辨识问题。迄今为止，关于这一主题的文献并不多，它可以分为两种主要的方法，即参数辨识和非参数辨识。参数辨识方法假设驱动器产生可变刚度的模型在其结构中是已知的，但其某些参数是未知的；非参数辨识方法不使用这样的假设，因此更具普遍性。然而，正如我们所看到的基于非模型的观测器存在这样一个缺点，即在其收敛后也不能停下来休息，因为模型需要保持持续的激励来变为可变阻抗。

21.5.1 线性阻抗观测器

在正式讨论这个问题之前，让我们首先考虑基本系统式（21.1）中恒定线性阻抗辨识的情况。

$$f=m\ddot{y}+b\dot{y}+ky$$

式中，假设m、b、k是未知但恒定的，而y和f可以从柔顺元件一端的位置和力测量中获得。

在开始建立估计阻抗的算法之前，重要的是要确定该问题是适定的，即存在唯一的解。为此，考虑一个扩展的状态向量：

$$z=\begin{pmatrix} y & \dot{y} & -\dfrac{k}{m} & -\dfrac{b}{m} & \dfrac{1}{m}\end{pmatrix}$$

并将动力学方程式（21.1）改写为非线性动力学系统：

$$\dot{z}=\begin{pmatrix} z_2 \\ z_2z_3+z_2z_4 \\ 0 \\ 0 \\ 0\end{pmatrix}+\begin{pmatrix}0\\ z_5\\ 0\\ 0\\ 0\end{pmatrix}f \qquad (21.11)$$

$$y=h(z)=z_1$$

因此，阻抗参数的辨识可以归结为一个非线性可观测性问题，即根据输入f和输出y的数据估计初始状态$z(0)$，特别是它的最后三个分量完全决定了线性阻抗。该系统的可观测协分布为

$$\Omega(z)=\mathrm{span}\begin{pmatrix} 1 & 0 & 0 & 0 & 0\\ 0 & 1 & 0 & 0 & 0\\ z_3 & z_4 & z_1 & z_2 & 0\\ 0 & 0 & 0 & 0 & 1\\ z_3z_4 & z_3+z_4^2 & z_2+z_1z_4 & z_1z_3+2z_2z_4 & 0\\ 0 & 0 & 0 & z_5 & z_4\end{pmatrix}$$

对于m、b、$k>0$，除了$z_1=z_2=0$，很容易判断出所有状态的可观测协分布的余维数都为0。因此，

当系统处于非稳态平衡时，从位置和力的测量值可以重建这三个线性恒定阻抗参数。

在这种情况下，为了估计实际阻抗，可以采用不同的方法。例如，在参考文献［21.99］中包括标准离线辨识技术（利用未知参数回归器的线性性质），或者应用于系统式（21.11）[21.100]的在线非线性状态观测器（如扩展卡尔曼滤波器）。

21.5.2 可变刚度观测器

对于阻抗是非线性和/或时变的情况，上述直接法的推广并非毫无意义。为了证实这一点，在式（21.1）中引入非线性和时变弹簧函数 $s(y, u(t))$，而不是线性弹簧项 ky，即

$$f=m\ddot{y}+b\dot{y}+s(y,u) \tag{21.12}$$

在 $s(y,u(t))$ 项中，u 表示控制刚度变化的外部输入。例如，忽略前面示例 21.1 中的重力，u 表示式（21.4）中的共驱项 u_b+u_t。

21.5.3 有参估计

识别刚度的第一种方法可以基于这样的假设：可变刚度驱动器的排布是已知的（图 21.2），并且弹簧函数的参数描述可用，如可根据有限级数展开。在这种情况下，提出了在电动机侧安置参数化的刚度观测器，即将每个电动机的动力学视为

$$\tau=J\ddot{\theta}+b\dot{\theta}-f(\phi) \tag{21.13}$$

式中，τ 是电动机转矩；J 和 b 是电动机惯性项和阻尼项；$\phi=\theta-q$ 是位移角；q 是连杆角。在已知或测量出这些参数和信号的情况下，问题是如何评估刚度 $\sigma(\phi)=\frac{\partial f}{\partial \phi}$。假设它可以通过有限泰勒级数展开来拟合：

$$\sigma_i(\phi_i)\approx\sum_{j=0}^{N}a_j^i\frac{(\phi_i)^j}{j!}$$

参考文献［21.101］提出了一种通过参数化刚度观测器来解决这一问题的方法。其思想是首先通过组合用于估计 q 一阶导数的修正运动学卡尔曼滤波器和一个一阶滤波器来获得弹簧力函数 $f(\phi)$ 的估计；然后用幂级数逼近 $f(\phi)$，其系数用最小二乘法估计；最后通过求泰勒展开式的微分得到 σ。仿真结果表明，该方法很有效，并给出了令人满意的实验结果。该方法对几个参数的选择有些敏感，需要反复调节。随后，参考文献［21.102，103］分别提出了基于微分代数和调制函数的算法，改进了算法的收敛性和鲁棒性，避免了计算任何导数，并且很容易调节参数。

21.5.4 无参估计

当没有关于 f 的结构或变量 $u(t)$ 的信息可用时，唯一可能的方法是从连杆上进行分析，即尝试仅从连杆动力学角度估计关节刚度，而不假设任何结构的弹簧刚度函数。参考文献［21.104］中提出了一种非参数方法，用于测量式（21.12）等系统的刚度，这种方法可以很容易地从式（21.12）关于时间的一阶微分中导出，即

$$\dot{f}=m\dddot{y}+b\ddot{y}+\sigma\dot{y}+s_u\dot{u}$$

式中，

$$s_u=\frac{\partial s(y,u)}{u}$$

该方法主要基于刚度 $\hat{\sigma}$ 估计值的连续更新。基于最大程度预测的连杆力矩 $\dot{f}$ 为

$$\dot{\hat{f}}=m\dddot{y}+b\ddot{y}+\hat{\sigma}\dot{y}$$

结果表明，在适当的假设下，更新律为

$$\dot{\hat{\sigma}}=\alpha(\dot{f}-\dot{\hat{f}})\operatorname{sgn}(y) \tag{21.14}$$

当 $\alpha>0$ 时，使 $\hat{\sigma}(t)$ 在一致的最终有界误差范围内收敛于真实刚度值 $\sigma(t)$。误差范围受位置 $y(t)$ 和施加的力 $f(t)$ 的导数的滤波近似值，以及分别估计质量 m 和阻尼系数 b 时误差的影响。相反，可以通过增加增益因子 α 来减小误差。与参数化方法相反，这里对函数 $s(y,u)$ 没有任何假设，只是它在两个参数中都是光滑且有界的。实验证明，该方法效果良好，在任何情况下都能收敛到真实刚度值，除非刚度在不移动连杆的情况下发生变化。在这种情况下（理论上确实不可能从连杆端观测刚度），参考文献［21.104］的方法只是简单地停止更新刚度估计值，以便当连杆再次施加足够的动态激励时恢复更新。

21.6 笛卡儿刚度控制

21.6.1 笛卡儿阻抗控制

笛卡儿阻抗控制理念是现代机器人学中用于处理接触情况最广泛使用的操纵控制方法之一[21.90,105,106]。它兼容了柔顺操作的优点，又可使任务分解在笛卡儿坐标下，具有简便性和直观性。

21

事实上，这种控制技术一直是可变阻抗驱动机器人研究的动力之一。因此，对笛卡儿阻抗控制概念进行分析并将其转化应用于软体机器人是一个自然而然的目标。

本节的目标是在可变阻抗驱动机器人的工具中心点（TCP）实现一个笛卡儿阻抗行为。按照 VIA 的中心范式，需要调整机器人的参数，使期望的行为在机械层面上得到最大程度的实现。

根据式（21.10）中的模型，对 VIA 节点进行调节，实现直角坐标系下的刚度。刚度特性用恒定刚度矩阵 $\boldsymbol{K}_{\mathrm{C}}=\partial \boldsymbol{f}/\partial \boldsymbol{q} \in \mathbb{R}^{m\times m}$ 描述，即笛卡儿坐标系下的力旋量 f 与位移 x 之间的关系。n 个被动和可调关节刚度分量提供了对角矩阵 $\boldsymbol{K}_{\mathrm{J}}=\partial\ \boldsymbol{\tau}/\partial\ \boldsymbol{q} \in \mathbb{R}^{n\times n}$ 与关节力矩和关节位置 q 的关系。假定关节柔度为解耦，从笛卡儿刚度空间到关节刚度空间的映射由 $\mathcal{T}$: $\boldsymbol{K}_{\mathrm{J}}=\boldsymbol{T}(\boldsymbol{K}_{\mathrm{C}})$ 给出。这个变换可以写为

$$\begin{aligned}\boldsymbol{K}_{\mathrm{J}}&=\frac{\partial \boldsymbol{\tau}}{\partial \boldsymbol{q}}=\frac{\partial[\boldsymbol{J}(\boldsymbol{q})^{\mathrm{T}}\boldsymbol{K}_{\mathrm{C}}\Delta \boldsymbol{x}]}{\partial \boldsymbol{q}}\\&=\boldsymbol{J}(\boldsymbol{q})^{\mathrm{T}}\boldsymbol{K}_{\mathrm{C}}\boldsymbol{J}(\boldsymbol{q})-\frac{\partial \boldsymbol{J}(\boldsymbol{q})^{\mathrm{T}}\boldsymbol{K}_{\mathrm{C}}\Delta \boldsymbol{x}}{\partial \boldsymbol{q}}\end{aligned} \tag{21.15}$$

$\boldsymbol{J}(\boldsymbol{q})=\dfrac{\partial \boldsymbol{f}(\boldsymbol{q})}{\partial \boldsymbol{q}}$ 是驱动器的雅可比矩阵，$\boldsymbol{f}(\boldsymbol{q})$ 是正运动学映射。$\Delta \boldsymbol{x}=\boldsymbol{x}_{\mathrm{d}}-\boldsymbol{x}$ 表示在笛卡儿坐标系下目标位置与实际位置之间的误差。式（21.15）的第一部分反映了平衡点附近的刚度，第二部分是因参考文献［21.107］中雅可比矩阵的变化而产生的导出项。

通过求解式（21.15）矩阵 $\boldsymbol{K}_{\mathrm{C}}=\mathcal{T}^{-1}(\boldsymbol{K}_{\mathrm{J}})$ 的逆，可以得到由特定关节刚度产生的平衡位置（$\Delta \boldsymbol{x}=0$）处的笛卡儿刚度。注意，在平衡位置，式（21.15）中的第二项消失。利用柔度矩阵 $\boldsymbol{C}_{\cdot}=\boldsymbol{H}_{\cdot}^{-1}$，可得

$$\boldsymbol{C}_{\mathrm{C}}=\boldsymbol{J}(\boldsymbol{q})\boldsymbol{C}_{\mathrm{J}}\boldsymbol{J}(\boldsymbol{q})^{\mathrm{T}} \tag{21.16}$$

$$\boldsymbol{K}_{\mathrm{C}}=[\boldsymbol{J}(\boldsymbol{q})\boldsymbol{K}_{\mathrm{J}}^{-1}\boldsymbol{J}(\boldsymbol{q})^{\mathrm{T}}]^{-1} \tag{21.17}$$

参考文献［21.108］指出，即使7自由度机器人利用零空间，也很难得到具有3个平移刚度和3个旋转刚度（$\boldsymbol{K}_{\mathrm{C}} \in \mathbb{R}^{m\times m}$）的任意笛卡儿刚度矩阵。边界是由技术实现，即对角关节刚度矩阵或机械 VSA 刚度极限所规定的。此外，关节刚度到笛卡儿空间的转换在很大程度上取决于机器人的运动学和位姿。

为了克服这些限制，提高刚度跟踪性能，可以将被动刚度与主动阻抗控制器[21.109]相结合，从而大大扩展可以实现的笛卡儿刚度范围。主动控制使刚度适应范围更广，弹性元件具有吸收冲击、提高能效的能力，通过这两个概念的有机结合，可以从个体优势中获益。主动刚度 $\boldsymbol{K}_{\mathrm{active}}$ 与被动刚度 $\boldsymbol{K}_{\mathrm{passive}}$ 之间的串联形成整体刚度 $\boldsymbol{K}_{\mathrm{res}}$（图21.11），即

$$\boldsymbol{K}_{\mathrm{res}}^{-1}=\boldsymbol{K}_{\mathrm{active}}^{-1}+\boldsymbol{K}_{\mathrm{passive}}^{-1} \tag{21.18}$$

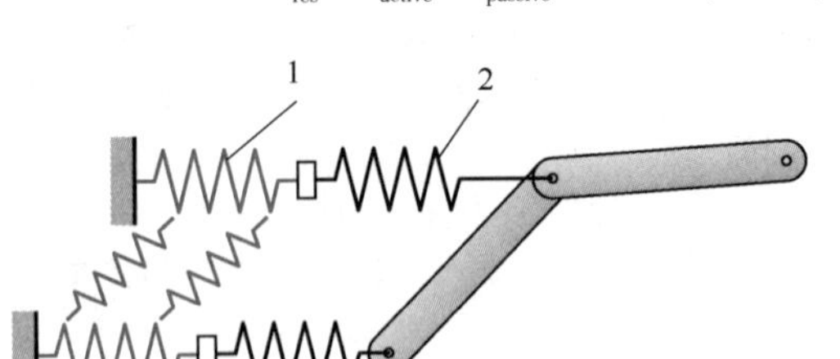

图21.11　主动阻抗控制器与被动柔度组合以实现所需的笛卡儿刚度

1—主动阻抗控制器　2—被动柔度

为了计算主动刚度和被动刚度分量，可以使用两步优化算法[21.109]。它首先实现了尽可能接近期望刚度的被动刚度，其次保证了主动刚度实现残余最小化。

21.6.2　独立位置与刚度控制

可变刚度机器人非常适合与环境交互等操作任务，这些任务通常由机器人的位姿轨迹和相关的刚度轨迹来指定。由于 VSA 机器人允许以机械的方式改变关节的位置和刚度，一种直接的方法是调整各自的位置或刚度输入。根据关节设置，这些输入由不同的驱动器[21.66]实现，或者可以通过驱动器耦合产生的简单协调变换来实现[21.69]。其基本思想是，在机械层面上嵌入并实现所需的机器人行为，特别是在存在干扰情况下的附加控制目标，并最大限度地减小偏转和抑制振动。

实现连杆运动和刚度独立控制的解决方案可分为两类。

1. 控制器利用系统模型的知识

在参考文献［21.110，111］中，采用反馈线性化方法将机器人动力学转化为更简单的等效模型。只要系统的逆能被求解，就可以得到解耦的积分器链。等效动力学的简单结构允许同时解耦和精确跟踪运动和刚度参考曲线，但机器人动力学的抽象阻碍了性能指标的实现。

另一种基于模型的方法，旨在实现降阶模型[21.112]。因此，在机器人系统中确定了独立的动力学，即手臂、位置驱动器和刚度驱动器，这些动力学的独立性由奇异摄动分析得到。在此基础上设计了一种级联控制结构：一方面，这类控制器由于比较抽象，允许理论上的简单性和设计的灵活性；另一方面，在存在模型不确定性的情况下，机器人的性能和鲁棒性得不到保证，通常需要模型的高精度和高阶状

态导数。此外，由于控制器经常会引入不同的机器人行为，需要增加工作量来满足预期目标的需求。

2. 基于能量成形的控制器

这一类别的首批控制器之一出现在参考文献[21.7]中。控制器作用于电动机位置，通过变换独立控制关节位置和刚度。在单自由度 VSA 关节上对该控制器进行了验证。

参考文献[21.113]对其进行了扩展和总结。该控制设计公式适用于一般形式的欠驱动欧拉-拉格朗日系统，包括可变阻抗驱动机器人。在此，控制器的动作可以理解为机器人势能和动能的合成，从而保证了系统的无源性。

一般任务是将 $\boldsymbol{q}=\boldsymbol{h}(\boldsymbol{x})$ 给出的 k 个独立输出变量控制到所需的常数值 $\boldsymbol{q}_{\mathrm{d}}\in\mathbb{R}^k$，$\boldsymbol{x}\in\mathbb{R}^n$ 是广义坐标向量，其中 $n=2k$ 是 VSA 机器人的常见情况。给定 VSA 机器人的结构式（21.10），可以找到一个新的变量 $\tilde{\boldsymbol{q}}$。这是一个并联（直接驱动）变量，在静力学上等价于非并联（间接驱动）变量 $\boldsymbol{q}$。将并联变量用于被动反馈可确保稳定性，并可解释为形成系统的势能。

变量 $\tilde{\boldsymbol{q}}$ 通过求解 $\boldsymbol{q}$ 的连杆端方程的静态解，有

$$\boldsymbol{\tau}+\boldsymbol{g}(\boldsymbol{q})=\boldsymbol{0} \tag{21.19}$$

除非常简单的情况，这个方程必须用数值方法求解。由于凸性，这是一项快速和数值鲁棒的任务。因此，控制器可以稳定期望的位置 $\boldsymbol{q}_{\mathrm{d}}$，即

$$\boldsymbol{u}=\boldsymbol{g}(\tilde{\boldsymbol{q}})-\boldsymbol{J}_{\tilde{q}}^{\mathrm{T}}(\boldsymbol{\theta})\boldsymbol{K}_{\mathrm{p}}(\tilde{\boldsymbol{q}}-\boldsymbol{q}_{\mathrm{d}})-\boldsymbol{K}_{\mathrm{d}}\dot{\boldsymbol{\theta}} \tag{21.20}$$

式中，$\boldsymbol{g}(\tilde{\boldsymbol{q}})$ 是一个前馈项，用于补偿重力。使用 $\tilde{\boldsymbol{q}}$ 可以实现任意低的控制器增益，甚至对于较大的平衡位移也是如此。$\boldsymbol{J}_{\tilde{q}}$ 是一个雅可比矩阵，它将并联变量映射到静态等效 $\tilde{\boldsymbol{q}}$ 上。基于 LaSalle 的不变性定理，可以得到全局渐近稳定性。

该方法还可以扩展到包括力矩和力矩导数的反馈，从而减少驱动器的表观惯性和摩擦力。这允许在保持被动性框架的同时提高瞬态性能。力矩反馈的形式为

$$\boldsymbol{\tau}_{\mathrm{m}}=\boldsymbol{B}\boldsymbol{B}_{\theta}^{-1}\boldsymbol{u}+(\boldsymbol{I}-\boldsymbol{B}\boldsymbol{B}_{\theta}^{-1})\boldsymbol{\tau} \tag{21.21}$$

通过一个新的控制输入 $\boldsymbol{u}$ 引出一个新的子系统：

$$\boldsymbol{B}_{\theta\ddot{\theta}}+\boldsymbol{\tau}=\boldsymbol{u} \tag{21.22}$$

该子系统具有按比例调整的电动机惯性。因此，力矩控制器可以理解为对转子动能的度量，以减少由关节柔性引起的振动。受控系统再次允许被动再现。

能量成形方法在静态和阻尼良好的系统中提供了优异的性能。一些关节表现出低的固有阻尼，以实现关节的力矩估计和能量效率。在这种情况下，通过控制增加附加阻尼或包括物理可变阻尼元件是有望实现的，这可以参考几种阻尼控制结构。参考文献[21.114]提出了一种简单的单自由度系统增益调节方法，在局部线性子问题的基础上，设计了线性二次调节器（LQR）状态反馈控制器。机器人动力学的非线性要求根据系统状态调整控制器极点，这对多关节机器人来说尤其困难。参考文献[21.115]针对多自由度 VSA 机器人，使用基于特征值的模态分解，提出了一种基于物理激励状态反馈的控制方法。

21

21.7 周期性运动控制

机器人的任务，如行走、跳跃、跑步，以及一些拾取和放置动作，本质上都是周期性运动。在这些任务中，理想情况下可以利用柔顺驱动器的自然振荡动力学来提高性能和能效。众所周知，快速奔跑的动物在其肌腱和肌肉中储存和恢复了大量的能量，同样人类跑步也强烈依赖于弹性能的储存。

然而，在高度非线性的多体系统中，利用非线性柔性驱动器来激励周期运动并不是一项简单的任务。模态振动及其控制在线性系统中得到了很好的解决，而非线性泛化到现在为止仍是一个非常活跃的研究课题。由于我们认为，在重量较轻的情况下，以高速度和力完成（准）周期运动的能力将是软体机器人的主要优点之一，因此对这一主题进行了大量的研究。

在《机器人学》等书中[21.116-120]讨论了利用固有弹性进行周期性运动的问题，包括以下两种基本方法：

1）通过控制跟踪任意期望的周期轨迹，或强制执行任意振荡的闭环行为，同时调整驱动器的柔顺性，使控制任务最少化。

2）通过控制激励和维持柔性驱动机器人系统的固有振荡动力学。完成给定任务意味着，通过初始机械设计和在线调整机器人构形及其驱动器的固有刚度，可以使固有振荡模式与任务相对应。

基于柔性驱动机器人系统的设计，上述控制方法必须解决欠驱动、模型非线性和多自由度结构等问题。

21.7.1 运动跟踪与刚度自适应

以最小力矩跟踪连杆端变量 $\boldsymbol{q}$ 中周期性轨迹的思想是受到经典刚性机器人控制的启发。例如，该方法[21.117]考虑了带有与主驱动器并联的弹性元件的机器人系统。

$$\boldsymbol{M}(\boldsymbol{q})\ddot{\boldsymbol{q}}+[\boldsymbol{C}(\boldsymbol{q},\dot{\boldsymbol{q}})+\boldsymbol{D}]\dot{\boldsymbol{q}}+\boldsymbol{g}(\boldsymbol{q})+\boldsymbol{K}(\boldsymbol{q}-\boldsymbol{\theta})=\boldsymbol{\tau} \tag{21.23}$$

由于这里假设 θ 为常数，因此在本例中，模型简化为具有并联弹性的全驱动机器人动力学，这样就比式（21.6）更为简单。

控制器的主要目标为：

1）以 T，如 $\boldsymbol{q}(t)\to\boldsymbol{q}_{\mathrm{d}}(t)$ 为周期，跟踪一个周期轨迹 $\boldsymbol{q}_{\mathrm{d}}(t+T)=\boldsymbol{q}_{\mathrm{d}}(t)$。

2）通过优化刚度 $\boldsymbol{K}$ 来最小化驱动器力矩 $\boldsymbol{\tau}$。

考虑生成期望运动所需的驱动器力矩：

$$\boldsymbol{\tau}_{\mathrm{d}}=\boldsymbol{M}(\boldsymbol{q}_{\mathrm{d}})\ddot{\boldsymbol{q}}_{\mathrm{d}}+[\boldsymbol{C}(\boldsymbol{q}_{\mathrm{d}},\dot{\boldsymbol{q}}_{\mathrm{d}})+\boldsymbol{D}]\dot{\boldsymbol{q}}_{\mathrm{d}}+\boldsymbol{g}(\boldsymbol{q}_{\mathrm{d}})+\boldsymbol{K}(\boldsymbol{q}_{\mathrm{d}}-\boldsymbol{\theta})$$

如果刚度矩阵 $\boldsymbol{K}_{\mathrm{opt}}$ 使罚函数最小化，则它被定义为最优矩阵：

$$\boldsymbol{J}(\boldsymbol{K})=\int_{iT}^{iT+T}\boldsymbol{\tau}_{\mathrm{d}}(\boldsymbol{K},t)^{\mathrm{T}}\boldsymbol{\tau}_{\mathrm{d}}(\boldsymbol{K},t)\mathrm{d}t \tag{21.24}$$

在单自由度系统的情况下，有

$$m\ddot{q}+d\dot{q}+kq=\tau \tag{21.25}$$

当恒定系统参数 m、d、$k>0$ 时，期望的正弦运动 $q_{\mathrm{d}}(t)=a\sin\omega t$ 明显使罚函数式（21.24）最小，此时刚度为 $k_{\mathrm{opt}}=m\omega^2$。在最佳刚度下，任意幅值为 $a>0$ 的正弦运动对应于简谐运动，因为期望轨迹的角频率 $\omega=\sqrt{k_{\mathrm{opt}}/m}$ 对应于系统的谐振频率式（21.25）。

参考文献［21.117］中提出的方法将这个简单的共振概念扩展到多自由度系统式（21.23），可以定义各种在线或离线优化算法，以最小化罚函数式（21.24）。例如，参考文献［21.117］使用了参数调整定律来调节刚度 $\boldsymbol{K}=\mathrm{diag}(k)$。

$$\dot{k}=\boldsymbol{\Gamma}\mathrm{diag}(\boldsymbol{q}-\boldsymbol{\theta})[\dot{\tilde{\boldsymbol{q}}}+\boldsymbol{K}_{\mathrm{B}}\boldsymbol{s}(\tilde{\boldsymbol{q}})]$$

控制器增益矩阵 $\boldsymbol{K}_{\mathrm{B}}$ 为正定对角矩阵，自适应增益为正定矩阵。这一定律的基本原理是，当弹性变性（$\boldsymbol{\theta}-\boldsymbol{q}$）与跟踪误差的符号相反时，就增加刚度。在这种情况下，刚度的增加减少了跟踪误差。当弹性力矩增大时，跟踪误差增大，刚度减小。特别地，控制误差 $\tilde{\boldsymbol{q}}=\boldsymbol{q}-\boldsymbol{q}_{\mathrm{d}}$ 在满足一定有界约束的函数 $\boldsymbol{s}_i(\tilde{\boldsymbol{q}}_i)$ 时饱和。这些饱和函数对于参考文献［21.117］的稳定性分析中非常重要。

参考文献［21.121］考虑了弹性元件与主驱动器并联或串联的动力学系统：

$$\boldsymbol{f}(\ddot{\boldsymbol{q}},\dot{\boldsymbol{q}},\boldsymbol{q},t)=-\boldsymbol{K}(\boldsymbol{q}-\boldsymbol{\theta}) \tag{21.26}$$

$$\boldsymbol{B}\ddot{\boldsymbol{\theta}}=\boldsymbol{K}(\boldsymbol{q}-\boldsymbol{\theta})+\boldsymbol{\tau} \tag{21.27}$$

式中，$\boldsymbol{B}$ 是模型主电动机部分的恒定惯性矩阵。参考文献［21.117］的目标可拓展为以计算串联构形周期性任务中用于最小化能耗的恒定刚度最佳值，以及并联情况下的最佳刚度值和弹簧预载值。

假设 $\boldsymbol{K}=\mathrm{diag}(K_j)$ 和 $\boldsymbol{B}=\mathrm{diag}(B_j)$（第二个假设在串联情况下是必需的），本文给出了如何推导最优驱动参数的表达式，以最小化与能量相关的罚函数，如式（21.24）和式（21.28）：

$$\boldsymbol{J}(\boldsymbol{K})=\int_{iT}^{iT+T}\boldsymbol{w}_{\mathrm{d}}(\boldsymbol{K},t)^{\mathrm{T}}\boldsymbol{w}_{\mathrm{d}}(\boldsymbol{K},t)\mathrm{d}t \tag{21.28}$$

此时 $\boldsymbol{w}_{\mathrm{d}}(\boldsymbol{K},t)=\boldsymbol{\tau}_{\mathrm{d}}(\boldsymbol{K},t)\cdot^{*}\dot{\boldsymbol{\theta}}_{\mathrm{d}}(\boldsymbol{K},t)$，$\cdot^{*}$ 表示元素相乘。值得注意的是，参考文献［21.121］中表明，通过将最佳刚度和预载的解析表达式计算为任何给定期望关节轨迹的积分函数，可以节省冗长的迭代和模拟。例如，使成本最小化的串联刚度式（21.24）由式（21.29）给出，即

$$\boldsymbol{K}_j^{*}=-\frac{\int_{iT}^{iT+T}\boldsymbol{B}_j^2\ddot{f}_j(\ddot{\boldsymbol{q}}_{\mathrm{d}},\dot{\boldsymbol{q}}_{\mathrm{d}},\boldsymbol{q}_{\mathrm{d}},t)\mathrm{d}t}{\int_{iT}^{iT+T}\boldsymbol{B}_j\ddot{f}_j(\ddot{\boldsymbol{q}}_{\mathrm{d}},\dot{\boldsymbol{q}}_{\mathrm{d}},\boldsymbol{q}_{\mathrm{d}},t)(\boldsymbol{B}_j\ddot{q}_{\mathrm{d},j}+f_j(\ddot{\boldsymbol{q}}_{\mathrm{d}},\dot{\boldsymbol{q}}_{\mathrm{d}},\boldsymbol{q}_{\mathrm{d}},t))\mathrm{d}t} \tag{21.29}$$

21.7.2 受控振荡动力学

产生周期性运动的基本思想是控制关节的输出，使其行为类似于所需的振荡动力学系统，而不是施加预定义的、与时间相关的轨迹[21.118]。因此，产生的运动将取决于初始条件和可能的扰动，但最终将收敛到周期轨迹。为了简单起见，这里描述了一个可变刚度驱动关节模型的概念，满足以下条件：

$$m\ddot{q}+\frac{\partial V_\tau(\theta,q)}{\partial q}=0 \tag{21.30}$$

将关节的输出位置记为 $q\in\mathbb{R}$，将 VIA 关节的两个驱动器的速度 $\dot{\theta}=u\in\mathbb{R}^2$ 作为控制输入。注意，这个模型对应于式（21.9）中的第一行，其中 $m=2$、$n=1$。

假设一个期望振荡动力学的一般集合为

$$\ddot{q}+a(q)=0 \tag{21.31}$$

选择 $a(q)$ 以产生周期轨迹。特别地，$a(q)$ 可以是期望势函数 $V_{\mathrm{d}}(q)$ 的导数。目标是控制系统式（21.30）使式（21.32）成立。

$$h(\theta,q)=a(q)-\frac{1}{m}\frac{\partial V_\tau(\theta,q)}{\partial q}=0 \tag{21.32}$$

如果控制 u 满足速度水平上的约束，即 $\dot{h}(\theta,q)=0$，结合初始条件 $[q(0),\dot{q}(0),\theta_1(0),\theta_2(0)]\in h(0)^{-1}$，可以满足约束条件式（21.32）。由于 $\dot{\theta}=u$ 是控制输入，则存在

$$\dot{h}(\theta,q)=-\boldsymbol{A}(\theta,q)u+b(\theta,q,\dot{q})=0 \quad (21.33)$$

式中

$$\boldsymbol{A}(\theta,q)=\frac{1}{m}\frac{\partial^2 V_\tau(\theta,q)}{\partial q\partial\theta} \quad (21.34)$$

$$b(\theta,q,\dot{q})=\left[\frac{\partial a(q)}{\partial q}-\frac{1}{m}\frac{\partial^2 V_\tau(\theta,q)}{\partial q^2}\right]\dot{q} \quad (21.35)$$

利用矩阵 $\boldsymbol{A}$ 的广义右逆 $\boldsymbol{A}^\dagger$，以使控制满足速度约束式（21.33）。

$$u=\boldsymbol{A}(\theta,q)^\dagger b(\theta,q,\dot{q}) \quad (21.36)$$

式（21.33）关于 u 的解并不是唯一的，因为这个问题没有得到充分的约束。通过选择形式为 $\boldsymbol{A}^\dagger=\boldsymbol{B}^{-1}\boldsymbol{A}^{\mathrm{T}}(\boldsymbol{A}\boldsymbol{B}^{-1}\boldsymbol{A}^{\mathrm{T}})^{-1}$ 的 $\boldsymbol{A}$ 的一个特定广义伪逆，解得式（21.36），为最小化了的关于某个度量张量 B 的范数 $\|u\|_{\mathrm{B}}^2$。例如，如果 B 是包含电动机惯量的矩阵，那么驱动器的动能最小。对欠约束的情况可以这样解释，即通过调整驱动器的刚度和电动机位置可以实现期望的运动。选择某个度量 $\boldsymbol{B}$，则隐式地定义了这两个分量的权重。

21.7.3 受激固有振荡动力学

对由动能和势能共同组成的机械系统进行激励，研究其固有的振动行为，是受到线性振动理论中共振概念的启发。其思想是移动柔顺系统的驱动器，使连杆变量的轨迹成为周期性的，因此由电动机运动产生的能量输入，理想情况下仅抵消耗散能量的损失。在这里，我们感兴趣的不是跟踪任意轨迹，而是激发系统的固有共振运动。

参照式（21.10）中的动力学系统形式。本节的目标是找到一个控制 τ_{m}，使得在一定周期 T 内，连杆的轨迹变量满足 $\boldsymbol{q}(t+T)=\boldsymbol{q}(t)$，并且最大限度地利用固有振荡动力学。假设运动 $\boldsymbol{q}(t)$ 应发生在几个一维数集 $Z_j\subset\mathbb{R}^n$（称为振荡模式）中的一个，则问题可以进一步细化：

C1：给定映射关系 $\boldsymbol{z}=\boldsymbol{z}(\boldsymbol{q})$。如果 z_j 表示期望振荡模式的坐标，则控制必须确保在所有其他模式下激发的振荡衰减，即 $i\neq j$，$\dot{z}_i\to 0$。

C2：必须控制 z_j 的运动，使其保持一个具有期望振幅的周期运动。

21.7.4 基于模型的方法

为了得到坐标变换 $\boldsymbol{z}=\boldsymbol{z}(\boldsymbol{q})$ 并满足上述条件，可以通过首先将 $\boldsymbol{\theta}$ 作为控制输入，以修改式（21.10）的自由运动，即 $\boldsymbol{\tau}_{\mathrm{ext}}=0$ 的连杆动力学，即

$$\boldsymbol{\theta}_{\mathrm{d}}=\boldsymbol{q}^\star+\boldsymbol{K}_{\mathrm{p}}^{-1}(\boldsymbol{C}(\boldsymbol{q},\dot{\boldsymbol{q}})\dot{\boldsymbol{q}}+\boldsymbol{g}(\boldsymbol{q})-\boldsymbol{K}_{\mathrm{D}}\dot{\boldsymbol{q}}+\boldsymbol{\gamma}) \quad (21.37)$$

式中，$\boldsymbol{\gamma}$ 是一个将在后面指定的解耦项。这就生成了闭环动力学：

$$\boldsymbol{M}(\boldsymbol{q})\ddot{\boldsymbol{q}}+\boldsymbol{K}_{\mathrm{p}}(\boldsymbol{q}-\boldsymbol{q}^\star)+\boldsymbol{K}_{\mathrm{D}}\dot{\boldsymbol{q}}=0 \quad (21.38)$$

为了激发与初始振荡模式非常接近的振荡，考虑对应于瞬时模态坐标 $\boldsymbol{z}=\boldsymbol{Q}(\boldsymbol{q})^{-1}(\boldsymbol{q}-\boldsymbol{q}^\star)$ 的坐标 z_i。$\boldsymbol{Q}(\boldsymbol{q})$ 是基于 $\boldsymbol{M}$ 和 $\boldsymbol{K}$ 的双对角化定义的，满足 $\boldsymbol{Q}(\boldsymbol{q})^{-\mathrm{T}}\boldsymbol{Q}(\boldsymbol{q})^{-1}=\boldsymbol{M}(\boldsymbol{q})$ 和 $\boldsymbol{Q}(\boldsymbol{q})^{-\mathrm{T}}\mathrm{diag}(\boldsymbol{\lambda}(\boldsymbol{q}))\boldsymbol{Q}(\boldsymbol{q})^{-1}=\boldsymbol{K}_{\mathrm{p}}$，其中 $\boldsymbol{\lambda}(\boldsymbol{q})\in\mathbb{R}^n>0$ 是广义特征值，如参考文献［21.120］所述。通过考虑阻尼设计，即

$$\boldsymbol{K}_{\mathrm{D}}=2\boldsymbol{Q}(\boldsymbol{q})^{-\mathrm{T}}\mathrm{diag}[\xi_i\sqrt{\lambda_i(\boldsymbol{q})}]\boldsymbol{Q}(\boldsymbol{q})^{-1}$$

选择 $\boldsymbol{\gamma}$ 为

$$\boldsymbol{\gamma}=[\boldsymbol{M}(\boldsymbol{q})\ddot{\boldsymbol{Q}}(\boldsymbol{q})+\boldsymbol{K}_{\mathrm{D}}\dot{\boldsymbol{Q}}(\boldsymbol{q})]z+2\boldsymbol{M}(\boldsymbol{q})\dot{\boldsymbol{Q}}(\boldsymbol{q})\dot{z} \quad (21.39)$$

由此产生的闭环动力学为

$$\ddot{z}_i+2\xi_i\sqrt{\lambda_j(\boldsymbol{q})}\dot{z}_i+\lambda_i(\boldsymbol{q})z_i=0$$

如果 $i\neq j$，$\xi_i>0$，满足条件 C1，则非线性阻尼为

$$\xi_j=-\frac{\dot{\lambda}_j(\boldsymbol{q})}{4\lambda_j(\boldsymbol{q})^{\frac{3}{2}}}+\frac{1}{2}\sqrt{\lambda_j(\boldsymbol{q})}k_H[H(\boldsymbol{q},z_j,\dot{z}_j)-H_{\mathrm{d}}]$$

生成一个周期性运动 $z_j(t+T)=z_j(t)$。特别是，所得到的极限循环对应于在参考文献［21.122］中提出的能量函数 $H(\boldsymbol{q},z_j,\dot{z}_j)=\frac{1}{2}\left(\frac{1}{\sqrt{\lambda_j(\boldsymbol{q})}}\dot{z}_j^2+z_j^2\right)$ 的水平 H_{d}。

注意，将控制式（21.37）应用到系统式（21.10）需要一个控制器，以确保跟踪 $\boldsymbol{\theta}(t)\to\boldsymbol{\theta}_{\mathrm{d}}(t)$ 期望的电动机位置 $\boldsymbol{\theta}_{\mathrm{d}}(t)$。

21.7.5 无模型的方法

对于多自由度机械系统，在不改变设备的初始惯性和刚度特性的情况下，激励振动需要在某一振动模式下进行理想分离的激励或固有的物理阻尼特性，以确保在其他模式下激励的振荡衰减（参见条件 C1）。注意，在大多数情况下，完全解耦的模式甚至不存在。在后一种假设的基础上，控制律在生物系统和一些特殊机器人例子中是有效的[21.123]，即

$$\Delta\boldsymbol{\theta}_z=\begin{cases}\sin\tau_z\hat{\theta}_z & |\tau_z|>\in\tau_z\\ 0 & 其他\end{cases} \quad (21.40)$$

控制律以一种简单的方式激发模态振荡。因此，线性变换 $z_j=\boldsymbol{\omega}^{\mathrm{T}}\boldsymbol{q}$ 近似于非线性映射 φ：$\mathbb{R}^n\to z_j$，使得广义模态力可以由加权向量 $\boldsymbol{w}\in\mathbb{R}^n$ 进行变换，即

$$\tau_z=\boldsymbol{w}^{\mathrm{T}}[\boldsymbol{\psi}(\boldsymbol{\theta}-\boldsymbol{q})-\boldsymbol{\psi}(\boldsymbol{\theta}^\star-\boldsymbol{q}^\star)] \quad (21.41)$$

式中，$\boldsymbol{\theta}^\star$、$\boldsymbol{q}^\star$ 满足平衡条件 $\boldsymbol{g}(\boldsymbol{q})+\boldsymbol{\psi}(\boldsymbol{\theta}-\boldsymbol{q})=0$。当模态力 τ_z 超过一定的阈值 $\epsilon\tau_z$ 时，控制器通过一个振幅

21

$\hat{\boldsymbol{\theta}}_z$ 进行切换，这将产生电动机位置期望的步进为：

$$\boldsymbol{\theta}_{\mathrm{d}}=\boldsymbol{\theta}^{\star}+w\Delta\boldsymbol{\theta}_z$$

由于电动机位置 θ 不是系统的控制输入式（21.10），所以需要考虑电动机 PD 控制器来保证 $\boldsymbol{\theta}(t)\to\boldsymbol{\theta}_{\mathrm{d}}(t)$。

需要注意的是，振荡控制器既不需要测量信号的导数，也不需要设备的模型知识。因此，该方法简单、鲁棒性强，可方便地应用于不同类型的柔顺驱动系统。对于单自由度的情况，控制律是在最短时间内使振动幅度最大化的最优解。此外，由式（21.40）和式（21.41）定义的控制律似乎具有生物等效性，因为它与神经元的计算功能非常类似。

21.8 软体机器人的最优控制

与刚性关节相比，具有固有弹性的机器人关节具有一些特殊优点：它们更具鲁棒性，功能更广泛，能够储存能量。这些特性使机器人能够实现相同尺寸的刚性驱动器不可能实现的运动。然而，如何才能最好地控制软体机器人中的弹性元件以发挥它们的潜力，这一问题仍然没有得到解决。最优控制（OC）理论被认为是解决这类问题的最有前途的工具之一：只要有合适的罚函数可用，最优控制技术就可以为软体机器人的物理设计和控制提供设计指导。

21

OC 是研究软体驱动器的基础，至少有两个主要原因：一方面，OC 提供了一个绝对的性能参考，将控制设计从方程中分解出来，从而为比较不同系统设计的性能提供一个原则基础；另一方面，OC 是理解软体驱动器规划和控制方法的关键要素。通过分析或数值技术对 OC 结果进行仔细分析，能够提炼出可应用于各类任务的控制律。

迄今为止，一般的解析解只能用于单自由度关节，状态和输入的物理边界、机器人的强非线性结构和高自由度只允许研究一般机器人系统的数值解。然而，对于 OC 问题的数值解，选择一个有利的参数化方法，很大程度上得益于对低维解析解的深刻理解。因此，本节将结合一些基本示例，对 OC 给出概念性的解释。

21.8.1 OC 理论

考虑在标准形式 $\dot{x}=f(u,x,t)$ 中描述的系统动力学方程，其罚函数 J 由一个终端成本 ϑ 和一个积分成本 L 组成，即

$$J(u)=\vartheta[x(t_{\mathrm{f}}),t_{\mathrm{f}}]+\int_{t_0}^{t_{\mathrm{f}}}L(x,u,t)\,\mathrm{d}t \qquad (21.42)$$

根据 Pontryagin 最小原理[21.124]，已知最优控制 u^* 是沿着最优轨迹最小化 Hamiltonian 函数 $\mathcal{H}=\boldsymbol{\lambda}^{\mathrm{T}}f(u,x,t)+L$，其中 λ 是共态。对于只对控制 $u\in\mathbb{U}$ 有约束的 OC 问题，这些共态的微分方程由 $\dot{\lambda}=-\partial\mathbb{H}/\partial x$ 给出。此外，如果最终状态没有明确表述，最小原理也会在最后时刻为 λ 提供边界条件：

$$\lambda(t_{\mathrm{f}})=\left.\frac{\partial\vartheta}{\partial x}\right|_{t_{\mathrm{f}}}$$

为了利用最小原理，必须先解出这些 x 和 λ 的微分方程，然后找到控制 u^*，从而使 Hamiltonian 最小化：对于所有的 $u\in\mathbb{U}$，$\mathbb{H}(x^*,\lambda^*,u^*)\leqslant\mathbb{H}(x^*,\lambda^*,u)$，其中 x^* 和 λ^* 分别表示最优状态和共态。

21.8.2 SEA 最优化方法

在最优控制下，给定软体驱动器的性能取决于驱动器本身的物理特性。因此，研究软体机器人驱动器在最优控制下的嵌套优化问题是一个非常有趣的议题。

通过对一个单自由度 SEA 节点的分析可以看出[21.17]，存在一个线性刚度的最优值，使（最优控制）峰值速度最大化。最佳刚度值取决于电动机（如最大加速度和速度）和任务（如终端时间）。最佳电动机速度如图 21.12 所示。

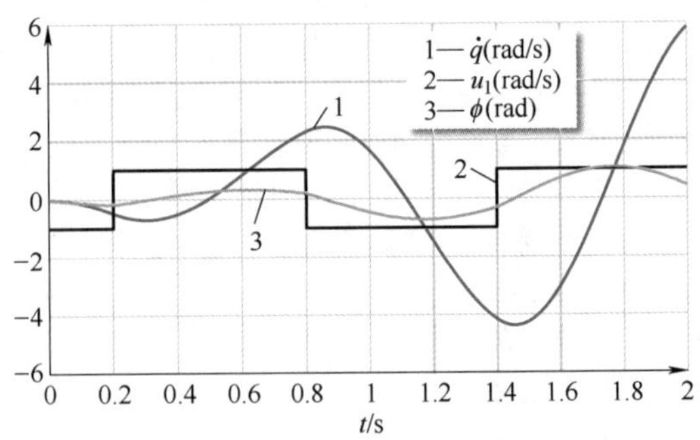

图 21.12 最佳电动机速度（$\omega=5\mathrm{rad/s}$，$|u_{1\min}|=u_{1\max}=1\mathrm{rad/s}$）

21.8.3 安全短时距的 OC 问题

OC 用于软体（可变刚度）机器人的第一个实例是所谓的安全问题的研究[21.125]，目标是找到平衡位置和变量传动刚度的控制规律，同时受限于最坏情况下连杆与环境在轨迹中可交换的冲击力，

使点对点的连杆运动在最短时间内完成。在运动过程中限制冲击力，既可以提高机器人在接近人类时的安全性，也可以降低机器人在与刚性环境的意外碰撞中损坏自身的风险。主要研究结果表明，VSA 比传统（刚性）驱动器和 SEA 都能表现出更好的安全性能（即在冲击风险测量的范围内可以更快），并且最优刚度定律与连杆速度成反比，可用“快则软，硬则慢”这一简单易记的规则来粗略描述。

21.8.4 最大速度的 OC 问题

OC 理论应用的一个补充实例涉及在某个期望的最终时刻或位置上，使弹性机器人关节的速度最大。这个目标与冲击性任务，如双脚跳跃、击球或钉钉子等有关。与前面的实例相反，在这类任务中，最大限度地提高冲击可能是必要的。事实表明，弹性驱动器在本质上不比刚性关节更安全或更危险，但在适当的控制律下，两种都可以实现安全作业（图 21.13）。

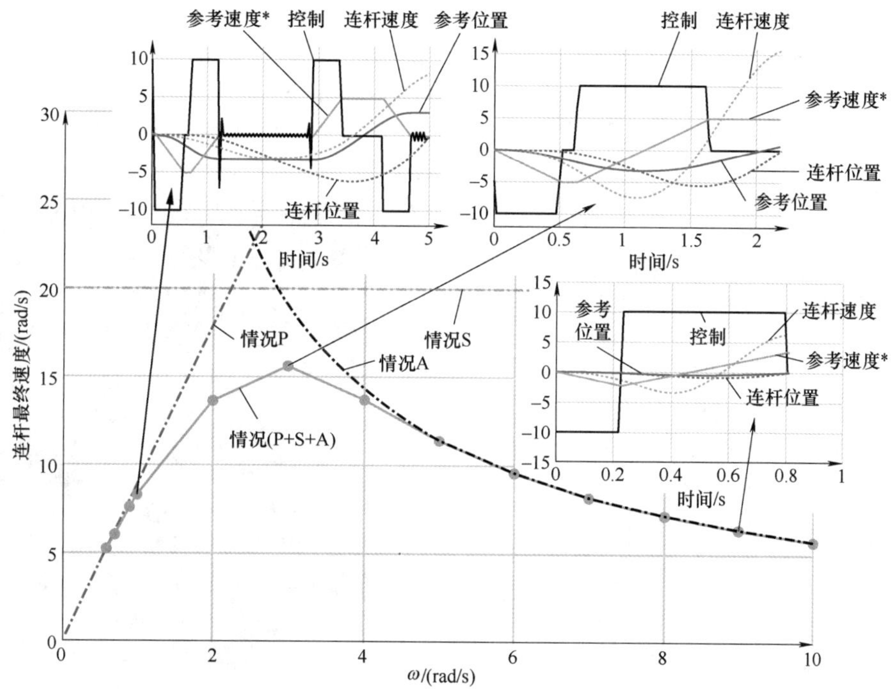

图 21.13 不同弹簧刚度（$\omega=\sqrt{k/m}$）下单自由度 SEA 在单次摆动后达到的最大速度（参考文献［21.17］）

情况 P—理想电动机位置控制 情况 S—速度控制 情况 A—加速度控制 *—3 个子块

注：1. 单点画线显示了情况 P、情况 A 和情况 S 下的终端速度 $\dot{q}(T)$；情况（P+S+A）曲线显示了电动机加速度控制（$|\ddot{\theta}(t)|\leqslant 10\text{rad/s}^2$）、位置边界（$|\theta(t)|\leqslant \pi\text{rad/s}^2$）和速度边界（$|\dot{\theta}(t)|\leqslant 5\text{rad/s}$）条件下的终端速度。

2. 小图显示了最优控制和时间状态模式。

表 21.1 列出了柔性关节的 OC 问题。注意，要最小化的函数 J 只包含一个终端成本 $J(u_1)=-\dot{q}(t_f)$。参考文献［21.126，127］对这个特殊的问题已研究过，在最优轨迹上最小化 Hamiltonian $\mathbb{H}$ 的条件为 $u_1^*\lambda_1^*\leqslant u_1\lambda_1^*$，$u_1\in[u_{1\min},u_{1\max}]$。因此，$u_1^*$ 将有最小值或最大值，取决于第一个共态 λ_1^* 的符号。由表 21.1 可知，第一个共态为 $\lambda_1^*=-\omega\sin[\omega(t_f-t)]$，其中 ω 为系统的固有频率。

表 21.1 柔性关节$\left(\omega=\sqrt{\dfrac{k}{m}}\right)$的 OC 问题

激励	状态 x	成本 J	$\dot{x}=f(x,u_1)$	$\dot{\lambda}=-\dfrac{\partial\mathbb{H}}{\partial x}$	$\lambda(t_f)$
$u_1=\dot{\theta}$	$\begin{pmatrix}\phi\\ \dot{q}\end{pmatrix}$	$-x_2(t_f)$	$\begin{pmatrix}u_1-x_2\\ \omega^2x_1\end{pmatrix}$	$\begin{pmatrix}-\omega^2\lambda_2\\ \lambda_1\end{pmatrix}$	$\left.\dfrac{\partial\vartheta}{\partial x}\right\vert_{t_f}=\begin{pmatrix}0\\ -1\end{pmatrix}$

无论 $\sin[\omega(t_f-t)]$ 为正（或为负），最优控制 u_1^* 将与系统的特征频率 ω 呈现周期性，并取其最大（或最小）值。

注意，当特征频率从最终时刻向后开始时，最优控制的变换发生。对于最终时间为振荡周期 $t_f=nT=2\pi n/\omega$ 倍数的特殊情况，每半周期后的前馈转换都是等价的。对于从静止位置出发的弹性关节，这个特殊的控制律规定，当系统的角偏转 ϕ 或类似的加速度改变其符号时，要切换电动机速度，即

$$\dot{\theta}^*=\text{sign}(\ddot{q})u_{1\max} \tag{21.43}$$

如果在式（21.42）中考虑了控制中的附加二次积分，即 $L=cu_1^2$ 和正标量 c，则将遵循连续控制律。对于随后出现的 $t_f=nT$，一个具有正弦输入的经典共振激励，其与线性系统的趋势相对应。对于非线性刚度特性和阻尼系统，可以扩展这些解析解[21.127]。例如，对于一个欠阻尼的单连杆机器人，可以找到一个相似的最优控制，它是周期性的，具有阻尼特征频率。不同的电动机模型也可以进行分析研究。

21.8.5　VSA 最优化问题

对于不同的任务，刚度的最优值是不同的，这一事实意味着驱动器物理刚度的自适应能力对于改善一系列任务的性能是非常有用的。

另一个有趣的问题是，VSA 技术能够及时改变驱动器刚度的可能性。该问题转化为寻找驱动器位置 $\theta(t)$ 和刚度 $k(t)$ 的最优时间过程，以使性能最大化。这个问题可以再次使用 OC 理论进行研究[21.17,128]。在不深入了解 OC 计算细节的情况下，结果表明，在驱动器位置和刚度有界但可瞬时变化的简化假设下，单摆和自由端时间（在该摆幅内）的最优控制为 bang-bang，最优参考位置为 $\theta^*=\text{sign}(\dot{q})\theta_{\max}$，而最优刚度 $k^*(t)$ 的最小值 $k_{\min}$ 或最大值 $k_{\max}$ 取决于如下函数：

$$k^*=\begin{cases}k_{\min} & 若\dot{q}\ddot{q}<0\\ k_{\max} & 若\dot{q}\ddot{q}>0\end{cases} \tag{21.44}$$

当 $\dot{q}\ddot{q}=0$ 时，刚度值可以任意设置。这表明了连杆的速度和加速度之间相当直观的概念，这一概念可总结成“刚性加速、柔性减速”规则。参考文献［21.17，126，128］中讨论了 VSA 最优化的更一般的情况。需要注意的是，即使对于单连杆机器人，解析解也并非很容易找到，特别是在存在状态约束或非线性系统特性情况下。

在某些条件下，对这类问题应用有效的数值求解是可行的。例如，如果软体驱动器动力学系统是线性的（如对于SEA），但存在状态和控制约束（如直流电动机的转矩-速度特性），则有可能将最优控制问题转化为凸优化问题[21.129]，对于凸优化问题，存在快速可靠的方法来获得全局解。对于多连杆机器人，由 OC 理论导出的微分方程是非线性的，一般不能用解析法求解。因此，可采用伪谱法[21.130]或迭代线性二次调节器（ILQR）法[21.131,132]等数值方法。参考文献［21.133］中描述了如何使用这些方法来优化刚性机器人的例子，其中投掷运动是使用高斯伪谱法优化的[21.134]，报道的实验验证了该系统利用弹性能进行爆发式运动的能力。图 21.14a 所示为试验设置，关节 1 和关节 2 处的电动机和连杆的速度如图 21.14b，c 所示。值得注意的是，连杆速度 $\dot{q}$ 在运动过程中可达到最大电动机速度 $\dot{\theta}_{\max}$ 的两倍以上，这对于刚性驱动器显然是不可能的。

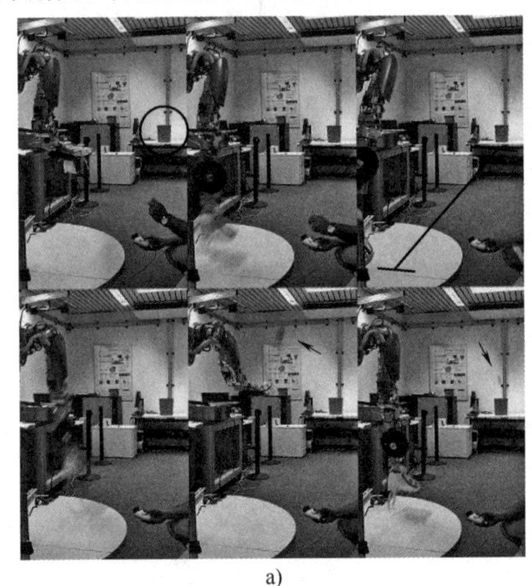

a)

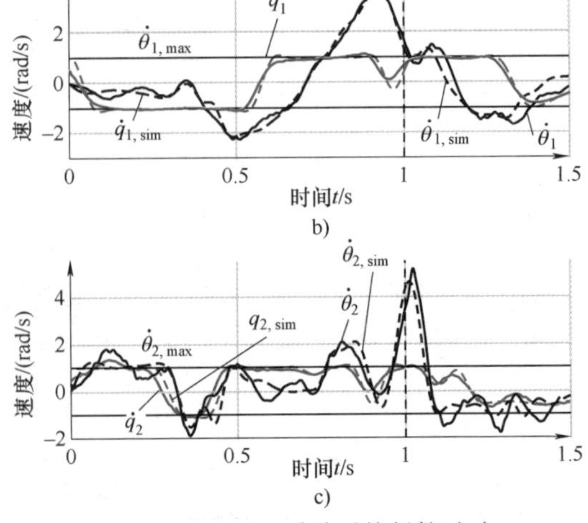

b)

c)

图 21.14　DLR 手臂系统投掷试验（参考文献［21.87］）
a）试验装置　b）关节 1 速度　c）关节 2 速度

21.9 结论与开放性问题

在本章中，我们回顾了一些新型软体机器人驱动器分析与控制中使用的技术和方法。这一领域的研究近年来迅速扩大，因此本章难以对所有不断涌现的创新设计提供详尽的描述。希望本章至少能对当前软体机器人驱动领域的一些最重要的研究趋势提供一个真实可信的图景。

当比较当前的机器人与生物系统在驱动器能量密度、运动能效、弹性和交互过程中的敏感性等方面时，固有柔顺性的重要性变得十分突出。到目前为止，在设计简单、集成和能量密度方面，我们还远远没有找到兼容的、肌肉型驱动器的最佳技术方案。尽管如此，在这一章中，通过适当定义非线性阻抗和系统参数辨识等基本概念，以及分析和规范用于描述弹性驱动器的主要物理特性，对弹性驱动器的基本概念进行了系统描述。总结出一组广泛认可的特征参数，并以标准化的数据表格形式呈现出来[21.75-77]，有助于可比较的各种不同设计方法，并为给定的应用程序选择最合适的概念。我们提出了一个比较通用的具有集中柔度的柔性机器人动力学模型，涵盖了目前已知的所有设计。该模型与第 11 章的柔性机器人模型有明显的相关性，可以看作是对柔性机器人模型的推广。柔性机器人的控制主要集中在两个方面。首先，必须解决部件位置和固有阻抗同时控制的问题，这对于具有高度非线性和非常柔顺行为的系统来说是一个挑战。以上分别是在关节空间和笛卡儿空间内进行讨论的。

第二，控制将柔性机器人的使用推到极限，并最大限度地利用它们的潜在效能。如果鲁棒性主要来自设计过程，那么对于能源效率和性能最大化（即使在安全约束下）来说，这是不正确的。这些特征的实现需要优化和最优控制算法，如本章所述。此外，OC 算法可以作为比较不同驱动器设计的工具，提取其固有（与控制无关）的性能边界，并为具有特殊自由度（如刚度）的软体机器人推导出易于理解的控制规则。

还有一些重要的新方向正在本研究领域中脱颖而出。一方面，新型活性材料可以推动软体机器人驱动器技术的发展，特别是在小型化这一领域；另一方面，可以预期的是一些有前途的先进材料研究最终将在实际可行的技术中取得进展，为驱动器提供新的功能架构，使它们的物理行为能够适应任务，这也可能变得非常有效。未来，一个重要的趋势是从可变刚度扩展到 VIA，能够更紧密地模仿肌肉结构的功能，不仅是弹性，而且阻尼（可能是有效惯性）也可以实现物理可调。在理解非线性、时变、多维阻抗的理论基础和实际识别与控制方法方面，也还有许多工作要做。

针对新型软体机器人驱动器的研究已经产生了大量的想法和解决方案，这本身就是一个不同性质的挑战。事实上，研究人员和实践者已经发挥了巨大的创新潜力，但迄今为止，这些潜力在应用方面还只是初步尝试。软体驱动器不仅可以在鲁棒性、安全交互性或机动性等方面改善应用情况，新技术可能在许多更具体的应用领域产生影响——也可能超出狭义的机器人学范畴，在更广泛的自动化领域大施拳脚。为了在那些对能够更自然地移动和交互的机器感兴趣的群体中培养对软体机器人学潜力的研究意识，正在采取一些举措，包括 IEEE 软体机器人技术委员会[21.135]和一些关于这个主题的研讨会、特刊甚至专刊。最近，一项自然机器运动倡议（NMMI）[21.136]已经启动，其目的是传播软驱动的思想，以实现具有类似人类的优雅、力量和灵巧的自然移动机器人。NMMI 的目标之一是将软体驱动器技术提供给大众，通过以开源的形式发布设计、制造和使用低成本驱动器所需的资源，从而建立一个开发者社群，乐于分享那些简单、经济、光滑、健壮和控制精确的机器人肌肉。

视频文献

VIDEO 456 Variable impedance actuators: Moving the robots of tomorrow
available from http://handbookofrobotics.org/view-chapter/21/videodetails/456
VIDEO 457 Petman tests camo
available from http://handbookofrobotics.org/view-chapter/21/videodetails/457
VIDEO 458 Introducing WildCat
available from http://handbookofrobotics.org/view-chapter/21/videodetails/458
VIDEO 460 VSA CubeBot – peg in hole
available from http://handbookofrobotics.org/view-chapter/21/videodetails/460
VIDEO 461 DLR Hand Arm System smashed with baseball bat
available from http://handbookofrobotics.org/view-chapter/21/videodetails/461
VIDEO 463 Safety evaluation of lightweight robots
available from http://handbookofrobotics.org/view-chapter/21/videodetails/463
VIDEO 464 Hammering task with the DLR Hand Arm System
available from http://handbookofrobotics.org/view-chapter/21/videodetails/464
VIDEO 465 Dynamic walking of whole-body compliant humanoid COMAN
available from http://handbookofrobotics.org/view-chapter/21/videodetails/465
VIDEO 466 Dynamic walking of whole-body compliant humanoid COMAN
available from http://handbookofrobotics.org/view-chapter/21/videodetails/466
VIDEO 467 Maccepa System
available from http://handbookofrobotics.org/view-chapter/21/videodetails/467
VIDEO 468 AMASC – changing stiffness
available from http://handbookofrobotics.org/view-chapter/21/videodetails/468
VIDEO 470 VSA-Cube: Arm with high and low stiffness preset
available from http://handbookofrobotics.org/view-chapter/21/videodetails/470
VIDEO 471 CompAct™ robotics technology
available from http://handbookofrobotics.org/view-chapter/21/videodetails/471
VIDEO 472 VSA-Cube arm: Drawing on a wavy surface (high stiffness)
available from http://handbookofrobotics.org/view-chapter/21/videodetails/472
VIDEO 473 Arm drawing on a wavy surface (low stiffness)
available from http://handbookofrobotics.org/view-chapter/21/videodetails/473
VIDEO 474 Arm drawing on a wavy surface (selective stiffness)
available from http://handbookofrobotics.org/view-chapter/21/videodetails/474
VIDEO 475 Intrinsically elastic robots: The key to human like performance (Best Video Award)
available from http://handbookofrobotics.org/view-chapter/21/videodetails/475
VIDEO 546 DLR Hand Arm System: Punching holes
available from http://handbookofrobotics.org/view-chapter/21/videodetails/546
VIDEO 547 DLR Hand Arm System throwing a ball and Justin catching it
available from http://handbookofrobotics.org/view-chapter/21/videodetails/547
VIDEO 548 Active damping control on the DLR Hand Arm System
available from http://handbookofrobotics.org/view-chapter/21/videodetails/548
VIDEO 549 Throwing a ball with the DLR VS-Joint
available from http://handbookofrobotics.org/view-chapter/21/videodetails/549
VIDEO 550 DLR Hand Arm System: Two arm manipulation
available from http://handbookofrobotics.org/view-chapter/21/videodetails/550
VIDEO 698 Full body compliant humanoid COMAN
available from http://handbookofrobotics.org/view-chapter/21/videodetails/698
VIDEO 699 AWAS-II
available from http://handbookofrobotics.org/view-chapter/21/videodetails/699

参考文献

21.1 K.T. Ulrich, T.T. Tuttle, J.P. Donoghue, W.T. Townsend: *Intrinsically Safer Robots*, *Tech. Rep.* (Barrett Technology Inc., Cambridge 1995), Final Report for NASA Contract NAS10-12178

21.2 B. Lacevic, P. Rocco: Safety-oriented control of robotic manipulators – A kinematic approach, Proc. 18th World Congr. Int. Fed. Autom. Control (IFAC) (2011)

21.3 S. Haddadin, S. Haddadin, A. Khoury, T. Rokahr, S. Parusel, R. Burgkart, A. Bicchi, A. Albu-Schaeffer: On making robots understand safety: Embedding injury knowledge into control, Int. J. Robotics Res. **31**, 1578–1602 (2012)

21.4 K. Salisbury, W. Townsend, B. Eberman, D. DiPietro: Preliminary design of a whole-arm manipulation system (WAMS), Proc. IEEE Int. Conf. Robotics Autom. (ICRA), Philadelphia (1988) pp. 254–260

21.5 G. Hirzinger, A. Albu-Schäffer, M. Hähnle, I. Schaefer, N. Sporer: On a new generation of torque controlled light-weight robots, Proc. IEEE Int. Conf. Robotics Autom. (ICRA) (2001) pp. 3356–3363

21.6 K. Yokoi, F. Kanehiro, K. Kaneko, S. Kajita, K. Fujiwara, H. Hirukawa: Experimental study of humanoid robot HRP-1S, Int. J. Robotics Res. **23**(4/5), 351–362 (2004)

21.7 K. Kaneko, F. Kanehiro, M. Morisawa, K. Miura, S. Nakaoka, S. Kajita: Cybernetic human HRP-4C, Proc. IEEE/RAS Int. Conf. Humanoid Robots (2009) pp. 7–14

21.8 Y. Sakagami, R. Watanabe, C. Aoyama, S. Matsunaga, N. Higaki, K. Fujimura: The intelligent asimo: System overview and integration, Proc. IEEE/RSJ Int. Conf. Intell. Robots Syst. (IROS), Vol. 3 (2002) pp. 2478–2483

21.9 M. Hirose, K. Ogawa: Honda humanoid robots development, Phil. Trans. Roy. Soc. A **365**(1850), 11–19 (2007)

21.10 B. Vanderborght, B. Verrelst, R. Van Ham, M. Van Damme, D. Lefeber: A pneumatic biped: Experimental walking results and compliance adaptation experiments, Proc. Int. Conf. Humanoid Robots, Tsukuba (2006)

21.11 T. Takuma, K. Hosoda, M. Ogino, M. Asada: Stabilization of quasi-passive pneumatic muscle walker, Proc. IEEE/RAS Int. Conf. Humanoid Robots, Vol. 2 (2004) pp. 627–639

21.12 S.H. Collins, A. Ruina: A bipedal walking robot with efficient and human-like gait, Proc. IEEE Int. Conf. Robotics Autom. (ICRA) (2005) pp. 1983–1988

21.13 N.G. Tsagarakis, S. Morfey, G. Medrano-Cerda, Z. Li, D.G. Caldwell: Compliant humanoid coman: Optimal joint stiffness tuning for modal frequency control, Proc. IEEE Int. Conf. Robotics Autom. (2013) pp. 665–670

21.14 J.W. Hurst, J.E. Chestnutt, A.A. Rizzi: *An Actuator with Mechanically Adjustable Series Compliance*, CMU-RI-TR-04-24 (Robotics Inst./Carnegie Mellon University, Pittsburgh 2004)

21.15 L.C. Visser, S. Stramigioli, R. Carloni: Robust bipedal walking with variable leg stiffness, Proc. 4th IEEE/RAS/EMBS Int. Conf. Biomed. Robotics Biomechatron. (BioRob) (2012) pp. 1626–1631

21.16 S. Haddadin, M.C. Ozparpucu, A. Albu-Schäffer: Optimal control for maximizing potential energy in a variable stiffness joint, Proc. 51st IEEE Annu. Conf. Decis. Control (CDC) (2012) pp. 1199–1206

21.17 M. Garabini, A. Passaglia, F.A.W. Belo, P. Salaris, A. Bicchi: Optimality principles in variable stiffness control: The VSA hammer, Proc. IEEE/RSJ Int. Conf. Intell. Robots Syst. (IROS), San Francisco (2011) pp. 1843–1851

21.18 A.G. Feldman: Once more on the equilibrium-point hypothesis (λ model) for motor control, J. Mot. Behav. **18**, 17–54 (1986)

21.19 J.R. Flanagan, A.M. Wing: Modulation of grip force with load force during point-to-point arm movements, Exp. Brain Res. **95**, 131–143 (1993)

21.20 J. Won, N. Hogan: Stability properties of human reaching movements, Exp. Brain Res. **107**(1), 125–136 (1995)

21.21 P.L. Gribble, D.J. Ostry, V. Sanguineti, R. Laboissière: Are complex control signals required for human arm movement?, J. Neurophysiol. **79**, 1409–1424 (1998)

21.22 J.D.W. Madden, N.A. Vandesteeg, P.A. Anquetil, P.G.A. Madden, A. Takshi, R.Z. Pytel, S.R. Lafontaine, P.A. Wieringa, I.W. Hunter: Artificial muscle technology: Physical principles and naval prospects, IEEE J. Ocean. Eng. **29**(3), 706–728 (2004)

21.23 A. Parr: *Hydraulics and Pneumatics: A Technician's and Engineer's Guide* (Butterworth-Heinemann, Oxford 1998)

21.24 I.L. Krivts, G.V. Krejnin: *Pneumatic Actuating Systems for Automatic Equipment: Structure and Design* (CRC, Boca Raton 2006)

21.25 H.A. Baldwin: Realizable models of muscle function, Proc. 1st Rock Biomech. Symp. (1969) pp. 139–148

21.26 K. Inoue: Rubbertuators and applications for robots, Proc. 4th Int. Symp. Robotics Res. (1987) pp. 57–63

21.27 B. Hannaford, J.M. Winters, C.-P. Chou, P.H. Marbot: The anthroform biorobotic arm: A system for the study of spinal circuits, Ann. Biomed. Eng. **23**, 399–408 (1995)

21.28 D.G. Caldwell, G.A. Medrano-Cerda, M. Goodwin: Control of pneumatic muscle actuators, IEEE Control Syst. Mag. **15**(1), 40–48 (1995)

21.29 T. Hesselroth, K. Sarkar, P.P. van der Smagt, K. Schulten: Neural network control of a pneumatic robot arm, IEEE Trans. Syst. Man Cybern. **24**(1), 28–38 (1994)

21.30 A. Bicchi, S.L. Rizzini, G. Tonietti: Compliant design for intrinsic safety: General issues and preliminary design, Proc. IEEE Int. Symp. Intell. Robots Syst. (IROS), Maui (2001) pp. 1864–1869

21.31 F. Daerden, D. Lefeber: The concept and design of pleated pneumatic artificial muscles, Int. J. Fluid Power **2**(3), 41–50 (2001)

21.32 B. Verrelst, R. Van Ham, B. Vanderborght, D. Lefeber, F. Daerden, M. Van Damme: Second generation pleated pneumatic artificial muscle and its robotic applications, Adv. Robotics **20**(7), 783–805 (2006)

21.33 I.M. Gottlieb: *Practical Electric Motor Handbook* (Butterworth-Heinemann, Oxford 1997)

21.34 J.F. Gieras, M. Wing: *Permanent Magnet Motor Technology: Design and Applications* (CRC, Boca Raton 2002)

21.35 M. Gad-el Hak: *The MEMS Handbook: MEMS, Design and Fabrication* (CRC, Boca Raton 2006)

21.36 K. Uchino: *Piezoelectric Actuators and Ultrasonic Motors* (Kluwer, Boston 1997)

21.37 S.-C. Huang, W.-L. Chen: Design of topologically

21

optimal microgripper, IEEE Int. Conf. Syst. Man Cybern. (2008)

21.38 J. Ueda, T. Secord, H. Asada: Large effective-strain piezoelectric actuators using nested cellular architecture with exponential strain amplification mechanisms, IEEE/ASME Trans. Mechatron. **15**, 770–782 (2010)

21.39 J. Schultz, J. Ueda: Two-port network models for compliant rhomboidal strain amplifiers, IEEE Trans. Robotics **29**(1), 42–54 (2013)

21.40 J. Schultz, J. Ueda: Nested piezoelectric cellular actuators for a biologically inspired camera positioning mechanism, IEEE Trans. Robotics **29**(5), 1–14 (2013)

21.41 J. Schultz, J. Ueda: Experimental verification of discrete switching vibration suppression, IEEE/ASME Trans. Mechatron. **17**(2), 298–308 (2012)

21.42 G. Engdahl: *Handbook of Giant Magnetostrictive Materials* (Academic, San Diego 2000)

21.43 D.C. Lagoudas: *Shape Memory Alloys: Modeling and Engineering Applications* (Springer, New York 2008)

21.44 E. Torres-Jara, K. Gilpin, J. Karges, R.J. Wood, D. Rus: Composable flexible small actuators built from thin shape memory alloy sheets, IEEE Robotics Autom. Mag. **17**(4), 78–87 (2010)

21.45 L. Jinsong: *Shape-Memory Polymers and Multifunctional Composites* (CRC, Boca Raton 2009)

21.46 F. Carpi, E. Smela: *Biomedical Applications of Electroactive Polymer Actuators* (Wiley, Chichester 2009)

21.47 P. Brochu, Q. Pei: Advances in dielectric elastomers for actuators and artificial muscles, Macromol. Rapid Commun. **31**(1), 10–36 (2010)

21.48 H.S. Nalwa: *Ferroelectric Polymers: Chemistry, Physics, and Applications* (CRC, Boca Raton 1995)

21.49 F. Carpi, D. De Rossi, R. Kornbluh, R. Pelrine, P. Sommer-Larsen: *Dielectric Elastomers as Electromechanical Transducers: Fundamentals, Materials, Devices, Models and Applications of an Emerging Electroactive Polymer Technology* (Elsevier, Amsterdan 2008)

21.50 G. Fernandez: Liquid-crystal polymers: Exotic actuators, Nat. Mater. **12**(1), 12–14 (2013)

21.51 R.H. Baughman, C. Cui, A.A. Zakhidov, Z. Iqbal, J.N. Barisci, G.M. Spinks, G.G. Wallace, A. Mazzoldi, D.D. Rossi, A.G. Rinzler, O. Jaschinski, S. Roth, M. Kertesz: Carbon nanotube actuators, Science **284**(5418), 1340–1344 (1999)

21.52 A.E. Aliev, J. Oh, M.E. Kozlov, A.A. Kuznetsov, S. Fang, A.F. Fonseca, R. Ovalle, M.D. Lima, M.H. Haque, Y.N. Gartstein, M. Zhang, A.A. Zakhidov, R.H. Baughman: Giant-stroke, superelastic carbon nanotube aerogel muscles, Science **323**(5921), 1575–1578 (2009)

21.53 J.D.W. Madden: Stiffer than steel, Science **323**(5921), 1571–1572 (2009)

21.54 E. Guglielmino, C.W. Stammers, K.A. Edge, T. Sireteanu, D. Stancioiu: Damp-by-wire: Magnetorheological vs friction dampers, Proc. 16th IFAC World Cong. (2005) pp. 340–345

21.55 M. Laffranchi, N.G. Tsagarakis, D.G. Caldwell: A variable physical damping actuator (VPDA) for compliant robotic joints, Proc. IEEE Int. Conf. Robotics Autom. (ICRA) (2010) pp. 1668–1674

21.56 J.C. Dixon: *The Shock Absorber Handbook*, Senior Lect. Eng. Mech. (Wiley, Chichester 2007)

21.57 J. Li, D. Jin, X. Zhang, J. Zhang, W.A. Gruver: An electrorheological fluid damper for robots, Proc. IEEE Int. Conf. Robotics Autom. (ICRA) (1995) pp. 2631–2636

21.58 C.-M. Chew, G.-S. Hong, W. Zhou: Series damper actuator: A novel force control actuator, Proc. 4th IEEE/RAS Int. Conf. Humanoid Robots (2004) pp. 533–546

21.59 B. Ebrahimi, M.B. Khamesee, F. Golnaraghi: A novel eddy current damper: Theory and experiment, J. Phys. D Appl. Phys. **42**(7), 075001 (2009)

21.60 H.A. Sodano, J.-S. Bae, D. Inman, K. Belvin: Improved concept and model of eddy current damper, J. Vib. Acoust. **128**(3), 294–302 (2006)

21.61 G.A. Pratt, M.M. Williamson: Series elastic actuators, Proc. IEEE/RSJ Int. Conf. Intell. Robots Syst. Hum. Robot Interact. Coop. Robots, Vol. 1 (1995) pp. 399–406

21.62 M.L. Latash: Motor synergies and the equilibrium-point, Mot. Control **14**(3), 294–322 (2010)

21.63 T. Morita, S. Sugano: Development and evaluation of seven-d.o.f. mia arm, Proc. IEEE Int. Conf. Robotics Autom. (ICRA) (1997) pp. 462–467

21.64 J.W. Hurst, J. Chestnutt, A. Rizzi: An actuator with physically variable stiffness for highly dynamic legged locomotion, Proc. IEEE Int. Conf. Robotics Autom. (ICRA) (2004) pp. 4662–4667

21.65 R. Van Ham, B. Vanderborght, M. Van Damme, B. Verrelst, D. Lefeber: MACCEPA, the mechanically adjustable compliance and controllable equilibrium position actuator: Design and implementation in a biped robot, Robotics Auton. Syst. **55**(10), 761–768 (2007)

21.66 S. Wolf, G. Hirzinger: A new variable stiffness design: Matching requirements of the next robot generation, Proc. IEEE Int. Conf. Robotics Autom. (ICRA) (2008) pp. 1741–1746

21.67 N. Hogan: Adaptive control of mechanical impedance by coactivation of antagonist muscles, IEEE Trans. Autom. Control **AC-29**(8), 681–690 (1984)

21.68 S.A. Migliore, E.A. Brown, S.P. DeWeerth: Biologically inspired joint stiffness control, Proc. IEEE Int. Conf. Robotics Autom. (ICRA) (2005) pp. 4519–4524

21.69 G. Tonietti, R. Schiavi, A. Bicchi: Design and control of a variable stiffness actuator for safe and fast physical human/robot interaction, Proc. IEEE Int. Conf. Robotics Autom. (ICRA) (2005) pp. 528–533

21.70 M.G. Catalano, G. Grioli, M. Garabini, F. Bonomo, M. Mancinit, N. Tsagarakis, A. Bicchi: Vsa-cubebot: A modular variable stiffness platform for multiple degrees of freedom robots, Proc. IEEE Int. Conf. Robotics Autom. (ICRA) (2011) pp. 5090–5095

21.71 A. Bicchi, G. Tonietti: Fast and *soft-arm* tactics, IEEE Robotics Autom. Mag. **11**(2), 22–33 (2004)

21.72 A. Albu-Schäffer, S. Wolf, O. Eiberger, S. Haddadin, F. Petit, M. Chalon: Dynamic modelling and control of variable stiffness actuators, Proc. IEEE Int. Conf. Robotics Autom. (ICRA) (2010) pp. 2155–2162

21.73 A.H.C. Gosline, V. Hayward: Eddy current brakes for haptic interfaces: Design, identification, and control, IEEE/ASME Trans, Mechatron. **13**(6), 669–677 (2008)

21.74 M. Catalano, G. Grioli, M. Garabini, F.W. Belo, A. di Basco, N. Tsagarakis, A. Bicchi: A variable damping module for variable impedance actuation, Proc. IEEE Int. Conf. Robotics Autom. (ICRA) (2012) pp. 2666–2672

21.75 VIACTORS (Deutsches Zentrum für Luft- und Raumfahrt, Università di Pisa, Universiteit Twente, Imperial College London, Instituto Italiano di Tecnologia, Vrije Universiteit Brussel): Variable Impedance Actuators data sheets, http://www.viactors.org/VSA%20data%20sheets.htm (2011)

21.76 G. Grioli, S. Wolf, O. Eiberger, W. Friedl, M. Grebenstein, H. Höppner, E. Burdet, D. Caldwell, R. Carloni, M. Catalano, D. Lefeber, S. Stramigioli, N. Tsagaratkis, M. Van Damme, R. Van Ham, B. Vanderborght, L.C. Visser, A. Bicchi, A. Albu-Schaeffer: Variable stiffness actuators: The user's point of view, Int. J. Robotics Res. **34**(6), 727–743 (2015)

21.77 S. Wolf, G. Grioli, W. Friedl, M. Grebenstein, H. Hoeppner, E. Burdet, D. Caldwell, A. Bicchi, S. Stramigioli, B. Vanderborght: Variable stiffness actuators: Review on design and components, IEEE/ASME Trans. Mechatron. **PP**(99), 1 (2015)

21.78 M. Krasnosel'skii, A. Pokrovskii: *Systems with Hysteresis* (Springer, Berlin, Heidelberg 1989)

21.79 A.G. Feldman: Functional tuning of the nervous system with control of movement or maintenance of a steady posture. II: Controllable parameters of the muscle, Biophysics **11**, 565–578 (1966)

21.80 A.C. Antoulas: *Approximation of Large-Scale Dynamical Systems* (SIAM, Philadelphia 2005)

21.81 I. Fantoni, R. Lozano, M.W. Spong: Energy based control of the pendubot, IEEE Trans. Autom. Control **45**(4), 725–729 (2000)

21.82 A. Jafari, N. Tsagarakis, D. Caldwell: A novel intrinsically energy efficient development of a novel actuator with adjustable stiffness (awas), IEEE Trans. Mechatron. **18**(1), 355–365 (2013)

21.83 A. De Luca: Decoupling and feedback linearization of robots with mixed rigid/elastic joints, Proc. IEEE Int. Conf. Robotics Autom. (ICRA) (1996) pp. 816–821

21.84 A. De Luca, P. Lucibello: A general algorithm for dynamic feedback linearization of robots with elastic joints, Proc. IEEE Int. Conf. Robotics Autom. (ICRA) (1998) pp. 504–510

21.85 M. Spong: Modeling and control of elastic joint robots, ASME J. Dyn. Syst. Meas. Control **109**, 310–319 (1987)

21.86 A. Albu-Schffäer, S. Wolf, O. Eiberger, S. Haddadin, F. Petit, M. Chalon: Dynamic modeling and control of variable stiffness actuators, Proc. IEEE Conf. Robotics Autom. ICRA (2010) pp. 2155–2162

21.87 M. Grebenstein, A. Albu-Schäffer, T. Bahls, M. Chalon, O. Eiberger, W. Friedl, R. Gruber, S. Haddadin, U. Hagn, R. Haslinger, H. Hoppner, S. Jörg, M. Nickl, A. Nothhelfer, F. Petit, J. Reill, N. Seitz, T. Wimböck, S. Wolf, T. Wusthoff, G. Hirzinger: The DLR hand arm system, Proc. IEEE Int. Conf. Robotics Autom. (ICRA), Shanghai (2011) pp. 3175–3182

21.88 H.P. Olesen, R.B. Randall: *A Guide to Mechanical Impedance and Structural Response Techniques*, Tech. Rep. (Bruel and Kjaer, Noerum 1977)

21.89 H. Gomi, M. Kawato: Human arm stiffness and equilibrium-point trajectory during multi-joint movement, Biol. Cybern. **76**(3), 163–171 (1997)

21.90 N. Hogan: Impedance Control: An approach to Manipulation – Parts I–III, J. Dyn. Syst. Meas. Control **107**, 1–24 (1985)

21.91 F.A. Mussa-Ivaldi, N. Hogan, E. Bizzi: Neural, mechanical, and geometric factors subserving arm posture in humans, J. Neurosci. **5**(10), 2732 (1985)

21.92 H. Gomi, R. Osu: Task-dependent viscoelasticity of human multijoint arm and its spatial characteristics for interaction with environments, J. Neurosci. **18**(21), 8965 (1998)

21.93 E. Burdet, R. Osu, D.W. Franklin, T.E. Milner, M. Kawato: Measuring stiffness during arm movements in various dynamic environments, Proc. 1999 ASME Annu. Symp. Haptic Interfac. Virtual Environ. Teleoper. Syst. (1999) pp. 421–428

21.94 E. Burdet, R. Osu, D.W. Franklin, T. Yoshioka, T.E. Milner, M. Kawato: A method for measuring endpoint stiffness during multi-joint arm movements, J. Biomech. **33**(12), 1705–1709 (2000)

21.95 D.W. Franklin, E. Burdet, R. Osu, M. Kawato, T.E. Milner: Functional significance of stiffness in adaptation of multijoint arm movements to stable and unstable dynamics, Exp. Brain Res. **151**(2), 145–157 (2003)

21.96 K.P. Tee, E. Burdet, C.M. Chew, T.E. Milner: A model of force and impedance in human arm movements, Biol. Cybern. **90**(5), 368–375 (2004)

21.97 E.J. Perreault, R.F. Kirsch, P.E. Crago: Multijoint dynamics and postural stability of the human arm, Exp. Brain Res. **157**(4), 507–517 (2004)

21.98 R.D. Trumbower, M.A. Krutky, B.S. Yang, E.J. Perreault: Use of self-selected postures to regulate multi-joint stiffness during unconstrained tasks, PLoS ONE **4**(5), e5411 (2009)

21.99 K. Hashimoto, T. Kureha, Y. Nishimura, K. Okumura, S. Muraoka: Measurement of mechanical impedance using quartz resonator force sensor during the process of grasping, SICE Annu. Conf., Vol. 1 (2004) pp. 722–726

21.100 A. Serio, G. Grioli, I. Sardellitti, N.G. Tsagarakis, A. Bicchi: A decoupled impedance observer for a variable stiffness robot, Proc. IEEE Int. Conf. Robotics Autom. (ICRA) (2011) pp. 5548–5553

21.101 F. Flacco, A. De Luca, I. Sardellitti, N. Tsagarakis: On-line estimation of variable stiffness in flexible robot joints, Int. J. Robotics Res. **31**(13), 1556–1577 (2012)

21.102 T. Ménard, G. Grioli, A. Bicchi: A real time observer for an agonist-antagonist variable stiffness actuator, Proc. IEEE Int. Conf. Robotics Autom. (ICRA) (2013)

21.103 T. Ménard, G. Grioli, A. Bicchi: A stiffness estimator for agonistic-antagonistic variable-stiffness-actuator devices, IEEE Trans. Robotics **30**(5), 1269–1278 (2014)

21.104 G. Grioli, A. Bicchi: A non-invasive real-time method for measuring variable stiffness, Proc. 10th Int. Conf. Robotics Sci. Syst., Zaragoza (2010)

21.105 J.K. Salisbury: Active stiffness control of a ma-

nipulator in cartesian coordinates, Proc. 19th IEEE Conf. Decis. Control (1980) pp. 83–88
21.106 C. Ott: *Cartesian Impedance Control of Redundant and Flexible-Joint Robots*, Springer Tracts. Adv. Robotics (Springer, Berlin, Heidelburg 2008)
21.107 N. Hogan: Mechanical impedance of single- and multi-articular systems. In: *Multiple Muscle Systems*, ed. by J.M. Winters, S.L.-Y. Woo (Springer, New York 1990) pp. 149–164
21.108 A. Albu-Schäffer, M. Fischer, G. Schreiber, F. Schoeppe, G. Hirzinger: Soft robotics: What cartesian stiffness can we obtain with passively compliant, uncoupled joints?, Proc. IEEE/RSJ Int. Conf. Intell. Robots Syst. (IROS) (2004)
21.109 F. Petit, A. Albu-Schäffer: Cartesian impedance control for a variable stiffness robot arm, Proc. IEEE/RSJ Int. Conf. Intell. Robots Syst. (2011)
21.110 G. Palli, C. Melchiorri, A. De Luca: On the feedback linearization of robots with variable joint stiffness, Proc. IEEE Int. Conf. Robotics Autom. (ICRA) (2008)
21.111 A. De Luca, F. Flacco, A. Bicchi, R. Schiavi: Nonlinear decoupled motion-stiffness control and collision detection/reaction for the VSA-II variable stiffness device, Proc. IEEE/RSJ Int. Conf. Intell. Robots Syst. (IROS) (2009)
21.112 G. Palli, C. Melchiorri: Output-based control of robots with variable stiffness actuation, J. Robotics (2011) doi:dx.doi.org/10.1155/2011/735407
21.113 A. Albu-Schäffer, C. Ott, F. Petit: Energy shaping control for a class of underactuated Euler-Lagrange systems, Proc. IFAC Symp. Robot Control (2012)
21.114 I. Sardellitti, G. Medrano-Cerda, N.G. Tsagarakis, A. Jafari, D.G. Caldwell: A position and stiffness control strategy for variable stiffness actuators, Proc. IEEE Int. Conf. Robotics Autom. (ICRA) (2012)
21.115 F. Petit, A. Albu-Schäffer: State feedback damping control for a multi dof variable stiffness robot arm, Proc. IEEE Int. Conf. Robotics Autom. (ICRA) (2011)
21.116 B. Vanderborght: Dynamic Stabilisation of the Biped Lucy Powered by Actuators with Controllable Stiffness, Ph.D. Thesis (Vrije Universiteit Brussel, Brussel 2007)
21.117 M. Uemura, S. Kawamura: Resonance-based motion control method for mulit-joint robot through combining stiffness adaptation and iterative learning control, Proc. IEEE Int. Conf. Robotics Autom. (ICRA) (2009)
21.118 L.C. Visser, S. Stramigioli, A. Bicchi: Embodying desired behavior in variable stiffness actuators, Proc. IFAC Congr. Int. Fed. Autom. Control (2011)
21.119 D. Lakatos, F. Petit, A. Albu-Schäffer: Nonlinear oscillations for cyclic movements in variable impedance actuated robotic arms, Proc. IEEE Int. Conf. Robotics Autom. (ICRA) (2013) pp. 503–513
21.120 D. Lakatos, G. Garofalo, F. Petit, C. Ott, A. Albu-Schäffer: Modal limit cycle control for variable stiffness actuated robots, Proc. IEEE Int. Conf. Robotics Autom. (ICRA) (2013)
21.121 A. Velasco, G.M. Gasparri, M. Garabini, L. Malagia, P. Salaris, A. Bicchi: Soft-actuators in cyclic motion: Analytical optimization of stiffness and preload, Proc. IEEE/RAS Int. Conf. Humanoid Robots, Atlanta (2013)
21.122 G. Garofalo, C. Ott, A. Albu-Schäffer: Orbital stabilization of mechanical systems through semidefinite Lyapunov functions, Proc. Am. Control Conf. (ACC) (2013)
21.123 D. Lakatos, F. Petit, A. Albu-Schäffer: Nonlinear oscillations for cyclic movements in human and robotic arms, Proc. IEEE Int. Conf. Robotics Autom. (ICRA) (2013) pp. 508–511
21.124 M. Papageorgiou: *Optimierung: Statische, Dynamische, Stochastische Verfahren* (Oldenbourg, Munich 1996)
21.125 A. Bicchi, G. Tonietti: Fast and soft arm tactics: Dealing with the safety-performance trade-off in robot arms design and control, IEEE Robotics Autom. Mag. **11**(2), 22–33 (2004)
21.126 S. Haddadin, M.C. Özparpucu, A.A. Schäffer: Optimal control for maximizing potential energy in variable stiffness joints, Proc. 51st IEEE Conf. Decis. Control (CDC), Maui (2012)
21.127 S. Haddadin, M. C. Özparpucu, F. Huber, N. Mansfeld, A. Albu-Schäffer: Exploiting the natural dynamics of elastic joints for peak velocity, Int. J. Robotics Res. (2012)
21.128 M. Garabini, A. Passaglia, F. Belo, P. Salaris, A. Bicchi: Optimality principles in stiffness control: The vsa kick, Proc. IEEE Int. Conf. Robotics Autom. (ICRA) (2012) pp. 3341–3346
21.129 R. Incaini, L. Sestini, M. Garabini, M.G. Catalano, G. Grioli, A. Bicchi: Optimal control and design guidelines for soft jumping robots: Series elastic actuation and parallel elastic actuation in comparison, Proc. IEEE Int. Conf. Robotics Autom. (ICRA) (2013) pp. 2477–2484
21.130 D. Garg, M.A. Patterson, W.W. Hager, A.V. Rao, D.A. Benson, G.T. Huntington: A unified framework for the numerical solution of optimal control problems using pseudospectral methods, Automatica **46**(11), 1843–1851 (2010)
21.131 W. Li, E. Todorov: Iterative linearization methods for approximately optimal control and estimation of non-linear stochastic system, Int. J. Control **80**(9), 1439–1453 (2007)
21.132 W. Li, E. Todorov: Iterative linear quadratic regulator design for nonlinear biological movement systems, Proc. Int. Conf. Inform. Control, Autom. Robotics (2004) pp. 222–229
21.133 S. Haddadin, F. Huber, A. Albu-Schaffer: Optimal control for exploiting the natural dynamics of variable stiffness robots, Proc. IEEE Int. Conf. Robotics Autom. (ICRA) (2012) pp. 3347–3354
21.134 D. Benson: A Gauss Pseudospectral Transcription for Optimal Control, Ph.D. Thesis (MIT, Cambridge 2005)
21.135 IEEE Robotics and Automation Society Technical Committee on Soft Robotics: http://www.ieee-ras.org/soft-robotics
21.136 Natural Machine Motion Initiative: http://naturalmachinemotion.com

第 22 章

模块化机器人

I-Ming Chen，Mark Yim

本章从工业生产和科学研究的角度来讨论模块化机器人，共分为4节：一是工业生产领域使用的可重构模块化操作臂（22.2节）；二是针对科学研究领域具有代表性的自重构模块化机器人（22.4节）；这两节夹在22.1节和22.4节之间。

本章主要讨论模块化机器人的设计问题：在讨论工业用模块化机器人与研究型模块化机器人中存在的若干问题之后，介绍了几种典型系统，而不是对现有系统的简单综述。鼓励读者对参考文献进行研读，以便能够对该主题进行深入的探讨。

目　录

在工程设计领域，模块化泛指单元（element）的划分。最常见的模块化是将复杂系统分成若干个子系统，以便更好地理解简单模块，也有利于并行化设计工作。另外，模块化同样能够通过替换基本单元，便捷地达到修复或功能升级的目的。模块化方法的另一个选择是将系统作为一个整体进行设计的集成方法。虽然集成方法往往不容易修复、升级或重构，但它们对单元设计的限制较少，因此可以更易于优化。集成方法可以降低成本或提高性能。在设计机械设备过程中，合理选择模块化方法或集成法都会对应用范围及成本或性能产生较大的影响[22.1]。

22.1　概念与定义

就像拥有模块化附件的手钻可以扩展其功能范围——从钻孔到拧紧螺栓或抛光表面一样，对于机器人来说也有同样的效果。然而，机器人固有的复杂性使其本身就具有模块化特征，如驱动器模块、传感器模块，有时还有计算模块。在下面的章节中，将给出机器人学中常见的各种模块化定义。

22.1.1　模块化概念

产品设计学中可以被视为工业型或研究型的产品，通常与机器人学密切相关。产品模块化的体系架构可分为三种类型，即插槽型模块化架构、总线型模块化架构和组合型模块化架构[22.1]。

1）插槽型模块化架构：组件之间的每个接口都是不同类型的，因此产品中的各个组件不能互换。

2）总线型模块化架构：有一条公共总线，其他物理组件通过相同类型的接口连接到该总线。

3）组合型模块化架构：所有接口类型都是相

同的，且其他组件都没有附加的单元。组件通过相同类型的接口进行连接以完成装配（图22.1）。

基于上述分类，我们对模块化机器人进行了如下定义：

1）如果一个复杂的机器人系统采用插槽型架构和总线型架构设计其内部结构和体系架构，而不是外部配置，那么它可以被称为经过模块化设计的机器人系统（modularly designed robotic system）。该模式有利于并行设计，所设计的机器人拥有统一且完整的结构，无法从外部改变它。

2）如果一个机器人的内部结构和外部配置都采用了总线型架构和组合型架构，那么它可以被称为模块化机器人（modular robot）。用户可以在一定程度上重新配置分区和交换功能模块。

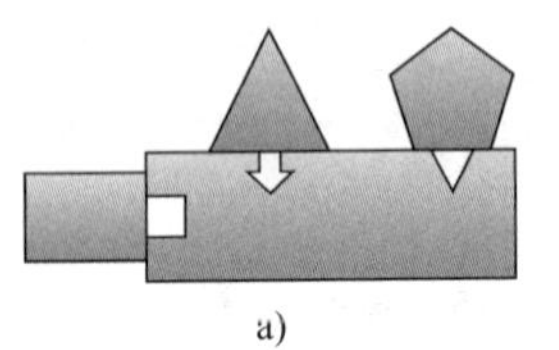
a)
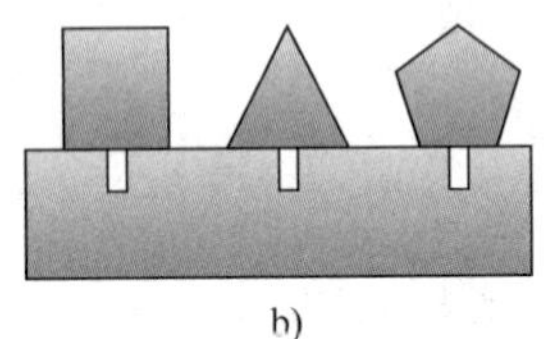
b)
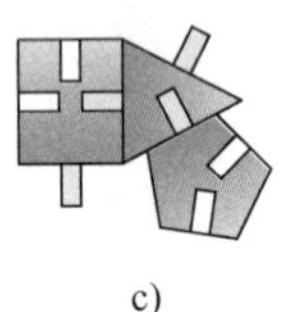
c)

图22.1　模块化体系架构
a）插槽型架构　b）总线型架构　c）组合型架构

22.1.2　模块化机器人的定义与分类

任何系统都可以通过破坏和重组来重新配置，如最坏的情况，使用焊枪和铣床。我们需要定义的关键要素是重新分配所需的工作量，为此提出了从最低到最高三种级别的用户工作量：

1）该系统可自我配置，具有自重构能力（self-reconfigurable）。

2）该系统由非专业用户使用或不使用特殊工具重新配置，通常可在几秒钟到几分钟内完成。

3）该系统只能由专业人员借助特殊工具重新配置。

本章将重点介绍模块化机器人，它可根据任务和功能转变对系统进行即插即用重新配置（Ⅰ级和Ⅱ级）。Ⅰ级系统是具有组合型模块化的自重构系统，本章中的Ⅱ级系统主要针对可重构的模块化操作臂，该操作臂具有一组不同功能的模块。

在机器人系统中，模块化操作臂是工业机器人操作臂的自然进化，由许多特定功能模块，如驱动器模块、连接模块和末端执行器模块组成。随后，具有串联和分支拓扑结构的机器人，如仿人机器人、腿足式机器人、移动机器人等采用了类似的模块化方法，因为这些功能模块是构成机器人系统的基础。

自重构模块化机器人源自具有相同单元的生物细胞自我进化和自我重组的概念。这种机器人通常由大量小型机电单元组成，这些单元具有驱动、连接、通信和计算能力，可以以任意形式组装在一起，也可以自我重新配置。

尽管这两种类型的模块化机器人源于不同的基本概念，但为具有相同基本模块的不同任务提供大量机器人构型的目标是相同的。

22.2　可重构模块化操作臂

可重构模块化操作臂是具有可重新排列单元的机器人手臂。

22.2.1　模块化操作臂系统的研究背景

模块化操作臂的最简单形式是自动换刀架，也称为快速换刀末端执行器，这些是可以连接到操作臂末端的可选工具。自动换刀架是20世纪60年代以来许多计算机数控（CNC）铣床和车床的标准设备，它使机床能够加工出不同尺寸或不同形状零件。尽管CNC机床与工业机器人有着相同的组成模块（驱动器、传感器和计算模块），但由于数控机床功能有限，一般不被认为是工业机器人。大多数工业机器人手臂都可以通过添加一个腕部来自动更换末端执行器，该腕部具有与各种夹持器和末端执行器的兼容接口。这些设备可从Schunk（德国）、ATI工业自动化（美国）、Destaco、Amatrol、RE2（美国）、RAD等公司购买获得。

在模块化的工业机器人中，组件的粒度通常由机器人的基本功能，如运动驱动、工件安装等决定。因此，模块的设计被高度分化为驱动模块、被动关节模块和工具模块等。数个原型模块化操作臂系统已成功搭建并具演示功能，包括可重构模块化操作臂系统（RMMS）[22.2]、数代模块化机器人系统（CEBOT）[22.3]，以及由多伦多大学[22.4]、斯图加特大学[22.5]、得克萨斯大学奥斯汀分校[22.6]和东芝公司[22.7]开发的模块化操作臂系统。

基本上，这些具有较大工作空间的系统都是串联式（或开链）结构。这些串联式模块化操作臂非常适合装配、轨迹跟踪、焊接和危险材料搬运；并联模块化操作臂也被开发用于轻型加工任务[22.8]。正如参考文献［22.8］所述，模块化设计可以显著缩短并联机器人的研发周期。此外，模块化设计允许采用试凑法构建并联机器人，而采用集成设计方法却行不通。

随着制造业的全球化，模块化操作臂的概念迅速引起了工业界的关注。1999 年成功展示了由三个模块化机器人（共 15 轴）组成的全尺寸可重构机器人系统工作单元[22.9]（图 22.2）。它具有一个用于工件拾取和放置操作的串联 6 自由度机器人、一个用于工件转移的 2 自由度机器人和一个用于工件铣削操作的六自由度并联机器人，所有机器人都是由同一组模块化组件，包括驱动器模块、连杆模块和工具模块构成的。

后来被 Schunk 收购的德国 Amtec 公司开发了第一个商用模块化操作臂系统 PowerCube，随后 Schunk 成功开发了基于 PowerCube 的工业机器人和自动化系统[22.10]。如今，有许多应用广泛的工业机器人系统都是围绕模块化操作臂组件构建的。

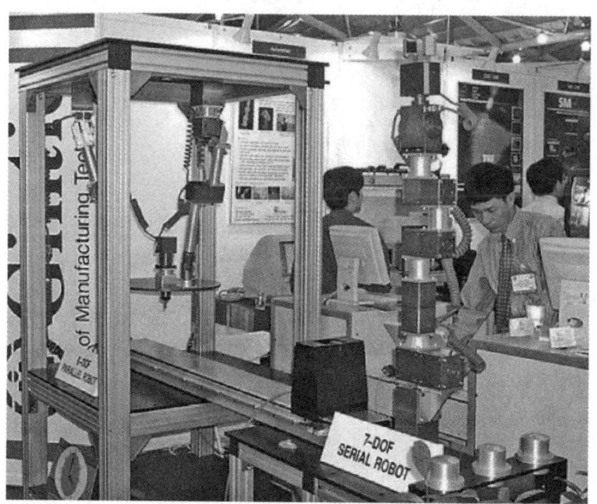

图 22.2　15 轴可重构机器人系统工作单元（参考文献［22.9］）

2000 年前后，随着将独立的伺服电动机引入价格低廉的机器人设备，如韩国的 Robotis、日本的 Kondo、丹麦的乐高（Lego），以及一些制作教育机器人的玩具公司中，模块化机器人的概念也在业余爱好和教育机器人领域得到推广。

带有腿、轮子和轨道的移动机器人也属于这类模块化的范畴，它们可以满足不同的任务需求，如救灾、救援和监视。设计有多个轨道段的双轨模块化移动机器人[22.11]和允许串联和并联的可重构轨道[22.12]都已有展示。参考文献［22.13］对模块化移动机器人的研究进展进行了系统深入的阐述。

22.2.2　模块设计问题

作为模块化产品，模块化机器人有两个主要特征：一是从功能元件到产品物理组件的一对一映射；二是不同模块组件之间的接口耦合[22.1]。对于模块化操作臂，其基本组件是由不同尺寸和几何结构的驱动器模块、连杆模块和末端执行器模块组成的基座、位置和姿态机构。对于腿式和轮式移动机器人系统，运动生成机构模块必不可少。

驱动器模块通常使用直流或交流电动机作为单自由度旋转或枢轴关节模块，通常具有紧凑的高减速比传动机构[22.2,4,6,7,9]。为了扩大工作空间，有些模块化系统会采用单自由度线性模块[22.4,9]；为了实现紧凑灵巧的运动，会使用 2 自由度关节模块[22.10]。图 22.3 所示的驱动器模块具有线性和旋转运动能力，适用于紧凑的装配任务[22.9]。所设计的驱动器模块通常具有相似的几何结构，但针对不同的应用需求，其尺寸和额定功率有所差异。

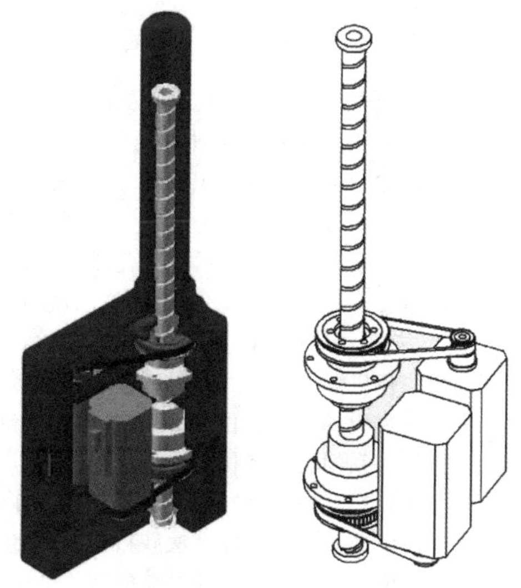
图 22.3　带有滚珠丝杠和滚珠花键机构的 2 自由度平移-旋转模块

连接驱动器之间单元的连杆模块用来扩展可达工作空间。一些系统采用标准的固定尺寸连杆模块[22.3,4,6]，一些则采用可定制的可变尺寸模块，以满足任意设计的约束条件[22.9]。在一些系统中[22.2]，连杆模块是驱动器模块的一部分，因此该模块既充当驱动器，又充当连接结构。

22.2.3 接口设计问题

在模块化操作臂中，模块之间的机械连接接口需要满足三个基本要求：

1）高刚度。

2）可快速重构。

3）互换性。

因此，机械连接或对接机构的设计是一个关键问题。在完全或半监控的机器人系统中，如一些模块化操作臂系统[22.2-9]，出于可靠性和安全性的考虑，将连接机构设计成手动操作。在一个全自动系统中，连接机构通常需要设计一个额外的驱动器和锁定机构，以实现自动连接。大多数自重构模块化机器人都是如此。

22

为了满足互换性的要求，模块化系统的电子和通信接口通常采用与局域网（LAN）类似的即插即用的通用通信网络架构。现有的实时机器人控制的工业标准网络协议有许多，如CAN总线、RS485和IEEE1394等，工业自动化协议的不断发展将有利于模块化机器人通信的实现。虽然早期的许多系统使用有线多点总线架构进行通信，但多机器人系统则使用局部消息快速发送[22.14]和无线网络。

22.2.4 模块化操作臂的建模

对模块化操作臂系统进行建模的挑战主要来自非固定的机器人构型和几何拓扑缺乏统一的形式，以及模块组装和拆卸过程中累积的误差。因此，模块化机器人建模的第一项工作是引入一种基于图形化的技术，该技术带有用于表示模块化机器人构型的模块组装信息[22.15]。这项工作介绍了一种模块化机器人表示方法，称为装配关联矩阵（AIM），用于不同的模块化机器人构型。为了适用于包括模块化移动操作臂在内的更广泛的模块化机器人，AIM随后又进行了一系列的扩展和变化[22.16-18]。

一旦模块化机器人构型根据模块类型进行了明确定义，就可以通过自动生成算法获得机器人的连接顺序、模块姿态、运动学和动力学模型[22.19]。运动学模型可以通过传统的Denavit-Hartenberg（D-H）参数法[22.2-4,17]或无坐标局部指数积（POE）法[22.8,9,19]来生成。然而，D-H参数法并没有明确区分机器人链中模块的排列顺序，并且依赖于初始位置的表示。基于se(3)和SO(3)刚性运动的李群和李代数的运动学和动力学的局部POE公式可以有效避免这个问题。此外，POE法可以避免运动学标定过程中由于使用D-H参数法而经常出现的奇异情况[22.20]。因此，POE法为处理标定和未标定机器人系统逆运动学提供了一种统一且性能良好的方法。在POE建模中，关节轴是在局部模块（体）坐标系中描述的，运动学模型的构建是渐进的，因此便于模拟物理模块化机器人组件的装配动作。

由于连接机构的加工公差、柔顺性以及磨损，在频繁的模块重构中，可能会引起末端执行器的定位误差。因此，模块化机器人必须进行运动学标定。在POE标定模型中，由于POE模型是一种零参考方法，故假设机器人误差产生在连续模块的初始位置。基于线性叠加和微分变换，可以为串联机器人建立六参数误差模型[22.19]，该模型可以通过自动生成过程得到。一种迭代最小二乘算法可用于确定待校正的误差参数，修正后的运动学模型将在机器人控制器中更新，以进行操作。仿真和试验结果表明，该方法能将机器人的定位精度提高两个数量级，或是在测量噪声标定后，使机器人的标称重复性得到提高。一个典型的6自由度关节式模块化机器人可以达到0.1mm的位置精度，而标定前的精度只有1mm[22.20]。

模块化操作臂动力学建模方法可采用递归的牛顿-欧拉算法[22.21,22]。广义速度、加速度和力可采用se(3)上的线性运算表示[22.23]。基于参考文献[22.24，25]中讨论的串联机器人动力学递归公式和闭式拉格朗日公式之间的关系，AIM可以帮助在具有冗余和非冗余构型的任何通用拓扑中构建模块化机器人的封闭运动方程[22.19]。

22.2.5 构型优化

由于采用模块化设计，模块化操作臂可以在组件层面上达到最优，但在系统层面上可能无法获得最优。任务驱动型机器人构型优化对于建立整个机器人系统的局部最优是十分必要的。通常，机器人构型优化的问题可以描述成为基于模块列表，以寻找能实现特定任务需求的机器人模块组装形式。

模块化机器人的构型也可以被视为有限数量组件的复合实体。使用与任务性能相关的目标函数，找到最合适的面向任务的机器人构型就成为一个离散的设计优化问题。离散优化方法，如遗传算法（GA）、模拟退火（SA）法和其他人工智能技术都已用于这类问题的求解[22.26-28]。

选择最优构型的标准很大程度上取决于任务要求，而任务要求主要描述必要的机器人轨迹或关键姿态。Yang 和 Chen 提出了一种减少自由度的方法，以最小化串联模块化机器人在给定任务中使用的驱动器模块数量[22.29]。使用较少的模块，机器人可以携带更多的有效载荷，而不是远端模块。此外，这类机器人具有较快的速度和较好的动态响应。

22.3 自重构模块化机器人

自重构系统可以重新排列自身的拓扑结构，其中一个例子如 VIDEO 2 所示。有几十个研究小组已经构建了多个版本的自重构机器人[22.3,30-46]，并且提供了多种编程方法[22.36,47-61]。到 2012 年，相关领域已经出版了 800 多篇论文和一部专著[12.31]。

这些系统的特点是许多相同的模块可以重新排列成各种形状和构型，并且通过具有数百个、数千个或数百万个模块的模拟系统，使其具备高度可扩展性。这些系统有三个主要特点：

1）对重复模块进行批量制造，降低成本。

2）从冗余和自我修复的能力中获得高鲁棒性。

3）由重构和适应环境变化的能力，获得高度的综合利用性[22.62]。

实际上，这些特点都没有得到证实，只有综合利用性越来越接近预期。这些系统展示了各种各样的运动和操作，包括 2~14 条腿的行走；骑三轮车[22.63]；像轮胎一样滚动[22.14]；像蛇一样运动（横向和直线波动、折叠、侧弯）[22.64]；用多个手臂/手指操纵大型物体[22.65]；操作小物件；爬楼梯、格栅、杆、管道；数十种形状之间的自重构[22.31]。图 22.4 和 VIDEO 1 显示了一种可自重构的模块化机器人 SMORES[22.66]。其他可自重构的机器人如 ATRON[22.40]（VIDEO 5）和 M-blocks（VIDEO 3）。

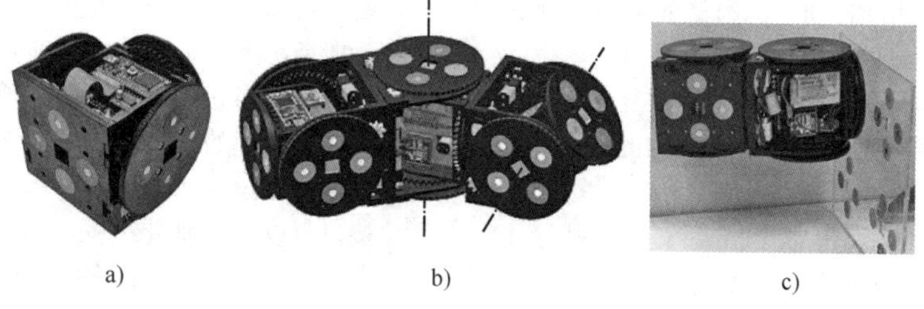

a) b) c)

图 22.4 自重构的模块化机器人 SMORES

a）一个 SMORES 模块，带有四个主驱动器和四个对接面 b）三个 SMORES 模块连在一起 c）在格栅上运动的两个模块

22.3.1 类型

根据重构方式，自重构系统可分为三种类型，即链式、网格式和移动式[22.62]。链式系统通过闭合和断开模块链实现重构[22.36,62]，它们往往非常适合在野外环境中工作，因为它们可以形成关节状的四肢；网格式系统的模块具有位于规则晶格上的标称位置，并且移动到相邻晶格位置使得碰撞检查变得十分容易，因此在自重构方面性能更好[22.33,34,39,43]；移动式系统的模块能够单独进行操作，通过在工作环境中的移动重新排布系统中的模块，以实现重构[22.38,67]。

迄今为止，在已经应用的系统中，一些被证明性能最好的系统（通过演示的数量来判断）均为链式-网格式混合系统，如 Superbot[22.14]、MTRAN Ⅲ[22.68] 和 CKbot[22.69]，最近加入这一群体的是约翰·霍普金斯大学[22.70]、iMobot[22.71] 和 SMORES（三领域混合，即链式-网格式-移动式系统）[22.66]。

22.3.2 系统与模块设计问题

一个有趣的现象被称为第二版本系统综合征[22.72]，即设计人员在他们所设计系统的第二个版本中会包含许多功能，比系统可能需要的要多得多，这在具有重复模块的模块化可重构系统中问题尤为突出：添加到一个模块中的任何功能都有可能使其效果乘以 n（模块数）。例如，一个模块中计算处理的能耗增加 d（如级联锁的微处理器），将导致整个系统的能耗增加 dn。

对于设计人员来说，另一个类似的现象被称为特征蠕变（featur ecreep），即在系统设计过程中会添

22

加越来越多的特征，这通常对成本有累积的线性影响，但更糟糕的是，对可靠性的影响呈指数级增长。

鲁棒性分析最简单的形式是假设一个模块在指定功能期间可能发生故障的独立概率。如果一个模块在该功能期间成功的概率为 p，那么在假设所有模块都必须正常工作才算成功的情况下，具有 n 个相同模块的系统成功的概率则为 p^n。显然，如果 n 比较大的话，这将是个问题。

随着系统数量的不断增加，保证系统正常工作的关键在于确保系统不依赖每个模块都能正常工作。事实上，如果只需要 X 个模块，人们会想为什么会使用多于 X 个的模块，特别是如果这么做的结果可能会降低可靠性。此处，一种策略是确保解决方案的设计方式是通过增加模块的数量来提高性能。如果模块发生故障，则系统可以正常降级。在模块间紧密耦合的系统中，这可能难以实现；在只存在二进制度量（成功或失败）的任务中，使用最优的 X 个模块，撇开额外的可能是最好的解决方案。

22

研究人员对自重构机器人最感兴趣的一个研究方向是，当模块数量增加（或尺寸缩小）时会发生什么。随着数量的增加，形状/构型的数量也随之增加，系统运动形式的类型也可能会增加。

不过，控制和规划很快就变得非常复杂。有博士学位论文[22.15]曾经简单地枚举了同构的数量，但是并没有完全解决这个问题。

虽然研究人员已经模拟了成百上千，甚至上百万个模块，但迄今为止，还没有哪一个物理系统能够展示数百个模块的工作。迄今为止，最大的单一系统是 Kilobot[22.73]，它有非常简单的移动模块，尽管这些模块都聚集在一起，但实际上缺乏严格的连接，这些模块通过一对多的方式进行无线通信。对于刚性连接的系统，在一个连接系统中，模块数量最大的是 14 条腿、48 个模块的 Poltbot 系统[22.74]。

每个模块都需要有某种形式的驱动，使模块能够从一个位置移动到另一个位置，或者在环境中做一些工作，这称之为主驱动器。到目前为止，最常见的主驱动器是直流电动机，因为它成本最低且最易实现。

在链式系统中，主驱动器通常驱动旋转关节，使一连串模块形成铰接臂。在网格式系统中，主驱动器通常沿可平移或旋转的受单自由度约束路径移动模块（或相邻模块）。在移动式重构系统中，主驱动器通常通过轮式或胎面实现移动。

主驱动器通常是模块中最大的组件，因此在试图缩小模块尺寸时，驱动器一直是关键。到目前为止，最小的带有板载驱动器的模块（可以连接和分离），使用了形状记忆驱动，其长度为 2cm[22.75]。卡内基梅隆大学[22.76]用静电学作为驱动器，制造了一个更小的 1mm 模块，但它没有连接到其他模块上。

在另一个极端，最大的模块是 GHC[22.77]，一个 $8m^3$ 的充氦立方体，其边缘带有形状记忆驱动器，用于围绕边缘旋转这些漂浮的气球，采用静电连接。美国国防部高级研究计划局（DARPA）还赞助了一个项目，旨在研究以 20ft ISO 集装箱形状系数来建造可重构的海上船只。宾夕法尼亚大学已经演示了一个比例为 1∶12 的缩小模型，主驱动器是在水中操纵平行六面体的推进器[22.78]。

22.3.3　接口设计问题

模块化系统与集成系统的主要区别是模块间的接口。每当谈到模块化系统时，模块化（modularity）的程度可以通过这些接口的数量来衡量。在本章中，对于自重构模块化机器人系统，一个连接组件中的接口数量可以小到 6 个，大到几百万个。

一般情况下，每个接口必须具有两个功能，即连接和分离。当它们连接时，必须有两个环节：一是形成一个物理的耦合；二是允许电流和信息通过接口（通常是电流）。

接口可以是性别化（gendered）的[22.36]，即两个配合接口不同：一个具有突出的公头特征，另一个具有接受公头特征的母头特征。接口也可以是无性化（ungendered）的，没有突出或凹入的配合特征，或者它们可以是两性化（hermaphroditic）的[22.39]，同时包含公母特征。无性化和两性化的接口可以在两侧有相同的接口，这增加了性别化模块可能的排列数量，但无性化和两性化组件通常比性别化接口更复杂。

每个模块可以有多个接口。如果考虑每个模块有 m 个接口且模块相同，忽略任何物理约束（如自碰撞），可以得到 m^n 个可能的构型。非同构的数量要少得多，但通常很难列举。然而，需要考虑的一个特殊情况是每个模块有两个接口。在这种情况下，拓扑上只有两种不同的构型，即一条链和一个环，因此大多数系统都有三个或更多接口。

另外，每个接口可以有多重对称性，允许相同邻接关系的接口具有不同的运动关系。例如，许多系统都有一个两路连接器（模块间可以旋转 180°）

或四路连接器（模块间可以旋转 90°）。这种 p 路对称性可能导致 $(pm)^n$ 种构型。

1. 机械接口

机械接口将两个模块牢固地连接在一起，并具有分离能力。实现这一功能的方法包括使用螺栓和螺母、磁性结合[22.39]、静电结合[22.77]、插头与锥管[22.79]，以及各种物理钩型机构。每个机械接口有三个性能指标，即结合强度、接受范围和结合精度/刚度。

结合强度可通过在强度最弱的方向上分离两个模块所需的力来表征[22.80]；接受范围是两个接头相互接近时的位置公差[22.81]；结合精度/刚度表示接口在负载下可能产生的位置误差（偏差），这可能是弹性偏差、公母接头处的倾斜或非自动导向接头的偏差造成的。

对于自重构系统，结合与分离是自动的，要求其接口的接受范围要远大于经典的手动装配模块化系统，这在很大程度上是因为精度成本高，且结合精度/刚度通常较小。理想的机械接口应具有较高的结合强度、接受范围和结合刚度，但所有的这些性能都会增加重量、尺寸以及成本。然而，不同类型的重构侧重点也不同。

网格式重构系统不需要很大的容差范围，因为模块在重构时以高度受限的方式移动，通常从一个晶格位置移动到相邻位置只有一个自由度。然而，由于这些模块通常没有可驱动自由度来补偿位置误差，因此高结合刚度很重要。例如，晶格中形成环路的一系列模块可能无法正确闭合，因为模块的一部分可能在重力作用下下垂。这种下垂在三维晶格模块中非常明显[22.82]。

链式重构模块可以使用较低的结合刚度，因为它们通常具有可以补偿偏离误差的自由度。然而，即使有这种补偿，对接过程也不容易，大多数系统都需要有尽可能大的接受范围。

重构系统的结合强度往往比手动组装系统的结合强度低得多。例如，磁性结合方法通常容易实现，并且具有良好的精度和大接受范围，但强度很弱。用螺栓手动连接在一起的系统具有很高的结合强度，但如果它们是自动的，且接受范围很小，则会非常复杂。结合强度与连杆刚度的差异可用于改变组合系统的整体刚度[22.80]，这种可变刚度可用于制造与表面一致的柔性材料或不会在负载作用下弯曲的刚性材料。

在有些任务中，可能对结合强度不会有太高的要求。例如，在以地面移动为主的移动自重构系统中，如 millibot[22.67] 或 swarms[22.38]，最糟糕的情况是当整体试图穿过间隙而有模块此时悬在间隙上时。否则，整体在任何时候都会得到名义上的支撑，而连接处只存在动态摩擦力和惯性力。但一般来说，较高的结合强度不会对系统造成伤害，也不会使系统脱离静态或动态载荷。

2. 电源和通信接口

电源和通信接口通常是电气元件，尽管在需要快速更换末端执行器的相关工作中也经常采用气动元件。在任何情况下，需要考虑的主要参数都是接口之间必须传输的线路数量和线路类型（如气动、高压、大电流、光纤等）。线路类型将决定尺寸（通常限制线的数量）和接口所需的对准精度。

在自重构系统中，典型的接口会通过电源和一个单独的通信总线，所有模块都在总线上进行通信，尽管它们有时会组合在一起[22.77]。电子线路需要重点考虑的不仅是正确对接时能有良好的接触，并且当因位置误差出现对接错误时，要确保线路不连通。因此，对于大多数自重构系统来说，最大限度地提高位置误差的容错率是最重要的[22.56]。

无论采用分布式还是集中式控制，模块之间的通信对于任何自重构系统都是必不可少的。通信主要有两种形式，即全局通信总线（模块可与任何其他模块通信）或局部通信媒介（模块仅通过模块接口与相邻模块通信）。

这两种形式有不同的含义。一般来说，全局总线的运行速度要比同等价位的局部总线快得多。与局部总线一样，模块之间不存在各种延迟问题。全局总线的一个问题是，模块间没有相互通信的机制来确定每个模块的相对物理位置，而局部总线却容易获得。局部总线也可以通过消息传递和路由来模拟全局体系架构，对于包含局部故障的物理错误（如通信线路对电源短路）也更为稳定。然而，它们同样易受软件错误的影响，如过多的垃圾信息使网络瘫痪。

全局通信协议有很多选择，主要分为两类，即有线和无线。有线是最常见的，有许多可能的协议，主要要求总线是多点的。常见的有线协议包括以太网（Ethernet）、EtherCAT、RS-485、SPI 和 CAN 总线（CANbus），常见的无线协议包括 Zigbee、蓝牙（Bluetooth）和 802.11。通信协议的重要特点包括速度、实时性、地址空间和成本。表 22.1 列出了常用通信协议的特点。

速度的重要性取决于（或经常决定）分布式控

制的体系架构。与单个模块的通信范围从每秒一百次（直接远程控制）到每分钟几次（更高级的行为控制，如激素控制[22.50]）。许多协议都有从坏数据包中自动恢复的功能，这一点非常重要。以太网在冲突后使用随机退避重传，这使得协议存在不确定性，很难保证实时性能。但该协议速度非常快，因此可以忽略这一点，因为消息将以小延迟和高概率通过。EtherCAT 是用于控制自动化技术的以太网，更适于实时控制。CAN 总线（控制区域网络总线）是一种应用于汽车技术的成熟总线，它具有良好的实时性和鲁棒性，但通信速度通常比以太网和 EtherCAT 慢些。

表 22.1 常用通信协议的特点

通信方式	速度/kbs	范围/m	功率/mW	地址空间	成本	备注
以太网/CAT	1×10^3 ~ 1M	100's	500	$\approx4\times10^9$	$$$$	复杂叠加（IPV4）
CAN 总线	10 ~ 1000	100	≈200	≈2000	$$$	稳定（基础框架）
蓝牙	1×10^3 ~ 3×10^3	10	≈100	$\approx10^6$	$$$	3s 启动
BLE(wibree)	1×10^3	10	10	$\approx10^6$	$$	低功耗蓝牙
Zigbee	20 ~ 250	10 ~ 75	≈30	64 位	$$	15ms 启动
RS485	100 ~ 10×10^3	1200	5	256	$	稳健电子协议
SPI	1 ~ 12×10^3	≈10	5	带外	$	五线简单同步

22

22.4 结论与延展阅读

经过近二、三十年对模块化机器人的研究与开发，许多模块化机器人系统已成功进入工业自动化、教育和娱乐市场。这些成功的模块化机器人系统表明，模块化设计在产品多样性、应用多样性和创新性方面颇具优势。然而，无论是在模块级还是在系统级，此类系统都可以通过降低成本来促进大规模的应用。

模块化机器人的成本结构与各个模块的设计、系统架构的构思，以及市场的需求和预期都密切相关。从乐高（LEGO）积木到 Schunk Powercube 模块的发展历史来看，模块设计功能越来越简单（降低成本），多样性越来越丰富（增加用户基数）。因此，对于可重构模块化操作臂、移动系统和自重构模块化机器人，注重系统设计以满足终端用户的需求是当前的主要趋势。

除了系统设计，机械与通信接口的标准化也至关重要。与其他电子和工业产品一样，模块化机器人的电气和通信接口可以采用现有的行业标准，如外形因素、连接性能、可靠性等，但由于关节处的形状系数、承载力、刚度等规格多种多样，机械接口的设计通常没有行业标准可循。因此，对于模块化机器人，还有许多新颖的机械连接设计值得探索。

未来的研究将继续探索增加模块的数量。当它们接近成百上千个时，一些有趣的问题就出现了[22.73]，如模块间的耦合变得比当前更加紧密。另外，还包括如何处理一些特殊问题，如某些模块元件不能完全正常工作的可能性会增加。受生物学上的应激机制影响，如人为的元件去除（cell-death）和元件替换（cell-replacement），可能成为一个庞大系统的必要组成部分。

随着模块化方法拥有越来越多的模块，将会有更多的构型方式和从这些构型中所产生的更多功能。未来的研究将需要解决为任意任务确定合适或最佳构型的问题，这有助于更好地理解通用化的机器人任务。

关于模块化移动机器人的最新评论文章可以在参考文献［22.13］中找到。在参考文献［22.30］中，阐述了自重构模块化机器人的技术挑战和未来发展趋势。感兴趣的读者可以在参考文献［22.31］中找到更多有关自重构机器人的信息。

视频文献

VIDEO 1 SMORES
available from http://handbookofrobotics.org/view-chapter/22/videodetails/1
VIDEO 2 4x4ht4a
available from http://handbookofrobotics.org/view-chapter/22/videodetails/2
VIDEO 3 M-Blocks: Momentum-driven, magnetic modular robots self-reconfiguring
available from http://handbookofrobotics.org/view-chapter/22/videodetails/3
VIDEO 5 ATRON robot showing robust and reversible execution of self-reconfiguration sequences
available from http://handbookofrobotics.org/view-chapter/22/videodetails/5

参考文献

22.1 K. Ulrich: The role of product architecture on the manufacturing firm, Res. Policy **24**, 419–440 (1995)

22.2 C. Paredis, H.B. Brown, P. Khosla: A rapidly deployable manipulator system, Proc. IEEE ICRA (1996) pp. 1434–1439

22.3 T. Fukuda, S. Nakagawa: Dynamically reconfigurable robot system, Proc. IEEE ICRA (1988) pp. 1581–1586

22.4 R. Cohen, M. Lipton, M. Dai, B. Benhabib: Conceptual design of a modular robot, ASME J Mech. Des. **25**, 114–117 (1992)

22.5 K.H. Wurst: The conception and construction of a modular robot system, Proc. 16th Int. Symp. Ind. Robots (ISIR) (1986) pp. 37–44

22.6 D. Tesar, M.S. Butler: A generalized modular architecture for robot structures, ASME J. Manuf. Rev. **2**(2), 91–117 (1989)

22.7 T. Matsumaru: Design and control of the modular robot system: TOMMS, Proc. IEEE ICRA (1995) pp. 2125–2131

22.8 G. Yang, I.-M. Chen, W.K. Lim, S.H. Yeo: Kinematic design of modular reconfigurable in-parallel robots, Auton. Robot. **10**(1), 83–89 (2001)

22.9 I.-M. Chen: Rapid response manufacturing through a rapidly reconfigurable robotic workcell, Robotics Comput. Integr. Manuf. **17**(3), 199–213 (2001)

22.10 Schunk GmbH, Lauffen, Germany, http://www.schunk.com/

22.11 W. Wang, W. Yu, H. Zhang: JL-2: A mobile multi-robot system with docking and manipulating capabilities, Int. J. Adv. Robotic Syst. **7**(1), 9–18 (2010)

22.12 B. Li, S. Ma, J. Liu, M. Wang, T. Liu, Y. Wang: AMOEBA-I: A shape-shifting modular robot for urban search and rescue, Adv. Robotics **23**(9), 1057–1083 (2009)

22.13 P. Moubarak, P. Ben-Tzvi: Modular and reconfigurable mobile robotics, Robot. Auton. Syst. **60**, 1648–1663 (2012)

22.14 H.C.H. Chiu, M. Rubenstein, W.M. Shen: Multifunctional superbot with rolling track configuration, Proc. IEEE/RSJ IROS (2007)

22.15 I.-M. Chen, J.W. Burdick: Enumerating non-isomorphic assembly configurations of a modular robotic system, Int. J. Robotics Res. **17**(7), 702–719 (1998)

22.16 J. Liu, Y. Wang, S. Ma, Y. Li: Enumeration of the non-isomorphic configurations for a reconfigurable modular robot with square-cubic-cell modules, Int. J. Adv. Robotic Syst. **7**(4), 58–68 (2010)

22.17 H. Liu, H. Wang, S. Li, L. He: Research on the topology description and modeling method for reconfigurable modular robots, Proc. ASME/IFToMM Int. Conf. Reconfig. Mech. Robot. (ReMAR) (2009) pp. 129–135

22.18 E. Meister, A. Gutenkunst: Self-adaptive framework for modular and self-reconfigurable robotic systems, Proc. 4th Int. Conf. Adapt. Self-Adapt. Syst. Appl. (ADAPTIVE) (2012) pp. 30–37

22.19 I.-M. Chen, G. Yang, S.H. Yeo, G. Chen: Kernel for modular robot applications – Automatic modeling techniques, Int. J. Robotics Res. **18**(2), 225–242 (1999)

22.20 I.-M. Chen, C.T. Tan, G. Yang, S.H. Yeo: A local POE model for robot kinematic calibration, Mech. Mach. Theory **36**(11), 1215–1239 (2001)

22.21 J.M. Hollerbach: A recursive lagrangian formulation of manipulator dynamics and a comparative study of dynamics formulation complexity, IEEE Trans. Syst. Man Cybern. **10**, 730–736 (1980)

22.22 G. Rodriguze, A. Jain, K. Kreutz-Delgado: A spatial operator algebra for manipulator modeling and control, Int. J. Robotics Res. **10**(4), 371–381 (1991)

22.23 R. Murray, Z. Li, S. Sastry: *A Mathematical Introduction to Robotic Manipulation* (CRC, Boca Raton 1994)

22.24 R. Featherstone: *Robot Dynamics Algorithms* (Kluwer, Dordrecht 1987)

22.25 F.C. Park, J.E. Bobrow, S.R. Ploen: A lie group formulation of robot dynamics, Int. J. Robotics Res. **14**(6), 609–618 (1995)

22.26 I.-M. Chen, J.W. Burdick: Determining task optimal modular robot assembly configurations, Proc. IEEE ICRA (1995) pp. 132–137

22.27 J. Han, W.K. Chung, Y. Youm, S.H. Kim: Task based design of modular robot manipulator using efficient genetic algorithm, Proc. IEEE ICRA (1997) pp. 507–512

22.28 C. Paredis, P.K. Khosla: Agent based design of fault tolerant manipulators for satellite docking, Proc.

IEEE ICRA (1997) pp. 3473–3480
22.29 G. Yang, I.-M. Chen: Task-based optimization of modular robot configurations: Minimized degree-of-freedom approach, Mech. Mach. Theory **35**(4), 517–540 (2000)
22.30 M. Yim, W.M. Shen, B. Salemi, D. Rus, M. Moll, H. Lipson, E. Klavins, G. Chirikjian: Modular self-reconfigurable robot systems – Challenges and opportunities for the future, IEEE Robotics Autom. Mag. **14**(1), 43–52 (2007)
22.31 K. Stoy, D. Brandt, D.J. Christensen: *Self-Reconfigurable Robots – An Introduction* (MIT, Cambridge 2010)
22.32 D. Rus, M. Vona: Self-reconfiguration planning with compressible unit modules, Proc. IEEE ICRA (1999)
22.33 S. Murata, E. Yoshida, K. Tomita, H. Kurokawa, A. Kamimura, S. Kokaji: Hardware design of modular robotic system, Proc. IEEE/RSJ IROS (2000)
22.34 K. Kotay, D. Rus: Self-reconfigurable robots for navigation and manipulation, Proc. IEEE/RSJ IROS (1997)
22.35 C. Ünsal, H. Kiliççöte, P.K. Khosla: I(CES)-cubes: A modular self-reconfigurable bipartite robotic system, Proc. SPIE, Sens. Fusion Decent. Control Robotic Syst., Bellingham (1999) pp. 258–269
22.36 A. Castano, W.M. Shen, P. Will: CONRO: Towards deployable robots with inter-robots metamorphic capabilities, Auton. Robots **8**(3), 309–324 (2000)
22.37 W.H. Lee, A.C. Sanderson: Dynamic analysis and distributed control of tetrobot modular reconfigurable robotic system, Auton. Robots **10**(1), 67–82 (2001)
22.38 E. Tuci, R. Gross, V. Trianni, F. Mondada, M. Bonani, M. Dorigo: Cooperation through self-assembly in multi-robot systems, ACM Trans. Auton. Adapt. Syst. (TAAS) **1**(2), 115–150 (2006)
22.39 J.W. Suh, S.B. Homans, M. Yim: Telecubes: Mechanical design of a module for self-reconfigurable robotics, Proc. IEEE ICRA (2002)
22.40 M.W. Jorgensen, E.H. Ostergaard, H.H. Lund: Modular Atron: Modules for a self-reconfigurable robot, Proc. IEEE/RSJ IROS (2004) pp. 2068–2073
22.41 M. Hafez, M.D. Lichter, S. Dubowsky: Optimized binary modular reconfigurable robotic devices, IEEE/ASME Trans. Mechatron. **8**(1), 18–25 (2003)
22.42 P. White, V. Zykov, J. Bongard, H. Lipson: Three dimensional stochastic reconfiguration of modular robots, Proc. Robotics Sci. Syst. **1**, 161–168 (2005)
22.43 B. Kirby, J. Campbell, B. Aksak, P. Pillai, J. Hoburg, T. Mowry, S.C. Goldstein: Catoms: Moving robots without moving parts, Proc. Natl. Conf. Artif. Intell. **20**, 1730–1731 (2005)
22.44 S.C. Goldstein, J.D. Campbell, T.C. Mowry: Programmable matter, Computer **38**(6), 99–101 (2005)
22.45 A.A. Goldenberg, N.M. Kircanski, P. Kuzan, J.A. Wiercienski, R. Hui, C. Zhou: Modular, expandable and reconfigurable robot, US Patent 552 3662 (1996)
22.46 H. Lipson, J.B. Pollack: Towards continuously reconfigurable self-designing robotics, Proc. IEEE ICRA (2000)
22.47 J.E. Walter, E.M. Tsai, N. Amato: Choosing good paths for fast distributed reconfiguration of hexagonal metamorphic robots, Proc. IEEE ICRA (2002)
22.48 A. Castano, P. Will: Representing and discovering the configuration of CONRO robots, Proc. IEEE ICRA (2001) pp. 3503–3509
22.49 K. Støy, W.M. Shen, P. Will: Global locomotion from local interaction in self-reconfigurable robots, Proc. 7th Int. Conf. Intell. Auton. Syst. (IAS-7), Marina del Rey (2002)
22.50 P. Will, B. Salemi, W.M. Shen: Hormone-controlled metamorphic robots, Proc. IEEE ICRA (2001) pp. 4194–4199
22.51 A. Kamimura, S. Murata, E. Yoshida, H. Kurokawa, K. Tomita, S. Kokaji: Self-reconfigurable modular robot – Experiments on reconfiguration and locomotion, Proc. IEEE/RSJ IROS (2001) pp. 606–612
22.52 R. Fitch, D. Rus, M. Vona: Basis for self-repair robots using self-reconfiguring crystal modules, Proc. IEEE Int. Auton. Syst. (2000) pp. 903–910
22.53 G.S. Chirikjian, A. Pamecha, I. Ebert-Uphoff: Evaluating efficiency of self-reconfiguration in a class of modular robots, J. Robotic Syst. **13**(5), 317–338 (1996)
22.54 F.H. Bennett, E.G. Rieffel: Design of decentralized controllers for self-reconfigurable modular robots using genetic programming, Proc. 2nd NASA/DoD Workshop Evol. Hardw. (2000)
22.55 Z. Butler, R. Fitch, D. Rus: Distributed control for unit-compressible robots: Goal-recognition, locomotion, and splitting IEEE/ASME Trans. Mechatron. **7**(4), 418–430 (2002)
22.56 M. Yim, Y. Zhang, K. Roufas, D. Duff, C. Eldershaw: Connecting and disconnecting for chain self-reconfiguration with PolyBot, IEEE/ASME Trans. Mechatron. **7**(4), 442–451 (2002)
22.57 Y. Zhang, M.P.J. Fromherz, L.S. Crawford, Y. Shang: A general constraint-based control framework with examples in modular self-reconfigurable robots, Proc. IEEE/RSJ IROS (2002) pp. 2163–2168
22.58 H. Bojinov, A. Casal, T. Hogg: Emergent structures in modular self-reconfigurable robots, robotics and automation, Proc. IEEE ICRA (2000)
22.59 P. Pirjanian, C. Leger, E. Mumm, B. Kennedy, M. Garrett, H. Aghazarian, S. Farritor, P. Schenker: Distributed control for a modular, reconfigurable cliff robot, Proc. IEEE ICRA (2002)
22.60 K.C. Prevas, C. Unsal, M.O. Efe, P.K. Khosla: A hierarchical motion planning strategy for a uniform self-reconfigurable modular robotic system, Proc. IEEE ICRA (2002)
22.61 W.W. Melek, A.A. Goldenberg: Neurofuzzy control of modular and reconfigurable robots, IEEE/ASME Trans. Mechatron. **8**(3), 381–389 (2003)
22.62 M. Yim, D.G. Duff, K.D. Roufas: Polybot: A modular reconfigurable robot, Proc. IEEE ICRA (2000) pp. 514–520
22.63 M. Yim, Y. Zhang, D. Duff: Modular Reconfigurable Robots, Machines that shift their shape to suit the task at hand, IEEE Spectrum **39**(2), 30–34 (2002)
22.64 M. Yim, C. Eldershaw, Y. Zhang, D. Duff: Limbless conforming gaits with modular robots. In: *Springer Tract. Adv. Robot.*, Vol. 21, 2006) pp. 459–468
22.65 M. Yim, J. Reich, A.A. Berlin: Two approaches to distributed manipulation. In: *Distributed Manipulation*, ed. by K. Bohringer, H.H. Choset (Kluwer, Dordrecht 2000) pp. 237–261
22.66 J. Davey, N. Kwok, M. Yim: Emulating self-reconfigurable Robots – Design of the SMORES system, Proc. IEEE/RSJ IROS (2012)

22.67 H.B. Brown, J.M. Vande Weghe, C.A. Bererton, P.K. Khosla: Millibot trains for enhanced mobility, IEEE/ASME Trans. Mechatron. **7**(4), 452–461 (2002)
22.68 S. Murata, K. Kakomura, H. Kurokawa: Toward a scalable modular robotic system, IEEE Robotics Autom. Mag. **14**(4), 56–63 (2007)
22.69 M. Yim, B. Shirmohammadi, J. Sastra, M. Park, M. Dugan, C.J. Taylor: Towards robotic self-reassembly after explosion, Proc. IEEE/RSJ IROS (2007) pp. 2767–2772
22.70 M. Kutzer, M. Moses, C. Brown, M. Armand, D. Scheidt, G. Chirikjian: Design of a new independently-mobile reconfigurable modular robot, Proc. IEEE ICRA (2010)
22.71 H. Cheng, G. Ryland: Design of iMobot, an intelligent reconfigurable mobile robot with novel locomotion, Proc. IEEE ICRA (2010)
22.72 F.P. Brooks: *The Mythical Man-Month* (Addison-Wesley, Reading 1975)
22.73 M. Rubenstein, R. Nagpal: Kilobot: A robotic module for demonstrating behaviors in a large scale (2^{10} units) collective, Proc. IEEE ICRA (2010) pp. 47–51
22.74 Y. Zhang, M. Yim, C. Eldershaw, D. Duff, K. Roufas: Scalable and reconfigurable configurations and locomotion gaits for chain-type modular reconfigurable robots, Proc. IEEE Symp. Comput. Intell. Robotics Autom. (CIRA) (2003)
22.75 E. Yoshida, S. Murata, S. Kokaji, K. Tomita, H. Kurokawa: Micro self-reconfigurable modular robot using shape memory alloy, J. Robotics Mechatron. **13**(2), 212–218 (2001)
22.76 M.E. Karagozler, S.C. Goldstein, J.R. Reid: Stress-driven MEMS assembly + electrostatic forces = 1mm diameter robot, Proc. IEEE/RSJ IROS (2009)
22.77 M.E. Karagozler, J.D. Campbell, G.K. Feddore, S.C. Goldstein, H.P. Weller, B.W. Yoon: Electrostatic latching for inter-module adhesion, power transfer, and communication in modular robots, Proc. IEEE/RSJ IROS (2007)
22.78 I. O'Hara, J. Paulos, J. Davey, N. Eckenstein, N. Doshi, T. Tosun, J. Greco, Jungwon. Seo, M. Turpin, V. Kumar, M. Yim: Self-assembly of a swarm of autonomous boats into floating structures, Proc. IEEE ICRA (2014) pp. 1234–1240
22.79 L. Vasilescu, P. Varshavshaya, K. Kotay, D. Rus: Autonomous modular optical underwater robot (amour) design, prototype and feasibility study, Proc. IEEE ICRA (2005)
22.80 P.J. White, S. Revzen, C.E. Thorne, M. Yim: A general mechanical strength model for programmable matter and modular robotic structures, Robotica **29**(1), 103–121 (2011)
22.81 N. Eckenstein, M. Yim: The X-Face: An improved planar passive mechanical connector for modular self-reconfigurable robots, Proc. IEEE/RSJ IROS (2012) pp. 3073–3078
22.82 S. Murata, H. Kurokawa, E. Yoshida, K. Tomita, S. Kokaji: A 3-D self-reconfigurable structure, Proc. IEEE ICRA (1998) pp. 432–439

第 23 章

仿生机器人

Kyu-Jin Cho，Robert Wood

23

仿生机器人设计试图将自然界生物学原理转化为工程系统，取代传统的工程解决方案，以实现在自然界中观察到的功能。本章将着重于仿生机器人的机构设计，这类机器人通过采用创新的工程解决方案复制自然界的关键原理。仿生设计的挑战主要包括对相关自然系统的深入理解，以及将这种理解转化为工程设计法则。这通常需要开发新的制造和驱动方式来实现仿生设计。

本章共包含 4 节内容：在 23.1 节中，我们将定义仿生设计需要什么，并将仿生机器人与生物启发机器人进行对比；在 23.2 节中，我们将讨论开发仿生机器人所需要的基本组件；在 23.3 节中，主要回顾基于典型生物运动行为（包括扑翼飞行、攀爬、游动、跳跃等）的详细仿生设计；在 23.4 节中，我们将讨论这些仿生设计的使能技术，包括材料和制造等。

目　录

仿生学涵盖了机器人学的所有领域，包括机器人结构、力学、驱动、感知、自主能力等，本章节将重点介绍模仿自然界中的结构和运动原理，在非结构化环境中执行所需任务的机器人。

工程师往往受到大自然的启发，采用生物学的解决方案来应对人类挑战。机器人主要是用来完成特定任务的，并且许多任务都涉及从一个地方运动到另一个地方。自然界中各种各样的运动方式激发了人类的灵感，利用仿生机器人来模仿这些运动，目标是克服环境中的层层障碍，并以与自然界相似的极端运动敏捷性四处移动。人类设计了各种各样的地面、空中和水上运输工具。在地面上，轮式车辆是最普遍的选择；在空中，固定翼飞行器和带有旋转叶片的直升机占主导地位；在水中，由类似旋转部件推动的船舶和潜艇最为常见。相比之下，自然界对运动有不同的解决方案，包括移动的腿、起伏的鱼鳍和拍动的翅膀，这些生物运动机理有许多类似于现有的工程系统。大自然不使用轮子，而是使用不同大小、数量和阻抗的腿：人类和鸟类是双足动物，许多哺乳动物和爬行动物用四条腿行走，昆虫有六条腿，其他节肢动物有八条或更多条腿，这些腿相互协作，以稳定的方式在不同的表面移动，蛇和蠕虫没有腿，它们用身体制造波浪来移动；鸟、蝙蝠和会飞的昆虫则采用拍打翅膀的方式，而不是借助有喷射口和旋转螺旋桨的固定翼；鱼用它们的身体产生出波动的动作，其游动的敏捷程度远远超过传统的船只和潜艇。这些生物运动模式中的每一种都是基于自然界的基本驱动器——肌肉。肌肉产生与结构相耦合的线性运动，最终产生了机体运动。因此，这些结构与其肌肉形态密切相关。

23.1 概述

人造机器运动的主要目的是在尽可能短的时间内或以最小的能量消耗，远距离传送较大的有效载荷。有道路、机场、造船厂和其他基础设施的支持，使得汽车、火车、飞机和轮船的结构设计能够集中完成某种特定的运输任务。另一方面，自然界的运动主要是为了生存，动物和昆虫已经进化到可以在各种环境中生存。每个物种都是在非结构化的自然环境中利用它们独有的运动方式来寻找食物、寻觅配偶和逃避危险。因此，对生物运动的要求比人类的运输系统要复杂得多。

仿生机器人试图模仿这种结构特征和运动原理，以便能够在传统机器或机器人无法执行任务的地方发挥作用。动物可以在崎岖不平的地形上高速爬行，可以不用系绳攀爬墙壁，可以在杂乱无章的环境中飞行，还可以根据需要盘旋和栖息。

目标物种的大小不同，所选择的最佳运动方式和底层结构也截然不同。例如，为了躲避危险，小昆虫经常会跳起来，因为它们的体型很小，很难用其他的运动方式迅速逃脱。大型动物和小昆虫（如跳蚤）的跳跃是不同的。较大的昆虫或动物倾向于用腿奔跑或爬行来躲避危险；大型鸟类以更低的频率拍打翅膀，并且使用滑翔模式，而蜜蜂和苍蝇则在飞行过程中以较高频率持续拍打翅膀。这种结构是非常不同的，鸟的翅膀有骨头、肌肉和羽毛，而昆虫的翅膀没有肌肉且重量轻。因此，当研制仿生机器人时，应考虑目标物种的尺寸。

由于大自然中的一些生物已经进化到可以在极端环境中生存，所以有许多极端运动的例子，在传统的工程设计中是不可能实现的。例如，攀爬机器人 Stickybot 利用壁虎的定向黏附原理可以爬上光滑的垂直墙壁，但仅靠定向黏附是不够的，设计必须保证衬垫上的压力分布均匀，以确保衬垫与墙壁始终接触良好。这些小的细节对仿生机器人的性能非常重要，应该仔细考虑。

由于机器人通常是用来执行对人类来说过于烦琐或危险的任务，因此在自然界已经找到的解决方案，往往会采用仿生设计来实现其功能。事实上，本手册中的许多机器人设计，如腿式机器人和机器人手，以及许多飞行机器人、水下机器人和微型机器人等，都是仿生的。本章将重点介绍最近正在不断扩大的仿生机器人设计领域。腿式机器人和机器人手已经各自形成了庞大的研究领域，这会在单独的章节中进行介绍。还有许多其他形式的运动，如爬行、跳跃、游动和扑翼也正在研究，从而模仿运动原理和生物结构。本章将回顾和讨论这些仿生机器人的结构与部件。

23.2 仿生机器人设计组件

仿生机器人的设计始于对自然系统工作原理的理解。在仿生机器人的设计中，制作机器人所用的组件非常重要。结构设计往往受到驱动器系统，以及制作机器人所用材料及方法的约束或促进影响。

对自然界运动原理的理解引发了仿生机器人的设计，这可以通过观察运动生物的运动学和力测量，或者通过理解和建立动力学模型来研究。因此，对生物运动的实质性研究就是分析生物运动学。然而，为了能够将动力学原理应用到机器人设计中，了解运动学背后的动力学是很重要的，这将使机器人能够具有动物的行为方式，而不仅仅看起来像动物。Full 等人提出了时钟驱动、机械自稳定和柔顺伸展姿势力学，以解释蟑螂似乎毫不费力地在粗糙的表面上跑动[23.1,2]。Ellington[23.3]建立了一个系统，可以测量扇动翅膀所产生的力，用来了解昆虫翅膀产生推力的机理。这些生物学研究影响了机器人研究人员，激发了他们制作六足和扑翼机器人的灵感。

为了在工程系统中应用生物学原理，需要能够产生与自然界生物相似性能的组件。自然界的生物结构是由各种材料组成的，如组织、骨骼、角质层、肌肉和羽毛，这些材料被工程材料，如金属、塑料、复合材料和聚合物所取代。新的工程材料正在研发中，它们将表现出与天然材料相似的特性，这会使机器人像生物一样。然而，即使没有对精确结构的实际模仿，这种仿生机器人的性能也可与自然生物相似。因此，决定达到什么水平的仿生是必要的。大型机器人往往倾向于采用传统的机械组件，如电动机、关节和金属连杆等制造，但困难在于建造介观尺度的机器人时，传统机械组件由于摩擦和其他不合理性的存在而变得不再有效。随着机器人变得越来越小，不仅要模拟自然界中的运动学，还要模拟组件级别的结构。小尺度的另一个困难是驱动——即使在小尺度下，驱动器也必须和肌肉一样有效。

许多新的制造方法已经出现，也使新的设计成为可能，而以前更为经典的加工方法，以及螺母和螺栓的装配技术，是不可能实现这些设计的，如形状沉积制造和智能复合材料微结构。在许多情况下，新的制造工艺促进了新型仿生机器人的构建，超出了传统方法的限制。

模仿的程度可能因设计中所使用的组件而有所差异。机器人可以看起来像一只动物，但不具备所模仿动物的行为方式。另一方面，一旦某个原理被模仿，机器人就不必看起来像动物，但它仍然可以像该动物一样执行某种任务。不同的模仿方式使每种机器人都有自己的特点。例如，跳蚤使用所谓的力矩反转来跳跃，这是一种储存和释放大量能量的独特方式。在自然界中，这种方式借助肌肉和轻型的腿部结构就可能实现。为了模拟跳蚤的运动，我们需要一个类似肌肉的驱动器和一种能构建小尺度刚性结构的制造方法。

23.3 机构

多足机器人的开发往往是通过采用特殊的设计来实现的，这种设计受多腿昆虫的启发，从而能产生某种功能或仿生模型，尤其是蟑螂具有在粗糙的表面上高速奔跑的能力，启发人们开发了一系列足腿式机器人，它们能够在高速运动（相对于其身体长度）时还能保持稳定性。

23.3.1 腿式爬行

有些种类的蟑螂可以达到50×体长/s的运动速度，并且可以在不平坦的地形上爬行，越过远高于其身高的障碍物[23.2]。RHex[23.4]（图23.1a）是一种最早实现类蟑螂特性的机器人。它是一种六足爬行机器人，腿部呈C形，所以适合在不平坦地形或在较大的障碍物上行走，如 VIDEO 400 所示。Mini-Whegs[23.5]（图23.1b）也有特殊形状的三辐条车轮。由于轮辐结构的特点，其步态对地形的被动适应就类似爬行的蟑螂[23.15]，如 VIDEO 401 所示。Sprawlita[23.6]（图23.1c）是一种六足爬行机器人，它的每条腿上装有气动驱动器和被动旋转关节，以便实现动态稳定性。它的质量为27kg，运动速度超过3×体长/s 或 550mm/s。iSprawl[23.7]（图23.1d）是也是六足爬行机器人的一种，它在爬行时利用每条腿的可伸展特性。该机器人由电动机和灵活的推拉钢丝绳驱动，通过电动机的旋转可实现腿部伸展或收缩。它的质量为300g，能够以15×体长/s 或 2.3m/s 的速度爬行，如 VIDEO 403 所示。

a)

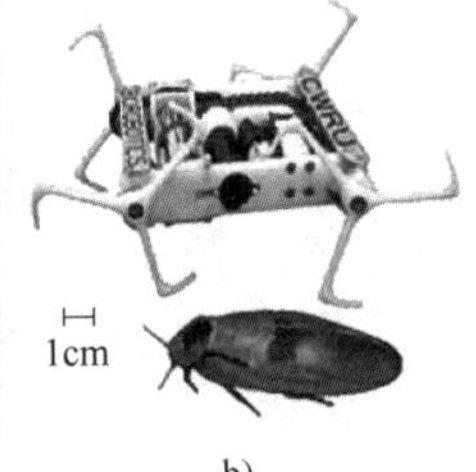

b)

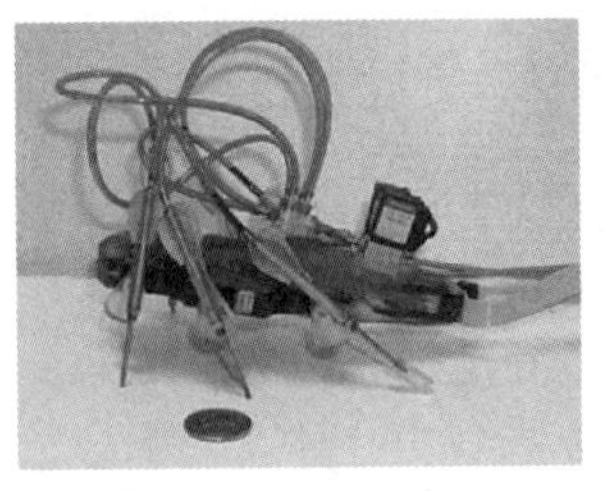
c)

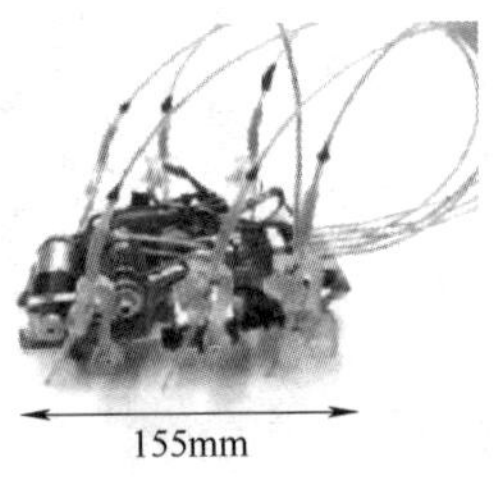

d)

图23.1 受蟑螂启发的爬行机器人

a）RHex[23.4] b）Mini-Whegs[23.5] c）Sprawlita[23.6] d）iSprawl[23.7]

基于蟑螂的设计有助于改善毫米级或厘米级爬行机器人的性能，但这类机器人面临传统机构未曾遇到的问题。DASH[23.8]（图23.2a）是一种使用SCM（智能复合材料制造）工艺制造的六足爬行机器人。该机器人只有一个电动机与一个四杆机构耦合，以椭圆爬行的方式驱动腿部，如 VIDEO 405 所示。DASH的质量为16.2g，运动速度高达15×体长/s或1.5m/s。RoACH[23.9]（图23.2b）是一种模仿蟑螂交替三脚步态的六足爬行机器人。典型的蟑螂步态包括同侧前腿、后腿和对侧中腿同时移动，两组三条腿轮流立于一个表面上，形成交替的三脚步态。RoACH使用两个形状记忆合金（SMA）丝驱动器沿两个正交方向收缩躯干，这两个驱动器的收缩使腿部借助四杆机构运动。腿部根据两个驱动器的连续刺激反复进行摆动和站立动作，如 VIDEO 286 所示。它的质量为 2.4g，能够以 1×体长/s 或 3cm/s 的速度爬行。DynaRoACH[23.10]（图 23.2c）有六条腿，由一个直流电动机驱动。它具有类似于 RoACH 的被动动力学特性，以获得更好的运动性能。升降运动由曲柄滑块机构实现，摆动运动由铰链四杆机构实现。与 RHex 一样，它采用 C 形腿，使其具有较低的纵向刚度、攀爬障碍物时的侧向塌陷性，以及更多的分布式地面接触。它的质量为 24g，长 100mm，运动速度可达 14×体长/s 或 1.4m/s。OctoRoACH[23.11]（图 23.2d）与 DynaRoACH 非常相似，但每侧都有两台电动机用于驱动腿部。它有八条腿，因此可以利用两台电动机最大限度地提高俯仰稳定性。OctoRoACH 的质量为 35g，长 100mm。HAMR3[23.12]（图 23.2e）使用九个压电驱动器。每条腿借助两个解耦的压电驱动器，通过曲柄滑块机构和球面五杆机构进行摆动和升降运动（ VIDEO 406 ）。该机器人的质量为 1.7g，运动速度为 0.9×体长/s 或 4.2cm/s（机器人长 4.7cm）。比较特别的是，HAMR 是采用一种受平面折展启发的方法制造而成的，能够实现快速和可重复的装配。受蜈蚣启发的多足机器人也已经开发出来，使用类似于交替三脚步态的机制[23.13]（图 23.2f）。 VIDEO 407 中描述了它在步态频率和相位上不同的几种步态模式。2006 年，利用微型机器人技术研制了一款一体化结构，尽管该结构尚未得到测试[23.14]（图 23.2g）。

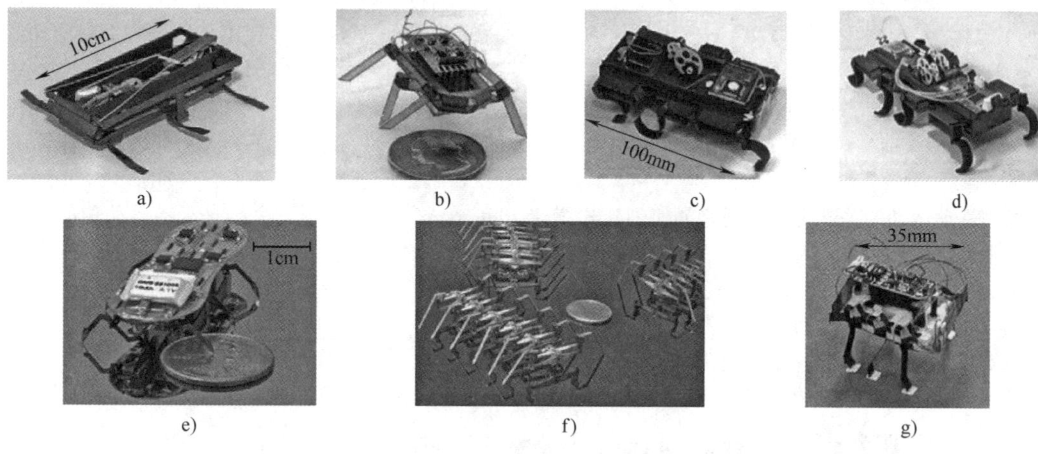

图 23.2 受蟑螂和蜈蚣等启发的爬行机器人

a）DASH[23.8] b）RoACH[23.9] c）DynaRoACH[23.10] d）OctoRoACH[23.11] e）HAMR3[23.12] f）仿蜈蚣模块化机器人[23.13] g）集成微机器人技术的爬行机器人[23.14]

随着对蟑螂运动规律试验和研究的不断深入，人们发现，利用仿生模型对仿蟑螂机器人进行修正，可以极大地提高其性能。HAMRV[23.16] 是 HAMR 的最新版本，它可以实现 10.1×体长/s（44.2cm/s）的移动速度，与之前 0.9×体长/s 的版本相比有了显著的改善，甚至能够在低速和高速下进行操纵和控制。VelociRoACH[23.17]（图 23.3b）是 RoACH 的最新版本，它的运动速度可达 2.7m/s，比之前的版本（ VIDEO 408 ）快很多。

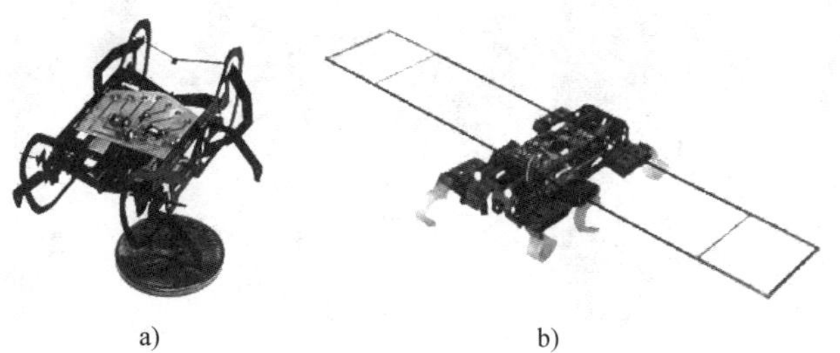

图 23.3 最新版本的爬行机器人显示出某种改善的性能

a）HAMRV[23.16] b）VelociRoACH[23.17]

23.3.2　蠕虫式爬行

蠕虫式爬行运动可分为蠕动爬行和双锚爬行。表现出蠕动爬行运动的蠕虫，如蚯蚓，可以在空间有限的小隧道中移动。因此，对这种运动方式的模仿使得机器人也具有相似的特性，可应用于狭小和恶劣的环境中，如倒塌的灾难现场或管道内。蠕动运动如图23.4所示，通过周期性改变身体的体积产生整体结构的移动。

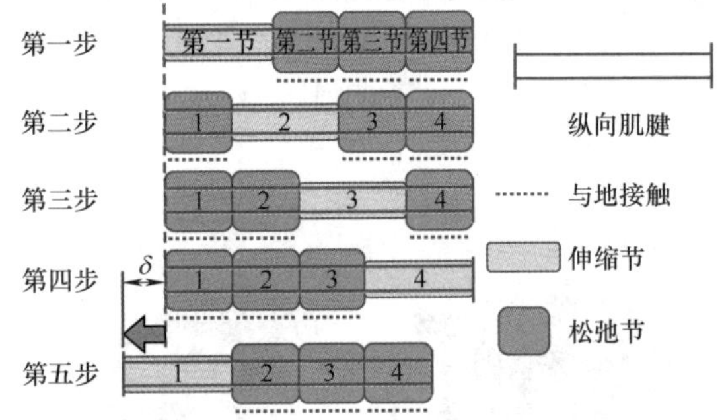

图23.4　蠕动运动（参考文献［23.19］）

模拟蠕动运动的关键设计难题是如何创建连续性的体积变化。许多研究人员尝试了各种创造性的方法来解决这个问题：Boxerbaum等人[23.18]构建了一个具有网状结构的机器人，使用一个电动机和线缆，实现了机器人的部分体积变化，从而完成爬行运动（图23.5a）；Seok等人[23.19]使用SMA螺旋弹簧驱动器改变分段体积，并使用网孔管作为主体结构（图23.5b）；Menciassia等人[23.20]也使用SMA螺旋弹簧驱动器，但他们使用微钩来增强摩擦力（图23.5c）。

双锚爬行是尺蠖的一种运动方式。它的运动速度并不快，但几乎可以克服任何复杂的拓扑结构。通过适当的抓取方法，它不仅可以攀爬竖直的墙壁，还可以跨越缝隙。生成双锚爬行运动有两个关键的设计难题：第一个是如何改变腰部的形状，第二个是如何与接触面固定和松开。Kotay和Rus[23.21]仅使用电动机来模拟腰部运动，并使用电磁垫作为锚固方法（图23.6a）。使用电磁垫，可以使机器人爬上钢结构。Cheng等人[23.22]使用带有可压缩体和各向异性摩擦垫的肌腱驱动机构来产生运动（图23.6b）。利用两侧连接的对称或不对称的绕线，机器人可以做向前或转向的运动。Koh和Cho[23.23]使用SMA螺旋弹簧驱动器来控制其腰部运动（图23.6d）。

机器人主体是采用了由玻璃纤维复合材料制成的单板设计的，并设计了一种折叠模式，保证了即使机器人由一层薄板制成，也能实现转向运动。Lin等人[23.25]研制了一个具有双锚运动功能的机器人，但增加了一个滚动运动，以解决前面两个锚定运动演示的速度限制（图23.6e）。Lam和Xu[23.24]实现了另一种产生腰部运动的方法，即使用了一根连接在电动机上的支杆，通过使用电动机控制支杆的长度，机器人可以控制锚点的位置（图23.6c）。

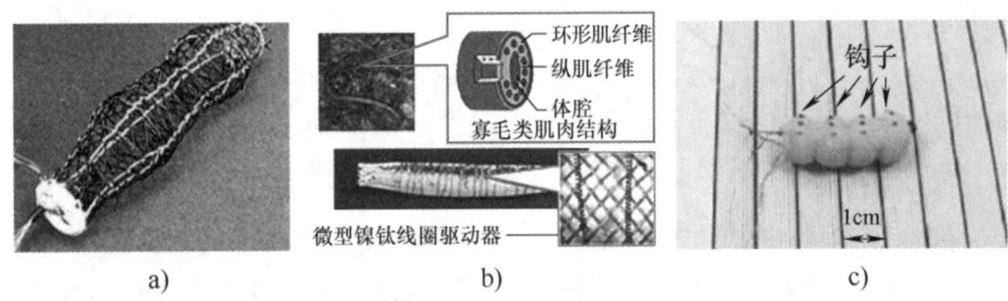

a)　b)　c)

图23.5　蠕动爬行机器人

a）蠕动机器人[23.18]　b）网状蠕虫机器人[23.19]　c）仿生微型机器人爬行器[23.20]

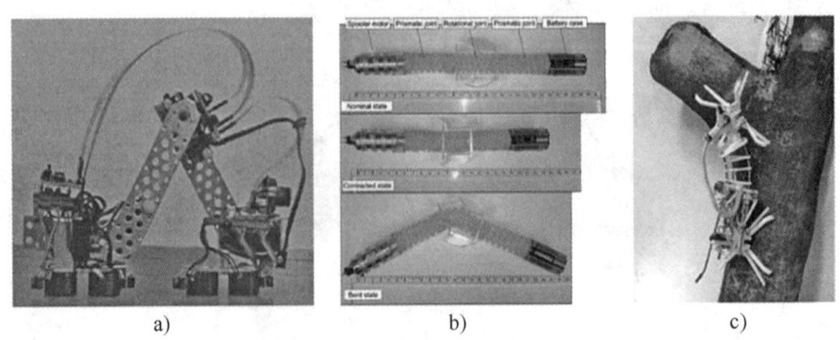

a)　b)　c)

图23.6　双锚爬行机器人

a）尺蠖机器人[23.21]　b）具有热激活关节的软体移动机器人[23.22]　c）Treebot[23.24]

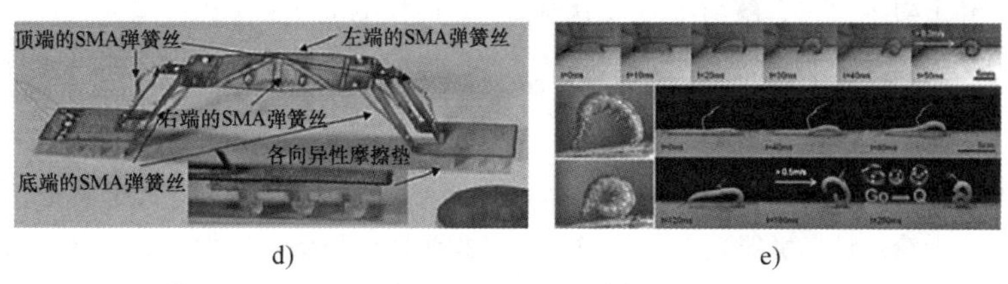

d) e)

图 23.6 双锚爬行机器人（续）

d）Ω 形尺蠖爬行机器人[23.23] e）GoQBot[23.25]

23.3.3 蛇形机器人

有关蛇运动的研究始于 20 世纪中叶[23.30-32]。蛇无肢、纤细且易弯曲[23.33]，它们的运动能力使其在陆地、崎岖地面、狭窄的水道、管道和水中都具有很好的适应性和机动性，它们甚至可以在树木之间“滑翔”[23.34,35]。蛇形运动的一个优点是它的多功能性和多运动自由度[23.36]。此外，与有腿的动物相比，蛇的移动更为高效，因为不涉及重心的升降和肢体加速[23.37]。在 20 世纪 70 年代，Hirose 开发了一种连续运动模型的蛇形机器人，称为主动和弦机构（ACM）[23.38]。继 Hirose 的 ACM 机器人之后，蛇形机器人就开始得到广泛研究。1972 年，ACM-Ⅲ（图 23.7）问世，它是第一个模仿真蛇运动的机器人[23.38]。ACM 的最新版本在 VIDEO 397 中。

23

a) b) c) d)

图 23.7 蛇形机器人

a）ACM-Ⅲ，Shigeo Hirose，东京工业大学福岛机器人实验室[23.26] b）Slim Slime Robot Ⅱ（SSR-2），Shigeo Hirose，东京工业大学福岛机器人实验室[23.27] c）模块化蛇形机器人，HowieChoset，卡内基梅隆大学生物机器人实验室[23.28] d）AMC-R5，Shigeo Hirose，东京工业大学福岛机器人实验室[23.29]

蛇形机器人的运动可分为以下几种类型：蛇形运动、窦道提升、踏板波、侧绕、螺旋游动、侧滚、侧行走、混合倾斜蛇形运动和升降滚动运动等。

第一代蛇形机器人只能在平面上运动。这些设计很快得到了进化，现在的蛇形机器人可以在狭窄的管道内向上运动，并且可以攀爬并抓住树干[23.39]，如 VIDEO 393 所示。为了便于穿越大型障碍物，一些机器人在每个关节之间增加了驱动关节[23.40]。此外，还有一些蛇形机器人可以在水中游动，这些机器人拥有防水的肢体，能够以螺旋和正弦模式游动[23.38]。

目前，蛇形机器人的机构设计可分为五种不同类型，即主动弯曲关节型、主动弯曲和伸长关节型、主动弯曲关节和主动车轮型、被动弯曲关节和主动车轮型、主动弯曲关节和主动履带型[23.43]，每种蛇形机器人都由许多串联的关节组成，因此蛇形机器人很容易根据关节实现模块化[23.43]。

大多数蛇形机器人装有主动或被动驱动的轮子，最近有人研究了无轮式蛇形机器人[23.32]。这些机器人以波动的方式运动，尤其是在真实的蛇身上可以观察到的侧向波动。一些蛇形机器人采用智能材料，如形状记忆合金和IPMC，而不采用传统电动机驱动[23.44]。蛇形机器人通过滚动躲避障碍物并与环境交互，它们用身体产生的波形来推进，因此，确定机器人的身体构形是很重要的。测量横摆角（俯仰角）和横滚角对控制蛇形机器人的姿态非常重要。倾斜传感器、加速度计、陀螺仪和关节角度传感器通常用于控制这类机器人[23.37]；附着在蛇形机器人接触区域或身体外部的触觉传感器用来测量每个关节处的表面接触力，为控制器提供更多信息。此外，测量接触力对于蛇形机器人的主动和自适应抓取也非常有用[23.45]。

然而，由于蛇形机器人的高冗余自由度，即使是在平坦的表面上运动，其控制器的设计也并非易事。没有复杂的传感器和控制器的例子见 VIDEO 392。正因如此，与真正的蛇可以在崎岖路面环境中移动的优势形成对比，大多数现有的蛇形机器人都是基于平坦地面运动而开发的[23.46]。

蛇形机器人的一个主要应用是探索人类无法接近的危险环境，尤其是工业管道、通风管及化学通道，而这些都是关键的作业环境。蛇形机器人也有作为医疗设备的潜力，如微创手术设备、腹腔镜和内窥镜[23.37]，对于这些应用，蛇形机器人则需要用外皮来密封内部组件[23.40]。

蛇形机器人领域仍然面临着许多挑战。为了提高可靠性、鲁棒性和可控性，蛇形机器人的机构和构型还有待简化。为了用于探测和检查，将电子设备和电源的外部电线布线到机器人上是一个重要方向。最后，由于蛇形机器人具有很高的冗余自由度，设计有效的控制策略是一个关键问题[23.37]。

类似于蛇的波动运动，蝾螈的身体也会产生S形的驻波，它们能够在游动和步行运动之间快速切换；它们在水环境和陆地环境中的运动是通过中心模式生成（CPG）和中脑运动区（MLR）的刺激产生的[23.41]（图23.7和 VIDEO 395）。一些研究致力于使蝾螈机器人产生与实际蝾螈相似的游动和行走步态，具有数学CPG模型、直流电动机和振荡器的蝾螈机器人可以产生与实际蝾螈相似的运动学特性[23.42]（图23.8）。

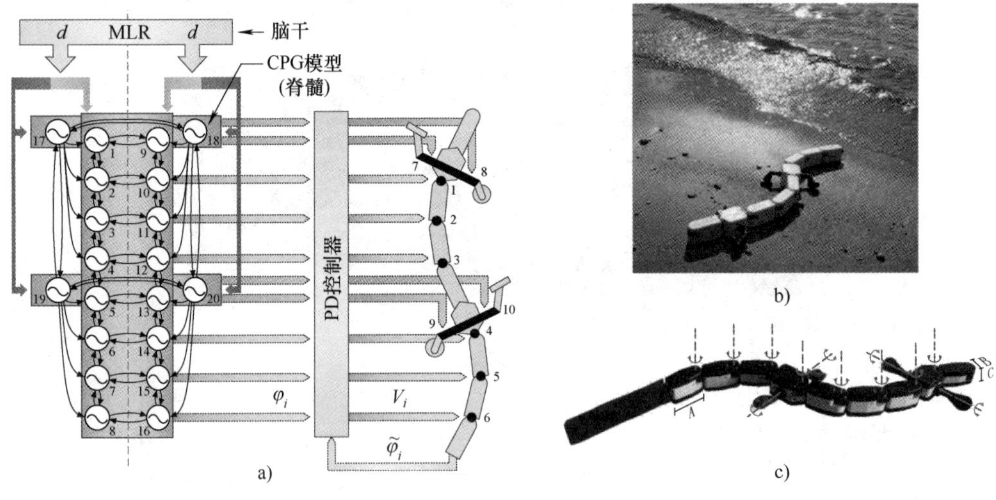

图23.8 蝾螈机器人

a）CPG模型构形[23.41] b）蝾螈机器人Ⅰ，Auke Jan Ijspeert，洛桑联邦理工学院生物机器人实验室[23.41]
c）蝾螈机器人Ⅱ，Auke Jan Ijspeert，洛桑联邦理工学院生物机器人实验室[23.42]

23.3.4 扑翼飞行

扑翼飞行是仿生飞行机器人的共同灵感来源，这是由于鸟类、蝙蝠和昆虫等自然生物的敏捷性所致。基于流体力学理论和试验结果对扑翼空气动力学的理解所取得的进展，为研究扑翼动物的推力产生机制奠定了基础[23.47]。观察昆虫飞行所表现出的扑翼运动发现，翅膀的平动和旋转运动在大迎角下产生升力，这与固定翼飞机的升力产生机制不同。在翅膀前缘形成一个大漩涡，并通过适当的摆动频率重新捕获脱落的漩涡，从而增大了合力[23.48]。图 23.9 所示为空气动力大小和方向的翅膀运动图，显示了昆虫翅膀在飞行过程中的典型运动和水动力矢量的形成过程。这些从大自然中汲取的特性为扑翼飞行机器人中机翼驱动系统的设计带来了灵感。

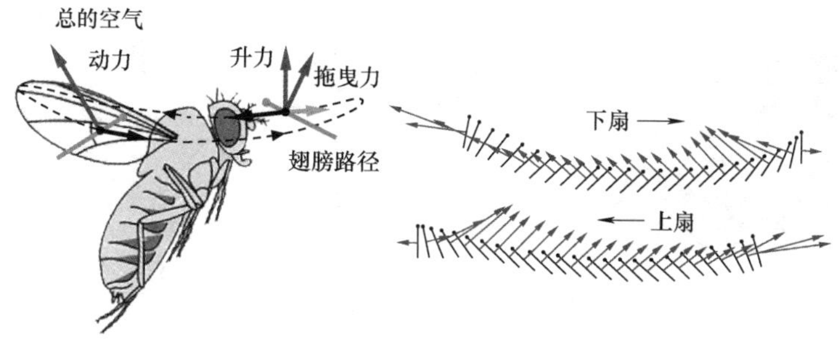

图 23.9 空气动力大小和方向的翅膀运动图[23.48]

23

大多数扑翼机构是由电磁旋转电动机驱动曲柄摇杆连杆来拍打机翼，如 DelFly Ⅱ[23.49]、RobotDragonfly[23.50]和 Nano Hummingbird[23.51]，如图 23.10 所示。从 VIDEO 402 中可以看到，DelFly Ⅱ采用了四翅形态，每侧的两个翅膀在每个周期内执行一次拍击动作（clapping motion），这有助于降低功耗和机身的摆动幅度。DelFly Ⅱ模型使用了曲柄摇杆机构，使齿轮轴垂直于飞行方向，以克服两组机翼之间的相位差，以及这种差异所产生的机身旋转运动[23.49]。在相关工作中，Robot Dragonfly[23.50]的灵感来自于蜻蜓的悬停能力，采用了串联式机翼模型。每个传动链都连接到齿轮机构上，可以使翅膀的运动与蜻蜓类似。Nano Hummingbird 与真正的蜂鸟一样，使用了单对翅膀。其扑翼机构是一个柔索驱动的双摇杆机构。控制机翼迎角的旋转调节是通过两个可调节的制动块来实现的，这两个制动块限制了每个机翼的旋转角度[23.51]。替代机构则使用了振荡驱动器和基于柔性的传动系统（这些机构在第 23.4.2 节中讨论）。

a)
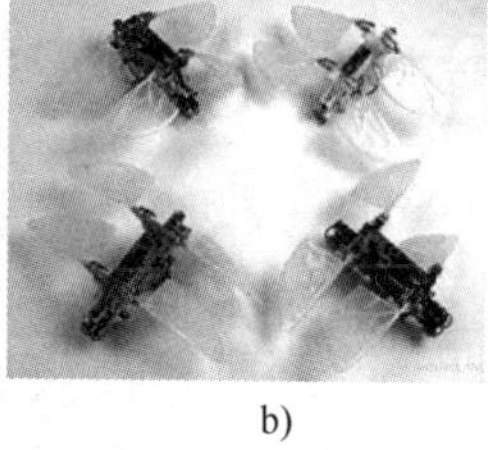
b)
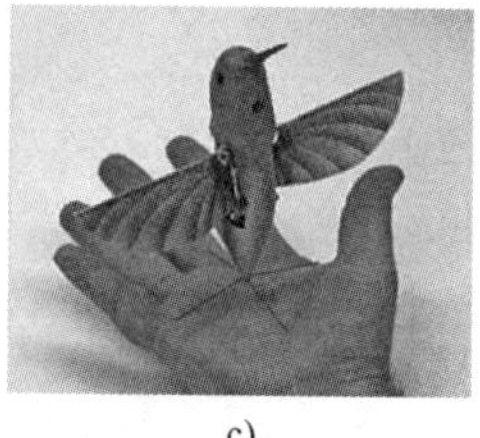
c)

图 23.10 扑翼机构

a）DelFly Ⅱ[23.49] b）RobotDragonfly[23.50] c）Nano Hummingbird[23.51]

随着机器人尺寸的缩小，由于制造困难及尺度效应等物理因素的影响，以前的扑翼机构很难适用。哈佛大学机器人飞蝇展示了一种很有前景的小型扑翼飞行器及其机构，如图 23.11 所示[23.52]。哈佛大学机器人飞蝇之前的版本有 3 个自由度，但只有一个自由度可以主动驱动；两翼的迎角由连接到传动机构的柔性关节被动控制；机翼的振动频率在共振时调到 110Hz。借助中尺度制造工艺，机器人飞蝇的运动能力得到了极大的增强，无约束飞行已经在第 23.4.2 节中的 80mg 机器人（VIDEO 399）上进行了展示。

结合其他机构，扑翼运动也可以推广到多模式运动。在图 23.12 所示的 DASH+Wings[23.53]中，扑翼和爬行的结合在提高灵活性和稳定性方面相互补充。该混合机器人的最大水平运动速度提高了 2 倍，最大爬升倾角提高了 3 倍。

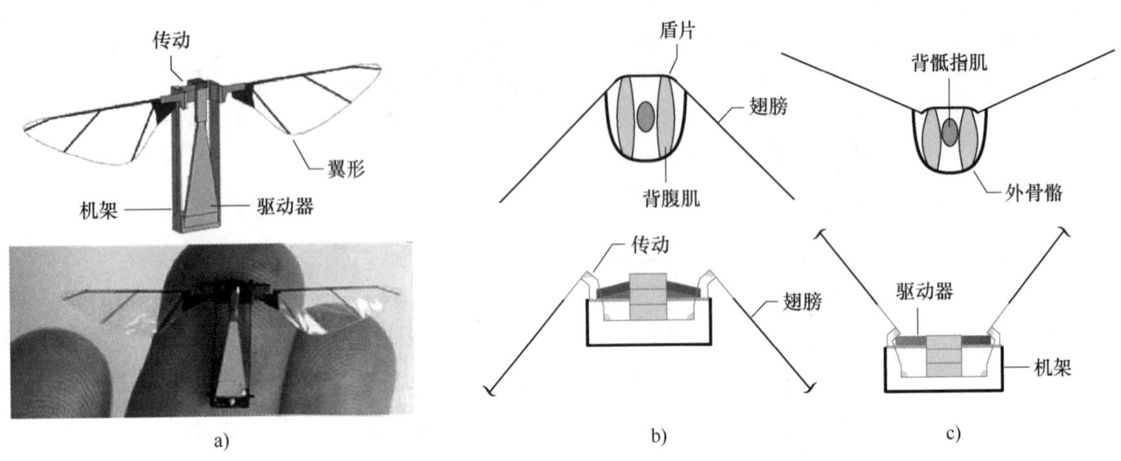

图 23.11　机器人飞蝇及其机构

a）哈佛大学机器人飞蝇　b）胸部机构　c）传动机构[23.52]

23

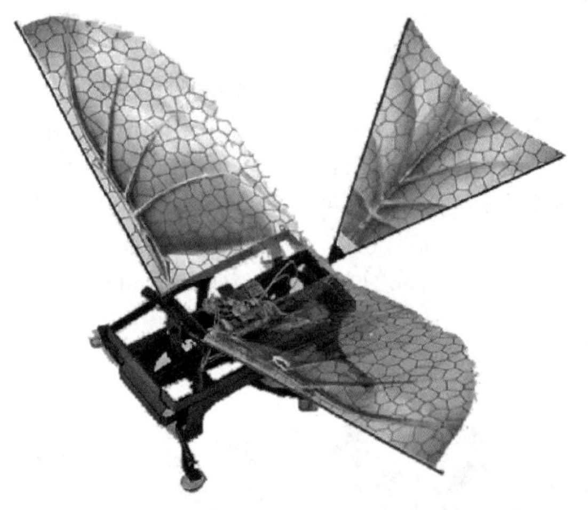

图 23.12　DASH+Wings（参考文献［23.51］）

23.3.5　攀爬

在垂直表面上攀爬和作业是一件十分困难的具有挑战性的工作，但在航运、建筑业和自然环境中的地面移动等许多领域都需要这种运动方式。早期的尝试包括使用吸盘、磁铁或压敏胶黏合剂来实现攀爬；更近一些，受大自然启发的爪、刺和黏性垫也有使用。可以攀爬的昆虫和动物激发了许多研究人员的灵感：昆虫和爬行动物用小刺捕捉微凸体；壁虎和一些蜘蛛则利用大量非常细的绒毛来实现基于范德华力相互作用的黏着力。

在20世纪90年代初，非仿生爬壁机器人，如Ninja-1、RAMR和Alicia，都是利用吸盘研制出来的。Ninja-1使用吸力机构附着在墙上（图23.13a），主要包括一个三维平行连杆、导管线驱动的平行四边形机构和阀控式多吸盘，该吸盘使机器人能够用凹槽附着在表面上[23.54]；RAMR使用欠驱动来驱动小型双腿机器人[23.59]；Alicia机器人是为各种应用而开发的，如维护、建筑检查、流程和建筑行业的安全。吸气器用来给吸盘减压，这样整个机器人就可以像标准吸盘一样贴在墙上。Alicia3机器人使用了3个Alicia Ⅱ模块，使整个系统能够更好地处理目标表面上的障碍物[23.60]。REST是一个例外情况，它使用电磁铁代替吸盘，具有12个自由度的电磁四条腿，只能攀爬铁墙[23.61]。

受动物和昆虫高效攀爬机制的启发，仿生爬壁机器人逐渐发展起来。利用昆虫和蟑螂身上仿生刺的典型机器人有Spinybot和RiSE。VIDEO 388 中的 Spinybot 可以攀爬坚硬的垂直表面，包括混凝土、砖块、灰泥和带有兼容微线阵列的砌体（图 23.13b），它可以利用表面上的小凸体（凸起或凹坑）。连续的运动是使用一个欠驱动机构完成的，它由一个旋转的 RC 伺服电动机和几个独立啮合在混凝土表面的尖刺组成[23.55]。RiSE 是一种六足机器人，能够在地面和垂直表面（如砖、灰泥、碎石和木材）上移动，如 VIDEO 390 所示（图 23.13c）[23.56]。为了攀爬垂直的墙壁，它使用了受蟑螂跗骨结构启发而设计的微刺结构。此外，它保持其质心接近表面，以减少俯仰力矩。RiSE 还采用了一个静态尾翼，以缩小不同的腿所受拉力的差异[23.56,62]。

昆虫和壁虎可以为新的黏合技术和攀爬运动机理提供灵感。壁虎能够迅速爬上光滑的垂直表面，生物学家发现壁虎的脚有近五万根角质毛或刚毛。测得的黏着力值表明，单根刚毛受范德华力的作用；壁虎脚趾的伸直和剥离表明，刚毛功能的两个方面可以提高功效[23.63]。随后的研究表明，黏着力和剪切力之间的线性关系与壁虎脚趾和独立刚毛阵列的临界释放角一致（图 23.13d）。摩擦黏附模型解释了在爬壁虎脚上观察到的非常低的脱离力并不依赖于脚趾的剥离[23.57]。

Stickybot、Mini-Whegs、Geckobot 和 Waalbot 是利用仿生干黏合剂的典型机器人。Stickybot 能以 4cm/s 的速度攀爬光滑的垂直表面，如玻璃、塑料和瓷砖，如 VIDEO 389 所示（图 23.13e）。该机器人采用了几项从壁虎身上学习得到的设计原则，包括分层柔性结构、定向附着等。Stickybot 脚趾的下侧覆盖着一排排小的、有角度的聚合物茎，当它们从脚趾尖向脚踝的切线拉动时很容易黏附，而向相反方向拉动时它们则松开[23.58]。Mini-Whegs 使用轮型腿和柔性、有黏着力的脚进行攀爬。其脚的运动模仿昆虫脚的运动，以测试新型仿生黏合剂技术和新型可重复使用的仿生聚合物（聚乙烯硅氧烷）[23.67]。Geckobot 的运动学与壁虎的攀爬步态相似，它采用了一种新型的弹性体黏合垫剥离机构、转向机构和一个活跃的尾部，以实现稳定灵活的攀爬[23.68,69]。Waalbot 使用两个带旋转运动的驱动腿和两个位于脚处的被动旋转关节，能够使用类似壁虎的纤维黏合剂和被动剥离机构在非光滑表面及反向光滑表面上攀爬，它还能够实现平面到平面的过渡和转向，以避开障碍物[23.70]。

23

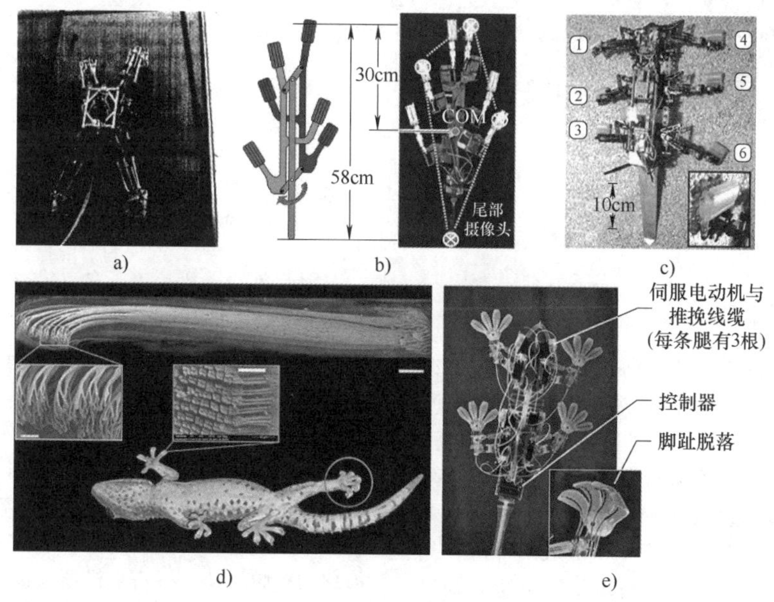

a)　b)　c)　d)　e)

图 23.13　非仿生爬壁和仿生爬壁机器人

a）Ninja-1[23.54]　b）Spinybot Ⅱ[23.55]　c）RiSE[23.56]　d）壁虎吸附系统[23.57]　e）Stickybot[23.58]

其他攀爬的方法包括电黏附。电黏合剂使用一种新的夹持技术，称为柔性电黏附——一种电控的黏附形式，这涉及使用连接到移动机器人柔性垫的电源在壁基板上产生的静电电荷，这会在夹紧区域产生 0.2~1.4N/cm^2 的夹紧力，具体值取决于基板。考虑电黏附的功率因素，假设有 50%的转换效率，在最坏的情况下，两个质量为7.6g的AAA电池可以在高位模式下支撑该机器人近一年。将电黏附与传统轮式机器人相结合，就产生了尺蠖式攀爬机器人[23.79]。

动态攀爬是攀爬机器人的下一个挑战，因为以前的机器人速度很慢，而且在大多数情况下仅限于目标表面。对源于生物学的动态攀爬，提出了摆动式动态攀爬模型（图23.14b）。该模型提取了完全不同的动物物种（如蟑螂和壁虎）所呈现出的动态攀爬行为的显著相似性[23.65]。研究结果表明，动物可利用较大的侧向拉力和身体旋转来实现快速、自我稳定的步态。DynoClimber展示了将动力学用于垂直向上运动的机器人的可行性（图23.14a）。一种新颖的双踏板动态攀爬机器人，在实现动态稳定的同时，能够快速爬升垂直壁面。对于动态攀爬，该机器人由直流电动机、曲柄滑块机构和被动腕簧组成，因此其爬升速度为0.67m/s（1.5×体长/s）[23.64]。攀爬机器人CLASH改进了DASH的平台，但它在水平方向启动以降低高度（距机器人底部7mm）。其中一个关键点是被动脚机构的创新设计。当向上攀爬时，脚会将其刺毛挂在表面，然后被动缩回。这增加了剪切力和法向力，使其能够以15cm/s的速度在松软的布料上攀爬[23.80]，如 VIDEO 391 所示。下一版本的CLASH有一个由18mm×15mm的微加工PDMS（聚二甲基硅氧烷）脊垫组成的脚，灵感来自壁虎脚（图23.14c）；脚踝是一个等腰梯形机构，使其远离运动中心。这种设计允许脚部与表面共面接触，而且减小了轧辊剥离力矩[23.66]。

23

a)

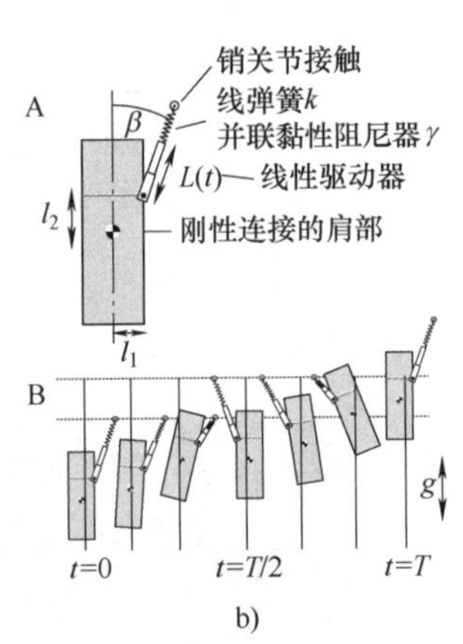

b)

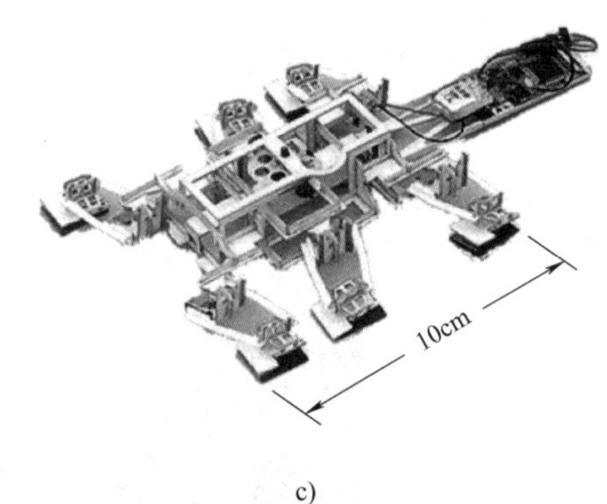

c)

图23.14 动态攀爬

a）DynoClimber[23.64] b）动态攀爬模型[23.65] c）装有壁虎垫的CLASH[23.66]

23.3.6 游动

水下航行器已广泛用于海洋探测、监视和环境监测。大多数水下航行器都利用螺旋桨推进，它们在运输成本方面表现出了很好的性能。然而，对于大部分水面或水下航行器来说，在受限区域的推进效率和操纵性还是存在问题的。此外，螺旋桨驱动的航行器在带有碎片和植被的环境中行驶时会有缠结的危险。为了解决这些问题，研究人员试图用受鱼类启发的波动运动代替传统的螺旋桨驱动（图23.15）。

鱼的波动运动有两个主要优势，即在封闭区域的机动性和高的推进效率。螺旋桨驱动与波动运动的主要区别在于转弯半径和转速：鱼可以以其体长1/10的半径转弯，而螺旋桨驱动的船需要更大的半径，因此鱼的转弯速度比船快得多。除了机动性，自然界生物的推进效率也比人造系统高得多[23.81]。

为了实现类似鱼的游动运动，人们采用了各种各样的机构，如连杆机构和柔性机构。Barrett[23.71]首先提出了一种有6个伺服电动机和8个连杆机构RoboTuna。Morikawa等人[23.82]研制了一种机器鱼，模仿金枪鱼尾鳍的肌肉骨骼结构，带有两块橡胶气动人工肌肉和一个多关节弯曲机构。为了模仿真实海豚的背腹运动，将一个机器人海豚设计成具有4个连杆机构和6个伺服电动机[23.83]。Low[23.74]开发了一种机器鱼，他将10个伺服电动机与滑块串联起来，从而产生了任意起伏的波形。Liu和Hu[23.72]开发了一种机器鱼，通过在每个关节上使用3个伺服电动机来模仿鲫鱼的身体运动，如 VIDEO 431 所示。Yang等人[23.73]研发了采用3自由度串联连杆机构的 Ichthus V5.5，每个关节上都有伺服电动机，以用于推进，如 VIDEO 432 所示。Ichthus V5.5 有多个传感器，可以在河流等真实环境中自主导航。

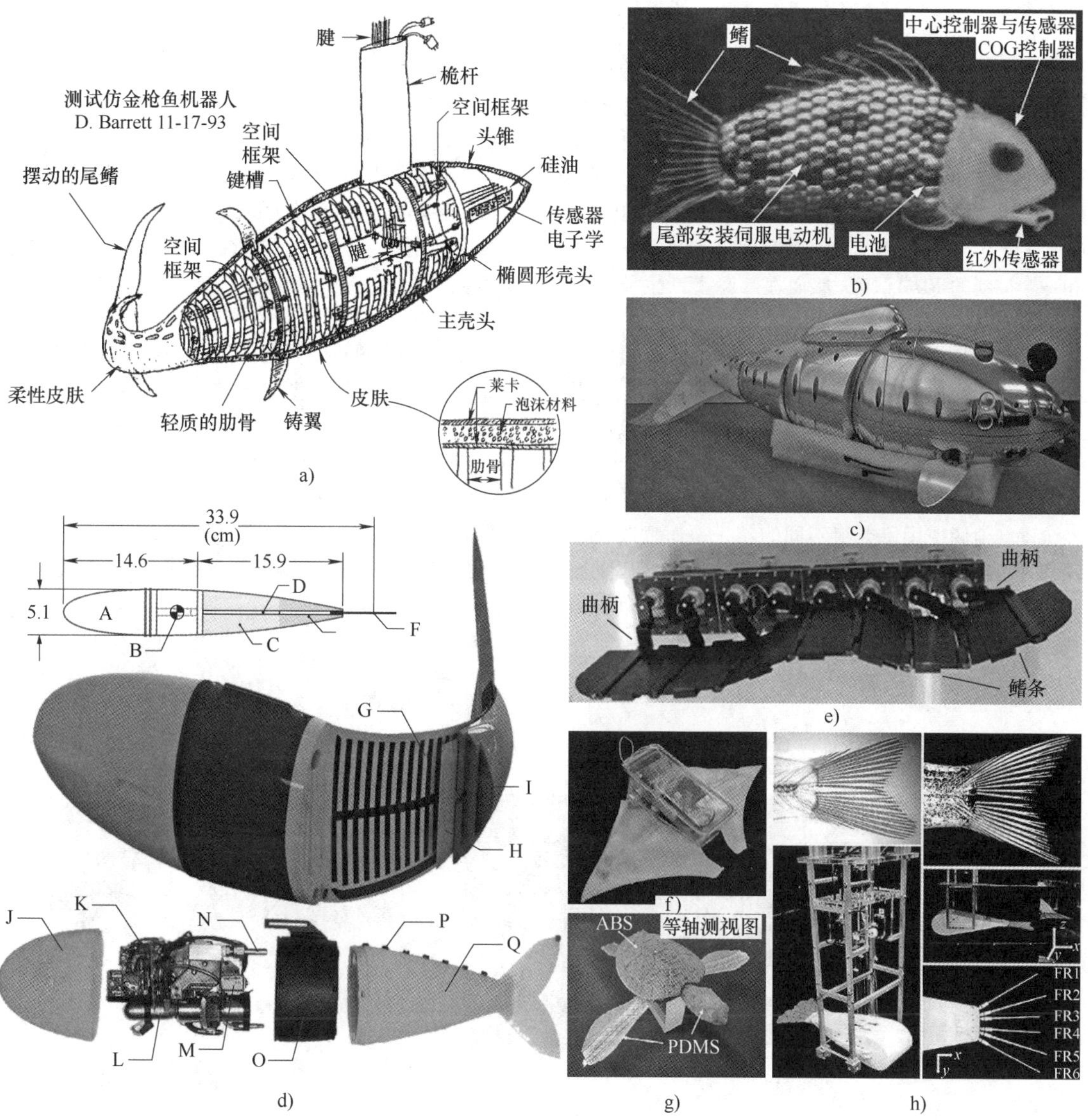

图 23.15 机器人鳍的设计

a) RoboTuna[23.71] b) G9 系列机器鱼[23.72] c) Ichthus[23.73] d) 波动的机器鳍条[23.74] e) 软体机器鱼[23.75] f) 机器蝠鲼[23.76] g) 仿龟游动机器人[23.77] h) 机器鳍条[23.78]

除了连杆机构，一些研究人员在设计中使用了柔性材料，使波动运动不需要复杂的连杆机构。Salumäe 和 kruusmaa[23.84] 通过简单地调整一个柔性鳍与单个驱动器的顺应性来实现鳟鱼的游动运动学。Alvarado 和 Youcef-Toumi[23.85] 设计了一种机器鱼，其机构简单而坚固，使用一个由连续悬臂梁近似的柔顺身体产生与鱼一样的摆动运动。这种简单的设计仅使用一个伺服电动机实现了仿生运动，而大多数其他机器鱼使用多个电动机实现仿生的游动模式。Marchese 等人[23.75] 采用带嵌入式驱动器的柔性躯干，并采用新颖的流体驱动系统来驱动躯干的运动，如 VIDEO 433 所示。Park 等人[23.88] 提出了一个优化鱼鳍的指导方案，以最大限度地提高柔顺鳍产生的推力。π/2 相位延迟作为推力最大化的条件，而与鱼鳍的形状、驱动频率和振幅无关。他们还提出了一种可变刚度扑翼机构，可以在工作条件发生变化时，改善柔性鱼鳍的性能。肌腱被用来改变刚度，附着点则根据海豚的身体构造来确定。一些使用智能驱动器产生波动运动的机器鱼也已被研究[23.89]。Wang 等人[23.90]嵌入形状记忆合金（SMA）丝驱动器用于产生柔性弯曲，并且研究了乌贼鱼鳍的肌肉组织，以帮助设计仿生鱼鳍。Chen 等人[23.76]用离子聚合物金属复合材料（IPMC）作为人工肌肉模拟蝠鲼，将 IPMC 肌肉植入每个胸鳍和一个被动的 PDMS 膜，从而在胸鳍上产生波状起伏运动，如 VIDEO 434 所示。Kim 等人[23.77]使用智能软体复合材料（SSC）结构，在简单、轻质的结构中产生弯曲和扭转运动。Lauder 等人[23.78]根据蓝鳃太阳鱼的解剖结构，设计了一种具有六条独立移动鱼鳍的机器鱼尾鳍，并指出杯状运动（cupping motion）产生的推力大于其他运动，如 W 形、波动和滚动。他们使用了五组不同的鳍条，通过改变运动程序来测量推力。此外，Lauder 等人[23.91]使用了一种可弯曲的塑料箔，以探索改变游动速度、箔材长度和箔材后缘形状对波动运动的影响。

23.3.7　跳跃

在自然界中，许多动物把跳跃作为一种运动策略。跳跃具有克服大障碍、快速躲避捕食者和增加生存机会等优点，而机器人同样面临克服障碍物比其特征尺寸更大的挑战。为了找到解决办法，许多研究人员在大自然的启发下开发了跳跃机器人。

跳跃过程需要瞬间释放出大量的能量，但肌肉的反应速度有限，最大加速度仅为 15m/s²。因此，许多小生物，如昆虫等，采用特殊的弹性体而非肌肉来储存能量，以产生大的加速度。另一方面，大多数大型生物，如具有相对较长腿部的人类，主要使用能产生足够大力量、快速摆动长腿的大块肌肉。

在小幅跳跃中，为获得较大的瞬时加速度，跳跃过程分为两步，即缓慢储能和快速释放能量。擒纵凸轮机构是实现这两个步骤的常用机构，它由一个弹簧、一个变径凸轮、一个电动机和一个用于力矩放大的齿轮箱组成。电动机缓慢但有力地旋转凸轮，朝压缩或伸展弹簧的方向旋转。在循环的最后一部分，凸轮的半径立即恢复到初始状态，释放弹簧使机器人跳跃。Grillo（第1版）（VIDEO 278）[23.86]和一个类似的 7g 跳跃机器人（VIDEO 279）[23.87]就使用了这种擒纵凸轮机构（图 23.16）。

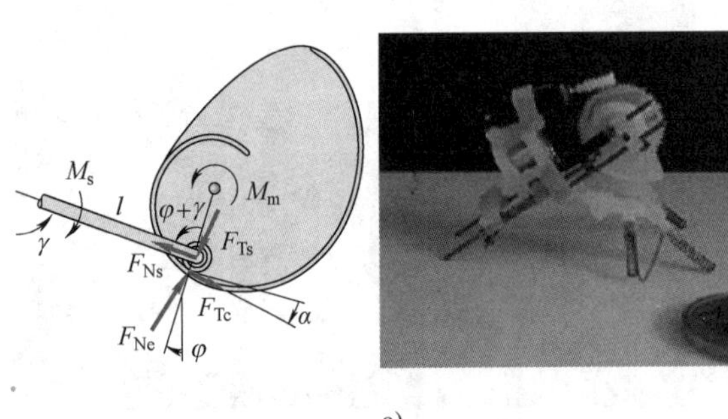

a)

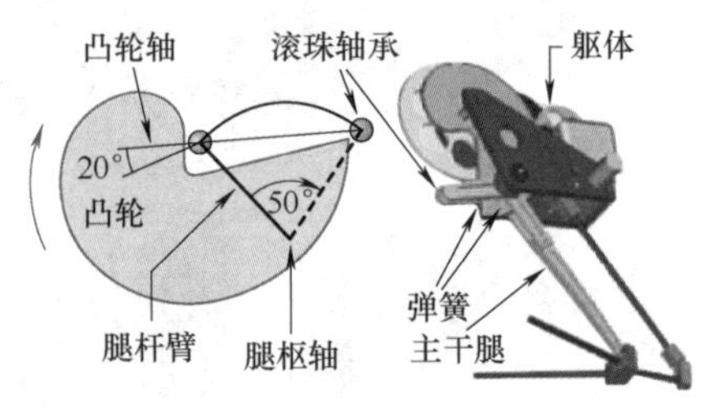

b)

图 23.16　擒纵凸轮机构

a）Grillo（第1版）[23.86]　b）7g 跳跃机器人[23.87]

无齿齿轮机构与擒纵凸轮机构相似，主要区别在于，无齿齿轮机构使用不完整的齿轮，而不是改变凸轮形状。电动机驱动不完整齿轮，齿轮驱动变速器压缩或伸展弹簧，当变速器经过无齿齿轮部分时回到初始位置，储能立即释放。使用无齿齿轮机构的机器人有 Mini-Whegs[23.93]和 Grillo（第2版）[23.92]（图 23.17）。

这两种插锁机构（click mechanism），即擒纵凸轮机构和无齿齿轮机构，通常用在跳跃机构中。此外，也有一些其他方法可以实现同样的功能（图 23.18和 VIDEO 280）。MSU Jumper[23.94]和 MSU Jump-Runner[23.95]的弹射机构与擒纵凸轮机构相似，只是没有凸轮。它不使用凸轮，而是使用单向轴承。根据跳跃循环中的临界点，这种机构可分为两部分：一部分是在通过临界点之前，单向轴承不能自由转动，因此它向储能方向旋转；另一部分是经过这个点后，它可以自由旋转，释放出储存的能量供跳跃使用。Jollbot[23.96]中的弹射机构类似于 MSU Jumper 的机构，它的结构狭缝就像一个单向轴承。

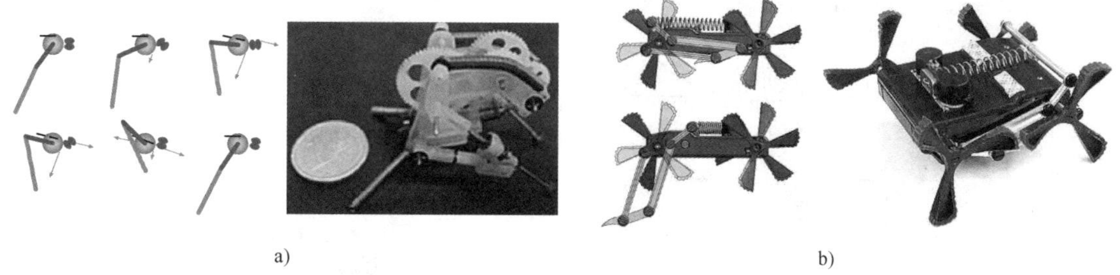

a) b)

图 23.17　无齿齿轮机构

a）Grillo（第 2 版）[23.92]　b）Mini-Whegs[23.93]

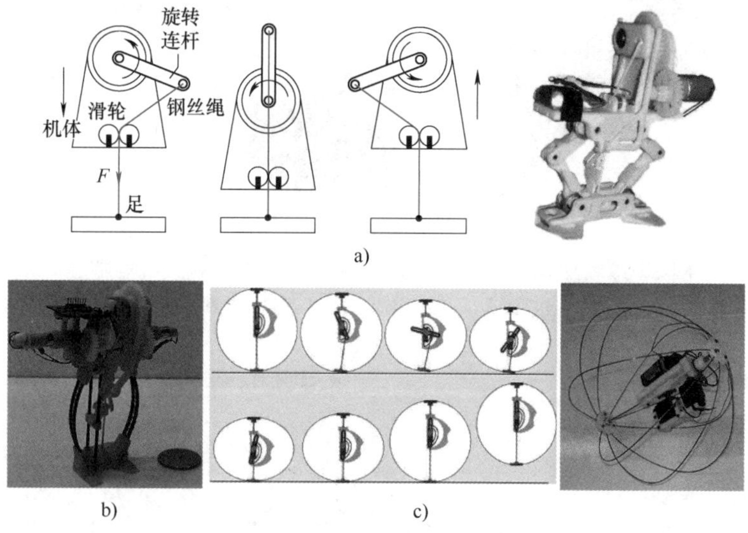

a)

b) c)

图 23.18　其他擒纵机构

a）MSU Jumper[23.94]　b）MSU Jump-Runner[23.95]　c）Jollbot[23.96]

受跳蚤启发的弹射机构[23.97]不同于上述的弹射机构（图 23.19 和 VIDEO 281），它包括 3 个 SMA 螺旋弹簧，即屈肌、伸肌和触发器。SMA 由外加电流产生热激活。跳蚤式弹射机构通过激活折叠腿部的屈肌触发运动，伸肌随后被激活。由于伸肌力产生的力矩方向与折叠方向一致，腿不会运动，能量储存在伸肌 SMA 螺旋弹簧中；能量储存后，激活连接在伸肌上的触发器并拉动伸肌，直到伸肌通过关节；最后伸肌产生的力方向发生逆转，机器人开始跳跃。该机构使用肌肉状的驱动器来创建力矩反转机构，从而实现了简单的设计。力矩反转机构的变体已经开发出来，它使用了较少的驱动器，但仍保持相同的生物学原理：简化的跳蚤式弹射机构[23.98]和跳跃式机器昆虫[23.99]。

非对称弹射跳跃机器人[23.100]也具有独特的弹射机构（图 23.20），它利用柔性梁的屈曲来实现跳跃。它由主机架、弹性簧片和电动机组成，簧片与主机架通过一个可从 0°旋转至 180°的自由旋转关节连接，并与可控制旋转角度的电动机相连。当簧片的一端固定在主机架上时，可调整另一端的角度为一种嵌入屈曲形状。由此可产生双向跳跃，但两边的屈曲形态不同。

微型机器人[23.101]的跳跃机构则使用微机电系统（MEMS）制造工艺生产出硅胶躯体、硅胶腿部和一系列 PDMS 弹簧（图 23.21a）。该机构包含两个由 PDMS 弹簧连接并由外力驱动的刚体，机器人只包括实现跳跃所需的机构。组合了弹性体机构的驱动，如图 23.21b 所示[23.101]，它使用了 V 形驱动器（chevron actuators）。这些驱动器用于线簧拉动和释放嵌入蚀刻硅胶结构中的 PDMS 弹簧，以便于跳跃。该机构 PDMS 弹簧的设计与节肢蛋白相似，后者是昆虫体内的弹性体[23.101]。

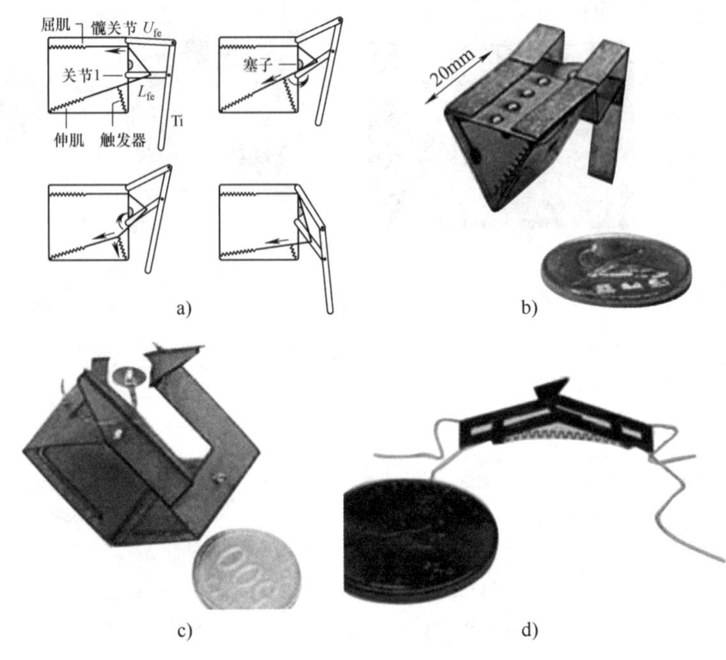

图 23.19　力矩反转机构、跳蚤式弹射机构和跳跃式机器昆虫

a）力矩反转机构　b）跳蚤式弹射机构[23.97]　c）简化的跳蚤式弹射机构[23.98]　d）跳跃式机器昆虫[23.99]

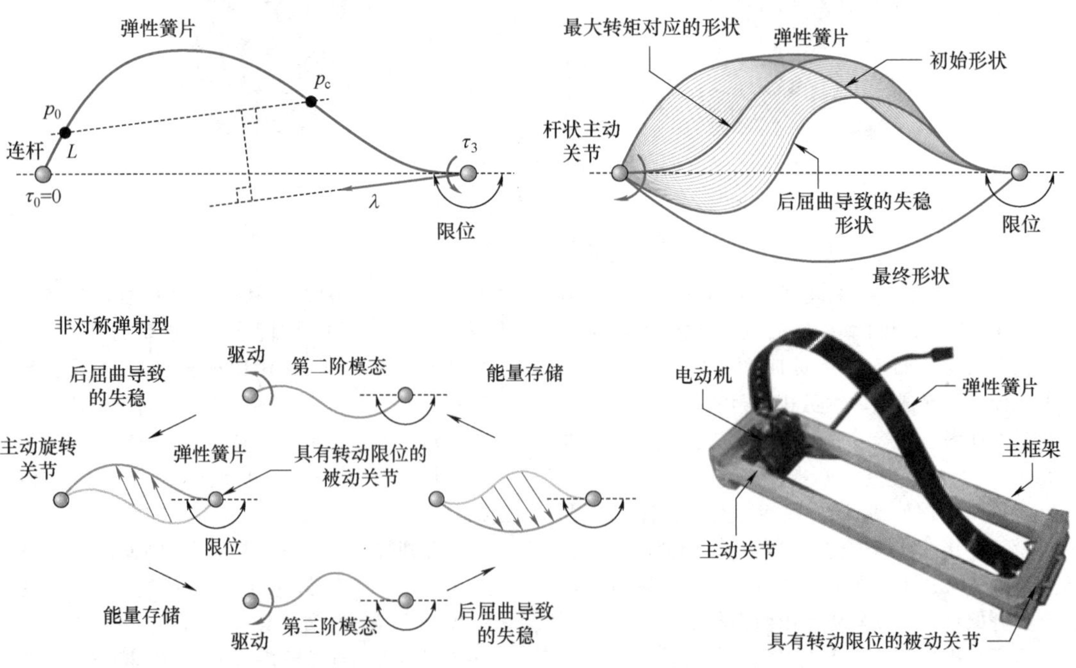

图 23.20　非对称弹射跳跃机器人（参考文献［23.100］）

在大幅跳跃中，为了克服肌肉的有限速度，大型动物会使用它们的长腿或特殊的肌肉骨骼分布，如双关节肌肉（bi-articular muscles），它们是在两个关节上作用的肌肉。在由双关节肌肉和骨骼组成

的机械连接中，两个关节互相影响。在跳跃过程中，这些条件有助于产生最适宜的力量。大型跳跃机器人 Mowgli 使用长腿和像双关节肌肉一样分布的气动人工肌肉，可从图 23.22 和 VIDEO 285 中看到[23.102]。

跳跃机器人的规格参数见表 23.1。

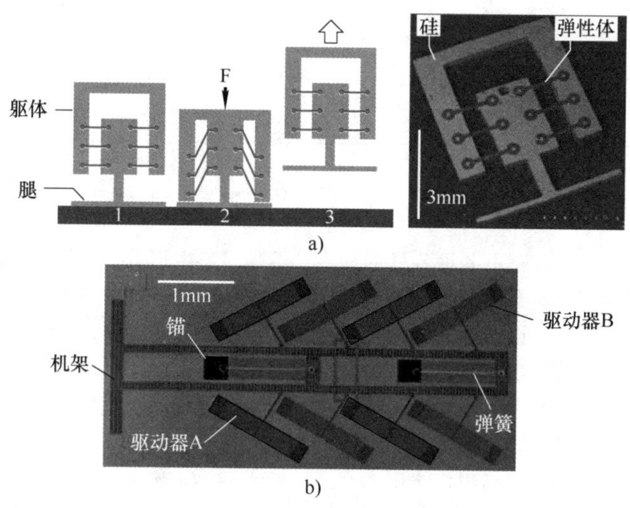

图 23.21 微型机器人及其驱动机构

a）微型机器人[23.101] b）驱动机构的彩色扫描电镜图像[23.101]

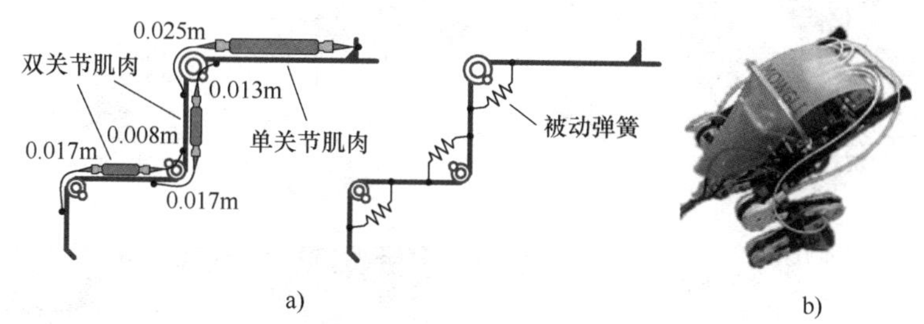

图 23.22 大型跳跃机器人

a）像双关节肌肉一样分布的气动人工肌肉 b）Mowgli[23.102]

表 23.1 跳跃机器人的规格参数

机 器 人	驱动器	长度/cm	质量/g	跳跃高度/m	初速度/(m/s)
7g 跳跃机器人[23.87]	电动机	5	7	1.4	5.9
Grillo（第 1 版）[23.86]	电动机	5	15	—	1.5
Grillo（第 2 版）[23.92]	电动机	3	10	—	3.6
Mini-Whegs[23.93]	电动机	9~10	90~190	0.18	—
MSU Jumper[23.94]	电动机	6.5	23.5	0.87	—
MSU Jump-Runner[23.95]	电动机	9	25	1.43	—
Jollbot[23.96]	电动机	30	465	0.218	—
跳蚤式弹射机构[23.97]	SMA	2	1.1	0.64	4.4
简化的跳蚤式弹射机构[23.98]	SMA	3	2.3	1.2	7

（续）

机　器　人	驱动器	长度/cm	质量/g	跳跃高度/m	初速度/(m/s)
跳跃式机器昆虫[23.99]	SMA	2	0.034	0.3	2.7
非对称弹射跳跃机器人[23.100]	电动机	17	30	0.2	—
微型机器人[23.101]	无	0.4	0.008	0.32	3
Mowgli[23.102]	气动	100	3000	0.4	—

23.3.8　抓取和锚定

23

在自然界中，昆虫和动物会爬上各种各样的地形——从平坦光滑到崎岖不平。有些动物的进化方式是被动地适应非结构化环境，以减少能耗和控制方面的复杂性。从机器人学的角度来看，这些特性有可能提高能效，降低系统的复杂性。因此，许多研究者将这种机制应用于抓取和固定装置。

Hawkes 等人[23.103]设计了一种机构，使用大面积的定向干黏合剂以适应其接触表面的拓扑结构。该机构使用了一种由柔顺材料支撑的刚性瓷砖，该柔顺材料由不可拉伸的肌腱加载，其灵感来自肌腱系统和壁虎脚趾中的流体填充窦。虽然在对准方面仍存在明显的误差，但这种机构允许黏合剂与表面完全接触并具有均匀的负荷。Hawkes 等人[23.104]还开发了一种用于微型飞行器着陆和在太空中抓取物体的抓取器，利用了受壁虎启发的定向黏合剂，如 VIDEO 413（图 23.23）所示。

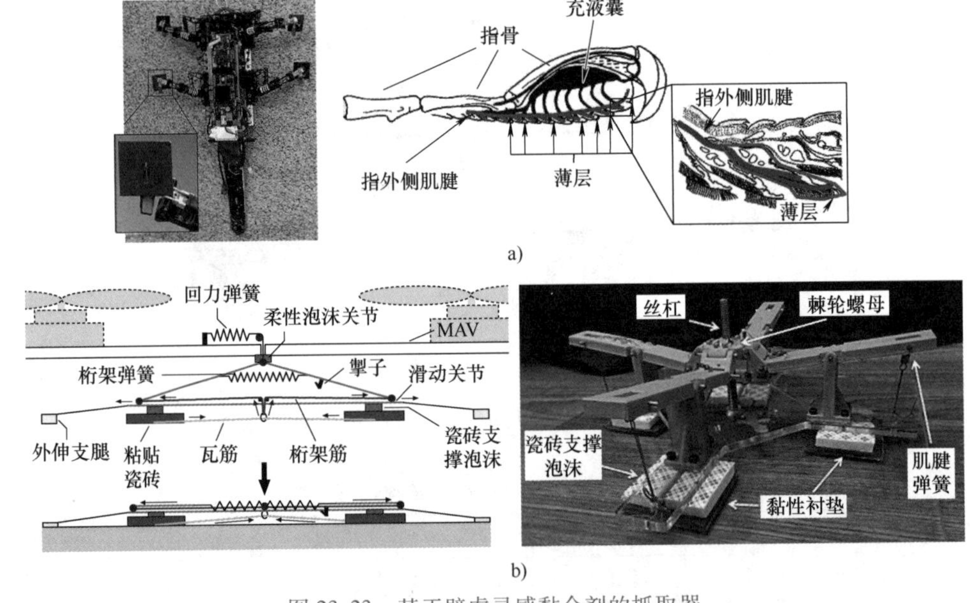

图 23.23　基于壁虎灵感黏合剂的抓取器

a）用在 RiSE 机器人上的壁虎式脚趾（左）和壁虎脚的横截面（右）[23.103]

b）折叠桁架抓取器（左）和枢轴连杆抓取器（右）[23.104]

有几种装置和机器人使用微刺来抓取自然界中常见的粗糙表面。Kim 等人[23.55]设计了一种微型刺状物阵列，这些阵列可以偶然地捕捉到表面的微凸体。Desbiens 等人[23.105]提出了一种小型无人机，可以从垂直表面着陆、停留和起飞，如 VIDEO 412 所示，其灵感来源于在撞击前将水平速度降低到 60%，从而将冲击力分散到四肢的松鼠。Spenko 等人[23.56]开发了一种六踏板攀爬机器人，使用了具有微刺的成排脚趾。Parness 等人[23.106]使用了 16 个托架，每个托架包含 16 个达到毫米级的微刺，如 VIDEO 414 所示（图 23.24）。

Trimmer 等人[23.107]采用了一种在毛毛虫身上发现的被动抓取方法。毛毛虫利用它们的收缩肌来释放抓地力，这意味着它们在抓握过程中不会消耗能量。与毛毛虫一样，Trimmer 等人还设计了一种夹持器，以便当 SMA 弹簧驱动器被激活时夹持器就会松开。Jung 等人[23.108]提出了一种基于柔性屈曲的欠驱动机构。柔性屈曲机构是受毛毛虫足部的柔软角质层启发的，该角质层受接触面的形状影响会产生很大的形变。工程装置中的大形变和适当选择长度的外倾屈曲，提供了较宽的夹持范围和较窄的力变化范围，这提供了足够多的接触，并具有均匀接触力，使其可自适应各种表面抓取。此外，夹持器的设计可以根据所需的比例轻松放大或缩小。VIDEO 409 展示了可以实现自适应抓取的小型和大型夹持器（图 23.25）。

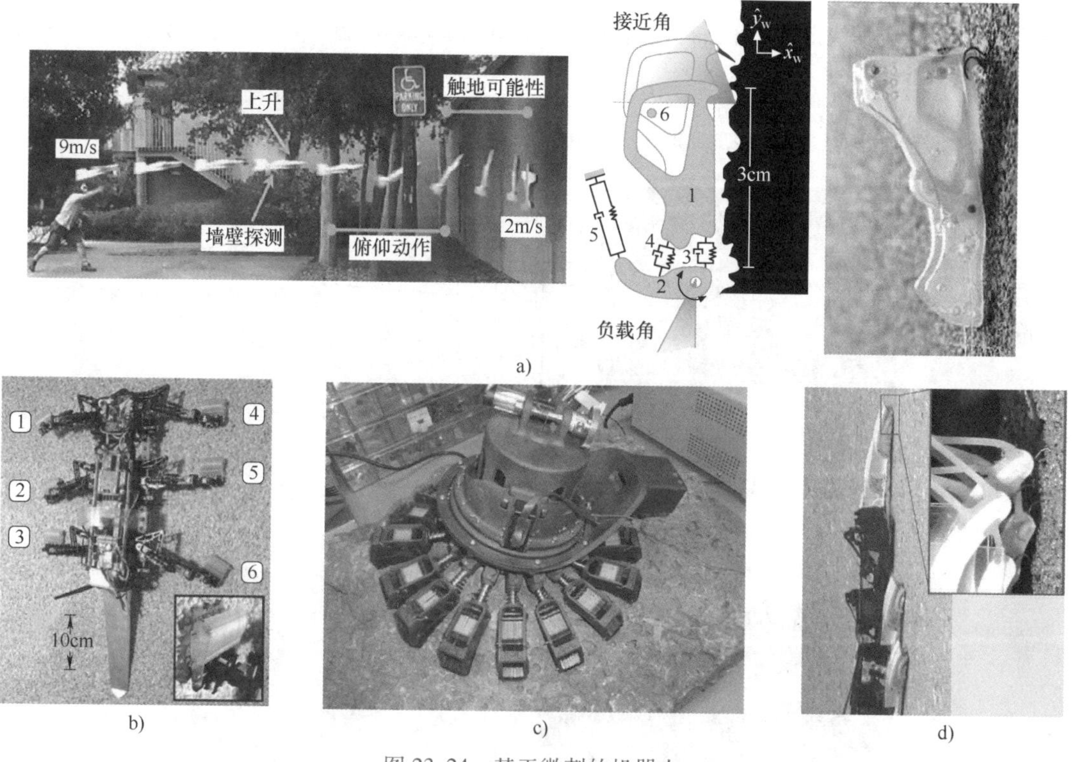

图 23.24　基于微刺的机器人

a）无人机的着陆和停留[23.105]　b）RiSE 机器人[23.56]　c）样本采集工具[23.106]　d）Spinybot[23.55]

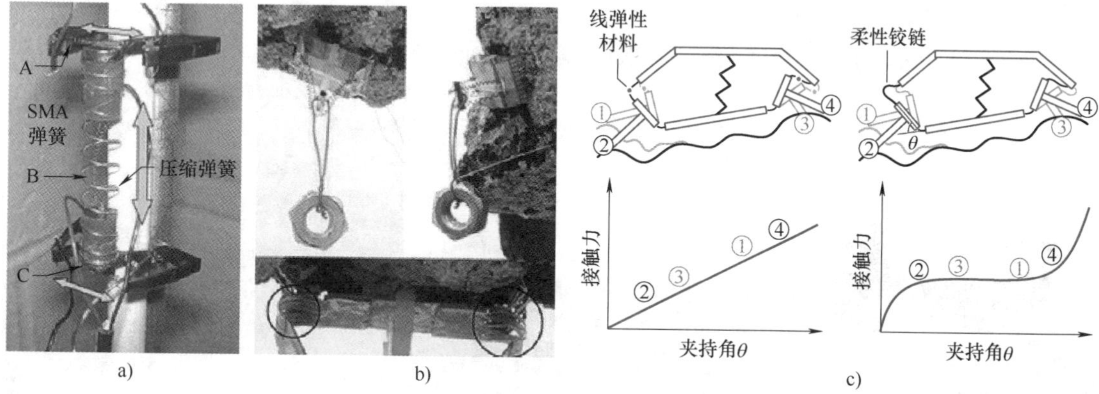

图 23.25　可实现自适应抓取的夹持器

a）被动抓取系统[23.107]　b）受毛毛虫启发的欠驱动夹持器　c）柔性屈曲的恒力区[23.108]

如 VIDEO 411 所示，章鱼的爬行动作与抓取和操纵所用的触角相同。Calisti 等人[23.109]提出了一种受章鱼启发的运动和操纵解决方案。为了实现像章鱼一样的运动，他们使用了一根钢索来拉长和缩短，纤维缆绳用于弯曲，其灵感来自图 23.26 所示章鱼的纵向肌肉。

Kim 等人[23.110]开发了仿捕蝇草的高速夹持器，如 VIDEO 410 所示。捕蝇草利用其叶片的双稳态结构特性可实现快速捕获。为了实现类似的双稳态，Kim 等人使用了非对称层压碳纤维增强预浸料（CFRP）；还利用了一个具有运动约束的可展曲面，该曲面可以约束人造叶片的曲率。因此，弯曲叶片可以通过弯曲与曲线正交的直边来驱动，这个过程称为弯曲传播。

Doyle 等人[23.111]为四旋翼机的悬停开发了一种受鸟类启发的被动悬停机构，如 VIDEO 415 所示。夜莺已经进化到可以在栖息时睡觉，当它们在树枝上栖息时，从脚踝和脚趾后侧连接的肌腱会自动使脚趾抓住树枝，这使得夜莺可以紧紧抓住树枝而不需要任何肌肉的力量。受此启发，Doyle 等人使用了一个铰链四杆机构和一个从膝盖连接到脚踝和脚的肌腱，将着陆动作与抓取结合起来。Kovac 等人[23.112]设计了一种4.6g 的微型飞行器（MAV），它能够锚定在各种墙壁上，如树和混凝土建筑物，如 VIDEO 416 所示。为了获得较高的冲击力，当触发器与目标表面发生碰撞时，针头会迅速穿过（图 23.27）。

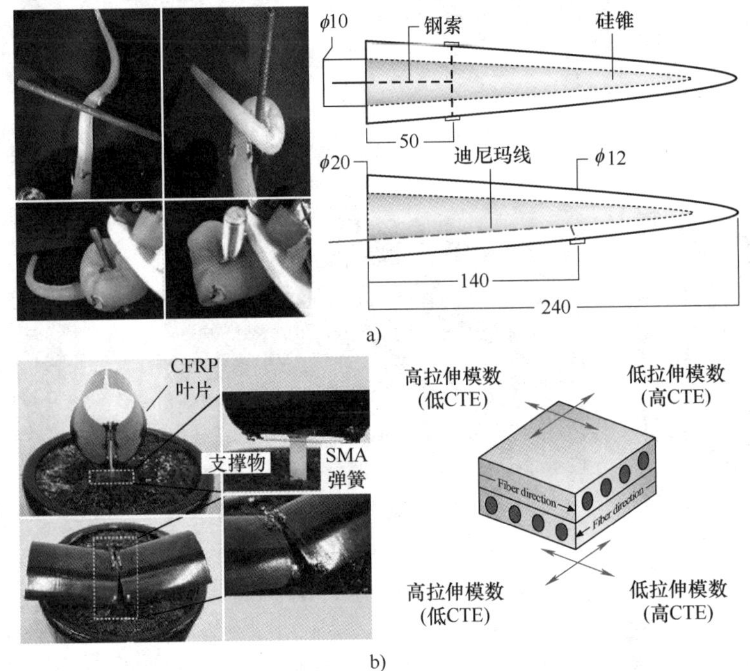

图 23.26　受章鱼启发的运动和操作解决方案

a）受章鱼启发的操纵（左）和肌腱驱动机构（右）[23.109]　b）捕蝇草式夹持器（左）和正交层压 CFRP（右）[23.110]

CFRP—碳纤维增强预浸料　CTE—热膨胀系数

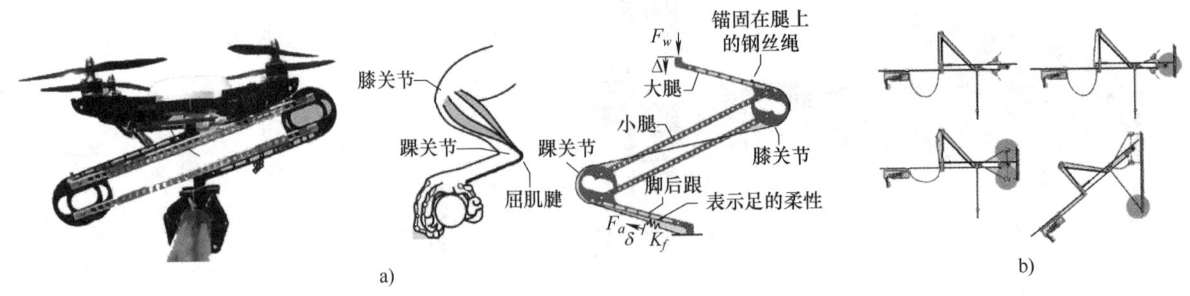

图 23.27　受鸟类启发的被动悬停机构

a）鸟式无人机悬停机构[23.111]（左）解剖学与机构设计（右）　b）悬停机理与过程[23.112]

23.4 材料与制造

23.4.1 形状沉积制造

形状沉积制造（SDM）的基本概念是采用 CNC 加工工艺的分层成型制造，它不仅可以快速创建复杂的三维形状，还可以实现高精度的精加工和很大的设计灵活性。这一概念最初由 Weiss 等人[23.113]提出。图 23.28a 所示为 SDM 工艺步骤，图 23.28b 所示为制造结果[23.114]。支撑件经处理后，采用数控加工，以获得高精度表面。Li 等人[23.115]指出，将传感器等各种功能材料嵌入结构中是可能的。Marra 等人表明，该工艺可用于骨组织工程中支架的制造[23.116]。

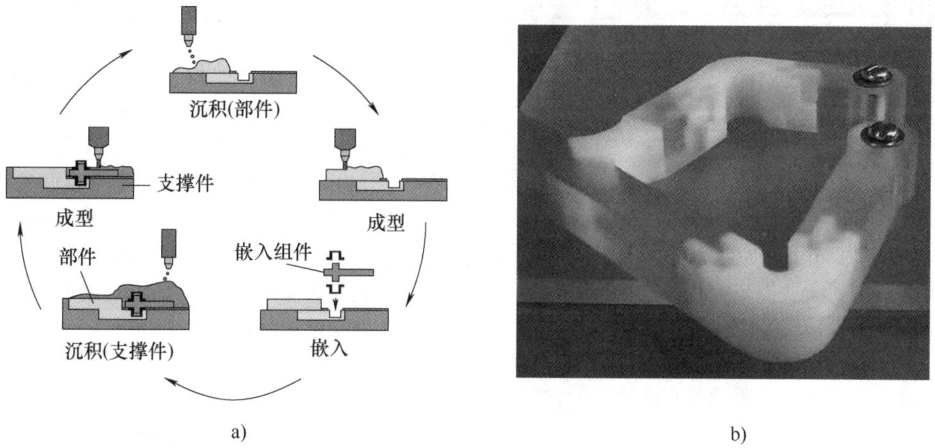

沉积(部件)
成型
支撑件
成型
部件
嵌入组件
沉积(支撑件)
嵌入

a)

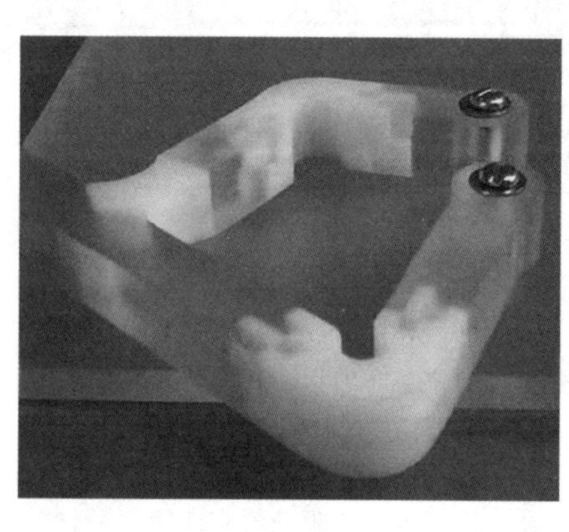

b)

图 23.28 形状沉积制造
a）工艺步骤 b）制造结果[23.114]

1999 年，Bailey 等人[23.114]首次将 SDM 工艺用于机器人设计。基于 SDM 工艺的机器人设计方法具有不需要复杂的装配或连接方法，可直接将传感器和驱动器嵌入躯干结构中的优点。换言之，这种结构的制造和装配是同时进行的，从而使小规模应用中的可制造性得到提高。为了建立一个理想的机制，作者使用了多种材料的沉积和成型循环，如图 23.28a 所示。在制造过程中使用了多种材料，为每个功能部件创造了不同的特性，柔性材料用于制作关节，刚性材料用于制作连杆。柔性组件不仅用作铰接关节，还用作阻尼器和弹簧，以控制机构的阻抗大小。Binnard 等人[23.119]提出了机构设计的 SDM 工艺设计框架，使更多的应用成为可能。图 23.29 显示的是 Sprawlita，一种基于 SDM 工艺制造的六踏板机器人。采用 SDM 工艺，将驱动器和线缆嵌入躯干结构中，从而实现了鲁棒性和最少的手动装配操作[23.117]。机器人夹持器也可通过 SDM 工艺制造[23.118]（图 23.30）。所有关节、连杆和驱动线的护套都是同时制造和组装的，采用嵌入式传感器也是一种可行的方案。研究人员已经演示了如何将力传感器嵌入 SDM 机器人夹持器的指尖中[23.120]。使用一种软基材料制造机器人，也可以设计出人性化的 SDM 机器人[23.121]。

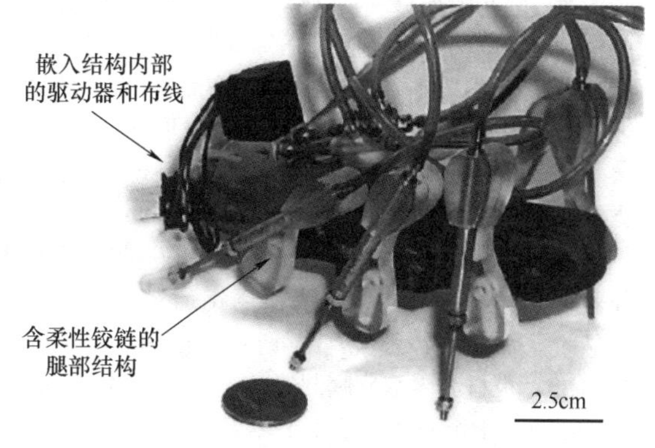

图 23.29 基于 SDM 工艺制造的六踏板机器人 Sprawlita（参考文献［23.117］）

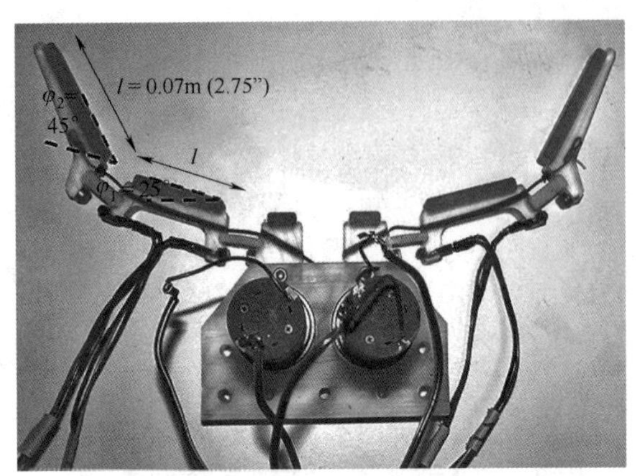

图 23.30 基于 SDM 工艺制造的夹持器（参考文献［23.118］）

23

23.4.2 智能复合材料微结构

20 世纪 90 年代末，加州大学伯克利分校的研究人员开始启动一个新项目，旨在创造一种能够持续自主飞行的机器昆虫——一种微型机械昆虫由此诞生了[23.122]。在该项目面临的诸多挑战中，如何制造，以及结构、机构和驱动器应使用何种材料是主要关注的问题。由 Fearing 领导的团队意识到缺乏一种可行的介观制造方法，于是他们尝试了多种技术，包括折叠三角形不锈钢梁[23.123]，并最终决定采用多层复合材料[23.124]。在这个后来被称为智能复合微结构（SCM）[23.50]的范例中，材料层被加工、对齐并层压，形成一个准二维层压板。材料的选择、二维层几何结构和叠层顺序使得用户可以创建一系列由柔性铰链隔开的刚性构件。这种复合材料层压板，后来称为标准连接层（standard linkage layer），可以折叠成三维形状和机构。

SCM 工艺为开发小型机器人提供了一种新的设计和制造模式。平面纤维增强预浸料（FRP）和柔性铰链取代了机器人机构中传统的连杆和关节。采用复合材料层压工艺代替了传统的机械加工和装配工艺，而后者难以应用于小型机器人机构的制造。图 23.31 所示为 SCM 中单关节单元及层压工艺的叠层。显示了一个由连杆和柔性铰链关节组成的单元，它们是 SCM 工艺的关键制造部件[23.50]。该柔性关节是一种易弯曲且可消除摩擦损失的聚合物薄膜，而摩擦造成的损失是小型机器人机构效率降低的主要原因。

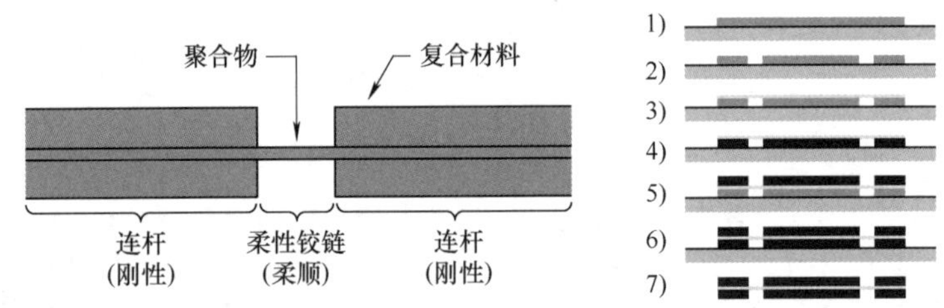

图 23.31 SCM 中单关节单元及层压工艺的叠层

纤维增强复合材料的刚性面板夹层聚合物和关节在面板的间隙处形成，然后将得到的准二维薄板折叠成三维结构。对刚性复合材料面板进行精心设计，形成机器人机构。例如，图 23.32a 是一个二维图形，用于创建球面五杆机构，如图 23.32c 所示。这是早期版本的微型机械飞虫（MFI）中的机翼传动连杆机构[23.52]。

图 23.33 所示为使用 SCM 工艺开发的 MFI 的各种版本。图 23.33a 所示为使用钢面板传动机构的早期版本[23.123]。图 23.33b 所示为使用碳纤维复合（CF）板材和聚酯薄膜制造的下一代 MFI，它有 26 个关节、4 个自由度、4 个驱动器和两个机翼。碳纤维复合材料通过将惯量降低 2/3，并将共振频率提高 20%，改善了 MFI 胸腔结构的性能[23.124]。图 23.33c 所示为具有 3 个自由度传动（2 个被动自由度）和单个双晶片 PZT 驱动器的新版本能够产生足够大的推力，以实现升力[23.52]。胸部结构中的被动动力学简化了设计，并减少了自由度之间不必要的耦合。受控飞行由图 23.33d 所示的分离式驱动器设计实现，展示了滞留但无约束的稳定悬停和基本受控操纵[23.125]。

通过使用不同的板材，SCM 工艺可以扩展到更大的尺寸。图 23.34 所示为厘米级的爬行机器人。这些机器人采用了 SCM 工艺，用纸板和黏合薄膜代替了 MFI 中使用的复合材料。这种新模式既快速又便宜——无论是使用的材料还是所需的基础设施。此外，如图 23.34 所示，这种方法还可以很容易地创建出具有高性能的新型仿生机器人机构。图 23.34a 所示为一个小型、轻型、动力自主的跑步机器人 DASH[23.8]。由于其结构采用了独特的柔性，它能够以 15×体长/s 的速度奔跑，并能从较高高度坠落（而不损伤）。该设计易于修改，可以在稳定性、速度和机动性方面实现高性能，如图 23.34b 所示[23.10]。

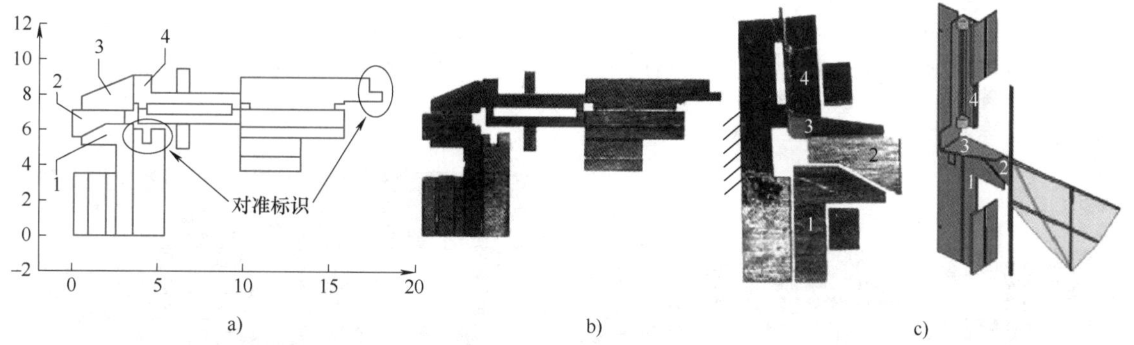

图 23.32 由 SCM 工艺制造的球面五杆机构[23.52]

a）刚性面板的图案设计 b）激光切割和折叠前的固化微复合材料板 c）用于 MFI 传动的 SCM 球面五杆机构

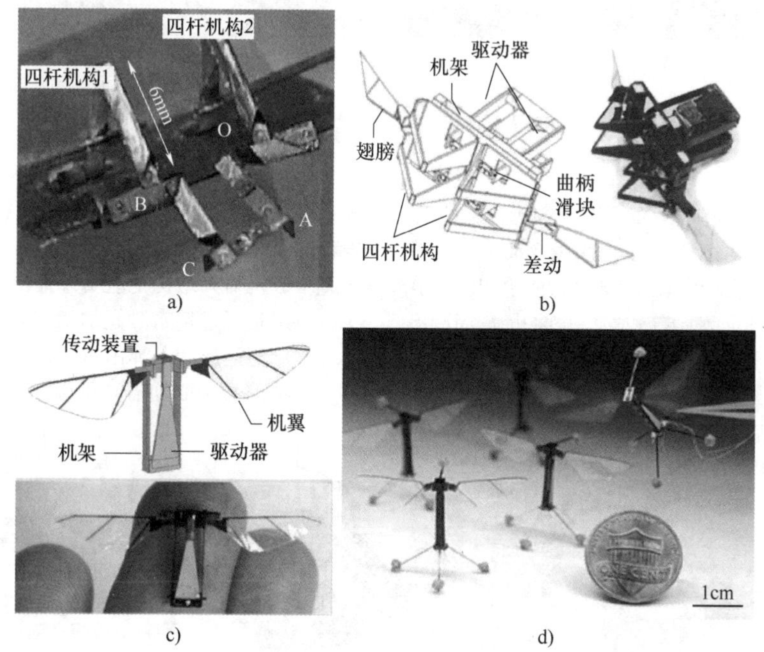

图 23.33 MFI 的各种版本

a）用钢面板制造的机翼传动机构[23.123] b）具有 SCM 球面五连杆机构的胸部机构[23.124] c）具有扑翼起飞功能的哈佛大学机器飞蝇[23.50] d）哈佛大学机器飞蝇是第一个可以无约束受控飞行的机器昆虫[23.125]

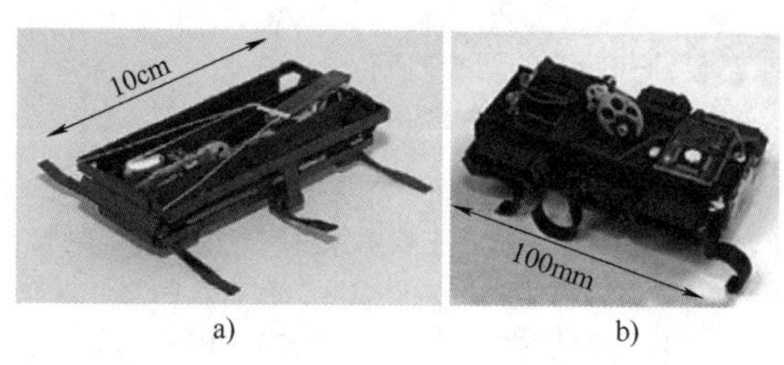

图 23.34 厘米级的爬行机器人 DASH[23.8]

23.4.3 平面折展 MEMS

为了简化高性能、经济型机器人的开发过程，人们研发了许多装配工具，以辅助不同规格的机器人制造。然而，在毫米级机器人中，制造过程和处理许多装配所用的单独部件时会遇到许多挑战。受平面折展和折纸的启发，有了消除在毫米级机器人结构制造过程中使用单个小零件繁重装配的解决方案。使用平面折展灵感设计的整体制造模式，可使高效的批量加工从多层复合材料开始，类似于SCM中使用的基本元件。精心设计的夹层相互连接，允许折叠机构具有高度的复杂性。一旦折叠，复杂的三维结构可由层压板厚度中的平行机构产生。图23.35所示为一个弹出式结构1∶900的1903 Wright Flyer模型，翼展为14mm[23.126]。该模型由6个刚性碳纤维复合材料层、7个黏合层和两个聚合物层组成，多层刚柔折叠层堆叠并进行选择性黏合。这一设计曾应用于微机电系统（MEMS）工艺。结合这个设计和平面折展设计，开发了用于构建微型机器人系统的制造工艺，包括机器人结构本体和驱动器。

图23.35 1∶900的1903 Wright Flyer模型（翼展为14mm）（参考文献［23.126］）
a）折叠后的模型 b）展开的模型

图23.36所示为基于平面折展MEMS工艺设计和制造的两个范例。图23.36a所示为Mobee（使用单片平面折展MEMS设计方法的哈佛大学MFI）[23.127]。VIDEO 398 展示了平面折展MEMS工艺如何通过在单个板材上并行制造实现大规模生产，并通过消除繁重的装配任务来缩短整个制造时间；图23.36b所示为一个由平面折展MEMS工艺设计的小型四足爬行机器人。这个装置表明，复杂的毫米级机器人结构也能实现弹出式装配[23.16]。23个材料层是通过精密激光加工切割，并以选择性黏合方式层压而成的。弹出后会形成主框架，其他组件（如电路板和驱动器）则绑定在主框架上。

图23.36 基于平面折展MEMS工艺设计和制造的两个范例
a）Mobee，MFI的单片设计[23.127] b）HAMR-VP，一个1.27g利用PC-MEMS和弹出式装配技术制造的小型四足机器人[23.16]

23.4.4 其他制造方法

在自然界中，动物利用身体的柔软部分来产生运动、变换形态和适应环境。为了最大限度地发挥其顺应性，一些仿生机器人主要由软材料，如液体、凝胶、颗粒和软聚合物构成。关于柔度，软材料的弹性（杨氏）模量范围很广[23.128]（图23.37）。因此，仿生机器人应根据其组成材料采用不同的制造方法。

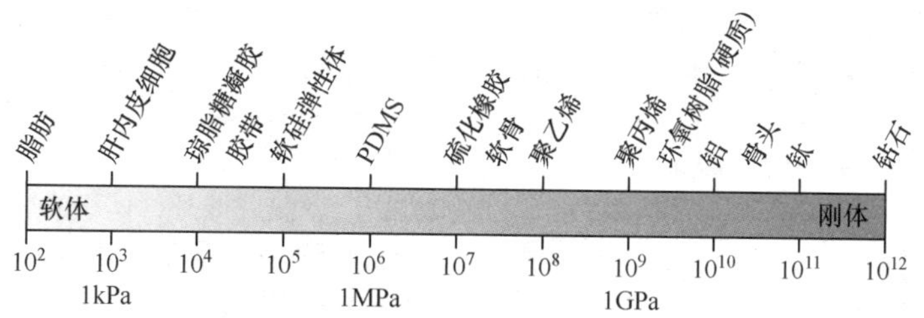

图 23.37 不同材料的弹性模量[23.128]
(在参考文献［23.63］中被 Autumn 等人改编)

1. 软光刻

软光刻最初于 1998 年提出并用于微纳米结构制造[23.129]。早期的软光刻使用弹性体印章，其表面有图案浮雕结构，以产生所需的图案和结构。例如，在仿生机器人学中，受壁虎脚部微型黏附刺启发，通过与软光刻相似的制造方法开发了定向黏附垫[23.58]（图 23.38)。

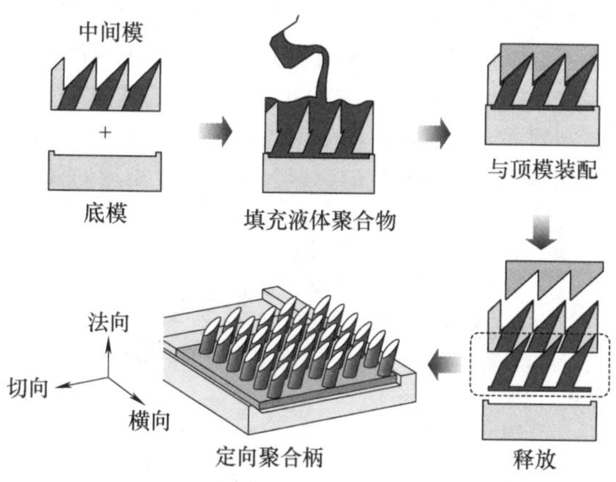

图 23.38 定向黏附垫的制造过程
(参考文献［23.58］)

随着便捷、高效、低成本软光刻技术的发展，使其不仅可应用于生物化学领域的微观和纳米尺度，而且可应用于宏观机器人技术。此外，随着 3D 打印机增材制造工艺的发展和普及，软光刻技术在机器人领域得到了广泛的应用。自软光刻技术首次应用于制造仿生软体机器人以来，它已成为仿生软体机器人的代表性制造方法[23.130-133]（图 23.39)。在仿生软体机器人的软光刻技术中，未固化的弹性聚合物，如 PDMS 或 EcoFlex，被浇注到根据结构位形设计的模具中。固化后，软材料会形成一个包含多个气室和气动通道的结构，这种结构被称为气动网络（PneuNet）或弯曲流体驱动器（BFA)。

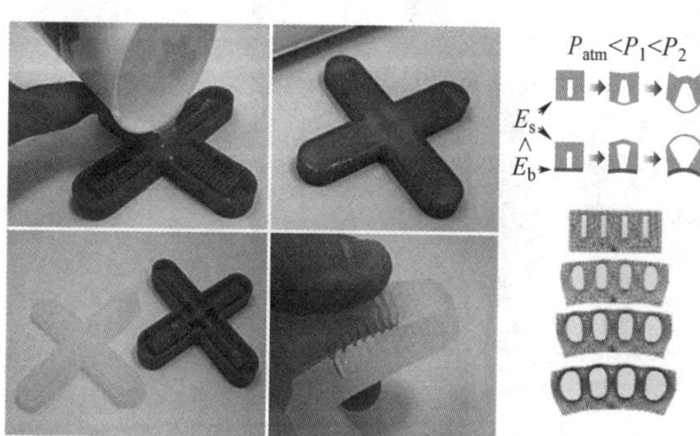

图 23.39 气动网络（PneuNet）或弯曲流体驱动器（BFA）的软光刻技术
(参考文献［23.130，133，134］)

这种结构允许机器人进行如抓取、行走和爬行之类的复杂运动，如图 23.40 所示。此外，额外的嵌入式通道可以控制染色溶液的流动，这样软体机器人就可以通过改变身体颜色来匹配周围环境的颜色，从而进行伪装[23.135]。通过软光刻技术制造的机器人的驱动或移动取决于材料的弹性模量，以及气室的几何结构和位置[23.136]。

图 23.40 通过软光刻制造的仿生软体机器人和驱动器（参考文献［23.130，131，135，136］)

此外，通过混合不同种类的材料，机器人中的软光刻技术也得到了进一步发展。通过在弹性体中嵌入片材或纤维，驱动器具有了非对称柔度，允许结构柔韧但不可伸缩，因此驱动器可以产生多样化的运动形式，如弯曲、伸展、收缩和扭曲等[23.137]（图23.41）。通过将磁铁嵌入弹性体中，软体机器人可以很容易地实现模块间的连接、分离和对齐，这些模块也会因任务的不同具有独特的功能[23.138]。

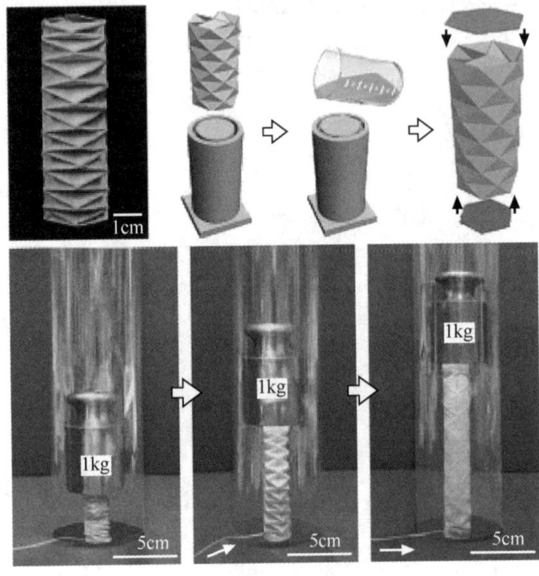

图23.41 使用软光刻技术的可编程纸-弹性体复合材料气动驱动器（参考文献［23.137］）

为了克服软体机器人典型的驱动缓慢问题，采用了通过狭缝分隔的分段气室设计，作为一种可替代的软体驱动器[23.139]。结果表明，快速气动网络结构具有较高的驱动速率，比慢速气动网络驱动器提高了25倍。此外，体积的减小使材料的疲劳最小化，从而使驱动器的耐久性提高到即使一百万次弯曲循环内也不会疲劳失效的水平。

2. 驱动器嵌入成形

仿生软体机器人因为具有无限的自由度，以及软材料的非线性，使其产生所需的姿态和运动变得较为困难。驱动器嵌入成形是制造仿生机器人软结构的常用方法。在驱动器嵌入成形中，设计考虑的是驱动器的类型及其在软结构中的位置和姿态。以使用驱动器嵌入成形的仿生机器人为例，使用智能软体复合材料（SSC）结构创建了一个类似海龟的游动机器人，可以产生弯曲和扭转变形[23.77]（图23.42）。SSC结构包括驱动器嵌入层激活组件、图形层被动组件和作为主体的软基体，如图23.42所示。图形层的角度被动地决定弯曲方向，驱动器嵌入层产生变形，软基体有助于结构的连续变形。驱动器嵌入成形中广泛使用的驱动器是电线，包括与伺服电动机和形状记忆合金（SMA）相连的普通电线[23.25,77,140]。

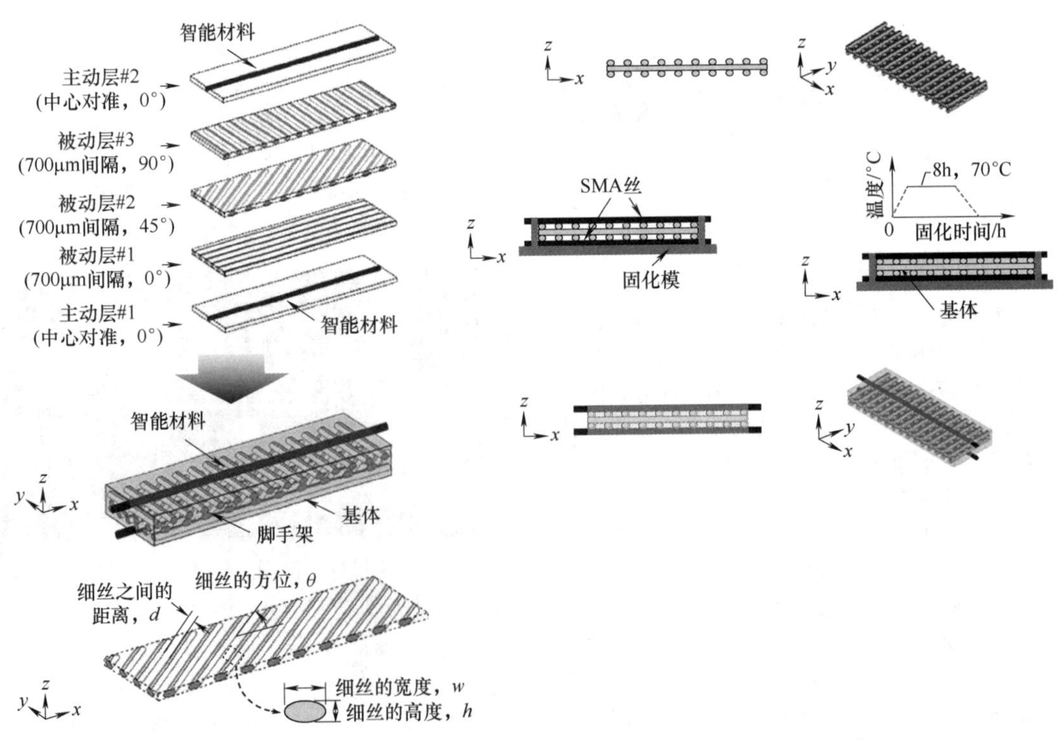

图23.42 SSC结构驱动器的驱动器嵌入成形（参考文献［23.77］）

3. 增材制造

增材制造或 3D 打印是一种快速成型（RP）工艺，可以通过从数字 CAD 模型连续分层制造任何配置的三维实体结构。20 世纪 80 年代以来，多种类型的增材制造得到了发展：固态工艺［如熔丝沉积成型（FDM）］、光固化液态聚合工艺［如立体光刻（SLA）］和粉末基工艺［如激光选区烧结（SLS）］等。

随着 3D 打印机技术的发展，可以实现软材料沉积，甚至不同硬度材料的混合沉积。因此，可以一次形成软结构，并且混合沉积的产品可以兼具刚性和柔性的特征。例如，研究人员开发了一种高度可变形的 3D 打印软体机器人[23.141]。该机器人本体是用一台可打印多种材料的 3D 打印机（Objet Connex 500TM 3D 打印机）打印的，包括两种材料：一种是软橡胶，类似 ObjetTangoBlackPlusTM；另一种是硬聚丙烯，类似 ObjetVeroWhitePlusTM。这两种材料具有不同的摩擦系数，因此机器人可以通过弯曲身体来切换与地面的摩擦。

23.5 结论

仿生机器人是一类试图利用自然界生物学原理，创造出能够与自然环境进行各种有效交互（如运动和操纵）的装置。自然界充满了各种令人惊奇的运动，使昆虫和动物能够通过躲避危险或猎食而生存。在本章中，我们介绍了一些机器人，研究人员试图通过理解基本原理、复现工程设计，并用新颖的方法制造这些机器人，以重现这些神奇的机构。近年来，工程师们成功地重现了许多昆虫和动物，这些类似昆虫和动物的机器人展现出了惊人的能力，如像壁虎一样爬壁，像飞蝇一样盘旋，像蛇一样爬树。开发这些机器人，不仅是为了了解自然，同时也作为监测、信息收集和救援行动的工具。然而，这些机器人中的多数仍处于基础研究阶段，尚未准备好进行日常应用。

关键的开放性研究问题仍然存在于材料、制造、驱动和功率等广泛领域。复合材料和聚合物，加上新的制造工艺，使各种新型仿生机器人成为可能。这些新材料的开发和制造一直是关键的使能技术之一，这些技术的进一步发展必将为更成熟的仿生机器人开发做出贡献。驱动和动力仍然是许多仿生机器人的瓶颈。许多仿生机器人选择直流电动机作为驱动器，采用新颖的传动设计，直流电动机可以产生机器人所需的运动。然而，对于小型仿生机器人来说，直流电动机总体上是不合适的。尽管基于材料收缩或膨胀的人工肌肉驱动器，如形状记忆合金、IPMC、电活性聚合物和形状记忆聚合物，有望为小型机器人提供类似于使用生物肌肉的能力，但许多与鲁棒性、效率和功率有关的问题限制了这些驱动器的应用。为了实现预期的应用，需要认真考虑这些驱动器的局限性。为了开创仿生机器人的新纪元，需要开发能够模拟生物肌肉的新型人工肌肉驱动器，而不存在现有驱动器的缺点。与生物机器人相比，在尺寸和操作时间方面，电池也限制了当前仿生机器人的效能。能量收集技术，以及新的电池化学和制造工艺的发展，将使运行时间更长，这有助于实现仿生机器人的更广泛应用。总的来说，仿生机器人设计是机器人设计中最具挑战性的领域之一，因为它需要研发各种技术来模拟自然界生物系统的结构和功能。因此，仿生机器人的发展可以在工程和科学的许多领域产生更广泛的影响，应该被视为各项技术相互融合的绝佳平台。

23

视频文献

VIDEO 278 The long-jumping robot 'Grillo'
available from http://handbookofrobotics.org/view-chapter/23/videodetails/278

VIDEO 279 A miniature 7 g jumping robot
available from http://handbookofrobotics.org/view-chapter/23/videodetails/279

VIDEO 280 A single motor actuated miniature steerable jumping robot
available from http://handbookofrobotics.org/view-chapter/23/videodetails/280

VIDEO 281 The Flea: Flea-inpired light jumping robot using elastic catapult with active storage and release mechanism
available from http://handbookofrobotics.org/view-chapter/23/videodetails/281

VIDEO 285 Jumping & landing robot 'MOWGLI'
available from http://handbookofrobotics.org/view-chapter/23/videodetails/285

VIDEO 286 RoACH: A 2.4 g, untethered crawling hexapod robot
available from http://handbookofrobotics.org/view-chapter/23/videodetails/286

23

VIDEO 287 A new form of peristaltic locomotion in a robot
available from http://handbookofrobotics.org/view-chapter/23/videodetails/287
VIDEO 288 Meshworm
available from http://handbookofrobotics.org/view-chapter/23/videodetails/288
VIDEO 289 Treebot: Autonomous tree climbing by tactile sensing
available from http://handbookofrobotics.org/view-chapter/23/videodetails/289
VIDEO 290 Omegabot : Inchworm inspired robot climbing
available from http://handbookofrobotics.org/view-chapter/23/videodetails/290
VIDEO 291 GoQBot: Insanely fast robot caterpillar
available from http://handbookofrobotics.org/view-chapter/23/videodetails/291
VIDEO 388 SpinybotII: Climbing hard walls with compliant microspines
available from http://handbookofrobotics.org/view-chapter/23/videodetails/388
VIDEO 389 Smooth vertical surface climbing with directional adhesion
available from http://handbookofrobotics.org/view-chapter/23/videodetails/389
VIDEO 390 Biologically inspired climbing with a hexapedal robot
available from http://handbookofrobotics.org/view-chapter/23/videodetails/390
VIDEO 391 CLASH: Climbing vertical loose cloth
available from http://handbookofrobotics.org/view-chapter/23/videodetails/391
VIDEO 392 Torque control strategies for snake robots
available from http://handbookofrobotics.org/view-chapter/23/videodetails/392
VIDEO 393 Snake robot climbs a tree
available from http://handbookofrobotics.org/view-chapter/23/videodetails/393
VIDEO 394 Snake robot in the water
available from http://handbookofrobotics.org/view-chapter/23/videodetails/394
VIDEO 395 Salamandra Robotica II robot walking and swimming
available from http://handbookofrobotics.org/view-chapter/23/videodetails/395
VIDEO 397 ACM-R5H
available from http://handbookofrobotics.org/view-chapter/23/videodetails/397
VIDEO 398 Pop-up fabrication of the Harvard monolithic bee (Mobee)
available from http://handbookofrobotics.org/view-chapter/23/videodetails/398
VIDEO 399 Controlled flight of a biologically-inspired, insect-scale robot
available from http://handbookofrobotics.org/view-chapter/23/videodetails/399
VIDEO 400 Rhex the parkour robot
available from http://handbookofrobotics.org/view-chapter/23/videodetails/400
VIDEO 401 Mini whegs
available from http://handbookofrobotics.org/view-chapter/23/videodetails/401
VIDEO 402 Robot dragonfly DelFly explorer flies autonomously
available from http://handbookofrobotics.org/view-chapter/23/videodetails/402
VIDEO 403 Standford Sprawl and iSprawl
available from http://handbookofrobotics.org/view-chapter/23/videodetails/403
VIDEO 405 DASH: Resilient high-speed 16g hexapedal robot
available from http://handbookofrobotics.org/view-chapter/23/videodetails/405
VIDEO 406 HAMR3: An autonomous 1.7g ambulatory robot
available from http://handbookofrobotics.org/view-chapter/23/videodetails/406
VIDEO 407 Undulatory gaits in a centipede millirobot
available from http://handbookofrobotics.org/view-chapter/23/videodetails/407
VIDEO 408 VelociRoACH
available from http://handbookofrobotics.org/view-chapter/23/videodetails/408
VIDEO 409 Underactuated adaptive gripper using flexural buckling
available from http://handbookofrobotics.org/view-chapter/23/videodetails/409
VIDEO 410 Flytrap-inspired bi-stable gripper
available from http://handbookofrobotics.org/view-chapter/23/videodetails/410
VIDEO 411 An octopus-bioinspired solution to movement and manipulation for soft robots
available from http://handbookofrobotics.org/view-chapter/23/videodetails/411
VIDEO 412 Landing and perching UAV
available from http://handbookofrobotics.org/view-chapter/23/videodetails/412
VIDEO 413 Dynamic surface grasping with directional adhesion
available from http://handbookofrobotics.org/view-chapter/23/videodetails/413
VIDEO 414 Gravity-independent rock-climbing robot and a sample acquisition tool with microspine grippers
available from http://handbookofrobotics.org/view-chapter/23/videodetails/414
VIDEO 415 Avian-inspired perching mechanism with UAV
available from http://handbookofrobotics.org/view-chapter/23/videodetails/415
VIDEO 416 A perching mechanism for micro aerial vehicles
available from http://handbookofrobotics.org/view-chapter/23/videodetails/416

VIDEO 431 G9 series robotic fish
available from http://handbookofrobotics.org/view-chapter/23/videodetails/431
VIDEO 432 Ichthus
available from http://handbookofrobotics.org/view-chapter/23/videodetails/432
VIDEO 433 Autonomous, self-contained soft robotic fish
available from http://handbookofrobotics.org/view-chapter/23/videodetails/433
VIDEO 434 Robotic Ray takes a swim
available from http://handbookofrobotics.org/view-chapter/23/videodetails/434

参考文献

23.1 R.J. Full, K. Autumn, J. Chung, A. Ahn: Rapid negotiation of rough terrain by the death-head cockroach, Am. Zool. **38**(5), 81A (1998)

23.2 R.J. Full, M.S. Tu: Mechanics of a rapid running insect: Two-, four- and six-legged locomotion, J. Exp. Biol. **156**, 215–231 (1991)

23.3 C.P. Ellington: The novel aerodynamics of insect flight: Applications to micro-air vehicles, J. Exp. Biol. **202**, 3439–3448 (1999)

23.4 U. Saranli, M. Buehler, D.E. Koditschek: RHex: A simple and highly mobile hexapod robot, Int. J. Robotics Res. **20**, 616–631 (2001)

23.5 J.M. Morrey, B. Lambrecht, A.D. Horchler, R.E. Ritzmann, R.D. Quinn: Highly mobile and robust small quadruped robots, Proc IEEE/RSJ Int. Conf. Intell. Robots Syst. (IROS), Vol. 1 (2003) pp. 82–87

23.6 J.E. Clark, J.G. Cham, S.A. Bailey, E.M. Froehlich, P.K. Nahata, R.J. Full, M.R. Cutkosky: Biomimetic design and fabrication of a hexapedal running robot, Proc. IEEE Int. Conf. Robotics Autom. (ICRA), Vol. 4 (2001) pp. 3643–3649

23.7 S. Kim, J.E. Clark, M.R. Cutkosky: iSprawl: design and tuning for high-speed autonomous open-loop running, Int. J. Robotics Res. **25**, 903–912 (2006)

23.8 P. Birkmeyer, K. Peterson, R.S. Fearing: DASH: A dynamic 16g hexapedal robot, Proc. IEEE/RSJ Int. Conf. Intell. Robots Syst. (IROS) (2009) pp. 2683–2689

23.9 A.M. Hoover, E. Steltz, R.S. Fearing: RoACH: An autonomous 2.4g crawling hexapod robot, Proc. IEEE/RSJ Int. Conf. Intell. Robots Syst. (IROS) (2008) pp. 26–33

23.10 A.M. Hoover, S. Burden, X.-Y. Fu, S.S. Sastry, R.S. Fearing: Bio-inspired design and dynamic maneuverability of a minimally actuated six-legged robot, Proc. IEEE/RAS Biomed. Robotics Biomech. (BioRob) (2010) pp. 869–876

23.11 A.O. Pullin, N.J. Kohut, D. Zarrouk, R.S. Fearing: Dynamic turning of 13 cm robot comparing tail and differential drive, Proc. IEEE Int. Conf. Robotics Autom. (ICRA) (2012) pp. 5086–5093

23.12 A.T. Baisch, C. Heimlich, M. Karpelson, R.J. Wood: HAMR3: An autonomous 1.7g ambulatory robot, Proc. IEEE/RSJ Int. Conf. Intell. Robots Syst. (IROS) (2011) pp. 5073–5079

23.13 K.L. Hoffman, R.J. Wood: Turning gaits and optimal undulatory gaits for a modular centipede-inspired millirobot, Proc. IEEE/RAS Biomed. Robotics Biomech. (BioRob) (2012) pp. 1052–1059

23.14 R. Sahai, S. Avadhanula, R. Groff, E. Steltz, R. Wood, R.S. Fearing: Towards a 3g crawling robot through the integration of microrobot technologies, Proc. IEEE Int. Conf. Robotics Autom. (ICRA) (2006) pp. 296–302

23.15 J.T. Watson, R.E. Ritzmann, S.N. Zill, A.J. Pollack: Control of obstacle climbing in the cockroach, Blaberus discoidalis. I. Kinematics, J. Comp. Physiol. A **188**, 39–53 (2002)

23.16 A.T. Baisch, O. Ozcan, B. Goldberg, D. Ithier, R.J. Wood: High speed locomotion for a quadrupedal microrobot, Int. J. Robotics Res. **33**, 1063–1082 (2014)

23.17 D.W. Haldane, K.C. Peterson, F.L. Garcia Bermudez, R.S. Fearing: Animal-inspired design and aerodynamic stabilization of a hexapedal millirobot, Proc. IEEE Int. Conf. Robotics Autom. (ICRA) (2013) pp. 3279–3286

23.18 A.S. Boxerbaum, H.J. Chiel, R.D. Quinn: A new theory and methods for creating peristaltic motion in a robotic platform, Proc. IEEE Int. Conf. Robotics Autom. (ICRA) (2010) pp. 1221–1227

23.19 S. Seok, C.D. Onal, K.-J. Cho, R.J. Wood, D. Rus, S. Kim: Meshworm: A peristaltic soft robot with antagonistic nickel titanium coil actuators, IEEE/ASME Trans. Mechatron. **18**, 1–13 (2012)

23.20 A. Menciassi, D. Accoto, S. Gorini, P. Dario: Development of a biomimetic miniature robotic crawler, Auton. Robotics **21**, 155–163 (2006)

23.21 K. Kotay, D. Rus: The inchworm robot: A multi-functional system, Auton. Robotics **8**, 53–69 (2000)

23.22 N. Cheng, G. Ishigami, S. Hawthorne, H. Chen, M. Hansen, M. Telleria, R. Playter, K. Iagnemma: Design and analysis of a soft mobile robot composed of multiple thermally activated joints driven by a single actuator, Proc. IEEE Int. Conf. Robotics Autom. (ICRA) (2010) pp. 5207–5212

23.23 J.-S. Koh, K.-J. Cho: Omega-shaped inchworm-inspired crawling robot with large-index-and-pitch (LIP) SMA spring actuators, IEEE/ASME Trans. Mechatron. **18**, 419–429 (2013)

23.24 T.L. Lam, Y. Xu: Climbing strategy for a flexible tree climbing robot – Treebot, IEEE Trans. Robotics **27**, 1107–1117 (2011)

23.25 H.-T. Lin, G.G. Leisk, B. Trimmer: GoQBot: A caterpillar-inspired soft-bodied rolling robot, Bioinsp. Biomimet. **6**, 026007 (2011)

23.26 S. Hirose, Y. Umetani: The development of soft gripper for the versatile robot hand, Mech. Mach. Theory **13**, 351–359 (1978)

23.27 H. Ohno, S. Hirose: Design of slim slime robot and its gait of locomotion, Proc. IEEE/RSJ Int. Conf. Intell. Robots Syst. (IROS) (2001) pp. 707–715

23.28 C. Wright, A. Johnson, A. Peck, Z. McCord, A. Naaktgeboren, P. Gianfortoni, M. Gonzalez-Rivero, R. Hatton, H. Choset: Design of a modular snake robot, Proc. IEEE/RSJ Int. Conf. Intell. Robots Syst. (IROS) (2007) pp. 2609–2614

23.29 H. Yamada, S. Chigisaki, M. Mori, K. Takita, K. Ogami, S. Hirose: Development of amphibious snake-like robot ACM-R5, Proc. ISR (2005)

23.30 J. Gray: The mechanism of locomotion in snakes, J. Exp. Biol. **23**, 101–120 (1946)

23.31 G.S. Miller: The motion dynamics of snakes and worms, ACM Siggraph Comput. Graph. **22**, 169–173 (1988)

23.32 Z. Bayraktaroglu: Snake-like locomotion: Experimentations with a biologically inspired wheelless snake robot, Mech. Mach. Theory **44**, 591–602 (2009)

23.33 D.L. Hu, J. Nirody, T. Scott, M.J. Shelley: The mechanics of slithering locomotion, Proc. Natl. Acad. Sci. **106**, 10081–10085 (2009)

23.34 Z. Wang, S. Ma, B. Li, Y. Wang: Experimental study of passive creeping for a snake-like robot, Proc. IEEE/ICME Int. Conf. Complex Med. Eng. (CME) (2011) pp. 382–387

23.35 J.J. Socha, T. O'Dempsey, M. LaBarbera: A 3-D kinematic analysis of gliding in a flying snake, Chrysopelea paradisi J. Exp. Biol. **208**, 1817–1833 (2005)

23.36 R.L. Hatton, H. Choset: Generating gaits for snake robots: Annealed chain fitting and keyframe wave extraction, Auton. Robotics **28**, 271–281 (2010)

23.37 K.J. Dowling: *Limbless Locomotion: Learning to Crawl with a Snake Robot* (NASA, Pittsburgh 1996)

23.38 S. Hirose, M. Mori: Biologically inspired snake-like robots, IEEE Int. Conf. Robotics Biomimet. (ROBIO) (2004) pp. 1–7

23.39 C. Wright, A. Buchan, B. Brown, J. Geist, M. Schwerin, D. Rollinson, M. Tesch, H. Choset: Design and architecture of the unified modular snake robot, Proc. IEEE Int. Conf. Robotics Autom. (ICRA) (2012) pp. 4347–4354

23.40 K.-H. Low: *Industrial Robotics: Programming, Simulation and Applications* (InTech, Rijeka 2007)

23.41 A.J. Ijspeert, A. Crespi, D. Ryczko, J.M. Cabelguen: From swimming to walking with a salamander robot driven by a spinal cord model, Science **315**, 1416–1420 (2007)

23.42 R. Crespi, K. Karakasiliotis, A. Guignard, A.J. Ijspeert: 1 Salamandra robotica II: An amphibious robot to study salamander-like swimming and walking gaits, IEEE Trans. Robotics **29**, 308–320 (2013)

23.43 S. Hirose, H. Yamada: Snake-like robots [Tutorial], IEEE Robotics Autom. Mag. **16**, 88–98 (2009)

23.44 N. Kamamichi, M. Yamakita, K. Asaka, Z.-W. Luo: A snake-like swimming robot using IPMC actuator/sensor, Proc. IEEE Int. Conf. Robotics Autom. (ICRA) (2006) pp. 1812–1817

23.45 P. Liljebäck, K.Y. Pettersen, O. Stavdahl, J.T. Gravdahl: Snake robot locomotion in environments with obstacles, IEEE/ASME Trans. Mechatron. **17**, 1158–1169 (2012)

23.46 P. Liljebäck, K.Y. Pettersen, Ø. Stavdahl, J.T. Gravdahl: A review on modelling, implementation, and control of snake robots, Robotics Auton. Syst. **60**, 29–40 (2012)

23.47 M.H. Dickinson: Wing rotation and the aerodynamic basis of insect flight, Science **284**, 1954–1960 (1999)

23.48 M.H. Dickinson: How animals move: An integrative view, Science **288**, 100–106 (2000)

23.49 G.C.H.E. de Croon, K.M.E. de Clercq, R. Ruijsink, B. Remes, C. de Wagter: Design, aerodynamics, and vision-based control of the DelFly, Int. J. Micro Air Veh. **1**(2), 71–97 (2009)

23.50 R.J. Wood, S. Avadhanula, R. Sahai, E. Steltz, R.S. Fearing: Microrobot design using fiber reinforced composites, J. Mech. Des. **130**, 052304 (2008)

23.51 M. Keennon, K. Klingebiel, H. Won, A. Andriukov: Development of the nano hummingbird: A tailless flapping wing micro air vehicle, AIAA Aerospace Sci. Meet. (2012)

23.52 R.J. Wood: The first takeoff of a biologically inspired at-scale robotic insect, IEEE Trans. Robotics **24**, 341–347 (2008)

23.53 K. Peterson, P. Birkmeyer, R. Dudley, R.S. Fearing: A wing-assisted running robot and implications for avian flight evolution, Bioinsp. Biomimet. **6**, 046008 (2011)

23.54 S. Hirose, A. Nagakubo, R. Toyama: Machine that can walk and climb on floors, walls and ceilings, Adv. Robotics ICAR '05. Proc. (1991) pp. 753–758

23.55 S. Kim, A.T. Asbeck, M.R. Cutkosky, W.R. Provancher: SpinybotII: Climbing hard walls with compliant microspines, Adv. Robotics ICAR '05. Proc. (2005) pp. 601–606

23.56 M. Spenko, G.C. Haynes, J. Saunders, M.R. Cutkosky, A.A. Rizzi, R.J. Full, D.E. Ko-ditschek: Biologically inspired climbing with a hexapedal robot, J. Field Robotics **25**, 223–242 (2008)

23.57 K. Autumn, A. Dittmore, D. Santos, M. Spenko, M. Cutkosky: Frictional adhesion: A new angle on gecko attachment, J. Exp. Biol. **209**, 3569–3579 (2006)

23.58 S. Kim, M. Spenko, S. Trujillo, B. Heyneman, D. Santos, M.R. Cutkosky: Smooth vertical surface climbing with directional adhesion, IEEE Trans. Robotics **24**, 65–74 (2008)

23.59 M. Minor, H. Dulimarta, G. Danghi, R. Mukherjee, R.L. Tummala, D. Aslam: Design, implementation, and evaluation of an under-actuated miniature biped climbing robot, Proc. IEEE/RSJ Int. Conf. Intell. Robots Syst. (IROS) (2000) pp. 1999–2005

23.60 D. Longo, G. Muscato: The Alicia 3 climbing robot: A three-module robot for automatic wall inspection, IEEE Robotics Autom. Mag. **13**, 42–50 (2006)

23.61 M. Armada, M. Prieto, T. Akinfiev, R. Fernández, P. González, E. García, H. Montes, S. Nabulsi, R. Ponticelli, J. Sarriá, J. Estremera, S. Ros, J. Grieco, G. Fernández: On the design and development of climbing and walking robots for the maritime industries, J. Marit. Res. **2**, 9–32 (2005)

23.62 G.C. Haynes, A. Khripin, G. Lynch, J. Amory, A. Saunders, A.A. Rizzi, D.E. Koditschek: Rapid pole climbing with a quadrupedal robot, Proc. IEEE Int. Conf. Robotics Autom. (ICRA) (2009) pp. 2767–2772

23.63 K. Autumn, Y.A. Liang, S.T. Hsieh, W. Zesch, W.P. Chan, T.W. Kenny, R. Fearing, R.J. Full: Adhesive force of a single gecko foot-hair, Nature **405**, 681–685 (2000)

23.64 G.A. Lynch, J.E. Clark, P.-C. Lin, D.E. Koditschek: A bioinspired dynamical vertical climbing robot, Int. J. Robotics Res. **31**, 974–996 (2012)

23.65 J. Clark, D. Goldman, P.-C. Lin, G. Lynch, T. Chen, H. Komsuoglu, R.J. Full, D. Koditschek: Design of a bio-inspired dynamical vertical climbing robot, Robotics Sci. Syst. (2007)

23.66 P. Birkmeyer, A.G. Gillies, R.S. Fearing: Dynamic climbing of near-vertical smooth surfaces, Proc. IEEE/RSJ Int. Conf. Intell. Robots Syst. (IROS) (2012) pp. 286–292

23.67 K.A. Daltorio, T.E. Wei, S.N. Gorb, R.E. Ritzmann, R.D. Quinn: Passive foot design and contact area analysis for climbing mini-whegs, Proc. IEEE Int. Conf. Robotics Autom. (ICRA) (2007) pp. 1274–1279

23.68 O. Unver, A. Uneri, A. Aydemir, M. Sitti: Geckobot: A gecko inspired climbing robot using elastomer adhesives, Proc. IEEE Int. Conf. Robotics Autom. (ICRA) (2006) pp. 2329–2335

23.69 S.A. Bailey, J.G. Cham, M.R. Cutkosky, R.J. Full: A biomimetic climbing robot based on the gecko, J. Bionic Eng. **3**, 115–125 (2006)

23.70 M.P. Murphy, C. Kute, Y. Mengüç, M. Sitti: Waalbot II: Adhesion recovery and improved performance of a climbing robot using fibrillar adhesives, Int. J. Robotics Res. **30**, 118–133 (2011)

23.71 D.S. Barrett: Propulsive Efficiency of a Flexible Hull Underwater Vehicle, Ph.D. Thesis (MIT, Cambridge 1996)

23.72 J. Liu, H. Hu: Biological inspiration: From carangiform fish to multi-joint robotic fish, J. Bionic Eng. **7**, 35–48 (2010)

23.73 G.-H. Yang, K.-S. Kim, S.-H. Lee, C. Cho, Y. Ryuh: Design and control of 3-DOF robotic fish 'ICHTHUS V5, Lect. Not. Comp. Sci. **8103**, 310–319 (2013)

23.74 K. Low: Modelling and parametric study of modular undulating fin rays for fish robots, Mech. Mach. Theory **44**, 615–632 (2009)

23.75 A.D. Marchese, C.D. Onal, D. Rus: Autonomous soft robotic fish capable of escape maneuvers using fluidic elastomer actuators, Soft Robotics **1**, 75–87 (2014)

23.76 Z. Chen, T.I. Um, H. Bart-Smith: Bio-inspired robotic manta ray powered by ionic polymer-metal composite artificial muscles, Int. J. Smart Nano Mater. **3**, 296–308 (2012)

23.77 H.-J. Kim, S.-H. Song, S.-H. Ahn: A turtle-like swimming robot using a smart soft composite (SSC) structure, Smart Mater. Struct. **22**, 014007 (2013)

23.78 C.J. Esposito, J.L. Tangorra, B.E. Flammang, G.V. Lauder: A robotic fish caudal fin: Effects of stiffness and motor program on locomotor performance, J. Exp. Biol. **215**, 56–67 (2012)

23.79 H. Prahlad, R. Pelrine, S. Stanford, J. Marlow, R. Kornbluh: Electroadhesive robots—wall climbing robots enabled by a novel, robust, and electrically controllable adhesion technology, Proc. IEEE Int. Conf. Robotics Autom. (ICRA) (2008) pp. 3028–3033

23.80 P. Birkmeyer, A.G. Gillies, R.S. Fearing: CLASH: Climbing vertical loose cloth, Proc. IEEE/RSJ Int. Conf. Intell. Robots Syst. (IROS) (2011) pp. 5087–5093

23.81 K. Streitlien, G.S. Triantafyllou, M.S. Triantafyllou: Efficient foil propulsion through vortex control, AIAA J. **34**, 2315–2319 (1996)

23.82 H. Morikawa, S. Nakao, S.-I. Kobayashi: Experimental study on oscillating wing for propulsor with bending mechanism modeled on caudal muscle-skeletal structure of tuna, Jap. Soc. Mech. Eng. C **44**, 1117–1124 (2001)

23.83 R. Fan, J. Yu, L. Wang, G. Xie, Y. Fang, Y. Hu: Optimized design and implementation of biomimetic robotic dolphin, IEEE Int. Conf. Robotics Biomimet. (ROBIO) (2005) pp. 484–489

23.84 T. Salumäe, M. Kruusmaa: A flexible fin with bio-inspired stiffness profile and geometry, J. Bionic Eng. **8**, 418–428 (2011)

23.85 P.V. y Alvarado, K. Youcef-Toumi: Design of machines with compliant bodies for biomimetic locomotion in liquid environments, J. Dyn. Syst. Meas. Contr. **128**, 3–13 (2006)

23.86 U. Scarfogliero, C. Stefanini, P. Dario: Design and development of the long-jumping, Proc. IEEE Int. Conf. Robotics Autom. (ICRA) (2007) pp. 467–472

23.87 M. Kovac, M. Fuchs, A. Guignard, J.-C. Zufferey, D. Floreano: A miniature 7g jumping robot, Proc. IEEE Int. Conf. Robotics Autom. (ICRA) (2008) pp. 373–378

23.88 Y.-J. Park, T.M. Huh, D. Park, K.-J. Cho: Design of a variable-stiffness flapping mechanism for maximizing the thrust of a bio-inspired underwater robot, Bioinsp. Biomimet. **9**, 036002 (2014)

23.89 W.-S. Chu, K.-T. Lee, S.-H. Song, M.-W. Han, J.-Y. Lee, H.-S. Kim, M.S. Kim, Y.J. Park, K.J. Cho, S.H. Anh: Review of biomimetic underwater robots using smart actuators, Int. J. Prec. Eng. Manuf. **13**, 1281–1292 (2012)

23.90 Z. Wang, G. Hang, Y. Wang, J. Li, W. Du: Embedded SMA wire actuated biomimetic fin: A module for biomimetic underwater propulsion, Smart Mater. Struc. **17**, 025039 (2008)

23.91 G.V. Lauder, J. Lim, R. Shelton, C. Witt, E. Anderson, J.L. Tangorra: Robotic models for studying undulatory locomotion in fishes, Mar. Technol. Soc. J. **45**, 41–55 (2011)

23.92 F. Li, G. Bonsignori, U. Scarfogliero, D. Chen, C. Stefanini, W. Liu, P. Dario, F. Xin: Jumping mini-robot with bio-inspired legs, IEEE Int. Conf. Robotics Biomimet. (ROBIO) (2009) pp. 933–938

23.93 B.G.A. Lambrecht, A.D. Horchler, R.D. Quinn: A small, insect-inspired robot that runs and jumps, Proc. IEEE Int. Conf. Robotics Autom. (ICRA) (2005) pp. 1240–1245

23.94 J. Zhao, J. Xu, B. Gao, N. Xi, F.J. Cintrón, M.W. Mutka, X. Li: MSU Jumper: A single-motor-actuated miniature steerable jumping robot, IEEE Trans. Robotics **29**, 602–614 (2013)

23.95 J. Zhao, W. Yan, N. Xi, M.W. Mutka, L. Xiao: A miniature 25 grams running and jumping robot, Proc. IEEE Int. Conf. Robotics Autom. (ICRA) (2014)

23.96 R. Armour, K. Paskins, A. Bowyer, J. Vincent, W. Megill: Jumping robots: A biomimetic solution to locomotion across rough terrain, Bioinsp. Biomimet. **2**, S65–S82 (2007)

23.97 M. Noh, S.-W. Kim, S. An, J.-S. Koh, K.-J. Cho: Flea-inspired catapult mechanism for miniature jumping robots, IEEE Trans. Robotics **28**, 1007–1018 (2012)

23.98 J.-S. Koh, S.-P. Jung, M. Noh, S.-W. Kim, K.-J. Cho: Flea inspired catapult mechanism with active energy storage and release for small scale jumping robot, Proc. IEEE Int. Conf. Robotics Autom. (ICRA) (2013) pp. 26–31

23.99 J.-S. Koh, S.-P. Jung, R.J. Wood, K.-J. Cho: A jumping robotic insect based on a torque reversal catapult mechanism, Proc. IEEE/RSJ Int. Conf. Intell. Robots Syst. (IROS) (2013) pp. 3796–3801

23.100 A. Yamada, M. Watari, H. Mochiyama, H. Fujimoto: An asymmetric robotic catapult based on the closed elastica for jumping robot, Proc. IEEE Int. Conf. Robotics Autom. (ICRA) (2008) pp. 232–237

23.101 A.P. Gerratt, S. Bergbreiter: Incorporating compliant elastomers for jumping locomotion in microrobots, Smart Mater. Struct. **22**, 014010 (2013)

23.102 R. Niiyama, A. Nagakubo, Y. Kuniyoshi: Mowgli: A bipedal jumping and landing robot with an artificial musculoskeletal system, Proc. IEEE Int. Conf. Robotics Autom. (ICRA) (2007) pp. 2546–2551

23.103 E.W. Hawkes, E.V. Eason, A.T. Asbeck, M.R. Cutkosky: The gecko's toe: Scaling directional adhesives for climbing applications, IEEE/ASME Trans. Mechatron. **18**, 518–526 (2013)

23.104 E.W. Hawkes, D.L. Christensen, E.V. Eason, M.A. Estrada, M. Heverly, E. Hilgemann, J. Hao, M.T. Pope, A. Parness, M.R. Cutkosky: Dynamic surface grasping with directional adhesion, Proc. IEEE/RSJ Int. Conf. Intell. Robots Syst. (IROS) (2013) pp. 5487–5493

23.105 A.L. Desbiens, A.T. Asbeck, M.R. Cutkosky: Landing, perching and taking off from vertical surfaces, Int. J. Robotics Res. **30**, 355–370 (2011)

23.106 A. Parness, M. Frost, N. Thatte, J.P. King, K. Witkoe, M. Nevarez, M. Garrett, H. Aghazarian, B. Kennedy: Gravity-independent rock-climbing robot and a sample acquisition tool with microspine grippers, J. Field Robotics **30**, 897–915 (2013)

23.107 B.A. Trimmer, A.E. Takesian, B.M. Sweet, C.B. Rogers, D.C. Hake, D.J. Rogers: Caterpillar locomotion: A new model for soft-bodied climbing and burrowing robots, 7th Int. Symp. Technol. Mine Problem (2006) pp. 1–10

23.108 G.-P. Jung, J.-S. Koh, K.-J. Cho: Underactuated adaptive gripper using flexural buckling, IEEE Trans. Robotics **29**(6), 1396 (2013)

23.109 M. Calisti, M. Giorelli, G. Levy, B. Mazzolai, B. Hochner, C. Laschi, P. Dario: An octopus-bioinspired solution to movement and manipulation for soft robots, Bioinsp. Biomimet. **6**, 036002 (2011)

23.110 S.-W. Kim, J.-S. Koh, J.-G. Lee, J. Ryu, M. Cho, K.-J. Cho: Flytrap-inspired robot using structurally integrated actuation based on bistability and a developable surface, Bioinsp. Biomimet. **9**, 036004 (2014)

23.111 C.E. Doyle, J.J. Bird, T.A. Isom, J.C. Kallman, D.F. Bareiss, D.J. Dunlop, R.J. King, J.J. Abbott, M.A. Minor: An avian-inspired passive mechanism for quadrotor perching, IEEE/ASME Trans. Mechatron. **18**, 506–517 (2013)

23.112 M. Kovač, J. Germann, C. Hürzeler, R.Y. Siegwart, D. Floreano: A perching mechanism for micro aerial vehicles, J. Micro-Nano Mechatron. **5**, 77–91 (2009)

23.113 R. Merz, F. Prinz, K. Ramaswami, M. Terk, L. Weiss: Shape deposition manufacturing, Proc. Solid Freeform Fabric. Symp., University of Texas at Austin (1994) pp. 1–8

23.114 S.A. Bailey, J.G. Cham, M.R. Cutkosky, R.J. Full: Biomimetic robotic mechanisms via shape deposition manufacturing, Robotics Res. Int. Symp. (2000) pp. 403–410

23.115 X. Li, A. Golnas, F.B. Prinz: Shape deposition manufacturing of smart metallic structures with embedded sensors, SPIE Proc. 7th Annu. Int. Symp. Smart Struct. Mater. (International Society for Optics and Photonics, Bellingham 2000) pp. 160–171

23.116 K.G. Marra, J.W. Szem, P.N. Kumta, P.A. DiMilla, L.E. Weiss: In vitro analysis of biodegradable polymer blend/hydroxyapatite composites for bone tissue engineering, J. Biomed. Mater. Res. **47**, 324–335 (1999)

23.117 J.G. Cham, S.A. Bailey, J.E. Clark, R.J. Full, M.R. Cutkosky: Fast and robust: Hexapedal robots via shape deposition manufacturing, Int. J. Robotics Res. **21**, 869–882 (2002)

23.118 A.M. Dollar, R.D. Howe: A robust compliant grasper via shape deposition manufacturing, IEEE/ASME Trans. Mechatron. **11**, 154–161 (2006)

23.119 M. Binnard, M.R. Cutkosky: Design by composition for layered manufacturing, J. Mech. Des. **122**, 91–101 (2000)

23.120 Y.-L. Park, K. Chau, R.J. Black, M.R. Cutkosky: Force sensing robot fingers using embedded fiber Bragg grating sensors and shape deposition manufacturing, IEEE Int. Conf. Robotics Autom. (ICRA) (2007) pp. 1510–1516

23.121 D. Shin, I. Sardellitti, Y.-L. Park, O. Khatib, M. Cutkosky: Design and control of a bio-inspired human-friendly robot, Int. J. Robotics Res. **29**, 571–584 (2010)

23.122 R.S. Fearing, K.H. Chiang, M.H. Dickinson, D.L. Pick, M. Sitti, J. Yan: Wing transmission for a micromechanical flying insect, Proc. IEEE Int. Conf. Robotics Autom. (ICRA), Vol. 2 (2000) pp. 1509–1516

23.123 J. Yan, R.J. Wood, S. Avadhanula, M. Sitti, R.S. Fearing: Towards flapping wing control for a micromechanical flying insect, Proc. IEEE Int. Conf. Robotics Autom. (ICRA) (2001) pp. 3901–3908

23.124 R.J. Wood, S. Avadhanula, M. Menon, R.S. Fearing: Microrobotics using composite materials: The micromechanical flying insect thorax, Proc. IEEE Int. Conf. Robotics Autom. (ICRA), Vol. 2 (2003) pp. 1842–1849

23.125 K.Y. Ma, P. Chirarattananon, S.B. Fuller, R.J. Wood: Controlled flight of a biologically inspired, insect-scale robot, Science **340**, 603–607 (2013)

23.126 J. Whitney, P. Sreetharan, K. Ma, R. Wood: Pop-up book MEMS, J. Micromech. Microeng. **21**, 115021 (2011)

23.127 P.S. Sreetharan, J.P. Whitney, M.D. Strauss, R.J. Wood: Monolithic fabrication of millimeter-scale machines, J. Micromech. Microeng. **22**, 055027 (2012)

23.128 C. Majidi: Soft robotics: A perspective – Current trends and prospects for the future, Soft Robotics **1**, 5–11 (2013)

23.129 Y. Xia, G.M. Whitesides: Soft lithography, Annu. Rev. Mater. Sci. **28**, 153–184 (1998)

23.130 F. Ilievski, A.D. Mazzeo, R.F. Shepherd, X. Chen, G.M. Whitesides: Soft robotics for chemists, Angew. Chem. **123**, 1930–1935 (2011)

23.131 R.F. Shepherd, F. Ilievski, W. Choi, S.A. Morin, A.A. Stokes, A.D. Mazzeo, X. Chen, M. Wang, G.M. Whitesides: Multigait soft robot, Proc. Natl. Acad. Sci. **108**, 20400–20403 (2011)

23.132 B.C.-M. Chang, J. Berring, M. Venkataram, C. Menon, M. Parameswaran: Bending fluidic actuator for smart structures, Smart Mater. Struct. **20**, 035012 (2011)

23.133 B. Chang, A. Chew, N. Naghshineh, C. Menon: A spatial bending fluidic actuator: Fabrication and quasi-static characteristics, Smart Mater. Struct. **21**, 045008 (2012)

23.134 B. Finio, R. Shepherd, H. Lipson: Air-Powered Soft Robots for K-12 Classrooms, IEEE Proc. Integr. STEM Edu. Conf. (ISEC) (2013) pp. 1–6

23.135 S.A. Morin, R.F. Shepherd, S.W. Kwok, A.A. Stokes, A. Nemiroski, G.M. Whitesides: Camouflage and display for soft machines, Science **337**, 828–832 (2012)

23.136 R.V. Martinez, J.L. Branch, C.R. Fish, L. Jin, R.F. Shepherd, R. Nunes, Z. Suo, G.M. Whitesides: Robotic tentacles with three-dimensional mobility based on flexible elastomers, Adv. Mater. **25**, 205–212 (2013)

23.137 R.V. Martinez, C.R. Fish, X. Chen, G.M. Whitesides: Elastomeric origami: Programmable paper-elastomer composites as pneumatic actuators, Adv. Funct. Mater. **22**, 1376–1384 (2012)

23.138 S.W. Kwok, S.A. Morin, B. Mosadegh, J.H. So, R.F. Shepherd, R.V. Martinez, B. Smith, F.C. Simeone, A.A. Stokes, G.M. Whitesides: Magnetic assembly of soft robots with hard components, Adv. Funct. Mater. **24**, 2180–2187 (2013)

23.139 B. Mosadegh, P. Polygerinos, C. Keplinger, S. Wennstedt, R.F. Shepherd, U. Gupta, J. Shim, K. Bertoldi, C.J. Walsh, G.M. Whitesides: Pneumatic networks for soft robotics that actuate rapidly, Adv. Funct. Mater. **24**, 2163–2170 (2013)

23.140 M. Cianchetti, A. Arienti, M. Follador, B. Mazzolai, P. Dario, C. Laschi: Design concept and validation of a robotic arm inspired by the octopus, Mater. Sci. Eng. C **31**, 1230–1239 (2011)

23.141 T. Umedachi, V. Vikas, B.A. Trimmer: Highly deformable 3-D printed soft robot generating inching and crawling locomotions with variable friction legs, Proc. IEEE/RSJ Int. Conf. Intell. Robots Syst. (IROS) (2013) pp. 4590–4595

第 24 章 轮式机器人

Woojin Chung, Karl Iagnemma

24

本章主要介绍、比较各种轮式机器人(WMR)，并列举出几种常见的设计类型。由于车轮和地面间的点接触而导致纯滚动，我们将讨论轮式机器人在这种运动约束条件下的机动性。在实际应用中，轮式机器人是根据轮子的数量进行分类的，因此本章会重点介绍常用设计的结构特点，对全向移动机器人和多关节型机器人也会进行简要介绍。为了介绍表面接触力的计算过程，提出了几种轮-地交互模型。根据车轮与接触面的刚度特性，将介绍四种常见的轮-地交互模型。当轮式机器人在崎岖的路面行走时，需要有悬架系统。因此，也将对常用的悬架结构及其动力学等重要特性进行解释说明。

目　录

24.1 概述

由于轮式移动机器人具有结构简单、节能、高速、制造成本低等优点，因而得到了广泛应用。本章主要对轮式机器人进行简要的概述，从机动性的角度讨论它的特性，介绍一些常见的轮式机器人，并对轮-地交互模型和悬架系统进行详细说明。

本章主要内容如下：24.2 节主要介绍在纯滚动条件下，轮式机器人的机动性受到限制的问题。首先介绍在不同条件下，移动机器人应该使用何种类型的轮子，并推导出相应的运动学约束。可以根据移动机器人的移动特点来选择配置不同的车轮。根据两个机动性指标，可将轮式机器人分为五种。

在 24.3 节中，根据所用到的车轮，列举几种常见的轮式机器人，并对常用的轮子结构和特点进行解释说明。轮式机器人设计中通常遇到的问题包括全向移动能力、制造成本、控制问题及地面通行性。

24.4 节将介绍轮-地交互模型。根据轮子与地面的相对刚度，可以得到四种常见的轮-地交互情况。文中所列举的分析模型广泛适用于分析、仿真、设计和目标控制。

24.5 节主要介绍了轮式机器人的悬架系统。悬架系统是由连杆、弹簧、阻尼器和驱动器共同组成的一种并联系统，用于控制机器人车轮与车身之间的相对移动。当轮式机器人在崎岖不平的路面上行进时，悬架系统是不可或缺的。文中将介绍被动和半自动悬架建模的常用方法。弹簧、阻尼、主动或半主动驱动几乎形成了整个轮式机器人悬架的基础，进而可以从原理上分析并选择相应的部件。

最后在 24.6 节中给出一些结论。

24.2 轮式机器人的机动性

本节描述了多种轮子及其在移动机器人中的应用，讨论了轮式驱动对机器人机动性的约束，并得出了针对机器人机动性的分类方法，无论移动机器人中所用轮子的类型和数量如何，利用这种分类方法都可以完全地描述机器人的机动性。

24.2.1 轮子的类型

为了实现机器人的高机动能力，轮式机器人被广泛用于许多领域。一般而言，轮式机器人相对于其他移动结构（如腿式机器人和履带式机器人）的机器人运动得更快，而消耗的能量相对较少。从控制的角度来看，轮式机器人由于其简单的机械结构和较好的稳定性，也较容易控制。

尽管轮式机器人在粗糙地面和崎岖地形的应用中比较困难，但却很适合用于一类实际应用的目标环境中。当考虑一个由单轮驱动的移动机器人时，有两类轮子可以考虑：一类为标准轮，也可以理解为通常的轮子；另一类为特殊轮，即拥有滚轮或球轮等独特的机械结构。图 24.1 所示为标准轮的常用设计方案。

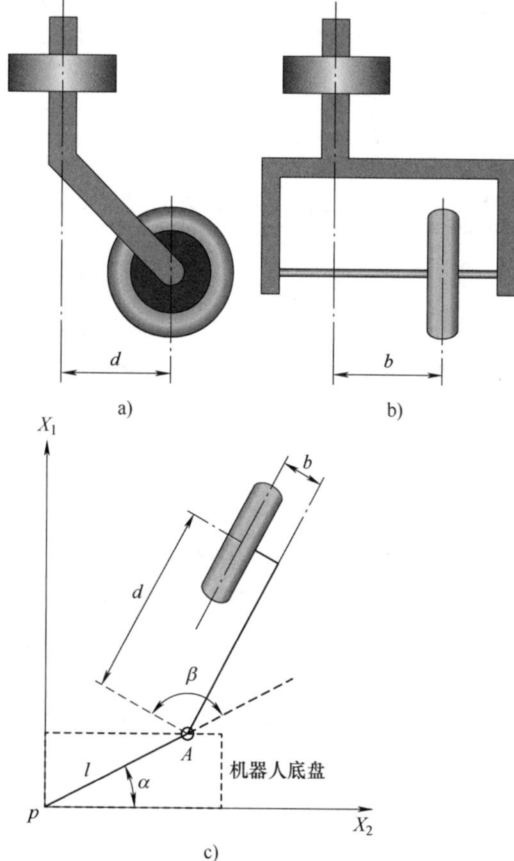

图 24.1 标准轮的常用设计方案

a）侧视图 b）主视图 c）俯视图

当设计标准轮时，有三种情况需要定义：

1）对标准轮两个偏移量 d 和 b 的选择。

2）标准轮的机械设计是否允许转向运动（即是否固定轮子的方位）。

3）标准轮转向和驱动的选择（即选择主动还是被动驱动）。

情况 1 是单标准轮运动学参数设计的问题。参数 d（偏心距）可以为 0 或某个正常数；侧向偏移 b 一般为 0，但在某些特殊设计中，为了保证轮子和地面之间为纯滚动接触，b 也可能为一个非零值。然而，这种情况很少采用，因此这里主要考虑 b 为 0 的情况。

情况 2 是轮子方向能否改变的设计问题。如果轮子的转向轴是固定的，则该轮子在其行走方向上产生一个速度约束。

情况 3 是轮子转向或滚动的驱动方式是主动驱动还是被动驱动。

如果轮子能够转向，则偏心矩 d 在运动学建模中起着重要的作用。对于一个传统的脚轮（即偏心导向轮），偏心矩 d 不为 0。图 24.1c 中的点 A 表示将车轮模块连接到机器人底盘的关节位置。通过脚轮，可以得到点 A 的两个正交线速度分量，这是由车轮模块的转向和驱动运动产生的，这就意味着一个被动脚轮不会给机器人的驱动产生附加速度约束。如果脚轮的转向和滚动分别装有驱动器，通过求解逆运动学问题，可以生成点 A 处的任意速度，因此能够实现全向移动。

如果偏心矩 d 为 0，则点 A 处的速度方向仅限制在轮子的方向。在这种情况下，其转向运动不应是被动的。因为轮子的方向不能被动改变，但通过驱动其他轮子，能够被动地确定其驱动速度。根据非完整速度约束，轮子的方向应主动转向所期望的速度方向上，这就意味着这种轮子的运动方向必须在运动前确定。

总之，常用的标准轮有四种类型：第一种是具有固定转向轴的被动驱动轮；第二种是偏心矩为 d 的被动脚轮；第三种是偏心矩 d 不为 0、主动驱动的脚轮，这种轮子的转向和滚动均通过驱动器来控制，在 VIDEO 325 中可以看到一个关于脚轮的例子；第四种是偏心矩 d 为 0 的主动驱动导向轮，其转向和滚动也是通过驱动器来完成。图 24.2 所示为标准轮的结构。

24

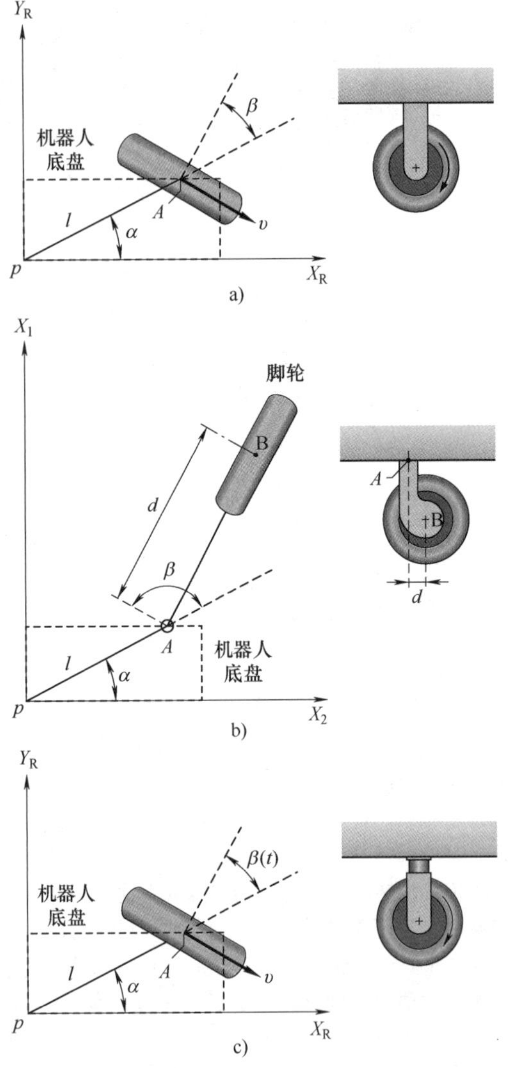

图 24.2 标准轮的结构
a）被动固定轮 b）被动或主动偏心导向轮
c）对心主动导向轮

24.2.2 节将详细介绍这些轮子的运动学和约束特性。

尽管标准轮因其结构简单和高可靠性而具有许多优势，但其非完整速度约束（如无侧滑条件）限制了机器人的运动；另一方面，为了使移动机器人具有全向移动（全向移动机器人）的能力，即保证机器人在其运动平面内有 3 个自由度，一些特殊轮，如瑞典轮和球轮也常常被采用。图 24.3a 和 VIDEO 328 所示为瑞典轮。这种轮子的外轮框上装有小的被动自由轮，目的在于克服非完整速度约束。被动自由轮能够绕其转动轴自由转动，从而产生轮子的侧向运动。因此，能够控制其驱动速度，其侧向速度由该机器人上安装的其他轮子的速度来共同决定。VIDEO 327 是一个类似的设计。

图 24.3c 所示为球轮。球体的转动受限于与其接触的滚子，而滚子可以分为驱动滚和支撑滚。球体由驱动滚驱动，就可以达到驱动球轮的目的，尽管两者之间的滚动接触会带来非完整约束，但球轮的整体运动是完整的。这就意味着机器人可以在任何时刻以任何预期的线速度/角速度运动。通过使用球轮，就可以开发出一个完整的全向移动机器人，实现球体与地面的连续光滑接触。然而，球体支撑机构的设计相对比较困难，由于点接触，承载能力较小；另外一个缺陷是球轮在不洁地面上行进时，其外表面很容易被污染，因此它很难在复杂地面条件下应用。这种缺陷限制了球轮的实际应用。参考文献［24.1，2］展示了球轮的应用示例。球轮也可用于特种机器人的传动中，如参考文献［24.3］中的非完整操作臂，以及参考文献［24.4］中的被动触觉系统。

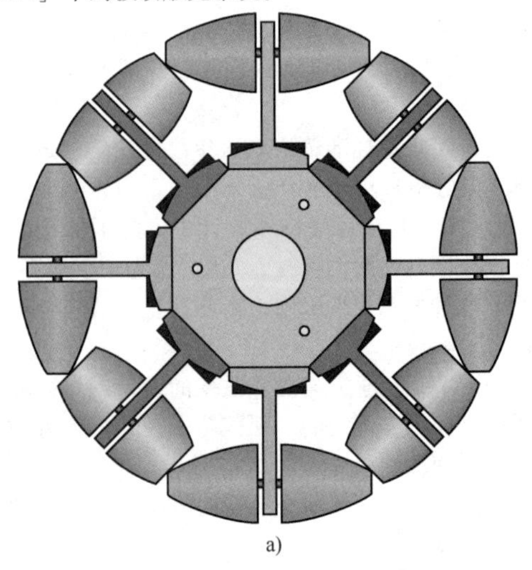

图 24.3 特殊轮
a）瑞典轮

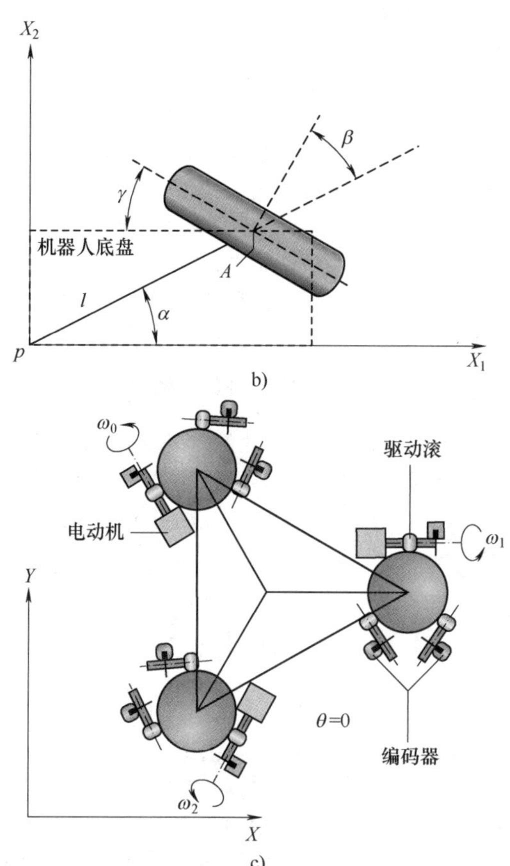

图 24.3 特殊轮（续）
b）瑞典轮附件 c）球轮

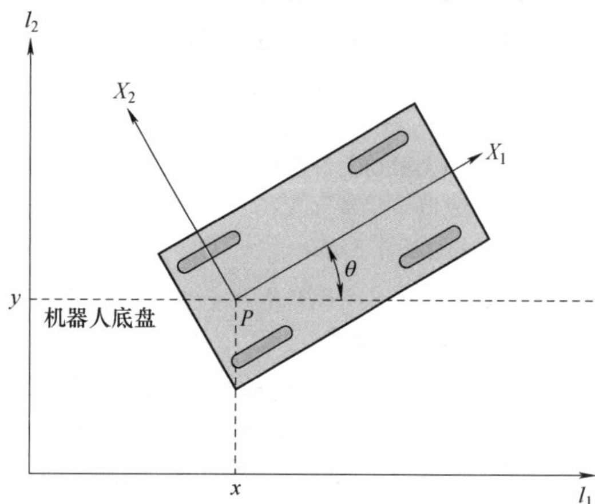

图 24.4 移动机器人在平面内的位姿定义

24.2.2 运动学约束

第一步，假设所研究的移动机器人的车体是刚性的，车轮形变可以忽略不计，并且在水平面上行进。机器人的位置可通过其位姿向量 $\boldsymbol{\xi}=(x,y,\theta)^{\mathrm{T}}$ 在惯性坐标系中描述，其中 x 和 y 是机器人车体上参考点 P 在选定惯性坐标系中的坐标，θ 是机器人物体坐标系相对于惯性坐标系的方位。移动机器人在平面内的位姿定义如图 24.4 所示。

此外，假设每个轮子的轮面在行进过程中均与地面垂直，轮子其水平轴旋转，这些轮的方向相对于车体而言，有可能是固定的也有可能是变化的。对于理想轮，以所谓的传统轮和瑞典轮予以分类。在每种情况下，假设轮子与地面的接触均为一个点，因此轮子与地面之间的接触点为相对不动点，并由此产生运动学约束。对于传统轮，运动学约束意味着轮子中心的运动速度相对轮面平行（非滑动条件），并正比于轮子的转动速度（纯滚动条件）。因此，对于每一个轮子，运动学约束导致两个独立的约束条件。对于瑞典轮，由于滚子与轮子之间的相对转动，只有一个轮子接触点的速度分量为 0。

这个零速度分量的方向相对于轮面固定，并取决于轮子的结构。对于这类轮子，仅在一种条件下产生运动学约束。

1. 传统轮

现在推导传统轮运动学约束的通式。如图 24.2 所示，传统轮的设计有很多变异的形式。首先研究图 24.2b 所示的偏心导向轮。轮子的中心点 B 通过一根夹持在轮面上，并通过连接点 A（小车上的一个固定点）到点 B 的刚性连杆连接到小车上；长度为 d 的连杆能够绕过点 A 并垂直于小车底面的轴转动。点 A 的位置可以通过极坐标系下相对于参考点 P 的两个常数，即 l 和 α 给定。连杆相对于小车的转动量可用角度 β 来表示；轮子的半径为 r，相对于其水平轴的转动量为 φ。因此，与约束相关的量有 4 个常量参数 α、l、r、d 和两个变量 $\varphi(t)$ 和 $\beta(t)$。

利用这些符号，运动学约束可以推导如下。

在这里，仅对一般情况下的脚轮（图 24.2b）进行推导。对于固定轮或导向轮，可以看作是 $d=0$，β 为常数（固定轮）或 $d=0$，β 为变量（导向轮）。

首先计算轮子中心点的速度，该速度可用以下向量表示：

$$\frac{\mathrm{d}}{\mathrm{d}t}\boldsymbol{OB}=\frac{\mathrm{d}}{\mathrm{d}t}\boldsymbol{OP}+\frac{\mathrm{d}}{\mathrm{d}t}\boldsymbol{PA}+\frac{\mathrm{d}}{\mathrm{d}t}\boldsymbol{AB}$$

在机器人坐标系中，速度矢量沿 x 轴和 y 轴两个分量可以表示为 $\dot{x}\cos\theta+\dot{y}\sin\theta-l\dot{\theta}\sin\alpha+(\dot{\theta}+\dot{\beta})d\cos(\alpha+\beta)$

和$-\dot{x}\sin\theta+\dot{y}\cos\theta-l\dot{\theta}\cos\alpha+(\dot{\theta}+\dot{\beta})d\sin(\alpha+\beta)$。

该速度矢量投影到轮面方向上，即沿向量$[\cos(\alpha+\beta-\pi/2),\sin(\alpha+\beta-\pi/2)]$和轮轴向量$[\cos(\alpha+\beta),\sin(\alpha+\beta)]$，可分别表示为$r\dot{\varphi}$和0，对应于纯滚动和无滑动条件。经过相关处理，这些约束条件可写成以下紧凑形式：

1）纯滚动条件下为

$$[-\sin(\alpha+\beta)\cos(\alpha+\beta)l\cos\beta]\boldsymbol{R}(\theta)\dot{\boldsymbol{\xi}}+r\dot{\varphi}=0 \quad (24.1)$$

2）无滑动条件下为

$$[-\cos(\alpha+\beta)\sin(\alpha+\beta)d+l\sin\beta]\boldsymbol{R}(\theta)\dot{\boldsymbol{\xi}}+d\dot{\boldsymbol{\beta}}=0 \quad (24.2)$$

在以上表达式中，$\boldsymbol{R}(\theta)$是正交旋转矩阵，其含义为机器人相对于惯性坐标系的姿态，即

$$\boldsymbol{R}(\theta)=\begin{pmatrix}\cos\theta & \sin\theta & 0\\ -\sin\theta & \cos\theta & 0\\ 0 & 0 & 1\end{pmatrix} \quad (24.3)$$

正如上文所述，对于不同类型的传统轮，这些通用表达式可以再作简化。

对于固定轮，轮中心相对于小车固定且轮的方向为常数。相应的$d=0$，β为常数（图24.2a）。无滑动条件方程（24.2）可以简化为

$$[\cos(\alpha+\beta)\sin(\alpha+\beta)l\sin\beta)\boldsymbol{R}(\theta)\dot{\boldsymbol{\xi}}=0 \quad (24.4)$$

对于导向轮，轮中心相对于小车也是固定的（$d=0$），而β随时间变化。因此，无滑动条件方程也为式（24.2）的形式。这种结构在图24.2c中已经做过介绍。

对于连杆AB距离不为0且β是随时间变化的脚轮，则可用式（24.1）和式（24.2）表示其约束条件。

2. 瑞典轮

与固定轮一样，瑞典轮相对于小车的位置由3个常量参数α、β和l来描述，但还需要一个附加参数来描述该轮相对于轮面接触点的零速度分量相对于轮面的方向。这个参数为γ，即滚子轴与轮面之间的夹角（图24.3b），其运动约束仅在一种情况下产生影响，即

$$[-\sin(\alpha+\beta)\cos(\alpha+\beta+\gamma)l\cos(\beta+\gamma)]\times$$
$$\boldsymbol{R}(\theta)\dot{\boldsymbol{\xi}}+r\cos\gamma\dot{\varphi}=0 \quad (24.5)$$

24.2.3 机器人的位形变量

对于轮式机器人，可能配置有上述类型轮子的一种或几种，分别用以下下标来表示四种轮子的类型：f表示固定轮，s表示转向轮，c表示脚轮，而sw表示瑞典轮。每种类型的轮子表示为N_f、N_s、N_c和N_{cw}，轮子的总数表示为$N(N_f+N_s+N_c+N_{sw})$。

机器人的位形可以通过以下广义坐标向量来描述。

1）位姿坐标系：位姿向量为

$$\boldsymbol{\xi}(t)=[x(t)\quad y(t)\quad \theta(t)]^{\mathrm{T}}$$

2）方位坐标系：导向轮和脚轮的N_s+N_c个方位角，即$\boldsymbol{\beta}(t)=[\beta_s(t)\quad \beta_c(t)]^{\mathrm{T}}$。

3）旋转坐标系：N个轮子的N个旋转角，即

$$\boldsymbol{\varphi}(t)=[\varphi_f(t)\quad \varphi_s(t)\quad \varphi_c(t)\quad \varphi_{sw}(t)]^{\mathrm{T}}$$

所有坐标系的集合构成了位形坐标系。位形坐标的总数为$N_f+2N_s+2N_c+N_{sw}+3$。

24.2.4 机器人机动性的约束

固定轮、转向轮和脚轮的纯滚动条件，以及与瑞典轮相关的约束条件可以表示为以下紧凑形式：

$$\boldsymbol{J}_1(\beta_s,\beta_c)\boldsymbol{R}(\theta)\dot{\boldsymbol{\xi}}+\boldsymbol{J}_2\dot{\boldsymbol{\varphi}}=0 \quad (24.6)$$

其中

$$\boldsymbol{J}_1(\beta_s,\beta_c)=\begin{pmatrix}\boldsymbol{J}_{1f}\\ \boldsymbol{J}_{1s}(\beta_s)\\ \boldsymbol{J}_{1c}(\beta_c)\\ \boldsymbol{J}_{1sw}\end{pmatrix}$$

在以上表达式中，$\boldsymbol{J}_{1f}$、$\boldsymbol{J}_{1s}(\beta_s)$、$\boldsymbol{J}_{1c}(\beta_c)$和$\boldsymbol{J}_{1sw}$分别为$N_f\times3$、$N_s\times3$、$N_c\times3$和$N_{sw}\times3$阶矩阵，这些矩阵可以直接从运动学约束中推导得来，而$\boldsymbol{J}_2$是一个$N\times N$阶常对角矩阵，其中的元素为各个轮子的半径。值得注意的是，瑞典轮还需要乘一个系数$\cos\gamma$。

当$\gamma=\pi/2$时，意味着速度的零分量方向与瑞典轮的轮面方向正交。这样的一个轮子将受到一个与传统轮非滑动约束等价的一个约束，因此就无法发挥瑞典轮的优点。这就意味着当$\gamma\neq\pi/2$时，$\boldsymbol{J}_2$矩阵是非奇异的。

脚轮的无滑动条件可总结为

$$\boldsymbol{C}_{1c}(\boldsymbol{\beta}_c)\boldsymbol{R}(\theta)\dot{\boldsymbol{\xi}}+\boldsymbol{C}_{2c}\dot{\boldsymbol{\beta}}=0 \quad (24.7)$$

式中，$\boldsymbol{C}_{1c}(\boldsymbol{\beta}_c)$是$N_c\times3$阶矩阵，其中的元素直接从式（24.8）所示的无滑动条件推导得来；$\boldsymbol{C}_{2c}$是非奇异常数对角矩阵，参数为d。

固定轮和导向轮与无滑动条件相关的最后一个约束可以总结为

$$\boldsymbol{C}_1^*(\boldsymbol{\beta}_s)\boldsymbol{R}(\theta)\dot{\boldsymbol{\xi}}=0 \quad (24.8)$$

式中，$\boldsymbol{C}_1^*(\boldsymbol{\beta}_s)=\begin{pmatrix}\boldsymbol{C}_{1f}\\ \boldsymbol{C}_{1s}(\boldsymbol{\beta}_s)\end{pmatrix}$，$\boldsymbol{C}_{1f}$和$\boldsymbol{C}_{1s}(\boldsymbol{\beta}_s)$分别是$N_f\times3$和$N_s\times3$阶矩阵。

需要指出的是，由固定轮和导向轮相关的条件式（24.8）可以导出机器人的机动性约束。这些条

件意味着向量及 $\boldsymbol{R}(\theta)\dot{\boldsymbol{\xi}}$ 属于 $N[\boldsymbol{C}_1^*(\boldsymbol{\beta}_s)]$，即矩阵 $\boldsymbol{C}_1^*(\boldsymbol{\beta}_s)$ 的零空间。对于任意满足条件的 $\boldsymbol{R}(\theta)\dot{\boldsymbol{\xi}}$，总存在一个向量 $\dot{\boldsymbol{\varphi}}$ 和一个向量 $\dot{\boldsymbol{\beta}}_c$ 满足式（24.6）和式（24.7），因为 $\boldsymbol{J}_2$ 和 $\boldsymbol{C}_{2c}$ 是非奇异矩阵。

显然有 $\mathrm{rank}[\boldsymbol{C}_1^*(\boldsymbol{\beta}_s)]\leqslant 3$，但如果 $\mathrm{rank}[\boldsymbol{C}_1^*(\boldsymbol{\beta}_s)]=3$ 且 $\boldsymbol{R}(\theta)\dot{\boldsymbol{\xi}}=0$，则意味着在平面内的任何运动都不可能产生。更一般地说，矩阵 $\boldsymbol{C}_1^*(\boldsymbol{\beta}_s)$ 的秩与机器人的机动性约束相关，将在下文详细说明。

值得注意的是，条件式（24.8）有明确的几何含义：在每一个瞬间，机器人的运动可以被看作是相对于瞬时旋转中心（ICR）的一个瞬时旋转，而这个瞬时旋转中心相对于小车是时变的。在任意时刻，小车上任意点的速度与连接该点和 ICR 点的直线正交，特别是对于固定轮和导向轮的中心点（相对于小车的不动点）更是如此。另外，非滑动条件意味着轮子中心点的速度与轮面是一致的。这两个事实说明，固定轮和导向轮的水平旋转轴与瞬时旋转点（ICR）相交（图 24.5），这与 $\mathrm{rank}[\boldsymbol{C}_1^*(\boldsymbol{\beta}_s)]\leqslant 3$ 一致。

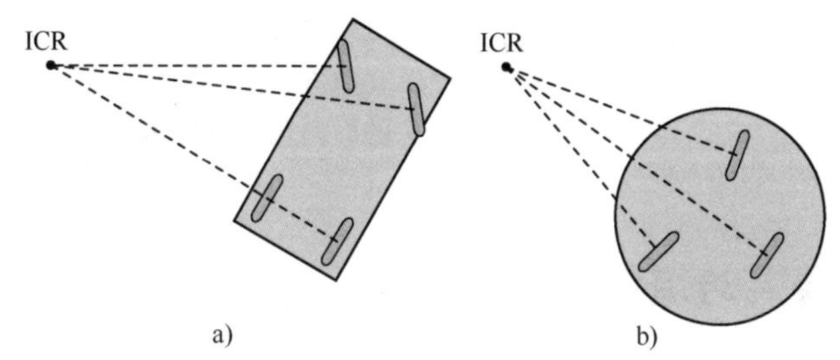

图 24.5　瞬时旋转中心

a）汽车型机器人　b）具有三个转向轮机器人

24.2.5　机器人机动性的表征

如上所述，机器人的机动性直接与矩阵 $\boldsymbol{C}_1^*(\boldsymbol{\beta}_s)$ 的秩相关，而 $\boldsymbol{C}_1^*(\boldsymbol{\beta}_s)$ 的秩取决于机器人的设计。为此，定义活动度为 δ_m，有

$$\delta_m=3-\mathrm{rank}[\boldsymbol{C}_1^*(\boldsymbol{\beta}_s)] \tag{24.9}$$

首先考虑 $\mathrm{rank}(\boldsymbol{C}_{1f})=2$ 的情况，这意味着机器人至少有两个固定轮。如果多于两个，则它们的水平转动轴线与 ICR 相交。显然，从用户的角度来看，这种设计是难以接受的，因此假设 $\mathrm{rank}(\boldsymbol{C}_{1f})\leqslant 1$。

此外，假设 $\mathrm{rank}[\boldsymbol{C}_1^*(\boldsymbol{\beta}_s)]=\mathrm{rank}[\boldsymbol{C}_{1f}+\mathrm{rank}[\boldsymbol{C}_{1s}(\boldsymbol{\beta}_s)]$，这两个假设和以下的几个条件是等价的：

1）如果机器人有一个以上固定轮，则它们的转动轴为同一个轴。

2）导向轮的中心点不在固定轮的转动轴上。

3）$\mathrm{rank}[\boldsymbol{C}_1^*(\boldsymbol{\beta}_s)]$ 等于导向轮的个数，这些导向轮能够独立地转动方向，以控制机器人的运动方向。

此数被称为机动度，即

$$\delta_s=\mathrm{rank}[\boldsymbol{C}_{1s}(\boldsymbol{\beta}_s)] \tag{24.10}$$

如果机器人配有多于 δ_s 个导向轮，则必须协调附加轮子与其他轮子的运动，以保证每个瞬间都存在 ICR。对于某种应用的轮式移动机器人，两个定义的指标 δ_m 和 δ_s 满足以下条件：

1）活动度满足 $1\leqslant\delta_m\leqslant 3$。上限的含义是明显的，而下限则意味着仅考虑运动是可能的情况。

2）机动度满足 $0\leqslant\delta_s\leqslant 2$。上限仅适用于机器人没有安装固定轮的情况，而下限适用于机器人没有安装导向轮的情况。

3）满足以下条件，即 $2\leqslant\delta_m+\delta_s\leqslant 3$。

$\delta_m+\delta_s=1$ 是不可行的，因为它对应于机器人绕固定 ICR 转动的情况。根据以上假设，$\delta_m\geqslant 2$ 和 $\delta_s=2$ 被排除。$\delta_s=2$ 意味着 $\delta_m=1$，对于实际应用，这种条件意味着仅有五种结构，对应于满足以上不等式的五对（δ_m,δ_s）：

δ_m	3	2	2	1	1
δ_s	0	0	1	1	2

在下文中，每种结构类型的机器人将通过（δ_m,δ_s）形式来命名。

24.2.6　五种类型的轮式机器人

下面简单描述以下五种类型的轮式机器人结构，并指出每种类型机器人固有的运动约束。详细信息和范例可在 24.5 节和参考文献［24.5］中找到。

1.（3,0）类机器人

这类机器人没有固定轮和导向轮，仅仅装有瑞典轮或脚轮，称为全向移动机器人。因为它们具有在平面内运动所需的全部自由度，这就意味着它们能够沿任意方向运动而不需要重新定向。

2.（2,0）类机器人

这类机器人没有导向轮，但都有一个或几个共轴的固定轮。机动性约束可描述为：对于给定的位姿 $\boldsymbol{\xi}(t)$，其速度 $\dot{\boldsymbol{\xi}}(t)$ 被约束在由两个向量场 $\boldsymbol{R}^{\mathrm{T}}(\theta)\boldsymbol{s}_1$ 和 $\boldsymbol{R}^{\mathrm{T}}(\theta)\boldsymbol{s}_2$ 张成的 $N(\boldsymbol{C}_{1\mathrm{f}})$ 二维平面上，其中 $\boldsymbol{s}_1$ 和 $\boldsymbol{s}_2$ 是两个常向量。这类机器人的典型例子是轮椅。

3.（2,1）类机器人

这类机器人没有固定轮，但至少有一个导向轮。如果有多个导向轮，则它们的方向必须以如下方式协调 $\mathrm{rank}[\boldsymbol{C}_{1\mathrm{s}}(\boldsymbol{\beta}_\mathrm{s})]=\delta_\mathrm{s}=1$。其速度 $\dot{\boldsymbol{\xi}}(t)$ 被约束在由两个向量场 $\boldsymbol{R}^{\mathrm{T}}(\theta)\boldsymbol{s}_1(\boldsymbol{\beta}_\mathrm{s})$ 和 $\boldsymbol{R}^{\mathrm{T}}(\theta)\boldsymbol{s}_2(\boldsymbol{\beta}_\mathrm{s})$ 张成的 $\boldsymbol{N}[\boldsymbol{C}_{1\mathrm{s}}(\boldsymbol{\beta}_\mathrm{s})]$ 二维平面上，其中，$\boldsymbol{s}_1(\boldsymbol{\beta}_\mathrm{s})$ 和 $\boldsymbol{s}_2(\boldsymbol{\beta}_\mathrm{s})$ 是两个基向量。

24

4.（1,1）类机器人

这类机器人在一个公共轴上有一个或多个固定轮，并有一个或多个导向轮，条件是它们的中心点不位于固定轮的公共轴上，并且它们的方位必须协调一致。其速度 $\dot{\boldsymbol{\xi}}(t)$ 被约束为一维分布，可通过任意选定的导向轮的方位角参数化表征。基于传统汽车模型构建的机器人就属于这种类型。

5.（1,2）类机器人

这类机器人没有固定轮，但至少有两个导向轮。如果有两个以上的导向轮，则它们的运动方向也必须协调一致，以满足 $\mathrm{rank}[\boldsymbol{C}_{1\mathrm{s}}(\boldsymbol{\beta}_\mathrm{s})]=\delta_\mathrm{s}=2$。其速度 $\dot{\boldsymbol{\xi}}(t)$ 被约束为一维分布，可通过任意选定的导向轮的方位角参数化表征。

24.3 轮式机器人的结构

轮式机器人有多种设计方式。与单体移动机器人设计相关的问题包括有轮子类型的选择、轮子的安装位置和运动参数的确定。设计目标有赖于其行进环境和任务，以及机器人的初始成本和运营成本。在本节中，根据轮子的数量对机器人结构进行分类，然后重点介绍常见设计的特点。

24.3.1 单轮机器人

如果没有维持其平衡的动态控制，单轮机器人是不稳定的，典型的例子是单轮脚踏车。

球形机器人也可以看作是单轮机器人。作为单轮车的一种变种，在机器人中使用球轮能够提高其侧向稳定性，见参考文献［24.6］。常用的纺纱轮结构也可用于实现动态稳定性，这种结构的优势在于其高机动性和低滚动阻力。然而，单轮机器人很少用于实际系统中，因为控制比较困难，并且通过纯航位推算法来估计机器人的位姿是不可行的。在参考文献［24.7］给出了一个球形机器人的例子。

24.3.2 双轮机器人

双轮机器人有两种常见类型，如图24.6所示。图24.6a所示为一个自行车式机器人。这类机器人由前轮控制方向、后轮驱动，其动态稳定性随着速度的增加而增加，并且不需要平衡机构，能大大减小自身宽度。然而，这种机器人在静止状态下不能保持稳定，因此很少被采用。图24.6b所示为倒立摆式，是一种两轮差速驱动的机器人。当其重心精确地位于轮轴上时，有可能实现静态稳定性，但一般还是采用动平衡进行控制，这与经典的倒立摆控制问题一致。

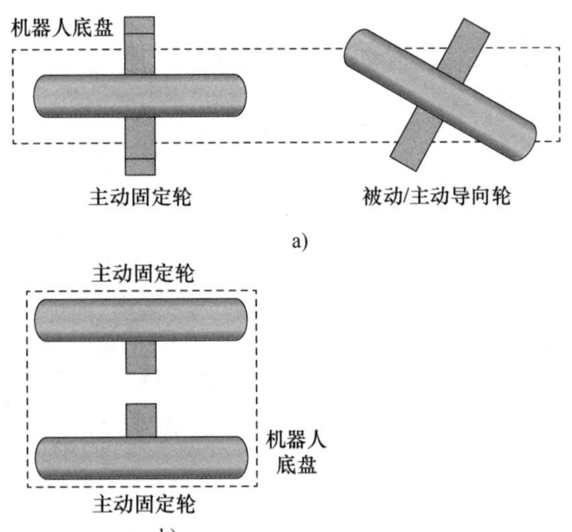

图24.6 双轮机器人
a）自行车式机器人 b）倒立摆式机器人

与三轮以上的机器人相比，双轮机器人的尺寸能够大大减小。倒立摆式双轮机器人的典型应用是将结构设计为四轮机器人，由前后两个倒立摆式机器人连接在一起组成。当这种机器人遇到楼梯时，通过抬起前轮则可以爬楼梯。然而，最大的问题在于它需要控制动平衡。倒立摆式机器人的示例可在参考文献［24.8，9］中找到。

24.3.3 三轮机器人

三轮机器人能保持静态稳定且结构简单，因此应用最为广泛。由于每个轮子可选用不同类型，因此这类机器人有多种设计方案。24.2.1 节中所介绍的各种类型轮子都能用于构建三轮机器人。在本节中，将介绍五种最常见的三轮机器人设计范例（图 24.7）：

1）双轮差速驱动机器人。

2）同步轮驱动机器人。

3）瑞典轮驱动的全向移动机器人。

4）主动脚轮驱动的全向移动机器人。

5）主动导向轮驱动的全向移动机器人。

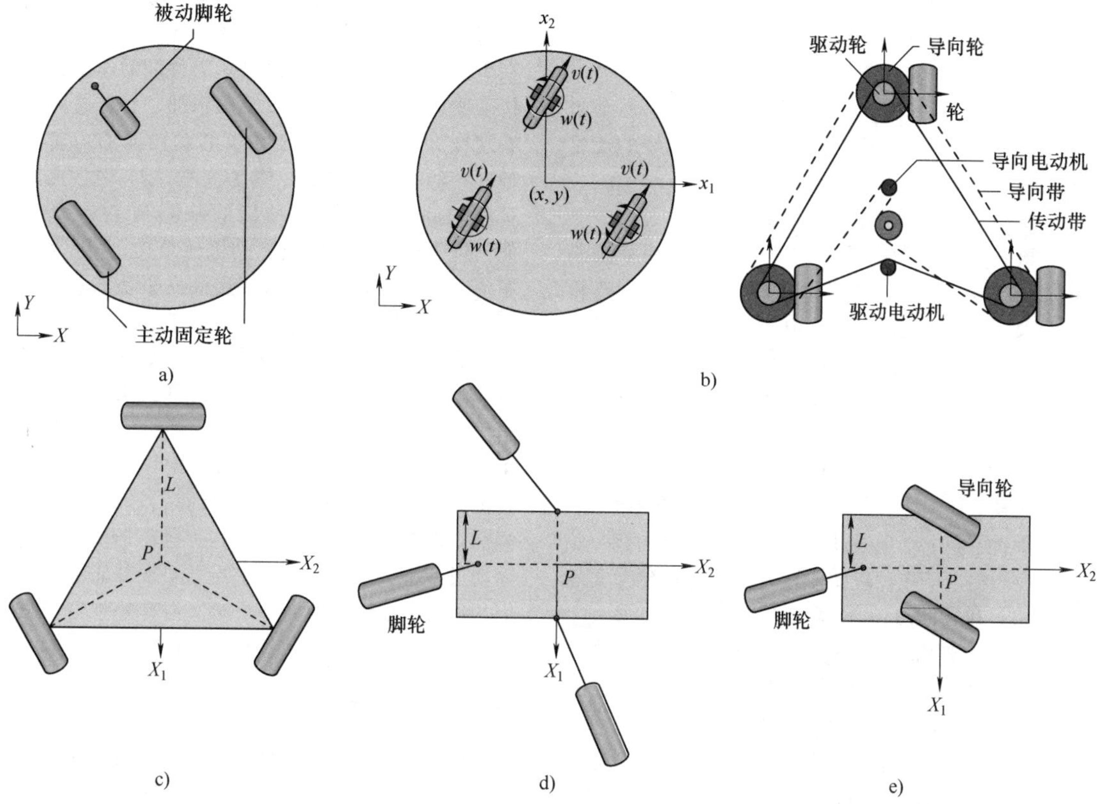

图 24.7 三轮机器人的设计范例

a）双轮差速驱动 b）同步驱动 c）瑞典轮驱动 d）主动脚轮驱动 e）主动导向轮驱动

1. 双轮差速驱动机器人

双轮差速驱动机器人是最通用的一种设计，它由两个主动固定轮和一个被动脚轮组成。根据 24.2.6 节的命名规则，这类机器人可以归为（2,0）类机器人。通过添加一个被动脚轮，它能扩展成四轮机器人。

主要优点：

1）结构简单，运动学模型简单，制造成本低廉。

2）能实现零半径转弯。对于圆柱形机器人，通过扩展机器人的半径，可计算出无障碍空间。

3）其系统误差易于校正。

缺点：

1）在不规则平面或曲面上难以行进。当在不平坦的地面上运动时，若轮子与地面失去接触，可能使姿态发生很大的变化。

2）仅能沿两个方向运动。

2. 同步驱动机器人

同步轮驱动机器人既能由偏心导向轮构成，也可由对心导向轮构成。每个轮子的转向或运动通过链条或传动带耦合，并且同步驱动，所以这些轮子的姿态总是相同的。同步驱动机器人的运动学模型与单轮机器人，即（1,1）类机器人是等价的。因此，全向运动，即沿任意方向的运动，是通过控制导向轮的方向到指定速度方向来实现的。然而，机器人底盘的方位不能改变，有时会采用一个转动塔来改变机体的方位。同步驱动机器人的最大优点在于，其全向运动仅通过两个驱动器即可实现。因为其机械结构保证了其同步转向和驱动运动，所以其运动控制相对简单。其他优点包括里程数据相对精确、各个轮子的驱动力比较均匀。这种方式的缺点包括：

1）机械结构比较复杂。

2）链条传动中如果存在掉链或斜拉的情况，各个轮子之间将有速度差异。

3）由于存在非完全速度约束，为了获得全向运动，在运动之前，轮子的姿态要与所期望的速度方向一致。

3. 瑞典轮驱动的全向移动机器人

根据24.2.6节所给出的命名规则，装有瑞典轮的全向移动机器人属于（3,0）类。使用瑞典轮的最大好处在于可以很容易构造一个全向移动机器人。构造一个完整的全向移动机器人至少需要三个瑞典轮。因为构建全向移动机器人可以不使用主动驱动的导向轮组，在机械结构上，相应的主动驱动部件可以简化，但轮子的机械结构会变得复杂。瑞典轮的缺点在于，其运动过程中的不连续接触，会导致垂直方向上产生振动。为了解决这个问题，相关研究者提出了多种机械设计方案，可在参考文献［24.10］和［24.11］中看到相关的例子。另一个缺点是它的轮子相对于传统轮子更容易磨损。参考文献［24.12］中有一个使用瑞典轮的机器人例。

4. 主动偏心脚轮驱动的全向移动机器人

通过至少两个主动偏心脚轮能够构建一个完整的全向移动机器人，也属于（3,0）型。通过控制这种机器人，能够产生任意线速度和角速度，而无须考虑轮子的姿态。由于机器人采用了传统的轮子，瑞典轮的许多缺陷，如垂直振动和不耐用的问题，均得到了很好的解决。参考文献［24.13］中可以看到一个相应的示例。这类机器人的缺点可以总结为以下几点：

1）轮子与地面的接触点相对于机器人底盘是不固定的，当轮子间的距离太小时，可能不稳定。

2）如果机器人切换到其当前运动方向的反方向，轮子的姿态将剧烈变化，这被称为购物车效应，可能会产生瞬时高转向速度。

3）如果驱动电动机直接安装在轮子上，当轮子转向时，电动机的线缆有可能缠绕在一起。为了避免这种现象，一般要使用安装在机器人底盘的齿轮传动。在这种情况下，其机械结构变得相对复杂。

4）如果机器上配备两个以上的主动偏心脚轮，则要使用4个以上的驱动器。因为完整的全向移动机器人系统所需驱动器的数量最少为3个，所以这是一个过驱动系统。因此，这些驱动器的控制必须做到同步、精确控制。

5. 带主动转向轮的全向移动机器人

用对心导向轮构建全向移动机器人，至少需要两组这类模块。主动脚轮和对心导向轮的重大差异在于对心导向轮的方向总是要与预期的速度方向保持一致，正如逆运动学计算出来的一样。这就意味着这种机器人是非完全约束的和全向的：它是一种（1,2）型的机器人。参考文献［24.14］提出了其控制问题。其机械结构的缺陷与主动脚轮类似（即多个驱动器和复杂的机械结构），因为在许多情况下，驱动电动机直接连接在驱动轴上，为了避免缠线问题，其允许转向的角度是有限的。

除了上面所述的几种设计，三轮机器人还有多种其他设计方案。同样，可以利用24.2.1节中所给出的方案进行分类和分析。这些设计方案都可以扩展到四轮机器人，以提高其稳定性。附加轮可以是被动轮，而无须添加运动学约束。当然，也可以添加主动轮，但必须通过求解逆运动学来控制。在运动过程中，四轮机器人需要悬架来保证轮子和地面的接触，以免当地面不平时，会有某些轮子脱离地面。

24.3.4 四轮机器人

在各种类型的四轮机器人中，我们主要关注车型结构机器人。车型结构又被称为阿克曼转向几何结构，如图24.3c所示。对这种类型的机器人其前轮必须同步转向，以保持瞬时旋转中心是相同的。因此，这种类型的机器人在运动学上与单轮机器人是等价的，可归为（1,1）类机器人。车型机器人的最大特点是高速运动时是稳定的，但转向机构相对复杂。如果是后轮驱动，则需要一个差速齿轮，以保证转弯时驱动轮为纯滚动。如果前轮的转向角不能达到90°，则其转弯半径为非零。因此，在拥挤环境下的停车运动控制也会变得比较困难。

24.3.5 轮式机器人的特殊应用

1. 多关节型机器人

一个独立的机器人能够被扩展成多关节型机器人，由机器人和拖车组成。机场的行李传输拖车系统就是其典型应用。通过使用拖车，移动机器人获得了很多好处，如可以根据服务任务的要求重新配置其结构。通常的设计是一个牵引车带多个拖车，这是多关节机器人最简单的设计。VIDEO 326 展示一个拖车机器人的另一个例子。从控制的角度来看，有些主要因素是很清楚的，包括可控性的证明，以及使用规范形式，如链式形式来设计开环和闭环控制器。拖车系统的设计问题主要是选择轮子类型及确定连杆参数。在实际应用中，若拖车能沿着牵引车的路径运动，会带来很多优点。通过对拖车被动转向操纵机构的特殊设计，拖车的行进路径能够很好地与牵引车的行进路径吻合，具体可见参考文献［24.15］。

另一方面，可以使用主动悬架系统（图 24.8）。有两种方法：第一种方法是驱动悬架的轮子，连接关节是被动的，两轮差速驱动机器人可用作主动拖车，通过使用这种类型的主动悬架，可以实现精确的路径控制；第二种方法是驱动连接关节，悬架的轮子是被动驱动的，通过对连接关节的驱动控制，机器人可以在没有驱动轮的情况下行进，如蛇行运动。作为一个备选设计，可以使用主动移动关节来连接车体，以此来抬起邻近的车体。通过允许垂直运动，一个悬架系统就能够爬楼梯和穿越崎岖地面（图 24.9）。主动驱动的悬架系统可在参考文献［24.16］中看到。

24

图 24.8　主动悬架系统（参考文献［24.16］）

图 24.9　崎岖路面移动机器人（参考文献［24.17］）

2. 混合式机器人

轮式机器人的一个主要问题是它只能在平坦的表面上使用。为了解决这个问题，常常将轮子与特殊的连杆机构相连。每一个轮子均有一个独立的驱动器和连杆机构，使机器人能够适应不平的地面情况（VIDEO 329）。在参考文献［24.17］中可看到这种机构的典型应用，可以将其视为腿式机器人和轮式机器人的结合体。

另一种混合式机器人的例子是同时装有履带和轮子的机器人，轮式机器人的能效高，而履带有助于机器人穿越崎岖的地面。因此，尽管增加了制造成本，但能依据环境条件选择其驱动机构。

24.4 轮-地交互模型

轮式机器人的机动性由轮子与地接触面产生的力控制。因此，建立准确的轮子与地面相互作用力的模型是实现机器人设计、仿真和控制的重要前提。这些力受到车轮和地面相对刚度的强烈影响。一般来说，有四种可能的轮-地交互情形：第一种是刚性车轮在刚性地面上行进（图24.10a）；第二种是刚性轮在可变形地面上行进（图24.10b）；第三种是可变形轮在可变形地面上行进（图24.10c）；第四种是可变形轮在刚性地面上行进（图24.10d）。应该注意的是，虽然已经为四种情形中每一种都开发了许多不同类型的模型（即有限元、离散元、经验等），但这里的重点是广泛适用于分析、模拟、设计和控制目的分析模型。

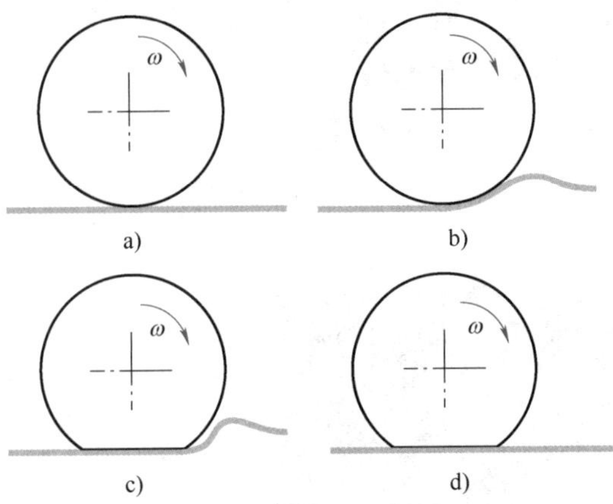

图24.10 四种轮-地交互情形
a）在刚性地面上行进的刚性车轮 b）在可变形地面上行进的刚性车轮 c）在可变形地面上行进的可变形车轮 d）在刚性地面上行进的可变形轮

24.4.1 刚性地面上的刚性轮

许多机器人使用由金属、硬橡胶或其他材料制成的轮子，它们在工作过程中受到负载时变形很小。当在室内地板，路面或石头等坚硬表面上进行操作时，轮-地相互作用可以合理地近似为点接触。对于具有 n 个车轮的机器人，当在摩擦系数为 μ 的表面移动时，设 W 为车轮载荷，可以使用基于古典库仑摩擦的交互模型来描述有效牵引力 F_x 和横向力 F_y 的大小，即

$$F_{xi} \leqslant \mu_x W_i \quad i=1,2,\cdots,n \tag{24.11}$$

$$F_{yi} \leqslant \mu_y W_i \quad i=1,2,\cdots,n \tag{24.12}$$

由于可以在任何方向上产生摩擦力，并且其大小受到限制，所以摩擦力和横向力的范数范围可以表示为

$$\left(\frac{F_{xi}}{\mu_x W_i}\right)^2+\left(\frac{F_{yi}}{\mu_y W_i}\right)^2=1 \quad i=1,2,\cdots,n \tag{24.13}$$

式（24.13）体现了摩擦椭圆的概念（图24.11）。当有效摩擦力在所有方向相等时，椭圆变成圆。

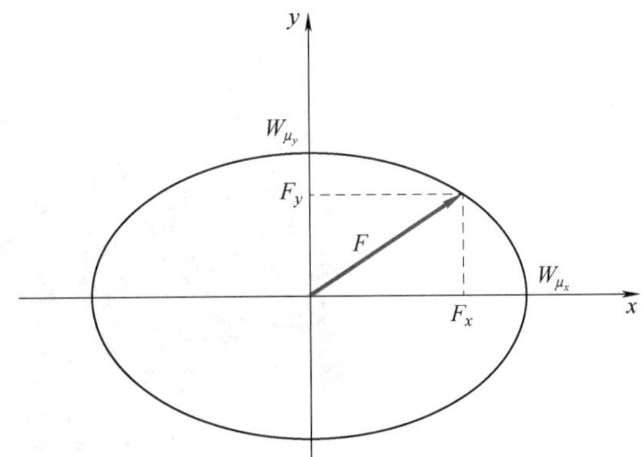

图24.11 用摩擦椭圆概念表示的纵向和横向约束

24.4.2 可变形地面上的刚性轮

当地面由可变形的材料，如沙子、泥土或黏土构成时，户外越野机器人的运动容易导致地面变形。当车轮由金属或硬橡胶的刚性材料构成，或者轮胎充气压力足够高而使轮胎变形足够小时，车轮与地面间的相互作用力沿着车轮的弧线方向，而不是发生在单点处（图24.10b）。在这种情况下，24.4.1中介绍的库仑摩擦模型并不能准确表示车轮载荷和牵引力之间的关系。这是因为力产生的机制主要来自于沿失效平面的剪切，而不是来自接触点处的摩擦。

20世纪50年代和60年代，在大型军用车辆的背景下，Bekker开发了可变形表面上刚性车轮的相互作用模型[24.18]。Bekker对车辆与地面相互作用现象的研究催生了地面力学随后被应用于一系列不同型号的机器人系统中，见参考文献［24.19，20］。然而，Bekker在大型军用车辆的背景下进行了初步分析，这些车辆多达几米长，总质量超过500kg。当用于分析小型机器人系统的性能时，这种模型的准确性仍存在争议，见参考文献［24.21，22］。

本手册第3卷第55章介绍了刚性轮在可变形表面上行进时的力学模型，但它假设轮子由金属材料构成，如行星探测器，但很少用于地球上操纵的

机器人。如前所述，如果轮胎平均接地压力（胎体刚度和充气压力函数）超过临界接地压力，则充气轮胎可看作刚性轮。当轮胎承受一系列已知的垂直载荷和气压时，通过测量轮胎与地面接触面积，可得到轮胎平均接地压力。这时，临界接地压力为

$$p_{gcr}=\left(\frac{k_c}{b}+k_\Phi\right)^{\frac{1}{(2n+1)}}\left(\frac{3W}{(3-n)b_{ti}\sqrt{D}}\right)^{\frac{2n}{2n+1}} \tag{24.14}$$

式中，k_c、k_Φ、n 是与土壤相关的参数；b 是（通常为矩形）轮-地接触区域的最小尺寸；b_{ti} 是轮胎宽度；W 是轮胎上的垂直载荷；D 是轮胎直径。

如果轮胎平均接地压力超过临界接地压力，则可以将充气轮胎看作与可变形表面相互作用的刚性轮；如果轮胎平均接地压力不超过临界接地压力，则可以将充气轮胎看作与可变形地面相互作用的可变形轮，或者看作与刚性地面相互作用的可变形轮，相应的模型在 24.4.3 节和 24.4.4 节中可以看到。

24.4.3 可变形地面上的可变形轮

当轮胎平均接地压力不超过临界接地压力时，轮胎和地面都可能发生变形。因此，这种相互作用的精确建模需要考虑到土壤变形（最显著的是土壤压缩和剪切变形）和轮胎变形。近年来，基于 Bekker 理论，已经开发了几种半经验模型。

这种交互场景中的简单建模方法最初由 Bekker 提出，并由 Harnisch[24.23] 进一步发展完善。通过增加车轮与地面接触面积，从而降低轮胎地面平均接地压力，并使地面下陷量减小，Bekker 提出了替代圆概念，即可变形轮胎可以通过增加刚性轮的直径以产生相同的下陷量来等效替代（图 24.12）。较大刚性轮的直径可以通过以下方法计算：

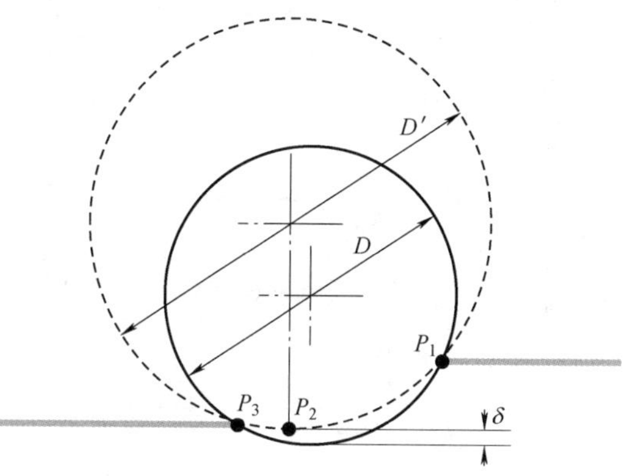

图 24.12 替代圆概念

1）假设无侧滑，轮子为刚性，直径为 D，通过垂直载荷 W 和土壤参数可计算出轮子下陷量。

2）已知轮胎载荷-挠度特性，对于给定充气压力，可以计算出轮胎挠度 δ。

3）较大的替代圆直径 D' 与通过 P_1、P_2、P_3 三点的圆的直径相关。

一旦外圆直径已知，用 D' 代替初始轮子的直径 D，其他所有参数可根据第 55 章中提出的标准方法计算得出。

Wong[24.24] 基于更真实的变形轮胎几何模型提出了一种替代方法。这里，轮子几何形状表示为具有完全平坦（即水平）底座的圆弧（图 24.13）。

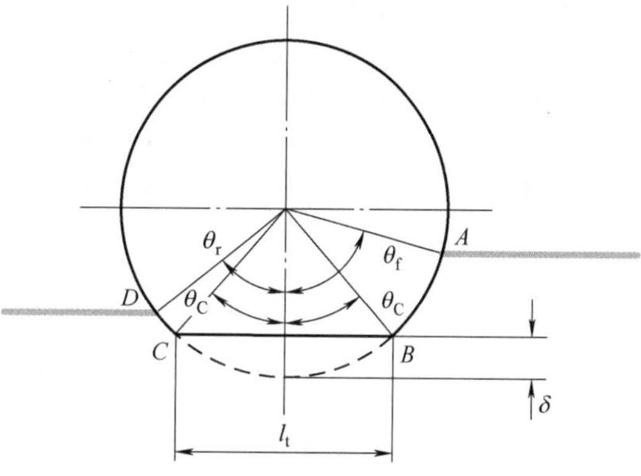

图 24.13 可变形车轮在可变形地面上行进

假设平截面 BC 下的压力分布均匀，等于轮胎平均接地压力 P_g。忽略剪切效应和地面反弹（截面 CD），可以通过垂直力的平衡来计算轮胎挠度 δ。

$$W=bp_g l_t+W_{AB} \tag{24.15}$$

式中，b 是轮胎宽度；l_t 是平截面 BC 的长度；W_{AB} 是土壤沿未变形轮胎截面 AB 施加的垂直反作用力，即

$$W_{AB}=\left[b\left(\frac{k}{l}+k_\Phi\right)\sqrt{D}(z_0+\delta)^{n-1}\right]\frac{(3-n)(z_0+\delta)^{\frac{3}{2}}-(3-n)\delta^{\frac{3}{2}}-3z_0\sqrt{\delta}}{3} \tag{24.16}$$

式中，D 是未变形轮胎的直径；z_0 是通过标准压力-下陷量关系计算的静态下陷量，即

$$z_0=\begin{cases}\left(\dfrac{p_g}{(k_c/l_t)+k_\Phi}\right)^{\frac{1}{n}} & (l_t<b)\\[2ex] \left(\dfrac{p_g}{(k_c/b)+k_\Phi}\right)^{\frac{1}{n}} & (l_t\geqslant b)\end{cases} \tag{24.17}$$

式中，$l_t=2\sqrt{D\delta-\delta^2}$ 是接触区域的长度。尽管不一定严格正确，但轮胎平均接地压力 p_g 与轮胎充气压力（已知的变量）近似相等，由此可以求出轮胎

挠度 δ。

一旦计算出变形的轮胎形状，就可得其他所有相关参数（即下陷量、牵引杆拉力和力矩）。由于轮胎轮廓是不光滑的，因此通过分段表示正向力和切应力。垂直方向载荷平衡为

$$W=br\int_{\theta_r}^{\theta_c}(\sigma\cos\theta-\tau\sin\theta)\mathrm{d}\theta+bDp_g\sin\theta_c+ br\int_{\theta_c}^{\theta_f}(\sigma\cos\theta-\tau\sin\theta)\mathrm{d}\theta \tag{24.18}$$

根据轮子变形量，利用上述公式可推导出入射角度 θ_f。角度 θ_c 可从变形轮胎中导出。一旦轮胎地面的几何形状被确定，就可以求出下陷量。

值得注意的是，这种新的下陷量不同于静态条件下的下陷量 z_0，进而可以计算牵引杆拉力 F_x 和驱动力矩。

$$F_x=br\int_{\theta_r}^{\theta_c}(\sigma\cos\theta+\tau\sin\theta)\mathrm{d}\theta+b\int_0^{l_t}\tau\mathrm{d}x+ br\int_{\theta_c}^{\theta_f}(-\sigma\cos\theta+\tau\sin\theta)\mathrm{d}\theta \tag{24.19}$$

$$T=br^2\int_{\theta_r}^{\theta_c}\tau\mathrm{d}\theta+br\cos\theta_c\int_0^{l_t}\tau\mathrm{d}x+br^2\int_{\theta_c}^{\theta_f}\tau\mathrm{d}\theta \tag{24.20}$$

由 Senatore 和 Sandu[24.25] 提出的另一种柔性轮胎模型与 Wong 提出的方法相似，但它将轮胎挠度看作充气压力函数，并建立了多通道效应模型。一般来说，迄今提出的所有柔性轮胎模型都有各种优缺点，还没有一个在研究界得到普遍认可。

24.4.4　刚性地面上的可变形轮

在轮胎刚度明显低于地面刚度的情况下，只有轮胎才会有明显的变形。这种情况在汽车界得到了广泛研究，因为这是行进在公路上的客运和商业车辆的典型场景。在这里，简要描述两种常见的稳态轮胎地面交互模型，即刷子轮胎模型和魔法公式轮胎模型[24.26]。

刷子轮胎模型是将轮胎看作与地面接触的一排弹性刷毛。胎体、安全带和胎面元件的柔度是通过集中的刷毛柔度获得的。在纯纵向滑移情况下，牵引力为

$$F_x=2c_{px}a^2\frac{V_{sx}}{V_x} \tag{24.21}$$

式中，c_{px}是单位长度纵向胎面元件的刚度，其他参数如图 24.14 所示。

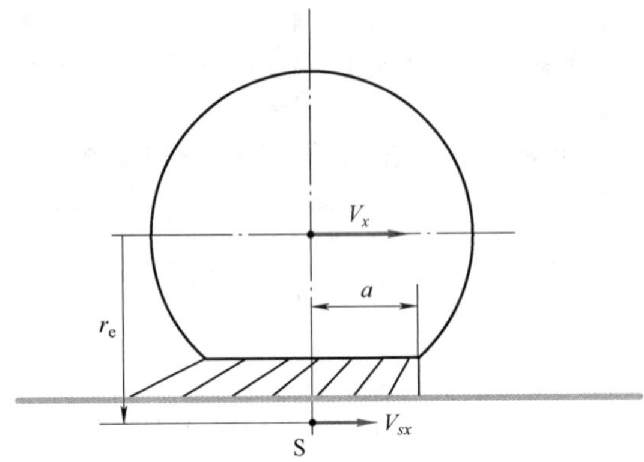

图 24.14　用于分析可变形轮胎与刚性地面相互作用的刷子轮胎模型

以类似的方式，横向力为

$$F_y=2c_{py}a^2\alpha \tag{24.22}$$

式中，α 是滑移角。如前所述，当刚性车轮在刚性地面上时，混合滑移将限制纵向和横向推力的有效性[24.26]。

魔法公式轮胎模型是一种经验模型，由于其灵活、计算简单等原因已被广泛应用。该模型基于三角函数，生成一条曲线，曲线通过原点达到峰值，然后趋近于水平渐近线，这种行为是现代轮胎受力或力矩引起滑移的典型特性。无论轮胎尺寸、结构、充气压力等该模型均适用。

魔法公式轮胎模型的一般形式是

$$y=D\sin\{C\arctan[Bx-E(Bx-\arctan Bx)]\} \tag{24.23}$$

$$Y(X)=y(x)+S_V\quad x=X+S_H$$

式中，Y 是输出变量，它可以是 Fx、Fy 或 Mz；X 是输入变量，它可以是 $\tan\alpha$ 或 k（即横向或纵向滑移）。公式中还包含几个经验值：B 是刚度系数；C 是形状因子；D 是峰值；E 是曲率因子；S_H 是水平位移；S_V 是垂直位移。这些元素如图 24.15 所示。

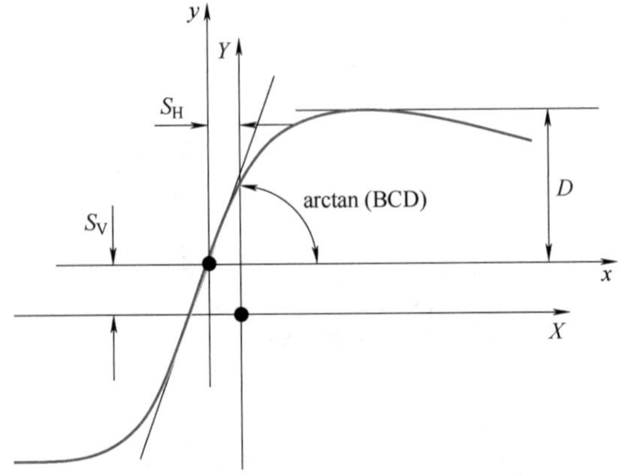

图 24.15　魔法公式轮胎模型参数的影响

24.5 轮式机器人的悬架系统

悬架系统由连杆、弹簧、阻尼器和驱动器组成，用于控制轮子和车身之间的相对运动。这些机构包括允许车轮旋转的自由度，以及用于转向和垂直平移的自由度。当机器人在崎岖表面上行驶时，悬架机构的存在就显得很有必要。首先，在不平地面，悬架能使车轮与地面保持接触，以产生牵引力、制动力和转向力。此外，悬架提供承载和耗散元件（即弹簧、阻尼器和自动或半自动驱动器），以减轻干扰对机身运动的影响，从而提高越障能力和传感器或有效载荷稳定性。悬挂设计中的关键问题包括悬架连杆运动学设计，以及承载元件和耗散元件的选择。

悬架连杆运动学设计旨在允许车轮垂直位移。典型的悬架系统包括简单的移动关节和铰链四杆机构，以及带有轮子的旋转关节，轮子与牵引臂相连。对于车型轮式机器人，可以从乘用车悬架的设计中获得很多灵感，这已经受到了广泛的关注与研究[24.27]。悬架连杆运动学设计的综合处理方法超出了本章的介绍范围，有兴趣的读者可查阅相关资料[24.28]。

承载元件和耗散元件的选择通常基于对预期操作条件的悬架低阶模型的分析。以下将介绍被动和半自动悬架建模的常用方法。通过对这些模型的分析，可选择几乎形成所有轮式机器人悬架的基础元件，如弹簧、阻尼器和自动或半自动驱动器。

24.5.1 被动悬架动力学

可以说，最常见的被动悬挂设计包括安装在机器人车身和车轮之间的并联弹簧和阻尼器。用于分析该悬架垂直动力学的简单模型通常被称为1/4 车型[24.29]，如图 24.16 所示。车身质量 m_b 由悬架支撑，该悬架通过刚度为 k_s 的弹簧元件和阻尼系数为 b_s 的阻尼元件与质量为 m_w 的车轮相连，车轮刚度为 k_w，在不平坦地面表面运动时会产生垂直激励。车身质量、车轮质量和地形表面的高度分别由 z_b、z_w 和 z_u 给出。

该模型的状态向量 x 由式（24.24）所示的悬架位移 $d_s=z_w-z_u$、车轮弹簧位移 $d_w=z_w-z_u$ 和速度 $\dot{z}_b$、$\dot{z}_w$，以及线性状态空间模型式（24.5）~式（24.27）共同组成。注意，模型的输入是垂直地面速度 $\dot{z}_u$。这是线性系统分析的简化公式，因为 $\dot{z}_u$ 可建模为白噪声，其强度与车辆前进速度和路面粗糙度参数成正比[24.29]。

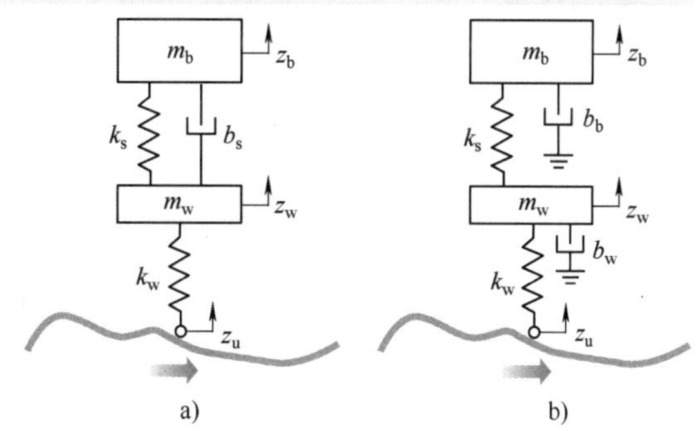

图 24.16 1/4 模型

a）被动悬架模型 b）具有理想天钩半主动悬架控制

$$x=\begin{pmatrix} d_s \\ d_w \\ \dot{z}_b \\ \dot{z}_w \end{pmatrix} \tag{24.24}$$

$$\dot{x}=\boldsymbol{A}x+\boldsymbol{B}u \tag{24.25}$$

$$\boldsymbol{A}=\begin{pmatrix} 0 & 0 & 1 & -1 \\ 0 & 0 & 0 & 1 \\ -k_s/m_b & 0 & -b_s/m_b & b_s/m_b \\ k_s/m_w & -k_w/m_w & b_s/m_w & -b_s/m_w \end{pmatrix} \tag{24.26}$$

$$\boldsymbol{B}=\begin{pmatrix} 0 \\ -1 \\ 0 \\ 0 \end{pmatrix} \tag{24.27}$$

为了研究该模型的特点，$\boldsymbol{y}=\boldsymbol{C}\boldsymbol{x}$ 的输出由传递函数 $G(s)=\boldsymbol{Y}(s)/\boldsymbol{U}(s)$ 计算得到，$G(s)$ 可看作

$$G(s)=\boldsymbol{C}(s\boldsymbol{I}-\boldsymbol{A})^{-1}\boldsymbol{B} \tag{24.28}$$

当有白噪声输入时，所有频率均相等。因此，给定频率 ω 处的传递函数 $|G(j\omega)|$ 的大小表示每个输出的响应频率。悬架设计过程中需要重点关注车轮位移 $d_{\dot{\omega}}$ 和车身加速度 $\ddot{z}_b$ 这两个输出。这是因为车轮位移与车轮接触力的变化相关，从而影响机器人的抓地力和机动性；通过安装在车身的传感器和有效载荷可测出车身振动频率，从而得出车身的加速度。

车轮位移 $d_{\dot{\omega}}$ 的输出矩阵为

$$\boldsymbol{C}=(0 \quad 1 \quad 0 \quad 0) \tag{24.29}$$

车身加速度 $\ddot{z}_b$ 的输出矩阵为

$$\boldsymbol{C}=\left(-\frac{k_s}{m_b} \quad 0 \quad -\frac{b_s}{m_b} \quad -\frac{b_s}{m_b}\right) \tag{24.30}$$

车轮位移和车身加速度的频率响应曲线如

图 24.17和图 24.18 所示。这些曲线显示了乘用车的典型参数值：乘坐频率 $\omega_b=\sqrt{k_s/m_b}=2\pi\mathrm{rad/s}$，车轮跳动频率 $\omega_w=\sqrt{k_w/m_w}=20\pi\mathrm{rad/s}$，质量比 $\rho=m_w/m_b=0.1$，阻尼比 $\xi=b_s/2\sqrt{k_s m_b}=(0.2, 0.7, 1.2)$。用不同阻尼比来说明欠阻尼、临界阻尼和过阻尼悬架的行为。

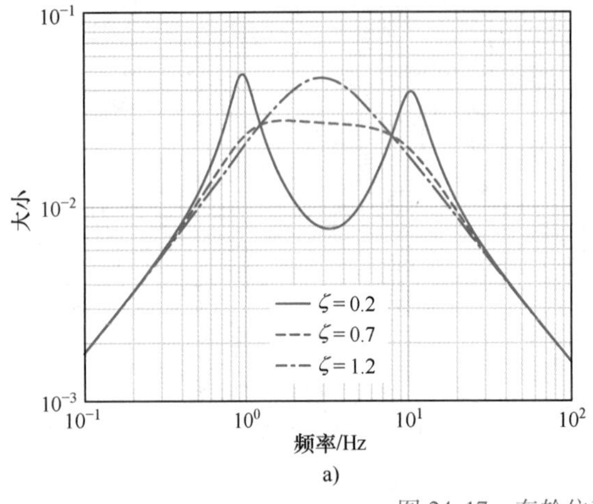

a)

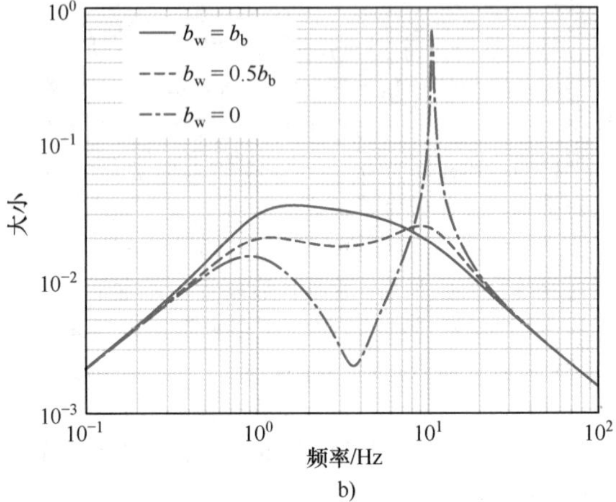

b)

图 24.17　车轮位移频率响应曲线图

a）被动悬架　b）半自动悬架

注：车轮位移频率随车轮接触力和抓地力的变化而改变。

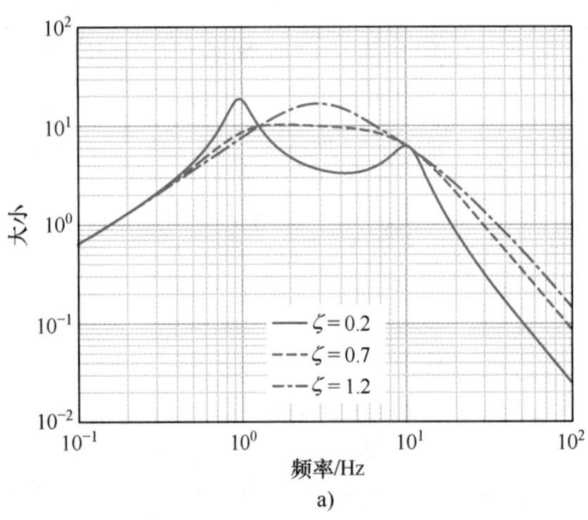

a)

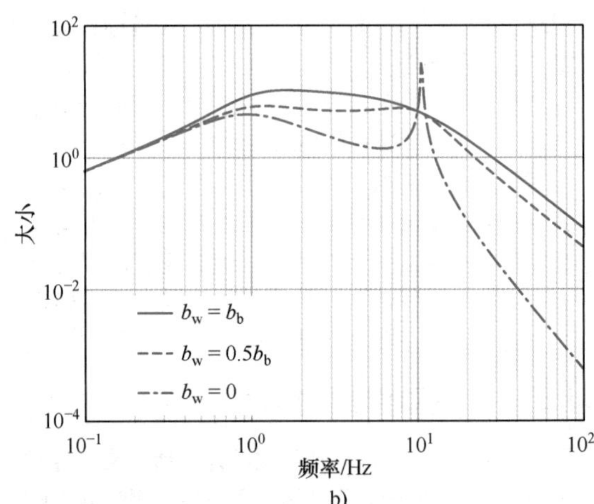

b)

图 24.18　车身加速度频率响应曲线

a）被动悬架　b）半自动悬架

注：车身加速度频率与安装在机器人车身上的传感器和有效载荷的振动相对应。

对于欠阻尼情况，$\xi=0.2$，车轮位移和车身加速度在 ω_b 和 ω_w 附近的频率响应存在峰值（通常是不希望的）。

对于过阻尼情况，$\xi=1.2$，峰值响应出现在共振峰值之间。

对于临界阻尼情况，$\xi=0.7$，峰值响应减小，因此许多悬架设计为临界阻尼。

24.5.2　半主动悬架动力学

将可控的驱动器引入悬架中，可以加快系统的动态响应，提高抓地性能并减少车身振动。具有可控驱动器的悬架系统被称为主动或半主动悬架。主动悬架指具有动力旋转或线性驱动器的系统，能够提供和吸收大量的能量，在传统的悬架中，驱动器有效地替代了被动部件。由于其复杂性和高成本，此类系统很少使用。一种更简单且更便宜（因此更常见）的方法就是采用半主动元件，即采用一种可控元件，如主动（如磁流变）流体阻尼器来吸收能量。半自动悬架可以用阻尼系数随时间变化且 $b_s(t)\geq 0$ 的被动悬架来建模。

半主动悬架控制方案通过改变阻尼系数 $b_s(t)$ 来模拟系数为 b 的阻尼器，阻尼器作用在车身和车轮的绝对速度上，以减少车轮振动对车身的影响。常用天钩控制器通过给出的阻尼力 F 来粗略估计，方法如图 24.16b 所示。注意，半主动系统只能近似于这种控制，因为 F 被限定为 $F(\dot{z}-\dot{z})\leqslant 0$。

$$F=(-b\dot{z}+b\dot{z}) \tag{24.31}$$

为了说明通过使用具有天钩控制器的半主动悬架可实现的潜在改进，先前给出的具有 F 的半主动悬挂 1/4 车型的频率响应曲线绘制在图 24.17 和图 24.18 中。该模型参数与前一节中临界阻尼 $\xi=0.7$ 的值相同，阻尼系数 $b=b$ 和 $b=(b、0.5b、0)$。注意，$b=b$ 时与被动、临界阻尼的情况相同。

在没有车轮阻尼的情况下，即 $b=0$，对于$\omega\ll\omega$ 和车身加速度 $\omega\gg\omega$，两个频频响应曲线均有所改善，但在 ω 附近，两个输出都存在很大的共振峰值。在车轮阻尼 $b=0.5b$ 的情况下，ω 附近的共振峰值振幅减小，两个峰值响应都减小。尽管 $b=0$ 时性能得到改善，但与 ω 的频率不相符。

虽然天钩和其他悬架控制算法可以改善车辆的动态响应，但要注意半主动和主动悬架控制中的一些固有权衡。已经证明，通过控制车轮跳动频率，使其小于 ω，可以同时改善车轮的抓地性，并减小车身的振动频率[24.29]。然而，当频率高于 ω 时，改善任一特性必将导致另一性能变差。

24

24.6 结论

由于轮子相对简单、坚固和成本低廉，是移动机器人中最常用的行进装置。轮式机器人的具体实现方式是无限多的，取决于轮子的数量、类型、几何参数和驱动系统。本章描述了几种典型的实现方式，尽管存在这种多样性，但也可以将 WMR 分为五类，这有助于了解车轮结构。实际的机器人结构可根据轮子的数量和类型进行分类。文中已经提出了轮-地交互模型，以分析牵引力的生成能力，用于后续设计和模拟。最后，介绍了常见的悬架系统，包括对其结构和动力学模型的简要介绍。

视频文献

VIDEO 325 An omnidirectional mobile robot with active caster wheels
available from http://handbookofrobotics.org/view-chapter/24/videodetails/325

VIDEO 326 Articulated robot – a robot pushing 3 passive trailers
available from http://handbookofrobotics.org/view-chapter/24/videodetails/326

VIDEO 327 An omnidirectional robot with 4 Mecanum Wheels
available from http://handbookofrobotics.org/view-chapter/24/videodetails/327

VIDEO 328 An omnidirectional robot with 4 Swedish wheels
available from http://handbookofrobotics.org/view-chapter/24/videodetails/328

VIDEO 329 An innovative space rover with extended climbing abilities
available from http://handbookofrobotics.org/view-chapter/24/videodetails/329

参考文献

24.1 H. Asama, M. Sato, L. Bogoni: Development of an omnidirectional mobile robot with 3 DOF decoupling drive mechanism, Proc. IEEE Int. Conf. Robotics Autom. (ICRA) (1995) pp. 1925–1930

24.2 L. Ferriere, G. Campion, B. Raucent: ROLLMOBS, a new drive system for omnimobile robots, Robotica **19**, 1–9 (2001)

24.3 W. Chung: *Nonholonomic Manipulators, Springer Tracts Adv. Robotics*, Vol. 13 (Springer, Berlin, Heidelberg 2004)

24.4 J.E. Colgate, M. Peshkin, W. Wannasuphoprasit: Nonholonomic haptic display, Proc. IEEE Int. Conf. Robotics Autom. (ICRA) (1996) pp. 539–544

24.5 G. Campion, G. Bastin, B. dAndrea-Novel: Structural properties and classification of kinematic and dynamic models of wheeled mobile robots, IEEE Trans. Robotics Autom. **12**, 47–62 (1996)

24.6 R. Nakajima, T. Tsubouchi, S. Yuta, E. Koyanagi:

A development of a new mechanism of an autonomous unicycle, Proc. IEEE/RSJ Int. Conf. Intell. Robots Syst. (IROS) (1997) pp. 906–912
24.7 G.C. Nandy, X. Yangsheng: Dynamic model of a gyroscopic wheel, Proc. IEEE Int. Conf. Robotics Autom. (ICRA) (1998) pp. 2683–2688
24.8 Y. Ha, S. Yuta: Trajectory tracking control for navigation of self-contained mobile inverse pendulum, Proc. IEEE/RSJ Int. Conf. Intell. Robots Syst. (IROS) (1994) pp. 1875–1882
24.9 Y. Takahashi, T. Takagaki, J. Kishi, Y. Ishii: Back and forward moving scheme of front wheel raising for inverse pendulum control wheel chair robot, Proc. IEEE Int. Conf. Robotics Autom. (ICRA) (2001) pp. 3189–3194
24.10 K.-S. Byun, S.-J. Kim, J.-B. Song: Design of continuous alternate wheels for omnidirectional mobile robots, Proc. IEEE Int. Conf. Robotics Autom. (ICRA) (2001) pp. 767–772
24.11 M. West, H. Asada: Design and control of ball wheel omnidirectional vehicles, Proc. IEEE Int. Conf. Robotics Autom. (ICRA) (1995) pp. 1931–1938
24.12 B. Carlisle: An omnidirectional mobile robot. In: *Development in Robotics*, ed. by B. Rooks (IFS, Bedford 1983) pp. 79–87
24.13 M. Wada, S. Mori: Holonomic and omnidirectional vehicle with conventional tires, Proc. IEEE Int. Conf. Robotics Autom. (ICRA) (1996) pp. 3671–3676
24.14 D.B. Reister, M.A. Unseren: Position and constraint force control of a vehicle with two or more steerable drive wheels, IEEE Trans. Robotics Autom. **9**(6), 723–731 (1993)
24.15 Y. Nakamura, H. Ezaki, Y. Tan, W. Chung: Design of steering mechanism and control of nonholonomic trailer systems, IEEE Trans. Robotics Autom. **17**(3), 367–374 (2001)
24.16 S. Hirose: *Biologically Inspired Robots: Snake-Like Locomotion and Manipulation* (Oxford Univ. Press, Oxford 1993)
24.17 R. Siegwart, P. Lamon, T. Estier, M. Lauria, R. Piguet: Innovative design for wheeled locomotion in rough terrain, J. Robotics Auton. Syst. **40**, 151–162 (2003)
24.18 M.G. Bekker: *Introduction to Terrain-Vehicle Systems* (Univ. Michigan Press, Ann Arbor 1969)
24.19 H. Shibly, K. Iagnemma, S. Dubowsky: An equivalent soil mechanics formulation for rigid wheels in deformable terrain, with application to planetary exploration rovers, J. Terramech. **42**, 1–13 (2005)
24.20 G. Ishigami, A. Miwa, K. Nagatani, K. Yoshida: Terramechanics-based for steering maneuver of planetary exploration rovers on loose soil, J. Field Robotics **24**(3), 233–250 (2007)
24.21 G. Meirion-Griffith, M. Spenko: A modified pressure-sinkage model for small, rigid wheels on deformable terrains, J. Terramech. **48**(2), 149–155 (2011)
24.22 C. Senatore, M. Wulfmeier, P. Jayakumar, J. Maclennan, K. Iagnemma: Investigation of stress and failure in granular soils for lightweight robotic vehicle applications, Proc. Ground Vehicle Syst. Eng. Technol. Symp. (2012)
24.23 C. Harnisch, B. Lach, R. Jakobs, M. Troulis, O. Nehls: A new tyre-soil interaction model for vehicle simulation on deformable ground, Vehicle Syst. Dyn. **43**(1), 384–394 (2005)
24.24 J.Y. Wong: *Theory of Ground Vehicles*, 3rd edn. (Wiley, Hoboken 2001)
24.25 C. Senatore, C. Sandu: Off-road tire modeling and the multi-pass effect for vehicle dynamics simulation, J. Terramech. **48**(4), 265–276 (2011)
24.26 H.B. Pacejka: *Tire and Vehicle Dynamics*, 2nd edn. (Elsevier, Oxford 2005)
24.27 P. Barak: *Magic Numbers in Design of Suspensions for Passenger Cars*, SAE Tech. Pap. No. 911921 (SAE, Warrendale 1991)
24.28 J.C. Dixon: *Suspension Geometry and Computation* (Wiley, Chichester 2009)
24.29 J.K. Hedrick, T. Butsuen: Invariant properties of automotive suspensions, Proc. Inst. Mech. Eng. Part D J. Automob, Eng. **204**(1), 21–27 (1990)

第 25 章 水下机器人

Hyun-Taek Choi，Junku Yuh

25

海洋约占地球面积的 70%，在地球演变过程处于主导地位。海洋拥有丰富的生物和非生物资源，如鱼类、海底天然气、石油等，对陆地上人类的生活有很大的影响。因此，海洋对人类未来的生存和发展至关重要。但是，我们仍无法探索海洋的深处，也无法完全了解海洋演变过程。不过，水下机器人，包括遥控水下机器人（ROV）和自主水下机器人（AUV），可以成为探索海洋和利用海洋资源的有效工具，并开始得到极大关注。本章重点介绍水下机器人的设计问题，包括机械系统、电源、驱动器与传感器、计算与通信、软件架构和操纵等主要子系统。本手册第 3 卷第 51 章将主要介绍水下机器人的建模与控制。

目　录

25.1 背景

海洋约占地球面积 70%，对未来人类生存有着很大的影响。水下机器人或无人水下航行器（UUV）可以帮助我们更好地了解海洋及其环境问题，保护地球的海洋资源免受污染，并有效地利用它们为人类谋福祉。

市场上销售的大多数 UUV 属于远程有线操纵，称为远程操纵器（ROV）。操纵者在母船上通过发送信号来控制 ROV，并通过脐带电缆接收视频、状态和其他传感数据。大多数工作级 ROV 都配备有一个或多个摄像机、灯光、声纳、静态照相机、一个操作臂、一个抓取器和各种各样的取样设备；大型深海 ROV 使用缆绳管理系统（TMS），允许坚固但较重的脐带电缆部署设备，然后将更轻、更灵活的线缆从 TMS 中排出。ROV 必须具有用于高分辨率视频和数据传输的高带宽。

20 世纪 60 年代，美国海军资助了早期 ROV 技术的开发，被用来回收水下武器。ROV 已被广泛用于军事行动、环境系统、科学任务、海洋开采、天然气和石油工业等领域[25.1]。调查分析表明，到 2022 年，能源行业 ROV 用于检查、维护、钻探到退役的总花费预期将达到 27 亿美元。

然而，目前大多数商用 ROV 系统在操作方面均存在一些问题，如操纵器疲劳损耗和母船的高运营成本，因此对先进水下机器人的需求将导致下一代工作级 ROV 系统或自主水下机器人（AUV）技术的不断进步。2000 年，在 Yuh[25.2] 发表的有关 AUV 综述论文中，对动力学、控制系统、导航、传感器、通信、电力系统、抗压外壳、整流罩和操作臂等关键领域的研究进展进行了综述，还介绍了市场上现有的 AUV 系统和组件。

本章重点介绍水下机器人各主要子系统的设计问题，如机械系统、电源、驱动器与传感器、计算机与通信、软件架构和操作臂等。

25

25.2　机械系统

每增加 10 米，水下机器人所要承受的压力约增大 1 个大气压，并且海水具有很强的腐蚀性。因此，水下机器人的机械系统需要具有良好的结构强度、强耐蚀性和环境适应性。

水下机器人的机械结构可以分为三个功能子系统，即框架、压力容器和整流罩。框架是机器人的主要骨架。它决定了机器人的形状，无论在水中还是水外，都能承受自身重量，提供机械结构支持，抵抗运动带来的流体冲击力和操作工具产生的附加力，并且能防止任何形式的破坏[25.3]。因此，设计之前必须进行结构分析。压力容器应为防水结构，并且必须有足够强度以承受目标设计深度的水压。通常，圆柱形或球形是以最小的空间为代价得到最大强度的有效方式。具有较大直径的压力容器需要增加厚度以达到相同强度，这必将导致材料和机械加工成本增加，压力容器也将变得更重。因此，选择适当的材料是非常重要的。整流罩就像机器人的皮肤，覆盖全部或部分水下机器人。整流罩应具有一些优点，如外形美观、减小拖曳力和保护作用。

25.2.1　框架和压力船体

框架设计必须考虑以下操作条件：

1）在地面上静止。

2）水下运动。

3）起重机吊起发射和回收。

每种情况下作用力的关键点是完全不一样的：第一种情况，仅考虑静态重力；第二种情况，应该考虑浮力、重力及动态下的所有推进力。在发射和回收阶段，由于母舰的垂直运动，巨大的吸附力集中在机器人的提升点上。

结构设计和分析必须相结合，以获得高强度和高刚度；同时，所选择的材料应以最小重量得到最优结构性能[25.4]。应该注意的是，必须计算在空气和水中的重量，浮力材料也将增加机器人在空气中的总重量。安全系数是设计机械系统的关键参数之一：对于载人系统的设计，安全系数要超出 50%；对于无人系统的设计，则要超出 10%[25.5]。图 25.1 所示 Hemire 深海 ROV 铝质开放框架。Hemire 由韩国船舶与海洋工程研究所（KRISO）开发（VIDEO 796）。另一方面，由于所需的流体动力性能的机载电源有限，AUV 需要有封闭框架或整流罩。

图 25.1　Hamire 深海 ROV 铝制开放框架

设计压力容器的第一个终极目标是提供一个装有车载计算机、传感器或可工作电池的密封环境。因此，两个重要的设计因素是防水密封设计和抗水压设计。当给定规格参数，如内径（ID）或外径（OD）、长度、厚度和材料时，必须分析屈曲应力和屈服应力，这是深海（高压）环境下需要考虑的主要因素[25.6]。球形或圆柱形压力容器能很好地承受静水压力，但相对而言，圆柱形容器则被认为是更好的替代方案，因为它可以更好地布置组件。对于放置在具有整流罩框架内的压力容器，不需要进行流体动力学设计，但如果将水下机器人的本体设计成压力容器，则在设计时必须考虑减少阻力、气蚀和噪声[25.7]。

框架和压力容器必须用有限元法（FEM）软件进行结构分析，并进行无损检测和/或压力测试，以检测是否存在机械缺陷。压力测试是揭示材料和加工过程中潜在缺陷的最佳方式，即使它需要额外的时间、成本和特殊设施。静水压力测试、循环压力疲劳测试是环境测试的关键手段，因为比较设计压碎深度和真实挤压深度需要静水压力测试，循环压力疲劳测试需要重复进行循环压力试验和失效模式试验[25.5]。压力测试设备不仅提供外部压力测试的条件，还具有各种类型的测量传感器和系统，以记录测试过程中的任何变化。

25.2.2 材料和浮力

除了高强度和高硬度，当选择框架和压力容器的材料时，还应考虑耐蚀性和可加工性[25.7]。

典型的浅水水下机器人倾向于使用铝、聚碳酸酯（PC）和聚甲醛（POM），而深海水下机器人多采用高强度钢、钛和复合材料。混合动力 ROV Nereus 采用了两个由 96%氧化铝陶瓷组成的压力容器，因为具有高抗压强度质量比的平衡浮力压力容器使水下机器人能够下潜 11000 米的极端深度[25.8]。相关材料的基本性质将在后面描述。

由于其高抗拉强度和低成本，钢材被广泛用于海洋领域，又因为它易腐蚀生锈，所以需进行表面处理；它更适应交变磁场，316（相当于我国 06Cr17Ni12Mo2）型不锈钢通常被认为是标准船用级钢材，常用于制作液压、气动和紧固件，但难以焊接和加工。铝合金重量轻、强度高、价格合理，而且不受磁效应影响，由于易腐蚀，因此也需要进行表面处理；高热导率是铝合金压力容器的另一个优点。钛合金具有非常高的强度质量比，无须任何表面处理就具有优异的耐蚀性、低导电率和无磁场变形；缺点是导热性差、加工和焊接困难、成本高。

最常见的海洋用复合材料是玻璃纤维增强塑料（GFRP），它具有很高的强度质量比、优异的耐蚀性和极具竞争力的价格。碳纤维增强塑料（CFRP）性能更好，但成本更高。对于深海设备，CFRP 具有很多优点。可下潜 6000m 的 Seaglider 压力容器就是由 CFRP 制成的，因为其质量变形比小于 0.5[25.9]，但它在市场上并不常用，主要是因为加工困难。金属基复合材料（MMC）和陶瓷合金具有优于其他材料的优点，特别是它们具有高弹性模量和硬度、高熔点、低热膨胀和良好的耐化学性。

除了金属和复合材料，丙烯酸（有机玻璃）、POM（聚甲醛、缩醛、德尔辛）、PC（聚碳酸酯）、ABS（丙烯腈-丁二烯-苯乙烯）、PVC（聚氯乙烯）和塑料都是浅水环境下机器人的替代材料。上述材料的主要优点是优异的耐蚀性，易于加工和制造，成本相对较低。此外，POM 具有高刚度、低摩擦和优异的空间稳定性；PC 和丙烯酸具有高抗冲击强度，轻巧灵活。尽管玻璃是脆性的，容易受到冲击破坏，但也可用于压力容器，因为它具有高强度质量比、耐蚀性、非磁性、非导电性及低成本等优点[25.9]。用于水下机器人材料的特性见表 25.1。

表 25.1 用于水下机器人材料的特性

材　　料	密度/(kg/dm^3)	强度/MPa 抗拉/屈服	弹性模量/GPa
钢（HY80）	7.87	482~689/276~517	190~210(200)
不锈钢（316）	7.75~8.1	620~560/415~290	193
铝 6061-T6	2.7	310/276	68.9
铝 7075-T6	2.81	572/503	71.7
钛 Ti-6Al-4V	4.43	950/880	113.8
GFRP，E-glass	2.44~2.48	4800—4900/—	85~90
GFRP，S-glass	2.54~2.60	3400~3500/—	65~75
CFRP	1.75~1.95	2500~6000/—	200~800
亚克力	0.7~1.25(1.16)	19.3~85.0(64.3)/25.0~85.0(60.2)	0.950~3.79(2.69)
聚碳酸酯	0.95~1.54(1.2)	46.1~124(64.6)/37.0~191(64.3)	1.80~7.58(2.37)
未增强聚甲醛	1.14~2.23	5.00~115(55.6)/22.0~120(26.8)	0.586~12.1(2.73)
ABS	0.35~3.5(1.06)	24.1~73.1(38)/20.0~73.1(43.3)	0.778~6.10(2.3)
聚氯乙烯	1.4	4.00~59.0/17.0~52.0	0.00159~3.24

（续）

材 料	密度/(kg/dm^3)	强度/MPa 抗拉/屈服	弹性模量/GPa
陶瓷（质量分数为96%的氧化铝）	3.7~3.97	2070~2620/260~300	393
金属基体复合材料 Al/SiC	2.78~3.01	230~317	125~270

注：表中括号内的数值为典型值。

25

海水中的金属材料腐蚀是基于电化学反应缓慢进行的。在这个过程中，电化学腐蚀与电解腐蚀基本上同时发生，由此加速了水下机器人的金属腐蚀速度[25.3]。为了防止电解腐蚀，把绝缘体（如树脂或橡胶）黏附在金属接触表面[25.6]。无论如何，表面处理都是避免海水直接接触的有效途径。阳极氧化是表面改性过程，主要用于改变金属的外部物理性质，使表面形成一种硬涂层，以控制电化学反应进程。值得注意的是，阳极氧化只有在整个表面保持干净时才能正常工作。换句话说，如果表面与活性较低材料接触，即使只有很小一片也会加速腐蚀[25.10]。面漆为材料提供了防腐保护；牺牲阳极保护法由锌和镁这种高活性金属制成腐蚀防护替代品，当牺牲阳极被腐蚀时，必须定期检查和更换。

在设计水下机器人时，除了提供有效载荷的储备浮力，还需要增加一个小的正浮力。在任何电子和电源故障的情况下，这将有助于水下机器人返回水面。正向浮力的数量取决于机器人的大小，通常从几百克到几千克。选择浮力材料时要考虑以下几个因素：低密度、高强度、无毒无害和耐风化性，最重要的是低吸水率和低压缩性，这都取决于作业深度[25.4]。对于水下机器人，可膨胀聚苯乙烯、聚异氰脲酸酯泡沫和复合泡沫是最常见的浮力材料。可膨胀聚苯乙烯（EPS）重量超轻且很便宜，但因为容易被水压缩，它仅适用于非常浅的水域。聚异氰脲酸酯泡沫通常是低密度、绝缘等级的泡沫，具有良好的绝缘性和良好的抗压强度。由于它通常通过连续挤压工艺制成，体积较大，所以这种材料对于浅水机器人来说是便宜且有效的[25.4]。复合泡沫由玻璃微珠和环氧树脂组成。树脂结构中填充的空气量决定了泡沫在深层的密度和耐久性。这里还要注意的是，压载是在水下机器人上添加、移除或重新定位重物或浮动的过程，以校正其浮力，俯仰和滚动。有两种类型的平衡系统，即固定（静态）压载和可变（主动）压载。在固定压载系统中，水下机器人预设为所需的压载，并且在压载系统没有任何动态变化的情况下运行。固定有效载荷通常以铅块的形式存在，可以在不调整机器人浮力的情况下更换设备。可变压载在大多数遥控水下机器人（ROV）中并不常见，但混合 ROY（Nereus）比较常见[25.8]。

25.3 电力系统

水下机器人获取能量的方法有三种，即机载电源供能、水面电缆供能，以及两者的组合。对于机载电源系统，可以考虑多种类型的电源，如一次/二次电池、内部/外部内燃机和燃料电池。对于从水面供能的水下机器人，母船必须通过脐带缆向机器人供电。从水面供能的水下机器人具有大功率和几乎无限功率的优点，但需要增加绞车、滚筒、TMS 和母船的成本。本部分回顾几种典型的电源，包括电池、燃料电池和水面电力系统。

25.3.1 机载电源

水下机器人的机载电源是一个空气独立电源（AIP）系统，最常见的 AIP 系统是电池。这种水下机器人的特点是不受电缆限制，但工作范围、工作时间和有效载荷受电池容量的限制。

电池技术在过去十年中有了极大进步。人们希望拥有高能量密度、高充放电率、理想的电流特性、宽的工作/存储温度范围、高可靠性、长生命周期、低购买和维护成本，以及最重要的防燃、防爆这种类型的理想电池。还应该考虑安全性方面的细节，如无污染、防电解质泄漏、状态监测，以及符合 AUV 的形状、体积和特殊工作环境（如深度、接近北极海冰情况下）的特殊要求[25.6,11,13]。

一次电池通常比二次电池具有更好的耐用性。一次锂电池具有非常高的能量密度，但其成本更高。由于碱性电池相对便宜，通常用作一次电池，但由于其释放氢气且对温度比较敏感，存在安全隐患[25.7]。

二次电池包括铅酸电池、银锌电池、镍镉电池、镍氢电池、锂离子电池和锂聚合物电池。铅酸电池是最古老的电池类型，能量密度较低，但由于其功率比较大、成本低，普遍应用于多种设备。镍镉（Ni-Cd）电池由于其坚固的特性而被广泛用于商业产品中，但重金属镉具有毒性；镍氢电池通过改进，消除了镍镉电池存在的缺点，并替代了市场上的镍镉电池。在过去的几十年中，银锌电池是工作级 AUV 中使用最多的，尽管它非常贵，但比老式的二次电池，如铅酸和镍镉电池有更好的性能。今天，锂离子和锂聚合物电池在我们的日常生活中也很常见，也可以在很多 IT 设备上看到它们。将锂离子作为电解质的锂离子电池具有能量密度更高、循环寿命更长、自放电相对较低、维护成本低、重量轻的优点，但也存在需要电路保护和老化效应等缺点。与锂离子电池相比，锂聚合物电池使用固体聚合物复合材料，尽管能量密度较低，生命周期也较短，但减少了过度充电和电解质泄漏的可能性，更减少了物理损坏[25.12]。常用电池的特性见表 25.2。

海水电池因具有超长续航能力而作为替代方案之一，但由于功率容量低，其应用受到了限制[25.14]。

燃料电池是一种电化学装置，将燃料的化学能与氧气直接转化成电能、热能和水。由于不断补充燃料，燃料电池的容量比一般电池要大得多，也具有更长的续航时间，但系统也变得更加复杂。最常见的有固体氧化物燃料电池（SOFC）、直接甲醇燃料电池（DMFC）、质子交换膜燃料电池（PEMFC）或聚合物电解质燃料电池（PEFC）、磷酸燃料电池（PAFC）、熔融碳酸盐燃料电池（MCFC）和碱性燃料电池（AFC），不同类型应用于不同的温度条件下[25.15,16]。

封闭循环 PEFC 系统最适合于水下机器人，它由燃料电池发生器、高压氧气罐和金属氢化物罐组成，工作温度在 60℃左右，反应产物只有纯净水。由日本 JAMSTEC 公司研发的第一台燃料电池驱动水下航行器 Urashima，使用了固体聚合物电解质燃料电池（PEFC），该电池功率达 4kW，可实现持续 60h 和 300km 巡航，并完成了海试[25.17]。2007 年，JAM-STEC 公司开始研制第二代远程巡航 AUV（LCAUV）燃料电池，巡航距离超过 3000km，连续运行时间超过 600h[25.12]。

燃料电池本身的能量密度很高，但当考虑整个燃料电池系统，包括氢气、氧气、反应物水、辅助部件，以及控制电子等子系统时，其能量密度将会降低。水下应用需要减小这些子系统。因此，混合动力燃料/电池系统将是分担全负荷的替代方案，因为它允许两个部件的尺寸更小，并使用直接氢气和纯氧以更高的效率运行[25.18]。

有两种类型的负载，即用于推进的推进负载和用于机载计算机、灯光、导航传感器和有效载荷等负载。如果 AUV 执行的是长期专业任务，那么需要非常准确的模拟来调整各种约束条件之间的权衡。传统的铅酸电池和镍基电池不是 AUV 的最佳选择，而锂电池倒是不错的解决方案，它不需要花费时间来评估技术。尽管如此，由于铅酸电池实用性和成本低的优点，仍然是开展教育、试验和测试的最佳选择。

25

表 25.2 常用电池的特性[25.7,11,12]

类型	优点	缺点	(能量/质量)/(W·h/kg)	(能量/体积)/(W·h/L)	额定功率/W	生命周期/h
碱性电池（一次）	便宜	高温下漏气	140	—	—	—
锂电池（一次）	高能量密度，昂贵		375	—	—	—
铅酸蓄电池（二次）	成本低，生命周期长（1000）	低能量密度，漏氢	20~30	60~80	-40~50	700
银锌电池（Ag-Zn）(二次)	高能量密度	生命周期有限（40~100），需要细心维护，成本高	100~120	180~200	-48~71	100
镍铬电池（Ni-Cd）(二次)	生命周期长，充电平稳，低温性能稳定	记忆效应，污染环境，充电放热	40~60	50~150	-40~60	2000

（续）

类　型	优　点	缺　点	（能量/质量）/（W·h/kg）	（能量/体积）/（W·h/L）	额定功率/W	生命周期/h
镍氢电池（Ni-MH）（二次）	高能量密度，低记忆效应	自我放电，放电电流有限	60~120	140~300	由环境决定	1000
锂离子电池（二次）	高能量密度，生命周期长，无记忆效应	老化效应	100~265	250~730	-20~45	400~1200
锂聚合物电池（二次）	形式灵活，重量轻，安全性高	与锂离子电池相比，能量密度较低	130~200	170~300	由环境决定	300~3000

AUV内的电池安装有两种选择：一种是安置于压力容器内，另一种是使用没有压力容器的耐压和防水电池。后者消除了系统组装时可能发生泄漏的风险，从而提高了系统的可靠性。使用固体电解质的锂聚合物电池是真空包装，因此它成为AUV耐压机载电源设计的候选方案[25.19]。

电池管理系统（BMS）对于性能和安全性来说是一个非常重要的子系统。它用于监测电压、电流、温度和充电时的内部状态。基于以上信息，BMS用于控制电路平衡，并保护电池免受过流、过压/欠压、过温/欠温，以及任何预先假设情形的影响。作为健康监测的一部分，AUV的机载计算机应该从BMS收集能够反映任务的功率预算和健康状况的信息，以避免出现错误。

就像添加大量辅助系统和燃料储存单元来计算燃料电池的能量密度一样，需要一个公平的方法来比较不同电源之间的能量密度。由于电源安装在AUV内部，为了节省能源，AUV应该是每中性浮力千克的能量密度。这意味着浮力材料和压力容器的重量和体积必须添加到电源中，也意味着在设计浮力材料和压力容器（铝、钛、复合材料）之前，或者设计时应该考虑作业（或最大）深度[25.21]。半燃料电池介于电池和燃料电池之间，是一个发生器，但其可用性就像一个电池，因为一个反应物被储存在外部并被带到反应池[25.11]。铝/氢过氧化物能量半燃料电池实际上可以产生大约400W·h/kg（通常为3418W·h/kg）的能量密度，这是锂离子电池的25倍[25.12]。由FFI（挪威国防研究机构）研发的半燃料电池供电的HUGIN 3000[25.7]在深度达3000m的水下可运行4km，时间长达60h。这种耐压系统在深水系统中非常具有吸引力，但它需要训练有素的人员进行操作，并通过特殊的设施和工具来维护[25.14]。

25.3.2 水面供能系统

对于从水面供能的遥控水下机器人（ROV），其电能是通过脐带缆从母舰传送到ROV，因此可以提供大功率和理论上无限的续航能力。这些电力传输技术看起来可能很简单，但实际上涉及一个非常复杂的优化过程。电力系统决定了ROV的工作能力，以及运行成本、子系统尺寸和安全问题，通常情况下，它由水面系统、脐带缆和水下系统组成。一个水面系统包括船上的电源（或电源插座）、变频器、升压器和故障监视设备，变频器只能用于高频交流电，但在处理水下电力系统方面有很大的优势。在水下系统中，有降压转换器、整流器、电力总线，用于分配电力的开关设备和故障监视设备。此外，反映设备功率要求的系统配置和设置，包括推进器、灯光、传感器和电路等安装在ROV上。同样，电力系统的这些设计参数之间并不是相互独立的[25.4,20,22,23]。

具体配置取决于电流形式和容量需求。首先，我们必须选择电流类型。ROV系统有三种电流类型：

1）50/60Hz。

2）400Hz高频交流电（HFAC）。

3）直流电（DC）。

电流的选择应最大限度地提高功率传输、效率和寿命，以及使用稳态分析和瞬态分析来使整个系统成本最小化[25.20]。表25.3列出了直流和交流电源的优缺点。

表 25.3 直流和交流电源的优缺点[25.4,20]

形式	优 点	缺 点	备 注
DC	两根导线的屏蔽较少，电压降低	在电压升降中电流保护困难	适用于观测级 ROV
AC	传输距离长，电压升降灵活	有电感噪声，无功损耗，需要频率转换子系统	适用于深海 ROV

除了最大限度地向 ROV 传输电力，还必须最大限度地减小电缆直径、系统成本、甲板上的支撑系统及 ROV 的重量。因此，大多数观测级 ROV 使用直流电源系统，主要是因为便携性和成本，而工作级的 ROV 更倾向于使用三相交流电源系统。

25.4 水下驱动器和传感器

水下机器人的整体性能不可避免地要受其驱动器和传感器质量的影响。尽管人们可以考虑采用不同类型的驱动器，如推进器、水射流和仿生驱动器（VIDEO 793），但大多数使用螺旋桨推进器旋转产生推力，推动水下机器人在水中前进。值得注意的是，推进器命令与产生的力之间的映射是非线性的，特别是在瞬时运动状态下。水下机器人传感器可分为三组，即导航传感器、系统传感器和任务传感器，它们也可以通过基于声学或非声学感测进行分类。在水下环境中进行传感非常具有挑战性，特别是位置传感。电磁波无法在水下传播，除非是很短的距离，因此 GPS（全球定位系统）无法使用。由于单个传感器性能有限，因此常使用多传感器融合方式。例如，惯性导航系统（INS）包括一个具有高度复杂算法的 IMU（惯性测量单元）和一个 DVL（多普勒速度记录仪）。光学传感器的性能取决于浊度，而声学传感由于海洋的动态特性和极端特性，如多径问题、信号衰减变化、声道变化、非线性效应等而变得非常具有挑战性[25.24,25]。本节主要介绍水下驱动器和传感器及其相关设计问题。

25.4.1 驱动器

主要有两种类型的推进器，即电动推进器和电液推进器，以及其他类型，如仿生智能驱动器和喷气推进器。电液推进器的效率约为 15%，而全电动推进器的效率约为 43%[25.13]，其中效率的定义是轴输出功率与电输入功率的比率。尽管能量效率较低，但电动液压（电液）推进器仍是大型工作级 ROV 的首选，因为它具有较大的推力，在海上恶劣的工作环境下更具有实用性。参考文献 [25.26] 中描述了影响 ROV 液压推进系统功率转换效率的各种因素。

许多小型 ROV 和 AUV 由于其紧凑的结构和高效率而使用全电动推进器。用于巡航的鱼雷式 AUV 通常使用螺旋式螺旋桨，虽然只在前进方向上产生动力，但动力更足。需要缓慢但精细运动的小型 ROV 和 AUV，则使用在前进/后退方向上产生相同功率的螺旋桨。当两个推进器在同一平面和同一运动方向上工作时，水下机器人必须具有反向旋转的推进器，以消除推进器与螺旋桨旋转方向相反的反向力矩效应。

螺旋桨设计参数包括螺旋桨直径、叶片数量、叶片节距、叶片厚度、轮毂尺寸、耙子等，螺旋桨直径和叶片节距是影响机器人力矩和功率的关键设计参数，并且涉及水下机器人的尺寸和成本。因此，必须找到一个螺旋桨直径和叶片节距的最佳组合，同时匹配合适的电动机，以获得高效的电力推进系统[25.27]。典型的水下电动推进器包括电动机、电动机放大器和控制器，由铝或钛制成的推进器壳体，以及使用磁耦合或动力密封设计的防水充油驱动轴、螺旋桨和导管。Kort 喷嘴具有相对简单的几何结构，并且能够在低速下高效地运行；Rice 喷嘴具有较低的阻力系数和较好几何形状，可以提高推力[25.24]。

25.4.2 非声学传感器

多种非声学传感器都可用于测量水下机器人的位姿，并检测其线性和旋转运动。磁传感器是最常见的获取北向的传感器，但容易受机器人系统的有源元件或环境中任何磁化材料产生的局部磁场干扰的影响。

惯性传感器主要基于惯性，其中线性加速度由加速度计测量，旋转速度由不需要外部参考的陀螺仪测量而得。有几种类型的加速度计，如摆式加速度计、摆式积分陀螺仪加速度计、力再平衡加速度计、压电加速度计、差动电容加速度计和振梁加速度计，它们各有利弊。其中一些可以使用传统的机械类型或微机电系统（MEMS）类型来实现。MEMS类型（如基于电容的MEMS加速度计和MEMS振梁加速度计）通常具有更高的灵敏度和更好的分辨率[25.28,29]。陀螺仪用于测量物体的角速度，它主要有三种类型，即旋转质量陀螺仪、振动陀螺仪和光学陀螺仪。旋转质量陀螺仪主要依据角动量守恒原理工作，具有较宽的性能范围（0.0001~>100°/h），但非常昂贵；振动（振动结构）陀螺仪使用了科氏力和MEMS技术，因此体积小、成本低，但性能范围有限；光学陀螺仪依据Sagnac效应原理工作，主要有两种，即RLG（环形激光陀螺仪）和干涉式光纤陀螺仪（IFOG）。RLG具有很高的灵敏度和稳定性、广泛的测量范围（0.001~1000°/h）、良好的尺度系数稳定性和线性度，但对加速度和快速启动（<1s）不敏感，该技术是一项成熟的技术，在中高性能市场已经很成熟，但激光陀螺仍然复杂而昂贵。光纤陀螺（FOG）可以提供纯固态器件的几个重要优点，如由于无可移动部件而具有高可靠性、维护成本低、无密封腔、无声、高性能。预计，FOG技术将取代许多现有基于RLG的系统。然而，RLG有望保持其优越性的一个特定领域是在要求极高尺度系数稳定性的应用中。

姿态和航向参考系统（AHRS）是一种提供三维定向信息的传感器。通常，它由三个轴上的（MEMS）陀螺仪、加速度计和磁力计，以及运行非线性估计算法（如扩展卡尔曼滤波器来计算方向）的机载微处理器组成，积分漂移由参考矢量（如重力和地球磁场）补偿。

几种导航传感器的融合可以最大限度地减少导航误差。惯性导航系统（INS）由加速度计、陀螺仪、导航计算机和一些电子设备组合而成，如果给定一个初始的位置和姿态，通过线性加速度和角速度的积分来进行自身框架与地球框架之间转换，并进行速度、位置和姿态的估计[25.12,23]。因此，INS是水下机器人最重要的设备之一。INS的性能通常以位置误差增长率来评价。美国空军SNU84-1对INS的性能进行了分类，见表25.4。

为了提高导航系统的准确性，需要将INS与DVL（多普勒速度记录器）结合在一起。例如，综合多普勒-惯性系统Marpos通过航位推算计算起点的相对位置，定位精度约为总距离的0.03%，相当于AUV Maridan M600以3节/h（5.5km/h）的速度行驶，误差为1.7m[25.30]。

表25.4 INS（美国空军SNU84-1）的性能分类

INS类别	位置误差增长率/(nm/h)	导航角误差
低	>2	>0.2°
中	0.5~2	0.05°~0.2°
高	<0.5	<0.05°

对于水下机器人的垂直运动，其深度可以通过压力传感器进行测量，无任何累积误差。实际上，水下机器人中测量外部压力最常见的两种压力传感器是应变计和石英晶体。应变计压力传感器通常可以达到整个量程约0.1%的总体精度和整个量程约0.01%的分辨率；石英晶体压力传感器通常可以达到整个量程约0.01%的总体精度，总体分辨率约为0.0001%，即分辨率为百万分之一[25.31]。压力的常见单位是大气压（atm）、bar、千帕（kPa）、磅力每平方英寸（psi）和Torr（=mmHg），1atm=101.325kPa，1bar=100kPa。在海水中，由于每增加10.0m的深度，压力就增加1atm，深度约等于压力传感器的读数乘以10m/atm。在淡水中，这个公式所得数值比实际值要低2%~3%，所以使用10.3m/atm可以得到更精确的水下深度[25.3]。传感器的测量值为相对压力，对于绝对压力，需要在传感器测量中增加1atm。

另一种非声学传感器是水下计算机视觉系统。它除了简单地记录水下环境的图像，还被视为水下机器人导航传感器的一部分。当水下环境光照不充分或光照不均匀时，通过识别物体、探测障碍、测量物体之间的距离等，很难获得上述足够的导航视觉信息。但是，当接近目标时（如在入港的最后阶段），机器人可以使用视觉系统收集有用的信息。

另一方面，水下图像是水下探测的主要任务，尤其是对水下结构的观察、海洋生物的观测和海底地质探测等。在这种情况下，将时间标记和定位数据与图像关联，提高了输出的整体质量。由于光照范围有限，一次拍摄很难覆盖整个区域。因此，如同在Google Earth上所做的那样，图像镶嵌是克服这种情况的一种流行策略，将多个图像合并在一起，以创建更大的图像。实时图像镶嵌用于通过简单的图像处理来导航图像，并且通过使用各种优化技术的后处理来完成高质量的图像镶嵌。

最近，研发出了先进的高质量摄像机和视频管理系统，如 HD（高清）摄像机、HD-SDI（串行数据接口）、高质量数字视频管理系统、全息照相机、激光扫描系统、带有 3D 监视器的 3D 相机系统，以及包含立体光学相机的光声混合成像系统和高分辨率多波束声纳[25.12,32,33]，这些都将极大提高水下机器人操作的有效性。

25.4.3 声学传感器

计算水下机器人速度的方法有很多种。即使存在较大的累积误差，也可以简单地通过对加速度计的线性加速度积分来估计速度。例如，直接使用皮托管速度记录仪、转子型速度记录仪、电磁速度记录仪和声学多普勒流速分析仪（ADCP）[25.6]来测量速度，这些都是水速传感器，测的是相对于水的速度，而不是机器人的地面速度。ADCP 通过使用多普勒频移原理测量水中颗粒的速度，从而提供水流方向和水流速度。然而，多普勒速度计（DVL）可以用来测量机器人在水中相对于海底移动的速度。由于 ADCP 和 DVL 使用相同的原理，通常 DVL 以 ADCP 模式操作，用于导航仪器的水文仪器和底部锁定模式。由于 DVL 测量由地面反射的声纳信号的多普勒频移以获得速度，所以从海床到传感器的最大距离与信号的频率成反比，通常为 300kHz~2MHz。表 25.5 列出了市场上 DVL 的性能。最近，DVL 中的相控阵技术已经发布，并且在尺寸和重量方面比活塞阵列式 DVL 具有显著的优势，由此拓展了 DVL 的应用领域[25.34]。

表 25.5 市场上 DVL 的性能

规格	模式 A	模式 B	模式 C
频率/kHz	300	600	1200
最大范围/m	200~300	90~110	20~30
速度范围/(m/s)	±10		
速流分辨率/(cm/s)	0.1		
精度	0.4% ± 2mm/s	0.2% ± 1mm/s	0.2% ± 1mm/s
平均功率/W	3~10	2~6	2~3

声纳系统有多种类型，如单波束定向声纳、扫描声纳、侧扫声纳、多波束声纳、干涉声纳和合成孔径声纳。单波束声纳以特定频率发送声音脉冲，并从海底反射，其回波由传感器接收。它可以以单个通道（如测量机器人与海床之间距离的高度计）或多个通道（如避障声纳测量机器人与其周围的任何物体之间的距离）的形式实现。扫描声纳，即前视声纳，具有一个小型传感器，在其轴上旋转并沿特定方向发射脉冲，然后获得一系列容器，其中容器表示沿传感器轴上特定位置返回的回波强度。将一系列容器放置在笛卡儿空间中，并用不同颜色表示其强度来合成图像。侧扫声纳具有固定的传感器，沿交叉轨迹方向发射扇形声波脉冲，然后对测得的声反射进行处理，以得到精确的海底图像。它是快速大面积搜索海底残骸或矿物等物体的最有效工具之一，但不能提供其有关位置的可靠信息[25.35]。

成像声纳通常使用 3dB 宽 30°的扇形波束，同时保持约 1.7°的分辨率，而剖面声纳从水平和角度旋转方向发射宽为 1.7°3dB 的点波束或笔波束，这意味着提供更高分辨率的测量传感器。多波束声纳具有同时发射声脉冲的传感器阵列，可以覆盖大面积，其测量范围沿横向较宽、纵向较窄，因为其高昂的购买成本和大功率消耗，宜用于收集高精度的海底信息。干涉声纳利用了两种（或多种）波的叠加技术，在浅水中提供宽幅覆盖和高分辨率的测深，显著提高了水文测量的效率和安全性。合成孔径声纳（SAS）是一种高分辨率的声学成像技术，将多个回波相加，以产生不依赖于距离和频率的轨道分辨率恒定的输出图像，这是一种通过精确导航数据对声纳阵列进行人工放大的方法。双频技术已应用于成像声纳和侧扫声纳，具有更大的灵活性。典型的双频成像声纳使用的频率介于 0.9~2.5MHz 之间，以获得中近距离的中等和超高质量的分辨率。侧扫声纳的频率范围为 100~500kHz。研究人员一直在尝试基于高质量的成像声纳识别水下物体。图 25.2 所示为使用 DIDSON 实时跟踪的人造地标的结果[25.36]（VIDEO 794），其中多个地标在被检测识别后进行跟踪。地标的检测识别是根据韩国船舶和海洋工程研究所（KRISO）研发的基于概率的算法[25.37]。

声学定位系统是通过解决基于水下机器人与预装应答器之间距离的三角测量问题来定位水下机器人的普遍方法。距离是根据它们之间声波信号的传输时间来计算的，即往返时间的一半乘以水中的声速。这在理论上很简单，没有累积误差，但为了获得准确的位置信息，必须对系统有一个精确的理解，考虑固有的物理误差源，以及大量的实践经验。其准确度取决于基线的位形，水下声速受水温、压力和盐度的影响。另外，在浅水或高度混响的水下环境中，任何传输信号的多个反射副本到达接收机都

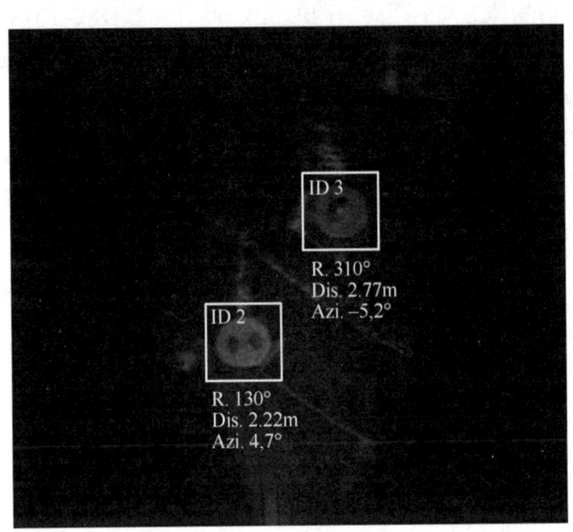

图 25.2 使用 DIDSON 实时跟踪人造地标的结果

有延迟时间间隔，它被称为多路径问题。因此，需了解工作现场水声环境的特点。在说明声学定位系统类型的构形之前，需了解其基本组件的功能。当询问器发出信号时，安装在海床上的应答器或水下机器人接收到环境信号，然后向询问器发送应答信号。应答器是一个安装在海床或水下机器人上的发射器，就像一个应答器，但它可以通过硬件实现外部控制信号触发，以发送信号。发射器发出一个特定频率的脉冲，称之为信标或声应答器[25.4]。

声学定位系统主要有三种类型，即长基线（LBL）、短基线（SBL）和超短基线（USBL）。LBL 系统通过测量安装在海床上的三个或多个应答器（通常位于作业现场角落）的倾斜范围来确定位置。这使得在宽阔的操作区域内，无论水深如何，都具有非常高的定位精度和鲁棒性。然而，这个系统需要多个应答器，这不可避免地需要很长的部署/恢复时间，并且每个位置都需要一个校准时间。由于双向测距，更新时间相对较长。在 SBL 系统中，有三个或更多个传感器通过导线连接到中央控制单元；这些传感器构成从大型驳船到小型船只的基线，它就像一个 LBL 系统的倒置版本，不需要任何海床预装应答器。但是，准确度取决于传感器的间距和安装方法。当更宽的间距可用时，性能可以类似于 UBL 系统；否则，准确度下降。USBL 系统由一个小型集成传感器阵列和转发器/应答器组成，应答器安装在想要跟踪的位置上。其中，应答器的位置由收发机阵列中的每个声学元件通过接收信号的时间来确定目标距离，通过接收信号的相移来确定目标方向，称为相位差。由 USBL 计算的目标方向的小误差在长距离上会变成更大的位置误差，所以它应该被安装在坚固的传感器杆的底部，该传感器杆安装在水面船侧面，或者某些情况下安装在水面船的底部。附加的传感器（包括高质量 IMU 和 GPS）必须补偿集成传感器阵列的位置和方向改变而产生的误差。

USBL 系统具有许多优点，如复杂度低，易用性好，不需要海床应答器；但它们也有一些缺点，为了安装传感器阵列，需要安装一个刚性杆，并且为了 USBL 系统能精确地对齐，需要一个校准过程来确定偏移量。最重要的是，它的定位精度和鲁棒性不如 LBL 系统。在任何情况下，假设视线保持不变，所有类型都是相当准确的。然而，LBL 系统的方位精度小于 1°，而 SBL 和 USBL 系统的方位精度为 1°~3°[25.4]。

GPS 智能浮标（GIB）系统是一种很有前景的声学定位系统[25.38]。GIB 的配置是一个倒置的 LBL，其中配有水下水听器和 GPS 接收器的浮标，以测量水下目标发射器发送的声信号的到达时间（TOA），并根据测量值实时计算跟踪位置。该系统可在没有校准过程和专用母船的情况下快速简便地安装，并且具有快速更新的实时多目标跟踪，可跟踪从水下目标发射器到浮动浮标的单向声信号。浮标的数量取决于区域的大小和给定作业的准确性要求。

25.4.4 其他传感器问题

水下机器人的许多传感器和通信设备，如高度计、DVL、成像声纳、测距声纳、声学调制解调器和声学定位系统都是基于声纳的设备的。多个声纳传感器的集成和并发操作可能引起传感器间的声学干扰问题。这种传感器串扰严重地降低了性能，有时甚至更严重，使整个传感器系统受到损坏。基本上，我们必须调整传感器设置，包括所有传感器的工作频率及其安装位置，以避免传感器串扰。对于任务传感器，应考虑安装在母船上的其他传感器，可以根据需要有选择地开启传感器。另外，还应考虑水下传感器潜在的生物污染和腐蚀问题，并定期维护以保证测量质量。

健康监测传感器也非常重要。尽管与导航传感器相比，它们体积小、价格相对便宜，但它可以在关键时刻挽救机器人。健康监测传感器包括压力容器内部的多点温度和湿度传感器、电力系统状态传感器，如使用电池管理系统（BMS）监测电池状态，或者使用接地故障监视系统监测系绳电缆的状态，以及监测控制系统的状态。同时，需为系统完全瘫痪制定应急计划。例如，当通信中断时，会发出高温情况警报或清除推进器命令；设置独立于机器人的任何系统进行操作的紧急信标和闪光灯。

25.5 计算机、通信和体系架构

计算机系统、软件体系架构和通信系统的设计也是水下机器人设计的主要任务。其中，整体硬件和软件结构的设计，以及选择合适的组件是非常关键的和具有挑战性的。如今，有缆机器人或 ROV 使用光纤电缆在简单的机载计算机系统和母船上的高性能计算系统之间进行实时数据传输。无缆机器人或 AUV 需要使用具有声学调制解调器的无线通信系统的高性能机载计算机。

值得注意的是，伍兹霍尔海洋学研究所（WHOI）的混合型 ROV，也称为 Nereus[25.8]，以两种不同的模式运作。对于大面积勘测，该设备可以作为一个 AUV，不受约束地工作，能够用声纳和相机探测和测绘海底地图；当近距离成像和采样时，Nereus 可以在海上转换为使用轻质微光纤的 ROV，而当 Nereus 通过光纤系绳遥控操作操作臂时可以看作是 AUV。2009 年 5 月，Nereus 开始探索马里亚纳海沟，成为自 1998 年以来第一个探测马里亚纳海沟的移动载体。

25.5.1 机载计算机

ROV 依靠母船上的计算机系统，典型的是把安装在移动控制母船机架上的工业 PC 作为水面控制系统。整个系统由多台具有高速网络的 PC 组成，用于处理来自 ROV 的数据及其操作员的命令以控制 ROV。每台计算机都指定完成特定的任务，如控制、导航等，但现在的趋势是通过整合多台 PC，并以特殊软件简化接口，以达到节约成本的目的[25.39]。

与 ROV 不同，AUV 必须具有紧凑、坚固、可靠和高性能的机载计算机系统，早先常用的是 VME（Versa Module Europa）总线系统[25.40]。2000 年之前的许多 AUV，如 ODIN、Oceans Voyager Ⅱ和 Aqua Explorer 1000 等，都采用了基于 Motorola CPU 和 VxWorks 和 OS9 等实时操作系统的 VME 系统[25.2]。像 Kambara 和 Oberon 这样一些 AUV，使用的是紧凑的外围组件互连（PCI）系统[25.32,41]。控制器局域网（CAN）总线最初设计为航行器总线标准，允许许多子系统（如驱动器和传感器）仅使用两根导线，以最大 1MHz 的数据传输速率相互通信[25.12]。CAN 总线可以给设计 AUV 内部传感器线束布局带来很大的优势，但由于内部传感器不支持 CAN 总线，因此它并不常用。

PC-104+是一种嵌入式计算机标准，它没有背板，但通过可堆叠的 ISA、PCI 和 PCIe 总线连接器将这些板堆叠在一起[25.33]。由于它具有体积小、可堆叠、坚固、紧凑、可互操作、兼容 PC、质量好、成本低、功耗低等优点，基于 PC-104+的系统广泛应用于各种类型的嵌入式应用中[25.33,40]。基本上，它由一个带有可选电源模块的 CPU 板组成，其他所需的功能可以通过堆叠多个外围模块，如抓帧器、模-数-转换器/数-模-转换器（A-DC/D-AC）、数字 IO、继电器、串行通信、CAN 网络和 GPS 接收器，这些模块可来自于不同制造商。每个模块都具有高性能的技术规格和环境规格，如-40~+85℃的工作温度。例如，十多年前，由最初基于 VME 的机载计算机系统开发的 ODIN 重新整合为基于 PC-104+的 AUV——ODEST Ⅲ上[25.42]。现在，许多最近开发的 AUV 采用基于 PC-104+的系统。另外，值得我们关注的是，异构总线系统可能成为具有基于 PC-104+总线的系统（CPU 模块），以及使用协议接口卡的基于标准 VME 的 I/O 模块[25.40]。

PC-104+是单 CPU 系统的理想选择，但由于 PC-104+堆栈中不支持多个 CPU，因此当需要实现复杂的算法时，必须安装更多的 PC-104。例如，yShark[25.43]有 3 个带高速局域网（LAN）的 PC104+s，分别用于机器人控制、图像处理和声音信号处理。这也带来了许多问题，如压力容器中复杂的系统结构、布线、空间和冷却等。PC-104+系统和基于 ARM 系统的组合，可替代 AUY 的分布式机载系统。由于 ARM 具有高性能、低功耗和低成本等优点，除了消费类移动设备，许多移动机器人还使用了 ARM 处理器的 32 位 RISC（精简指令集计算机）微处理器。例如，图 25.3 所示为基于 Xilinx Zynq-7020 平台[25.44]的微型控制器的硬件配置（由韩国的 Redone 技术公司推出）。它的尺寸仅为 125mm×125mm，由用于典型运动控制和视觉处理的双核 Cortex-A9 处理器和用于各种传感器数据解析的 FPGA 部件组成。在这个硬件层次结构中，可以指定 PC-104 来执行高级任务。

当机载主系统失效时，如推进器断电和重量下降，基于微型计算机的车载独立应急响应系统对于执行关键功能非常重要。应急响应系统由一个微处理器组成，可监控机载主系统、驱动器和备用电池的状态。在正常情况下，机载主系统会定期检查应急响应系统的状态。

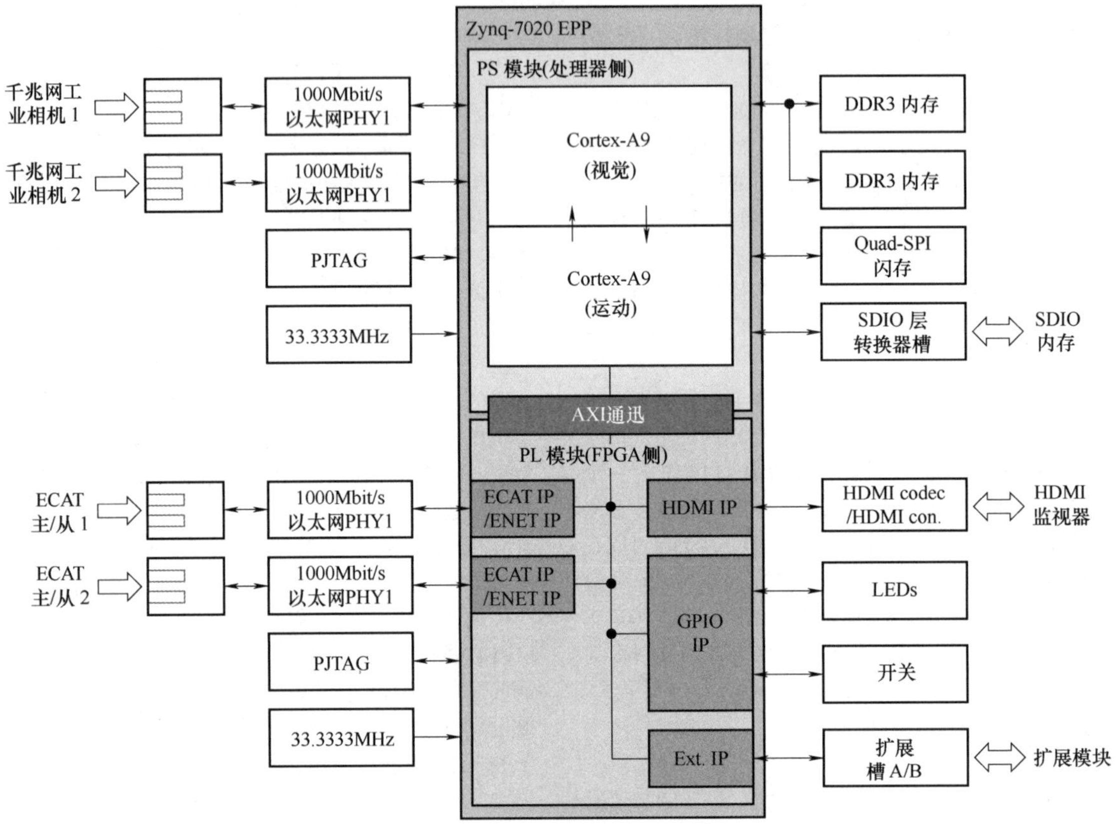

图 25.3　基于 Xilinx Zynq-7020 平台的微型控制器的硬件配置

25.5.2　通信

ROV 与其母船之间的通信通过脐带缆进行，脐带缆通常具有同轴芯或光纤芯。在性能和尺寸方面，光缆比同轴电缆好得多。轻细的光缆具有高速、安全、能进行远距离数据传输、无电磁干扰、对 ROV 拖拽力小等优点，由于需要光纤分配设备、光纤工具，以及处理光纤核心所需的特殊知识，所以成本较高。一个典型的 ROV 的脐带缆具有 2~3 个光纤芯，其中包括一个备用芯。连接到光缆两端的光纤调制解调器同时发送和接收数据，并与多个以不同格式转换数据的子板一起工作，如 NTSC 录像机、RS232 和 LAN，如图 25.4 所示。

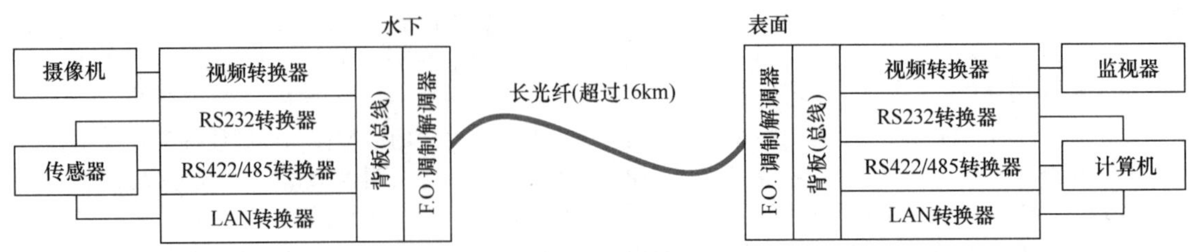

图 25.4　ROY 光纤通信系统

由于对 HD 视频、3D 高清视频和 UHD（超高清晰度）视频的需求正在快速增长，因此使用密集波分复用（DWDM）技术并通过 100Gbit/s 的光纤通信系统处理海量数据[25.12]。电缆设计人员也正在努力开发新技术，以在电缆内部添加更多的光纤芯，使其中每个芯都可以用于高质量的视频设备。Nereus 团队在 ROV 模式下使用光纤系统，将一辆轻型电池驱动的水下航行器发送到大约 11km 的海洋深处。所选的 Sanmina/SCI 缓冲光纤的直径为 0.25mm，长 11km 电缆的重量仅为 0.173kg，许用强度为 8N，断裂强度为 108N[25.5]。

对于 AUV 等无限制航行器，可考虑采用无线通信。当水下航行器在水面上时，无线电通信是常用的选择。在水下环境中，即使商用声音调制解调器的范围和数据传送速率非常有限，声学通信仍是目前的实际解决方案。商用声学调制解调器的规格参数见表 25.6。与无线电通信相比，声学通信相对较慢，并且受声音在水中速度的限制，约为 1500m/s。由于声衰减随着声频率的增加而增加，因此对于长距离通信，应采用较低的频率。但是，产生非常低频率的信号，需要更大尺寸的传感器，这会导致较低的数据速率，结果是不理想的[25.2,13]。声传播的速度和方向取决于各种因素，如表面波、水流、海况、潮汐、温度、导电率、深度和海底类型。因此，由于传播延迟，声音通信从本质上是延迟的。为了解决由于信号吸收、几何分布损耗、边界效应和通过多路径所带来的问题，已经研发了信号处理、数据封装和编码方式多种技术。

25

表 25.6 商用声学调制解调器的规格参数

规格	A 型解调器	B 型解调器	C 型解调器	D 型解调器
尺寸（长×直径）/mm	585×183	200×165	235×126(87)	580×150
材料	铝	铝		
重量（空气/水）/kg	11/6	5/1.5	4.2/23	21/(不适用)
直流电压/V	18~50	10~20	12~24	18~28
功率（发送/接收/休眠）	< 50W/1/0.03	20/0.6/0，005	2/0.75/0.008	40/0.9/0.009
工作深度/m	3000	1000	200	7000
工作温度/℃	-5~40	-5~40	-5~45	-5~45
波束宽度	±25	半球状	210（全方位）/120（宽）/70（窄）	210（全方位）/70（定向）
工作范围	7000m	高达 20km	350mm	7000m（全方位）/10000m（定向）
频率/kHz	14~22	7.5~12	26.77~44.62	7.5~12.5
调制	QPSK	MFSK 和 DPSK	混合	混合
原始数据速率/(kbit/s)	1.5~15	2	9.6	2.5
用户数据速率/(kbit/s)	0.6~10	0.3	7	2.0
位出错率	10×10^{-9}	10×10^{-6}	10×10^{-9}	10×10^{-7}
环境			垂直或水平面	垂直或水平面

注：DPSK—差分相移键控。

声学调制解调器由三个主要部分组成，即水下传感器、配有前置放大器和放大器的模拟收发器，以及用于控制和信号处理的硬件平台，如微处理器，数字信号处理器（DSP）或现场可编程门阵列（FPGA）[25.45]。当声学通信技术处于起步阶段时，就开发了一个模拟硬件平台。此后，采用显式纠错技术提高了传输的可靠性，并在时间（多径）和频率（多普勒扩展）方面提高了信道混响的补偿水平[25.46]，这极大地改进了数字技术。数字调制方法中最基本的技术是 PSK（相移键控）、FSK（频移键控）、ASK（幅移键控）和正交幅度调制（QAM），以及它们的改进版本，如 MFSK（多 FSK）、QPSK（正交相移键控）、MPSK（M 进制相移键控）、MSK（最小频移键控）、GMSK（高斯最小移频键控）、MQAM（M 进制正交幅度调制）等。

就像一个典型的网络，一个数据包封装了一个头部和尾部，用于寻址、错误检测和纠正，以避免被传输错误破坏。特别地，在一些调制解调器中实现的数据链路层协议检测接收到的分组中的错误，然后请求重传，这降低了有效传输速率。为了降低重传率，一些调制解调器具有根据通道条件调整传输速度的功能。另一项重要的技术是有关多径效应的最小化，这种效应在长距离和浅水区最为突出，因为原始信号在到达接收器之前可以在表面和底部之间反弹。在多径环境中，可靠数据传输的算法有卷积编码、多径保护周期和数据冗余等。另外，时间反转技术是减少多径效应的替代方法[25.12]。从实用的角度来看，声学通信还存在一些其他的限制，如浅水中的水平通信、调制解调器之间的盲区、带内噪声（通常由另一个声纳系统引起）、来自船舶的回声测深仪，以及浅水区域和接收器附近的气泡云等，这些限制可能会降低其性能或带来不可靠性。

电磁波会被海水强烈吸收，但对于近距离通信，由于受多通道干扰影响较小，电磁通信还是可以利用的。JAMSTEC（日本海洋地球科学和技术厅）研发了一种基于电磁波的新型通信技术，试验评估测试距离可达50m[25.12]。

另一种实现高数据传输速率方法是水下光通信，其速率更高、功耗显著降低、封装尺寸减小，但需要点对点的通信设置，接收器和发送器对齐，以使通信有效地进行。另外，它们的范围和视野受水的清晰度、水的光吸收及球面传播引起的功率损失等影响[25.47]。最近，麻省理工学院（MIT）提出了一种基于水下光通信的实时视频传输解决方案，AquaOptical Ⅱ由高带宽无线光通信设备和双层数字编码方案组成，设计用于高分辨率图像的纠错通信。其最大传输带宽为4Mbit/s，各种视频流测试结果表明，在水池试验中，测试范围高达25m[25.48]，在波士顿附近的查尔斯河（Charles River）上高达3~4m。由于所涉及的窄光束，它需要精确的稳定运动[25.49]。

当AUV在水面上或天线露出水面时，无线电通信是最好的选择。对于离海岸较近或其母船附近工作的AUV，常采用900MHz无线调制解调器或2.4GHz 802.11无线网络[25.49]。对于更远的距离，无线电线路使用像Argos卫星和铱卫星这样的地球轨道卫星。在某些情况下，需要设计耐压天线，包括一个运动稳定器来跟踪卫星，而不管运动的波动如何。利用网络设计数据和航行器振动特性数据，开发了Urashima航行器的跟踪系统[25.12]。该航行器的振荡测试采用安装在Urashima上的高精度惯性导航系统，振荡角度为7°，周期为0.15Hz。

25.5.3 软件架构

机器人软件的典型配置如图25.5所示。软件体系架构的下半部分作为软件技术的中间件，用于帮助管理分布式系统中固有的复杂性和异构性[25.50]。它被定义为操作系统之上，但在分布式系统中提供通用编程抽象的应用程序之下的一层软件。

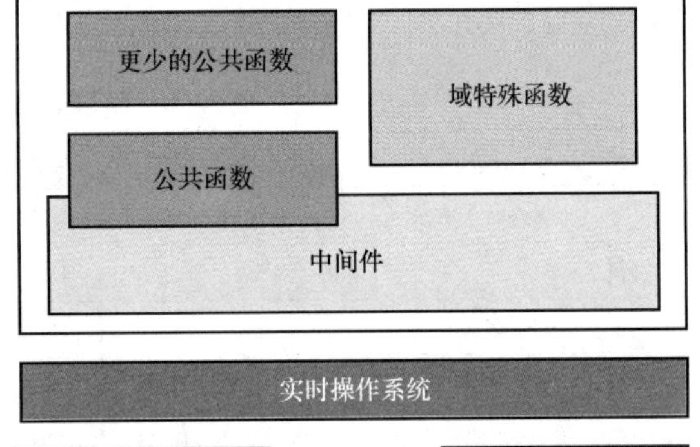

图25.5 机器人软件的典型配置

在参考文献中，AUV体系架构分为四类，即分层体系架构、等级体系架构、包容体系架构和混合体系架构[25.51]，或者分为三类，即审慎式结构、反应式结构和混合结构[25.52]。由于最近开发的大多数架构都是混合结构，就不在这里一一介绍。最近提出的用于AUV软件架构的关键特征如下所述。

电子反应驱动器（T-REX）是由蒙特利湾水族馆研究所为一种特殊的水下机器人开发的[25.53-55]，它是一个面向目标的混合执行程序，具有嵌入式、自动规划、自适应的执行功能。为了使嵌入式自动规划具有可扩展性，T-REX使其考虑的范围限定在部分功能上和被称为远程反应堆（Teleo-reactor）的内部单元时间上。远程反应堆被认为是一组并发控制循环的协调者，其特征在于功能范围、暂态范围和时间要求。

Huxley由Bluefin Robotics公司开发，最初是为了构建AUV舰队。由于其定位为大众商业产品，最基本的要求是在鲁棒性和可靠性方面的灵活性，新硬件的可扩展性、可维护性和可测试性[25.56]。它由两层组成，即一个反应层和一个执行层，可通过标准接口扩展这些核心层。另一个关键要素是Huxley信息传递协议，称为面向流的消息传递架构（SOMA），其中SOMA是发布-订阅消息传递协议。当定位变化并希望提高组件的可重用性时，带有SOMA和SOMA接口的Huxley的分层架构可以随着未来AUV的新功能和/或修改配置而进行扩展。

轻型通信与编组（LCM）系统是一种替代方案，可替代海洋环境中机器人实时进程间的通信（IPC），它是专门针对低延迟、高吞吐量通信而开发的。这些通信由一组用于用户数据报协议（UDP）多播模块、LCM消息的编码（编码和解码）、任何数字数据消息的独立数据结构之间信息传递的软件工具而实现，允许系统透明分配。这个架构已被两个海洋机器人的应用所验证[25.57]。

MOOS-IvP由两个独特的开源软件项目组成。作为核心中间件的面向任务的操作套件（MOOS），是由牛津大学移动机器人组开发的一套库和可执行文件。它利用发布-订阅模型提供进程间通信，作为一个星形拓扑，所有信息都通过中央MOOS服务器。IvP（间隔编程）指在基于行为的体系架构中，对竞争行为进行仲裁所使用的多目标优化方法。MOOS提供用于导航、控制和数据记录的模块，以及从日志文件和通信调试中进行任务重放的工具，还为AUV广泛使用的某些传感器提供了驱动模块[25.57-59]。

MOOS-IvP已经被用于多个AUV，包括Bluefin 21in UUV、Hydroid REMUS-100和REMUS-600 UUV、Ocean Server Iver2 UUV、海洋探索者21in UUV，来自机器人海洋系统和SARA公司的自动皮艇，以及来自意大利拉斯佩齐亚的北约水下研究中心的两个更大的USV[25.54,58]。

中间件应该易于应用、保持稳定、高可靠性、易于维护、高效灵活，并支持异构和分布式硬件组件。事实证明，具有一些时常用到的附加功能、结构优异的中间件，可以最大限度地减少开发的时间和成本。在参考文献［25.50-53，56-58，60-64］中，有许多实现上述预期的关键特性如图25.6所示。中间件的基本特征是抽象化和模块化。抽象化有望简化和减轻应用程序开发过程的负担，模块化是灵活性和可定制性的必要条件。抽象化可使开发人员通过隐藏异构和分布式硬件环境中的低级硬件资源的细节，专注于构建高级算法[25.51,62]。这个概念包括更多指定的子问题：通过使用与通信及标准简化接口的互操作性，具有实时能力的可定制性，灵活性和资源管理。另外，资源管理可以处理硬件故障。从这些特性来看，中间件不受特定硬件环境的影响，可以获得可移植性、自配置和自优化。为了实现灵活性，必须遵循基于模块的开发，以提高基于模块化和互操作性的现有组件的可重用性。这种开发方法使我们能够专注于构建模块，而不考虑现有模块之间的具体关系。基于此，可扩展性和可维护性才可以实现，其中可扩展性是整合新资源的能力，如新开发的传感器不干扰现有部件，而可维护性是在不影响其他部件的情况下如何容易地进行组件修改。为了实现中间件，应用公共对象请求代理体系架构（CORBA）、互联网通信引擎（ICE）和开放式动力学引擎（ODE）[25.64]等标准，这由此带来了许多优点。基本上，从零开始实施和评估核心引擎不需要花费太多精力，并且其中一些引擎还具有标准化接口和安全性等附加功能。身份验证、授权和安全通信等安全方面对于多机器人或机密应用程序的协作至关重要[25.64]。到目前为止，很多研究小组已经提出了自己的机器人中间件，如MIRO（机器人中间件）、ORCA（开放式机器人控制架构）、UPnP（通用即插即用）、RT（机器人技术）、OPRoS（机器人服务开放平台）、ROS（机器人操作系统）、OROCOS（开放式机器人控制软件）、ERSP、MRDS（微软机器人开发人员工作室）、MOOS（面向任务的操作系统）和Webots[25.50]。

中间件的开发并非无足轻重。理解概念是一回事，实现它们则是另一回事。可能出现错误的原因主要有：

1）许多固有的分布式和异构组件将因提高性能有所不同。

2）机器人平台上可用的有限资源。

3）复杂算法和与环境交互导致的系统故障率升高，甚至引起异常情况[25.50,62]。

基本上，对水下机器人中间件的要求与机器人几乎相同，但要求的权重和要求的角度却有些许不同。对于水下机器人的中间件，必须考虑以下几点。

1）资源限制：水下机器人使用低带宽的水下通信，因此必须使用内部计算资源来管理任务。

2）传感器信息的不稳定性：基于声纳的水下传感器采集到的数据不够稳定和准确，机器人控制系统无法直接使用。因此，需要有辅助算法，如优化过滤算法和传感器融合算法。

3）缺乏可达性：水下机器人由于具有防水压力容器不允许接触任何用于调试的电触点。

25

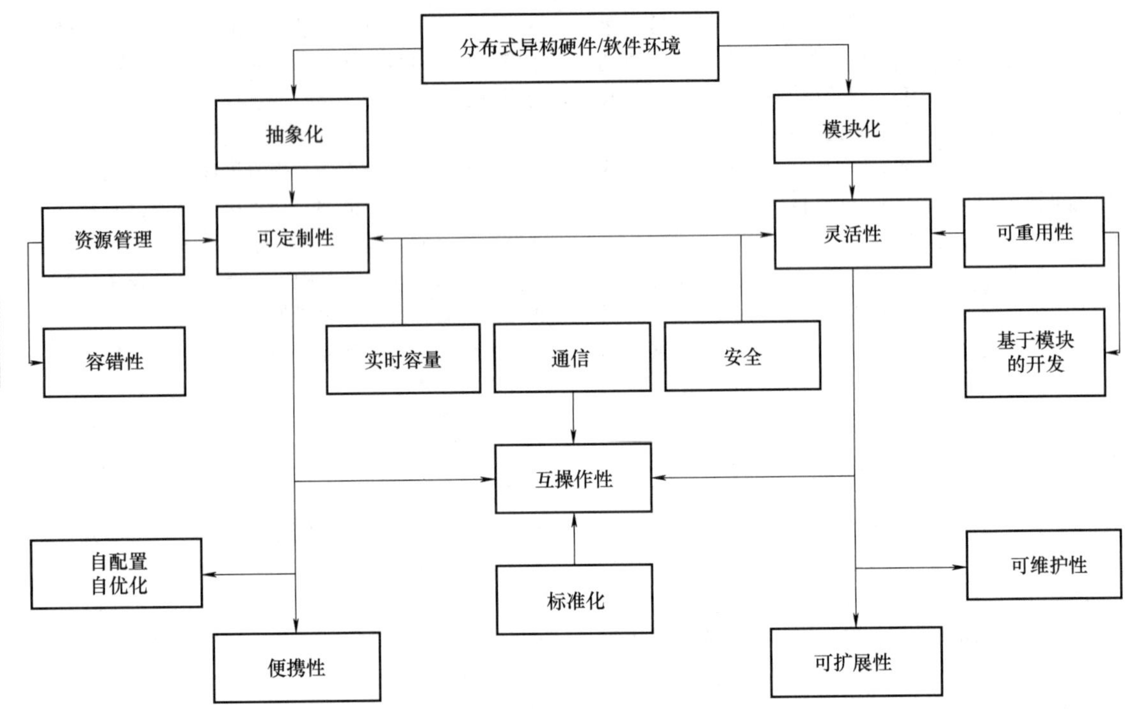

图 25.6 中间件的关键特性

以上是构建水下机器人最具挑战性的方面之一。因此，对于水下机器人，中间件应该提供一个独立的通道来支持调试过程。没有任何中间件是完美的，但我们相信，可以通过试验和错误，以及来自参考文献［25.50］的广泛反馈，可以实现显著的改进。当开发系统软件及其体系架构时，可以用白盒框架和黑盒框架概念来理解抽象化和模块化的实现。黑盒框架通过定义组件的接口来支持可扩展性，而不需要了解组件内部详细信息；基于面向对象的语言特性，白盒作为类库中的基类，可以设计成使用子类进行扩展[25.63]。在开发的早期阶段，软件架构主要被视为白盒框架。因此，框内的信息，即类，应该被理解。随着架构变得更加先进，组件变得更加具体，黑盒框架是最常见扩展的解决方案。目前，MOOS-IvP 是开发航行器软件的最佳选择，因为它是开源软件，在线上有相对丰富的信息和案例。

作为上述正式软件架构的替代方案，我们提出了一个简单有效的测试机器人的软件架构，如图 25.7所示。该架构具有一个实时线程和多个用于控制安装在机器人上驱动器和设备的非实时（RT）线程。

在图 25.7 中：

1）数据包传送的遥控操作指令有三种，即遥操作指令、用于 RT 线程（实时线程）本身的指令和已选定任务的功能指令，以及用于机器人设备的指令。

2）设备控制指令在由 RT 线程触发的非 RT 线程中运行，通常每 1s 运行一次。

3）所有的传感器数据，包括遥操作指令和任何传感器融合算法的结果，都独立地保存在公共存储器中，并且推进器指令，即控制输入也存储在公共存储器中。

4）这个架构有一个手动任务协调器，每个任务都可以使用函数池中的函数轻松合成。

5）机器人基本上处于睡眠和运行两种模式之一，其中睡眠模式仅利用基本传感器进行健康监测，而运行模式通过函数池中的子任务选定任务。任务是为特定目的而设计的，在运行之前由操作员选择其中之一。当然，默认任务应该是遥操作任务。

6）RT 线程具有三个主要功能：首先执行任何关键设备控制指令，D-A 转换为保存在公共存储器中的先前采样时间的控制输入，以及使用保存在公共存储器中的传感器输入来处理算法。

由于这个 RT 线程的功能是基于一个基本的采样时间，因此可以很容易地实现任何多重采样时间结构的传感器和负载分布结构的各种延迟时间，以增强计算资源的使用。这可通过以基本采样时间的倍数调用函数来完成。这种架构已被应用于多个测试平台的 AUV 和智能 ROV 中[25.42,43,65]（VIDEO 797，VIDEO 799）。

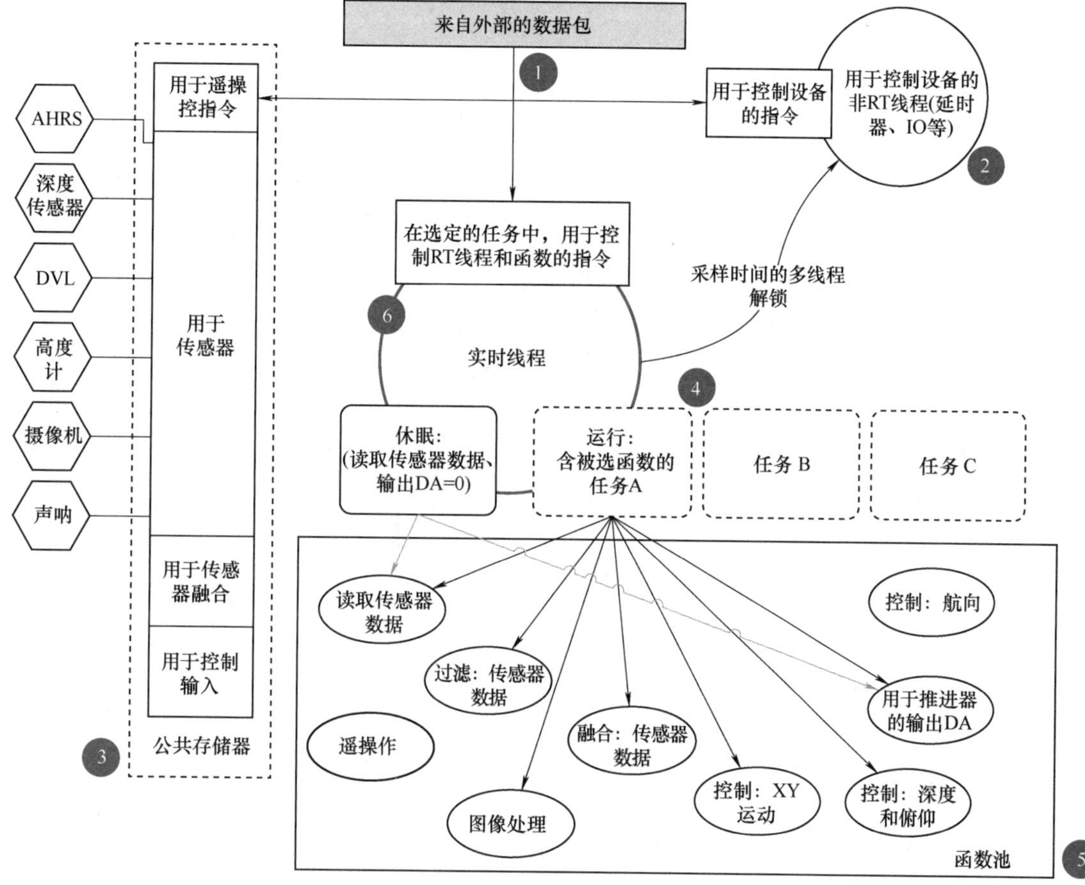

图 25.7 简单软件架构

25.6 水下操作臂

大多数带有操作臂的商业水下机器人都是遥控水下机器人（ROV）。用于干预任务的典型工作级 ROV 具有一个 7 自由度（DOF）操作臂和一个 5 自由度夹持器。母船上的操作人员利用操作臂进行交互式操作，而在存在水流或波浪的情况下，夹持器通过抓取目标结构，以保持 ROV 相对于目标物体的相对位置。本节将介绍基于参考文献［25.66］中所述的水下操作臂系统。表 25.7 列出了市场上现有的重型水下操作臂样机。它们相当昂贵，但采用了该领域成熟的技术。然而，大多数商用水下操作臂都是液压驱动的，并且是针对 ROV 而设计的，不适合具有有限的机载电源，并且其机载传感器可能对噪声敏感的 AUV。因此，对于像 AUVIM 这样的 AUV 来说，电动操作臂将更合适些。

表 25.7 重型水下操作臂样机

规格	Eca 机器人学	国际海底工程（ISE）	Kraft 遥控机器人	FMC/Schilling 机器人学	西部空间与海洋
模型	Arm7H	Magnum-7	Predator	Titan 4	The ARM
自由度	6+夹持器	6+夹持器	6+夹持器	6+夹持器	6+夹持器

25

（续）

规格	Eca 机器人学	国际海底工程（ISE）	Kraft 遥控机器人	FMC/Schilling 机器人学	西部空间与海洋
动力源 压力/bar(psi)，流量/lpm(gpm)	液压	液压： 最大(1000)，19(5)	液压： 103~207 (1500~3000)，19(5)	液压： 103~207 (1500~3000)，19(5)	液压： 最大204 (3000)，7.6（2）
材料	钛或铝	铝为主，不锈钢为配件	阳极氧化铝和不锈钢	钛	
最大夹持力/N(lbf)	490(110)	2009(450)	1334(300)	4092(920)	1467(330)
手腕力矩/N·m(lbf·ft)	108(80)	108(80)	135(100)	170(125)	
驱动器	液压缸	液压缸	液压缸	液压缸	液压缸
最大可达范围/mm(in)	1700(66)	1524(60)	2019(79.50)	1920(75.7)	1700(66) 从方位角到指尖
最大提升力/kg(lb)		454(1000)	227(500)	454(1000)	45.4(100)
最大提升力（扩展)/kg(lb)	90（198）	295(650)	91(200)	122(270)	29.5(65)
作业深度（标准)/m(ft)	7500(24600)	6000(19700)	3000(9800)	4000(13100)	无限制
作业深度（扩展)/m(ft)	无限制	11000(36000)	6500(21000)	7000(22967)	无限制
主页	www. ecarobotics. com	www. ise. bc. ca	www. krafttelerobotics. com/	www. fmctechnologies. com/Schillingrobotics. aspx	www. wsminc. com

注：1bar=10^5Pa，1psi=6894.76Pa，1lpm=1L/min，1gpm=1USgal/min，1USgal=3.78541L。

用于干预任务的典型的工作级ROV需要两个单独的操作员，一个操纵航行器，另一个操纵操作臂。航行器操作员的主要任务之一是保持ROV尽可能稳定（位置保持），因为航行器的运动可能会干扰操作臂，并极大地影响其末端执行器与环境交互的准确性。如果操作臂控制器可以补偿任何由于航行器运动引起的干扰，则末端执行器的精确度将大大提高。然而，大多数商用ROV系统并未使用航行器的运动补偿控制。过去，很少有关于干预任务的AUV系统报道，报道的主要是用作开发自主操纵的试验台或作为研究的工作模型。

25.6.1 动力学

对水下机器人操作臂的动力学分析要比工厂车间的普通操作臂复杂得多。例如，在对操作臂中多个连杆的建模过程中，准确地引入附加质量和附加惯性矩的影响是困难的。由于操作臂本身的速度、波浪和水流引起的摩擦力和阻力在建模中也很复杂。包括参考文献［25.67-78］在内的几个研究人员对水下操作臂的建模和控制进行了研究。在本节中，我们不分析水下航行器操作臂的全部动力学方程的细节，但会指出水下航行器操作臂与常规操作臂几个关键的不同之处。作用在流体中运动刚体上的流体动力如参考文献［25.79，80］所述。类似于航行器主体，操作臂的每个连杆将会受到流体动力学的影响，包括附加质量、作用在连杆浮力中心的浮力、流体本身的加速度引起的流体加速力和作用在连杆上的流体阻力。

对于缓慢移动的物体，轮廓阻力起主导作用，施加在第i个连杆的无穷小元件上的阻力和连杆的总阻力可以表示为

$$\mathrm{d}D_{fi}=\frac{1}{2}\rho C_{\mathrm{D}}b_i v_{ri}\left|v_{ri}\right|\mathrm{d}x \tag{25.1}$$

$$D_{fi}=\frac{1}{2}\rho\int_0^l C_D b_i v_{ri}\,|v_{ri}|\,dx \tag{25.2}$$

式中，C_D 是阻力系数；ρ 是流体密度；v_{ri} 是元件相对于流体的相对速度；$b_i dx$ 是元件的投影面积；l 是连杆长度。

基于上述流体动力学变量的影响，并且假设航行器在工作期间是静止的，具有一系列连杆和关节的水下操作臂的动力学模型可由以下方程表示：

$$\boldsymbol{M}_m(\boldsymbol{q})\ddot{\boldsymbol{q}}+\boldsymbol{C}_m(\boldsymbol{q},\dot{\boldsymbol{q}})+\boldsymbol{D}_m(\boldsymbol{q},\dot{\boldsymbol{q}})+\boldsymbol{F}_m(\dot{\boldsymbol{q}})+\boldsymbol{G}_m(\boldsymbol{q})+\boldsymbol{\tau}_d=\boldsymbol{\tau}_m \tag{25.3}$$

式中，$\boldsymbol{q}\in\mathbb{R}^{n\times1}$ 是关节角向量；$\boldsymbol{\tau}_m\in\mathbb{R}^{n\times1}$ 是关节力矩向量；$\boldsymbol{M}_m(\boldsymbol{q})\in\mathbb{R}^{R\times R}$ 是一个惯性矩阵，包括附加质量项；$\boldsymbol{C}_m(\boldsymbol{q},\dot{\boldsymbol{q}})\in\mathbb{R}^{n\times1}$ 是由离心和科氏效应（包括附加质量项）产生的非线性向量；$\boldsymbol{D}_m(\boldsymbol{q},\dot{\boldsymbol{q}})\in\mathbb{R}^{n\times1}$ 是由于流体动力（如阻力）产生的非线性向量；$\boldsymbol{F}_m(\dot{\boldsymbol{q}})\in\mathbb{R}^{n\times1}$ 是在操作臂关节处因摩擦产生的非线性向量；$\boldsymbol{G}_m(\boldsymbol{q})\in\mathbb{R}^{n\times1}$ 是由于重力和浮力引起的非线性向量；$\boldsymbol{\tau}_d\in\mathbb{R}^{n\times1}$ 是由未建模的动力学或外部干扰，如水流引起的未知信号向量。

在操纵过程中，与环境相接触的操作臂末端执行器或工具会产生力和力矩。在这种情况下，需将反作用力矩添加到式（25.3）的右侧进行修正，即

$$\boldsymbol{\tau}_r=\boldsymbol{J}_m^T(\boldsymbol{q})\boldsymbol{f}_e \tag{25.4}$$

式中，$\boldsymbol{J}_m\in\mathbb{R}^{6\times n}$ 是操作臂的雅可比矩阵；$\boldsymbol{f}_e\in\mathbb{R}^{6\times1}$ 是末端执行器的力和力矩。

如式（25.3）所示，水下航行器操作臂的动力学非常复杂，具有高度非线性，并且涉及含具有未知参数和扰动的耦合方程。使用常规控制器几乎不可能对该动力学方程进行精确建模，并以标称速度操纵操作臂。然而，当操作臂在无流速或波动的友好环境中缓慢移动时，这时速度相关项的影响可以忽略不计，操作臂的动力学可以用式（25.3）的简化线性形式表示。实际上，在现场实际操作过程中，出于安全等原因，大多数商用水下操作臂的运动都非常缓慢（远低于 1rad/s），并且使用传统的关节控制器进行主从遥操作。

25.6.2 遥操作

典型的遥操作就是操作员坐在位于母船上的控制室内，握着主臂。该主臂是连接到 ROV 上的实际水下航行器操作臂（从臂）的缩小版。操作员通过移动主臂来控制从臂，其运动由从臂执行。在操作过程中，操作员主要依靠航行器主体和从臂上的摄像机拍摄得到的一系列二维（2D）视频图像形式的工作场所视觉信息，然后通过水下电缆将图像传输到控制室监视器。作业场所的视角不仅有限，特别是深海作业的视觉信息也常常会有延迟。在操作过程中，如果航行器没有稳定或停在水下结构上，ROV 操作员必须设法控制使其驻留。但是，即使在驻留期间没有水流或波浪，航行器也会在位置传感器的精度范围内自由漂浮。因此，不像底座固定在工厂地板上的工业操作臂，水下操作臂连接在不断移动的航行器上，所以末端执行器很难达到预定精度。如参考文献［25.81］中所述，在地面上看似很简单的任务，如插拔等，对于水下机器人来说却是非常困难的。由于 ROV 操作臂系统无法达到所要求的精度，所以在试错的基础上进行水下插拔任务往往需要数小时才能完成。因此，防止操作员疲劳常常成为水下航行操作臂遥操作的关键问题。

25.6.3 自主操作

地面移动机器人，仿人机器人和水下机器人等这些在移动基座上进行自主操作，是机器人领域中一项非常具有挑战性的任务，特别是在水下等非结构化环境中。可将其定义为一个机器人系统执行干预任务的能力，需要与非结构化环境进行物理接触，而不需要操作人员的持续监督。与在地板上有固定基座的工业操作臂不同，自主操作需要一个能够评估情况的系统，包括基于感官信息的自校准，以及执行或修改操作过程，而无须人为干预。因此，开发一个能够完全自主操作的系统将是一个伟大的成就，并将对经济，社会和科学等各种重要的应用领域产生重大影响[25.82]。

再来看一个水下机器人切割电缆的场景。有了电缆的位置和形状的信息，航行器必须导航到该位置，识别电缆，定位自身，然后切断电缆。这听起来可能像一个非常简单的任务，但如果必须以自主模式来完成，就变得不那么简单了。即使在遥操作模式下，如果航行器漂浮在水中，没有协调的运动控制，也不是一件容易的事情。事实上，海底声学通信中固有的低带宽和明显的时间延迟对遥操作系统造成了相当大的障碍，使遥控器不能及时地对问题做出反应。然而，自主水下干预机器人将为不同领域的新作业，如深海和冰下探测、危险区域的任务、自然或人为灾难地区的任务、自动搜索和监视任务等铺平道路。

在过去，许多研究人员已经对 AUV 自身的高级控制问题进行了研究[25.83-91]，但仅有少数带有操作臂的 AUV 得到报道。斯坦福大学航天机器人实

25

验室于1996年设计出装备一个单自由度手臂的AUV——OTTER，用于自主技术开发试验台。美国蒙特利湾水族馆研究所（MBARI）设计出了一种悬浮式水下航行器[25.92]；Cybemetix于2003年开发了另一种干预式AUV，即ALIVE。欧盟资助的ALIVE项目旨在开发一种能够与海底结构对接的干预式AUV，该项目尚未针对AUV的用途进行专门改进。参考文献［25.93］对ALIVE进行了描述。

自主航行器水下干预的关键技术在于自主操作。在现有参考文献中没有关于全自主操作系统的介绍，直到最近研究出一种半自主水下机器人SAUVIM用于干预任务[25.94-97]。美国海军研究办公室资助的SAUVIM（图25.8）由夏威夷大学的自主系统实验室（ASL）、夏威夷海洋自主系统工程（MASE）公司和罗得岛海军海底作战中心（NUWC）纽波特分部联合研发。2010年1月20日，在夏威夷檀香山的Snug港，SAUVIM在非结构化的海洋环境中展示了自主操作性，它是第一个完全自主操作水下机器人。继其成功之后，预计在不久的将来将有更多的具有自主操作能力的水下航行器出现。在一些示例中，水下干预任务包括目标恢复/救援，以及水下设施的维护/修理。因此，在未来发展中，人们可以考虑像黑箱恢复这样的任务，抓取一个对象，并将其放置在预定位置。SAUVIM之后的最新发展是欧洲的TRIDENT项目[25.98-101]，该项目开发了Girona 500 Ⅰ-AUV（图25.9）。2012年10月他们完成了一个自主的水下干预任务，在Sóllers港（Mallorca）进行黑箱恢复[25.14]。

图25.8　SAUVIM航行器（夏威夷沙岛，2008）

图25.9　Girona 500 Ⅰ-AUV

由于海下石油、天然气行业的蓬勃发展，实行干预任务的AUV将会受到更多关注。虽然自主水下操作仍然是一个活跃的研究课题，但近期SAUVIM和Girona 500 Ⅰ-AUV的发展有望加速该领域的进步。

25.7　结论与延展阅读

本章中，我们介绍了水下机器人的主要子系统，即机械系统、电力系统、驱动器、传感器、计算机系统、软件架构、通信和操作臂系统等，并从作者的实践经验中讨论了关键的设计问题。

目前，有1000多个工作级遥控水下机器人（ROV），它们被用于各种应用，如科学研究、军事行动和水下建筑，约有57%的ROV用于海上石油和天然气行业。在过去的20多年中，大多数商用ROV都使用了古老而成熟的技术。然而，ROV操作非常昂贵，因为它需要母船，因此就运行时间和成本而言，为提高操作效率而开发先进的ROV或智能ROV开始得到广泛关注。全球有超过550个AUV正在使用，其中一些已经在市场上销售。虽然AUV的使用仍然有限，但人们已经认识到AUV在现场作业的优势，包括对2010年BP Macondo石油泄漏的事后监测和2009年成功修复坠入大西洋的法航 447 航班黑箱。因此，未来将有更多的水下机器人应用于各种领域。

以下是一些与本章主题相关的网络资源包站点：

1）海洋技术学会遥操作车辆委员会（http://www.rov.org/）。

2）自主水下航行器应用中心（AU-VAC，http://www.auvac.org）。

3）IEEE 机器人与自动化协会海洋机器人技术委员会（http//webuser.unicas.ityMarineRoboticsTC）。

同样可以找到 AUV 和其开发者名单。赞助国际水下航行器自主竞赛和自主水面航行器竞赛的 AUYSI（国际无人机系统协会）和 ONR（美国海军研究办公室）（http://www.auvsifoundation.org/AUVSI/FOUNDATION/Competitions/）。

值得关注的是，欧洲在水下机器人技术方面已经有了一些重要的举措，其中包括：

1）AMADEUS，用于水下作业的灵巧手臂。

2）GREX，在不确定环境下协调和控制协作异构无人系统。

3）CO-3AUV，AUV 的认知协同控制。

4）FREESUBNET，海洋机器人的玛丽·居里研究训练网络。

5）TRIDENT，为自主水下干预任务开发的 Girona 500 Ⅰ-AUV。

25

视频文献

VIDEO 793 Six-legged waking underwater robot, Crabster
available from http://handbookofrobotics.org/view-chapter/25/videodetails/793

VIDEO 794 Preliminary results of sonar-based SLAM using landmarks
available from http://handbookofrobotics.org/view-chapter/25/videodetails/794

VIDEO 796 First record of deep-sea diving of Hamire, depth was 5882m
available from http://handbookofrobotics.org/view-chapter/25/videodetails/796

VIDEO 797 Preliminary experimental result of an ROV, iTurtle
available from http://handbookofrobotics.org/view-chapter/25/videodetails/797

VIDEO 799 Preliminary experimental result of an AUV, yShark2
available from http://handbookofrobotics.org/view-chapter/25/videodetails/799

参考文献

25.1 J. Yuh, G. Marani, D.R. Blidberg: Applications of marine robotic vehicles, Intell. Serv. Robotics **4**(4), 221–231 (2011)

25.2 J. Yuh: Design and control of autonomous underwater robots: A survey, Auton. Robots **8**(1), 7–24 (2000)

25.3 S.W. Moore, H. Bohm, V. Jensen: *Underwater Robotics: Science, Design and Fabrication* (Marine Advanced Technology Education MATE Center, Monterey 2010)

25.4 R.D. Christ, R.L. Wernli: *The ROV Manual: A User Guide for Observation Class Remotely Operated Vehicles* (Elsevier, Amsterdam 2007)

25.5 K. Hardy, S. Weston, J. Sanderson: Under pressure: Testing before deployment is integral to success at sea, Sea Technol. **50**(2), 19–25 (2009)

25.6 T. Hyakudome: Design of autonomous underwater vehicle, Int. J. Adv. Robotic Syst. **8**(1), 131–139 (2011)

25.7 W.H. Wang, R.C. Engelaar, X.Q. Chen, J.G. Chase: The state-of-art of underwater vehicles – Theories and applications. In: *Mobile Robots – State of the Art in Land, Sea, Air, and Collaborative Missions*, ed. by X.Q. Chen, Y.Q. Chen, J.G. Chase (InTech, Rijeka 2009)

25.8 A.D. Bowen, D.R. Yoerger, C. Taylor, R. McCabe, J. Howland, D. Gomez-Ibanez, J.C. Kinsey, M. Heintz, G. McDonald, D.B. Peter, S.B. Fletcher, C. Young, J. Buescher, L.L. Whitcomb, S.C. Martin, S.E. Webster, M.V. Jakuba: The Nereus hybrid underwater robotic vehicle for global ocean science operations to 11,000 m depth, Proc. MTS/IEEE Ocean (2007)

25.9 T.J. Osse, T.J. Lee: Composite pressure hulls for autonomous underwater vehicles, Proc. MTS/IEEE Ocean (2007)

25.10 K. Hardy: Anodizing aluminum for underwater applications, Ocean News Technol. **15**(3), 54–56 (2009)

25.11 S.M.A. Sharkh, G. Griffiths, A.T. Webb: Power sources for unmanned underwater vehicles. In: *Technology and Applications of Autonomous Underwater Vehicles*, ed. by G. Griffiths (Taylor Francis, New York 2002) pp. 19–35

25.12 H. Yoshida: Fundamentals of underwater vehicle hardware and their applications. In: *Underwater Vehicles*, ed. by A.V. Inzartsev (InTech, Rijeka 2009) pp. 557–582

25.13 L.L. Whitcomb: Underwater robotics: Out of the research laboratory and into the field, Proc. IEEE

Int. Conf. Robotics Autom. (ICRA) (2000) pp. 709–716
25.14 Ø. Hasvold, N.J. Størkersen, S. Forseth, T. Lian: Power sources for autonomous underwater vehicles, J. Power Sourc. **162**(2), 935–942 (2006)
25.15 A. Mendez, T.J. Leo, M.A. Herreros: Fuel cell power systems for autonomous underwater vehicles: State of the art, Proc. Int. Conf. Energy (2014)
25.16 K.L. Davies, R.M. Moore: Unmanned underwater vehicle fuel cell energy/power system technology assessment, IEEE J. Ocean Eng. **32**(2), 365–372 (2007)
25.17 H. Yoshida, T. Sawa, T. Hyakudome, S. Ishibashi, T. Tani, M. Iwata, T. Moriga: The high efficiency multi-less (HEML) fuel cell – A high energy source for underwater vehicles, buoys, and stations, Proc. MTS/IEEE Ocean (2011)
25.18 Q. Cai, D.J. Browning, D.J. Brett, N.P. Brandon: Hybrid fuel cell/battery power systems for underwater vehicles, Proc. 3rd SEAS DTC (2007)
25.19 K. E. Robinson: Li-poly pressure-tolerant batteries dive deep, Batter. Power Prod. Technol. **11**(2), 999999 (2007)
25.20 M.C. Wrinch, M.A. Tomim, J. Marti: An analysis of sub sea electric power transmission techniques from DC to AC 50/60 Hz and beyond, Proc. MTS/IEEE Ocean. (2007)
25.21 N. Størkersen, Ø. Hasvold: Power sources for AUVs, Proc. Sci. Def. Conf. (2004)
25.22 S. Cohan: Trends in ROV development, Mar. Technol. Soc. J. **42**(1), 38–43 (2008)
25.23 E. Mellinger: Power system for new MBARI ROV, Proc. IEEE Oceans (1993) pp. 152–157
25.24 M.R. Arshad: Recent advancement in sensor technology for underwater applications, Indian J. Mar. Sci. **38**(3), 267–273 (2009)
25.25 L. Lionel: Underwater robots part I: Current systems and problem pose. In: *Mobile Robotics*, ed. by A. Lazinica (InTech, Rijeka 2006) pp. 335–360
25.26 S.M.A. Sharkh: Propulsion systems for AUVs. In: *Technology and Applications of Autonomous Underwater Vehicles*, ed. by G. Griffiths (Taylor Francis, New York 2002) pp. 109–1255
25.27 T. Schilling, W. Klassen, C. Barrett, J. Stanley: Power at depth: Efficient ROV power delivery and thrust generation for improved construction, repair, and maintenance support, Proc. Offshore Technol. Conf. (2005)
25.28 P.D. Groves: *Principles of GNSS, Inertial, and Multisensor Integrated Navigation Systems* (Artech House, Boston 2013)
25.29 F. Viksten: *On the Use of an Accelerometer for Identification of a Flexible Manipulator*, Master Thesis (Linköping Univ., Linköping 2001)
25.30 J. Romeo, G. Lester: Navigation is key to AUV missions, Sea Technol. **42**(12), 24–30 (2001)
25.31 J.C. Kinsey, R.M. Eustice, L.L. Whitcomb: Asurvey of underwater vehicle navigation: Recent advances and new challenges, Proc. Int. Conf. Manoeuvering Control Mar. Craft, Lisbon (2006)
25.32 C. Silpa-Anan, T. Brinsmead, S. Abdallah, A. Zelinsky: Preliminary experiments in visual servo control for autonomous underwater vehicle, Proc. IEEE/RSJ Int. Conf. Intell. Robots Syst. (IROS) (2003) pp. 1824–1829
25.33 RTD Embedded Technologies, Inc., What is PC/104? http://www.rtd.com/PC104/Default.htm (2014)
25.34 A. Kenny, G. Lopez: Advances in and extended application areas for Doppler sonar, Proc. MTS/IEEE Ocean. (2012)
25.35 E. Thurman, J. Riordan, D. Toal: Multi-sonar integration and the advent of senor intelligence. In: *Advances in Sonar Technology*, ed. by S.R. Silva (InTech, Rijeka 2009) pp. 151–164
25.36 Sound Metrics Corporation (Bellevue, WA): Didson Sonar, L http://www.soundmetrics.com/products/didson-sonars (2015)
25.37 Y. Lee, T.G. Kim, H.-T. Choi: Anew approach of detection and recognition for artificial landmarks from noisy acoustic images, Adv. Intell. Syst. Comput. **274**, 851–858 (2014)
25.38 A. Alcocer, P. Oliveira, A. Pascoal: Underwater acoustic positioning systems based on buoys with GPS, Proc. 8th Europ. Conf. Underw. Acoust., Vol. 8 (2006) pp. 1–8
25.39 L. Brun: ROV/AUV trends market and technology, Mar. Technol. Rep. **5**(7), 48–51 (2012)
25.40 G. Verma, M. Kalra, S.K. Jain, D.A. Roy, B.B. Biswas: Embedded PC based controller for use in VME bus based data acquisition system, Proc. 9th Int. Workshop Pers. Comput. Part. Accel. Controls (2012) pp. 65–76
25.41 S.B. Williams, P. Newman, G. Dissanayake, J. Rosenblatt, H. Durrant-Whyte: Adecoupled, distributed auv control architecture, Int. Symp. Robotics **31**, 246–251 (2000)
25.42 H.-T. Choi, A. Hanai, S.K. Choi, J. Yuh: Development of an underwater robot, ODIN-III. Proc. IEEE/RSJ Int. Conf. Intell. Robot. Syst. (IROS) (2003) pp. 836–841
25.43 D. Lee, G. Kim, D. Kim, H. Myung, H. Choi: Vision-based object detection and tracking for autonomous navigation of underwater robots, Ocean Eng. **48**, 59–68 (2012)
25.44 Xilinx, Inc.: Zynq-7000 all programmable SoC, http://www.xilinx.com/products/silicon-devices/soc/zynq-7000/index.htm (2014)
25.45 B. Benson, Y. Li, R. Kastner, B. Faunce, K. Domond, D. Kimball, C. Schurgers: Design of alow-cost, underwater acoustic modem for short-range sensor networks, Proc. MTS/IEEE Ocean. (2010)
25.46 D.B. Kilfoyle, A.B. Baggeroer: The state of the art in underwater acoustic telemetry, IEEE J. Ocean. Eng. **25**(1), 4–27 (2000)
25.47 Z. Jiang: Underwater acoustic networks–issues and solutions, Int. J. Intell. Control Syst. **13**(3), 152–161 (2008)
25.48 M.W. Doniec, A. Xu, D. Rus: Robust real-time high definition underwater video streaming with AquaOptical II, Proc. IEEE Int. Conf. Robotics Autom. (ICRA), Karlsruhe (2013)
25.49 J.W. Nicholson, A.J. Healey: The present state of autonomous underwater vehicle (AUV) applications and technologies, Mar. Technol. Soc. J. **42**(1), 44–51 (2008)
25.50 W.D. Smart: Is acommon middleware for robotics possible?, Proc. IEEE/RSJ Int. Conf. Intell. Robots Syst. (IROS) (2007)

25.51 K.P. Valavanis, D. Gracanin, M. Matijasevic, R. Kolluru, G.A. Demetriou: Control architectures for autonomous underwater vehicles, IEEE Control Syst. **17**(6), 48–64 (1997)

25.52 P. Ridao, J. Yuh, J. Batlle, K. Sugihara: On AUV control architecture, Proc. IEEE/RSJ Int. Conf. Intell. Robots Syst. (IROS) (2000) pp. 855–860

25.53 C. McGann, F. Py, K. Rajan, H. Thomas, R. Henthorn, R. McEwen: T-rex: A model-based architecture for AUV control, Proc. 3rd Workshop Plan. Plan Exec. Real-World Syst. (2007)

25.54 E.F. Perdomo, J.C. Gámez, A.C.D. Brito, D.H. Sosa: Mission specification in underwater robotics, J. Phys. Agents **4**(1), 25–34 (2010)

25.55 M.L. Seto (Ed.): *Marine Robot Autonomy* (Springer, New York 2013)

25.56 D. Goldberg: Huxley: A flexible robot control architecture for autonomous underwater vehicles, Proc. MTS/IEEE Ocean. (2011)

25.57 B.S. Bingham, J.M. Walls, R.M. Eustice: Development of a flexible command and control software architecture for marine robotic applications, Mar. Technol. Soc. J. **45**(3), 25–36 (2011)

25.58 MOOS-IvP: http://oceanai.mit.edu/moos-ivp/pmwiki/pmwiki.php

25.59 M.R. Benjamin, H. Schmidt, P.M. Newman, J.J. Leonard: Nested autonomy for unmanned marine vehicles with MOOS-IvP, J. Field Robotics **27**(6), 834–875 (2010)

25.60 C. Lin, X. Feng, Y. Li, K. Liu: Toward a generalized architecture for unmanned underwater vehicles, Proc. IEEE Int. Conf. Robotics Autom. (ICRA) (2011) pp. 2368–2373

25.61 N. Mohamed, J. Al-Jaroodi, I. Jawhar: Middleware for robotics: A survey, Proc. IEEE Conf. Robotics, Autom. Mechatron. (2008) pp. 736–742

25.62 M. Namoshe, N.S. Tlale, C.M. Kumile, G. Bright: Open middleware for robotics, Proc. 5th Int. Conf. Mechatron. Mach. Vis. Pract. (2008) pp. 189–194

25.63 D. Brugali, G.S. Broten, A. Cisternino, D. Colombo, J. Fritsch, B. Gerkey, G. Kraetzschmar, R. Vaughan, H. Utz: Trends in robotic software frameworks. In: *Software Engineering for Experimental Robotics*, ed. by D. Brugali (Springer, Berlin, Heidelberg 2007) pp. 259–266

25.64 A. Elkady, T. Sobh: Robotics middleware: A comprehensive literature survey and attribute-based bibliography, J. Robotics **2012**, 959013 (2012)

25.65 S. Kim, H.-T. Choi, J.-W. Lee, Y.J. Lee: Design, implementation, and experiment of an underwater robot for effective inspection of underwater structures, Proc. 2nd Int. Conf. Robot Intell. Technol. Appl. (2013)

25.66 T.W. Kim, J. Yuh, G. Marani: Underwater vehicle manipulators. In: *Springer Handbook of Ocean Engineering*, ed. by M. Dhanak, N. Xiros (Springer, Berlin, Heidelberg, 2016), in press.

25.67 N. Kato, D.M. Lane: Coordinated control of multiple manipulators in underwater robots, Proc. IEEE Int. Conf. Robotics Autom. (ICRA), Vol. 3 (1996) pp. 2505–2510

25.68 M.W. Dunnigan, D.M. Lane, A.C. Clegg, I. Edwards: Hybrid position/force control of a hydraulic underwater manipulator, Proc. IEEE Control Theory Appl. **143**, 145–151 (1996)

25.69 B. Lévesque, M.J. Richard: Dynamic analysis of a manipulator in a fluid environment, Int. J. Robotics Res. **13**(3), 221–231 (1994)

25.70 H. Mahesh, J. Yuh, R. Lakshmi: A coordinated control of an underwater vehicle and robotic manipulator, J. Robotics Syst. **8**(3), 339–370 (1991)

25.71 S. McMillan, D.E. Orin, R.B. McGhee: Efficient dynamic simulation of an underwater vehicle with a robotic manipulator, IEEE Trans. Syst. Man Cybern. **25**(8), 1194–1206 (1995)

25.72 T.W. McLain, S.M. Rock, M.J. Lee: Experiments in the coordinated control of an underwater arm/vehicle system, Autom. Robotics **3**, 213–232 (1996)

25.73 T.J. Tarn, G.A. Shoults, S.P. Yang: A dynamic model of an underwater vehicle with a robotic manipulator using kanes method, Autom. Robot. **3**, 269–283 (1996)

25.74 K. Ioi, K. Itoh: Modelling and simulation of an underwater manipulator, Adv. Robot. **4**(4), 303–317 (1989)

25.75 I. Schjølberg, T.I. Fossen: Modelling and control of underwater vehicle-manipulator systems, Proc. 3rd Conf. Mar. Craft Manoeuvering Control (1994)

25.76 K.N. Leabourne, S.M. Rock: Model development of an underwater manipulator for coordinated arm-vehicle control, Proc. MTS/IEEE Ocean., Vol. 2 (1998) pp. 941–946

25.77 M. Lee, H.-S. Choi: A robust neural controller for underwater robot manipulators, IEEE Trans. Neural Netw. **11**(6), 1465–1470 (2000)

25.78 J.-H. Ryu, D.-S. Kwon, P.-M. Lee: Control of underwater manipulators mounted on an ROV using base force information, Proc. IEEE Int. Conf. Robotics Autom. (ICRA), Vol. 4 (2001) pp. 3238–3243

25.79 M.H. Patel: *Dynamics of Offshore Structures* (Butterworths, London 1989)

25.80 A.W. Troesch, S.K. Kim: Hydrodynamic forces acting on cylinders oscillating at small amplitudes, J. Fluids Struct. **5**(1), 113–126 (1991)

25.81 M. Hildebrandt, L. Christensen, J. Kerdels, J. Albiez, F. Kirchner: Realtime motion compensation for ROV-based teleoperated underwater manipulators, Proc. MTS/IEEE Ocean. Eur. (2009) pp. 1–6

25.82 O. Brock, R. Grupen: *Final Report of NSF/NASA Workshop on Autonomous Mobile Manipulation (AMM)* (Univ. of Massachusetts, Amherst 2005)

25.83 G. Antonelli: *Underwater Robots*, Springer Tracts in Advanced Robotics, Vol. 96, 3rd edn. (Springer, Berlin, Heidelberg 2014)

25.84 M. Carreras, J. Yuh, J. Batlle, P. Ridao: A behavior-based scheme using reinforcement learning for autonomous underwater vehicles, IEEE J. Ocean. Eng. **30**(2), 416–427 (2005)

25.85 M. Carreras, J. Yuh, J. Batlle, P. Ridao: Application of SONQL for real-time learning of robot behaviors, Robots Auton. Syst. **55**(8), 628–642 (2007)

25.86 S. Zhao, J. Yuh: Experimental study on advanced underwater robot control, IEEE Trans. Robotics **21**(4), 695–703 (2005)

25.87 A. Hanai, H.-T. Choi, S.K. Choi, J. Yuh: Experimental study on fine motion control of underwater

robots, Adv. Robotics **18**(10), 963–978 (2004)
25.88 T.W. Kim, J. Yuh: Application of on-line neuro-fuzzy controller to AUVs, Inf. Sci. **145**(1), 169–182 (2002)
25.89 C.S.G. Lee, J.-S. Wang, J. Yuh: Self-adaptive neuro-fuzzy systems for autonomous underwater vehicle control, Adv. Robotics **15**(5), 589–608 (2001)
25.90 J. Yuh, J. Nie: Application of non-regressor-based adaptive control to underwater robots: Experiment, Comput. Electr. Eng. **26**(2), 169–179 (2000)
25.91 K.C. Yang, J. Yuh, S.K. Choi: Fault-tolerant system design of an autonomous underwater vehicle ODIN: An experimental study, Int. J. Syst. Sci. **30**(9), 1011–1019 (1999)
25.92 H.H. Wang, S.M. Rock, M.J. Lees: Experiments in automatic retrieval of underwater objects with an AUV, Proc. MTS/IEEE Ocean., Vol. 1 (1995) pp. 366–373
25.93 J. Evans, P. Redmond, C. Plakas, K. Hamilton, D. Lane: Autonomous docking for intervention-AUVs using sonar and video-based real-time 3D pose estimation, Proc. MTS/IEEE Ocean., Vol. 4 (2003) pp. 2201–2210
25.94 G. Marani, S.K. Choi, J. Yuh: Underwater autonomous manipulation for intervention missions AUVs, Ocean Eng. **36**(1), 15–23 (2009)
25.95 G. Marani, J. Yuh, S.K. Choi: Autonomous manipulation for an intervention AUV. In: *Advances in Unmanned Marine Vehicles*, IEE Control Engineering Series, ed. by B. Sutton, G. Roberts (Institution of Engineering and Technology, London 2006) pp. 217–237
25.96 G. Marani, S.K. Choi, J. Yuh: Real-time center of buoyancy identification for optimal hovering in autonomous underwater intervention, Intell. Serv. Robotics **3**(3), 175–182 (2010)
25.97 D. Beciri: SAUVIM robot completed its first fully autonomous mission, http://www.robaid.com/search/SAUVIM (2010)
25.98 P. Sanz, R. Ridao, G. Oliver, P. Casalino, C. Insaurralde, C. Silvestre, C. Melchiorri, A. Turetta: TRIDENT: Recent improvements about autonomous underwater intervention missions, Proc. IFAC Workshop Navig. Guid. Control Underw. Veh. (NGCUV) (2012)
25.99 D. Ribas, N. Palomeras, P. Ridao, M. Carreras, A. Mallios: Girona 500 AUV: From survey to intervention, IEEE/ASME Trans. Mechatron. **17**(1), 46–53 (2012)
25.100 M. Prats, D. Ribas, N. Palomeras, J.C. Garcia, V. Nannen, S. Wirth, J.J. Fernañdez, J.P. Beltrañ, R. Campos, P. Ridao, P.J. Sanz, G. Oliver, M. Carreras, N. Gracias, R. Marín, A. Ortiz: Reconfigurable AUV for intervention missions: Acase study on underwater object recovery, Intell. Serv. Robotics **5**(1), 19–31 (2012)
25.101 Trident: Marine Robots and Dexterous Manipulation for Enabling Autonomous Underwater Multipurpose Intervention Missions: Newsletter October 2012, http://www.irs.uji.es/trident/files/2nd-TRIDENT-SCHOOL-Newsletter-Oct2012.pdf (2012)

第 26 章

飞行机器人

26

Stefan Leutenegger, Christoph Hürzeler, Amanda K. Stowers, Kostas Alexis, Markus W. Achtelik, David Lentink, Paul Y. Oh, Roland Siegwart

随着相关研究、技术和应用的发展，无人机系统引起了越来越多的关注。尽管几十年来，无人机系统一直成功地应用在军事行动中，但最近，机器人研究团队已经开始研究用来解决民用的问题。

本章概述了无人飞行系统这一多学科交叉领域的核心元素：首先会给出不同类型无人飞行器特性的定性分析，读者可以从飞行机器人的设计过程中获得指导。由于设计和建模是紧密相关的，因此会形成一种典型的草图绘制与特性分析的迭代过程。为此，概述了空气动力学和飞行动力学，以及它们在固定翼、旋翼和扑翼无人机中的应用，包括相关的分析工具和实践指导。根据特定需求和自主机器人需求，最终为相关的系统集成提供借鉴。

目　录

26.1　背景与研究历史

飞行机器人种类繁多，如今这些机器人通常具有感知能力和自主决策能力，可以在不需要任何人工干预的情况下完成复杂的任务。在历史上，以航空术语来讲，飞行机器人通常称作无人机（UAV）

26

而自主操作所需的整个基础设施、系统和人机交互通常被称为无人飞行系统（UAS）。飞行机器人技术目前正处于航空航天和机器人研究的最前沿，目前在设计、估计[26.1]、感知[26.2]、控制[26.3]、规划[26.4]等多个领域都取得了突破性的进展，为今后的飞行机器人在操作及应用铺平了道路。

作为自动控制系统的一种，飞行机器人最早可追溯到制导导弹，但现在多指各式各样先进智能系统。美国航空航天学会（AIAA）[26.5]对无人机的定义如下：

一种设计或改装的飞行器，通过遥控或无须遥控，而通过机载自主飞行管控操纵，且不用通过驾驶员操作的飞行系统。

就像机器人一样，基于环境感知及相关功能，飞行机器人正在努力发展成为具有高级决策和规划能力的复杂系统。

飞行机器人可以轻松地飞过其他机器人难以翻滚或爬过的复杂地形，其代价与系统在设计、动力、感知、控制和导航等方面所面临的难题有关。自主飞行需要解决全部6个自由度的运动分析和复杂环境下的感知能力。在这种情况下，感知与导航的难度急剧加大，但有效载荷和可用功率往往受到较强的约束，特别是当尺寸减小时。本质上，飞行机器人的设计更需要专注与全面相权衡，甚至对已有的或全新的飞行概念、电子元件及算法进行组合。设计工程师需要在相互掣肘的设计要求中，如减轻重量与模块化之间找出最优的设计方案。

历经一个多世纪的发展，飞行机器人已成为一个生机勃勃且前途光明的领域。图26.1所示为军事和民用领域中无人飞行机器人的一些历史和近期示例。最开始，飞行机器人是人们在研发飞机时提出的一种概念性设计，但很快就证明了它们存在的可行性，并且自成体系。与有人驾驶的飞行器一样，在20世纪世界局势动荡的大背景下，飞行机器人技术得到了飞速的发展。第一次世界大战时期，Hewitt-Sperry研发了作为飞行炸弹用的飞行机器人，携有智能控制板，以维持长时间的飞行。这一翻开了历史新篇章的成就主要是通过在飞行器的控制舵面上安装了机械陀螺仪，以实现闭环反馈控制实现的。在第二次世界大战中，德国武装部队部署了世界上首个远程巡航导弹—V1。尽管V1在

图26.1 无人飞行机器人的一些历史和近期示例

注：从Hewit-Sperry自动飞机（1917年）开始，V-1飞行炸弹（1944年）、洛克希德D-21（1962年），直到最近的军用（Predator、Robocopter、nEuron）和民用飞行机器人（Atlantik Solar、Firefly、Apid60）。

基本部件、估计算法、控制环路等方面仅取得了有限的成功，但它可以实现飞行机器人的基本功能，如自主导航和参考跟踪。军事应用一直是飞行机器人研究的主要驱动力，并且最新的研究成果会改变和定义现代战争。随着全球定位系统（GPS）的使用，飞行机器人成功地实现了“一箭双雕”，首次实现完全自主监控任务。随着情报收集成为现代战争的主要阵地，20 世纪 70 年代的军事研究集中在为飞行器装上照相机或其他传感器，催生了今天我们所看到的无人机原型。然而，民用飞行机器人也在高速发展，占据了市场的主要份额，预测会在将来占主导地位。更重要的是，民用会和军用一样，将成为创新的主要动力。

在这个框架内，微处理器、微型传感器、高效驱动器及微小化技术的发展，带动了飞行机器人领域的长足进步，并且为今天看到的一系列巨大成就铺平了道路。飞行机器人目前已发展到了这样一种状态：集可感知和估计周围环境的传感模块、运行复杂导航算法程序的强大微处理器、多个通信服务接口、可执行复杂任务的执行终端于一身。

26.2 飞行机器人的特征

本节旨在概述不同类型飞行机器人的关键特征和特性，并基于当前无人航空领域最常见的飞行概念及其主要的优点和不足，对飞行机器人进行分类。

26.2.1 飞行机器人的分类

相对于载人航空的分类，飞行机器人的分类比较复杂，源于后者是一个非常广泛的系统，具有不同尺度、机械结构和驱动原理。在绝大多数情况下，飞行机器人在某种程度上来说相当于缩小版的载人飞机。相对经典的包括固定翼无人飞行系统（FW-UAS）的设计和旋翼无人飞行系统（RWUAS）。图 26.2 所示基于续航时间和机动性的飞行机器人分类，主要用于监视、监测、检查、测绘或有效载荷运输。然而，即使在这些相对传统的概念中，在设计上也存在几个不同于载人系统的地方。这反映了一个事实，即随着不同的尺度、物理性质行为的变化，以及优化设计方面的探索，自然会修改原设计或开展创新设计。这是由以下事实进一步触发的，即在有人驾驶的航空中，也存在无须飞行员机载解锁等广泛的工程选择，这通常不存在问题或甚至被禁止。如同预期的那样，由于工程的原因，大型无人机系统往往遵循更接近于经典设计的设计概念，而随着尺度的不断缩小，在飞行原理层面上的创新变得越来越重要。

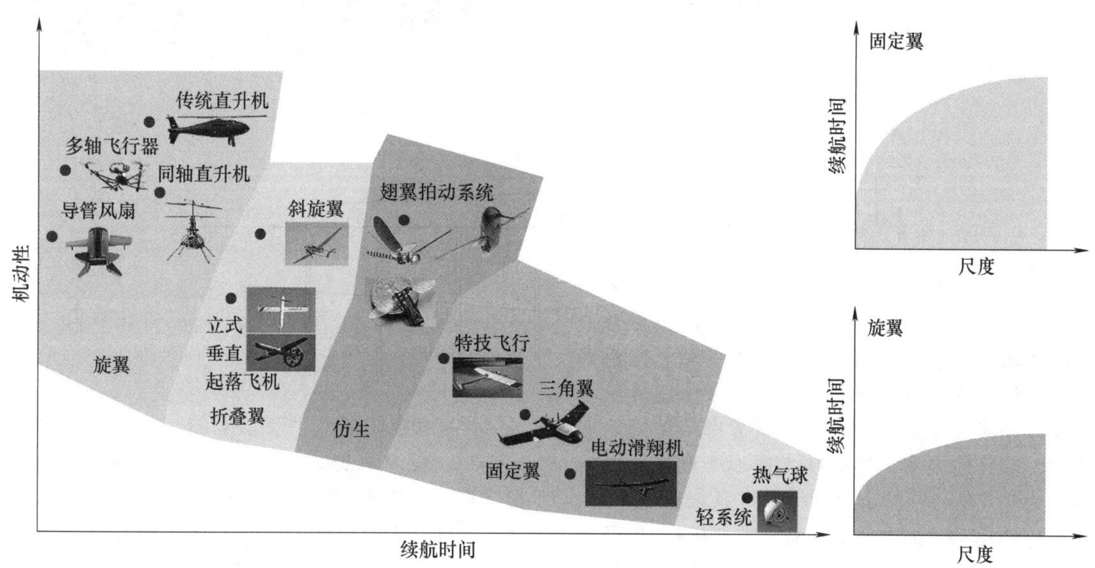

图 26.2 基于续航时间和机动性的飞行机器人分类

注：需注意尺度效应的重要影响，应该在同等尺度下进行比较。

除了比空气轻的系统（LtA-UAS），固定翼无人飞行系统（FW-USA）是最高效的飞行原理，而旋翼无人飞行系统（RW-UAS）完全是为了提高机动性和垂直飞行（悬停）能力。这种普遍的分类（对于载人航空来说也是有效的）在相对较大的可转换设计（如倾斜旋翼或巡航飞行用管道风扇）中变得更加复杂。

这是首次尝试对飞行机器人进行分类，但随后需要进一步扩充，以阐释受生物启发的概念，特别是扑翼飞行系统（Fl-UAS）的出现。图 26.2 提供了在大多数应用领域中可能遇到的抽象的、不完整的概述。如图 26.2 所示，由于工程方面的发展，需要具有最佳化的续航时间、敏捷性、可控性，甚至是简单性的设计，因此出现了很大的多样性。在接下来部分中，简要概述了如何依据飞行器的设计尺度来获得主要的气动力和性能。

26.2.2 尺度效应

通过对飞行器如何保持空中飞行的理解，能够提供对尺度效应的进一步认识，以及不同尺寸对飞行器效率的巨大影响。表 26.1 无人飞行系统的升力和阻力计算公式。

表 26.1　无人飞行系统升力和阻力的计算公式

无人飞行系统（UAS）	升力/推力	阻力/瞬时力
固定翼（FW）	$L=\frac{1}{2}c_L\rho AV_t^2$	$D=\frac{1}{2}c_D\rho AV_t^2$
旋翼（RW）	$T=c_T\rho(\pi R^2)(R\Omega)^2$	$Q=c_Q\rho(\pi R^2)(R\Omega)^2R$
比空气轻（LtA）	$L_s=-gV^{LtA}(\rho_{gas}-\rho)$	$D=\frac{1}{2}c_D^{LtA}\rho A^{LtA}V_t^2$

在表 26.1 的计算公式中，ρ 是空气密度，其余参数是飞行器的特定参数。对于固定翼无人飞行系统，c_L 和 c_D 分别是机翼升力和阻力系数，A 是机翼面积，V_t 是空速；对于旋翼无人飞行系统，c_T 和 c_Q 分别是旋翼推力和阻力系数，（πR^2）是旋翼桨盘面积，Ω 是旋翼角速度，R 是旋翼桨盘半径；对于比空气轻的无人飞行系统，V^{LtA} 是飞艇体积，c_D^{LtA} 是与飞艇形状有关的阻力系数，V_t 是飞艇空速，A^{LtA} 是移动方向上飞艇的表面积，ρ_{gas} 是飞艇填充气体的密度。图 26.3 所示为施加在不同无人飞行系统上的气动力。

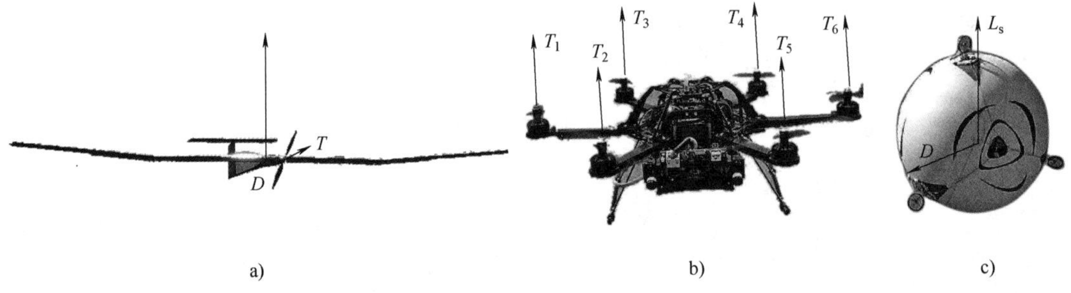

图 26.3　施加在不同无人飞行系统上的气动力

a）固定翼　b）旋翼　c）比空气轻的系统

注：a）AtlanSolar 是苏黎世 ETH 自主系统实验室开发的太阳能 FW-UAS，b）Firefly 由 Ascenting Technologes GMBH 开发，c）Skye 由苏黎世 ETH 的学生开发。

对尺度律（scaling laws）的推导源于对升力和阻力的观察，以及这些力与哪些参数，如机翼面积或旋翼桨盘半径相关。合适的尺寸选择基本上是一个非常复杂的过程，必须考虑多种因素的影响。除其他因素，还必须考虑以下问题，即空气动力学效率、在特定尺度下推进系统的可用性、所采用的技术（如电动机、喷气发动机），以及相应机械构型的简单性与鲁棒性。以下是固定翼、旋转翼和轻于空气的系统的尺度律和相关设计指南，而对于扑翼系统的情况则进行了概述，因为尺度律对这类无人飞行系统的影响将在第 26.6 节中单独讨论。

1. FW-UAS

尺度律反映了尺寸和比例在相关飞行器配置中的作用。就固定翼系统而言，翼面载荷定义为重量（W）与机翼面积（A）的比值，是关键参数之一。首先需对尺度的作用有所了解。图 26.4 所示的 Tennekes 图正好提供了对这一事实的直观解释[26.6]。在工作点周围，升力恰好抵消重量，所给出的趋势线是通过下列公式[26.7]导出的：

$$
\begin{cases}
\dfrac{W}{A}=\sqrt[3]{W}47 \\
\dfrac{W}{A}=\dfrac{1}{2}c_{L}\rho V_{t}^{2} \\
A=b_{w}c_{w}
\end{cases}
\tag{26.1}
$$

式中，V_t 是空速；W 是重量；A 是机翼面积；b_w 是机翼展长；c_w 是机翼弦长。这些方程反映了机翼的升力特性，以及空速与飞行体重量和机翼面积比之间的关系。对于这个分析，展弦比（$\Lambda=b_w/c_w$）假定适用于所有尺寸的飞机。虽然这样一个简单的分析并没有考虑不同飞机尺寸之间流体动力学环境的细节，但众所周知，小型飞机通常采用较低的展弦比，而在感兴趣的尺寸范围内，展弦比与现有飞机的差异是显著的，这点非常重要。

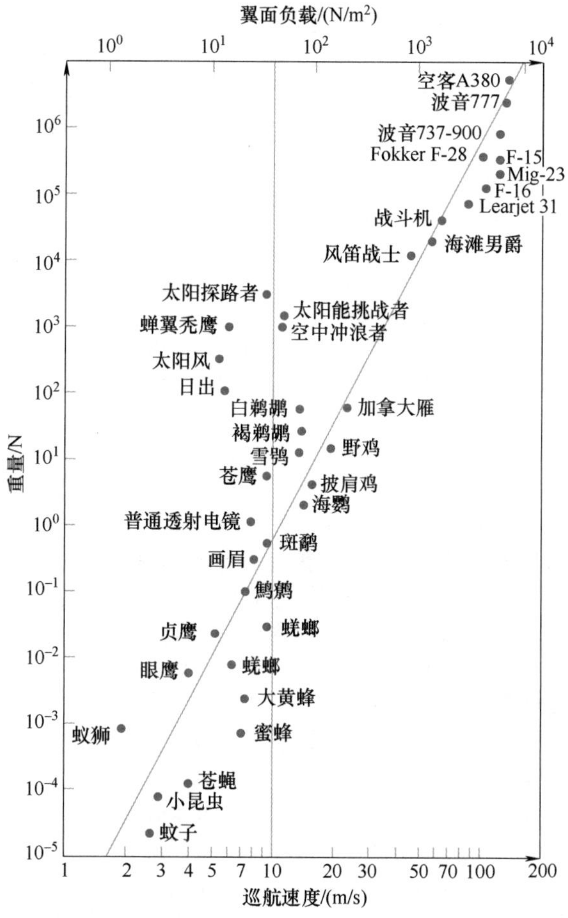

图 26.4 Tennekes 图（鸟类、昆虫、载人飞机的翼面载荷和巡航速度与重量之间的 Tennekes 尺寸趋势）

2. RW-UAS

对于旋翼飞行器，类似于车辆效率问题的尺度律也能够推导出来。在推导过程中，不仅需要关注尺度律问题，还应同时关注效率和动态响应，对于动态响应的关注，是为了避免在飞行过程中由于不稳定振荡等因素造成的不良影响。功率效率用功率负载（$PL=T/P$）表示，P 是理想功率。由于理想的悬停功率为 $P=Tv_h$，即理想的功率负载（ideal power loading）与桨盘诱导速度成反比，有

$$
v_h=v_i\Rightarrow\sqrt{\frac{T}{2\rho(\pi R^2)}}=\frac{P}{T}=(PL)^{-1} \tag{26.2}
$$

从图 26.5 可以看出，随着旋翼飞行器负载的增加，功率负载快速下降。因此，如果仅考虑质量，尺寸较小的旋翼飞行器在悬停飞行时的效率将会降低，需要更多的功率来产生所需要的推力 T。然而，实际的功率负载和效率的计算需要考虑黏性损失。

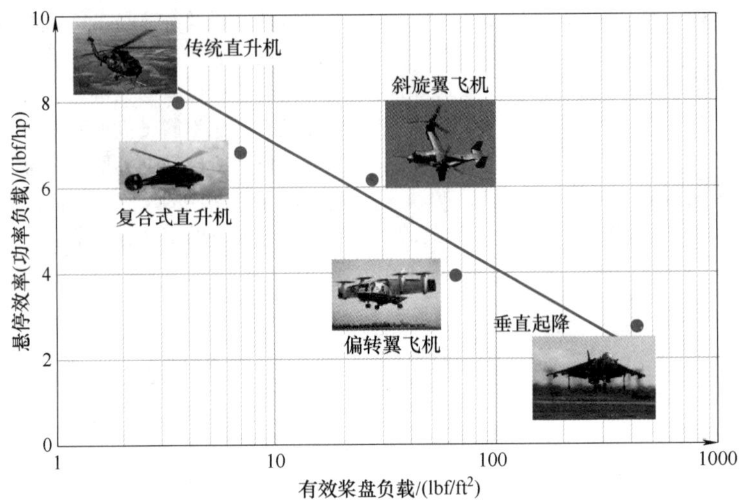

图 26.5　垂直升力飞行器的悬停效率与有效桨盘负载的关系

注：1lbf = 4.44822N，1ft = 0.3048N，1hp = 745.700W。

通过上述简单的分析，可以得出结论：增大旋翼的尺寸能够提高效率，但这并不是尺度律唯一考虑的方法。旋翼飞行器是一种特别复杂的动态系统，考虑缩放比例的同时也必须考虑飞行过程中的动态问题。要想更具体地分析，则需要使用弗劳德或马赫缩放模型。设 N 表示模型与原型飞行器之间的比例，R_m 表示模型飞行器的旋翼半径，R_p 表示原型飞行器的旋翼半径，则 N 表示直升机为其原型尺寸的 $1/N$。表 26.2 列出了传统直升机的尺度律。总结了弗劳德和马赫尺度律规则，即模型长度 L_m 和原型长度 L_p、内循环特征响应支配时间常数为 t_m 和 t_p、特征速度 V_m 和 V_p、质量 W_m 和 W_p、预期惯性矩 I_m 和 I_p、响应频率 ω_m 和 ω_p 参数的作用。

表 26.2　传统直升机的尺度律

尺寸	弗劳德	马赫
长度	$L_m = L_p/N$	$L_m = L_p/N$
时间常数	$t_m = t_p/\sqrt{N}$	$t_m = t_p/N$
速度	$V_m = V_p/\sqrt{N}$	$V_m = V_p$
质量	$W_m = W_p/N^3$	$W_m = W_p/N^3$
转动惯量	$I_m = I_p/N^5$	$I_m = I_p/N^5$
频率	$\omega_m = \omega_p\sqrt{N}$	$\omega_m = \omega_p N$

更先进的尺度律方法进一步评估了主旋翼性能，主要是预期推力问题。传统的载人直升机悬停时的推力较小，通常为 5%~10%，而小型飞行器具有较大的推力。与弗劳德模型相比马赫模型通常预测更快的旋翼速度，因此它的推力系数也较小。推力系数反映了旋翼的升力载荷，对于给定的单个旋翼配置，最大推力表达式为

$$T_{max} = (c_T/\sigma)_{max}\rho(\pi R^2)(\Omega R)^2 \qquad (26.3)$$

式中，σ 表示旋翼螺旋桨的稳定性。上式为最大推力的表达式，弗劳德模型推力与缩放比例的关系为 $T_{max} \propto 1/N^3$，马赫模型推力与缩放比例的关系为 $T_{max} \propto 1/N^2$。假定按 $W \propto 1/N^3$ 关系除以飞行器的重量，可以看到，弗劳德模型具有类似的推力-重量比。相反，对于马赫模型，预期的最大推力将会增加，推力-重量关系为 $(T/W)_{max} \propto N$。参考文献［26.8］通过这些公式给出了传统直升机的缩放参数，可以直观地了解尺度律是如何发挥作用的。

3. LtA-UAS

对于比空气轻的飞行器，简单的尺度律主要是针对系统效率。以球形飞艇为例，可以直接推导出升力的大小与半径的立方成正比；另一方面，其质量取决于表面，与半径的平方和阻力有关。这表明，较大的飞行器将具有更大的最大升力与重量比和升力与阻力比。

4. FI-UAS

因为当机器上在悬停模式下操作或向前飞行导航时，飞行模式会发生改变，因此扑翼飞行系统尺度律的分析需要不同的处理方法。另外，升力和阻力系数与机翼特性和振动频率有关，因此进一步增加了尺度律效应分析的复杂性。第 26.6 节提供了如何处理这个具有挑战性的问题，从而实现正确的扑翼系统设计。

26.3 空气动力学与飞行力学基础

无人飞行系统的解释表达涉及对空气动力学表达式的推导，还需要计算驱动器动力学问题，并将计算的结果应用到飞行器运动方程中。本节主要对基本机理和自然现象提供必要的说明和解释，对无人飞行系统提供最有效的推导公式。

26.3.1 大气特性

评估气流特性是对飞行器设计、建模和控制进行定性或定量空气动力学分析的基础。国际标准大气（ISA）组织[26.9]为主要的空气特性提供了关于海拔的参考，图 26.6 所示为海拔高度与空气温度 T_{air}、压力 p 和密度 ρ 的关系。这些参数很大程度上会影响雷诺数 Re，也可以解释为影响惯性力、流体黏性力，以及马赫数 Ma，即空速和声速之比。

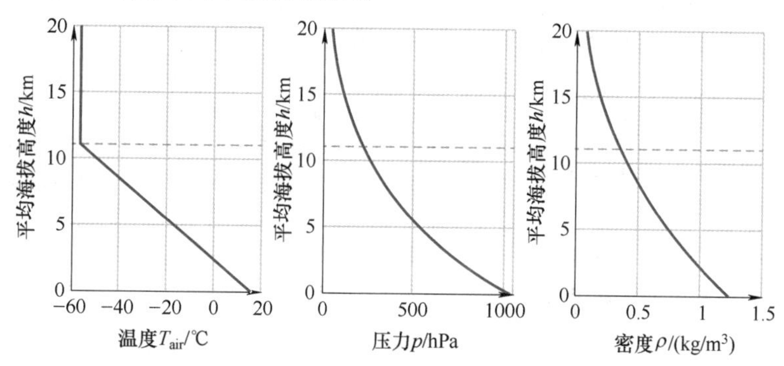

图 26.6 海拔高度与空气温度、压力和密度关系

值得注意的是，理想气体定律可以将上述参数联系起来，即

$$p=\rho RT_{air} \quad (26.4)$$

式中，$R=286.97m^2/(s^2\cdot K)$，是理想气体常数。

在空气动力学中，力首先是升力，是由物体的运动产生的，而空气静力升力是由一个物体的静态特性形成的，它是气球或飞艇飞行的基础。

根据阿基米德定律，空气静力升力为

$$L_{stat}=\rho Vg-mg \quad (26.5)$$

式中，g 是重力加速度；V 是飞行器体积；m 是飞行器质量。例如，一个球形的氦气球在低层大气中直径为 1m，忽略其重量（$m=\rho_{He}V$），它将产生 5.4N 的空气静力升力，这是在该尺寸下有效载荷的上限，将球体直径增加到 1.5m，产生的空气静力升力将提高到 18.1N。

26.3.2 普通流体动力学和二维气流翼膜流场

飞机周围的气流一般是三维的、不稳定的，可能是湍流的，甚至与非刚性结构相互作用。在这种情况下，计算几乎难以进行。因此，需要简化模型以简化计算，并加强对流场和产生瞬时力的理解。在固定翼飞机和旋翼飞机空气动力学中，对于更高级的计算，局部二维流场的假设是很重要的。在进行正式分析之前，图 26.7 描述了机翼周围二维气流特性。

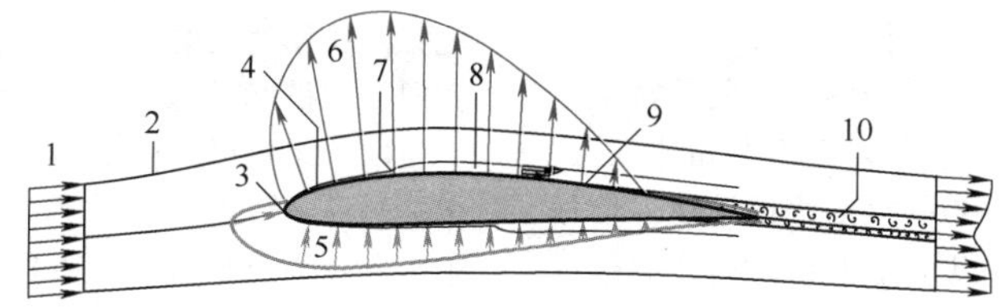

图 26.7 机翼周围二维气流特性

1—自由流速度场 2—流线型 3—滞点 4—层流边界层 5—超压 6—吸力 7—过渡点 8—湍流边界层 9—分离点 10—分离流

机翼轮廓上的压力分布是由流场引起的，对气动力和力矩的贡献很大。但是，黏滞效应对力和力矩产生了消极影响，并以切应力的形式传递到表面。

1. 有限控制体积分析：质量和动量守恒

考虑一个有限的控制体积 B，它以曲面 S 和受限于环境的法线 $\boldsymbol{n}$ 为界。为了方便起见，边界的某些部分通常被选择为流线（二维）或流面（三维）。对于这个体积，满足质量守恒定律，即

$$\iint_S \rho \boldsymbol{v} \cdot \boldsymbol{n} \mathrm{d}S \tag{26.6}$$

式中，$\boldsymbol{n}$ 是流体速度矢量。

根据经典的牛顿力学公式，可以进一步假设线性动量守恒和角动量守恒的适用范性，即

$$\boldsymbol{F}_{\mathrm{tot}} = \iint_S \rho \boldsymbol{v}(\boldsymbol{v} \cdot \boldsymbol{n})\mathrm{d}s + \iint_S p\boldsymbol{n}\mathrm{d}s + \frac{\partial}{\partial t}\iiint_B \rho \boldsymbol{v} \mathrm{d}B \tag{26.7}$$

$$\boldsymbol{M}_{\mathrm{tot}} = \iint_S \rho(\boldsymbol{v} \times \boldsymbol{r})(\boldsymbol{v} \cdot \boldsymbol{n})\mathrm{d}s + \frac{\partial}{\partial t}\iiint_B \rho(\boldsymbol{v} \times \boldsymbol{r})\mathrm{d}B \tag{26.8}$$

式中，$\boldsymbol{r}$ 是位置矢量。

2. 差动体积分析：欧拉与伯努利方程

当应用于微分体积和假设非黏流时，可以通过式（26.7）来推导欧拉方程，有

$$\rho\left(\frac{\partial}{\partial t} + \boldsymbol{v} \cdot \nabla \boldsymbol{v}\right) + \nabla p = \boldsymbol{0} \tag{26.9}$$

这个方程形成了许多有限元的数值基础，但忽略了边界层以外的黏滞效应。这些方法运用了势流理论和一些边界层分析模块；参考文献［26.10，11］主要用于二维流计算，而参考文献［26.12］可用于三维流扩展。

当沿着流线应用式（26.9）时，假设流体是不可压缩的（对于低速空气动力学来说，$Ma=0.3$），伯努利方程涉及的相关速度和压力能够用式（26.10）表示：

$$\rho \frac{V_{\mathrm{t}}^2}{2} + \rho g h + p = \mathrm{const} \tag{26.10}$$

式中，g 是重力加速度；h 是海拔高度。由于在流线上的海拔变化较小，空气静压力 $\rho g h$ 常常被忽略。

3. 黏滞效应和边界层

虽然忽略黏滞效应在机体表面的距离通常是一种有效的近似，但在边界层内必须考虑黏滞效应。在边界层内，流体被减速以达到表面的速度。传递到表面的摩擦切应力 τ_{w} 以垂直于表面的流速梯度为特征，可以表示为

$$\tau_{\mathrm{w}} = \mu \frac{\mathrm{d}U}{\mathrm{d}n} \tag{26.11}$$

式中，μ 是流体动态黏度；U 是与表面平行的空速；n 是沿表面法线的坐标。在图 26.7 中可以看到边界层的切向流体速度梯度是定性可见的。

边界层在凸端的周围是层流，并且流动方向平行于表面。然而，受表面粗糙度等扰动的影响，在某一时刻（临界局部雷诺数），将会发生一种向湍流边界层的过渡：其特征是随机波动，比过渡前明显更厚，并且产生的摩擦力更大。

4. 截面升力、阻力和力矩的无量纲表示

从历史上看，出于实际原因，气动力可分解成垂直于流入方向一个分量，即升力和平行于流入方向的一个分量，即阻力。将二维升力、阻力和力矩分别写成无穷小量 $\mathrm{d}L$、$\mathrm{d}D$ 和 $\mathrm{d}M$，以表示整个飞机的物理力，而不是用 L、D 和 M 来表示，图 26.8 所示为机翼周围二维气流的气动力分解，显示了这些量。此外，将迎角 α 定义为流入方向与连接翼前缘和后缘长度为 c 的弦线之间的夹角。注意，力和力矩减少到 $0.25c$ 处，也就是前缘后面 1/4 处。

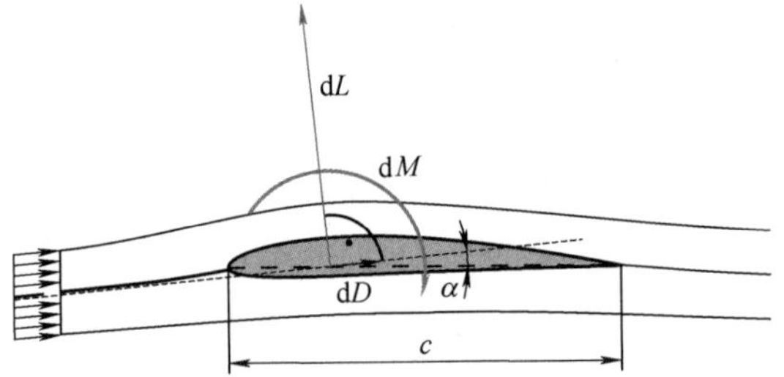

图 26.8 机翼周围二维气流的气动力分解

注：截面升力 $\mathrm{d}L$ 表示垂直于远场流入的分量，阻力 $\mathrm{d}D$ 表示平行于远场流入的分量。

量纲分析表明，气动力和力矩包括截面升力、阻力和力矩系数 c_{l}、c_{d} 和 c_{m}。

$$\mathrm{d}L = \frac{1}{2}\rho V_{\mathrm{t}}^2 c_{\mathrm{l}} c \mathrm{d}y \tag{26.12}$$

$$\mathrm{d}D = \frac{1}{2}\rho V_{\mathrm{t}}^2 c_{\mathrm{d}} c \mathrm{d}y \tag{26.13}$$

$$\mathrm{d}M = \frac{1}{2}\rho V_{\mathrm{t}}^2 c_{\mathrm{m}} c^2 \mathrm{d}y \tag{26.14}$$

式中，V_{t} 是流入速度；$\mathrm{d}y$ 是一个与二维流垂直的无穷小的长度元素（可将其解释为无限长机翼翼展方向上的长度元素）。

这些系数很大程度上取决于迎角 α，但也与雷诺数和马赫数有很大关系。迎角通常以截面升力、阻力和力矩的形式给出，图 26.9 所示为与之相关的一个例子。阻力分量来自于黏性表面摩擦和形状阻力，并且是由边界层开发和分离造成的不对称压力分布引起的。对于小迎角，升力曲线显示了随着迎角的增大呈线性增加，可以清楚地看到升力的最

大值和最小值是在极值处。注意，机翼的气动性能 c_l/c_d 随着预期雷诺数的减小而降低。在图 26.9 中可以看到，在 $0.25c$ 处选择参考点会导致当改变 α、c_l 时，力矩系数 c_m 基本不变。

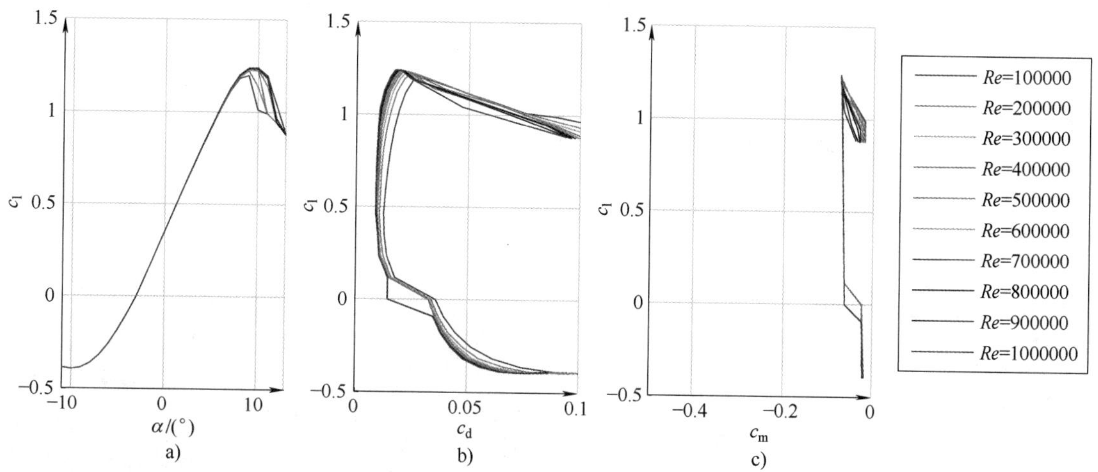

图 26.9 SA7036 由 Javafoil 计算的不同雷诺数下的机翼低速升力、阻力和力矩

a）升力 b）阻力 c）力矩

注：不同雷诺数对应的曲线可见原文中的彩图。

5. 分离与失速

在机翼的上侧，流体从欠压区域向后边缘更高压力处移动，边界层中较慢的流体将在某一时刻不能跟随这种不利的压力梯度移动，并且导致流体分离。当迎角增加时，分离点就会突然向前缘移动，这种情况称为失速，其灾难性的后果是升力显著损失和阻力增加。图 26.10 所示为不同迎角 α 时的流动特性。注意，最大升力和失速条件受翼型、雷诺数和马赫数的影响很大。

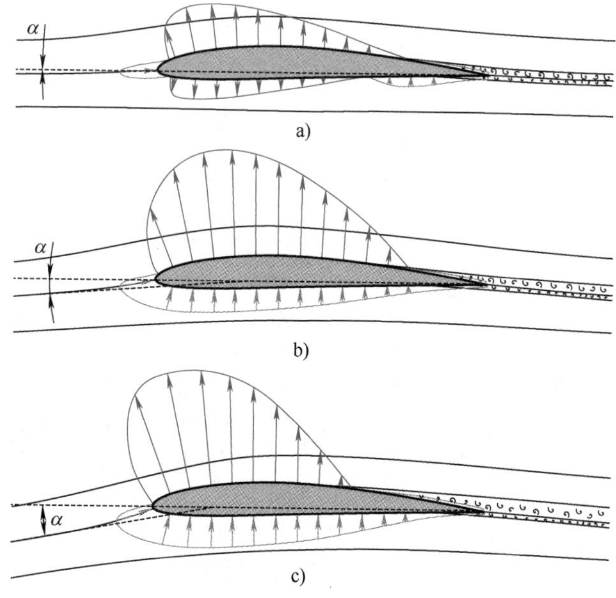

图 26.10 不同迎角 α 时的流动特性

a）小迎角 α 非对称机翼将产生一些升力 b）标称水平飞行迎角 α

c）最大升力 $c_{l,max}$ 在大约 α 处，达到最大升力 $c_{l,max}$

26

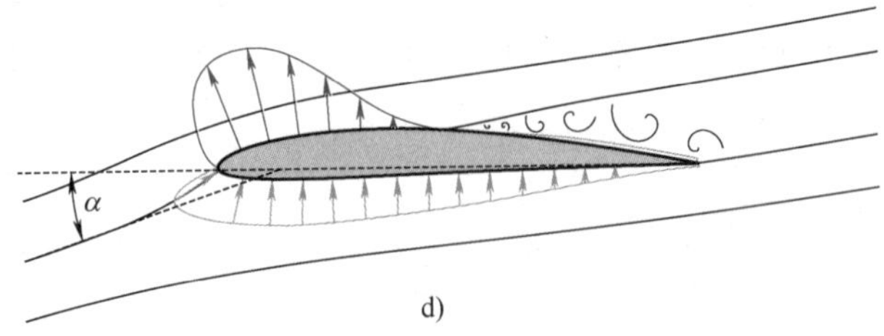

图 26.10　不同迎角 α 时的流动特性（续）

d）失速　超过这个迎角 α，失速发生

26.3.3　机翼空气动力学

迄今为止，机翼的二维流动特性得到了处理，这将形成理解和计算任何类型飞机产生升力和推力的基础，下面对机翼的有限元分析是三维流动效应的一个重要示例。

记录机翼的升力和阻力，但不仅仅限于机翼。可以发现随着迎角的增大，升力增加较少，最大升力较小，而阻力较大。

1. 机翼涡系

可以观察到，升力的直接结果是机翼向下弯曲，这也直观地解释了线性动量守恒。假设有一个非黏性不可压缩的流体，可以用势场理论[26.13]来进行建模，其中速度矢量场被定义为标量函数的梯度，这个概念允许将奇异点插入自由流中，如源、下沉和漩涡。图 26.11 所示为机翼涡系的简化表示。显示了使用单个涡流的第一个近似值，从概念上解释了简化机翼周围的流动特性。涡系由约束涡和尖端涡组成。注意，在理论上，涡流会被一个起始漩涡闭合到一个环上，而实际上，在存在摩擦的情况下，涡流会随着时间的推移而衰减，图 26.12 说明了尾随机翼尖涡的存在。

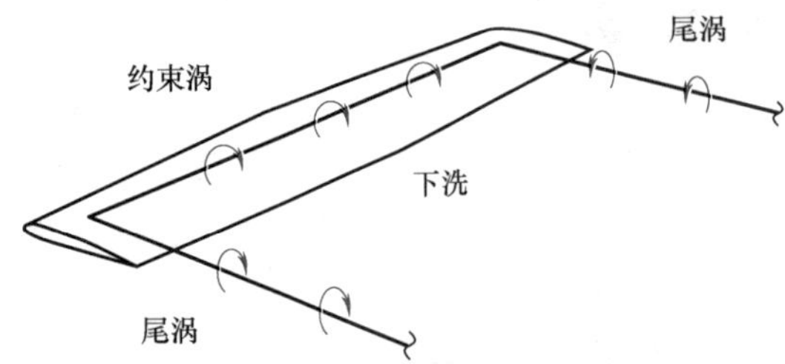

图 26.11　机翼涡系的简化表示

注：作为升力的结果，一个约束涡与尾随翼尖涡一起形成，诱导下洗。

尾涡会在机翼后面形成下洗区，但尾涡也会导致机翼向下流动。

图 26.12　美国国家航空航天局在 Wallops 岛进行的“尾涡”研究：利用从地面上升起的彩色烟雾可以看到尖涡

2. 诱导阻力

利用机翼周围涡流的简化概念得出的结论是，机翼升力会导致向下流动，因此当看到机翼横截面的二维流时，迎角将会减小。图 26.13 所示为有限机翼横截面的诱导阻力。通过诱导流分量 w_j 产生的诱导角 α_i 将迎角从 α_f（自由流）减小到 α_e（有效流）的情况，这种迎角的减少通常会产生较小的升力。此外，将升力分解成平行且垂直于自由流速度分量时，升力的一部分 dD_i 就会与有效流 λ 平行，从而导致机翼的产生阻力，这些分量的积分称为诱导阻力。实际产生的诱导阻力很大程度上取决于机翼的几何形状，为了减小诱导阻力，可采用多种方法，其中最有效的是改变翼展，对于一个近似的椭圆升力分布，可以粗略地计算出所产生的诱导阻力系数：

$$c_{D,i}=\frac{C_L^2}{\pi e\Lambda} \tag{26.15}$$

对于典型配置，展弦比 Λ 和 Oswald 效率 e（与真正椭圆分布的偏差）为 0.7 ~0.85。

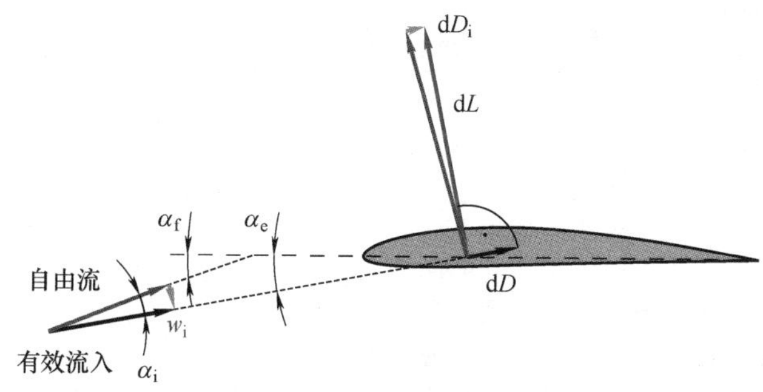

图 26.13 有限机翼横截面的诱导阻力

注：诱导的下洗 w_i 会减小有效迎角，因此升力 dL 包含一个与自由流速度矢量平行的分量 dD_i。

3. 吊线法

下面通过一个示例来说明如何通过数值模拟近似求解升力和阻力的分布，包括诱导阻力。吊线法是一种 2.5 维方法，在这种方法中，诱导流被认为是由几个离散的马蹄涡产生的，而不是像之前定性的那样，如图 26.14 所示。注意，该方法只提供可靠的结果，前提是假设展向流可以忽略不计，弦长和转矩等参数的变化相当小，Kutta-Joukowsky 定理是有关循环和升力的，可应用于离散机翼部分，有

$$\Gamma_k=\frac{1}{2}c_k c_{1,k}(\alpha_{\mathrm{eff}})V_t \tag{26.16}$$

式中，Γ_k 是第 k 段循环，k 为指数；c_k 是局部弦长；$c_{1,k}$是局部机翼升力系数，取决于有效 $\alpha_e=\alpha_f-\alpha_i$。根据 Biot-Savart 定律，位置 $\boldsymbol{m}_k$ 处的诱导下是通过将所有单个涡的诱导速度相加获得的，即

$$w_{i,k}=\sum_{j=1}^{n+1}\frac{\Gamma_j\boldsymbol{e}_V}{4\pi\|(\boldsymbol{p}_j-\boldsymbol{m}_k)\times\boldsymbol{e}_V\|}\times\left(1+\frac{(\boldsymbol{p}_j-\boldsymbol{m}_k)\cdot\boldsymbol{e}_V}{\|(\boldsymbol{p}_j-\boldsymbol{m}_k)\|}\right) \tag{26.17}$$

式中，$\boldsymbol{e}_V$ 是飞行方向，位置 $\boldsymbol{m}_k$ 处的迎角为

$$\alpha_{i,k}=\arctan\frac{w_{i,k}}{V_t}\approx\frac{w_{i,k}}{V_t} \tag{26.18}$$

与各自的二维极坐标数据一起，可以从已知的循环分布中计算出升力、阻力和力矩分布（相对于自由流入方向 $\boldsymbol{e}_V$），并可以进行归纳和简化整个飞机的质心。截面升力系数通常是以线性 $c_1(\alpha)\approx c_{10}+c_{1\alpha}\alpha$ 存在的，在式（26.16）和式（26.17）中可以直接应用。然而，在最大升力附近的区域，更准确的结果是利用非线性理论获得的，在这种情况下，可以采用标准迭代求解器来解决。此外，还可以解决带有偏转控制面的机翼数据，从而计算控制力矩和力。

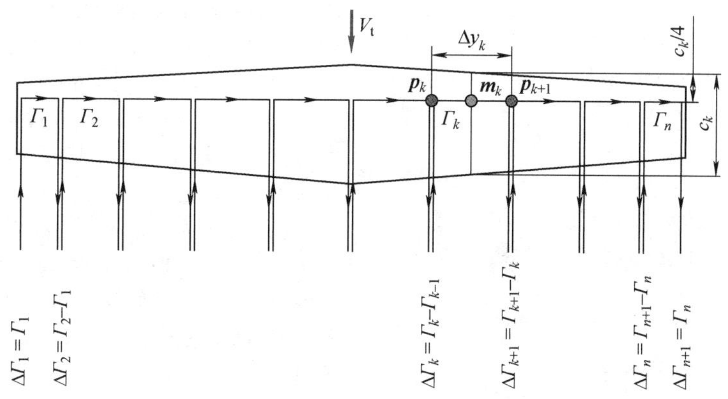

图 26.14 在机翼上放置马蹄形涡 k 和循环流 Γ_k 模拟诱导流

注：想象提升线通过 1/4 弦（$c_k/4$）的位置。强涡流 $\Delta\Gamma_k$ 在流入点 p_k 处离开机翼，并在 m_k 处诱导气流向下运动。

注意，上述方法只是求解二维翼型特性的一个示例，非常适合低速度中大展弦比机翼，对于替代方案的概述，见参考文献［26.13］。

26.3.4　旋翼和螺旋桨性能

在许多机器人飞行器上，推进机构通常是由螺旋桨或旋翼组成的，在飞行机器人的情况下，前向螺旋桨会产生推力，并在向前飞行中补偿阻力。如果是尾座式或多翼无人机，螺旋桨可能会朝上（或朝下），并产生升力以补偿飞行器的重量，使其能在空中悬停。类似地，经典直升机（带有尾翼的单旋翼、同轴式旋翼、串联式旋翼等）使用旋翼产生使其飞行所需的推力。

为了确定合适的旋翼或螺旋桨的几何形状，并为无人机的电动机驱动定义要求，必须提供模型，以便对特定旋翼或螺旋桨的推力和力矩特性进行评估。为了实现这个目的，叶素动量理论（BEMT）得到了广泛的应用，因为它可以提供预测精度，这是无人机设计过程所能接受的（尽管它很简单）。

在 26.3.3 节中讨论的诱导流入速度的预测是空气动力学旋翼和螺旋桨研究的一个难点，动量理论（MT）和叶素理论（BET）不能单独地直接解决问题，BEMT 通过结合 MT 和 BET 两个简单的建模方法来解决问题[26.14]。

动量理论的基本思想是将旋转的螺旋桨或旋翼作为一个推进盘，通过加速周围（不可压缩）的空气质量来产生推力，边界体积定义为封装推进盘；随后，质量、动量和能量守恒定律在定义的控制体积的边界上形成。图 26.15 所示为推进盘的概念及其相应的控制体积。

从这个简单的模型中可以得出两个主要结论：首先，可以在推进盘的诱导速度（v_i）和产生的推力（T）之间建立一种映射关系，标准化的表示形式为

$$c_T = 2\lambda_i(\lambda_i+\lambda_\infty) \tag{26.19}$$

为了简化符号，外部气流速度 v_∞ 和诱导速度 v_i 被旋翼和螺旋桨的尖端速度 ΩR 标准化为

$$\lambda_i = \frac{v_i}{\Omega R}, \lambda_\infty = \frac{v_\infty}{\Omega R} \tag{26.20}$$

非空间推力系数 c_T 定义为

$$c_T = \frac{T}{\rho(\pi R^2)(\Omega R)^2} \tag{26.21}$$

式中，ρ 是空气密度；R 是旋翼或螺旋桨半径；Ω 是旋翼或螺旋桨的角速度。

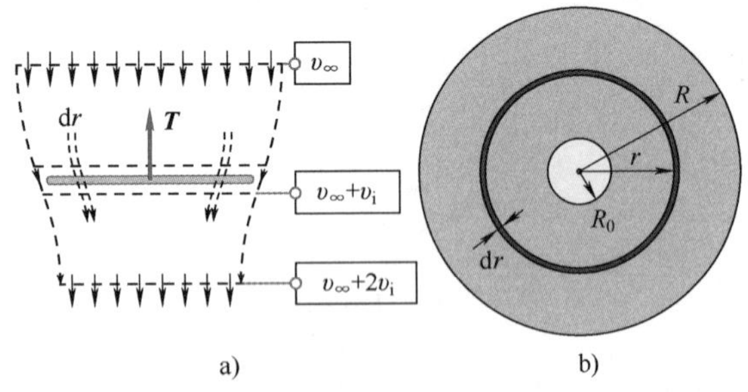

图 26.15　推进盘的概念及其相应的控制体积
a）动量理论推进盘滑流控制体积侧视图　b）带增量环形截面和根切的动量理论推进盘俯视图

就固定翼飞行器而言，控制体积开始时的速度 v_∞ 与机体向前的飞行速度 V_t 相对应，而旋翼飞行器则对应于机体爬升下降率 w。

同样，通过评估质量、力矩和功率守恒定律，可以从动量理论中找到推力系数的增量表达式，即

$$dC_T^{MT} = 4\lambda_i(\lambda_i+\lambda_\infty)\bar{r}d\bar{r} \tag{26.22}$$

式中，$\bar{r}=\dfrac{r}{R}$ 和 $d\bar{r}=\dfrac{dr}{R}$ 是标准化的径向位置和推进盘环的径向增量。

另一个有关动量理论的结论是，理想情况下，推进盘处滑流速度的诱导分量 v_i 将在离开控制体积之前加速至其初始值的两倍。由于流场的加速，径向滑流边界将（在理想情况下）收缩到控制体积末端推进盘区域的一半。

对于叶素理论方法，建模过程从研究绕轴旋转的单个旋翼或螺旋桨叶片上的气动升力和阻力（dL 和 dD）开始。图 26.16 所示为翼片产生的升力和阻力，为各旋翼或螺旋桨环形截面的总推力和力矩增量 dT 和 dQ 可以建立相应的关系：

$$dT = N_b(dL - \Phi dD) \approx N_b dL \tag{26.23}$$

$$dQ = N_b \boldsymbol{r}(dD + \Phi dL) \tag{26.24}$$

式中，N_b 是旋翼或螺旋桨叶片的个数；Φ 是局部流入角，并假定是小角度。在此假设下，流入角 Φ 可以直接导出为垂直流入速度 $U_P \approx v_i + v_\infty$ 与切向速度 $U_T \approx \Omega r$ 的比值（图 26.16b）。此外，在式（26.23）中引入的假设是合理的，因为在低迎角 α 下，阻力 dD 的大小至少比相应的升力 dL 要小一个数量级。

根据式（26.23）和升力增量式（26.12）的定义，可以得到每个径向叶片局部推力系数 r：

$$dC_T^{BET} = \frac{1}{2}\sigma c_l \bar{r}^2 d\bar{r}, \quad \sigma = \frac{N_b c}{\pi R} \tag{26.25}$$

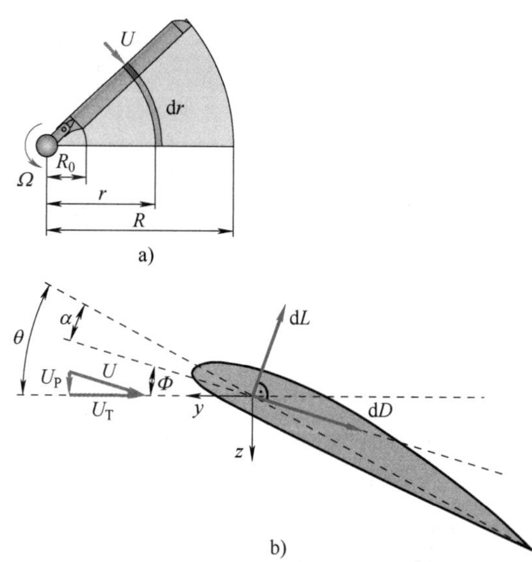

图 26.16 翼片产生的升力和阻力

a）旋翼叶片绕轴旋转 b）旋翼叶片元素

式中，参数 c 与局部弦长有关，σ 是旋翼或螺旋桨的稳定性。稳定性是一个粗略的度量指标，反映了推进盘被旋翼或螺旋桨叶片覆盖的程度。空气动力学参数 $c_l = c_l(\alpha, \mathrm{Re}, \mathrm{Ma})$ 与迎角 α、雷诺数 Re 和马赫数 Ma 有关。

因此，由旋翼或螺旋桨产生的推力强烈依赖于迎角 σ，它是局部机翼俯仰角 θ 和流入角 Φ 的函数，即

$$\alpha = \theta - \Phi \approx \theta - \frac{U_P}{U_T} \tag{26.26}$$

总之，动量理论和叶素理论都能在诱导速度 v_i 和产生的推力 T 之间建立起有价值的映射关系，但由于必须计算诱导速度的径向分布或推力系数的径向分布，因此这两种理论都不能准确地预测旋翼或螺旋桨的性能。

叶素动量理论的基本思想是将动量理论的推力表达式（26.22）与来自于叶素理论的推力表达式（26.25）相结合，以计算诱导流入速度，而不受推力的影响。不同叶素动量理论的实现可能取决于引入更多关于升力系数 c_l 的假设。

参考文献［26.14］提出了一种简单的方法，通过引入迎角函数中 c_l 线性模型，给出了一种针对直升机旋翼软管失速的简单方法。迎角的表达式为

$$c_l = c_{l1}\alpha + c_{l0} \tag{26.27}$$

参数 c_{l1} 和 c_{l0} 可以通过特定翼型几何（迎角、雷诺数和马赫数）的升力计算，这种线性近似对于很低的雷诺数和强弯曲的机翼来说可能是有限的，但对于许多无人机机翼和螺旋桨上典型的机翼来说通常是可以接受的。

根据式（26.22）、式（26.25）和式（26.27），可以导出径向诱导流入分布的代数表达式：

$$\begin{cases} \lambda_i(r, \lambda_\infty) = \sqrt{A^2 + B} - \bar{A} \\ A = \dfrac{\sigma c_{l1}}{16} - \dfrac{\lambda_\infty}{2} \\ \bar{A} = \dfrac{\sigma c_{l1}}{16} + \dfrac{\lambda_\infty}{2} \\ B = \dfrac{\sigma c_{l1}}{8}\theta' \bar{r} \end{cases} \tag{26.28}$$

在虚拟俯仰角上，升力曲线偏移了 c_{l0}。

$$\theta' = \theta + \frac{c_{l0}}{c_{l1}} \tag{26.29}$$

一旦得到了流入速度的近似径向分布，就可以计算出局部旋翼或螺旋桨推力增量式（26.25）。同样地，从叶素理论（BET）中可以获得旋翼或螺旋桨的力矩增量：

$$\mathrm{d}c_Q^{\mathrm{BET}} = \mathrm{d}c_{Qi} + \mathrm{d}c_{Q0} \tag{26.30}$$

$$\mathrm{d}c_{Qi} = \frac{1}{2}\sigma c_l(\lambda_i + \lambda_\infty)\bar{r}^3 \mathrm{d}\bar{r} \tag{26.31}$$

$$\mathrm{d}c_{Q0} = \frac{1}{2}\sigma c_d \bar{r}^3 \mathrm{d}\bar{r} \tag{26.32}$$

可根据式（26.28）中给出的流入分布进行评估。为清楚起见，总力矩系数增量已分解为诱导升力分量 $\mathrm{d}c_{Qi}$ 和阻力分量 $\mathrm{d}c_{Q0}$，气动阻力系数 $c_d = c_d(\alpha, Re, Ma)$ 可以近似用二次函数来表示，该函数依赖于迎角[26.14]。

$$c_d = c_{d2}\alpha^2 + c_{d1}\alpha + c_{d0} \tag{26.33}$$

参数 c_{d0}、c_{d1}、c_{d2} 可以通过计算机翼阻力模型得出。

因此，推力和力矩增量可以沿旋翼或螺旋桨盘的径向方向进行积分，以计算总推力和力矩系数

$$c_T = \int_0^R \mathrm{d}c_T^{\mathrm{BET}} \tag{26.34}$$

$$c_Q = \int_0^R \mathrm{d}c_Q^{\mathrm{BET}} \tag{26.35}$$

这些推力和力矩积分通常是用数值计算的，就像桨距 $\theta = \theta(r)$ 和桨弦 $c = c(r)$ 是径向 r（桨扭转和锥度）的非线性函数一样。

最后请注意，所提出的理论可以扩展，以提供横向流入速度下的性能估计，如向前飞行的旋翼机也可用于其他类型的旋翼或螺旋桨结构，如同轴旋

翼。此外，还应该注意，通过计算叶尖损失效应和非升力产生的旋翼或螺旋桨轮毂，可以进一步提高叶素动量理论的预测精度，如 Prandtl 叶尖损失函数[26.14]合并了根半径 R_0。得出的预测结果与试验数据基本一致，但强烈建议应该进行试验验证。

26.3.5　阻力

飞机上的阻力来源是多种多样的：从历史上来看，与升力相关的诱导阻力与干扰阻力之间是有区别的，后者进一步细分为由于表面的黏性切应力产生的表面摩擦阻力和由机体压力损失（边界层的开发，甚至是流分离）产生的型阻，这两个部分都对机翼侧面的阻力产生了影响，即前面章节介绍的阻力系数 c_d。

不同的飞机阻力源是不同的，参考文献［26.13］对该部分进行了详尽的概述。在下面的内容中，我们将概述不同典型形状所产生的阻力；需要注意的是，当简单地对与飞机部件相关的不同形状的阻力进行汇总时，结果可能是一个很有帮助的初始估计，但因为忽略了气流的交互作用，导致了阻力干扰，因此结果可能是不准确的。根据设计过程阶段或期望的建模精度，可能需要 2.5 维计算，甚至三维计算流体动力学（CFD）模拟，以满足空气动力学计算的需要。

1. 表面摩擦力

研究长度为 l 的平流平板翼是一个简单而重要的例子，正如在第 26.3.2 节中所介绍的，在前缘附近形成的边界将是层流的，并在下游某个点过渡到湍流边界，产生更多的阻力，摩擦系数定义为

$$c_f = \frac{2D_f}{\rho V_t^2 S_w} \tag{26.36}$$

式中，S_w 是潮湿表面；D_f 是摩擦阻力。摩擦系数也可以定义为

$$\text{层流}: c_f = 1.328 Re_l^{-0.5} \tag{26.37}$$

$$\text{湍流}: c_f = 0.455(\log_{10} Re_l)^{-2.58} \tag{26.38}$$

转换点依赖于局部雷诺数（$Re_x = \rho V_t x/\mu$），x 表示沿着该板前缘气流的坐标。根据表面粗糙度和环境湍流，临界（过渡）雷诺数将会发生变化，作为平板翼，$Re_{x,crit} = 3\times10^5$。

2. 选定物体的阻力系数

下面给出了不同情况下二维和三维旋翼的阻力系数，数据来自于参考文献［26.13］。表 26.3 总结了物体的类别，因为几何边界（锐边）流分离，其阻力系数很大程度上与雷诺数无关。

表 26.3　阻力系数基本上与雷诺数无关的物体

	c_D（二维）		c_D（三维）	
→		1.98		1.18
→		2.0		1.0-1.2
→		1.3		0.7
→		2.0		1.1
→		2.2		1.7
→		1.4		0.4

然而，更圆的物体，尤其是横流中的圆柱体或球体，在表 26.4 中显示出明显不同的行为：在临界雷诺数 $Re_{crit} = 4\times10^5$ 以下，阻力系数明显更高，在边界层过渡前发生分离。与此相反，在临界雷诺数以上，湍流更有活力的边界层只在下游进一步分离，尾流减少，从而减少了型阻。

表 26.4　球体和圆柱体的阻力系数

	c_D(2-D)	c_D(3-D)
→		
$Re<Re_{crit}$	1.1	0.4
$Re<Re_{crit}$	0.27	0.15

第三个重要的物体类别是由流线型和类似于机身的物体形成的：由于其相对较高的表面摩擦力，细度比很大程度上影响了阻力系数（雷诺数），细度比定义为长度除以直径，引入体积阻力系数 $c_{Dm} = 2D/(\rho V_t^2 V_m^{2/3})$ 和体积 V_m。在 4～10 之间的细度比上，这是最小的且近似恒定的。当需要安装特定体积时，这需要提供一个范围，以达到表 26.5 中给出的值。

表 26.5　细度比 4～10 的体积阻力系数
（湍流边界层）

机身和机舱	$c_{Dm}\approx 0.027$
流线体	$c_{Dm}\approx 0.024$

26.3.6 飞行器动力学及性能分析

第 26.3.1 ~26.3.5 节简要介绍了扑翼、旋翼和螺旋桨的基本理论，以及一些用于评估它们空气动力学性能的工具。要开发全功能的无人机平台，仅仅评估单个飞行机理是一个很好的起点，但通常是不够的。

设计高性能飞机系统，需要对各自的设计参数如何影响完整的飞行动态响应和特定的应用能力有一个基本的理解。为了理解设计变更如何影响飞行机器人系统，需要建立具有代表性的飞行动力学模型，该模型必须能够在飞行过程中捕捉占主导地位的系统动力学。此外，特别是在机器人这样的跨学科领域，这些模型必须能够被非空气动力学专家（机器人专家）所理解，因此需要足够简单模型，从而为飞机设计过程提供必要的见解。

与许多其他类型的机器人一样，飞行机器人平台可以被当作一个多体系统，在外部力和力矩的作用下，一组相互关联的物体相互交换动能和势能。对于飞机系统来说，如图 26.17 所示，首先将整个飞机看作是单一的刚体，并将相关的物体坐标系连接在一起，如旋翼的扑动（就像直升机系统一样）这样额外的动力学可能会在随后的步骤中被附加到这些机体动力学上。

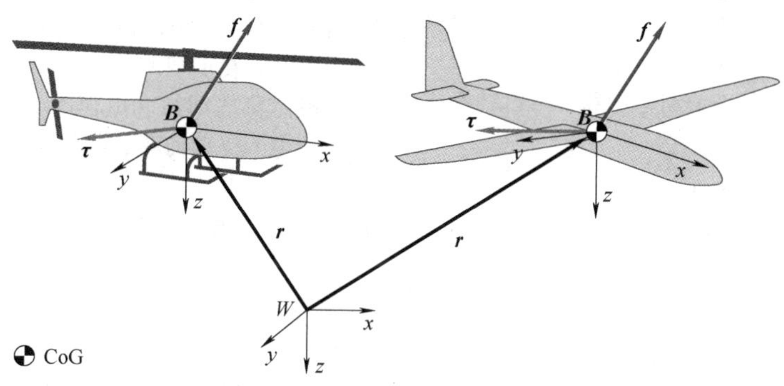

图 26.17 旋翼和固定翼无人机的外力和力矩坐标系

飞机系统是受外力 $\boldsymbol{F}$ 和外部力矩 $\boldsymbol{\tau}$ 影响的刚体，利用牛顿-欧拉公式推导出飞机的机体动力学，可以直接记录单个刚体的线性动量和角动量平衡方程式，即

$$\begin{cases} m({}^B\dot{\boldsymbol{v}}+{}^B\boldsymbol{\omega}\times{}^B\boldsymbol{v})={}^B\boldsymbol{F} \\ {}^B\boldsymbol{I}\,{}^B\dot{\boldsymbol{\omega}}+{}^B\boldsymbol{\omega}\times({}^B\boldsymbol{I}\,{}^B\boldsymbol{\omega})={}^B\boldsymbol{\tau} \end{cases} \tag{26.39}$$

为了简单起见，式（26.39）通常表示固定的机体坐标系 B 在飞机的重心处。速度矢量 ${}^B\boldsymbol{v}=(u,v,w)^{\mathrm{T}}$ 和 ${}^B\boldsymbol{\omega}=(p,q,r)^{\mathrm{T}}$ 分别表示飞机相对于 B 的线速度和角速度，机体的惯性特性是由飞行器的总质量 m 和它的第二质量-惯性矩阵 ${}^B\boldsymbol{I}$ 来定义的，该惯性矩阵也表示为相对于 B 及其原点。

空气动力飞行组件（如机翼、螺旋桨、旋翼）对力 ${}^B\boldsymbol{F}$ 和力矩 ${}^B\boldsymbol{\tau}$ 的作用最明显。通过积分式（26.39），可以计算出飞机对这些外力和力矩的动态响应，以及绝对位姿的变化，这个位姿通常是由飞行器重力中心的位置 ${}^W\boldsymbol{r}_B=(x,y,z)^{\mathrm{T}}$，以及相对于惯性的绝对坐标系来表示的。飞机的姿态通常用旋转矩阵或四元数来表示，在旋转矩阵表示法的情况下，飞机的姿态在三维空间中可以通过连续的横滚角 $\varphi\in[-\pi,\pi]$、俯仰角 $\theta\in[-\pi/2,\pi/2]$ 和偏航角 $\psi\in[-\pi,\pi]$ 进行参数化，即

$${}^W\boldsymbol{R}_B=\boldsymbol{R}_Z(\psi)\boldsymbol{R}_Y(\theta)\boldsymbol{R}_X(\varphi) \tag{26.40}$$

机体坐标系的速度 ${}^B\boldsymbol{v}$ 和 ${}^B\boldsymbol{\omega}$ 与绝对坐标系位姿之间的变换关系为

$$\begin{cases} {}^W\dot{\boldsymbol{r}}={}^W\boldsymbol{R}_B\,{}^B\boldsymbol{v} \\ {}^W\dot{\boldsymbol{R}}_B={}^W\boldsymbol{R}_B[{}^B\boldsymbol{\omega}]^{\times} \end{cases} \tag{26.41}$$

式中，$[{}^B\boldsymbol{\omega}]^{\times}$ 是对应于矢量 ${}^B\boldsymbol{\omega}$ 的反对称矩阵。

在最小形式下，姿态动力学可以用横滚角、俯仰角和偏航角表示：

$$\begin{pmatrix}\dot{\varphi}\\ \dot{\theta}\\ \dot{\psi}\end{pmatrix}=\underbrace{\begin{pmatrix}1 & \sin\varphi\tan\theta & \sin\varphi\tan\theta\\ 0 & \cos\varphi & -\sin\varphi\\ 0 & \sin\varphi/\cos\theta & \cos\varphi/\cos\theta\end{pmatrix}}_{J_r}{}^B\boldsymbol{\omega} \tag{26.42}$$

式中，雅可比矩阵 $\boldsymbol{J}_r$ 的奇异边界为 $\theta=\pm\pi/2$。

作为一种无奇异但仍然紧凑的姿态表达式，可以使用四元数来表示。使用实部 q_w 表示 ${}^W\dot{\boldsymbol{q}}_B=(q_w,q_x,q_y,q_z)^{\mathrm{T}}$，旋转运动学将变为

$${}^W\dot{\boldsymbol{q}}_B=\frac{1}{2}\boldsymbol{\Omega}({}^B\boldsymbol{\omega})\,{}^W\boldsymbol{q}_B \tag{26.43}$$

$$\boldsymbol{\Omega}({}^B\boldsymbol{\omega})=\begin{pmatrix}0 & {}^B\boldsymbol{\omega}^{\mathrm{T}}\\ -{}^B\boldsymbol{\omega} & [{}^B\boldsymbol{\omega}]^{\times}\end{pmatrix} \tag{26.44}$$

26

使用四元数，可以得到运动方程为

$$\begin{cases}{}^{W}\dot{\boldsymbol{r}}={}^{W}\boldsymbol{R}_{B}{}^{B}\boldsymbol{v}\\{}^{W}\dot{\boldsymbol{q}}_{B}=\dfrac{1}{2}\boldsymbol{\Omega}({}^{B}\boldsymbol{\omega}){}^{W}\boldsymbol{q}_{B}\\{}^{B}\dot{\boldsymbol{v}}=\dfrac{1}{m}{}^{B}\boldsymbol{F}-{}^{B}\boldsymbol{\omega}\times{}^{B}\boldsymbol{v}\\{}^{B}\dot{\boldsymbol{\omega}}={}^{B}\boldsymbol{I}^{-1}[{}^{B}\boldsymbol{\tau}-{}^{B}\boldsymbol{\omega}\times({}^{B}\boldsymbol{I}^{B}\boldsymbol{\omega})]\end{cases}\tag{26.45}$$

外力和力矩与系统的驱动器输入 $\boldsymbol{u}$ 有关，飞行器相对 W 的姿态通常是机体线运动和角运动的函数，这里用矢量 $\boldsymbol{\varepsilon}_r$ 表示：

$${}^{B}\boldsymbol{F}={}^{B}\boldsymbol{F}({}^{W}\boldsymbol{r},{}^{W}\boldsymbol{q}_{B},{}^{B}\boldsymbol{v},{}^{B}\boldsymbol{\omega},\boldsymbol{\varepsilon}_r,\boldsymbol{u})\tag{26.46}$$

$${}^{B}\boldsymbol{\tau}={}^{B}\boldsymbol{\tau}({}^{W}\boldsymbol{r},{}^{W}\boldsymbol{q}_{B},{}^{B}\boldsymbol{v},{}^{B}\boldsymbol{\omega},\boldsymbol{\varepsilon}_r,\boldsymbol{u})\tag{26.47}$$

附加动力学 $\boldsymbol{\varepsilon}_r$ 可以解释为结构动力学，如机器人直升机的旋翼扑动或相关驱动器动力学。

由此产生的非线性系统动力学通常可以转换成状态空间形式，并表示为

$$\begin{cases}\dot{\boldsymbol{x}}=\boldsymbol{f}(\boldsymbol{x},\boldsymbol{u})\\\boldsymbol{x}=(\boldsymbol{x}_b,\boldsymbol{x}_r)^{\mathrm{T}}\\\boldsymbol{u}=(u_1,\cdots,u_N)^{\mathrm{T}}\end{cases}\tag{26.48}$$

式中，非线性函数 $\boldsymbol{f}$ 定义了飞机机体的状态变化率 $\boldsymbol{x}_b$、以及受 N 个驱动器输入 $u_1\cdots u_N$ 影响的附加状态 $\boldsymbol{x}_r$。

为了更深入地了解式（26.48）如何受飞行系统的几何、结构、惯性和空气动力学参数变化的影响，参考文献［26.15］总结了三个主要问题：

1）切割问题处理的是驱动器输入 $\boldsymbol{u}=\boldsymbol{u}_0$ 的计算，在这种情况下，非线性动态系统在式（26.48）表达的仍然是期望的切割点 $\boldsymbol{x}=\boldsymbol{x}_0$，因此 $\boldsymbol{f}(\boldsymbol{x}_0,\boldsymbol{u}_0)=\boldsymbol{0}$。最简单的一个例子就是切割点 $\boldsymbol{x}_0$ 是旋翼飞行器的悬停条件，其中可能需要找到所需的旋翼速度 Ω_0，以悬停或稳定固定翼无人机向前飞行的条件。

2）稳定性涉及这个系统式（26.48）在微小扰动 $\Delta\boldsymbol{x}$ 和 $\Delta\boldsymbol{u}$ 的影响下，在特定的分割条件（$\boldsymbol{x}_0,\boldsymbol{u}_0$）下容易降低，并与式（26.48）的线性化有关。

$$\begin{cases}\boldsymbol{A}=\left(\dfrac{\partial\boldsymbol{f}}{\partial\boldsymbol{x}}\right)_{\boldsymbol{x}=\boldsymbol{x}_0,\boldsymbol{u}=\boldsymbol{u}_0}\\\boldsymbol{B}=\left(\dfrac{\partial\boldsymbol{f}}{\partial\boldsymbol{u}}\right)_{\boldsymbol{x}=\boldsymbol{x}_0,\boldsymbol{u}=\boldsymbol{u}_0}\\\Delta\dot{\boldsymbol{x}}=\boldsymbol{A}\Delta\boldsymbol{x}+\boldsymbol{B}\Delta\boldsymbol{u}\end{cases}\tag{26.49}$$

式中，$\boldsymbol{A}$ 的特征值和特征向量将为飞机的运动特性和稳定性提供更深入的认识。

3）分析系统响应为

$$\boldsymbol{x}(t)=\boldsymbol{x}(0)+\int_0^t\dot{\boldsymbol{x}}\mathrm{d}t\tag{26.50}$$

对于阶跃、脉冲或特定输入频率等特征输入，将提供有关特定飞机配置飞行特征的额外信息。

这些建模和分析概念普遍适用于各种类型的机器人飞行配置，并将在以后的具体无人机类型中详细讨论。

为了组装一个完整的飞行器模型，需要推导出气动力，并与动力学运动方程整合在一起。然而，由于所使用的驱动器的带宽是有限的，精确建模还需要集成相关的电动机或伺服动力学。

如今，在小型无人系统中使用的电动机通常属于无刷直流电动机（BLDC），BLDC是由集成的开关直流电源驱动的同步电动机，这种系统的运动方程本质上是非线性和复杂的，但当使用小型无人机时，我们可能只关注输入-输出动态，这可以用以下传递函数来描述，即

$$\frac{\Delta\omega(s)}{\Delta Q_{\mathrm{m}}(s)}=\frac{-K_{\mathrm{m}}(1+\tau_{\alpha}s)}{(1+\tau_{\mathrm{m}}s)(1+\tau_{\alpha}s)+K_{\mathrm{m}}K_{\alpha}(Ki_{e0})^2}\tag{26.51}$$

式中，$\Delta\omega(s)$、$\Delta Q_{\mathrm{m}}(s)$ 是线性化角速度和输入力矩的拉普拉斯表达式；K_{m} 是机械增益；τ_{m} 是机械时间常数；K_{α} 是转子增益；τ_{α} 是转子时间常数；K 是电动机的电磁性能；i_{e0} 是定子电流线性化点[26.16]。这里给出了一个满意的速度控制器和BLDC动力学表达式，反映出参考角速度与实际输出之间的关系，并得到了更简单的一阶形式：

$$\frac{\Delta\omega(s)}{\Delta\omega^{r}(s)}=\frac{1}{1+\tau_{\mathrm{mc}}s}\tag{26.52}$$

式中，τ_{mc} 是控制电动机的时间常数。

电动机动力学的计算对于高度依赖于此类驱动器的灵敏飞行器（如多旋翼）的高带宽控制来说是至关重要的但在其他一些无人系统中，如固定翼或传统直升机，需要考虑控制表面或旋转斜盘的伺服动力学。同样，相关的伺服角度动力学可以通过一阶传递函数 $\dfrac{1}{1+\tau_{\mathrm{s}}s}$ 来获得，其中 τ_{s} 是伺服时间常数。

26.4　固定翼飞行器的设计与建模

自从航空业开始出现，就已经成功地建造和运行了各种各样的飞机：大小、速度和机动性都有很大的差异，应用也特别广泛。由于设计和建模是紧密相关的，所以我们首先概述所有配置的物理原

理，并提供分析工具，以描述飞机的静态和动态特性。设计问题在一定程度上与之相反：对于指定的目标特性，工程师需要找到合适的配置，因此本节提供了一个设计指南，旨在快速收敛到合适的设计中。最后，提出了一种简单而经典的自动驾驶模式，强调了这一阶段对模型的需求。

26.4.1 力与力矩

图 26.18 所示为飞机的几何定义和主要作用力，力和力矩简化到飞机的重心位置（CoG）。注意，迎角（AOA）α 定义为 x 轴和真实空速矢量 $\boldsymbol{v}_t$ 在机体坐标系 x-z 平面上的夹角；β 为侧滑角，并产生了不需要的侧滑力 $\boldsymbol{Y}$；$\boldsymbol{L}$ 为升力；$\boldsymbol{D}$ 为阻力；$\boldsymbol{W}$ 为重力；$\boldsymbol{T}$ 为推力，其作用力方向有可能与 X 轴不同方向（在推力角ϵ_T下），进一步将气动力矩矢量写为${}^B\boldsymbol{\tau}_A=[L_A, M_A, N_A]^T$。还需要注意，主要影响气动力矩的控制面，如副翼、升降舵和方向舵、横滚（L_A）、俯仰（M_A）、偏航（N_A）力矩均应受到控制。如果襟翼存在的话，可用于增加起飞和着陆的升力，以获得较慢的最小速度。

1. 气动力和力矩

气动力和力矩可以使用完整的三维 CFD 或 2.5 维工具进行不同精度的建模：26.3.3 节的方法可用于模拟不可压缩流中的气动力表面。为了提高精度，机身可同时考虑使用势流（放置奇异点）和边界层理论，AVL[26.17] 和 XFLR[26.18] 等相应的即用软件均免费提供。

力和力矩可以用无量纲系数表示

$$L=\frac{1}{2}\rho V_t^2 c_L A \tag{26.53}$$

$$D=\frac{1}{2}\rho V_t^2 c_D A \tag{26.54}$$

$$M_A=\frac{1}{2}\rho V_t^2 c_M \bar{c} A \tag{26.55}$$

式中，A 为机翼面积；c 为弦长；真实空速 $V_t=\|v_t\|$。力矩 L_A 和 N_A 与翼展 b 有关，与弦长关系不大。

2. 静态性能

三个执行点对于飞机的升力和阻力有很大影响。

第一，失速发生在 $c_{L,\max}$。该条件下可直接转化为恒速水平飞行失速速度，升力达到平衡 $L=mg$。

第二，最大范围的执行点（假定持续推进效率），c_L/c_D 的最大值或滑翔比表征力最大气动效率。

第三，c_L^3/c_D^2 的最大值或攀爬系数描述了能量消耗最小化的条件，从而使飞行时间最大化（再次假定持续推进装置效率）。

后两种情况对滑翔（或推进关闭）有直接的解释，分别是每高度损失的最大距离和最小的下滑速度，同样，使用升力平衡可以找到相应的速度。

3. 推力

参考文献［26.13，18］详细给出了各种推进系统和相关模型。作为螺旋桨的一个重要情况的近似值，可以采用第 26.3.4 节提出的叶素动量理论。对于许多应用，选择螺旋桨速度作为系统输入，忽略发动机动力学就足够了。

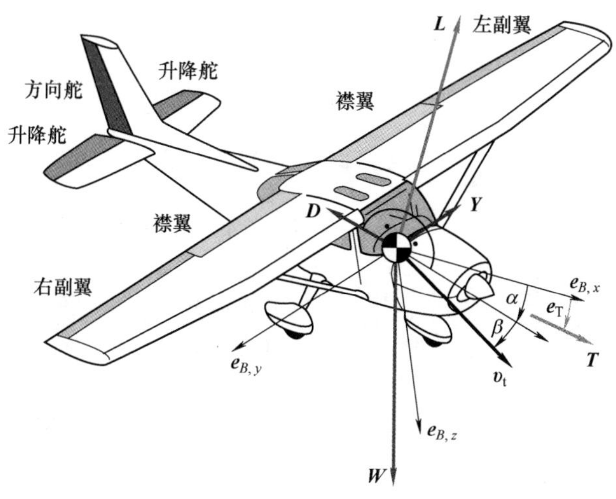

图 26.18 飞机的几何定义和主要作用力（一般情况下，不处于平衡状态）

26.4.2 静态稳定性

各种形式的稳定性构成了飞机的核心特征，与飞行员或飞行操控人员能否驾驶飞机有关。简单的稳定性指标可以通过对力和力矩干扰后的反应来评价。在恒定的线速度和角速度的情况下，假设静止条件：为了确定稳定性分析的起始点，通常可以直接应用相应的力和力矩平衡。

不考虑推进装置的影响，各方向稳定性的判据为

$$\frac{\partial c_M}{\partial \alpha}<0 \tag{26.56}$$

在平衡条件下，$c_M=0$。图26.19所示为力矩系数c_M与迎角α的关系。升降舵驱动将使曲线上下移动，并使平衡点②向更高或更低的迎角（即更低或更高的切割速度）移动。图26.20所示为稳定平衡时主翼和尾翼上的力和力矩，点①和点③分别对应零升力和高升力。稳定性判据可以等价地表述为飞机的重心需要位于气动力中心的前面。影响稳定性的最主要参数是尾翼杆臂、尾翼面积、纵向上反角$\Delta\epsilon$（几何定义见图26.20）和沿x轴方向的重心（CoG）位置。

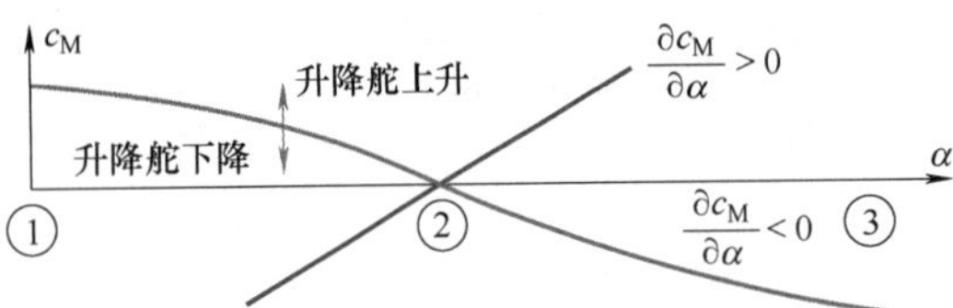

图26.19　力矩系数c_M与迎角α的关系

注：力矩系数c_M作为迎角α在平衡点②上的函数对于$\partial c_M/\partial\alpha<0$（布朗曲线是稳定的。）

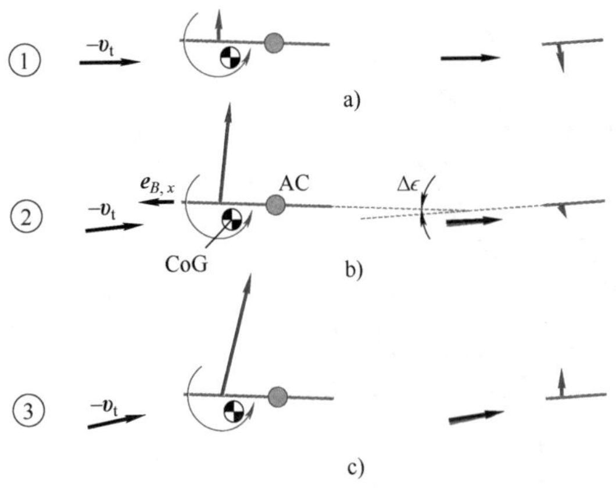

图26.20　稳定平衡时主翼和尾翼上的力和力矩

a）零升力　b）稳定平衡迎角　c）高升力

注：力和力矩被吸引到各个表面的空气动力中心。由于下洗作用，尾部空气倾斜流入，●表示整体飞机的空气动力中心（AC）。

26.4.3 动力学模型

虽然静稳定性和性能指标等一些核心特性可能已经通过空气动力学系数建立起来了，但为给飞机特性提供更丰富的见解，因此有必要分析动力学。

应用六维刚体动力学式（26.45），各种力和力矩需要在物体坐标系中进行组合和表示

$$^B\boldsymbol{F}=\begin{pmatrix} L\sin\alpha-D\cos\alpha+T\cos\epsilon_T \\ Y \\ -L\cos\alpha-D\cos\alpha+T\cos\epsilon_T \end{pmatrix}+{}^B\boldsymbol{W} \tag{26.57}$$

$$^B\boldsymbol{\tau}=\begin{pmatrix} L_A+L_T \\ M_A+M_T \\ N_A+N_T \end{pmatrix} \tag{26.58}$$

式中，物体坐标系下的重量$^B\boldsymbol{W}={}^B\boldsymbol{R}_W[0,0,-mg]^T$，下标T表示来自于推力的力矩分量。注意，系统输入$\boldsymbol{u}$隐藏在力和力矩中，也要注意状态矢量包含的$\alpha$和$\beta$，即

$$\alpha=\arctan2(w_t,u_t) \tag{26.59}$$

$$\beta=\arcsin(v_t/V_t) \tag{26.60}$$

真实空速分量为

$$^B\boldsymbol{v}_t=\begin{cases} u_t \\ v_t={}^B\boldsymbol{v}-{}^B\boldsymbol{R}_W{}^W\boldsymbol{w} \\ w_t \end{cases} \tag{26.61}$$

式中，$^W\boldsymbol{w}$是风速矢量。

此外，由于飞机存在对称面，惯性矩阵简化为

$$^B\boldsymbol{I}=\begin{pmatrix} I_{xx} & 0 & I_{xz} \\ 0 & I_{yy} & 0 \\ I_{xz} & 0 & I_{zz} \end{pmatrix} \tag{26.62}$$

1. 参数化的力与力矩模型

让我们考虑一个具有简单构型的飞机实例，只有副翼、尾舵、升降舵和螺旋桨，由电动机旋转驱动。

我们定义系统输入向量$\boldsymbol{u}=[\delta_a,\delta_e,\delta_r,\delta_T]$，其中$\delta_a$，$\delta_e$，$\delta_r\in[-1,1]$表示正则化的副翼、尾舵、升降舵动作，$\delta_T\in[-1,1]$表示（正则化的）推力。

参考文献［26.19］提供了全参数非线性模型，用α和β的多项式来近似表示升力、阻力和侧滑系数，即

$$\begin{cases} c_L\approx c_{L,0}+c_{L,\alpha}\alpha+c_{L,\alpha2}\alpha^2+c_{L,\alpha3}\alpha^3 \\ c_D\approx c_{D,0}+c_{D,\alpha}\alpha+c_{D,\alpha2}\alpha^2+c_{D,\beta2}\beta^2 \\ c_Y\approx c_{Y,\beta}\beta \end{cases} \tag{26.63}$$

对于许多应用程序，除了慢速飞行的飞机，可以忽略 c_L 的二级和第三级项。

就力矩而言，引入了正则化的角速度表达式：

$$^{B}\boldsymbol{\omega}_{n}=(p_{n},q_{n},r_{n})^{T}=\left(\frac{pb}{2V_{t}},\frac{q\bar{c}}{2V_{t}},\frac{rb}{2V_{t}}\right)^{T} \tag{26.64}$$

相应的力矩系数表达式近似为

$$\begin{cases}c_{l}\approx c_{l,0}+c_{l,\delta_{\alpha}}\delta_{\alpha}+c_{l,\beta}\beta+c_{l,p_{n}}p_{n}+c_{l,r_{n}}r_{n}\\ c_{M}\approx c_{M,0}+c_{M,\delta_{e}}\delta_{e}+c_{M,\alpha}\alpha+c_{M,q_{n}}q_{n}\\ c_{N}\approx c_{N,0}+c_{N,\delta_{r}}\delta_{r}+c_{N,\beta}\beta+c_{N,r_{n}}r_{n}\end{cases} \tag{26.65}$$

最后，需要对螺旋桨推力进行建模。

通过前进比 $J=\dfrac{2\pi V_{t}}{\omega_{p}d}$ 和螺旋桨直径 d，可以得到推力系数的表达式近似为

$$c_{T}\approx c_{T,0}+c_{T,J}J+c_{T,J2}J^{2} \tag{26.66}$$

进而得到推力表达式为

$$T=\rho\left(\frac{\omega_{p}}{2\pi}\right)^{2}d^{4}c_{T} \tag{26.67}$$

2. 线性动力学

在所有文献中，线性化飞机动力学都使用欧拉角表示，但从概念上讲，还可以用一种无量纲的形式来表示，即采用最小四元数扰动的无奇异点形式。

为了分别评估相关的特征，将其分为纵向动力学和横向动力学，进而状态转换为 α、β、V_t 而不是 $^{B}\boldsymbol{v}$。

参考状态 $\boldsymbol{x}_0$ 和输入矢量 $\boldsymbol{u}_0$ 的线性动力学形式为

$$\Delta\dot{\boldsymbol{x}}_{lon}=\boldsymbol{A}_{lon}\Delta\boldsymbol{x}_{lon}+\boldsymbol{B}_{lon}\Delta\boldsymbol{u}_{lon}$$
$$\Delta\dot{\boldsymbol{x}}_{lat}=\boldsymbol{A}_{lat}\Delta\boldsymbol{x}_{lat}+B_{lat}\Delta\boldsymbol{u}_{lat}$$

以下公式在很大程度上遵循参考文献[26.19]。

图 26.21 所示为线性化系统的输入 $\Delta\boldsymbol{u}$ 和状态 $\Delta\boldsymbol{x}$ 的分离。

纵向非线性方程为

$$\begin{cases}\dot{q}=\dfrac{1}{I_{yy}}[M_{A}+M_{T}-(I_{xx}-I_{zz})pr+I_{xz}(p^{2}-r^{2})]\\ \dot{V}_{t}=\dfrac{1}{m}[-D\cos\beta+Y\sin\beta+T\cos(\alpha-\epsilon_{T})\cos\beta+mg_{1}]\\ \dot{\alpha}=\dfrac{1}{\cos\beta}\left\{\dfrac{1}{mV_{t}}[-L-T\sin(\alpha-\epsilon_{T})+mg_{3}]+q_{A}\right\}\\ \dot{\theta}=q\cos\varphi-r\cos\varphi\end{cases} \tag{26.68}$$

横向非线性方程为

$$\begin{cases}\dot{p}=\dfrac{I_{zz}(L_{A}+L_{T}-T_{p})}{I_{xx}I_{zz}-I_{xz}^{2}}-\dfrac{I_{xz}(N_{A}+N_{T}-T_{r})}{I_{xx}I_{zz}-I_{xz}^{2}}\\ \dot{r}=\dfrac{I_{xz}(L_{A}+L_{T}-T_{p})}{I_{xx}I_{zz}-I_{xz}^{2}}+\dfrac{I_{zz}(N_{A}+N_{T}-T_{r})}{I_{xx}I_{zz}-I_{xz}^{2}}\\ \dot{\beta}=-r_{A}+\dfrac{1}{mV_{t}}[Y\cos\beta+D\sin\beta-T\cos(\alpha-\epsilon_{t})\sin\beta+mg_{2}]\\ \dot{\varphi}=p+q\sin\varphi\tan\theta+r\cos\varphi\tan\theta\end{cases} \tag{26.69}$$

式中，相关各项定义见式（26.70）。

$$\begin{cases}g_{1}=g(-\cos\alpha\cos\beta\sin\theta+\sin\beta\sin\varphi\cos\theta+\sin\alpha\cos\beta\cos\varphi\cos\theta)\\ g_{2}=g(\cos\alpha\sin\beta\sin\theta+\cos\beta\sin\varphi\cos\theta-\sin\alpha\sin\beta\cos\varphi\cos\theta)\\ g_{3}=g(\sin\alpha\sin\theta+\cos\alpha\cos\varphi\cos\theta)\\ q_{A}=q\cos\beta-p\sin\beta\cos\alpha-r\sin\alpha\sin\beta\\ r_{A}=r\cos\alpha-p\sin\alpha\\ T_{p}=(I_{zz}-I_{yy})qr+I_{xz}pq\\ T_{r}=(I_{yy}-I_{xx})pq-I_{xz}qr\end{cases} \tag{26.70}$$

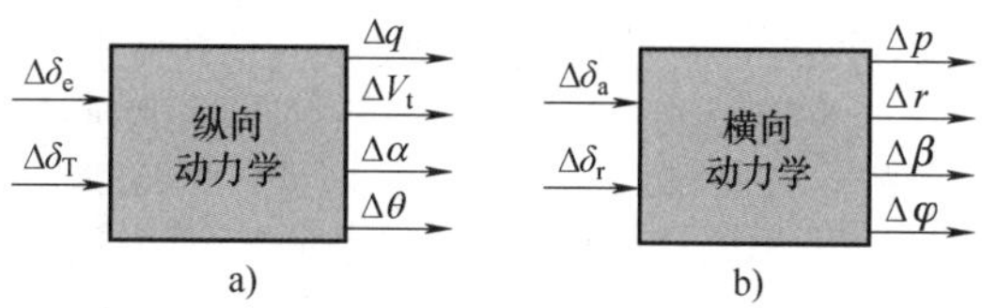

图 26.21 线性化系统输入 $\Delta\boldsymbol{u}$（约 $\boldsymbol{u}_0$）和状态 $\Delta\boldsymbol{x}$（约 $\boldsymbol{x}_0$）的分离

a）纵向放置 b）横向放置

式（26.68）和式（26.69）的线性化很容易获得，由于篇幅有限，这里不再赘述。对于特定的作业点，通常是固定的（M），可以使用线性系统分析的标准工具。最重要的是，在假想平面上的极点位置将会获得特征模态和动稳定性。图 26.22 所示为 RC 飞机的极点位置，并给出了相应的模态名称。

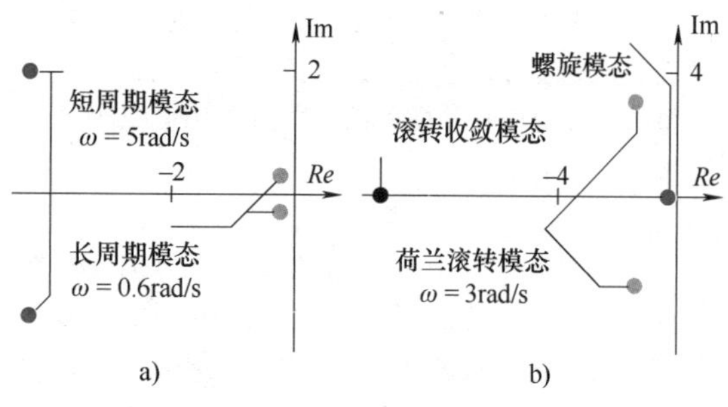

图 26.22 RC 飞机的极点位置

a）纵向极点 b）横向极点

26

在实数极点 π_i 情况下，时间常数为 $\tau_i=-1/Re(\pi_i)$；在复共轭极点对情况下，与阻尼比 $\xi_i=-Re(\pi_i)/\sqrt{\mathrm{Im}(\pi_i)^2+Re(\pi_i)^2}$ 和本征频率 $\omega_i=\sqrt{\mathrm{Im}(\pi_i)^2+Re(\pi_i)^2}$ 有关，图 26.23 对主要模态进行了说明和描述。

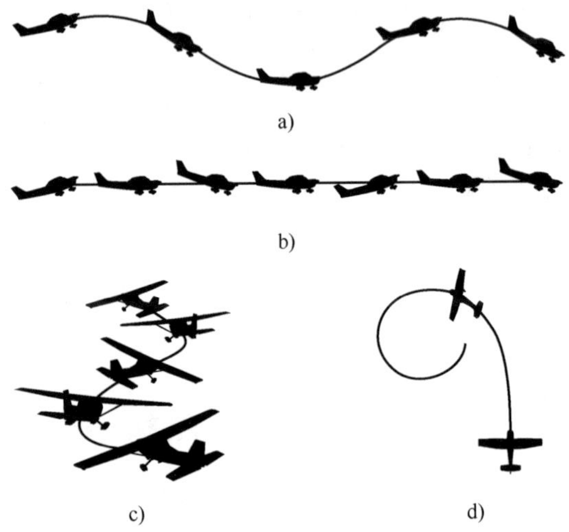

图 26.23　特征轨迹主要模态的说明和描述
a）长周期模态：势能和动能的交换　b）短周期模态：迎角振荡　c）荷兰滚模态：偏航和横滚动混合振荡　d）螺旋模态：不稳定（分散）

26.4.4　设计指南

飞机设计通常包括三个阶段，即概念设计、初步设计和详细设计。这里主要关注前两个阶段，由于篇幅有限，结构设计和分析不再讲解，读者可以阅读相关参考文献［26.20］和［26.21］，后者涵盖 RC 型飞机。在下文中，主要介绍一个实现上述特征的典型迭代设计过程的实践指南，该指南主要依据参考文献［26.18，22］，重点关注小型慢速无人机。

1. 主要部件的形状与尺寸

接下来主要提供一些经验法则。机翼、尾翼、舵面和推进装置作为设计过程的初始猜测，工程师尽量减少潮湿面积和横截面，并且采用可以提高气动效率的整流罩。

1）机翼。应选择符合目标流态（Re 和 Ma）要求的现有翼形。当确定机翼的总体尺寸时，首先估计设计重量，包括结构、航空电子设备、有效载荷、推进装置和能量储存。根据目标速度 V_r 和设计升力系数 c_1，可以对机翼面积进行粗略估算：

$$A=2mg/\rho V_r^2c_1$$

对于机翼形状，很显然，效率高时展弦比（加上没有多个升力面）也高，在马赫数较低的情况下，只要还可以实现结构概念，并且雷诺数保持在合理的高数值下，机翼根部不后掠。为了提高效率，在一定程度上，通过几何形状实现椭圆升力分布是合理的；为了保持良好的失速特性，强烈建议采用增大展向距离（会影响升力分布），使机翼前缘向下弯曲；最后，考虑到滚转稳定性，应考虑一些上反角。

2）尾翼。之前考虑过各种各样尾翼，甚至特别奇异的前翼，这里只是简单地指出所谓的体积系数，即垂直尾翼 c_{VT} 和水平尾翼 c_{HT} 的重要性。

$$c_{VT}=l_{VT}A_{VT}/(bA) \qquad (26.71)$$

$$c_{HT}=l_{HT}A_{HT}/(\bar{c}A) \qquad (26.72)$$

式中，l_{VT} 是垂直翼翼长；l_{HT} 是水平翼翼长（弦长的1/4处）；小型慢速飞机的典型值分别为 $c_{VT}=0.02\sim0.04$，$c_{HT}=0.5\sim0.7$。应该注意的是，舵面并没有完全覆盖失速的情况（因为失速/旋转恢复）。

3）舵面。副翼一般从翼展方向的50%扩展到90%，在这种情况下，建议将20%~30%的弦长定义为副翼深度，尾部舵面深度通常选择大约40%的弦长。

4）推进装置。最后，对推进装置提出一些建议。一些无人机需要手动启动：注意，这对总体最大起飞质量和最小/失速空速也有限制。实验表明，合理的限制是最小/失速速度小于9m/s和7kg的飞机质量，对于小型无人机，强烈建议静推力重量比至少为50%。一般来说，推进装置的尺寸必须满足规范，包括爬升速度、最大水平飞行速度和飞行高度的要求。为了实现最高效率，推进装置应该被设计在设计操作点（下标 r）$T_r/W=c_{D,r}/c_{L,r}$ 处。对于最大功率质量比为3.4kW/kg的无刷直流电动机，可用于估算推进装置的单位重量（不包括齿轮箱和螺旋桨质量）[26.23]。

2. 飞行性能

载人航空引入了飞行性能的概念，用于评估飞行员驾驶飞机的能力，并将其作为民用飞机和军用飞机的认证依据。由于无人飞行系统在一定程度上依赖于自动驾驶系统来实现一定程度的自主性，这些概念可能不会被直接应用，但仍然是相互关联的。最重要的是，静稳定性和动稳定性的飞行性能，以及可控性决定了无人飞行系统的设计是否成功。

虽然自动驾驶仪能够比飞行员处理更多的、更快的不稳定性，但它不能弥补失去的驱动权限，有效的做法是将实际的手动操作模式作为测试、备份，甚至是标准操作模式，在这种模式下，飞机可以手动操纵，也可以通过一些增稳系统（SAS）操纵。因此，强烈建议系统遵循以下核心需求[26.18]。

1）静纵向稳定性：大多数重心在气动力中心（静稳定裕度，SM）前方偏后位置 $\bar{c}$ 的 5%处。

2）长周期振荡阻尼 $\xi_{ph}>0.2$。

3）短周期振荡 $\omega_{sh}>2$，$\xi_s>0.5$。

4）如果 $\tau_{sp}>20s$，螺旋模态可能不稳定。

5）最大副翼挠度的滚转加速度 $|\dot{p}(\delta_{a,max})|>5rad/s^2$，滚转沉降时间常数 $\tau_{rs}<1s$。

6）荷兰滚转阻尼 $\xi_{dr}>0.1$。

7）尾旋不应突然进入，必须始终是可恢复的。

26.4.5 简易自动驾驶仪

如前所述，飞机动力学是非线性的多输入多输出（MIMO）系统，具有大量的交叉耦合，因此它们的控制具有很大挑战性。虽然有大量的控制策略被认为是自动驾驶仪，但接下来将提供一个简单而实用的方法，它采用了串联控制回路的概念，以及作用于动力学子部分的线性单输入单输出（SISO）PID 控制器。尽管更高级的控制器，如基于模型的线性二次调节器（LQR），带有增益调度或非线性动态反演（NDI）可能会获得更好的性能，但这种方法仍然被广泛地采用和理解。参考文献[26.24]。提出一种用于深度处理小型无人机制导和带有级联控制回路的控制思想。

图 26.24 所示为简易级联式飞机制导和控制系统，包含了控制器的总体架构。它在最内层的回路中显示了（典型的）单轴速率控制器的分离，然后是一个姿态控制器及一个综合的姿态和速度控制系统（总能量控制系统 TECS），以及一个横向制导 $\mathcal{L}_1$。

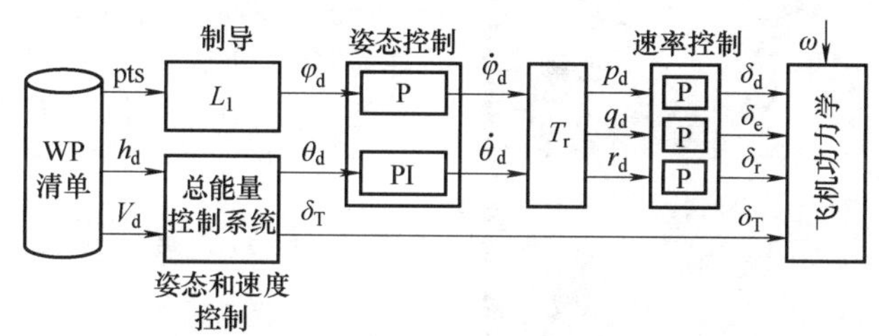

图 26.24　简易级联式飞机制导和控制系统

假设不考虑交叉轴的灵敏度，那么速率控制器可以用简单的比例（P）控制器实现，也可以选择 $1/V_t^2$ 增益扩展。此外，姿态控制器对滚转和俯仰的控制也可以像比例控制器和比例积分（PI）控制器那样简单。注意，所需的滚转角和俯仰角导数需要在静块 T_r 中转换为角度参考率：这可以通过应用式（26.42）中的逆雅可比矩阵 $\boldsymbol{J}_r$ 来实现，缺失的偏航角时间导数可以从式（26.69）的转向约束 $\beta=0$、$\dot{\beta}=0$ 中计算：

$$\dot{\psi}=-\frac{g\sin\phi}{V_t\cos\alpha\cos\phi}+\frac{\dot{\theta}_d\sin\phi}{\cos\varphi\cos\theta} \tag{26.73}$$

姿态和速度控制器的结合[26.25]，使用参考高度 $\Delta h=h_d-h$ 计算期望的爬升率 $\dot{h}_d=\dot{h}_{traj}+K_{p,alt}\Delta h$、给定的轨道爬升率 $\dot{h}_{traj}$ 和比例增益 $K_{p,alt}$。在速度和迎角已知的情况下，$\dot{h}_d$ 能够转化为期望的俯仰角 θ_d，该俯仰角根据最大推力（爬升）和阻力（下沉）达到饱和。由于爬升率必须通过额外的推力提供，相应的功率分量为 $\Delta T_{climb}=mg\dot{h}_d/V_t$；对于速度控制，第二个推力分量与比例增益 $K_{p,vel}$ 和 $\Delta T_{acc}=mK_{p,vel}\Delta V_t$ 有关。

对于最后一个自动驾驶仪组件，参考文献[26.26]和图 26.25 对横向制导 $\mathcal{L}_1$ 进行了分析：半径 R 的参考圆路径与前方距离 L_1 的路径点序列所给出的参考路径相交。为了追踪该参考值，需要向心加速度 V_t^2/R，并且可以直接转换成所需的横滚角 $\varphi=\arctan[V_t^2/(Rg)]$，该转向与最大滚转角饱和。

注意，建议的方案应通过失速预防和恢复（迎角监控）及防止侧滑来加强，以实现更安全（或更高效）的运行。

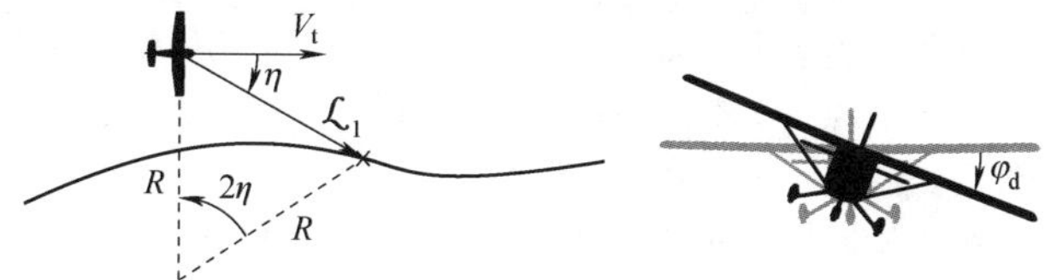

图 26.25　横向制导 $\mathcal{L}_1$

26.5 旋翼机的设计与建模

各种类型的旋翼无人机已经在过去的发展中（图26.26）有所展示，从直升型无人机[26.27,28]、多翼机[26.29,30]到尾座飞行器[26.31,32]，再到全新类型的飞行机构[26.33,34]，所有这些旋翼无人飞行系统的设计、建模和系统分析过程基本上非常相似，主要基于最初在航空领域提出的用于全尺寸旋翼机设计和评估的方法[26.35]。在这种情况下，重要的是要认识到，旋翼机的设计过程不只是效率和有效载荷方面的考虑，而是集中在推进组件上（例如使用叶素动量理论）。设计一个有效的无人飞行系统应该在原则上对整个机器人飞行平台的飞行动力学进行评估。

a)

b)

图26.26 旋翼无人机

a）传统直升机配置，瑞士无人机 Neo S-300

b）四旋翼直升机配置，微型无人机 MD4-1000

飞行性能评估通常基于两种类型的建模方法，即准稳态建模和混合建模[26.36]。准稳态建模方法采用了来自推进子系统且受稳态力和力矩影响的单一刚体表示形式；混合建模将旋翼机视为一个多体系统，其中机体动力学与旋翼或螺旋桨叶片的额外动力学耦合在一起（如叶片扑动动力学）。对于基于螺旋桨的无人飞行系统，如多翼和尾座飞行器，使用准稳态方法的情况较为普遍。这可能与以下事实有关：对于这些飞行器的配置，正确地计算发动机动力学可能比考虑螺旋桨叶结构变形的高阶效应更重要。对于直升机型无人机，混合动力方式更为常见，因为旋翼系统的一些动态模式可能与主旋翼机机体的姿态动力学有关。混合模型的适当应用比准稳态模型要复杂得多，只有在合理的情况下才可以使用。

对每种旋翼飞行器的具体建模和设计过程的详细处理超出了本章的范围，因此本文将着重介绍直升机型和多翼无人机。基于广泛的理论和航空相关背景，针对相关旋翼模型分别给出了相应的螺旋桨力和力矩[26.14,15,35]，并在第26.3.6节中讨论了旋翼飞行器机体动力学；其次，介绍了一种简化的混合建模方法，并讨论了可适用的准稳态模型。最后，对旋翼飞行器的设计和控制指标进行了一些有意义的讨论，并对其进行了总结。

26.5.1 旋翼和螺旋桨的机械设计

任何旋翼无人飞行系统的主要控制机构都源自它的旋翼或螺旋桨。因此，为了了解旋翼机的工作原理和动力学，需要研究这些飞行控制机构中的一些主要的设计特征。

接下来的讨论集中在直升机旋翼的工作原理上，随后将扩展到螺旋桨。图26.27所示为通过襟翼、摆摇和变距（也称为俯仰）铰实现的典型旋翼自由度。襟翼铰允许在飞行过程中由于气动力和惯性载荷而影响叶片体，使旋翼叶片能够扑动。由于与扑动有关的科氏力，导致摆援铰对旋翼叶片的横向力矩做出响应。襟翼和摆援铰通常是被动的，可能会选用弹簧或阻尼元件进行增强，则变铰是主动的，以调整叶片的迎角和产生的气动力。

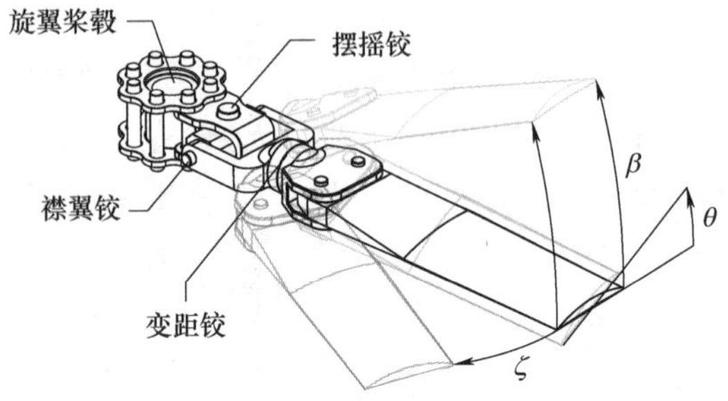

图26.27 典型旋翼自由度

三种类型的旋翼桨毂通常在现代直升机上被称为摇摆、铰接和无铰接，这取决于襟翼铰的机械实现（图 26.28）。在摇摆旋翼的情况下，单毂襟翼铰直接位于旋翼轴上，刚性连接一组两个旋翼叶片。对于铰接旋翼，叶片和旋翼桨毂通过机械铰连接在一个特定的偏移量 e 旋翼轴上，从而允许每个叶片单独扑动。无铰接的旋翼通过弹性元件的变形将桨毂与每个单独的旋翼叶片连接起来，或者直接通过叶片自身的结构变形实现。在这种情况下，可以在旋翼桨毂平面交点处定义一个虚拟铰偏移量，在转子半径为 75% 的情况下，将其与偏转叶片的正切值进行定义[26.14]。襟翼铰的具体特性（与旋翼轴的偏移、刚度和阻尼）是旋翼叶片扑动的基本特性，也是旋翼俯仰和滚动动力学的基础。

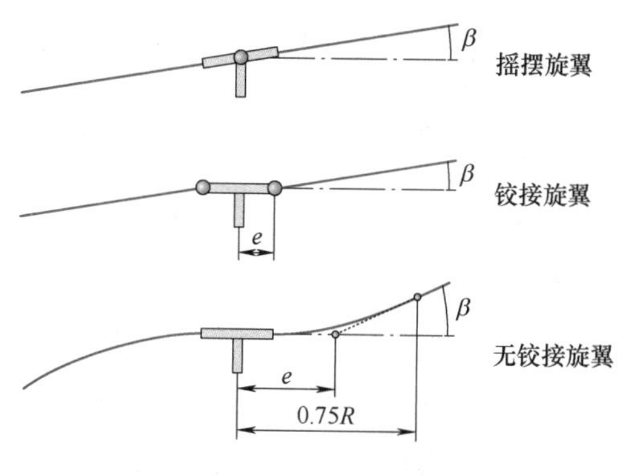

图 26.28 旋翼桨毂设计概念

e—与虚拟铰的偏移量

在大多数基于螺旋桨的旋翼无人机（如多翼系统）中，不存在变距和摆摇的自由度。尽管如此，螺旋桨式的旋翼无人机可以通过螺旋桨叶片的变形来产生桨叶挥舞。

26.5.2 旋翼机动力学

正如在第 26.3.6 节中所讨论的，主旋翼机机体动力学可以直接用简化的微分式（26.45）来描述，这对于大多数旋翼机系统来说是维持所呈现的数学结构。对于直升机型和多翼无人机，影响这些动力学的主要外力和力矩可以总结为

$$\boldsymbol{F}=\boldsymbol{F}_{\mathrm{G}}+\sum_{i=1}^{N_{\mathrm{r}}}\boldsymbol{F}_{\mathrm{T}}^{i}+\sum_{i=1}^{N_{\mathrm{r}}}\boldsymbol{F}_{\mathrm{H}}^{i}+\boldsymbol{F}_{\mathrm{D}} \tag{26.74}$$

$$\boldsymbol{\tau}=\sum_{i=1}^{N_{\mathrm{r}}}\boldsymbol{\tau}_{\mathrm{Q}}^{i}+\sum_{i=1}^{N_{\mathrm{r}}}\boldsymbol{\tau}_{\mathrm{T}}^{i}+\sum_{i=1}^{N_{\mathrm{r}}}\boldsymbol{\tau}_{\mathrm{H}}^{i}+\sum_{i=1}^{N_{\mathrm{r}}}\boldsymbol{\tau}_{\beta}^{i} \tag{26.75}$$

矢量 $\boldsymbol{F}_{\mathrm{G}}$ 代表重力，$\boldsymbol{F}_{\mathrm{T}}^{i}$ 代表 N_{r} 个旋翼或螺旋桨中第 i 个旋翼或螺旋桨的推力（图 26.29）。这些力与机体动力学有关，但由于大多数旋翼机的欠驱动，也导致了旋翼机的横向加速。

额外的桨毂力 $\boldsymbol{F}_{\mathrm{H}}^{i}$ 代表与阻力相关的效应，它们可能在悬停附近被忽略，但在更快的横向飞行速度下变得更为重要[26.15]。矢量 $\boldsymbol{F}_{\mathrm{D}}$ 表示与旋翼机主机相关的阻力。为简单起见，假设旋翼机机体的压力中心与其重心并置，但情况并非如此。

相关的外部力矩是由力矩 $\boldsymbol{\tau}_{\mathrm{Q}}^{i}$（该力矩影响了飞行器的偏航动力学）、推力引起的力矩 $\boldsymbol{\tau}_{\mathrm{T}}^{i}$、桨毂力引入的力矩 $\boldsymbol{\tau}_{\mathrm{H}}^{i}$，以及与旋翼桨毂刚度相关的扑动力矩 $\boldsymbol{\tau}_{\beta}^{i}$ 来定义。

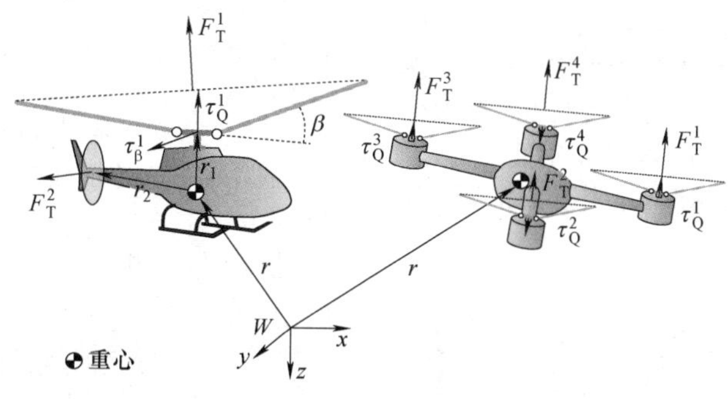

图 26.29 传统直升机（左）和四旋翼直升机（右）平台

注：扑动角度被放大，只有与悬停附近相关的旋翼和螺旋桨力被可视化。

表 26.6 和表 26.7 列出了相应力和力矩的表达式。其中，T_i 是平均推力；H_x^i 和 H_y^i 是桨毂力在旋翼机机体坐标系 x 轴和 y 轴的分量；Q_i 是第 i 个旋翼或螺旋桨产生的力矩；主旋翼机的气动阻力 D_x、D_y、D_z 在第 26.3.5 节中进行了讨论。

矢量 ${}^{B}\boldsymbol{r}_i$ 对应于第 i 个旋翼或螺旋桨桨毂从旋翼机机体坐标系原点的位移；${}^{B}\boldsymbol{n}_i$ 是第 i 个螺旋桨或旋翼盘的叶尖路径平面法线[26.37]。

26

表 26.6　典型旋翼机力的表达式

力的类型	表达式
重力	${}^{B}\boldsymbol{F}_{G}={}^{B}\boldsymbol{R}_{W}\begin{pmatrix}0\\0\\-mg\end{pmatrix}$
推力	${}^{B}\boldsymbol{F}_{T}^{i}={}^{B}\boldsymbol{n}_{i}T_{i}$
桨毂力	${}^{B}\boldsymbol{F}_{H}^{i}=\begin{pmatrix}H_{x}^{i}\\H_{y}^{i}\\0\end{pmatrix}$
机体阻力	${}^{B}\boldsymbol{F}_{D}=\begin{pmatrix}D_{x}\\D_{y}\\D_{z}\end{pmatrix}$

表 26.7　典型旋翼机力矩的表达式

力矩的类型	表达式
力矩	${}^{B}\boldsymbol{\tau}_{Q}^{i}=\begin{pmatrix}0\\0\\Q_{i}\end{pmatrix}$
推力力矩	${}^{B}\boldsymbol{\tau}_{T}={}^{B}\boldsymbol{r}^{i}\times{}^{B}\boldsymbol{f}_{T}^{i}$
桨毂力力矩	${}^{B}\boldsymbol{\tau}_{H}^{i}={}^{B}\boldsymbol{r}^{i}\times{}^{B}\boldsymbol{f}_{T}^{i}$
襟翼力矩	${}^{B}\boldsymbol{\tau}_{\beta}^{i}=k_{b}^{i}\begin{pmatrix}-\beta_{1s}^{i}\\\beta_{1c}^{i}\\0\end{pmatrix}$

系数β_{1c}和β_{1s}代表旋翼或螺旋桨盘倾斜的纵向和横向扑动系数[26.15]，本节稍后将详细阐述。参数k_{b}^{i}对应于第 i 个旋翼或螺旋桨桨毂的扑动弹簧刚度。在铰接情况下，这种扭转弹簧刚度代表了潜在的襟翼铰弹簧，在无铰接桨毂的情况下，则近似于一个特定旋翼或螺旋桨的结构弯曲刚度。

在直升机尾部旋翼的情况下，扑动通常是被忽略的，而推力方向建模为

$$ {}^{B}\boldsymbol{n}_{i}=\begin{pmatrix}0\\1\\0\end{pmatrix} \tag{26.76} $$

为了确定这些外力和力矩的模型，必须讨论各自的气动效应，以及叶片扑动的作用和特征。

26.5.3　简化空气动力学

为了准确地预测旋翼机系统所产生的力和力矩，考虑各种操控条件，制定详细的设计规范，明确不同旋翼或螺旋桨之间的气动相互作用，甚至可能是旋翼机本身，都需要高度复杂的空气动力学模拟工具。这些工具通常不容易被机器人专家访问或操作，而且由于设计的复杂性，可能会隐藏某个特定平台的一些基本的飞行动力学特性。为了反复评估旋翼机的一般飞行特性，更可取的方法是推导出气动力和力矩的近似分析模型，这可能有助于深入了解旋翼机操控的核心工作原理。

推导这种模型的一般方法是使用第 26.3.4 节中提出的叶素理论、叶素动量理论和动量理论。因此，不仅在观察翼片径向位置 r 的函数上，而且在叶片方位 ξ 的依赖性中，都可以解释迎角 α、气动力的流入速度 U_{T}、U_{P}，以及局部升力增量 dL 和阻力增量 dD 的变化。为了更深一步地了解叶片方位 ξ，可以借助图 26.16 和图 26.30，其中引入了桨毂坐标系 H。

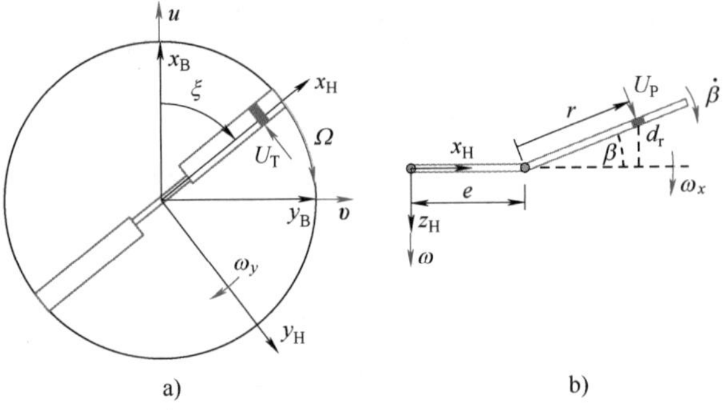

图 26.30　旋翼/螺旋桨叶的空气动力学
a）俯视图和相关速度　b）侧视图和相关速度

垂直和切向流入速度 U_{T}、U_{P} 与旋翼的角速度 Ω 和诱导流入速度 v_{i} 密切相关。在悬停之外的飞行操作中，这些流入速度也受到旋翼机线性速度${}^{B}\boldsymbol{v}$和角速度${}^{B}\boldsymbol{\omega}$的影响，以及旋翼或螺旋桨叶片潜在的扑动运动。从旋转旋翼或螺旋桨叶片的角度来看，这些额外的流入速度随叶片方位 ξ 周期性地发生变化。

根据图 26.30，可以为机翼的流入速度建立以下关系式[26.35]：

$$ U_{T}=\Omega(e+r)-v_{y}+\beta\omega_{x}r \tag{26.77} $$

$$ U_{P}=v_{i}-\omega+\omega_{y}(e+r)+\dot{\beta}r-\beta v_{x} \tag{26.78} $$

线速度 v_{x}、v_{y} 和 v_{z} 及角速度 ω_{y} 对应于机体速度 u、v、p 和 q 在桨毂坐标系 H 的投影：

$$ v_{x}=u\cos\xi+v\sin\xi \tag{26.79} $$

$$ v_{y}=v\cos\xi-u\sin\xi \tag{26.80} $$

$$ \omega_{x}=p\cos\xi+q\sin\xi \tag{26.81} $$

$$ \omega_{y}=q\cos\xi-p\sin\xi \tag{26.82} $$

对于直升机型无人机，α 的方位依赖性也可能与叶片俯仰角 θ 的周期性变化有关。对于直升机的配置而言，变距角 θ 通常可以在整个旋翼盘的整体上进行控制，也可以通过一个倾斜盘机构根据叶片位置 ξ 进行周期性控制[26.38]。

$$\theta=\theta_0+\theta_{1c}\cos\xi+\theta_{1s}\sin\xi \tag{26.83}$$

倾斜盘机构提供了调整俯仰角 θ_0 和单个循环俯仰角 θ_{1c}、θ_{1s}的方法。必须注意的是，对于扭曲的螺旋桨或旋翼叶片，θ_0 仅仅表示叶片根部的俯仰角，必须引入一个额外项来解释在俯仰上的径向变化[26.14]。

通过选择 θ_0，倾斜盘机构提供了对整个旋翼盘平均迎角的控制，从而产生了平均推力和力矩。同样地，不同的循环部件会在旋翼盘的相对侧产生升力不平衡。这种升力不平衡会引起个别旋翼叶片（也依赖于 ξ）的周期性扑动，间接影响了俯仰力矩 $\boldsymbol{\tau}_\beta$ 和滚转力矩 $\boldsymbol{\tau}_T$。对于直升机型无人机，这是俯仰和滚转姿态动力学的主要控制机构。

对于大多数多翼机，θ_0 通常是固定的，并且循环角度不存在（$\theta_{1c}=\theta_{1s}=0$）。在这种情况下，只有通过 $\boldsymbol{\tau}_T$ 改变单个螺旋桨速度 Ω_i，才能实现姿态控制。

为了描述上述叶片扑动的周期性变化，当建模旋翼机动力学时，通常会对扑动角 β 的表现进行描述[26.39]：

$$\beta=\beta_0(t)+\beta_{1c}(t)\cos\xi(t)+\beta_{1s}(t)\sin\xi(t) \tag{26.84}$$

式中，系数 $\beta_0(t)$ 是整个旋翼或螺旋桨盘的锥角；$\beta_{1c}(t)$ 和 $\beta_{1s}(t)$ 是纵向和横向盘倾角。

与式（26.83）中的桨距系数不同，式（26.84）中的襟翼系数被认为是时间 t 的函数，在建模分析襟翼动力学时会用到此系数。

尽管捕获所有这些周期性的依赖关系 ξ 是至关重要的，但对于创建一个高效的旋翼机模型来说，可能会产生阻碍。在外部力和力矩[26.74,75]的影响下，直接模拟机体动力学[26.45]，并计算出所有的依赖关系 ξ，需要在旋转旋翼或螺旋桨转动时将叶片的运动进行一步一步模拟，这可能会导致相对刚性的微分方程，很难做到有效地模拟。

另一种方法是，通过对旋翼或螺旋桨半径的升力和阻力增量进行积分，对桨叶的数量 N_b 求和，并在旋翼方位角附近取平均值，推导出简化的力和力矩模型：

$$T=\frac{N_b}{2\pi}\int_0^{2\pi}\int_0^R \mathrm{d}L \tag{26.85}$$

$$Q=\frac{N_b}{2\pi}\int_0^{2\pi}\int_0^R r\left(\mathrm{d}D+\frac{U_P}{U_T}\mathrm{d}L\right) \tag{26.86}$$

$$H_x=\frac{N_b}{2\pi}\int_0^{2\pi}\int_0^R \sin\xi\left(\mathrm{d}D+\frac{U_P}{U_T}\mathrm{d}L\right) \tag{26.87}$$

$$H_y=\frac{N_b}{2\pi}\int_0^{2\pi}\int_0^R \cos\xi\left(\mathrm{d}D+\frac{U_P}{U_T}\mathrm{d}L\right) \tag{26.88}$$

将式（26.77）~式（26.88）与式（26.12）、式（26.13）、式（26.27）和式（26.33）结合，并假设简单的旋翼或螺旋桨叶片几何形状（如线性叶片），可以用解析法，如使用一个符号计算程序进行计算。与叶素动量理论相反，这些平均空气动力学公式能够解释流入速度周期性变化的影响，如升力现象[26.15]的不对称性[26.15]，以及不同的叶片变距角和扑动角。

为了深入了解旋翼机运行的核心特性，在悬停和可忽略扑动角的假设下，可以直接由式（26.85）得到一个简化的推力模型：

$$T=\left(k_{T1}\theta_0+k_{T2}\frac{v_0}{\Omega}+k_{T3}\right)\Omega^2 \tag{26.89}$$

参数 k_{T1}、k_{T2}和 k_{T3}本质上取决于空气动力学和几何旋翼或螺旋桨特性，可以直接从式（26.89）推导出来。推力是一个总俯仰角 θ_0 和旋翼或螺旋桨的流入速度 v_0 的线性函数，这将下一节中进一步定义。

26.5.4 非均匀流入

为了解释在悬停和向前飞行时旋翼或螺旋桨盘上方的不同的诱导流场，近似的诱导流入分布[26.14]为

$$v_i=v_0+\frac{r}{R}(v_{1c}\cos\xi+v_{1s}\sin\xi) \tag{26.90}$$

速度分量 v_0 代表模型旋翼中心的平均诱导流入速度，它与旋翼或螺旋桨运行时的水平推力直接相关，并且可以基于迭代方法进行计算[26.15]。流入系数 v_{1c}和 v_{1s}解释了由于横向飞行速度引起的诱导流场变化。过去已经提出了针对流入系数 v_{1c} 和 v_{1s} 的各种稳态模型，但预测质量一般。

参考文献［26.40］详细介绍了这些模型，并讨论了另一种方法，它考虑了瞬态效应，计算了流入动力学，可以捕获 v_0、v_{1c}和 v_{1s}对桨距突然变化的瞬态响应，并且可以避免前面提到的迭代计算。

26.5.5 扑动动力学

旋翼或螺旋桨扑动动力学对应于扑动角 β 的二阶微分方程，它本质上代表了气动力阻尼振荡器[26.35]：

$$\ddot{\beta}=\ddot{\beta}(\xi,\Omega,u,v,\omega,p,q,\dot{p},\dot{q},\beta,\dot{\beta},\theta) \tag{26.91}$$

参考文献［26.41］详细阐述了根据第一个原

26

则推导上述微分方程所需的建模过程。

对于简化的气动力和力矩，旋翼方位角对式（26.91）的依赖性很重要，但对于有效的叶片的襟翼模拟是不确定的。因此，这里使用了参考文献［26.39］中讨论的平均运算，由此引出了下面关于扑动系数β_0、β_{1c}和β_{1s}的微分方程。

$$\begin{cases} A_{\ddot{\beta}}\ddot{\boldsymbol{\beta}}+A_{\dot{\beta}}\dot{\boldsymbol{\beta}}+A_{\beta}\boldsymbol{\beta}=A_{\theta}\boldsymbol{\theta}+A_{\omega}\boldsymbol{\omega}+A_{v}\boldsymbol{v} \\ \boldsymbol{\beta}=\begin{pmatrix}\beta_0\\ \beta_{1c}\\ \beta_{1s}\end{pmatrix},\boldsymbol{v}=\begin{pmatrix}v_0-\omega\\ v_{1c}\\ v_{1s}\end{pmatrix} \\ \boldsymbol{\omega}=\begin{pmatrix}p\\ q\\ \dot{p}\\ \dot{q}\end{pmatrix},\boldsymbol{\theta}=\begin{pmatrix}\theta_0\\ \theta_{1c}\\ \theta_{1s}\end{pmatrix} \end{cases} \tag{26.92}$$

$A_{\ddot{\beta}}\sim A_v$中涉及的矩阵取决于建模旋翼或螺旋桨系统的大量空气动力学、几何、惯性力和结构参数，以及旋翼机的横向飞行速度。因此，这些矩阵的结构与正在建模的旋翼或螺旋桨桨毂的类型密切相关。从由此产生的数学关系可以得出这样的结论，对于一个没有铰链弹簧的旋翼来说，周期变距输入θ的最大的扑动响应β是沿旋翼方位角90°的相位移[26.15]。

大多数旋翼机配置的机体时间常数与上述动力学的时间常数相比，人们一般认为式（26.92）中的快速极点是可以忽略的，它们大多代表旋翼或螺旋桨的振动。因此，式（26.92）通过引入假设$\ddot{\boldsymbol{\beta}}=\mathbf{0}$简化为一阶微分方程。对于非常刚性的旋翼或螺旋桨，人们可能会假设$\dot{\boldsymbol{\beta}}=\mathbf{0}$，只计算稳态扑动响应（准稳态模型）。然而，对于所有的旋翼无人机配置，情况并非如此。在很大程度上，必须考虑扑动或流入动力学等更高阶的效应，这取决于机体极点与旋翼动力学极点之间的频率分离程度。

26.5.6　飞行动力学评价

将力和力矩与旋翼机机体动力学相结合，并可能引入更高阶的效应，如桨叶挥舞和流入动力学，则模型平台的飞行特性是一组非线性微分方程。为了检查这些飞行特性，可以根据这组非线性微分方程来实现飞行模拟，并分析模拟飞行响应。第26.3.6节中给出的线性化过程可能会提供额外的结论，并且通常作为单独的子系统进行分析。

对于旋翼机子系统，最关键的子系统之一是俯仰和滚转姿态动力学，正是这个子系统最终定义了旋翼机能够在水平面上敏捷、稳定或精确地飞行。假设接近悬停运行且忽略高阶动力学，如线性化的开环滚动动力学通常可以简化为一阶传递函数，即

$$G(s)=\frac{P(s)}{U(s)}=\frac{K_p}{s-D_p} \tag{26.93}$$

频响函数$P(s)$反映了旋翼机滚动角速度p与横滚子系统的控制输入$U(s)$的拉普拉斯变换关系。对于直升机，这种控制输入通常对应于循环倾斜盘命令，而对于四旋翼直升机，则对应于机身两侧两个螺旋桨之间的微分速度。抽象的系统参数K_p对应于所谓的滚动控制导数，D_p对应于所谓的滚动阻尼[26.37]。控制灵敏度K_p定义了最初的旋翼机加速度$\dot{p}$对控制输入$U(s)$的响应强度，参数D_p定义了系统的动态响应如何被抑制。对于混合旋翼机模型，相应的传递函数通常是更高阶的，但当进行众所周知的线性系统理论分析时，它们同样有用[26.15,35]。

一般来说，这些传递函数和由此产生的指标（K_p和D_p），可以从旋翼机参数的特定子集中推导出来。利用这些简单的指标，包括从非线性飞行模拟器中收集的知识，可以根据正在调查的无人机配置参数对飞行性能趋势进行评估。这些参数可能包括机体的俯仰角和滚动惯量，机体重心的位置，转子或螺旋桨的位置。在这个评估过程中获得的基本理解对于开发有效的机器人飞行系统和必要的控制定律是至关重要的。

26.6　扑翼机的设计与建模

从昆虫到鸟类，各种各样的动物都有能力完成各种飞行动作，如在湍流或混乱空气中飞行，但对于目前的微型飞行器而言，这是不可能实现的。此外，动物更加机动灵活，飞行距离更远。人们已经做了很多尝试来制造扑翼机器人或扑翼机。虽然有些获得了成功，但多数由于其复杂度较高或设计不佳，要么从未起飞，要么只能进行短时间飞行。直到最近，扑翼机仍是飞行器的一个细分市场，锂聚合物电池的发展为扑翼机器人提供了一种重量轻、功率高的能源。最早获得成功的电动扑翼机包括1998年加州理工学院和航空环境公司共同研制的微型蝙蝠[26.42,43]。尽管越来越多的人参与建造扑翼

机，但许多设计仍然没有成功。大多数设计中存在的一个主要问题是，无法产生足够的升力，无法在第一位置起飞。这导致无法再进行进一步的飞行研究，如机动性、飞行距离或时间。自从第一台电动扑翼机成功起飞后，工程师们越发相信扑翼是微型飞行器进一步发展的必要因素，而生物学家们也开始探究昆虫翅膀的气动特性。这种关注背后的主要原因是，当黏滞效应开始成为气流支配因素时，在较小下的昆虫雷诺数（10 ~10000）下，它们的空气动力学更为有效。

26.6.1 空气动力学机理

通过对昆虫空气动力学的研究，可以为我们提供更详尽的有关扑翼飞行的空气动力学模型[26.45]。有证据表明，如果迎角没有针对刚性机翼进行优化，机翼的灵活性可以将扑翼的空气动力学性能提高大约 10%[26.46]。然而，对基于昆虫翅膀的机器人模型的参数研究表明，如果能够独立于机翼的刚度[26.47]而优化迎角，那么机翼的灵活性就不会提高性能。忽略空气弹性效应并改变迎角，这是扑翼空气动力学机理的关键所在[26.45]。

一种稳定的前缘涡（LEV），使机翼能够在准稳态的中行程阶段以大迎角运行而不会失速（图 26.31）。在反行程过程中，空气动力学不是准稳态的。在这个阶段，有 5 种效应被认为是非常重要的。

1）由于流体的加速作用而产生的质量效应。

2）Wagner 效应解释了涡流强度的变化需要对弦长进行积分。

3）由于在反行程时的迎角发生变化，以及 Kramer 效应，旋转升力对涡流升力产生影响。

4）当翅膀反转方向并与其脱落尾流相互作用时，产生尾流捕获。

5）当翅膀接近空气时，翅翼拍动使空气被迫离开由两个翅膀形成的空腔并吸回，这样可以增加升力[26.48]。

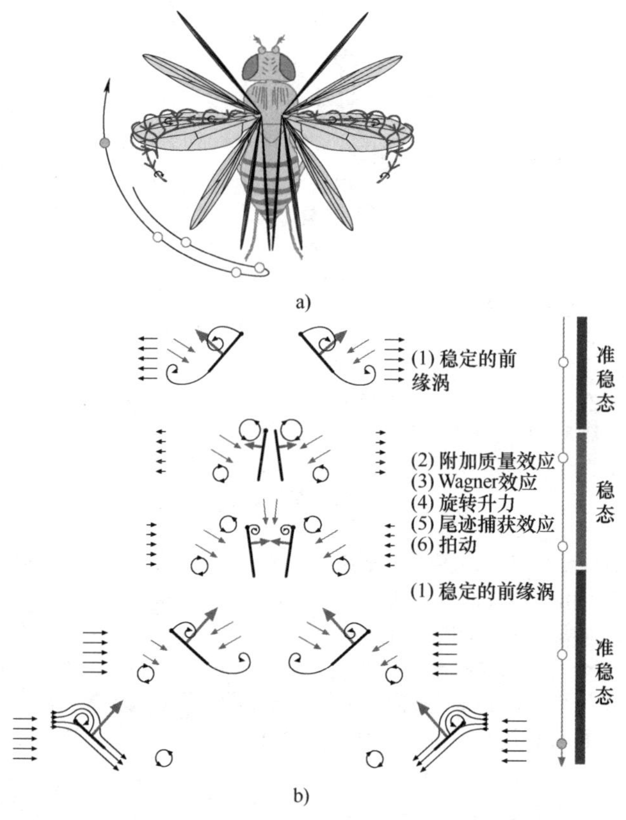

图 26.31 扑翼昆虫翅膀的空气动力学

a）昆虫采用的高升力机制是在上下行程阶段产生一个稳定的前缘涡（LEV） b）扑翼周期由一个准稳态部分组成，在这个过程中，翅膀的加速度很小，稳定的前缘涡产生高升力的主要原因是（1）；在反行程中有证据表明，多达 5 种效应（2）~（6）是很重要的[26.44]

26

然而，目前还没有定量的试验研究或理论可以完全剖析这些效应，并量化它们对气动升力和功率的相对重要性。虽然扑翼空气动力学是复杂的，而且还没有完全被理解，但从机器人的设计角度来看，它很简单，因为它可以从昆虫大小扩展到鸟类的大小（图26.32），这使得原型设计可以在更大、更有成本效益的范围内进行，并且随着技术的进步、更小的组件和制造方法的出现，还可以缩小设计规模[26.49]。拍动翅膀产生的升力比平移翅膀更大，因为它可以产生一个稳定的前缘涡。为了在整个机翼上产生一个稳定的涡，相对于旋转中心的展弦比应该等于或小于4[26.53]；展弦比大于4的扑翼可以失速，但更多粗短的扑翼则不行，这就可以解释为什么大多数昆虫、鸟类和蝙蝠翅膀的长宽比为2~4，这与肩关节有关[26.53]。短翅膀的主要优势是，它们不会在大迎角下失速，并能够垂直起飞和降落，而不是用前缘涡[26.54]的拍动频率[26.53]。昆虫[26.55]、蝙蝠、蜂鸟[26.56]和其他鸟类[26.57]也能够产生稳定的前缘涡。这表明，稳定的前缘涡是实现大迎角下的高升力的关键所在[26.53]。

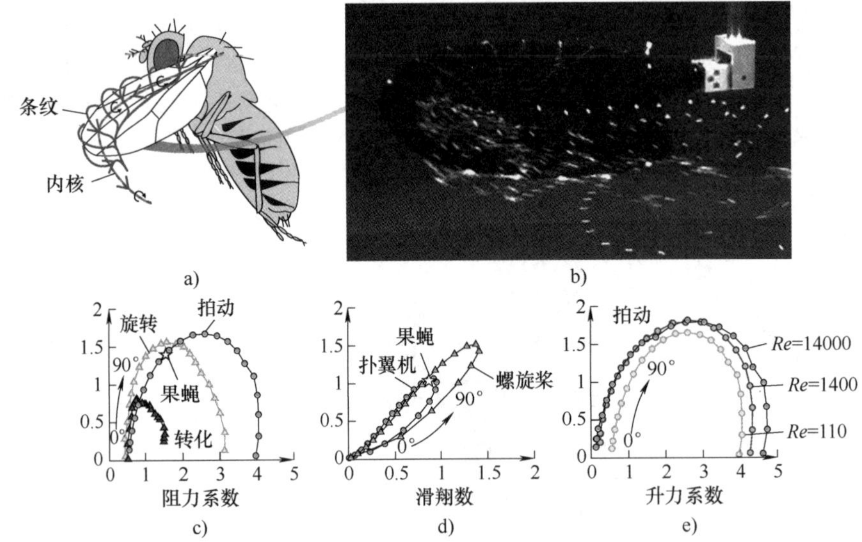

图26.32　从昆虫到鸟类的翅膀拍动空气动力学

a）稳定的前缘涡使扇动的翅膀能够在不失速的情况下以大迎角进行操纵　b）解释前缘涡稳定性的关键参数是翅膀的拍动和旋转运动，这可通过翅翼的旋转模型来证明，它产生了一个稳定的前缘涡　c）升力系数　在昆虫尺度上，固定翅膀的效果不佳，而拍动和旋转的翅膀产生同样高的升力。旋转的翅膀产生的阻力更小，因此效率更高　d）功率因数　旋转翅膀的功率因数比振翅高，这意味着支撑体重所需的功率更小　e）升力系数　在一个完整的扑翼周期中，无量纲的升力和阻力均与规模无关（雷诺数：果蝇110，普通家蝇1400，蜂鸟14000），这使得扑翼空气动力学具有可扩展性，可以使用量纲分析[26.49]

拍动和旋转（类似螺旋桨）昆虫翅膀的比较表明，旋转的昆虫翅膀产生了由一种较低阻力的前缘涡引起的升力。因此，短粗旋翼直升机比短粗扑翼机更有效率，因为它们需要更少的飞行功率[26.49]，如图26.32d所示。纳米蜂鸟[26.51]在试验中被证实是最先进的悬停扑翼机。将扑翼和旋转翼进行比较，可以看到不同的前进速度，扑翼在相同的升力下需要更大的功率，一部分是由于空气动力学造成的[26.49,53]，另一部分是由于惯性损失造成的[26.49,51]。拍动翅膀的关键优势在于它具有极高的机动性和鲁棒性。例如，当直升机由于失速和复杂的旋翼-尾流相互作用而变得不稳定时，扑翼在湍流、靠近垂直表面或穿过杂波时可能会表现得更好[26.58]。

26.6.2　制定新型扑翼机的标准

对空气动力学的深入理解在科学研究上是非常重要的，但对大多数仅以能否起飞作为设计成功标准的扑翼机来说，这可能并不重要。相反，从翼展、重量和扑动频率等总体设计参数上调整一个扑翼机的尺寸对起飞来说更为重要。接下来介绍的设计方法说明了如何转变成功的设计，以满足其他任务的观点。这些设计可用于进行飞行研究，更好地理解扑翼机，更好地欣赏它们的独特优势。

图26.33所示为三种不同类型且飞行成功的扑

翼飞行器。从历史角度来看，大多数扑翼机都依赖于四连杆机构的运动来产生升力。其中一个例子是 Delfly 系列扑翼机，它能够快速地向前飞行和悬停 VIDEO 493。最近的一项设计展示了长时间的悬停飞行和机动性，虽然缺乏快速向前飞行的能力，但这是一种能够飞行的纳米蜂鸟[26.51]。它使用一种由滚轮和丝线组成的扑动机构，同时还使用减速电动机来提供相应频率的功率。此外，机翼用于控制，而不是传统的尾翼控制。另一个更现代的发展是厘米级的扑翼机，它使用压电驱动器来产生扑翼的运动和控制，如哈佛大学研制的微型蜜蜂[26.52]和加州伯克利大学的微机械飞虫。由于没有电池能够在足够轻的包装中提供足够高的功率，所以它们安装在飞行器上。

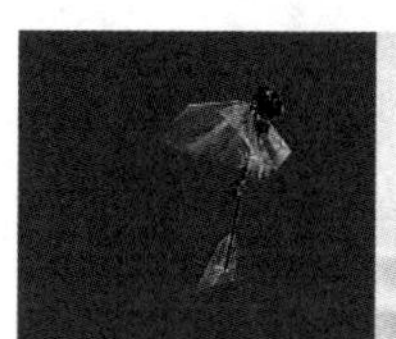

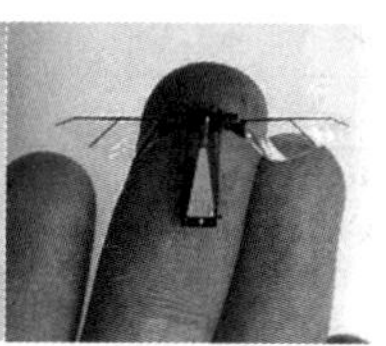

名称	Delfly Ⅱ	纳米蜂鸟	蜜蜂飞行器
翼展/cm	28	16	3
质量/g	16	19	0.06
m/m_0	1.26	1.37	不适用（系绳）
飞行时间/min	15	11	不适用（系绳）
频率/Hz	14	30	110
机械结构	变速箱和四连杆结构	变速箱	压电陶瓷
尺寸/mm	$10^2 \sim 10^0$	$10^2 \sim 10^0$	$10^2 \sim 10^{-1}$
功率/W	1.4	3.27	不适用（系绳）
电流/mA	380	880	不适用（系绳）

图 26.33 三种不同类型且飞行成功的扑翼飞行器[26.49-52]

尽管设计上存在差异，但这些扑翼机在参数选取上有共同之处，如图 26.34 所示。为了设计一个功能型扑翼机，不妨从一个需要完成的任务开始，如监视、搜索和救援，或者军事应用。任务确定了合适的翼展，也确定了任务完成所需要的最短时间。图 26.34 显示，飞行器质量（没有电池）与翼展呈指数变化关系，特别是在翼展的中段。主要的观察结果是，功率定义尺度不是 3，而是 1.5。这可能是因为小型扑翼机的大部分质量来自于电子元器件、变速箱和驱动器，不依赖于翼展。此外，扑动频率随翼展增大而减小，根据预期的使用比例关系，对所有的扑翼机都能有效地利用翼展的扑打频率进行近似设计。

利用一个成功的扑翼机的初始设计参数，可以设计另一个扑翼机，它也可以利用几何学、流体动力学和电池物理的比例关系来实现扑翼飞行[26.27]。需要重新设计扑翼机参数，包括翼展 b、质量 W、展弦比 Λ 和电池重量 W_{bat}。这里，展弦比是翼展除以弦的长度。因为这些都是很容易测量的设计参数，Delfly Ⅱ 的初始参数如下：$b_1 = 28\text{cm}$，$m_1 = 16\text{g}$（$W = mg$），$\Lambda_1 = 3.5$，$f_1 = 14\text{Hz}$，$P_1 = 1.4\text{W}$，$W_{batt,1} = 2.7g$，$t_1 = 15\text{min}$。初始设计参数用下标 1 表示，新的设计参数用下标 2 表示。利用图 26.34 所示的曲线，可以初步估算出不包含电池的飞行器重量。首先，可以计算出机翼面积 A_{fl}，新的扑翼机和旧的扑翼机使用相同的方程：

$$A \propto \frac{b^2}{\Lambda} \tag{26.94}$$

在悬停或稳定向前飞行时，假设重量与升力成正比是合理的，则

$$W \propto \frac{1}{2} c_L \rho V_t^2 A_{fl} \tag{26.95}$$

对于低空飞行，假设 c_L（升力系数）、ρ（空气密度）、g（重力加速度）是常数[26.49]，重新排列

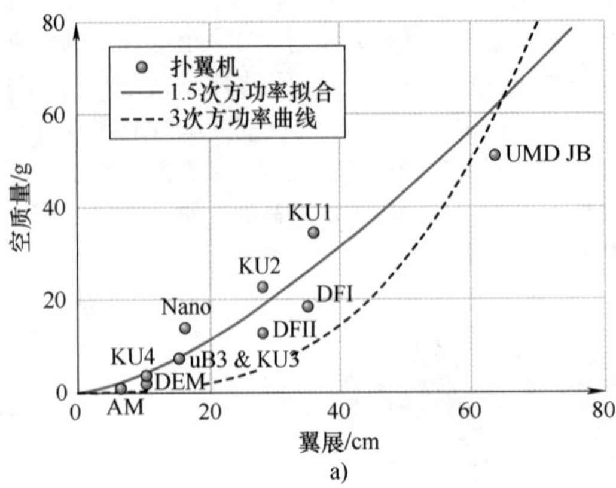

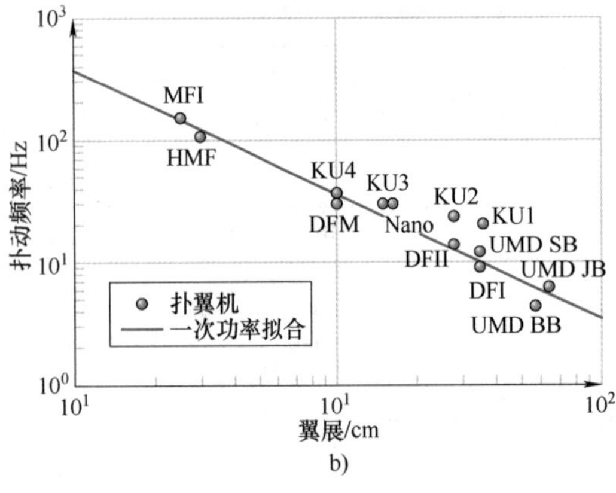

图 26.34　质量和扑动频率与翼展的关系曲线

a）成功扑翼机的空载质量不随翼展的立方而增大，而是随翼展的 1.5 次幂（$R^2=0.79$）而增大。幂律有效地预测了 10~50cm 翼展范围内的近似质量，而它高估了翼展小于 10cm 的质量。三次方曲线始终低估了当前扑翼机的空载质量　b）为了支撑扑翼机的重量，对于较小的翼展，扑翼频率需要与翼展成反比增加　a）中的扑翼机自由飞行，飞行时间至少为 1min。MFI 和 Robobee 与大型扑翼机在扑翼频率上遵循相同的趋势曲线；即使它们被拴在绳子上飞行（在有电池的情况下飞得更快）。其中的关系符合幂曲线，指数等于-1.01，$R^2=0.96$

MFI—伯克利研制的微型机械飞行昆虫　HMF—哈佛研制的 Robobee　KU1、2、3、4—韩国建国大学研制的扑翼机　DFI、II、M—Delfly Ⅰ、Ⅱ和 Micro　纳米—Aerovronment 研制的纳米蜂鸟　UMD SB、JB、BB—马里兰大学研制的小鸟、大鸟、巨鸟　AM—布莱恩的扑翼机　uB3—NiCad 驱动的加州理工大学微型车

后前进速度 V_t 之间的关系为

$$V_{t,2}=V_{t,1}\sqrt{\frac{W_2}{W_1}\frac{A_{fl,1}}{A_{fl,2}}} \tag{26.96}$$

假设两种飞行器的前进比 J 都是常数，这对于具有相似机翼运动学、形状和变形的扑翼机而言是一个合理的近似。前进比 J 是最大前向速度与翼尖速度之比，即

$$J=\frac{V_t}{4f\Phi R} \tag{26.97}$$

因为翼展是半径的两倍，可以假设 J 是常数，以获得扑动频率关系：

$$f_2=\frac{V_{t,2}}{V_{t,1}}\frac{b_1}{b_2}\frac{\Phi_1}{\Phi_2}f_1 \tag{26.98}$$

假设这两种设计之间的扑动幅度是常数（合理的设计遵循相同的参数并保持相同的变速箱），可以简化扑动频率关系式：

$$f_2=\frac{V_{t,2}}{V_{t,1}}\frac{b_1}{b_2}f_1 \tag{26.99}$$

飞行所需的功率与重量和飞行速度成正比，即

$$P\propto mgV_t=WV_t \tag{26.100}$$

由此可以计算出新的扑翼机相对于旧的扑翼机所需的功率，即

$$P_2=P_1\frac{V_{t,2}}{V_{t,1}}\frac{W_2}{W_1} \tag{26.101}$$

利用上面计算出的功率，可以估计飞行时间，有

$$t=\frac{C_{LiPo}U_{LiPo}}{P}m \tag{26.102}$$

若电池为锂聚合物电池，$U_{LiPo}=3.7V$。如图 26.35所示，容量可近似为

$$C_{LiPo}=m_{batt}k_{batt} \tag{26.103}$$

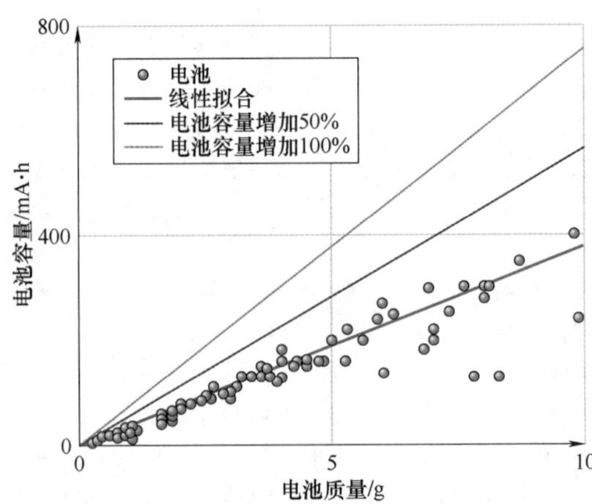

图 26.35　锂聚合电池容量与其质量的关系

注：电池容量为小型锂聚合物（LiPo），电池质量小于 10g，可用于 10~50cm 翼展的翅翼。图表显示该技术是线性可扩展的，小型 LiPo 电池的容量密度约为 37mA · h/g。

根据比例方程，特别是式（26.101）和式（26.102），可以生成图 26.36 所示的曲线，允许使用翼展和飞行时间来设计一个比例扑翼机。根据所需的翼展和飞行时间，使用图 26.36a 来选择合适的电池质量。翼展的增加为更重的电池提供了选择，延长了飞行时间，就像电池质量增加一样。翼展和电池质量决定了所需的扑动频率，这让我们可以选择一个电动机和传动比。如果这对于可用的组件来说是不切实际的，可以调整参数并在图 26.36 所示的方程之间进行迭代计算。一般来说，对于一个具有相同质量的扑翼机，增加翼展会减少必要的扑动频率。另外，增加电池质量以延长飞行时间，也需要增加扑动频率、功率和电流来承载额外的有效载荷。这就解释了为什么增加电池重量几乎不会延长飞行时间，因为机身需要减轻重量以使性能更强。在飞行时间比例方程中，需要对飞行时间方程增加罚值，以修正结构权重增加问题。所需的扑动频率和电池质量比决定了所需的功率，随着翼展的增加，功率也显著增加。此外，由于需要提升更大质量的扑动频率，功率会增加，从而增加电池的质量。最后，假设使用同样的电池和电动机的效率，可以确定电池需要的电流，它与功率成正比。在这些步骤之间进行迭代，可以找到最符合任务要求的解决方案。我们注意到，许多扑翼机可以通过牺牲控制响应（惯性）和机身载荷为代价，将其当前的电池质量增加一倍（图 26.36a）。

如果需要增加飞行时间来满足翼展设计，并且电池的质量和化学特性已经优化，这时应该减小机身质量（图 26.37）和增加翅翼面积[26.49]。使用未充分利用的航空航天优化策略，通过对有效载荷的重新评估，可以进一步减小质量。翅翼面积可以通过减小展弦比和选择双翼而不是单翼结构来增加。虽然这样的机翼设计降低了机翼的空气动力学效率，但提高了整体飞行器的能源效率，进而延长了飞行时间。那些飞行时间足以完成任务的飞行器通常是由低重量、低动力的驱动器控制的，但失去了机动性。

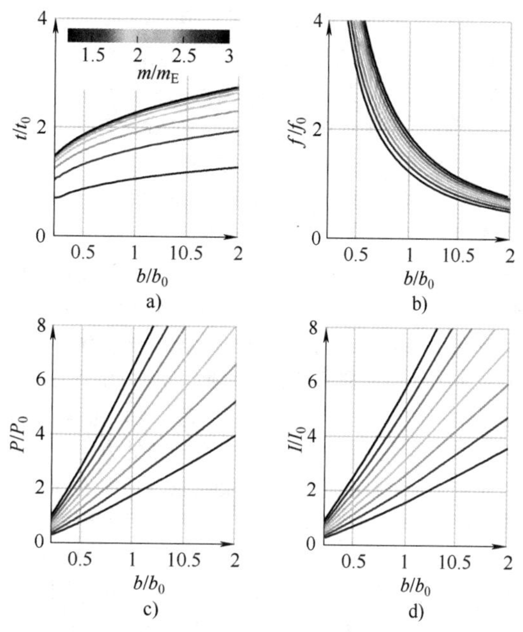

图 26.36　翼展变化和增加电池质量与飞行时间、动力消耗、电流需求和扑动频率关系

a）增加电池质量比可以延长飞行时间，直到比率变为 3。这忽略了携带这些电池所需额外的机身质量　b）增加电池的质量也会增加所需的扑动频率　c）、d）增加频率也会增加必要的功率（P）和电流（I）

注：对于每个翼展，使用图 26.34 中的拟合曲线确定空质量（不含电池质量）m_E 的值，然后从初始参考（Delfly Ⅱ）开始缩放图形，其在每个图形中的位置为（1,1）。使用这些参数，可以反复迭代，直到找到一个可行的设计。

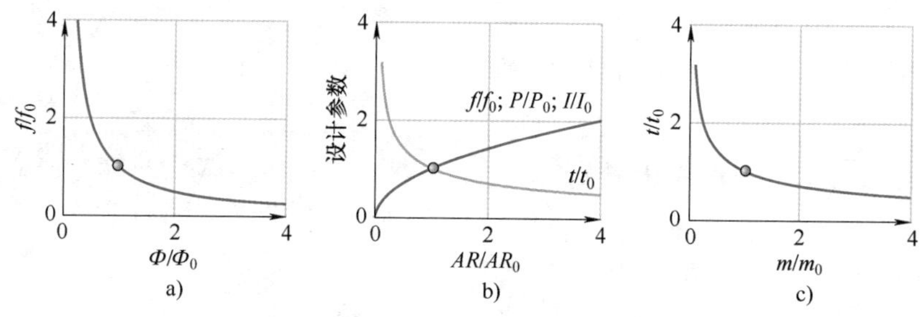

图 26.37　更改附加参数可以修改飞行器性能

a）调整拍动幅度允许改变扑动频率以使用可用的电动机/变速箱组合。一般来说，较大的扑动角度会增加升力系数，减少阻力[26.59]。因此，通过增加振幅来匹配电动机和齿轮组，可以降低飞行所需的功率　b）当相位比在一个恒定的翼展上增加时，机翼面积减小，因此飞行时间缩短，而所需的扑动频率（以及功率和电流）增加　c）飞行时间随额外载荷（重量）的增加而缩矩

26

为了控制扑翼机的飞行并利用其机动性，需要用轻质驱动器来产生足够的控制力矩。针对飞行时间进行优化的设计，如 Delfly，使用传统方向舵或升降舵的方式将舵面添加到尾部；更具可操作性的设计是将机翼作为舵面，通过改变它们的迎角（纳米蜂鸟[26.51]）或左右翼的相对扑打运动（蜜蜂飞行器[26.51]）。两个主要的驱动器是标准伺服器和磁性驱动器。标准伺服器配有小型电动机和电位计，并可移动到指定位置；磁性驱动器在一个小线圈内有一个小磁铁，并应用指定的力矩。磁性驱动器的质量比伺服器小，这对优化小型扑翼机的性能至关重要。这表明，选择合适的驱动器需要在飞行时间和可操作性之间进行权衡。更容易操作的扑翼机需要更强大和精确的伺服驱动器。按比例计算，可以估计一个缩放扑翼机所需的伺服力矩：力矩应该与总重量乘以翼展成比例，因为气动力与重量成比例，臂长与翼展成比例。知道了所需的力矩，还需要找到一个能够提供它的伺服控制器。为了减少试验和误差，绘制了当前的伺服数据，以确定力矩与质量的关系，以及如何与其重量相关联。图 26.38 中的数据显示，力矩与质量的平方成正比，而扑翼机的质量随着翼展的增大而变为 1.5 倍的功率（图 26.34），因此随着翼展的增大，驱动器的质量也会成比例变小。

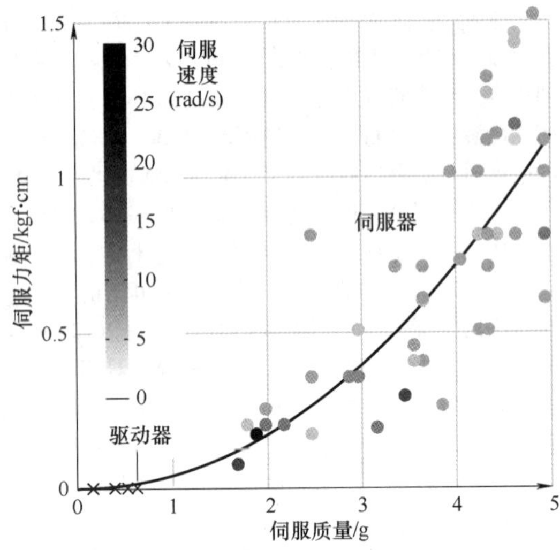

图 26.38 伺服力矩与伺服质量的关系

注：伺服（点）和驱动器（交叉）力矩随质量增加而增加。点的强度代表了伺服速度，较暗的点表示更快的伺服器（磁性驱动器没有显示速度，因为它们施加一个力而不是指定位置）。伺服速度与质量并没有很大的关系，因为它依赖于电动机、齿轮和其他的伺服器的内部硬件，以及供应电压。0.8~1.8g 范围内有磁性驱动器，由于缺乏制造商提供的数据，此处不包括这些驱动器。

前面已经展示了当前的设计策略，这是基于成功设计的方案，确保了扑翼机的飞行。这些升级后的经验法则是非常强大的，因为目前的航空航天设计分析和优化技术对扑翼机来说是缺乏预测能力的，因此有关它们的信息比飞机设计要少很多。如果当前的设计师们将他们第一次迭代的新扑翼机建立在当前的扑翼机上，通过对符合新任务要求的新概念机进行成功飞行测试，该领域还可以以更快的速度发展。

26.7 系统集成与实现

利用无人飞行系统实现自主飞行可解决许多挑战。这需要一种跨学科的方法，以汇集来自不同领域的专门知识。如图 26.39 所示，需要本章详述的飞行器设计方面的知识，以及工程和机器人学中的众多知识。

26.7.1 自主无人飞行系统的挑战

基于无人飞行系统（UAS）的敏捷性及其在重量和功耗方面的严格限制，给传感器、处理器和算法的选择带来了巨大的技术和科学方面的挑战。此外，地面车辆和无人机之间存在着很大的差异，在地面车辆上工作良好的传感器和算法，不能简单地将它们应用于无人机上。

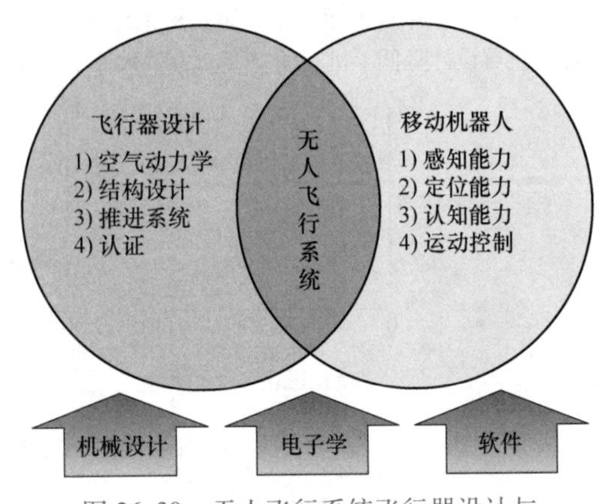

图 26.39 无人飞行系统飞行器设计与移动机器人的结合

1. 有限有效载荷和电源

对重量和尺寸方面的限制要求尽量使用轻质的传感器，但通常是以拥有噪声更大和精度更低的数据为代价。同时也限定了用于处理传感器信息的机载计算机的选择。因此，算法需要在有限的计算能力基础上处理这些数据，以获得鲁棒性的估计。作为参考，常用小型多旋翼无人飞行系统的起飞重量（图 26.40）为 1 ~5kg，包括 0.5kg 的有效载荷，而可持续自主飞行的时间约为 15min。对于这类无人飞行系统，大约每多起飞 1g，大约需要 100mW 的悬停功率。即使安装很小的额外有效载荷，悬停的重量也是必须考虑的事实。有关这些系统的起飞重量、有效载荷和时间的详细研究见参考文献[26.60]。

2. 自由度

与典型的地面车辆相比，无人飞行系统需要估计和控制描述飞行器姿态（俯仰角和滚转角）的自由度（DOF），以及额外的描述高度的自由度。有关这方面的状态估计、控制和规划都要在完整的六维空间中来实施，并且不能做任何简化假设。

3. 欠驱动系统

这里研究的 UAS 类型通常是欠驱动的，因为可用的控制输入比自由度少，因此需要提供更多的操纵能力来改变姿态。反过来，需要调整与 UAS 环境（如摄像机或距离传感器）交互的机载传感器视场。

4. 恒定运动与固有不稳定性

当状态估计延迟或含有不确定性时，UAS 不能简单地停止获取传感器读数。当等待测量或重新评估不确定状态时，系统由于继续飞行，使得进一步的信号估计变得不真实。

26.7.2 自主性等级

按与飞行员或操作员的交互方式，可将自主性分为三类，即手动飞行、半自主飞行和自主飞行。工业界和学术界在半自主飞行方面取得了巨大的进步，但仍有许多关于真正自主飞行的公开问题和研究主题有待解决。

1. 手动飞行

当 UAS 的操作需要飞行员的技能时，就是手动飞行模式。远程飞行员必须以这样的方式处理姿态动力学和油门/推力，以使 UAS 保持在稳定状态。也就是说，飞行员不能离开遥控器，这也意味着视线必须保持在有限的距离内，保证能够正确地观察 UAS 的状态。驾驶可以通过稳定性增强系统（SAS），类似于在固定翼飞行器上常用的速率稳定，或者多旋翼飞行器上常用的姿态控制来辅助飞行。

2. 半自主飞行（自动）

这种飞行模式不再需要飞行员技能，这也是我们指的是飞行员而不是操作员的原因。机载传感器和算法负责 UAS 的稳定，使得操作人员可以将手从遥控器上离开，并将 UAS 保持在稳定状态，等待航站或期望速度之类的输入。然而，仍然需要操作人员全权负责提供可行的路径、安全地绕过障碍物，并与其他空中交通进行通信。这需要保持视线（不离开），但只要符合法律规定，可以考虑采用第一人称视角。属于这种模式的包括装备有全球定位系统传感器的多旋翼 UAS[26.61] 和测量用的小型固定翼飞行器[26.62]。

3. 自主飞行

完全自主模式解除半自主或自动模式的限制。只需设置任务目标，或者高级任务分配由操作员处理，而 UAS 通过自身实现对环境安全地导航，包括全局路径规划，针对静、动态对象的防撞处理，以及必要时的重新规划。主要的优点在于，UAS 可以在执行任务的同时独自离开，并且在紧急情况下，如果需要干预，则提前警告操作人员。

26.7.3 UAS 的组成

自主 UAS 需要来自不同领域的众多组件。为了应对上述挑战，需要精心设计。首先，模块化设计是重中之重，以便展示真实系统的实施情况。图 26.40 所示为一个常见的多旋翼 UAS 及其主要组件。

1. 自主飞行组件

第 26.7.2 节所定义的自主级别要求设计的多个组件之间能够协作。多旋翼 UAS 组件如图 26.41 所示。

1）感知与状态估计。对于自主感知型 UAS，主要涉及定位系统及其环境的感知。对于定位，常用的是基于卫星的定位系统，如 GPS（未来是 GLONASS 和伽利略）可能会不够准确，尤其是涉及近距离操作任务的（人造）结构，当然也不能在室内。在这些情况下，卫星直视会受到阻碍，影响定位精度。此外，还需考虑这些服务可依赖的程度，因为当局可能会故意降低定位的准确性（选定的可用性）。因此，在车载 UAS 上，增加额外的传感器，如相机或激光测距仪等，与同步定位与建图（SLAM）结合使用，或者利用视觉或激光测距算法，以产生额外的定位信息[26.63-67]。

26

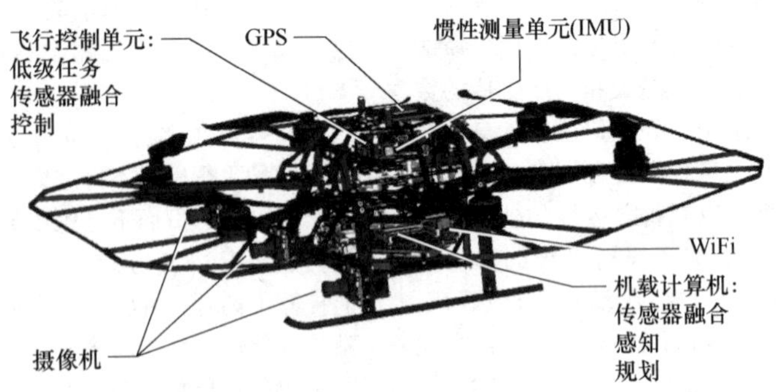

图 26.40 多旋翼 UAS 及其主要组件（参考文献［26.60］）

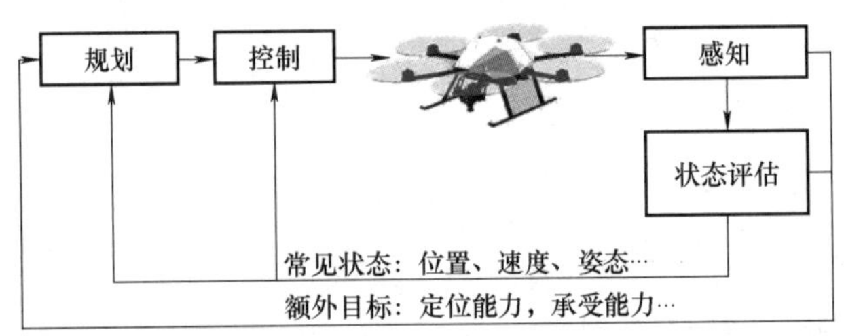

图 26.41 多旋翼 UAS 组件

为实现在上述级别上的自主飞行，另一个重要的要求是感知或重构环境，以便导航绕过障碍物，并避开演习及其他空中交通工具。检测障碍物，特别是在低空靠近地面的地方航行时，卫星导航变得非常重要，但卫星导航与地形图可能不够准确，甚至过时，并且无法处理动态的障碍物，这时可以利用机载传感器，如相机、激光测距仪，甚至是雷达，并结合适当的算法来克服前面提到的限制[26.68,69]。

从多个传感器获取信息，从摄像机上的惯性测量单元（IMU 到基于卫星的 IMU，需要智能传感器融合方法，将所有的信息进行汇集，以对无人机与环境状态进行最佳估计。因此，将感知和状态估计作为模块，为以下描述的组件提供必要的信息。

2）控制。由于 UAS 通常呈现出高动态的不确定飞行行为，因此在所有自主级别上都要求有合适的、鲁棒性的控制技术作为保障，这包括从用于支持飞行员的 SAS 手动操作，到更高水平的控制，如航点、轨迹跟踪等更先进的技术，还可能包括故障处理。级联控制结构通常用于此任务[26.70]：内部或底层控制回路稳定姿态动力学（这可能已经级联），而外层或高层控制回路稳定移动动力学（速度或位置）。所采用的控制方法从简单的 P（I）D 结构到更先进的技术，如模型预测控制（MPC）[26.3]。在航点跟踪过程中，指定的航点要到达目标，必须要通过途经点，而速度和姿态曲线由控制器来优化。相比之下，对于轨迹跟踪，跟踪控制器[26.71]必须遵循特定的、符合位置和姿态动力学的轨迹。这些轨迹通常用下面介绍的方法进行规划，并产生比简单的航点跟踪更平滑的路径。

3）规划。在 UAS 的背景下描绘合适的航点规划或动态轨迹规划，取决于手头的任务。这涉及前面描述的自主性的后两个级别要求，范围从（动态）避障（考虑障碍物和 UAS 动态）到更复杂的任务规划[26.72]。虽然机体动力学看似一个简单的过程，但额外的约束，如沿路径的状态估计质量，或电池续航时间可能也要考虑在内。此外，可能还有其他目标，如覆盖面积或太阳能飞机的能量优化，以确保空中持续飞行 24h 或更长时间。

虽然分析方法[26.73]适用于简单的规划任务，但随机规划法[26.76]在 UAS 路径规划领域却占据了主导地位，因为它应对机体非线性动力学和高维状态空间的能力突出，在此规划基础上，一些成功的 UAS 方法相继提出，甚至考虑了本地化的不确定性[26.4,77-79]。

4）通信。通信可以被认为是上述组件之间的黏合剂。虽然组件必须在多个计算设备上进行通信，但也需要通过无线电链路与地面站或操作员远程控制设备进行通信。在这里，对范围、延迟和传输速率（通常称为带宽）的要求可能会有很大的不同，应该根据应用情况进行调整：计算量大的任务可分配到地面站，需要高带宽连接。无论是 WiFi（IEEE 802.11n 或 IEEE 协议 802.11ac），还是超宽带（UWB）技术都可以应用，但合理的最大范围是 100m 左右，更大的自主性意味着对无线电链路和实时约束的依赖性越小。涉及更远距离的任务必须依赖更远距离的无线电链路，甚至是卫星链路，但以带宽和延迟为代价，或者以显著的重量和功率要求为代价。不言而喻，无线电链路绝不应在任何（实时）关键控制回路中使用。

2. 集成机载 UAS

上述各组件在实时约束和计算复杂性等方面存在不同的要求。与其认为是实时的，不如认为必须及时地完成任务。例如，机载控制任务必须在几毫秒内计算，但这些任务在计算上不太复杂。相比之下，路径规划是相当复杂的，但它通常是一种几乎完美的平衡，即如果在几秒内计算出一条路径，而规划用的时间跨度要长得多。感知和状态估计介于两者之间，计算时间以几十毫秒为单位，这定义了如何以及在哪些计算设备上实施这些操作。如图 26.42 所示，离飞行控制单元（FCU）的微控制器最近的是惯性传感器和驱动器，但功能最差。控制回路和状态估计器的预测部分是在这里实现的，以保证在实时操作系统上，甚至在没有保证率的情况下运行，这就放松了机载计算机上的实时约束，它可以计算要求很高的任务，如视觉定位和状态估计的更新步骤。局部规划任务也在这里计算，而不太关键的部件可以卸载到地面站。

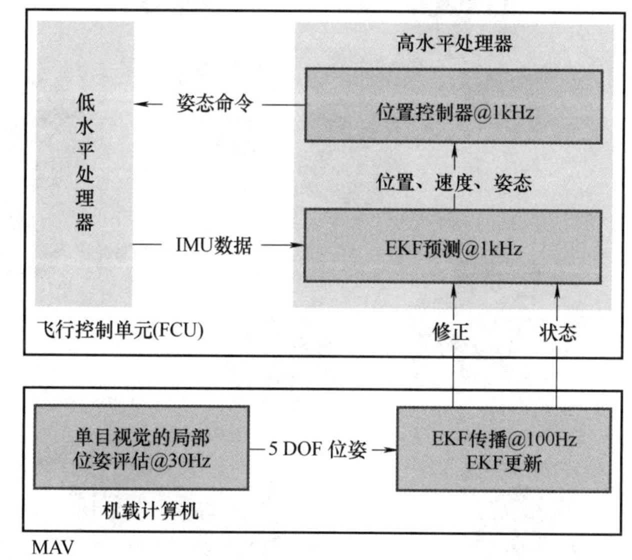

图 26.42 多旋翼 UAS 机载飞行相关组件

注：所有时间关键型任务，如扩展卡尔曼滤波器（EKF）的控制和预测，都在实时微控制器硬件上执行，而对计算要求更高但非时间关键型任务，如视觉定位、EKF 更新，则在机载计算机上使用标准操作系统上进行处理。

3. 与应用相关的有效载荷

为实现自主导航，还需要一组传感器，即导航传感器，但在设计阶段需要考虑额外的传感器和有效载荷等，不仅在有效载荷（即重量）方面，也在 UAS 保持平衡方面。此外，它必须保证额外的有效载荷不会对临界稳定回路的部件形成（电磁）干扰。有关应用及其所需的传感器详见下一节。

26.8 飞行机器人的应用

从应用的角度来看，无人飞行系统（UAS）可以分为遥操作的 UAS 或半自主系统（通常称为无人机）和智能系统，飞行机器人所呈现出的是高级的自主水平。无人机本质上是遥操作的飞机或系统，能够跟踪预定义的轨迹，通过进一步集成机载传感器来提供姿态信息。大多数情况下，这种感知往往来自视觉（使用光学），可实现包括气象和环境因素，如飓风监测和化学羽流等任务探测。因此，大多数无人机在高空飞行时都会有一个预定的、结构化的飞行规划和任务需求。可以预见，无人机将继续作为宝贵的资产，完成某些特定的飞行计划和任务。在世界范围内，每天的媒体头条也都有其在民用和军事任务等方面的相关报道。

目前，发展高级智能飞行机器人已成为一个必然的趋势。机器认知、感知和机载控制算法协同工作，以执行不仅仅是已知情境中的应用，其感知达到自主级别。这些机器人的自主性达到了新的高度，其目标是处理不可预测的事件，并与它们的环境互动，以适应更加广泛的应用场景。从本质上讲，绝大多数的无人机是被动的，它们提供的是结构化场景，而现代飞行机器人往往变得十分活跃，允许用户参与场景、自主行动，并可能与周围环境进行互动。图 26.43 所示为飞行机器人的指导性和新兴应用。

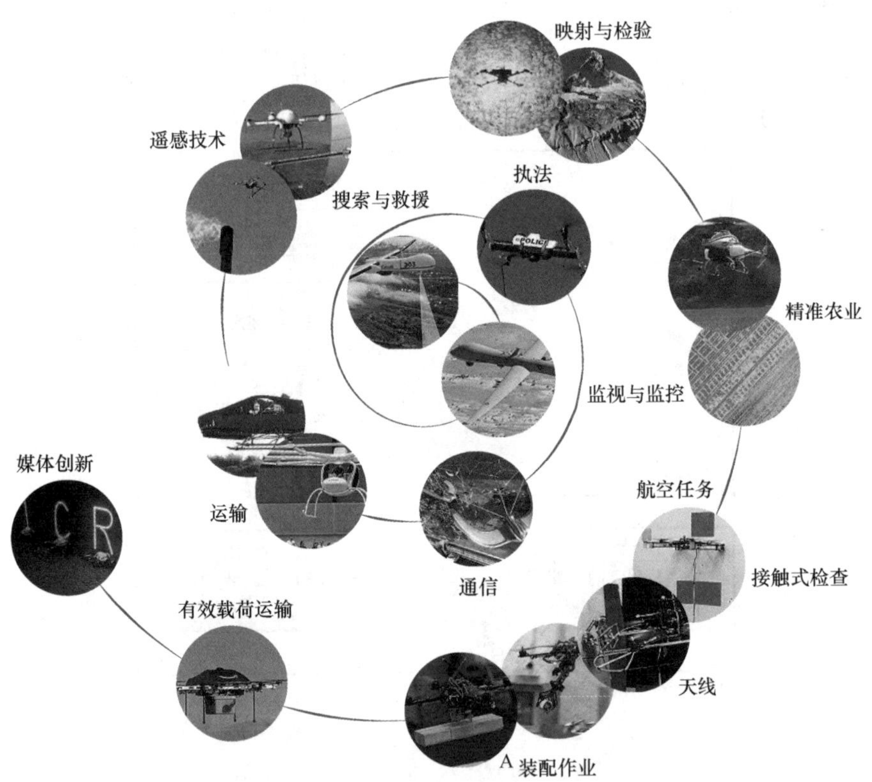

图 26.43 飞行机器人的指示性和新兴应用

26.8.1 UAS 的示范应用

本手册第1版列出了八类可能的应用。所有这些应用都已经实现，尽管成熟度各不相同。UAS（无人机和飞行机器人）目前已部署在：

1）遥感技术。
2）灾害应对。
3）监测。
4）搜索与救援。
5）图像采集。
6）通信。
7）运输。
8）有效载荷传递。

前五类主要属于侦察、监视和目标获取（RSTA）领域，无人机继续成功地完成基于 RSTA 的任务，如火山取样、损害评估、边境巡逻和摄影，而后三类可通过先进的飞行机器人来执行任务。配备了计算智能的飞行机器人可以实施集群作业，也可以在建筑物、森林、洞穴和隧道等近地环境中进行空运、机动和互动。因此，从发展趋势上看，飞行机器人技术的应用范围完全超越了 RSTA。现在重新审视这八种类型，除了工业用途的视觉检查需另行讨论，预期的突破可能包括：

1）遥感技术：无人机已经用于管道探测、电力线监测、火山取样、测绘、气象学、地质学、农业养殖和未爆地雷探测。先进的飞行机器人还能够进行管道风险评估和维修、电力线路维护、实时绘图、作物护理和地雷拆除。

2）灾难响应：无人机也用于化学感应、洪水监测和野火管理。先进的飞行机器人还能够进行基础设施修复、洪水缓解和野火扑救。

3）监视：无人机被用于执法、交通监视，以及海岸、海上和边境巡逻。先进的飞行机器人还能够完成人群控制、交通重新规划，以及检查海运和货车集装箱等任务。

4）搜索和救援：在低密度或难以到达的地区使用无人机进行搜索和救援行动的设想已经成为现实。先进的飞行机器人还能够通过评估护理和提供急救支持而超越伤员抢救的范畴。

5）视觉检查：在相当长的时间内，利用无人机向地面操作员提供直接的视觉信息，以检查工业和民用结构。未来的飞行机器人还能够作为一个新的、执行维护工作任务的自主检查工具。

6）运输系统：无人机已经用于小型和大型货物运输，以及可能的客运。先进的飞行机器人还能够对其他飞机进行空中加油、货物的装卸及伤亡人员的装载。

7）通信系统：无人机作为语音和数据传输的永久或临时通信中继，以及用于远程视觉或无线电的广播单元目前已成为现实。先进的飞行机器人还能够作为墙上的窃听设备，栖息和凝视以获取来自电力线的能量，建立网络，特别是在具有降级的通信区域中。

8）载荷输送：无人机已被用于灭火或农作物喷粉。先进的飞行机器人还能够完成对有效载荷的灵巧操纵，如修复结构、运送和插入物流，以及处理作物的工具。

9）图像采集：电影摄影或实时娱乐是另一种相对成熟的无人机使用场景。先进的飞行机器人还能够对像素进行操作，并在编队飞行中用作空气中的物理显示器。

26.8.2 当前应用及任务

自该手册第 1 版出版以来，媒体标题不断记录 UAS 及其在所有上述应用领域中所发挥的作用。这已经不仅仅是名义上的，而被视为常规手段。下面提供了每个类别中最近、最新的示例来强调这一信息。

无人机用于 RSTA 的军事行动中是例行公事，跟踪目标，并在越来越多的情况下摧毁它们，已成为一种常用的军事行为，但遥感、救灾和监视等非军事任务也正在成为常规做法。除了图像采集，无人机通常用于收集气象数据，NASA 和 NOAA 定期部署无人机，以对飓风进行实时监测。船上的二氧化硫传感器从火山羽流中收集空气中的样本。无人机经常被部署救灾：在福岛（2011 年）和飓风桑迪（2012 年）收集了航拍图像，以评估建筑物的损坏情况；对海盗和卡特尔贩毒集团的监控也突显了带有高分辨率摄像机和夜视系统的无人机的有效性。

目前，无人机被部署到空降碰撞风险较低的开放和/或狭窄的区域，但对情景感知的需求将由无人机控制。对更多数据的需求将推动新型无人机的开发。因此，一些知名而尖端的空气动力学设计原则将得到应用，使 UAS 飞得更远，并结合不同的飞行方式，如垂直起降（VTOL）。传感器套件也将变得越来越复杂，以收集更高分辨率和/或多光谱数据；推进技术也将被设计成使 UAS 能够携带更多的传感器。最终的效果是，随着任务变得更加常规和频繁，无人机及其性能将不断增长，以满足不断扩大的基于 RSTA 的需求。

26.8.3 飞行机器人的新兴应用

未来的道路上充满了具有挑战性的新兴应用，这些应用将受益于飞行机器人技术的利用，尤其是当考虑近地环境，如在建筑物内和周围，通过森林和地下隧道和洞穴时。在 RSTA 之外，这样的环境还提供了飞行机器人灵巧地与对象交互的机会。如今的无人机可在野火上空释放阻燃剂，但明天的飞行机器人将连接软管并突破墙壁进行灭火。交互能力可体现在飞行模式、有效载荷能力、算法（感知、控制、运动规划和抓取）和操作臂（手臂和末端执行器）等局部技术中，后两个领域与机器人研究的通用领域相互重叠。随着理解的深入和开发的可实现性越来越强，飞行机器人的应用空间、需求和影响将进一步扩大。下面将简要介绍一些激动人心的新兴应用。

1. 执行装配作业

一个概念是将飞行机器人应用于物理结构的装配作业，这种装配方式突破了运输和有效载荷传输的界限。像宾夕法尼亚大学[26.80]、瑞士（苏黎世联邦理工大学）[26.81]的实验室使用带夹持器的四旋翼飞行器来验证此概念。演示包括工件的拾取和将工件放置到规定的位置。这些工件使用磁铁或预加工的关节进行自动连接，以验证具有多个飞行器协同、减轻地面效应、感测和绘图等干扰，并执行敏捷的操纵能力。德雷克塞尔、特恩特、塞维利亚和耶鲁大学的研究团队正在为旋翼飞行器机器人配备操作臂，以说明可实施更为灵巧的操作任务，如插孔、拧紧和拆卸工件等。装配和实施一般性的物理工作将在灾难响应（结构修复）、遥感（插入传感器）之类的任务中得以应用。

2. 接触式检查

在码头、船舶和边境口岸检查集装箱是一项艰巨的任务。传感技术在不断进步，可以检查这些容器的内部。利用灵巧的飞行机器人可以打开舱口和行李箱，也可以产生许多应用。飞行机器人检查可以成为一个新兴的应用类别，如可以对桥梁、管道和电力线进行物理探测，甚至帮助维修和更换零件。交互式检测也可以出现在农作物处理、地雷拆除等应用中，像苏黎世联邦理工大学[26.82]和博多尼亚大学[26.83]这样的实验室已经在这个方向上发表了相关的结果。

3. 媒体创新

自该手册第1版出版以来，无论是供应商的数量还是旋翼机的种类都大幅增加。在2000年中，一架四旋翼商用飞行器售价为40000美元不足为奇。今天，有几十家公司提供机器人旋翼机，价格从几百美元到10000美元不等，尺寸从皮球到自行车轮子，配置包括单体、同轴和多旋翼，这样的差异可能会产生很多创新和创业型公司。

麻省理工学院SENSEable实验室的萤火虫项目或许是最能说明协调多个飞行机器人来显示图像的概念。每个飞行机器人作为飞行像素并机动到位，形成二维或三维图像。除了视觉和动态艺术，这种能力可以实现机载显示，用于人群控制、交通疏导和SOS信号，也可以将创意表达扩展到渲染音乐会、在体育场馆做广告等。

4. 自主结构检测与三维重建

从飞行机器人日益增长的作用来看，绘制区域图、对建筑物和基础设施进行结构检查，以及识别感兴趣的物体或区域是最重要的应用之一。飞行机器人在这些领域实现了里程碑式的阶段性成果。最近，研究人员利用一种小型的FW-UAS[26.84]和精密的机器人视觉技术成功地提取了瑞士山顶马特宏峰的高精度三维模型[26.84]，其他工作也包括使用多旋翼飞行器和高度集成的视觉惯性算法检查了一台真正的发电厂锅炉[26.85]，而在工业应用方面，飞行机器人可以最大限度地减少检查电力基础设施次数[26.86]，并经常与地理信息系统（GIS）数据结合使用[26.84]。值得注意的是，在民用基础设施和土木工程领域，一些最大的资产所有者和服务提供商对此也表现出浓厚的兴趣，并参与了旨在使这种飞行机器人技术成为一个不可或缺的、改变游戏规则的大型联合体（见Petrobot项目[26.87]；ARCAS，飞行机器人协同装配系统[26.88]；Eu-RoC，欧洲机器人的挑战[26.89]和ARGOS挑战[26.90]）。

5. 精准农业

精确农业被视为可以使飞行机器人成为促进增长和提高生产质量的关键保证因素之一。日本的农业部门历来处于相关研究工作的领先地位，如雅马哈RMAX等成功的设计被广泛用于监测和喷洒作业[26.5]。早在2002年12月，日本就使用了1687架飞行机器人进行精准农业作业。目前的研究成果和早期实施的先驱技术，为尽可能广泛地利用飞行机器人技术促进农业生产开辟了一个更有前途的渠道，如在小型农场使用微型飞行机器人，并通过集成先进的多谱线感知传感（即NDVI）[26.91]，准确地绘制地图并分析植物生长水平和是否存在病害，这些技术有望成为优化和加强农业文化服务的重要工具。此外，配备有操作臂的飞行机器人将能够根据它们对农业生产的感知自主地行动，并将多项农业服务和任务所需的时间和精力降至最低。

26.8.4 开放性问题

新兴类别既强调更传统的无人机与新兴的飞行机器人技术之间的差异，也强调在多大程度上可以进一步推动先进技术的发展。显然，今天的无人飞行系统承载能力有限，但增加操作臂就不一样了。当与物体交互时，飞行机器人必须处理反作用力和力矩，人们对这种反应的理解仍然是一个悬而未决的问题。无论如何，太空和水下机器人专家都在研究更加灵巧的操作臂，以完成卫星维修和海洋石油钻井平台上阀门转动等任务。随着对这一问题的研究和提升能力的提高，将实现更加灵巧的飞行机器人。

空域准入是一个经常被提及的问题，可能会限制飞行机器人的研发和广泛应用。2012 年，美国国会通过了一项法案，规定到 2015 年，允许无人机在美国领空内飞行，这也引发了十几个州之间建立无人机飞行试验场（UASIRT）的竞争。在欧盟，类似的事件也发生过，在芬兰（Kemijarvi）、瑞典（Leat）和威尔士（Parc AbePorth）等地都有 UAS 试验场。

最后，颇具讽刺意味的是，如今的无人机需要一批高技能的操作人员，如在某些捕食者任务中，船员人数最多可达 12 人；同样具有讽刺意味的是，人为错误是无人机事故中常被提及最多的原因。由于国家空域内 UAS 数量的增加，对更多运营商的需求也会增加，这可能会增加无人机相关事故的风险。有效的无人机飞行员培训、操作人员认证、紧急着陆处理，以及与载人飞机共用机场等也将成为迫切需要的问题。

26.9 结论与延展阅读

飞行机器人的设计需要多个领域的背景知识，从空气动力学到动力学、控制和系统的集成：本章对各类与 UAS 相关的基础知识、分析工具、设计指南、建模和设置运行进行了概述。重点从续航时间、范围、灵活性、尺度、复杂性，以及系统集成等多个角度，强调如何定制化服务一个系统的特定应用。这种汇集只是作为一个起点，以此激励读者研究各个领域及其相关文献，包括飞机和系统设计、经典的自主机器人技术，尤其是在感知、认知和运动控制等方面面临的诸多挑战。

视频文献

VIDEO 493 Delfly II in hover
available from http://handbookofrobotics.org/view-chapter/26/videodetails/493

VIDEO 602 AtlantikSolar field-trials
available from http://handbookofrobotics.org/view-chapter/26/videodetails/602

VIDEO 603 senseSoar UAV Avionics testing
available from http://handbookofrobotics.org/view-chapter/26/videodetails/603

VIDEO 604 Structural inspection path planning via iterative viewpoint resampling with application to aerial robotics
available from http://handbookofrobotics.org/view-chapter/26/videodetails/604

VIDEO 688 sFly: Visual-inertial SLAM for a small helicopter in large outdoor environments
available from http://handbookofrobotics.org/view-chapter/26/videodetails/688

VIDEO 689 UAV stabilization, mapping & obstacle avoidance using VI-sensor
available from http://handbookofrobotics.org/view-chapter/26/videodetails/689

VIDEO 690 Project Skye – autonomous blimp
available from http://handbookofrobotics.org/view-chapter/26/videodetails/690

VIDEO 693 Flight stability in aerial redundant manipulators
available from http://handbookofrobotics.org/view-chapter/26/videodetails/693

VIDEO 694 The astounding athletic power of quadcopters
available from http://handbookofrobotics.org/view-chapter/26/videodetails/694

VIDEO 695 Robots that fly ... and cooperate
available from http://handbookofrobotics.org/view-chapter/26/videodetails/695

VIDEO 696 A robot that flies like a bird
available from http://handbookofrobotics.org/view-chapter/26/videodetails/696

VIDEO 697 Robotic insects make first controlled flight
available from http://handbookofrobotics.org/view-chapter/26/videodetails/697

VIDEO 719 Towards valve turning using a dual-arm aerial manipulator
available from http://handbookofrobotics.org/view-chapter/26/videodetails/719

参考文献

26

26.1 S. Leutenegger, M. Chli, R.Y. Siegwart: Brisk: Binary robust invariant scalable keypoints, Proc. IEEE Int. Conf. Comput. Vis. (ICCV) (2011) pp. 2548–2555

26.2 D. Scaramuzza, M.C. Achtelik, L. Doitsidis, F. Fraundorfer, E.B. Kosmatopoulos, A. Martinelli, M.W. Achtelik, M. Chli, S.A. Chatzichristofis, L. Kneip, G.H. Lee, S. Lynen, L. Meier, M. Pollefeys, A. Renzaglia, R. Siegwart, J.C. Stumpf, P. Tanskanen, C. Troiani, S. Weiss: Vision-controlled micro flying robots: From system design to autonomous navigation and mapping in GPS-denied environments, IEEE Robotics Autom. Mag. **2014**(9), 1–10 (2014)

26.3 K. Alexis, G. Nikolakopoulos, A. Tzes: Model predictive quadrotor control: Attitude, altitude and position experimental studies, IET Control Theory Appl. **6**(12), 1812–1827 (2012)

26.4 M.W. Achtelik, S. Lynen, S. Weiss, M. Chli, R. Siegwart: Motion and uncertainty aware path planning for micro aerial vehicles, J. Field Robotics **31**(4), 676–698 (2014)

26.5 K. Nonami: *Autonomous Flying Robots: Unmanned Aerial Vehicles and Micro Aerial Vehicles* (Springer, Berlin, Heidelberg 2010)

26.6 H. Tennekes: *The Simple Science of Flight: From Insects to Jumbo Jets* (MIT, Cambridge 2009)

26.7 W.J. Pisano, D.A. Lawrence: Control limitations of small unmanned aerial vehicles in turbulent environments, Proc. AIAA Guid. Navig. Control Conf. (2009)

26.8 B. Mettler, C. Dever, E. Feron: Scaling effects and dynamic characteristics of miniature rotorcraft, J. Guid. Control Dyn. **27**(3), 466–478 (2004)

26.9 ICAO: *Manual of the ICAO Standard Atmosphere: Extended to 80 Kilometres (262 500 feet)* (Int. Civil Aviation Organization (ICAO), Montréal 1993)

26.10 M. Hepparle: JavaFoil – Analysis of java airfoils, http://www.mh-aerotools.de/airfoils/javafoil.htm (2007)

26.11 M. Drela: XFOIL – Subsonic airfoil development system, http://www.web.mit.edu/drela/Public/web/xfoil (2000)

26.12 Techwinder: xlfr5, http://www.xflr5.com (2000)

26.13 B.W. McCormick: *Aerodynamics, Aeronautics, and Flight Mechanics* (Wiley, New York 1979)

26.14 G.J. Leishman: *Principles of Helicopter Aerodynamics* (Cambridge Univ. Press, Cambridge 2006)

26.15 G.D. Padfield: *Helicopter Flight Dynamics* (Blackwell, New York 2007)

26.16 L. Zaccarian: *Dc Motors: Dynamic Model and Control Techniques* (Lecture Notes Univ. Rome, Rome 2012)

26.17 M. Drela: AVL (Software for aerodynamic and flight-dynamic analysis), http://web.mit.edu/drela/Public/web/avl (2004)

26.18 B. Etkin: *Dynamics of Atmospheric Flight* (Wiley, New York 1972)

26.19 G.J.J. Ducard: *Fault-Tolerant Flight Control and Guidance Systems: Practical Methods for Small Unmanned Aerial Vehicles*, Advanced in Industrial Control (Springer, Berlin, Heidelberg 2009)

26.20 M.C.Y. Niu: *Airframe Structural Design* (Conmilit, Hong Kong 1988)

26.21 R. Randolph: *R/C Airplane Building Techniques*, R/C Encyclopedia (Air Age, Wilton 1991)

26.22 D.P. Raymer: *Aircraft Design: A Conceptual Approach* (AIAA, Washington 1989)

26.23 A. Noth: Design of Solar Powered Airplanes for Continuous Flight, Ph.D. Thesis (Ecole Polytechnique Fedenale de Lausanne, Lausanne 2008)

26.24 R.W. Beard, T.W. McLain: *Small Unmanned Aircraft: Theory and Practice* (Princeton Univ. Press, Princeton 2012)

26.25 A.A. Lambregts: *Vertical flight path and speed control autopilot design using total energy principles*, AIAA Paper (AIAA, Washington 1983)

26.26 S. Park, J. Deyst, J.P. How: A new nonlinear guidance logic for trajectory tracking, Proc. AIAA Guid. Navig. Control Conf. (2004) pp. 16–19

26.27 S. Bouabdallah, C. Bermes, S. Grzonka, C. Gimkiewicz, A. Brenzikofer, R. Hahn, D. Schafroth, G. Grisett, W. Burgard, R. Siegwart: Towards palm-size autonomous helicopters, Proc. Int. Conf. Exhib. Unmanned Aer. Veh. (2010)

26.28 P.I.E. Pounds, D.R. Bersak, A.M. Dollar: Grasping from the air: Hovering capture and load stability, Proc. IEEE Conf. Robotics Autom. (ICRA) (2011)

26.29 D. Gurdan, J. Stumpf, M. Achtelik, K.-M. Doth, G. Hirzinger, D. Rus: Energy-efficient autonomous four-rotor flying robot controlled at 1 khz, Proc. IEEE Int. Conf. Robotics Auton. Syst. (2007)

26.30 G.M. Hoffmann, H. Huang, S.L. Waslander, C.J. Tomlin: Quadrotor helicopter flight dynamics and control: Theory and experiment, Proc. AIAA Guid. Navig. Control Conf. (2007)

26.31 A. Ko, O.J. Ohnaian, P. Gelhausen: Ducted fan uav modeling and simulation in preliminary design, Proc. AIAA Model. Simul. Technol. Conf. Exhibit. (2007)

26.32 R. Naldi, F. Forte, L. Marconi: A class of modular aerial robots, Proc. 50th IEEE Conf. Decis. Control Eur. Control Conf. (2011)

26.33 E.R. Ulrich, J.S. Humbert, D.J. Pines: Pitch and heave control of robotic samara micro air vehicles, J. Aircr. **47**, 1290–1299 (2010)

26.34 C.Y. Yun, I. Park, H.Y. Lee, J.S. Jung, I.S. Hwang, S.J. Kim: A new vtol uav cyclocopter with cycloidal blades system, Proc. 60th AHS Annu. Forum Amer. Helicopter Soc. (2004)

26.35 R.W. Prouty: *Helicopter Performance, Stability and Control* (Krieger, New York 2005)

26.36 M.B. Tischler, R.K. Remple: *Aircraft and Rotorcraft System Identification: Engineering Methods with Flight-Test Examples* (AIAA, Washington 2006)

26.37 B. Mettler: *Identification, Modeling and Characteristics of Miniature Rotorcraft* (Kluwer, Boston 2002)

26.38 A.R.S. Bramwell, G. Done, D. Balmford: *Bramwell's*

Helicopter Dynamics (Butterworth-Heinemann, London 2001)
26.39 R.T.N. Chen: *Effects of primary rotor parameters on flapping dynamics*, Tech. Rep. (National Aeronautics and Space Administration, Washington 1980)
26.40 R.T.N. Chen: *A survey of nonuniform inflow models of rotorcraft flight dynamics and control applications*, Tech. Rep. (National Aeronautics and Space Administration, Washington 1989)
26.41 R. Cunha: Advanced Motion Control for Autonomous Air Vehicles, Ph.D. Thesis (Instituto Superior Tecnico, Universidade Tecnica de Lisbon, Lisbon 2007)
26.42 T.N. Pornsin-Sirirak, S.W. Lee, H. Nassef, J. Grasmeyer, Y.C. Tai, C.M. Ho, M. Keennon: MEMs wing technology for a battery powered ornithopter, Proc. 13th IEEE Annu. Int. Conf. MEMS (2000) pp. 799–804
26.43 T.N. Pornsin-Sirirak, Y.C. Tai, C.M. Ho, M. Keennon: Microbat: A palm-sized electrically powered ornithopter, Proc. NASA/SPL Workshop Biomorphic Robotics (2001) pp. 14–17
26.44 S.P. Sane: The aerodynamics of insect flight, J. Exp. Biol. **206**(23), 4191–4208 (2003)
26.45 M.H. Dickinson, F.O. Lehmann, S.P. Sane: Wing rotation and the aerodynamic basis of insect flight, Science **284**(5422), 1954–1960 (1999)
26.46 J. Young, S.M. Walker, R.J. Bomphrey, G.K. Taylor, A.L.R. Thomas: Details of insect wing design and deformation enhance aerodynamic function and flight efficiency, Science **325**(5947), 1549–1552 (2009)
26.47 L. Zhao, Q. Huang, X. Deng, S.P. Sane: Aerodynamic effects of flexibility in flapping wings, J. R. Soc. Interface **7**(44), 485–497 (2010)
26.48 F.O. Lehmann, S.P. Sane, M. Dickinson: The aerodynamic effects of wing-wing interaction in flapping insect wings, J. Exp. Biol. **208**(16), 3075–3092 (2005)
26.49 D. Lentink, S.R. Jongerius, N.L. Bradshaw: *Flying Insects and Robots* (Springer, Berlin, Heidelberg 2009)
26.50 G.C.H.E. de Croon, M.A. Groen, C. De Wagter, B. Remes, R. Ruijsink, B.W. van Oudheusden: Design, aerodynamics, and autonomy of the DelFly, Bioinspiration Biomim. **7(2)**, 025003 (2012)
26.51 M. Keennon, K. Klingebiel, H. Won, A. Andriukov: Tailless flapping wing propulsion and control development for the nano hummingbird micro air vehicle, Proc. Am. Helicopter Soc. Futur. Vert. Lift Aircr. Des. Conf. (2012)
26.52 K.Y. Ma, P. Chirarattananon, S.B. Fuller, R.J. Wood: Controlled flight of a biologically inspired, insect-scale robot, Science **340**(6132), 603–607 (2013)
26.53 D. Lentink, M.H. Dickinson: Rotational accelerations stabilize leading edge vortices on revolving fly wings, J. Exp. Biol. **212**(16), 2705–2719 (2009)
26.54 W. Shyy, H. Aono, C.-K. Kang, H. Liu: *An Introduction to Flapping Wing Aerodynamics* (Cambridge Univ. Press, Cambridge 2013)
26.55 C.P. Ellington, C. van den Berg, A.P. Willmott, A.L.R. Thomas: Leading-edge vortices in insect flight, Nature **384**, 626–630 (1996)
26.56 D.R. Warrick, B.W. Tobalske, D. Powers: Lift production in the hovering hummingbird, Proc. R. Soc. Biol. Sci. (2009) pp. 3747–3752
26.57 F.T. Muijres, L.C. Johansson, A. Hedenstrom: Leading edge vortex in a slow-flying passerine, Biol. Lett. **8**(4), 554–557 (2012)
26.58 J. Koo, T. Oka: *Experimental Study on the Ground Effect of a Model Helicopter Rotor in Hovering*, Tech. Rep. (NASA, Washington 1966)
26.59 S.P. Sane, M.H. Dickinson: The control of flight force by a applying wing: Lift and drag production, J. Exp. Biol. **204**(15), 2607–2626 (2001)
26.60 M.C. Achtelik, K.-M. Doth, D. Gurdan, J. Stumpf: Design of a multi rotor MAV with regard to efficiency, dynamics and redundancy, Proc. AIAA Guid. Navig. Control Conf. (2012)
26.61 Ascending Technologies Ltd.: http://www.asctec.de (2015)
26.62 Sensefly (Parrot Company): http://www.sensefly.com (2000)
26.63 M.W. Achtelik: Advanced Closed Loop Visual Navigation for Micro Aerial Vehicles, Ph.D. Thesis (ETH Zurich, Zurich 2014)
26.64 A. Bachrach, S. Prentice, R. He, N. Roy: RANGE – Robust autonomous navigation in GPS-denied environments, J. Field Robotics **28**, 644–666 (2011)
26.65 S. Leutenegger, P. Furgale, V. Rabaud, M. Chli, K. Konolige, R. Siegwart: Keyframe-based visual-inertial slam using nonlinear optimization, Proc. Robotics Sci. Syst. (RSS) (2013)
26.66 S. Weiss: Vision Based Navigation for Micro Helicopters, Ph.D. Thesis (ETH Zurich, Zurich 2012)
26.67 A.I. Mourikis, S.I. Roumeliotis, J.W. Burdick: SC-KF mobile robot localization: A stochastic cloning kalman filter for processing relative-state measurements, IEEE Trans. Robotics **23**(4), 717–730 (2007)
26.68 A. Bachrach, S. Prentice, R. He, P. Henry, A.S. Huang, M. Krainin, D. Maturana, D. Fox, N. Roy: Estimation, planning, and mapping for autonomous flight using an RGB-D camera in GPS-denied environments, Int. J. Robotics Res. **31**, 1320–1343 (2012)
26.69 T. Tomic, K. Schmid, P. Lutz, A. Domel, M. Kassecker, E. Mair, I. Grixa, F. Ruess, M. Suppa, D. Burschka: Toward a fully autonomous UAV: Research platform for indoor and outdoor urban search and rescue, IEEE Robotics Autom. Mag. **19**(3), 46–56 (2012)
26.70 S. Bouabdallah: Design and Control of Quadrotors with Application to Autonomous Flying, Ph.D. Thesis (STI School of Engineering, EPFL, Lausann 2007)
26.71 T. Lee, M. Leoky, N.H. McClamroch: Geometric tracking control of a quadrotor UAV on SE(3), Proc. 49th IEEE Conf. Dec. Control (CDC) (2010) pp. 5420–5425
26.72 P. Doherty, J. Kvarnström, F. Heintz: A temporal logic-based planning and execution monitoring framework for unmanned aircraft systems, Auton. Agents Multi-Agent Syst. **19**(3), 332–377 (2009)
26.73 P.E. Hart, N.J. Nilsson, B. Raphael: A formal basis for the heuristic determination of minimum cost paths, Trans. Syst. Sci. Cybern. **4**(2), 100–107 (1968)
26.74 S. Karaman, E. Frazzoli: Incremental sampling-based algorithms for optimal motion planning, Proc. Robotics Sci. Syst. (RSS), Zaragoza (2010)
26.75 L.E. Kavraki, P. Švestka, J.-C. Latombe, M.H. Overmars: Probabilistic roadmaps for path planning in high-dimensional configuration spaces, IEEE Trans. Robotics Autom. **12**(4), 566–580 (1996)
26.76 S.M. LaValle, J.J. Kuffner: Randomized kinodynamic planning, Int. J. Robotics Res. **20**(5), 378–400 (2001)
26.77 A. Bry, N. Roy: Rapidly-exploring random belief

trees for motion planning under uncertainty, Proc. IEEE Int. Conf. Robotics Autom. (ICRA) (2011) pp. 723–730

26.78 H. Cover, S. Choudhury, S. Scherer, S. Singh: Sparse tangential network (SPARTAN): Motion planning for micro aerial vehicles, IEEE Proc. Int. Conf. Robotics Autom. (ICRA) (2013)

26.79 R. He, S. Prentice, N. Roy: Planning in information space for a quadrotor helicopter in a gps-denied environments, IEEE Proc. Int. Conf. Robotics Autom. (ICRA) (2008) pp. 1814–1820

26.80 Q. Lindsey, D. Mellinger, V. Kumar: Construction with quadrotor teams, Auton. Robots **33**(3), 323–336 (2012)

26.81 J. Willmann, F. Augugliaro, T. Cadalbert, R. D'Andrea, F. Gramazio, M. Kohler: Aerial robotic construction towards a new field of architectural research, Int. J. Archt. Comput. **10**(3), 439–460 (2012)

26.82 G. Darivianakis, K. Alexis, M. Burri, R. Siegwart: Hybrid predictive control for aerial robotic physical interaction towards inspection operations, Proc. IEEE Int. Conf. Robotics Autom. (ICRA) (2014)

26.83 L. Marconi, R. Naldi, L. Gentili: Modelling and control of a flying robot interacting with the environment, Automatica **47**(12), 2571–2583 (2011)

26.84 Z. Lin: UAV for mapping – low altitude photogrammetric survey, Proc. 21st ISPRS Congr. Techn. Commis. I, Beijing (2008) pp. 1183–1186

26.85 J. Nikolic, M. Burri, J. Rehder, S. Leutenegger, C. Huerzeler, R. Siegwart: A UAV system for inspection of industrial facilities, Proc. IEEE Aerosp. Conf. (2013) pp. 1–8

26.86 Cyberhawk: Aerial Inspection and Suervying Specialists, http://www.thecyberhawk.com (2015)

26.87 Petrobot Project: http://www.petrobotproject.eu/

26.88 ARCAS: Aerial Robotics Cooperative Assembly System, http://www.arcas-project.eu/

26.89 EuRoC: European Robotics Challenges, http://www.euroc-project.eu/

26.90 ARGOS Challenge: http://www.argos-challenge.com/

26.91 E.R. Hunt Jr., W.D. Hively, S.J. Fujikawa, D.S. Linden, C.S.T. Daughtry, G.W. McCarty: Acquisition of nir-green-blue digital photographs from unmanned aircraft for crop monitoring, Remote Sens. **2**, 290–305 (2010)

27

第 27 章

微纳机器人

Bradley J. Nelson，Lixin Dong，Fumihito Arai

微机器人学（microrobotics）领域涵盖了从毫米到微米范围内的机器人操作，以及该范围内自主机器人的实体设计和制造。纳机器人学（nanoorobotics）同样如此，但其尺寸比微型机器人更小。在微纳尺度上对物体进行定位、定向和操作的能力，对于包括微纳机器人在内的微纳系统是一种非常有前景的技术。

本章对微纳机器人的最新研究进行了概述，详细介绍了尺度效应，驱动、传感和制造技术，重点介绍了微纳机器人操作系统及其在微装配、生物技术，以及微机电系统和纳机电系统（MEMS 和 NEMS）的构建和表征中的作用。材料科学、生物技术和微纳电子学也将受益于机器人领域的这些进展。

目　录

27.1 概述

近年来，机器人技术的发展极大地扩展了人类在各种领域探索、感知、理解和操作环境的能力，上至太阳系的边缘、下至海底，小至单个原子，如图 27.1 所示。这个量级的底层技术已经朝着对更多物质微观结构的操控方向发展，这表明通过对原子进行逐个排列以完全彻底地控制分子结构是完全可能的，正如 1959 年 Richard Feynman 在他关于微型化问题的预测性文章首次提出的那样[27.1]：

我想谈的是如何操纵和控制更小尺度物体的问题。我不担心最后的结论是否正确，最终在遥远的未来以我们想要的方式可以任意安排原子：就是原子，以任何方式！

27

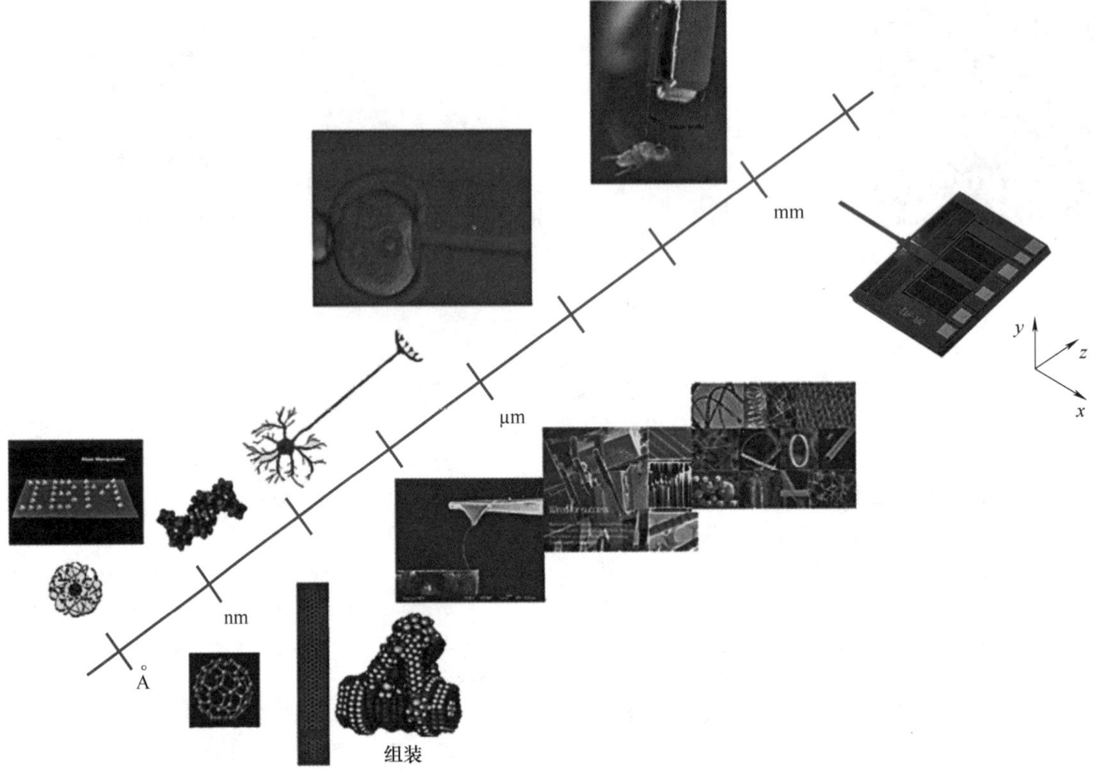

图 27.1 微纳尺度上的机器人探索

他断言，在原子水平上，我们将会拥有新的力量、新的可能性和新的效应。制造与再生材料是非常不同的，在我看来，物理学原理并不排除对原子实行逐个控制的可能性。

现如今，这项技术被称为纳米技术。

Feynman提到的伟大未来在20世纪80年代已开始实现，他对纳米技术的一些潜在梦想都已变为现实，而其他的技术也正在积极实施中。Feynman预言，使用一个微型机器人操作臂（主从系统）进行自下而上的微小机器制造（操作、装配等）；这样的设备被他描述为“把外科医生吞下去”，并将其归功于他的朋友Albert R. Hibbs。他还设想，可以建造数亿个微型工厂，相互建立模型，在制造的同时进行冲压、钻孔等[27.1]。从20世纪六七十年代将看似遥远的概念变成现实，到20世纪80年代后期微机电系统（MEMS）的出现，微纳机器人的研究取得了非常大的进展。这些系统以微加工的微电机和微夹持器的形式存在，它们都是在一个多晶硅芯片上制造而成[27.2]。20世纪80年代后期和20世纪90年代初，涌现了大量关于如何实现基于MEMS装有微电机的微机器人设备及应用的文章[27.3,4]。现在，各种各样的微型机器人设备正在不同领域实现新的应用。

在工业领域中，微机器人涉及的领域包括装配[27.5,6]、性能表征、检查和维护[27.7,8]、微定位[27.9]（利用微光学芯片、微透镜和棱镜来进行定位）和微工厂[27.10]，这些应用都需要在亚微米精度范围对小部件进行自动处理和组装。

还包括一些其他重要领域，如生物工程（对细胞进行操作、收集、分类和组合）[27.11]和医疗技术[27.12,13]。进行外科手术时，可操纵导管和内窥镜的使用非常有吸引力，而且越来越小的微机器人装置正在迅速发展；不受控制的无线微型机器人能够探索和修复我们的身体（“吞咽式外科医生”），这种形式机器人的出现只是时间问题。实际上，市场上已经开始使用无线胶囊（摄像药丸）的内视镜，可对整个消化道进行内窥镜成像[27.14]，而这些若采用标准的方法不太可能实现。磁控转向或爬行式运动对于一些设备来说也是可行的方法[27.15]。医生可以操作固定在药丸上的摄像头和其他驱动器，到达超出内窥镜活检范围区域的某个位置，以便进行视觉和组织检查。

纳米机器人学代表了进一步小型化操作纳米尺度物体的技术它是在纳米尺度下的机器人研究，包括纳米级的机器人，即纳米机器人和拥有在纳米分辨率下操作纳米物体的宏观尺度机器人，即纳米机器人操作臂。纳米机器人领域汇集了多门学科，包括用于生产纳米机器人的纳米制造工艺、纳米驱动器、纳米传感器，以及在纳米尺度上的物理建模。纳米机器人的操作技术，包括纳米大小零部件的装配、生物细胞或分子操作，以及用来完成这些任务的机器人类型和构造纳米机器人组件的技术。

随着 21 世纪的到来，纳米技术对人类健康、财富和安全性的影响预计将超过 20 世纪抗生素、集成电路和人造聚合物三者对人类影响的总和。例如，1998 年，N. Lane[27.16] 提出，如果问我哪个科学与工程领域将最可能产生突破？我的回答是纳米科学与工程。

纳米技术带来的巨大科学与技术机遇刺激了对纳米世界的广泛探索，并引发了一场激动人心的全球竞争。美国政府在 2000 年[27.17] 提出了《国家纳米科技计划》，加速了纳米技术研究的发展。如果 Drexler 基于机械合成的自复制分子装配器的纳米系统可以实现，那么纳米机器人将会使纳米技术发挥重要作用，并最终成为纳米技术的核心部分[27.18]。

20 世纪 80 年代，扫描隧道显微镜（STM）的出现从根本上改变了我们与单个原子和分子的交互方式，甚至改变了我们对单个原子和分子的看法[27.19]。近端探针方法的本质，促进了对传统显微成像技术之外的纳米世界的探索。扫描探针允许我们对单个分子、原子和化学键进行操作，提供了一种在极限制造条件下的有效工具，还可以在非统计基础上探索分子特性。

STM 和其他的纳米操作臂都是利用了自下而上策略的非分子机器。尽管在一段时间内只进行一个分子反应制造大批量的产品是不切实际的，但它有望为开发新一代的纳米操作臂提供帮助。重要的是，通过纳米操作能够实现直接装配分子或超大分子，以构造更大的纳米结构，通过纳米操作制造的产品可以通过自下而上策略的第一步生产出来，这些组装的产品被用来自组装成纳米机器。

纳米机器人操作最重要的应用之一是纳米机器人装配。但现在看来，在装配的自我复制能力实现之前，从原子开始的化学合成和自组装的组合都是必要的。由于热运动，分子群体能够很快进行自组装，因此它们可以探索自己所处的环境，并找到（绑定）互补性分子。鉴于蛋白质在自然分子机器中的关键作用，因此它们是自组装人造分子系统早期阶段的重要组成部分。Degrado[27.20] 证明了设计可折叠成固体分子物质的蛋白质链的可能性。在人工酶和其他相对较小的分子方面也取得了进展，这些分子具有与天然蛋白质类似的功能。一些使用自组装自下而上的策略似乎是可行的[27.21]，化学合成、自组装、超分子化学使人们有可能从纳米级构建相对更大的组件。纳米机器人操作是构建纳米器件的混合方法的基础，通过构造小的单元，并将它们组装成更复杂的系统。

尽管许多研究者认为，未来纳米机器人的形式和将来执行哪些任务现在仍不明确，但可以确定的是纳米技术在制造小于 100nm 的智能传感器、驱动器和系统方面取得了较大进展。这些纳米机电系统（NEMS）将作为制造未来纳米机器人及其组件的工具，而制造的这些组件将用于开发纳米机器人。将设备的尺寸缩至纳米尺度带来了很多机会，如利用纳米工具操纵纳米物体，在飞克（fg，$1fg=10^{-15}g$）范围内测量质量，在皮牛（pN，$1pN=10^{-12}N$）范围感知力的大小，以及诱发千兆赫兹的运动等，这些能力都将由未来纳米机器人和 NEMS 来实现。NEMS 和纳米机器人组件是纳米机器人操纵的产品，由于这一发展，宏观尺度的纳米操作臂将会缩小尺寸，从而使机器人的操作臂和其他形式的纳米机器人纳米化，所有这一切构成了纳米机器人学的研究领域。

本章将重点介绍微纳机器人学，包括在微纳尺度上的驱动、操纵和装配。这些机器人领域的主要目标是提供有效的技术，以用于微纳世界的探索试验，并且从机器人学研究的角度拓展这一探索的边界。

27.2 尺度

27.2.1 物体尺寸

我们可以观测到的范围是 10^{-35}（普朗克长度）~ 10^{26}m（可观测宇宙的半径），一个纳米单位是 10^{-29}m，是最小原子（氢和碳原子）的 10 倍；1μm 与可见光的平均波长相差无几，因此人眼是看不见的；1mm，一个针头的大小，是采用传统的加工技术所能达到的最小尺寸。从毫米到纳米的尺度范围是一百万（图 27.1），这也是目前从最大的摩天大楼到传统的最小机械零件大小的变化范围，这使新技术差不多跨越了 6 个数量级。如果用 L 表示一个标准长度，0.1nm 表示原子长度，2m 表示一个人的高度，L 的量程范围就是 2×10^{10}。如果用来表示面积，0.1nm×0.1nm 和 2m×2m，L^2 的范围为 4×10^{20}。由于体积 L^3 是由边 L 围成，原子的大小为 0.1nm，因此在 $8m^3$ 的体积中，原子的个数为 8×10^{30} 个，阿伏伽德罗常数为 $N_A=6.022\times10^{23}$，即 1mol 所含原子数，假设原子为 C_{12}，它的密度为 $1.99\times10^4kg/m^3$。纳米技术最主要的一个工具就是缩放各种各样属性的大小，如从 1mm 缩小到 1nm。

一个设备中的原子数为 L^3。在微米尺度上的晶体管中包含 10^{12} 个原子，而在纳米尺度上 $L'/L=10^{-3}$，包含有 1000 个原子，这对于保持其功能来说可能太小。

通常情况下，我们会在三维空间中的各维度进行等比例缩放，但在一维或二维的方向上进行缩放才是有用的，如将一个立方体压缩为一个二维薄片 a，或者是截面积为 a^2 的一维直管或纳米线。零维用来表示在三维中各个方向都很小的物体，其体积是 a^3。在电子学中，零维物体（一个体积为 a^3 的纳米大小的半导体）称作量子点（QD）或人造原子，这是因为它的电子态数很少，并且其能源大幅分离，看起来像是一个原子的电子态。

27.2.2 微纳尺度主导下的物理学

微纳尺度主导下的物理学与宏观尺度物理学有着显著的不同。当物体的尺寸小于 1000μm 时[27.22]，表面力和分子间的作用力，如来自于表面张力的黏附力、范德华力、静电作用力等变得更加重要，而不再是物体间的相互作用力。尽管经典的牛顿定律仍可以解释当尺寸缩小至 10nm 的行为变化，但尺度变化带来的差异还是很大的。因此，随着许多重要的物理性质，如共振频率发生了巨大的变化，也将促使全新应用的出现。

纳米技术最具挑战性的问题是如何理解和利用那些在经典尺度范围边缘的物理行为。尺度边缘恰恰是原子和分子的尺度大小，其中纳米物理学[27.23]可用来代替经典物理学定理。现代物理学，包括量子力学，作为描述纳米尺度物质的物理学理论，是一门发展较为成熟，但仍受限于建模和计算能力的可应用于实际并具有发展前景的学科。

今天，模拟与近似解越来越多地促进纳米物理学在几乎所有感兴趣的领域中应用。在理论化学、生物物理学、凝聚态物理学、半导体器件物理学等大量的文献中，许多核心问题已得到（充分或较充分）解决。当前的实际问题是寻找相关主题，并不断地转换术语和单元系统，应用已有结论来解决手头的问题。

27.3 微纳尺度的驱动技术

纳米机器人和纳米操作臂的定位能力在很大程度上取决于纳米驱动器。虽然纳米驱动器尚在探索阶段，基于 MEMS 的驱动器已经开始减小了驱动器的尺寸[27.24]。纳米分辨率的运动也得到广泛研究，并且可以通过各种驱动原理产生这类运动。实现纳米尺度驱动普遍采用静电学、电磁学和压电学等方法。对于纳米机器人操作，除了纳米分辨率和较小的尺寸，驱动器还需要产生较大的工作行程和较大的力以适应此应用。当驱动器的带宽在几赫兹及以上时，速度指标就变得不再重要了。表 27.1 列出了早期工作中适用于微机电系统中的驱动数据[27.25-30]（部分源自参考文献［27.24］）。

关于不同驱动原理的几篇综述文章也已发表[27.4,31-34]，在驱动器设计阶段，需要在运动范围、力、速度（驱动频率）、功耗、控制精度、系统可靠性、鲁棒性、承载能力等之间进行权衡。本节将重点回顾纳米驱动技术及其潜在的应用。

表 27.1 微机电系统中的驱动数据

驱动原理	运动类型	体积/m^3	速度/s^{-1}	力/N	行程/m	分辨率/m	功率密度/(W/m^3)	参考文献
静电	线性	400	5000	1×10^{-7}	6×10^{-6}	不适用	200	［27.24］
电磁		0.4×0.4×0.5	1000	2.6×10^{-6}	1×10^{-4}	不适用	3000	［27.25］
压电		25.4×12.7×1.6	4000	350	1×10^{-3}	7×10^{-8}	不适用	［27.26］

（续）

驱动原理	运动类型	体积/m^3	速度/(rad/s)	力矩/N·m	行程/rad	分辨率/rad	功率密度/(W/m^3)	参考文献
静电		$\frac{\pi}{4}\times0.5^2\times3$	40	2×10^{-7}	2π	不适用	900	[27.27]
电磁	旋转	$2\times3.7\times0.5$	150	1×10^{-6}	2π	$5/36\pi$	3000	[27.28]
压电		$\frac{\pi}{4}\times1.5^2\times0.5$	30	2×10^{-11}	0.7	不适用	不适用	[27.29]

27.3.1 静电学

当一种材料逐渐累积或失去自由电子时，就会产生静电电荷，进而产生异种电荷相互吸引或同种电荷相互排斥力。由于静电场的出现和消失都非常迅速，因此这类装置必须有非常快的运行速度，并且受环境温度变化影响很小。

以前研究已经产生了许多使用静电驱动的微型设备，如硅基微马达[27.35,36]、微阀[27.37]和微镊[27.38]，这种类型的驱动对实现纳米尺度驱动也是很重要的。

静电场可以产生很大的力，但距离的跨度很短。当需要电场跨越很大的距离时，就需要提供更高的电压，从而来维持所需要的力。由于静电设备具有极低的电流消耗，使得该类驱动更加高效。

27.3.2 电磁学

当电流通过导电材料时，将会产生电磁力，相邻导体所产生的吸引力或排斥力的大小与电流强弱成正比。因此，通过建造结构可收集和集中电磁力，并且利用这些力产生运动。

由于磁场的出现和消失都非常迅速，因此设备的运行速度也非常快。由于电磁场可以存在于很宽的温度范围内，因此其性能主要取决于驱动器的材料特性。

一个微型电磁驱动器的例子是微阀，它使用一个小的电磁线圈缠绕在硅微机械阀结构上[27.39]。电磁驱动器进一步进入微纳领域，可能会受到制造小型电磁线圈难度的限制。此外，大多数电磁装置要求电流导体和移动元素之间是相互垂直的，这对于通常用于制造硅器件设备的平面制作技术来说是很难的。

电磁装置的一个重要的优势是将电能高效地转换为机械运动，从电源的角度，这种转换的电流消耗较少。

27.3.3 压电学

当电场或电荷发生变化时，某些晶体的尺寸就会发生变化，而压电运动就来自于这种尺寸的变化。可以设计一种装置，用于收集和聚集当尺寸变化时所产生的力，进而利用这些力产生运动。典型的压电材料包括石英、锆钛酸铅（PZT）、铌酸锂晶体和一些聚合体，如聚偏二氟乙烯（PVDF）。

压电材料在电压发生变化时反应非常迅速，并且具有很高的重复性。因此，利用可重复的振荡可以产生精确的运动，如许多电子设备上使用的石英计时晶体。压电材料也可用于制造传感器，将拉伸和压缩应变转换为电压。

在微尺度，压电材料已被用于线性尺蠖驱动装置和微泵[27.40]，STM 和大多数纳米操作臂中利用的就是压电驱动器。

压电材料具有较高的力和速度，在不通电的情况下则返回到一个中性位置。它们表现出非常小的行程（低于 1%）。交变电流在压电材料中产生振荡，在样品的基本共振频率下运行产生最大的伸长率和最高的电源效率[27.41]。当压电驱动器工作在黏滑模式时，可以提供毫米到厘米的行程。大多数商用的纳米操作臂均采用此类型的驱动器，如 New Focus 的 Picmotors 和 Klock 的 Nanomotors。

27.3.4 其他技术

其他技术包括热力学、相变、形状记忆合金、磁致伸缩材料、电流变、电流体动力学、反磁力学、磁流体动力学、形变材料、聚合物和生物方法等（活体组织、肌肉细胞等）。表 27.2 对这些纳米驱动器进行了比较。

表 27.2 纳米驱动器比较

类型	效率	速度	功率密度	类型	效率	速度	功率密度
静电	很高	快	低	形状记忆合金	低	中	非常高
电磁	高	快	高	磁致材料	中	快	非常高
压电	很高	快	高	电流变	中	中	中
热力学	很高	中	中	电流体动力学	中	中	低
相变	很高	中	高	反磁力学	高	快	高

27.4 微纳尺度的成像技术

有篇综述性文章给出了微纳机器人研究领域中常用的成像工具，包括光学、电子和扫描探针显微镜，以下将会讨论这些工具的应用与集成。

在微纳尺度下选择合适的成像/传感工具时，首先应考虑以下因素：

1）样本。大小、导电性、与环境相容性是其中最需要考虑的因素。例如，在生物应用中，通常需要空气或液体，因此分辨率低的光学显微镜是首选；如果需要更高的分辨率，则可以选用原子力显微镜或扫描近场光学显微镜。

2）分辨率。能够看到样本的精细程度。一旦能够看到细微的部分，就可以将它们放大。每种显微镜的分辨率都有限，若想超过最大的分辨率，将会得到无用的放大倍数。一般来说，光学显微镜（OM）不能提供超过200nm的分辨率。最好的商用扫描电子显微镜（SEM）具有大约1nm的分辨率，而透射电子显微镜（TEM）则能达到0.2nm的分辨率，低温下的超高真空扫描隧道显微镜（STM）可用于观测原子级结构。表27.3列出了光学显微镜和电子显微镜的性能比较。

表 27.3 光学显微镜与电子显微镜的性能比较

特　性	OM	TEM	SEM
一般用途	表面变形和切片（1~40μm）	切片（40~150nm）或薄膜上的小粒子	表面变形
照明源	可见光	高速电子	高速电子
最高分辨率	ca. 200nm	ca. 0.2nm	ca. 3~6nm
放大率范围	10~1000×	500~500000×	20~150000×
景深	0.002~0.05nm	0.004~0.006mm	0.003~1mm
镜头类型	玻璃	电磁	电磁
图像射线点	镜片	透镜磷光板	扫描设备阴极管

3）景深。在可接受的焦距内，样本的深度范围。显微镜的景深很小，这就需要上下运动连续聚焦，才能查看较厚的样本。

4）对比度。明与暗之间的比例。大多数情况下，显微镜使用吸收对比度，也就是说，为了便于观察，试样通常是被浸染的，称作明视野显微镜（术），还有使用外加的方式来产生对比度，如相衬、暗场、微分干涉对比等。

5）亮度。光的数量。显微镜的放大率越大，需要的光线越多，光源也应有一个波长（颜色）的长度，这将促进与样本相互作用。根据样本的照明方式，所有显微镜可以分为两种类型：典型的复式显微镜，光线穿过样本并形成光学图像，这称为透射照明；立体显微镜，通常是利用反射，投影照射不透明的样本，光被反射到样本上，然后进入物镜。

27.4.1 光学显微镜

自16世纪末发明以来，光学显微镜在基础生物学、生物医学研究、医疗诊断和材料科学等方面扩充了我们的认知。光学显微镜可以将物体放大1000倍，给我们展现了一个丰富多彩的微观世界。光学显微镜技术的发展远远超出Robert Hooke和Antoni van Leeuwenhoek 发明的第一台显微镜，当前专业技术和光学技术的发展完全可以揭示活细胞的生物化学结构。目前使用的大部分光学显微镜为复式显微镜，物体的放大图像是由物镜和第二个成像系统（眼或目镜）形成的。显微镜也进入了数字化时代，主要使用电荷耦合器件（CCD）和数码相机捕获图像。

现代显微镜的发展使光学显微镜变成了一个大家族。为了某种特殊用途，也可以选择其他类型的光学显微镜，包括相衬显微镜、荧光显微镜、共焦扫描光学显微镜和用于图像重建的解卷积显微镜等。

27.4.2 电子显微镜

1. 扫描电子显微镜（SEM）

自 1966 年 SEM 成为商用以来，SEM 在高分辨率和景深方面都比传统的光学显微镜更有价值。传统的 SEM 可以观测到纳米尺度（≈1nm），而光学显微镜只能达到 200nm[27.42]。不同于传统的光学显微镜，SEM 拥有更好的景深信息，使成像试样具有三维外观。早期的 SEM 仅限于观测导电的样本，现在的许多 SEM 利用变舱技术不仅可以观测导电样本，还可以为非导体样本拍摄图像。

2. 透射电子显微镜（TEM）

透射电子显微镜可以精确至一个原子尺度以下（大约 1Å）。TEM 操作模式与 SEM 相似，包含两个显微镜和一个电子枪照明源，TEM 检测可穿过给定样本的电子，因此它的电子枪工作在较高能级水平（50~1000kV），而 SEM 的电子枪电压一般为 1~30kV 为实现正确成像，样本必须很薄，这样电子束才可以穿透样本，透不过样本的电子将检测不到。不像 SEM，TEM 图像在外观上是二维的。

27.4.3 扫描探针显微镜

1. 扫描隧道显微镜（STM）

与 TEM 相似，STM[27.19]同样是在原子尺度下观测样本。STM 的扫描探针是由贵金属削成原子大小的尖头，安装在压电驱动的直线运动工作平台上。STM 利用的是隧道量子力学效应。当用一个很小的电位差驱动电子时，电子穿过探针尖与样本之间的间隙，从而产生电子隧道效应。此过程发生在探针尖与样本之间，隧道电流通常为几毫安，与探针尖和样本之间的表面距离有关[27.43]。利用反馈控制系统，通过控制探针尖和样本之间的距离，可以使电流保持在恒定值，然后探针尖沿着样本整个表面进行扫描。由于控制系统能同时保持恒定的隧道电流，从而保持恒定的探针尖和样本之间的距离。扫描的结果便生成一个样本图形，它有足够的分辨率以检测原子尺度下的特征。STM 可以在所谓的等高模式快速成像，探针尖在平行于平均表面部分进行扫描，探针尖-样本距离可以直接从测量的隧道电流推断出来[27.43]。

2. 原子力显微镜（AFM）

AFM[27.44]被认为是 STM 显微镜的衍生品，STM 的一个缺点是它需要导电探针和样本才能正常工作。研制 AFM 的主要目的是用来观测非导电样本，使其与 STM 相比具有更广泛的适用性。除了可以为非导电样本成像，AFM 还可以为浸入液体的样本成像，而这对生物应用非常有效[27.45]。虽然 STM 和 AFM 很相似，都是利用原子大小的探针扫描样本的表面，但它们的工作原理是不同的，原子力显微镜（AFM）是基于原子力[27.45]，而 STM 利用的是电子隧道。另外，AFM 的探针尖装在微悬臂的末端，在很短的分离间隙中，探针尖原子与样本原子之间的作用力会引起微悬臂发生偏转，这个偏转通常可以通过用激光照射在微悬臂的背面测量出来，激光束的反射击中光电探测器，使微悬臂恢复偏转。应用胡克定律可以计算力，它只与材料的刚度和挠度有关，力可以精确至皮牛[27.43]。原子力显微镜有三种主要的工作模式，即接触模式、非接触模式和轻敲模式。

与 SEM 和 TEM 不同，STM 和 AFM 不需要在真空环境中工作，但高真空是有利的，可以防止样本被周围环境和湿度所污染。此外，由于湿度原因，利用 AFM 获得原子尺度的分辨率几乎是不可能的。湿度会形成水膜，从而产生毛细作用力带来的问题，而这些都只能在真空环境下或溶液中得以解决[27.43]。

27.5 制造

微纳机器人装置的设计与现有的制造技术有着千丝万缕的联系。虽然在过去几十年中，微制造技术得到了快速发展，但纳米制造技术仍处于积极探索中，并且由这些技术产生的设计限制还没有突破。本节将着重介绍包括光刻、薄膜沉积、化学刻蚀、电沉积等在内的传统的微加工工艺，并描述一些新兴的纳米制造技术。

大多数微纳加工技术都源于半导体工业的标准

制造方法[27.46-48]。因此，清楚地了解这些技术对于任何从事微纳领域研究和开发的人都是必要的。

27.5.1 微制造

本节主要介绍在微结构制造中常用的微制造技术。

1. 光刻

光刻是一种将计算机生成的图形转移到基板上（硅、玻璃、砷化镓等）的技术，该图形随后用于各种目的（掺杂、刻蚀等）的底层薄膜（氧化物、氮化物等）刻蚀。采用紫外线（UV）光源的刻蚀技术，是目前在微电子制造中应用最广泛的一种光刻技术。电子束和X射线光刻是MEMS和纳米制造领域中备受关注的两种替代技术，本节主要讨论光刻技术，而将电子束和X射线技术的讨论放到后面纳米技术的章节中。

对一个特定的制造序列，由计算机排布生成的开始点是生成光掩模，这涉及一系列摄影过程（使用光学或电子束型发生器），结果在薄玻璃板（≈100nm）的铬层形成所期望的图形，生成掩模后，就可以进行光刻和刻蚀工艺，如图27.2所示。在基板上堆积好需要的材料后，用光致抗蚀剂旋涂基板，光刻过程开始。这是一种聚合物光敏材料，可以压成液体形式的干胶片。另外，在使用抗蚀剂前，通常还添加一种附着力促进剂，如六甲基二硅氮烷（HMDS）。自旋速度和光致抗蚀剂的黏度将确定最终的抗蚀厚度，此厚度一般为0.5~2.5μm。有两个不同种类的光致抗蚀剂，即阳性的和阴性的。利用阳性抗蚀剂时，在此后的制作阶段，紫外线曝光区域将会发生降解反应；利用阴性抗蚀剂时，在制作之后，曝光区域仍然保持完整无损。在晶片上用光致抗蚀剂旋涂后，需要对基板进行软烘烤（60~100℃，5~30min），以使溶剂从抗蚀剂中挥发出来，并且可以提高附着力；随后将掩模与晶片对准，使光致抗蚀剂暴露在紫外线下。

曝光后，光致抗蚀剂的曝光类似于照片底片的曝光，为了增强抗蚀剂对晶片表面的附着力，需要对抗蚀剂进行硬烘烤（120~180℃，20~30min），当晶片上创建出所需要的图形时结束硬烘烤。接下来，刻蚀底层薄膜，利用丙酮或其他有机溶剂去除光致抗蚀剂。图27.3所示为使用阳性光致抗蚀剂的光刻步骤。

2. 薄膜淀积与掺杂

薄膜沉积与掺杂广泛应用于微纳制造工艺中，大多数制造的结构包含材料而不含基板，这些材料可以通过各种沉积技术或基板的改性获取。这些技术包括氧化、掺杂、化学气相淀积（CVD）、物理气相沉积（PVD）和电镀等。

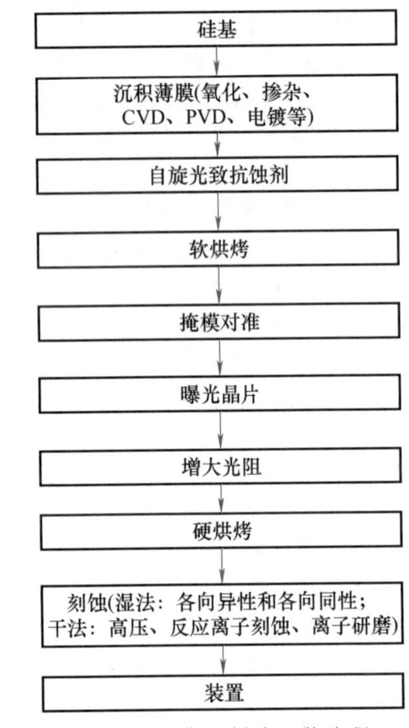

图27.2 典型制造工艺流程

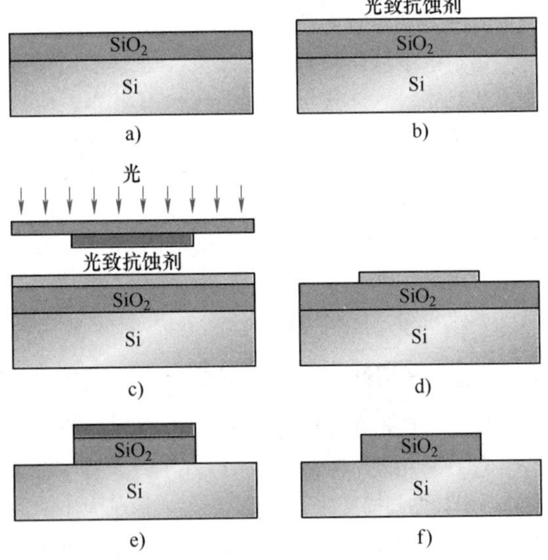

图27.3 使用阳性光致抗蚀剂的光刻步骤
a）氧化底版 b）旋转光致抗蚀剂和软烘烤
c）曝光处理光致抗蚀剂 d）硬烘烤光致抗蚀剂
e）刻蚀氧化物 f）条纹化光致抗蚀剂

3. 刻蚀和基质去除

在微纳制造中，除了薄膜刻蚀，通常基板（硅、玻璃、砷化镓等）也需要拆除，以生成各种机械结构（梁、板等）。任何刻蚀过程都包括两个重要的指标，即选择性和方向性。选择性主要涉及刻蚀剂，可以区分掩模层和需要刻蚀层的程度；方向性必须和掩模下的刻蚀轮廓相一致。在各向同性刻蚀中，刻蚀剂以相同的速度在材料的各个方向上发生反应，在掩模下产生半圆形的轮廓（图 27.4a）；在各向异性刻蚀中，溶解速度取决于具体的方向，可以得到直侧壁或其他非圆形轮廓（图 27.4b）。可以将各种刻蚀技术分为干法刻蚀和湿法刻蚀两大类。由于边缘腐蚀，湿法刻蚀局限于 3μm 以上的图形尺寸，光致抗蚀剂和氮化硅是两种最常见的湿式氧化层刻蚀屏蔽材料。在各向异性和各向同性的湿法刻蚀中，晶体（硅和砷化镓）和非晶体（玻璃）基板在微纳制造中都是重要的材料[27.49-53]。

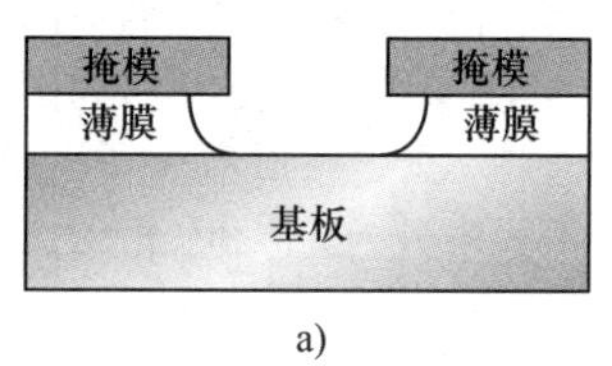

a)

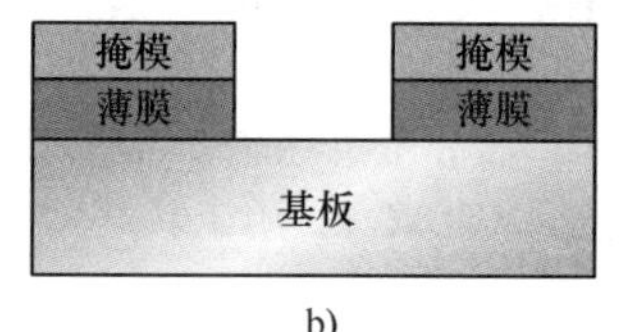

b)

图 27.4 透过光致抗蚀剂掩模形成刻蚀轮廓
a）各向同性 b）各向异性

这些具有各向异性行为的刻蚀剂已被广泛用于制作梁、膜及其他机械和结构的组件。图 27.5 所示为典型的（100）硅片各向异性刻蚀的横截面。如图 27.5 所示，（111）慢平面被曝光后，可生成 54.7°的倾斜侧壁。根据掩模开放的程度大小，在（100）晶片中形成一个 V 形槽或梯形槽，较大的开口会使硅在各个方向上都被刻蚀，从而在另一面形成薄的电介质膜。凸的比凹的刻蚀速度要快，这样可以制作出电介质（如氮化物）的悬臂梁。

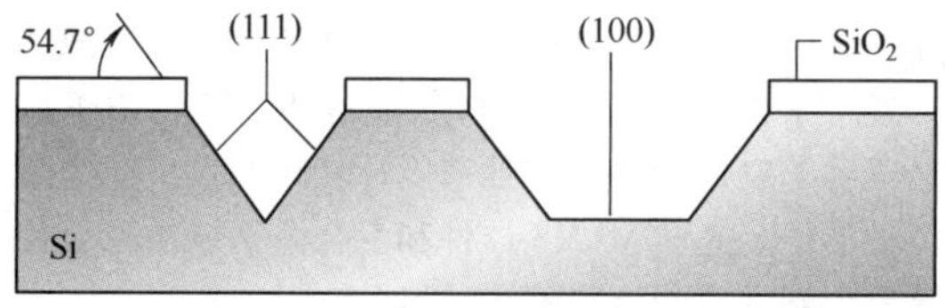

图 27.5 （100）硅片各向异性刻蚀的横截面

干法刻蚀技术一般都是基于等离子体。与湿法刻蚀技术相比，它们具有较小的切削量（适用更小尺寸的图形）和更高的各向异性（允许垂直结构的高宽比），但干法刻蚀技术的选择性要低于湿法刻蚀技术，并且必须考虑掩模材料的有限刻蚀速率。目前，具有三种基本的干法刻蚀技术，即高压等离子体刻蚀、反应离子刻蚀（RIE）和离子束刻蚀，它们获取方向的机理不同。

27.5.2 纳米制造

NEMS 的设计与装配是一个新兴领域，吸引了越来越多的研究者。在纳米制造方法中，自上而下与自下而上的这两种技术研究已得到业内认可，并正在由不同的研究人员进行独立的研究。自上而下的方法是基于微制造技术，如纳米光刻蚀、纳米压印和化学刻蚀等技术。目前，这些都是二维制造工艺，分辨率较低。自下而上的策略主要基于装配技术，包括自组装、蘸笔光刻和导向自组装等技术，这些技术能大规模地生成纳米级图形。

在本节中，我们将讨论以下三种主要的纳米制造技术：

1）电子束光刻与纳米压印制造。

2）外延与应变工程。

3）直写纳米刻蚀技术。

1. 电子束光刻和纳米压印制造

在前几节中，我们讨论了几种常用的微机电系统和微加工中常用的光刻技术，包括各种形式的紫外线（常规、深部、极限）和 X 射线光刻，但由于缺乏分辨率（在使用紫外线这种情况下），或者难以制造掩模和热幅光源（如 X 射线），这些技术并不适合于纳米尺度的制造。对于纳米结构的制造，电子束光刻技术是一个非常有吸引力的技术[27.53]。它利用电子束使电子敏感抗蚀剂，如溶解在三氯苯（正）或氯甲基聚苯乙烯树脂（负）中的聚甲基丙烯酸甲酯（PMMA）曝光。

电子束枪在 TEM（透射电子显微镜）中经常被使用，但它通常是 SEM（扫描电子显微镜）的一部分。虽然类似于 1Å 这样的电子波长很容易实现，但抗蚀剂中的电子散射只能达到 10nm 以上的分辨率。光束控制和图形生成是通过计算机接口实现的。

由于电子束光刻只能串行生产，因此其生产率很低，尽管这在基本微物理器件的制造上不是主要关注的，但它确实严重限制了大规模的纳米制造。电子束光刻与剥离、刻蚀、电沉积这样的工艺相结合，可用来制作各种纳米结构。

一种有趣的新技术就是纳米压印技术，它绕过了电子束光刻串行和生产能力低的限制[27.54]。该技术使用由电子束制造的硬质材料来控制（或塑造）压印，会使聚合的抗蚀剂产生畸变，因此，通常在反应离子刻蚀后，将压印图形从模板转移到基板上。该技术在经济上是有优势的，因为同一个图形可以反复使用，从而制造出大量的纳米结构。

2. 外延与应变工程

原子精度的沉积技术，如分子束外延（MBE）和金属有机化学气相沉积（MOCVD），用于制造大通量的量子限制结构和器件（量子阱激光器、光电探测器、共振隧穿二极管等），已被证明是有效的工具[27.55-57]。

3. 直写纳米刻蚀技术

在直写纳米刻蚀技术（DPN）中，AFM探针的针尖在大气环境中蘸有想要的化学品，并与表面接触，墨水分子像钢笔一样从笔尖流到表面。已证实，使用这种技术可将空间分辨率为5nm的线宽降至12nm[27.58]。使用DPN图形的种类主要有导电聚合物、金、树形高分子、脱氧核糖核酸（DNA）、有机染料、抗体和硫醇等。

27.6 微装配

在宏观产品制造中，为了降低制造过程的复杂性和成本，通常需要进行装配。通过装配，可用若干相对简单的零件构建复杂的产品，并集成不同的制造工艺，使维护和更换成为可能。在现代设计和制造技术追求小型化、集成化，特别是在集成电路（IC）[27.59]和微机电系统制造技术的推动下，装配技术开始向微型化方向发展。随着制造技术向微尺度甚至纳米尺度的扩展，微装配技术应运而生，用来指代微介观尺度制造中应用的装配[27.60]。微装配的正式定义为，微装配是一种限定在微尺度公差内对微观尺度或介观尺度物体的装配[27.61]。

27.6.1 自动微装配系统

在各种各样MEMS（微机电系统）的制造过程中，如设备的制造、封装及互连，微装配起着举足轻重的作用。微机电系统器件的制造与大规模集成电路的制造有着根本上的不同，前者通常需要利用复杂的三维模型[27.51]来建模，但大多数MEMS的制造技术都受限于材料类型、有限的三维制造技术和制造工艺兼容性的限制。微装配技术为解决这种限制提供了一种行之有效的解决方案。例如，不相容的制造工艺可以通过微装配的方式集成起来，使利用非传统的制造技术，如激光切割技术、微线电火花加工技术（EDM）和微铣削成为可能[27.62]，而不一定使用半导体材料的制造技术。复杂的三维结构也可通过相对简单的几何学[27.63,64]实现；同样，微装配对于MEMS的封装和互连同样是非常重要的[27.65,66]。

从机器人系统和自动化的角度来看，MEMS设备制造和封装具有许多共性的要求，即能够操纵微观/介观物体，以建立精确（即微尺度公差）的空间关系（如掩模对准、零件插入），也可以执行相应的物理/化学操作（如芯片键合、表面涂层）；另一个共同的要求是控制相互间的作用力。MEMS设备经常包含一些易损的结构件，如细的支撑梁或薄膜，这需要在操作中控制相互间的作用力，通常力的大小为在微牛至毫牛之间。

MEMS设备通常是三维的。MEMS封装不仅需要电气互连来传递信号，还需要机械互连来与外部环境交互[27.51,67]。在许多情况下，这种机械互连需要在三维空间上的精巧操纵控制和力控制。实际操作随着应用的特殊性迥异，这对自动微装配系统的开发带来极大的挑战。自动IC封装系统可用于封装某种MEMS设备，如加速度计和陀螺仪，但像微流控器件、光学MEMS器件和混合微系统的封装往往需要新的自动微装配技术和系统。

开发自动微装配系统时，首先要决定选择何种装配模式。串行微装配需要使用微型操作臂和感知反馈，在每一时刻，只有一个或几个组件处于组装状态。根据所用的物理效应，并行微装配可细分为确定性的和随机性的两种[27.68]。芯片键合就是一种确定性并行微装配的例子，而在随机性并行微装配中，在大量零部件组装的同时需使用分布式的物理效应，如静电力、毛细管力、离心力或振动[27.60,69-71]。事实上，随机并行微装配的基本理念是尽量减少感官反馈的使用。

上述微装配模式各有利弊，每个都有适合自己的应用场合。确定性并行微装配和串行微装配有几个共性，如通常在确定性并行微装配中使用感官反馈，但对确定性并行微装配各组件之间的相对定位精度要求很高。此外，为了能够并行操作，只能组装简单的平面结构。

由于 MEMS 封装过程中对三维操纵和微装配的要求，自动串行微装配将是今后应用最广泛的解决方案，尤其是那些需要多自由度及相互作用力控制的 MEMS 应用场合。串行微装配主要的缺点是低通量，但这个缺点往往可以通过适当的系统设计来克服。

在这里，我们引入一个工业应用的微装配示例[27.61]，在引线键合和芯片键合应用中，明显的不同是前者需要高精度的三维零件插入。本节将结合其他示例，说明自动微装配系统的主要概念和技术，以及各功能单元之间的逻辑连接。

装配任务是将微机械加工薄金属件拾取、转移到真空托盘（图 27.6a~c）的组装工作单元，并将它们插入硅晶片上用深反应离子刻蚀（DRIE）技术刻蚀的垂直孔中（图 27.6d、e）。晶片直径可达 8in（1in=25.4mm），每个晶片上的孔形成规则的阵列，每个阵列上大约有 50 个孔，但这些阵列可能不会规则地分布在晶片上。通常，每个晶片都要装配数百个部件。一般情况下，每个装配操作是一个典型的矩形轴插孔问题。每个金属部件矩形尖端的厚度小于 100μm，宽度约为 0.5mm；总的装配误差通常在垂直方向小于 10μm，水平方向小于 20μm。这是一个典型的三维微装配技术的应用。

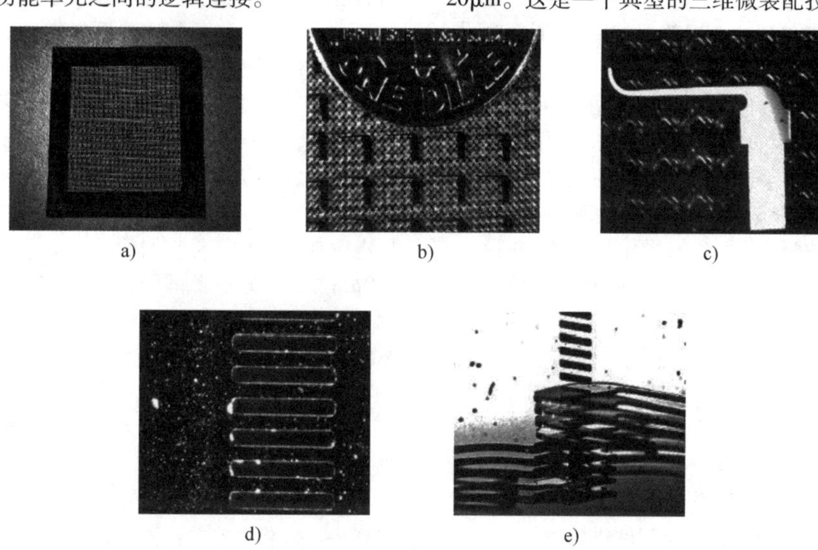

图 27.6 三维微装配示例

a）释放托盘上的部件 b）与美国硬币对比的部件 c）部件形状 d）DRIE 孔 e）装配结果

27.6.2 微装配系统设计

本节从机器人系统和自动化的角度讨论自动微装配系统的设计问题。要实现的性能目标包括高可靠性、高通量、高灵活性和低成本。

1. 一般准则

1）从系统角度出发。自动微装配系统由许多功能单元组成，并且必须整合来自不同领域的技术，如机器人学、计算机视觉、显微镜光学、物理学和化学，因此考虑这些单元间的交互是非常重要的。

2）重视封装过程中的耦合。尽管在这一节中，微装配技术主要从机器人学的角度来实现，但机器人系统的设计者必须认识到，机器人系统的架构设计对正在实现的封装过程有很强的依赖性。应该从系统开发之初就应该强化这种关系。

3）可重构设计。自动封装机的设计必须保证可定制化，以适应各种广泛的应用。因此，可重构性是一项基本的设计要求。通常，基于功能分解的模块化设计是可取的，支持工具更换也很重要。

自动微装配系统的设计强烈依赖于装配公差的需求。首先，运动控制系统和微操作系统的重复性是由装配公差决定的；其次，装配公差往往决定了光学显微镜的最低分辨率。一般的微装配任务可能只需要显微视觉反馈和具有微米级重复性的机器人，而复杂的微装配任务可能还需要集成微力和显微视觉反馈[27.72,73]。

自动化微装配系统必须能够支持各种各样的材料处理工具，包括零件传送工具、批量供料机、晶片处理工具、晶片装载机和卸料机等。

显微操作臂的作用是提供多自由度的精密运动控制，微夹持器的作用是要抓紧物件进行挑选和放置等其他装配作业，它们的效率和鲁棒性将在很大程度上决定了整个系统的性能。微夹持器的设计也与完成微装配任务的夹具设计密切相关。

环境因素主要包括房间的洁净度、温度、湿度和气流等要求。某些装配作业必须在洁净室中完成，这就要求自动微装配系统的设计符合有关标准，一些封装工艺必须在高温下进行，如共晶键合。因此，必须考虑高温对运动控制系统和显微光学的潜在影响。当操纵微型物体时，温度和湿度等环境条件对黏附力有很大影响[27.74,75]。因此，考虑环境控制系统的设计往往也是很重要的。

【示例】装配流程

微机械加工得到的金属部件（图27.6c）被水平转移到真空释放托盘（图27.6a）上的工作单元中，将晶片垂直于水平面放置在晶片贴片机上（图27.6b），这种配置因为不需要对薄金属部件进行翻转，有可靠性和效率方面的优势。在每个装配周期都存在有两种操作，即拾取和插孔。在图27.7a所示的配置下，所有操作都是由相同的工作单元执行，而复杂的封装操作常常需进行分解，由多个工作单元来执行[27.76]。

---

2. 通用系统架构

自动微装配系统通常包含以下功能单元。

1）大工作空间的定位单元。在大多数微装配操作中，需要一个大的工作空间和长距离的定位运动。为适应不同的功能单元，部件供料器、各种工具和大的工作空间是必要的。

一般来说，可以直接采用为自动化IC封装设备开发的现成运动控制系统。对于在27.6.1节中描述的任务，DRIE刻蚀的孔分布在直径达8in的晶片上，这就要求装配系统有一个相应的工作空间和较高的定位速度。粗定位单元有4个自由度（图27.7a），水平方向上的平面运动由一个开放式、高精度、工作行程为32cm（12in）的*XY*工作台提供，在两个方向上的重复定位精度为1μm；分辨率为0.1μm的位置反馈由两个线性编码器提供；各轴使用双环PID加前馈控制方案，内部速度环邻近于电动机上的旋转编码器，外部位置环邻近于线性编码器，每个晶片被放置在垂直的晶圆贴片机上，它可提供线性和旋转两类控制（图27.7b）。晶圆贴片机的垂直运动是由行程为20cm（8in）和重复定位精度为5μm的线性滑块提供，也可以通过PID加前馈算法来控制。*XY*工作台和垂直线性滑块都使用交流伺服电动机驱动，晶圆贴片机的旋转是由最高分辨率为0.0028°/步的东方PK545AUA微步进电机驱动，所有底层控制器都受一台主机总控和协调[27.61]。

对于需要1μm或更高重复定位精度的应用，可以很方便地使用传统的定位平台来实现粗范围内的定位，这些工作台通常使用丝杠或滚珠丝杠和滚珠或滚柱轴承驱动，对于需要亚微米级或纳米级重复定位精度的应用，也有几个商用可选方案，如压电驱动器常常被用于纳米级重复定位精度的动作；压电驱动器的缺点是它们的运动范围小，通常约为100μm。作为另一个例子，Aerotech可以提供一系列基于直接驱动线性驱动器和空气轴承的具有亚微米级重复定位精度的定位平台，也可以使用并联机构，如Stewart平台[27.77]。总的来说，深亚微米级集成电路制造技术的进步为这些运动控制技术的发展提供了主要动力。

2）微操作臂单元。在三维精密对准与装配等操作中，需要良好的位姿（位置和姿态）控制。第27.6.1节中介绍的由分立结构实现的任务需要6个自由度：3个笛卡儿自由度提供了一个适应Sutter MP285的微操作臂，它提供了1个旋转自由度的偏航运动（图27.7c）；横滚运动在晶片安装工作台上（图27.7b）实现；拾取后金属部件的俯仰运动不是靠电动的，而是在装配前通过手工调整和校准实现的。有关微操作臂配置的更多讨论见参考文献［27.61］。

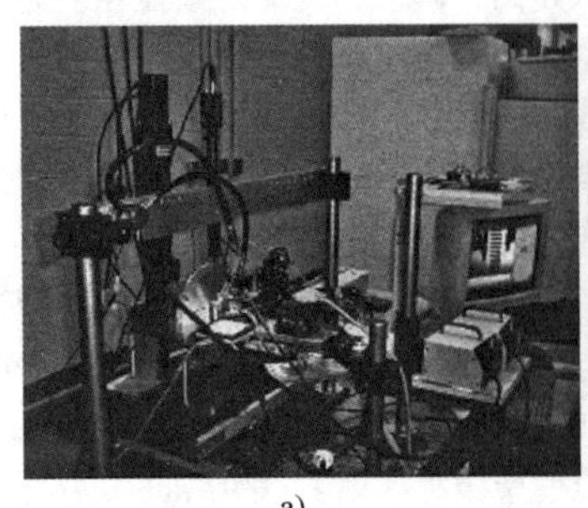

a)

b)

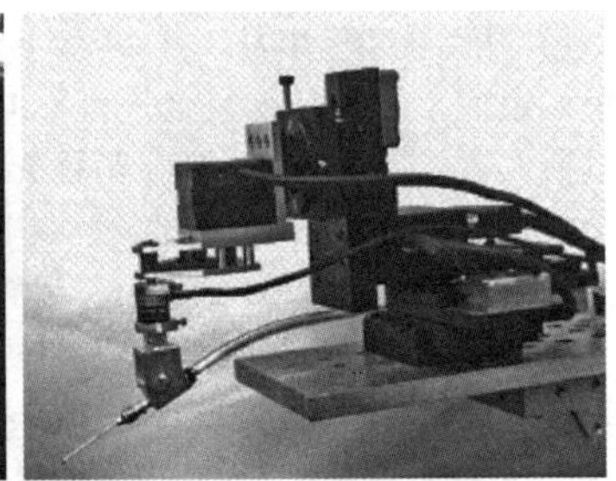

c)

图27.7 试验性的微装配工作单元

a）系统整体框架 b）装配场景 c）微操作臂单元

在实施自动三维微装配的运动控制时，需要考虑两个原则：首先是对大的工作空间的粗定位单元和精密定位微操作臂单元的划分，其次是对多自由度的分解和分布实施。在实践中，这些原则的实现高度依赖于具体应用，对于某些应用，如果一个大范围的定位单元足以满足装配公差的要求，甚至可能不必单独实施一个微操作臂。一般情况下，微操作臂单元的运动解耦有利于实施高带宽的运动控制，但通常也带来了整个运动控制系统的冗余。高精度微操作臂的功能还必须依赖于闭环反馈控制，特别是显微视觉反馈。

3）自动微夹持器单元。微夹持器的功能是在拾取、放置上提供几何和物理上的限制和装配操作，它的可靠性和效率对整个自动微装配系统性能的影响是至关重要的。微操作臂设计过程中必须考虑以下几个因素：首先，作为微操作臂的末端执行器，对微夹持器必须在显微镜下进行持续监测，因此它必须体积小且具有合适的形状，以保持在显微镜的视野内，并最大限度地减少干涉；其次，考虑不同的物理学原理，研究各种抓取力是很重要的[27.77]；第三，部件的抓取、放置和装配都使用了微夹持器，但由于装配通常需要更多的约束，为抓取、放置操作设计的微夹持器未必适合于装配。27.6.2 节给出了一个组合型微夹持器示例[27.61]。微夹持器的开发与微尺度的装配技术紧密相关。

4）显微镜光学和成像单元。显微镜光学和成像单元的功能是对装配对象的几何形状、运动和空间关系的非接触式的测量。商用设备键合系统的典型配置是使用一个或两个立式显微镜，倒置显微镜配置常用于背面对齐。另一方面，三维微装配可能需要配置两台摄像机的立体视图。在图 27.7a 所示的系统中，可以提供四种不同的视图以进行手动操作：整个装配现场的全局视图，部件拾取时的垂直微观视图，两个用于最后微装配操作时的精确定位和姿态调整的侧面微观视图。每个视图单元使用匹配光学系统的 CCD 摄像机，所有图像都用 Matrox Corona 外围组件互连（PCI）图像采集卡采集。

3D 对准的关键是显微视觉反馈。只要分辨率符合装配的要求，那么显微镜光学系统就能达到更远的工作距离。对于 27.6.1 节提到的装配任务，Edmund Scientific 公司的 VZM450i 变焦显微镜用 1X 物镜就能提供正确的图像。它的工作距离大约为 90mm，分辨率为 7.5μm；垂直视图也用 0.5×物镜提供，以导引拾取操作；其视野范围为 2.8mm×2.8mm~17.6mm×17.6mm 工作距离约为 147mm。

如果在自动装配任务中需要视觉伺服，还需增加另一个侧视图以形成立体配置。有些微装配任务可能需要更高的分辨率，在这种情况下，最好选用高分辨率的显微镜光学系统。例如，作者使用两台带有 Mitutoyo 超长工作距离 M Plan 的 Apo 10X 物镜的变焦显微镜，每个显微镜的分辨率为 1μm，工作距离为 33.5mm。因此，减少了微操作臂的可用工作空间[27.61]。

全局视图的实现则使用缩影 Marshall V-1260 板卡的摄像机，以监控整个装配现场的状态。对帮助操作者了解总体空间关系，防止操作失误起到了重要作用。

从机器人系统的角度来看，对于复杂的三维微装配操作，自动微装配系统的发展将依赖于以下技术的进步：

1）紧凑、可靠和高速的 5~6 个自由度微操作臂。

2）高可靠和高效率的适合在显微镜下工作的微夹持器，此类夹具应具有主动力控制或被动柔顺性，以避免损坏 MEMS 器件。

3）三维显微计算机视觉技术、三维微力测量与控制技术，以及它们的集成技术。

27.6.3 基本的微装配技术

本节介绍几种自动微装配系统的重要支持技术，包括机器视觉技术、微力控制技术和装配策略的模拟验证。

1. 机器视觉技术

机器视觉技术在半导体工业中有着广泛的应用，它与一般计算机视觉[27.78]之间的主要区别在于，前者不同于自然物体和场景，工业物体和场景往往可以人为地设计和配置，这可以显著降低复杂性和提高视觉技术的鲁棒性。根据实时处理的要求，机器视觉技术大致可以分为以下两类：

1）非实时性的视觉应用。这些应用不要求高带宽的实时控制视觉反馈，如物体识别和封装质量检验[27.79]。

2）实时性的视觉应用。这些应用需要实时的视觉反馈，如视觉拾取并定位、对准、插入等[27.80]。参考文献［27.81］中介绍了三维计算机视觉技术，参考文献［27.82］中介绍了一个标准的视觉伺服技术。

Cognex、Coreco 和 National Instruments 等供应商提供了多个商用软件包。

2. 微力控制技术

在机器人领域，力控制理论[27.83,84]已经有了 50

多年的研究历史，提出了若干理论框架和许多控制算法，并进行了试验验证，也研制出了各种各样的多自由度力传感器。

对微装配而言，力控制至关重要。例如，铰接过程中的接触力必须经常被编程和精确控制。一般来说，许多宏观力控制技术可以应用于微观/介观尺度，铰接过程的接触力控制实质上是一维的，只涉及几牛顿的力；另一方面，在微观/介观尺度操作中，相互作用力的大小一般在微牛至毫牛之间，这种尺度的力往往统称为微力。实施微力控制技术的一个主要挑战是缺乏多自由度的微力传感器，对它的基本要求是，在尺度上必须是微型的，制造这些传感器通常需要使用微制造技术，包括 MEMS 技术。具体有两种主要的微力传感配置：

1）分立式力传感器。这种配置的优点是传感器是通用的，可与不同的微夹持器配合使用，大部分宏观尺度的多自由度力传感器属于这种类型，但要求传感器具有足够的结构刚度，以支撑微夹持器的静载荷，这往往需要比力分辨率大得多。

2）嵌入式力传感器。微应变片可以连接到微夹持器，力敏材料也可以沉积在微夹持器上，这种配置避免了静态负载的问题[27.85]，但这种力感应功能依赖于微夹持器的设计。对于多自由度的微力/力矩测量，这往往不一定是最佳的。

复杂和高精度的微装配任务还需要微力控制与微机器视觉的集成控制[27.72,86]，简单的集成技术有门控/开关方案，而更综合的方法可使用视觉阻抗[27.73]。

3. 装配策略的模拟验证

在许多微装配任务中，相邻组件之间的距离通常位于微观/介观尺度上。因此，选择正确的装配顺序对于避免碰撞非常重要。此外，由于显微镜的工作距离有限，微装配只能经常在有限的空间内进行。避免碰撞是避免设备或设备损坏的关键。使用离线模拟软件可以发现和避免潜在的危险。许多商用离线机器人编程工具都可以提供这个功能。

4. 微装配工具

在自动微装配系统中，微操作臂的末端执行器往往是一个微夹持器，其可靠性和效率极大地影响整个系统的可靠性和效率。微夹持器必须尽可能的小，还必须最大限度地减少对易损 MEMS 部件的潜在损害。因此，在结构设计上，往往需要有被动柔顺的功能。

制作成带有集成 MEMS 驱动器的微夹持器，可使结构变得更紧凑。MEMS 驱动器的设计中通常使用几种物理效应，包括静电力和压电力[27.87]、SMA[27.88,89]（形状记忆合金）、热变形[27.63,90]。当前主要的限制是，MEMS 驱动器能否产生足够的行程、力、输出功率。另一个解决方案是提供外部驱动[27.61,91]，其优点是有足够的行程和力，输出功率可以更容易获得；缺点是，微夹持器在结构上不够紧凑，这可能成为其应用的一个主要障碍。

27.7 微型机器人

现在，越来越多的微型机器人在不同领域中开辟了新的应用，除了微装配，微型机器人在其他工业领域也扮演着重要角色，如操作、表征、检查和维护，以及用于生物技术中，如可以操作细胞的生物微型机器人领域。

27.7.1 简介

微型机器人学是将机器人理论及技术与 MEMS 相结合的一个新兴领域，是一种可实现在微米尺度上运行的智能机器。正如综述微型机器人领域研究进展的作者所提到的许多微观条件[27.31,92]，如微机电一体化系统、微机构、微机器和微型机器人，被用来说明许多设备的功能都是与小尺寸有关的，但小尺寸是一个相对的概念，更需要清晰的界定。

宏观尺度机器人和微型机器人最明显的差异是机器人的尺寸。因此，对微型机器人的一种定义是，一种比通常看到的零件有着更小尺寸（如微米级至毫米级）的设备，并且具有在微米和亚微米范围的工作空间中运动、施加作用力和操作对象的能力[27.93]。然而，在许多情况下，机器人能够运动更远的距离也是很重要的。具体任务的定义很广，包括各种类型的小机器人和微操作系统，它们在尺寸上可以是分米，但能进行非常精密的操纵（微米，甚至纳米范围）[27.92]。

除了可根据任务和大小进行分类，微型机器人也可根据机动性和功能进行分类[27.31,94]。许多机器人通常由传感器和驱动器、控制单元和电源组成，根据这些组件的分布，微型机器人可按以下评价指标，即运动和定位的可能性（是或否）、操作的可能性（是或否）、控制类型（无线或有线）和自主性程度进行分类。图 27.8 结合这 4 个指标描述了 15 种可能的微型机器人类型[27.31,94]。

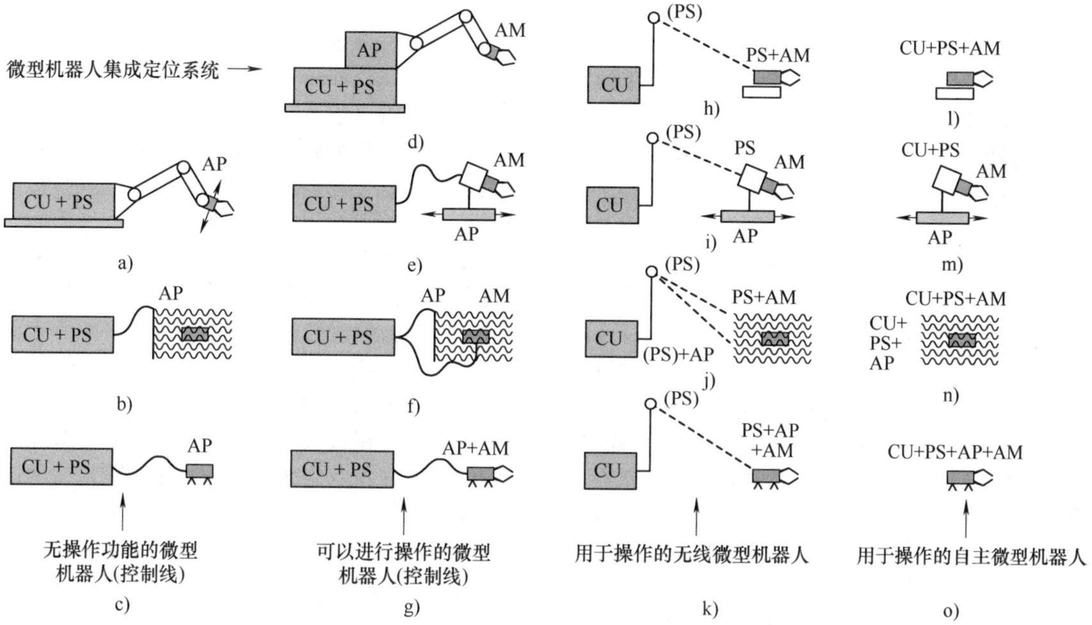

图 27.8 根据功能对微型机器人进行分类（修改了先前提出的分类方案[27.12,31,92,93]）

CU—控制单元 PS—电源 AP—定位驱动器 AM—操作驱动器

正如图 27.8 所描述的[27.24]，这种分类主要依赖于以下微型机器人的组件，即控制单元（CU）、电源（PS）、移动机器人平台所需的驱动器（如用于机器人移动和定位驱动器和 AP）和用于机器人操作所需的驱动器（如机器人手臂的控制和 AM）。除了不同的驱动功能，感知功能也是必需的，如用于微夹持器的触觉传感器或用于内窥镜的电荷耦合器件（CCD）相机（比较图 27.8a 和 d）。

最终的目标是创建一个完全自主的、配备合适的微型工具（图 27.8o）的无线移动微型机器人。因为这是一项非常困难的任务，一个良好的开端是研究制作硅基微型机器人平台的可行性（该平台需要通过无线来操作和提供动力，如图 27.8c 所示），以及研究它们的机动能力。

迄今为止，大多数已开发的基于 MEMS 的微型机器人装置可以归类为两种，即可移动连杆-微胶囊型[27.95,96]（图 27.8a）或图 27.8d[27.25]和图 27.8e 所示的微夹持器[27.97,98]。在有关移动微型机器人研究的出版物中，大多数陈述了图 27.8b 所示的微型传输系统[27.99-102]，机器人通过外部电源进行移动（比较图 27.8b、f、j、n）。根据 Fatikow 和 Rembold[27.92]的说法，许多研究人员正致力于研究在人类血管中安放移动微型机器人的方法，但微型机器人很难控制。半自主系统的一个例子是所谓的智能药丸（图 27.8j）。这种厘米大小的药丸[27.103,104]，不但配备有摄像机[27.105]，而且还可以测量人体内的温度或 pH 值。吞下药丸后，该药丸被输送到人体想要测量或记录视频顺序的部位，然后输出摄像机测量参数的信息或信号。较复杂的方法包括需要为各种不同的给药方式配备驱动器[27.92,104]，通过 X 射线检测仪或超声波来定位体内药丸的位置。一旦药丸到达受感染的区域，封装在药丸中的药通过机载驱动器释放出来，在外部可以通过无线电信号来实现通信。

关于通过 MEMS 技术和批量技术制造出的移动式微型机器人（图 27.8c、g、k），已经给出了很多重要的结论，并对表面微加工机器人[27.106,107]和压电干反应离子刻蚀机器人提出了不同的方法。针对机器人控制的低功耗专用集成电路（ASIC）已经通过了测试，并计划集成到移动式微型机器人中[27.108]。一个大型的欧盟 Esprit 项目 MINMAN（1997）提出了开发移动微型机器人平台的目标，该平台拥有 6 个自由度的集成工具，用于 SEM 的微装配等应用，涉及欧洲多所大学和公司不同的 MEMS 研究团队。此外，还开发了具有 MEMS/MST（微系统技术）组件的微型机器人系统[27.109]。

20世纪90年代初，美国研究人员发表了几篇关于微型机器人和MEMS微型机器人驱动器技术的研究论文[27.3,110]，日本的几个研究小组目前正在开发基于MEMS装置的小型化机器人[27.8]。在日本，国际贸易和工业部（MITI）支持了一个持续十年的关于微型机械技术的项目。这个项目开始于1991年，最终目标是为微型工厂、医疗技术和维修应用构建小型机器人。在这个项目中，开发了包括移动型机器人和微型输送机器人在内的许多微型机器人装置，以及用于移动任务且包含多个MEMS组件的微型机器人设备或车辆[27.111]。尽管通过MEMS技术在实现机器人微型化方面做出了巨大努力，但仍然没有试验结果表明，基于MEMS技术批量生产的微型机器人能够实现自主行走（即动力足够携带自身电源或通过遥控充电）。1999年，第一批制造的基于MEMS的可行走微型机器人平台问世[27.112]，但这种机器人是通过电线供电，并没有配备驱动器。除了移动型微型机器人，还发表了许多关于飞行机器人[27.113-115]和泳动机器人[27.116]的研究报告。利用LIGA（高精度平版光刻技术）制作的微马达和齿轮箱被用于制造微型直升机，可以从德国美因茨微技术研究所购买，但只能作为相当昂贵的实验样机[27.114]。除了纯机械的微机器人，微机电一体化组件与生物组织如蟑螂组成的混合系统也时有报道[27.117]。

27.7.2 生物微型机器人

生物操作包括定位、抓取和将材料注入细胞内的不同位置等。生物微机器人学的研究主题包括单个细胞或分子的自主操作，利用由微晶集成视觉和力传感模块组成的微型机器人系统开展生物膜力学特性研究，目的是获得对单细胞生物系统的基本认识，并提供生物膜在生物操作和细胞损伤研究中可变形细胞追踪的特征力学模型。

现有的生物操作技术可分为非接触式操作（包括光阱和电旋转[27.122-124]）和接触式操作（称为机械微操作[27.125]）。当光阱[27.118-121]用于非接触式的生物操作时，激光束通过一个大数字光圈物镜聚焦、汇合，形成一个光阱，其中的横向捕捉力会使悬浮液中的细胞向光束的中心移动，纵向捕捉力使细胞向焦点方向移动，光阱使细胞悬浮并固定它的位置。光阱可以以良好的控制方式工作，但以下两个特征使得激光陷浮技术并不适合于细胞自动注射。水溶液中可见光的高功耗要求需要使用高能量的光，以至于接近紫外光谱，这增加了损害细胞的可能性。尽管一些研究人员声称，使用近红外（IR）光谱中的波长，可以克服这样的顾虑[27.120]，但入射激光束是否会诱发细胞遗传物质异常的问题依然存在。激光束的一种替代方法是电旋转技术，由Mischel等人[27.126]、Arnold和Zimmermann[27.127]及Washizu等人[27.124]提出，并证明了细胞可在电场诱导下进行旋转。非接触式细胞操作技术主要基于相移的控制和电场的幅值，适当地应用电场，将产生细胞的扭转。基于这一原理[27.122,123]，为细胞操作建立了不同的系统配置，可实现细胞高精度定位，但由于缺少细胞位置保持技术以便进一步处理（如注射），以及由于电场的幅值必须保持在较低水平才能确保细胞的活性，使这两种非接触式生物操作技术，即光阱和电旋转技术不如机械微操作技术理想。相反，通过机械微技术，在光阱技术中由激光束带来的损害和在电旋转技术中缺乏位置保持的缺陷都能够被克服。

为了提高人工操作的成功率，并消除污染，开发了一种自主机器人系统（图27.9），可以将DNA植入小鼠胚胎的两个细胞核之一，并且不需要细胞溶解[27.11,128]。实验室的试验结果表明，自主胚原核DNA注入的成功率比传统的人工注射有了很大的提高。该自主机器人系统采用了混合控制器，结合了视觉伺服和精确定位控制，以及用于检测细胞核的模式识别和精确的自动对焦方案。图27.10所示为细胞注射过程。

为了实现大通量的注射操作，通过阳极晶片键合技术制造了一种MEMS细胞保持器。在细胞保持器上分布有排列好的孔，这样就可以将单个细胞保持和固定住，以便于注射。在完成好标定后，带有细胞保持器的系统通过位置控制可实现大量细胞注射。细胞注射操作可以采用“移动-注射-移动”的方式进行。

成功的注射取决于注射的速度、轨迹，以及施加给细胞的力。为了进一步提高机器人系统的性能，设计并制造了一种基于电容技术的多轴MEMS胞元力传感器，它能够将实时力反馈到机器人系统中。MEMS胞元力传感器同时也有助于研究生物膜机械特性的表征。

图27.11所示的基于MEMS的两轴胞元力传感器[27.129]能够测量作用于细胞上的法向力，以及由于不准确的细胞探测器而产生的切向力。一种高效的微制造工艺，即通过在绝缘硅晶圆片（SOI）深反应离子刻蚀（DRIE）生成三维高深宽比结构，外部约束框架与内部移动结构由4个弯曲弹簧连

接，作用在探头上的负载会引起内部结构的移动，从而引起每对交错分布的梳状电容器之间的间隙发生改变。因此，总电容的改变将取决于作用力，叉合电容器垂直相交，从而使力传感器能够同时检测 x 方向和 y 方向的力。在试验中，胞元力传感器能够检测最大 25μN 的力，分辨率可达 0.01μN。

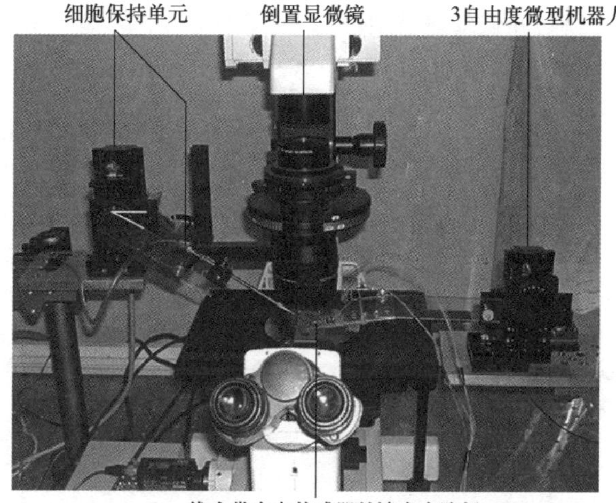

图 27.9　具有视觉和力反馈的机器人生物操作系统

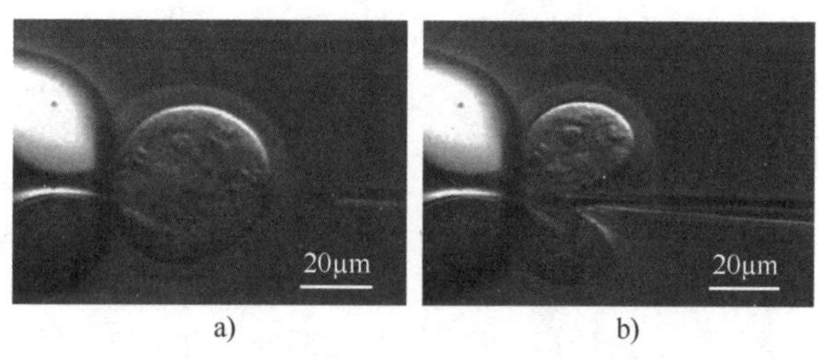

图 27.10　细胞注射过程

a）注射前　b）注射小鼠卵母细胞透明区期间

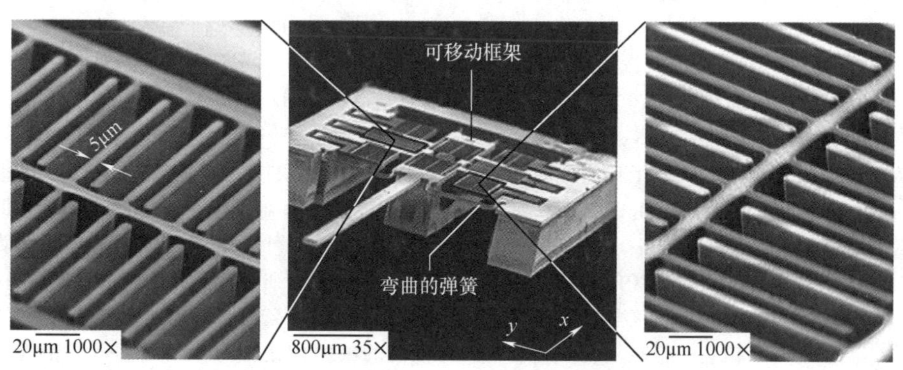

图 27.11　正交梳状驱动的胞元力传感器

端部几何形状会影响力的量化测量结果。标准注射管（Cook-MPIP-1000-5）端部区域安装有一个直径为 5μm 的针尖，此注射管附带有胞元力传感器的探针。

该机器人系统和高灵敏度的胞元力传感器同时也被应用于生物膜的机械特性研究[27.130]，旨在获得一个可以描述当外部载荷作用到细胞上时，细胞膜变形行为的一个通用参数化模型。此参数化模型有两个目的：第一，在机器人生物操作中，它允许在线参数辨识，从而可以预测细胞膜的变形行为；第二，在对细胞的损伤和恢复研究中，从细胞膜损伤的热力学模型可以辨识细胞膜的力学行为。这可以解释如下现象，如在脱水过程中，细胞体积收缩过程的机械阻力，以及与损伤之间的关系，建立这样的模型将非常有助于对细胞损伤机理的研究。

试验表明，机器人学和MEMS技术在生物研究如自动生物操作任务中扮演着重要的角色。在机器人学、视觉与力传感模块的集成，以及MEMS设计和制造技术的帮助下，正在研究生物膜的机械性能建模、变形细胞跟踪，以及单细胞和生物分子操作等。

27.7.3 仿生/无线微型机器人

与大尺度结构相似，仿生是微纳机器人设计中常用的一种重要方法，但在微/纳米尺度上，我们学习的目标不再是动物、鱼类、鸟类或昆虫，而是细菌、分子马达、DNA分子等。

例如，众所周知，多种微生物依赖鞭毛在液体中游泳，这是一种游泳的新策略，它特别适合于低雷诺数系统[27.131]。真核鞭毛是一种活跃的细胞器，它会变形，形成划水运动，如传播波或圆弧形的线性运动。先前的试验证明，这种运动可以用一个微观人造泳动机器人模拟，它由一串与DNA连接的磁性颗粒组成[27.132]。相比之下，细菌（原核生物）鞭毛的工作方式是利用分子马达来转动鞭毛或鞭毛的根部，这些鞭毛被动地形成了螺旋状结构[27.133]。

受此启发的一个例子是人工细菌鞭毛（ABF）[27.134]，可将此当作是在液体中移动的微型机器人。人工细菌鞭毛由一个类似于自然鞭毛的螺旋尾翼和一个由Cr/Ni/Au多层膜组成的薄软磁头组成，螺旋纳米带[27.135,136]通过自滚动制成。试验研究表明，ABF可以在外部旋转磁场的控制下向前推进、向后和转向，ABF的游泳速度与鞭毛所推动的细菌速度相当，但可以精确控制。

人工细菌鞭毛（ABF）由两部分组成，即螺旋尾翼和软磁金属头，如图27.12所示。之前的研究表明，螺旋尾翼的几何形状，即手性、螺旋角和直径都可以精确控制。为了遥控ABF的运动，采用了三对正交电磁线圈，以产生对称均匀的旋转磁场[27.137]。

原理上，为了向前和向后运动，ABF就像一个螺旋锥，将旋转运动转换为直线运动，如图27.12b所示。图27.12c显示了一对由线圈控制的左旋ABF泳动情形，从中可以看到，ABF在顺时针方向旋转的磁场作用下一直向前游到第10s。与一个左旋的ABF相比，当相同的磁场作用于右旋的ABF时，尽管它与左旋的方向相同，但泳动方向相反。旋转所需的磁矩由薄磁头产生，转向转矩由方头的对角轴产生，尽量与作用场对齐。对角轴是弱作用场中窄方板的易磁化轴。因此，要在水中操纵ABF，还需要另外两个参数，即偏航角（θ）和俯仰角（φ），用于ABF的转动和倾斜。

研究ABF的速度时，将其视为水中磁场强度和旋转频率的函数（图27.12d）。对一个45μm长的ABF进行测试，有3组不同的磁场强度，即1.0mT、1.5mT和2.0mT。磁场的旋转频率由5Hz增加到35Hz。结果表明，在低频下，机器人的旋转与作用的磁场同步，而ABF的速度随频率线性增加，这与在低雷诺数系统中所期望的一样[27.131]。在达到最大值后，速度会随着磁场频率的增加而降低，并变得更不确定，因为可用的磁矩已经不足以使机器人与作用场保持同步。曲线产生波动归因于未建模的边界条件，如ABF与介质之间的壁效应和分子间的相互作用。机器人所达到的最大速度是18μm/s，这与细菌，如大肠杆菌类似，它在室温下以100Hz的频率旋转它们的鞭毛[27.138]。结果还表明，通过在ABF上施加一个更强的磁矩，可以达到更高的驱动频率，从而产生更高的线速度。通过对试验结果进行推断，如果能达到100Hz的频率，就能使ABF的游动速度超过细菌的游动速度。

诸如此类的自我推进装置对用于模拟和理解自然生物的基础研究和生物医学应用非常有意义，因为它们可以用来表达细胞间或细胞内的信息，用于操作细胞或亚细胞对象，以及用于靶向药物的输送。与由自然鞭毛推动并在液体中随机移动的细菌相比，ABF的运动可以精确地由磁场控制。ABF可以作为一个测试平台，以了解细菌和其他泳动微生物的游泳行为，并且有可能用于靶向药物输送，以及作为医疗及生物应用的无线操作臂。

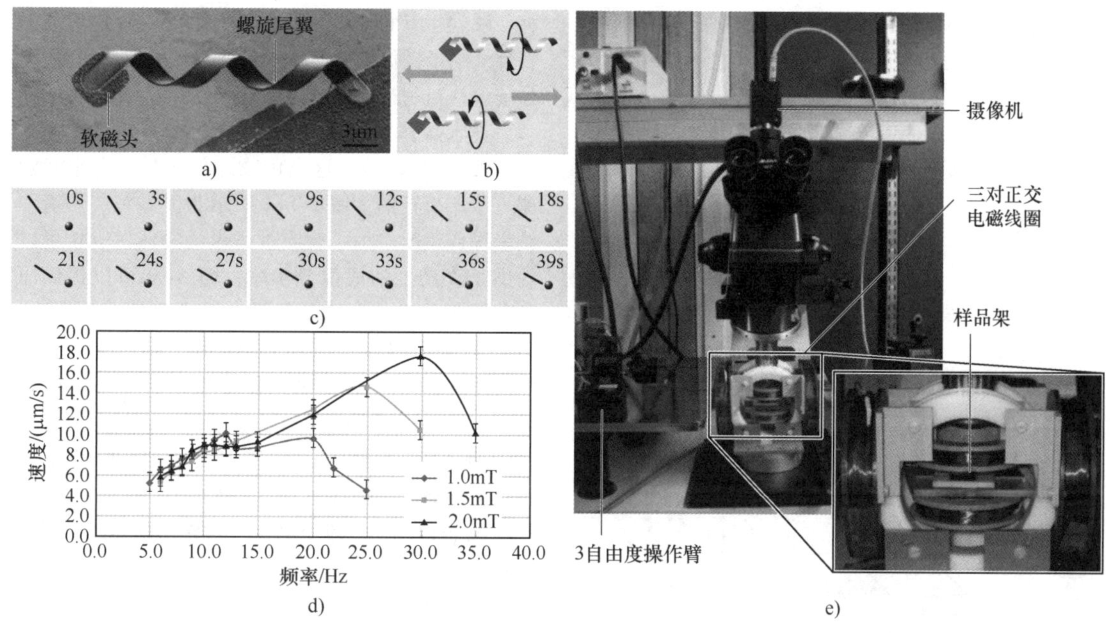

图 27.12 人工细菌鞭毛（所有示例都来自作者的工作）

a）扫描电镜显微照片，直径为 2.70μm b）驱动 ABF 向前和向后移动，作为一个旋转到直线运动转换器。对于前向和后向运动，螺旋状的尾翼分别为顺时针（CW）和逆时针（CCW）转动（如 ABF 前面的观察者所看到的） c）摄像机拍摄的一系列画面显示 ABF 在水中向前游动。ABF 有一个 81μm 长的 In GaAs/GaAs/Cr 螺旋尾翼和一个 4.5μm×4.5μm 的方形头部。B、f、θ、φ 表示 4 个参数，即磁场强度、磁场频率、偏航角和俯仰角，可由线圈对控制 d）ABF 速度对由线圈对产生外部磁场频率的影响 e）试验设置

27.8 纳米机器人

纳米机器人反映的是通过进一步小型化，直到可以操作纳米尺度的物体。纳米机器人学是一种研究纳米尺度机器人的技术，包括纳米尺寸级的机器人，也就是纳米机器人，或者大尺寸机器人但能够操控纳米级物体或者具有纳米级分辨率，即纳米操作机器人，以及能以纳米分辨率操纵尺寸在纳米级范围内物体的大型机器人，即纳米机器人操作臂纳米尺度的机器人操作在结构、特征和 NEMS 等方面都是一种前沿技术，与目前发展的纳米制造工艺相结合，实现了一种复合方式，从而用单个纳米碳管和 SiGe/Si 纳米线圈建立 NEMS 和其他纳米机器人装置。材料科学、生物科学、电子学、机械传感和驱动将从纳米机器人学中受益。

27.8.1 纳米操作

纳米操作或纳米尺度上的定位和/或力控制，是纳米技术的关键使能技术，它填补了自上而下和自下而上策略之间的空缺，而且可能带来基于复制技术的分子装配器的产生[27.18]。该装配器被当作通用的制造设备，以构建更多有用的产品和自我复制。

目前，纳米操作被用于介观物理现象、生物学的科学探索和纳米设备原型的构建，是纳米材料、纳米结构和纳米机构的性能表征，也是制备纳米尺度模块和装配 NEMS 等纳米装置的基础。

由于 SET[27.19]、AFM[27.44] 和其他类型扫描探针显微镜（SPM）的出现，纳米操作才能得以实施。除了这些，光镊（光阱）[27.139] 和磁镊[27.140] 也是潜在的纳米操作臂。纳米操作臂（NRM）[27.141,142] 具有三维定位、姿态控制、独立驱动多个末端执行器和独立实时观测系统的能力，并可与扫描探针显微镜集成使用。NRM 在很大程度上增强了复杂纳米操作的能力。

图 27.13 对 STM、AFM、NRM 纳米操作臂进行了简单比较。STM 无与伦比的成像分辨率，使其可以应用于具有原子级别分辨率的粒子。由于它只能

进行二维定位与操作，这导致它不能进行复杂的操作，也不能在三维空间中应用。AFM 是另一种类型的纳米操作臂，它可用于接触或动态模式。一般来说，AFM 通过尖端接触方式来移动物体，一个典型的操作始于非接触模式下的粒子成像，然后消除尖端振荡峰值电压，除掉与整个表面接触时使反馈失效的粒子。

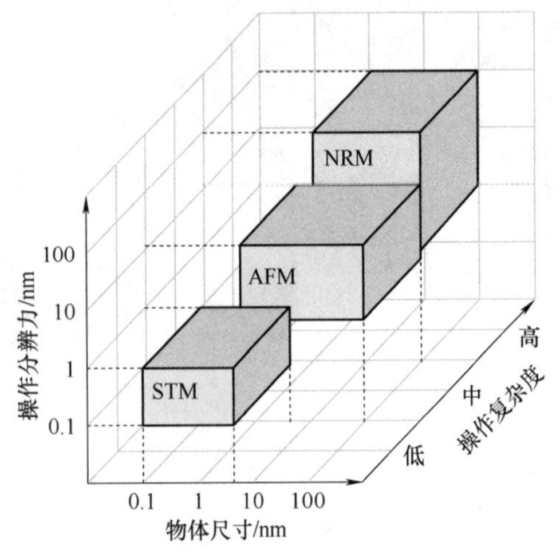

图 27.13 STM、AFM、NRM 纳米操作臂的比较

机械推动可以在物体上产生更大的力，因此可以用来操作相对较大的物体。一个三维物体可以在二维基板上进行操作，但利用 AFM 操纵单个原子仍然是一个巨大的挑战。通过分离成像和操作功能，纳米操作臂可以获得包括旋转姿态在内的更多的自由度，因此可用于在三维自由空间操作 0-D（对称球体）至三维物体。由于电子显微镜分辨率较低，NRM 很难用于原子尺度下的操作，但它们的通用机器人功能，包括三维定位、姿态控制、独立驱动的多个末端执行器和独立的实时观测系统，并与扫描探针显微镜（SPM）集成使用，使得 NRM 在复杂纳米操作中非常有应用前景。

第一个纳米操作试验是由 Eigler 和 Schweizer 于 1990 年开展的[27.143]。他们利用一个 STM 和低温（4K）材料，在具有原子精度的单晶镍表面进行氙原子的定位，操作使它们可以一个原子一个原子地制造自己设计的基本结构，原子到原子。结果由一系列著名的图像组成，显示了 35 个原子是怎样移动而形成三个字母 IBM 的过程[27.1]，这表明确实可以对原子进行操作。

纳米操作系统一般包括用于定位的纳米操作臂、用作观测的显微镜、作为手指的各种末端执行器（包括探针和镊子），以及各类传感器（力、位移、触觉、应变等），以便于操作和/或确定对象的特性。纳米操作的关键技术包括观测、驱动、测量、系统设计与制造、标定与控制、通信与人机界面。

纳米操作策略的选择基本上取决于环境（空气、液体或真空），这是由物体的性质、大小和观测方法所决定的。图 27.14 所示为显微镜、环境和纳米操作策略。为了观测被操纵的物体，STM 可以提供亚 Å 尺度的成像分辨率，而 AFM 可以提供原子分辨率，两者都可以获得三维表面的拓扑结构。由于 AFM 可以在周围环境中使用，所以它们为可能需要液体环境的生物操作提供了一个强大的工具。在液体环境中扫描电子显微镜（SEM）的分辨率限制在 1nm 左右，而场发射扫描电子显微镜（FESEM）可以达到更高的分辨率。SEM/FESEM 可以用于二维空间中对操作的物体或末端执行器进行实时观测，大型超高真空（UHV）样品室可以提供足够的空间来容纳多自由度的三维纳米操作臂，但二维观测使得沿电子束方向的定位难以实现。高分辨率透射电子显微镜（HRTEM）可以提供原子分辨率，但狭窄的超高真空样品室难以容纳大尺寸的操作臂。原则上，由于衍射限制，光学显微镜（OM）不能用于纳米尺度（小于可见光的波长）观测，而扫描近场 OM（SNOM）突破了这个限制，并有希望成为纳米操作的实时观测设备，特别是在周围环境中。SNOM 可与原子力显微镜（AFM）结合，也可与 NRM 结合，以进行纳米尺度上的生物操作。

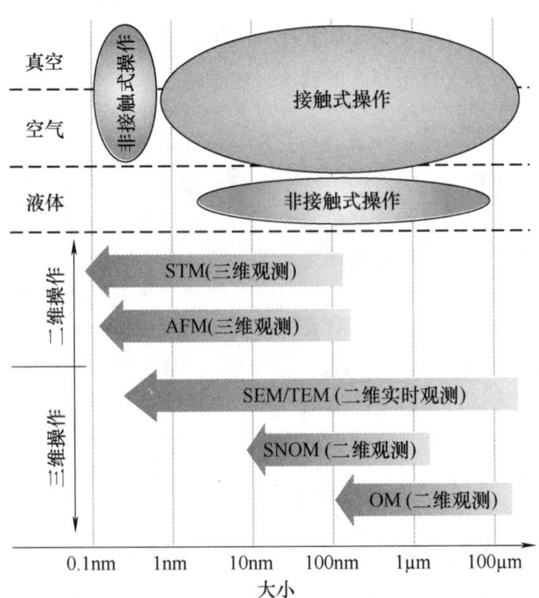

图 27.14 显微镜、环境和纳米操作策略

纳米操作过程大致可分为三种类型：

1）横向非接触。

2）横向接触。

3）纵向操作。

一般情况下，横向非接触纳米操作主要应用于超高真空中的原子和分子，用光镊或磁镊在液体中使用 STM 或生物对象。在几乎任何环境中，横向接触纳米操作都可以使用，通常需要有一个 AFM，但对于原子操作来说是很困难的。纵向操作可以由 NRM 来实现。图 27.15 所示为纳米操作的三种基本策略。

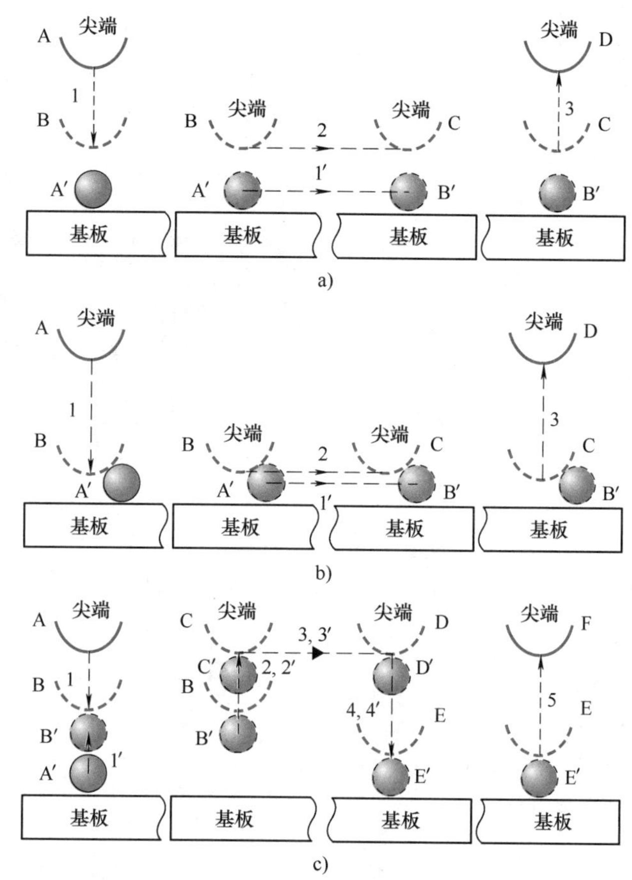

图 27.15　纳米操作的三种基本策略

a）横向非接触纳米操作（滑动）　b）横向接触纳米操作（推/拉）　c）纵向纳米操作（选择和放置）

A、B、C…—末端执行器的位置　A′、B′、C′…—物体的位置

1、2、3…—末端执行器动作　1′、2′、3′…—物体动作

注：镊子可用于拾取和放置，方便拾取但通常不一定有助于放置。

横向非接触操作过程的运动如图 27.15a 所示。相关运动的适用效应包括[27.144]从尖端靠近样品的范德华力（吸引力）[27.145]，通过尖端与样品间电压偏差产生的电场力[27.146,147]，隧道电流局部加热或非弹性隧道振动[27.148,149]。利用这些方法，实现了一些纳米器件和分子的装配[27.150,151]。光阱（光镊）和磁镊可用于非接触操作纳米尺度的生物样品[27.152,153]。

结合 STM 的非接触操作提供了许多可能操纵原子和分子的策略，但对于碳纳米管（CNT）的操作，还没有任何先例。

利用 AFM 在表面上推拉纳米物体是一种典型的操作，如图 27.15b 所示。早期的研究证明了这种方法对纳米粒子操作的可行性[27.154-158]，也在纳米结构[27.159]和生物操作[27.160]中得到了证实。虚拟现实接口[27.161-163]有助于实现此类操作，也为其他类型的操作创造了条件。这一技术已经应用在了纳米管的表面操作，本章后面还会介绍更多的例子。

图 27.15c 所示的拾取和放置任务对于三维纳米操作尤为重要，因为它的主要目的是将各个部件组装成一个装置。主要困难在于如何对工具和物体之间，以及物体和基板之间的相互作用实现有效的控制。目前已经有两种方法用于微操作[27.164]，并且已经被证明对纳米操作依然有效[27.142]。一种方法是在工具与物体之间应用一种双电性力，作为可控的附加外力，通过在工具和放置物体的基板之间施加偏差；另一种方法是改变物体和基板之间的范德华力和其他的分子表面力。对前者，AFM 悬臂是理想的，就像一个电极在悬臂和基板之间产生了不均匀的电场。

27.8.2　纳米机器人操作系统

纳米机器人操作臂是纳米机器人操作系统的核心组件，用于三维操作的纳米机器人操作系统至少应包含纳米级定位分辨率、相对较大的工作空间、足够多的包括旋转在内的自由度、用于三维定位、姿态控制的末端执行器，以及用于复杂操作的多个末端执行器。

一个商用的纳米操作臂（MM3A）安装在 SEM 的内部，如图 27.16 所示。该操作臂有 3 个自由度，以及纳米甚至亚纳米级的分辨率（表 27.4）。计算结果表明，当在关节 q_1、q_2 处沿 A/B 方向移动或扫描时，多余的直线运动在 C 上是很小的。例如，当一个手臂的长度为 50mm 时，在 A 方向移动 5~10μm，C 方向上的寄生运动只有 0.25~1nm，这个误差可以忽略不计，或者通过移动关节 p_3 的额外运动使其得以修正，关节 p_3 有 0.25nm 的分辨率。

图 27.17a 所示为纳米机器人操作臂，它共有 16 个自由度，可配备 3 个或 4 个原子力显微镜悬臂，作为操作和测量的末端执行器，定位分辨率为亚纳米尺度，行程约为厘米尺度。操作系统不但可用于纳米操作，而且可进行纳米装配、纳米测量、纳米制造，对四探针的半导体进行测量可能是该系统可以完成的最复杂操作，因为这个任务必须使用 4 个操作臂独立地驱动 4 个探针。随着纳米技术的不断进步，可以对纳米操作臂进行缩放，并可在显微镜的真空室内安放更多自由度，也许分子版本的操作臂，如 Drexler 的梦想是可以成真的[27.18]。

为了构造基于纳米结构的多壁碳纳米管（MWNT），通过操作臂对纳米管进行定位和定向，以制造纳米管探针和发射器，用于利用电子束诱导沉积（EBID）技术[27.165]进行纳米焊接，用于单壁碳纳米管的性能表征，以供选择和用接合点来测试连接强度。

图 27.17b 所示为一个纳米实验室。它集成了纳米机器人操作系统、纳米分析系统和纳米制造系统，可用于操作纳米材料、制备纳米部件、装配纳米设备，以及对此类材料、部件和设备特性进行原位分析。纳米实验室内的纳米机器人操作为创建三维空间的纳米系统开辟了一条新的途径，并将为新的纳米仪器和纳米制造工艺创造机会。

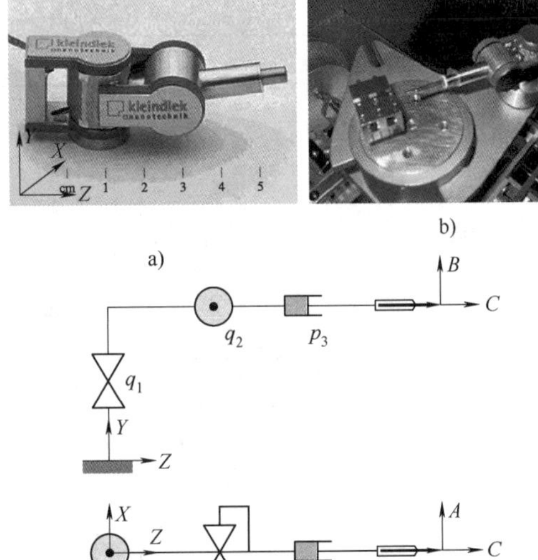

图 27.16　纳米操作臂 MM3A
a）MM3A　b）安装　c）运动学模型

表 27.4　MM3A 的规格

项　　目	规　　格
q_1、q_2 操作范围	240°
Z 操作范围	12mm
分辨率 A（横向）	10^{-7}rad(5nm)
分辨率 B（纵向）	10^{-7}rad(3.5nm)
分辨率 C（线性）	0.25nm
精细扫描范围 A	20μm
精细扫描范围 B	15μm
精细扫描范围 C	1μm
A、B 速度	10mm/s
C 的速度	2mm/s

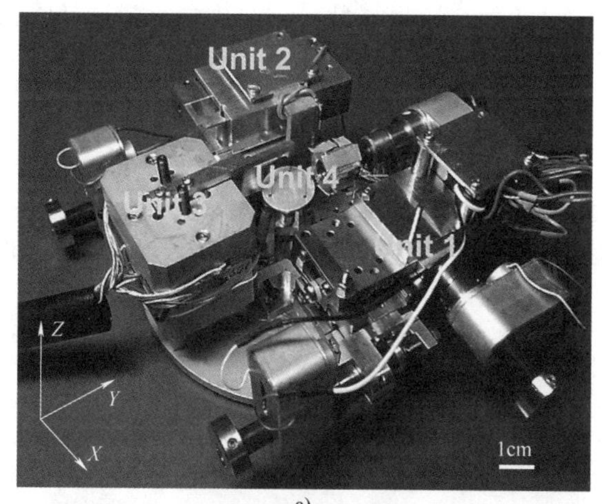

a)

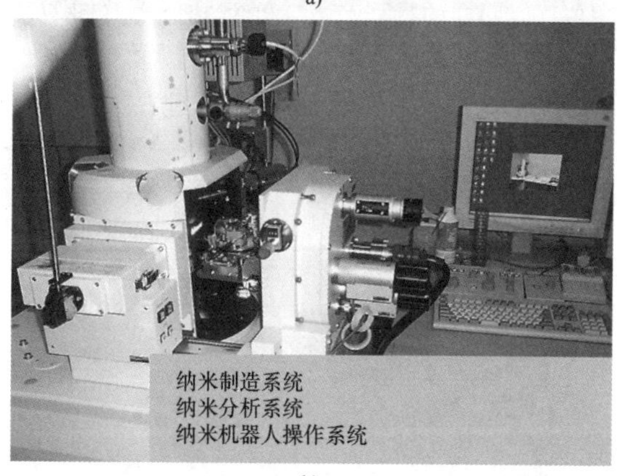

b)

图 27.17 纳米机器人系统

a）纳米机器人操作臂 b）纳米实验室

27.8.3 纳米机器人操作与装配

纳米操作是纳米装配中一项很有前景的策略。纳米装配的关键技术包括纳米尺度部件的构建和表征、纳米级分辨率物体的定位和姿态控制，以及有效的连接技术。纳米机器人操作的特点是具有多个位置和姿态控制的自由度，独立驱动的多探针和一个实时观测系统，在三维空间中已被证明是有效的组装纳米管的设备。

CNT[27.166]具有良好的几何结构、优异的力学性能、非凡的电气特性，以及其他一些突出的物理特性，使其具有许多潜在的应用价值，特别是在纳米电子学[27.167]、纳米机电系统和其他纳米装置中[27.168]。对于纳米机电系统，纳米管的最重要特点包括纳米直径、大长径比（10~1000）、TPA 规模的杨氏模量[27.169-171]、优良的弹性[27.141]、超低的层间摩擦特性、优良的场发射能力、各种导电率[27.172]、高热导率[27.173]、不产生热的高电流承载能力[27.174]、电导对各种物理或化学变化的灵敏度、电荷诱导键长的变化等。

螺旋三维纳米结构或纳米线圈由各种材料，如螺旋碳纳米管[27.175]和氧化锌纳米管[27.176]合成。最近提出了一种构建纳米尺度结构的新方法[27.177]，并可以可控的方式[27.178,179]制造。这种结构是通过自上而下的制造工艺形成的，在此工艺中，将一种拉紧的纳米厚的异质双层卷曲形成一个具有纳米尺度特征的三维结构，这样就制造出螺旋几何形状和具有 10nm~10μm 直径的管。由于其有趣的形态、机械、电气和电磁特性，可将其用于 NEMS 中的纳米结构中，包括纳米弹簧[27.180]、机电传感器[27.181]、磁场探测器、化学或生物传感器、磁束发生器、电感器、驱动器和高性能的电磁波吸收器等。

在纳米机电系统中，对单个碳纳米管和纳米线圈的关注越来越多，这表明必须开发在装置上的特定位置整合这些单个构建块的能力。随机蔓延[27.182]、直接生长[27.183]、自组装[27.184]、介电电泳组装[27.185]和纳米操作[27.187]可以为构建这些装置电极的碳纳米管进行定位，但对于基于纳米管的结构，纳米机器人组装仍然是实现原位构造、表征和组装的一种技术。因为所制备的纳米线圈与其基板并不是完全独立的，纳米机器人装配是目前可将其整合到装置中的唯一。

1. 碳纳米管的纳米机器人装配

与AFM相结合，纳米管在一个表面两个维度上的操作首先是通过接触并推动基板来实现的。图27.18所示为碳纳米管（CNT）的二维纳米操作。虽然与图27.15b所示相似，但同样的操作产生了不同的结果，因为纳米管不能被认为是零维的一个点。Wang等人[27.188]首次展示了测量纳米管力学性能的方法，他们采用图27.18b所示的方法，即将纳米管的一端推到另一端，并固定另一端来弯曲纳米管，同样的策略也用于研究大应变下的纳米管行为[27.189]。Postma等人[27.190]采用图27.18c、d所示方法，获得一个扭结和交叉型纳米管。Hertel等人[27.191]将这种技术和一个逆过程相结合，即把一根弯曲的管子矫直，实现了管子到另一个位置的平移，以及对两个电极之间电导率的测量[27.192]。这项技术也用于将一根管子放在另一根管子上，形成一个具有纳米管交叉连接的单电子晶体管[27.193]。推-诱导分割（图27.18d）也可形成纳米管[27.191]。两根弯管和一根直管简单组合成一个希腊字母θ。为了研究原子水平的滚动动力学，在石墨表面用AFM[27.194]滚动和滑动纳米管（图27.18e，f）。除了推拉方式，另一个重要的工艺是压痕。通过压缩表面，可以获得力学性能表征[27.195]和实现数据存储[27.196]。

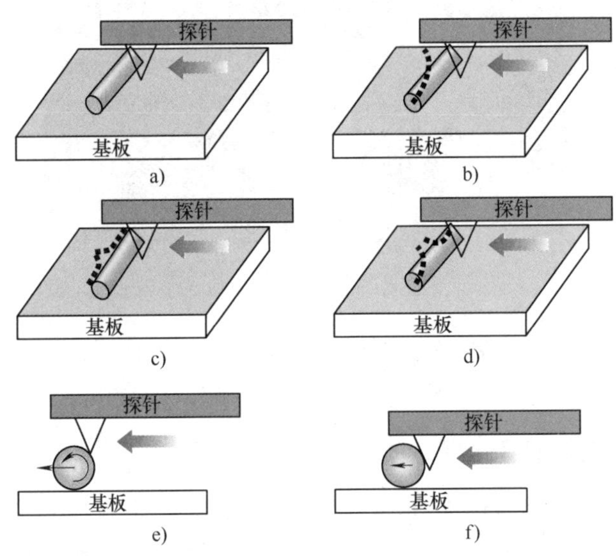

图27.18 碳纳米管的二维纳米操作

a）原始状态 b）弯曲 c）扭折 d）断裂 e）滚动 f）滑动

注：从图a所示的原始状态开始，在不同位置以不同的力推动管子，可能会导致管子变形（图b、c）、断裂（图d）或移动（图e、f）。

在三维空间中操作CNT对于将CNT装配到结构和装置中是很重要的。图27.19所示为碳纳米管的纳米机器人操作[27.197]，这些是处理、构造、表征和组装NEMS的基础。

其基本做法是从碳纳米管的烟灰中拾取单管（图27.19a），这个可以通过使用介电电泳[27.186]的纳米机器人操作得到证明（图27.19b）。通过对锐利尖端和平面基板之间提供偏差，可以在尖端与基板之间产生一个不均匀电场，在尖端附近该电场是最强的。这个不均匀电场可通过电泳或介电电泳使纳米管沿电场方向移动，甚至跳到尖端（取决于目标管的导热性）。将偏差撤销之后，便可以将管放置在任何想放的地方。这种方法可以用于碳纳米管烟灰上的独立管，或者用于范德华力通常较微弱的粗糙表面上的独立管。强烈根植于碳纳米管烟尘的或放在平面上的是无法用这种方法拾取的。管和原子力显微镜悬臂尖端平坦的表面上的原子之间的相互作用是可以将管拾取并放到尖端上的

（图 27.19c）[27.198]。通过应用 EBID，有可能拾取并将纳米管固定在探针上（图 27.19d）[27.199]。为了处理管，需要在管和探针之间实现弱连接。

如图 27.19e、f 所示，弯曲和屈曲的碳纳米管对于表征纳米管的原位特性非常重要[27.200]，这也是获取纳米管杨氏模量的简单方法，不用损坏管（如果在它的弹性范围内）。因此，可以根据不同的特性选择管。当屈曲超过多壁碳纳米管（MWNT）的弹性极限时，便可以得到一个扭结结构[27.201]。若要得到任意角度的扭结点，可以在弹性极限范围内使用 EBID 来固定弯曲纳米管的形状[27.202]。对于碳纳米管，最大的角位移将出现在纯弯曲下的固定左端或者纯屈曲下的中间点，在这两种组合中，载荷将达到扭结点所需的扭结角和可控的扭结位置。如果在碳纳米管的弹性极限内发生变形，它会随着载荷的释放恢复到原始形状。为了避免这种情况，可以在扭结点处使用 EBID 以固定形状。

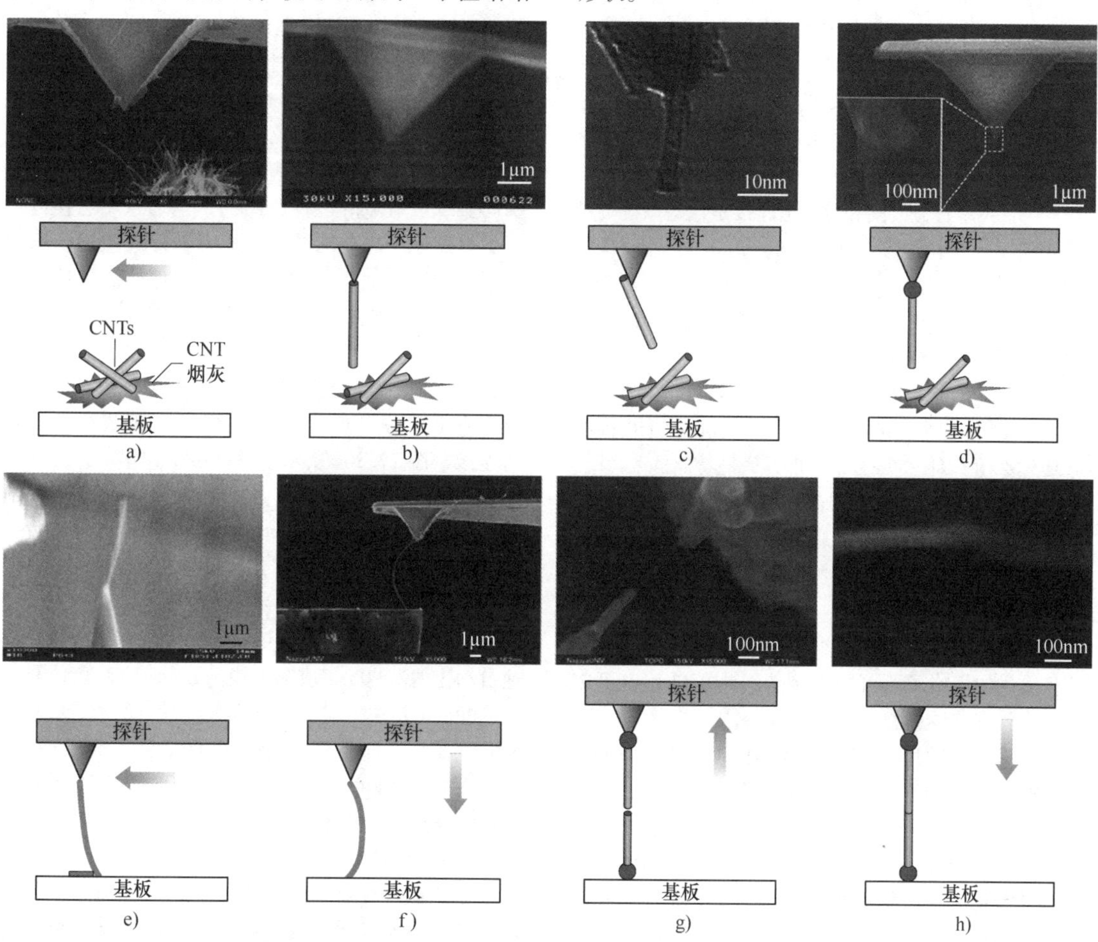

图 27.19　碳纳米管的纳米机器人操作

a）原始状态　b）用介电电泳法拾取　c）用范德华力拾取　d）用电子束诱导沉积拾取

e）弯曲　f）屈曲　g）拉伸/断裂　h）连接/键合

注：基本技术是从碳纳米管（CNT）（图 a）或定向阵列中拾取单根管，图 b 所示为由探针和基板之间不均匀电场产生的介电电泳拾取的独立纳米管，图 c[27.196] 和图 d 所示为通过将管与探针表面接触或将管固定（使用 EBID）到尖端的相同操作（图中显示了 EBID 沉淀物）。纳米管的纵向操作包括弯曲（图 e）、屈曲（图 f）、拉伸/断裂（图 g）和连接/键合（图 h）。

在两个探针或探针与基板之间拉伸纳米管，可产生许多有趣的结果（图 27.19g）。第一个试验展示了纳米管的三维纳米操作，并以此为例展示了其断裂机理，测量了 CNT 的抗拉强度[27.141]。通过一种可控的方式打破一个多壁碳纳米管，将会制造出一个有趣的纳米装置。这是一种破坏性技术，可以得到锐化和分层结构的纳米管，也可以改善对纳米管的长度控制[27.201]。通常可以从这一过程中获得分层和锐化的结构，类似于从电脉冲中获得的结构[27.202]。在一个未完全断裂的多壁碳纳米管中可以观测到类似轴承的运动[27.201]。试验表明，层间摩擦力非常小[27.203,204]。

逆过程，即断裂管的连接（图 27.19h），最近已经证明，这种机制在于断裂管末端的未闭合悬空键的重新连接[27.205]。基于这一有趣的现象，实现了机械化学式纳米机器人装配[27.206]。

纳米管组装是实现纳米装置的一项基本使能技术。最重要的任务包括纳米管的连接和将纳米管放在电极上。纯的纳米管电路是由不同直径的手性纳米管相互连接而成的，这样可以进一步减少装置的尺寸[27.206]。纳米管分子间和分子内连接是这些系统的基本元素[27.207]。室温（RT）的单电子晶体管(SET)[27.208]显示了一个短的（约为 20nm）纳米管剖面，它是通过 AFM 诱导局部障碍进入管而产生的，并且能够观测到库仑充电过程。通过两个单臂碳纳米管（SWNT）（半导体的/金属的）的交叉连接，可以制造出三个和四个终端电子设备[27.209]，而一个中断的交叉连接，可以作为一种机电非易失性存储器[27.210]。

虽然已经用化学方法合成了某些种类的连接，但目前还没有证据表明，基于自组装的方法可以得到更复杂的结构。也可用扫描探针显微镜（SPM）制造连接，但它们仅限于二维平面。我们提出了基于三维纳米机器人操作的纳米组装技术，这是一种很有前景的策略，既可用于制造纳米管结，也可用于制造具有这种更复杂的纳米器件。

纳米管结可根据不同类型的组件（SWNT 或 MWNT）、几何构型（V kink，I，X cross，T，Y branch，和三维结）、电导率（金属或半导体）和连接方法［分子间（与范德华力、EBID 等）或分子内（与化学键）结］分为不同类型。在此，我们通过上述连接方法，展示了几种不同 MWNT 结的制作，这些方法对 SWNT 连接同样有效。图 27.20 所示为 MWNT 的连接。

图 27.20a 所示为一个与范德华力连接的 T 形接口，它是通过将一个 MWNT 尖端定位在另一个 MWNT 上，直到形成键合。通过测量剪切力对这种连接进行检查。

EBID 提供了一种软钎焊方法，以获得比通过范德华力连接更牢固的纳米管连接。因此，如果强调纳米结构的强度，就可以应用 EBID。图 27.20b 所示为通过 EBID 连接的一个 MWNT 结，上部 MWNT 是一个直径为 20nm 的单个 MWNT，而下部则是一束 MWNT，由直径 30nm 的单一 CNT 挤压而成。传统 EBID 的发展受到昂贵的电子丝和低生产率的限制。为此，提出了一个并行的 EBID 系统[27.211]，由于纳米管具有优异的场发射特性，因此将其作为发射体，这对于大规模制作纳米管结是一项很有前途的技术。与宏观层面的焊接一样，EBID 通过添加材料来获得更强的连接，但在某些情况下，添加的材料可能会影响纳米系统的正常功能。因此，EBID 主要用于纳米结构而不是纳米机构。

为了在不添加额外材料的情况下构造更强的结点，机械化学式纳米机器人装配是一项重要的策略。它是基于固相化学反应或机械合成的，被定义为由机械系统以原子级精度操作控制的化学合成，从而实现反应点的位置选择[27.18]。通过用悬挂键而不是自然原子来获取原子，更容易形成主键，这提供了一个简单但又强大的连接。破坏性的制造技术提供了一种方式，即在断裂的管道末端形成悬挂的化学键。一些悬挂键可能会与相邻的原子闭合，但通常会有一些键会继续悬挂。在末端有悬挂键的纳米管将更容易与另一个纳米管结合，形成分子内部的连接。图 27.20c 所示为这样一个连接。

三维纳米机器人操作为纳米管的构造和组装开辟了一条新的途径，但目前的纳米控制仍然以串行方式在主从控制下运行，这不是一种大规模的生产技术。随着对介观物理学探索的深入，更好地控制纳米管的合成，更精确的驱动器和更有效操纵工具的出现，高速自动化纳米装配将成为可能。另一种方法可能是并行装配，由定位构建块的探针阵列[27.212]组成，如并行 EBID[27.199]，同时它们之间可以相互连接。下一步的计划是在指数级装配上取得进展[27.213]，并在不远的将来实现可自我复制的装配[27.18]。

2. 基于纳米线圈的纳米机器人装置

基于纳米线圈的纳米机电系统（NEMS）的构建涉及纳米线圈的组装或制造。从制造角度来看，这是一个重大挑战。由于纳米线圈具有螺旋几何结构、高弹性、单端固定，以及从湿法刻蚀中生成的线圈对基板强力黏附等特点，针对扫描电镜（Zeiss DSM962）中安装的操作臂（MM3A，Kleindiek）提出了一系列新的工艺。对 SiGe/Si 制造的双层纳米线圈（厚度为 20nm，无铬层或 41nm 铬层，直径为 3.4μm）进行操作，已经制造了一些特殊工具，包括一个纳米钩和一个黏性探针。纳米钩是通过钨丝材质的尖锐探针（Pico 探针的 T-4-10-1mm 和T-4-10）与基板相碰发制成的，黏性探针是将尖端浸入一个双面扫描电镜银导电胶带中制成的（Ted Pella, Inc）。如图 27.21 所示，试验表明，纳米线圈可以通过侧推从芯片上释放出来，用纳米钩或黏性探针拾取，并置于探针/钩与另一个探针或一个 AFM 悬臂（纳米探针，NP-S）之间，轴向推拉、径向压缩/释放、弯曲/屈曲等方面也进行了演示。这些过程已经证明了纳米线圈对纳米结构的表征和纳米机电系统装配的有效性，而这在其他方面是不可用的。

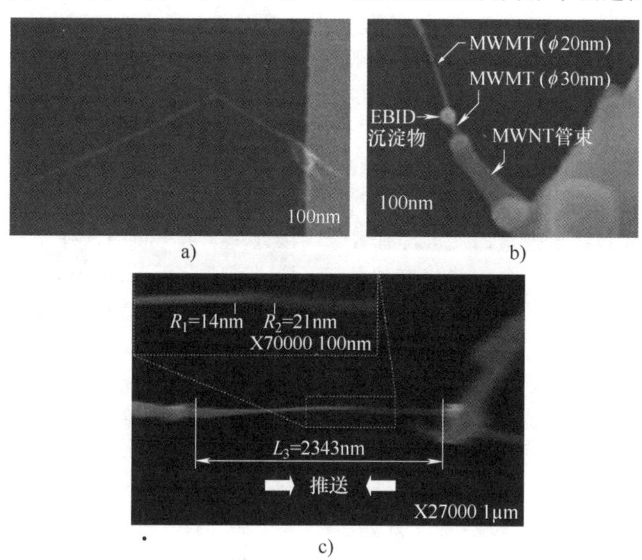

图 27.20 MWNT 的连接

a）与范德华力相连的 MWNT b）MWNT 与 EBID 相连 c）MWNT 通过机械化学反应相连

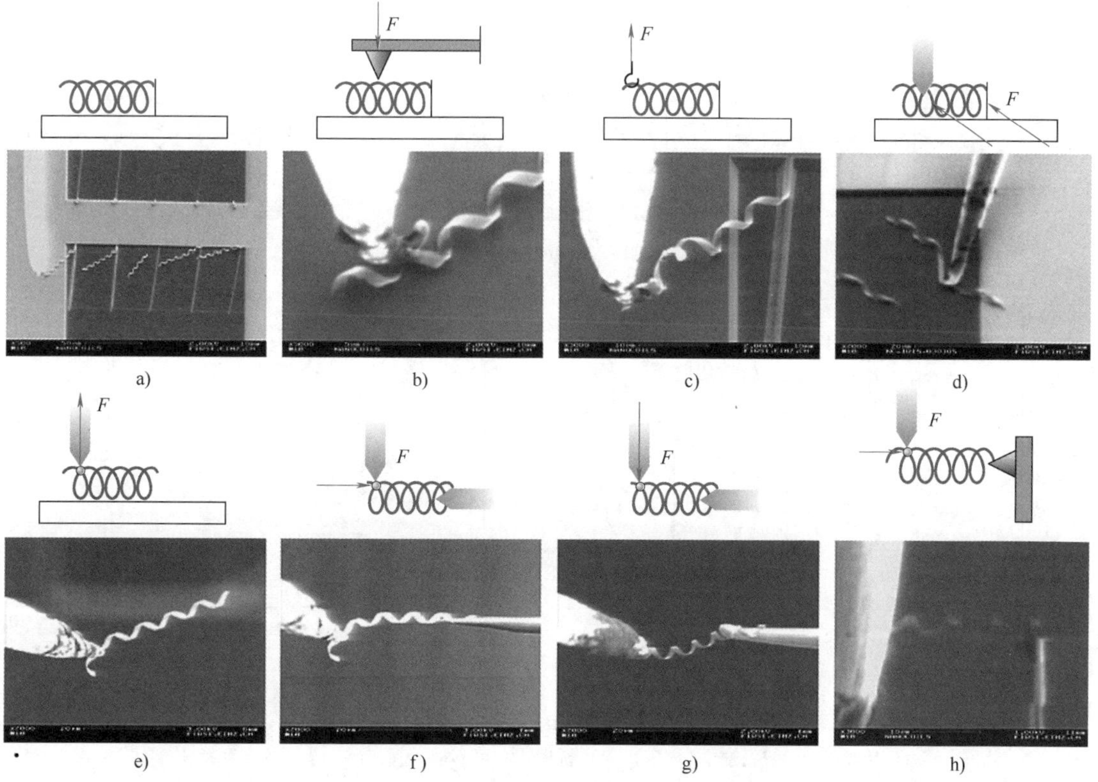

图 27.21 基于纳米线圈的纳米机器人操作

a）原始状态 b）压缩/释放 c）挂钩 d）侧推/断裂 e）拾取 f）放置/插入 g）弯曲 h）推拉

图 27.22 所示为基于纳米线圈的纳米器件配置。图 27.22a 所示的悬臂式纳米线圈可以作为纳米弹簧；纳米电磁铁、化学传感器和纳米电感器涉及纳米线圈两个电极之间的桥接，如图 27.22b 所示；机电传感器可以使用类似的配置，但一端需连接到可移动的电极上，如图 27.22c 所示。机械刚度和导电性是这些器件的基本特性，需要进一步研究。

如图 27.21h 所示，轴向拉力用于测量纳米线圈的刚度。通过对一系列扫描电镜图像的分析，提取了 AFM 的尖端位移和纳米弹簧的变形即探针与 AFM 尖端的相对位移。根据这个位移数据和已知的原子力显微镜（AFM）的悬臂刚度，可绘制作用在纳米弹簧的拉力与纳米弹簧变形的关系图。纳米弹簧的变形是相对于第一个测量点测量的，因为必须验证纳米弹簧与 AFM 悬臂的正确连接，之后它是不可能回到零变形点的。相反，图 27.22d所示的试验数据已经改变，使得在计算线性弹性弹簧刚度的情况下，这条线从零力和零变形开始。从图 27.22d 可以看出，弹簧的刚度为 0.0233N/m，纳米弹簧的线性弹性区域延伸到 4.5μm 就变形了。对非线性区域进行指数拟合，当施加的力达到 0.176μN 时，纳米弹簧与原子力显微镜悬臂之间的连接出现断裂。有限元模拟（ANSYS 9.0）对试验数据进行了验证[27.181]。由于无法从电子扫描图像中识别连接的确切区域，因此进行了 4 圈、4.5 圈和 5 圈的模拟，以根据纳米弹簧的表观数量估计可能的范围。在进行模拟时，纳米弹簧的一端是固定的，并且在另一端施加 0.106μN 的轴向载荷。模拟结果显示，弹簧为 4 圈时的刚度为 0.0302N/m，5 圈时的刚度为 0.019N/m，测得的刚度比最小值高 22%，比最高值低 22.8%，非常接近一个 4.5 圈纳米弹簧产生的刚度值（根据模拟，其值为 0.0230N/m）。

图 27.22e 所示为使用图 27.21g 的配置对 11 圈纳米弹簧进行电气特性试验的结果。*I-V* 曲线是非线性的，这可能由通电加热引起的半导体层的电阻变化引起，另一个可能的原因是热应力引起的接触导致电阻下降。在 8.8V 偏压下，0.159mA 被认为是最大电流。高电压将导致纳米弹簧掉落。从 SEM 的快速扫描屏幕上可以看到纳米弹簧探针在峰值电流周围的延伸，不至于使电流大跌。在 9.4V 偏压下，延伸纳米弹簧被分解，造成 *I-V* 曲线的陡然下降。

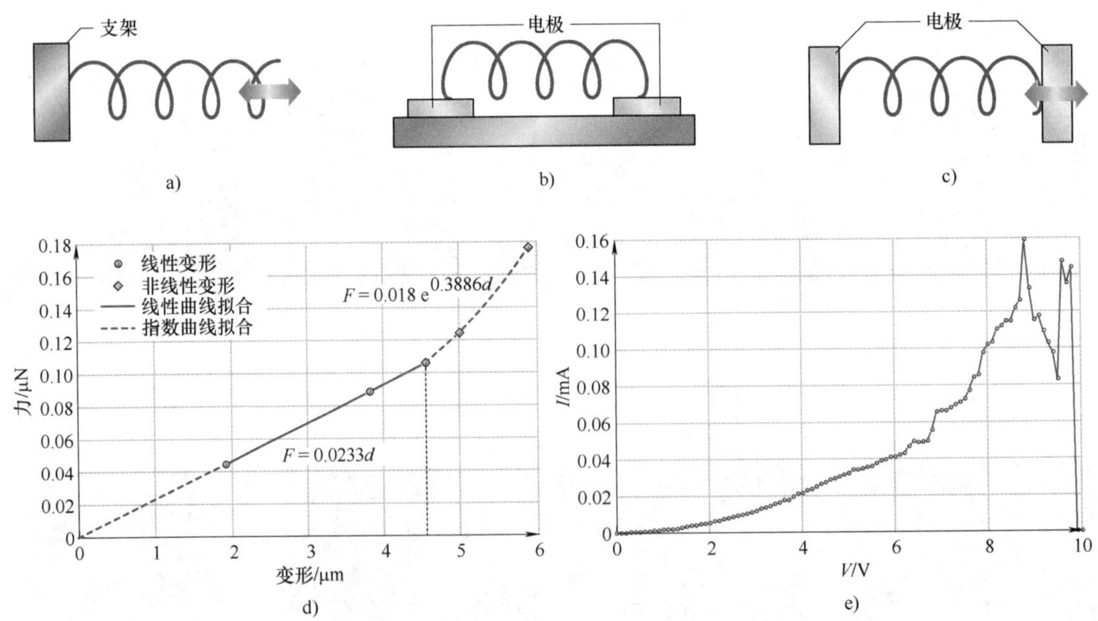

图 27.22　基于纳米线圈的纳米器件配置

a）悬臂式　b）桥接式（固定）　c）桥接式（可移动）　d）纳米线圈的刚度特性

e）11 圈纳米线圈的 *I-V* 曲线

制造和特性结果显示，螺旋纳米结构用来制作电感器件是非常合适的。与最先进的微电感相比，它们允许进一步小型化。为了实现这个目标，高掺杂的双层和一个额外的金属层将产生所需要的电导。如果将额外的金属电镀在螺旋结构上，则可进一步提高电导、电感和品质因数。此外，在与其他类型的纳米结构相同的情况下，具有结合分子功能的半导体螺旋结构可用于化学传感。当双层膜在几个单层的范围时，生成的结构会显示出非常高的表面体积比，而整个表面会暴露到分析人员面前。

27.8.4 纳米机器人系统

纳米机器人系统包括纳米尺度的工具、传感器和驱动器。缩小的装置可使人们利用纳米工具操纵纳米物体，测量飞克范围内的质量，在皮牛尺度上测量力，并诱发 GHz 运动，以及其他令人惊叹的技术进步。

许多研究人员对这种纳米装置自下而上和自上而下的制造策略开展独立的研究。自上而下的策略基于纳米制造技术，包括纳米光刻、纳米压印、化学刻蚀等技术，目前都是二维的制造工艺，分辨率相对较低。自下而上的策略则是基于装配的技术，目前主要包括自组装、直写光刻和定向自组装等技术，可以在大尺度上产生规则的纳米结构。纳米机器人操作具有定位和定向纳米尺度物体的能力，是一种用于构造、表征和装配多种纳米系统的使能技术[27.197]。通过结合自下而上和自上而下的制造策略，基于纳米机器人操作的混合式纳米技术提供了第三种通过构造纳米材料或纳米结构来制造纳米机电系统的方法。这种新的纳米制造技术可用于制造复杂的三维纳米器件。纳米材料科学、生物纳米技术和纳米电子学也将受益于纳米机器人装配技术的发展。

基于单个纳米管的纳米工具、传感器和驱动器配置已经得到了试验验证，如图 27.23 所示。

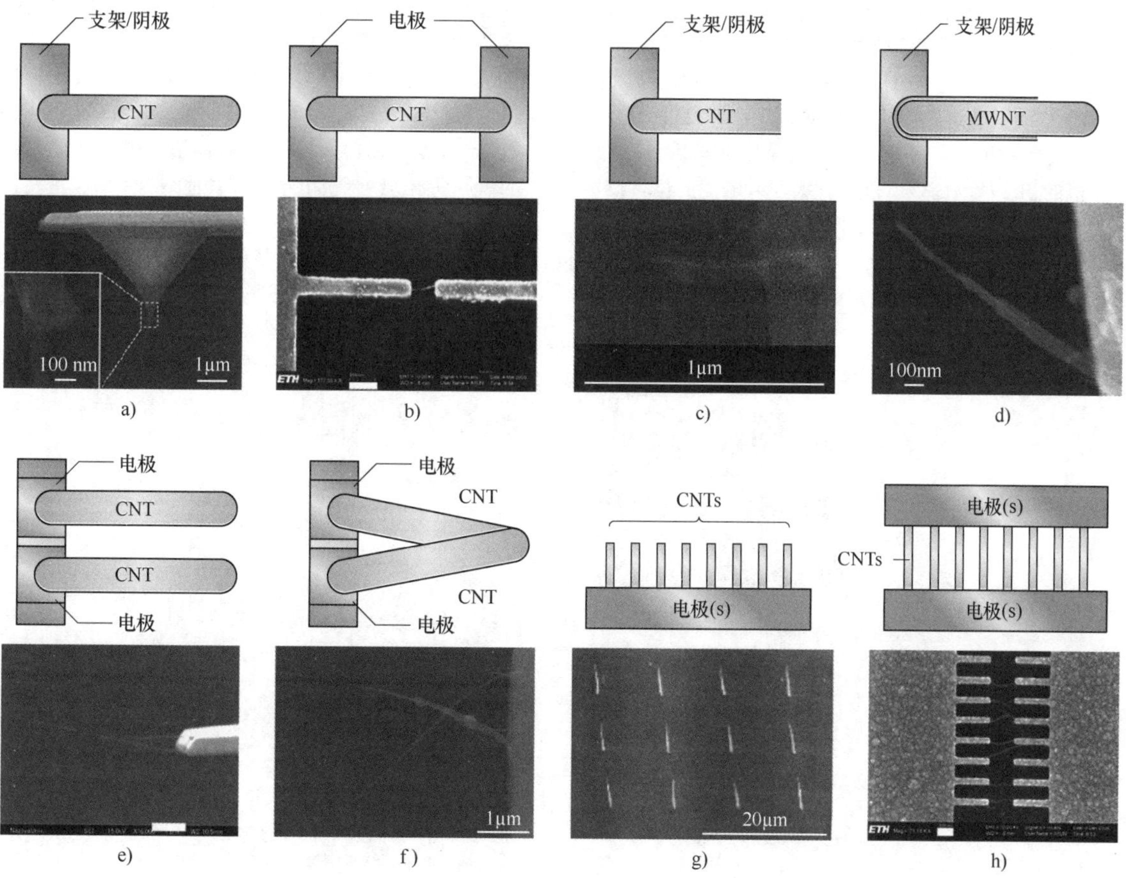

图 27.23 基于单个纳米管的 NEMS 配置（所有示例都来自作者的工作）

a）悬臂式，1μm（插入 100nm） b）桥接式，200nm c）开放式，1μm d）伸缩式，100nm

e）平行式，1μm f）交叉式，1μm g）纵向排列，20μm h）横向排列，300nm

27

为了检测表面上的深度和狭窄特性，悬臂式纳米管（图27.23a）[27.199]已经作为AFM[27.206]、STM和其他类型SPM上的探针，纳米管提供了超小的直径、超大的长宽比和优良的力学性能。手工装配[27.214]和直接生长[27.215]是构造它们的有效方法。悬臂式纳米管可以作为测量超小物理量的探针，如飞克测重器[27.170]、皮牛力传感器，以及在静态挠度基础上的质量流量传感器[27.197]，或者改变利用电子显微镜观测到的共振频率，但由于不能通过显微镜实时地测量挠度，限制了这种传感器的应用。电极间距离的改变导致纳米管发射器发射电流的变化，可以作为显微镜图像的替代品。单个纳米管桥接（图27.23b）[27.185]是以电气特性作为基础的。开放式的纳米管（图27.23c）[27.216]可以作为原子或分子的容器、温度计[27.217]或点焊机[27.218]。静电偏转纳米管已被用来构建继电器[27.219]。可以利用多壁碳纳米管的超低层间摩擦创建一系列新的纳米管驱动器。参考文献［27.203，220］提出的基于伸缩纳米管的线性轴承和以纳米管作为旋转轴承的微驱动器，以及基于介电电泳组装阵列已经实现成批生产[27.221]。通过纳米机器人操作（图27.23d，参考文献［27.216］），展示了一个有希望的纳米管直线电机的初步试验，该电机具有场发射电流的位置反馈。相应的，通过手工和纳米机器人的装配，悬臂式双纳米管已用于纳米镊子[27.222]和纳米剪刀[27.179]（图27.23e）的制造。根据不同温度下电阻的变化，纳米管热探针能够精确测量不同位置的温度（图27.23f），它比基于碳纳米管的温度计更有优势，因为后者需要TEM成像。基于图27.23g、h的配置，可以实现上述设备的集成[27.183]。单个纳米管阵列也可用于制造纳米传感器，如位置编码器[27.223]。

纳米机器人系统仍然是一个具有大量开放性问题的研究领域，纳米尺度的纳米线、纳米带、石墨烯和聚合物等新材料，将使一系列新的传感器和驱动器能够以超高精度和频率检测和驱动超小数量的物体。通过随机分布、直接生长，光镊和纳米机器人操作，众多原型样机均已实现，但为了进行纳米系统集成，自组装工艺将会变得越来越重要。我们相信，电泳纳米组装将在大规模生产常规二维结构中发挥重要作用。

图27.24所示为纳米机器人系统[27.224]架构。介观物理学、介观/超分子化学和分子生物学在纳米尺度范围内聚集在同一领域，各种学科（包括纳米材料合成技术、纳米生物技术，以及用于成像和表征的显微技术）都对纳米机器人学做出了一定贡献。自组装、纳米机器人组装和混合纳米制造技术，如将纳米材料组装成结构、工具、传感器和驱动器，都被认为是纳米机器人的研究领域。纳米机器人学目前的焦点是制造纳米机电系统和其他纳米系统，这些可能只是未来纳米机器人的组件。纳米机器人学的主要目标是为纳米世界的试验探索提供有效的工具，并从机器人学研究的角度来推进这一领域的探索。

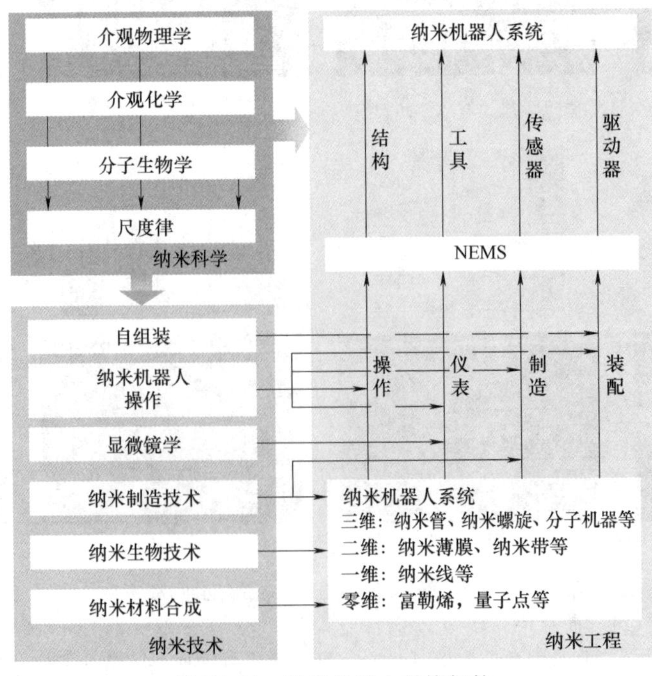

图27.24 纳米机器人系统架构

27

27.9 结论

尽管有许多未来主义者的预言，如 Issac Asimov 塑造的人体内部变形杆菌[27.225]、Robert A. Freitas 预言的纳米医疗机器人[27.226]，但这种微纳机器人未来将采取怎样的形式、会执行什么样的任务现在并不清楚。然而，很明显，技术正在朝着智能传感器、驱动器和小尺度系统构建的方向发展。这些工具既可用于制造未来的微纳机器人，也可用于制造这些机器人的组件。小尺度提供了许多令人着迷的机会，如用纳米工具来操作纳米尺度物体，测量飞克范围内的质量、在皮牛尺度上的感知力，诱发 GHz 运动，以及期待被发现其他新的可能性。当然，这些能力也可以采用微纳机电系统 MEMS/NEMS 构建的未来微纳机器人来执行任务。

视频文献

VIDEO 11 Artificial bacterial flagella
available from http://handbookofrobotics.org/view-chapter/27/videodetails/11

VIDEO 12 The electromagnetic control of an untethered microrobot
available from http://handbookofrobotics.org/view-chapter/27/videodetails/12

VIDEO 13 A transversely magnetized rod-shaped microrobot
available from http://handbookofrobotics.org/view-chapter/27/videodetails/13

VIDEO 489 Attogram mass delivery from a carbon nanotube
available from http://handbookofrobotics.org/view-chapter/27/videodetails/489

VIDEO 490 Multi-beam bilateral teleoperation of holographic optical tweezers
available from http://handbookofrobotics.org/view-chapter/27/videodetails/490

VIDEO 491 High-speed magnetic microrobot actuation in a microfluidic chip by a fine V-groove surface
available from http://handbookofrobotics.org/view-chapter/27/videodetails/491

VIDEO 492 Linear-to-rotary motion converters for three-dimensional microscopy
available from http://handbookofrobotics.org/view-chapter/27/videodetails/492

参考文献

27.1 R.P. Feynman: There's plenty of room at the bottom, Caltech Eng. Sci. **23**, 22–36 (1960)

27.2 R.S. Muller: Microdynamics, Sens. Actuators A **21**(1), 1–8 (1990)

27.3 A.M. Flynn, R.A. Brooks, W.M. Wells, D.S. Barrett: The world's largest one cubic inch robot, IEEE Micro Electro Mech. Syst. (MEMS) (1989) pp. 98–101

27.4 W. Trimmer, R. Jebens: Actuators for micro robots, Proc. IEEE Int. Conf. Robotics Autom. (ICRA) (1989) pp. 1547–1552

27.5 S. Fatikow, U. Rembold: An automated microrobot-based desktop station for micro assembly and handling of micro-objects, IEEE Conf. Emerg. Technol. Fact. Autom. (EFTA'96) (1996) pp. 586–592

27.6 B.J. Nelson, Y. Zhou, B. Vikramaditya: Sensor-based microassembly of hybrid MEMS devices, IEEE Control Syst. Mag. **18**, 35–45 (1998)

27.7 K. Suzumori, T. Miyagawa, M. Kimura, Y. Hasegawa: Micro inspection robot for 1-in pipes, IEEE/ASME Trans. Mechatron. **4**, 286–292 (1999)

27.8 M. Takeda: Applications of MEMS to industrial inspection, Proc. 14th IEEE Int. Conf. Micro Electro Mech. Syst. (MEMS) (2001) pp. 182–191

27.9 T. Frank: Two-Axis electrodynamic micropositioning devices, J. Micromech. Microeng. **8**, 114–118 (1989)

27.10 N. Kawahara, N. Kawahara, T. Suto, T. Hirano, Y. Ishikawa, T. Kitahara, N. Ooyama, T. Ataka: Microfactories: New applications of micromachine technology to the manufacture of small products, Res. J. Microsyst. Technol. **3**, 37–41 (1997)

27.11 Y. Sun, B.J. Nelson: Microrobotic cell injection, Proc. IEEE Int. Conf. Robotics Autom. (ICRA) (2001) pp. 620–625

27.12 P. Dario, M.C. Carrozza, L. Lencioni, B. Magnani, S. Dapos Attanasio: A micro robotic system for colonoscopy, Proc. Int. Conf. Robotics Autom. (ICRA) (1997) pp. 1567–1572

27.13 F. Tendick, S.S. Sastry, R.S. Fearing, M. Cohn: Application of micromechatronics in minimally invasive surgery, IEEE/ASME Trans. Mechatron. **3**, 34–42 (1998)

27.14 G. Iddan, G. Meron, A. Glukhovsky, P. Swain: Wireless capsule endoscopy, Nature **405**, 417 (2000)

27.15 K.B. Yesin, K. Vollmers, B.J. Nelson: Analysis and design of wireless magnetically guided microrobots in body fluids, Proc. IEEE Int. Conf. Robotics

Autom. (ICRA) (2004) pp. 1333–1338

27.16 M.C. Roco, R.S. Williams, P. Alivisatos: *Nanotechnology Research Directions. Vision for Nanotechnology in the Next Decade* (Kluwer, Dordrecht 2000)

27.17 M.L. Downey, D.T. Moore, G.R. Bachula, D.M. Etter, E.F. Carey, L.A. Perine: *National Nanotechnology Initiative: Leading to the Next Industrial Revolution, A Report by the Interagency Working Group on Nanoscience, Engineering and Technology* (Committee on Technology, National Science and Technology Council, Washington 2000)

27.18 K. Drexler: *Nanosystems: Molecular Machinery, Manufacturing and Computation* (Wiley, New York 1992)

27.19 G. Binnig, H. Rohrer, C. Gerber, E. Weibel: Surface studies by scanning tunneling microscopy, Phys. Rev. Lett. **49**, 57–61 (1982)

27.20 W.F. Degrado: Design of peptides and proteins, Adv. Protein Chem. **39**, 51–124 (1998)

27.21 G.M. Whitesides, B. Grzybowski: Self-assembly at all scales, Science **295**, 2418–2421 (2002)

27.22 R. Fearing: Survey of sticking effects for microparts, Proc. IEEE/RSJ Int. Conf. Int. Robots Syst. (1995) pp. 212–217

27.23 E.L. Wolf: *Nanophysics and Nanotechnology* (Wiley-VCH, Weinheim 2004)

27.24 T. Ebefors, G. Stemme: Microrobotics. In: *The MEMS Handbook*, ed. by M. Gad-el-Hak (CRC, Boca Raton 2002)

27.25 C.-J. Kim, A.P. Pisano, R.S. Muller: Silicon-processed overhanging microgripper, IEEE/ASME J. Microelectromechanical Syst. **1**, 31–36 (1992)

27.26 C. Liu, T. Tsao, Y.-C. Tai, C.-M. Ho: Surface micromachined magnetic actuators, Proc. 7th IEEE Int. Conf. Micro Electro Mech. Syst. (MEMS) (1994) pp. 57–62

27.27 J. Judy, D.L. Polla, W.P. Robbins: A linear piezoelectric stepper motor with submicron displacement and centimeter travel, IEEE Trans. Ultrason. Ferroelectr. Freq. Control **37**, 428–437 (1990)

27.28 K. Nakamura, H. Ogura, S. Maeda, U. Sangawa, S. Aoki, T. Sato: Evaluation of the micro wobbler motor fabricated by concentric build-up process, Proc. 8th IEEE Int. Conf. Micro Electro Mech. Syst. (MEMS) (1995) pp. 374–379

27.29 A. Teshigahara, M. Watanabe, N. Kawahara, I. Ohtsuka, T. Hattori: Performance of a 7-mm microfabricated car, IEEE/ASME J. Microelectromechanical Syst. **4**, 76–80 (1995)

27.30 K.R. Udayakumar, S.F. Bart, A.M. Flynn, J. Chen, L.S. Tavrow, L.E. Cross, R.A. Brooks, D.J. Ehrlich: Ferroelectric thin film ultrasonic micromotors, Proc. 4th IEEE Int. Conf. Micro Electro Mech. Syst. (MEMS) (1991) pp. 109–113

27.31 P. Dario, R. Valleggi, M.C. Carrozza, M.C. Montesi, M. Cocco: Review – Microactuators for microrobots: A critical survey, J. Micromech. Microeng. **2**, 141–157 (1992)

27.32 I. Shimoyama: Scaling in microrobots, Proc. IEEE/RSJ Int. Conf. Intell. Robots Syst. (1995) pp. 208–211

27.33 R.S. Fearing: Powering 3-dimensional microrobots: power density limitations, tutorial on Micro Mechatronics and Micro Robotics, Proc. IEEE Int. Conf. Robotics Autom. (ICRA) (1998)

27.34 R.G. Gilbertson, J.D. Busch: A survey of micro-actuator technologies for future spacecraft missions, J. Br. Interplanet. Soc. **49**, 129–138 (1996)

27.35 M. Mehregany, P. Nagarkar, S.D. Senturia, J.H. Lang: Operation of microfabricated harmonic and ordinary side-drive motors, Proc. 3rd IEEE Int. Conf. Micro Electro Mech. Syst. (MEMS) (1990) pp. 1–8

27.36 Y.C. Tai, L.S. Fan, R.S. Mulle: IC-processed micromotors: design, technology, and testing, Proc. 2nd IEEE Int. Conf. Micro Electro Mech. Syst. (MEMS) (1989) pp. 1–6

27.37 T. Ohnstein, T. Fukiura, J. Ridley, U. Bonne: Micromachined silicon microvalve, Proc. 3rd IEEE Int. Conf. Micro Electro Mech. Syst. (MEMS) (1990) pp. 95–99

27.38 L.Y. Chen, S.L. Zhang, J.J. Yao, D.C. Thomas, N.C. MacDonald: Selective chemical vapor deposition of tungsten for microdynamic structures, Proc. 2nd IEEE Int. Conf. Micro Electro Mech. Syst. (MEMS) (1989) pp. 82–87

27.39 K. Yanagisawa, H. Kuwano, A. Tago: An electromagnetically driven microvalve, Proc. 7th Int. Conf. Solid-State Sens. Actuators (1993) pp. 102–105

27.40 M. Esashi, S. Shoji, A. Nakano: Normally close microvalve and micropump fabricated on a silicon wafer, Proc. 2nd IEEE Int. Conf. Micro Electro Mech. Syst. (MEMS) (1989) pp. 29–34

27.41 R. Petrucci, K. Simmons: An introduction to piezoelectric crystals, Sens. J. Appl.Sens. Technol. **11**(5), 26–31 (1994)

27.42 J. Goldstein, D. Newbury, D. Joy, C. Lyman, P. Echlin, E. Lifshin, L. Sawyer, J. Michael: *Scanning Electron Microscopy and X-ray Microanalysis* (Kluwer, New York 2003)

27.43 G. Binnig, H. Rohrer: In touch with atoms, Rev. Mod. Phys. **71**, S324–S330 (1999)

27.44 G. Binnig, C.F. Quate, C. Gerber: Atomic force microscope, Phys. Rev. Lett. **56**, 93–96 (1986)

27.45 M.J. Doktycz, C.J. Sullivan, P.R. Hoyt, D.A. Pelletier, S. Wu, D.P. Allison: AFM imaging of bacteria in liquid media immobilized on gelatin coated mica surfaces, Ultramicroscopy **97**, 209–216 (2003)

27.46 S.A. Campbell: *The Science and Engineering of Microelectronic Fabrication* (Oxford Univ. Press, New York 2001)

27.47 C.J. Jaeger: *Introduction to Microelectronic Fabrication* (Prentice Hall, Upper Saddle River 2002)

27.48 J.D. Plummer, M.D. Deal, P.B. Griffin: *Silicon VLSI Technology* (Prentice Hall, Upper Saddle River 2000)

27.49 M. Gad-el-Hak (Ed.): *The MEMS Handbook* (CRC, Boca Raton 2002)

27.50 T.-R. Hsu: *MEMS and Microsystems Design and Manufacture* (McGraw-Hill, New York 2002)

27.51 G.T.A. Kovacs: *Micromachined Transducers Sourcebook* (McGraw-Hill, New York 1998)

27.52 G.T.A. Kovacs, N.I. Maluf, K.A. Petersen: Bulk micromachining of silicon, Proc. IEEE Int. Conf. Robotics Autom. (1998) pp. 1536–1551

27.53 P. Rai-Choudhury (Ed.): *Handbook of Microlithography, Micromachining and Microfabrication* (SPIE, Bellingham 1997)

27.54 S.Y. Chou: Nano-imprint lithography and lithographically induced self-assembly, MRS Bulletin **26**, 512–517 (2001)

27.55 M.A. Herman: *Molecular Beam Epitaxy: Fundamentals and Current Status* (Springer, New York 1996)

27.56 J.S. Frood, G.J. Davis, W.T. Tsang: *Chemical Beam Epitaxy and Related Techniques* (Wiley, New York 1997)

27.57 S. Mahajan, K.S.S. Harsha: *Principles of Growth and Processing of Semiconductors* (McGraw-Hill, New York 1999)

27.58 C.A. Mirkin: Dip-pen nanolithography: automated fabrication of custom multicomponent, sub-100 nanometer surface architectures, MRS Bulletin **26**, 535–538 (2001)

27.59 C.A. Harper: *Electronic Packaging and Interconnection Handbook* (McGraw-Hill, New York 2000)

27.60 K.F. Bohringer, R.S. Fearing, K.Y. Goldberg: Microassembly. In: *Handbook of Industrial Robotics*, ed. by S. Nof (Wiley, New York 1999) pp. 1045–1066

27.61 G. Yang, J.A. Gaines, B.J. Nelson: A supervisory wafer-level 3D microassembly system for hybrid MEMS fabrication, J. Intell. Robotics Syst. **37**, 43–68 (2003)

27.62 P. Dario, M. Carrozza, N. Croce, M. Montesi, M. Cocco: Non-traditional technologies for microfabrication, J. Micromech. Microeng. **5**, 64–71 (1995)

27.63 W. Benecke: Silicon microactuators: activation mechanisms and scaling problems, Proc. IEEE Int. Conf. Solid-State Sens. Actuators (1991) pp. 46–50

27.64 A. Menciassi, A. Eisinberg, M. Mazzoni, P. Dario: A sensorized electro discharge machined superelastic alloy microgripper for micromanipulation: simulation and characterization, Proc. IEEE/RSJ Int. Conf. Intell. Robots Syst. (IROS) (2002) pp. 1591–1595

27.65 T.R. Hsu: Packaging design of microsystems and meso-scale devices, IEEE Trans. Adv. Packag. **23**, 596–601 (2000)

27.66 L. Lin: MEMS post-packaging by localized heating and bonding, IEEE Trans. Adv. Packag. **23**, 608–616 (2000)

27.67 A. Tixier, Y. Mita, S. Oshima, J.P. Gouy, H. Fujita: 3-D microsystem packaging for interconnecting electrical, optical and mechanical microdevices to the external world, Proc. 13th IEEE Int. Conf. Micro Electro Mech. Syst. (MEMS) (2000) pp. 698–703

27.68 M.J. Madou: *Fundamentals of Microfabrication* (CRC, Boca Raton 2002)

27.69 I. Shimoyama, O. Kano, H. Miura: 3D microstructures folded by Lorentz force, Proc. 11th IEEE Int. Conf. Micro Electro Mech. Syst. (MEMS) (1998) pp. 24–28

27.70 K.F. Bohringer, B.R. Donald, L. Kavraki, F.L. Lamiraux: Part orientation with one or two stable equilibria using programmable vector fields, IEEE Trans. Robot. Autom. **16**, 157–170 (2000)

27.71 V. Kaajakari, A. Lal: An electrostatic batch assembly of surface MEMS using ultrasonic triboelectricity, Proc. 14th IEEE Int. Conf. Micro Electro Mech. Syst. (MEMS) (2001) pp. 10–13

27.72 G. Yang, B.J. Nelson: Micromanipulation contact transition control by selective focusing and microforce control, Proc. IEEE Int. Conf. Robotics Autom. (ICRA) (2003) pp. 3200–3206

27.73 G. Morel, E. Malis, S. Boudet: Impedance based combination of visual and force control, Proc. IEEE Int. Conf. Robotics Autom. (ICRA) (1998) pp. 1743–1748

27.74 F. Arai, D. Andou, T. Fukuda: Adhesion forces reduction for micro manipulation based on micro physics, Proc. 9th IEEE Int. Conf. Micro Electro Mech. Syst. (MEMS) (1996) pp. 354–359

27.75 Y. Zhou, B.J. Nelson: The effect of material properties and gripping force on micrograsping, Proc. IEEE Int. Conf. Robotics Autom (ICRA) (2000) pp. 1115–1120

27.76 K. Kurata: Mass production techniques for optical modules, Proc. 48th IEEE Electronic Components and Technology Conf. (1998) pp. 572–580

27.77 V.T. Portman, B.-Z. Sandler, E. Zahavi: Rigid 6 ×6 parallel platform for precision 3-D micromanipulation: theory and design application, IEEE Trans. Robotics Autom. **16**, 629–643 (2000)

27.78 R.M. Haralick, L.G. Shapiro: *Computer and Robot Vision* (Addison-Wesley, Reading 1993)

27.79 A. Khotanzad, H. Banerjee, M.D. Srinath: A vision system for inspection of ball bonds and 2-D profile of bonding wires in integrated circuits, IEEE Trans. Semicond. Manuf. **7**, 413–422 (1994)

27.80 J.T. Feddema, R.W. Simon: CAD-driven microassembly and visual servoing, Proc. IEEE Int. Conf. Robotics Autom (ICRA) (1998), pp. 1212 -1219

27.81 E. Trucco, A. Verri: *Introductory Techniques for 3-D Computer Vision* (Prentice Hall, Upper Saddle River 1998)

27.82 S. Hutchinson, G.D. Hager, P.I. Corke: A tutorial on visual servo control, IEEE Trans. Robotics Autom. **12**, 651–670 (1996)

27.83 B. Siciliano, L. Villani: *Robot Force Control* (Kluwer, Dordrecht 2000)

27.84 T. Yoshikawa: Force control of robot manipulators, Proc. IEEE Int. Conf. Robotics Autom (ICRA) (2000) pp. 220–226

27.85 J.A. Thompson, R.S. Fearing: Automating microassembly with ortho-tweezers and force sensing, Proc. IEEE/RSJ Int. Conf. Intell. Robots Syst. (IROS) (2001) pp. 1327–1334

27.86 B.J. Nelson, P.K. Khosla: Force and vision resolvability for assimilating disparate sensory feedback, IEEE Trans. Robotics Autom. **12**, 714–731 (1996)

27.87 Y. Haddab, N. Chaillet, A. Bourjault: A microgripper using smart piezoelectric actuators, Proc. IEEE/RSJ Int. Conf. Intell. Robots Syst. (IROS) (2000) pp. 659–664

27.88 D. Popa, B.H. Kang, J. Sin, J. Zou: Reconfigurable micro-assembly system for photonics applications, Proc. IEEE Int. Conf. Robotics Autom (ICRA) (2002) pp. 1495–1500

27.89 A.P. Lee, D.R. Ciarlo, P.A. Krulevitch, S. Lehew, J. Trevin, M.A. Northrup: A practical microgripper by fine alignment, eutectic bonding and SMA actuation, Proc. IEEE Int. conf. Solid-State Sens. Actuators (1995) pp. 368–371

27.90 H. Seki: Modeling and impedance control of a

piezoelectric bimorph microgripper, Proc. IEEE/RSJ Int. Conf. Intell. Robots Syst. (IROS) (1992) pp. 958–965
27.91 W. Nogimori, K. Irisa, M. Ando, Y. Naruse: A laser-powered micro-gripper, Proc. 10th IEEE Int. Conf. Micro Electro Mech. Syst. (MEMS) (1997) pp. 267–271
27.92 S. Fatikow, U. Rembold: *Microsystem Technology and Microrobotics* (Springer, Berlin, Heidelberg 1997)
27.93 T. Hayashi: Micro mechanism, J. Robotics Mechatr. **3**, 2–7 (1991)
27.94 S. Johansson: Micromanipulation for micro- and nanomanufacturing, INRIA/IEEE Symp. Emerging Technologies and Factory Automation (ETFA'95), Paris (1995) pp. 3–8
27.95 K.-T. Park, M. Esashi: A multilink active catheter with polyimide-based integrated CMOS interface circuits, J. Microelectromechanical Syst. **8**, 349–357 (1999)
27.96 Y. Haga, Y. Tanahashi, M. Esashi: Small diameter active catheter using shape memory alloy, Proc. IEEE 11th Int. Workshop on Micro Electro Mechanical Systems, Heidelberg (1998) pp. 419–424
27.97 E.W.H. Jager, O. Inganas, I. Lundstrom: Microrobots for micrometer-size objects in aqueous media: Potential tools for single cell manipulation, Science **288**, 2335–2338 (2000)
27.98 E.W.H. Jager, E. Smela, O. Inganas: Microfabricating conjugated polymer actuators, Science **290**, 1540–1545 (2000)
27.99 J.W. Suh, S.F. Glander, R.B. Darling, C.W. Storment, G.T.A. Kovacs: Organic thermal and electrostatic ciliary microactuator array for object manipulation, Sens. Actuators A **58**, 51–60 (1997)
27.100 E. Smela, M. Kallenbach, J. Holdenried: Electrochemically driven polypyrrole bilayers for moving and positioning bulk micromachined silicon plates, J. Microelectromechanical Syst. **8**, 373–383 (1999)
27.101 S. Konishi, H. Fujita: A conveyance system using air flow based on the concept of distributed micro motion systems, IEEE J. Microelectromechanical Syst. **3**, 54–58 (1994)
27.102 M. Ataka, A. Omodaka, N. Takeshima, H. Fujita: Fabrication and operation of polyimide bimorph actuators for a ciliary motion system, J. Microelectromechanical Syst. **2**, 146–150 (1993)
27.103 G.-X. Zhou: Swallowable or implantable body temperature telemeter-body temperature radio pill, Proc. IEEE 15th Annual Northeast Bioengineering Conf. (1989) pp. 165–166
27.104 A. Uchiyama: Endoradiosonde needs micro machine technology, Proc. IEEE 6th Int. Symp. Micro Mach. Hum. Sci. (MHS) (1995) pp. 31–37
27.105 Y. Carts-Powell: *Tiny Camera in a Pill Extends Limits of Endoscopy*, OE-Rep. Aug., Vol. 200 (SPIE, Bellingham 2000)
27.106 R. Yeh, E.J.J. Kruglick, K.S.J. Pister: Surface-micromachined components for articulated microrobots, J. Microelectromechanical Syst. **5**, 10–17 (1996)
27.107 P.E. Kladitis, V.M. Bright, K.F. Harsh, Y.C. Lee: Prototype Microrobots for micro positioning in a manufacturing process and micro unmanned vehicles, Proc. IEEE 12th Int. Conf. Micro Electro Mech. Syst. (MEMS), Orlando (1999) pp. 570–575
27.108 D. Ruffieux, N.F. Rooij: A 3-DoF bimorph actuator array capable of locomotion, Proc. 13th Eur. Conf. Solid-State Transducers (Eurosensors), Hague (1999) pp. 725–728
27.109 J.-M. Breguet, P. Renaud: A 4 degrees-of-freedoms microrobot with nanometer resolution, Robotics **14**, 199–203 (1996)
27.110 A. Flynn, L.S. Tavrow, S.F. Bart, R.A. Brooks, D.J. Ehrlich, K.R. Udayakumar, L.E. Cross: Piezoelectric micromotors for microrobots, J. Microelectromechanical Syst. **1**, 44–51 (1992)
27.111 A. Teshigahara, M. Watanabe, N. Kawahara, Y. Ohtsuka, T. Hattori: Performance of a 7 mm microfabricated car, J. Microelectromechanical Syst. **4**, 76–80 (1995)
27.112 T. Ebefors, J. Mattson, E. Kalvesten, G. Stemme: A walking silicon micro-robot, 10th Int. Conf. Solid-State Sens. Actuators (Transducers), Sendai (1999) pp. 1202–1205
27.113 N. Miki, I. Shimoyama: Flight performance of micro-wings rotating in an alternating magnetic field, Proc. IEEE 12th Int. Conf. Micro Electro Mech. Syst. (MEMS), Orlando (1999) pp. 153–158
27.114 Mainz: Micro-motors: The World's Tiniest Helicopter, http://phys.org/news/2004-08-world-lightest-micro-flying-robot-built.html
27.115 K.I. Arai, W. Sugawara, T. Honda: Magnetic small flying machines, IEEE 8th Int. Conf. Solid-State Sens. Actuattors (1995) pp. 316–319
27.116 T. Fukuda, A. Kawamoto, F. Arai, H. Matsuura: Mechanism and swimming experiment of micro mobile robot in water, Proc. IEEE 7th Int. Workshop Micro Electro Mech. Syst. (MEMS), Oiso (1994) pp. 273–278
27.117 I. Shimoyama: Hybrid system of mechanical parts and living organisms for microrobots, Proc. IEEE 6th Int. Symp. Micro Mach. Hum. Sci. (MHS) (1995) p. 55
27.118 A. Ashkin: Acceleration and trapping of particles by radiation pressure, Phys. Rev. Lett. **24**, 156–159 (1970)
27.119 T.N. Bruican, M.J. Smyth, H.A. Crissman, G.C. Salzman, C.C. Stewart, J.C. Martin: Automated single-cell manipulation and sorting by light trapping, Appl. Opt. **26**, 5311–5316 (1987)
27.120 J. Conia, B.S. Edwards, S. Voelkel: The microrobotic laboratory: Optical trapping and scissing for the biologist, J. Clin. Lab. Anal. **11**, 28–38 (1997)
27.121 W.H. Wright, G.J. Sonek, Y. Tadir, M.W. Berns: Laser trapping in cell biology, IEEE J. Quant. Electron. **26**, 2148–2157 (1990)
27.122 F. Arai, K. Morishima, T. Kasugai, T. Fukuda: Bio-micromanipulation (new direction for operation improvement), Proc. IEEE/RSJ Int. Conf. Intell. Robotics Syst. (IROS) (1997) pp. 1300–1305
27.123 M. Nishioka, S. Katsura, K. Hirano, A. Mizuno: Evaluation of cell characteristics by step-wise orientational rotation using optoelectrostatic micromanipulation, IEEE Trans. Ind. Appl. **33**, 1381–1388 (1997)
27.124 M. Washizu, Y. Kurahashi, H. Iochi, O. Kurosawa, S. Aizawa, S. Kudo, Y. Magariyama, H. Hotani: Dielectrophoretic measurement of bacterial motor

characteristics, IEEE Trans. Ind. Appl. **29**, 286–294 (1993)

27.125 Y. Kimura, R. Yanagimachi: Intracytoplasmic sperm injection in the mouse, Biol. Reprod. **52**, 709–720 (1995)

27.126 M. Mischel, A. Voss, H.A. Pohl: Cellular spin resonance in rotating electric fields, J. Biol. Phys. **10**, 223–226 (1982)

27.127 W.M. Arnold, U. Zimmermann: Electro-Rotation: Development of a technique for dielectric measurements on individual cells and particles, J. Electrost. **21**, 151–191 (1988)

27.128 Y. Sun, B.J. Nelson: Autonomous injection of biological cells using visual servoing, Int. Symp. Experim. Robotics (ISER) (2000) pp. 175–184

27.129 Y. Sun, B.J. Nelson, D.P. Potasek, E. Enikov: A bulk microfabricated multi-axis capacitive cellular force sensor using transverse comb drives, J. Micromech. Microeng. **12**, 832–840 (2002)

27.130 Y. Sun, K. Wan, K.P. Roberts, J.C. Bischof, B.J. Nelson: Mechanical property characterization of mouse zona pellucida, IEEE Trans. Nanobiosci. **2**, 279–286 (2003)

27.131 E.M. Purcell: Life at low Reynolds-number, Am. J. Phy. **45**, 3–11 (1977)

27.132 R. Dreyfus, J. Baudry, M.L. Roper, M. Fermigier, H.A. Stone, J. Bibette: Microscopic artificial swimmers, Nature **437**, 862–865 (2005)

27.133 H.C. Berg, R.A. Anderson: Bacteria swim by rotating their flagellar filaments, Nature **245**, 380–382 (1973)

27.134 L. Zhang, J.J. Abbott, L.X. Dong, B.E. Kratochvil, D.J. Bell, B.J. Nelson: Artificial bacterial flagella: Fabrication and magnetic control, Appl. Phys. Lett. **94**, 064107 (2009)

27.135 L. Zhang, E. Deckhardt, A. Weber, C. Schonenberger, D. Grutzmacher: Controllable fabrication of SiGe/Si and SiGe/Si/Cr helical nanobelts, Nanotechnology **16**, 655–663 (2005)

27.136 V.Y. Prinz, V.A. Seleznev, A.K. Gutakovsky, A.V. Chehovskiy, V.V. Preobrazhenskii, M.A. Putyato, T.A. Gavrilova: Free-standing and overgrown InGaAs/GaAs nanotubes, nanohelices and their arrays, Physica E Low-Dimen. Syst. Nanostructures **6**, 828–831 (2000)

27.137 F.B. Hagedorn, E.M. Gyorgy: Magnetic-Shape Anisotropy in Polygonal Prisms, J. Appl. Phys. **39**, 995–997 (1968)

27.138 H.C. Berg, D.A. Brown: Chemotaxis in escherichia-coli analyzed by 3-dimensional tracking, Nature **239**, 500–504 (1972)

27.139 A. Ashkin, J.M. Dziedzic: Optical trapping and manipulation of viruses and bacteria, Science **235**, 1517–1520 (1987)

27.140 F.H.C. Crick, A.F.W. Hughes: The physical properties of cytoplasm: A study by means of the magnetic particle method, Part I, Exp. Cell Res. **1**, 37–80 (1950)

27.141 M.F. Yu, M.J. Dyer, G.D. Skidmore, H.W. Rohrs, X.K. Lu, K.D. Ausman, J.R.V. Ehr, R.S. Ruoff: Three-dimensional manipulation of carbon nanotubes under a scanning electron microscope, Nanotechnology **10**, 244–252 (1999)

27.142 L.X. Dong, F. Arai, T. Fukuda: 3D nanorobotic manipulation of nano-order objects inside SEM, Proc. Int. Symp. Micromechatron. Hum. Sci. (MHS) (2000) pp. 151–156

27.143 D.M. Eigler, E.K. Schweizer: Positioning single atoms with a scanning tunneling microscope, Nature **344**, 524–526 (1990)

27.144 P. Avouris: Manipulation of matter at the atomic and molecular levels, Acc. Chem. Res. **28**, 95–102 (1995)

27.145 M.F. Crommie, C.P. Lutz, D.M. Eigler: Confinement of electrons to quantum corrals on a metal surface, Science **262**, 218–220 (1993)

27.146 L.J. Whitman, J.A. Stroscio, R.A. Dragoset, R.J. Celotta: Manipulation of adsorbed atoms and creation of new structures on room-temperature surfaces with a scanning tunneling microscope, Science **251**, 1206–1210 (1991)

27.147 I.-W. Lyo, P. Avouris: Field-induced nanometer-scale to atomic-scale manipulation of silicon surfaces with the STM, Science **253**, 173–176 (1991)

27.148 G. Dujardin, R.E. Walkup, P. Avouris: Dissociation of individual molecules with electrons from the tip of a scanning tunneling microscope, Science **255**, 1232–1235 (1992)

27.149 T.-C. Shen, C. Wang, G.C. Abeln, J.R. Tucker, J.W. Lyding, P. Avouris, R.E. Walkup: Atomic-scale desorption through electronic and vibrational-excitation mechanisms, Science **268**, 1590–1592 (1995)

27.150 M.T. Cuberes, R.R. Schittler, J.K. Gimzewsk: Room-temperature repositioning of individual C60 molecules at Cu steps: operation of a molecular counting device, Appl. Phys. Lett. **69**, 3016–3018 (1996)

27.151 H.J. Lee, W. Ho: Single-bond formation and characterization with a scanning tunneling microscope, Science **286**, 1719–1722 (1999)

27.152 T. Yamamoto, O. Kurosawa, H. Kabata, N. Shimamoto, M. Washizu: Molecular surgery of DNA based on electrostatic micromanipulation, IEEE Trans. Ind. Appl. **36**, 1010–1017 (2000)

27.153 C. Haber, D. Wirtz: Magnetic tweezers for DNA micromanipulation, Rev. Sci. Instrum. **71**, 4561–4570 (2000)

27.154 D.M. Schaefer, R. Reifenberger, A. Patil, R.P. Andres: Fabrication of two-dimensional arrays of nanometer-size clusters with the atomic force microscope, Appl. Phys. Lett. **66**, 1012–1014 (1995)

27.155 T. Junno, K. Deppert, L. Montelius, L. Samuelson: Controlled manipulation of nanoparticles with an atomic force microscope, Appl. Phys. Lett. **66**, 3627–3629 (1995)

27.156 P.E. Sheehan, C.M. Lieber: Nanomachining, manipulation and fabrication by force microscopy, Nanotechnology **7**, 236–240 (1996)

27.157 C. Baur, B.C. Gazen, B. Koel, T.R. Ramachandran, A.A.G. Requicha, L. Zini: Robotic nanomanipulation with a scanning probe microscope in a networked computing environment, J. Vac. Sci. Tech. B **15**, 1577–1580 (1997)

27.158 A.A.G. Requicha: Nanorobots, NEMS, and nanoassembly, Proceedings IEEE **91**, 1922–1933 (2003)

27.159 R. Resch, C. Baur, A. Bugacov, B.E. Koel, A. Madhukar, A.A.G. Requicha, P. Will: Building and manipulating 3-D and linked 2-D structures of nanoparticles using scanning force microscopy, Langmuir **14**, 6613–6616 (1998)

27.160 J. Hu, Z.-H. Zhang, Z.-Q. Ouyang, S.-F. Chen, M.-Q. Li, F.-J. Yang: Stretch and align virus in nanometer scale on an atomically flat surface, J. Vac. Sci. Tech. B **16**, 2841–2843 (1998)

27.161 M. Sitti, S. Horiguchi, H. Hashimoto: Controlled pushing of nanoparticles: modeling and experiments, IEEE/ASME Trans. Mechatron. **5**, 199–211 (2000)

27.162 M. Guthold, M.R. Falvo, W.G. Matthews, S. Paulson, S. Washburn, D.A. Erie, R. Superfine, J.F.P. Brooks, I.R.M. Taylor: Controlled manipulation of molecular samples with the nanoManipulator, IEEE/ASME Trans. Mechatron. **5**, 189–198 (2000)

27.163 G.Y. Li, N. Xi, M.M. Yu, W.K. Fung: Development of augmented reality system for AFM-based nanomanipulation, IEEE/ASME Trans. Mechatron. **9**, 358–365 (2004)

27.164 F. Arai, D. Andou, T. Fukuda: Micro manipulation based on micro physics-strategy based on attractive force reduction and stress measurement, Proc. IEEE/RSJ Int. Conf. Intell. Robotics Syst. (1995) pp. 236–241

27.165 H.W.P. Koops, J. Kretz, M. Rudolph, M. Weber, G. Dahm, K.L. Lee: Characterization and application of materials grown by electron-beam-induced deposition, Jpn. J. Appl. Phys. **33**, 7099–7107 (1994)

27.166 S. Iijima: Helical microtubules of graphitic carbon, Nature **354**, 56–58 (1991)

27.167 S.J. Tans, A.R.M. Verchueren, C. Dekker: Room-temperature transistor based on a single carbon nanotube, Nature **393**, 49–52 (1998)

27.168 R.H. Baughman, A.A. Zakhidov, W.A. de Heer: Carbon nanotubes-the route toward applications, Science **297**, 787–792 (2002)

27.169 M.J. Treacy, T.W. Ebbesen, J.M. Gibson: Exceptionally high Young's modulus observed for individual carbon nanotubes, Nature **381**, 678–680 (1996)

27.170 P. Poncharal, Z.L. Wang, D. Ugarte, W.A. de Heer: Electrostatic deflections and electromechanical resonances of carbon nanotubes, Science **283**, 1513–1516 (1999)

27.171 M.F. Yu, O. Lourie, M.J. Dyer, K. Moloni, T.F. Kelley, R.S. Ruoff: Strength and breaking mechanism of multiwalled carbon nanotubes under tensile load, Science **287**, 637–640 (2000)

27.172 T.W. Ebbesen, H.J. Lezec, H. Hiura, J.W. Bennett, H.F. Ghaemi, T. Thio: Electrical conductivity of individual carbon nanotubes, Nature **382**, 54–56 (1996)

27.173 P. Kim, L. Shi, A. Majumdar, P.L. McEuen: Thermal transport measurements of individual multiwalled nanotubes, Phys. Rev. Lett. **87**, 215502 (2001)

27.174 W.J. Liang, M. Bockrath, D. Bozovic, J.H. Hafner, M. Tinkham, H. Park: Fabry-Perot interference in a nanotube electron waveguide, Nature **411**, 665–669 (2001)

27.175 X.B. Zhang, D. Bernaerts, G.V. Tendeloo, S. Amelincks, J.V. Landuyt, V. Ivanov, J.B. Nagy, P. Lambin, A.A. Lucas: The texture of catalytically grown coil-shaped carbon nanotubules, Europhys. Lett. **27**, 141–146 (1994)

27.176 X.Y. Kong, Z.L. Wang: Spontaneous polarization-induced nanohelixes, nanosprings, and nanorings of piezoelectric nanobelts, Nano Lett. **3**, 1625–1631 (2003)

27.177 S.V. Golod, V.Y. Prinz, V.I. Mashanov, A.K. Gutakovsky: Fabrication of conducting GeSi/Si micro- and nanotubes and helical microcoils, Semicond. Sci. Technol. **16**, 181–185 (2001)

27.178 L. Zhang, E. Deckhardt, A. Weber, C. Schönenberger, D. Grützmacher: Controllable fabrication of SiGe/Si and SiGe/Si/Cr helical nanobelts, Nanotechnology **16**, 655–663 (2005)

27.179 L. Zhang, E. Ruh, D. Grützmacher, L.X. Dong, D.J. Bell, B.J. Nelson, C. Schönenberger: Anomalous coiling of SiGe/Si and SiGe/Si/Cr helical nanobelts, Nano Lett. **6**, 1311–1317 (2006)

27.180 D.J. Bell, L.X. Dong, B.J. Nelson, M. Golling, L. Zhang, D. Grützmacher: Fabrication and characterization of three-dimensional InGaAs/GaAs nanosprings, Nano Lett. **6**, 725–729 (2006)

27.181 D.J. Bell, Y. Sun, L. Zhang, L.X. Dong, B.J. Nelson, D. Grutzmacher: Three-dimensional nanosprings for electromechanical sensors, Sens. Actuators A Phys. **130**, 54–61 (2006)

27.182 R. Martel, T. Schmidt, H.R. Shea, T. Herte, P. Avouris: Single- and multi-wall carbon nanotube field-effect transistors, Appl. Phys. Lett. **73**, 2447–2449 (1998)

27.183 N.R. Franklin, Y.M. Li, R.J. Chen, A. Javey, H.J. Dai: Patterned growth of single-walled carbon nanotubes on full 4-inch wafers, Appl. Phys. Lett. **79**, 4571–4573 (2001)

27.184 T. Rueckes, K. Kim, E. Joselevich, G.Y. Tseng, C.-L. Cheung, C.M. Lieber: Carbon nanotube-based non-volatile random access memory for molecular computing science, Science **289**, 94–97 (2000)

27.185 A. Subramanian, B. Vikramaditya, L.X. Dong, D.J. Bell, B.J. Nelson: Micro and nanorobotic assembly using dielectrophoresis. In: *Robotics Sci. Syst*, ed. by S. Thrun, G.S. Sukhatme, S. Schaal, O. Brock (MIT Press, Cambridge 2005) pp. 327–334

27.186 C.K.M. Fung, V.T.S. Wong, R.H.M. Chan, W.J. Li: Dielectrophoretic batch fabrication of bundled carbon nanotube thermal sensors, IEEE Trans. Nanotechnol. **3**, 395–403 (2004)

27.187 T. Fukuda, F. Arai, L.X. Dong: Assembly of nanodevices with carbon nanotubes through nanorobotic manipulations, Proceedings IEEE **91**, 1803–1818 (2003)

27.188 E.W. Wong, P.E. Sheehan, C.M. Lieber: Nanobeam mechanics: elasticity, strength, and toughness of nanorods and nanotubes, Science **277**, 1971–1975 (1997)

27.189 M.R. Falvo, G.J. Clary, R.M. Taylor, V. Chi, F.P. Brooks, S. Washburn, R. Superfine: Bending and buckling of carbon nanotubes under large strain, Nature **389**, 582–584 (1997)

27.190 H.W.C. Postma, A. Sellmeijer, C. Dekker: Manipulation and imaging of individual single-walled carbon nanotubes with an atomic force microscope, Adv. Mater. **12**, 1299–1302 (2000)

27.191 T. Hertel, R. Martel, P. Avouris: Manipulation of individual carbon nanotubes and their interaction with surfaces, J. Phys. Chem. B **102**, 910–915 (1998)

27.192 P. Avouris, T. Hertel, R. Martel, T. Schmidt, H.R. Shea, R.E. Walkup: Carbon nanotubes: nanomechanics, manipulation, and electronic devices, Appl. Surf. Sci. **141**, 201–209 (1999)

27.193 M. Ahlskog, R. Tarkiainen, L. Roschier, P. Hakonen: Single-electron transistor made of two crossing multiwalled carbon nanotubes and its noise properties, Appl. Phys. Lett. **77**, 4037–4039 (2000)

27.194 M.R. Falvo, R.M.I. Taylor, A. Helser, V. Chi, F.P.J. Brooks, S. Washburn, R. Superfine: Nanometre-scale rolling and sliding of carbon nanotubes, Nature **397**, 236–238 (1999)

27.195 B. Bhushan, V.N. Koinkar: Nanoindentation hardness measurements using atomic-force microscopy, Appl. Phys. Lett. **64**, 1653–1655 (1994)

27.196 P. Vettiger, G. Cross, M. Despont, U. Drechsler, U. Durig, B. Gotsmann, W. Haberle, M.A. Lantz, H.E. Rothuizen, R. Stutz, G.K. Binnig: The *millipede* - Nanotechnology entering data storage, IEEE Trans. Nanotechnol. **1**, 39–55 (2002)

27.197 L.X. Dong: *Nanorobotic manipulations of carbon nanotubes. Ph.D. Thesis Ser* (Nagoya Univ., Nagoya 2003)

27.198 J.H. Hafner, C.-L. Cheung, T.H. Oosterkamp, C.M. Lieber: High-yield assembly of individual single-walled carbon nanotube tips for scanning probe microscopies, J. Phys. Chem. B **105**, 743–746 (2001)

27.199 L.X. Dong, F. Arai, T. Fukuda: Electron-beam-induced deposition with carbon nanotube emitters, Appl. Phys. Lett. **81**, 1919–1921 (2002)

27.200 L.X. Dong, F. Arai, T. Fukuda: 3D nanorobotic manipulations of multi-walled carbon nanotubes, Proc. IEEE Int. Conf. Robotics Autom. (ICRA) (2001) pp. 632–637

27.201 L.X. Dong, F. Arai, T. Fukuda: Destructive constructions of nanostructures with carbon nanotubes through nanorobotic manipulation, IEEE/ASME Trans. Mechatron. **9**, 350–357 (2004)

27.202 J. Cumings, P.G. Collins, A. Zettl: Peeling and sharpening multiwall nanotubes, Nature **406**, 58 (2000)

27.203 J. Cumings, A. Zettl: Low-friction nanoscale linear bearing realized from multiwall carbon nanotubes, Science **289**, 602–604 (2000)

27.204 A. Kis, K. Jensen, S. Aloni, W. Mickelson, A. Zettl: Interlayer forces and ultralow sliding friction in multiwalled carbon nanotubes, Phys. Rev. Lett. **97**, 025501 (2006)

27.205 L.X. Dong, F. Arai, T. Fukuda: Nanoassembly of carbon nanotubes through mechanochemical nanorobotic manipulations, Jpn. J. Appl. Phys. **42**, 295–298 (2003)

27.206 L. Chico, V.H. Crespi, L.X. Benedict, S.G. Louie, M.L. Cohen: Pure carbon nanoscale devices: Nanotube heterojunctions, Phys. Rev. Lett. **76**, 971–974 (1996)

27.207 Z. Yao, H.W.C. Postma, L. Balents, C. Dekker: Carbon nanotube intramolecular junctions, Nature **402**, 273–276 (1999)

27.208 H.W.C. Postma, T. Teepen, Z. Yao, M. Grifoni, C. Dekker: Carbon nanotube single-electron transistors at room temperature, Science **293**, 76–79 (2001)

27.209 M.S. Fuhrer, J. Nygård, L. Shih, M. Forero, Y.-G. Yoon, M.S.C. Mazzoni, H.J. Choi, J. Ihm, S.G. Louie, A. Zettl, P.L. McEuen: Crossed nanotube junctions, Science **288**, 494–497 (2000)

27.210 T. Rueckes, K. Kim, E. Joselevich, G.Y. Tseng, C.-L. Cheung, C.M. Lieber: Carbon nanotube-based nonvolatile random access memory for molecular computing science, Science **289**, 94–97 (2000)

27.211 A.G. Rinzler, J.H. Hafner, P. Nikolaev, L. Lou, S.G. Kim, D. Tománek, P. Nordlander, D.T. Colbert, R.E. Smalley: Unraveling nanotubes: field emission from an atomic wire, Science **269**, 1550–1553 (1995)

27.212 S.C. Minne, G. Yaralioglu, S.R. Manalis, J.D. Adams, J. Zesch, A. Atalar, C.F. Quate: Automated parallel high-speed atomic force microscopy, Appl. Phys. Lett. **72**, 2340–2342 (1998)

27.213 G.D. Skidmore, E. Parker, M. Ellis, N. Sarkar, R. Merkle: Exponential assembly, Nanotechnology **11**, 316–321 (2001)

27.214 H.J. Dai, J.H. Hafner, A.G. Rinzler, D.T. Colbert, R.E. Smalley: Nanotubes as nanoprobes in scanning probe microscopy, Nature **384**, 147–150 (1996)

27.215 J.H. Hafner, C.L. Cheung, C.M. Lieber: Growth of nanotubes for probe microscopy tips, Nature **398**, 761–762 (1999)

27.216 L.X. Dong, B.J. Nelson, T. Fukuda, F. Arai: Towards Nanotube Linear Servomotors, IEEE Trans. Autom. Sci. Eng. **3**, 228–235 (2006)

27.217 Y.H. Gao, Y. Bando: Carbon nanothermometer containing gallium, Nature **415**, 599 (2002)

27.218 L.X. Dong, X.Y. Tao, L. Zhang, B.J. Nelson, X.B. Zhang: Nanorobotic spot welding: Controlled metal deposition with attogram precision from Copper-filled carbon nanotubes, Nano Lett. **7**, 58–63 (2007)

27.219 S.W. Lee, D.S. Lee, R.E. Morjan, S.H. Jhang, M. Sveningsson, O.A. Nerushev, Y.W. Park, E.E.B. Campbell: A three-terminal carbon nanorelay, Nano Lett. **4**, 2027–2030 (2004)

27.220 A.M. Fennimore, T.D. Yuzvinsky, W.-Q. Han, M.S. Fuhrer, J. Cumings, A. Zettl: Rotational actuators based on carbon nanotubes, Nature **424**, 408–410 (2003)

27.221 A. Subramanian, L.X. Dong, J. Tharian, U. Sennhauser, B.J. Nelson: Batch fabrication of carbon nanotube bearings, Nanotechnology **18**, 075703 (2007)

27.222 P. Kim, C.M. Lieber: Nanotube nanotweezers, Science **286**, 2148–2150 (1999)

27.223 L.X. Dong, A. Subramanian, D. Hugentobler, B.J. Nelson, Y. Sun: Nano Encoders based on Vertical Arrays of Individual Carbon Nanotubes, Adv. Robotics **20**, 1281–1301 (2006)

27.224 L.X. Dong, B.J. Nelson: Robotics in the small, Part II: Nanorobotics, IEEE Robotics Autom. Mag. **14**, 111–121 (2007)

27.225 I. Asimov: *Fantastic Voyage* (Bantam Books, New York 1966)

27.226 R.A. Freitas: *Nanomedicine, Volume I: Basic Capabilities* (Landes Bioscience, Austin 1999)